McCabe의

단위조작

7th Edition
수정판

Unit Operations of

Chemical Engineering

*McCabe*의

단위조작

7th Edition
수정판

Warren L. McCabe • Julian C. Smith • Peter Harriott 지음

이화영 • 전해수 • 조영일 공역

Unit Operations of

Chemical Engineering

Mc Graw Hill

UNIT OPERATIONS OF CHEMICAL ENGINEERING, SEVENTH EDITION

14 15 16 17 18 19 20 MHE-KOREA 20 22

Original: Unit Operations of Chemical Engineering, 7th ed.
By Warren L.McCabe/ Julian C. Smith/ Peter Harriott
ISBN 0-07-284823-5

Korean ISBN 979-11-321-0115-4 93550

Printed in Korea

단위조작, 7판(수정판)

발 행 일 / 2005년 10월 20일 1쇄
2022년 1월 28일 14쇄

저 자 / Warren L.McCabe, Julian C. Smith, Peter Harriott

역 자 / 이화영, 전해수, 조영일

발 행 인 / 총텍멩(CHONG TECK MENG)

발 행 처 / 맥그로힐에듀케이션코리아 유한회사

등록번호 / 제 2013-000122호(2012.12.28)

주 소 / 서울시 마포구 양화로 45, 8층 801호
(서교동, 메세나폴리스)

전 화 / (02)325-2351

ISBN 979-11-321-0115-4

판 매 처 / 사이플러스

문 의 / 02)332-6171

정 가 / 39,000원

저 자 소 개

■ Warren L. McCabe(1899~1982)

University of Michigan에서 Ph.D를 받았다. Flintkote사의 부사장 및 연구소 소장, Polytechnic Institute of Brooklyn 학장, North Carolina State University 화공과 R. J. Reynolds 특임교수 등을 역임하였다. 그리고 AIChE 회장을 역임하였다.

■ Julian C. Smith(B. Chem., Chem. E., Cornell University)

1946년부터 Cornell대학 화학공학 교수로 재직했으며, 현재 명예교수이다. 1965~1971년에는 Cornell대학교의 "공학계속교육" 책임자였고, 1975~1983년에는 화학공학부 부장을 역임하였고, 1986년 교수직에서 퇴임하였다. Cornell대학교 교수로 부임하기 전에는 E. I. duPont de Nemours and Co.에서 화공기술자로 근무하였다. Du Pont, American Cyanamid, 및 정부기관을 포함한 여러 기업체에서 프로세스 개발 콘설턴트로 활약하였다. 미국 화학회 회원이며, 미국 화학공학회 특별회원이다.

■ Peter Harriott
(B. Chem. E., Cornell University, ScD., Massachusetts Institute of Technology)

Cornell대학교의 Fred H. Rhodes 특임명예교수이다. 1953년 Cornell대학교 교수 부임 이전에는 E. I. duPont de Nemours and Co.와 General Electric Co.에서 화공기술자로 근무하였다. 1966년에는 NSF Senior Postdoctoral Fellowship으로 프랑스 리옹의 촉매연구소에서 근무했으며, 1988년에는 DOE장학금을 받아 Pittsburgh Energy Technology Center에서 연구하였다. Harriot교수는 Process Control and Chemical Reactor Design의 저자이다. 그는 미국 화학회 및 미국 화학공학회 회원이다. 그는 미국 에너지성 그리고 여러 회사의 물질전달, 반응기 설계, 및 공기오염방지에 관한 콘설턴트이다.

서 문

화학공학의 단위조작을 다룬 이 교과서 7판에서는, 최신 내용과 많은 추가적 문제를 포함시켰으나 기본 구성, 수준 그리고 전체 분량은 변화가 없다. 이 책은 수학, 물리학, 화학 및 화학공학 입문과목을 이수한 학부 상급 또는 하급 학년용으로 집필된 입문 교과서로서, 물질수지와 에너지수지에 관한 기초 지식이 필요하다. 열전달, 물질전달 및 장치설계에 대한 최신 관계들이 포함되어 있기 때문에 산업 현장의 화학자 그리고 기술자들에게도 또한 유용할 것이다.

전체를 유체역학, 열전달, 물질전달 및 이에 관련된 분리, 그리고 입자고체 조작 등 4단원으로 묶고, 각 장마다 기본 단위조작을 다루었다. 각 단원 또는 여러 단원을 조합해서 한 학기 정도에 다루면 적당할 것이다. 생물공학분야는 따로 분리해서 취급하지 안았으나, 식품가공, 생물분리 및 생체계의 예들은 여러 장 내에 포함되었다.

거의 모든 방정식은 SI 단위계를 사용하였으나, 옛 cgs 및 fps계를 완전히 제거하지 못했다. 화공기술자는 이 3단위계 이용에 익숙해져야 한다. 대부분 방정식들은 무차원임으로 균일 단위군과 함께 사용할 수 있다.

새로운 사항

- 문제(각 장의 끝에 있는)의 30%는 새로운 것이거나 또는 수정되었다. 거의 모든 문제가 계산기로 풀 수 있으나, 약간은 컴퓨터 풀이가 더 유리하다.
- 3장의 유체 점도에 대한 부분은 기체와 액체에 대한 단순 이론을 확장시켰다. 나머지 장에서 열전도와 확산계수에 대한 유사 이론이 비교 논의되었다.
- 운동량전달, 확산 및 열전도 사이의 유사성이 더 강조되었고 과도확산에 대한 부분은 율속-배출 약제분배 문제까지 확장되었다.
- 25장에서 새로운 것은 탱크 내 수성 폐기물 처리에 분말 탄소 이용을 다루었고 또 발효육즙 정제에 사용할 수 있는 유동층 흡착을 다루었다.
- 29장에는 단백질 정제에 쓰일 수 있는 투석여과 부분이 새로이 포함되었다. 또한 단백질과 고분자 용액에 대한 한외여과와 초미세여과등이 다루어졌다.
- 여과케익세척 논의는 완전히 새로 개정되었고 몇몇 자료의 도시가 포함되었다.

- 열관 및 판형 교환기가 열교환장치 부분에 포함되었다.
- 증류에 대한 장에서는 홀래시 증류, 범람한계 및 단효율 등이 개정되었다.
- 건조속도에 대한 상관관계와 건조기 열효율에 대한 상세 항이 추가되었다.

Julian C. Smith
Peter Harriott

차 례

Section I 입문

Section II 유체역학

Section IV 물질전달 및 그 응용

Section V 입상고체 처리조작

부 록

Section

I

입 문

Introduction

| Unit Operations of Chemical Engineering |

01 정의와 원리

Definitions and Principles

화학공학(chemical engineering)에서는 원료를 변화시키거나 분리하여 유용한 제품을 만드는 공업 프로세스(industrial process)를 다룬다. 화공기술자(chemical engineer)는, 완전한 프로세스와 관련 장치를 개발, 설계, 건설하고, 적절한 원료를 선정하며, 플랜트(plant)를 효율적이고 안전하며 경제적으로 운전하고, 제품이 구매자의 요구에 맞는지를 판별할 수 있어야 한다. 화학공학은 과학(science)인 동시에 기예(art)이다. 학술이 문제 해결에 도움이 된다면 언제라도 활용해야 하겠지만, 과학만으로는 완전히 해결할 수 없는 경우가 많다. 이런 경우에는 경험과 판단력을 동원해야 한다. 정보원을 총동원하여 문제를 실질적으로 해결할 수 있는 기량(skill)을 갖추었느냐에 따라 전문기술자로서의 위상이 달라진다.

화공기술자가 활약할 수 있는 프로세스와 산업은 아주 다양하다. 과거에는 선광, 정유, 그리고 황산, 메탄올, 폴리프로필렌을 비롯한 중화학제품과 유기약품의 제조가 주로 관심 분야였다. 근래에는 전자산업의 리소그래피(lithography)용 고분자재료, 고강도 복합재료, 식품가공 분야의 유전자 수식 생화학 제제, 의약품 제조 및 약물수송 등이 점점 중요해지고 있다. 화공기술과 프로세스 및 생화학산업을 다룬 표준 책자를 보면, 화학공학이 어떤 분야인지를 잘 알 수 있을 것이다[1].[1]

오늘날의 프로세스는 너무 다양하고 복잡하므로, 화학공학의 모든 주제를 한 권의 책에서 전부 다를 수는 없다. 화학공학을 편의상 몇 부문으로 나누는데, 이 책에서는 단위조작(unit operation) 분야를 다루었다.

1.1 단위조작

다음 두 가지 사실에 기초하면, 화학공학의 주제 대부분을 실용적으로 조직할 수가 있다.

(1) 개별 프로세스는 무수하지만, 어떤 프로세스이든 간에 그 기본 구성 단계인 단위조작으로 분할할 수 있다.

(2) 프로세스가 다르더라도, 각 단위조작은 기법이 공통적이며 과학적 기초 원리가 동일하다.

1 [ ] 안의 수자는 각 장 끝의 참고문헌 번호이다.

대부분의 프로세스에서는 고체나 유체를 수송하고, 열이나 다른 형태의 에너지를 한 물체에서 다른 물체로 전달하며, 건조, 분쇄, 증류, 증발 등의 조작을 수행한다. 산업이나 프로세스의 종류에 관계없이 이러한 조작이 이용되므로, 이러한 조작을 체계화하면 모든 프로세스를 통일적이고 간편하게 다룰 수 있다는 것이 단위조작의 기본 개념이다.

프로세스 중에서 엄밀하게 화학적인 분야는 화학공학의 한 분야인 반응속도론(reaction kinetics)에서 다룬다. 반응물의 준비, 생성물의 분리 정제, 미반응물의 순환, 반응장치에서의 에너지 전달의 제어처럼 기본적으로 물리적인 단계에서는 주로 단위조작이 이용된다.

단위조작은 물리적 프로세스에서나 화학적 프로세스에서나 모두 응용된다. 예를 들어서, 식염 제조 프로세스는, 고체와 액체의 수송, 열전달, 증발, 결정화, 건조, 스크린 분리 등 물리적 단위조작으로만 구성되며, 화학반응 단계는 없다. 한편 원유의 열분해는, 촉매의 사용 여부와 관계없이, 전형적인 대규모 화학반응이다. 여기에서도 유체와 고체의 수송, 증류, 기계적 분리와 같은 단위조작이 기본적으로 중요하므로, 이러한 조작 없이는 열분해 반응을 진행시킬 수가 없다. 화학적 단계 자체도 반응 영역에서의 물질과 에너지의 흐름의 제어에 의해 수행된다.

단위조작은 공학의 한 분야이므로, 그 바탕이 되는 것은 학술과 경험이다. 이론과 실제가 결합되어야 비로소 제작, 조립, 운전, 유지가 가능한 장치를 설계할 수 있다. 각각의 단위조작을 균형 있게 다루려면 관련 이론과 장치를 함께 고려해야 하는데, 이처럼 균형적으로 다루고자 하는 것이 이 책의 목적이다.

단위조작의 과학적 기초

단위조작을 다루려면 몇 가지 과학적 원리와 기법의 기초가 있어야 한다. 질량 및 에너지 보존, 물리적 평형, 반응속도론, 물성 등 물리 화학의 기본 법칙도 이에 속한다. 이 장에서는 그 일반적 활용을 설명하고, 화학공학에서 중요한 구체적 기법은 적절한 곳에서 그때그때 다루기로 한다.

1.2 단위계

공인된 국제단위계는 SI 단위계(Système International d'Unités)이다. 공학과 과학의 모든 분야에서 이 단위계를 전적으로 채용하도록 많은 노력을 기울이고 있지만, cgs(centimeter–gram–second) 단위계와 fps(foot–pound–second) 공학단위계와 같은 재래식 단위계도 여전히 쓰이고 있으며, 당분간 통용될 것이다. 물리화학 자료 중에는 cgs 단위로 된 것이 많고, fps 단위계로 계산하는 편이 편리할 때도 있다. 과학과 공학에서는 SI 단위계의 사용이 계속 증가하고 있으므로, 화공기술자는 이러한 세 단위계를 모두 능숙하게 다룰 줄 알아야 한다.

여기에서는 먼저 SI 단위계를 다룬 다음 이로부터 유도되는 다른 단위계를 다루기로 한다. 역사적으로는 cgs 단위계를 먼저 사용했지만, SI 단위계의 중요성이 증가하고 있으므로 이를 먼저 다루는 편이 타당할 것이다. 언젠가 다른 단위계들이 사라지면 전적으로 SI 단위계만 사용하게 될 것이다.

1.2.1 물리량

물리량은 수치(number)와 단위(unit)의 두 부분으로 이루어진다. 단위는 물리량과 측정 기준을 나타내고, 수치는 그 물리량이 측정 단위의 몇 배에 해당하는 양인지를 나타낸다. 예를 들어서, 두 점 사이의 거리가 3 m라 하면, 이는 길이를 나타낸 것으로, 측정 기준은 길이의 표준 단위인 meter이고, 두 점 사이의 거리는

1 m 단위의 3배임을 나타낸다. 물리량이 한 단위의 정수로 나타내기에 너무 크거나 작다면, 적절한 약수나 배수를 사용함으로써 정확도를 기할 수 있다. 물리량은 수치와 단위를 모두 명시해야 비로소 정의할 수 있다.

1.2.2 SI 단위

SI 단위계는 전자기학과 광학을 포함한 과학과 공학의 모든 분야를 망라한다. 이 책에서는 화학, 중력, 역학, 열역학에 관한 SI 단위만으로 충분하다. 이러한 단위는, (1) 화학과 물리학의 네 가지 비례 관계, (2) 질량, 길이, 시간, 온도, 몰의 임의 기준, (3) 두 비례 상수의 임의 수치로부터 유도할 수 있다.

기본식

네 가지 비례 관계를 비례상수와 함께 나타내면 다음과 같다.

$$F = k_1 \frac{d}{dt}(mu) \tag{1.1}$$

$$F = k_2 \frac{m_a m_b}{r_2} \tag{1.2}$$

$$Q_c = k_3 W_c \tag{1.3}$$

$$T = k_4 \lim_{p \to 0} \frac{pV}{m} \tag{1.4}$$

F[2] = 힘　t = 시간　m = 질량　u = 속도　r = 거리
W_c = 일　Q_c = 열　p = 압력　V = 부피　T = 절대온도
k_1, k_2, k_3, k_4 = 비례인자

식 (1.1)은 Newton의 운동 제2법칙으로서, 질량 m인 입자에 작용하는 모든 힘의 합력과 이 합력 방향에서의 입자의 운동량 증가 사이의 비례 관계를 나타낸다.

식 (1.2)는 Newton의 중력 법칙으로서, 거리 r만큼 떨어진 질량 m_a 및 m_b인 두 입자 사이의 인력을 나타낸다.

식 (1.3)은 열역학 제1법칙의 한 표현으로서, 폐쇄계(closed system)가 한 주기 중에 한 일과 그 동안에 계가 흡수한 열 사이의 비례 관계를 보인다.

식 (1.4)는 일정 질량의 기체의 압력-부피 곱의 0 압력 극한과 절대온도 사이의 비례 관계를 나타낸다.

이러한 식에서, 모든 변수 값을 측정할 수 있으면 k 값을 구할 수 있다. 상수 k의 값은 해당 식의 변수의 측정 단위에 따라서만 달라진다.

표준단위

국제적 합의에 의해, 질량, 길이, 시간, 온도, 몰 등 다섯 기초 단위(base unit)[3]의 표준단위가 정해져 있다.

질량(mass)의 표준단위는 kilogram(기호 kg)이며, 프랑스 Sèvres에 보관되어 있는 백금 실린더인 국제 킬로그램 원기의 질량으로 정의한다.

길이(length)의 표준단위는 meter(기호 m)이며, 빛이 진공 중에서 1/299,792,458*s[4] 동안에 통과하는 길이로

2 기호는 각 장 끝에서 설명하였다.

3 기초단위에는 전류의 단위인 ampere(A)와 광도의 단위인 candella(cd)가 더 있다. 또 보조단위에는 평면각의 단위 radian(rad)과 입체각의 단위 steradian(sr)의 두 가지가 있다.(역주)

4 수치 뒤의 *표는 그 수치가 완전한 정의값임을 나타낸다.

정의한다(1983년 이후).

시간의 표준단위는 second(기호 s)이며, ^{133}Ce 원자가 기저상태의 두 초미세 준의 사이에서 전이할 때의 복사파 주기의 9,192,631.770*배의 지속 시간으로 정의한다.

온도(temperature)의 표준단위는 kelvin(기호 K)이며, 순수한 물, 얼음, 수증기가 평형으로 존재하는 삼중점의 온도를 273.16* K로 정하여 정의한다.

물질의 양(amount of substance)의 표준단위는 mole(기호 mol)이며, ^{12}C 12* g 중에 들어있는 원자수와 같은 수의 기본 단위로 된 물질의 양으로 정의한다[7]. 탄소의 원자량을 12.01115(순수 ^{12}C가 아니라 탄소의 천연 동위체 혼합물을 나타낸 값)로 나타낸 표준 원자량표의 값으로 물질의 분자량을 계산할 경우, 순물질 1 mol의 질량을 g 단위로 나타낸 수치는 그 물질의 분자량과 같아진다. 공학계산에서는 관습적으로 kilogram mole(kg mol)이나 pound mole(lb mol)과 같은 단위를 사용하여 순물질의 질량(kg, lb) 값이 분자량과 같아지도록 한다.

1 mol 중의 실제 분자 수는 Avogadro 수(6.022×10^{23})와 같다.

상수의 평가

표준 기초단위를 사용하면, 식 (1.1)과 식 (1.2)에서 m, m_a, m_b의 단위는 kg, r의 단위는 m, u의 단위는 m/s이다. 이 두 식에서 F를 소거하면, 상수 k_1과 k_2는 서로 독립이 아니라 다음 관계에 있음을 알게 된다.

$$\frac{k_1}{k_2} = \frac{d(mu)/dt}{m_a m_b / r^2}$$

k_1과 k_2 중의 하나를 임의로 정하면, 식 (1.1)에서 구한 관성력과 식 (1.2)에서 구한 중력을 비교하여, 실험에 의해 다른 상수를 구할 수 있다. SI 단위계에서는 $k_1 = 1$로 정하고, k_2를 구한다. 식 (1.1)을 다시 쓰면,

$$F = \frac{d}{dt}(mu) \tag{1.5}$$

식 (1.2)에서 사용한 힘의 표준단위는 newton(기호 N)으로서, 식 (1.5)에서 다음과 같이 정의된다.

$$1\,\mathrm{N} \equiv 1\,\mathrm{kg \cdot m/s^2} \tag{1.6}$$

상수 k_2는 중력상수(gravitational constant)라 하며, 기호 G로 나타낸다. 권장값은 다음과 같다[4].

$$G = 6.6726 \times 10^{-11}\,\mathrm{N \cdot m^2/kg^2} \tag{1.7}$$

일, 에너지, 동력

SI 단위계에서 일(work)과 에너지의 단위는 마찬가지로서 newton · meter(기호 N · m)이며, 이를 다시 joule(기호 J)이라 한다.

$$1\,\mathrm{J} \equiv 1\,\mathrm{N \cdot m} = 1\,\mathrm{kg \cdot m^2/s^2} \tag{1.8}$$

동력(일률, power)의 단위는 J/s이며, 이를 다시 watt(기호 W)라 한다.

열

식 (1.3)의 상수 k_3는 임의로 정할 수 있는데, SI 단위계에서는 k_1과 마찬가지로 $k_3 = 1$로 정하며, 식 (1.3)은 다음과 같이 된다.

$$Q_c = W_c \tag{1.9}$$

열이나 일의 단위는 마찬가지로 J이다.

온도

식 (1.4)에서 pV/m의 단위는 $(\mathrm{N/m^2})(\mathrm{m^3/kg}) = \mathrm{J/kg}$이다. 이 값은 질량 m인 임의 기체의 p와 V를 항온조 안에서 측정하여 구할 수 있다. 이 실험에서는 온도를 일정하게 유지하기만 하면 되기 때문이다. 일정 온도에서 p를 변화시키면서 pV/m을 측정한 다음 0 압력까지 외삽하면, 식 (1.4)의 극한치를 구할 수 있다. 항온조에 삼중점의 물이 들어 있을 경우의 극한치를 $(pV/m)_0$라 하면, 식 (1.4)는 다음과 같이 된다.

$$273.16 = k_4 \lim_{p\to 0}\left(\frac{pV}{m}\right)_0 \tag{1.10}$$

식 (1.4)와 식 (1.10)에서 k_4를 소거하고, 온도 T K에서의 실험치를 나타내면 다음과 같다.

$$T = 273.16\frac{\lim_{p\to 0}(pV/m)_T}{\lim_{p\to 0}(pV/m)_0} \tag{1.11}$$

이 식은 실제 기체의 압력-부피 실험치로부터 Kelvin 온도 눈금을 정의한 식이다.

섭씨 온도

실제로는 섭씨(Celsius, 攝氏) 눈금의 온도 값이 통용된다. 섭씨 눈금에서는 압력 1 atm에서 얼음과 공기로 포화된 물의 평형온도인 얼음점(빙점, ice point)을 0점으로 정의한다. 얼음점은 물의 삼중점보다 0.01 K이 낮은 273.15 K이므로, 섭씨 온도는 다음과 같이 정의된다.

$$T\,^\circ\mathrm{C} \equiv T\ \mathrm{K} - 273.15 \tag{1.12}$$

섭씨 눈금에서, 수증기점(steam temperature), 즉 압력 1 atm에서 물의 끓는점(비등점)은 100.00°C이다.

십진 단위

SI 단위계에서는 각 물리량마다 하나의 표준단위를 정의하고, 그 십진 배수와 약수도 정의했다(표 1.1). 시간은 십진 단위가 아닌 관습단위 minute(기호 min), hour(기호 h), day(기호 d) 등으로 나타낼 수 있다.

표준중력가속도

지구 중력장에서의 자유 낙하 가속도 값이 자주 사용된다. 식 (1.2)에서 유추하면 이 값 g는 상수에 가깝지만, 위도와 표고에 따라 조금씩 달라진다. 정확한 계산용으로는 임의 표준값 g_n을 다음과 같이 정의한다.

$$g_n \equiv 9.80665^*\ \mathrm{m/s^2} \tag{1.13}$$

압력 단위

압력의 SI 단위는 $\mathrm{N/m^2}$이며, 이를 다시 pascal(기호 Pa)이라 한다. 이 단위는 너무 작아서 불편하므로 bar를 쓰기도 한다.[5]

$$1\ \mathrm{bar} \equiv 1\times 10^5\ \mathrm{Pa} = 1\times 10^5\ \mathrm{N/m^2} \tag{1.14}$$

5 bar는 SI 단위가 아니다.(역주)

표 1.1 SI 단위와 cgs 단위의 배수 및 약수에 관한 접두어

Factor	Prefix	Abbreviation	Factor	Prefix	Abbreviation
10^{12}	tera	T	10^{-1}	deci	d
10^{9}	giga	G	10^{-2}	centi	c
10^{6}	mega	M	10^{-3}	milli	m
10^{3}	kilo	k	10^{-6}	micro	μ
10^{2}	hecto	h	10^{-9}	nano	n
10^{1}	deka	da	10^{-12}	pico	p
			10^{-15}	femto	f
			10^{-18}	atto	a

어느 단위계에서나 통용되는 압력 단위는 표준대기압(atm)으로서, 다음과 같이 정의한다.[6]

$$1\ \text{atm} \equiv 1.01325^{*} \times 10^{5}\ \text{Pa} = 1.01325\ \text{bar} \tag{1.15}$$

1.2.3 CGS 단위

옛부터 사용되어온 cgs 단위는 SI 단위로부터 유도할 수 있다. 질량의 단위는 gram(기호 g)이다.

$$1\ \text{g} \equiv 1 \times 10^{-3}\ \text{kg} \tag{1.16}$$

길이의 단위는 centimeter(기호 cm)이다.

$$1\ \text{cm} \equiv 1 \times 10^{-2}\ \text{m} \tag{1.17}$$

시간, 온도, 몰의 단위는 SI 단위와 같다.

식 (1.1)의 상수 k_1은 SI 단위계에서와 마찬가지로 1이다. 힘의 단위는 dyne(기호 dyn)이다.

$$1\ \text{dyn} \equiv 1\ \text{g} \cdot \text{cm/s}^2 \tag{1.18}$$

에너지와 일의 단위는 erg이다.

$$1\ \text{erg} \equiv 1\ \text{dyn} \cdot \text{cm} = 1 \times 10^{-7}\ \text{J} \tag{1.19}$$

식 (1.3)의 상수 k_3는 1이 아니다. 열의 단위로는 calorie(cal)가 사용된다. 상수 $1/k_3 = J$를 열의 일당량이라 하며, 단위는 J/cal이다. 식 (1.3)을 다시 쓰면,

$$W_c = JQ_c \tag{1.20}$$

Calorie에는 두 가지가 있다[7]. 열화학 칼로리(thermochemical calorie, cal)는 화학, 화학공학, 열역학, 반응공학 등에서 쓰인다.

$$1\ \text{cal} \equiv 4.1840^{*} \times 10^{7}\ \text{erg} = 4.1840^{*}\ \text{J} \tag{1.21}$$

국제 수증기표 칼로리(international steam table calorie, cal_{IT})는 열공학에서 쓰인다.

$$1\ \text{cal}_{IT} \equiv 4.1868^{*} \times 10^{7}\ \text{erg} = 4.1868^{*}\ \text{J} \tag{1.22}$$

이 칼로리는 물의 비열(열용량)이 약 1 cal/g · °C가 되도록 정의한 것이다.

자유낙하 표준중력가속도를 cgs 단위로 나타내면 다음과 같다.

$$g_n \equiv 980.665\ \text{cm/s}^2 \tag{1.23}$$

6 최근 일기 예보 등에서는 hPa이 보편적으로 쓰인다.(역주)

$$1\ \text{atm} = 1013.25^{*}\ \text{hPa} = 1013.25\ \text{mbar}$$

1.2.4 fps 공학 단위

오래 전부터 산업계에서 십진 단위가 아닌 중력단위계를 사용해온 나라가 많다. 이러한 단위도 SI 단위로부터 유도할 수 있다.

질량의 단위는 avoirdupois pound(상형 파운드, 기호 lb)이다.

$$1\ \text{lb} = 0.45359237^*\ \text{kg} \tag{1.24}$$

길이의 단위는 inch(기호 in.)로서, 1 in. = 2.54* cm이다. foot(기호 ft)는 다음과 같다.

$$1\ \text{ft} \equiv 2.54 \times 12 \times 10^{-2}\ \text{m} = 0.3048^*\ \text{m} \tag{1.25}$$

시간의 단위는 second로서 마찬가지이다.

열역학 온도 눈금으로는 Rankine 눈금을 사용하며, 한 눈금의 크기는 다음과 같다.

$$1°\text{R} \equiv \frac{1}{1.8}\ \text{K} \tag{1.26}$$

Rankine 눈금에서 얼음점은 273.15 × 1.8 = 491.67°R이다.

섭씨 눈금에 대응하는 온도 눈금은 화씨(Fahrenheit) 눈금이다. Rankine 눈금의 얼음점보다 정확히 32°F 낮은 점을 0점으로 하면 화씨 눈금이 된다.

$$T°\text{F} \equiv T°\text{R} - (491.67 - 32) = T°\text{R} - 459.67 \tag{1.27}$$

섭씨 온도와 화씨 온도의 관계는 다음과 같다.

$$T°\text{F} = 32 + 1.8\ °\text{C} \tag{1.28}$$

온도 눈금의 크기 관계는 다음과 같다.

$$\Delta T°\text{C} = 1.8\Delta T°\text{F} = \Delta T\text{K} \tag{1.29}$$

수증기점은 212.00°F이다.

파운드힘

fps 단위계에서는 pound force(lb_f)를 힘의 중력 단위로 사용한다. 1 lb_f는 표준 중력장에서 질량 1 lb에 미치는 힘으로 정의한다. 자유낙하 표준 가속도를 유효숫자 다섯 자리까지 fps 단위로 나타내면 다음과 같다.

$$g_n = \frac{9.80665\ \text{m/s}^2}{0.3048\ \text{m/ft}} = 32.174\ \text{ft/s}^2 \tag{1.30}$$

따라서

$$1\ \text{lb}_f \equiv 32.174\ \text{lb} \cdot \text{ft/s}^2 \tag{1.31}$$

식 (1.1)을 다시 쓰면,

$$F\ \text{lb}_f \equiv \frac{d(mu)/dt}{32.174} \qquad \text{lb} \cdot \text{ft/s}^2 \tag{1.32}$$

식 (1.1)에서 k_1 대신에 $1/g_c$를 대입하면,

$$F = \frac{d(mu)/dt}{g_c} \tag{1.33}$$

식 (1.32)와 식 (1.33)의 두 식에서 수치가 일치하고 단위가 일관적이려면, 중력단위계에서의 Newton 법칙 비례상수 g_c를 다음과 같이 정의할 필요가 있다.[7]

$$g_c \equiv 32.174\ \text{lb} \cdot \text{ft/s}^2 \cdot \text{lb}_f \tag{1.34}$$

7 실제로는 중력환산계수라고도 하는 $g_c = 1$이므로, 사실상 불필요하다. 식 (1.33)의 정의에 의해, 1 lb_f = 32.174 ft · lb/s²이기 때문이다.(역주)

fps 단위계에서 일과 기계적 에너지의 단위는 foot-pound force(ft · lb_f)이다. 동력의 실용 단위는 마력(horsepower, hp)이다.

$$1\ \text{hp} \equiv 550\ \text{ft} \cdot \text{lb}_f/\text{s} \tag{1.35}$$

열의 단위는 Btu(British thermal unit)로서, 다음과 같다.

$$1\ \text{Btu/lb} \cdot {}^\circ\text{F} \equiv 1\ \text{cal}_{\text{IT}}/\text{g} \cdot {}^\circ\text{C} \tag{1.36}$$

cgs 단위계에서와 마찬가지로 식 (1.3)의 k_3를 $1/J$로 대체한다. J는 열의 일 당량으로서 778.17 ft · lb_f/Btu이다.

이 Btu 정의에서는 두 단위계에서 비열의 수치가 같아야 하는데, 어느 경우에나 물의 비열은 약 1.0이다.

1.2.5 기체상수

식 (1.4)에서 질량을 사용하면 상수 k_4는 기체마다 달라진다. 질량 대신에 몰을 사용하면 상수 k_4를 기체상수 R로 대체할 수 있다. Avogadro 법칙에 의하여, R 값은 기체의 종류에 관계없이 일정한 값이 된다. 다만 R의 수치는 에너지, 온도, 몰의 단위에 따라 달라진다. 식 (1.4)를 다시 쓰면,

$$\lim_{p \to 0} \frac{pV}{nT} = R \tag{1.37}$$

이 식은 전체 부피가 V이고 전체 몰수가 n인 기체 혼합물에도 적용할 수 있다.

R의 통용 값은 다음과 같다[6].

$$R = 8.31447\ \text{J/K} \cdot \text{mol} = 8.31447 \times 10^7\ \text{erg/K} \cdot \text{mol} \tag{1.38}$$

단위가 다를 때의 R 값을 표 1.2에 나타냈다.

Mole은 g 단위의 질량으로 정의하지만, 다른 질량 단위에도 확대 적용할 수 있다. kilogram mole(kg mol)은 kg 단위로 나타낸 원자량 또는 분자량과 같으며, pound mole(lb mol)은 상형 파운드(avoirdupois pound)로 나타낸 것과 같다. 질량의 단위가 명시되지 않았을 때는 대개 gram mole(g mol)을 의미한다. 분자량은 단위가 없는 수치이다.[8]

표준 몰부피. 표 1.2에서 표준 상태(1 atm, 0°C)의 기체 단위 몰의 부피는 다음과 같다.

$$82.056 \times 10^{-3} \times 273 = 22.4\ \text{m}^3/\text{kmol} = 22.4\ (\text{L/g mol})$$

fps 단위로 나타내면 1 atm, 32°F에서 359 ft^3/lb mol이다.

표 1.2 기체상수 R

Temperature	Mass	Energy	R
Kelvin	kg mol	J	8,314.47
		cal_{IT}	1.9859×10^3
		cal	1.9873×10^3
		m^3-atm	82.056×10^{-3}
	g mol	cm^3-atm	82.056
Degrees Rankine	lb mol	Btu	1.9858
		ft · lb_f	1,545.3
		hp · h	7.8045×10^{-4}
		kWh	5.8198×10^{-4}

8 분자량은 해당 물질 1 몰의 질량이다(역주).

1.2.6 단위 환산

세 가지 단위계가 통용되고 있으므로, 한 단위계의 값을 다른 단위계의 값으로 환산할 줄 알아야 한다. 이때 기본 단위의 환산인자(conversion factor)만 알면, 다른 환산인자는 이로부터 구할 수 있다. SI 단위와 cgs 단위 사이의 환산은 아주 간단하다. 시간, 온도, 몰의 표준단위가 서로 같으므로, 식 (1.16)과 식 (1.17)에서 정의한 것처럼 십진 환산계수만 있으면 된다. SI 단위계와 fps 단위계에서 시간의 단위는 second(s)로 같으므로, 질량, 길이, 온도에 대해 식 (1.24), 식 (1.25), 식 (1.26)으로 정의한 세 환산인자만 알면 충분하다.

단위 환산의 예를 예제 1.1에서 다룬다. fps 단위계에서 g_c를 사용할 때는, 수치를 32.1740 대신에 정의값의 비인 9.80665/0.3048을 사용해야 최종 계산치가 정확해지며, 또 계산 과정에서 수치가 저절로 소거되는 이점도 살릴 수 있다.

예제 1.1

정의값과 표준단위만을 사용하여 다음 환산인자를 구하여라.

(a) N → lb_f　(b) Btu → cal_{IT}　(c) atm → l lb_f/in^2　(d) hp → kW

풀이

(a) 식 (1.6), (1.24), (1.25)에서

$$1\text{ N} = 1\text{ kg}\cdot\text{m/s}^2 = \frac{1\text{ lb}\cdot\text{ft/s}^2}{0.45359237\times0.3048}$$

식 (1.30)에서

$$1\text{ lb}\cdot\text{ft/s}^2 = \frac{0.3048}{9.80665}\text{ lb}_f$$

또한

$$1\text{ N} = \frac{0.3048}{9.80665\times0.45359237\times0.3048}\text{ lb}_f = \frac{1}{9.80665\times0.45359237}\text{ lb}_f = 0.224809\text{ lb}_f$$

부록 1에 보였지만, N을 lb_f로 환산하려면 0.224809를 곱하고, lb_f를 N으로 환산하려면 1/0.224809 = 4.448221을 곱하면 된다.

(b) 식 (1.36)에서

$$1\text{ Btu} = 1\text{ cal}_{IT}\frac{1\text{ lb}}{1\text{ g}}\frac{1°\text{F}}{1°\text{C}} = 1\text{ cal}_{IT}\frac{1\text{ lb}}{1\text{ kg}}\frac{1\text{ kg}}{1\text{ g}}\frac{1°\text{F}}{1°\text{C}}$$

식 (1.16), (1.24), (1.29)에서

$$1\text{ Btu} = 1\text{ cal}_{IT}\frac{0.45359237\times1000}{1.8} = 251.996\text{ cal}_{IT}$$

(c) 식 (1.6), (1.14), (1.15)에서

$$1\text{ atm} = 1.01325\times10^5\text{ kg}\cdot\text{m/s}^2\cdot\text{m}^2$$

1 ft = 12 in.이므로, 식 (1.26), (1.27), (1.36)에서

$$\begin{aligned} 1\,\text{atm} &= 1.01325\times10^5\times\frac{1\,\text{lb/s}^2}{0.45359237}\,\frac{0.3048}{\text{ft}} \\ &= \frac{1.01325\times10^5\times0.3048}{32.174\times0.45359237\times12^2}\,\text{lb}_f/\text{in.}^2 \\ &= 14.6959\,\text{lb}_f/\text{in.}^2 \end{aligned}$$

(d) 식 (1.31)과 (1.35)에서

$$1\,\text{hp} = 550\,\text{ft}\cdot\text{lb}_f/\text{s} = 550\times32.174\,\text{ft}^2\cdot\text{lb/s}^3$$

식 (1.24)와 (1.25)를 사용하면

$$\begin{aligned} 1\,\text{hp} &= 550\times32.174\times0.45359237\times0.3048^2 \\ &= 745.70\,\text{J/s} \end{aligned}$$

식 (1.8)을 대입하고 1,000으로 나누면

$$1\,\text{hp} = 0.74570\,\text{kW}$$

환산인자는 필요할 때마다 구할 수 있지만, 표로 만들어 두면 편리하다(부록 1). ■

1.2.7 단위와 식

단위계를 기술하는 데는 식 (1.1)~(1.4)만으로 충분하지만, 이 책에서는 이 밖에도 여러 식을 사용한다. 이 중에서 물질의 성질에 관한 식은 필요할 때마다 소개하기로 한다. 어떤 물리량이든 위에서 정의한 기본 단위의 조합으로 나타낼 수 있다.

계산의 정확도

지금까지 실험치의 수치는 현재 알려진 최대 유효숫자까지 정확하게 나타냈으므로 그대로 사용할 수 있다. 그러나 실제로 이처럼 극도의 정확도가 필요한 경우는 많지 않다. 디지털 컴퓨터를 사용하면 계산에 별 부담이 없겠지만, 문제에 따라서는 적절한 근사치만으로 충분할 때가 있다. 유능한 기술자라면 자신이 다루는 문제가 어느 정도까지의 정확도를 요구하는 것인지를 판단할 수 있어야 한다.

일반식

비례인자 g_c와 J를 제외하면, 세 단위계의 식이 모두 같다. 이 책에서는 식을 SI 단위계로 나타냈으며, cgs와 fps 단위계로 나타낼 때만 g_c와 J를 사용했다.

무차원식과 단위의 일관성

자연과학의 기본 법칙에서 직접 유도한 식은 각 항의 단위가 동일하거나, 기본 단위의 복합 단위로 정의되는 유도량을 사용하여 같은 단위로 나타낼 수 있다. 이러한 요건을 갖춘 식을 **차원 균일식**(dimensionally homogeneous equation)이라 한다. 이러한 식에서는 한 항으로 다른 항을 나누면, 단위는 전부 소거되고 수치만 남게 된다. 이러한 식을 **무차원식**(dimensionless equation)이라 한다.

차원 균일식에서는, 기본 단위를 일관적으로 사용하기만 하면, 어떤 단위계의 값을 사용해도 상관없다. 이러한 요건에 맞는 단위를 **일관 단위**(consistent unit)라 한다. 일관 단위를 사용하면 환산인자가 필요 없다.

예를 들어서, 초속이 u_0인 자유낙하 물체의 낙하 거리 Z와 시간 t의 관계는 다음과 같다.

$$Z = u_0 t + \tfrac{1}{2}gt^2 \tag{1.39}$$

이 식을 살펴보면 모든 항의 차원이 길이이다. 이 식의 각 항을 Z로 나누면,

$$1 = \frac{u_0 t}{Z} + \frac{gt^2}{2Z} \tag{1.40}$$

이 식은 각 항의 단위가 모두 소거되어 무차원임을 알 수 있다. 우변의 두 항처럼, 차원이 없는 변수의 조합을 **무차원군**(dimensionless group)이라 한다. 무차원군의 값은, 각 변수의 값을 일관 단위로 나타낸다면, 사용하는 단위에 관계없이 같은 수치가 된다.

차원식

실험 자료에서 구한 실험식 중에는 차원의 일관성을 고려하지 않고 실험 결과만 상관시킨 것도 있다. 이런 식은 대개 차원도 균일하지 않고 단위도 여러 가지를 사용한다. 이러한 종류의 식을 차원 불균일식(dimensionally nonhomogeneous equation) 또는 **차원식**(dimensional equation)이라 한다. 이러한 식에서는 일관 단위를 사용하더라도 이득이 없다. 한 식에서 in.와 ft 등 두 가지 이상의 길이 단위, s와 min 등 두 가지 이상의 시간 단위를 사용하기도 한다. 예를 들어서, 수평관에서 전도와 대류에 의해 대기 중으로 손실되는 열을 나타낸 식에 다음과 같은 것이 있다.

$$\frac{q}{A} = 0.50\frac{\Delta T^{1.25}}{(D_o')^{0.25}} \tag{1.41}$$

q = 열손실속도(Btu/h)
A = 관의 표면적(ft^2)
ΔT = 관벽과 주위의 온도차(°F)
D_o' = 관의 외경(in.)

이 식은 좌변과 우변 항의 단위가 일치하지 않으므로 유차원식이다. 이러한 식에서는 지정된 단위를 사용하지 않으면 답이 틀린다. 다른 단위를 사용하려면 계수(0.50)의 수치를 바꿔야 한다. 예를 들어서, 온도차 ΔT를 섭씨 온도로 나타내려면, $1\,°C = 1.8\,°F$이므로, $0.50 \times 1.8^{1.25} = 1.042$로 바꿔야 한다.

이 책의 식은, 별도로 언급한 경우를 제외하고는 모두 차원 균일식이다.

1.3 차원 해석

공학 문제 중에는 이론적 수학적 방법만으로는 해결할 수 없는 것이 많다. 특히 유체 흐름, 열흐름, 확산 조작 등에서 이러한 경우를 자주 접하게 된다. 이론식을 유도할 수 없는 문제의 해결책의 하나는 실험적 방법이다. 예를 들어서, 길고 곧으며 매끈한 원관에 유체가 흐를 때 마찰에 의한 압력 손실(압력 강하)은, 관의 길이와 지름, 유체의 유속, 밀도 및 점도의 함수이다. 이 중의 어떤 변수가 변해도 압력 손실이 달라진다. 이처럼 변수가 많을 경우, 실험에 의해 여러 변수와 압력 손실의 상관관계를 알아내려면, 다른 변수는 모두 고정시킨 채 한 변수만을 변화시키면서 압력 손실에 미치는 영향을 실험하는 과정을 아주 여러 번 반복해야 한다. 이러한 실험 과정은 번거로울 뿐만 아니라 실험 결과를 체계화하여 유용한 상관관계를 얻어내기란 쉬운 일이 아니다.

다행히, 수학적 방법과 실험적 방법의 중간에 해당하는 방법이 있다[2]. 어떤 물리적 과정에 영향을 미치는 변수들의 상관관계를 나타낼 수 있는 이론식이 존재한다면, 그 식은 차원 균일식이 되어야 할 것이다. 그렇다면, 관련 변수들을 몇 개의 무차원군으로 묶을 수 있으므로, 각 변수 대신에 몇 개의 무차원군의 조합으로 된 간단한 최종 식을 얻을 수 있다.

이러한 수법을 차원 해석(dimensional analysis)이라 한다. 차원해석에서는 먼저 중요한 변수들을 선택하고 그 차원을 나타낸다. 관련되는 물리적 법칙이 있다면 변수의 선택이 비교적 쉬워진다. 예를 들어서, 유체 흐름에 관한 기본 미분방정식을 열전도 및 확산의 법칙과 결합하면, 다양한 화학공학 문제 해결에 적절한 무차원군을 얻을 수 있다. 변수의 선택에 확신이 없을 때는, 우선 선택한 변수만으로 관계식을 만들어 보면, 누락되거나 불필요한 변수를 알아낼 수 있다.

변수들의 멱수의 곱으로 관계식을 나타낼 수 있다면, 식 양변의 차원이 일치해야 한다. 각 변수를 기호 대신에 기본 차원으로 나타내고, 식 양변에서 각 차원(예컨대 길이)의 지수의 합이 같아지도록 각각 대수식을 쓴 다음, 이를 연립시켜서 풀면 무차원군으로 된 함수 관계가 얻어진다.

차원해석법에 의해 변수들의 상관 관계를 알면, 실험 계획도 쉽고 실험 자료를 체계화하여 설계식에 맞추기도 쉬어진다. 또 모형 장치에서 얻은 실험 자료를 바탕으로 규모를 확대한 실제 장치의 성능을 예측하는 데도 활용할 수 있다. 차원해석의 예를 예제 1.2에서 다룬다.

예제 1.2

길고 곧은 가열관 안에 액체가 난류로 흐르면서 가열된다. 흐름은 정상적이며, 가열관 온도와 액체의 평균 온도 사이의 차는 일정하다고 가정한다. 관벽으로부터 액체로의 열전달속도를 추정할 수 있는 관계식을 유도하여라.

풀이

열전달 메카니즘은 12장에서 다룬다. 이 문제에서 관벽 단위 면적 기준의 열전달속도 q/A는 표 1.3에 열거한 여러 변수에 따라 달라질 것으로 예상할 수 있다. 이 문제에 관한 이론식이 존재한다 해도, 함수 관계를 다음 일반형으로 나타낼 수 있다.

$$\frac{q}{A} = \Psi(D, \overline{V}, \rho, \mu, c_p, k, \Delta T) \tag{1.42}$$

이 관계가 타당하다면, 우변의 함수 Ψ의 차원이 좌변 q/A의 차원과 일치해야 한다. [ ]를 변수의 차원이라는 의미로 사용하여, 차원식(dimensional formula)으로 나타내면 다음과 같다.

$$\left[\frac{q}{A}\right] = [D]^a[\overline{V}]^b[\rho]^c[\mu]^d[c_p]^e[k]^f[\Delta T]^g \tag{1.43}$$

기호에 윗줄을 그어서 차원을 나타내기로 한다. 예컨대 길이의 차원을 $\overline{L}$로 표기한다. 표 1.3의 차원을 식 (1.43)에 대입하면 다음과 같다.

$$\overline{H}\,\overline{L}^{-2}\overline{t} = \overline{L}^a\overline{L}^b\,\overline{t}^{-b}\overline{M}^c\overline{L}^{-3c}\overline{M}^d\overline{L}^{-d}\overline{H}^e\overline{M}^{-e}\overline{T}^{-e}\overline{H}^f\overline{L}^{-f}\,\overline{t}^{-f}\overline{T}^{-f}\overline{T}^g \tag{1.44}$$

표 1.3 예제 1.2의 물리량과 차원식[9]

Quantity	Symbol	Dimensions
Heat flow per unit area	q/A	$\bar{H}\bar{L}^{-2}\bar{t}^{-1}$
Diameter of pipe (inside)	D	$\bar{L}$
Average velocity of liquid	$\bar{V}$	$\bar{L}\bar{t}^{-1}$
Density of liquid	ρ	$\bar{M}\bar{L}^{-3}$
Viscosity of liquid	μ	$\bar{M}\bar{L}^{-1}\bar{t}^{-1}$
Specific heat, at constant pressure, of liquid	c_p	$\bar{H}\bar{M}^{-1}\bar{T}^{-1}$
Thermal conductivity of liquid	k	$\bar{H}\bar{L}^{-1}\bar{t}^{-1}\bar{T}^{-1}$
Temperature difference between wall and fluid	ΔT	$\bar{T}$

식 (1.43)이 차원 균일식이 되려면, 식의 양변에서 각 기본 차원에 대한 지수의 합이 같아야 한다. 따라서 다음과 같은 식의 집합이 얻어진다.

9 열(에너지)은 기본량이 아니라 유도량이지만, 이 문제에서는 열의 차원을 기본 차원처럼 취급했다.(역주)

$\overline{H}$의 지수: $$1 = e + f \tag{1.45a}$$

$\overline{L}$의 지수: $$-2 = a + b - 3c - d - f \tag{1.45b}$$

$\overline{t}$의 지수: $$-1 = -b - d - f \tag{1.45c}$$

$\overline{M}$의 지수: $$0 = c + d - e \tag{1.45d}$$

$\overline{T}$의 지수: $$0 = -e - f + g \tag{1.45e}$$

미지변수는 일곱이지만 식은 다섯뿐이므로, 나머지 두 변수의 항으로 다섯 변수를 나타낸다. 두 변수로 어떤 것을 선택해도 최종 결과는 같아지겠지만, 이 문제에서는 액체의 평균유속 $\overline{V}$의 지수 b와 비열 c_p의 지수 e를 선택하기로 한다. 이제 다섯 변수를 이 b와 e의 항으로 나타낸다. 먼저 식 (1.45a)에서,

$$f = 1 - e \tag{1.46a}$$

식 (1.45e)와 (1.46a)에서

$$g = e + f = e + 1 - e = 1 \tag{1.46b}$$

식 (1.45c)와 (1.46a)에서

$$d = 1 - b - f = 1 - b - 1 + e = e - b \tag{1.46c}$$

식 (1.45d)와 (1.46c)에서

$$c = e - d = e - e + b = b \tag{1.46d}$$

식 (1.45b), (1.46a), (1.46c), (1.46d)에서

$$\begin{aligned} a &= -2 - b + 3c + d + f \\ &= -2 - b + 3b + e - b + 1 - e \\ &= b - 1 \end{aligned} \tag{1.46e}$$

식 (1.46a)~(1.46e)의 결과를 식 (1.43)에 대입하면,

$$\left[\frac{q}{A}\right] = [D]^{b-1}[\overline{V}]^{b}[\rho]^{b}[\mu]^{e-b}[c_p]^{e}[k]^{1-e}[\Delta T] \tag{1.47}$$

지수가 1, b, e인 항을 각각 한데 모아서 정리하면 다음과 같은 관계식이 얻어진다.

$$\left[\frac{qD}{Ak\Delta T}\right] = \left[\frac{D\overline{V}\rho}{\mu}\right]^{b}\left[\frac{c_p\mu}{k}\right]^{e} \tag{1.48}$$

이 식에서 [ ] 안의 변수의 조합은 모두 차원이 없는 무차원군임을 알 수 있다. 이러한 무차원군의 함수 관계는 어떤 것이나 차원이 균일한 무차원식이 된다. 그 한 예를 다음과 같이 나타낼 수 있다.

$$\frac{qD}{Ak\Delta T} = \Phi\left(\frac{D\overline{V}\rho}{\mu}, \frac{c_p\mu}{k}\right) \tag{1.49}$$

$$\frac{q}{A} = \frac{k\Delta T}{D}\Phi\left(\frac{D\overline{V}\rho}{\mu}, \frac{c_p\mu}{k}\right) \tag{1.50}$$

이 두 식은 차원해석의 최종 결과이다. 구체적 함수 형태를 알려면 실험에 의해, 식 (1.49) 우변의 무차원군이 좌변의 무차원군에 미치는 영향을 알아내야 한다. 이 상관 관계를 12장에서 다룬다.

여기에서 분명히 알 수 있지만, 실험에 의해 상관 관계를 구하고자 할 때, 식 (1.42)의 변수를 각각 따로 취급하기보다는, 식 (1.49)에서처럼 몇 개의 무차원군으로 묶어서 다루면 아주 간단해진다. ■

무차원군의 변형

예제 1.2에서 지수 b와 e 대신에 b와 f를 선택하여 차원을 해석하면, 다음 결과가 얻어진다.

$$\frac{q}{A\overline{V}\rho c_p\Delta T} = \Phi_1\left(\frac{D\overline{V}\rho}{\mu}, \frac{c_p\mu}{k}\right) \tag{1.51}$$

이 식의 변수의 조합은 식 (1.49)와 다르다. 두 지수를 달리 선택하면 또 다른 변수의 조합을 얻을 수 있을

것으로 생각되겠지만, 그럴 필요는 없다. 식 (1.49)의 무차원군을 적절히 곱하거나 나누면 원하는 조합을 얻을 수 있기 때문이다. 다만 새로운 무차원군을 얻으려 할 때는, 처음에 얻어진 각 무차원군을 적어도 한 번은 사용해야 하며, 최종 조합은 세 무차원군으로만 이루어져야 한다. 예를 들어서, 식 (1.49)의 양변에 $(\mu/D\overline{V}\rho)(k/\mu c_p)$를 곱하면 식 (1.51)이 된다.

$$\frac{qD}{Ak\Delta T}\frac{\mu}{D\overline{V}\rho}\frac{k}{\mu c_p} = \Phi\left(\frac{D\overline{V}\rho}{\mu}, \frac{c_p\mu}{k}\right)\frac{\mu}{D\overline{V}\rho}\frac{k}{\mu c_p} = \Phi_1\left(\frac{D\overline{V}\rho}{\mu}, \frac{c_p\mu}{k}\right)$$

이 식의 함수 Φ_1은 함수 Φ와 같지 않다. 이러한 방법으로 무차원식을 다른 형태로 바꿀 수 있으며, 어떤 한 변수가 하나의 무차원군에만 포함되도록 할 수도 있다. 식 (1.49)에서는 c_p가, 식 (1.51)에서는 k가 하나의 무차원군에만 포함되어 있다. 12장에서 알게 되겠지만, 목적에 따라서는 식 (1.51)이 식 (1.49)보다 유용한 경우가 있다.

차원해석법의 유용성. Churchill이 지적한대로, 차원해석은 일종의 추론 과정(speculative process)이라 할 수 있다[3]. 첫째로, 차원해석법 자체가 식 (1.48)처럼 단순한 지수적 관계의 적용성을 보증하는 것은 아니지만, 추가 실험에 의해 그 타당성을 검증할 수 있다. 둘째로, 변수는 얼마든지 임의적으로 선택할 수 있지만, 차원해석 과정에서 그 적절성이 판명된다. 불필요한 변수가 포함되면 그것이 불필요하다는 것이 밝혀진다. 중요한 변수가 누락되면, 가령 유량이 아주 작거나 큰 경우처럼, 제한적 조건이나 극한적 조건에서만 적용되는 관계식이 얻어진다. 차원해석법은 특히 실험 계획의 설계에서 아주 유용한 도구로 활용할 수 있다.

유명한 무차원군

무차원군에는 이름과 기호가 정해져 있는 것들이 많다. 중요한 것을 부록 2에 열거했다.

1.4 기본 개념

화학공학에서 다루는 단위조작의 토대가 되는 기본 개념은, 기체 상태식, 물질수지, 에너지수지 등이다. 이러한 주제는 이미 화학과 화학공학의 입문 교과에서 충분히 다루었을 것이므로, 여기에서는 간단히 개관하는 데 그치기로 한다. 이러한 개념의 응용에 관한 연습문제를 해답과 함께 이 장 끝에 실었다.

1.4.1 기체 상태식

온도 T, 압력 p에서 순수 기체의 몰수 n의 부피가 V라고 하자. 이 중 세 양을 알면 나머지 하나를 구할 수 있다. 즉 이 네 변수 중에서 셋만 독립적이므로, 함수 관계는 다음과 같다.

$$f(p, T, V, n) = 0 \tag{1.52}$$

이 함수 관계의 구체적 형을 상태식(equation of state)이라 한다. 여러 가지 상태식이 제안되었으며, 몇 가지가 통용된다. 가장 만족할만한 상태식은 다음과 같은 형이다.

$$\frac{pV}{nRT} = 1 + \frac{B}{V/n} + \frac{C}{(V/n)^2} + \frac{D}{(V/n)^3} + \cdots \tag{1.53}$$

이 식은 비리얼식(virial equation)이라 하며, 기체분자론에 근거한 것이다. 계수 B, C, D는 각각 제2, 제3, 제4 비리얼계수라 하며, 압력과는 무관하며 온도의 함수이다. 계수를 얼마든지 추가할 수 있지만, 발표된 계수치가 드물므로, 셋 이상의 계수를 사용하는 경우는 드물다. 이 식은 기체 혼합물에도 적용할 수 있는데,

이 때는 계수가 온도와 조성의 함수가 된다. 순수 기체의 계수로부터 혼합물의 계수를 추정하는 방법도 발표되어 있다[8].

압축인자와 몰밀도

공학에서는 식 (1.53)을 주로 다음과 같이 나타낸다.

$$z = \frac{p}{\rho_M RT} = 1 + \rho_M B + \rho_M^2 C + \rho_M^3 D \tag{1.54}$$

z는 압축인자(compressibility factor)이고, ρ_M은 몰밀도(molar density)로서 다음과 같다.

$$\rho_M = \frac{n}{V} \tag{1.55}$$

이상기체 법칙

고압의 실제기체에서, ρ_M과 T로부터 z를 정확하게 계산하려면 세 비리얼계수를 다 알아야 한다. 압력을 낮추어서 밀도가 감소하면, 비리얼계수의 값 자체는 변하지 않지만 비리얼 항의 수치가 줄어든다. D 항의 영향을 무시할 수 있으면 이 항을 제거하고, 마찬가지로 C 항도 제거할 수 있다. 일반 기체에서 압력이 1~2 atm 정도로 낮으면, 비리얼계수 셋을 모두 무시할 수 있으며, 결과적으로 다음과 같이 간단한 기체 법칙이 된다.

$$z = \frac{pV}{nRT} = \frac{p}{\rho_M RT} = 1 \tag{1.56}$$

이 식은 절대온도의 정의에서 사용한 식 (1.11)과 같은 것이다. 식 (1.11)의 극한 과정은 비리얼계수들을 제거하여 정의한 것이다. 식 (1.56)은 밀도의 범위가 일반적인 경우의 실질적 계산에 사용할 수 있는 것으로, 이상기체 법칙(ideal gas law)이라 한다.

분압

기체 혼합물 중의 각 성분을 다룰 때는 분압(partial pressure)의 개념을 사용하면 편리하다. 혼합물 중의 성분 A의 분압은 다음과 같이 정의한다.

$$p_A \equiv P y_A \tag{1.57}$$

p_A = 혼합물 중 성분 A의 분압
y_A = 혼합물 중 성분 A의 몰분율
P = 혼합물의 전압

혼합물 중의 각 성분의 분압을 모두 더하면 다음과 같다.

$$p_A + p_B + p_C + \cdots = P(y_A + y_B + y_C + \cdots)$$

분율의 합은 1이므로,

$$p_A + p_B + p_C + \cdots = P \tag{1.58}$$

즉 혼합물 중의 분압의 합은 전압과 같다. 이 관계는 이상기체나 실제기체에 모두 적용할 수 있다.

물질수지

물질보존의 법칙에 따르면, 물질은 파괴되지도 않고 창조되지도 않는다. 이를 질량에 대해 적용하면, 어떤 프로세스에 참여하는 물질의 질량은 일정하다는 것이 된다. 물론 광속도와 비슷한 속도로 움직이거나 핵반응이 일어나는 물체에 대해서는 이 법칙이 적용되지 않는다. 이러한 상황에서는 에너지와 질량이 상호변환적이므로, 어느 하나가 아니라 둘의 합이 일정하다. 그러나 공학 일반에서는 이러한 변환이 너무 적어서 검출할 수 없을 정도이므로, 이 책에서는 질량과 에너지를 독립적으로 취급했다.

어느 프로세스에서 질량이 보존되려면 유입되는 물질은 축적되거나 배출된다.

이 이외의 질량의 손실이나 획득은 있을 수 없고 축적량이 0인 정상상태(steady state)라면 다음과 같이 간단해진다.

물질 도입량 = 물질 배출량

이 책에서는 이러한 경우를 주로 다루었다. 도입량과 배출량을 각각 차변(debit)과 대변(credit)에 나타낸다면, 차변의 합은 대변의 합과 같아야 한다. 이러한 의미에서 물질보존의 법칙을 물질수지(material balance)라 한다. 프로세스 전체나 특정 장치나 임의 부분에 대해 모두 물질수지를 취할 수 있다. 또 프로세스 중에 물질이 변하지 않는다면, 물질 전체나 특정 성분에 대해 각각 총괄수지와 성분수지를 취할 수 있다.

에너지수지

전체 프로세스이든 그 일부이든 간에, 가상적 경계에 의해 외계와 구분되는 계에 대해 에너지수지(energy balance)를 취할 수 있다. 물질수지의 경우와 마찬가지로, 경계를 통해 에너지가 출입하는 계의 에너지수지는 다음과 같다.

에너지 도입량 = 에너지 배출량 + 에너지 축적량

상태가 시간에 따라 변하지 않는 정상상태에서는 다음과 같다.

에너지 도입량 = 에너지 배출량

에너지수지에서는 모든 형태의 에너지를 전부 고려해야 한다. 그러나 대부분의 흐름 공정에서는, 자기에너지, 표면에너지, 기계적 응력 에너지 등은 거의 변하지 않으므로 고려할 필요가 없다. 가장 중요한 형태는, 운동에너지, 위치에너지, 엔탈피, 열, 일 등이다. 전기화학 공정에서는 전기에너지를 추가한다.

단일 흐름 공정의 에너지수지. 그림 1.1에 보인 것처럼, 흐름이 하나인 정상 흐름 공정을 고려하자. 임의 장치에 흐르는 물질의 질량유량이 일정하고, 임의 시간 간격 중에 통과한 질량을 m(kg)이라 한다. 도입 흐름은 유속이 u_a(m/s)이고, 임의 기준면에 대한 도입부 높이를 Z_a(m)라 한다. 엔탈피는 H_a(J/kg)이다. 배출 흐름은 각각 u_b, Z_b, H_b라 한다. m(kg)의 물질이 흐르는 동안 외부로부터 장치에 Q(J)의 열이 도입된다. 장치에 터빈이나 엔진이 설치되어 있다면, 축(shaft)을 돌리는 방법으로 외계에 일을 할 것이다. 펌프가 있으면, 역시 축의 회전에 의해 계에 일을 할 것이다. 이러한 종류의 일을 축일(shaft work)이라 하는데, W_s(J)의 축일을 장치가 외계에 한다고 본다. 이 공정에 대해 에너지수지를 취하면 다음과 같다.

$$m\left[\frac{u_b^2 - u_a^2}{2} + g(Z_b - Z_a) + H_b - H_a\right] = Q - W_s \tag{1.59}$$

이 식은 표준 열역학 교과서에서도 볼 수 있다[9]. fps 단위계로 나타내면,

$$m\left[\frac{u_b^2 - u_a^2}{2g_c J} + \frac{g(Z_b - Z_a)}{g_c J} + H_b - H_a\right] = Q - \frac{W_s}{J} \tag{1.60}$$

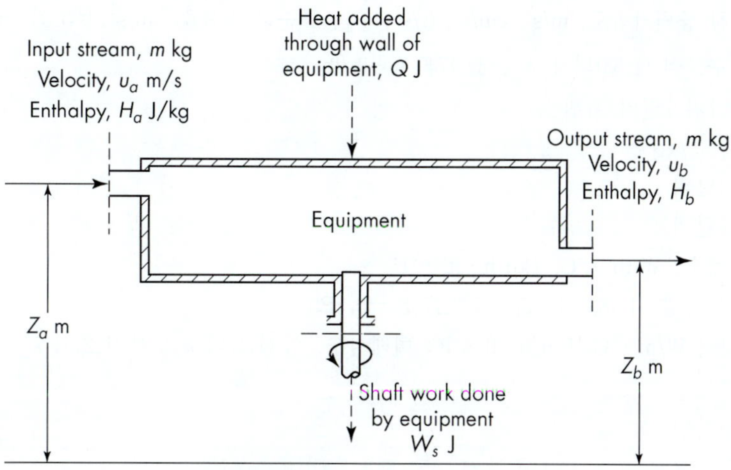

그림 1.1 정상상태 흐름 공정

식 (1.59)나 (1.60)을 구체적 상황에 적용하려면, 계의 경계를 분명히 정해야 한다. 도입 흐름과 배출 흐름을 확인하여, 도입부와 배출부의 위치를 파악하고, 회전축이 있는지를 조사한다. 계와 외계 사이의 열전달 표면도 확인한다. 모든 축, 도입부 및 배출부의 단면과 장치의 경계를 고려대상표면(control surface)이라 하며, 이는 빈틈이 없는 폐쇄 외투(closed envelope)라야 한다. 식 (1.59)는 대상표면 내부의 장치 및 물질에 대해 적용된다. 그림 1.1의 공정에서 대상표면은, 장치의 벽, 점선으로 나타낸 축, 도입부 및 배출부의 단면이 만드는 표면으로 이루어진다. 대상표면으로 둘러싸인 내부 공간은 고려대상부피(control volume)라 한다.

관습상 열 Q는 대상표면의 외부에서 장치로 흘러 들어갈 때를 + 값으로 나타내고, 축일 W_s는 장치가 대상표면 외부에 일을 할 때를 + 값으로 나타낸다. 따라서 대상표면 내부의 펌프에 요구되는 일은 − 값이 된다. Q와 W_s는 모두 실질값(net value)으로 나타낸다. 즉 열흐름이나 축일이 하나 이상이면 산술적으로 합산한 실질값을 식 (1.59)와 (1.60)에서 사용한다. 한편 식 (1.59)와 (1.60)에는 마찰에 관한 항이 없다. 대상표면 내부에서 기계적 에너지가 열로 변하는 것이 마찰인데, 이 영향은 다른 항에 포함되어 있는 것으로 보면 된다.

1.5 기호 설명

일반적으로 물리량을 SI, cgs, fps 단위로 나타냈다. cgs나 fps 단위계만으로 나타낸 양은 지정된 단위를 사용해야 한다. 한 식에서만 사용한 양은 해당 식 번호를 표기했다.

A	열전달 표면적, ft^2 [식 (1.41)]
B	상태식의 제2 비리얼계수, m^3/k mol, cm^3/mol, ft^3/lb mol
C	상태식의 제3 비리얼계수, $m^6/(k\ mol)^2$, $cm^6/(mol)^2$, $ft^6/(lb\ mol)^2$
c_p	비열, J/g · °C, Btu/lb · °F
D	지름, m, ft; 상태식의 제4 비리얼계수, $m^9/(k\ mol)^3$, $cm^9/(mol)^3$, $ft^9/(lb\ mol)^3$
D'_o	관의 외경, in.[식 (1.41)]
F	힘, N, dyn, lb_f
f	함수 기호
G	질량속도, kg/s · m^2; lb/h · ft^2; 중력상수, N · m^2/kg^2, dyn · cm^2/g^2, $lb_f \cdot ft^2/lb^2$

g	자유낙하 중력가속도, m/s^2, cm/s^2, ft/s^2; g_n, 표준값, 9.80665^* m/s^2, 980.665 cm/s^2, 32.1740 ft/s^2
g_c	비례상수, 식 (1.33)의 $1/k_1$, 32.1740 $ft \cdot lb/lb_f \cdot s^2$
$\overline{H}$	열, 에너지, 일의 차원
H	엔탈피, J/kg
H_a	도입 엔탈피
H_b	배출 엔탈피
h	열전달계수, $W/m^2 \cdot °C$, $Btu/h \cdot ft^2 \cdot °F$
J	열의 일 당량, 4.1868 J/cal_{IT}, 778.17 $ft \cdot lb_f/Btu$
k	열전도도, $W/m \cdot °C$, $Btu/h \cdot ft \cdot °F$; 비례상수, 식 (1.1)의 k_1; 식 (1.2)의 k_2; 식 (1.3)의 k_3; 식 (1.4)의 k_4
$\overline{L}$	길이의 차원
M	분자량
$\overline{M}$	질량의 차원
m	질량, kg, g, lb; m_a, m_b, 입자의 질량 [식 (1.2)]
n	몰수, mol
P	혼합물의 전압, Pa, dyn/cm^2, lb_f/ft^2
p	압력, Pa, dyn/cm^2, lb_f/ft^2; p_A, p_B, p_C, 각각 성분 A, B, C의 분압
Q	열, J, cal, Btu; Q_c, 주기 중에 계가 흡수한 열
q	열전달속도, Btu/h [식 (1.41)]
R	기체상수, 8.31447×10^3 $J/K \cdot k\,mol$, 8.31447×10^7 $erg/k \cdot mol$, 1.98588 $Btu/°R \cdot lb\ mol$
r	두 질량점 m_a와 m_b 사이의 거리 [식 (1.2)]
T	온도, K, °C, °R, °F; 절대온도 [식 (1.11)]
$\overline{T}$	온도의 차원
t	시간, s
$\overline{t}$	시간의 차원
u	유속, 선형 속도, m/s, cm/s, ft/s; u_0, 자유낙하 물체의 초속
V	부피, m^3, cm^3, ft^3
$\overline{V}$	평균 유속, m/s, cm/s, ft/s
W	일, J, erg, $ft \cdot lb_f$; W_c, 주기 중에 계가 한 일
y	기체 혼합물의 몰분율; y_A, y_B, y_C, 각각 성분 A, B, C의 몰분율
Z	기준면 위의 높이, m, cm, ft
z	압축인자, 무차원

그리스 문자

ΔT	온도차, °F [식 (1.41)]
μ	절대 점도, $kg/m \cdot s$, $Pa \cdot s$, $lb/ft \cdot s$
ρ	밀도, kg/m^3, g/cm^3, lb/ft^3
ρ_M	몰밀도, $k\,mol/m^3$, mol/cm^3, $lb\ mol/ft^3$
Ψ	함수 기호
Φ, Φ_1	함수 기호

연습 문제

1.1 기본량의 환산인자와 정의된 상수를 사용하여 다음을 환산하여라.

(a) $ft \cdot lb_f$ → kW

(b) gal(231 in^3) → L(10^3 cm^3)[10]

(c) Btu/lb mol → J/k mol

답: 부록 1 참고.

1.2 10^{-6} 세기(microcentury)는 몇 min 정도인가?

1.3 실제기체 상태식으로 유명한 Beattie-Bridgeman 식은 다음과 같다.

$$p = \frac{RT[1 - c/(vT^3)]}{v^2}\left[v + B_0\left(1 - \frac{b}{v}\right)\right] - \frac{A_0}{v_2}\left(1 - \frac{a}{v}\right) \tag{1.61}$$

a, A_0, b, B_0, c = 실험 상수, v = 몰부피, L/mol

(a) 이 식을 식 (1.54)의 형태로 나타낼 수 있음을 보이고, 식 (1.61)의 상수 항으로 비리얼계수 B, C, D를 나타내는 식을 유도하여라.

(b) 공기에 대한 상수 값을 cgs 단위계(atm, L, mol, K, $R = 0.08206$)의 값으로 나타내면 다음과 같다.

$$a = 0.01931,\ A_0 = 1.3012,\ b = -0.01101,\ B_0 = 0.04611,\ c \times 10^{-4} = 66.00$$

이 상수값들을 SI 단위계의 값으로 나타내어라.

(c) 온도 300 K, 몰부피 0.200 m^3/k mol일 때 공기의 z를 구하여라.

1.4 건량 기준으로 암모니아 가스 25%, 공기 75%인 혼합물을 수직 흡수탑의 하부에 도입하여 흘러 올라가게 하면서 탑 상부에 물을 공급한다. 탑 위에서 배출되는 기체 중의 암모니아 조성은 0.5%이고, 탑 밑에서 배출되는 수용액 중의 암모니아 조성은 10%이다. 도입 및 배출 기체 흐름은 모두 수증기로 포화되어 있다. 온도는 도입 기체가 37.8℃, 배출 기체가 21.1℃이다. 기체 흐름이나 탑 안의 압력은 모두 1.02 atm이다. 도입되는 공기-암모니아 혼합물의 유량이 28.32 m^3/min(15.6℃, 1 atm의 건량 기준)일 때, 탑에서 물에 흡수되지 않고 배출되는 암모니아의 비율을 구하여라. 또 물의 공급유량(m^3/h)을 구하여라.

답: 1.5%, 2.71 m^3/h

1.5 공기 75%, 암모니아 가스 25%로 된 건조 기체를 지름이 2 ft인 원통형 충전 흡수탑 하부에 도입하고, 탑 상부에서는 물을 분무한다. 암모니아를 흡수한 수용액은 탑 하부에서 배출된다. 기체의 도입 및 배출 온도와 압력은 각각 80°F, 760 mm Hg 및 60°F, 730 mm Hg이다. 배출 기체 중의 암모니아 함유량은 1%(건량 기준)이다.

(a) 탑 밑의 공간 부분에서 도입 기체의 평균 상향 유속이 1.5 ft/s일 때, 처리 유량(ft^3/h)을 구하여라.

(b) 암모니아의 흡수속도(lb/h)를 구하여라.

답: (a) 16,965 ft^3/h, (b) 177 lb/h

10 liter는 숫자 1과 구분하기 위해 대문자 L로 나타내었다.(역주)

1.6 NaOH 10%, NaCl 10%, H_2O 80%인 용액을 25 t/h로 증발장치에 연속 도입한다. 수분이 증발하면서 석출하여 침강하는 소금 결정을 분리하면, NaOH 50%, NaCl 2%, H_2O 48%인 농축액이 배출된다. 다음을 구하여라.

(a) 물의 증발속도(kg/h), (b) 소금의 석출속도(kg/h), (c) 농축액의 배출속도(kg/h)

답: (a) 17,600 kg/h, (b) 2,400 kg/h, (c) 5,000 kg/h

1.7 수평 가열관 안에 공기가 정상 상태로 흐른다. 공기의 도입 및 배출 온도와 유속은 각각 40°F, 50 ft/s 및 140°F, 75 ft/s이다. 공기의 평균 비열은 0.24 Btu/lb·°F이다. 관벽을 통하여 공기로 전달되는 열량(Btu/lb)을 구하여라.

답: 24.1 Btu/lb

1.8 다음 식은 구의 표면과 여기에 흐르는 유체 사이의 열전달을 나타낸 실험식이다(12장 참고). 이 식의 차원 일관성을 검토하여라.

$$h = 2.0kD_p^{-1} + 0.6D_p^{-0.5}G^{0.5}\mu^{-0.17}c_p^{0.33}k^{0.67}$$

h = 열전달계수

D_p = 구의 지름

k = 유체의 열전도도

G = 유체의 질량속도

m = 유체의 점도

c_p = 유체의 비열

1.9 지름이 D인 관에 공경 D_o인 평판 오리피스를 설치한 오리피스 미터(8장 참고)에서 압력 강하 Δp를 측정한다. Δp는 관에 흐르는 유체의 평균 유속 $\overline{V}$, 유체의 밀도 ρ, 유체의 점도 μ, 관의 지름 D, 공경 D_o의 함수로 나타낼 수 있을 것으로 생각된다.

$$\Delta p = \Phi(\overline{V}, \rho, \mu, D, D_0)$$

이러한 변수들의 상관 관계를 나타내는 적절한 무차원군의 집합을 구하여라.

답: $\dfrac{\Delta p}{\rho\overline{V}^2} = \phi\left(\dfrac{D_o\overline{V}\rho}{\mu}, \dfrac{D}{D_o}\right)$

1.10 석탄 화력발전소의 출력이 360 MW이고, 열의 일로의 전환율은 38%이다. 석탄의 발열량이 30,000 kJ/kg일 경우, 시간당 사용하는 석탄의 질량(ton/h)을 구하여라.

1.11 섭씨 온도와 화씨 온도의 수치가 같아지는 것은 몇 도인가? 켈빈 온도와 랭킨 온도의 수치가 같아지는 경우도 있나?

1.12 남아메리아의 여러 나라에서는 수분 함유량이 65%인 카사바(cassava) 뿌리를 수분 함유량 5%로 건조하고 분쇄하여 타피오카(tapioca) 가루를 만든다. 가루를 1,200 kg/h로 만들기 위해 건조장치에 도입해야 하는 습한 뿌리의 질량유량(kg/h)을 구하여라. 또 제거되는 수분의 질량유량을 구하여라.

1.13 수분 66%인 습한 펄프를 건조하여 처음 수분의 53을 제거한다. 건조 펄프의 수분 함유량을 구하여라. 또 건조 펄프와 습한 펄프의 질량비(kg/kg)를 구하여라.

1.14 어분(fish meal)을 만들기 위해 먼저 생선에서 기름을 추출하여 수분 82 질량%인 습한 생선 케이크를 얻고 이를 부분 건조하여 수분 함유량을 40%로 줄인 다음 분쇄한다. '건조' 케이크를 800 kg/h로 생산하기 위해 필요한 습한 케이크의 양(kg/h)을 구하라.

1.15 열전달 자료를 다음과 같은 j 인자로 나타내는 경우가 있다.

$$j_H = \left(\frac{h}{c_p G}\right)\left(\frac{c_p \mu}{k}\right)^{2/3} = f(\mathrm{Re})$$

이 상관관계를 변환하여 Nusselt 수($\mathrm{Nu} = hD/k$)를 Reynolds 수(DG/μ)와 Prandtl 수($c_p\mu/k$)의 함수로 나타내어라.

1.16 1 atm, 0°C의 공기 1 lb mol 중의 산소 분자의 수를 구하여라. 또 1 atm, 30°C의 공기 1 k mol 중의 O_2 분자의 수를 구하여라.

1.17 식 (1.59)와 열역학 교과서에서 볼 수 있는 $\Delta E = Q - W$의 차이를 설명하여라. 이 식을 식 (1.59)로부터 유도할 수 있나?

참고 문헌

1. Austin, G. T. *Shreve's Chemical Process Industries*, 5th ed. New York: McGraw-Hill, 1984.
2. Bridgman, P. W. *Dimensional Analysis*, New York: AMS Press, 1978.
3. Churchill, S. W. *Chem. Eng. Educaton*, **30**(3):158 (1997).
4. *CRC Handbook of Chemistry and Physics,* 69th ed., Boca Raton, FL: CRC Press, 1988, p. F-191.
5. Hallady, D., and R. Resnick, *Fundamentals of Physics*, 3d ed., New York: Wiley, 1988, p. 4.
6. Moldover, M. R., et al. *J. Res. Natl. Bur. Std.*, **93**(2):85 (1988).
7. *Natl. Bur. Std. Tech. News Bull.*, **55**:3 (March 1971).
8. Prausnitz, J. M., R. N. Lichtenthaler, and E. G. de Azevedo, *Molecular Theory of Fluid-Phase Equilibria*, Englewood Cliffs, NJ: Prentice-Hall, 1986.
9. Smith, J. M., H. C. Van Ness, and M. M. Abbott, *Introduction to Chemical Engineering Thermodynamics*, 5th ed. New York: McGraw-Hill, 1996.

참고 문헌

1. Austin, G. T., *Shreve's Chemical Process Industries*, 5th ed., New York: McGraw-Hill, 1984.
2. Bridgman, P. W., *Dimensional Analysis*, New York: AMS Press, 1978.
3. Churchill, S. W., *Chem. Eng. Education*, 30(3):158 (1996).
4. *CRC Handbook of Chemistry and Physics*, 69th ed., Boca Raton, FL: CRC Press, 1988, p. F-191.
5. Halliday, D., and R. Resnick, *Fundamentals of Physics*, 3d ed., New York: Wiley, 1988, p. 4.
6. [illegible] *Rev.* [illegible] (1988).
7. [illegible] *News*, [illegible] (March 19[illegible]).
8. Prausnitz, J. M., R. N. Lichtenthaler, and E. G. de Azevedo, *Molecular Thermodynamics of Fluid-Phase Equilibria*, Englewood Cliffs, NJ: Prentice-Hall, 1986.
9. Smith, J. M., H. C. Van Ness, and M. M. Abbott, *Introduction to Chemical Engineering Thermodynamics*, 5th ed., New York: McGraw-Hill, 1996.

Section

II

유체역학

Fluid Mechanics

유체의 거동은 프로세스 공학에서 일반적으로 중요하며, 단위조작의 기본 분야 중의 하나이다. 유체를 잘 알아야 관과 펌프를 비롯한 프로세스 장치에서 유체 이동에 관한 문제를 제대로 다루고, 열흐름, 확산 및 물질전달에 기초한 분리조작을 공부할 수 있다.

유체(액체, 가스, 증기)의 거동을 다루는 공학 분야를 **유체역학**이라 한다. 유체역학을 포함하여, 응력을 받는 고체까지 다루는 넓은 분야는 **연속체역학**(continuum mechanics)이라 한다.

단위조작에서는, 전단응력이 없는 평형 상태의 유체를 다루는 **유체정역학**(fluid statics)과, 일부가 상대적으로 움직이는 유체를 다루는 **유체동역학**(fluid dynamics)의 두 분야로 유체역학을 나눈다.

이 단원에서는 단위조작에서 중요한 유체역학을 다룬다. 유체역학 분야는 아주 광범하므로 여기에서는 그 일부 주제만을 다룬다. 2장에서는 유체정역학과 그 기본 응용을 다루고, 3장에서는 유체 흐름에서 나타나는 중요 현상을 검토하며, 4장에서는 유체 흐름의 정량적 기본 법칙과 식을 다룬다. 5장에서는 관 속에 흐르는 비압축성 유체, 6장에서는 압축성 유체, 7장에서는 유체 속에 잠긴 고체를 지나는 흐름을 다룬다. 8장에서는 유체 수송 장치와 유량의 측정 및 조절에 관한 공학적 과제를 다룬다. 끝으로 9장에서는 응용 유체역학의 핵심이라 할 수 있는 혼합, 교반, 분산 조작을 다룬다.

02 유체정역학과 응용

Fluid Statics and Its Applications

유체의 성질

유체는 변형에 대해 영구적으로 저항하지 못하는 물질이다. 유체의 모양이 바뀔 때는 유체 층이 서로 상대적으로 미끄러지면서 새로운 모양이 된다. 이러한 변형 중에는 전단응력(shear stress)[1]이 생기는데, 그 크기는 유체의 점도와 미끄럼속도에 따라 달라진다. 새로운 모양이 형성되면 전단응력은 사라진다. 평형 유체에는 전단응력이 없다.

온도와 압력이 일정하면 유체의 밀도(단위: kg/m^3, lb/ft^3)도 일정하다. 온도와 압력에 따른 밀도의 변화 정도는 유체에 따라 다른데, 밀도가 거의 변하지 않는 유체를 **비압축성 유체**(incompressible fluid)라 하고, 밀도가 크게 변하는 유체를 **압축성 유체**(compressible fluid)라 한다. 일반적으로 액체는 비압축성이고 기체는 압축성이다. 그러나 이러한 구분은 상대적이다. 온도나 압력의 변화 폭이 크면 액체의 밀도도 상당히 변할 수가 있다. 온도와 압력이 거의 변하지 않으면 기체도 비압축성 유체나 마찬가지 거동을 하므로, 이러한 조건에서는 기체의 밀도 변화를 무시해도 큰 오차가 생기지 않는다.

일상적으로 경험하는 일이지만, 그릇 안의 정지 유체는 벽에 압력을 미치는데, 이는 벽 단위 면적에 미치는 유체의 표면력이다. 이 압력은 유체 내부의 모든 점에도 작용한다. 압력은 스칼라양(scalar quantity)이므로, 어느 한 점에서의 압력의 크기는 방향에 관계없이 모두 같다.

2.1 유체정역학적 평형

정지 유체가 미치는 압력은 높이에 따라 달라지지만 지면과 평행한 한 단면에서는 어느 점에서나 모두 같다. 그림 2.1에 보인 유체 기둥을 고려하자. 단면적이 S인 기둥에 밀도가 ρ인 유체가 들어있다. 바닥 기준으로 높이 Z에서의 압력은 p이다. 높이 dZ이고 단면적이 S인 미소 부피에는 세 가지 수직력이 작용한다.

1 외력에 의해 물질의 한 층에 대한 다른 층의 수평적 변위를 전단(shear)이라 하며, 외력과 층 면적의 비가 전단응력이다. 3장 참고

(1) 압력 p에 의해 위로 작용하는 힘, pS
(2) 압력 $p+dp$에 의해 아래로 작용하는 힘, $(p+dp)S$
(3) 아래로 작용하는 중력, $g\rho S/dZ$

이 미소 부피에 작용하는 모든 힘의 합은 0이다.

$$+pS-(p+dp)S-g\rho S dZ=0 \tag{2.1}$$

이 식에서 위로 작용하는 힘을 + 값으로 나타냈다. 이 식의 양변을 S로 나누어 정리하면,

$$dp+g\rho dZ=0 \tag{2.2}$$

압축성 유체이면, 기둥 전체에서 압력에 따른 밀도의 변화를 알아야 이 식을 적분할 수 있다. 하지만 공학적 문제에서는 밀도가 실질적으로 일정하다고 보아도 좋을 때가 많다. 비압축성 유체는 밀도가 일정하고, 압축성 유체라도 높이의 변화가 아주 크지 않으면 밀도가 일정하다고 간주할 수 있으므로, 이 식을 다음과 같이 적분할 수 있다.

$$\frac{p}{\rho}+gZ=\text{상수} \tag{2.3}$$

그림 2.1에서, 높이 Z_a와 Z_b에 대해 적분하면,

$$\frac{p_b}{\rho}-\frac{p_a}{\rho}=g(Z_a-Z_b) \tag{2.4}$$

이 식은 유체정역학적 평형(hydrostatic equilibrium) 조건을 수식으로 나타낸 것이다.

액체의 두

식 (2.4)는 압력과 액체 기둥의 높이 사이의 관계를 나타낸 것이다. 압력을 두(높이압, head)로 나타내는 경우가 많은데, 두란 액체 기둥이 바닥에 미치는 압력에 해당한다(두에 관한 정확한 정의는 8장에서 다룬다. 두는 펌프 성능을 나타내는 데 필요하다). 두 Z는 다음과 같다.

$$Z=p/\rho g$$

fps 단위로는 두를 다음과 같이 나타내기도 한다.

$$Z=pg_c/\rho g$$

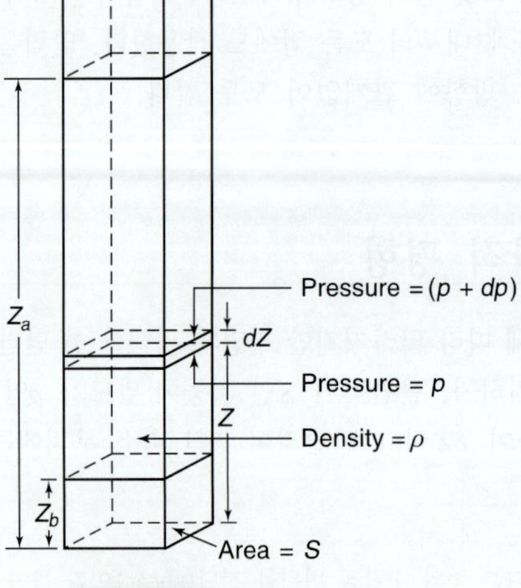

그림 2.1 유체정역학적 평형

기압의 식

이상기체의 밀도와 압력의 관계는 다음과 같다.

$$\rho = \frac{pM}{RT} \tag{2.5}$$

M = 분자량
T = 절대온도

식 (2.5)를 식 (2.2)에 대입하면,

$$\frac{dp}{p} + \frac{gM}{RT}dZ = 0 \tag{2.6}$$

T가 일정하다고 가정하고, 이 식을 높이 a와 b에 대해 적분하면,

$$\ln\frac{p_b}{p_a} = -\frac{gM}{RT}(Z_b - Z_a)$$

$$\frac{p_b}{p_a} = \exp\left[-\frac{gM(Z_b - Z_a)}{RT}\right] \tag{2.7}$$

이 식을 기압의 식(barometric equation)이라 한다.

깊은 가스정(gas well)에서처럼, 기체가 비이상적이고 온도가 일정하지 않은 상황에서 압력 분포의 추산 방법은 문헌을 참고하기 바란다[3].

원심력장에서의 유체정역학적 평형

회전하는 원심분리기에서는, 원심력에 의해 액체층이 회전축으로부터 바깥쪽으로 던져져서 용기벽으로 밀려간다. 이때 액체의 자유표면은 회전포물체 모양이지만[2], 회전속도가 아주 빠른 공업용 원심분리기에서는 원심력에 비해 중력은 무시할 정도이므로, 액체 표면은 회전축과 동심의 원통형이 된다. 이러한 상황을 그림 2.2에 보였다. 여기에서 r_1은 회전축과 자유 액면 사이의 반지름방향 거리이고, r_2는 원심분리통의 반지름이다. 이러한 액체 전체 덩어리는 액체 한 층이 다른 층으로 미끄러짐이 없는 마치 단단한 물체처럼 회전한다. 이러한 조건에서는 유체정역학의 원리를 이용하여 액체 안의 압력 분포를 구할 수 있다.

회전 액체 고리(ring)에서의 압력 강하를 구해 본다. 그림 2.2에서 반지름이 r이고 두께가 dr인 미소 부피에 작용하는 원심력은 다음과 같다.

$$dF = \omega^2 r\,dm$$

dF = 원심력
dm = 액체 미소 부피의 질량
ω = 각속도(rad/s)

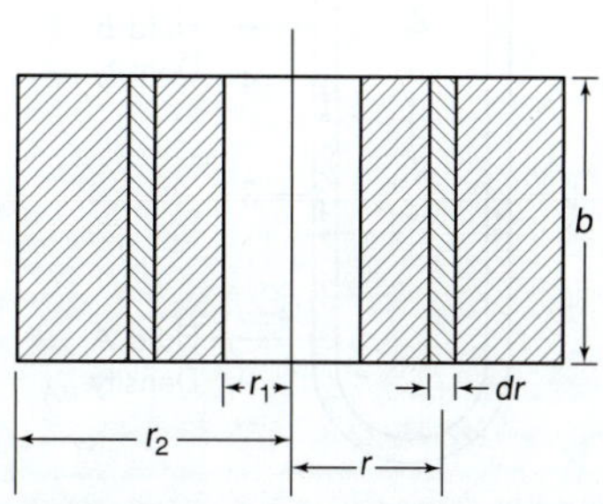

그림 2.2 원심분리통 안의 단일 액체

액체 밀도가 ρ이고 고리 폭이 b라면,

$$dm = 2\pi\rho rb\,dr$$

dm을 소거하면,

$$dF = 2\pi\rho b\omega^2 r^2\,dr$$

이 미소 부피에서의 압력 변화는 미소 부피가 미치는 힘을 고리의 면적으로 나눈 값과 같다.

$$dp = \frac{dF}{2\pi rb} = \omega^2\rho r\,dr$$

고리 전체에서의 압력 강하는

$$p_2 - p_1 = \int_{r_1}^{r_2} \omega^2\rho r\,dr$$

밀도가 일정하면 다음과 같이 적분할 수 있다.

$$p_2 - p_1 = \frac{\omega^2\rho(r_2^2 - r_1^2)}{2} \tag{2.8}$$

이 식은 r_1과 r_2의 차이가 크지 않을 때만 적용할 수 있지만, 실제 장치에 적용해도 오차가 그다지 크지 않다.

2.2 유체정역학의 응용

마노미터

마노미터(manometer)는 중요한 압력차 측정기구의 하나로서, 가장 단순한 것을 그림 2.3에 보였다. U자관에서 빗금 부분에는 밀도 ρ_A인 유체 A가 들어있고, 그 위의 두 팔에는 밀도가 이보다 작아서 ρ_B인 유체 B가 들어있다고 하자. 두 유체는 서로 섞이지 않는다.

U자관의 두 팔에 각각 압력 p_a와 p_b가 미칠 때, 압력차($p_a - p_b$)가 있으면, 두 팔의 액면에 차이가 생길 것이므로, 이 차이의 수직 거리 R_m으로부터 압력차를 구할 수 있다. R_m과 $p_a - p_b$의 관계를 구하기로 한다. 그림 2.3에서 점 1의 압력이 p_a이므로, 점 2의 압력은 $p_a + g(Z_m + R_m)\rho_B$가 된다. 한편 점 3의 압력

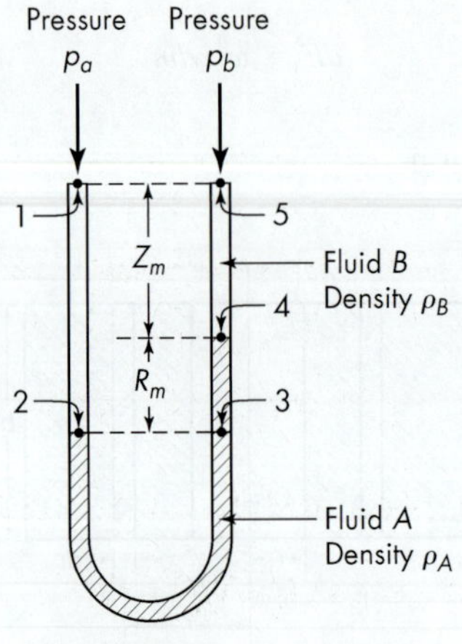

그림 2.3 U자관 마노미터

은 $p_b + gZ_m\rho_B + gR_m\rho_A$이다. 유체정역학의 원리에 따르면, 점 2의 압력과 점 3의 압력은 같다.

$$p_a + g[(Z_m + R_m)\rho_B - R_m\rho_A - Z_m\rho_B] = p_b \tag{2.9}$$

이 식을 정리하면

$$p_a - p_b = gR_m(\rho_A - \rho_B) \tag{2.10}$$

이 식에서 알 수 있지만, 압력 p_a와 p_b를 동일한 수평면에서 측정한다면, 압력차는 Z_m이나 관의 지름과는 무관하다. 유체 B가 기체이면, ρ_B는 ρ_A에 비해 무시할 수 있으므로, 식 (2.10)에서 이를 무시해도 된다.

예제 2.1

그림 2.3에 보인 마노미터를 사용하여 오리피스(그림 8.18) 전후의 압력 강하를 측정한다. 액체 A는 수은(밀도 13,590 kg/m^3)이고, 오리피스를 통해 흐르고 마노미터 입구부에 차 있는 유체는 염수(밀도 1,260 kg/m^3)이다. 오리피스 양쪽 탭(tap)에서 압력이 같을 때 마노미터 수은의 액면은 탭보다 0.9 m 아래에 있다. 조작 조건에서는 상류 탭의 계기압력[2]이 0.14 bar이고, 하류 탭의 압력은 대기압보다 250 mm Hg만큼 낮다. 마노미터 읽음(reading, mm)을 구하여라.

풀이

편의상 대기압을 0이라 하고, 주어진 자료를 식 (2.10)에 대입한다.

$$p_a = 0.14 \times 10^5 = 14,000 \text{ Pa}$$

식 (2.4)에서

$$\begin{aligned} p_b &= Z_b g\rho_A \\ &= -\frac{250}{1000} \times 9.80665 \times 13,590 \\ &= -33,318 \text{ Pa} \end{aligned}$$

식 (2.10)에 대입하면,

$$\begin{aligned} 14,000 + 33,318 &= R_m \times 9.80665 \times (13,590 - 1,260) \\ R_m &= 0.391 \text{ m} = 391 \text{ mm} \end{aligned}$$

■

압력차가 작을 때는 그림 2.4에 보인 **경사형 마노미터**(inclined manometer)를 사용하면 편리하다. 마노미터의 한 팔을 기울이면, R_m이 작아도 액면차의 길이가 R_1으로 커진다. 경사각이 α이면, $R_1 = R_m \sin\alpha$가 되므로, 압력차가 작아도 읽음이 커진다.

$$p_a - p_b = gR_1(\rho_A - \rho_b)\sin\alpha \tag{2.11}$$

이러한 마노미터에서는, 그림 2.4에서처럼, 수직 팔의 일부를 확대하여, 기구의 조작 범위에서는 수직 팔의 액면 변화는 무시될 수 있도록 한다.

중력식 연속 디캔터

밀도가 다르고 비혼화성(immiscible)인 두 액체의 연속 분리용으로는 그림 2.5에 보인 것과 같은 중력식 디캔터(gravity decanter)가 사용된다. 이 분리장치의 한 쪽에 혼합물을 공급하고, 용기를 통과하면서 천천히 흐르도록 하면, 두 층으로 분리되어, 반대쪽의 일류관(overflow line)으로 배출된다.

2 계기압력(gauge pressure)은 대기압을 기준으로 측정한 압력, 즉 실제 압력에서 대기압을 뺀 압력이다.

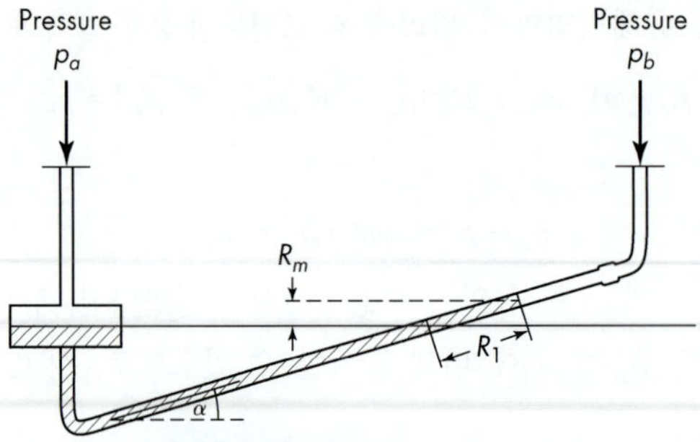

그림 2.4 경사형 마노미터

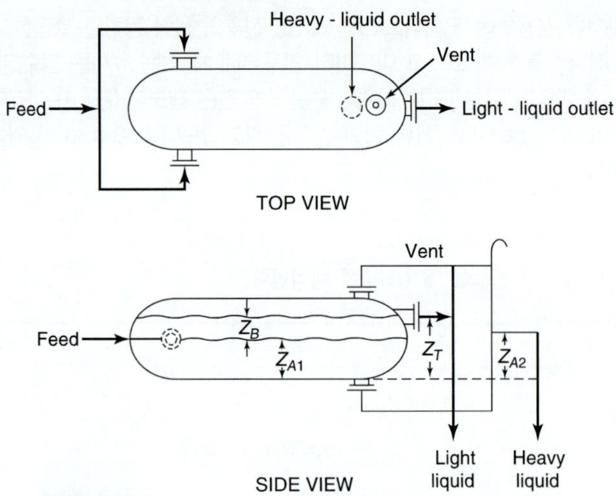

그림 2.5 비혼화성 액체의 연속 분리용 중력식 디캔터

일류관이 충분히 커서 액체 흐름에 대한 마찰 저항이 무시되고, 배출 흐름은 용기 안의 액면 상부의 기상 공간의 압력과 같은 압력에서 배출된다면, 유체정역학의 원리를 이용하여 디캔터의 성능을 평가할 수 있다.

그림 2.5의 디캔터에서, 무거운 액체(중액)와 가벼운 액체(경액)의 밀도가 각각 ρ_A 및 ρ_B이고, 중액층과 경액층의 깊이가 각각 Z_{A1} 및 Z_B라 하자. 경액의 일류관 위치를 고정하면, 용기 안의 액체의 전체 깊이 Z_T는 일정하게 유지된다. 중액은, 용기 바닥에 연결하여 바닥으로부터 높이 Z_{A2}만큼 들어올린 일류다리(overflow leg)로 배출된다. 일류관이나 용기 상부는 모두 대기에 개방되어 있다.

배출관에서 흐름에 대한 마찰을 무시하면, 중액 일류다리의 중액 기둥의 액면은 이것과 균형을 이루는 용기 안의 중액의 액면보다 다소 높아진다. 유체정역학적 수지를 취하면 다음과 같다.

$$Z_B\rho_B + Z_{A1}\rho_A = Z_{A2}\rho_A \tag{2.12}$$

Z_{A1}에 대해 나타내면

$$Z_{A1} = Z_{A2} - Z_B\frac{\rho_B}{\rho_A} = Z_{A2} - (Z_T - Z_{A1})\frac{\rho_B}{\rho_A} \tag{2.13}$$

용기 안의 액체의 전체 깊이 $Z_T = Z_B + Z_{A1}$이므로,

$$Z_{A1} = \frac{Z_{A2} - Z_T(\rho_B/\rho_A)}{1 - \rho_B/\rho_A} \tag{2.14}$$

이 식에서 알 수 있지만, 용기 안의 액-액 계면의 위치는 두 액체의 밀도비와 일류관 높이에 따라 달라지며, 액체의 유량과는 무관하다. ρ_A와 ρ_B의 차이가 적어질수록 계면의 위치는 중액 다리의 높이 Z_{A2}에 따라 민감하게 변하게 된다. 밀도차가 크면 이 높이가 중요하지 않지만, 밀도차가 작은 경우에는 이 높이의 설정에 주의해야 한다. 일반적으로는 중액 다리의 높이를 변화시켜서 최선의 분리가 이루어지도록 조정한다.

디캔터의 크기는 분리에 필요한 시간에 따라 결정하며, 분리시간은 두 액체의 밀도차 및 연속상(continuous phase)의 점도에 따라 달라진다. 액이 맑아서 에멀션을 형성하지 않는다면, 분리시간을 다음 실험식으로 추정할 수 있다[1].

$$t = \frac{100\mu}{\rho_A - \rho_B} \tag{2.15}$$

t = 분리시간 (h)

ρ_A, ρ_B = 액체 A와 B의 밀도(kg/m^3)

μ = 연속상의 점도(cP)

이 식은 무차원이 아니므로, 지정된 단위를 사용해야 한다.

예제 2.2

수평 원통형 연속 디캔터를 사용하여, 석유 유분 1,500 bbl/d(9.93 m^3/h)을 같은 양의 폐산과 분리하고자 한다. 석유가 연속상이며, 조작 온도에서 점도는 1.1 cP이고 밀도는 54 lb/ft^3(865 kg/m^3)이다. 산의 밀도는 72 lb/ft^3(1,153 kg/m^3)이다. 다음을 구하여라.

(a) 용기의 크기 (b) 산의 일류관 높이(용기 바닥 기준)

풀이

(a) 용기 크기는 분리시간으로부터 구한다. 식 (2.15)에서

$$t = \frac{100 \times 1.1}{1,153 - 865} = 0.38\,\text{h} = 23\ \text{min}$$

1 bbl = 42 gal이므로, 각 흐름의 유량은

$$\frac{1,500 \times 42}{24 \times 60} = 43.8\ \text{gal/min}$$

액체의 전체 보유량(holdup)은 다음과 같다.

$$2 \times 43.8 \times 23 = 2,014\ \text{gal}$$

용기에는 95% 이상 채우지 말아야 하므로,

$$\text{부피} = 2,014/0.95 = 2,120\ \text{gal}(8.03\ \text{m}^3)$$

용기 길이는 지름의 5배 정도로 한다. 따라서 지름 4 ft(1.22 m), 길이 22 ft(6.10 m)인 탱크를 사용하면 될 것이다. 이때 양쪽 머리를 표준 접시형(dished head)으로 하면, 부피는 2,124 gal이 된다.

(b) 용기 부피의 95%를 액체가 차지하므로, 수평 원통의 경우 지름의 90%만큼 액체가 차게 된다. 따라서

$$Z_T = 0.90 \times 4 = 3.6\ \text{ft}$$

계면 높이가 이 중간쯤이라 하면, $Z_{A1} = 1.80$ ft이다. 식 (2.14)에서, 중액 일류관 높이 Z_{A2}를 구하면 다음과 같다.

$$Z_{A2} = 1.80 + (3.60 - 1.80)\frac{54}{72} = 3.15\ \text{ft}(0.96\ \text{m})$$ ■

디캔터 성능은 분산상(dispersed phase)의 침강 및 합체(coalescence) 성질에 좌우된다. 분리 대상 액체가 맑지 않고 입자상 물질이나 계면활성제 또는 고분자 필름이 들어있어서 합체속도가 느려지면, 식 (2.15)는 잘 적용되지 않는다. 이러한 오염물이 들어있으면, 액-액 계면에 합체되지 않은 액적의 불순 층("rag")이 형성되기 쉽다. 이런 경우에는, 다공질 고체층, 막, 고전압장(high-voltage field) 등을 이용하여 합체를 촉진시켜야 할 것이다. 액체가 맑은 경우에는, 수평관 또는 약간 경사진 관이나 평판을 설치하여 중액 액적의 침강 거리를 단축시키면 디캔터 크기를 크게 줄일 수 있다.

원심식 디캔터

두 액체의 밀도가 비슷하면, 중력만으로는 적절한 시간 동안에 분리하기가 어렵다. 이런 경우에는 그림 2.6에 보인 것처럼 원심분리법을 이용할 수 있다. 금속제 원통을 수직으로 장착하고, 축을 고속으로 회전시킨다. 그림 2.6(a)는 밀도가 다른 두 비혼화성 액체가 정지 상태의 통에 들어있는 양상이다. 아래는 중액층이고 위는 경액층이다. 이 통이 회전하면, 그림 2.6(b)처럼 된다. 중액층(띠 A)은 통 벽쪽에 형성되고, 경액층(띠 B)은 그 안쪽에 형성되어, 반지름 r_i 인 원통형 계면에서 두 층이 분리된다. 원심력에 비해 중력을 무시할 정도이면, 계면은 수직이 되는데, 이를 **중립영역**(neutral zone)이라 한다.

운전 중에는 통 바닥 부근에 혼합액을 연속 공급한다. 경액은 회전축에 가까운 배출구 2로 나가며, 중액은 회전축 안쪽으로 나온 고리 밑을 지나 둑(dam)을 넘어 배출구 1로 나간다. 액체가 통에서 배출될 때 흐름에 대한 마찰 저항을 무시할 수 있으면, 액-액 계면의 위치는 유체정력학적 수지 및 배출구 1과 2의 상대 "높이"(축으로부터 반지름방향 거리)에서 구할 수 있다.

중액 및 경액의 밀도와 배출구 위치를 각각 ρ_A, r_A 및 ρ_B, r_B라 하자. 두 액체가 통 안에서 회전하고 마찰이 없다면, r_B와 r_i 사이의 경액층의 압력차는 r_A와 r_i 사이의 중액층의 압력차와 같아야 한다. 이 원리는 중력식 연속 디캔터에서와 마찬가지이다. 즉,

$$p_i - p_B = p_i - p_A \tag{2.16}$$

p_i = 액-액 계면의 압력

p_B = 경액의 자유표면 r_B의 압력

p_A = 중액의 자유표면 r_A의 압력

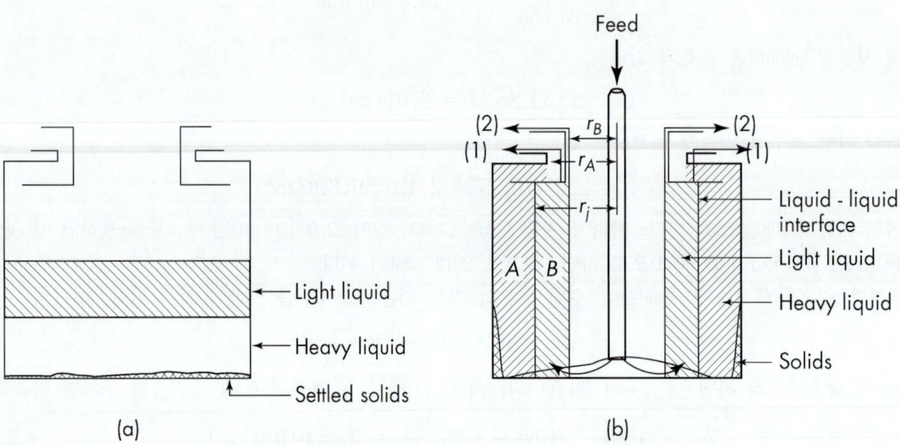

그림 2.6 비혼화성 액체의 원심분리: (a) 정지 상태의 원심분리통, (b) 회전 중인 통. 띠 A, 중액으로부터 경액이 분리된다; 띠 B, 경액으로부터 중액이 분리된다. (1) 중액 배출구; (2) 경액 배출구

식 (2.8)에서

$$p_i - p_B = \frac{\omega^2 \rho_B (r_i^2 - r_B^2)}{2} \qquad p_i - p_A = \frac{\omega^2 \rho_A (r_i^2 - r_A^2)}{2}$$

식 (2.16)에서 두 압력 강하는 같으므로,

$$\rho_B (r_i^2 - r_B^2) = \rho_A (r_i^2 - r_A^2)$$

r_i에 대해 나타내면 다음과 같다.

$$r_i = \sqrt{\frac{r_A^2 - (\rho_B/\rho_A) r_B^2}{1 - \rho_B/\rho_A}} \tag{2.17}$$

식 (2.17)은 중력식 디캔터에 관한 식 (2.14)와 비슷하다. 특히 두 액체의 밀도비가 1에 가까울수록 중립띠의 반지름 r_i는 밀도비에 따라 민감하게 변한다. 밀도가 거의 같으면 회전속도가 충분하여 두 액체가 곧바로 분리되더라도 중립띠는 불안정해진다. 안정한 조작을 하려면 ρ_A와 ρ_B의 차이가 적어도 3% 이상이어야 한다.

또 r_B를 일정하게 유지하면서 중액의 배출구 반지름 r_A를 증가시키면, 중립띠는 통의 벽쪽으로 이동한다. r_A가 감소하면 중립띠는 축쪽으로 이동한다. r_A가 일정하고 r_B가 증가해도 중립띠는 축쪽으로 이동하고, r_B가 감소하면 벽쪽으로 이동한다. 중립띠의 위치는 실질적으로 중요하다. 띠 A에서는 중액으로부터 경액이 분리되고, 띠 B에서는 경액으로부터 중액이 분리된다. 이 중의 한 과정이 다른 과정보다 어렵다면, 어려운 과정에 시간을 더 할애해야 한다. 예를 들어서, 띠 A에서의 분리에 비해 띠 B에서의 분리가 더 어렵다면, 띠 B가 띠 A보다 커야 한다. 그러려면, r_A를 증가시키거나 r_B를 감소시킴으로서 중립띠를 벽 쪽으로 이동시켜야 한다. 띠 A에 더 많은 시간을 할애하려면 이 반대로 하면 된다. 원심분리기는 대개 중립 띠의 위치를 조절하기 위해 r_A나 r_B를 변화시킬 수 있는 구조로 되어 있다.

연속 디캔터를 통한 흐름

연속 디캔터의 계면 위치를 나타낸 식 (2.14)와 (2.17)은 전적으로 유체정력학적 수지에 의해 유도한 것이다. 배출관에서 흐름에 대한 저항을 무시할 수 있다면, 공급액 중의 두 액체의 상대적 양이나 유량에 관계없이, 계면의 위치는 마찬가지가 된다. 이미 언급했지만, 가장 중요한 변수는 분리속도로서, 이에 따라 중력식 디캔터의 크기와 원심력이 달라진다. 연속상 중에서의 분산상의 이동속도는 7장에서 다룬다.

2.3 기호 설명

b	폭, m, ft
F	힘, N, lb_f
g	중력가속도, m/s^2, ft/s^2
g_c	Newton 법칙 비례상수, 32.174 $ft \cdot lb/lb_f \cdot s^2$
M	분자량
m	질량, kg, lb
p	압력, N/m^2, lb_f/ft^2; p_A, p_B, 각각 원심분리기의 중액 및 경액 표면의 압력; p_a, p_b, 각각 지점 a 및 b의 압력; p_i, 액-액 계면의 압력
R	기체상수, 8314.47 J/k mol · K, 1545 ft · lb_f/lb mol · °R

R_m	마노미터 읽음, m, ft; R_1, 경사형 마노미터 읽음
r	축으로부터 반지름방향 거리, m, ft; r_A, r_B, 각각 중액 및 중액 일류구까지의 거리; r_i, 액-액 계면까지의 거리; r_1, r_2, 원심분리기에서 액체 자유표면 및 통 벽까지의 거리
S	단면적, m^2, ft^2
T	절대온도, K, °R
t	분리시간, h
Z	높이, m, ft; Z_{A1}, 디캔터 안의 중액층 높이; Z_{A2}, 일류다리 안의 중액 액면; Z_B, 디캔터 안의 경액층 높이; Z_T, 액체의 전체 깊이; Z_a, Z_b, 지점 a, b의 높이; Z_m, 마노미터에서 측정액 액면에서 압력 연결부까지의 높이

그리스 문자

α	수평면과의 각도
μ	연속상의 점도, cP
ρ	밀도, kg/m^3, lb/ft^3; ρ_A, ρ_B, 유체 A, B의 밀도
ω	각속도, rad/s

연습 문제

2.1 오리피스 미터에 간단한 U자관 마노미터를 설치했다. 마노미터 유체는 수은(비중 13.6)이고, 그 위에 흐르는 유체는 사염화탄소(비중 1.6)이다. 마노미터 읽음이 200 mm일 때 압력차(N/m^2)를 구하여라.

2.2 지구 대기의 온도는 지표로부터 1,000 m 올라갈 때마다 약 5℃씩 낮아진다. 지면의 기온이 15℃이고 기압이 760 mm Hg일 때, 기압이 380 mm Hg가 되는 고도를 구하여라. 공기는 이상기체라 가정한다.

2.3 연습문제 2.2에서, 유체정역학적 평형식 (2.4)와, 0℃의 밀도, 산술평균 압력을 사용할 때의 오차를 구하여라.

2.4 연속 중력식 디캔터를 사용하여, 클로로벤젠(밀도 1,109 kg/m^3)과 세척액(밀도 1,020 kg/m^3)을 분리한다. 디캔터의 전체 깊이가 1 m이고 계면 높이(바닥 기준)가 0.6 m일 때, 다음을 구하여라.

(a) 중액 일류다리의 높이

(b) 이 높이가 50 mm 달라졌을 때 계면 높이에 미치는 영향

2.5 연습문제 2.4에서, 클로로벤젠 1,600 kg/h를 세척액 2,100 kg/h와 분리하고자 할 때 분리장치 부피를 구하여라. 세척액이 연속상이고, 조작 온도인 35℃에서의 점도는 물의 점도와 같다고 본다.

2.6 원심분리통의 안지름은 250 mm이고 회전속도는 4,000 r/min이다. 이 안에 두께 50 mm인 아닐린 층이 있다. 아닐린의 밀도가 1,002 kg/m^3이고 액면의 압력은 대기압일 때, 원심분리통 벽에 미치는 계기압력을 구하여라.

2.7 익힘문제 2.4의 액체를, 지름 150 mm, 회전속도 8,000 r/min인 관형 원심분리기에서 분리하고자 한다. 회전축에서 자유 액면까지의 거리는 40 mm이다. 원심분리통 안에 들어있는 두 액체의 양이 같도록 할 경우, 중액의 일류둑 높이와 회전축 사이의 반지름방향 거리를 구하여라.

2.8 U자 관 마노미터로 측정한 공기 필터 전후의 압력차가 10 in. H_2O이다. 공기의 온도 26℃, 계기압력 60 lb_f/in^2이다.

(a) 압력 강하를 lb_f/in^2 및 atm 단위로 나타내어라.

(b) 마노미터 연결부의 공기의 밀도를 무시할 때의 오차를 구하여라.

2.9 해저 3 km에서 운전할 수 있는 연구용 잠수함을 설계하고자 한다. 내부 압력이 1 atm일 때, 지름 15 cm인 창에 미치는 전체 압력을 구하여라. 해수의 평균 밀도는 1,028 kg/m^3이다.

2.10 물 속에 미세한 모래 입자를 현탁시킨 현탁액을 사용하여, 역청탄과 이보다 밀도가 큰 암석 성분을 분리하고자 한다. 현탁액의 밀도를 1,500 kg/m^3으로 만들 경우, 모래 입자의 부피분율과 질량분율을 구하여라.

2.11 1 atm에 대응하는 물기둥의 높이를 m 및 ft 단위로 구하여라. 수온은 10°C이다.

2.12 밀도가 785 kg/m^3인 에탄올의 두 10 m에 대응하는 압력(kPa)을 구하여라.

2.13 해발 8,848 m인 에베레스트 산정의 기압을 추산하여라. 평균 기온은 0°C라 가정한다.

2.14 파일럿 플랜트 반응기에서 배출되는 기름-물 혼합물을 지름이 0.6 m이고 길이가 3 m인 수평 디캔터에서 분리할 경우 필요한 체류시간은 20 min이다.

(a) 이 유량의 12배를 처리할 수 있는 대형 장치를 설계할 경우, 대형 디캔터의 치수를 구하라.

(b) 이 규모확대(scaleup)에 식 (2.15)를 이용할 수 있나? 최소 액적의 침강속도를 고려하여라.

2.15 지름이 3 m이고 높이가 5 m인 가압 반응기에서 액체 중에 공기 기포를 통과시켜서 부분산화한다. 이 반응기의 상부와 하부에 연결한 마노미터를 보면, 초기 액면은 4.0 m이다. 폭기(aeration) 중에는 공기의 유량에 따라서 액면이 10~20% 정도 증가할 것으로 예상되지만, 마노미터 읽음은 변하지 않는다.

(a) 포기 중에도 마노미터 읽음이 변하지 않는 이유를 설명하여라.

(b) 다른 마노미터를 적절한 위치에 더 설치하면 포기 액체의 높이를 구할 수 있나? 이때 가정을 하였으면 이를 밝혀라.

2.16 0~100℃의 범위에서 온도에 따른 *n*-옥탄 및 톨루엔의 밀도 변화를 물의 밀도 변화와 비교하여라.

참고 문헌

1. Barton, R. L. *Chem. Eng.*, **81**(14): 111 (1974).
2. Bird, B., W. E. Stewart, and E. N. Lightfoot, *Transport Phenomena*, New York: Wiley, 959, pp. 96-98.
3. Knudsen, J. G. and D. L. Katz, *Fluid Dynamics and Heat Transfer*, New York: McGraw-Hill, 1958, pp. 69-71.
4. Perry, R. H. and D. Green(eds.), *Perry's Chemical Engineers' Handbook*, 7th ed, New York: McGraw-Hill, 1997, p. 10-139.

03 유동 현상

Fluid Flow Phenomena

흐르는 유체의 거동은 고체 경계가 미치는 영향의 유무에 따라 크게 달라진다. 벽의 영향이 적은 영역에서는 전단응력을 무시할 수 있으므로, 비압축성이고 점도가 0인 이상유체(ideal fluid)의 거동과 비슷해진다. 이러한 이상유체의 흐름을 **퍼텐셜 흐름**(potential flow)이라 하며, Newton 역학과 질량 보존의 원리에 의해 완전히 기술할 수 있다. 퍼텐셜흐름의 수학적 이론은 고도로 발전되어 있지만, 이 책의 범위 밖이다. 퍼텐셜흐름에는 두 가지 중요한 특성이 있다.

(1) 흐름 중에는 순환(circulation)이나 에디(eddy)가 생기지 않는다. 따라서 비회전흐름(irrotational flow)이라고도 한다.

(2) 마찰이 생기지 않는다. 따라서 기계적 에너지가 열로 손실되는 일이 없다.

고체 경계로부터 아주 멀리 떨어지지 않은 곳에도 퍼텐셜흐름이 존재할 수 있다. Prandtl이 1904년에 처음 발표한 유체역학의 기본 원리에 따르면[8], 유체의 유속이 아주 작거나 점도가 크지 않은 한, 고체 경계가 흐름에 영향을 미치는 부분은 벽에 인접한 유체 층에 국한된다. 이 층을 **경계층**(boundary layer)이라 하며, 전단과 전단력이 생긴다. 이 경계층 밖은 퍼텐셜흐름이 된다. 실제 흐름은 경계층과 나머지 부분으로 이루어진다고 볼 수 있다. 수렴 노즐(convergent nozzle)에서의 흐름처럼 경계층이 무시되는 경우도 있지만, 관 속에서의 흐름처럼 경계층이 유로 전체를 차지하여 퍼텐셜흐름이 없는 경우도 있다.

비압축성 유체의 흐름이 고체 경계의 영향을 받으면 네 가지 중요한 효과가 나타난다.

(1) 속도구배와 전단응력장의 결합

(2) 난류의 발생

(3) 경계층의 형성과 성장

(4) 고체 경계와의 접촉면으로부터 경계층의 분리

압축성 유체가 고체 경계를 지나서 흐를 때는, 현저한 밀도 변화에 의해 추가적 영향이 발생하는데, 이러한 압축성 유체의 특성은 6장에서 다룬다.

속도장

유체가 고체벽을 지나 흐를 때는, 고체와 유체 사이의 실제 계면에서 유체가 고체에 들러붙는다. 이러한 부착(adhesion) 현상은 경계에서의 역장(힘마당, force field) 때문에 생기는데, 고체와 유체의 계면장력도 이 때문에 생긴다. 고체-유체계로 선택한 기준 틀에서 벽이 정지 상태에 있다면, **계면에서의 유속은 0이다.** 고체로부터 떨어진 곳에서는 유속이 0이 아니므로, 흐름 중의 각 점마다 유속이 달라진다. 임의 점에서의 유속은 그 점의 공간좌표의 함수이며, 유체가 차지하는 공간에는 속도장(velocity field)이 존재하게 된다. 특정 위치에서의 유속은 시간에 따라서도 변한다. 각 점의 유속이 일정하다면 속도장은 시간에 따라 변하지 않으므로, 이 흐름은 **정상상태**에 있다고 한다.

일차원 흐름. 속도는 벡터량이므로, 일반적으로 한 점에서의 속도는 각 공간좌표에 대해 하나씩의 세 성분이 있다. 속도 벡터가 모두 평행이거나 평행이라고 간주할 수 있는 단순한 상황에서는, 속도 성분 하나만 있으면 되며, 속도를 스칼라량으로 취급할 수 있다. 이처럼 일반 속도장에 비해 아주 단순한 흐름을 **일차원 흐름**(one dimensional flow)이라 한다. 그 예로서, 곧은 원관 안의 정상 흐름을 들 수 있다. 지금부터 일차원 정상 흐름이라 가정하고 설명하기로 한다.

3.1 층류, 전단율, 전단응력

층류

유속이 느리면 측방향 혼합(lateral mixing)이 없으며, 마치 카드처럼, 인접한 유체층이 서로 미끄러지듯 지나가며, 교차흐름(cross-current)이나 에디가 생기지 않는다. 이러한 흐름을 **층류**(laminar flow)라 한다. 유속이 커지면 난류가 나타나서 에디가 형성되어 측방향 혼합이 일어나는데, 이는 뒤에서 다룬다.

속도구배와 전단율

고체 평판의 표면에서 흐르는 비압축성 유체의 정상상태 일차원 층류를 고려하자. 이러한 흐름의 속도 프로필(velocity profile)을 그림 3.1(a)에 보였다. 횡축은 유속(u)이고, 종축은 벽으로부터의 수직 거리(y)로서 속도 방향에 대해 직각으로 측정한 것이다. $y=0$이면 $u=0$이며, y에 따라 u가 증가하지만 그 증가율은 점점 감소한다. Δy만큼 떨어진 인접한 두 평면 A와 B에서의 속도를 살펴보자. 각각의 속도가 u_A, u_B이고, $u_B > u_A$일 때, $\Delta u = u_B - u_A$로 나타낸다. y_A에서의 속도구배(velocity gradient) du/dy는 다음과 같이 정의한다.

$$\frac{du}{dy} = \lim_{\Delta y \to 0} \frac{\Delta u}{\Delta y} \tag{3.1}$$

속도구배란 그림 3.1(a)의 속도 프로필의 기울기의 역수이다. 국부 속도구배를 **전단율**(shear rate)이라고도 하며, 전단의 시간적 변화율이다. 일반적으로 속도구배는 흐름 중의 위치의 함수이므로 속도장이 정의되는데, 이를 그림 3.1(b)에 예시했다.

전단응력장

실제 유체는 전단에 대해 저항하므로, 전단율이 있는 곳에는 전단력이 존재하기 마련이다. 일차원 흐름에서 전단력은 전단평면에 평행으로 작용한다. 그림 3.1(a)에서, 벽으로부터 y_C만큼 떨어진 평면 C에서의 전단력 F_s는 그림에 보인 방향으로 작용한다. 이 힘은 평면 C 위의 유체가 평면 C와 벽 사이의 유체에 미치는

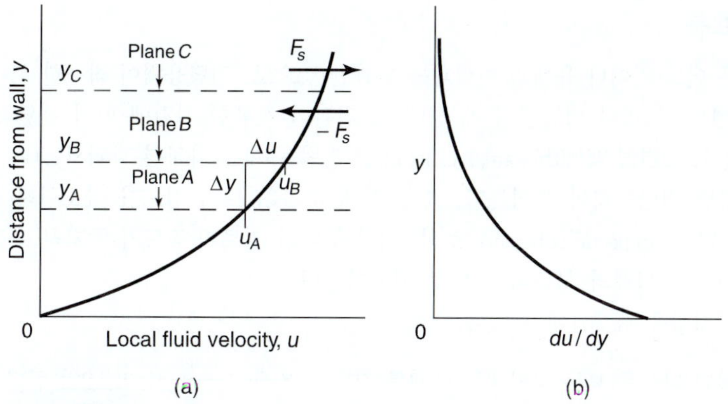

그림 3.1 층류의 속도 프로필과 속도구배 (a) 속도 (b) 속도구배(전단율)

힘이다. Newton의 제3법칙에 따르면, 평면 C 아래의 유체는 그 위의 유체에 대하여, 크기는 같고 방향이 반대인 $-F_s$의 힘을 미친다. 여기에서 전체 힘 F_s보다는 전단평면 단위 면적 기준의 힘을 사용하면 편리한데, 이를 전단응력(shear stress)이라 하며 τ로 나타낸다.

$$\tau = \frac{F_s}{A_s} \tag{3.2}$$

A_s는 전단평면의 면적이다. τ는 y에 따라 달라지므로, 전단응력 역시 장을 형성한다. 전단력은 층류나 난류에서 모두 생긴다. 점성흐름(viscous flow) 즉 층류에서 생기는 전단응력은 τ_v로 나타낸다. 난류의 영향에 관해서는 뒤에 설명한다.

3.2 유체의 유변학적 성질

뉴튼 유체와 비뉴튼 유체

실제 유체의 전단응력과 전단력의 관계는 유변학(rheology)에서 다룬다. 유체의 유변학적 거동 몇 가지를 그림 3.2에 보였다. 이 그림은 등온 정압에서 전단응력을 전단율에 대해 나타낸 것이다. 가장 간단한 거동은 선 A처럼 원점을 지나는 직선이 된다. 이 단순한 선형 관계에 따르는 유체를 뉴튼 유체(Newtonian fluid)라 하며, 대부분의 기체와 액체가 여기에 속한다. 뉴튼 유체와 거동이 다른 유체는 모두 비뉴튼 유체(non-Newtonian fluid)라 한다. 하수 슬러지와 같은 액체는, 선 B로 보인 것처럼, 전단응력이 문지방값(역치, threshold) τ_0를 넘어야 비로소 흐르기 시작하며, 그 이상에서는 선형 또는 거의 선형이 된다. 이러한 거동을 하는 유체는 Bingham 가소성 유체(plastics)라 한다. 곡선 C는 고무 라텍스(latex)처럼 유사 가소성 유체(pseudoplastics)의 거동을 보인 것이다. 이 곡선은 원점에서 시작되지만, 전단이 작을 때는 위로 볼록해졌다가 전단이 커지면 거의 선형이 된다. 곡선 D는 팽창성 유체(dilatant fluid)의 거동을 보인 것으로서, 전단이 작을 때는 아래로 오목해졌다가 전단이 커지면 거의 직선이 된다. 유사(流砂, quicksand)와 모래를 채운 에멀션이 이러한 거동을 한다. 유사 가소성 유체는 전단율 희석성(shear rate-thining)이라 하고, 팽창성 유체는 전단율 농축성(shear rate-thickening)이라 한다.

시간 의존성 흐름

그림 3.2의 곡선들은 어느 것이나 유체의 이력과는 무관한 것으로, 전단응력이 작용한 시간의 장단에 관계없이 동일한 거동을 한다. 그러나 비뉴튼 유체 중에는, 전단이 작용한 시간에 따라 전단과 전단율의 관계가 달라지는 유체가 있다. 요변성 액체(thixotrophic liquid)는 전단을 계속 가하면 파괴되는데, 전단율이 일정하더라도 혼합을 계속하면 전단응력이 줄어든다. 즉 시간에 따라 겉보기 점도가 감소한다. 이 반대의 거동을 하는 것이 리어펙틱 물질(rheopectic substance)로서, 시간에 따라 겉보기 점도가 증가하고 전단응력이 커진다. 하지만 그대로 방치하면 원래의 구조와 점도로 되돌아간다.

유체의 유변학적 성질을 표 3.1에 보였다.

점탄성 유체. 점성과 탄성을 모두 나타내는 유체를 점탄성 유체(viscoelastic fluid)라 한다. 흐름 중에 생기는 변형은 탄성에 의해 회복되지만, 대개는 전단을 제거하더라도 변형이 완전히 복구되지는 않는다. 점탄성

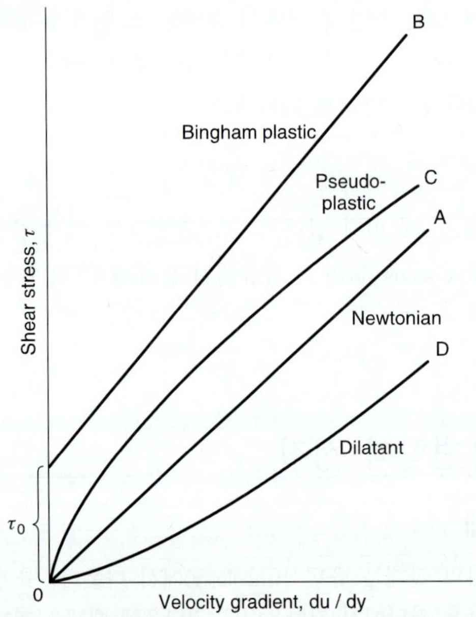

그림 3.2 뉴튼 유체와 비뉴튼 유체의 전단응력과 속도구배의 관계

표 3.1 유체의 유변학적 특성

Designation	Effect of increasing shear rate	Time-dependent?	Examples[2]
Pseudoplastic	Thins	No	Polymer solutions, starch suspensions, mayonnaise, paints
Thixotropic	Thins	Yes	Some polymer solutions, shortening, some paints
Newtonian	None	No	Gases, most simple liquids
Dilatant	Thickens	No	Corn flour–sugar solutions, wet beach sand, starch in water
Rheopectic	Thickens	Yes	Bentonite clay suspensions, gypsum suspensions

유체의 예로서, 밀가루 반죽, 네이팜(napalm), 용융 고분자의 일부를 들 수 있다.

점도

뉴튼 유체에서는 전단응력이 전단율에 비례하며, 그 비례상수를 점도(viscosity)라 한다.[1]

$$\tau_v = \mu \frac{du}{dy} \tag{3.3}$$

τ_v 와 μ의 SI 단위는 각각 $N/m^2 = Pa$ 및 $kg/m \cdot s = Pa \cdot s$이다. μ의 cgs 단위는 $g/cm \cdot s = P$(poise)이다. 하지만 유체의 점도는 대개 1 Pa · s보다 훨씬 작으므로, 점도 자료는 대개 mPa · s 또는 cP(centipoise ; 1 cP = 0.01 P = 1 mPa · s) 단위로 나타낸다.

fps 단위계에서는 Newton 법칙 환산인자 g_c를 사용하여 점도를 정의하며, 점도의 단위로는 lb/ft · s나 lb/ft · h를 사용한다.

$$\tau_v = \frac{\mu}{g_c} \frac{du}{dy} \tag{3.4}$$

점도 단위의 환산인자를 표 3.2에 보였다.

표 3.2 점도 단위의 환산인자

Pa · s	P	cP	lb/ft · s	lb/ft · h
1	10	1,000	0.672	2,420
0.1	1	100	0.0672	242
10^{-3}	0.01	1	6.72×10^{-4}	2.42

점도와 운동량훌럭스

식 (3.3)은 유체의 점도를 정의한 식이지만, **운동량훌럭스**(momentum flux)의 의미로 해석할 수도 있다. 벽에서 조금 떨어져서 흐르는 유체는 운동량을 가지지만, 벽에서는 유속이 0이므로 운동량도 0이다. 따라서 움직이는 유체는 그보다 빨리 움직이는 유체층으로부터 차례로 운동량을 전달받는다. 빨리 움직이는 층이 그 보다 느린 층을 끄는 셈이다. 이처럼 x 방향 운동량이 $-y$ 방향으로 전달되어, $u = 0$인 벽에 이르게 된다. 벽은 움직이지 않으므로, 운동량은 전단력으로 벽에 전달되는데, 이를 벽 전단(wall shear)이라 한다. 벽에서의 전단응력(전단력/면적)은 τ_w로 나타낸다.

이처럼 운동량은 유속이 빠른 부분에서 느린 부분으로 전달되는데, 마치 열이 고온 부분에서 저온 부분으로 흐르는 것과 같다. 운동량훌럭스(단위 면적 기준의 운동량 전달속도)는 속도구배 du/dy에 따라 달라진다. 따라서 식 (3.3)을 다시 해석하면, 흐름 방향에 수직인 방향으로의 운동량훌럭스는 속도구배에 비례하며, 그 비례상수가 점도가 된다. 속도구배는 운동량 전달의 "구동력"(driving force)이라 할 수 있다. 운동량훌럭스의 단위는 $(kg \cdot m/s)/m^2 \cdot s = kg/m \cdot s^2$인데, $1\ N/m^2 = 1\ kg/m \cdot s^2$이므로 τ의 단위와 같다.

운동량 전달은 온도구배로 인한 열전도와 유사하다. 열전도에서는, 열훌럭스와 온도구배 사이의 비례상수를 **열전도도**(thermal conductivity)라 하며, 이 관계를 Fourier 법칙으로 나타낸다[식 (III.1) 참고]. 층류에서는 속도구배로 인한 점성작용에 의해 운동량이 전달되므로, 점도를 운동량전도도로 볼 수도 있다. 운동량 전달은 분자 확산에 의한 물질전달과도 유사한데, 이때의 비례상수를 확산계수(difussivity)라 하며, Fick 법칙으로 나타낸다[식 (17.1) 참고].

1 식 (3.3)의 우변에 - 부호를 넣은 교과서도 있다.

기체와 액체의 점도

기체에서는 속도가 낮은 영역을 향해 비교적 큰 거리를 이동하는 분자에 의해 운동량이 전달된다. 점도는 분자의 평균 운동량에 따라 달라지는데, 평균 운동량은 분자량과 평균 속도의 곱에 비례한다. 속도는 $(T/M)^{1/2}$에 비례하므로, 점도는 $(MT)^{1/2}$에 비례한다. 점도는 또한 평균자유경로(mean free path)에 따라 달라지는데, 이는 분자가 크면 줄어든다. 상호작용이 없는 분자에 관한 단순한 식은 다음과 같다[9a].

$$\mu = 0.00267 \frac{(MT)^{1/2}}{\sigma^2} \tag{3.5}$$

μ = 점도(cP) M = 분자량

T = 절대온도(K) σ = 분자 지름(Å)

분자량의 영향은 적다고 할 수 있는데, 분자(numerator) 중의 $M^{1/2}$ 항이 분모 중의 σ^2에 의해 거의 상쇄되기 때문이다. 식 (3.5)를 사용하여 점도를 추정할 경우의 평균 오차는 20% 정도이다.

기체의 점도에 관한 엄밀한 이론에서는 식 (3.5)의 분모에 충돌적분 Ω_V를 도입하여 충돌하는 분자들의 상호작용을 고려한다. Ω_V를 구하는 방법은 Reid가 개관했다[9]. 기체 점도 추정의 평균 오차는 2 ~ 3%이다. 기체 혼합물의 점도는 추정하기가 더욱 어려워서 일반적으로 오차가 6 ~ 10%에 이른다. 상온에 있는 기체의 점도는 대개 0.005 ~ 0.02 cP 범위이다. 20°C 값을 들어보면, 공기 0.018 cP, 이산화탄소 0.014 cP, 벤젠 증기 0.007 cP, 수소 0.009 cP이다. 점도와 분자량 사이에는 간단한 상관관계가 없다. 20°C에서의 점도는 공기 0.018 cP, 수소 0.009 cP, 벤젠 증기 0.007 cP이다. 점도 값을 부록 8에 실었다.

기체 점도는 단순한 기체 운동론에서 예측할 수 있는 것보다 온도에 따라 크게 증가한다. 근사치는 다음 식으로 구할 수 있다.

$$\frac{\mu}{\mu_0} = \left(\frac{T}{273}\right)^n \tag{3.6}$$

μ = 절대온도 T(K)에서의 점도

μ_0 = 0°C(273 K)에서의 점도

n = 상수; 근가치는 공기 0.65, 이산화탄소 0.9, 부탄 0.8, 수증기 1.0.

이상기체 법칙의 적용 범위에서는, 기체의 점도가 압력과 거의 무관하다. 기체의 밀도가 증가하면 단위면적을 통과하는 훌럭스가 증가하지만, 평균자유경로가 감소하여 서로 상쇄된다. 임계점 부근과 같은 아주 고압 영역에서는 기체의 점도가 압력에 따라 증가한다[9b].

액체의 점도. 액체의 점도는 같은 온도의 기체의 점도에 비해 아주 크며, 액체의 점도를 추정할 수 있는 간단한 이론이 없다. 액체 중의 분자는 아주 단거리를 이동하여 충돌하며, 속도구배 중의 분자가 서로 지나면서 운동량의 대부분이 전달된다. 일반적으로 점도는 분자량에 따라 증가하며, 온도가 증가하면 빠르게 감소한다. 기체와는 달리 온도 변화의 영향은 주로 평균속도의 증가가 아니라 액체의 사소한 팽창에 기인한다. 액체가 팽창하면 분자들이 서로 미끄러져 지나기가 쉬어지기 때문이다. 예컨대 물의 점도는 0°C에서는 1.79 cP지만 100°C에서는 0.28 cP로 1/6.4로 줄어들지만, 분자의 평균속도는 $(373/273)^{0.5}$ = 1.17배 밖에 증가하지 않는다.

점도는 온도의 비선형 함수이지만, 표준 비등점 이하에서는 온도와 점도의 근사적 관계를 다음 식으로 추정할 수 있다[9].

$$\ln \mu = A + B/T \tag{3.7}$$

액체의 절대점도는 범위가 아주 넓다. 비등점 부근의 액체는 0.1 cP 정도이지만, 용융 고분자는 10^6 P나 된다. 점도가 아주 큰 물질은 대부분 비뉴튼유체이며 전달율에 따라 달라진다.

운동점도. 유체의 절대점도와 밀도의 비(μ/ρ)를 운동점도(운동학점도, kinematic viscosity)라 하며, ν로 나타낸다. 운동점도의 SI 단위는 m^2/s, cgs 단위는 cm^2/s = stoke(St), fps 단위는 ft^2/s이다. 환산 관계는 다음과 같다.

$$1\ m^2/s = 10^4\ St = 10.7639\ ft^2/s$$

온도에 따른 액체의 운동점도의 변화 폭은 절대점도의 경우보다 좁다. 기체의 경우에는 온도 증가에 따른 운동점도의 증가속도가 절대점도의 경우보다 빠르다.

비뉴튼유체의 전단율과 전단응력

Bingham 가소성 유체(그림 3.2의 선 B)는 다음 유변학적 방정식에 따른다.

$$\tau_v = \tau_0 + K\frac{du}{dy} \tag{3.8}$$

K = 상수

전단율이 어떤 범위 이상이면, 팽창성 유체와 유사 가소성 유체는 Ostwald-de Waele 식이라는 멱수법칙에 따른다.

$$\tau_v = K'\left(\frac{du}{dy}\right)^{n'} \tag{3.9}$$

K' = 흐름 일관성지수(flow consistency index)

n' = 흐름 거동지수(flow behavior index)

이 식에 따르는 유체를 멱수법칙 유체(power-law fluid)라 한다. 유사 가소성 유체(선 C)는 $n'<1$이고, 팽창성 유체(선 D)는 $n'>1$이다. 물론 뉴튼 유체는 $n'=1$이다. 몇 가지 유사 가소성 유체의 상수값을 표 3.3에 실었다.

표 3.3 유사 가소성 유체의 흐름 특성 지수[2]

Fluid	n'	$K' \times 10^{-3}$
1.5% Carboxymethylcellulose in water	0.554	3.13
3.0% Carboxymethylcellulose in water	0.566	9.31
4.0% Paper pulp in water	0.575	20.02
14.3% Clay in water	0.350	0.173
25% Clay in water	0.185	1.59
Applesauce	0.645	0.500
Banana purée	0.458	6.51
Tomato concentrate	0.59	0.2226

3.3 난류

오래 전부터 알려진 일이지만, 관이나 도관에서 액체의 흐름 양상은 두 가지이다. 유량이 작을 때는 유체의 압력 강하가 유속에 정비례하지만, 유량이 클 때는 압력 강하가 빨라서, 대체로 유속의 제곱에 비례한다.

이러한 두 가지 흐름 양상을 처음 실증한 사람은 Osborne Reynolds로서 1883년의 일이다[10]. 유리 벽으로 된 탱크 안에 물을 채우고 유리관을 수평으로 설치한 다음, 밸브로 유량을 조절했다. 관 입구는 나팔꽃처럼 벌리고, 물감이 든 플라스크를 상부에 설치한 다음, 물감을 관 입구에 주입하여 실처럼 흐르도록 했다. 유량이 작을 때는 물감이 흩어지지 않고 곧은 실 모양을 그대로 유지하면서 흐른다는 것을 알아내었다. 결국 물이 평행한 직선상으로 흐른다는 것이므로, 이러한 양상의 흐름을 층류라 했다. 유량이 증가하여 **임계유속**(critical velocity)에 도달하면, 물감이 더 이상 실처럼 흐르지 못하고 점점 흩어지기 시작하여, 마침내 관의 단면 전체에 퍼졌다. 물은 더 이상 층류로 흐르지 못하고, 교차흐름과 에디를 형성하면서 멋대로 흐르는데, 이러한 흐름 양상을 난류(turbulent flow)라 한다.

Reynolds 수와 층류-난류 전이

매끈한 원관에서 흐름의 양상이 바뀌는 조건을 조사한 결과, 층류가 난류로 바뀌는 임계유속은, 관 지름, 유체의 점도와 밀도, 평균 유속의 네 양에 따라 달라졌다. 이 네 양을 하나로 묶으면 다음과 같은 무차원군이 되며, 이 군의 값으로 흐름 양상을 나타낼 수 있다.

$$\text{Re} = \frac{D\overline{V}\rho}{\mu} = \frac{D\overline{V}}{\nu} \tag{3.10}$$

D = 관 지름
$\overline{V}$ = 유체의 평균 유속[식 (4.9)]
μ = 유체의 점도
ρ = 유체의 밀도
ν = 유체의 운동점도

이 무차원군을 Reynolds 수라 한다(부록 2 참고). 단위를 일관적으로 사용하면 이 수치는 단위와 무관하다.

더욱 관찰한 바에 따르면, 층류가 난류로 변하는 Reynolds 수는 범위가 아주 넓다. 원관에서는 Reynolds 수가 2,100보다 작으면 언제나 층류이지만, 입구에서의 교란을 완전히 제거하면 2,100 이상에서도 층류가 유지되도록 할 수 한다[1]. 그러나 아주 큰 Reynolds 수에서는 유속 변동 등에 의해 층류를 교란시키면 즉시 난류가 된다. 이러한 조건에서는 교란이 증폭되지만, Reynolds 수가 2,100 미만일 때는 교란이 생겨도 감쇠되어 층류가 유지된다. 어떤 유량에서는 교란이 감쇠되지도 않고 증폭되지도 않는데, 이러한 흐름은 중립적 안정 흐름이라 한다. 일반 조건에서 원관 속에 유체가 흐를 때는, Reynolds 수가 4,000 이상이면 난류가 된다. 2,100~4,000의 범위는 전이영역(transition region)으로, 관 입구의 조건과 입구로부터의 거리에 따라 층류가 되기도 하고 난류가 되기도 한다.

비뉴튼 유체의 Reynolds 수

비뉴튼 유체는 점도가 전단율에 따라 달라지므로, 식 (3.10)을 적용할 수 없다. 이러한 유체에 대해서는 Reynolds 수의 정의가 다양한데, 멱수법칙 유체에 통용되는 정의는 다음과 같다.

$$\text{Re}_n = 2^{3-n'}\left(\frac{n'}{3n'+1}\right)^{n'}\frac{D^{n'}\rho\overline{V}^{2-n'}}{K'} \tag{3.11}$$

이 다소 복잡한 정의에 관해서는 5장에서 다룬다. $n'<1$인 유사 가소성 유체에서는 Reynolds 수가 2,100 이상이면 난류가 발생한다.

난류의 성질

난류는 여러 공학 분야에서 중요하므로, 최근 이에 관한 연구가 활발하게 진행되고 문헌도 많이 축적되었다[1,3]. 정교한 측정법을 사용하여 실제 난류 중의 유속 변동과 에디를 세부적으로 측정한 결과 난류의 정성적 정량적 성질에 관해 많은 것을 알게 되었다.

관에서의 흐름이 아니더라도 난류가 발생한다. 일반적으로 유체 흐름이 고체 경계와 접촉하거나 유속이 다른 두 흐름층이 접촉하면 난류가 발생한다. 이러한 난류를 각각 **벽 난류**(wall turbulence)와 **유리 난류**(free turbulence)라 한다. 유체가 폐쇄 유로나 개방 유로를 통해 흐르거나 흐름 중에 잠겨 있는 고체를 지나서 흐를 때는 벽 난류가 생긴다. 정체 유체 중에 유체를 분사하거나 고체 벽으로부터 경계층이 분리되어 유체를 통해 흐를 때는 유리 난류가 생긴다. 유리 난류는 혼합 조작에서 중요하다(9장 참고).

난류는 흐름 중에 공존하는 크기가 다양한 에디 집단이다. 큰 에디가 계속 생기고, 이것이 파괴되어 점점 더 작은 에디가 되며 마침내 사라진다. 임의 시간에서 임의 부피 중에는 크기가 다양한 에디가 공존한다. 가장 큰 에디는 가장 작은 난류의 크기 정도이며, 가장 작은 에디는 지름이 10~100 μm 정도이다. 이보다 작은 에디는 점성 전단에 의해 즉시 파괴된다. 에디 안의 흐름은 층류이다. 가장 작은 에디라도 10^{12} 정도의 분자가 모여 있으므로, 에디는 모두 크기가 거시적이며, 난류는 분자 현상이 아니다.

어떤 에디나 일정량의 기계적 에너지를 가지는데, 마치 돌고 있는 작은 팽이와 같다고 할 수 있다. 가장 큰 에디의 에너지는 유체 본체 흐름(bulk flow)의 퍼텐셜에너지(potential energy)[2]에 의해 공급된다. 에너지의 관점에서 보면, 난류는 에너지의 전달 과정이다. 본체 흐름에서 생긴 큰 에디는 회전 에너지를 점점 더 작은 에디에게 차례로 전달한다. 큰 에디가 작은 에디로 파괴되는 과정에서 기계적 에너지가 열로 소실되는 양은 아주 적다. 하지만 최소의 에디가 점성 작용에 의해 사라지면서 전부 열로 변한다. 이러한 점성 작용에 의한 에너지 변환을 **점성 소산**(viscous dissipation)이라 한다.

난류 중의 편의속도

난류장의 한 점에서 순간 유속(instantaneous velocity)의 변동을 그림 3.3에 보였다. 이 그림은 속도 벡터 중의 한 성분만을 보인 것으로, 실제로는 세 속도 성분의 크기와 방향이 모두 빠르게 변한다. 한 점에서의 순간 압력도 속도 변동과 함께 빠르게 변동한다. 이러한 변동을 오실로그래프(oscillograph)로 나타내 보면, 현재의 난류 이론의 기초가 되는 기본 실험 자료를 얻을 수 있다.

난류는 얼핏 보면 비구조적이고 무질서한 것 같지만, 그림 3.3과 같은 오실로그래프를 살펴보면 그렇지 않음을 알게 된다[14]. 변동이 불규칙하고 예측할 수 없다고 하더라도, 어떤 일정한 한계 안에서 일어나는 변동이며, "카오스(chaos)"의 수학적 비선형 함수로 표현할 수 있는 것이다[6]. 그러나 난류 특성을 정량적으로 해석하고자 할 때는 일반적으로 빈도분포(frequency distribution)의 통계적 해석법을 사용한다.

한 점에서 순간적 국부 속도는, 빠른 진동을 추적할 수 있는 레이저 도플러 아네모미터(laser-Dopler anemometer)로 측정할 수 있다. 전체 순간 속도의 각 성분을 두 부분, 즉 흐름 방향 성분의 시간 평균(평균값)인 상수 부분과, 이 평균으로부터의 순간적 변동인 편의속도(deviating velocity)로 분할하여, 국부 속도를 해석할 수 있다. 실질속도(net velocity)는 피토관(pitot tube)과 같은 일반 유량계로 측정하지만, 이러한 기구는 응답이 너무 둔해서 재빠른 속도 변동을 추적할 수가 없다. 속도 성분을 분할하는 공식적 방법은 다음과 같다. 직교 좌표에서 순간 속도의 x, y, z 방향의 성분을 각각 u_i, v_i, w_i라 한다. 또 본체 흐름의 방향은

2 Potential energy를 일반적으로 위치에너지라 하지만, 원래는 잠재적 에너지라는 의미이다.(역주)

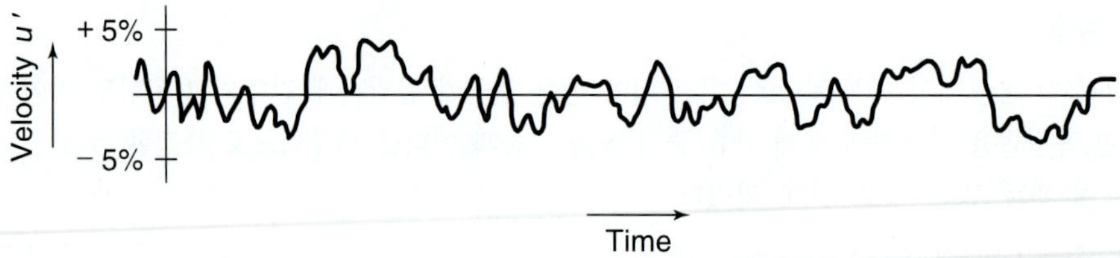

그림 3.3 난류 중의 속도 변동. %는 일정 속도를 기준으로 나타낸 것이다[F. L. Wattendorf and A. M. Kuethe, *Physics*, 5, 153 (1934)].

x 방향이고, y와 z 방향은 각각 흐름 방향과 직각이라 하면, 편의속도는 다음 식으로 정의된다.

$$u_i = u + u' \quad v_i = v' \quad w_i = w' \tag{3.12}$$

$u_i,\ v_i,\ w_i$ = 각각 x, y, z 방향의 전체 순간 속도 성분

u = x 방향 실질속도(일정)

u', v', w' = 각각 x, y, z 방향의 편의속도

식 (3.12)에 v와 w가 빠진 것은, 일차원 흐름에서는 y와 z 방향의 흐름이 없어서 v와 w가 0이기 때문이다.

편의속도 u', v', w'는 모두 평균치인 0을 기준으로 변동한다. 그림 3.3은 사실상 편의속도 u'만을 보인 것이다. 그러나 순간 속도 u_i의 요동도 모양은 이와 같을 것인데, 횡축의 모든 점이 일정량 u만큼 증가할 것이기 때문이다.

압력에 대해 나타내면 다음과 같다.

$$p_i = p + p' \tag{3.13}$$

p_i = 국부 가변 압력

p = 일정한 평균 압력. 일반 마노미터나 압력계로 측정한다.

p' = 에디로 인한 압력의 요동량

요동은 불규칙적이므로 속도와 압력의 요동 성분을 몇 초 정도의 시간 간격 t_0에 대하여 평균한 시간 평균은 0이 된다. 즉

$$\begin{aligned} \frac{1}{t_0}\int_0^{t_0} u'\,dt &= 0 \qquad \frac{1}{t_0}\int_0^{t_0} w'\,dt = 0 \\ \frac{1}{t_0}\int_0^{t_0} v'\,dt &= 0 \qquad \frac{1}{t_0}\int_0^{t_0} p'\,dt = 0 \end{aligned} \tag{3.14}$$

이처럼 평균치가 0이 되는 이유는, 요동의 + 값이 있으면 같은 크기의 − 값이 있어서, 그 산술적 합계가 0이 되기 때문이다.

요동 성분의 시간 평균 자체는 0이 되지만, 이러한 성분의 다른 함수나 조합까지 0이 되는 것은 아니다. 예를 들어서, 이러한 속도 성분 중의 하나의 제곱평균의 시간 평균은 0이 아니다. 성분 u'에 대해 나타내면,

$$\frac{1}{t_0}\int_0^{t^0} (u')^2\,dt = \overline{(u')^2} \tag{3.15}$$

u'은 일련의 + 값과 − 값으로 빠르게 요동하지만, 제곱하면 모두 + 값이 되므로, 제곱평균은 0이 아니다. 따라서 $\overline{(u')^2}$은 항상 + 값이며, 난류가 존재하지 않아야 0이 된다.

층류에는 에디가 없으며, 편의속도와 압력 변동도 없다. 흐름 방향에서의 전체 속도 u_i는 일정하여 u와 같고, v_i와 w_i는 둘 다 0이다.

난류의 통계적 성질

한 점에서의 편의속도 분포를 살펴보면, 속도 값은 그 값의 출현 빈도와 관계가 있고, 그 관계는 가우스 분포(gaussian distribution)가 되므로, 완전히 불규칙적인 통계량의 특성인 오차곡선(error curve)에 따르게 된다. 이처럼 난류는 통계적 현상이므로, 통계적 성질에 기초하여 다룰 수가 있다[3].

위치와 시간을 달리 하여 u', v', w'를 측정하면 다음 두 가지 자료를 얻을 수 있다.

(1) 한 점에서의 세 편의속도 성분을 시간의 함수로 나타낼 수 있다.
(2) 동일한 시간 중에 여러 위치에서 하나의 편의속도 값(가령 u')을 구할 수 있다.

그림 3.4에는 수직 거리 y만큼 떨어진 두 점에서 동시에 측정한 u'을 보였다. y를 달리 하여 얻은 자료를 보면, y가 작을 때는 두 위치에서의 속도 사이의 관계가 아주 밀접하지만, y가 크면 전혀 무관하다. 이는 예상할 수 있었던 것인데, 측정점 사이의 간격이 에디의 크기보다 작으면 하나의 에디 안에서 측정한 것이 되므로, 두 점에서의 편의속도는 상관성이 강할 것이다. 다시 말해서, 한 점에서 속도의 크기와 방향이 변하면, 다른 점에서의 속도도 실질적으로 마찬가지(정반대)일 것이다. 두 측정점의 간격이 크면 각각 다른 에디에서 측정한 것이 되므로, 상관성이 없어진다.

한 점에서 편의속도의 세 성분을 측정하면, 대개는 어느 두 성분이든 간에 서로 상관 관계가 있으며, 한 성분이 변하면 다른 두 성분도 따라서 변한다.

상관계수(correlation coefficient)를 정의하면 이러한 관찰 결과를 정량화할 수 있다[5]. 그림 3.4의 상황에 맞는 상관계수를 다음과 같이 정의한다.

$$R_{u'} = \frac{\overline{u'_1 u'_2}}{\sqrt{\overline{(u'_1)^2}\ \overline{(u'_2)^2}}} \tag{3.16}$$

u'_1, u'_2 = 각각 지점 1과 2에서의 u' 값

단일 점에 적용할 수 있는 다른 상관계수에는 다음과 같은 것이 있다.

$$R_{u'v'} = \frac{\overline{u'v'}}{\sqrt{\overline{(u')^2}\ \overline{(v')^2}}} \tag{3.17}$$

이 식에서 u'와 v'는 같은 점에서 동시에 측정한다.

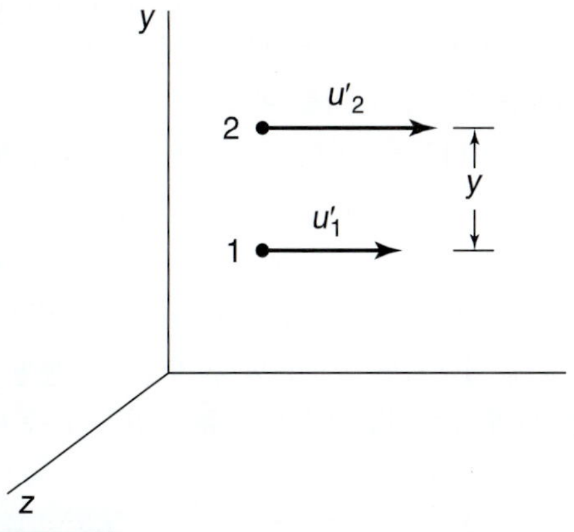

그림 3.4 난류 규모를 나타내는 요동속도 성분

난류의 강도와 규모

난류장은 두 가지 평균 매개변수로 규정한다. 하나는 난류장의 강도(intensity)로서, 이는 에디의 회전속도와 특정 크기의 에디가 가진 에너지에 관계된다. 다른 하나는 에디의 크기(size)이다. 난류 강도는 한 속도 성분의 제곱평균 제곱근(root mean square)으로 규정하며, 일반적으로 평균 속도의 백분율로 나타낸다. 즉

$$100\sqrt{\overline{(u')^2}}/u$$

난류 발생 그릿(grid)의 바로 아래처럼 심한 난류장에서는 강도가 5~10%에 이른다. 흐름이 방해받지 않으면 강도가 적어져서 0.5~2% 정도가 된다. 일반적으로 강도는 각 속도 성분마다 달라진다.

난류 규모(scale)는 측정점 사이의 간격의 함수인 $R_{u'}$과 같은 상관계수에 기초하여 나타낸다. $R_{u'}$을 y의 함수로 나타내면, y 방향에서의 에디의 규모 L_y는 다음 식을 적분하여 구할 수 있다.

$$L_y = \int_0^\infty R_{u'} dy \tag{3.18}$$

이 식에서 어떤 속도 성분을 사용하느냐에 따라 다르지만, 대개 방향이 다르면 L_y 값이 달라진다. 관 속에 공기가 12 m/s로 흐를 경우, 난류 규모는 10 mm 정도로서, 이는 관 속의 에디의 평균 크기를 나타내는 것이 된다.

등방성 난류

일반적으로는 어떤 속도 성분을 선택하느냐에 따라 상관계수가 달라지지만, 그렇지 않은 경우도 있다. 한 점에서 제곱평균 제곱근이 방향에 관계없이 모두 같은 경우를 등방성 난류(isotropic turbulence)라 한다.

$$\overline{(u')^2} = \overline{(v')^2} = \overline{(w')^2}$$

관의 중심선이나 경계층 외곽의 외부처럼, 속도구배가 없는 영역에는 거의 등방성 난류가 존재하며, 흐름 중에 설치한 그릿의 하류에서도 볼 수 있다. 경계 부근의 난류는 비등방성(anisotropy)이지만, 에디가 큰 경우에도 대개 비등방성이 된다. 점성 작용에 의해 소멸 직전에 있는 작은 에디는 실질적으로 등방성이다.

Reynolds 응력

전단 평면을 가로질러서 속도구배가 생기는 난류에서는 층류인 경우에 비해 전단력이 아주 크다. 비등방성 난류에서는 편의속도에 따라 난류 전단 메커니즘이 달라진다. 난류 전단응력을 Reynolds 응력이라 하며, 식 (3.17)에서 정의한 $R_{u'v'}$과 같은 형의 상관계수로 나타낸다.

Reynolds 응력과 편의속도의 관계는 운동량 원리를 이용하여 상관시킬 수 있다. 그림 3.5에 보인 것처럼, $+x$ 방향으로 이동하는 난류 유체를 고려하자. 평면 S는 흐름 방향과 평행이다. 이 평면에서 순간 속도는 u_i이고, 평균 속도는 u이다. 평면 S에 대해 직각인 $+y$ 방향에 따라 u가 증가하면, 속도구배 du/dy는 + 값이 된다. 벽쪽으로 이동하는 에디의 v'는 − 값이며, 그 이동에 따라 평면 S 밑으로 향하는 유체의 질량유량은 $\rho(-v')$이 된다. 에디의 x 방향 속도는 $u_i = u + u'$이다. 평면 S를 가로지르는 이러한 각 에디의 속도가 느려져서 평균 속도 u에 접근하면, 단위 면적 기준의 운동량 전달속도는 $\rho(-v')u'$이 된다. 모든 에디를 시간에 대해 평균한 뒤의 운동량플럭스가 난류 전단응력 즉 Reynolds 응력이며, 다음 식으로 나타낸다.

$$\tau_t = \overline{\rho u'v'} \tag{3.19}$$

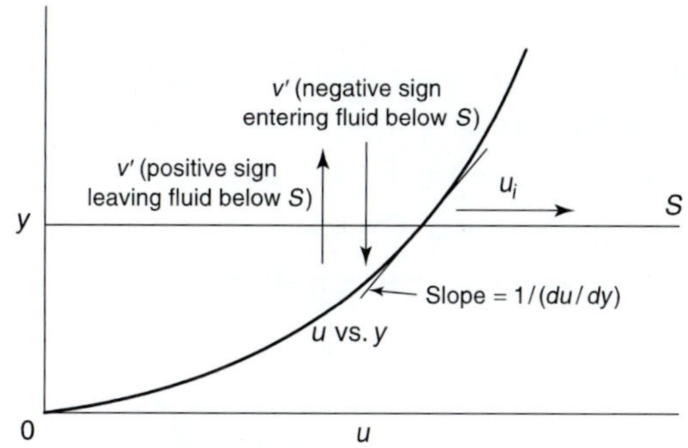

그림 3.5 Reynolds 응력

에디 점도

식 (3.4)에서와 마찬가지로, 난류에서의 전단응력과 속도구배의 관계를 이용하여 에디 점도 E_v를 정의한다.

$$\tau_t = E_v \frac{du}{dy} \tag{3.20}$$

E_v는 절대점도 μ에 대응되는 양이다. 또한 운동점도 ν에 대응하는 양을 에디 운동량 확산계수(eddy diffusivity of momentum)라 하며, 다음과 같이 정의한다.

$$\varepsilon_M = E_v/\rho$$

난류의 전체 전단응력은 점성응력과 난류응력을 더한 것이다.

$$\tau = (\mu + E_v)\frac{du}{dy} \tag{3.21}$$

$$\tau = (\nu + \varepsilon_M)\frac{d(\rho u)}{dy} \tag{3.22}$$

전단응력과 속배구배의 관계를 나타내는 계수라는 점에서는 E_v 및 ε_M이 각각 μ 및 ν와 상사적이지만, 이 두 가지 양 사이에는 근본적 차이가 있다. 점도 μ와 ν는 유체의 참 성질로서, 무수한 분자의 운동과 운동량을 평균한 거시적 양이다. 그러나 에디 점도 E_v와 에디 확산계수 ε_M은 유체 자체의 성질이라기보다는 유속과 계의 형상에 따라 달라지는 양이다. 난류와 편의속도의 세부적 양상에 영향을 미치는 모든 인자의 함수이며, 특히 난류장에서의 위치와 국부적 난류 규모와 강도에 따라 민감하게 변한다. 점도는 유체로부터 시료를 채취하여 측정할 수 있고, 부록 8과 9에 보인 것처럼 물성 표와 도표로 나타낼 수 있다. 그러나 에디 점도와 에디 확산계수는 유체 흐름 자체에 관한 실험에 의해서만 측정할 수 있으며, 측정이 어렵고 특수 기기가 있어야 한다.

3.4 경계층

경계층 안의 흐름

움직이는 유체 중에서 고체 경계의 영향을 받으면서 움직이는 부분을 경계층(boundary layer)이라 한다. 경계층 생성의 구체적 예로서, 얇은 판에 평행인 유체 흐름을 고려하자(그림 3.6). 이 판 선단(leading edge)의 상류에서는 유체 흐름의 전체 단면에서 유속이 균일하다. 고체와 유체의 계면에서는 유속이 0이며, 판으로부터 떨어질수록 유속이 증가한다. 판 근처에서는 곡선의 기울기가 급변하며, 국부 속도는 점근적으로 유체 본체 흐름의 유속에 접근한다.

그림 3.6에서 파선 OL과 벽의 사이에서는 유속이 변한다. 속도선은 판에서 멀어짐에 따라 점근적으로 변하므로, 이 파선의 위치를 명확하게 나타내기 위해, 유속이 유체 본체의 유속 u_∞의 99%가 되는 점을 통과하는 선으로 OL을 나타냈다. 이 선은 가상적 표면을 나타낸 것인데, 이 선에 의해 유속이 일정한 부분과 유속이 0(벽)에서부터 본체 흐름의 유속으로 변하는 부분의 두 부분으로 흐름이 나뉜다. 즉 이 가상적 표면에 의해, 판이 유속에 직접 영향을 미치는 부분과, 국부 속도가 판에 접근하는 유체의 초기 속도와 같은 부분으로 분리된다. 이 파선과 판 사이의 영역이 경계층이다.

경계층의 생성과 거동은, 유체 흐름은 물론 열전달(12장)과 물질전달(17장)에서도 중요하다.

경계층 안의 층류와 난류

고체-유체 계면에서는 유속이 0이며, 고체 표면에 접근할수록 유속이 작아진다. 따라서 경계층 안에서 고체 표면에 아주 가까운 부분은 층류이다. 실제로는 대부분의 시간 동안은 층류이지만, 때로는 경계층 외부의 주류 부분에서 경계층 안으로 들어온 에디가 벽에 아주 가까운 곳까지 이동함으로써, 일시적으로 속도 프로필(이력)을 교란하기도 한다. 이러한 에디는 벽 근처의 평균 속도 프로필에는 별 영향을 미치지 않지만, 벽을 통해 열이나 물질이 전달될 경우 온도나 농도 프로필에는 큰 영향을 미칠 수 있다. 액체 중에서의 물질전달에서는 이러한 영향이 아주 현저하다.

고체 표면으로부터 멀리 떨어진 부분에서는, 교란되지 않은 유체 본체의 유속보다는 작지만, 유속이 아주 커져서 난류가 생길 수 있다. 완전 발달 난류 영역과 층류 영역 사이에는 중간적 성질을 가진 전이층(transition layer, 완충층)이 존재한다. 따라서 난류 경계층은, 점성 하층(점성부층, viscous sublayer), 완충층(buffer layer), 난류 영역의 세 부분으로 이루어진다고 할 수 있다. 완전한 점성 하층의 존재 여부에 관해서는 의문을 제기하는 이도 있는데, 물질전달 연구에 따르면 일부 에디는 경계층을 통과하여 벽에 도달하기 때문이다.

유속이 균일한 유체에 잠겨있는 평판의 선단 부근에서는 경계층이 얇아서, 경계층 안의 흐름 전체가 층류이다. 선단으로부터 하류쪽으로 갈수록 경계층이 두꺼워지며, 어떤 점에 이르면 난류가 발생한다. 그림 3.7에 보였지만, 난류 발생점에서는 경계층의 두께가 갑자기 증가한다.

경계층 안의 흐름이 층류일 때는 층의 두께 Z_x가 판의 선단으로부터의 거리 x의 0.5 승($x^{0.5}$)에 비례하여 증가한다[12]. 난류가 발생한 직후에는 Z_x가 $x^{1.5}$에 따라 증가하지만, 난류가 완전히 발달되면 $x^{0.8}$에 따라 증가한다.

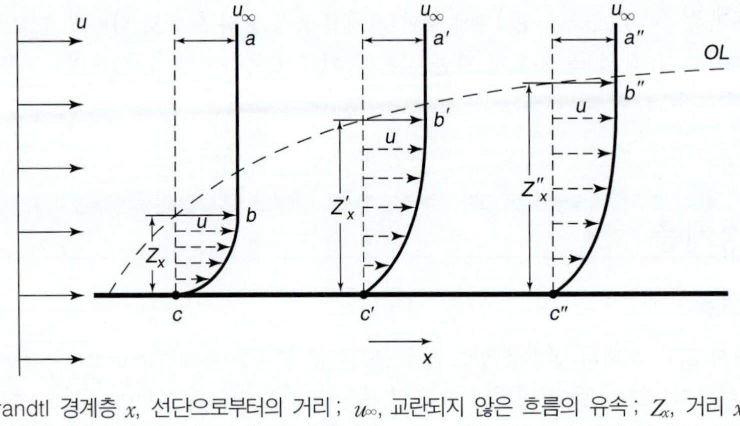

그림 3.6 Prandtl 경계층 x, 선단으로부터의 거리; u_∞, 교란되지 않은 흐름의 유속; Z_x, 거리 x에서의 경계층 두께; u, 국부 유속; abc, $a'b'c'$, $a''b''c''$, 각각 점 c, c', c''에서 벽과의 거리 대 속도 곡선; OL, 경계층의 외부 한계(수직 눈금은 크게 과장했다)

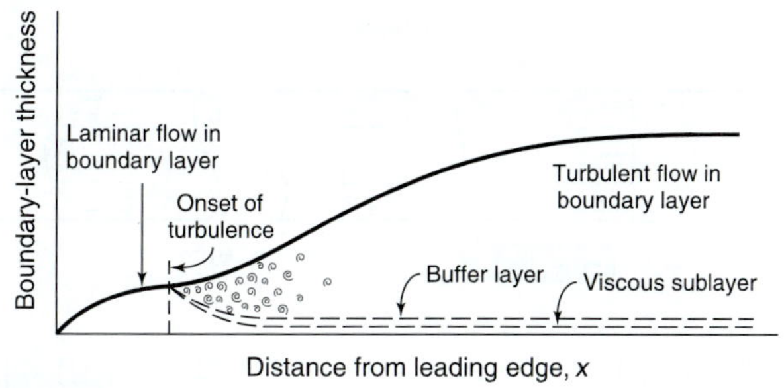

그림 3.7 평판 위의 난류 경계층 발달(수직 눈금은 크게 과장했다)

공기나 물이 보통 유속으로 흐를 때는, 경계층 안의 초기, 즉 완전 층류 부분이 두께 2 mm 정도까지 증가하지만, 일단 난류가 발생하면 그 두께가 크게 줄어서 0.2 mm 정도가 된다.

층류-난류 전이; Reynolds 수. 층류 경계층에서 난류가 발생하는 점은 다음 식으로 정의되는 무차원 Reynolds 수와 연관시킬 수 있다.

$$\mathrm{Re}_x = \frac{x u_\infty \rho}{\mu} \tag{3.23}$$

x = 판의 선단으로부터의 거리
u_∞ = 유체 본체의 유속
ρ = 유체의 밀도
μ = 유체의 점도

판과 평행인 흐름에서는, 이 값이 $10^5 \sim 3\times10^6$ 정도인 임계 Reynolds 수에서 난류가 처음 발생한다. 판이 거칠고 접근 흐름의 난류 강도가 크면 이보다 작은 값에서 전이가 일어나고, 판이 매끈하고 접근 흐름의 난류 강도가 작으면 이보다 큰 값에서 전이가 일어난다.

곧은 관 안의 경계층 생성

벽이 얇은 직관에 유체가 균일한 속도로 유입되는 경우를 고려하자. 그림 3.8에 보인 것처럼, 관 입구에서 경계층이 형성되기 시작하여, 계속 흐를수록 경계층이 두꺼워진다. 이 단계에서는 관 단면의 일부만 경계층이 차지하여, 전체 흐름은 유속이 일정한 막대 모양의 중심부와, 이 중심부와 벽 사이의 환상 경계층으로 이루어진다. 경계층에서는 벽에서 유속이 0이고 중심부로 갈수록 유속이 증가하여 중심부의 일정한 유속과 같아진다. 관 입구로부터 하류로 갈수록 단면 중에서 경계층이 차지하는 부분이 증가하여, 마침내 경계층이 관 중심에 이르게 되면, 막대 모양의 중심부는 사라지고 경계층이 흐름 단면 전체를 차지하게 된다. 이 점에 이르면 관 안의 속도분포가 완성되어, 그림 3.8의 오른쪽에 보인 것처럼 되며, 이 상태가 변하지 않고 계속 유지될 것이다. 이처럼 속도분포가 변하지 않는 흐름을 **완전 발달 흐름**(fully developed flow)이라 한다.

난류와 층류에 대한 전이길이. 관 입구에서부터 경계층이 관의 중심에 도달하여 완전 발달 흐름이 되기까지의 거리를 **전이길이**(transition length)라 한다. 유속은 관의 길이와 관 중심으로부터 반지름방향 거리에 따라 달라지므로, 입구 부분에서의 흐름은 2차원 흐름이다.

층류의 경우, 직관에서 최종 속도분포가 완성되기까지의 길이는 대략 다음과 같다.

$$\frac{x_t}{D} = 0.05\,\mathrm{Re} \tag{3.24}$$

x_t = 전이길이
D = 관 지름

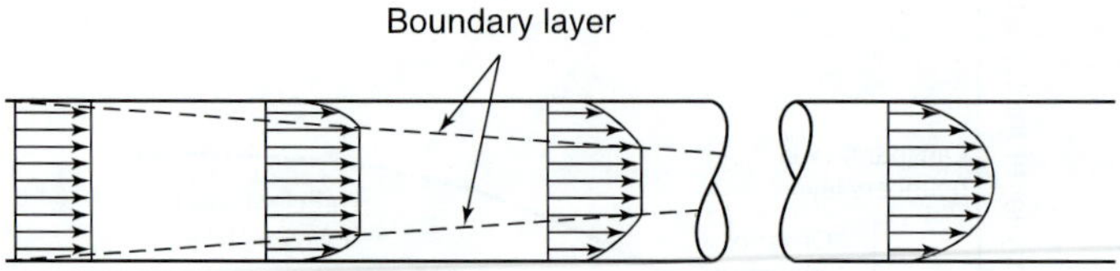

그림 3.8 관 안의 경계층 발달

이 식은 Nikuradse가 처음 제안하고, Rothfus와 Prengle이 실험으로 입증했다[11]. 이 식에 따르면, 관의 내경이 50 mm(2 in.)이고 Reynolds 수가 1,500일 때, 전이길이는 3.75 m(12.3 ft)이다. 관에 유입되는 유체가 난류이고 관 안의 유속이 임계 유속보다 크면, 전이길이는 Reynolds 수와 거의 무관하며, 관 지름의 40~50배 정도가 된다. 그러나 입구로부터 관 지름의 25배 정도가 되는 지점 이상에서는 속도 분포의 차이가 거의 없다. 내경이 50 mm인 관의 경우, 흐름이 난류일 때는 곧은 부분의 길이가 2 ~3 m 정도이면 충분하다. 관에 유입될 때는 층류이고 관 안에서 난류가 된다면, 전이길이가 길어져서 관 지름의 100배 정도가 필요하게 된다.

경계층 분리와 웨이크 생성

지금까지 경계층의 생성과 발달에 관해 검토했으므로, 여기에서는 유체 중에 잠긴 고체 표면을 떠나면서 후단 부분에서 생기는 현상을 알아보기로 한다.

흐름 방향에 평행인 평판의 후단에서는 판 양쪽의 경계층 두께가 최대가 된다. 유체가 판을 떠난 뒤 잠시 동안은 층과 속도구배가 그대로 지속되지만, 곧 이어서 속도구배가 사라지고 경계층은 서로 섞여서 없어지며 다시 균일한 속도를 회복한다. 이를 그림 3.9(a)에 보였다.

평판이 흐름 방향에 직각으로 있을 경우에는, 흐름 양상이 그림 3.9(b)에 보인 것처럼 된다. 이때도 상류 표면을 지나 흐르는 유체 중에 경계층이 형성된다. 그러나 흐름이 판 가장자리에 이르면, 운동량 때문에 판의 표면을 따라서 돌아 흐르지 못하고, 판에서부터 분리되어 유체 본체 쪽으로 흐르게 된다. 판의 뒷부분에

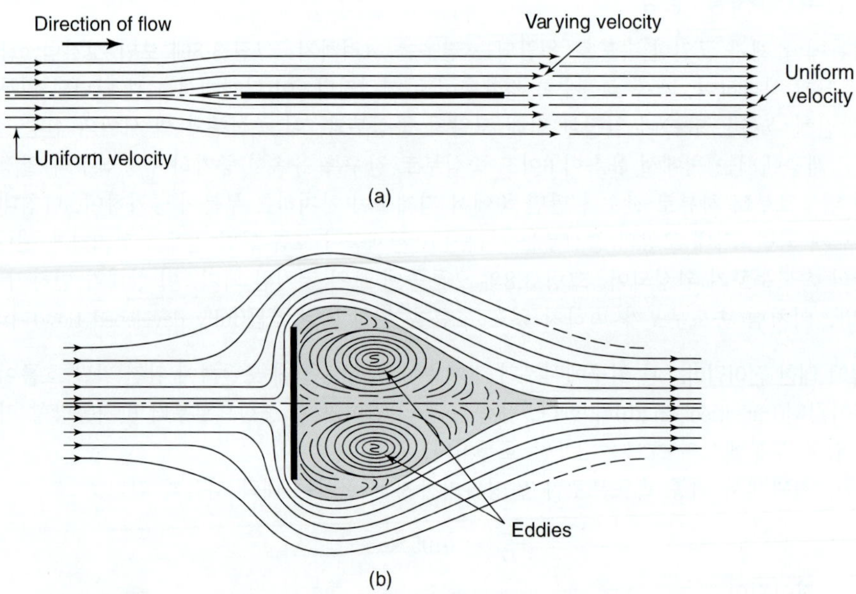

그림 3.9 평판을 지나는 흐름 (a) 평판에 평행인 흐름, (b) 평판에 수직인 흐름

는 속도가 크게 줄어든 유체의 배수(backwater) 영역이 생기며, 여기에 아주 큰 에디인 **와류**(vortex)가 형성된다. 이 부분을 **웨이크**(후류, wake)라 한다. 웨이크 중의 에디는 웨이크와 분리된 흐름 사이의 전단응력에 의해 운동을 계속한다. 결과적으로 상당량의 기계적 에너지가 손실되고, 유체의 압력 손실이 커지게 된다.

유속이나 흐름 방향의 변화가 너무 커서 유체가 고체 표면에 붙어있을 수 없게 되면 경계층이 분리된다. 유로가 급격하게 확대 또는 축소되거나, 흐름이 갑자기 휘거나, 흐름 방향에 장애물이 있거나 하면, 경계층의 분리 현상이 나타난다. 완만하게 확대되는 유로에서 유속이 감소될 때도 경계층이 분리될 수 있다(5장 참고). 웨이크가 형성되면 에너지 손실이 크므로, 경계층의 분리를 방지하거나 최소화하는 것이 바람직하다. 경계층의 분리가 예상되는 영역의 고체 표면에 흡인(suction)에 의해 유체를 끌어들이는 방법으로 경계층의 분리를 방지할 수도 있다. 일반적으로는 유로 단면적의 급격한 변화를 피하고, 유체 흐름 속에 있는 물체를 유선형으로 만들면, 경계층의 분리를 최소화할 수 있다. 그러나 열전달이나 혼합을 촉진하고자 하는 경우처럼, 목적에 따라서는 경계층의 분리가 오히려 바람직한 경우도 있다.

3.5 기호 설명

A	넓이(면적), m^2, ft^2; A_s, 전단응력이 작용하는 평면 넓이; 식 (3.7)의 상수
B	식 (3.7)의 상수
D	지름(직경), m, ft
E_v	에디 점도, Pa·s, lb/ft·s, P
F_s	전단력, N, lb_f
g_c	Newton 법칙 비례상수, 32.174 ft·lb/lb_f·s^2
K	식 (3.8)의 상수
K'	흐름 일관성지수, g/m·$s^{2-n'}$, lb/ft·$s^{2-n'}$[식 (3.9)]
L_y	난류 규모, m, ft
n	식 (3.6)의 지수
n'	흐름 거동지수, 무차원[식 (3.9)]
p	압력, N/m^2, lb_f/ft^2; p_i, 요동 국부 압력; p', 요동 성분
$R_{u'}$, $R_{u'v'}$	상관계수, 식 (3.16)과 (3.17)에서 정의
Re	Reynolds 수, $D\overline{V}\rho/\mu$; Re_n, 비뉴튼 유체; $Re_{n,c}$, 층류-난류 전이의 임계치; Re_x, 판의 선단으로부터의 거리 x 기준
T	절대온도, K
t	시간, s; t_0, 평균을 취하는 시간 간격
u	속도(유속), m/s, ft/s; x 방향의 속도 성분; u_A, u_B, 평면 A, B에서의 속도; u_i, 순간 값; u_∞, 교란되지 않은 유체 본체의 유속; u', 편의속도; u'_1, u'_2, 지점 1, 2의 값
$\overline{V}$	평균 유속, m/s, ft/s
v, w	y와 z 방향의 속도 성분; v_i, w_i, 순간 값; v', w', 편의속도
x	흐름 방향에 평행으로 측정한 거리, m, ft; x_t, 전이길이
y	벽에 대한 수직 거리, m, ft
Z_x	경계층 두께, m, ft

그리스 문자

ε_M	에디 운동량 확산계수, m^2/s, ft^2/s
μ	절대 점도, Pa · s, lb/ft · s; μ_0, $T = 273$ K일 때의 값
ν	운동점도, μ/ρ, m^2/s, ft^2/s
ρ	밀도, kg/m^3, lb/ft^3
τ	전단응력, N/m^2, lb_f/ft^2; τ_t, 난류 전단응력; τ_v, 층류 전단응력; τ_w, 벽에서의 응력; τ_0, Bingham 가소성 유체의 문지방 응력

연습 문제

3.1 다음 정상상태 흐름은 층류인가 난류인가?
(a) 100 mm 관에 10°C의 물이 평균 유속 2 m/s로 흐른다.
(b) 12 in 덕트에 2 atm, 180°F의 공기가 50 ft/s로 흐른다.
(c) 2 in 관에 비중 0.78, 점도 20 cP인 기름이 5 ft/s로 흐른다.
(d) 15 mm 관에 밀도 900 kg/m^3, 점도 1 Pa인 고분자 용융물이 0.2 m/s로 흐른다.

3.2 평판 위의 층류 경계층의 두께 Z_x는 다음 식으로 나타낼 수 있다.

$$Z_x = 5.5[\mu x/(u_\infty \rho)]^{1/2}$$

난류로 전이될 때, 이 두께에 기초한 Reynolds 수가, 식 (3.23)의 x를 사용하는 경우보다, 관내 흐름의 전이 Reynolds 수와 비슷해짐을 증명하여라.

3.3 부록 8의 노모그래프(nomograph)를 사용하여, 0~300°C와 300~600°C의 일산화탄소와 헬륨에 관하여, 기체 점도에 관한 식 (3.6)의 상수 n을 구하여라.

3.4 (a) 15 mm 관에 60°C의 100% 글리세롤(밀도 1,240 kg/m^3)이 0.3 m/s로 흐를 때, 관 입구의 전이길이를 구하여라.
(b) 3 in 관에 30°C의 100% n-프로필 알코올(밀도 50 lb/ft^3)이 7 ft/s로 흐를 때의 전이길이를 구하여라.

3.5 (a) 자동차 배기관 흐름의 Reynolds 수를 구하여라. 2 L의 4 사이클 엔진을 3,000 rpm으로 운전한다.
(b) 촉매전환장치의 단면이 배기관 단면의 4배일 때, 이 전환장치 안의 흐름이 층류가 되도록 하기 위한 채널의 치수를 구하여라.

3.6 물, 헥산, 100% 글리세롤의 점도를 반로그좌표에 나타내고, Arrhenius 식($\mu = Ae^{-E/RT}$)에 어느 정도 맞는지 설명하여라.

3.7 20°C에서 보통 압력에 있는 할로겐 가스의 점도를 분자량에 대해 나타내고, n-파라핀에 대해서도 마찬가지 그림을 그린 다음, 이러한 관계가 보여주는 경향을 설명하여라.

3.8 1/2 in, 규격 40 강관(부록 3)에 30°C, 5 bar의 공기가 흐른다. 표준 상태(0°C, 1 atm)에서의 유량이 4.0 ft^3/min일 때, 층류인지 난류인지를 설명하여라.

3.9 지름 1 m인 관에서 원유를 1.5 m/s로 수송한다. 이 흐름이 층류가 되려면 점도 값이 어느 정도여야 하는가? SI 단위계와 cgs 단위계의 값으로 답하여라.

3.10 전단율이 일정할 때 비뉴튼 액체의 겉보기 점도(apparent viscosity)는 그 전단율에서 점도계를 조작하여 측정할 수 있다. 점도계가 나타내는 값은 액체가 뉴튼 유체일 때의 점도에 해당한다.

(a) 전단율 $du/dy = 10\ s^{-1}$, $1,000\ s^{-1}$일 때, 물에 4%의 종이 펄프가 들어있는 현탁액의 겉보기 점도를 구하여라.

(b) 물에 25%의 점토가 들어있는 현탁액은 어떻게 되나?

3.11 1.5 cm 원관에 3 atm, 100℃의 공기가 1.0 cm/s로 흐른다. 이 공기는 층류로서 Reynolds 수는 임계치에 가깝다. 다음 경우에 이 흐름이 난류가 되나? 몰 흐름은 일정하다고 가정한다.

(a) 온도를 200℃로 올린다.

(b) 원관의 지름을 2.0 cm로 증가시킨다.

(c) 압력을 5 atm으로 증가시킨다.

3.12 지름이 15.8 cm인 실린더 안에 지름이 15 cm인 수직 실린더를 동심(concentric)으로 설치한다. 이 두 실린더 사이에 점도가 0.21 Pa·s인 기름을 채운다. 안쪽 실린더를 30 rpm으로 회전시킬 경우 바깥쪽 실린더에서의 전단율과 전단응력을 구하여라.

참고 문헌

1. Garde, R. J. *Turbulent Flow*, New York: Wiley, 1994.
2. Geankoplis, C. J. *Transport Processes and Unit Operations*, 3d ed., Englewood Cliffs, NJ: Prentice-Hall, 1993, pp. 155-157.
3. Hinze, J. O. *Turbulence*, 2d ed., New York: McGraw-Hill, 1975.
4. Kirchhoff, R. H. *Potential Flows: Computer Graphic Solutions*, New York: Marcel Dekker, 1985.
5. Knudsen, J. G., and D. L. Katz, *Fluid Dynamics and Heat Transfer*, New York: McGraw-Hill, 1958, pp. 115-120.
6. Langford, W. F. *Chaos, Fractals and Dynamics*, eds., P. Fischer and W. R. Smith. New York: Marcel Dekker, 1985, pp. 94-95.
7. Perry, R. H., and D. W. Green, eds., *Perry's Chemical Engineers' Handbook,* 7th ed., New York: McGraw-Hill, 1997, p. 2-320.
8. Prandtl, L. *Proc. 3rd Int. Math. Congress*, 1904.
9. Reid, R. C., J. M. Prausnitz, and B. E. Poling, *The Properities of Gases and Liquids*, 4th ed., New York: McGraw-Hill, 1987, p. 417.
10. Reynolds, O. *Phil. Trans. Royal Soc.*, London, Ser. A: 174 (1883).
11. Rothfus, R. R., and R. S. Prengle, *Ind. Eng. Chem*, 44:1683 (1952).
12. Schilchiting, H. *Boundary Layer Theory*, 7th ed., New York: McGraw-Hill, 1979, p. 42.
13. Streeter, V. L., and E. B. Wylie, *Fluid Mechanics*, 8th ed., New York: McGraw-Hill, 1985.
14. Wattendorf, F. L., and A. M. Kuethe, *Physics*, 5:153 (1934).

| Unit Operations of Chemical Engineering |

04

유체 흐름의 기본식

Basic Equations of Fluid Flow

질량수지(연속의 식), 선운동량수지와 각운동량수지, 기계적 에너지수지 등의 원리에 기초하여 유체역학 응용의 기본식을 유도할 수 있다. 이러한 기본식은 유체 부피 요소 안의 한 점의 상태에 관한 미분형으로 나타낼 수도 있고, 일정 부피나 질량의 유체에 대한 적분형으로 표현할 수도 있다.

미분수지와 쉘수지

미분식은 적분해야 공학적 문제의 해결에 활용할 수 있다. 미분식 중에는 수학적으로 적분할 수 있는 경우도 있지만, 컴퓨터를 사용하여 수치적분을 해야 하는 경우도 많다. 예를 들어서, 방해판이 설치된 대형 닥트 안에서의 공기의 정상 흐름처럼 비교적 간단한 경우나, 점도가 큰 비뉴튼 고분자 용융물이 틀(mold)을 통해 흐르는 과도 흐름처럼 문제가 복잡한 경우에도 수치적분이 필요하다.

계를 명확하게 정의할 수 있으면 거시적 쉘 수지(shell balance)를 취하여 유용한 식을 유도할 수 있다. 쉘 수지에서는 미소 부피요소 대신에 계 전체의 경계를 통한 흐름을 고려한다. 짧은 관처럼 작은 부분이나, 플랜트처럼 큰 부분의 어느 것이나 모두 계로 택할 수 있다.

이 장에서는 기본 미분식과, 쉘 수지에 기초한 적분식을 유도하기로 한다. 자세한 내용은 응용 유체역학 및 이동현상을 다룬 교과서를 참고하기 바란다[1–3,7].

4.1 흐르는 유체의 질량수지 ; 연속의 식

임의의 유체 요소나 계에 대해 질량수지(mass balance)를 취하면 다음과 같다.

$$\text{질량 도입속도} - \text{질량 배출속도} = \text{질량 축적속도}$$

그림 4.1에 보인 것처럼 공간 중에 고정된 미소 부피요소 $\Delta x \Delta y \Delta z$에 대해 질량수지를 취하기로 한다. 유체 밀도가 ρ이고 x 방향 유속을 u라 하면, 면 x에서 x 방향 질량훌럭스는 $(\rho u)_x$이고, 면 $x+\Delta x$에서의 질량훌럭스는 $(\rho u)_{x+\Delta x}$이다. 여기에서 훌럭스(flux)는 단위 면적 기준의 유량으로 정의한다. 따라서 이 부피요소에서 도입 및 배출 질량유량은 각각 $(\rho u)_x \Delta y \Delta z$ 및 $(\rho u)_{x+\Delta x} \Delta y \Delta z$이다. y와 z 방향에 대해서도,

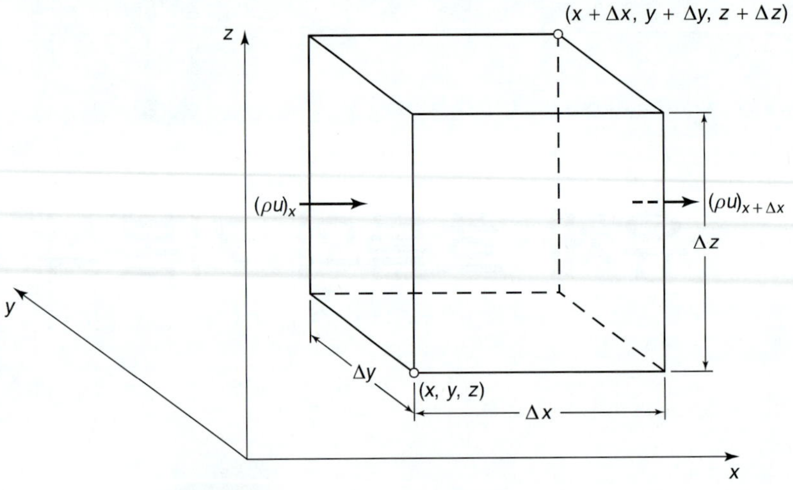

그림 4.1 공간 중에 고정된 부피 요소 $\Delta x \Delta y \Delta z$. 이를 통해 유체가 흐른다.

각각의 유속을 v 및 w라 하고, 마찬가지 관계를 유도할 수 있다. 부피요소 안의 축적속도는 $\Delta x \Delta y \Delta z(\partial\rho/\partial t)$이다. 따라서

$$[(\rho u)_x - (\rho u)_{x+\Delta x}]\Delta y \Delta z + [(\rho v)_y - (\rho v)_{y+\Delta y}]\Delta x \Delta z + [(\rho w)_z - (\rho w)_{z+\Delta z}]\Delta x \Delta y = \Delta x \Delta y \Delta z \frac{\partial \rho}{\partial t} \tag{4.1}$$

양변을 $\Delta x \Delta y \Delta z$로 나누면,

$$\frac{(\rho u)_x - (\rho u)_{x+\Delta x}}{\Delta x} + \frac{(\rho v)_y - (\rho v)_{y+\Delta y}}{\Delta y} + \frac{(\rho w)_z - (\rho w)_{z+\Delta z}}{\Delta z} = \frac{\partial \rho}{\partial t} \tag{4.2}$$

Δx, Δy, Δz가 0이 되는 극한을 취하면 질량 보존의 미분방정식이 된다.

$$\frac{\partial \rho}{\partial t} = -\left[\frac{\partial(\rho u)}{\partial x} + \frac{\partial(\rho v)}{\partial y} + \frac{\partial(\rho w)}{\partial z}\right] = -(\nabla \cdot \rho \mathbf{V}) \tag{4.3}$$

이 식은 연속의 식(equation of continuity)이라고도 한다. 우변의 $\nabla \cdot \rho \mathbf{V}$는 질량 속도벡터 $\rho \mathbf{V}$의 발산(divergnce)을 나타낸다. 편미분을 풀어서 정리하면

$$\frac{\partial \rho}{\partial t} + u\frac{\partial \rho}{\partial x} + v\frac{\partial \rho}{\partial y} + w\frac{\partial \rho}{\partial z} = -\rho\left(\frac{\partial u}{\partial x} + \frac{\partial v}{\partial y} + \frac{\partial w}{\partial z}\right) \tag{4.4}$$

다시 쓰면 다음과 같다.

$$\frac{D\rho}{Dt} = -\rho\left(\frac{\partial u}{\partial x} + \frac{\partial v}{\partial y} + \frac{\partial w}{\partial z}\right) = -\rho(\nabla \cdot \mathbf{V}) \tag{4.5}$$

이 식에서 $D\rho/Dt$는 실도함수(substantial derivative)로서, 움직임을 따르는 도함수(derivative following the motion)이다. 즉 관찰자가 유속과 같은 속도로 유체를 따라가면서 관찰한 밀도 변화율이다. 식 (4.3)의 $\partial\rho/\partial t$는 고정 지점에서 관찰한 밀도 변화율이다. 정상상태에서는 식 (4.3)과 (4.4)에서 $\partial\rho/\partial t = 0$이다.

밀도가 일정한 유체의 연속의 식. 공학에서는 유체가 비압축성이어서 밀도가 일정하다(constant density)고 간주할 수 있는 경우가 많다. 이 경우 $D\rho/Dt = 0$이므로, 식 (4.4)는 다음과 같이 된다.

$$\nabla \cdot \mathbf{V} = \left(\frac{\partial u}{\partial x} + \frac{\partial v}{\partial y} + \frac{\partial w}{\partial z}\right) = 0 \tag{4.6}$$

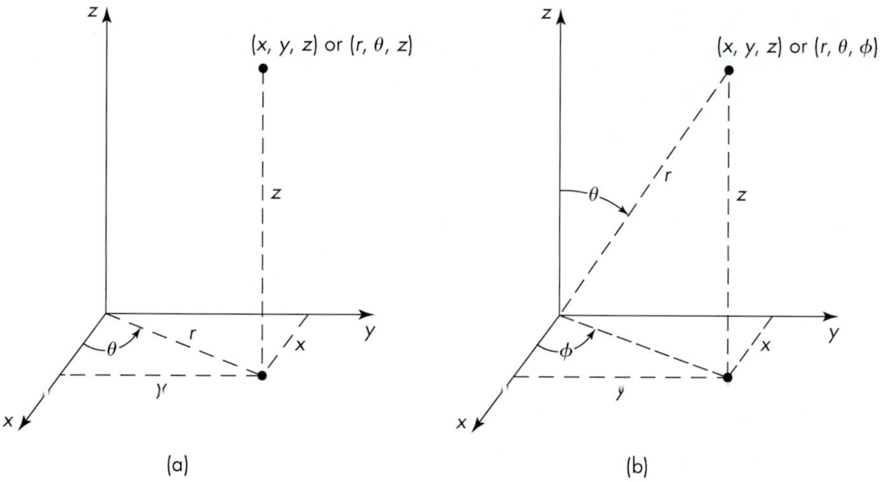

그림 4.2 (a) 원주좌표. (b) 직각좌표.

유체가 원관이나 튜브 안에서 흐를 경우에는 원주좌표에서 연속의 식을 비롯한 식을 나타내는 편이 편리하다. 원주자표와 직각좌표의 관계를 그림 4.2a에 보였다. 직각좌표계의 변수 x, y, z와 원주좌표계의 r, θ, z의 관계는 다음과 같다.

$$x = r\cos\theta \qquad y = r\sin\theta \qquad z = z$$

$$r = (x^2 + y^2)^{1/2} \qquad \theta = \tan^{-1} y/x$$

식 (4.3)을 사용하여 연속의 식을 직각좌표에서 원주좌표로 변환하면 다음과 같다.

$$\frac{\partial\rho}{\partial t} = -\left[\frac{1}{r}\frac{\partial(\rho r u_r)}{\partial r} + \frac{1}{r}\frac{\partial(\rho u_\theta)}{\partial\theta} + \frac{\partial(\rho u)}{\partial z}\right] = -(\nabla\cdot\rho\mathbf{V}) \tag{4.7}$$

u_r = 지름방향 유속

u_θ = 접선방향 유속

u = 축방향(z 방향) 유속

구형좌표에서는 변수들의 상관관계가 다음과 같다.

$$x = r\sin\theta\cos\phi \qquad y = r\sin\theta\cos\phi \qquad z = r\cos\theta$$

$$r = (x^2 + y^2 + z^2)^{1/2} \qquad \theta = \tan^{-1}\frac{(X^2 + y^2)^{1/2}}{z} \qquad \phi = \tan^{-1}\frac{y}{x}$$

연속의 식은 다음과 같이 된다.

$$\frac{\partial\rho}{\partial t} = -\left[\frac{1}{r^2}\frac{\partial(\rho r^2 u_r)}{\partial r} + \frac{1}{r\sin\theta}\frac{\partial(\rho u_\theta \sin\theta)}{\partial\theta} + \frac{1}{r\sin\theta}\frac{\partial(\rho u_\phi)}{\partial\phi}\right] = -(\nabla\cdot\rho\mathbf{V}) \tag{4.8}$$

u_ϕ = 축방향 속도

일차원 흐름. 유체 흐름 중의 유체의 경로인 유선(streamline)을 가상하면 흐름을 다루기가 편리하다. 유선은 유체의 가상적 경로로서, 유선의 각 점에서 유선 방향의 실질속도 u의 벡터는 유선의 접선이 된다. 유선을 가로지르는 흐름은 없다. 난류일 때는 에디가 유선을 횡단하기도 하지만, 흐름 방향을 제외한 다른 방향에서는 이러한 에디에 의한 실질흐름이 0이다(3장 참고). 유선에 따르는 흐름은 일차원 흐름이므로, 속도항 하나만 사용하면 된다.

단면적의 크기나 모양에 관계없이 유선으로 완전히 둘러싸인 단면을 유관(stream tube)이라 한다. 이 유관 안에는 유체가 흐르지만 그 벽을 통한 유체의 실질흐름은 없는 가상적 관이다. 유관 안의 미소 단면적을 dS라 하면, 유속 역시 u만으로 나타낼 수 있다.

유관의 미소 단면적을 통한 질량유량은 다음과 같다.

$$d\dot{m} = \rho u \, dS \tag{4.9}$$

이 식을 전체 단면적에 대해 적분하면, 단면적이 S이고 비투과성 벽[1]으로 된 유로에서의 전체 유량을 구할 수 있다. 국부 유속 u는 일반적으로 단면 중의 위치에 따라 변한다. 유체를 가열하거나 냉각하면 유체 밀도가 변하지만, 대개 이 변화는 아주 적으므로 무시할 수 있다. 전체 단면을 통한 유량은 다음과 같다.

$$\dot{m} = \rho \int_S u dS \tag{4.10}$$

밀도 ρ는 단면 전체에서 일정하다.

단면적 S에서 전체 흐름의 평균 유속 $\overline{V}$는 다음과 같다.

$$\overline{V} \equiv \frac{\dot{m}}{\rho S} = \frac{1}{S} \int_S u dS \tag{4.11}$$

이 평균 유속은 전체 부피유량을 유로 단면적으로 나눈 값($m^3/m^2 \cdot s$, $ft^3/ft^2 \cdot s$)과 같으므로, 부피플럭스(flux of volume)라 할 수 있다.

$$\overline{V} = \frac{q}{S} \tag{4.12}$$

q = 부피유량, m^3/s, ft^3/s

질량 흐름의 쉘수지

한 관이나 배관계통에 대한 유량 수지, 즉 쉘 수지를 취할 때 평균 유속을 사용하면 편리하다. 유로 입구와 출구의 단면적을 각각 S_a 및 S_b라 하자. 한 단면 중의 위치에 따라 국부 유속이 변할 것이므로, 평균 유속과 밀도를 각각 $\overline{V}_a$, ρ_a 및 $\overline{V}_b$, ρ_b라 한다. 정상상태에서는 도입량 = 배출량이므로, 연속의 식은 다음과 같이 된다.

$$\dot{m} = \rho_a \overline{V}_a S_a = \rho_b \overline{V}_b S_b = \rho \overline{V} S \tag{4.13}$$

유로가 원관이라면,

$$\dot{m} = \frac{1}{4}\pi D_a^2 \rho_a \overline{V}_a = \frac{1}{4}\pi D_b^2 \rho_b \overline{V}_b$$

다시 쓰면,

$$\frac{\rho_a \overline{V}_a}{\rho_b \overline{V}_b} = \left(\frac{D_b}{D_a}\right)^2 \tag{4.14}$$

D_a, D_b = 각각 원관의 상류와 하류의 지름

질량속도

식 (4.11)을 다시 쓰면,

$$\overline{V}\rho = \frac{\dot{m}}{S} \equiv G \tag{4.15}$$

1 막(26장)에서처럼 도관의 벽이 투과성이면 이 식을 적용할 수 없다.

이 식은 질량속도(mass velocity) G의 정의식으로서, 질량유량을 유로의 단면적으로 나눈 값이다. 측정 단위는 $kg/m^2 \cdot s$, $lb/ft^2 \cdot s$, $lb/ft^2 \cdot h$ 등이다. 흐름이 정상상태($\dot{m}$ = 일정)이고 유로의 단면적이 일정하면(S = 일정), G는 온도나 압력과 무관하다는 이점이 있다. 특히 $\overline{V}$와 ρ가 온도와 압력에 따라 변하는 압축성 유체를 다룰 때는 G를 사용하면 편리하다. 또 $G = \overline{V}\rho$이므로, G는 두 변수의 실질 영향을 나타내는 것이 된다. 질량속도는 질량훌럭스(mass flux)라 할 수 있으며, 질량흐름밀도(mass current density)라고도 한다.

훌럭스는 일반적으로 단위 면적당 단위시간당 통과되는 어느 양으로 정의된다. 식 (4.12)에 의해 표시된 것 같이 평균 속도 $\overline{V}$는 유체의 체적훌럭스(volume flux)로서 설명할 수 있다.

예제 4.1

그림 4.3에 보인 유로에, 비중(60°F/60°F) 0.887인 원유가 흐른다. 관 A는 2 in(50 mm) 규격 40, 관 B는 3 in(75 mm) 규격 40, 관 C는 $1\frac{1}{2}$ in(38 mm) 규격 40이다. C의 두 관의 유량은 같으며, 관 A의 유량은 30 gal/min(6.65 m^3/h)이다. 각 관에서 다음을 구하여라.

(a) 질량 유량, (b) 평균 유속, (c) 질량속도

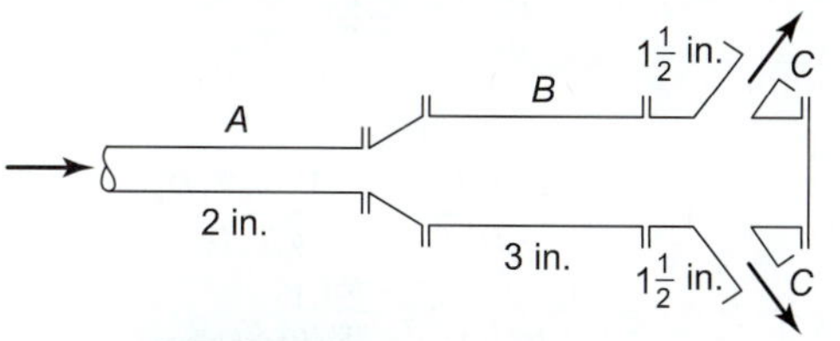

그림 4.3 예제 4.1의 배관

풀이

표준 관의 치수와 단면적을 부록 3에서 구한다. 단면적은 2 in 관 0.0233 ft^2, 3 in 관 0.0513 ft^2, $1\frac{1}{2}$ in 관 0.01414 ft^2이다

(a) 유체 밀도는 다음과 같다.

$$\rho = 0.887 \times 62.37 = 55.3 \text{ lb/ft}^3$$

1 ft^3 = 7.48 gal(부록 1)이므로, 전체 부피유량은 다음과 같다.

$$q = \frac{30 \times 60}{7.48} = 240.7 \text{ ft}^3/\text{h}$$

관 A와 B에서의 질량유량은 같으며, 질량유량 = 밀도 × 부피유량이다.

$$\dot{m} = 240.7 \times 55.3 = 13,300 \text{ lb/h}$$

관 C에서의 질량유량은 이 절반, 즉 13,300/2 = 6,650 lb/h(0.8379 kg/s)이다.

(b) 식 (4.12)로 관 A, B, C의 유속을 구한다.

$$\overline{V}_A = \frac{240.7}{3,600 \times 0.0233} = 2.87 \text{ ft/s}$$

$$\overline{V}_B = \frac{240.7}{3,600 \times 0.0513} = 1.30 \text{ ft/s}$$

$$\overline{V}_C = \frac{240.7}{2 \times 3,600 \times 0.01414} = 2.36 \text{ ft/s}$$

(c) 식 (4.15)로 관 A, B, C의 질량속도를 구한다.

$$G_A = \frac{13,300}{0.0233} = 571,000 \text{ lb/ft}^2 \cdot \text{h}(744 \text{ kg/m}^2 \cdot \text{s})$$

$$G_B = \frac{13,300}{0.0513} = 259,000 \text{ lb/ft}^2 \cdot \text{h}(351 \text{ kg/m}^2 \cdot \text{s})$$

$$G_C = \frac{13,300}{2\times 0.01414} = 470,000\ \text{lb/ft}^2\cdot\text{h}(637\ \text{kg/m}^2\cdot\text{s})$$ ■

예제 4.2

20°C, 절대 압력 2 atm의 공기가 핀관(finned tube)식 수증기 가열기의 50 mm 관에 평균 유속 15 m/s로 도입되어, 90°C, 1.6 atm에서 65 mm 관으로 배출된다. 배출구에서의 평균 유속을 구하여라.

풀이

가열기의 입구와 출구를 각각 a와 b로 나타낸다. 식 (4.14)를 사용한다. 필요한 자료는 다음과 같다.

$$D_a = 0.05\ \text{m} \qquad D_b = 0.065\ \text{m} \qquad p_a = 2\ \text{atm} \qquad p_b = 1.6\ \text{atm}$$

$$T_a = 20 + 273.16 = 293.16\ \text{K} \qquad T_b = 90 + 273.16 = 363.16\ \text{K}$$

밀도는 식 (1.56)에서 구한다. 공기 1 kg의 부피를 V라 하면, $\rho = 1/V$이다. 공기의 분자량을 M이라 하면 몰 $n = 1/M$이다. 따라서 입구와 출구에서의 밀도는 다음과 같다.

$$\rho_a = Mp_a/(RT_a),\ \ \rho_b = Mp_b/(RT_b)$$

따라서,

$$\frac{\rho_a}{\rho_b} = \frac{p_a T_b}{p_b T_a}$$

식 (4.13)에 대입하면,

$$\begin{aligned}\overline{V}_b &= \frac{\overline{V}_a \rho_a D_a^2}{\rho_b D_b^2} = \frac{\overline{V}_a p_a T_b D_a^2}{p_b T_a D_b^2}\\ &= \frac{15\times 2\times 0.05^2\times 363.16}{1.6\times 0.065^2\times 293.16}\\ &= 13.74\ \text{m/s}\end{aligned}$$ ■

4.2 미분 운동량수지 ; 운동 방정식

질량수지와 마찬가지로 미소 부피에 대해 운동량수지를 취할 수 있지만, 속도는 벡터량이므로 수지식의 유도가 다소 복잡해진다. 운동량수지의 기본 개념은 다음과 같다.

$$\begin{aligned}&\text{운동량 축적속도} = \text{운동량 도입속도} - \text{운동량 배출속도}\\ &\qquad + \text{계에 작용하는 힘의 합계}\end{aligned} \tag{4.16}$$

그림 4.4에서, 부피요소의 여섯 표면을 통해 모든 방향으로 유체가 흐른다. 속도는 벡터량이므로 식 (4.16)은 좌표 방향 x, y, z에 대해 각각 하나씩의 성분이 있다. 먼저 식 (4.16)을 x 성분에 대해 나타내기로 한다. y와 z 성분도 마찬가지로 다룰 수 있다.

그림 4.4의 부피요소에서 운동량의 x 성분의 도입 및 배출 속도를 고려한다. 유체 본체 흐름의 대류와 속도구배로 인한 점성 작용에 의해 부피요소에 운동량이 도입되거나 배출된다. 표면 x 및 $x+\Delta x$에서 대류에 의한 운동량의 x 성분의 도입 및 배출 속도는 각각 $(\rho uu)_x \Delta y \Delta z$ 및 $(\rho uu)_{x+\Delta x}\Delta y \Delta z$이다. y에서 표면 $\Delta x \Delta z$를 통한 도입속도는 $(\rho uu)_y \Delta x \Delta z$이다. 다른 세 표면에 대해서도 마찬가지로 나타낼 수 있다. 따라서 부피 요소의 여섯 표면을 통해 대류에 의해 전달되는 x 운동량은 다음과 같다.

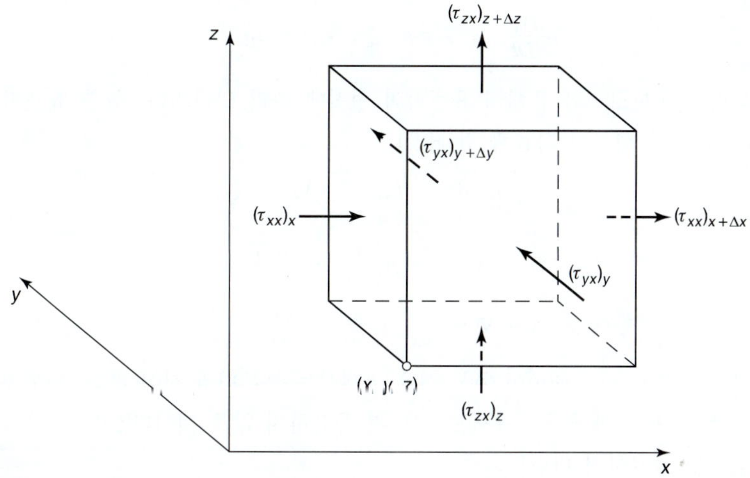

그림 4.4 부피요소 $\Delta x \Delta y \Delta z$. 화살표는 운동량의 x 성분이 표면을 통해 전달되는 방향을 가리킨다.

$$\begin{aligned}&\Delta y \Delta z[(\rho uu)_x - (\rho uu)_{x+\Delta x}] + \Delta x \Delta z[(\rho vu)_y - (\rho vu)_{y+\Delta y}] \\ &+ \Delta x \Delta y[(\rho wu)_z - (\rho wu)_{z+\Delta z}]\end{aligned} \tag{4.17}$$

마찬가지로 표면 x 및 $x+\Delta x$에서 분자 수송에 의한 운동량의 x 성분의 도입 및 배출 속도는 각각 $(\tau_{xx})_x \Delta y \Delta z$ 및 $(\tau_{xx})_{x+\Delta x} \Delta y \Delta z$이다. y에서의 도입속도는 $(\tau_{yx})_y \Delta x \Delta z$이다. 따라서 부피 요소의 여섯 표면을 통하여 점성 작용에 의해 전달되는 x 운동량은 다음과 같다.

$$\begin{aligned}&\Delta y \Delta z[(\tau_{xx})_x - (\tau_{xx})_{x+\Delta x}] + \Delta x \Delta z[(\tau_{yx})_y - (\tau_{yx})_{y+\Delta y}] \\ &+ \Delta x \Delta z[(\tau_{zx})_z - (\tau_{zx})_{z+\Delta z}]\end{aligned} \tag{4.18}$$

τ_{xx}는 x 표면에 내한 수직 응력이고 τ_{yx}는 점성력에 의해 y 표면에 작용하는 x 방향의 접선응력 즉 전단응력이다. y 및 z 방향의 운동량 전달에 대해서도 마찬가지로 나타낼 수 있다. 전단응력은 부피요소의 변형 때문에 생기며, 수직 응력(normal stress)은 주로 $\partial u/\partial x$의 변화 및 요소의 팽창(dilation)에 의한 것이다[2a,5].

일반적으로 계에 작용하는 힘은 주로 유체 압력 p와 단위 질량 기준의 중력 $\boldsymbol{g}$에 의한 힘이다. x 방향의 합력은 다음과 같다.

$$\Delta y \Delta z(p_x - p_{x+\Delta x}) + \rho g_x \Delta x \Delta y \Delta z \tag{4.19}$$

x 운동량의 요소 내 축적속도는 $\Delta x \Delta y \Delta z(\partial \rho u/\partial t)$이다. 이 모든 표현을 식 (4.16)에 대입하고, 양변을 $\Delta x \Delta y \Delta z$로 나눈다. Δx, Δy, Δz가 0이 되는 극한을 취하면, 운동 방정식(equation of motion)의 x 성분은 다음과 같이 된다.

$$\begin{aligned}\frac{\partial}{\partial t}\rho u = &-\left(\frac{\partial}{\partial x}\rho uu + \frac{\partial}{\partial y}\rho vu + \frac{\partial}{\partial z}\rho wu\right) \\ &-\left(\frac{\partial}{\partial x}\tau_{xx} + \frac{\partial}{\partial y}\tau_{yx} + \frac{\partial}{\partial z}\tau_{zx}\right) - \frac{\partial p}{\partial x} + \rho g_x\end{aligned} \tag{4.20}$$

연속의 식 (4.3)을 사용하여 이 식을 다시 쓰면,

$$\rho\frac{Du}{Dt} = -\frac{\partial p}{\partial x} - \left(\frac{\partial \tau_{xx}}{\partial x} + \frac{\partial \tau_{yx}}{\partial y} + \frac{\partial \tau_{zx}}{\partial z}\right) + \rho g_x \tag{4.21}$$

y와 z 성분에 대해서도 마찬가지 식을 유도할 수 있다. 이 세 성분의 벡터 합은 다음과 같다.

$$\rho \frac{DV}{Dt} = -\nabla p - [\nabla \cdot \tau] + \rho \mathbf{g} \tag{4.22}$$

임의 점에서의 응력은 속도구배와 유체의 유변학적 성질에 따라 달라진다. 뉴튼 유체의 경우에는 응력 텐서(stress tensor)의 x 방향 성분이 다음과 같다[2a].

$$\tau_{xx} = -2\mu \frac{\partial u}{\partial x} + \left(\frac{2}{3}\mu - \kappa\right)(\nabla \cdot \mathbf{V}) \tag{4.23}$$

$$\tau_{xy} = \tau_{yx} = -\mu\left(\frac{\partial u}{\partial y} + \frac{\partial v}{\partial x}\right) \tag{4.24}$$

$$\nabla \cdot \mathbf{V} = \frac{\partial u}{\partial x} + \frac{\partial v}{\partial y} + \frac{\partial w}{\partial z} \tag{4.25}$$

이 식에서 κ는 본체 점도(bulk viscosity)이지만, 이에 관해서는 불분명한 점이 많다. 단원자 기체에서는 그 값이 0이며, 밀도가 큰 기체나 액체의 경우에도 그다지 중요하지 않을 것이다[2a]. y 및 z 방향의 응력에 관한 식은 Bird 등[2c]을 참고하기 바란다.

밀도와 점도가 변하는 뉴튼 유체에 관한 운동 방정식의 일반식을 예시하면 다음과 같다. 이 식은 식 (4.23)과 (4.24)를 식 (4.21)에 대입하여 구한 x 방향 방정식이다.

$$\begin{aligned} \rho \frac{Du}{Dt} = &-\frac{\partial p}{\partial x} + \frac{\partial}{\partial x}\left[2\mu \frac{\partial u}{\partial x} - \left(\frac{2}{3}\mu - \kappa\right)(\nabla \cdot V)\right] \\ &+ \frac{\partial}{\partial y}\left[\mu\left(\frac{\partial u}{\partial y} + \frac{\partial v}{\partial x}\right)\right] \\ &+ \frac{\partial}{\partial z}\left[\mu\left(\frac{\partial w}{\partial x} + \frac{\partial u}{\partial z}\right)\right] + \rho g_x \end{aligned} \tag{4.26}$$

$$\begin{aligned} \rho \frac{Dv}{Dt} = &-\frac{\partial p}{\partial y} + \frac{\partial}{\partial x}\left[\mu\left(\frac{\partial v}{\partial x} + \frac{\partial u}{\partial y}\right)\right] \\ &+ \frac{\partial}{\partial y}\left[2\mu \frac{\partial v}{\partial y} - \left(\frac{2}{3}\mu - \kappa\right)(\nabla \cdot V)\right] \\ &+ \frac{\partial}{\partial z}\left[\mu\left(\frac{\partial w}{\partial y} + \frac{\partial v}{\partial z}\right)\right] + \rho g_y \end{aligned} \tag{4.27}$$

$$\begin{aligned} \rho \frac{Dw}{Dt} = &-\frac{\partial p}{\partial z} + \frac{\partial}{\partial x}\left[\mu\left(\frac{\partial w}{\partial x} + \frac{\partial u}{\partial z}\right)\right] + \frac{\partial}{\partial y}\left[\mu\left(\frac{\partial w}{\partial y} + \frac{\partial v}{\partial z}\right)\right] \\ &+ \frac{\partial}{\partial z}\left[2\mu \frac{\partial w}{\partial z} - \left(\frac{2}{3}\mu - \kappa\right)(\nabla \cdot V)\right] + \rho g_z \end{aligned} \tag{4.28}$$

Navier-Stokes 식. 흐름이 아주 복잡한 경우에는 식 (4.26)~(4.28)을 그대로 사용하지만, 일반 상황에서는 이를 간단히 한 식으로도 충분하다. 밀도와 점도가 일정한 유체에 관한 운동방정식을 Navier-Stokes 식이라 한다.

$$\begin{aligned} &\rho\left(\frac{\partial u}{\partial t} + u\frac{\partial u}{\partial x} + v\frac{\partial u}{\partial y} + w\frac{\partial u}{\partial z}\right) \\ &= \mu\left(\frac{\partial^2 u}{\partial x^2} + \frac{\partial^2 u}{\partial y^2} + \frac{\partial^2 u}{\partial z^2}\right) - \frac{\partial p}{\partial x} + \rho g_x \end{aligned} \tag{4.29}$$

$$\begin{aligned} &\rho\left(\frac{\partial v}{\partial t} + u\frac{\partial v}{\partial x} + v\frac{\partial v}{\partial y} + w\frac{\partial v}{\partial z}\right) \\ &= \mu\left(\frac{\partial^2 v}{\partial x^2} + \frac{\partial^2 v}{\partial y^2} + \frac{\partial^2 v}{\partial z^2}\right) - \frac{\partial p}{\partial y} + \rho g_y \end{aligned} \tag{4.30}$$

$$\rho\left(\frac{\partial w}{\partial t}+u\frac{\partial w}{\partial x}+v\frac{\partial w}{\partial y}+w\frac{\partial w}{\partial z}\right)$$
$$=\mu\left(\frac{\partial^2 w}{\partial x^2}+\frac{\partial^2 w}{\partial y^2}+\frac{\partial^2 w}{\partial z^2}\right)-\frac{\partial p}{\partial z}+\rho g_z \tag{4.31}$$

이 식을 벡터형으로 나타내면 다음과 같다.

$$\rho\frac{DV}{Dt}=-\nabla p+\mu\nabla^2 V+\rho\mathbf{g} \tag{4.32}$$

원주좌표에서는 밀도와 점도가 일정한 유체에 관한 식이 다음과 같다.

$$\rho\left(\frac{\partial u_r}{\partial t}+u_r\frac{\partial u_r}{\partial r}+\frac{u_\theta}{r}\frac{\partial u_r}{\partial \theta}-\frac{u_\theta^2}{r}+u\frac{\partial u_r}{\partial z}\right)$$
$$=\mu\left[\frac{\partial}{\partial r}\left(\frac{1}{r}\frac{\partial(ru_r)}{\partial r}\right)+\frac{1}{r^2}\frac{\partial^2 u_r}{\partial\theta^2}-\frac{2}{r^2}\frac{\partial u_\theta}{\partial\theta}+\frac{\partial^2 u_r}{\partial z^2}\right]-\frac{\partial\rho}{\partial r}+\rho g_r \tag{4.33}$$

$$\rho\left(\frac{\partial u_\theta}{\partial t}+u_r\frac{\partial u_\theta}{\partial r}+\frac{u_\theta}{r}\frac{\partial u_\theta}{\partial \theta}-\frac{u_r u_\theta}{r}+u\frac{\partial u_\theta}{\partial z}\right)$$
$$=\mu\left[\frac{\partial}{\partial r}\left(\frac{1}{r}\frac{\partial(ru_\theta)}{\partial r}\right)+\frac{1}{r^2}\frac{\partial^2 u_\theta}{\partial\theta^2}-\frac{2}{r^2}\frac{\partial u_r}{\partial\theta}+\frac{\partial^2 u_\theta}{\partial z^2}\right]-\frac{1}{r}\frac{\partial\rho}{\partial \theta}+\rho g_\theta \tag{4.34}$$

$$\rho\left(\frac{\partial u}{\partial t}+u_r\frac{\partial u}{\partial r}+\frac{u_\theta}{r}\frac{\partial u}{\partial \theta}+u\frac{\partial u}{\partial z}\right)$$
$$=\mu\left[\frac{1}{r}\frac{\partial}{\partial r}\left(\frac{1}{r}\frac{\partial u}{\partial r}\right)+\frac{1}{r^2}\frac{\partial^2 u}{\partial\theta^2}+\frac{\partial^2 u}{\partial z^2}\right]-\frac{\partial\rho}{\partial z}+\rho g_z \tag{4.35}$$

식 (4.33)에서 $\rho u_\theta^2/r$은 원심력으로서, θ 방향의 유체 운동에서 생기는 r 방향의 유효 힘이다. 식 (4.34)에서 $\rho u_r u_\theta/r$은 Coriolis 힘으로서, r 방향과 θ 방향의 흐름이 있을 때의 θ 방향의 유효 힘이다. 직각좌표에서 원주좌표로 변환하면 자동적으로 이러한 항들이 생긴나.

구형좌표에 관한 식들은 다음과 같다.

$$\rho\left(\frac{\partial u_r}{\partial t}+u_r\frac{\partial u_r}{\partial r}+\frac{u_\theta}{r}\frac{\partial u_r}{\partial \theta}+\frac{u_\phi}{r\sin\theta}\frac{\partial u_r}{\partial\phi}-\frac{u_\theta^2+u_\phi^2}{r}\right)$$
$$=\mu\left(\nabla^2 u_r-\frac{2}{r^2}u_r-\frac{2}{r^2}\frac{\partial u_\theta}{\partial\theta}-\frac{2}{r^2}u_\theta\cot\theta-\frac{2}{r^2\sin\theta}\frac{\partial u_\phi}{\partial\phi}\right)-\frac{\partial p}{\partial r}+\rho g_r \tag{4.36}$$

$$\rho\left(\frac{\partial u_\theta}{\partial t}+u_r\frac{\partial u_\theta}{\partial r}+\frac{u_\theta}{r}\frac{\partial u_\theta}{\partial \theta}+\frac{u_\phi}{r\sin\theta}\frac{\partial u_\theta}{\partial\phi}+\frac{u_r u_\theta}{r}-\frac{u_\phi^2\cot\theta}{r}\right)$$
$$=\mu\left(\nabla^2 u_\theta+\frac{2}{r^2}\frac{\partial u_r}{\partial\theta}-\frac{u_\theta}{r^2\sin^2\theta}-\frac{2\cos\theta}{r^2\sin^2\theta}\frac{\partial u_\phi}{\partial\phi}\right)-\frac{1}{r}\frac{\partial p}{\partial\theta}+\rho g_\theta \tag{4.37}$$

$$\rho\left(\frac{\partial u_\phi}{\partial t}+u_r\frac{\partial u_\phi}{\partial r}+\frac{u_\theta}{r}\frac{\partial u_\phi}{\partial \theta}+\frac{u_\phi}{r\sin\theta}\frac{\partial u_\phi}{\partial\phi}+\frac{u_\phi u_r}{r}+\frac{u_\theta u_\phi}{r}\cot\theta\right)$$
$$=\mu\left(\nabla^2 u_\phi-\frac{u_\phi}{r^2\sin^2\theta}+\frac{2}{r^2\sin\theta}\frac{\partial u_r}{\partial\phi}+\frac{2\cos\theta}{r^2\sin^2\theta}\frac{\partial u_\theta}{\partial\phi}\right)-\frac{1}{r\sin\theta}\frac{\partial p}{\partial\phi}+\rho g_\phi \tag{4.38}$$

따라서

$$\nabla^2=\frac{1}{r^2}\frac{\partial}{\partial r}\left(r^2\frac{\partial}{\partial r}\right)+\frac{1}{r^2\sin\theta}\frac{\partial}{\partial\theta}\left(\sin\theta\frac{\partial}{\partial\theta}\right)+\frac{1}{r^2\sin^2\theta}\left(\frac{\partial^2}{\partial\phi^2}\right) \tag{4.39}$$

Euler 식. 퍼텐셜흐름에서처럼, 밀도가 일정하고 점도가 0일 때의 직각 좌표에서의 운동방정식을 Euler 식이라 한다.

$$\rho\frac{DV}{Dt} = -\nabla p + \rho \mathbf{g} \tag{4.40}$$

예제 4.3

그림 4.5에 보인 것처럼, 간격 B만큼 떨어진 두 수직 평행판 사이에 뉴튼 유체가 들어있다. 왼쪽 판은 고정되어 있고, 오른쪽 판은 일정한 속도 v_0로 수직 상방으로 움직인다. 층류라 가정하고, 유체의 정상상태 속도 프로필을 나타내는 식을 구하여라.

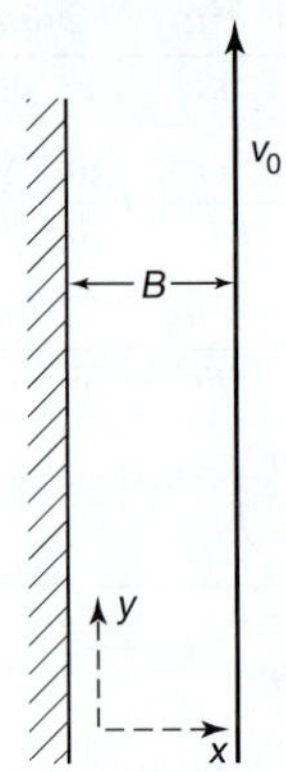

그림 4.5 수직판 사이의 흐름. 예제 4.3

풀이

y 좌표에 관한 Navier-Stokes 식 (4.30)을 사용한다. 정상상태에서는 $\partial v/\partial t = 0$이다. 흐름은 y 방향뿐이므로, 속도 u와 z는 모두 0이다. 연속의 식 (4.6)에서, $\partial u/\partial y = 0$, $\partial v/\partial z = 0$이고, $\rho g_y = -\rho g$이다. 따라서 편도함수는 도함수가 되며, 식 (4.30)은 다음과 같이 된다.

$$\mu\frac{d^2v}{dx^2} - \frac{dp}{dy} - \rho g = 0 \tag{4.41}$$

식 (4.29)와 (4.31)에서 p는 x 및 z와는 독립적이므로, dp/dy는 일정하다. 식 (4.41)을 적분하면,

$$\frac{dv}{dx} - \frac{x}{\mu}\left(\frac{dp}{dy} + \rho g\right) = C_1 \tag{4.42}$$

다시 적분하면,

$$v - \frac{x^2}{2\mu}\left(\frac{dp}{dy} + \rho g\right) = C_1x + C_2 \tag{4.43}$$

경계 조건은 다음과 같다.

$$x = 0 \text{ 일 때, } v = 0; \quad x = B \text{ 일 때, } v = v_0$$

상수 값을 구하면,

$$C_1 - v_0/B - [B/(2\mu)](dp/dy + \rho g), \quad C_2 = 0$$

식 (4.43)에 대입하면

$$v = -\frac{1}{2\mu}\left(\frac{dp}{dy} + \rho g\right)(Bx - x^2) + v_0\frac{x}{B} \tag{4.44}$$

쿠에뜨 흐름

예제 4.3의 계에서 판이 수평이거나 중력을 무시할 수 있는 상황이면, 유속은 고정판에서 떨어진 거리에 따라 선형적으로 변하며, 속도구배는 일정하게 된다. 판의 표면적이 A일 때, 점도와 전단응력 F_s/A의 관계는 다음과 같다.

$$\mu = \frac{F_s B}{A v_0} \tag{4.45}$$

이러한 조건의 흐름을 **쿠에뜨 흐름**(Couette flow)이라 한다.

동심(同心)인 회전 원통과 고정 원통 사이의 흐름도 쿠에뜨 흐름이라 하며, 원형 쿠에뜨 흐름(circular Couette flow)이라고도 한다. 동축(同軸) 원통은 유체 동역학 시험에서 이용된다. 원통의 지름에 비해 원통 사이의 간격이 작으면 속도구배는 거의 일정하다.

하나의 자유 표면의 층 흐름(layer flow)에 관해서는 다음 절에서 다룬다.

4.3 거시적 운동량수지

그림 4.6에 보인 대상 부피에서, 정상 흐름이고 x 방향의 흐름뿐이라는 가정 하에서, 식 (4.16)에 따라 총괄 운동량수지를 취할 수 있다. x 방향에서 유체에 작용하는 힘의 합계는 유체의 운동량유량의 증가량과 같다.

$$\sum F = \dot{M}_b - \dot{M}_a \tag{4.46}$$

전체 흐름의 운동량; 운동량 보정인자

질량유량이 $\dot{m}$이고 유속이 모두 u인 유체의 운동량 유량 $\dot{M} = \dot{m}u$이다. 흐름 단면의 위치에 따라 u가 변하면, 전체 운동량유량은 일반적으로 질량유량과 평균 유속의 곱 $\dot{m}\overline{V}$보다 약간 커진다.

따라서 보정인자가 필요한데, 보정인자는 대류 운동량흘럭스(convective momentum flux), 즉 단위 시간 중에 유로의 단면적을 통해 흐르는 유체가 가진 운동량으로부터 구할 수 있다. 이 값은 단면에 수직인 유속과 질량속도(질량흘럭스)의 곱과 같다. 미소 단면적을 dS라 하면 운동량흘럭스는 다음과 같다.

$$\frac{d\dot{M}}{dS} = (\rho u)u = \rho u^2 \tag{4.47}$$

밀도가 일정한 유체일 경우, 흐름 전체의 운동량흘럭스는 다음과 같다.

$$\frac{\dot{M}}{S} = \frac{\rho \int_S u^2 \, dS}{S} \tag{4.48}$$

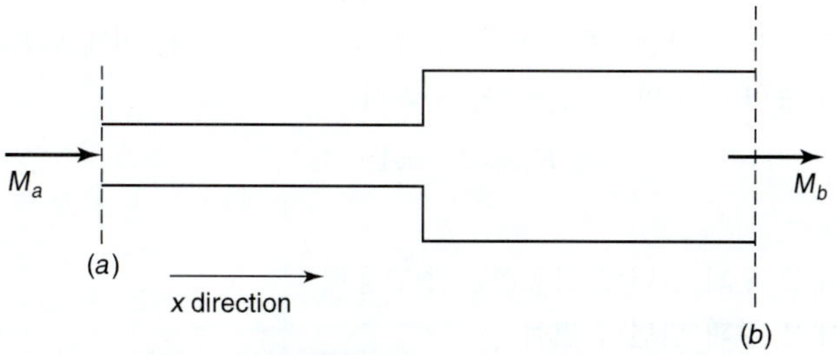

그림 4.6 운동량 수지

운동량 보정인자 β는 다음 식으로 정의한다.

$$\beta \equiv \frac{\dot{M}/S}{\rho \bar{V}^2} \tag{4.49}$$

식 (4.48)을 대입하면,

$$\beta = \frac{1}{S}\int_S\left(\frac{u}{\overline{V}}\right)^2 dS \tag{4.50}$$

특정 흐름 상황에서 β를 구하려면, 해당 단면에서 위치에 따른 u의 변화를 알아야 한다.

식 (4.46)을 다시 쓰면,

$$\sum F = \dot{m}(\beta_b \overline{V}_b - \beta_a \overline{V}_a) \tag{4.51}$$

이 관계를 사용할 때는, 속도 성분 방향에서 유체에 작용하는 힘의 모든 성분을 확인하여 $\sum F$에 포함시켜야 한다. 이러한 힘에는, (1) 흐름 방향에서의 압력 변화, (2) 흐름과 유로 사이의 경계에서의 전단응력, 또는 유로 자체를 계에 포함시킬 때는 흐름과 고체 벽에 작용하는 외력(external force), (3) 경사 흐름인 경우에는 적절한 중력 성분 등이 포함된다. x 방향의 일차원 흐름일 경우의 전형적 관계는 다음과 같다.

$$\sum F = p_a S_a - p_b S_b + F_w - F_g \tag{4.52}$$

p_a, p_b = 각각 입구 및 출구 압력
S_a, S_b = 각각 입구 및 출구 단면적
F_w = 유로의 벽이 유체에 작용하는 실질 힘
F_g = 중력 성분(상향 흐름으로 가정)

자유 표면이 있는 층흐름

층흐름(layer flow)의 한 형태로서, 경사면이나 수직면에서 중력에 의해 흐르면서 자유 표면(free surface)이 있는 흐름을 들 수 있다. 이 흐름이 정상상태이고 속도구배가 완전 발달되어 있다면, 층 두께는 일정하다. 액체의 자유 표면에서는 항력이 아주 작으므로 전단응력은 무시할 수 있다. 이 흐름이 층류이고 액체 표면에 물결이 없이 평활하다면, 유체 운동을 수학적으로 해석할 수 있다.

그림 4.7에 보인 것처럼, 평판 위에서 뉴튼 유체가 일정한 유량과 일정한 두께의 층을 이루면서 정상상태로 흐른다고 하자. 기울어진 평판이 수직면과 이루는 각도는 ϕ이고, 평판에 수직인 방향에서 층의 폭과 두께는 각각 b 및 δ이다. 그림 4.7에서처럼 대상 부피를 선택한다. 이 대상 부피는 윗면이 대기와 접해 있고, 길이는 L이며 두께는 r이다.

이 층은 정상상태에 있고 가속되지 않으므로, 운동량 원리에 의해 대상 부피에 작용하는 모든 힘의 합계는 0이다. 흐름에 평행한 방향에서 대상 부피에 작용하는 힘은 양단의 압력 힘, 윗면과 밑면에 작용하는 전단력, 흐름 방향의 중력 성분이다. 윗면에는 대기압이 미치므로, 대상 부피 양단의 압력은 크기가 같고 방향이 반대이므로 소거된다. 또 윗면에 작용하는 전단은 무시된다고 가정한다. 이제 남은 힘은, 밑면에 작용하는 전단응력과 흐름 방향의 중력 성분의 둘 뿐이다. 따라서,

$$F_g \cos\phi - \tau A = 0 \tag{4.53}$$

F_g = 중력
τ = 고려대상 부피 밑면에 작용하는 전단응력
A = 고려대상 부피 밑면의 면적

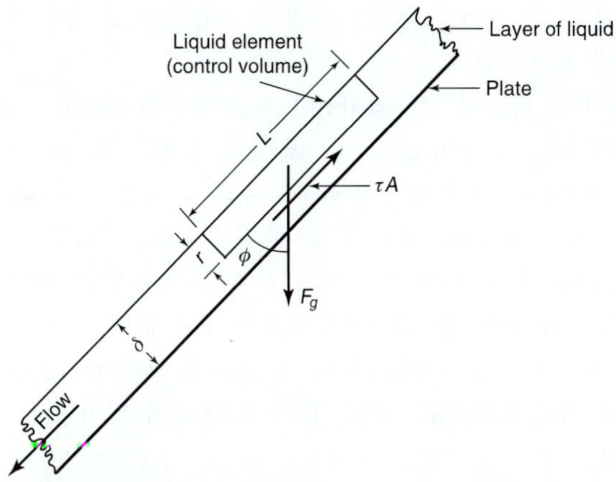

그림 4.7 층 흐름에서 액체 요소에 작용하는 힘

$A = bL$, $F_g = \rho rLbg$ 이므로,

$$\rho rLbg \cos\phi = \tau Lb$$

$$\tau = \rho rg \cos\phi \tag{4.54}$$

흐름이 층류이므로, $\tau = -\mu du/dr$ 이다. 또한

$$-\mu\frac{du}{dr} = g\rho r\cos\phi \tag{4.55}$$

정리하여 적분하면 다음과 같다.

$$\int_0^u du = -\frac{g\rho\cos\phi}{\mu}\int_\delta^r r\,dr$$

$$u = \frac{\rho g\cos\phi}{2\mu}(\delta^2 - r^2) \tag{4.56}$$

δ = 액체층의 전체 두께

이 식에서 알 수 있지만, 평판 위의 층류일 때의 속도 분포는 포물선형이다.

이제 단면 중의 미분 요소 $dS = b\,dr$를 고려하자. 이 요소를 통한 미분 질량유량 $d\dot{m} = \rho ub\,dr$이다. 유체의 전체 질량유량은

$$\dot{m} = \int_0^\delta \rho ub\,dr \tag{4.57}$$

이 식에 식 (4.56)을 대입하고 적분하면 다음과 같다.

$$\frac{\dot{m}}{b} = \frac{\delta^3\rho^2 g\cos\phi}{3\mu} = \Gamma \tag{4.58}$$

$\Gamma \equiv \dot{m}/b$ = 액체 부하(liquid loading), kg/s · m, lb/s · ft

이 식에서 층 두께를 구할 수 있다.

$$\delta = \left(\frac{3\mu\Gamma}{\rho^2 g\cos\phi}\right)^{1/3} \tag{4.59}$$

평판을 흘러내리는 흐름의 Reynolds 수는 다음 식으로 정의한다.

$$\mathrm{Re} = \frac{4r_H\overline{V}\rho}{\mu} = 4\delta\frac{\dot{m}}{\rho L_p\delta}\frac{\rho}{\mu} = \frac{4\Gamma}{\mu} \tag{4.60}$$

r_H = 수력학적 반경, 식 (5.10)에서 정의

관의 내면이나 외면에서 흘러내리는 액체층 두께는 대개 관 지름에 비해 아주 작으므로, Reynolds 수는 평판[식 (4.60)]에서와 마찬가지라 할 수 있다.

낙하 층류막의 두께에 관한 식 (4.59)는 Nusselt[4]이 처음 제안한 것으로, 그는 이 식을 이용하여 응축 증기의 열전달계수를 추정하였다. 수직면($\cos\phi = 1$)에서 막 두께를 측정해 보면, $\text{Re} \approx 1{,}000$일 때는 식 (4.59)가 비슷하게 맞지만, 실제로는 이 두께가 Reynolds 수의 약 0.45 승에 따라 변한다. Re가 작을 때는 실제 두께가 추정치보다 얇고 $\text{Re} > 1{,}000$일 때는 추정치보다 두껍다. 이처럼 편차가 생기는 것은 막 표면에 생기는 물결 때문인데, Reynolds 수가 아주 작을 때는 물결이 거의 없는 것처럼 보인다.

관내 흐름일 때와는 달리, 층류-난류 전이를 쉽게 검출할 수가 없다. 막이 아주 얇을 뿐 아니라 물결로 인해 막에서의 난류를 관찰하기가 어렵기 때문이다. 층 흐름에 대해서도 2,100을 임계 Reynolds 수로 사용하기도 하지만, 막 두께를 측정해보면[6] 전이는 $\text{Re} \approx 1{,}200$에서 일어난다. 또 막 두께는 대개 유량의 0.6 승에 비례하여 증가한다.

각운동량 식

펌프, 터빈, 교반기와 같은 유체 회전기계의 성능은 힘모멘트(force moment)와 각운동량(angular momentum)을 이용하여 해석할 수 있다. 점 O에서 힘 $\mathbf{F}$의 모멘트는 $\mathbf{F}$와 O에서 벡터의 작용선에 있는 점의 위치 벡터 $\mathbf{r}$의 벡터곱이다. 점 O로부터 반경방향 거리 r에서 힘 F_θ가 위치 벡터에 대해 직각으로 작용한다면, 힘모멘트는 토크(torque, 회전우력) T와 같다.

$$F_\theta r = T \tag{4.61}$$

회전 중심에서 움직이는 물체의 각운동량은 위치 벡터와 그 물체의 접선 운동량 벡터의 곱(질량 × 속도의 접선 성분)으로서 운동량 모멘트(moment of momentum)라고도 한다. 그림 4.8은 이차원 흐름의 회전(rotation)을 보인 것이다. 점 P의 유체는 점 O를 중심으로 속도 V로 회전하며, 반경 반향 및 접선 방향 속도 성분은 각각 u_r 및 u_θ이다. 따라서 점 P에서 질량 m인 유체의 각운동량은 rmu_θ이다.

그림 4.8은 원심 펌프나 터빈의 임펠러 일부를 나타낸 것이라 하자. 여기에서 흐르는 유체의 질량유량은 $\dot{m}$으로 일정하며, 회전 중심 O로부터 거리 r_1인 점 Q에서 도입되어 거리 r_2에서 배출된다. 이 두 점에서의 접선 방향 속도는 각각 $u_{\theta 1}$ 및 $u_{\theta 2}$이다. 점 P의 유체에 미치는 접선 방향 힘 F_θ는 그 유체의 각운동량의 변화율에 비례한다. 따라서 식 (4.61)에서 토크는 다음과 같다.

$$T = F_\theta r_2 = \dot{m}(r_2 u_{\theta 2} - r_1 u_{\theta 1}) \tag{4.62}$$

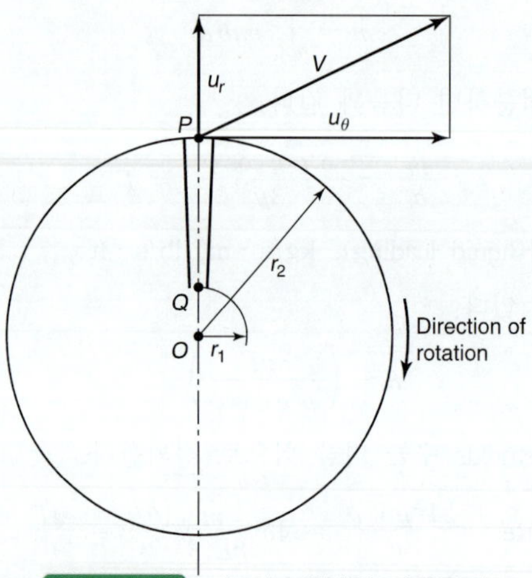

그림 4.8 흐르는 액체의 각운동량

이 식은 정상상태 이차원 흐름의 각운동량 식으로, 운동량 식 (4.51)과 비슷하다. 식 (4.62)의 유도에서는, 반경 방향 거리 r이 같으면 유속은 모두 같다고 가정했다. 즉 $\beta_1 = \beta_2 = 1$. 식 (4.62)의 응용은 8, 9장에서 다룬다.

4.4 기계적 에너지수지

운동 방정식에서 국부 유속 **V**의 스칼라 곱을 사용하여, 흐르는 유체 중에서 일어나는 에너지의 상호변환을 나타내는 식을 유도할 수 있다. 식 (4.20)에 적용하면 일반식이 된다. 단위 질량 기준의 운동에너지 증가속도는, 대류에 의한 운동에너지의 실질 도입속도에서, (1) 외부 압력이 한 일, (2) 내부에너지로의 가역적 변환, (3) 점성력이 한 일, (4) 내부에너지로의 비가역적 변환, (5) 중력이 한 일(+ 또는 − 값) 등의 속도를 뺀 값과 같다[2b]. 한편 펌프나 송풍기도 유체에 기계적 에너지를 추가하게 된다.

먼저 Euler 식을 사용하여, 정밀도이고 점도가 0인 유체의 한 방향 흐름에 관한 식을 유도한다.

퍼텐셜흐름의 에너지 수지 ; 마찰이 없는 Bernoulli 식

Euler 식 (4.40)에서 x 성분은 다음과 같다.

$$\rho\left(\frac{\partial u}{\partial t} + u\frac{\partial u}{\partial x} + v\frac{\partial u}{\partial y} + w\frac{\partial u}{\partial z}\right) = -\frac{\partial p}{\partial x} + \rho g_x \tag{4.63}$$

한 방향 흐름에서는 v와 w가 0이다. 나머지 항에 유속 u를 곱하면,

$$\rho u\left(\frac{\partial u}{\partial t} + u\frac{\partial u}{\partial x}\right) = -u\frac{\partial p}{\partial x} + \rho u g_x$$

$$\rho\left[\frac{\partial(u^2/2)}{\partial t} + u\frac{\partial(u^2/2)}{\partial x}\right] = -u\frac{\partial p}{\partial x} + \rho u g_x \tag{4.64}$$

이 식은 유속이 시간에 따라 변할 때 정밀도 유체의 일차원 퍼텐셜흐름에 대한 기계적 에너지수지식이다.

이제 그림 4.9에 보인 것처럼, 정상상태 액체 흐름 중에 있는 유관의 부피 요소를 고려한다. 흐름 방향에서 유관의 단면적이 계속 증가하고, 유관의 축은 직선이며 수직에 대해 각도 ϕ만큼 위로 기울어져 있다고 가정한다. 입구에서의 압력, 유속, 입구 높이가 각각 p_a, u_a, Z_a이고, 출구에서는 각각 p_b, u_b, Z_b라 한다. x축은 유관의 축과 평행인 축으로 한다.

정상 흐름이므로 식 (4.64)의 좌변은 0이다. 한 단면에서는 유속이 변하지 않으므로, 이 흐름은 일방적이고 유속은 x만의 함수이다. 중력은 $-x$ 방향으로 작용하므로, $g_x = -g\cos\phi$이다. 유관의 임의 위치에서의 높이를 Z라 하면,

$$Z = Z_a + x\cos\phi,\quad dZ = \cos\phi\, dx,\quad \cos\phi = dZ/dx$$

편미분은 상미분이 되므로, 식 (4.64)는 다음과 같이 된다.

$$u\frac{d(\rho u^2/2)}{dx} + u\frac{dp}{dx} + \rho u g\cos\phi = 0 \tag{4.65}$$

정상 흐름일 경우, 유속 u로 양변을 나눌 수 있다. 양변을 다시 ρ로 나누고, $\cos\phi = dZ/dx$를 대입하면, 식 (4.65)는 다음과 같이 된다.

$$\frac{d(u^2/2)}{dx} + \frac{1}{\rho}\frac{dp}{dx} + g\frac{dZ}{dx} = 0 \tag{4.66}$$

이 식은 마찰이 없는 Bernoulli 식의 미분형이다. 단면적이 확대되고 위로 기울어져 흐르는 특수한 경우에 대해 유도한 식이지만, 단면이 일정하거나 축소되거나, 수평으로 흐르거나 아래로 기울어져 흐르는 상황에

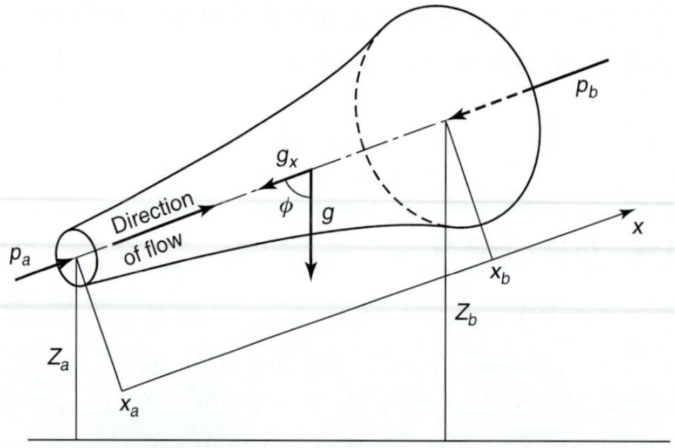

그림 4.9 경사 유관을 통한 퍼텐셜 흐름

도 적용할 수 있다(흐름 방향이 다르면 미분 dZ의 부호를 바꾸면 된다).

단면적과 밀도가 일정하면, u는 위치에 따라 변하지 않으며, $d(u^2/2)/dx = 0$이므로, 식 (4.66)은 정지 유체에 관한 식 (2.2)와 같아진다. 따라서 유속이 일정한 한 방향 퍼텐셜흐름에서 유속의 크기는 유관의 압력 강하에 영향을 미치지 않는다. 압력 강하는 높이의 변화율에 따라서만 달라진다. 결국 곧은 수평관에서 유속이 일정한 정상상태 퍼텐셜흐름에서는 압력 강하가 0이다.

그림 4.9에 보인 계에 대해 식 (4.66)을 적분하면,

$$\frac{p_a}{\rho} + gZ_a + \frac{u_a^2}{2} = \frac{p_b}{\rho} + gZ_b + \frac{u_b^2}{2} \tag{4.67a}$$

fps 단위계로 나타내면 다음과 같다.

$$\frac{p_a}{\rho} + \frac{gZ_a}{g_c} + \frac{u_a^2}{2g_c} = \frac{p_b}{\rho} + \frac{gZ_b}{g_c} + \frac{u_b^2}{2g_c} \tag{4.67b}$$

식 (4.67)은 마찰이 없는 Bernoulli 식이라 한다. 기계적 에너지수지의 특수형이지만, 식 (4.65)를 유속 u로 나누어서 식 (4.66)을 유도할 수 있는 특수 조건에서는, 그림 4.9의 요소에 대한 쉘 운동량수지를 취해도 식 (4.67)을 유도할 수 있다. 그러나 한층 복잡한 형의 Bernoulli 식에서는 그럴 수가 없는데, 이에 관해서는 뒤에 설명한다.

식 (4.67)의 각 항은 스칼라량이며, 차원은 에너지/질량으로서, 흐르는 유체 단위 질량 기준의 기계적 에너지 효과를 나타낸다. gZ와 $u^2/2$는 각각 유체 단위 질량 기준의 위치에너지와 운동에너지이다. p/ρ는 유체를 관 안으로 밀어 넣기 위해 흐름 외부의 힘에 의해 유체에 한 기계적 일 또는 유체가 관을 떠나면서 유체로부터 회수된 일을 나타낸다. 식 (4.67)에 따르면, 마찰이 없을 경우, 유속 u가 감소하면 기준 위치로부터의 높이 Z나 압력 p 또는 이 두 가지가 증가해야 한다. 유속이 변하려면 Z나 p가 변해야 한다. 높이가 변하면 그에 따라 압력이나 유속이 변하게 된다.

Bernoulli 식은 제한적 조건에서 유도한 식이지만 응용 범위가 넓다. 이 식의 유도에서는 곧은 유관이라 가정했지만, 에너지 보존의 원리에 따라 굽은 유관 속의 퍼텐셜 흐름에 대해서도 확대 적용할 수 있다. 굽은 관이면, 유속의 방향이 변하므로, Bernoulli 식에서 스칼라량 대신에 벡터량의 유속을 사용하면 된다. 실제 상황에서는 언제나 유체 중에 마찰 손실(friction loss)이 있고 관의 한 단면에서도 유속이 다소 변하지만, 그 영향이 사소하여 무시할 수 있는 경우도 있다. 또 보정인자를 사용하여 식을 수정함으로써, 한 단면에서 유속이 변하고 마찰 영향이 나타나는 경계층 흐름에 대해 적용할 수도 있다. 이러한 보정에 관해서는 다음

절에서 다룬다.

Bernoulli 식을 적용할 때는 유선이나 유관을 확인하고 상류지점과 하류지점을 분명히 선택해야 한다. 지점 a와 b는 편의에 따라 정하지만, 압력, 유속, 높이에 관한 정보가 충분히 알려진 지점을 선택하도록 한다.

예제 4.4

대형 개방 탱크 바닥에 연결된 50 mm 관을 통하여 비중(60°F/60°F) 1.15인 염수를 배출시킨다. 배출관 출구는 탱크 안의 액면보다 5 m 낮은 곳에 있다. 탱크 안의 염수의 액면에서 시작하여 배출관 중앙을 통과하여 출구에 이르는 유선을 고려한다. 유선에서의 마찰 손실은 무시할 수 있다고 가정하고, 배출관 출구에서의 유선의 유속을 구하여라.

풀이

식 (4.67)을 적용한다. 염수 표면을 지점 a, 유선의 끝인 출구를 지점 b로 정한다. 각 지점의 압력은 대기압이므로, $p_a = p_b$이고, $p_a/\rho = p_b/\rho$이다. 염수 액면의 유속 u_a는 무시할 수 있으므로, $u_a^2/2$는 없어진다. 지점 b를 높이의 기준면으로 선택하면, $Z_b = 0$이고, $Z_a = 5\,\text{m}$이다. 식 (4.67)에 대입하면,

$$5g = \frac{1}{2}u_b^2$$

출구에서 유선의 유속은 다음과 같다.

$$u_b = \sqrt{5 \times 2 \times 9.80665} = 9.90\,\text{m/s}$$

이 유속은 밀도 및 관의 크기와는 무관하다. ■

Bernoulli 식: 고체 경계의 영향에 대한 보정

엔지니어링에서 다루는 유체 흐름은 대개 고체 경계의 영향을 받으므로 경계층이 생긴다. 관이나 장치를 통과하는 흐름에서는 흐름 전체가 경계층 흐름인 경우도 있다.

이러한 실제 상황에 대해 Bernoulli 식을 적용하려면 두 가지를 고려하여 수정해야 한다. 첫째로, 크게 중요하지는 않지만, 경계층 안의 위치에 따라 국부 유속 u가 변하므로, 이를 고려하여 운동에너지 항을 수정해야 한다. 둘째로, 아주 중요한 것으로, 경계층이 형성되면 언제나 유체 마찰이 생기므로, 이를 감안하여 식을 수정해야 한다.

또 펌프가 유체에 일을 하면, 이를 식에 도입하여 Bernoulli 식을 수정하면, 비압축성 유체 흐름 문제를 푸는 데 활용할 수 있다.

흐름의 운동에너지

식 (4.67)의 $u^2/2$는 유속이 u인 유체 단위 질량의 운동에너지이다. 흐름 단면에서 유속이 변할 경우의 운동에너지는 다음과 같이 구할 수 있다. 미소 단면적 dS를 통한 질량유량은 $\rho u\, dS$이고, 유체 단위 질량의 운동에너지는 $u^2/2$이므로, 에너지 유량은 다음과 같다.

$$d\dot{E}_k = (\rho u\, dS)\frac{u^2}{2} = \frac{\rho u^3 dS}{2}$$

$\dot{E}_k$ = 운동에너지 유량, 에너지/시간

밀도가 일정하다면, 전체 단면적 S를 통과하는 흐름의 전체 운동에너지 유량은 다음과 같다.

$$\dot{E}_k = \frac{\rho}{2}\int_S u^3 dS \tag{4.68}$$

전체 질량유량은 식 (4.10) 및 (4.15)와 같으므로, Bernoulli 식에서 단위 질량 기준의 운동에너지 $u^2/2$를 다음 식으로 대체해야 한다.

$$\frac{\dot{E}_k}{\dot{m}} = \frac{\frac{1}{2}\int_S u^3 dS}{\int_S u\, dS} = \frac{\frac{1}{2}\int_S u^3 dS}{\overline{V}S} \tag{4.69}$$

운동에너지 보정인자. 식 (4.69)를 적분하는 대신에, 이 식으로 계산되는 운동에너지를 정확하게 나타낼 수 있도록 $\overline{V}^2/2$를 보정하는 편이 편리하다. 이 운동에너지 보정인자 α는 다음과 같이 정의한다.

$$\frac{\alpha\overline{V}^2}{2} \equiv \frac{\dot{E}_k}{\dot{m}} = \frac{\int_S u^3 dS}{2\overline{V}S}$$

$$\alpha = \frac{\int_S u^3 dS}{\overline{V}^3 S} \tag{4.70}$$

α를 알면, 국부 유속 u 대신에 평균 유속 $\overline{V}$를 사용하여 운동에너지를 계산할 수 있다. 식 (4.70)에서 α를 구하려면 분자 항을 적분해야 하는데, 국부 유속을 단면 위치의 함수로 나타낼 수 있어야 한다. $\overline{V}$를 식 (4.11)에서 구하려해도 속도분포에 관한 정보가 역시 필요하다. 5장에서 언급했지만, 이 α는 층류일 때 2.0, 심한 난류일 때 1.05 정도이다.

Bernoulli 식의 수정: 마찰의 영향

마찰이 있으면 기계적 에너지가 손실된다. 식 (4.67)에서와는 달리, 마찰 흐름에서는 유선에서 다음 양이 일정하지 않고 흐름 방향에 따라 감소하기 마련이다.

$$\frac{p}{\rho} + \frac{u^2}{2} + gZ$$

따라서 에너지 보존의 원리에 따르면, 기계적 에너지 손실에 대응하는 열이 발생한다. 흐르는 유체에서 기계적 에너지가 열로 변환되는 현상을 유체 마찰이라 정의할 수 있다.

비압축성 유체에서는, 식 (4.67)의 우변에 마찰에 관한 항을 첨가하여 Bernoulli 식을 수정한다. 운동에너지 보정인자 α_a, α_b 역시 도입하면 식 (4.67)은 다음과 같이 된다.

$$\frac{p_a}{\rho} + gZ_a + \frac{\alpha_a\overline{V}_a^2}{2} = \frac{p_b}{\rho} + gZ_b + \frac{\alpha_b\overline{V}_b^2}{2} + h_f \tag{4.71}$$

h_f를 비롯한 이 식의 모든 항은 차원이 에너지/질량이다. h_f는 지점 a와 b 사이에서 유체 단위 질량에서 발생하는 전체 마찰(기계적 에너지가 열로 변환된 양)을 나타내는 것이다. 식 (4.71)의 다른 항과 이 항은 두 가지 면에서 다르다.

1. 기계적 에너지는 특정 지점(가령 입구 a와 출구 b)에서의 상태에 따라 정해지지만, h_f는 지점 a와 b 사이의 모든 점에서의 기계적 에너지의 손실을 나타낸다.
2. 마찰은 기계적 에너지로 변환될 수 없다.

식 (4.71)에서는 h_f의 부호가 언제나 +이다. 퍼텐셜흐름에서는 이 값이 0이다.

층류이든 난류이든 간에 경계층의 마찰은 속도구배를 유지하기 위해 전단력이 하는 일 때문에 생기며,

결과적으로는 점성 작용에 의해 열로 변환된다. 경계층이 분리되지 않을 때의 마찰을 **표면 마찰**(skin friction)이라 한다. 경계층이 분리되어 웨이크가 형성되면, 이 웨이크 안에서 에너지가 더욱 손실된다. 이러한 마찰은 고체의 위치와 모양에 따라 달라지므로 **형태 마찰**(form friction)이라 한다.

상황에 따라서는 표면 마찰과 형태 마찰이 모두 생기지만 그 정도가 다르다. 그림 3.9(a)의 경우에는 표면 마찰 뿐이지만, 그림 3.9(b)에서는 큰 웨이크가 발생하므로 형태 마찰의 영향이 크다. 식 (4.71)의 h_f 는 표면 마찰과 형태 마찰을 모두 포함한 양이다.

예제 4.5

그림 4.10에 보인 것처럼, 수평으로 연결된 50 mm(1.969 in) 관 이음쇠에 밀도 998 kg/m³(62.3 lb/ft³)인 물이 계기 압력 100 kN/m²(14.48 lb_f/in²)에서 정상 유속 1.0 m/s(3.28 ft/s)로 유입된다. 이 이음쇠의 출구는 입구와 수평이지만 방향이 45° 다르며 지름도 20 mm(0.787 in)로 줄어든다. 물의 밀도는 일정하고, 입구와 출구에서의 운동에너지 및 운동량 보정인자는 1이며, 이 관 이음쇠에서의 마찰 손실은 무시할 수 있다고 가정한다. 다음을 구하여라.

(a) 이음쇠 출구에서의 계기 압력

(b) 이음쇠가 물에 미치는 x 및 y 방향 힘

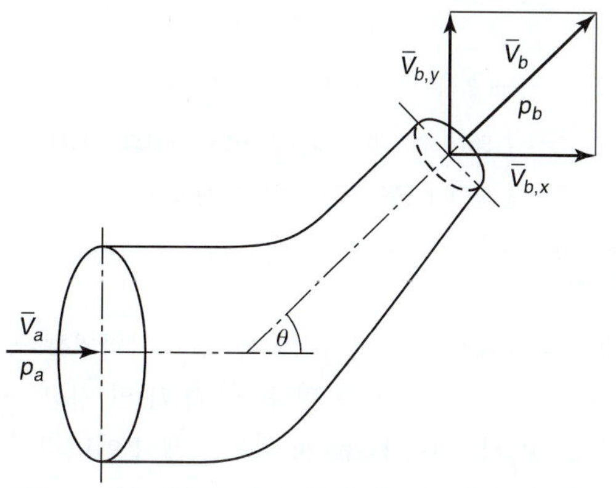

그림 4.10 축소 이음쇠(reducing fitting)에서의 흐름 ; 위에서 본 그림이다.

풀이

(a) $\overline{V}_a = 1.0\,\text{m/s}$. 식 (4.14)에서

$$\overline{V}_b = \overline{V}_a\left(\frac{D_a}{D_b}\right)^2 = 1.0\left(\frac{50}{20}\right)^2 = 6.25\,\text{m/s}$$

$$p_a = 100\,\text{kN/m}^2$$

출구 압력 p_b는 식 (4.71)에서 구한다. $Z_a = Z_b$이고 h_f 는 무시하므로, 식 (4.71)은 다음과 같이 된다.

$$\frac{p_a - p_b}{\rho} = \frac{\overline{V}_b^2 - \overline{V}_a^2}{2}$$

따라서

$$p_b = p_a - \frac{\rho(\overline{V}_b^2 - \overline{V}_a^2)}{2} = 100 - \frac{998(6.25^2 - 1.0^2)}{1,000 \times 2}$$
$$= 100 - 18.99 = 81.01\,\text{kN/m}^2 (11.75\,\text{lb}_f/\text{in.}^2)$$

(b) 유체에 미치는 힘은 식 (4.51)과 (4.52)에서 구한다. 수평 흐름에서는 $F_g = 0$이므로, x 방향에 대해 나타내면 다음과

같다.

$$\dot{m}(\beta_b \overline{V}_{b,x} - \beta_a \overline{V}_{a,x}) = p_a S_{a,x} - p_b S_{b,x} + F_{w,x} \tag{4.72}$$

$S_{a,x}$와 $S_{b,x}$는 S_a와 S_b를 초기 흐름 방향에 직각인 평면 위에 투영한 면적이다(압력 p는 스칼라량이다). 흐름은 x 방향으로 도입되므로, $\overline{V}_{a,x} = \overline{V}_a$이다. 따라서

$$S_{a,x} = S_a = \frac{\pi}{4} 0.050^2 = 0.001964\ \mathrm{m}^2$$

그림 4.10에서,

$$\overline{V}_{b,x} = \overline{V}_b \cos\theta = 6.25 \cos 45° = 4.42\ \mathrm{m/s}$$

$$S_{b,x} = S_b \sin\theta = \frac{\pi}{4} 0.020^2 \sin 45° = 0.000222\ \mathrm{m}^2$$

식 (4.13)에서,

$$\dot{m} = \overline{V}_a \rho S_a = 1.0 \times 998 \times 0.001964 = 1.960\ \mathrm{kg/s}$$

$\beta_a = \beta_b = 1$이라 가정했으므로, 식 (4.72)에 대입하고 $F_{w,x}$를 구하면 다음과 같다.

$$\begin{aligned} F_{w,x} &= 1.96(4.42 - 1.0) - 100,000 \times 0.001964 + 81,010 \times 0.000222 \\ &= 6.7 - 196.4 + 18.0 = -171.7\ \mathrm{N}(-38.6\ \mathrm{lb}_f) \end{aligned}$$

마찬가지로 y 방향에 대하여 구한다. $\overline{V}_{a,y} = 0$, $S_{a,y} = 0$이므로,

$$\overline{V}_{b,y} = \overline{V}_b \sin\theta = 4.42\ \mathrm{m/s} \qquad S_{b,y} = S_b \cos\theta = 0.000222\ \mathrm{m}^2$$

따라서

$$\begin{aligned} F_{w,y} &= \dot{m}(\beta_b \overline{V}_{b,y} - \beta_a \overline{V}_{a,y}) - p_a S_{a,y} + p_b S_{b,y} \\ &= 1.96(4.42 - 0) - 0 + 81.01 \times 0.000222 \times 1,000 \\ &= 8.66 + 17.98 = 26.64\ \mathrm{N}(5.99\ \mathrm{lb}_f) \end{aligned}$$

■

Bernoulli 식에서 펌프 일

펌프를 사용하여 유체의 기계적 에너지를 증가시킴으로서, 운동에너지를 공급하고 마찰 손실을 상쇄하며 때로는 위치에너지를 증가시켜서 흐름을 유지할 수 있다. 식 (4.71)의 지점 a와 b 사이에 펌프를 설치하고, 유체 단위 질량 기준의 펌프 일은 W_p라 한다. Bernoulli 식은 기계적 에너지 수지식이므로, 펌프 안의 마찰을 따로 고려해야 한다. 실제 펌프에서는 다양한 유체 마찰이 존재할 뿐 아니라, 베어링과 씰(seal) 또는 스터핑 박스(stuffing box)에는 기계적 마찰도 있다. 펌프에 공급한 에너지 중에서 이러한 마찰 손실을 제외한 양이 축일에 의해 실제 유체로 전달되는 실질 기계적 에너지가 된다. 유체 단위 질량 기준으로 펌프에서의 전체 마찰손실을 h_{fp}라 하면, 유체에 전달되는 실질 일은 $W_p - h_{fp}$이다. 실제로는 h_{fp} 대신에 펌프 효율(pump efficiency) η를 다음과 같이 정의하여 사용한다.

$$W_p - h_{fp} \equiv \eta W_p$$

$$\eta = \frac{W_p - h_{fp}}{W_p} \tag{4.73}$$

따라서 유체에 전달되는 기계적 에너지는 ηW_p이며, $\eta < 1$이다. 펌프 일을 고려하여 식 (4.71)을 수정하면 다음과 같다.

$$\frac{p_a}{\rho} + gZ_a + \frac{\alpha_a \overline{V}_a^2}{2} + \eta W_p = \frac{p_b}{\rho} + gZ_b + \frac{\alpha_b \overline{V}_b^2}{2} + h_f \tag{4.74}$$

이 식은 비압축성 유체의 흐름 문제에 실용되는 최종 형태의 Bernoulli 식이다.

예제 4.6

그림 4.11에 보인 계에서, 펌프를 사용하여 비중 1.84인 유체를 저장조에서 고가 탱크로 퍼 올린다. 흡입부는 3 in(75 mm) 규격 40 강관이고, 배출부는 2 in(50 mm) 규격 40 강관이다. 흡입부 유속은 3 ft/s(0.914 m/s)이고, 펌프 효율은 60%이다. 배출관의 출구는 저장조 액면보다 50 ft(15.2 m) 높이에 있다. 배관 전체에서의 마찰 손실은 10 ft · lb_f/lb(29.9 J/kg)이다. 펌프가 내야 할 압력과 유체에 전달되는 동력을 구하여라.

풀이

식 (4.74)를 사용한다. 저장조 안의 유체 액면을 지점 a, 2 in 관 출구를 지점 b로 하고, 지점 a을 기준면으로 한다. 두 지점에서의 압력은 모두 대기압이므로, $p_a = p_b$이다. 배출관의 지름에 비해 저장조의 지름이 아주 크므로, 지점 a에서의 유속은 무시할 수 있다. 난류일 경우 운동에너지 보정인자 α를 1로 보아도 별 오차가 생기지 않는다. 식 (4.74)를 다시 쓰면,

$$W_p \eta = \frac{g}{g_c} Z_b + \frac{\overline{V}_b^2}{2g_c} + h_f$$

부록 3에서, 3 in 및 2 in 관의 단면적은 각각 0.0513 및 0.0223 ft^2이다. 2 in 관에서의 유속은 다음과 같다.

$$\overline{V}_b = \frac{3 \times 0.0513}{0.0233} = 6.61 \text{ ft/s}$$

따라서

$$0.60 W_p = 50 \frac{g}{g_c} + \frac{6.61^2}{64.34} + 10 = 60.68$$

$$W_p = \frac{60.68}{0.60} = 101.1 \text{ ft} \cdot \text{lb}_f/\text{lb}$$

펌프가 내야 할 압력은 식 (4.74)를 펌프 자체에 적용하여 구할 수 있다. 지점 a를 펌프 흡입구, 지점 b를 점프 배출구로 한다. 흡입구와 배출구의 준위치는 무시할 수 있으므로, $Z_a = Z_b$이다. 식 (4.74)를 다시 쓰면,

$$\frac{p_b - p_a}{\rho} = \frac{\overline{V}_a^2 - \overline{V}_b^2}{2g_c} + W_p \eta$$

펌프가 내야 할 압력은 다음과 같다.

$$p_b - p_a = 1.84 \times 62.37 \left(\frac{3^2 - 6.61^2}{2 \times 32.17} + 60.68 \right)$$

$$= 6,902 \text{ lb}_f/\text{ft}^2 = \frac{6,902}{144} = 47.9 \text{ lb}_f/\text{in.}^2 (330 \text{ kN/m}^2)$$

펌프에 공급해야 할 동력은 W_p와 질량유량을 곱한 값과 같다. 질량유량은,

$$\dot{m} = 0.0513 \times 3 \times 1.84 \times 62.37 = 17.66 \text{ lb/s}$$

1 hp = 550 ft · lb_f/s이므로, 동력은 다음과 같다.

$$P = \frac{\dot{m} W_p}{550} = \frac{17.66 \times 101.1}{550} = 3.25 \text{ hp}(2.42 \text{ kW})$$

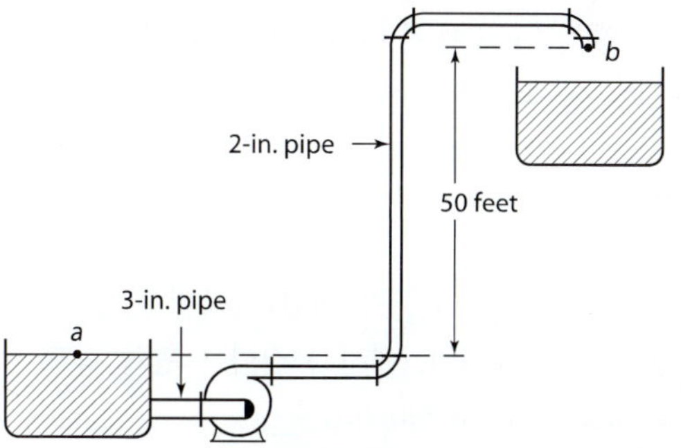

그림 4.11 예제 4.6의 흐름도

따라서 유체에 전달되는 동력은 다음과 같다.

$$3.25 \times 0.60 = 1.95\ \text{hp}(1.45\ \text{kW})$$ ■

4.5 기호 설명

A	면적, m^2, ft^2
B	판 사이의 간격, 예제 4.3, m, ft
b	액층의 폭, m, ft
C_1, C_2	상수, 식 (4.42) 및 (4.43)
D	원형 유로의 지름, m, ft; D_a, D_b, 각각 지점 a와 b에서의 지름
E_k	유체의 운동에너지, J, ft · lb_f; $\dot{E}_k$, 운동에너지 유량, J/s, ft · lb_f/s
F	힘, N, lb_f; F_g, 중력 성분; F_w, 유로 벽이 유체에 미치는 실질 힘; $F_{w,x}$, $F_{w,y}$, 각각 F_w의 x 및 y 방향 성분; F_θ, 접선 방향의 힘 또는 성분
G	질량속도, kg/m^2 · s, lb/ft^2 · s
g	중력 벡터, N, lb_f; g_x, x 방향 성분
g	중력가속도, m/s^2, ft/s^2
g_c	Newton 법칙 비례인자, 32.174 ft · lb/lb_f · s^2
h	마찰 손실, J/kg, ft · lb_f/lb; h_f, 지점 a, b 사이의 유로에서의 마찰 손실; h_{fp}, 펌프에서의 전체 마찰 손실
L	길이, m, ft
M	분자량; 운동량, kg · m/s, ft · lb/s; $\dot{M}$, 운동량 유량, kg · m/s^2, ft · lb/s^2; $\dot{M}_a$, $\dot{M}_b$ 각 지점 a, b에서의 운동량 유량
m	질량, kg, lb; $\dot{m}$, 질량유량, kg/s, lb/s
n	몰, mol
P	동력, kW, hp
p	압력, Pa(= N/m^2), lb_f/ft^2; p_a, p_b, 각각 지점 a, b의 압력
q	부피유량, m^3/s, ft^3/s
Re	Reynolds 수, 무차원
r	반경방향(방사방향) 거리, m, ft; r_1, r_2, 각각 지점 1, 2의 반경방향 거리; 액면으로부터의 거리, m, ft
r_H	수력학적 반경(반지름), m, ft
S	단면적, m^2, ft^2; S_a, S_b, 각각 지점 a, b의 단면적; $S_{a,x}$, $S_{b,x}$, x축에 수직인 평면에 대한 S_a와 S_b의 투영 면적; $S_{a,y}$, $S_{b,y}$, y축에 수직인 평면에 대한 투영 면적
T	토크(회전우력), N · m, ft · lb_f; 온도, ℃, ℉; T_a, T_b, 각각 지점 a, b의 온도
t	시간, s
u	유속, x 방향 성분, m/s, ft/s; u_a, u_b, 지점 a, b의 유속; u_r, 반경 방향; u_θ, 접선 방향
V	전체 속도벡터, m/s, ft/s
V	유속, m/s, ft/s; $\overline{V}$, 평균 유속; $\overline{V}_a$, $\overline{V}_b$ 각 지점 a, b의 평균 유속; 부피, m^3, ft^3
v	유속, y 방향 성분, m/s, ft/s; v_0, 예제 4.3에서 움직이는 판의 속도
W_p	액체 단위 질량 기준의 펌프 일, J/kg, ft · lb_f/lb;
w	유속, z 방향 성분, m/s, ft/s
Z	기준면으로부터의 높이, m, ft; Z_a, Z_b, 각각 지점 a, b의 높이

그리스 문자

α	운동에너지 보정인자, 식 (4.70); α_a, α_b, 각각 지점 a, b의 값
β	운동량 보정인자, 식 (4.49); β_a, β_b, β_1, β_2, 각각 지점 a, b, 1, 2의 값
Γ	층 흐름의 액체 부하, kg/m·s, lb/ft·s
δ	액체층 두께, m, ft
η	펌프의 총괄 효율, 무차원
θ	배출관의 각도, 그림 4.10
κ	유체의 벌크 점도, mPa·s, lb/ft·s
μ	점도, mPa·s, lb/ft·s
ρ	밀도, kg/m^3, lb/ft^3; ρ_a, ρ_b, 각각 지점 a, b의 값
τ	응력, N/m^2, lb$_f$/ft^2; τ_{xx}, 부피 요소의 x 면에 대한 수직 응력; τ_{yx}, y 면에 대한 x 방향 전단응력; τ_{zx}, z 면에 대한 x 방향 전단응력
ϕ	수직에 대한 각도

연습 문제

4.1 75 mm 관에 액체가 정상상태로 흐른다. 국부 유속은 관 중심축으로부터의 거리에 따라 달라진다(표 4.1). (a) 평균 유속 $\overline{V}$, (b) 운동에너지 보정인자 α, (c) 운동량 보정인자 β를 구하여라.

4.2 그림 4.5에 보인 것과 같은 계에서, 판 사이의 유체가 위로 흐르려면, 중력의 영향을 극복할 수 있을 정도로 이동판의 속도 v_0가 충분히 커야 한다. 지금 간격이 1 mm인 판 사이에 밀도 900 kg/m^3, 점도 50 mPa·s인 유분이 있다고 하자. ρg에 비해 압력 강하 dp/dy 무시할 수 있다고 보고, 다음을 구하여라.

(a) 유체가 위로 흐르는 데 필요한 이동 판의 최소 상향 속도

(b) 이 최소 속도 v_0를 유지할 때, 판 사이의 중간 위치에서의 유체의 점도

(c) 고정 판, 이동 판, 중간 위치에서 유체의 전단응력. 예제 (4.3)의 식들을 사용한다.

4.3 (a) 지름이 30 ft인 물탱크에 25 ft 높이로 물이 들어있다. 배출구는 4 in 수평관으로 탱크 바닥에 연결되어 있다. 이 관이 아주 짧을 때 초기 배출 유량을 구하여라(배출관에서의 마찰 손실은 무시한다).

(b) 탱크의 물이 다 빠져나갈 때까지의 시간을 구하여라.

(c) 평균 유량을 계산하고 초기 유량과 비교하여라.

표 4.1 연습문제 4.1의 자료

Local velocity u, m/s	Distance from pipe axis, mm	Local velocity u, m/s	Distance from pipe axis, mm
1.042	0	0.919	22.50
1.033	3.75	0.864	26.25
1.019	7.50	0.809	30.00
0.996	11.25	0.699	33.75
0.978	15.00	0.507	35.625
0.955	18.75	0	37.50

4.4 바닥의 큰 저수조에 있는 20°C의 물을 9 m^3/h의 유량으로 실험용 흡수탑 상부로 퍼올린다. 배출점은 바닥으로부터 5 m 높이에서 대기 중에 개방되어 있다. 수송관은 50 mm 관이고 수송 중의 마찰 손실은 2.5 J/kg이다. 펌프가 0.1 kW 밖에 낼 수 없다고 할 때, 저수조 안의 수면을 어느 정도로 유지해야 하나?

4.5 수평으로 설치된 100 mm-ID 90° 엘보(elbow)에, 계기 압력 70 kN/m^2, 유속 6 m/s로 물이 유입된다. 마찰은 무시한다. 이 엘보가 그 자리에서 움직이지 않도록 하려할 때, 엘보에 가해야 할 힘의 크기와 방향을 구하여라.

4.6 지름이 2.5 m이고 높이가 4 m인 수직 원통형 반응기를 냉각하기 위해, 꼭대기에 물을 분무하여 외벽을 따라 흐르도록 한다. 물은 유량 0.15.m^3/min, 평균 온도 40°C일 때, 물층의 두께를 구하여라.

4.7 2.5 × 2.5 cm Raschig 링을 충전한 탑 상부에 밀도가 1040 kg/m^3이고 점도가 1.25 mPa·s인 수용액을 분무한다. 액체 유량이 4.500 kg/m^2·h일 때 다음을 구하여라.

(a) 충전물 위에 흘러내리는 액체 막의 평균 두께. 경사각은 45°이고 액체는 충전물 상층에 균일하게 분배된다고 가정한다.

(b) 탑 부피 중에서 액체가 차지하는 비율

(c) 충전물의 전체 표면 중에서 절반만 젖는다고 할 경우의 액체 막의 평균 두께

4.8 전력 수요가 적은 야간에 500 ft 높이의 언덕에 있는 저장조로 강물을 퍼 올린다. 주간에는 이 물을 터빈을 통해 반송하여 피크 전력 수요에 맞추도록 한다.

(a) 길이가 2,500 ft인 30 in. 배관 둘을 사용하여 20,000 gal/min씩 수송하는데 필요한 펌프 동력을 구하라. 펌프 효율은 85%이고, 마찰손실은 15 ft H_2O로 추산된다.

(b) 전체 유량이 동일할 때 터빈에서 발생하는 전력을 구하라.

(c) 에너지 저장시설로서의 이 시설의 총괄 효율을 구하라.

4.9 어떤 흐름의 단면에서 유속이 1.6 m/s인 부분이 15%, 3.2 m/s인 부분이 35%, 4.5 m/s인 부분이 나머지를 차지한다고 보고 속도 프로필의 모델을 나타낼 수 있다고 하자.

(a) 이 흐름의 총운동량은 질량유량 × 평균유속의 값과 얼마나 다른가?

(b) 어떤 상황이면, 흐름의 속도 프로필과 운동량 유량이 질량유량 × 평균유속의 값과 정확하게 같아지는가?

참고 문헌

1. Bennett, C. O., and J. E. Myers, *Momentum, Heat, and Mass Transfer*, 3rd ed., New York: McGraw-Hill, 1982.
2. Bird, R. B., W. E. Stewart, and E. N. Lightfoot, *Transport Phenomena*, New York: Wiley, 1960 ; (a) p. 79, (b) p. 81, (c) pp. 84-91.
3. Geankoplis, C. J., *Transport Processes and Unit Operations*, 3rd ed., Englewood Cliffs, NJ: Prentice-Hall, 1993.
4. Nusselt, W. *VDIZ*, **60**:541, 569 (1916).
5. Perry, R. H., and D. W. Green, eds., *Perry's Chemical Engineers' Handbook*, 7th ed., New York: McGraw-Hill, 1997, p. 6-7.
6. Portalski, S. *Chem. Eng. Sci.*, 18:787 (1963).
7. Streeter, V. L., and E. B. Wylie, *Fluid Mechanics*, 8th ed., New York: McGraw-Hill, 1985.

| Unit Operations of Chemical Engineering |

05 관과 채널에서의 비압축성 유체의 흐름

Incompressible Flow in Pipes and Channels

화공기술자는 관(pipe), 튜브(tube), 단면이 원형이 아닌 채널(channel) 등 다양한 유로에서의 유체 흐름을 다루게 된다. 관에는 유체가 가득 차는 것이 보통이지만, 그렇지 않을 때도 있다. 또 경사면이나 수직면에서의 흐름, 고체 층을 통한 흐름, 교반조에서의 흐름 등도 취급해야 한다. 이 장에서는 폐쇄관과 채널에서의 비압축성 유체의 정상 흐름을 다룬다. 층흐름은 4장에서 다루었고, 압축성 유체의 흐름은 6장, 고체 층을 통한 흐름은 7장, 교반조에서의 흐름은 9장에서 다룬다.

5.1 관 내 전단응력과 표면마찰

전단응력 분포

정밀도 유체가 수평관에서 완전 발달된 정상 흐름으로 흐른다고 하자. 그림 5.1에 보인 것처럼, 원판 모양의 유체 요소를 생각한다. 이 원판은 관의 축과 동심이며, 반지름 r, 두께 dL이고, 유리된 물체로 가정한다. 이 원판의 상류 면과 하류 면에서의 유체 압력은 각각 p 및 $p+dp$라 한다. 유체는 점도가 있으므로, 이 요소의 테(rim)에는 흐름과 반대 방향의 전단응력이 작용한다. 이 원판에 대해 운동량식 (4.52)를 적용하기로 한다. 완전 발달 흐름이므로, $\beta_b=\beta_a$, $\overline{V}_b=\overline{V}_a$, $\sum F=0$이다. 식 (4.52)에 다음 값들을 대입한다.

$$S_a=S_b=\pi r^2 \qquad p_a=p \qquad p_aS_a=\pi r^2 p \qquad p_bS_b=(\pi r^2)(p+dp)$$

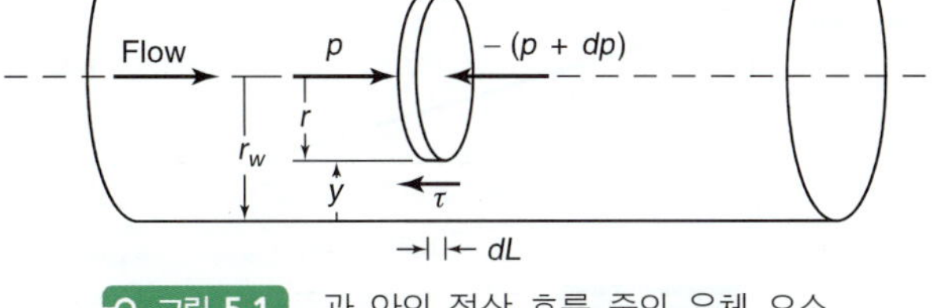

그림 5.1 관 안의 정상 흐름 중의 유체 요소

유체 요소의 테에 작용하는 전단력 F_s는 전단응력과 원주 면적의 곱 $(2\pi r\,dL)\,\tau$ 이다[식 (4.52)에서 힘 $F_s = -F_w$이다]. 수평 유로이므로, $F_g = 0$이다. 이러한 양들을 식 (4.52)에 대입하면,

$$\sum F = \pi r^2 p - \pi r^2 (p + dp) - (2\pi r\,dL)\tau = 0$$

이 식을 $\pi r^2 dL$로 나누고 정리하면,

$$\frac{dp}{dL} + \frac{2\tau}{r} = 0 \qquad (5.1)$$

층류이든 난류이든 간에 정상 흐름이면, 유관의 한 단면에서의 압력은 일정하므로, dp/dL은 r과 무관하다. 식 (5.1)은 관의 전체 단면에 대해 쓸 수 있다. 유로 벽에서의 전단응력을 τ_w, 관의 반지름을 r_w라 하면, $r = r_w$에서 $\tau = \tau_w$이다. 따라서

$$\frac{dp}{dL} + \frac{2\tau_w}{r_w} = 0 \qquad (5.2)$$

식 (5.2)에서 식 (5.1)을 빼면,

$$\frac{\tau_w}{r_w} = \frac{\tau}{r} \qquad (5.3)$$

$r = 0$이면 $\tau = 0$이다. 이 τ와 r 사이의 간단한 선형 관계를 나타내면 그림 5.2와 같다. 이 관계는 층류와 난류, 뉴튼 유체와 비뉴튼 유체에 모두 적용된다.

표면 마찰과 벽 전단의 관계

식 (4.71)을 흐름 전체의 임의 길이 L에 대해 나타낼 수 있다. 제4장에서는, $\Delta p = p_b - p_a$로 정의했지만, 특수한 경우를 제외하고는 일반적으로 $p_a > p_b$이므로, $p_b - p_a$는 − 값이 된다. 하지만 압력 강하 Δp는 보통 $p_a - p_b$로 나타내므로, 여기에서도 이러한 관례에 따르기로 한다. 따라서 $p_b = p_a - \Delta p$, $Z_b - Z_a = 0$이며, 두 운동에너지 항은 소거된다. 마찰은 벽과 유체 사이의 표면 마찰 뿐이므로, 압력 강하는 표면 마찰 때문에 생긴다. 표면 마찰을 h_{fs}, 압력 강하를 Δp_s로 나타내면, 식 (4.71)은 다음과 같이 된다.

$$\frac{p_a}{\rho} = \frac{p_a - \Delta p_s}{\rho} + h_{fs}$$

$$\frac{\Delta p_s}{\rho} = h_{fs} \qquad (5.4)$$

관의 길이 L에서 식 (5.2)의 dp/dL은 $\Delta p_s/L$이 된다. 식 (5.2)와 (5.4)에서 Δp_s를 소거하면, h_{fs}와 τ_w의 관계가 다음과 같이 된다.

$$h_{fs} = \frac{2}{\rho}\frac{\tau_w}{r_w}L = \frac{4}{\rho}\frac{\tau_w}{D}L \qquad (5.5)$$

D = 관 지름

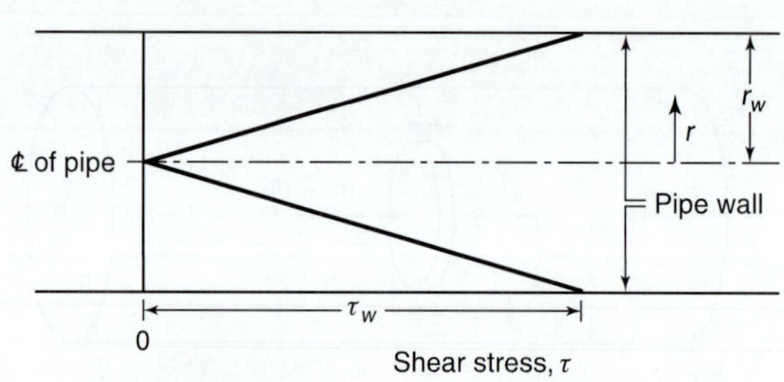

그림 5.2 관 안의 전단응력 변화

마찰계수

또 하나의 일반적 매개변수에 Fanning 마찰계수(friction factor)[1]가 있는데, 이는 난류의 연구에서 특히 유용하다. 벽 전단응력에 대한 밀도와 속도두(velocity head, $\overline{V}^2/2$)의 곱의 비로 정의하며, f로 나타낸다.

$$f \equiv \frac{\tau_w}{\rho \overline{V}^2/2} = \frac{2\tau_w}{\rho \overline{V}^2} \tag{5.6}$$

표면 마찰 매개변수 사이의 관계

관 안의 표면 마찰을 나타내는 데 사용되는 네 가지 양 h_{fs}, Δp_s, τ_w, f의 관계는 다음과 같다.

$$h_{fs} = \frac{2}{\rho}\frac{\tau_w}{r_w}L = \frac{\Delta p_s}{\rho} = 4f\frac{L}{D}\frac{\overline{V}^2}{2} \tag{5.7}$$

이로부터

$$f = \frac{\Delta p_s D}{2L\rho \overline{V}^2} \tag{5.8}$$

$$\frac{\Delta p_s}{L} = \frac{2f\rho \overline{V}^2}{D} \tag{5.9}$$

식 (5.9)는 곧은 관에서 표면 마찰에 의한 손실을 나타낼 때 자주 쓰인다. h_{fs}, Δp_s에서 하첨자 s는 이러한 양이 표면 마찰에 의한 값으로 Fanning 마찰계수와 관계가 있음을 나타낸다. Bernoulli 식에서 다른 항들이 있거나 형태 마찰 역시 영향을 미치게 되면, $p_a - p_b$는 Δp_s와 달라진다. 경계층이 분리되면, h_f는 h_{fs} 보다 아주 커진다.

원형이 아닌 채널 안의 흐름

원형이 아닌 유로의 단면에서 표면 마찰을 평가할 때는, Reynolds 수와 표면 마찰의 정의식 (5.8)에서 지름 대신에, 수력학적 반경의 4배로 정의하는 **상당지름**(equivalent diameter) D_{eq}를 사용한다. 수력학적 반경 r_H는 유로의 단면적과 젖음 둘레(wetted perimeter)의 비로 정의한다.

$$r_H \equiv \frac{S}{L_p} \tag{5.10}$$

S = 유로 단면적
L_p = 젖음 둘레(유로 내면에서 유체와 접촉하는 둘레)

원관의 경우에는 수력학적 반경이 다음과 같다.

$$r_H = \frac{\pi D^2/4}{\pi D} = \frac{D}{4}$$

따라서 상당 지름 $4r_H = D$가 된다.

두 동심관 사이의 환상 유로의 경우에는 수력학적 반경이 다음과 같다.

$$r_H = \frac{\pi D_o^2/4 - \pi D_i^2/4}{\pi D_i + \pi D_o} = \frac{D_o - D_i}{4} \tag{5.11}$$

D_i, D_o = 각각 환상 유로의 내경과 외경

1 유체역학에서 자주 쓰이는 마찰계수에는 또 Blasius 또는 Darcy 마찰계수(f')가 있는데, 이는 $4f$와 같다. 주로 기계공학 관련 서적에서는 f' 값을 얻게 됨으로 유의하라.

따라서 환상 유로의 상당지름은 외경과 내경의 차이와 같아진다. 한 면의 폭이 b인 사각 유로의 경우에는, 상당 지름이 $4(b^2/4b) = b$가 된다. 간격이 b인 두 평행판 사이의 유로의 경우, b가 판의 폭보다 아주 적으면, 상당 지름 $D_{eq} = 2b$가 된다.

마찰계수의 정의식 (5.7)과 Reynolds 수의 정의식 (3.10)에서, r 대신에 $2r_H$, D 대신에 D_{eq}를 대입하면 일반식이 된다. 수력학적 반경은 층류보다는 난류에서 특히 유용한 개념이다. 층류일 경우에는 대개 유체 흐름의 관계식을 수학적으로 유도할 수 있는데, 지금부터 이에 관해 설명하기로 한다.

5.2 관과 채널에서의 층류

유체가 비압축성이고 정상 상태의 완전 발달된 흐름이면, 식 (5.1)~(5.9)는 층류나 난류에 모두 적용된다. 층류에서는 전단응력-점도의 관계가 단순하므로, 층류에 관한 관계는 비교적 쉽게 유도할 수 있다.

뉴튼 유체의 층류

뉴튼 유체에서는 유속 분포, 평균 유속, 운동량 및 운동에너지 보정인자를 쉽게 구할 수 있다.

유속 분포. 유선 중의 국부 유속과 위치의 관계를 구하기로 한다. 원형 유로에서는 관의 중심축에 대해 대칭적이므로, 국부 유속 u는 반지름 r에 따라서만 달라진다. 단면 요소 dS는 반지름이 r이고 두께가 dr인 얇은 고리이다. 즉

$$dS = 2\pi r\,dr \tag{5.12}$$

유속 분포는 점도의 정의식 (3.3)에서 구한다.

$$\mu = -\frac{\tau}{du/dr} \tag{5.13}$$

이 식의 − 부호는, 관에서 r이 증가할수록 u가 감소함을 의미한다. 식 (5.3)과 (5.9)에서 τ를 소거하면, u와 r의 관계를 나타내는 상미분방정식이 된다.

$$\frac{du}{dr} = -\frac{\tau_w}{r_w \mu} r \tag{5.14}$$

$r = r_w$에서 $u = 0$이므로, 이 식을 적분하면 다음과 같다.

$$\int_0^u du = -\frac{\tau_w}{r_w\mu}\int_{r_w}^{r} r\,dr$$
$$u = \frac{\tau_w}{2r_w\mu}(r_w^2 - r^2) \tag{5.15}$$

관 중심에서는 국부 유속이 최대값 u_{max}가 된다. 식 (5.15)에서 $r = 0$이면,

$$u_{max} = \frac{\tau_w r_w}{2\mu} \tag{5.16}$$

식 (5.15)를 식 (5.16)으로 나누면, 국부 유속과 최대 유속의 관계를 얻을 수 있다.

$$\frac{u}{u_{max}} = 1 - \left(\frac{r}{r_w}\right)^2 \tag{5.17}$$

즉, 층류에서는 반지름에 따른 유속 분포가 관 중심에 꼭지점이 있는 포물선이 된다. 이는 그림 5.3의 파선과 같다.

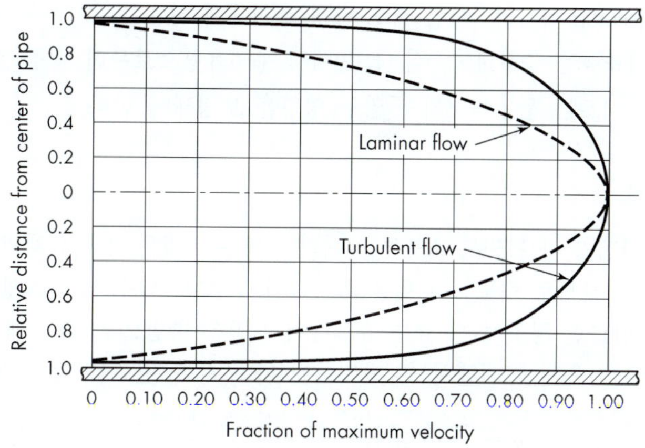

그림 5.3 관 안의 유속 분포. 뉴튼 유체의 완전 발달 흐름에서 층류와 난류(Re = 10,000)의 경우

평균 유속. 식 (5.12)의 dS, 식 (5.15)의 u, $S = \pi r_w^2$의 관계를 식 (4.11)에 대입하면 다음 식이 된다.

$$\overline{V} = \frac{\tau_w}{r_w^3 \mu} \int_0^{r_w} (r_w^2 - r^2) r\,dr = \frac{\tau_w r_w}{4\mu} \tag{5.18}$$

이 식과 식 (5.16)을 비교하면,

$$\frac{\overline{V}}{u_{\max}} = 0.5 \tag{5.19}$$

층류에서는 평균 유속이 최대 유속의 꼭 절반이 된다.

운동에너지 보정인자. 식 (5.8)의 dS, 식 (5.18)의 $\overline{V}$을 사용하여 식 (4.70)에서 운동에너지 보정인자 α를 구한다. 최종 결과는 $\alpha = 2.0$이다. 따라서 층류일 경우에는 Bernoulli 식 (4.71)의 운동에너지 항이 $\overline{V}^2$이 되어야 옳다.

운동량 보정인자. 층류의 β를 정의식 (4.50)에서 구하면 $\beta = 4/3$이다.

Hagen-Poiseuille 식

실제 계산에서는, 식 (5.7)을 이용하여 식 (5.18)에서 τ_w를 제거하여 Δp_s로 나타내고, 관의 반지름 대신에 지름을 사용한 다음 식을 사용한다.

$$\overline{V} = \frac{\Delta p_s}{L}\frac{r_w}{2}\frac{r_w}{4\mu} = \frac{\Delta p_s D^2}{32 L \mu}$$

Δp_s로 나타내면,

$$\Delta p_s = \frac{32 L \overline{V} \mu}{D^2} \tag{5.20}$$

$\Delta p_s = 4\tau_w/(DL)$이므로,

$$\tau_w = \frac{8\overline{V}\mu}{D} \tag{5.21}$$

이 식을 식 (5.6)에 대입하면 다음과 같이 된다.

$$f = \frac{16\mu}{D\overline{V}\rho} = \frac{16}{\text{Re}} \tag{5.22}$$

식 (5.20)을 Hagen-Poiseuille 식이라 하며, 점도 측정 실험에서 이용할 수 있다. 즉, 길이와 지름을 아는 관에서 압력 강하와 부피유량을 측정하고, 식 (4.12)에서 부피유량으로부터 $\overline{V}$를 계산하면, 식 (5.20)에서 점도를 구할 수 있다. 실제로는 운동에너지와 입구 영향을 보정해야 한다.

비뉴튼 액체의 층류

전단응력과 속도구배의 관계가 다르므로, 비뉴튼 액체의 속도 프로필은 뉴튼 유체의 경우와 다르다. 비뉴튼 액체의 흐름은 상황이 복잡하므로 속도 프로필을 실측하여 구한다. 멱수 법칙 모델[식 (3.9)]이나 Bingham 모델[식 (3.8)]처럼 다소 단순한 경우에는, 뉴튼 유체에서와 같은 방법으로 흐름 매개변수를 구할 수 있다.

멱수 법칙 모델에 따르는 유체에 대해서는, 반지름에 따른 유속 변화를 다음 식으로 나타낼 수 있다.

$$u = \left(\frac{\tau_w}{r_w K'}\right)^{1/n'} \frac{r_w^{1+1/n'} - r^{1+1/n'}}{1 + 1/n'} \tag{5.23}$$

$n' = 0.5$(유사 가소성 유체), $n' = 1.0$(뉴튼 유체), $n' = 2.0$(팽창성 유체)인 경우 이 식 (5.23)에 의한 속도 프로필을 나타내면 그림 5.4와 같다. K'은 어느 경우에나 동일하다고 가정했다. 팽창성 유체에서는 곡선이 참 포물선인 경우보다 좁아져서 뾰족해지며, 유사 가소성 유체에서는 곡선이 한층 넓어져서 평평해진다.

멱수 법칙 유체의 흐름에서 압력차는 뉴튼 유체에 관한 식 (5.20)의 유도에서 사용한 방법을 그대로 적용할 수 있다. 결과는 다음과 같다.

$$\Delta p_s = 2K'\left(\frac{3n' + 1}{n'}\right)^{n'} \frac{\overline{V}^{\,n'}}{r_w^{\,n'+1}} L \tag{5.24}$$

이 식은 뉴튼 유체에 관한 식 (5.20)에 대응한다.

Bingham 가소성 유체 모델에 따르는 유체의 거동은 다소 복잡하다. u와 r의 관계를 나타낸 곡선의 일반

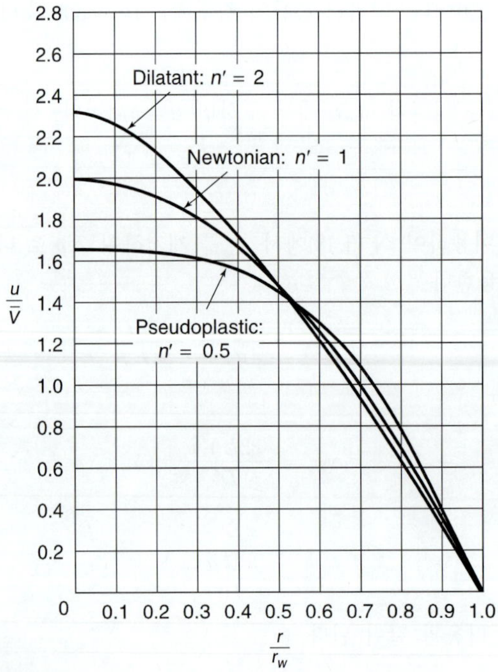

그림 5.4 뉴튼 액체와 비뉴튼 액체의 층류의 속도 프로필

형을 그림 5.5(a)에 보였다. 관의 중심부에서는 플러그흐름(평류)처럼 흐르므로 반지름에 따른 유속 변화가 없고, 이 중심부와 관벽 사이의 환상 부분에서만 속도구배가 생긴다. 다른 유형의 흐름과는 달리 중심부에서는 전단응력이 아주 작아서 문지방 전단 τ_0를 극복하지 못한다. 전단 선도를 그림 5.5(b)에 보였다. 관벽과 플러그 사이의 환상 부분에서의 유속 변화는 다음 식으로 나타낼 수 있다.

$$u = \frac{1}{K}(r_w - r)\left[\frac{\tau_w}{2}\left(1 + \frac{r}{r_w}\right) - \tau_0\right] \tag{5.25}$$

$K =$ 상수

플러그 부분과 나머지 유체 부분 사이의 경계는 식 (5.25)를 미분하고 속도구배를 0으로 하여 구하거나, 그림 5.5(b)에서 직접 읽어서 간단히 구할 수도 있다. 결과는 다음과 같다.

$$r_c = \frac{\tau_0}{\tau_w} r_w \tag{5.26}$$

중심의 유속 u_c, 즉 플러그의 이동속도는, 식 (5.26)의 r_c를 식 (5.25)의 r에 대입하여 구할 수 있다.

$$u_c = \frac{\tau_0}{2Kr_c}(r_w - r_c)^2 \tag{5.27}$$

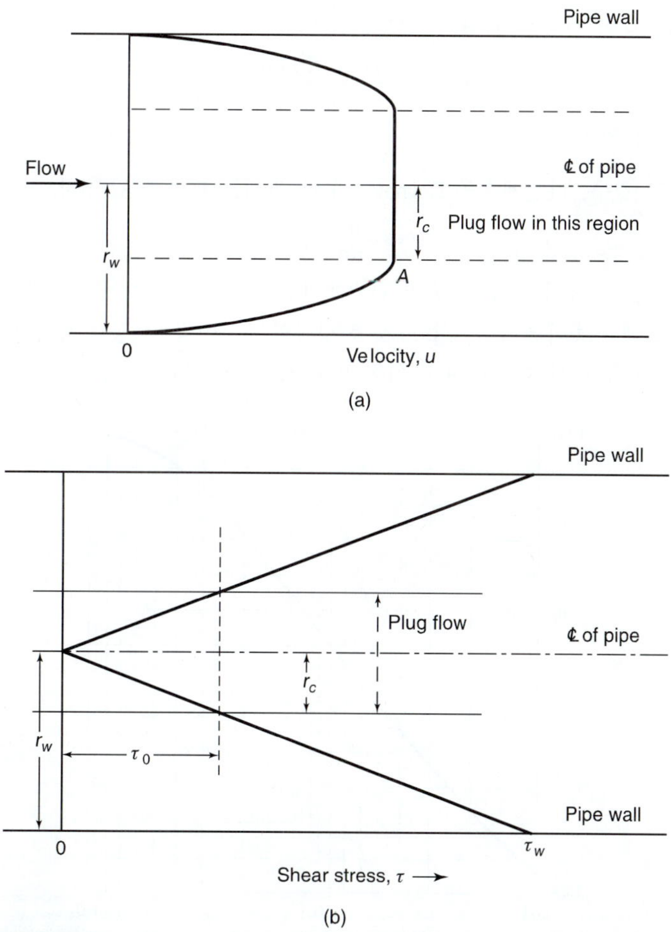

그림 5.5 Bingham 가소성 유체 흐름의 (a) 속도 프로필 (b) 전단 선도

비뉴튼 유체 혼합물에서 관찰한 흥미 있는 사실의 예를 들면[9], 전단이 클 때는 벽에서 유속이 0이라는 경계 조건이 맞지 않는다는 것이다. 현탁물(suspension)이나 섬유–함유 고분자와 같은 다상 유체(multiphase fluids)에서 이러한 현상이 나타나는 것은, 벽에 가까운 얇은 층에는 입자나 섬유가 들어있지 않아서, 벌크 유체보다 점도가 낮아지기 때문인 것으로 생각된다. 이 때문에 벽에서 미끄럼(slip) 현상이 나타난다. 이러한 벽 영향을 나타낸 실험식은 문헌에서 찾아볼 수 있다[14].

환상 유로의 층류

환상 유로에 뉴튼 유체가 층류로 흐를 때, 국부 유속과 반경 방향 위치의 관계는 관내 흐름에서 사용한 것과 마찬가지 방법으로 구할 수 있다. Bird, Stewart, Lightfoot가 유도한 결과식은 다음과 같다[1].

$$u = \frac{\Delta p_s r_0^2}{4\mu L}\left[1 - \left(\frac{r}{r_0}\right)^2 + \frac{1-\kappa^2}{\ln(1/\kappa)}\ln\frac{r}{r_0}\right] \tag{5.28}$$

r_o = 환상 유로 외벽의 반지름

$\kappa = r_i/r_o$

r_i = 환상 유로 내벽의 반지름

환상 흐름의 Reynolds 수는 다음과 같다.

$$\mathrm{Re} = \frac{(D_o - D_i)\overline{V}\rho}{\mu} \tag{5.29}$$

D_i, D_o = 각각 환상 유로의 내경과 외경

환상 유로에서의 층류일 경우, 마찰계수와 Reynolds 수의 관계는 다음과 같다[5].

$$f = \frac{16}{\mathrm{Re}}\phi_a \tag{5.30}$$

$\phi_a = D_i/D_o$의 함수, 그림 5.6에서 보였다. 원형 단면에서는 $\phi_a = 1.0$이고, 평행판에서는 1.5이다. 단면의 형태가 다른 경우는 문헌에서 찾아볼 수 있다[5]. 사출 성형의 경우처럼, 모양이 복잡한 유로에서 점성 비뉴튼 유체가 흐를 때는, 식 (4.22)를 이용하여 수치적 방법으로 근사 해석을 할 수 있다.

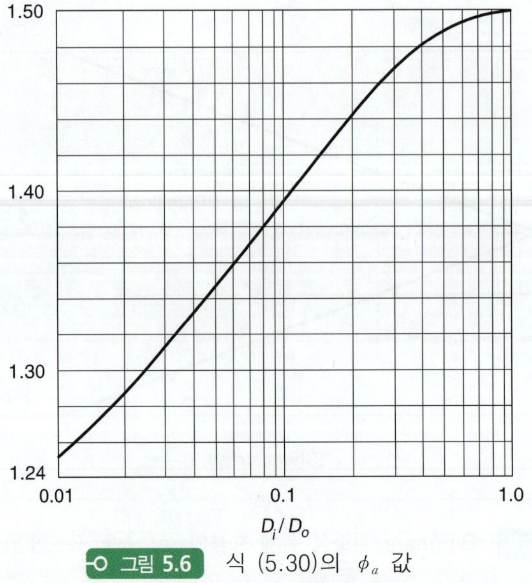

그림 5.6 식 (5.30)의 ϕ_a 값

5.3 관과 채널에서의 난류

폐쇄 유로의 난류일 때는 유체와 관벽의 계면에서는 유속이 0이며, 아주 특별한 경우를 제외하고는, 벽에 직각인 속도 성분이 없다. 벽에 인접한 얇은 부피 중에서는 속도구배가 본질적으로 일정하며 흐름은 거의 언제나 점성 흐름이다. 이 부분을 **점성 하층**(viscous sublayer)이라 한다. 이 하층은 두께가 정해져 있고 에디가 없다고 가정한 바 있지만, 측정 결과에 따르면, 난류로부터 이 부분으로 에디가 들어가서 유속이 변동하는 경우가 있다. 벽에 아주 가까운 영역에는 에디가 거의 없기는 하지만 에디가 전혀 없는 부분은 존재하지 않는다. 여하간, 점성 하층에서는 점성 전단만 중요하며, 에디가 존재하더라도 에디 확산은 아주 미미하다.

전체 단면적에서 점성 하층이 차지하는 비율은 아주 적다. 이 층은 상부 경계가 명확하지 않으므로 그 두께를 정의하기가 어렵다. 점성 하층 외부에는 바로 전이층(transition layer)이 인접해 있는데, 여기에서는 점성 전단과 에디 확산으로 인한 전단이 모두 존재한다. 전이층은 **완충층**(buffer layer)이라고도 하며, 역시 아주 얇다. 유체가 흐르는 단면의 대부분은 완전한 난류가 차지하며, 이 부분을 **난류 중심**(turbulent core)이라 한다. 여기에서는 에디 점도로 인한 전단에 비해 점성 전단은 무시할 수 있다.

난류의 속도 분포

중요한 흐름 매개변수는 속도구배에 의존하므로, 이론적으로나 실험적으로나 난류의 속도분포를 측정하기 위한 연구가 많이 수행되었다. 아직 문제가 해결된 것은 아니지만, 그동안 얻어진 유용한 관계들을 이용하여 난류의 중요 특성을 구할 수 있으며, 이론적 계산 결과가 실험 결과와 잘 일치하고 있다.

매끈한 원관에서 뉴튼 유체가 Reynolds 수 10,000 이상으로 흐르는 난류의 속도 분포를 그림 5.3에 보였다. 이 그림에는, 관 중심에서의 동일 최대 유속에서 층류의 속도 분포도 함께 나타내었다. 난류에 관한 곡선은 층류의 경우보다 평평하며, 동일 평균 유속과 최대 유속의 차이가 상당히 적다. Reynolds 수가 더욱 커지면 난류에 관한 곡선이 이 그림에 보인 것보다 더욱 평평해질 것이다.

층류에서와 마찬가지로 난류에서도 중심선에서의 속도구배는 0이다. 난류 중심의 에디는 크지만 강도가 작으며, 전이층의 에디는 작지만 강도가 큰 것으로 알려져 있다. 에디의 운동에너지는 대부분 완충층과 난류 중심 외부에 함유된다. 중심선에서는 난류가 등방성(isotropic)이지만, 다른 부분에서는 난류가 비등방성이다. 그렇지 않다면 전단이 없을 것이다.

난류의 속도 분포는, 유속과 거리의 관계 대신에, 다음 식들로 정의되는 무차원 매개변수의 항으로 나타내는 것이 일반적이다.

$$u^* \equiv \overline{V}\sqrt{\frac{f}{2}} = \sqrt{\frac{\tau_w}{\rho}} \tag{5.31}$$

$$u^+ \equiv \frac{u}{u^*} \tag{5.32}$$

$$y^+ \equiv \frac{yu^*\rho}{\mu} = \frac{y}{\mu}\sqrt{\tau_w \rho} \tag{5.33}$$

u^* = 마찰속도(friction velocity)
u^+ = 속도비(velocity quotient), 무차원
y^+ = 거리, 무차원
y = 관벽으로부터 거리

y^+는 마찰속도와 벽으로부터의 거리에 기초한 Reynolds 수라 할 수 있다. y, r, 관의 반지름 r_w의 관계는 다음과 같다.

$$r_w = r + y \tag{5.34}$$

u^+와 y^+의 관계식을 보편 속도분포 법칙(universal velocity distribution law)이라 한다.

보편 속도분포식

점성 하층은 아주 얇으므로, $r \approx r_w$이다. 식 (5.14)에서 dr 대신에 $-dy$를 대입하면,

$$\frac{du}{dy} = \frac{\tau_w}{\mu} \tag{5.35}$$

식 (5.31)의 u^*, 식 (5.32)의 u^+, 식 (5.33)의 y^+를 식 (5.35)에 대입하면,

$$\frac{du^+}{dy^+} = 1$$

하한은 $u^+ = y^+ = 0$이므로, 이 식을 적분하면, 층류 하층에서의 속도 분포는 다음과 같이 된다.

$$u^+ = y^+ \tag{5.36}$$

완충층에 관한 실험식은 다음과 같다.

$$u^+ = 5.00 \ln y^+ - 3.05 \tag{5.37}$$

난류 중심에 관해서는 여러 가지 관계식이 제안되어 있다. Prandtl[11]이 제안한 식을 실험 상수와 함께 나타내면 다음과 같다.

$$u^+ = 2.5 \ln y^+ + 5.5 \tag{5.38}$$

그림 5.7은 식 (5.36), (5.37), (5.38)을 반로그좌표에 나타낸 것이다. 각 식을 그린 세 선의 두 교점 사이는 이들 식이 적용되는 범위를 나타낸다. 즉,

식 (5.36), 점성 하층: $y^+ < 5$

식 (5.37), 완충층: $5 < y^+ < 30$

식 (5.38), 난류 중심: $30 < y^+$

보편 속도분포 법칙의 한계

보편 속도분포식은 여러가지 한계가 있다. 먼저 완충층은 독립적 존재가 아니며, 완충층과 난류 중심 사이는 불연속적이 아니다. 또 점성 하층이 정말 존재하는지도 의심스럽다. Reynolds 수가 임계치와 10,000 정도 사이인 범위에서는 잘 맞지 않으며, 완충층에 가까운 난류 중심이나 완충층 자체에는 단순한 y^+ - u^+ 관계가 적절하지 않다. 끝으로, 식 (5.38)을 적용하려면 관의 중심선에서 속도구배가 일정해야 하지만, 실제로는 속도구배가 0이다.

속도분포식을 개선하고 결점을 제거하거나 줄이려고 많은 연구가 수행되었는데, 그 내용은 이 책의 범위를 벗어나므로, 전문 서적[3,5,12]을 참고하기 바란다.

매끈한 원관의 난류에 관한 흐름량

속도분포에 관한 관계식이 있으면, 일반적 방법으로 중요한 흐름량(flow quantity)을 계산할 수 있다. 관심있는 량은 관 중심의 최대 속도와 평균 유속의 관계; 흐름 저항 매개변수 τ_w 및 f와 평균 유속, 최대 유속,

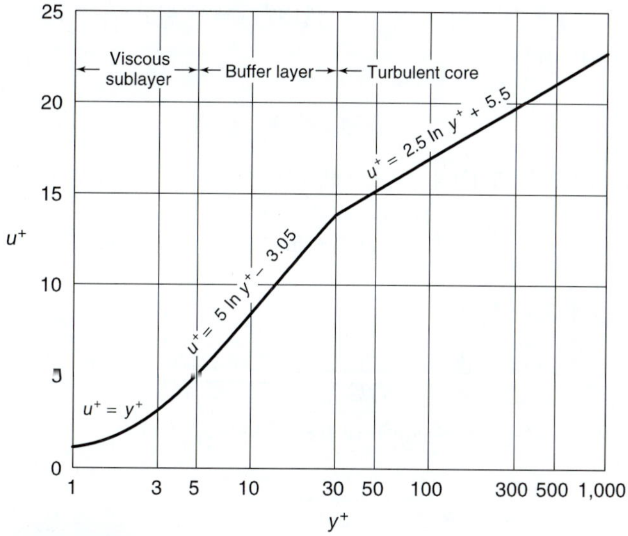

그림 5.7 보편 속도분포 ; 매끈한 원관 안의 뉴튼 유체의 난류

Reynolds 수의 관계, 운동에너지 보정인자 α; 운동량 보정인자 β 등이다.

흐름량들을 계산하려면 관 중심선에서 관벽까지 적분해야 한다. 이때 세 부분으로 나누어 적분한다. 먼저 $y^+ = 0$에서 $y^+ = 5$까지는 식 (5.36)을 사용하고, $y^+ = 5$에서 $y^+ = 30$까지는 식 (5.37)을 사용하며, $y^+ = 30$에서 관 중심까지는 식 (5.38)을 사용한다. 처음의 두 적분 구간은 아주 얇으므로 무시할 수도 있다. 따라서 근사 계산에서는 $r = 0$에서 $r = r_w$의 전체 구간을 식 (5.38)에 기초하여 적분하면 될 것이다. 물론 이 경우에는 관벽에서의 유속이 0이 아니라 일정한 값을 가지는 것으로 간주되어야 한다.

평균 유속. 관 중심선에 대하여 식 (5.38)을 쓰면 다음과 같다.

$$u_c^+ = 2.5 \ln y_c^+ + 5.5 \tag{5.39}$$

u_c^+, y_c^+ = 각각 중심선에서의 u^+, y^+ 값

또 식 (5.32)와 (5.33)에서,

$$u_c^+ = \frac{u_{\max}}{u^*} \tag{5.40}$$

$$y_c^+ = \frac{r_w u^*}{\nu} \tag{5.41}$$

$u_{\max}$ = 중심선에서의 최대 유속

$\nu = \mu/\rho$

식 (5.38)에서 식 (5.39)를 빼면 다음 식이 된다.

$$u^+ = u_c^+ + 2.5 \ln \frac{y^+}{y_c^+} \tag{5.42}$$

식 (4.11)에서 S에 πr_w^2을 대입하고 dS에 $2\pi r\,dr$을 대입하면, 평균 유속 $\overline{V}$은 다음과 같다.

$$\overline{V} = \frac{2\pi}{\pi r_w^2} \int_0^{r_w} ur\,dr \tag{5.43}$$

식 (5.34)에서, $r = r_w - y$, $dr = -dy$이다. 또 $r = 0$일 때 $y = r_w$이고, $r = r_w$일 때 $y = 0$이다. 식 (5.43)에서 r을 소거하면 다음과 같다.

$$\overline{V} = \frac{2}{r_w^2}\int_0^{r_w} u(r_w - y)dy \tag{5.44}$$

식 (5.32)의 u, 식 (5.33)의 y, 식 (5.42)의 u^+을 대입하면 식 (5.44)를 무차원 매개변수로 나타낼 수 있다.

$$\overline{V} = \frac{5\nu^2}{r_w^2 u^*}\int_0^{y_c^+}\left(0.4u_c^+ + \ln\frac{y^+}{y_c^+}\right)(y_c^+ - y^+)dy^+ \tag{5.45}$$

식 (5.45)를 적분하면 다음과 같다.[2]

$$\frac{\overline{V}}{u^*} = \frac{1}{\sqrt{f/2}} = u_c^+ - 3.75 \tag{5.46}$$

식 (5.40)의 u_c^+, 식 (5.31)의 u^*을 식 (5.46)에 대입하면 다음과 같다.

$$\frac{\overline{V}}{u_{\max}} = \frac{1}{1 + 3.75\sqrt{f/2}} \tag{5.47}$$

이 식에 의한 계산치는 다소 큰 값이 되는데, 이는 전체 부피유량의 2% 정도가 되는 벽 부근의 저속 흐름층을 제대로 고려하지 않았기 때문이다.

매끈한 관에서의 Reynolds 수와 마찰계수. 식 (5.39)를 포함하여 위에서 유도한 식들을 이용하여, 매끈한 원관에서의 난류에 관한 Re와 f의 중요 관계를 유도하기로 한다. y_c^+의 정의식 (5.41)과 u^*의 정의식 (5.31)에서 다음 관계를 얻을 수 있다.

$$y_c^+ = \frac{r_w\overline{V}}{\nu}\sqrt{\frac{f}{2}} = \frac{D\overline{V}\sqrt{f/2}}{2\nu} = \frac{\text{Re}}{2}\sqrt{\frac{f}{2}} = \text{Re}\sqrt{\frac{f}{8}} \tag{5.48}$$

식 (5.46)에서

$$u_c^+ = \frac{1}{\sqrt{f/2}} + 3.75 \tag{5.49}$$

식 (5.49)의 u_c^+, 식 (5.48)의 y_c^+를 식 (5.39)에 대입하여 정리하면, 다음 von Kármán 식이 된다.

$$\frac{1}{\sqrt{f/2}} = 2.5\ln\left(\text{Re}\sqrt{\frac{f}{8}}\right) + 1.75 \tag{5.50}$$

이 식은 실험 결과와 잘 맞는다. Reynolds 수가 $10^4 < \text{Re} < 10^6$인 범위에서는, 이 식으로 계산한 마찰계수 값과 그림 5.10의 값 사이의 차이가 2% 정도이다.

운동에너지 및 운동량 보정인자. 층류의 경우와는 달리 난류에서는 α와 β의 값이 1에 가까운 값이다. 각각의 정의식인 식 (4.50)과 (4.70)을 적분하고 로그 속도법칙(logarithmic velocity law)을 사용하여 보정인자에 관한 식을 구하면 다음과 같다.

$$\alpha = 1 + 0.78f(15 - 15.9\sqrt{f}) \tag{5.51}$$

$$\beta = 1 + 3.91f \tag{5.52}$$

난류에서는 α와 β의 값을 1이라 해도 오차는 아주 적다. 매끈한 관의 경우, $\text{Re} = 10^4$일 때 $f = 0.0079$, $\alpha = 1.084$, $\beta = 1.031$이며, $\text{Re} = 10^6$일 때는 $f = 0.0029$, $\alpha = 1.032$, $\beta = 1.011$이다.

---

2 $x = y^+/y_c^+$이라 놓고, 표준 적분표를 사용하면 쉽게 적분할 수 있다. 또 하한은 $x = 0$일 때 $x\ln x = 0$, $x^2\ln x = 0$이다. 식 (5.31)에서 $\overline{V}/u^* = 1/\sqrt{f/2}$이다.

Bernoulli 식을 적용할 때 한 지점에서는 층류이고 다른 지점에서는 난류라면 운동에너지 보정인자가 중요하게 된다. 또 치밀한 열교환장치에서 처럼, 유로의 크기가 많이 변하고 관이나 열전달 표면이 짧은 경우에도, α와 β가 중요하다[4]. 그러나 실제 난류에서는 이 두 값을 모두 1로 간주해도 무방하다.

최대 유속과 평균 유속의 관계

Re와 $\overline{V}/u_{max}$ 비를 이용하여, 평균 유속 및 관 중심의 최대 유속과 흐름 조건의 함수 관계를 나타낼 수 있다. 예컨대, 중요한 유속 측정 기구의 하나인 피토관(pitot tube, 그림 8.25 참고)을 사용하면 u_{max}를 측정할 수 있으므로, 평균 유속과 최대 유속의 관계식이 있으면, 단 한 번의 측정으로 평균 유속을 구할 수가 있다.

층류와 난류의 모든 범위에서 Re와 $\overline{V}/u_{max}$ 관계의 실험치를 그림 5.8에 나타내었다. 층류에서는 $\overline{V}/u_{max} = 0.5$로서, 식 (5.19)와 일치한다. 층류에서 난류로 변하면 이 비의 값이 0.5에서 0.7로 커지며, 더욱 증가하여 $Re = 10^6$에서는 0.87에 이른다.

거칠기의 영향

지금까지는 관 내면이 "매끈한" 경우만 다루었다. 하지만, 난류에서 Reynolds 수가 일정하더라도, 표면이 거친 경우의 마찰계수는 매끈한 경우보다 아주 커진다. 거친 표면을 매끈하게 만들면 마찰계수가 감소한다. Reynolds 수가 일정할 때, 더욱 매끈하게 하더라도 마찰계수가 더 이상 줄어들지 않을 경우 **'수력학적으로 매끈하다'**(hydraulically smooth)고 한다. 식 (5.50)은 이러한 관에 대한 식이다.

그림 5.9에 거칠기(조도)의 여러 이상적 형태를 보였다. 거칠기 한 단위의 높이 k를 거칠기 매개변수(roughness parameter)라 한다. 차원해석에 의하면 f는 Re 및 상대 거칠기 k/D의 함수이다(D는 관 지름). 그림 5.9(a)와 (b)에서처럼 거친 모양이 같은 종류이면, 상대 거칠기의 크기에 따라 다르기는 하겠지만 f와 Re의 관계를 나타내는 선은 같은 부류가 될 것이다. 그림 5.9(c)와 (d)에 관해서도 마찬가지로 예상할 수 있다. 이러한 예상은, 인위적으로 거칠게 만든 관에서 실험한 결과에서 확인할 수 있다. 또 깨끗하고 새로

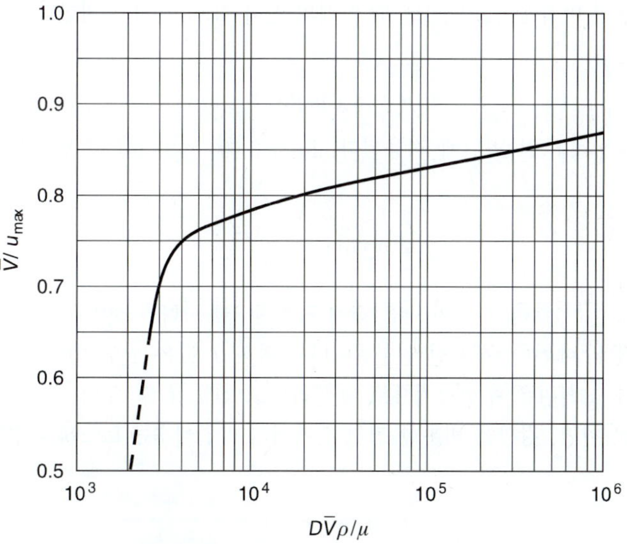

그림 5.8 $\overline{V}/u_{max}$와 $Re = D\overline{V}\rho/\mu$

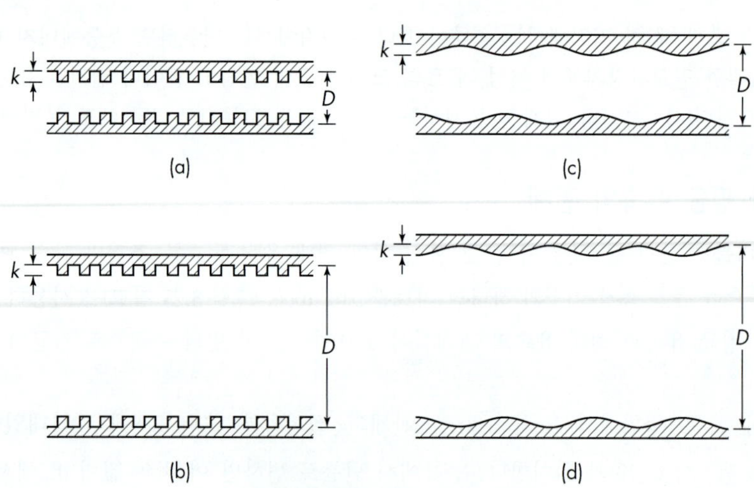

그림 5.9 거칠기의 형태

만든 관 표면의 거칠기는 같은 부류이며, 거칠기 매개변수는 재질의 특성에 따라 달라진다. 표준 규격의 관과 튜브를 8장에서 검토하고, 부록 3과 4에 열거했다.

낡고 오염되고 부식된 관은 아주 거칠므로, 거칠기 특성이 깨끗한 관과는 아주 다르다.

층류일 경우에는, k가 아주 커서 관의 지름조차 측정하기 어려운 경우를 제외하고는, 거칠기가 마찰계수에 큰 영향을 미치지 않는다.

마찰계수 선도

매끈하거나 거친 원관의 마찰 특성을 요약하여 마찰계수 선도로 나타내면 그림 5.10과 같다. 로그-로그 좌표에 f와 Re의 관계를 나타낸 것으로서 설계 목적으로 사용할 수 있다. 층류에서 f와 Re의 관계식은 식 (5.22)인데, 이 식을 로그-로그 좌표에 나타내면 기울기가 −1인 직선이 된다. 그림 5.10에서 Re < 2,100인 범위의 직선이 이 선이다.

난류에서는 매끈한 관의 마찰계수를 나타낸 맨 아래의 선이 식 (5.50)과 일치한다. 이 식을 편리한 실험식으로 나타내면 다음과 같다.

$$f = 0.046\,\mathrm{Re}^{-0.2} \tag{5.53}$$

이 식은 Re가 $50,000 \sim 1 \times 10^6$ 인 범위에 적용된다. Re가 $3,000 \sim 3 \times 10^6$ 인 범위에 적용되는 식에는 다음 식이 있다.

$$f = 0.0014 + \frac{0.125}{\mathrm{Re}^{0.32}} \tag{5.54}$$

난류 영역에 있는 다른 곡선들은 k 값이 다른 관의 마찰계수를 나타낸 것이다. 몇 가지 상용 금속의 매개변수 값을 그림 안에 보였다. 예컨대, 깨끗한 연철관이나 강관의 k 값은 1.5×10^{-4} ft로서 관 지름과는 무관하다. 연신한 구리관이나 놋쇠관은 수력학적으로 매끈하다고 간주할 수 있다.

Reynolds 수가 10^6 이상이면, 강관을 비롯한 거친 관에서의 마찰계수는 Reynolds 수와 무관하다. 이 영역의 실험식은 다음과 같다.

$$f = 0.026(k/D)^{0.24} \tag{5.55}$$

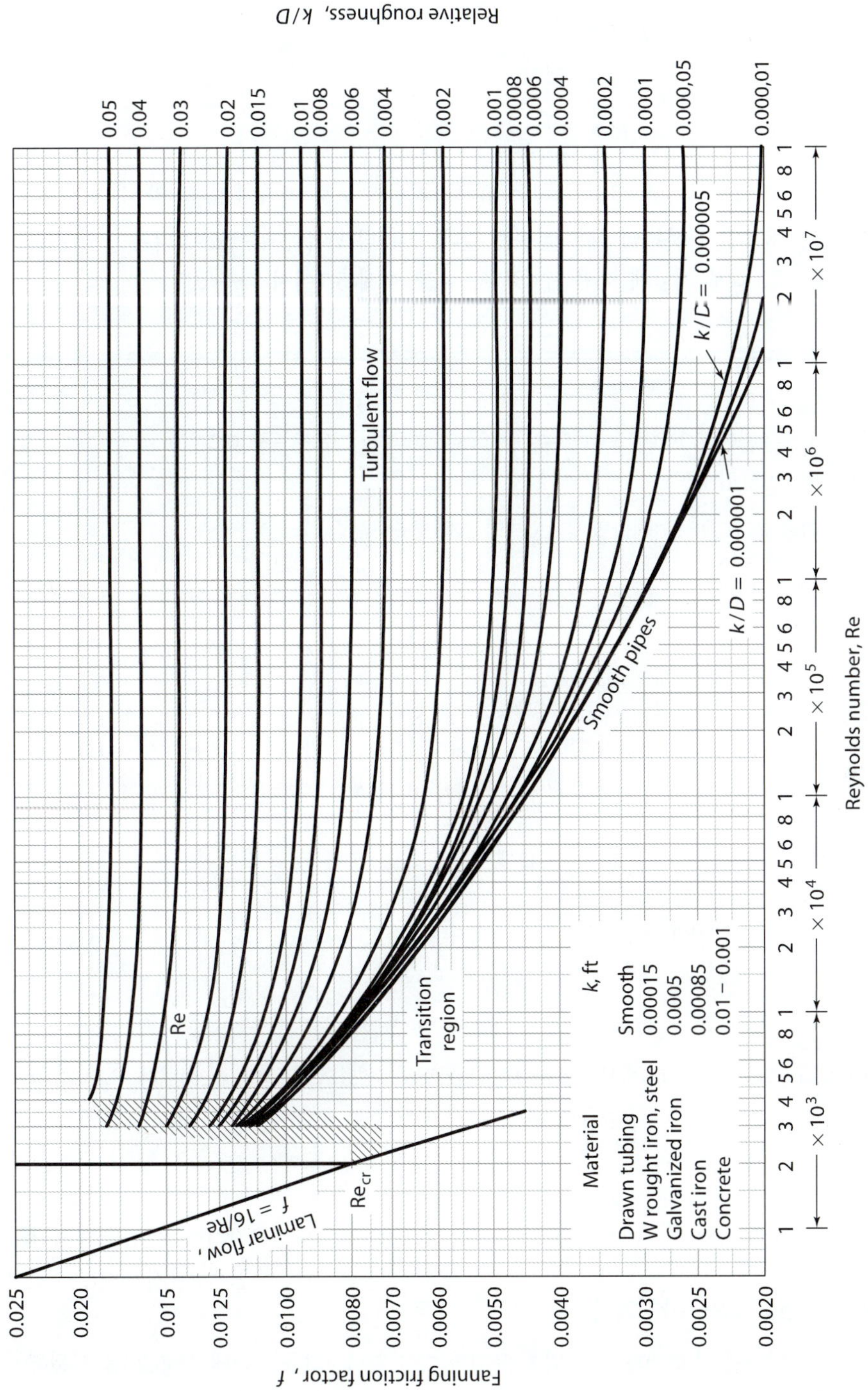

그림 5.10 마찰계수 선도

주어진 계의 상이한 흐름 영역에서, 압력강하의 변화와 유량의 관계는 식 (5.9), (5.22), (5.53) 및 (5.55)에서 구할 수 있다.

층류 (Re < 2,100)	$\Delta p_s/L \propto \overline{V}$
난류 (2,500 < Re < 10^6)	$\Delta p_s/L \propto \overline{V}^{1.8}$
심한 난류 (Re > 10^6)	$\Delta p_s/L \propto \overline{V}^2$

그림 5.10은 관 크기와 유량을 알고 h_{fs}를 구하는 데는 유용하지만, $\overline{V}$를 알아야 Re를 알 수 있으므로, 압력 강하를 안다고 해서 직접 유량을 구하는데 이용할 수는 없다. 그러나 난류에서는 Re에 따른 f의 변화가 크기 않으므로, 시행오차법으로 쉽게 해답에 이를 수 있다. 이를 예제 5.1에서 다루었다.

예제 5.1

내경 3 in인 플라스틱제 긴 수평관에 50°F의 물이 유속 8 ft/s로 흐른다. 다음을 구하여라.

(a) 이 관 100 ft에서의 압력 강하(lb_f/in^2).

(b) 관 100 ft 당 압력 강하를 2 lb_f/in^2로 제한할 경우 물의 최대 허용 유량

풀이

(a) 식 (5.9)를 fps 단위로 사용한다.

$$\frac{\Delta p_s}{L} = \frac{2f\rho \overline{V}^2}{Dg_c} \tag{5.56}$$

부록 6에서 50°F의 물의 성질을 구하면, $\rho = 62.42\ \text{lb/ft}^3$, $\mu = 1.310\ \text{cP}$이다. 또 $D = 3/12 = 0.25\ \text{ft}$, $\overline{V} = 8\ \text{ft/s}$, $L =$ 100 ft이다.

Reynolds 수는 다음과 같다.

$$\text{Re} = \frac{0.25 \times 8 \times 62.42}{1.310 \times 6.72 \times 10^{-4}} = 1.4 \times 10^5$$

식 (5.10)에서, $f = 0.0041$. 식 (5.56)에 대입하면,

$$\Delta p_s = \frac{100 \times 2 \times 0.0041 \times 62.42 \times 8^2}{0.25 \times 32.174}$$
$$= 407.2\ \text{lb}_f/\text{ft}^2 = 2.828\ \text{lb}_f/\text{in.}^2$$

(b) 8 ft/s에서 $\Delta p_s = 2.828\ \text{lb}_f/\text{in}^2$이고, 식 (5.53)에서 $\Delta p_s \propto \overline{V}^{1.8}$라 가정할 수 있으므로 $\Delta p_s = 2.0$이다.

$$\left(\frac{\overline{V}}{8}\right)^{1.8} = \frac{2.0}{2.828}$$

$$\overline{V} = 6.60\ \text{ft/s}$$

Reynolds 수는 1.17×10^5이므로, 식 (5.53)이 적용된다. ■

비뉴튼 유체의 Reynolds 수와 마찰계수

마찰계수와 압력강하의 관계를 나타낸 식 (5.8)과, 멱수법칙 유체의 마찰 압력강하를 나타낸 식 (5.24)를 사용하여 유사 가소성 유체의 마찰계수를 구할 수 있다. 이 두 식에서 Δp_s를 소거하면 f에 관한 식을 얻을 수 있다.

$$f = \frac{2^{n'+1}K'}{D^{n'}\rho \overline{V}^{2-n'}}\left(3 + \frac{1}{n'}\right)^{n'} \tag{5.57}$$

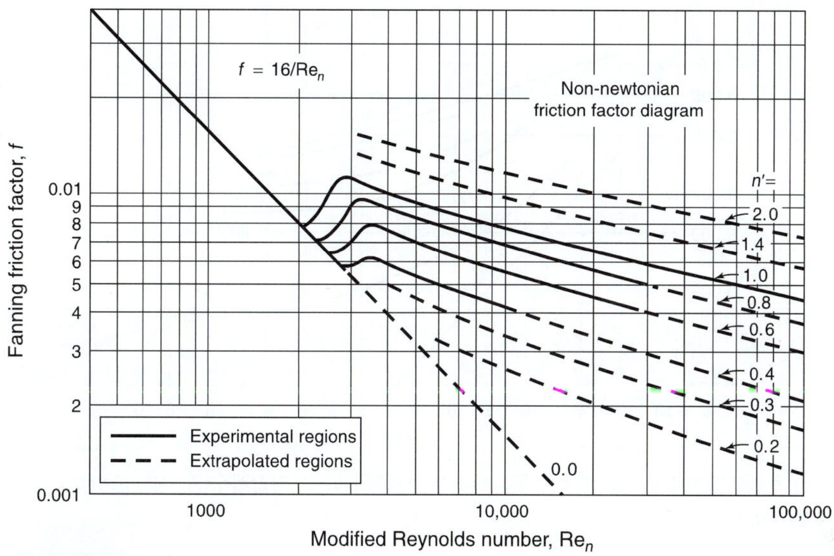

그림 5.11 마찰계수 선도: 멱수법칙 유체(*D. W. Dodge and A. B. Metzner*[2])

이 식에서 비뉴튼 유체의 Reynolds 수 Re_n을 정의하면, 층류의 경우 다음과 같다.

$$f = \frac{16}{\mathrm{Re}_n} \tag{5.58}$$

식 (5.57)과 (5.58)을 결합하면,

$$\mathrm{Re}_n = 2^{3-n'}\left(\frac{n'}{3n'+1}\right)^{n'} \frac{D^{n'}\rho \overline{V}^{\,2-n'}}{K'} \tag{5.59}$$

이 식은 식 (3.11)의 Reynolds 수 Re_n을 정의한 것이다. 이 식에서 $n'=1$이면 뉴튼 유체의 Reynolds 수가 되며, f와 Re의 관계를 로그 좌표에 그리면 기울기가 -1인 직선이 된다.

그림 5.11은 매끈한 관에 멱수법칙 유체가 흐를 때의 f와 Re의 관계를 나타낸 마찰계수 선도이다. 난류이면 n'의 크기에 따라 여러 선이 필요하다. 이러한 선은 다음 식으로 나타낼 수 있다[3].

$$\frac{1}{\sqrt{f}} = \frac{1.74}{(n')^{0.75}}(\ln \mathrm{Re}_n f^{1-0.5n'}) - \frac{0.4}{(n')^{1.2}} \tag{5.60}$$

이 식은 뉴튼 유체에 관한 식 (5.50)과 비슷하다. 그림 5.11에서 보면, 유사 가소성 유체($n'<1$)에서는 뉴튼 유체일 때보다 큰 Reynolds 수에서도 층류가 지속된다.

난류에서의 드랙 감소

물을 비롯한 용매에 용해된 고분자의 묽은 용액은 난류일 때 항력(drag)이 감소하는 특이한 효과를 나타내는 경우가 있다. 이러한 현상은 Toms[13]가 처음 발견한 이후 곧바로 많은 이론적 연구가 수행되고 부분적으로는 실용되고 있다. 그림 5.12에 보인 것처럼, 수용액 중의 고분자 농도가 수 ppm에 불과하면 난류일 때의 마찰계수가 정상치보다 아주 작아지며, 50~100 ppm에서는 드랙 감소가 70%에 이른다. 일부 유기 용매에서도 고분자가 함유되면 유사한 효과를 나타낸다.

일반적으로 분자량이 큰 선형 고분자의 묽은 용액에서 드랙 감소 현상을 볼 수 있는데, 벽 근처에 이러한 유연한 고분자가 뻗어 있으면 난류 전단응력에 영향을 미치기 때문인 것으로 생각된다. 뻗어있는 분자는 국부 점도를 증가시키며, 작은 에디를 감쇠시켜서 점성 하층의 두께를 증가시킨다[6]. 전체 유량이 같을 때

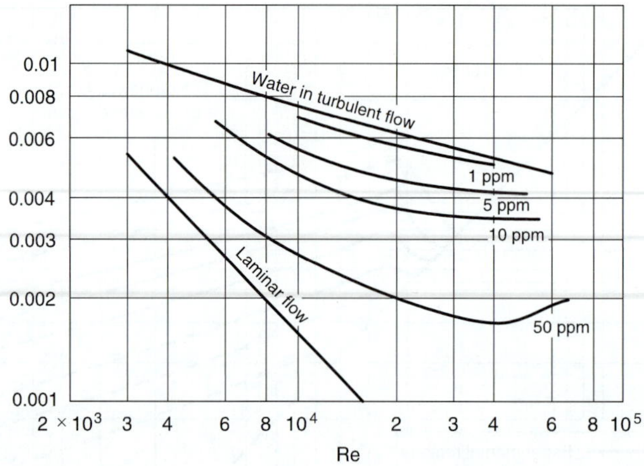

그림 5.12 산화 폴리에틸렌(MW ≈ 10^6)의 묽은 용액이 난류일 때의 마찰계수(*R. W. Patterson and F. H. Abernathy*[7]

점성 하층이 두꺼워지면 $(du/dy)_w$와 τ_w값이 감소하여, 압력 강하가 줄어든다. 층류에서 측정해 보면 용액의 겉보기 점도는 용매의 점도와 거의 비슷하여, 비뉴튼 유체의 거동에서 거의 벗어나지 않는 것으로 보이지만, 주의하여 측정해 보면 점탄성(viscoelasticity) 효과를 포함한 비뉴튼 유체의 거동을 보인다.

이러한 드랙 감소 현상은 주로 일정한 크기의 배관에서 물의 유량을 증가시키는 데 응용된다. 저렴하고 무해한 고분자인 산화 폴리에틸렌을 소량 첨가하면, 소방 호스의 유량을 두 배로 증가시킬 수가 있으나 그 용액이 미끄러워 소방수에 유해할 수도 있다. 드랙-감소 유기 고분자는 알라스카 원유도관 내에 마찰손실을 감소시키기 위하여 원유에 첨가된다.

비등온 흐름

매끈한 관에 흐르는 액체를 냉각하거나 가열하면, 벽 근처에서 온도가 점도에 미치는 영향 때문에, 마찰계수가 증가하거나 감소한다. 액체를 냉각하면 벽 근처의 점도가 커져서 그곳의 속도구배가 증가하여 벽 마찰이 증가한다. 특히 점도가 온도에 따라 크게 변하는 경우에는 이러한 영향이 현저하다. 기체의 점도는 온도에 따라 증가하므로, 액체와는 반대의 영향을 받는다. 기체이든 액체이든 간에, 다음과 같은 간단한 수법이 공학에서 실용되고 있다.

1. Reynolds 수를 구할 때는 유체 온도가, 입구 온도와 출구 온도의 산술 평균으로 정의한 **평균 벌크 온도**(mean bulk temperature)와 같다고 가정한다.
2. 평균 벌크 온도에 해당하는 마찰계수를 인자 ψ로 나누고, 이 인자를 다음 식으로 구한다[10a].

$$\text{Re} > 2,100: \quad \psi = \begin{cases} \left(\dfrac{\mu}{\mu_w}\right)^{0.17} & \text{가열} \quad (5.61a) \\ \left(\dfrac{\mu}{\mu_w}\right)^{0.11} & \text{냉각} \quad (5.61b) \end{cases}$$

$$\text{Re} < 2,100: \quad \psi = \begin{cases} \left(\dfrac{\mu}{\mu_w}\right)^{0.38} & \text{가열} \quad (5.62a) \\ \left(\dfrac{\mu}{\mu_w}\right)^{0.23} & \text{냉각} \quad (5.62b) \end{cases}$$

μ, μ_w = 각각 평균 벌크 온도 및 배관 벽 온도에서의 유체 점도

식 (5.61)과 (5.62)는 $\mu/\mu_w = 0.1 \sim 10$ 범위의 자료에 기초한 것이므로, 이 한계에서만 적용할 수 있다.

상용 관은 매끈하지 않고 거칠며, 일반적으로 흐름은 "완전 난류"이므로, 마찰계수는 Reynolds 수와 무관하다. 이러한 상황에서는 벽 온도의 영향에 대한 f를 수정할 필요가 없다[10a].

점성 소산. 좁은 유로를 흐르는 고점도의 경우, 마찰 또는 기계적 에너지의 점성 소산(viscous dissipation)은 유체를 가열시킬 수 있다. 단면적이 일정한 유로에서 비압축성 유체가 단열적으로 흐르면, 압력 Δp_s의 감소로 인한 에너지가 열에너지로 변환되는데, 이 관계를 다음 식으로 나타낼 수 있다.

$$\frac{Q}{V} = c_v \rho \Delta T = \Delta p_s$$

$Q/V =$ 단위 부피 기준의 열생성량, J/m^3
$c_v =$ 액체 비열, J/kg · °C
$\rho =$ 액체 밀도, kg/m^3
$\Delta T =$ 온도 상승, °C

따라서

$$\Delta T = \frac{\Delta p_s}{c_v \rho} \tag{5.63}$$

탄화수소나 고분자의 흐름에서 압력 강하가 1 MPa일 때의 온도 상승은 0.4~0.6°C 정도이다[10a].

비원형 유로에서의 난류

이미 설명했지만, 원관의 난류에 관한 식에서 지름 D 대신에 상당지름 D_{eq}(수력학적 반경 r_H 의 4배)를 사용하면 원형이 아닌 유로에 대해 적용할 수 있다.

5.4 유속 또는 방향의 변화에 따른 마찰

곧은 관에서는 표면마찰만이 생기지만, 흐름 방향이나 유속이 변하면 이로 인한 마찰이 추가로 발생한다. 정상 유선이 교란되거나 경계층이 분리되면 와류가 발생하여 형태 마찰이 생긴다. 이러한 영향은 정확하게 계산할 수가 없으므로, 실험 자료에 의존해야 한다.

단면의 급격한 확대로 인한 마찰 손실

그림 5.13에 보인 것처럼, 유로의 단면이 갑자기 커지면 흐름이 벽에서 분리되어 제트(jet)처럼 확대 단면 속으로 분출된다. 이 제트는 팽창하여 큰 유로 단면 전체에 퍼진다. 팽창 제트와 유로 벽 사이의 공간에는 경계층 분리의 특성인 와류 운동을 하는 유체가 차므로, 이 공간에서는 상당한 마찰이 발생한다.

단면의 급격한 확대로 인한 마찰 손실 h_{fe}는 작은 유로에서의 속도두에 비례하며, 다음 식으로 나타낼 수 있다.

$$h_{fe} = K_e \frac{\overline{V}_a^2}{2} \tag{5.64}$$

$K_e =$ 확대손실계수(expansion loss coefficient)
$\overline{V}_a =$ 작은 유로(상류)에서의 평균 유속

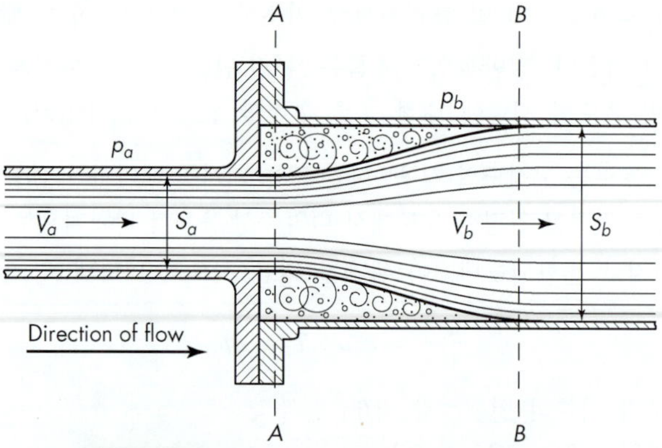

그림 5.13 단면이 급격히 확대될 때의 흐름

이 경우에는 K_e를 이론적으로 계산하여 만족할만한 결과를 얻을 수 있다. 이때 연속의 식 (4.13), 정상상태 운동량수지식 (4.51), Bernoulli 식 (4.71)을 이용한다. 그림 5.13에서처럼, 단면 AA 및 BB와 그 사이의 큰 유로의 내면으로 정의되는 대상 부피를 고려한다. 관이 수평이므로 중력은 나타나지 않으며, 관이 비교적 짧고 이 단면 사이의 벽에서는 속도구배가 거의 없으므로 벽 마찰을 무시한다. 따라서 유일한 힘은 단면 AA와 BB 사이의 마찰 힘뿐이다. 운동량수지를 취하면 다음과 같다.

$$p_aS_a - p_bS_b = \dot{m}(\beta_b \overline{V}_b - \beta_a \overline{V}_a) \tag{5.65}$$

$Z_a = Z_b$이므로, 식 (4.71)을 다시 쓰면 다음과 같다.

$$\frac{p_a - p_b}{\rho} = \frac{\alpha_b \overline{V}_b^2 - \alpha \overline{V}_a^2}{2} + h_{fe} \tag{5.66}$$

일반적 흐름 조건에서는 $\alpha_a = \alpha_b = 1$, $\beta_a = \beta_b = 1$이므로, 이들 보정인자는 없어도 된다. 또 $\dot{m}/S_b = \rho \overline{V}_b$이므로, 식 (5.65)와 (5.66)에서 $p_a - p_b$를 소거하면,

$$h_{fe} = \frac{(\overline{V}_a - \overline{V}_b)^2}{2} \tag{5.67}$$

식 (4.13)에서 ρ가 일정할 때 $\overline{V}_b = \overline{V}_a(S_a/S_b)$이므로 식 (5.67)은 다음과 같이 된다.

$$h_{fe} = \frac{\overline{V}_a^2}{2}\left(1 - \frac{S_a}{S_b}\right)^2 \tag{5.68}$$

식 (5.68)과 (5.64)를 비교하면,

$$K_e = \left(1 - \frac{S_a}{S_b}\right)^2 \tag{5.69}$$

두 단면 사이의 흐름 형태가 다르면 보정인자 α와 β를 고려해야 한다. 예를 들어서, 큰 관의 흐름이 층류이고 작은 관의 흐름이 난류이면, 식 (5.65)와 (5.66)에서 $\alpha_b = 2$, $\beta_b = 4/3$가 된다.

단면의 급격한 축소로 인한 마찰 손실

그림 5.14에 보인 것처럼, 유로의 단면이 갑자기 줄어들면, 흐름은 예리한 모서리를 따라 흐를 수 없으므로 흐름의 조각들은 벽에 접하게 된다. 제트가 형성되어 작은 단면의 정체 유체 속으로 흘러들어 간다. 이 제트는 처음에 수축되었다가 다시 팽창하여 작은 단면에 차게 되며, 수축점 하류에서는 정상적 속도분포가 다시 회복된다. 제트가 수축했다가 다시 팽창할 때 단면적이 최소인 부분을 **베나 콘트랙타**(병목부, vena contracta)

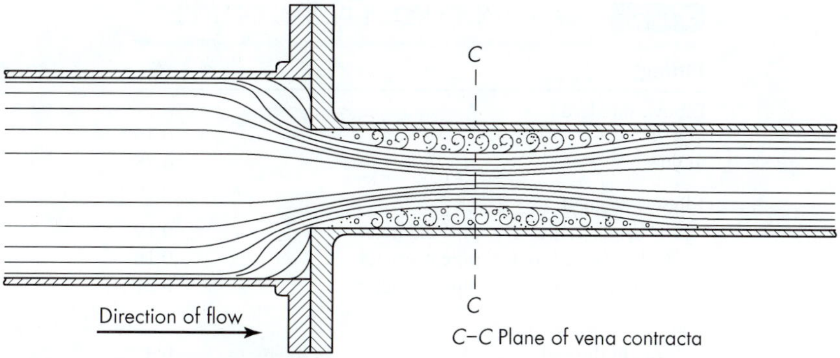

그림 5.14 단면이 급격히 축소될 때의 흐름

라 하며, 그림 5.14에서 단면 CC로 나타내었다. 또 그림에 보인 것처럼 와류가 발생한다.

급격한 축소로 인한 마찰 손실은 작은 유로의 속도두에 비례하며, 다음 식으로 구할 수 있다.

$$h_{fc} = K_c \frac{\overline{V}_b^2}{2} \tag{5.70}$$

K_c = 축소손실계수(contraction loss coefficient)

$\overline{V}_b$ = 작은 단면(하류)의 평균 유속

실험에 의하면, 층류일 때는 $K_c < 0.1$로서 h_{fc}를 무시할 수 있다. 난류일 때는 K_c를 다음 실험식으로 나타낸다.

$$K_c = 0.4\left(1 - \frac{S_b}{S_a}\right) \tag{5.71}$$

S_a, S_b = 각각 유로의 상류와 하류의 단면적

액체가 대형 탱크의 벽에 용접한 관을 통해 방출될 때는 S_b/S_a가 0이나 마찬가지이므로 $K_c \doteqdot 0.4$이다. K_c 값은 이론적으로는 정확하게 추정할 수 없지만, 약 $0.6\,S_b$의 베나 콘트랙타 면적에 대응한다. 따라서 베나 콘트랙타에서의 유속은 $\overline{V}_b/0.6$ 정도이고 운동에너지는 $(1/0.6)^2$으로서, 최종 흐름의 운동에너지의 2.8 배 정도이다. 그러나 식 (5.68)에 따르면 흐름이 베나 콘트랙타를 지나 팽창할 대의 에너지 손실률은 $(1-0.6)^2$에 불과하다. 즉 $0.16 \times 2.8 \times \overline{V}_b^2/2$만큼 손실되므로, 이에 해당하는 $K_c = 0.44$이다.

관 이음쇠와 밸브의 영향

이음쇠(fitting)와 밸브는 정상 유선을 교란시키므로 마찰의 원인이 된다. 짧은 관에 이음쇠가 많으면, 곧은 관에 비해 마찰 손실이 아주 커진다. 이음쇠로 인한 마찰손실 h_{ff}는 식 (5.64) 및 (5.70)과 비슷한 식으로 구할 수 있다.

$$h_{ff} = K_f \frac{\overline{V}_a^2}{2} \tag{5.72}$$

K_f = 이음쇠로 인한 손실계수

$\overline{V}_a$ = 이음쇠 상류에서의 평균 유속

K_f는 실험에 의해 구할 수 있는데, 이음쇠의 종류에 따라 다르다. 몇 가지를 표 5.1에 보였다.

표 5.1 표준 나사식 관이음쇠의 마찰손실계수[10b]

Fitting	K_f
Elbow, standard	
45°	0.35
90°	0.75
Elbows, welded	
90° bends, radius 2 × pipe diameter	0.19
90° bends, radius 4 × pipe diameter	0.16
90° bends, radius 6 × pipe diameter	0.21
Tee	
Straight through	0.4
Used as elbow	1.0
Return bend, 180°	1.5
Gate valve	
Half open	4.5
Wide open	0.17
Angle valve, wide open	2.0
Globe valve, wide open	6.0

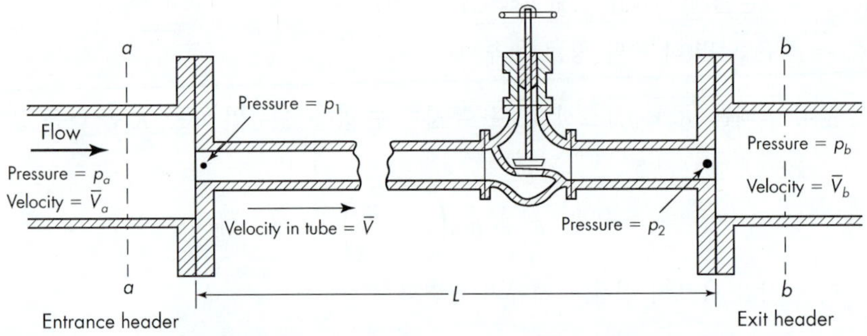

그림 5.15 전형적 배관에서의 비압축성 유체의 흐름

Bernoulli 식과 형태 마찰 손실. 식 (4.74)의 h_f 항은 곧은 관의 표면 마찰 손실과 다양한 형태 마찰 손실을 더한 전체 마찰 손실을 나타내는 항이다. 그림 5.15에 보인 것처럼, 비압축성 유체가 흐르는 유로에, 두 큰 모관(header), 연결관, 열린 글로브 밸브(globe valve)가 있다고 하자. 연결관에서의 평균 유속은 $\overline{V}$, 연결관의 지름은 D, 길이는 L이다. 연결관의 곧은 부분에서의 표면 마찰 손실은 식 (5.7)에서 $4f(L/D)(\overline{V}^2/2)$이다. 연결관 입구에서의 축소 손실은 식 (5.70)에서 $K_c(\overline{V}^2/2)$이고, 연결관 출구에서의 확대 손실은 식 (5.64)에서 $K_e(\overline{V}^2/2)$이며, 글로브 밸브에서의 마찰손실은 식 (5.72)에서 $K_f(\overline{V}^2/2)$이다. 모관 입구와 출구에서의 표면 마찰을 무시하면, 전체 마찰은 다음과 같다.

$$h_f = \left(4f\frac{L}{D} + K_c + K_e + K_f\right)\frac{\overline{V}^2}{2} \tag{5.73}$$

지점 a를 도입 모관, 지점 b를 배출 모관으로 하여, 이 유로에 대해 Bernoulli 식을 쓴다. 지점 a와 b 사이에는 펌프가 없으므로 $W_p = 0$이다. $\alpha_a = \alpha_b = 1.0$이라 할 수 있으므로, 운동에너지 항은 없어진다. 따라서 식 (4.74)는 다음과 같이 된다.

$$\frac{p_a - p_b}{\rho} + g(Z_a - Z_b) = \left(4f\frac{L}{D} + K_c + K_e + K_f\right)\frac{\overline{V}^2}{2} \tag{5.74}$$

예제 5.2

비중 0.93, 점도 4 cP인 원유가 탱크 바닥에 연결된 배출관을 통해 중력으로 배출된다. 탱크 바닥에서 액면까지의 높이는 6 m이다. 배출관은 3 in 규격 40 관이며, 길이는 45 m이고, 엘보(ell) 하나와 게이트 밸브(gate valve) 둘이 연결되어 있다. 배출구는 탱크 바닥보다 9 m 아래에 있으며, 대기압이 미친다. 배출관에서의 유량 (m^3/h)을 구하여라.

풀이

다음과 같은 값들이 필요하다.

$$\mu = 0.004\,\text{kg/m}\cdot\text{s} \qquad L = 45\,\text{m}$$

$$D = \frac{3.068}{12} = 0.256\,\text{ft}(\text{부록 3}) = 0.078\,\text{m}$$

$$\rho = 0.93\times 998 = 928\,\text{kg/m}^3$$

표 5.1에서 이음쇠에 관한 값은 다음과 같다.

$$\sum K_f = 0.75 + 2\times 0.17 = 1.09$$

$p_a = p_b$, $\overline{V}_a = 0$이므로, $\alpha_b = 1$이라 하면, 식 (4.71)에서,

$$\frac{\overline{V}_b^2}{2} + h_f = g(Z_a - Z_b) = 9.80665(6+9) = 147.1\,\text{m}^2/\text{s}^2 \tag{5.75}$$

이제 식 (5.73)을 사용한다. 흐름이 배출되면서 확대되지 않으므로 최종 확대 손실은 없다. 따라서 $K_e = 0$이다. S_a는 아주 크므로, 식 (5.71)에서 $K_c = 0.4$이다. 따라서

$$h_f = \left(4f\frac{L}{D} + K_c + \sum K_f\right)\frac{\overline{V}_b^2}{2}$$

$$= \left(\frac{4\times 45f}{0.078} + 0.4 + 1.09\right)\frac{\overline{V}_b^2}{2} = (2,308f + 1.49)\frac{\overline{V}_b^2}{2}$$

식 (5.75)에서,

$$\frac{V_b^2}{2} + h_f = \frac{\overline{V}_b^2}{2}(1 + 2,308f + 1.49) = 147.1$$

$$V_b^2 = \frac{147.1\times 2}{2.49 + 2,308f} = \frac{294.2}{2.49 + 2,308f}$$

그림 5.10에서 f를 구한다. 이 문제에서는

$$\text{Re} = \frac{0.078\times 928\,\overline{V}_b}{0.004} = 18,096\,\overline{V}_b$$

$$\frac{k}{D} = 0.00015\times\frac{0.3048}{0.078} = 0.00059$$

시행오차법으로 풀면 다음과 같다.

$\bar{V}_{b,\text{est.}}$, m/s	Re × 10^{-4}	f(from Fig. 5.10)	$\bar{V}_{b,\text{cal.}}$, m/s
4.00	7.23	0.0056	4.37
4.37	7.91	0.0055	4.40
4.40	7.96	0.0055	4.40

부록 3에서 관의 단면적은 0.0513 ft^2 = 0.00477 m^2이므로, 유량은 다음과 같다.

$$4.40\times 3,600\times 0.00477 = 75.6\,\text{m}^3/\text{h}$$

■

예제 5.1과 5.2의 유속 2~4 m/s는 중간 크기의 배관에서 액체 흐름의 전형적 값이다. 유량이 주어졌을 때 최적 유속이나 관의 최적 규격은 수송비용과 자본비용에 따라 달라진다. 최적 유속을 구하기 위한 실험식은 8장에서 다룬다. 기체 흐름일 경우에는 밀도가 작기 때문에 액체에 비해 최적 유속이 아주 커진다.

속도두

식 (5.74)에서 보였지만, 복잡한 배관에서의 마찰 손실은 속도두(속도 높이압, velocity head) $\overline{V}^2/2$의 값으로 나타낼 수 있다. 마찰 손실은 관이나 이음쇠를 통한 흐름에서 생기는 운동량 손실의 척도가 된다. 예를 들어서, 티(tee)를 엘보(elbow) 대용으로 사용하면 흐름 방향이 90° 바뀌면서 한 방향의 모든 운동량이 손실되지만, 표준 90° 엘보를 사용하면 그 3/4만 손실된다. 그림 5.15에 보인 글로브 밸브에서는 흐름 방향이 90°씩 두 번 바뀌면서 구조물을 통과하고 다시 팽창하므로, 여기에서의 속도와 방향의 변화 때문에 마찰 손실이 속도두의 6배나 된다.

곧은 관에서의 마찰 손실을 손쉽게 추정하는 방법은 다음과 같다. $4f(L/D) = 1.0$이라 하면, 식 (5.7)에서, 속도두 1에 해당하는 마찰 손실이 생기는 관의 길이를 관 지름의 배수로 나타낼 수 있다. 난류에서는 Reynolds 수에 따라 f가 0.01~0.002 정도이므로, 속도두 1에 해당하는 관 지름의 배수는 1/(4 × 0.01) = 25에서 1/(4 × 0.002) = 125 정도가 된다. 일반적으로는 속도두 1에 해당하는 관 길이를 관 지름의 50배 정도로 본다. 그림 5.15의 배관에서 관이 표준 2 in 강관(실제 ID = 2.07)이고 길이가 100 ft이면, 표면 마찰 손실은 (100 × 12)/(2 × 50) = 12, 즉 속도두의 12배가 된다. 이 경우, 관에서의 마찰 손실에 비하면, 하나의 이음쇠와 확대 및 축소로 인한 마찰 손실은 무시할 수 있다. 그러나 관이 짧고 이음쇠와 확대 및 축소 부분이 많은 경우에는, 관에서의 마찰 손실이 무시될 것이다.

유속의 감소에 따른 경계층 분리

단면이 급격하게 변하지 않더라도, 단면이 계속 확대되면 경계층이 분리될 수 있다. 그림 5.16에 보인 것처럼, 트럼펫 모양으로 확대되는 유로에서의 흐름을 고려하자. 흐름 방향에서 단면적이 증가하면, 유속이 감소하므로, Bernoulli 식에 따라 압력이 증가하게 된다. 벽에 가까운 유선 aa와 좀 떨어진 유선 bb의 두 유선을 고려한다. 유로의 정해진 길이에서 압력이 증가하면, 어느 한 단면에서의 압력은 균일하므로, 이러한 유선에

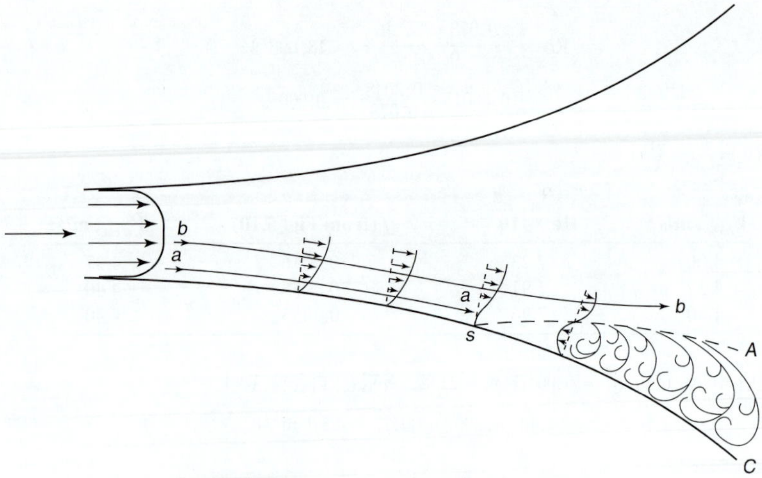

그림 5.16 확대 유로에서의 경계층 분리

서도 마찬가지로 압력이 증가한다. 따라서 이 두 유선에서의 속도두의 손실도 마찬가지가 된다. 유선 *aa*는 벽에 가까이 있으므로, 유선 *aa*에서의 초기 유속은 유선 *bb*에서보다 느리다. 이 유로에서 일정한 거리를 흘러서 어느 점에 이르면, 유선 *aa*의 속도는 0이 되지만, 유선 *bb*를 포함하여 벽에서 먼 유선은 속도가 여전히 + 값이다. 이 점을 그림 5.16에 *s*로 나타내었다. 점 *s*를 지나면, 벽에서의 유속은 부호가 바뀌며, 유선 *aa*와 벽 사이에 역류(backflow)가 발생하여, 경계층이 벽에서 분리된다. 그림 5.16에는 유속 u와 벽으로부터의 거리 y의 관계를 나타내는 곡선을 몇 개 그렸는데, 이로부터 점 *s*에서 벽에 가까운 유선의 속도가 0이 되었다가 부호가 바뀌는 모양을 볼 수 있다. 이 점을 **분리점**(seperation point)이라 한다. 선 *sA*는 **접선속도가 0인 선**(line of zero tangential velocity)이라 한다.

분리점을 지나면, 벽과 분리된 흐름 사이에 와류가 생기며, 이 때문에 형태 마찰 손실이 커진다. 이러한 분리는 난류나 층류에서 모두 생긴다. 난류에서는 층류일 때보다 분리점이 한참 하류에서 생긴다. 유로의 벽과 중심축 사이의 각도를 작게 하면 분리를 방지할 수 있다. 원추형 확대관에서 분리가 일어나지 않는 최대 각도는 7°이다.

확대 및 축소 손실의 최소화

유로의 단면을 급격하게 축소시키는 대신에 점진적으로 축소시키면 축소 손실을 거의 없앨 수 있다. 예를 들어서, 그림 5.14에서 유로를 축소시킬 때 원추형 축소관(reducer)을 사용하거나 작은 관의 입구를 트럼펫 모양으로 하면, S_b/S_a 비에 관계없이, 축소계수 K_c를 0.05 정도로 낮출 수 있다. 단면의 축소가 급격하지 않으면, 경계층 분리나 베나콘트랙타가 형성되지 않는다.

그림 5.13에서 플랜지(flange) 대신에 원추형 팽창관(expander)을 사용하면 확대 손실을 줄일 수 있다. 하지만, 확대되는 벽과 중심축 사이의 각도는 7° 이내여야 하며, 그렇지 않으면 경계층이 분리된다. 이 각도가 35° 이상이면, 경계층 분리로 인한 와류에서의 형태 마찰 손실이 과도해지기 때문에, S_a/S_b 비가 같을 때의 급격한 확대의 경우보다 원추형 팽창관에서의 마찰 손실이 오히려 커지게 된다.

5.5 기호 설명

b	사각형 덕트의 폭, m, ft; 평행판 사이의 간격, m, ft
c_v	정용 열용량(비열), J/kg·°C, Btu/lb·°F
D	지름(직경), m, ft; D_{eq}, 비원형 유로의 상당지름; D_i, D_o, 환상 유로의 내경과 외경
F	힘, N, lb_f; F_g, 중력; F_s, 전단력; F_w, 유로 벽이 유체에 미치는 실질 힘
f	Fanning 마찰계수, 무차원
g_c	Newton 법칙 비례인자, 32.174 ft·lb/lb_f·s^2
h_f	마찰 손실, J/kg, ft·lb_f/lb; h_{fc}, 급격한 축소 손실; h_{fe}, 급격한 확대 손실; h_{ff}, 이음쇠나 밸브로 인한 손실; h_{fs}, 표면 마찰 손실
K	식 (5.25)와 (5.27)의 상수
K_c	축소손실계수, 무차원
K_e	확대손실계수, 무차원
K_f	이음쇠와 밸브의 손실계수, 무차원
K'	흐름일관성지수, kg/m·$s^{2-n'}$, lb/ft·$s^{2-n'}$
k	거칠기 매개변수, m, ft

L	길이, m, ft
L_p	젖음둘레, m, ft
$\dot{m}$	질량유량, kg/s, lb/s
n'	흐름거동지수, 무차원
p	압력, N/m^2 = Pa, lb_f/ft^2; p_a, p_b, 지점 a와 b의 압력
Q	점성 소산에 의한 열발생량, J
Re	Reynolds 수, 무차원; Re_n, 비뉴튼유체에 관한 수정 Reynolds 수, 식 (5.59)
r	관 중심축으로부터 반경방향 거리, m, ft; r_c, 플러그흐름에서 유체 실린더의 반경; r_w, 관의 반경
r_H	유로의 수력학적 반경, m, ft
S	단면적, m^2, ft^2; S_a, S_b, 지점 a와 b의 단면적
T	온도, ℃, ℉
u	x 방향의 실질 국부 유속 또는 시간 평균 국부 유속, m/s, ft/s; u_c, 플러그 흐름에서 가소성 유체 실린더의 유속; $u_{\max}$, 최대 국부 유속
u^*	마찰속도, $\overline{V}/\sqrt{f/2}$
u^+	무차원 속도비, u/u^*; u_c^+, 관 중심축에서의 속도비
V	부피, m^3, ft^3, L
$\overline{V}$	x 방향의 평균 유속, m/s, ft/s; $\overline{V}_a$, $\overline{V}_b$, 지점 a와 b에서의 평균 유속
W_p	펌프 일, J/kg, ft · lb_f/lb
y	관벽으로부터 반경 방향 거리, m, ft
y^+	무차원 거리, yu^*/ν; y_c^+, 관 중심축에서의 무차원 거리
Z	기준면으로부터의 높이, m, ft; Z_a, Z_b, 지점 a와 b의 높이

그리스 문자

α	운동에너지 보정인자, 무차원; α_a, α_b, 지점 a와 b의 값
β	운동량 보정인자, 무차원; β_a, β_b, 지점 a와 b의 값
Δp	압력손실, $p_a - p_b$; Δp_s, 표면 마찰 손실
ΔT	점성 소산에 의한 온도 상승, ℃
κ	환상 유로에서 r_i/r_o 비, 식 (5.28)
μ	절대점도, P, lb/ft · s; μ_w, 관벽 온도에서의 절대점도
ν	운동점도, μ/ρ, m^2/s, ft^2/s
ρ	밀도, kg/m^3, lb/ft^3
τ	전단응력, N/m^2, lb_f/ft^2; τ_w, 관벽에서의 전단응력; τ_0, 가소성 유체의 문지방 응력
ϕ_a	환상 유로의 층류에 관한 식 (5.30)의 인자, 무차원
ψ	표면 마찰에 관한 온도 보정인자, 무차원

연습 문제

5.1 무한한 평행판 사이에서 층류로 흐르는 액체에 대해 다음 식을 증명하여라. 말단 영향(end effect)은 무시한다.

$$p_a - p_b = \frac{12\mu \overline{V} L}{b^2}$$

L = 흐름 방향의 판의 길이
b = 판 사이의 간격

5.2 매끈한 60 mm 관에서 물이 Re = 5×10^4으로 흐를 때 점성 하층의 두께를 구하여라. 관의 단면적 중에서 점성 하층이 차지하는 분율을 구하여라. 또 이 점성 하층이 차지하는 흐름의 분율을 구하여라.

5.3 종횡비(aspect ratio)가 큰 장방형 유로에서 뉴튼 유체가 층류로 흐르고 있다. 국부 속도와 최대 속도의 관계식을 유도하고, $u_{max}/\overline{V}$를 구하여라.

5.4 두 수평 평판 사이의 틈에 윤활유를 주입하는데 필요한 동력을 흐름 폭 1 m 기준으로 구하여라. 다음 조건을 적용한다.

판 사이의 간격, 6 mm
폭 1 m 기준의 윤활유 유량, 100 m^3/h
윤활유 점도, 25 cP
윤활유 밀도, 0.88 g/cm^3
판 길이, 3 m

판의 간격에 비해 폭은 아주 크며, 말단 영향은 무시한다.

5.5 연습문제 5.4의 조건에서 점성 소산으로 인한 기름의 온도 상승을 구하여라. 기름의 비열은 0.5 cal/g·°C이고, 밀도는 820 kg/m^3이다.

5.6 매끈한 원관에 비중 2.6, 점도 2.0 cP인 액체가 유량 7,000 lb/h로 흐른다. 관 길이 1.73 mi에서의 압력 강하가 0.183 lb_f/in^2일 때 관의 지름(in)을 구하여라.

5.7 8 in 강관에 물이 평균유속 6 ft/s로 흐른다. 이 관의 하류에는 8 in 주관에 2 in 우회관이 연결되어 있다. 우회관의 상당 길이는 22 ft이고, 주관의 길이는 16 ft이다. 입구 및 출구 손실을 무시하고, 우회관에 흐르는 물의 분율을 구하여라.

5.8 지름이 2 ft인 강관에 물이 15 ft/s의 유속으로 흐른다. 이 관의 거칠기는 0.0003 ft이다. 이 관의 내면을 매끈한 플라스틱으로 내장하면 물의 수송량을 얼마나 증가시킬 수 있을까? 내장에 의해 지름이 1.9 ft로 줄어든다. 유량이 같을 때의 압력 강하의 변화와, 압력 강하를 일정하게 할 때의 수송량의 변화를 구하여라.

5.9 60°F의 물을 저수지에서 산꼭대기로 퍼 올린다. 관은 6 in 규격 120 관이고 평균 유속은 12 ft/s이다. 배출구는 저수지 액면으로부터 3,000 ft 높이에 있지만, 관의 길이는 4,500 ft이다. 모터를 포함하여 펌프의 총괄 효율이 70%이고, 모터에 공급하는 전기료가 4 cent/kW·h일 때, 시간당 물의 수송비를 구하여라.

5.10 해수 정수용 역삼투장치가 900,000개의 실관으로 되어 있다. 이 실관을 통해 물은 확산되지만 염류는 거의 배제한다. 실관의 외경과 내경은 각각 85 및 42 μm이고 길이는 3 ft 정도이다. 공급 압력이 400 psig일 때 이들 관을 통한 물의 평균 유량은 24 h당 2,000 gal이다. 실관 하나에서의 압력 강하를 구하여라.

5.11 반응기에서 염소 가스가 200°C, 1.5 atm에서 4 lb/min의 유량으로 배출된다. 이를 재압축하여 압력 1.6 atm인 반응기로 순환시키고자 한다. 필요한 관의 길이는 80 ft이고, 엘보 6개와 글로브 밸브 2개를 설치한다. 관의 크기를 추정하고, 유속과 압력 강하를 구하여라.

5.12 발전소 배기가스가 15 × 20 ft의 장방형 덕트에 50 ft/s의 유속으로 통과한다. 덕트의 길이는 250 ft이고, 90° 벤드(bend) 2개가 설치되어 있다. 가스는 180°F, 1 atm이며, 성질은 공기와 비슷하다. 덕트에서의 압력 강하와 이를 극복하기 위한 동력을 구하여라.

5.13 원심펌프를 사용하여 한 탱크로부터 150 ft 높이에 있는 다른 탱크로 염수를 수송한다. 관은 4 in 규격 40 관이고 길이는 600 ft이며, 유량은 400 gal/min이다. 이 관에는 게이트밸브 2개, 표준 티 4개, 엘 4개가 연결되어 있다. 이 펌프를 하루 24 h 운전할 때 드는 에너지 비용을 구하여라. 염수는 비중 1.18, 점도 1.2 cP이고, 에너지 비용은 300 d/yr 기준으로 $400/hp·yr이다. 펌프와 모터의 총괄효율은 60%이다.

5.14 화학공장의 냉각수를 2,500 ft 떨어진 강에서 퍼온다. 예비 설계에 따르면, 6 in 강관에서 유량 600 gal/min 정도가 요구된다. 압력 강하와 연간 펌프 수송비를 추산하여라. 전기료는 3 cent/kW·h이다. 8 in 관을 사용할 때의 동력비 절감과 배관 비용의 증가를 비교하여라. 배관 배용은 6 in 관이 $15/ft이고, 8 in 관이 $20/ft이다. 연간 관리비는 설치비의 20%이다.

5.15 송풍기를 사용하여 공기를 덕트로 보낸다. 덕트는 200 × 300 mm의 장방형이고 길이는 45 m이다. 도입 공기는 온도 15°C, 절대압력 750 mm Hg이고, 유량은 0.6 m^3/s이다. 송풍기의 이론 동력을 구하여라.

5.16 술폰화 폴리스티렌 수용액의 층류는 지수 0.500인 Ostwald-de Waele 모델로 나타낼 수 있다. 수직 원통형 탱크에 들어있는 이 수용액이 탱크 바닥에 연결된 수평관을 통해 배출된다.

(a) 탱크 안의 액면이 10.00 m에서 9.90 m로 하강하는 데 30.0 min가 걸린다고 할 때, 탱크의 절반이 비는 데(액면이 10.0 m에서 5.0 m로 내려오는 데) 걸리는 시간을 구하여라.

(b) 탱크의 지름이 2.0 m이고, 관은 지름이 0.050 m, 길이가 200 m일 때, 이 용액의 흐름일관성지수를 구하여라. 수용액의 밀도는 1,200 kg/m^3이다.

5.17 소화장치(fire protection system)의 일부를 높이차 12 m, 지름 0.12 m, 길이 600 m인 매끈한 관으로 모델화할 수 있다. 말단 영향은 무시한다. 유량을 1.25배 증가시키고자 할 때 첨가해야 할 산화 폴리에틸렌의 양을 구하여라 (그림 5.12 참고). 수온은 25°C이다.

5.18 750 m^3 탱크의 폐수가 중력에 의해 길이 1,000 m의 150 mm 강관을 통해 15 m 아래의 탱크로 흐른다. 탱크의 정상 수심이 3.5 m일 경우 배출 유량(m^3/h)을 구하여라.

5.19 (a) 펌프 배출 계기압력이 125 lb_f/in^2일 때, 길이가 120 ft인 2.5 in. 소방 호스에서의 최대 유량(gal/min)을 구하라.

(b) 소방용수 중에 산화에틸렌을 50 ppm 첨가하면 유량을 얼마나 증가시킬 수 있나?

5.20 소량의 수용액의 화학분석장치가 폭 100 μm, 깊이 10 μm인 채널로 되어 있다. 수용액의 점도가 1.3 cP이고 밀도가 1,050 kg/m^3이며 유속이 0.1 m/s일 때, Reynolds 수와 채널 단위 길이 당 압력 강하(Pa/m 및 bar/cm)를 구하여라.

5.21 한 변의 길이가 300 μm인 사각 채널에 20°C의 물이 흐른다. Reynolds 수가 10일 때의 유속(m/s)을 구하여라. 70°C의 공기가 흐를 때의 유속은 얼마인가?

5.22 도시 소각로의 가스가 한 변의 길이가 3 m인 사각 닥트를 통해 800°C, 1 atm 정도로 흐른다. 이 가스의 점도와 밀도는 800°C의 공기의 값과 비슷하다.

(a) 가스 유속이 4.0 m/s일 때의 단위 길이 당 압력 강하를 구하여라.

(b) 점성 하층과 완충층의 두께를 추산하여라.

(c) 전체 흐름에서 이러한 층들이 차지하는 분율을 구하여라.

5.23 보편 속도분포를 이용하여 Re = 10^4, 10^5, 10^6일 때의 $\overline{V}/u_{\max}$를 구하여라. 계산을 간단히 하기 위해 20°C의 물의 성질을 사용한다. 계산치를 그림 5.8의 값과 비교하여라.

참고 문헌

1. Bird, R. B., W. E. Stewart, and E. N. Lightfoot, *Transport Phenomena*, New York: Wiley, 1960, pp. 51-53.
2. Dodge, D. W., and A. B. Metzner, *AIChE J.*, **5**:189 (1959).
3. Garde, R. J. *Turbulent Flow*, New York: Wiley, 1994.
4. Kays, W. M., and A. L. London, *Compact Heat Exchangers*, 2nd ed., New York: McGraw-Hill, 1964.
5. Knudsen, J. G., and D. L. Katz, *Fluid Dynamics and Heat Transfer*, New York: McGraw-Hill, 1958, pp. 97, 101-105, 158-171.
6. Lumley, J. A., *Physics of Fluids*, **20**(10):S64 (1977).
7. Middleman, S., *An Introduction to Fluid Dynamics*, New York: Wiley, 1998, p. 469.
8. Patterson, R. W., and F. H. Abernathy, *J. Fluid Mech*, **51**:177 (1972).
9. Pearson, J. R. A. *Mechanics of Polymer Processing*, London: Elsevier, 1985, pp. 191-194.
10. Perry, R. H., and D. W. Green, eds., *Perry's Chemical Engineers' Handbook*, 7th ed., New York: McGraw-Hill, 1997, (a) p. **6**-12 ; (b) p. **6**-18.
11. Prandtl, L., *VDIZ.*, **77**:105 (1933).
12. Schilchting, H., *Boundary Layer Theory*, 7th ed., New York: McGraw-Hill, 1979.
13. Toms, B. A., *Proc. Intern. Congr. Rheology, Holland*, Amsterdam: North-Holland, 1949, p. **II**-135.
14. Vinogradov, G. V., G. B. Froishteter, K. K. Trilisky, and E. L. Smorodinsky, *Rheologica Acta*, **14**:765 (1975).

06 압축성 유체의 흐름

Flow of Compressible Fluid

유체동역학의 응용에서는 밀도 변화를 고려해야 하는 경우가 많다. 압축성 유체를 다루는 분야는 아주 넓으며, 압력, 온도, 유속의 변화가 광범하다. 하지만 화학공학에서 실제로 다루는 분야는 비교적 좁은 편이다. 비압축성 유체에서는 기본 매개변수가 Reynolds 수이다. 이것은 압축성 유체의 응용에서도 중요하지만, 밀도가 보통이고 유속이 큰 흐름에서는 Mach 수가 기본 매개변수가 된다. 밀도가 아주 낮아서, 기체와 접촉하고 있는 장치나 고체의 크기에 비해 분자의 평균 자유행로가 중요할 때는 또 다른 인자들을 고려해야 하지만, 이러한 흐름은 이 책에서 다루지 않았다.

6.1 정의와 기본식

Mach 수(Ma)는 유속 u와 유체가 흐르는 조건에서의 음속 a의 비로 정의한다.

$$\mathrm{Ma} \equiv \frac{u}{a} \tag{6.1}$$

여기에서 유체의 속도는, 유체를 둘러싸고 있거나 유체에 잠겨 있는 고체에 대한 유체의 상대 속도의 크기이다. 물론 정지 상태의 고체를 지나서 유체가 흐를 수도 있고, 정지 상태의 유체 중에서 고체가 움직일 수도 있다. 화학공학에서 일반적인 상황은 전자의 경우이다. 후자의 경우는 기체동역학에서 중요한데, 미사일, 로켓을 비롯하여 공기를 통과하는 고체를 예로 들 수 있다. 정의에 의해, 압력과 온도가 같은 유체에서 음속과 유속이 같으면 Mach 수는 1이다. Mach 수가 1보다 작으면 아음속(subsonic), 1이면 음속(sonic), 1보다 크면 초음속(supersonic)이라 한다. 압축성 유체에서 가장 흥미로운 영역은 음속이거나 초음속인 고속 범위이다.

문제를 간단히 하기 위해 이 장에서는 다음과 같은 가정을 한다.

1. 정상 흐름이다.
2. 1차원 흐름이다.
3. 한 단면에서의 속도구배는 무시한다. 따라서 $\alpha = \beta = 1$이고, $\overline{V} = u$이다.
4. 마찰은 벽전단 뿐이다.

5. 축일은 없다.
6. 중력의 영향과 기계적 위치에너지는 무시한다.
7. 유체는 비열(열용량)이 일정한 이상기체이다.

이러한 가정은 적용 범위에 한계가 있지만, 공학적 실제 상황에서는 이 범위 안에서 적절한 수학적 모델을 작성할 수 있는 경우가 많다. 이때 다음 기본 관계를 이용한다.

1. 연속의 식
2. 정상상태 총괄 에너지수지
3. 벽 마찰이 있는 기계적 에너지수지
4. 음속의 식
5. 이상기체 상태식

이러한 식들은 적절한 형태로 나타내야 한다.

연속의 식

식 (4.9)의 우변을 로그형으로 쓰면 다음과 같다.

$$\ln\rho + \ln S + \ln u = \text{일정}$$

이 식을 미분하면,

$$\frac{d\rho}{\rho} + \frac{dS}{S} + \frac{du}{u} = 0 \tag{6.2}$$

총괄 에너지수지

계에서 정상 상태로 흐르는 유체를 고려하기로 한다. 지점 a에서 유속 u_a, 엔탈피 H_a로 유입되고, 지점 b에서 유속 u_b, 엔탈피 H_b로 배출된다. 질량 m이 흐르는 동안 계의 경계를 통해 Q의 열을 가한다. 지점 a와 b는 위치 차이가 심하지 않고, 계가 외계에 하는 일이나 외계가 계에 하는 일이 없다면, 정상 상태 총괄 에너지수지식 (1.59)에서 위치에너지와 축일에 관한 항을 제거할 수 있다. 유체에 가한 열은 다음과 같이 된다.

$$\frac{Q}{m} = H_b - H_a + \frac{u_b^2}{2} - \frac{u_a^2}{2} \tag{6.3}$$

이 식을 미분형으로 나타내면 다음과 같다.

$$\frac{dQ}{m} = dH + d\left(\frac{u^2}{2}\right) \tag{6.4}$$

기계적 에너지수지

짧은 유로에 대해 식 (4.71)을 미분형으로 나타내면 다음과 같다.

$$\frac{dp}{\rho} + d\left(\frac{\alpha \overline{V}^2}{2}\right) + g\,dZ + dh_f = 0 \tag{6.5}$$

위에서의 가정에 따라, 위치에너지 항을 없애고, $\alpha_a = \alpha_b = 1.0$, $u = \overline{V}$이며, 마찰은 벽 전단 뿐이므로, 식 (6.5)는 다음과 같이 된다.

$$\frac{dp}{\rho} + d\left(\frac{u^2}{2}\right) + dh_{fs} = 0 \tag{6.6}$$

식 (5.7)에서, $D = 4r_H$ 이므로,

$$dh_{fs} = \frac{u^2}{2}\frac{f\,dL}{r_H} \tag{6.7}$$

식 (6.6)과 (6.7)에서 dh_{fs}를 소거하면, 압축성 유체에 적용할 수 있는 기계적 에너지수지식이 된다.

$$\frac{dp}{\rho} + d\left(\frac{u^2}{2}\right) + \frac{u^2}{2}\frac{f\,dL}{r_H} = 0 \tag{6.8}$$

음속

연속 매체를 통한 음속은 음향속도(acoustic velocity)라고도 한다. 음속은 매체를 통해 단열적이고 마찰 없이 이동하는 아주 작은 조밀파(compression-rarefaction wave)의 이동속도이다. 열역학적으로 음파의 이동은 엔트로피가 일정한 등엔트로피 과정(isentropic process)이다. 물리학 교과서에서 보면, 임의 매체에서의 음향속도의 크기는 다음과 같다.

$$a = \sqrt{\left(\frac{dp}{d\rho}\right)_S} \tag{6.9}$$

이 식에서 하첨자 S는 등엔트로피 과정임을 나타낸다.

이상기체 상태식

위에서 언급한 가정 1~6이 성립된다면, 식 (6.2)~(6.9)는 어떤 유체에나 적용할 수 있다. 이러한 식은 밀도 ρ가 일정한 비압축성 유체에 적용된다. 압축성 유체에 적용하려면 밀도를 온도와 압력의 함수로 나타내야 한다. 가장 간단하면서 공학적으로 유용한 관계식의 하나는 이상기체 상태식 (1.56)이다. 이 식을 다시 쓰면

$$p = \frac{R}{M}\rho T \tag{6.10}$$

R = 기체상수, 8,314 J/kmol · K, 1,545 ft · lb_f/lb mol · R
M = 분자량

기체는 순수물질이거나 혼합물이거나 상관없다. 순수물질이 아니더라도 기체의 조성은 변화가 없어야 한다. 식 (6.10)의 로그를 취하고 미분하면 다음과 같다.

$$\frac{dp}{p} = \frac{d\rho}{\rho} + \frac{dT}{T} \tag{6.11}$$

비열 c_p가 온도와 무관하다면, 온도 T인 기체의 엔탈피는 다음과 같다.

$$H = H_0 + c_p(T - T_0) \tag{6.12}$$

H = 온도 T에서 단위 질량 당 엔탈피
H_0 = 임의 온도 T_0에서 단위 질량 당 엔탈피

이 식의 미분형은 다음과 같다.

$$dH = c_p dT \tag{6.13}$$

이상기체의 음향속도와 Mach 수. 이상기체의 등엔트로피 과정은 다음 식에 따른다.

$$p\rho^{-\gamma} = \text{일정} \tag{6.14}$$

$$Tp^{-(1-1/\gamma)} = \text{일정} \tag{6.15}$$

γ = 정압비열과 정용비열의 비, c_p/c_v

γ를 이상기체에 대해 나타내면 다음과 같다.

$$\gamma \equiv \frac{c_p}{c_v} = \frac{c_p}{c_p - R/M} \tag{6.16}$$

c_p가 온도와 무관하다면, c_v와 γ도 온도와 무관하다.

$(dp/d\rho)_S$는 식 (6.14)의 로그형을 미분하여 구할 수 있다.

$$\frac{dp}{p} - \gamma\frac{d\rho}{\rho} = 0, \quad \left(\frac{dp}{d\rho}\right)_S = \gamma\frac{p}{\rho}$$

식 (6.9)에 대입하면,

$$a = \sqrt{\frac{\gamma p}{\rho}} = \sqrt{\frac{\gamma TR}{M}} \tag{6.17}$$

20℃, 1 atm의 공기의 경우 a = 343 m/s (1,125 ft/s)이다.

이 식의 두 번째 등식은 식 (6.10)을 사용하여 구했다. 이 식에서 보인 것처럼, 이상기체의 음향속도는 온도만의 함수이다. 식 (6.1)과 (6.17)에서 이상기체의 Ma^2을 나타내면 다음과 같다.

$$\text{Ma}^2 = \frac{\rho u^2}{\gamma p} = \frac{u^2}{\gamma TR/M} \tag{6.18}$$

별표 상태

압축성 유체에서는 음향속도로 흐르는 상태가 중요한 경우가 있다. 이러한 상태에서는 $u = a$, Ma = 1이며, 이 상태의 압력, 온도, 밀도, 엔탈피를 각각 p^*, T^*, ρ^*, H^*로 나타내므로, 이 상태를 **별표 상태**(asterisk condition)라 한다.

정체 온도

고속 유체에서 축일을 하지 않고 단열적으로 정지시켰을 때 도달하게 되는 온도를 정체 온도(stagnation temperature)라 한다. 유체의 실제 온도, 실제 유속, 정체 온도의 관계는 총괄 에너지수지식 (6.3) 및 엔탈피수지식 (6.12)에서 구할 수 있다. 식 (6.3)에서 흐르는 기체의 온도가 T이고 엔탈피가 H인 상태를 상태 a라 하고, 식 (6.12)에서 정체 상태를 상태 b(기준 상태 0)로 한다. 정체 상태는 하첨자 s로 나타내기로 한다. 기체의 유속을 u라 하면, $u_a = u$이고, $u_b = u_s = 0$이다. 이 과정은 단열과정이므로 $Q = 0$이다. 따라서 식 (6.3)은 다음과 같이 된다.

$$H_s - H = \frac{u^2}{2} = H_0 - H \tag{6.19}$$

식 (6.19)와 (6.12)에서 $H_0 - H$를 소거하면, 정체 온도 T_s는 다음과 같다.

$$T_s = T + \frac{u^2}{2c_p} \tag{6.20}$$

정체 엔탈피(stagnation enthalpy)는 다음 식으로 정의한다.

$$H_s = H + \frac{u^2}{2} \tag{6.21}$$

식 (6.3)을 다시 쓰면,

$$\frac{Q}{m} = H_{sb} - H_{sa} = (T_{sb} - T_{sa})c_p \tag{6.22}$$

H_{sa}, H_{sb} = 상태 a와 b에서의 정체 엔탈피

단열과정에서는 $Q = 0$, $T_{sa} = T_{sb}$이므로, 정체 온도는 일정한 값이다.

6.2 압축성 유체의 흐름

여기에서는 그림 6.1에 보인 흐름을 다룬다. 특정 온도와 압력에서 아주 다량의 기체를 유속 0에서 공급하며, Mach 수를 안다고 가정한다. 이러한 기체의 출처를 저장실(reservoir)이라 하고 저장실 기체의 온도와 압력을 저장실 상태(reservoir condition)라 한다. 저장실 온도는 정체 값이며, 흐름계의 다른 지점에 적용할 필요는 없다.

저장실 기체가 마찰 손실이 없이 관으로 유입되어 흐른다고 가정한다. 관에서 배출되는 기체는 일정한 온도, 유속, 압력에서 배기실(exhaust receiver)로 들어가며, 배기실의 압력은 독립적으로 조절하여, 저장실의 압력보다 낮은 일정한 압력이 되게 할 수 있다고 본다.

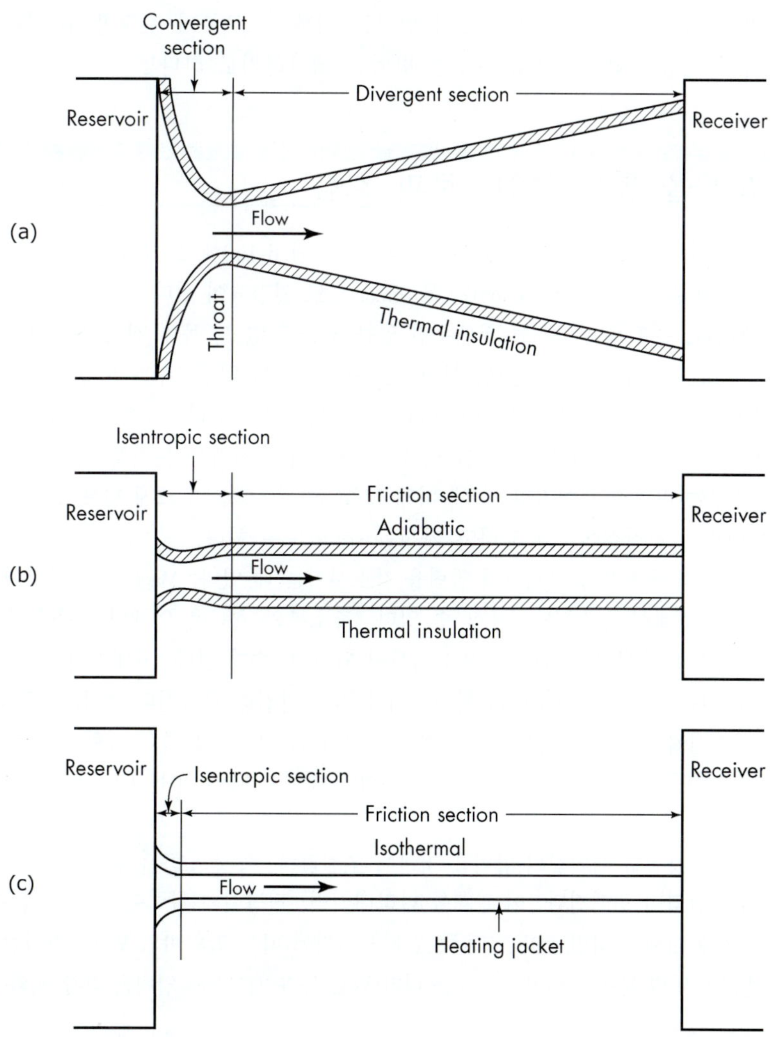

그림 6.1 (a) 축소-확대 노즐에서의 등엔트로피 흐름, (b) 단열 마찰 흐름, (c) 등온 마찰 흐름

관 안에서는 다음 중의 한 가지 과정이 일어난다.

1. 등엔트로피 팽창
   그림 6.1(a)에 보인 것처럼, 이 과정에서는 유로의 단면적이 변해야 하므로, 이 과정은 면적 변화 과정의 하나이다. 단열과정이므로 유로 안에서 정체 온도는 변하지 않는다.
2. 단면적이 일정한 유로 중의 단열 마찰 흐름
   그림 6.1(b)에 보인 것처럼, 이 과정은 비가역적이며 기체의 엔트로피가 증가한다. 그러나 식 (6.22)에 보인 것처럼, $Q=0$이므로, 정체 온도는 유로 전체에서 일정하다.
3. 단면적이 일정한 유로 중의 등온 마찰 흐름
   그림 6.1(c)에 보인 것처럼, 이 과정에서는 관벽을 통해 열이 전달됨으로 온도가 일정하게 유지된다. 비단열적이고 비등엔트로피 과정이므로, 정체 온도는 변한다. T는 일정하므로 식 (6.20)에서 T_s는 u에 따라 변한다.

기체의 온도, 밀도, 압력, 유속, 정체 온도의 변화는 기본식으로부터 추정할 수 있다. 이러한 식을 사용하여 이 세 가지 과정을 해석적으로 다루는 방법을 예시하기로 한다[1].

6.3 노즐을 통한 등엔트로피 흐름

등엔트로피 흐름에 적절한 유로를 노즐(nozzle)이라 한다. 그림 6.1(a)에 보였지만, 완전한 노즐은 축소부(convergent section)와 확대부(divergent section)가 목(throat)으로 연결되어 있다. 목은 길이가 짧고 유로 벽은 노즐 중심축과 평행이다. 용도에 따라서는 확대부만 있는 노즐도 있고, 목이 직접 배기실과 연결된 경우도 있다. 실제의 노즐 구조는 설계하기 나름인데, 설계자는 단면적 S와 입구로부터 노즐까지의 길이 L 사이의 관계를 정하고, 벽 마찰을 최소화하고 경계층이 분리되지 않도록 설계한다. 축소 유로에서는 경계층이 분리되지 않으므로, 축소부는 둥글고 짧게 만들 수 있다. 확대부에서 경계층 분리를 억제하려면 확대 각도가 작아야 하므로, 확대부는 비교적 길어진다. 목에 비해 노즐 입구를 충분히 크게 함으로서, 입구에서의 유속이 0이고, 온도와 압력은 저장실에서와 같다고 가정할 수 있도록 한다.

축소부의 목적은 기체의 유속을 증가시켜서 압력을 감소시키는 데 있다. Mach 수가 작으면 비압축성 유체에 관한 일반 Bernoulli 관계식 (4.67)을 적용할 수 있다. 축소부의 흐름은 언제나 아음속이지만, 목에서는 음속이 될 수 있다. 축소 노즐에서는 Mach 수가 1 이상이 되게 할 수가 없다. 확대부에서는 유속이 아음속이거나 초음속이 될 수 있는데, 이 상황에 따라 확대부의 목적이 완전히 달라진다. 아음속 흐름이면, Bernoulli 식에 따라 유속을 감소시켜서 압력을 회복시키는 것이 목적이다. 이러한 노즐은 유량 측정용으로 이용된다(8장 참고). 초음속 흐름이면, 풍동(wind tunnel)과 같은 실험 장치에서 Mach 수를 1 이상으로 하는 것이 확대부의 일반 목적이다.

노즐을 통한 흐름은 저장실과 배기실의 압력을 정하여 조절한다. 특정 노즐을 통한 특정 흐름에서는, 노즐 중심축의 각 점에서의 압력이 정해진다. 이 관계를 나타내려면, 저장실의 압력이 p_0, 거리 L에서의 압력이 p일 경우, p/p_0를 L에 대해 그리면 된다. 그림 6.2에는 거리에 따른 압력비의 변화, 저정실 압력이 일정할 때 배기실의 압력 변화가 압력 분포에 미치는 영향을 나타냈다. 목과 배기실의 압력은 각각 p_t와 p_r로 표기한다.

1 기체에서의 일반 열전달, 유로로의 기체의 주입, 비열(열용량)과 분자량의 변화, 화학반응, 내부 물체의 항력, 상 변화 등 일반적 내용에 관해서는 문헌 1과 3을 참고하기 바란다.

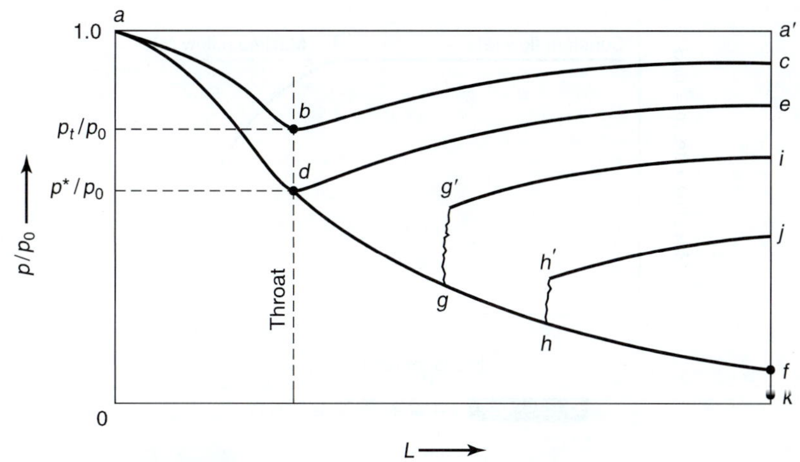

그림 6.2 노즐 입구로부터의 거리에 따른 압력비의 변화

$p_r = p_0$이면 흐르지 않으므로, 압력 분포는 선 aa'이 된다. 배기실 압력이 저장실 압력보다 약간 낮으면, 흐름이 생겨서 압력 분포는 선 abc처럼 된다. 확대부에서의 압력 회복은 선 bc와 같다. 목에서는 유속이 최대이다. 배기실 압력을 더욱 낮추면, 노즐을 통한 유량과 유속이 계속 증가하지만, 목에서의 유속이 음속이 되면 더 이상 증가하지 못한다. 이 경우를 선 ade로 보였는데, $p_t = p^*$인 점에서는 $u_t = a$, Ma $= 1$이다. p^*/p_0 비를 임계압력비(critical pressure ratio)라 하며, r_c로 표기한다. 선 ade의 다른 모든 점에서는 흐름이 아음속이다.

배기실 압력이 점 a'에서 점 e의 압력으로 감소하면, 노즐을 통한 질량유량이 증가한다. 그러나 임계 흐름에 해당하는 압력 이하에서는 압력을 더 낮추어도 질량유량이 영향을 받지 않는다. 압력비 p_r/p_0에 따른 질량유량의 변화를 그림 6.3에 보였다. 점 A에서 질량유량이 최대가 되는데, 이는 목에서의 압력비가 임계치로 낮아질 때이다. p_r을 더욱 낮추어도 질량유량은 변하지 않는다.

이러한 현상이 생기는 이유는 다음과 같다. 목에서의 유속이 음속이고 유로의 단면적이 일정하면, 음파가 상류의 목으로 이동할 수가 없으므로, 목에 있는 기체는 하류의 메시지를 받을 길이 없다. 따라서 배기실 압력을 더욱 낮추어도 목으로 전달되지 않는다.

그림 6.2에서 점 f 수준까지 배기실 압력을 낮추면, 압력 분포는 연속선 $adghf$처럼 된다. 이 선은 특정 기체와 노즐에 따른 특정 선이다. 초음속 흐름이 가능한 것은 $dghf$를 따르는 경로뿐이다. 배기실 압력을 점 f의 압력보다 낮은 점 k의 압력으로 낮추더라도, 노즐 끝의 압력은 점 f의 압력으로 유지되므로, 노즐을 통한 유량은 더 이상 변하지 않는다. 그러나 노즐에서 배기실로 들어오는 기체는 점 f의 압력에서 점 k의 압력으로 갑자기 떨어진다. 이 압력 변화 때문에 배기실에서 파동 현상이 생긴다. 배기실 압력을 점 e와 f 사이의 수준으로 유지하면, 압력 분포는 곡선 $dgg'i$와 $dhh'j$처럼 된다. dg와 dh 부분은 등엔트로피 초음속 흐름이다. gg'와 hh'처럼 압력이 급격하게 도약하면 충격파(shock wave)가 생기며, 흐름은 초음속에서 아음속으로 갑자기 변한다. 충격은 열역학적으로 비가역적이므로, 열역학 제2법칙에 따라 엔트로피가 증가한다. 곡선 $g'i$와 $h'i$는 통상적으로 압력이 회복되는 아음속 흐름을 나타낸다.

어떤 종류의 단열 흐름에서도 선 $adghf$ 이하의 영역에는 도달할 수 없다. 아음속 영역 $adea'a$와 $dghf$ 선 상에서만 등엔트로피 흐름이 가능하다.

그림 6.2와 6.3에 관한 정상적 검토 내용은 모든 압축성 흐름에 적용되는 것이다. 이상기체의 경우에는 정량적 관계를 쉽게 얻을 수 있다.

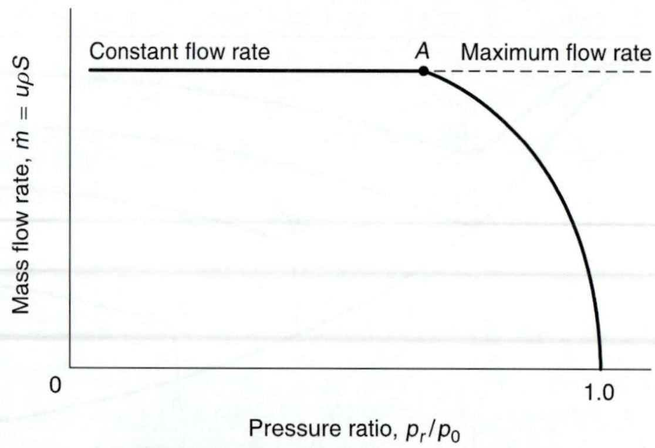

그림 6.3 노즐을 통한 질량유량

등엔트로피 흐름에 관한 식

노즐을 통해 이상기체가 흐를 때 생기는 현상을 이 장의 처음에 열거한 기본식으로부터 유도할 수 있다.

흐름 중의 기체 성질의 변화. 등엔트로피 흐름 중의 기체의 밀도와 온도의 변화는 식 (6.14)와 (6.15)로 나타낼 수 있다. 상수들을 저장실 조건에서 평가하면,

$$\frac{p}{\rho^{\gamma}} = \frac{p_0}{\rho_0^{\gamma}} \tag{6.23}$$

$$\frac{T}{p^{1-1/\gamma}} = \frac{T_0}{p_0^{1-1/\gamma}} \tag{6.24}$$

이러한 식은 마찰이 없는 아음속 및 초음속 흐름에 모두 적용되지만, 충격 전선(shock front) 전후에는 사용하지 말아야 한다.

노즐에서의 유속. 마찰이 없으면 기계적 에너지 수지식 (6.6)은 다음과 같이 간단해진다.

$$\frac{dp}{\rho} = -d\left(\frac{u^2}{2}\right) \tag{6.25}$$

식 (6.25)와 (6.23)에서 ρ를 소거하고, 하한을 저장실 상태로 하여 적분한다. 즉 $p = p_0$일 때 $\rho = \rho_0$, $u = 0$이므로,

$$\int_0^u d\left(\frac{u^2}{2}\right) = -\frac{p_0^{1/\gamma}}{\rho_0}\int_{p_0}^{p}\frac{dp}{p^{1/\gamma}}$$

적분하여 하한 값을 대입하고 정리하면 다음과 같다.

$$u^2 = \frac{2\gamma p_0}{(\gamma-1)\rho_0}\left[1-\left(\frac{p}{p_0}\right)^{1-1/\gamma}\right] \tag{6.26}$$

Mach 수를 식 (6.26)의 형태로 나타내면 편리하다. 식 (6.26)의 u^2을 식 (6.18)의 첫 번째 등식에 대입하고, 식 (6.23)에서 ρ/ρ_0을 소거하면 다음과 같이 된다.

$$\text{Ma}^2 = \frac{2}{\gamma-1}\frac{p_0}{p}\frac{\rho}{\rho_0}\left[1-\left(\frac{p}{p_0}\right)^{1-1/\gamma}\right] = \frac{2}{\gamma-1}\left[\left(\frac{p_0}{p}\right)^{1-1/\gamma}-1\right] \tag{6.27}$$

이 식을 압력비에 대하여 풀면 다음과 같다.

$$\frac{p}{p_0} = \frac{1}{\{1 + [(\gamma - 1)/2]\text{Ma}^2\}^{1/(1-1/\gamma)}} \tag{6.28}$$

이 식에서 p에 p^*을 대입하고 Ma = 1.0이라 하면, **임계압력비** r_c는 다음과 같다.

$$r_c = \frac{p^*}{p_0} = \left(\frac{2}{\gamma+1}\right)^{1/(1-1/\gamma)} \tag{6.29}$$

300 K의 공기의 경우, $\gamma = 1.4$, $r_c = 0.528$이다.

식 (6.23)과 (6.26)에서 u와 ρ의 곱을 계산하면, **질량속도**는 다음과 같다.

$$G = u\rho = \sqrt{\frac{2\gamma\rho_0 p_0}{\gamma - 1}\left(\frac{p}{p_0}\right)^{1/\gamma}}\sqrt{1 - \left(\frac{p}{p_0}\right)^{1-1/\gamma}} \tag{6.30}$$

단면적의 영향

단면적, 유속, Mach 수 사이의 관계를 이용하여 다양한 노즐 흐름을 상관시킬 수 있다. 식 (6.25)의 ρ를 연속의 식 (6.2)에 대입하면,

$$\frac{du}{u} + \frac{dS}{S} - \left(\frac{d\rho}{dp}\right)_S u\,du = 0 \tag{6.31}$$

하첨자 S는 등엔트로피 흐름임을 강조한 것이다. 식 (6.9)에서

$$\left(\frac{dp}{d\rho}\right)_S = a^2 \tag{6.32}$$

식 (6.31)과 (6.32)에서 $(dp/d\rho)_S$를 소거하면,

$$\frac{du}{u}\left(1 - \frac{u^2}{a^2}\right) + \frac{dS}{S} = 0$$

식 (6.1)에서 Ma를 대입하면 다음과 같다.

$$\frac{du}{u}(\text{Ma}^2 - 1) = \frac{dS}{S} \tag{6.33}$$

식 (6.33)에서 알 수 있지만, Ma < 1인 아음속 흐름에서는 단면적의 감소에 따라 유속이 증가하고(축소 유로), 단면적의 증가에 따라 유속이 감소한다(확대 유로). 이는 비압축성 흐름의 일반적 상황과 마찬가지이다. 이를 그림 6.2에 선 abc, ade, $g'i$, $h'j$로 보였다. Ma > 1인 초음속 흐름에서는, 노즐의 확대부에서처럼 단면적의 증가에 따라 유속이 증가하는데, 이는 그림 6.2의 선 $dghf$로 나타냈다. 이처럼 이상하게 보이는 초음속 흐름은 등엔트로피 경로에서의 밀도와 유속의 변화 때문에 생긴다. 질량유량은 노즐의 모든 점에서 마찬가지이므로, 연속의 식에 의해 노즐의 단면적이 질량속도 ρu에 역비례해야 한다. 유속은 Mach 수에 따라 계속 증가하며 밀도는 감소한다. 그러나 Ma = 1일 때는, G 값이 최대점을 지나게 된다. 아음속 영역에서는 밀도의 감소, 질량속도의 증가, S의 감소에 비해 유속의 증가가 빠르다. 초음속 영역에서는 유속의 증가보다 밀도의 감소가 빠르며, 총괄 질량유량에 맞추어 질량속도가 감소하고 S가 증가한다. 이러한 G의 거동은, 식 (6.30)의 1차 미분과 2차 미분을 검토하여 극대치와 극소치를 조사하는 일반적 방법으로 입증할 수 있다.

예제 6.1

온도 555.6 K(1,000°R), 압력 20 atm의 공기가 축소확대 노즐로 들어간다. 목 면적은 확대부 배출구의 절반이다.

(a) 목에서 Ma = 0.8이라 가정하고, 흐름량(압력, 온도, 유속, 밀도, 질량속도)의 값을 구하여라.

(b) 저장실 상태에 해당하는 p^*, T^*, u^*, G^*을 구하여라.

(c) 노즐을 초음속으로 사용한다고 가정하고, 확대부 배출구에서의 최대 Mach 수를 구하여라. 공기는 $\gamma = 1.4$ 이고, $M = 29$이다.

풀이

(a) 목에서의 압력은 식 (6.28)에서 구한다.

$$\frac{p_t}{20} = \frac{1}{\{1+[(1.4-1)/2]0.8^2\}^{1/(1-1/1.4)}} = 0.656$$

$$p_t = 13.12\ \text{atm}$$

$R = 82.056 \times 10^{-3}\ \text{atm}\cdot\text{m}^3/\text{k mol}\cdot\text{K}$이므로, 식 (6.10)에서,

$$\rho_0 = \frac{20\times 29}{82.056\times 10^{-3}\times 555.6} = 12.72\ \text{kg/m}^3(0.795\ \text{lb/ft}^3)$$

식 (6.10)의 p_0/ρ_0 를 식 (6.26)에 대입하면, 목에서의 유속은 다음과 같다.

$$u_t = \sqrt{\frac{2\gamma R T_0}{M(\gamma-1)}\left[1-\left(\frac{p_t}{p_0}\right)^{1-1/\gamma}\right]}$$

$$= \sqrt{\frac{2\times 1.4\times 82.056\times 10^{-3}\times 555.6}{29(1.4-1)}}\sqrt{1-0.656^{1-1/1.4}}$$

$$= 1.1175(\text{m}^3\cdot\text{atm/kg})^{1/2}$$

이 단위를 m/s 단위로 환산한다. 부록 1.1에서 1 atm = $1.01325\times 10^5\ \text{N/m}^2$ 이고, 1 N = $1\ \text{kg}\cdot\text{m/s}^2$이다. 따라서,

$$u_t = 1.1175\sqrt{1.01325\times 10^5} = 355.7\ \text{m/s}(1,167\ \text{ft/s})$$

식 (6.23)에서, 목에서의 밀도는 다음과 같다.

$$\rho_t = \rho_0\left(\frac{p_t}{p_0}\right)^{1/\gamma} = 12.72\times 0.656^{1/1.4} = 9.41\ \text{kg/m}^3(0.587\ \text{lb/ft}^3)$$

목에서의 질량속도는 다음과 같다.

$$G_t = u_t\rho_t = 355.7\times 9.41 = 3,348\ \text{kg/m}^2\cdot\text{s}(686\ \text{lb/ft}^2\cdot\text{s})$$

질량속도는 식 (6.30)에서 직접 계산할 수도 있다. 또 식 (6.24)에서 목에서의 온도는 다음과 같다.

$$T_t = T_0\left(\frac{p_t}{p_0}\right)^{1-1/\gamma} = 555.6\times 0.656^{1-1/1.4} = 492.5\ \text{K}(886.5°\ \text{R})$$

(b) 식 (6.29)에서,

$$r_c = \frac{p^*}{p_0} = \left(\frac{2}{1.4+1}\right)^{1/(1-1/1.4)} = 0.528 \qquad p^* = 20\times 0.528 = 10.56\ \text{atm}$$

식 (6.24)와 (6.29)에서

$$T^* = 555.6\left(\frac{2}{1.4+1}\right) = 463\ \text{K}(833.4°\ \text{R})$$

식 (6.23)에서,

$$\left(\frac{\rho_0}{\rho^*}\right)^\gamma = \frac{p_0}{p^*} \qquad \frac{\rho^*}{\rho_0} = \left(\frac{p^*}{p_0}\right)^{1/\gamma}$$

$$\rho^* = 12.72\times 0.528^{1/1.4} = 8.06\ \text{kg/m}^3(0.503\ \text{lb/ft}^3)$$

식 (6.30)에서,

$$G^* = \sqrt{\frac{2\times1.4\times12.72\times20\times1.01325\times10^5}{1.4-1}}0.528^{1/1.4}\sqrt{1-0.528^{1-1/1.4}}$$
$$= 3,476\ \text{kg/m}^2\cdot\text{s}(712\ \text{lb/ft}^2\cdot\text{s})$$

$$u^* = \frac{G^*}{\rho^*} = \frac{3,476}{8.06} = 431\ \text{m/s}(1,415\ \text{ft/s})$$

(c) 연속의 식에서 $G \propto 1/S$ 이므로, 배출구의 질량속도는 다음과 같다.

$$G_r = \frac{3,476}{2} = 1,738\ \text{kg/m}^2\cdot\text{s}(356\ \text{lb/ft}^2\cdot\text{s})$$

식 (6.30)에서,

$$1,738 = \sqrt{\frac{2\times1.4\times12.72\times20\times1.01325\times10^5}{0.4}\left[1-\left(\frac{p_r}{p_0}\right)^{1-1/1.4}\right]}\left(\frac{p_r}{p_0}\right)^{1/1.4}$$

$$\left(\frac{p_r}{p_0}\right)^{1/1.4}\sqrt{1-\left(\frac{p_r}{p_0}\right)^{1-1/1.4}} = 0.1294$$

이 식에서 p_r/p_0 를 구하면,

$$\frac{p_r}{p_0} = 0.0939$$

배출구에서의 Mach 수는 식 (6.27)에서 다음과 같다.

$$\text{Ma}_r = \sqrt{\frac{2}{1.4-1}\left(\frac{1}{0.0939^{1-1/1.4}}-1\right)} = 2.20$$ ■

6.4 단열 마찰 흐름

단면적이 일정한 곧은 관에서 관벽을 통한 열전달을 무시할 수 있으면 단열 흐름이 된다. 여기에 약간의 열전달이 있을지라도, 실세 조건에 잘 맞는 단열 흐름이다. 이 과정을 그림 6.1(b)에 보였다. 전형적 예로서, 기체가 주어진 압력과 온도로 들어가서, 관의 길이와 지름, 그리고 출구에서 유지되는 압력에 의해 결정되는 유속으로 흐르는 경우를 들 수 있다. 유로가 길고 출구 압력이 낮으면 기체의 유속은 음속에 도달할 수 있다. 그러나 기체가 초음속이나 아음속에서 음속 장벽(sonic barrier)을 통과하여 흐를 수는 없다. 즉 관에 도입되는 기체의 Mach 수가 1보다 크면, Mach 수가 감소할 수는 있지만 1 이하가 될 수는 없다. 배출 압력을 일정하게 유지하면서 관의 길이를 증가시켜서, 강제로 기체 유속을 아음속에서 초음속이 되게 하려거나 반대로 초음속에서 아음속이 되게 하려면, 이러한 변화에 저항하여 질량유량이 감소한다. 이러한 효과를 쵸킹(choking)이라 한다.

마찰 매개변수

마찰 영향의 척도가 되는 기본량은 마찰 매개변수(friction parameter) fL/r_H 이다. 이 변수는 식 (6.8)을 적분하여 얻을 수 있다. 단열 마찰 흐름에서는 기체의 온도가 변하며, 이에 따라 점도 역시 변하므로, Reynolds 수와 마찰계수도 사실상 일정하지 않다. 그러나 기체 흐름에서는 온도가 점도에 미치는 영향이 작으므로, Reynolds 수가 마찰계수 f에 미치는 영향 역시 작다. 또 Mach 수가 1에 가깝지 않으면, 온도 변화가 작다. f의 평균치가 일정하다고 보고 계산해도 좋을 것이다. 필요하다면 유로의 양단에서 구한 f의 산술평균을 상수로 사용할 수 있다.

초음속 흐름의 마찰계수는 확정할 수 없다. 겉보기에는 Reynolds 수가 같은 아음속일 때의 값의 절반 정도가 된다[2].

다음 절에서 다루는 모든 적분식에서는, 유로의 입구가 둥글어서 등엔트로피 축소 노즐을 형성한다고 가정했다. 유로에서 초음속 흐름이 필요한 경우에는, 도입 노즐에 확대부를 포함시켜서 Mach 수가 1보다 커지도록 해야 한다.

단열 마찰 흐름식

식 (6.8)에 ρ/p를 곱하면 다음과 같다.

$$\frac{dp}{p} + \frac{\rho}{p}u\,du + \frac{\rho u^2}{2p}\frac{f\,dL}{r_H} = 0 \tag{6.34}$$

이 식의 적분형을 구하기로 한다. 가장 유용한 적분형은 Mach 수가 종속변수이고 마찰 매개변수가 독립변수인 식이다. 이러한 식을 구하기 위해, 식 (6.34)와 (6.18)에서 밀도 인자를 소거하고, 식 (6.2)와 (6.11)에서 Ma, dp/p, du/u의 관계를 구한다. 만일 dT/T 항이 나타나면 식 (6.4), (6.13), (6.18)을 이용하여 소거한다. 결과식은 다음과 같다.

$$\frac{dp}{p} = -\frac{1+(\gamma-1)\mathrm{Ma}^2}{1+[(\gamma-1)/2]\mathrm{Ma}^2}\frac{d\mathrm{Ma}}{\mathrm{Ma}} \tag{6.35}$$

$$\frac{du}{u} = \frac{dp}{p} + 2\frac{d\mathrm{Ma}}{\mathrm{Ma}} \tag{6.36}$$

이 두 식을 식 (6.34)에 대입하고 정리하면, 다음과 같은 미분방정식이 된다.

$$f\frac{dL}{r_H} = \frac{2(1-\mathrm{Ma}^2)d\mathrm{Ma}}{\gamma\mathrm{Ma}^3\,\{1+[(\gamma-1)/2]\mathrm{Ma}^2\}} \tag{6.37}$$

입구 상태 a와 출구 상태 b에 대하여 이 식을 적분하면 다음과 같다.

$$\int_{L_a}^{L_b}\frac{f}{r_H}dL = \int_{\mathrm{Ma}_a}^{\mathrm{Ma}_b}\frac{2(1-\mathrm{Ma}^2)d\mathrm{Ma}}{\gamma\mathrm{Ma}^3\,\{1+[(\gamma-1)/2]\mathrm{Ma}^2\}}$$

$$\frac{\bar{f}}{r_H}(L_b-L_a) = \frac{\bar{f}L}{r_H}$$

$$= \frac{1}{\gamma}\left(\frac{1}{\mathrm{Ma}_a^2} - \frac{1}{\mathrm{Ma}_b^2} - \frac{\gamma+1}{2}\ln\frac{\mathrm{Ma}_b^2\,\{1+[(\gamma-1)/2]\,\mathrm{Ma}_a^2\}}{\mathrm{Ma}_a^2\,\{1+[(\gamma-1)/2]\,\mathrm{Ma}_b^2\}}\right) \tag{6.38}$$

이 식에서, $\bar{f} = (f_a + f_b)/2$는 두 말단 마찰계수의 산술평균이고, $L = L_b - L_a$이다.

물성의 식. 압력, 온도, 밀도의 변화를 계산하는 데는 다음 식들이 유용하다.

단열 마찰 흐름에서는 식 (6.35)를 직접 적분하여 입구 압력과 출구 압력의 비를 구할 수 있다. 적분 한계를 p_a, p_b 및 Ma_a, Ma_b라 하면,

$$\frac{p_a}{p_b} = \frac{\mathrm{Ma}_b}{\mathrm{Ma}_a}\sqrt{\frac{1+[(\gamma-1)/2]\mathrm{Ma}_b^2}{1+[(\gamma-1)/2]\mathrm{Ma}_a^2}} \tag{6.39}$$

온도비는 식 (6.20)에서 구한다. $T_{0a} = T_{0b}$이므로,

$$T_a + \frac{u_a^2}{2c_p} = T_b + \frac{u_b^2}{2c_p} \tag{6.40}$$

이 식과 이상기체의 Mach 수를 나타낸 식 (6.18)에서,

$$T_a + \frac{\gamma R T_a \mathrm{Ma}_a^2}{2Mc_p} = T_b + \frac{\gamma R T_b \mathrm{Ma}_b^2}{2Mc_p} \tag{6.41}$$

식 (6.16)에서,

$$\frac{c_p M}{R} = \frac{\gamma}{\gamma - 1} \tag{6.42}$$

식 (6.42)를 식 (6.41)에 대입하고 온도에 관해 풀면 다음과 같다.

$$\frac{T_a}{T_b} = \frac{1 + [(\gamma - 1)/2]\mathrm{Ma}_b^2}{1 + [(\gamma - 1)/2]\mathrm{Ma}_a^2} \tag{6.43}$$

밀도비는 기체 상태식 (6.10)과 압력비와 온도비를 나타낸 식 (6.39)와 (6.43)에서 구한다.

$$\frac{\rho_a}{\rho_b} = \frac{p_a T_b}{p_b T_a} = \frac{\mathrm{Ma}_b}{\mathrm{Ma}_a}\sqrt{\frac{1 + [(\gamma - 1)/2]\mathrm{Ma}_a^2}{1 + [(\gamma - 1)/2]\mathrm{Ma}_b^2}} \tag{6.44}$$

도관의 최대 길이. 음속 장벽을 넘는다는 불가능한 현상을 요구하는 문제에 당면하지 않으려면, 입구 Mach 수와 일치하는 최대 $\bar{f}L/r_H$ 값을 구할 수 있는 식이 있어야 한다. 이러한 식은 식 (6.38)에서 구할 수 있는데, 유로 입구를 상태 a로 하고, Ma = 1인 별표 상태를 상태 b로 하면 된다. 그러면 길이 $L_b - L_a$는 일정한 Ma_a 값에 대해 사용할 수 있는 유로의 최대 길이가 된다. 이 길이를 $L_{\max}$로 표기하면, 식 (6.38)은 다음과 같이 된다.

$$\frac{\bar{f}L_{\max}}{r_H} = \frac{1}{\gamma}\left(\frac{1}{\mathrm{Ma}_a^2} - 1 - \frac{\gamma+1}{2}\ln\frac{2\{1+[(\gamma-1)/2]\mathrm{Ma}_a^2\}}{\mathrm{Ma}_a^2(\gamma+1)}\right) \tag{6.45}$$

이에 대응하는 p/p^*, T/T^*, ρ/ρ^*에 관한 식은 각각 식 (6.39), (6.43), (6.44)에서 구한다.

질량속도

Reynolds 수를 구하여 마찰계수를 평가하려면, 질량속도가 필요하다. 식 (6.18)에서 G의 정의로부터,

$$\mathrm{Ma}^2 = \frac{(\rho u)^2}{\rho^2\gamma TR/M} = \frac{G^2}{\rho^2\gamma TR/M} = \frac{G^2}{\rho\gamma p}$$

$$G = \rho\mathrm{Ma}\sqrt{\frac{\gamma TR}{M}} = \mathrm{Ma}\sqrt{\rho\gamma p} \tag{6.46}$$

단면적이 일정하면 G는 길이와 무관하므로, 기체 성질을 알 수 있으면 어느 점에서나 질량속도를 구할 수 있다. 일반적으로 유로 입구의 조건을 이용한다.

예제 6.2

저장실의 공기가 등엔트로피 노즐을 통하여 길고 곧은 관으로 흐른다. 저장실의 압력과 온도는 20 atm, 1,000°R이며, 관 입구에서의 Mach 수는 0.05이다. 다음을 구하여라.

(a) $\bar{f}L_{\max}/r_H$, (b) $L_b = L_{\max}$일 때의 압력, 온도, 밀도, 유속, 질량속도, (c) $\bar{f}L_{\max}/r_H = 400$일 때의 질량속도

풀이

(a) 식 (6.45)에 $\gamma = 1.4$, $\mathrm{Ma}_a = 0.05$를 대입하면,

$$\frac{\bar{f}L_{\max}}{r_H} = \frac{1}{1.4}\left(\frac{1}{0.05^2} - 1 - \frac{1.4+1}{2}\ln\frac{2\{1+[(1.4-1)/2]0.05^2\}}{(1.4+1)0.05^2}\right) = 280$$

(b) 등엔트로피 노즐 끝에서의 압력은 식 (6.28)에서 구한다.

$$p_a = \frac{20}{\{1+[(1.4-1)/2]0.05^2\}^{1.4/(1.4-1)}} = \frac{20}{1.0016} \approx 20\ \text{atm}$$

노즐에서 압력, 온도, 밀도의 변화는 무시할 수 있으며, 유속을 제외하면, 관 입구의 조건은 저장실 조건과 같다. 예제 6.1에서, 20 atm, 1,000°R에서 공기의 밀도는 0.795 lb/ft^{3}이다. 음속은 식 (6.17)에서 다음과 같다.

$$a_a = \sqrt{1.4\times 32.174\times 1,000\left(\frac{1,545}{29}\right)} = 1,550\ \text{ft/s}(472.4\ \text{m/s})$$

관 입구에서의 유속은,

$$u_a = 0.05\times 1,550 = 77.5\ \text{ft/s}(23.6\ \text{m/s})$$

$L_b = L_{max}$이면, 관에서 배출되는 기체의 상태는 $\text{Ma}_b = 1.0$인 별표 상태이다. 식 (6.43)에서,

$$\frac{1,000}{T^*} = \frac{24}{2\ \{1+[(1.4-1)/2]0.05^2\}} = 1.2$$
$$T^* = 834°\text{R}(463.3\ \text{K})$$

식 (6.44)에서

$$\frac{0.795}{\rho^*} = \frac{1}{0.05}\sqrt{\frac{2\ \{1+[(1.4-1)/2]0.05^2\}}{2.4}}$$
$$\rho^* = 0.0435\ \text{lb/ft}^3(0.697\ \text{kg/m}^3)$$

식 (6.39)에서

$$\frac{20}{p^*} = \frac{1}{0.05}\sqrt{1.2}$$
$$p^* = 0.913\ \text{atm}$$

관 전체에서의 질량속도는 다음과 같다.

$$G = 0.795\times 77.5 = 0.0435u^* = 61.61\ \text{lb/ft}^2\cdot\text{s}(300.8\ \text{kg/m}^2\cdot\text{s})$$
$$a = u^* = 1,416\ \text{ft/s}(431.6\ \text{m/s})$$

배출유속은 음속이므로, u^*는 식 (6.17)에서 계산할 수도 있다. $T = T^* = 834°\text{R}(463.3\ \text{K})$이므로,

$$a = u^* = 1,550\sqrt{\frac{834}{1,000}} = 1,416\ \text{ft/s}(431.6\ \text{m/s})$$

(c) 식 (6.45)에서, $\bar{f}L_{max}/r_H = 400$일 때,

$$400 = \frac{1}{1.4}\left(\frac{1}{\text{Ma}_a^2} - 1 - \frac{1.4+1}{2}\ \ln\frac{2\ \{1+[(1.4-1)/2]\text{Ma}_a^2\}}{\text{Ma}_a^2(1.4+1)}\right)$$

이 식으로부터 시행오차법으로 Ma_a를 구하면, $\text{Ma}_a = 0.04194$이다. 따라서,

$$u_a = \frac{0.04194}{0.05}(77.5) = 65.0\ \text{ft/s}(19.8\ \text{m/s})$$
$$G = 65.0\times 0.795 = 51.7\ \text{lb/ft}^2\cdot\text{s}(252.4\ \text{kg/m}^2\cdot\text{s})$$

6.5 등온 마찰 흐름

단면적이 일정한 유로에서 비압축성 유체가 흐를 때, 관벽을 통해 열을 전달시킴으로서 기체의 온도를 일정하게 유지할 수 있다. 길고 작으며 단열하지 않은 관이 공기와 접촉하고 있으면 열이 충분히 전달되어 흐름이 거의 등온으로 유지된다. 또 Mach 수가 작으면, 등온 흐름의 압력 패턴은, 도입 조건이 같은 단열 흐름의 경우와 거의 같으므로, 등온 흐름에 관해서는 한층 간단한 식을 사용할 수 있다.

기계적 에너지 수지식 (6.8)에 질량속도를 도입하고, 직접 적분함으로서, 등온 흐름에 관한 간단한 기본식

을 얻을 수 있다.

식 (6.8)에 ρ^2을 곱하면,

$$\rho dp + \rho^2 u\, du + \frac{\rho^2 u^2 f dL}{2r_H} = 0 \tag{6.47}$$

$\rho u = G$, $u\,du = -(G^2\rho^{-3})d\rho$, $\rho = Mp/(RT)$이므로, 식 (6.47)은 다음과 같이 된다.

$$\frac{M}{RT} p\, dp - G^2 \frac{d\rho}{\rho} + \frac{G^2 f dL}{2r_H} = 0 \tag{6.48}$$

이 식을 정리하고, 상태 a와 b에 대해 적분하면,

$$p_a^2 - p_b^2 = \frac{G^2 RT}{M}\left[2\ln\frac{\rho_a}{\rho_b} + \frac{f(L_b - L_a)}{r_H}\right] \tag{6.49}$$

r_H = 관 또는 유로의 수력학적 반경

식 (6.49)에서 p_a/p_b 대신에 밀도비 ρ_a/ρ_b를 사용할 수도 있다. 또 이 식은 유로에서 온도 변화가 적을 때도 사용할 수 있는데, 이 경우 T 대신에 산술 평균 온도를 사용한다. 예를 들어서, Ma < 0.3 정도인 단열 흐름은 이 식에 잘 맞는다.

예제 6.3

계기압력 1.7 atm, 온도 15°C인 공기가 길이 70 m인 75 mm 수평 강관에 도입된다. 도입 공기의 유량 $q = 0.265\ \text{m}^3/\text{s}$이다. 등온 흐름이라 가정하고, 배출구의 압력을 구하여라.

풀이

식 (6.49)를 사용한다. 필요한 양은 다음과 같다.

$$D = 0.075\ \text{m} \qquad r_H = \frac{0.075}{4} = 0.01875\ \text{m}$$

$$\mu = 0.0174\ \text{cP}(\text{부록 8}) = 1.74\times10^{-5}\ \text{kg/m}\cdot\text{s}$$

$$\rho_a = \frac{29}{22.4}\times\frac{2.7}{1}\times\frac{273}{288} = 3.31\ \text{kg/m}^3$$

$$A = \frac{0.075^2\pi}{4} = 0.00442\ \text{m}^2$$

따라서

$$G = \frac{q\rho_a}{A} = \frac{0.265\times3.31}{0.00442} = 198.5\ \text{kg/m}^2\cdot\text{s}$$

$$\text{Re} = 0.075\times\frac{198.5}{1.74\times10^{-5}} = 8.56\times10^5$$

$$\frac{k}{D} = 0.00015\times\frac{0.3048}{0.075} = 0.00061$$

$$f = 0.0044(\text{그림 5.10})$$

$(p_a + p_b)/2 = \bar{p}$라 하면,

$$p_a^2 - p_b^2 = (p_a - p_b)(p_a + p_b) = 2\bar{p}(p_a - p_b)$$

식 (6.49)에서

$$p_a - p_b = \frac{RTG^2}{\bar{p}M}\left(\frac{fL}{2r_H} + \ln\frac{p_a}{p_b}\right)$$

$$p_a = 2.7\,\text{atm} \qquad M = 29 \qquad L = 70\,\text{m}$$

$$R = 82.056 \times 10^{-3}\,\text{m}^3 \cdot \text{atm/kmol} \cdot \text{K}(\text{표 } 1.2)$$

$$T = 15 + 273 = 288\,\text{K}$$

시행오차법으로 구하면, $\overline{p} = 1.982$ atm, $p_b = 1.264$ atm이다.

검산: 식 (1.14)와 (1.15)에서, 1 atm = 101,325 N/m^2 = 101,325 kg/m·s^{2}이므로,

$$p_b = 2.7 - \frac{82.056 \times 10^{-3} \times 288 \times 198.6^2}{1.982 \times 29 \times 101,325}\left(\frac{0.0044 \times 70}{2 \times 0.01875} + \ln\frac{2.7}{1.264}\right)$$
$$= 1.264\,\text{atm abs 또는 } 0.264\,\text{atm gauge}$$

평균 압력은 다음과 같다.

$$\overline{p} = \frac{2.7 + 1.264}{2} = 1.982\,\text{atm}$$

■

식 (6.49)를 G에 관해 나타내고, p_b에 대해 미분하면 다음을 구할 수 있다.

최대 질량속도 $G_{\max} = p_b\sqrt{M/(RT)}$

배출속도 $\overline{V}_{b,\max} = \sqrt{RT/M}$

배출 Mach 수 $\text{Ma}_b = 1/\sqrt{\gamma}$

그러나 이처럼 유속이 크고 팽창률이 큰 등온 상태는 불가능하므로, 이러한 쵸킹 상태는 물리적으로 무의미한 등온 흐름이다[2].

등온 흐름에서 열전달

등온에서는 $T_a = T_b$이므로, 정상상태 에너지수지식 (6.22)와 정체온도에 관한 식 (6.20)으로부터,

$$\frac{Q}{m} = \frac{u_b^2 - u_a^2}{2} \tag{6.50}$$

u에 G/ρ를 대입하면 질량속도에 관한 식이 된다.

$$\frac{Q}{m} = \frac{G^2}{2}\left(\frac{1}{\rho_b^2} - \frac{1}{\rho_a^2}\right) \tag{6.51}$$

Q/m = 기체에 전달된 열량, J/kg

식 (6.49)~(6.51)은 아음속 흐름에 대해서만 사용할 수 있다.

6.6 기호 설명

A	면적, m^2, ft^2
a	유체 중의 음향속도, m/s, ft/s; a_a, 관 입구의 값
c	비열(열용량), J/g·°C, Btu/lb·°F; c_p, 정압비열; c_v, 정용비열
D	지름, m, ft
f	Fanning 마찰계수, 무차원; f_a, f_b, 각각 지점 a 및 b의 값; $\overline{f}$, 평균값

G	질량속도, kg/m^2 · s, lb/ft^2 · s; G_r, G_t, 각각 배기실 및 목의 값; G^*, Ma = 1.0일 때의 값; G_{max}, 최대값
g	중력가속도, m/s^2, ft/s^2
g_c	Newton 법칙 비례인자, 32.174 ft · lb/lb$_f$ · s^2
H	비엔탈피, J/g, Btu/lb; H_a, H_b, 각각 지점 a 및 b의 값; H_s, 정체상태의 값; H_{sa}, H_{sb}, 각각 지점 a 및 b의 정체상태의 값; H_0, 기준온도의 값; H^*, Ma = 1.0일 때의 값
h_f	마찰 손실, N · m/g, ft · lb$_f$/lb; h_{fs}, 표면 마찰 손실
k	거칠기 매개변수, m, ft
L	길이, m, ft; L_a, L_b, 각각 입구로부터 지점 a 및 b까지의 길이; L_{max}, 출구에서 Ma = 1.0일 때의 관의 길이
Ma	Mach 수, u/a; Ma$_a$, Ma$_b$, Ma$_r$, 각각 지점 a, 지점 b, 노즐 배출구에서의 Mach 수
M	유체의 분자량
m	질량, kg, lb
$\dot{m}$	질량유량, kg/s, lb/s
p	압력, N/m^2 = Pa, lb$_f$/ft^2; p_a, p_b, 각각 지점 a 및 b의 압력; p_r, 배기실의 압력; p_t, 축소-확대 노즐에서 목의 압력; p_0, 저장실 압력; p^*, Ma = 1.0일 때의 압력; $\overline{p}$, 평균 압력
Q	열량, J, Btu
R	기체상수, 8.314 J/mol · K, 1,545 ft · lb$_f$/lb mol · °R
r_c	임계압력비, p^*/p_0
r_H	유로의 수력학적 반경, m, ft
S	유로의 단면적, m^2, ft^2
T	온도, K, °R; T_a, T_b, 각각 지점 a 및 b의 온도; T_s, 정체상태의 온도; T_t, 노즐 목의 온도; T_0, 기준 온도; T^*, Ma = 1.0일 때의 온도
u	유속, m/s, ft/s; u_a, u_b, 각각 지점 a 및 b의 값; u_s, 정체상태의 값; u_t, 축소-확대 노즐 목의 값; u^*, Ma = 1.0일 때의 값
$\overline{V}$	평균 유속; $\overline{V}_{b,max}$, 최대 배출 유속
Z	기준면으로부터의 높이, m, ft

그리스 문자

α	운동에너지 보정인자; α_a, α_b, 각각 지점 a 및 b의 값
β	운동량 보정인자
γ	비열(열용량) 비, c_p/c_v
ρ	유체 밀도, kg/m^3, lb/ft^3; ρ_a, ρ_b, 각각 지점 a 및 b에서의 밀도; ρ_t, 축소-확대 노즐의 목에서의 밀도; ρ^*, Ma = 1.0일 때의 값
μ	절대점도, kg/m · s, lb/ft · s

하첨자

a	지점 a
b	지점 b
S	등엔트로피 흐름
s	정체상태의 값
0	기준값, 저장실 조건

연습 문제

6.1 예제 6.2의 입구 상태에서, 지름 2 in인 관을 사용할 경우 그 최대 길이를 구하여라. 입구 상태가 예제 6.3과 같을 때는 어떻게 달라지나?

6.2 순수 메탄으로 되어 있는 천연가스를 지면에 부설된 20 in ID 관로에서 수송한다. 각 펌프장마다 절대압력을 100 lb_f/in^2만큼씩 증가시키며, 입구에서 50 mi 떨어져 있는 다음 펌프장 사이에서의 압력 강하는 25 lb_f/in^2이다. 60°F, 30 in Hg 기준으로 기체의 유량(ft^3/h)을 구하여라.

6.3 축소-확대 노즐의 상대치수가 표 6.1과 같다. 압력 20 atm, 온도 550 K인 저장실의 공기($\gamma = 1.40$, $M = 29.0$)가 노즐로 들어간다. 다음 각 경우에 대하여, 압력, 온도, Mach 수와 노즐 길이와의 관계를 그려라.
(a) 유량이 최대이며, 충격이 없고 아음속 배출일 때
(b) 등엔트로피 흐름이고 배출 유속이 초음속일 때

표 6.1 연습문제 6.3의 자료

Length		Diameter	Length		Diameter
Reservoir	0	∞	Throat	0.30	0.25
	0.025	0.875		0.40	0.28
	0.050	0.700		0.50	0.35
	0.075	0.575		0.60	0.45
	0.100	0.500		0.70	0.56
	0.150	0.375		0.80	0.68
	0.200	0.300		0.90	0.84
			Receiver	1.00	1.00

6.4 표준 1 in 규격 40 강관을 사용하여 염소 가스를 수송한다. 가스는 절대압력 6 atm, 온도 120°C, 유속 35 m/s로 관의 둥근 입구로 들어간다. (a) 관의 가능한 최대 길이를 구하여라. (b) 이 최대 길이의 관 끝에서 기체의 압력과 정체 온도를 구하여라. 단열 흐름이라 가정한다. 염소는 $\gamma = 1.36$, $M = 70.91$이다.

6.5 25°C의 공기가 2 in 규격 40 강관으로 들어간다. 계기압력은 310 kN/m^2이고 유량은 1,200 kg/h이다. 등온 흐름이라 가정하고, 이 관 60 m에서의 압력 강하를 구하여라.

6.6 200°C, 1.5 atm에서 음속의 0.9배로 흐르는 공기의 정체 온도를 구하여라.

6.7 25 mm (1 in.) 규격 40 강관에 350 K, $p = 5 \times 10^5$ N/m^2의 공기가 도입된다. 유속은 120 m/s이다. 단열 흐름이라 가정하고 공기가 음속으로 배출되는 관의 길이를 구하여라.

6.8 60 mi. 떨어져 있는 고객에게 CO를 13×10^6 ft^3/d(SCFD)로 수송하는 데 필요한 원천 압력을 구하라. 배관 지름은 10 in.이다. 긴 관로는 지면 온도인 60°F의 등온으로 유지된다고 가정한다. 표준상태는 $T = 70°F$, $p = 1$ atm이다.

참고 문헌

1. Cambel, A. B., *Handbook of Fluid Dynamics,* Ed. V. L. Streeter, New York: McGraw-Hill, 1961, pp. 8-5 to 8-12.
2. Cambel, A. B., and B. H-Jennings, *Gas Dynamics,* New York; McGraw-Hill, 1958, 9985-86
3. Shapiro, A. H., and W. R. Hawthorne, *J. Appl. Mech.*, 14: A-317 (1947).

07 잠긴 물체를 지나는 흐름

Flow Past Immersed Bodies

4장과 5장에서는, 폐쇄 유로 안의 흐름을 중심으로, 유체 흐름에 관한 법칙과, 고체 경계를 지나서 흐르는 유체의 압력과 유속 변화에 영향을 미치는 인자를 주로 다루었다. 여기에서는 유체에 중점을 두었지만, 유체가 고체에 미치는 영향이 관심사가 되는 경우도 많다. 정지 유체 안에서 고체가 움직이는 경우도 있고, 정지 고체를 지나서 유체가 흐르는 경우도 있으며, 유체와 고체가 모두 움직이는 경우도 있다. 이 장에서는 고체가 유체 속에 잠겨서 유체로 둘러싸여 있는 경우를 다룬다. 일반적으로 중요한 것은 고체와 유체 중의 어느 상이 정지 상태인지보다는 이 둘 사이의 상대적 속도이다. 유체가 이미 고체 벽의 영향을 받아서 난류 상태에 있는 경우는 예외적인 상황으로서, 이러한 과정에서 중요한 매개변수는 난류의 규모와 강도이다.

7.1 항력과 항력계수

유체가 흐르는 방향에서 유체가 고체에 미치는 힘을 항력(drag)이라 한다. Newton의 운동 제3법칙에 따르면, 이때 고체는 크기가 같고 방향이 반대인 힘을 유체에 미친다. 그림 3.9(a)에 보인 것처럼, 고체 벽이 흐름 방향과 평행이면 벽 전단(wall shear) τ_w가 유일한 항력이다. 그러나 일반적으로는 유체 중에 잠긴 물체의 벽은 흐름 방향과 어떤 각을 이룬다. 이때는 벽 전단 중에서 흐름 방향 성분이 항력에 기여한다. 유체 압력은 벽에 직각인 방향으로 작용하는데, 이 압력의 흐름 방향 성분도 항력에 기여한다. 따라서 면적 요소에 작용하는 전체 항력은 이 두 성분의 합이 된다. 전적으로 압력 성분만에 의해 항력이 생기는 극단적인 예로서는 그림 3.9(b)에서처럼 흐름에 직각인 평판의 항력을 들 수 있다.

흐름 방향에 대해 각도 $90° - \alpha$만큼 기울어져 있는 면적 요소 dA에 미치는 압력과 전단력을 그림 7.1에 보였다. 벽 전단에 의한 항력은 $\tau_w \sin\alpha\, dA$이고, 압력에 의한 항력은 $p\cos\alpha\, dA$이다. 이러한 양을 적분하면 물체에 미치는 전체 항력이 되는데, 각각 유체와 접하고 있는 물체의 전체 표면에 대해 평가한다. 벽 전단 및 압력에 의한 항력의 전체 적분치를 각각 벽 항력(wall drag) 및 형태 항력(form drag)이라 한다.

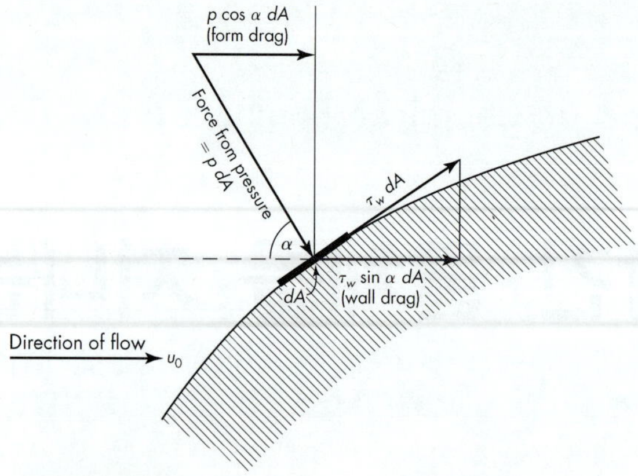

그림 7.1 잠긴 물체에 대한 벽 항력과 형태 항력

퍼텐셜흐름에서는 $\tau_w = 0$이므로 벽 항력도 0이다. 또 흐름 방향의 압력 항력은 반대 방향의 같은 힘과 균형을 이루므로, 형태 항력의 적분치도 0이 된다. 따라서 퍼텐셜흐름에서는 순항력(net drag)이 없다.

실제 유체에서는 벽 항력과 형태 항력으로 인한 현상이 복잡하므로, 일반적으로는 항력을 예측할 수가 없다. 유속이 작고 구를 비롯한 규칙적 형상인 경우에는, 4장에서 유도한 일반 운동량 수지식으로부터 수치적 방법으로 흐름 패턴과 항력을 추정할 수 있다[16]. 형상이 복잡하거나 유속이 크면 실험에 의해 구하는 편이 쉽다.

항력계수

관이나 유로를 통한 유체 흐름에서는, 속도두 × 밀도에 대한 전단응력의 비로 정의되는 마찰계수가 유용하다. 잠긴 고체에 대해서는 마찰계수에 상응하는 **항력계수**(drag coefficient)가 유용하다. 흐르는 유체 중에 매끈한 구가 잠겨있고, 이 구에 접근하는 흐름은 고체 경계로부터 충분히 떨어져 있어서 유속이 균일하다고 하자. 그림 7.2에서처럼, 흐름 방향에 직각인 평면에 대한 고체의 투영면적(projected area)을 A_p로 표기한다. 구의 투영면적은 원의 면적과 같으므로, 지름을 D_p라 하면 $(\pi/4)D_p^2$이다. 전체항력을 F_D라 하면, 단위 투영면적 당 평균 항력은 F_D/A_p이다. 마찰계수 f를 τ_w와 속도두 × 밀도의 비로 정의한 것처럼, 항력계수 F_D를 F_D/A_p와 밀도 × 속도두의 비로 정의한다.

$$C_D \equiv \frac{F_D/A_p}{\rho u_0^2/2} \tag{7.1}$$

u_0 = 물체에 접근하는 흐름의 유속(u_0는 투영면적 전체에서 일정하다고 가정)

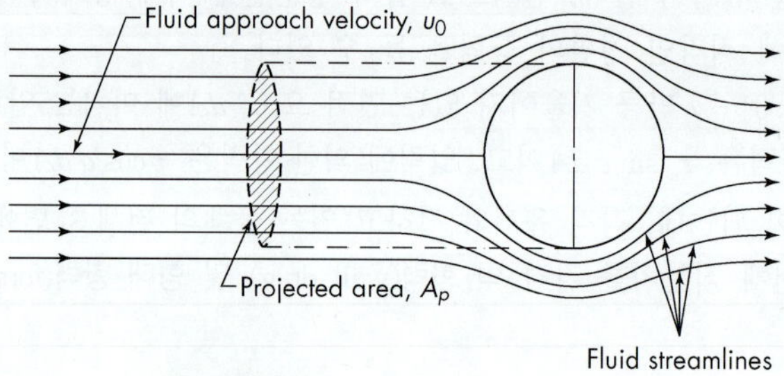

그림 7.2 잠긴 구를 지나는 흐름

입자의 형상이 구가 아니면, 그 크기와 기하학적 형태, 유체의 흐름 방향에 대한 배향(orientation)을 규정해야 한다. 중요한 기본 치수로는, 특성 길이(characteristic length)와 이 기준 치수에 대한 비를 사용한다. 입자가 원기둥형(cylinder)인 경우, 지름 D를 기준 치수로 사용하고, 특성 길이는 L/D 비로 나타낸다. 입자와 흐름 사이의 배향은, 실린더 축과 흐름 방향 사이의 각도로 정의한다. 이어서 투명면적을 구한다. 길이가 L인 원기둥에서 축이 흐름 방향에 직각으로 배향되었다면, 투영면적 $A_p = LD_p$가 된다. 실린더 축이 흐름 방향에 평행으로 배향된 경우에는 $A_p = (\pi/4)D_p^2$가 되어, 지름이 같은 구의 투영면적과 같아진다.

차원해석에 의하면, 비압축성 유체 중에서 매끈한 고체의 항력계수는 Reynolds 수와 형상비(shape ratio)에 따라 달라진다. 특정 형상인 경우,

$$C_D = \phi(\mathrm{Re}_p)$$

유체 중의 입자의 Reynolds 수는 다음과 같이 정의한다.

$$\mathrm{Re}_p \equiv \frac{G_0 D_p}{\mu} \tag{7.2}$$

$D_p =$ 특성길이

$G_0 = u_0\rho$

형상과 배향이 다르면, C_D와 Re_p의 관계도 달라진다. Reynolds 수가 낮은 매끈한 구의 경우에는 대략적 이론식이 있지만, 일반적으로는 C_D와 Re_p의 관계를 실험에 의해 구한다.

압축성 유체에서 Mach 수가 0.6 정도 이상일 경우에는, Mach 수에 따라 항력계수가 증가한다. 초음속 흐름의 항력계수는 일반적으로 아음속 흐름에 비해 크다.

전형적 형상의 항력계수

구, 긴 원기둥, 원판의 C_D와 Re_p의 관계를 그림 7.3에 보였다. 이러한 곡선은 흐름 중에 물체의 위치를 고정하고 측정한 결과이다. 배향은 원기둥의 축과 원판의 면이 흐름 방향에 직각인 경우이므로, 이러한

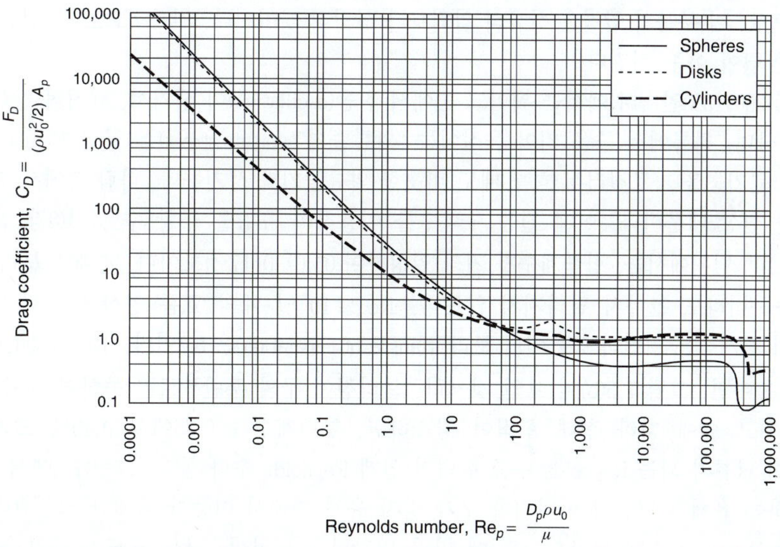

그림 7.3 잠긴 구를 지나는 흐름구, 원판, 원기둥의 항력계수(J. H. Perry and D. W. Green(eds.), *Chemical Engineers' Handbook*, 7th ed., p.6-51, 1997, McGraw-Hill Book Company)

배향일 때만 이 그림을 이용할 수 있다. 정지 유체 중에서 원판이나 원기둥이 중력에 의해 낙하하는 경우에는 배향이 계속 달라질 것이므로, 항력계수의 값도 그림에 보인 값과 상당한 차이가 날 것이다. 자유낙하하는 구도 자전하거나 경로가 나선형이 될 수 있으므로, 고정 위치일 경우에 비해 항력계수 값이 달라진다. 액적이나 기포는 이동 중에 모양도 달라지는데, 이러한 거동은 뒤에 다룬다.

항력이란 복잡한 성질이므로, f와 Re의 관계에 비해 C_D와 Re_p의 관계가 복잡해진다. C_D와 Re_p의 관계에서 Reynolds 수에 따라 곡선의 기울기가 달라지는 것은 형태 항력과 벽 항력에 영향을 미치는 인자들의 상호작용 결과이다. 구를 예로 들어서 이러한 영향을 알아보기로 한다.

Reynolds 수가 작으면, 구에 대한 항력은 이론식인 Stokes 법칙으로 나타낼 수 있다.

$$F_D = 3\pi \mu u_0 D_p \tag{7.3}$$

식 (7.1)과 (7.3)에서 항력계수는 다음과 같이 된다.

$$C_D = \frac{24}{\mathrm{Re}_p} \tag{7.4}$$

이론적으로 Stokes 법칙이 성립되는 것은 Re_p가 1보다 상당히 작은 영역이다. 그러나 실제로는 그림 7.3의 왼쪽에 보인 것처럼, Reynolds 수가 1보다 작으면 모든 범위에서 오차가 크지 않다. 이 법칙이 적용되는 낮은 유속으로 유체 안에서 움직이는 구는 유체를 변형시키면서 이동한다. 벽 전단은 점성력(viscous force)에 의해서만 생기며, 관성력(inertial force)은 무시된다. 구의 움직임은 구에서 상당히 멀리 떨어진 유체에도 영향을 미치는데, 구의 지름의 20~30배에 해당하는 범위에 고체 벽이 있으면, 벽 효과를 고려하여 Stokes 법칙을 수정해야 한다. 이 법칙에 따르는 흐름 형태를 **미동흐름**(creeping flow)이라 한다. 이 법칙은 특히 먼지나 안개처럼, 점도가 작은 기체나 액체 중에서 움직이는 작은 입자의 저항이나, 점도가 큰 액체 중에서 움직이는 큰 입자의 저항을 계산하는데 유용하다.

Reynolds 수가 1 이상이면, 구의 뒷부분의 흐름 양상이 앞부분의 흐름 양상과 크게 달라지며, 항력계수는 Stokes 법칙의 한계인 $24/\mathrm{Re}_p$보다 커진다. Reynolds 수가 20 정도이면, 후면의 정체점 부근에 순환흐름(recirculating flow) 영역이 생긴다. 이 영역 즉 웨이크(후류)는 Reynolds 수의 증가에 따라 크기가 증가하며, $\mathrm{Re}_p = 100$에서는 웨이크가 구의 거의 절반을 덮는다. 웨이크 중의 큰 에디 또는 와류는 기계적 에너지를 크게 소산시키므로, 이 부분의 압력은 상류의 압력보다 상당히 낮아진다. 결과적으로 벽 전단으로 인한 항력에 비해 형태 항력이 아주 커진다.

Reynolds 수가 200~300인 범위에서는 웨이크 중에서 진동(oscillation)이 생겨서, 규칙적 양상으로 웨이크에서 와류가 이탈하며, 하류에서 줄을 지어 움직이는 "와류줄기"(vortex street)를 형성한다(그림 7.4). 유체가 선(wire)이나 긴 원기둥을 가로질러서 흐를 때도 비슷한 와류줄기가 생기는데, 바람 속에서 전선의 윙윙거림(hum)도 이러한 현상 때문이다. 이때 진동 주파수를 이용하여 유량을 구할 수 있다(8장 참고).

$\mathrm{Re}_p = 10^3 \sim 10^5$ 범위에서는, 항력계수가 거의 일정하여 0.40~0.45 정도이며, 경계층 분리점이 점점 구의 코(nose)로 이동하더라도 그다지 달라지지 않는다. $\mathrm{Re}_p \cong 10^5$일 때의 흐름 양상을 그림 7.5(a)에 보였는데, 구 전반부의 경계층은 여전히 층류이며 분리각(angle of separation)은 85°이다. $\mathrm{Re}_p \cong 300,000$에서 전반부의 경계층이 난류이면, 그림 7.5(b)에 보인 것처럼, 분리점이 구의 후반부로 이동하여 웨이크가 축소된다. 웨이크가 작아지고 이에 따라 형태 항력이 감소하면, 항력계수는 0.45에서 0.10로 크게 줄어든다[9].

부착 경계층이 난류가 되는 Reynolds 수를 항력의 임계 Reynolds 수라 한다. 그림 7.3에서 구에 관한 곡선은, 구에 접근하는 유체가 난류가 아니거나 구가 정지 유체 중에서 이동할 때에만 적용된다. 접근 유체가 난류이면, 임계 Reynolds 수는 난류의 크기에 따라 민감하게 변하며, 난류 규모가 증가할수록 감소한다. 예를 들어서, 난류 규모 $100\sqrt{\overline{(u')^2}}/\bar{u} = 2\%$이면, 임계 Reynolds 수는 140,000 정도가 된다[11]. 임계

그림 7.4 수직 원기둥(그림의 왼쪽) 하류의 와류줄기

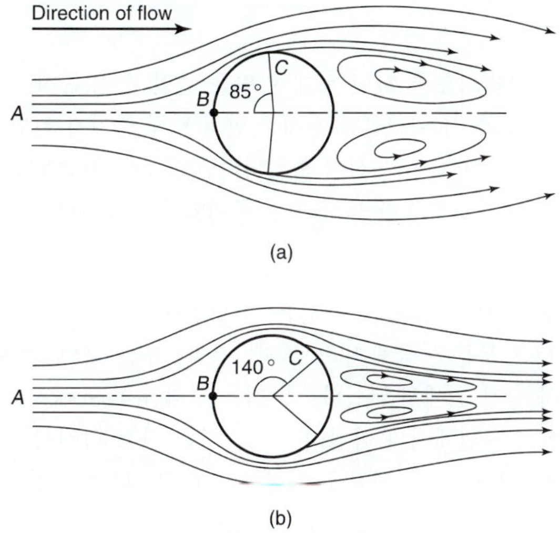

그림 7.5 하나의 구를 지나는 흐름. 경계층 분리와 웨이크 생성을 보였다. (a) 경계층 안의 층류, (b) 경계층 안의 난류 ; B, 정체점 ; C, 분리점(J. C. Hunsaker and B. G. Rightmire, Engineering Application of Fluid Mechanics, pp.202-203, 1947, McGraw-Hill Book Company)

Reynolds 수를 측정하고 이 값과 난류 규모 사이의 관계를 알면, 난류 규모를 구할 수 있다.

무한히 긴 원기둥이 흐름에 대해 직각일 때의 $C_D \sim \mathrm{Re}_p$ 곡선은 구의 경우와 비슷하지만, Reynolds 수가 작으면, 원기둥 주변의 흐름이 2차원 특성을 가지므로, C_D가 Re_p에 대해 역비례하지 않는다. 촉매 펠릿(pellet)처럼 원기둥 길이가 짧으면 항력계수가 구에 관한 값과 긴 원기둥에 관한 값의 중간 값이 되며, Reynolds 수가 작으면 이에 역비례하여 변한다. 원판은 임계 Reynolds 수에서도 항력계수가 감소하지 않는데, 경계층이 일단 원판 둘레에서 분리되면 다시 원판 뒷면으로 붙어서 돌아가지 못하므로, 경계층이 난류가 되더라도 웨이크가 축소되지 않기 때문이다. 이러한 거동을 하는 물체를 벼랑체(bluff body)라 한다. 원판의 경우 $\mathrm{Re}_p > 2,000$이면 항력계수 C_D는 거의 1이다.

석탄, 모래, 쇄석처럼 형상이 불규칙한 입자의 항력계수는 명목치수(nominal size)가 같은 구에 비해 크다. $\mathrm{Re}_p = 4 \sim 400$에서 분쇄 석회석에 관한 자료를 그림 7.7에 보였다. 불규칙한 고체에 관한 시험 자료를 보면, $\mathrm{Re}_p = 1,000 \sim 2,000$일 경우의 항력계수는 구에 관한 값의 2~3배 정도이다[6]. 정육면체나 사면체와 같은 등축입자(isometric particle)에 관한 자료도 발표되었다[20].

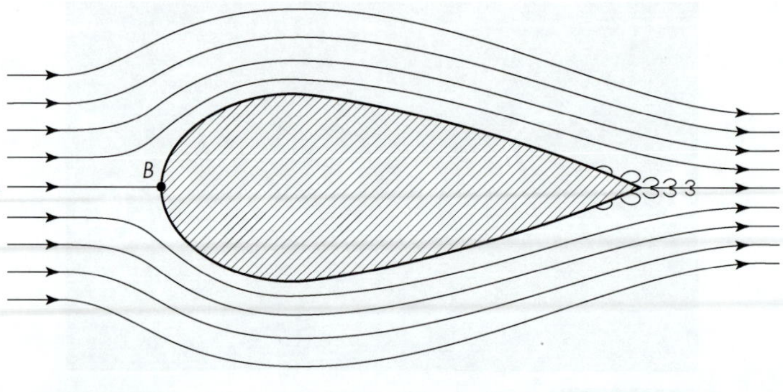

그림 7.6 유선 형성 물체 : AB는 정체점 B로 향하는 유선

형태 항력과 유선

경계층이 물체의 맨 뒷쪽에서 분리되도록 하면 형태 항력을 줄일 수 있는데, 유선이 형성도록 하면 된다. 유선 형성의 일반적 방법은, 분리의 기본 원인인 경계층 안의 압력 증가가 완만하여 분리가 지연될 수 있는 모양으로 물체의 뒷부분을 만드는 것이다. 유선이 형성되려면 뒷부분이 날개(airfoil)처럼 뾰족해야 한다. 전형적 유선 모양을 그림 7.6에 보였다. 완전한 유선 형성 물체에서는 웨이크가 생기기 않으므로 형태 압력이 거의 없다.

정체점. 그림 7.6에서 물체를 지나는 흐름의 유선은 한 단면에서 물체에 의해 두 부분으로 갈라지며, 한 부분은 물체 위로 지나가고 다른 부분은 물체 밑으로 지나간다. 유선 AB에서 이 두 부분으로 갈라지는데, 이 유선은 물체의 코에 해당하는 점 B에서 끝난다. 이 점을 정체점(stagnation point)이라 하며, 정체점에서는 유속이 0이다. 흐름이 수평이고 유선에서의 마찰이 무시된다는 가정 하에서 식 (4.67)을 다시 쓸 수 있다. 교란되지 않은 상류의 유체를 지점 a, 정체점을 지점 b라 하면, 다음과 같이 된다.

$$\frac{p_s - p_0}{\rho} = \frac{u_0^2}{2} \tag{7.5}$$

p_s = 정체점에서 물체에 미치는 압력

p_0 = 교란되지 않은 유체에서의 압력

u_0 = 교란되지 않은 유체의 유속

ρ = 유체의 밀도

정체점을 통과하는 유선의 압력 증가 $p_s - p_0$는 다른 유선에 비해 큰데, 정체점에서는 접근 유체의 속도두 전체가 압력두로 변환되기 때문이다.

정체 압력

식 (7.5)는 Mach 수가 작은 압축성 유체에도 적용할 수 있지만, Mach 수가 0.4 이상이면 부정확도가 커진다. 따라서 p_s로서 적절한 압력은 등엔트로피 정체 압력(isentropic stagnation pressure)으로서, 기체 흐름을 등엔트로피적으로 정지시킬 때의 기체 압력으로 정의하며, 식 (6.24)에서 다음과 같이 구할 수 있다.

$$\left(\frac{p_s}{p_0}\right)^{1-1/\gamma} = \frac{T_s}{T_0} \tag{7.6}$$

p_s = 정체 압력

T_s = 정체 온도

T_0 = 접근 흐름의 온도

식 (6.43)에서, $T_a = T_s$, $T_b = T_0$, $\text{Ma}_a = 0$, $\text{Ma}_b = \text{Ma}_0$라 하면,

$$\frac{T_s}{T_0} = 1 + \frac{\gamma - 1}{2}\text{Ma}_0^2 \tag{7.7}$$

식 (7.6)과 (7.7)에서

$$\frac{p_s}{p_0} = \left(1 + \frac{\gamma - 1}{2}\text{Ma}_0^2\right)^{1/(1-1/\gamma)} \tag{7.8}$$

식 (7.8)의 양변에서 1을 빼고 우변항을 이항정리에 의해 전개하면, 이 식은 식 (7.5)와 같은 형이 된다. 이렇게 한 다음, Ma의 관계식인 식 (6.18)을 사용하고, p_0/ρ_0를 곱하면 다음과 같이 된다.

$$\frac{p_s - p_0}{\rho_0} = \frac{u_0^2}{2}\left(1 + \frac{\text{Ma}_0^2}{4} + \frac{2-\gamma}{24}\text{Ma}_0^4 + \cdots\right) \tag{7.9}$$

이 식을 식 (7.5)와 비교하면, 괄호 안의 양은, $0 \le \text{Ma} < 1.0$ 범위에서 식 (7.5)를 압축성 유체에 맞는 형으로 변환할 때의 보정인자에 해당한다.

7.2 고체층을 통과하는 흐름

실제 프로세스에서는 액체나 기체가 고체 입자층을 통과해 흐르는 경우가 많다. 여과, 충전탑에서의 액체와 기체의 2상 향류 등을 예로 들 수 있다. 여과에서는 액체로부터 제거된 작은 입자가 여과포(filter cloth)나 스크린(screen)에서 고체층을 형성한다. 이온교환탑이나 촉매반응기에서는, 입자상 고체층을 통해 한 가지 유체(액체 또는 기체)가 흐른다. 여과는 29장에서, 충전탑은 18장에서 다룬다. 여기에서는 정지 고체 입자층을 통한 단일상 유체 흐름을 다룬다.

고체층의 공극(void)을 통과하는 유체 흐름에 대한 저항은, 층을 구성하는 모든 입자의 전체 항력 때문에 생긴다. Reynolds 수 D_pG_0/μ에 따라서, 층류, 난류, 형태 마찰, 경계층 분리, 웨이크 형성 등이 생긴다. 단일 고체 입자에서의 항력과 마찬가지로, 단면적이 일정한 관이나 유로를 통한 흐름의 경우와는 달리, 층류와 난류의 명확한 전이는 볼 수 없다.

고체층을 통한 압력 강하를 구하는 가장 일반적 방법은, 층 입자를 통한 굴곡 유로의 고체 경계에 대한 전체 항력을 추산하고 이에 기초하는 방법이다. 실제 유로는 모양이 불규칙하고, 단면적과 배향이 다양하며, 서로 얽혀있다. 그러나 고체층에는 균일한 원형 유로가 있으며, 고체의 전체 표면적과 그 사이의 공극 면적이 층의 단면을 이룬다는 가정 하에서, 유로의 상당 지름을 구할 수 있다. 고체의 전체 표면적은 입자 당 표면적 × 입자 수와 같지만, 층 중의 입자의 부피분율과 입자의 표면적/부피 비에 의해 계산하는 편이 편리하다. 구의 경우, $s_p = \pi D_p^2$, $v_p = \frac{1}{6}\pi D_p^3$이므로, $s_p/v_p = 6/D_p$이다. 모양이 다르거나 불규칙한 입자의 경우에는, 표면적/부피 비에 관한 식에 구형도(sphericity) Φ_s를 포함시키는데, 이는 지름 D_p인 구의 표면적/부피 비를 명목치수가 D_p인 입자의 표면적/부피 비로 나눈 값이다.

$$\Phi_s = \frac{6/D_p}{s_p/v_p} \quad \text{또는} \quad \frac{s_p}{v_p} = \frac{6}{\Phi_s D_p} \tag{7.10}$$

표 7.1 여러 가지 물질의 구형도

Material	Sphericity	Material	Sphericity
Spheres, cubes, short cylinders ($L = D_p$)	1.0	Ottawa sand	0.95
Raschig rings ($L = D_p$)		Rounded sand	0.83
$L = D_o$, $D_i = 0.5D_o$	0.58‡	Coal dust	0.73
$L = D_o$, $D_i = 0.75D_o$	0.33‡	Flint sand	0.65
Berl saddles	0.3	Crushed glass	0.65
		Mica flakes	0.28

몇 가지 물질의 구형도를 표 7.1에 보였다. 정육면체와 짧은 원기둥은 구형도가 1.0이지만, 부피가 같은 구에 비해 표면적이 크다. 지름이 D인 구의 표면적은 $3.14D^2$이지만, 이 구와 부피가 같은 짧은 원기둥의 명목치수는 $0.874D$이고 표면적은 $3.60D^2$이다.

입자층의 세공도(porosity) 또는 공극률(void fraction)을 ε이라 하면, 층에서 입자의 부피분율은 $1-\varepsilon$이다. 입자가 다공질이라 하더라도, 일반적으로 세공이 너무 작아서 이를 통해서는 유체가 흐를 수 없다면, ε은 전체 세공도가 아니라 층의 외부 공극률이 된다.

층의 단면적을 S_0라 하면 입자 부피는 $S_0L(1-\varepsilon)$이다. 이 입자 부피와 표면적/부피 비의 곱이 길이 L인 평행 유로 n개의 표면적과 같다고 하면, 유로의 상당지름 D_{eq}를 구할 수 있다.

$$n\pi D_{eq} L = S_0 L(1-\varepsilon)\frac{6}{\Phi_s D_p} \tag{7.11}$$

층의 공극부피는 유로 n개의 전체 부피와 같다.

$$S_0 L\varepsilon = \tfrac{1}{4} n\pi D_{eq}^2 L \tag{7.12}$$

식 (7.11)과 (7.12)에서 D_{eq}에 관한 식을 얻을 수 있다.

$$D_{eq} = \frac{2}{3}\Phi_s D_p \frac{\varepsilon}{1-\varepsilon} \tag{7.13}$$

입자층의 전형적 공극률은 0.4이며, 이 경우 $D_{eq} = 0.44\Phi_s D_p$이다. 즉 상당지름은 입자 크기의 절반 정도가 된다.

압력 강하는 유로에서의 평균 유속 $\overline{V}$에 따라 달라지며, 평균 유속은 겉보기속도(superficial velocity) 즉 공탑속도(empty-tower velocity) $\overline{V}_0$에 비례하고 공극률에 반비례한다.

$$\overline{V} = \frac{\overline{V}_0}{\varepsilon} \tag{7.14}$$

측정 가능한 매개변수인 $\overline{V}_0$, D_p, ε의 항으로 평균 유속과 유로의 크기를 나타내면, 유로 모델을 이용하여 압력 강하에 관한 관계식의 형태를 예측할 수 있다. 곧은 관에서의 층류에 관한 Hagen-Poiseuille 식 (5.20)에 따른다면, Reynolds 수가 아주 작으면, 압력 강하는 유속에 비례하고 유로 크기의 제곱에 반비례한다. 식 (5.20)에서 $\overline{V}$와 D_{eq}에 관한 식을 사용하고, 실제 유로는 곧거나 평행이 아니라 구불구불하다는 점을 고려하여 보정인자 λ_1을 첨가하면, 다음과 같이 된다.

$$\frac{\Delta p}{L} = \frac{32\overline{V}\mu}{D^2} = \frac{32\lambda_1 \overline{V}_0\mu}{\frac{4}{9}\varepsilon\Phi_s^2 D_p^2}\frac{(1-\varepsilon)^2}{\varepsilon^2} \tag{7.15}$$

$$\frac{\Delta p}{L} = \frac{72\lambda_1 \overline{V}_0\mu}{\Phi_s^2 D_p^2}\frac{(1-\varepsilon)^2}{\varepsilon^3} \tag{7.16}$$

여러 연구에 따르면 식 (7.16)은 타당하며, $72\lambda_1$의 실험치는 150이다. 즉,

$$\frac{\Delta p}{L} = \frac{150\,\overline{V}_0\mu}{\Phi_s^2 D_p^2}\frac{(1-\varepsilon)^2}{\varepsilon^3} \tag{7.17}$$

식 (7.17)을 **Kozeny-Carman** 식이라 하며, 입자 Reynolds 수가 1.0 미만일 때 층을 통한 흐름에 적용할 수 있다. 이 Reynolds 수에서는 난류로의 명확한 전이가 없지만, Reynolds 수가 크면 유로의 모양과 방향이 자주 바뀌어서 운동에너지가 상당히 손실된다. 상수 150은 $\lambda_1 = 2.1$에 해당하는데, 이 값은 굴곡인자(tortuosity factor) 값으로서는 적절한 값이다. 식 (7.17)에 따르면, 임의 계에서 유량은 압력 강하에 비례하고 유체 점도에 반비례한다. 이를 Darcy 법칙이라고도 하는데, 다공질 매체에서의 액체의 흐름에 대해 자주 이용된다.

충전층을 통과하는 유량이 증가하면 $\overline{V}_0$ 대 Δp의 관계를 나타낸 선의 기울기가 점점 증가하며, Reynolds 수가 아주 크면 Δp는 공탑속도의 1.9 제곱 또는 2.0 제곱에 따라 변한다. 굴곡도를 고려하여 관 안의 난류에 관한 일반식 (5.7)에 보정인자 λ_2를 도입하고, 충전층에 적용하면 다음과 같은 식이 된다.

$$\frac{\Delta p}{L} = \frac{2f\rho\overline{V}^2}{D_{eq}} = 2f\lambda_2\rho\left(\frac{\overline{V}_0}{\varepsilon}\right)^2\frac{3(1-\varepsilon)}{2\Phi_s D_p\varepsilon} \tag{7.18}$$

$$\frac{\Delta p}{L} = \frac{3f\lambda_2\rho\overline{V}_0^2}{\Phi_s D_p}\frac{1-\varepsilon}{\varepsilon^3} \tag{7.19}$$

Reynolds 수가 클 때($Re_p > 1{,}000$)의 충전층에서의 압력 강하에 관한 실험식에는 다음과 같은 Burke-Plummer 식이 있다.

$$\frac{\Delta p}{L} = \frac{1.75\rho\overline{V}_0^2}{\Phi_s D_p}\frac{1-\varepsilon}{\varepsilon^3} \tag{7.20}$$

이 식은 식 (7.19)와 같은 모양이지만, 관 흐름의 마찰인자에 기초한 예측치에 비해 상수 1.75가 아주 크다. $Re_p = 10^4$이고, D_{eq}에 기초한 Re가 4,000 정도이면, 매끈한 관의 마찰계수 $f \cong 0.01$이다(그림 5.10). 말하자면 보정인자 $\lambda_2 = 1.75/0.03 = 58$인데, 이 값은 유로의 굴곡도나 입자 표면의 거칠기로 설명하기에는 너무 큰 값이다. 따라서 압력 강하에 기본적으로 기여하는 것은 유로의 단면적과 흐름 방향의 변화에 의한 운동에너지 손실인 것이다. 유체가 입자 사이를 흐르는 동안에 유로가 좁아졌다 넓어졌다 하면, 최대 유속은 평균 유속보다 아주 커진다. 유로의 단면이 급격하게 변하면 유체 운동에너지의 대부분이 확대 손실로 소실된다[식 (5.67) 참고].

운동에너지 손실의 크기를 강조하기 위해, 식 (7.20)에서 압력 강하를 $\rho\overline{V}^2/2$로 나누어 속도두의 배수로 나타낸다. $\overline{V}$ 대신에 평균 유속 $\overline{V}_0/\varepsilon$를 사용하면 다음 식이 된다.

$$\frac{\Delta p}{(\rho/2)(\overline{V}_0/\varepsilon)^2} = 2\times1.75\left(\frac{1-\varepsilon}{\varepsilon}\right)\frac{L}{\Phi_s D_p} \tag{7.21}$$

공극률의 전형적 값이 0.4인 구의 충전층에서, 각 입자층의 압력 강하는 속도두의 5.25배($2\times1.75\times0.6/0.4$)가 된다. 이 수치가 1.0보다 아주 큰 이유는, 유로 중 좁은 곳에서의 국부 유속이 평균 유속 $\overline{V}$의 2~3배이고, 흐름이 각 입자층을 통과할 때 운동에너지의 대부분이 손실되기 때문이다.

점성 손실과 운동에너지 손실을 서로 더할 수 있다고 가정하면, 유량의 모든 범위에 적용할 수 있는 식을 구할 수 있다. 이 결과를 Ergun 식이라 하며 다음과 같다.

표 7.2 투하 충전물의 공극률

D_p/D_t	ε for spheres	ε for cylinders
~0	0.34	0.34
0.1	0.38	0.35
0.2	0.42	0.39
0.3	0.46	0.45
0.4	0.50	0.53
0.5	0.55	0.60

$$\frac{\Delta p}{L} = \frac{150\,\overline{V}_0\mu}{\Phi_s^2 D_p^2}\frac{(1-\varepsilon)^2}{\varepsilon^3} + \frac{1.75\rho\overline{V}_0^2}{\Phi_s D_p}\frac{1-\varepsilon}{\varepsilon^3} \tag{7.22}$$

Ergun에 따르면, 이 식은 넓은 유량 범위에서 구, 원기둥, 쇄석에 관한 자료와 잘 일치한다[2]. 또 몇 가지 물질의 충전밀도(packing density)를 변화시킨 결과, 이 식의 $(1-\varepsilon)^2/\varepsilon^3$은 점성 손실에 관한 항이고, $(1-\varepsilon)/\varepsilon^3$은 운동에너지 손실에 관한 항임을 입증했다. ε가 조금만 변해도 Δp에 큰 영향을 미치므로, Δp를 정확하게 예측하기가 어렵고, 또 층을 재충전한 뒤의 실험치의 재현성을 얻기도 어렵다.

구, 원기둥, 과립상 충전물의 공극률은 일반적으로 입도/관경 비와 충전 방법에 따라 달라지지만, 대체로 0.3~0.6 정도이다. 투하 충전물(쏟아넣는 충전물, dumped packings)에 관한 Leva와 Grummer의 자료를 표 7.2에 보였다[14]. 이러한 층을 흔들면 공극률이 몇 % 감소한다. 또 표면이 매끈한 입자에 비해 거친 입자는 공극률이 몇 % 커진다. 균일한 입자에 비해 입도가 분포되어 있는 경우는 공극률이 적어진다.

Rasching 링(ring)과 Berl 새들(saddle)의 세공도는 0.60~0.75인데, 식 (7.22)에서 추정한 압력 강하는 실험치보다 작다. 이처럼 표면적이 크고 세공도가 큰 충전물의 경우에는, 표 18.1의 충전인자(packing factor)를 사용하여 압력 강하를 구하거나, 공급자가 제공하는 정보를 사용해야 할 것이다.

입자 혼합물

입도가 다른 혼합물 층에도 식 (7.22)를 적용할 수 있는데, D_p 대신에 혼합물의 표면평균 지름(surface-mean diameter) $\overline{D}_s$를 사용한다. 이 평균치는 각 입도 범위의 입자수 N_i나 질량분율 x_i로부터 구할 수 있다.

$$\overline{D}_s = \frac{\sum_{i=1}^{n} N_i \overline{D}^3_{pi}}{\sum_{i=1}^{n} N_i \overline{D}^2_{pi}} \tag{7.23}$$

$$\overline{D}_s = \frac{1}{\sum_{i=1}^{n} (x_i/\overline{D}_{pi})} \tag{7.24}$$

압축성 유체. 유체의 밀도 변화가 작거나, 밀도를 크게 변할 정도로 압력 강하가 크지 않다면, 식 (7.22)를 사용할 수 있는데, $\overline{V}_0$의 입구 값과 출구 값을 구하여 산술평균을 사용한다.

7.3 액체 중의 입자 운동

특히 기계적 분리를 비롯한 여러 가지 처리 단계에서는 유체를 통한 고체 입자나 액적의 이동을 다룬다. 유체는 기체이거나 액체이며, 흐름 상태이거나 정지 상태이다. 분리의 예로서는, 공기나 연돌가스로부터 먼지나 연무(fume)의 제거, 폐액으로부터 고형물의 제거, 산 공장의 폐가스로부터 산 미스트(mist)의 회수 등을 들 수 있다.

입자 운동 메카니즘

유체 중에서 입자가 움직이려면 입자에 외력이 작용해야 한다. 이 힘은, 입자와 유체의 밀도차로 인해 생길 수도 있고, 전기장이나 자기장으로 인해 생길 수도 있다. 이 절에서는 밀도차에 의한 중력과 원심력을 다루기로 한다.

유체 중에서 움직이는 입자에는 다음 세 가지 힘이 작용한다.

(1) 외력(external force); 중력 또는 원심력
(2) 부력(buoyant force); 외력과 평행으로 작용하지만 방향이 반대이다.
(3) 항력(drag force); 입자와 액체의 상대적 움직임 때문에 생긴다. 항력은 움직임을 방해하며, 이동 방향에 평행으로 작용하지만 방향은 반대이다.

일반적으로는, 유체에 상대적인 입자의 이동 방향이 외력이나 부력의 방향과 평행이 아닐 수도 있으며, 항력의 방향은 다른 두 힘의 방향과 어떤 각도를 이룰 수도 있다. 이러한 상황을 이차원 운동(two-dimensional motion)이라 하는데, 이때는 항력을 성분으로 분해해야 하므로, 입자 메카니즘의 취급이 복잡해진다. 이차원 운동에 관한 식이 있기는 하지만[12], 이 책에서는 입자에 작용하는 모든 힘의 방향이 동일 직선상에 있는 일차원 운동만을 다루기로 한다.

유체 중의 입자의 일차원 운동

유체 중에서 질량 m인 입자가 외력 F_e의 작용으로 움직이는 경우를 고려한다. 유체에 상대적인 입자의 속도는 u, 입자의 부력은 F_b, 항력은 F_D라 하자. 그러면 입자에 작용하는 힘은 $F_e - F_b - F_D$이고, 입자의 가속도는 du/dt이다. m은 일정하므로, 식 (1.33)에서 다음과 같이 된다.

$$m\frac{du}{dt} = F_e - F_b - F_D \tag{7.25}$$

외력은 입자 질량과 이에 작용하는 힘에 의한 가속도 a_e의 곱으로 나타낼 수 있다.

$$F_e = ma_e \tag{7.26}$$

Archimedes 원리에 의해 부력은 입자가 대치한 액체의 질량과 외력으로 인한 가속도의 곱과 같다. 입자의 밀도가 ρ_p이면, 입자의 부피는 m/ρ_p이며, 입자가 대치하는 액체의 부피도 마찬가지이다. 유체의 밀도가 ρ이면, 대치된 유체의 질량은 $(m/\rho_p)\rho$이므로, 부력은 다음과 같다.

$$F_b = \frac{m\rho a_e}{\rho_p} \tag{7.27}$$

항력은 식 (7.1)에서,

$$F_D = \frac{C_D u_0^2 \rho A_p}{2} \tag{7.28}$$

$C_D =$ 항력계수, 무차원
$A_p =$ 입자의 투영면적. 입자의 이동 방향에 직각인 평면에서 측정한다.
$u_0 = u$

식 (7.26)~(7.28)의 힘을 식 (7.25)에 대입하면,

$$\frac{du}{dt} = a_e - \frac{\rho a_e}{\rho_p} - \frac{C_D u^2 \rho A_p}{2m} = a_e \frac{\rho_p - \rho}{\rho_p} - \frac{C_D u^2 \rho A_p}{2m} \tag{7.29}$$

중력에 의한 운동. 외력이 중력이면, 가속도 a_e는 중력가속도 g가 된다. 따라서 식 (7.29)에서,

$$\frac{du}{dt} = g \frac{\rho_p - \rho}{\rho_p} - \frac{C_D u^2 \rho A_p}{2m} \tag{7.30}$$

원심력장에서의 운동. 입자의 이동 방향이 변하면 원심력이 생긴다. 원운동에서 원심력에 의한 가속도는 다음과 같다.

$$a_e = r\omega^2 \tag{7.31}$$

r = 입자 경로의 반경
ω = 각속도, rad/s

식 (7.29)에 대입하면,

$$\frac{du}{dt} = r\omega^2 \frac{\rho_p - \rho}{\rho_p} - \frac{C_D u^2 \rho A_p}{2m} \tag{7.32}$$

이 식에서 u는 유체에 대한 입자의 상대 속도로서, 반경 방향으로 향한다.

종말속도

중력 침강에서 g는 일정하다. 또 항력은 언제나 속도에 따라 증가한다. 식 (7.30)에서 가속도는 시간이 경과하면 감소하다가 0에 접근한다. 입자는 곧 일정한 속도에 이르게 되는데, 이 속도는 주어진 상황에서 도달할 수 있는 최대 속도로서 종말속도(terminal velocity)라 한다. 중력 침강의 경우 $du/dt = 0$에서 종말속도 u_t에 관한 식을 구할 수 있다. 식 (7.30)에서 종말속도는 다음과 같다.

$$u_t = \sqrt{\frac{2g(\rho_p - \rho)m}{A_p \rho_p C_D \rho}} \tag{7.33}$$

원심력에 의한 운동에서는 속도가 반경에 따라 달라지며, 입자가 유체에 상대적으로 움직인다면 가속도는 0이 아니다. 하지만 대부분의 실제 상황에서는 식 (7.32)의 다른 두 항에 비해 du/dt는 아주 작으므로 무시할 수 있다. 이 경우 임의 반경에서의 종말속도는 다음 식으로 정의한다.

$$u_t = \omega \sqrt{\frac{2r(\rho_p - \rho)m}{A_p \rho_p C_D \rho}} \tag{7.34}$$

항력계수

식 (7.29)~(7.34)를 정량적으로 사용하려면 항력계수 C_D의 수치가 필요하다. 항력계수와 Reynolds 수의 관계를 나타낸 그림 7.3에서, 구와 쇄석 입자에 관한 Re_p 대 C_D 곡선의 일부를 다시 나타내면 그림 7.7과 같다[4]. 이 곡선은 제한된 조건에서만 적용되는데, 입자는 고체여야 하고, 다른 입자나 용기 벽으로부터 멀리 떨어져 있어서 입자 주변의 흐름 패턴이 왜곡되지 않아야 하며, 유체에 대해 종말속도로 움직이고 있어야 한다. 가속 입자의 항력계수는 그림 7.7에 보인 값보다 상당히 크므로, 정지 유체 중에서 낙하하는 입자가 종말속도에 이르는 시간은 정상상태 C_D 값을 사용하여 추정한 시간보다 길어진다[8]. 빠른 흐름 중에 주입한 입자는 예상보다 천천히 가속되므로, 이러한 경우의 항력계수는 정상치보다 작아진다. 그러나 작은 입자나 액적을

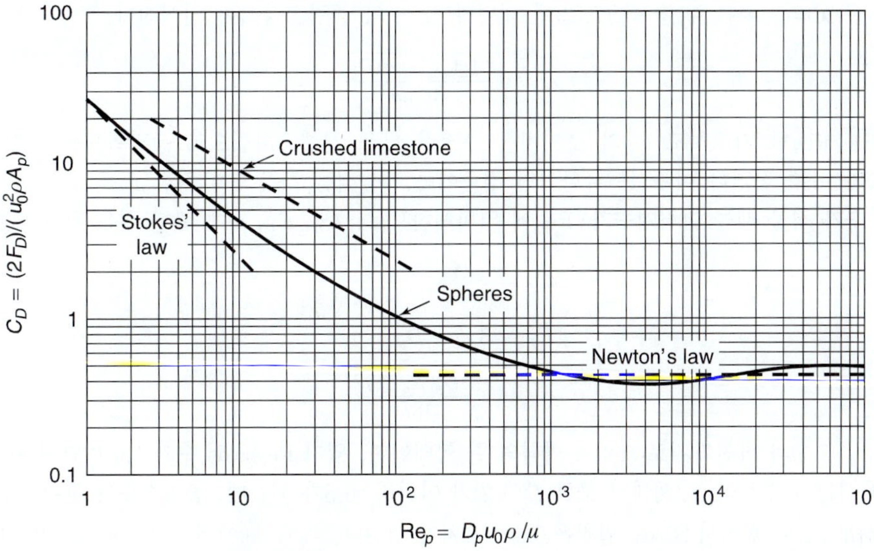

그림 7.7 구와 불규칙 입자의 항력계수[4]

다루는 대개의 프로세스에서는, 종말속도에 이를 때까지의 가속 시간이 아주 짧으므로, 프로세스 해석에서는 대개 무시한다[10].

그림 7.3에 원기둥과 원판에 대해 나타낸 것처럼, 입자 형상이 다르면 이를 고려하여 Re_p 대 C_D의 관계를 각각 마련해야 한다. 이미 언급했지만, 그림 7.3의 원기둥과 원판에 관한 곡선은 입자가 특정 배향일 때만 적용할 수 있다. 유체 중에서 구가 아닌 입자가 자유롭게 움직일 때는 입자의 배향이 계속 변한다. 이러한 변화 중에는 에너지가 소비되며, 입자에 대한 유효 항력을 증가시키므로, 고정된 고체를 지나는 유체의 움직임일 때보다 C_D가 커진다. 그림 7.7에 보였지만, 분쇄 석회석의 항력계수는, 명목치수가 같은 구에 비해 2배 이상 커진다. 결과적으로, 특히 원판을 비롯한 판 모양 입자의 종말속도는, 배향이 고정된 입자에 관한 곡선에서 추정할 수 있는 값보다 작아진다.

지금부터는 입자를 구로 가정한다. 입자의 자유 운동에 관한 항력계수를 알면, 어떤 형상의 입자에나 같은 원리를 적용할 수 있다[5,20].

입자가 용기의 경계나 다른 입자로부터 멀리 떨어져 있어서, 그 낙하에 영향을 미치지 않는 경우를 **자유침강**(free settling)이라 한다. 입자들이 서로 충돌하지 않더라도 가까이 있어서, 입자의 운동을 다른 입자가 방해하면 **간섭침강**(hindered settling)이라 한다. 자유침강에 비해 간섭침강에서의 항력계수가 크다.

입자가 아주 작으면 브라운운동(brownian movement)을 한다. 이것은 입자와 이를 둘러싼 유체 분자 사이의 충돌로 인한 입자의 불규칙 움직임이다. 입도가 2~3 μm 정도이면 이러한 영향이 현저해지며, 입도가 0.1 μm 미만이면 중력보다 지배적이 된다. 입자가 불규칙적으로 움직이면 중력의 영향을 압도하여 침강되지 않는다. 원심력을 가하면 브라운운동의 상대적 영향을 줄일 수 있다.

구형 입자의 운동

지름이 D_p인 구형 입자라면,

$$m = \frac{1}{6}\pi D_p^3 \rho_p \tag{7.35}$$

$$A_p = \frac{1}{4}\pi D_p^2 \tag{7.36}$$

식 (7.35)와 (7.36)의 m과 A_p를 식 (7.33)에 대입하면, 구의 중력침강식이 얻어진다.

$$u_t = \sqrt{\frac{4g(\rho_p - \rho)D_p}{3C_D\rho}} \tag{7.37}$$

일반적으로는 Re_p를 가정하고 C_D의 초기치를 추정한 다음 시행오차법으로 종말속도를 구할 수 있다. Reynolds 수가 아주 작거나 아주 큰 극한적인 경우에는, 이 식을 사용하여 직접 u_t를 구할 수 있다.

Reynolds 수가 작을 때는 항력계수가 Re_p에 역비례하므로, C_D, F_D, u_t에 관한 식은 각각 다음과 같다.

$$C_D = \frac{24}{\mathrm{Re}_p} \tag{7.38}$$

$$F_D = 3\pi\mu u_t D_p \tag{7.39}$$

$$u_t = \frac{gD_p^2(\rho_p - \rho)}{18\mu} \tag{7.40}$$

식 (7.40)은 식 (7.3)과 마찬가지로 Stokes 법칙의 한 형태이며, 입자 Reynolds 수가 1.0 미만일 때 적용된다. $\mathrm{Re}_p = 1.0$에서는 C_D가 식 (7.38)에서 구한 값인 24가 아니라 26.5가 되는데, 종말속도는 항력계수의 제곱근에 따라 변하므로, 이 점에서 Stokes 법칙은 5%의 오차가 생긴다. 식 (7.40)에서 g에 $r\omega^2$을 대입하여 수정하면, 원심력장에서의 작은 입자의 종말속도를 구할 수 있다.

$1,000 < \mathrm{Re}_p < 200,000$ 범위에서는 항력계수가 거의 일정하므로, 다음과 같이 된다.

$$C_D = 0.44 \tag{7.41}$$

$$F_D = 0.055\pi D_p^2 u_t^2 \rho \tag{7.42}$$

$$u_t = 1.75\sqrt{\frac{gD_p(\rho_p - \rho)}{\rho}} \tag{7.43}$$

식 (7.43)은 Newton 법칙으로서, 기체나 저점도 유체 중에서 상당히 큰 입자가 낙하할 때에만 적용된다.

식 (7.40)과 (7.43)에서 알 수 있지만, Stokes 법칙의 적용 범위에서는 u_t가 D_p^2에 따라 변하며, Newton 법칙의 적용 범위에서는 u_t가 $D_p^{0.5}$에 따라 변한다.

침강 형태의 판별기준

입자가 어떤 범위에서 움직이는지를 확인하기 위해, 식 (7.40)의 u_t를 대입하여 Reynolds 수에서 속도 항을 소거하면, Stokes 법칙의 적용 범위에서는 다음과 같은 식이 된다.

$$\mathrm{Re}_p = \frac{D_p u_t \rho}{\mu} = \frac{D_p^3 g\rho(\rho_p - \rho)}{18\mu^2} \tag{7.44}$$

Stokes 법칙은 Re_p가 1.0 미만일 때 적용된다. 여기서 판별기준 K를 다음과 같이 정의하면 편리하다.

$$K = D_p\left[\frac{g\rho(\rho_p - \rho)}{\mu^2}\right]^{1/3} \tag{7.45}$$

식 (7.44)에서 $\mathrm{Re}_p = \frac{1}{18}K^3$이다. $\mathrm{Re}_p = 1.0$이면, $K = 18^{1/3} = 2.6$이다. 입자의 크기를 알면 K를 식 (7.45)에서 계산할 수 있다. $K < 2.6$이면 Stokes 법칙의 적용 범위이다.

식 (7.43)의 u_t를 대입하면 Newton 법칙의 적용 범위에서는 $\mathrm{Re}_p = 1.75K^{1.5}$이다. 이 값이 1,000일 때 $K = 68.9$이다. $68.9 < K < 2,360$이면 Newton 법칙의 적용 점위이다. $K > 2,360$에서는 유속이 조금만 변해도 항력계수가 급격하게 변한다. 이러한 조건에서는, Stokes 법칙과 Newton 법칙 사이의 범위 $(2.6 < K < 68.9)$에서와 마찬가지로, 그림 7.7에서 시행오차법으로 구한 C_D값을 사용하여 식 (7.37)에서 종말속도를 계산한다.

예제 7.1

(a) 30°C의 물에서 낙하하는 80~100 mesh 석회석 입자($\rho_p = 2,800\ \text{kg/m}^3$)의 종말속도를 구하여라.
(b) 가속도가 50 g인 원심분리기에서의 종말속도를 구하여, 크기를 비교하여라.

풀이

(a) 부록 5에서

$$D_p(100\ \text{mesh}) = 0.147\ \text{mm}$$

$$D_p(80\ \text{mesh}) = 0.175\ \text{mm}$$

$$\text{평균입경}\ \overline{D}_p = 0.161\ \text{mm}$$

부록 6에서, $\mu = 0.801$ cP, $\rho = 62.16\ \text{lb/ft}^3(995.7\ \text{kg/m}^3)$이다. 어떤 침강법칙이 적용되는지를 알아보기 위해 식 (7.45)의 판별기준 K를 구한다.

$$K = 0.161\times10^{-3}\left[\frac{9.80665\times995.7(2,800-995.7)}{(0.801\times10^{-3})^2}\right]^{1/3}$$
$$= 4.86$$

이 값은 Stokes 법칙의 적용 범위보다 약간 크다. $\text{Re}_p = 5$라 가정하면, 그림 (7.7)에서 $C_D \cong 14$이다. 식 (7.37)에서,

$$u_t = \left[\frac{4\times9.80665(2,800-995.7)(0.161\times10^{-3})}{3\times14\times995.7}\right]^{1/2}$$
$$= 0.0165\ \text{m/s}$$

검산 :

$$\text{Re}_p = \frac{0.161\times10^{-3}\times0.0165\times995.7}{0.801\times10^{-3}} = 3.30$$

$\text{Re}_p = 3.30$에서 $C_D > 14$이므로, u_t와 Re_p의 수정치는 위의 값보다 작아야 할 것이다. 다음과 같이 가정한다.

$$\text{Re}_p = 2.5 \qquad C_D \cong 20$$

$$u_t = 0.0165\ \left(\frac{14}{20}\right)^{0.5} = 0.0138\ \text{m/s}$$

$$\text{Re}_p = 3.30\left(\frac{0.0138}{0.0165}\right) = 2.76$$

이 값은 2.5와 비슷하므로,

$$u_t \cong 0.014\ \text{m/s}$$

(b) 식 (7.45)에서 g 대신에 $a_e = 50g$를 사용한다. 각속도만 달라지므로, $K = 4.86\times 50^{1/3} = 17.90$이다. 이는 중간 침강 범위이다. $\text{Re}_p = 40$이면, 그림 7.6에서 $C_D = 4.1$이다. 따라서,

$$u_t = \left[\frac{4\times9.80665\times50(2,800-995.7)(0.161\times10^{-3})}{3\times4.1\times995.7}\right]^{1/2}$$
$$= 0.216\ \text{m/s}$$

검산 :

$$\text{Re}_p = \frac{0.161\times10^{-3}\times0.216\times995.7}{0.801\times10^{-3}} = 43(40\text{에 가깝다})$$
$$u_t \cong 0.22\ \text{m/s}$$

종말속도의 계산치는 같은 크기의 구에 비해 1.6~1.8배 크지만, 입자 형상을 알지 못하므로 이 값은 근사치에 불과하다.■

간섭침강

간섭침강에서는 각 입자 주위의 속도구배가 주변의 다른 입자의 영향을 받으므로, 항력에 관한 일반적 관계

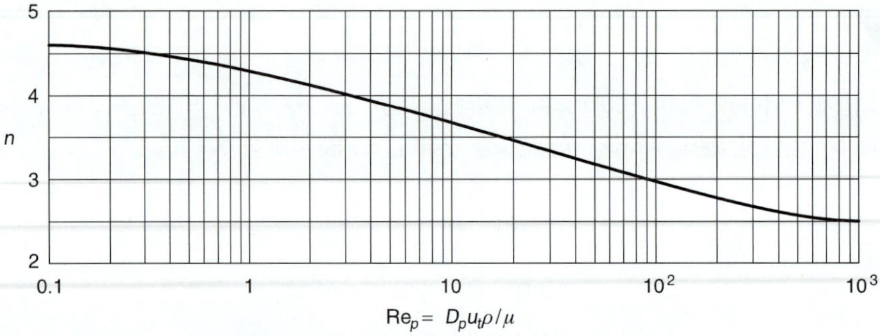

그림 7.8 식 (7.46)에서 지수 n과 Re_p의 관계

식은 적용되지 않는다. 또 침강하는 입자는 액체와 자리를 바꿔서 액체가 위로 흐르므로, 유체에 상대적인 입자의 속도가 절대 침강속도보다 커진다. 균일 현탁물에서는 침강속도 u_s를 고립 입자의 종말속도로부터 추산할 수 있는데, Maude와 Whitmore의 실험식을 사용한다[17].

$$u_s = u_t(\varepsilon)^n \tag{7.46}$$

지수 n은 Stokes 법칙 범위에서는 4.6 정도, Newton 법칙 범위에서는 2.5 정도인데, 이를 그림 7.8에 보였다. 아주 작은 입자에서는 u_s/u_t 비가 $\varepsilon = 0.9$일 때 0.62이고, $\varepsilon = 0.6$일 때 0.095이다. 입자가 크면 u_s/u_t 비가 각각 0.77 및 0.28이다. 이때는 경계층 두께가 입도보다 작기 때문에 간섭침강 효과가 현저하지 않다. 어떤 경우이든, 침강속도는 입자 형상과 입도 분포에 따라서도 달라지므로, 식 (7.46)을 사용할 때는 주의해야 한다. 침강조를 제대로 설계하려면 실험 자료가 필요하다.

아주 미세한 고체의 현탁물 중에서 임의 크기의 입자가 낙하할 때의 종말속도는 미세 현탁물의 밀도와 점도를 사용하여 구해야 한다. 이어서 식 (7.46)에서 ε를 전체 공극률이 아니라 미세 현탁물의 부피분율로 한 다음 침강속도를 구한다. 물에 아주 미세한 모래(세사)를 현탁시킨 현탁물은 무거운 광물로부터 석탄의 분리에 이용하는데, 현탁물의 밀도를 조정하여 석탄보다 약간 큰 값이 되도록 하면 석탄 입자는 표면으로 부상하고, 광물 입자는 바닥으로 침강한다.

예제 7.2

20°C의 사염화탄소(CCl_4)(비중 1.594) 중에서 섬아연광(sphalerite) 입자(비중 4.00, 지름 0.004 in, 0.10 mm)가 중력 침강한다. CCl_4 중의 섬아연광의 부피분율이 0.20일 때, 섬아연광의 침강속도를 구하여라.

풀이

입자와 액체의 비중차는 $4.00 - 1.594 = 2.406$이다. 밀도차는 $\rho_p - \rho = 62.37 \times 2.406 = 150.06$ lb/ft^{3}이다. CCl_4의 밀도는 $62.37 \times 1.594 = 99.42$ lb/ft^{3}이다. 부록 9에서 20°C에서의 CCl_4의 점도는 1.03 cP이다. 식 (7.45)에서 판별기준 K는 다음과 같다.

$$K = \frac{0.004}{12}\left[\frac{32.174 \times 99.42 \times 150.06}{(1.03 \times 6.72 \times 10^{-4})^2}\right]^{1/3} = 3.34 \tag{7.47}$$

침강은 거의 Stokes 법칙 범위에 속한다. 식 (7.40)에서 자유침강 섬아연광 입자의 종말속도는 다음과 같다.

$$u_t = \frac{32.174 \times (0.004/12)^2 \times 150.06}{18 \times 1.03 \times 6.72 \times 10^{-4}} = 0.043 \text{ ft/s}$$

간섭침강일 때의 종말속도는 식 (7.46)에서 구한다. 입자의 Reynolds 수는,

$$Re_p = \frac{0.004 \times 0.043 \times 99.42}{12 \times 1.03 \times 6.72 \times 10^{-4}} = 2.06$$

그림 7.8에서 $n = 4.1$이므로, 식 (7.46)에서

$$u_s = 0.043 \times 0.8^{4.1} = 0.017 \text{ ft/s} (5.2 \text{ mm/s})$$ ■

기포와 액적의 침강 및 상승

고체 입자와는 달리 분산 액적이나 기포는 연속상 중에서 움직이는 중에 모양이 변한다. 항력은 액적을 평평하게 만들려 하고 표면장력은 이 힘에 대항한다. 0.5 mm 미만의 액적이나 기포는 단위 부피 기준의 표면에너지가 커서 거의 구형이 되므로, 항력계수와 종말속도는 고체 구와 거의 비슷하다. 그러나 표면마찰로 인해 낙하 액적 내부에 순환 패턴이 생기고, 기-액 계면의 이동으로 인해 전체 항력이 단단한 구에 비해 다소 작아지기 때문에, 계수가 꼭 같지는 않다. 일반적으로는 계면에 농축되는 불순물이 계면의 움직임을 방해하므로, 아주 순수한 계에서만 항력계수가 작아진다.

떨어지는 빗방울처럼 지름이 1~ 몇(a few) mm인 액적은 흐름 방향에서 다소 평평해지므로, 부피가 같은 구에 비해 다소 천천히 낙하한다(만화 속에 자주 등장하는 눈물방울 모양은 사실과 다르다). 액적 크기가 증가하면 더욱 납작해져서 편원형(oblate)의 타원체가 되거나 편원형이 되었다가 편장형(prolate)이 되었다가 한다. 항력계수는 Reynolds 수에 따라 증가하며, 종말속도는 액적이 커짐에 따라 극대치에 도달했다가 다시 작아진다. 난류로 흐르는 물에 대해 상대적으로 움직이는 공기 기포의 경우를 그림 7.9에 보였다. 이때의 상대속도는 정지 액체일 경우에 비해 다소 크다. 그러나 물 속의 단일 공기 기포에 관한 자료를 보면, 서로 잘 일치하지 않는 경우가 많은데, 어쩌면 이는 물의 순도, 벽 효과, 측정 기술의 차이 때문일 수도 있다. 중앙의 노즐에서 빠르게 잇달아 만들어지는 기포의 흐름은 단일 기포에 비해 상승속도가 빠른데, 중심 영역에서 기포들이 액체의 상향흐름을 만들기 때문이다. 전해조의 수직 전극에서 생성되는 기포에서도 비슷한 효과를 볼 수

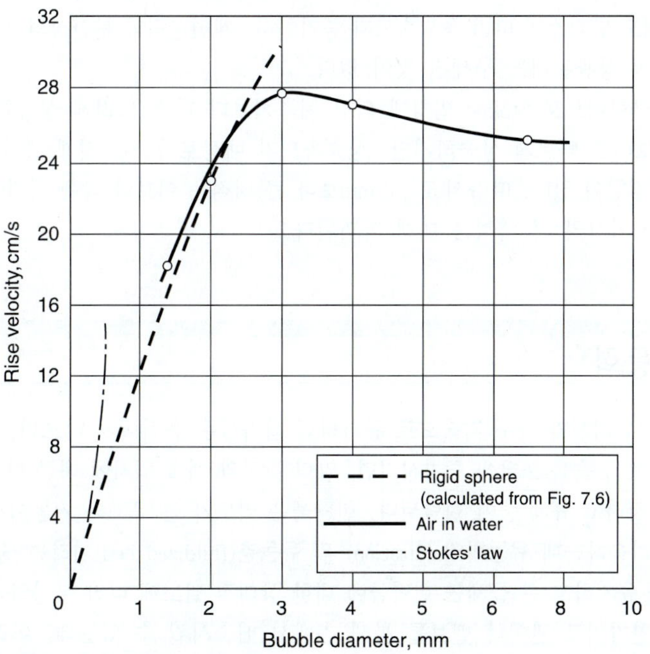

그림 7.9 물(70°F) 중의 공기 기포의 상승속도[J. L. L. Baker and B. T. Choo, AIChE, 11: 268 (1965)]

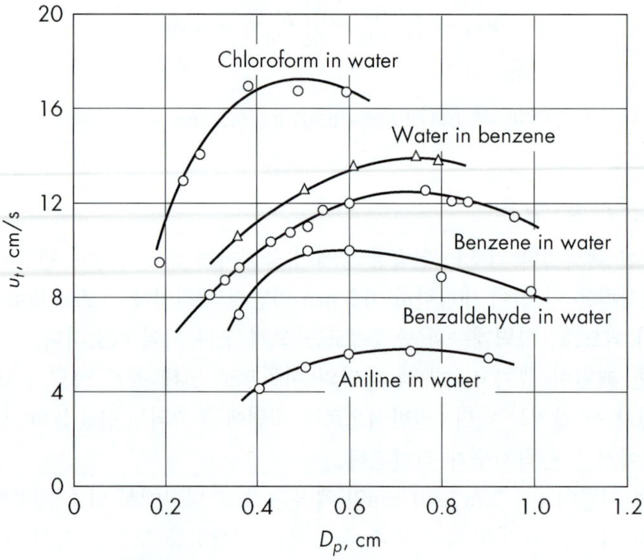

그림 7.10 액액계 중의 액적의 종말속도

있다. 장치의 단면 전체에 균일하게 분포되어 있는 기포떼(swarm) 중의 기포들은 일반적으로 단일 기포보다 천천히 상승하는데, 이는 간섭침강 효과 때문이다. 소형 컬럼에 있는 기포떼는 평균 속도가 크지만, 이는 중심에서 상승하는 중에 우연히 만들어지는 큰 기포나 기체 덩어리(slug) 때문이라 할 수 있다[7]. 기포와 액적 현상의 자세한 내용은 Tavlarides 등이 개관했다[22].

비혼화성 액체 중에서 상승하거나 하강하는 액체의 종말속도는 상당 구경(equivalent sphere diameter)의 증가에 따라 최대치가 되었다가 줄어든다. 몇 가지 액체에 관한 자료를 그림 7.10에 보였다[1]. 밀도차의 증가 또는 연속상의 점도의 감소에 따라 종말속도가 증가한다. 계면장력과 분산상의 점도에 따라서도 종말속도가 변하지만, 일반적 상관관계는 구해진 것이 없다.

아주 작은 액적은 구형이므로 Stokes 법칙에 의한 예측치보다 다소 느리게 상승한다. 그런대로 구형은 큰 액적이 작은 액적보다는 빠르게 상승하지만, 상승속도가 예상보다는 느리게 증가한다. 아주 큰 액적은 평평해져서 요동하는 경향이 있다. 따라서 5 ~ 6 mm보다 큰 액적은 이보다 작은 액적에 비해 천천히 움직인다. 지름이 약 10 mm 이상의 큰 액적은 대개 파괴된다.

7.4 유동화

고체 입자층에서 액체나 기체가 아주 저속으로 통과하면 입자들은 움직이지 않으며, 압력 강하는 Ergun 식 (7.22)로 나타낼 수 있다. 유속을 조금씩 증가시키면, 압력 강하와 개별 입자에 대한 항력이 증가하여, 마침내 입자들이 움직이기 시작하고 유체 중에 현탁된다. 현탁물은 밀도가 큰 유체와 거동이 마찬가지이므로, 완전 현탁 입자의 상태를 기술하는데 **유동화**(fluidization) 및 **유동층**(fluidized bed)이라는 술어를 사용한다. 층이 들뜨면 표면은 수평을 유지하고 큰 물체는 현탁물에 대한 상대적 밀도에 따라 부상하거나 침하한다. 유동화된 고체는 액체와 마찬가지로 관이나 밸브를 통해 층에서 배출시킬 수 있는데, 이러한 유동성(fluidity)은 고체 취급에서 유동화를 이용하는 기본적 장점이 된다.

유동화 조건

그림 7.11에 보인 것처럼, 접촉분해 촉매와 같은 미세 과립상 물질이 들어있는 수직관을 고려하자. 관의 상부는 열려 있으며, 촉매층은 바닥의 다공판 위에 있다. 다공판은 흐름을 단면 전체에 균일하게 분산시키는 역할도 한다. 분산판 밑에 공기를 저속으로 도입하면, 공기는 층을 통해 상승하지만, 입자는 움직이지 않는다. 입자가 아주 작으면, 입자 사이의 유로에서의 흐름은 층류가 되고, 층에서의 압력 강하는 공탑속도 $\overline{V}_0$ [식 (7.17)]에 비례한다. 유속이 조금 증가하면 압력 강하가 증가하지만, 입자는 움직이지 않고, 층 높이는 그대로 유지된다. 유속이 어떤 값에 이르면, 층에서의 압력 강하가 입자에 작용하는 중력 즉 층의 무게와 균형을 이루는 상태가 되며, 유속이 이 이상 증가하면 입자가 움직이기 시작한다. 그림의 A가 이 점이다. 입자들이 서로 접촉하고 있는 상태에서도 층이 약간 팽창하기도 하는데, ε이 조금만 증가해도 $\overline{V}_0$의 몇 % 증가를 상쇄하여 Δp를 일정하게 유기하기 때문이다. 유속이 더욱 증가하면 입자들이 서로 충분히 떨어져서 층 안을 돌아다니게 되어, 참 유동화가 일어난다(점 B).

일단 층이 유동화되면 층에서의 압력 강하는 일정하지만 층 높이는 유속 증가에 따라 계속 증가한다. 고체를 거의 손실하지 않으면서도 상당히 큰 유속에서 층을 운전할 수가 있는데, 입자층을 지지하는데 필요한 공탑속도는 개별 입자의 종말속도보다 아주 작기 때문이다(뒤에서 다시 설명한다).

유동층의 유량을 점점 감소시키면, 압력 강하는 일정하면서도 층 높이가 감소하여, 선 BC를 따르는데, 이 선은 유속을 증가시킬 때 관찰한 것이다. 그러나 층의 최종 높이는 고정층의 초기치보다 커지는데, 유동화 상태에서 천천히 가라앉을 때에 비하여 한꺼번에 들어부었을 때 한층 치밀하게 충전되기 때문이다. 결과적으로 저속일 때의 압력 강하는 초기 고정층에 비해 적어진다. 다시 유동화시키면 점 B에서 압력 강하와 층 무게가 같아지므로, 점 A가 아니라 점 B가 최소 유동화속도(minimum fluidization velocity) $\overline{V}_{0M}$를 나타낸다고 보아야 한다. $\overline{V}_{0M}$을 측정하려면, 층을 격렬하게 유동화시킨 다음 기체 흐름을 정지시켜서 층이 갈아앉도록 한다. 이어서 유량을 점점 증가시켜서 층의 팽창이 시작되도록 한다. 한층 재현성이 있는 $\overline{V}_{0M}$ 값은, 고정층 및 유동층에서의 압력 강하 곡선의 교점에서 구할 수 있다.

최소 유동화속도

층에서의 압력 강하와 단위 단면적 기준의 층 무게가 같다고 하고, 대체된 유체의 부력을 고려하면, 최소 유동화속도에 관한 식을 구할 수 있다.

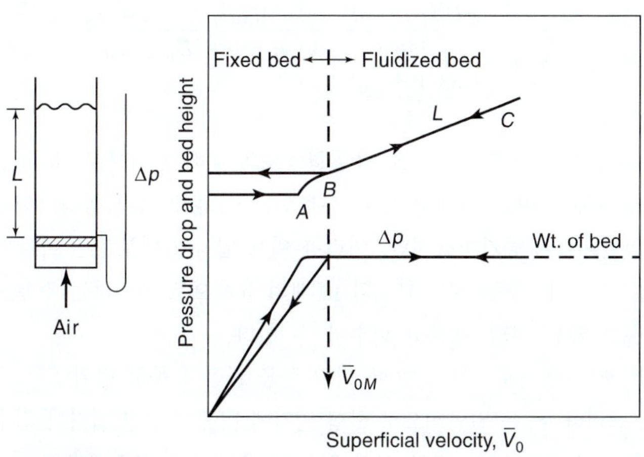

그림 7.11 고체층에서 압력 강하 및 층 높이와 공탑속도의 관계

$$\Delta p = g(1-\varepsilon)(\rho_p - \rho)L \tag{7.48}$$

초기 유동화에서는 ε이 최소 공극률 ε_M이다(입자 자체가 다공질이면 ε는 층의 외부 공극률이다). 따라서,

$$\frac{\Delta p}{L} = g(1-\varepsilon_M)(\rho_p - \rho) \tag{7.49}$$

식 (7.49)와 Ergun 식 (7.22)를 사용하여 초기 유동화점의 $\Delta p/L$에 관해 나타내면 최소 유동화속도 $\overline{V}_{0M}$에 관한 2차식이 된다.

$$\frac{150\mu \overline{V}_{0M}}{\Phi_s^2 D_p^2}\frac{(1-\varepsilon_M)}{\varepsilon_M^3} + \frac{1.75\rho \overline{V}_{0M}^2}{\Phi_s D_p}\frac{1}{\varepsilon_M^3} = g(\rho_p - \rho) \tag{7.50}$$

입자가 미세하면 Ergun 식의 층류 항만 중요하다. $\mathrm{Re}_p<1$이면 최소 유동화속도식은 다음과 같이 된다.

$$\overline{V}_{0M} \approx \frac{g(\rho_p-\rho)}{150\mu}\frac{\varepsilon_M^3}{1-\varepsilon_M}\Phi_s^2 D_p^2 \tag{7.51}$$

여러 가지 실험식에 의하면 $\overline{V}_{0M}$은 입도의 2.0 제곱보다는 약간 작은 값에 따라 변하며 점도에 대해서는 반드시 역비례하지는 않는다. 이처럼 지수 값이 예상치에 비해 약간 달라지는 것은, Ergun 식에서 둘째 항을 무시한 데 따른 오차가 생기고 또 공극률 ε_M이 입도에 따라 달라지기 때문이다. 구형에 가까운 입자에서는 일반적으로 ε_M이 0.40~0.45 정도이며, 입도의 감소에 따라 약간 증가한다. 불규칙한 고체에서는 ε_M이 불확실하기 때문에, 식 (7.50)이나 (7.51)에서 $\overline{V}_{0M}$을 추산할 때 오차가 생긴다고 할 수 있다.

식 (7.50)을 사용하여 공기 중의 입자의 최소 유동화속도를 계산하면 그림 7.12처럼 된다. 입도가 300 μm 정도 미만일 때는 $\overline{V}_{0M}$이 D_p^2에 따라 변하는데, 유동화의 응용에서는 대체로 입도 범위가 30~300 μm 정도이다. 그러나 석탄의 유동층 연소에서는 1 mm 미만의 입자를 사용하기도 한다. 입도가 아주 크면 층류 항이 무시되므로, $\overline{V}_{0M}$은 입도의 제곱근에 따라 변한다. $\mathrm{Re}_p>10^3$일 때는 다음과 같은 식이 된다.

$$\overline{V}_{0M} \approx \left[\frac{\Phi_s D_p g(\rho_p-\rho)\varepsilon_M^3}{1.75\rho}\right]^{1/2} \tag{7.52}$$

그림 7.12에는 정지 공기 중에서 낙하하는 개별 입자의 종말침강속도를 함께 보였다. Reynolds 수가 작을 때는 u_t와 $\overline{V}_{0M}$이 모두 D_p^2, $\rho_p-\rho$, $1/\mu$에 따라 변하며, $u_t/\overline{V}_{0M}$ 비는 주로 최소 유동화속도일 때의 공극률에 따라 변한다. 식 (7.40)과 (7.51)에서,

$$\begin{aligned}\frac{u_t}{\overline{V}_{0M}} &= \frac{gD_p^2(\rho_p-\rho)}{18\mu}\frac{150\mu}{g(\rho_p-\rho)\Phi_s^2 D_p^2}\frac{1-\varepsilon_M}{\varepsilon_M^3}\\ &= \frac{8.33(1-\varepsilon_M)}{\Phi_s^2\varepsilon_M^3}\end{aligned} \tag{7.53}$$

구형 입자에서 $\varepsilon_M \approx 0.45$이면, 종말속도는 최소 유동화속도의 50배가 되므로, 10 mm/s로 유동화되는 층은 유속을 400 mm/s까지 운전해도 배출 기체에 동반 유출되는 입자가 거의 없다. 입도 분포가 넓으면 평균 입도보다 작은 입자의 동반배출이 증가하겠지만, 이러한 미세 입자의 대부분은 여과기나 사이클론 분리기로 회수하여 층에 반송시킬 수 있다. 유동층은 $\overline{V}_{0M}$의 100배의 유속으로 운전하는 경우도 있는데, 이때 동반배출량이 증가하지만 배출 고체는 거의 완전히 회수할 수 있다.

입자가 구형이 아니면 $\Phi_s<1$이므로, 식 (7.53)에 따라 한층 넓은 유동화 범위에서 동반배출이 없이 조작할 수 있을 것으로 보인다. 그러나 ε_M은 일반적으로 구형 입자에 비해 비구형 입자의 경우에 크므로, $\Phi_s=0.8$, $\varepsilon_M=0.5$에서는, $u_t/\overline{V}_{0M}$이 0.52로서, 구형 입자에 관한 추산치와 비슷해진다.

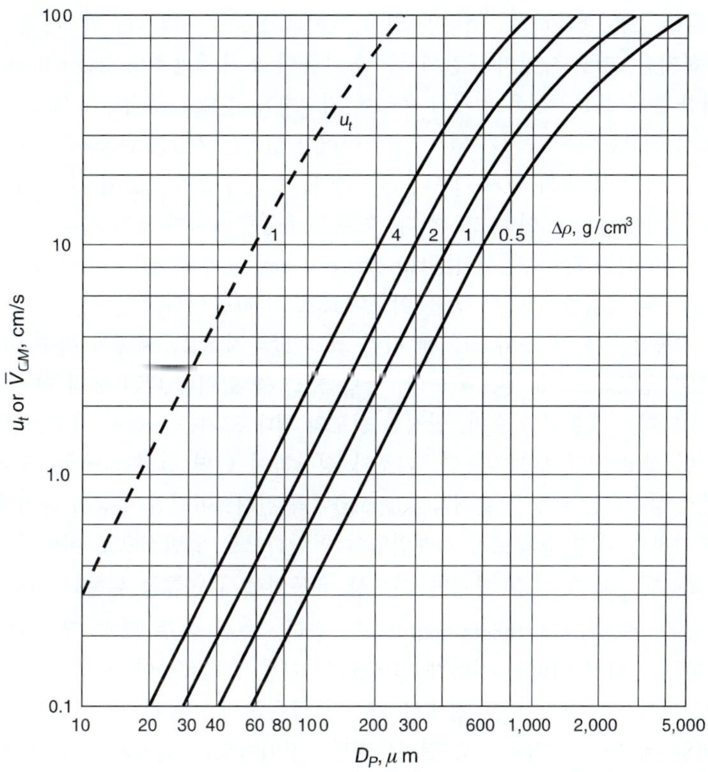

그림 7.12 20°C, 1 atm의 공기를 사용할 때의 최소 유동화속도와 종말속도($\varepsilon_M = 0.50$, $\Phi_s = 0.8$, $\Delta\rho = \rho_p - \rho$)

입자가 크면 종말속도를 Newton의 법칙[식 (7.43)]으로 나타내는데, 이를 식 (7.52)의 $\overline{V}_{0M}$과 비교할 수 있다. 구형 입자에서 $\mathrm{Re}_p > 10^3$인 경우 다음과 같이 된다.

$$\begin{aligned}\frac{u_t}{\overline{V}_{0M}} &= 1.75\left[\frac{gD_p(\rho_p - \rho)}{\rho}\right]^{1/2}\left[\frac{1.75\rho}{gD_p(\rho_p - \rho)\varepsilon_M^3}\right]^{1/2} \\ &= \frac{2.32}{\varepsilon_M^{3/2}}\end{aligned} \tag{7.54}$$

$\varepsilon_M = 0.45$에서 $u_t / \overline{V}_{0M} = 7.7$이면, 이는 미세 입자에 비해 아주 작은 값이므로, 최소 유동화속도의 수(several) 배로 운전하면 동반배출이 한층 극심해진다. 따라서 유동층에서 굵은 입자를 사용하면 다소 불리하지만, 최적 입도는 반응기 효율, 열 및 물질 전달속도, 분쇄비, 기체의 목표 속도 등에 따라 달라진다.

유동층 형태

최소 유동화속도에 관한 식은 기체 뿐 아니라 액체에도 적용할 수 있지만, $\overline{V}_{0M}$ 이상에서는 액체와 기체로 유동시켰을 때의 층 모양이 크게 달라지는 경우가 많다. 모래를 물로 유동시키면 입자들이 멀리 떨어져서 움직인다. 속도가 증가하면 운동이 한층 격렬해지지만, 특정 속도에서 층의 평균 밀도는 층의 모든 단면에서 마찬가지가 된다. 이를 **입자상 유동화**(particulate fluidization)라 하며, 고속에서 층이 크면서도 균일하게 팽창할 때 나타나는 특성이다.

공기로 유동시킨 고체 층은 이른바 응집성 유동화(aggregative fluidization) 또는 기포상 유동화(bubbling fluidization) 거동을 나타낸다. 공탑속도가 $\overline{V}_{0M}$보다 다소 크면, 기체의 대부분은 고체가 거의 들어있지 않은 기포 또는 공극 형태로 층을 통과하며, 소량만 입자 사이의 유로로 흐른다. 입자들은 제멋대로 움직이며 유체가 받쳐주기는 하지만, 기포 사이의 공간에서는 공극률이 초기 유동화(incipient fluidization)일 때와 거의 마찬가지이다. 이러한 층의 불균일성은 입자의 응집에 기인하는 것으로 생각하여 처음에는 **응집성 유동화**라 했지만, 입자가 서로 들러붙는다는 증거가 없으므로, 이러한 현상은 **기포상 유동화**라 하는 편이 좋을 것이다. 이때 형성되는 기포는, 마치 물 속의 공기 기포나 끓는 액체 중의 수증기 기포와 같은 거동을 하므로, 이러한 형태의 유동층을 비등층(boiling bed)이라고도 한다. 기포상 유동층에서의 열전달 속도, 물질전달 속도, 화학 반응 속도에 관한 연구에서는 **2상 유동화이론**(two-phase theory of fluidization)이라 하는데, 기포가 하나의 상을 이루고 현탁 입자의 밀집층이 다른 상을 이룬다고 보기 때문이다.

기포상 유동층의 거동은 기포의 수와 크기에 따라 크게 달라지므로, 예측이 아주 어렵다. 기포의 평균 크기는, 입자의 성질과 입도분포, 분산판의 형태, 공탑속도, 층 깊이에 따라 달라진다. 기포는 유동층에서 상승하면서 합체되어 커지는 경향이 있으며, 안정한 기포의 최대 크기는 지름이 수 inch에서 몇 feet에 이르기도 한다. 탑의 지름이 작고 고체층이 깊으면, 기포가 성장하여 단면 전체를 메우기도 한다. 이때 고체와 분리된 기포가 차례로 상승하는 현상을 **슬러깅**(slugging)이라 한다. 이러한 현상이 생기면 층의 압력이 변동하고 동반배출이 증가하며 대형 장치로의 스케일업이 곤란하므로 일반적으로 바람직하지 못하다.

기체의 공탑속도가 $\overline{V}_{0M}$보다 아주 커지면 기포상 유동화에서 **난류성 유동화**(turbulent fluidization)로 전이되는데, 이를 급속 유동화(fast fluidization)라고도 한다. 층이 아주 크게 팽창하여 기포의 분산상이 더 이상 존재하지 못하게 되면 이러한 전이가 일어난다. 기상이 연속상이 되며, 층 밀도가 큰 영역과 작은 영역이 산재하게 되어, 층 안의 모든 점에서 밀도가 급속하게 변동한다. 일반적으로 속도가 0.3~0.6 m/s(1~2 ft/s) 범위일 때 난류성 유동화로 전이되지만, 전이속도는 입자의 성질과 기포의 평균 크기에 따라 달라지기 때문에 예측이 곤란하다.

기체 유속이 더욱 커지면, 공급된 입자가 모두 기체 흐름에 동반되어 배출되지만, 사이클론으로 분리하여 장치의 바닥으로 반송하면 장치 안에 고체를 체류시킬 수 있다. 이러한 장치에는 뚜렷한 고체층이 없음에도 불구하고 **순환 유동층**(circulating fluid bed)이라 한다. 현탁 상태에 있는 고체의 분율은 아주 낮아서, 대개는 몇 %에 불과하다. 이러한 장치는 공기식 수송장치와 비슷한데, 이에 관해서는 뒤에서 다룬다.

액체에 의한 유동화는 입자상이고 기체에 의한 유동화는 기포상이라고 일반적으로 말할 수는 없다. 밀도차가 중요한 매개변수이므로, 아주 무거운 고체는 물에 의해서도 기포상 유동화가 되고, 고압 기체에서는 미세 고체의 입자상 유동화가 될 수도 있다. 또 분해 촉매처럼 밀도가 보통인 미세 고체는 어떤 한계 범위의 유속에서는 입자상 유동화가 되지만 고속에서는 기포상 유동화가 된다.

유동층의 팽창

유동화 형태에 관계없이 공탑속도가 증가하면 층이 팽창하며, 전체 압력 강하는 일정하게 유지되므로 ε이 증가하면 단위 길이 기준의 압력 강하가 감소한다. 식 (7.48)을 다시 쓰면 다음과 같다.

$$\frac{\Delta p}{L} = g(1-\varepsilon)(\rho_p - \rho) \tag{7.55}$$

입자상 유동화. 입자상 유동화에서는 층이 균일하므로, 조금 팽창된 층에 관해서는 고정층에 사용되는 Ergun 식을 적용해도 비슷하게 맞을 것으로 예상된다. 입자 사이의 흐름이 층류라 가정하고, 식 (7.22)의 첫 항을 사용하면 팽창층에 관한 다음 식이 얻어진다.

$$\frac{\varepsilon^3}{1-\varepsilon} = \frac{150\,\overline{V}_0\mu}{g(\rho_p - \rho)\Phi_s^2 D_p^2} \tag{7.56}$$

이 식은 최소 유동화속도를 나타낸 식 (7.51)과 비슷하지만, 이 식에서는 $\overline{V}_0$가 독립변수이고 ε이 종속변수이다. 식 (7.56)에 따르면, $\overline{V}_0$이 $\overline{V}_{0M}$보다 크면 $\varepsilon^3/(1-\varepsilon)$이 $\overline{V}_0$에 비례한다. 팽창층 높이는 ε으로부터 구할 수 있으며, 초기 유동화에서의 L과 ε 값은 다음 식으로 구한다.

$$L = L_M \frac{1-\varepsilon_M}{1-\varepsilon} \tag{7.57}$$

그림 7.13에 보인 것은, 물 속에서 작은 유리 구슬(glass bead)의 유동화 자료이다[23]. 첫 자료점은 $\varepsilon_M = 0.384$, $\overline{V}_{0M} = 1.67$ mm/s일 때의 값이며, 이론선은 이 점과 원점을 지나는 직선이다. 실제 팽창은 전반적으로 추정치보다 약간 작은데, 이는 공극률이 국부적으로 변동하여 수력학적 저항을 감소시키기 때문이라 할 수 있다. 층 높이는 속도에 따라 거의 선형적으로 증가하며, $\overline{V}_0 = 10\ \overline{V}_{0M}$에서는 층 높이가 거의 2배가 된다.

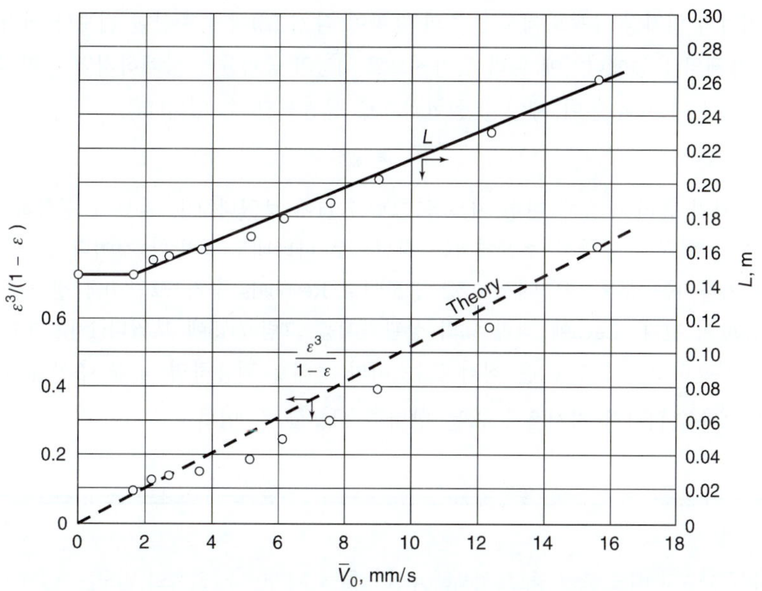

그림 7.13 입자상 유동화에서 층의 팽창(R. H. Wilhelm and M. Kwauk, *Chem. Eng. Prog.*, 44: 201 (1948)]

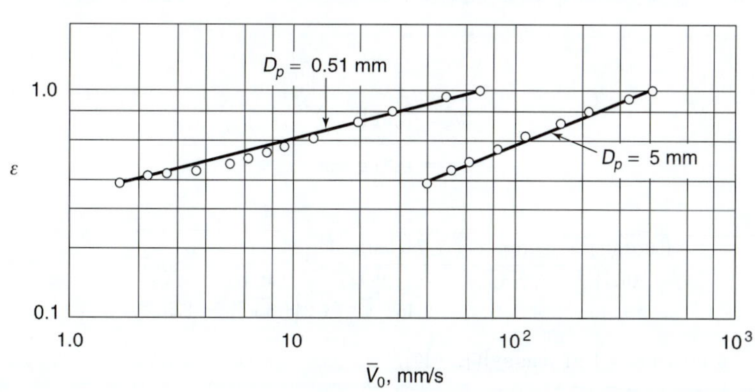

그림 7.14 유동층에서 유속에 따른 공극률의 변화(R. H. Wilhelm and M. Kwauk, *Chem. Eng. Prog.*, 44: 201 (1948)]

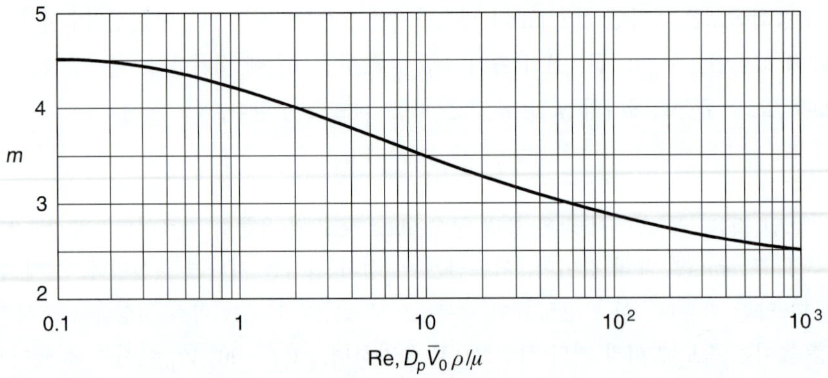

그림 7.15 층 팽창에 관한 식 (7.58)의 지수 m(M. Leva, *Fluidization*, p.89, 1959, McGraw-Hill Book Co.)

물 속에서 큰 입자의 입자상 유동화에서는 층의 팽창이 식 (7.56)에서 추산한 것보다 커지는데, 압력 강하가 부분적으로는 유체의 운동에너지에 따라 달라지므로 $\bar{V}_0$의 증가율을 상쇄하려면 ε의 증가가 커야 하기 때문이다. 팽창 자료는 Lewis 등이 제안한 실험식으로 상관시킬 수 있다[15].

$$\bar{V}_0 = \varepsilon^m \tag{7.58}$$

크기가 다른 두 가지 유리 구슬에 관한 자료를 그림 7.14에 보였다[23]. 자료가 정확하게 식 (7.58)과 일치하지는 않지만, 층 팽창의 공학적 추산에서는 직선으로 나타내도 무방할 것이다. 여러 연구 자료를 보면, 이러한 선의 기울기는 층류 영역에서 0.22 정도이고 Reynolds 수가 크면 0.4 정도로 변한다. 이러한 선의 기울기는 $1/m$이 된다. Leva에 의한 m의 상관관계를 그림 7.15에 보였다[13]. 최소 유동화속도에서의 Reynolds 수를 사용하고, 식 (7.58)을 직접 또는 비의 형태로 적용하면 m을 추산할 수 있다. 또 $\bar{V}_{0M}$과 u_t를 구하고 그림 7.14처럼 직선을 그리는 방법도 이용할 수 있다.

예제 7.3

깊이 8 ft인 이온교환수지 비드 층을 물로 역세하여 오염물을 제거한다. 입자의 밀도는 1.24 g/cm^{3}이고 평균 입도는 1.1 mm이다. 20°C의 물을 사용할 때의 최소 유동화속도와 층을 25% 팽창시키는 데 필요한 유속을 구하여라. 비드는 구형($\Phi_s = 1$)이며, ε_M은 0.40이라 가정한다.

풀이

필요한 양은 다음과 같다.

$$\mu = 0.01\,\text{P}$$
$$\Delta\rho = 0.24\,\text{g/cm}^3$$

식 (7.50)에서,

$$\frac{150(0.01)\,\bar{V}_{0M}}{(0.11)^2}\frac{0.6}{0.4^3} + \frac{1.75(1.0)(\bar{V}_{0M})^2}{0.11}\frac{1}{0.4^3} = 980(0.24)$$
$$1,162\,\bar{V}_{0M} + 248.6\bar{V}_{0M}^2 = 235.2$$

이 2차식에서 $\bar{V}_{0M} = 0.194$ cm/s $= 1.94$ mm/s이다. 이때,

$$\text{Re}_p = \frac{0.11(0.194)(1.24)}{0.01} = 2.65$$

그림 7.15에서 $m \approx 3.9$이다. 식 (7.58)에서

$$\left(\frac{\varepsilon}{\varepsilon_M}\right)^{3.9} = \frac{\overline{V}_0}{\overline{V}_{0M}}$$

25%를 팽창시키면, $L = 1.25L_M$, $1 - \varepsilon = (1 - \varepsilon_M)/1.25 = 0.48$이다. 따라서

$$\varepsilon = 0.52$$

$$\overline{V}_0 = 1.94(0.52/0.40)^{3.9} = 5.40 \text{ mm/s}$$

■

기포상 유동화. 기포상 유동화에서는, 전체 유량을 증가시켜도 밀집상(dense phase)은 그다지 팽창하지 않으며, 주로 기포가 차지하는 공간 때문에 층이 팽창한다. 여기에서 밀집상을 통과하는 유속은 전체 층에서 밀집상이 차지하는 분율과 $\overline{V}_{0M}$의 곱과 같으며, 나머지 기체 흐름은 기포에 의한 것이라 가정하고 관계식을 유도하기로 한다. 즉

$$\overline{V}_0 = f_b u_b + (1 - f_b)\overline{V}_{0M} \tag{7.59}$$

f_b = 층에서 기포가 차지하는 분율

u_b = 기포의 평균 유속

고체는 모두 밀집상에 있으므로, 팽창층 높이와 밀집상 분율의 곱은 초기 유동화에서의 층 높이와 같아야 한다.

$$L_M = L(1 - f_b) \tag{7.60}$$

이 식을 식 (7.59)와 결합하면 다음과 같다.

$$\frac{L}{L_M} = \frac{u_b - \overline{V}_{0M}}{u_b - \overline{V}_0} \tag{7.61}$$

u_b가 $\overline{V}_0$에 비해 아주 크면, $\overline{V}_0$가 $\overline{V}_{0M}$의 몇 배가 되더라도 층은 조금 밖에 팽창하지 않는다.

유동층에서 기포 속도에 관한 실험식의 예를 들면 다음과 같다[21].

$$u_b \approx 0.7\sqrt{gD_b} \tag{7.62}$$

입자의 크기와 모양이 이 식의 계수에 미치는 영향은 사소하다. 큰 기포가 구형이 아니라 버섯 모양이라 하더라도 D_b를 상당 구경(equivalent spherical diameter)으로 하면, 이 식은 비교적 잘 맞는다. $D_b = 100$ mm이면 $u_b = 700$ mm/s이다. $\overline{V}_{0M} = 10$ mm/s, $\overline{V}_0 = 100$ mm/s이면, $L/L_M = 1.15$가 된다. 유속을 2 배로 증가시킬 때 기포 크기가 일정하면 $L/L_M = 1.38$이 된다. 그러나 합체 때문에 기체 유속이 증가하면 일반적으로 기포 크기가 증가하며, 층 높이는 유속에 따라 거의 선형적으로 증가하는 경우가 많다. 입자상 유동화에서는 층을 크게 팽창시킬 수 있지만, 이 경우에는 유속이 $\overline{V}_{0M}$의 50배가 되더라도 층은 보통 20~50% 정도만 팽창한다.

미세 분말 중에는 기체로 유동시키면 최소 유동화점 부근의 한계 유속 범위에서 입자상 유동화를 나타내는 것이 있다. 유속을 증가시키면 기포가 형성되기 전까지 층이 균일하게 팽창하지만, 유속이 기포점 이상으로 증가하면 층이 조금씩 사그러 들어서 최소 층 높이가 되었다가, 기포 흐름이 지배적이 되면 다시 팽창한다. 실리카-알루미나 분해 촉매는 이러한 변칙적 거동을 한다. 그림 7.16에는 이러한 공업용 촉매와 가는 모래의 층 팽창 자료를 대비시켜서 나타냈다. 입자상 유동화는 입자가 아주 작거나 밀도가 작은 영역에서만 볼 수 있다. Geldart는 이러한 성질에 기초하여 고체를 분류했다[3].

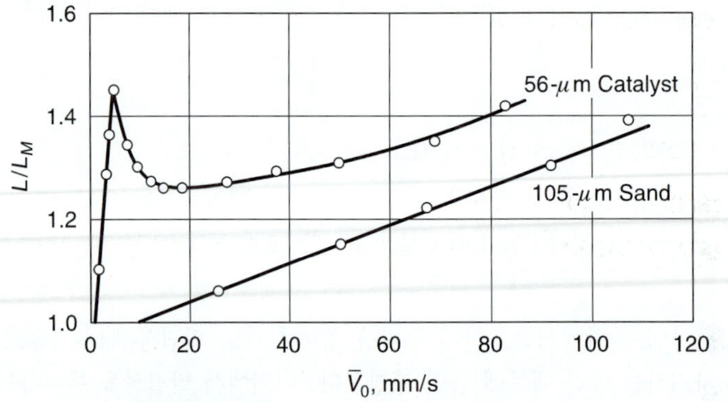

그림 7.16 모래와 분해 촉매 유동층의 팽창

유동화의 응용

유동화법을 광범하게 사용하기 시작한 것은 석유 공업에서 유동층 접촉 분해법을 개발하면서부터이다. 현재는 일반적으로 유동층 대신에 라이저(riser) 또는 수송관 반응기(transport-line reactor)를 사용하지만, 촉매 재생에는 여전히 지름이 10 m나 되는 유동층 반응기를 사용한다. 아크릴로니트릴의 합성과 같은 촉매 프로세스나 기-고 반응에서는 유동화를 이용한다. 석탄의 유동층 연소도 관심의 대상인데, 이 방법을 사용하면 보일러 비용을 절감하고 오염물 방출을 줄일 수 있다. 광석의 배소(roasting), 미세 고체의 건조, 기체의 흡착 등에서도 유동층이 이용된다.

유동화의 기본적 장점은, 층을 통과하는 유체에 의해 고체를 격렬하게 교반할 수 있고, 발열량이나 흡열량이 큰 경우에도 실질적으로 층에 온도 구배가 생기지 않도록 하면서 고체를 혼합할 수 있다는 점이다. 고체의 운동이 격렬하면, 벽이나 층 안의 냉각관을 향한 열전달속도가 커진다. 또 고체의 유동성을 이용하여 고체를 한 용기에서 다른 용기로 쉽게 옮길 수도 있다.

기-고 유동화의 기본적 단점은 기체와 고체의 불균일한 접촉이다. 기체의 대부분은 기포의 형태로 층을 통과하며, 기체 둘레의 얇은 쉘(shell), 즉 기포구름(bubble cloud)에서만 소량의 고체가 직접 기체와 접촉한다. 고체의 대부분이 들어있는 밀집상을 통과하는 기체는 소량뿐이다. 기포와 밀집상 사이에서는 기포 분할 및 합체와 같은 난류과정과 확산에 의해 기체가 부분적으로 교환된다. 그러나 이상적 플러그흐름 반응기에서처럼 같은 온도에서 균일하게 접촉하는 경우에 비해 일반적으로 기상 반응물의 총괄 전화율이 아주 낮다. 난류성 유동화에서는 기포상 유동화에 비해 층의 평균 밀도가 작지만, 기체와 고체 사이의 물질전달이 좋으므로 화학반응기와 같은 장치의 성능을 개선한다. 여하간 유동층 반응기의 스케일업은 명확하지 않다.

유동층의 기타 단점으로는 용기 내면의 침식과 고체의 마모로 인한 미세 고체의 손실 등을 들 수 있는데, 이러한 문제는 설계를 적절히 함으로서 쉽게 해결할 수 있다. 유동층 반응기에는 대부분 내부 또는 외부 사이클론을 설치하여 미세 고체층을 회수하지만, 여과기나 스크러버(scrubber)가 필요한 경우도 있다.

연속식 유동화 : 슬러리 및 공기식 수송

고체를 통과하는 유속이 아주 크면, 고체가 전부 유체에 동반 배출되므로, 이른바 **연속식 유동화**(continuous fluidization)가 된다. 이미 언급했지만, 기-고 반응기 중에는 이런 방식으로 조작하는 것이 있다. 그러나 연속식 유동화가 주로 응용되는 분야는 한 지점에서 다른 지점으로의 고체의 수송이다.

수력학적 수송(슬러리 수송). 지름이 50 μm 미만인 입자는 침강이 아주 느려서 움직이는 액체 중에 쉽게 현탁되지만, 큰 입자는 현탁이 힘들다. 특히 수평관에서 지름이 0.25 mm 이상인 입자는 유속을 아주 크게 해도 유동시키기가 쉽지 않다. 입자가 침강하는 하한인 임계속도 $\overline{V}_c$는 일반적으로 1~5 m/s이지만, 고체와 액체의 밀도차, 입경, 슬러리 농도, 관 치수에 따라 달라진다. 작은 관에 비해 큰 관에서는 임계속도가 커진다. Oroskar와 Turian은 $\overline{V}_c$의 반이론적 일반 추산식을 제안했다[18].

비침강성 입자 슬러리에서의 압력 강하는 균일상 액체에 관한 식을 이용하여 구할 수 있는데, 밀도와 겉보기 점도의 증가를 적절히 고려하면 된다. "침강성 슬러리"(settling slurry)에 관해서는 만족할만한 관계식이 없다. 수평관에서의 압력 강하는, 밀도와 점도가 슬러리와 같은 단일상 유체의 경우에 비해 큰데, 임계속도 부근일 때 특히 커진다. 그러나 유속이 증가하면 단일상 액체의 경우와 비슷해진다. 속도가 3 $\overline{V}_c$ 이상이면 슬러리와 이에 대응하는 단일상 액체에서의 압력 강하가 같다. 긴 슬러리 배관에서의 전형적 유속은 $\overline{V}_c$의 1.5~2배 정도이다.

공기식 수송. 공기식 컨베이어(pneumatic conveyor)에서 현탁용 유체로는 기체인 공기를 주로 사용하는데, 지름이 50~400 mm인 관에서 유속을 15~30 m/s 정도로 한다. 전형적 장치를 들면 다음과 같다.

(1) 부압식(진공식) 장치[negative-pressure(vacuum) system]. 복수의 흡입점(기차, 선창 등)에서 단일 배출점으로 고체층을 수송하는 데 편리하다.
(2) 가압식 장치(positive-pressure system). 흡입점이 하나이고 배출점이 둘 이상일 때 편리하다.
(3) 진공-가압식 장치(vacuum-pressure system). 위의 두 가지의 장점을 살린 것이다.
(4) 예비유동식 장치(prefluidized system). 다른 방법에 비해 공기 필요량이 적으므로 동력 소비량도 적어진다.

취급하는 물질의 입도 범위는 미세 분말에서 6.5 mm의 펠릿에 이르며, 벌크 밀도는 16~3,200 kg/m^3 이상이다. 진공식 장치에서는 고체 유량의 한계가 6,800 kg/h 정도이며 컨베이어의 상당 길이는 300 m 미만이다. 가압식 장치는 계기압력 1~5 atm에서 운전하며, 크기가 6.5 mm 미만이고 살 흐르는 입자로서, 유량이 9,000 kg/h 이상 필요한 경우에 사용한다. 이 장치에서의 전형적 압력 손실은 0.5 atm 정도이다.

공기식 컨베이어 장치는 대부분 제조업자에게서 구입한다. 예비설계용으로 유용한 노모그래프는 Perry를 참고하면 된다[19].

7.5 기호 설명

A	면적, m^2, ft^2; A_p, 입자의 투영면적
a_e	외력에 의한 입자의 가속도, m/s^2, ft/s^2
C_D	항력계수, $2F_D/(u_0^2\rho A_p)$, 무차원
D	지름, m, ft; D_{eq}, 충전층에서 유로의 상당 지름; D_p, 구형 입자의 지름; 입자의 명목치수 또는 특성 길이; $\overline{D}_{pi}$, 분획물 i의 평균 입경; $\overline{D}_s$, 입자 혼합물의 평균 유효입경
F	힘, N, lb$_f$; F_D, 전체 항력; F_b, 부력; F_e, 외력
f	Fanning 마찰계수, 무차원
f_b	유동층에서 기포의 부피분율
G_0	입자에 접근하는 유체의 질량속도, kg/m$^2\cdot$s, lb/ft$^2\cdot$s; 충전층에서 공탑 질량속도
g	중력가속도, m/s^2, ft/s^2

K	침강 판단지표, 식 (7.45)에서 정의, 무차원
L	원통형 입자의 길이, m, ft; 충전층에서 유로의 길이; 충전층 또는 유동층의 전체 높이; L_M, 초기 유동층 높이
Ma	Mach 수, 무차원; Ma_a, Ma_b, 지점 a 및 b의 값; Ma_0, 접근 유체의 값
m	질량, kg, lb; 식 (7.58)의 지수
N_i	각 입도 범위의 입자 수
n	충전층의 유로 수; 식 (7.46)의 지수
p	압력, N/m^2, lb$_f$/ft^2; p_s, 정체점 압력; p_0, 교란되지 않은 유체의 압력
Re	Reynolds 수, 무차원; Re_p, 입자의 Reynolds 수, D_pG_0/μ
r	입자 경로의 반경, m, ft
S	단면적, m^2, ft^2; S_0, 공탑의 단면적
s_p	단일 입자의 표면적, m^2, ft^2
T	온도, K, °C, °F, °R; T_a, T_b, 지점 a 및 b의 온도; T_s, 정체점 온도; T_0, 접근 유체의 온도
t	시간, s
u	유속, 입자 속도, m/s, ft/s; u_b, 유동층에서 기포의 평균 속도; u_s, 균일 현탁물의 침강속도; u_t, 입자의 종말속도; u_0, 접근 유체의 속도; u', 변동 성분
$\overline{V}$	부피평균유속, m/s, ft/s; $\overline{V}_c$, 수력학적 수송에서의 임계속도; $\overline{V}_0$, 공탑속도; $\overline{V}_{0M}$, 최소 유동화 공탑속도
v_p	단일 입자의 부피, m^3, ft^3
x_i	혼합 입자층에서 입도가 i인 입자의 분율

그리스 문자

α	흐름에 직각 방향에 대한 각도
γ	비열 비, c_p/c_v
Δp	충전층 또는 유동층에서의 압력 강하
$\Delta\rho$	밀도차, $\rho_p-\rho$
ε	고체층의 공극률(부피분율); ε_M, 유동화의 최소 공극률
λ_1	식 (7.15)와 (7.16)의 상수
λ_2	식 (7.18)과 (7.19)의 상수
μ	절대 점도, cP, lb/ft·s; μ_s, 현탁물의 유효 점도
ρ	밀도, kg/m^3, lb/ft^3; ρ_p, 입자 밀도; ρ_0, 접근 유체의 밀도
τ_w	유로 경계에서의 전단응력, N/m^2, lb$_f$/ft^2
Φ_s	구형도, 식 (7.10)에서 정의
ϕ	함수
ω	각속도, rad/s

연습 문제

7.1 3×3 mm의 원통형 촉매 입자를 2 m 충전한 40 mm 관에서 탄화수소 1.2 %(몰 기준)인 공기를 통과시켜서 부분 산화한다. 공기는 350℃, 2.0 atm에서 공탑속도 1 m/s로 도입된다. 충전관에서의 압력 강하를 구하여라. 또 4 mm 펠릿을 사용할 때의 압력 강하의 감소율을 구하여라. $\varepsilon = 0.40$으로 간주한다.

7.2 높이 40 ft, 지름 18 ft인 촉매탑에 지름이 1 in인 구형 입자를 충전한다. 공기는 탑 상부에서 450°F로 도입되어 같은 온도에서 배출된다. 촉매층 하부의 절대 압력은 30 lb_f/in^2이고 층의 공극률은 0.40다. 기체의 평균 성질이 프로판과 비슷하고 기체와 촉매의 접촉시간이 8 s라 할 때 도입 압력을 구하여라.

7.3 1 in 크기의 세라믹제 Raschig 링을 충전한 탑에 공기가 $G_0 = 80$ 및 800 $lb/ft^2 \cdot h$로 흐를 때의 압력 강하는 각각 0.01 및 0.9 in H_2O/ft이다. 이러한 값은 향류로 흐르는 액체의 질량속도가 645 $lb/ft^2 \cdot h$일 때의 값이다. 액체의 질량속도가 645~1,980 $lb/ft^2 \cdot h$인 범위에서는 액체 유량에 따른 압력 강하의 변화가 사소하므로, 액체 체류량을 무시하고, 링의 벽 두께가 1/8 in일 때의 공극률을 추산하여라. 이 공극률과 Ergun 식을 사용하여 압력 강하를 추정하고, 추정치와 실험치의 차이를 검토하여라.

7.4 입상 활성탄층에 공기가 흐를 때의 자료가 다음과 같다. 압력 강하를 Ergun 식으로 추정한 값과 비교하고, 공기 유속이 100 및 200 ft/min일 때 두 가지 입자에 대한 압력 강하를 추정하여라.

$\bar{V}_0$, ft/min	4 × 6 Mesh, Δp, in. H_2O/ft	4 × 8 Mesh, Δp, in. H_2O/ft
10	0.25	0.32
40	1.40	1.80

7.5 입자층에서의 압력 강하를 사용하여 외부 표면적과 평균 입도를 구할 수 있다. 분쇄 광석 입자층에 관한 지료에 따르면, 공기의 공탑속도가 0.015 ft/s일 때 $\Delta p/L = 84$ (lb_f/in^2)/ft이다. 공극률의 측정치는 0.47이고 추정 구형도 $\Phi_s = 0.7$이다. 고체의 밀도가 4.1 g/cm^3일 때, 평균 입도와 비표면적(단위 질량 기준의 표면적)을 구하여라. 또 ε의 오차가 0.01일 때 답이 얼마나 민감하게 변하는가?

7.6 기체 흐름으로부터 H_2SO_4 미세 액적을 제거하기 위해 두께 150 mm인 미스트 제거 패드(demister pad)를 사용한다. 이 패드는 기체 흐름에 대해 수직인 평면에 50 μm의 섬유를 불규칙적으로 배열하여 만든 것으로, 평균 세공도는 0.90이다. 각 섬유에 대한 항력계수를 사용하여, 90℃, 1 atm에서 기체 유속이 0.3 및 0.9 m/s일 때의 압력 강하를 구하여라.

7.7 표 7.3에 보인 구형 입자가, 깊이 2 m인 20℃의 물에서 자유침강 조건에서 종말속도로 침강할 때의 침강시간을 구하여라.

7.8 사이클론 분리장치를 사용하여 150℃의 공기 흐름으로부터 모래 알갱이를 제거한다. 사이클론 본체는 지름이 0.6 m이고, 평균 접선속도는 16 m/s이다. 크기가 20 및 40 μm인 입자의 벽 근처에서의 방사방향 속도를 구하여라. 또 이러한 입자가 중력침강할 때의 종말속도와 비교하여라.

7.9 높은 탑 상부에서 용융 우레아(요소)를 찬 기체 중에 분무하고 아래로 떨어지면서 응고되도록 하여 우레아 펠릿을 만든다. 20℃의 공기가 들어 있는 높이 25 m의 탑에서 지름 6 mm인 펠릿을 만들고자 한다. 우레아의 밀도는 1,330 kg/m^3이다.

표 7.3 연습문제 7.7의 자료

Substance	Specific gravity	Diameter, mm
Galena	7.5	0.25
		0.025
Quartz	2.65	0.25
		0.025
Coal	1.3	6
Steel	7.7	25

(a) 자유침강 조건이라 가정하고, 우레아 펠릿의 종말속도를 구하여라.

(b) 펠릿이 바닥에 떨어지기 전에 종말속도의 99%에 이르는지를 설명하여라.

7.10 지름이 1 mm인 구형 입자를 최소 속도의 2배의 물로 유동화한다. 입자의 내부 세공도는 40%이며, 세공의 평균 지름은 10 μm이고, 입자의 밀도는 1.5 g/cm^{3}이다. 입자 사이에서의 흐름에 비해 내부 세공을 통한 흐름은 아주 적음을 증명하고, 유동화 거동을 추정하고자 할 때 내부 세공은 무시해도 좋음을 설명하여라.

7.11 수직 원통 용기에서, 1 atm, 80°C의 공기 45,000 kg/h로 지름이 5 mm인 촉매 펠릿을 유동시키고자 한다. 촉매 입자는 밀도가 960 kg/m^{3}이고 구형도는 0.86이다. 공기의 유량이 고체를 유동시키는 데 충분하다고 할 때, 용기의 지름을 구하여라.

7.12 Dow Chemical Company의 선전 책자에 따르면, 20~50 mesh의 Dowex 50-X8 수지의 충전층에서 물이 흐를 때의 압력 강하는 유량에 비례하며, 유량이 10 gal/min·ft^{2}일 때의 압력 강하는 0.80 (lb$_f$/in^2)/ft이다.

(a) 산술평균 입도와 공극률 0.35를 사용하여 압력 강하를 추정하여라.

(b) 발표한 압력 강하와 일치하려면, 평균 입도 또는 공극률 값이 어떻게 달라져야 하나?

7.13 20~50 mesh의 Dowex 50-X8 수지 충전층의 역세에서, 유량이 0.4 gal/min·ft^{2}에 이르면 층이 팽창하기 시작하며, 6 gal/min·ft^{2}에서 45%가 팽창한다. 이러한 값이 유동화 이론과 일치하는지 검토하여라.

7.14 다음 표의 자료[1]를 이용하여, 물 속에서 상승하는 벤젠 액적의 항력계수를 구하여라. 이 결과를 Reynolds 수에 대해 나타내고, 고체 구에 관한 항력계수와 비교하여라.

D_p, mm	u_t, mm/s
3.17	82.2
4.27	105
4.76	107
5.40	117
8.20	121
9.61	113

7.15 연돌가스로부터 SO_2를 제거하는 프로세스에서, 410°C, 1.2 atm의 연돌가스를 유동층을 통해 위로 흐르게 한다. 유동층에는 구리를 함침한 Al_2O_3의 구형 입자(지름 1.5 mm)가 들어있다. 입자의 밀도는 2,300 kg/m^{3}이고, 기체와 밀도와 점도는 공기와 비슷하다.

(a) 최소 유동화속도를 추산하여라.

(b) 층의 초기 높이가 1 m이고, 팽창층의 높이는 1.5 m을 초과하지 않아야 한다. 이만큼 팽창시킬 수 있는 기체 속도를 추정하기가 어려운 이유를 설명하여라.

7.16 150°C의 유동층에서 배출되는 공기 중에 입자의 크기가 2~20 μm인 소량의 먼지가 들어있다. 입자의 밀도는 3,400 kg/m^{3}이다.

(a) 최소 입자와 최대 입자의 종말속도를 구하여라.

(b) 깊이가 1 m인 대형의 구형 탱크에서 이 먼지가 침강되도록 할 경우, 먼지를 완전히 제거하는 데 필요한 체류시간을 구하여라.

7.17 10 × 50 cm의 시험용 칼럼에서 새로운 촉매를 시험한 결과, 20°C, 1 atm의 공기를 사용하였을 때의 최소 유동화 속도가 6.5 mm/s이다. 지름이 0.8 m이고 높이가 2 m인 반응기에서의 이 촉매의 $\overline{V}_{0M}$을 구하여라. 기체는 300°C, 5 atm의 염소이다.

7.18 50 μm이 구른 충전한 크로마토그래피 칼럼에 30°C의 물을 통과시킨다. 칼럼의 지름은 5 mm이고, 충전 높이는 1.5 m이다. 공탑속도는 3 m/h이다.

(a) 압력강하(Pa, atm, lb$_f$/in.^{2})를 추산하여라. 공극율은 0.4라고 가정한다.

(b) 이 추산치는 공극율의 가정치에 따라 얼마나 민감하게 변하는가?

7.19 비혼화성 액체 중의 액적의 종말속도에 대해 액적의 점도와 계면장력이 어떤 영향을 미칠 것으로 예상할 수 있는가?

참고 문헌

1. Burgess, W. and P. Harriott, Senior project report, Cornell University, Ithaca, NY, January 1949.
2. Ergun, S. *Chem. Eng. Prog.*, **48**:89 (1952).
3. Geldart, D. *Powder Technology*, **7**:285 (1973).
4. Hartman, M., O. Trnka, and K. Svoboda, *Ind. Eng. Chem. Res.*, **33**:1979 (1994).
5. Heiss, J. F., and J. Coull., *Chem. Eng. Prog.*, **48**:133 (1952).
6. Hottovy, J. D., and N. D. Sylvester, *Ind. Eng. Chem. Proc. Des. Dev.*, **18**:433 (1979).
7. Houghton, G., A. M. McLean, and P. D. Ritchie, *Chem. Eng. Sci.*, **7**:26 (1957).
8. Hughes, R. R., and E. R. Gilliland, *Chem Eng. Prog.*, **48**:497 (1952).
9. Hunsaker, J. C., and B. G. Rightmire, *Engineering Applications of Fluid Mechanics*, New York: McGraw-Hill, 1947, pp. 202-203.
10. Ingebo, R. D. NACA Tech. Note, 3762 (1956).
11. Knudsen, J. G., and D. L. Katz, *Fluid Mechanics and Heat Transfer*, New York: McGraw-Hill, 1958, p. 317.
12. Lapple, C. E., and C. B. Shepherd, *Ind. Eng. Chem.*, **32**:605 (1940).
13. Leva, M., *Fluidization*, New York: McGraw-Hill, 1959.
14. Leva M., and M. Grummer, *Chem. Eng. Prog.*, **43**:713 (1947).
15. Lewis, W. K., E. R. Gilliland, and W. C. Bauer, *Ind. Eng. Chem.*, **41**:1104 (1949).
16. Masliyah, J. H., and N. Epstein, *J. Fluid Mech.*, **44**:493 (1970).
17. Maude, A. D., and R. L. Whitmore, *Br. J. Appl. Phys.*, **9**:477 (1958).
18. Oroskar, A. R., and R. M. Turian, *AIChE J.*, **26**:550 (1980).
19. Perry, J. H., and D. W. Green(eds.), *Chemical Engineers' Handbook*, 7th ed. New York: McGraw-Hill, 1997, pp. **21**-19 to **21**-27.
20. Pettyjohn, E. S., and E. B. Christiansen, *Chem. Eng. Prog.*, **44**:157 (1948).
21. Rowe, P. N., *Fluidization*, Eds. J. F. Davidson and D. Harrison. New York: Academic, 1971, p. 145.
22. Tavlarides, L. L., C. A. Coulaloglou, M. A. Zeitlin, G. E. Klinzing, and B. Gal-Or, *Ind. Eng. Chem.*, **62**(11) ; 6 (1970).
23. Whilhelm, R. H., and M. Kwauk, *Chem. Eng. Prog.*, **44**:201 (1948).

08 유체의 수송과 계량

Transportation and Metering of Fluids

유체 운동의 이론적 측면을 앞의 여러 장에서 다루었다. 기술자는 유체를 한 곳에서 다른 곳으로 수송하고 유량을 계량하는 실질적 문제도 다룰 줄 알아야 한다. 이러한 문제를 이 장에서 다룬다.

이 장의 앞부분에서는 유체, 즉 액체와 기체의 수송을 다룬다. 고체도 비슷한 방법으로 취급할 수 있는데, 액체 중에 고체를 현탁시켜서 슬러리로 만들어 펌프로 수송하거나 고속의 기체 흐름을 이용하여 수송한다. 고체에 비해 액체를 움직이는 편이 저렴하므로, 가능하면 물질을 유체 상태로 수송한다. 프로세스 공업에서는 유체를 주로 폐쇄 유로를 통해 수송하는데, 유로의 단면은 정방형이거나 장방형인 경우도 있지만 대개는 원형이다. 유체의 계량은 이 장의 뒷부분에서 다룬다.

8.1 관, 이음쇠, 밸브

파이프와 튜빙

유체는 대개 단면이 원형인 파이프(pipe)나 튜빙(tubing, 튜브) 안에서 수송하는데, 크기, 벽 두께, 구조 재료가 아주 다양하다. 파이프와 튜빙을 명확하게 구분할 수는 없다. 일반적으로는 벽이 두껍고 지름이 비교적 크며 길이가 20~40 ft(6~12 m) 정도로 보통인 것을 파이프라 하고, 벽이 얇고 때로는 수백 feet의 코일로 출하하는 것을 튜브라 한다. 튜브에서와는 달리 금속 파이프에는 나삿니(thread)를 낼 수 있다. 파이프 벽은 다소 거칠지만 튜브 벽은 아주 매끈하다. 파이프는 나사 이음쇠(screw fitting))나 플랜지(flange) 이음쇠를 사용하거나 용접하여 서로 연결한다. 튜브는 압착(compression)이나 플레어(flare) 이음쇠, 땜질 등의 방법으로 연결한다. 튜브는 대개 압출하거나 냉간압연(cold-drawing)하여 만들지만, 금속 파이프는 용접하거나 주조하기도 하고 천공 선반(piercing mill)에서 빌릿(billet)으로 천공하여 만들기도 한다.

파이프와 튜브의 재료는 다양하여, 금속과 합금, 나무, 세라믹, 유리, 플라스틱 등이 사용된다. 용수 배관에서는 PVC(폴리염화비닐) 파이프가 광범하게 쓰인다. 제조공장 배관에서 가장 일반적인 재료는 저탄소강으로서, 이른바 흑철관(black-iron pipe)으로 만든다. 연철관이나 주철관도 특수 목적으로 쓰인다.

규격. 파이프와 튜브는 지름과 벽두께를 규정하여 규격을 정한다. 미국에서 강관(steel pipe)의 표준 공칭지름(standard nominal diameter)은 1/8~30 in이다. 지름이 12 in 이상인 파이프에서는 공칭지름이 실제 외경과 같지만, 작은 파이프에서는 공칭지름이 실제 치수와 다르다. 3~12 in 파이프에서는 공칭지름이 실제 내경과 비슷하지만, 아주 작은 관에서는 그렇지도 않다. 공칭지름이 같은 관은, 벽두께와 상관없이, 실제 외경이 모두 같아서, 이음쇠를 공용할 수 있다. 강관의 표준치수를 부록 3에 보였다. 다른 재료로 만든 파이프도 강관과 외경이 같도록 하여 배관 부품을 공용하도록 한다. 이러한 강관의 표준 규격을 IPS(iron pipe size) 또는 NPS(normal pipe size)라 한다. 따라서 가령 "2 in 니켈 IPS 파이프"라 하면, 표준 2 in 강관과 외경이 같은 니켈관을 가리킨다.

파이프의 벽두께는 schedule number(규격번호)로 나타내는데, 벽이 두꺼워질수록 번호가 커진다. 10, 20, 30, 40, 60, 80, 100, 120, 140, 160의 열 가지 규격번호를 사용하지만, 지름이 8 in 미만인 파이프에서는 번호 40, 80, 120, 160이 일반적이다. 강관의 실제 벽두께와 규격번호를 부록 3에 보였다. 합금관에서는 재질의 강도에 따라 벽두께가 강관에 비해 더 두껍기도 하고 얇기도 하다. 상온의 강관에서 허용 응력은 그 금속의 극한 강도(ultimate strength)의 1/4로 한다.

튜브의 치수는 외경을 나타낸다. 공칭 값은 오차 한계 이내의 실제 외경 값이다. 벽두께는 일반적으로 BWG(Birmingham wire gauge) 번호로 표시하는데, 24(아주 얇은 것)에서 7(아주 두꺼운 것)까지 있다. 열교환기용 튜브의 치수와 벽두께를 부록 4에 보였다.

파이프 치수의 선택. 특정 설비에 적절한 파이프 규격을 선택할 때는 주로 파이프와 이음쇠의 비용, 유체 수송에 필요한 에너지 비용을 감안한다. 파이프와 연간 자본 비용은 파이프 지름의 약 1.5 제곱에 따라 증가하지만, 난류 수송일 때의 동력비는 지름의 −4.8 제곱에 따라 달라진다. 최적 관경을 유량과 유체 밀도의 함수로 구할 수 있는 식들이 제안되어 있지만[8], 유량과 거의 독립적인 최적 유속으로 바꾸어 나타낼 수 있다. 지름이 1 in(25 mm) 이상인 강관에서 액체가 난류로 흐를 때의 최적 유속은 다음과 같다.

$$\overline{V}_{\text{opt}} = \frac{12\dot{m}^{0.1}}{\rho^{0.36}} \tag{8.1}$$

$\overline{V}_{\text{opt}}$ = 최적 유속, ft/s
$\dot{m}$ = 질량유량, lb/s
ρ = 유체 밀도, lb/ft^3

물과 비슷한 유체는 $\overline{V}_{\text{opt}} = 3 \sim 6$ ft/s(0.9~1.8 m/s)이다. 공기나 저압~상압의 수증기는 $\overline{V}_{\text{opt}} = 20 \sim 80$ ft/s (6~24 m/s)이다. 열교환기 튜브에서는 최적 설계 유속을 식 (8.1)에 의한 값보다 크게 하여 빠른 유속으로 열교환을 개선하는 것이 일반적이다.

고가 탱크에서 중력에 의해 흐르거나 점성 액체를 펌프로 수송할 때는 0.2~0.8 ft/s(0.06~0.24 m/s) 범위의 낮은 유속이 좋다. 관 치수, 부피유량, 유속의 관계를 부록 3에 보였다.

대형의 복잡한 배관계통에서는 총투자비 중에서 배관 비용이 대부분을 차지하므로, 정교한 컴퓨터 수법을 이용하여 배관의 크기를 최적화해야 할 것이다.

관의 연결 방법

파이프나 튜브의 연결법은 재질의 성질에 따라서도 다르지만 주로 벽두께에 따라 달라진다. 벽이 두꺼운 관은 대개 나사 이음쇠, 플랜지, 용접 등의 방법으로 연결한다. 벽이 얇은 튜브는 땜질, 압착, 또는 플레어 이음쇠로 연결한다. 유리나 탄소, 주철처럼 깨지지 쉬운 재질로 만든 관은 플랜지나 벨-스피곳 연결구(bell-and-spigot joint)로 연결한다.

나사 이음쇠를 사용할 때는 파이프 연결부 외부에 나삿니를 만든다. 나삿니는 차차 가늘어지도록 하며, 관 끝에서 가장 먼 나삿니 몇 개는 불완전하게 만들어서, 관을 이음쇠에 돌려 꽂으면 틈새 없이 꽉 끼도록 한다. 나삿니 끝 부분에 폴리테트라플르로오에틸렌 테입을 감으면 잘 밀봉된다. 나삿니를 만들면 관 벽이 약해지므로, 이음쇠는 일반적으로 관 자체보다 약하다. 따라서 나사 이음쇠를 사용할 때는 규격번호가 큰 관을 사용한다. 12 in(300 mm) 미만의 파이프에서는 나사 이음쇠가 표준적이지만, 큰 관은 나삿니를 파거나 다루기가 힘들므로, 3 in(75 mm) 이상의 관에서는 나사 이음쇠를 별로 사용하지 않는다.

2 in(50 mm) 이상의 관은 주로 플랜지나 용접에 의해 연결한다. 플랜지는 금속판이나 고리를 서로 마주 보게 하여 볼트로 죄는 것으로, 두 면 사이에 개스킷(gasket)을 끼운다. 플랜지 자체를 관에 붙일 때는 나삿니를 파서 끼우거나 용접 또는 땜질을 한다. 관을 막는데 사용하는 플랜지는 **블라인드 플랜지**(blind flange) 또는 **블랭크 플랜지**(blank flange)라 한다. 특히 고압용 제조공정 배관에서 큰 강관을 연결하는 표준법은 용접이다. 나사 이음쇠에 비해 용접하면 단단해지고 관벽을 약화시키지 않으므로, 같은 압력이라도 약한 관을 사용할 수가 있다. 다른 연결법과는 달리 잘 용접하면 새지 않는다. 환경보호 법규에서는 플랜지나 나사 연결부를 휘발성 물질의 방출원으로 본다. 용접 연결의 유일한 단점은 해체하려할 경우 연결부를 파괴해야 한다는 것이다.

팽창 대책

관은 대부분 온도 변화를 받으며, 고온용 배관에서는 온도 변화가 극심할 수도 있다. 이처럼 온도가 변하면 관이 팽창하거나 수축한다. 관이 받침에 고정되어 있으면 휘거나 심지어 파괴될 수도 있다. 따라서 대형 관에서는 고정 받침을 사용하지 않는다. 롤러 위에 헐겁게 올려놓거나 사슬이나 막대에 매단다. 고온 배관에서는 또 팽창에 대비한 시설을 하여, 이음쇠나 밸브가 응력을 받지 않도록 한다. 배관 중의 벤드(bend)나 루프(loop), 충전 팽창 연결부, 벨로즈(bellows)나 무충전 연결부(packless joint), 때로는 유연한 금속 호스를 사용하여 팽창에 대비한다.

움직이는 부분의 누설 방지

제조장치 중에는 한 부분이 다른 부분에 대해 상대적으로 움직이는 부분이 많은데, 여기에서 유체가 과다하게 새지 않아야 한다. 그 예로서 충전 팽창 연결부(packed expansion joint)와 밸브를 들 수 있다. 밸브에서는 대(stem)가 몸체 속으로 들어가서 자유롭게 회전하면서도 유체가 밖으로 새어나오지 않아야 한다. 펌프나 압축기의 축대(shaft)가 집(casing)으로 들어가는 부분, 교반기 축대가 고압 용기 벽을 통과하는 부분 등에서도 마찬가지이다.

상대적으로 움직이도록 하면서도 누설을 최소화할 수 있는 일반적 기구에는 스터핑박스(stuffing box)와 메카니칼씰(mechanical seal)이 있다. 어느 것이나 누설을 완전히 방지할 수는 없다. 공정 유체가 새서는 안되는 경우라면, 이러한 기구를 고쳐서 유해한 유체 대신에 무해한 유체가 새도록 할 수도 있다. 운동 부분은 왕복이나 회전 또는 두 가지 운동을 다 하기도 하는데, 충전 팽창 연결부에서처럼 어쩌다 조금씩 새는 경우도 있고, 공정 펌프에서처럼 계속 새는 경우도 있다.

스터핑박스. 회전 운동이나 왕복 운동을 하는 축 둘레를 밀봉하는 데는 스터핑박스를 사용할 수 있다. 메카니칼씰은 회전 운동 부분에만 사용한다는 점에서 스터핑박스와 다르다. 여기에서 "박스(box)"란, 그림 8.1(a)에 보인 것처럼, 축이나 관 둘레의 고정 부분에 끼워 넣은 방(chamber)이다. 집이나 용기 벽에 돌기(boss)를 만들어서 방이 깊어지도록 할 수 있다. 축과 방 벽 사이의 환상 공간에는 충전물(packing)을 채우는데, 흑연과 같은 윤활제가 들어있는 불활성 재질로 만든 끈이나 고리로 되어 있다. 충전물을 축 둘레에 완전히

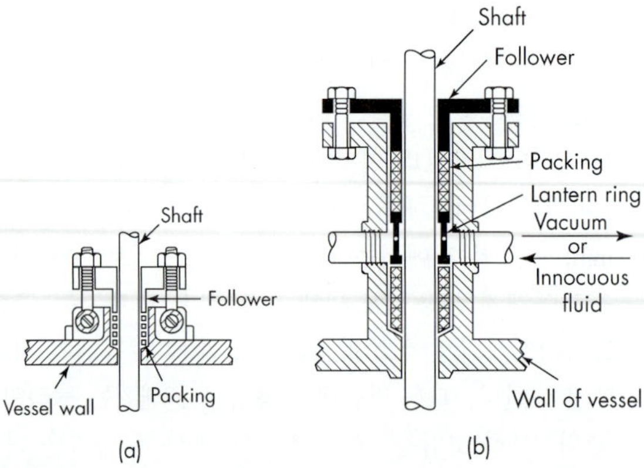

그림 8.1 스터핑박스 : (a) 단순형, (b) 랜턴형 누루개가 있는 것

채워 넣으면, 스터핑박스에서는 유체가 새지 않도록 하면서도 축이 회전하거나 왕복하도록 할 수 있다. 플랜지캡(flanged cap)이나 패킹너트(packing nut)에 의해 뒷막이 고리(follower ring) 즉 누르개(gland)를 박스 안으로 밀어 넣어서 충전물을 압착한다. 축은 표면이 매끈해야 충전물을 마모시키지 않는다. 매끈하더라도 충전물의 압력 때문에 축이 움직이는 데 필요한 힘이 상당히 증가한다. 스터핑박스는 이상적 조건에서도 유체가 전혀 새지 않게 할 수는 없다. 실제로는 스터핑박스가 제대로 기능을 발휘하려면 약간 새야 한다. 전혀 새지 않으면 충전물이 마모되고, 윤활제가 없으면 스터핑박스의 동력 손실이 과다하게 된다.

유체가 유독성이거나 부식성일 때는 완전한 누설 방지 대책을 세워야 한다. 이때 그림 8.1(b)에 보인 것처럼 랜턴형 누르개(lantern gland)를 사용할 수 있는데, 같은 축에 스터핑박스 두 개를 설치하고 각각의 충전물을 랜턴 링(lantern ring)으로 분리한 것으로 보면 된다. 이 링은 단면이 H형이며, 축대에 대해 수직 방향으로 H형 막대에 구멍을 뚫은 것이다. 스터핑박스 방의 벽에는 관이 있어서 랜턴링으로 유체가 흐르도록 한다. 이 관을 감압하면, 한 조의 충전 링(packing ring)으로 누설된 유해한 유체가 다른 조의 충전 링으로 가기 전에 제거하여 안전한 장소로 보낼 수가 있다. 또는 물과 같은 무해한 유체를 랜턴형 누르개에 고압으로 주입함으로서, 유해한 유체가 스터핑박스의 노출부로 새어나오지 못하도록 할 수도 있다.

메카니칼씰. 회전 메카니칼씰에서는 흑연 링과 연마한 금속(주로 탄소강) 표면 사이에서 미끄럼 접촉(sliding contact)이 이루어지도록 되어 있다. 전형적 씰을 그림 8.2에 보였다. 스프링에 연결한 고정 흑연 링을 회전 금속 칼라(collar)의 면 쪽으로 밀어서, 고압 영역의 유체가 축 둘레에서 새어나오지 않도록 한다. 씰의 몸체와 축을 둘러싼 방 사이의 공간에는 고무나 플라스틱으로 만든 U형의 고정 충전물을 넣는다. 이렇게 하면, 씰의 비회전 부분에서 유체가 새는 것을 막으면서도 흑연 링이 자유롭게 축방향으로 움직여서 칼라를 꼭 누를 수 있다. 스터핑박스에 비해 회전씰은 유지비가 적으므로, 부식성이 큰 유체를 취급하는 장치에서 널리 이용된다.

밸브

제조공장에서는 크기와 모양이 다양한 밸브를 사용한다. 구조는 다양하지만 밸브의 기본 목적은 유량을 조절하거나 차단하는 것이다. 온-오프(on-or-off) 방식 즉 완전히 열거나 잠그는 방식에 맞는 밸브가 있는가 하면, 유로를 좁혀서 유체의 압력이나 유량을 줄이는 것이 목적인 밸브도 있다. 또 유체가 한 방향으로만 흐르게 하거나, 특정 온도와 압력 조건에서만 작동되도록 한 것도 있다. 밸브의 특수형인 수증기트랩(steam trap)은 수증기는 가두어두면서 물이나 불활성 기체만 통과시킨다. 감지기(sensor)와 자동조

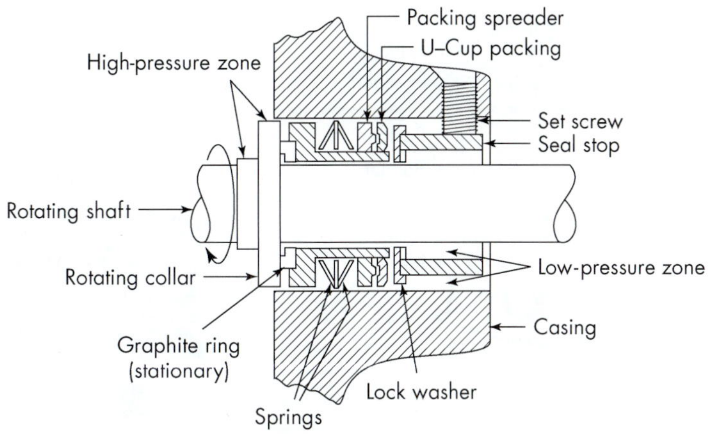

그림 8.2 메카니칼씰

절 장치를 사용하여 밸브 위치나 밸브를 통과하는 유량을 조정하면, 온도, 압력, 액위(liquid level)나 유체의 물성을 원격 조절할 수 있다.

어느 경우에나 밸브는 흐름을 차단하거나 유량을 조절한다. 이러한 목적으로 흐름 경로에 장애물을 설치하고, 필요에 따라 관 안에서 움직이면서도 관 밖으로는 유체가 새어나오지 않도록 한다. 장애물에 의해 막히는 개공(opening)이나 장애물이 크면, 밸브를 열었을 때 흐름에 대한 저항이 적다. 유량의 정밀한 조절이 필요할 경우에는 유로의 단면적을 줄이고 작은 개구에 작은 장애물을 설치하므로, 압력 강하가 클 수밖에 없다.

유해물질이나 독성물질을 사용하는 프로세스에서는 누설을 방지하기 위하여 일반적으로 벨로즈실(bellows seal)이 있는 밸브를 자주 사용한다. 이러한 밸브에서는 윗대(upper stem)로 팽창식 벨로즈의 상부를 올리거나 내리며, 벨로즈 내부에 부착된 아랫대(lower stem)을 움직인다. 아랫대는 밸브 디스크를 올리거나 내린다. 윗대는 회전할 수 있지만 아랫대는 회전하지 않는다. 벨로즈의 하단은 개스킷이나 용접에 의해 밸브 본체에 밀봉한다. 벨로즈 밸브는 여러가지 합금으로 만들며, 크기도 1/2~12 in(12~300 mm)로 다양하다.

게이트밸브와 글로브밸브. 가장 많이 쓰이는 밸브는 게이트밸브(gate valve)와 글로브밸브(globe valve)의 두 가지이다(그림 8.3). 게이트밸브에서는 유체가 통과하는 개구 지름이 관 지름과 거의 같으며, 흐름 방향은 변하지 않는다. 따라서 많이 열수록 압력 강하가 적어진다. 디스크는 폭이 점점 좁아지는 모양으로, 같은 모양의 시트(seat)에 끼도록 되어 있다. 밸브를 열면 이 디스크가 보닛(bonnet)으로 올라가므로 유로가 완전히 열린다. 게이트밸브는 개폐용으로 사용하며, 유량 조절용으로는 사용하지 않는 것이 좋다.

글로브밸브는 처음 만든 것이 구형이었기 때문에 이렇게 부르는데, 유량 조절용으로 널리 쓰인다. 개구면적은 대(stem)의 위치에 따라 거의 선형적으로 변하며, 웨어(wear)가 디스크 둘레에 균등하게 분포되어 있다. 유체는 제한된 개구를 통과하면서 방향이 여러 번 바뀌는데, 그림 8.3(b)에서 이러한 밸브를 통한 흐름을 상상할 수 있을 것이다. 이러한 종류의 밸브에서는 압력 강하가 크다.

자동조절 밸브는 대개 글로브밸브와 비슷하지만 핸들(handwheel) 대신에 스프링 격막 공기식 작동기(pneumatic activator)나 전기 모터를 사용하며, 조절장치(controller)에서 보내는 신호에 의해 밸브 위치를 조절한다. 그림 8.3(b)의 간단한 디스크를 그림 8.3(c)에서처럼 점변형 플러그(tapered plug)와 같은 모양으로 대체하면, 유량 특성에 맞추어 설계할 수 있다.

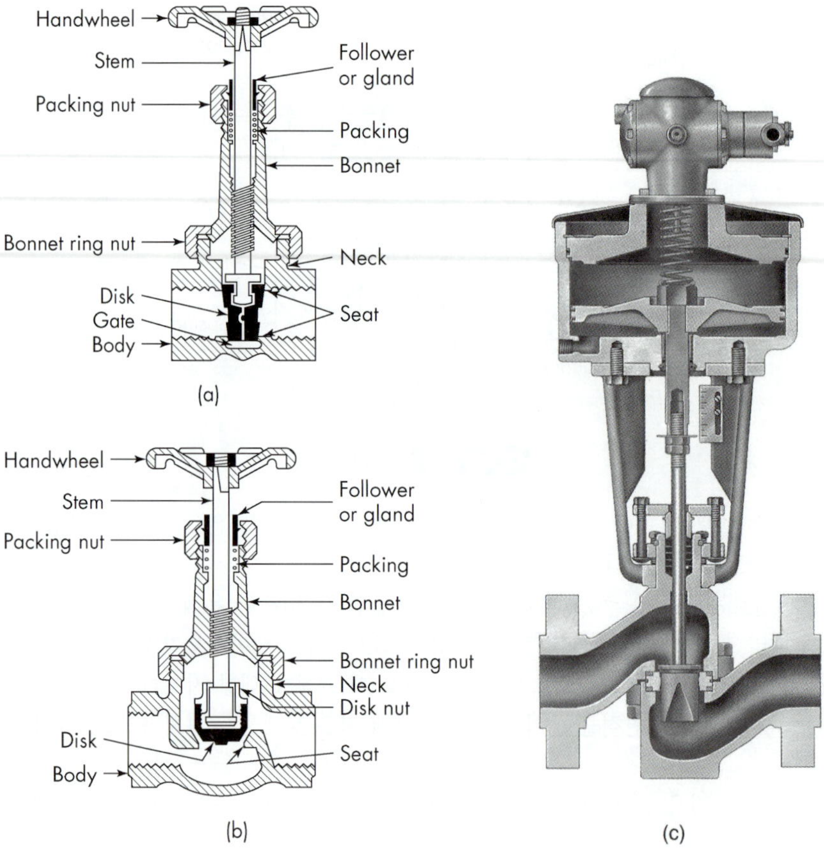

그림 8.3 상용 밸브 : (a) 게이트밸브, (b) 글로브밸브, (c) 공기식 작동 조절밸브

플러그콕과 볼밸브. 온도 250°C 이하의 화학공정 배관에서는 금속 플러그콕(plug cock)을 사용한다. 실험실의 스톱콕(stopcock)과 마찬가지로, 대개 1/4 회전에 의해 밸브를 완전 개폐한다. 완전히 열렸을 때는 플러그를 통한 유로가 관의 내경과 비슷해지므로, 압력 강하가 아주 적다. 볼밸브(ball valve)에서는 밀폐 요소가 구형이므로, 플러그콕에 비해 이 요소의 정렬이나 "결빙"(freezing)의 문제가 적다. 플러그콕이나 볼밸브에서는 운동 요소와 시트 사이의 접촉 면적이 크므로, 둘 다 유량축소(조름, throttling) 목적으로 사용할 수도 있다.

첵밸브. 첵밸브(check valve)는 한 방향으로만 흐르도록 하는 밸브이다. 이 밸브는 목적 방향으로 작용하는 유체 압력에 의해 열린다. 흐름이 멈추거나 역류하려고 하면, 중력이나 디스크를 누르는 스프링에 의해 밸브가 저절로 닫힌다. 통용되는 첵밸브를 그림 8.4에 보였는데, 그림자 부분이 움직이는 디스크이다.

주의사항

배관계통을 설계하여 설치할 때는 여러 가지 세부 사항에 주의를 기울여야 한다. 하찮게 보이는 배관 특성 때문에 공장 전체의 조업이 좌우될 수 있기 때문이다. 몇 가지 중요한 일반 원리를 언급하면 다음과 같다. 관을 설치할 때는 병렬로 배관하며, 가능한한 직각 벤드(bend)를 설치하도록 한다. 공정 배관이 막힐 우려가 있을 경우에는, 관을 열고 청소할 수 있는 방안을 미리 마련해야 한다. 일반적으로 유니온(union)이나 플랜지 연결부가 있어야 하며, 중요한 위치에서는 엘보 대신에 티(tee)나 크로스(cross)를 설

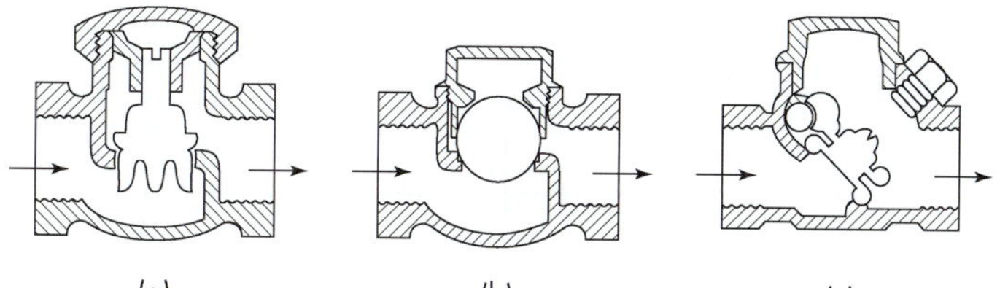

그림 8.4 첵밸브 : (a) 리프트 첵(lift check), (b) 볼 첵(ball check), (c) 스윙 첵(swing check)

치하고, 쓰지 않는 개구는 플러그로 막아둔다. 또한 특히 휘발성 유해물질을 다룰 때는 플랜지나 나사 이음쇠는 사용하지 말아야 한다.

중력 흐름 계통에서는 가능하면 관이 크고 벤드가 적어야 한다. 중력 흐름에서 관의 수송 용량이 부족하다고 해서 유체의 압력두로 유량을 증가시킬 수는 없으므로, 관이 오손되면 골칫거리가 된다.

밸브에서는 누설을 예상해야 한다. 누설 때문에 고가의 제품이 오염되거나 장치 조작자가 위험에 처할 우려가 있으면, 흐름을 완전히 차단할 수 있어야 하므로, 밸브나 첵밸브는 부적절하다. 이러한 상황에서는 두 개의 보통 플랜지 사이에 블라인드 플랜지를 설치하면 모든 흐름을 차단할 수 있다. 그렇지 않으면, 유니온이나 한 쌍의 플랜지, 캡이나 플러그로 막은 개구 끝에서 배관이 파손될 수 있으므로, 주의해야 한다.

밸브를 설치할 때 대는 가능한 한 위로 향하도록 한다. 접근하기 쉽고 잘 받쳐서 응력이 생기지 않으며, 인접한 관에 의한 열팽창에 잘 견딜 수 있어야 한다. 또 밸브를 완전히 열고 스터핑박스를 갈 수 있도록 주변 공간이 충분해야 한다.

8.2 펌프

지금부터 관과 유로를 통한 액체의 수송을 다룬다. 액체는 고가 탱크나 “블로케이스(blowcase, 외부 압축 기체로 가압한 저장 용기)”로부터 중력에 의해 이동시키는 경우도 있지만, 수송 목적으로 가장 많이 쓰이는 것은 펌프이다.

펌프는 액체의 유속, 압력, 또는 위치의 어느 하나나 세 가지를 모두 증가시켜서 액체의 기계적 에너지를 증가시킨다. 펌프는 기본적으로 정변위 펌프(positive-displacement pump, 용적식 펌프)와 원심 펌프(centrifugal pump)의 두 가지로 나눈다. 정변위 펌프는 왕복 피스턴이나 회전 요소에 의해 방에 액체를 채웠다가 비웠다가 함으로서 액체에 직접 압력을 가한다. 원심 펌프는 액체의 회전속도를 높여서 발생하는 운동에너지를 압력 에너지로 변환한다.

펌프에서는 액체 밀도가 그다지 변하지 않으므로 밀도가 일정하다고 볼 수 있다.

개발 두

전형적 펌프의 응용을 그림 8.5에 간단히 보였다. 배관 중에 펌프를 설치하여 필요한 에너지를 공급함으로써, 액체를 저장조로부터 끌어올려서, 액면보다 Z_b(m, ft)만큼 높이 있는 배관의 출구에서 일정한 부피유량으로 방출되도록 한다. 펌프 자체에서는, 액체가 흡입관(지점 a)으로 들어와서 배출관(지점 b)으로 나간다. 지점 a와 b 사이에는 Bernoulli 식 (4.65)을 적용할 수 있다. 이때 마찰은 펌프 내부에서 생기는 것뿐이므로 이를 기계적 에너지 효율 η에 포함시켜서 고려하기로 하면, $h_f = 0$이다. 따라서 식 (4.65)는 다음과 같이 된다.

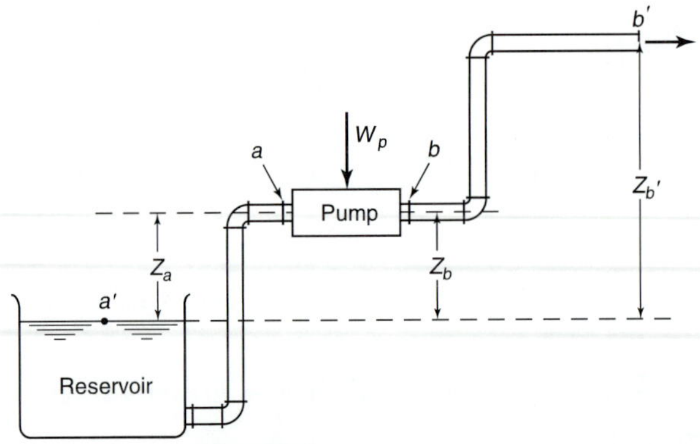

그림 8.5 펌프 수송 계통

$$\eta W_p = \left(\frac{p_b}{\rho} + gZ_b + \frac{\alpha_b \overline{V}_b^2}{2}\right) - \left(\frac{p_a}{\rho} + gZ_a + \frac{\alpha_a \overline{V}_a^2}{2}\right) \tag{8.2a}$$

fps 단위로 나타내면,

$$\eta W_p = \left(\frac{p_b}{\rho} + \frac{gZ_b}{g_c} + \frac{\alpha_b \overline{V}_b^2}{2g_c}\right) - \left(\frac{p_a}{\rho} + \frac{gZ_a}{g_c} + \frac{\alpha_a \overline{V}_a^2}{2g_c}\right) \tag{8.2b}$$

괄호 안의 양을 총괄두(total head)라 하며, H로 나타낸다.

$$H = \frac{p}{\rho} + gZ + \frac{\alpha \overline{V}^2}{2} \tag{8.3a}$$

$$H = \frac{p}{\rho} + \frac{gZ}{g_c} + \frac{\alpha \overline{V}^2}{2g_c} \tag{8.3b}$$

펌프에서는 흡입부와 배출부의 높이차를 무시할 수 있으므로, 식 (8.2)에서 Z_a와 Z_b를 제거할 수 있다.

총괄 흡입두(total suction head)를 H_a, 총괄 배출두(total discharge head)를 H_b라 하고, $\Delta H = H_b - H_a$로 나타내면, 식 (8.2)는 다음과 같이 된다.

$$W_p = \frac{H_b - H_a}{\eta} = \frac{\Delta H}{\eta} \tag{8.4}$$

식 (8.3)의 두 H의 차원은 일/질량(길이^2/시간^{2}에 해당)이다. 양변에 $1/g$ (또는 g_c/g)를 곱하면 다음과 같다.

$$\frac{H}{g} = \frac{p}{\rho g} + Z + \frac{\alpha \overline{V}^2}{2g} \tag{8.5a}$$

$$\frac{Hg_c}{g} = \frac{pg_c}{\rho g} + Z + \frac{\alpha \overline{V}^2}{2g} \tag{8.5b}$$

이 두 식에서 모든 항의 차원은 길이이다. 여기에서 두(head)는 $\Delta H/g$(또는 $\Delta Hg_c/g$)를 가리키는 것으로, 펌프의 개발 두(developed head)는 유체 기둥의 높이(m, ft)로 나타낸다. fps 단위로 나타낼 경우 ΔH와 $\Delta Hg_c/g$는 수치가 같다.

동력 소요량

외부 동력원에서 펌프에 공급한 동력(제동마력) P_B는 W_p 로부터 구한다.

$$P_B = \dot{m} W_p = \frac{\dot{m}\Delta H}{\eta} \tag{8.6}$$

$\dot{m}$ = 질량유량

펌프가 유체에 전달한 동력 P_f는 질량유량과 펌프의 개발 두로부터 구한다.

$$P_f = \dot{m} \triangle H \tag{8.7}$$

식 (8.6)과 (8.7)에서

$$P_B = \frac{P_f}{\eta} \tag{8.8}$$

식 (8.2)~(8.8)은 송풍기(fan)에도 적용할 수 있는데, 이때는 ρ 대신에 평균 밀도 $\bar{\rho} = (\rho_a + \rho_b)/2$를 사용한다.

흡입양정과 공동화

식 (8.6)의 동력(제동마력)은 배출부와 흡입부의 압력차에 따라 달라지며, 압력 자체와는 무관하다. 에너지의 관점에서는, 유체가 액체로 존재하는 한, 흡입 압력이 상압 이하이거나 이상이거나 상관이 없다. 그러나 흡입 압력이 증기압보다 별로 높지 않으면, 펌프 내부에서 액체의 일부가 기화하여 증기가 되는데, 이러한 과정을 공동화(cavitation)라 한다. 이러한 상태에서는 펌프 능력이 크게 감소되며 심한 손상의 원인이 될 수도 있다. 흡입 압력이 증기압보다 낮으면 흡입관에서 기화가 일어나므로, 액체를 펌프에 끌어들일 수가 없다.

공동화를 피하려면 펌프 흡입부의 압력이 증기압보다 어느 특정치만큼 커야 하는데, 이를 **유효 흡입두**(net positive suction head, NPSH; 유효 흡입양정)라 한다. 소형 원심 펌프의 경우에는 2~3 m(5~10 ft) 정도의 NPSH가 필요하지만, 펌프 용량, 임펠러 속도, 배출 압력에 따라 커야 하므로, 대형 펌프에서는 NPSH가 15 m(50 ft) 정도는 되어야 한다. 그림 8.5에 보인 것처럼, 저장조에서 흡입하는 경우 가용 NPSH는 대개 다음 식으로 계산한다.

$$\text{NPSH} = \frac{1}{g}\left(\frac{p_{a'} - p_v}{\rho} - h_{fs}\right) - Z_a \tag{8.9a}$$

fps 단위로 나타내면,

$$\text{NPSH} = \frac{g_c}{g}\left(\frac{p_{a'} - p_v}{\rho} - h_{fs}\right) - Z_a \tag{8.9b}$$

$p_{a'}$ = 저장조 표면의 절대 압력
p_v = 증기압
h_{fs} = 흡입관에서의 마찰 손실

식 (8.9)의 결과에서 펌프 입구의 속도두 $\alpha_a \overline{V}_a^2/2$를 빼면 이론적으로 한층 정확한 가용 NPSH 값을 구할 수 있지만, 이 값은 30~60 cm(1~2 ft)에 불과하므로 펌프 제작업자는 이 값을 고려하여 최소 유효 흡입두(minimum required NPSH, NPSHR)을 규정한다. 유량이 주기적으로 변동하는 정변위 펌프의 규격을 나타낼 때는 속도두(이 경우 가속도두라 하는 편이 타당)가 중요하다[6].

액체가 실질적으로 비휘발성($p_v = 0$)이고, 마찰이 무시되며($h_{fs} = 0$), 지점 a'의 압력이 대기압인 경우에는, 대기압두(barometric head)에서 소요 NPSH를 빼어 최대 흡입두(최대 흡입양정)를 구할 수 있다. 냉수의 최대 흡입양정은 10.4 m(34 ft) 정도이지만, 최대 실질 양정은 7.6 m(25 ft) 정도이다.

예제 8.1

그림 8.5에 보인 계통에서 펌프를 사용하여 100°F(37.8°C)의 벤젠을 40 gal/min(9.09 m^3/h)의 유량으로 수송한다. 저장조는 대기압에 있으며, 배출관 끝의 계기 압력은 50 lb_f/in^2(345 kN/m^2)이다. 배출구는 저장조 액면보다 10 ft 위에 있고 펌프 흡입구는 4 ft 위에 있다. 배출관은 $1\frac{1}{2}$ in 규격 40 관이다. 마찰 손실은 흡입관에서 0.5 lb_f/in^2(3.45 kN/m^2)이고 배출관에서 5.5 lb_f/in^2(37.9 kN/m^2)이다. 펌프의 기계적 효율은 0.60(60%)이다. 벤젠의 밀도는 54 lb/ft^3(865 kg/m^3), 100°F(37.8°C)에서의 증기압은 3.8 lb_f/in^2(26.2 kN/m^2)이다.

(a) 펌프의 개발 두와 (b) 총괄 동력 도입량을 구하여라. 또 (c) 펌프 제작업자가 제시한 소요 NPSHR이 10 ft(3.05)일 때, 이 펌프가 이 일에 적절한가?

풀이

(a) 펌프 일 W_p는 식 (4.65)에서 구한다. 그림 8.5에 보였지만, 상류 지점 a'은 저장조 액면이고 하류 지점 b'은 배출관 끝이다. 저장조의 액면을 기준면으로 하면, $\overline{V}_{a'} = 0$이므로, 식 (4.65)는 다음과 같이 된다.

$$W_p\eta = \frac{p_{b'}}{\rho} + \frac{gZ_{b'}}{g_c} + \frac{\alpha_{b'}\overline{V}_{b'}^2}{2g_c} + h_f - \frac{p_{a'}}{\rho}$$

배출 유속 $\overline{V}_{b'}$은 부록 3의 자료를 이용하여 구한다. $1\frac{1}{2}$ in 규격 40 관에서 유속 1 ft/s는 유량 6.34 gal/min에 해당한다. 따라서

$$\overline{V}_{b'} = \frac{40}{6.34} = 6.31 \text{ ft/s}$$

$\alpha_{b'} = 1.0$이라 하면, 식 (4.65)에서,

$$W_p\eta = \frac{(1.47+50)(144)}{54} + \frac{g}{g_c}(10) + \frac{6.31^2}{2\times 32.17} + \frac{(5.5+0.5)(144)}{54} - \frac{14.7\times 144}{54}$$
$$= 159.9 \text{ ft}\cdot\text{lb}_f/\text{lb}$$

식 (8.4)에서 $W_p\eta$ 는 개발 두와 같으므로,

$$\Delta H = H_b - H_a = 159.9 \text{ ft}\cdot\text{lb}_f/\text{lb}(477.9 \text{ J/kg})$$

(b) 질량유량은 다음과 같다.

$$\dot{m} = \frac{40\times 54}{7.48\times 60} = 4.81 \text{ lb/s}(2.18 \text{ kg/s})$$

동력 도입량은 식 (8.6)에서 구한다.

$$P_B = \frac{4.81\times 159.9}{550\times 0.60} = 2.33 \text{ hp}(1.74 \text{ kW})$$

(c) 식 (8.9)를 사용한다. $p_{a'}/\rho = 14.7\times 144/54 = 39.2 \text{ ft}\cdot\text{lb}_f/\text{lb}$이고, 증기압에 해당하는 두는 다음과 같다.

$$\frac{3.8\times 144}{54} = 10.1 \text{ ft}\cdot\text{lb}_f/\text{lb}(30.2 \text{ J/kg})$$

흡입관의 마찰 손실은 다음과 같다.

$$h_f = \frac{0.5\times 144}{54} = 1.33 \text{ ft}\cdot\text{lb}_f/\text{lb}(3.98 \text{ J/kg})$$

$g/g_c = 1$이라 하면, 식 (8.9)에서 가용 NPSH는 다음과 같다.

$$\text{NPSH} = 39.2 - 10.1 - 1.33 - 4 = 23.77 \text{ ft}(7.25 \text{ m})$$

이 가용 NPSH 값은 최소치 10 ft보다 상당히 크므로, 이 펌프는 용도에 적절하다고 할 수 있다. ■

8.2.1 정변위 펌프

펌프의 첫 번째 중요한 부류인 정변위 펌프(용적식 펌프)에서는 일정량의 액체를 흡입부로 끌어들여서 방안에 가두었다가 비우면서 고압으로 방출하기를 반복한다. 정변위 펌프는 왕복 펌프(reciprocating pump)와

회전 펌프(rotaty pump)의 두 종류로 나눈다. 왕복 펌프에서는 방이 고정 실린더인데 그 안에 피스턴이나 플런저(plunger)가 있고, 회전 펌프에서는 방이 입구에서 출구로 이동했다가 다시 입구로 되돌아온다.

왕복 펌프

왕복 펌프에는 피스턴 펌프, 플런저 펌프, 격막 펌프(diaphragm pump) 등이 있다. 피스턴 펌프에서는 피스턴을 빼내면 입구 첵밸브를 통해 액체가 실린더 안으로 끌려들어오며, 피스턴의 귀환 행정(return stroke)에서 출구 첵밸브를 통해 밀려나간다. 피스턴 펌프는 대개 복동식(double-acting)으로서, 피스턴 양쪽에서 교대로 액체를 끌어들이는데, 실린더 반쪽을 채우는 동안 다른 반쪽은 비우는 식으로 작동한다. 때로는 공통 흡입 및 방출 모관에 둘 이상의 실린더를 병렬로 연결하기도 하는데, 방출 유량의 변동이 적어지도록 피스턴을 배열한다. 피스턴은 감속 기어를 통해 모터로 구동하기도 하고, 수증기 실린더를 사용하여 피스턴 막대를 직접 구동하기도 한다. 시판 펌프의 최대 방출 압력은 50 atm 정도이다.

고압용으로는 플런저 펌프가 사용된다. 지름이 작고 벽이 두꺼운 실린더 안에 꼭 맞는 왕복 플런저가 들어 있는데, 플런저는 피스턴 막대를 확대한 것이나 다름없다. 플런저 행정의 극한에서는 실린더 안의 공간에 액체가 거의 가득 찬다. 플런저 펌프는 단동식(single-acting)이며, 대개 모터로 구동한다. 배출 압력은 1,500 atm 이상으로 높일 수 있다.

격막 펌프에서는 왕복 요소가 금속, 플라스틱, 또는 고무로 만든 유연한 격막이다. 이러한 격막을 사용하면 수송 대상 액체에 노출되는 충전물이나 씰이 필요하지 않으므로, 유독 액체나 부식성 액체의 취급에 아주 유리하다. 격막 펌프는 소량에서 약 100 gal/min까지 취급할 수 있으며, 100 atm 이상의 압력을 낼 수 있다.

왕복 펌프의 기계적 효율은 소형이 40~50% 정도이고 대형이 70~90% 정도이다. 정상 운전 한계에서는 효율이 속도와 거의 무관하지만, 방출 압력이 증가하면 마찰과 누설이 늘어나므로 효율도 다소 감소한다.

부피 효율. 피스턴이나 플런저가 쓸어내는 부피에 대한 방출 부피의 비를 **부피 효율**(volumetric efficiency)이라 한다. 정변위 펌프에서는 부피 효율이 배출 압력의 증가와 관계 없이 거의 일정하지만, 누설이 있으면 약간 감소한다. 플런저 펌프와 격막 펌프는 부피 유량이 일정하므로 "계량 펌프(metering pump)", 즉 부피 유량을 조절하여 공정 계통에 액체를 주입하는 펌프로 널리 쓰인다.

회전 펌프

회전식 정변위 펌프에는 여러 가지가 있다. 기어(gear) 펌프, 로브(lobe) 펌프, 스크류(screw) 펌프, 캠(cam) 펌프, 베인(vane) 펌프 등 이름도 다양하다. 두 가지 기어 펌프를 그림 8.6에 보였다. 왕복 펌프와는 달리 회전 펌프에는 첵밸브가 없다. 운동 부분과 고정 부분이 밀착되어 틈이 없으므로, 배출 공간에서 흡입 공간으로의 역류가 적다. 또 운전 속도가 한정되어 있다. 회전 펌프는 경질 윤활유처럼 맑고 점도가 보통인 유체를 다루는데 적절하다. 배출 압력은 200 atm 이상에 이를 수 있다.

그림 8.6(a)에 보인 평기어(spur-gear) 펌프에서는 집 안에서 기어가 틈새 없이 맞물리면서 회전한다. 액체는 집 바닥의 흡입부로 들어와서, 톱니와 집 사이의 공간에 갇힌 채 집 윗쪽으로 밀려 올라가서 강제로 배출된다. 펌프 중앙에서 기어가 밀착 상태로 맞물려 돌기 때문에 액체가 흡입부로 역류되지 않는다.

그림 8.6(b)에 보인 속기어(internal-gear) 펌프에서는, 평기어, 즉 피니언(pinion)이 내부 톱니로 된 링기어(ring gear)와 맞물려 돈다. 링기어는 집 내면과 동축(coaxial)이지만, 외부에서 구동시키는 피니언은 집 중앙에 대해 편심(eccentical)으로 설치되어 있고, 이 두 기어 사이에 초승달(crescent) 모양의 금속이 고정되어 있다. 액체는 두 기어에 의해 톱니와 초승달 사이의 공간을 통해 입구에서 출구로 운반된다.

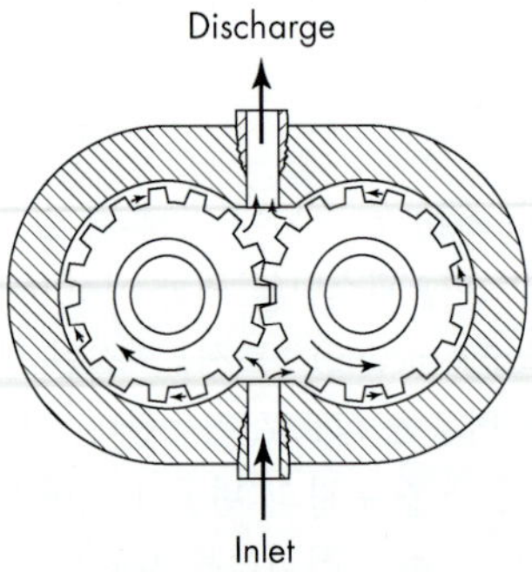

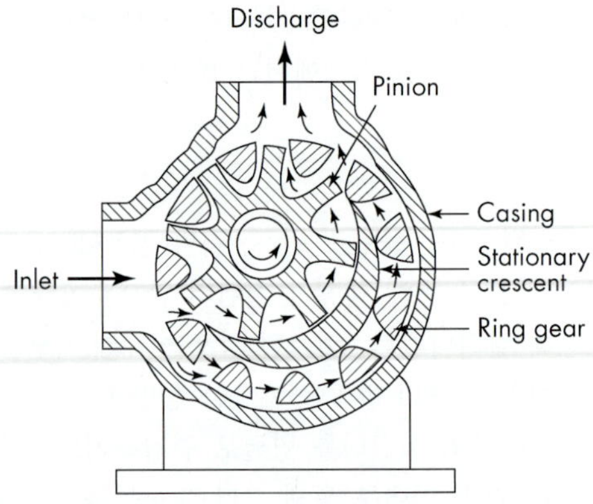

그림 8.6 기어 펌프 : (a) 평기어 펌프, (b) 속기어 펌프

연동 펌프

생화학제품의 생산에서는 누설이 없는 소형 연동 펌프(peristaltic pump)가 자주 사용된다. 이 펌프에서는 일정한 길이의 유연한 튜브를 움직이는 롤러(roller)로 연속적으로 눌러서 액체를 끌어들이고 튜브 안에서 이동하도록 한다. 격막 펌프와는 달리 배출 유량이 거의 일정하다. 연동 펌프는 유량이 적은 경우에만 사용할 수 있지만, 액체의 누설이나 공기 접촉을 방지하고자 할 경우에는 가장 좋은 펌프일 수 있다.

8.2.2 원심 펌프

펌프의 두번째 부류인 원심 펌프에서는 원심력의 작용으로 액체의 기계적 에너지를 증가시킨다. 간단하면서도 널리 쓰이는 원심 펌프의 예를 그림 8.7에 보였다. 액체는 **임펠러**(impeller)라는 고속 회전 요소의 축과 동심인 흡입부로 도입되는데, 임펠러에는 한꺼번에 주조한 방사 방향 날개(vane)가 달려있다. 흡입된 액체는 날개 사이의 공간에서 바깥쪽으로 흘러서 임펠러를 떠나는데, 이때의 속도는 임펠러 흡입부에서의 속도에 비해 아주 크다. 원심 펌프의 성능이 좋으면, 날개 사이의 공간은 흐르는 액체로 꽉 차며 공동화 현상이 생기지 않는다. 임펠러 외각을 떠나는 액체는 **볼류트**(volute)라는 나선형 집에 모여서 접선 방향 배출부를

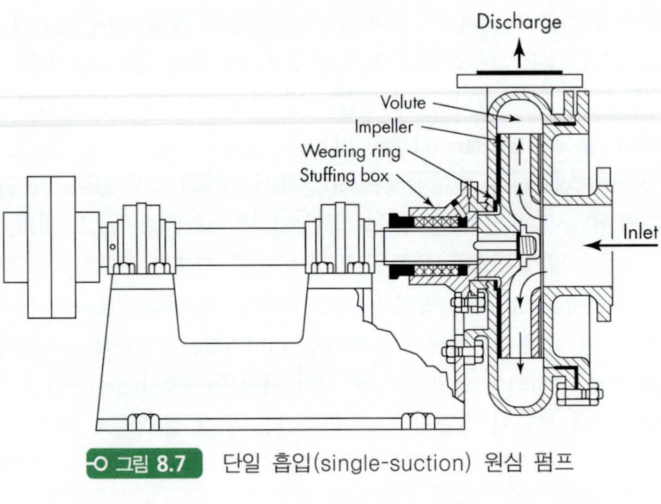

그림 8.7 단일 흡입(single-suction) 원심 펌프

통해 펌프를 떠난다. 볼류트에서는 임펠러에서 개발된 액체의 속도두가 압력두로 변환된다. 동력은 임펠러에 의해 유체로 전달되는데, 구동축의 토크에 의해 임펠러로 전달되며, 구동축은 직결된 모터에 의해 1,750 또는 3,450 r/min의 일정한 속도로 회전한다.

마찰이 없는 이상적 흐름 조건에서는 원심 펌프의 기계적 효율이 100%($\eta = 1$)가 된다. 특정 속도로 운전되는 이상적 원심 펌프에서는 개발 두가 규정치와 같고 배출 유량도 정해진 값이 된다. 그러나 실제 펌프에서는 마찰도 있고 운전이 완전하지 않으므로, 이상적인 경우에 비해 효율이 상당히 떨어진다.

일반 공장에서 수송 기계로 실제로 가장 많이 사용되는 것이 원심 펌프이다. 형태도 그림 8.7에 보인 볼류트 펌프처럼 단순하지 않다. 일반적으로는 액체가 양쪽에서 도입되는 이중 흡입(double-suction) 임펠러를 사용한다. 임펠러 자체는 단순한 개방형 스파이더(spider)인 것도 있고, 테를 두른 것도 있다. 편람, 펌프에 관한 책자, 특히 펌프 제작업자의 카탈로그를 보면, 모양, 규격, 구조가 다른 원심 펌프가 아주 많다.

원심 펌프 이론

아주 소형의 펌프를 제외하고는, 그림 8.8과 8.9에 보인 것처럼 임펠러 날개가 완전히 방사형(radial)은 아니며, 회전 방향의 반대 방향으로 뒷쪽으로 휘어져 있다. 날끝(blade tip)은 임펠러의 원형 테(rim)에 대한 접선과 이루는 각도가 β이다. 각도 β는 대개 90° 미만이다. 만일 90° 이상이고 날이 앞쪽으로 휘어져 있으면 배관계통의 흐름이 불안정해 질 수 있다.

그림 8.8은 원심 펌프 안에서 액체의 흐름 양상을 보인 것이다. 액체는 흡입부(지점 a)에서 축방향으로 도입된다. 회전하는 임펠러의 눈(eye)에서는 액체가 방사 방향으로 퍼지며, 지점 1에서 날개 사이의 유로로 들어간다. 임펠러를 통해 흘러간 액체는 지점 2에서 임펠러 둘레를 떠나며, 볼류트에 수집되었다가 지점 b의 배출부에서 떠난다.

이상적 펌프

이상적 펌프에서는 액체가 마찰이 없이 흐르며 한 단면에서의 유속은 동일하다고 가정한다. 날개 하나의 벡터 선도를 보인 그림 8.9에서, 임펠러를 떠나는 액체의 속도는 V_2이며, 임펠러 테에 대한 접선과의 각도는 α이다. 속도 V_2의 접선방향 성분은 u_2이고 방사방향 성분은 V_{r2}이다. 성분 u_2는 날끝의 방사방향 속도와 같다고 가정한다. V_{r2}는 부피유량 q를 임펠러의 둘레넓이(peripheral area) A_p로 나눈 값과 같다. 임펠러와 함께 움직이는 관찰자가 보면, 액체는 각도 β에서 속도 V_2로 임펠러를 떠나는 것으로 보인다. 이러한 가정에서 개발 두는 다음과 같다.

$$\Delta H_r = u^2\left(u^2 - \frac{q}{A_p \tan\beta}\right) \tag{8.10}$$

하첨자 r은 이상적 펌프를 의미한다. u_2, A_p, β는 일정하므로, 개발 두가 부피유량에 대해 선형적으로 변한다는 것을 식 (8.10)에서 알 수 있다.

그림 8.8의 지점 1과 2 사이와 지점 a와 1 사이 및 지점 2와 b 사이에 대해 Bernoulli 식을 쓰면 다음 식을 얻을 수 있다.

$$\frac{p_a}{\rho} + \frac{\alpha_a \overline{V}_a^2}{2} = \frac{p_b}{\rho} + \frac{\alpha_b \overline{V}_b^2}{2} + \omega r_2\left(u_2 - \frac{q}{A_p \tan\beta}\right) \tag{8.11}$$

$\overline{V}$ = 지정된 지점에서의 액체의 평균 유속

ω = 임펠러의 각속도

r = 임펠러 반지름

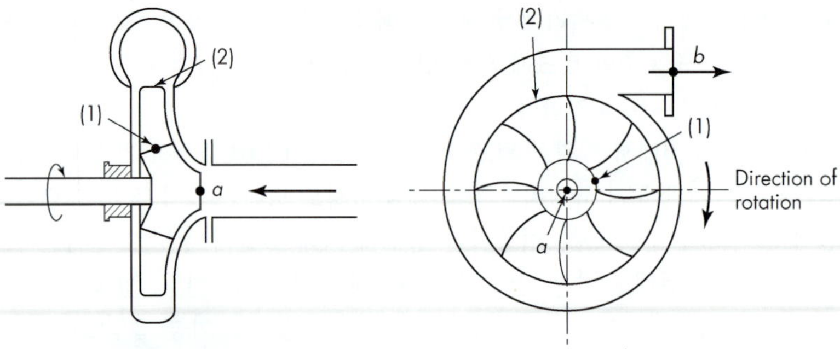

그림 8.8 원심 펌프 : Bernoulli 식의 기준점을 보였다.

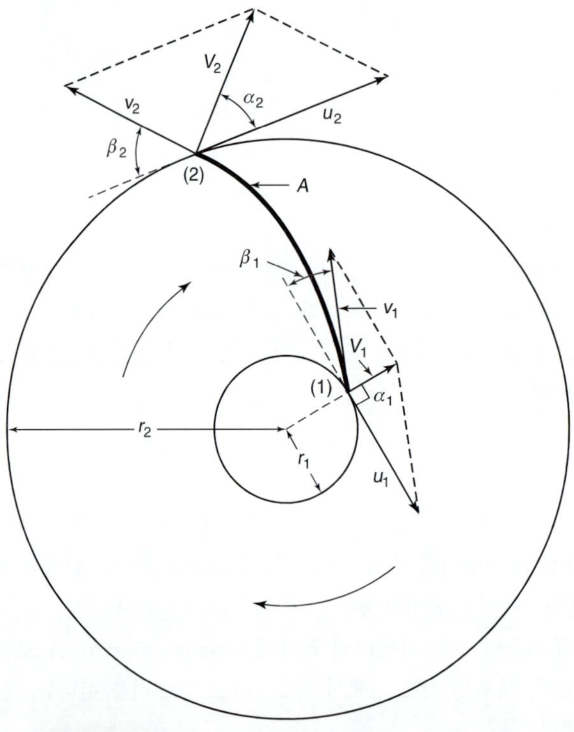

그림 8.9 원심 펌프 날개의 배출부의 속도 벡터.

식 (8.3)과 식 (8.4)를 비교하면, 이상적 펌프를 통해 흐르는 액체 단위 질량 당 한 일은 개발 두와 같다. 즉

$$W_p = \omega r_2 \left(u_2 - \frac{q}{A_p \tan\beta} \right) = \triangle H_r \tag{8.12}$$

실제 펌프의 성능

실제 펌프에서는 마찰이 있고 또 임펠러를 떠나는 액체의 급격한 방향 변화로 인한 충격손실이 있다. 한 단면에서의 속도도 전혀 균일하지 않으며, 결과적으로 임펠러 채널 안에서 다양한 순환흐름이 생긴다. 따라서 임펠러 날개를 떠나는 액체의 각도는 β보다 상당히 작다. 따라서 개발 두는 식 (8.11)에서 계산한 값보다 아주 작다. 효율도 1보다 작으므로, 동력 필요량이 이론 동력보다 커진다.

펌프의 실제 성능은 대개 실제 두, 동력 소비량, 효율을 부피유량에 대해 그린 그림으로 나타낸다. 식 (8.10)에 따르면 이론 두-유량[대개 **두 용량**(head capacity)라 한다] 관계는 직선이다. 그러나 주어진 유량에서 실제 개발 두는 상당히 작으며, 유량이 어떤 값으로 증가하면 급격하게 0으로 떨어진다. 이를 무두 유량(zero-head flow rate)이라 하며, 임의 조건에서 펌프가 수송할 수 있는 최대 유량을 의미한다. 물론 정격 유량(rated flowrate) 즉 최적 유량은 이 값보다 작다. 최대 두가 개발되는 것은 배출관을 차단한 무유량일 때이다(이러한 상태에서는 원심펌프를 단시간 이상은 운전하지 말아야 한다. 정변위 펌프는 절대로 이 상태에서 운전하면 안된다).

이론적 성능과 실제 성능의 차이가 생기는 것은 주로 순환흐름 때문이다. 두 손실의 원인은 유체 마찰과 충격 손실이다. 마찰은 최대 유량일 때 가장 크다. 충격 손실은 펌프의 정격 운전 조건일 때 가장 작으며, 정격 유량보다 커지거나 작아져도 충격 손실이 증가한다.

동력 소비량. 유체 동력 P_f는 유량의 증가에 따라 정격 용량이나 그 부근에서 최대 값으로 증가하며, 그 이상에서는 약간 떨어진다. 펌프의 전체 동력 즉 실제 소요 동력 P_B는 거의 전체 유량 범위에서 유량에 따라 증가한다. P_f와 P_B의 차이는 펌프에서의 동력 손실에 해당한다. 이러한 손실은, 유체 마찰과 충격 손실(모두 기계적 에너지가 열로 변환된다), 누설, 디스크 마찰, 베어링 손실 때문에 생긴다. 누설은 임펠러 배출부에서 웨어링 링(wearing ring)을 거쳐 흡입 눈으로 향하는 역류에 의한 것이므로 피할 수가 없다. 누설 때문에 단위 소비 동력 기준의 실제 배출량이 줄어든다. 디스크 마찰은 임펠러와 집 내부 사이의 공간에 있는 액체와 임펠러 외면 사이의 마찰이다. 베어링 손실은 베어링과 스터핑박스 또는 펌프 씰에서의 기계적 마찰을 극복하는 데 필요한 동력으로 이루어진다.

효율. 식 (8.8)에 보였지만, 펌프 효율은 전체 소비 동력 P_B에 대한 유체 동력 P_f의 비이다. 유량이 적을 때는 유량에 따라 효율이 빨리 증가하여, 정격 용량 부근에서 최대치에 이르지만, 유량이 무두유량에 접근하면 다시 떨어진다.

특성 곡선. 두-용량 곡선을 펌프의 특성 곡선(characteristic curve)이라 한다. 5 in(125 mm) 임펠러로 된 원심 펌프의 특성 곡선을 그림 8.10에 나타냈다. 정격 속도 3,450 r/min에서 정격 용량은 200 gal/min(45.4 m^3/h)이고 전체 유체 두는 88 ft(27 m)이다. 동력 소요량은 5.5 hp(4.1 kW)이고 효율은 80%이다. 유량을 150 gal/min로 낮추거나 240 gal/min로 높이면 효율은 77%로 떨어진다. 임펠러 속도가 낮을 때는, 개발 두, 소요 동력, 효율이 모두 3,450 r/min일 때보다 적어진다. 예를 들어서 1,750 r/min에서는 105 gal/min 및 두 22 ft이고 최대 효율은 77%에 불과하다. 이 유량에서의 소요 동력은 0.7 hp 정도이다. 같은 속도이면서 임펠러가 작아지면 유량, 소요 동력, 효율도 낮아진다.

친화성 법칙. 완전한 성능 곡선이 없을 때는 유사한 펌프와 이상적 펌프에 관한 이론식으로부터 특정 펌프의 특성을 추정할 수 있다. 임펠러 치수와 속도가 용량, 두, 동력의 관계를 **친화성 법칙**(affinity law)이라 하며, 표 8.1에 예시했다. 여기에서 D는 펌프 임펠러 지름이고 n은 임펠러 속도이다.

기존 펌프를 개조하여 두나 용량을 증감시키고자 할 때 친화성 법칙을 활용할 수 있다. 펌프를 새로 구입하기보다는 임펠러 치수나 속도를 바꾸는 편이 저렴할 경우가 많다.

다단 원심 펌프

단일 임펠러에서 낼 수 있는 실질적 최대 두는 합당한 주변 속도 때문에 한계가 있다. 이른바 고에너지 원심 펌프는 일단에서 650 ft(200 m) 이상의 두를 개발할 수 있지만, 일반적으로 약 200 ft(60 m) 이상의 두가 필요할 때는 하나의 축에 둘 이상의 임펠러를 직렬로 장착한 다단 펌프(multistage pump)를 사용한다. 제1단의 배출부

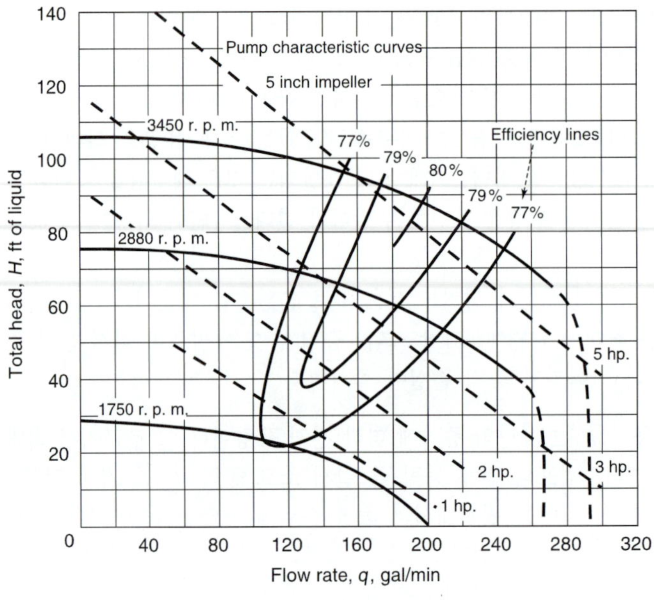

그림 8.10 여러 운전 속도에서 원심 펌프의 특성 곡선(*Perry's Chemical Engineers' Handbook*, 7th ed., p.10-25, 1997, McGraw-Hill)

표 8.1 펌프의 친화성 법칙

Characteristic	Constant D	Constant n
Capacity	$q \propto n$	$q \propto D$
Head	$\Delta H \propto n^2$	$\Delta H \propto D^2$
Power	$P \propto n^3$	$P \propto D^3$

는 제2단의 흡입부가 되며, 제2단의 배출부는 다시 제3단의 흡입부가 되는 방식이다. 각 단의 개발 두를 더하면 전체 두가 되며, 일단일 경우의 몇 배가 될 수 있다.

누설 방지 펌프

환경 문제를 고려하여 유해한 액체를 취급할 때는 누설 방지 원심 펌프의 사용이 증가하고 있다. 두 가지가 있는데, 모두 씰이나 스터핑박스가 없는 것이다. 밀폐 로터 펌프(canned- rotor pump)는 캔 모양의 스테인리스 강절체 싸개로 로터를 싸서 수송 중인 유체가 모터에서 새어나오지 못하도록 한 것이다. 자력식 펌프(magnet-drive pump)는 자석이 달린 임펠러를 집 벽의 외부에서 자석이 달린 디스크로 구동시킨다. 이러한 펌프는 어느 것이나 전형적 펌프에 비해 효율이 나쁘지만, 복잡한 기계적 씰이나 씰 세척장치를 설치하기보다는 효율이 나쁜 편이 유리할 때가 많다.

펌프 맞물붓기(pump priming)

원심 펌프가 개발한 이론적 두는 임펠러 속도, 임펠러 반경, 임펠러를 떠나는 유체의 속도에 따라 달라진다. 이러한 인자들이 일정하면, 유체의 밀도와 관계없이 모든 유체에서 개발 두가 다 같으며, 액체이거나 기체일 때도 같다. 그러나 압력 증가는 개발 두와 유체 밀도의 곱과 같다. 예를 들어서 펌프의 개발 두가 100 ft이고 물로 가득 차 있다면, 압력 증가는 $100 \times 62.3/144 = 43\ lb_f/in^2$(2.9 atm)이다. 그러나 펌프에 보통 밀도의 공기가 차 있다면 압력 증가는 0.05 lb_f/in^2(0.0035 atm)에 불과하다. 따라서 흡입관에 공기가 차 있는 원심 펌프는 아무리 돌려도 액체를 끌어들일 수도 없고 배출관에 차 있는 액체를 밀어올릴 수도 없다. 펌프 집에 공기가 들어있는 상태를 "**공기로 찼다**(airbound)"고 하는데, 이 공기를 액체로 대체하기 전에는 아무 일도 할 수가 없다. 흡입관과 연결된 보조탱크로부터 펌프에 맞물을 부어서 공기를 밀어내거나, 별도의 진공장치를 가동시켜서 흡입관의 공기를 빼내어 액체를 끌어들일 수도 있다. 또 여러 가지 자기 맞물 펌프(self-priming pump)도 시판되고 있다.

8.3 선풍기, 송풍기, 압축기

기체를 수송하거나 압축하는 기계에는 여러 가지가 있다. 선풍기(fan)는 개방 공간이나 대형 닥트에 다량의 기체(주로 공기)를 방출하는 것이다. 저속 기계로서, 발생 압력은 0.04 atm 정도로 아주 낮다. 송풍기(blower)는 정변위식이나 원심식의 고속 회전장치로서 최대 2 atm 정도의 압력을 발생시킨다. 압축기(compressor) 역시 정변위식과 원심식이 있는데, 배출 압력은 2 atm에서 수천 atm에 이른다. 일반적으로 펌프라 하면 액체를 수송하는 기구이지만, 기체를 취급하는 경우에도 **공기 펌프**(air pump), **진공 펌프**(vacuum pump)라는 말이 쓰인다.

선풍기에서는 유체의 밀도가 거의 변하지 않으므로 일정하다고 간주할 수 있다. 그러나 송풍기와 압축기에서는 밀도 변화가 커서 이러한 가정을 할 수 없으므로, 이러한 기구를 다룰 때는 압축성 유체 이론이 필요하다.

8.3.1 선풍기

대형 선풍기는 일반적으로 원심식이며, 원심 펌프와 마찬가지 원리로 작동된다. 그러나 임펠러 날개는 앞쪽으로 굽히기도 한다. 이렇게 하면 펌프는 불안정해질 수 있지만 선풍기는 그렇지 않다. 전형적 선풍기 임펠러를 그림 8.11에 보였는데, 경질 금속판으로 만든 집 안에 설치한다. 틈이 크며 배출 두는 낮아서 5 ~60 in(130~1,500 mm) H_2O 정도이다. 환기용 선풍기와 같은 경우에는, 공급한 에너지가 전부 속도 에너지로 변환되며 압력 두는 거의 생기지 않는다. 어느 경우에나 공급한 에너지의 상당 부분이 속도 증가에 활용되므로, 효율과 동력을 추산할 때는 이를 고려해야 한다. 압력 두와 속도 두를 모두 고려하면, 총괄 동력 효율은 70% 정도이다.

선풍기에서는 밀도 변화가 적으므로, 원심 펌프에서 사용한 비압축성 흐름에 관한 식을 적용할 수 있다. 펌프와 기체 수송기구의 한 가지 차이는, 압력과 온도가 기계에 도입되는 기체의 밀도에 미치는 영향이다. 기체를 다루는 장치의 규격을 나타낼 때는, 기체의 실제 온도와 압력에서의 부피를 표준 온도와 압력의 값으로 환산한 **표준부피**(standard cubic feet)를 사용한다. 산업 분야마다 표준 상태의 정의가 다르지만, 통용되는

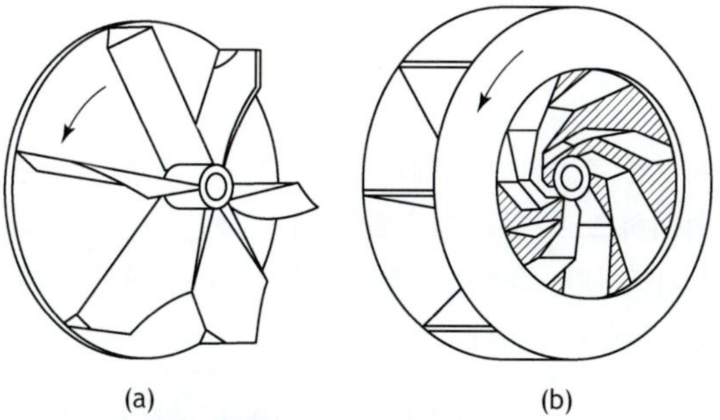

(a) (b)

그림 8.11 원심 선풍기의 임펠러

표준 상태는 압력 29.92 in. Hg, 온도 32°F(492°R)이며, 이 상태에서의 기체의 몰부피는 359 ft^3/lb mol이다. 또 하나의 표준 상태는 압력 30 in Hg, 온도 60°F(520°R)로서, 이때의 기체의 몰부피는 378.7 ft^3/lb mol이다.[1]

예제 8.2

원심 선풍기를 사용하여, 29.0 in(737 mm) Hg, 200°F(93.3°C)의 정지 연돌가스를 30.1 in(765 mm) Hg, 150 ft/s(45.7 m/s)로 배출한다. 가스 10,000 std ft^3/min(16,990 m^3/h)를 수송하는데 필요한 동력을 구하여라. 29.92 in. Hg 및 32°F의 표준상태를 이용하여라. 선풍기의 효율은 65%이며, 가스의 분자량은 31.30이다.

풀이

흡입 가스의 실제 밀도.

$$\rho_a = \frac{31.3\times 29.0(460+32)}{359\times 29.92(460+200)} = 0.0630\ \mathrm{lb/ft^3}$$

배출 밀도.

$$\rho_b = 0.0630\left(\frac{30.1}{29.0}\right) = 0.0654\ \mathrm{lb/ft^3}$$

흐르는 가스의 평균 밀도.

$$\bar{\rho} = \frac{1}{2}(0.0630+0.0654) = 0.0642\ \mathrm{lb/ft^3}$$

질량유량.

$$\dot{m} = \frac{10,000\times 31.3}{359\times 60} = 14.53\ \mathrm{lb/s}$$

개발 압력.

$$\frac{p_b - p_a}{\bar{\rho}} = \frac{(30.1-29)(144)(14.7)}{29.92\times 0.0642} = 1,212\ \mathrm{ft\cdot lb_f/lb}$$

속도 두.

$$\frac{\bar{V}_b^2}{2g_c} = \frac{150^2}{2\times 32.17} = 349.7\ \mathrm{ft\cdot lb_f/lb}$$

식 (8.2b)에서, $\alpha_a = \alpha_b = 1.0$, $\bar{V}_a = 0$, $Z_a = Z_b$이므로,

$$W_p = \frac{1}{\eta}\left(\frac{p_b - p_a}{\bar{\rho}} + \frac{\bar{V}_b^2}{2g_c}\right) = \frac{1,212+349.7}{0.65} = 2,402\ \mathrm{ft\cdot lb_f/lb}$$

식 (8.6)에서

$$P_B = \frac{\dot{m}W_p}{550} = \frac{14.53\times 2,402}{550} = 63.5\ \mathrm{hp}(47.4\ \mathrm{kW})$$ ■

8.3.2 송풍기와 압축기

압축성 유체의 압력이 단열적으로 증가하면 유체의 온도 역시 상승한다. 온도 상승은 불리한 점이 많다. 유체의 비용이 온도에 따라 증가하므로, 등온 압축일 때에 비하면 일정 질량의 유체를 압축하는 데 필요한 일이 증가한다. 온도 상승이 과도하면, 윤활제, 스터핑박스, 구조 재질 등에 문제를 일으킬 수 있다. 또 고온에 견디지 못하는 유체는 분해될 것이다.

1 보다 일반적으로는 0°C(273.15 K), 1 atm(101.3 kPa)을 표준 상태라 하며, 이 상태에서의 이상기체의 몰부피는 22.414 L/mol = 22.414 m^3/kmol 또는 359 ft^3/lb mol이다.(역주)

식 (6.24)를 사용하면 이상기체의 등엔트로피(단열 및 무마찰) 압력 변화와 온도 변화의 관계는 다음과 같다.

$$\frac{T_b}{T_a} = \left(\frac{p_b}{p_a}\right)^{1-1/\gamma} \tag{8.13}$$

T_a, T_b = 각각 입구 및 출구의 절대온도

p_a, p_b = 대응하는 입구 및 출구 압력

γ = 비열비, c_p/c_v

임의 기체에서는 온도비가 압축비 p_b/p_a에 따라 증가한다. 압축비는 송풍기 및 압축기 공학의 기본 매개변수이다. 압축비가 3~4 미만인 송풍기에서는 단열 온도 상승이 크지 않으므로, 이를 낮추기 위한 특별한 조치가 필요 없다. 그러나 압축기에서는 압축비가 10 이상이 될 수 있으므로, 등엔트로피 온도가 과다해질 수 있다. 또 실제 압축기에서는 마찰이 있고, 마찰에서 발생하는 열이 기체에 흡수되므로, 등엔트로피 온도보다 상당히 높아진다. 따라서 압축기에 재킷을 설치하고 냉수나 냉매를 순환시켜서 냉각한다. 소형 냉각 압축기에서는 기체의 출구 온도가 입구 온도와 비슷하므로 등온 압축을 할 수 있다. 아주 소형인 경우에는 실린더에 주조하여 붙인 외부 핀(fin)에 의한 공냉(공기 냉각)으로 충분하다. 대형 압축기의 경우에는 냉각기능에 한계가 있으므로, 등온 압축이나 단열 압축과 다른 경로인 폴리트로프 압축(polytropic compression)이 된다.

정변위 송풍기

정변위(용적식) 송풍기를 그림 8.12(a)에 보였다. 이러한 기계는 기어 펌프와 마찬가지로 동작하는데, 다만 특별히 고안된 "이(teeth)" 때문에 틈이 수천 분의 몇 inch에 불과하다는 점이 다르다. 임펠러의 상대적 위치는 외부 중기어(heavy gear)에 의해 정확하게 유지된다. 1단 송풍기로 방출할 수 있는 기체의 계기 압력은 0.4~1 atm 정도이며, 2단 송풍기는 2 atm 정도까지 된다. 그림 8.14(a)에 보인 것은 이중 로브(lobe) 송풍기이지만, 삼중 로브인 것도 많이 쓰인다.

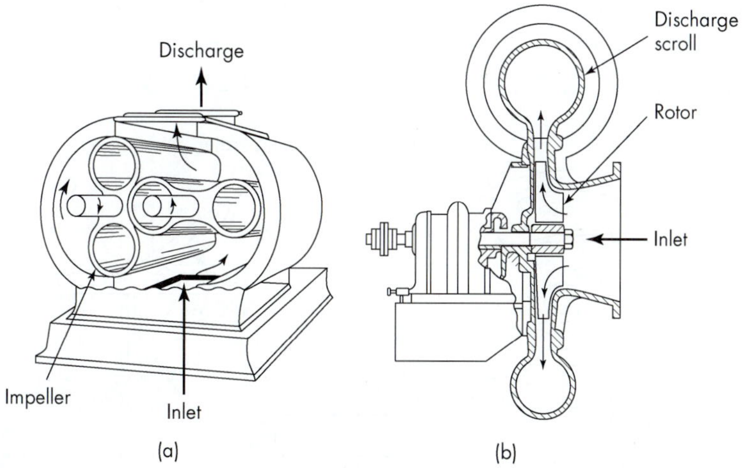

그림 8.12 대표적 송풍기 (a) 정변위 이중로브 송풍기, (b) 단일 흡입 원심 송풍기

원심 송풍기

1단 원심 송풍기를 그림 8.12(b)에 보였다. 겉모양은 원심 펌프를 닮았지만, 집이 좁고 집의 지름과 배출 스크롤(scroll)은 원심 펌프에 비해 크다. 운전속도는 고속(3,600 r/min 또는 그 이상)이다. 저밀도 유체로 측정한 두가 아주 커야 보통의 압력비를 달성할 수 있으므로, 속도와 임펠러 지름이 커야 한다. 따라서 그림 8.9와 같은 선도에 나타나는 속도는, 원심 송풍기의 경우, 원심 펌프의 10배 정도가 된다.

정변위 압축기

정변위(용적식) 회전 압축기를 사용하여 6 atm 정도까지 압축하여 배출할 수 있다. 이러한 기구에는 미끄럼 날개식(sliding vane), 나사식(screw-type), 액체 피스턴식(liquid-piston) 압축기가 있다[7]. 보통 유량을 고압에서부터 아주 고압으로 압축하고자 할 때는 왕복 압축기가 가장 널리 사용된다. 1단 압축기의 예를 그림 8.13에 보였다. 이러한 기계의 운전 방법은 왕복 압축기와 마찬가지이지만, 누설 방지가 어렵고 온도 상승이 중요하다는 점이 다르다. 실린더 벽과 머리에는 냉각 재킷을 설치하여 물이나 냉매를 사용하여 냉각한다. 왕복 압축기는 대개 모터 구동식이며, 거의 복동식이다.

필요한 압력비가 단일 실린더에서 달성할 수 있는 값보다 큰 경우에는 다단 압축기를 사용한다. 각 단 사이에는 물이나 냉매를 사용하는 냉각용의 관식 열교환기를 설치한다. 중간 냉각기의 열교환능이 충분하면 단간(interstage) 기체 흐름을 초기 흡입 온도까지 낮출 수 있다. 때로는 후냉각기(aftercooler)를 사용하여 마지막 단에서 배출되는 고압 기체를 냉각한다.

원심 압축기

원심 압축기는 다단 장치로서, 육중한 집 안에서 고속으로 회전하는 하나의 축에 여러 임펠러를 직렬한 것이다[1,4]. 내부 유로를 통해, 한 임펠러의 배출흐름은 다른 임펠러의 도입흐름이 된다. 이러한 기계는 도입 유량이 200,000 ft^3/min(340,000 m^3/h)에 이르는 막대한 양의 도입 공기나 프로세스 기체를 출구 압력 20 atm 정도까지 압축한다. 용량이 적은 기계는 수백 atm까지 압축하여 배출한다. 고압 기계에서는 중간 냉각기가 필요하다. 그림 8.14가 전형적인 원심 압축기이다.

축류 기계는 600,000 ft^3/min(1×10^6 m^3/h)에 이르는 더욱 다량의 기체를 취급할 수 있지만, 배출 압력은 2~10이나 12 atm 정도로 낮다. 이러한 장치에서는 로터 날개(rotor vane)가 기체를 한 조의 날개로부터 다음 조의 날개로 축방향으로 밀어낸다. 중간 냉각기는 일반적으로 필요하지 않다.

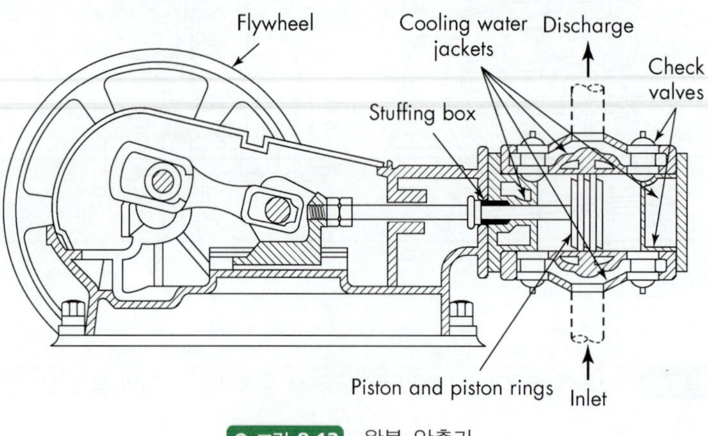

그림 8.13 왕복 압축기

그림 8.14 원심-압축기 내부도 (MAN Turbomachinery Inc. USA.)

송풍기와 압축기에 관한 식

압축성 유체는 흐름 중에 밀도가 변하므로 적분형 Bernoulli 식은 부적절하다. 그러나 식 (4.65)의 미분형으로, 축일과 압력두의 미분 변화를 연관시킬 수 있다. 송풍기와 압축기에서는 운동에너지나 위치에너지 등의 기계적 에너지는 그다지 변하지 않으므로, 속도두와 정압두(static head)의 항은 무시할 수 있다. 또한 압축기에서 마찰이 없다면 $\eta = 1.0$, $h_f = 0$이다. 따라서 식 (4.65)은 다음과 같이 간단해진다.

$$dW_{pr} = \frac{dp}{\rho}$$

흡입 압력 p_a와 배출 압력 p_b 사이에서 적분하면 무마찰 이상기체의 압축 일은 다음과 같다.

$$W_{pr} = \int_{p_a}^{p_b} \frac{dp}{\rho} \tag{8.14}$$

식 (8.14)를 사용하려면 적분해야 하는데, 그러려면 유체가 흡입부에서 배출부로 흐르는 경로에 관한 정보가 있어야 한다. 그 절차는 압축기의 종류(왕복식, 정변위 회전식, 원심식)에 관계없이 마찬가지이지만, 다만 마찰이 없는 흐름이고, 왕복식 기계에서는 실린더 안에서 유체의 축적이나 고갈이 없는 정수 주기(integer cycle)에 대해 이 식을 적용해야 한다. 그렇지 않으면, 식 (4.74)의 바탕이 되는 정상 흐름 가정이 성립되지 않는다.

단열 압축. 냉각하지 않는 장치에서는, 유체가 등엔트로피 경로를 따른다. 이상기체의 p와 ρ의 관계를 나타낸 식 (6.14)를 다시 쓰면 다음과 같다.

$$\frac{p}{\rho^\gamma} = \frac{p_a}{\rho_a^\gamma}$$

$$\rho = \frac{\rho_a}{p_a^{1/\gamma}} p^{1/\gamma} \tag{8.15}$$

식 (8.15)의 ρ를 식 (8.14)에 대입하고 적분하면 다음과 같다.

$$W_{pr} = \frac{p_a^{1/\gamma}}{\rho_a} \int_{p_a}^{p_b} \frac{dp}{p^{1/\gamma}} = \frac{p_a^{1/\gamma}}{(1 - 1/\gamma)\rho_a} \left(p_b^{1-1/\gamma} - p_a^{1-1/\gamma}\right)$$

$p_a^{1-1/\gamma}$를 계수에 곱하고 괄호 안의 항을 나누면 다음과 같이 된다.

$$W_{pr} = \frac{p_a \gamma}{(\gamma - 1)\rho_a} \left[\left(\frac{p_b}{p_a} \right)^{1-1/\gamma} - 1 \right] \tag{8.16}$$

이 식에서 압축비 p_b/p_a의 중요성을 알 수 있다.

등온 압축. 압축 중에 냉각이 완전하면 온도가 일정하여 등온 압축이 된다. 이때의 p와 ρ의 관계는 간단하다.

$$\frac{p}{\rho} = \frac{p_a}{\rho_a} \tag{8.17}$$

식 (8.14)와 (8.17)에서 ρ를 제거하고 적분하면 다음과 같다.

$$W_{pr} = \frac{p_a}{\rho_a}\int_{p_a}^{p_b}\frac{dp}{p} = \frac{p_a}{\rho_a}\ln\frac{p_b}{p_a} = \frac{RT_a}{M}\ln\frac{p_b}{p_a} \tag{8.18}$$

압축비와 흡입 조건이 같으면, 등온 압축에 필요한 일이 단열 압축인 경우에 비해 적어진다. 이것이 압축 중에 냉각해야 하는 이유 중의 하나이다.

단열 압축과 등온 압축 사이에는 밀접한 관계가 있다. 윗식의 적분을 비교하면, $\gamma = 1$일 경우, 단열 압축식과 등온 압축식이 같아진다.

폴리트로프 압축. 대형 압축기에서는 유체의 경로가 등온도 아니고 단열도 아니다. 물론 이 과정이 무마찰이라고 가정할 수는 있으며, 관습상 압력과 밀도의 관계는 다음과 같다고 가정한다.

$$\frac{p}{\rho^n} = \frac{p_a}{\rho_a^n} \tag{8.19}$$

n = 상수

식 (8.15) 대신에 이 식을 사용하고, γ를 n으로 대치하면, 식 (8.16)이 된다.

n 값은, 이 과정의 경로 중의 두 점(가령 흡입부와 배출부)에서 밀도와 압력을 측정하고, 다음 식으로 계산한다.

$$n = \frac{\ln(p_b/p_a)}{\ln(\rho_b/\rho_a)}$$

이 식은 식 (8.19)에서 p 대신에 p_b, ρ 대신에 ρ_b를 대입하고 로그를 취한 것이다.

압축기 효율. 이론적 일(유체 동력)과 실제 일(전체 동력 도입량)의 비를 효율이라 하며 η로 나타낸다. 왕복 압축기의 최대 효율은 80~85% 정도이고, 원심 압축기는 90%에 이를 수 있다.

동력식. 단열 압축에 필요한 동력은 식 (8.16)에서 구한다. 유차원식으로 나타내면 다음과 같다.

$$P_B = \frac{0.371\,T_a\gamma q_0}{(\gamma-1)\eta}\left[\left(\frac{p_b}{p_a}\right)^{1-1/\gamma} - 1\right] \tag{8.20a}$$

P_B = 전체 동력, kW

q_0 = 압축 기체의 부피유량, std m^3/s(0°C, 760 mm Hg 기준)

T_a = 도입 온도, K

등온 압축일 때는 다음과 같다.

$$P_B = \frac{1.97\,T_a q_0}{\eta}\ln\frac{p_b}{p_a} \tag{8.21a}$$

표준 온도를 32°F로 하여, 단열 압축에 관한 식을 fps 단위로 나타내면 다음과 같다.

$$P_B = \frac{1.304\times10^{-4}\,T_a q_0}{\eta}\,\frac{\gamma}{\gamma-1}\left[\left(\frac{p_b}{p_a}\right)^{1-1/\gamma} - 1\right] \tag{8.20b}$$

P_B = 전체 동력(제동 마력), hp

q_0 = 압축 기체의 부피유량, std ft^3/s

T_a = 도입 온도, °R

등온 압축일 때는 fps 단위의 식이 다음과 같다.

$$P_B = \frac{1.304 \times 10^{-4} T_a q_0}{\eta} \ln\left(\frac{p_b}{p_a}\right) \tag{8.21b}$$

예제 8.3

3단 왕복 압축기를 사용하여 메탄 180 std $ft^3/min(306\ m^3/h)$를 절대압력 14에서 900 lb_f/in^2(0.95에서 61.3 atm)으로 압축한다. 도입 온도는 80°F(26.7°C)이다. 예상되는 온도 범위에서 메탄의 평균 물성은 다음과 같다.

$$C_p = 9.3\ \mathrm{Btu/lb\ mol \cdot °F}(38.9\ \mathrm{J/mol \cdot °C}) \qquad \gamma = 1.31$$

(a) 기계적 효율이 80%일 때 제동마력(brake horsepower)을 구하여라.
(b) 제1단의 배출 온도를 구하여라.
(c) 냉각수 온도 상승이 20°F(11.1°C)이고, 각 냉각기를 떠나는 압축 기체의 온도를 80°F(26.7°C)로 할 때, 중간 냉각기와 후냉각기에서 필요한 냉각수량을 구하여라. 냉각 재킷에서는 마찰열을 충분히 흡수할 수 있다고 본다.

풀이

(a) 다단 압축기에서는 각 단에서 하는 일이 같을 때 전체 동력이 최소가 된다. 그러려면 식 (8.16)에 따라 각 단에서의 압축비가 같아야 한다. 따라서 3단 기계의 경우, 각 단의 압축비는 총괄 압축비 900/14의 세제곱근이 되어야 한다. 즉

$$\frac{p_b}{p_a} = \left(\frac{900}{14}\right)^{1/3} = 4$$

식 (8.20b)에서 각 단의 소요 동력은 다음과 같다.

$$P_B = \frac{(80+460)(1.304 \times 10^{-4}) \times 1.31 \times 180}{(1.31-1)(0.80)}(4^{1-1/1.31} - 1) = 26.0\ \mathrm{hp}$$

모든 단의 전체 동력은 다음과 같다.

$$3 \times 26.0 = 78.0\ \mathrm{hp}(58.2\ \mathrm{kW})$$

(b) 식 (8.13)에서 각 단의 출구 온도는 다음과 같다.

$$T_b = (80+460)4^{1-1/1.31} = 750°\mathrm{R} = 290°\mathrm{F}(143.3°\mathrm{C})$$

(c) 기체 1 lb mol의 부피는 359 std ft^3이므로, 몰유량은 다음과 같다.

$$\frac{180 \times 60}{359} = 30.1\ \mathrm{lb\ mol/h}(13.6\ \mathrm{kmol/h})$$

각 냉각기의 열부하는 다음과 같다.

$$30.1(290-80)(9.3) = 58.795\ \mathrm{Btu/h}$$

총괄 열부하는 $3 \times 58,795 = 176,385$ Btu/h이다. 냉각수 필요량은 다음과 같다.

$$\frac{176,385}{20} = 8,819\ \mathrm{lb/h} = 17.6\ \mathrm{gal/min}(3.99\ m^3/h)$$

■

진공 펌프

대기압 이하에서 흡입하여 대기압에 대해 배출하는 압축기를 진공 펌프(vacuum pump)라 한다. 송풍기나 압축기의 어떤 종류(왕복식, 회전식, 원심식)이든 간에, 설계를 고쳐서 아주 저밀도 기체를 흡입하고 필요한 큰

압축비를 얻을 수 있도록 하면 진공용으로 사용할 수 있다. 흡입부의 절대 압력이 감소하면 부피 효율이 떨어지는데, 펌프에서 얻을 수 있는 최소 절대 압력에서는 부피 효율이 0에 이른다. 일반적으로 기계적 효율 역시 압축기에 비해 낮다. 흡입 압력이 떨어질수록 필요한 변위가 빨리 증가하므로, 다량의 기체를 취급하려면 대형 기계가 필요하다. 진공 펌프에서 사용하는 압축비는, 단열 배출 온도가 높을 경우 대응하는 압축기에 비해 커서, 100 이상이 되기도 한다. 그러나 실제로는 질량유량이 적고 노출 금속 표면이 비교적 커서 열전달이 효과적이기 때문에, 거의 등온 압축이 된다.

제트 이젝터. 진공 펌프의 기본 종류이지만 운동 부분이 없는 것을 제트 이젝터(jet ejector)라 한다. 그림 8.15에 보인 제트 이젝터에서는 수송 대상 기체가 제2유체의 고속 흐름에 동반되어 흐른다. 공기를 수송하기 위해 압축 공기를 사용하는 경우처럼 원동 유체(motive fluid)와 수송 대상 유체가 같은 경우도 있지만, 일반적으로는 다르다. 산업현장에 가장 많이 쓰이는 것은 수증기 제트 이젝터로서, 상당히 높은 진공을 만들 수 있다. 그림 8.15에 보였지만, 약 7 atm의 수증기를 수렴-확대 노즐에 도입하면 초음속으로 확산원뿔(diffuser cone)을 통과한다. 공기를 비롯하여 수송 대상 기체는 확산원뿔의 첫 부분에서 수증기와 혼합되며, 음속이나 그 이하로 속도가 낮아진다. 확산원뿔의 확대부에서는 혼합 기체의 운동에너지가 압력에너지로 변환되며, 직접 대기압에 배출할 수 있다. 특히 1단 이상으로 하는 경우에는 수냉 응축기로 보내기도 하는데, 이렇게 하지 않으면, 각 단에서는 그 앞단까지 도입한 수증기를 모두 다루어야 하기 때문이다. 공업적으로는 5단까지 사용한다.

제트 이젝터는 특별한 유지 관리가 필요하지 않으므로, 기계적 진공 펌프를 손상시킬 수 있는 부식성 기체의 취급에 특히 유용하다. 문제가 있으면 노즐과 확산원뿔을 내식성 금속, 흑연, 기타 불활성 재질로 만들 수 있다. 이젝터에서는 특히 다단일 경우 다량의 수증기와 물을 사용한다. 절대 압력을 1 mm Hg 이하로 감압해야 할 경우에는 쓰이지 않는다. 수증기 제트 이젝터는 한 때 인기가 있었지만, 수증기 가격이 비싸지면서 많이 쓰이지 않는다. 부식이 큰 문제가 되지 않을 때는, 같은 일을 하는데 에너지가 적게 드는 진공 펌프를 사용한다.

8.3.3 유체 수송기구의 비교

어떤 종류이거나 간에, 유량, 동력 소비량, 기계적 효율이 아주 중요하다. 신뢰성과 유지의 용이성 역시 필수적이라 할 수 있다. 소형 장치에서는, 기계적 효율을 높여서 동력을 절약하는 것보다는, 단순하고 고장이 없는 운전이 더욱 중요하다.

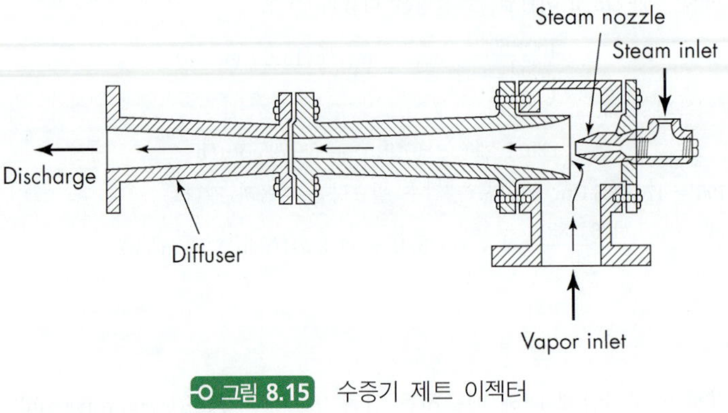

그림 8.15 수증기 제트 이젝터

정변위식(용적식) 기계. 정변위식 기계는 일반적으로 원심식 기계에 비해 취급하는 유체의 양이 소량이지만 배출 압력이 높다. 정변위식 기계는 공기가 차지 않으므로 대개 자기맞물식(self-priming)이다. 정변위식 펌프와 송풍기에서는 배출 유량이 배출 압력과 거의 무관하므로, 유량의 조절이나 계량에 주로 사용한다. 왕복식 기계는 상당한 유지 관리가 필요하지만, 최고 압력을 낼 수 있다. 흐름은 맥동흐름(pulsating stream)이 된다. 회전식 펌프는 비교적 점성이 큰 윤활성 유체의 취급에 적절하며, 보통 압력~고압에서 정상 흐름으로 배출할 수 있다. 슬러리는 취급할 수 없다. 정변위식 펌프의 배출관은 차단할 수 없으며, 차단하면 펌프가 정지하거나 망가지므로, 안전밸브가 있는 우회 배관(bypass line)을 설치해야 한다.

원심식 기계. 원심 펌프, 송풍기, 압축기는 모두 충격이나 맥동이 없이 균일한 압력으로 유체를 수송한다. 정변위식 기계에 비해 속도가 크며, 기어박스를 통하지 않고 모터에 직접 연결하여 구동시킨다. 배출관은 완전히 차단해도 기계가 손상되지 않는다. 원심 펌프는 다양한 부식성 액체와 슬러리를 취급할 수 있다. 원심 송풍기와 압축기는, 같은 양을 취급하는 왕복 압축기에 비해 소형이며, 유지 관리가 덜 필요하다.

진공 장치. 절대압력 10 mm Hg 이하의 감압용으로는 왕복식 기계가 효과적이다. 회전식 진공 펌프는 절대압력을 0.01 mm Hg까지 낮출 수 있으며, 저압 범위에서는 다단 수증기 제트 이젝터에 비해 운전비가 적게 든다. 고진공용으로는 확산 펌프와 같은 특수 기계가 필요하다.

8.4 유량 측정

공업 프로세스를 제어하려면 프로세스에 출입하는 물질의 양을 알아야 한다. 물질은 가능하면 액체의 형태로 수송하므로, 관이나 유로를 통한 유체의 유량을 측정할 수 있어야 한다. 공업적으로 여러 가지 유량계가 사용된다. 유량계를 선택할 때는 특정 과제에 대한 적용성, 설치비와 운전비, 측정 가능한 **유량 범위**(범위가변성, rangeability), 고유 정확도 등을 고려한다. 유량을 대충 알면 되는 경우도 있고, 아주 정확하게 측정해야 하는 경우도 있다. 예를 들어서, 반응기 공급 유량을 조절하거나, 한 소유자에게서 다른 소유자에게로 전달하는 양을 관리하는 경우에는, 정확한 유량(대개는 질량유량)을 알아야 한다.

질량유량을 직접 측정할 수 있는 유량계는 거의 없으며, 부피유량이나 평균 유속을 측정하는 것이 대부분이다. 평균 유속을 알면 부피유량을 구할 수 있다. 부피유량과 운전 조건에서의 밀도를 알면 질량유량을 구할 수 있다. 주로 사용되는 유량계로서, 관이나 유로에서 유체 전체의 유량을 측정하는 것을 **전구경식 유량계**(full-bore meter)라 한다. **삽입식 유량계**(insertion meter)는 유로의 한 점에서의 유량이나 유속을 측정한다. 한 점에서의 측정치를 알아도 전체 유량을 상당히 정확하게 추정할 수 있다.

상용 유량계의 종류, 장점과 단점에 관한 상세한 자료는 문헌[3]을 참고하기 바란다.

8.4.1 전구경식 유량계

벤튜리 미터(venturi meter)와 오리피스 미터(orifice meter), 그리고 로타미터(rota-meter)와 같은 면적식 유량계(variable-area meter)가 여기에 속한다. 또 V 요소형, 자력식, 와류발산식(vortex-shedding), 터빈식, 정변위식, 초음파식, 그리고 질량을 측정하는 Coriolis 유량계 등이 있다.

벤튜리 미터

그림 8.16에 보인 것처럼, 짧은 원뿔형 도입부, 목, 긴 원뿔형 배출부로 되어 있다. 도입부 상단과 목의 압력탭(pressure tap)을 마노미터 또는 차압 전달기에 연결한다.

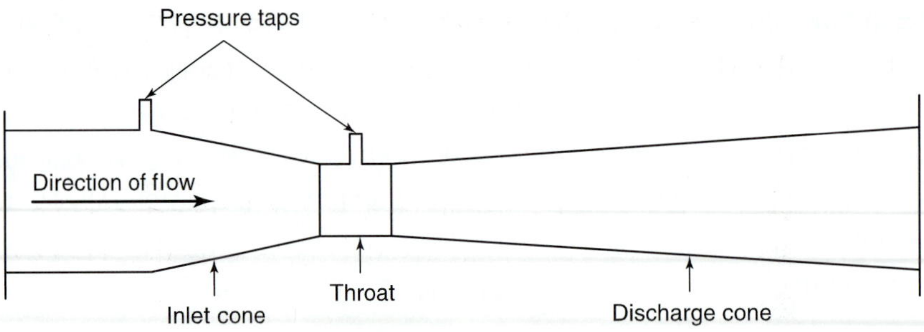

그림 8.16 벤튜리 미터

상류 원뿔에서는 유속이 증가하면서 압력이 감소하는데, 이 압력 강하를 유량 측정에 이용한다. 배출 원뿔에서는 유속이 감소하면서 원래의 압력이 거의 회복된다. 배출부는 각도를 5°~15° 정도로 적게 하여, 경계층 분리를 막고 마찰을 줄인다. 수축 단면에서는 경계층이 분리되지 않으므로 하류 원뿔에 비해 상류 원뿔은 아주 짧아도 된다. 일반적으로 상류 원뿔에서 손실되는 압력은 90%가 회복된다.

벤튜리 미터로 기체의 유량도 측정할 수 있지만, 대개는 물을 비롯한 액체 유량 측정에 쓰인다. 벤튜리 미터는 압력 회복율이 크므로 다른 유량계에 비해 동력 소비량이 적다.

비압축성 유체에 관한 Bernoulli 식을 벤튜리 미터 상류 부분에 적용하면 기본 식을 얻을 수 있다. 상류와 하류의 평균 유속이 각각 $\overline{V}_a$, $\overline{V}_b$이고 유체의 밀도가 ρ이면, 식 (4.74)는 다음과 같이 된다.

$$\alpha_b \overline{V}_b^2 - \alpha_a \overline{V}_a^2 = \frac{2(p_a - p_b)}{\rho} \tag{8.22}$$

밀도가 일정하므로, 연속의 식 (4.12)를 다음과 같이 쓸 수 있다.

$$\overline{V}_a = \left(\frac{D_b}{D_a}\right)^2 \overline{V}_b = \beta^2 \overline{V}_b \tag{8.23}$$

D_a = 관 지름

D_b = 벤튜리 미터 목 지름

β = 지름비 D_b/D_a

식 (8.22)과 (8.23)에서 $\overline{V}_a$를 소거하면,

$$\overline{V}_b = \frac{1}{\sqrt{\alpha_b - \beta^4 \alpha_a}} \sqrt{\frac{2(p_a - p_b)}{\rho}} \tag{8.24}$$

벤튜리계수. 식 (8.24)는 비압축성 유체의 무마찰 흐름에는 그대로 적용할 수 있다. 그러나 지점 a와 b 사이의 벽 마찰을 고려한다면 실험 상수 C_v를 도입하여 다음과 같이 수정한다.

$$\overline{V}_b = \frac{C_v}{\sqrt{1 - \beta^4}} \sqrt{\frac{2(p_a - p_b)}{\rho}} \tag{8.25}$$

운동에너지 인자 α_a와 α_b의 영향 역시 C_v의 정의에 포함시킨다. 계수 C_v는 실험에 의해 구하며, **접근속도 불포함 벤튜리계수**(venturi coefficient, velocity of approach not included)라 한다. 접근속도 $\overline{V}_a$의 영향은 $1/\sqrt{1-\beta^4}$ 항에서 고려한다. $D_b < \frac{1}{4} D_a$이면, 접근속도와 β 항을 무시해도 오차는 0.2% 미만이다.

벤튜리를 잘 설계하면, 지름이 2~8 in인 관에서 C_v가 0.98 정도이고, 보다 큰 관에서는 0.99 정도가 된다[5].

부피유량과 질량유량. 실제로 필요한 양은 벤튜리 목에서의 유속 $\overline{V}_b$가 아니라, 부피유량이나 질량유량이다. 부피유량은 식 (8.25)의 $\overline{V}_b$를 식 (4.12)에 대입하여 구할 수 있다.

$$q = \overline{V}_b S_b = \frac{C_v S_b}{\sqrt{1-\beta^4}} \sqrt{\frac{2(p_a - p_b)}{\rho}} \tag{8.26}$$

q = 부피유량
S_b = 목 단면적

질량유량은 부피유량에 밀도를 곱한 값이다.

$$\dot{m} = q\rho = \frac{C_v S_b}{\sqrt{1-\beta^4}} \sqrt{2(p_a - p_b)\rho} \tag{8.27}$$

$\dot{m}$ = 질량유량

오리피스 미터

벤튜리 미터는 일반 공장에서 사용하기에는 몇 가지 결점이 있다. 가격이 비싸고 상당한 공간을 차지하며 목 지름/관 지름의 비를 바꿀 수가 없다. 미터와 마노미터 장치가 정해지면 측정 가능한 최대 유량도 고정되므로, 유량 범위가 변하면, 목 지름이 너무 커서 정확한 측정치를 얻을 수 없을 수도 있고, 목 지름이 너무 작아서 최대 유량을 수용할 수가 없을 수도 있다. 이러한 경우에 오리피스 미터로 대체할 수 있지만, 동력 소비량이 크다는 대가를 치러야 한다.

예단(sharp-edged) 표준 오리피스 미터를 그림 8.17에 보였다. 이것은 정밀하게 구멍을 뚫은 판을 두 플랜지 사이에 끼운 것으로, 구멍과 관을 동심으로 설치한다(편심으로 설치하거나 부분적으로 열리도록 하는 경우도 있다). 판의 구멍 둘레는 하류쪽으로 비스듬히 깎기도 한다. 압력 탭은 각각 오리피스 판 상류와 하류에 설치하고, 마노미터나 차압 전달기에 연결한다. 탭의 위치는 임의로 정할 수 있지만, 표 8.2에 보인 세 가지가 공인되어 있다. 가장 일반적인 것은 플랜지 탭이며, 그림 8.17에 보인 것은 베나 콘트랙타 탭이다.

오리피스 미터의 원리는 벤튜리 미터에서와 마찬가지이다. 오리피스를 통과하면서 흐름 단면적이 감소하면 속도두가 증가하면서 압력두가 감소하므로, 탭 사이의 압력차를 마노미터로 측정한다. 속도두 증가와 압력두 감소 사이의 관계는 Bernoulli 식으로 나타낼 수 있다.

벤튜리 미터에는 없는 복잡한 문제 하나가 오리피스에서 생긴다. 오리피스는 예리하므로 오리피스 판 하류에서 흐름이 분리되어, 하류 유체 중에 유리 제트(free-flowing jet)를 형성하는데, 그림 8.17에 보인 것처럼 베나 콘트랙타가 생긴다. 벤튜리의 경우와는 달리, 이 제트는 고체 벽에 의해 조절되는 것이 아니므로, 제트의 단면적은 오리피스 구멍 면적에서 베나 콘트랙타 면적까지 변한다. 따라서 어떤 지점의 면적, 가령 하류 탭에서의 면적을 정하기가 쉽지 않으며, 하류 탭의 제트 유속과 오리피스 지름을 관련시키기도 쉽지 않다. 벤튜리계수에 비해 오리피스계수는 값이 작고 변동이 심하다. 따라서 오리피스 미

표 8.2 오리피스 탭 자료

Type of tap	Distance of upstream tap from upstream face of orifice	Distance of downstream tap from downstream face
Flange	1 in. (25 mm)	1 in. (25 mm)
Vena contracta	1 pipe diameter (actual inside)	0.3–0.8 pipe diameter, depending on β
Pipe	$2\frac{1}{2}$ times nominal pipe diameter	8 times nominal pipe diameter

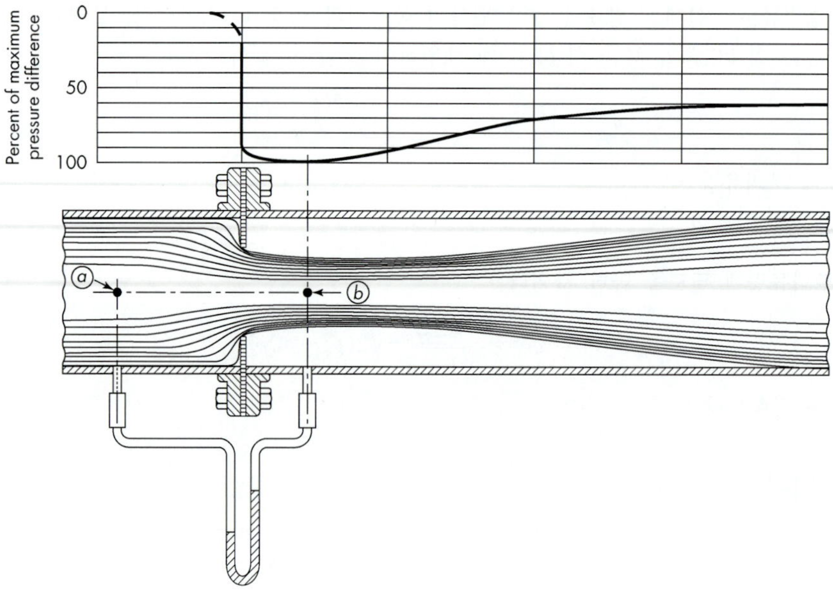

그림 8.17 오리피스 미터

터를 정량적으로 다루려면 검량하여 보정해야 한다.

오리피스 미터의 설계 기준에 관한 상세한 내용은 문헌에서 찾을 수 있다[2]. 검량(calibration)을 하지 않고도, 유량계의 정확한 성능을 유지할 수 있으려면 그러한 자료에 따라야 할 것이다. 그러나 근사 설계나 예비 설계에서는 식 (8.25)와 비슷한 다음 식으로도 충분하다.

$$u_o = \frac{C_o}{\sqrt{1-\beta^4}}\sqrt{\frac{2(p_a - p_b)}{\rho}} \tag{8.28}$$

u_o = 오리피스를 통과하는 유속

β = 오리피스 지름과 관 지름의 비

p_a, p_b = 그림 8.17의 지점 a와 b의 압력

식 (8.28)에서 C_o는 **접근속도 불포함 오리피스 계수**(orifice coefficient, velocity of approach not included)라 한다. 이 값은, 오리피스와 베나 콘트랙타 사이에서 제트의 수축, 마찰, α_a와 α_b를 고려하여 보정한 것이다. C_o 값은 실험에 의해 측정해야 하는데, β와 Reynolds 수의 변화에 따라 상당히 달라진다. Reynolds 수는 다음과 같이 정의한다.

$$\mathrm{Re}_o = \frac{D_o u_o \rho}{\mu} = \frac{4\dot{m}}{\pi D_o \mu} \tag{8.29}$$

D_o = 오리피스 지름

$\mathrm{Re}_0 > 30,000$에서는 C_o가 거의 일정하고 β와 무관하기 때문에 식 (8.28)을 설계에 활용할 수 있다. 이러한 조건에서 플랜지 탭과 베나 콘트랙타 탭일 때의 C_o는 0.61이라 보면 된다. 실제 프로세스에서는 β가 0.20~0.75 범위이다. $\beta < 0.25$이면 $\sqrt{1-\beta^4}$ 값은 1이나 다름없다. 벤튜리 미터에 관한 식 (8.26)과 (8.27)을 오리피스 미터에도 사용할 수 있는데, 이때, C_v 대신에 C_o, $\overline{V}_b$ 대신에 u_o, 그리고 S_b 대신에 오리피스의 단면적 S_o를 사용하면 된다.

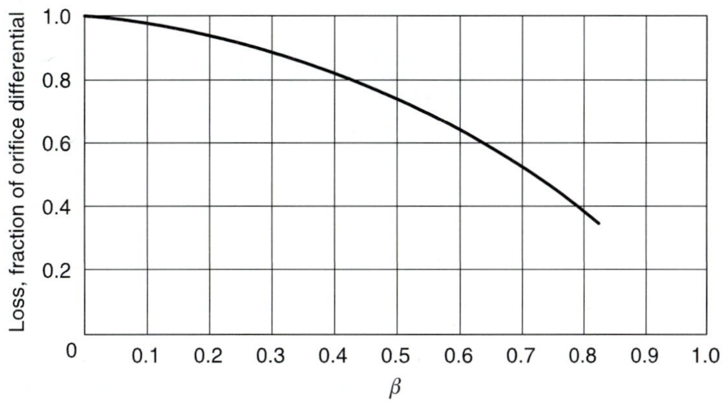

그림 8.18 오리피스 미터에서의 총괄 압력 손실(American Society of Mechanical Engineers[2])

특히 중요한 것은, 오리피스의 상류와 하류에 충분히 긴 곧은 관이 있어야 정상 흐름 패턴이 유지되고, 이음쇠, 밸브 등에 의해 흐름이 교란되지 않는다는 점이다. 흐름이 교란되어 속도분포가 정상적이 아니면, 오리피스 계수의 값이 어떤 영향을 받을지 알 수 없게 된다. 정상적 속포 분포를 유지하는 데 필요한, 오리피스 상류와 하류의 곧은 관의 길이에 관한 자료가 발표되어 있다[2]. 오리피스 상류에서 필요한 곧은 관의 길이가 모자랄 때는 접근 배관에서 직선화 베인(straightening vane)을 사용하기도 한다.

압력 회복. 오리피스 미터에서는 베나 콘트랙타 하류에서 제트가 팽창하면서 발생하는 에디 때문에 마찰 손실이 커지므로, 압력이 제대로 회복되지 않는다. 결과적으로 동력이 손실되는 것이 오리피스 미터의 단점 중의 하나이다. 오리피스 압력차의 영구적 손실률은 β 값에 따라 달라지는데, 이 관계를 그림 8.18에 보였다. $\beta = 0.5$일 때 압력차의 손실률은 73% 정도이다.

파이프 탭에서는 오리피스로부터 관 지름의 8배에 해당하는 위치에 하류 탭을 설치하는데, 이러한 탭에서 측정되는 압력차는 오리피스 압력차라기보다는 사실상의 영구 손실(permanent loss)이다.

예제 8.4

100 mm 관에 플랜지 탭 오리피스 미터를 설치하여 물의 유량을 측정한다. 예상되는 최대 유량은 15°C에서 50 m^3/h이다. 압력차를 측정하는 마노미터 유체는 수은이며, 수온은 15°C로 일정하다고 본다.

(a) 마노미터의 최대 읽음이 1.25 m일 때, 오리피스 지름(mm)을 정하여라.

(b) 이 미터를 최대 부하로 운전하는데 필요한 동력을 구하여라.

풀이

(a) 식 (8.27)을 사용하여 오리피스 지름을 구한다. 필요한 양은 다음과 같다.

$$q = \frac{50}{3,600} = 0.0139\ \mathrm{m^3/s}$$

$$\rho = 62.37 \times 16.018 = 999\ \mathrm{kg/m^3} \qquad \text{(부록 6)}$$

$$C_o = 0.61 \qquad g = 9.80665\ \mathrm{m/s^2}$$

식 (2.10)에서

$$p_a - p_b = 9.80665 \times 1.25 \times (13.6 - 1.0)(999)$$

$$= 154,300\ \mathrm{N/m^2}$$

이러한 값을 식 (8.27)에 대입하면,

$$0.0139 = \frac{0.61 S_o}{\sqrt{1-\beta^4}}\sqrt{\frac{2\times 154,300}{999}}$$

다시 쓰면,

$$\frac{S_o}{\sqrt{1-\beta^4}} = 1.296\times 10^{-3} = \frac{\pi D_o^2}{4\sqrt{1-\beta^4}}$$

먼저 $\sqrt{1-\beta^4} = 1.0$이라 가정하면,

$$D_o = 40.6\ \text{mm} \qquad \beta = \frac{40.6}{100} = 0.406$$

$$\sqrt{1-\beta^4} = \sqrt{1-0.406^4} = 0.986$$

최종 결과의 정확도를 감안할 때, 이 항의 영향은 무시해도 좋을 것이다. 오리피스 지름을 사사오입하면 41 mm이다.
Reynolds 수 검산. 부록 6에서, 15°C의 물의 점도는 1.147 cP = 0.001147 kg/m·s이다.

$$S_o = \frac{\pi D_o^2}{4} = \frac{\pi\times 0.041^2}{4} = 0.00132\ \text{m}^2$$

$$u_o = \frac{q}{S_o} = \frac{0.0139}{0.00132} = 10.53\ \text{m/s}$$

식 (8.29)에서 Reynolds 수는 다음과 같다.

$$\text{Re}_o = \frac{0.041\times 10.53\times 999}{0.001147} = 376,000$$

아주 큰 값이므로, $C_o = 0.61$이라 해도 타당하다.

(b) 그림 8.18에서 $\beta = 0.406$일 때 영구 손실은 압력차의 81%이다. 최대 부피유량이 0.0139 m^3/s이므로, 이 유량계를 최대 부하로 운전하는 데 필요한 동력은 다음과 같다.

$$P = 0.81 q(p_a - p_b) = \frac{0.81\times 0.0139\times 154,300}{1,000} = 1.737\ \text{kW}$$

■

벤튜리와 오리피스를 통한 압축성 유체의 흐름

지금까지는 밀도가 일정한 유체의 계량을 다루었지만, 유체가 압축성이더라도 마찬가지 식과 배출계수를 사용할 수 있다. 벤튜리 미터에 관한 식 (8.27)을 다음과 같이 수정한다.

$$\dot{m} = \frac{C_v Y S_b}{\sqrt{1-\beta^4}}\sqrt{2(p_a - p_b)\rho_a} \tag{8.30}$$

β가 작으면 오리피스 미터에 관한 식은 다음과 같이 된다.

$$\dot{m} = 0.61\, Y S_o \sqrt{2(p_a - p_b)\rho_a} \tag{8.31}$$

식 (8.30)과 (8.31)에서 Y는 무차원 팽창인자(expansion factor)이며, ρ_a는 상류 조건에서의 유체의 밀도이다. 벤튜리를 통한 이상기체의 등엔트로피 흐름에서는 Y를 이론적으로 계산할 수 있는데, 식 (6.25)를 지점 a와 b 사이에서 적분하고, 결과를 Y의 정의식 (8.30)과 결부시키면 된다.

$$Y = \left(\frac{p_b}{p_a}\right)^{1/\gamma}\left\{\frac{\gamma(1-\beta^4)[1-(p_b/p_a)^{1-1/\gamma}]}{(\gamma-1)(1-p_b/p_a)[1-\beta^4(p_b/p_a)^{2/\gamma}]}\right\}^{1/2} \tag{8.32}$$

이 식에서, Y는 p_b/p_a, β, γ의 함수이다. 오리피스에서는 베나 콘트랙타 때문에 이 식을 적용할 수 없다. 예단 오리피스의 경우 다음과 같은 실험식이 있다[2].

$$Y = 1 - \frac{0.41 + 0.35\beta^4}{\gamma}\left(1 - \frac{p_b}{p_a}\right) \tag{8.33}$$

$p_b/p_a < 0.53$ 정도일 때는 식 (8.32)나 (8.33)을 사용하지 말아야 한다. 이 값은 공기 흐름이 음속이 되는 임계 압력비이기 때문이다.

V-요소형 유량계

그림 8.19에 보인 것처럼, 관 한 쪽에 V형체(V-shaped indentation)를 설치하거나 금속제 웨지(wedge)를 삽입하여 흐름을 제약하는 유량계이다. 비교적 고가이지만 정확도가 좋아서 측정 유량의 오차가 ±0.5% 정도이며, 고체 입자나 용해되지 않은 기체가 들어있는 액체나 응축 액적을 동반하는 기체처럼 취급이 어려운 유체의 유량을 측정할 수 있다. 유량계수는 0.8 정도로서, 오리피스 미터의 경우와는 달리 유량이 적어서 Reynolds 수가 500 정도까지는 유량계수가 거의 일정하다.

면적식 유량계 : 로타미터

오리피스, 노즐, 벤튜리 등에서는, 일정한 단면을 통한 유량의 변동에 의해 달라지는 압력 강하를 유량과 연관시킨다. 하지만 면적식 유량계(area meter)에서는 압력 강하를 거의 일정하게 유지하면서, 유체가 흐르는 유로의 면적이 유량에 따라 변하도록 한다. 적절하게 검량하면, 이 유로 면적을 유량과 연관시킬 수 있다.

가장 중요한 면적식 유량계는 그림 8.20에 보인 로타미터(rotameter)이다. 이것은 기본적으로 윗쪽으로 올라가면서 지름이 점점 커지는 유리관을 틀에 수직으로 장착한 것으로, 그 안에 자유롭게 움직이는 부표(float)가 들어있다(부표가 실제로는 유체 위에 떠 있지 않고 유체 안에 잠겨있다). 유체는 유리관에서 윗쪽으로 흐르며, 부표가 지시 요소(indication element)로서, 유량이 커질수록 부표가 위로 올라간다. 유체는 부표와 관벽 사이의 환상 유로로 흐른다. 유리관에 눈금을 매기고, 부표의 단면적이 가장 큰 읽음 가장자리(reading edge)에서 눈금을 읽어서 유량계의 읽음을 구한다. 이 눈금의 읽음과 유량을 연관시키려면 검량 자료가 있어야 한다. 로타미터는 기체나 액체의 유량 측정에 모두 사용할 수 있다.

로타미터 유리관은 정밀하게 만든 일반 원뿔형 점증관(tapered tube)이거나 관축과 평행인 3개의 구슬선(bead) 즉 홈(flute)이 있는 점증관이다. 그림 8.21에 보인 관은 일반 점증관이다. 초기 로타미터에서는 부표 꼭대기에 각이 진 노치(notch)가 있어서 부표가 회전했지만, 근래에는 부표가 회전하지 않도록 만든다. 불투명한 액체, 고온이나 고압의 액체 등 유리 사용이 어려운 경우에는 금속관을 점증관으로 만들어 쓴다. 금속관에서는 부표가 눈에 보이지 않으므로, 유량계 읽음을 지시하거나 전달하는 수단이 있어야 한다. 이때 익스텐션(extension)이라 불리는 막대를 부표의 윗면이나 밑면에 부착하여 접극자(armature)로 사용한다. 익스텐션은 하나의 이음쇠 위에 장착한 밀폐관으로 싼다. 이 관의 내부는 로타미터 내부와 직접 연락되어 있으므로, 익스텐션용 스터핑박스가 따로 필요하지 않다. 이 관은 외부 유도코일(induction coil)로 둘러싼다. 코일에 노출되는 익스텐션의 길이는 부표의 위치에 따라 달라진다. 이에 따라 코일의 인덕턴스(inductance)가 변하며 이를 전기적으로측정하여 조절 밸브를 조작하거나 읽음을 기록한다. 또한 익스텐션 관 외부에서 수직 눈금 가까이에 자기 추종자(magnetic follower)를 장착하여, 익스텐션 상단의 가시적 지시계로 사용하기도 한다. 이처럼 개량함으로서, 로타미터가 유리관만을 사용하는 가시적 지시계로부터 다양한 기록 및 조절 기구로

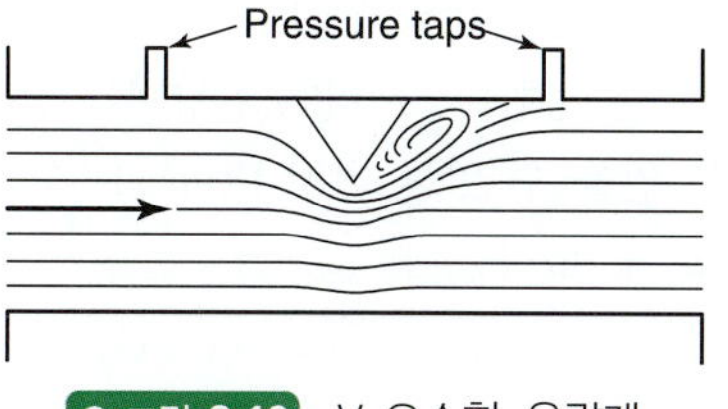

그림 8.19 V-요소형 유량계

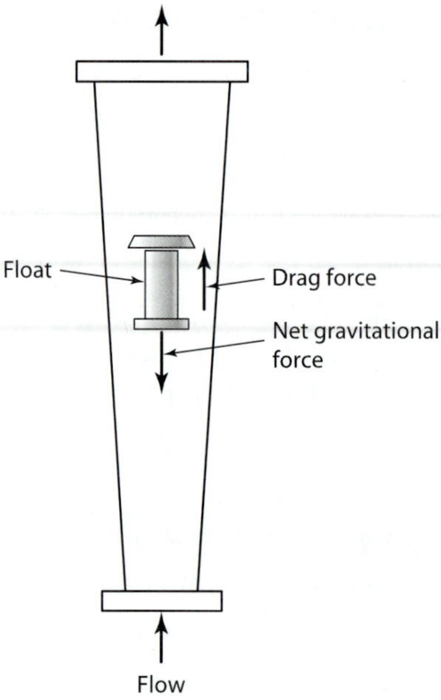

그림 8.20 로타미터의 원리

발전했다.

부표는 납에서 알루미늄에 이르는 다양한 밀도의 금속이나 유리 또는 플라스틱으로 만든다. 일반적인 것은 스테인리스강 부표이다. 부표의 모양과 치수 역시 용도에 따라 다양하다.

오리피스 미터의 검량선에서는 유량이 읽음의 제곱근에 비례하지만, 로타미터에서는 유량과 부표의 위치 사이에 거의 선형적 관계가 있다. 오리피스 미터에 비해, 로타미터의 검량치는 접근 흐름의 유속 분포에 그다지 민감하지 않으므로, 길고 곧은 접근관이나 직선화 베인이 필요하지 않다.

타깃식 유량계

그림 8.21에 보인 것처럼, 타깃식 유량계(target meter)에는 예단 디스크가 흐름 방향에 직각으로 설치되어 있으며, 유체가 디스크에 미치는 항력을 측정한다. 유량은 이 항력의 제곱근 및 유체 밀도에 비례한다. 타깃식 유량계는 튼튼하면서도 비싸지 않으며, 점성 유체와 슬러리를 포함한 다양한 유체에 사용할 수 있다. 그러나 슬러리의 고형물 함유량이 많으면 이러한 고정판 기구(bar mechanism)는 막힐 수 있다.

와류발산식 유량계

그림 8.22에 보인 것처럼, 와류발산식 유량계(vortex-shedding meter)에서는 벼랑체(bluff body)가 "타깃"에 해당하는데, 이 벼랑체의 단면은 대개 사다리꼴 모양이다. 흐름이 난류일 때 이 벼랑체의 웨이크에서 "와류줄기(vortex street)"가 발생하도록 만든다(7장 참고). 벼랑체 가까이에 센서를 설치하여 압력 변동, 즉 와류발산의 빈도를 측정하고, 이로부터 부피유량을 추정한다. 이러한 유량계는 고온 기체와 수증기를 포함하여 다양한 유체에 사용할 수 있다. 선형 응답을 얻을 수 있는 최저 Reynolds 수는 상당히 크므로, 점성이 큰 액체의 유량은 이러한 종류의 기구로 측정할 수 없다.

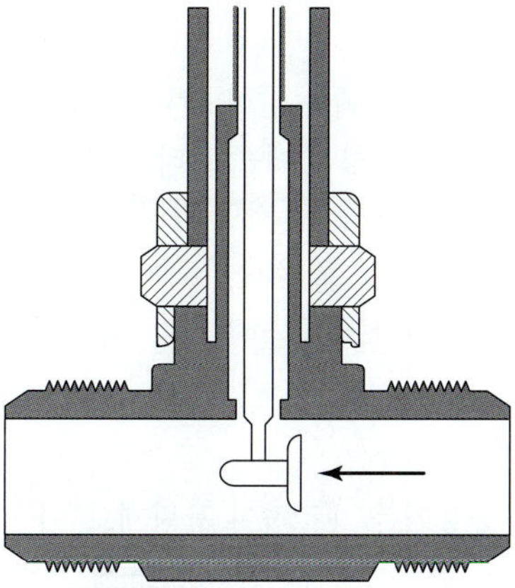

그림 8.21 타깃식 유량계

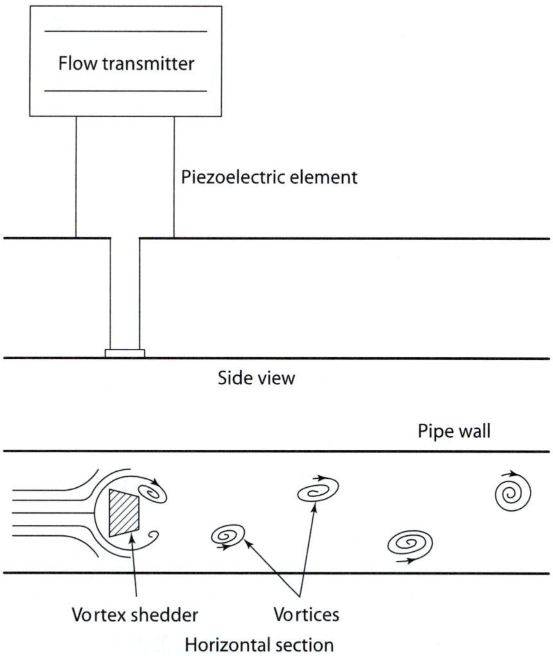

그림 8.22 와류발산식 유량계

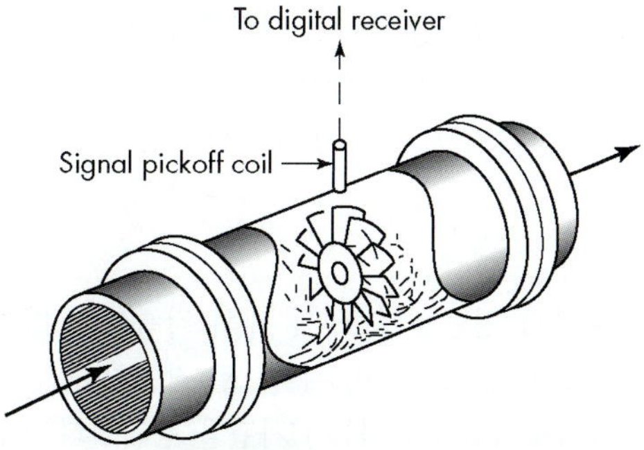

그림 8.23 터빈식 유량계

터빈식 유량계

그림 8.23에 보인 터빈식 유량계(turbine meter)에는 날이 달린 로터(rotor)가 흐름 중에 축방향으로 설치되어 있으며, 그 회전속도는 유속에 비례한다. 개량형 중에는 로터 날을 자석 물질로 만들어서, 신호 픽오프 코일(signal pickoff coil)에서 교류 전압을 유도하도록 된 것도 있다. 또 회전 날에 의해 변조된 고주파의 반송파 신호에 의해 회전속도를 라디오 주파수 픽오프로 검출하도록 만든 것도 있다. 알맞은 조건에서 사용하면 터빈식 유량계는 아주 정확하지만, 파손되기 쉽고 유지비가 많이 든다.

정변위식 유량계

이미 설명한 정변위(용적식) 펌프와 송풍기를 개조하여 유량계로 이용할 수 있는데, 그 기본은 이동 공간이 찼다가 비워지는 횟수를 계산하는 것이다. 마찰 손실은 유체의 압력 강하로 보상된다. 유량을 지시하는 모델도 있지만, 장치를 통과한 유체의 부피를 측정하도록 만든 것이 대부분이다. 정변위식 유량계에는, 회전 디스크형(nutating disk), 진동 피스턴형(oscillating piston), 미끄럼 날개형(sliding vane) 등 여러 가지가 있다. 아주 정확하고, 맑은 기체와 액체에 적용할 수 있다. 점성 액체용으로도 사용할 수 있는데, 실제로는 점도가 클수록 성능이 좋아진다. 더러운 액체나 슬러리에는 사용할 수 없다. 비교적 고가이며 운전비가 많이 드는 편이다.

자력식 유량계 : 초음파식 유량계

이러한 유량계는 비침투식(nonintrusive)이다. 유체 흐름 중에 장애물을 설치하지 않고, 유로를 축소시키지도 않으므로, 유체의 압력 강하도 생기지 않는다. 유량은 관 외부에서 측정한다.

자력식 유량계(magnetic meter)에서는 관을 비전도성 물질로 내장하고 둘 이상의 금속 전극을 내장벽과 같은 평면에 장착한다. 관을 둘러싼 전자 코일이 그 안에 균일한 자기장을 발생한다. 전자유도에 관한 Faraday의 법칙에 의해, 자기장을 통과하는 전도성 유체의 운동은 전압을 유도하는데, 이 전압은 유체의 유속에 정비례한다. 상용 자력식 유량계로는 전기전도도가 너무 작은 탄화수소를 제외한 거의 모든 액체의 유속을 측정할 수 있다. 유도 전압은 유속에 따라서만 달라지므로, 유체의 점도나 밀도의 변화는 유량계 읽음에 영향을 미치지 않는다.

초음파식 유량계(ultrasonic meter)에는 경시형(transit time)과 Doppler 변위형(shift)의 두 가지가 있다. 경시형에서는 관에 대해 적절한 각도에서 고주파 압력파를 발사하고, 그 경과 시간으로부터 파동의 속도를 구한다. 파동이 흐름방향으로 전달되면 그 속도가 증가한다. 정지 유체와 흐르는 유체 중에서의 파동의 경과 시간의 차이로부터 유속을 구할 수 있다. 경시형 유량계는 맑은 유체에만 사용할 수 있다.

경시형과는 달리 Doppler 변위형 유량계는 흐름 중의 입자나 기포로부터 반사되는 압력파를 이용하는 것이다. 이때 입자나 기포는 흐름과 같은 속도로 이동한다고 가정한다. 압력파는 흐름방향에 대해 특정 각도에서 유체로 발사한다. 발사파(projected wave)와 반사파(reflected wave)의 주파수 차이는 유속에 비례한다.

초음파식 유량계는 아주 정확하지는 않지만, 부식성 유체의 유량 측정 등 여러 용도에서 아주 유용하다.

Coriolis형 유량계

회전계에서 움직이는 물체는 그 질량과 정방향 속도 및 계의 각속도에 비례하는 Coriolis 힘을 받는다. 이 힘은 물체의 이동 방향과 계의 각속도 방향에 대하여 직각으로 작용한다. 그림 8.24에 보인 Coriolis 유량계에서는 유체가 자연주파수(natural frequency)로 진동하는 U자관을 통과한다. 이때 교대하는 Coriolis 힘이 생겨서 관에서 미소한 탄성 변형을 일으키는데, 이 변형의 크기로부터 질량유량을 구할 수 있다. 유체의 밀도

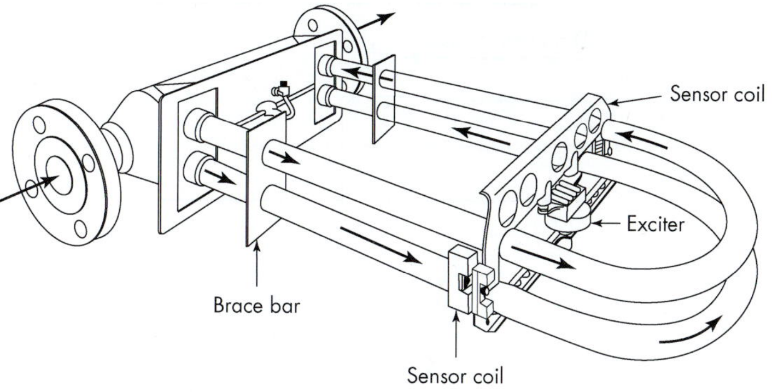

그림 8.24 전형적 Coriolis 질량유량 센서 구조

역시 유체를 채운 관의 자연주파수로부터 구할 수 있다.

이중관 Coriolis 유량계는 아주 정확하게 질량유량을 직접 측정할 수 있다. 주로 작은 관에서 사용되지만, 시설비와 운전비가 비싸다. 따라서 일반적으로 다루기 힘든 유체이거나 비용이 들더라도 측정치가 정확해야 하는 상황에서 주로 이용된다. 단순한 형태의 Coriolis 유량계에서는 두 끝을 고정한 하나의 곧은 관을 사용하는데, 관의 중간에 미치는 힘에 의해 진동하도록 만든다.

8.4.2 삽입식 유량계

이러한 종류의 유량계에서는 유로에 비하여 크기가 작은 검지요소(sensing element)를 흐름 중에 삽입한다. 평균 유속을 측정할 수 있는 것도 있지만, 대개는 한 점에서의 국부 유속을 측정한다. 따라서 검지요소의 위치를 잘 설정해야 전체 유량을 구할 수 있다. 이때 국부 유속과 평균 유속의 상관관계가 있어야 한다.

유로 중심선의 한 점에서 측정하면, 이 최대 유속과 평균 유속의 비로부터 평균 유속을 구할 수 있다(5장 참고). 또는 유로에서 국부 유속이 평균 유속과 같은 임계점(critical point)에 센서를 설치할 수도 있다. 어느 경우에나, 측정점 상류에는 조용한 부분이 충분히 길어야 비로소 속도 프로필이 교란되지 않고 완전 발달된 흐름이 될 수 있다는 점에 유의해야 한다.

피토관

피토관(pitot tube)은 유선에서의 국부 유속을 측정할 수 있는 기구로서, 그 원리를 그림 8.25에 보였다. 충격관(impact tube) a의 개구(opening)는 흐름 방향에 직각이고, 정압관(static tube) b의 개구는 흐름 방향과 평행이다. 이 두 관은 마노미터 다리 또는 미소 압력차를 측정할 수 있는 기구와 연결한다. 정압관 개구에는 직각으로 작용하는 압력 성분이 없으므로, 정압관에는 정압 p_0가 미친다. 충격관 개구에는 유선 AB가 정지되는 정체점 B가 있다.

충격관에 미치는 압력 p_s는 정체 압력으로서, 이상기체의 경우 식 (7.8)과 같다. 이어서 식 (7.9)에서 p_0를 정압관 b에 미치는 정압이라 하고, u_0에 관해 풀면 다음과 같다.

$$u_0 = \left(\frac{2(p_s - p_0)}{\rho_0\{1 + \mathrm{Ma}^2/4 + [(2-\gamma)/24]\mathrm{Ma}^4 + \cdots\}} \right)^{1/2} \tag{8.34}$$

피토관의 마노미터에서는 압력차 $p_s - p_0$를 측정하며, 식 (8.34)는 충격관이 놓인 점의 국부 유속을 나타낸다. 일반적으로는 이 식에서 첫 번째 Mach 수 항만 중요하다.

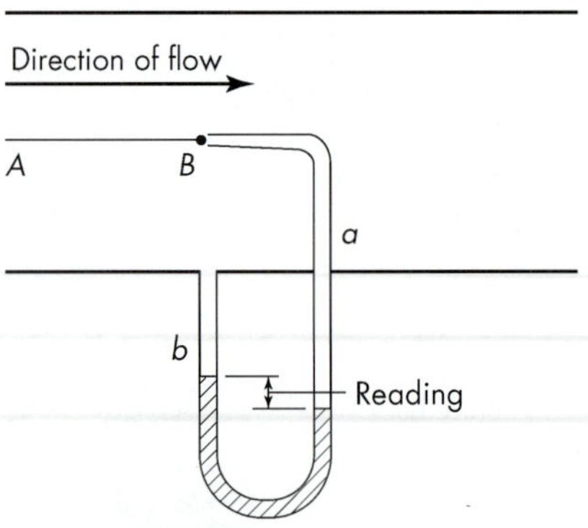

그림 8.25 피토관의 원리

비압축성 유체에서는 Mach 수 보정인자가 1이므로, 식 (8.34)는 다음과 같이 간단해진다.

$$u_0 = \sqrt{\frac{2(p_s - p_0)}{\rho}} \tag{8.35}$$

피토관이 이상적이라면 측정한 유속이 식 (8.34)의 값과 정확히 같을 것이다. 잘 만든 기구에서는 오차가 이론치의 1%를 넘지 않지만, 정확한 측정치를 얻으려면 피토관을 검정하여 적절한 보정인자를 사용해야 한다. 이 보정인자는 식 (8.34)의 괄호 앞에 계수로 도입한다. 피토관을 잘 만들면 이 계수의 값은 거의 1이 된다.

피토관의 단점은, (1) 일반적으로 평균 유속을 직접 구할 수가 없고, (2) 기체일 경우 읽음이 너무 작다는 것이다. 저압 기체의 유속을 측정하고자 할 때는 그림 2.4에 보인 것과 같은 확대 계기를 사용해야 할 것이다.

예제 8.5

200°F(93.3°C)의 공기가 지름이 36 in(914 mm)인 원형 연돌에 도입된다. 입구로부터 상당히 떨어져서, 흐름의 교란이 사라지고 정상 속도 분포가 이루어진 지점에서 연돌 중심에 피토관을 설치하였다. 피토관 읽음이 0.54 in(13.7 mm) H_2O이고, 이 측정 위치에서의 정압은 15.25 in(387 mm) H_2O이었다. 피토관 계수는 0.98이다. 60°F(15.6°C), 대기압 29.92 in(760 mm) Hg 기준으로 공기의 유량(ft^3/min)을 구하여라.

풀이

Mach 수 보정은 무시할 수 있다고 가정한다. 피토관으로 측정한, 연돌 중심의 유속을 식 (8.35)에서 구한다. 피토관 계수가 0.98이므로,

$$u_0 = 0.98\sqrt{\frac{2g_c(p_s - p_0)}{\rho}} \tag{8.36}$$

필요한 양은 다음과 같다. 기기에서의 절대 압력은

$$p = 29.92 + \frac{15.25}{13.6} = 31.04 \text{ in. Hg}$$

32°F, 1 atm에서 공기 1 lb mol의 부피가 359 ft^3이므로 이 공기의 밀도는 다음과 같다.

$$\rho = \frac{29 \times 492 \times 31.04}{359(460 + 200)(29.92)} = 0.0625 \text{ lb/ft}^3$$

마노미터 읽음은 다음과 같다.

$$p_s - p_0 = \frac{0.54}{12}(62.37) = 2.81 \text{ lb}_f/\text{ft}^2$$

식 (8.36)에서 최대 유속은 다음과 같다.

$$u_{\max} = 0.98\sqrt{2\times 32.174\left(\frac{2.81}{0.0625}\right)} = 52.7\ \text{ft/s}$$

아주 작은 속도이므로 Mach 수 보정인자를 무시한 것은 타당하다고 볼 수 있다. 이제 그림 5.8을 이용하여, 최대 유속으로부터 평균 유속을 구한다. 최대 유속 기준의 Reynolds 수는 다음과 같이 구한다. 먼저 부록 8에서 200°F의 공기의 점도는 0.022 cP이다. 따라서,

$$\text{Re}_{\max} = \frac{(36/12)(52.7)(0.0625)}{0.022(0.000672)} = 670,000$$

그림 5.8에서, $\overline{V}/u_{\max}$는 0.86보다 약간 크다. 0.86을 추정치로 사용하면,

$$\overline{V} = 0.86\times 52.7 = 45.3\ \text{ft/s}$$

Reynolds 수 $\text{Re} = 670,000\times 0.86 = 576,000$이므로, $\overline{V}/u_{\max}$는 정확하게 0.86으로 추정치와 같다. 부피유량은 다음과 같다.

$$q = 45.3\left(\frac{36}{12}\right)^2\left(\frac{\pi}{4}\right)\left(\frac{520}{660}\right)\left(\frac{31.04}{29.92}\right)(60) = 15,704\ \text{ft}^3/\text{min}(7.41\ \text{m}^3/\text{s})$$ ■

열식 유량계

열식 유량계(thermal meter)는 유체가 가열 요소를 통과할 때의 온도 상승이나 가열 표면으로부터 유체 흐름으로의 열전달속도를 측정하여 유량을 직접 구하는 것이다. 열식 유량계는 대개 삽입식으로서, 대형 닥트의 기체 유량 측정에 사용한다.

전형적 장치 구성을 보면, 전기 가열식 스테인리스강 관과 비가열식 관으로 되어 있으며, 각각 저항 온도계가 들어있는 유사한 관이 붙어있다. 기체가 이러한 관을 횡단하여 흐르면, 가열 요소 근처의 기체는 다른 곳의 기체보다 더워진다. 관 사이의 온도차는 기체의 질량유량에 역비례한다. 흐름이 없을 때 온도차가 최대가 되며, 유량이 증가할수록 온도차는 감소한다. 이러한 유량계를 사용하면 0.08~46 m/s(0.25~150 ft/s) 범위의 유속을 오차 ±1% 정도로 정확하게 측정할 수 있다고 한다. 속도 프로필이 대칭적이면 한 점에서만 측정하면 되지만, 속도 프로필이 비대칭적일 때는 하나의 기기에서 8점까지 측정하면 정확한 유량을 구할 수 있다. 특수한 열식 유량계를 사용하면, 복사 수준이 높은 455°C(850°F)의 고온이나, 진동이 강한 닥트에서도 사용할 수 있다.

기타 삽입식 유량계

자력식, 터빈식, 초음파식 등 다양한 삽입식 유량계의 개량형이 나와 있다. 어느 것이나 특정 용도에 유용한 것이다. 삽입식 유량계는 일반적으로 전구경식 유량계에 비해 저렴하며, 대형 관의 유량 측정에는 가장 비용 효율적 방법이라 할 수 있다.

8.5 기호 설명

A	면적(넓이), m², ft²; A_p, 펌프 임펠러 주변에서 유로의 단면적
C_o	접근 속도 불포함 오리피스 계수
C_p	정압 몰열용량, J/mol · °C, Btu/lb mol · °F
C_v	접근속도 불포함 벤투리 계수
c_p	정압 열용량(비열), J/g · °C, Btu/lb · °F
c_v	정용 열용량(비열), J/g · °C, Btu/lb · °F

D	직경(지름), m, ft; D_a, 관경; D_b, 벤튜리 목의 지름; D_o, 오리피스 지름
g	중력가속도, m/s^2, ft/s^2
g_c	Newton 법칙 비례인자, 32.174 ft · lb/lb$_f$ · s^2
H	전체 두, J/kg, ft · lb$_f$/lb; H_a, H_b, 각각 지점 a와 b의 값
h_f	마찰 손실, J/kg, ft · lb$_f$/lb; h_{fs}, 펌프 흡입관에서의 마찰 손실
IPS	Iron pipe size, 강관의 표준
M	분자량
Ma	Mach 수, 무차원
m	질량, kg, lb
$\dot{m}$	질량유량, kg/s, lb/s
NPS	Normal pipe size, 강관의 표준
NPSH	Net positive suction head, 유효흡입두; NPSHR, 최소값
n	화전속도, r/s; 식 (8.19)의 지수
P	동력, W, ft · lb$_f$/s; P_B, 펌프에 공급한 동력(제동마력), kW, hp; P_f, 유체 동력(펌프가 유체에 전달한 동력); P_{fr}, 이상적 펌프에서의 값
p	압력, atm, lb$_f$/ft^2; p_a, $p_{a'}$, p_b, $p_{b'}$, 각각 지점 a, a', b, b'의 압력; p_s, 충격 압력; p_v, 증기압; p_0, 정압; p_1, p_2, 각각 지점 1, 2의 압력
q	부피유량, m^3/s, ft^3/s; q_r, 이상적 펌프의 부피유량; q_0, 압축 용량, std ft^3/min
R	기체법칙 상수, 8.314 N · m/mol · K, 1,545 ft · lb$_f$/lb mol · °R
r	반경(반지름), m, ft; r_1, r_2, 각각 임펠러 흡입부 및 배출부의 반경
Re	관에서의 Reynolds 수, $D\overline{V}\rho/\mu$
Re$_{max}$	관에서의 최대 국부 Reynolds 수, $Du_{max}\rho/\mu$
Re$_o$	오리피스에서의 Reynolds 수, $D_o u_o \rho/\mu$
S	단면적, m^2, ft^2; S_b, 벤튜리 목의 단면적; S_o, 오리피스의 단면적
T	절대온도, K, °R; T_a, T_b, 각각 압축기 도입부 및 배출부의 온도; 토크, J, ft · lb$_f$
u	국부 유속, m/s, ft/s; u_{max}, 관에서의 최대 유속; u_o, 오리피스에서의 유속; u_0, 피토관 충격점에서의 유속; u_1, u_2, 각각 펌프 임펠러 도입부 및 배출부에서의 주변 속도; u_θ, 접선 방향 속도 성분; $u_{\theta 1}$, $u_{\theta 2}$, 각각 지점 1 및 2의 값
V	펌프 임펠러에서의 절대 합속도, m/s, ft/s; V_{r2}, 속도 V_2의 방사 방향 성분; V_u, 접선 방향 성분; V_{u1}, V_{u2}, 각각 속도 V_1 및 V_2의 접선 방향 성분; V_1, V_2, 각각 흡입부 및 배출부에서의 속도; V'_2, V'_{u2}, 펌프에서의 실제 속도
$\overline{V}$	평균 유속, m/s, ft/s; $\overline{V}_a$, $\overline{V}_{a'}$, $\overline{V}_b$, $\overline{V}_{a'}$, 각각 지점 a, a', b, b'에서의 평균 유속; $\overline{V}_{opt}$, 관에서의 최적 유속
v	펌프 임펠러에 대한 상대 유속, m/s, ft/s; v_1, v_2, 각각 흡입부 및 배출부의 값
W_p	펌프 일, J/kg, ft · lb$_f$/lb; W_{pr}, 이상적 펌프 일
Y	팽창인자, 유량계
Z	기준면 위의 높이, m, ft; Z_a, Z_b, 각각 지점 a 및 b의 높이

그리스 문자

α	운동에너지 보정인자; α_a, α_b, $\alpha_{b'}$, 각각 지점 a, b, b'의 값; 펌프 임펠러에서 절대 속도와 주변 속도 사이의 각도; α_1, α_2, 각각 지점 1 및 2의 값

β	펌프 임펠러에서의 날개각; β_1, β_2, 각각 흡입부 및 배출부의 값; β_2, 펌프에서의 실제 각도; 오리피스 직경/관경 비 또는 벤튜리 목 지름/관경 비
γ	비열비(열용량비), c_p/c_v
ΔH	펌프의 개발 두; ΔH_r, 무마찰 또는 이상적 펌프의 개발 두
η	펌프, 선풍기, 송풍기의 총괄 기계적 효율
μ	절대 점도, cP, lb/ft · s
ρ	밀도, kg/m^3, lb/ft^3; ρ_a, ρ_b, 각각 지점 a 및 b에서의 밀도; $\bar{\rho}$ 평균 밀도 $(\rho_a+\rho_b)/2$
ω	각속도, rad/s

연습 문제

8.1 다음 용도에 필요한 관의 대략적 크기를 추산하여라.

(a) 평균 절대 압력 3 atm, 평균 온도 20°C인 천연가스 10,000 std m^3/h를 수송하는 대륙횡단 가스관의 크기

(b) 물 중의 p-니트로페놀 슬러리를 1 ton(고체)/h로 원심분리기에 연속 공급하는 관. 슬러리 중의 고체 함유량은 45%(질량 기준)이고, p-니트로페놀의 밀도는 1,475 kg/m^{3}이다.

8.2 온도 114°C, 절대 압력 1.1 atm의 톨루엔 10,000 kg/h를 한 증류탑의 리보일러에서 제2 증류탑으로 펌프로 수송한다. 리보일러와 펌프 사이의 배관에서는 냉각되지 않으며, 마찰 손실은 7 kN/m^{2}이고, 톨루엔의 밀도는 866 kg/m^{3}이다. 유효흡입두(NPSH)를 2.5 m로 유지할 때, 리보일러 액면과 펌프 사이의 높이를 구하여라.

8.3 연습문제 8.2에서 펌프 동력을 구하여라. 톨루엔은 10 m 높이로 퍼올리며, 배출구는 대기압에 있고 배출 유속은 2 m/s이며, 배출관에서의 마찰 손실은 35 kN/m^{2}이다.

8.4 왕복 압축기에서 70°F, 대기압의 공기 125 std ft^3/min를 계기압력 4,000 lb$_f$/in^{2}로 압축한다. 각 단의 압축비를 같게 할 때 몇 단으로 압축해야 하는가? 무마찰 단열 압축이라 할 때 단위 부피 기준의 이론적 축일(ft · lb$_f$/ft^3)을 구하여라. 각 단의 효율이 85%일 때 제동마력을 구하여라. 공기는 $\gamma = 1.40$이다.

8.5 연습문제 8.4에서 제1단에서 배출되는 공기의 온도를 구하여라.

8.6 예제 8.4의 오리피스 미터를 설치한 경우, 일정 유량일 때의 마노미터 읽음이 45 mm가 된다. 이 관에서 15°C일 때의 유량(m^3/h)을 구하여라.

8.7 표준 예단 오리피스 미터를 플랜지 탭으로 설치한 6 in 규격 40 관에, 공기에 대한 비중이 0.60이고 점도가 0.011 cP인 천연가스가 흐른다. 상류 탭에서는 100°F, 20 lb$_f$/in^2(절대)이고, 마노미터 읽음은 46.3 in H_2O(60°F)이다. 천연가스의 비열비는 1.30이고, 오리피스 지름은 2.00 in이다. 천연가스의 유량(ft^3/min ; 14.4 lb$_f$/in^2, 60°F 기준)을 구하여라.

8.8 ID 75 mm 관에 목 지름 20 mm인 수평 벤튜리 미터를 설치한다. 관에는 15°C의 물이 흐른다. 수은 마노미터로 압력차를 측정한다. 마노미터 읽음이 500 mm일 때의 유량(m^3/h)을 구하여라. 압력차의 12%가 영구 손실될 때, 이 유량계의 동력 소비량을 구하여라.

8.9 V-요소 유량계를 사용하여, 물에 이온교환수지 비드 15%가 들어있는 슬러리의 유량을 측정한다. 슬러리는 3 in 규격 40 관에서 흐르며 예상 유량 범위는 30~150 gal/min이다. 입자 밀도는 1,250 kg/m^{3}이고 평균 입도는 250 μm이다.

(a) V-요소(웨지)가 관 지름의 2/3까지 뻗어있을 때, 최대 유량에서의 압력 강하를 추정하여라.

(b) 압력차 전달기구의 정확도는 0.05 lb_f/in^2이다. 최대 및 최소 유량일 때 유량 측정치의 정확도를 구하여라.

8.10 1.2 × 2 m의 장방형 닥트에서 열적 유량계를 사용하여 연돌가스의 질량유량을 측정한다. 가스의 정상 조성은 N_2 76%, O_2 3%, CO_2 14%, H_2O 7%이고, 닥트 상태(150°C, 1 atm)에서의 평균 유속은 12 m/s이다.

(a) 닥트 중앙에 5,000 W의 요소를 설치하였을 경우, 가열된 가스가 나머지 가스와 혼합된 후의 온도 상승을 구하여라. 상류 및 하류 온도를 ±0.01°C로 측정할 때 유량 측정치의 정확도를 구하여라.

(b) 정상 가스 조성 기준으로 유량계를 검정하였을 경우, CO_2 조성이 12%로 변할 때의 영향을 구하여라.

8.11 1단 단열 압축기에서 10°C, 1 atm의 암모니아를 5 atm으로 압축한다. 유량은 50 kg/h이다.

(a) 배출온도와 이상적 압축기의 동력 소요량을 구하여라.

(b) 압축기의 효율이 80%일 경우, 배출온도와 동력 소요량을 구하여라.

8.12 효율이 75%인 1단 단열 압축기에서 열용량이 9.2 cal/mol·°C인 기체를 25°C, 1 atm에서 8 atm으로 압축한다.

(a) 이 기체 1 mol에 대해 한 일을 구하라.

(b) 20°C로 중간 냉각하는 2단 압축기를 사용할 경우의 전체 일을 1단 압축기의 경우와 비교하여라.

8.13 단열 압축기의 필요 동력에 관한 식으로부터, 압력비 p_a/p_b가 1에 접근하는 등온 압축에 관한 식을 유도하여라.

8.14 대형 닥트의 중심부에 피토관을 설치하여 기체의 유량을 측정한다. 이 기체는 250°C, 1 atm에서 CO_2 20%와 공기 80%로 되어 있다.

(a) 마노미터 읽음이 15 mm H_2O일 때, 닥트 중심부에서의 기체의 유속을 구하여라.

(b) 기체 상태의 범위가 CO_2 20±5%, 온도 250±1°C, 압력 1.1±0.05 atm일 경우, 계산한 유속의 최대 오차(%)를 구하여라.

8.15 선형 점증관(linear tapered tube)으로 된 로타미터에서 관 하부의 지름이 부표의 지름과 같다. 항력계수가 일정하다고 가정하고, 유량과 부표의 높이가 거의 선형 함수임을 나타내는 관계식을 유도하여라.

참고 문헌

1. Dwyer, J. J., *Chem. Eng. Prog.*, **70**(10):71 (1974).
2. *Fluid Meters: Their Theory and Applications*, 6th ed., New York: American Society of Mechanical Engineers, 1971, pp. 58-65.
3. Ginesi, D., and G. Grebe, *Chem. Eng.*, **94**(9):102 (1987).
4. Haden, R. C., *Chem. Eng. Prog.*, **70**(3):69 (1974).
5. Jorissen, A. L., *Trans. ASME*, **74**:905 (1952).
6. Neerken, R. F., *Chem. Eng.*, **94**(12):76 (1987).
7. Perry, R. H., and D. W. Green(eds.), *Chemical Engineers' Handbook*, 7th ed, New York: McGraw-Hill, 1997, p. **10**-50.
8. Peters, M. S., and K. D. Timmerhaus, *Plant Design and Economics for Chemical Engineers*, 3d ed., New York: McGraw-Hill, 1980.

| Unit Operations of Chemical Engineering |

09

액체의 교반 및 혼합

Agitation and Mixing of Liquids

유체의 효율적 교반 및 혼합에 따라 공정 조작의 성패가 좌우되는 경우가 많다. 교반(agitation)과 혼합(mixing)을 혼동하는 경우가 있지만 동의어가 아니다. 용기 안의 물질이 특정 양식(대개는 순환 패턴)으로 움직이도록 하는 것이 교반이고, 처음에 두 상이나 세 상으로 분리되어 있던 물질이 서로 섞여서 무작위 분포가 되도록 하는 것이 혼합이다. 탱크 안에 냉수가 들어있다면, 이는 균일한 단일 물질이므로 교반할 수는 있지만 혼합할 수는 없다. 물론 이 냉수에 더운물이나 분체(powered solid)를 첨가한다면 혼합할 수 있다.

다양한 조작에서 혼합이란 용어가 쓰이지만, "혼합된" 물질의 균일도(degree of homogeneity)는 아주 다양하다. 예를 들어서, 두 기체는 서로 잘 섞이지만, 모래, 자갈, 시멘트, 물은 회전 드럼에서 장시간 동안 뒤집어도 잘 섞이지 않는다. 어느 경우에나 최종 생성물을 혼합물(mixture)이라 하지만, 균일도에는 상당한 차이가 있다. 혼합 기체의 표본은 아무리 적은 양이라도 조성이 같지만, 혼합 콘크리트는 시료의 크기에 따라 조성이 달라진다.

이 장에서는 액체의 교반과 혼합, 액체와 기체의 분산, 액체 중의 고형물의 현탁에 관해 다룬다. 반죽, 탄성체, 건조 분체의 혼합은 28장에서 다룬다.

교반 목적

액체의 교반 목적은 공정 단계의 목표에 따라 다르다. 교반 목적을 예시하면 다음과 같다.

1. 고체 입자의 현탁(suspension)
2. 메탄올과 물처럼 혼합성 액체의 배합(blending)
3. 액체 중에 작은 기포 형태의 기체 분산(dispersion)
4. 비혼화성 액체의 분산에 의한 미세 액적의 유탁액(emulsion) 또는 현탁액 형성
5. 코일이나 재킷과 액체 사이의 열전달 촉진

액체의 접촉 수소첨가처럼, 교반기(agitator) 하나로 여러 목적을 달성할 수 있는 경우도 있다. 수소첨가 반응기에서는 하나의 교반기로 액체 중에 수소 가스를 분산시키고, 고체 촉매 입자를 현탁시키며, 반응열이나 냉각 코일이나 재킷에 의해 잘 제거되도록 한다. 교반용기에서의 열전달은 15장에서 다루고, 액적, 기포,

고체 입자로의 물질전달은 17장에서 다룬다.

9.1 교반용기

액체는 대개 원통형 탱크나 용기 안에 교반기 축을 수직으로 설치하여 교반한다. 용기는 개방 용기이거나 폐쇄 용기이다. 탱크 치수는 교반 과제의 성질에 따라 다양하다. 대개는 그림 9.1에 보인 것처럼 표준 설계의 용기를 사용한다. 탱크 바닥은 평평하지 않고 둥굴게 만들어서, 흐름이 침투하기 어려운 구석이나 부분이 생기지 않도록 한다. 액심(액 깊이)은 탱크 지름과 비슷하게 하는 것이 일반적이다. 임펠러(impeller)는 상부에 지지점이 있는 축(shaft)의 끝 부분에 장착한다. 축은 모터로 회전시키는데, 모터에 직접 연결하기도 하지만, 대개는 감속 기어박스(gearbox)를 통해 연결한다. 교반용기에는 도입 및 배출 배관, 코일, 재킷, 온도 측정기구의 집(well) 등의 부속품을 설치한다.

임펠러에 의해 용기 안을 순환한 액체는 다시 임펠러로 돌아온다. 용기 벽에 방해판을 설치하면 액체의 접선 방향 운동(tangential motion)을 줄일 수 있다. 교반용기에서의 흐름 패턴은 뒤에 자세히 다룬다.

임펠러

임펠러 교반기는 크게 두 가지로 나눈다. 임펠러 축의 중심선과 평행인 흐름이 생기는 것을 **축류 임펠러**(axial-flow impeller)라 하고, 반경(방사) 방향 또는 접선 방향의 흐름이 생기는 것을 **방사류 임펠러**(radial-flow impeller)라 한다.

점도가 낮거나 보통인 액체의 교반용 임펠러 형태에는 프로펠러(propeller), 터빈(turbine), 고효율 임펠러(high-efficiency impeller)의 세 가지가 있으며, 각 형태도 모양과 종류가 아주 다양하다. 고점도 액체의 교반에서는 나선형 임펠러(helical impeller)와 앵커 임펠러(anchor impeller)가 주로 쓰인다.

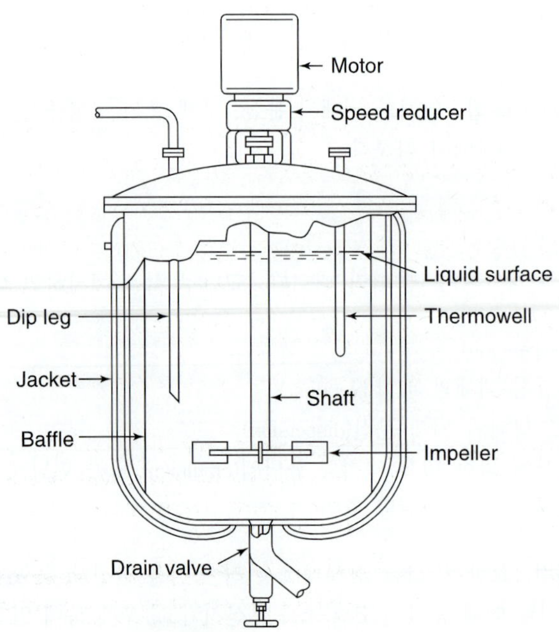

그림 9.1 전형적 교반용기

프로펠러. 프로펠러는 고속 축류 임펠러로서, 저점도 액체용으로 사용된다. 소형 프로펠러는 모터의 전속력에 해당하는 1,150 또는 1,750 rpm으로 회전시키고, 대형은 400~800 rpm 정도로 회전시킨다. 대개 액체가 하향 흐름이 생기도록 하는데, 임펠러를 떠난 액체는 용기 바닥까지 내려가서 방향이 전환되도록 한다. 임펠러를 떠난 액체가 만드는 고도 난류의 맴돌이 줄기(swirling column)는 정체 액체를 끌고 가는데, 이 줄기는 정지 노즐에서 생기는 것보다 상당히 크다. 프로펠러 날은 액체를 격렬하게 가르거나 전단한다. 프로펠러 교반기에서는 흐름이 지속되므로 아주 대형 용기에서 효과적이다.

회전하는 프로펠러는 유체 안에서 나선형으로 움직이는데, 액체와 프로펠러 사이에서 미끄러짐(slip)이 없다면, 프로펠러 날(blade)의 경사각에 따라 다르기는 하겠지만, 한 번 회전할 때마다 액체가 일정 거리만큼 상하로 움직이게 된다. 이 거리와 프로펠러 지름의 비를 프로펠러의 피치(pitch)라 한다. 피치가 1.0이면 **정방형 피치**(square pitch)라 한다.

전형적 프로펠러를 그림 9.2(a)에 보였다. 가장 일반적인 것은 정방형 피치의 표준 3날 마린 프로펠러(three-blade marine propeller)이다. 목적에 따라서는 날이 넷인 것, 톱니형(toothed)인 것 등의 특수형이 사용되기도 한다.

용기의 크기에 상관없이, 프로펠러 지름을 18 in 이상으로 만드는 일은 드물다. 탱크가 깊으면, 하나의 축에 둘 이상의 프로펠러를 장착하며, 대개는 액체가 같은 방향으로 흐르도록 한다.

터빈. 네 가지 터빈을 그림 9.2에 보였다. 그림 9.2(b)에 보인 단순한 곧은 날 터빈(straight-blade turbine)은 액체가 방사 방향과 접선 방향으로 흐르도록 하며, 상하 흐름은 거 의 생기지 않는다. 터빈이 만드는 흐름은 용기 벽까지 이동하여 상향 흐름이나 하향 흐름이 된다. 이러한 임펠러는 패들(paddle)이라고도 하며, 실제 장치에서는 20~150 rpm 정도로 회전한다. 그림 9.2(c)에 보인 것처럼, 수평 디스크에 여러 개의 곧은 날을 장착한 디스크 터빈(disk turbine)은, 곧은 날 임펠러와 마찬가지로, 고도의 전단 영역을 만들어내므로, 기체를 액체 중에 분산시키고자 할 때 특히 유용하다. 그림 9.2(d)에 보인 오목한 날(concave-blade) CD-6 디스크 터빈도 이러한 용도로 널리 이용된다. 그림 9.2(e)에 보인 경사형 날(pitched blade) 터빈은 액체 전체를 잘 순환시켜야 할 경우에 사용된다.

"표준" 터빈 설계. 교반용기 설계자는, 임펠러의 형태와 설치 위치, 용기 치수, 방해판의 수와 치수 등 선택해야 할 사항이 아주 많다. 어떤 결정을 내리느냐에 따라 액체의 순환속도, 흐름 패턴, 동력 소비량이

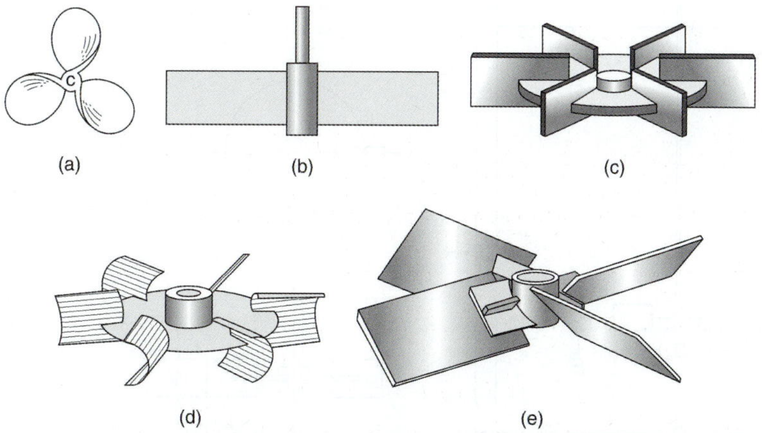

그림 9.2 점도가 보통인 액체용 임펠러 (a) 3날 마린 임펠러, (b) 단순한 곧은 날 임펠러, (c) 디스크 터빈, (d) 오목한 날 CD-6 임펠러(Chemineer, Inc.), (e) 경사형 날 터빈

달라진다. 일반적 교반 과제를 설계하고자 할 경우에는, 먼저 그림 9.3에 보인 형태의 터빈 교반기의 사용을 고려한다. 전형적 치수는 다음과 같다.

$$\frac{D_a}{D_t} = \frac{1}{3} \qquad \frac{H}{D_t} = 1 \qquad \frac{J}{D_t} = \frac{1}{12}$$
$$\frac{E}{D_t} = \frac{1}{3} \qquad \frac{W}{D_a} = \frac{1}{5} \qquad \frac{L}{D_a} = \frac{1}{4}$$

방해판은 대개 4개를 설치한다. 임펠러 날의 수는 4~16개로 할 수 있지만, 6~8개가 보통이다. 물론 특수 상황에 따라 적절한 치수로 만들 수 있다. 목적하는 결과를 달성하기 위해, 용기 안의 교반기의 설치 위치를 더 높이거나 더 낮출 수도 있고, 더 깊은 용기를 사용할 수도 있다. 그러나 위에서 열거한 "표준" 치수가 널리 채용되고 있으므로, 이를 기준으로 교반기 성능의 상관 관계를 발표하는 일이 많다.

고효율 임펠러. 한층 균일한 축류가 생성되고 혼합이 잘 되면서도 일정 유량 기준의 동력 소비량을 줄이기 위해, 경사형 날 터빈의 여러 가지 변형이 개발되었다. 고효율 임펠러 HE-3은 세 개의 기운 날로 되어 있는데, 날끝(tip) 부근에서 날 각도를 줄여서 굽힌 모양이다. 그림 9.4의 A310 유체 포일식(fluid-foil) 임펠러에는 에어포일형(airfoil) 날이 달려 있는데, 날끝으로 가면서 날 폭이 좁아진다. 이러한 임펠러는 점도가 낮거나 보통인 액체의 혼합에 널리 이용된다. 하지만 액체 중의 기체를 분산용으로는 권장하지 않는다.

고점도 액체용 임펠러. 터빈 임펠러를 잘 고안하면 점도가 50 Pa · s에 이르는 액체에도 사용할 수 있다. 점도가 20 Pa · s 이상일 때는 그림 9.5(a)에 보인 이중 날개 나선형 리본 임펠러(double-flight helical-ribbon impeller)가 가장 효과적이다. 나선형 리본의 지름은 탱크 내경과 거의 같도록 하여, 고점도 물질이더라도 탱크 벽에 있는 액체까지 잘 움직이도록 한다. 이러한 임펠러는 점도가 25,000 Pa · s인 경우에도 성공적으로 사용할 수 있다[1].

탱크 바닥 부근을 잘 교반하고자 할 때는 그림 9.5(b)에 보인 앵커 임펠러(anchor impeller)를 사용한다. 이러한 형식은 수직 흐름을 만들지 않으므로 나선형 리본에 비해 혼합 효과가 덜하지만, 벽을 통한 열전달의 촉진에는 아주 효과적이다. 따라서 포괄적 목적을 달성하려면, 앵커와 나선형 리본을 동시에 설치하고, 물리적으로 탱크 벽의 액체를 긁어내는 스크레이퍼(scraper)까지 설치하면 좋을 것이다.

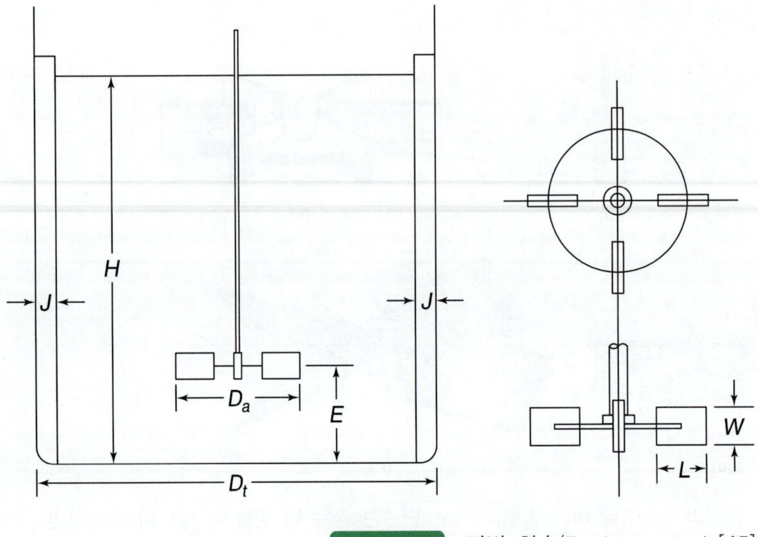

그림 9.3 터빈 치수(Rushton et al.[45])

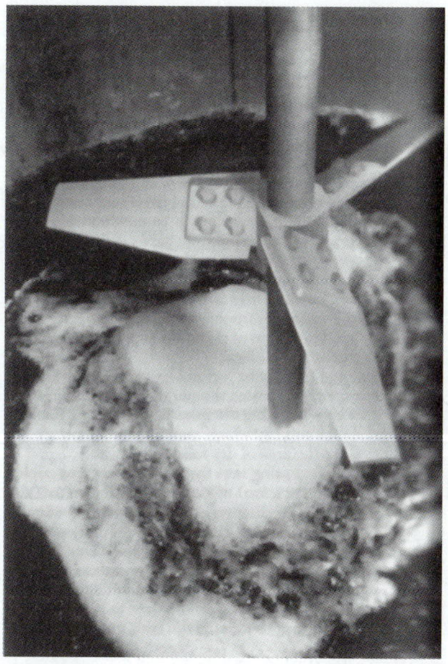

그림 9.4 A310 유체 포일식 임펠러(Lightnin ; SPX 프로세스 장치 조작). (Perry and Green.[40])

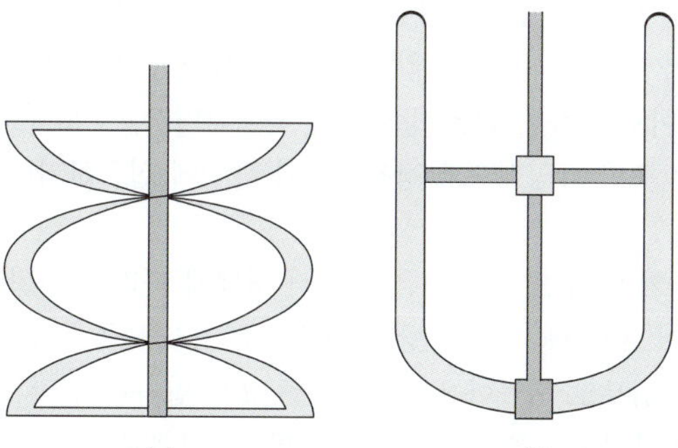

그림 9.5 고점도 액체용 임펠러 (a) 이중 날개 나선형 리본 임펠러, (b) 앵커 임펠러

흐름 패턴

교반 용기에서 액체가 흐르는 양상은 임펠러 형태, 유체 성질(특히 점도), 그리고 탱크, 방해판, 임펠러의 크기와 상대치수 등 여러 가지 인자에 따라 달라진다. 탱크 안의 한 지점에서 액체의 속도는 세 성분으로 나눌 수 있는데, 각 지점에서 이러한 세 속도 성분이 어떻게 변동하느냐에 따라 총괄 흐름 양상이 달라진다. 속도의 첫째 성분은 방사 방향(radial) 성분으로서 임펠러 축에 대해 수직 방향으로 작용한다. 둘째 성분은 상하 방향(longitudinal) 성분으로서 임펠러 축에 평행인 방향으로 작용한다. 셋째 성분은 접선 방향(tangential) 즉 회전 방향(rotational) 성분으로서 접선 방향으로 작용하여 축 둘레에서 원형 경로(circular path)를 만든다. 임펠러 축을 수직으로 설치한 일반적인 경우, 방사 방향 및 접선 방향 성분은 수평면으로 작용하며, 상하 방향 성분은 수직으로 작용한다. 혼합 작용에 필요한 흐름을 제공하는 것은 방사 방향 및 상하 방향 성분이다. 축이 수직이고 탱크 중앙에 설치되어 있으면, 접선 방향 성분은 일반적으로 손해이다. 그림 9.6에 보인 평날(flat blade) 터빈의 경우, 접선 방향 흐름은 축 둘레의 원형 경로를 따라 액체 중에 와류를 만든다. 경사형 날 터빈이나 프로펠러에서도 이와 마찬가지 흐름 패턴을 볼 수 있다. 이러한 맴돌이(swirling) 때문에 액체의

여러 액면에서 성층현상(stratification)이 생기므로, 액면 사이의 상하 방향 흐름이 방해된다. 고체 입자가 존재하면, 원형 흐름 때문에 입자에 원심력이 생겨서 벽쪽으로 향하며, 벽에서 바닥으로 떨어져서 중앙에 모이게 된다. 결과적으로 혼합이 아니라 그 반대인 농축이 일어난다. 원형 흐름에서는 액체가 임펠러 날이 움직이는 방향으로 흐르므로, 날과 액체의 상대적 속도가 감소하여 액체가 흡수하는 동력이 제한을 받는다. 용기에 방해판이 없으면, 축류형이든 방사류형이든 간에 모든 종류의 임펠러에서 원형 흐름이 생긴다. 이 맴돌이가 강하면, 임펠러의 구조에 상관없이 탱크 안의 흐름 패턴은 실질적으로 모두 같아진다. 임펠러가 고속이면 와류가 아주 깊어져서 액면이 임펠러에까지 이르게 되어 공기가 임펠러로 흡인된다. 이러한 현상은 일반적으로 바람직하지 못하다.

맴돌이 방지. 원형 흐름과 맴돌이는 세 가지 방법으로 방지할 수 있다. 소형 탱크에서는, 그림 9.7에 보인 것처럼, 임펠러를 편심(off-center) 위치에 설치한다. 임펠러 축이 탱크 중심선에서 벗어나게 하여 한쪽으로 기울이기도 한다. 좀 더 큰 탱크에서는 교반기를 측면 삽입식(side-entering)으로 설치하여 축이 수평이 되도록 하지만, 축이 반경 방향과 적절한 각을 이루도록 비켜서 설치한다.

대형 탱크에 교반기를 수직으로 설치할 때는, 벽면에 방해판을 설치하는 것이 맴돌이를 줄이는 좋은 방법이다. 방해판은 방사 방향이나 상하 방향 흐름은 방해하지 않으면서도 회전 흐름을 막아 준다. 방해판의 단순하면서도 효과적인 방법은 탱크 벽면에 직각으로 수직 띠(strip)를 설치하는 것이다. 이러한 종류의 방해판을 그림 9.1에 보인바 있다. 아주 대형 탱크가 아니면, 방해판이 4 개이면 맴돌이와 와류 형성을 방지하는데 충분하다. 방해판 설치가 곤란할 때는 한 두 개만 설치해도 원형 패턴에 큰 영향을 미친다. 터빈의 경우, 방해판 폭이 용기 지름의 1/12 이상일 필요는 없으며, 프로펠러의 경우는 1/18 정도로 충분하다[5]. 점성 액체의 경우에는 일반적으로 이보다 폭이 좁은 방해판이 사용되며, $\mu > 10$ Pa · s인 경우에는 방해판이 전혀 필요 없다. 프로펠러를 탱크에 측면 삽입식으로 장착하거나 편심에 설치하거나 축을 기울일 경우에도 방해판이 불필요하다.

일단 맴돌이가 없어지면, 용기 안의 흐름 패턴은 임펠러 형태에 따라 결정된다. 프로펠러 교반기이면 대개 액체가 탱크 바닥으로 내려가며, 여기에서 방사 방향 전체로 퍼져서 벽쪽으로 향하고, 벽을 따라 위로 올라갔다가 다시 프로펠러 상부의 흡입부로 되돌아온다. 무거운 고체 입자를 현탁 상태로 유지해야 할 경우처럼, 강한 수직 흐름이 필요하면 일반적으로 프로펠러가 사용된다. 액체의 점도가 5 Pa · s 이상이면 프로펠러는 거의 사용되지 않는다. 날을 45° 아래로 구부린 경사형 날 터빈도 강한 축류를 생성하므로 고체의 현탁에 사용된다. 그러나 축류 임펠러는, 액체의 점도가 낮을 때는 축류를 생성하지만, 점도가 아주 높을 때는 방사

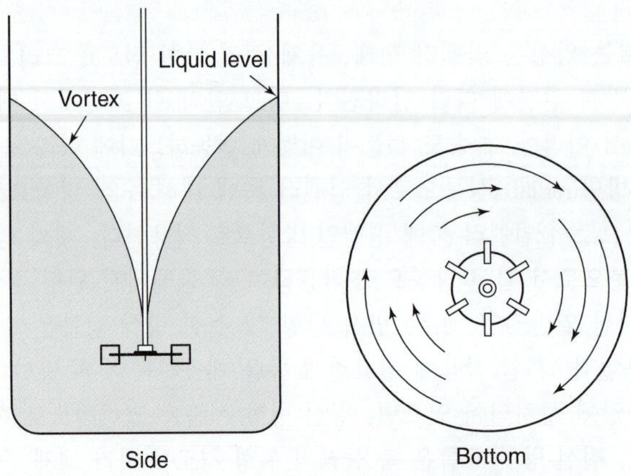

그림 9.6 맴돌이 패턴 : 방해판이 없는 용기에 방사류 터빈을 설치한 경우(Oldshue[37])

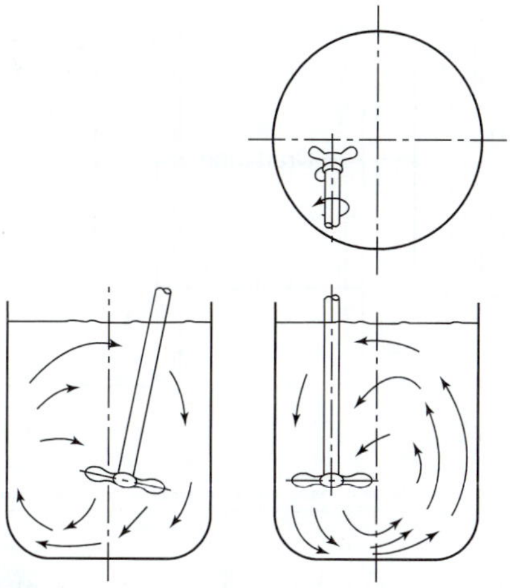

그림 9.7 편심 프로펠러의 흐름 페턴(Bissel et al.[5])

류를 생성하여 방출 흐름 패턴을 변화시키는 경향이 있다[38].

평날 터빈에서는 임펠러 평면에서 방사류가 잘 생기는데, 벽에서 흐름이 분할되어, 양쪽 방향의 원형 패턴을 형성한다. 즉 한 부분은 벽을 따라 아래로 내려갔다가 임펠러 중심부의 아랫부분으로 되돌아오며, 다른 부분은 벽을 따라 위로 올라갔다가 임펠러 중심부의 윗부분으로 되돌아온다. 탱크에 방해판이 없으면, 보통 교반속도에서도 강한 접선 흐름과 와류가 형성된다. 그러나 방해판이 있으면, 수직 흐름이 증가하여 액체가 한층 빨리 혼합된다.

수직 원통형 탱크에서는, 액심(depth of liquid)이 탱크 지름과 같거나 약간 클 정도라야 한다. 액심이 더 커야 할 필요가 있으면, 같은 축에 임펠러를 한두 개 더 설치한다. 이때 맨 아래에는 곧은 날 터빈처럼 방사류를 만드는 임펠러를 설치하고, 그 위에 축류 임펠러를 설치하는 것이 일반적이다. 맨 아래의 임펠러는 탱크 바닥으로부터 임펠러 길이 하나에 해당하는 높이에 설치한다.

흡출관. 어떤 종류의 임펠러이든 간에, 임펠러로 되돌아오는 흐름은 고체 표면의 영향이 없으므로 모든 방향에서 임펠러로 접근한다. 프로펠러를 떠나는 흐름과 프로펠러로 되돌아오는 흐름은 방 안의 선풍기에서의 공기 흐름과 본질적으로 비슷하다. 임펠러 혼합기의 응용에서 대개는 이러한 현상이 제약 조건이 되지는 않지만, 그림 9.8에 보인 것처럼 흡출관(draft tube)을 설치하면, 임펠러 흡입부로 향하는 흐름의 방향과 속도를 조절할 수 있다. 에멀션을 만들거나, 액면으로 부상하는 성질이 있는 고체 입자를 액체 중에 분산시킬 경우처럼, 임펠러 자체에서 고도의 전단이 요구되는 경우에 이러한 기구가 유용하다. 그림 9.8에 보였지만, 프로펠러용 흡출관은 임펠러 둘레에 설치하며, 터빈용 흡출관은 임펠러 바로 위에 설치한다. 흡출관이 있으면 유체 마찰이 추가되므로, 동력 도입량이 일정하면 유량이 감소될 것이므로, 꼭 필요한 경우에만 사용해야 할 것이다.

순환유속

프로세스 용기를 효과적으로 사용하려면, 교반 목적이 어떤 것이든 간에, 임펠러가 순환시키는 유체의 부피가 충분히 커서 용기 전체의 내용물을 적절한 시간 동안에 휘저을 수 있어야 한다. 임펠러를 떠나는 흐름의 속도도 충분히 커서, 탱크 중에 가장 구석진 부분에서도 흐름이 생성되어야 한다. 혼합이나 분산 조작에서는, 순환유속(circulation rate)이 유일한 인자나 가장 중요한 인자는 아니다. 때로는 흐름의 난류가 조작 효율을 지배하기도 한다. 난류가 발생하려면 흐름 방향이 적절하고 액체 중에서 속도구배가 커야 한다. 순환

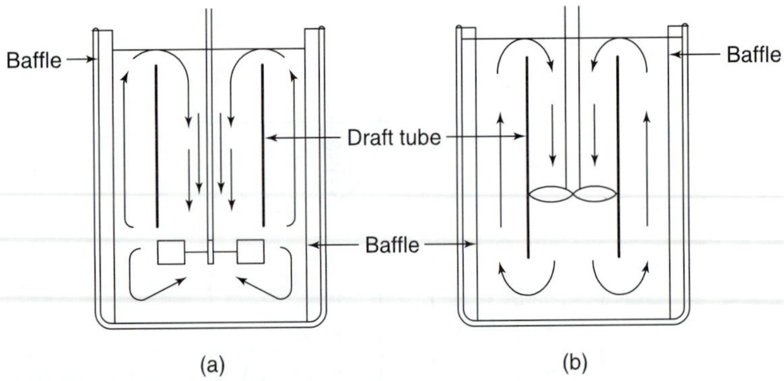

그림 9.8 방해판이 있는 탱크의 흡출관 (a) 터빈, (b) 프로펠러(Bissell et al.[5])

흐름이나 난류가 발생하면 어느 경우에나 에너지가 소비된다. 동력 도입량과 교반 용기의 설계 매개변수의 관계는 뒤에서 다룬다. 교반 목적에 따라서는, 유량이 크고 평균 유속이 커야 할 경우도 있지만, 반면 큰 국부난류 또는 동력 소실량(power dissipation)이 요구될 경우도 있는데, 이 역시 뒤에 설명한다. 교반 속도를 증가시키면 유량과 동력 소실량이 모두 증가하지만, 임펠러의 형태와 크기를 어떻게 선택하느냐에 따라 유량과 동력 소실량의 상대치가 달라진다. 일반적으로 대형 임펠러를 보통 속도로 운전하면 흐름이 촉진되고, 소형 임펠러를 고속으로 운전하면 강력한 난류를 발생시킬 수 있다.

흐름수. 터빈이나 프로펠러 교반기는 본질적으로 집(casing)이 없고, 출입 흐름의 방향을 조절하지 않는 펌프 임펠러(pump impeller)라 할 수 있다. 따라서 터빈에 관한 관계식은 8장에서 다룬 원심 펌프의 경우와 비슷하다[19a]. 그림 9.9에 보인 평날 터빈 임펠러를 고려하자. 사용 기호는 그림 8.11에서와 같다. u_2는 날끝(blade tip) 속도이고, V'_{u2}과 V'_{r2}은 날끝을 떠나는 액체의 접선 방향 및 방사방향의 실제 유속이며, V'_2은 같은 점에서의 액체 전체의 유속이다. 액체의 접선 방향 유속이 날끝 속도의 k 분율과 같다고 가정하면, $u_2 = \pi D_a n$이므로,

$$V'_{u2} = ku_2 = k\pi D_a n \tag{9.1}$$

임펠러를 통과하는 부피유량은 다음과 같다.

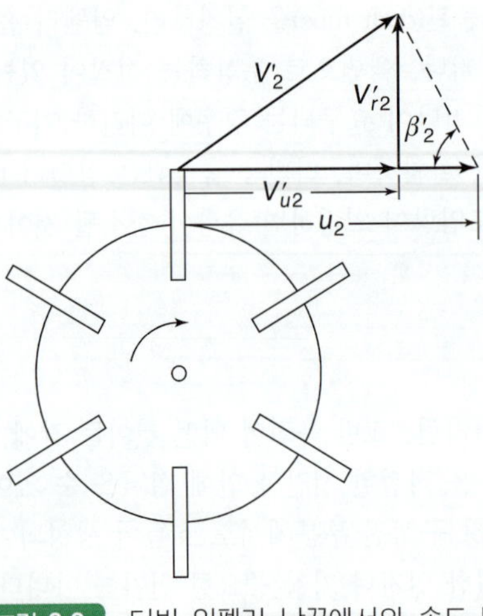

그림 9.9 터빈 임펠러 날끝에서의 속도 벡터

$$q = V'_{r2} A_p \tag{9.2}$$

이 식에서 A_p는 임펠러 날끝이 쓸어내는 실린더의 면적이다. 즉

$$A_p = \pi D_a W \tag{9.3}$$

D_a = 임펠러 지름

W= 날 폭

구조가 그림 9.9와 같은 경우,

$$V'_{r2} = (u_2 - V'_{u2}) \tan \beta'_2 \tag{9.4}$$

식 (9.1)의 V'_{u2}을 대입하면,

$$V'_{r2} = \pi D_a n (1 - k) \tan \beta'_2 \tag{9.5}$$

표준 터빈의 날에서 방사 방향으로 흐르는 액체의 속도 프로필을 그림 9.10에 보였다. 여기에서 속도는 날끝에서의 속도이다. 방사 방향 속도는 날 중간 평면에서 최대이며, 상단이나 하단으로 갈수록 줄어든다. 뒤에 설명하겠지만, 임펠러 끝에서부터의 거리에 따라 속도 패턴이 달라진다. 부피유량 q는 임펠러를 떠나는 전체 유량으로서 날끝에서 측정한 값이다. 식 (9.2)~(9.4)에서, 부피유량은 다음과 같다.

$$q = K\pi^2 D_a^2 n W (1 - k) \tan \beta'_2 \tag{9.6}$$

상수 K는, 방사 방향 속도가 실제로는 날 폭 전체에서 일정하지 않음을 고려한 것이다. 기하학적으로 유사한 임펠러에서는 W가 D_a에 비례하며, K, k, β'_2은 상수나 마찬가지이다. 따라서

$$q \propto n D_a^3 \tag{9.7}$$

이러한 두 양의 비를 **흐름수**(flow number) N_Q라 하며, 다음과 같이 정의한다.

$$N_Q \equiv \frac{q}{n D_a^3} \tag{9.8}$$

식 (9.6)~(9.8)에서 알 수 있지만, 임펠러의 각각 형태에 대하여 N_Q가 상수이다. 방해판이 있는 용기에 표준 평날 터빈을 설치한 경우는 $N_Q = 1.3$이다[23]. 이 값은 전체 흐름이 아니라 임펠러 끝에서의 방출 흐름을 나타낸다. 임펠러 끝을 떠나는 액체의 고속 흐름은 천천히 움직이는 벌크 액체의 일부를 끌고 가는데, 결과적으로 제트는 느려지지만 전체 유량은 증가한다. 평날 터빈에서, 입자나 용해성 추적자의 평균 순환속도를 측정하여 추정해 보면[23], 전체 유량은 다음 식으로 나타낼 수 있다.

$$q_T = 0.92 n D_a^3 \frac{D_t}{D_a} \tag{9.9}$$

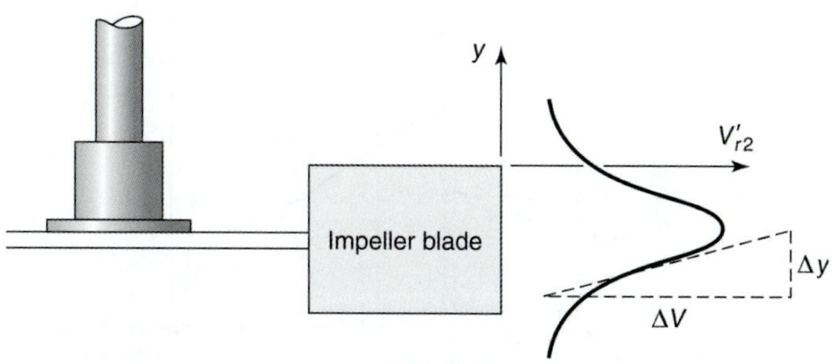

그림 9.10 곧은 날 터빈에서 생기는 흐름의 전형적 속도 프로필. 전단율의 정의를 보였다(Oldshue[37]).

$D_t/D_a=3$인 전형적 값인 경우에는 $q_T=2.76nD_a^3$ 으로서, 임펠러에서의 값($N_Q=1.3$)의 2.1 배이다. 식 (9.9)는 $D_t/D_a=2\sim4$인 범위에서만 사용할 수 있다.

경사형 날 터빈, 마린 프로펠러, 특수 모양-날 터빈처럼 축류 임펠러인 경우에는 q가 수직 방향의 방출 유량으로서, 임펠러 바로 밑에서 측정한 값이다. 흐름수 N_Q는 상수라 할 수 있다. 방해판이 있는 교반 용기 설계에서는 다음 값들을 사용하면 좋을 것이다.

마린 프로펠러(정방형 피치)[19b]	$N_Q=0.5$
4날 45° 터빈($W/D_a=1/6$)[19b]	$N_Q=0.87$
디스크 터빈	$N_Q=1.3$
HE-3 고효율 임펠러	$N_Q=0.47$

속도 패턴과 속도구배

소형 속도 탐침(probe)[23]을 사용하거나 추적자의 이동 경로를 촬영하면[13] 임펠러에서 생성되는 흐름 패턴, 국부속도, 전체 유량을 상세하게 구할 수 있다. Cutter[13]가 11.5 in 탱크에 4 in 평날 터빈을 설치하여 구한 결과의 일부를 그림 9.11에 보였다. 임펠러 날에서 유체가 떠날 때, 임펠러 중심선에서의 방사 방향 속도 성분 V_r'은 날끝 속도(tip speed) u_2의 0.6배 정도이다. 중심선으로부터 수직 거리가 증가할수록 방사 방향 속도는 감소하지만, 그림 9.10에 보인 것처럼, 동반흐름(entrainment) 때문에 제트는 날 끝 넘어까지 확대된다. 적분하면 전체 유량은 0.75 q_B가 되는데, q_B는 유체 전체가 날이 쓸어내는 실린더의 측면을 지나서 속도 u_2로 움직인다고 할 때의 유량이다. 따라서 이 점에서의 동반 유량은 날에서 직접 오는 흐름의 25%가 된다.

제트가 임펠러에서 멀어지면 흐름 면적이 증가하고 동반 흐름이 증가하기 때문에 속도가 느려진다. 임펠러 중심선에서는 방사 방향 거리에 따라 대체로 선형적으로 속도가 감소하며, $V_r'r$은 거의 일정하게 되는데, 다른 연구자들도 이를 입증했다[23]. 동반 흐름 때문에 반경에 따른 전체 부피유량은 1.2 q_B 정도까지만 증가하는데, 용기 벽 부근에서는 흐름이 상향 및 하향 순환회로(circulation loop)로 갈라지기 때문에 유량이 감소

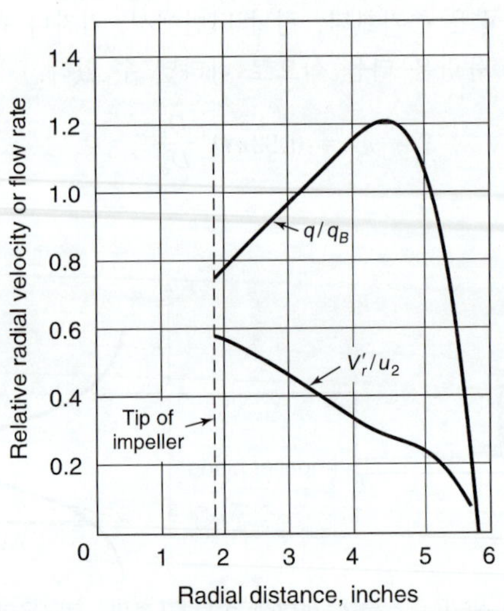

그림 9.11 터빈 교반 용기의 방사 방향 속도 V_r'/u_2와 부피유량 q/q_B(Cutter[13])

한다. 방사 방향 방출속도가 $0.6\,u_2$인데 비해 최대 유량이 $1.2\,q_B$라는 것은, 전체 유량이 임펠러에서의 직접 방출 유량의 2배가 됨을 의미하는데, 이는 식 (9.9)에서 계산한 계수 2.1과 잘 맞는다.

교반 용기에서의 속도구배는 유체 중의 위치에 따라 크게 달라진다. 그림 9.10에 예시한 것처럼 속도구배는 $\Delta V/\Delta y$와 같다. 임펠러를 떠나는 제트의 끝에서는 속도가 크고 제트가 비교적 좁으므로 속도구배가 상당히 크다. 날끝의 수직 속도 프로필에 기초하면, 이 점에서의 속도구배는 대략 $0.9u/0.75W$인데, 여기에서 $0.9u$는 방사 방향 속도와 접선 방향 속도를 더한 것이고, $0.75W$는 프로펠러를 떠나는 제트 폭의 절반이다. 표준 터빈에서는 $u = \pi n D_a$, $W = D_a/5$이므로, 이는 속도구배 $19n$에 해당하는데, 이 값은 터빈 임펠러 부근에서의 최대 전단율의 추산치로 사용할 수 있다. 제트가 임펠러에서 멀어질수록 속도가 느려지며, 제트 가장자리에서의 속도구배는 줄어든다. 터빈 날 뒷쪽에는 강한 와류가 생기며, 이곳의 국부 전단율은 $50n$ 정도까지 커질 수 있다[48].

그림 9.12는 냉수가 들어있는 12 in 용기에서 지름이 6 in인 6날 터빈을 200 rpm으로 회전시킬 때의 유체 흐름을 관찰한 것이다[33]. 이 패턴은 임펠러 축의 중심선을 관통하고 방사형 방해판(radial baffle) 바로 전면의 평면에서 관찰한 것이다. 방사 방향에서 임펠러를 떠난 유체는 방해판이 있는 곳에서 상하로 갈라져서 위로나 아래로 흐르며, 빙 돌아서 임펠러 축으로 향하여, 최종적으로 임펠러 흡입부로 되돌아온다. 임펠러 축 바로 밑의 탱크 바닥에서는 유체가 맴돌이를 형성하지만, 다른 곳에서는 주로 방사 방향이나 상하 방향으로 움직인다.

그림 9.12의 수치는 각 점에서의 유속의 스칼라 크기를 임펠러 날끝 속도에 대한 분율로 나타낸 것이다. 이 그림의 조건에서는 날끝 속도가 4.8 ft/s(1.46 m/s)이다. 제트에서의 속도는 날끝 속도로부터 급격하게 줄어들어서 용기 벽에서는 날끝 속도의 0.4배 정도가 된다. 용기의 다른 위치에서의 속도는 대체로 날끝 속도의 0.25배 정도이지만, 임펠러 상하에는 거의 정체된 유체로 된 선회 영역(toroidal region)이 존재하는데, 여기에서의 속도는 날끝 속도의 0.10~0.15배에 불과하다.

임펠러 회전속도가 증가하면 날끝 속도와 순환율이 증가한다. 그러나 특정 위치에서의 유속은 증가 비율이 이와 다른데, 빨리 움직이는 제트는 천천히 움직이는 제트에 비해 벌크 액체로부터 더 많은 양을 끌고 가고,

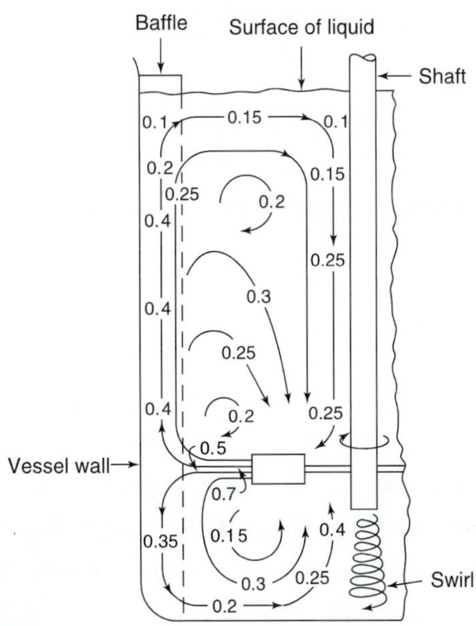

그림 9.12 터빈 교반기에서의 속도 패턴(Morrison et al.[33])

또 임펠러로부터 멀어질수록 제트 속도가 급격하게 떨어지기 때문이다.

전단 감소성(shear-thinning) 액체 즉 유사 가소성 액체에서 터빈 임펠러를 사용하면, 임펠러 둘레에는 국부적으로 전단율이 큰 영역이 생기지만, 벽 부근에서는 전단율이 아주 낮아지며, 겉보기 점도는 아주 커진다. 따라서 그림 9.12에 보인 경우에 비해, 벽 부근에서의 속도가 아주 작아진다. 용기에 정체 영역이 생기지 않도록 하려면 축류 임펠러나 나선형 리본 임펠러가 필요할 것이다.

동력 소비

교반 용기의 설계에서 중요한 고려 사항의 하나는 임펠러 구동에 필요한 동력이다. 탱크 안의 흐름이 난류이면, 임펠러가 생성하는 유량 q와 유체 단위 부피 기준의 운동에너지 E_k의 곱으로 동력 소요량을 추산할 수 있다. q와 E_k는 다음과 같다.

$$q = nD_a^3 N_Q$$

$$E_k = \frac{\rho(V_2')^2}{2}$$

속도 V_2'은 날끝 속도 u_2보다 약간 작다. $V_2'/u_2 = \alpha$라 하면, $V_2 \doteqdot \alpha\pi n D_a$이므로, 동력 소요량은 다음과 같다.

$$\begin{aligned} P &= nD_a^3 N_Q \frac{\rho}{2}(\alpha\pi n D_a)^2 \\ &= \rho n^3 D_a^5\left(\frac{\alpha^2\pi^2}{2}N_Q\right) \end{aligned} \tag{9.10}$$

무차원형으로 나타내면,

$$\frac{P}{n^3 D_a^5 \rho} = \frac{\alpha^2\pi^2}{2}N_Q \tag{9.11}$$

이 식의 좌변은 동력수(power number) N_P라 하며, 다음과 같이 정의된다.

$$N_P \equiv \frac{P}{n^3 D_a^5 \rho} \tag{9.12a}$$

fps 단위로 나타내면,

$$N_P \equiv \frac{Pg_c}{n^3 D_a^5 \rho} \tag{9.12b}$$

표준 6날 터빈에서는 $N_Q = 1.3$이다. $\alpha = 0.95$라 하면, $N_P = 5.8$이 된다. 뒤에서 언급하겠지만, 이 값은 관찰치와 잘 맞는다.

동력 상관 관계. 특정 임펠러를 특정 속도로 회전시키는데 필요한 동력을 추산하려면, 교반장치의 다른 변수와 동력(또는 동력수)의 상관 관계가 필요하다. 이러한 상관 관계의 형태는 차원해석법으로 구할 수 있는데, 이때 탱크와 임펠러의 치수, 탱크 바닥과 임펠러의 간격, 액심, 그리고 방해판(사용할 경우)의 치수 등을 알아야 한다. 방해판의 수와 배열, 임펠러 날의 수도 정해야 한다. 차원해석에서 필요한 중요 변수는 탱크와 임펠러의 치수, 액체의 점도 μ와 밀도 ρ, 임펠러 회전속도 n이다. 또 맴돌이 방지 대책을 세우지 않았다면, 액면에 와류가 생길 것이다. 와류에 의해, 교반하지 않았을 때의 액면인 평균 액심 이상으로 액체의 일부가 위로 올라가면, 이 양력(lift)을 중력이 극복해야 한다. 따라서 차원해석에서는 중력가속도 g를 중요 인자로 고려해야 한다.

여러 선형 측정치를 각각 임의로 선택한 기준치로 나누면 무차원비로 변환할 수 있는데, 이 무차원비를 형상인자(shape factor)라 한다. 기준치로는 임펠러 지름 D_a와 탱크 지름 D_t를 택하면 좋을 것이며, 다른 측정치를 이러한 값으로 나눔으로서 형상인자를 구할 수 있다. 이처럼 구한 형상인자를 각각 S_1, S_2, S_3, …, S_n으로 표기하기로 한다. 관내 마찰 손실에 관한 차원해석에서 관 지름을 변수로 사용한 것처럼, 임펠러 지름 D_a 역시 장치 크기의 척도로 택하여 차원해석의 변수로 사용한다. 두 혼합기에서, D_a의 크기가 다르더라도, 기하학적 비율이 모두 같다면 형상인자도 같을 것이다. 이러한 요건에 맞는 장치는 기하학적 유사성(geometric similarity)이 있다고 한다.

우선 형상인자를 무시하고, 액체는 뉴튼 유체이며 동력 P는 다른 변수의 함수라고 하자. 즉

$$P = \psi(n, D_a, \mu, g, \rho) \tag{9.13}$$

차원해석법을 적용하면 다음 결과가 얻어진다[45].

$$\frac{P}{n^3 D_a^5 \rho} = \psi\left(\frac{n D_a^2 \rho}{\mu}, \frac{n^2 D_a}{g}\right) \tag{9.14}$$

형상인자를 고려하여 이 식을 다시 쓰면 다음과 같다.

$$\frac{P}{n^3 D_a^5 \rho} = \psi\left(\frac{n D_a^2 \rho}{\mu}, \frac{n^2 D_a}{g}, S_1, S_2, \cdots, S_n\right) \tag{9.15}$$

식 (9.14)의 첫 번째 무차원군 $P/n^3 D_a^5 \rho$는 동력수 N_P이고, 두 번째 $nD_a^2\rho/\mu$는 Reynolds 수이며, 세 번째 $n^2 D_a/g$는 Froude 수 Fr이다. 식 (9.15)를 다시 쓰면,

$$N_P = \psi(\mathrm{Re}, \mathrm{Fr}, S_1, S_2, \cdots, S_n) \tag{9.16}$$

식 (9.14)의 세 무차원군을 간단히 해석해보기로 한다. 먼저 $nD_a^2\rho/\mu$부터 고려한다. 임펠러 날끝 속도 u_2는 $\pi D_a n$과 같으므로,

$$\mathrm{Re} = \frac{nD_a^2\rho}{\mu} = \frac{(nD_a)D_a\rho}{\mu} \propto \frac{u_2 D_a \rho}{\mu} \tag{9.17}$$

이 무차원군은 임펠러의 지름과 주변속력(peripheral speed)으로 계산한 Reynolds 수에 비례하므로, 이러한 의미에서 Reynolds 수라 부른다. Reynolds 수가 작으면($\mathrm{Re} < 10$) 용기 전체에서 점성 흐름이 지배적이고, $\mathrm{Re} > 10^4$이면 어디에서나 난류가 된다. Reynolds 수가 중간 값이면 전이영역이 된다.

동력수 N_P는 마찰인자나 항력계수와 유사하다. 이것은 임펠러 단위 면적에 작용하는 항력과, 관성응력(inertial stress), 즉 유체의 벌크 운동과 관련되는 운동량 흐름의 비에 비례한다.

Froude 수 Fr은 관성응력과 유체의 단위 면적에 작용하는 중력과의 비의 척도이다. 이것은 액면에 상당한 파동 운동(wave motion)이 있는 유체 동역학적 상황에서 나타나며, 선박의 설계에서 특히 중요하다. 방해판을 사용하거나 $\mathrm{Re} < 300$인 경우에는 중요하지 않다. Reynolds 수가 클 때 방해판이 없는 용기를 사용하는 일은 드물므로, 지금부터의 설명에서는 Froude 수를 제외하기로 한다.

특정 임펠러의 동력. 방해판이 있는 탱크 중심선에 임펠러를 설치하였을 경우의 N_P와 Re의 전형적 관계를 그림 9.13에 보였다. 맨 위의 곡선은 6날 디스크 터빈의 경우로서, 형상인자는 표준 터빈과 같다. Reynolds 수가 크면 동력수 5.8에서 이 곡선은 수평이 되는데, 이는 앞에서 계산한 것과 일치한다. CD-6 오목한 날 터빈에 관한 곡선도 비슷하지만 $N_P = 2.9$에서 수평이 된다. 각도가 45°인 피치 있는 4날 터빈은, Reynolds 수가 작을 때는 표준 터빈의 70% 정도의 동력을 소비하지만, Reynolds 수가 클 때는 20% 정도만 소비한다. A310 및 HE-3 고효율 터빈은 다른 터빈에 비해 동력수가 상당히 작지만, 흐름수 역시 작으므로 대개 고속으로 운전한다. $\mathrm{Re} > 10^4$인 영역에서는 다섯 임펠러 모두 동력수가 일정하지만, $\mathrm{Re} < 10$인 영역에서는 Reynolds 수에 역비례한다.

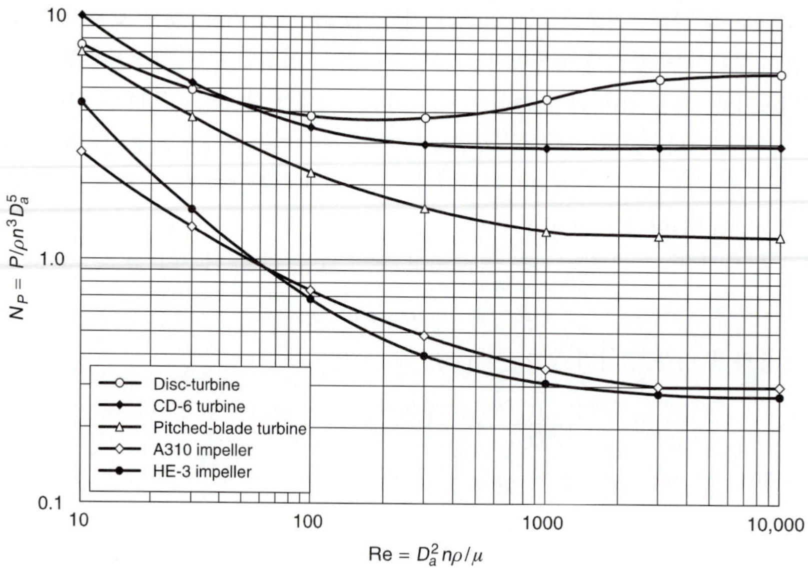

그림 9.13 터빈과 고효율 임펠러에서 동력수 N_P와 Reynolds 수 Re의 관계

마린 임펠러와 나선형 리본의 동력수는 그림 9.14에 보였다. 프로펠러의 경우, $\mathrm{Re} = 10^4$일 때 방해판이 없는 탱크에 비해 방해판이 있는 탱크의 동력수는 50% 정도 증가하지만, Reynolds 수가 작으면 차이가 없다. 나선형 임펠러일 때는 방해판을 사용하지 않으며, Re의 증가에 따라 N_P가 급격하게 감소한다. $\mathrm{Re} > 10^4$인 영역에서는 나선형 임펠러에 관한 자료가 없지만, 이러한 임펠러는 주로 Reynolds 수가 작은 경우에만 사용된다. 그림에는 보이지 않았지만, 앵커 교반기의 동력수는 Reynolds 수의 전체 범위에서 나선형 임펠러보다 약간 크다.

교반계 형태의 영향. N_P가 식 (9.16)의 형상인자 S_1, S_2, ⋯, S_n에 미치는 영향은 작을 때도 있고 클 때도 있다. 또 둘 이상의 형상인자가 서로 연관될 때도 있다. 가령 S_1의 변화의 영향은 S_2나 S_3의 크기에 따라 달라지기도 한다. 방해판이 있는 탱크에서 Reynolds 수가 클 경우의 평날 터빈에서 계 형태(system geometry)의 변화의 영향을 요약하면 다음과 같다[3]

1. 임펠러 지름과 탱크 지름의 비 S_1이 감소하면, 방해판이 좁고 그 수가 적은 경우에는 N_P가 증가하고, 방해판이 넓고 그 수가 많을 경우에는 N_P가 감소한다. 따라서 형상인자 S_1과 S_5는 연관 관계에 있다. 공업 현장에서는 방해판이 넷이고 $S_2 = 1/12$이 일반적인데, 이때는 S_1이 변해도 N_P에 거의 영향을 미치지 않는다.
2. 간극(clearance) S_2의 변화의 영향은 터빈 설계에 따라 달라진다. 그림 9.3에 보인 디스크 터빈에서는 S_2가 증가하면 N_P도 증가한다. 경사형 날 터빈에서는 S_2가 증가하면 N_P가 상당히 줄어드는데, 이를 표 9.1에 보였다. 열린 곧은 날 터빈에서는 N_P가 약간 줄어든다.
3. 열린 곧은 날 터빈에서, 날 폭과 임펠러 지름의 비 S_4의 변화의 영향은 날 수에 따라 달라진다. 6날 터빈에서는 N_P가 S_4에 정비례하여 증가하며, 4날 터빈에서는 N_P가 $S_4^{1.25}$에 비례한다. 경사형 날 터빈에서는 곧은 날 터빈에 비해 날 폭이 동력 소비에 미치는 영향이 아주 적다(표 9.1 참고).
4. 하나의 축에 곧은 날 터빈 2개를 장착할 경우, 두 임펠러의 간격이 임펠러 지름 정도이면, 터빈 하나일 때의 1.9배의 동력을 소비한다. 간격이 이보다 좁으면 2.4배의 동력을 소비한다.

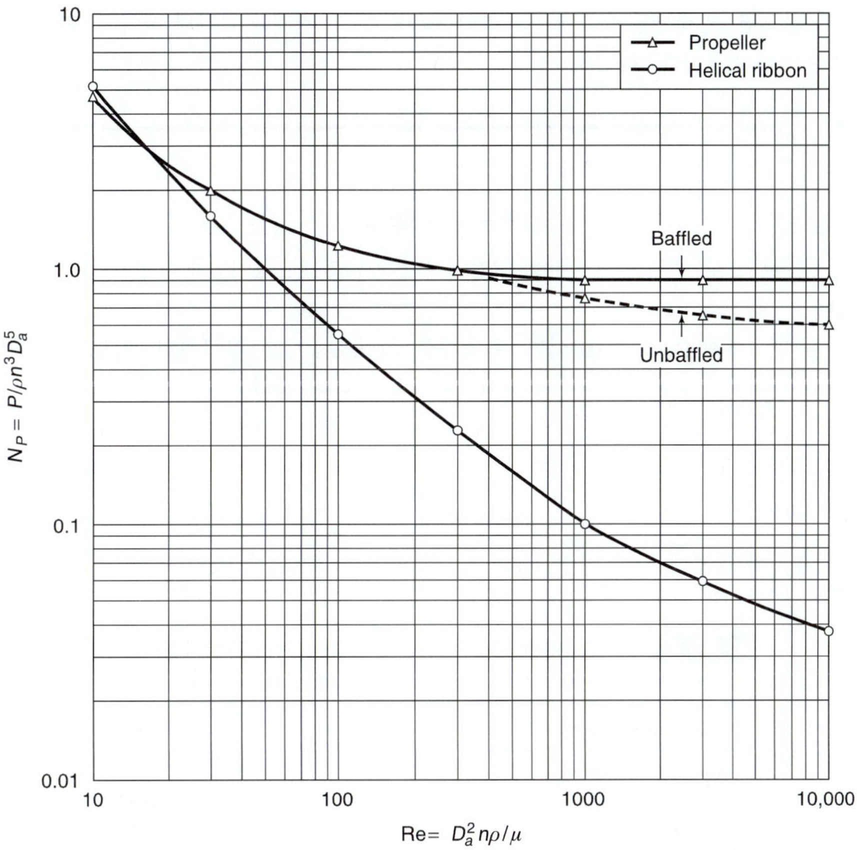

그림 9.14 마린 임펠러(피치 1.5:1)와 나선형 리본에서 동력수 N_P와 Reynolds 수 Re의 관계

표 9.1 6날 45° 터빈에서 날 폭과 간격이 동력 소비에 미치는 영향[10, 42]

W/D_a, S_4	Clearance, S_2	K_T
0.3	0.33	2.0
0.2	0.33	1.63
0.2	0.25	1.74
0.2	0.17	1.91

5. 탱크의 모양이 N_P에 미치는 영향은 비교적 사소하다. 수평 원통형 탱크에서의 소비 동력은, 방해판의 유무에 관계없이, 수직 원통형 탱크에서의 소비 동력이나, 방해판이 있는 수직 정방형 탱크에서의 소비 동력과 거의 마찬가지이다. 방해판이 없는 정방형 탱크에서의 동력수는, 방해판이 있는 원통형 용기에서의 동력수의 0.75배 정도이다. 물론 동력 소비량과는 달리, 순환 패턴은 탱크 형상에 따라 큰 영향을 받는다.

동력 소비량 계산. N_P를 알면, 액체에 전달되는 동력은 식 (9.12)에서 계산할 수 있다. 이 식을 다시 쓰면,

$$P = N_P n^3 D_a^5 \rho \tag{9.18}$$

Reynolds 수가 작으면, 방해판의 유무에 관계없이 Re 대 N_P의 관계를 나타낸 선이 같아지며, 로그 좌표에서 이 선의 기울기는 -1이다. 따라서

$$N_P = \frac{K_L}{\text{Re}} \tag{9.19}$$

따라서,

$$P = K_L n^2 D_a^3 \mu \tag{9.20}$$

이 영역에서는 층류이므로, 밀도는 더 이상 영향인자가 아니다. 식 (9.19)와 (9.20)은 Re < 10인 영역에서 사용할 수 있다.

방해판이 있는 탱크에서 Re > 10,000이면, 동력수는 Reynolds 수와 무관하며, 점도는 영향인자가 아니다. 이 영역에서는 완전한 난류이므로, 식 (9.16)은 다음과 같이 된다.

$$N_P = K_T \tag{9.21}$$

이 식으로부터,

$$P = K_T n^3 D_a^5 \rho \tag{9.22}$$

여러 형태의 임펠러와 탱크에 관한 상수 K_L과 K_T의 크기를 표 9.2에 보였다.

표 9.2 식 (9.19)와 (9.21)의 상수 K_L과 K_T. 탱크 벽에 4개의 방해판이 있고, 그 폭이 탱크 지름의 10%인 경우

Type of impeller	K_L	K_T
Propeller, three blades		
Pitch 1.0[43]	41	0.32
Pitch 1.5[37]	48	0.87
Turbine		
Six-blade disk[37] ($S_3 = 0.25$, $S_4 = 0.2$)	65	5.75
Six pitched blades[42] (45°, $S_4 = 0.2$)	—	1.63
Four pitched blades[37] (45°, $S_4 = 0.2$)	44.5	1.27
Flat paddle, two blades[43] ($S_4 = 0.2$)	36.5	1.70
HE-3 impeller	43	0.28
Helical ribbon	52	—
Anchor[37]	300	0.35

예제 9.1

수직 방해판이 있는 지름 2 m의 탱크 중앙에 여섯 평날 디스크 터빈을 설치한다. 터빈 지름은 0.67 m이고 탱크 바닥에서 0.67 m 높이에 설치한다. 터빈 날의 폭은 134 mm이다. 탱크에는 65°C의 50% NaOH 수용액이 2 m 깊이로 들어있다. 수용액의 점도는 12 cP, 밀도는 1,500 kg/m^{3}이다. 터빈 임펠러의 회전속도가 90 rpm일 때 소요 동력을 구하여라.

풀이

먼저 Reynolds 수를 구한다. 필요한 양은 다음과 같다.

$$D_a = 0.67\ \text{m} \qquad n = \frac{90}{60} = 1.5\ \text{r/s}$$

$$\mu = 0.012\ \text{Pa}\cdot\text{s} \qquad \rho = 1{,}500\ \text{kg/m}^3$$

따라서,

$$\mathrm{Re} = \frac{D_a^2 n\rho}{\mu} = \frac{0.67^2\times 1.5\times 1,500}{0.012} = 84,169$$

$\mathrm{Re} > 10^4$이므로, $N_P = K_T$이다. 표 9.2에서 $K_T = N_P = 5.8$이므로, 식 (9.24)에서,

$$P = 5.8\times 1.5^3\times 0.67^5\times 1,500 = 3,964\ \mathrm{W} = 3.96\ \mathrm{kW}$$

■

예제 9.2

예제 9.1의 교반장치를 사용하여 고무-라텍스 컴파운드(rubber-latex compound)를 혼합한다. 컴파운드의 점도가 120 Pa·s, 밀도가 1,120 kg/m^{3}일 때 동력 소요량을 구하여라.

풀이

Reynolds 수는 다음과 같다.

$$\mathrm{Re} = \frac{0.67^2\times 1.5\times 1,120}{120} = 6.3$$

층류 영역이므로, 표 9.2에서 $K_L = 65$이다. 식 (9.20)에서,

$$P = 65\times 1.5^2\times 0.67^3\times 120 = 5,278\ \mathrm{W} = 5.28\ \mathrm{kW}$$

이 동력 소요량은 탱크의 방해판 유무와 무관하다. 이처럼 Reynolds 수가 작은 조건에서는 와류가 생성되지 않으므로, 방해판을 설치해야 할 이유가 없다.

점도가 10,000배 증가하여도, 방해판이 있는 탱크에서 점도가 낮은 액체를 교반할 때에 비하여, 동력 소요량은 33% 정도밖에 증가하지 않는다. ■

비뉴튼 액체의 동력 소비. 비뉴튼 액체의 동력에 관한 자료를 상관시키기 위해, 뉴튼 유체에서와 마찬가지로 동력수 $P/n^3D_a^5\rho$를 정의한다. Reynolds 수는 쉽게 정의할 수가 없는데, 유체의 겉보기 점도가 전단율(속도구배)에 따라 변하며, 전단율은 용기 안의 위치에 따라 상당히 달라지기 때문이다. 그러나 식 (9.17)로 정의된 Reynolds 수를 사용하고, 평균 전단율 $(du/dy)_{\mathrm{av}}$에서 계산한 평균 겉보기 점도 μ_a를 사용하여, 만족할만한 관계식을 만들 수 있다. 이때 Reynolds 수는 다음과 같다.

$$\mathrm{Re}_n = \frac{nD_a^2\rho}{\mu_a} \tag{9.23}$$

식 (3.9)로 보인 것과 같은 멱수법칙 유체에서는, 평균 겉보기 점도와 평균 전단율의 관계를 다음 식으로 나타낼 수 있다.

$$\mu_a = K'\left(\frac{du}{dy}\right)_{\mathrm{av}}^{n'-1} \tag{9.24}$$

이 식을 식 (9.23)에 대입하면,

$$\mathrm{Re}_n = \frac{nD_a^2\rho}{K'(du/dy)_{\mathrm{av}}^{n'-1}} \tag{9.25}$$

유사 가소성 액체 중의 곧은 날 터빈의 경우, 용기에서의 평균 전단율은 임펠러 속도와 직접 연관시킬 수 있다. 근사 관계이기는 하지만, 여러 가지 유사 가소성 유체에 대한 만족할만한 관계식은 다음과 같다.

$$\left(\frac{du}{dy}\right)_{\mathrm{av}} = k_s n \tag{9.26}$$

k_s는 특정 형태의 임펠러에 관한 상수이다. 연구 결과[9,18,27]에 따르면, 곧은 날 터빈은 $k_s = 11$로서, 평균

전단율은 최대 추정치인 $19n$의 절반보다 약간 큰 값이다. 다른 임펠러의 k_s 값을 표 9.1에 보였다[1]. 탱크에서의 부피 평균 전단율은 $k_s n$보다는 상당히 작겠지만, 유효 동력 소비량은 주로 교반기 영역에서의 전단율에 따라 달라진다.

식 (9.25)와 (9.26)을 결합하여 다시 쓰면 다음과 같다.

$$\mathrm{Re}_n = \frac{n^{2-n'} D_a^2 \rho}{k_s^{n'-1} K'} \tag{9.27}$$

유사 가소성 액체 중의 6날 터빈 임펠러에서 동력수~Reynolds 수의 관계를 그림 9.15에 보였다. 파선은 그림 9.13에서 취한 것으로, $\mathrm{Re} = nD_a^2\rho/\mu$인 뉴튼 유체에 관한 것이다. 실선은 유사 가소성 유체에 관한 것으로, Re_n은 식 (9.23) 및 (9.27)로 정의된다. Reynolds 수가 10 미만이거나 100 이상이면, 유사 가소성 유체에 관한 결과가 뉴튼 유체의 경우와 마찬가지가 된다. Reynolds 수가 10~100인 중간 영역에서는 뉴튼 유체에 비해 유사 가소성 유체의 동력 소비가 적어진다. 뉴튼 유체는 Reynolds 수가 10일 때 층류에서 난류로 전이되지만, 유사 가소성 유체는 40 정도에 이를 때까지 이러한 전이가 지연된다.

유사 가소성 유체를 교반할 때의 흐름 패턴은 뉴튼 유체일 경우와 상당히 다르다. 유사 가소성 유체에서는 임펠러 부근에서 속도구배가 크고, 겉보기 점도가 작다. 액체가 임펠러에서 멀어지면, 속도구배가 감소하고 겉보기 점도는 증가한다. 액체 속도가 급격하게 떨어지면, 속도구배는 더욱 감소하고 겉보기 점도는 더욱 증가한다. 따라서 임펠러 부근에서는 고도의 난류라 하더라도, 벌크 액체는 느린 층류로 움직이며 동력 소비는 비교적 적어진다. 유사 가소성 유체를 교반할 때는, 그림 9.12에 보인 것처럼 느리게 움직이는 액체의 선회 고리(toroidal ring) 영역이 아주 현저하게 나타난다.

표 9.3 유효 전단율에 관한 k_s 값[식 (9.26)][1]

Impeller type	k_s
High efciency	10
Pitched blade	11
Straight blade	11
Disc turbine	11.5

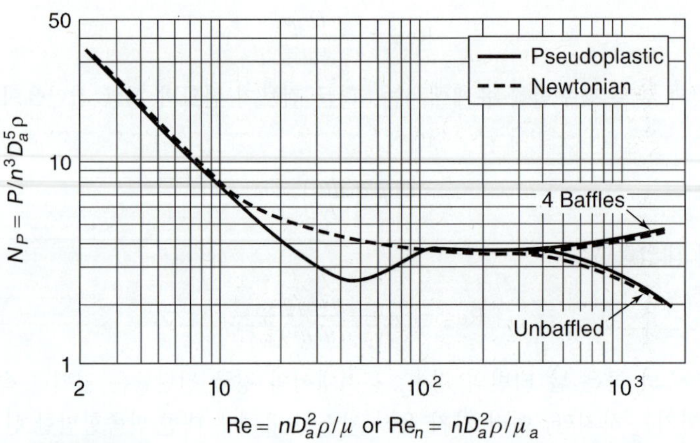

그림 9.15 유사 가소성 액체 중의 6날 터빈의 동력 상관 관계

9.2 배합과 혼합

교반에 비해 혼합(mixing)은 연구나 해석이 한층 어려운 조작이다. 교반 용기에서의 유체 흐름이나 속도 패턴은 복잡하기는 하지만 합당하게 정의할 수 있고 재현성도 있다. 동력 소비량의 측정도 어렵지 않다. 그러나 혼합에 관한 연구 결과는 재현성이 거의 없으며, 특정 연구자가 혼합을 어떻게 정의했느냐에 따라 크게 달라진다. 혼합의 판별기준을 가시화할 수도 있는데, 닥트 안에서 간섭 현상을 이용하여 기체의 배합(blending)을 추적하거나[30], 산-염기 지시약의 색깔 변화를 이용하여 액체의 배합 시간을 측정하는 경우를 들 수 있다[17,35]. 또, 농도나 온도 변동의 감소율[25], 혼합체(mix)의 여러 부분에서 무작위로 채취한 표본 분석치의 변화, 한 액상에서 다른 액상으로의 용질의 이동속도, 그리고 고-액 혼합에서의 현탁물의 가시적 균일도(uniformity) 등도 판별기준으로 이용된다.

혼화성 액체의 배합

혼화성 액체(miscible liquid)를 배합할 때, 용기가 비교적 작으면 프로펠러, 터빈, 고효율 임펠러 등을 용기 중앙에 설치하고, 저장조나 폐액 처리 탱크처럼 용기가 크면 프로펠러나 제트 혼합기를 측면 삽입식으로 설치한다. 일반적으로 교반이 잘 되고 빨리 혼합된다. 대형 저장조에서는 보통 때는 교반기를 놀리고 있다가, 탱크에 액을 채울 때 성층(stratified layer) 현상이 생기는 경우에만 가동하여 혼합하기도 하다. 층이 생기면 자체 혼합은 아주 느린 경우가 많다.

프로세스 용기 중의 배합. 공정 용기에서 임펠러가 고속 흐름을 만들고, 임펠러 부근에 강한 난류가 생기면 액체가 잘 혼합된다. 옆의 액체를 동반하여 벽을 따라 흐르는 동안에 유속이 느려지면, 큰 에디가 깨져서 작은 에디가 되면서 방사 방향에서는 다소 혼합되지만, 흐름 방향에서는 거의 혼합되지 않는다. 이 유체는 한 바퀴 돌아서 임펠러 눈(eye)으로 돌아오며, 여기에서 다시 격렬하게 혼합된다. 이러한 모델에 기초하여 계산해 보면, 탱크의 내용물이 5회 정도 순환되면 거의 완전 혼합(99%)이 달성된다. 따라서 특정 임펠러가 생성하는 전체 유량에 관한 상관 관계로부터 혼합시간(mixing time)을 추정할 수 있다. 표준 6날 터빈의 경우, 식 (9.9)에서,

$$q_T = 0.92\, n D_a^3 \frac{D_t}{D_a} \tag{9.28}$$

$$t_T \approx \frac{5V}{q_T} = 5\frac{\pi D_t^2 H}{4}\frac{1}{0.92 n D_a^2 D_t} \tag{9.29}$$

$$n t_T \left(\frac{D_a}{D_t}\right)^2 \left(\frac{D_t}{H}\right) = \text{상수} = 4.3 \tag{9.30}$$

실험에 의하면, 탱크와 임펠러가 정해졌거나, 기하학적으로 유사한 장치에서, Reynolds 수가 크면, 혼합시간은 교반속도에 역비례한다[13,32]. 몇 가지 장치에 관한 Re 대 nt_T의 관계를 그림 9.16에 보였다. 방해판이 있는 탱크에 터빈을 설치한 경우, $D_a/D_t = 1/3$, $D_t/H = 1$이고, Re > 2,000일 때 $nt_T = 36$인데, 식 (9.30)에서 추정한 값은 $9 \times 4.3 = 38.7$이다.

Reynolds 수가 10~1,000 범위이면, 동력 소비량은 난류 영역인 경우와 큰 차이가 없지만, 혼합시간은 상당히 길어진다. 그림 9.16에서 보면, 이 범위에서는 방해판이 있는 용기에서 터빈을 사용할 때의 혼합시간은 교반속도의 약 −1.5 승에 따라 달라지며, Reynolds 수가 더욱 작으면 가파르게 증가한다. 그림 9.16에 보인 자료는 임펠러 크기와 탱크 크기의 비가 특정치일 때에 관한 것이다. 그림 9.17은 Norwood와 Metzner[35]가 터빈에 관해 얻은 일반적 상관 관계를 보인 것이다. 이들의 혼합시간 인자(mixing time factor)의

난류 영역에 관한 추정식 (9.30)과 어떻게 다른지를 알 수 있다.

$$f_t = \frac{t_T(nD_a^2)^{2/3} g^{1/6} D_a^{1/2}}{H^{1/2} D_t^{3/2}} = nt_T \left(\frac{D_a}{D_t}\right)^2 \left(\frac{D_t}{H}\right)^{1/2} \left(\frac{g}{n^2 D_a}\right)^{1/6} \tag{9.31}$$

이 식에서 Froude 수는 Reynolds 수가 작을 때의 와류의 영향을 감안한 것이지만, Reynolds 수가 크고 방해판이 있는 탱크를 사용할 때도 이 항을 포함시켜야 할 것인지는 의문이다. $Re > 10^5$이면, f_t는 거의 일정하여 5 정도의 값이다. $D_a/D_t = 1/3$, $D_a/H = 1$에서, Froude 수를 무시하면, nt_T는 5 정도가 되는데, 이 값은 식 (9.30)에서의 추정치보다 약간 크다.

HE-3 고효율 임펠러일 때, 그림 9.16에 보인 혼합시간 인자는 난류 영역에 관한 다음 실험식[16]과 Reynolds 수가 낮을 때의 상관 인자에 기초한 것이다.

$$nt_T = 16.9\left(\frac{D_t}{D_a}\right)^{1.67}\left(\frac{H}{D_t}\right)^{0.5} \tag{9.32}$$

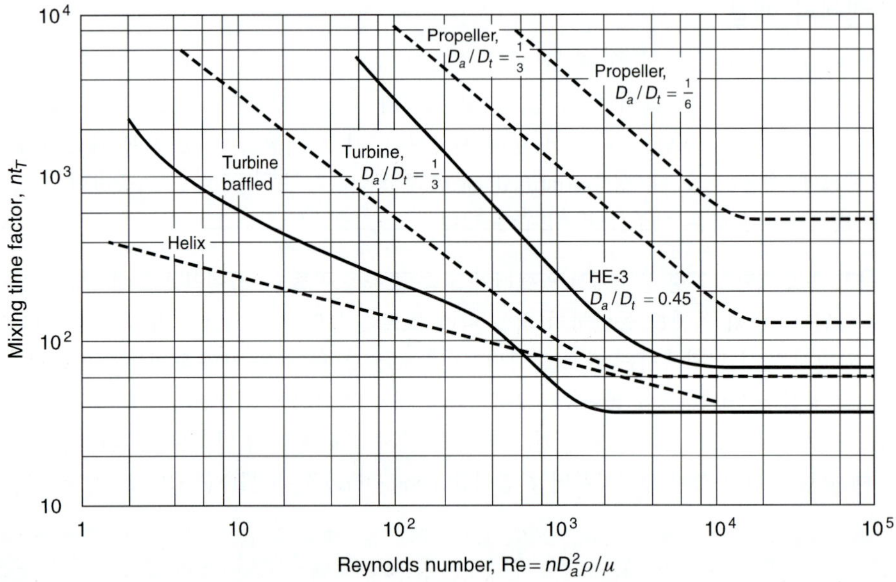

그림 9.16 교반 용기에서의 혼합시간. 파선은 방해판이 없는 탱크, 실선은 방해판이 있는 탱크에 관한 값이다.

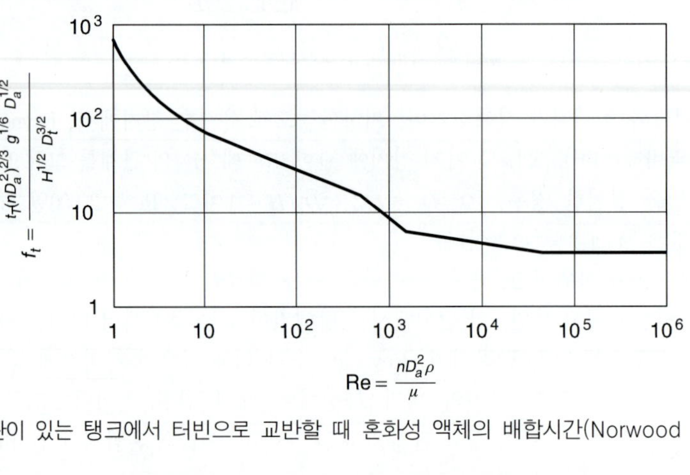

그림 9.17 방해판이 있는 탱크에서 터빈으로 교반할 때 혼화성 액체의 배합시간(Norwood and Metzner[35])

큰 Re에서 혼합시간은 표준 터빈의 것보다 크지만, 소요 동력은 아주 적다(그림 9.13 참고). 결과적으로 고효율 임펠러가 터빈보다 더 높은 속력에서 D_a/D_t비로 조작된다.

난류 혼합 영역에서 단위 부피 기준의 동력 도입량이 같으면, 임펠러가 터빈에 비해 혼합이 약간 빠르다.

점성이 아주 큰 액체에서 동력 도입량이 같으면, 나선형 리본 교반기의 혼합시간이 아주 짧아지지만[32], 묽은 액체일 때는 터빈에 비해 느려진다. 터빈과 비교할 때 프로펠러의 혼합시간은 길지만, 교반속도가 같을 때의 동력 소비량은 한 자리 수 이상 적어진다. 그림 9.16에 보인 프로펠러 자료는 Fox와 Gex[17]의 일반 상관 관계로부터 구한 것인데, 그들의 혼합시간 함수는 식 (9.30) 및 (9.31)과는 차이가 있다.

$$f_t' = \frac{t_T(nD_a^2)^{2/3}g^{1/6}}{H^{1/2}D_t} = nt_T\left(\frac{D_a}{D_t}\right)^{3/2}\left(\frac{D_t}{H}\right)^{1/2}\left(\frac{g}{n^2D_a}\right)^{1/6} \tag{9.33}$$

그들의 자료는 $D_a/D_t = 0.07 \sim 0.18$ 범위에 관한 것이며, 그림 9.16의 자료를 $D_a/D_t = 1/3$까지 외삽할 수 있는지는 불확실하다. 방해판이 없는 용기에서는 와류가 생기는 일이 많으므로, 식 (9.33)에 Froude 수를 도입한 것은 타당하다고 할 수 있다.

유사 가소성 액체에서, Reynolds 수가 1,000 정도보다 작을 때의 혼합시간은, 임펠러 조건이 같더라도 뉴튼 유체에 비해 아주 길어진다[18,32]. 임펠러에서 멀어서 전단이 적은 영역에서는, 임펠러 부근에 비해, 유사 가소성 액체의 겉보기 점도가 크다. 이처럼 멀리 떨어진 곳에서는 난류 에디가 급격하게 감쇠되며, 거의 정체 영역이 자주 생긴다. 이 두 가지 영향 때문에 혼합이 잘 안되고 혼합시간이 길어진다. 흡출관이 있을 경우, 축류 임펠러를 사용하여 용기 전체에서의 순환을 촉진할 수 있다. Reynolds 수가 클 때는 뉴튼 액체나 유사 가소성 액체의 혼합 특성에 차이가 거의 없다.

기포, 액적, 고체 입자를 액체 중에 분산시킬 때는 연속상(continuous phase)의 배합시간이 증가하는데, 비동력 도입량(specific power input)이 같은 경우에도 마찬가지이다[15]. 이러한 효과는 점도에 따라 증가하는데, 점성 액체에서는 기체 체류량이 10%에 불과하더라도, 배합시간이 정상치의 2배 정도까지 증가하기도 한다.

예제 9.3

지름 6 ft(1.83 m)인 교반 용기에 지름 2 ft(0.61 m)인 곧은 6날 터빈을 탱크 바닥으로부터 임펠러 지름 1배의 높이에 설치한다. 회전속도는 80 rpm이다. 이 용기에서 70°F의 NaOH 묽은 수용액을 이론적 당량의 질산(HNO_3)으로 중화하고자 한다. 용기 안의 최종 액심은 6 ft(1.83 m)이다. 산을 한꺼번에 도입한다고 가정하고, 중화가 완결되는 데 걸리는 시간을 구하여라.

풀이

그림 9.16을 이용한다. 필요한 양은 다음과 같다.

$$D_t = 6\text{ ft} \qquad D_a = 2\text{ ft} \qquad E = 2\text{ ft}$$

$$n = \frac{80}{60} = 1.333\text{ r/s}$$

액체 밀도 $\rho = 62.3\text{ lb/ft}^3$ (부록 6)

액체 점도 $\mu = 6.6 \times 10^{-4}\text{lb/ft} \cdot \text{s}$ (부록 6)

Reynolds 수는 다음과 같다.

$$\text{Re} = \frac{nD_a^2\rho}{\mu} = \frac{1.333 \times 2^2 \times 62.3}{6.60 \times 10^{-4}} = 503,000$$

그림 9.16에서, $\text{Re} = 503,000$일 때 $nt_T = 36$이다. 따라서

$$t_T = \frac{36}{1.333} = 27\text{ s}$$

■

저장조 안의 성층 배합

대형 탱크에서 효과적으로 배합하려면, 프로펠러를 측면 삽입식으로 설치하여, 정확하게 배향되도록 해야 한다. 즉 상하 순환의 경우 수평면과의 각도가 잘 맞고, 이 수평면에서는 삽입점에서 탱크 벽의 접선과의 각도가 잘 맞아야 한다. 이 각도는 지름에 대해 7° ~ 10° 사이일 때 최적 결과를 얻을 수 있다[37]. 성층 배합(stratified blending)에 필요한 시간은 순환속도와도 관련이 있지만, 보다 중요한 것은 성층된 액층 사이의 계면의 침식속도(rate of erosion)이다. 성층 배합에 관한 일반적 상관 관계는 아직 없다.

제트 혼합기

대형 탱크에서는 액체 제트를 이용하여 순환 흐름을 유발할 수 있다. 탱크 안의 여러 위치에서 여러 제트를 발생시킬 수도 있다. 하나의 제트에서 생기는 흐름이라도 상당한 거리까지 지속될 수 있다. 그림 9.18에는 하나의 노즐에서 발생되는 원형 액상 제트가 고속으로 동일 액체의 정체 풀(stagnant pool) 속으로 흘러 들어갈 때의 거동을 보였다. 노즐에서 방출되는 제트에서의 유속은 균일하고 일정하다. 코어(core, 제트 중심부)의 단면에서는 여전히 유속이 균일하고 일정하지만, 코어의 단면적은 노즐에서 멀어질수록 줄어든다. 이 코어는 확대되는 난류 제트로 둘러싸이는데, 난류 제트에서는 제트 중심선에서 멀어질수록 방사 방향 속도가 감소한다. 노즐의 지름이 D_j라면, 수축하는 코어는 노즐로부터의 거리가 $4.3D_j$가 되는 곳에서 사라진다. 난류 제트는 코어가 사라진 점을 지나서도 그 형체를 유지하지만, 그 속도는 계속 줄어든다. 제트에서 방사 방향 속도가 감소하면 Bernoulli 원리에 따라 압력이 증가한다. 유체가 제트로 유입되면 흡인 가속되면서 배합되어 제트가 커진다. 이 과정을 동반흐름(entrainment)이라 한다. 노즐로부터의 거리 $4.3D_j$ 이상에서는 다음 식을 적용할 수 있다.

$$q_e = \left(\frac{X}{4.3D_j} - 1\right)q_0 \tag{9.34}$$

q_e = 노즐로부터의 거리 X에서 단위 시간에 제트에 동반되는 액체 부피

q_0 = 단위 시간에 노즐을 떠나는 액체 부피

제트와 주변 액체 사이의 경계에서는, 동반흐름 뿐 아니라 강한 전단응력이 발생한다. 이러한 응력은 경계에서 에디를 파괴하고 상당한 난류를 발생하는데, 이 역시 혼합 작용에 기여한다.

다량이더라도 액체 흐름만으로는 만족할만한 혼합을 달성할 수가 없다. 동반흐름 메카니즘에 의해 흐름이 유체 집단 안으로 들어가서 철저하게 배합될 수 있도록, 시간과 공간이 충분해야 한다.

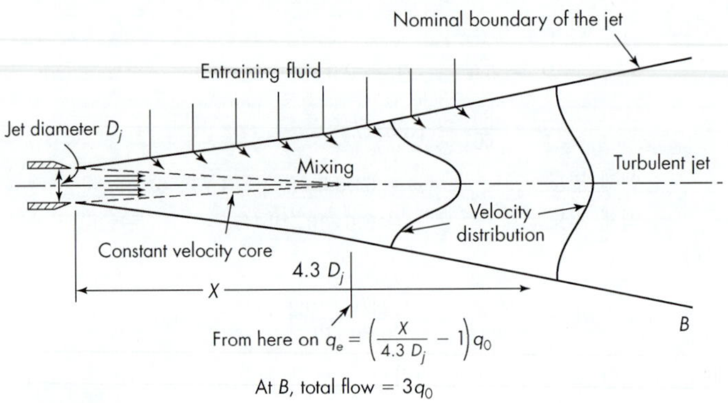

그림 9.18 액중 원형 제트의 흐름(Rushton and Oldshue[46])

비교적 소형의 프로세스 용기에서 측면 도입식 제트(side-entering jet)일 때의 혼합시간에 관한 관계식이 발표되어 있다[17].

무동작 혼합기

기체나 저점도 액체의 경우, 열린 관이나 오리피스 판이나 간막이 방해판이 있는 관에서 한참 동안 흐르게 해도 잘 배합되는 경우가 많다. 조건에 따라서는, 관 길이는 관 지름의 5~10배 정도로 짧은 관으로 충분할 경우도 있지만, 50~100배 정도가 적절하다[24].

이보다 어려운 혼합 과제를 수행하려면, 관 안에 일련의 금속 삽입물(metal insert)을 설치한 기구인 무동작 혼합기(static mixer)를 사용할 수 있다. 그 기본 종류의 하나로서 나선형 요소(helical element)를 설치한 혼합기를 그림 9.19(a)에 보였는데, 이것은 주로 점성 액체나 반죽(paste)의 혼합용으로 사용한다. 각 요소는 길이가 관 지름의 1~1.5배 정도이며, 흐름을 두 부분으로 갈라서 180° 비틀면서 그 다음 요소로 운반하는데, 앞 요소의 꼬리 가장자리와 뒤 요소의 머리 가장자리 사이의 각도는 90°이다. 뒤의 요소는 다시 흐름을 둘로 가르지만 반대방향으로 180° 꾀도록 한다. 이처럼 계속 가르고 비틀면, 줄기(striation)가 아주 가늘어지므로 분자 확산에 의해 배합과정을 완성할 수 있다.

나선형 요소의 수는, Re = 100~1,000일 때 6개, Re = 10~100일 때 12개, Re < 10일 때 18 개 정도가 좋다. 액체의 점도가 아주 크면 분자 확산계수가 작아지므로 더 많은 요소가 필요하다. Re < 10일 때는 단위 길이 당 압력 손실이 빈 관인 경우의 6배 정도이지만, Re = 2,000에서는 50~100배 정도로 증가한다[34].

기체와 저점도 액체의 혼합용으로 사용되는 무동작 혼합기의 또 하나의 예로서, 난류 와류 혼합기(turbulent vortex mixer)를 그림 9.19(b)에 보였다. 이 혼합기의 각 요소는 4개의 탭(tab)으로 되어 있는데, 임의 각도를 이루면서 흐름 방향으로 뻗어 나와 있다. 이러한 탭의 웨이크에는 길이 방향에서 반대 방향으로 회전하는 와류가 생성되므로, 2~4개 정도의 요소만 있으면 액체나 기체가 효과적으로 배합된다. Re = 10^4~10^5일 때 단위 길이 당 압력 강하는 빈 관의 25~40배 정도가 되지만, 필요한 요소의 수가 적으므로 총괄 압력 강하는 그다지 크지 않다.

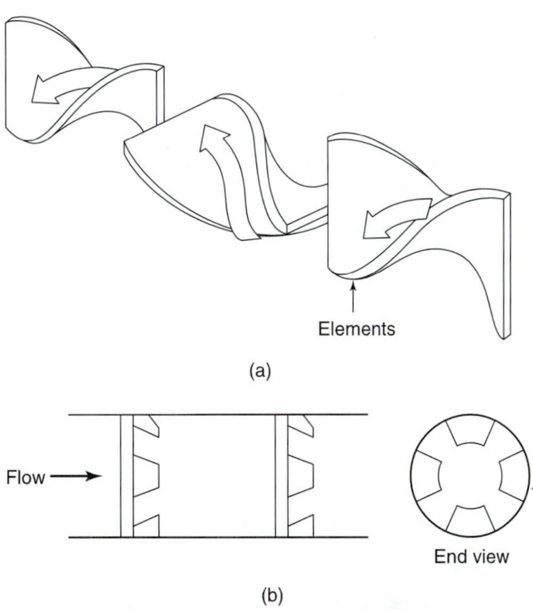

그림 9.19 무동작 혼합기 (a) 나선형 요소식 혼합기의 요소, (b) 난류 와류 혼합기

9.3 고체 입자의 현탁

액체 중에 고체 입자를 현탁시키는 목적은 여러 가지이다. 예를 들면, 가공 장치 공급물을 균일하게 혼합하거나, 고체를 용해시키거나, 촉매 반응을 수행하거나, 과포화 용액으로부터 결정 성장을 촉진하는 것 등이다. 교반 용기 중에서 고체의 현탁(suspension)은, 입자를 지나서 흐르는 유체에 의해 입자가 서로 떨어져서 움직이고 있다는 점에서 보면, 액체에 의한 고체의 유동화(7장 참고)와 비슷한 데가 있다. 그러나 교반기가 만들어내는 흐름 패턴은 상하 흐름 뿐 아니라 수평 흐름 영역도 있고, 탱크 안에서 고체를 현탁 상태로 유지하려면, 수직형 탑에서 고체를 유동화시키는 경우에 비해, 일반적으로 유체의 평균 유속이 아주 커야 한다.

현탁도

교반 용기에서 고체의 현탁 상태를 정의하는 방법에는 여러 가지가 있다. 공정에 따라 요구되는 현탁도(degree of suspension)가 다르므로, 설계나 스케일업(scaleup)에서는 적절한 정의와 상관 관계를 사용해야 한다. 현탁물의 균일도 증가와 동력 도입량 증가의 순서로 현탁도를 나타내면 다음과 같다.

필릿이 형성되는 거의 완전한 현탁. 고체의 대부분이 액체 중에 현탁되지만, 몇 %가 탱크 바닥 가장자리의 구석진 곳과 같은 정체 영역에서 고체의 필릿(fillet)을 형성하는 경우이다. 가공 장치에 대한 공급 탱크에서는 이 필릿이 계속 증가하지 않고, 고체가 케익을 형성하지 않는다면, 움직이지 않는 소량의 고체가 남아 있더라도 거의 상관없다[36]. 그러나 결정화나 화학반응에서는 이러한 펠릿의 존재가 바람직하지 못하다.

입자의 완전한 운동. 고체가 전부 현탁되어 있거나 탱크 바닥에 있더라도 움직이는 경우이다. 현탁 고체에 비해 바닥에서 움직이는 고체는 물질전달계수가 아주 낮으므로, 장치 성능에 영향을 미칠 수 있다[20].

완전 현탁. 탱크 바닥에 고체가 없거나, 있더라도 1~2 s 이상 바닥에 머물지 않고, 고체 전부가 완전히 현탁되는 경우이다. 이러한 상태에 도달한 초기에는 일반적으로 현탁물 중에 농도구배가 생기며, 탱크 상부에는 맑은 액체 영역이 생길 것이다. 용해장치나 반응기에서는 고체의 농도구배가 생기더라도 장치 성능에는 거의 영향을 미치지 않으며, 교반속도를 더욱 증가시키더라도 물질전달계수는 그다지 증가하지 않는다.

균일 현탁. 완전 현탁에 필요한 수준 이상으로 교반속도가 빨라서, 탱크 상부에 맑은 액체가 더 이상 존재하지 않고, 현탁물이 균일하게 보이는 경우이다. 그러나 특히 고체의 입도 분포(size distribution)가 넓을 때는 수직 방향의 농도구배가 여전히 생길 수 있으므로, 탱크에서 대표적 표본을 채취하고자 할 때는 주의해야 한다.

현탁 상관 관계

대체적으로는 고체의 완전 현탁이 바람직하며, 현탁 상태를 추정하기 위한 상관 관계에서도 일반적으로 이러한 기준을 사용한다. 여기에서는 스케일업 지침과 함께 이러한 상관 관계의 일부를 다루고자 한다. 이러한 상관 관계는 현탁에 필요한 최소 교반 조건을 나타내는 것이므로, 기체를 분산시키거나 코일이나 재킷에서 열전달을 촉진하려면, 경우에 따라 더 많은 동력을 도입해야 할 것이다.

액체 중 고체 현탁의 난이도는 입자 및 액체의 물성, 탱크 안에서의 순환 패턴에 따라 달라진다. 이미 설명했지만, 자유침강 입자의 종말속도는 항력계수 곡선(그림 7.3)을 이용하여 구할 수 있다. 침강속도가 큰 입자는 현탁이 어렵지만, 임펠러 날끝 속도와 같은 특성 속도와 침강속도 사이의 단순한 상관 관계는 없다. 거의 수평 흐름만 있는 탱크 바닥 부근에서는 액체 속도가 제한인자가 된다. 완전히 현탁시키려면 바닥 부근에서의 속도가 침강속도의 몇 배가되어야 한다. 속도 분포는 측정하거나 추정하기가 쉽지 않으므로, 일반적으로는 교반기 종류에 따라 완전 현탁에 필요한 임계 교반속도를 측정하고, 실험식을 구한다.

Zwietering[52]은 지름이 6 in~2 ft인 여섯 탱크에서 다섯 종류의 임펠러를 사용하여 측정한 자료를 바탕으로 상관 관계를 얻었다. 임계 교반속도를 무차원식으로 나타내면 다음과 같다.

$$n_c D_a^{0.85} = S\nu^{0.1} D_p^{0.2}\left(g\frac{\Delta\rho}{\rho}\right)^{0.45} B^{0.13} \tag{9.35}$$

n_c = 임계 교반속도
D_a = 교반기 지름
S = 형상인자
ν = 운동점도
D_p = 평균 입경
g = 중력가속도
$\Delta\rho$ = 밀도차
ρ = 액체 밀도
B = (고체 질량/액체 질량)100

S의 전형적 값을 표 9.4에 보였다. 임펠러 크기비와 간극비(clearance ratio)가 같을 경우, 표준 터빈과 평날 패들의 임계속도는 거의 비슷하며, S는 프로펠러의 경우가 약간 작다. 그러나 동력수 N_P는 차이가 크므로, 고체를 완전히 현탁시키고자 할 때, 동력은 터빈이 패들의 2배 정도, 프로펠러의 15~20배가 된다. 터빈을 정상 위치에 설치한 경우, 벽에서의 하향 흐름은 임펠러인 경우의 절반보다 약간 적으며(그림 9.12 참고), 탱크 바닥에서의 평균 유속은 비교적 작다. 크기가 같은 프로펠러가 생성하는 전체 흐름이 아주 크지는 않지만, 전부 하향 흐름이므로, 바닥 부근에서의 속도와 전단이 커진다. 고체를 현탁시키는 것이 교반 목적이라면, 방사류 임펠러보다는 프로펠러 또는 경사형 날 터빈과 같은 축류 임펠러를 선택하는 편이 좋다. 그러나 기체를 잘 분산시키고 전단을 크게 하는 데는 표준 터빈이 필요하며, 식 (9.35)와 같은 관계식을 사용하여 고체 현탁에 필요한 조건을 검토할 수 있다.

유체의 점도가 크면 종말속도가 작아지고, 또 Zwietering의 시험에서는 점도를 독립적으로 변화시키지 않았으므로, 식 (9.35)에서 점도 항의 지수 0.1은 의문이 든다. 다른 연구[7,50]에 따르면, 점도가 증가할 경우 임계속도는 약간 감소한다. Wichterle[50]이 제안한 교반속도에 관한 이론식에 따르면, 점도, 입도, 밀도차에 관한 지수가 모두 입도에 따라 달라지며, 부호가 바뀌는 경우도 있다. 그의 모델은 입자 종말속도와 탱

표 9.4 임계 교반속도를 나타낸 식 (9.35)의 형상인자 S

Impeller type	D_t/D_a	D_t/E	S
Six-blade turbine	2	4	4.1
$D_a/W = 5$	3	4	7.5
$N_P = 6.2$	4	4	11.5
Two-blade paddle	2	4	4.8
$D_a/W = 4$	3	4	8
$N_P = 2.5$	4	4	12.5
Three-blade propeller	3	4	6.5
$N_P = 0.5$	4	4	8.5
	4	2.5	9.5

크 바닥 부근에서의 입도와 전단율을 비교하여 만든 것이다. 이 모델에서는 고체 농도의 영향을 고려하지 않았으며, 전단율을 독립적으로 측정해야 하지만, 기존 자료의 해석이나 스케일업에서는 유용하다고 할 수 있다.

동력 소비량

스케일업 절차에 관련한 보고 자료를 보면, 기하학적 형태가 유사한 경우, 대형 탱크에서는 교반속도가 작아야 고형물을 현탁시킬 수 있다. 그러나 n_c에 관한 식에서 D_a의 지수가 조금만 달라져도 동력 소요량에 큰 차이가 날 수 있는데, 이는 단위 부피 당 동력 P/V가 $n^3D_a^2$에 따라 달라지기 때문이다. 45° 경사형 날 터빈(하향 수송)을 사용하여 물에 모래를 현탁시킬 때의 자료 일부를 그림 9.20에 보였다. 그림에는 $D_p = 200\ \mu m$, $D_a/D_t = 1/3$, $E/D_t = 1/4$일 때의 직접 관찰한 점과 계산치를 함께 보였다. 실선은 실제로 사용한 탱크 크기의 범위를 보인 것이고, 파선은 외삽한 것이다. P/V에 큰 차이가 나는 것은 부분적으로는 완전 현탁에 관한 판별기준이 다르거나 기하학적 형태가 약간 다르기 때문이다.

Rao 등[42]의 연구에서는 n_c가 $D_a^{-0.85}$에 따라 변했는데, 이는 Zwietering의 결과와 일치한다. 또 이는 P/V가 $D_a^{-0.55}$[지수 $= 3\times(-0.85)+2$]에 따라 변함을 나타낸다. $W/D_a = 0.30$인 6날 터빈을 사용했으며, 입자가 탱크 바닥에 2 s 이상 머물지 않는 상태를 완전 현탁으로 판단했다. Chudacek[10]은 이보다 좁은 터빈($W/D_a = 0.20$)을 사용했지만, 현탁 판별기준이 같을 때, P/V가 어느 정도 D_a에 따라 변했다. 그러나 판별기준을 달리 하면 98% 완전 현탁일 때 P/V는 그림 9.20에 보인 값보다 30~50% 정도 적었으며, D_a의 증가에 따라 P/V는 약간 감소했다. Buurman 등[8]은 접시형 바닥 탱크에서 $W/D_a = 0.25$인 4날 교반기를 사용했다. 초음파 Doppler 미터를 사용하여 바닥 근처의 속도를 측정했으며, 속도의 전이(transition)로 완전 현탁을 표시했다. 시험 결과에 따르면, n_c는 $D_a^{-2/3}$에 따라 변하고, P/V는 D_a와 독립적이었다. 다른 연구에서 D_a의 지수가 더욱 − 값이 되는 것은 교반기 날의 두께를 잘못 규정했기 때문일 것이다.

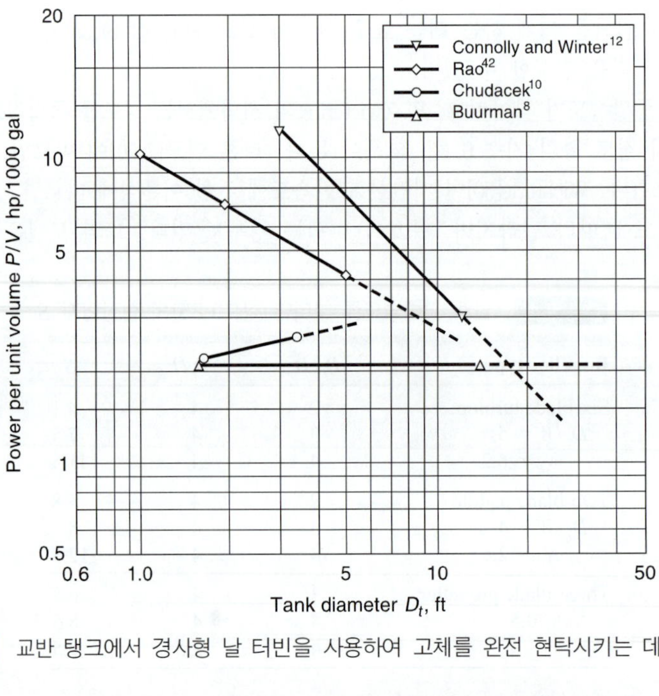

그림 9.20 교반 탱크에서 경사형 날 터빈을 사용하여 고체를 완전 현탁시키는 데 필요한 동력

Connoly와 Winter[12]는 P/V가 D_a에 따라 달라지고 동력 소비량이 최고가 됨을 보고하면서, 단위 부피 당의 토크를 일정하게 할 것을 권장했는데, 이는 nD_a를 일정하게 한다는 것과 같으며, P/V는 D_a^{-1}에 비례하게 된다. 그러나 그들은 최저 교반속도를 측정하지 않고, 각 탱크에서 거의 균일한 현탁이 되는 판단기준만을 보였다. 바닥에 퇴적물이 없는 현탁에 비해 균일 현탁에 필요한 동력은 커지며, 이 비는 소형 탱크일수록 커진다. Buurman에 따르면, 14 ft 탱크에서는 1.2 n_c일 때 거의 균일한 현탁이 되지만, 1.5 ft 탱크에서는 이와 비슷한 균일도를 달성하는 데 1.9 n_c가 필요했다.

육안 관찰, 입자 속도, 물질전달속도의 어떤 것으로 판별하든 간에, 소형 탱크에서 만족할만하게 현탁시키려면, 기하학적 유사성과 단위 부피 당 동력이 일정해야 안전한 스케일업 규칙을 얻을 수 있다. $D_a/D_t=1/3$, $E/D_t=1/4$을 주로 권장하지만, 고체 현탁에서는 $D_a/D_t=0.4$를 선호하는 이도 있다. 간격을 줄여서 임계 교반속도를 줄일 수 있지만, 바닥에 아주 가까운 고체에 교반기가 접촉하면 교반기의 시동이 어려울 것이다.

예제 9.4

지름이 6 ft(1.8 m)이고 작업 수심이 8 ft(2.44 m)인 교반탱크에서, 70°F 물에 150 mesh 형석(fluorspar) 슬러리를 만든다. 고체의 비중은 3.18이며, 슬러리는 25 wt%가 되게 한다. 임펠러는 지름이 2 ft(0.61 m)인 경사형 4날 터빈이며, 용기 바닥에서 1.5 ft 높이에 설치한다. 다음을 구하여라.

(a) 완전 현탁에 필요한 동력 (b) 임계 교반속도

풀이

(a) 그림 9.20에서 Buurman 등의 자료를 이용하되, 물성과 고체 농도의 차이에 대에 수정한다. 식 (9.35)의 지수를 적용하고, n_c는 $D_p^{0.2}\Delta\rho^{0.45}B^{0.13}$에 따라 변한다고 가정한다.

	Sand	Fluorspar
D_p, μm	200	104
$\Delta\rho$, g/cm³	1.59	2.18
B	11.1	33.3

n_c의 변화:

$$\left(\frac{104}{200}\right)^{0.2}\left(\frac{2.18}{1.59}\right)^{0.45}\left(\frac{33.3}{11.1}\right)^{0.13}=1.157$$

P의 변화:

$$(1.157)^3=1.55$$

그림 9.20에서, 모래의 경우 $P/V=2.1$ hp/1,000 gal이다. 형석의 경우는 $P/V=2.1\times1.55=3.3$ hp/1,000 gal이다.

$$V=\frac{1}{4}\pi\times6^2\times8=226.2\ \text{ft}^3$$

$$226.2\times7.48=1,692\ \text{gal}$$

$$P=3.3\times\frac{1,692}{1,000}=5.58\ \text{hp}(4.16\ \text{kW})$$

(b) $D_a=2$ ft. 표 9.2에서 4날 터빈의 경우 $K_T=N_P=1.27$.

$$\rho_m=\text{슬러리 밀도}=\frac{1}{0.25/3.18+0.75}=1.207\ g/\text{cm}^3=75.2\ \text{lb/ft}^3$$

식 (9.12b)에서,

$$n_c^3 = \frac{Pg_c}{N_P \rho D_a^5} = \frac{5.58 \times 550 \times 32.17}{1.27 \times 75.2 \times 2^5} = 32.3$$

$$n_c = 3.18 \text{ r/s}$$

■

9.4 분산조작

액체 중에 고체가 현탁되어 있다면, 액체에 노출되는 고체 입자의 크기와 표면적은 일정하며, 현탁 고체의 전체 부피도 마찬가지이다. 그러나 전단율이 크면, 응집체가 흩어지고, 또 부서지기 쉬운 물질이라면 입자 자체가 부서져서 지름이 작아지고 새로운 표면이 생성될 것이다. 발효와 같은 조작에서는 이러한 현상이 특히 중요한데, 용기 중의 국부 전단율이 너무 크면 생물 세포가 파괴될 수 있다[40].

액-액 분산이나 기-액 분산 조작에서는, 교반 조건과 정도에 따라 액적이나 기포의 크기, 분산상과 연속상 사이의 전체 계면 면적이 달라진다. 계면장력에 대항하여 새로운 면적이 계속 생성될 것이다. 액적과 기포는 계속 합체되기도 하고 재분산되기도 한다. 기-액 분산에서는 대개 기포가 액체 속에서 상승하여 표면에서 방출되므로 새로 보충해야 한다.

이러한 동적 상황에서는 기포의 상승속도와 공급 부피유량에 따라 액상 중에 체류하는 분산상의 부피가 달라진다. 액-액 분산에서는 분산 액적의 상승 또는 하강 속도에 따라 체류량(holdup)이 달라지기도 하고, 공급물 중의 두 상의 비에 따라 일정하기도 할 것이다. 기-액 분산이나 액-액 분산에서는 계의 특성을 규정하기 위해 통계적 평균치를 사용하는데, 액적이나 기포의 크기 분포를 예측할 수 있고, 체류량과 계면면적은 용기에서의 위치에 따라 변하기 때문이다.

분산상의 특성 : 평균 지름

변동하기는 하지만, 체류량 Ψ(계 안의 분산상의 부피분율), 단위 부피 기준의 계면 면적 a, 기포나 액적의 지름 D_p 사이에는 기본 관계식이 있다. 분산물의 전체 부피가 1이라 하면, 분산상의 부피는 Ψ이다. 이 부피 중의 액적이나 기포의 수를 N이라 하고, 액적이나 기포가 모두 지름이 D_p인 구라고 하면, 그 전체 부피는 다음과 같다.

$$\frac{\pi N D_p^3}{6} = \Psi \tag{9.36}$$

이 부피 중의 액적이나 기포의 전체 표면적은 다음과 같다.

$$\pi N D_p^2 = a \tag{9.37}$$

식 (9.37)을 식 (9.36)으로 나누어 정리하면 다음과 같다.

$$a = \frac{6\Psi}{D_p} \tag{9.38}$$

분산상 단위 부피 기준의 계면면적은 체류량에 비례하고 액적 크기에 반비례한다. 물질전달속도나 반응속도가 크려면 일반적으로 계면면적이 커야 한다. 액적 크기 분포를 고려하는데는, 분산상의 전체 부피와 전체 면적에 기초한 상당 평균 지름 $\overline{D}_s$를 사용한다. 이 $\overline{D}_s$는 부피-표면 평균 지름(Sauter 평균지름)이며, 액적 크기 분포를 안다면 식 (7.23)에서 구할 수 있다. 계면면적과 체류량을 독립적으로 측정할 수 있다면, 액적의 평균 크기를 다음 식으로 구할 수 있다.

$$\overline{D}_s = \frac{6\Psi}{a} \tag{9.39}$$

액-액 분산

비혼화성인 한 액체(가령 물) 중에 다른 액체(가령 벤젠)를 분산시키는 데는 여러 가지 장치를 사용할 수 있다. 교반 탱크나 무동작 혼합기(in-line mixer)에서는 크기가 0.05~0.1 mm 범위인 액적을 생성할 수 있다. 이러한 액-액 분산물은 계면면적이 크지만 안정성이 부족한데, 교반을 중지하면 액적이 침강하거나 상승하고 서로 합체되기도 한다. 계면활성제가 존재할 경우 합체를 방지하면서 아주 작은 액적의 안정한 에멀션을 얻으려면 콜로이드 밀(colloid mill)을 비롯한 고전단 장치를 사용해야 한다(28장 참고).

교반탱크에서는 고전단 영역에서의 큰 액적의 파괴와 저전단 영역에서의 작은 액적의 합체 사이의 균형에 따라 액적의 평균 크기가 달라진다. 액적 표면의 전단율은 액적을 변형시키려 하고, 분산상의 계면장력과 점도가 이 변형에 대항한다. 중요한 무차원군에 Weber 수(**We**)가 있는데, 교반탱크에서 임펠러 날끝 속도에서의 유체의 운동에너지와 D_a 기준의 표면장력 응력(surface-tension stress)의 비로 나타낸다.

$$\mathrm{We} = \frac{\rho_c (nD_a)^2}{\sigma / D_a} = \frac{\rho_c n^2 D_a^3}{\sigma} \tag{9.40}$$

ρ_c = 연속상의 밀도

σ = 계면장력

다른 상황에서는 Weber 수를 달리 정의하여 사용한다.

표준 6날 터빈을 사용한 액체 분산에 관한 관계식의 예를 들면 다음과 같다[31].

$$\frac{\overline{D}_s}{D_a} = 0.058(1 + 5.4\Psi)\mathrm{We}^{-0.6} \tag{9.41}$$

$1 + 5.4\Psi$는 액적 농도의 증가에 따른 합체 빈도의 증가를 반영한 것이다. 이 식은 소형 탱크에서 저점도 액체를 분산시킨 자료에 기초한 것이다. 분산상의 점도가 상당히 크면 점성 액적은 변형에 저항하므로 큰 액적이 생성된다. 식 (9.41)에 보정인자$(\mu_d/\mu_c)^{0.1}$을 추가하면 개략적이지만 이러한 점도의 영향을 추산할 수 있다. 대형 탱크에 관한 자료는 없지만, 순환시간이 증가하면 합체 기회가 증가할 것이므로, 평균 액적이 다소 커질 것으로 예상할 수 있다.

무동작 혼합기(static mixer) 역시 액-액 분산용으로 사용할 수 있으며, 10~20개의 요소를 직렬하면 평형 분산물이 얻어진다. 액적의 표면에너지와 난류 속도 변동으로 인한 파괴에너지(disruptive energy)를 고려하면, $\overline{D}_s$는 Weber 수와 마찰인자의 분수제곱에 따라 달라질 것으로 예상할 수 있다[29].

$$\frac{\overline{D}_s}{D} = C\mathrm{We}^{-0.6} f^{-0.4} \tag{9.42}$$

$\mathrm{We} = \rho_c \overline{V}^2 D/\sigma$

D = 관 지름

$\overline{V}$ = 평균 유속

f = 마찰인자 $= D\Delta P / 2\rho_c \overline{V}^2 L$

소형 Kenics 혼합기(D = 0.5~1.0 in)에서 물에 분산시킨 저점도 액적에 관한 자료는 식 (9.42)에 잘 맞는데, 이때 C = 0.35이다[4,29]. Re = 10,000~20,000일 때 마찰인자는 0.42이다. 액적 점도가 20~200 cP 범위이면 상당히 큰 액적이 생성되지만, 자료가 통일되어 있지 않고, Re와 Ψ의 영향도 불분명하다. 빈 관에서 시험해 보면, 무동작 혼합기에 비해 $\overline{D}_s$ 값이 몇 배로 커지는데, 이는 f 값이 아주 작다는 것과 일치한다. 혼합기에서 생성되는 액적 크기 분포는 대개 정규 분포가 되며, 최대 크기는 $1.5\overline{D}_s$ 정도이다.

향류식 분무 추출탑에서처럼 액적이 물의 흐름에 대해 향류로 상승하는 경우에는, 보통 크기의 균일한 액적이 필요하다. 오리피스에서 한 번에 하나씩 액적을 만들거나, 액체 제트를 파괴하여 다량의 액적을 생성시킬 수도 있다. 물 속의 원형 오리피스에서 천천히 액적을 생성시킨다면, 액적의 실질 부력과 오리피스 가장자리의 항력(계면장력에 비례한다)이 방향은 반대이지만 서로 같다고 보고 액적 지름을 추산할 수 있다.

$$F_b - F_g = g\frac{\pi D_o^3 \rho}{6}(\rho_c - \rho_d) = \pi D_o \sigma \tag{9.43}$$

F_b = 전체 부력

F_g = 중력

D_o = 오리피스 지름

ρ_d = 분산상의 밀도

이 식을 다시 쓰면,

$$\frac{D_p}{D_o} = \left(\frac{6\sigma}{gD_o^2(\rho_c - \rho_d)}\right)^{1/3} \tag{9.44}$$

유량이 아주 적으면, 오리피스에서 액적이 떨어지면서 소량이 남게 되므로, 이 식으로 추정한 값보다 약간 작은 액적이 생성된다[11]. 유량이 크면 제트가 형성되며, Rayleigh 불안정성(instability)에 의해 이 제트가 파괴되면서 제트 지름 정도의 액적이 생성된다. 제트 발생 상태에서의 액적 크기는 여러 가지 인자에 따라 달라지므로, 정확하게 추정하기가 어렵다[26,47].

예제 9.5

방해판이 있고, 지름이 30 cm이고 정상 수심이 35 cm인 용기에서 25°C의 물에 사이클로헥산을 분산시킨다. 교반기는 지름이 10 cm인 표준 6날 터빈이다.

(a) 교반속도가 6 r/s이고 현탁물 중의 사이클로헥산 부피가 8%일 때, 동력 소비량과 단위 부피 기준의 동력을 구하고, 액적의 평균 크기를 추정하여라.

(b) 하나의 길이가 3 cm인 요소가 20개 설치되어 있고 지름이 2 cm인 Kenics 나선형 요소 혼합기에서 액체 혼합물을 1.2 m/s로 수송할 때, 액적의 평균 크기와 동력 소비량을 구하여라. 마찰인자는 0.42로 한다.

풀이

(a) 사이클로헥산 자료

$$\rho = 760\ \mathrm{kg/m^3}$$

$$\sigma = 46\ \mathrm{dyne/cm} = 46\times10^{-3}\ \mathrm{N/m}$$

혼합물 자료

$$\rho = 0.08(760) + 0.92(1,000) = 981\ \mathrm{kg/m^3}$$

$$D_a = 0.1\ \mathrm{m}$$

$$n = 6\ \mathrm{s^{-1}}$$

점도는 25°C의 물과 같다고 보면, $0.09\ \mathrm{cP} = 9\times10^{4}\ \mathrm{Pa\cdot s}$이다.

$$\mathrm{Re} = \frac{D_a^2 n\rho}{\mu} = \frac{0.1\times6\times981}{9\times10^{-4}} = 6.54\times10^5$$

표 9.2에서, $N_P = 5.75$이다. 식 (9.22)에서

$$P = 5.75\times6^3\times0.1^5\times981 = 12.2\text{ W}$$

탱크 부피 $V=\pi\times0.3^2\times0.35/4 = 2.47\times10^{-2}\text{m}^3$이다. 따라서

$$\frac{P}{V} = \frac{12.2\times10^{-3}}{2.47\times10^{-2}} = 0.494\text{ kW/m}^3 = 2.50\text{ hp}/1,000\text{ gal}$$

이는 교반이 보통일 때이다. 액적 크기를 구하면 다음과 같다.

$$\text{We} = \frac{\rho_c n^2 D_a^3}{\sigma} = \frac{1,000\times6^2\times0.1^3}{46\times10^{-3}} = 783$$

$\Psi = 0.08$이므로, 식 (9.41)에서

$$\frac{\overline{D}_s}{D_a} = \frac{0.058[1+(5.4\times0.08)]}{783^{0.6}} = 1.52\times10^{-3}$$

$$\overline{D}_s = 1.5\times10^{-4}\text{m} = 0.15\text{ mm}$$

(b) Kenics 혼합기에서, $\overline{V} = 1.2$ m/s, $f = 0.42$이므로,

$$\text{We} = \frac{1,000\times1.2^2\times0.02}{46\times10^{-3}} = 626$$

식 (9.42)에서

$$\frac{\overline{D}_s}{D} = \frac{0.35}{626^{0.6}\times0.42^{0.4}} = 1.04\times10^{-2}$$

$$\overline{D}_s = 1.04\times10^{-2}\times0.02 = 2.1\times10^{-4}\text{m} = 0.21\text{ mm}$$

Ψ의 영향을 고려하지 않았으므로 $\overline{D}_s$의 실제 부피는 다소 클 것이다.

Kenics 혼합기에서 길이 $L = 20\times0.03 = 0.6\text{ m}$이다. 압력 강하는 식 (5.9)에서,

$$\Delta p = \frac{2\times0.42\times1.2^2\times981\times0.6}{0.02} = 3.56\times10^4\text{ Pa} = 5.16\text{ lb}_f/\text{in.}^2$$

에너지 손실(동력 소비)은 부피유량 q와 압력 강하의 곱과 같다.

$$P = q\Delta p = \frac{\pi\times1.2\times0.2^2}{4}\times3.56\times10^4 = 13.4\text{ W} = 0.0134\text{ kW}$$

혼합기의 부피는

$$V = \frac{\pi\times0.2^2\times0.6}{4} = 1.884\times10^{-4}\text{m}^3$$

단위 부피 기준의 동력 소비량은 다음과 같다.

$$\frac{P}{V} = \frac{0.0134}{1.884\times10^{-4}} = 71.1\text{ kW/m}^3 = 360\text{ hp}/1,000\text{ gal}$$

전체 동력의 필요량이 크지는 않지만, Kenics 혼합기에서 단위 부피 기준의 동력 소비량은 교반탱크에서의 평균치보다 크다. 그러나 탱크 안의 임펠러 부근에서의 국부 에너지 소산속도 역시 탱크에서의 평균치보다 아주 클 것이다. ■

기-액 분산

기체를 액체 중에 분산시킬 때는, 여러 개의 오리피스가 있는 스파저(sparger), 다공질 세라믹이나 금속 판에 기체를 통과시키거나, 열린 관을 통해 터빈 임펠러 바로 밑에 기체를 방출한다. 조용한 액체 중의 오리피스에서 기체 유량을 아주 적게 하여 기포가 한 번에 하나씩 생성되게 할 경우에는, 식 (9.44)에서 기포 크기를 추산할 수 있다. 그러나 대개는 유량이 보통이거나 많게 하여, 기체의 체류량과 계면면적을 증가시킨다. 이러한 상황에서는 기포가 상호작용하므로, 평균 크기와 면적은 합체속도와 재분산속도에 따라 달라지며, 이러한 속도는 난류 수준과 계의 물성의 영향을 받는다.

교반탱크의 순수 액체 중에 기체가 분산될 때는 임펠러 날끝 부근의 고전단 영역에서는 작은 기포가 생성되지만, 임펠러에서 멀어지면서 저전단 영역에서 빨리 합체된다. 물 속의 공기 기포의 평균 크기는 대개 2~5 mm

정도로서, 액-액 분산에 관하여 식 (9.41)에서 구하는 값보다는 아주 크다. 이 경우 평균 크기보다는 계면면적 a가 더욱 중요한데, 이 값은 에너지 소산속도 및 공탑속도의 분수승에 따라 증가하며, 계면장력이 작은 계일수록 커진다. 식 (9.45)와 유사한 식이 많이 제안되어 있지만, 지수와 상수의 값은 식마다 다르다. 이러한 여러 변수의 근사적 영향을 나타낸 것이 식 (9.45)이다.

$$a = \frac{C(P/V)^{0.4}\overline{V}_s^{0.5}}{\sigma^{0.6}} \tag{9.45}$$

전해질 용액, 다성분 비이온 용액, 소량의 계면활성제가 불순물로 들어있는 용액에서는 기포의 합체가 크게 지연된다. 따라서 교반탱크 안의 평균 기포 크기는 순수한 액체에 비해 작아지며, 표면적의 차이는 몇 배나 될 수 있다. 아황산나트륨과 공기로 된 특정 계에 관하여 식 (9.45)와 유사한 상관식이 제안되었지만, 일반적 상관관계로서는 만족할만한 것이 없다. 새로운 계에 대해서는 실험에 의해 자료를 구해야 하며, 식 (9.45)와 같은 식을 스케일업의 지침으로 사용할 수 있다. 부분적으로 일반화할 수 있다면, 합체되는 계에서 P/V와 $\overline{V}_s$의 영향은 순수 액체의 경우에 비해 크며, 기체 도입용으로 단일 기체 유입관, 스파저, 소결판의 어떤 것을 사용하던 간에, 동력 소실율이 일정할 때의 면적은 거의 같다는 것이다.

기체 유량이 동력 소비량에 미치는 영향. 기체 분산용 터빈 임펠러의 동력 소비량은 액체만을 교반할 때의 그림 9.13에 보인 것보다 적다. 기체가 공존할 때와 액체만 있을 때의 동력 소요량의 비는 주로 기체의 공탑속도에 따라 달라지며, 부분적으로는 임펠러 속도, 탱크 크기, 임펠러 모양 및 지름, 액체 성질의 영향을 받는다[22]. 표준 6날 터빈($D_a/D_t = 1/3$)을 사용하여 물에 공기를 분산시킬 때의 자료 일부를 그림 9.21에 보였다. 상대적 동력 P_g/P_0는 급격하게 줄어서 속도가 10 mm/s일 때 0.5~0.6 정도가 되며, 그 뒤에는 천천히 감소하여 속도가 90 mm/s일 때는 0.3 이하가 된다. Pharamond 등[41]의 연구에 따르면, $P_g/P_0 > 0.5$로 저속인 영역에서는 상대적 동력이 교반기 속도와 거의 독립적이다. D_t가 0.48이나 0.29 m일 때에 비해 $D_t =$ 1.0 m일 때는 상대적 동력이 10~15% 정도 커진다. 그러나 대형 탱크에서도 이러한 경향이 계속되는지는 자료가 없어서 알 수 없다.

Dickey[14]는 기체 유속이 큰 영역에 관하여 연구했는데, 이러한 영역에서는 일반적으로 교반속도의 증가와 기체 유속의 증가에 따라 상대적 동력이 감소한다. 이 연구와 다른 연구[6,28,41]에 따르면, P_g가 교반속도의 2.1~2.9 승에 따라 변하지만, 액체일 경우에는 3.0 승에 따라 변한다. 교반속도의 지수는 기체 유속을 비롯한 변수에 따라 달라지며, 간단한 관계가 없다. 기체 유속이 큰 영역에서는 P_g/P_0가 임펠러 지름/탱크 크기의 비에 따라서도 달라진다. $D_a/D_t = 0.4$일 때는 0.33인 경우에 비해 P_g/P_0 값이 0.03~0.10 정도 낮아진다. 대형 임펠러를 사용할 때의 기본적 효과는 일정한 교반속도에서 더 많은 양의 기체를 분산시킬 수 있다는 것이다.

상대적 동력 소비량에 관한 결과는 대개 무차원 폭기수(aeration number) $N_{\text{Ae}} = q_g/nD_a^3$으로 나타내는데, 여기에서 q_g는 전체 기체 유량이고 nD_a^3은 임펠러를 떠나는 액체 유량의 척도이다. 그림 9.21의 자료를 그림 9.22에 다시 나타내었다. 그림 9.22의 곡선이 크게 퍼지는 것은, 기체 유량 q_g를 증가시켜서 N_{Ae}를 증가시키면 P_g/P_0 값이 작아지지만, 임펠러 속도 n을 감소시켜서 N_{Ae}를 증가시키면 이 반대의 효과가 나타나기 때문이다. 이러한 종류의 그림을 사용하면, n, D_a, V_s에 관한 값이 없는 발표 자료를 포함시킬 수가 있다. 그림 9.22에서 파선은 CD-6 임펠러에 관한 자료로서, 날이 크게 휘어서 앞쪽이 오목한 6 날이 있는 경우이다. 시험 조건은 확실치 않지만, CD-6 임펠러는 표준 터빈에 비해 기체를 분산시킬 때의 동력 소비량이 적어지는 것만은 분명하다.

그림 9.21과 9.22에 보인 자료는 공기-물 계에 관한 것이지만, 물성이 크게 달라지지 않는다면 다른 계에

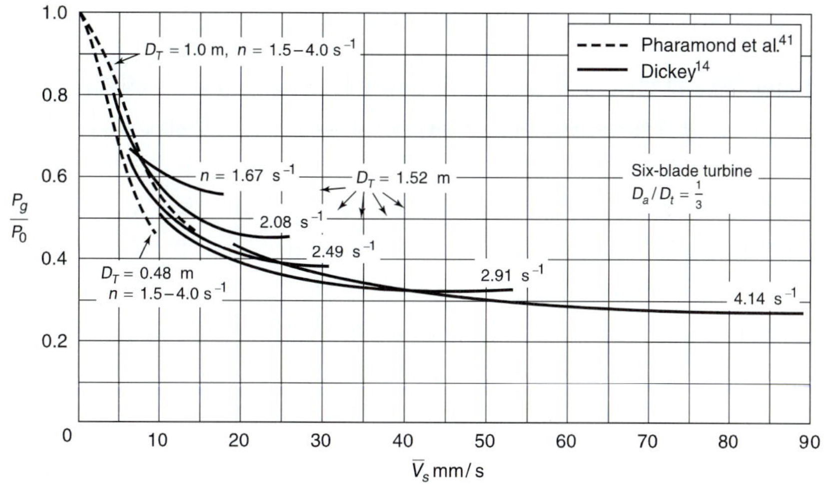

그림 9.21 터빈 교반 탱크에서 폭기할 때의 동력 소비량

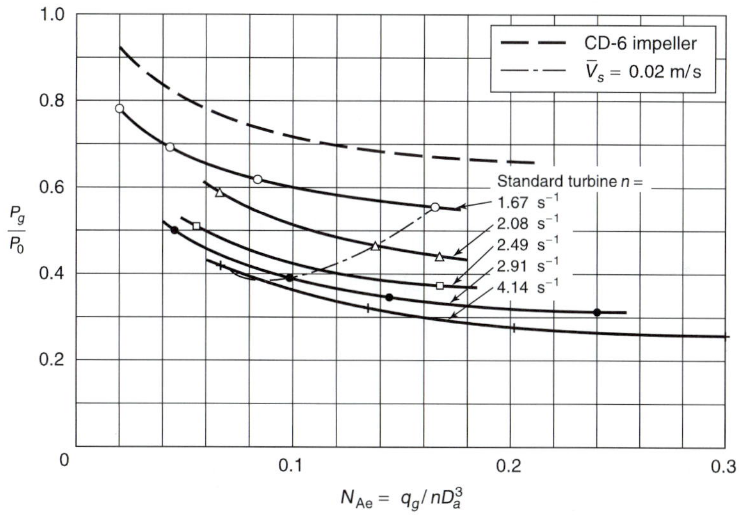

그림 9.22 교반 용기에서의 상대적 동력 소비량과 폭기수 N_{Ae}의 관계

대해서도 적용할 수 있을 것이다. 점도가 4배 증가하고 표면 장력이 40% 감소하더라도 P_g/P_0에는 큰 영향을 미치지 않지만, Na_2SO_4 용액일 때는 상대적 동력이 10~20% 정도 감소하는데, 이 경우에는 합체가 감소되어 기포가 적어지기 때문이다[21].

기체 분산에 따른 동력의 감소는 기-액 분산물의 평균 밀도의 감소 효과에 기인하는 것만은 아니다. P_g/P_0가 0.5로 감소할 때 기체 체류량은 일반적으로 10% 미만이기 때문이다. 동력 감소는 터빈 날 뒷편에 형성되는 기체 포켓(pocket)과 관련이 있다[47]. 날의 수평 가장자리 뒷면에 생기는 와류의 원심력장에 기포가 잡혀서 합체되면 공동(cavity)이 형성되어 액체의 정상 흐름을 방해한다.

대형 장치의 설계에서는 기체 분산에 따른 동력 소실량의 변화를 감안해야 한다. 기체 분산계에서 알맞은 토크가 되도록 선택한 교반장치를 조작할 때, 기체 흐름이 없는 경우에는 과부하가 걸릴 수 있으므로, 이중 속도 조절장치가 필요할 것이다. 또 성적이 좋으려면 단위 부피 기준의 동력 소실량이 일정해야 하므로, 스케일업에서는 $\overline{V}_s$와 P_g/P_0 값이 달라질 수 있다.

기체 취급능과 터빈 임펠러의 범람. 터빈 교반 용기에서 기체 통과량을 점점 증가시키면, 임펠러에서 기체가 범람하여 더 이상 기체를 효과적으로 분산시킬 수 없는 상태에 이른다. 충전탑에서와는 달리 이러한 범람점(flooding point)으로의 전이가 분명하지 않으므로, 범람에 관한 다양한 판단 기준이 제안되어 있다. 그 한 가지는 육안 검사에 기초한 범람의 정의로서, 기체가 날 끝에서 방사방향으로 분산되지 못하고 그 대부분이 터빈 날 사이에서 수직으로 상승하는 경우를 범람으로 판단한다[14]. 이러한 전이가 일어날 때의 기체의 임계 속도 $\overline{V}_{s,c}$는 단위 부피 당 교반기에서 소실되는 동력에 비례하며, 탱크 크기에 따라서도 다소 영향을 받는다. 지름이 1.54 및 0.29 m인 탱크에서 속도가 75 mm/s에 이를 경우에 관한 자료로부터 다음과 같은 유차원 식을 구했다.

$$\overline{V}_{s,c} = 0.114\left(\frac{P_g}{V}\right)\left(\frac{D_t}{1.5}\right)^{0.17} \tag{9.46}$$

이 식에서, P_g/V의 단위는 kW/m^3, D_t는 m, $\overline{V}_{s,c}$는 m/s이다. 설계나 스케일업 요건에서 $\overline{V}_{s,c}$를 고정하면, 교반속도가 임계치 이하로 감소되어야 범람이 일어나므로, 이 식을 사용하여 초기 동력 소비량을 추산할 수 있다.

표준 터빈에 관한 상관 관계로서는, 범람이 일어나는 포기수를 규정한 것이 있다[2].

$$N_{\mathrm{Ae},f} = 30\,\mathrm{Fr}\left(\frac{D_a}{D_t}\right)^{3.5} \tag{9.47}$$

이 식에서 $\mathrm{Fr} = n^2 D_a/g$ 이다. N_{Ae}의 정의를 사용하여 이 식을 다시 쓰면 다음과 같다.

$$\overline{V}_{s,c} = \frac{120}{\pi g}(n^3 D_a^2)\left(\frac{D_a}{D_t}\right)^{5.5} \tag{9.48}$$

기하학적으로 유사한 탱크에서 단위 부피 기준의 동력은 $n^3 D_a^2$에 비례하므로, 동력 소비량이 $\overline{V}_{s,c}$에 미치는 영향은 식 (9.46)과 일치한다. 그러나 식 (9.48)에서 보면, 대형 임펠러를 사용하는 것이 유리하다. D_a/D_t가 1/3이 아니라 1/2이면 P_g/V가 일정할 때 추산한 $\overline{V}_{s,c}$의 증가는 2.76 배가 된다.

오목한 디스크 터빈을 사용하면 $\overline{V}_{s,c}$를 더욱 크게 할 수 있다($\overline{V}_{s,c}$가 일정할 때 P_g/V를 더욱 낮출 수 있다). 식 (9.47)이나 (9.48)에서 CD-6 터빈에 관한 범람 용량(flooding capacity)을 구하려면, 각각의 상수를 70 및 280으로 하면 된다.

10^4 범위의 탱크 부피에 대하여 오목한 디스크 터빈을 사용하여 기체 분산을 연구한 바에 따르면, 범람을 피하기 위한 소요 동력은 탱크 부피의 $-1/12$ 승 또는 탱크 지름의 -0.25 승에 따라 감소한다[49]. 이는 식 (9.46)에서 나타낸 -0.17 승과 거의 일치한다. 또 탱크 크기의 영향을 고려하지 않은 식 (9.48)은 상당히 보수적인 스케일업을 나타낸 것임을 알 수 있다.

9.5 교반기 선택과 스케일업

혼합기 선택

동력 소비량과 혼합량이나 혼합도 사이에는 직접적 관계가 없다. 방해판이 없는 용기에서 점도가 낮은 액체가 맴돌면, 입자는 원형 경로를 따라서만 움직이며 혼합은 거의 달성되지 않는다. 따라서 공급 에너지 중에 혼합에 사용되는 것은 거의 없는 셈이다. 방해판을 설치하면 혼합이 빨라진다. 공급 에너지의 상당한 비율이 혼합에 사용되고 순환에는 그다지 사용되지 않는다.

혼합 시간이 중요할 때는 필요한 시간 중에 최소의 동력으로 혼합할 수 있는 혼합기를 선택하도록 한다. 혼합 시간이 짧아야 할 경우도 많지만 필수적은 아니며, 혼합용 에너지 비용과 혼합기의 자본 비용을 고려하여 적절한 혼합 시간을 정해야 할 것이다. 공급 탱크에서 약제를 혼합하거나 저장 탱크에서 여러 생산물을 배합할 때는, 완전 혼합에 필요한 시간이 수 분이나 되더라도, 비교적 소형의 혼합기를 사용할 수도 있다.

규모확대(scaleup)

교반기 설계에서는 실험실이나 파일럿 플랜트 자료를 바탕으로 실제 규모 장치로 스케일업하는 것이 중요한 과제이다. 고체 현탁용 용기의 스케일업에 관해서는 앞에서 언급한 바 있다. 기타 몇 가지 과제에 관해서는 그림 9.13~9.17에 보인 것과 같은 일반적 상관 관계를 스케일업에 활용할 수 있지만, 대부분의 과제에 관해서는 적절한 상관 관계가 없다. 이러한 상황에 적용할 수 있는 다양한 스케일업 방법이 제안되어 있는데, 어느 것이나 실험 장치와 실제 장치 사이의 기하학적 유사성에 기초한 것이다. 그러나 소형 장치와 대형 장치가 항상 기하학적으로 유사한 것만은 아니다. 더구나, 기하학적 유사성을 확보하더라도 동적 및 운동학적으로는 유사하지 않을 수 있으므로, 스케일업의 결과를 전적으로 예측할 수는 없다. 다른 공학적 문제에서와 마찬가지로, 설계자는 판단과 경험에 의존해야 한다.

그림 9.13과 9.14에 보인 N_P 대 Re의 곡선을 이용하면, 대형 용기에서의 동력 소비량을 정확하게 추정할 수 있다. 이러한 곡선은 발표된 문헌에서 찾을 수 있지만, 없을 경우에는 설계하고자 하는 장치의 소형 파일럿 플랜트의 운전 결과로부터 구할 수 있다. 점도가 낮은 액체일 경우는 액체 단위 부피 당 임펠러가 소비하는 동력을 혼합 효율의 척도로 사용할 수 있는데, 동력 소비량이 증가하면 난류도가 증가하고 난류도가 증가하면 혼합이 좋아진다고 볼 수 있기 때문이다. 연구 결과에 따르면 이러한 추론은 대체적으로 맞는다. 특정 혼합기에서 동력 소비량은, 한 상과 다른 상의 밀접한 접촉에 의해 좌우되는 기체의 용해속도나 산화반응과 같은 반응속도와 직접 연관시킬 수 있다. 정성적으로 대충 말한다면, 묽은 액체 1,000 gal에 대하여 1/2~1 hp이면 "약한(mild)" 교반, 2~3 hp이면 "강한(vigorous)" 교반, 4~10 hp이면 "격렬한(intense)" 교반이라 할 수 있다. 이러한 동력 수치는 실제로 액체에 전달되는 동력으로서, 구동 기어 감속 장치나 베어링 및 스터핑 박스에서 교반축의 회전에 사용되는 동력은 제외한 것이다. 예제 9.3에서 다룬 교반기에서는 액체 1,000 gal 당 약 $1\frac{1}{2}$ hp의 동력이 필요했는데, 이는 약한 교반이 될 것이다(5 hp/1,000 gal = 1.0 kW/m^3이다).

동력 도입량이 정해졌을 때 임펠러 지름/용기 지름의 최적 비는 스케일업의 중요 인자가 된다. 교반 과제의 성질에 따라 이 비가 큰 영향을 받는다. 목적에 따라서는 용기 치수에 비해 임펠러가 작아야 할 때도 있고 커야 할 때도 있다. 예를 들어서, 기체를 액체 중에 분산시킬 경우는 최적 비가 0.25 정도이고[44], 액-액 추출장치에서처럼 두 비혼화성 액체를 접촉시킬 경우는 최적 비가 0.40이다[39]. 배합 조작일 때는 이 비가 0.6 이상이어야 할 경우도 있다. 특정 조작에서 동력 도입량이 일정할 경우, 임펠러가 작을수록 임펠러 속도는 빨라야 한다. 기체를 분산시키는 경우처럼, 일반적으로 순환속도보다는 속도구배가 커야 하는 조작에서는 소형의 고속 임펠러가 좋다. 반대로 속도구배보다는 순환속도가 커야 하는 경우에는 대형의 저속 임펠러를 사용해야 한다.

규모 확대에서 단위 부피 당 동력이 일정하고 기하학적 유사성을 유지해야 하는 경우에는, 아래에 보인 것처럼 임펠러 속도가 $D_a^{-2/3}$에 따라 변한다. 큰 괄호 안의 항이 모두 일정하므로, $n^3 D_a^2$이 일정해야 한다. 단위 부피 당 동력 도입량은 다음과 같다.

$$\frac{P}{V} = \frac{N_P n^3 D_a^5 \rho}{(\pi/4) D_t^2 H} = \left[\frac{4 N_P \rho}{\pi} \left(\frac{D_a}{D_t} \right)^2 \left(\frac{D_a}{H} \right) \right] n^3 D_a^2 \tag{9.49}$$

따라서

$$\frac{n_2}{n_1} = \left(\frac{D_{a1}}{D_{a2}}\right)^{2/3} \tag{9.50}$$

규모 확대에서 P/V를 일정하게 할 때 임펠러 속도가 감소하면 큰 탱크에서는 혼합 시간이 길어진다. 혼합 시간을 일정하게 한다는 것은 비현실적인데, 이를 다음 예제에서 다루었다.

예제 9.6

지름이 0.3 m인 파일럿 플랜트 장치를 지름이 0.1 m인 6날 터빈 임펠러로 교반한다. 임펠러 Reynolds 수가 10^4일 때, 두 비혼화성 액체의 배합 시간은 15 s였다. 동력 소요량은 0.4 kW/m^{3}이었다.

(a) 지름이 1.8 m인 용기에서 배합 시간을 동일하게 할 때 필요한 동력을 구하여라.
(b) 두 용기에서 동력 도입량을 동일하게 할 때 큰 용기에서의 배합 시간을 구하여라.

풀이

(a) 파일럿 플랜트에서의 Reynolds 수가 크므로, 식 (9.31)의 Froude 수 항은 적용되지 않을 것이므로, 복잡한 관계를 나타낸 그림 9.17보다는 그림 9.16의 관계를 이용할 수 있다. 그림 9.16에서 Reynolds 수가 10^4 이상인 경우, 혼합 시간 인자 nt_T는 일정하다. t_T를 일정하게 한다고 하였으므로, 속도 n는 두 용기에서 같아야 한다.

기하학적으로 유사한 용기에서 단위 부피 당 동력 도입량은 P/D_a^3에 비례한다. Reynolds 수가 크므로, 식 (9.22)에서

$$\frac{P}{D_a^3} = K_T n^3 D_a^2 \rho$$

액체의 밀도가 일정하다면,

$$\frac{P}{D_a^3} = c_2 n^3 D_a^2$$

$c_2 =$ 상수

이로부터, 두 용기에서 단위 부피 당 동력 도입량의 비는 다음과 같다.

$$\frac{P_6/D_{a6}^3}{P_1/D_{a1}^3} = \left(\frac{n_6}{n_1}\right)^3\left(\frac{D_{a6}}{D_{a1}}\right)^2 \tag{9.51}$$

$n_1 = n_6$이므로,

$$\frac{P_6/D_{a6}^3}{P_1/D_{a1}^3} = \left(\frac{D_{a6}}{D_{a1}}\right)^2 = 6^2 = 36$$

따라서 1.8 m 용기에서의 단위 부피 당 동력은 $0.4 \times 36 = 14.4$ kW/m^{3}이 된다. 이 값은 교반 용기에서 저점도 액체에 전달하기 위한 동력으로서는 비현실적으로 큰 값이다.

(b) 두 용기에서 단위 부피 당 동력 도입량이 같도록 할 경우, 식 (9.50)에서

$$\frac{n_6}{n_1} = \left(\frac{D_{a1}}{D_{a6}}\right)^{2/3}$$

nt_T가 일정하므로, $n_6/n_1 = t_{T1}/t_{T6}$이다. 따라서

$$\frac{t_{T6}}{t_{T1}} = \left(\frac{D_{a6}}{D_{a1}}\right)^{2/3} = 6^{2/3} = 3.30$$

6 ft 용기에서의 배합 시간은 $3.30 \times 15 = 49.5$ s이다. ■

대형 장치와 파일럿 플랜트 용기의 배합 시간을 동일하게 유지한다는 것이 비현실적이기는 하지만, 대형 탱크에서의 배합 시간을 어느 정도 증가시키면 동력 소요량을 합당한 수준까지 감소시킬 수 있다. 교반 장치의 규모 확대에서는 이러한 절충이 종종 필요하다.

비뉴튼 액체의 스케일업 비뉴튼 액체용 혼합기의 스케일업은 뉴튼 액체용에 비해 한층 복잡한데, 겉보기 점도가 전단율의 영향을 받으므로 혼합용기 안의 위치에 따라서도 상당히 달라질 수 있기 때문이다. 고분자 용융체나 생물 액체와 같은 전단 감소성 유체에서는, 겉보기 점도가 임펠러나 그 부근에서 가장 작고, 액체 속도가 낮거나 무시되는 용기 벽에서는 크며 아주 커질 수도 있다. 따라서 임펠러 부근의 잘 혼합된 난류 영역을 설명하기 위해 '동굴(cavern)'이라는 용어를 사용하기도 한다.

Wilkens 등[51]은 이 동굴 지름을 추정하는 식을 제안했다. 또한 동일한 Reynolds 수, 동일한 상대적 동굴 지름, 동일한 팁 속도, 단위 부피 당 동일한 토크, 단위 부피 당 동일한 동력, 동일한 Froude 수, 동일한 배합시간에 기초하여, 멱수법칙 유체(유사 가소성 유체와 팽창성 유체)에 관한 스케일업 수법을 기술했다. 달리 분명한 판단기준이 없을 경우에는 단위 부피 당 동일한 동력을 기준으로 스케일업할 것을 추천했다.

규모축소

예제 9.6에서 보였지만, 혼합시간이 일정하다고 보고 아주 큰 용기로 스케일업한다는 것은 비현실적일 수 있다. 빠른 반응이 진행되는 경우처럼 혼합시간이 중요할 경우에는 규모축소(scale-down) 수법을 이용해야 할 것이다[21]. 즉 실질적 동력 도입량에 관해 대형 용기에서의 배합시간을 추정한 다음 소형 용기에서 혼합시간이 같아지는 교반속도를 시험한다.

이러한 스케일다운 수법은, 복잡한 계에서 액적, 기포, 또는 현탁 고체 입자로의 물질전달 속도가 총괄 반응속도나 선택도에 영향을 미치는 경우에도 적용할 수 있다. 실험용 소형 반응기는 100~200 hp/1000 gal(20~40 kW/m^3)로 운전하여 물질전달 속도를 아주 높일 수 있으므로, 단위 부피 당 동력(P/V)이 일정하다고 보고 스케일업하는 것은 현실적이라 할 수 없다. 대형 반응기에서 합당한 동력 도입량이 되는 교반 조건을 시험적으로 선택하고, 소형 반응기에서 P/V가 동일한 교반속도를 시험한다. 이 경우 총괄 반응속도는 낮아지더라도, 스케일업에 따른 성능의 변화는 적을 것이다.

9.6 기호 설명

A_p	임펠러 날끝이 쓸어내는 실린더의 면적, m^2, ft^2
a	단위 부피 당 계면면적, m^{-1}, ft^{-1}
B	현탁물의 고형물 농도[식 (9.35)]
C	식 (9.42)의 상수
D	관경(관 지름), m, ft ; D_a, 임펠러 지름 ; D_j, 제트와 노즐의 지름 ; D_o, 오리피스 지름 ; D_p, 입자, 액적, 기포의 지름 ; D_t, 탱크 지름
$\overline{D}_s$	액적 또는 기포의 부피-표면 평균 지름, m, ft
E	용기 바닥 기준의 임펠러 높이, m, ft
E_k	유체의 운동에너지, J/m^3, ft · lb_f/ft^3
Fr	Froude 수, n^2D_a/g
f	마찰계수, 무차원
f_t	배합시간 인자, 무차원, 식 (9.31)에서 정의; f_t', 식 (9.33)에서 정의
g	중력가속도, m/s^2, ft/s^2
g_c	Newton 법칙 비례인자, 32.174 ft · lb/lb_f · s^2
H	용기 안의 액심(액체 깊이), m, ft

J	방해판의 폭, m, ft
K	식 (9.19)의 상수
K_L, K_T	각각 식 (9.19) 및 (9.21)의 상수
K'	비뉴튼 유체의 흐름 일관성 지수
k	날끝에서의 액체의 접선 방향 속도와 날끝 속도의 비
L	임펠러 날의 길이 또는 무동작 혼합기의 길이, m, ft
N	단위 부피 당 액적 또는 기포의 수
N_{Ae}	포기 수, q_g/nD_a^3 ; $N_{Ae,f}$, 범람 포기수
N_P	동력 수, $P/n^3D_a^5\rho$; $N_{P,g}$, 기체 재분산점의 동력수
N_Q	흐름 수, q/nD_a^3 ; $N_{Q,g}$, 기체 재분산점의 흐름수
n	회전 속도, r/s; n_c, 고체 완전 현탁의 임계 속도
n'	비뉴튼 유체의 흐름 거동 지수
P	동력, kW, ft·lb_f/s; P_g, 기체 분산 또는 기체 재분산점의 동력; P_0, 기체를 분산시키지 않는 액체에서의 동력 소비량
p	압력, N/m^2, lb_f/ft^2
q	부피유량, m^3/s, ft^3/s; q_B, 임펠러 날을 떠나는 이론적 유량; q_T, 액체의 전체 유량; q_e, 제트에서 동반 유량; q_g, 기체의 전체 유량; q_0, 제트 노즐을 떠나는 유량
Re	교반기 Reynolds 수, $nD_a^2\rho/\mu$; Re_n, 의사 가소성 유체의 값
r	임펠러 축으로부터의 방사 방향 거리, m, ft
S	형상인자; $S_1 = D_a/D_t$; $S_2 = E/D_t$; $S_3 = L/D_a$; $S_4 = W/D_a$; $S_5 = J/D_t$; $S_6 = H/D_t$; 식 (9.35)의 인자
t_T	배합(혼합) 시간, s
u	유속, m/s, ft/s; u_2, 임펠러 날끝 속도
V	부피, m^3, ft^3
V'	임펠러에서의 절대 합속도, m/s, ft/s; V_r', 방사 방향 성분; V'_{r2}, 속도 V'_{r2} 의 방사 방향 성분; V'_{u2}, 속도 V_u' 의 방사 방향 성분; V'_{u2}, 속도 V_2' 의 접선 방향 성분; V_2', 임펠러 날끝의 실제 속도
$\overline{V}$	관 속의 액체의 평균 유속, m/s, ft/s; $\overline{V}_s$, 교반 용기에서 기체의 공탑속도; $\overline{V}_{s,c}$, 범람 임계 속도
W	임펠러 폭, m, ft
We	Weber 수, $D\rho\overline{V}^2/\sigma$ 또는 $D_a^3n^2\rho_c/\sigma$
X	제트 노즐으로부터의 거리, m, ft
y	흐름 방향에 직각인 좌표

그리스 문자

α	V_2'/u_2 비
β_2	임펠러 날끝과 임펠러 날끝이 그리는 원의 접선 사이의 각도; β_2', 액체의 실제 상대 속도 벡터와 접선 사이의 각도
Δp	압력 강하, N/m^2, lb_f/ft^2
$\Delta\rho$	밀도차, kg/m^3, lb/ft^3

μ	절대 점도, P, lb/ft · s; μ_a, 비뉴튼 유체의 겉보기 점도; μ_c, 액-액 분산에서 연속상의 점도; μ_d, 분산상의 점도
ν	운동점도, m^2/s, ft^2/s
σ	계면장력, dyn/cm, lb_f/ft
Ψ	분산물에서 기체 또는 액체 체류량의 부피 분율, 무차원
ψ	함수

연습 문제

9.1 지름 1.2 m, 높이 2 m인 탱크에 점도 10 P, 밀도 800 kg/m^3인 라텍스를 깊이 1.2 m까지 채운다. 탱크에는 방해판이 없다. 바닥으로부터 360 mm의 높이에 지름 360 mm인 3날 프로펠러를 설치한다. 피치는 1 : 1이다(피치가 지름과 같다). 동력 8 kW의 모터가 있다고 할 때, 교반기를 800 rpm으로 회전시키는 데 적절한지 검토하여라.

9.2 연습문제 9.1에서, 밀도는 같고 점도가 1 P인 액체로 바꿀 때 교반기의 최대 속도를 구하여라.

9.3 연습문제 9.1의 혼합 조작에서, 폭이 120 mm인 방해판 넷을 설치하고, 지름이 360 mm인 프로펠러를 15 r/s로 회전시킬 때의 필요 동력을 구하여라.

9.4 연습문제 9.1에서, 지름이 400 mm인 6날 터빈으로 대체하고, 속도구배가 10 s^{-1}일 때의 겉보기 점도가 15 P인 유사 가소성 멱수법칙 액체를 교반한다. 1 kW/m^3(액체)의 동력을 전달할 때의 터빈의 회전 속도를 구하여라. 이 유체는 $n' = 0.75$, $\rho = 950$ kg/m^3이다.

9.5 4.5 ft 방해판 설치 탱크에서 1.5 ft 6날 터빈으로 액심 4.8 ft의 액체를 교반할 때의 혼합 시간이 29 s이다. 터빈 속도는 75 rpm이고, 유체는 점도 3 cP, 밀도 65 lb/ft^3이다. 탱크 지름의 1/4 또는 1/2인 임펠러를 사용할 때의 혼합 시간을 구하여라. 임펠러는 단위 부피 당 동력이 같은 속도로 회전하다.

9.6 생산 장치의 스케일 모델(scale model)로서 파일럿 플랜트 반응기를 사용한다. 파일럿 플랜트 반응기의 도입량 1 g은 생산 장치의 도입량 500 g에 해당한다. 생산 장치는 지름이 2 m이고 깊이 2 m이며, 지름이 0.6 m인 6날 터빈 교반기를 설치한다. 실험 결과 파일럿 플랜트 반응기에서의 최적 교반 속도는 330 rpm이었다.

(a) 파일럿 플랜트 반응기의 중요 치수를 구하여라.

(b) 반응물의 성질이 70°C의 물과 같고 단위 부피 당 동력 도입량이 일정할 때, 생산 장치에서의 임펠러 회전 속도를 구하여라.

(c) 혼합 시간을 일정하게 할 때의 회전 속도를 구하여라.

(d) Reynolds 수를 일정하게 할 때의 회전 속도를 구하여라.

(e) 규모 확대에서 사용해야 할 기준은 어떤 것인가? 설명하여라.

9.7 지름 3 ft인 교반 탱크 반응기에서 12 in 평날 터빈을 사용하여 회분반응을 진행시키는데, 첨가 약품의 혼합 시간이 중요하다. 교반 속도 400 rpm일 때 만족할만한 결과를 얻었다. 지름 7 ft인 반응기에서, 3 ft 표준 터빈을 사용하여 동일한 반응을 진행시키고자 한다.

(a) 대형 탱크에서 혼합 시간이 같아지는 조건을 구하여라.

(b) 단위 부피 당 동력 변화율을 구하여라. 밀도 $\rho = 60$ lb/ft^3, 점도 $\mu = 5$ cP이다.

9.8 6날 디스크 터빈(D_a = 3 ft)을 사용하여, 온도 90℃, 계기 압력 60 lb_f/in^2에서 리놀레산 메틸과 현탁 촉매 입자($\overline{D_s}$ = 50 μm, ρ_p = 4 g/cm^3) 1%가 들어있는 슬러리 반응기에 수소를 분산시킨다. 반응기 지름은 9 ft이고 깊이는 12 ft이다. 기체 유량은 1,800 std ft^3/min이다. 90℃에서 기름의 점도는 1.6 cP, 밀도는 0.84 g/cm^{3}이다. 반응기에는 충분한 방해판이 설치되어 있다.

(a) 반응 중에 5 hp/1,000 gal을 전달하는 데 필요한 교반 속도를 구하여라.

(b) 기체가 흐를 때와 흐르지 않을 때의 동력 소비량을 구하여라.

9.9 연습문제 9.8의 조건에서 촉매의 완전 현탁에 필요한 동력을 구하여라.

9.10 지름 20 ft인 탱크에서 6날 45° 터빈을 사용하여, 물에 20~28 mesh 석회석이 15% 들어있는 슬러리를 현탁 상태로 유지하고자 한다.

(a) D_a/D_t = 1/3, W/D_a = 0.2일 때 필요한 교반 속도를 구하여라.

(b) D_a/D_t = 0.4일 때의 교반 속도와 필요 동력을 구하여라.

9.11 4 in의 여섯 굽은 날 터빈을 설치한 지름 1 ft인 파일럿 플랜트 반응기에서 결정성 고체가 생성되는 반응을 연구한다. 교반 속도는 600 rpm 미만이며, 바닥에 고체가 퇴적되기도 하지만, 공업용 반응기에서는 이런 상태를 피해야 한다. 액체의 밀도는 70 lb/ft^3, 점도는 3 cP이다.

(a) 작은 반응기에서의 동력 소비량과 기하학적 유사성을 유지할 때의 8,000 gal 반응기에서의 동력 권장량을 구하여라.

(b) 교반기 종류와 형상을 바꾸면 필요한 동력 소비량을 줄일 수 있는가?

9.12 온도 110℃, 절대 압력 3 atm의 터빈 교반 용기에서 물 속에 기상 에틸렌(C_2H_4)을 분산시키고자 한다. 용기 지름은 3 m이고 최대 액심은 3 m이다. 프로세스 조건에서 측정한 에틸렌의 유량은 800 m^3/h이다. 다음을 구하여라.

(a) 터빈 교반기의 지름과 속도, (b) 교반기에서의 소비 동력, (c) 이러한 조건에서 범람 초기의 기체 유량

9.13 (a) 연습문제 9.6의 6 ft 탱크에서, 동력 도입량은 마찬가지(2 hp/1,000 gal)로 하고, 대형 임펠러(D_a/D_t가 1/3이 아니라 2/3)를 설치할 때 필요한 임펠러 속도를 구하여라.

(b) 동일한 탱크에서 작은 임펠러와 큰 임펠러를 사용할 때의 혼합 시간을 비교하여라.

9.14 전단에 민감한 현탁물을 다루는 교반 탱크의 스케일업에서는 최대 전단율을 임계치 이하로 유지하는 것이 중요하다.

(a) 탱크 지름을 10배로 확대하고 단위 부피 당 동력 소비량과 기하학적 비를 일정하게 유지할 때, 전단율의 변화율을 구하여라.

(b) 최대 전단율을 그대로 유지하려면 어떻게 해야 하나?

9.15 나선형 요소 무동작 혼합기에서 흐름의 Reynolds 수가 작다.

(a) 곧은 관에서 유효 지름이 감소할 경우 예상되는 압력 강하의 증가는 어느 정도인가?

(b) 굴곡 유로나 운동에너지 손실이 있으면 압력 강하에 미치는 영향이 현저한가?

9.16 예제 9.15에서 Re > 2,000이면 어떻게 되나?

9.17 지름이 2.4 m이고 액체의 정상 깊이가 3.5 m인 원통형 탱크에 0.8 m HE-3 임페러를 설치한다. 액체는 밀도가 980 kg/m^{3}이고 점도가 2.5 P이다. 임펠러 속도가 30 r/min일 경우, 임펠러가 전달하는 동력과 단위 부피 당 동력(kW/m^3)을 구하여라.

9.18 2 L 반응기에서 6 날 터빈을 2,000 r/min으로 운전한다. 반응기의 액체가 50°C의 클로로벤젠일 경우 혼합시간을 추산하여라. 터빈 매개변수는 $D_a/D_t = 1/3$, $H/D_t = 1.2$이다.

9.19 임펠러 속도가 입자 종말속도의 배수이거나 지수함수라고 가정할 경우 입자 현탁물의 임계 교반속도에 관한 상관관계의 형태를 설명하여라. 아주 작은 입자와 비교적 큰 입자에 관한 상관관계를 제시하고, 이를 Zwietering의 실험식 (9.35)와 비교하여라.

9.20 방해판이 있는 실험용 반응기(지름 12 cm, 액체 깊이 15 cm)에서 유기 용액 중에 공기 기포를 통과시켜서 부분 산화한다. 교반기는 6 날 터빈(지름 6 cm)이며, 1500 r/min로 운전한다. 용액은 밀도 850 kg/m^3, 점도 1.2 cP이다.

(a) 실험용 반응기에서 P_o/V를 추산하여라.

(b) 대형 반응기에서 최대 실제 동력 도입량이 2 kW/m^{3}일 경우, 실험용 반응기에서 스케일다운 시험에 사용해야 할 교반속도를 구하여라.

(c) P_g/V를 동일하게 할 경우 스케일업에서 P_g/P_o를 변화시켜야 하나?

9.21 지름이 1.5 m이고 액체 깊이가 1.8 m인 교반 수소첨가 반응기에 0.5 m 6 날 터빈이 설치되어 있다. 액체는 점도 2.3 cP, 밀도 950 kg/m^{3}이다. 촉매로는 평균 입도가 20 μm인 Raney 니켈 촉매를 사용한다. 입자의 세공도는 55%이다.

(a) 촉매 입자의 종말속도를 구하여라.

(b) 이 고체를 완전 현탁시키는 데 필요한 단위 부피 당 동력을 구하여라.

참고 문헌

1. Bakker, A., and L. E. Gates, *Chem. Eng. Prog.*, **91**(12):25 (1995).
2. Bakker, A., J. M. Smith, and K. J. Myers, *Chem. Eng.*, **101**(12):98 (1994).
3. Bates, R. L., P. L. Fondy, and R. R. Corpstein, *Ind. Eng. Chem. Proc. Des. Dev.*, **2**(4):310 (1963).
4. Berkman, P. D., and R. V. Calabrese, *AIChE J.*, **34**:602 (1988).
5. Bissell, E. S., H. C. Hesse, H. J. Everett, and J. H. Rushton, *Chem. Eng. Prog.*, **43**:649 (1947).
6. Botton, R., D. Cosserat, and J. C. Charpentier, *Chem. Eng. Sci.*, **35**:82 (1980).
7. Bowen, R. L. Jr., *AIChE J.*, **35**:1575 (1989).
8. Buurman, C., G. Resoort, and A. Plaschkes, *Chem. Eng. Sci.*, **41**:2865 (1986).
9. Calderbank, P. H., and M. B. Moo-Young, *Trans. Inst. Chem. Eng. Lond.*, **37**:26 (1959).
10. Chudacek, M. W., *Ind. Eng. Chem. Fund.*, **35**:391 (1986).
11. Clift, R., J. R. Grace, and M. E. Weber, *Bubbles, Drops, and Particles*, New York: Academic Press, 1978.
12. Connolly, J. R., and R. L. Winter, *Chem. Eng. Prog.*, **65**(8):70 (1969).
13. Cutter, L. A., *AIChE J.*, **12**:35 (1966).
14. Dickey, D. S., in M. Moo-Young(ed.), *Advances in Biotechnology*, vol. 1. New York: Pergamon Press, 1981, p. 483.
15. Einsele, A., and R. K. Finn, *Ind. Eng. Chem. Proc. Des. Dev.*, **19**:600 (1980).
16. Fasano, J. B., A. Bakker, and W. R. Penney, *Chem. Eng.*, **101**(8):110 (1994).
17. Fox, E. A., and V. E. Gex, *AIChE J.*, **2**:539 (1956).
18. Godleski, E. S., and J. C. Smith, *AIChE J.*, **8**:617 (1962).
19. Gray, J. B., in V. W. Uhl and J. B. Gray(eds.), *Mixing: Theory and Practice*, vol.1. New York: Academic, 1969 ; (a) pp. 181-4, (b) pp. 207-8.

20. Harriott, P. *AIChE J.*, **8**:93 (1962).
21. Harriott, P., Chemical Reactor Design, New York: Marcel Dekker, 2003.
22. Hassan, I. T. M., and C. W. Robinson, *AIChE J.*, **23**:48 (1977).
23. Holmes, D. B., R. M. Voncken, and J. A. Dekker, *Chem. Eng. Sci.*, **19**:201 (1964).
24. Jacobs, L. J., Paper presented at *Eng. Found. Mixing Res. Conf.*, South Berwick, ME, Aug. 12-17, 1973.
25. Khang, S. J., and O. Levenspiel, *Chem. Eng.*, **83**(21):141 (1976).
26. Meister, B. J., and G. F. Scheele, *AIChE J.*, **15**:689 (1969).
27. Metzner, A. B., R. H. Feehs, H. L. Ramos, R. E. Otto, and J. D. Tuthill, *AIChE J.*, **7**:3 (1961).
28. Michel, B. J., and S. A. Miller, *AIChE J.*, **8**:262 (1962).
29. Middleman, S., *Ind. Eng. Chem. Proc. Des. Dev.*, **13**:78 (1974).
30. Miller, E., S. P. Foster, R. W. Ross, and K. Wohl, *AIChE J.*, **3**:395 (1957).
31. Mlynek, Y., and W. Resnick, *AIChE J.*, **18**:122 (1972).
32. Moo-Young, M., K. Tichar, and F. A. L. Dullien, *AIChE J.*, **18**:178 (1972).
33. Morrison, P. P., H. Olin, and G. Rappe, Chemical Engineering Research Report, Cornell University, June 1962(unpublished.).
34. Myers, K. J., A. Bakker, and D. Ryan, *Chem. Eng. Prog.*, **93**(6):28 (1997).
35. Norwood, K. W., and A. B. Metzner, *AIChE J.*, **6**:432 (1960).
36. Oldshue, J. Y, *Ind. Eng. Chem.*, **61**(9):79 (1969).
37. Oldshue, J. Y, *Fluid Mixing Technology*, Chemical Engineering, New York: McGraw-Hill, 1983, p. 32.
38. Oldshue, J. Y. *Chem. Eng. Prog.*, **85**(5):33 (1989).
39. Overcashier, R. H., H. A. Kingsley, Jr., and R. B. Olney, *AIChE J.*, **2**:529 (1956).
40. Perry, R. H., and D. W. Green(eds.), *Perry's Chemical Engineers' Handbook*, 7th ed., New York: McGraw-Hill, 1997, p. **18**-16.
41. Pharamond, J. C., M. Roustan, and H. Roques, *Chem. Eng. Sci.*, **30**:907 (1975).
42. Rao, K. S. M. S. R., V. B. Rewatkar, and J. B. Joshi, *AIChE J.*, **34**:1332 (1988).
43. Rushton, J. H. *Ind. Eng. Chem.*, **44**:2931 (1952).
44. Rushton, J. H. *Chem. Eng. Prog.*, **50**:587 (1954).
45. Rushton, J. H., E. W. Costich, and H. J. Everett, *Chem. Eng. Prog.*, **46**:395, 467 (1950).
46. Rushton, J. H., and J. Y. Oldshue, *Chem. Eng. Prog.*, **49**(4):165 (1953).
47. Scheele, G. F., and B. J. Meister, *AIChE J.*, **14**:9 (1968).
48. Van't Riet, K., and John M. Smith, *Chem. Eng. Sci.*, **28**:1031 (1973).
49. Von Essen, J. *Chem. Eng.*, **105**(8):80 (1998).
50. Wichterle, K. *Chem. Eng. Sci.*, **43**:467 (1988).
51. Wilkens, R. J., C. Henry, and L. E. Gates, *Chem. Eng. Prog.*, **99**(5):44 (2003).
52. Zwietering, Th. N., *Chem. Eng. Sci.*, **8**:244 (1957).j

Section

III

열전달 및 그 응용

Heat Transfer and Its Applications

화공기술자에 의하여 수행되는 모든 조작(operation)은 실제 열(熱)의 형태로서 에너지를 생성하거나 흡수한다. 그래서 열의 전달에 관여되는 법칙과 열흐름의 제어가 주목적인 전열장치(傳熱裝置)의 형태는 아주 중요하다. 여기서는 공정 내의 열전달과 그 응용을 다룬다.

열흐름의 성질

서로 다른 온도의 두 물질의 열적 접촉이 되면 열은 고온(高溫)의 물질로부터 저온(低溫)의 물질로 흐른다. 순(실) 흐름(net flow)은 언제나 온도감소 방향으로 있게 된다. 열이 흐르게 되는 기구는 3가지, 즉 전도(傳導), 대류(對流) 그리고 복사(輻射) 등이다.

전도(conduction). 연속체 내에 온도구배(溫度勾配)가 있게 되면, 열은 그 구성성분의 어떤 가시적 이동 없이도 흐를 수 있다. 이러한 종류의 열흐름을 전도라 하고, Fourier법칙에 따르면 열훌럭스(열속, heat flux)은 온도구배(temperature gradient)에 비례하고 그 구배의 부호는 음이다. 1차원적 열흐름에 대한 이 법칙은 다음과 같다.

$$\frac{dq}{dA} = -k\frac{dT}{dx} \qquad \text{(III.1)}$$

q = 표면에 직각방향으로의 열흐름속도
A = 표면적
T = 온도
x = 표면에 직각방향으로의 거리
k = 비례상수 즉 열전도도

금속고체 내에서 열전도는 자유전자의 운동에 기인하고, 열전도도(thermal conductivity)와 전기전도도(electrical conductivity)가 거의 일치한다. 전기의 불량 전도체인 고체나 대부분의 액체에 있어서 열전도는 이웃 진동 분자들이나 원자들 간의 운동량전달에 기인된다. 기체에서 전도는 분자들의 무작위 운동에 의해 일어남으로 열은 고온 영역으로부터 저온 영역까지 "확산(diffusion)"된다. 전도의 흔한 예로는 노(爐) 벽 또는 열교환기 금속 벽 같은 불투명 고체 내 열흐름이다. 금속액체나 기체 내 열전도는 유체흐름에 영향을 받고 때로는 전도와 대류과정 함께 관여되기도 한다.

대류(convection). 대류는 노(furnace)로부터의 뜨거운 공기가 방안으로 유입되는 것과 같이, 또는 뜨거운 표면으로부터 흐르는 유체 쪽으로 열전달되는 것과 같이, 유체의 흐름과 연관된 열의 흐름을 뜻한다. 특히 두 번째 경우 금속 벽, 고체 입자, 액체 표면으로부터의 열전달이 포함됨으로 단위조작에서 아주 중요하다. 대류훌럭스(convective flux)는 냉각에 대한 Newton법칙에서 설명되듯이 표면온도와 유체온도 간의 차에 비례한다. 즉

$$\frac{q}{A} = h(T_s - T_f) \tag{III.2}$$

T_s = 표면온도
T_f = 표면으로부터 떨어진 유체 본체온도
h = 열전달계수

온도기력 $T_s - T_f$에 대한 선형적 의존도가, 식 (III.1)의 적분형태에서 볼 수 있듯이, 일정한 열전도도 값을 가지는 고체 내 순수한 전도와 같은 점에 유의하라. 열전도도와는 달리 열전달계수는 유체의 고유 특성치(intrinsic property)가 아니고, 유체의 열적 특성치(thermal property)와 마찬가지로 유체 역학에 의해 결정되어지는 흐름 형태에 의존된다. $T_f - T_s > 0$이면 열은 유체로부터 표면으로 전달될 것이다.

자연대류와 강제대류(natural & forced convection). 한 유체 내 흐름이 밀도 차에 의해 유발되는 부력 때문이거나, 밀도 차가 유체 내 온도차로 인할 때, 그 작용을 자연대류라 한다. 흐름이 펌프나 교반기 같은 기계적 장치에 의할 때는, 그 흐름이 밀도 차에 무관하며 이를 강제대류라 한다. 물론 강제대류 내에도 부력이 있기는 하지만 그 영향은 미소하다.

복사(radiation). 복사는 공간을 통해 전자기 파(electromagnetic wave)에 의한 에너지의 전달에 주어지는 항이다. 복사선이 공간을 통과하고 있을 때, 이것은 열 또는 기타 에너지형으로 변형되지 않고 그의 통로를 바꾸지도 않는다. 그러나 그 통로에 어느 물질이 존재하면 복사는 투과되거나, 반사되거나 또는 흡수된다. 이 때 흡수된 에너지만이 열로서 나타나고, 이 때 변형된 양은 정량적(定量的)이다. 예로서, 용융 석영(fused quartz)은 실제로 그에 와 닿는 모든 복사선을 투과시키며, 연마된 불투명 표면이나 거울은 그에 와 닿는 복사선의 대부분을 반사할 것이다. 또 흑색 표면 또는 매트(matte) 표면은 그것에 와 닿는 대부분의 복사를 흡수하고, 그 흡수 에너지는 정량적으로 열로 변형된다.

흑체(black body)에 의해 방출되는 에너지는 절대온도의 4승에 비례한다. 즉

$$W_b = \sigma T^4 \qquad \text{(III.3)}$$

W_b = 단위면적 당 복사에너지 방출속도(rate of radiant energy emission)
σ = Stefan-Boltzmann 상수
T = 절대온도

단 원자(單原子) 그리고 2원자 기체는 열복사(thermal radiation)를 투과한다. 그래서 열은 복사(radiation)와 전도-대류(conduction-convection) 두 가지에 의해 이러한 기체를 통과하여 흐르게 됨을 알 수 있다. 이에 대한 예들로서는 방열기 또는 비절연(非絶緣) 수증기관으로부터 실내 공기 쪽으로의 열손실, 노(爐, furnace) 내 또는 기타 고온기체 가열장치 내에서의 열전달 등을 들 수 있다. 이 두 기구는 상호 독립적이고, 병행하여 일어난다. 그래서 열흐름의 어느 한 형태는 다른 것에 독립적으로 조절될 수 있거나 변화시킬 수 있다. 전도-대류와 복사는 분리해서 연구할 수 있고, 두 가지 모두 중요한 경우에 그들 각각의 효과를 함께 가산하여 고려할 수도 있다. 일반적으로, 복사는 고온에서 중요하게 되고 유체흐름 상황에 무관하다. 전도-대류는 흐름조건에 예민하고, 온도 준위에 비교적 영향을 받지 않는다.

10장에서 고체와 정지 유체의 열전도를 취급하고, 11장에서 13장까지는 유동 유체 내의 전도 및 대류에 의한 열전달을 취급하고 14장에서서는 복사에 의한 열전달을 취급한다. 15장과 16장에서서는 앞장에서 전개한 원리를 가열, 냉각, 응축 및 증발장치 등의 설계에 응용한다.

| Unit Operations of Chemical Engineering |

10 전도에 의한 열전달

Heat Transfer by Conduction

고체가 전자기파에 대해 투명하여 복사효과가 무시되고 또 대류도 없다면, 균일한 등방성(等方性) 고체 내에서 전도에 의한 열흐름은 쉽게 이해된다. 첫째, 전도에 대한 일반 법칙을 논하고, 둘째, 고체 내 온도분포는 시간에 따라 변하지 않는, 즉 정상상태(定常狀態) 열전도 관계에 대하여, 셋째, 온도분포가 시간에 따라 변하는 비정상상태 전도에 대한 단순한 예 등을 논하기로 한다.

10.1 전도의 기본법칙

전도에 의한 열흐름의 기본관계는 열훌럭스(heat flux)와 온도구배(온도경사) 사이의 비례이다. 즉 이를 Fourier법칙이라 한다[3]. x-방향으로 정상상태 일차원 흐름에 대한 식 (Ⅲ.1)을 다시 쓰면 다음과 같다.

$$\frac{dq}{dA} = -k\frac{dT}{dx} \tag{10.1}$$

q = 표면에 직각방향으로의 열흐름 속도

A = 표면적

T = 온도

x = 표면에 직각으로 측정된 거리

k = 열전도도

등방성(isotropic) 물질[1]에서 3방향으로 열흐름에 대한 Fourier법칙의 일반 표현은 다음과 같다.

$$\frac{dq}{dA} = -k\left(\frac{\partial T}{\partial x} + \frac{\partial T}{\partial y} + \frac{\partial T}{\partial z}\right) = -k\nabla T \tag{10.2}$$

식 (10.2)에서, 훌럭스벡터(flux vector) dq/dA는 온도구배 ∇T에 비례하고 그 방향은 반대이다. 그래서 등방성 물질에서 열은 온도 하강방향으로 전도에 의해 흐른다.

1 등방성 물질에서는 열전도도 k는 모든 방향에서 다 같다. 유체와 대부분의 균일한 고체는 등방성이다. 비등방성 물질로서는 정육면체가 아닌 결정과 나무처럼 층상이거나 섬유상 고체를 들 수 있다[1].

원통 좌표 계에서 식 (10.2)는 다음과 같이 된다.

$$\frac{\partial q}{\partial A} = -k\left(\frac{\partial T}{\partial r} + \frac{1}{r}\frac{\partial T}{\partial \theta} + \frac{\partial T}{\partial z}\right) = -k\nabla T \tag{10.3}$$

구 좌표 계에서 식 (10.2)는

$$\frac{\partial q}{\partial A} = -k\left(\frac{\partial T}{\partial r} + \frac{1}{r}\frac{\partial T}{\partial \theta} + \frac{1}{r\sin\theta}\frac{\partial T}{\partial \phi}\right) = -k\nabla T \tag{10.4}$$

열전도도

비례상수 k는 해당 물질의 한 물성(물리적 특성)이고 열전도도(熱傳導度)라 부른다. 이것은 뉴턴점도(newtonian viscosity) μ와 같이 소위 한 물질의 전달특성 중의 하나이다. 이 용어는 식 (3.4)와 (10.1) 사이의 유사성에 근거한 것이다. 식 (3.4)에서 τ항은 단위면적 당 운동량 흐름속도이고, du/dy 항은 속도구배(速度勾配)이며, μ 항은 비례인자이다. 식 (10.1)에서 q/A는 단위면적 당 열흐름속도이고, dT/dx는 온도구배이며, k는 비례인자이다. 음 부호는 식 (3.4)에서 생략되었는데, 이는 힘 벡터의 방향 선정의 규약 때문이다.

공학 단위 계에서는 q가 W (watt) 또는 Btu/h로, 그리고 dT/dx은 °C/m 또는 °F/ft로 측정된다. 그래서 k의 단위는 W/m · °C 또는 Btu/ft^2 · h · (°F/ft)[즉, Btu/ft · h · °F]이다.

Fourier 법칙은 k가 온도구배에 무관하나 온도 자체에는 필연적으로 무관한 것은 아님을 나타내고 있다. 실험에 의해 광범위한 온도구배 범위에서 k의 독립성이 확증되나, 다공성(多孔性) 고체만은 제외된다. 이 다공성 고체에서 선형온도(線型溫度) 법칙에 따르지 않는 입자간 복사가, 전체 열흐름 양에 중요한 몫을 차지하게 된다. 이와 반대로 k는 온도의 함수이나 약간의 기체를 제외하고 강 함수(强函數)는 아니다. 좁은 범위의 온도에서 k는 일정하다고 생각할 수 있다. 큰 온도구간에서 k는 다음 형태의 식에 의해 추정될 수 있다.

$$k = a + bT \tag{10.5}$$

여기서, a와 b는 실험상수이다.

금속의 열전도도 값은 스텐레스강의 17 W/m · °C(10 Btu/ft · h · °F), 연강의 45 W/m · °C(26 Btu/ft · h · °F)로부터 구리의 380 W/m · °C(220 Btu/ft · h · °F), 은의 415 W/m · °C(240 Btu/ft · h · °F)까지 그 범위가 넓다. 금속의 열전도도는 온도 감소에 따라 일반적으로 거의 일정하거나 약간 감소한다. 유리나 대부분의 비다공성 물질에 대한 열전도도 값은 0.35~3.5 W/m · °C(0.2~2 Btu/ft · h · °F) 범위로 아주 낮다. 이러한 물질의 k는 온도 증가에 따라 증가하거나 또는 감소한다.

대부분 액체의 k는 고체의 것보다 낮고 전형적인 값은 0.17 W/m · °C(0.1 Btu/ft · h · °F)이고, 온도 10°C 상승에 따라 3~4% 감소한다. 물은 예외여서 k= 0.5~0.7 W/m · °C(0.3~0.4 Btu/ft · h · °F)이고 온도 상승에 따라 정점(최대점)을 통과한다.

기체들의 열전도도는 액체 것보다 한자리 수(an order of magnitude ; 10의 1승) 정도 낮다. 이상기체의 경우, k는 평균 분자속도, 평균 자유경로 및 분자열용량에 비례한다. 단 분자 기체의 경우 강체-구 모형(hard-sphere model)으로 간주하여 얻은 이론 식은

$$k = \frac{0.0832}{\sigma^2}\left(\frac{T}{M}\right)^{1/2} \tag{10.6}$$

여기서 T = 온도, K

M = 분자량

σ = 유효충돌직경, Å

k = 열전도도, W/m · K

식 (10.6)은 단순 기체의 점도를 추산하는 식 (3.5)과 유사함을 유의하라. 이 2식은 $T^{1/2}/\sigma^2$ 항을 모두 포함하나, 운동량 전달에서는 $M^{1/2}$에 비례하는 반면 열전도도는 $M^{-1/2}$에 비례한다.

식 (10.6)은 일반적으로 단 원자 기체보다 큰 열용량을 가지는 다 원자 기체에 대한 열전도도 값은 낮게 추정된다. 이는 회전- 및 진동-자유도(rotational and vibrational degree of freedom) 때문이다. 큰 열용량 값은 또한 온도에 따라 급격히 k을 증가시킬 수 있다. 300 K로부터 600 K까지의 변화에 열전도도 3 ~ 4배 증가되기도 한다. 기체나 기체 혼합물의 k을 추정하는 여러 방법들은 Reid문헌[8]에 표시되어 있다. 기체의 열전도도는 거의 약 10 bar까지의 압력에 무관하고 아주 높은 압력에서 k는 압력에 따라 약간 증가한다. 약간의 고체, 액체 및 기체에 대한 k값들이 부록 6 및 10 ~ 13에 주어져 있다. 더 정밀한 표는 문헌[8]에서 얻을 수 있다.

낮은 k값을 갖는 고체들은 파이프, 반응기, 건물 등의 단열재로 사용된다. 유리섬유나 고분자 폼(foam)과 같은 다공성 단열재는 공기를 그 기공 내에 잡아 가두어 대류를 없게 한다. 그래서 그것의 k값은 거의 공기의 것과 같다. 그리고 고분자 기체가 밀폐기공 내 갇히게 되면 k는 공기보다 낮게 된다.

10.2 정상상태 전도

정상상태 전도의 간단한 예를, 그림 10.1에 나타냈다. 그림 10.1(a)에, 평탄한 절연 탱크 벽에 −10°C의 냉동제가 들어있고, 탱크 외부 공기온도는 28°C에 있다. 열이 공기로부터 냉동제 쪽으로 흐르기 때문에 온도는 절연층 거리에 따라 선형으로 떨어진다. 다음 장에서 보는 바와 같이 실제로 공기 본체와 절연체 외부표면 간의 온도강하가 나타나게 되는데, 그림 10.1(a)에서는 이를 무시하였다. 그림 10.1(b)은 100°C 끓는 물이 탱크에 들어있어 20°C의 외부공기 쪽으로 열손실이 되는 것을 나타내었다. 앞의 경우와 같이 절연체 내 온도경사는 직선이고 열흐름은 반대이다. 따라서 식 (10.1)에서 x는 내부표면으로부터 바깥쪽으로의 거리이어야 한다. 여기에서도 마찬가지로 공기본체와 절연체 표면 간에 온도변화가 있게 되나 여기서는 이를 무시하였다.

열흐름속도는 k가 온도에 무관하다고 가정하여 다음과 같이 알 수 있다. 정상상태에서 고려하는 미소구간에 열의 축적이나 고갈이 없기 때문에, q는 열흐름 거리에 따라 일정하다. 만일 x가 뜨거운 쪽으로부터

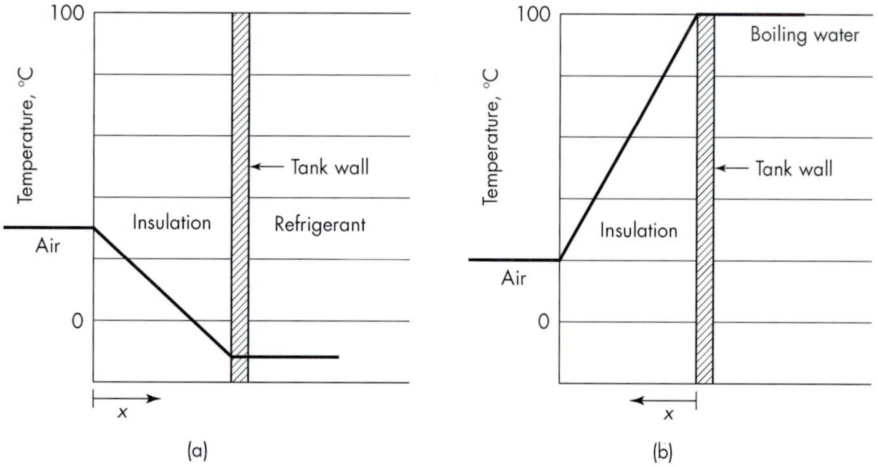

그림 10.1 절연탱크 외부 온도구배 ; (a) 탱크 내로의 열흐름, (b) 탱크로부터의 열흐름

의 거리이면, 식 (10.1)은 다음과 같이 쓸 수 있다.

$$dT = -\frac{q}{kA}dx$$

이 식에서 변수는 x와 T뿐이므로 직접 적분하면 다음과 같다.

$$\frac{q}{A} = k\frac{T_1 - T_2}{x_2 - x_1} = k\frac{\Delta T}{B} \tag{10.7}$$

$x_2 - x_1 = B =$ 절연층 두께

$T_1 - T_2 = \Delta T =$ 절연층 내 온도강하(溫度降下)

열전도도 k가 식 (10.5)에 의해 온도에 따라 직선적으로 변할 때, 식 (10.7)은 k의 평균치 $\bar{k}$을 취하여 사용할 수 있다. 여기서 $\bar{k}$값은 T_1과 T_2에서의 각각 k값들을 산술 평균하여 사용하거나 또는 두 온도의 산술평균치를 구하고, 그 산술평균온도에서의 값을 사용한다.

식 (10.7)은 다음 형태로도 표시된다.

$$\frac{q}{A} = \frac{\Delta T}{R} \tag{10.8}$$

여기서, R은 점 1과 2 사이에서 그 고체의 열저항(熱抵抗, thermal resistance)이다. 식 (10.8)은 일반 속도원리(速度原理)의 한 예이다. 이것은 속도가 저항에 대한 구동력(驅動力, 起力 ; driving force)의 비와 같음을 나타낸다. 열전도에서 q는 속도이고, ΔT는 구동력이다. 식 (10.8)에 의해 나타낸 바와 같이, 저항 R은 $B/\bar{k}$이다. 여기서, k는 온도에 따라 직선으로 변하는 것으로 간주하여 $\bar{k}$을 사용하였다. 저항의 역(逆)은 Newton법칙, 식 (III.2)에서와 같이 열전달계수이다. 그래서 열전도의 경우 $h = \bar{k}/B$이다. 저항과 h는 전도도 k가 재료의 물성인 것처럼, 고체의 치수에 의존된다.

예제 10.1

6 in(152 mm) 두께의 분말 코르크(cork) 층을 평면 벽의 열 절연층으로 사용한다. 코르크의 찬 쪽 온도는 40°F(4.4°C)이고, 더운 쪽 온도는 180°F(82.2°C)이다. 그 코르크의 열전도도는 32°F(0°C)에서 0.021 Btu/ft·h·°F(0.036 W/m·°C)이고, 200°F(93.3°C)에서 0.032(0.055)이다. 벽의 면적은 25 ft^2(2.32 m^2)이다. 벽을 통과하는 열흐름속도는 Btu/h(watt) 단위로 얼마인가?

풀이

코르크층의 산술평균 온도는 (40 + 180)/2 = 110°F이다. 직선 내삽에 의하여 110°F에서 열전도도는 다음과 같다.

$$\bar{k} = 0.021 + \frac{(110-32)(0.032-0.021)}{200-32}$$

$$= 0.021 + 0.005 = 0.026 \text{ Btu/ft} \cdot \text{h} \cdot {}^\circ\text{F}$$

$$A = 25\text{ ft}^2 \qquad \Delta T = 180 - 40 = 140^\circ\text{F} \qquad B = \frac{6}{12} = 0.5\text{ ft}$$

식 (10.7)에 대입하면,

$$q = \frac{0.026 \times 25 \times 140}{0.5} = 182 \text{ Btu/h}(53.3\text{ W})$$

직렬 복합저항

그림 10.2에 보인 바와 같이, 직렬 층(直列層)으로 구성된 평면 벽을 생각해 보자. 그 층의 두께를 각각

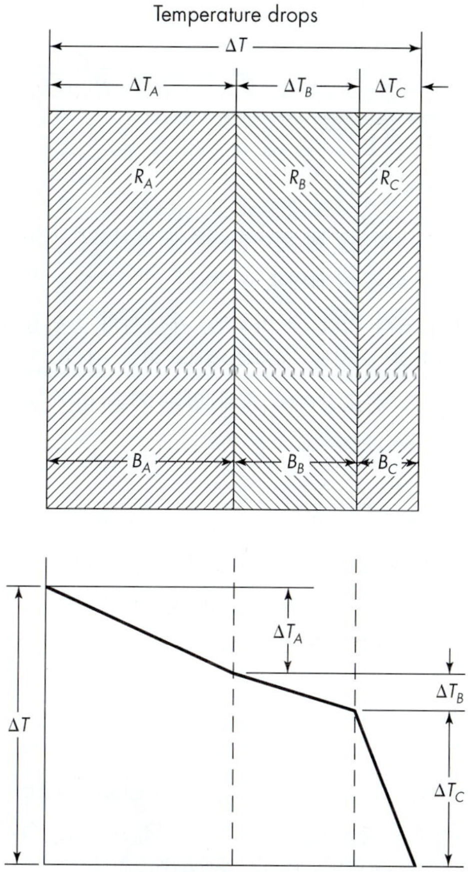

그림 10.2 직렬 열저항

B_A, B_B 및 B_C 그리고 각 층 재질의 평균 열전도도를 각각 $\bar{k}_A$, $\bar{k}_B$ 및 $\bar{k}_C$라 하자. 또한 예시된 평면에 직각인 복합 벽의 면적을 A라 하고, 또 ΔT_A, ΔT_B 및 ΔT_C을 각 층 A, B, C에서의 온도강하라 하고, 더 나 가 각 층간에는 열적 접촉이 잘 되어 있어 각 층 사이의 계면(界面)에서는 온도강하가 없다고 가정한다. 그 다음 ΔT을 전 벽을 통한 총괄 온도강하라 하면 다음과 같이 된다.

$$\Delta T = \Delta T_A + \Delta T_B + \Delta T_C \tag{10.9}$$

그 다음으로 원하는 것은, 첫째 직렬저항(直列抵抗)을 통해 열흐름속도를 계산할 방정식을 유도하는 것, 둘째 벽의 총괄 저항에 대한 총괄 온도강하 ΔT의 비로서 속도를 계산하는 방법이다.

식 (10.7)은 k 대신 $\bar{k}$을 사용하여, 각 층에 대하여 사용할 수 있다.

$$\Delta T_A = q_A \frac{B_A}{\bar{k}_A A} \qquad \Delta T_B = q_B \frac{B_B}{\bar{k}_B A} \qquad \Delta T_C = q_C \frac{B_C}{\bar{k}_C A} \tag{10.10}$$

식 (10.10)의 각각을 더해 주면 다음과 같이 된다.

$$\Delta T_A + \Delta T_B + \Delta T_C = \frac{q_A B_A}{A \bar{k}_A} + \frac{q_B B_B}{A \bar{k}_B} + \frac{q_C B_C}{A \bar{k}_C} = \Delta T$$

정상적 열흐름에서 첫 저항을 통과하는 모든 열은 둘째 저항을 통과해야 하고, 그리고 순서대로 셋째 저항을 통과해야 하므로, q_A, q_B 및 q_C는 동일하여 모두 q로 표시할 수 있다. 이 사실을 이용하여 q/A에 대해 풀면 다음과 같다.

$$\frac{q}{A} = \frac{\Delta T}{B_A/\bar{k}_A + B_B/\bar{k}_B + B_C/\bar{k}_C} = \frac{\Delta T}{R_A + R_B + R_C} = \frac{\Delta T}{R} \tag{10.11}$$

R_A, R_B, R_C = 각 층의 저항

R = 총괄 저항

식 (10.11)은 직렬로 된 층을 통과하는 열흐름에 있어서, 총괄 열저항은 개별 저항의 합과 같음을 나타낸다.

여러 직렬저항을 통과하는 열흐름속도는 직렬로 된 여러 전기저항을 통해 흐르는 전류(電流)와 명확히 유사하다. 전기회로(電氣回路)에서 여러 저항 중 어느 한 개에서의 전위강하가 회로 내 총 전위강하에 대하여 있는 것은, 마치 개별 저항이 총 저항에 대하여 있는 것과 같다. 같은 방법으로, 열회로(熱回路)에서 기력강하, 즉 개별 온도강하가 총 온도강하에 대해 있는 것은 마치 개별 열저항이 총 열저항에 대해 있는 것과 같다. 이의 수학적으로 표시는

$$\frac{\Delta T}{R} = \frac{\Delta T_A}{R_A} = \frac{\Delta T_B}{R_B} = \frac{\Delta T_C}{R_C} \tag{10.12}$$

그림 10.2는 또한 온도 및 온도구배의 형태를 나타낸 것이다. 한 층의 두께와 열전도도에 따라서 전 온도강하에 대한 그 층에서의 온도강하 분율은 작게 또는 크게 될 것이다. 즉, 낮은 전도도인 얇은 층은, 높은 전도도인 두꺼운 층보다, 아주 큰 온도강하가 생겨서 더 급격한 온도구배가 유발될 것이다.

예제 10.2

평 노 벽(flat furnace wall)이 4.5 in(114 mm) 두께의 Sil-o-cel 벽돌[열전도도 0.08 Btu/ft·h·°F(0.138 W/m·°C)]층에 9 in(229 mm) 두께의 보통 벽돌층[열전도도 0.8(1.38)]으로 보강하여 축조되었다. 노 벽의 내부 온도는 1,400°F(760°C)이고, 노의 외부 표면온도는 170°F(76.6°C)이다.

(a) 노 벽을 통한 열손실량은 얼마인가?

(b) 내화(耐火) 벽돌과 보통 벽돌 사이의 계면온도는 몇 도인가?

(c) 두 벽돌 사이의 접촉이 불량하여 그 접촉저항(contact resistance)이 0.50°F·h·ft^2/Btu(0.088°C·m^2/W)라 가정하면 열손실량은 얼마인가?

풀이

(a) 벽 1 ft^2(즉, A = 1 ft^2)를 생각하자. Sil-o-cel 층의 열저항은,

$$R_A = \frac{4.5/12}{0.08} = 4.687$$

보통 벽돌의 저항은 다음과 같다.

$$R_B = \frac{9/12}{0.8} = 0.938$$

총괄 저항은,

$$R = R_A + R_B = 4.687 + 0.938 = 5.625\,°\mathrm{F \cdot h \cdot ft^2/Btu}$$

총괄 온도강하는 다음과 같다.

$$\Delta T = 1,400 - 170 = 1,230\,°\mathrm{F}$$

식 (10.11)에 대입하여 벽 1 ft^{2}로부터의 열손실은 다음과 같다.

$$q = \frac{1,230}{5.625} = 219\,\mathrm{Btu/h}(64.2\,\mathrm{W})$$

(b) 직렬저항 중 어느 하나에서 온도강하는 총괄 온도강하가 총괄 저항에 비례하는 것과 같이 개별 저항에 비례한다. 즉,

$$\frac{\Delta T_A}{4.687} = \frac{1,230}{5.625}$$
$$\Delta T_A = 1,025°F$$

따라서, 계면의 온도는 1,400 − 1,025 = 375°F(190.6°C)이다.

(c) 접촉저항을 포함해서 총괄 저항은

$$R = 5.625 + 0.500 = 6.125$$

$1\,ft^2$로부터 열손실량은 다음과 같다.

$$q = \frac{1,230}{6.125} = 201\,Btu/h(58.9\,W)$$ ■

원통을 통한 열흐름

내 반경 r_i, 외 반경 r_o이고 길이 L인 중공 원통(hollow cylinder)을 생각해 보자. 그 원통의 열전도도는 k이다. 외부 표면의 온도는 T_o이고 내부 표면온도는 T_i이고, 여기에서 $T_i > T_o$이다. 중심으로부터 반경 r에서 열흐름속도는 q이고, 이 지점의 열전달 면적은 A이다. 이 면적은 반경에 따른 함수이고 정상상태 열흐름속도는 일정하다. 열흐름이 r방향으로만 흐르기 때문에 식 (10.3)은

$$\frac{q}{A} = \frac{q}{2\pi rL} = -k\frac{dT}{dr} \tag{10.13}$$

식 (10.13)을 정리하여 주어진 한계에서 적분하면 다음과 같이 된다.

$$\int_{r_i}^{r_o}\frac{dr}{r} = \frac{2\pi Lk}{q}\int_{T_o}^{T_i} dT$$
$$\ln r_o - \ln r_i = \frac{2\pi Lk}{q}(T_i - T_o)$$
$$q = \frac{k(2\pi L)(T_i - T_o)}{\ln(r_o/r_i)} \tag{10.14}$$

식 (10.14)는 두꺼운 벽의 원통을 통과하는 열흐름을 계산하는 데 사용될 수 있다. 이 식은 더 편리한 다음 형태로 표시할 수 있다.

$$q = \frac{k\overline{A}_L(T_i - T_o)}{r_o - r_i} \tag{10.15}$$

이 식은 $\overline{A}_L$만을 제외하고 평판 벽을 통과하는 열흐름에 대한 식 (10.7)과 같은 일반 형태이다. 물론 $\overline{A}_L$은 해당 식에 적합하도록 선정되어야만 한다. $\overline{A}_L$항은 식 (10.14)와 (10.15)의 우측 항을 같게 놓고 풀면 다음과 같다.

$$\overline{A}_L = \frac{2\pi L(r_o - r_i)}{\ln(r_o/r_i)} \tag{10.16}$$

이 식으로부터 $\overline{A}_L$은 길이 L 그리고 반지름 $\overline{r}_L$인 원통의 면적이 됨을 유의하라. 여기서, $\overline{r}_L$는 다음과 같다.

$$\overline{r}_L = \frac{r_o - r_i}{\ln(r_o/r_i)} \tag{10.17}$$

식 (10.17)에서 우변의 형태는 기억해 둘 필요가 있다. 이것을 **로그평균**(對數平均, logarithmic mean)이라 하며, 식 (10.17)의 반지름에 대한 경우를 **로그평균 반지름**(logarithmic mean radius)이라 한다. 이것은, 두꺼운 벽의 원통을 통과하는 열흐름에 대한 올바른 속도를 구할 수 있도록 하는 반지름이다.

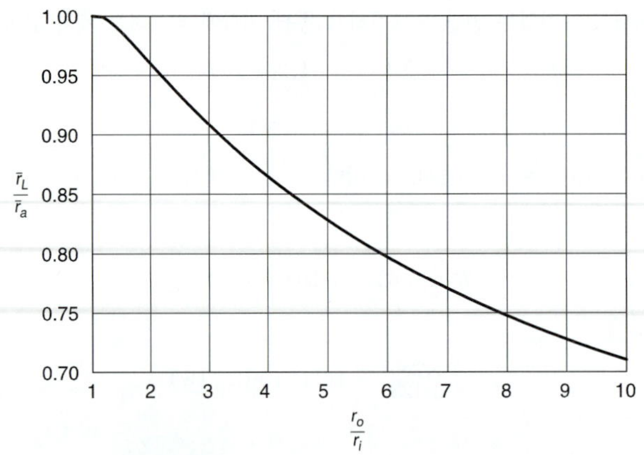

그림 10.3 로그평균과 산술평균의 관계

로그평균은 산술평균보다 편리하지는 못하다. 이 산술평균은 r_o/r_i가 거의 1인 얇은 벽의 도관에서서는 큰 오차 없이 사용할 수 있다. 산술평균 $\bar{r}_a$에 대한 로그평균 $\bar{r}_L$의 비는 그림 10.3에 표시된 바와 같이 r_o/r_i의 함수이다. 따라서, $r_o/r_i = 2$일 때 로그평균은 $0.96\bar{r}_a$이고, 산술평균의 사용으로 인한 오차는 4%이다. $r_o/r_i = 1.4$일 때는 그 오차가 1%이다.

예제 10.3

60 mm(2.36 in) OD의 튜브가 열전도도 0.055 W/m·°C(0.032 But/ft·h·°F)인 실리카층 50 mm(1.97 in)로, 그 다음 열전도도 0.05 W/m·°C(0.03 But/ft·h·°F)인 코르크층 40 mm(1.57 in)로 절연되었다. 관의 외부 표면온도가 150°C(302°F)이고, 코르크층 외부 표면온도가 30°C(86°F)일 경우, 열손실을 W/m of pipe 단위로 계산하라.

풀이

이들 절연층은 산술평균 반지름을 사용하기에는 너무 두꺼워서 로그(대수)평균 반지름을 사용해야 한다. 실리카층에 대하여,

$$\bar{r}_L = \frac{80-30}{\ln(80/30)} = 50.97\ \text{mm}$$

코르크층에 대하여,

$$\bar{r}_L = \frac{120-80}{\ln(120/80)} = 98.64\ \text{mm}$$

실리카층을 A 그리고 코르크층을 B로 표시하면, 식 (10.15)에 따라,

$$q_A = \frac{k_A\bar{A}_A(T_i - T_x)}{x_A} \qquad q_B = \frac{k_B\bar{A}_B(T_x - T_o)}{x_B}$$

여기서 T_x는 실리카와 코르크 사이의 계면온도이다. 식 (10.16)과 (10.17)로부터,

$$\bar{A}_A = 2\pi(0.05097)L = 0.3203L \qquad \bar{A}_B = 2\pi(0.09864)L = 0.6198L$$

그래서,

$$q_A = \frac{0.055\times 0.3203L(T_i - T_x)}{0.050} = 0.3522L(T_i - T_x)$$

$$q_B = \frac{0.05\times 0.6198L(T_x - T_o)}{0.040} = 0.7748L(T_x - T_o)$$

다시 정리하면,

$$\frac{2.839q_A}{L} = T_i - T_x, \quad \frac{1.291q_B}{L} = T_x - T_o$$

두 식을 결합하면,

$$\frac{4.13q}{L} = T_i - T_o = 150 - 30 = 120$$

즉,

$$\frac{q}{L} = 29.1 \text{ W/m} (30.3 \text{ Btu/ft} \cdot \text{h})$$

■

10.3 비정상상태 열전도

비정상상태 열전도에 대한 상세한 설명은 이 교재에서 모두 다루지 못하니 문헌 2, 6, 7, 9를 참고하라. 1차원 열전도에 대한 편미분방정식(偏微分方程式)의 유도, 그리고 단순한 형태에 대한 이 식의 적분 결과만을 본 절에서 취급한다. 그리고 여기에서는 k가 온도에 무관한 것으로 간주하여 설명한다.

표면온도 일정한 경우 1차원 열흐름

그림 10.4는 초기에 균일 온도 T_a에 있는 두께 $2s$인 큰 평판 중 한 단면을 나타낸 것이다. 양 표면을 가열하기 시작하여 급격히 온도가 상승되어 표면온도 T_s로 유지된다고 하자. 그림 10.4에 표시된 온도분포는 가열 시작된 후 비교적 짧은 시간 t_T이 경과된 조건을 나타낸 것이다.

이 평판의 좌측으로부터 거리 x에 있는 평판 두께 dx인 미분요소를 살펴보자. 전체 요소의 양측 표면은 각각 등온(等溫) 평면이다. x에서 온도구배는 어느 순간 $\partial T/\partial x$이고, x에서 시간차 dt동안에 유입 열량(heat input)은 $-kA(\partial T/\partial x)\,dt$이다. 여기서, A는 열흐름에 직각인 평판의 면적이고, k는 열전도도이다. 거리 $x + dx$에서 구배(기울기)는 x에서의 것과 다르고 다음과 같이 표현된다.

$$\frac{\partial T}{\partial x} + \frac{\partial}{\partial x}\frac{\partial T}{\partial x}dx$$

따라서, $x + dx$에서 열유출량은 다음과 같다.

$$-kA\left(\frac{\partial T}{\partial x} + \frac{\partial}{\partial x}\frac{\partial T}{\partial x}dx\right)dt$$

유출열량(heat output)을 초과하는 유입열량은 dx 층에 축적(accumulation)됨으로 다음과 같이 된다.

$$-kA\frac{\partial T}{\partial x}dt + kA\left(\frac{\partial T}{\partial x} + \frac{\partial^2 T}{\partial x^2}dx\right)dt = kA\frac{\partial^2 T}{\partial x^2}dx\,dt$$

고려하는 미분요소 층 내에서의 열축적(熱蓄積)은 그 층의 온도를 상승시킨다. c_p 및 ρ을 각각 비열 및 밀도라 하면, 축적량은 질량(체적에 밀도를 곱한 것), 비열 그리고 온도 증가분의 곱, 즉 $(\rho A\,dx)c_p(\partial T/\partial t)\,dt$이다. 그러면 열 수지에 따라 다음과 같이 되거나,

$$kA\frac{\partial^2 T}{\partial x^2}dx\,dt = \rho c_p A\ dx\frac{\partial T}{\partial t}dt$$

또는 $\rho c_p A\ dx\ dt$로 나누면 다음과 같이 쓸 수 있다.

$$\frac{\partial T}{\partial t} = \frac{k}{\rho c_p}\frac{\partial^2 T}{\partial x^2} = \alpha\frac{\partial^2 T}{\partial x^2} \tag{10.18}$$

식 (10.18)에서 α을 고체의 **열확산계수**(熱擴散係數, thermal diffusivity)라 하는데, 이것은 그 물질의 특성이며 면적을 시간으로 나눈 차원을 가진다.

비정상상태 전도방정식의 일반 해(一般 解)는 무한 평판(infinite slab), 무한히 긴 실린더 및 구(球)와 같이

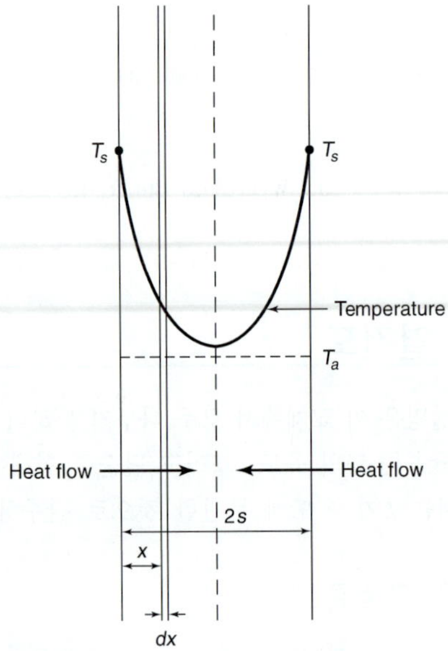

그림 10.4 고체 평판에서의 비정상상태 전도

어떤 단순한 형태에 대해서만 가능하다. 예로, 두께를 아는 무한 평판을 어떤 매체로서 양쪽 측면으로부터 가열시키거나 냉각시킬 경우, 식 (10.18)의 적분을 일정한 표면온도가 유지될 때, 다음과 같은 급격히 수렴되는 해가 얻어진다.

$$\frac{T_s - T}{T_s - T_a} = \frac{4}{\pi}\left[e^{-a_1 Fo}\sin\frac{\pi x}{2s} + \frac{1}{3}e^{-9a_1 Fo}\sin\frac{3\pi x}{2s} + \frac{1}{5}e^{-25a_1 Fo}\sin\frac{5\pi x}{2s} + \ldots\right] \tag{10.19}$$

T_s = 평판 표면의 일정한 평균온도
T_a = 평판의 초기온도
T = 거리 x, 시간 t_T에서 국소 온도
Fo = $\alpha t_T/s^2$로 정의되는 Fourier 수
α = 열확산계수
t_T = 가열 또는 냉각시간
s = 평판 두께의 절반
a_1 = $(\pi/2)^2$

식 (10.19)는 $x = s$로 놓고 중간 평판온도 T_c을 결정하는 데 적용할 수 있다. 평균온도는 식 (10.19)를 적분해서 얻을 수 있다. 즉

$$\frac{T_s - \overline{T}_b}{T_s - T_a} = \frac{8}{\pi^2}\left(e^{-a_1 \mathrm{Fo}} + \frac{1}{9}e^{-9a_1 \mathrm{Fo}} + \frac{1}{25}e^{-25a_1 \mathrm{Fo}} + \cdots\right) \tag{10.20}$$

여기서 $\overline{T}_b$ = 시간 t_T에서 평판의 평균온도

식 (10.19) 및 (10.20)은 오직 한쪽에서만 가열되는 평판에도 이용될 수 있다. 이때 다른 쪽 면으로는 열전달이 없어서 $\partial T/\partial x = 0$인 경우에만 가능하다. 여기에서 s는 평판 전체 두께이다.

반지름이 r_m인 무한히 긴 고체 원통에 대한 $\overline{T}_b$는 다음 식으로 주어진다[6].

$$\frac{T_s - \overline{T}_b}{T_s - T_a} = 0.692e^{-5.78\,\mathrm{Fo}} + 0.131e^{-30.5\,\mathrm{Fo}} + 0.0534e^{-74.9\,\mathrm{Fo}} + \cdots \tag{10.21}$$

여기서,

$$\text{Fo} = \alpha t_T / r_m^2$$

반지름이 r_m 인 구(sphere)에 대한 식은 다음과 같다[2].

$$\frac{T_s - \overline{T}_b}{T_s - T_a} = 0.608e^{-9.87\,\text{Fo}} + 0.152e^{-39.5\,\text{Fo}} + 0.0676e^{-88.8\,\text{Fo}} + \cdots \tag{10.22}$$

Fo가 약 0.1보다 클 때 식 (10.20)~(10.22)에서 급수 중 첫 항만이 유효하고 나머지 항은 무시될 수 있다. 이러한 조건 하에서 T_a 로부터 $\overline{T}_b$까지 평판의 온도가 변하는 데 걸리는 시간은 식 (10.20)에서 첫 항만을 제외하고 모두 소거시켜 재정리하면 얻을 수 있다. 즉,

$$t_T = \frac{1}{\alpha}\left(\frac{2s}{\pi}\right)^2 \ln \frac{8(T_s - T_a)}{\pi^2(T_s - \overline{T}_b)} \tag{10.23}$$

무한 원통에 대한 해당 식은 (10.21)로부터 다음과 같다.

$$t_T = \frac{r_m^2}{5.78\alpha} \ln \frac{0.692(T_s - T_a)}{(T_b - \overline{T}_b)} \tag{10.24}$$

구에 대한 식은 식 (10.22)로부터 다음과 같이 된다.

$$t_T = \frac{r_m^2}{9.87\alpha} \ln \frac{0.608(T_s - T_a)}{(T_s - \overline{T}_b)} \tag{10.25}$$

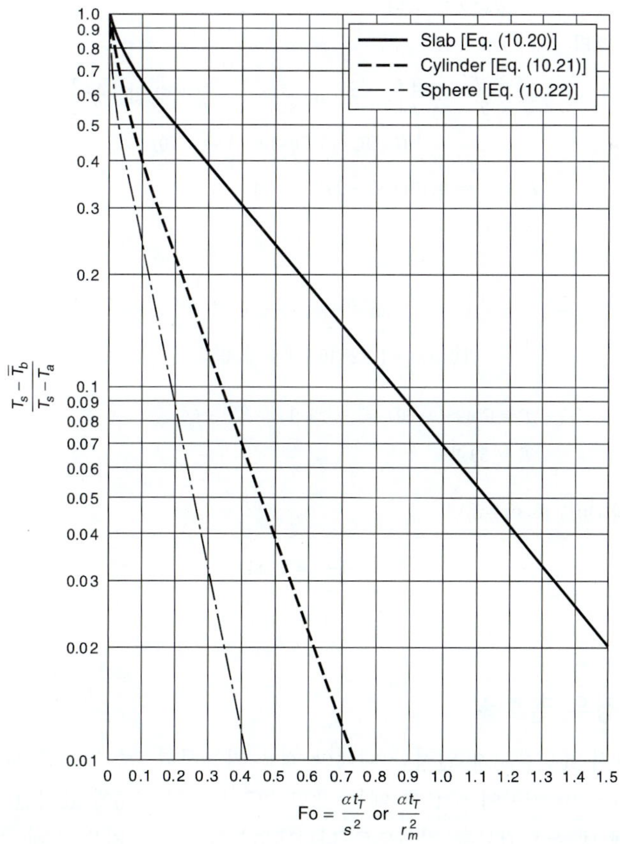

그림 10.5 큰 평판, 무한히 긴 원통 및 구의 비정상상태 가열 또는 냉각 기간의 평균온도

그림 10.5는 식 (10.21)~(10.23)을 그린 것이다. 이 그림의 세로 좌표는 미달 온도변화(unaccomplished temperature change), 즉 전체 온도변화 가능 분에 대한 어느 시간에 도달될 잔류 분(온도변화의 미도달 분)의 분율이다. 아주 낮은 **Fo**값을 제외하고 식 (10.23)~(10.25)가 적용되며, 이 세 개의 반대수(semilogarithmic) 도표 모두가 직선이다.

예제 10.4

초기에 90℃인 8-cm 두께의 다공성 세라믹 판이 물 분사에 의해 양면에서 냉각되어 그 표면이 30℃까지 내려간다. 그 고체의 특성 값들은 ρ=1,050 kg/m^3, c_p= 800 J/kg·K, 및 k=1.8 W/m·K이다. (a) 3분 후에 중심의 온도 그리고 표면과 중심 간 중간지점의 온도는 얼마인가? (b) 3분 후 평균온도는 얼마인가?

풀이

(a)

$$\alpha = \frac{k}{\rho c_p} = \frac{1.8}{1.050\times 800} = 2.14\times 10^{-6}$$

$$s = 0.08/2 = 0.04$$

$$a_1 = (\pi/2)^2 = 2.467$$

3분(180초)에

$$Fo = \alpha t_T/s^2 = \frac{2.14\times 10^{-6}\times(180)}{0.04^2} = 0.2408$$

$$a_1 Fo = 0.594$$

$x=s$인 경우, 식 (10.19)로부터

$$\frac{T_s - T}{T_s - T_a} = \frac{4}{\pi}\left[e^{-0.594}\sin\frac{\pi}{2} + \frac{1}{3}e^{-9(0.594)}\sin\frac{3\pi}{2}\right]$$

$$= \frac{4}{\pi}(0.552 - 1.58\times 10^{-3}) = 0.701$$

$$T_s - T = 0.701(30-90) = -42$$

$$T = 30 + 42 = 72\ ℃$$

$x=0.5s$인 경우

$$\frac{T_s - T}{T_s - T_a} = \frac{4}{\pi}\left[e^{-0.594}\sin\frac{\pi(0.5)}{2} + \frac{1}{3}e^{-9(0.594)}\sin\frac{3\pi(0.5)}{2}\right]$$

$$= \frac{4}{\pi}[0.390 + 1.12\times 10^{-3}] = 0.498$$

$$T_s - T = 0.498(-60) = -29.9$$

$$T = 59.9\ ℃$$

(b) Fo = 0.241인 경우, 식 (10.5)를 이용하면

$$\frac{T_s - \overline{T_b}}{T_s - T_a} = 0.45$$

$$\overline{T_b} = 57\ ℃$$

■

가변 표면온도의 경우 열흐름

식 (10.19)~(10.25)는 단지 표면온도가 일정할 때에만 적용 가능하다. 즉 그 표면과 유체 사이에 열저항이 무시될 수 있을 경우이다. 이 저항이 중요할 때는 표면온도가 그림 10.6에 표시된 바와 같이 시간에 따라 변한다. 표면 근처 유체 내 온도경사를 직선으로 나타내었는데, 이는 얇은 정체 층(thin stagnant layer)과 그 층 외부의 완전 혼합유체를 통해 전도에 의한 열전달이 되고 있음을 의미한다. 표면을 흐르는 유체 내

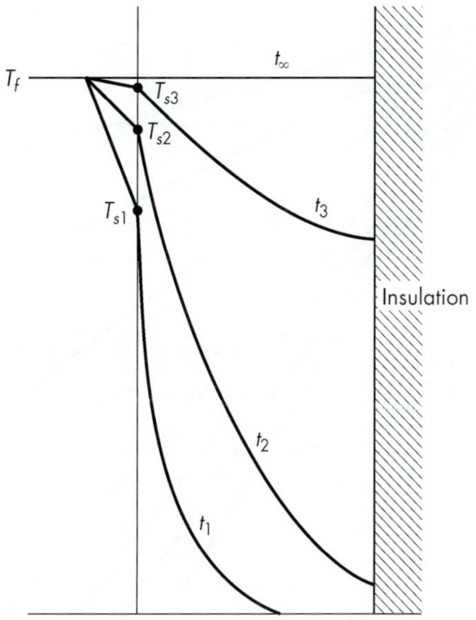

그림 10.6 한쪽에서 가열되고 있는 평판(slab) 내 그리고 그 면 근처의 온도구배

실제 구배는 약간 굽을 것이나, 편의상 직선 구배로 표시하였고, 이는 식 유도과정에도 영향이 없다. 그 계면에서 에너지 축적이 없어서 그 표면으로의 열훌럭스(heat flux)는 고체 내 열훌럭스와 같고, 그 계면에서의 구배의 변화는 전도도의 차가 반영된 것이다.

이 예에서 고체의 열전도도가 유체의 것보다 작다고 가상되어서, 고체 내 온도구배가 유체 내 것보다 더 가파르다. 시간 증가에 따라 고체 내 구배와 열훌럭스는 감소하고, 그 표면온도는 증가하는데, 이는 유체층을 통한 열전달에 보다 낮은 구동력(driving force)이 요구되기 때문이다.

외부저항이 있을 때에는 고체 내 전도에 대한 식 (10.18)이 적용되고 새 경계조건이 필요하다. 고체 내로의 열훌럭스는 유체층을 통과하는 열전달속도와 같다. 따라서 대류 열전달에 대한 Newton법칙으로부터 다음과 같다.

$$\frac{q}{A} = h(T_f - T_s) = -k\left(\frac{\partial T}{\partial x}\right)_{x=0} \tag{10.26}$$

식 (10.26)과 (10.18)을 풀어서 고체 내 온도분포, 그 다음 평균 고체온도 및 총 열전달량을 얻을 수 있다. 때로는 Fourier수와 Biot수를 매개변수로 해서 도표 또는 표로 주어지기도 한다. **Fo**는 무차원 시간(dimensionless time)이고, Biot수(**Bi**)는 외부저항 그리고 내부저항에 대한 상대적 중요성을 결정짓는 척도이다.

평판의 경우

$$\mathrm{Bi} = \frac{hs}{k} \tag{10.27}$$

구 또는 원통의 경우

$$\mathrm{Bi} = \frac{hr_m}{k} \tag{10.28}$$

평판, 원통형, 구형에 대한 국소 및 평균온도를 나타낸 도표는 M. P. Heisler[5]와 타 연구자[4]에 의해 개발되었고, 열전달 교과서나 핸드북에서도 구할 수 있다[6,7,9]. 그림 10.7에 중간 **Bi**값에서 구형에 대한 시간에 따른 평균 온도변화를 나타내었다. 그림 10.8은 구에 대한 유사 도이다. **Bi**가 아주 클 경우(**Bi** > 20

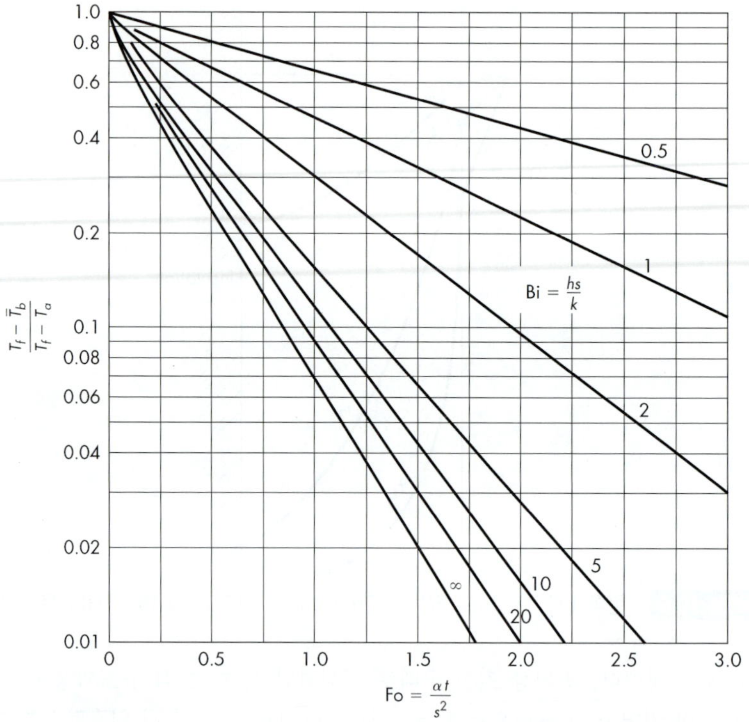

그림 10.7 외부 열저항 및 시간에 따른 평판 평균온도의 변화

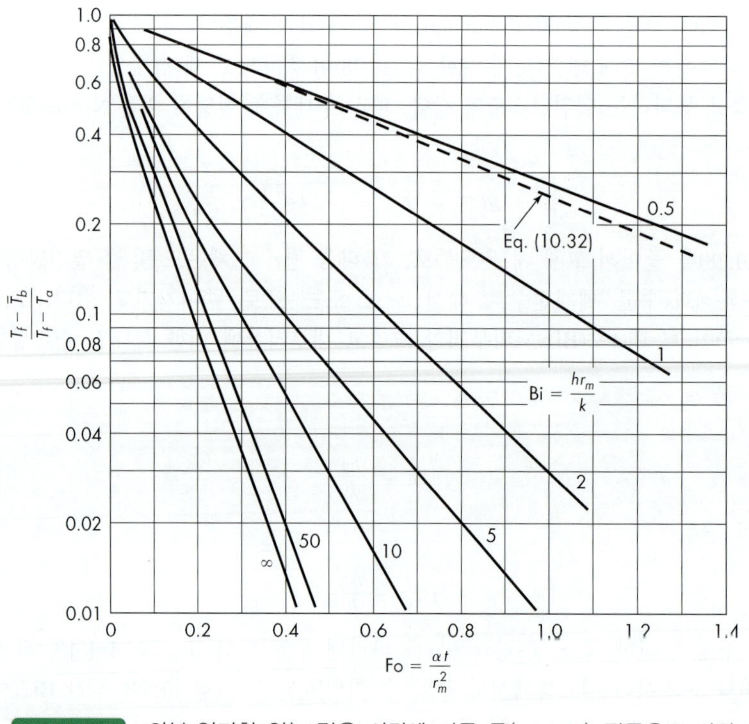

그림 10.8 외부 열저항 있는 경우 시간에 따른 구(sphere) 평균온도 변화

for a slab or **Bi** > 50 for a sphere) 외부 저항은 무시될 수 있고 그리고 식 (10.19)~(10.25)는 일정 표면온도의 경우에 적용할 수 있다.

Bi값이 작을 경우 내부 저항은 무시될 수 있고 전 고체가 동일 온도에 있다고 가정될 수 있어서 단순 해가 가능하게 된다. 이 접근법을 **총괄 축전용량법**(*lumped capacitance method*)라 부른다.

중간 값으로부터 작은 **Bi**(0.1~1.0)의 경우 내부 저항을 무시할 수 있다. 그러나 열전달속도는 고체 축전용량을 총괄하고 고체 상에 대하여 유효 열전달계수를 사용해서 추정할 수 있다. 이 유효계수는 외부 계수와 복합시켜 총괄계수를 얻게 되고 이 총괄계수가 간략화 된 열 수지 식에 사용된다. 평판의 경우 이 유효계수는 $2k/r_m$이고, 이는 평판 두께의 1/4 지점의 평균 전도거리(average conduction distance)에 상당된다. 긴 원통의 경우 유효계수는 $3k/r_m$이다. 구의 경우 $5k/r_m$이고 이는 $r_m/5$[이 두께의 각(shell)은 구 체적의 절반이다]의 평균 전도거리에 해당된다.

유효계수법(effective coefficient method)을 예시하기 위해 작은 **Bi**의 구에 대한 비정상상태 열 수지를 생각해 보자. 그 비정상상태 열 수지식은

$$\rho c_p\left(\frac{4}{3}\pi r_m^3\right)\frac{d\overline{T}_b}{dt} = U(4\pi r_m^2)(T_f - \overline{T}_b) \tag{10.29}$$

여기서,

$$\frac{1}{U} \cong \frac{1}{h} + \frac{r_m}{5k} \tag{10.30}$$

식 (10.29)를 다시 정리하면

$$\frac{d\overline{T}_b}{T_f - \overline{T}_b} = \frac{3U dt}{\rho c_p r_m} \tag{10.31}$$

적분하면

$$\ln\frac{T_f - \overline{T}_b}{T_f - T_a} = \frac{-3Ut}{\rho c_p r_m} \tag{10.32}$$

식 (10.32)가 Bi = 0.5의 경우, 그림 10.8에서 점선으로 표시되었다. 미달온도변화(unaccomplished temp. change)는 완전 해의 것보다 약간 작을 뿐이다. 그러나 큰 Bi수의 경우 근사 해에서의 오차는 예제 10.5에서 보는 바와 같이 심각할 수도 있다.

식 (10.33)과 유사한 식이 작은 **Bi**값 영역에서 열전달을 추정하는 유사 식이 다른 형태로 전개될 수도 있다. 긴 원통형에 대해서는 식 (10.3) 내 3 대신 2로 대치하면 되고, 평판에 대해서는 식 (10.32)에서 $3/r_m$이 $1/s$로 대치된다.

예제 10.5

초기 온도 80°C, 크기 5 mm 플라스틱 구가 30°C 공기가 통과하는 유동층 내에서 냉각된다. 고체의 밀도는 1,100 kg/m^3, 열전도도는 0.13 W/m·°C, 비열은 1,700 J/kg·°C이다. 외측 열전달계수는 50 W/m^{2}이다.

(a) 평균온도가 35°C에 도달하는데 얼마나 걸리겠는가?

(b) 열전달에 대한 저항의 몇 활이 외부 경막에 있는가? (c) 30°C로 일정 표면온도에 대하여 (a)부분을 다시 풀어라.

풀이

식 (10.30)으로부터 총괄저항은

$$\frac{1}{U} = \frac{1}{50} + \frac{2.5\times10^{-3}}{5\times0.13} = 0.0238$$

$$U = 41.9\ \mathrm{W/m^2\cdot{}^\circ C}$$

식 (10.28)로부터,

$$\mathrm{Bi} = \frac{50(2.5\times10^{-3})}{0.13} = 0.96$$

$$\frac{T_f - \overline{T}_b}{T_f - T_a} = \frac{30-35}{30-80} = 0.1$$

그림 10.8로부터 내삽하여 Fo값을 구하면,

$$\mathrm{Fo} \cong 1.06 = \frac{\alpha t}{r_m^2}$$

$$\alpha = \frac{k}{\rho c_p} = \frac{0.13}{1,100\times1,700} = 6.95\times10^{-8}$$

$$t = \frac{1.06(2.5\times10^{-3})^2}{6.95\times10^{-8}} = 95\,\mathrm{s}$$

식 (10.32)를 냉각에 대해 재배열하여, 근사 해를 얻을 수 있다. 즉

$$\ln\frac{\overline{T}_b - T_f}{T_a - T_f} = \frac{-3Ut}{\rho c_p r_m}$$

식 (10.30)으로부터,

$$\frac{1}{U} = 50 + \frac{2.5\times10^{-3}}{5(0.13)} = 0.0238$$

$$U = 41.9\ \mathrm{W/m^2\cdot{}^\circ C}$$

$$t = -\ln\left(\frac{5}{50}\right)\frac{1,100(1.7\times10^3)(2.5\times10^{-3})}{3\times41.9} = 86\ \mathrm{s}$$

(b) 외부 저항의 비는

$$\frac{U}{h} = \frac{41.9}{50} = 0.84$$

(c) 그림 10.5나 10.8로부터, Bi = ∞ 및 Fo = 0.19 값에서 t을 구하면

$$t = \frac{0.19(2.5\times10^{-3})^2}{6.95\times10^{-8}} = 17\,\mathrm{s}$$

■

전달된 총열량

단위면적 당 t_T시간 동안에 고체 쪽으로 전달된 총 열량 Q_T가 관심의 대상이 될 때가 있다. 평균 온도 정의에 따라서 T_a로부터 $\overline{T}_b$까지 고체 단위질량의 온도를 올리는데 소요되는 열량은 $c_p(\overline{T}_b - T_a)$이다. 두께 $2s$, 밀도 ρ인 평판의 경우 단위질량 당 총 표면적(양쪽 면)은 $1/s\rho$이다. 그래서 단위면적 당 전달된 총 열량은 다음과 같이 주어진다.

$$\frac{Q_T}{A} = s\rho c_p(\overline{T}_b - \overline{T}_a) \tag{10.33}$$

무한히 긴 원통형에 대한 해당 식은

$$\frac{Q_T}{A} = \frac{r_m\,\rho c_p(\overline{T}_b - T_a)}{2} \tag{10.34}$$

구형에 대한 식은

$$\frac{Q_T}{A} = \frac{r_m \rho c_p(\overline{T}_b - T_a)}{3} \tag{10.35}$$

예제 10.6

초기 온도 70°F(21.1°C)인 플라스틱 평판이 250°F(121.1°C)인 두 개의 압반(platen) 사이에 놓여 있다. 이 평판의 두께는 1 in(2.54 cm)이다. (a) 그 평판의 평균 온도가 210°F(98.9°C) 되려면 얼마 동안 가열해야 하는가? (b) 이 시간 동안에 그 플라스틱 표면의 ft^2당 전달된 열량은 Btu로 얼마인가? 그 고체의 밀도는 56.2 lb/ft^3 (900 kg/m^3), 열전도도는 0.075 Btu/ft·h·°F(0.13 W/m·°C)이고, 비열은 0.4 Btu/lb·°F(1.67 J/g·°C)이다.

풀이

(a) 그림 10.5를 이용하기 위한 자료는 다음과 같다.

$$k = 0.075\ \text{Btu/ft}\cdot\text{h}\cdot{}^\circ\text{F} \qquad \rho = 56.2\,\text{lb/ft}^3 \qquad c_p = 0.40\ \text{Btu/lb}\cdot{}^\circ\text{F}$$

$$s = \frac{0.5}{12} = 0.0417\,\text{ft} \qquad T_s = 250\,^\circ\text{F} \qquad T_a = 70\,^\circ\text{F} \qquad \overline{T}_b = 210\,^\circ\text{F}$$

따라서,

$$\frac{T_s - \overline{T}_b}{T_s - T_a} = \frac{250 - 210}{250 - 70} = 0.222 \qquad \alpha = \frac{k}{\rho c_p} = \frac{0.075}{56.2 \times 0.40} = 0.00335$$

그림 10.5로부터 온도-차 비(ratio)가 0.222일 때,

$$\text{Fo} = 0.52 = \frac{0.00335 t_T}{0.0417^2}, \quad t_T = 0.27\ \text{h} = 16\ \text{min}$$

(b) 식 (10.33)에 대입하여 전체 표면적 당 열흐름량은 다음과 같다.

$$\frac{Q_T}{A} = 0.0417 \times 56.2 \times 0.40(210 - 70) = 131\ \text{Btu/ft}^2(1,487\ \text{kJ/m}^2)$$

반-무한 고체(semi-infinite solid)

때로는 온도변화가 고체의 어느 한 표면의 인접 영역에만 제한되는 방법으로 고체를 가열하거나 냉각한다. 예로서, 초기에는 모두 균일 온도 T_a에 있는 매우 두꺼운 평면 굴뚝 벽을 생각해 보자. 그 굴뚝으로 갑자기 온도 T_s인 뜨거운 연도기체(flue gas)가 통과되어 그 벽 내면이 가열된다고 가상하자. 그 굴뚝 안쪽 온도는 시간에 따라 변화되는데, 뜨거운 표면 근처는 빨리 변하고 먼 곳은 더 서서히 변한다. 그 벽이 아주 두껍다면 한참 동안이나 벽 외부의 표면 온도는 변하지 않을 것이다. 이러한 조건 하에서 열은 무한 두께(infinite thickness)의 고체를 "침투(penetrating)"한다고 생각할 수 있다. 그림 10.9에 뜨거운 기체에 노출된 후, 여러 시간대에서 이 같은 벽 내의 온도 분포형태를 표시했다. 이 그림에, 노출 직후에는 뜨거운 표면온도에 예리한 불연속, 그리고 다소 경과된 시간에는 내부 지점들에 점진적인 변화가 있음이 나타났다.

이러한 경우에 식 (10.19)를 적당한 경계조건(境界條件)으로 적분하여, 뜨거운 쪽으로부터의 거리 x 지점에서의 온도 T을 나타내는 식은 다음과 같다.

$$\frac{T_s - T}{T_s - T_a} = \frac{2}{\sqrt{\pi}} \int_0^Z e^{-Z^2} dZ \tag{10.36}$$

$Z = x/2\sqrt{\alpha t}$: 무차원　　　α = 열확산계수

x = 표면으로부터 거리　　　t = 표면온도의 변화 후 시간, h

식 (10.36)의 우변 함수를 **Gauss 오차적분**(Gauss error integral) 또는 **확률적분**(確率積分, probability integral)이라 한다. 식 (10.36)을 그림 10.10에 나타내었다.

식 (10.36)은 표면 온도가 변한 후 어느 시간에서 비록 뜨거운 표면으로부터 멀리 떨어진 지점일지라도 고체 내 모든 지점에서 온도 변화가 있음을 시사한다. 그러나 이와 같이 먼 지점에서 실제 변화는 무시할 수 있을 정도로 작다. 뜨거운 표면으로부터 어느 거리 밖에는 온도에 영향을 줄만큼 충분한 열이 침투되지 못한다. 이 **침투거리**(penetration distance) x_p는, 온도변화가 표면온도에서 초기 변화(initial change)의 1%에 해당되는 표면으로부터의 거리로서 임의로 정의된 것이다. 즉 $(T - T_a)/(T_s - T_a) = 0.01$ 또는 $(T_s - T)/(T_s - T_a) = 0.99$인 지점의 거리이다. 그림 10.10은 $Z = 1.82$일 때 확률적분이 0.99 값에 도달함을 보이며, 이로부터 침투거리는 다음과 같다.

$$x_p = 3.64\sqrt{\alpha t} \tag{10.37}$$

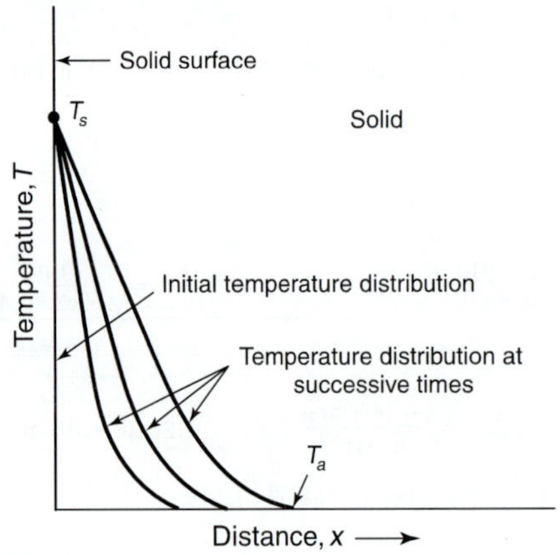

그림 10.9 반-무한 고체의 비정상상태 가열 시 온도분포

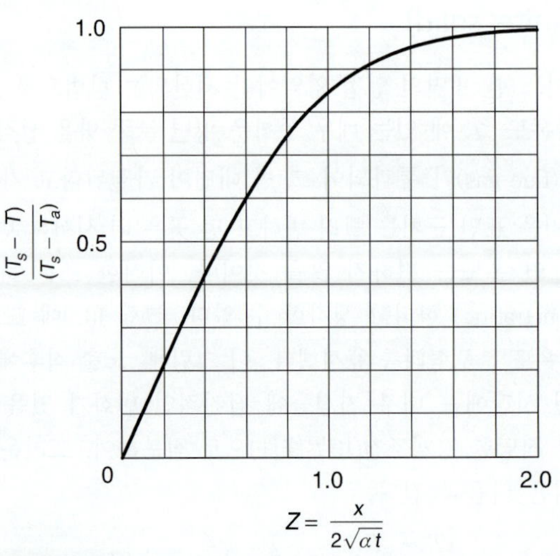

그림 10.10 반-무한 고체의 비정상상태 가열 또는 냉각

예제 10.7

갑작스런 한파(寒波)가 대기온도를 48시간 동안 −20°C(−4°F)까지 하강시켰다. (a) 초기의 대기 온도가 5°C(41°F)이었다면, 수도관의 동결(凍結) 위험이 없도록 하려면 얼마나 깊이 묻어야 하는가? (b) 이들 조건 하에서 침투거리는 얼마인가? 토양의 열확산계수는 0.0011 m^2/h(0.0118 ft^2/h)이다.

풀이

(a) 대지 표면은 빠르게 −20°C에 도달되어 그 온도로 머문다고 가정한다. 수도관의 위치에서의 온도가 영하(零下) 0°C가 아니라면, 동결 위험성은 없는 것이다. 따라서, 그림 10.10을 이용하는 데 필요한 자료는 다음과 같다.

$$T_s = -20\,°\text{C} \qquad T_a = 5\,°\text{C} \qquad T = 0\,°\text{C}$$

$$t = 48\,\text{h} \qquad \alpha = 0.0011\,\text{m}^2/\text{h}$$

$$\frac{T_s - T}{T_s - T_a} = \frac{-20-0}{-20-5} = 0.80$$

그림 10.10으로부터 $Z = 0.91$이다. 그럼으로 땅의 깊이 x는 다음과 같다.

$$x = 0.91 \times 2\sqrt{\alpha t} = 0.91 \times 2\sqrt{0.0011 \times 48} = 0.42\,\text{m}(1.38\,\text{ft})$$

(b) 식 (10.37)로부터 침투거리는 다음과 같다.

$$x_p = 3.64\sqrt{0.0011 \times 48} = 0.838\,\text{m}(2.74\,\text{ft})$$

■

주어진 시간에 반-무한(半無限) 고체로 전달된 총 열량을 구하기 위해서는, 뜨거운 표면에서 온도구배와 열흘럭스(heat flux)를 시간의 함수로 알 필요가 있다. 그 표면에서 온도구배는 식 (10.36)을 미분하여 얻을 수 있다. 즉,

$$\left(\frac{\partial T}{\partial x}\right)_{x=0} = -\frac{T_s - T_a}{\sqrt{\pi \alpha t}} \tag{10.38}$$

따라서, 그 표면에서 열흐름속도는 다음과 같다.

$$\left(\frac{q}{A}\right)_{x=0} = -k\left(\frac{\partial T}{\partial x}\right)_{x=0} = \frac{k(T_s - T_a)}{\sqrt{\pi \alpha t}} \tag{10.39}$$

식 (10.39)에서 q에 dQ/dt을 대입한 후 적분하면, 시간 t_T동안 단위면적 당 전달된 총 열량을 구할 수 있는 식을 얻을 수 있다. 즉,

$$\frac{Q_T}{A} = \frac{k(T_s - T_a)}{\sqrt{\pi \alpha}} \int_0^{t_T} \frac{dt}{\sqrt{t}} = 2k(T_s - T_a)\sqrt{\frac{t_T}{\pi \alpha}} \tag{10.40}$$

10.4 기호 설명

A	면적, ft^2, m^2; $\overline{A}_L$, 대수평균
a	식 (10.6)의 상수
a_1	$(\pi/2)^2$
B	평판의 두께, m, ft; B_A, B_B, B_C, 층 A, B, C의 두께
Bi	Biot 수, 무차원; 평판에 경우, hs/k, ; 구나 실린더의 경우, hr_m/k,
b	식 (10.6)의 상수

c_p	일정 압력에서의 비열, J/g·°C, But/lb·°F
e	자연대수의 밑수 2.71828···
Fo	Fourier 수, 무차원. 평판의 경우 $\alpha t_T/s^2$; 실린더나 구의 경우 $\alpha t_T/r_m^2$
h	표면 열전달계수, W/m·°C, But/ft^2·h·°F
k	열전도도, W/m·°C, But/ft·h·°F; k_A, k_B, k_C 층 A, B, C의 열전도도; $\bar{k}$, 평균값
L	실린더의 길이, m, ft
Q	열량, J, Btu; Q_T 전달된 총열량
q	열흐름 속도, W, Btu/h; q_A, q_B, q_C, 층 A, B, C의 열흐름속도
R	열저항, m^2·°C/W, ft^2·°F·h/Btu; R_A, R_B, R_C, 층 A, B, C의 열저항
r	반지름, m, ft, r_i, 내부 반지름; r_m, 고체 실린더나 구의 반지름; r_o, 외부 반지름; $\bar{r}_L$, 대수평균 반지름, $\bar{r}_a$ 산술평균 반지름
s	평판의 절반-두께, m, ft
T	온도, °C, ° F; T_a, 초기온도; $\bar{T}_b$, 시간 t_T에서 평균온도; T_i, 내부 표면의 온도; T_o, 외부 표면의 온도; T_s, 표면온도; T_1, T_2 위치 1, 2에서의 온도
t	시간, s, h; t_T, 가열이나 냉각하는 데 걸리는 시간
U	총괄 열전달계수, W/m·°C, Btu/ft^2·h·°F
x	표면으로부터의 거리. m, ft; x_1, x_2, 위치 1, 2 의 거리; x_p, 반-무한 고체에서의 침투 거리
y	거리, m, ft
Z	$x/2\sqrt{\alpha t}$; 무차원

그리스문자

α	열확산계수, $k/\rho c_p$, m^2/s, ft^2/h
ΔT	총괄 온도강하, ΔT_A, ΔT_B, ΔT_C, 층 A, B, C에서의 값
ρ	밀도, kg/m^3, lb/ft^3

연습 문제

10.1 노벽(爐壁)이 200 mm 두께의 내화벽돌, 100 mm의 카오린 벽돌 그리고 6 mm의 강철판으로 구성되었다. 내화벽돌의 화염(火焰) 쪽은 1,150℃ 그리고 강철판의 외부 표면온도는 30℃이다. 노에 대한 정밀 열 수지에 의해 노벽으로부터의 열손실이 300 W/m^{2}임을 알았다. 벽돌층과 강철 사이에는 얇은 공기층이 존재하는 것으로 알려졌다. 이 공기층은 카오린 벽돌의 몇 mm에 상당하는가? 열전도도 값은 부록 11을 참고하라.

10.2 250°F의 포화수증기가 1 in Schedule 40 표준 강철관을 흐른다. 이 관은 2 in 두께의 85% 마그네시아 판(magnesia pipe)으로 덮어 씌워 절연되어 있다. 그리고 이 마그네시아 밖에는 $\frac{1}{2}$in 두께의 코르크가 있다. 관 벽의 안쪽 온도는 249°F이고, 코르크층 외부 온도는 90°F이다. 각 재질의 열전도도는 But/ft·h·°F 단위로서 강철은 26, 마그네시아는 0.034, 코르크는 0.03이다.

(a) 관 100 ft당 열손실을 But/h로 계산하라. (b) 금속과 마그네시아 사이, 그리고 마그네시아와 코르크 사이의 경계에서 온도를 계산하라.

10.3 내 반경 r_1, 외 반경 r_2인 구형 각(spnerical shell)을 통과하는 정상상태 열전달식을 유도하라. 그 결과를 두꺼운 벽의 원통에 대한 해와 쉽게 비교되도록 재정리하라.

10.4 초기 온도 20°C에 있는 길고 넓은 4 mm 두께의 플라스틱 판의 양면이 102°C의 수증기에 갑자기 노출된다. (a) 수증기와 플라스틱 표면 사이에 열저항이 무시된다면, 이 판의 중심선에서 온도변화가 감지되는 데 얼마나 걸리겠는가? (b) 이 시간에 플라스틱 판의 평균온도는 얼마인가? 플라스틱의 물성은 $k = 0.138$ W/m·℃, $\alpha = 0.00035$ m^2/h이다.

10.5 지름 1 in의 긴 강철 봉이 초기에 균일 온도 1,200°F에 있다. 이것을 150°F의 기름 급냉 조(急冷槽)에 담근다. 4분 후에 이것의 평균온도가 250°F까지 떨어진다. 만일 그 강철 봉이 지름 $2\frac{1}{2}$ in라면 1,200°F로 부터 250°F까지 떨어지는 데 얼마나 오래 걸리겠는가? 강철에 대한 물성은 $k = 26$ Btu/ft·h·°F, $\rho = 486$ lb/ft^3, $c_p =$ 0.11 Btu/lb·°F 이다.

10.6 700°F까지 가열된 지름 3 in의 강철구가 125°F 기름 조에 잠겨져 냉각된다. 기름과 강철표면간 열저항이 무시될 때, (a) 기름 조에 잠긴 후 10초, 1분, 그리고 6분에 구의 평균온도를 계산하라. (b) 미달 온도변화(unaccomplished temperature change)가 초기 온도차의 1%까지 감소되는 데 걸리는 시간은 얼마인가? 강철의 열적 특성은 문제 10.5와 동일하다.

10.7 문제 10.6에서 설명된 조건 하에서 12시간 동안에 대지로부터 공기까지 단위면적 당 평균 열손실 속도는 얼마인가? 토양의 열전도도는 0.7 W/m·°C이다.

10.8 같은 초기온도 T_s와 T_a에 대하여, 그리고 같은 Fourier수에서 구의 평균온도는 원통 또는 평판의 평균온도보다 높은가 또는 낮은가(그림 10.5를 참조하라)? 이를 예측할 수 있는 물리적 원인은 무엇인가?

10.9 교반 중합(重合)반응기의 재킷으로의 열전달속도는 중합온도가 50°C이고 재킷 내 물의 온도가 20°C일 때, 7.4 kW/m^{2}이다. 반응기는 벽두께 12 mm의 스테인레스강(stainless-steel)으로 만들어졌고, 반응기 내벽에는 얇은 폴리머(polyner) 층($k = 0.16$ W/m·°C)이 이전의 조업으로부터 남아 있게 된다. (a) 금속 벽에서의 온도강하는 얼마인가? (b) 나머지 온도차를 고려하면 폴리머 부착 층의 두께는 얼마인가? (c) 9 mm 연강(mild-steel)에 3 mm 스테인레스강 층을 부착시킨 스테인레스 피복 반응기(stainless-clad reactor)를 사용한다면, 열훌럭스(heat flux)는 몇 배로 증가하는가?

10.10 (a) 100°F에서 공기와 물의 열전도도와 열확산계수 값을 비교하라. (b) 50°F, 1 atm에서 공기와 물의 정지된 계가 100°F의 뜨거운 금속표면에 10초 동안 노출되었을 때, 침투거리를 계산하라. 공기와 물의 차이점을 설명하라.

10.11 두께 20 mm 강철 벽의 오일 저장탱크가 50 mm 두께의 유리섬유로 절연되었다. 오일온도가 150°C로 유지될 때, (a) 외부온도가 20°C이고 외부공기계수가 20 W/m^2·℃일 때 열손실속도는? (b) 만일 절연 층 두께를 배로 하면 열손실은 어떻게 되는가?

10.12 1/2 in 철-벽으로 된 소각로(incinerator)가 4 in 내화벽돌로 내장되어 그 철판이 보호되고 그 노 외부에는 3 in 마그네시아(magnesia) 절연층으로 되어 있다. 가스 온도가 1,400°F일 때, 내화벽돌 내부 벽 온도를 광학온도계로 측정했더니 1,200°F였다. (a) 철벽 온도는 얼마인가? (b) 내부 벽 온도를 1,300°F 되도록 하려면 얼마나 더 절연해야 하나?

10.13 약 50 μm인 석탄입자가 보일러 내 300°C 공기흐름 안으로 분사된다. 이 입자들이 25°C로부터 공기 온도보다 5°C 낮은 온도까지 가열되려면 얼마나 걸리겠는가? 단 외부계수 h는 $hD_p/k = 2.0$, 여기서 D_p는 입자직경이다.

10.14 초기에 30℃인 1.6 cm 두께의 폴리머 평판이 표면온도 70℃인 강철판 사이에서 가열된다. 그 고체의 밀도는 950 kg/m^3, 열전도도는 0.12 W/m·K, 그리고 열용량은 1,600 J/kg·K 이다. (a) 중심부 온도가 60℃에 도달하려면 얼마나 걸리겠는가? (b) 이 시간에 평판의 평균 온도는 얼마인가?

10.15 열 절연창(thermopane window)은 3 mm 두께 유리 2장으로 되었고 그 간격이 1 cm 떨어져 있다. 그 사이에 질소 대신 알곤이 충전된다면 총괄 열전달계수는 얼마나 차이가 나겠는가? 내측- 및 외측-경막계수는 각각 10 W/m^2·K이고 기체 공간 내 대류는 무시한다. 10℃에서 알곤의 열전도도는 1.68×10^{-2} W/m·K이고 유리는 0.7 W/m·K이다.

10.16 주어진 Bi수에서 식 (10.32)으로 주어진 구에 대한 개략적인 미달온도변화가 Fo 및 Bi의 함수로 표시될 수 있음을 보여라. 그 식으로부터 구한 값을 Bi=0.5, 및 Bi=1.0에 대하여, 그림 10.8로부터 얻은 값과 비교하라.

10.17 흐르고 있는 기체의 온도를 나 열전대(bare thermocouple)로 측정한다. 이 열전대의 끝 부분은 1.2 mm 직경의 구형 금속(bead)이다. 그 금속의 ρ = 8,000 kg/m^3, c_p = 450 J/kg, k = 25 W/m·K이다. 기체와 금속 사이의 경막계수는 310 W/m^2·K이다. 기체 온도가 갑자기 200℃로부터 210℃로 변화된다면, 열전대의 온도가 209℃에 도달되는 데 얼마나 걸리겠는가?

10.18 흐르는 액체에 담겨져 냉각되는 평판 내부와 그 인접부분의 온도경사를 그려라. 단 고체의 열전도도는 액체의 2배이다. 그 과정이 시작된 직후 짧은 시간에 따른 전형적인 경사를 그려라. 그리고 고체가 약 절반 정도 열평형에 도달되었을 때의 시간에 따른 경사를 보여라. 단, 그 평판은 초기에 모두 동일 온도에 있다고 가정한다.

참고 문헌

1. Bird, R. B., W. E. Stewart, and E. N. Lightfoot, *Transport Phenomena*, New York: Wiley, 1960, p. 245.
2. Carslaw, H. S., and J. C. Jaeger, *Conduction of Heat in Solids*, New York: Wiley, 1969.
3. Fourier, J. *The Analytical Theory of Heat, trans.*, by A. Freeman. New York: Dover, 1955.
4. Grober H., S. Erk, and U. Grigull, *Fundamentals of Heat Transfer*, New York: McGraw-Hill, 1961.
5. Heisler, M. P. *Trans. ASME*, **68**:493 (1946) ; **69**:227 (1947).
6. McAdams, W. H., *Heat Transmission*, 3rd ed. New York: McGraw-Hill, 1954.
7. Mills, A. F. *Heat Transfer*, Homewood, IL: Irwin, 1992.
8. Reid, R. C., J. M. Prausnitz, and B. E. Poling, *The Properties of Gases and Liquids*, 4th ed. New York: McGraw-Hill, 1987.
9. Thomas, L. C. *Heat Transfer,* Englewood Cliffs, NJ: Prentice-Hall, 1992.

11 유체 내 열흐름 원리

Principles of Heat Flow in Fluids

뜨거운 유체와 찬 유체가 고체 벽으로 분리되어 있는 열전달 장치가 화학공학 실무에 흔하다. 전달되는 열은 응축 또는 증발과 같이 상 변화(相變化)를 수반하는 잠열(潛熱, latent heat)이거나 또는 상 변화 없이 유체온도의 상승으로, 또는 감소로부터 오는 현열(顯熱, sensible heat)이다. 전형적인 예는 한 유체로부터 현열이 더 찬 유체로 전달되어 그 온도가 감소되고, 찬 유체의 온도가 상승되는 경우, 냉각수에 의하여 수증기가 응축되는 경우, 그리고 고압 수증기의 응축에 의하여 주어진 압력 하의 용액으로부터 물을 증발시키는 경우 등이다. 이와 같은 모든 경우에서, 열은 전도와 대류에 의하여 전달된다.

11.1 전형적인 열교환장치

유동 유체(流動 流體)로부터 제거되는, 또는 유동 유체 쪽으로 가해지는 열전달에 대한 구체적 논술 기준을 세우기 위해, 그림 11.1의 단순한 관형 응축기(tubular condenser)를 고려해 보기로 하자. 이것은 평행 관의 한 다발 A, 이들 관다발(管束)이 연결되는 관판(tube sheet) B_1과 B_2 등으로 구성된다. 관다발은 원통형 동체(cylindrical shell) C안에 놓이고, 양끝에 하나씩 두 개의 관로(管路, channel) D_1과 D_2가 갖추어져 있으며, 두 관로는 덮개 E_1과 E_2로 막혀져 있다. 수증기 또는 다른 증기는 노즐(nozzle) F을 통해 관 둘레의 동체-측(shell-side) 공간으로 들어가고, 응축액은 연결구 G을 통해 배출되며, 유입증기에 섞여 들어올 수 있는 비응축성 기체는 방출구 K을 통해 제거된다. 연결구 G는 트랩(trap), 즉 액체흐름만을 허용하고 증기흐름을 억제하는 장치에 연결된다. 가열된 유체는 연결구 H을 통해 관로 D_2안으로 이송된다. 이 유체는 관을 통하여 다른 쪽 관로 D_1으로 흘러 들어가서 연결구 J을 거쳐 배출된다. 열은 관 벽을 통해 응축기로부터 관 내 차가운 유체 쪽으로 전달된다.

응축기로 들어가는 증기가 혼합물이 아닌 단일 성분이고 과열되어 있지 않고, 그리고 응축액이 그 응축온도 이하로 과냉각(過冷却; subcool)되지 않는다면, 응축기의 동체(胴體)-측 온도는 일정하다. 이것은 응축기의 온도가 동체-측 공간 압력에 의해 고정되고, 그 공간 내 압력이 일정하기 때문이다. 관 내 유체의 온도는 관을 통과하면서 연속적으로 증가된다.

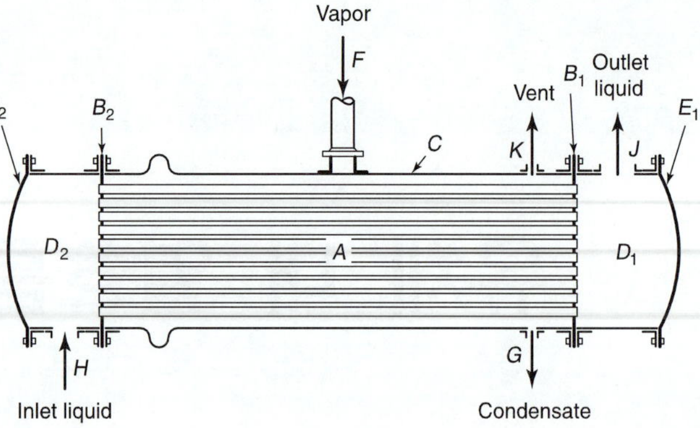

그림 11.1 단일-통과 관형 응축기 : A 관, B_1, B_2 관판, C 동체, D_1, D_2 관로, E_1, E_2 관로 덮개, F 증기 도입구, G 응축액 배출구, H 찬 유체 도입구, J 뜨거운 유체 배출구, K 비응축성 기체 방출구

응축증기의 온도와 액체의 온도를 관 길이에 따라 나타낸 것이 그림 11.2이다. 수평선은 응축증기의 온도를 나타내고, 그 밑의 곡선은 관측 유체의 온도를 나타낸다. 그림 11.2에서, 입구와 출구의 유체 온도는 각각 T_{ca}와 T_{cb}이고, 증기의 일정 온도는 T_h이다. 관 입구로부터 거리 L에서 유체의 온도는 T_c이고, 증기온도와 유체온도 간의 국부 온도차는 $T_h - T_c$이다. 이 온도차를 **국부(국소)온도차**(local temperature difference)라 하고, ΔT로 표시된다. 관 입구에서 국부온도차는 $T_h - T_{ca}$이고, ΔT_1로 표시된다. 그리고 출구에서 국부온도차는 $T_h - T_{cb}$이고, ΔT_2로 표시된다. 종단(終端) 국부온도차 ΔT_1과 ΔT_2를 **접근단**(approach)이라 한다.

유체의 온도변화 $T_{cb} - T_{ca}$을 **온도범위**(temperature range) 또는 단순히 **범위**(range)라 한다. 응축기 내에서 한 개의 범위뿐인데, 그것은 가열되고 있는 찬 유체의 범위이다.

이 교재에서 부호 ΔT는 두 물체 간 또는 두 유체 간 온도 **차**(temp. difference)를 표시하는데 쓰인 것이고, 어느 주어진 유체 내 온도변화를 의미하는 것이 아니다.

단순 열전달장치의 두 번째 예는, 그림 11.3에 보인 2중관 교환기(double-pipe exchanger)이다. 이것은 표준 금속관과 표준 리턴 벤드(return bend) 및 리턴 헤드(return head)로 구성되었고, 이 벤드와 헤드는 스터핑 박스(stuffing box)에 매어져 있다. 한 유체는 내관(內管)을 통과하고 제 2의 유체는 외관과 내관 사이의 환형 공간(環形空間, annular space)을 통해 흐른다. 열교환기의 기능은 찬 유체의 온도를 상승시키고, 더운

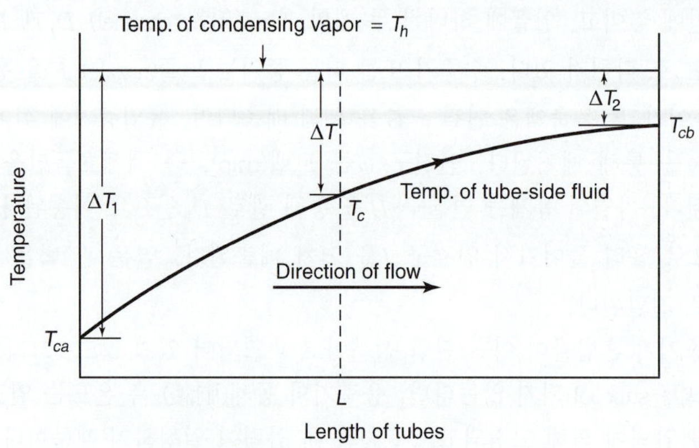

그림 11.2 응축기의 온도-길이 곡선

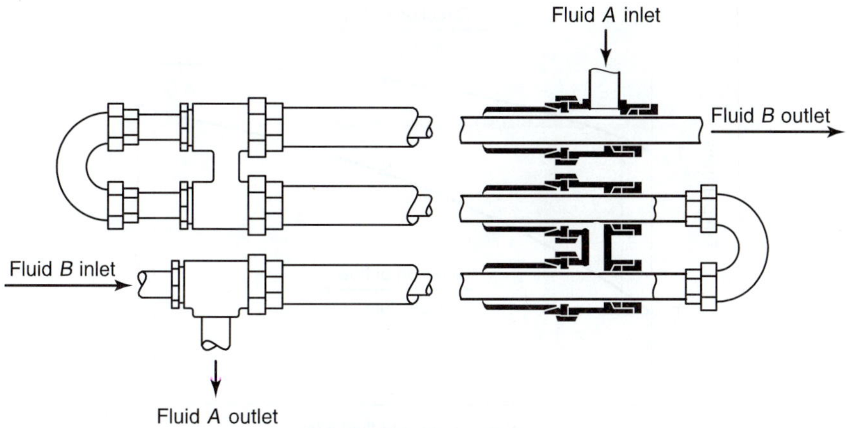

그림 11.3 2중관 교환기

유체의 온도를 강하시키는 것이다. 전형적인 열교환기에서는 내관 $1\frac{1}{4}$ in, 외관 $2\frac{1}{2}$ in(모두 IPS 규격)의 것이 쓰인다.

이와 같은 교환기는 수직으로 쌓아 올린 배열로 여러 겹으로 구성되기도 한다. 2-중관 교환기는 표면적 $100 \sim 150\ \mathrm{ft}^2$ 이하가 요구되는 경우에 쓰이게 된다. 더 큰 용량의 것으로는 수천 ft^2 까지 되는 더 정교한 다관-원통형(多管圓筒形) 교환기(shell-and-tube exchanger)를 사용하게 되고, 이는 15장의 앞부분에서 설명한다.

향류(countercurrent) 및 병류(parallel-current) 흐름

그림 11.3에서 보는 바와 같이, 교환기의 양쪽 끝에서 두 유체가 들어가 그 장치 내에서 서로 반대방향으로 통과된다. 이와 같은 흐름형태를 **향류**(맞흐름, counterflow or countercurrent flow)라 한다. 이에 대한 온도-거리 곡선은 그림 11.4(a)와 같다. 네 개의 종단온도(terminal temperature)는 다음과 같이 표기된다.

유입되는 뜨거운 유체의 온도: T_{ha}
유출되는 뜨거운 유체의 온도: T_{hb}
유입되는 찬 유체의 온도: T_{ca}
유출되는 찬 유체의 온도: T_{cb}

이때 접근단(approach)은,

$$T_{ha} - T_{cb} = \Delta T_2 \quad 및 \quad T_{hb} - T_{ca} = \Delta T_1 \tag{11.1}$$

그리고 더운 유체와 찬 유체의 범위는 각각 $T_{ha} - T_{hb}$, $T_{cb} - T_{ca}$이다.

두 유체가 교환기의 같은 끝 부분에서 들어가고, 그 흐름이 같은 방향이면 그 흐름은 **병류**(竝流, parallel)라 한다. 이에 대한 온도-거리 곡선은 그림 11.4(b)에 표시되었다. 하첨자 a는 유입유체, 하첨자 b는 유출유체를 표시한다. 이때 접근단은 $\Delta T_1 = T_{ha} - T_{ca}$, $\Delta T_2 = T_{hb} - T_{cb}$이다.

그림 11.4(a)와 (b)에서 관찰되는 바와 같이, 병류(병행류)는 그림 11.3에 표시된 단일-통과 교환기(single-pass exchanger)에서는 사용되지 않는다. 왜냐하면 이 방법으로는 한 유체의 유출온도가 반대쪽에서 들어오는 유체의 온도에 거의 접근될 수 없고, 전달될 수 있는 열량도 비향류(非向流)흐름에 비하여 적기 때문이다. 15장의 앞부분에서 설명될 다중-통과 교환기(multipass exchanger) 내의 병류에 대해서는 기계적

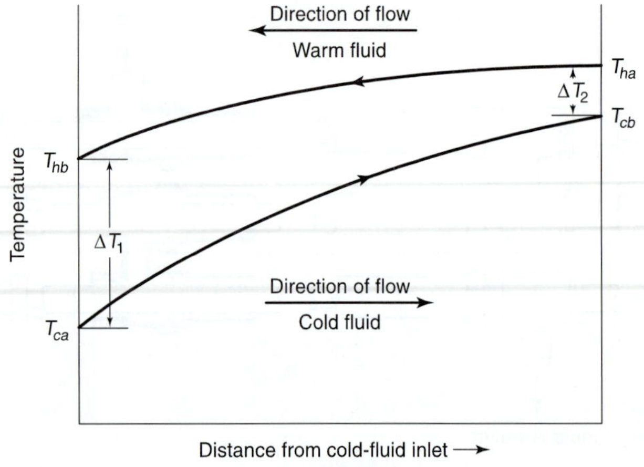

(a)

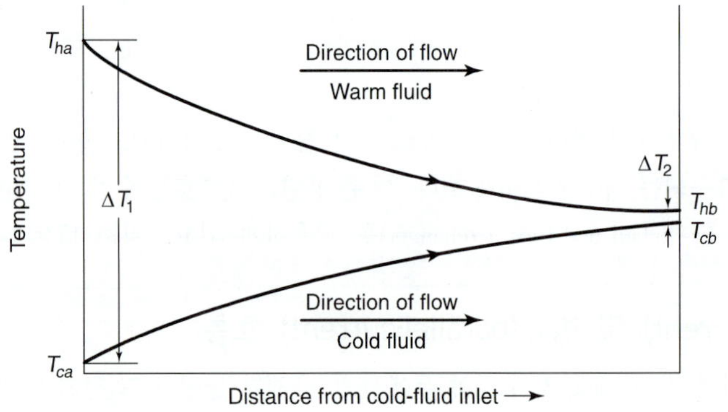

(b)

그림 11.4 향류 (a)와 병류 (b)에서의 온도

인 이유 때문에 몇 개 정도의 통과까지만 사용된다. 그래서 그 용량과 얻을 수 있는 접근단은 영향 받게 된다. 화학 반응기에서 더 이상의 반응진행을 억제하기 위하여 뜨거운 유체를 급냉시키는 경우처럼, 갑자기 어느 유체의 온도변화를 주어야 할 경우 병류를 사용하게 된다.

어떤 열교환기에서는 한 유체가 관다발에 직각으로 흐른다. 이것을 **교차흐름**(cross flow)이라 한다. 자동차 방열기나 가정용 냉동기 내 응축기 등이 교차흐름식 열교환기의 예이다.

11.2 에너지 수지

열전달 문제에 대한 정량적 관계의 시도는 에너지수지와 열전달속도 추정을 근거로 한다. 전달속도는 본 장의 뒤 부분에서 설명된다. 대부분의 열전달장치는 정상상태 조건 하에서 조작되고 있으며, 이러한 형태의 것만 본 장에서 논한다. 탱크 내의 액체를 가열하는 경우처럼 비정상상태 과정들은 15장에서 논의된다.

열교환기 내 에너지수

열교환기 내에서는 축일(shaft-work), 그리고 기계적 에너지, 위치에너지, 운동에너지 등은 에너지 수지 식의 다른 항에 비하여 아주 적다. 따라서, 교환기를 통과하는 어느 한 흐름에 대하여 다음과 같이 쓸 수 있다.

$$\dot{m}(H_b - H_a) = q \tag{11.2}$$

$\dot{m}$ = 흐름의 질량유속
q = Q/t = 흐름 내로 전달되는 열전달속도
H_a, H_b = 입구와 출구에서의 각각의 단위질량 당 엔탈피

식 (11.2)은 교환기를 통과하는 각 흐름에 대하여 이용될 수 있다.

열전달속도 q의 사용에 있어서 더 간략화시킬 수가 있다. 한 유체가 대기(大氣)보다 더 차거나 또는 더 뜨거우면, 두 유체 중 하나, 즉 관 외부 유체는 대기 공기와의 전달에 의해 열을 얻거나 또는 잃을 수 있다. 공기로부터 또는 공기 쪽으로의 열전달은 실제로 바람직한 것이 아니고, 이것은 보통 적당한 절연에 의해 적은 양까지 감소시킬 수 있다. 이 양은 벽을 통해 뜨거운 유체로부터 찬 유체로 전달되는 열량에 비해 무시되는 것이 관례적이다. q는 이러한 여건에 있다고 본다.

이상의 가정에 따라, 식 (11.2)는 뜨거운 유체에 대해 다음과 같이 쓸 수 있다.

$$\dot{m}_h(H_{hb} - H_{ha}) = q_h \tag{11.3}$$

그리고 찬 유체에 대해서는 다음과 같이 쓸 수 있다.

$$\dot{m}_c(H_{cb} - H_{ca}) = q_c \tag{11.4}$$

$\dot{m}_c$, $\dot{m}_h$ = 찬 유체와 뜨거운 유체 각각의 질량유속(mass flow rate)
H_{ca}, H_{ha} = 유입되는 찬 유체와 뜨거운 유체 각각의 단위질량 당 엔탈피
H_{cb}, H_{hb} = 유출되는 찬 유체와 뜨거운 유체 각각의 단위질량 당 엔탈피
q_c, q_h = 찬 유체와 뜨거운 유체에 각각 가해지는 열의 속도

q_c의 부호는 양(陽)이고, q_h의 부호는 음(陰)인데, 이것은 뜨거운 유체가 열을 잃기 때문이다. 뜨거운 유체가 잃은 열은 찬 유체가 얻어간 것이다. 그래서 다음과 같다.

$$q_c = -q_h$$

식 (11.3)과 (11.4)로부터,

$$\dot{m}_h(H_{ha} - H_{hb}) = \dot{m}_c(H_{cb} - H_{ca}) = q \tag{11.5}$$

식 (11.5)를 **총괄 엔탈피 수지**(overall enthalpy balance)라 한다.

만일 현열만이 전달되고 일정한 비열(一定 比熱)이라고 가정된다면, 열교환기에 대한 총괄 엔탈피 수지는 다음과 같이 된다.

$$\dot{m}_h c_{ph}(T_{ha} - T_{hb}) = \dot{m}_c c_{pc}(T_{cb} - T_{ca}) = q \tag{11.6}$$

c_{pc} = 찬 유체의 비열
c_{ph} = 뜨거운 유체의 비열

전-응축기(total condenser) 내 엔탈피 수지

응축기에 대하여 엔탈피 수지는 다음과 같다.

$$\dot{m}_h \lambda = \dot{m}_c c_{pc}(T_{cb} - T_{ca}) = q \tag{11.7}$$

$\dot{m}_h$ = 증기의 응축속도(凝縮速度)
λ = 증기의 증발잠열(蒸發潛熱)

식 (11.7)은 증기가 포화증기(과열되지 않은) 상태로서 응축기로 들어가고, 응축액은 그 포화온도 이하로 냉각됨도 없이 그 응축온도로 나간다고 하는 가정에 기준 된 것이다. 만일 이들 현열(顯熱)효과가 중요하다면 식 (11.7)의 좌변 항에 이를 추가하면 된다. 예로서, 응축액이 증기의 응축온도 T_h보다 낮은 T_{hb}의 온도로 유출된다면 식 (11.7)은 다음과 같이 현열 항이 추가되어야 한다.

$$\dot{m}_h [\lambda + c_{ph}(T_h - T_{hb})] = \dot{m}_c c_{pc} (T_{cb} - T_{ca}) \tag{11.8}$$

여기서, c_{ph}는 응축액의 비열이다.

11.3 열훌럭스 및 열전달계수

열전달 계산은 가열 표면적을 기준으로 하고, 열이 통과되는 그 표면의 m^2 당 W, 또는 Btu/h · ft^{2}로 표시된다. 단위면적 당 열전달속도를 열훌럭스(熱束, heat flux)라 한다. 많은 열전달장치에서 전달표면은 관(pipe) 또는 튜브(tube)로 만들어진다. 따라서 열훌럭스는 관의 내부 면적 또는 외부 면적을 기준 하게 된다. 선정하는 것은 임의로 할지라도, 선정한 표면을 명백히 밝혀야 한다. 왜냐하면 열훌럭스의 수치적 크기가 양쪽 표면에서 서로 동일하지 않기 때문이다.

유체흐름의 평균온도

유체가 가열되거나 또는 냉각될 때, 그 온도는 그 흐름의 단면적에 걸쳐 변하게 된다. 유체가 가열된다면 그 유체의 온도는 가열표면의 벽에서 최대가 될 것이고, 그 중심부를 향해 감소하게 될 것이다. 유체가 냉각되면 온도는 벽에서 최소가 되고, 중심을 향해 높게 될 것이다. 흐름의 단면을 통해 이와 같은 온도구배 때문에, 그 흐름의 온도가 의미하는 바를 설명해 줄 필요가 있다. 어떤 흐름의 온도가, 의문의 단면을 흐르는 전체 유체흐름을 모아서 단열적(斷熱的)으로 혼합시킨 유체의 것이라면, 평균된 것으로 볼 수 있다. 이렇게 정의된 온도를 **평균 흐름온도**(average stream temp.) 또는 혼합용기 흐름온도(mixing-cup stream temp.)라 한다. 그림 11.4에 도시된 온도가 모두 평균 흐름온도이다.

11.3.1 총괄 열전달계수

10장에서 보인 바와 같이, 식 (10.7)과 (10.11)로 표시된 직렬 고체층을 통과하는 열훌럭스(heat flux)는 구동력, 즉 총괄 온도차 ΔT에 비례한다. 열교환기에서 구동력은 $T_h - T_c$로 택할 수 있다. 여기서 T_h는 뜨거운 유체의 온도이고, T_c는 찬 유체의 온도이다. $T_h - T_c$항이 **총괄 국부온도차**(overall local temperature difference) ΔT이다. 그림 11.4에서 보는 바와 같이, ΔT는 관의 길이에 따라 상당히 변한다. 그리고 열훌럭스가 ΔT에 비례하기 때문에, 열훌럭스 역시 관 길이에 따라 변하게 된다. 그래서 미분식(微分式)을 사용할 필요가 있다. 이 미분식은 국부온도차 ΔT하에서 미분면적 dA에서 미분 열흐름 dq가 일어남을 표시하게 된다. 그래서 국부 열훌럭스는 dq/dA이고, 국부온도차 ΔT와 관계되는 식은 다음과 같다.

$$\frac{dq}{dA} = U \Delta T = U(T_h - T_c) \tag{11.9}$$

여기서, U는 식 (11.9)으로 정의된 바와 같이 dq/dA와 ΔT 사이에 비례인자이고, 이를 **국부총괄 열전달계수**(local overall heat transfer coefficient)라 한다.

주어진 문제에서 U의 정의를 완결 짓기 위해서는, 면적을 규정할 필요가 있다. A을 관 외부 면적 A_o로 택하면, U는 그 면적을 기준한 계수가 되고 U_o로 표기된다. 똑같이 관의 내부 면적 A_i을 택하게 되면, 그 계수는 역시 그 면적을 기준으로 하게 되며 U_i로 표기된다. ΔT와 dq는 면적을 선정하는 것에 무관하기 때문에 다음과 같이 표시할 수 있다.

$$\frac{U_o}{U_i} = \frac{dA_i}{dA_o} = \frac{D_i}{D_o} \tag{11.10}$$

여기서, D_i와 D_o는 각각 관의 안지름(내경)과 바깥지름(외경)이다.

전체 표면에 대한 적분 ; 로그평균 온도차

열교환기 총 면적에 대하여 식 (11.9)를 적용하려면 이 식을 적분해야 한다. 여기서 다소의 간략한 가정을 받아들여야 적분을 수행할 수 있게 된다. 이 가정 조건들은 (1) 총괄계수(總括係數) U는 일정하며, (2) 뜨거운 유체와 찬 유체의 비열은 일정하고, (3) 대기와의 열교환량(熱交換量)은 무시되며, (4) 그림 11.4에 보인 바와 같이 병류이든 향류이든 간에 흐름은 정상상태로 간주된다는 것 등이다.

이들 가정조건에서 가장 의문스러운 것은 일정한 총괄 계수(constant overall coefficient)에 관한 것이다. 실제로 이 계수는 유체의 온도에 따라 변한다. 그러나 온도에 따른 변화가 점진적임으로, 그 온도범위가 어느 정도이면 일정 U라는 가정은 심각한 오차가 아니다.

가정 (2)과 (4)는 다음의 뜻을 내포한다. 즉, 그림 11.5에서 보인 바와 같이, T_c와 T_h을 q에 대하여 그릴 때 직선이 됨을 뜻하는 것이다. T_c와 T_h가 q에 대하여 직선적으로 변한다면, ΔT도 마찬가지로 되고, q에 대한 ΔT의 기울기 $d(\Delta T)/dq$도 일정하게 된다. 따라서,

$$\frac{d(\Delta T)}{dq} = \frac{\Delta T_2 - \Delta T_1}{q_T} \tag{11.11}$$

ΔT_1, ΔT_2 = 접근단

q_T = 전체 교환기 내에서의 열전달속도

식 (11.9)와 (11.11)로부터 dq을 소거하면 다음과 같이 된다.

$$\frac{d(\Delta T)}{U\,\Delta T dA} = \frac{\Delta T_2 - \Delta T_1}{q_T} \tag{11.12}$$

변수 ΔT와 A를 분리할 수 있고, U가 일정한 경우 이 식은 A에 대해서는 A_T와 0 범위에서, 그리고 ΔT에 대해서는 ΔT_2와 ΔT_1 범위에서 적분될 수 있다. 여기서, A_T는 열전달 표면의 총 면적이다. 따라서,

$$\int_{\Delta T_1}^{\Delta T_2} \frac{d(\Delta T)}{\Delta T} = \frac{U(\Delta T_2 - \Delta T_1)}{q_T} \int_0^{A_T} dA$$

$$\ln\frac{\Delta T_2}{\Delta T_1} = \frac{U(\Delta T_2 - \Delta T_1)}{q_T} A_T \tag{11.13}$$

다시 정리하면 다음과 같이 쓸 수 있다.

$$q_T = UA_T \frac{\Delta T_2 - \Delta T_1}{\ln(\Delta T_2/\Delta T_1)} = UA_T \overline{\Delta T_L} \tag{11.14}$$

여기서,

$$\overline{\Delta T_L} = \frac{\Delta T_2 - \Delta T_1}{\ln(\Delta T_2/\Delta T_1)} \tag{11.15}$$

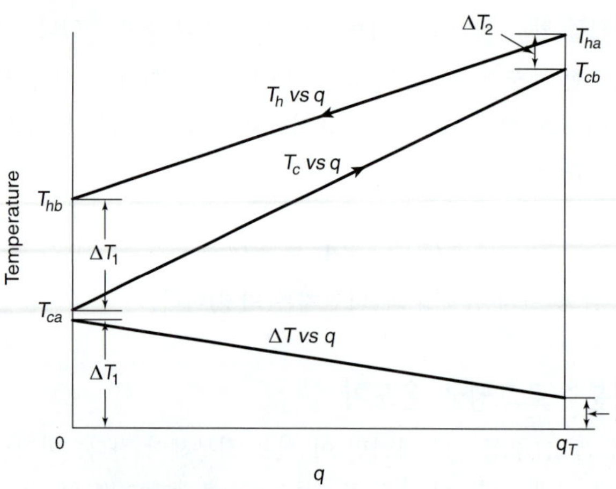

그림 11.5 향류에서 열흐름속도 대 온도

식 (11.15)가 **로그평균 온도차**(logarithmic mean temperature difference : LMTD)로 정의된다. 이것은 두꺼운 관 벽의 로그평균(對數平均) 반지름에 대한 식 (11.18)과 동일한 형태이다. ΔT_1과 ΔT_2가 거의 동일할 때, 이들 산술평균(算術平均)은 그림 10.3에 보인 바와 같이 식 (11.17)에 주어진 정밀도와 같은 한계 내에 있는 $\overline{\Delta T_L}$에 대하여 사용할 수 있다. 만일 유체 중 하나가 응축기 내에서처럼 일정 온도에 있게 된다면, 향류, 병류 또는 다중-통과흐름(multipass flow)들 사이에 아무런 차이가 없게 되고, 식 (11.15)은 이들 모두에게 적용될 수 있다. 양끝에서 온도 변화가 있는 경우 향류에 있어서 뜨거운 쪽 접근단(warm-end approach) ΔT_2는 찬 쪽 접근단(cold-end approach) ΔT_1보다 작을 수도 있다. 이런 경우에는 음의 수와 대수를 소거하기 위하여 식 (11.15)의 하첨자들을 상호 교환하면 된다. 즉,

$$\overline{\Delta T_L} = \frac{\Delta T_1 - \Delta T_2}{\ln(\Delta T_1/\Delta T_2)} \tag{11.15a}$$

식 (11.14)은 유체 쪽으로 또는 유체로부터의 열전달에 대한 중요한 식들 중 하나이다.
이는 $\overline{\Delta T_L}$ 값을 몰라 시행오차 계산이 요구되는 어떤 열교환기 성능예측에 쓰일 수 있다. 또한 흐름과 온도 접근단이 알려진 새 열교환의 소요 면적을 계산하는 데도 쓰인다. 마지막으로 측정된 q_T와 $\overline{\Delta T_L}$ 값들로부터 총괄계수를 결정하려면 다음 형태를 쓰면 된다.

$$U = \frac{q_T}{A_T \overline{\Delta T_L}} \tag{11.16}$$

가변 총괄 계수

총괄 계수가 일정하게 변할 때 열전달속도는 식 (11.17)로부터 예측할 수 있다. 이 식 (11.17)은 전 가열표면에서 U가 온도차에 따라 직선적으로 변한다는 가정에 기초를 둔 식이다[1]. 즉,

$$q_T = A_T \frac{U_2 \Delta T_1 - U_1 \Delta T_2}{\ln(U_2 \Delta T_1 / U_1 \Delta T_2)} \tag{11.17}$$

U_1, U_2 = 교환기 양끝에서의 국부 총괄 계수

ΔT_1, ΔT_2 = 교환기의 해당 끝에서 온도 접근단

식 (11.17)은 $U\Delta T$ 교차곱(cross product)의 로그평균치가 사용되었다. 여기서 교환기의 한 끝에서 총괄 계수

에 다른 쪽 온도 접근단이 곱해졌다. 이 식의 유도에는 앞의 가정 (2)~(4)가 허용되는 조건이 필요하다.

LMTD의 적용한계

LMTD가 언제나 정확한 평균 온도차를 주는 것은 아니다. 이것은 U가 어느 정도 변할 때, 또는 ΔT가 q의 선형함수가 아닐 때는 사용할 수 없다. 한 예로 그림 11.6에 나타낸 것과 같이, 과열수증기를 냉각시켜 응축시키는 데 쓰이는 열교환기를 생각하자. 구동력 ΔT는 증기가 응축되는 영역에서 q의 선형함수이지만, 열교환기의 응축부분에선 ΔT는 다른 선형함수이다. 더욱이 U값이 열교환기 두 부분에서 서로 같지 않다. 냉각부와 응축부를 분리해서 그에 해당되는 적당한 q, U, LMTD 값을 써야만 하고, 전체를 평균한 U나 총괄 LMTD를 사용할 수 없다.

또한 LMTD의 적용은, 재킷형 반응기(jacketed reactor)에서 반응유체로 열이 전달되거나 제거될 때는, 적합하지 않다. 그림 11.7은 수-냉각 반응기 내에서의 발열반응에 대한 온도이력을 나타냈다. 이 그림에서 밑선은 냉각제의 온도이고, 위선은 반응혼합물의 온도이다. 반응에 의해 발생되는 열 때문에 반응물 온도는 반응기 유입구 근처에서 급격히 상승된다. 그 다음 반응이 느리면 반응물 온도는 하강된다. 반응기 입구와 출구 양쪽에서 ΔT는 비교적 작게 된다. 분명히 평균 온도강하는 반응기 양끝에서의 강하 값보다 훨씬 크게 되고, 종단(terminal) ΔT의 대수평균값으로부터 이러한 것을 알 수는 없다.

이 반응기 예 또는 앞에 언급한 4가지 가정이 유효치 않는 경우, 열교환기 내 여러 중간지점에서 식 (11.9)을 적분해서 U, ΔT, q의 국소 값을 구할 수 있다. q 대 $1/U\Delta T$의 도시(plot)에서 0과 q_T 사이의 면적을 도식(graphical)법 또는 수치(numerical)법으로 구하면 그것이 바로 소요 열전달면적, A_T가 되는 것이다.

다중-통과 교환기

다중-통과 다관-원통형 교환기(multipass shell-and-tube exchanger)에서 흐름 형태는 병류, 향류 그리고 교차흐름(crossflow) 등이 모두 존재하여 아주 복잡하다. 이러한 조건 하에서 총괄 계수 U가 일정할지라도 LMTD는 사용될 수 없다. 이러한 다중-통과 교환기에 대한 계산과정은 15장에 주어져 있다.

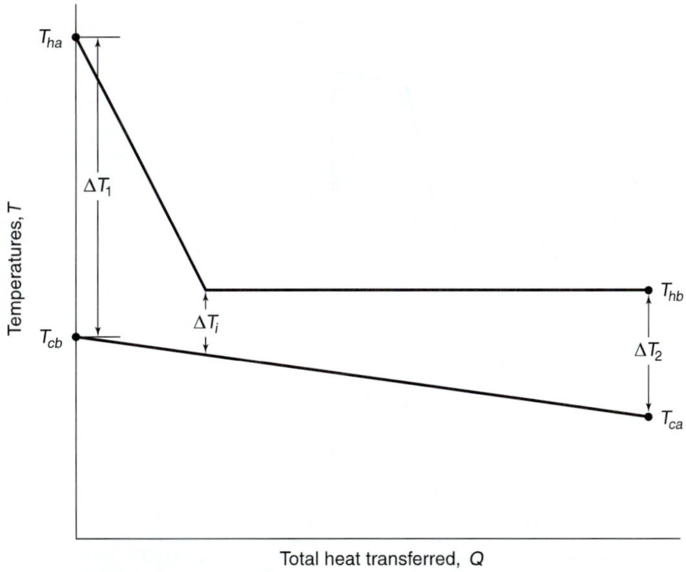

그림 11.6 과열증기 냉각 및 응축과정에서의 온도 이력

11.3.2 개별 열전달계수

총괄계수는 유체 물성, 고체 벽 특성, 유속 및 열교환기 치수 등을 포함하는 여러 변수에 의존된다. 이 총괄계수를 예측하는 논리적 방법은 고체와 유체 층에 대한 개별 저항을 구하고 이들 각각을 더하여 총괄 저항(총괄계수의 역)을 구하는 것이다. 그림 11.3에 보인 이중-관 교환기 내 어느 특정한 지점에서 국부 총괄계수를 생각해 보자. 뜨거운 유체는 내관(內管)을 통해 흐르고, 찬 유체는 환형 공간을 통해 흐른다고 생각하자. 또한 두 유체의 Re 수는 난류가 되도록 아주 크고, 내관의 양쪽 표면은 먼지나 침적물(scale) 없이 깨끗하다고 하자. 이제 온도를 종축으로 놓고 벽에 직각인 거리를 횡축으로 택한 그림 11.8과 같은 그림이 표시될 때, 여러 가지 중요한 사실이 명백해 진다. 이 그림에서 관 벽의 우측은 뜨거운 유체, 좌측은 찬 유체와 접촉되어

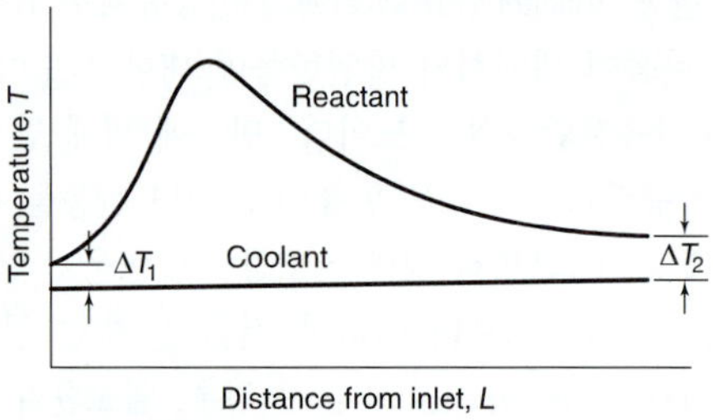

그림 11.7 재킷형 관형 반응기의 온도 형태

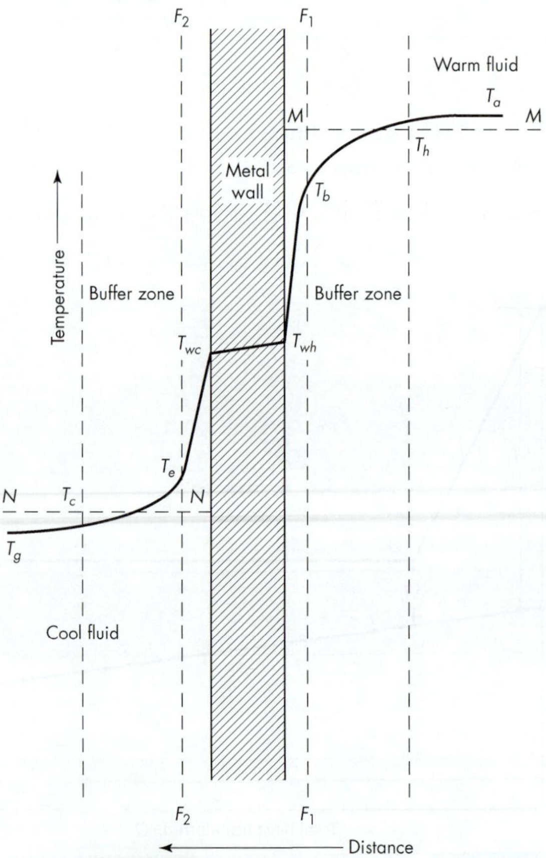

그림 11.8 강제대류에서의 온도구배

있다. 거리에 따른 온도변화는 $T_a T_b T_{wh} T_{wc} T_e T_g$로 표시되었다. 그래서 온도이력은 세 개 부분, 즉 두 유체 부분과 금속 벽으로 나누어진다. 총괄적인 효과는 이들 개별 부분의 항을 연구함으로써 알 수 있다.

단일 유체가 난류로 도관을 흐를 때, 3 영역이 존재하여 한 유체에 대한 유동 연구도 아주 복잡하였음을 5장에서 보았다. 그림 11.8에 보인 각 유체에 있어서도, 벽에는 얇은 부층(thin sublayer), 흐름의 대부분을 차지하는 난류중심(turbulent core), 그리고 이 둘 사이에 존재하는 완충영역(buffer zone) 등이 나타난다. 속도구배는 5장에서 이미 설명하였다. 이 속도구배는 벽 근처에서 크고, 난류중심에서 작고, 그리고 완충영역에서는 급변하게 된다. 난류로 흐를 때 가열되거나 냉각되는 유체 내 온도구배는 이와 똑같은 형태가 나타남을 알 수 있다. 온도구배는 벽과 점성 부층(viscous sublayer)에 걸쳐 크고, 난류중심에서 작고, 그리고 완충영역에서 급변된다. 근본적으로 이에 대한 이유는, 열이 전도(conduction)에 의해 점성 부층을 흐르고 대부분의 유체는 낮은 열전도도를 갖기 때문에 가파른 온도구배가 요구된다. 반면에 중심부에서 빨리 움직이는 에디(eddy)가 난류영역 내 온도를 거의 균일하게 만든다. 그림 11.8에서 점선 F_1F_1과 F_2F_2는 점성 부층의 경계와 완충영역의 경계를 표시한다.

뜨거운 유체흐름의 평균온도는 최대온도 T_a보다 약간 낮고, 수평선 *MM*으로서 이것의 온도가 T_h로 표시되었다. 마찬가지로, 온도 T_c로 표시된 수평선 *NN*은 찬 유체의 평균온도를 나타낸다.

뜨거운 유체로부터 찬 유체까지의 열흐름에 대한 총괄 저항(overall resistance)은 직렬로 작용되는 3개의 저항으로 표시된다. 2개의 저항은 각각의 유체에 의해 주어지는 것이고, 다른 하나는 고체 벽에 대한 저항이다. 그림 11.8에 보인 바와 같이, 일반적으로 벽 저항(壁抵抗)은 유체에 의한 것에 비하여 작다. 유체저항은 일반적으로 개별 열전달계수 또는 경막계수의 관계식을 이용하여 계산된다. 여기서 계수의 역이 저항이다.

뜨거운 유체에 대한 경막계수 h는 다음 식으로 정의된다.

$$h = \frac{dq/dA}{T_h - T_{wh}} \tag{11.18}$$

찬 유체에 대한 것은 분모항의 온도를 바꾸어 양(positive)의 h로 표시하면

$$h = \frac{dq/dA}{T_{wc} - T_c} \tag{11.19}$$

dq/dA = 유체와 접촉된 면적을 기준 한 국부 열훌럭스(local heat flux)
T_h = 뜨거운 유체의 국부 평균온도
T_{wc} = 찬 유체의 국부 평균온도
T_{wh} = 유체와 접촉된 벽의 온도

때로는 $T_{wh} - T_{wc}$가 작아서 T_w를 양쪽의 벽 온도로 쓰기도 한다.

이 계수들의 역, $1/h_h$와 $1/h_c$이 열저항이다. 벽두께 x_w이고 열전도도 k인 금속과 같은 고체를 통과하는 전도에 대한 열저항은 x_w/k이다. 면적 변화에 대해 적당히 보정해 주면 개별 저항의 합이 총괄 저항 $1/U$이 된다.

h에 대한 두 번째 식은 벽 인접 표면에서 열전달이 전도만으로 일어난다는 가정 하에 유도되어, 그 열훌럭스는 식 (10.1)로 주어지는데 이때 x는 그림 11.8에서 벽에 대한 수직거리 y로 대치된다.

$$\frac{dq}{dA} = -k\left(\frac{dT}{dy}\right)_w \tag{11.20}$$

여기서, 하첨자 w는 기울기(구배)가 벽에서의 값임을 뜻한다. 식 (11.19)와 (11.20)으로부터 dq/dA을 소거하면, 다음 식으로 주어진다.

$$h = -k\frac{(dT/dy)_w}{T - T_w} \tag{11.21}$$

식 (11.21)에서 T는 평균 유체온도, T_h는 뜨거운 유체, T_c는 찬 유체온도이면, 찬 유체일 경우 분모 항은 $T_w - T$로 변경하여 양의 h가 되도록 해야 한다.

식 (11.19)는 열전도도에 대한 임의의 길이의 비를 곱하면 무차원(無次元) 형태로 될 수 있다. 이 길이의 선정은 그 상황에 의존된다. 관의 내부 표면에서 열전달의 경우에는, 보통 관 지름 D을 선정한다. 식 (11.21)에 D/k을 곱하면 다음 식으로 주어진다.

$$\mathrm{Nu} = \frac{hD}{k} = -D\frac{(dT/dy)_w}{T - T_w} \tag{11.22}$$

관 벽의 찬 유체 쪽은 $T < T_w$이고 식 (11.21)과 (11.22)의 분모 항은 $T_w - T$가 된다. 무차원군 hD/k을 Nusselt수, **Nu**라 한다. 식 (11.22)에 보인 것은 관 지름을 기준으로 한 국부 Nusselt수이다. Nusselt수의 물리적 의미는 식 (11.22)의 우변 항을 관찰하면 알 수 있다. 분자 $(dT/dy)_w$는 물론 벽에서의 구배이다. 인자 $(T - T_w)/D$는 관 전체에 걸친 평균 온도구배라고 생각할 수 있다. 그러므로, Nusselt수는 이 두 구배의 비가 된다.

Nusselt수의 또 다른 해석은 열전달이 단지 전도에 의해서만 일어나는 층류층(laminar layer)의 두께 x에서 모든 열전달 저항이 존재한다고 할 때 나타나는 구배를 고려함으로써 얻을 수 있다. 열전달속도와 열전달계수는 식 (10.1)과 (11.18)로부터 얻을 수 있다. 즉,

$$\frac{dq}{dA} = \frac{k(T - T_w)}{x} \tag{11.23}$$

$$h = \frac{k}{x} \tag{11.24}$$

Nusselt수의 정의로부터 다음 식을 얻을 수 있다.

$$\frac{hD}{k} = \mathrm{Nu} = \frac{k}{x}\frac{D}{k} = \frac{D}{x} \tag{11.25}$$

Nusselt수는 층류층(層流層)의 상당두께(equivalent thickness)에 대한 관 지름의 비이다. 때로는 x을 경막두께(film thickness)라 하고, 이것은 일반적으로 층류 경계층의 두께보다 약간 큰 것으로 되어 있다. 왜냐하면 거기에는 완충영역 내의 열전달에 대한 약간의 저항이 포함되어 있기 때문이다.

식 (11.18)이 그림 11.8의 두 유체에 적용될 때 관 안쪽의 뜨거운 유체에 대하여는,

$$h_i = \frac{dq/dA_i}{T_h - T_{wh}} \tag{11.26}$$

관 밖의 찬 유체에 대하여는 식 (11.19)로부터 다음과 같이 된다.

$$h_o = \frac{dq/dA_o}{T_{wc} - T_c} \tag{11.27}$$

여기서, A_i와 A_o는 각각 관의 내부 면적과 외부 면적이다.

찬 유체가 물론 관의 내부로 그리고 뜨거운 유체가 관의 외부로 흐를 수도 있다. 계수 h_i와 h_o는 각각 관의 안쪽과 바깥쪽에 관계되는 것이지 특정 유체에 관한 것이 아니다.

개별 계수로부터 총괄 계수의 계산

총괄 계수는 개별 계수들과 관 벽의 저항으로부터 다음 방법으로 설정할 수 있다. 관 벽을 통과하는 열전달속도는 식 (10.15)의 미분형으로 주어질 수 있다. 즉,

$$\frac{dq}{d\overline{A}_L} = \frac{k_m(T_{wh} - T_{wc})}{x_w} \tag{11.28}$$

$T_{wh} - T_{wc}$ = 관 벽에 걸친 온도차

k_m = 벽의 열전도도

x_w = 관 벽의 두께

$dq/d\overline{A}_L$ = 관의 내-면적과 외면적의 로그평균을 기준 한 국부 열훌럭스

식 (11.26)~(11.28)을 온도차에 대해 풀고, 이들을 더하여 총괄 온도차를 구하면 다음 식으로 된다.

$$(T_h - T_{wh}) + (T_{wh} - T_{wc}) + (T_{wc} - T_c) = T_h - T_c = \Delta T$$
$$= dq\left(\frac{1}{dA_i h_i} + \frac{x_w}{d\overline{A}_L k_m} + \frac{1}{dA_o h_o}\right) \tag{11.29}$$

열전달속도를 임의적으로 외부 면적 기준으로 표기하고자 하면, 식 (11.29)을 dq에 대하여 풀고, 그 결과 식의 양변을 dA_o로 나누면 다음과 같이 된다.

$$\frac{dq}{dA_o} = \frac{T_h - T_c}{\frac{1}{h_i}\left(\frac{dA_o}{dA_i}\right) + \frac{x_w}{k_m}\left(\frac{dA_o}{d\overline{A}_L}\right) + \frac{1}{h_o}} \tag{11.30}$$

이제 두 면적 비는,

$$\frac{dA_o}{dA_i} = \frac{D_o}{D_i} \qquad \text{및} \qquad \frac{dA_o}{d\overline{A}_L} = \frac{D_o}{\overline{D}_L}$$

여기서 D_o, D_i 및 $\overline{D}_L$은 각각 관의 바깥지름, 안지름 및 로그평균 지름이다. 그럼으로,

$$\frac{dq}{dA_o} = \frac{T_h - T_c}{\frac{1}{h_i}\left(\frac{D_o}{D_i}\right) + \frac{x_w}{k_m}\left(\frac{D_o}{\overline{D}_L}\right) + \frac{1}{h_o}} \tag{11.31}$$

식 (11.9)를 식 (11.31)과 비교하면 다음과 같다.

$$U_o = \frac{1}{\frac{1}{h_i}\left(\frac{D_o}{D_i}\right) + \frac{x_w}{k_m}\left(\frac{D_o}{\overline{D}_L}\right) + \frac{1}{h_o}} \tag{11.32}$$

만일 내부면적 A_i을 기준면적으로 잡고, 식 (11.29)를 dA_i로 나누어 총괄 계수를 얻어내면 다음과 같이 된다.

$$U_i = \frac{1}{\frac{1}{h_i} + \frac{x_w}{k_m}\left(\frac{D_i}{\overline{D}_L}\right) + \frac{1}{h_o}\left(\frac{D_i}{D_o}\right)} \tag{11.33}$$

총괄 계수의 저항 형태

식 (10.12)와 (10.33)을 비교해 보면, 총괄 계수의 역은 3개의 개별 저항이 직렬로 이루어지면 총괄 저항이 될 것이라고 예측할 수 있다. 그 식에 의해 주어진 총 저항 또는 총괄 저항은 다음과 같다.

$$R_o = \frac{1}{U_o} = \frac{D_o}{D_i h_i} + \frac{x_w}{k_m}\frac{D_o}{\overline{D}_L} + \frac{1}{h_o} \tag{11.34}$$

식 (11.34)의 우변에서 개별 저항은 두 유체의 개별 저항과 금속 벽의 저항을 나타낸다. 총괄 온도강하는 $1/U$에 비례하고, 두 유체 내의 온도강하와 벽의 온도강하는 개별 저항에 비례한다. 즉, 식 (11.34)의 경우에 대하여 다음과 같이 된다.

$$\frac{\Delta T}{1/U_o} = \frac{\Delta T_i}{D_o/D_i h_i} = \frac{\Delta T_w}{(x_w/k_m)(D_o/\overline{D}_L)} = \frac{\Delta T_o}{1/h_o} \tag{11.35}$$

ΔT = 총괄 온도강하
ΔT_i = 내부 유체에 걸친 온도강하
ΔT_w = 금속 벽에 걸친 온도강하
ΔT_o = 외부 유체에 걸친 온도강하

식 (11.35)는 ΔT_i 또는 ΔT_o을 계산하고 T_i 또는 T_o에 가하거나 또는 빼서, 벽 온도 T_{wh} 및 T_{wc}을 결정하는 데 쓰일 수 있다.

오염계수(fouling factor)

실제 조업 중에 열전달표면은 청결한 상태로 남아 있지 않다. 침적물(scale), 먼지, 기타 고체 부착물이 관의 한쪽 면 또는 양면에 형성되면, 열흐름에 부가적 저항이 생겨서 총괄 계수는 감소된다. 이와 같은 부착물의 영향은 식 (11.29)의 괄호 안의 항에 각 부착물에 대한 $1/(dA\ h_d)$항을 추가해 줌으로써 고려된다. 그러므로 관의 내부와 외부 양면에 부착물이 형성되는 경우, 식 (11.29)에 침적물 영향에 대한 보정 항을 포함시키면 다음과 같이 된다.

$$\Delta T = dq\left(\frac{1}{dA_i h_{di}} + \frac{1}{dA_i h_i} + \frac{x_w}{d\overline{A}_L k_m} + \frac{1}{dA_o h_o} + \frac{1}{dA_o h_{do}}\right) \tag{11.36}$$

여기서, h_{di}와 h_{do}는 각각 관 내부와 외부에 부착된 침적물에 대한 오염계수(汚染係數)이다. 식 (11.36)으로부터 외부와 내부면적 각각을 기준 한 총괄 계수에 대한 식은 다음과 같다.

$$U_o = \frac{1}{D_o/D_i h_{di} + D_o/D_i h_i + (x_w/k_w)(D_o/\overline{D}_L) + 1/h_o + 1/h_{do}} \tag{11.37}$$

$$U_i = \frac{1}{1/h_{di} + 1/h_i + (x_w/k_w)(D_i/\overline{D}_L) + D_i/D_o h_o + D_i/D_o h_{do}} \tag{11.38}$$

식 (11.37)과 (11.38)에서 침적물의 실제 두께는 무시되었다.

청소한 후 다음 청소까지 사이의 합당한 기능을 발휘하고, 정상조업 하에서 만족한 성능을 주는 오염계수의 수치 값이 참고문헌 3에 주어져 있다. 이들 값은 대략 600 ~ 11,000 W/m^2 · °C(100 ~ 2,000 Btu/ft^2 · h · °F) 범위에 있다. 보통 공업적으로 취급되는 액체에 대한 오염계수는 1,700 ~6,000 W/m^2 · °C(300 ~ 1,000 Btu/ft^2 · h · °F) 범위로 떨어진다. 보통 오염계수는 설계상의 안전인자(safety factor)가 규정됨에 따라 그 값이 고정되어진다.

예제 11.1

이중-관 교환기의 관 내부로 흐르는 메틸알코올이 재킷(jacket) 내로 흐르는 물에 의해 냉각된다. 내관은 1 in(25 mm) Schedule 40 강철관이다. 이 강철의 열전도도는 26 Btu/ft · h · °F(45 W/m^2 · °C)이다. 개별 계수들과 오염계수는 표 11.1에 주어졌다. 내관의 외부면적을 기준으로 총괄계수는 얼마인가?

풀이

부록 3으로부터 Schedule 40 1-in 관의 지름과 벽두께는 다음과 같다.

$$D_i = \frac{1.049}{12} = 0.0874\ \text{ft} \qquad D_o = \frac{1.315}{12} = 0.1096\ \text{ft} \qquad x_w = \frac{0.133}{12} = 0.0111\ \text{ft}$$

식 (10.17)에서 반지름 대신 지름을 사용하여 대수평균 지름 $\overline{D}_L$을 계산하면,

$$\overline{D}_L = \frac{D_o - D_i}{\ln(D_o/D_i)} = \frac{0.1096 - 0.0874}{\ln(0.1096/0.0874)} = 0.0983\ \text{ft}$$

표 11.1 예제 11.1의 자료

	Coefficient	
	Btu/ft^2·h·°F	W/m^2·°C
Alcohol coefficient h_i	180	1,020
Water coefficient h_o	600	1,700
Inside fouling factor h_{di}	1,000	5,680
Outside fouling factor h_{do}	500	2,840

식 (11.37)로부터 총괄 계수를 구할 수 있다. 즉,

$$U_o = \frac{1}{\dfrac{0.1096}{0.0874\times 1,000} + \dfrac{0.1096}{0.0874\times 180} + \dfrac{0.0111\times 0.1096}{26\times 0.0983} + \dfrac{1}{600} + \dfrac{1}{500}}$$

$$= 80.9\,\text{Btu/ft}^2\cdot\text{h}\cdot{}^\circ\text{F}\,(459\,\text{W/m}^2\cdot{}^\circ\text{C})$$

총괄 계수의 특수한 경우

총괄 계수의 기준으로서 사용되는 면적의 선정이 임의적이라 할지라도, 때로는 어느 특수한 면적이 다른 것보다 더 편리하다. 예로서, 한 계수 h_i가 다른 계수 h_o와 비교하여 아주 크고, 그리고 오염 효과는 무시될 수 있는 경우를 가상해 보자. 또한 금속 벽의 저항을 나타내는 항이 $1/h_o$에 비하여 아주 작다고 하면, D_o/D_i와 $D_o/\overline{D}_L$ 항도 별로 중요치 않으므로 이들을 소거할 수 있어, 식 (11.32)는 다음과 같이 더 단순한 식으로 대치될 수 있다.

$$U_o = \frac{1}{1/h_o + x_w/k_m + 1/h_i} \tag{11.39}$$

이러한 경우에는 가장 큰 저항 또는 h의 최소 값에 해당되는 그 면적을 기준 한 총괄 계수를 사용함이 유리하다.

지름이 크고 얇은 벽의 관, 평판(平板), 또는 보통 면적 A_i, $\overline{A}_L$, A_o을 사용하여도 무시할 수 있는 오차가 야기되는 경우에 대하여, 식 (11.39)는 총괄 계수로서 사용될 수 있고, 이 때 U_i 및 U_o는 동일하게 된다.

때로는 한 계수, 즉 h_o가 x_w/k과 h_i에 비하여 아주 작게 되면, $1/h_o$ 항은 다른 항에 비하여 아주 크게 된다. 이것이 참일 때 가장 큰 저항을 **율속저항**(律速抵抗, controlling resistance)이라 하고, 총괄 계수를 그 작은 개별 계수, 즉 $h_o = U_o$로 놓아도 아주 정확하게 된다.

개별 열전달계수의 분류

벽을 통해 한 유체로부터 다른 유체로의 열전달률을 예측하는 문제는, 총괄 과정에 관계되는 유체의 개별계수 값을 예측하는 문제로 돌아간다. 개별 계수는 실제로 넓고 다양하게 되고, 각 형태의 현상도 분리해서 고려하여야 한다. 본 교재에서는 다음 분류(分類)에 따라 고려한다.

1. 상 변화(相變化) 없는 관 내부의 유체 쪽으로 또는 그 유체로부터의 열흐름
2. 상 변화 없는 관 외부의 유체 쪽으로 또는 그 유체로부터의 열흐름
3. 응축되는 유체로부터의 열흐름
4. 끓는 액체(boiling liquid)에 가해지는 열흐름

표 11.2 열전달계수의 크기

	Range of values of *h*	
Type of processes	**W/m²·°C**	**Btu/ft²·h·°F**
Steam (dropwise condensation)	30,000–100,000	5,000–20,000
Steam (film-type condensation)	6,000–20,000	1,000–3,000
Boiling water	1,700–50,000	300–9,000
Condensing organic vapors	1,000–2,000	200–400
Water (heating or cooling)	300–20,000	50–3,000
Oils (heating or cooling)	50–1,500	10–300
Steam (superheating)	30–100	5–20
Air (heating or cooling)	1–50	0.2–10

To convert from $Btu/ft^2 \cdot h \cdot °F$ to $W/m^2 \cdot °C$, multiply by 5.6783.

자료 : W. H. McAdams. *Heat Transmission* 3d ed., p. 5., 1954, McGraw-Hill Book Company.

열전달계수의 크기

열전달계수 h 값의 범위는 과정의 특성에 따라 아주 크게 변한다[2]. 일부 전형적인 범위가 표 11.2에 표시되어 있다.

11.4 기호 설명

A	면적, m^2, ft^2; A_T, 열전달 표면의 총면적; A_i, 관의 내부면적; A_o, 관의 외부 면적; $\overline{A}_L$, 로그평균 값
c_p	일정압력에서의 비열, $J/g \cdot °C$, $Btu/lb \cdot °F$; c_{pc}, 찬 유체의 값; c_{ph} 뜨거운 유체의 값
D	지름, m, ft, D_i 관의 안지름; D_o, 관의 바깥지름; $\overline{D}_L$ 대수평균 지름
H	엔탈피, J/g, Btu/lb, H_a, 입구에서의; H_b, 출구에서의; H_{ca}, H_{cb}, 찬 유체의; H_{ha}, H_{hb}, 뜨거운 유체의 값
h	개별(또는 표면) 열전달계수, $W/m^2 \cdot °C$, $Btu/ft^2 \cdot h \cdot °F$; h_i 관 외부의 값
h_d	오염계수, $W/m^2 \cdot °C$, $Btu/ft^2 \cdot h \cdot °F$; h_{di}, 내관의 값; h_{do} 외관의 값
k	열전도도, $W/m^2 \cdot °C$, $Btu/ft \cdot h \cdot °F$; k_m, 관 벽의 열전도도
L	길이, m, ft
LMTD	대수평균온도차
$\dot{m}$	질량유속, kg/h, lb/h; $\dot{m}_h$, 뜨거운 유체의 값; $\dot{m}_c$, 찬 유체의 값
Nu	Nusselt 수, hD/k; 무차원
Q	열량, J, Btu
q	열흐름속도, W, Btu/h; q_T 교환기에서 총 열흐름속도; q_c, 찬 유체의 열흐름 속도; q_h, 뜨거운 유체의 열흐름속도
R	총괄 열저항, R_o; 외부표면적 기준 총괄저항
T	온도, °F, °C; T_a, 입구온도 또는 초기온도; T_b, 출구온도; T_c, 찬 유체의 온도; T_{ca}, 찬 유체의 입구온도; T_{cb}, 찬 유체의 출구온도; T_s, 표면온도; T_h, 뜨거운 유체의 온도; T_{ha}, 뜨거운 유체의 출구온도; T_{h1}, T_{h2}, 전달장치 끝에서의 온도; T_w, 관 벽의 온도; T_{wc}, 찬 유체-

측의 관 벽 온도; T_{wh}, 뜨거운 유체-측의 관 벽 온도; $\overline{T}_b$, 고체 구의 부피 평균온도

t 시간, h, s

U 총괄 열전달계수, W/m^2 · °C, Btu/ft^2 · h · °F; U_i, 내부 표면적을 기준 한 값; U_o, 외부 표면적을 기준 한 값; U_1, U_2, 교환기 양단에서의 값

x 막 두께, m, ft[식 (11.23)~(11.25)]

x_w 관 벽의 두께, m, ft

y 관 벽에 직각으로 유체 쪽으로 열흐름 방향으로 측정된 거리, m 또는 ft

그리스문자

α 열확산계수, $k/\rho c_p$; m^2/s, ft^2/h

ΔT 총괄 온도차, $T_h - T_c$, °C, °F; ΔT_i, 관 벽의 내부 유체 사이의 온도차; ΔT_o, 관 벽과 외부 유체 사이의 온도차; ΔT_w, 관 벽에 걸친 온도차; ΔT_1, ΔT_2, 교환기 양단의 온도차; $\overline{\Delta T_L}$, 대수평균 온도차

λ 증발 잠열, J/g, Btu/lb

연습 문제

11.1 다음 각 사례에 내부면적 그리고 외부면적을 기준 한 총괄 열전달계수를 계산하라.

사례 1: 10°C의 물이 3/4 in 16 BWG 응축기 튜브를 흐르고, 105°C의 포화수증기가 외부에서 응축된다. h_i = 12 kW/m^2·°C, h_o = 14 kW/m^2·°C, k_m = 120 W/m·°C

사례 2: 대기압의 벤젠이 25 mm 강철관 밖에서 응축되고, 15°C의 공기가 6 m/s의 속도로 그 내부를 흐른다. 관 벽의 두께 = 3.5 mm, h_i = 20 W/m^2·°C, h_o = 1,200 W/m^2·°C, k_m = 45 W/m·°C

사례 3: 100°F의 기름을 수송하는 1 in Schedule 40 강철관 상에서 50 psig의 수증기로부터의 적상 응축(dropwise condensation). h_o = 14,000 Btu/ft^2·h·°F, h_i = 130 Btu/ft^2·h·°F, k_m = 26 Btu/ft·h·°F

11.2 문제 11.1의 사례 1과 3에서 금속관 또는 튜브의 내부표면과 외부 표면의 온도를 계산하라.

11.3 총 외부표면적이 70 ft^{2}인 이중-관 열교환기 내에서 아닐린(aniline)이 200°F에서 150°F까지 냉각된다. 이 냉각에 100°F의 톨루엔(toluene) 8,600 lb/h가 가능하다. 교환기는 2 in Schedule 40 관내에 $1\frac{1}{4}$ in Schedule 40으로 되어 있다. 아닐린의 유속은 10,000 lb/h이다. (a) 흐름이 역류(또는 향류)일 때 톨루엔의 출구온도, LMTD 그리고 총괄 열전달계수는 얼마인가? (b) 흐름이 평행일 때 이것들의 값은 또 얼마인가?

11.4 문제 11.3에 설명된 교환기에서, 총괄 열전달계수가 70 Btu/ft^2·h·°F일 때 얼마나 많은 아닐린을 냉각시킬 수 있는가?

11.5 19,000 kg/h로 흐르는 사염화탄소(CCl_4)가 20°C의 냉각수 13,500 kg/h에 의해 85°C에서 40°C까지 냉각된다. 사염화탄소의 관 외부의 경막계수(film coefficient)는 1,700 W/m^2·°C이다. 벽 저항은 무시되나 물이 흐르는 쪽의 h_i는 오염인자를 포함하여 11,000 W/m^2·°C이다. (a) 역류 교환기에서 필요한 면적은 얼마인가? (b) 병행류를 사용하여 사염화탄소의 초기냉각을 더 빠르게 할 때 면적은 몇 배로 증가되는가?

11.6 한 슬러리를 냉각하는 데 쓰이는 2중-관 열교환기에서 총괄계수 U_i가 1.84 kW/m^2·°C이다. 1 in Schedule 40 강관 안으로 물이 흐르고, 2 in 외관으로는 슬러리가 흐른다. 내부 계수 값은 난류로 기준 된 자료에 따라 4.8 kW/m^2·°C로 추정되었다. (a) 외부계수 그리고 총 저항에 대한 각 개별저항(외부 막, 벽, 내부 막)의 백분율을 계산하라. (b) 만일 h_i에 대한 상관식이 ±10% 그리고 U_i값이 단지 10% 정확도를 가진다면 h_o에서 최대가능 오차는 얼마인가?

11.7 길이 8 ft, 120 3/4 in, BWG 16인 구리튜브로 된 관형-응축기는 870 gal/min의 냉각수를 이용하여 120°C의 포화수증기 22,100 lb/h를 응축시킨다. 물의 입·출구온도는 20와 46°C로 측정되었다. (a) 열 수지는 어떠한가? (b) 관 외부면적을 기준 한 총괄 열전달계수는 얼마인가?

11.8 향류 열교환기에서 뜨거운 흐름이 120에서 30°C로 냉각되고, 찬 흐름의 온도는 20에서 60°C로 변한다. 만일 동일 열교환기에서 병류로 작동된다면, 이 흐름들의 유출온도는 얼마인가?

11.9 한 유기물증기가 수냉식 응축기에서 80°C, 1.2 atm에서 응축된 다음, 같은 응축기 내에서 그 응축유기물 액체는 35°C까지 냉각된다. 냉각수는 25°C의 것을 써야 하고 출구 물의 온도는 약 45°C이여야 한다. 응축냉각기 내의 온도분포를, 그리고 소요면적을 어떻게 계산할 것인지 설명하라.

11.10 기름 2,500 kg/h를 160℃로부터 80℃ 이하로 냉각하는데 향류 다관형 교환기를 이용한다. 20℃의 냉각수 4,000 kg/h의 유속으로 들어간다. 청결한 교환기에서 예상되는 총괄계수는 960 W/m^2·℃이고 관의 외측 면적은 4.1 m^{2}이다. 기름의 비열은 0.72 cal/g·℃이다. 청결한 교환기에서 기름과 물의 출구온도는 얼마인가?

11.11 문제 11.10의 조건에서, 관의 양면에서의 오염인자 값이 4,000 W/m^2·℃일 때 출구온도들을 추산하라.

11.12 향류 열교환기를 이용해서 뜨거운 유체가 200℃로부터 60℃로 냉각된다. 이 때 냉각수는 20℃로 들어가 55℃로 나간다. 교환기의 뜨거운 쪽 총괄계수는 800 W/m^2·℃이고 차가운 쪽의 것은 600 W/m^2·℃이다. 열흐름속도는 1.2×10^6 W이다. 식 (11.17)을 이용하여 구한 소요면적과 대수평균온도차 $\overline{\Delta T_L}$을 기준 한 소요면적과 비교하라.

11.13 물보다 3℃ 높은 비점을 가진 어느 수용액이 가열되어, 다관-원통형 교환기의 관 내 에서 부부 증발된다(partially vaporized). 그 교환기 외통-측(shell side) 수증기는 1.70 atm gauge이고 그 용액은 28℃로 들어간다. 관 내 평균압력은 1 atm이고(마찰 압력손실 무시) 그 액체의 50%가 증발된다고 가정하고, 열교환기에 대한 온도이력을 그려라. 그리고 대수평균 온도차는 얼마인가?

11.14 100℃에 있는 벤젠증기(benzene vapor)가 원통형 열교환기 내의 대기압에서 냉각·응축된다. 냉각수는 20℃로 들어가서 45℃로 나간다. 향류흐름에서 그 교환기의 냉각·응축부분에서 $\overline{\Delta T_L}$을 계산하라. 각 부분에서 전달된, 총열량에 대한, 분율은 얼마인가? 벤젠의 비열은 0.35 cal/g·℃이고 증발잠열은 165 cal/g이다.

11.15 문제 11.14에서 병행류 교환기로 간주하여 반복하고 그리고 병(행)류와 향류 사이의 차이를 논하라.

참고 문헌

1. Colburn, A. P. *Ind. Eng. Chem.*, **25**:873 (1933).
2. McAdams, W. H. *Heat Transmission*, 3rd ed., New York ; McGraw-Hill, 1954, p. 5.
3. Perry, J. H. (ed.), *Chemical Engineers' Handbook*, 6th ed., New York: McGraw-Hill, 1984, p. **10**-43.

12 상 변화 없는 유체로의 열전달

Heat Transfer to Fluids without Phase Change

열교환(熱交換) 응용의 대부분이 상 변화 없는 유체흐름 들 사이의 열전달이다. 이는 특히, 발열 반응기로부터 나오는 뜨거운 유출물이 찬 급송물 예열용으로 쓰일 때와 같이, 열 회수조작에 중요하다. 또 다른 예로서는 뜨거운 기체흐름으로부터 냉각수로의 열전달, 그리고 공기에 의한 뜨거운 액체흐름의 냉각 등이 있다. 이와 같은 경우, 두 흐름은 열전달 표면인 금속 벽에 의해 격리된다. 이 표면은 일정한 단면의 튜브나 관로(管路; channel), 평판 또는 작은 체적 내 최대 열전달 표면적이 충전되도록 설계된 제트 엔진(jet engine)과 고급 동력기계류와 같은 장치 등으로 구성되어 있을 수 있다.

대부분의 유체-유체간의 열전달은 정상상태 장치에서 일어나지만, 그러나 한 고체형태(固形)의 층(bed)이 뜨거운 유체에 의해 가열되고, 그 다음 그 고체가 찬 유체를 가열하는 데 번갈아서 쓰이는 열재생기(thermal regenerator)는 특히 고온 열전달에 쓰인다. 재생기 성능은 15장에서 논한다.

12.1 경계층

열전달 영역

가열되거나 냉각되는 유체는 층류(laminar flow), 난류(turbulent flow), 또는 층류와 난류 사이의 전이영역(transition range) 상태로 흐를 수 있다. 또한 그 유체는 강제대류(强制對流) 또는 자연대류(自然對流)로 흐를 수 있다. 어떤 경우에는 한 흐름 내에서 여러 흐름 형태가 나타날 수 있다. 예로서, 대형 관 내 저속(低速)의 층류에서는 강제 층류에 자연대류가 중첩될 수 있다.

유체흐름 방향이 가열표면 방향과 평행하게 되면, 경계층 분리(boundary layer separation)가 일어나지 않는다. 또는 흐름 방향이 가열표면에 직각으로 놓이게 되면, 경계층 분리가 일어난다.

보통 유속에서는 유체 마찰로 인한 발생 열은 유체간 전달되는 열량에 비해 무시할 정도임으로, 마찰열(frictional heat)은 무시될 수 있다. 그러나 고분자의 사출성형 같이 아주 큰 점성 유체가 관여되는 조작에서는 이는 중요할 수도 있다. 알라스카 송유관 내 원유의 마찰-가열(friction heating)은 상온 이상으로 원유를 유지시키는 데 도움을 준다. 이는 점도를 감소시켜서 펌핑-비용을 낮추게 한다. Mach수 1.0에 접근되는 고속(高

速)의 기체흐름에서 마찰열은 감지할 수 있을 정도로 커서 이를 무시할 수 없다. 매우 높은 유속에서 마찰열은 마치 우주선의 대기권 재진입 때처럼 큰 율속(律速)과정이 될 수 있다.

관 입구에서의 흐름조건은 입구로부터 충분히 떨어진 하류(下流)와 다르기 때문에, 속도장(velocity field)과 그에 관계되는 온도장(temperature field)은 관 입구로부터 거리에 의존된다. 또한 어떤 경우에 유체가 미가열 또는 미냉각된(unheated or uncooled pipe) 예비 도관부분을 통과하게 되면, 열이 유체로 전달되기 전에 완전히 발달된 속도장이 형성되며, 이 때 온도장은 기존의 속도장 내에서 생기게 된다.

마지막으로 유체의 특성, 즉 점도, 열전도도, 비열 및 밀도는 열전달에 중요한 매개변수이다. 이들 각 특성은, 특히 점도는 온도 의존성이다. 열전달이 일어나는 흐름 내에서 온도가 각 지점마다 변하기 때문에 그 특성 값을 구할 온도의 선정 문제가 야기된다. 유체와 벽간 작은 온도차의 경우 또는 점도의 온도 의존성이 미약한 경우에 그 문제는 예민하지 않지만, 그러나 중질(重質) 석유와 같은 고 점성(高粘性) 유체 또는 유체와 벽간 큰 온도차의 경우는 그 흐름 내 유체의 특성변화가 아주 크게 되어 열전달속도 계산이 더 어렵게 된다.

위에 설명한 여러 가지 효과 때문에 상 변화 없는 유체에 가해지는 열전달의 총괄적 문제는 복잡하여 실제적으로 일반적인 이론으로서 취급되기보다는 일련의 특수한 사례로서 취급되어진다. 그러나 본 장에서 고려된 모든 사례들은 공통적인 현상을 갖는다. 그들 모두에서 열경계층(熱 境界層)의 형성, 즉 마치 3장에서 설명된 유체동역학적 Prandtl 경계층과 유사한 것이 일어난다. 이것은 온도장에 아주 크게 영향을 주게 됨으로 열흐름속도를 조절한다.

열경계층

그림 12.1(a)에 보인 바와 같이, 정상 유체흐름 내에 잠긴 평판과 그 평판에 평행하게 편향된 경우를 생각해 보자. 그 흐름이 평판에 접근되어 속도 u_0와 온도 T_∞을 유지하고, 반면 평판표면은 일정온도 T_w을 유지하고 있다고 가상하자.

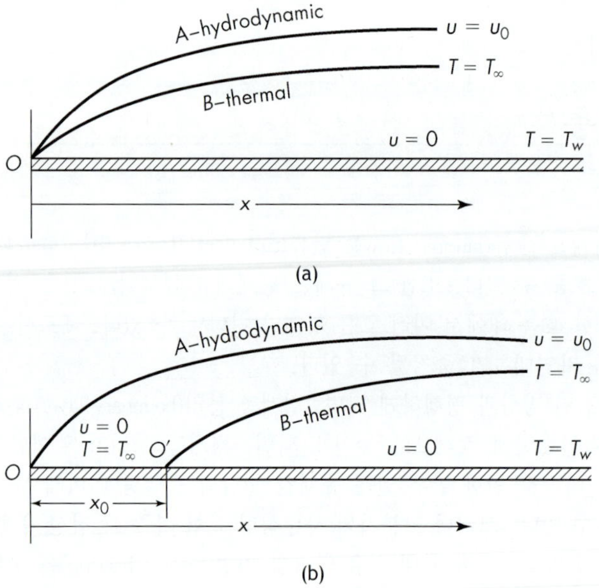

그림 12.1 평판 상의 열경계층과 유체동역학적 경계층 : (a) 가열된 전체 평판, (b) 가열되지 않은 길이 = x_0

T_w는 T_∞보다 커서, 유체는 평판에 의해 가열된다고 가상하자. 3장에서 설명된 바와 같이, 경계층은 그 속도가 벽의 $u = 0$로부터 그 층의 외부 경계의 $u = u_0$까지 변하는 범위 내에서 전개된다. 이 경계층을 **유체동역학적 경계층**(hydrodynamic boundary layer)이라 하며, 이는 그림 12.1(a)에서 선 OA로 표시되어 있다. 평판으로부터 유체까지 전달되는 열의 침투는 평판 근처의 유체온도를 변하게 해서 온도구배가 생기게 된다. 또한 그 온도구배는 그 경계층에서 벽까지로 한정되고, 그 층 내의 온도는 T_w로부터 그 층 외부의 경계온도 T_∞까지 변한다. 이 층을 **열경계층**(thermal boundary layer)이라 하는데 이는 그림 12.1(a)에서 선 OB로 표시되어 있다. 표시된 바와 같이, 선 OA와 OB는 열경계층이 모든 x지점에서 유체동력학적 경계층보다 더 얇게 그려져 있으며, 여기서 x는 평판 앞머리로부터의 거리이다.

Prandtl수

평판에 따라 어떤 주어진 지점에서 두 경계층 두께간의 관계는 무차원 Prandtl수에 의존된다. 이 **Pr**는 열확산계수 $\alpha(= k/\rho c_p)$에 대한 운동량확산계수 $\nu(= \mu/\rho)$의 비에 해당된다. 그래서

$$\mathrm{Pr} \equiv \frac{\nu}{\alpha} = \frac{c_p \mu}{k} \tag{12.1}$$

Prandtl수가, 대부분의 액체가 그렇듯이, 1보다 클 때 열경계층은 그림 12.1(a)에 보인 바와 같이 유체동역학적 층보다 더 얇게 되는데 이는 열전도속도(rate of heat conduction)가 비교적 낮기 때문이다.

70°C 물의 **Pr**는 약 2.5; 점성액체나 농축액은 600까지 클 수 있다. 액체에 대한 **Pr**는 점도 감소 때문에 온도 상승에 따라 감소된다. 고 점도 유체에서 동력학적 경계층이 그 평판의 표면으로부터 더 확장된다. 이는 직관적으로 이해될 수 있을 것이다. 그리세린 같이 아주 점성이 큰 액체를 통해 움직이는 평판을 상상해 보자. 그 평판으로부터 상당한 거리에서도 유체는 움직임이 있을 것이다. 즉 두꺼운 경계층이 생길 것이다.

기체에 대한 Prandtl 수가 1.0에 가깝게(공기는 0.69, 수증기는 1.06) 되면, 두 층은 거의 동일한 두께로 된다. 기체에 대한 **Pr**는 거의 온도에 무관한데, 이는 점도와 열확산계수 모두 온도에 따라 같은 율로 증가되기 때문이다. 기체와 액체에 대한 **Pr**는 부록 16 및 17에 주어져 있다.

액상 금속은 0.01~0.04 범위의 아주 낮은 **Pr**를 갖는데, 이는 높은 열전도도 때문이다. 온도구배는 유체동력학적 경계층을 넘어서 더 멀리까지 확장되고, 열전달속도를 예측하려면 특수 관계식이 필요하다.

그림 12.1(a)에서는 전체 평판이 가열되고, 두 경계층이 그 평판 앞머리에서 시작되는 것으로 가상된 것이다. 평판 처음 부분이 가열되지 않고 열전달 면이 앞머리로부터의 일정거리 x_0에서 시작된다면, 그림 12.1(b)의 선 $O'B'$로 표시된 바와 같이 유체동역학적 경계층은 이미 x_0에 존재하고, 반면 열경계층은 그 지점에서부터 생성되기 시작한다.

그림 12.1의 도시는 명료하게 끔 경계층 두께를 과장하여 그린 것이다. 실제 두께는 보통 그 평판 앞머리로부터 거리의 1%보다 작을 것이다.

관을 통과하는 흐름에서는 유체동역학적 경계층 두께가 관 입구로부터 거리에 따라 증가해서 마지막으로 그 층이 관 중심부에 도달하게 됨을 이미 보인 바 있다(3장). 그렇게 전개된 속도이력(速度履歷)을 **완전 발달 흐름**(fully developed flow)이라 하며, 관 길이에 따라 변하지 않는 속도분포를 이루게 된다. 가열되거나 냉각되는 도관 내의 열경계층도 역시 가열된 관 입구로부터 일정한 길이로 관 중심부에 도달되고, 이 온도이력은 이 지점에서 완전히 발달된다. 그러나 속도이력과는 달리 온도이력은 관 길이가 증가함에 따라 납작하게 되고, 아주 긴 관에서는 전체 유체흐름이 도관 벽의 온도에 도달하게 되어 온도구배도 없어지며 열전달도 그치게 된다.

12.2 층류에서 강제대류에 의한 열전달

층류에서는 열전달이 단지 전도에 의해서만 일어나고, 대류에 의해서 등온 면을 가로질러 열을 운반할 에디(eddy)는 없는 것이다. 이 문제는 연속성, 운동량 및 에너지 등에 대한 편미분방정식을 기초로 한 수학적 해석으로 풀 수 있다. 경계조건에 의존되는 수학적 해는 유체흐름과 열전달 조건을 정의해 줌으로써 확립된다. 유체가 가열 표면에 접근될 때, 이것은 이미 완성된 유체동역학적 경계층 또는 부분적으로 발달된 것을 갖게 된다. 또는 유체가 균일 속도(均一速度)로 가열표면에 접근됨으로써 두 경계층은 동시에 시작될 수도 있다. 속도가 모든 단면과 관 길이에서 일정하다고 가정된 단순 흐름의 경우를 **플러그 흐름**(plug flow) 또는 **피스톤형 흐름**(rodlike flow)이라 한다. 흐름의 조건에 무관하게 되면, (1) 가열표면은 등온일 수 있고, 또는 (2) 열훌럭스는 가열표면 모든 점에서 동일할 수 있는데, 이는 유체의 평균온도가 관 길이에 따라 직선적으로 변화하기 때문이다. 경계조건들의 다른 조합도 가능하다[6a]. 여러 특수한 사례에 대한 기본 미분방정식은 동일하나 최종 적분된 관계식은 서로 다르다.

대부분의 간단한 수학적 유도는 유체 특성이 일정하며, 온도에 무관하고, 흐름이 교차흐름(十字流)이나 에디(渦流)가 없다는 가정에 기초를 두고 있다. 이러한 가정들은 온도변화와 온도구배가 작을 때 유효하나, 큰 온도변화 시에는 그 단순 모형은 다음의 두 이유 때문에 물리적 사실에 맞지 않는다. 첫째, 도관 단면에 걸친 점도의 변화는 층류의 통상적인 포물선형 속도분포를 깨게 된다. 그래서 유체가 액체이고 가열되어 있을 때 벽에 인접한 층은 중심부 층보다 더 낮은 점도를 갖게 되고, 따라서 벽에서 속도구배는 증가하게 된다. 벽 쪽을 향해 액체의 십자류가 생기게 된다. 만일 액체가 냉각되어 질 때면 그 반대 효과가 일어난다. 둘째, 온도장(溫度場)은 밀도구배를 생기게 함으로 자연대류가 시작될 수 있고, 이것은 유체의 유선(流線)을 더 파괴할 것이다. 이 자연대류의 효과가 적으냐 크냐 하는 것은 많은 인자에 의존되고, 이는 자연대류 절에서 논하기로 한다.

본 절에서 층류 내 3가지 형태의 열전달을 고려한다. (1) 평판을 따라 흐르는 유체로의 열전달, (2) 도관 내 플러그흐름에서의 열전달, (3) 관 입구에서 완전 발달흐름인 유체로의 열전달 등이다.

이 모든 경우에 평판 또는 도관의 가열되는 부분의 온도는 일정하다고 간주되고, 자연대류의 영향은 무시된 것이다.

평판으로의 층류 열전달

그림 12.1(b)에 보인 평판 쪽으로의 열흐름을 생각하자. 그 조건들을 다음과 같이 가정한다.

평판으로 접근되는 유속 그리고 경계층 OA선과 그 밖에서의 유속: u_0
평판으로 접근되는 유체온도와 열경계층 $O'B$선과 그 밖에서의 온도: T_∞
평판의 온도: $x = 0 \sim x = x_0$에서는 $T = T_\infty$, $x > x_0$에서는 $T = T_w$이며, 여기서 $T_w > T_\infty$이다.
밀도 ρ, 열전도도 k, 비열 c_p, 점도 μ 등 유체의 특성은 일정하고 온도와 무관하다.

이 조건 하에서 정밀한 해석으로 얻어진 식은 다음과 같다[2].

$$\left(\frac{dT}{dy}\right)_w = \frac{0.332(T_w - T_\infty)}{\sqrt[3]{1-(x_0/x)^{3/4}}}\sqrt[3]{\frac{c_p\mu}{k}}\sqrt{\frac{u_0\rho}{\mu x}} \tag{12.2}$$

여기서 $(dT/dy)_w$는 벽에서의 온도구배이다. 식 (11.21)에서, 앞머리로부터 임의의 거리 x에서 국부 열전달 계수 h_x와 벽에서 온도구배 사이의 관계는,

$$h_x = \frac{k}{T_w - T_\infty}\left(\frac{dT}{dy}\right)_w \tag{12.3}$$

$(dT/dy)_w$을 소거하면,

$$h_x = \frac{0.332k}{\sqrt[3]{1-(x_0/x)^{3/4}}} \sqrt[3]{\frac{c_p\mu}{k}} \sqrt{\frac{u_0\rho}{\mu x}}$$

이 식에 x/k을 곱하여 무차원 꼴로 만들면 다음과 같다.

$$\frac{h_x x}{k} = \frac{0.332}{\sqrt[3]{1-(x_0/x)^{3/4}}} \sqrt[3]{\frac{c_p\mu}{k}} \sqrt{\frac{u_0 x\rho}{\mu}} \tag{12.4}$$

이 식의 좌변 항은 식 (11.22)에 따라 x 지점에 해당되는 Nusselt 수, 즉 Nu_x이다. 둘째 군은 Prandtl 수, **Pr** 그리고 셋째 군은 x 지점에서의 Reynold 수, Re_x이다. 그러면 식 (12.4)를 다음과 같이 다시 표시할 수 있다.

$$\mathrm{Nu}_x = \frac{0.332}{\sqrt[3]{1-(x_0/x)^{3/4}}} \sqrt[3]{\mathrm{Pr}} \sqrt{\mathrm{Re}_x} \tag{12.5}$$

국부 Nusselt수는 열경계층 두께에 대한 거리 x의 비로서 해석될 수 있다. 이는 두께 y인 층을 통과하는 전도가 계수 k/y을 주기 때문이다. 따라서,

$$\mathrm{Nu}_x = \frac{h_x x}{k} = \frac{k}{y}\frac{x}{k} = \frac{x}{y} \tag{12.6}$$

그림 12.1(a)에 보인 바와 같이, 평판의 전체 길이에 걸쳐 가열될 때 $x_0 = 0$이면, 식 (12.5)는 다음과 같이 된다.

$$\mathrm{Nu}_x = 0.332 \sqrt[3]{\mathrm{Pr}} \sqrt{\mathrm{Re}_x} \tag{12.7}$$

식 (12.7)은 앞머리로부터의 거리 x에서 Nusselt 수의 국부 값을 준다. 실제로 더 중요한 것은 평판의 전체 가열 길이 x_1에 걸친 **Nu**의 평균치인데, 이것은 다음과 같이 정의된다.

$$\mathrm{Nu} = \frac{hx_1}{k} \tag{12.8}$$

여기서,

$$h = \frac{1}{x_1}\int_0^{x1} h_x\,dx$$

$x_0 = 0$ 임으로, 식 (12.4)는 전체 길이에 걸쳐 가열되는 평판에 대하여 다음과 같이 쓸 수 있다.

$$h_x = \frac{C}{\sqrt{x}}$$

여기서, C는 h_x와 x을 제외한 모든 인자를 포함한 상수이다. 따라서,

$$h = \frac{C}{x_1}\int_0^{x1}\frac{dx}{\sqrt{x}} = \frac{2C}{x_1}\sqrt{x_1} = \frac{2C}{\sqrt{x_1}} = 2h_{x1} \tag{12.9}$$

그 평균계수는 분명히 평판 끝에서 국부계수의 2배가 되며, 식 (12.7)은 다음과 같이 된다.

$$\mathrm{Nu} = 0.664 \sqrt[3]{\mathrm{Pr}} \sqrt{\mathrm{Re}_{x1}} \tag{12.10}$$

이들 식은 **Pr**가 1.0 또는 그 이상에서만 유효한데, 이것은 그 유도과정에서 열경계층이 유체동역학적 층보다 두껍지 않다고 가정하였기 때문이다. 그러나 $\mathrm{Pr} \approx 0.7$인 기체에 대하여는 약간의 오차 범위에서 이들 식을 사용할 수 있다. 또한 그 식들은 **Nu**가 아주 큰, 즉 10 또는 그 이상인 경우에 대하여는 제한되는데, 이것은 축-방향 전도(유도과정에서는 무시됨)가 두꺼운 경계층에 대하여 아주 큰 영향을 미칠 수 있기 때문이다.

도관 내 층류 열전달

도관 내 층류 열전달의 가장 간단한 경우는 다음 조건일 때 일어난다. 관 전체에 걸쳐 그리고 단면 어느 지점에서나 유체속도가 일정하여 $u = u_0 = \overline{V}$가 되고, 벽 온도가 일정하며, 유체의 특성이 온도에 무관하게 되는 조건들이다. 수학적으로 이 모형은 일정한 표면온도에 있는 고체 봉(solid rod) 내로 전도에 의한 열흐름 모형과 동일하며, 이때 길이 L인 관을 유속 $\overline{V}$로 통과하는 유체흐름이 한 단면을 통과하는 기간을 가열시간(加熱時間)으로 사용된 것이다. 이 기간이 $t_T = L/\overline{V}$이다. 그러면 식 (10.21)은 Fourier수 안의 t_T을 $L/\overline{V}$로 대입하면 한 유체의 플러그흐름에 대하여 사용될 수 있다. 즉,

$$\mathrm{Fo} = \frac{\alpha t_T}{r_m^2} = \frac{4kt_T}{c_p \rho D^2} = \frac{4kL}{c_p \rho D^2 \overline{V}} \tag{12.11}$$

Graetz 수와 Peclet 수

유체에 가해지는 열전달을 취급하는데 Fourier 수 대신에 다른 두 무차원군(無次元群)이 보통 사용된다. Graetz 수는 다음 식으로 정의된다.

$$\mathrm{Gz} \equiv \frac{\dot{m} c_p}{kL} \tag{12.12}$$

여기서, $\dot{m}$는 질량유속이다. $\dot{m} = (\pi/4)\rho \overline{V} D^2$이기 때문에,

$$\mathrm{Gz} = \frac{\pi}{4} \frac{\rho \overline{V} c_p D^2}{kL} \tag{12.13}$$

Graetz 수는 **Re**, **Pr** 및 D/L비로부터 얻을 수 있다[1]. 즉,

$$\mathrm{Gz} = \frac{\pi}{4} \rho \overline{V} D^2 \frac{c_p}{kL} \frac{\mu}{\mu} = \frac{\pi}{4} \mathrm{Re}\,\mathrm{Pr}\,\frac{D}{L} \tag{12.14}$$

Peclet 수는 Reynolds 수와 Prandtl 수의 곱으로 정의된다. 즉,

$$\mathrm{Pe} \equiv \mathrm{Re}\,\mathrm{Pr} = \frac{D\overline{V}\rho}{\mu} \frac{c_p \mu}{k} = \frac{\rho \overline{V} c_p D}{k} = \frac{D\overline{V}}{\alpha} \tag{12.15}$$

이들 무차원군 중에서 선정해 사용하는 것은 임의적이다. 이들 상호관계는,

$$\mathrm{Gz} = \frac{\pi D}{4L} \mathrm{Pe} = \frac{\pi}{\mathrm{Fo}} \tag{12.16}$$

다음 논의에서 Graetz 수가 사용된다.

플러그 흐름에서 출구온도

식 (10.21)은 플러그흐름의 경우에 다음과 같이 된다.

$$\frac{T_w - \overline{T}_b}{T_w - T_a} = 0.692e^{-5.78\pi/\mathrm{Gz}} + 0.131e^{-30.5\pi/\mathrm{Gz}} + 0.0534e^{-74.9\pi/\mathrm{Gz}} + \cdots \tag{12.17}$$

또한 T_a와 $\overline{T}_b$는 각각 입구 유체온도와 평균 출구유체온도이다.

플러그흐름은 뉴턴 유체에 대하여 현실적인 모형이 아니다. 그러나 이것은 큰 의가소성 액체(擬可塑性液體, pseudoplastic liquid) ($n' \approx 0$)에 대하여 또는 항복응력(降伏應力, yield stress) τ_0가 큰 가소성 액체에

---

1 어느 문헌에는 Graetz number를 $\pi/4$없이 $\mathrm{Gz} = (D/L)\mathrm{Pe}$로서 정의한다. 그 정의를 사용할 때 해당 관계를 살펴보아야 한다.

대해서는 적용된다.

완전 발달흐름

뉴턴 유체의 완전 발달된 층류에 있어서, 가열된 입구 부분에서의 실제 속도분포와 도관 전체에 걸친 이론적 분포는 모두 포물선이다. 이러한 경우, 적당한 경계조건을 이용하여 식 (12.17)과 같은 꼴의 또 다른 이론식을 전개할 수 있다. 즉, 이 식은 다음과 같다[7d].

$$\frac{T_w - \overline{T}_b}{T_w - T_a} = 0.81904e^{-3.657\pi/\mathrm{Gz}} + 0.09760e^{-22.31\pi/\mathrm{Gz}} + 0.01896e^{-53\pi/\mathrm{Gz}} + \cdots \tag{12.18}$$

점도와 밀도에 대한 온도의 영향에 의해 흐름장(flow field)에서 뒤틀림이 있기 때문에, 식 (12.18)은 정확한 결과를 주지 못한다. 열전달속도가 식 (12.18)에 의해 예측되는 것보다 보통 더 크기 때문에 실험적 상관식(相關式)이 설계 목적으로 개발되었다. 이 상관식은 Graetz 수로 기준 되었으나, 이로부터 온도변화 항보다는 경막계수(film coefficient) 또는 Nusselt 수를 얻게 된다. 이것은 총괄 열전달계수를 결정하는데 다른 저항들과 결합되어지는 유체저항을 쓰기 때문이다.

도관 내 유체의 열전달에 대한 Nusselt수는 경막계수에 D/k을 곱한 값이다. 즉,

$$\mathrm{Nu} \equiv \frac{h_i D}{k} \tag{12.19}$$

경막계수 h_i는 관 길이에 걸친 평균치이고, 일정한 벽 온도의 경우에 대하여는 다음과 같이 계산된다.

$$h_i = \frac{\dot{m}c_p(\overline{T}_b - T_a)}{\pi DL\overline{\Delta T}_L} \tag{12.20}$$

그런데

$$\overline{\Delta T}_L = \frac{(T_w - T_a) - (T_w - \overline{T}_b)}{\ln[(T_w - T_a)/(T_w - \overline{T}_b)]} \tag{12.21}$$

$$h_i = \frac{\dot{m}c_p}{\pi DL}\ln[(T_w - T_a)/(T_w - \overline{T}_b)] \tag{12.22}$$

이렇기 때문에, Nusselt수는 다음과 같이 된다.

$$\mathrm{Nu} = \frac{\dot{m}c_p}{\pi kL}\ln[(T_w - T_a)/(T_w - \overline{T}_b)] \tag{12.23}$$

또는

$$\mathrm{Nu} = \frac{\mathrm{Gz}}{\pi}\ln[(T_w - T_a)/(T_w - \overline{T}_b)] \tag{12.24}$$

식 (12.24)와 (12.18)을 이용하여 Nusselt수의 이론 값을 얻을 수 있고, 이들 값이 그림 12.2에 표시되어 있다. 낮은 **Gz**에서는 식 (12.18)의 첫 항만이 중요하게 되고, **Nu**는 그 한계치 3.66에 접근된다. 낮은 **Gz**에서 열전달계수를 정확히 측정하기란 최종 온도차가 아주 작은 관계로 매우 어렵다. 예로서, Gz = 1.0에서 입구 구동력 대 출구 구동력의 비가 단지 8.3×10^{-6}이다.

Gz가 20 이상에서는 이론 **Nu**가 **Gz**의 약 1/3승만큼 증가된다. 공기와 중간 정도의 점성 액체에 대한 자료는 그와 유사한 경향이나, 그 계수 값은 이론 값보다 약 20% 더 크게 나타난다. 중간 정도의 **Gz**(20보다는 더 큰)에 대한 실험식은 다음과 같다.

$$\mathrm{Nu} \cong 2.0\mathrm{Gz}^{1/3} \ or\ 1.85(\mathrm{Re} \times \mathrm{Pr} \times \mathrm{D/L})^{1/3} \tag{12.25}$$

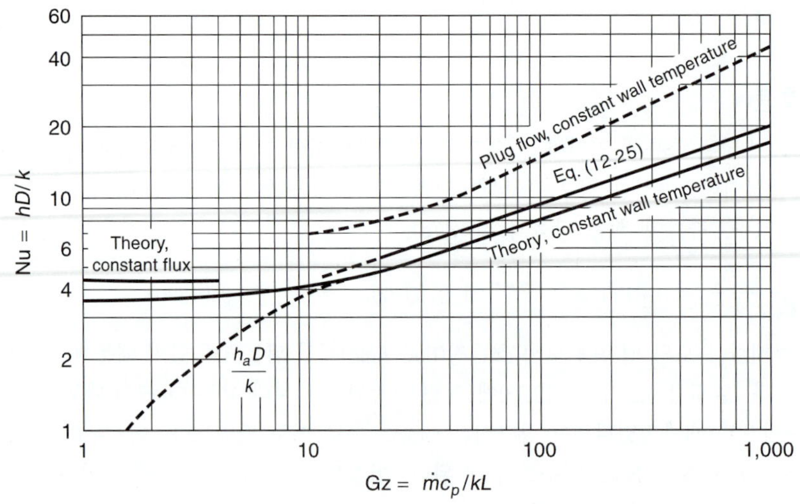

그림 12.2 포물선형 속도분포를 가진 도관 내 층류에 대한 열전달(자연대류나 점도구배 영향은 고려되지 않음)

Gz의 증가에 따른, 또는 길이의 감소에 따른, 경막계수의 증가는 온도이력의 변화에 기인한 결과이다. 짧은 길이에 대해서는 열 경계층이 아주 얇고, 가파른 온도구배가 큰 국부계수를 준다. 입구로부터 거리가 증가되면 경계층은 두껍께 되어서 관의 중심까지 도달된다. 이때 온도이력은 거의 포물선 꼴이다. 국부계수는 그 지점에 도달하면서부터 거의 일정하다. 그러나 평균계수는 길이의 증가에 따라 계속 감소된다. 이것은 높은 초기 계수의 영향이 무시될 때까지 감소된다. 실제로 길이에 따른 국부계수의 변화는 보통 계산되지 않고, 길이-평균 경막계수(length-average film coefficient)가 총괄 계수를 얻는 데 사용된다.

가열 또는 냉각에 대한 보정

큰 온도강하에 아주 점성이 큰 액체에 대해서는 가열과 냉각 사이의 차를 보정하기 위하여 식 (12.25)의 수정이 필요하다. 액체가 가열될 때 벽 근처(인접부분)의 낮은 점도는 플러그흐름의 경우와 유사한 속도분포를 만든다. 이때 벽 인접부분에서는 아주 가파른 기울기이고, 중심에서는 완만한 기울기이다. 이것은 보다 높은 열전달속도를 일으키며, 마치 식 (12.17)과 (12.18)로부터 계산되는 온도 접근단(approach)을 비교해 볼 수 있는 것과 같다. 점성이 큰 액체가 냉각될 때 벽에서 속도구배는 감소되어 낮은 열전달속도를 주게 된다. 무차원 실험보정계수(補正係數) ϕ_v는 가열과 냉각 사이의 차이를 보상한다. 즉,

$$\phi_v \equiv \left(\frac{\mu}{\mu_w}\right)^{0.14} \tag{12.26}$$

이 인자를 식 (12.25)에 가하면 층류 열전달에 대한 최종 식이 된다. 즉,

$$\mathrm{Nu} = 2\left(\frac{\dot{m}c_p}{kL}\right)^{1/3}\left(\frac{\mu}{\mu_w}\right)^{0.14} = 2\,\mathrm{Gz}^{1/3}\phi_v \tag{12.27}$$

식 (12.26)과 (12.27)에서 μ는 유체의 산술평균온도 $(T_a + T_b)/2$ 에서의 점도이고, μ_w는 벽 온도 T_w에서의 점도이다. 액체가 가열될 때 $\mu_w < \mu$ 및 $\phi_v > 1.0$ 이고, 액체가 냉각될 때 $\mu_w > \mu$ 및 $\phi_v < 1.0$ 이다.

식 (12.19)~(12.27)에 표시된 계수들은 로그평균 구동력 $\overline{\Delta T_L}$을 기준 한 것이다. 어느 연구자는 산술평균 온도차 $\overline{\Delta T_a}$을 기준 한 h_a에 대한 상관식을 쓰기도 한다. Gz수가 10 또는 그 이상일 때 입구 구동력 대 출구 구동력의 비는 2.0보다 작다. 이 때, $\overline{\Delta T_L}$과 $\overline{\Delta T_a}$ 사이 또는 h와 h_a 사이의 차도 작다. 그러나 낮은 **Gz**에서 그 온도 접근단은 아주 작게 되고, 그 계수 h_a는 그림 12.2에 보인 바와 같이 **Gz**에 따라 역으로

변한다. 이때 h_a 사용에 뚜렷한 장점이 없어서 설계 계산 시 h을 추천한다.

이제까지 설명된 방정식과 실험결과는 일정한 벽 온도에 대한 것이고, 응축성 증기를 가진 유체를 가열하는데 적용될 수 있다. 역류 교환기가 사용될 때 벽 온도는 교환기 길이에 따라 변하고, 이것은 층류에 대한 막계수에 영향을 준다. 만일 두 흐름이 동일 유속과 동일 열용량(熱容量)이라면 온도 구동력과 열훌럭스는 거의 일정하게 된다. 일정한 열훌럭스와 포물선 흐름(parabolic flow)에 대한 이론 식은 일정한 T_w의 경우 3.66에 비하여 한계 **Nu** 값(limiting **Nu**) 4.37을 준다. 높은 **Gz**에서 일정한 열훌럭스에 대한 예상 계수는 일정한 벽 온도에 대한 것보다 더 높다. 그러나 일정한 열훌럭스인 경우에 대한 별도의 방정식을 전개할 만한 실험결과가 충분하지는 못하다.

열전달에 미치는 삽입물(insert)의 영향

그림 9.19(a)에서 보인 혼합기 내 날과 같이 비틀어진 삽입물(insert)은 점성 액체 쪽으로 또는 점성 액체로부터의 열전달을 증진시키는 데 가끔 쓰인다. 점성류에서 이러한 장치는 4배 또는 그 이상의 열전달계수 값을 증가시키는데, 이는 도관 벽 근처 가열된 액체가 중심 쪽으로 이동하여 찬 유체와 혼합되기 때문이다. 도관을 흐르는 액체는 일반적으로 혼합이 잘된다. 그래서 난류에서 이와 같은 삽입물의 영향은 점성류에서보다는 그 효과가 낮다[10].

비뉴턴액체에 대한 층류 열전달

멱수법칙(powerlaw) 관계식[식 (3.7)]에 따르는 액체로부터 그리고 액체 쪽으로의 열전달에 대하여, 식 (12.27)은 다음 식으로 변형된다[11].

$$\frac{h_i D}{k} = 2\delta^{1/3}\left(\frac{\dot{m}c_p}{kL}\right)^{1/3}\left(\frac{m}{m_w}\right)^{0.14} \tag{12.28}$$

$\delta = (3n' + 1)/4n'$

$m = K'8^{n'-1}$, 산술평균 온도에서의 값

$m_w = T_w$에서 m의 값

K' = 흐름 일관성(조밀도)지수(flow consistency index)

n' = 흐름 거동지수(flow behavior index)

전단-희석성(shear-thinning) 유체($n' < 1$)에 대하여, 비뉴턴 거동은 그 속도이력(profile)을 플러그흐름(plug flow)의 경우와 같이 만들고, 열전달계수를 증가시킨다. $n' = 0.1$일 때 큰 **Gz**에 대한 계수는 포물선흐름($n' = 1.0$)에 대한 것의 약 1.5배이다. $n' = 0$의 한계는 참 플러그흐름에 상당하고, 그 계수는 포물선흐름에 대한 것의 2배만큼 커진다. 그림 12.2에 점선으로 나타낸 플러그흐름에 대한 Nu 수 값이 표시되었는데 높은 **Gz**에서 0.5에 접근되는 기울기를 보여준다.

12.3 난류에서 강제대류에 의한 열전달

아마도 열전달에서 가장 중요한 경우는 밀폐된 관로(管路), 특히 도관 내 난류 유체로의 열흐름일 것이다. 난류는 약 2,100 이상의 **Re**에서 나타나고, 열전달속도가 층류에서 보다 난류에서 더 크기 때문에 대부분의 장치는 난류 영역에서 작동된다.

이 경우에 대한 초기 접근은 차원해석(次元解析)에 의해 유도된 실험자료의 실험적 상관관계에 기준 된

것이었다. 아직도 이렇게 얻어진 방정식은 설계에 많이 적용된다. 다음으로, 이론적 연구가 제기되어, 난류 열전달기구의 보다 깊은 이해를 이루게 하였고, 광범위한 조건에 걸쳐 응용할 수 있는 발전된 식을 얻게 되었다.

차원해석법

길고 곧은 도관을 통과하는 난류 유체에 가해지는 열흐름에 대한 차원해석은 다음의 무차원 관계식을 만든다.

$$\frac{hD}{k} = \Phi\left(\frac{D\overline{V}\rho}{\mu}, \frac{c_p\mu}{k}\right) = \Phi\left(\frac{DG}{\mu}, \frac{c_p\mu}{k}\right) \tag{12.29}$$

여기서 질량속도 G는 $\overline{V}\rho$이다. 식 (12.29)의 양변을 $(DG/\mu)(c_p\mu/k)$로 나누면 다음 관계식이 된다.

$$\frac{h}{c_pG} = \Phi_1\left(\frac{DG}{\mu}, \frac{c_p\mu}{k}\right) \tag{12.30}$$

식 (12.29)의 3 무차원군은 각각 Nusselt 수, Reynolds 수 그리고 Prandtl 수 등이다. 식 (12.30)의 좌변 무차원군은 Stanton수, **St**라 한다. 이 4 무차원군의 상호관계는,

$$\text{St}\,\text{Re}\,\text{Pr} = \text{Nu} \tag{12.31}$$

따라서, 4개 중 3개만이 독립적이다.

실험식

식 (12.29) 또는 (12.30)을 사용하기 위하여 함수 Φ 또는 Φ_1을 알아야만 한다. 뾰족한 날 입구(sharp-edged entrance)를 가진 긴 관에 대한 인정할 만한 실험적인 상관식은 다음의 Dittus-Boelter식이다.

$$\text{Nu} = \frac{h_iD}{k} = 0.023\,\text{Re}^{0.8}\text{Pr}^{n} \tag{12.32}$$

여기서 유체가 가열될 때 $n = 0.4$이고 냉각될 때는 $n = 0.3$이다.

식 (12.32)에서 다른 n값을 사용하는 것은 액체가 가열될 때가 냉각될 때보다 더 큰 계수 값을 갖기 때문이다. 그러나 가열과 냉각에 대한 계수 비는 식 (12.32)에 따라 $\text{Pr}^{0.1}$이고 도관 기벽의 조건에 무관하다. 난류에 대해 보다 좋은 관계식이 Sieder-Tate식으로 다음과 같고 층류와 동일한 보정인자 ϕ_v을 사용한다[9].

$$\text{Nu} = \frac{h_iD}{k} = 0.023\,\text{Re}^{0.8}\,\text{Pr}^{1/3}\phi_v \tag{12.33}$$

점도 비 항 ϕ_v는 물과 같이 저 점도성 액체에 대해서는 중요치 않으나 기벽과 본체 점도 값들이 10배정도 차이날 수 있는 고 점성 오일의 경우, 가열 시 계수가 냉각 시 계수의 2배일 수 있다.[2]

식 (12.33)의 다른 형태로서는 양변을 **Re Pr**로 나누어 이항시키면, 다음의 Colburn방정식이 된다.

$$\text{St}\,\text{Pr}^{2/3} = \frac{0.023\phi_v}{Re^{0.2}} \tag{12.34}$$

이들 방정식의 사용에 있어서 μ_w만을 제외하고, 유체의 물성치는 본체온도(bulk temp.) T에서 구한 것이다. 기체의 경우 점도는 온도에 따라 변하나 그 변화가 작아서 식 (12.33)과 (12.34)의 점도 항은 보통 무시한다. 이들 식은 Re가 6,000 이하 또는 비정상적으로 낮은 Pr을 갖는 용융 금속에는 사용할 수 없다.

2 몇 저자는 식 (12.33)의 0.023 대신 0.027을 사용하는데 이때 점도비 멱수값은 가열의 경우 0.25, 냉각의 경우 0.11이다[8].

관 길이의 영향. 온도구배가 계속 형성되는 도관 입구의 인접영역에서 국부계수 h_x는 완전 발달흐름(fully developed flow)에서의 h_∞보다 더 크다. 온도구배가 미처 형성되지 않은 입구에서 h_x는 무한대이다. 이 값이 비교적 짧은 거리에서 h_∞값으로 급히 떨어진다. 차원적으로 관 길이의 영향은 다른 무차원군 x/D로 설명된다. 여기서, x는 관 입구로부터의 거리이다. 국부계수는 x의 증가에 따라 점진적으로 h_∞에 접근된다. 그러나 실제로 이것은 x/D가 약 50일 때 h_∞와 같게 된다. 관 길이 전체에 걸친 h_x의 평균치를 h_i로 쓰자. 이 h_i값은 도관의 전체 길이에 걸쳐 h_x을 적분하여 구한다. $x\to\infty$이고, $h_x\to h_\infty$일 때, h_i와 h_∞의 관계는 다음 형태이다[6b].

$$\frac{h_i}{h_\infty} = 1 + \phi\left(\frac{L}{D}\right) \tag{12.35}$$

뾰족 날 입구를 가진 짧은 관에 대한 방정식은,

$$\frac{h_i}{h_\infty} = 1 + \left(\frac{D}{L}\right)^{0.7} \tag{12.36}$$

이때 입구에서의 유속은 전 단면(全 斷面)에 걸쳐 균일하다. L/D이 약 50 이상이면, h_i에 대한 관 길이의 영향은 사라진다.

난류에서 h_i의 평균치

유체의 온도가 도관의 한쪽 끝으로부터 다른 쪽 끝까지 변화되고, 유체 특성 μ, k, c_p가 모두 온도의 함수이기 때문에 h_i의 국부 값도 도관의 지점에 따라 변하게 된다. 이 변화는 관 길이의 영향에 무관하다.

유체 특성의 영향은 식 (12.33)에서 $\mu/\mu_w = 1$로 가정하고 생각하면 알 수 있다. 즉,

$$h_i = 0.023\frac{G^{0.8}k^{2/3}c_p^{1/3}}{D^{0.2}\mu^{0.47}} \tag{12.37}$$

기체에서 h_i에 대한 온도의 영향은 적다. 주어진 도관 내 일정한 질량속도에서 h_i는 $k^{2/3}c_p^{1/3}\mu^{-0.47}$에 따라 변한다. 열전도도와 열용량의 온도에 따른 증가는 점도에서의 증가를 억제하게 되고, 결과적으로 h_i값이 약간 증가하게 된다. 예로서, 공기의 h_i는 온도가 50°C로부터 100°C까지 변화할 때 약 6% 증가된다.

액체에서 온도의 영향은 온도 상승에 따라 점도가 급속히 감소되기 때문에, 기체에서보다 아주 크게 된다. 식 (12.37)에서 k, c_p 및 μ의 영향은 모두 같은 방향으로 작용한다. 그러나 온도에 따른 h_i의 증가는 점도에 대한 온도의 영향이 주된 원인이다. 예로서, 물의 h_i는 온도 50°C로부터 100°C까지의 범위에서 약 50% 증가한다. 점성이 큰 기름(viscous oil)의 경우, h_i의 변화는 온도 50°C 증가에 따라 2 또는 3배 증가되기도 한다.

실제로 도관 길이에 걸쳐 h_i의 변화가 약 2: 1보다 크지 않다면, h_i의 평균치가 계산되어, 총괄 계수 U을 계산하는 데 상수로서 사용될 수 있다. 이런 과정은 관 길이에 걸쳐 U의 변화를 무시한 것이고, 가열 표면적을 계산하는 데 LMTD를 사용할 수 있다. h_i의 평균치는 평균 유체온도(입구와 출구 온도의 산술평균치로 정의된)에서 유체 특성 c_p, k 및 μ을 산출해서 계산된 것이다. 이들 특성 값을 사용하여 식 (12.33)로부터 계산된 h_i값을 평균계수(average coefficient)라 한다. 예로서, 유체가 30°C로 들어와 90°C로 나간다고 가정하자. 평균 유체온도는 (30 + 90)/2 = 60°C이고, h_i의 평균값을 계산하는데 사용된 특성 값은 60°C에서의 값이다.

h_i의 큰 변화가 유발될 경우, 두 과정이 사용될 수 있다. 즉, (1) 입구와 출구에서 h_i값을 계산해서, U_1과 U_2의 해당 값도 구할 수 있고, 식 (11.16)을 사용할 수 있다. 여기서, h_i의 입구 값에 대한 L/D의 영향은 무시된 것이다. (2) h_i의 큰 변화로 인하여 U의 변화가 있을 경우, 그 관을 여러 부분으로 나눌 수 있고, 각 부분에 대하여 평균 U을 사용한다. 그 다음 각 부분의 길이를 합하여 관의 전체 길이로써 고려한다.

벽 온도 T_w의 추산

벽에서 유체의 점도 μ_w을 구하기 위하여 온도 T_w을 구해야만 한다. T_w의 추산은 저항 식 (11.35)에 입각한 반복계산이 요구된다. 만일 개별 저항(個別抵抗)이 추산될 수 있다면, 총괄 온도강하 ΔT는 이 방정식을 사용하여 개별 온도강하로 나눌 수 있고 벽 온도의 대략적인 값을 구할 수 있다. 이 방법으로 T_w을 결정하기 위하여 벽저항 $(x_w/k_m)\,(D_o/\overline{D}_L)$은 보통 무시할 수 있어서, 식 (11.35)는 다음과 같이 이용될 수 있다.

식 (11.35)의 첫 두 항으로부터 다음과 같이 주어진다.

$$\Delta T_i = \frac{D_o/D_i h_i}{1/U_o}\,\Delta T \tag{12.38}$$

식 (11.32)로부터 $1/U_o$을 대입하고, 벽저항 항을 무시하면 다음 식이 된다.

$$\Delta T_i = \frac{1/h_i}{1/h_i + D_i/D_o h_o}\,\Delta T \tag{12.39}$$

식 (12.39)를 정성적으로 표시하면 다음과 같다.

$$\Delta T_i = \frac{\text{inside resistance}}{\text{overall resistance}}\,\Delta T$$

식 (12.39)의 사용은 계수 h_i와 h_o의 예비 계산에 필요하게 된다. h_i을 추산하기 위하여, ϕ_v을 무시하고 식 (12.33)을 사용할 수 있다. h_o의 계산은 후에 논할 것이다. 그 다음 벽 온도 T_w는 다음 식으로부터 얻어진다.

가열의 경우 : $$T_w = T + \Delta T_i \tag{12.40}$$

냉각의 경우 : $$T_w = T - \Delta T_i \tag{12.41}$$

여기서, T는 평균 유체온도이다.

첫 가정 값이 충분히 정확하지 못하면, 첫 번째 추정 값의 결과를 근거로 T_w에 대한 두 번째 계산을 할 수 있다. 그러나 인자 ϕ_v가 1로부터 크게 벗어나지 않는다면, 두 번째 가정은 불필요하다.

예제 12.1

톨루엔이 바깥지름 3/4 in(19 mm) 16 BWG 구리 응축기-튜브 외부에서, 230°F(110°C)에서 응축된다. 튜브 내로는 평균온도 80°F(26.7°C)의 냉각수가 흐른다. 개별 열전달계수는 표 12.1에 주어졌다. 튜브 벽의 저항을 무시할 때 튜브 벽의 온도는 얼마인가?

표 12.1 예제 12.1의 자료

	Heat-transfer coefficient	
	Btu/ft²·h·°F	W/m²·°C
For cooling water h_i	700	3,970
For toluene h_o	500	2,840

풀이

부록 4로부터 $D_i = 0.620$ in, $D_o = 0.750$ in 이다. 그러므로 식 (12.39)로부터,

$$\Delta T_i = \frac{1/700}{1/700 + 0.620/(0.750 \times 500)}(230 - 80) = 69.5°F$$

물은 응축되는 톨루엔에 의해 가열됨으로, 벽 온도는 식 (12.40)으로부터 다음과 같이 구할 수 있다.

$$T_w = 80 + 69.5 = 149.5°F(65.3°C)$$

■

원형 이외 형태의 단면

원형이 아닌 다른 형태의 흐름통로 단면에 대하여 식 (12.33) 또는 (12.34)을 사용하려면 **Re**와 **Nu** 내의 관 지름 D을 상당지름(상당직경; equivalent diameter) D_e로 바꿀 필요가 있다. 이때 상당지름은 수력학 반지름 r_H(hydraulic radius)의 4배로 정의된다. 이 방법은 마찰손실 계산 시 사용하던 것과 동일하다.

예제 12.2

벤젠이 이중-관 교환기의 내관(內管) 안에서 141°F(60.6°C)로부터 79°F(21.1°C)까지 냉각된다. 냉각수는 벤젠과 역류(逆流)되고, 재킷(jacket)을 65°F(18.3°C)로 들어가 75°F(23.9°C)로 나간다. 교환기는 내관이 7/8 in(22.2 mm) BWG 16 구리 튜브로, 외관(外管)이 $1\frac{1}{2}$ in Schedule 40(38.1 mm) 강철관으로 되어 있다. 벤젠의 유속은 5 ft/s(1.52 m/s)이다. 벽과 오염물 부착막의 저항을 무시하고, 두 관에 대하여 $L/D > 150$ 이라 가정하여, 벤젠과 물의 경막계수 그리고 내관의 외부 면적을 기준 한 총괄 계수를 계산하라.

풀이

벤젠의 평균온도는 $(141 + 79)/2 = 110°F$ 이고, 물의 경우는 $(65 + 75)/2 = 70°F$ 이다. 이들 온도에서 물성들은 표 12.2에 주어졌다. 내관의 지름은 다음과 같다.

$$D_{it} = \frac{0.745}{12} = 0.0621 \text{ ft}, \qquad D_{ot} = \frac{0.875}{12} = 0.0729 \text{ ft}$$

재킷의 안지름은 부록 3으로부터,

$$D_{ij} = \frac{1.610}{12} = 0.1342 \text{ ft}$$

환형 재킷 공간의 상당지름은 다음과 같이 구한다. 단면적은 $(\pi/4)(0.1342^2 - 0.0729^2) = 0.00997 \text{ ft}^2$ 이다. 침변장(젖음 둘레; wetted perimeter)은 $\pi(0.1342 + 0.0729)$ 이다. 수력학 반지름은 다음과 같다.

$$r_H = \frac{(\pi/4)(0.1342^2 - 0.0729^2)}{\pi(0.1342 + 0.0729)} = \frac{1}{4}(0.1342 - 0.0729) = \frac{1}{4} \times 0.0613 \text{ ft}$$

표 12.2 예제 12.2의 자료

Property	Value at average fluid temperature	
	Benzene	Water[†]
Density ρ, lb/ft^3	53.1	62.3
Viscosity μ, lb/ft·h	1.16[‡]	2.42 × 0.982 = 2.34
Thermal conductivity k, Btu/ft·h·°F	0.089[§]	0.346
Specific heat c_p, Btu lb·°F	0.435[¶]	1.000

[†]Appendix 6.
[‡]Appendix 9.
[§]Appendix 13.
[¶]Appendix 15.

상당지름은 다음과 같다.

$$D_e = 4r_H = 0.0613 \text{ ft}$$

우선 물의 유속을 열전달속도와 물의 온도상승 값으로부터 구해야 한다. 차례로 열전달속도는 다음의 벤젠 질량속도로부터 구한다.

$$\dot{m}_b = \overline{V}_b \rho_b S$$

여기서 S는 동관의 내부 단면적이다. 부록 4로부터 $\frac{7}{8}$ in BWG 16 관의 $S = 0.00303 \text{ ft}^2$이다. 그래서,

$$\dot{m}_b = 5 \times 53.1 \times 0.00303 = 0.804 \text{ lb/s}$$

열전달속도 q는 질량속도, 비열, 그리고 벤젠의 온도변화를 곱하면 구할 수 있으므로

$$q = 0.804 \times 0.435 \times (141 - 79) = 21.68 \text{ Btu/s}$$

그 다음 물의 질량유속 $\dot{m}_w$는 다음과 같다.

$$\dot{m}_w = \frac{21.68}{1.000 \times (75 - 65)} = 2.168 \text{ lb/s}$$

물의 유속 $\overline{V}_w$는 다음과 같다.

$$\overline{V}_w = \frac{2.168}{0.00997 \times 62.3} = 3.49 \text{ ft/s}$$

각 흐름의 **Re**와 **Nu**는 다음과 같다.

$$\text{벤젠:}\quad \text{Re} = \frac{D_{it}\overline{V}\rho}{\mu} = \frac{0.0621 \times 5 \times 3,600 \times 53.1}{1.16} = 5.21 \times 10^4$$

$$\text{Pr} = \frac{c_p \mu}{k} = \frac{0.435 \times 1.16}{0.089} = 5.67$$

$$\text{물:}\quad \text{Re} = \frac{D_e \overline{V}\rho}{\mu} = \frac{0.0613 \times 3.49 \times 3,600 \times 62.3}{2.34} = 2.05 \times 10^4$$

$$\text{Pr} = \frac{1.00 \times 2.34}{0.346} = 6.76$$

계수의 예비 추산은 식 (12.34)에서 점도 비(粘度比) 보정 항을 삭제함으로써 구할 수 있다. 즉,

$$\text{벤젠:}\quad h_i = \frac{0.023 \times 5 \times 3,600 \times 53.1 \times 0.435}{(5.21 \times 10^4)^{0.2} \times 5.67^{2/3}} = 344 \text{ Btu/ft}^2 \cdot \text{h} \cdot {}^\circ\text{F}$$

$$\text{물:}\quad h_o = \frac{0.023 \times 3.49 \times 3,600 \times 62.3 \times 1.000}{(2.05 \times 10^4)^{0.2} \times 6.76^{2/3}} = 691 \text{ Btu/ft}^2 \cdot \text{h} \cdot {}^\circ\text{F}$$

이 계산에서 $G = \overline{V}\rho$을 이용하였다.

벤젠 저항에 대한 온도강하는 식 (12.39)로부터

$$\Delta T_i = \frac{1/344}{1/344 + 0.0621/(0.0729 \times 691)}(110 - 70) = 28.1\,{}^\circ\text{F}$$

$$T_w = 110 - 28.1 = 81.9\,{}^\circ\text{F}$$

이제 T_w에서 액체의 점도를 알 수 있다. 즉,

$$\mu_w = 1.45 \text{ lb/ft} \cdot \text{h}(\text{벤젠})$$

$$\mu_w = 0.852 \times 2.42 = 2.06 \text{ lb/ft} \cdot \text{h}(\text{물})$$

점도 보정인자 ϕ_v는 식 (12.26)으로부터,

$$\phi_v = (1.16/1.45)^{0.14} = 0.969(\text{벤젠})$$

$$\phi_v = (2.34/2.06)^{0.14} = 1.018(\text{물})$$

따라서, 보정된 계수는 다음과 같다.

$$\text{벤젠:}\quad h_i = 344 \times 0.969 = 333 \text{ Btu/ft}^2 \cdot \text{h} \cdot {}^\circ\text{F}(1,891 \text{ W/m}^2 \cdot {}^\circ\text{C})$$

$$\text{물:}\quad h_o = 691 \times 1.018 = 703 \text{ Btu/ft}^2 \cdot \text{h} \cdot {}^\circ\text{F}(3,992 \text{ W/m}^2 \cdot {}^\circ\text{C})$$

벤젠 저항에 대한 온도강하와 벽 온도는 다음과 같다.

$$\Delta T_i = \frac{1/333}{1/333 + 0.0621/(0.0729 \times 703)}(110 - 70) = 28.5\,°\mathrm{F}$$

$$T_w = 110 - 28.5 = 81.5\,°\mathrm{F}$$

이 값은 먼저 계산한 벽 온도에 가깝기 때문에 두 번째 근사치 계산은 불필요하다.

총괄 계수는 식 (11.32)로부터 관 벽의 저항을 무시함으로써 구할 수 있다. 즉,

$$\frac{1}{U_o} = \frac{0.0729}{0.0621 \times 333} + \frac{1}{703} = 0.00495$$

$$U_o = \frac{1}{0.00495} = 202\ \mathrm{Btu/ft^2 \cdot h \cdot °F}\,(1,147\ \mathrm{W/m^2 \cdot °C})$$

■

거칠기(roughness)의 영향

동일한 Re수에서 난류 내 열전달계수는 매끈한 관에서보다 거친 관에서의 경우가 약간 더 크다. 열전달에 대한 거칠기(粗度, roughness)의 영향은 유체마찰에 대한 것보다는 훨씬 적다. 그리고 좀더 큰 열전달계수를 얻을 수 있다 하여, 그 거칠기에 의지하는 것보다 최저 마찰손실을 주는 매끈한 관을 사용하는 것이 경제적으로 더 중요하다. h_i에 대한 거칠기의 영향은 실제 계산에서는 무시된다.

고유속에서 열전달

유체가 고 유속(高流速)으로 도관을 통해 흐를 때 벽을 통한 열전달이 없어 $q = 0$이면, 온도구배는 평평하게(완만하게) 나타난다. 예로서, 사출성형(射出成形)에서 고분자(高分子) 용융 물질은 고속으로 공동(cavity) 안으로 유입되고, 점성 액체 내 가파른 속도구배는 유체에서 생성되는 열 발생의 원인이 된다. 이 열을 점성소산(粘性消散, viscous dissipation)이라 한다. 관내 압축성 기체의 고속흐름에서 벽에서의 마찰은 벽에서의 유체온도를 그 유체의 평균온도 이상으로 상승시킨다[4c]. 벽과 유체간의 온도차는 벽으로부터 유체로의 열흐름 때문에 일어나며, 벽에서 마찰로 인해 생기는 열생성속도(熱 生成速度)가 유체흐름 내로 전달되는 속도와 같을 때 정상상태에 도달된다. 그래서 도달되는 일정한 벽 온도를 단열 벽-온도(adiabatic wall temperature)라 한다(6장 참조). 이 영향은 Mach수가 약 0.4 이상에서 나타나고, 이에 대한 적당한 방정식은 식 (12.33)과 (12.34) 대신 이 범위의 속도를 사용해야만 한다.

12.3.1 에디에 의한 전달 및 운동량전달과 열전달 간의 유사성

앞의 5장에서 관을 통과하는 난류 흐름에서 속도분포와 이에 수반되는 운동량훌럭스(運動量束, momentum flux)를 설명하였다. 관 단면에서 분명치 않은 3 영역이 확인되었다. 벽에 인접된 첫째 영역에서 에디는 거의 없고, 운동량흐름은 거의 전부 점도에 의해 일어난다. 둘째 영역에서는 점성과 난류 운동량전달이 복합된 혼합 범위이고, 그 다음 흐름단면의 대부분을 차지하는 주요 부분에서는 단지 난류의 Reynolds응력에 의해 생기는 운동량흐름만이 중요하게 된다. 이 세 영역을 각각 점성부층(粘性副層, viscous sublayer), 완충영역(緩衝領域, buffer zone) 그리고 난류중심(亂流中心, turbulent core)이라 한다.

유체흐름 쪽으로 또는 유체흐름으로부터 전달되는 관 벽에서의 열전달에 있어서 속도 및 운동량 훌럭스(flux)의 유체동역학적 분포는 동일하게 존재하며, 다시 말하면 온도구배는 난류-층류 속도장에서 중첩된다. 다음 논의에서 2 구배는 완전히 발달되었다고 가정하고, 도관 길이의 영향은 무시될 수 있다고 가정한다.

유체흐름에서 전도에 의한 열흐름은 다음 식에 따라 일어난다.

$$\frac{q_c}{A} = -k\frac{dT}{dy} \tag{12.42}$$

q_c = 전도에 의한 열흐름속도
k = 열전도도
A = 등온표면적
dT/dy = 등온표면에 직각인 온도구배

등온표면은 관의 동심축 원통이고, 벽으로부터 거리 y에 또는 관 중심에서부터 r인 위치에 있다. 여기서 $r+y=r_w$이고, r_w는 관의 반지름이다.

전도에 부가해서 난류 중 에디는 각 등온 면을 가로질러 대류에 의한 열을 수반한다. 열흐름에 대한 2 기구는 온도구배가 있어야만 ($dT/dy \neq 0$) 일어날 수 있을지라도, 그것들의 상대적인 중요성은 벽으로부터의 거리에 따라 크게 변한다. 관 벽 자체에서 에디는 존재할 수 없기 때문에, 그곳의 열훌럭스는 전적으로 전도에 의한 것이다. 벽에 대해 쓰여진 식 (12.42)는 다음과 같다.

$$\left(\frac{q}{A}\right)_w = -k\left(\frac{dT}{dy}\right)_w \tag{12.43}$$

$(q/A)_w$ = 벽에서 단위면적 당 총 열훌럭스
$(dT/dy)_w$ = 벽에서의 온도구배

이들 양(量)은 식 (11.20)과 (11.21)의 것과 일치한다.

점성부층 내에서 열은 주로 전도에 의해서 흐르고, 에디는 이 영역으로부터 완전히 벗어나 있으며, 약간의 대류가 나타나게 된다. 전도성 열훌럭스과 비교한 난류 열훌럭스의 상대적 중요성은 벽으로부터의 거리에 따라 급속히 증가한다. 보통의 유체에서, Prandtl수가 약 0.6 이상일 경우에 전도는 난류중심 부분에서 거의 무시되지만, Prandtl수가 거의 1일 경우에 전도는 완충영역에서 상당히 중요하게 된다. **Pr**가 클 때는 이 완충영역에서 전도는 거의 무시된다.

이러한 양상은, 점성전단(粘性剪斷, viscous shear))에 대한 난류전단(亂流剪斷, turbulent shear)의 상대적 중요성이 동일한 일반 형태에 따르게 되는, 운동량훌럭스와 비슷하다. 어느 이상적 조건 하에서 열흐름과 운동량 흐름간은 완전히 일치하고, 어느 특수한 r/r_w값에서 전도에 의한 열전달 대 난류에 의한 열전달의 비는 점성력(viscous force)에 의한 운동량훌럭스 대 Reynolds응력에 의한 운동량훌럭스의 비와 동일하다. 그러나 일반적인 경우에는 그 일치성이 단지 근사일 뿐이어서 큰 오차가 있을 수 있다. 유체의 전 범위에 대하여 열훌럭스와 운동량훌럭스 간의 상호관계에 대한 연구는, 소위 유사성이론(analogy theory)을 유발케 하였고, 그렇게 유도된 방정식을 유사성 식(analogy equation)이라 한다. 이 이론에 대한 상론은 이 책의 범위를 벗어나지만, 기본적인 관계는 일부 다루고자 한다.

에디가 연속적으로 양쪽 방향으로부터 등온표면을 가로지르기 때문에, 에디는 서로 다른 평균온도를 가진 표면의 양쪽 측면 층 사이에서 열을 운반한다. 어느 주어진 지점에서, "뜨거운" 에디 또는 "찬" 에디이든지 간에 그 지점을 가로질러 통과함에 따라서, 온도는 그 지점의 일정한 평균온도로부터 급속하게 요동하게 된다. 이 온도요동(溫度搖動, temperature fluctuation)은 마치 3장에서 설명된 속도와 압력의 요동과 같이 시간과 장소 모두에 대해 나타난다. 그 지점에서 순간온도 T_i는 두 부분, 즉 그 지점의 일정한 평균온도 T와 요동(또는 편의)온도 T'로 나누어질 수 있다. 즉,

$$T_i = T + T' \tag{12.44}$$

편의온도(偏倚溫度) T'의 시간평균(time average) $\overline{T}'$은 0이며, 총 순간온도(瞬間溫度)의 시간평균값 $\overline{T}_i$는 T가 된다. 평균온도 T는 보통 온도계로 측정되는 온도이다. T_i을 측정해서 그래서 T'을 알려면 빠른 순간온도 변화에 따라 측정할 수 있는 특별한 감지장치가 필요하다.

열의 에디 확산계수(eddy diffusivity)

등온표면에 걸쳐 온도구배가 없을 때 모든 에디는 기점에 무관한 동일 온도를 가져서 $dT/dy = 0$이 되고, 순(실) 열흐름이 없다. 만일 온도구배가 있으면 식 (3.17)을 유도한 것과 똑같은 분석에 의해 에디는 고온으로부터 저온까지 순 열흘럭스(net heat flux)를 수반한다는 것을 알 수 있고, 그 식은 다음과 같다.

$$\frac{q_t}{A} = -c_p\rho\overline{v'T'} \tag{12.45}$$

여기서, v'은 그 표면을 가로지르는 편의속도(또는 편차속도, deviating velocity)이고, 위 선(overline)은 곱 $v'T'$의 시간평균을 나타낸다. 시간평균 $\overline{v}'$과 $\overline{T}'$ 등이 각각 0일지라도, 이들 곱의 평균은 0이 아니다. 왜냐하면 속도구배 du/dy가 존재할 때 편의속도 u'과 v'이 상관관계로 맺어지는 것과 마찬가지로, $dT/dy \neq 0$일 때 그 편의량(偏倚量)들 사이에 어떤 상관관계가 있기 때문이다.

3장에서 운동량전달에 대한 에디 확산계수 ε_M이 정의되었다. 열전달에 대한 상당 에디 확산계수(corresponding eddy diffusivity) ε_H를 다음과 같이 정의할 수 있다.

$$\frac{q_t}{c_p\rho A} \equiv -\varepsilon_H\frac{dT}{dy} = -\overline{v'T'} \tag{12.46}$$

여기서, 하첨자 t는 식 (12.46)이 난류-대류 열전달(turbulent convection heat transfer)에 적용된다는 사실을 고려한 것이다. 또한 전도가 일어나므로, 어떤 지점에서 총 열흘럭스 q는 식 (12.42)와 (12.46)으로부터 다음과 같다.

$$\frac{q}{A} = \frac{q_c}{A} + \frac{q_t}{A} = -k\frac{dT}{dy} - c_p\rho\varepsilon_H\frac{dT}{dy}$$

또는

$$\frac{q}{A} = -c_p\rho(\alpha + \varepsilon_H)\frac{dT}{dy} \tag{12.47}$$

여기서, α는 열확산계수이며, $k/c_p\rho$와 같다. 식 (12.47)에 해당되는 총 운동량흘럭스에 대한 식은 식 (3.22)이고, 이를 다시 쓰면 다음과 같다.

$$\frac{\tau}{\rho} = (\nu + \varepsilon_M)\frac{du}{dy} \tag{12.48}$$

여기서, ν는 동점도(動粘度, kinematic viscosity) μ/ρ이다.

에디 확산계수(eddy diffusivity)

운동량확산계수 ν와 열확산계수 α는 순 유체특성이어서 온도나 압력에 의존된다. 이들 비 즉 Pr 수도 유체특성이다.

운동량과 열에 대한 에디 확산계수 ε_M과 ε_H는 유체의 특성이 아니라 유체의 조건에, 특히 난류에 영향을 주는 모든 인자에 의존된다. 간단한 유사성에서는, 때때로 ε_M과 ε_H는 모두 상수이고 동일하다고 가정하나, 실제 속도와 온도 측정에 의해 결정될 때는 둘 다 **Re**, **Pr** 그리고 관 단면 내의 위치함수가 됨을 알 수 있다. 에디 확산계수의 정밀 측정은 어려워서 발표된 측정치가 모두 맞는 것은 아니다. 이 결과는 상론 교과서에 주어져 있다[6c]. 또한 그 비 $\varepsilon_H/\varepsilon_M$은 변하기는 하나, 개별 특성치보다는 거의 일정하다. 그 비를 Ψ로 표기한다. $\text{Pr} > 0.6$ 범위에 있는 보통 액체의 경우, Ψ는 관 벽과 일반적인 경계층 내에서 1에 접근되고, 난류 웨이크(turbulent wake)에서 2에 접근한다. 액체금속의 경우 Ψ는 벽 근처에서 낮고, $y/r_w \approx 0.2$에서 약 1인 최대점을 지나서 관 중심을 향해 감소하게 된다[7c].

Reynolds 유사성

가장 간결하고 오래된 유사성 식이 Reynolds의 유사성 식이다. 이것은 곧고 둥근 도관 내 큰 Re 수의 흐름에서 유도된 것이다. 그러나 이것은 여러 의문성 가정을 근거로 식 (12.47)과 (12.48)로부터 유도되었으나 기체에 대한 경험 식에 잘 맞는다.

식 (5.53)의 경험 관계식으로부터

$$f = 0.046\,\text{Re}^{-0.2} \tag{12.49}$$

$\text{Pr} = 1$과 $\phi_v = 1.0$이라 가정하고 식 (12.34)로부터

$$\text{St} = 0.023\,\text{Re}^{-0.2} \tag{12.50}$$

이들 식으로부터

$$\frac{h}{c_p G} \equiv \text{St} = \frac{f}{2} \tag{12.51}$$

이것이 Reynolds 유사성 식으로 보통 쓰이는 형태이다. 이 식은 온도차 $T_w - T$가 크지 않고, Pr 수가 거의 1인 기체에 대해서는 실험자료와 잘 일치한다.

Colburn 유사성 : Colburn j인자

식 (12.49)를 (12.34)와 비교하면, 다음과 같이 됨을 알 수 있다.

$$\text{St}\,\text{Pr}^{2/3}\phi_v^{-1} \equiv j_H = \frac{f}{2} \tag{12.52}$$

식 (12.52)는 열전달과 유체마찰 간의 Colburn 유사성을 설명한 것이다. $(h/c_p G)\,(c_p\mu/k)^{2/3}(\mu_w/\mu)^{0.14}$로서 정의된 인자 j_H을 Colburn j인자라 한다. 이것은 열전달에 대해 많은 다른 반실험식(半實驗式, semiempirical equation)에 쓰인다. Reynolds 유사성[식 (12.51)]이 단지 **Pr**가 거의 1에 접근되는 유체에만 적용되는 반면, Colburn 유사성[식 (12.52)]은 Pr = 0.6~100 범위에서 적용된다.

식 (12.34)는 다음과 같은 j 인자형으로도 쓰일 수 있다.

$$j_H = 0.023\,\text{Re}^{-0.2} \tag{12.53}$$

정밀한 유사성 식

도관 내에서, 평판 면에서 및 환상 공간(環狀空間) 내에서 마찰과 열전달을 연결하는 더 정밀한 유사성 식이 많이 발표되었다. 이것들은 식 (12.52)보다 더 넓은 **Re**와 **Pr**의 범위를 포함한다. 이 일반형은 다음과 같다.

$$\text{St} = \frac{f/2}{\phi(\text{Pr})} \tag{12.54}$$

여기서, ϕ(Pr)는 Pr 수의 복잡한 함수이다. Friend와 Metzner가 매끈한 관에 완전 발달흐름에 적용시킨 한 예는 다음과 같다[3].

$$\text{St} = \frac{f/2}{1.20 + 11.8\sqrt{f/2}\,(\text{Pr}-1)(\text{Pr})^{-1/3}} \tag{12.55}$$

이 식에 적용한 마찰인자 f을 식 (12.49)에 의해 주어진 것을 사용할 수도 있고, 또는 Re 수가 3,000~3,000,000 범위인 경우에 대해서는 식 (5.54)에 따라 다음 식을 쓸 수 있다.

$$f = 0.00140 + \frac{0.125}{\text{Re}^{0.32}} \tag{12.56}$$

식 (12.55)는 큰 기력(driving force)의 경우 적용할 수 없다. 큰 Pr수의 난류인 경우, 식 (12.55)는 식 (12.32)나 (12.33)에 주어진 0.8 승 대신 **Re**의 0.85~0.9승에 따라 열전달계수가 증가함을 나타내고 있다. **Re**에 대한 0.9승은 큰 **Sc**의 물질전달[식 (17.67)]의 경우에 적용되는 값과 일치한다.

f와 h을 연결하는 모든 유사성 식은 중요한 제한을 갖는다. 이들 식은 단지 벽마찰(wall friction) 또는 표면마찰(skin friction)에만 적용되고, 형태항력(form drag)이 나타나는 경우에 대하여 사용할 수 없다.

12.4 층류와 난류간 전이영역에서의 열전달

식 (12.34)는 **Re**가 6,000 이상일 때에만 적용되고, 식 (12.27)은 **Re**가 2,100 이하일 때에만 적용된다. **Re** 2,100과 6,000 사이의 범위를 전이영역(轉移領域, transition region)이라 하고, 여기서는 어떤 단순한 식이 적용되지 않는다. 따라서 도식적 방법이 사용된다. 이 방법은 **Re** 대 Colburn j 인자의 공통 도시(L/D가 일정한 값의 선으로 된) 상에서 식 (12.27)과 (12.34)를 기준 한 것이다. 층류 범위에 대한 식을 얻기 위해서는 다음과 같이 식 (12.27)을 변화시켜야만 한다. 식 (12.15)와 (12.16)을 사용하여 **Gz**에 $(\pi D/4L)\,\mathrm{Re\,Pr}$ 량을 대입하면 다음과 같이 된다.

$$\mathrm{Nu} = 2\left(\frac{\pi D}{4L}\,\mathrm{Re\,Pr}\right)^{1/3}\left(\frac{\mu}{\mu_w}\right)^{0.14}$$

이 관계식에 $(1/\mathrm{Re})\,(1/\mathrm{Pr})$을 곱해 주면 j 인자가 된다. 그래서 최종 식은 다음과 같이 된다.

$$\frac{h_i}{c_p G}\left(\frac{c_p\mu}{k}\right)^{2/3}\left(\frac{\mu_w}{\mu}\right)^{0.14} = j_H = 1.86\left(\frac{D}{L}\right)^{1/3}\left(\frac{DG}{\mu}\right)^{-2/3} \tag{12.57}$$

식 (12.57)은 지름 대 길이 비 L/D의 각 값에 대해 Re수 대 좌변 항의 로그도시(logarithmic plot)에서 그 기울기가 $-2/3$인 직선이 됨을 뜻한다. 그림 12.3에서 왼쪽 부분의 직선들은 각 L/D 값에 대한 이 식을 그린 것이다. 이 직선들은 **Re** 2,100에서 끝난다.

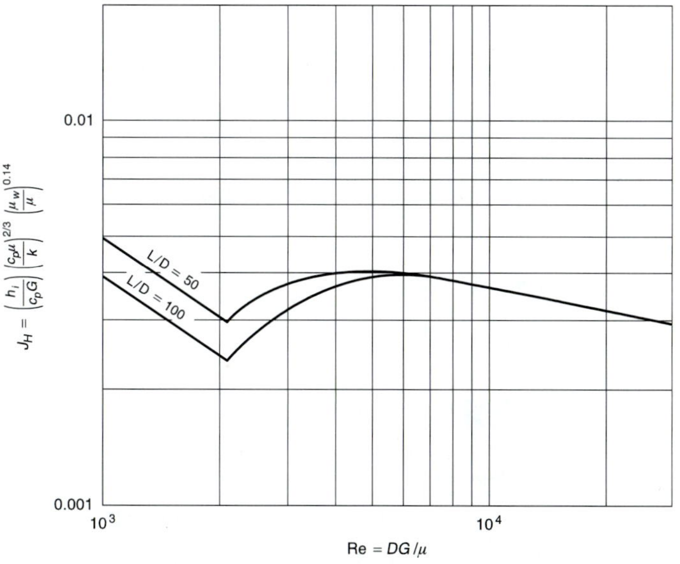

그림 12.3 전이영역에서의 열전달
(자료 : W. H. McAdams, *Heat Transmission,* 3d. ed., 1954, McGraw-Hill Book Com pany)

식 (12.57)은 $L/D > 100$ 이상에는 사용할 수 없다. 왜냐하면 그림 12.2에 나타낸 한계치 보다 작은 값을 주기 때문이다.

같은 좌표 상에 긴 관에 대해 그릴 때 식 (12.34)는 Re 수 6,000 이상의 범위에서 기울기가 −0.20인 직선을 나타낸다. 이 선이 그림 12.3에서 오른쪽 영역에 그어져 있다.

Re 2,100과 6,000 사이의 곡선은 전이영역(transition region)을 표시한다. L/D의 영향이 이 영역 중 낮은 Re수에서 더 두드러지고, **Re** 6,000에 접근됨에 따라 그 영향이 사라진다.

그림 12.3은 **Re** 1,000~30,000 범위에 사용할 수 있는 요약된 도표이다. 이것보다 더 낮은 범위와 더 높은 범위에 대하여는 식 (12.27)과 (12.34)를 각각 사용할 수 있다.

예제 12.3

다음 표 12.3과 문제 마지막에 주어진 특성을 가진 경 모터유(light motor oil)를 길이가 15 ft(4.57 m)인 1/4 in(6.35 mm) Schedule 40 도관 내에서 150°F(65.5°C)로부터 250°F(121.1°C)까지 가열하려고 한다. 관벽 온도는 350°F(176.7°C)이다. 이 관에서 lb/h 단위로 얼마의 기름을 가열할 수 있는가? 계수 값은 얼마로 예측되는가? 기름의 물성은 다음과 같다. 열전도도 0.082 Btu/ft·h·°F(0.142 W/m·°C), 비열 0.48 Btu/lb·°F (2.01 J/g·°C).

풀이

흐름은 층류이고, **Gz** 값이 충분히 크기 때문에 식 (12.27)을 적용할 수 있다. 식 (12.27)에 대입할 자료는 다음과 같다.

$$\mu = \frac{6.0+3.3}{2} = 4.65\ \text{cP},\quad \mu_w = 1.37\ \text{cP},\quad D = \frac{0.364}{12} = 0.0303\ \text{ft}\ (\text{부록 }3)$$

$$\phi_v = \left(\frac{\mu}{\mu_w}\right)^{0.14} = \left(\frac{4.65}{1.37}\right)^{0.14} = 1.187,\quad k = 0.082,\quad c_p = 0.48$$

식 (12.27)로부터,

$$\frac{0.0303\,h}{0.082} = 2\times 1.187\left(\frac{0.48\,\dot{m}}{0.082\times 15}\right)^{1/3}$$

이로부터 $h = 4.69\,\dot{m}^{1/3}$ 이다.

식 (12.20)에 대입할 자료는

$$\overline{\Delta T_L} = \frac{350-150-(350-250)}{\ln(200/100)} = 144°\text{F}$$

$$L = 15 \qquad D = 0.0303 \qquad \overline{T_b} - T_a = 250 - 150 = 100°\text{F}$$

식 (12.20)로부터,

$$h = \frac{0.48\times 100\dot{m}}{\pi 0.0303\times 15\times 144} = 0.233\dot{m}$$

따라서,

$$4.69\dot{m}^{1/3} = 0.233\dot{m}$$

$$\dot{m} = \left(\frac{4.69}{0.233}\right)^{3/2} = 90.3\ \text{lb/h}\,(41.0\ \text{kg/h})$$

표 12.3 예제 12.3의 자료

Temperature		
°F	**°C**	**Viscosity, cP**
150	65.5	6.0
250	121.1	3.3
350	176.7	1.37

그리고,

$$h = 0.233 \times 90.3 = 21.0 \text{ Btu/ft}^2 \cdot \text{h} \cdot {}^\circ\text{F}(119 \text{ W/m}^2 \cdot {}^\circ\text{C})$$

$$\text{Gz} = \frac{\dot{m}c_p}{kL} = \frac{90.3 \times 0.48}{0.082 \times 15} = 35.2$$

이 값이 충분히 커서 식 (12.27)을 적용할 수 있다. 층류로 가정한 것을 검토하기 위하여 관 출구에서 최대 Re수를 계산하면,

$$\text{Re} = \frac{DG}{\mu} = \frac{D\dot{m}}{\pi(D^2/4)\mu} = \frac{4 \times 90.3}{\pi \times 0.0303 \times 3.3 \times 2.42}$$
$$= 475$$

이 값은 층류영역 안에 있음을 알 수 있다. ■

12.5 액상금속으로의 전달

액상 금속은 고온 열전달 특히, 원자로(原子爐)에서 쓰인다. 액체 수은, 나트륨 및 NaK라 부르는 나트륨과 칼륨 혼합물 등은 보통 현열(顯熱) 운반체(carrier)로서 쓰인다. 수은 증기도 역시 잠열 운반체로 쓰인다. 이와 같은 금속을 이용하여 800℃ 또는 그 이상의 온도를 얻을 수 있다. 용융 금속은 낮은 점도, 높은 열전도도 그리고 아주 낮은 **Pr** 값을 가지고 있다.

식 (12.34) 및 (12.55)와 같은 식은 약 0.5 이하의 **Pr**에서 적용할 수 없는데, 이것은 난류 내의 열흐름기구가 보통의 **Pr** 값을 가지는 유체 내에서의 것과 다르기 때문이다. 보통 유체에서는 열전달이 주로 점성 부층 내 전도에 의해서, 완충층에서 전도와 대류에 의해서, 그리고 난류층에서 대류에 의해서 있게 된다. 액상 금속에서 전도에 의한 열전달은 전체 난류핵 영역에 걸쳐 중요하고 그리고 그 관을 통한 대류에까지 영향을 미칠 수 있다.

최근 많은 연구가 액체-금속 열전달에 관하여 주로 원자로에 사용할 목적으로 진행되었다. 모두 열-운동량 유사성에 기초로 한 설계 방정식은 도관 내 흐름, 환형 공간 내 흐름, 평판들 간의 흐름 그리고 관다발(管束) 외부의 흐름에 유용하다. 이렇게 얻은 방정식의 형태는,

$$\text{Nu} = \alpha + \beta(\overline{\Psi}\text{Pe})^\gamma \tag{12.58}$$

여기서, α, β 및 γ는 상수, 또는 기하학적 형태의 함수 및 벽 온도(또는 열흘럭스)가 일정한 것 등의 함수이다. 그리고 $\overline{\Psi}$는 그 흐름에 걸친 $\varepsilon_H/\varepsilon_M$의 평균치이다. 원형 관에 대하여 $\alpha = 7.0$, $\beta = 0.025$ 그리고 $\gamma = 0.8$이다. 다른 형태에 대하여는 더 정밀한 함수가 필요하다. $\overline{\Psi}$에 대한 상관식(相關式)은 다음 식으로 주어진다[1].

$$\overline{\Psi} = 1 - \frac{1.82}{\text{Pr}(\varepsilon_M/\nu)_m^{1.4}} \tag{12.59}$$

$(\varepsilon_M/\nu)_m$량은 $y/r_w = 5/9$의 값에 도달될 때, 도관 내에서 최대치이다. 따라서, 식 (12.58)은 다음과 같이 된다.

$$\text{Nu} = 7.0 + 0.025\left[\text{Pe} - \frac{1.82\,\text{Re}}{(\varepsilon_M/\nu)_m^{1.4}}\right]^{0.8} \tag{12.60}$$

$(\varepsilon_M/\nu)_m$에 대한 상관식이 **Re**의 함수로서 그림 12.4에 표시되어 있다.

임계 Peclet수

$\text{Pe} = \text{Pr}\,\text{Re}$이기 때문에 주어진 **Pr**에서 **Pe**는 **Re**에 비례한다. **Pe**의 어느 일정한 값에서 식 (12.60) 내의

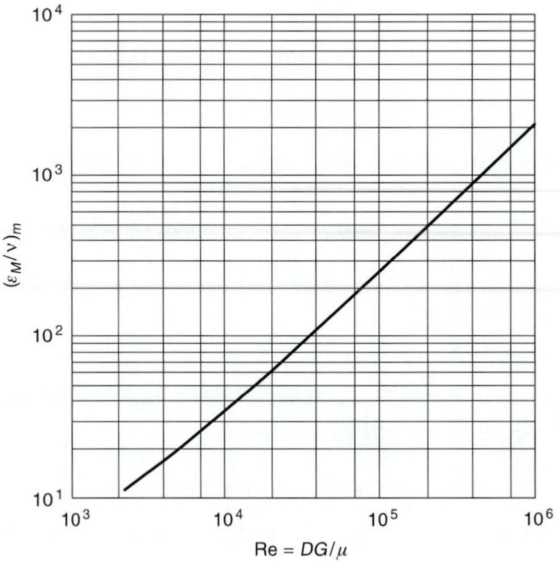

그림 12.4 원형도관 내 액상금속의 완전발달 난류에 대한 $(\varepsilon_M / \nu)_m$ 값

괄호 항은 0이 된다. 이 때가 바로 전도가 율속단계이고, 에디확산이 열전달에 더 이상의 영향을 주지 않는 점에 해당된다. 이 임계 **Pe** 이하에서는 식 (12.60)의 첫 항만이 필요하게 되고, Nu = 7.0이 된다.

균일한 열훌럭스 하에 있는 층류에 대하여, 수학적 해석에 의하면 Nu =48/11 =4.37이 된다. 이것은 실험에 의해 확인되었다.

12.6 강제대류 하에 있는 관 외부 유체의 가열 및 냉각

도관 외부의 강제대류(强制對流) 내에서 열흐름에 대한 기구는 관 내부의 흐름에 대한 기구와는 다른데, 이것은 유체 흐름기구에서 차이가 있기 때문이다. 3장의 경계층 생성에서 보인바와 같이, 형태항력(形態抗力; form drag)은 관 입구 앞-끝(入口端)에서 가까운 거리를 제외하고는 거의 없고, 모든 마찰은 벽마찰(壁摩擦)이다. 형태마찰(form friction)이 없기 때문에, 어느 주어진 환경 하에서 각 지점마다 국부 열전달의 변화가 없게 되고, 마찰과 열전달간에 밀접한 유사성이 있게 된다. 열전달을 증가시키는 것은 간단히 유속을 증가시킴으로써, 부가되는 마찰을 보상하며, 얻을 수 있다. 또한 층류와 난류 사이에 예리한 구분이 있게 되어, 두 흐름 범위에 대한 열전달 관계가 다르게 처리될 수 있다.

한편, 7장 앞부분에서 보인 바와 같이, 원통형 모양을 가로지르는 유체흐름에서 경계층 분리가 일어나고, 형태마찰을 유발시키는 후류(wake)가 전개된다. 여기서는 층류와 난류 사이에 예리한 구분을 할 수 없고, 공통 상관관계가 낮은 **Re**와 높은 **Re** 모두에 사용될 수 있다. 또한 열전달계수의 국부 값은 관의 원주(圓周) 둘레에서 지점에 따라 변한다. 그림 12.5에 **Nu**의 국부 값이 관의 원주 둘레의 모든 지점에 대해 반지름 방향으로 도시되었다. 낮은 **Re**에서 Nu_θ수는 관의 앞뒤에서 최대이고 양쪽 옆면에서 최소이다. 실제로 국부계수 h_θ의 변화는 때로 중요하지 않고, 원주 전체를 기준 한 평균치가 사용된다.

복사(輻射)는 관 외부표면으로의 열전달에 있어서 중요할 수 있다. 관 내부에서, 표면은 같은 관의 내벽(內壁) 이외에 다른 표면을 볼 수 없어 복사에 의한 실 열흐름은 일어나지 않는다. 그러나 관 외부표면은 바깥 표면 앞에 즉 가깝지 않더라도 적어도 어떤 거리에서 꼭 직면하게 되고, 이때 외계 표면(surrounding

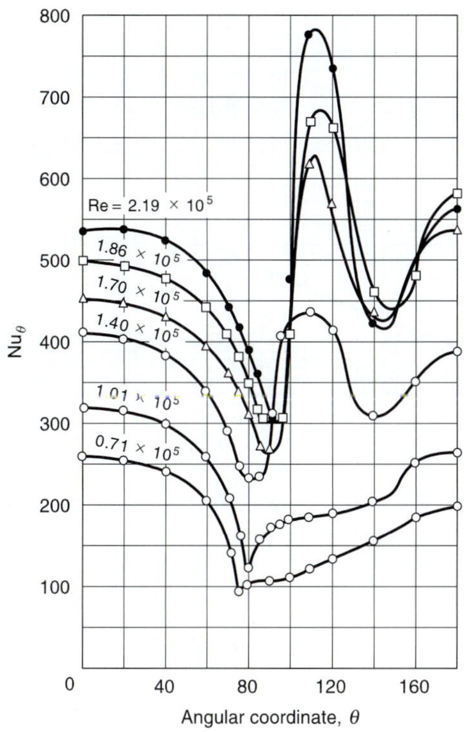

그림 12.5 원형 실린더에 수직 공기흐름의 국부 Nu(자료 : W. H. Giedt, *Trans. ABME*, 71: 375, 1949)

surface)은 관 벽보다 더 뜨겁거나 차가울 수 있다. 복사에 의한 열흐름은, 특히 유체가 기체일 때 전도와 대류에 의한 열흐름과 비교함으로써 명백하게 된다. 그래서 총 열흐름은 두 개의 독립적인 흐름, 즉 복사에 의한 것과 전도 및 대류에 의한 것의 합이다. 이 절의 나머지 부분에서 주어진 관계는 전도와 대류만을 취급한다. 복사는 단독으로 그리고 전도와 복사를 연합하여 14장에서 다루기로 한다.

단일 관에 수직으로 흐르는 유체

도관 외부 강제대류에 있는 유체 쪽의 열전달계수에 영향을 미치는 변수들은 관 외경 D_o; 유체의 정압 비열 c_p, 점도 μ, 열전도도 k ; 및 관에 접근하는 유체의 질량속도 G 등이다. 그래서 차원해석에 의해 식 (12.29) 형태의 다음 식을 얻을 수 있다.

$$\frac{h_o D_o}{k} = \Psi_o \left(\frac{D_o G}{\mu}, \frac{c_p \mu}{k} \right) \tag{12.61}$$

그러나, 여기서 관 내부 유체 쪽으로의 열흐름과 관 외부 유체 쪽으로의 열흐름 두 형태 사이에는 유사성이 없어지고, 이 두 경우에 함수적 관계도 다르다.

Pr가 온도에 거의 무관한 단순 기체에 있어서, **Nu**는 단지 **Re**만의 함수이다. 이 방법으로 공기에 대한 실험자료가 그림 12.6에 그려져 있다. 복사의 영향이 이 곡선에 포함되지 않아서, 복사는 분리하여 계산해야만 한다. 그림 12.6에서 선의 기울기는, **Re**가 10에서 10^5로 증가함에 따라 0.4로부터 0.7로 증가되는데, 여기에 단순한 지수함수관계가 있는 것은 아니다.

그림 12.6에 사용한 k_f와 μ_f항의 하첨자 f는 벽 온도와 유체의 본체온도 ($\overline{T}$) 사이의 중간인 평균 경막온도 T_f에서 그 값을 구했음을 뜻한다. 따라서, T_f는 다음 식과 같이 주어진다.

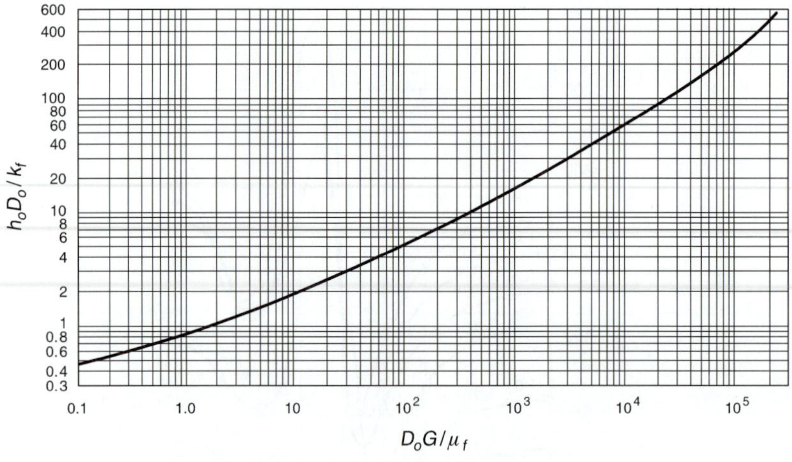

그림 12.6 단일-관에 수직으로 흐르는 공기 쪽으로의 열전달(자료 : W. H. McAdams, *Heat Transmission*, 3d ed. 1954, McGraw-Hill Book Company)

$$T_f = \frac{1}{2}(T_w + \overline{T}) \tag{12.62}$$

그림 12.6은 가열과 냉각 양쪽 모두에 이용할 수 있다.

단일 실린더에 수직으로 흐르는 가열 및 냉각 액체에 대하여는 다음 식이 쓰인다[4a].

$$\frac{h_oD_o}{k_f}\left(\frac{c_p\mu_f}{k_f}\right)^{-0.3} = 0.35 + 0.56\left(\frac{D_oG}{\mu_f}\right)^{0.52} \tag{12.63}$$

이 식은 또한 $\mathrm{Re} = 1 \sim 10^4$ 범위의 기체에 대해서도 쓰일 수 있으나, 이것은 높은 **Re**에서 그림 12.6에서 얻는 것보다 더 낮은 **Nu** 값을 준다. 식 (12.63)은 열전달과 물질전달 사이의 유사성을 취급한 17장의 그림 17.6에서 j 인자 형으로 그려져 있다.

비-원형 단면인 도관이나 막대에 수직 흐름에 대한 열전달 자료는 문헌에 주어져 있다[4b]. 보통 공업적 규모의 교환기에서는 유체가 관다발을 가로질러 흐르게 된다. 이러한 관다발에서의 열흐름 문제는 15장에서 논하기로 한다.

단일-구를 통과하는 흐름

흐르는 유체와 단일 구(單一 球) 표면 사이의 열전달에 대하여 다음 식이 추천된다.

$$\frac{h_oD_p}{k_f} = 2.0 + 0.60\left(\frac{D_pG}{\mu_f}\right)^{0.50}\left(\frac{c_p\mu_f}{k_f}\right)^{1/3} \tag{12.64}$$

여기서, D_p는 구의 지름이다. 완전 정체흐름(completely stagnant stream) 내에서 $\mathrm{Nu} = h_oD_p/k_f$는 2.0과 같다. 식 (12.64)의 도시는 그림 17.7에 주어져 있다.

충전층(packed bed) 내의 열전달

충전층 내에서 유체와 입자(粒子)들 사이의 열전달에 대한 자료는 그림 17.7로부터 또는 **Sc**를 **Pr**로, 그리고 **Sh**를 **Nu**로 대치시킨 식 (17.78)로부터 얻을 수 있다. 충전층을 통한 열전달 그리고 충전-관 반응기 벽 쪽으로의 열전달은 15장에서 논한다.

12.7 자연대류

자연대류(自然對流, natural convection)의 한 예로서, 방안의 공기와 접촉되어 있는 뜨거운 수직 평판을 생각하자. 그 평판과 접촉되어 있는 공기의 온도는 그 평판의 표면온도일 것이고, 온도구배는 그 평판으로부터 방 쪽으로 나타나게 된다. 그 평판 밑에서 온도구배는 그림 12.7에서 "Z = 10 mm"로 표시된 실선으로 그려진 바와 같이 가파르다. 평판 밑에서 다소 떨어진 지점에서 그 구배는 "Z = 240 mm"로 표시된 실선으로 그려진 바와 같이 덜 가파르다. 평판의 밑으로부터 약 600 mm 떨어진 높이에서 온도-거리 곡선은 점근적 조건(asymptotic condition)에 접근되어 높이가 더 증가되어도 변하지 않는다.

평판에 인접되어 가열된 공기의 밀도는 평판으로부터의 먼 거리에서 가열되지 않은 공기의 밀도보다 작아서, 뜨거운 공기의 부력(浮力)은 서로 다른 밀도의 공기-수직층 들 사이에서 비평형(非平衡)을 유발시킨다. 이와 같이 비평형 된 힘의 결과로 인하여 순환(循環)이 생긴다. 즉, 평판에 인접된 뜨거운 공기는 상승되고, 찬 공기는 상승 공기흐름을 채우기 위해 방으로부터 평판 쪽으로 흐르게 된다. 평판 인접 부분에서 속도구배가 형성된다. 평판과 접촉한 공기의 속도와 멀리 떨어져 있는 방안의 공기속도는 모두 0임으로, 상승 공기의 속도는 벽으로부터 어느 거리에서 최대가 될 것이다. 그 속도는 평판표면으로부터 수(few) mm인 곳에서 그 최대치에 도달된다. 그림 12.7에서 점선의 곡선은 평판 밑으로부터 10 mm와 240 mm 높이에 대한 속도구배를 표시하고 있다.

평판표면과 그것으로부터 떨어진 방안의 공기 사이의 온도차는 전도에 의해 벽에서 인접 기체흐름 속으로 열전달을 일으키며, 그 흐름은 대류에 의해 그 평판에 평행방향으로 열을 운반하게 된다.

뜨거운 수평 관 주위의 자연대류(自然對流) 흐름은 수직 가열 판에 인접된 곳에서의 자연대류보다 더 복잡하다. 그러나 그 과정의 기구는 동일하다. 수평 관의 밑에 그리고 옆에 인접된 공기 층이 가열되면 상승하려는 경향이 있게 된다. 관의 각 측면에 각각 생기는 뜨거운 공기의 상승 층은 관의 위 부분 중심에 인접한 지점에서 관으로부터 분리되며, 그것들 사이에 상대적으로 정체되고 가열되지 않은 공기의 영역으로 상승되는 2개의 독립된 상승기류(上昇氣流)가 형성된다.

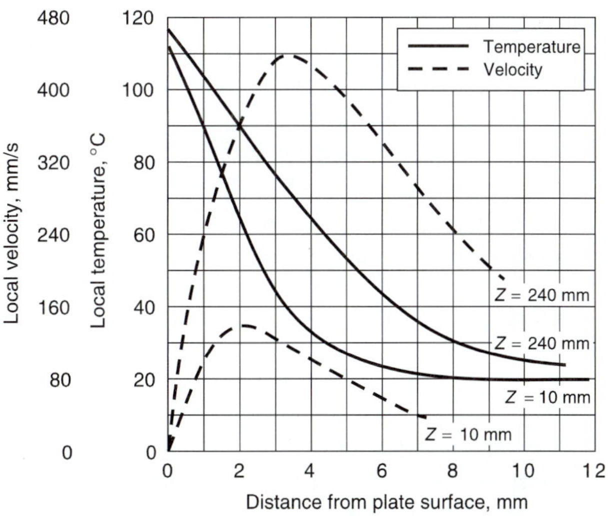

그림 12.7 가열된 수직평판에서 자연대류에 대한 속도구배와 온도구배(자료: W. H. McAeams, *Heat Transmission*, 3d ed., 1954, McGraw-Hill Book Company)

액체 내에서 자연대류도 동일 형태로 나타나는데, 이것은 액체 역시 찬 것보다 뜨거운 것의 밀도가 작기 때문이다. 뜨거운 표면에 인접된 가열 액체 층의 부력은 기체에서와 마찬가지로 대류흐름을 유발시킨다.

h가 관 지름, 비열, 열전도도, 점도, 열팽창계수, 중력가속도 그리고 온도차 등에 의존된다는 가정에 따라 차원해석하게 되면, 다음 식을 얻는다.

$$\frac{hD_o}{k} = \Phi\left(\frac{c_p\mu}{k}, \frac{D_o^3\rho^2 g}{\mu^2}, \beta\Delta T\right) \tag{12.65}$$

β의 영향이 중력장(重力場) 내 부력을 통해 나타나기 때문에, 곱 $g\beta\Delta T$ 항은 단일 인자로서 작용한다. 그리고 마지막 두 군(群)을 하나의 무차원군을 만들어 Grashof수, **Gr**라 하고 다음과 같다.

$$\mathrm{Gr} = \frac{D_o^3\rho_f^2\beta g\Delta T_o}{\mu_f^2} \tag{12.66}$$

단일 수평 실린더에 대하여 열전달계수는 세 개의 무차원군, 즉 **Nu**, **Pr** 및 **Gr** 등이 포함된 식으로 상관시킬 수 있다. 즉,

$$\frac{hD_o}{k_f} = \Phi\left(\frac{c_p\mu_f}{k_f}, \frac{D_o^3\rho_f^2\beta g\Delta T_o}{\mu_f^2}\right) \tag{12.67}$$

h = 관 전체 표면을 기준 한 평균 열전달계수
D_o = 관의 바깥지름(외경)
k_f = 유체의 열전도도
c_p = 일정 압력(定壓)에서 유체의 비열
ρ_f = 유체의 밀도
β = 유체의 열팽창계수
g = 중력가속도
ΔT_o = 관의 바깥 표면과 벽에서부터 떨어져 있는 유체 사이의 평균 온도차
μ_f = 유체의 점도

유체 특성 μ_f, ρ_f 및 k_f는 식 (12.63)으로 표시된 평균 경막온도(mean film temperature)에서 구한 값이다. 이 식에서 복사는 고려하지 않았다.

열팽창계수(熱膨脹係數) β는 유체의 특성이고, 정압(定壓)에서의 단위 온도변화 당 유체의 체적 증가 분율로서 정의된다. 이를 수식으로 표시하면, 다음과 같다.

$$\beta = \frac{(\partial v/\partial T)_p}{v} \tag{12.68}$$

v = 유체의 비용(比容, specific volume)
$(\partial v/\partial T)_p$ = 정압에서 온도에 따른 비용의 변화율

액체에 대하여 β는 어느 한정된 온도범위에서 일정하다고 간주할 수 있다. 그래서 식 (12.68)은 다음과 같이 쓸 수 있다.

$$\beta = \frac{\Delta v/\Delta T}{\bar{v}} \tag{12.69}$$

여기서, $\bar{v}$는 평균비용(平均比容)이다. 이를 밀도 항으로 표시하면 다음과 같다.

$$\beta = \frac{1/\rho_2 - 1/\rho_1}{(T_2 - T_1)(1/\rho_1 + 1/\rho_2)/2} = \frac{\rho_1 - \rho_2}{\bar{\rho}_a(T_2 - T_1)} \tag{12.70}$$

$\bar{\rho}_a = (\rho_1 + \rho_2)/2$

$\rho_1 =$ 온도 T_1 에서 유체의 밀도

$\rho_2 =$ 온도 T_2 에서 유체의 밀도

이상기체(理想氣體)에 대하여, $v = RT/p$ 임으로 다음 관계가 성립된다.

$$\left(\frac{\partial v}{\partial T}\right)_p = \frac{R}{p}$$

식 (12.68)을 이용하면 다음과 같이 된다.

$$\beta = \frac{R/p}{RT/p} = \frac{1}{T} \tag{12.71}$$

이상기체의 열팽창계수는 절대온도의 역수(逆數)와 동일하다.

그림 12.8에 식 (12.67)을 기준 한 관계를 나타내었다. 이는 단일 수평 실린더로부터 액체 또는 기체 쪽으로의 열전달에 대한 실험자료를 잘 상관시킨 것이다. 그림 12.8의 단일 선에 의해 내포되는 변수의 범위는 아주 크다.

$\log_{10}$Gr Pr 값의 크기가 4 또는 그 이상에 대해서는, 그림 12.8의 선은 다음 실험식에 밀접하게 따른다[7b].

$$\text{Nu} = 0.53(\text{Gr Pr})_f^{0.25} \tag{12.72}$$

수직 형상 및 수평면으로부터 공기 쪽으로의 자연대류

유체와 일정한 기하학적 모양의 고체간의 자연대류에 대한 열전달식 들은 다음 형태이다[7a].

$$\frac{hL}{k_f} = b\left[\frac{L^3\rho_f^2 g\beta_f \Delta T}{\mu_f^2}\left(\frac{c_p\mu}{k}\right)_f\right]^n \tag{12.73}$$

b, $n =$ 상수

$L =$ 수직표면의 높이 또는 수평 정사각형 표면의 길이

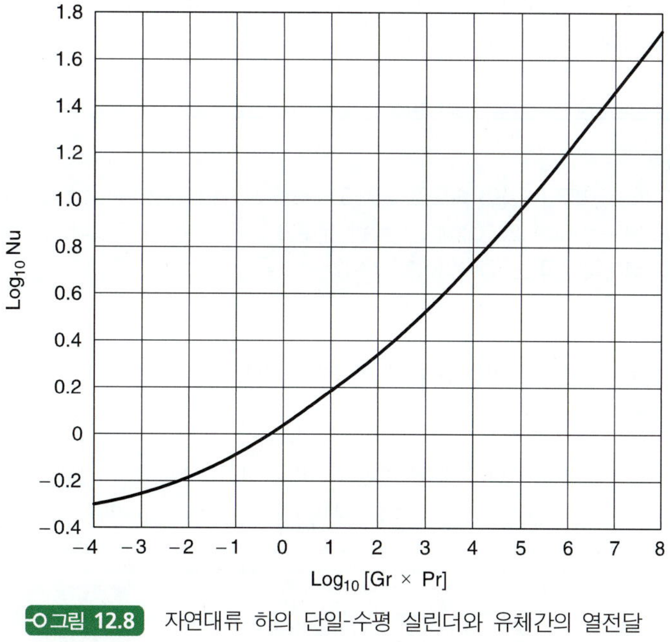

그림 12.8 자연대류 하의 단일-수평 실린더와 유체간의 열전달

표 12.4 식 (12.74)의 상수 값

System	Range of Gr Pr	b	n
Vertical plates, vertical cylinders	10^4–10^9	0.59	0.25
	10^9–10^{12}	0.13	0.333
Horizontal plates:			
Heated, facing upward or	10^5–2×10^7	0.54	0.25
cooled, facing down	2×10^7–3×10^{10}	0.14	0.333
Cooled, facing upward or heated, facing down	3×10^5–3×10^{10}	0.27	0.25

Source: By permission of author and publishers, from W. H. McAdams, *Heat Transmission*, 3rd ed., pp. 172, 180. Copyright by author, 1954, McGraw-Hill Book Company.

특성치는 평균 경막온도에서 택한 것이다. 식 (12.73)은 다음과 같이 쓰일 수 있다.

$$\mathrm{Nu}_f = b(\mathrm{Gr\,Pr})_f^n \tag{12.74}$$

여러 조건에 대한 상수 b와 n의 값은 표 12.4에 주어졌다.

층류 열전달에서 자연대류의 영향

저 유속, 긴 관 그리고 큰 온도강하가 있는 층류에서 자연대류가 일어나기 때문에 보통의 층류 열전달식은 그 범위까지 변형되어야 한다. 관 내에서 자연대류의 영향은 전이영역과 난류영역 내의 빠른 유속의 특성이 상대적으로 자연대류의 느린 흐름을 압도하기 때문에 층류영역에서만 나타난다.

수평 관을 지나는 층류 유체에 있어서 열전달계수에 대한 자연대류의 영향은 식 (12.57) 또는 그림 12.3에 의해 계산된 계수 h_i에 다음 인자를 곱함으로써 고려될 수 있다[5].

$$\phi_n = \frac{2.25(1 + 0.010\,\mathrm{Gr}^{1/3})}{\log \mathrm{Re}} \tag{12.75}$$

또한 자연대류는 수직 관에서 일어나 열흐름속도를 증가시키는데, 유체흐름이 상향일 때 층류만 있을 때보다 더 크게 증가된다. 그 영향도 10~10,000 사이의 **Gr**값에서 현저하고, Gr Pr D/L값의 크기에 의존된다.

예제 12.4

1 기압의 공기가 1.5 ft/s(0.457 m/s)의 속도로 2 in(51 mm) Schedule 40 steam-jacketed steel pipe을 통과하는데, 공기의 입구온도는 68°F(20°C)이다. 관 벽 온도가 220°F(104.4°C), 나가는 공기의 온도가 188°F(86.7°C)로 되려면, 가열부의 길이는 얼마이어야 하나?

풀이

흐름영역을 설정하기 위하여 평균온도를 기준 한 **Re**를 계산해야 한다. 필요한 자료는 다음과 같다.

$$\overline{T} = \frac{68+188}{2} = 128\,°\mathrm{F} \qquad D = \frac{2.067}{12} = 0.1723\ \mathrm{ft} \qquad (\text{부록 }3)$$

$$\mu(\mathrm{at}\ 128°\mathrm{F}) = 0.019\ \mathrm{cP} \qquad (\text{부록 }8)$$

$$\rho(\mathrm{at}\ 68°\mathrm{F}) = \frac{29}{359}\left(\frac{492}{68+460}\right) = 0.0753\ \mathrm{lb/ft^3}$$

$$\overline{V}\rho = G = 1.5 \times 0.0753 \times 3,600 = 406.4\ \mathrm{lb/ft^2 \cdot h}$$

$$\mathrm{Re} = \frac{DG}{\mu} = \frac{0.1723 \times 406.4}{0.019 \times 2.42} = 1,522$$

흐름이 층류임으로, 식 (12.27)을 적용한다. 그 결과를 식 (12.75)을 사용하여 자연대류 영향을 보정해야 한다. 식 (12.27)을 적용하는 데 필요한 자료는 다음과 같다.

$$c_p\,(\text{at }128°\text{F}) = 0.25\ \text{Btu/lb}\cdot°\text{F} \qquad (\text{부록 14})$$

$$k\,(\text{at }128°\text{F}) = 0.0163\ \text{Btu/ft}\cdot\text{h}\cdot°\text{F} \qquad (\text{부록 12})$$

(직선 내삽법에 의해)

$$\mu_w\,(\text{at }220°\text{F}) = 0.021\ \text{cP} \qquad (\text{부록 8})$$

관의 내부 단면적은,

$$S = 0.02330\ \text{ft}^2 \qquad (\text{부록 3})$$

질량유속은,

$$\dot{m} = GS = 406.4\times0.02330 = 9.47\ \text{lb/h}$$

열부하(熱負荷, heat load)는,

$$q = \dot{m}c_p(\overline{T_b} - T_a) = 9.47\times0.25(188-68) = 284.1\ \text{Btu/h}$$

로그평균 온도차는

$$\Delta T_1 = 220 - 188 = 32\,°\text{F} \qquad \Delta T_2 = 220 - 68 = 152\,°\text{F}$$

$$\overline{\Delta T_L} = \frac{152-32}{\ln(152/32)} = 77.0\,°\text{F}$$

열전달계수는 $h = q/A\,\overline{\Delta T_L}$ 이다. 부록 3으로부터 2 in Schedule 40, $A = 0.541L$ 인 관의 경우,

$$h = \frac{284.1}{0.541L\times77} = \frac{6.820}{L}$$

또한 식 (12.27)로부터 열전달계수는,

$$h = \frac{2k}{D}\left(\frac{\dot{m}c_p}{kL}\right)^{1/3}\left(\frac{\mu}{\mu_w}\right)^{0.14}$$

$$= \frac{2\times0.0163}{0.1723}\left(\frac{9.47\times0.25}{0.0163L}\right)^{1/3}\left(\frac{0.019}{0.021}\right)^{0.14} = \frac{0.9813}{L^{1/3}}$$

h에 대한 두 관계식을 같게 놓으면,

$$\frac{0.9813}{L^{1/3}} = \frac{6.820}{L}$$

따라서 $L = 18.32$ ft(5.58 m)

이 결과는 식 (12.75)를 이용하여 자연대류의 영향이 보정되어야 한다. 이를 위해 **Gr**의 계산이 요구되는 데 다음과 같은 부가적인 양이 필요하다.

$$\beta(\text{at }128°\text{F}) = \frac{1}{460+128} = 0.0017°\text{R}^{-1}$$

$$\Delta T = 220 - 128 = 92\,°\text{F} \qquad \rho(\text{at }128°\text{F}) = 0.0676\ \text{lb/ft}^3$$

따라서 **Gr**는,

$$\text{Gr} = \frac{D^3\rho^2 g\beta\Delta T}{\mu^2}$$

$$= \frac{0.1723^3\times0.0676^2\times32.174\times0.0017\times92}{(0.019\times6.72\times10^{-4})^2} = 0.7192\times10^6$$

따라서 식 (12.75)로부터,

$$\phi_n = \frac{2.25[1+0.01(0.7192\times10^6)^{1/3}]}{\log 1,522} = 1.34$$

이 인자는 L의 값을 보정하는 데 사용된다. 그리하여 $L = 18.32/1.34 = 13.7$ ft(4.17 m)이다. ■

12.8 기호 설명

A	면적, ft^2, m^2; A_r, 열교환기의 총면적
b	식 (12.73)의 상수
C	상수
c_p	정압 하에서 비열, J/g · °C, Btu/lb · °F
D	지름, m, ft; D_e, 상당지름, $4r_H$; D_i, 안지름; D_{ij}, 재킷의 안지름; D_{it}, 내관의 안지름; D_o, 바깥지름; D_{ot}, 내관의 바깥지름; D_p, 구형 입자의 지름; $\overline{D}_L$, 대수평균 지름
Fo	Fourier수, $4kL/c_p\rho D^2\overline{V}$; 무차원
f	Fanning 마찰인자, 무차원
G	질량속도, kg/m^2 · s, lb/ft^2 · s
Gr	Grashof 수, $D^3\rho^2 g\beta\Delta T/\mu^2$; 무차원
Gz	Graetz 수, $\dot{m}c_p/kL$; 무차원
g	중력가속도, m/s^2, ft/s^2
h	개별 열전달계수, W/m^2 · °C, Btu/ft^2 · h · °F; h_i, 관 안지름을 기준 한 평균값; h_a, 산술평균 온도차를 기준 한 값; h_o, 관 또는 입자 바깥지름을 기준 한 값; h_x, 국부 값; h_{x1}, 평판의 꼬리부분에서의 값; h_∞, 긴 관내의 완전 발달 흐름에서의 값
j_H	Colburn j 인자, St(Pr)$^{2/3}$ ϕ_v; 무차원
K'	비뉴턴 유체의 흐름 일관성지수((flow consistency index)
k	열전도도, W/m · °C, Btu/ft · h · °F; k_f, 평균온도에서의 값; k_m, 관 벽의 열전도도
L	길이; m, ft
LMTD	대수평균온도차
m	식 (12.28)의 상수(매개변수) $K'8^{n'-1}$; m_w, T_w에서의 값
$\dot{m}$	질량유속, kg/h, lb/h
Nu	Nusselt 수, hD/k; 무차원; Nu$_f$, 평균 경막온도에서의 값; Nu$_x$, 평판 상의 국부값; Nu$_\theta$, 관 외부의 국부(국소)값
n	식 (12.32) 및 (12.73)의 상수
n'	비뉴턴 유체의 흐름 거동지수(flow behavior index), 무차원
Pe	Peclet 수, $\rho\overline{V}c_pD/k$; 무차원
Pr	Prandtl 수, $c_p\mu/k$; 무차원
p	압력, N/m^2, lb$_f$/ft^2
q	열흐름속도, W, Btu/h; q_c, 전도에 의한 값; q_t, 난류-대류에 의한 값
R	기체법칙 상수
Re	Reynolds 수, DG/μ; 무차원; Re$_x$, 평판 상의 국부 값 $u_0x\rho/\mu$; Re$_{x1}$, 평판의 꼬리 모서리부분에서의 값
r	반지름, m, ft; r_H, 관로의 수력학적 반지름; r_m, 튜브의 반지름; r_w, 파이프의 반지름
S	관의 단면적, m^2, fr^2
St	Stanton 수, h/c_pG; 무차원
T	온도, °F, °C; T_a, 입구온도; T_b, 출구온도; T_f, 평균 경막온도; T_i, 순간온도; T_w, 벽 또는 평판의 온도; T_∞, 접근하는 유체의 온도; $\overline{T}$, 관내 평균 유체온도; $\overline{T}_b$, 출구에서 본체 평균 유체온도; $\overline{T}_i$, 순간온도의 시-평균; T', 요동 성분; $\overline{T}'$, 요동 성분의 시-평균

t_T	가열하거나 냉각하는 총시간, s, h
U	총괄 열전달계수, W/m^2 · °C, Btu/ft^2 · h · °F; U_o, 외부면적을 기준 한 값; U_1, U_2, 교환기 끝에서의 값
u	유속, m/s, ft/s; u_0, 접근 유체의 속도; u', 요동 성분
$\overline{V}$	부피평균 유속, m/s, ft/s
v	비용(比容), m^3/kg, ft^3/lb 유체의 경우; ft^3/lb mol, m^3/kmol, 기체의 경우; $\overline{v}$, 평균값
v'	y방향 유속의 요동 성분; $\overline{v}'$ 시-평균치
x	평판의 앞머리 또는 관 입구로부터의 거리, m ft; x_w 벽두께; x_0, 가열부의 시발점; x_1, 평판의 길이
y	벽으로부터의 반지름(방사)방향 거리, m, ft; 또한 경계층 두께
Z	높이, m, ft

그리스문자

α	열전도도, $k/\rho c_p$; m^2/h, ft^2/h; 또한 식 (12.58)의 상수
β	부피팽창계수, 1/°R, 1/K 또한 식 (12.58)의 상수
γ	식 (12.58)의 상수
ΔT	온도강하, °C, °F; ΔT_i, 관의 내벽으로부터 유체로의 온도강하; ΔT_o, 외부표면으로부터 벽에서 떨어져 있는 유체로의 온도강하; $\overline{\Delta T_a}$, 산술평균 온도강하; $\overline{\Delta T_L}$, 대수평균 온도강하
δ	식 (12.28)의 매개변수, $(3n'+1)/4n'$
ε	난류 확산계수, m^2/h, ft^2/h; ε_H, 열에 대한 값, ε_M, 운동량에 대한 값
θ	관 외부의 각 위치
μ	절대점도, kg/m · s, lb/ft · s, lb/ft · h; μ_f, 액체막의 밀도; μ_w, 벽 온도의 값
ν	동점도, m^2/h, ft^2/h
ρ	밀도, kg/m^3, lb/ft^3; ρ_f, 액체막의 밀도, $\overline{\rho}_a$, 산술평균 밀도
τ	전단응력, N/m^2, lb$_f$/ft^2; τ_w, 관벽의 전단응력, τ_0, 소성 유체의 항복응력
Φ, Φ_1	함수
ϕ_n	자연대류 인자[식 (12.75)]
ϕ_v	점도 상관계수 $(\mu/\mu_w)^{0.14}$
ψ	식 (12.35)에서 함수, 또한 난류 확산계수의 비, $\varepsilon_H/\varepsilon_M$; $\overline{\Psi}$ 평균값
ψ_0	식 (12.61)에서 함수

연습 문제

12.1 글리세린(glycerin)이 700 kg/h로 30 mm ID 관을 통해 흐른다. 이것이 2.5 m 길이의 가열부로 들어간다. 이 가열부 벽 온도는 115°C로 균일하다. 입구에서 글리세린의 온도는 15°C이다.

(a) 속도분포가 포물선이면 가열부의 출구에서 글리세린의 온도는 몇 도인가?

(b) 플러그흐름이라고 하면, 유출 온도는 몇 도인가?

(c) 글리세린이 115°C까지 가열되려면 가열부의 길이는 얼마이어야 하는가?

12.2 50°F인 기름이 120°F의 표면온도를 가진 60 ft길이의 2 in Sch 40 수평철관에서 가열된다. 그 유량(流量)은 유입 온도에서 150 gal/h이다. 이것이 관을 나가 혼합된 후, 그 기름의 온도는 얼마로 되는가? 평균 열전달계수는 얼마인가? 기름의 물성은 표 12.5에 주어졌다.

12.3 기름이 1 m/s로 75 mm ID 철관을 통해 흐른다. 이것은 관 외부에서 수증기에 의해 가열되고, 수증기-경막계수는 11 kW/m^2·°C로 택할 수 있다. 관을 따라 어떤 특정 지점에서 그 기름은 50°C에 있고, 그 밀도는 880 kg/m^3, 그 점도는 2.1 cP, 그 열전도도는 0.135 W/m·°C 그리고 그 비열은 2.17 J/g·°C이다. 관 내부면적을 기준 한 그 지점의 총괄 열전달계수는 얼마인가? 만일 수증기온도가 120°C라면, 관 외부면적을 기준 한 이 지점의 열흘럭스(heat flux)는 얼마인가?

12.4 등유(kerosene)가 다관-원통형(shell-and-tube) 가열기 내에서 뜨거운 물로 가열된다. 등유가 관 내로, 물이 관 외부로 흐르며, 그 흐름은 역류(逆流)이다. 등유의 평균온도는 110°F이고, 그 평균 선속도는 8 ft/s이다. 110°F에서 등유의 물성은 비중 0.805, 점도 = 1.5 cP, 비열 = 0.583 Btu/lb·°F 그리고 열전도도 = 0.0875 Btu/ft·h·°F이다. 튜브는 $\frac{3}{4}$ in OD, BWG 16의 저탄소강(低炭素鋼)이다. 동체-측 열전달계수는 300 Btu/ft·h·°F이다. 튜브 외부면-기준 총괄 계수를 구하라.

표 12.5 문제 12.2의 자료

	60°F	120°F
Specific gravity, 60°F/ 60°F	0.79	0.74
Thermal conductivity, Btu/ft·h·°F	0.072	0.074
Viscosity, cP	18	8
Specific heat, Btu/lb·°F	0.75	0.75

12.5 문제 12.4의 등유가 110°F의 물로 대치되고, 8 ft/s로 흐른다고 가상하자. 튜브 표면이 청결한 상태로 있다면, 총괄 계수는 몇 %의 증가를 기대할 수 있는가?

12.6 문제 12.5의 튜브 양쪽 표면이 물에 포함된 침전물로 인해 오염된다. 내부표면의 오염인자(fouling factor)는 330 그리고 외부표면의 것은 200 Btu/ft·h·°F이다. 이 오염으로 인하여 총괄 계수의 몇 %가 감소되는가?

12.7 Colburn analogy로부터 1 in BWG 16 구리 튜브에서 안쪽 열전달계수 값이 얼마나 다른가? 두 경우 모두 Re = 4 × 10^4 이고 같은 유체가 흐른다.

12.8 3,500 kg/h로 흐르는 물이 15°C로부터 50°C까지 단순 이중-관 열교환기에서 가열된다. 물은 내 관 안쪽으로 흐르고, 바깥쪽에서는 110°F에서 수증기가 응축된다. 관 벽은 얇아서 벽저항은 무시할 수 있다. 수증기-경막계수 h_0 는 11 kW/m^2·°C로 간주한다. 물을 원하는 온도까지 가열할 최단(最短) 열교환기의 길이는 얼마인가? 물의 평균 물성치는 다음과 같다.

ρ = 993 kg/m^3 k = 0.61 W/m·°C μ = 0.78 cP c_p = 4.19 J/g·°C

힌트 : 최적 관 지름(optimum diameter)을 구하라.

12.9 공기의 Pr와 열용량이 온도에 거의 무관하기 때문에, 식 (12.34)는 공기의 h_i가 $\mu^{0.2}$에 따라 증가함을 표시하는 것으로 여겨진다. (a) 이 변칙(anomaly)을 설명하고, 또 $h_i \propto T^n$을 이용하여 온도에 대한 h_i의 의존도(대략적으로)를 결정하라. (b) 질량속도보다 선속도가 일정하게 유지될 때, 공기에 대한 h_i는 온도에 따라 어떻게 변하는가?

12.10 공기가 수증기로 가열되는 관형 가열기를 통해 흐르는 데, 이때 수증기와 벽저항이 공기-측 저항(air-side resistance)에 비해 무시될 수 있는 조건 하에 있다. 다음 인자들의 각각은 순서대로 변하게 되나 모든 다른 원래 인자(因子)는 일정하게 남아 있다고 가정하고, 다음의 각 변화에 따른 $q/\overline{\Delta T_L}$의 변화 백분율(%)을 계산하라. (a) 공기의 압력이 2배로 되고 공기의 질량유속이 고정될 때, (b) 공기의 질량유속이 2배로 될 때, (c) 가열기 내 관의 개수가 2배로 될 때, (d) 관 지름을 절반으로 할 때.

12.11 합금 NaK(78% K)을 냉각하기 위해 반응기 내 $\frac{1}{2}$ in ID 관을 통해 순환시키려고 한다. 액상 금속 유입온도와 속도는 각각 580°F와 32 ft/s이다. 관 길이가 3 ft이고, 내부 표면온도가 720°F일 때 냉각제의 온도상승을 계산하고 액상 금속의 lb당 에너지를 구하라. NaK(78% K)의 물성치는 다음과 같다.

$\rho = 45\ \text{lb/ft}^3 \qquad k = 179\ \text{Btu/ft} \cdot \text{h} \cdot {}^\circ\text{F} \qquad \mu = 0.16\ \text{cP} \qquad c_p = 0.21\ \text{Btu/lb} \cdot {}^\circ\text{F}$

12.12 촉매 열분해 재생기(catalytic cracking regenerator)에서 600°C의 촉매입자가 700°C의 유동층(流動層) 내의 공기 안으로 주입된다. 화학반응을 무시하고 50 μm 입자가 공기 온도의 5°C 이내까지 가열되는 데 얼마나 오래 걸리는가? 열전달계수는 그 종말속도(終末速度)로 떨어지는 구형 입자와 동일한 것으로 간주하라.

12.13 시험(pilot)공장에서, 점성 기름이 1 in 재킷이 부착된 관 안에서 200°C에서 110°C까지 냉각된다. 재킷 내로 흐르는 물의 평균온도는 30°C이다. 기름을 더 냉각시키기 위해 그 열교환기 내 관을 더 큰 내경(1.5 in)의 것으로 (그러나 길이는 동일하다) 대치하려고 한다. (a) 그 기름이 1 in 관 내에서 층류로 흐를 때 큰 교환기를 사용할 경우에 비해, 출구온도에 있어서 얼마의 변화를 가져오게 하는가? (b) 그 기름이 난류로 흐른다고 가정하고 반복하라.

12.14 질산(窒酸) 제조 시 10%의 암모니아를 함유한 공기가 Pt/Rh 합금의 미세-망사층 들을 통과한다. (a) 500°C의 공기가 0.5 mm 지름의 망사를 20 ft/s의 공탑속도(superfical velocity)로 흐를 때 열전달계수를 구하라. (b) 망사의 표면적이 3.7 cm^2/cm^2 (cross section)이고 그 표면온도가 900°C일 때, 1개의 망사층을 통과하는 동안 500°C공기의 온도변화는 얼마인가?

12.15 15°C의 물이 가열되어 있는 25 mm OD 실린더에 직각으로 흐른다. 그 표면온도는 120°C이다. 물의 접근속도(approach velocity)는 1 m/s이다. (a) 원통의 표면으로부터 물로 전달되는 열흘럭스는 kW/m^2 단위로 얼마인가? (b) 원통이 25 mm OD의 구형(球形)으로 대치되고 그 표면온도가 120°C라면, 그 열흘럭스는 얼마인가?

12.16 물이 수증기로 가열되는 50 mm ID의 수평 관 안에서 15°C로부터 65°C까지 가열된다. 그 수증기 온도는 120°C이다. 물의 평균 Re는 450이다. 물-쪽 계수(water-side coefficient)가 율속단계이다. 자연대류는 순전히 층류에서 예측된 열전달속도에 대해 총 열전달속도의 몇 %까지 증가시킬 수 있는가? 독자의 답을 예제 12.4에서 나타낸 증가량과 비교해 보자.

12.17 대형 물탱크가 수중 수평 수증기관(submerged horizontal steam pipe)으로부터 자연대류에 의해 가열된다. 그 관은 3 in Schedule 40의 강관이다. 수증기 압력이 대기압이고, 물의 온도가 80°F일 때, 물로 전달되는 열전달속도는 Btu/h · ft of pipe로 얼마인가?

12.18 (a) 수직 유리창을 통해 70°F 실내에서 0°F의 정지공기 쪽으로의 총괄 열전달계수 U를 계산하라. 단, 단-겹 유리창의 두께는 $\frac{1}{8}$ in이고 높이는 4 ft이다. (b) 두-겹 유리 사이에 $\frac{1}{2}$ in 공기층이 있는 단열유리에 대한 U를 계산하라. 이 유리의 $k = 0.4\ \text{Btu/h} \cdot \text{ft} \cdot {}^\circ\text{F}$이다.

12.19 단열유리에 대한 U값은 겹유리 사이의 간격에 어떻게 의존되는가?

12.20 (a) 약 50℃에서 10 cm 도관 내 1 m/s로 흐르는 물 그리고 기름에 대한 열전달경막 계수를 비교하라. 기름의 특성치는 표 12.5에 주어져 있다. (b) h_{water} / h_{oil} 비가 물성비(physical property ratio)들로 표시되는 인자들의 곱으로 표시됨을 보여라.

12.21 1 atm, 20℃의 공기가 표면온도 80℃인 수평 판을 10 m/s로 흐른다. 그 평판 길이는 1.6 m이다. (a) 평균 열훌럭스와 평판의 배출 끝-부분에서의 국소 열훌럭스를 W/m^2 단위로 계산하라. (b) 평판 끝에서 열경계층 두께는 얼마인가?

12.22 (a) 난류로 흐르는 200℃ 공기에 대한 계수를 예측하기 위하여 Sieder-Tate식을 이용한다면, $\Delta T = 100$℃일 때 가열의 경우와 냉각의 경우 그 계수들은 얼마의 차가 있을 것인가? (b) 점도 이외 어떤 특성치가 가열과 냉각 사이에 차이를 예측하는 데 크게 고려될 것인가?

12.23 유기 액체가 직경 1.5 cm, 길이 15 cm인 가열 판을 25 cm/s로 흐른다. 이 액체의 특성치들은 $\rho = 900$ kg/m^3, $\mu = 1.7$ cP, $k = 0.135$ W/m·℃, $c_p = 2.0$ J/g·℃이다. (a) 층류에 대한 식을 사용하여 j_H를 계산하고, 같은 Re에서 난류라고 가정하여 얻은 값과 비교하라. (b) 층류에 대해 계산된 계수가 난류의 것보다 더 크다면, 그 차에 대한 이유는 무엇인가? 층류식 또는 난류식을 이들 조건에 적용하는 데 어떤 오류가 있겠는가?

참고 문헌

1. Dwyer, O. E. *AIChE J.*, **9**:261 (1963).
2. Eckert, E. R. G., and J. F. Gross *Introduction to Heat and Mass Transfer*, New York: McGraw-Hill, 1963 pp. 110-114.
3. Friend, W. L., and A. B. Metzer, *AIChE J.*, **4**:393 (1958).
4. Gebhart, B. *Heat Transfer*, 2nd ed., New York: McGraw-Hill, 1971 ; (a) p. 272, (b) p. 274, (c) p. 283.
5. Kern, D. Q., and D. F. Othmer, *Trans. AIChE*, **39**:517 (1943).
6. Knudsen, J. G., and D. L. Katz, *Fluid Dynamics and Heat Transfer*, New York: McGraw-Hill, 1958 ; (a) pp. 361-90, (b) pp. 400-03, (c) p. 439.
7. McAdams, W. H. *Heat Transmission*, 3rd ed., New York: McGraw-Hill, 1954 ; (a) pp. 172, 180, (b) p. 177, (c) p. 215, (d) p. 230, (e) p. 234.
8. Mills, A. F. *Heat Transfer*, Boston: Irwin Press, 1992.
9. Sieder, E. N., and G. E. Tate, *Ind. Eng. Chem.*, **28**:1429 (1936).
10. Webb, R. L. *Principles of Enhanced Heat Transfer*, New York: Wiley, 1994.
11. Wilkinson, W. L. *Non-Newtonian Fluids*, London: Pergamon, 1960, p. 104.

| Unit Operations of Chemical Engineering |

13 상 변화를 수반하는 유체로의 열전달

Heat Transfer to Fluids with Phase Change

상 변화(相變化)를 수반하는 열전달 공정은 유체간 단순한 열교환보다 더 복잡하다. 상 변화는 일정하거나 거의 일정한 온도에서 상당한 양의 열에너지가 가해지거나 제거된다. 상 변화 속도는 열전달속도에 의해 지배될 수도 있으나, 이는 기포, 액적 또는 결정의 핵생성(核生成)속도에 의하여 그리고 그것의 생성 이후 새로운 상(相)의 거동에 의하여 크게 지배된다. 본 장은 응축과 액체의 비등(沸騰)을 다루고, 결정화(結晶化)는 27장에서 논한다.

13.1 응축증기로부터의 열전달

증기의 응축온도(凝縮溫度)보다 더 차가운 관의 표면상에서 증기의 응축은 물, 탄화수소, 기타 휘발성 물질 등을 처리할 때 아주 중요하다. 일부 예들은 증발, 증류, 건조 조작 등을 다루는 이 책의 뒷부분에서 볼 수 있다.

응축증기는 단일 응축성(condensable) 물질과 비응축성(noncondensable) 물질의 혼합물 또는 둘 이상의 응축성 증기 혼합물로 이루어질 수 있다. 일반적으로 응축기 내에서의 마찰손실은 적어서 응축은 거의 정압과정(定壓過程)이 된다. 단일 순수 물질의 응축온도는 압력에만 의존된다. 그래서 순수 물질의 응축과정은 등온(等溫)이다. 또한 응축액(condensate)은 순수 액체이다. 정압(일정압력)에서 응축되는 혼합증기는 어느 온도범위에 걸쳐서 응축되며, 전체 증기흐름이 응축될 때까지 가변조성(可變組成)의 응축액이 되는데, 이는 응축액의 조성이 원 미응축증기(original uncondensed vapor)의 조성과 같을 때까지 계속된다.[1]

불활성 기체 존재 하에서의 응축에 대한 일반적인 예들은 수증기와 공기 혼합물로부터 물의 응축 그리고 침출(extraction) 또는 건조 조작과정을 떠나는 공기흐름으로부터 탄수화물 용매의 회수 등이다.

혼합증기의 응축 및 비응축성 기체 존재 시 응축은 이장 끝에서 간단히 논한다. 다음의 논의는 차가운 관 표면에서 단일 휘발성 물질의 응축에 관한 것으로 제한되었다.

1 이 설명에 대한 예외는 공비혼합물(azeotropic mixture)의 응축에서 알 수 있을 것이고, 그 공비점에서 응축액과 그 증기의 평형조성은 언제나 동일하다.

적상응축과 막상응축

증기는 차가운 표면상에서 적상응축(滴狀凝縮, dropwise condensation)과 막상응축(膜狀凝縮, film type condensation)의 두 가지 방법 중 하나에 의해 응축된다. 적상응축보다 더 일반적인 막상응축에서는 액상 응축 액이 중력작용 하에 관 표면을 흐르는 액체의 막 또는 연속 층을 형성한다. 이것은 증기와 관벽 사이에 생기는 액체 층이기 때문에 열흐름에 저항을 주게 되고, 이것이 열전달계수의 크기로 나타난다.

적상응축에서는 응축 액이 미시적 핵 생성 부위에서 형성되기 시작한다. 전형적인 부위는 작은 구멍, 긁힘(scratch), 먼지 반점 등이다. 습실(濕室, humid room)에서 냉수를 넣은 주전자의 바깥표면에서 가끔 볼 수 있는 것과 같이, 그 액적은 성장되어 그 이웃 것과 합쳐져서 미세한 가시 액적(可視液滴)을 형성한다. 미세한 액적은 순서대로 중력에 의해 관을 따라 흐르는 액체흐름으로 뭉쳐져서, 응축 액을 쓸어내게 되어 많은 액적이 있는 표면은 깨끗해진다. 적상응축이 일어나는 동안 관 표면의 상당 부분이 무시 될 정도의 열저항을 가진 아주 얇은 액체막으로 덮어 진다. 이 때문에 그 표면의 열전달계수는 아주 커서 적상응축에 대한 평균계수는 막상응축 시의 5~8배가 된다. 긴 관에서, 표면 어느 부분에서는 막상응축이 그리고 나머지 부분에서는 적상응축이 일어날 수도 있다.

적상응축의 실제적인 관측은 수증기에서 볼 수 있다. 그러나 이것은 또한 에틸렌 글리콜(ethylene glycol), 글리세린(glycerin), 니트로벤젠(nitrobenzene), 아이소헵탄(isoheptane) 그리고 약간의 유기증기(有機蒸氣) 등에서도 관측된다[26]. 액상금속은 통상 적상응축 형태로 응축된다. 적상응축의 출현은 액체에 의해 표면이 젖느냐(wetting) 또는 안 젖느냐(nonwetting)에 따르고, 근본적으로 그 현상은 표면화학(surface chemistry) 분야에 속한다. 수증기의 적상응축에 대한 많은 실험적 연구를 요약하면 다음과 같다[8].

1. 물의 막상응축은, 수증기와 관 모두가 깨끗하면 보통 금속관 상에서, 공기가 있든 없든 간에 거친 표면 상에서, 또는 연마된 표면상에서 일어난다.
2. 적상응축은 냉각 표면이 액체로 젖지 않았을 때만 일어난다. 수증기응축에 있어서는 기름 액적으로 증기가 오염됨으로써 가끔 적상응축이 유발되기도 한다. 이것은 거친 표면보다는 매끄럽게 오염된 표면에서 더 쉽게 만들어지기 때문이다.
3. 적상응축이 일어나는 데 요구되는 오염물 또는 촉진제(promoter)의 양은 아주 미소하고 오직 단분자막(monomolecular film)만이 있어도 가능하다.
4. 효과적인 액적 촉진제(drop promoter)는 표면에 강하게 흡착되어야 하고, 젖음성(wetting)을 방해하는 물질은 비효과적이다. 어떤 촉진제는 일부 금속에 특히 유효하다. 예로서, 구리합금에 대한 머캅탄(mercaptan), 그리고 올레산(oleic acid)과 같은 촉진제는 일반적으로 매우 효과적이다. 일부 금속, 예로서 강철과 알루미늄에 적상응축이 생기도록 하기가 아주 어렵다.
5. 오직 적상응축만이 있는 데서 얻을 수 있는 평균계수는 115 $kW/m^2 \cdot {}^\circ C$(20,000 $Btu/ft^2 \cdot {}^\circ F$) 정도로 높다.

적상응축을 인위적으로 유발시켜 큰 계수로부터 실제적 이익을 실현하려고 때때로 시도될지라도, 그런 형태의 응축이 불안정하고 그것을 유지하는 어려움이 커서 그 방법은 보편적 방법이 못된다. 또한 수증기 응축액 층이 막상응축 일지라도 그 저항은 응축기 관 내부의 저항에 비해 원천적으로 작고, 그리고 총괄계수에서의 증가도 적상응축이 이루어질 때에도 비교적 작다. 따라서, 정상적인 설계에서는 막상응축으로 간주한다.

막상응축에 대한 계수

막상응축에서 열전달속도에 대한 기본식은 Nusselt에 의해 처음 유도되었다[17,21,23]. Nusselt 식은, 액체층의 외부 경계에서 증기와 액체가 열역학적 평형에 있기 때문에, 열흐름에 대한 저항은 오직 중력작용 하에서 아래 방향으로 흐르는 층류의 응축액 층에 의해 제공되는 것뿐이라는 가정을 근거로 한다. 이것은 또한 벽에서의 액체속도는 0이고, 경막 외부의 액체속도는 증기속도에 영향을 받지 않으며, 벽과 증기의 온도는 일정하다고 가정된 것이다. 증기의 과열은 무시 되었고, 응축액은 그 응축온도로 그 관을 유출한다고 가정한 것이며, 액체의 물성은 평균 경막온도(mean film temperature)에서 택한 것이다.

수직 관. 막상응축에서 Nusselt 이론은, 응축액 경막이 관의 상단 부에서 생기기 시작하여 막 두께가 상단부 근처에서 급격히 증가하다가 그 다음 관의 나머지 부분에서 점점 더 느리게 증가한다는 것을 보여준다. 열은 전도(傳導)에 의해서만 응축액 막을 통해 흐른다고 가정하여, 다음과 같이 국부계수를 표시하였다.

$$h_x = \frac{k_f}{\delta} \tag{13.1}$$

여기서, δ는 국부 경막두께이다.

따라서 국부계수는 경막두께에 따라 역으로 변한다. 관 상단 부로부터 거리에 따른 h_x와 δ의 변화는 그림 13.1에 매탄올과 같은 액체에 대하여 나타냈다[17].

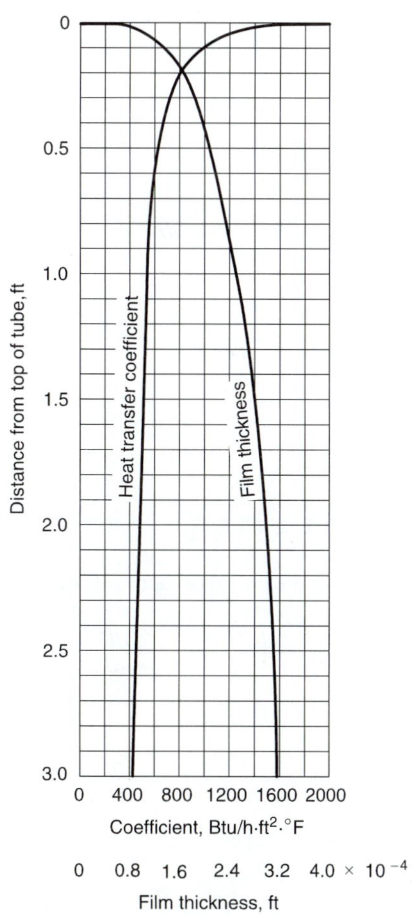

그림 13.1 하강 메탄올 응축액의 경막두께와 국부계수(자료 : D. Q. Kern, Process *Heat Transfer*. Copyright, 1950, McGraw- Hill Book Company)

경막두께 δ는 전형적으로 관 지름보다 2 내지 3 자리 수(10의 2 내지 3승) 정도 작다. 그래서, 이것은 평판에 대한 식 (4.59)으로부터, 관의 내부 또는 외부 흐름에 대하여 이용될 수 있게 한다. 막에서 온도 구배가 있기 때문에 액체의 특성은 식 (13.11)로 주어진 평균 경막온도(膜溫度) T_f에서 값을 구한다. 수직표면 상의 응축에 대하여, $\cos\beta = 1$일 때 식 (4.50)은 다음과 같이 된다.

$$\delta = \left(\frac{3\Gamma \mu_f}{\rho_f^2 g} \right)^{1/3} \tag{13.2}$$

여기서 Γ는 주변 단위 길이 당 질량속도로 표시되는 응축액 부하량(condensate loading)이다.

식 (13.1)에 δ을 대입하면 수직표면의 상단 부로부터 거리 L인 지점에서 국부 열전달계수를 주는 식이 된다. 즉,

$$h_x = k_f \left(\frac{\rho_f^2 g}{3\Gamma \mu_f} \right)^{1/3} \tag{13.3}$$

식 (13.3)은 관의 내부 응축이나 외부 응축에 적용된다. 순수 증기(純粹蒸氣)는 보통 관의 외부에서 응축하게 된다. 이 경우 수직 관의 국부계수는 다음 관계식으로 주어진다.

$$h_x = \frac{dq}{\Delta T_o dA_o} = \frac{\lambda d\dot{m}}{\Delta T_o \pi D_o dL} \tag{13.4}$$

λ = 증발잠열
$\dot{m}$ = 응축액의 국부 흐름속도

$\dot{m}/\pi D_o = \Gamma$로 놓는다면, 식 (13.4)은 다음과 같이 된다.

$$h_x = \frac{\lambda d\Gamma}{\Delta T_0 dL} \tag{13.5}$$

도관 전체에 대한 평균계수(平均係數) h는

$$h \equiv \frac{q_T}{A_o \Delta T_o} = \frac{\dot{m}_T \lambda}{\pi D_o L_T \Delta T_o} = \frac{\Gamma_b \lambda}{L_T \Delta T_o} \tag{13.6}$$

q_T = 총 열전달속도
$\dot{m}_T$ = 총 응축속도
L_T = 관의 총 길이
Γ_b = 관의 밑 부분에서의 응축액 부하(負荷)

식 (13.3)과 (13.5)로부터 h_x을 소거하고 ΔT_o에 대하여 풀면 다음과 같다.

$$\Delta T_o = \left(\frac{3\Gamma \mu_f}{\rho_f^2 g} \right)^{1/3} \frac{\lambda d\Gamma}{k_f dL} \tag{13.7}$$

이 식의 ΔT_o을 식 (13.6)에 대입하면 다음과 같이 된다.

$$h = \frac{\Gamma_b k_f}{L_T} \left(\frac{\rho_f^2 g}{3\mu_f} \right)^{1/3} \frac{dL}{\Gamma^{1/3} d\Gamma} \tag{13.8}$$

식 (13.8)을 재정리하여 그 한계 사이에서 적분하면,

$$h \int_0^{\Gamma_b} \Gamma^{1/3}\ d\Gamma = \frac{\Gamma_b k_f}{L_T} \left(\frac{\rho_f^2 g}{3\mu_f} \right)^{1/3} \int_0^{L_T} dL$$

$$h = \frac{4k_f}{3} \left(\frac{\rho_f^2 g}{3\Gamma_b \mu_f} \right)^{1/3} \tag{13.9}$$

식 (13.9)와 (13.3)을 비교하면, 수직 관(垂直管)에 때한 평균계수는 응축액 경막이 층류로 흐른다면, 관의 밑 부분에서의 국부계수의 4/3배가 됨을 보이고 있다.

식 (13.9)는 응축액에 대한 출구 $\mathrm{Re} = 4\Gamma_b/\mu_f$가 포함되는 식으로 재정리될 수 있다. 즉,

$$h\left(\frac{\mu_f^2}{k_f^3\rho_f^2 g}\right)^{1/3} = 1.47\left(\frac{4\Gamma_b}{\mu_f}\right)^{-1/3} = 1.47\,\mathrm{Re}^{-1/3} \tag{13.10}$$

온도구배가 막을 통해 일정하고, $1/\mu$가 온도에 따라 직선적으로 변한다는 가정 하에 μ_f, k_f 및 ρ_f값을 구하는 기준온도는 다음 식으로 구한다[21].

$$T_f = T_h - \frac{3(T_h - T_w)}{4} = T_h - \frac{3\Delta T_o}{4} \tag{13.11}$$

T_f = 기준온도 T_h = 응축증기의 온도 T_w = 관 벽의 외부 표면온도

식 (13.10)은 식 (13.6)과 결합하여 Γ_b항을 소거시켜 그 상당식(相當式)으로 쓰인다. 즉,

$$h = 0.943\left(\frac{k_f^3\rho_f^2 g\lambda}{\Delta T_o L\mu_f}\right)^{1/4} \tag{13.12}$$

식 (13.10)과 (13.11)은 응축액이 층류라 가정하고 유도되어 낮은 **Re** 범위에서는 실험자료와 이론이 잘 맞는다. $\mathrm{Re} = 4\Gamma_b/\mu_f$가 30 이상일 때 응축액 경막표면에 물결이 나타나 열전달속도를 증진시킨다. 평균 막두께는 $\mathrm{Re} \cong 1,200$ 까지 층류이론에 잘 일치하나, **Re**가 더 증가되면 열전달계수는 예측 치보다 상당히 크게 된다. **Re**가 1,800보다 크면 막은 난류형태가 되어서 열전달속도는 식 (13.3)으로 예측되는 것보다 훨씬 크게 된다.

평균계수에 대한 상관관계가 관 하부에서의 **Re**의 함수로서 그림 13.2에 주어졌다. 아주 낮은 **Re**영역에서 그 그림은 식 (13.10)과 잘 맞는다. 파도(물결)있는 층류와 난류영역에서는 다음 경험 식이 쓰인다[5].

$$\mathrm{Nu}' = \frac{h}{k_f}\left(\frac{\mu_f^2}{\rho_f^2 g}\right)^{1/3} = (\mathrm{Re}^{-0.44} + 5.82\times 10^{-6}\,\mathrm{Re}^{0.8}\,\mathrm{Pr}^{1.3})^{1/2} \tag{13.13}$$

이 식에서 둘째 항은 특성 길이 $(\mu_f^2/\rho_f^2 g)^{1/3}$로 표시된 **Nu**형태로 해석될 수 있다. 그러나 이 특성 길이는 경막두께 δ와 같은 것은 아니다.

식 (13.10)이 적용되는 층류 영역에서는, **Pr**는 h에 영향이 없다. 이는 열이 경막을 통해 전도만으로 전달되기 때문이고, 열용량도 무관한 인자이기 때문이다. 파도가 있는 층류 영역의 경우 파도가 에디를 유발케 하여 액체표면 근처 열전달을 증진시키나 **Pr**의 영향은 미미하다. 이 영역에서 Nu'는 $\mathrm{Re}^{-0.2}$에 따라 변한다(층류에서는 $\mathrm{Re}^{-1/3}$에 따름을 비교하라). 완전 난류영역에서는 평균계수가 $\mathrm{Re}^{0.4}$에 따라 증가하고 도관 내 난류보다 **Pr**에 의존도가 더 크다. 실험자료는 **Pr**의 0.65승으로 적용되나 증기(vapor)속도에는 약간 영향 미칠 뿐이다. 만일 하강방향으로 높은 증기속도가 있게 되면 응축액은 액-증기계면에서의 전단응력 때문에 더 얇게 되고 따라서 열전달속도도 증가된다. 증기와 액체의 역류는 열전달속도를 감소케 하는 경향이 있고 일류(flooding)를 유발케 할 수도 있다. 경막계수에 대한 증기속도의 영향은 Dukler[9]에 의해 예측된 바 있다.

수평 관. 수직 관에 대한 식 (13.10)과 (13.12)에 상응하는 단일 수평 관에 대하여 다음 식이 적용된다.

$$h\left(\frac{\mu_f^2}{k_f^3\rho_f^2 g}\right)^{1/3} = 1.51\left(\frac{4\Gamma'}{\mu_f}\right)^{-1/3} \tag{13.14}$$

$$h = 0.729\left(\frac{k_f^3\rho_f^2 g\lambda}{\Delta T_o D_o\mu_f}\right)^{1/4} \tag{13.15}$$

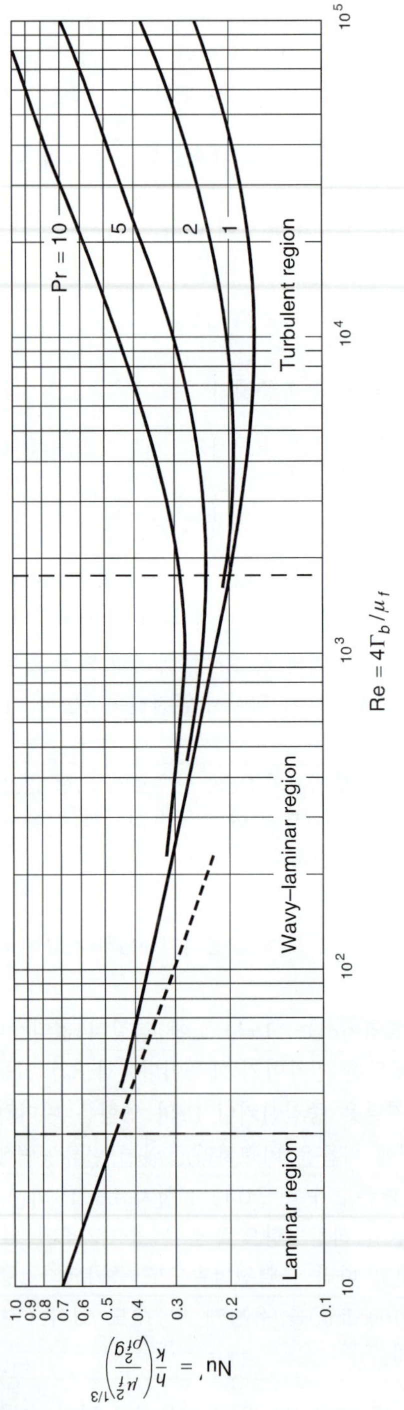

그림 13.2 수직 표면상의 응축에 대한 경막계수

여기서, Γ'은 관의 단위길이 당 응축액 부하(condensate loading)이고, $\dot{m}/L$와 기타 부호는 보통 의미와 같다.

수평 관에 대한 Γ'은 수직 관의 1/10 정도, 즉 $0.1\Gamma_b$정도이고 응축액 흐름은 층류이다. 그러나 몇 연구자는 $\mathrm{Re} > 40$ 이상의 파도 있는 영역에서 식 (13.14)에 의한 h값보다 20% 증가된 것을 추천하기도 한다.

Nusselt식의 실용

높은 증기 유속이 아닌 경우, 실험자료와 식 (13.14)와 (13.15)를 잘 검토하면, 이들 식은 단일 수평 관에서 막상응축에 대한 열전달계수 계산에 쓰일 수 있다. 또한 식 (13.15)은 수평 관의 수직 적층(vertical stack)에서 막상응축에 대하여 사용될 수 있으며, 여기서 응축액이 관에서 관으로 누적되게 떨어져서 결국 전체 적층(積層)으로부터의 총 응축액은 맨 밑의 관으로 떨어진다. 적층 관에 대한 평균계수 h_N은 단일 관에 대한 것보다 작다. 그의 식은 다음과 같다[24a].

$$h_N = h_1 N^{-1/4} \tag{13.16}$$

h_N = 전 적층(entire stack)에 대한 평균계수

h_1 = 적층 내 최상단 관(top tube)에 대한 응축계수

N = 적층 내 관의 수

적층 관에 대하여 식 (13.15)는 다음과 같이 된다[14].

$$h_N = 0.729\left(\frac{k_f^3 \rho_f^2 g \lambda}{N \triangle T_o D_o \mu_f}\right)^{1/4} \tag{13.17}$$

일반적으로 수평 관에서 응축 시 경막계수는 기타 유사조건(관 길이가 아주 짧지 않거나 또는 각 적층 내 아주 많은 수평 관이 있지 않은 조건)하에서 수직 관의 것 보다 더 크다. 수직 관은 응축액이 그 응축온도 이하로 아주 과냉각될 때 유리하다. 증기와 비응축성 기체 혼합물은 일반적으로 수직 관 안쪽에서 냉각, 응축시킨다. 그래서 불활성기체는 들어오는 흐름에 의해 전열표면으로부터 계속적으로 제거되도록 한다.

중간 압력 범위에서 어느 주어진 물질에 대한 $(k_f^3 \rho_f^2 g/\mu_f^2)^{1/3}$항은 온도의 함수이다. 이 항을 ψ_f라 놓고, 이 항의 값이 계산되고 온도의 함수로 도시(plot)될 때, 그림 13.2의 이용이 쉽게 된다. ψ_f항은 열전달계수와 차원이 같아서 그림 13.2의 종, 횡축 모두 무차원이다. 부록 6에 물에 대한 ψ_f값들이 온도의 함수로 주어졌다. 원한다면 다른 물질에 대하여 그에 상당되는 표를 만들 수 있다.

예제 13.1

수직 3/4 in(19 mm) BWG 16 구리 튜브로 된 다관·원통형 응축기는 대기압 하의 동체(胴體) 내에서 클로로벤젠(chlorobenzene)을 응축한다. 클로로벤젠의 응축 잠열은 324.9 J/g이다. 튜브 길이는 1.52 m이다. 평균온도가 79°C인 냉각수는 튜브 안으로 흐른다. 물쪽 계수(water-side coefficient)가 4,540 W/m^2·°C일 때, (a) 클로로벤젠이 응축되는 쪽의 계수는 얼마인가? (b) 수직 적층(vertical stack)으로 평균 튜브의 수가 6개일 때 그 튜브 수가 동일한 수평 응축기에서 그 계수는 얼마나 될까? 오염인자(汚染因子)와 관벽저항(管壁抵抗)은 무시한다.

풀이

(a) 응축액 경막계수가 **Re**의 함수이기 때문에 시행오차 풀이가 필요하다. 여기서 **Re**는 응축속도에 의존한다. 또한 기벽온도가 응축액의 물성을 결정하는 데 추정되어야만 한다.

직접 지정될 수 있는 양들은;

$$\lambda = 324.9\,\mathrm{J/g} \quad \mathrm{g} = 9.8\,\mathrm{m/s^2} \quad \mathrm{L} = 1.52\,\mathrm{m} \quad \mathrm{h_i} = 4{,}540\,\mathrm{W/m^2 \cdot {}^\circ C}$$

응축온도 T_f는 132°C임으로 기벽온도 T_w는 79~132°C 사이에 있어야 한다. 유기 응축액의 저항이 냉각수-측의 것보다 일반적으로 크기 때문에 T_w는 79°C 쪽에 접근되어 있을 것이다. 첫 가정으로 T_w = 90°C로 택하면 식 (13.11)로부터

$$T_f = 132 - 3/4(132 - 90) = 100\,°\mathrm{C}$$

$$\rho = 1{,}106\ \mathrm{kg/m^3}(20°\mathrm{C}\text{에서})$$

$$\rho_f = 1{,}018\ \mathrm{kg/m^3}(100°\mathrm{C}\text{에서})\quad(10°\mathrm{C}\text{당 1\% 감소하는 것으로 간주})$$

$$k_f = 0.144\ \mathrm{W/m\cdot°C}(10°\mathrm{C}\text{에서})\quad(\text{부록 13})$$

$$k_f = 0.11\ \mathrm{W/m\cdot°C}(100°\mathrm{C}\text{에서})\quad(10°\mathrm{C}\text{당 3\% 감소되는 것으로 가정})$$

$$\mu_f = 0.32\ \mathrm{cP}(100°\mathrm{C}\text{에서}) = 3.2\times10^{-4}\ \mathrm{Pa\cdot s}\quad(\text{부록 9})$$

$$c_p = 0.37\ \mathrm{cal/g°C}(100°\mathrm{C}\text{에서}) = 1{,}550\ \mathrm{J/kg\cdot°C}\quad(\text{부록 15})$$

그래서

$$\mathrm{Pr} = \frac{1{,}550\,(3.2\times10^{-4})}{0.11} = 4.51$$

처음 추정 치로 $\mathrm{Re} = 2{,}000$을 택하면, 그림 13.2로부터

$$\mathrm{Nu}' = \frac{h}{k_f}\left(\frac{\mu_f^2}{\rho_f^2 g}\right)^{1/3} = 0.23$$

[주; 이 결과를 식 (13.13)에 **Re** 및 Pr 값들을 대입하여 검토해 볼 수 있다. 그 결과 $\mathrm{Nu}' = 0.231$]. 그래서

$$h = 0.23\times0.11\left[\frac{1018^2\times9.8}{(3.2\times10^{-4})^2}\right]^{1/3} = 1{,}171\ \mathrm{W/m^2\cdot°C}$$

$$\frac{1}{U} = \frac{1}{1{,}171} + \frac{1}{4{,}540} = 1.07\times10^{-3}$$

$$U = 931\ \mathrm{W/m^2\cdot°C}$$

식 (12.38)을 이용하여 벽 온도를 검토한다.

$$\Delta T_i = \frac{1/4{,}540}{1/931}(53) = 11°\mathrm{C}$$

$$\Delta T_w = 79 + 11 = 90°\mathrm{C}(\text{가정한 값과 같다})$$

부록 4로부터, 관의 면적은

$$A = 0.1963\,\mathrm{ft^2/ft}\times0.3048\times1.52 = 0.0909\ \mathrm{m^2}$$

관(tube) 당 응축액은

$$\frac{931\times0.0909\,(132 - 79)}{324.9} = 13.8\ \mathrm{g/s}$$

$$\Gamma_b = \frac{13.8\times10^{-3}}{\pi(0.019)} = 0.231\ \mathrm{kg/s\cdot m}$$

$$\mathrm{Re} = \frac{4\Gamma_b}{\mu_f} = \frac{4\times0.231}{3.2\times10^{-4}} = 2{,}890$$

그림 13.2로부터, Nu′ 값은 0.23보다 약간 크다[$\mathrm{Re} = 2{,}890$ 을 대입하여 식 (13.13)을 풀면 $\mathrm{Nu}' = 0.233$]. 어째든 첫 **Re** 값의 가정은 충분히 접근되었다.[2]

---

2 Nu′ 안에 내포된 전도거리는 :

$$\left(\frac{\mu_f^2}{\rho_f^2 g}\right)^{1/3} = \left[\frac{(3.2\times10^{-4})^2}{1{,}018^2\times9.8}\right]^{1/3} = 2.16\times10^{-5}\,\mathrm{m} = 21.6\,\mu\mathrm{m}$$

h 값에 해당되는 두께는 다음 식으로부터 알 수 있다:

$$h = \frac{k_f}{x} = 1{,}171\ \mathrm{W/m^2\cdot°C}$$

상당 두께는

$$x = \frac{0.11}{1{,}171} = 9.4\times10^{-5}\,\mathrm{m} = 94\,\mu\mathrm{m}$$

층류에 대한 예측 경막 두께는 식 (4.59)로부터

$$\delta = \left(\frac{3\mu\Gamma}{\rho^2 g\cos\beta}\right)^{1/3} = \left(\frac{3\times3.2\times10^{-4}\times0.233}{1{,}018^2\times9.8\times1}\right)^{1/3} = 2.79\times10^{-4}\,\mathrm{m} = 279\,\mu\mathrm{m}$$

그래서 난류는 h 값을 층류를 통한 전도의 것보다 3배 이상 크게 만든다.

$$h = 1,171\ \mathrm{W/m^2 \cdot {}^\circ C}\ (206\ \mathrm{Btu/ft^2 \cdot {}^\circ F})$$

(b) 수평 관의 경우; 식 (13.17)을 사용하고 벽 온도를 약 90°C되리라 가정한다. $N = 6$ 일 때

$$h = 0.729\left(\frac{0.144^3 \times 1,018^2 \times 9.8 \times 324,900}{6 \times 53 \times 0.019 \times 3.2 \times 10^{-4}}\right)^{1/4}$$
$$= 1,095\ \mathrm{W/m^2 \cdot {}^\circ C}\ (193\ \mathrm{Btu/hft^2 \cdot {}^\circ F})$$

이 값은 단지 수직 관에 대한 값보다 약간 낮기 때문에 기벽온도를 수정할 필요가 없다. ■

과열증기의 응축

응축기로 들어가는 증기가 과열되면 과열 부분의 현열과 응축 잠열 모두 냉각 표면을 통해 전달된다. 수증기의 경우, 과열증기(superheated vapor)의 낮은 비열과 큰 응축 잠열 때문에 과열 분(過熱 分)의 현열은 잠열에 비해 보통 적다. 예로, 과열온도가 50°C이면 잠열 2,300 J/g에 비해 단지 100 J/g정도이다. 석유 분류물과 같은 유기증기의 응축에 있어서는 과열이 잠열에 비하여 현저하게 크게 나타나기도 한다. 과열 분의 현열이 중요할 때, 그것은 과열도(過熱度)와 증기의 비열로부터 계산하여 잠열에 더하거나, 또는 열 특성 표가 가능하면 증기의 단위질량 당 총 열전달을 과열증기의 엔탈피로부터 응축액의 엔탈피를 뺌으로써 계산할 수 있다.

전달속도에 대한 과열의 영향은 관의 표면온도가 증기의 응축온도보다 높으냐 낮으냐에 달려 있다. 관의 온도가 응축온도보다 낮으면, 마치 포화증기의 응축에서와 같이 그 관은 응축액으로 적셔지고, 응축액 층의 외부 경계온도는 그 장치의 압력에서 증기의 포화온도(飽和溫度)와 같게 된다. 이러한 경우에는 과열증기 본체와 응축액 막의 외부 쪽 사이에 열저항의 존재와 그 저항을 통한 온도강하(이것은 증기 내 과열도와 동일함) 등에 의하여 복잡하게 된다. 그러나 실제로 이들 복잡성의 실질 영향은 적어서 과열 분과 응축 분의 합으로 표시되는 전체 열부하(熱負荷)가 응축액 막을 통해 전달되고, 그 온도강하가 응축액 막을 통해 나타나며, 그림 13.2로부터 읽을 수 있는 바와 같이 그 계수가 응축증기에 대한 평균계수라고 가정하여도 만족하게 된다. 이 과정을 수식으로 요약하면 다음과 같다.

$$q = hA(T_h - T_w) \tag{13.18}$$

q = 잠열과 과열을 포함하는 총 열전달량
A = 증기와 접촉한 열전달 표면적
h = 그림 13.2에서 열전달계수
T_h = 증기의 포화온도
T_w = 관 벽의 온도

증기가 아주 높게 과열되거나 냉각 유체의 유출온도가 응축온도에 접근하게 되면, 관 벽의 온도는 증기의 포화온도보다 더 높아, 응축이 일어날 수 없으며, 그리고 관 벽은 마르게 된다. 과열 분이, 관 벽 온도가 증기의 응축온도보다 더 냉각되는 점까지 감소되어 응축이 일어날 때까지 그 관 벽은 건조상태를 유지한다. 이 장치는 두 부분 과열저감기(desuperheater)와 응축기(condenser)로 생각할 수 있다. 계산할 때는 두 부분을 나누어 생각해야 된다. 과열저감기는 근본적으로 기체 냉각기(gas cooler)이다. 이때 로그평균 온도차를 적용하고, 열전달계수는 고정 기체(응축되지 않는 기체)를 냉각시킬 경우의 것과 같다. 응축 부분은 앞 절에서 설명한 방법으로 처리된다.

기체-측 계수가 낮기 때문에 과열저감기 부분에서 총괄 계수는 작고, 그 부분에서 가열 표면적은 제거된 열량과 비교하여 크다. 실제로 이러한 상태를 피해야 한다. 과열은 과열증기 내로 직접 액체를 주입시켜 보다 경제적으로 제거시킬 수 있는데, 이는 작은 액적들이 아주 빨리 증발해서, 증기를 그 포화온도까지 냉각시키기 때문이다. 그래서 과열저감 부분도 제거되고, 또 응축증기로부터 높은 계수를 얻는다.

혼합증기의 응축

증기에 두 가지 또는 그 이상의 휘발성 성분이 포함되면(이것이 공비혼합물이 아닌 한), 응축온도는 주어진 압력 하에서 일정하지 않다. 고비점 성분(또는 성분들)이 응축되어 저비점 물질 내 증기를 농후하게 만들기 때문에, 증기 상 및 액상 내에 농도구배가 있게 된다. 만일 냉매온도가 충분히 낮으면, 모든 증기는 응축되어질 수 있어, 응축물 조성은 원 증기의 것과 같게 된다. 그렇지 않은 경우 저비점 물질 일부는 응축되지 않기 때문에 응축기로부터 방출된다.

증기 내 농도구배 때문에, 고비점 성분들의 물질전달이 증기 내 비응축성 저비점 성분을 통해 응축표면 쪽으로 일어난다(물질전달은 17~19장에서 논의된다). 이는 냉각되는 증기로부터 현열을 제거하려는 열전달 과정과 병행으로 일어난다. 일반적으로 열 및 물질전달 속도들, 즉 이에 상당되는 열 및 물질전달 계수들은 응축기 내에서 변하기 때문에 여러 지점에서 추정되어야만 한다. 2성분 계에 대한 설계법은 Colburn & Drew[6]에 의해 개발되었다. 증기 내 열 및 물질전달에 대한 율속저항이 냉각 증기로부터의 현열 제거인 경우, 그 과정이 참고문헌 24b에 설명되어 있다.

비응축성 성분의 영향

다 성분 혼합물 내에 비응축성 기체가 포함되면, 응축속도는 현저히 감소된다. 응축성 증기혼합물의 응축에서는, 증기상 내 한 성분 또는 그 이상 성분의 물질전달이 있게 된다. 그런데 여기서 응축되는 분자들은, 응축액 표면을 향해 움직이지 않는 비응축성 기체경막을 통해 확산해야만 한다. 응축이 진행됨으로서 증기상 내 불활성 기체의 상대적 양은 크게 증가된다.

응축되는 증기의 분압은 증기-기체 본체 내의 것보다 낮게 되어, 기체경막을 통해 물질전달을 유발케 하는 구배가 있게 된다. 이는 응축온도를 더 낮게 하고, 그리고 일반적으로 물질전달로 인한 온도변화가 평형온도의 변화보다 크게 된다.

소량의 기체일지라도 응축속도에 크게 영향을 미칠 수 있다. 수증기 내 1% 공기 이하라도 1/2 이상의 응축속도를 감소케 하고[4], 그리고 불활성 기체 5%는 1/5까지 수증기 응축속도를 감소시킨다[18]. 공기나 다른 비응축성 기체가 급송류에 존재할 때는 유입기체의 약간을 응축기 외부로 방출시켜야 한다. 만일 어느 순간 비방출형 응축기로 공기 0.1%, 증기 99%인 것이 공급되어 응축된다면, 남은 증기에는 10% 공기가 포함될 것이고, 응축속도는 응축기 어느 부분에서 아주 낮아질 것이다.

그림 13.3은 이와 같은 응축기에서 온도와 분압 이력을 나타낸 것이다. 응축온도는 기체-증기 혼합물의 조성에 따라 하강하고, 그러함으로써 그것의 이슬점(dew point)도 응축이 진행됨에 따라 변하게 된다. 일반적인 문제를 푸는 정밀한 방법은, 어느 지점에서 응축액 표면으로 들어가는 열과 나가는 열의 수지를 세워

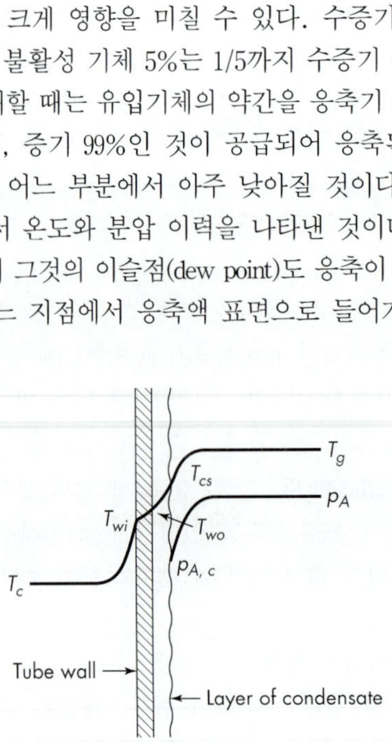

그림 13.3 비응축성 성분 존재시 응축기 내 분압 및 온도 이력 : p_A, 본체 내 응축성 성분의 분압 ; $p_{A,c}$, 응축액 표면에서 분압 ; T_g, 본체 온도 ; T_{cs}, 응축액 표면온도 ; T_{wi}, 관 내부온도 ; T_{wo} 관 외부온도 ; T_c,냉각제온도

푸는 것이다. 이것은 응축액 표면의 국부온도에 대해 시행오차법으로 풀고, 이로부터 열훌럭스(熱束) $U\Delta T$의 국부 값을 추정한다. 각 지점에서 $1/(U\Delta T)$값을 그 지점으로 전달된 열에 대해 그리고 응축기표면의 면적을 수치적분(數値積分)으로 구한다[7].

증기와 비응축성 기체 혼합물에 대한 응축기는 그림 15.16에 예시되어 있다.

13.2 비등 액체로의 열전달

비등 액체(沸騰液體)로의 열전달은 증발, 증류 및 수증기 생산 시 필요한 단계이고, 이는 화학반응기의 온도 조절에 쓰일 수도 있다. 비등 액체는 그 액체를 끓이는데 필요한 열을 공급할 수평이나 수직 판형 또는 관형으로 제작된 가열표면을 가진 용기 내에 담기게 된다. 끓여질(비등될) 액체는 자연대류나 강제대류 하에서 가열된 관 내부로 흐른다. 관 내 비등에 관한 중요한 응용은 용액으로부터 물의 증발이다. 이는 16장에서 논의된다.

뜨거운 침적표면(沈積表面, immersed surface0)에 의해 비등이 일어날 때 액체의 본체온도는 장치 안의 압력 하에서 그 액체의 비점과 동일하다. 증기의 기포는 가열 표면에서 생겨서 액체 본체를 통해 상승되어 액체 표면으로부터 유리된다. 증기는 액체 표면 위 증기 공간에 축적되나, 그 증기공간으로부터 형성되자마자 곧 제거된다. 이런 형의 비등은 증기가 그 비등온도에서 액체와 평형상태의 액체 표면을 떠나기 때문에, 포화액체의 풀비등(pool boiling of saturated liquid)으로써 설명될 수 있다.

액체가 수직 관 내부에서 자연순환(自然循環) 하에 비등될 때, 상대적으로 차가운 액체는 관 하부로 유입되며, 저속으로 위로 상승하며 가열된다. 액체온도는 관 내에서 그 특정 준위의 압력 하에서 비등점까지 상승된다. 증발이 시작되고, 액체-증기 혼합물의 상승속도가 급격히 증가된다. 그 결과로 인한 압력강하는 비등점을 하강시켜 그 혼합물로 하여금 도관 상단까지 상승되게 하고 계속 증발되게 한다. 액체와 증기는 아주 고속으로 관의 상단 부분에 도달한다.

수평이나 수직 관을 통하는 강제순환(强制循環)에서 액체는 역시 저온으로 들어가서 비등점까지 가열되어 관 배출구 가까이에서 증기로 변한다. 간혹 유량 조절 밸브를 관 밖의 배출관에 설치함으로써 관 내의 액체는 하류(下流) 압력에 상응하는 비등점 이상의 어느 온도까지 가열될 수 있다. 이 조건 하에서 관 안에서는 비등하지 않는다. 즉, 액체는 단지 액체로서 고온까지 가열될 뿐이며, 밸브를 통과함으로써 증기 속으로 플래쉬(flash)된다. 자연순환 및 강제순환 보일러(boiler)를 컬란드레어(calandria)라 한다. 이것은 뒤에서 논의된다.

강제순환 장치의 일부 형태에서 액체 본체의 온도는 그 비등점보다 낮다. 그러나 가열표면의 온도는 액체의 비등점보다 상당히 높다. 기포는 가열 표면상에서 생기고, 그 표면으로부터 이탈되는 기포는 액체 본체로 흡수된다. 이런 형의 비등은 열교환기를 떠나는 액체가 전부 액체일지라도, 과냉각 비등(subcooled boiling)이라 한다.

포화액체의 풀비등(pool boiling)

수평 전기가열선이 끓는 액체가 들어 있는 용기 내에 잠겨 있다고 생각하자. 열훌럭스 q/A와 도선의 표면온도 T_w와 비등 액체의 온도 T간 온도차를 ΔT라 하자. 아주 낮은 온도차 ΔT부터 시작하자. 온도차를 단계별로 증가시키고, 각 단계에서 매우 큰 ΔT값에 이를 때까지 q/A와 ΔT을 측정하자. 로그좌표(log coordinate)에 ΔT대 q/A을 도시하면 그림 13.4에 보인 형태의 곡선이 된다. 이 곡선은 네 구간으로 나누어 진다. 낮은 ΔT의 첫 구간에서 선 AB는 직선이고, 그 기울기 값은 1.25이다. 이는 자연대류에 대한 관계[식

(12.72)]와 일치하고 다음 식에 해당된다.

$$\frac{q}{A} = a\Delta T^{1.25} \tag{13.19}$$

여기서, a는 상수이다. 둘째 구간 선 BC도 또한 대략적으로 직선이다. 그 기울기는 선분 AB의 기울기보다 크다. 선분 BC의 기울기는 특별한 실험에 의존되기는 하지만, 이것은 보통 3과 4 사이에 놓인다. 이 둘째 구간은 그림 13.4의 점 C에 해당하는 최대 열훌럭스(maximum flux)의 한정된 점에서 끝난다. 점 C에 해당되는 온도강하를 **임계 온도강하**(臨界溫度差, critical temperature drop)라 하고, 점 C에서의 열훌럭스를 **정점 열훌럭스**(頂點熱束, peak flux)라 한다. 그림 13.4의 선 CD인 셋째 구간에서 열훌럭스는 온도강하 상승에 따라 감소하다가 점 D의 최소점에 도달된다. 점 D를 Leidenfrost점이라 한다. 마지막 구간인 선분 DE에서 열훌럭스는 다시 ΔT에 따라 증가하고, 아주 큰 온도강하에서 앞의 최대점 C값을 지나치게 된다.

정의에 따라 $h = (q/A)/\Delta T$임으로, 그림 13.4는 ΔT대 h의 도표로 쉽게 변환될 수 있다. 이 곡선을 그림 13.5에 표시하였다. 그림 13.5에서 최대 계수와 최소 계수가 명확하다. 그러나 이들 값은 그림 13.4에 나타난 최대 열훌럭스 및 최소 열훌럭스와 동일한 온도강하 값에서 나타나지 않는다. 그 계수는 정점 열훌럭스에서의 온도강하보다 약간 낮은 온도강하에서 일반적으로 최대가 된다. 즉, 최소 계수는 Leindenfrost점의 온도강하보다 아주 높은 온도강하에서 나타난다. 그 계수는 그림 13.4의 선분 중 첫 구간 내에서는 $\Delta T^{0.25}$에 비례하고, 둘째 구간에서는 ΔT^2과 ΔT^3 사이의 값에 비례한다.

그림 13.5 중의 네 구간 각각은 명확한 비등기구(沸騰機構)가 나타난다. 첫 구간에서는 낮은 온도강하에서 자연대류에 의해 액체로 열전달되는 기구이며, ΔT에 따른 h의 변화는 식 (12.72)으로 주어진 것에 따르게 된다. 기포(氣泡)는 가열기 표면상에서 형성되어 그 표면으로부터 이탈되고, 액체표면까지 상승되고, 증기 공간으로 떨어져 나간다. 그러나 그것들은 작아서 자유대류(free convection)의 정상흐름을 교란시키지는 못한다.

그림 13.5에 나타난 경우 5°C와 25°C(9°F와 45°F) 사이에 놓인 아주 큰 온도강하에서, 기포생성의 속도는 그 액체를 통해 올라가는 그 기포흐름이 액체 본체 내에서 순환흐름 속도를 증가시킬 만큼 충분히 크고, 따라서 열전달계수는 이런 교란이 없는 자연대류의 것보다 더 크게 된다. ΔT가 증가됨으로써 기포생성의 속도가 증가되고 계수도 급격히 증가된다.

임계 온도차 이하의 온도차에서 일어나는 비등에서 가열 표면상에서의 미소한 기포의 생성 또는 기화핵(vaporization nuclei) 생성현상을 **핵비등**(核沸騰, mucleate boiling)이라 한다. 핵비등하는 동안 기포들은 단

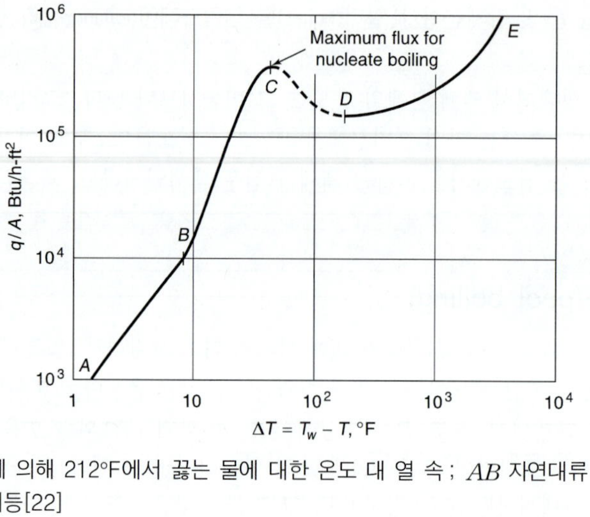

그림 13.4 전기 가열선에 의해 212°F에서 끓는 물에 대한 온도 대 열 속; AB 자연대류: BC 핵비등; CD 전이비등; DE 막비등[22]

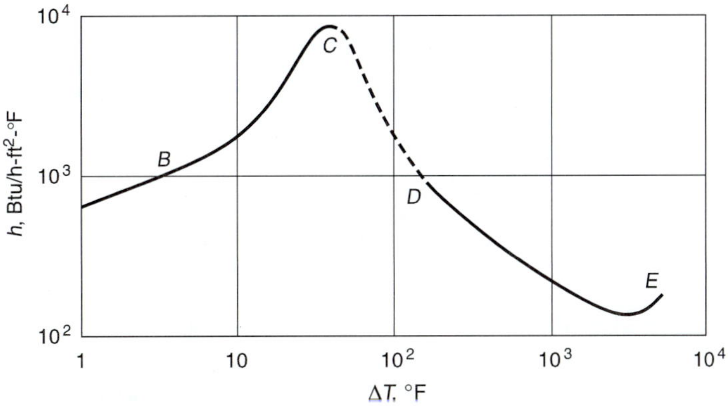

그림 13.5 ΔT 대 열전달계수(1 atm에서 끓는 물)

지 어떤 순간에 가열표면의 작은 부분만을 차지하고, 대부분의 표면은 액체와 직접 접촉되어 있다. 기포들은 가열표면 상의 국부적인 활성 부위, 즉 작은 구멍이나 긁힌 자국에서 생성된다. 온도강하가 올라가게 되면 더 많은 부위가 활성화되어 액체의 교반을 증진시키고, 또 열흘럭스와 열전달계수를 증가시킨다.

그러나 결국 많은 기포가 존재하게 되면, 가열 표면에서 합치되어 절연성 증기층(layer of insulating vapor)을 형성하려는 경향이 있게 된다. 이들은 아주 불안정하여 극소의 "폭발"(explosion)이 일어나고, 또 이로 인해 가열 표면으로부터 액체 본체 내로 증기의 분사(噴射)가 나타나게 된다. 이런 형의 작용을 전이비등(轉移沸騰, transition boiling)이라 한다. 그림 13.4에서 CD구간에 해당되는 이 영역에서 온도강하 증가는 증기막 두께를 증가시키고, 주어진 시간에 생기는 폭발 횟수는 감소된다. 온도차가 상승하게 되면 열흘럭스와 열전달계수 모두가 떨어진다.

Leindenfrost점 근처에서는 기구(機構)상 다른 별개의 변화가 일어난다. 그 뜨거운 표면은 정지상태의 증기막으로 덮이고, 열은 전도나 복사(아주 고온에서)에 의해 전달된다. 전이비등의 불규칙한 폭발 특성은 사라지고, 액체와 뜨거운 증기막 사이의 계면(界面)에서 느리고 질서정연한 기포의 형성으로 바뀌게 된다. 이들 기포는 그 계면으로부터 떨어져 액체를 통해 상승된다. 그러나 액체의 교반은 중요하지 않고, 열전달의 모든 저항이 그 가열표면을 덮고 있는 증기덮개(vapor sheath)에 의해 나타난다. 온도차가 증가함으로써, 열흘럭스는 처음에는 서서히 상승되고 그 다음 복사에 의한 열전달이 중요하게 될 때 더 급격하게 상승된다. 이 영역 내의 비등작용이 막비등(膜沸騰, film boiling)으로 알려져 있다.

막비등은 보통 상업용 장치에서는 바람직하지 않다. 왜냐하면 열전달속도가 그와 같이 큰 온도강하에 비해 낮고, 또 온도강하가 유효하게 이용되지 못하기 때문이다. 열전달장치는 비등액체막에서의 온도강하가 임계온도보다 더 작도록, 비록 한제(寒劑, cryogenic) 액체의 사용으로 이것이 항상은 불가능하더라도, 설계되어 조작될 수 있다.

핵비등은 가열표면에서 기포가 생성되고 이탈하는 것을 용이하게 하는데 주로 효과적이다. 뜨거운 표면 인접 액체층은 가열기 벽과의 접촉에 의해 과열된다. 이 과열 액체는 자발적으로 증기를 형성하는 경향이 있어서 과열을 경감시킨다. 비등과정을 촉진시키는 것은 과열 액체가 증기 속으로 플래쉬(flash)되려는 경향이다. 그 플래쉬는 작은 기포의 형성에서 증기-액체계면이 형성됨으로써 단지 물리적으로 일어날 수 있다. 그러나 과열 액체에서 작은 기포의 형성은 쉽지 않다. 왜냐하면 오목면 상의 증기압이 정상 치보다 낮고 기포가 작으면 작을수록 그 효과가 크기 때문이다. 아주 작은 기포는 과열 액체와의 평형상태에서 존재할 수 있고, 기포가 작으면 작을수록 평형과열(equilibrium superheat)은 더 커지고 플래쉬되려는 경향은 적어진다. 액체로부터 모든 기체와 불순물을 제거하고 충격을 방지하여 세심한 주위를 기울이면, 기포의 형성 없이도 수백 도(화씨 온도)까지 물을 과열시킬 수도 있다.

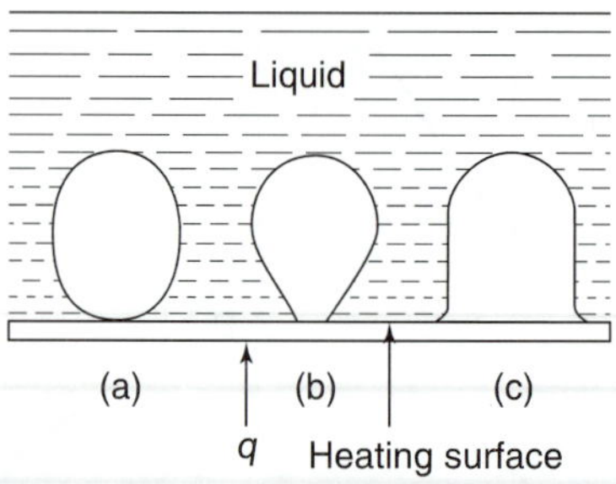

그림 13.6 액체와 가열표면간 기포생성에 미치는 계면장력의 영향[15]

두 번째의 어려움은 한 번 생성된 기포가 그 표면을 쉽게 이탈하지 않을 때 나타난다. 기포의 이탈속도를 조절하는 중요 인자는 액체와 가열 표면간의 계면장력(界面張力, interfacial tension)이다. 계면장력이 크게 되면, 기포는 표면에서 그림 13.6(c)에서 보는 바와 같이 표면을 이탈하기보다 다른 기포와 방(room)을 형성하여 열전달 면적을 더 차지하는 경향이 있다. 계면장력이 작으면, 그림 13.6(a)에 보인 바와 같이 기포는 쉽게 접촉계면이 줄어든다. 중간 크기의 표면장력의 예는 그림 13.6(b)에 나타나 있다.

핵비등에서 높은 열전달속도는 주로 기포의 동적 작용(dynamic action)에 의해 액체에서 생기는 난류의 결과이다[11].

핵비등하는 동안 얻어지는 계수는 많은 변수, 즉 액체의 성질, 가열표면의 형태와 조건, 액체의 조성(組成)과 순도(純度), 교반의 유무(有無), 압력 또는 온도 등을 포함하는 변수에 예민하다. 일부 변수의 미소 변화는 계수에 큰 변화를 주는 원인이 되기도 한다. 그래서 검사 실험의 재현성이 빈약하다.

정성적(定性的)으로 몇 개 변수들의 영향은 비등기구의 고찰로부터 예측할 수 있다. 거친 표면은 매끄럽게 닦인 표면상에서는 나타나지 않는 핵생성의 중심부가 된다. 따라서 거친 표면은 보통 매끄러운 표면보다 더 큰 계수 값을 준다. 그러나 그 효과는 때로 거친 관의 총 표면이 동일한 투영면적(projected area)의 매끄러운 표면보다 더 크다는 사실 때문이기도 하다. 침적물(scale)의 아주 얇은 층은 비등 액체의 계수를 증가시킬 수 있으나, 총괄계수를 감소시키게 된다. 가열기 표면에 흡수된 기체나 공기 또는 표면의 오염은 기포를 형성시키거나 이탈시킴으로써 비등을 촉진시킨다. 새롭게 청결된 표면은 바로 이전의 조업 기간에 의해 안정화된 후의 동일 표면보다 더 높거나 또는 더 낮은 계수를 줄 수 있다. 이 효과는 가열 표면조건의 변화에 관계된다. 교반은 표면의 기포를 쓸어내는 데 도움을 줄만큼 그 표면을 가로지르는 액체의 속도가 증가됨으로써 계수를 증가시킨다.

그림 13.4와 13.5의 것과 유사한 곡선들은 수평 도관에 대한 풀비등에서도 얻어진다. 이때 임계온도강하와 Leindenfrost점이 소-직경 도선(small-diameter wire)에 대한 것과 같지 않을지라도 유사하게 나타난다.

최대 열흘럭스와 임계온도강하

최대 열흘럭스 $(q/A)_{\max}$은 비등액체의 성질과 압력, 때로는 가열표면의 형태에 약간 영향을 받는다. 물에 대한 최대 흘럭스는 대부분의 유기액체에 대한 것의 수 배(several times)에 이른다. 이는 증발열과 물성의 차이 때문이다. 물과 유기액체에 대한 최대 열흘럭스는 열역학적 임계압력 p_c의 약 1/3인 절대압력에서 최대이며, 아주 낮은 압력에서 그리고 임계압력 근처에서 0으로 감소한다. 만일 최대 열흘럭스를 비등 물질의 임계압력으로 나누면 그림 13.7에 보인 한 곡선을 얻는데, 이것은 많은 순수 물질과 혼합물에 대하여 거의 동일하다. 또한 그 대응 임계온도강하(corresponding critical temperature drop, "임계온도"와 혼동하지 말 것)는 또한 압력에 따라 저압에서의 큰 값으로부터 임계압력 근처에서의 아주 적은 값까지 변한다. 물론 임계치 이상의 압력과 온도에서 액체와 증기상(蒸氣相)간의 차가 없어서 "증발"도 없게 된다. 대기압에서

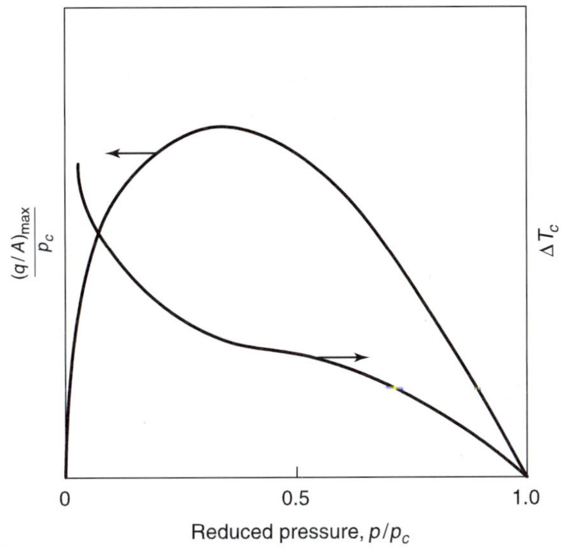

그림 13.7 환산압력에 따른 최대 열훌럭스와 임계온도차의 정성적 변화

물의 임계온도차는 보통 30°C와 50°C(54°F와 90°F) 사이에 있다. 유기액체에 대한 것은 조작온도를 열역학적 임계온도에 얼마만큼 접근시키느냐에 따라서 높거나 낮다.

임계온도강하는 주의를 기울이지 않으면 실제 장치에서 그 한도를 넘을 수 있다. 열원(熱源)이 다른 유체, 즉 응축수증기 또는 뜨거운 액체이면, 그 임계온도강하의 초과로 인한 단점은 단지 그 정점에서의 것과 Leindenfrost점에서의 것 사이의 어떤 수준으로 열훌럭스가 감소하는 것이다. 만일 열을 전기가열기(電氣加熱器)로 가열한다면, 그 임계온도강하 초과는 가열기를 태우게 되는데, 이것은 비등액체가 큰 온도강하를 아주 빠르게 흡수할 수 없어서 가열기가 즉시 달구어지기 때문이다.

임계온도강하에서 정점 열훌럭스(peak flux)는 아주 크다. 물의 경우 이 값은 그 물의 순도, 압력, 가열표면의 형태와 조건에 따라 350~1,250 kW/m^2(100,000~400,000 But/ft^2 · h) 범위에 있다. 유기액체의 경우, 정점 열훌럭스는 125~400 kW/m^2(40,000~130,000 Btu/ft^2 · h)의 범위에 놓인다. 이들의 한계는 대기압 하의 수평관 또는 수평 평판 표면비등에 적용된다.

많은 상관식이 그 물리적 현상의 여러 모형을 근거로 하여, 유체의 물성으로부터 그 정점 열훌럭스를 추정하기 위해 제안되었다. 한 접근법에서는 임계온도강하 근처에서 핵비등 특성의 기포흐름이 열전달 표면을 떠나는 증기의 분사(jet)에 의하여 점진적으로 대치된다고 가정한다. 이들은 물론 그 표면을 향해 흐르는 액체의 흐름을 동반한다. 열훌럭스의 정점 값에서 증기와 액체의 향류(向流)는 한 제한조건에 도달되고 그 과정은 불안정하게 되고, 그 증기의 분사는 합치되어 연속적인 증기막(증기 덮개, vapor sheath))을 형성한다. 이 현상은 18장에서 설명될 충전탑(充塡塔)내 범람(flooding)과 유사하다[29]. 이 모델을 이용하여 Zuber[28]와 Leinhard & Dhir[19] 변형 식으로 평판에 대하여 유도된바 있다. 즉,

$$(q/A)_{\max} = 0.15\,\lambda\,\rho_V^{1/2}[\sigma g(\rho_L - \rho_V)]^{1/4} \tag{13.20}$$

여기서, σ는 액체와 증기 사이의 계면장력이고, ρ_L과 ρ_V는 각각 액체와 증기의 밀도이며, 다른 기호는 보통 의미와 같다. 수평 원통형[25]에 대하여 식 (13.20)의 상수 0.15는 0.12로 변경된다.

정점 열훌럭스는 λ와 ρ_V에 따라 증가되는데, 이는 고 증발열 또는 고 밀도가 전달된 동일 열량에 대해 적은 증기체적을 주기 때문이다. 만일 압력이 증가되면, 큰 증기밀도 영향은 증발열과 계면장력 감소 때문에 상쇄된다. 이는 온도증가에 따라 감소되고 그림 13.7에서 보는 바와 같이 낮은 열훌럭스를 유발케 한다.

솥형 재비기(kettle reboiler)

그림 13.8에 보인 전형적인 솥형 재비기(kettle-type reboiler)에는 액체 속에 잠긴 수평 관다발이 들어있고, 이 관과 외통 사이엔 약간의 간격이 있도록 배열되어 있다. 아래쪽 관에서 발생된 증기는 상승되어 위쪽 관으로부터의 열전달속도에 영향을 주게 된다. ΔT가 작은 핵비등 영역에서 관다발에 대한 평균 열흘럭스는 단일 관의 것보다 더 크다. 이는 증가된 증기흐름이 관들을 지나 게 되는 액-증기 혼합물의 속도를 증가시키기 때문이다. 그러나 낮은 온도차에서는 관다발의 증기막 덮힘(vapor blanketing)이 일어나 최대 열흘럭스는 단일 관에 대한 것보다 상당히 낮다. 그림 13.9에 파라핀에 대한 단일 관과 관다발에 대한 비등곡선이 표시되었다. 이는 Heat Transfer Research Institute[10]의 자료를 근거로 작성된 것이다. 여기서 관다발에 대한 최대 열흘럭스는 단일 관에 대한 것의 약 1/4 뿐임을 유의하라. 또한 임계온도차는, ΔT_c의 실제 값은 모를지라도, 관다발의 것보다 더 작다. 이는 단지 총괄 온도차만 측정되었기 때문이다.

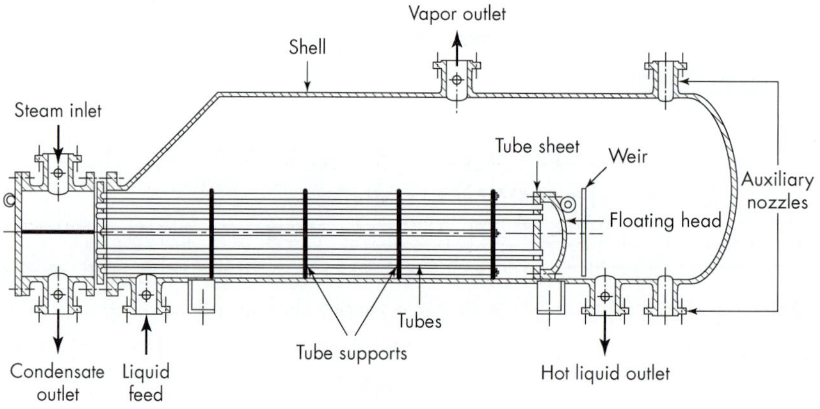

그림 13.8 솥형 재비기(Kettle-type reboiler)

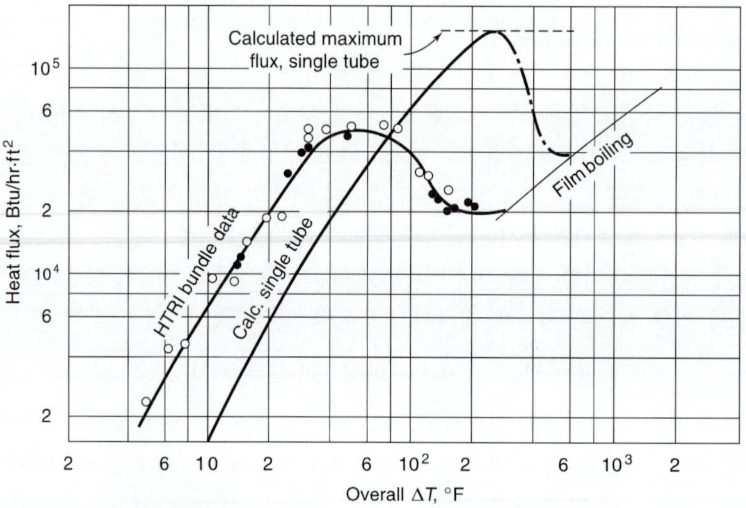

그림 13.9 비등 열흘럭스, 관다발 대 단일 관[10]

예제 13.2

벤젠이 수평관이 달린 솥-형 보일러 안에서 대기압 하에 끓고 있다. (a) 단일 관에 대한 최대 열흘럭스를 추산하라. 벤젠의 물성은 표 13.1에 주어졌다. (b) 0.2 및 5 atm에서 최대 열흘럭스를 예측하라.

표 13.1 벤젠의 특성

p', atm	0.2	1	2	5	10
T, °C	35	80	104	142	179
ρ_L, kg/m³	864	816	788	740	690
λ, kJ/kg	429	395	379	349	314

σ = 31.7 dyn/cm at 0°C, 29.0 at 20°C, and 18.8 at 100°C

풀이

(a) 80°C(353K)에서 ρ_V는 이상기체법칙으로부터 계산된다. 즉,

$$\rho_V = \frac{Mp}{RT} = \frac{78.1\times 1.0}{0.082056\times 353} = 2.70\ \mathrm{kg/m^3}$$

직선 내삽법으로, $\rho = 21.5\,\mathrm{dyn/cm} = 21.5\times 10^{-3}\,\mathrm{N/m}$

수평원통에 대한 계수 0.12로 대체된 식 (13.20)으로부터

$$\left(\frac{q}{A}\right)_{\max} = 0.12(395\times 10^3)(2.70)^{1/2}(2.15\times 10^{-3}\times 9.8\times 813)^{1/4}$$
$$= 2.82\times 10^5\,\mathrm{W/m^2}(8.9\times 10^4\,\mathrm{Btu/h\cdot ft^2})$$

여기서 $\rho_L - \rho_V = 816 - 3 = 813\ \mathrm{kg/m^3}$

(b) 0.2 atm 및 35°C(380 K)에서

$$\rho_V = \frac{78.1\times 0.2}{0.82056\times 308} = 0.168\ \mathrm{kg/m^3}$$

$$\rho_L - \rho_V = 863\ \mathrm{kg/m^3}$$

$$\lambda = 429\times 10^3\,\mathrm{J/kg}$$

$$\sigma = 27.4\times 10^{-3}\,\mathrm{N/m}$$

$$\left(\frac{q}{A}\right)_{\max} = 0.12(429\times 10^3)(0.618)^{1/2}(27.4\times 10^{-3}\times 9.8\times 863)^{1/4}$$
$$= 1.58\times 10^5\,\mathrm{W/m^2}(5.0\times 10^4\,\mathrm{Btu/h\cdot ft^2}))$$

5 atm 및 142°C(415 K)에서

$$\lambda = 349\times 10^3\,\mathrm{J/kg}$$

$$\rho_V = 11.5\ \mathrm{kg/m^3}$$

$$\rho_L - \rho_V = 740 - 11.5 = 728.5\ \mathrm{kg/m^3}$$

외삽해서

$$\sigma \cong 13.7\times 10^{-3}\,\mathrm{N/m}$$

$$\left(\frac{q}{A}\right)_{\max} = 0.12(349\times 10^3)(11.5)^{1/2}(13.7\times 10^{-3}\times 9.8\times 728.5)^{1/4}$$
$$= 4.48\times 10^5\,\mathrm{W/m^2}(1.42\times 10^5\,\mathrm{Btu/h\cdot ft^2})$$

최대 열흘럭스는 압력 0.2로부터 1.0 atm까지 증가함에 따라 1.78배 증가되었고, 1에서 5 atm으로 증가 시에는 1.59배 증가되었다. 임계압력 p_c의 0.21배인 10 atm에서 최대 열흘럭스를 계산해 보면 $4.8\times 10^5\,\mathrm{W/m^2}$이다. 외삽하여 구한 σ 값의 불확실성이 그 결과에 대한 정확도를 제한한다. ■

최소 열훌럭스와 막비등(film boiling)

막비등이 형성될 때 고유 파장(波長)을 가진 파동이 액체와 증기간 계면에서 형성된다. 이 파동은 기포 내로 발전되어 정기적 간격으로 그 계면을 떠난다. 기포의 지름은 그 파동의 파장에 약 1/2이다. 이 과정에 대한 동력학적 연구로 수평 평판 상에서 안정한 막비등에 쓰이는 최소 열훌럭스에 대한 방정식이 유도되었다[12]. 즉,

$$\left(\frac{q}{A}\right)_{\min} = \frac{\pi\lambda\rho_V}{24}\left[\frac{\sigma g(\rho_L - \rho_V)}{(\rho_L + \rho_V)^2}\right]^{1/4} \tag{13.21}$$

여기서, $(q/A)_{\min}$은 최소 열훌럭스이다.

막비등은 핵비등(nucleate boiling)이나 전이비등(transition boiling)보다는 더 질서있는 과정이어서 상당한 이론적 해석이 제시되었다. 열전달속도가 단지 증기(경)막에 의해서만 지배되기 때문에 가열표면의 성질은 막비등에 영향을 주지 않는다. 잠겨져 있는 수평 관에서의 막비등에 대하여, 다음의 식은 넓은 영역에 걸쳐 상당히 정밀하게 적용된다[2].

$$h_o\left[\frac{\lambda_c \mu_V \Delta T}{k_V^3 \rho_V(\rho_L - \rho_V)\lambda' g}\right]^{1/4} = 0.59 + 0.069\frac{\lambda_c}{D_o} \tag{13.22}$$

h_o = 열전달계수
μ_V = 증기의 점도
ΔT = 증기막에 걸친 온도강하
k_V = 증기의 열전도도
ρ_L, ρ_V = 액체의 밀도와 증기의 밀도
D_o = 가열 관의 외경

식 (13.22)에서 λ'은 액체와 과열증기간의 평균 엔탈피 차이고, 이것은 다음 식으로 주어지고, 이는 정밀해[3]에 대한 Bromley의 근사법으로 수정된 Hsu & Westwater의 변형식[13]이다.

$$\lambda' = \lambda\left(1 + \frac{0.34\, c_p \Delta T}{\lambda}\right)^2 \tag{13.23}$$

λ = 증발잠열
c_p = 정압에서 증기의 비열

식 (13.22)에서 λ_c는 수평 평판 계면(interface) 상에서 진폭이 증가될 수 있는 최소 파(smallest wave)의 파장이다. 이것은 유체의 물성과 관련된 다음 식으로 주어진다.

$$\lambda_c = 2\pi\left[\frac{\sigma}{g(\rho_L - \rho_V)}\right]^{1/2} \tag{13.24}$$

여기서, σ는 액체와 증기간의 계면장력이다. 식 (12.22)는 복사(radiation)에 의한 열전달 효과를 포함시키지 않았다.

식 (13.20) ~ (13.24)에서 증기 물성은 기벽온도와 액체 비점 간의 산술평균온도에서 구한 것이다. 액체물성 ρ_L, λ, σ는 비점에서 구한 것이다.

막비등 식 (13.22)와 층류 응축에 대한 식 (13.15) 사이의 유사성을 유의하라. 이 경우 h는 열전도도에 3/4승, 증발잠열에 1/4승, 경막 점도와 온도차에 −1/4승에 의존한다.

또한 잠긴 수직 관에 있어서 막비등에 대한 방정식도 전개되기는 하였으나, 식 (13.22)보다 일반적 타당성이 적다. 수직 표면으로부터 증기의 이탈이 수평 표면으로부터의 이탈 형태보다 더 복잡해서 이 과정에 대한 이론적 해석도 역시 더 어렵다.

열싸이펀 재비기

컬란드레어(calandria), 자연순환식 또는 열싸이펀식 재비기로 알려진 다관형 열교환 장치는 증류나 증발조업용으로서 가장 경제적인 증발기이다. 지금까지 논의된 보일러들과는 달리 비등액 풀(pool)이 없고, 대신 액체가 장치의 하부로 들어가 부분 증발되어진다. 밀도감소가 증기-액체혼합물의 상승과 급송액의 흡입을 유발케 하는 요인이다. 액체와 증기는 고속으로 그 장치의 상부를 떠나는데, 이때 이들은 과열되며 액체만이 재순환된다. 전형적으로 액체의 10~30%가 한번 통과 시 증발된다.

열싸이펀 재비기(thermosiphon reboiler)에는, 수직 관 안쪽에 증발될 액체가, 또는 수평 관일 경우 관 외부에 비등될 액체가, 들어있다. 전형적인 장치가 그림 13.10에 표시되었다. 관을 들어가는 액체의 속도는 보통 약 1 m/s이다. 전열속도는 증발액체의 물성, 특히 그의 환산압력 p/p_c에 의존된다. 수증기 가열 컬란드레어에 대한 전형적인 총괄 계수 값이 표 13.2에 주어졌다. 절대압력이 1 atm 또는 그 이상일 때, 전달계수는 그림 13.10에 표시된 액체구동두(liquid driving head)에 예민치 않다. 이 정압두는 관판 밑 부분으로부터 증류탑 내 액체 준위까지의 거리로 정의된다. 이 압력조건 하에서 액체준위가 관판 위 부분 준위까지 유지되어, 전열표면이 완전히 잠기게 되고 또 합당한 고 순환속도를 이루게 된다.

그러나 조업이 진공 하에서 이루어지면, 재비기의 성능이 액체구동두의 변화에, 특히 다성분 증류의 경우, 아주 예민하다. 진공조업 시 적정 액체준위가 아래, 위 관판(tube sheet) 사이 중간에 위치되어, 한번 통과 시 액체 약 50%가 증발된다[16].

수평 열싸이펀 재비기에서 액체가 수평 가열관이 잠겨있는 용기 밑 부분 중앙 지점으로 들어가서 그 용기 끝 반전판(transverse baffle) 쪽으로 수평으로 흐른다. 부분 증발되는 혼합물은 그 반전판 끝을 지나 상승하여 그 용기의 상부로 올라간다. 이 상부에서도 증기는 형성된다. 이 혼합물은 중심 쪽으로 흘러 상부의 출구를 통해 나간다. 수직형 그리고 수평형 열싸이펀 재비기에 대한 전열속도 및 설계과정은 Fair & Klip[10]에 의해 논의되었다.

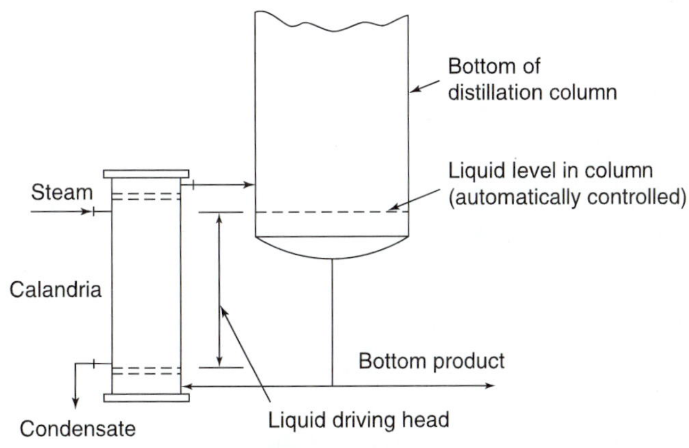

그림 13.10 컬란드레어 재비기

표 13.2 컬란드레어 보일러의 전형적인 총괄계수

Service	Overall coefficient U	
	$W/m^2 \cdot °C$	$Btu/ft^2 \cdot h \cdot °F$
Heavy organic chemicals	570–900	100–160
Light hydrocarbons	900–1,250	160–220
Water, aqueous solutions	1,250–2,000	220–350

강제순환 재비기(forced-circulation reboiler)

때로 비등될 액체, 특히 점성이 큰 액체는 재비기를 통해(보통 관 안쪽으로) 기계적으로 펌핑 된다. 이 같은 강제순환장치에서는 액체의 비등이 크게 억압된다. 과열액체가 보일러의 상단을 떠나면서 곧 감압에 의해 플래쉬(부분적으로 기화)된다. 강제순환 증발기는 16장에서 논의된다.

과냉각 비등(subcooled boiling), 정점 열흘럭스의 증강인자

과냉각비등(過冷却沸騰)은 투명한 외관(外官)과 내부 가열요소(heating element)로 이루어진 환형공간(環形空間)을 통해 위로 올라가는 무--기체 액체(gas-free liquid)를 펌핑하면서, 열훌럭스 및 가열요소의 온도에 있어서 점진적으로 증가되는 액체에 미치는 영향을 관찰함으로써 설명될 수 있다. 실험조건에 따라 가열기 온도가 어느 한정 크기를 초과할 때, 마치 핵비등과 같이 기포가 형성되고, 그 기포는 이웃의 더 차가운 액체 내로 응축되는 것을 관찰할 수 있다. 이러한 조건 하에서 온도강하의 작은 변화가 큰 열훌럭스 증가를 가져오게 하는 원인이 된다. 150×10^6 W/m^2 (50×10^6 Btu/ft$^2 \cdot$ h) 보다 더 큰 열훌럭스가 보고된 바 있다[12]. 과냉각비등은 적은 공간에 큰 용량을 채워야 할 열전달장치에서는 매우 중요하다.

풀비등(pool boiling)에서 정상적 최대 열훌럭스를 초과하여 높은 열훌럭스를 얻는 다른 방법은 가열 표면의 다공성 피복[1], 다양한 설계 형태의 핀관(finned tube)[27], 그리고 낮은 전기전도도를 가진 액체에 대해 고압(高壓) 전기장의 응용[20], 등을 이용하는 것이다.

13.3 기호 설명

A	면적, m^2, ft^2; A_o, 관의 외부면적
a	식 (13.19)의 상수
c_p	정압에서의 비열, J/g · °C, Btu · /lb · °F
D	지름, m, ft; D_i, 관의 안쪽 지름; D_o, 관의 바깥지름
g	중력가속도, m/h^2, ft/h^2
h	개별 열전달계수, W/m^2 · °C, Btu/ft^2 · h · °F; h_o, 외관의 값; h_x, 국부 값
k	열전도도, W/m^2 · °C, Btu/ft · h · °F; k_V, 증기의 열전도도; k_f, 응축액 (경)막의 열전도도
L	길이, m, ft, L_T, 관의 총 길이
M	비등물질의 분자량
$\dot{m}$	질량유속, kg/h, lb/h; $\dot{m}_T$, 관의 적층에서 총 응축액 유속
N	수직 적층에서 관의 수
Nu′	식 (13.13)으로 정의된 Nusselt number, 무차원
Pr	응축액의 Prandtl number, 무차원
p	압력, atm, lb$_f$/in^2; p_c, 임계압력
q	열전달속도, J/s, Btu/h; q_T, 응축기 관에서 총 열전달속도
R	기체법칙 상수, 0.082056 m^3 · atm/kmol · K
Re	응축액 막의 Reynolds수, $4\Gamma/\mu_f$; 무차원
T	온도, °C, °F; T_f, 응축액 막의 평균온도; T_h, 포화증기의 온도; T_w, 벽 또는 표면온도
U	총괄 열전달계수, W/m^2 · °C, Btu/ft^2 · h · °F; U_o, 외부면적에 기준 한 값
x	응축막의 상당두께(열전달계수로부터 구하는), μm

그리스문자

β	수직과 이루는 각
Γ	응축액부하, kg/m · h, lb/ft · h; Γ_b, 수직 관 하부에서의 값; Γ', 수평 관의 ft당 값; Γ_s', 수직 적층에서 맨 아래 관에서의 평균값
ΔT	온도강하, °C, °F, ΔT_o 응축액 막을 통한 온도강하, $T_h - T_w$, ΔT_c, 임계온도강하
δ	응축액 막의 두께, m, ft
λ	증발잠열, J/g, But/lb; λ', 식 (13.23)으로 정의된 비등액체와 과열증기 사이의 평균 엔탈피차
λ_c	평평한 수평 표면상에서 성장할 수 있는 최소 파의 파장, m, ft[식 (13.24)]
μ	절대점도, P, lb /ft · h; μ_V, 증기의 절대점도; μ_f, 응축액 막의 절대점도
ρ	밀도, kg/m^3, lb/ft^3; ρ_L, 액체의 밀도; ρ_V, 증기의 밀도; ρ_f, 응축액 막의 밀도
σ	액체와 증기간의 계면 장력, N/m, lb$_f$/ft
ψ_f	응축매개변수 $(k_f^3 \rho_f^2 g/\mu_f^2)^{1/3}$, W/m^2 · °C, Btu/ft^2 · h · °F

연습 문제

13.1 길이 3 m인 1 in BWG 14 구리튜브 응축기에서 대기압 하의 에틸 알코올을 응축한다. 내관의 냉각수는 거의 일정한 25°C의 금속표면온도를 유지한다. (a) 수직 관일 때 1b/h단위로 얼마의 증기가 응축되는가? (b) 수평 관일 때 얼마의 증기가 응축되는가?

13.2 2,100 kg/h의 에틸(ethyl) 알코올을 냉각시키기 위해 수직 관형 응축기를 사용하려고 한다. 이때 에틸 알코올은 대기압으로 들어간다. 관을 통과하는 냉각수의 평균온도는 30°C이다. 관은 31 mm OD와 27 mm ID의 것으로 되어 있다. 물-측 계수는 2,800 W/m^2·°C이다. 관벽의 오염인자(fouling factor)와 저항은 무시할 수 있다. 만일 가능한 관 길이가 3 m라면 필요한 관 수는 얼마인가? 자료는 다음과 같다.

알코올의 끓는점 :	$T_h = 78.4°C$
증발열 :	$\lambda = 856 J/g$
액체의 밀도 :	$\rho_f = 769\ kg/m^3$

13.3 수평 다관-원통형 응축기를 사용하여 145 psia의 포화 암모니아 증기($T_h = 82°F$)를 응축시키려고 한다. 그 응축기는 길이 14 ft, 강관(鋼管) 9개(1.5 in OD, 1.3 in ID)로 구성되어 있고, 안쪽으로는 냉각수가 흐른다. 관의 배열은 중심간 2 in인 6각형으로 되어있다. 이 조건에서 암모니아의 잠열은 500 Btu/lb로 택할 수 있다. 냉각수는 70°F로 들어간다. 이 조건에서 응축기의 용량(容量)을 결정하라.

13.4 단일 관(單一管) 응축기에서 응축 수증기로부터 냉각수로의 열전달에 대한 연구에서 청결한 관과 오염된 관 모두에 대한 결과를 얻었다. 각 관에서 총괄 계수 U가 여러 물 속도에 대하여 얻어졌다. 그 결과는 다음 실험식(empirical equation)으로 나타내었다.

$$\frac{1}{U_o} = \begin{cases} 0.00092 + \dfrac{1}{268\ \overline{V}^{0.8}} & \text{fouled tube} \\ 0.00040 + \dfrac{1}{268\ \overline{V}^{0.8}} & \text{clean tube} \end{cases}$$

U_o = 총괄 열전달계수 : Btu/ft^2·h·°F

$\overline{V}$ = 물의 속도 : ft/s

관은 청동(admiraly metal, k = 63 Btu/ft · h · °F)으로 만들어져 있고, 0.902 in ID, 1.000 in OD이다. 이들 자료를 이용하여, (a) 수증기 쪽 면적을 기준 한 수증기 경막계수를 계산하여라. (b) 물 속도가 1 ft/s일 때 물 쪽 면적을 기준한 물 경막(water–film)계수를 계산하여라. (c) 청결한 관은 침적물이 없는 것으로 간주하고, 오염된 관에서 침적물에 대한 h_{do}을 계산하여라.

13.5 표면온도가 213°F인 1 in-수평 관 외부에 212°F, 1 atm에 있는 물의 자연대류 열전달계수는 얼마인가? 그림 13.5와 비교하고 그 차이점을 설명하라.

13.6 25 mm OD 구리 관을 상용하여 대기압에서 물을 끓이려고 한다. (a) 구리의 표면온도를 상승시킴으로써 얻을 수 있는 최대 열흘럭스를 추산하라. (b) 구리의 표면온도가 210°C일 때 비등 경막계수(boiling film coefficient)와 열흘럭스를 계산하라. 80°C 이상의 온도에서 물의 계면장력은 다음 식으로 주어진다.

$$\sigma = 78.38(1-0.0025T)$$

여기서 σ = 계면장력 : dyn/cm

T = 온도, °C

13.7 2%의 공기를 함유한 수증기가 대기압에서 냉각수 응축기내의 25 mm관 내부에서 응축된다. 수직 관의 길이는 3 m이고, 냉각수의 계수와 온도는 각각 2,500 W/m^2 · °C와 30°C이다. 공기가 없을 때 기대되는 응축속도를 계산하라. 그리고 이 값을 사용하여 관 입구에서 증기의 Re를 추산하라. 수증기의 96%가 응축될 때 관 출구에서 증기의 Re는 얼마인가? 유출 증기의 평형 응축온도를 계산하고, 응축기 내 증기–액체 계면의 실제 온도가 이 값보다 왜 낮은지 증명하라.

13.8 (a) 표면온도가 180°C인, 잠긴 수평 관(그 지름들이 각각 1/2, 1 및 2 in)에서 1 atm하의 막비등 물에 대한 열전달계수를 계산하라. (b) 관 지름의 영향이, 응축수증기에 대한 관 지름의 영향과는 어떻게 다른지 비교하라. (c) 수평 관에서의 막비등(film boiling)과 막응축(film condensation)에 대한 수식을 비교하고 유사성과 차이점을 지적하라.

13.9 7/8 in, BWG 16 구리 관으로 된 수평 다관 원통형 응축기에서 1 atm의 벤젠증기가 응축된다. 관의 제일 윗줄에 대한 경막계수, 그리고 10개 관 적층부분에 대한 평균계수를 예측하여라.

13.10 낮은 총괄 ΔT에서는 관다발(tube bundle)에 대한 비등 열흘럭스(boiling heat flux)가 단일 관에 대한 것의 약 4배이다. 그러나 큰 ΔT에서는 그 열흘럭스가 단일 관 것보다 상당히 낮다. 그 차이에 대한 논리적 설명을 하라.

13.11 1.2 lb$_f$/in^{2}에 있는 포화수증기가 3/4-in 수평 철관들 외부에서 응축된다. 냉각수는 그 관을 60°F로 들어가고 75°F로 나가는 데 그 유속은 6 ft/s이다. 관 첫 줄(first row)에 대한 경막계수와 총괄계수는 얼마인가?

13.12 단일 수평관 상에서 파라핀(normal parafin)의 핵비등에 대하여 그림 13.9에 보인 자료를 실험하라. (a) 여러 개의 ΔT값에서 열전달계수를 계산하라. 그리고 그림 13.4와 13.6에서 끓는 물에 대해 표시된 것과 온도의 영향을 비교하라. (b) 왜 물에 대한 계수가 아주 높은가? 3가지 가능성 있는 원인을 논하라. (c) 왜 파라핀의 임계 ΔT가 월등히 높은가?

13.13 어느 공장에서 용매로서 MIBK(methyl isobutyl ketone)를 이용한 다음 배출하는데, 그 배출 기체는 70℃, 1 atm이고 0.25% MIBK를 포함한다. MIBK의 용융점(melting point)은 -85℃이다. (a) 대부분이 공기로 된 그 배출기체가 -10℃까지 냉각된다면 MIBK 몇 활이 제거되겠는가? (b) 99% 제거하려면 어떤 온도가 필요한가?

13.14 문제 13.13에서와 같은 질문에 답하는데, 왜 응축성 물질의 용융점을 아는 것이 중요한지 그 이유는 무엇인가?

참고 문헌

1. Bergles, A. E., and M. C. Chyu, *AIChE. Symp. Series*, **77**(208):73 (1981).
2. Breen, B.P., and J. W. Westwater, *Chem. Eng. Prog.*, **58**(7):67 (1962).
3. Bromley, L. A. *Ind. Eng. Chem.*, **44**:2966 (1952).
4. Cengel, Y. A. *Heat Transfer-A Practical Approach*, New York: McGraw-Hill, 1998, p. 478.
5. Chen, S. L., F. A. Gerner, and C. L. Tien, *Exp. Heat Transfer*, **1**:93 (1987).
6. Colburn, A. P., and T. B. Drew, *Trans. AIChE*, **33**:196 (1937).
7. Colburn, A. P., and O. A. Hougen, *Ind. Eng. Chem.*, **26**:1178 (1934).
8. Drew, T. B., W. M. Nagle, and W. Q. Smith, *Trans. AIChE*, **31**:605 (1935).
9. Dukler, A. E. *Chem. Eng. Prog. Symp. Ser.*, **56**(30):1 (1960).
10. Fair, J. R., and A. Klip, *Chem. Eng. Prog.*, **79**(3):86 (1983).
11. Forster, H. K., and N. Zuber, *AIChE J.*, **1**:531 (1955).
12. Gebhart, B. *Heat Transfer*, 2nd ed. New York: McGraw-Hill, 1971, pp. 424-6.
13. Hsu, Y. Y., and J. W. Westwater, *Chem. Eng. Prog. Symp. Ser.*, **56**(30):15 (1960).
14. Incropera, F. P., and D. P. DeWitt, *Fundamentals of Heat Transfer*, New York: Wiley, 1981, p. 492.
15. Jakob, M., and W. Fritz, *VDI-Forschungsh.*, **2**:434 (1931).
16. Johnson, D. L., and Y. Yukawa, *Chem. Eng. Prog.*, **75**(7):47 (1979).
17. Kern, D. Q. *Process Heat Transfer*, New York: McGraw-Hill, 1950, pp. 313ff.
18. Lienhard, J. H. *A Heat-Transfer Textbook*, Englewood Cliffs, NJ: Prentice-Hall, 1981, p. 403.
19. Lienhard, J. H., and V. K. Dhir, NASA Cr-2270, July 1973.
20. Markels, M. Jr., and R. L. Durfee, *AIChE J.*, **10**:106 (1964).
21. McAdams, W. H. *Heat Transmission*, 3rd ed. New York: McGraw-Hill, 1954, pp. 330ff.
22. McAdams, W. H., J. N. Addoms, P. M. Rinaldo, and R. S. Day. *Chem. Eng. Prog.*, **44**:639 (1948).
23. Nusselt, W. *VDIZ.*, **60**:541, 569 (1916).
24. Perry, R. H., and D. W. Green(eds.), *Perry's Chemical Engineers' Handbook*, 7th ed. New York: McGraw-Hill, 1997 ; (a) p. **5**-20, (b) p. **11**-12.
25. Sun, K. H., and J. H. Lienhard, *Int. J. Heat Mass Transfer*, **13**:1425 (1970).
26. Welch, J. F., and J. W. Westwater, *Proc. Int. Heat Transfer Conf. Lond.*, 1961-1962, p. 302 (1963).
27. Yilmaz, S., and J. W. Westwater, *AIChE Symp. Ser.*, **77**(208):74 (1981).
28. Zuber, N. *Trans. ASME*, **80**:711 (1958).
29. Zuber, N., J. W. Westwater, and M. Tribus, *Proc. Int. Heat Transfer Conf. Lond.*, 1961-1962, p. 230 (1963).

14

복사열 전달
Radiation Heat Transfer

빛의 속력으로 공간을 통과하는 에너지로서 고려될 수 있는 복사(radiation)는 여러 방법에 의해 발생된다. 어떤 종류의 물체는 전자충돌(電子衝突), 전기방전(電氣放電)과 같은 외부 매체가 작용될 때의 복사선 또는 일정한 파장의 복사선을 방출한다. 이러한 효과로 인한 복사는 여기서 다루지 않는다. 절대온도 영(0)도 이상의 온도에 있는 모든 물질은 외부 매체와 무관하게 복사선을 방출한다. 단지 온도만으로 기인되는 복사를 열복사(熱輻射, thermal radiation)라 하고, 여기서는 이것만을 다룬다.

복사에 관한 기본사항

복사는 직선(直線) 또는 빔(beam)으로 공간을 통과하여, 복사체(radiating body)의 시야 내에 있는 물체만이 그 복사체로부터 나오는 복사선을 받을 수 있다. 어떤 물체에 떨어진 복사선 중 반사된 분율을 **반사율**(反射率, reflectivity) ρ라 하고, 흡수된 분율을 **흡수율**(吸收率, absorptivity) α라하며, 통과된 분율을 **투과율**(透過率, transmissivity) τ라 한다. 이들 분율의 합은 1이 된다. 즉,

$$\alpha + \rho + \tau = 1 \tag{14.1}$$

이와 같이 복사는 열(熱)이 아니며, 흡수되어 열로 변환되면, 이것은 더 이상 복사가 아니다. 그러나 실제로 반사된 복사선이나 또는 투과된 복사선은 다른 흡수체에 떨어지게 되고, 이것은 여러 번 연속적으로 반사된 후에 결국은 열로 변환된다.

들어오는 복사에너지를 모두 흡수하고 반사나 투과량이 없을 때, 얻을 수 있는 최대가능 흡수율은 1이다. 입사량(incident radiation) 모두를 흡수하는 물체를 **흑체**(black body)라 한다.

열복사 전달에 대한 복잡한 문제는 최근에 많이 연구되고, 많은 교재에서 다루어졌다[6,8,10]. 개론적인 논술은 다음 항목들이다. 즉, 복사에너지의 방출, 불투명 고체(不透明固體, opaque solid)에 의한 흡수, 표면간 복사, 반투명체(半透明體, semitransparent material)로부터 또는 반투명체로의 복사, 그리고 전도-대류 및 복사에 의한 복합 열전달 등이다.

14.1 복사의 방출

물질의 어떤 주어진 부위에 의해 방출된 복사선은, 그 물체의 시야 내에 있거나 그와 접촉되어 있는 다른 물체에 의해 방출되는 복사선과는 독립적이다. 한 물체가 얻거나 또는 잃게 되는 실 에너지(net energy)는 그 물체에 의해 방출된 에너지와 다른 물체로부터 그 물체에 도달되어 흡수된 에너지와의 차가 된다. 전도와 대류에 의한 열흐름도 역시 복사에 무관하게 일어난다.

각각 다른 온도에 있는 물체들이 한 울타리 안에서 각각의 시야 내에 놓일 때, 더 뜨거운 물체는 더 찬 물체로부터 나오는 복사에너지의 흡수량보다도 더 빨리 복사에너지를 방출함으로써 에너지를 잃게 된다. 따라서 뜨거운 물체의 온도는 감소하게 된다. 동시에 더 차가운 물체는 그것이 에너지를 방출하는 것보다 더 빨리 뜨거운 것으로부터 에너지를 흡수하게 되며, 그 온도는 증가하게 된다. 전도와 대류에 의한 열흐름에서와 마찬가지로 모든 물체들이 동일온도에 도달되면, 그 과정은 평형(平衡)에 도달된다. 복사선을 흡수해서 열로 전환되고, 그 복사에너지의 실 전달(net transfer)로 인해 온도평형에 도달되는 것이 복사열(輻射熱, radiation heat)의 실용인 것이다.

복사선의 파장

알려진 전자기적 복사(electromagnetic radiation)는 약 10^{-11}cm의 파장을 가진 단-우주선(short cosmic ray)으로부터 1,000 m 또는 그 이상의 파장을 가진 장파(長波) 방송파까지 아주 넓은 범위에 걸쳐 있다.

단일 파장(單一波長)의 복사를 **단색광**(單色光, monochromatic)이라 부른다. 열복사의 빔(beam)은 단색광이 아니고 그림 14.1에서 보인 것처럼 넓은 파장 범위를 가진다. 0.1~100 mm 범위가 복사에너지에 의한 열흐름에서 중요하다. 반면 가시광은 약 0.39~0.78 mm의 파장 범위이다. 보통 공업적 응용온도에서의 열복사는 적외선 스펙트럼(infrared spectrum)의 파장을 가진다. 이 적외선 스펙트럼은 가장 긴 가시파(可視波) 보다 조금 더 긴 파장을 갖고 있다. 약 500°C 이상의 온도에서 가시 스펙트럼 내 열복사가 중요하게 되며, 따라서 **적열**(red heat)과 **백열**(white heat)이란 말은 이 사실에 근거를 둔 것이다. 복사체의 온도가 높을수록 그것으로부터 방출되는 열복사의 주 파장(predominant wave-length)은 더 짧아진다.

어느 주어진 온도에서 열복사속도는 그 물질의 응집상태 및 분자구조에 따라 변한다. 산소, 아르곤 및 질소와 같은 단-원자(單原子) 및 이-원자(二原子) 기체는 그 온도가 높을지라도 약하게 복사한다. 공업적 조건 하에서 이들 기체는 어느 정도의 복사도 방출하지도 흡수하지도 않는다. 수증기, 이산화탄소, 암모니아, 이산화황 및 탄화수소 등을 포함한 다-원자(多原子) 기체는 여러 파장에서 복사를 방사하고 흡수한다. 그리고 어느 선정된 파장에서 적외선(infrared)흡수는 이러한 기체 혼합물을 분석하는 데 이용할 수 있다. 다-원자 기체에 의한 적외선 복사의 흡수가 우리 기후에 크게 영향을 미친다. 왜냐하면 지구표면으로부터 방사되는 에너지의 상당한 양이 저 층 대기 내의 이들 기체들에 의해 흡수되기 때문이다. 그 기체 농도는 단위 체적 당 흡수가 아주 적을 정도로 낮지만, 흡수가 일어나는 대기층이 수 km나 되는 것이다. 아주 고온에서는 CO_2와 수증기에 의한 복사의 흡수가 짧은 거리일지라도 아주 강력하다. 이 거리를 노(furnace) 설계에 고려해야만 한다.

고체와 액체는, 얇은 층을 제외하고, 전 스펙트럼(spectrum) 범위에 걸쳐 복사를 흡수하고 방사한다. 반투명 방사체와 흡수체인 기체들에 반하여, 대부분의 고체와 액체들은 복사에 대해 불투명체이고 방사와 흡수는 노출표면적에 상관된다. 다음 논의에서는 주로 표면에 의한 복사와 흡수 그리고 표면 간 복사를 다룬다.

방사력(emissive power)

복사 표면으로부터 방출된 단색광 에너지는 그 표면의 온도와 복사선의 파장에 의존된다. 일정한 표면온도에서 에너지 방사속도를 파장의 함수로 표시되는 곡선을 그릴 수 있다. 이런 형태의 전형적인 곡선을 그림 14.1에 나타내었다. 각 곡선은 최대점으로 급히 올라갔다가 아주 긴 파장의 무방사(zero emission) 지점까지 점근선으로 감소된다. 단색광 복사를 추정하기 위해 선정되는 단위는 복사표면의 작은 면적으로부터 방사되는 에너지가 그 복사면적을 중심으로 반구(半球)의 모든 방향으로 "널리 퍼지는"(broadcast) 사실에 근거를 둔다. 이와 같이 단위면적 당 단위시간 당 방사되는 파장별로 나누어진 단색광 복사를 **단색광 복사력**(monochromatic radiating power) W_λ라 한다. 그림 14.1에서 종축이 W_λ의 값이다.

어떤 표면으로부터 나온 전체 복사 스펙트럼에 대하여, 총 복사력(輻射力) W는 그 표면으로부터의 모든 단색광 복사의 합이 되고, 수식으로는 다음과 같다.

$$W = \int_0^\infty W_\lambda d\lambda \tag{14.2}$$

도식적으로 W는 그림 14.1에서 0으로부터 무한대까지 곡선 밑 부분인 전 면적이다. 물리적으로, 총 복사력은 단위면적 당 그 면적을 중심으로 한 반구의 모든 방향으로 방사된 모든 파장의 총 복사량이다.

흑체 복사 ; 방사율

흑체(黑體)는 주어진 온도에서 최대 가능 방사력(maximum attainable emissive power)을 가지는 이상적인 방사체(emitter)로서 정의된다. 이는 모든 입사 복사량을 흡수하고 다른 모든 복사체에 대한 기준이 된다. 흑체의 방사력 W_b에 대한 어느 물체의 총 방사력 W의 비(比)를 그 물체의 **방사율**(방사능, emissivity) ε로 정의한다. 즉,

$$\varepsilon \equiv \frac{W}{W_b} \tag{14.3}$$

단색광 방사율(monochromatic emissivity) ε_λ는 같은 파장에서 흑체에 대한 단색광 방사력의 비이다. 즉,

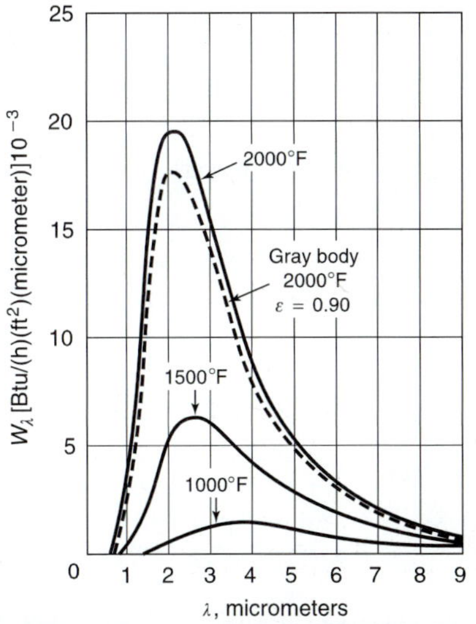

그림 14.1 흑체와 회색체 스펙트럼의 에너지 분포

$$\varepsilon_\lambda \equiv \frac{W_\lambda}{W_{b,\lambda}} \tag{14.4}$$

어떤 물체의 단색광 방사율이 모든 파장에서 동일하면, 그 물체를 **회색체**(灰色體, gray body)라 한다.

고체의 방사율

고체의 방사율 값은 표준 참고서[7, 9]에 표로 나열되어 있다. 연마된 표면의 방사율은 0.02~0.10 범위로 낮은 값이고 온도에 따라 감소된다. 대부분의 비전도체의 방사율은 온도에 따라 증가된다. 대부분의 산화금속은 0.6~0.85 범위에 있으며, 내화물, 종이, 합판, 건축자재 같은 비금속 물질은 0.65~0.95 그리고 알루미늄-페인트 이외의 페인트는 0.80~0.96 범위이다.

흑체 복사의 실용 원

어떤 등급의 카본 블랙(carbon black)과 같은 일부 물질이 흑색에 접근할지라도 실제 물질에는 흑체가 없다. 흑체의 실험적인 상당 체(相當體)는 틈 구멍(peephole)이 나 있는 등온의 속이 빈 구(球)이다. 이 틈 구멍을 통해 내부 벽으로 빛이 들어간다면, 그 효과는 흑체로 간주될 수 있다. 그 내부 벽으로부터 방사되는 복사 또는 그 틈 구멍을 통해 외부로부터 들어오는 복사는 연속적인 반사 후 완전히 흡수되고, 내부표면의 총괄 흡수율(overall absorptivity)은 1이 된다.

흑체 복사의 법칙

흑체 복사에 대한 기본 관계는 **Stefan-Boltzmann법칙**, 즉 흑체의 총 방사력은 절대온도의 4제곱에 비례함을 나타내는 것, 즉

$$W_b = \sigma T^4 \tag{14.5}$$

여기서, σ는 T와 W_b의 사용 단위에 의존되는 상수이다. 이 Stefan-Boltzmann법칙은 열역학과 전자기학의 법칙들과 완전히 일치한다.

흑체 스펙트럼 내에서 에너지분포는 다음의 **Plank법칙**으로 정확히 알 수 있다.

$$W_{b,\lambda} = \frac{2\pi \mathbf{h} c^2 \lambda^{-5}}{e^{\mathbf{h}c/\mathbf{k}\lambda T} - 1} \tag{14.6}$$

$W_{b,\lambda}$ = 흑체의 단색광 방사력(emissive power)
$\mathbf{h}$ = Plank 상수
c = 광속
λ = 복사 파장
$\mathbf{k}$ = Boltzmann 상수
T = 절대온도

식 (14.6)은 다음과 같이 쓰일 수 있다.

$$W_{b,\lambda} = \frac{C_1 \lambda^{-5}}{e^{C_2/\lambda T} - 1} \tag{14.7}$$

여기서, C_1과 C_2는 상수들이다. 식 (14.5)와 (14.6)에 있는 여러 양과 상수 값들은 기호 설명 란(이 장의 끝 부분)에 주어져 있다.

식 (14.6)으로부터 λ대 $W_{b,\lambda}$의 도표는 그림 14.1에 실선(實線)으로 1,000°F, 1,500°F, 2,000°F 각각에 대하여 표시되어 있다. 여기서 점선은 2,000°F에서 방사능이 0.9인 회색체의 단색광 복사력을 나타낸 것이다.

Plank법칙은 식 (14.6)의 $W_{b,\lambda}$을 식 (14.2)에 대입하여 적분하면 Stefan-Boltzmann법칙과 일치함을 알 수 있다.

어떤 주어진 온도에서 최대 단색광 복사력(maximum monochromatic radiating power)은 어떤 일정한 파장에서 나타나며, $\lambda_{\max}$로 표기한다. **Wien의 변위법칙**(Wien's displacement law)은 $\lambda_{\max}$이 절대온도에 역비례(逆比例), 즉 다음 식과 같이 됨을 의미한다.

$$T\lambda_{\max} = C \tag{14.8}$$

상수 C는 $\lambda_{\max}$이 μm 단위, T가 K 단위일 때 2,890이며, T가 °R일 때 5,200이다.

또한 Wien법칙은 Plank법칙의 식 (14.6)을 λ에 대하여 미분하고, 그 도함수를 0으로 놓아 $\lambda_{\max}$을 풀면 유도될 수 있다.

14.2 불투명 고체에 의한 복사의 흡수

복사가 고체에 떨어질 때 일정 분율 ρ는 반사되고, 나머지 $(1-\rho)$는 고체 내로 들어가 투과되거나 흡수된다. 대부분의 고체(유리, 일부 플라스틱, 석영, 약간의 광물 등을 제외하고)는 모든 파장의 복사를 쉽게 흡수(아주 얇은 판을 제외하고)하여 투과율 τ가 0이고, 모든 비-반사 복사(nonreflected radiation)는 고체의 얇은 표면 층에서 완전히 흡수된다. 그래서 불투명 고체에 의한 복사의 흡수는 표면현상(surface phenomenon)일 뿐이고 체적현상(volume phenomenon)이 아니다. 따라서 고체 내부는 복사의 흡수에 아무 상관이 없다. 복사의 흡수에 의해 생성되는 열은 단지 전도에 의해서만 불투명 고체를 통과하거나 흘러 들어간다.

불투명 고체의 반사율 및 흡수율

불투명 고체의 투과율이 0이기 때문에 반사율(反射率)과 흡수율(吸收率)의 합은 1이 되고, 반사율과 흡수율은 서로 보완적 관계를 갖는다. 일반적으로 불투명 고체의 반사율은 표면온도와 표면 특성, 표면 재질(材質), 입사되는 복사의 파장 및 입사각(入射角) 등에 의존된다. 반사의 주요 두 가지 형태는 거울반사, 즉 정반사(specular)와 난반사(diffuse)이다. 거울반사는 연마한 금속처럼 매끄러운 표면을 가진 특성이고, 난반사는 거친 표면 또는 매트(matte)표면으로부터의 반사에서 볼 수 있다. 거울반사에서 반사빔(reflected beam)은 그 표면과 일정한 각을 이루는데, 그 반사각은 입사각과 같다. 그 표면으로부터의 반사율은 1에 접근하고, 흡수율은 거의 0에 접근한다. 매트 또는 불투명체 표면은 모든 방향으로 난반사해서 일정한 반사각이 없고, 흡수율이 거의 1에 접근한다. 거칠기(粗度, roughness)의 규모가 입사복사의 파장과 비교해서 더 크게 되어 있는 거친 표면들은, 그 조면(거친 면) 개개의 단위로부터의 복사가 정반사될지라도, 난반사하게 된다. 조면의 반사율 값들은 그 물질 자체의 반사 특성에 따라 크거나 또는 작을 수 있다. 화공기술자에게 관심이 있는 대부분의 공업적 재질 표면은 난반사함으로, 실무 처리과정에 있어서 중요한 간략화는 반사율과 흡수율이 입사각에 무관하다고 할 수 있는 것이다. 이 가정이 **코사인법칙**(cosine law)에 상당한다. 이 법칙은 완전 난반사의 경우, 그 표면을 떠나는 복사의 세기[또는 가시광의 경우에 밝기(brightness)]가 그 표면이 보여지는 각도에 무관하다는 것이다. 이러한 경우는 복사가 **난복사**(diffuse radiation)를 하는 표면으로부터 방사될 때이거나, 이것에 의해 **난반사**(diffuse reflection)될 때이다.

반사율은 입사되는 복사의 파장에 따라 변할 수 있고, 전체 빔의 흡수율은 단색광 흡수율 값들의 가중평균치(加重平均値)이고, 입사되는 복사의 전체 스펙트럼에 의존된다.

방사능과 마찬가지로 회색체(gray body)의 흡수율은 모든 파장에 대하여 동일하다. 회색체의 표면이 난복사 또는 난반사한다면, 그것의 단색광 흡수율도 역시 복사빔(radiant beam)의 입사각에 무관하다. 총 흡수율은 단색광 흡수율과 동일하고, 또한 입사각에 무관하다.

Kirchhoff법칙

한 물질의 복사력(radiating power)에 관한 중요한 일반 법칙이 Kirchhoff법칙인데, 이 법칙은 온도평형(溫度平衡)에서 그 물체의 흡수율에 대한 총 복사력의 비가 단지 그 물체의 온도에만 의존된다는 것이다. 그러면 보통 외계(外界)와 온도 평형에 있는 어떤 두 물체를 생각해 보자. Kirchhoff법칙은 다음과 같이 쓰일 수 있다.

$$\frac{W_1}{\alpha_1} = \frac{W_2}{\alpha_2} \tag{14.9}$$

W_1, W_2 = 두 물체의 총 복사력(total radiating power)

α_1, α_2 = 두 물체의 흡수율

이 법칙은 단색광 복사와 총 복사(total radiation) 모두에 적용된다.

식 (14.9)에 관련되는 첫 물체가 흑체이면 $\alpha_1 = 1$이며, 복사력은,

$$W_1 = W_b = \frac{W_2}{\alpha_2} \tag{14.10}$$

여기서, W_b는 한 흑체의 총 복사력을 의미한다. 그래서,

$$\alpha_2 = \frac{W_2}{W_b} \tag{14.11}$$

그러나 정의에 따라 두 번째 물체의 방사율(방사능, emissivity) ε_2는,

$$\varepsilon_2 = \frac{W_2}{W_b} = \alpha_2 \tag{14.12}$$

따라서 어떠한 물체가 그 외계와 온도평형에 있을 때 그 방사율과 흡수율은 동일하다. 이 관계는 Kirchhoff법칙의 또 다른 의미이다. 일반적으로, 흑체 또는 회색체를 제외하고 흡수율과 방사율은 그 물체가 그 외계와 열평형(熱平衡)에 있지 않으면 동일하지 않다.

한 흑체의 단색광 또는 총 방사에 대한 흡수율과 방사율은 모두 1이다. 또한 흑체에 대하여 코사인법칙이 완전히 적용되는데, 이것은 반사율이 모든 파장과 모든 입사각에 대해 0이기 때문이다.

Kirchhoff법칙은 표면과 마찬가지로 체적에 대해서도 적용된다. 한 불투명체에 의한 흡수는 그 표면의 얇은 층에만 사실상으로 한정되기 때문에, 그 물체의 표면으로부터 방사되는 복사는 동일 표면 층에서 발생된다. 복사하고 있는 물체들은 그들 자신의 복사를 흡수하고, 그 고체 내부 물질에 의해 방사되는 복사도 또한 그 내부에서 흡수되어 그 표면까지 도달되지 않는다.

입사되는 복사선의 에너지분포가 그 발생원 표면(originating surface)의 온도와 특성에 의존되기 때문에, 수용 표면(receiving surface)의 흡수율 역시 발생원 표면의 성질에 의존된다. 그래서 Kirchhoff법칙은 언제나 비평형 복사에 적용시킬 수 없다. 그러나 수용 표면이 회색체이면, 입사하는 복사선의 일정 분율이 파장에 무관하게 수용 표면에 의해 흡수되고, 그 두 표면이 동일 온도에 있느냐 없느냐에 따라 Kirchhoff법칙이 적용된다.

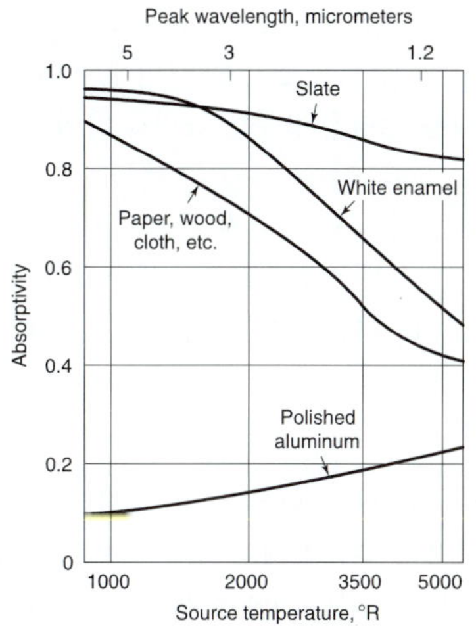

그림 14.2 발생원 온도 및 입사방사의 피크 파장 대 여러 고체의 흡수율(자료 : H. C. Hottel, p.62 in W. H. McAdams, *Heat Transmission*. Copyright by author, 1954, McGraw-Hill Book Company)

공교롭게도 공업용 재질표면 대부분이 회색체가 아니기 때문에 그 흡수율이 입사되는 복사의 성질에 크게 변하게 된다. 그림 14.2에 여러 가지 고체들의 흡수율이 입사복사의 정점파장(peak wavelength)과 복사원(輻射源)의 온도에 따라 어떻게 변하는지를 나타내었다[5a]. 슬레이트(slate)와 같은 약간의 고체들은 아주 거의 회색체이고 그래서 그 흡수율이 거의 일정하다. 연마된 금속표면에서 흡수율 α_2는 복사원의 절대온도 T_1과 또한 표면온도 T_2에 따라 다음 식과 같이 증가된다.

$$\alpha_2 = k_1\sqrt{T_1 T_2} \tag{14.13}$$

여기서 k_1은 상수이다. 그러나 대부분 표면에서 흡수율은 종이, 나무, 옷감 등에 대해 표시한 것과 같은 곡선에 따른다. 이런 표면들은 약 1,000°F(540°C) 이하의 복사원으로부터 발생되는 장파장(長波長)의 복사에 대하여 고 흡수율을 가진다. 따라서, 복사원의 온도가 그 이상으로 상승하면 그 흡수율은 떨어지는데, 때로는 현저하게 떨어지기도 한다. 약간의 물질에서는 복사원 온도가 아주 높게 되면, 그 흡수율이 다시 높아지기도 한다.

14.3 표면간의 복사

면적 A_1, 방사율(방사능) ε_1, 절대온도 T_1인 불투명체의 단위면적 당 총 복사는 다음과 같다.

$$\frac{q}{A_1} = \sigma\varepsilon_1 T_1^4 \tag{14.14}$$

그러나 방사하는 대부분의 표면들은 상이(相異) 온도의 타 표면으로부터 복사에너지를 받는다. 들어온 입사량의 일부는 흡수되는데 총 복사에너지 훌럭스(flux)를 결정할 때 이 흡수량을 고려해야 한다. 예로, 실내를 통과하는 수증기 도관은 벽, 바닥, 천장 등으로 둘러싸여 있어서 이들 모두가 그 도관으로 방사하고 있고, 도관이 흡수한 양보다 더 많은 에너지를 잃는다 해도 복사에 의한 실 손실량(net loss)은 식 (14.14)으로 계산된 양보다 적게 된다. 어느 한 표면으로부터 맑은 밤하늘로의 복사에 있어서도 그 복사에너지는 대기 내 수분과 이산화탄소에 의해 부분적으로 흡수되고, 그 흡수된 에너지의 일부분이 그 표면으로 다시 복사된다.

복사가 특히 중요시 되는 노(furnace) 또는 기타 고온 장치에서 일상 목적은 복사원(輻射源, source)이라 하는 뜨거운 표면(하나 또는 여러 개)과 흡입체(sink)라 하는 찬 표면간 실 열교환량을 얻게 되는 것이다. 대부분의 경우, 뜨거운 표면은 불꽃이지만, 보통 표면들 사이에 에너지 교환이 있게 되고 이 불꽃은 반투명 표면의 특수형이라 생각할 수 있다. 다음 설명은 불투명 표면들 사이에 어떤 흡수 매체가 없는 경우의 복사에너지 전달을 취급한다.

두 표면간 복사의 가장 간단한 형태는 각 표면이 단지 각각 서로만이 볼 수 있는 곳이다. 즉 그림 14.3(a)에서 보는 바와 같이 그 표면들이 매우 긴 평행 평면이고, 두 표면 모두 흑체인 경우이다. 첫 평면에서 방사된 에너지는 σT_1^4 이다. 각각의 표면으로부터 나온 모든 복사는 서로 다른 표면에 떨어지고 완전히 흡수됨으로써 첫 평면에 의한 에너지의 실 손실량과 두 번 째 평면에 의해 얻은 실 에너지량은($T_1 > T_2$ 라 가정할 때) $\sigma(T_1^4 - T_2^4)$ 이다.

실제 공학문제에서는 이런 단순한 경우와는 다음과 같이 서로 다르다. 즉, (1) 관심대상의 표면들 중 하나 또는 두 개 모두가 다른 표면들을 본다. 실제로 오목한 면적(concave area) 내의 한 표면요소(表面要素)는 그 자신의 표면 중 한 부분을 볼 수 있다. (2) 실제 표면이 완전 흑체가 아니어서, 그 표면의 방사율을 항상 고려해야만 한다.

시각

정성적으로 한 표면 중의 면적요소(area element)로부터의 복사선이 일정 크기의 다른 표면에 의해 차단되는 것을 시각(angle of vision, 視角)의 의미로써 고려해 볼 수 있는데, 이 시각은 복사요소의 일정한 표면에 의해 대(對)해지는 입체각(solid angle)을 의미한다. 반구(半球)에 의해 대해지는 입체각은 2π steradians(sr)이다. 이것은 그 요소의 시야 내에 있는 평면에 의해 어떤 면적요소에 대할 수 있는 최대 시각(最大 視角)이 된다. 어느 한 면적요소의 총 복사력은 이 사실을 고려하여 정의되었음을 유의해야 한다. 만일 시각이 2π sr보다 작으면 그 면적요소로부터의 복사 중 어느 분율만이 수용면(受容面)에 의해 차단될 것이고, 나머지는 나머지 입체각 앞의 다른 표면에 의해 흡수되도록 통과할 것이다. 한 오목한 표면 중 한 요소의 반구시각

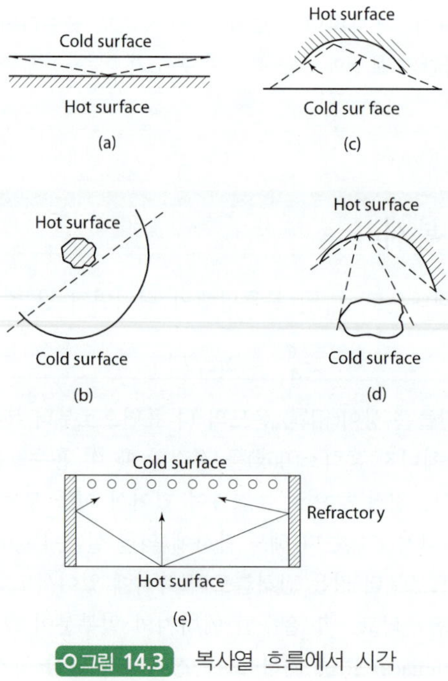

그림 14.3 복사열 흐름에서 시각

(hemispherical angle of vision)의 일부는 원래의 표면 자체에 대면(對面) 된다.

그림 14.3은 몇 개의 전형적 복사 표면을 나타낸 것이다. 그림 14.3(a)은 긴 2개의 평행면에서 각 평면상의 면적요소가 어떻게 입체각 2π sr에 의해 서로 대해지는가를 나타낸 것이다. 각 평면으로부터 나오는 복사는 서로에 의한 차단을 피할 수가 없다. 그림 14.3(b)의 고온체 표면상의 한 지점은 단지 차가운 표면만이 보여서, 그 시각은 2π sr이다. 그러나 차가운 표면의 요소들은 자신의 다른 차가운 표면을 주로 볼 수 있어서, 고온 체에 대한 시각은 아주 작다. 이러한 자체흡수(self-absorption) 영향은 그림 14.3(c)에서도 볼 수 있다. 여기서도 차가운 표면에 의해 대(對)해지는 뜨거운 표면 중 한 요소의 시각은 비교적 작다. 그림 14.3(d)에서는 차가운 표면이 뜨거운 표면에 작은 각(角)으로 대해져 있어서 뜨거운 표면으로부터 나오는 복사의 대부분이 어떤 미정(未定)된 주위로 통과된다. 그림 14.3(e)는 절연 내화물 벽으로 된 단순한 노(furnace)를 보인 것이다. 그 안에서 뜨거운 바닥, 즉 복사원으로부터의 복사는 위쪽에 가로지른 관의 다발에 의해서 부분적으로 차단되고, 내화물 벽과 내화물 천장(관 뒤쪽)에 의하여 부분적으로 차단된다. 이러한 내화물이 동일 속도로 에너지를 흡수하고 방사한다고 가정하면, 그 내화물에서 실 에너지 효과는 0이다. 내화물 천장은 관 사이로 통과된 에너지를 흡수하고, 이것을 관의 뒤쪽으로 재복사한다.

거리제곱 효과

작은 표면으로부터 에너지가 큰 표면에 의해 차단될 때, 수용 표면의 단위면적 당 수용된 에너지는, 다음에 설명된 바와 같이, 그 표면간 거리의 제곱에 역비례 한다.

수용표면의 단위면적 당 받는 에너지 속도를 복사세기(intensity of radiation) I라 한다. 난복사의 경우 코사인법칙은 복사세기가 방사표면으로부터 수용표면까지의 거리 및 그 배향(orientation)에 따라 어떻게 변하는지를 알기 위해 사용할 수 있다. 그림 14.4에 보인 바와 같이, 반지름이 r인 반구표면(半球表面) A_2의 중심에 방사표면요소 dA_1을 고려해 보자. 수용표면 중 고리형 요소(ring-shaped element)면적 dA_2는 $2\pi r^2 \sin\phi\, d\phi$ 이고, 여기서 ϕ는 dA_1에 대한 법선과 dA_1과 dA_2을 연결한 반지름간의 각이다. dA_1상의 그 지점에서 세기(强度)를 dI_0로 쓰고, A_1상의 나머지 지점에서 세기를 dI라 쓴다. 난복사에 대한 코사인법칙에 따라 다음과 같이 된다.

$$dI = dI_0 \cos\phi \tag{14.15}$$

방사표면의 복사력 W_1과 그 세 기간의 관계는 다음과 같다. 면적요소 dA_2에 의한 에너지 수용속도 dq_{dA_2}는 식 (14.15)에 따라

$$dq_{dA_2} = dI\, dA_2 = dI_0 \cos\phi\, dA_2 \tag{14.16}$$

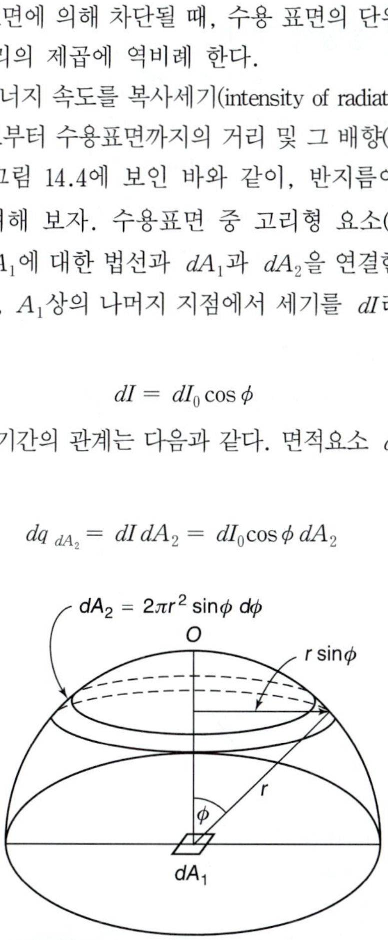

그림 14.4 반구 표면 쪽으로 난복사

$dA_2 = (2\pi r)(r\sin\phi)\,d\phi$ 이기 때문에 다음과 같이 된다.

$$dq_{dA_2} = dI_0 2\pi r^2 \sin\phi \cos\phi \, d\phi \tag{14.17}$$

면적 dA_1으로부터의 방사속도는 총 면적 A_2에 의해 받아들인 에너지 수용속도와 동일해야 한다. 왜냐하면 dA_1으로부터 나온 모든 복사는 면적 A_2의 일부에 부딪치기 때문이다. A_2에 의한 수용속도는 dq_{dA_2}을 면적 A_2에 대해 적분하여 구할 수 있다.

$$\begin{aligned} W_1 dA_1 &= \int_{A_2} dq_{dA_2} = \int_0^{\pi/2} 2\pi\, dI_0 r^2 \sin\phi \cos\phi\, d\phi \\ &= \pi\, dI_0\, r^2 \end{aligned} \tag{14.18}$$

따라서

$$dI_0 = \frac{W_1}{\pi r^2} dA_1 \tag{14.19}$$

이를 식 (14.15)에 대입하면 다음과 같이 된다.

$$dI = \frac{W_1}{\pi r^2} dA_1 \cos\phi \tag{14.20}$$

흑체표면 간의 복사에 대한 정량적 계산

앞에서 설명한 관계는 두 요소면 사이의 실(순) 복사에 대한 미분 식을 세우고, 그 표면의 일정한 배열 형태에 대해 그 식을 적분함으로써 정량적(定量的)으로 처리될 수 있다. 그림 14.5에서 두 평면 면적요소 dA_1과 dA_2는 거리 r만큼 떨어져 있고, 서로 임의로 편향되어 있어 그 둘 사이에 직선으로 연결되어 있다. 다시 말하면, 요소 dA_1은 dA_2만을 볼 수 있다. 즉, 최소한 dA_1으로부터 나오는 복사의 일부는 dA_2에 부딪치게 된다. 각 ϕ_1과 ϕ_2는 각각 dA_1과 dA_2의 법선과 연결된 사이의 각이다.

면적요소를 연결한 직선이 그림 14.4에 나타난 것 같이 dA_2에 법선이 아니기 때문에, dA_1에서 근원이 된 복사 중 요소 dA_2에 의한 에너지 수용속도는,

$$dq_{dA_1 \to dA_2} = dI_1 \cos\phi_2 dA_2 \tag{14.21}$$

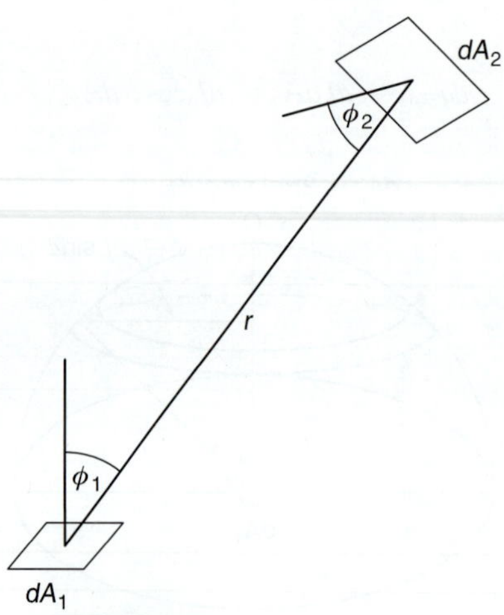

그림 14.5 복사에 대한 미분면

여기서, dI_1은 면적 dA_1으로부터의 복사 중 면적 dA_2에서의 세기이다. 식 (14.20)과 (14.21)로부터 요소 dA_1이 흑체이면 다음과 같이 된다.

$$\begin{aligned} dq_{dA_1 \to dA_2} &= \frac{W_1}{\pi r^2} dA_1 \cos\phi_1 \cos\phi_2 dA_2 \\ &= \frac{\sigma T_1^4}{\pi r^2} \cos\phi_1 \cos\phi_2 dA_1 dA_2 \end{aligned} \tag{14.22}$$

마찬가지로, dA_2로부터의 복사가 dA_1에 부딪치는 속도는 다음과 같다.

$$dq_{dA_2 \to dA_1} = \frac{\sigma T_2^4}{\pi r^2} \cos\phi_1 \cos\phi_2 dA_1 dA_2 \tag{14.23}$$

그러므로 두 면적요소간의 실 전달속도 dq_{12}는 식 (14.22)와 (14.23)에 표시된 속도간의 차로부터 알 수 있고, 이것은 다음 식과 같다.

$$dq_{12} = \sigma \frac{\cos\phi_1 \cos\phi_2 dA_1 dA_2}{\pi r^2} (T_1^4 - T_2^4) \tag{14.24}$$

주어진 일정한 표면들의 조합에 대한 식 (14.24)의 적분은 두 평판의 기하학적 형태나 서로에 대한 상관관계를 근거로 한 복잡한 다중적분(多重積分)이 보통이다. 이러한 경우에 대한 결과 식은 다음 형태로 쓰인다.

$$q_{12} = \sigma AF(T_1^4 - T_2^4) \tag{14.25}$$

q_{12} = 두 표면간의 실 복사(net radiation)
A = 두 표면 중 임의로 선정한 면적
F = 무차원 시계인자(view factor)

인자 F을 시계인자(視界因子, view factor) 또는 시각인자(angle factor)라 부르는데, 이것은 두 표면의 기하학적 형태, 서로의 공간적 관계 및 A로서 선정된 표면 등에 의존된다.

A을 A_1으로 택하면 식 (14.25)는

$$q_{12} = \sigma A_1 F_{12}(T_1^4 - T_2^4) \tag{14.26}$$

그리고 A을 A_2로 선정한다면,

$$q_{12} = \sigma A_2 F_{21}(T_1^4 - T_2^4) \tag{14.27}$$

식 (14.26)과 (14.27)을 결합하면 다음 식이 된다.

$$A_1 F_{12} = A_2 F_{21} \tag{14.28}$$

인자 F_{12}는 면적 A_1을 떠나 A_2에 의해 차단되는 복사량의 분율로서 간주될 수 있다. 표면 A_1이 단지 표면 A_2만을 볼 수 있다면, 시계인자 F_{12}는 1이다. 만일 표면 A_1이 수많은 표면을 볼 수 있고, 이것의 반구시각(半球視角) 전체가 이들 표면으로 차 있다면, 다음과 같이 쓸 수 있다.

$$F_{11} + F_{12} + F_{13} + \cdots = 1.0 \tag{14.29}$$

인자 F_{11}은 물체 A_1중 나머지 부분에 대(對)해진 시각 부분을 나타낸다. 만일 A_1의 표면이 그 자신 중 어느 다른 부분을 볼 수 없다면, F_{11}은 0이다. 인자 F_{11}에 관련된 실 복사도 물론 0이다.

어떤 경우에 시계인자는 간단히 계산될 수 없다. 예로, 오목한 면이 없고 면적이 A_1인 큰 흑체 표면으로 둘러싸인 면적이 A_2인 작은 흑체 표면을 생각해 보자. 면적 A_2가 아무 것도 볼 수 없고, 단지 면적 A_1만을 볼 수 있기 때문에 인자 F_{21}은 1이다. 인자 F_{12}는 식 (14.28)에 따라,

$$F_{12} = \frac{F_{21} A_2}{A_1} = \frac{A_2}{A_1} \tag{14.30}$$

식 (14.29)에 따라 다음과 같이 된다.

$$F_{11} = 1 - F_{12} = 1 - \frac{A_2}{A_1} \tag{14.31}$$

중요하고 특별한 경우에 대한 인자 F는 Hottel[3]에 의해 많이 결정되었다. 그림 14.6은 직접 대면되어 있는 동일 평행평면에 대한 F인자를 나타낸 것이다. 선 1은 원판(disk)에 대하여, 선 2는 정사각형에 대하여, 선 3은 폭에 대한 길이의 비가 1 : 2인 직사각형에 대하여, 그리고 선 4는 길고 좁은 직사각형에 대한 것이다. 모든 함수에 대하여 인자 F는 그들 간의 거리에 대한 평면의 측면 비 또는 직경 비(直徑比)의 함수이다.

내화물 표면에 대한 허용도

복사원(source)과 흡수체(sink)가 그림 14.3(e)의 형태로 내화물 벽에 연결되어 있을 때, 인자 F는 호환인자(互換因子, interchange factor) $\overline{F}$라고 하는 유사한 인자로 대체할 수 있고, 식 (14.26)과 (14.27)은 다음과 같이 쓰일 수 있다.

$$q_{12} = \sigma A_1 \overline{F}_{12}(T_1^4 - T_2^4) = \sigma A_2 \overline{F}_{21}(T_1^4 - T_2^4) \tag{14.32}$$

호환인자 $\overline{F}$는 단순한 경우에 정확하게 계산된다[4]. 그림 14.6의 선 5~8은 내화물 벽에 연결되어 직접적으로 대면된 평행평면에 대한 $\overline{F}$값이다. 선 5는 원판에, 선 6은 정사각형에, 선 7은 2 : 1 직사각형에, 그리고 선 8은 길고 좁은 직사각형에 대하여 적용된다.

F항에서 $\overline{F}$에 대한 근사 식은 다음과 같이 쓸 수 있다.

$$\overline{F}_{12} = \frac{A_2 - A_1 F_{12}^2}{A_1 + A_2 - 2A_1 F_{12}} \tag{14.33}$$

식 (14.33)은 단일 복사원과 단일 흡수체가 있는 곳, 즉 A_1, A_2가 서로 자신들을 볼 수 없는 곳에 적용된다. 이것은 내화물 표면온도가 일정하다는 가정에 근거를 두고 있다. 보통 내화물의 국부온도는 복사원과 흡수체의 온도 사이에서 변하기 때문에, 이 가정은 간략화하기 위한 것이다.

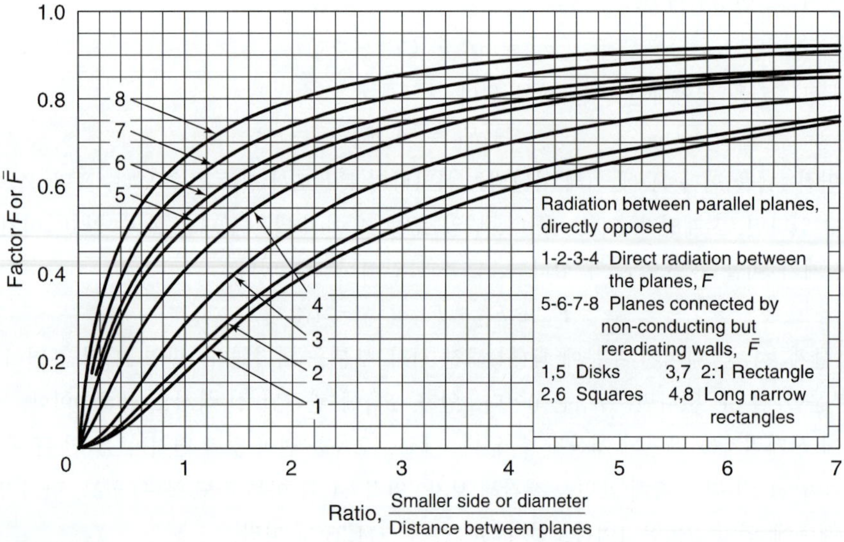

그림 14.6 대면 평행원판간, 직사각형간, 정사각형간 방사에 대한 시계인자 및 호환인자

비흑체표면

흡수율과 방사율이 서로 같지 않고, 이 두 값이 파장과 입사각에 의존하는 일반적인 경우에, 비-흑체표면(非黑體表面)들 간의 복사에 대한 상세한 설명은 아주 복잡하다. 그러나 몇 개의 중요하고 특별한 사례는 간단히 설명될 수 있다.

간단한 예는 흑체표면으로 둘러싸인 흑체가 아닌 조그마한 물체이다. 둘러싸여져 있는 물체와 주변 표면의 면적을 각각 A_1과 A_2라 하고, 그 각각의 온도를 T_1과 T_2라 하자. 표면 A_2로부터 표면 A_1에 떨어지는 복사는 $\sigma A_2 F_{21} T_2^4$이다. 이것 중 표면 A_2로부터의 복사에 대해 면적 A_1의 흡수율 α_1이 표면 A_1에 의해 흡수된다. 나머지는 흑체 주변으로 되돌아가서 면적 A_2에 의해 완전히 흡수된다. 표면 A_1은 $\sigma A_1 \varepsilon_1 T_1^4$ 양의 복사를 방출한다. 여기서, ε_1은 표면 A_1의 방사율이다. 이 복사량 모두는 표면 A_2에 의해 흡수되며, 다른 반사에 의해 되돌아오는 것은 아무 것도 없다. 방사율 ε_1과 흡수율 α_1은 일반적으로 같지 않다. 왜냐하면 두 표면이 동일 온도에 있지 않기 때문이다. 표면 A_1에 의한 실 에너지 손실은,

$$q_{12} = \sigma \varepsilon_1 A_1 T_1^4 - \sigma A_2 F_{21} \alpha_1 T_2^4 \tag{14.34}$$

그러나 식 (14.28) $A_2 F_{21} = A_1$에 의해 식 (14.34) 중 $A_2 F_{21}$을 소거하면 식 (14.34)은 다음과 같이 된다.

$$q_{12} = \sigma A_1 (\varepsilon_1 T_1^4 - \alpha_1 T_2^4) \tag{14.35}$$

만일 표면 A_1이 회색체라고 하면, $\varepsilon_1 = \alpha_1$임으로 다음과 같이 쓰일 수 있다.

$$q_{12} = \sigma A_1 \varepsilon_1 (T_1^4 - T_2^4) \tag{14.36}$$

일반적으로, 회색체 표면(灰色體 表面)들에 대하여 식 (14.26)과 (14.27)은 다음과 같이 쓰일 수 있다.

$$q_{12} = \sigma A_1 \mathcal{F}_{12} (T_1^4 - T_2^4) = \sigma A_2 \mathcal{F}_{21} (T_1^4 - T_2^4) \tag{14.37}$$

여기서 $\mathcal{F}_{12}$와 $\mathcal{F}_{21}$은 **총괄 호환인자**(overall interchange factor)이고, 이는 ε_1과 ε_2의 함수이다. σ값은 $5.672 \times 10^{-8}\,\mathrm{W/m^2 \cdot K^4}$ 또는 $0.1713 \times 10^{-8}\,\mathrm{Btu/ft^2 \cdot h \cdot {}^\circ R^4}$이다.

2개의 큰 평행 평면. 간단한 경우 인자 $\mathcal{F}$는 연속적으로 반사되고 재흡수되는 반사빔의 경로를 고려하면 직접 계산될 수 있다. 방사능이 서로 다른 ε_1과 ε_2인 2개의 큰 평행 평면에서 총괄 호환인자는

$$\mathcal{F}_{12} = \frac{1}{1/\varepsilon_1 + 1/\varepsilon_2 - 1} \tag{14.38}$$

다른 물체로 완전히 둘러싸인 단일 회색체 표면. 둘러싸여져 있는 내부 물체의 면적을 A_1이라 하고, 둘러싼 면적을 A_2라 하자. 이 경우 총괄 호환인자는 다음과 같이 주어진다.

$$\mathcal{F}_{12} = \frac{1}{1/\varepsilon_1 + (A_1/A_2)[(1/\varepsilon_2) - 1]} \tag{14.39}$$

식 (14.39)는 동심 구(同心球) 또는 동심 실린더에 정확히 적용되나, 다른 형태에 대해서도 큰 오차 없이 사용할 수 있다. 흑체에 둘러싸인 회색체의 경우, 식 (14.39)에서 $\varepsilon_2 = 1.0$이 되는 특별한 경우로 처리될 수 있다. 이런 조건 하에서는 $\mathcal{F}_{12} = \varepsilon_1$이다.

회색체 표면에 대하여, 일반적으로 다음의 근사 식이 총괄 호환인자를 계산하는 데 쓰일 수 있다.

$$\mathcal{F}_{12} = \frac{1}{1/\overline{F}_{12} + [(1/\varepsilon_1) - 1] + (A_1/A_2)[(1/\varepsilon_2) - 1]} \tag{14.40}$$

여기서, ε_1과 ε_2는 각각 복사원과 흡수체의 방사율이다. 내화물이 존재하지 않으면, $\overline{F}$ 대신 F가 사용될 수 있다.

Gebhart[1a]는 복사표면이 2개 이상 존재하는 회색체 표면으로 둘러싸인 주위에서 $\mathcal{F}$을 직접 계산하는 방법을 설명하였다. 비-회색체표면(非灰色體表面)으로 된 물체도 문헌[5b]에 설명되어 있다.

예제 14.1

양면이 흑색 락카칠로 덮인 큰 알루미늄 판을 열 경화하기 위한 작업실이 150 mm간격의 2개 강철판으로 되었고, 그 사이를 알루미늄 판이 수직으로 통과하여 경화처리 된다. 강철판 중 하나는 300°C이고, 대기에 노출된 다른 강철판은 25°C이다. (a) 락카칠 된 알루미늄 판의 온도는 얼마인가? (b) 평형에 도달된다면 그 벽 사이를 통과하는 열량은 얼마인가? 대류효과는 무시하라. 강철판의 방사율은 0.56이고 락카칠 된 판의 방사율은 1.00이다.

풀이

(a) 뜨거운 판에 하첨자 1, 락카칠 된 판에 2, 차가운 판에 3으로 표시하면,

$$\varepsilon_1,\ \varepsilon_3 = 0.56 \qquad \varepsilon_2 = 1.0$$

$$T_1 = 573\,\text{K} \qquad T_3 = 298\,\text{K}$$

식 (14.37)로부터,

$$q_{12} = \sigma A_1 \mathcal{F}_{12}(T_1^4 - T_2^4)$$

$$q_{23} = \sigma A_2 \mathcal{F}_{23}(T_2^4 - T_3^4)$$

평형에서는 $q_{12} = q_{23}$. 식 (14.38)로부터

$$\mathcal{F}_{12} = \frac{1}{1/0.56 + 1/1.0 - 1} = 0.56 = \mathcal{F}_{23}$$

$A_1 = A_2$임으로

$$\left(\frac{T_1}{100}\right)^4 - \left(\frac{T_2}{100}\right)^4 = \left(\frac{T_2}{100}\right)^4 - \left(\frac{T_3}{100}\right)^4$$

$$5.73^4 - \left(\frac{T_2}{100}\right)^4 = \left(\frac{T_2}{100}\right)^4 - 2.98^4$$

$$T_2 = 490.4\,\text{K} = 217.4°\text{C}$$

(b) 식 (14.37)로부터 열훌럭스는,

$$\frac{q_{12}}{A} = 5.672 \times 0.56(5.73^4 - 4.904^4) = 1,587\ \text{W/m}^2 (503\ \text{Btu/h}\cdot\text{ft}^2)$$

검토 :

$$\frac{q_{23}}{A} = 5.672 \times 0.56(4.904^4 - 2.98^4) = 1,587\ \text{W/m}^2$$

주 : 만일 락카칠 된 판을 제거하면, $q_{13} = 3,174\ \text{W/m}^2 (1,006\ \text{Btu/h}\cdot\text{ft}^2)$ ■

14.4 반투명체로의 복사

유리와 청결 플라스틱 막 같은 고체를 반투명(semitransparent)이라 부른다. 이는 받아들이는 에너지의 일부만을 통과하기 때문이다. 그들의 투과율(transmissivity)과 흡수율(absorptivity)은 복사의 파장과 그 물질의 두께에 의존된다. 복사를 흡수하는 능력은 흡수계수(absorption coefficient) μ_λ 또는 흡수길이(absorption length) L_λ에 의해 특정지울 수 있다. 빔의 감쇠량(attenuation)은 강도(intensity) I_λ에 비례한다고 가정하여 다음과 같이 된다.

$$-\frac{dI_\lambda}{dx} = \mu_\lambda I_\lambda \tag{14.41}$$

여기서, μ_λ는 파장 λ인 복사에 대한 **흡수계수**(absorption coefficient)이고 x는 흡수표면으로부터의 거리이다. 한계 사이에서 적분하면 다음과 같이 된다.

$$\frac{I_\lambda}{I_{0,\lambda}} = e^{-\mu_\lambda x} \tag{14.42}$$

흡수 길이는 감쇠량이 $1/e$이 되는 x의 값이다. 즉 다음과 같은 관계이다.

$$L_\lambda = \frac{1}{\mu_\lambda} \tag{14.43}$$

만일 그 재질의 총 두께 L이 L_λ보다 아주 더 크다면 아주 적은 복사만이 투과되고 그 재질은 불투명체이다. 대부분의 고체는 모든 파장의 열복사(熱輻射)에 대해 불투명체이다. 그러나 만일 두께가 L_λ보다 아주 작다면, 그 재질은 투명체이거나 또는 반투명체이다. 보통 유리는 가시광선 및 단파장의 복사에는 투명하나 장파장에는 불투명하다. 이것은 소위 **온실효과**(溫室效果, greenhouse effect)의 원인이 되는데, 이 효과는 유리벽으로 둘러싸인 내용물이 햇빛에 쪼이게 되면 그 벽 밖의 외계보다 더 뜨겁게 되는 것을 말한다. 약 5,500 K(10,000°R)인 태양표면으로부터 나온 대부분의 복사는 유리를 잘 통과한다; 그런데 그 벽안에 있는 약 30°C인 물질 표면으로부터 나온 복사는 적외선 범위이고 유리에 의해 흡수되고 일부는 내부 내용물로 재복사된다. 그 내부 온도는 그 둘러싸인 벽으로부터의 대류손실(convective loss)이 들어오는 복사에너지와 같을 때까지 상승하게 된다.

흡수성 기체로의 복사

수소, 산소, 헬륨, 아르곤, 질소와 같은 단-원자와 2-원자 기체는 적외선 복사에 대해 실질적으로 투명하다. 수증기, 이산화탄소, 유기물 증기 등을 포함한 더 복잡한 다-원자 분자는 아주 잘 복사를 흡수하고, 특히 특정한 파장의 복사를 강력하게 흡수한다. 기체 또는 증기의 주어진 양에 의해 흡수된 입사 복사량의 분율은 복사의 통과 길이에 따라, 그리고 그것이 통과되는 동안 복사에 부딪치는 분자 수, 즉 기체(또는 증기)의 밀도에 의존된다. 따라서 주어진 기체의 흡수율은 그것의 분압(分壓)의 강 함수(强函數)이고, 그것의 온도에는 약 함수(弱函數)이다.

한 흡수성 기체(absorbing gas)가 가열되면, 이것은 흡수에 쓰인 것과 동일 파장으로 더 차가운 주위로 복사한다. 기체의 방사율은 역시 온도와 압력의 함수이다. 통과길이(path length)의 효과 때문에 기체의 방사율과 흡수율은 특별한 기하학적 형태에 따라 임의로 정의된다. 1 atm에서 이산화탄소 및 수증기의 방사율 그리고 압력 변화에 대한 이들 관계에 대한 도표는 Hotel[5c]에 의해 주어졌다. 이산화탄소와 수증기가 혼합되어 있을 때 총 복사량은 각각의 기체로부터 계산된 것보다 적다. 이는 각 기체가 다른 것으로부터 오는 복사에 대한 약간 불투명체이기 때문이다. 이 상호작용에 대한 보정 도표는 문헌[5c]에서 얻을 수 있다.

14.5 전도-대류 및 복사에 의한 복합 열전달

뜨거운 물체로부터 그 외계로의 총 열손실은 가끔 전도-대류에 의한 손실과 복사에 의한 손실을 포함한다. 예로서, 방안에 있는 수증기 방열기나 뜨거운 배관(配管)은 두 가지 기구 각각에 의해 거의 같은 양의 열을 손실한다. 두 가지 형태의 열전달이 병행으로 일어나기 때문에 총 열손실량은 흑체 외계라 간주하면 다음과 같이 된다.

$$\frac{q_T}{A} = \frac{q_c}{A} + \frac{q_r}{A} = h_c(T_w - T) + \sigma\varepsilon_w(T_w^4 - T^4) \tag{14.44}$$

q_T/A = 총 열흘럭스(total heat flux)
q_c/A = 전도-대류에 의한 열흘럭스
q_r/A = 복사에 의한 열흘럭스
h_c = 대류 열전달계수
ε_w = 표면의 복사율(능)
T_w = 표면온도
T = 외계온도

때로는 식 (14.44)를 다음 형태로도 표기한다.

$$\frac{q_T}{A} = (h_c + h_r)(T_w - T) \tag{14.45}$$

여기서, h_r은 다음과 같이 정의된 복사 열전달계수(radiation heat-transfer coefficient)이다.

$$h_r \equiv \frac{q_r}{A(T_w - T)} \tag{14.46}$$

이 계수는 T_w의 크기에 강하게 영향을 받고, 온도차 $T_w - T$에는 어느 정도만 영향을 받는다. 그러나 온도차가 작을 때 h_r값은 단지 한 온도만을 사용하는 단순한 식으로부터 대략 계산할 수 있다. 식 (14.44)에서 4제곱 항을 전개하면 다음 식으로 된다.

$$\frac{q_r}{A} = \sigma\varepsilon_w(T_w^4 - T^4) = \sigma\varepsilon_w(T_w^2 + T^2)(T_w + T)(T_w - T) \tag{14.47}$$

만일 $T_w - T$가 작을 경우, 한 항만을 제외하고 모든 항에서 T을 T_w로 대치할 수 있어서 다음과 같이 된다.

$$\frac{q_r}{A} \approx \sigma\varepsilon_w(2T_w^2)(2T_w)(T_w - T) = \sigma\varepsilon_w(4T_w^3)(T_w - T) \tag{14.48}$$

h_r의 정의식 (14.46)으로부터 다음과 같이 표기할 수 있다.

$$h_r \approx 4\sigma\varepsilon_w T_w^3 \tag{14.49}$$

만일 온도차 $T_w - T$가 몇 도(a few degrees)보다는 크고 절대온도 T_w의 20% 이하이면, T_w와 T의 산술평균치를 사용하는 것이 식 (14.49)의 정확도를 증진시킨다.

식 (14.44)와 (14.49)는 아주 큰 표면으로 완전히 둘러싸여져 있는 작은 표면에 적용되므로, 단지 작은 표면의 방사율은 열흘럭스(heat flux)에만 영향을 미친다. 거의 동일한 표면적의 경우, ε_w항은 식 (14.39)에 나타난 바와 같이 $1/[(1/\varepsilon_1) + (1/\varepsilon_2) - 1]$항으로 대체되어야 한다.

막비등(film boiling)에서의 복사

매우 뜨거운 표면에서 막비등(膜沸騰) 시 열전달의 대부분이 그 표면으로부터 액체까지 복사에 의해 일어난다. 식 (14.44)은 이런 경우에 적용된다. 왜냐하면 먼저 설명한 바와 같이 주위 액체가 1.0의 흡수율을 갖고 있기 때문이다. 복사가 활성(活性)일 때, 가열요소를 덮고 있는 증기막(vapor film)은 복사가 없는 상태로 있는 것보다 더 두껍고, 대류 열전달계수는 다른 상태로 존재할 때보다 더 낮다. 잠긴 수평관 표면에서 막비등의 경우 식 (13.22)는 복사현상 없이 대류 열전달계수 h_0을 구하는데 쓰인다. 복사가 있을 때 이 대류 열전달계수는 h_c로 변경되어야 한다. 이 h_c는 다음 식에 따라 시행오차법으로 구해야 한다[1b].

$$h_c = h_o\left(\frac{h_o}{h_c + h_r}\right)^{1/3} \tag{14.50}$$

여기서, h_o는 식 (13.22)로부터, h_r은 식 (14.46)이나 (14.49)로부터 구한다. 그 다음 h_c 와 h_r을 식 (14.45)에 대입하면, 비등액체로의 총 열전달속도를 주는 식이 된다.

14.6 기호 설명

A	면적, m^2, ft^2; A_1, 표면 1의 면적; A_2, 표면 2의 면적
C	식 (14.8)의 상수, 2,890 μm · K, 5,200 μm · °R; C_1, 식 (14.7)의 상수, 3.742×10^{-16} W · m^2; C_2, 식 (14.7)의 상수, 1.439 cm · K
c	광속, 2.998×10^8 m/s 또는 9.836×10^8 ft/s
D	지름, 입방체의 변, 또는 평면간 거리, m, ft
F	시계인자 또는 시각인자, 무차원; F_{11}, F_{12}, F_{13}, 표면 1로부터 표면 1, 2, 3으로의 복사에 대한 각각의 시계인자; F_{21}, 표면 2로부터 표면 1까지 시계인자
$\overline{F}$	내화물 표면을 포함하는 계에서의 호환인자, 무차원; $\overline{F}_{12}$, 표면 1로부터 표면 2까지 호환인자; $\overline{F}_{21}$, 표면 2로부터 표면 1까지 호환인자
$\mathcal{F}$	총괄 호환인자, 무차원; $\mathcal{F}_{12}$, 표면 1로부터 표면 2까지의 값; $\mathcal{F}_{21}$, 표면 2로부터 표면 1까지 값
h	Planck상수, 6.626×10^{-34} J · s
h	개별 열전달계수, W/m^2 · °C, Btu/ft^2 · h · °F; h_c, 복사가 있을 때의 대류에 대한 값; h_r, 복사의 경우; h_o, 복사가 없을 때의 비등액체에 대한 값
I	복사세기, W/m^2 · °C, Btu/ft^2 · h · °F; I_0, 복사표면에 수직한 지점에서의 값; I_1, 표면 1로부터 나온 복사에 대한 표면 2에서의 복사세기
I_λ	흡수성 재질의 단색광 세기, W/m^2 · °C, Btu/ft^2 · h · °F; $I_{0,\lambda}$ 재질의 표면에서 단색광 세기
k	Boltzmann 상수, 1.380×10^{-23} J/K
k_1	식 (14.13)의 상수
L	물질의 두께, 반구의 반지름, m, ft
L_λ	흡수길이, m, ft
q	열흐름 속도, Btu/h, W: q_T, 총 열흐름 속도; q_c, 전도-대류에 의한 값; q_r, 복사에 의한 값; q_{12}, 표면 1과 2 사이의 실 교환 값.
r	반구의 반지름 또는 복사표면의 요소면 들을 연결하는 직선을 길이, m, ft
T	온도, °R, K; T_G, 복사기체의 온도; T_w, 벽이나 표면의 온도; T_1, 표면 1의 온도; T_2, 표면 2의 온도
W	총 복사력, W/m^2 · °C, Btu/ft^2 · h; W_b, 흑체의 복사력; W_1, 표면 1의 복사력; W_2, 표면 2의 복사력
W_λ	단색광 복사력, W/m^2 · μm, Btu/ft^2 · h · μm; $W_{b,\lambda}$, 흑체의 단색광 복사력
x	흡수성 재질의 표면으로부터의 거리, m, ft
y	변수, $y = (1 - \varepsilon_1)(1 - \varepsilon_2)$

그리스문자

α 흡수율, 무차원; α_G, 기체의 흡수율, α_1, 표면 1의 흡수율, α_2, 표면 2의 흡수율, α_λ, 파장 λ에 대한 흡수율

ε 방사율(방사능), 무차원; ε_G, 기체의 방사율; ε_w, 벽의 방사율; ε_1, 표면 1의 방사율; ε_2, 표면 2의 방사율

ε_λ 단색광 방사율, 무차원

λ 파장, μm; λ_{max}, $W_{b,\lambda}$가 최대인 파장

μ_λ 흡수계수, ft^{-1}, m^{-1}

ρ 반사율, 무차원

σ Stefan-Boltzmann 상수, 5.672×10^{-8} W/m^2·K^4, 0.1713×10^{-8} Btu/ft^2·h·°R^4

τ 투과율. 무차원

ϕ 표면에 대한 수직한 각, ϕ_1, 표면 1에 수직한 각; ϕ_2, 표면 2에 수직한 각

연습 문제

14.1 두 표면 A와 B 사이에서 복사에 의한 실 열전달(實 熱傳達)을 면적 B의 ft^{2}당 Btu/h 단위로 결정하라. 이 때 A와 B의 온도는 각각 500°F와 200°C이고, 방사율은 0.9와 0.25이다. 두 표면은 모두 회색체이다. (a) 표면 A와 B는 3 m 떨어진 무한 평행 평면이다. (b) 표면 A는 지름이 3 m인 구형 각(spherical shell)이고, 표면 B는 지름이 0.3 m인 동심 구형 각이다. (c) 2 m × 2 m 평행평판 A와 B가 2 m 거리에 완전 평면으로 포개져 있다. (d) 표면 A와 B는 각각 지름이 300 mm와 275 mm인 동심 원통형 관이다. (e) 표면 A는 무한 평판이고, 표면 B는 200 mm 중심에 놓인 100 mm OD관의 무한개 다발(row)로 되어 있다. 여기서 $F=0.66$. (f) (e)와 동일하고 관의 중심선 200 mm 중심에 놓인 방사능이 0.9인 또 다른 무한 평면이 있다. 그런데 이것에 입사된 에너지는 전혀 투과되지 않는다. 여기서 $F=0.88$. (g) (f)와 동일하고 표면 B가 등변 200 mm 중심(equilateral 200-mm center)에 놓인 100 mm OD관의 이중으로 된 열(double row)이다. 여기서 $F=0.98$.

14.2 한 건물의 흑색 평판지붕은 햇빛 복사에 대해 방사능 0.9, 흡수율 0.8값을 가진다. 햇빛은 한낮에 300 Btu/ft^2·h의 세기로 내려 쪼인다 (a) 공기와 주위온도가 68°F이고, 바람의 속도는 무시하며, 다른 열이 그 지붕으로 침투되지 않는다면, 그 지붕의 평형온도는 얼마인가? 전도-대류 열전달속도식으로 $q/A=0.38(\Delta T)^{1.25}$을 사용하라. 여기서 ΔT는 지붕과 공기간의 온도차이고 °F 단위이다. (b) 지붕으로부터 복사에 의해 손실되는 열의 분율은 얼마인가?

14.3 문제 14.2의 지붕은 알루미늄 페인트로 칠해졌는데, 이것의 방사율은 0.9이고 태양 복사에 대한 흡수율은 0.5이다. 페인트가 칠해진 지붕의 평형온도는 얼마인가?

14.4 3 in. Schedule 40 철관으로 6 atm gauge의 수증기가 지나간다. 그 관은 절연되어 있지 않고 길이는 70 m이다. 주위 공기는 25°C이다. 관벽의 방사율은 0.70이다. 한 시간 당 몇 kg의 수증기가 응축되는가? 손실열량의 몇 %가 전도-대류에 의해 일어나는가?

14.5 복사가열장치(輻射加熱裝置)가 길이 18 ft, 폭 18 ft, 높이 8 ft인 방의 석회 천장에 설치되어져 있다. 콘크리트 바닥의 온도는 65°F를 유지한다. 재복사 재질로 피복된 벽을 통해서 열손실은 없다고 간주한다. 그 방을 통과하는 공기온도는 65°F를 유지한다. 방바닥에 공급해야 할 소요열량이 3,500 Btu/h일 때 천장표면에 필요한 온도를

계산하라. 공기로 전달해야 할 열량은 Btu/h로 얼마인가? 석고벽의 방사율 = 0.93, 콘크리트의 흡수율 = 0.63, 천장과 공기간 대류 열전달계수 $h_c = 0.20(\Delta T)^{1/4}$[Btu/ft^2·h·°F]로 주어진다.

14.6 청명한 밤에 하늘 공간의 유효 흑체 온도(effective blackbody temperature)가 −70°C일 때 공기는 15°C이고 0°C 얼음(또는 액체물)의 분압과 동일한 수증기를 함유한다. 초기에 15°C인 아주 얇은 물 경막(film)이 아주 얇고 잘 절연된 팬(pan)에 놓인다. 이 팬은 바람을 막아 주고 하늘을 완전히 볼 수 있는 위치에 있다. $h_c = 2.6$ W/m^2·°C일 때 얼음이 평형 될 것인가를 적당한 계산결과를 가지고 설명하라.

14.7 공기가 약 300°C, 1.5 atm에서 열교환기를 떠나고, 온도는 공기흐름에 직각 방향에 고정시킨 $\frac{1}{2}$ in 지름의 온도계 삽입구(thermowell) 안에 놓인 열전대(熱電帶)에 의해 측정된다. 기체속도가 25 ft/s이고 관벽 온도가 270°C일 때, 온도측정 시 복사로 인한 오차는 얼마인가(온도계 삽입구 축을 따라 전도되는 것은 무시한다)?

14.8 어떤 절연되지 않은 집에서 석고 벽과 나무판자 벽 사이에 90 mm 공기 간극(air gap)이 있다. 내부 벽은 18°C, 외부 벽은 −9°C일 때 복사에 의한 열손실과 자연대류에 의한 열손실은 W/m^2 단위로 얼마인가? 내부 벽에 알루미늄박(aluminum foil)을 씌움으로써 얼마까지 열손실을 감소시킬 수 있는가? 알루미늄박을 벽 사이의 중간에 넣으면 더 좋아지겠는가(각 벽에 대해서 수직표면에서의 자연대류 관계식은 3.9 W/m^2·°C의 경막계수 값을 준다)?

14.9 1 atm에서 끓는 물에서, 표면온도가 410°F인 스텐레스 강철의 표면열전달계수는 복사열 빼고 32 Btu/h·ft^2·°F이다. 이 강철의 방사율이 0.8이라 할 때, 복사열이 비등 속도를 현격히 증가시키겠는가(즉 5% 이상으로)? 증기막은 복사에 투명하고 비등액은 불투명하다고 가정한다.

14.10 길이 20 m, 폭 15 m의 온실이 바닥으로부터 약 3 m 높이의 거의 평평한 지붕으로 되어 있다. 해가 바로 위에 있을 때 태양열 훌럭스는 1,000 W/m^{2}이다. 유리지붕의 방사율이 0.9이고 대류 손실량이 복사 손실량의 0.8배이라면, 온실의 온도는 얼마인가?

14.11 문제 14.10에서 햇빛이 수직에서 45°로 쪼인다면, 온실의 온도는 얼마인가?

14.12 2개의 큰 평판의 온도가 $T_1 = 500$ K, $T_2 = 300$ K이다. 이의 방사율은 $\varepsilon_1 = 0.85$, $\varepsilon_2 = 0.90$이다. 평판 간 복사 훌럭스는 얼마인가?

14.13 연마된 알루미늄 판이 문제 14.12의 평판 사이에 복사 차폐물로서 놓인다. 알루미늄의 방사율은 0.1이다. 그 차폐물이 평판 2로 흐르는 훌럭스를 얼마나 낮출가?

14.14 관형반응기 외부층의 촉매입자들이 대류와 마찬가지로 복사에 의하여 벽과 열을 교환한다. (a) $\frac{1}{4}$-in 구형 촉매입자의 온도가 390℃ 그리고 벽의 온도가 380℃인 경우, 복사열전달에 대한 유효계수는 얼마인가? (b) 다음 식 (15.36)의 관계로부터 대류계수를 추산하라.

$$\frac{h_w D_p}{k_g} = 1.94\,\mathrm{Re}_p^{0.5}\,\mathrm{Pr}^{0.33} \tag{15.36}$$

단, 기체는 공기의 특성과 같고 $\mathrm{Re}_p = 500$이라고 가정한다.

참고 문헌

1. Gebhart, B. *Heat Transfer*, 2nd ed., New York: McGraw-Hill, 1971 ; (a) pp. 150ff., (b) p. 421.
2. Grober, H., S. Erk, and U. Grigull, *Fundamentals of Heat Transfer*, 3rd ed., New York: McGraw-Hill, 1961, p. 442
3. Hottel, H. C. *Mech. Eng*., **52**:699 (1930).
4. Hottel, H. C. *Notes on Radiant Heat Transmission*, rev. ed., Cambridge, MA: Department of Chemical Engineering, Massachusetts Institute of Technology, 1951.
5. Hottel, H. C., in W. H. McAdams, *Heat Transmission*, 3rd. ed., New York: McGraw-Hill, 1954 ; (a) p. 62, (b) pp. 77ff, (c) p. 86.
6. Hottell, H. C., and A. F. Sarofim, *Radiative Transfer*, McGraw_Hill, New York, 1967.
7. McAdams, W. H., *Heat Transmission*, 3rd ed., New York: McGraw-Hill, 1954, pp. 472ff.
8. Mills, A. F. *Heat Transfer*, Homewood, IL: Irwin, 1992, p.487
9. Perry, R. H., and D. W. Green(eds.), *Perry's Chemical Engineers' Handbook*, 7th ed., New York: McGraw-Hill, 1997, p. **5**-28.
10. Spiegel, R., and J. R. Howell, *Thermal Radiation Heat Transfer*, 3rd ed., New York: McGraw-Hill, 1992.

15 열교환 장치

Heat-exchange Equipment

산업공정에서 열에너지는, 전기저항(電氣抵抗) 가열기 내의 전도; 열교환기, 보일러, 및 응축기 내 전도-대류; 노-복사건조기 내 복사; 그리고 유전체 가열(dieletric heating)과 같이 특별한 방법 등을 포함하는 다양한 방법으로 전달된다. 그 장치들이 때로는 정상상태 하에서 조업되나, 재생로(regenerative furnace)와 교반장치와 같은 많은 공정에서는 주기적으로 조업되기도 한다.

본 장에서는 공정기술자(process engineer)에게 가장 관심 있는 관형 및 평판형 열교환기; 확장 표면장치; 응축기와 증발기; 기계적 조작에 의한 열전달 장치; 그리고 충전탑 반응기 또는 재생기 등의 장치를 취급한다. 증발기는 16장에서 설명된다. 열교환장치의 모든 형태에 대한 자료는 공학 교재나 핸드북에 주어져 있다 [22,23,26,38].

열교환장치의 일반 설계

실용 열교환장치의 설계와 시험은 11~14장에 주어진 일반원리를 기초로 한다. 물질수지(物質收支)와 에너지 수지로부터 필요한 열전달속도를 계산한다. 그 다음 총괄 열전달계수, 평균온도차를 이용하여 소요 전열면적을 결정한다. 그리고 주기적 조업장치에서는 그 주기(cycle time)이다. 간단한 장치에서는 이들 양은 쉽게 계산될 수 있으며, 상당히 정확하나 복잡한 처리장치에서 그 값을 구하는 것은 어렵고 아주 불확실하게 된다. 최종 설계는 거의 언제나 기술적 판단을 기초로 절충해서 운전요구조건을 고려하여 최상의 총괄 성능을 얻을 수 있도록 하는 것이다.

때때로 설계는 장치가 차지할 유효공간 또는 유체흐름이 허용되는 압력강하 등과 같이 열전달에 거의 무관한 다른 여건에 지배되기도 한다. 일반적으로, 관형 교환기는 관형 교환기 제작자협회규격(Standards of Tubular Exchanger Manufacturers Association: TEMA)[36]과 ASTM-API United Pressure Vessel Code [1]과 같은 여러 규격이나 코드에 따라 설계된다.

열교환기 설계에 있어서 그 구성재질, 관경, 관길이, 분활판간격, 유통통로 수 등을 지정하려면, 많은 결정사항 — 어느 것은 임의의 값 — 이 필요하게 된다. 또한 절충하기도 한다. 예로, 작은 관 내 고 유속은 작은 소요면적과 열전달계수가 증진되기는 하지만, 마찰손실과 펌핑 비는 증가된다. 개별 열교환기 설계시는 열전달면적에 대하여 일반적인 최적화기법을 적용한다. 즉 장치 비와 고정비는 유체를 수송하는 데

드는 에너지 비에 대해 비교 평가된다[27b]. 그러나 공장 전체를 취급할 때는 열교환기가 열교환장치 네트워크(network)의 한 부분으로 취급된다. 그래서 이는 개별장치가 아니고 최소투자비와 최소 조업비를 주도록 최적화시키는 네트워크이다[7].

15.1 다관-원통형 열교환기

관형 열교환기(管形熱交換機)는 매우 중요하고 공정산업에서 널리 사용되므로, 이것의 설계는 고도로 발전되었다. TEMA에 의해 고안되고 승인된 규격은 교환기의 상세한 재질, 축조법, 설계기법 및 제원 등에 이용될 수 있다[36]. 다음절에서 아주 중요한 교환기들에 관해 설명하고, 그것에 관한 기술적 문제, 설계 및 조업 등을 다룬다.

단일-통과 1-1교환기

그림 11.3에 보인 단순 이중-관 교환기(double-pipe exchanger)는 몇(a few) 개의 관으로 쉽게 처리할 수 없는 유량에는 부적합하다. 수(several) 개의 이중-관을 병행으로 사용한다면, 외관(外管)에 필요한 재질의 무게가 너무 커지기 때문에 그림 15.1에 보인 바와 같이 하나의 동체(胴體, shell)가 여러 관(tube)에 기여할 수 있는 다관-원통형 구조(shell-and-tube construction)가 더 경제적이다. 이 교환기는 한번의 동체-측(shell-side) 통과류와 한번의 관-측(tube-side) 통과류가 있기 때문에 1-1 교환기라 한다.

교환기에서 동체-측과 관-측 열전달계수는 비교적 중요하고, 이들 값이 만족할 만한 총괄계수가 되려면 아주 커야만 한다. 동체-측 액체의 속도와 난류성은 관-측 유체와 마찬가지로 매우 중요하다. 동체-측 유체의 교차흐름(crossflow)과 평균속도를 증진시키기 위하여 분활판(baffle)을 동체 내에 설치한다. 그림 15.1에 보인 구조에서 분활판 A는 한쪽 끝이 잘린 금속원판으로 되어 있다. 보통 환꼴(segment) 높이는 동체 안지름의 1/4이 되도록 절단한다. 이런 분활판을 25% 분활판(25% baffle)이라 한다. 절단 모서리는 승-하강 류(오르내림 흐름)에 수평으로 또는 90°회전시킬 수 있어서 측면-흐름이 가능하게 된다. 분활판은 관이 들어가도록 구멍이 뚫려있다. 누출을 최소화하기 위해 분활판과 동체, 관 사이의 틈새는 작아야 한다. 분활판은 하나 또는 여러 개의 지지봉(支持棒) C에 의해 받쳐진다. 이 지지봉은 고정 나사에 의해 관판(tube sheet) D와 D' 사이에 조여진다. 분활판을 적소에 고정시키기 위하여 관의 짧은 부분 E가 분활판 사이에서 지지봉 C상을 미끄러지게 된다. 이러한 교환기를 조립하는 데는 먼저 관판, 지지봉, 스페이서(spacer), 분활판을 만들고, 그 다음 관들을 설치하게 된다.

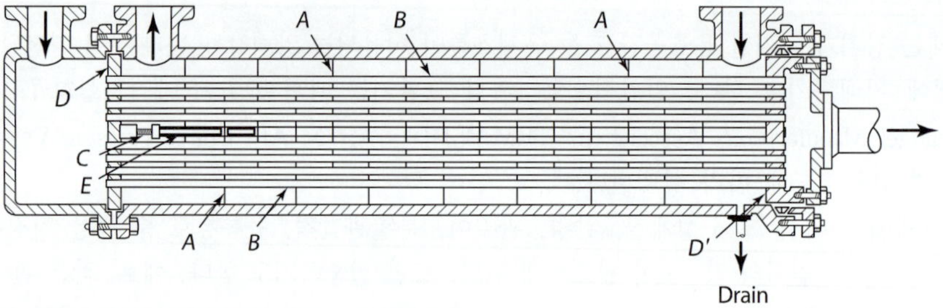

그림 15.1 단통과 1-1 향류 열교환기(single-pass 1-1 countercurrent heat exchanger) ; A: baffles, B: tubes, C: guide rods, D, D': tube sheets, E: spacer tubbes

그림 15.1의 오른쪽에 표시한 스터핑 박스(stuffing box)가 팽창에 대비해 필요하다. 이러한 구조는 단지 소형 동체의 경우에만 실용적이다.

튜브와 관판. 8장에서 다룬 바와 같이, 튜브는 BWG로 표시되는 정확한 벽두께와 진 외경(true OD)이 되도록 압출되고, 이것은 보통 금속으로 가능하다. 표준 튜브의 치수 표는 부록 4에 주어져 있다. 열교환기 축조(築造) 용 튜브의 표준 길이는 8, 12, 16 및 20 ft이다. 관들은 삼각 또는 정사각 피치(pitch)로 배열되는데, 이를 **삼각피치**(triangular pitch) 또는 **정사각 피치**(square pitch)라 한다. 피치는 인접 관의 중심간 거리이다. 동체 쪽이 몹시 오염되지 않는다면 삼각피치를 사용하는데, 이는 주어진 동체 크기에서 정사각형 피치보다는 더 많은 열전달 면적이 채워질 수 있기 때문이다. 삼각 피치에서 관간 거리가 너무 작으면 줄(row)과 줄 사이에서 솔(brush)을 움직여서 청소할 수 없다. 정사각형 피치는 관 밖을 청소할 수 있으며, 이는 삼각 피치보다는 낮은 동체-측 압력강하를 준다.

TEMA표준에서 삼각 피치의 경우에 최소의 중심과 중심 사이의 거리는 관의 외경에 1.25배로, 그리고 정사각 피치의 경우에 최소 청소통로(minimum cleaning lane)는 1/4 in로 규정되어 있다.

동체와 분활판. 동체 지름은 표준화되어 있다. 동체 23 in 미만까지는 ASTM관 규격에 따라 그 지름이 고정된다. 표준 내경은 8, 10, 12, $13\frac{1}{4}$, $15\frac{1}{4}$, $17\frac{1}{4}$, $19\frac{1}{4}$, $21\frac{1}{4}$, $23\frac{1}{4}$ in이고 그 다음 25, 27 in처럼 2 in 씩 증가된다[15d]. 이들 동체는 압연판(rolled plate)으로 제작된다.

분활판(중심과 중심 사이)의 거리를 **분활판 피치**(baffle pitch) 또는 **간격**(baffle spacing)이라 한다. 이것은 동체 지름의 1/5보다 작지 않거나 동체의 내경보다 더 크지 않아야 한다.

관은 보통 관판(管板) 구멍 둘레에 홈(groove)을 파서 회전 테이퍼 맨드릴(rotating tapered mandrel)로 관 끝을 회전시킴으로써 관판에 부착된다. 이 맨드릴에서 탄성한계(elastic limit)가 초과되도록 관 끝이 늘리게 되면, 관 금속이 그 홈 안으로 끼이게 된다. 고압 교환기에서는 관이 말아 붙여진 후에 관판에 용접된다.

대체설계

환꼴 분활판(segmented plate baffle)이 부착된 다관-원통형 열교환기에서는 관을 가로질러 흐르는 고속 유체에 의해 유발되는 진동문제가 있을 수 있다. Phillips석유회사에서 개발한 *ROD*-분활판(ROD-baffle) 교환기는 판상 분활판 대신 금속봉이 관들을 지지하면서 동체 내 유체흐름이 관-축과 병행되도록 한다. 금속봉은 보통 1/4 in이고 각 관은 그림 15.2에서 보는 바와 같이 열교환기 길이에 따라 여러 지점에서 네(4)측면 모두 지지된다.

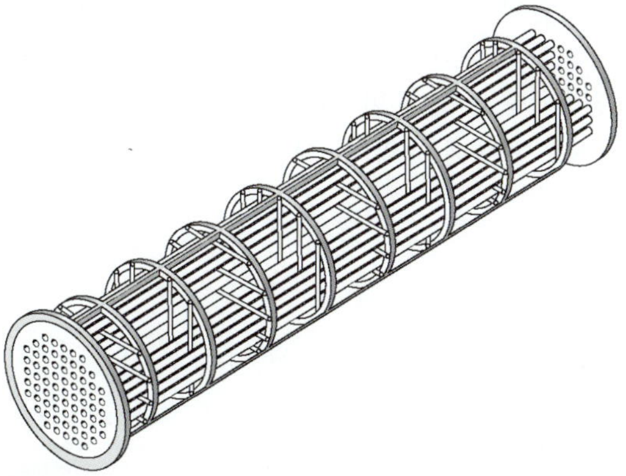

그림 15.2 ROD 분활판 교환기(자료 : Phillips Petroleum Co.)

외부 막계수 관계식은 **Re**와 **Nu**에 수력학 직경을 이용하고 그리고 분활판 공간이나 관다발 주위 누출 등의 영향을 고려하여 개발되었다. 금속봉을 지나가는 흐름은 와류(vortex)가 형성되어 이 난류에 대한 계수는 Dittus-Boelter식[식 (12.32)]에 쓰인 것과 같은 **Re**값에서 얻은 것에 비하여 약 1.5배 된다. 이 계수 값이 조밀 분활판 공간을 갖는 열교환기에 대한 것보다는 크지 않지만, 낮은 압력강하와 진동파손 절감으로 인하여 이 ROD-분활판 교환기의 응용처가 많게 된다[11].

무-분활판 형태의 또 다른 설계는 타원 단면에 나선형으로 꼬인 관을 쓰는 것이다. 여기서 각 관은 이웃 관끼리 길이에 따라 여러 접촉점을 가짐으로 지지된다. 그 마지막 부분은 원형이 되어 표준 관판에 부착될 수 있게 한다. 이 꼬인 관은 큰 난류를 유발케 하여 증진된 내부 및 외부 열교환계수 값을 주고 또 소요표면의 절감이 면적 당 고 비용을 더 상쇄시켜 준다. 이 설계는 관 진동을 제거하고 또한 오염률을 감소시킬 수 있다[12].

꼬인 관 - 및 ROD-분활판 교환기에서, 외통-측 흐름분포가 직경이 클 경우 문제이다. 단일 공급관의 경우, 입구 근처 관들은 평균유속보다 크게 유지되지만, 입구 반대 아래쪽 먼 지점에는 낮은 유속을 유지하게 된다. 교환기의 양끝 외통을 확장시켜 환상공간(annular zone)을 만들어 유체가 저속으로 쉽게 유입·배출할 수 있게 하여 흐름분포를 증진시킬 수 있다.

다중-통과 열교환기

1-1교환기는 그 한계점이 있다. 왜냐하면 관 쪽 흐름이 모든 관으로 나누어지면, 그 유속이 아주 낮아지게 되고 전열계수도 낮아지게 된다. 관 수를 줄이고 그 길이를 증가시키면 그 유속은 충분히 높일 수 있으나, 소요 관 길이는 비현실적일 수 있다. 2, 4, 또는 그 이상 통과(pass)를 갖는 다중-통과류 구조는 표준길이 관을 쓸 수 있고, 고 유속, 높은 관-측계수를 확보할 수 있다. 단점은 (1) 교환기가 약간 더 복잡하게 되고, (2) 교환기 어느 부분에서는 온도접근단(temp-approach)을 제한하는 병류가 있다. (3) 마찰손실(摩擦損失)이 증가되는 것 등이다. 예로, 4통과-교환기(4-pass exchanger)의 관 내 평균속도는 동일 개수와 크기를 가지는 관으로 같은 액체흐름 속도에서 조작되는 단일 통과 교환기 내 평균속도의 4배이다. 4통과-교환기의 관-측계수는 단일통과 교환기의 것보다 약 3.03배($4^{0.8} = 3.03$)이거나, 또는 단일통과-교환기에서 속도가 충분히 낮아서 층류(層流)라면 3.03배보다 좀더 크다. 단위길이 당 압력강하는 $4^{1.8}$배보다 더 크고, 그 길이는 4배로 증가된다. 결과적으로, 총 마찰손실은 팽창과 수축에 의한 부가적인 손실을 포함하지 않고도 단일-통과 교환기에서의 손실보다 $4^{2.8} = 48.5$배가 된다. 가장 경제적인 설계는 관에서 펌핑(pumping)에 소요되는 동력비(動力費) 증가분이 장치비(裝置費) 감소분으로 상쇄되는 그런 속도를 요구한다.

다중-통과 교환기에서는 짝수 개의 관-측 통과를 사용하게 된다. 동체-측은 단일-통과나 다중-통과일 수도 있다. 보통 구조는 동체-측 액체가 단일-통과이고 관측 액체가 2-통과인 1-2 평행-향류 교환기이다. 이와 같은 교환기는 그림 15.3에 표시되어 있다. 다중-통과 교환기에서는 부동헤드(floating head)가 자주 사용되는데, 이는 그림 11.1에 나타낸 응축기의 동체 내 벌지(bulge)와 그림 15.1에 나타낸 스터핑 박스가 불필요하기 때문이다. 관-측 액체는 같은 헤드를 통해 유입되거나 유출되지만, 분할판에 의해 나누어져서 유입관-측 흐름과 유출관-측 흐름이 격리된다.

2-4 교환기

1-2 교환기는 중요한 제한조건을 가지고 있다. 병류 통과 때문에, 이 교환기는 한 유체의 출구온도가 다른 유체의 입구온도에 근접되게 할 수 없다. 같은 제한조건을 다른 방법으로 설명하면, 1-2교환기의 열회수(熱回收)가 그 기본 구조상 빈약한 것이다.

더 좋은 열회수는 2-동체 통과(2-shell pass)가 되도록 원통 길이에 따라 분활판을 부착함으로써 얻을

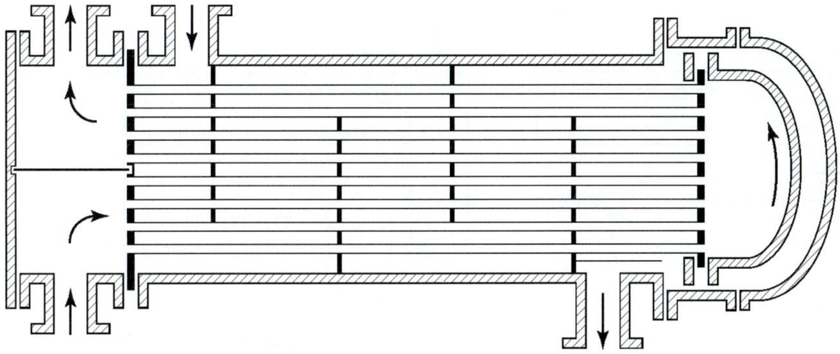

그림 15.3 1-2 병렬 향류 교환기

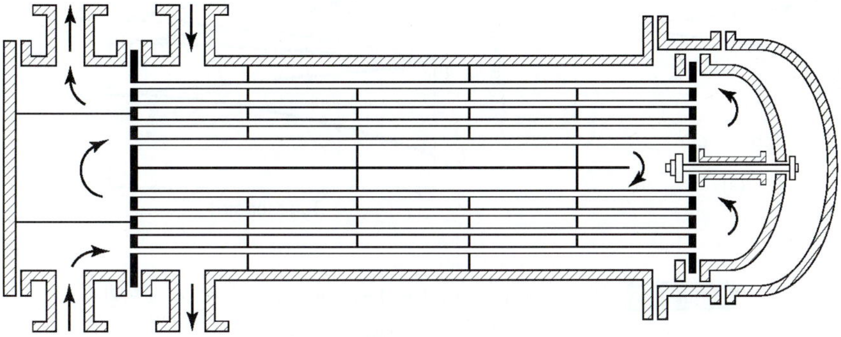

그림 15.4 2-4 교환기

수 있다. 이런 종류의 2-2 교환기는 이중-관 열교환기의 성능과 거의 같으나, 동체-측 분활판 비용 때문에 2-2 교환기는 자주 쓰이지 않는다. 아주 많이 쓰이는 보통 형이 2-4 교환기인데, 이것은 2 동체-측 통과와 4 관-측 통과를 가진 것이다. 이런 형의 교환기는 2 관-측 통과이고, 같은 유속으로 조작되는 1-2 교환기보다 역시 더 큰 속도와 더 큰 총괄 열전달계수 값을 준다. 2-4 교환기의 한 예는 그림 15.4에 표시되어 있다.

다중-통과 교환기 내 온도 양상

1-2교환기에 대한 온도-길이 곡선이 그림 15.5(a)에 표시되어 있고, 사용된 온도 기호는 다음과 같다.

뜨거운 유체의 입구온도 T_{ha}

뜨거운 유체의 출구온도 T_{hb}

찬 유체의 입구온도 T_{ca}

찬 유체의 출구온도 T_{cb}

찬 유체의 중간온도 T_{ci}

곡선 T_{ha}-T_{hb}는 뜨거운 유체로 간주한 동체-측 유체에 적용된다. 곡선 T_{ca}-T_{ci}는 관-측 유체의 첫 통과흐름(通過流)에 적용되고, 곡선 T_{ci}-T_{cb}는 관-측 유체의 두 번째 통과흐름에 적용된다. 그림 15.5(a)에서 곡선 T_{ha}-T_{hb}와 T_{ca}-T_{ci}을 함께 고려하면 병류 교환기에 해당되고, T_{ha}-T_{hb}와 T_{ci}-T_{cb}을 함께 보면 향류(向流) 교환기에 해당된다. 2-4교환기에 대한 이들 곡선이 그림 15.5(b)에 그려져 있다. 점선은 동체-측 유체에 대한 것이고, 실선은 관-측 유체에 대한 것이다. 여기서도 가장 높은 온도인 유체는 동체-측 유체로 간주되었다.

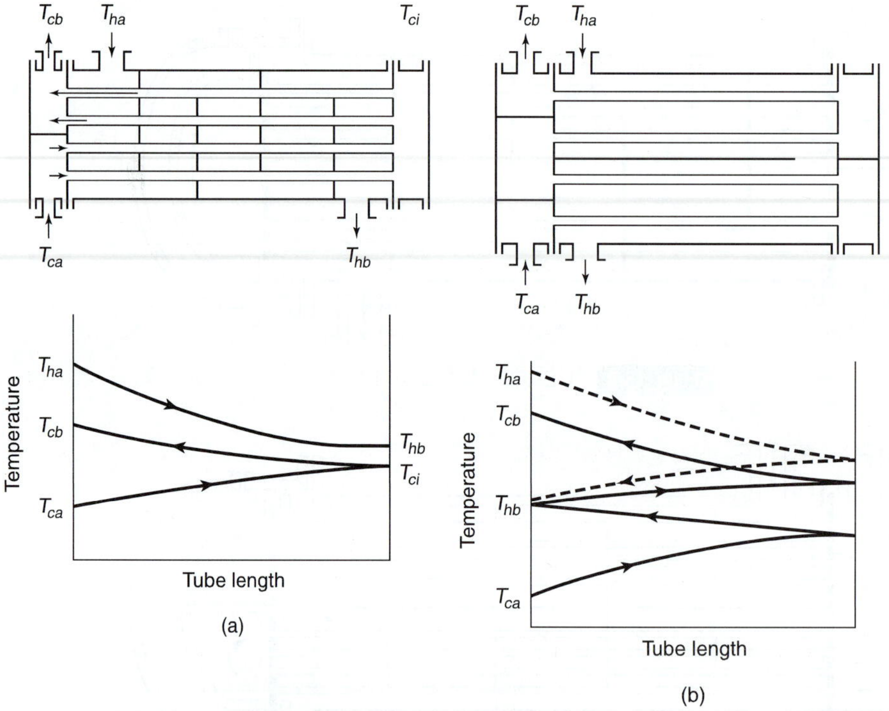

그림 15.5 온도–길이 곡선 ; (a) 1–2 교환기, (b) 2–4 교환기

동체-측 유체 중 가장 뜨거운 통과흐름이 가장 뜨거운 2개의 관-측 유체 통과류와 열적 접촉이 있고, 가장 찬 동체-측 통과흐름이 가장 찬 2개의 관-측 통과흐름과 열적 접촉된다. 전체적으로 보아 이 교환기는 1-2 교환기에서 가능했던 것보다 더 참된 향류장치에 접근되고 있다.

다중-통과 교환기 내 LMTD 보정

식 (11.15)로 주어진 LMTD는 다-통과 교환기에 총괄적으로 적용할 수 없고 개별적인 관-통과에도 LMTD식 내 기력으로서 $(T_{hb}-T_{ci})$을 사용할 수 없다. 이는 각 관-통과에 대한 ΔT가, 식 (11.15) 유도 시 가정된 것처럼, 전달된 열의 선형함수가 아니기 때문이다. LMTD가 정확한 평균 기력이 되도록 보정인자 F_G을 정의하여 사용하는 것이 관례이다. 만일 총괄 열전달계수와 비열이 일정하고 그리고 주어진 유체의 모든 요소가 열교환기를 통과할 때 동일한 열적 이력을 가진다면, F_G는 다음 식으로부터 얻을 수 있다.

$$F_G=\frac{(Z^2+1)^{1/2}\ln\left(\dfrac{1-\eta_H}{1-Z\eta_H}\right)}{(Z-1)\ln\left(\dfrac{2-\eta_H(Z+1-(Z^2+1)^{1/2})}{2-\eta_H(Z+1+(Z^2+1)^{1/2})}\right)} \tag{15.1}$$

여기서

$$Z=\frac{T_{ha}-T_{hb}}{T_{cb}-T_{ca}}$$

$$\eta_H=\frac{T_{cb}-T_{ca}}{T_{ha}-T_{ca}}$$

인자 Z는 찬 유체의 온도상승에 대한 뜨거운 유체의 온도강하 비(ratio)이다. 이는 또한 흐름의 열용량에 질량유속을 곱한 것의 비와 같다. 즉,

$$Z = \frac{\dot{m}_c c_{pc}}{\dot{m}_h c_{ph}} \tag{15.2}$$

인자 η_H는 가열유효도(加熱有效度, heating effectiveness) 또는 뜨거운 쪽 접근단(warm-end appraoch)이 0일 때(향류를 기준해서) 얻을 수 있는 최대 가능성 온도상승에 대한 찬 유체의 실제 온도상승의 비이다. F_G에 대한 η_H와 Z의 영향은 그림 15.6(a)에 표시되었다. $Z = 1.0$, $\eta_H = 0.5$에서 $F_G = 0.80$이고, F_G는 η_H가 더 증가하게 되면 급격히 감소된다. F_G가 0.8 이하일 때, 그 교환기는 2-동체 통과형으로 또는 더 큰 온도차의 것으로 재설계 되어야 한다. 그렇지 않으면 열교환면을 불충분하게 이용하게 되는 것이다.

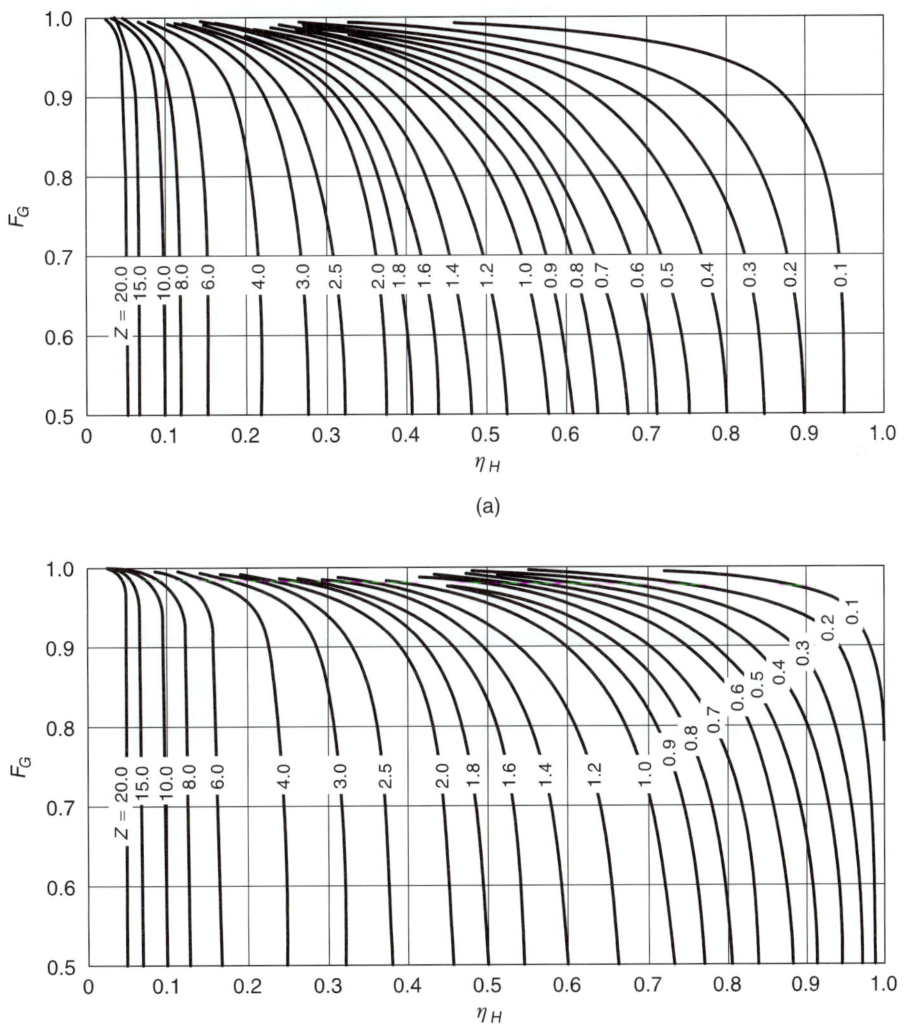

그림 15.6 LMTD 보정 : (a) 1-2 교환기, (b) 2-4 교환기(자료 : R. A. Bowman, A. C. Mueller, and W. M. Nagle, *Trans. ASME*, 61: 283, 1940. Courtesy of American Society of Mechanical Engineers)

식 (15.1)이 2 관-통과 교환기에 대하여 유도되었을지라도, 인자 F_G는 1 동체-통과에 4, 6 또는 어느 짝수의 관-통과 교환기의 것과 거의 같아서 식 (15.1)은 이들에게 적용할 수 있다. 그림 15.6(b)에 보인 2-4 교환기이면, 향류에 가깝게 조작된다. 예로, $Z=1.0$, $\eta_H=0.5$일 때 $F_G=0.95$(1-2 교환기에서 $F_G=0.80$에 비교되는)이고 $\eta_H=0.67$일 때 $F_G=0.80$이 된다.

동체-측 통과류와 관-측 통과류의 또 다른 조합이 쓰이고 이에 대한 도표는 문헌[15c]에서 얻을 수 있으나, 1-2와 2-4 형태가 가장 보편적인 배열의 것이다.

예제 15.1

그림 15.5(a)에 표시된 1-2 교환기에서 온도 값들이 $T_{ca}=70°C$, $T_{cb}=120°C$, $T_{ha}=240°C$, $T_{hb}=120°C$이다. 이 교환기의 올바른 평균 온도강하는 얼마인가?

풀이

보정인자 F_G는 식 (15.1) 또는 그림 15.6(a)로부터 알 수 있다. 이 경우

$$\eta_H=\frac{120-70}{240-70}=0.294 \qquad Z=\frac{240-120}{120-70}=2.4$$

$$(Z^2+1)^{1/2}=(2.4^2+1)^{1/2}=2.60$$

$$F_G=\frac{2.6\ln\left(\dfrac{1-0.294}{1-(2.4\times0.294)}\right)}{1.4\ln\left(\dfrac{2-0.294(3.4-2.6)}{2-0.294(3.4+2.6)}\right)}=0.807$$

그림 15.6(a)로부터의 값은 $F_G=0.82\pm0.01$이다. 온도강하는,

동체 입구에서:	$\Delta T=240-120=120°C$
동체 출구에서:	$\Delta T=120-70=50°C$

따라서,

$$\overline{\Delta T}_L=\frac{120-50}{\ln(120/50)}=80°C$$

올바른 평균은 $\overline{\Delta T}=0.81\times80=65°C$이다. ■

예제 15.2

예제 15.1의 교환기와 동일한 입구온도와 출구온도로 조작되는 2-4 교환기에서 올바른 평균온도차는 얼마인가?

풀이

2-4 교환기에 대하여 $\eta_H=0.294$, $Z=2.4$일 때 그림 15.6(b)로부터 보정인자 $F_G=0.96$이다. $\overline{\Delta T}_L$은 예제 15.1과 같은 과정으로 풀면, 올바른 평균온도차 $\overline{\Delta T}_L=0.96\times80=77°C$이다. ■

다관-원통형 교환기 내의 열전달계수

다관-원통형 교환기(shell-and-tube exchanger) 내관-측 유체에 대한 열전달계수 h_i는 식 (12.33) 또는 (12.34)로부터 계산할 수 있다. 그러나 동체-측(shell-side) 계수 h_0는 쉽게 계산될 수 없다. 왜냐하면 유체의 흐름방향이 관에 대해 부분적으로 평행이고 부분적으로는 가로지르고 있고, 유체가 관다발을 앞뒤로 가로질러 동체를 지나감으로써 흐름 단면적과 질량속도(mass velocity)가 변하기 때문이다. 또한 분활판과 동체 사이 및 분활판과 관 사이의 누출은 동체-측 유체의 통과거리를 짧게 하여 그 교환기의 능률을 감소시킨다. 동체-

측 계수를 예측하는데 대략적이기는 하나 일반적으로 보통 쓰이는 식은 Donohue식[식 (15.6)]이다[6]. 이 식은 관과 평행하게 흐르는 유체와 관을 가로질러 흐르는 유체의 가중평균 질량속도(weighted average mass velocity) G_e에 기초를 둔다. 관과 평행인 질량속도 G_b는 질량유속을 분활판 창(baffle window) S_b에서 흐름에 대한 자유면적(free area)으로 나눈 것이 된다(이 분활판 창은 분활판에 의해 점유되지 않은 동체의 단면부분을 말한다). 이 자유면적은 분활판 내에 있는 관이 차지한 면적만큼 작은 분활판 창의 총 면적이다. 즉,

$$S_b = f_b \frac{\pi D_s^2}{4} - N_b \frac{\pi D_o^2}{4} \tag{15.3}$$

f_b = 분활판 창에 의해 점유된 동체 단면의 분율(25% 분활판의 경우 0.1955)
D_s = 동체의 안지름
N_b = 분활판 창 내의 관(튜브)의 개수
D_o = 관의 바깥지름

교차흐름(즉, 십자류)에 있어서 질량속도는 유체가 관들의 열(row)을 통과할 때마다 국부 최대 질량속도로 통과하게 된다. 원하는 바를 상관시키기 위하여 교차흐름에 대한 질량속도 G_c는 교환기의 중심선에 있어 열 또는 중심선 가장 가까운 열에 있는 관들 간의 횡단흐름에 대한 면적 S_c를 기준한다. 큰 교환기에 있어서 S_c는 다음 식으로 추정할 수 있다.

$$S_c = PD_s\left(1 - \frac{D_o}{p}\right) \tag{15.4}$$

p = 관들 간의 중심에서 중심까지의 거리
P = 분활판 피치

따라서, 질량속도는 다음과 같다.

$$G_b = \frac{\dot{m}}{S_b} \qquad \text{및} \qquad G_c = \frac{\dot{m}}{S_c} \tag{15.5}$$

Donohue식은,

$$\frac{h_o D_o}{k} = 0.2\left(\frac{D_o G_e}{\mu}\right)^{0.6}\left(\frac{c_p \mu}{k}\right)^{0.33}\left(\frac{\mu}{\mu_w}\right)^{0.14} \tag{15.6}$$

여기서, $G_e = \sqrt{G_b G_c}$이다. 이 식은 약간 낮은 h_0값을, 특히 낮은 Reynolds수에서, 주려는 경향이 있다. 동체-측 계수의 추산에 더 정밀한 방법은 전문서적[26b]에서 얻을 수 있다. j 인자 형태로 식 (15.6)은 다음과 같이 된다.

$$\frac{h_o}{c_p G_e}\left(\frac{c_p \mu}{k}\right)^{2/3}\left(\frac{\mu_w}{\mu}\right)^{0.14} = j_H = 0.2\left(\frac{D_o G_e}{\mu}\right)^{-0.4} \tag{15.7}$$

개별계수 값들을 알면 소요 총 면적은 식 (11.14)와 유사한 식을 사용하여 총괄 계수로부터 보통 방법에 의해 알 수 있다. 앞 절에서 논의된 바와 같이, LMTD는 참 향류로부터 벗어남을 보정되어야 한다.

예제 15.3

35 in(889 mm) ID인 관형 교환기는 3/4 in(19 mm) OD, 길이 12 ft(3.66 mm), 1 in(25 mm) 정사각형 피치 배열의 828개의 튜브를 포함한다. 표준 25% 분활판은 12 in(305 mm)간격으로 떨어져 있다. 평균 본체온도가 60°F(15.6°C)인 액체 벤젠이 100,000 lb/h(45,360 kg/h) 속도로 교환기 동체-측에서 가열되고 있다. 튜브의 외부 표면온도가 140°F(60°C)일 때, 벤젠의 개별 열전달계수를 추산하라.

풀이

동체-측 계수는 Donohue식 (15.6)으로부터 알 수 있다. 흐름 단면적은 먼저 식 (15.3)과 (15.4)로부터 계산된다. 이에 필요한 자료는 다음과 같다.

$$D_o = \frac{0.75}{12} = 0.0625 \text{ ft} \qquad D_s = \frac{35}{12} = 2.9167 \text{ ft}$$

$$p = \frac{1}{12} = 0.0833 \text{ ft} \qquad P = 1 \text{ ft}$$

식 (15.4)로부터 교차흐름에 대한 면적은 다음과 같다.

$$S_c = 2.9167 \times 1\left(1 - \frac{0.0625}{0.0833}\right) = 0.7292 \text{ ft}^2$$

분활판 창 내에 있는 튜브의 개수는 총 튜브의 개수에 분활판 창의 면적분율 f을 곱하면 얻을 수 있다. 25%분활판에서 $f = 0.1955$, 즉,

$$N_b = 0.1955 \times 828 = 161.8, \text{ 즉 161개 튜브}$$

분활판 창 내의 흐름 면적은 식 (15.3)로부터,

$$S_b = 0.1955\frac{\pi \times 2.9167^2}{4} - 161\frac{\pi \times 0.0625^2}{4} = 0.8123 \text{ ft}^2$$

질량속도는 식 (15.5)으로부터,

$$G_c = \frac{100,000}{0.7292} = 137,137 \text{ lb/ft}^2 \cdot \text{h} \qquad G_b = \frac{100,000}{0.8123} = 123,107 \text{ lb/ft}^2 \cdot \text{h}$$

$$G_e = \sqrt{G_b G_c} = \sqrt{137,137 \times 123,107} = 129,933 \text{ lb/ft}^2 \cdot \text{h}$$

식 (15.6)에 대입할 추가 자료는 다음과 같다

$$\mu \text{ at } 60°\text{F} = 0.70 \text{ cP}, \qquad \mu \text{ at } 140°\text{F} = 0.38 \text{ cP} \quad (\text{부록 9})$$

$$c_p = 0.41 \text{ Btu/lb} \cdot °\text{F} \quad (\text{부록 15})$$

$$k = 0.092 \text{ Btu/ft} \cdot \text{h} \cdot °\text{F} \quad (\text{부록 13})$$

식 (15.6)으로부터,

$$\frac{h_o D_o}{k} = 0.2\left(\frac{0.0625 \times 129,933}{0.70 \times 2.42}\right)^{0.6}\left(\frac{0.41 \times 0.70 \times 2.42}{0.092}\right)^{0.33}\left(\frac{0.70}{0.38}\right)^{0.14}$$
$$= 68.59$$

따라서,

$$h_o = \frac{68.59 \times 0.092}{0.0625} = 101 \text{ Btu/ft}^2 \cdot \text{h} \cdot °\text{F}(573 \text{ W/m}^2 \cdot °\text{C})$$

■

관-측 유체의 선택

다관-원통형 열교환기에서 어느 유체를 관으로 투입하느냐 또는 동체-측으로 투입하느냐를 결정하는데 몇 가지 인자들이 있다[24]. 만일 유체 중 하나가 아주 부식성이라면 내부식성 금속이나 합금으로 만들어진 관 쪽으로 투입하는 것이 유리하다. 만일 이를 동체 쪽으로 투입하려면 동체와 관 모두 내부식성 고가 재질이 요구된다. 만일 부식은 무관하나 더럽고 기벽 부착성 유체라면, 그 유체는 관 쪽으로 투입되어야 한다. 왜냐하면 동체 쪽보다는 관 쪽 내부를 청소하는 것이 용이하기 때문이다. 아주 뜨거운 유체는 안전과 열-경제성(heat economy) 이유로 관 쪽으로 투입된다. 마지막으로, 총괄 열전달계수를 더 높게 하고 또 압력강하를 낮추게 하는 배열을 근거로 결정해야 한다. 아주 점성이 큰 액체가 때로 동체 쪽으로 투입되는데, 이는 관을 가로지르는 유체가 더 난류성이고 관 내에서의 점성류보다 더 좋은 열전달을 주기 때문이다.

교차흐름에 대한 계수

어떤 교환기(예로 공기가열기)에서는 외통이 직사각이거나 각 열(row)마다 관 수가 동일하다. 흐름은 관을

교차흐름으로 흐르기 때문에 분활판이 필요 없다. 그림 15.7에 교차흐름 교환기에 대한 F_G인자를 표시하였다. 이것은 그 교환기를 통과하는 흐름이 자체혼합 없다는 가정 하에 유도된 것이다[5]. Z와 η_H는 식 (15.1)과 (15.2)로 주어지고, 앞에서 언급된 바와 같이 F_G는 향류 LMTD에 곱해지는 것으로 정의되고, 그 곱이 올바른 평균 온도차가 된다. 교차흐름 교환기에 대한 동체-측 열전달계수는 다음 식을 추천한다[3].

$$\frac{h_o D_o}{k} = 0.287\left(\frac{D_o G}{\mu}\right)^{0.61}\left(\frac{c_p \mu}{k}\right)^{0.33} F_a \tag{15.8}$$

여기서 G는 관 외부의 질량속도인데 이는 관 열에서 최소 흐름면적을 기준 한 것이다. F_a는 "배열인자"(arrangement factor)로서 이는 **Re**와 관 간격 p에 의존된다. 기타 부호는 식 (15.6)에 있는 것과 같다. 전형적인 F_a값은 표 15.1에 주어져 있다.

열전달단위

열교환기 성능을 나타내는 한 방법은 열전달단위 수(number of heat-transfer unit), N_H을 결정하는 것이다. 2-유체 향류교환기(2-fluid counterflow exchanger)에서, N_H는 한 흐름의 온도 변화를 그 교환기 내 평균온도차, 즉 구동력(기력)으로 나눈 값으로 정의된다. 전달단위는 어느 흐름이든 기준 삼을 수 있으나, 일반적으로 낮은 용량(=유속×비열)의 흐름을 선정한다. 온도변화 항은 언제나 양의 값이 되도록 선정되어야 한다. 비열과 총괄 열전달계수가 일정 할 때, 그 평균 구동력은 대수 평균온도차, $\overline{\Delta T}_L$이다. 찬 흐름이 낮은 용량이어서 큰 온도변화가 있으면, N_H는 다음과 같이 정의된다.

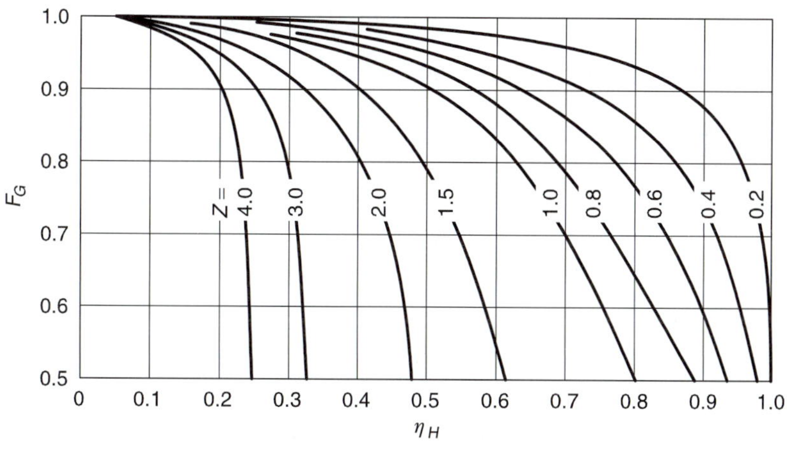

그림 15.7 교차흐름에 대한 LMTD 보정(자료 : R. A. Bowman, A. C. Mueller, and W. M. Nagle, *Trans. ASME*, 61: 283, 1940. Courtesy of American Society of Mechanical Engineers)

표 15.1 정사각피치 교차흐름에 대한 배열인자

	F_a			
p/D_o	Re = 2,000	Re = 8,000	Re = 20,000	Re = 40,000
1.25	0.85	0.92	1.03	1.02
1.5	0.94	0.90	1.06	1.04
2.0	0.95	0.85	1.05	1.02

†After Ref 3.

$$N_H = \frac{T_{cb} - T_{ca}}{\overline{\Delta T}_L} \tag{15.9}$$

$Q = \dot{m}_c c_{pc}(T_{cb} - T_{ca}) = UA\ \overline{\Delta T}_L$임으로, 다른 형의 정의는

$$N_H = \frac{UA}{\dot{m}_c c_{pc}} \tag{15.10}$$

다중-통과류 또는 교차흐름 교환기에서, 때로는 유효 평균 구동력이 대수 평균온도차보다 낮아서 식 (15.9)의 우측 항 분모에 F_G을 포함시켜야 한다.

N_H값이 클 때, 낮은 용량의 흐름온도가 다른 흐름의 입구온도에 아주 접근될 수도 있다. 이러한 단순한 예는, 관 내부 유체가 외부에서 응축되는 수증기에 의해 가열될 때처럼, 한 쪽의 온도가 일정할 때 일어난다. N_H의 함수로서 온도변화를 알려면, 열전달에 대한 기본수식을 적분하여 얻는다. 즉,

$$\dot{m}_c c_{pc} dT_c = UdA(T_h - T_c)$$

$$\int_{T_{ca}}^{T_{cb}} \frac{dT_c}{T_h - T_c} = \int_0^A \frac{UdA}{\dot{m}_c c_{pc}}$$

$$\ln \frac{T_h - T_{cb}}{T_h - T_{ca}} = -\frac{UA}{\dot{m}_c c_{pc}} = -N_H$$

$$T_h - T_{cb} = (T_h - T_{ca})e^{-N_H} \tag{15.11}$$

그래서 $N_H = 3.0$이면, 찬 흐름의 온도는 수증기 온도와 찬 유체온도 간의 초기온도차의 5% 이내에 있게 된다.

또 다른 제한되는 경우는, 뜨거운 유체와 찬 유체가 같은 용량을 가질 때, 즉 $\dot{m}_c c_{pc} = \dot{m}_h c_{ph}$일 때 일어난다. 그래서 구동력은 $T_{ha} - T_{cb}$이고 일정하게 된다.

$$N_H = \frac{T_{cb} - T_{ca}}{T_{ha} - T_{cb}} \tag{15.12}$$

식 (15.12)는 유입온도(inlet temp.)의 함수로서 찬 흐름의 온도상승을 구하는 데 쓰일 수 있다.

$$T_{cb} - T_{ca} = (T_{ha} - T_{ca})\left(\frac{N_H}{1 + N_H}\right) \tag{15.13}$$

열교환기의 유효도(effectiveness), ε는 실제 온도변화를 최대 가능 온도변화로서 나눈 것으로 정의된다. 즉,

$$\varepsilon = \frac{T_{cb} - T_{ca}}{T_{ha} - T_{ca}} = \frac{N_H}{1 + N_H} \tag{15.14}$$

만일 $N_H = 3$이고 용량 값들이 같다면, 찬 흐름은 뜨거운 흐름 유입온도의 75%에 이른다.

두 흐름의 온도변화가 서로 다를 때는 그 유효도가 낮은 흐름 온도변화를 최대 가능 변화량으로 나눈 값으로 정의되고, 그 유효도는 열전달단위 수와 용량비의 함수이다. 여기서 용량비(capacity ratio), R_c는 다음과 같이 정의된다.

$$R_c = \frac{\dot{m}c_p(\text{저용량 흐름})}{\dot{m}c_p(\text{고용량 흐름})}$$

그림 15.8에 N_H 대 ε값의 플롯이 R_c 매개변수로 표시되었다. $R_c = 0$인 선은 수증기 가열 교환기에 해당되는 경우이다. 여기서 $\varepsilon = 1 - e^{-N_H}$이다. $R_c = 1.0$인 선은 식 (15.14)을 근거로 한 것이다. 기타 R_c에 대한 곡선들은 1-1 향류교환기의 출류 온도를 시행오차계산 없이 추정하는 데 쓰인다.

예제 15.4

1 관-통과, 1 동체-통과류의 향류교환기가 110℃의 기름으로부터 열회수에 쓰인다. 열교환기와 유체 물성들은 다음과 같다. 기름온도를 추정하라.

$$\dot{m}_h = 3,000\,\text{kg/h} \quad T_{ha} = 110°\text{C} \quad c_{ph} = 2,300\ \text{J/kg}\cdot°\text{C}$$

$$\dot{m}_c = 2,400\,\text{kg/h} \quad T_{ca} = 25°\text{C} \quad c_{pc} = 4,180\ \text{J/kg}\cdot°\text{C}$$

$$UA = 1.65\times10^7\ \text{W/°C}$$

풀이

$$R_c = \frac{3,000(2,300)}{2,400(4,180)} = 0.688$$

$$N_H = \frac{UA}{\dot{m}_h c_{ph}} = \frac{1.65\times10^7}{6.9\times10^6} = 2.39$$

그림 15.8로부터, $\varepsilon \cong 0.78$

$$T_{ha} - T_{hb} = 0.78(110-25) = 66.3°\text{C}$$

$$T_{hb} = 110 - 66.3 = 43.7°\text{C}$$

검토 :

$$Q = 3,000(2,300)(66.3) = 4.57\times10^8\ \text{W}$$

$$T_{cb} = 25 + \frac{Q}{2,400\times4,180} = 70.6°\text{C}$$

$$\Delta T_1 = 43.7 - 25 = 18.7°\text{C}$$

$$\Delta T_2 = 110 - 70.6 = 39.4°\text{C}$$

$$\overline{\Delta T}_L = 27.8°\text{C}$$

$$Q = UA\cdot\overline{\Delta T}_L = 1.65\times10^7(27.8) = 4.58\times10^8\ \text{W}(\text{아주 근접된 값이다})$$

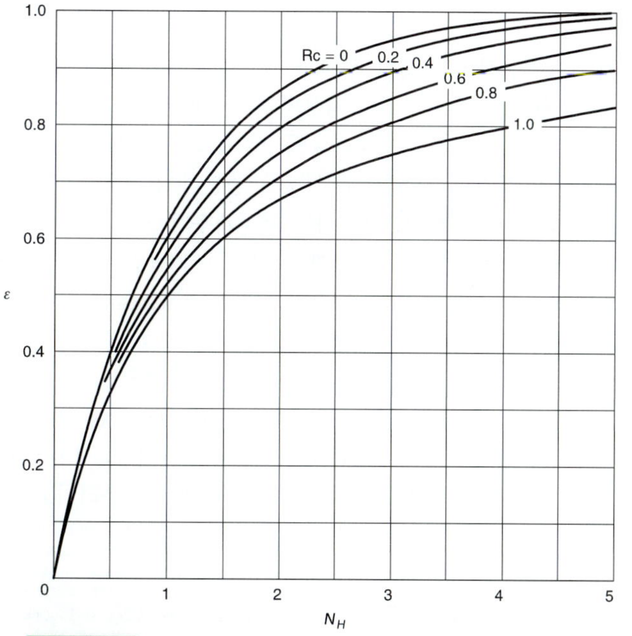

그림 15.8 전달단위 수(N_H) 대 유효인자(1-1 향류교환기)

15.2 판상 교환기

중간 온도와 압력 범위에서 원통형 교환기 대신 많이 응용되는 형이 개스킷 판상 교환기(gasketed plate exchanger)이다. 이것은 주름진 강철(slate)판 사이에 고분자 개스킷을 끼운 채 강철 후레임으로 조여진다. 개스킷 내 입구와 스롯(slot)은 판상 사이의 교차공간으로 뜨거운 유체와 찬 유체를 유도시킨다. 판상 내 주름(corrugation)은 난류를 유발케 해서 열전달을 증진시킨다. 그리고 각 판은 이웃 판들과 함께 지지된다. 이웃 판은 다른 형태이거나 다른 주름의 것이 연결될 수도 있다. 판간 공간은 주름이 깊이와 같고, 보통 2~5 mm이다. 전형적인 판 형태가 그림 15.9에 표시되었다.

액체-액체 교환기에서, 보통 유속은 0.2~1.0 m/s이고, 얇은 공간 때문에 **Re**는 때로는 2100보다 낮다. 그러나 주름으로 인해 판상 설계에 따라 **Re** = 100~400에서도 난류특성을 나타낸다. 난류일 것이라는 증거는 열전달계수가 유속의 0.6~0.8승에 따라 변하고 압력손실이 유속의 1.7~2.0승에 의존되는 것으로부터 알 수 있다. 보통 판상 설계의 것에 대한 열전달 상관식은 다음과 같다[2].

$$\mathrm{Nu} = \frac{hD_e}{k} = 0.37\,\mathrm{Re}^{0.67}\mathrm{Pr}^{0.33} \tag{15.15}$$

압력강하는 다음 마찰인자, f을 쓴 Fanning식으로 얻는다.

$$f = 2.5\,\mathrm{Re}^{-0.3} \tag{15.16}$$

식 (15.15)에서 h는 주름판(corrugated plate)의 공칭 면적(nominal area)을 기준 한 것이다(다른 관계식들은 주름면적(corrugated area)을 기준 한 것일 수도 있다). 상당직경은 수력학 반경의 4배이고, 대부분 교환기에서 수력학 반경은 판간 간격의 2배이다. 뜨거운 흐름과 찬 흐름 양이 같고, 판의 반대 끝에서 유입된다면, 순향류에 가까운 성능을 얻을 수 있다. 어느 한 쪽 끝에서만 가열되거나 또는 냉각된다면, 그 효율은 약간 감소되고 불규칙 흐름도 이상적인 것으로부터 벗어난다. 그 보정인자는 열전달단위 수 증가에 따라 감소되고 [21], $N_H = 3.0$일 때 약 0.95이다. 흐름량 들이 불균형 될 때는 저 유속의 흐름을 2 또는 그 이상의 통과흐름을 사용할 수 있다. 그러나 교환기 내 일부 병류, 일부 향류 부분이 있게 되면 LMTD 보정인자, F_G는 0.7 ~ 0.9값이 된다.

양쪽에 물 또는 수용액일 경우, 깨끗한 판상 열교환기에 대한 총괄계수는 3,000~6,000 W/m^2 · K(500~1,000 Btu/h · ft^2 · °F)로서, 다관-원통형 교환기의 정상치보다 수배된다. 높은 전단율(shear rate) 때문에, 경험에 의한 오염인자는 다관-원통형 교환기의 것보다 아주 낮다. 그래서 설계자는 오염 허용치로서 계산면적에 10%정도만 가산한다[16]. 이 장치는 청소할 수 있도록 충분한 간격을 쉽게 유지할 수 있다.

판상 교환기는 식품공정산업에 널리 쓰이는데, 이는 전열계수가 크고 쉽게 청소와 살균(sanitized)할 수 있기 때문이다. 서로 다른 열 부하를 가지는 여러 개 교환기들이 단일 장치단위 내에 군집시킬 수 있다. 예로, 우유를 저온살균(pasteurizing milk)하는 고온-단기 공정(high-temperature short-time process (HTST)에 3~4개 부분에서 판상 교환기를 사용한다. 첫 재생부분(regeneration section)에서 원료 우유를 68℃까지 이 교환기로 가열한다. 다음 부분에서 뜨거운 물로 우유 온도를 저온살균온도(pasteurization temperature) 72℃까지 올린다. 그 뜨거운 우유는 적어도 외부 코일 또는 직잭 관(zigzag tube)에서 15초 동안 유지된 후 다시 재생기로 되돌아간다. 마지막 부분에서 냉각 염수(chilled brine)에 의해 4℃까지 급냉된다. 어느 공장에서는 재생기는 2개 부분으로 되어 있어서, 우유가 55℃로 가열되고 나서 원심분리기로 들어가 지방분(fat) 일부가 제거 된 다음 제2 재생기로 들어간다. 저온살균 우유의 압력을 다른 유체보다 높게 유지시켜 누출로 인한 오염을 방지시킨다.

축약형 교환기(compact exchanger)는 화학공업 및 열회수 망(heat recovery network)에서 여러 가지로 응용된다[30]. 거의 이상적으로 향류를 이룰 수 있기 때문에 가열효율이 다중-통과 다관형 교환기에서보다 높을

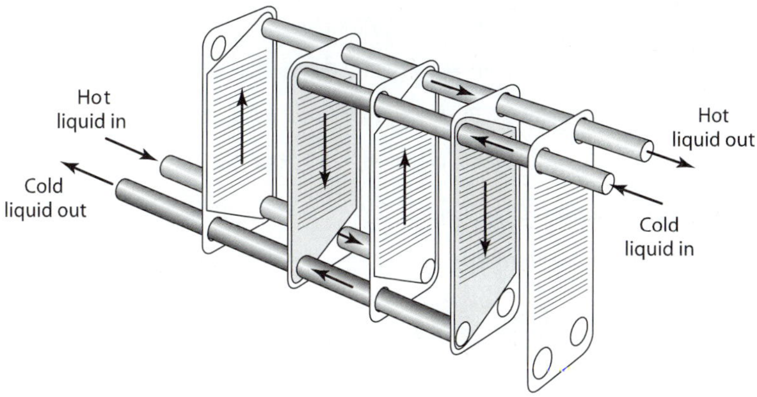

(a)

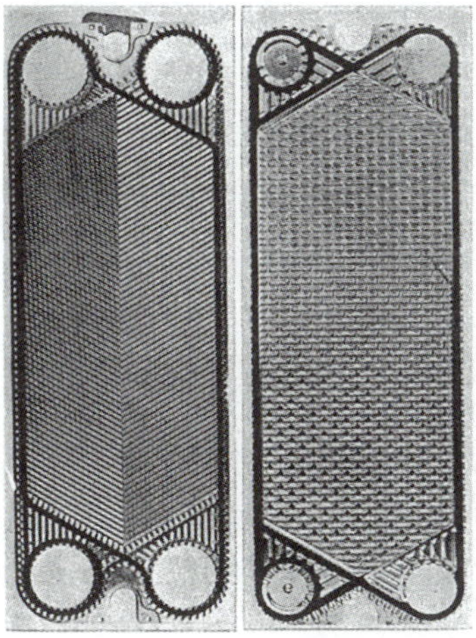

(b)

그림 15.9 판상형 열교환기 (a) 일반적인 배열, (b) 판의 상세면

수 있다. 밀폐가 잘 된 제품은 200℃, 25 atm에서 조업할 수 있다. 판 면적 2 m^2, 총 면적 1,500 m^2의 교환기까지 가능하다.

예제 15.5

여러 개의 판상 교환기가 Cornell University Lake-Source-Cooling project에서 공기조화 용 냉각수 생산에 쓰일 계획이다. 각 장치에서 4,000 gal/min까지의 물이 60°F로부터 44°F까지 냉각되는데, 이때 41°F의 Cayuga Lake 물이 이용된다. (a) 판간 간격이 3 mm이고 공칭 물 속도가 0.5 m/s이면, 깨끗한 교환기의 총괄계수는 얼마인가? (b) 그 교환기의 열전달단위 수는 얼마이겠는가? 그리고 그 판의 열교환부의 추정 높이는 얼마나 되겠는가? (c) 판간 흐름에 대한 압력손실을 추정하라. (d) 만일 판의 폭이 1 m이면 몇 개의 판이 필요한가?

풀이

(a) 양 측면 평균 물 온도로서 50°F를 써라. 부록 6으로부터,

$$\rho = 62.42\ \text{lb/ft}^3 = 1,000\ \text{kg/m}^3$$

$$\mu = 1.31\ \text{cP} = 1.31\times10^{-3}\ \text{Pa}\cdot\text{s}$$

$$k = 0.333\ \text{Btu/h}\cdot\text{ft}°\text{F} = 0.576\ \text{W/m}\cdot\text{K}$$

$$c_p = 1.00\ \text{Btu/lb}\cdot°\text{F} = 4,184\ \text{J/kg}\cdot\text{K}$$

$$D_e = 2\times\text{spacing} = 6\times10^{-3}\ \text{m}$$

$$\text{Re} = \frac{6\times10^{-3}(0.5)(1,000)}{1.31\times10^{-3}} = 2,290$$

$$\text{Pr} = \frac{4,184(1.31\times10^{-3})}{0.576} = 9.52$$

$$\text{Nu} = 0.37(2,290)^{0.67}(9.52)^{0.33} = 139$$

$$h_i \cong h_o = \frac{139(0.576)}{6\times10^{-3}} = 1.33\times10^4\ \text{W/m}^2\cdot\text{K}(2,350\ \text{Btu/h}\cdot\text{ft}^2\cdot°\text{F})$$

0.7 mm 스텐네스 강판의 $k_m = 9.4\ \text{Btu/h}\cdot\text{ft}^2\cdot°\text{F}(16.3\text{W/m}\cdot\text{K})$로 가정하라. 그러면

$$h_{\text{wall}} = \frac{16.3}{7\times10^{-4}} = 2.33\times10^4\ \text{W/m}\cdot\text{K}$$

$$\frac{1}{U} = \frac{2}{1.33\times10^4} + \frac{1}{2.33\times10^4}$$

$$U = 5.17\times10^3\ \text{W/m}^2\cdot\text{K}(911\ \text{Btu/h}\cdot\text{ft}^2\cdot°\text{F})$$

(b) 뜨거운 흐름:

$$T_{ha} - T_{hb} = 60 - 44 = 16°\text{F}$$

찬 흐름:

$$T_{cb} - T_{ca} = 57 - 41 = 16°\text{F}$$

$$N_H = \int\frac{dT}{\Delta T} = \frac{16}{3} = 5.33$$

이 값은 아주 큰 열전달단위 수이고, LMTD보정인자, F_G 값이 약 0.9이다[21].

폭 w, 길이 L인 판의 열전달 부분에 대하여, 채널(channel)당 열 전달면적은

$$A = 2wL$$

채널 당 찬 흐름은;

$$\dot{m}_c = (0.5\ \text{m/s})(3\times10^{-3}w)(1,000) = 1.5w\ \text{kg/s}$$

$$Q = 1.5wc_p(T_{cb} - T_{ca}) = U(2wL)(0.9\Delta T)$$

$$L = \frac{1.5(4,184)}{2(0.9)(5.17\times10^3)}\left(\frac{16}{3}\right) = 3.6\text{m}$$

표준형 교환기의 최대 판 높이가 입구와 출구를 포함해서 기껏 4 m이기 때문에, 향류 배열을 유지하기 위해서 아주 느린 유속을 쓰거나 2개 교환기를 직렬로 위치시켜야 한다. 그래서 열전달 부분의 높이는 커봐야 절반 정도이다. 즉

$$\text{Revised } L(\text{수정된 높이}) = \frac{3.6}{2} = 1.8\ \text{m}$$

입구와 출구를 포함해서 전체 판 높이는 약 3 m 정도 될 것이다.

(c) 압력강하는

$$\Delta p/L = 2f\frac{u^2\rho}{D_e}$$

$$f = \frac{2.5}{(2,290)^{0.3}} = 0.245$$

$$\Delta p = \frac{2(0.245)(0.5)^2(1,000)(3.6)}{6\times10^{-3}} = 7.35\times10^4\ \text{N/m}^2(10.6\ \text{lb/in}^2)$$

총괄 압력손실은 공급 관 및 배출 관에서의 손실 때문에 이보다 더 클 것이다.

(d) 찬 흐름;

$$\dot{m}_c = \frac{4,000\ \text{gal/min}}{264.7 \times 60} = 0.252\ \text{m}^3/\text{s}$$

$w = 1\,\text{m}$인 경우, 채널 당 흐름 양은 $1.5 \times 10^{-3}\,\text{m}^3/\text{s}$

$$\text{채널 수} = \frac{0.252}{1.5 \times 10^{-3}} = 147$$

$$\text{채널 총 수},\ n = 2 \times 147 = 294$$

$$\text{판의 수},\ n + 1 = 295$$

만일 전체 판 높이를 4 m 이하로 유지하기 위하여 2개의 교환기가 직렬로 놓인다면, 각 장치 당 총 판의 수는 $2 \times 295 = 590$ 이다. ■

15.3 확장표면 장치

두 유체흐름 중 하나가 다른 것에 비해 아주 낮은 열전달계수 값을 가질 때 열교환에 어려운 문제가 일어난다. 한 전형적인 사례는 응축되는 수증기에 의하여 공기와 같은 고정 기체를 가열하는 것이다. 수증기에 대한 계수는 공기흐름에 대한 계수보다 100~200배 크다. 결과적으로, 총괄 계수는 필연적으로 공기의 계수와 같아지게 되고, 단위 가열 표면적 당 용량은 낮아지게 되며, 해당 용량에 대처하려면 아주 긴 관이 요구된다. 같은 문제의 또 다른 형태는 점성 액체를 가열하거나 냉각하는 데에서, 또는 저 유속의 액체흐름을 처리하는 데에서 나타나는데, 이것은 층류에서는 열전달속도가 낮기 때문이다.

이러한 사례에서 공간을 아끼고 장치비를 절감하기 위하여 확장표면(extended surface)이라 하는 열교환 형태가 개발되었는데, 이것은 관 외부 면적이 핀(fin), 대못(peg), 원판(disk) 및 기타의 부가물에 의해 증가 또는 확장되어진 것이다. 그래서 유체와 접촉되는 외부 면적은 내부 면적보다 훨씬 커지게 된다. 낮은 계수를 갖는 유체흐름이 확장표면과 접촉하게끔 관 외부를 흐르게 하고, 반면 큰 계수를 가진 다른 유체는 관 안을 통과하도록 한다. 외부표면을 확장시킨 정량적 효과는 다음과 같은 식으로 쓰여진 총괄계수로부터 알 수 있는데, 여기서 관벽저항은 무시하였다.

$$U_i = \frac{1}{1/h_i + A_i/A_o h_o} \tag{15.17}$$

식 (15.17)은 다음과 같은 관계를 나타낸다. 즉, h_o가 작고 h_i가 크면 U_i값이 작게 될 것이다. 면적 A_o가 A_i보다 아주 크게 되면 저항 $A_i/A_o h_o$가 작아지고 U_i는 h_o가 증가하는 것과 마찬가지로 증가되는데, 이것은 관의 단위길이 당 또는 관의 내부 표면적 당 용량 증가에 해당된다.

확장표면의 형태

확장표면의 보통 형태는 그림 15.10에 보인 바와 같이 두 가지가 있다. 유체 흐름방향이 관-축에 평행일 때 쓰이는 세로형 핀(longitudinal fin)과 유체 흐름방향이 관을 가로지를 때 쓰이는 가로형 핀(transverse fin)이 있다. 외머리못(spike), 바늘못(pin), 스터드(stud) 또는 스파인(spine) 등도 표면확장에 쓰이고, 이것들이 수반된 관은 어느 흐름방향에도 쓰일 수 있다. 어떤 형태이든 간에 핀은 구조적으로 핀 밑바닥과 벽간의 양호한 열접촉(熱接觸)을 보장받기 위해 관과 밀접하게 접촉되는 것이 중요하다.

핀효율(Fin efficiency)

핀이 달린 관의 외부 면적은 두 부분, 즉 핀 면적과 핀 밑바닥으로 덮이지 않은 노출관(bare tube) 면적으로

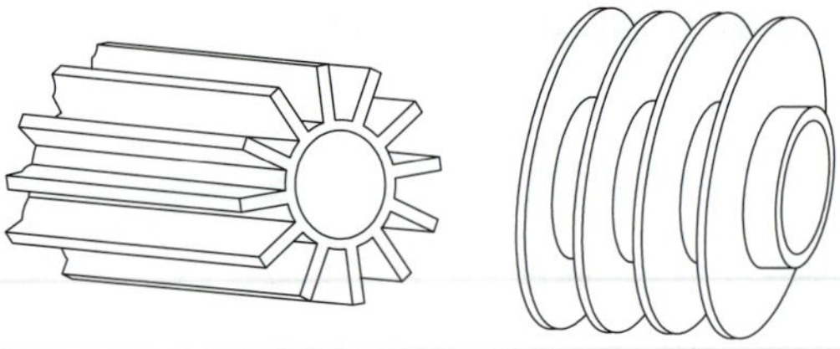

(a) (b)

그림 15.10 확장표면 형태 : (a) 세로형 핀(fin), (b) 가로형 핀(fin)

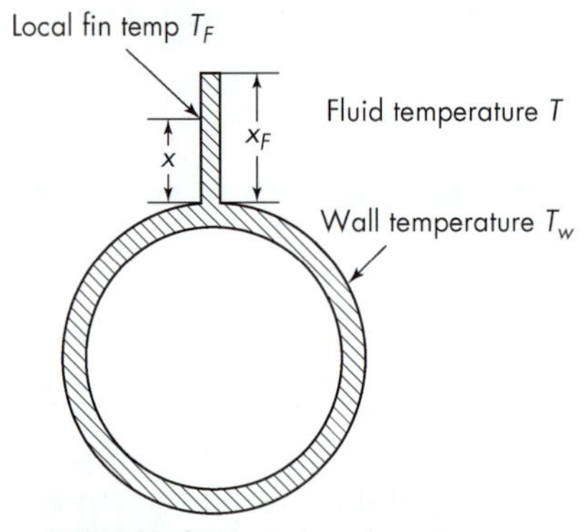

그림 15.11 튜브와 단일 세로형 핀

되어 있다. 핀의 단위 표면적(單位表面積)은 노출관의 단위표면적과 같이 그렇게 효율적인 것은 아니다. 왜냐하면 전도에 의해 핀을 통해 관으로의 열흐름에 있어서 부가적 저항이 있기 때문이다. 따라서, 그림 15.11에 표시한 바와 같이 한 관에 단일 세로형 핀이 부착된 것을 고려하고, 열은 핀 주위의 유체로부터 관으로 흐르는 것으로 가상하자. 유체온도는 T이고, 노출 관 표면온도는 T_w이다. 핀 밑바닥 온도도 역시 T_w이다. 노출관으로의 열전달에 대한 가능한 온도강하는 $T - T_w = \Delta T_o$이다. 맨 끝(tip), 즉 관벽에서 가장 멀리 떨어진 지점에서 그 핀으로 전달된 열을 고려해 보자. 관벽에 도달하기 위하여 이 열은 전도에 의해 핀의 맨 끝에서부터 밑바닥까지 전 길이를 통해 흐른다. 핀의 맨 끝과 밑바닥 사이의 중간 지점에서 들어오는 열은 그 지점에 추가되는 것이다. 따라서 온도구배(溫度勾配)가 핀의 맨 끝으로부터 밑바닥까지 있게 되고, 맨 끝이 밑바닥보다 더 뜨겁다. T_F을 밑바닥으로부터의 거리 x지점에서의 핀의 온도라 하면, 유체로부터 그 지점까지의 열전달에 유효한 온도차는 $T - T_F$이다. $T_F > T_w$임으로 $T - T_F < T - T_w = \Delta T_o$이고, 핀 밑바닥으로부터 떨어진 어느 지점의 단위면적 효율은 노출관의 단위면적 효율보다 작다. $T - T_F$와 ΔT_o 사이의 차이는 핀 밑바닥에서 0이고, 맨 끝에서 최대가 된다. 전체 핀 면적을 기준 한 $T - T_F$의 평균치를 $\overline{\Delta T_F}$라 하자. 그 핀의 효율은 ΔT_o에 대한 $\overline{\Delta T_F}$의 비로서 정의되고, 이를 핀효율 η_F로 표기한다. 물론 그 효율은 백분율 기준으로 표시된다. 효율 1(또는 100%)은 온도강하가 관계되는 한, 핀의 단위면적이 노출관(bare tube)의 단위면적과 똑같이 유효함을 의미한다. 실제 핀은 100%보다 낮은 효율을 가진다.

확장표면 교환기에 대한 계산

기준으로서 관의 단위면적을 고려하자. A_F는 핀의 면적이고, A_b는 노출관(露出管)의 면적이라 하자. h_o는 핀과 관 주위에 있는 유체의 열전달계수라 하자. h_o는 핀과 관 모두에 대해 같다고 간주한다. 내부 면적

A_i를 기준 한 총괄 계수는 다음과 같이 쓰일 수 있다.

$$U_i = \frac{1}{A_i/[h_o(\eta_F A_F + A_b)] + x_w D_i/k_m \overline{D}_L + 1/h_i} \tag{15.18}$$

식 (15.18)을 이용하려면 핀효율 η_F와 개별 열전달계수 h_i, h_o을 알아야 한다. 계수 h_i는 일반적인 방법으로 계산된다. 계수 h_o의 계산은 나중에 논의될 것이다.

핀효율 η_F는 어떤 합당한 가정을 기초로 하여 여러 가지 형태의 핀에 대해 수학적으로 계산될 수 있다[10]. 예로서, 세로형 핀의 효율은 그림 15.12에 주어졌는데, 여기서 η_F는 $a_F x_F$의 함수로서 그려진 것이다. 여기서, x_F는 밑바닥으로부터 맨 끝까지의 높이이고, a_F는 다음 식으로 정의된다.

$$a_F = \sqrt{\frac{h_o L_p/S}{k_m}} \tag{15.19}$$

h_o = 관 외부의 계수
k_m = 핀의 열전도도
L_p = 핀의 둘레(perimeter)
S = 핀의 단면적

곱 $a_F x_F$는 무차원이다.

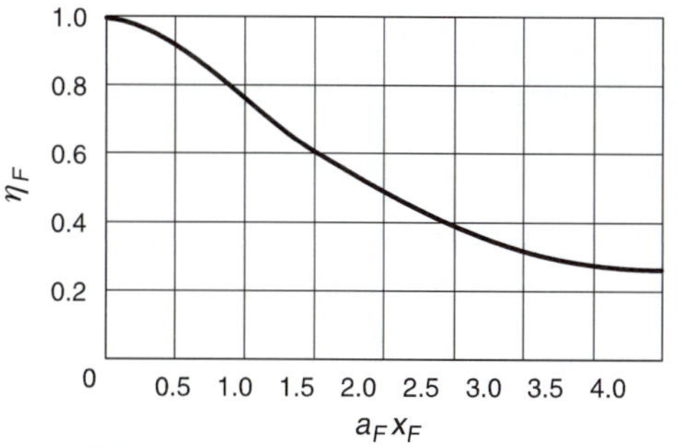

그림 15.12 세로형 핀의 효율(fin efficiency)

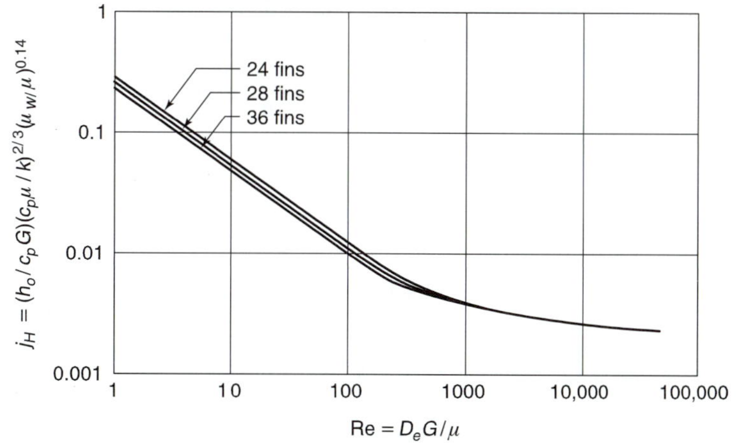

그림 15.13 세로형 핀이 달린 관에 대한 열전달계수 : 3-in. IPS shell(동체)내에 위치한 1/2-in. × 0.035-in. fin이 달린 3/2-in.관(자료 : Brown Fintube Co.)

다른 형태의 확장표면에 대한 핀효율은 문헌[10]에서 찾아볼 수 있다. 그림 15.12는 $a_F x_F < 0.5$일 때 핀효율이 거의 1.0임을 나타낸다. 확장표면은 계수 h_o가 크게 되면 효과적이지 못하며 필요하지도 않다. 또한 핀들은 압력강하를 증가시키게 된다.

계수 h_o는 실제로 보통의 노출관 열전달계수 계산식을 사용하여 정확하게 구할 수 없다. 핀으로 하여금 유체흐름 특성이 변경되므로 확장표면에 대한 계수는 매끈한 관에 대한 것과는 다르게 된다. 확장표면에 대한 개별계수는 실험적으로 결정되어야 하며, 표면의 각 형태에 대하여 상관시켜야 한다. 그리고 이러한 상관식(相關式)은 관 제작자에 의해 제공된다. 세로형 핀이 달린 관에 대한 전형적인 상관식이 그림 15.13에 표시되어 있다. D_e는 상당지름(equivalent diameter)인데, 이것은 수력학적 반지름(hydraulic radius)의 4배로 정의되고, 이 수력학적 반지름은, 예제 15.6에서 계산된 바와 같이 핀측 공간의 단면적을 핀과 관의 전체 젖음둘레(total wetted perimeter)로 나눈 것이다.

예제 15.6

공기가 확장표면 교환기의 동체-측에서 가열된다. 내관은 $\frac{1}{2}$ in 높이, 0.035 in 두께인 세로형 핀(longitudinal fin)이 달린 $1\frac{1}{2}$ in IPS Schedule 40 관이다. 이 동체는 3 in IPS Schedule 40 강관이다. 내관의 핀으로 덮여지지 않은 노출 외부 면적은 단위 ft당 0.416 ft^2이고, 핀과 관의 총 표면적은 2.830 ft^2/ft이다. 내관 안에서 250°F일 때 응축되는 수증기의 경막계수는 1,500 $\text{Btu/ft}^2\cdot\text{h}\cdot°\text{F}$이다. 강철의 열전도도는 26 Btu/ft·h·°F이고, 내관의 벽두께는 0.145 in이다. 공기의 질량속도가 5,000 $\text{lb/h}\cdot\text{ft}^2$이고 평균 공기온도가 130°F일 때, 내관의 내부면적을 기준 한 총괄 열전달계수는 얼마인가? 단, 오염인자(fouling factor)는 무시한다.

풀이

공기의 경막계수 h_o는 그림 15.13로부터 알 수 있다. 이 상관식을 이용하려면 공기의 **Re**를 먼저 계산해야 한다. 130°F 공기의 점도는 0.046 lb/ft·h이다(부록 8). 동체 공간의 상당지름은 다음과 같다

$$\text{동체의 ID(부록 3)} = \frac{3.068}{12} = 0.2557 \text{ ft}$$

$$\text{내관의 OD(부록 3)} = \frac{1.900}{12} = 0.1583 \text{ ft}$$

동체 공간의 단면적은 다음과 같다.

$$\frac{\pi(0.2557^2 - 0.1583^2)}{4} - \frac{28\times0.5\times0.035}{144} = 0.0282 \text{ ft}^2$$

공기 공간의 둘레는,

$$\pi 0.2557 + 2.830 = 3.633 \text{ ft}$$

수력학적 반지름은,

$$r_H = \frac{0.0282}{3.633} = 0.00776 \text{ ft}$$

상당지름(직경)은,

$$D_e = 4\times0.00776 = 0.0310 \text{ ft}$$

따라서 공기의 **Re**는,

$$\text{Re} = \frac{0.0310\times5{,}000}{0.046} = 3.37\times10^3$$

그림 15.13으로부터 열전달 인자는,

$$j_H = \frac{h_o}{c_p G}\left(\frac{c_p\mu}{k}\right)^{2/3}\left(\frac{\mu}{\mu_w}\right)^{-0.14} = 0.0031$$

h_o을 풀기 위한 자료는 다음과 같다.

$$c_p = 0.25\,\text{Btu/lb}\cdot{}^\circ\text{F} \qquad (\text{부록 } 14)$$

$$k = 0.0162\,\text{Btu/ft}\cdot\text{h}\cdot{}^\circ\text{F} \qquad (\text{부록 } 12)$$

μ_w을 계산하는 데 있어서 벽저항과 수증기막은 무시할 수 있기 때문에, $T_w = 250°\text{F}$이며, $\mu_w = 0.0528\ \text{lb/ft}\cdot\text{h}$이다. 따라서,

$$\left(\frac{\mu}{\mu_w}\right)^{0.14} = \left(\frac{0.046}{0.0528}\right)^{0.14} = 0.981 \qquad \text{Pr} = \frac{c_p\mu}{k} = \frac{0.25\times0.046}{0.0162} = 0.710$$

$$h_o = \frac{0.0031\times0.25\times5{,}000\times0.981}{0.710^{2/3}} = 4.78\,\text{Btu/ft}^2\cdot\text{h}\cdot{}^\circ\text{F}$$

직사각형 핀에 있어서, 둘레 계산시 핀 끝 부분의 기여를 무시하면, $L_p = 2L$, $S = Ly_F$이다. 여기서, y_F는 핀 두께이고, L은 핀의 길이이다. 그러므로, 식 (15.19)으로부터,

$$a_F x_F = x_F\sqrt{\frac{h_o(2L/Ly_F)}{k_m}} = x_F\sqrt{\frac{2h_o}{k_m y_F}} = \frac{0.5}{12}\sqrt{\frac{2\times4.78}{26(0.035/12)}} = 0.467$$

그림 15.12로부터 $\eta_F = 0.93$이다.

총괄 계수는 식 (15.18)로부터 구할 수 있다. 필요한 추가 데이터는 다음과 같다.

$$D_i = \frac{1.610}{12} = 0.1342\,\text{ft} \qquad (\text{부록 } 3)$$

$$\overline{D}_L = \frac{0.1583-0.1342}{\ln(0.1583/0.1342)} = 0.1454\,\text{ft}$$

$$A_i = \pi(0.1342)\times1.0 = 0.422\ \text{ft}^2/\text{lin ft}$$

$$A_F + A_b = 2.830\ \text{ft}^2/\text{lin ft}$$

$$A_F = 2.830 - 0.416 = 2.414\ \text{ft}^2/\text{lin ft}$$

$$x_w = \frac{1.900-1.610}{2\times12} = 0.0121\,\text{ft}$$

$$U_i = \cfrac{1}{\cfrac{0.422}{4.78(0.93\times2.414+0.416)} + \cfrac{0.0121\times0.1342}{26\times0.1454} + \cfrac{1}{1{,}500}}$$

$$= 29.2\ \text{Btu/ft}^2\cdot\text{h}\cdot{}^\circ\text{F}\,(166\ \text{W/m}^2\cdot{}^\circ\text{C})$$

내관의 작은 내부 면적을 기준으로 할 때 총괄 계수는 확장 표면적을 기준 한 공기-막계수보다 훨씬 클 수도 있다.■

공기냉각 교환기

냉각수가 부족하고 공해 규제가 더 엄격하게 됨으로써 공기냉각(空氣冷却) 교환기의 사용이 증가되고 있다. 이것은 핀이 달린 수평 관다발[전형적으로 25 mm(1 in) 지름, 2.4~9 m(8~30 ft) 길이]로 되어 있고, 공기는 큰 선풍기(fan)로 순환시킨다. 그 관 안의 뜨거운 공정유체[100~400°C(212~750°F) 또는 그 이상의 온도의]는 공기의 건구온도보다 약 20℃ 높은 정도까지 냉각될 수 있다. 관 외부 면을 기준 한 전열 면적은 50~500 m^2(500~5,000 ft^3) 범위이고, 핀의 면적은 이것에 7~20배 곱하면 된다. 공기는 3~6 m/s(10~20 ft/s) 속도로 관 사이를 흐른다. 압력강하와 동력소비(動力消費)는 낮으나, 때로는 선풍기 잡음을 어느 허용 선까지 감소시키기 위하여 선풍기 속력은 최대 효율에서의 것보다 더 낮추어야만 한다. 공기냉각 응축기에서 관은 보통 기울어져 있다. 상세한 설계과정은 문헌[13. 19]에 수록되어 있다. 그러나 계수는 h_o계산 식 (15.8)을 이용하여 추산할 수 있고 가로형 핀(transverse fin)의 핀효율은 그림 15.12를 이용할 수 있다.

15.4 열관

열관(heat pipe)은, 밀폐된 도관 내 휘발성 유체에 의하여, 열원으로부터 흡입체(sink)까지 열을 전달하는 장치이다. 그 유체는 고온부(hot end)에서 열을 흡수하여 증발되고, 그 증기가 저온부(cold end)까지 이동된 다음 곧 응축되며 열을 포기하는 것이다. 그 액체상은 중력에 의해 고온부로 되돌아가거나, 또는 관벽에 부착된 다공성 피복층(coating)[또는 심지(wick)]일 경우 모세관 작용에 의해 되돌아간다.

그림 15.14a는 고온 연도기체로부터 에너지를 회수해서 대형 보일러 용 공기를 예열하는 열관을 나타낸 것이다. 이 그림에는 일부만 나타냈지만, 열관의 크기는 직경이 수 cm(several cm), 길이가 몇 m(few meter) 정도이고, 그 배열 형태는 고온 기체 쪽과 공기흐름 쪽을 분리해 주는 덕트벽(duck wall)을 꿰뚫고 있다. 각 관은 약간의 물 또는 유기액체를 함유하고 있는 데 공기를 배제하기 위해 진공 밀폐된다. 조업 시에 내부 온도 T_i는 T_h와 T_c 사이의 값이 되도록 조정된다. 즉 고온 기체로부터의 전열속도[이때 기력(구동력)은 $T_h - T_i$]가 공기 쪽으로의 전열속도(이때 기력은 $T_i - T_c$)에 조화되도록 조정된다. 내부 압력은 T_i에서 액체의 증기압이다. 실제로 관 내에서, 증기흐름으로 인한 마찰압력손실 때문에, 작은 온도구배가 있기는 하나, 고온부-저온부간 차(end-to- end difference)는 $(T_h - T_i)$ 또는 $(T_i - T_c)$에 비하여 아주 작다.
관은 액체 회송을 위해 수평으로부터 약간 각을 이루게 하고 때로 이를 중력-보조 열관(gravity-assisted heat pipe) 또는 열싸이펀(thermalsiphon)이라 부른다. 가열부가 밑에 있는 수직 열관의 형태도 있다.

에너지 회수 용 열관의 장점은 저 보수비, 청소 용이성(본 장의 끝 부분에 설명된 회전식 또는 고정층 재생기에 비하여), 무-공기누출성 등이다.

고온 기체로부터 중간 유체까지 그 다음 저온 유체까지 열을 전달하는 2-단계 과정이, 고온 기체로부터 저온 기체까지 직접 접촉되는 다관 원통형 또는 교차류 교환기보다, 비효율적인 것처럼 보일 수 있다. 그러나 열관의 고온-쪽에서 비등계수(boiling coefficient)가 아주 높아서 총괄계수는 핀관(finned tube)의 외부계수와 거의 같다. 그래서 총 면적은 기체-기체 교환기의 타 형태의 것과 거의 같다.

열관의 많은 응용에서 액체는 그림 15.14b에 보인 바와 같이 모세관이나 심지작용(capillarity or wicking action)에 의해 고온부로 되돌아간다. 그래서 이것을 중력이 없는 우주선(spacecraft)에서 또는 어떤 배향(orientation)에서 이든 이용할 수 있는 것이다. 때로는 이 목적이 컴퓨터 또는 전자기기 같은 예민성 장치로부터 열을 발산시키는 데 쓰인다. 이는 열회수라기보다 열발산이다. 열관은 비교적 그 무게가 가볍고 알루미늄 봉이나 구리 봉보다 유효 열전도도가 높다. 작은 장치는 직경 1 mm(또는 그 이하)의 단면적 내에 들어 있는 사각형 또는 직각형일 수도 있다.

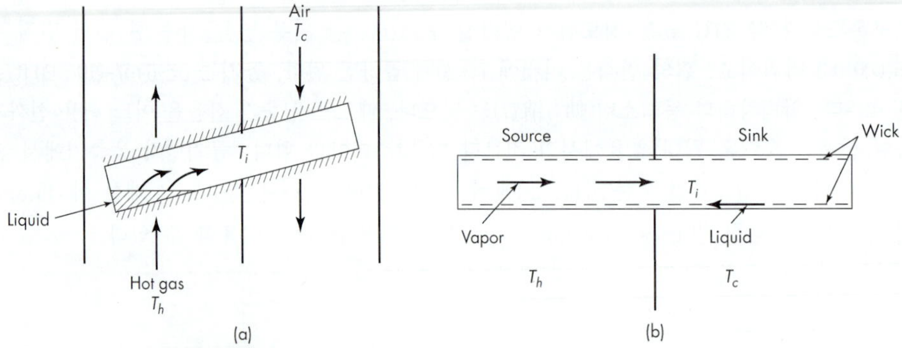

그림 15.14 (a) 중력-보조 열관. (b) 모세관-작용 열관

열관 용으로 이용될 수 있는 작동유체로서는 물, 유기액체, 용융금속 등이다. 원리에서 요구되는 점은 작동온도 범위에서 합당한 증기압, 양호한 열전도도, 저 점도(액체 및 증기의), 고 표면장력, 심지나 기벽재질의 습윤성 등이다[8a]. 물이 350~500 K에서 다른 것에 비하여 우수하나, 우주 응용에는 물의 빙점 때문에 알콜이 보통 쓰인다. 열관의 아주 큰 설비 중 하나는 Alaska에 있는데, 암모니아를 포함하고 있는 열관 수천개가 송유관 지지대 주위의 영구동토층(permafrost) 해빙을 방지하는 데 쓰인다.

15.5 표면 긁개식 교환기

점성 액체로의 또는 점성 액체로부터의 열전날은, 특히 식품이나 열 예민성 액체의 경우, 때로 표면 긁개식 교환기(scraped-surface exchanger)에서 이루어진다. 전형적으로, 이것들은 100~300 mm(4~12 in) 지름의 비교적 큰 중앙 관(中央管)이 있고, 수증기 또는 냉각 액체가 흐르는 재킷이 달린 이중관 교환기이다. 중앙 관의 안쪽 표면은 회전축에 달린 하나 또는 그 이상의 종단 날(longitudinal blade)에 의해 닦여진다.

점성 액체가 중앙 관을 통해 저속으로 흐른다. 전열 표면에 인접된 이 액체는 스크레이퍼 날(scraper blade)이 통과됨으로써 교반될 때 이외는 거의 정체상태(停滯狀態)에 있다. 열은 비정상상태 전도에 의하여 점성액체로 전달된다. 스크레이퍼 날에 의한 교란 사이의 시간이 짧으면, 열은 정체 액체 내로 단지 짧은 거리만이 침투될 것이고, 그 과정은 반-무한고체(semi- infinite solid)의 비정상상태 열전달과 매우 유사하다.

표면 긁개식 교환기에서의 열전달계수[14]

교환기를 따라 어떤 위치에서 액체의 본체온도를 T, 전열 표면온도를 T_w, 그리고 $T_w > T$라고 하자. 날(blade)이 막 지나간 전열표면 중에서의 작은 면적요소를 생각하자. 이 표면요소 상에 바로 전에 있었던 액체는 날에 의해 제거되고, 온도 T의 다른 액체로 대체된다. 다음의 스크레이퍼 날이 그 표면요소를 통과할 때까지의 시간간격을 t_T라 하면, t_T 동안만 그 표면으로부터 액체 쪽으로 열이 흐르고, 그 액체는 제거되며, 그리고 나서 그 표면에는 새로운 액체로 다시 덮여진다.

식 (10.40)으로부터 시간간격 t_T 동안 전달된 총 열량 Q_T는 다음 식으로 주어진다.

$$\frac{Q_T}{A} = 2k(T_w - T)\sqrt{\frac{t_T}{\pi\alpha}}$$

k = 액체의 열전도도

α = 액체의 열확산계수

A = 열전달 표면적

각 시간간격에 걸쳐 평균한 열전달계수는 정의에 따라 다음과 같다.

$$h_i \equiv \frac{Q_T}{t_T A(T_w - T)} \tag{15.20}$$

$\alpha = k/\rho c_p$을 고려하여 식 (10.40)을 식 (15.20)에 대입하면 다음 식으로 된다.

$$h_i = 2\sqrt{\frac{k\rho c_p}{\pi t_T}} \tag{15.21}$$

주어진 면적요소 위를 계속 통과하는 날 사이의 시간간격은 다음과 같다.

$$t_T = \frac{1}{nB} \tag{15.22}$$

n = 교반봉 속력, r/h　　B = 축에 달린 날의 수

식 (15.21)과 (15.22)를 결합하면, 열전달계수는 다음과 같이 된다.

$$h_i = 2\sqrt{\frac{k\rho c_p n B}{\pi}} \tag{15.23}$$

식 (15.23)은 긁혀지는 표면상의 열전달계수가 액체의 열 특성과 교반봉 속력에 의존됨을 나타내고, 이것이 액체 점도에 무관하거나 교환기를 통과하는 액체 유속에 무관하다는 것을 의미한다. 실제로, 식 (15.23)이 많은 경우에 좋은 근사치를 주기는 하지만, 이것은 다소 과대하게 간략화 된 것이다. 전열 표면의 액체는 가정된 바와 같이, 특히 점성 액체의 경우 유체 본체와 모두 잘 섞이지 않고 부분적으로 스크레이퍼 날 뒤에 다시 붙는다. 따라서, 점성 유체의 그 계수는 식 (15.23)에 의한 값보다 더 낮고, 때로는 액체 점도의 변화에 영향을 받게 된다. 이것은 또한 종단 방향(longitudinal direction)으로의 액체속도 함수이고, 교환기의 지름 및 길이 등의 함수이다. 이들 변수를 상관시킨 열전달계수 실험식은 다음과 같다[33].

$$\frac{h_i D_a}{k} = 4.9\left(\frac{D_a \overline{V} \rho}{\mu}\right)^{0.57}\left(\frac{c_p \mu}{k}\right)^{0.47}\left(\frac{D_a n}{\overline{V}}\right)^{0.17}\left(\frac{D_a}{L}\right)^{0.37} \tag{15.24}$$

$\overline{V}$ = 유체 본체의 평균 종단속도(bulk average longitudinal velocity)

L = 교환기 길이

D_a = 스크레이퍼 날의 지름[또한 동체(shell)의 내경과 같다]

식 (15.24)는 Votator라 알려진 소형 고속장치에 적용된다. 비교적 대형 저속 교환기에서 층류 열전달에 대한 자료는 참고문헌 31에 주어져 있다. 점성 액체 증발에 대한 표면 긁음 장치는 16장에서 설명된다.

15.6 응축기 및 기화기

11장 및 13장에서 논의한 바와 같이 증기의 증발잠열(潛熱)을 제거함으로써 그 증기를 액화시키는 데 쓰이는 전열장치를 **응축기**(凝縮機, condenser)라 한다. 그 증발 잠열은 **냉각제**(冷却劑, coolant)라 하는 찬 액체에 의해 흡수되어 제거된다. 냉각제의 온도가 응축기 내에서 상승되기 때문에 이 장치는 가열기(heater)로서도 작용한다. 그러나 기능적으로 응축작용이 중요함으로, 그 이름이 쓰이는 것이다. 응축기는 두 종류로 나누어진다. 한 종류는 다관-원통형 응축기(shell-and-tube condenser)라 하는 것인데, 응축증기와 냉각제가 관형 열 교환표면에 의해 격리된다. 다음 종류는 접촉형 응축기(contact condenser)라 하는 것인데, 냉각제와 증기흐름(보통 모두 물)이 물리적으로 서로 혼합되어 단일 흐름으로서 응축기를 나간다.

산업 실용 면에서 보면 액체는 13장에서 논의된 바와 같이 솥재비기 또는 컬란드레어에서 기화된다. 대부분 증발잠열은 응축수증기에 의해 공급받는다.

다관-원통형 응축기

그림 11.1에 보인 응축기는 단일-통과 장치(single-pass unit)인데, 이는 차가운 유체의 전(全) 흐름이 모든 관을 통해 평행으로 흐르기 때문이다. 큰 응축기에는 이런 형태의 흐름은 심한 제한성을 가진다. 관의 개수가 많게 되면 단일-통과에서 그 관들을 통과하는 유속이 너무 낮아 적당한 열전달계수를 얻을 수 없게 되고, 그 장치는 비경제적으로 크게 된다. 또한 낮은 열전달계수 때문에, 찬 유체가 합당한 큰 온도범위까지 가열되어야만 할 경우 매우 긴 관이 필요하게 되는데, 이러한 긴 관은 실용적이지 못하다.

보다 큰 유속, 보다 높은 열전달계수 그리고 보다 짧은 관을 얻기 위하여 열교환기에서 사용된 다중-통과(multipass) 원리가 응축기의 냉각제에 또한 적용될 수 있다. 다중-통과 응축기에 있어서는 보정인자 F_G을

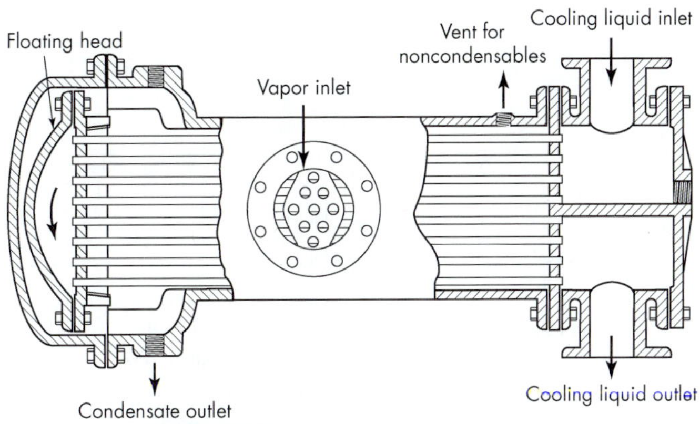

그림 15.15 2-통과 부동헤드 응축기

이용할 필요가 없다. 왜냐하면 재킷온도(jacket temp.)가 일정하고($Z=0$에 상당) 관 내 흐름방향이 구동력(driving force)에 영향 없기 때문이다. 다중-통과 응축기에 있어서 보정인자 F_G을 이용할 필요가 없다. 왜냐하면 재킷 온도가 일정하고($Z=0$에 상응) 관 내 흐름방향이 기력에 영향 없기 때문이다. 2-통과 응축기의 예가 그림 15.15에 표시되어 있다.

열팽창에 대한 대비. 응축기 내에서 있을 수 있는 온도차 때문에 관을 구부러지게 하거나 잡아당겨서 관판(管板)으로부터 느슨해지게 하는 팽창변형(expansion strain)이 일어날 수 있다. 팽창에 의한 손상을 피하기 위한 아주 일반적인 방법은 부동헤드(floating-head) 구조를 이용하는 것인데, 이 부동헤드는 관판 중 하나(따라서, 관의 한 끝이)가 구조적으로 동체에 무관하게 된 것이다. 이 원리가 그림 15.15의 응축기에 사용되었다. 이 그림은 관이 동체에 무관하게 팽창 또는 수축될 수 있음을 나타낸다. 증기 입구에 다공 판을 설치 한 것은 증기와 함께 들어오는 액적(液滴)에 의한 마모를 방지하기 위해서이다.

제습 응축기

증기와 비응축성 기체의 혼합물 용 응축기가 그림 15.16에 표시되어 있다. 이것은 비응축성 기체가 포함되지 않은 증기에 쓰이는 대부분의 응축기가 수평으로 설치된 것과는 달리 수직으로 설치된다. 또한 증기는 관 외부에서가 아니고 내부에서 응축되고, 냉각제가 관을 통과하는 것이 아니고 동체를 통과한다. 이는 관을 통과하는 증기-기체 혼합물을 완전히 휩쓸어갈 수 있어서, 전열 표면을 뒤덮는 불활성(不活性) 기체의 정체포켓(stagnant pocket) 형성을 피할 수 있게 된다. 낮은 위치에 놓이도록 변형된 헤드는 비응축성 증기와 기체로부터 응축액이 분리되도록 작용한다.

접촉형 응축기

접촉형(接觸型) 응축기(contact condenser)의 예는 그림 15.17에 표시되어 있다. 접촉형 응축기는 표면 응축기(surface condenser)보다 훨씬 작고 값이 싸다. 그림 15.17에 보인 구조에서 냉각 수 일부는 증기 입구 근처의 증기흐름 안으로 분산되고, 나머지 냉각 수는 배출목(discharge throat)으로 유입되어 응축을 완성시킨다. 다관-원통형 응축기가 진공 하에서 조작될 때 응축액은 보통 밖으로 펌핑해 내지만, 대기각(大氣脚, barometric leg)에 의하여 제거되기도 한다. 이 대기각은 길이가 약 10 m(34 ft)인 수직 관이며, 밑에서 응축액을 받는크로 막혀 있다. 조작 시 각주(脚注) 내의 액체 준위는 자동적으로 그 자체가 조정되어서 각주 내의 준위와 탱크 내 준위 사이의 수두 차(水頭 差, difference of head)가 대기압과 응축기 내 증기 공간 사이의 압력차(壓力

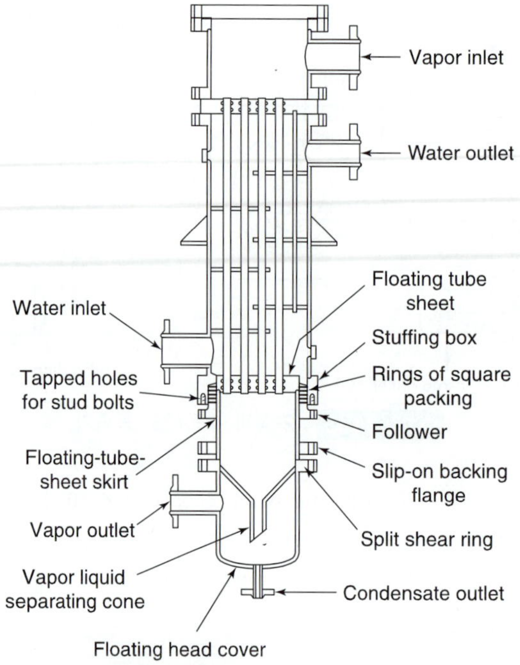

그림 15.16 제습 냉각-응축기

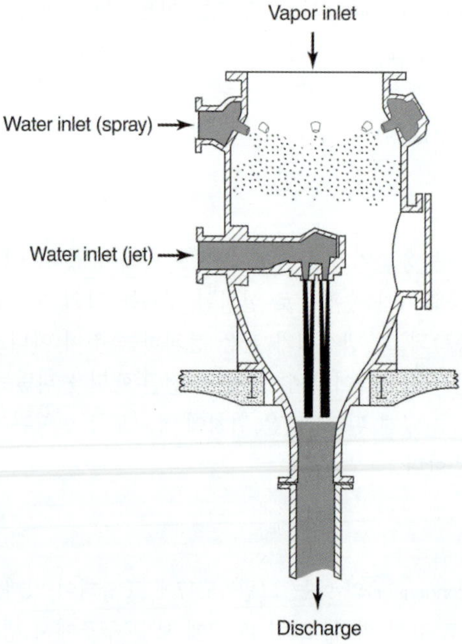

그림 15.17 접촉형 응축기(자료 : Schutte and Koerting Div., Ketema, Inc.)

탱差)에 상당된다. 따라서 액체는 진공을 약화시킴 없이 그것이 응축되자마자 흘러 내려간다. 직접 접촉형 응축기(direct-contact condenser)에서는 벤튜리(venturi)의 하류 원추부(downstream cone)에서의 압력 회복이 대기각에 필요한 양을 제거시키는 데 충분하다.

기화기

그림 13.8에 보인 솥형 재비기(kettle-type reboiler)에서 수평 외통 안에 비교적 작은 관다발(관-측으로는 2 통과-흐름)이 들어있고 부동헤드와 관판이 연결되어 있다. 관다발은 비등액 내에 잠겨져 있고 그 액 준위는 일류판(넘침둑, overflow weir) 높이에 의해 정해진다. 급송물은 밑바닥으로부터 액체 풀로 들어간다. 증기는 외통 상부로부터 제거되고, 미-증발액은 일류판을 넘어 외통 밑바닥으로부터 제거된다. 가열유체, 일반적으로 수증기는 표시된 바와 같이 관 안으로 들어가고; 응축액은 트랩(trap)을 통해 제거된다. 그림 13.8에 보인 보조 노즐은 관찰용, 배출 또는 계측단자 삽입용이다.

컬란드레어, 자연순환 또는 열싸이펀 재비기로 알려진 수직 원통관 기화기(vertical shell-&-tube vaporizer)의 배열과 조작은 13장에서 논의되었다. 그림 13.10에 예시되었다.

15.7 교반기 내에서의 열전달

가열 또는 냉각 재킷(jacket)의 형태 또는 액체 내에 잠겨진 코일 관의 형태로 있을 수 있는 전열 표면은 9장에서 설명된 교반 용기(攪拌容器) 내에서도 가끔 사용된다.

열전달계수

9장에서 본 바와 같이, 교반 용기에서 무차원군(無次元群) $D_a^2 n\rho/\mu$는 동력소비에 관한 상관 자료에 유용한 Re수이다. 이와 동일한 무차원군은 재킷이나 교반 탱크 내 코일로의 열전달에 대한 상관변수로서 만족하게 됨을 알 수 있다. 다음 식들이 이 목적으로 쓰일 수 있는 전형적인 것이다.

나선형 코일이나 터빈 임펠러(turbine impeller)가 장착되고 장애판이 달린 원통형 탱크에서 액체를 가열하거나 냉각할 경우 다음 식이 쓰인다.

$$\frac{h_c D_c}{k} = 0.17\left(\frac{D_a^2 n\rho}{\mu}\right)^{0.67}\left(\frac{c_p\mu}{k}\right)^{0.37}\left(\frac{D_a}{D_t}\right)^{0.1}\left(\frac{D_c}{D_t}\right)^{0.5}\left(\frac{\mu}{\mu_w}\right)^{b} \tag{15.25}$$

여기서, h_c는 코일표면과 액체간의 개별 열전달계수이다. 점도 비(粘度比) 항의 지수 b는 점성 기름보다 묽은 액체의 것이 더 큰 값으로 보고되었으나[25], 0.24값이 다음의 재킷계수에 대한 수식에 쓰인다. 경사형 날 터빈의 코일계수는 같은 지름의 표준형 터빈의 것에 약 0.85배이고 프로펠러형은 0.7배이다[17].

장애판이 달린 탱크의 재킷에서 열전달의 경우, 경사형 날 터빈(pitched-blade turbine)이 사용될 때 다음 식이 적용된다[35]. 즉

$$\frac{h_j D_t}{k} = 0.76\left(\frac{D_a^2 n\rho}{\mu}\right)^{2/3}\left(\frac{c_p\mu}{k}\right)^{1/3}\left(\frac{\mu}{\mu_w}\right)^{0.24} \tag{15.26}$$

여기서, h_j는 액체와 용기의 재킷 내부 표면간의 계수이다. 경사형-날 터빈에 대한 재킷계수는 표준 터빈형의 0.9배이고 프로펠러형은 0.6배이다[17]. 그러나 이 표준형 터빈은 보다 큰 동력소비를 수반한다(표 9.2참조).

액체가 아주 큰 점성일 때 앵커교반기(anchor agitator)를 사용하는데, 이것은 아주 낮은 속력으로 전 전열 표면을 밀접된 간극(clearance)으로 쓸어 낸다. 이 앵커교반기에 대한 자료는 다음 식으로 잘 상관된다[34b].

$$\frac{h_j D_t}{k} = K\left(\frac{D_a^2 n\rho}{\mu}\right)^{a}\left(\frac{c_p\mu}{k}\right)^{1/3}\left(\frac{\mu}{\mu_w}\right)^{0.18} \tag{15.27}$$

여기서, $10 < Re < 300$ 범위에서 $K = 1.0$, $a = 1/2$이고, $300 < Re < 40{,}000$ 범위에서 $K = 0.36$, $a = 2/3$

이다.

이 형태의 식이 유도된 배경에 해당되는 것으로부터 크게 벗어날 경우, 일반적으로 적용될 수 없다. 여러 형태의 교반기와 열전달 배열에 대한 수식들은 여러 문헌[37a]에 주어져 있다.

앵커교반기에서 스크레이퍼(scraper)가 때로는 앵커팔에 부착되어 가열표면에 점착되는 액체의 분해를 막는다. 이는 특히 식료품과 열 예민성 재료에 유용하다. 이 스크레이퍼는 뉴톤 액체일 때 그 열전달계수를 어느 정도 증가케 하고 그리고 비뉴톤 액체 일 때는 5배정도 증가하게 한다[37b]. 표면-긁개식 교환기에 대한 열전달계수는 식 (15.23)으로 계산될 수 있다.

어떤 액체가 교반탱크에서 재킷내의 응축 증기에 의해 가열될 때, 그 계수는 그림 13.2에 주어진 막상응축에 대한 관계식을 이용하여 계산될 수 있다. 수증기가 이용될 때 탱크 내의 액체-측 저항이 율속저항(controlling resistance)이 된다. 그러나 가열 액체 또는 냉각 액체가 상 변화 없이 재킷을 통과할 때는 그 막계수가 아주 작아서 재킷-측 저항이 율속이 된다. 단순한 개방 재킷에서 액체속도가 아주 낮게 되면(0.1 ft/s 이하), 열전달은 자연대류(自然對流)에 의한 것이 지배적이다. ΔT = 100°F의 냉각수와 5 ft 높이의 개방형 재킷에서 자연대류에 대한 예측계수는 기껏 90 Btu/h · ft^2 · °F(500 W/m^2 · K)정도이다. 자연대류에 기인되는 혼합(混合)은 재킷내의 평균온도가 출구온도에 근접되게 하므로, 로그평균이 아니라 출구에서의 온도차를 이용해야만 한다. 재킷 내 액체에 대한 계수를 증가시키는데 몇 가지 방법이 쓰인다. 액체를 노즐을 통해 모두 같은 방향으로 유입시켜 재킷 내 선회류를 유발케 할 수 있다[그림 15.18(a)]. 그 선회류 속도는 전형적으로 1~4 ft/s(0.3~1.2 m/s)이고 노즐속도와 재킷치수로부터 예측할 수 있다[4, 18]. 2 ft/s, 폭 3 in의 재킷에서 100°F 물에 대한 막계수는 식 (12.32)에 의해 예측하면, 450 Btu/h · ft^2 · °F(2,500 W/m^2 · K)이다. 다른 방법으로는 용기 외벽에 나선형 장애판(spiral baffle strip)을 용접하는 것이다[그림 15.18(b)]. 그러면 유체는 사각단면을 나선형으로 통과하게 되고, 그 계수는 개방형일 때 얻을 수 있는 것보다 몇 배 클 것이다. 그러나

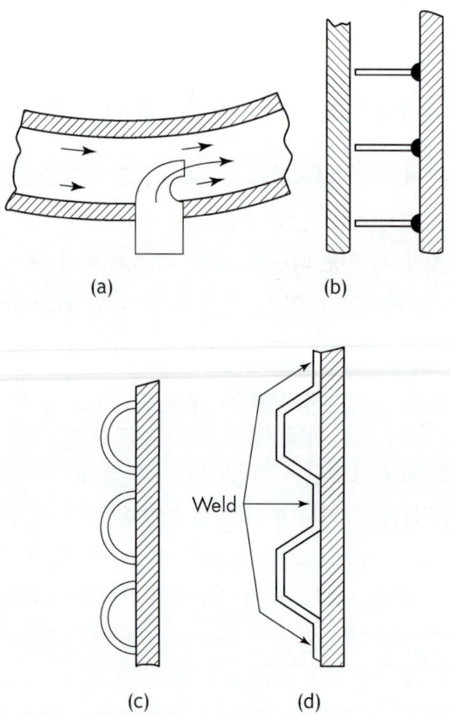

그림 15.18 재킷구조 : (a) 교반노즐, (b) 나선형 장애판, (c) 반관(half-pipe) 코일, (d) 딤플(dimple) 재킷

장애판과 재킷 외벽과의 틈(gap)은 약간의 누출과 루프간 우회류(bypass)를 유발케 하여, 벽에 접해 가는 흐름과 전열속도를 감소시킨다.

높은 재킷압력과 흐름형태의 조절 용이성을 위해서는 용기 외벽에 반쪽 관 코일을 용접하여 재킷을 만드는 것이다[그림 15.18(c)]. 직접 열교환되는 면은 감소되나, 용기 벽을 통한 전도 때문에 관들 사이의 면으로부터 약간의 열전달이 있게 된다[9]. 재킷의 입 · 출구를 2 또는 그 이상으로 나누어, 고 유속을 얻고 또 압력손실 증가 없이 좋은 전열을 얻을 수도 있다[34]. 딤플 재킷반응기(dimple jacket reactor)[그림 15.18(d)]는 고압에서 이용될 수 있으나, 마찰손실이 타 형태의 것에 비해 크고 열전달 자료를 얻기가 쉽지 않다.

교반용기 내의 과도가열(transient heating) 또는 과도냉각(transient cooling)

비열 c_p인 액체 m kg(또는 m lb)가 들어 있는 잘 교반되는 용기를 고려해보자. 이것은 열전달 표면적이 A이고, 온도가 T_s인 응축 수증기와 같은 일정한 온도 매체에 의해 가열된다. 액체의 초기온도가 T_a이면, 어떤 시간 t_T에서 그 온도 T_b는 다음과 같이 알 수 있다. 비정상상태 열전달에 대한 기본관계는 다음과 같다.

$$\text{에너지 축적률} = \text{에너지 유입량} - \text{에너지 유출량}$$

탱크를 나가고 들어오는 흐름이 없고 화학반응이 없는 액체 회분 양(回分量)에 대하여는 단지 에너지 유입 양이 면적 A을 통해 전달된 열량임으로, 이 때는 유출 양이 없게 된다. 즉,

$$mc_p \frac{dT}{dt} = UA(T_s - T) \tag{15.28}$$

만일 U가 일정하면(보통 합당한 가정임), 식 (15.28)은 한계 치 $t = 0$, $T = T_a$ 그리고 $t = t_T$, $T = T_b$ 사이에서 적분될 수 있으므로 다음과 같이 된다.

$$\ln \frac{T_s - T_a}{T_s - T_b} = \frac{UAt_T}{mc_p} \tag{15.29}$$

식 (15.29)은 알고 있는 액체 질량을 가열하는 데 소요되는 시간으로부터 총괄계수를 결정하는 데 쓰인다.

열전달 매체가 일정온도는 아니나, 온도 T_{ca}, 일정속도 $\dot{m}_c$로 흐르는 비열 c_{pc}인 액체(냉각수와 같이)이면, 액체에 대한 해당 식은,

$$\ln \frac{T_a - T_{ca}}{T_b - T_{ca}} = \frac{\dot{m}_c c_{pc}}{mc_p} \frac{K_1 - 1}{K_1} t_T \tag{15.30}$$

여기서,

$$K_1 = \exp \frac{UA}{\dot{m}_c c_{pc}} \tag{15.31}$$

과도적(過渡的) 열 전달이 포함된 기타의 경우에 대한 식은 여러 문헌[15b]에서 찾아볼 수 있다.

15.8 충전층에서의 열전달

많은 촉매반응(觸媒反應)은 다관-원통형 교환기와 유사한 다중-관 반응기 안에서 일어난다. 고체 촉매입자가 관 안에 충전되고, 반응물 기체는 반응기 양끝에 있는 헤더(header)를 통해 들어가고 나간다. 발열반응(發熱反應)의 경우, 반응열은 순환 냉각제(circulating coolant) 또는 동체-측 비등 유체에 의해 제거된다. 흡열반응(吸熱反應)의 경우, 반응에 필요한 에너지는 동체 안의 뜨거운 유체로부터 관 내의 촉매입자로 전달된다. 한계 열전달계수는 보통 관측에 나타나서, 관 크기나 질량유속은 거의 일정 반응속도가 유지되도록 또는

최대 촉매온도의 안전치를 넘지 않도록 선정한다. 다음 설명에서 발열반응을 예로 들었는데, 이것은 매우 일반적이기 때문이며, 아주 낮은 총괄 계수는 조절 할 수 없도록 반응기 온도의 상승을 유발케 하거나 "이탈" 반응[1](runaway reaction)을 유발시킬 수 있기 때문이다.

온도 및 속도분포

충전층(充塡層) 내에서의 발열반응에 대한 반경방향 온도분포는 그림 15.19(a)에 보인 모양이다. 내관 벽 근처에서 가파른 구배(기울기)가 있고, 나머지 촉매층에서는 거의 포물선 온도분포이다. 속도분포[그림 15.19(b)]는 벽 근처에서 정점이 있다. 이것은 입자가 다른 부분보다 벽 근처에서 더 느슨하게 충전되기 때문이다. 난류이고 균일상(均一相) 반응인 빈 관에서 온도분포와 속도분포는 거의 모든 구배가 벽 근처에 있다.

열전달계수

단순 1차원적인 충전관(packed tube) 사례에서 열전달계수는 기체의 반경방향 평균온도를 기초로 한다. 즉, $\overline{T}$는 관 길이에 따른 어떤 지점에서 그 관을 통과하는 모든 기체를 혼합시킨 후 얻어지는 온도이다. 즉,

$$dq = UdA(\overline{T} - T_j) \tag{15.32}$$

여기서, $dA = \pi D_i dL$이며 U는 다음 식으로 된다.

$$\frac{1}{U} = \frac{1}{h_i} + \frac{1}{h_o D_o / D_i} + \frac{x_w}{k_m \overline{D}_L / D_i}$$

발열반응에서 촉매 입자가 주위 기체보다 뜨거워진다고 할지라도, 이 단순한 처리과정에서는 기체온도와 고체온도가 동일하다고 가정한 것이다. 기체와 고체온도 간의 차는 17장의 상관식을 이용하여 계산할 수 있다. 이 차는 20~30°C의 전형적인 구동력($\overline{T} - T_j$)에 비하여 일반적으로 단지 몇 도(few degree)에 지나지 않는다.

고체 입자가 있으면 내부 계수가 같은 유속에서 텅 빈 관에 대한 것보다 더 커지는데, 이것은 입자 사이의 실제 기체속도가 공탑속도(superficial velocity)의 몇 배까지 증가되기 때문이다. 구형(求刑)으로 채워진 관 내의 공기의 경우, 그 계수는 텅 빈 관에서 계수의 5~10배이다. 그 계수는 약 유속의 0.6제곱에 따라 증가하고, 관 크기의 증가에 따라서는 텅 빈 관의 것보다 더 감소된다.

충전관(packed tube)에 대한 계수의 비 D_p/D_i가 0.15~0.2일 때 가장 높다(그림 15.20에 그 결과가 표시된 바와 같이). 아주 작은 입자의 경우, 층(層) 내의 난류혼합이 약해지고, 중심 영역에서 열전달에 대한 큰

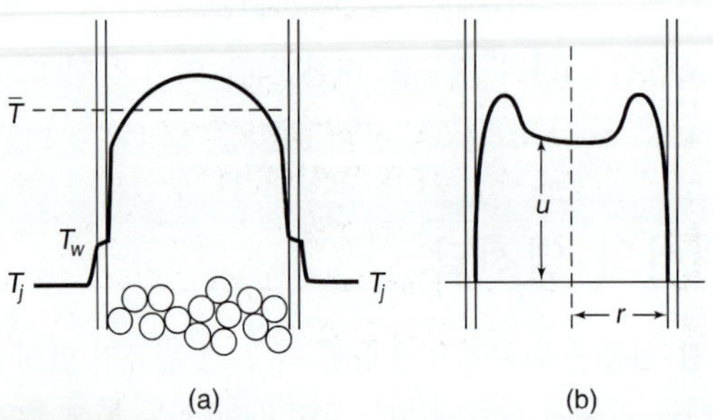

그림 15.19 관형 충전층 반응기 내 온도 및 유속분포

1 Runaway 사항은 Chem, Reaction and Reactor Eng.(Ed. Carberry), pp. 385, 1033, Marcel Dekker, Inc, N. Y. 1987을 참고하라.(역자)

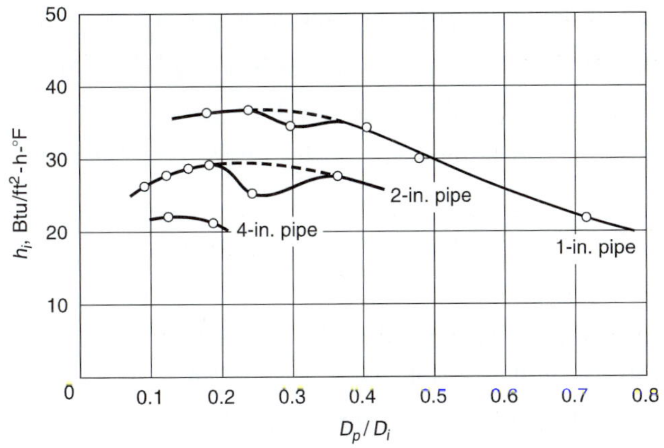

그림 15.20 알루미나 입자 충전관에 대한 열전달계수. Airflow, 3,000 lb/ft^2·h (4.07 kg/m^2·s)

저항이 있게 된다. 이 중심 영역에서는 층류에 대한 온도분포와 유사한 분포가 나타난다. 아주 큰 입자의 경우, 빠른 혼합이 일어나고 관 중심에서 구배가 거의 없게 된다. 그러나 벽 근처의 높은 공극률(다공율, void fraction) 영역이 두껍게 나타나서 대부분의 열전달 저항이 이 영역에서 있게 된다. $D_p/D_i \approx 0.3$에서 곡선의 늘어진 정도는 공극률의 증가에 따른다[28].

서로 다른 입자와 관 크기, 기체유속, 그리고 기체 특성에 따른 열전달 속도를 예측하려면, 계수 h_i는 충전층의 벽 근처에서의 저항과 나머지 영역에서의 저항을 각각 고려하는 두 부분으로 나눈다. 즉,

$$\frac{1}{h_i} = \frac{1}{h_{\text{bed}}} + \frac{1}{h_w} \tag{15.33}$$

층계수(bed coefficient)는 유효 열전도도 k_e(effective thermal conductivity)로부터 얻는다. 만일 층 내 온도분포가 포물선이면, 다음 식이 적용된다.

$$h_{\text{bed}} = \frac{4k_e}{r} \tag{15.34}$$

유효 층-전도도(effective bed conductivity)는 정류-항(static or zero-flow term)을 갖는데, 알루미나(alumina), 실리카 겔(silica gel), 침적촉매(impregnated catalyst)와 같은 다공성 무기물질 입자일 때, 이 값은 보통 약 $5k_g$이다. 여기서 k_g는 기체의 열전도도이다. 전도도에 미치는 난류의 기여도는 질량유속과 입자지름에 비례하고, 다음 식에서 인자 0.1은 충전층에서 난류확산(亂流擴散)에 대한 이론과 잘 일치한다[20].

$$\frac{k_e}{k_g} \approx 5 + 0.1\,\text{Re}_p\,\text{Pr} \tag{15.35}$$

식 (15.35)의 **Re**를 계산하는 데 입자지름을 사용하고, 단지 기체 물성은 **Pr**를 계산하는 데 쓰인다. 층계수는 식 (15.35)를 사용하여 얻을 수 있는데, k_e을 구하기 위하여 기체 전도도를 알고, 그 다음 식 (15.34)로부터 h_{bed}을 구한다.

계수 h_w는 다음 실험식으로부터 추산될 수 있는데, 이 식은 측정된 총괄저항으로부터 계산된 층저항을 뺌으로써 결정된 것이다[29]. 즉,

$$\text{Nu}_w \equiv \frac{h_w D_p}{k_g} = 1.94(\text{Re}_p)^{0.5}(\text{Pr})^{0.33} \tag{15.36}$$

h_{bed}에 대한 식과 결부된 식 (15.36)을 보면, 왜 복합계수 h_i가 $D_p/D_i = 0.1\sim0.2$ 사이에서 최대가 되는지를 알 수 있다 D_p/D_i가 작을 때, 층저항이 더 중요해지고, D_p 증가에 따라 Re_p와 h_{bed}가 증가하게 된다.

D_p/D_i가 클 때, 기벽저항이 율속이 되며, D_p증가에 따라 h_w와 h_i는 더 작아진다. 그 이유는 식 (15.36)에서 보듯이 h_w가 $D_p^{-0.5}$에 따라 변하기 때문이다. 식 (15.36)은 구에 대한 결과이지만 원통형(cylinder)이나 고리형 충전물(ring-shaped packings)에 대해서도 아주 잘 맞는다[29]. 200°C 또는 그 이상에서 조업되는 충전관의 경우, 입자간 그리고 입자로부터 벽까지의 복사는 중요하게 되어서 예측된 총괄 계수는 이 영향에 대해 보정되어야만 한다[32].

재생기

재생기(regenerator)에서 2개 흐름간 열전달은, 상당한 열저장 능력을 갖은 고체층을 뜨거운 유체와 찬 유체가 교대로 통과됨으로서 일어난다. 뜨거운 유체가 고체에 열을 공급하여 그 고체는 가열되는 것이다. 그 다음 평형 도달 전에 흐름을 교체시켜 찬 유체가 고체층의 열을 제거한다. 재생기의 어떤 형태에서는 2개의 동일한 층(bed)이, 즉 그림 25.1의 흡착기-탈착기계(adsorber-desorber)에서와 같이 이용되기도 한다. 또 다른 형태의 것은 두꺼운 휠(wheel)모양의 회전층(rotating bed)을 이용하는 것이다. 여기서 찬 유체는 그 층의 한 부채꼴 부분(일반적으로 180°)을 축 방향으로 통과하고, 뜨거운 유체는 다른 쪽 부분을 통해 반대방향으로 흐르게 한다. 이 회전 재생기에서 그 층상(bed)은 금속 봉, 망사, 또는 주름진 기질(corrugated matrix)인데 이는 입자층에 비해 큰 표면적, 큰 공극율과 낮은 압력손실을 준다.

이 재생기는 다관-원통형 교환기에 비해 단위체적 당 큰 표면 및 저가인 장점을 갖는다. 또한 이것은 청소가 용이하고 충전물 교체가 용이하다. 이 회전장치의 주된 문제는 뜨거운 유체와 찬 유체를 격리시키는 격리판에서 약간의 누출이다. 이로 인해 2 유체의 혼합이 있게 된다. 뜨거운 연소가스로 공기를 예열하는 경우, 공기 내로 약간의 연소가스 유입은 그다지 큰 문제가 아니기 때문에 이 회전 재생기는 발전소에 널리 쓰인다. 이것은 소각로, 용광로, 가스터빈 엔진 등에 연결되기도 한다. 일반적으로 액체는 고체 기질의 열용량에 비교될 정도이기는 하지만, 재생기 유체로서 적합하지 않다.

재생기의 유효도(effectiveness)는 열전달단위 수(number of heat-transfer unit)와 주기(cycle time)에 의존된다. 동일 흐름용량(flow capacity)과 무시할만한 고체-측 저항(즉 작은 Biot number)인 경우, 막계수는 유효 총괄계수, U을 구하는데 결합시킬 수 있다. 즉

$$\frac{1}{U} = \frac{1}{h_c} + \frac{1}{h_h} \tag{15.37}$$

전달단위 수는 2개 층 또는 회전 휠(rotating wheel)의 전 표면적을 기준으로 한다.

$$N_H = \frac{UA}{C} \tag{15.38}$$

여기서 $C = \dot{m}_c c_{pc} = \dot{m}_h c_{ph}$. 고체의 열용량(질량×비열)을 가열 또는 냉각하는데 필요한 시간(이것은 주기의 절반)으로 나누면 그 흐름의 흐름용량(flow capacity)과 같은 단위를 갖는 열용량(thermal capacity)을 얻게 된다. 즉,

$$C_R = \frac{mc_s}{t} \tag{15.39}$$

그 다음 용량 비(capacity ratio) R_R이 그 성능을 규정하는 데 N_H와 함께 쓰인다.

$$R_R = \frac{C_R}{C} \tag{15.40}$$

이상형 재생기(무 누출, 무 혼합, 무 축방향 전도)에 대한 이론 유효도가 그림 15.21에 표시되었다[22]. 아주 짧은 주기와 $R_R \to \infty$인 제한된 경우에, 고체온도는 축-방향 위치만의 함수이고 시간에는 무관하다. 그러면 그 유효도는 그림 15.8에 보인 이상형 1-1 향류 열교환기의 것과 같다. $R_R = 1$일 때 고체는 큰 용량을

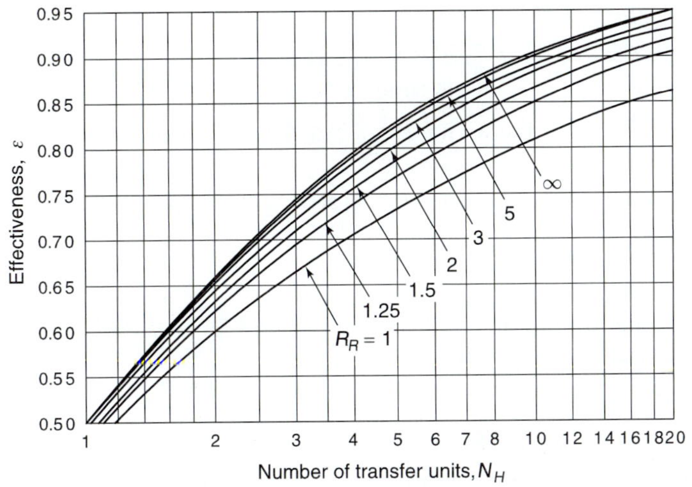

그림 15.21 균형된-향류 재생기의 유효도

갖게 되어 t초 동안 뜨거운 기체로부터 모든 열을 흡수하게 된다. 더 낮은 R_R값에서의 조업은 불가능하고 전형적인 설계치는 $R_R = 1.5 \sim 5$이다.

15.9 기호 설명

A	면적, m^2, ft^2; A_F, 핀(fin)의 면적; A_b, 노출관(bare tube)의 면적; A_i, 관의 내부면적, A_o, 관의 외부면적
a	식 (15.27)의 지수
a_F	핀인자[식 (15.19)]
B	스크레이퍼 날의 수
Bi	Biot number, 무차원, 구의 경우 hr_m/k
b	식 (15.25)의 지수
C	재생기 기체의 열용량(thermal capacity); C_R 재생기 고체의 열용량
c_p	정압에서의 비열, J/g · °C, Btu/lb · °F; c_{pc}, 차가운 액체의 비열
D	지름, m, ft; D_a, 임펠러 또는 스크레이퍼의 지름; D_c, 코일관의 바깥지름; D_e, 비원형 유로의 상당지름; D_i, 내관의 지름; D_o, 관의 바깥지름; D_p, 입자지름; D_s, 교환기 동체의 안지름; D_t, 교반 용기의 지름; $\overline{D}_L$, 관의 안지름과 바깥지름의 대수평균
F_a	십자류에 대한 관의 배열인자[식 (15.8)]
F_G	십자류 또는 다중-통과 교환기에서 평균온도차에 대한 보정인자; 무차원
f	Fanning 마찰인자, 무차원
f_b	장애판 창으로 채워진 동체의 단면적 분율
G	질량속도, kg/m^2 · s, lb/ft^2 · h; G_b, 장애판 창의 질량속도; G_c, 교차흐름의 질량속도; G_e, 교환기에서의 유효값 $\sqrt{G_b G_c}$
h	개별 열전달계수, W/m^2 · °C, Btu/ft^2 · h; h_c, 코일 외부에 대한 값; h_h, 관 내부에 대한 값; h_i, 재킷의 내벽에 대한 값; h_o, 관의 외부에 대한 값; h_w, 관벽 근처에 기체막에 대한 값; h_{bed},

	충전층의 값
j_H	j 인자, 무차원, 동체-측 열전달에 대한 값
K	식 (15.27)의 계수; K_1, 식 (15.30)의 계수
k	열전도도, W/m · °C, Btu/ft · h; k_e, 충전층에 대한 유효값; k_g, 기체의 열전도도; k_m, 관벽의 열전도도
L	핀 또는 교환기의 길이, m, ft; L_p, 핀의 주변길이(침변장)
LMTD	대수평균온도차 $\overline{\Delta T}_L$
m	액체질량, kg, lb
$\dot{m}$	질량유속, kg/h, lb/h; $\dot{m}_c$, 차가운 유체의 질량유속; $\dot{m}_h$, 뜨거운 유체의 유속
N_b	장애판-창(baffle window) 내의 관의 수
N_H	열전달단위 수
Nu	Nusselt 수, hD_e/k, 무차원
n	임펠러 또는 스크레이퍼 속력, r/s, r/h
P	분활판 피치(baffle pitch), m, ft[주: 흐름을 분활시키기 위한 것보다, 혼합을 목적으로 설치되었을 경우는 장애판으로 칭하였음)
Pr	Prandtl수, $c_p\mu/k$
p	관들 간의 중심에서 중심까지의 거리, m, ft
Q	열량, J, Btu; Q_T, 시간간격 t_T, 동안에 전달된 총 열량
q	열전달속도, W, Btu/h
R_C	열용량 비; R_R 재생기에 대한 값
Re	Reynolds수, DG/μ, $D_a^2 n\rho/\mu$; Re_p
r_H	수력학적 반지름
S	단면적, m^2 · °C, ft^2; S_b, 장애판 창 내의 흐름면적; S_c, 교환기 동체 내의 십자류 면적
T	온도, °C, °F; T_F, 핀 밑으로부터의 거리 x 에서의 온도; T_a, 초기온도; T_b, 최종온도; T_{ca}, 찬 유체의 입구온도; T_{cb}, 찬 유체의 출구온도; T_{ci}, 찬 유체의 중간온도; T_{ha}, 뜨거운 액체의 입구온도; T_{hb}, 뜨거운 유체의 출구온도; T_j, 재킷의 온도; T_r, 환산온도; T_s, 일정온도 가열유체의 온도; T_w, 핀이 달린 관의 표면 또는 노출 부분의 온도; $\overline{T}$, 전층 내의 평균온도
t	시간, s, h; t_T, 시간간격의 길이
U	총괄 열전달계수, W/m^2 · °C, Btu/ft^2 · h; U_i, 내부면적에 입각한 값
u	유체속도, m/s, ft/s
$\overline{V}$	종단-방향으로의 평균 유체속도, m/s, ft/s
w	평판형 교환기에서 판의 폭
x_F	핀의 높이, m, ft, x_w, 관 벽의 두께
y_F	핀 두께, m, ft
Z	십자류 또는 다중-통과 교환기에서의 온도범위 비, 무차원[식 (15.1)]

그리스문자

α	열확산계수, m^2/h, ft^2/h
Δp	압력강하, N/m^2, lb$_f$/ft^2
ΔT	온도차, °C, °F; ΔT_o, 핀 달린 관의 벽과 유체간의 온도차; $\overline{\Delta T}$, 수정된 총괄 평균온도차; $\overline{\Delta T}_F$, 유체와 핀 간의 온도차; $\overline{\Delta T}_L$, 대수평균 온도차

ε	열교환기 유효도, 무차원
η_F	핀효율 $\overline{\Delta T_F} / \overline{\Delta T_o}$
η_H	가열유효도, 무차원[식 (15.2)]
μ	절대점도, cP, lb/ft · h; μ_w, 벽 또는 표면온도에서의 값
ρ	밀도, kg/m^3, lb/ft^3

연습 문제

15.1 공기가 관다발 직각으로 3 m^3/s(0°C, 1 atm에서 측정됨)의 속도로 흐른다. 이 관다발은 10개의 관, 10개의 간격과 깊이로 10줄로 되어 있다. 각 관의 길이는 3.5 m이다. 관은 3각형 중심에 위치되어 있고, 중심과 중심사이의 거리는 75 mm이다. 대기압의 공기를 20°C로부터 40°C까지 가열하려고 한다. 어떤 수증기 압력을 사용해야 하는가? 관은 25 mm OD 강관이다.

15.2 150,000 kg/h 속도의 원유(crude oil)를 증류탑 하부 생성물(bottom product)을 이용하는 열교환기에 의해 20°C로부터 57°C까지 가열하려 한다. 129,000 kg/h의 탑 하부 생성물이 146로부터 107°C까지 냉각된다. 동체 안지름이 23 $\frac{1}{4}$ in인 강철관형 교환기가 사용 가능하다. 이 관형 교환기는 동체-측이 1-통과이고, 관측이 2-통과이다. 튜브는 324개, $\frac{3}{4}$ in OD, 14 BWG, 12 ft 길이이고, 이 튜브들이 1 in 정사각 피치와 25% 절단 분활판으로 지지되어 있으며, 분활판 간격은 9 in이다. 이 교환기는 적합한가? 즉 허용 오염인자(allowable fouling factor)는 얼마인가? 평균 물성은 표 15.2에 주어져 있다.

표 15.2 문제 15.2의 자료

	Product, outside tubes	Crude, inside tubes
c_p, J/g·°C	2.20	1.99
μ, cP	5.2	2.9
ρ, kg/m^3	867	825
k, W/m·°C	0.119	0.137

15.3 수직 관 2-통과 가열기(two-pass heater)가 경유(gas oil)를 가열하는 데 쓰인다. 100 psig(lb$_f$/in^2 gauge)의 포화수증기가 가열매체(heating medium)로 쓰인다. 튜브는 1 in OD, 16 BWG이고, 연강(mild steel)으로 만들어졌다. 기름은 60°F로 들어가서 150°F로 나간다. 점도-온도 관계는 지수식(指數式)에 따른다. 60°F에서 점도는 5.0 cP이고, 150°F에서는 1.8 cP이다. 기름은 60°F에서 37° API(비중 = 0.840)이다. 기름유량은 150 bbl/h (1 bbl = 42 gal), 수증기는 막상응축(film condensation)으로 일어난다고 가정한다. 기름의 열전도도는 0.078 Btu/ft·h·°F이고, 비열은 0.480 Btu/lb·°F이다. 관내의 기름유량은 약 3 ft/s이어야 한다. 이 가열기에 필요한 튜브의 길이를 계산하라.

15.4 표 15.3에 주어진 특성을 가진 석유를 수평형 다중통과 가열기에서 60 psig 수증기로 가열하려고 한다. 튜브는 3/4 in OD 16 BWG 강관이고, 그 최대 길이는 15 ft이다. 석유는 100°F로 들어가 180°F로 나가고, 약 4 ft/s 속도로 튜브를 들어간다. 총괄유량은 200 gal/min이다. 각 통과 후 석유는 완전 혼합된다고 가정하면, 얼마의 통과 수가 필요한가?

15.5 단일 원통에 수직한 흐름에 대하여 Donohue식[식 (15.6)]에 의한 계수를 식 (12.63)로 구한 값과 비교하라. 교환기의 동체 내 최대 질량속도 및 평균 질량속도를 고려하여 그 차를 조정할 수 있는가?

표 15.3 문제 15.4의 자료

Temperature, °F	Thermal conductivity, Btu/ft·h·°F	Kinematic viscosity, 10^5 ft²/s	Density, lb/ft³	Specific heat, Btu/lb·°F
100	0.0739	36.6	55.25	0.455
120	0.0737	21.8	54.81	0.466
140	0.0733	14.4	54.37	0.477
160	0.0728	10.2	53.92	0.487
180	0.0724	7.52	53.48	0.498
200	0.0719	5.70	53.03	0.508
220	0.0711	4.52	52.58	0.519
240	0.0706	3.67	52.13	0.530
260	0.0702	3.07		0.540

15.6 다관-원통형 교환기가 20℃ 냉각수를 이용하여 어떤 수용액 흐름을 95℃로부터 30°까지 냉각하는 데 쓰인다. 냉각수의 유속이 그 공정흐름(process steam) 유속의 2배라면, 가장 큰 총괄계수는 냉각수를 관측으로 보낼 때 얻을 것인가 또는 동체-측으로 보낼 때 얻을 것인가?

15.7 대기압의 클로로벤젠(chlorobenzene) 5,000 kg/h를 비등시킬 수증기 가열식 자연대류 컬란드레어(steam-heated natural-convection calandria)를 설계하려고 한다. (a) 대략 열전달 표면은 얼마나 필요한가? (b) 컬란드레어 내의 평균압력이 0.5 atm. abs이면, 그 면적은 얼마나 필요한가? 클로로벤젠의 정비점(定沸點)은 132℃이고, 그 임계온도는 359.2℃이다.

15.8 60℃의 액상 스티렌(styrene)이 표준형 6날 터빈(6-blade turbine)이 부착된 지름 2 m의 수증기 재킷 솥(steam-jacketed kettle)에서 가열된다. (a) 교반기 속력이 140 rpm일 때 내부 벽의 막계수 h_j를 계산하라. (b) 동일 동력으로서 경사형 날 터빈(pitched-blade turbine)을 쓴다면, 그 계수는 표준형 터빈의 것과 어떻게 비교할 수 있는가?

15.9 지름이 2 m인 터빈 교반용기에 묽은 수용액 5,500 kg이 들어 있다. 그 교반기는 지름이 2/3 m이고, 140 rpm으로 회전한다. 그 용기는 재킷이 부착되어 있고, 그 재킷에는 110℃의 수증기가 응축되고 열전달면적은 12 m²이다. 그 용기의 강철벽은 10 mm 두께이다. 수용액은 40℃이고, 응축수증기의 열전달계수가 10 kW/m²·℃이면, 수증기와 용액간의 열전달속도는 얼마인가?

15.10 문제 15.9에서 주어진 조건 하에서 그 용기 내용물을 (a) 20℃로부터 60℃까지, (b) 60℃로부터 100℃까지 가열하는데 얼마나 오래 걸리는가?

15.11 기상(氣相) 발열반응이 다중-관 반응기(multitube reactor)내에서 일어난다. 1 in관에 촉매가 차 있고, 재킷에는 끓는 물이 차 있는 다중-관 반응기이다. 급송물(feed)온도와 재킷온도는 240℃이다. 반응기의 평균온도는 입구로부터 가까운 거리에서 250℃까지 상승되고, 그 다음 점진적으로 내려가 반응기 출구에서 241℃가 된다. 열전달에 대한 저항은 층(層)과 벽의 막(膜) 사이에서 거의 같게 나누어진다. 관 지름이 1.5 m까지 증가되고 동일 촉매가 충전될 때, 최대 반응온도 250℃를 유지하려면 재킷온도는 얼마이어야 하는가? 이 두 경우에 대한 온도분포를 그려라. 이 두 경우에 어떤 압력의 수증기가 발생되어야 하는가?

15.12 시험공장 반응기(pilot-plant reactor)용 공기가 50 mm관을 통해 흐르는데, 이 관의 외부에 전기가열기가 부착되어 있다. 12 mm 알루미나 입자로 그 관을 채운다면, 총괄 열전달계수는 몇 배나 증가되는가? 빈 관을 기준한 Re는 12,000이다.

15.13 보일러 용 공기를 예열하기 위해 설계된 열관에 대한 자료가 아래에 주어져 있다[5b]. (a) 그 장치에 대한 열수지를 검토하고 단일 관에 대한 평균 열전달속도를 kW단위로 계산하라. (b) 그 교환기의 고온부와 저온부에서 작동유체의 온도를 추산하라. 단 공기-측 경막과 연도기체-측 경막은 같다고 가정한다. (c) 관의 외부면적을 기준한 U값은 얼마인가? 단, 핀(fin) 면적은 고려하지 않는다.

연도기체 유속 : 36,700 kg/h, 공기 유속 : 34,500 kg/h
연도기체 온도 : 유입온도 27℃, 출구온도 120℃
열관 : 관 수 144, 직경 5.1 cm, 길이 4.57 m

15.14 2관-통과 원통형 교환기가 에탄올을 60°F로부터 140°F까지 가열하는 데 사용하려고 한다. 동체 내에서는 230°F의 수증기가 응축된다[27a]. 강철관이 사용되었고 BWG 14, $\frac{3}{4}$ in OD이다. 내부면적 기준 한 설계 총괄계수는 196 Btu/h·ft^2·°F인데, 이는 가정된 오염인자 1,000 Btu/h·ft^2 및 수증기 계수 1,800 Btu/h·ft^2·°F를 기준 한 것이다. (a) 4-관 통과(4-tube passes)가 이용되었다면, 새로운 총괄계수는 얼마인가? (b) 만일, 관 길이가 변화 없고 2-관통과에 대한 Δp가 140 lb$_f$/ft^2 이었다면, 새로운 압력강하는 얼마인가?

15.15 1-in BWG 14 관으로 된 원통형 교환기가 중유를 120℃로부터 50℃까지 냉각하는데 이용하려고 한다. 이때 25℃의 냉각수를 이용한다. 중유의 특성은 다음 표와 같다.

	120°C	50°C
ρ, kg/m^3	710	780
μ, cP	3.1	12
k, W/m·°C	0.104	0.104
c_p, J/g·°C	2.1	2.1

(a) 관 내로 어느 유체를 투입할 것인가를 결정하는 데 도움을 얻기 위하여, 30 cm/s로 관 내를 흐르는 중유에 대한 경막계수와 같은 유속에서 관 외부 계수를 비교하라. 단 동체-측 흐름에서 $G_b = G_c$로 가정하라. (b) (a)에서의 비교가 선정된 유속에 의해 받는 영향은 어떠한가?

15.16 $Z = 1.0$ 및 $\eta_H = 0.50$인 1-2 교환기에 대하여 식 (15.1)을 사용하여 F_G을 계산하라. 그리고 그림 15.6으로부터의 값을 가지고 검토하라.

15.17 전형적인 Re 및 Pr 값에 대하여, 교차흐름 교환기(crossflow exchanger) 내의 외부 계수[식 (15.8)]를 Donohue 식[식 (15.6)]에 의한 예측 치와 비교하라. 왜 Donohue식으로부터의 값이 아주 낮은가?

15.18 문제 15.15에서 주어진 특성을 가진 탄화수소 기름(hydrocarbon oil)을 판상형 교환기(plate-type exchanger)에서 120℃로부터 60℃까지 냉각하려고 한다. 30℃ 냉각수가 기름의 질량유속의 2배로 교환기로 들어간다. 기름의 유속이 1.0 ft/s일 때, 그 교환기의 총괄 계수를 추산하라.

참고 문헌

1. American Society of Mechanical Engineers. *Boiler and Pressure Vessel Code*, New York: ASME, 1995.
2. APV Corporation. *Heat Transfer Handbook*. Goldsboro, NC: 2000.
3. Babcock and Wilcox Co., *Steam-Its Generation and Use*, 40th ed. New York: Babcock and Wilcox, 1992.
4. Bollinger, D. H. *Chem. Eng*., **89**(19):95 (1982).
5. Bowman, R. A., A. C. Mueller, *and W. M. Na*g**le.** Trans. ASME, 62:283 (1940).
6. Donohue, D. A. *Ind. Eng. Chem*., **41**:2499 (1949).
7. Douglas, J. M., *Conceptual Design of Chemical Processes*, New York: McGraw-Hill, 1988, chap. 8.
8. Dunn, P. D., and D. A. Reay, *Heat Pipes*, 4th ed., Oxford, New York: Pergamon, 1994 ; (a) p. 107 ; (b) p. 305
9. Fogg, R. M., and V. W. Uhl., *Chem. Eng. Prog*., **69**(7):76 (1973).
10. Gardner, K. A., *Trans. ASME*, **67**:621 (1945).
11. Gentry, C. C., R. K. Young, and W. M. Small, *AIChE Symp. Ser*., **80**(236):104 (1984).
12. Gentry, C. C., *Chem. Eng. Prog*., **86**(7):48 (1990).
13. Gianolio, E., and F. Cuti, *Heat Trans. Eng*., **3**(1):38 (1981).
14. Harriott, P., *Chem. Eng. Prog. Symp. Ser*., **29**:137 (1959).
15. Kern, D. Q., *Process Heat Transfer*, New York: McGraw-Hill, 1950 ; (a) pp. 626-37 ; (b) p. 841.
16. Kerner, J. *Chem. Eng*., **100**(11):177 (1993).
17. Kung, D. M., and P. Harriott, *Ind. Eng. Chem. Res*., **26**:1654 (1987).
18. Lehrer, I. H. *Heat Trans. Eng*., **2**(3-4):95 (1981).
19 Lerner, J. E. *Hydrocarbon Proc*., **51**(2):93 (1972).
20. Li, C. H., and B. A. Finlayson, *Chem. Eng. Sci*., **32** ;1055 (1977).
21. Marriott, J. *Chem. Eng*., **78**(8):127 (1971).
22. McAdams, W. H. *Heat Transmission*, 3rd ed. New York: McGraw-Hill, 1954.
23. Mills, A. F. *Heat Transfer*, Homewood, IL: Irwin, 1992, p. 751.
24. Mukherjee, R., *Chem. Eng. Progr.,* **94**(3):35(1998)
25. Oldshue, J. Y., and A. T. Gretton, *Chem. Eng. Prog*., **50**:615 (1954).
26. Perry, R. H., and D. W. Green(eds.), *Perry's Chemical Engineers' Handbook*, 7th ed. New York: McGraw-Hill, 1997 ; (a) p. **11**-4ff, (b) p. **11**-9.
27. Peters, M. S., and K. D. Timmerhaus, *Plant Design and Economics for Chemical Engineers*, 3rd ed. New York: McGraw-Hill, 1980, pp. 678-95.
28. Peters, P. E., M. S. thesis, Cornell University, Ithaca, NY, 1982.
29. Peters, P. E., R. S. Schiffino, and P. Harriott, *Ind. Eng. Chem. Res*., **27**:226 (1988).
30. Polley, G., and C. Haslego, *Chem. Eng. Progr.,* **98**(10):48(2002) ; **98**(11):47(2002)
31. Ramdas, V., V. W. Uhl., M. W. Osborne, and J. R. Ortt, *Heat Trans. Eng*., **1**(4):38 (1980).
32. Schotte, W., *AIChE J*., **6**:63 (1960).
33. Skelland, A. H. P., *Chem. Eng. Sci*., **7**:166 (1958).
34. Steve, E. H., *Chem. Eng*., **105**(1):92 (1998).
35. Strek, F., and S. Masiuk, *Intl. Chem. Eng*., **7**:693 (1967).
36. Tubular Exchangers Manufacturers Association, *Standards of the TEMA*, 7th ed. New York: TEMA, 1988.
37. Uhl, V. W., and J. B. Gray, *Mixing*, vol. 1. New York: Academic, 1966 ; (a) p. 284 ; (b) pp. 298-303.
38. Walas, F. M. *Chemical Process Equipment*, Stoneham, MA: Butterworths, 1988, chap. 8.

16 증발

Evaporation

비등액체 쪽으로의 열전달은 13장에서 일반적으로 논의되었다. 하나의 특별한 사례가 자주 나타나는데, 이를 하나의 조작(operation)으로서 체계화하여 증발(蒸發, evaporation)이라 하며 이 장의 주제이다.

증발의 목적은 비-휘발성 용질(溶質)과 휘발성 용매(溶媒)로 된 한 용액을 농축하는 것이다. 대부분 증발에 있어서 용매는 물이다. 증발은 용매의 일부를 증발시켜서 모액을 더 진하게 만드는 것이다. 증발은 건조와 달라서 잔유물(residue)이 고체가 아니라 용액(때로는 아주 높은 점성 용액)이다. 이것은 증류(distillation)와 달라서 증기는 보통 단일 성분이며, 증기가 혼합물일지라도 그 증기를 증발단계에서 분류물(fraction)로 분리하지 않는다. 또한 이것은 결정화(結晶化)와 달라서 결정을 형성시키고 성장시키기보다는 오히려 용액을 농축시키는 데 더 중점을 둔다. 어떤 경우, 예로서 염수를 증발시켜 식염을 만들 경우 증발과 결정화 사이의 경계가 뚜렷하지 않다. 때로 증발은 포화 모액(saturated mother liquor) 내의 결정 슬러리(slurry)를 만들기도 한다. 이 교재에서는 이와 같은 공정들은 결정화를 다루는 27장에서 논한다.

정상적으로 증발공정에서 농후 액이 유가 제품(有價製品)이고, 증기는 응축시켜 버리게 된다. 그러나 특별한 경우, 이것의 반대가 될 때도 있다. 종종 광물-함유 수(mineral-bearing water)를 증발해서 보일러 공급용, 특수 공정용, 생활용 무-고체 제품(solid-free product)을 얻는다. 이 기법을 때로는 물 증류(water distillation)라고 부르나, 기술적으로 이것은 증발이다. 대형 증발공정이 개발되어 바닷물로부터 음료수를 회수하는 데 쓰인다. 여기서는 응축된 물이 원하는 제품이다. 급송물 내 전체 물 중에서 단지 일부만이 회수되고 나머지는 바다로 돌아간다.

액체 특성

증발문제의 실제적 해결에는 농축되어지는 모액(母液)의 특성에 의해 크게 영향을 받는다. 증발기 조작이 단순 열전달로부터 분리기술까지 매우 광범위하여 모액 특성(이것은 증발기를 설계하고 조업하는데 있어서 판단과 경험이 요구되는 것이다)에 있어서도 크게 변한다. 증발되는 액체의 아주 중요한 특성들은 다음과 같다.

농도. 증발기에 공급되는 묽은 액체가 물의 물성을 가질 정도로 매우 희박하다고 해도, 그 농도가 증가됨에 따라 그 용액은 점점 더 개체 특성을 가지게 된다. 밀도와 점도는 그 용액이 포화될 때까지 고체함량이 증가하거나 또는 적절히 가열될 경우 모액은 심한 점성이 있게 된다. 포화 용액의 연속 비등(連續 沸騰)은 결정이 형성되기도 하는데, 이것은 제거되어야 하며 때로는 관을 막히게 한다. 용액의 비점(끓는점)은 고체 내용물 증가에 따라 상당히 상승될 수 있으므로, 농축 용액의 비등온도는 동일 압력의 물의 비점보다 더 높을 수 있다.

거품생성. 어떤 물질, 특히 유기물질은 증발되는 동안 거품이 인다. 안정형의 거품은 증발기를 나가는 증기를 수반하여 큰 비말동반(entrainment)의 원인이 된다.

온도 예민성. 많은 정밀 화학제품, 의약품, 식품들은 비교적 짧은 시간동안에 중간 온도에서 가열될 때 손상된다. 그와 같은 물질들은 농축할 때에는 액체의 온도와 가열 시간을 감소시키는 특별한 기법이 필요하다.

스케일(관석). 어떤 용액은 가열표면에 침적된다. 그래서 총괄계수는 점진적으로 감소된다. 이것은 증발기를 중단시켜 관을 청소할 때까지 진행된다.

구조물 재질. 가능한 한 증발기는 몇몇 강철 종류로 만든다. 그러나 많은 용액은 철 금속을 부식시키거나 또는 철 금속들로 오염된다. 그래서 구리, 니켈, 스테인레스강, 알루미늄, 불-투과성 흑연 그리고 납과 같은 특수 재질이 쓰인다. 이들 재질이 비싸기 때문에, 초기 장치비가 최소화이면서 높은 열전달속도가 유지됨이 바람직하다.

기타 많은 액체 특성이 증발기 설계자에 의해 고려되어야 한다. 이 중 몇 개가 비열, 농축열(heat of concentration), 어는점, 비등 시 기체 발생, 유독성, 폭발 위험성, 방사능 그리고 살균조작 필요성 등이다. 모액 특성의 변화 때문에, 많은 여러 가지 증발기 설계법이 개발되었다. 어떤 특정 문제에 대한 선정은 그 액체의 특성에 일차적으로 의존된다.

단일-효용관 및 다중-효용관 조작

대부분의 증발기는 금속관 상에서 수증기 응축에 의해 가열된다. 특수한 수평관 증발기를 제외하고 증발되어질 물질은 관 안쪽을 흐른다[11]. 보통 수증기는 3 atm abs 이하의 것이다. 때로는 비등액체가 약 0.05 atm abs까지 중간 정도의 진공 하에 있게 된다. 액체의 비등온도(비점)가 감소됨은 수증기와 비등액체 간의 온도차를 증가케 하여 증발기 내에서 열전달속도가 증가된다.

단일 증발기를 사용할 때, 비등액체로부터 발생한 증기는 응축시켜 버리게 된다. 이 방법을 **단일-효용관 증발**(single-effect evaporation)이라 한다. 그리고 이것은 단순하기는 하지만 수증기 이용에는 비효율적이다. 용액으로부터 물 1 kg을 증발하기 위해서 1~1.3 kg의 수증기가 필요하다. 한 증발기로부터 나오는 증기가 제2의 증발기의 수증기실(steam chest)로 공급되고, 제2의 증발로부터 나오는 증기가 응축기로 보내진다면, 그 조작은 이중-효용관(double-effect)이 된다. 초기 수증기의 열이 제2의 효용관에 다시 쓰이게 되었고, 첫 효용관으로 공급된 수증기의 단위 질량에 의해 이루어진 증발량(蒸發量)은 약 2배가 된다. 추가 효용관이 같은 방법으로 연결될 수 있다. 공급 수증기와 응축기 사이에 일련의 증발기를 사용함으로써 수증기 lb당 증발량을 증가시키는 일반적인 방법을 **다중-효용관 증발**(multiple-effect evaporation)이라 한다.

16.1 증발기의 형태

수증기-가열식 관형 증발기(steam-heated tubular evaporator)의 중요형태는 다음과 같다.

1. 장관형(長管型) 수직증발기(long-tube vertical evaporator)
   a. 상향 흐름식(upward flow)[상승-경막형(climbing-film)]
   b. 하향 흐름식(downward flow)[하강-경막형(falling-film)]
   c. 강제순환식(forced circulation)
2. 교반식 경막증발기(agitated-film evaporator)

단-통과식 및 순환식 증발기

증발기들은 단-통과식(once-through) 또는 순환식(circulation) 장치로 조작된다. 단-통과 조작에서는 급송액이 단지 한번만 관을 통과하며, 증기를 방출하고 농후액으로 그 장치를 나간다. 모든 증발이 단일-통과(single-pass)로 이루어진다. 공급량 대 증발량의 비는 단일-통과 장치에서는 제한된다. 그래서 많은 증발기가 다중-효용관(多重效用管) 조작을 채택하게 된다. 여기서는 총 농축액이 여러 효용관으로 나누어 질 수 있다. 교반식 경막증발기는 언제나 단-통과식으로 조작된다. 그리고 하강-경막형 및 상승-경막형 증발기 역시 이 방법으로 조작될 수 있다.

단-통과식 증발기는 특히 열에 민감한 물질에 유용하다. 높은 진공 하의 조작으로 액체온도를 낮게 유지할 수 있다. 관을 빠르게 한번 통과함으로써 농후액(thick liquor)은 증발온도에 있게 되나 짧은 시간이고 증발기를 떠나자마자 재빨리 냉각될 수 있다.

순환식 증발기에서 액체 풀(pool, 체류실)이 장치 내에 있다. 들어오는 급송물이 체류실로부터 나오는 액체와 혼합되고, 그 혼합물이 관을 통과한다. 관으로부터 배출되는 미-증발 액체는 체류실로 다시 돌아간다. 따라서 총 증발의 일부만 한번 통과하면서 일어난다. 모든 강제순환식(强制循環式) 증발기는 이 방법으로 조작된다. 또한 상승박막형 증발기는 보통 순환식이다.

순환식 증발기로부터 생긴 농후 액은 체류실로부터 회수된다. 따라서 체류실 내의 모든 모액은 최고 농도에 있다. 관에 유입되는 액체는 급송물에 농후 액이 혼합될 수 있기 때문에, 그것의 점도는 높고 열전달계수는 낮게 유지되는 경향이 있다.

순환식 증발기는 열에 민감한 액체를 농축하는데 부적합하다. 적당한 진공을 유지함으로써 액체의 본체온도는 분해되지 않을 정도로 되지만, 그 액체는 반복적으로 노출되면서 뜨거운 관과 접촉된다. 그러므로 일부 액체는 과도하게 고온까지 가열될 수도 있다. 가열 영역 내에서 액체의 평균 체류시간이 짧을지라도 액체의 일부는 상당한 시간동안 증발기 내에 남아 있게된다. 식품과 같은 열에 예민한 물질은 그중 작은 부분일지라도 과열되면 전 제품을 못 쓰게 될 수 있다. 그러나 순환식 증발기는 단일 장치 내에서 급송액으로부터 농후액 사이의 넓은 농도범위에 걸쳐 조작될 수 있어서, 단일-효용관(單一效用管)으로 잘 채택된다. 이 증발기는 밀도 차로 인하여 관을 통과하게 되는 자연순환 또는 펌프에 의한 강제순환으로 조작될 수 있다.

상향흐름식 장-관 증발기

액체가 상향흐름되는 전형적인 장-관 수직증발기(long-tube vertical evaporator)가 그림 16.1(a)에 그려져 있다. 중요 부분은 (1) 동체(shell) 내에 수증기 그리고 관(tube) 내에 농축될 액체가 들어가는 관형 교환기, (2) 증기로부터 비산 액적(飛散 液滴)을 제거하기 위한 분리기 또는 증기 공간, (3) 순환장치로서 조작될 때 액체가 분리기로부터 교환기 밑 부분으로 돌아가는 귀환각(return leg) 등이다. 유입구는 급송액 용과 수증기 용이 있고, 유출구에는 증기 용, 농후액 용, 수증기 응축액 용, 수증기로부터 나오는 비응축성 기체 용이 따로 있다.

관형 가열기는 13장에서 설명된 자연순환식 컬란드레어와 같은 방법으로 조업된다. 그러나 관이 컬란드레어보다 크고, 전형적으로 지름 25~50 mm(1~2 in), 길이 3~10 m(10~32 ft)이다. 희박 급송액이 들어가 분리기에서 배출되는 액체와 혼합된다. 농축액은 가열기 밑 부분에서 배출되고 나머지 액은 관을 통과하며 부분 증발 된다. 관 상단부로부터 액체-증기 혼합물이 분리기 안으로 흘러 들어가 그곳에서 그 속도가 크게 감소된다. 액적 제거에 도움을 주기 위해 증기를 충돌시켜 분리기를 떠나기 전에 분활판을 돌아가도록 한다. 그림 16.1(a)에 보인 증발기는 오직 순환장치로서만 조작될 수 있다.

장-관형 수직증발기는 특히 거품을 생성하려는 액체를 농축시킬 때 효과적이다. 거품은 액체와 증기의 혼합물이 고속으로 상단 증기-분활판(vapor-head baffle)에 부딪쳐 깨진다.

하강-경막 증발기[8,11]

오렌지 주스나 우유처럼 열에 매우 예민한 물질의 농축은 가열표면에서 최소시간 노출이 요구된다. 이런 것이 단-통과 하강-경막 증발기(once-through falling-film evaporator)에서 이루어진다. 이 증발기는 액체가 위에서 들어가 가열 관 안쪽을 박막처럼 흘러 내려가 밑으로 빠져나간다. 관 지름은 매우 커서 50~250 mm(2~10 in)이다. 액체로부터 생기는 증기는 보통 액체와 같이 밑으로 내려가 그 장치 밑 부분을 나간다. 언뜻 보기에는 이 증발기는 밑에 액체-증기 분리기가 달려 있고, 위에 액체 분산판이 달린 길고 수직인 관형 교환기와 유사하다.

하강-경막 증발기의 주요 문제는 관 안쪽의 경막(film)이 이루어지도록 액체를 균일하게 분산시키는 것이다. 이를 위해 정밀히 준위 조정되는 관판(tube sheet) 위에 놓인 다공 금속판 세트(이것은 액체가 균일하게 각 관을 흐르도록 관 끝에 설치된다)를 설치하거나, 또는 각 관 안쪽 표면에 일정 속도로 공급액이 분사되도록 하는 방사형 팔(radial arm)이 달린 "스파이더(spider)" 분산기를 설치한다. 아직도 각 관에 개개 분산노즐을 사용하기도 한다.

재순환이 액체의 손상 없이 허용될 때, 관에 대한 액체분산은 관 위쪽으로 적절한 액체량을 재순환시킴으로써 용이하게 될 수 있다. 이것은 단-통과 조작에서보다 더 많은 유량이 관을 통과하게 된다. 증발하는

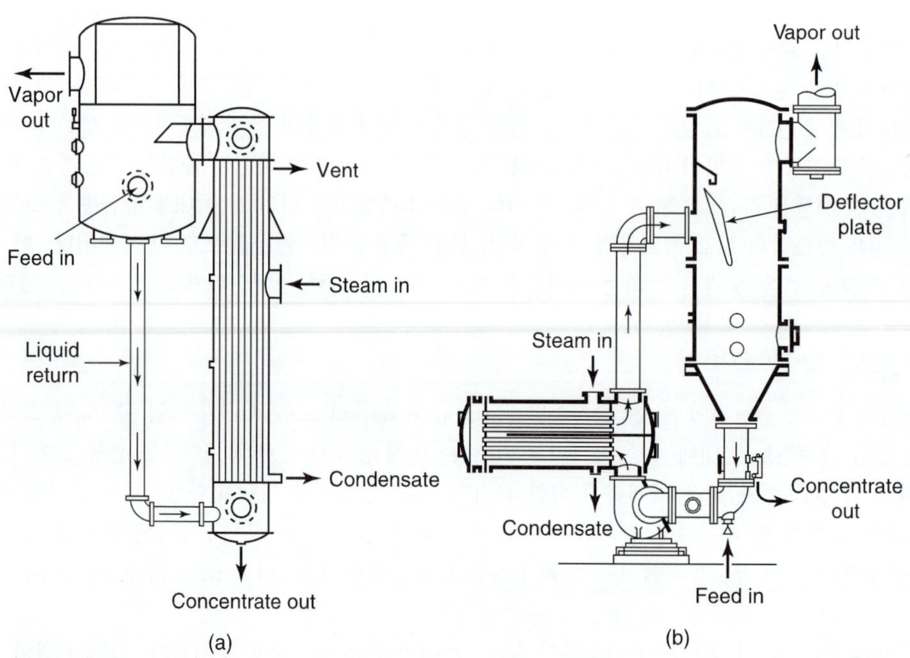

그림 16.1 증발기 : (a) 수직상승-막 장-관형, (b) 2-통과 수평가열기가 부착된 강제순환형

동안 액체량은 이것이 하강함으로서 계속적으로 감소되고 그리고 이것이 너무 크게 되면 관 하부 근처에 건조점(dry sport)이 유발될 수 있다. 그래서 단일-통과(single pass)에서 얻을 수 있는 농축액 양이 제한된다. 재순환이 없고 짧은 체류시간을 갖는 하강-경막 증발기는 농축시킬 만한 다른 방법이 없는 열에 예민한 제품을 취급한다. 또한 이것은 점성 액체를 농축시키는 데에도 매우 적합하다.

강제순환식 증발기

자연순환식(自然循環式) 증발기[2]에 있어서는 액체가 0.3~1.2 m/s(1~4ft/s)의 속도로 관으로 유입된다. 그 선속도는 관 안에서 증기가 생성되면 급격히 증가하므로, 일반적으로 열전달속도를 만족하게 한다. 그러나 점성 액체에 있어서 자연순환장치 내의 총괄계수는 비경제적으로 낮을 수 있다. 높은 계수는 강제순환식(强制循環式) 증발기에서 얻을 수 있으며, 그림 16.1(b)에 예시되어 있다. 여기서 원심펌프가 2~5.5 m/s(6~8 ft/s)의 유입속도로 관을 흐르도록 액체에 힘을 가한다. 관은 충분한 정압두(static head) 하에 있으므로 관 안에서는 비등이 없게 된다. 즉, 가열기로부터 증기 공간까지 흐르는 동안 정압두가 감소됨으로써 액체가 과열되고, 이것은 증기의 혼합물 안으로 플래쉬(flash)되어 증발기 본체로 들어가기 바로 앞 교환기의 출구선(outlet line)에서 분무된다. 액체와 증기의 혼합물은 증기 공간 내의 편류판(deflector plate)에 부딪친다. 액체는 펌프 입구 쪽으로 돌아가고, 여기서 액체는 새로 들어오는 급송류와 만나게 된다. 분리기(separator)를 나가는 액체의 일부는 농축액으로서 계속 회수 된다.

그림 16.1(b)에 보인 형태는 교환기가 수평 판이고, 관-측과 동체-측 모두 2-통과이다. 이것 이외의 다른 것에서는 수직 단일-통과 교환기(vertical single-pass exchanger)가 쓰인다. 이 두 가지 형태에서 열전달계수는 모두 높고, 특히 점성이 크지 않은 묽은 액체(thin liquid)에서 높다. 그러나 자연순환식 증발기에 대한 최대 개선점은 점성 액체에 달려 있다. 점성이 크지 않은 묽은 액체에서 강제 순환시켜 얻는 이득은 자연순환에 비하여 펌핑비용을 보상하지 못하지만, 점성 물질의 경우는 추가된 비용이 보상된다. 특히, 값비싼 금속재료가 사용되어야 할 때 그렇다. 한 예는 니켈(Ni) 장치를 써야 하는 가성소다(caustic soda) 농축이다. 최종 점성 농축액을 생산하는 다중-효용관 증발기에서, 첫 효용관은 자연순환장치일 수 있고, 점성 액체를 취급하는 뒤의 장치들은 강제순환장치이다. 강제순환식 증발기의 고 유속 때문에 관 내의 액체 체류시간은 약 1~3초로 짧다. 따라서 어느 정도 열에 예민한 액체를 농축하는데 쓰인다. 이들은 또한 염석액(salting liquor) 또는 거품을 내는 액체를 증발하는 데 유용하다.

교반식 경막증발기

증발기 안에서 수증기로부터 비등액체까지의 총괄 열전달에 대한 주 저항은 액체-측에 있다. 그러므로 이 저항을 감소시키는 한 방법은, 특히 점성 액에서 그림 16.2에 보인 증류기와 같이 액체-경막(liquid film)의 기계적 교반이다. 이것은 내부 교반기를 함유한 단일 재킷관(single jacketed tube)으로 된 개량형 하강-경막 증발기(falling-film evaporator)이다. 급송액은 재킷 부분의 상부로 들어가고, 교반기의 수직날(vertical blade)에 의하여 얇고 난류 막으로 퍼진다. 농축액은 재킷 부분의 밑에서 나가고, 증기는 증발 영역으로부터 재킷이 달리지 않은 분리기 안으로 상승되는데, 이 분리기는 증발관의 지름보다 약간 더 크다. 분리기 안에서의 교반기 날은 비산 액적을 고정된 수직 판에 대해 바깥쪽으로 밀어낸다. 액적(液滴)은 이들 판(板) 상에서 합치되어 증발 부로 되돌아간다. 무-액적 증기(liquid-free vapor)는 그 장치의 상부에 있는 출구를 통해 나간다.

이 교반식 경막증발기의 주요 장점은 점성 액체에서도 높은 열전달속도를 줄 수 있는 능력이 있는 점이다. 생성물은 증발온도에서 1000 P 정도 높은 점도를 가질 수 있다. 중간 정도의 점성 액체의 경우, 열전달계수는 식 (15.23)로부터 추산될 수 있다. 기타의 증발기에서와 같이 총괄 계수는 점도가 상승됨에 따라 떨어지

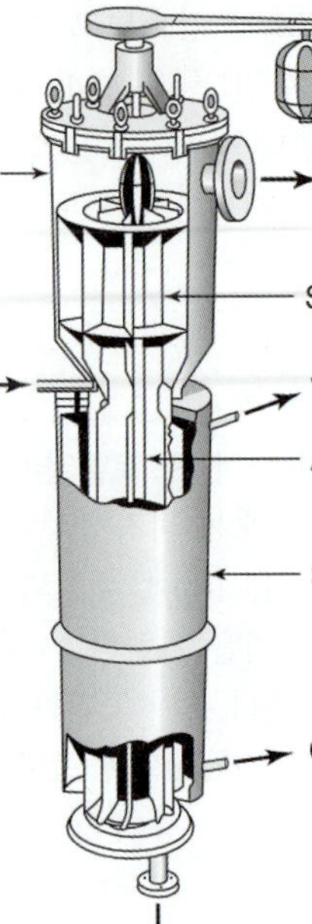

그림 16.2 교반식 박막-증발기

기는 하나, 이 증발기에 있어서는 그 감소율이 아주 늦다. 높은 점성 액체의 경우, 계수는 강제순환식 증발기에서 보다 어느 정도 크고, 자연순환장치의 경우보다는 아주 크다. 교반식 경막-증발기는 젤라틴(gelatin), 고무 라텍스(latex), 항생제(antibiotics), 과일주스와 같이 점성 열 예민성 제품에 특히 유용하다. 이것의 단점은 고가(高價)이고, 상당량의 보수가 요구되는 내부 가동부품(可動部品)이 있는 것, 그리고 다중-관 증발기의 것보다 훨씬 낮은 저 용량의 단일 장치인 것 등이다.

16.2 관형 증발기의 성능

수증기 가열식 관형 증발기(steam-heated tubular evaporator)의 성능은 용량과 경제성(經濟性)으로 주로 평가된다. **용량(capacity)**은 시간당 증발된 물의 질량으로 정의된다. **경제성(economy)**은 그 장치로 공급된 수증기 질량 당 증발된 질량으로 정의된다. 단일-효용관 증발기에서는 경제성이 거의 항상 1보다 작으나, 다중-효용관 장치에서는 상당히 더 클 수 있다. 수증기 소요량(단위 ; lb/h)도 또한 중요하다. 이 것은 용량을 경제성으로 나눈 것이다.

16.2.1 증발기 용량

증발기 가열표면을 통한 열전달속도는 식 (11.9)에 주어진 총괄 열전달계수의 정의에 따라 3인자의 곱이다. 그 3인자는 열전달표면적 A, 총괄 열전달계수 U 및 총괄 온도차 ΔT 등이다. 즉,

$$q = UA\Delta T \tag{16.1}$$

증발기로 들어가는 급송물이 증기 공간 내의 절대압력에 상당되는 비등온도에 있다면 가열표면을 통해 전달되는 모든 열은 증발에 유용하고, 그 용량은 q에 비례한다. 증발이 진행됨으로서, 비점이 상승되어 약간의

현열이 요구되기는 하나, 현열에서의 획득량은 일반적으로 증발열에 비하여 아주 적다. 만일 급송액이 차가우면, 그 비점(沸點)까지 가열하는 데 필요한 현열량이 아주 커서, 주어진 q값에 대한 그 용량은 급송액 가열에 쓰인 열이 증발에 사용되지 못한 만큼 감소된다. 역으로 급송액이 증기 공간 내의 비점 이상의 온도라면, 급송액 일부는 증기 공간 압력과 단열평형(斷熱平衡)에 의해 자연히 증발되어, 그 용량은 q에 상당하는 것보다 더 크게 된다. 이러한 과정을 플래쉬증발(flash evaporation)이라 한다.

가열 표면을 통한 실제 온도차는 증발되고 있는 용액, 수증기실과 비등액체 위의 증기 공간사이의 압력차 그리고 가열표면 위의 액체 깊이 등에 의존된다. 어떤 증발기에서 관 내의 액체속도는 관 내의 마찰손실이 액체의 유효압력(有效壓力)을 증가시키기 때문에 온도차에 역시 영향을 미친다. 액체가 순수한 물의 특성을 가질 때, 그 비점은 압력을 알 경우 마치 응축수증기의 온도를 알 수 있는 것과 같이 수증기표로부터 읽어낼 수 있다. 그러나 실제 증발기에서는 한 용액의 비점이 두 인자, 즉 비점상승(boiling-point elevation)과 액체 정압두(liquid head)에 영향을 받는다.

비점상승 및 Dühring법칙

대부분의 수용액 증기압은 같은 온도의 물 증기압보다 낮다. 결과적으로 주어진 압력에서 용액의 비점은 순수한 물의 비점보다 더 높다. 물의 것보다 높아진 비점을 용액의 **비점상승**(沸點上昇, BPE)이라 한다. 묽은 용액과 유기 콜로이드(colloid) 용액에서는 비점상승이 작으나, 무기염(無機鹽)의 농후 용액에서는 80°C(144°F) 만큼 큰 경우도 있다. 비점상승은 수증기표로부터 예측되는 온도차에서 구해진다.

진한 용액에 대하여 비점상승은 **Dühring법칙**으로 알려진 실험법칙으로부터 구할 수 있는데, 이 법칙은 주어진 용액의 비점은 동일 압력에서 순수 물 비점의 선형함수임을 나타낸다. 그래서 용액의 비점은 동일 압력에서 물의 증기압에 대해 그려보면 직선이 된다. 농도가 다르면 다른 직선을 얻게 된다. 넓은 압력범위에 걸쳐 이 법칙이 완전한 것은 아니고, 중간 정도의 압력 범위에서만 각 직선이 꼭 평행이 아닐지라도 거의 직선이 된다. 그림 16.3은 가성소다(수산화나트륨) 수용액에 대한 일련의 Dühring선을 나타낸 것이다[7]. 이 그림의 사용법을 예시한다. 가성소다 40%수용액의 압력이 200°F(93.3°C)에서 끓기 시작하는 물의 증기압과 같다면, 200°F에서 x축으로부터 40%용액선까지 읽어 올라감으로써, 그 교차점에서 y축에 수평하게 이 압력에서 그 용액의 비점이 250°F(121.1°C)임을 알 수 있다. 따라서 이 압력에서 그 용액의 비점상승은 50°F(27.8°C)이다.

온도강하에 미치는 액체 정압두와 마찰의 영향

증발기 내의 액체 깊이가 크면, 증기 공간 내의 압력에 상당하는 비점은 단지 액체 표면층의 비점을 나타낼 뿐이다. 표면으로부터 Zm(또는 ft) 밑의 액체요소는 증기 공간의 압력에 Zm(또는 ft) 액체 정압두를 합한 압력 하에 있게 되므로 더 높은 비점을 갖게 된다. 부가해서 액체 유속이 매우 클 때 관 내의 마찰손실은 액체의 평균압력을 더 증가시킨다. 그러므로 어떤 실제 증발기 내에서 관 내 액체의 평균 비점은 증기 공간 압력에 해당되는 비점보다 더 높다. 이러한 비점 증가는 수증기와 액체간 평균온도차를 낮게 하여 용량을 감소시킨다. 그 감소량을 정밀히 정량적으로 추정할 수는 없으나, 액체 정압두의 정성적 효과는 더욱 높은 액 준위와 높은 액체속도인 경우에는 무시될 수 없다.

그림 16.4는 밑바닥에서부터 잰 관 깊이에 따른 증발기 내의 온도 관계이다. 이 그림은 상향 흐름식 장-관형 수직증발기에 적용된다. 수증기는 관 주위의 수증기 재킷 상부로 들어가 하향으로 흐른다. 유입 수증기는 T_h까지 약간 과열될 수 있다. 그 과열은 곧 끝나서 수증기는 포화온도 T_s로 떨어진다. 가열표면 대부분에 걸쳐 이 온도는 변하지 않는다. 응축액이 수증기 공간을 떠나기 전에 이것은 T_c까지 약간 과냉각 될 수 있다.

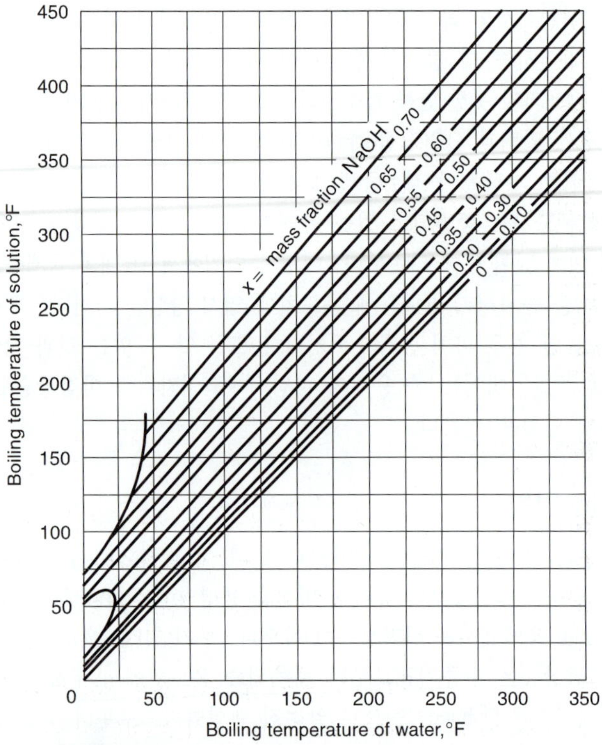

그림 16.3 NaOH-H_2O계에 대한 Dühring선[8]

관 내 모액(母液)의 온도 형태가 그림 16.4의 선 *abc*와 *ab′c*로 표시되어 있다. 전자는 약 1 m/s를 기준 한 속도이다[1]. 이것은 급송액이 대략 증기 공간 압력에 있는 액체의 비점 T로서 증발기에 들어가는 것으로 간주된 것이다. 따라서 관으로 들어가는 액체는 그 흐름이 단-통과식이든 순환식이든 간에 온도 T에 있다. 고속에서 관 안의 유체는 실제로 관의 끝 부분까지 액체로 남아 있으며, 관의 마지막 2 ~ 3 in에서 액체와 증기의 혼합물로 플래쉬된다. 그림 16.4에서 보인 바와 같이, 최대 액체온도는 거의 관 출구인 점 b'에서 나타난다.

저속에서 액체는 관의 중앙(관 길이의 절반 지점)에 아주 가까운 지점에서 최대 온도에 도달한다. 점 b는 관을 두 부분, 즉 점 b 이전의 비-비등(非-沸騰)부분과 이 지점 뒤쪽의 비등 부분으로 나눈다.

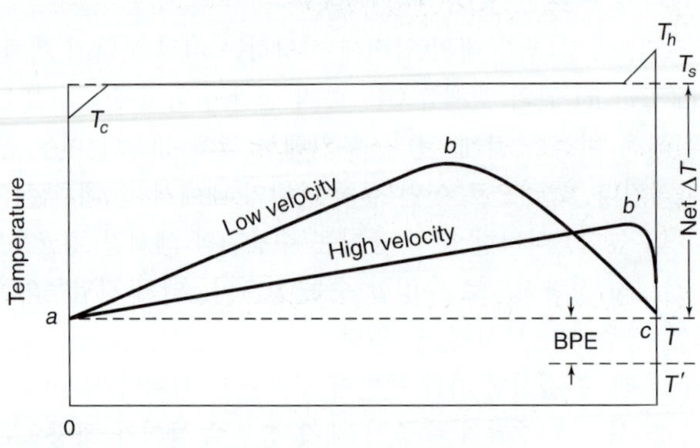

그림 16.4 수직 장-관 증발기의 관내 액체 온도 이력 및 온도강하

고 유속과 저 유속 모두에서 증기와 농후 액은 그 증기 공간 압력에서 평형에 도달한다. 만일 액체가 상당한 비점상승이 있게 되면, 온도 T는 T'(그 증기 공간 압력에서 순수 물의 비점)보다 더 크다. T와 T'간의 차가 비점상승(BPE)이다.

비점상승을 보정한 온도차가 $T_s - T$이다. 비점상승과 정압두(static head) 모두가 보정된 참 온도강하(true temperature drop)는 T_s와 가변 액체온도간의 평균치로 표시된다. 실제 조업조건에서 참 온도차를 결정하는 몇 개의 상관관계가 가능하더라도[2], 보통 설계자에게는 이 양이 유용하지 않으므로, 단지 비점상승만을 보정한 실 온도강하(net temperature drop)가 쓰인다.

압력변화

증발기 관 내 속도가 그 관 내에서 비등이 시작될 때의 것이면, 비(非)비등 부분에 있는 액체는 느리게 움직이고 마찰로 인한 압력손실도 적다. 그러나 비등부분에서는 증기-액체 혼합물의 속도가 크고 마찰손실도 크다. 그래서 그 압력은 관 아래 부분(비-비등부분)에서 서서히 떨어지고, 속도가 큰 위 부분에서는 급격히 더 많이 떨어진다.

열전달계수

식 (16.1)로 보인 바와 같이, 열훌럭스(heat flux)와 증발기 용량은 온도차와 총괄 열전달계수 두 가지의 변화에 의해 영향을 받는다. 온도차는 수증기와 비등액체의 특성에 따라 고정되고, 이것은 정압두(hydrostatic head)의 영향을 제외하고는 증발기 구조의 함수가 아니다. 한편 총괄 계수는 증발기의 설계와 조작법에 의해 강하게 영향을 받는다.

11장[식 (11.37)]에서 보인 바와 같이, 수증기와 비등액체 간의 열전달에 대한 총 저항은 5개의 개별 저항, 즉 수증기-막 저항, 관 안팎의 침적물 저항, 관벽 저항, 비등액체의 저항 등의 합이다. 총괄 계수는 총괄 저항의 역이다. 대부분의 증발기에서 응축수증기의 오염인자와 관벽 저항은 아주 작아서 증발기 계산에서 보통 무시된다. 교반식 박막-증발기에서 관벽은 어느 정도 두꺼워서 그 저항은 전체 중에서 중요한 부분이 되기도 한다.

수증기-경막계수. 수증기-경막계수는 응축이 막상(filmwise)일 때 조차도 그 특성상 크다. 때때로 증진제를 수증기에 가하여 적상응축(dropwise condensation)을 시켜 더 높은 계수를 얻는다. 비응축성 기체의 존재는 수증기-막계수를 심하게 감소시키기 때문에 수증기실로부터 비응축성 기체를 방출시키는 장치, 그리고 수증기 압력이 대기압 이하일 때 안쪽으로 공기 유입을 방지할 수 있는 장치가 준비되어야 한다.

액-측 계수. 액-측 계수는 가열 표면의 액체속도에 따라 크게 의존된다. 대부분의 증발기에 있어서, 그리고 특히 점성 물질을 다루는 증발기에 있어서, 액-측 저항은 비등액체로의 총괄 열전달속도를 조절한다. 자연순환식 증발기에서, 희박 수용액에 대한 액-측 계수는 1,500~3,000 W/m^2 · °C(250~500 Btu/ft^2 · h · °F)사이의 값이다.

하강-경막 증발기의 경우, 내부 계수는 수직면 상의 막상응축의 경우와 거의 동일하다. 보통으로 사용되는 낮은 온도강하에서, 뜨거운 표면에서 약간의 기포가 형성되는데, 빨리 성장되어 서로 연결되어 얇은 액체 경막을 이룬다. 그러나 이것은 열전달계수에 거의 영향이 없다. 대부분의 증발은 액-증기 계면에서 일어난다. 경막계수는 순수한 층류의 경우보다 크고 그림 13.2를 이용해서 추산될 수 있다. 이 그림은 파형-층류(wavy-laminar flow) 또는 난류에서의 응축에 대한 상관관계이다.

강제순환은, 끓지 않는 부분에서 고 유속이고 그리고 끓는 부분에서 강한 난류이기 때문에, 높은 액-측 계수를 준다. 끓기 시작하는 지점 또는 증발기에 대한 총괄 계수를 예측하는 것은 어렵다.

예제 16.1

응축 우유(condensed milk)는 하강-경막 증발기에서 우유를 증발시켜 생산된다. 이 증발기는 지름 32 mm, 길이 6 m의 스텐네스 관을 포함하고 있다. 증발은 60℃에서 일어나는데, 이 온도는 2.7 lb/in2하에서의 우유의 비점이고, 이 계는 70℃의 수증기를 이용한다. 급송속도는 60℃에서 관(tube) 당 40 kg/h이다[3]. (a) 내부 계수 h_i 및 총괄 계수 U를 추정하라. (b) 관(tube) 당 증발속도는 얼마인가? (c) 원료 우유가 지방분과 고형분 13.5%를 함유하고 있다면, 응축 우유의 농도는 얼마인가? (d) 증발기 내 평균 체류시간을 계산하라. 60℃에서 우유의 물성은 다음 표와 같다.

	μ, cP	ρ, ckg/m^3	k, W/m·K	l, J/g
Raw milk	0.94	1010	0.62	2357
25% solids	1.6	1030	0.55	2357

풀이

70℃에서 수증기 응축액 경막계수, h_o:

$$k = 0.662\ w/m\cdot K \qquad \mu = 0.406\ cP$$

내부 면적을 기준해서 $U = 2{,}000\ \mathrm{W/m^2\cdot K}$이라고 가정하면,

$$\lambda = 2{,}331\ \ \mathrm{J/g}\ \ \mathrm{at}70℃ \qquad \Delta T = 10℃$$

$$\dot{m} = \left(\frac{UA\Delta T}{\lambda}\right) = \frac{2{,}000\times 10\times\pi(0.032\times 6)}{2{,}331} = 5.17\ g/s$$

$$\Gamma = \frac{5.17\times 10^{-3}}{\pi(0.032)} = 5.14\times 10^{-2}\ \mathrm{kg/s\cdot m}$$

식 (4.51)로부터

$$\mathrm{Re} = \frac{4\Gamma}{\mu} = \frac{4(5.14\times 10^{-2})}{4.06\times 10^{-4}} = 506$$

$$\mathrm{Pr} = \frac{c_p\mu}{k} = \frac{4.184(4.06\times 10^{-4})}{0.662} = 2.57$$

그림 13.2로부터,

$$\mathrm{Nu}' = 0.27 = \frac{h_o}{k}\left(\frac{\mu_f^2}{\rho_l^2 g}\right)^{1/3}$$

70℃에서 물의 특성을 이용해서

$$h_o = 0.27(0.662)\left[\left(\frac{978}{4.06\times 10^{-4}}\right)^2\times 9.8\right]^{1/3} = 6.87\times 10^3\ \mathrm{W/m^2\cdot K}$$

벽계수(wall coefficient)

벽두께는 2 mm이고 $k_m = 16.3\ \mathrm{W/m^2\cdot K}$이라면,

$$h_w = \frac{16.3}{2\times 10^{-3}} = 8.15\times 10^3\ \mathrm{W/m^2\cdot K}$$

우유 경막계수, h_i

관(tube) 당 급송속도 = 40/3,600 = 1.11×10^{-2} kg/s

$$\mathrm{Re} = (4\times 0.110)/(0.94\times 10^{-3}) = 468$$

관 상단 부에서,

$$\Gamma = \frac{1.11\times 10^{-2}}{\pi(0.032)} = 0.110\times 10^{-2}\ \mathrm{kg/s\cdot m}$$

Pr은 물에 대한 값의 대략 2배임으로, **Pr** ≅ 5이다.

그림 13.2로부터, 60℃에서 물성치를 이용하면, Nu′ = 0.28

$$h_i = 0.28(0.62)\left[\left(\frac{1,010}{9.4\times10^{-4}}\right)^2\times9.8\right]^{1/3} = 3.90\times10^3 \text{ W/m}^2\cdot\text{K}$$

식 (13.33)을 이용하여, 내부 면적을 기준한 **총괄 계수**는

$$\frac{1}{U} = \frac{1}{3,900} + \frac{1}{8,150}\left(\frac{3.2}{3.4}\right) + \frac{1}{6,870}\left(\frac{3.2}{3.6}\right)$$

$$U = 1.99\times10^3 \text{ W/m}^2\cdot\text{K}$$

관의 끝에서 흐름속도는 작으나, 액체는 더 점성이 된다.

평균 U=1,900으로 추정하여, 증발속도 r을 구하면

$$r = \frac{1,900(10)\pi(0.032\times6)}{2,357} = 4.86 \text{ g/s}$$

제품흐름속도: 11.1− 4.9 = 6.2 g./s

고형분 함량 : 13.5(11.1/6.2) = 24.2%

관 하부에서,

$$\Gamma = \frac{6.2\times10^{-3}}{\pi(0.032)} = 6.17\times10^{-2} \text{ kg/s}\cdot\text{m}$$

$$\text{Re} = \frac{4(6.17\times10^{-2})}{1.6\times10^{-3}} = 154$$

$\text{Pr}\cong8$ (정확한 값이 중요하지 않다)

그림 13.2로부터, Nu′ = 0.33

$$h_i = 0.33(0.55)\left[\left(\frac{1,030}{1.6\times10^{-3}}\right)^2\times9.8\right]^{1/3} = 2.90\times10^3 \text{ W/m}^2\cdot\text{K}$$

평균 값:

$$\overline{h_i} = \frac{3,900+2,900}{2} = 3,400 \text{ W/m}^2\cdot\text{K}$$

$$\frac{1}{U} = \frac{1}{3,400} + \frac{1}{8,660} + \frac{1}{7,730}$$

$$U = 1.86\times10^3 \text{ W/m}^2\cdot\text{K}$$

(b) 보정된 증발속도

$$r = 4.86\left(\frac{1,860}{1,900}\right) = 4.76 \text{ g/s}$$

(c) 고형분 함량:

$$13.5\left(\frac{11.1}{11.1-4.76}\right) = 23.6 \cong 24\,\%$$

(d) 경막 두께를 추정하기 위해서 식 (4.59)를 이용하라. 이 식은 대략 $\text{Re}\cong1,000$까지 옳다.

상부에서:

$$\delta = \left(\frac{3\mu\Gamma}{\rho^2 g}\right)^{1/3} = \left(\frac{3\times9.4\times10^{-4}\times0.110}{1,010^2\times9.8}\right)^{1/3} = 3.14\times10^{-4} \text{ m}$$

하부에서:

$$\delta = \left(\frac{3\times1.6\times10^{-3}\times0.0617}{1,030^2\times9.8}\right)^{1/3} = 3.05\times10^{-4} \text{ m}$$

상부에서 경막 속도:

$$u = \frac{0.110/1,010}{3.14\times10^{-4}} = 0.347 \text{ m/s}$$

상부에서 경막 속도:

$$u = \frac{0.0627/1,030}{3.05\times10^{-4}} = 0.213 \text{ m/s}$$

상부에서 평균:

$$\bar{u} = 0.28 \text{ m/s}$$

평균 체류시간:

$$\bar{t} = 6/0.28 = 21 \text{ s}$$

총괄계수

증발기에서 개별 경막계수를 측정하는 어려움 때문에 실험결과는 보통 총괄계수 항으로 표시된다. 이것은 비점상승에 대해 보정된 실 온도강하를 기준 한다. 물론 총괄계수(總括係數)는 개별계수(個別係數)에 미치는 것과 같은 인자로 영향을 받는다. 그러나 한 저항(즉, 액막의 저항)이 율속이면, 기타 나머지 저항에서의 큰 변화는 총괄계수에 거의 영향을 미치지 않는다.

여러 형태의 증발기에 대한 전형적인 총괄계수가 표 16.1에 주어져 있다[6, 9]. 이들 계수는 여러 증발기가 정상적으로 사용되는 조건에 적용된다. 침적물이 소량 축적되면 그 계수 값이 청결관 계수보다 약간 감소된다. 교반식 경막-증발기는 점도 100 P인 액체에 대해서 표면상 낮은 계수 값을 주나, 이 값은 이와 동일한 점성 물질을 처리하는 다른 형의 증발기에서 얻을 수 있는 것보다는 아주 큰 것이다.

16.2.2 증발기 경제성

증발기 계의 경제성에 미치는 주 인자는 효용관 개수이다. 적당히 설계함으로써 첫 효용관에 공급된 수증기의 기화 엔탈피는 효용관 개수에 따라 한 번 또는 그 이상 사용될 수 있다. 경제성은 또한 급송물 온도에 영향을 받는다. 만일 그 온도가 첫 효용관의 비점보다 낮다면 수증기의 기화열(氣化熱) 일부는 가열부하(heating load)로서 소모되고, 나머지가 증발시키는데 쓰인다. 만일 급송물이 비점 이상의 온도라면, 동반형 플래쉬(accompanying flash)는 수증기의 기화 엔탈피에 의해 형성되는 것 이상으로 증발에 기여하게 된다. 정량적으로 증발기 경제성은 오로지 엔탈피 수지 문제이다.

단일-효용관에 대한 엔탈피수지

단일-효용관(單一效用管)에 있어서 수증기의 응축잠열(凝縮潛熱)은 가열표면을 통해 전달되어 비등 액으로부터 물을 기화시킨다. 두 개의 엔탈피 수지가 필요한데, 하나는 수증기에 대한 것이며 다른 하나는 증기 또는 액체-측에 대한 것이다.

그림 16.5는 수직-관 단일-효용관 증발기(vertical-tube, single-effect evaporator)를 도식적으로 표시한 것이다. 수증기와 응축액 유량은 $\dot{m}_s$이고, 희박액(또는 급송액)의 유량은 $\dot{m}_f$ 이며, 농후액(thick liquor)의 유량은

표 16.1 증발기의 전형적인 총괄계수

Type	Overall coefficient U	
	W/m²·°C	Btu/ft²·h·°F
Long-tube vertical evaporators		
Natural circulation	1,000–2,500	200–500
Forced circulation	2,000–5,000	400–1,000
Agitated-film evaporator, newtonian liquid, viscosity		
1 cP	2,000	400
1 P	1,500	300
100 P	600	120

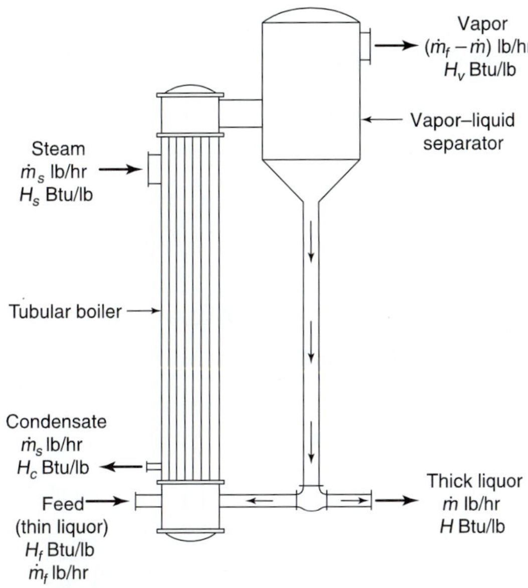

그림 16.5 증발기에 대한 물질 및 엔탈피수지

$\dot{m}$이다.

응축기로 흘러가는 증기유량은 농후액으로부터의 고체 침전물이 없다고 간주하면 $\dot{m}_f - \dot{m}$이다. 또한 수증기의 응축온도를 T_s, 증발기 내 액체의 비등온도를 T, 급송물의 온도를 T_f라 하자.

누출 또는 비말동반(飛沫同伴)이 없고 비응축성 물질의 흐름은 무시하며, 그리고 증발기로부터의 열손실은 고려할 필요가 없다고 간주한다. 수증기실(steam chest)로 들어가는 수증기는 과열될 수도 있고, 응축액은 다소 그 비점 이하로 과냉각되어 수증기실을 떠난다. 그러나 과열 및 응축액의 과냉각은 작아서 엔탈피 수지식을 세울 때 이를 무시할 수 있다. 이를 무시함에 따른 작은 오차는 수증기실로부터의 열손실을 무시함으로써 대략 보상된다.

이런 가정 하에서 수증기의 엔탈피와 응축액의 엔탈피 간의 차는 간단히 수증기의 응축잠열 λ_s이다. 수증기에 대한 엔탈피수지는 다음과 같다.

$$q_s = \dot{m}_s(H_s - H_c) = \dot{m}_s\lambda_s \tag{16.2}$$

q_s = 수증기로부터 가열표면을 통해 전달된 열전달속도
H_v = 수증기의 비(比)엔탈피
H_c = 응축액의 비(比)엔탈피
λ_s = 수증기의 응축잠열
$\dot{m}_s$ = 수증기의 질량유속

농후액에 대한 엔탈피수지는 다음과 같다.

$$q = (\dot{m}_f - \dot{m})H_v - \dot{m}_f H_f + \dot{m}H \tag{16.3}$$

q = 가열표면으로부터 액체로의 열전달속도
H_v = 증기의 비엔탈피
H_f = 희박액(thin liquor)의 비엔탈피
H = 농후액(thick liquor)의 비엔탈피

열손실 없는 조건에서 수증기로부터 관으로 전달된 열량은 관으로부터 액체로 전달된 열량과 같다. 즉, $q_s = q$이다. 따라서, 식 (16.2)와 (16.3)을 결합하면 다음 식으로 주어진다.

$$q = \dot{m}_s \lambda_s = (\dot{m}_f - \dot{m})H_v - \dot{m}_f H_f + \dot{m}H \tag{16.4}$$

농후액-측 엔탈피 H_v, H_f, H는 농축되어지는 용액의 특성에 의존한다. 일정한 온도에서 혼합되거나 희석될 때 대부분 용액은 큰 열 효과를 나타내지 않는다. 이런 것은 유기물 용액에서 그렇고, 많은 무기물의 중간 농축액에서 그렇다. 그래서 설탕, 소금, 제지(製紙) 농후액 등은 감지할 만한 희석열(稀釋熱)이나 혼합열(混合熱)을 갖지 않는다. 한편 황산, 가성소다, 염화칼슘 등은 특히 농후액에서 희석할 때 상당한 열이 발생되므로, 감지할 만한 희석열을 갖고 있다. 이들 물질의 묽은 용액을 고 밀도까지 농축할 때는 이에 상당하는 열이 증발잠열(蒸發潛熱)에 부가해서 필요하게 된다.

무시될 만한 희석열의 경우 엔탈피 수지

무시될 만한 희석열을 가진 용액의 경우, 단일-효용관 증발기에 대한 엔탈피 수지는 용액의 비열과 온도로부터 계산될 수 있다. 농후액-측에서 열전달속도 q는 급송액 온도 T_f로부터 비등온도 T까지 그 온도를 변화시키기 위해 희박 액(급송액)으로 전달된 열량 q_f와 증발을 수행하기 위한 열량 q_v을 포함한다. 즉,

$$q = q_f + q_v \tag{16.5}$$

급송액의 비열이 $T_f \sim T$ 범위에서 일정하다고 간주하면 q_f는,

$$q_f = \dot{m}_f c_{pf}(T - T_f) \tag{16.6}$$

또한 q_v는 다음과 같이 쓸 수 있다.

$$q_v = (\dot{m}_f - \dot{m})\lambda_v \tag{16.7}$$

c_{pf} = 희박 액의 비열

λ_v = 농후액으로부터의 증발잠열

농후액의 비점상승이 무시되면 $\lambda_v = \lambda$(증기 공간 압력에서 물의 증발잠열)이다. 비점상승이 현저하면, 용액을 떠나는 증기는 비점상승에 해당되는 온도만큼 과열되어 λ_v는 λ와 약간 다르다. 그러나 실제로 수증기표(부록 7)로부터 직접 얻을 수 있는 λ을 사용해도 거의 충분히 정확하다.

식 (16.5)에 식 (16.6)과 (16.7)을 대입하면, 희석열을 무시했을 때 단일-효용관 증발기에 대한 엔탈피 수지의 최종 식이 된다. 즉,

$$q = \dot{m}_f c_{pf}(T - T_f) + (\dot{m}_f - \dot{m})\lambda \tag{16.8}$$

급송액(희박액)온도 T_f가 T보다 크게 되면, $\dot{m}_f c_{pf}(T - T_f)$항은 "음(陰)"이 되어 희박액에 의해 증발기에다 실 엔탈피(net enthalpy)를 가하게 된다. 이 항이 플래쉬증발(flash evaporation)이다. 증발기에 공급되는 희박액의 온도 T_f가 T보다 낮으면, $\dot{m}_f c_{pf}(T - T_f)$항은 "양(陽)"이 되어 주어진 증발과정에 대해 추가의 수증기가 이 엔탈피를 보충하는 데 필요하게 된다. 따라서 $\dot{m}_f c_{pf}(T - T_f)$항은 가열부하(加熱負荷)이다. 다시 식 (16.8)을 설명하면, 응축수증기로부터의 열은 (1) 용액으로부터 물을 증발하는 데 쓰이고, (2) 급송액을 그 비점까지 가열하는 데 쓰인다. 급송물이 그 비점 이상으로 증발관에 들어가면, 증발의 일부는 플래쉬에 의해 이루어진다.

희석열이 고려되는 엔탈피 수지 ; 엔탈피-농도 도표

농축되어질 액체의 희석열이 너무 커서 무시할 수 없게 되면, 식 (16.4)에서 사용하는 H_f 값과 H 값은 엔탈피-농도도표를 이용한다. 이 도표는 용액의 Btu/lb 또는 J/g단위로 표시되는 엔탈피가 용질의 질량분율 또는 무게 백분율로 표시된 농도에 대해 도시된다[7]. 이 그림에 그려진 등온선(等溫線)은 엔탈피가 일정한 온도에서 농도의 함수임을 나타내는 것이다.

그림 16.6은 가성소다(수산화나트륨) 수용액에 대한 엔탈피-농도 도표이다. 농도는 가성소다의 질량분율, 온도는 °F, 엔탈피는 Btu/lb of soln으로 표시되어 있다. 물의 엔탈피는 수증기 표와 같은 기준인 32°F(0°C) 액체 물로 기준 되였음으로, 이 그림의 엔탈피는 액체 물 또는 수증기가 계산에 나타날 때 수증기표에 나와 있는 엔탈피 값들을 사용할 수 있다. 식 (16.4)에 대입할 자료를 구하기 위해 H_f와 H 값은 그림 16.6로부터 택하고, 증발관을 떠나는 증기의 엔탈피 H_v는 수증기표로부터 얻는다.

그림 16.6은 등온선이 끝나는 곡선으로 된 경계선들은 고체 상(solid phase)이 형성되는 온도 및 농도 조건을 표시한다. 고체 상(固體相)은 가성소다의 여러 고체 수화물이다. 모든 단일 상(單一相) 용액의 엔탈피는 이 경계선 위에 놓인다. 엔탈피-농도 도표는 또한 고체 상을 포함하는 영역까지 확장할 수도 있다.

희석열이 없는 계(系)에 대한 엔탈피-농도 도표 상의 등온선은 직선이다. 희석열이 무시되는 용액에 대한 엔탈피-농도 도표는 물론 만들 수 있으나, 다음 마지막 절에서 설명될 비열법(specific-heat method)의 단순성 입장에서 볼 때 이를 만들 필요가 없는 것이다.

단일-효용관 계산

단일-효용관 설계에 있어서 물질수지, 엔탈피 수지, 용량 식 (16.1)의 사용은 예 16.2로 예시된다.

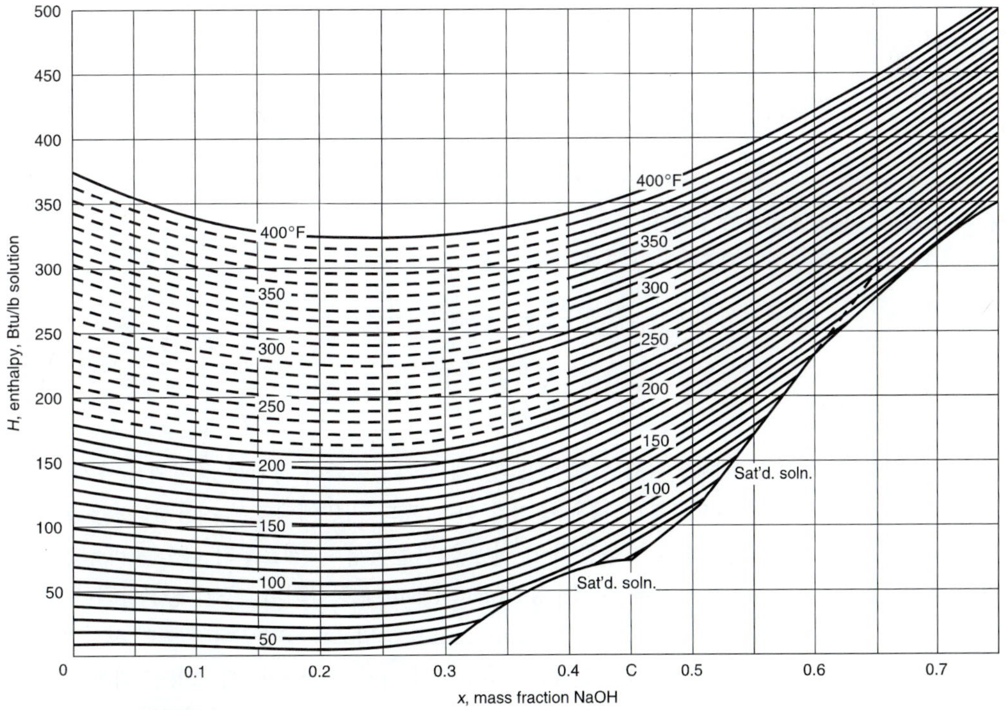

그림 16.6 NaOH-H_2O계에 대한 엔탈피-농도 도표[7]. 점선은 외삽된 자료이다.

예제 16.2

단일-효용관에서 20% 가성소다 용액 20,000 lb/h(9,070 kg/h)를 50% 용액까지 농축시킨다. 수증기 압력은 20 psi(1.37 atm)이고, 증기 공간의 절대압력은 100 mm Hg(1.93 psia)이다. 총괄 계수는 250 Btu/ft^2·h·°F (1,400 W/m^2·°C)로 추정된다. 급송액 온도는 100°F(37.8°C)이다. 소모된 수증기량, 경제성, 필요한 가열표면을 계산하라.

풀이

증발된 물의 양은 물질수지로부터 알 수 있다. 급송액은 고체 lb 당 물 80/20 = 4 lb를 포함한다. 증발된 양은 고체 lb 당 물 4 − 1 = 03 lb이다. 즉,

$$3 \times 20,000 \times 0.20 = 12,000 \text{ lb/h}$$

농후액의 유속은 $\dot{m} = 20,000 - 12,000 = 8,000$ lb/h(3,630 kg/h)이다.

수증기 소모량. 진한 가성소다 용액이어서 희석열을 무시할 수 없기 때문에, 열전달속도는 식 (16.4)과 그림 16.6으로부터 알 수 있다. 100 mm Hg 압력 하에서 50% 용액의 증발온도는 다음과 같이 알 수 있다.

$$\begin{aligned} 100 \text{ mm Hg에서 물의 비점} &= 124°\text{F} \\ \text{용액의 비점} &= 197°\text{F} \\ \text{비점상승} &= 197 - 124 = 73°\text{F} \end{aligned}$$

급송액과 농후액의 엔탈피는 그림 16.6으로부터 알 수 있다.

$$\text{급송액 (20\%, 100°F)}, \ H_f = 55 \text{ Btu/lb}$$

$$\text{농후액 (50\%, 197°F)}, \ H = 221 \text{ Btu/lb}$$

증발기를 떠나는 증기 엔탈피는 수증기표로부터 알 수 있다. 197°F, 1.93 psia에서 과열된 물의 엔탈피는 1,149 Btu/lb인데, 이것이 식 (16.4)의 H_v값이다. 또한 H_v는, 포화 수증기 엔탈피 값(부록 7)항에 증기 열용량(부록 14)에 과열도를 곱한 항을 더하여 구할 수도 있다. 즉, 1,116 + 0.45(73) = 1,149 Btu/lb

20 psig(34.7 psia)에서 수증기의 증발 잠열 λ_s는 부록 7로부터 939 Btu/lb이다.

이제 열전달속도와 수증기 소모량은 식 (16.4)로 부터 알 수 있다. 즉,

$$q = (20,000 - 8,000)(1,149) + 8,000 \times 221 - 20,000 \times 55 = 14,456,000 \text{ Btu/h}$$

$$\dot{m}_s = \frac{14,456,000}{939} = 15,400 \text{ lb/h}(6,990 \text{ kg/h})$$

경제성. 경제성은 12,000/15,400 = 0.78이다.

가열표면. 수증기의 응축온도는 259°F이다. 필요한 가열면적은 다음과 같다.

$$A = \frac{14,456,000}{250(259 - 197)} = 930 \text{ ft}^2(86.4 \text{ m}^2)$$

다중-효용관 증발기

그림 16.7은 3중-효용관 계를 이루기 위해 함께 연결된 3개의 자연순환식 장관형 증발기를 표시한 것이다. 서로 연결되어 있어서 한 효용관으로부터 나온 증기가 다음 것의 가열매체로서 작용한다. 응축기와 공기 이젝터(air ejector)는 직렬로 된 세 번째 효용관 내에 진공을 만들어서 그 계로부터 나오는 비응축성 성분을 제거한다. 다중-효용관 중에서 첫 효용관은 생수증기(raw steam)가 공급되며, 증기 공간압력이 가장 높은 효용관이다. 마지막 효용관은 증기 공간 압력이 최소이다. 이런 방법으로 수증기와 응축기 사이의 압력차는 다중-효용관(多重效用管) 계에서 두 개 또는 그 이상의 효용관에 걸쳐 분산된다. 각 효용관 내의 압력은 수증기를 자기에게 보내준 효용관 압력보다는 낮고, 그리고 자기로부터 공급받는 효용관 압력보다는 더 높다.

각 효용관은 각자 단일-효용관 증발기로서 작용하고, 각각 그 효용관 내의 압력차에 상당하는 가열표면에 걸친 온도차가 있게 된다. 이와 같은 각 단일-효용관에 대한 설명이 다중-효용관에도 적용된다. 다중-효용관계에서 그 증발기의 직렬식 배열은 상호 연결하는 관의 문제이지 각 증발기의 구조적 문제가 아니다. 효용관의 숫자 매김(numbering)은 액체가 공급되는 순서에 무관하다. 그림 16.7에서는 희박 급송액이 부분적으로 농축되는 첫 효용관으로 들어가고, 이 용액이 다음 효용관으로 들어가 추가로 농축되고, 그 다음 세 번째 효용관으로 들어가 최종 농축액이 된다. 이 농축액은 마지막 세 번째 효용관으로부터 배출된다.

정상조업 시 유량과 증발속도는 일정해서 어떤 효용관에서 용매나 용질이 축적되지도 감소되지도 않는다. 또한 급송액의 온도, 농도, 유속이 고정되고, 유입 수증기 압력과 응축기 내의 압력이 안정되며, 그리고 각 효용관 내의 모든 액체 준위가 일정하게 유지된다. 단지 농후액의 농도만이 급송액의 유량변화에 따라 변할 수 있다. 만일 농후액이 너무 묽어지면 첫 효용관으로 들어가는 공급속도를 감소시키고, 농후액이 너무 농축되면 공급속도를 증가시킨다. 결국 마지막 효용관과 농후액 배출물의 농도는 원하는 수준에서 새로운 정상상태에 도달할 것이다.

첫 효용관에서 가열표면은 단위시간 당 다음 식으로 주어진 열량만큼 통과된다.

$$q_1 = A_1 U_1 \Delta T_1 \tag{16.9}$$

급송액을 그 비점까지 가열하는데 소요되는 현열의 일부가 우선 무시된다면, 실제로 이 열 모두가 첫 효용관을 떠나는 증기의 잠열로서 나타나야 하는 결과가 된다. 두 번째 효용관을 떠나는 응축액의 온도는 첫 효용관 내의 비등액체를 떠나는 증기의 온도 T_1에 매우 가깝다. 그러므로 정상조업에서 실제로 첫 효용관에서 증기를 발생시키는 데 쓰인 열은 그 증기가 둘째 효용관에서 응축될 때 모두 내놓게 된다. 그러나 둘째 효용관에 전달된 열량은 다음 식으로 표시된다.

$$q_2 = A_2 U_2 \Delta_2 \tag{16.10}$$

이제 막 보인 바와 같이, q_1과 q_2는 거의 같으므로,

$$A_1 U_1 \Delta T_1 = A_2 U_2 \Delta T_2 \tag{16.11}$$

이와 같은 이유를 확장시키면 대략 다음과 같음을 알 수 있다.

$$A_1 U_1 \Delta T_1 = A_2 U_2 \Delta T_2 = A_3 U_3 \Delta T_3 \tag{16.12}$$

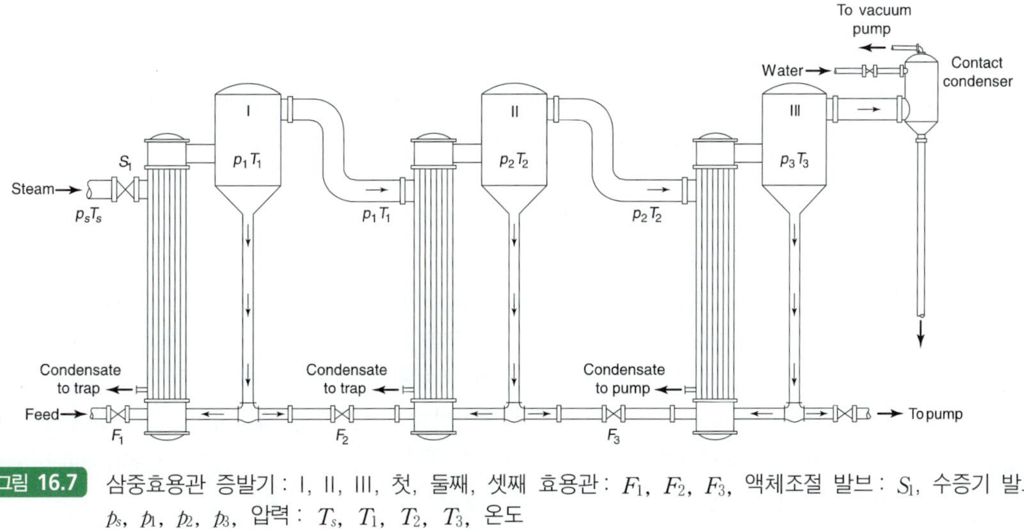

그림 16.7 삼중효용관 증발기: I, II, III, 첫, 둘째, 셋째 효용관: F_1, F_2, F_3, 액체조절 발브: S_1, 수증기 발브: p_s, p_1, p_2, p_3, 압력: T_s, T_1, T_2, T_3, 온도

식 (16.11)과 (16.12)는 단지 근사 식일 뿐이고, 이 식들은 추가적인 항(이 식에 나타난 양에 비해 비교적 적지만)으로 보정되어야만 함을 이해해야 한다.

실제로 다중-효용관 증발기 중에서 각 효용관의 가열면적은 동일하다. 따라서 식 (16.12)로부터 $q_1 = q_2 = q_3 = q$임으로 다음과 같이 된다.

$$U_1 \Delta T_1 = U_2 \Delta T_2 = U_3 \Delta T_3 = \frac{q}{A} \tag{16.13}$$

이 관계로부터 다중-효용관에서 온도차는 대략 열전달계수에 역비례하는 결과가 된다.

예제 16.3

3중-효용관 증발기는 비점상승이 거의 없는 액체를 농축한다. 첫 효용관으로 들어가는 수증기 온도는 108°C이고, 마지막 효용관에서 용액의 비점은 52°C이다. 총괄 열전달계수(W/m^2 · °C)는 첫째 효용관에서 2,500, 둘째 효용관에서 2,000, 세 번째 효용관에서 1,500이다. 첫 효용관과 둘째 효용관 내의 용액은 몇 도에서 끓기 시작하는가?

풀이

총 온도강하는 108 − 52 = 56°C이다. 식 (16.13)으로 보인 바와 같이, 여러 개의 효용관에서 온도강하는 대략 그 계수에 역비례 한다. 따라서, 예로

$$\Delta T_1 = \frac{\frac{1}{2,500}}{\frac{1}{2,500} + \frac{1}{2,000} + \frac{1}{1,500}} 56 = 14.3°\mathrm{C}$$

같은 방법으로, $\Delta T_2 = 17.9°\mathrm{C}$, $\Delta T_3 = 23.8°\mathrm{C}$이다. 결과적으로 첫 효용관에서 비점은 108 − 14.3 = 93.7°C이고, 둘째 효용관에서 비점은 75.8°C이다. ■

급송 방법

다중-효용관 증발기에 급송하는 보통 방법은 첫 효용관에 희박 액을 급송하고, 순서대로 다음 효용관으로 보낸다. 그림 16.8(a)에 보인 이 방법을 **순류식 급송**(forward feed)이라 한다. 액체의 농도는 첫 효용관으로부터 마지막 것으로 가면서 증가된다. 이러한 액체흐름 형태는 가장 간단한 것이다. 이때 첫 효용관은 때로 대기압 이상이기 때문에 첫 효용관에 희박 액을 공급하는데 펌프가 필요하고, 마지막 효용관의 농축액을 배출시키는 데도 펌프가 필요하게 된다. 그러나 흐름방향으로 압력이 감소되기 때문에 한 효용관에서 다음 효용관으로의 이송에는 펌프가 필요 없고, 이송선(移送線)에 조절밸브가 필요하게 된다.

다른 보통의 방법이 **역류식 급송**(backward feed)이다. 이 방법은 그림 16.8(b)에 표시된 바와 같이 묽은 용액이 마지막 효용관에 공급되어, 연속적으로 효용관을 거쳐 첫 효용관까지 펌핑된다. 이 방법은 저압(低壓)에서 고압(高壓)으로 액체가 흐르기 때문에, 각 효용관 사이에 농후액 펌프가 필요하게 된다. 역류식(逆流式) 급송법은 때로 농후액이 점성이 클 때 순류식 급송법보다 더 큰 용량을 가지게 된다. 그러나 급송액이 차가우면 순류식 급송법보다 낮은 경제성을 주게 된다.

또 다른 급송법이 가끔 쓰인다. **혼합류식 급송**(mixed feed)에서는 희박한 액체가 중간 효용관으로 들어가 직렬 배열의 끝까지는 순류식 급송으로 흐르고, 그 다음 그림 16.8(c)에 보인 바와 같이 최종 농도에 해당되는 첫 효용관으로 역으로 수송된다. 이것은 역류식 급송에서 필요했던 몇 개의 펌프가 제거되고, 최종 증발이 가장 높은 온도에서 일어나게 된다. 결정(結晶)과 모액 슬러리(slurry)를 직접 배출시키는 결정화 증발기에서는 급송물이 각 효용관에 직접 투입되는데 그림 16.8(d)에 표시된 바와 같이 이를 **병류식 급송**(parallel feed)이라 한다. 이 병류식 급송에서는 한 효용관에서 다른 효용관으로의 액체 이송이 없다.

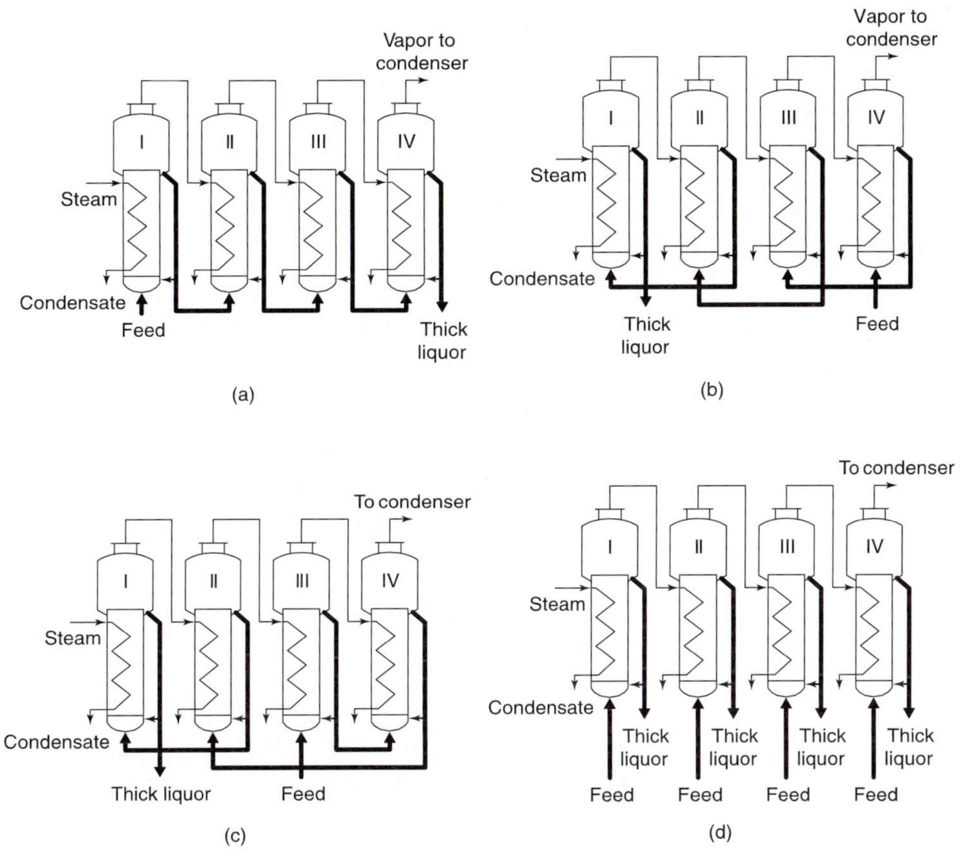

그림 16.8 다중-효용관 증발기 내 액체 흐름 형태 : (a) 순류식 급송, (b) 역류식 급송, (c) 혼합류식 급송, (d) 병류식 급송(━━모액 흐름 ; ── 수증기 및 증기흐름)

다중-효용관 증발기의 용량과 경제성

다중-효용관의 사용으로 인한 경제성의 증가는 감소된 용량에 대한 보상비용으로서 얻어진다. 가열표면을 수 배 증가시키면 증발 용량은 증가된다고 생각될 수 있으나, 실제는 그렇지 않다. 다중-효용관의 총 용량은 보통 그 효용관들 중의 하나와 동일한 가열표면을 갖고 동일한 열적 조건 하에서 조작되는 단일-증발관의 용량보다 크지 않으며, 현저한 비점상승이 있을 때는 상당히 더 적을 수도 있다. 비점상승이 무시될 때 유효 총괄 ΔT는 각 효용관에서의 ΔT합과 같고, N-효용관 증발기에서 단위표면적 당 증발된 물의 양은 대략 $1/N$이고 이는 단일 효용관의 것과 같다. 이것은 다음 해석으로 알 수 있다.

가열부하(heating load) 및 희석열이 무시되면, 증발기의 용량은 열전달속도에 정비례한다. 그림 16.7의 3개 효용관에서 전달된 열량은 다음 식으로 주어진다.

$$q_1 = U_1A_1\Delta T_1 \quad q_2 = U_2A_2\Delta T_2 \quad q_3 = U_3A_3\Delta T_3 \tag{16.14}$$

총 용량은 이 식들의 합인 총 열전달속도 q_T에 비례한다. 즉,

$$q_T = q_1 + q_2 + q_3 = U_1A_1\Delta T_1 + U_2A_2\Delta T_2 + U_3A_3\Delta T_3 \tag{16.15}$$

각 효용관에서 표면적 A 및 총괄 계수 U가 같고 그리고 비점상승이 무시된다고 가정하자. 그러면 식 (16.15)는 다음과 같이 쓰일 수 있다.

$$q_T = UA(\Delta T_1 + \Delta T_2 + \Delta T_3) = UA\Delta T \tag{16.16}$$

여기서, ΔT는 첫 효용관의 수증기(steam)와 마지막 효용관의 증기(vapor) 간의 총 온도강하이다.

이제 표면적이 A인 단일-효용관 증발기가 동일한 총 온도강하로 조작된다고 가상하자. 총괄 계수가 3중-효용관 증발기의 각 효용관에서의 것과 동일하다면, 단일-효용관에서 열전달속도는 다음과 같다.

$$q_T = UA\Delta T$$

이것은 다중-효용관 증발기에 대한 식과 완전히 같다. 이것은 총괄계수가 같고, 그 용량이 다중-효용관 중의 각 효용관의 것과 같은 면적을 가진 단일-효용관의 것보다 크지 않으면, 아주 많은 효용관이 사용되었든 간에 상관없음을 뜻한다. 비점상승은 다중-효용관 증발기의 용량을 그에 상당한 단일-효용관의 것보다 적게 만드는 경향이 있다. 이를 상쇄하는 것은 다중-효용관 증발기에서 총괄 계수의 변화를 가져오게 하는 것이다. 예를 들면, 50% NaOH 용액을 생성하는 단일-효용관에서는 점성 액체에 대한 총괄 계수 U는 작다. 3중-효용관 증발기에서는 최종 효용관에서 그 계수는 단일-효용관에서의 총괄 계수와 같으나, NaOH 농도가 더 낮은 다른 효용관에서 그 총괄 계수는 더 큰 것이다. 따라서 3중-효용관 증발기에 대한 평균 총괄 계수는 단일-효용관의 것보다 더 크게 된다. 어떤 경우에는 이것이 비점상승 효과를 가리게 되고, 그리고 다중-효용관 증발기의 용량이 단일-효용관의 것보다 실제로 더 크게 된다.

액체 정압두(liquid head)와 비점상승의 영향. 액체 정압두와 비점상승은 다중-효용관 증발기의 용량에 대해 단일-효용관에 미치는 것보다 더 영향을 끼친다. 앞에 설명한 바와 같이, 액체 정압두로 인한 용량 감소는 정량적으로 추정할 수 없다. 액체 정압두는 유용한 온도강하를 감소시키는데 이는 비점상승의 경우와 같다.

큰 비점상승이 있는 용액을 농축하는 증발기를 고려해 보자. 이 비등용액으로부터 나오는 증기는 그 용액 온도와 같아서 비점상승만큼 과열된다. 13장에서 논한 바와 같이, 과열수증기는 그것이 가열매체로서 쓰일 때는 동일한 압력에서 거의 포화수증기에 상당한다. 그러므로 어떤 효용관에서의 온도강하는 수증기실 압력에서 포화수증기의 온도로부터 계산되는 것이지 앞의 효용관 내 비등액체 온도로부터 계산되는 것이 아니다. 이것은 어떤 효용관 내의 비점상승이 총 가용 온도강하(可用溫度降下)로부터 손실됨을 의미하는 것이다. 이 손실은 다중-효용관 증발기의 각 효용관마다 생기고, 이로 인한 용량 손실은 때로 중요하다.

다중-효용관 증발기의 용량에 미치는 이 온도강하 손실의 영향이 그림 16.9에 표시되어 있다. 이 그림은 단일-효용관, 2중-효용관, 3중-효용관에서의 온도강하를 나타낸다. 최종조건은 이 세 경우 모두 같다. 즉, 첫 효용관내의 수증기 압력과 마지막 효용관으로부터 나오는 증기의 포화온도는 이 세 증발기에서 동일하다. 각 효용관은 비점상승이 있는 용액을 포함하고 있다. 각 기둥(그림에서)의 총 높이는 수증기 온도로부터, 마지막 효용관으로부터 나오는 증기의 포화온도까지 분산된 총 온도를 나타낸다.

단일-효용관을 생각해 보자. 총 온도차 181°중에서 사선 부분은 비점상승으로 인한 온도강하 손실을 나타낸다. 나머지 온도강하 105°가 열전달에 유용한 실 구동력(actual driving force)이고, 이것은 아무 표시도 없는 부분이다. 2중-효용관 증발기에 대한 그림에서는, 두 효용관 각각에서 비점상승이 있기 때문에 2개의 사선부분이 있고, 나머지 비사선 부분(그 합이 85°)은 단일-효용관에 대한 비사선 부분보다 작다. 3중-효용관 증발기에 있어서는, 세 효용관 각각에서 온도강하 손실이 있기 때문에 3개의 사선 부분이 있고, 총 실 가용 온도강하(total net available temperature drop) 79°는 그에 상응되는 만큼 더 작다.

효용관의 수가 아주 많거나 아주 큰 비점상승이 있는 극단적인 경우에 주어진 증발기에서 비점상승의 합이 총 가용온도강하보다 더 클 수도 있다. 이러한 증발기의 설계나 조작조건은 효용관 수를 감소시키거나 총 온도강하를 증가되도록 수정되어야 한다.

다중-효용관 증발기의 경제성(經濟性)은 급송물 온도와 증발열의 변화와 같은 미소 인자가 무시된다면,

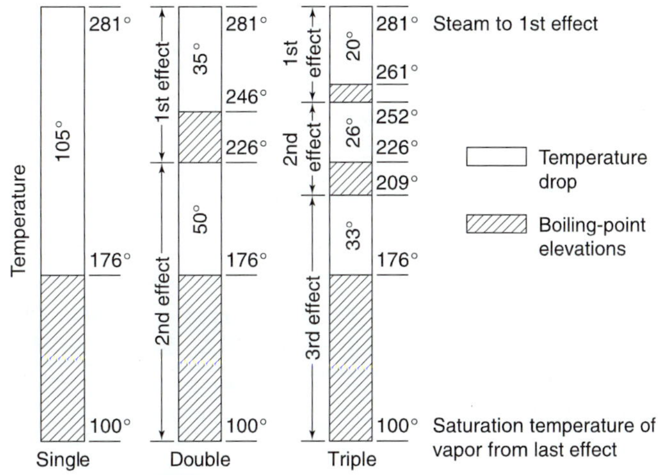

그림 16.9 증발기 용량에 미치는 비점상승의 영향

비점상승에 의한 영향을 받지 않는다. 첫 효용관에서 응축되는 수증기 1 kg는 약 1 kg의 증기를 발생시키고, 이때 생성된 증기는 둘째 효용관에서 응축되면서 또 다른 증기 1 kg를 발생시키는 등, 이와 같이 계속된다. 다중-효용관 증발기의 **경제성**(economy)은 열수지(熱收支) 여건에 의존되고, 열전달속도에 무관하다. 반면 **용량**(capacity)은 비점상승에 의해 감소된다. 비점상승이 있는 용액을 농축하는 2중-효용관 증발기의 용량은 같은 총 온도강하를가지고 조작되는 두 개의 단일-효용관 각각에 대한 용량의 절반보다 일반적으로 적다. 3중-효용관 증발기의 용량은 같은 종말온도(終末溫度)를 가진 3개의 단일-효용관 용량의 1/3보다 적다.

효용관의 최적 개수. 표면 m^2 또는 ft^2 당 각 효용관 비용은 그 총 면적의 함수이고, 면적에 따라 감소한다. 이는 대형 장치에 대한 점근선으로 접근한다. 따라서 N-효용관 증발기에 소요되는 투자비는 같은 용량의 단일-효용관 증발기의 투자비에 대략 N배가 된다. 효용관의 최적 수(最適 數)는 다중-효용관 조작에 의해 얻어지는 수증기 절약과 소요된 추가 투자비간의 경제적 수지로부터 알 수 있다.

다중-효용관 계산

다중-효용관 설계에 있어서 보통 원하는 결과는 소모된 수증기량, 소요 가열면적, 각 효용관에서 대략의 온도, 마지막 효용관을 떠나는 증기량 등이다. 단일-효용관에서와 같이 이들 양은 물질 수지, 엔탈피 수지, 용량 식 (16.1)으로부터 구한다. 그러나 다중-효용관 증발기에서 시행오차법이 직접 대수해(algebraic solution) 대신에 쓰인다.

예로서, 3중-효용관 증발기를 고려해 보자. 7개의 식을 세울 수 있다. 즉 각 효용관에 대한 엔탈피 수지, 각 효용관에 대한 용량 식, 알고 있는 총 증발량 또는 희박액과 농후액과의 차등이다. 각 효용관의 가열표면이 동일하다면, 이들 식 중에서 7개의 미지수(未知數)가 남는다. 즉 (1) 첫 효용관으로 들어가는 수증기 유속, (2) ~ (4) 각 효용관으로부터 나오는 유속, (5) 첫 효용관내의 비등온도, (6) 둘째 효용관 내의 비등온도, (7) 각 효용관 당 가열면적 등이다. 이 7개 미지수에 대해 이 식들을 풀 수 있으나, 그 방법은 지루하고 서로 관련되어 있다. 또 다른 계산법은 다음과 같다.

1. 첫 번째와 두 번째 효용관의 비점을 가정한다.
2. 엔탈피 수지로부터 수증기 유속과 각 효용관 사이의 액체 유속을 구한다.
3. 용량 식으로부터 각 효용관에 필요한 가열면적을 계산한다.

4. 이렇게 구한 가열면적이 서로 같지 않으면, 새로운 비점을 추정하여 가열면적이 서로 같을 때까지 2, 3항을 반복한다.

실제로 이러한 계산은 컴퓨터로 수행된다. 전형적 계산 결과는 다음 예제와 같다.

예제 16.4

3중-효용관 강제-순환식 증발기에 180°F(82.2°C), 10% NaOH용액 60,000 lb/h(27,215 kg/h)가 공급된다. 농축액은 50% NaOH용액이다. 50 psia(3.43 atm abs)의 포화 수증기가 사용되고, 세 번째 효용관에서 나오는 증기의 응축온도는 100°F(37.8°C)이다. 급송 순서는 II, III, I 이다. 복사(輻射)와 응축액의 과냉각은 무시할 수 있다. 비점상승을 보정한 총괄 계수는 표 16.2에 주어져 있다. 다음을 계산하라. (a) 가열표면을 모두 같다고 간주하여 각 효용관의 소요 가열면적, (b) 수증기 소모량, (c) 수증기 경제성.

표 16.2 예제 16.3의 자료

Effect	Overall coefficient	
	$Btu/ft^2 \cdot h \cdot °F$	$W/m^2 \cdot °C$
I	700	3,970
II	1,000	5,680
III	800	4,540

풀이

총 증발량은 고체의 손실 없이 증발기를 통과한다고 가정하고, 총괄 물질지수로부터 계산할 수 있다(표 16.3).

표 16.3 예제 16.3의 자료

Material	Flow rate, lb/h		
	Total	Solid	Water
Feed solution	60,000	6,000	54,000
Thick liquor	12,000	6,000	6,000
Water evaporated	48,000		48,000

표 16.4 예제 16.3의 온도, 엔탈피 및 유속

Stream	Temperature °F	Saturation temperature, °F	Concentration, weight fraction	Enthalpy, Btu/lb	Flow rate, lb/h
Steam	281	281		1,174	19,370
Feed to I	113		0.228	68	26,300
Vapor from I	245	170		1,170	14,300
Condensate from I	281			249	19,370
Thick liquor from I	246		0.50	249	12,000
Raw feed to II	180		0.10	135	60,000
Vapor from II	149	142		1,126	16,340
Liquid from II	149		0.137	101	43,660
Condensate from II	170			138	14,300
Vapor from III	114	100		1,111	17,360
Condensate from III	142			110	16,340

온도, 엔탈피, 흐름속도 등의 반복 계산치를 표 16.4에 표시했다. 주의할 것은 I 로 들어가는 수증기 공급량은 I 로부터 나오는 응축수가 되고, I 로부터 오는 수증기는 II 로부터 나오는 응축수가 되고, II로부터 나오는 수증기는 III으로부터 나오는 응축수가 되는 것이다. 이로부터 얻은 해답은 다음과 같다.

(a) 효용관 당 면적: 719 ft^2(66.8 m^2)

(b) 수증기 소모량: 19,370 lb/h(8,786 kg/h)

(c) 경제성: 48,000/19,370 = 2.48 ■

16.3 증기 재압축

비등 용액으로부터 발생되는 증기 내 에너지가, 원하는 방향으로 전열(heat transfer)을 위한 온도강하가 있다면, 더 많은 물을 증발시키는 데 쓰일 수 있다. 다중-효용관 증발기에서 이 온도강하는, 점점 더 낮은 압력(절대)의 사용으로, 직렬 증발기 내 용액의 비점을 점진적으로 낮춤으로써 유발될 수 있다. 또한 원하는 구동력(驅動力)은 기계적 또는 열적 재압축(再壓縮)에 의해 발생증기의 압력(즉, 응축온도)을 증가시킴으로써 얻을 수 있다. 그 다음 압축된 증기는 그 증기가 나온 증발기의 수증기실에서 응축된다.

기계적 재압축

기계적 증기 재압축(mechanical vapor recompression)의 원리는 그림 16.10에 예시되어 있다. 찬 급송물은 뜨거운 액체와 열교환되어 거의 그 비점까지 예열(豫熱)되고, 그 다음 보통의 강제-순환식 증발기에서와 같이 가열기를 통해 수송된다. 그러나 발생된 증기는 응축되지 않는다. 그 대신 이것은 정변위 펌프(positive-displacement pump) 또는 원심압축 펌프에 의해 어느 정도 고압까지 압축되고, 가열기로 공급될

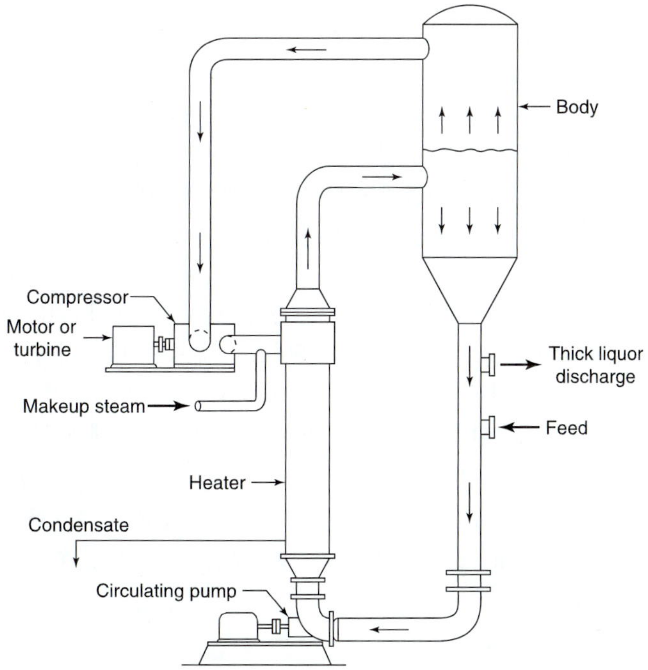

그림 16.10 강제-순환식 증발기에 적용된 기계적 재압축

"수증기"로 된다. 압축된 증기의 포화온도가 공급물의 비점보다 높기 때문에, 열은 증기로부터 용액 쪽으로 흘러서 더 많은 증기가 생성된다. 적은 양의 보충 수증기가 필요할 수도 있다. 전형적인 계에서 최적 온도차는 약 5℃이다.

이와 같은 계의 에너지 이용은 아주 양호한 것이다. 즉, 압축기를 구동시키는 소요 동력에 상당되는 수증기를 기준으로 하여 경제성은 10~15개 효용관을 포함하는 증발기의 것에 해당된다. 기계적 재압축 증발의 가장 중요한 응용은 바닷물로부터 증류수 생산, 제지공업에서 흑액(black liquor)의 증발[5], 과일 주스와 같은 열 예민성 재료의 증발, 그리고 역-용해성 염의 결정화[4](27장을 참고하라) 등이다.

하강-경막 증발기는 증기 재압축계의 조작에 아주 적절한 것이다.

열적 재압축

열적 재압축 계(thermal recompression system)에서 증기는 제트 이젝터(jet ejector) 내에서 고압 수증기 작용에 의해 압축된다. 따라서 용액을 비등시키는 데 필요한 것보다 더 많은 수증기가 요구되므로 과잉 수증기는 방출시키거나 응축시켜야 한다. 액체로부터 나오는 증기에 대한 원동 수증기(motive steam)의 비(比)는 증발 압력에 의존된다. 대부분의 저온 조작의 경우, 8~10 atm 압력에서 소요 수증기 대 증발된 물의 질량 비는 약 0.5이다. 수증기 제트는 많은 양의 저밀도 증기를 처리할 수 있기 때문에, 열적 재압축이 기계적 재압축보다 더 적합하다. 제트는 송풍기와 압축기보다 유지하기에 저렴하고 용이하다. 열적 재압축의 주 단점은 제트의 낮은 기계적 효율과 조작 조건의 변경에 따른 계의 유연성 결여 등이다.

16.4 기호 설명

A	열전달 표면적, m^2, ft^2; A_1, A_2, A_3, 각각 Ⅰ, Ⅱ, Ⅲ 효용관의 면적
BPE	Boiling Point elevation 비점상승, °F 또는 ℃
c_p	정압에서의 비열, J/g·℃, Btu/lb·°F; C_{pf}, 급송액의 비열
H	농후 액의 엔탈피, J/g, Btu/lb; H_c, 응축 액의 엔탈피; H_f, 공급액의 엔탈피; H_s, 포화수증기의 엔탈피; H_v, 증기 또는 과열수증기의 엔탈피
$\dot{m}$	질량유속, kg/h, lb/h; 단일-효용관 증발기를 나가는 액체의 질량유속; $\dot{m}_f$, 급송액의 질량유속; $\dot{m}_s$, 수증기 또는 수증기 응축액의 질량유속
N	증발기 효용관의 수
p	압력, atm, lb$_f$/ft^2; p_s, 수증기 압력; p_1, p_2, p_3, 효용관 Ⅰ, Ⅱ, Ⅲ의 증기 공간 압력
q	열전달속도, W, Btu/h; q_f, 희박 액의 열전달속도; q_s, 수증기로부터의 열전달속도; q_T, 총열전달속도; q_v, 증발에 대한 열전달속도; q_1, q_2, q_3, 효용관 Ⅰ, Ⅱ, Ⅲ에서의 열전달 속도
T	온도, ℃, °F; 단일-효용관 증발기에서의 비점; 이곳을 나가는 액체의 온도; T_c, 응축 액 온도; T_f, 공급액 온도; T_h, 유입수증기의 온도; T_s, 포화수증기의 온도; T', 증기 공간 압력에서의 물의 비점; T_1, T_2, T_3 효용관 Ⅰ, Ⅱ, Ⅲ에서의 비점온도; 이곳을 나가는 액체의 비점온도
U	총괄 열전달계수, W/m^2·℃, Btu/ft^2·h·°F; U_1, U_2, U_3, 효용관 Ⅰ, Ⅱ, Ⅲ에서의 값
x	용질의 질량분율
Z	액체표면 밑의 수직거리, m, ft

그리스문자

Γ	관 상의 액체부하, 젖음 둘레 m 당 kg/h 또는 젖음 둘레 ft 당 lb/h
ΔT	온도강하, °C, °F, 모든 효용관에서 총괄 보정 온도강하; ΔT_1, ΔT_2, ΔT_3 효용관 Ⅰ, Ⅱ, Ⅲ의 온도강하
λ	잠열, J/g, Btu/lb; λ_s, 수증기의 응축 잠열; λ_v, 농후액으로부터의 증발 잠열
μ	절대점도, cP, lb/ft · h

연습 문제

16.1 유기 콜로이드용액이 단일-효용관 증발기에서 8%로부터 45%까지 농축된다. 게이지 압력 1.03 atm (120.5°C)인 수증기가 가능하다. 증기 공간에서 102 mm Hg. abs 압력이 유지된다. 증발기로의 급송 속도는 20,000 kg/h이다. 총괄 열전달계수는 2,800 W/m^2·°C로 택할 수 있다. 용액의 비점상승은 무시되고, 희석열 역시 무시된다. 급송물 온도가 (a) 51.7°C, (b) 21.1°C, (c) 93.3°C일 때 수증기 소모량, 경제성, 소요 가열면적을 계산하라. 급송액 비열은 3.77 J/g·°C이고, 용액의 증발 잠열은 물의 것과 같다고 택할 수 있다. 복사에 의한 손실은 무시한다.

16.2 유기 콜로이드용액이 수직-관 증발기에서 15%로부터 50% solid까지 농축된다. 그 용액의 비점상승은 무시되고, 급송물의 비열은 0.93이다. 0.8 atm abs의 포화수증기가 가능하고, 응축기 내의 압력은 100 mm Hg abs이다. 급송물은 15°C로 들어간다. 총괄 계수가 1,700 W/m^2·°C이다. 증발기는 물 25,000 kg/h를 증발시켜야 한다. 소요면적(m^2)은 얼마인가? 그리고 수증기 소모량(kg/h)은 얼마인가?

16.3 강제-순환식 증발기에서 3 atm 수증기를 사용해서 44% NaOH용액 60,000 kg/h를 65%까지 농축시킨다. 급송 온도와 응축 온도도 모두 40°C이다. 급송액 밀도는 1,450 kg/m^{3}이다. 총괄 열전달계수가 2,000 W/m^2·°C 일 때, (a) 소요 수증기량(kg/h단위로) (b) 소요 열전달 면적을 계산하라.

16.4 지름 100 mm, 길이 6 m의 수직-관으로 된 단-통과 하강-경막 증발기를 이용하여 묽은 수용액을 농축하려 한다. 관 당 유속은 3,000 kg/h이고, 초기 비점에서 용액의 점도는 2.5 cP이다. (a) 아무런 증발이 일어나지 않았을 때 관 안의 액체의 평균 체류시간을 구하라. (b) ΔT가 90°C이고, 총괄 열전달계수가 3,500 W/m^2·°C일 때 얼마의 물이(분율로) 증발되는가? (c) 동일 한 증발 분율이 동일한 크기의 상향-흐름식 증발기에서 이루어진다면, 평균 체류시간은 얼마인가(관 안의 유체는 2/3액체와 1/3증기라 가정한다)?

16.5 장-관형 3중-효용관 증발기가 용존 고체(溶存固體) 17% 용액 35,000 gal/h를 38%까지 농축하는데 사용된다. 급송물은 60°F로 들어가 직렬로 배열된 세 개의 다관-원통형 가열기 *a*, *b*, *c*를 통과한 다음, Ⅱ, Ⅲ, Ⅰ의 순서로 세 효용관을 통과한다. 가열기 *a*는 세 번째 효용관과 응축기 사이의 증기선(蒸氣線)으로부터 취한 증기에 의해 가열된다. 가열기 *b*는 둘째와 셋째 효용관 사이의 증기선으로부터 취한 증기에 의해 가열된다. 그리고 가열기 *c*는 첫째와 둘째 효용관 사이의 증기선으로부터 취한 증기에 의해 가열된다. 각 가열기에서 뜨거운 쪽의 온도 접근단(warm-end temperature approach)은 10°F이다. 다른 자료는 표 16.5와 아래에 주어져 있다.

Ⅰ로 들어가는 수증기 : 230°F, 건조상태이고 포화됨.
Ⅲ의 진공도 : 30 in 대기압계를 기준하여 28 in
응축 액 : 응축온도로 수증기실(steam chest)을 나간다.
비점상승 : Ⅱ에서 1°F, Ⅲ에서 5°F, Ⅰ에서 15°F

표 16.5

Concentration solids, %	Specific gravity	Specific heat, Btu/lb·°F
10	1.02	0.98
20	1.05	0.94
30	1.10	0.87
35	1.16	0.82
40	1.25	0.75

비점상승이 보정된 계수(Btu/ft^2·h·°F) : Ⅰ에서 450, Ⅱ에서 700, Ⅲ에서 500
가열표면적 : 모든 효용관에서 동일하다.

다음사항을 계산하라.
(a) 소모된 수증기량(lb/h로), (b) 효용관 당 가열 표면적, (c) 경제성(lb/lb 수증기), (d) 응축기에서 제거해야 할 잠열

16.6 내경 120 mm 교반식 박막-증발기 내에 400 r/min로 회전하는 4-날 교반기가 들어 있다. 여기서 평균 점도는 100 cP인 고분자용액으로부터 이염화에틸렌을 증발시킨다. 액막 특성 치는 $k = 0.15$ Btu/h·ft·°F, $\rho = 60$ lb/ft^3, $c_p = 0.3$ Btu/lb·°F (a) 교반되는 액막의 열전달계수를 추정하라. (b) 여러분의 결과와 표 16.1의 자료와 비교하라. 그리고 어느 모순이 있으면 평하라.

16.7 3중-효용관 증발기를 이용하여 25% NaOH 공급액으로부터 50% NaOH용액을 생산하려고 한다 수증기는 320°F의 것이 가능하고, 마지막 단(段)에서 나오는 증기는 120°F에서 응축된다. 역류식 급송이 된다. (a) 효용관에서 같은 양의 물이 제거된다면 중간 효용관의 농도, 각 효용관에서 비점상승 및 열전달을 위한 가용성 실 온도차(net temp. difference)는 얼마인가? (b) 같은 종말온도이고, 3중-효용관 이상에서 사용될 수 있는 효용관의 최대 개수는 얼마인가?

16.8 각 효용관의 가열표면이 140 m^{2}인 3중-효용관 표준형 수직-관 증발기(triple-effect standard vertical- tube evaporator)를 4% 고체 용액을 35%까지 농축하는 데 사용하려고 한다. 이 용액은 비점상승이 무시된다. 순류식 공급이 된다. 수증기는 120°C의 것이 가능하고, 마지막 효용관의 진공은 40°C 비점에 상당된다. 총괄계수(W/m^2·°C로)는 Ⅰ에서 2950, Ⅱ에서 2670, Ⅲ에서 1360이고, 모든 비열은 4.2 J/g·°C로 쓸 수 있으며, 복사는 무시한다. 응축액은 그 응축온도로 나간다. 급송물은 90°C이다. 다음을 계산하라. (a) 시간당 농축될 수 있는 4% 모액의 kg수, (b) 수증기 소모량(kg/h로).

16.9 증기 재압축 증발기로 매우 묽은 수용액을 농축하려고 한다. 공급속도는 30,000 lb/h이고, 증발속도는 20,000 lb/h이다. 증발기는 대기압에서 조작되고, 자연대류식 컬란드레어(calandria)가 사용되는 것 이외는 그림 16.10에 보인 것과 같은 기계적으로 압축된 증기를 사용한다. 수증기 비용이 1,000 lb 당 $8이고, 전기료가 kWh 당 ¢3이고, 가열기의 열-전달표면비용은 ft^2 당 $70일 때, 그 증기를 압축시키는 최적 압력(optimum pressure)을 계산하라. 총괄 압축기 효율은 70%이다. 기타 모든 비용은 압축된 증기의 압력과 무관하다고 간주한다. 이 증발기는 몇 개의 효용관에 상당하는가?

16.10 10% 콜로이드 용액이 하강-경막 응축기(falling-film evaporator)에서 20%까지 농축된다. 이 농축기는 직경 50 mm, 길이 8 m 관들로 구성되었다. 공급속도는 관 당 140 kg/h이고, 급송액 온도는 그 응축기 압력에서 초기 비등온도인 65℃이다. 10% 고체를 함유한 용액의 점도는 물 점도의 2배이고, 20%의 것은 물의 4.5배이다. (a) 관 상부에서 내부 경막계수 h_i를 추산하라. (b) U의 평균치가 초기 h_i의 절반이라고 가정하고, 관 당 증발속도를 추산하라. 그 용액이 그 관 한번 통과로 20%까지 농축될 수 있는가?

16.11 증기-재압축 증발기(vapor-recompression evaporator)가 10°F 비점상승되는 어느 용액을 생산하려고 1 atm에서 조업된다. (a) 그 증발기 내에서 15°F의 구동력을 나타내려면 그 압축기 출구압력은 얼마이어야 하나? 75% 등엔트로피 압축효율(isentropic compressor efficiency)이고 증기선과 압축기 간 마찰손실은 0.5 lb_f/in^2이라고 가정하고, 증기 lb 당 소요 에너지를 추산하라.

16.12 5개 효용관을 가진 다중-효용관 증발기가 4% 고체 함유 용액으로부터 20% 용액까지 농축하는 데 이용된다. 비점상승은 그 농도에 비례하고, 20% 고체 함유 용액의 것은 25°F이다. (a) 각 단에서 같은 양의 물이 증발된다고 가정하고, 각 효용관에서 농도와 비점상승을 결정하라. (b) 만일 270°F의 증기가 가능하고 마지막 효용관이 100°F의 포화증기를 생성한다면, 비점상승에 의해 가능온도기력(available temperature driving force)이 얼마나 감소되는가?

참고 문헌

1. Boarts, R. M., W. L. Badger, and S. J. Meisenburg, *Trans. AIChE*, **33**:363 (1937).
2. Foust, A. S., E. M. Baker, and W. L. Badger, *Trans. AIChE*, **35**:45 (1939).
3. Kessler, H. G. *Food and BioProcess Engineering-Dairy Technology,* 5th ed. Munich: V.A. Kessler, 2002
4. King, R. J., *Chem. Eng. Prog.*, **80**(7):63 (1984).
5. Logsdon, J. D., *Chem. Eng. Prog.*, **79**(9):36 (1983).
6. McAdams, W. H., *Heat Transmission*, 3rd ed. New York: McGraw-Hill, 1954, pp. 398ff.
7. McCabe, W. L., *Trans. AIChE*, **31**:129 (1935).
8. Moore, J. G., and W. E. Hesler, *Chem. Eng. Prog.*, **59**(2):87 (1963).
9. Perry, J. H.(ed.), *Chemical Engineers' Handbook*, 6th ed. New York: McGraw-Hill, 1984, p. **10**-35.
10. Perry, R. H., and D. W. Green(eds.), *Perry's Chemical Engineers' Handbook*, 7th ed. New York: McGraw-Hill, 1997, p. **11**-109.
11. Sinek, J. R., and E. H. Young, *Chem. Eng. Prog.*, **58**(12):74 (1962).
12. Weimer, L. D., H. R. Dolf, and D. A. Austin, *Chem. Eng. Prog.*, **76**(11):70 (1980).

Section

IV

물질전달 및 그 응용

Mass Transfer and Its Applications

혼합물 중에 있는 성분들을 분리하는 일단의 분리조작(分離操作)은 물질을 하나의 균일상으로부터 다른 균일상으로 전달하는 데 기초를 두고 있다. 순수한 기계적 분리조작과는 달리 이러한 분리방법들은 밀도와 입자 크기의 차이를 이용하는 것이 아니라, 증기압, 용해도 또는 확산도의 차이를 이용한다. 열전달의 구동력이 온도차이나 온도 기울기인 것과 마찬가지로 물질전달의 구동력은 농도차이나 활동도 차이이다. 물질전달조작(物質傳達操作, mass-transfer operations)이라는 범주에 속하는 이러한 방법들에는 증류, 기체흡수, 탈습, 흡착, 액체추출, 침출, 결정화, 막분리 및 본 교재에서 다루지 않은 여러 가지가 있다.

증류(蒸溜, distillation)의 기능은 혼화성이면서 휘발성인 물질로 구성된 액체혼합물을 기화시켜 개개의 성분으로 분리하던가, 경우에 따라서는 몇 가지 성분으로 이루어진 혼합물로 분리하는 것이다. 알코올과 물로 이루어진 혼합물을 각 성분으로 분리, 액체공기를 질소, 산소 및 아르곤으로 분리, 그리고 원유를 휘발유, 등유, 연료유 및 윤활유 원료 등으로 분리하는 것 등은 증류의 예들이다.

기체흡수(氣體吸收, gas absorption)에서는 가용성(可溶性) 기체가, 불용성(不溶性) 기체와 섞여 있는 혼합물로부터, 용질을 다소 용해시킬 수 있는 액체에 흡수된다. 암모니아와 공기가 섞여 있는 혼합물에서 물로 암모니아를 세척하는 것은 이 조작의 전형적인 예이다. 결국 용질(암모니아)은 증류에 의해서 액체로부터 회수되며, 흡수에 사용된 액체(용매)는 버리던가 다시 사용하게 된다. 용질이 액체용매로부터 기상(氣相)으로 전달되는 조작을 탈착(desorption) 또는 탈거(脫去, stripping)라고 한다. 탈습(脫濕, dehumidification)에서는 불활성기체(inert gas)나 운반기체(carrier gas)에 섞여 있는 순수 액체가 응축에 의해 부분적으로 제거된다.

일반적으로 운반기체는 사실상 액체에 불용성이다. 차가운 표면상에서 응축에 의해 공기중의 수분을 제거하거나 질소 기류 중에 섞여 있는 사염화탄소와 같은 유기물 증기를 응축시키는 것 등은 탈습의 본보기들이다. 증습(humidification) 조작에서는 물질의 전달방향이 액상으로부터 기상으로 이동한다. 고체의 **건조**(drying)에서 액체(보통은 물)가 뜨겁고 건조한 기체(보통은 공기)에 의해 분리되며 이에 따라 기상의 증습을 겸하게 된다.

막분리(膜分離, membrane separations)에는 기체분리, 역삼투압(reverse osmosis) 및 한외여과(ultrafiltration) 등이 있으며, 액체나 기체의 한 성분이 다른 성분들 보다 쉽게 선택적으로 막을 통하여 나간다. 기본 구동력은 열역학적인 활동도의 차이이지만 많은 경우에 구동력은 농도나 분압의 차이로 표시할 수 있다. **흡착**(吸着, adsorption)에서는 용질이 자기와 특별한 친화력이 있는 표면을 가진 고체흡착제와 접촉하여 액체나 기체로부터 제거된다.

액체추출(liquid extraction)을 때로는 **용매추출**이라고 하는데 혼합물을 용매로 처리하여 혼합물 속의 한 성분 또는 몇 개의 성분을 선택적으로 용해시킨다. 처리된 혼합물을 **추출잔류물**(抽出殘留物, raffinate)이라 하며, 용매가 많은 상을 **추출물**(extract)이라 한다. 추출잔류물에서 추출물로 전달된 성분은 **용질**이며, 추출잔류물에 남아 있는 성분은 **희석제**(稀釋濟, diluent)이다. 추출기를 나가는 추출물 속의 용매는 회수해서 재사용하는 것이 보통이다. 고체추출 또는 **침출**(浸出, leaching)에서는 가용성 물질이 액체용매에 의해 불용성 고체와 섞여 있는 혼합물로부터 용해된다. 용해된 물질, 즉 용질은 결정화 또는 증발에 의해 회수될 수 있다. **결정화**(結晶化, crystallization)는 용융상태나 용액으로부터 용질을 분리하고 불순물을 제거하여 좋은 품질의 훌륭하고 균일한 결정상태의 물질을 얻는 데 이용되고 있다.

물질전달의 정량적 계산은 물질 및 에너지 수지, 평형 및 열과 물질전달 속도에 근거해서 한다. 일반적으로 적용할 수 있는 몇 가지 개념들은 여기서 다루고 개별 조작들은 다음 장들에서 취급한다.

IV.1 용어 및 기호

어느 조작에서나 일반적으로 두 개의 흐름을 L상(相)과 V상으로 정하는 것이 편리하다. 또한 밀도가 큰 흐름을 L상 그리고 밀도가 작은 흐름을 V상이라고 한다. 한 가지 예외로서 액체추출의 경우에는 추출잔류물이 추출물보다 가볍더라도 추출잔류물은 언제나 L상으로 표시하고 추출물은 V상으로 표기한다. 건조에서 L상은 고체와 고체에 묻어 있는 액체로 된 흐름을 뜻한다. 표 A는 여러 조작에서 어떻게 흐름들이 표기되는지 보여준다.

농도

엄밀히 말해서 농도는 단위부피당 질량이다. 질량은 kg 또는 lb를 단위로 사용할 수 있고, 부피는 m^3

표 A 물질전달조작에서 흐름들의 용어

Operation	V phase	L phase
Distillation	Vapor	Liquid
Gas absorption, dehumidifigcation	Gas	Liquid
Membrane separations	Gas or liquid	Gas or liquid
Adsorption	Gas or liquid	Solid
Liquid extraction	Extract	Raffinate
Leaching	Liquid	Solid
Crystallization	Mother liquor	Crystals
Drying	Gas (usually air)	Wet solid

또는 ft^3를 단위로 사용할 수 있다. 때에 따라서는 kmol 또는 lb mol이 용질의 양의 측정치로서 이용되기도 한다. 이 책에서는 몰 또는 질량 중에서 어떤 단위를 사용하는지 분명히 밝혀두고자 한다. 농도를 몰분율 또는 질량분율로 표시하는 것이 편리한 때가 있다. 몰분율(몰분율, mole fraction)이란 혼합물 속에 있는 총 몰(몰 수)에 대한 그 성분의 몰 비(比)를 말하며, 질량분율(mass fraction) 역시 같은 정의를 갖는다. 정의에 따라 어느 혼합물에서 모든 몰분율이나 질량분율을 합하면 1이 된다. 만일 r개의 성분이 들어 있다면 $r-1$개의 몰분율들은 독립적으로 취할 수 있는데, 나머지 성분에 대한 몰분율은 저절로 정해지고 1에서 다른 성분들의 몰분율의 합을 뺀 것과 같다.

농도와 어느 한 성분 i의 몰분율 또는 질량분율 사이의 관계는 다음과 같다.

$$c_i = \rho x_i$$

$x_i =$ 성분 i의 몰분율 또는 질량분율

$\rho =$ 혼합물의 몰밀도(몰밀도) 또는 질량밀도

$c_i =$ 성분 i의 대응농도(對應濃度)

유량과 농도에 대한 일반적인 기호를 정할 필요가 있다. 모든 조작에선 V와 L은 V상과 L상의 유량을 각각 나타내며, A, B, C등은 각 성분들을 표시한다. 만일 두 상 사이에서 오직 한 개의 성분만이 전달된다면, 성분 A를 그 성분으로 선택한다. x는 L상에서 한 성분의 농도를 나타내며, y는 V상에서 그 성분의 농도를 표시한다. 따라서 y_A는 V상에서 성분 A의 농도이며, x_B는 L상에서 성분 B의 농도이다. 한 상에 오직 두 성분만이 존재한다고 하면 성분 A의 농도는 x 또는 y이며, 성분 B의 농도는 $1-x$ 또는 $1-y$이고, 하첨자 A와 B는 필요 없게 된다.

장치 양끝의 양

정상유동 상태의 물질전달조작에서는 두 종류의 흐름이 있고, 각 흐름은 장치에 들어가고 나가야 하기 때문에 장치 양끝에는 4개의 양(量)이 있게 된다. 각 양들을 구별하기 위해서 L상이 들어가는 장치 끝에 하첨자 a를 쓰고, L상이 나가는 장치 끝에 하첨자 b를 사용한다. 그러면 맞흐름에서 장치 양끝의 양들은 표 B와 같이 표시된다. 한 개의 흐름에 두 성분만 있으면, 농도 표시에서 하첨자 A를 뺄 수가 있다.

표 B 맞흐름에서 장치 양끝의 양

Stream	Flow rate	Concentration component A
L phase, entering	L_a	x_{Aa}
L phase, leaving	L_b	x_{Ab}
V phase, entering	V_b	y_{Ab}
V phase, leaving	V_a	y_{Aa}

IV.2 확산공정과 평형단

물질전달 공정은 두 가지 완연히 다른 방법으로 모델될 수 있다. 즉 하나는 확산속도 공정에 기초를 둔 것이고 다른 하나는 평형단(平衡段)의 개념을 이용한 것이다. 방법의 선택은 조작이 이루어지는 장치의 종류에 따라 결정된다. 기체흡수 액체-액체 추출 및 흡착은 충전탑이나 이와 유사한 장치에서 이루어질 때

확산공정으로 모델된다. 기체나 액체의 분리에 이용되는 막분리공정은 늘 확산공정으로 모델된다. 증류, 침출, 및 액체추출이 판형 탑, 확산밧데리, 및 혼합침강기와 같이 뚜렷이 다른 단을 갖는 장치에서 일어날 때, 보통 평형단 계산으로 풀게 된다. 그러나 모든 물질 전달 계산은 상(相)간의 평형관계에 대한 지식을 요한다.

상평형

두 개의 상이 평형에 도달하여 물질전달이 멈추게 되면 물질전달은 한계에 이른다. 합리적인 전달속도를 요구하는 실제 공정에서는 상 사이에 평형이 되면 전달속도가 영이 되기 때문에 상 사이에는 정말로 평형이 될 수가 없다. 물질전달속도는 그 지점에서 평형에서 벗어난 정도를 나타내는 구동력에 비례한다. 구동력을 알기 위해서는 상 사이의 평형에 대한 지식이 근본적으로 중요하다. 물질전달에서는 몇 가지 종류의 평형이 중요하다. 거의 모든 경우에 두 개의 상이 관련되며, 두 개의 고상(固相)을 제외한 모든 상의 조합이 있을 수 있다. 벌크 상에서 제어변수는 온도, 압력 및 농도와 같은 세기성질(시강특성; intensive property)이다. 평형 데이터는 표, 식 또는 도표로 표시될 수 있다. 이 책에서 취급하는 대부분의 조작에 관계되는 평형관계는 도식적으로 표현할 수 있다.

평형의 분류

평형을 분류하고 특정한 경우에서의 독립변수 또는 자유도(自由度)의 수를 알기 위해서는 상률(相律)이 유용하다. 즉,

$$\mathcal{F} = \mathcal{C} - \mathcal{P} + 2$$

$\mathcal{F}$ = 자유도의 수

$\mathcal{C}$ = 성분(成分)의 수

$\mathcal{P}$ = 상의 수

다음 단락에서 물질전달에서 사용하는 평형을 상률로 해석하고자 한다.

자유도의 수, 또는 가변도 $\mathcal{F}$는 온도, 압력 및 농도와 같이 계(系)의 평형상태를 정의하기 위해서 고정되어야 하는 독립적 세기변수의 수이다. $\mathcal{F}$보다도 작은 수의 변수가 고정되면 무한히 많은 상태의 가정들이 성립된다. 너무 많은 것을 임의로 선택하면 지나치게 많은 계가 성립된다. 보통 생각할 수 있는 단지 두 개의 상만이 있다면 $\mathcal{F} = \mathcal{C}$이며, 따라서 두 개의 성분이 있는 계에서는 $\mathcal{F} = 2$이다. 압력을 고정시키면 오직 한 개의 변수, 즉 예를 들어 액상의 농도만이 독립적으로 변할 수 있다. 즉, 온도와 기상의 조성(만일 두 개의 상이 액체와 기체라면)은 저절로 정해진다. 이런 계에서 평형 데이터는 일정한 압력에서 적용되는 온도-농도 도표로 나타내거나, V상의 농도 y_e를 L상의 농도 x_e에 대해 도시하여 표시된다. 이와 같은 도시(plot)를 평형곡선(equilibrium curve)이라고 한다. 두 개 이상의 성분이 있는 경우에는 평형관계를 단일곡선으로 표시할 수는 없다.

다음은 상률을 세 가지 전형적인 단위조작에 응용한 것이다.

기체흡수

단지 한 개의 성분만이 두 개의 상 사이에 전달된다고 가정하자. 3개의 성분이 있으므로, $\mathcal{F} = 3$이다. 4개의 변수, 즉 압력, 온도, 액체와 기체 속에 성분 A의 농도가 있게 된다. 온도와 압력을 고정할 수 있고, 한 개의 농도를 나머지 독립변수로 선택할 수 있다. 그러면 다른 농도가 결정되어 평형곡선 x_e 대 y_e를 그릴

수 있다. 곡선상의 모든 점들은 같은 온도와 압력에 관계된다. 여러 온도에서의 평형 데이터를 용해도 도표 형태로 표시할 수 있으며, 여기서 기상에서의 용질의 분압을 종축에 도시할 수 있다.

증류

두 성분이 있다고 가정하면 $\mathscr{C} = 2$, $\mathscr{P} = 2$, $\mathscr{F} = 2$가 된다. 두 성분 모두 2개의 상에 존재하며, 4개의 변수, 즉 압력, 온도, 액상 및 기상에서 성분 A의 조성이 있게 된다(성분 B의 조성은 1에서 성분 A의 조성을 뺀 것이다). 압력을 고정하면 단 한 개의 변수, 즉 액상의 농도만이 독립적으로 변하며, 온도와 기상의 농도를 알 수 있게 된다.

세 개의 성분이 있으면 $\mathscr{F} = 3$이며 온도 및 액체의 조성 x_A와 x_B를 고정해야 계를 정할 수 있다. 그러면 압력 P, 액체농도 x_C 및 증기농도 y_A, y_B, y_C는 모두 결정된다.

액체추출

최소 성분 수가 3이므로, $\mathscr{F} = 3$이다. 세 성분 모두가 두 상에 모두 다 나타날 수 있다. 변수는 온도, 압력 및 4개의 농도들이다. 온도나 압력 중 어느 것이라도 일정하게 취할 수 있고, 둘 또는 그 이상의 농도를 독립변수로 택할 수 있다. 압력은 보통 일정하다고 가정하며, 온도는 어느 정도 변하는 것으로 한다. 이들 변수들 간의 관계는 여러 가지 도식적 방법으로 나타낼 수 있다. 그 중의 몇 가지 예는 그림 23.7부터 그림 23.10에 있다.

17

상과 상 사이의 확산과 물질전달 원리

Principles of Diffusion and Mass Transfer Between Phases

확산이란 혼합물을 통해 각 성분이 물리적 자극에 영향을 받아 이동하는 것이다. 확산의 가장 보편적인 원인은 확산 성분의 농도기울기에 있다. 농도기울기는 농도가 같아지게끔 농도기울기를 없애는 방향으로 성분을 이동시킨다. 확산 성분을 고농도 쪽에 계속해서 공급하고 저농도 쪽에서 제거하면서 농도기울기를 유지하면, 확산 성분은 정상상태의 흐름을 갖게 된다. 이것은 여러 물질전달 조작의 특성이다. 예를 들면, 충전탑에서 물에 흡수시켜 기체로부터 암모니아를 제거하는 경우, 충전탑의 각 지점에서 기상의 농도기울기는 암모니아를 기-액 계면으로 확산시켜 물에 용해하게 하고 액상의 농도기울기는 암모니아를 벌크 액체(액체 본체) 쪽으로 확산시킨다. 액체에서 용질을 탈거시키는 경우에는 농도기울기가 반대가 된다. 즉 확산에 의해 벌크 액체에서 계면으로 용질을 가져와서 기상으로 이동시킨다. 침출이나 흡수 같은 다른 물질전달 조작에서는 비정상상태의 확산이 일어나며 평형에 가까워짐에 따라 농도기울기(농도구배)와 훌럭스(flux)가 시간에 따라 줄어든다.

확산의 일반적 원인이 농도기울기이긴 하지만, 역삼투압에서와 같은 활동도 기울기, 압력기울기, 온도기울기, 또는 원심분리기[1]에서와 같은 외력장에 의해서도 확산이 일어날 수 있다. 온도에 의해 생긴 분자확산은 **열확산**이며, 외력장에 의한 것은 **강제확산**이다. 이 두 가지 확산은 화학공학에서는 드문 경우이다. 본장에서는 농도기울기에 의한 확산만을 취급하기로 한다.

확산은 고체나 유체의 정체층을 통한 분자이동에 한정되지 않고 다른 조성을 갖는 유체가 섞이는 경우에도 일어난다. 혼합의 첫째 단계는 난류의 에디운동 특성에 기인한 물질전달이다. 이것을 **에디확산**(eddy diffusion)이라고 한다. 두 번째 단계는 아주 작은 에디 간 및 에디 내부의 분자확산이다. 때에 따라서는 확산공정은 확산방향에 평행한 방향의 혼합물 벌크흐름에 동반된다.

물질전달에서 확산의 역할

모든 물질전달 조작에서는 확산이 적어도 한 개의 상에서 일어나며, 보통은 두 개의 상에서 모두 일어난다. 증류에서는 낮은 끓는점(저비점) 물질이 액상을 통해 계면으로 그리고 계면에서 벗어나 증기 속으로 확산한다. 높은 끓는점(고비점) 물질은 반대방향으로 확산하여 증기를 통해 액체로 이동한다. 침출에서는 고상을 통한 용질의 확산에 이어 액상으로 확산한다. 액체추출에서는 용질이 추출잔류물을 통해 계면으로, 그리고는 추출물로 확산한다. 결정화에서는 용질이 모액을 통해 결정으로 확산해서 고체 표면에 침적한다. 증습이나 탈습에서는 액상이 순수하기 때문에 농도기울기가 존재하지 않아 액상을 통한 확산이 없다. 그러나 증기는 기-액 계면으로부터 기상으로 또는 기상에서 기-액 계면으로 확산한다. 건조에서는 액체 물이 고체를 통해 고체 표면으로 확산에서 기화하고, 증기상태로 기체에 확산한다. 막분리에서는 모든 상에서 확산이 일어난다. 즉 분리막의 양쪽 유체와 분리막 자체에서 확산이 일어난다.

17.1 확산 이론

본 절에서는 확산이 일어나는 장치의 어느 특정 장소에서 상들 사이의 경계면에 수직한 방향으로의 확산에 대한 정량적 관계를 설명한다. 첫 번째 고려대상은 어느 지점에서의 농도가 시간에 따라 변하지 않는 정상상태의 확산인 경우이다. 전이상태의 확산에 대한 식은 나중에 나온다. 이번 설명은 2성분 혼합물과 의(pseudo)2성분 혼합물에 한정된다.

Fick의 확산 제1법칙

일차원 확산에 대한 다음의 일반식에서 몰훌럭스 J는 식 (10.1)의 열훌럭스 q/A와 유사하고 농도기울기 dc/db는 온도기울기 dT/dx와 비슷하다. 따라서

$$J_A = -D_v \frac{dc_A}{db} \tag{17.1}$$

여기서 J_A = 성분 A의 몰훌럭스, kg mol/m^2 · h 또는 lb mol/ft^2 · h
D_v = 부피확산도(부피확산계수), m^2/h 또는 ft^2/h
c_A = 농도, kg mol/m^3 또는 lb mol/ft^3
b = 확산 방향으로의 거리, m 또는 ft

식 (17.1)은 Fick의 확산 제1법칙을 설명하는 것으로 여러 가지 다른 형식으로 쓸 수 있다.
아래에서 설명 하는 바와 같이 이 식은 전체혼합물이 정지면에 대해 정지된 상태인가 움직이는 상태인가에 관계없이 적용된다.

3차원의 확산인 경우, 식 (17.1)은 다음 식과 같이 된다.

$$J_A = D_v \nabla c_A = \rho_M D_v \nabla x_A \tag{17.2}$$

여기서 ρ_M = 혼합물의 몰밀도, kg mol/m^3 또는 lb mol/ft^3
x_A = L 상에서 A의 몰분율

운동량전달과 열전달의 유사성

확산, 열전달, 및 운동량전달에 대한 식들 사이의 유사성은 다음 식들에서 명백해진다. 열확산 α와 동점도 ν의 차원과 마찬가지로 부피확산도 D_v의 차원은 면적을 시간으로 나눈 것이다. 일차원 계의 경우, 식 (10.1)에서 k를 α로 대치하고 식 (3.3)에서 μ 대신 ν를 사용한 다음 식 (17.1)과 비교하면 다음과 같다[1].

질량에 대하여: $$J_A = -D_v \frac{dc_A}{db}$$

열에너지에 대하여: $$\frac{dq}{dA} = -\alpha \frac{d(\rho c_p T)}{dx}$$

---

1 운동량 전달의 경우에는 마이너스 기호가 빠질 수 있다.

운동량에 대하여: $$\tau_v = \nu \frac{d(u\rho)}{dy}$$

여기서 b, x 및 y는 흐름방향으로 측정한 거리이다. 이 식들은 질량의 이동은 질량농도의 기울기 때문에, 열의 이동은 에너지농도의 기울기 때문에, 그리고 운동량의 이동은 운동량농도의 기울기 때문에 일어난다는 것을 설명해주고 있다. 그러나 여기서 τ_v는 9개의 성분을 갖는 텐서(tensor)이고 J_A와 dq/dA는 3개의 성분을 갖는 벡타(vector)이기 때문에 이러한 유사성이 이차원 계나 삼차원 계에는 적용되지 않는다.

확산과 열흐름 사이의 유사성 때문에 고체나 유체에서의 열전도에 관한 식들을 확산문제의 풀이에 적용시킬 수가 있다. 특히 비정상상태의 열전달 문제는 많이 발표되어 있기 때문에 비정상상태의 확산 문제풀이에 많이 이용된다(10장 참조).

열은 물질이 아니라 이동중인 에너지인 반면 확산은 물질의 실제 흐름이라는 사실로부터 열전달과 물질전달의 차이를 알 수 있다. 더욱이, 공간의 어느 지점에서 한 혼합물의 모든 분자들은 같은 온도에 있기 때문에 주어진 방향으로의 열전달은 한 개의 온도기울기와 평균열전도도에 의해 결정된다. 물질전달에서는 c와 D_v에 하첨자를 사용하여 각각의 성분에 대해서 다른 농도기울기와 다른 확산도를 표시할 수 있다.

확산의 물질 성질과 그에 따른 흐름에 의해 다음과 같은 4가지 유형으로 구분할 수 있다.

1. 혼합물의 한 성분 A만이 두 상의 계면으로부터 또는 계면으로 전달되면, 전체 유량은 A의 유량과 같다. 이러한 유형의 예로는 기체로부터 액체로 단일성분의 흡수를 들 수 있다.
2. 혼합물 속의 성분 A의 확산이 성분 B의 몰유량과 양이 같으면서 반대방향이 되어 알짜(실) 몰유량이 없는 경우이다. 일반적으로 증류의 경우가 여기에 해당하며, 기상에서 알짜 부피유량이 없게 된다. 액상에서는 일반적으로 몰밀도의 차이 때문에 알짜 부피유량 또는 질량유량이 있을 수 있지만 유량이 작으며 무시될 수 있다.
3. A와 B의 확산이 반대방향으로 일어나지만, 몰훌럭스가 같지 않은 경우이다. 이러한 경우는 화학적으로 반응하는 물질이 촉매표면으로 또한 촉매표면으로부터 확산할 때 가끔 일어나지만, 이에 관한 식은 본 교재에서 취급하지 않는다.
4. 일부 막분리공정과 흡착공정에서와 같이 두 개 이상의 성분이 같은 방향이지만 다른 속도로 확산한다.

확산량

확산이론에서는 5가지 상호관련된 개념들이 사용된다. 즉,

1. 길이/시간으로 정의된 속도 u
2. 평면 N을 가로질러 흐르는 훌럭스, 몰/면적 · 시간
3. 속도가 0인 평면에 대한 상대적 훌럭스 J, 몰/면적 · 시간
4. 농도 c 및 몰밀도 ρ_M, 몰/부피(몰분율도 사용될 수 있음)
5. 농도기울기 dc/db, 여기서, b는 확산이 일어나고 있는 면적에 수직한 경로의 길이

필요에 따라 적절한 하첨자를 사용한다. 이 식들은 SI, cgs 및 fps단위에 똑같이 사용한다. 경우에 따라서는 몰단위 대신 질량단위를 유량과 농도에 사용할 수도 있다.

확산속도

개개 물질의 이동과 전체 상의 이동을 설명하기 위해서는 몇 가지 속도가 필요하다. 절대운동은 의미가 없으므로, 어떤 속도는 임의의 정지상태를 기준하지 않으면 안된다. 여기서 특별한 설명 없이 “속도(velocity)”

라고 함은 상과 상 사이의 계면에 대한 상대적인 속도를 뜻하며, 계면에 대해 정지해 있는 관측자가 느끼는 속도이다.

혼합물에 있는 어느 한 성분의 개별 분자들은 불규칙 운동을 하고 있다. 그 성분의 계면에 수직한 방향으로의 순간속도들을 모두 합하고 그 성분의 분자수로 나누면, 그것이 그 성분의 거시적 속도이다. 예를 들면 성분 A에 대한 속도는 u_A로 표시한다.

몰유량, 몰속도 및 몰훌럭스

정지면에 수직한 방향으로 단위면적당 단위시간당 몰수인 총 몰 훌럭스 N은 부피평균 속도 u_0와 몰 밀도 ρ_M을 곱한 것이다. 정지면을 가로지르는 성분 A와 B의 훌럭스는

$$N_A = c_A u_A \tag{17.3a}$$

$$N_B = c_B u_B \tag{17.3b}$$

확산도(diffisivity)는 정지면에 대한 것이 아니라 부피평균 속도 u_0[2]로 움직이는 면에 상대적인 것이다. 어떤 경우에는 알짜(실) 몰유량이나 알짜(실) 질량유량이 있을 수도 있겠지만, 정의에 따라 이 기준면을 통한 알짜 부피유량은 없다. 이 기준면을 통한 성분 A의 몰훌럭스는 J_A로 표시된 확산훌럭스(diffusion flux)이며, 이것은 정지면에 대한 A의 훌럭스[식 (17.3 a)]에서 속도가 u_0이고, 농도가 c_A인 전체 흐름에 의한 훌럭스를 뺀 것과 같다. 즉,

$$J_A = c_A u_A - c_A u_0 = c_A(u_A - u_0) \tag{17.4}$$

$$J_B = c_B u_B - c_B u_0 = c_B(u_B - u_0) \tag{17.5}$$

식 (17.1)은, 성분 B와 함께 있는 혼합물 속에서 성분 A의 확산도를 D_{AB}라고 표시하면,

$$J_A = -D_{AB}\frac{dc_A}{db} \tag{17.6}$$

가 된다. 성분 B에 대해서도 비슷한 식을 적용하면 다음과 같이 된다.

$$J_B = -D_{BA}\frac{dc_B}{db} \tag{17.7}$$

식 (17.6)과 (17.7)은 2성분 혼합물 확산에 대한 Fick의 제1법칙을 설명한 것이다. 이 법칙은 다음 3가지 사항에 근거한 것임을 유의해야 한다.

1. 훌럭스는 단위면적 단위시간당 몰로 표시된다.
2. 확산속도는 부피평균 속도에 상대적인 것이다.
3. 구동력은 몰농도 항(단위부피당 성분 A의 몰)으로 표시된다.

확산도 사이의 관계

D_{AB}와 D_{BA}간의 관계는 몰밀도가 조성에 상관하지 않으므로, 이상기체에 대해서는 쉽게 알 수 있다.

$$c_A + c_B = \rho_M = \frac{P}{RT} \tag{17.8}$$

일정한 온도와 압력 하의 기체에서 A와 B가 확산하는 경우,

2 선형속도는 단위면적당 부피유속과 같음을 유의하라. 저자에 따라서는 확산도를 몰평균속도를 사용하여 정의하지만 기체나 액체 모두에 부피평균속도가 보다 적합하다.

$$dc_A + dc_B = d\rho_M = 0 \tag{17.9}$$

와 같이 쓸 수 있다. 부피흐름(volume flow)이 없는 면을 기준면으로 택하면 몰부피(mole volume)가 같으므로, A와 B의 몰 확산훌럭스의 합을 0으로 놓을 수 있다. 즉,

$$-D_{AB}\frac{dc_A}{db} - D_{BA}\frac{dc_B}{db} = 0 \tag{17.10}$$

$dc_A = -dc_B$이므로, 확산도는 같아야 한다. 즉,

$$D_{AB} = D_{BA} \tag{17.11}$$

액체를 취급할 때에도 A와 B의 모든 혼합물들이 같은 질량밀도를 가지면 같은 결과를 얻는다. 즉,

$$c_A M_A + c_B M_B = \rho = \text{constant} \tag{17.12}$$

$$M_A dc_A + M_B dc_B = 0 \tag{17.13}$$

기준면을 통한 부피흐름이 없으므로, 확산에 의한 부피흐름의 합은 0이다. 부피흐름은 몰유량에다 몰부피 M/ρ를 곱한 것이며 다음과 같다.

$$-D_{AB}\frac{dc_A}{db}\frac{M_A}{\rho} - D_{BA}\frac{dc_B}{db}\frac{M_B}{\rho} = 0 \tag{17.14}$$

식 (17.13)을 식 (17.14)에 대입하면 다음과 같이 주어진다.

$$D_{AB} = D_{BA} \tag{17.15}$$

밀도가 변하는 액체에서의 확산에 대해서 다른 식들을 유도할 수는 있지만 대부분의 실제 응용에서 2성분 혼합물들을 취급하는 경우에는 확산도가 같은 것으로 가정한다. 다음 식들에서는 부피확산도 D_v를 사용한다. 하첨자 v는 확산에 대한 구동력이 부피당 몰로 표시한 농도차이에 기준했다는 것을 뜻한다. 확산식의 일반 형태는 고정면에 대해 상대적인 총 훌럭스로 표시된다. 즉,

$$N_A = c_A u_0 - D_v\frac{dc_A}{db} \tag{17.16}$$

기체에 대해서는 몰농도 대신 몰분율을 사용하는 것이 편리할 때가 있다. $c_A = \rho_M y_A$이고 $u_0 = N/\rho_M$이므로, 식 (17.16)은 다음과 같이 된다.

$$N_A = y_A N - D_v \rho_M \frac{dy_A}{db} \tag{17.17}$$

몰밀도가 일정하지 않으면 단지 근사치 계산임에도 불구하고, 식 (17.17)은 액체에 적용할 때도 있다.

확산식의 해석

식 (17.16)은 비난류 유체상의 물질전달에 대한 기본식이다. 이 식은 유체의 대류 벌크흐름에 의해 운반된 성분 A의 양과 분자확산에 의해 전달된 A의 양을 계산한 것이다. 훌럭스와 농도기울기는 방향과 크기에 의해 표시되므로, 벡터 성질을 이해하지 않으면 안 된다. 앞에서 유도한 것처럼 양의 벡터는 계면으로부터 멀어지든 또는 계면을 향하든 간에 b가 증가하는 방향이다. 열이 온도가 "낮은 쪽"으로 흐르듯이 확산은 더 낮은 농도방향, 즉 "내리받이(downhill)"로 이루어지기 때문에 식 (17.6)에서 보는 바와 같이, 기울기의 부호는 확산훌럭스 방향과 반대가 된다.

식 (17.16)에 포괄되는 몇 가지 경우가 있다. 가장 간단한 경우는 두 기체의 확산 혼합과 같이 대류흐름이 없고 A와 B가 등몰 상대확산을 하는 것이다. 등몰 넘침흐름(일정한 몰일류)을 갖는 증류공정의 기상에서 A와 B가 확산하는 경우가 여기에 해당된다. 두 번째 일반적인 경우로는, 대류흐름이 한 성분의 확산에 의해 일어나는 혼합물 중의 한 성분만이 확산하는 경우이다. 이러한 예로는 계면에서 기체흐름으로 증기가

확산하는 액체의 증발이나 비응축성 기체의 존재 하에서 증기가 응축하는 것을 들 수 있다. 기체흡수에서의 흔한 예는 계면을 향한 대류 흐름을 만들어내는 한 성분만의 확산을 들 수 있다. 기체 속에서 일어나는 이런 2가지 유형의 물질전달은 정지상태의 기체층이나 일정한 두께의 경막(film)을 통한 정상상태의 물질전달과 같은 간단한 경우에 대해서 다음 절에서 취급한다. 과도확산(transient diffusion)과 층류 또는 난류의 효과는 나중에 취급한다.

등몰확산

기체가 등몰확산이면 알짜부피유량 및 알짜 몰유량이 없으므로, 식 (17.16)이나 (17.17)은 대류 항을 0으로 놓아 사용할 수 있게 되어 식 (17.6)과 같게 된다. 식 (17.17)은 일정한 홀럭스 N_A와 총 홀럭스가 영인 것을 가정하여 경막두께(film thickness) B_T에 대하여 적분하면 다음과 같이 된다.

$$-D_v \rho_M \int_{y_{Ai}}^{y_A} dy_A = N_A \int_0^{B_T} db \tag{17.18}$$

y_A = 경막 바깥쪽 가장자리에서 A의 몰분율

y_{Ai} = 경막 계면 또는 안쪽 가장자리에서의 A의 몰분율

식 (17.18)을 적분해서 재정리하면 다음과 같이 된다.

$$N_A = J_A = \frac{D_v \rho_M}{B_T}(y_{Ai} - y_A) \tag{17.19}$$

또는,

$$N_A = J_A = \frac{D_v}{B_T}(c_{Ai} - c_A) \tag{17.20}$$

A에 대한 농도기울기는 경막에서는 선형이며, B에 대한 기울기는 그림 17.1(a)에서 보는 바와 같이 크기는 같으나 부호가 반대이다. 등몰확산에서는 $N_A = J_A$이다.

단일성분 물질전달(한방향확산)

A 성분만이 전달될 때에는 계면으로부터 또는 계면으로의 전체 몰홀럭스 N이 N_A와 같으며, 식 (17.17)은 다음과 같이 된다.

$$N_A = y_A N_A - D_v \rho_M \frac{dy_A}{db} \tag{17.21}$$

재정리해서 적분하면,

$$N_A(1 - y_A) = -D_v \rho_M \frac{dy_A}{db} \tag{17.22}$$

$$\frac{N_A B_T}{D_v \rho_M} = -\int_{y_{Ai}}^{y_A} \frac{dy_A}{1 - y_A} = \ln \frac{1 - y_A}{1 - y_{Ai}} \tag{17.23}$$

또는,

$$N_A = \frac{D_v \rho_M}{B_T} \ln \frac{1 - y_A}{1 - y_{Ai}} \tag{17.24}$$

식 (17.24)은 등몰확산에 대한 식인 식 (17.19)과 보다 쉽게 비교하기 위하여 $1 - y_A$의 대수평균을 사용하여 재정리 할 수 있다. 구동력, $y_{Ai} - y_A$는 $(1 - y_A) - (1 - y_{Ai})$로 쓸 수 있기 때문에 대수평균은 다음 식과 같이 된다.

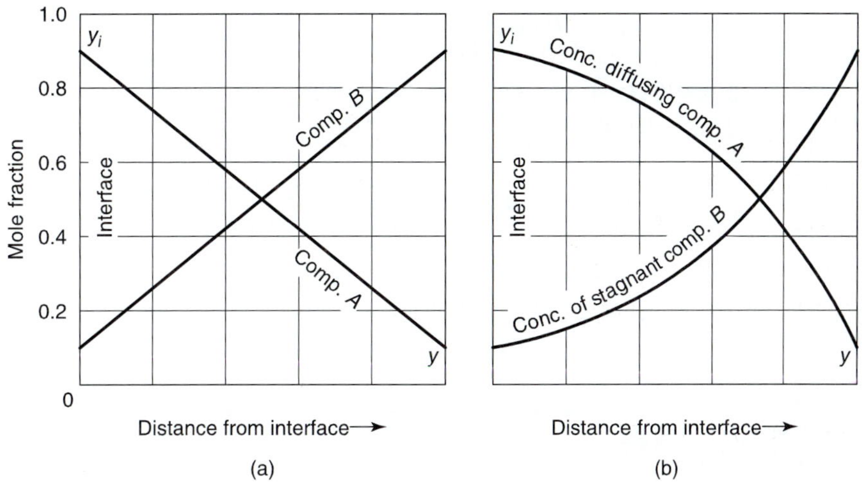

그림 17.1 등몰 및 단일성분 확산의 농도기울기: (a) 성분 A와 B가 등몰 유속으로 반대방향으로 확산되는 경우, (b) 계면에 대해 성분 B는 정지상태이고 성분 A는 확산되는 경우

$$\overline{(1-y_A)}_L = \frac{y_{Ai} - y_A}{\ln[(1-y_A)/(1-y_{Ai})]} \tag{17.25}$$

식 (17.24)와 식 (17.25)를 합하면

$$N_A = \frac{D_v \rho_M}{B_T} \frac{y_{Ai} - y_A}{\overline{(1-y_A)}_L} \tag{17.26}$$

이 된다.

따라서 일정한 농도차이에서 A 성분의 훌럭스는 $\overline{(1-y_A)}_L$이 항상 1 보다 작기 때문에 등몰확산의 경우보다 한방향확산의 경우가 더 크다.

한방향확산에 대한 농도기울기는 그림 17.1(b)에서 보는 바와 같이 직선이 아니라 y_A가 작은 쪽에서 더 가파르다. $y_A + y_B = 1.0$ 또는 $c_A + c_B = \rho_M$임으로 B 성분의 기울기는 A 성분에 대한 기울기로부터 직접 얻을 수 있다. 그림 17.1(b)에서 보는 것처럼, B의 농도기울기가 큼에도 불구하고 계면을 향한 B의 이동은 없다. 이것은 B가 저농도 지역 쪽으로 확산하려고 하지만, 확산훌럭스가 B를 반대방향으로 운반하는 대류흐름과 맞먹는다는 것을 말해준다.

예제 17.1

(a) $y_A = 0.20$이고 $y_{Ai} = 0.10$인 기체층을 통해 흡수 액체로 용질 A가 확산하는 경우, 등몰확산과 비교하여 한방향확산의 전달속도를 계산하여라.

(b) 한방향확산에서 층 중간점의 y_A값은 얼마인가?

풀이

(a) 등몰확산인 경우 식 (17.19)로부터,

$$N_A = J_A = \frac{D_v \rho_M}{B_T}(0.20 - 0.10)$$

한방향확산인 경우, 식 (17.24)로부터,

$$N_A = \frac{D_v \rho_M}{B_T} \ln \frac{0.9}{0.8} = \frac{D_v \rho_M}{B_T}(0.1178)$$

(두 식에서 농도 항은 계면을 향한 플럭스가 양의 값을 갖도록 바꾸어 놓았다) 플럭스의 비는 0.1178/0.10 = 1.18이다. 이 경우 한방향확산에서의 전달속도는 등몰확산에서 보다 약 18%가 크다.

(b) 여기서 $b = B_T/2$일 때,

$$\ln \frac{1 - y_A}{0.8} = \frac{B_T}{2} \frac{N_A}{D_v \rho_M} = \frac{0.1178}{2} = 0.0589$$

$$1 - y_A = 0.8485 \qquad y_A = 0.1515$$

중간 점의 농도는 기울기가 선형일 때보다 약간 클 뿐이다($y_A = 0.150$). ■

17.2 확산도 예측

확산도를 가장 잘 구할 수 있는 방법은 실험 측정이다. 관심있는 계에 대한 확산도 자료가 있는 경우에는 직접 그것을 이용하면 된다. 그러나 원하는 값이 없는 경우가 많으며 그런 경우에는 이미 발표된 관계식으로부터 그들을 산출하지 않으면 안된다. 어떤 범위의 온도와 압력에 대한 값이 있는 경우에는 관련된 식들을 이용하여 알고 있는 값으로부터 다른 조건에서 원하는 값을 예측할 수가 있다.

기체에서의 확산도

0°, 1 atm에서 공기 중에 확산하는 일반 기체의 D_v값이 부록 18에 수록되어 있다. 기체에 대한 간단한 이론에 의하면 D_v는 평균분자속도 $\bar{u}$와 평균자유이동거리 λ에 비례한다.

$$D_v \cong \frac{1}{3}\bar{u}\lambda \tag{17.27}$$

이상기체의 평균자유이동거리는 압력에 반비례하기 때문에 D_v 역시 압력에 반비례하며 D_vP는 약 10 기압까지 일정하다고 할 수 있다. 평균분자속도는 $T^{0.5}$에 의존하며 평균자유이동거리는 $T^{1.0}$에 비례하여 증가하기 때문에, 단순한 논리로 D_v가 확산도의 실험식에 나타나는 항인 $T^{1.5}$에 비례하여 변하는 것으로 예측할 수 있다. 현대 분자운동론에 근거한 보다 정밀한 계산 접근법으로는 분자가 크기가 서로 다르던가 속도가 다른 경우와 분자들이 서로 접근할 때 상호작용 등도 감안하여 계산할 수 있다. 매개변수로서 ε와 σ를 갖는 Lennard-Jones 포텐셜(potential)[21a]을 이용하면 2성분계의 확산에 대해 다음과 같은 식을 얻을 수 있다.

$$D_{AB} = \frac{0.001858\, T^{3/2}[(M_A + M_B)/M_A M_B]^{1/2}}{P\sigma_{AB}^2 \Omega_D} \tag{17.28}$$

D_{AB} = 확산도, cm^2/s
T = 온도, K
M_A, M_B = 성분 A와 성분 B의 분자량
P = 압력, atm
σ_{AB} = $(\sigma_A + \sigma_B)/2$ = 유효충돌 지름, Å
Ω_D = 충돌 적분(collision integral) = $f(\mathbf{k}T/\varepsilon_{AB})$
$\mathbf{k}$ = Boltzmann 상수
ε = 일반 기체에 대한 Lennard-Jones의 힘 상수

$$\varepsilon_{AB} = \sqrt{\varepsilon_A \varepsilon_B}$$

일반 기체들에 대한 σ, ε, 및 Ω_D 값은 부록 19에 수록되었다. 식 (17.28)은 Chapman- Enskog 식[20]으로 알려져 있다.

충돌 적분 Ω_D는 온도 증가에 따라 감소하여 D_{AB}는 절대온도의 1.5승 이상으로 증가한다. 온도에 따른 Ω_D의 변화는 그다지 크지 않아서, 온도범위 300에서 1,000 K에서 공기 중의 확산은 약 $T^{1.7\sim1.8}$에 따라 변한다. 상온의 자료를 외삽하기 위해서는 $T^{1.75}$를 이용할 수 있다.

식 (17.28)이 기체의 점도에 대한 식 (3.5)와 이상기체의 열전도도에 대한 식 (10.6)과 유사함에 주목하라.

작은 기공에서의 확산. 흡착이나, 다공성 고체의 건조, 또는 막분리공정에서 일어날 수 있는 바와 같이 기체가 고체의 아주 작은 기공 속에서 확산하는 경우에는 기공벽에 분자가 충돌하기 때문에 확산도가 일반 값 보다 작다. 기공크기가 정상적인 평균자유이동거리 보다 작을 때에는 확산공정을 Knudsen 확산이라고 부르며 원통형 기공에 대한 확산도는 다음과 같다.

$$D_K = 9,700 r \sqrt{\frac{T}{M}} \tag{17.29}$$

D_K = Knudsen 확산도, cm^2/s
T = 온도, K
M = 분자량
r = 기공 반경, cm

중간 크기의 기공인 경우에는 기공벽과의 충돌과 다른 분자와의 충돌이 모두 중요하여 기공 속에서의 확산도는 벌크 확산도의 역과 Knudsen 확산도의 역의 합으로부터 구한다.

$$\frac{1}{D_{\text{pore}}} = \frac{1}{D_{AB}} + \frac{1}{D_K} \tag{17.30}$$

예제 17.2

정밀한 식과 0°C, 1 atm의 발표된 값을 외삽하여 100°C, 2 atm에서 공기 중에서 벤젠의 부피확산도를 예측하여라.

풀이

부록 19를 참조하면 힘 상수들은 다음과 같다.

	ε/k	σ	M
Benzene	412.3	5.349	78.1
Air	78.6	3.711	29

따라서

$$\sigma_{AB} = \frac{5.349 + 3.711}{2} = 4.53$$

$$\varepsilon_{AB/K} = (412.3 \times 78.6)^{0.5} = 180$$

$$\frac{kT}{\varepsilon} = \frac{373}{180} = 2.072$$

부록 19에서 $\Omega_D = 1.062$임. 식 (17.28)로부터

$$D_{AB} = \frac{0.001858 \times 373^{1.5}[(78.1+29)/78.1\times 29]^{0.5}}{2\times 4.53^2 \times 1.062} = 0.0668\ \text{cm}^2/\text{s}$$

부록 18을 참조하면 표준 온도와 압력하에서

$$D_{AB} = 0.299\ \text{ft}^2/\text{h} = 0.0772\ \text{cm}^2/\text{s}$$

373 K, 2 atm에서는

$$D_{AB} \cong 0.0772\left(\frac{1}{2}\right)\left(\frac{373}{273}\right)^{1.75} = 0.0666\ \text{cm}^2/\text{s}$$

식 (17.28)로 계산한 값과 아주 잘 일치한다. ■

액체에서의 확산

액체 내의 확산이론은 기체확산처럼 발달되지도 않았고, 실험 데이터도 풍부하지 않다. 액체에서의 확산도는 일반적으로 대기압에서 기체의 확산도보다 4 내지 5자리 수(10의 4~5승)만큼 작다. 액체의 확산은 분자의 불규칙한 운동에 의해 생기지만, 충돌 사이에 움직이는 평균거리는 평균자유이동거리가 분자 크기보다 큰 기체와는 대조적으로 분자의 지름보다 작다. 결과적으로 액체에서의 확산도는 일반적으로 상압하의 기체에서의 확산도 보다 4 내지 5 자리만큼 크기가 작다. 하지만 액체의 밀도가 훨씬 크기 때문에 액체나 기체 속에서 주어진 몰분율 기울기에 대한 홀럭스는 거의 같다.

회석용액 속에서 커다란 구형 분자의 확산도는 연속상의 유체 속에서 움직이는 구에 대한 항력을 고려하여 유도된 *Stokes-Einstein* 식으로부터 예측할 수 있다.

$$D_v = \frac{\mathbf{k}T}{6\pi r_o \mu} \tag{17.31}$$

여기서 **k**는 Boltzmann 상수로 1.380×10^{23} J/K 이다.

이 식을 편리한 형으로 바꾸면

$$D_v = \frac{7.32\times 10^{-16} T}{r_o \mu}$$

D_v = 확산도, cm^2/s
T = 절대온도, K
r_o = 분자의 반경, cm
μ = 점도, cP

분자량이 중간 이하($M < 400$)의 용질인 경우에는 액체 속에서의 확산도는 식 (17.31)로 계산한 것 보다 큰데 이는 항력이 연속상 유체에서 예측된 것보다 작기 때문이다. 확산도는 Stokes-Einstein 식으로 유도된 몰부피의 −1/3 승보다는 약 −0.6 승에 비례한다. 작은 분자들의 액체확산도에 널리 사용되는 관계식은 실험식인 Wilke-Chang 식[26]이다.

$$D_v = 7.4\times 10^{-8} \frac{(\psi_B M_B)^{1/2} T}{\mu V_A^{0.6}} \tag{17.32}$$

D_v = 확산도, cm^2/s
T = 절대 온도, K
μ = 용액의 점도, cP
V_A = 정상 비등점에 있는 액체상태로서의 용질의 몰부피, cm^3/mol
ψ_B = 용매에 대한 회합 매개 변수
M_B = 용매의 분자량

ψ_B의 추천 값은 물 2.6, 메탄올 1.9, 에탄올 1.5 그리고 수소 결합으로 회합할 수 있는 다른 극성 분자들의 경우에는 1보다 큰 값이다. 벤젠, 헵탄, 및 그 밖의 비회합 용매에 대해서는 1.0이다. 물이 용질일 때에는 확산도가 식 (17.32)로 계산한 값보다도 2.3배 작은데 이는 유기용매에서 물의 회합 파라미터가 4.0임을 뜻한다[18]. 식 (17.32)는 용해질의 농도가 낮은 경우에만 유효하며, 고분자 물질을 첨가하여 용액이 진해졌을 때에는 적용되지 않는다. 소량의 고분자 물질은 용액의 점도를 100배 이상 높이거나 겔형 용액으로 만들 수 있지만, 고분자 사슬이 너무 멀리 떨어져 있어, 용해질 분자의 이동을 방해할 수 없기 때문에 크기가 작은 용해질의 확산도는 약간 감소될 뿐이다[4].

비전해질의 묽은 수용액에서는 다음과 같은 간단한 식을 사용할 수 있다[15].

$$D_v = \frac{13.26 \times 10^{-5}}{\mu_B^{1.14} V_A^{0.589}} \tag{17.33}$$

μ_B = 물의 점도, cP

완전히 이온화된 1이 전해질의 묽은 용액에 대한 확산계수는 Nernst 식으로 주어진다;

$$D_v = \frac{2RT}{(1/\lambda_+^0 + 1/\lambda_-^0)F_a^2} \tag{17.34}$$

λ_+^0, λ_-^0 = 한계(농도가 0)이온 전도도, $A/cm^2 \cdot (V/cm) \cdot (g\ equivalent/cm^3)$

R = 기체상수, 8.314 J/K mol

F_a = Faraday 상수, 96,500 Coulomb/g equivalent

표 17.1에는 25°에서의 λ^0값을 수록하였다. 더 높은 온도에서의 값은 T/μ의 변화로부터 계산될 수 있다. μ, M_B 및 V_A가 용질과 용매가 바뀌었을 때 달라지기 때문에 2성분 기체 혼합물의 경우와는 달리 B 속에 들어있는 A의 묽은 용액에 대한 확산계수는 A속에 들어 있는 B의 묽은 용액에 대한 확산계수와 같지 않다는 것을 알아야 한다. 중간 농도에 대한 D_v의 근사치는 묽은 용액에 대한 값들을 내삽법으로 계산하여 얻는 때도 있지만, 이 방법은 비이상용액에 대해 커다란 오차를 가져올 수 있다.

Schmidt 수

운동학점도 대 분자확산도의 비를 Schmidt 수라고 하며 **Sc**로 표시한다.

$$\text{Sc} = \frac{\nu}{D_v} = \frac{\mu}{\rho D_v}$$

Schmidt 수는 운동학점도 대 열확산도의 비인 Prandtl 수와 유사하다(12장 참조).

$$\text{Pr} = \frac{\nu}{\alpha} = \frac{\mu}{\rho\alpha} = \frac{\mu}{\rho[k/(\rho c_p)]} = \frac{c_p\mu}{k}$$

표 17.1 물 속에서 한계이온전도도[21b](25°C에서)

Cation	λ_+^0	Anion	λ_-^0
H^+	349.8	OH^-	197.6
Li^+	38.7	Cl^-	76.3
Na^+	50.1	Br^-	78.3
K^+	73.5	I^-	76.8
NH_4^+	73.4	NO_3^-	71.4

0°C, 1 atm에서 공기 속에서 기체들의 Schmidt 수는 부록 18에 주어져 있다. 대부분의 값이 0.5와 2.0 사이에 있다. 점도는 압력에 무관하고 ρ와 D_v에 대한 압력의 영향을 무시할 수 있기 때문에 이상기체 법칙이 적용될 경우 Schmidt 수는 압력에 무관하다. μ 와 ρD_v 둘 다 약 $T^{0.7-0.8}$에 따라 변하기 때문에 온도는 기체들에 대한 Schmidt 수에 약간의 영향을 줄뿐이다.

액체에 대한 Schmidt 수는 전형적인 혼합물에 대하여 약 10^2에서 10^5 범위에 있다. 20°C에서 물속에 소량의 용질이 있는 경우, D_v는 약 10^{-5} cm^2/s, Sc는 약 10^3이다. 온도가 올라가면 점도가 줄고 확산도가 증가하여 Schmidt 수는 현격하게 감소한다.

예제 17.4

110°C에서 톨루엔 속의 벤젠 확산도와 벤젠 속의 톨루엔 확산도를 산출하라. 물리적 성질은 다음과 같다.

	M	Boiling point, °C	V_A at boiling point, cm^3/mol	μ at 110°C, cP
Benzene	78.11	80.1	96.5	0.24
Toluene	92.13	110.6	118.3	0.26

풀이

식 (17.32)를 이용한다. 톨루엔 속의 벤젠에 대한 것은 다음과 같다.

$$D_v = \frac{7.4\times10^{-8}(92.13)^{1/2}(383)}{0.26(96.5)^{0.6}} = 6.74\times10^{-5}\,\mathrm{cm^2/s}$$

벤젠 속의 톨루엔에 대한 것은 다음과 같다.

$$D_v = \frac{7.4\times10^{-8}(78.11)^{1/2}(383)}{0.24(118.3)^{0.6}} = 5.95\times10^{-5}\,\mathrm{cm^2/s}$$

■

난류확산

난류흐름 속에서 움직이는 에디는 운동량과 열에너지를 수송하는 것과 마찬가지로 한 장소에서 다른 장소로 물질을 수송한다. 난류흐름의 운동량 전달과 열전달에 대한 식들인 식 (3.20) 및 (12.46)과 유사하게 물질전달에 대한 식은 다음과 같다.

$$J_{A,t} = -\varepsilon_N \frac{dc}{db} \tag{17.35}$$

$J_{A,t}$ = 난류작용으로 생긴, 전체적으로 상에 상대적인 A의 몰흘럭스
ε_N = 에디 확산도

전체 상에 상대적인 총 몰흘럭스는 다음과 같이 된다.

$$J_A = -(D_v + \varepsilon_N)\frac{dc}{db} \tag{17.36}$$

에디확산도는 유체 성질뿐만 아니라, 흐름 속의 속도 및 위치와도 관련된다. 그러므로 식 (17.36)을 직접 적분해서 주어진 농도 차이에 대한 흘럭스를 얻을 수 없다. 이 식은 물질전달의 기초연구에서 ε_N에 대한 이론 또는 실험 관계식으로 사용되며 유사한 식들이 열 또는 운동량전달에 대한 전달공정간의 유사성을 입증하는 과정에 사용된다. 이와 같은 연구는 본 교재의 범위를 벗어나지만, 식 (17.36)은 물질전달에 대한 어떤 실험관계식들의 형태를 이해하는 데 도움을 준다.

17.3 과도확산(TRANSIENT DIFFUSION)

고체나 흐르지 않는 유체에서 한 방향으로 비정상상태의 확산이 일어나는 경우, Fick의 확산 제2법칙이라고도 하는 지배미분방정식은 비정상상태의 열전도에 대한 식 (10.18)과 유사하다.

$$\frac{\partial c_A}{\partial t} = D_{AB}\frac{\partial^2 c_A}{\partial x^2} \tag{17.37}$$

그래서 간단한 모양의 물질에 대한 열전도 식의 일반 해법은 과도확산 문제에도 사용될 수 있다. 일정한 표면농도와 일정한 확산도를 갖는 평판으로 또는 평판으로부터의 확산에서 평균농도에 대한 풀이는 식 (10.20)과 유사하다.

$$\frac{c_s - \bar{c}}{c_s - c_o} = \frac{8}{\pi^2}\left[e^{-a_1 Fo_m} + \frac{1}{9}e^{-9a_1 Fo_m} + \frac{1}{25}e^{-25a_1 Fo_m} + \cdots\right] \tag{17.38}$$

c_s = 확산성분의 표면농도
c_o = 평판의 초기농도
a_1 = $(\pi/2)^2$
Fo_m = 물질전달에 대한 Fourier 수, $D_v t/s^2$
s = 평판의 반두께

평판 속의 어느 위치에서 아직 남아있는 농도를 알기 위해서는 Fo 대신에 Fo_m을 사용하여 식 (10.19)를 이용할 수 있다. 국부농도와 평균농도에 대한 풀이는 알짜흐름이 없는 것을 가정한다. 그러나 이러한 풀이들은 용해질의 농도가 낮을 경우에 액체 속에서의 일방확산에 대해서만 이용될 수 있다.

긴 원통형이나 구형으로부터 또는 이들을 향한 과도확산의 경우에는 식 (10.21)이나 식 (10.22)가 사용될 수 있다. 그리고 Fo_m이 0.1보다 클 경우, 평균농도는 식 (10.24)나 (10.25)를 이용하여 풀 수 있다. 그렇지만 식 (10.21)에서 (10.26)까지의 식들은 표면농도가 일정할 때에 적용된다. 많은 경우에 물질전달에 대한 외부저항을 고려해야 하고 농도변화는 Biot 수와 Fourier 수의 함수이다. 상들 사이의 계면에서의 농도가 불연속이기 때문에 Biot 수는 격막계수 m과 외부 물질전달계수 k를 포함한다. 그림 10.7은 $Bi_m = mk_c s/D_v$를 취해서 평판의 물질전달에 이용할 수 있고 그림 10.8은 $Bi_m = mk_c r_m/D_v$으로 해서 구형에 이용할 수 있다.

예제 17.4

중간크기의 분자량을 갖는 약의 수용액을 고분자물질이 피복된 캡슐 속에 넣고 몸에 투여해서 약을 조절해서 천천히 방출시키려고 한다. 약이 들어 있는 캡슐은 직경이 1.5 cm이고 두께가 2.4 mm이며 피복된 고분자물질의 두께는 200 μm이다. 37°C에서 약의 용액 속에서의 확산계수는 4.2×10^{-6} cm^2/s이고 고분자 상에서의 확산계수는 6×10^{-7} cm^2/s이다. 고분자 상에서의 약의 평형농도는 용액에서의 평형농도의 1.9 배이다. 조직이 약을 빨리 흡수하여 표면농도 c_s는 영이다. 피복된 고분자물질은 약 10일간 용해한다. 약의 50%와 90% 방출 시간을 산출하라.

풀이

캡슐을 표면적이 $2\pi \times 1.5^2/4 = 3.53$ cm^{2}인 평판으로 취급하며 가장자리의 면적인 $\pi \times 1.5 \times 0.2 = 0.094$ cm^{2}은 무시한다. 고분자물질은 일정한 두께라고 가정한다.

외부계수: $k_c = D_{v,p}/B_T = 6\times10^{-7}/0.02 = 3\times10^{-5}$

Biot 수: $\mathrm{Bi}_m = \dfrac{mk_c s}{D_v} = \dfrac{1.9(3\times10^{-5})(0.12)}{4.2\times10^{-6}} = 1.63$

식 (17.38)에서 $c_s = 0$이므로 방출되지 않은 농도의 변화인 Fig. 10.7의 종축인 Y는 $\bar{c}/c_o$와 같다.
$Y = 0.5$, $\mathrm{Bi}_m = 1.63$, $\mathrm{Fo}_m \cong 0.7 = D_v t/s^2$인 경우

$$t = \frac{0.7\times0.24^2}{4.2\times10^{-6}\times3,600} = 2.7\ \mathrm{h}$$

$Y = 0.1$에서 내삽하면 $\mathrm{Fo}_m \cong 2.4$

$$t = \frac{2.4\times0.24^2}{4.2\times10^{-6}\times3,600} = 9.1\ \mathrm{h}$$

대부분의 약은 고분자 피복의 두께가 커다란 변화를 하기 전에 방출된다. 약의 방출속도는 일차 공정으로 시간에 따라 감소한다. ■

17.4 물질전달 이론

유체의 정체층을 통한 정상상태의 물질전달에서 B_T를 알면 식 (17.19) 또는 (17.24)는 물질전달속도를 계산하는 데 이용될 수 있다. 그러나 대부분의 물질전달 조작에서는 난류흐름이 단위면적당 전달속도를 증가시키거나 또는 한 유체 속에 다른 유체를 분산시켜 경계면 면적의 증가에 도움을 주기 때문에, 이것이 보통의 경우가 되지는 않는다. 더구나 유체 계면으로의 물질전달은 자주 비정상상태로 되어, 계속해서 농도기울기와 물질전달속도가 변하고 있다. 이러한 차이에도 불구하고, 대부분의 경우에 물질전달은 물질전달계수 k를 특징으로 하는 같은 유형의 식을 사용해서 취급된다. 이 계수는 단위농도차이 당 단위면적 당 물질전달속도로 정의되며, 보통 등몰흐름에 기준한 것이다. 농도는 몰수/부피 또는 몰분율로 표시되며, 하첨자 c로 농도를 나타내고, y 또는 x는 기상 또는 액상에서의 몰분율을 나타낸다. 즉,

$$k_c = \frac{J_A}{c_{Ai} - c_A} \tag{17.39}$$

또는,

$$k_y = \frac{J_A}{y_{Ai} - y_A} \tag{17.40}$$

k_c는 몰흘럭스를 농도 차이로 나눈 것이므로, cm/s 또는 m/s와 같은 속도단위를 갖는다. 즉,

$$k_c = \frac{\mathrm{mol}}{\mathrm{s\cdot cm^2\cdot mol/cm^3}} = \mathrm{cm/s}$$

몰분율 구동력은 무차원이기 때문에, k_y나 k_x 단위는 J_A와 마찬가지로 단위면적, 단위시간 당 몰로 표시된다. 따라서, k_c와 k_y는 다음과 같이 몰밀도와 관계된다.

$$k_y = k_c\rho_M = \frac{k_c P}{RT} \tag{17.41}$$

$$k_x = k_c\rho_M = \frac{k_c\rho_x}{\overline{M}} \tag{17.42}$$

기상의 계수들은 때로는 분압 구동력을 사용하며 k_g로 표시한다.

$$k_g = \frac{J_A}{P_{Ai} - P_A} \tag{17.43}$$

그러면

$$k_g = \frac{k_y}{P} = \frac{k_c}{RT} \tag{17.44}$$

정체 경막에서의 정상상태 등몰확산에 대한 식 (17.20)을 식 (17.39)과 결합함으로써 k_c의 중요성이 나타난다.

$$\begin{aligned} k_c &= \frac{J_A}{c_{Ai} - c_A} = \frac{D_v(c_{Ai} - c_A)}{B_T} \frac{1}{c_{Ai} - c_A} \\ &= \frac{D_v}{B_T} \end{aligned} \tag{17.45}$$

따라서 계수 k_c는 분자확산도를 정체층 두께로 나눈 것이다. 비정상상태의 확산이나 흐름 속에서의 확산을 다룰 때, 식 (17.45)은 알려져 있는 k_c와 D_v 값을 이용하여 유효 경막두께를 계산할 수 있다.

17.4.1 경막론

경막론의 기본 개념은 확산에 대한 저항이 일정한 두께를 갖는 정체 경막에서의 저항과 같다고 생각하는 것이다. 드문 사실이기는 하지만, 계수 k_c는 D_v의 1차에 비례한다는 것을 뜻한다. 그러나 이것이 여러 응용면에서 이론의 가치를 손상시키는 것은 아니다. 경막론은 자주 다성분 확산이나 화학반응이 있는 확산과 같은 복잡한 문제의 기준으로 이용된다.

예로서, 그림 17.2와 같은 농도기울기가 있는 난류 기체흐름에서 관벽까지의 물질전달을 생각해 보자. 벽 근처에는 물질전달이 주로 분자확산에 의해 이루어지는 층류층이 있으며, 여기서의 농도기울기는 거의 선형이다. 벽으로부터 거리가 멀어짐에 따라 난류도가 강해지며, 에디확산도가 증가하여 같은 훌럭스에 낮은 기울기가 필요하게 된다[식 (17.36) 참조].

c_A값은 관 중앙에서 최대이지만, 이 값은 물질전달계수 계산에 사용되지 않는다. 대신 구동력으로 $c_A - c_{Ai}$를 취한다. 여기서, c_A는 흐름을 완전히 혼합했을 때 이루어지는 농도이다(이것은 h를 정의할 때 흐름의 평균온도를 사용하는 열전달에서의 평균온도 개념과 유사하다).

벽 근처에서의 기울기가 직선적이면 이것을 c_A까지 외삽할 수가 있으며, 이 점에서 벽까지의 거리가 유효 경막두께인 B_T이다. 일반적으로 물질전달에 대한 저항은 주로 벽에 아주 근접한 층류 경계층에 있으며, B_T는 층류의 두께보다 약간 클 뿐이다. 그러나 후에 밝혀지겠지만, B_T 값은 확산도 D_v에 관계되며, Reynolds 수와 같은 유동 매개변수에는 관계되지 않는다. 유효 경막두께의 개념이 유용하지만, B_T 값이 층류층의 실제 두께와 혼동되어서는 안 된다.

한방향확산의 효과

앞에서 다룬 것처럼, A 성분만이 정체경막을 통해 확산할 때 주어진 농도 차이에 대한 물질전달속도는 B 성분이 반대방향으로 확산할 때보다 크다. 식 (17.19)와 (17.26)으로부터 두 훌럭스의 비는 다음과 같다.

$$\frac{N_A}{J_A} = \frac{1}{\overline{(1 - y_A)}_L} = \frac{1}{\overline{(y_B)}_L} \tag{17.46}$$

정체경막의 분자확산에 대해 유도된 이 관계식은 비정상상태의 확산이나 분자확산과 에디확산을 합한 것에도 상당히 잘 적용된다고 생각된다. 때로는 한방향 전달에 대한 물질전달계수를 k_c' 또는 k_y'로 표시한다. 그러면 이 계수들의 비는 식 (17.46)의 훌럭스의 비와 똑같은 관계식을 갖는다. 즉, 한방향 물질전달속도는

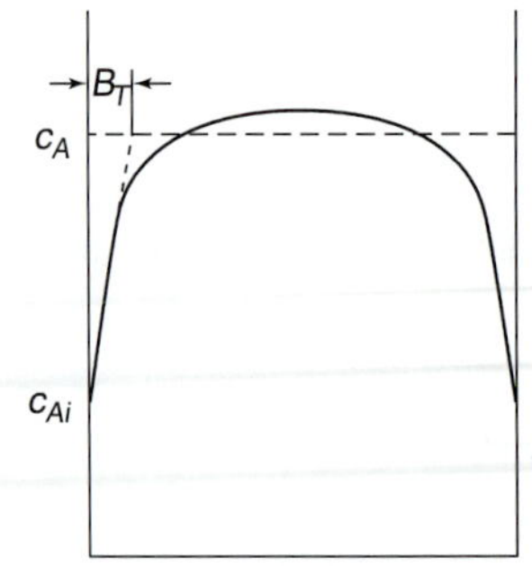

그림 17.2 기체가 난류로 흐르는 관에서 물질전달의 농도기울기

$$\frac{k'_c}{k_c} = \frac{k'_y}{k_y} = \frac{1}{\overline{(1 - y_A)}_L} \tag{17.47}$$

어느 계수를 이용해서도 표현할 수 있다. 즉,

$$N_A = k'_y(y_{Ai} - y_A) \tag{17.48}$$

$$N_A = \frac{k_y(y_{Ai} - y_A)}{\overline{(1 - y_A)}_L} \tag{17.49}$$

y_A값이 0.10 이하일 때에는 k_y와 k'_y의 차이가 작아서 흔히 설계 계산에서 무시된다. 액상물질전달에서 한방향확산의 보정항인 $\overline{(1-x_A)}_L$는 보통 빼버리는데, 이것은 확산도와 물질전달 계수의 불확실성과 비교하여 보정이 작기 때문이다.

17.4.2 경계층론

정체 유체경막을 통한 확산의 예는 별로 없지만, 유체가 층류흐름인 표면 근처의 얇은 경계층에서 물질전달이 일어날 때가 종종 있다. 경계층에서 속도기울기가 선형이고 표면에서 속도가 0이면, 흐름과 확산에 대한 식을 풀어서 농도기울기와 평균 물질전달계수를 구할 수 있다. 계수는 확산도의 2/3승에 비례하며, 흐름방향으로 표면에 따라 거리가 멀어질수록 감소한다. 왜냐하면 거리 또는 D_v가 커지면 농도기울기가 표면으로부터 연장되어 표면에서 dc_A/db를 감소시키기 때문이다.

평판 위의 흐름이나 원통 또는 구(공) 주변의 흐름인 경우 속도분포는 표면 근처에서는 선형이지만, 속도가 경계층을 지나 주 흐름속도에 접근함에 따라 그 기울기가 감소된다. D_v가 작아서, Schmidt수 ($\mu/\rho D_v$)가 10 또는 그 이상이 되면, 물질 전달계수는 계속 $D_v^{2/3}$에 비례한다. 기체들에서 전형적인 값에 해당하는 Schmidt 수가 1인 근처에서는 계수가 D_v의 2/3보다 약간 낮은 멱수에 비례한다. 경계층 흐름에서는 속도분포도가 어떤 모양이든, 또한 물리적 성질이 어떤 값을 갖든지 간에 경막론에서 알 수 있는 바와 같이 전달속도가 확산도의 1차에 비례하여 증가할 수는 없다. 경계층론은 어떤 경우에 대하여 k_c를 계산하는 데 이용될 수 있지만, 경계층이 난류로 되거나 분리가 생길 때 k_c를 정확하게 예측할 수 없고, 이 이론은 주로 실험관계식을 만드는 데 있어 길잡이로서의 역할을 한다. 경계층에서 열전달과 물질전달 간의 유사성 때문에 열전달에서 개발된 관계식이 물질전달에서도 이용된다. 예를 들어 평판 위에서 층류 경계층을 통한 물질전달의 평균계수는 식 (12.10)에서 **Nu**를 **Sh**로 대치하고 **Pr**을 **Sc**로 대치하여 구할 수 있다.

$$\text{Sh} = \frac{k_c D}{D_v} = 0.664(\text{Sc})^{1/3}(\text{Re}_b)^{1/2} \tag{17.50}$$

b는 평판의 전체 길이이다.

관 속에서의 층류흐름인 경우, $Gz' = \dot{m}/\rho D_v L$ 또는 $(\pi/4)\mathrm{ReSc}(D/L)$를 취해서 식 (12.17)과 (12.18)을 물질전달에 이용할 수 있다.

17.4.3 침투론

침투론은 표면에 일정한 농도를 갖는 비교적 두꺼운 유체 속으로 들어가는 과도확산속도에 관한 식을 이용한 것이다. 거리와 시간에 따른 농도변화는 Fick의 제2법칙인 식 (17.37)이 적용된다.

$$\frac{\partial c_A}{\partial t} = D_v \frac{\partial^2 c_A}{\partial b^2} \tag{17.51}$$

경계조건은 다음과 같다.

$$c_A = \begin{cases} c_{A0} & t = 0\text{에서} \\ c_{Ai} & b = 0,\ t > 0\text{에서} \end{cases}$$

식 (17.51)의 특수해는 반 무한대 크기의 고체에 대한 과도열전도에 대한 풀이인 식 (10.36)과 같다.

시간 t에서 순간훌럭스는 식 (10.39)와 유사한 형으로 된다. 즉,

$$J_A = \sqrt{\frac{D_v}{\pi t}}(c_{Ai} - c_A) \tag{17.52}$$

0에서 t_T 사이의 시간 간격에서 평균훌럭스는 다음과 같다.

$$\begin{aligned} \overline{J}_A &= \frac{1}{t_T}\int_0^{t_T} J_A\,dt = \frac{c_{Ai} - c_A}{t_T}\sqrt{\frac{D_v}{\pi}}\int_0^{t_T}\frac{dt}{t^{1/2}} \\ &= 2\sqrt{\frac{D_v}{\pi t_T}}(c_{Ai} - c_A) \end{aligned} \tag{17.53}$$

식 (17.39)와 (17.53)을 합하면, t_T 시간에 걸친 평균 물질전달계수를 얻는다. 즉,

$$\overline{k}_c = 2\sqrt{\frac{D_v}{\pi t_T}} = 1.13\sqrt{\frac{D_v}{t_T}} \tag{17.54}$$

Higbie[16]는 이 식을 액체 속의 기체흡수에 처음으로 적용하여, 접촉시간이 짧으면 확산분자가 얇은 층 반대쪽까지 도달하지 않는다는 것을 보여주었다. 농도변화가 최종값의 1%에 해당하는 거리로 정의된 침투깊이는 $3.6\sqrt{D_v t_T}$이다. $D_v = 10^{-5}\ \mathrm{cm^2/s}$이고, $t_T = 10\ \mathrm{s}$인 경우 침투 깊이는 불과 0.036 cm이다. 기체흡수 장치에서 액적과 기포는 응집 때문에 아주 짧은 생명을 갖는 경우가 많아서 침투론을 적용하기에 알맞다.

Dankwerts[5]에 의해 다른 형태의 침투론이 개발되었는데, 그는 전달표면에 있는 유체요소들이 벌크흐름 중의 새로운 유체로 불규칙하게 대치되는 경우를 생각하였다. 접촉시간이 지수분포로 되어 평균전달계수는 다음과 같이 주어진다.

$$\overline{k}_c = \sqrt{D_v s} \tag{17.55}$$

여기서, s는 s^{-1}단위의 표면갱신율이다.

식 (17.54)와 (17.55)는 둘 다 물질전달계수가 확산도의 1/2승에 비례함을 보여주며, 주어진 평균 접촉시간에 대하여 거의 같은 값을 가짐을 알 수 있다. 난류성 유체에서 생긴 에디는 표면의 불규칙한 거리 이내에 있다고 가정한, 변형 침투론[12]은 확산도에 대해 약간 더 큰 지수를 사용하는데, 이것은 이 이론이 관벽이나 액체표면과 같은 평면에 대한 물질전달에 적용할 수 있음을 뜻한다.

여러 가지 형태의 침투론은 표면갱신 모델로 분류될 수 있는데, 이것은 새로운 표면이 자주 생성된다든가 표면의 유체요소가 벌크 흐름으로부터의 새로운 유체로 대치된다는 것을 뜻한다. 시간 t_T 또는 그의 역수,

즉 평균 갱신속도는 유체속도, 유체 성질 및 계의 기하학적 구조의 함수이며, 단지 몇 가지 특별한 경우에만 정확하게 예측될 수 있다. 비록 t_T를 실험적으로 구해야 한다고 하더라고, 표면갱신 모델은 많은 경우, 특히 액적과 기포에 대한 물질전달 데이터의 상관식을 만드는 데에 건전한 기준이 된다. 식 (17.54)와 (15.23)의 유사성은 열과 물질전달 사이가 아주 유사하다는 예가 된다. 두 공정에서 t_T가 같다고 가정하여 측정된 물질전달속도로부터 열전달속도를 계산할 수가 있으며, 그 역도 가능하다.

17.4.4 이중 경막론

많은 분리공정에서 물질은 한 상에서 다른 상으로 확산해야 하며, 두 상에서의 확산속도는 총괄 물질전달속도에 영향을 준다. 1923년 Whitman[25]이 제안한 이중경막론(two-film theory)에서는 계면에서의 평형을 가정하여, 열전달에 대해 했던 것과 같이 두 상의 물질전달 저항을 더하여 총괄저항을 얻는다. 총괄저항의 역은 총괄계수로서, 개별계수들 보다 설계 계산에 이용하기가 편리하다.

상 사이의 물질전달을 열전달 보다 더 복잡하게 만드는 것은 계면에서의 불연속성인데, 이것은 확산하는 용질의 농도나 몰분율이 계면의 반대쪽에서 같지 않기 때문에 생기는 것이다. 예를 들면, 2성분 혼합물 증류에서 y_A^*는 x_A보다 크며, 기포 표면 근처의 기울기는 그림 17.3(a)와 같이 나타낼 수 있다. 용해성이 매우 큰 기체의 흡수에서 계면의 액체 몰분율은 그림 17.3(b)와 같이 기체의 몰분율보다 크다.

이중경막론에서는 계면으로의 전달속도를 계면으로부터의 전달속도와 같게 놓는다. 즉,

$$r = k_x(x_A - x_{Ai}) \tag{17.56}$$

$$r = k_y(y_{Ai} - y_A) \tag{17.57}$$

이 속도는 또한 총괄 계수 K_y에 총괄 구동력 $y_A^* - y_A$를 곱한 것과 같게 놓는다. y_A^*는 조성이 x_A인 전체 액체와 평형을 이루는 증기의 조성이다. 즉,

$$r = K_y(y_A^* - y_A) \tag{17.58}$$

K_y를 k_y와 k_x 항으로 표시하기 위해 식 (17.58)을 재정리하고 $(y_A^* - y_A)$항을 $(y_A^* - y_{Ai}) + (y_{Ai} - y_A)$로 대치하면,

$$\frac{1}{K_y} = \frac{y_A^* - y_A}{r} = \frac{y_A^* - y_{Ai}}{r} + \frac{y_{Ai} - y_A}{r} \tag{17.59}$$

가 된다. 식 (17.56)과 (17.57)을 이용해서 식 (17.59)의 마지막 두 항에 있는 r을 대치하면, 다음 식과 같이 된다.

$$\frac{1}{K_y} = \frac{y_A^* - y_{Ai}}{k_x(x_A - x_{Ai})} + \frac{y_{Ai} - y_A}{k_y(y_{Ai} - y_A)} \tag{17.60}$$

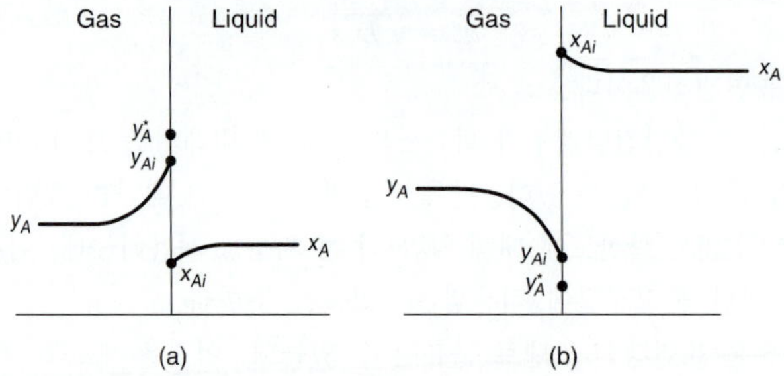

그림 17.3 기-액 계면 근처에서 농도 기울기 : (a) 증류, (b) 용해성이 큰 기체의 흡수

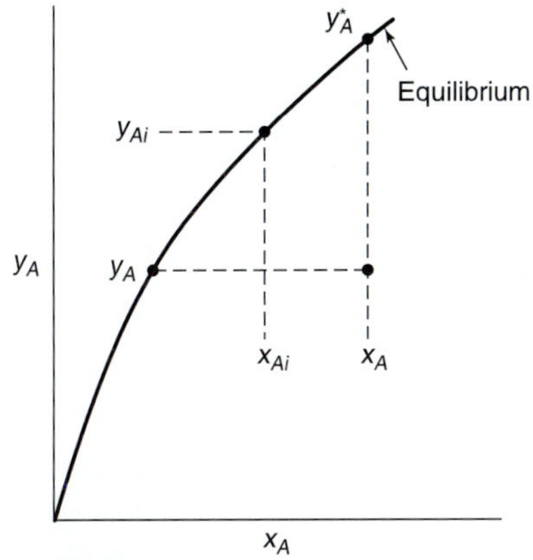

그림 17.4 증류에서 벌크농도와 계면농도

그림 17.4는 계면에서의 전형적인 조성을 나타낸 것으로, $(y_A^* - y_{Ai})/(x_A - x_{Ai})$가 평형곡선의 기울기임을 알 수 있다. 이 기울기를 m으로 표시하면, 위의 식은 다음과 같이 쓸 수 있다.

$$\frac{1}{K_y} = \frac{m}{k_x} + \frac{1}{k_y} \tag{17.61}$$

$1/K_y$ 항은 물질전달에 대한 총괄 저항으로 생각할 수 있으며, m/k_x과 $1/k_y$ 항은 각각 액체경막과 기체경막에서의 저항들이다. 이들 경막들이 일정한 두께를 갖는 정체층이어야 이중경막론을 적용할 수 있는 것은 아니다. 물질전달은 층류 경계층을 통한 확산 또는 침투론에서와 같이 비정상상태의 확산에 의해 이루어질 수 있으며, 총괄 계수는 식 (17.61)로 구할 수 있다. 침투론을 적용시킬 수 있다고 생각되는 상 속으로 정체경막을 통해 전달되는 것과 같은 문제에서, 계면에서의 농도변화 때문에 침투론 계수가 약간 달라지기는 하지만, 이런 정도의 영향은 단지 학문적 흥밋거리에 지나지 않는다.

이중경막론의 중요 부분은 개별계수를 총괄계수로 합칠 수 있고 두 상의 계면에서 두 상 사이에 용질을 분할하는 방법이 있다는 점이다. 이러한 개념은 기체흡수, 흡착, 추출, 및 증류를 비롯한 여러 종류의 물질전달 조작에 대한 실험 데이터의 해석과 장치 설계에 이용될 수 있다.

적절한 분배인자를 감안하여 저항들을 합하는 원리가 똑같이 세 가지 저항이 직렬로 있는 막분리에도 적용될 수 있다.

17.5 물질전달계수

실제 장치 내에서는 물질전달의 복잡성 때문에 물질전달에 대한 기본식들은 거의 이용할 수 없고, 차원해석과 반 이론적 유사성을 참고하여 만들어진 경험적 방법들로 실제 활용할 수 있는 식들을 만든다. 다음과 같은 몇 가지 단계로 문제에 접근할 수 있다.

17.4.1 실험측정

1. 물질전달계수 k는 상 사이의 접촉면적을 알고 경계층 분리가 생기지 않는 실험장치에서 연구된다. 그림 17.5와 같은 젖은 벽탑은 이런 유형의 장치중의 하나로서, 때에 따라서는 실제로 사용되기도 한다. 이 장치는 난류흐름에서 유체쪽으로의 물질전달과 유체로부터의 물질전달에 대하여 중요한 정보를 제공해 준다. 젖은 벽탑은 탑 꼭대기로 액체를 넣어 관 내벽을 따라 중력에 의해 아래로

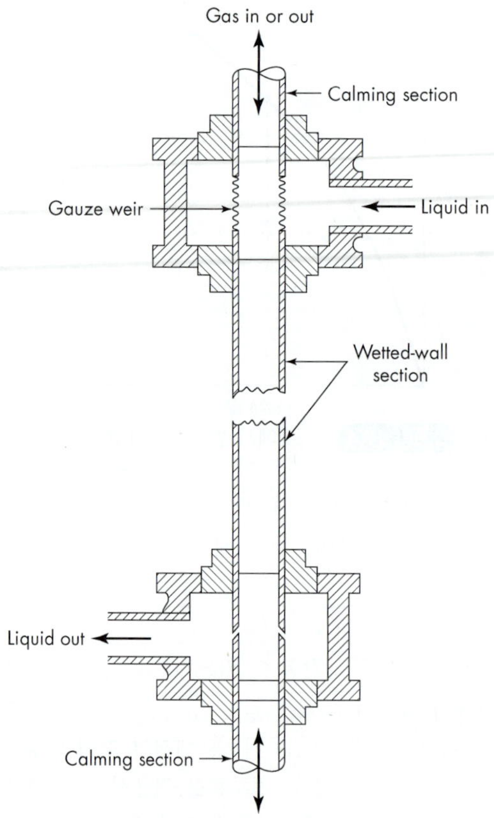

그림 17.5 젖은 벽탑

내려가도록 하고 기체는 관 내부로 넣어 액체와 접촉하면서 탑을 통해 흐르도록 고안된 수직관이다. 일반적으로 기체는 탑 밑으로 들어가서 액체와 맞흐름으로 흐르지만, 같은 방향으로 흐르게 할 수도 있다. 젖은 벽탑에서 작은 물결이 있는 복잡한 경우를 제외하고는 계면의 면적은 알 수 있으며, 형태항력은 없다.

2. 관 속의 난류흐름에서 액체로의 물질전달은 약간 용해성이 있는 고체로 만든 관을 이용해서 여러 액체 유량에 대한 고체의 용해속도를 측정하여 연구해 왔다. 또 다른 기법은 관벽의 일부를 전극으로 만들고, 관벽으로 반응이온의 물질전달속도에 의해 한계전류 조건하에서 전기화학적 환원이 이루어지도록 하는 것이다.
3. 입자로 향한 확산 또는 관이나 원통 외벽으로 향한 확산과 같은 외부 물질전달은 표면일부에 경계층 흐름이 있고 경계층 분리가 보통이기 때문에, 내부의 물질전달과 다른 관계식을 필요로 한다. 물질전달 계수는 다공성인, 젖은 고체로부터 액체가 증발하는 현상을 연구하여 구할 수 있다. 그렇지만 내부 물질전달 저항의 영향이 없다고 보증하기는 어렵다. 액체에 용해되거나 기체 속으로 승화할 수 있는 약간의 용해성 있는 물질로 고체가 만들어진다면, 고체에서의 확산으로 생기는 복잡성은 없앨 수 있다. 이 방법은 또한 고체 입자 또는 원통상의 여러 점들에 대한 국부 물질전달계수의 측정을 용이하게 할 수 있다.
4. 마지막으로, 물질전달 면적이 조작조건에 따라 변하는 충전탑, 체판 탑 및 기포 탑과 같은 실제의 물질전달장치로 실험을 행한다. 먼저 물질전달속도를 부피 물질전달계수 ka로 바꾼다. a는 장치의 단위부

피 당 전달면적이다. 때로는 a를 사진을 찍어 구함으로써 a와 k가 별개의 상관식을 갖는 경우도 있다. 대부분의 경우, 두 개의 유체 상이 있지만, 보통은 한 상에서의 저항이 무시되어 다른 상에 대한 ka를 결정할 수 있다. 예를 들면, 충전탑에서의 기체경막계수는 흐르는 기체 속으로 순수 액체를 증발시켜 구한다. 액체에서의 확산저항은 없다. 마찬가지로, 물에 순수 기체를 흡수시키는 것은 기체경막 저항을 제거하여 액체경막계수를 연구할 수 있게 된다.

k 또는 ka에 대한 수치 값을 얻기 위해서 실험적으로 N_A, A, y_i 및 y를 측정하고, 식 (17.40) 또는 식 (17.49) 또는 18장에서와 같이 이 식들의 적분형에 의해 k값을 계산한다. A 또는 a를 모르면 장치의 총 체적을 이용하여 ka를 계산할 수 있다. 차원해석을 이용하여 실험을 계획하고 무차원군과 식의 형태 결과를 해석한다. 마찰, 열전달 및 물질전달간의 유사성을 갖고 있어 유용하게 참조할 수 있다.

17.4.2 알고 있는 면적을 통한 물질전달계수

본 절에서는 면적 A를 알고 있는 유체들 간의 물질전달 또는 유체와 고체 간의 물질전달에 대해 설명한다. 상 사이의 면적을 알지 못하는 장치에서의 계수는 다음 장들에서 다루기로 한다.

차원 해석

물질전달의 메카니즘으로부터 계수 k는 확산도 D_v에 의존하고, 그리고 유체흐름의 특성, 즉 속도 u, 점도 μ, 밀도 ρ 및 어떤 선형 차원 D를 조절하는 변수들에 의존한다고 생각할 수 있다. 계면의 모양이 공정에 영향을 주는 것으로 생각되기 때문에, 각 모양에 대해 다른 관계가 나타나지 않으면 안 된다. 전달표면의 어떤 주어진 모양에 대하여,

$$k = \psi(D_v, D, u, \mu, \rho)$$

로 쓸 수 있다. 차원해석을 하면,

$$\frac{k_c D}{D_v} = \psi_1\left(\frac{DG}{\mu}, \frac{\mu}{\rho D_v}\right) \tag{17.62}$$

로 주어진다. 여기서, $G = u\rho$이다.

무차원 군, $k_c D/D_v$를 Sherwood 수라고 하며 **Sh**로 표시한다. 다른 군들은 물론 Reynolds 수 $\mathrm{Re} = DG/\mu$와 Schmidt 수 $\mathrm{Sc} = \mu/(\rho D_v)$이다.

경계층 흐름의 경우와 마찬가지로 물질전달계수가 확산도의 2/3승에 비례할 때 계수는 식 (12.53)의 j_H 인자와 유사하게 j_M 인자 형태로 표시되는 경우가 많다.

$$j_M \equiv \frac{k_c}{u}\left(\frac{\mu}{\rho D_v}\right)^{2/3} \tag{17.63}$$

관 내 흐름의 물질전달

확산과 열전도의 기본식이 유사하기 때문에, 관 내벽으로의 물질전달에 대한 관계식들은 열전달에 대한 관계식들과 같은 형이다. 층류흐름의 경우, Sherwood 수는 Nusselt 수와 똑같은 경향을 보여 관벽의 농도가 일정한 경우에는 3.66의 한계치를 가지며 짧은 관에 대해서는 유량의 1/3승에 비례한다. 관벽의 농도가 축방향의 함수인 때에는 맞흐름 막분리기에서와 같이 한계 Sherwood 수가 관벽의 농도가 일정한 경우보다 약간 크지만 (그림 12.2 참조), Graetz 수 **Gz**가 크더라도 별로 차이가 없다. Graetz 수가 중간인 경우에 추천할 수 있는 식은 다음의 이론식이다.

$$\mathrm{Sh} = 1.62\,\mathrm{Gz}'^{1/3} \tag{17.64}$$

여기서
$$\mathrm{Gz}' = \frac{\dot{m}}{D_v L \rho} = \frac{\pi}{4}\,\mathrm{Re}\,\mathrm{Sc}\frac{D}{L} \tag{17.65}$$

식 (17.64)는 중공사 막을 이용한 분리공정에서 내부 물질전달저항을 예측하는 데 이용되어 왔다. 열전달에 대한 추천식인 식 (12.25)는 실험으로 측정한 계수가 2.0인데 이런 큰 값은 아마 자연대류 때문인 것으로 보인다. 층류흐름에서는 물질전달 경험식을 만들만한 충분한 데이터가 없다.

관 벽으로의 난류흐름 물질전달에 대한 한 가지 식으로는 식 (17.33)을 변형해서 Nusselt 수와 Prandtl 수 대신 Sherwood 수와 Schmidt 수를 대치한 것이다.

$$\mathrm{Sh} = 0.023\,\mathrm{Re}^{0.8}\,\mathrm{Sc}^{1/3}\left(\frac{\mu}{\mu_w}\right)^{0.14} \tag{17.66}$$

이 식은 넓은 범위의 Reynolds 수와 Schmidt 수에 대하여 발표된 데이터에 비교적 잘 맞는 가장 간단한 식이다. 다른 형태의 관계식은 식 (17.66)을 $\mathrm{Re}\times\mathrm{Sc}^{1/3}$로 나누어 j_M인자를 얻을 수 있는데, 이 j_M은 j_H와 같으며, 또한 $f/2$와도 같다는 것이 Chilton과 Colburn에 의해서 증명되었다. $\mu/\mu_w^{0.14}$ 항은 물질전달에서는 대개 약 1이므로 생략된다.

$$j_M = j_H = \frac{1}{2}f = 0.023\,\mathrm{Re}^{-0.2} \tag{17.67}$$

이 식에서 보여준 유사성은 같은 장치에서의 열 및 물질전달에 모두 적용된다.

모든 손실은 표면마찰로부터 오기 때문에, 관에 대해서만은 유사성에 마찰손실을 포함할 수가 있다. 물체를 둘러싸고 흐르는 흐름에서와 같이 흐름이 갈라져서 형태항력이 있을 때에는 이 유사성을 총마찰손실에 적용시킬 수 없다.

일반적으로 j_M은 Re의 함수이다. 기상의 물질전달에 대하여는 다른 형의 j_M을 사용할 수 있다.

$$j_M = \frac{k_y RT}{Pu}\,\mathrm{Sc}^{2/3} = \frac{k_y \overline{M}}{G}\,\mathrm{Sc}^{2/3} \tag{17.68}$$

$$j_M = \frac{k_g \overline{M} P}{G}\,\mathrm{Sc}^{2/3} \tag{17.69}$$

계수 k_g는 18장에서 설명한다.

관 흐름에 대해 약간 더 정확한 관계식이 다른 범위의 Schmidt 수에 대하여 발표되었다. 젖은 벽탑(그림 17.5)에서 몇 가지 액체들의 증발에 관한 데이터는 Reynolds 수와 Schmidt 수 모두에 약간 더 큰 지수를 갖는다 [8]. 즉,

$$\mathrm{Sh} = 0.023\,\mathrm{Re}^{0.81}\,\mathrm{Sc}^{0.44} \tag{17.70}$$

Schmidt 수는 0.60에서 2.5 사이에 있는데, 이 좁은 범위에서 식 (17.70)의 지수 0.44와 식 (17.66)의 지수 0.33 사이의 차이는 계수에 단지 미미한 영향을 줄뿐이다. 파도나 출렁임이 있을 수 있는 액체표면으로의 전달은 매끄럽고 단단한 표면으로의 전달과 어느 정도 달라야 하기 때문에 지수에서의 차이는 근본적인 중요성을 지닌다.

Schmidt 수가 큰 범위(430에서 100,000)에서 물질전달에 대한 관계식은 물과 점성 액체 속에서 안식향산으로 만들어진 관의 용해속도를 측정하여 얻을 수 있다[13]. 즉,

$$\mathrm{Sh} = 0.0096\,\mathrm{Re}^{0.913}\,\mathrm{Sc}^{0.346} \tag{17.71}$$

위 식의 Schmidt 수의 지수와 보통 사용하던 1/3과의 차이는 중요하지 않지만 Reynolds 수의 지수는 0.80보다는 확실히 크다. Prandtl 수[7]가 큰 열전달에 관한 다른 연구에서도 Reynolds 수의 지수가 약 0.9로 나타났다.

상당한 정확도를 가지고 전 범위의 Sc나 Pr을 포괄하는 여러 가지의 실험식들이 이용 가능하다[23a].

예제 17.5

(a) Reynolds 수가 10,000이고, 온도가 40°C인 지름 2 in의 젖은 벽탑에서 물을 공기 중으로 증발시킬 때 기체경막의 유효 두께는 얼마인가?
(b) 같은 조건에서 에탄올을 증발시킬 때는 어떤가? 1 atm에서 공기에 대한 물의 확산도는 0.288 cm^2/s이고, 에탄올의 확산도는 0.145 cm^2/s이다.

풀이

40°C의 공기에 대하여,

$$\rho = \frac{29}{22,410} \times \frac{273.16}{313.16} = 1.129 \times 10^{-3} \text{ g/cm}^3$$

$$\mu = 0.0186 \text{ cP} \qquad (\text{부록 } 8)$$

$$\frac{\mu}{\rho} = \frac{1.86 \times 10^{-4}}{1.129 \times 10^{-3}} = 0.165 \text{ cm}^2/\text{s}$$

(a) 공기-물 계에서,

$$\text{Sc} = \frac{0.165}{0.288} = 0.573$$

식 (17.70)에서,

$$\text{Sh} = 0.023(10,000)^{0.81}(0.573)^{0.44} = 31.3$$

경막론에서 $k_c = D_v/B_T$이고, $\text{Sh} = k_c D/D_v$이므로,

$$\text{Sh} = \frac{D}{B_T} \quad \text{또는} \quad B_T = \frac{2.0}{31.3} = 0.064 \text{ in.}$$

(b) 공기-에탄올 계에서, Sc = 0.165/0.145 = 1.14이다.

$$\text{Sh} = 0.023(10,000)^{0.81}(1.14)^{0.44} = 42.3$$

$$B_T = \frac{2.0}{42.3} = 0.047 \text{ in.}$$

경막론에 준해서 보면 k_c는 확산도의 1승에 비례하는데 반해 여기서는 단지 0.56승에 비례하기 때문에, 두께 B_T는 확산도가 작아질수록 작아진다. 식 (17.66)을 사용하면 B_T의 대응값들은 0.066 in 및 0.053 in이다. $D_v^{0.56}$ 대신에 $D_v^{2/3}$가 사용됐기 때문에 이 값들은 좀더 가깝다. ■

축에 평행한 관 외부흐름

어떤 막 분리기들은 다관식 중공사 다발로 되어 있으며 액체나 기체가 관 외부에서 관 축에 평행하게 흐른다. 중공사는 열교환기의 관들처럼 고정되어 있지 않기 때문에 외부흐름 통로의 모양이 불규칙하고 고르지 못하다. Reynolds 수 계산에 맞먹음 지름(상당 지름, equivalent diameter)을 사용하는 외부 물질 전달계수의 식 (17.66)과 같은 실험관계식이 제안되어 있다. 공극률 ε로 원통에 충전된 지름 d의 중공사 묶음의 경우, 맞먹음 지름은 다음과 같다.

$$d_e = 4 \times \frac{\text{흐름면적}}{\text{젖은둘레}} = \frac{4\varepsilon}{(4/d)(1-\varepsilon)} = d\frac{\varepsilon}{1-\varepsilon} \tag{17.72}$$

원통에 수직한 흐름

단일 원통에 수직한 공기흐름에서 Re 대 j_M의 관계는 그림 17.6[23]과 같다. 점선은 식 (12.63)에서 계산된

j_H 값을 나타내며, 액체들에 관한 데이터에 기준한 것이다. 그림 17.6에서 취한 공기에 대한 열전달 데이터는 점선보다 약간 아래로 떨어져 물질전달 데이터에 아주 근접한다. 이렇게 잘 일치한다는 것은 관 내부 흐름과 외부 흐름에서 열전달과 물질전달 간의 유사성이 매우 잘 유지된다는 것을 입증하는 것이다.

Re 값이 10 내지 10^4 범위에서 단일 원통에로의 물질전달에 아래와 같은 개략식을 이용할 수 있다.

$$\mathrm{Sh} = 0.61\,\mathrm{Re}^{1/2}\,\mathrm{Sc}^{1/3} \tag{17.73}$$

관 다발에 수직한 흐름

관 다발에 수직한 흐름의 경우, 평균 물질전달계수는 동일한 겉보기 속도에 있는 단일 관에서 보다 더 크지만 증간 정도는 관의 간격과 Reynolds 수에 따라 다르다. 묶음관으로의 열전달에 기준해 보면 20 내지 40% 증가 했다고 할 수 있다. 그러나 중공사 막 장치에 관여되는 영역에 해당하는, Reynolds 수가 적은 영역의 물질전달 데이터는 거의 없다.

중공사가 2,100개이고 $\varepsilon = 0.6$인 모듈(module)을 시험한 결과 유량에는 관계없이 Sh = 0.24이었다[27]. 이상흐름의 최소 **Sh** 값이 2 내지 4의 범위에 있기 때문에 이와 같이 낮은 Sherwood 수는 흐름분배가 아주 고르지 못함을 뜻한다.

밀집해서 충전된 중공사로 방사방향 흐름 모듈을 이용하여 물에서 산소를 제거하는 데이터로부터 외부 물질전달에 대한 다음과 같은 실험식[14]이 개발되었다.

$$\mathrm{Sh} = 1.28\,\mathrm{Re}^{0.4}\,\mathrm{Sc}^{0.33} \tag{17.74}$$

단일 구를 덮는 흐름

고립된 구에 대한 물질전달에서 Sherwood 수는 Reynolds 수가 0에 접근함에 따라 2.0의 하한에 접근한다. Reynolds 수가 1,000에 이르기까지 꽤 정확하고 간단한 식은 Frossling 식[22]을 변형한 것이다[(Nu에 관한 식 (12.64)와 비교하라].

$$\mathrm{Sh} = 2.0 + 0.6\,\mathrm{Re}^{1/2}\,\mathrm{Sc}^{1/3} \tag{17.75}$$

그림 17.7에서 보는 바와 같이, **Re** 대 **Sh**를 도시하면 Reynolds 수가 큰 데이터는 기울기가 점차 증가함을 보여준다. 지수 1/2은 경계층론과 일치하며 경계층론은, 대부분의 전달이 중간 Reynolds 수에서 일어나는, 구의 정면에 적용할 수 있다. Reynolds 수가 큰 난류 영역에서의 물질전달은 보다 중요하며 유량의 영향이

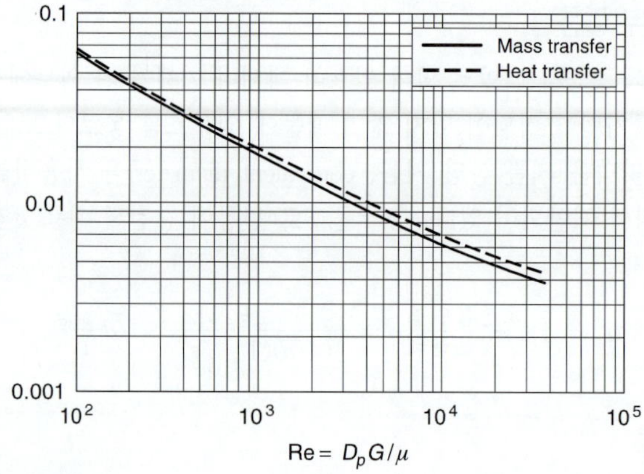

그림 17.6 단일 실린더 주변 흐름에서 열전달과 물질전달

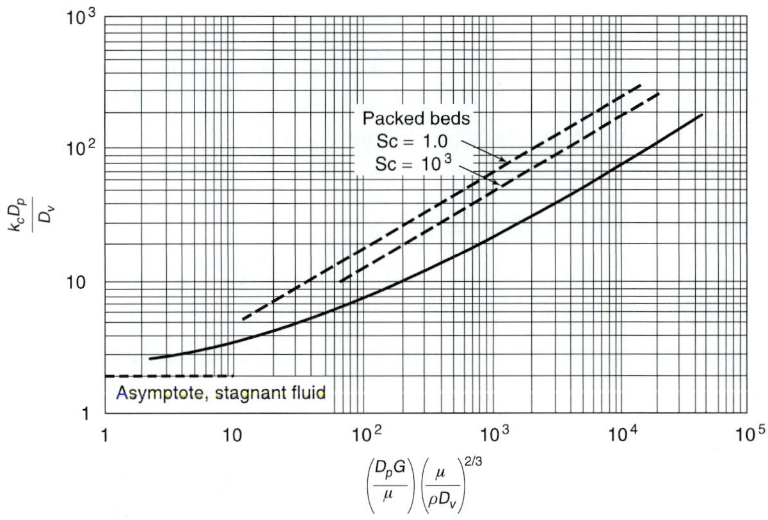

그림 17.7 단일 구를 지나는 흐름과 충전층(파선)에서의 열전달과 물질전달

커진다.

그림 17.7의 관계는 Reynolds 수가 작고 Peclet 수가 큰($Pe = Re \times Sc = D_p u_0 / D_v$) 미동흐름(creeping flow)에 대해 너무 낮은 값을 주고 있다. 이 경우에 추천할 수 있는 식[2]은 다음과 같다.

$$Sh = (4.0 + 1.21\, Pe^{2/3})^{1/2} \tag{17.76}$$

물질전달 면적을 구의 외부면적으로 취하면 한계 Sherwood 수 2.0은 유효 경막두께 $D_p/2$에 해당한다. 농도기울기는 이 경우에 실제로 무한대까지 연장되지만 물질전달 면적 또한 표면으로부터의 거리에 따라 증가하여 유효 경막두께는 농도분포 모양으로부터 산출될 수 있는 것보다 훨씬 작다.

충전층에서의 물질전달

기체나 액체로부터 충전층에 있는 입자로의 물질전달과 열전달에 관해 상당히 많은 연구가 이루어져 왔다. 전달계수는 질량속도의 제곱근과 확산도의 2/3 승에 비례하여 증가하지만 단일 구에 대한 연구가 상당히 일치된 연구결과를 보여준 것과는 대조적으로, 다른 연구자들에 의해 발표된 관계식들이 서로 상당히 다르게 나타나 있다. 대부분의 데이터를 비교적 잘 표현한 식은 다음과 같다[23b].

$$j_M = \frac{k_c}{u_0}\, Sc^{2/3} = 1.17\left(\frac{D_p G}{\mu}\right)^{-0.415} \tag{17.77}$$

이 식은 다음 식과 같이 된다.

$$Sh = 1.17\, Re^{0.585}\, Sc^{1/3} \tag{17.78}$$

식 (17.77)과 (17.78)은 대략 40 내지 45% 공극을 갖는 층을 형성하는 구나 구형의 고체입자에 대해서 쓸 수 있다. 원통형 입자에 대해서는 **Re**와 **Sh**에 원통의 지름을 써서 이 식들을 이용할 수 있다. 공극률이 큰 충전층이나 링(ring)과 같이 속이 비어 있는 입자들에 대해서는 다른 관계식을 이용한다[9].

충전층에서의 물질전달과 단일 입자에 대한 물질전달을 비교하기 위해서, 식 (17.78)로 계산한 Sherwood 수를 고립된 구에 대한 관계식과 함께 그림 17.7에 도시하였다. 충전층에 대한 전달계수는 같은 Reynolds 수에서 단일 구에 대한 계수의 2 내지 3배가 된다. 이 차이의 대부분은 충전층에서의 실제 질량속도가 더 크기 때문이다. Reynolds 수는 편의상 겉보기속도에 기준 하지만, 평균 질량속도는 G/ε이고 층 내의 어느 지점에서 국부속도는 더욱 크다. 그러나 그림 17.7의 띠줄들은 낮은 Re값까지는 연장되지 않았는데, 이것은 충전탑에 대한 계수가 단일 입자들에 대한 계수보다 결코 작을 수가 없기 때문이다. 따라서 식 (17.77)과 (17.78)은 약 10 이하의 Reynolds 수에 대해서는 사용해서는 안 된다.

부유입자(suspended particle)로의 물질전달

고체입자가 교반탱크에서처럼 교반액체 속에서 부유하는 경우, 식 (17.75)의 **Re**를 계산하기 위해서는 정지한 액체 속에서 입자의 종말속도를 사용하여 전달계수의 최소 계산치를 얻을 수 있다. 이 최소계수 k_{cT}에 대한 입자크기와 밀도차이의 영향은 그림 17.8에 나타내었다. 종말속도와 Reynolds 수의 증가로 Sherwood 수가 거의 입자 지름에 비례하기 때문에 넓은 범위의 입자크기에서도 계수의 변화가 거의 없다.

입자들의 잦은 가속과 감속이 평균 미끄럼 속도를 증가시키고 난류 액체 속의 작은 맴돌이들이 입자 표면 가까이 침투하여 물질전달의 국부 속도를 증가시키기 때문에 실제 계수는 k_{cT}보다 크다. 하지만 입자들이 완전히 부유되면 k_c/k_{cT}비는 넓은 범위의 입자 크기와 교반조건에 대해 상대적으로 좁은 범위인 1.5 내지 5이하로 떨어진다[10]. 입자크기, 확산도 및 점도의 영향은 k_{cT}에 대해 예측된 경향을 따르지만, 밀도차이는 0.3 g/cm^{3}를 초과할 때까지 거의 영향이 없다. 부유입자의 경우 k_c는 단지 단위부피당 동력소산(power dissipation)의 0.1 내지 0.15승에 비례하여 입자가 크면 지수가 더 커진다. 동력소비에 기준해서 k_c를 예측하는 경험관계식[17]이 알려져 있지만 같은 동력에서는 탱크지름에 대한 교반기 지름의 비, D_a/D_t가 클수록 계수가 더 커진다.

기하학적으로 비슷한 부유입자를 취급하는 경우, 단위부피 당 동력은 규모확대에 만족할 만한 기준이 된다.

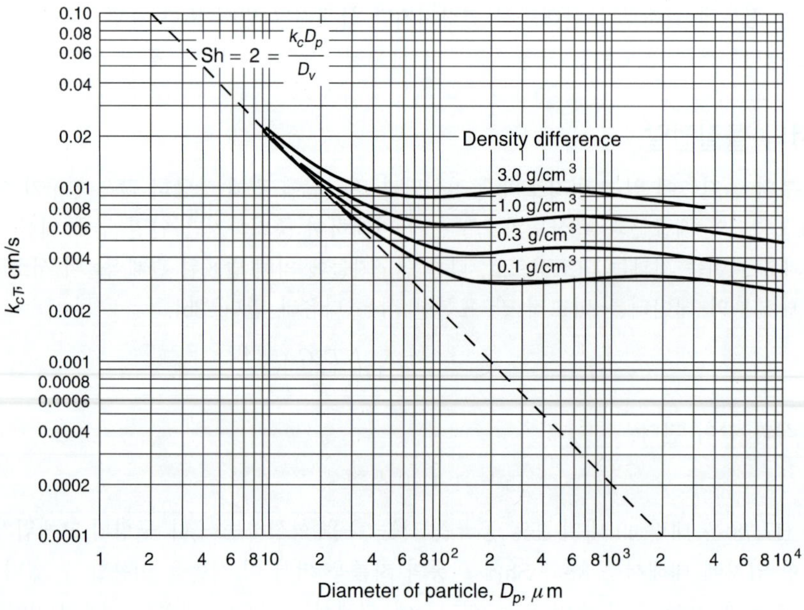

그림 17.8 물 속으로 떨어지는 입자의 물질전달계수[10] (점도 $\mu = 1$ cP, 확산도 $D_v = 10^{-5}$ cm^2/s)

액적(drop)과 기포(bubble)에 대한 물질전달

작은 액체 방울이 기체 속으로 떨어지고 있을 때, 표면장력은 액적을 거의 구형으로 만들려는 경향이 있어서 액적 표면에 대한 물질전달계수는 고체 구에 대한 계수와 아주 가깝다. 그러나 액적 표면을 지나가는 유체에 의해 생긴 전단은 액적 내부와 외부 모두에서 물질전달에 대한 저항을 감소시키는 토로이드 선회순환류(toroidal circulation currents)를 액적 속에 형성시킨다. 변화의 정도는 내부 및 외부 유체들의 점도 비와 계면에서 농축하는 계면활성제와 같은 물질들의 존재 여부에 달려 있다[11].

계면활성제가 없는 점성 액체를 통해 떨어지는 낮은 점도의 액적인 경우, 외부 유체에서의 속도 경계층이 거의 사라진다. 유체요소들이 짧은 시간 동안 액적에 노출되어 물질전달은 침투론에 의해 지배된다. 유효 접촉시간은 액적이 자기 지름만한 거리를 떨어지는 시간이라는 것을 알 수 있으며, 침투론을 적용하면 외부 물질전달계수는 다음 식과 같이 된다.

$$\overline{k}_c = 2\sqrt{\frac{D_v u_0}{\pi D_p}} \tag{17.79}$$

양변에 D_p/D_v를 곱하면,

$$\text{Sh} = \frac{2}{\sqrt{\pi}}\left(\frac{D_p u_0 \rho}{\mu}\frac{\mu}{\rho D_v}\right)^{1/2} = 1.13\ \text{Re}^{1/2}\,\text{Sc}^{1/2} \tag{17.80}$$

가 된다. 식 (17.80)을 경질구에 관한 식인 식 (17.75)와 비교해 보면, 액적 속의 내부 순환이 k_c를 약 $1.88\ \text{Sc}^{1/6}$ 만큼 또는 $\text{Sc} = 10^3$일 때 5.9 만큼 증가시킬 수 있다.

자유낙하하는 일부 액적에 대해서는 계수가 식 (17.79)과 일치하지만, 많은 경우에 액적의 점도가 크고 액적 속의 불순물들로 순환류를 감소시켜 경질구보다 약간 큰 값을 가질 뿐이다. 교반탱크 추출에서와 같이 교반 액체 속에 부유된 액적의 경우, 물질전달계수는 고체 구의 계수와 완전히 순환하는 액적의 계수 사이에 놓이게 된다. 고체입자의 계수는 교반속도의 0.4 내지 0.5 승에 비례하는데 반해 액적의 계수는 교반속도의 1.0 내지 1.2 승에 비례하여 증가한다. 이것은 부유액체에서의 에디가 고체 입자보다도 표면을 변형시킬 정도로 액체에 더 가깝게 침투할 수 있기 때문이다[6].

실제 응용을 위한 k_c를 예측하기는 어려우며 물질전달 계산은 일반적으로 실험식이나 파일럿 공장 시험으로 얻은 부피물질전달계수 $k_c a$를 기준하고 있다.

액체를 통해 올라가는 기체의 기포로부터의 물질전달을 취급할 때에도 똑같은 불확실성이 제기된다. 기포 속의 기체는 기체의 점도가 낮기 때문에 빨리 순환해야 하지만, 가끔 불순물들이 간섭하여 전달계수가 경질구와 자유로 순환하는 기포 사이의 계수를 나타낼 때도 있다. 지름이 1 mm 이하의 기포는 경질구와 같이 거동하며, 2 mm 이상의 기포는 자유롭게 순환하는 기포로 거동한다. 그러나 지름이 몇 mm 이상인 기포는 모양이 납작해져서 그들이 올라갈 때 흔들려서 물질전달 예측을 더욱 어렵게 만든다. 액적에 대한 물질전달과 마찬가지로 기포계에 대한 설계 관계식들은 부피계수에 기준하는 것이 보통이다.

액적이나 기포에 있어서 두 상의 물질전달 저항은 중요하다. 정체(비순환) 액적 내부에서의 확산은 비정상 상태의 공정이며 식 (17.38)이 적용될 수 있다. 하지만 액적이나 기포는 장치에서 움직이기 때문에 표면농도가 변하는 것이 보통이다. 편의상 외부와 내부저항을 합하는 경우에는 구에 대한 열전달에서 했던 것처럼 (267쪽 참조) 유효내부계수를 사용할 수 있다.

$$k_{ci} = \frac{10 D_v}{D_p} \tag{17.81}$$

k_{ci} = 유효 내부 물질전달계수

D_v = 액적 내부에서의 확산도

D_p = 액적의 지름

농도기울기는 액적 속 멀리까지 연장되지 않기 때문에 액적의 수명이 짧으면 내부계수는 식 (17.81)으로 구한 값보다 더 크게 된다. 수명을 알면 침투론[식 (17.54)]이 이용될 수 있지만, 교반장치에서 액적이 깨지고 합쳐지기 때문에 액적의 수명을 예측하기는 어렵다. 교반추출기에서 유기 액체의 액적에 대한 내부 물질전달계수 k_{ci}를 측정한 결과 침투론에 부합하였고, 액적의 수명이 회분시간의 1/3 내지 1/10과 같음을 알았다[24].

17.6 기호 설명

A	물질전달 방향에 수직한 면적, m^2 또는 ft^2
a	장치의 단위부피당 상 사이의 계면적(界面積), m^{-1} 또는 ft^{-1}: 또한 $(\pi/2)^2$
B_T	확산이 일어나는 층의 두께, m 또는 ft
Bi$_m$	물질전달에 대한 Biot 수, mk_cs/D_v 또는 mk_cr_m/D_v
b	확산방향으로 상경계로부터의 거리, m 또는 ft
c	농도, kg mol/m^3 또는 lb mol/ft^3; c_A, 성분 A의; c_{Ai}, 계면에서 성분 A의; c_{A0}, 시간 0에서의; c_B, 성분 B의; c_o, 초기농도; c_s, 확산성분의 표면농도; $\bar{c}$, 평균농도
c_p	정압비열, J/g · °C 또는 Btu/lb · °F
D	선형 차원 또는 지름, m 또는 ft; D_a, 교반기의; D_p, 기포, 액적 또는 입자의; D_t, 탱크의
D_{AB}	성분 B속에서 성분 A의 확산계수; D_{BA}, A속에서의 B의
D_v	부피확산도, m^2/h, cm^2/s 또는 ft^2/h; D_K, Knudsen 확산도; D_{pore}, 기공에서의 확산도(확산계수)
d	중공사의 지름, m 또는 ft; d_e, 맞먹음 지름(상당 지름)
F_a	Faraday 상수, 96,500 Coulombs/g 당량
Fo	열전도에 대한 Fourier 수, $\alpha t_T/s^2$; Fom, 확산에 의한 물질전달에 대한 Fourier수, D_vt/s^2
f	Fanning 마찰계수, 무차원
G	질량속도, kg/m^2 · s 또는 lb/ft^2 · h
Gz′	물질전달에 대한 Graetz 수, $\dot{m}/\rho D_vL$ 또는 $(\pi/4)$ReSc(D/L)
h	개별 열전달계수, W/m^2 · °C 또는 Btu/ft^2 · h · °F
J	속도가 0인 평면에 대한 질량훌럭스, kg mol/m^2 · s 또는 lb mol/ft^2 · h; J_A, J_B, 성분 A와 B의; $\bar{J}_A$, 평균값; $J_{A,t}$, 난류작용으로 생긴 성분 A의
j_H	열전달에 대한 Colburn j 인자, $(h/c_pG)(c_p\mu/k)^{2/3}$, 무차원
j_M	물질전달에 대한 Colburn j 인자, $(k_y\overline{M}/G)(\mu/\rho D_v)^{2/3}$, 무차원
K_y	기상에서 총괄 물질전달계수, kmol/m^2 · s · 몰분율 또는 lb mol · ft^2 · h · 몰분율
k	Boltzman 상수, 1.380×10^{-23} J/K
k	개별 물질전달계수; k_c, cm/s 또는 ft/s; k_{cT}, 부유(현탁)입자에 대한 최소 계수(그림 17.8); k_{ci}, 유효 내부계수[식 (17.78)]; $\bar{k}_c$, t_T시간 동안의 평균치; k_g, 분압 구동력에 기준한 기상에서의; k_x, k_y, 몰분율 차이에 기준한 액상과 기상에서의, k mol/m^2 · s · 몰분율 또는 lb mol/ft^2 · h · 몰분율; 또한 열전도도, W/m · °C 또는 Btu/ft · h · °F
k'	한방향 확산에서의 유효 물질전달계수; k'_c, cm/s 또는 ft/s; k'_y, 기상에서의; kmol/m^2 · s · 몰분율 또는 lb mol/ft^2 · h · 몰분율
L	관의 길이, m 또는 ft
M	분자량; M_A, M_B, 각각 성분 A와 B의; $\overline{M}$, 평균 값
m	분배계수 또는 평형곡선의 기울기

$\dot{m}$ 질량유속, kg/s 또는 lb/s

N 평면 또는 경계를 가로지르는 물질전달 흘럭스, k mol/m^2 · s 또는 lb mol/ft^2 · h; N_A, N_B, 성분 A와 B의

Nu Nusselt 수, hD_p/k

n H_2O의 수화분자 수

P 압력, atm 또는 lb$_f$/ft^2; P_A, A 성분의 분압; P_{Ai}, 계면에서의

Pe Peclet 수, $D_p u_0/D_v$

Pr Prandtl 수, $c_p\mu/k$

q 열의 유량, W 또는 Btu/h

R 기체법칙 상수, 8,314 J/mol · K 또는 1,545 ft · lb$_f$/lb mol · °R

Re Reynolds 수, DG/μ; Re$_b$, 전 평판에 대한 Re수

r 기공의 반경, cm; r_m, 구의 반경, m 또는 ft; r_o, 분자의 반경, cm; 또한 물질전달속도, k mol/m^2 · s 또는 lb mol/ft^2 · h

Sc Schmidt 수, $\mu/(\rho D_v)$

Sh Sherwood 수, $k_c D/D_v$

s 평판두께의 반, m 또는 ft, 표면갱신율, s^{-1}

T 온도, °C, K, °F 또는 °R

t 시간, s 또는 h; t_T, 전달표면에서의 체류시간

u 속도, m/s 또는 ft/s; u_A, u_B, A 성분과 B 성분의; u_0, 상(相)의 부피평균속도, 또한 부유하고 있는 기포, 액적 또는 입자를 지나는 속도; 또한 충전층에서의 겉보기 속도

$\bar{u}$ 평균 분자속도

V_A 정상 끓는점에 있는 액체로서 용질의 몰 부피, cm^3/mol

x 액체 또는 L상의 몰분율; x_A, 성분 A의; x_{Ai}, 계면에서 성분 A의; 흐름 방향에 평행하게 측정한 거리, m 또는 ft

Y 남아있는 농도의 변화, $(c_s-\bar{c})/(c_s-c_o)$

y 기체 또는 V상의 몰분율; y_A, 성분 A의; y_{Ai}, 계면에서 성분 A의; y_A^*, 조성이 x_A인 액체와 평형인 증기의; y_B, 성분 B의; y_i, 계면에서의

z 수직방향 거리, m 또는 ft

그리스문자

α 열 확산도, $k/\rho c_p$, m^2/s 또는 ft^2/h

ε 공극률, 무차원; 또한 Lennard-Jones의 힘의 상수; ε_A, ε_B, 성분 A와 B의 공극률; $\varepsilon_{AB}=\sqrt{\varepsilon_A\varepsilon_B}$

ε_N 물질의 난류확산도, m^2/h, cm^2/s 또는 ft^2/h

λ 분자의 평균 자유행정거리

λ^0 한계이온전도도, A/cm^2 · (V/cm) · (g · 당량/cm^3); λ_+^0, 양이온의; λ_-^0, 음이온의

μ 점도, Pa · s · cP, 또는 lb/ft · s; μ_B, 물의 점도 [식 (17.33)]; μ_w, 벽에서의

ν 운동학 점도, μ/ρ, m^2/h 또는 ft^2/h

ρ 밀도, kg/m^3 또는 lb/ft^3

ρ_M 몰밀도, mol/m^3 또는 lb mol/ft^3; ρ_{Mx}, 액체의; ρ_{My}, 기체의

ψ 함수; ψ_1, 식 (17.62)에 있는

ψ_B 용매의 회합 매개변수(association parameter)[식 (17.32)]

Ω_D 충돌적분(collision integral), $f(\mathbf{k}T/\varepsilon_{AB})$

연습 문제

17.1 0°C, 대기압에서 이산화탄소가 질소를 통하여 한쪽 방향으로 확산하고 있다. 점 A에서 CO_2의 몰분율은 0.2이고, 확산방향으로 3 m 떨어진 점 B에서는 0.02이다. 이 거리에서 농도기울기는 일정하다. 확산도 D_v는 0.144 cm^2/s이다. 기상은 전체적으로 보아 정지상태이다. 즉, 질소가 이산화탄소와 같은 속도로 반대방향으로 확산하고 있다. (a) CO_2의 몰흘럭스는 $kmol/m^2 \cdot h$단위로 얼마인가? (b) 알짜 질량흘럭스는 몇 $kg/m^2 \cdot h$인가? (c) 관측자가 한 지점에서 다른 지점으로 이동할 때 알짜 질량흘럭스가 관측자에 대해 0이 되려면, 관측자가 몇 m/s의 속도로 움직여야 하는가? (d) 관측자에게 질소가 정지한 것으로 보이려고 하면, 관측자는 얼마의 속도로 움직여야 하는가? (e) (d)의 조건에서 관측자에 대해 상대적인 CO_2의 몰흘럭스는 얼마인가?

17.2 지름이 8 m인 원형 열린탱크가 대기에 노출된 상태로 25°C의 n-프로판올을 저장하고 있는데 n-프로판올은 5 mm 두께로 추산되는 정체상태의 공기경막으로 덮여 있다. 정체경막 너머의 n-프로판올 농도는 무시해도 좋다. 25°C에서 n-프로판올의 증기압은 20 mm Hg이다. n-프로판올이 1 리터 당 $1.20이라면, 이 탱크로부터의 n-프로판올의 손실은 하루에 몇 $가 되겠는가? n-프로판올의 비중은 0.80이다.

17.3 알코올은 용해되지만 물이 용해되지 않는 비휘발성 용매에 알코올 증기와 물 증기로 된 혼합물로부터 에탄올 증기가 흡수된다. 온도는 97°C이고 전압은 760 mm Hg이다. 알코올 증기는 0.1 mm 두께의 알코올-물 증기 혼합물 경막을 통해 확산된다고 생각할 수 있다. 경막 바깥쪽에서 증기 속의 알코올의 몰 %는 80%이고, 안쪽에서는 10%이다. 25°C, 1 atm에서 알코올-몰 증기 혼합물의 부피확산도는 0.15 cm^2/s이다. 경막 면적이 10 m^2이라고 할 때 알코올 증기의 확산속도를 kg/h 단위로 계산하라.

17.4 에탄올-물 증기 혼합물이 알코올-물 액체용액과의 접촉에 의해 증류되고 있다. 알코올은 기체에서 액체로, 그리고 물은 액체에서 기체로 전달된다. 알코올과 물의 몰유량은 같으나 방향은 반대이다. 온도는 95°C이고, 압력 1 atm이다. 두 성분들은 0.1 mm 두께의 기체경막을 통해 확산한다. 경막 바깥쪽에서의 알코올의 몰 %는 80%이고, 안쪽에서는 10%이다. 10 m^2 면적의 경막을 통하는 알코올과 물의 확산속도는 kg/h 단위로 계산하라.

17.5 전압 518 mm Hg에서 조작되는 젖은 벽탑에 물과 공기가 공급된다. 공기의 유량은 120 g/min이다. 공기흐름 속의 수증기(water vapor) 분압은 76 mm Hg이고, 탑벽에서 액체물 경막의 증기압은 138 mm이다. 공기 속으로의 물의 기화속도는 13.1 g/min로 관측되었다. 전압이 820 mm Hg일 때 똑같은 장치에 전과 똑같은 온도에서 100 g/min의 유량으로 공기가 공급된다. 기화되는 액체는 n-부틸 알코올이다. 알코올의 분압은 30.5 mm이고, 액체 알코올의 증기압은 54.5 mm이다. n-부틸 알코올로 실험할 때, 기화속도는 몇 g/min로 기대할 수 있겠는가?

17.6 40°C, 2.0 atm의 공기가 지름이 12 mm인 나프탈렌 구로 이루어진 얇은 충전층을 통해 층의 공간 단면적에 기준해서 2 m/s의 유속으로 지나간다. 나프탈렌의 증기압은 0.35 mm Hg이다. 충전층의 공극률을 40%라고 가정하면, 충전층 1 m^3로부터 증발하는 나프탈렌은 시간당 몇 kg인가?

17.7 수직 유리관으로부터의 액체 증발속도를 측정하여 공기 중 증기의 확산계수를 구할 수 있다. 지름이 0.2 cm인 관에 21°C의 n-헵탄을 채웠을 때, 액면이 위로부터 1 cm 떨어져 있는 상태에서 액위의 감소속도를 계산하라. 확산도는 0.071 cm^2/s로 보고되어 있다. 21°C에서 n-헵탄의 증기압과 밀도는 각각 0.05 atm 및 0.66 g/cm^3이다. 지름이 더 큰 관을 사용하면 이점이 있겠는가?

17.8 20°C의 물을 통해 올라가는 공기 기포로부터 확산하는 O_2의 액체경막 물질전달계수를 산출하라. 기포 크기가 4.0 mm이고 구형이며, 기포 내부에서 빠른 순환이 일어난다고 가정하라. 기포가 움직이는 동안 기포 크기의 변화를 무시하고, 물에 용존 산소가 없다고 가정할 때, 1 m 움직이는 동안에 공기로부터 흡수된 산소의 분율을 계산하라.

17.9 구형의 작은 고체 안식향산(solid benzoic acid)이 교반탱크에서 물에 용해된다. Sherwood 수가 4.0으로 거의 일정하다고 할 때, 완전 용해에 걸리는 시간이 초기의 입자크기에 따라 어떻게 변하는지 설명하라. 100 μm 입자가 25°C에서 순수한 물에 완전히 용해되는 데 요하는 시간은 얼마인가? 용해도 : 0.43 g/100 g H_2O. $D_v = 1.21 \times 10^{-5}$ cm^2/s.

17.10 50°C, 절대압력 20 mm Hg에서 공기중의 물 증기에 대한 확산계수와 Schmidt 수를 산출하라.

17.11 5 atm, 20°C 또는 250°C에서 천연가스 중 헬륨의 확산도를 산출하라.

17.12 온도를 0에서 100°C로 올리면 물 속의 수쿠로우스(sucrose)에 대한 확산계수는 몇 배나 증가하는가? 두 개의 서로 다른 식을 사용하고 결과를 비교하라.

17.13 50°C에서 물 속에 있는 HCl과 NaCl의 묽은 용액에 대한 확산계수를 산출하라.

17.14 물 속에서 1 mm 크기의 니트로벤젠 방울에 대한 종말속도를 산출하고 방울이 순환하는 경우 또는 정지한 경우의 외부물질전달 계수를 산출하라.

17.15 20°C에서 공기로 포화된 물이 50 cm/s의 속도로 소수성 중공사를 통과한다. 중공사는 길이가 1 m이고 내경이 500 μm이며 중공사 벽에 산소가 확산해 오자마자 제거하기 위하여 중공사 외부에 진공을 만들어 놓았다. 산소에 대한 물질전달계수를 산출하라.

17.16 20°C에서 공기 중의 암모니아를 물에 흡수시키려 한다. 평형선의 기울기는 1.0이다. 두 상에 대해 침투이론을 적용한다고 할 때 전체저항 중에 기상에서의 분율을 산출하라.

17.17 흡수공정에서 액체경막의 저항이 기체경막 저항의 5배라고 한다면, 다른 매개변수를 바꾸지 않고 액체경막계수를 2배 했을 때 흡수속도는 얼마나 변하겠는가? 기체경막계수를 2배로 하는 효과는 무엇일가?

17.18 기체 속에서 2성분 확산에 대한 식 (17.28)은 $T^{3/2}/P$ 항을 포함하고 있고 열전도에 대한 식 (10.6)은 $T^{1/2}$에 비례하며 P에 무관한 것을 설명하라. D_v와 k는 둘 다 평균자유경로와 평균분자속도에 관계가 있다고 한다.

17.19 물 속에서 Li^+의 한계이온전도는 Na^+ 보다 작고 Na^+는 K^+ 보다 작은데 이러한 경향은 이온들의 수화도의 변화에 기인하는 것으로 생각된다. 식 (17.33)에서 $\lambda^0_+ = \lambda^0_-$라고 가정하여 $Li^+.nH_2O$와 $Na^+.nH_2O$에 대한 D_v와 V_A를 계산하고 n 값을 산출하라. Li^+의 반경은 0.6 Å이고 Na^+는 0.95 Å이다.

17.20 33°C에 포화된 공기로부터 nitrobenzene이 직경이 4 mm이고 길이가 10 mm인 실린더형 활성탄에 흡착되었다 [19]. 실린더형 활성탄은 Teflon에 집어넣어서 실린더의 원형면만 공기에 노출되어 축방향의 확산만이 일어난다. 핵자기공명장치를 이용하여 nitrobenzene의 농도분포가 몇 번 측정되었다. 64시간에 측정된 데이터는 다음과 같다.

거리, mm	2	4	6	8	10
c/c_s	0.78	0.48	0.11	0.01	0

(a) 침투거리로서 8 mm를 이용하여 유효확산도, D_e의 평균치를 계산하라. (b) 이 D_e 값을 이용하여 계산된 농도분포를 도시하고 측정치와 비교하라. 차이를 어떻게 설명하면 좋겠는가?

17.21 피부를 통해서 약을 전달하기 위한 팻취(patch)에는 두께가 2 mm이고 직경이 3 cm인 캡슐 속에 0.06 M의 약물 용액이 들어있다. 이것을 붙이기 전에 캡슐과 피부 사이에 250 μm 두께의 고분자막을 놓았다. 용액 속에서 약의 확산계수는 5.4×10^{-6} cm^2/s이고 고분자에서의 확산계수는 18×10^{-7} cm^2/s이다. 고분자 상에서의 평형농도는 용액에서의 평형농도의 0.6 배이다. 약은 피부에 빨리 흡수되어 고분자-피부 계면에서의 농도는 0이라고 가정한다. (a) 캡슐 속에 있는 약물이 첫 2시간 동안 얼마나 흡수되는가? (b) 언제 약의 배출속도가 초기속도의 반이 되는가? 그 때까지 배출된 것은 몇 몰인가? (c) 약의 배출이 거의 일정한 속도가 되게 하는 방법을 제시할 수 있겠는가?

17.22 대량의 정체된 물 속에 매달린 약 용해성 순수 고체의 작은 구로부터의 물질전달에 대한 미분방정식을 세우고 이를 풀어라.

17.23 (a) 평균유체속도 $\mu = 1.8$ m/s, $\rho = 1050$ kg/m^3, $\mu = 5$ cP, 그리고 $D_v = 2.0 \times 10^{-5}$ cm^2/s일 때 매끄러운 3 cm 관의 벽으로부터의 확산에 대한 정상상태의 물질전달계수를 계산하라. (b) 유효경막 두께를 계산하고 이것을 층류 부층의 두께와 비교하라 [식 (5.36)과 그림 5.7을 참조하라]. 차이는 얼마나 큰가?

참고 문헌

1. Bird, R. B., *Advances in Chemical Engineering*, vol. 1. New York: Academic, 1956, pp. 156-239.
2. Brian, P. L. T., and H. B. Hales, *AIChE J.*, **15**:419 (1969).
3. Chilton, T. H., and A. P. Colburn, *Ind. Eng. Chem.*, **26**:1183 (1934).
4. Clough, S. B., H. E. Read, A. B. Metzner, and V. C. Behn. *AIChE J.*, **8**:346 (1962).
5. Danckwerts, P. V., *Ind. Eng. Chem.*, **43**:1460 (1951).
6. Davies, J. T., *Turbulence Phenomena*, New York: Academic, 1972, p. 240.
7. Friend, W. L., and A. B. Metzner, *AIChE J.*, **4**:393 (1958).
8. Gilliland, E. R., and T. K. Sherwood, *Ind. Eng. Chem.*, **26**:516 (1935).
9. Gupta, A. S., and G. Thodos, *Chem Eng. Prog*, **58**(7):58 (1962).
10. Harriott, P., *AIChE J.*, **8**:93 (1962).
11. Harriott, P., *Can. J Chem. Eng.*, **40**:60 (1962).
12. Harriott, P., *Chem. Eng. Sci.*, **17**:149 (1962).
13. Harriott, P., and R. M. Hamilton, *Chem. Eng. Sci.*, **20**:1073 (1965).
14. Harriott, P., and S. V. Ho., *J. Membr. Sci.*, **135**:55 (1997).
15. Hayduk, W., and H. Laudie, *AIChE J.*, **20**:611 (1974).
16. Higbie, R., *Trans. AIChE,* **31**:364 (1935).
17. Levins, D. J., and J. R. Glastonbury, *Trans. Inst. Chem. Eng. Lond.*, **50**:132 (1972).
18. Olander, D. R. AIChE J. **7**:175 (1961).
19. Pei, L. R. M. E. Valckenborg, K. Kopinga, F. B. Aarden. and P. J. A. M. Kerkhof. AIChE. J. **49**:232 (2003).
20. Perry, R. H., and D. W. Green(eds.), *Perry's Chemical Engineers' Handbook*, 7th ed. New York: McGraw-Hill, 1997, p. **5**-48.
21. Reid, R. C., J. M. Prausnitz, and B. E. Poling, *The Properties of Gases and Liquids*, 4th ed. New York: McGraw-Hill, 1987, (a) p. 582, (b) p. 620.
22. Schilchting, H., *Boundary Layer Theory*, 7th ed. New York: McGraw-Hill, 1979, pp. 303-4.
23. Sherwood, T. K., R. L. Pigford, and C. R. Wilke, *Mass Transfer*, New York: McGraw-Hill, 1975: (a) p. 169, (b) p. 242.
24. Skelland, A. H. P., and H. Xien, *Ind. Eng. Chem. Res.*, **29**:415 (1990).
25. Whitman, W. G., *Chem. Met. Eng.*, **29**:146 (1923).
26. Wilke, C. R., and P. Chang, *AIChE J.*, **1**:264 (1955).
27. Yang, M. C., and E. L. Cussler, *AIChE J.*, **32**:1910 (1986).

18

기체흡수
Gas Absorption

이 장에서는 **기체흡수**(gas absorption)와 **탈거**(stripping) 또는 **탈착**(desorption)이라고 알려진 물질전달 조작을 취급한다. 기체 흡수에서는 용질기체를 용해할 수 있는 액체에 의해 불활성 기체와 섞여 있는 혼합물로부터 용해성 증기가 흡수된다. 흡수기술의 대표적인 응용예로는 흡수에 의해 아민이나 알칼리 염 용액에 천연가스나 합성가스로부터 CO_2와 H_2S를 제거하는 것을 들 수 있다. 다른 예로서 물에 의해 암모니아와 공기로 이루어진 혼합물로부터 암모니아를 세척하는 것을 들 수 있다. 용질은 나중에 증류에 의해 액체로부터 회수되며, 흡수액체는 버리거나 다시 사용한다. 때로는 액체를 불활성 기체와 접촉시켜 액체로부터 용질을 제거하기도 한다. 즉 기체흡수의 반대인 이런 조작을 탈착 또는 기체탈거라고 한다.

18.1 충전과 충전탑 설계

기체흡수 및 그 외 다른 조작에 사용되는 일반 장치에는 충전탑이 있으며, 그 한 예가 그림 18.1에 그려져 있다. 이 장치는 본체가 원통형 탑(column 또는 tower)이며, 바닥에는 기체 입구와 분배공간이 있고, 위에는 액체 입구와 분배장치가 있으며, 위와 아래에 기체 및 액체 출구가 있고, **탑 충전물**이라고 하는 여러 모양의 불활성 고체의 지지물로 구성되어 있다. 충전물 지지대는 힘을 받을 수 있도록 골이 있는 망으로 되어 있으며, 열린 면적(open area)이 커서 지지대에서 범람이 일어나지 않도록 되어 있다. 순수한 용매이거나 용질의 희석용액 및 **약한 액체**(weak liquor)라고 불리는 도입 액체는 분배장치에 의해 충전물 꼭대기로 분산되며, 이상적 조작에서는 충전물 표면을 골고루 적신다. 그림 18.1에 있는 분배장치는 구멍이 많이 뚫린 관이다. 큰 탑에는 분무노즐이나 넘침둑(overflow weir)을 갖는 분배판이 있는 것이 보통이다. 직경이 9 m(30 ft)에 이르는 아주 커다란 탑인 경우 Nuttter Engineering 사는 개별 관에서 액체를 떨어트리는 판 분배장치를 광고하고 있다.

용질이 함유된 기체, 즉 농후기체(rich gas)는 충전물 밑에 있는 분배공간으로 들어가서 충전물들의 틈 사이를 통해 액체흐름과 맞흐름으로 위로 흘러간다. 충전물들은 액체와 기체 사이의 접촉면적을 크게 해주며, 상 사이에 밀접한 접촉을 이루도록 한다. 농후기체 속의 용질은 탑에 들어가는 새 액체에 의해 흡수되며, 희석기체(dilute gas) 또는 희박기체(lean gas)는 꼭대기로 나간다. 액체는 아래로 흘러 내려감에 따라 용질이 농축되며, **진한 액체**(strong liquor)라고 하는 농축된 액체는 액체 출구를 통해 밑바닥으로부터 나간다.

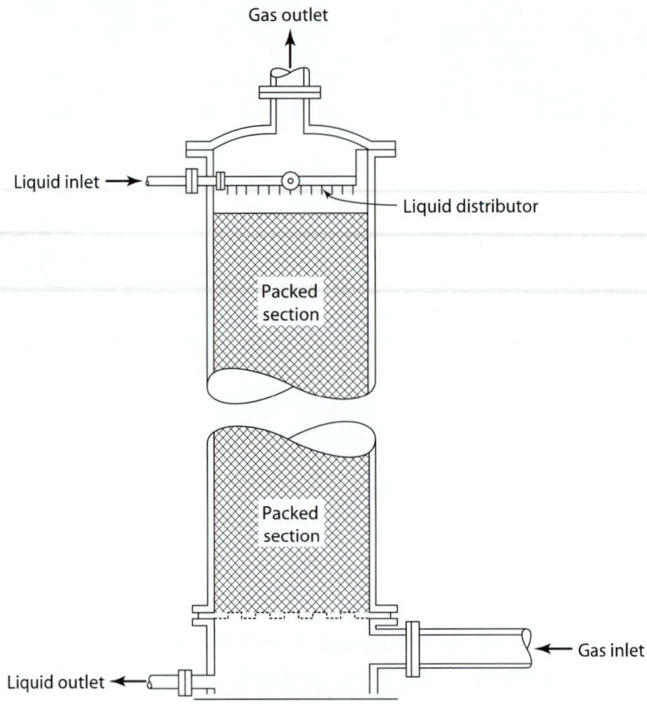

그림 18.1 충전탑

탑 충전물은 세 가지 유형으로 분류된다. 즉, 탑 속으로 불규칙하게 쏟아 넣는 것, 손으로 쌓는 것 및 주문형 또는 구조(조립형) 충전물(structured packings) 등이다. 쏟아 넣는 충전물은 주요 치수가 6 내지 75 mm(1/4 내지 3 in.)이며, 25 mm 이하의 충전물은 주로 실험실이나 파일롯 공장 장치에 사용된다. 손으로 쌓는 충전물은 50 내지 200 mm(2 내지 8 in.) 크기이다. 그들은 쏟아 넣는 충전물보다 덜 사용되며 여기서는 취급하지 않는다.

쏟아 넣는(투하) 충전물(dumped packings)은 점토, 자기 또는 여러 가지 플라스틱과 같은 싸고 불활성인 물질로 만든다. 강철이나 알루미늄으로 된 얇은 두께의 금속 링(ring)이 사용되기도 한다. 충전물들은 불규칙하고 속이 빈 상태로 만들어 유체를 위해 많은 틈새 공간과 큰 통로를 이루므로 해서 서로 맞물리어 60 내지 90%의 세공률 또는 공극률을 갖는 열린 구조물을 이룬다.

쏟아 넣는 충전물들은 그림 18.2에 설명되어 있으며, 그들의 물리적 특성은 표 18.1에 주어져 있다. 도기 Berl 안장형(saddle)과 Raschig 링은 쎄라믹 구(sphere)나 돌 조각들과 비교할 때 크게 개선된 것이기는 하나 요즘은 그다지 사용하지 않는 낡은 충전물 유형이다. Intalox 안장형은 Berl 안장형과 좀 비슷하지만 그 모양의 특징은 안장들이 서로 가깝게 포개지지 않도록 함으로써 충전층의 세공률을 증가시킨다. 최근에 개발된 Intalox 안장형은 부채꼴 모양의 가장자리에 약간의 변화가 있으며, 플라스틱이나 쎄라믹으로 된 것이 많다. Pall 링은 벽의 일부를 안쪽으로 구부려 얇은 금속으로 만들거나, 벽에 길쭉한 구멍(slot)이 있고 내부에는 얇은 보강재로 받친 플라스틱으로 만든다. Hy-pak 금속 충전물과 Flexiring(예시되지 않음)은 모양과 기능면에서 금속 Pall 링과 유사하다. Pall 링으로 이루어지는 충전층은 90% 이상의 공극률을 가지며 명목치수가 같은 어느 다른 충전물들보다 압력강하가 작다. Norton 사의 신 IMTP(Intalox Metal Tower Packing)은 상당히 열린 구조를 갖고 있으며 Pall 링보다 압력강하가 더 낫다. 여러 가지 상업용 충전물들의 압력강하 충전물계수에 대한 추가 데이터는 Robbins[18]이 쓴 참고문헌에 있으며 SI 단위로는 Perry[16]의 핸드북을 참조

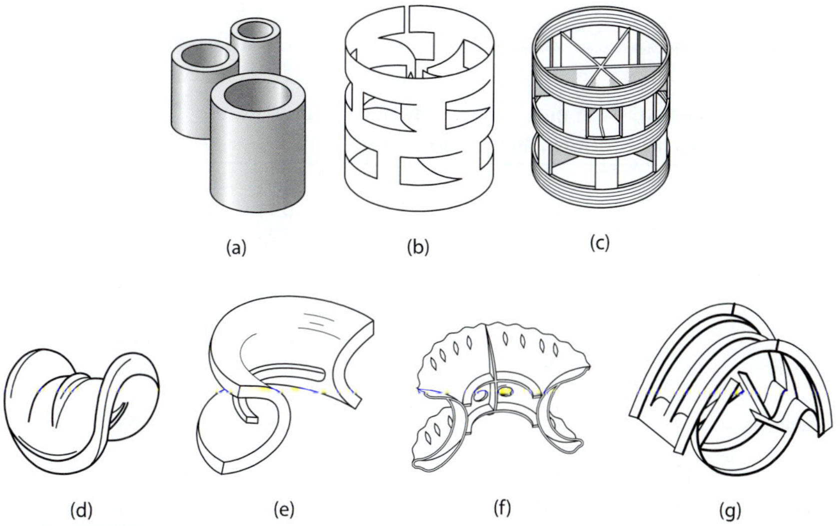

그림 18.2 일반 탑 충전물 : (a) Raschig 링, (b) 금속 Pall 링, (c) 플라스틱 Pall 링, (d) Berl 안장형, (e) 쎄라믹 Intalox 안장형, (f) 플라스틱 특수(super) Intalox 안장형, (g) 금속 Intalox 안장형

하면 된다.

모양을 주문해서 만드는 조립형 충전물들은 1930년대 후반의 Stedman 충전물[26]로부터 발전되었으나, 1965년경 Sulzer 충전물[24]이 개발될 때까지 공업적 용도는 별로 없었다. 초기의 조립형 충전물들은 가느다란 철망으로 만들어졌으며, 최근 것은 다공・주름 금속판이 이웃 것과 접해 있어서, 액체는 그 표면에 펼쳐지고 증기는 주름판 통로를 따라 흐른다. 통로는 수평에 대해 45° 각도를 이루도록 되어 있으며 그림 18.3의 모형에서 보는 바와 같이 층별로 방향이 바뀌도록 되어 있다. 각 층은 몇 인치 두께이다. 여러 가지의 특허 충전물들은 크기와 골의 배열 및 충전물 표면의 처리 등이 다르다[4]. 전형적으로, 삼각형 모양의 골은 밑이 25 내지 40 mm, 변이 17 내지 25 mm, 그리고 높이가 10 내지 15 mm이다. 세공률은 0.93 내지 0.97이며 비표면적은 60 내지 76 ft^2/ft^3(200 내지 250 m^2/m^3)이다. 금속망으로 만들어진 Sulzer의 BX 충전물은 비표면적이 152 ft^2/ft^3(500 m^2/m^3)이며 세공률이 0.90이다.

액체와 기체 간의 접촉

특히 큰 탑에서는 액체와 기체가 잘 접촉하도록 하는 것이 가장 어렵다. 이상적으로는 충전물 꼭대기에서 한번 분배된 액체가 모든 충전물 표면 위에 얇은 경막을 이루며 계속해서 탑 아래로 흘러 내려가야 한다. 실제로는 경막이 어떤 곳에서는 두꺼워지고 어떤 곳에서는 얇아져서 액체가 작은 물줄기로 모여 어느 한쪽의 경로를 따라 충전물을 통해 흐른다. 특히, 액체유량이 낮으면 많은 충전물 표면이 건조하게 되며, 기껏해야 액체의 정체경막으로 덮여진다. 이와 같은 효과는 **편류**(channeling)라고 알려져 있는데, 커다란 충전탑에서 성능을 나쁘게 하는 주요 이유가 된다.

편류현상은 손으로 쌓는 충전물 탑에서 심한데, 이것이 이런 충전물을 많이 이용하지 않는 주요 이유이다. 쏟아 넣는 충전물에서는 이런 현상이 덜 심하다. 보통 크기의 탑에서는 적어도 충전물 지름의 8배가 되는 탑 지름을 갖게 함으로써 편류를 최소화할 수 있다. 탑 지름과 충전물 지름의 비가 8 : 1 이하이면, 액체가 충전물로부터 흘러나와 탑 벽을 따라 흐르는 경향이 있다. 그러나 이 요구조건에 맞는 충전물로 채워진 작은 탑에서도 액체분배와 편류가 탑의 성능에 중요한 영향을 미친다[7]. 큰 탑에서는 초기의 분배가 특히 중요하다[14]. 그러나 초기 분배가 잘 되었다고 하더라도 탑 속에 매 5 내지 10 m 마다 충전층 바로 위에 액체용

표 18.1 쏟아 넣는 충전물 탑의 특성[12, 15b, 27]

Type	Material	Nominal size, in.	Bulk density,† lb/ft³	Total area,† ft²/ft³	Porosity ε	Packing factors‡ F_p	f_p
Raschig rings	Ceramic	$\frac{1}{2}$	55	112	0.64	580	1.52§
		1	42	58	0.74	155	1.36§
		$1\frac{1}{2}$	43	37	0.73	95	1.0
		2	41	28	0.74	65	0.92§
Pall rings	Metal	1	30	63	0.94	56	1.54
		$1\frac{1}{2}$	24	39	0.95	40	1.36
		2	22	31	0.96	27	1.09
	Plastic	1	5.5	63	0.90	55	1.36
		$1\frac{1}{2}$	4.8	39	0.91	40	1.18
Berl saddles	Ceramic	$\frac{1}{2}$	54	142	0.62	240	1.58§
		1	45	76	0.68	110	1.36§
		$1\frac{1}{2}$	40	46	0.71	65	1.07§
Intalox saddles	Ceramic	$\frac{1}{2}$	46	190	0.71	200	2.27
		1	42	78	0.73	92	1.54
		$1\frac{1}{2}$	39	59	0.76	52	1.18
		2	38	36	0.76	40	1.0
		3	36	28	0.79	22	0.64
Super Intalox saddles	Ceramic	1	—	—	—	60	1.54
		2	—	—	—	30	1.0
IMTP	Metal	1	—	—	0.97	41	1.74
		$1\frac{1}{2}$	—	—	0.98	24	1.37
		2	—	—	0.98	18	1.19
Hy-Pak	Metal	1	19	54	0.96	45	1.54
		$1\frac{1}{2}$	—	—	—	29	1.36
		2	14	29	0.97	26	1.09
Tri-Pac	Plastic	1	6.2	85	0.90	28	—
		2	4.2	48	0.93	16	—

†Bulk density and total area are given per unit volume of column.

‡Factor F_p is a pressure drop factor and f_p a relative mass-transfer coefficient. Factor f_p is discussed on page 603 in the paragraph "Performance of Other Packings." Its use is illustrated in Example 18.7.

§Based on NH_3–H_2O data; other factors based on CO_2–NaOH data.

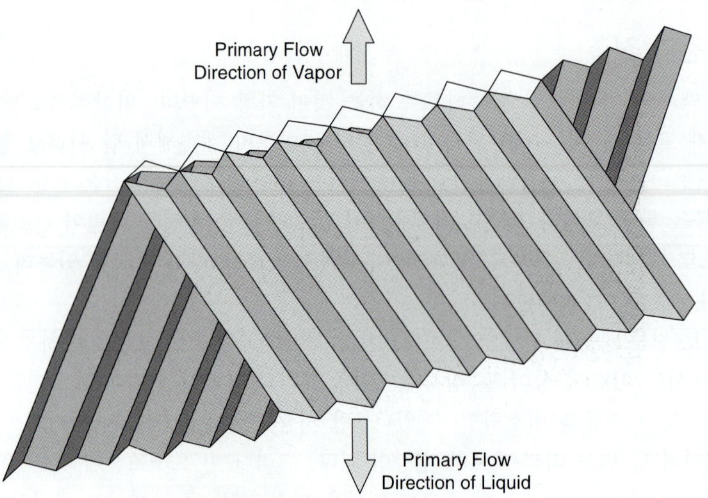

그림 18.3 립형 충전물의 개략도

재분배장치를 설치할 필요가 있다. 액체분리를 개선하면 직경이 9 m (30 ft) 정도 큰 충전탑을 효과적으로 이용할 수 있다.

압력강하와 한계유량

그림 18.4는 충전탑에서 압력강하에 대한 전형적인 데이터를 보여주고 있다. 단위 충전층 깊이 당 압력강하는 유체마찰에서 생기는 것으로서, 대수좌표 상에 기체유량 G_y에 대해 도시된다. G_y는 빈 탑을 기준한 단위시간, 단위면적당 기체의 질량으로 표시된다. 따라서 G_y는 $G_y = u_0 \rho_y$에 의해 겉보기 기체속도와 관계된다. 여기서, ρ_y는 기체의 밀도를 나타낸다. 충전물이 젖지 않았으면 선은 직선이며, 약 1.8의 기울기를 갖는다. 그러므로 압력강하는 속도의 1.8승에 비례하여 증가한다. 충전물이 일정한 액체유량으로 젖으면 압력강하와 기체유량간의 관계는 처음에는 마른 충전물에 대한 선과 평행을 이룬다. 이 경우, 압력강하는 마른 충전물의 경우 보다 큰데, 이것은 탑에 있는 액체가 기체의 흐름공간을 줄이기 때문이다. 그렇지만 공극률이 기체흐름에 의해 변하지는 않는다. 보통의 기체속도에서는 기체가 아래로 흐르는 액체를 방해하여 액체의 체류량이 기체흐름에 따라 증가하기 때문에 젖은 충전물에 대한 선이 점차 가파르게 된다. 압력강하 선의 기울기 변화로 판단할 수 있는 바와 같이, 액체 체류량이 증가하기 시작하는 점을 **부하점**(loading point)이라고 한다. 그러나 그림 18.4에서 증명할 수 있듯이, 부하점에 대한 정확한 값을 찾기는 쉽지 않다.

기체속도가 좀더 증가하게 되면 압력강하가 좀도 빨리 증가하여 압력강하가 충전물 1 ft당 물기둥으로 2 내지 3 in.(m 당 물기둥으로 150 내지 250 mm)가 될 때에는 선들이 거의 수직이 된다. 탑의 일부 지역에서는 액체가 연속상이 되고 범람점에 도달한다. 기체유량을 일시적으로 더 높일 수도 있으나, 그렇게 되면 액체가 빨리 축적되어 탑 전체가 액체로 채워질 수 있다.

충전탑에서의 조업 기체속도는 범람속도보다는 확실히 낮아야 한다. 그렇지만 범람에 가까워지면 충전물 표면의 거의 대부분이 젖어, 기체와 액체간의 접촉면적이 극대화된다. 설계사는 안전조업을 보장하기 위해서 범람속도에서 충분히 떨어진 속도를 선택해야 하지만 너무 큰 탑을 필요로 할 만큼 낮은 속도는 아니어야 한다. 기체와 액체속도를 낮추면 거의 그것에 비례하여 물질전달속도도 감소하기 때문에, 설계속도를 낮추

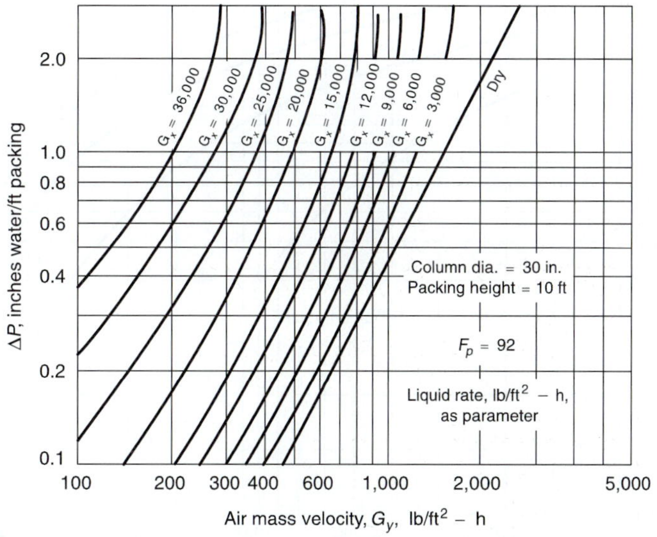

그림 18.4 1-in. Intalox 안장형이 충전된 충전탑 내에서 공기-물 계에 대한 압력강하 (1,000 lb/ft^2 · h = 1.356 kg/m^2 · 1 in. H$_2$O/ft = 817 Pa/m)

면 필요한 탑 높이를 크게 변화시키지 않으면서 탑의 직경을 증가시킨다. 낮은 기체속도의 이점은 압력강하를 줄이는 것이지만 일반적으로 소비 동력비용이 최적설계의 주요 인자는 아니다. 때로는 기체속도를 예상 범람속도의 반으로 잡는다. 이것이 너무 보수적으로 보일지 모르지만 범람속도에 대해 발표된 데이터가 상당히 다양하며 일반 상관관계식이 그다지 정확하지도 않다. 선택한 충전물에 대하여 상세한 성능 데이터가 있으면 범람에 대하여 보다 근접한 값을 사용할 수 있다. 충전탑은 충전물 단위높이 당 일정한 압력강하에 기준해서 설계할 수도 있다.

범람속도는 충전물의 종류와 크기 및 액체 질량속도에 크게 의존한다. 그림 18.5는 그림 18.4에서 취한 Intalox 안장형 데이터 및 다른 크기에 대한 유사한 곡선들을 보여주고 있다. 압력강하 곡선들은 충전물 1 ft당 2.0 in. H_2O의 압력강하에서 거의 수직이기 때문에 범람이 이점에서 일어난다고 가정하였다. 액체 유량이 낮은 경우, 범람속도는 액체유량의 약 −0.2 내지 −0.3 승과 충전물 크기의 0.6 내지 0.7 승에 따라 변한다. 액체유량과 충전물 크기의 영향은 액체질량속도가 큰 경우에 보다 뚜렷해진다.

충전탑에서의 압력강하와 범람속도에 대하여 몇 가지 일반 상관관계식이 제안되어 있다. 이들의 대부분은 log-log 좌표상에서 횡축에 $(G_x/G_y)\ (\rho_y/\rho_x)^{0.5}$, 종축에 G_y^2을 포함하는 함수를 사용한다. 일반적으로 G_x/G_y 유량비는 알려져 있어서 G_y를 직접 구할 수 있는 반면 그림 18.5와 같이 G_x와 G_y가 별개의 축상에 있으면 시행오차법이 필요하다. 충전물 특성은 충전물 크기가 증가하거나 공극률이 증가함에 따라 감소하는 충전물인자, F_p에 의해 설명된다. 충전물 모양의 복잡성 때문에, 충전물인자는 Ergun 식[식 (7.22)]을 이용하는 이론으로는 예측할 수 없고 실험적으로 구해야 한다. 불행하게도 압력강하에 대하여 모든 충전물들에 잘 맞는 단일 상관관계식이 없으며, 낮은 압력강하 데이터에 맞추어 얻은 F_p 값은 높은 압력강하나 범람 데이터에 맞추어 얻은 값과는 상당히 다를 수 있다.

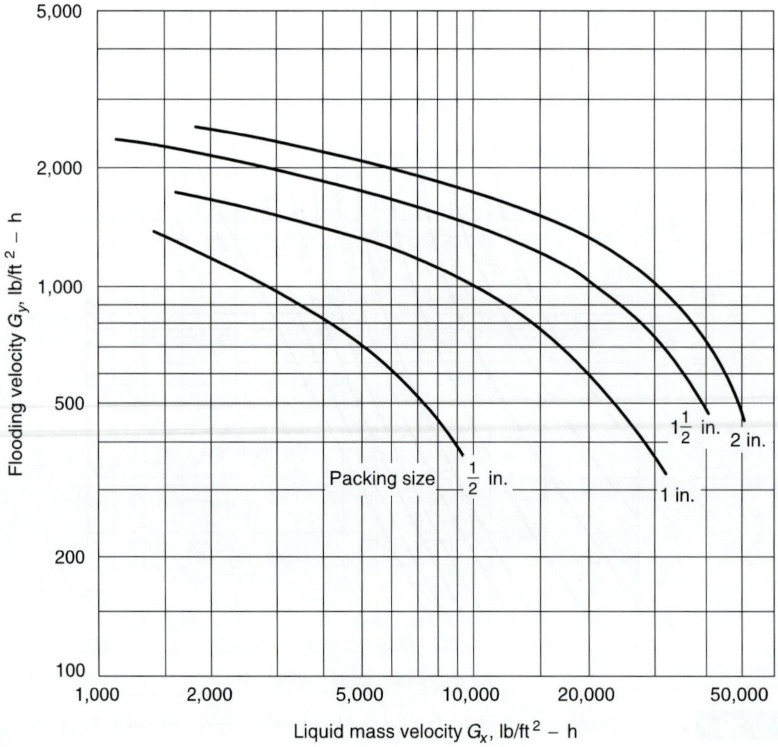

그림 18.5 쎄라믹 Intalox 안장형 충전탑에서 공기 - 물 계의 범람속도(1,000 lb/ft^2 · h = 1.356 kg/m^2 · s)

쏟아 넣는 충전물에서의 압력강하를 산출하는 데 널리 사용되는 상관관계는 그림 18.6에 있다. 여기서 G_x와 G_y는 lb/ft^2 · s 단위이며, μ_x는 cP, ρ_x와 ρ_y는 lb/ft^3, 그리고 g_c는 32.174 lb · ft/lb$_f$ · s^{2}이다. 초기 상관관계에는 ΔP = 1.5 in. H_2O/ft · 충전물 선 위에 범람선이 있었지만 최근의 연구결과에 의하면 2 내지 3 in. 충전물의 경우 단지 0.7 내지 1.5 in. H_2O/ft-packing 압력강하에서 범람이 있음이 밝혀졌다. 한계 압력강하에 대한 실험식은 다음과 같다[9].

$$\Delta P_{\text{flood}} = 0.115 F_p^{0.7} \tag{18.1}$$

ΔP_{flood} = 범람시의 압력강하, in H_2O/ft-packing

F_p = 충전물 계수, 무차원

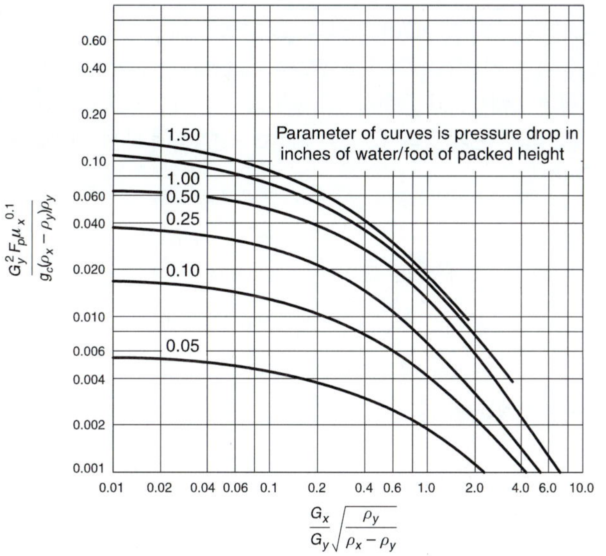

그림 18.6 충전탑에서 압력강하에 대한 일반 상관관계(1 in. H_2O/ft = 817 Pa/m)(자료 : Eckert[2])

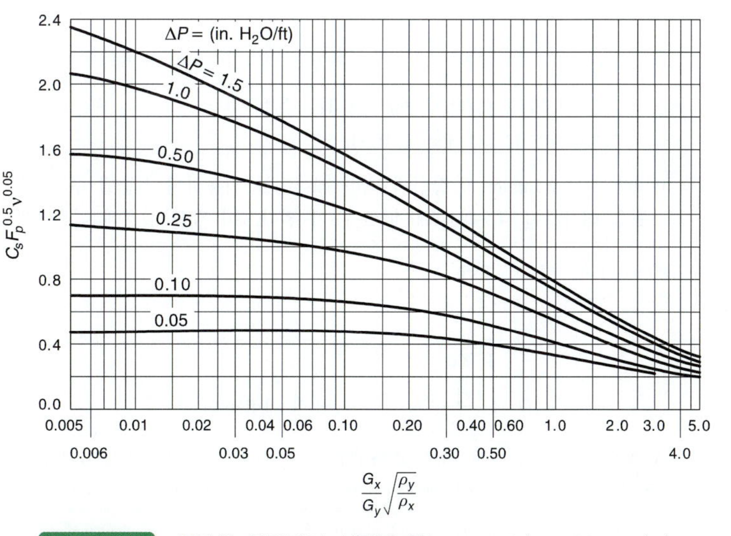

그림 18.7 일반화 압력강하 상관관계(1 in. H_2O/ft = 817 Pa/m)

식 (18.1)은 충전물 인자, 10 내지 60에 사용될 수 있다. F_p가 더 큰 경우, 범람시의 압력강하는 2.0 in H_2O/ft로 취할 수 있다.

충전탑의 압력강하에 대한 다른 형태의 상관관계는 Strigle[27]이 제안했는데 이것은 그림 18.7과 같다. 횡축은 근본적으로 그림 18.6과 같지만 종축은 용량계수 $C_s = u_0\sqrt{\rho_x/(\rho_x - \rho_y)}$를 포함하고 있다. 여기서 u_0는 겉보기속도로 단위는 ft/s이다. 액체의 운동학 점도, ν는 centistoke 단위이다. 두 상관관계가 똑같은 데이터에 기준 한다고 하더라도 반 대수좌표 도시는 대수좌표 도시보다 내삽하기가 더 쉽다.

예제 18.1

1 in(25.4 mm) 쎄라믹 Intalox 안장형으로 충전된 탑을 설치하여 시간당 25,000 ft^3(708 m^3)로 들어가는 기체를 처리하려고 한다. 들어가는 기체의 암모니아 함량은 부피로 2%이다. 암모니아가 없는 물을 흡수제로 사용한다. 들어가는 기체와 물의 온도는 68°F(20°C)이고 압력은 1 atm이다. 기체유량 대 액체유량의 비는 기체 1 lb 당 액체 1.25 lb이다. (a) 설계 압력강하가 충전물 1 ft 당 0.5인치 H_2O라고 하면 기체의 질량속도와 탑의 직경은 얼마래야 하는가? (b) 일반화된 관계(그림 18.7)와 Intalox 안장형에 대한 데이터를 이용하여 범람속도에 대한 기체속도의 비를 산출하라.

풀이

들어가는 기체의 평균분자량은 (29 × 0.98) + (0.02 × 17) = 28.76이므로

$$\rho_y = \frac{28.76}{359} \times \frac{492}{460+68} = 0.07456 \text{ lb/ft}^3$$

$$\rho_y = 62.3 \text{ lb/ft}^3$$

(a) 그림 18.7에 있는 압력강하의 관계를 이용하라.

$$\frac{G_x}{G_y}\left(\frac{\rho_y}{\rho_x}\right)^{0.5} = 1.25\left(\frac{0.07465}{62.3}\right)^{0.5} = 0.0433$$

$\Delta P = 0.5$의 경우, $C_s F_p^{0.5} \nu^{0.05} = 1.38$이다.

표 18.1로부터 $F_p = 92$

20°C에서 $\nu = 1.0$ cSt

$$C_s = \frac{1.38}{92^{0.5}(1.0)^{0.05}} = 0.144$$

$$u_o = C_s\left(\frac{\rho_x - \rho_y}{\rho_y}\right)^{0.5} = 0.144\left(\frac{62.3-0.07}{0.07465}\right)^{0.5} = 4.16 \text{ ft/s}$$

$$G_y = 4.16 \times 0.07465 \times 3,600 = 1,120 \text{ lb/ft}^2\cdot\text{h}$$

$$G_x = 1.25\ G_y = 1,400 \text{ lb/ft}^2\cdot\text{h}$$

이 경우에 G_y 값은 그림 18.4에서 1-in Intalox 안장형에 대한 데이터를 이용하여 검증될 수 있다. 마른 충전물과 G_x = 3,000 lb/ft^2·h에 대한 곡선들을 내삽하면 $G_y \cong 1,000$ lb/ft^2·h가 된다. 이 값을 설계에 이용한다.

총 기체유량: 25,000 × 0.0746 = 1,865 lb/h

탑의 단면적:

$$S = \frac{1,865}{1,000} = 1.865 \text{ ft}^2$$

$$D = \left(\frac{4 \times 1.865}{\pi}\right)^{0.5} = 1.54 \text{ ft (470 mm)}$$

(b) 그림 18.7의 일반화 상관관계는 범람에 대한 선을 포함하고 있지 않지만 범람에서 압력강하는 약 2.0 in. H_2O/ft이고 이 값까지 외삽하면 종축의 값은 1.95가 되어 설계치 1.38과 비교된다. 따라서

$$\frac{G_{y,\text{ design}}}{G_{y,\text{ flooding}}} \cong \frac{1.38}{1.95} = 0.71$$

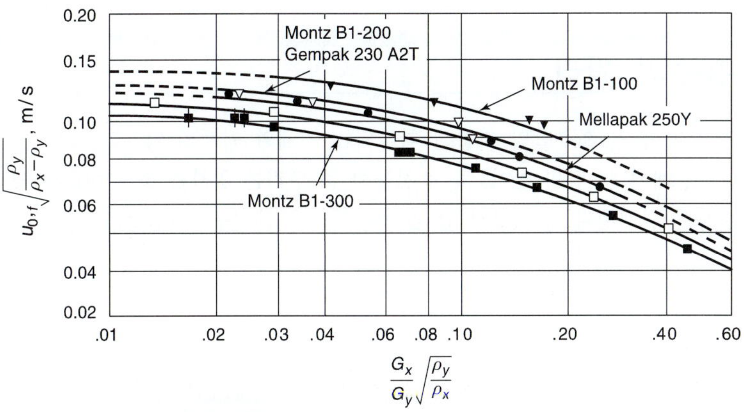

그림 18.8 구조 충전물에서의 범람속도[4]

G_x/G_y를 일정하게 유지할 때 이 비를 이용한다. 이 비는 G_x 값이 작을수록 작아진다. G_x가 1,400 lb/ft^2·h이면 그림 18.5에서 $G_y = 1,650$ lb/ft^2·h일 때 범람이 일어난다. 그러면

$$\frac{G_{y,\,\text{design}}}{G_{y,\,\text{flooding}}} = \frac{1.000}{1.650} = 0.61$$

구조 충전물

몇 가지 상업화된 구조 충전물(structured packing)에서의 범람속도는 그림 18.8과 같다. 구조 충전물에서의 압력강하는 Fair와 Bravo[4]가 제시한 보다 복잡한 식으로부터 예측될 수 있지만 실험정보가 상대적으로 거의 없다. 구조 충전물을 갖는 탑은 충전물 제조업자와 상의하여 가장 잘 설계할 수 있다. Spiegel과 Meier[25]는 범람속도의 90 내지 95%의 증기속도에서 약 1,000 (N/m^2)/m (1.22 in. H_2O/ft)일 때 대부분의 구조 충전물들이 최대 용량에 도달한다고 설명하고 있다.

예제 18.2

예제 18.1의 탑에 1 in Intalox 안장형 대신 Glitsch에 의해 제조된 Gempak 230 A2T 충전물로 대치한다.
(a) 기체의 질량속도에서 얼마만한 증가가 기대 되는가?

풀이

(a) 그림 18.8을 이용한다. 예제 18.1에서 $G_x/G_y = 1$이므로,

$$\frac{G_x}{G_y}\left(\frac{\rho_y}{\rho_x}\right)^{0.5} = 1.25\left(\frac{0.07465}{62.3}\right)^{0.5} = 0.0433$$

그림 18.8에서 $u_{0,f}\sqrt{\rho_y/(\rho_x - \rho_y)} = 0.11$이다. 따라서 범람점에서 겉보기 증기속도는,

$$u_{0,f} = 0.11\sqrt{\frac{62.3 - 0.07}{0.07465}} = 3.175 \text{ m/s}$$

범람값의 60%에서 허용 증기속도는,

$$u_o = 3.175 \times 0.6 = 1.905 \text{ m/s 또는 } 6.25 \text{ ft/s}$$

여기에 해당하는 질량속도는,

$$G = 6.25 \times 0.7465 \times 3{,}600 = 1{,}680 \text{ lb/ft}^2\cdot\text{h}$$

기체 질량속도의 증가는 (1,680/1,000) − 1 = 0.68 즉 68%이다.

18.2 흡수의 원리

앞 절에서 본 바와 같이 충전 흡수탑의 지름은 취급되는 기체와 액체의 양, 그들의 성질 및 다른 흐름에 대한 한 흐름의 비에 관계된다. 탑의 높이, 즉 충전물의 총 부피는 원하는 농도 변화의 크기와 단위 충전층 부피 당 물질전달속도에 관계된다. 그러므로 탑 높이의 계산은 물질수지, 엔탈피수지 및 구동력과 물질전달 계수의 계산에 기초를 두고 있다.

물질수지

그림 18.9에서 보여준 충전 흡수탑과 같은 미분접촉(differential-contact) 장치에서는 단 접촉(stage-contact) 장치에서처럼 갑작스런 불연속적인 조성변화는 없다. 그 대신 조성변화는 장치 한쪽 끝에서 다른 쪽 끝까지 연속적이다. 그림 18.9의 띠줄로 표시한 부분처럼 탑의 한 부분에 대한 물질수지는 다음과 같다.

총 물질 : $$L_a + V = L + V_a \tag{18.2}$$

A 성분 : $$L_a x_a + Vy = Lx + V_a y_a \tag{18.3}$$

여기서, V는 기상의 몰 유속(molal flow rate)이고, L은 탑의 같은 지점에서 액상의 몰 유속이다. L상과 V상의 농도인 x와 y는 같은 위치에 적용한다.

양끝의 흐름에 기준한 총괄 물질수지는 다음과 같다.

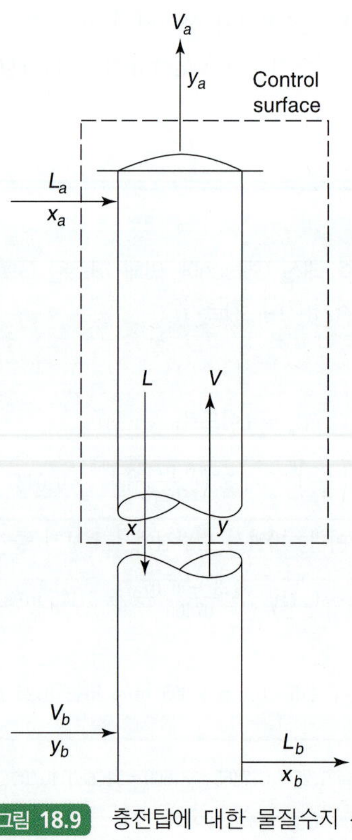

그림 18.9 충전탑에 대한 물질수지 선도

총 물질 : $$L_a + V_b = L_b + V_a \tag{18.4}$$
성분 A : $$L_a x_a + V_b y_b = L_b x_b + V_a y_a \tag{18.5}$$

식 (18.3)을 재정리하여 얻은, 탑의 임의의 지점에서 x와 y간의 관계를 조작선 식이라고 한다.

$$y = \frac{L}{V} x + \frac{V_a y_a - L_a x_a}{V} \tag{18.6}$$

그림 18.10에서 보는 바와 같이 조작선은 평형곡선과 함께 일반 도표에 도시된다. 흡수인 경우에는 양의 구동력 $(y - y^*)$를 가져야 하기 때문에 흡수가 일어나기 위해서 조작선이 평형선의 위에 놓여야 한다.

식 (18.6)에서 x와 y는 탑 전체의 임의의 부분에서 서로 접촉하고 있는 액체와 기체의 조성을 표시한다. 어느 주어진 높이에서의 조성은 충전물의 위치와는 관계없다고 가정한다. 기체 혼합물로부터 용해성 성분을 흡수함으로써 총 기체유속 V는 기체가 탑을 지나감에 따라 감소하고, 액체흐름 L은 증가한다. 이러한 변화는 그림 18.10에서 보는 바와 같이 조작선을 약간 구부러지게 만든다. 용해성 기체를 10% 이하 함유하는 희석 혼합물에 대해서는 총 유속변화의 영향이 무시되며, 설계는 평균유속에 기준해서 한다.

기체-액체의 한계비

식 (18.6)은 조작선의 평균 기울기가 액체와 기체의 몰 유량 비인 L/V임을 보여주고 있다. 따라서, 주어진 기체 흐름에 대해 액체 흐름이 줄어들면, 조작선 기울기가 감소한다. 그림 18.10의 조작선 ab를 생각해 보자. 기체 유량과 장치 양끝의 농도들인 x_a, y_a 및 y_b를 고정하고, 액체유량 L이 감소한다고 가정하자. 그러면 조작선 위의 끝은 평형선 쪽으로 움직이고, 진한 액체의 농도 x_b가 증가한다. 최대로 가능한 액체 농도와 최소로 가능한 액체유속은 그림 18.10의 ab^1선으로 표시한 바와 같이 조작선이 평형선에 닿을 때 얻을 수 있다. 이런 조건에서는 물질전달에 요하는 농도차이가 탑 밑바닥에서 0이 되어 무한대로 기다란 충전층이 필요해진다. 실제 탑에서는 정해진 기체의 조성 변화를 이루려면 액체유속이 이 최소치보다는 커야 한다.

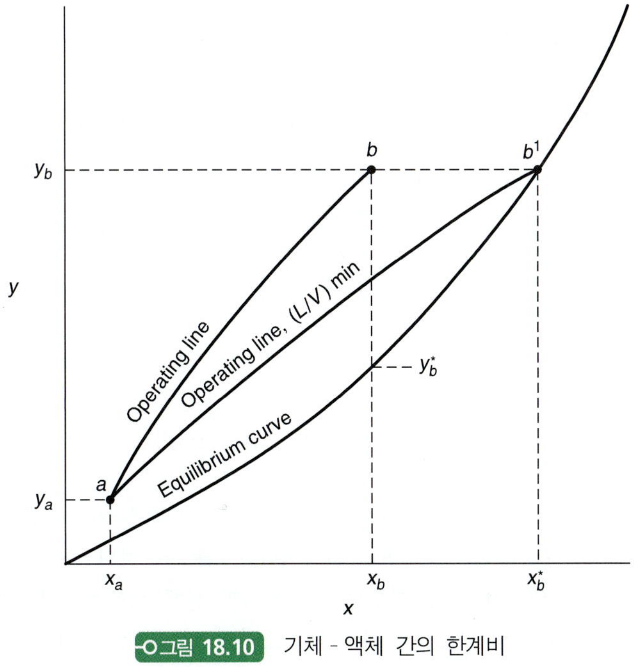

그림 18.10 기체 - 액체 간의 한계비

L/V 비는 맞흐름 탑에서 흡수의 경제성에 미치는 영향이 크다. 물질전달에 대한 구동력은 $y - y^*$이며, 이것은 그림 18.10과 같은 선도 상의 조작선과 평형선 간의 수직거리에 비례한다. L/V를 증가시키게 되면 탑 꼭대기를 제외하고 탑 어디에서나 구동력을 증가시키며, 따라서 흡수탑을 길게 할 필요가 없게 된다. 그렇지만 많은 양의 액체를 사용하면 더욱 묽은 액체제품이 되어 탈착이나 탈거에 의해 용질을 회수하기가 더욱 어려워진다. 탈거에 드는 에너지비용은 흔히 흡수-탈거조작 총 비용의 주요 부분이 된다. 흡수에 대한 최적 액체유속은 두 장치의 조업비용과 장치의 고정비를 균형 잡아 구하게 된다. 일반적으로 흡수탑의 액체 유속은 액체를 버리든지 재생하지 않는 한 최소 유속의 1.1 내지 1.5배 범위에 있어야 한다.

흡수탑 꼭대기의 조건들은 가끔 장치비와 조업비 간의 균형을 고려해야 하는 설계변수이다. 예를 들어, 잠정적인 규격으로 기체흐름에서 제품의 98% 회수를 요구하게 되면 설계자는 탑이 얼마만큼 더 높으면 99%를 회수하게 되는가를 계산해 보게 된다. 만약 회수된 잉여제품의 가치가 잉여비용을 초과하면 최적 회수율은 적어도 99%이며, 보다 더 높은 회수율에 대해서도 계산을 계속해 봐야 한다. 제거되지 않은 용질이 오염물질이면 배기 중의 용질 농도를 방출 기준에 따라 정하고, 용질 회수율은 제품 값과 조업비용에 기준한 최적치를 초과할 수도 있다.

그림 18.10의 선도는 탑에 공급된 액체 속에 있는 용질의 중요한 농도를 보여주며, 기체로부터 99%를 제거하는 것이 이 경우에는 불가능하다. 그러나 더 잘 탈거시키든가 아니면 흡수 액체를 보다 완전하게 재생함으로써 x_a값을 더 낮출 수 있다. x_a값은 보다 완전한 재생에 필요한 여분의 장치비와 흡수탑의 효율적 운전에서 생기는 비용절감을 고려해서 최적화시킬 수 있다.

흡수속도

흡수속도는 개별계수나 기상 또는 액상에 기준한 총괄 계수를 이용하는 4개의 다른 방법으로 표시될 수 있다. 단위 면적당 계수를 결정하기가 더욱 어렵고, 설계계산의 목적이 일반적으로 흡수탑의 총 부피를 결정하는 것이기 때문에 대부분의 계산에서는 부피계수가 이용된다. 다음 과정에서 한방향확산에 대한 보정인자는 편의상 뺐으며 액체 및 기체유량의 변화도 무시하였다. 다음 식들은 엄밀하게는 희박기체에만 유효하지만 용질의 10%까지 섞인 혼합물에도 별 오차 없이 이용할 수 있다. 농후기체로부터의 흡수는 특별한 경우로서 나중에 취급한다.

충전탑의 단위부피당 흡수속도는 다음 식들 중 어느 것으로도 표시된다. 여기서, y와 x는 흡수되는 성분의 몰분율을 나타낸다.

$$r = k_y a(y - y_i) \tag{18.7}$$

$$r = k_x a(x_i - x) \tag{18.8}$$

$$r = K_y a(y - y^*) \tag{18.9}$$

$$r = K_x a(x^* - x) \tag{18.10}$$

분압의 차이인 $(p - p_i)$는 $(y - y_i)$에 비례하므로 기상의 구동력으로 사용될 수 있다. 때로는 몰 비인 Y와 X에 기준한 선도도 사용될 수 있다. 이럴 경우에는 조작선이 직선이지만 ΔY와 ΔX가 유효한 구동력 측정이라고 볼 수 없기 때문에 이러한 방법은 추천하고 싶지 않다.

개별계수 $k_y a$ 및 $k_x a$는 총괄계수 $K_y a$ 및 $K_x a$와 마찬가지로 단위 부피를 기준한 것이다. 이 계수들에 있는 a는 충전탑 또는 다른 장치의 단위 부피당 계면의 면적이다. a를 산출한다든지 측정하기는 어려우나 설계계산이 부피계수를 기준할 수 있기 때문에 대부분의 경우 a의 실제 값을 알 필요는 없다.

계면의 조성 (y_i, x_i)는 식 (18.7)과 (18.8)을 이용하여 조작선 선도로부터 얻을 수 있다. 즉

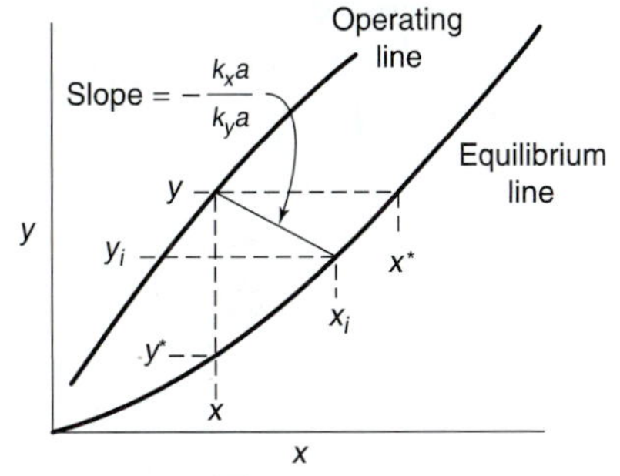

그림 18.11 계면조성의 위치

$$\frac{y - y_i}{x_i - x} = \frac{k_x a}{k_y a} \tag{18.11}$$

따라서, 조작선으로부터 기울기가 $-k_x a/k_y a$인 선을 그리면, 그림 18.11에서 보는 것처럼 (y_i, x_i)에서 평형선과 교차한다. 보통은 계면의 조성을 알 필요가 없지만, 이 값들은 농후기체가 관계되는 계산이나 평형선이 심하게 굽었을 때 이용된다.

총괄 구동력은 yx 선도 상의 수직선이나 수평선으로 쉽게 결정된다. 총괄 계수는 17장 [식 (17.57)]에서 했던 것처럼 평형선의 국부 기울기인 m을 이용해서 $k_y a$ 및 $k_x a$로부터 얻어진다. 즉,

$$\frac{1}{K_y a} = \frac{1}{k_y a} + \frac{m}{k_x a} \tag{18.12}$$

$$\frac{1}{K_x a} = \frac{1}{k_x a} + \frac{1}{m k_y a} \tag{18.13}$$

식 (18.12)에서 $1/(k_y a)$와 $m/(k_x a)$는 각각 기체경막과 액체경막의 물질전달 저항이다. 계수 $k_y a$와 $k_x a$가 같은 크기 자리수[1]이고 m이 1 보다 훨씬 크면 액체 경막저항이 율속이라고 한다. 이것은 $k_y a$의 변화는 거의 영향이 없는 반면, $k_x a$의 어떤 변화도 $K_y a$와 $K_x a$ 모두와 흡수속도에 거의 비례하는 효과를 준다는 것을 의미한다. 예를 들면, 20°C에서 물에 대한 Henry 계수는 1,430 atm/몰분율인데 이는 1 atm의 흡수에서는 $m = 1{,}430$에 해당하고 10 atm의 흡수에서는 $m = 143$에 해당한다. 이러한 조건하에서 물에 CO_2가 흡수되는 것은 명백하게 액체경막 조절이 된다. 기체의 속도를 증가시키면 $k_y a$가 커지지만 $K_y a$에 대한 영향은 무시할 만 하다. 액체의 속도를 증가시키면 계면의 면적 a가 증가하고 또한 k_x도 증가하여 이 두 가지 증가로 $k_x a$와 $K_y a$가 증가한다.

물 속의 HCl 용해도처럼 기체의 용해도가 아주 큰 경우에는 m이 굉장히 작아서 기체경막 저항이 흡수속도를 조절한다. 중간의 용해도를 갖는 기체의 경우에는 두 저항이 모두 중요하지만 **조절저항**(율속저항, controlling resistance)으로서 더 큰 저항이 대표로 사용될 때가 많다. 물 속에 암모니아의 흡수는 기체경막이 전체 저항의 약 80 내지 90%를 차지하기 때문에 기체경막 조절의 본보기로 인용될 때가 많다.

탑 높이의 계산

흡수탑은 4개의 기본 속도식 중의 어느 것을 이용하여 설계될 수 있지만, 기체경막계수가 가장 보편적이며, 여기서는 $K_y a$의 이용에 중점을 두었다. 기체경막계수를 선택하면 조절저항에대한 가정이 필요치 않다. 액체경막으로 조절한다 하더라도 $K_y a$에 기초한 설계는 $K_x a$나 $k_x a$에 기초한 설계와 마찬가지로 간단하고 정확하다.

1 충전탑에서 $k_x a$는 일반적으로 $k_y a$의 3 내지 20배임.

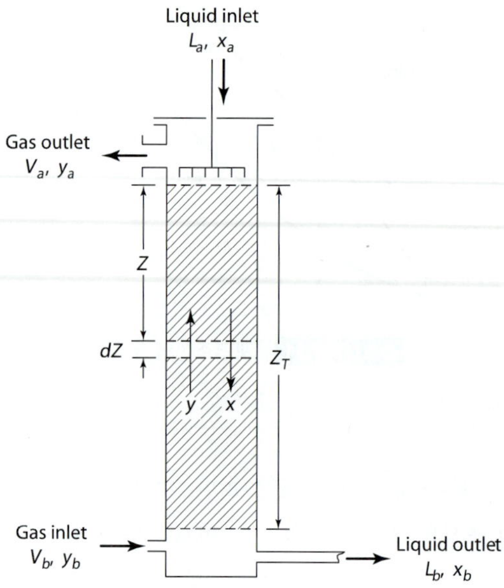

그림 18.12 충전 흡수탑의 선도

그림 18.12와 같은 충전탑을 생각해 보자. 단면적은 S이며, 높이 dZ에서의 미소부피(differential volume)는 $S\,dZ$이다. 희박기체의 경우에는 몰 유속의 변화가 무시된다. 따라서 dZ부분에서 흡수된 양은 $-V\,dy$이며, 이것은 흡수속도에다 미소부피를 곱한 것과 같다. 즉,

$$-V\,dy = K_y a(y - y^*)S\,dZ \tag{18.14}$$

일정한 값을 갖는 V, S 및 $K_y a$를 dZ쪽으로 모으고, 이 식을 적분하기 위해 재정리하여 (−)부호를 없애기 위해 적분한계를 바꾸면 다음과 같이 된다.

$$\frac{K_y aS}{V}\int dZ = \frac{K_y aSZ_T}{V} = \int_a^b \frac{dy}{y - y^*} \tag{18.15}$$

식 (18.15)의 우변은 어떤 경우에는 직접 적분할 수 있거나, 아니면 수치적분으로 구할 수 있다. 이런 몇 가지 경우들을 조사해 보겠다.

전달단위 수

탑 높이에 관한 식은 다음과 같이 쓸 수 있다.

$$Z_T = \frac{V/S}{K_y a}\int_a^b \frac{dy}{y - y^*} \tag{18.16}$$

식 (18.16)의 적분치는 증기의 농도변화를 평균 구동력으로 나눈 것으로서, **전달단위 수**(number of transfer unit : NTU) N_{Oy}라고 한다. 이것은 식 (15.9)에서 정의된 열전달단위 수 N_H와 유사하다. 하첨자는 N_{Oy}가 기상에 대한 총괄 구동력에 기준한 것임을 나타낸다. 식 (18.16)의 다른 부분은 길이의 단위를 가지며, 한 개 **전달단위 높이**(height of a transfer unit : HTU) H_{Oy}라고 한다. 따라서 간단한 설계방법은 yx 선도로부터 N_{Oy}를 결정하고, 거기에다 문헌에서 구했거나 물질전달 관계식으로 계산한 H_{Oy}를 곱하면 된다. 즉,

$$Z_T = H_{Oy}N_{Oy} \tag{18.17}$$

전달단위 수는 20장에서 소개한 이론단 수와 다소 비슷하지만, 이 값들은 그림 18.13(a)에서와 같이 조작

선과 평형선이 직선이며 평형일 때에만 똑같다. 이런 경우에는,

$$N_{Oy} = \frac{y_b - y_a}{y - y^*} \tag{18.18}$$

이 된다. 그림 18.13(a)에는 약 5개의 이상단과 5개의 전달단위가 있다.

조작선이 그림 18.13(b)와 같이 직선이지만 평형선보다 가파를 때에는 전달단위 수가 이상단 수 보다 크다. 보여준 예에서 탑 밑에서의 구동력은 $y_b - y_a$로서 탑 전체에서의 증기의 조성변화와 같으며, 한 개의 이상단을 갖는다. 그렇지만 탑 꼭대기에서의 구동력은 y_a로 몇 배가 더 작아서 평균 구동력이 $y_b - y_a$보다 훨씬 작다. 조작선과 평형선이 모두 직선인 경우에는 적절한 평균은 탑 양끝에서의 구동력의 대수평균임을 알 수 있다.

조작선과 평형선이 직선이면 전달단위 수는 농도변화를 대수평균 구동력으로 나눈 것이다. 즉,

$$N_{Oy} = \frac{y_b - y_a}{\overline{\Delta y_L}} \tag{18.19}$$

여기서, $\overline{\Delta y_L}$은 $y_b - y_b^*$와 $y_a - y_a^*$이 대수평균이다. 식 (18.19)는 기상을 기준한 것이다. 액상에 기준한 대응식은 아래와 같다.

$$N_{Ox} = \frac{x_b - x_a}{\overline{\Delta x_L}} \tag{18.20}$$

조작선과 평형선이 직선이면서 평행이 아니면 액상전달단위 수, N_{Ox}는 기상전달단위 수, N_{Oy}와 같지 않다. 흡수의 경우 조작선은 보통 평형선 보다 가파르기 때문에 N_{Ox}가 N_{Oy}보다 크게 되지만 이 차이는 H_{Oy}와 H_{Ox}간의 차이에 의해 상쇄되어 어떤 접근법을 사용하던 탑의 높이를 산출할 수 있다.

한 개 전달단위의 총괄 높이는 그 부분의 평균 구동력과 같은 농도변화를 이룩하는 데 요하는 충전부 높이로 정의될 수 있다. 특별한 계의 H_{Oy}값은 문헌에서 직접 구하거나 시험공장 조업으로부터 구할 수 있지만, 때에 따라서는 개별계수에 대한 실험관계식이나 개별 전달단위의 높이로부터 산출되어야 한다. 물질전달계수의 4가지 기본형이 있는 것과 마찬가지로 기상과 액상에 대한 개별 또는 총괄 구동력에 기초한 네 종류의 전달단위가 있다. 이들은 다음과 같다.

기체경막 : $$H_y = \frac{V/S}{k_y a} \qquad N_y = \int \frac{dy}{y - y_i} \tag{18.21}$$

액체경막 : $$H_x = \frac{L/S}{k_x a} \qquad N_x = \int \frac{dx}{x_i - x} \tag{18.22}$$

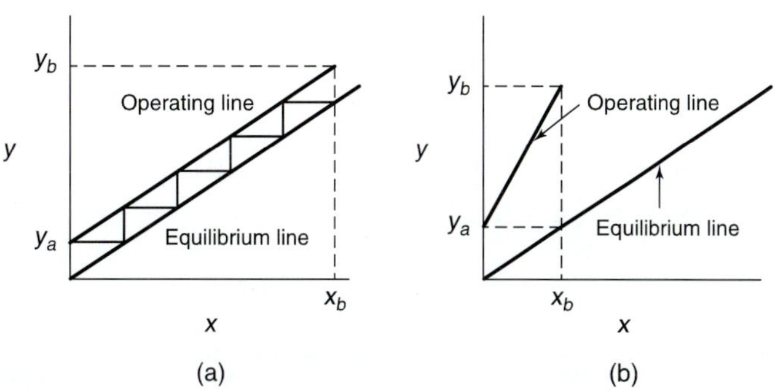

그림 18.13 전달단위 수(NTU)와 이론단 수(NTP)간의 관계 : (a) NTU = NTP, (b) NTU > NTP

총괄기체 : $$H_{Oy} = \frac{V/S}{K_y a} \qquad N_{Oy} = \int \frac{dy}{y - y^*} \tag{18.23}$$

총괄액체 : $$H_{Ox} = \frac{L/S}{K_x a} \qquad N_{Ox} = \int \frac{dx}{x^* - x} \tag{18.24}$$

다른 형태의 전달계수

문헌에 보고된 기체경막 계수는 가끔 몰분율 차이 대신에 분압으로 표시된 구동력이 사용되며, $k_g a$ 또는 $K_g a$로 표기한다. 지금까지 사용된 계수들과의 관계는 간단히 $k_g a = k_y a/P$ 및 $K_g a = K_y a/P$이며, 여기서 P는 전압이다. $k_g a$와 $K_g a$의 단위는 모두 mol/ft^3 · h · atm이다. 마찬가지로 액체경막 계수는 $k_L a$ 또는 $K_L a$로 주어지며, 구동력은 부피농도 차이로 나타낸다. 즉, k_L은 식 (17.36)으로 정의된 k_c와 같다. 따라서 단위는 보통 mol/ft^3 · h · (mol/ft^3) 또는 h^{-1}이다.

식 (18.21)과 (18.23)의 V/S를 G_y/M 또는 G_M으로 대치하고, 식 (18.22)와 (18.24)의 L/S를 G_x/M로 대치하면, 전달단위의 높이에 대한 식들은 다음과 같이 쓸 수 있다($M\rho_M = \rho_x$, 즉 액체의 밀도이므로).

$$H_y = \frac{G_M}{k_g aP} \quad \text{그리고} \quad H_{Oy} = \frac{G_M}{K_g aP} \tag{18.25}$$

$$H_x = \frac{G_x/\rho_x}{k_L a} \quad \text{그리고} \quad H_{Ox} = \frac{G_x/\rho_x}{K_L a} \tag{18.26}$$

H_G, H_L, N_G 및 N_L은 문헌에서 가끔 H_y, H_x, N_y 및 N_x 대신에 나타내기도 하며, 총괄 값들에 대해서도 이에 대응하는 항들로 표시되지만, 여기서는 다른 하첨자를 사용해도 단위나 크기에서 어떤 차이를 뜻하지는 않는다.

설계가 N_{Oy}에 근거했으면, H_{Oy}값은 아래에서 보는 바와 같이 $K_y a$나 H_y 및 H_x 값들로부터 계산될 수 있다. 총괄 저항식인 식 (18.12)로 출발하면, 각 항에 G_M을 곱하고 마지막 항은 L_M/L_M을 곱한다. 여기서 $L_M = L/S = G_x/M$은 액체의 몰 질량속도(molar mass velocity)이다. 즉,

$$\frac{G_M}{K_y a} = \frac{G_M}{k_y a} + \frac{mG_M}{k_x a}\frac{L_M}{L_M} \tag{18.27}$$

식 (18.21)에서 (18.23)까지의 HTU 정의로부터 다음 식을 얻는다.

$$H_{Oy} = H_y + m\frac{G_M}{L_M}H_x \tag{18.28}$$

$$H_{Ox} = H_x + \frac{L_M}{mG_M}H_y \tag{18.29}$$

예제 18.3

A가 3%인 기체흐름이 충전탑을 통과하여 A의 99%를 물에 흡수시켜 제거하려고 한다. 흡수탑은 25°C, 1 atm으로 운전하며 기체와 액체의 유속은 각각 20 mol/h · ft^{2}와 100 mol/h · ft^{2}이다. 물질전달계수와 평형 데이터는 아래와 같다.

$$y^* = 3.1x \quad 25°\text{C에서}$$
$$k_x a = 60\ \text{mol/h} \cdot \text{ft}^3 \cdot \text{unit mol fraction}$$
$$k_y a = 15\ \text{mol/h} \cdot \text{ft}^3 \cdot \text{unit mol fraction}$$

(a) 등온 운전한다고 가정하고 기체와 액체의 유속변화를 무시한 상태에서 N_{Oy}, H_{Oy}, 및 Z_T를 계산하라. 전체저항의 몇 %가 기상에 의한 저항인가?
(b) N_{Ox}와 H_{Ox}를 이용하여 Z_T를 계산하라.

풀이

(a) $x_a = 0$라고 가정하라. $G_M \Delta y = L_M \Delta x$ 임으로

$$x_b = \frac{20 \times 0.03 \times 0.99}{100} = 0.00594$$

$$y_b^* = 3.1 \times 0.0054 = 0.01841$$

탑의 밑바닥에서는

$$y_b - y_b^* = 0.03 - 0.01841 = 0.01159$$

탑 위에서는

$$y_a - y_a^* = y_a = 0.003$$

그러면

$$\overline{\Delta y_L} = \frac{0.01159 - 0.0003}{\ln(0.00159/0.0003)} = 0.00309$$

$$N_{Oy} = \frac{\Delta y}{\overline{\Delta y_L}} = \frac{0.03 \times 0.99}{0.00309} = 9.61$$

$$\frac{1}{K_y a} = \frac{1}{15} + \frac{3.1}{60} = 0.11833 \qquad K_y a = 8.45$$

$$H_{Oy} = \frac{20}{8.45} = 2.37 \text{ ft}$$

$$Z_T = 2.37 \times 9.61 = 22.7 \text{ ft}$$

상대적인 기체경막 저항은 $\frac{1}{15}/(1/8.45) = 0.56$ 즉 56%이다.

(b) 탑 밑바닥에서는

$$x^* = \frac{0.03}{3.1} = 0.009677$$

$$\Delta x = 0.009677 - 0.00594 = 0.003737$$

탑 위에서는

$$x^* = \frac{0.0003}{3.1} = 9.677 \times 10^{-5} \qquad x = 0$$

$$\overline{\Delta x_L} = \frac{0.00374 - 0.000097}{\ln[0.00374/(9.677 \times 10^{-5})]} = 9.96 \times 10^{-4}$$

$$N_{Ox} = \frac{0.00594}{9.96 \times 10^{-4}} = 5.96$$

$$\frac{1}{K_x a} = \frac{1}{60} + \frac{1}{3.1 \times 15} = 0.03817 \qquad K_x a = 26.2$$

$$H_{Ox} = \frac{100}{26.2} = 3.817 \text{ ft}$$

$$Z_T = 5.96 \times 3.817 = 22.7 \text{ ft}$$

N_{Oy}와 N_{Ox}는 아주 다르지만 H_{Oy}와 H_{Ox}도 다르기 때문에 Z_T 값은 두 가지 계산 방법으로 해도 같다. ■

압력의 영향

흡수탑은 용량을 늘리고 물질전달 속도를 키우기 위하여 가끔 가압 하에서 운전한다. 용질의 평형분압은 액체의 조성과 온도에만 의존하기 때문에 기체에서의 평형 몰분율은 전압에 역비례한다.

$$y_A = \frac{p_A}{P} \tag{18.30}$$

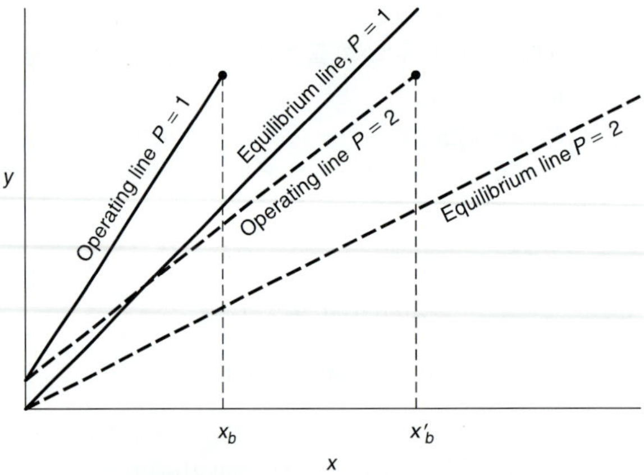

그림 18.14 흡수에 대한 압력의 영향

기체와 액체의 속도를 일정하게 유지하여 조작선이 변하지 않으면 압력의 증가는 그림 18.14에서 보는 바와 같이 몰분율 구동력을 증가시키고 전달단위 수를 감소시킨다. 고압에서는 최소 액체속도가 작아져 조작선이 바뀌게 되어 그림 18.14의 점선으로 표시된 것과 같이 더 진한 제품을 얻게 되며 전달단위 수는 전과 거의 똑같게 된다.

충전탑의 온도변화

농후기체가 흡수탑에 공급되면 탑의 온도는 밑바닥과 꼭대기 사이에서 상당히 변화한다. 용질의 흡수열은 용액의 온도를 높이지만, 용매의 증발은 온도를 낮추게 한다. 총괄적으로는 액체온도가 증가하지만, 때에 따라서는 탑 밑바닥 근처에서 온도가 최대를 이룬다. 온도분포의 모양은 용질의 흡수속도, 용매의 증발이나 응축 및 상들 간의 열전달에 관계된다. 액체와 기체의 정확한 온도분포를 구하려면, 지루한 계산이 요구되어 [20,28] 이 책에서는 간단한 예만 든다. 기체의 입구온도가 액체의 출구온도와 근접해 있고, 들어오는 기체가 포화되어 있으면 용매 증발은 거의 영향이 없으며, 액체온도의 증가는 대충 흡수된 용질의 양에 비례한다. 그러면 평형선은 그림 18.15(a)와 같이 점차적으로 위로 굽으며, x값의 증가로 온도가 증가한다.

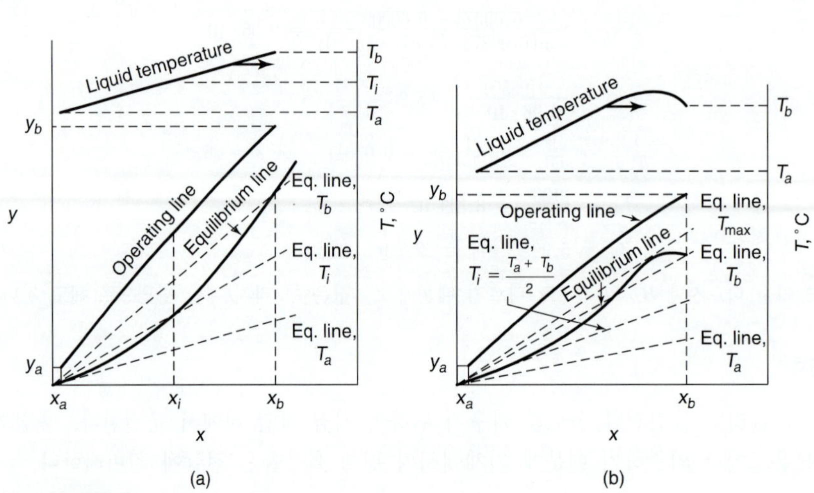

그림 18.15 단열흡수에 대한 온도분포와 평형선 :
(a) 용매증발이 없는 경우, (b) 상당한 용매 증발이 있거나 차가운 기체원료인 경우

기체가 출구의 액체온도보다 10 내지 20°C 낮게 탑에 들어가고 용매가 휘발성이면, 증발로 탑 밑부분의 액체가 냉각되어 온도분포는 그림 18.15(b)에서 보는 것처럼 최대점을 갖는다. 원료 기체가 포화되어 있으면, 온도 최대점이 그다지 뚜렷하지 않아 개략적 설계에서는 출구온도나 산출된 최대 온도가 탑 하반부의 평형값 계산에 사용될 수 있다.

액체유량이 감소하면 액체의 온도상승이 증가하고 평형선 위치를 변경시키기 때문에, 평형선의 곡률은 최소 액체유속의 결정을 복잡하게 만든다. 대부분의 경우, L_{min}을 계산하기 위해서는 탑 밑바닥에서 핀취(pinch)가 생긴다고 가정하면 된다.

예제 18.4

암모니아가 6%(건량기준)이고, 유량이 4,500 SCFM(0°C, 1 atm에서 ft^3/min)인 기체흐름을 물로 세척하여 농도를 0.02%로 낮추려고 한다. 흡수탑은 대기압하에서 운전되며, 기체와 액체의 들어가는 온도는 각각 20°C 및 25°C이다. 기체는 입구온도에서 물 증기로 포화되어 있고 25°C에서 포화된 기체로 나간다고 가정할 수 있다. 액체유량이 최소치의 1.25배라고 할 때 N_{Oy}값을 계산하라.

풀이

다음 용해도 데이터는 Perry의 핸드북[15a]에 있다.

x	$y_{20°C}$	$y_{30°C}$	$y_{40°C}$
0.0308	0.0239	0.0389	0.0592
0.0406	0.0328	0.0528	0.080
0.0503	0.0417	0.0671	0.1007
0.0735	0.0658	0.1049	0.1579

For $NH_3 \rightarrow NH_3(aq)$,
$\Delta H = -8.31$ kcal/g mol

탑 밑바닥의 온도는 최소 액체유속을 구하기 위해서 계산하지 않으면 안 된다.

계산기준: 공기가 94 mol이고, NH_3가 6 mol이 들어 있는 건조기체 100 mol. 출구기체는 94 mol의 공기를 포함한다. $y_a = 0.0002$이므로 나가는 기체 속의 암모니아의 몰수는 다음과 같다.

$$94\left(\frac{0.0002}{0.9998}\right) = 0.0188 \text{ mol NH}_3$$

흡수된 암모니아량은 6 − 0.0188 = 5.98 mol이다.

열효과: 흡수열은 5.98 × 8,310 = 49,690 cal이다. 이것을 Q_a라고 하면,

$$Q_a = Q_{sy} + Q_v + Q_{sx} \tag{18.31}$$

Q_{sy} = 기체의 느낌열(현열) 변화

Q_v = 기화열

Q_{sx} = 액체의 느낌열 변화

기체의 느낌열 변화는 다음과 같다.

$$Q_{air} = 94 \text{ mol} \times 7.0 \text{ cal/mol} \cdot °\text{C} \times 5°\text{C} = 3,290 \text{ cal}$$

$$Q_{H_2O} = 2.4 \times 8.0 \times 5 = 96 \text{ cal}$$

$$Q_{sy} = 3,290 + 96 = 3,390 \text{ cal}$$

액체로부터 물의 기화량은 다음과 같이 구해진다. 20°C에서 $p_{H_2O} = 17.5$ mmHg이고, 25°C에서는 $p_{H_2O} = 23.7$ mmHg이다. 들어가는 기체 속의 물의 양은 다음과 같다.

$$100 \times \frac{17.5}{742.5} = 2.36\,\text{mol}$$

나가는 기체 속에서는,

$$94.02 \times \frac{23.7}{736.3} = 3.03\,\text{mol}$$

따라서 기화된 물의 양은 $3.03 - 2.36 = 0.67$ mol이다. 기화열은 $\triangle H_v = 583$ cal/g이므로,

$$Q_v = 0.67 \times 583 \times 18.02 = 7{,}040\ \text{cal}$$

식 (18.31)을 Q_{sx}에 대해 풀면 액체의 느낌열 변화는 다음과 같다.

$$Q_{sx} = 49{,}690 - 3{,}390 - 7{,}040 = 39{,}260\ \text{cal}$$

액체의 출구온도 T_b는 시행오차법으로 구할 수 있다. 용액에 대해 $C_p = 18$ cal/mol·°C라고 가정한다. $T_b = 40$°C라고 가정하자. 그러면 그림 18.16에 있는 평형 용해도선에서 어림할 수 있는 것처럼 $x_{\max} = 0.031$이다. 그러면 나가는 액체의 총 몰수 L_b는 다음과 같다.

$$L_b = \frac{5.98}{0.031} = 192.9\ \text{mol}$$

$T_a = 25$°C이고,

$$192.9 \times 18(T_b - 25) = 39{,}260$$

$$T_b = 36.3\text{°C}$$

$T_b = 37$°C라고 교정하면 $x_{\max} = 0.033$이고,

$$L_b = \frac{5.98}{0.033} = 181\ \text{mol}$$

$$T_b - 25 = \frac{39{,}260}{181 \times 18} = 12.1$$

$$T_b = 37\text{°C}$$

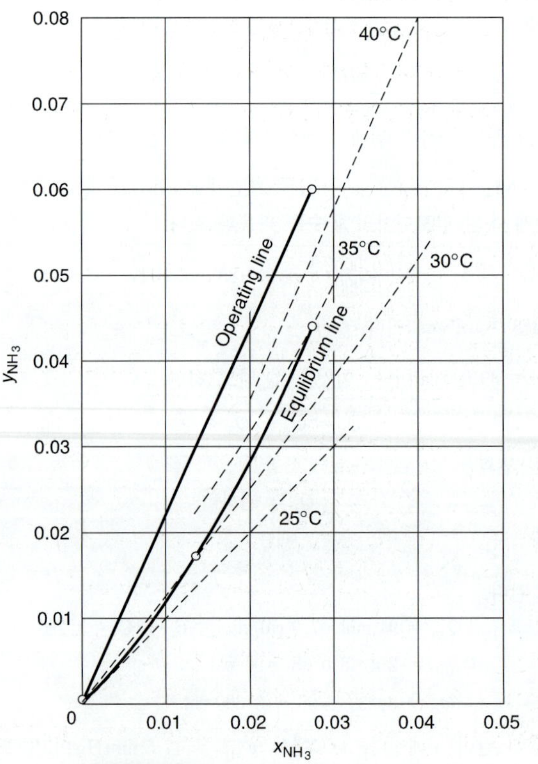

그림 18.16 예제 18.4의 y-x 선도

이런 과정으로 최소 액체유속이 구해진다. 물의 최소 유속은 다음과 같다.

$$L_{min} = 181 - 6 = 175 \text{ mol } H_2O$$

물의 유속은 최소치의 1.25배이므로, $L_a = 1.25 \times 175 = 219$ mol이고, $L_b = 219 + 6 = 225$ mol이다. 그러면 액체의 온도 상승은 다음과 같다.

$$T_b - 25 = \frac{39,260}{225 \times 18} = 9.7°C$$

따라서 액체는 35°C로 나가며, $x_b = 5.98/225 = 0.0266$이고, $y^* \cong 0.044$이다.

해석을 간단하게 하기 위해서 온도가 x의 선형함수라고 가정하면, $x = 0.0137$에서 $T \cong 30°C$이다. 30°C에 주어진 데이터를 이용하고, 25°C의 초기 기울기와 35°C에서 y^*의 최종값을 내삽함으로써 그림 18.16에서와 같은 평형선이 그려진다. 액체유량과 기체유량의 약간의 변화를 무시하면, 조작선은 직선으로 그려진다. 평형선의 곡률 때문에 N_{Oy}는 수치적분으로 계산하거나 여기서 사용된 과정인 탑을 부분별로 나누어 식 (18.19)를 적용해서 계산한다.

y	y^*	$y - y^*$	$\overline{\Delta y_L}$	$\Delta y/\overline{\Delta y_L} = \Delta N_{Oy}$
0.06	0.048	0.012	—	—
0.03	0.017	0.013	0.0125	2.4
0.01	0.0055	0.0045	0.0080	2.5
0.0002	0	0.0002	0.00138	7.1
				N_{Oy} = 12.0

■

다성분 흡수

기체 혼합물로부터 하나 이상의 용질이 흡수될 때 각 용질마다 별개의 평형선과 조작선이 필요하게 되지만 조작선의 기울기인 L/V는 모든 용질에 대하여 똑같다. 두 용질의 흡수에 대한 전형적인 yx 선도는 그림 18.17과 같다. 이 예에서 B는 기체의 미소 성분이며 적절한 충전층 높이로 A의 95%를 제거할 수 있도록 액체유량을 선택한다. 조작선 기울기는 A의 평형선 기울기의 약 1.5배이며, $N_{Oy} \cong 5.5$이다. B의 조작선은 A의 조작선과 평행이며 B의 조작선이 L/V보다 큰 기울기를 갖기 때문에 탑 밑부분에 핀치가 있으며, 단지 B의 작은 분율만이 흡수될 수 있다. B의 조작선은 B의 정확한 전달단위 수를 줄 수 있도록 그려져야 한다. 일반적으로 B의 N_{Oy}는 A의 N_{Oy}와 거의 같다. 그렇지만 이 예에서 $x_{B,b}$는 실제로 $y_{B,b}$의 평형값인, x_B^*와 똑같으며 B의 제거 비율은 물질수지로부터 직접 계산할 수 있다. 즉,

$$V(y_{B,b} - y_{B,a}) = L(x^*_{B,b} - x_{B,a}) \tag{18.32}$$

B가 거의 완전히 흡수되게 하려면 조작선이 B의 평형선보다 가파르게 되어야 한다. 그러면 조작선은 A의 평형선보다 훨씬 가파르게 되며 기체 속에서 A의 농도는 아주 낮은 값으로 줄어든다. 다성분 흡수의 예로는 중질유에 흡수시키는 경질 탄화수소기체의 회수, 메탄올이나 알칼리 용액에 흡수시켜 천연가스나 석탄가스화 생성물로부터 CO_2와 H_2S의 제거, 및 부분산화로 생성된 유기제품을 회수하기 위한 물의 세척 등을 들 수 있다. 어떤 경우에는, 천연 가솔린 흡수탑 해석[20]에서 볼 수 있는 바와 같이, 몰 유량의 변화나 한 용질이 다른 기체들의 평형에 미치는 영향 때문에 여기에 설명한 희석용액 접근법이 정정될 수도 있다.

탈착 또는 탈거

많은 경우에 기체 혼합물로부터 흡수된 용질은 보다 농축된 형태로 회수하고 흡수 용액을 재생시키기 위하여 액체에서 탈착된다. 탈착을 위해 좀더 좋은 조건을 만들려면, 온도를 높이거나 압력을 감소시켜야 하며, 또는 두 가지 변화를 모두 이용해야 한다. 흡수가 높은 압력에서 이루어지면, 용액을 단순히 대기압으로

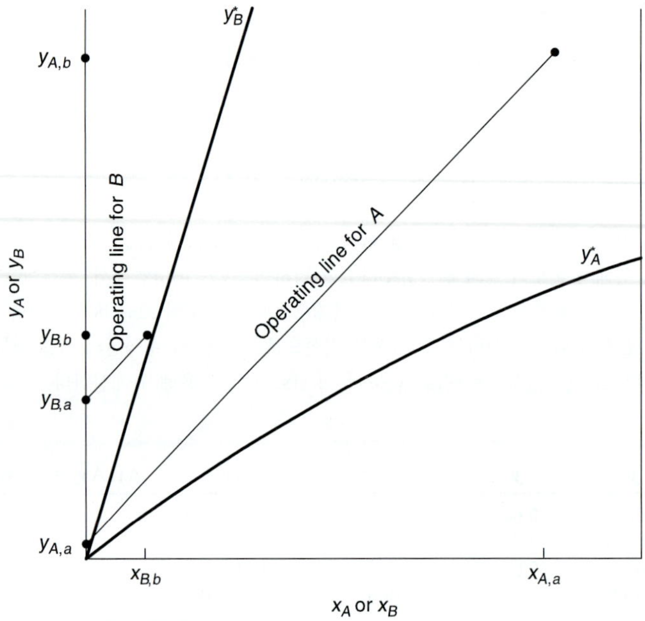

그림 18.17 다성분 흡수의 평형선과 조작선

감압 분무시킴으로써 용질의 대부분이 회수될 때도 있다. 그렇지만 용질을 거의 대부분 제거하기 위해서는 일반적으로 몇 개의 단이 필요하며, 탈착이나 탈거(desorption or stripping)는 액체와 기체가 맞흐름을 갖는 탑에서 이루어진다. 불활성 기체나 수증기가 탈거매체로 이용될 수 있다. 그러나 수증기가 이용되면 응축될 수 있기 때문에 용질 회수가 쉬어진다.

수증기로 탈거할 때 전형적인 조작선과 평형선은 그림 18.18과 같다. x_a와 x_b가 정해지면 어떤 점에서 평형선과 만나는 조작선에 해당하는 증기와 액체의 최소비가 있다. 평형선이 그림 18.18에서처럼 위로 굽으면 펀치(pinch)가 조작선의 중간부에서 생기며 그렇지 않으면 탑 꼭대기, 즉 (y_a, x_a)에서 일어날 수 있다. 증기유속과 액체유속의 변화 때문에 일반적으로 조작선이 약간 곡선으로 되지만, 편의상 조작선을 직선으로 표시한다.

흡수와 탈거의 총괄 공정에서 수증기 비용이 종종 주요 비용이 되므로, 가능하면 수증기를 적게 쓰도록 공정이 설계된다. 탈거탑은 최소 증기유속에 가깝게 운전되며, 용질의 일부는 완전히 회수시키려고 하기보다는 탈거된 용액에 남겨 둔다. 평형선이 그림 18.18에서와 같이 위로 굽었을 경우에는 x_b가 0에 접근할수록 최소 수증기량이 커진다.

탈거탑의 높이는 흡수탑에서와 똑같은 식들을 이용해서 전달단위의 수와 1개 전달단위의 높이로부터 계산될 수 있다. 종종 액상 농도에 초점을 두어 N_{Ox}와 H_{Ox}가 사용되기도 한다. 즉,

$$Z_T = H_{Ox}N_{Ox} = H_{Ox}\int\frac{dx}{x^* - x} \tag{18.33}$$

H_{Ox}는 식 (18.29)에 주어져 있다.

어떤 경우에는 공기를 탈거에 이용하여 암모니아 유기용매와 같은 소량의 기체를 물로부터 제거하기도 한다. 용질을 농축한 형태로 회수할 필요가 없으면 더 많은 공기를 사용해도 비용이 많이 들지 않으므로, 사용되는 최적 공기량이 최소치보다 더 커질 수 있고 탑 높이는 상당히 작아진다. 다음 예제는 탈거조작에서 공기유속의 영향을 보여준다.

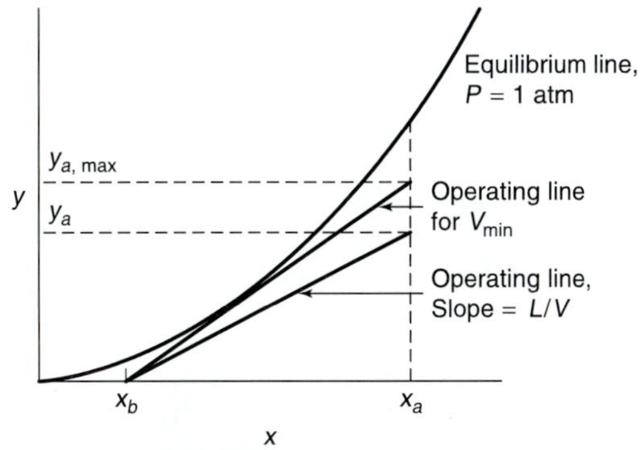

그림 10.10 탈기탑의 조작선

예제 18.5

6 ppm의 3염화에틸렌(TCE)이 들어 있는 물이 20°C에서 공기로 탈거되어 정화된다. 제품은 방출 기준에 맞도록 TCE가 4.5 ppb 이하를 포함해야 한다. 최소 공기유속을 물 m^3당 공기의 표준 m^3로 계산하고, 공기유속이 최소치의 1.5 내지 5배일 때 전달단위의 수를 계산하라.

풀이

20°C에서 물 속의 TCE에 대한 Henry 법칙 계수는 0.0075 $m^3 \cdot atm/mol$이다. $P = 1$ atm이고, 1 m^3는 10^6 g이므로, 이 값은 평형선의 기울기로 다음과 같이 몰 분율 단위로 환산될 수 있다.

$$m = 0.0075\frac{\text{atm}\cdot\text{m}^3}{\text{mol}} \times \frac{1}{1\text{ atm}} \times \frac{10^6}{18}\,\frac{\text{mol H}_2\text{O}}{\text{m}^3} = 417$$

m이 매우 크므로, 탈착은 액상 조절이다. 최소 공기유량에서 출구기체는 들어오는 용액과 평형을 이룬다. TCE의 분자량이 131.4이므로,

$$x_a = \frac{6\times10^{-6}}{131.4}\,\frac{\text{mol TCE}}{\text{g H}_2\text{O}} \times \frac{18\text{ g}}{\text{mol H}_2\text{O}} = 8.22\times10^{-7}$$

$$y_a = 417(8.22\times10^{-7}) = 3.43\times10^{-4}$$

공급된 용액 m^3당 제거된 TCE는 다음과 같다.

$$V_{\text{TCE}} = \frac{10^6(6\times10^{-6} - 4.5\times10^{-9})}{131.4} = 4.56\times10^{-2}\text{mol}$$

나가는 기체의 총량은 다음과 같다.

$$V = \frac{4.56\times10^{-2}}{3.43\times10^{-4}} = 132.9\,\text{mol}$$

1 mol = 0.0224 std(표준)m^3이고, 기체유량의 변화가 아주 작으므로,

$$F_{\text{min}} = 132.9\times0.0224 = 2.98\text{ std m}^3$$

표준조건에서 공기의 밀도는 1.295 kg/m^3이므로, 질량 기준으로 최소 유량은 다음과 같다.

$$\left(\frac{G_y}{G_x}\right)_{\text{min}} = \frac{2.98\times1.295}{1{,}000} = 3.86\times10^{-3}\text{ kg air/kg water}$$

공기유량이 최소 값의 1.5배라고 하면,

$$y_a = \frac{3.43\times10^{-4}}{1.5} = 2.29\times10^{-4}$$

$$x_a^* = \frac{2.29\times10^{-4}}{417} = 5.49\times10^{-7}$$

$$C_a^* = 5.49 \times 10^{-7} \times \frac{131.4}{18} = 4.01 \times 10^{-6} \mathrm{g/g} = 4.01 \mathrm{ppm}$$

$$C_a - C_a^* = \Delta C_a = 6.0 - 4.01 = 1.99$$

탑 밑바닥에서,

$$C_b = 0.0045 \text{ ppm} \qquad C_b^* = 0 \qquad \Delta C_b = 0.0045 \text{ ppm}$$

$$\overline{(C - C^*)}_L = \frac{1.99 - 0.0045}{\ln(1.99/0.0045)} = 0.3259 \text{ ppm}$$

N_{Ox}를 계산하기 위해 ppm 농도를 사용하면,

$$N_{Ox} = \int \frac{dC}{C - C^*} + \frac{C_a - C_b}{\overline{(C - C^*)}_L}$$

$$= \frac{6 - 0.0045}{0.3259} = 18.4$$

최소 유속의 다른 배수에 대해서도 이와 유사한 계산을 하면, 다음 값들을 얻는다. 충전층 높이는 $H_{Ox} = 3$ ft의 계산 값에 기준해서 구하였다. 이 값은 1 in 플라스틱 Pall 링에 대해 보고된 값보다 조금 크다.

Air rate	N_{Ox}	Z, ft
$1.5V_{\min}$	18.4	55.2
$2V_{\min}$	13.0	39
$3V_{\min}$	10.2	30.6
$5V_{\min}$	8.7	26.1

$1.5V_{\min}$에서 $2V_{\min}$ 또는 $2V_{\min}$에서 $3V_{\min}$으로 커짐에 따라 탑 높이는 상당히 작아지며, 물을 푸레질하는 데 드는 일 양의 감소는 탑을 통해 공기를 보내는 데 필요한 추가 에너지보다 더 많다. V를 더 증가시켜도 Z는 그다지 변하지 않는다. 따라서, 최적 공기유량은 아마도 $3V_{\min}$에서 $5V_{\min}$ 범위에 있을 것이다. $V = 3V_{\min}$에서 전형적인 유량은 $G_x =$ 10,000 lb/ft^2·h(49,000 kg/m^2·h)이고, $G_y =$ 116 lb/ft^2·h(566 kg/m^2·h)이다. ■

18.3 농후기체로부터의 흡수

흡수되는 용질이 기체 속에 중간 또는 높은 농도로 있을 때에는 설계 계산에서 몇 가지 추가 인자들을 고려해야 한다. 총 기체유량이 감소하고 액체유량의 증가하는 점을 물질수지에서 계상(計上)해야 하며, 한방향확산에 대한 보정인자가 포함되어야 한다. 또한 유량변화 때문에 물질전달계수가 일정하지 않으며, 탑에서 상당한 온도 기울기가 있게 되어 평형선이 변한다.

기체가 탑을 통과함에 따라 V와 y가 감소하므로, 미분높이(differential height) dZ에서 흡수된 용질의 양은 $d(Vy)$이다.

$$dN_A = d(Vy) = Vdy + ydV \tag{18.34}$$

만일 A만이 전달되면 dN_A는 dV와 같으므로 식 (18.34)는 다음과 같이 된다.

$$dN_A = Vdy + ydN_A \tag{18.35}$$

또는

$$dN_A = \frac{Vdy}{1-y} \tag{18.36}$$

기체경막에서 한방향확산의 영향은 식 (17.46)에서 보는 바와 같이 기체경막에 대한 물질 전달속도를 $1/\overline{(1-Y)}_L$만큼 증가시키게 되어, 유효 총괄 계수 $K_y'a$는 K_ya의 정상값보다 약간 크다. 즉,

$$\frac{1}{K_y'a} = \frac{\overline{(1-y)}_L}{k_ya} + \frac{m}{k_xa} \tag{18.37}$$

이 과정에서 액체경막의 한방향확산 효과는 무시된다. 그러면 기본 물질전달식은,

$$dN_A = \frac{V\,dy}{1-y} = K'_y a S\,dZ(y-y^*) \tag{18.38}$$

가 된다. 탑 높이는 V, $1-y$, $y-y^*$ 및 $K'_y a$의 변화를 생각하여 도해식 적분으로 구할 수 있다. 즉,

$$Z_T = \frac{1}{S}\int_a^b \frac{V\,dy}{(1-y)(y-y^*)(K'_y a)} \tag{18.39}$$

만약 이 공정이 기체경막을 통한 물질전달속도에 의해 지배된다면, 아주 단순화된 식을 개발할 수 있다. 식 (18.37)에서 보는 바와 같이, 엄밀히 말해서 기체경막에만 적용할 수 있는 $\overline{(1-y)_L}$ 항은 기체경막이 율속이므로 총괄 계수에 적용하는 것으로 가정한다. 식 (18.39)의 계수 $K'_y a$는 $K_y a/\overline{(1-y)_L}$로 대체되어 다음과 같이 된다.

$$Z_T = \frac{1}{S}\int_a^b \frac{V\overline{(1-y)_L}\,dy}{K_y a(1-y)(y-y^*)} \tag{18.40}$$

$k_y a$는 약 $V^{0.7}$에 따라 변하고, 기체경막이 율속일 때 $K_y a$가 거의 같은 변화를 보여줄 것이므로 $V/K_y a$ 비는 그다지 변하지 않는다. 따라서, 이 항은 적분기호 밖으로 끄집어 내놓을 수 있으며, 평균유속에서 계산하던가 아니면 탑 아래와 위의 값을 평균할 수 있다. $\overline{(1-y)_L}$ 항은 $1-y$와 $1-y_i$의 로그(對數)평균으로, 보통 $1-y$보다 약간 클 뿐이다. 그러므로 $\overline{(1-y)_L}$와 $1-y$항들은 상쇄할 수 있다고 가정하면 식 (18.40)은 다음과 같이 된다.

$$Z_T = \overline{\left(\frac{V/S}{K_y a}\right)}\int_b^a \frac{dy}{y-y^*} \tag{18.41a}$$

$$Z_T = H_{Oy}N_{Oy} \tag{18.41b}$$

이것은 첫 항인 H_{Oy}가 상수가 아닌 탑에서의 평균값이라는 것 이외에는 희석기체에 대한 식 (18.16)과 똑같다. $\overline{(1-y)_L}$ 항이 유도과정에 포함되어 있기 때문에 여기서는 $K'_y a$가 아닌 식 (18.12)에서 얻은 $K_y a$가 사용된다는 것을 유의해야 한다.

액체경막이 물질전달의 조절저항이면 기체경막 계수는 식 (18.39)에 따라 설계 계산에 사용될 수 있다. 액체 경막계수가 사용되고, 액체에서의 한방향확산을 계상한 $\overline{(1-x)_L}$ 인자가 들어가면, 식 (18.41a)와 유사한 식이 유도될 수 있다. 즉,

$$Z_T = \overline{\left(\frac{L/S}{K_x a}\right)}\int_b^a \frac{dx}{x^*-x} \tag{18.42}$$

또는,

$$Z_T = H_{Ox}N_{Ox} \tag{18.43}$$

기체경막 저항과 액체경막 저항의 크기가 비슷하면 농후기체의 흡수를 취급하는 간단한 방법이 없다. 추천할 수 있는 방법은 설계를 기상(氣相)에 근거해서 식 (18.39)를 사용하는 것이다. y_a와 y_b 사이에 몇 가지 y값들을 선택하고 V, $K'_y a$ 및 $y-y^*$를 계산한다. 점검하는 수단으로써, 적분해서 얻은 Z_T를 식 (18.41)로 계산한 값과 비교해 보아야 하며, 그 차이가 커서는 안 된다.

예제 18.6

1 in. (25.4 mm) 링으로 충전된 탑을 설계하여 물로 공기 중의 이산화황을 흡수시키려고 한다. 들어가는 기체는 부피로 SO_2가 20% 있으며, 나가는 기체에는 부피로 SO_2가 0.5% 이상은 포함되지 않는다. 들어가는 H_2O에는 SO_2가 없다. 온도는 80°F이고, 전압은 2 atm이다. 물의 유량은 최소치의 두 배이다. 공기유량

(SO_2 없이)은 200 lb/ft^2·h(976 kg/m^2·h)이다. 충전층의 깊이는 얼마이어야 하는가?

1 in. 링으로 충전된 탑에서 SO_2의 흡수에 대한 물질전달계수는 80°F에서 다음과 같은 식들이 이용 가능하다.

$$k_L a = 0.038 G_x^{0.82}$$

$$k_g a = 0.028 G_y^{0.7} G_x^{0.25}$$

여기서, $k_L a$는 h^{-1}단위이고, $k_g a$는 $\mathrm{mol/ft^3 \cdot h \cdot atm}$이며 G_x와 G_y는 $\mathrm{lb/ft^2 \cdot h}$ 단위이다.

물에서 SO_2의 용해도는 압력에 완전히 비례하지는 않는데, 이는 생성된 H_2SO_3가 부분적으로 H^+와 HSO_3^-로 해리되며 해리 비율은 농도가 증가할수록 감소하기 때문이다. Henry의 법칙은 비해리된 H_2SO_3에 적용되며 용해된 SO_2 총량은 H_2SO_3와 HSO_3^-의 합이다(물에서 생선된 SO_3^{2-}는 무시할 정도다). 80°F에서 용해된 SO_2 총량에 대한 몇 개의 점들은 아래에 주어져 있다.

p_{SO_2}, atm	0.04	0.08	0.12	0.16	0.20
C_{SO_2}, mol/ft^3	0.0044	0.0082	0.0117	0.0152	0.0186
x_{SO_2}, mole fraction	0.00127	0.00237	0.00338	0.00439	0.00538

풀이

먼저 계수들을 몰 분율 단위로 바꾼다. 80°F에서 물의 ρ_M은 $62.2/18.02 = 3.45$ mol/ ft^{3}이다. 따라서,

$$k_x a = 0.038 G_x^{0.82} \times 3.45 = 0.131 G_x^{0.82}\ \mathrm{mol/ft^3 \cdot h}$$

계수들이 대기압에서 측정되었고, $k_y a = k_g a P$이므로, $k_g a$ 값은 $k_y a$와 같다. 그러나 측정된 계수들이 일방향확산에 대해 보정되지 않았으므로, $k_y a / \overline{(1-y)_L}$를 나타낸다. 발표된 실험에서 SO_2 농도는 3 내지 17% 범위이었고, $\overline{(1-y)_L}$의 평균치는 약 0.9이었다. 그러므로 발표된 상관관계식은 0.9를 곱하여 다음과 같이 된다.

$$k_y a = 0.025\, G_y^{0.7} G_x^{0.25}$$

다음 단계는 평형곡선을 도시하는 일이다. 압력이 2 atm임으로, $y = p_{SO_2}/2$이다. 곡선은 그림 18.19와 같다. 직선 부분의 기울기는 20.1이고, 시초부분의 기울기는 15.6이다. 조작선의 저농도 끝은 $y = 0.005$, $x = 0$에 있고, 최소 액체유량에서 이 선의 위쪽 끝은 $y = 0.20$, $x = 10.36 \times 10^{-3}$에서 평형곡선과 만난다. 최소 액체유속의 두 배에서 물과 액체 속의 SO_2의 비는 두 배쯤 된다. SO_2의 몰당 공급된 물의 몰수는 다음과 같다.

$$2 \times \frac{0.98964}{0.01036} = 191.1$$

그리고

$$x_b = \frac{1}{191.1 + 1} = 0.00521$$

공급기체의 몰 질량속도 G_M은 다음과 같다.

$$\frac{200}{29} \times \frac{1}{0.8} = 8.62\ \mathrm{mol/ft^2 \cdot h}$$

공급된 SO_2는,

$$8.62 \times 0.2 = 1.724\ \mathrm{mol/ft^2 \cdot h}$$

공급된 공기는

$$8.62 \times 0.8 = 6.896\ \mathrm{mol/ft^2 \cdot h}$$

출구기체는 0.5% SO_2를 포함한다. 결국 나가는 SO_2의 양은 다음과 같다.

$$6.896 \times \frac{0.005}{0.995} = 0.035\ \mathrm{mol/ft^2 \cdot h}$$

그러면 흡수된 SO_2는 $1.724 - 0.035 = 1.689\ \mathrm{mol/ft^2 \cdot h}$이다. SO_2는 98%가 흡수되었다. 공급된 물은 다음과 같다.

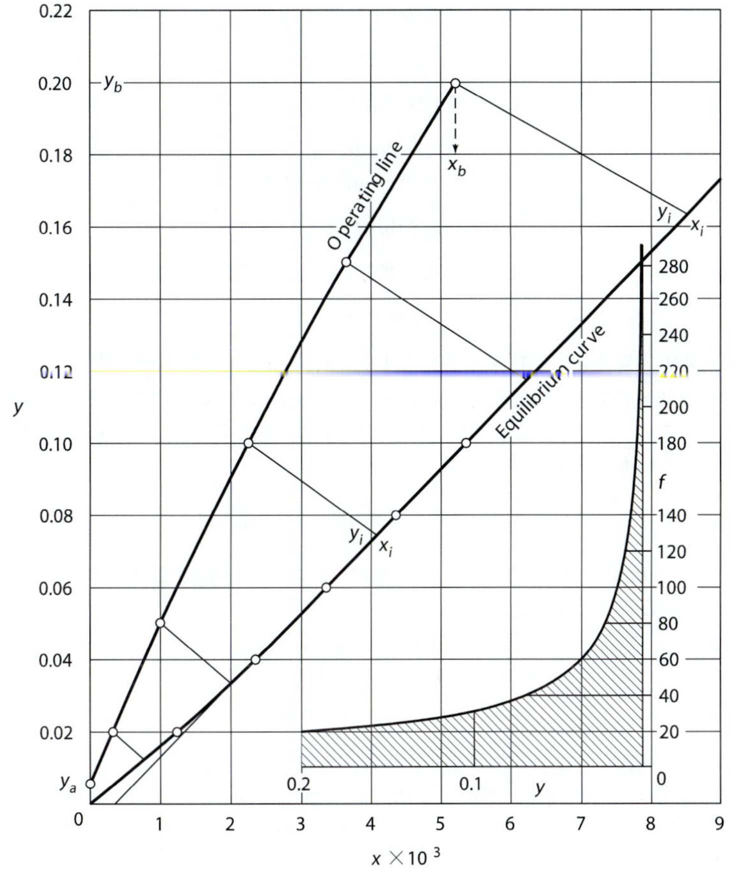

그림 18.19 예제 18.6 선도

$$191.1 \times 1.689 = 322.8\,\mathrm{mol/ft^2 \cdot h}$$

조작선 상의 중간 점들은 몰 비(mole ratio)를 사용하는 질량수지에 의해 얻어진다. 즉,

$$322.8\left(\frac{x}{1-x}\right) = 6.896\left(\frac{y}{1-y} - \frac{0.005}{0.995}\right)$$

y값들을 대입하면 다음과 같은 조작선들의 좌표를 얻는다.

y	0.2	0.15	0.1	0.05	0.02	0.005
$x \times 10^3$	5.21	3.65	2.26	1.02	0.33	0

조작선은 그림 18.19에 도시되었다. 이 선은 x축을 향해서 약간 밑으로 굽었다.

물질전달계수는 질량속도에 의존하며, 질량속도가 일정하지는 않다. 액체유량의 변화가 매우 작기 때문에, 액체 경막계수는 평균유량에 기준한다. SO_2의 분자량은 64.1이므로, 평균 질량속도는 다음과 같다.

$$\overline{G_x} = 322.8 \times 18.02 + \frac{1.689 \times 64.1}{2}$$
$$= 5,871\ \mathrm{lb/ft^2 \cdot h}$$

전달계수가 탑에서 일정하다고 가정하면 다음과 같다.

$$k_x a = 0.31 \times 5,871^{0.82} = 161\ \mathrm{mol/ft^3 \cdot h}$$

기체경막 계수들은 탑 아래와 위에서 계산된다.

탑 밑에서:

$$G_y = 6.9\times 29 + 1.724\times 64.1$$
$$= 310.6\ \text{lb/ft}^2\cdot\text{h}$$
$$k_y a = 0.025\times 310.6^{0.7}\times 5{,}871^{0.25}$$
$$= 12.15\ \text{mol/ft}^3\cdot\text{h}$$

탑 위에서:

$$G_y = 6.9\times 29 + 0.035\times 64.1$$
$$= 202.3\ \text{lb/ft}^2\cdot\text{h}$$
$$k_y a = 0.025\times 202.3^{0.7}\times 5{,}871^{0.25}$$
$$= 9.0\ \text{mol/ft}^3\cdot\text{h}$$

기체경막 계수들은 액체 경막계수의 6 내지 8%에 지나지 않는다. 그러나 평형선의 기울기가 이 두 저항들을 비슷한 크기로 만든다. y_i 값들은 조작선에서 평형선으로 $-k_x a\overline{(1-y)_L}/k_y a$의 기울기를 갖는 선들을 그어서 얻을 수 있다. 이렇게 하자면, $\overline{(1-y)_L}$을 미리 예측할 필요가 있다. 그런데 이 선들의 거의 평행이기 때문에, 첫 번째 시행이 충분히 정확해야 좋다. $\overline{(1-y)_L}$이 탑 밑바닥에서 약 0.82라고 가정하면,

$$\frac{k_x a\overline{(1-y)_L}}{k_y a} = \frac{161\times 0.82}{12.15} = 10.87$$

$(y_b,\ x_b)$에서 기울기가 -10.9인 선을 그으면, $y_i = 0.164$이고, $1 - y_i = 0.836$을 얻는다. 0.80과 0.836의 대수평균은 0.818로서 어림치와 매우 가깝다. 식 (18.37)로부터,

$$\frac{1}{K_y' a} = \frac{0.818}{12.15} + \frac{20.1}{161} = 0.192$$
$$K_y' a = \frac{1}{0.192} = 5.21\ \text{mol/ft}^3\cdot\text{h}$$

총 저항에 대한 액체에서의 분율은 $(20.1/161)/0.192 = 0.65$, 즉 65%이다.

중간의 y 값들에 대해서도 비슷한 계산을 하며, 그 결과를 표 18.2에 수록하였다. V/S 값들은 $V/S = 6.896/(1-y)$로부터 구하며, $k_y a$는 질량속도로부터 계산된다. $V/S = G_M$임을 유의하라. $y > 0.05$일 때 기울기 m은 20.1로 택하며, y가 0.05보다 작으면 $m = 15.6$이다.

탑 높이는 다음과 같이 구해진다. 식 (18.39)로부터,

$$dZ = \frac{(V/S)\,dy}{(1-y)(y-y^*)K_y' a} = f'\,dy$$

f' 값들이 몇 개의 y 값에 대해 계산되어 표 18.2에 수록되어 있다. 총 높이는 그림 18.19 내부에서 보는 바와 같이 y대 f'를 도식으로 적분하여 구할 수 있으며, 그 결과 총 높이 Z_T는 8.9 ft이다.

주 저항은 액체경막에 있으므로, 식 (18.43)을 탑 높이에 대한 개략적 점검으로 이용할 수 있다. 식 (18.37)의 유사 식은 다음과 같다.

$$\frac{1}{K_x' a} = \frac{1}{k_x a} + \frac{\overline{(1-y)_L}}{m k_y a}$$

그러므로,

$$\frac{1}{K_x' a} = \frac{1}{161} + \frac{0.91}{20.1\times 11} = 1.04\times 10^{-2}$$
$$K_x' a = 96.2\ \text{mol/ft}^3\cdot\text{h}\cdot\text{unit mole-fraction difference}$$

식 (18.24)로부터,

$$H_{Ox} = \frac{322.8}{96.2} = 3.36\ \text{ft}$$

평형선과 조작선의 곡률을 무시하면,

$$N_{Ox} = \frac{x_b - x_a}{\overline{(x^* - x)_L}}$$
$$= \frac{0.00522}{0.00174} = 3.0$$

표 18.2 예제 18.6의 적분

y	$y - y^*$	y_i	$\overline{(1-y)_L}$	$K'_y a$	$\frac{V}{S}$	$f' = \frac{V/S}{(1-y)(y-y^*)K'_y a}$	ΔZ
0.20	0.103	0.164	0.818	5.21	8.62	20.1	
0.15	0.084	0.118	0.866	4.95	8.12	23.0	1.08
0.10	0.062	0.074	0.913	4.71	7.67	29.2	1.31
0.05	0.034	0.034	0.958	4.46	7.26	50.4	1.99
0.02	0.015	0.012	0.984	4.87	7.04	98.3	2.06
0.005	0.005	0.002	0.996	4.82	6.93	289.0	2.41
						$Z_T =$	8.85

식 (18.43)으로부터,

$$Z_T = 3.36 \times 3.0 = 10.1 \text{ ft}$$

18.4 물질전달 상관관계

총괄 물질전달계수나 전달단위의 높이를 계산하려면, 기상과 액상에 대해 별개의 상관관계가 필요하게 된다. 이와 같은 상관관계는 일반적으로 한 개의 상이 조절저항(율속저항, controlling resistance)을 갖는 계에 대한 실험 데이터에 기초하게 되는데, 이것은 두 상에서의 저항이 상당한 크기를 갖는 경우 두 저항들을 정확하게 분리하기가 곤란하기 때문이다. 액상저항은 물로부터 산소나 탄산가스가 탈착하는 속도로부터 구할 수 있다. 이러한 기체들은 용해도가 낮아서 기체경막 저항을 무시할 수 있으며, H_{Ox} 값은 본질적으로 H_x와 같다.

전형적인 기체유속 및 액체유속에서 조작선의 기울기가 평형선 기울기보다 작기 때문에 좀더 정확한 H_x 값은 흡수실험 보다는 탈착 측정으로부터 얻어진다. 20°C에서 물 속에 있는 산소 평형분압은 4.01×10^4 atm/몰분율이며, L/V는 1에서 100 범위에 있다. 순수한 물 속에 공기 중의 산소를 흡수시키는 경우, 그림 18.20에서와 같이 충전탑 밑에서 "핀치"(pinch)가 일어난다. 구동력 $x_b - x_b^*$를 구하기 위해서는 x_b와 온도(x_b^*를 구하기 위해서)를 아주 정확하게 측정할 필요가 있다. 포화된 용액으로부터 산소를 질소 속으로 탈착시키는 경우, 농도 x_b는 적지만 x_b^*가 0이기 때문에 N_{Ox}는 꽤 정확하게 구할 수 있다.

액체경막계수

쎄라믹 Raschig 링[19]이 충전된 충전탑에서 O_2-H_2O계에 대한 H_x 값들은 그림 18.21에서와 같다. 중간 범위의 액체 질량속도인 500 내지 10,000 lb/ft^2·h에서 H_x는 1/2 in. 링에 대해서는 $G_x^{0.4}$에 비례하지만, 이보다 큰 링에 대해서는 $G_x^{0.2}$에 비례한다. 따라서, 1-, $1\frac{1}{2}$-, 및 2-in. 링에 대해서는 $k_L a$가 $G_x^{0.8}$에 비례하여 변한다. $k_L a$ 증가의 대부분은 계면의 면적 a의 증가에 기인하며, 나머지는 k_L의 증가에서 비롯된다. 질량속도가 크면 충전물은 거의 완전하게 젖게 되며, $k_L a$는 G_x에 따라 약간만 증가할 뿐이어서, H_x는 거의 G_x에 비례하게 된다. 물질전달이 관계되는 한, 충전물 전체 면적이 충전물 크기에 역비례함에도 불구하고, 중간 범위의 유량에서는 작은 충전물이 큰 충전물보다 약간 더 좋은 정도이다. 일반적으로 큰 충전물을 쓰면 용량이 훨씬 커지기 때문에(범람속도가 커지기 때문에) 상업적 운전을 위해서는 큰 충전물이 더 좋다. 그림 18.21에 있는 데이터는 100 내지 230 lb/ft^3·h의 기체유량에서 취한 것으로서, 이 범위에서 G_y의 영향은 없다. 부하점과 범람점 사이의 기체유량에서는 액체의 체류량이 증가하기 때문에 H_x가 약간 낮다. 그렇지만 범람속도의 절반으로 운전하도록 설계된 탑에서는 H_x에 대한 G_y의 영향은 무시될 수 있다.

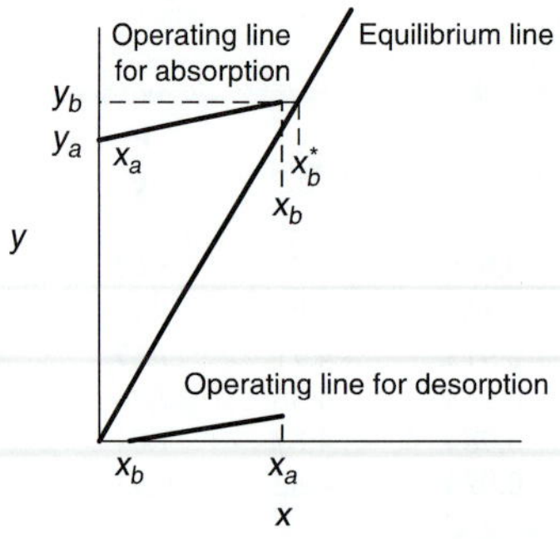

그림 18.20 약 용해성 기체의 흡수 또는 탈착에 대한 전형적인 조작선

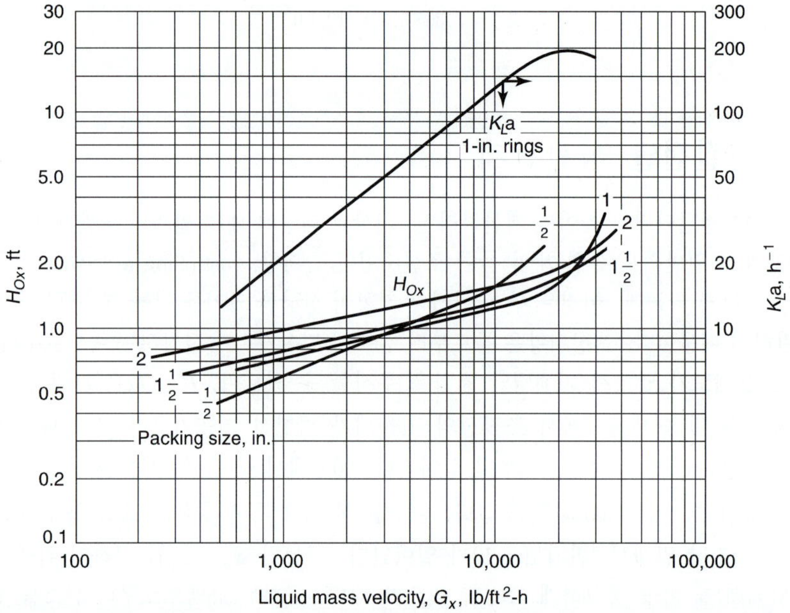

그림 18.21 Rasching 링 충전탑에서 25℃에서 산소를 물로부터 탈착시키기 위한 1개 전달단위의 높이 (주: 이 계에서 $H_{Ox} \approx H_x$이다)

다른 계에 대한 액체경막 저항은 확산도와 점도에서의 차이를 보정하여 O_2-H_2O 계의 데이터로부터 계산될 수 있다(참고로 25°C에서 물 속의 산소에 대한 D_v는 2.41×10^{-5} cm^2/s이며, Sc는 381이다). 즉,

$$H_x = \frac{1}{a}\left(\frac{G_x}{\mu}\right)^n\left(\frac{\mu}{\rho D_v}\right)^{0.5} \tag{18.44}$$

여기서, a와 n은 구형 충전물들의 경우 문헌상에 수록되어 있는 실험상수들이다. Schmidt 수의 지수 0.5는 침투론과 일치하는데, 이것은 몇 개의 충전물에 해당하는 짧은 거리를 흐르는 액체에 적용할 수 있는 것으로 본다. 지수 n은 충전물 크기와 모양에 따라 변하지만, 전형적인 값으로 0.3이 사용될 수 있다. 식 (18.44)를 물 이외의 다른 액체들에 사용하려면 밀도, 표면장력 및 점도의 영향이 불확실하기 때문에 조심해서 사용해야 한다.

분자량이 큰 용매에 증기가 흡수될 때에는 같은 질량속도의 물이 사용될 때보다 몰 액체유량이 훨씬 적다. 그렇지만 몰분율 구동력에 근거한 계수 k_xa는 액체의 평균분자량에 역으로 비례하여, 결국 H_x에 대한 M의 실제 영향은 없게 된다.

$$k_x a = k_L a \frac{\rho_x}{\overline{M}} \qquad (18.45)$$

$$H_x = \frac{G_x/\overline{M}}{k_x a} = \frac{G_x/\rho_x}{k_L a} \qquad (18.46)$$

계수 $k_L a$는 주로 부피유량, 확산도 및 점도에 관계되고 분자량에는 관계되지 않으므로, 이런 면에서 $k_L a$나 H_x에 대한 일반 관계식들은 $k_x a$에 대한 것들 보다 단순하다.

기체경막 계수

물에 암모니아를 흡수하는 경우 액체경막 저항은 총괄 저항의 10%에 불과하여 이를 허용할 수 있기 때문에, $k_g a$나 H_y에 대한 데이터를 얻는데 암모니아 흡수가 이용된다. H_{Oy}와 보정된 H_y에 대한 데이터가 1½-in. Raschig 링에 대해 그림 18.22에 주어져 있다. 질량속도가 600 lb/ft^3 · h에 이르기까지 H_y는 G_y의 약 0.3 내지 0.4승에 비례하는데, 이것은 $k_g a$가 $G_y^{0.6-0.7}$에 비례하는 것을 의미하는 것으로, 충전층 입자에 대한 물질전달 데이터와 잘 일치한다. 부하영역에서는 계면의 면적이 증가하기 때문에, H_y의 기울기들이 감소한다. H_y값들은 액체유량의 -0.7 내지 -0.4 승에 따라 변하는데, 이것은 계면의 면적에 대한 액체유량의 영향이 크다는 것을 반영한 것이다.

물에 다른 기체들이 흡수하는 경우 H_y 계산에 다음과 같은 식이 추천된다[20]. NH_3-공기-H_2O 계에 대한 Schmidt 수는 25°C에서 0.66이다.

$$H_y = H_{y,\ NH_3}\left(\frac{Sc}{0.66}\right)^{1/2} \qquad (18.47)$$

확산도나 Schmidt 수에 지수가 1/2인 데이터는 거의 없다. 오히려 경계층론과 충전층에 대한 데이터에 근거해서 지수가 2/3일 것으로 생각된다. 그러나 기체에 대한 Schmidt 수는 그다지 다르지 않아서 보정항이 대개는 작다. 물 이외의 액체들을 용매로 사용하는 경우, H_y에 대한 액체 성질의 영향에 대해서 더 불확실한 점이 많다.

순수한 액체를 기체흐름으로 기화시키는 경우에는 액상의 물질전달 저항이 없으므로, 기화시험이 기체경막 저항에 관한 상관관계식을 만드는 좋은 방법이 될 수 있다. 그러나 물과 다른 액체들로 시험하면, 같은 질량속도에서도 H_y 값들이 암모니아로 시험한 값들의 약 절반 밖에 되지 않는다. 이 차이는 거의 정지 상태에 있는 액체 포켓이 기화에 기여하지만, 기체흡수 시험[22]에는 곧 포화되어버리는 데 그 원인이 있

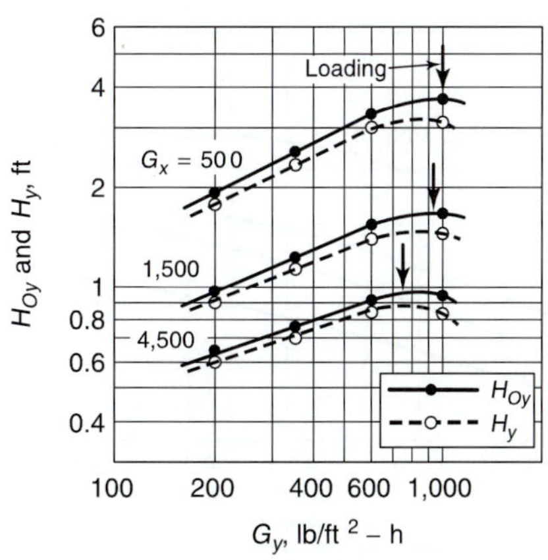

그림 18.22 1.5 in 쎄라믹 Raschig 링이 충전된 탑에서 암모니아를 물에 흡수시킬 때의 1개 전달단위의 높이

다. 정체포켓은 **정적 체류량**(static holdup)에 해당하는 것으로서, 흐름이 중지된 다음에도 오랫동안 탑에 머무는 액체이다. 나머지 액체는 **동적 체류량**(dynamic holdup)으로서, 액체유량에 따라 증가한다. 정적 체류량과 동적 체류량 및 이에 대응하는 계면의 면적에 대한 관계식들이 알려져 있으며[21], 이는 기화와 기체흡수 결과들을 상관시키는 데 이용될 수 있다.

다른 충전물들의 성능

Raschig 링과 Berl 안장형(saddle)보다 용량이 크고 물질전달 특성이 더 좋은 몇 가지 충전물들이 알려져 있지만, 기체와 액체 저항들에 대한 포괄적인 데이터가 부족한 실정이다. 이러한 충전물들은 액체경막이 조절저항이지만, 기체경막 저항도 무시할 수 없는 계인 NaOH 용액 속의 CO_2 흡수에 대해 시험되었다. CO_2와 NaOH 간의 화학반응이 계면에 매우 가까운 곳에서 일어나 CO_2 농도기울기가 가파르게 되기 때문에, 이 경우의 $K_g a$값들은 물 속의 CO_2 흡수시보다 20 내지 40배가 된다.

CO_2-NaOH 계에 대한 $K_g a$ 값들을 다른 계에 대한 성능 예측에 직접 이용할 수는 없지만, 충전물을 비교하는 데에는 이용할 수 있다. 몇 가지 크기의 Intalox 안장형과 Pall 링에 대한 데이터를 Raschig 링에 대한 데이터와 함께 그림 18.23에 도시하였다. $G_x = 1{,}000\ \text{lb/ft}^2 \cdot \text{h}$ 및 $G_y = 500\ \text{lb/ft}^2 \cdot \text{h}$에서 평가한 $1\frac{1}{2}$ in. Raschig 링에 대한 $K_g a$와 주어진 충전물들의 $K_g a$ 값의 비를 성능 f_p로 하여 표 18.1에 수록하였다. NaOH 용액 속으로 CO_2를 흡수시키는 것은 정적 체류액체와 동적 체류액체에서 일어날 수 있는 비가역반응(非可逆反應)이므로, f_p값은 총 계면면적(界面面積)의 상대적 측정이라 할 수 있다. 상대

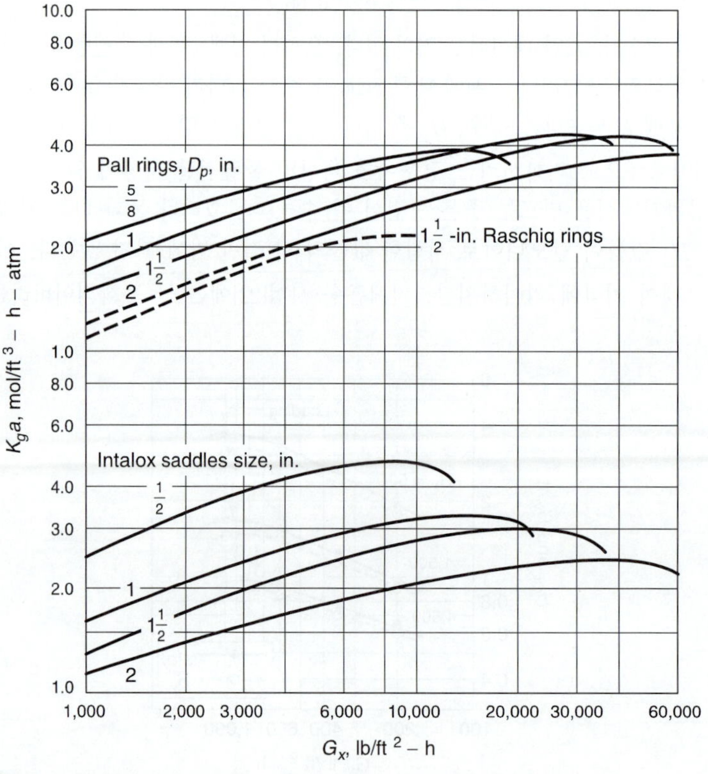

그림 18.23 금속 Pall 링 또는 쎄라믹 Intalox 안장형으로 충전된 탑에서 4% NaOH에 CO_2를 흡수시킬 때의 물질 전달계수($G_y = 500\ \text{lb/ft}^2 \cdot \text{h}$)

적으로 큰 총 계면면적을 갖는 충전물은 아마 큰 동적 체류액체를 가질 것이며, 보통 물리적 흡수에 대한 면적도 크리라고 본다. 물리적 흡수에 대한 새로운 충전물들의 성능을 개략적으로 산출하기 위해서 f_p값을 1.5-in. Raschig 링에 대해 계산된 H_{Oy}나 총괄 계수에 적용시킬 수 있다. 총괄 계수는 NH_3와 O_2에 대한 데이터에 기준하고, 확산도, 점도 및 유속의 변화에 대해 보정된 것이다.

큰 탑은 같은 충전물을 사용한 작은 탑보다 겉보기 H_{Oy}값이 클 때가 있으며, 탑의 지름과 충전층 높이의 영향에 대한 여러 가지 실험관계식이 발표되어 있다[15c]. 이들 영향은 아마 불균일한 액체분배에 영향을 끼칠 것으로 보며, 이로 인하여 기체흐름이 불균일하게 되고 어느 부분에서의 조작선 기울기 값이 평균치에서 훨씬 벗어나도록 만들게 된다. 잘못 분배됨으로써 생기는 불리한 점은 조작선이 평형선보다 단지 약간 가파르고 많은 전달단위 수가 필요한 경우에 가장 크게 된다. 이런 경우에는 특히 액체분배를 아주 잘 하도록 배려하는 것이 중요하며, 앞에서 언급한 바와 같이 탑이 길면 5 내지 10 m 구간 사이에 재분배기를 설치하여 충전하는 것이 바람직하다.

예제 18.7

반응기에서 나온 기체가 3% 산화에틸렌(EO), 10% CO_2 및 나머지는 대부분이 질소인 기체로 되어 있어서, EO의 98%를 물로 세척하여 회수하려고 한다. 흡수탑은 20 atm으로 운전하며, 30℃에서 0.04 몰%의 EO가 함유된 물을 사용한다. 기체는 30°C로 들어가며, 물로 포화되어 있다. 건조기체 1 몰 당 1.4 몰의 H_2O를 사용하면 몇 개의 전달단위가 필요한가? $1\frac{1}{2}$-in. Pall 링을 사용하고, 기체의 총 공급속도가 10,000 mol/h라고 할 때, 탑의 지름과 충전탑의 높이를 계산하라.

풀이

30°C 및 40°C에서의 평형 데이터[6]는 그림 18.24와 같다. 예제 18.4와 유사한 열수지에 의해 액체의 온도상승은 12.5°C로 계산되며, 이로 인해 탑의 평형선이 위로 구부려진다. 조작선 양끝 점들은 물질수지로 구할 수 있다.

계산기준. 유입되는 건조기체 100 mol과 유입되는 용액 140 mol.

In	Out
87 N_2	87 N_2
10 CO_2	10 CO_2
3 EO	0.06 EO (= 3 × 0.02)
100	97.06

CO_2의 흡수를 무시하고, 기체 조성에 대한 H_2O 영향을 무시하면,

탑 위에서: $x = 0.0004 \qquad y = \dfrac{0.06}{97.06} = 0.00062$

흡수된 EO의 몰수: $3 \times 0.98 = 2.94$

물 속에 있는 EO의 몰수: $140 \times 0.0004 = 0.056$

탑 밑바닥에서:

$$x = \frac{2.94 + 0.056}{140 + 2.94} = 0.0210$$

$$y = 0.030$$

$$N_{Oy} = \int \frac{dy}{y - y^*} = \sum \frac{\Delta y}{(y - y^*)_L}$$

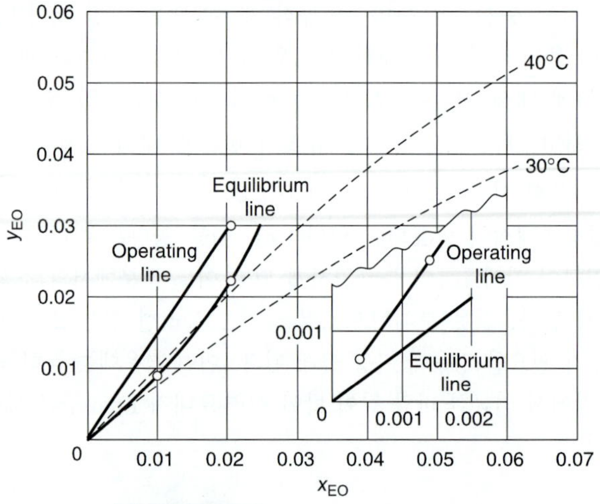

그림 18.24 예제 18.7의 y-x 선도

y	$y - y^*$	ΔN_{Oy}
0.03	0.008	—
0.015	0.006	2.14
0.005	0.0024	2.55
0.0006	0.0003	4.36
		$N_{Oy} =$ 9.05 = 9.0 transfer units

탑의 지름. 탑의 지름을 구하기 위해서 일반화 압력강하 관계인 그림 18.6을 이용한다. 유입기체에 기준해서,

$$\overline{M} = 0.87(28) + 0.1(44) + 0.03(44) = 30.1$$

40°C에서,

$$\rho_y = \frac{30.1}{359} \times 20 \times \frac{273}{313} = 1.46\ \text{lb/ft}^3 (0.0234\ \text{g/cm}^3)$$

$$\frac{G_x}{G_y}\sqrt{\frac{\rho_y}{\rho_x - \rho_y}} = \frac{1.4 \times 18}{1 \times 30.1}\sqrt{\frac{1.46}{62.2 - 1.46}} = 0.130$$

$\Delta P = 0.5$ in H_2O/ft 의 경우, 그림 18.6으로부터,

$$\frac{G_y^2 F_p \mu_x^{0.1}}{\rho_y(\rho_x - \rho_y)g_c} = 0.045$$

표 18.1에서, $F_p = 40$ 이다. 40°C에서 $\mu = 0.656$ cP 이다. 따라서,

$$G_y^2 = \frac{0.045(1.46)(62.2 - 1.46)(32.2)}{40(0.656)^{0.1}} = 3.35$$

$$G_y = 1.83\ \text{lb/ft}^2 \cdot \text{s} = 6,590\ \text{lb/ft}^2 \cdot \text{h}$$

$$G_x = \frac{1.4 \times 18}{1 \times 30.1} \times 6,590 = 5,520\ \text{lb/ft}^2 \cdot \text{h}$$

원료공급속도가 $10,000\ \text{mol/h} \times 30.1 = 3.01 \times 10^5\ \text{lb/h}$ 이므로,

$$S = \frac{3.01 \times 10^5}{6,590} = 45.7\ \text{ft}^2 \qquad D = 7.6\ \text{ft}$$

지름이 8.0 ft인 탑을 사용한다.

탑 높이. $1\frac{1}{2}$-in. Raschig 링을 사용하는 암모니아-물과 산소-물에 대한 데이터로부터 H_y와 H_x를 구한다. $G_y = 500$ 이고 $G_x = 1,500$ 인 경우, 그림 18.22로부터,

$$H_{y,\,NH_3} = 1.4\ \text{ft}$$

기체 점도가 N_2의 점도와 같다고 가정하면 40°C, 1 atm에서 0.0181 cP(부록 8)이다. 기체에서 EO의 확산도는 식 (17.28)로 계산되며, 40°C, 20 atm에서,

$$D_v = 7.01\times10^{-3}\ \text{cm}^2/\text{s}$$

$$\text{Sc} = \frac{\mu}{\rho D_v} = \frac{1.81\times10^{-4}}{(7.0\times10^{-3})(2.34\times10^{-2})} = 1.10$$

표 18.1에서 1.5-in. Pall 링의 경우 $f_p = 1.36$이므로, H_y는 이 계수만큼 작아진다. H_y가 $G_y^{0.3}$ 및 $G_x^{-0.4}$에 따라 변한다고 가정한다. 따라서,

$$H_{y,\,EO} = 1.4\left(\frac{1.10}{0.66}\right)^{1/2}\frac{1}{1.36}\left(\frac{6,590}{500}\right)^{0.3}\left(\frac{1,500}{5,520}\right)^{0.4} = 1.71\ \text{ft}$$

그림 18.21로부터, $G_x = 1,500$에서 $H_{x,\,O_2} = 0.9$ ft이다. 식 (17.32)를 이용하면, 40°C에서 H_2O 속의 EO의 확산도는 $D_v = 2.15\times10^{-5}\ \text{cm}^2/\text{s}$이다.

$$\text{Sc} = \frac{0.00656}{1.0\times2.15\times10^{-5}} = 305$$

보정계수 f_p와 25°C에서 물 속의 O_2에 대한 Sc = 381 값을 갖고 식 (18.44)를 사용하면,

$$H_{x,\,EO} = 0.9\left(\frac{5,520/0.656}{1,500/0.894}\right)^{0.3}\left(\frac{305}{381}\right)^{0.5}\frac{1}{1.36} = 0.96\ \text{ft}$$

그림 18.24에서 m의 평균치는 약 1이다. 식 (18.28)로부터,

$$H_{Oy} = H_y + \frac{mG_M}{L_M}H_x = 1.71 + \frac{1.0\times0.96}{1.4} = 2.40\ \text{ft}$$

9개의 전달단위이며, 22 ft가 필요하다. 액체 재분배기가 달린 두 개의 12 ft 구간으로 나누어, 전체가 24 ft인 충전 높이를 사용하는 것이 좋다. ■

18.4.1 판형 탑(plate columns)에서의 흡수

기체흡수는 증류에 일반적으로 사용되는 체판(sieve tray)이나 다른 유형의 판(板)으로 이루어진 탑에서 수행될 수 있다. 탑 지름이 큰 탑에서 액체분배 문제를 해결하고, 규모확대(scale-up) 시의 불확실성을 감소시키기 위해 충전탑 대신 단이 있는 탑이 사용되기도 한다. 이론단 수를 구하고 평균 단효율을 어림하는 방법은 21장에서 설명한다.

18.5 화학반응을 동반한 흡수

액상 반응이 뒤따르는 흡수는 종종 기체 혼합물로부터 용질을 보다 완전하게 제거하는 데 이용된다. 예를 들어, 묽은 산 용액은 기체흐름으로부터 NH_3를 세척하는 데 이용될 수 있고, 염기성 용액은 CO_2와 그 밖의 산성 기체를 제거하는 데 이용된다. 액상에서의 반응은 용액 전반에 걸쳐 용질의 평형분압을 감소시켜 물질전달에 대한 구동력을 크게 증가시켜 준다. 반응이 흡수조건에서 근본적으로 비가역적이면 평형분압은 0이 되어, N_{Oy}는 기체조성의 변화만으로 계산될 수 있다. $y^* = 0$이므로 다음과 같이 쓸 수 있다.

$$N_{Oy} = \int_a^b \frac{dy}{y} = \ln\frac{y_b}{y_a} \tag{18.48}$$

화학반응의 효과를 설명하기 위해서 NH_3의 농도가 300배 감소하는(6%에서 0.02%로) 묽은 HCL으로의 NH_3 흡수를 생각해 보자. 식 (18.48)로부터 $N_{Oy} = \ln 300 = 5.7$인데, 예제 18.4의 조건에서 물을 이용하

여, 농도변화가 똑같은 경우에 $N_{Oy} = 12$ 인 것과 비교될 수 있다.

흡수와 반응이 있는 경우, 보다 유리한 점은 물질전달계수가 증가하는 점이다. 흡수가 동적 액체 체류지역은 물론 거의 정지한 지역(정적 체류지역)에서도 일어날 수 있기 때문에, 이런 증가의 일부는 유효 계면면적의 증가에서 생긴다. H_2SO_4 용액에 NH_3가 흡수되는 경우, K_ga는 물에 흡수되는 경우보다 1.5 내지 2배이었다[22]. 기체경막 저항이 율속이기 때문에 이 효과는 주로 유효면적의 증가에 기인되지 않으면 안 된다. 산 용액에 NH_3가 흡수되는 경우의 K_ga값들은 모든 계면면적이 유효한 것으로 기대될 수 있는 물의 기화에 대한 값들과 거의 같았다. $K_ga_{\text{vap}}/K_ga_{\text{abs}}$과 $K_ga_{\text{react}}/K_ga_{\text{abs}}$는 액체유속이 증가함에 따라 감소하며, 총 체류량이 정적 체류량보다 훨씬 클 때에는 1에 접근한다.

$K_ga_{\text{react}}/K_ga_{\text{abs}}$ 인자는 또한 반응물질의 농도에 관계되며, 탑에 공급된 용액 속에 반응물이 조금만이라도 과잉으로 존재할 때에는 작아진다. 액체 체류량과 유효면적에 관한 데이터는 Raschig 링과 Berl 안장형에 대해서는 발표되어 있지만[21], 새 충전물들에 대해서는 이와 유사한 결과들이 알려져 있지 않다.

수용액에 CO_2나 H_2S가 흡수되는 경우처럼 액체경막 저항이 지배적일 때, 액체에서의 빠른 화학반응이 물질전달계수를 아주 크게 증가시킬 수 있다. CO_2-H_2O-NaOH 계에 대해 그림 18.23에서 보여준 계수들은 1 내지 4 mol/ft^3 · atm · h의 범위로서, 물에서 CO_2의 전형적인 값이 0.05 내지 0.2 mol/ft^3 · atm · h인 것과 비교된다. 빠른 반응으로 기체-액체 계면의 아주 가까운 곳에서 대부분의 CO_2가 소비되며, 이로써 CO_2에 대한 농도기울기가 가파르게 되고 액체 내의 물질전달 공정을 높여준다. 겉보기 k_L 값과 물리적 흡수에 대한 값과의 비를 향상인자(enhancement factor) ϕ로 정의하며, 이것은 1 내지 1,000 이상의 범위에 있다. 반응속도와 물질전달 데이터로부터 ϕ를 예측하는 방법은 다른 문헌[2,8,20]에 주어져 있다. ϕ값이 아주 크면, 기체경막이 조절저항으로 된다.

NaOH 용액에 CO_2를 흡수시키면 물질전달 속도는 크지만 약품 값과 폐기물 문제로 이 방법은 대규모용으로는 비실용적이다. 대신 CO_2는 화학반응이 가역적인 아민이나 탄산칼리 수용액을 사용하여 제거한다. 아민 용액을 이용한 흡수는 20 내지 50°C에서 수행되며 폐용액은 100 내지 130°C에서 수증기로 재생된다[10]. 아민의 약 20%가 반응할 때까지 CO_2의 평형압력이 낮기 때문에 완전한 재생은 필요치 않다. 그림 18.25는 monoethanolamine 용액에 CO_2를 흡수시킨 최근의 연구 중 한 사례의 평형선과 조작선을 보여주고 있다[5]. Aspen Plus의 Rate Frac 모듈과 열역학 및 반응속도 데이터를 합해서 충전탑 흡수장치와 탈거장치를 모형화

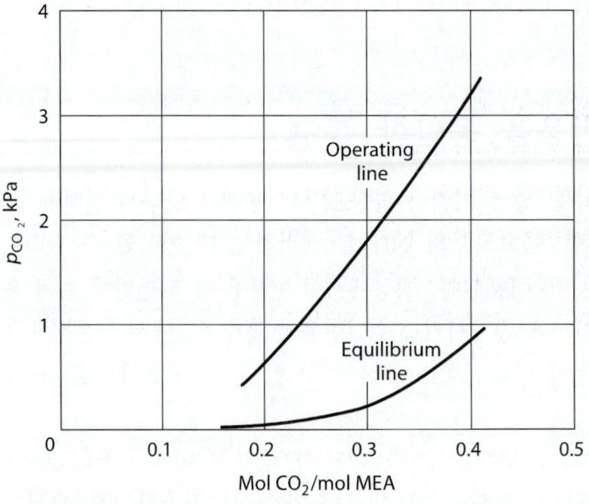

그림 18.25 monoethanolamine(MEA) 용액에 CO_2 흡수 (After Freguia and Rochelle[5])

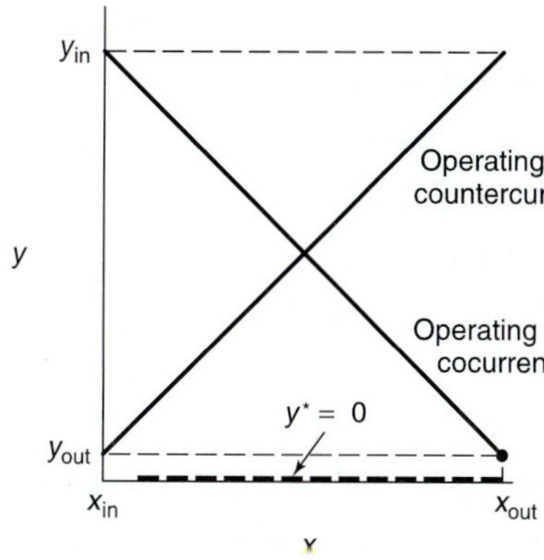

그림 18.26 비가역 화학반응이 동반된 흡수에 대한 맞흐름(향류) 및 나란흐름(병류) 조작선

하여 최적조업조건을 찾는 데 이용하였다. 그림 18.25에서는 단지 85%가 제거되는 것을 보여주지만 비교적 높은 탑에서는 같은 L/G의 비를 가지고도 95% 이상 제거될 수 있다.

흡수가 매우 느린 반응과 동반되면 $K_g a$의 겉보기 값은 흡수 단독인 경우보다도 작다. 이런 예는 Cl_2가 물에 흡수되고, 이어서 용해된 Cl_2가 가수분해하는 경우이다. 느린 가수분해 반응이 결국 총괄 흡수속도를 지배한다.

나란흐름 조작

화학반응이 실질적으로 비가역적이고 용질의 평형분압이 0이면 주어진 분리를 위한 전달단위 수는 액체와 기체의 맞흐름 조작이나 나란흐름(병행류, cocurrent flow) 조작에서 모두 똑같다. 그림 18.26은 두 가지 경우의 전형적인 조작선들을 보여준다. 이 선도에서 x는 흡수되어 반응된 총 용질이며, 원래용질의 양이 아니다. 탑 위로 원료를 공급하는 나란흐름 조작의 경우, 탑 밑바닥으로 나가는 기체는 많은 용질을 흡수한 농후액체에 노출되지만, $y^* = 0$인 경우 구동력은 y 자체이기 때문에 N_{Oy}는 맞흐름에서와 마찬가지로 식 (18.48)로 계산된다.

나란흐름 조작의 장점은 범람 한계가 없다는 점으로, 여기서는 정상 조작보다도 훨씬 큰 기체유량이 사용될 수 있다. 이로 인해 필요한 탑 지름이 줄며, 액체와 기체의 질량유속 증가로 물질전달계수를 크게 해준다. 50,000 내지 100,000 $lb/ft^2 \cdot h$(70 내지 140 $kg/m^2 \cdot s$)만큼 큰 액체유량이 사용될 수 있다. $K_g a$나 H_{Oy} 값들은 같은 계에 대한 맞흐름 데이터를 더 큰 질량유속까지 외삽하여 개략적으로 산출할 수 있다.

18.5.1 탱크에서의 흡수

화학반응을 동반하는 기체흡수 공정이 기포들이 액상에서 분산되는 탱크 속에서 수행되는 경우가 자주 있다. 액체는 교반이나 기포 그 자체에 의해 혼합되며 기체도 상당한 정도로 역혼합이 이루어진다. 이것이 전환율의 저하를 일으킨다. 그렇지만 미반응 기체를 재순환하든가 기체가 값이 나가지 않는 경우(공기처럼)에는 기체의 높은 전환이 필요치 않다. 중요한 예로는 폐수나 하수 처리장에서 공기를 사용하여 유기물을 산화시키는 것을 들 수 있다.

폭기하는 방법으로 스파저(spager)나 확산기(diffuser)를 탱크 밑에 설치한다. 여러 개의 오리피스를 갖고 있는 다기관(pipe manifold)들을 기포 확산기(coarse diffuser)라고 하며 1 내지 5 mm 크기의 기포를 만들어 낸다. 다공성 쎄라믹이나 고분자 관들은 더욱 미세한 기포를 만들지만 합체가 되어 기포가 커진다. 큰 탱크는

100개가 넘는 확산기를 가지고 있으며 각 확산기는 5 내지 20 SCFM(Standard Cubic Foot per Minute)의 공기를 분산시키며 이의 대부분은 대기 중으로 배출된다. 기체 분산을 위한 다른 장치로는 스파저가 밑에 깔려있는 탱크의 바닥 근처에 설치된 터빈과, 증기 공간으로부터 기체를 끌어들이거나 액체를 공기 중으로 분사시키기 위해 표면 근처에 설치된 축방향 흐름의 임펠러를 들 수 있다[23].

산소의 용해도가 작기 때문에 폭기장치에서는 물질전달속도가 액체경막저항에 의해 조절된다. 굵은 기포 확산기가 설치된 15 ft. 높이의 탱크에서는 공기중의 5 내지 10%의 산소만이 흡수된다[17]. 미세기포 확산기(fine-bubble diffuser)를 가지고 있을 경우에는 10 내지 25% 산소 이용이 가능하다[12]. 그러나 미세기포 확산기를 가지고 있더라도 K_La 값은 5 내지 20 h^{-1}로서 전형적인 충전탑의 값보다 훨씬 작다(그림 18.21 참조). 폭기장치에는 여러 가지 형이 있기 때문에 K_La에 대한 일반화 상호관계식이 없고 장치는 일반적으로 업자가 주는 성능데이터에 기준해서 설계하거나 기존장치를 선택한다. 산소의 속도라던가 또는 산소의 이용 %는 표준 조건에서 주어진다. 액체의 깊이, 기체유량, 온도, 용해된 산소 준위, 및 용액의 특성에 따라 차이가 보정된다[12].

고순도 산소의 이용이 폐수처리던가 다른 액상산화에 점차 증가하고 있다. 같은 전압에서 산소의 용해도는 공기보다 5배 크며 산소의 몰 분율은 공기와는 달리 산소가 소비도면서도 거의 일정하다. 또한 산소 기포는 올라가면서 크기가 줄어들어 천천히 올라가 체류시간이 증가한다. 표면에 설치된 임펠러를 가지고 증기 공간으로부터 기체를 끌어드리고 미세한 기포를 생산함으로서 90%까지 산소 이용율이 달성될 수 있다[1]. 공기를 이용하는 시스템과 비교하여 기체의 배기량은 100 배정도 축소되며 휘발성 유기화합물의 방출은 거의 없어진다.

18.6 기호 설명

a	단위충전 부피당 계면의 면적, m^2/m^3 또는 ft^2/ft^3 a_{abs}, 흡수에 대한; a_{react}, 화학반응에 대한; a_{vap}, 기화에 대한
C	액상의 질량농도, g/g, $k\,mol/m^3$, ppm 또는 $lb\,mol/ft^3$; C_a, 액체입구에서의 값, C_b, 액체출구에서의 값; C^*, 기체의 조성 y와 평형을 이루는 액상농도; C_a^*, 액체입구에서의 값; C_b^*, 액체출구에서의 값
C_p	몰 열용량, $cal/mol \cdot °C$
C_s	용량인자, $u_0\sqrt{\rho_y/(\rho_x-\rho_y)}$
D	탑의 지름, m 또는 ft
D_p	충전물의 지름, mm 또는 in.
D_v	확산도, m^2/s, cm^2/s, 또는 ft^2/h; D_{vx}, 액체의; D_{vy} 기체의
F	탑에 공급되는 기체의 부피, m^3; F_{min}, 최소값
F_p	압력강하에 대한 충전물 인자
f_p	상대 물질전달계수(표 18.1)
f'	예제 18.6에서의 인자 $(V/S)/(1-y)(y-y^*)(K_y'a)$
G	탑 전체 단면적에 기준한 질량속도, $kg/m^2 \cdot h$ 또는 $lb/ft^2 \cdot h$; G_x, 액체흐름의; $\overline{G_x}$, 평균값; G_y, 기체흐름의
G_M	몰 질량속도, $k\,mol/m^2 \cdot h$ 또는 $lb\,mol/ft^2 \cdot h$
g_c	Newton 법칙의 비례인자, $32.174\,ft \cdot lb/lb_f \cdot s^2$

H 1개 전달단위의 높이, m 또는 ft, H_G, H_y의 다른 형태; H_L, H_x의 다른 형태; H_{Ox}, 액상에 기준한 총괄 한 단위의 높이; H_{Oy}, 기상에 기준한 총괄 한 단위의 높이; H_x, 액상에 기준한 개별 한 단위의 높이; H_y, 기상에 기준한 개별 한 단위의 높이

Ka 총괄 부피 물질전달계수, kmol/m^3 · h · 단위몰분율 또는 lb mol/ft^3 · h · 단위몰분율 $K_x a$, 액상에 기준한; $K_y a$ 기상에 기준한; $K'_x a$, $K'_y a$, 액상과 기상에서 한방향 확산인자를 포함하는 값

$K_L a$ 농도차이에 기준한 액상에서의 총괄 부피 물질전달계수, h^{-1}

$K_g a$ 분압 구동력에 기준한 기상에서의 총괄 물질 전달계수, kmol/m^3 · h · atm 또는 lb mol/ft^3 · h · atm

k_L 농도차이에 기쥰한 액상의 개별 물질전단계수, m/h 또는 ft/h

ka 개별 부피물질전달계수, kmol/m^3 · h · 단위몰분율 또는 lb mol/ft^3 · h · 단위몰분율; $k_x a$, 액상에서의; $k_y a$, 기상에서의

$k_L a$ 농도차이에 기준한 액상에서의 개별 부피물질전달계수, h^{-1}

$k_g a$ 분압 구동력에 기준한 기상에서의 개별 부피물질전달계수, kmol/m^3 · h · atm 또는 lb mol/ft^3 · h · atm

L 액체의 몰 유량, mol/h ; L_a, 액체입구에서의; L_b, 액체출구에서의; L_{min}, 최소값

L_M 액체의 몰 질량유속, kmol/m^2 · h 또는 lb mol/m^2 · h

M 분자량; $\overline{M}$, 평균치

m 평형곡선의 기울기

N 전달단위의 수, N_G, N_y의 다른 형태; N_L, N_x의 다른 형태; N_{Ox}, 액상에 기준한 총괄 전달단위 수; N_{Oy}, 기상에 기준한 총괄 전달단위 수; N_x, 액상에 기준한 개별 전달단위 수; N_y, 기상에 기준한 개별 전달단위 수

N_A A 성분의 물질전달 훌럭스, kmol/m^2 · s 또는 lb mol/ft^2 · h

N_H 열전달 단위 수

NTP 이론단 수

NTU 전달단위 수

n 식 (18.44)의 지수

P 전압, atm; P'_A, A 성분의 증기압

p_A A 성분의 분압

Q 열량, cal; Q_a, 흡수열; Q_{sx}, Q_{sy}, 각각 액체와 기체의 느낌열(현열) 변화; Q_v, 기화열

r 단위 부피당 흡수속도, kmol/m^3 · h 또는 lb mol/ft^3 · h

S 탑의 단면적, m^2 또는 ft^2

Sc Schmidt수, $\mu/\rho D_v$

T 온도, °C 또는 °F; T_a, 액체입구의; T_b, 액체출구의; T_i, 중간지점의; T_{max}, 최대치

u_0 빈 탑에 기준한 겉보기 기체속도, m/s 또는 ft/s; $u_{0,f}$, 범람시

V 기체의 몰 유량, mol/h; V_a, 출구에서의; V_b, 입구에서의; V_{min}, 최소값

X 몰비, 용질제외 액체 1몰 당 용질의 몰 수

x 액체에서 용질(성분 A)의 몰분율, x_a, 액체입구에서의; x_b, 액체출구에서의; x_i, 기-액 계면에서의; x^*, 기상 조성 y에 대응하는 평형농도; x^*_b, y_b와 평형을 이루는 농도

x_B 액체 속에서 B 성분의 몰분율; x_{Ba}, 액체 입구에서; x_{Bb}, 액체 출구에서

$\overline{(1-x)}_L$	액상의 한방향 확산인자
Y	몰비, 용질제외 기체 1몰 당 용질의 몰 수
y	기체에서 용질 (성분 A)의 몰분율; y_a, 기체출구에서의; y_b, 기체입구에서의; y_i, 기-액 계면에서의; y^*, 액상조성 x에 대응하는 평형농도; y_a^*, x_a와 평형을 이루는 농도; y_b^*, x_b와 평형을 이루는 농도
y_B	기체에서 B 성분의 몰분율; y_{Ba}, 기체 출구에서; y_{Bb}, 기체 입구에서; y_B^*, x_B와 평형에 있는 기체에서 B 성분의 몰분율
$\overline{(1-y)}_L$	기상의 한방향 확산인자
Z	충전물 꼭대기로부터의 수직거리, m 또는 ft; Z_T, 충전층의 총 높이

그리스문자

α	식 (18.44)의 상수
γ_A	A 성분의 활동도 계수
ΔC	농도 구동력, g/g 또는 ppm; ΔC_a, 액체입구에서의; ΔC_b, 액체출구에서의
ΔH	용해열, k cal/g mol; ΔH_v, 기화열
ΔP	압력강하, in. H_2O/ft 충전물; ΔP_{flood}, 범람시
$\overline{\Delta x_L}$	$x_b^* - x_b$와 $x_a^* - x_a$의 대수 평균
$\overline{\Delta y_L}$	$y_b - y_b^*$ 및 $y_a - y_a^*$의 대수 평균
ε	충전층의 공극률
μ	점도, cP 또는 1b/ft.h; μ_x, 액체의
ν	운동학 점도, μ/ρ, m^2/s 또는 ft^2/s
ρ	밀도, kg/m^3 또는 $1b/ft^3$; ρ_x, 액체의; ρ_y, 기체의
ρ_M	몰밀도, $kmol/m^3$ 또는 1b mol/ft^3; ρ_{Mx}, 액체의; ρ_{My}, 기체의
ϕ	화학반응을 동반하는 흡수에서의 향상인자, 무차원

연습 문제

18.1 흡수액체로서 물을 사용하여 공기흐름 중에 있는 아세톤의 95%를 회수하는 흡수탑을 설계하려고 한다. 들어가는 공기에는 14 몰%의 아세톤이 들어 있다. 흡수탑을 냉각시켜 80°F, 1 atm으로 운전하며, 7.0 몰%의 아세톤이 함유된 제품을 생산하려고 한다. 탑에 공급된 물에는 0.02 몰% 아세톤이 들어 있다. 탑은 범람속도의 50%에서 운전되도록 설계하려고 한다. (a) 기체유량이 1 atm, 32°F에서 500 ft^3/min이라면, 물이 시간당 몇 1b 씩 탑에 공급되어야 하는가? (b) 총괄 기상구동력에 기준해서 몇 개의 전달단위가 필요한가? (c) 탑이 1-in, Raschig 링으로 충전된다면, 충전층 높이는 얼마이어야 하는가?(평형에 대해 $p_A = P'_A \gamma_A x$를 가정하라. 단 $\ln \gamma_A = 1.95(1-x)^2$이다. 80°F에서 아세톤의 증기압은 0.33 atm 이다.)

18.2 물을 흡수액체로 하여 흡수탑으로 들어가는 공기-암모니아 흐름 중에 있는 암모니아의 99%를 회수하려고 한다. 공기 중의 암모니아 함량은 20 몰%이다. 흡수탑 온도는 냉각코일에 의해 30°C로 유지된다. 압력은 1 atm 이다. (a) 물의 최소 유량은 얼마인가? (b) 물의 유량을 최소 유량보다 40% 더 크게 하면, 몇 개의 총괄 기상전달단위가 필요한가?

18.3 충전탑에서 용해성 기체가 물에 흡수된다. 평형 관계식은 $y_e = 0.06x_e$ 와 같다. 탑 양단(兩端)에서의 조건은 다음과 같다.

	Top	Bottom
x	0	0.08
y	0.001	0.009

H_x = 0.24 m이고, H_y = 0.36 m라면, 충전층의 높이는 얼마인가?

18.4 흡수탑 밑으로 5% 벤젠과 95% 공기가 포함된 기체를 공급한다. 탑 위로는 비휘발성 흡수유가 들어가며, 이 흡수유에는 0.2 wt%의 벤젠이 들어 있다. 다른 데이터는 다음과 같다.

공급원료, 시간당 흡수유 2,000 kg
전압, 1 atm
온도(일정), 26°C
흡수유의 분자량, 230
흡수유의 점도, 4.0 cP
26°C에서 벤젠의 증기압, 100 mm Hg
들어가는 기체의 부피, 0.3 m^3/s
탑의 충전물, 명목치수 1 in.의 Intalox 안장형
들어가는 벤젠 중 흡수된 분율, 0.90
들어가는 기체의 질량속도, 1.1 $kg/m^2 \cdot s$

이 탑의 충전층 높이와 지름을 계산하라. Raoult의 법칙이 적용된다.

18.5 3.0 몰%의 벤젠이 들어 있는 증기흐름이 충전 흡수탑에서 세척유로 세척하여 기체 속의 벤젠농도를 0.02%로 줄이려고 한다. 세척유는 분자량이 약 250이고, 밀도가 54.6 lb/ft^3 이며, 0.015%의 벤젠이 들어 있다. 기체유량은 25°C, 1 atm에서 1,500 ft^3/min이다. (a) 세척탑의 액체유량이 14,000 1b/h이고, 25°C에서 등온으로 운전된다면, 몇 개의 전달단위가 필요한가? (b) 세척탑을 단열적으로 운전한다면 몇 개의 전달단위가 필요한가? (c) 분자량이 작은, 즉 M = 200인 세척유로 운전한다면 주요 효과는 무엇인가?

18.6 1.0 wt% NH_3가 들어 있는 폐수용액을 충전탑에서 공기로 탈거하여 NH_3의 99%를 제거하려고 한다. 탑을 20°C에서 조업한다고 하면, 최소 공기유속은 물 kg 당 몇 kg의 공기인가? 최소 공기유속의 두 배를 사용하면, 몇 개의 전달단위가 필요한가?

18.7 1 in Berl 안장형이 20 ft 충전된 8 ft 지름의 탑에 1.5 atm, 40°C의 공기가 흐르고 있다. Δp = 24 in H_2O임으로 탑은 범람속도에 가깝다고 보여진다. 액체의 질량유속은 기체의 8.5 배이다. (a) 탑이 $1\frac{1}{2}$-in. Intalox 안장형으로 재충전된다면, 압력강하는 얼마나 되겠는가? (b) 압력강하가 Berl 안장형일 때와 똑같다고 하면, 얼마나 더 큰 유량이 사용될 수 있겠는가?

18.8 흡수탑에서 4 몰%의 A가 들어 있는 기체흐름으로부터 용질 A의 99%를 제거하려고 한다. 용매 속의 A 용액은 Henry의 법칙에 따르며, 액체의 온도상승은 무시될 수 있다. (a) 최소치의 1.5배 유속인 용질이 없는 액체를 이용하여 1 atm에서 조업하는 경우, N_{oy}를 계산하라. (b) 같은 액체유속에서 2 atm과 4 atm에서 조업하는 경우의 N_{oy}를 계산하라. (c) N_{oy}에 대한 압력의 영향은 H_{oy}의 변화에 의해 부분적으로 상쇄되겠는가?

18.9 2% A와 1%의 B가 들어 있는 기체를 B보다 A가 5배나 더 용해되는 용매로 세척하려고 한다. 2개의 탑을 직렬로 연결하고, 각 탑에서 나오는 액체를 별개로 재생시킴으로써 비교적 순수한 형태로 A와 B를 회수할 수 있음을 보여라. A와 B의 동시 흡수에 대한 조작선과 흡수선(吸收線)을 나타내는 y x 선도를 이용하여 첫 번째 흡수탑에서 나오는 액체 속의 A와 B의 비를 산출하라.

18.10 1-in. Intalox 안장형으로 충전된 흡수탑이 50°C, 10 atm에서 액체질량속도가 기체질량속도의 5배로 운전된다. 기체와 액체가 공기 및 물과 비슷하다고 가정하면, 어떤 기체질량속도에서 압력강하가 0.5 in H_2O/ft-packing으로 되는가? 일반 상관관계식을 이용하여 물성변화의 영향을 구하고 그림 18.4의 데이터를 정정해 보라.

18.11 Mellapak 250Y로 충전된 탑이 $G_x = 8G_y$와 범람속도의 60% 조건하에서 공기와 수용액을 가지고 1 atm에서 운전된다(그림 18.8 참조). (a) 겉보기(공탑) 기체속도와 질량속도는 얼마인가? (b) 압력을 2 atm으로 바꾸면 어떤 겉보기 속도와 질량속도를 사용하는가?

18.12 충전탑을 사용하여 공기를 가지고 물로부터 톨루엔을 제거하려고 한다. 물에는 60 ppm(중량 기준)의 톨루엔이 들어있으며 이의 농도를 2 ppm으로 줄이려고 한다. 탑은 20°C에서 평균기압 1.1 atm으로 운전된다. 평형관계는 아래와 같다.

$$P_{\text{tol}} = 256x$$

P_{tol}은 기상에서 톨루엔의 분압으로 atm 단위이며, x는 액체 속에서 톨루엔의 몰 분율이다. (a) 100 L/min의 물의 유속에 대하여 최소 공기유속을 g mol/min의 단위로 구하라. (b) 최소속도의 2 배의 공기를 사용하는 경우 N_{Ox}를 계산하라. (c) $H_y = 0.7$ m이고 $H_x = 0.6$ m일 때 필요한 충전층 높이를 구하라.

18.13 1-in. Berl 안장형으로 충전된 탑을 1-in. 금속 Pall 링으로 바꾸어 충전한다면 운전 특성에 중요 변화는 무엇일가?

18.14 2-mm의 공기 기포가 20°C에서 순수한 물 속을 15 ft 올라가는 동안 산소의 흡수 분율을 계산하라. 기포는 종말속도로 올라가며 딱딱한 구와 똑같은 외부물질전달계수를 갖는 것으로 가정한다. 산소의 용해도는 9 mg/L이고 확산도는 2×10^{-5} cm^2/s이다.

18.15 벤젠-톨루엔 증류탑이 1.5-in. IMTP로 충전된다. $L/V = 1.3$인 탑저의 조건에서 범람속도의 반에 해당하는 증기 유량은 얼마인가? 이 유속에서 압력손실은 얼마인가?

18.16 충전물 흡수탑이 최소액체유량의 2배 되는 액체유량에서 공기로부터 A의 98%를 제거하도록 설계되어 있다. 들어가는 용매에는 A가 들어 있지 않다. (a) 몇 개의 전달단위가 필요한가? (b) 만약에 공기가 기체 A의 반밖에 용해되지 않는 기체 B를 소량 포함하고 있다면 (a)와 같은 조건에서 B의 흡수율은 얼마가 되겠는가?

18.17 20°C의 순수한 물 속에서 올라가는 1-mm 크기의 산소 기포가 90% 흡수되는 데 필요한 시간을 산출하라.

참고 문헌

1. Cheng A. T. Y., and G. E. Storms. Paper presented at *Purdue Industrial Waste Conference*, 1996.
2. Danckwerts, P. V., *Gas-Liquid Reactions*, New York: McGraw-Hill, 1970.
3. Eckert, J. S., *Chem. Eng. Prog.*, **66**(3):39 (1970).
4. Fair, J. F., and J. L. Bravo, *Chem. Eng. Prog.*, **86**(1):19 (1990).
5. Frequia, S., and G. T. Rochelle. *AIChE J.* **49:**1676 (2003).
6. Gmehling J., U. Onken, and W. Arlt, *Vapor-Liquid Equilibria Data Collection*, vol. 1, Dechema, Frankfurt/Main., 1979.
7. Harriott, P., *Environ. Sci. Tech* ., **23**:309 (1989).
8. Harriott, P., *Chemical Reactor Design*. New York. Marcel Dekker, 2003.
9. Kister, H. Z., and D. R. Gill, *Chem. Eng. Prog.*, **87**(2):32 (1991).
10. Kohl, A., and F. Riesenfeld. *Gas Purification*, 2nd ed. Houston:Gulf Publishing, 1974.
11. Lincoff, A. H., and J. M. Gossett, *International Symposium on Gas Trsnsfer at Water Surfaces*, Ithaca, NY: Cornell University, June 1983.
12. Metcalf and Eddy, Inc. *Wastewater Engineering*, 4th ed. Wakefield, MA: Metcalf and Eddy, 2003, pp. 437-54.
13. Norton Chemical Process Products Division, Akron, Ohio, 1987.
14. Perry, D., D. E. Nutter, and A. Hale, *Chem. Eng. Prog.*, **86**(1):30 (1990).
15. Perry, J. H., *Chemical Engineers` Handbook*, 6th ed., New York: McGraw-Hill, 1984, (a) p. **3**-101, (b) p. **18**-23, (c) p. **18**-39.
16. Perry, R. H. and D. W. Green (eds.), Perry's *Chemical Engineers' Handbook*, 7th ed., New York: McGraw-Hill, 1997, p. **14**-43
17. Reynolds, T. D., and P. A. Richards, *Unit Operations and Processes in Environmental Engineering*, 2nd ed. Boston: PWS, 1996, p. 500.
18. Robbins, L. A., *Chem. Eng. Prog.*, **87**(5):87 (1991).
19. Sherwood, T. K., and F. A. L. Holloway, *Trans. AIChE*, **36**:21, 39 (1940).
20. Sherwood, T. K., R. L. Pigford, and C. R. Wilke, *Mass Transfer*, New York, McGraw-Hill, 1975, p. 442.
21. Shulman, H. L., C. F. Ullrich, A. Z. Proulx, and J. O. Zimmerman, *AIChE J.*, **1**:253 (1955).
22. Shulman, H. L., C. F. Ullrich, and N. Wells, *AIChE J.*, **1**:247 (1955).
23. Sincero, A. P., and G. A. Sincero. *Environmental Engineering*; A Design Approach. Englewood Cliffs, NJ: Prentice-Hall, 1996, p. 331.
24. Sperandio, A., M. Richard, and M. Huber, *Chem. Ing. Tech.*, **37**:322 (1965).
25. Spiegel, L., and W. Meier, *I. Chem. E. Symp. Ser.*, **104**:A203 (1987).
26. Stedman D. F., *Trans AIChE*, **33**:153 (1937).
27. Strigle, R. F., Jr., *Random Packings and Packed Towers*, Houston, TX: Gulf Publishing, 1987.
28. VonStockar, U., and C. R. Wilke, *Ind. Eng. Chem. Fund.*, **16**:88, 94 (1977).
29. Whitney, R. P., and J. E. Vivian, *Chem. Eng. Prog.*, **45**:323 (1949).

| Unit Operations of Chemical Engineering |

19 증습조작

Humidification Operations

증습(蒸濕)과 탈습(脫濕)은 액체에 거의 불용성인 고정 기체와 순수한 액상간의 물질전달을 포괄한다. 이런 조작들은 흡수와 탈거조작보다 다소 간단한데, 이것은 액체가 한 개의 성분만으로 되어 있는 경우 액상에 농도구배가 없고 전달에 대한 저항이 없기 때문이다. 그러나 다른 한편으로는 열전달과 물질전달이 모두 중요하며 상호 영향을 준다. 지금까지 취급한 앞 장들에서는 열전달과 물질전달은 따로 취급하였지만, 본 장과 고체의 건조(24장에서 설명)에서는 그들이 함께 일어나 농도와 온도가 동시에 변한다.

19.1 정의

증습조작, 특히 공기-물 계에 적용되는 조작에서는 상당수의 특수 정의가 일반용으로 사용된다. 공학계산에 대한 일반적인 기준은 단위 질량의 증기가 없는 기체(vapor free gas)로서 사용한다. 여기서 "증기"(vapor)란 액체로서도 존재하는 성분의 기체 형태를 뜻하며, "기체"(gas)는 기체 형태로만 존재하는 성분을 말한다. 앞으로는 증기가 없는 기체의 단위질량을 계산기준으로 사용한다. 기상에서는 증기를 성분 A로, 그리고 고정 기체를 성분 B로 정한다. 기체-증기 혼합물의 성질이 전압에 따라 변하기 때문에 압력은 고정되어야 한다. 특별한 언급이 없는 한, 전압은 1 atm으로 가정한다. 또한 기체와 증기의 혼합물은 이상기체 법칙에 따른다고 가정한다.

습도(濕度, humidity) $\mathscr{H}$는 증기가 없는(무-증기) 기체 단위질량이 갖고 있는 증기질량이다. 이렇게 정의된 습도는 전압이 고정되어 있으면 혼합물 증기 분압에만 관계된다. 증기의 분압이 p_A라면 1 atm에서 기체에 대한 증기의 몰 비(molal ratio)는 $p_A/(P-p_A)$이다. 그러므로 습도는,

$$\mathscr{H} = \frac{M_A p_A}{M_B(P-p_A)} \tag{19.1}$$

이다. 여기서 M_A와 M_B는 각각 성분 A와 B의 분자량이다.

습도는 다음 식과 같이 기상에서의 몰 분율과 관계된다.

$$y = \frac{\mathscr{H}/M_A}{1/M_B + \mathscr{H}/M_A} \tag{19.2}$$

$\mathscr{H}/M_A$는 $1/M_B$와 비교해서 보통은 작기 때문에, y는 $\mathscr{H}$에 직접 비례한다고 생각할 수도 있다.

포화기체(saturated gas)는 기체온도에서 증기가 액체와 평형에 있는 기체이다. 포화기체 속에 있는 증기의 분압은 기체온도에서의 액체 증기압과 같다. $\mathscr{H}_s$가 포화습도이고, P'_A이 액체의 증기압이라면 다음과 같이 쓸 수 있다.

$$\mathscr{H}_s = \frac{M_A P'_A}{M_B(1 - P'_A)} \tag{19.3}$$

상대습도(relative humidity) $\mathscr{H}_R$은 기체온도에서 액체의 증기압에 대한 증기분압의 비로 정의된다. 보통 % 계산기준으로 표시하므로 100% 습도는 포화기체를 의미하며, 0% 습도는 증기가 없는 기체를 뜻한다. 정의에 따라 다음과 같이 쓸 수 있다.

$$\mathscr{H}_R = 100 \frac{p_A}{P'_A} \tag{19.4}$$

%습도(비교습도, percentage humidity) $\mathscr{H}_A$는 기체온도에서 포화습도 $\mathscr{H}_s$에 대한 실제습도 $\mathscr{H}$의 비이다. 또한 % 계산기준으로,

$$\mathscr{H}_A = 100 \frac{\mathscr{H}}{\mathscr{H}_s} = 100 \frac{p_A/(P - p_A)}{P'_A/(P - P'_A)} = \mathscr{H}_R \frac{P - P'_A}{P - p_A} \tag{19.5}$$

이다. 0%나 100% 이외의 모든 습도에서 % 습도는 상대습도보다 작다.

습윤비열(humid heat) c_s는 기체 1 g 또는 1 lb와 여기에 포함하고 있는 증기를 1°C 또는 1°F 증가시키는데 필요한 열에너지이다. 따라서,

$$c_s = c_{pB} + c_{pA}\mathscr{H} \tag{19.6}$$

여기서, c_{pB}와 c_{pA}는 각각 기체와 증기의 비열이다.

습윤부피(humid volume) v_H는 1 atm, 기체온도에서 증기가 없는 기체 단위질량과 여기에 포함된 증기를 더한 총 부피이다. 기체법칙과 표준 몰 부피로부터 v_H는 SI 단위로 다음 식과 같이 습도와 온도에 관계된다.

$$v_H = \frac{0.0224\,T}{273}\left(\frac{1}{M_B} + \frac{\mathscr{H}}{M_A}\right) \tag{19.7a}$$

여기서, v_H는 g당 m^3이고, T는 Kelvin (K) 온도이다. fps 단위로는 다음 식과 같다.

$$v_H = \frac{359\,T}{492}\left(\frac{1}{M_B} + \frac{\mathscr{H}}{M_A}\right) \tag{19.7b}$$

여기서, v_H는 ft^3/lb이고 T는 Rankine(°R) 온도로 표시된 절대온도이다. 증기가 없는 기체의 경우 $\mathscr{H} = 0$이며, v_H는 고정 기체의 비용적이다. 포화기체인 경우 $\mathscr{H} = \mathscr{H}_s$이며, v_H는 포화부피(saturated volume)가 된다.

노점(露點, dew point: 이슬점)은 증기-기체 혼합물이 포화되기까지 냉각되어야 하는(일정한 습도에서) 온도이다. 포화된 기상의 노점은 기체온도와 같다.

총 엔탈피(total enthalpy) H_y는 단위 질량의 기체와 기체가 포함하고 있는 증기를 더한 것의 엔탈피이다. H_y를 계산하기 위해서는 기체와 증기에 대하여 각각 따로 2 개의 기준상태를 선택해야 한다. 두 성분 모두에 대해 기준온도를 T_0로 택하고, T_0에 있는 액체상태의 A를 성분 A의 엔탈피 기준으로 하자. 또한 기체의 온도가 T이고, 습도가 $\mathscr{H}$라고 하자. 총 엔탈피는 세 가지 항목의 합이다. 즉, 증기의 현열, T_0에 있는 액체의 잠열 및 증기가 없는 기체 현열의 합이다.
따라서,

$$H_y = c_{pB}(T - T_0) + \mathscr{H}\lambda_0 + c_{pA}\mathscr{H}(T - T_0) \tag{19.8}$$

여기서, λ_0는 T_0에서 액체의 잠열이다. 식 (19.6)으로부터 이 식은 다음과 같이 된다.

$$H_y = c_s(T - T_0) + \mathscr{H}\lambda_0 \tag{19.9}$$

상평형

증습과 탈습조작에서 액상은 단일 순수 성분이다. 그러므로 계의 전압이 일정하게 유지될 때에는 기상에 있는 용질의 평형분압이 유일한 온도의 함수이다. 또한 중간 압력에서는 평형분압이 거의 전압에 관계없으며, 사실상 액체의 증기압과 같다. Dalton의 법칙에 의해 평형분압은 기상의 평형 몰분율 y_e로 바꿀 수 있다. 액체가 순수하기 때문에 x_e는 항상 1이다. 평형 데이터는 그림 19.1의 1 atm에서 공기-물 계에 대해 보여준 것처럼 종종 주어진 전압에서 y_e 대 온도의 관계 곡선으로 표시된다. 평형 몰분율 y_e와 포화습도와의 관계는 식 (19.2)에 의해 알 수 있다. 즉,

$$y_e = \frac{\mathscr{H}_s/M_A}{1/M_B + \mathscr{H}_s/M_A} \tag{19.10}$$

단열포화기

기체가 포화되도록 하기 위해서 관이나 분무실의 기체흐름에 물이 분무되는 경우가 있다. 관이나 분무실은 단열공정이 되도록 단열이 되어 있다. 초기습도가 $\mathscr{H}$이고 온도가 T인 기체가 냉각되고 증습 된다. 물이 모두 증발하지 않고 기체가 물과 평형을 이룰 만큼 충분한 시간이 있다면, 이 때 기체의 출구온도는 **단열포화 온도**(adiabatic saturation temperature) T_s라고 한다. 남아 있는 물 역시 T_s에 있으며 분무노즐로 재순환 된다. T_s값은 공기의 온도와 초기습도에 좌우되며 약간 초기의 물 온도에도 관계된다. 해석을 간단히 하기 위해서 물이 T_s로 들어간다고 가정하는 경우도 있다.

이 공정에 대해 엔탈피 수지를 세울 수 있다. 펌프 일은 무시하며, 엔탈피 수지는 기준온도로 T_s를 잡는다. 그러면 보충액의 엔탈피는 0 이며, 들어가는 기체의 총 엔탈피는 나가는 기체의 총 엔탈피와 같다. 후자는 기준온도에 있으므로 이것의 엔탈피는 단순히 $\mathscr{H}_s\lambda_s$이다. 여기서, $\mathscr{H}_s$는 T_s에서의 포화습도이고, λ_s 역시 T_s에서의 잠열이다. 식 (19.9)로부터 들어가는 기체의 총 엔탈피는 $c_s(T - T_s) + \mathscr{H}\lambda_s$이며, 엔탈피수지는 다음과 같다.

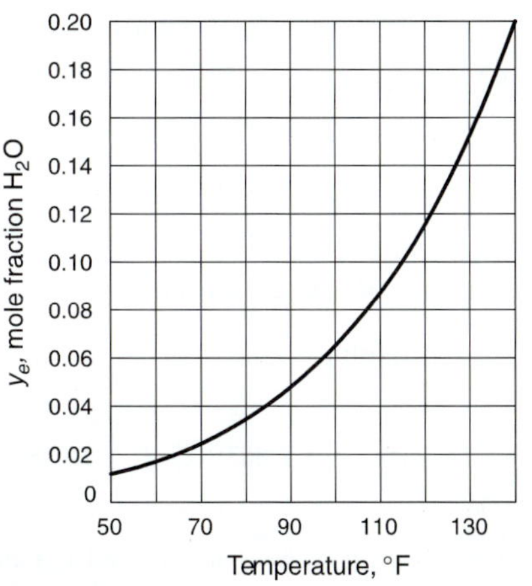

그림 19.1 1 atm에서 공기 - 물 계의 평형

$$c_s(T - T_s) + \mathscr{H}\lambda_s = \mathscr{H}_s\lambda_s$$

또는

$$\frac{\mathscr{H}_s - \mathscr{H}}{T - T_s} = \frac{c_s}{\lambda_s} = \frac{c_{pB} + c_{pA}\mathscr{H}}{\lambda_s} \tag{19.11}$$

공기 이외의 기체들에 대한 단열포화온도를 찾기 위해서는 식 (19.11)과 유사한 열수지를 이용한다. 그렇지만 다음 예제에서처럼 몰 열용량을 사용하는 것이 보다 편리할 수 있다.

$\mathscr{H}_s$, c_s 및 λ_s는 모두 T_s의 함수이기 때문에 식 (19.11)을 단열포화온도 T_s에 대해 직접 풀 수가 없다. 따라서 T_s는 시행오차법으로 구하던가 아니면 공기-물 계의 경우에는 습도표를 이용해서 구할 수 있다.

예제 19.1

320°F, 1 atm에 있는 굴뚝 가스에 물을 분무하여 냉각시키려고 한다. 가스에는 CO_2 14% 및 N_2 76%가 포함되어 있다. (a) 분무될 물이 80°F로 들어갈 때 단열포화온도를 계산하라. (b) 물이 T_s로 들어갈 때 위 계산을 반복하여라.

풀이

(a) 계산기준: 가스 100몰, T_s가 약 120°F라고 가정하여 (320 + 120)/2 = 220°F에서 각 기체들의 몰 열용량을 산출한다.

Gas	Number of moles n	Molar specific heat C_p	nC_p
CO_2	14	9.72	136.08
H_2O	7	8.11	56.77
O_2	3	7.14	21.42
N_2	76	6.98	530.48
	$\sum n = 100$		$\sum nC_p = 744.75$

증발된 z몰의 물에 대한 열수지를 세우면,

$$\sum nC_p(T - T_s) = z\lambda_s + 18z(120 - 80)$$
$$= z(\lambda_s + 720)$$

부록 7로부터, 120°F에서

$$\lambda_s = 1,025.5 \times 18 = 18,459 \text{ Btu/lb mol}$$

그러면 $744.75(320 - 120) = z(18,459 + 720) = 19,179z$

$$z = 7.77$$

출구가스 중 물의 총 몰수는: $7 + 7.77 = 14.77$

배출가스에서 물의 몰분율:

$$y = \frac{14.77}{107.77} = 0.137$$

그림 19.1을 보면 120°F에서 포화 몰분율 y_s는 0.115이다. 따라서 T_s를 더 크게 어림하면 y가 줄고 y_s를 증가시키기 때문에 포화온도 T_s는 120°F보다 커야한다.

T_s를 새로 어림하려면 그림 19.1을 이용하라. $y_e = 0.137$이면 $T_s = 126$°F이다. 그러면 $\lambda_s = 1,022.1 \times 18 = 18.398$ Btu/lb mol이다. $\sum nC_p$의 변화를 무시하면

$$744.75(320 - 126) = z[18,398 + 18(126 - 80)] = 19,226z$$

$$z = 7.51$$

물의 총 몰수: $7 + 7.51 = 14.51$

$$y = \frac{14.51}{107.51} = 0.135$$

이것은 0.137에 아주 근접한 값이다. 따라서 $T_s \cong 126\,°F$이다.

(b) $T_{in} = T_s$라면 열수지 식의 마지막 항을 빼도 된다. $T_s = 126°F$인 경우

$$744.75(320 - 126) = z(18,398)$$

$$z = 7.85$$

$$y = \frac{7.85 + 7}{107.51} = 0.138$$

포화온도는 126°F보다 약간 높아야 하지만 그 차이는 무시할 만하다. 포화온도를 0.1°F 이내의 정밀도로 구하려면 보다 정확한 증기압 데이터가 필요하다. ■

19.2 습도도표

영구 기체와 응축성 증기 혼합물의 성질을 나타내는 편리한 선도로서 습도도표가 있다. 1 atm에서 공기와 물 혼합물에 대한 도표는 그림 19.2와 같다. 여러 가지 형태의 이와 같은 도표들이 제안되어 왔다. 그림 19.2는 Grosvenor[2] 도표를 기준한 것이다.

그림 19.2에서 온도는 가로좌표로 그리고 습도는 세로좌표로 그려져 있다. 도표 상의 어느 점이나 공기와 물의 일정한 혼합물을 나타낸다. 100%로 표시된 곡선은 공기온도의 함수로서 포화공기의 습도를 나타낸다. 물의 증기압을 이용해서 이 선 상에 있는 점들의 좌표가 식 (19.3)으로부터 구해진다. 포화선의 좌측 위쪽에 있는 점은 어느 것이나 포화공기와 액체 물의 혼합물을 표시한다. 이 영역은 오직 안개 생성을 점검할 때에만 중요하다. 포화선 아래에 있는 점은 어느 것이나 미포화된 공기를 나타내며, 온도축 상에 있는 점은 건조공기(dry air)를 나타낸다. 포화선과 온도축 사이에 % 표시가 된 곡선들은 일정한 % 습도(비교습도)를 갖는 공기와 물의 혼합물을 나타낸다. 식 (19.5)로 알 수 있는 바와 같이, 포화선과 온도축 사이에 선형 내삽법(內插法)으로 일정한 %습도(비교습도)를 갖는 선들을 그릴 수 있다.

포화선 오른쪽으로 아래를 향한 경사선들은 **단열냉각선**(adiabatic-cooling lines)이라고 한다. 그들은 식 (19.11)을 도시한 것으로, 각 선은 일정한 단열포화온도 값에 대해 그려진 것이다. 주어진 T_s값에 대하여 H_s와 λ_s가 정해지므로 T 대 $\mathscr{H}$의 선은 $\mathscr{H}$에 대한 값을 정하고, 이에 대응하는 T값을 계산해서 그려질 수 있다. 식 (19.11)을 보면 정확히 직각좌표 상에 그리는 경우 단열냉각선의 기울기는 $-c_s/\lambda_s$이며, 식 (19.6)에 의해 이 기울기는 습도에 의존한다. 그러면 직각좌표 상에서는 단열냉각선들이 직선도 아니고 평행하지도 않다. 그림 19.2에서는 세로좌표가 충분히 이그러져서 단열선들을 직선이 되게 하고, 또한 그들을 평행으로 만들어 놓았으므로, 그들간의 내삽이 용이하다. 단열선들의 끝에는 대응 단열포화온도가 표시되어 있다.

그림 19.2에는 또한 건조공기의 비용(specific volume)과 포화부피의 선들이 그려져 있다. 두 선들은 온도에 대한 부피를 도시한 것이다. 부피는 좌측에 있는 눈금으로 읽는다. 이 선 상에 있는 점들의 좌표는 식 (19.7b)를 이용하여 계산된다. % 습도에 기준해서 두 선 사이를 선형 내삽하면 불포화 공기의 습윤 부피를 얻는다. 또한 습윤 비열 c_s와 습도간의 관계가 그림 19.2에 선으로 그려져 있다. 이 선은 식 (19.6)을 도시한 것이다. c_s에 대한 눈금은 도표의 윗 부분에 있다.

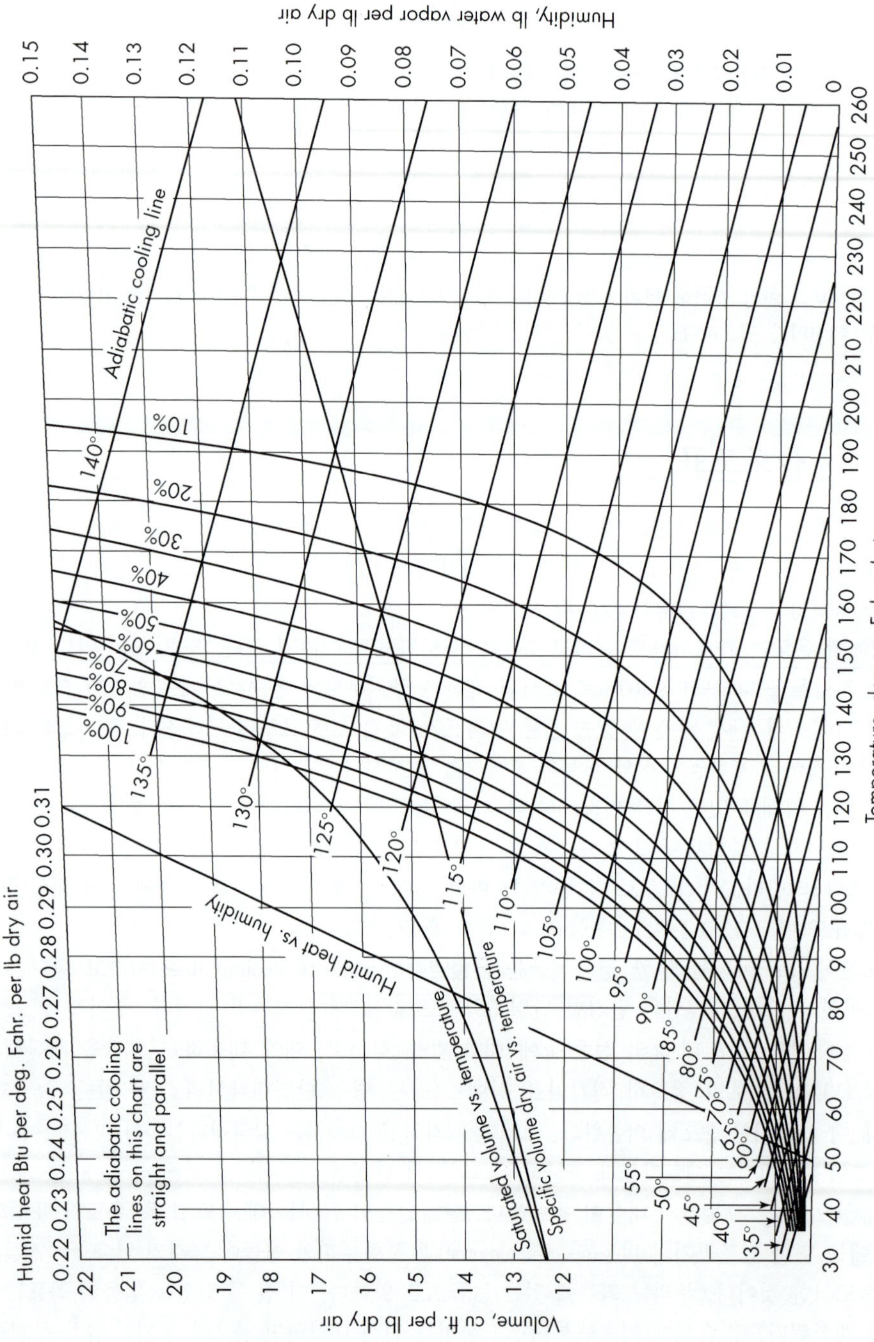

그림 19.2 1 atm에서 공기 - 물 계의 습도도표

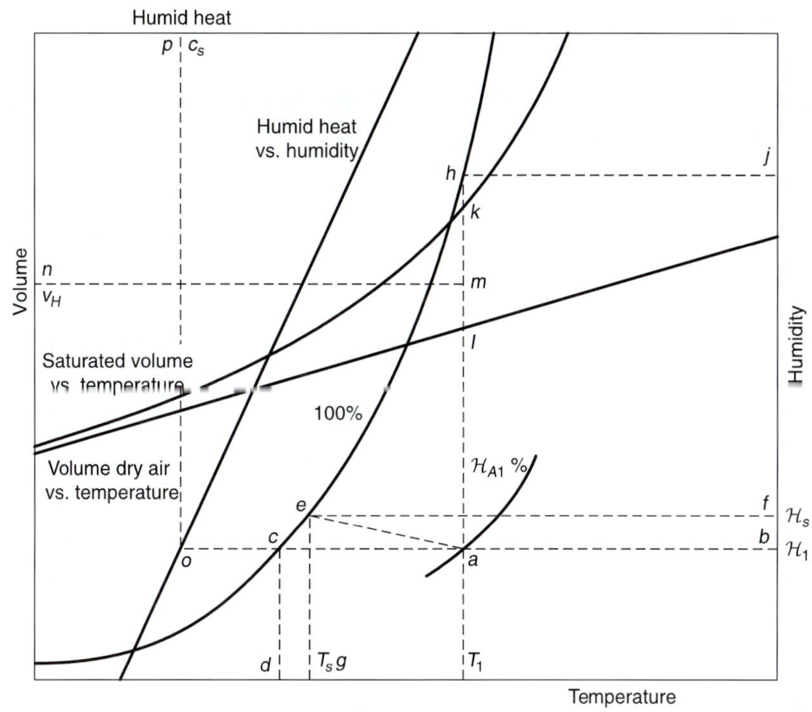

그림 19.3 습도도표의 이용

습도도표의 이용

일정한 공기-물 혼합물에 대한 자료원으로서 습도도표의 유용성은 그림 19.2의 일부인 그림 19.3에 참고로 보여줄 수 있다. 예로서, 포화되지 않은 어떤 공기흐름이 온도 T_1이고 % 습도가 $\mathcal{H}_{A1}$이라고 가정하자. 점 a는 도표 상에서 이 공기를 나타낸 것이다. 이 점은 일정한 온도선 T_1과 일정한 % 습도선 $\mathcal{H}_{A1}$의 교차점이다. 공기의 습도 $\mathcal{H}_1$은 점 a의 습도 좌표인 점 b로 주어진다. 노점은 일정한 습도선을 따라 점 a를 지나 왼쪽으로 이동하여 100% 선상의 점 c에서 찾을 수 있다. 그러면 노점은 온도축 상의 점 d에서 읽는다. 단열포화온도는 점 a를 통하는 단열냉각선의 온도이다. 단열포화에서의 습도는 점 a를 지나 100% 선상의 교차점 e까지 단열선을 따라가서, 습도 좌표상의 점 f에서 습도 $\mathcal{H}_s$를 읽으면 된다. 단열선들 사이의 내삽이 필요할 수도 있다. 단열포화온도 T_s는 점 g로 주어진다. 본래의 공기가 나중에 일정한 온도에서 포화되면, 포화된 후의 습도는 점 a를 지나 100% 선상의 점 h까지 일정한 온도선을 따라가서 점 j에서 습도를 읽으면 된다.

원래 공기의 습윤 부피는 온도 T_1에 해당하는 포화부피와 건량 부피에 대한 곡선들 위에 점 k와 l을 표시하여 구한다. 그러면 점 m은 점 l로부터 선 lk를 따라 $(\mathcal{H}_A/100)$ $\overline{kl}$ 거리만큼 이동해서 구한다. 여기서, $\overline{kl}$는 점 l과 k간의 선분(線分)이다. 습윤 부피 v_H는 부피눈금 상의 점 n으로 주어진다. 공기의 습윤 비열은 점 a를 지나는 일정한 습도선과 습윤 비열선의 교차점인 점 o를 구하고, 위에 있는 눈금상의 점 p에서 습윤 비열 c_s를 읽으면 된다.

예제 19.2

어떤 건조기에 들어가는 공기의 온도와 이슬점은 각각 150°F와 60°F(65.6°C 및 15.6°C)이다. 이 공기에 대하여 습도도표로부터 어떤 추가 데이터를 읽을 수 있는가?

풀이

이슬점은 이 공기의 습도에 해당하는 포화선 상의 온도 좌표이다. 60°F에 대한 포화습도는 건조공기 lb 당 0.011 lb의 물(0.011g/g)이며, 이것이 공기의 습도이다. 공기의 온도와 습도로부터 이 공기에 대한 도표상의 점이 정해진다. $\mathscr{H} = 0.011$이고, $T = 150°\text{F}$ 에서 % 습도 $\mathscr{H}_A$는 내삽법에 의해 5.2%임을 알 수 있다. 이 점을 통하는 단열 냉각선은 100% 선과 85°F(29.4°C)에서 만나며, 이 온도가 단열 포화온도이다. 이 온도에서 포화된 공기의 습도는 건조공기 1 b 당 0.026 lb의 물(0.026 g/g)이다. 공기의 습윤 비열은 0.245 Btu/lb dry air·°F(1.03 J/g·°C)이다. 150°F에서 포화부피는 건조공기 lb 당 20.7 ft^3/lb(1.29 m^3/kg)이며, 건조공기의 비용은 150°F에서 15.35 ft^3/lb(0.958 m^3/kg)이다. 따라서 습윤 부피는 다음과 같다.

$$v_H = 15.35 + \frac{0.011 \times 359}{18}\left(\frac{610}{492}\right) = 15.62 \text{ ft}^3/\text{lb dry air}(0.978 \text{ m}^3/\text{kg})$$

■

공기-물 이외의 계에 대한 습도도표

습도도표는 전압(全壓)에 관계없이 어떤 계에 대해서도 만들 수 있다. 필요한 데이터는 온도의 함수로서 응축 성분의 증기압과 기화잠열, 순수한 기체와 증기의 비열, 두 성분들의 분자량이다. 몰 기준의 도표를 원하면 모든 식들은 몰 단위를 사용해서 쉽게 변형할 수 있다. 1 atm이 아닌 압력에서의 도표를 원하면 위의 식들을 변형시킬 수 있다. 공기-물 이외의 몇 가지 일반적인 계에 대한 도표들이 발표되어 있다[5].

19.3 습구 온도

위에서 설명한 성질과 습도도표에서 보여준 것들은 정적(靜的)인 양 또는 평형에서의 양이다. 이에 못지않게 평형에 있지 않은 기상과 액상간의 물질과 열이 전달되는 속도도 중요하다. 열과 물질 전달에 대한 구동력은 온도와 농도 차이로서 습구온도라는 양을 이용하여 예측할 수 있다.

습구온도는 단열조건 하에서 연속적인 기체흐름에 노출된 소량의 액체가 갖게 되는 정상상태의 비평형 온도이다. 기체흐름이 연속적이기 때문에 기체의 성질은 일정하여 보통은 입구 조건에서 구한다. 기체가 포화되지 않으면 액체의 일부가 증발하여 증발에 필요한 열이 액체로의 열전달 속도와 같아질 때까지 남아있는 액체를 냉각시킨다. 정상상태에 도달하면 액체온도는 습구온도가 된다.

습구온도를 측정하는 방법은 그림 19.4(a)와 같다. 온도계 또는 열전대(熱電對)와 같은 온도측정 장치가 심지(wick)로 싸이며, 이 심지는 순수한 액체로 포화되고 일정한 온도 T와 습도 $\mathscr{H}$를 갖는 기체흐름 속에 놓이게 된다. 처음에 액체의 온도는 기체의 온도와 비슷하다고 가정하자. 기체가 포화되어 있지 않기 때문에 액체가 증발한다. 그리고 이 과정이 단열적이기 때문에 우선 액체를 냉각시킴으로써 잠열이 공급된다. 액체온도가 기체온도 아래로 떨어짐에 따라 느낌열이 액체로 전달된다. 결국 액체를 증발시켜서 그 증기를 기체온도까지 가열하는 데 필요한 열이 기체로부터 액체로 흐르는 느낌열과 정확하게 같게 되는 액체온도에서 정상상태가 이루어진다. 이것이 정상상태의 온도로서 T_w로 표시되며 **습구온도**라고 한다. 습구온도는 T와 $\mathscr{H}$의 함수이다. 정상상태에서 온도와 농도의 기울기들은 그림 19.4(b)에서 볼 수 있다.

습구온도를 정밀하게 측정하기 위해서 세 가지의 주의가 필요하다. 즉, (1) 심지가 완전히 적셔져서 심지의 마른 면이 기체와 접촉하지 못하도록 되어야 한다. (2) 기체의 속도가 충분히 커서(적어도 5 m/s) 전도와 대류에 의해 기체로부터 구(bulb)로 전달되는 느낌열 속도와 비교하여 온도가 높은 주변으로부터 온도계 구로

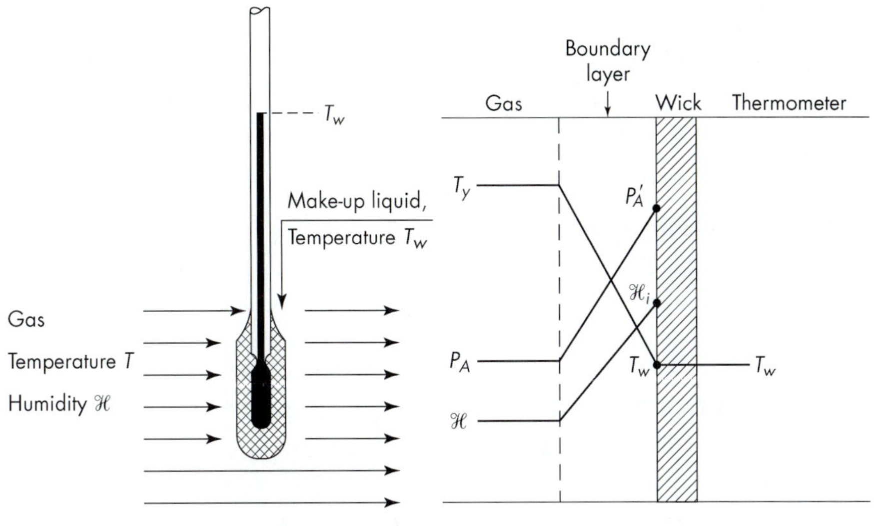

그림 19.4 (a) 습구 온도계, (b) 기체 경계층에서의 기울기

복사에 의해 전달되는 열흐름 속도가 무시될 수 있어야 한다. (3) 보충 액체가 구에 공급되면 이 액체는 습구온도에 있어야 한다. 이러한 주의를 지키면 습구온도는 넓은 유량 범위에서 기체속도에 무관하게 된다.

습구온도는 외견상으로 단열포화온도 T_s와 비슷하다. 실제로 공기-물 혼합물에 대해서는 두 온도가 거의 같다. 그러나 이것은 우연한 일이며, 공기와 물 혼합물 이외에서는 서로 다르다. 습구온도는 근본적으로 단열포화온도와 다르다. 기체의 온도와 습도는 단열포화 중 변하며, 최종점은 동적 정상상태가 아니고 진짜 평형이다.

일반적으로 심지로 싸지 않은 온도계가 실제 기체온도 T를 측정하기 위해 습구온도계와 함께 사용되는데, 이때 기체온도를 보통 **건구온도**(乾球溫度, dry-bulb temperature)라고 한다.

습구온도의 이론

습구온도에서 기체로부터 액체로의 열전달 속도는 기화속도에다 온도 T_w에서의 증기의 증발 잠열과 느낌열을 합한 것을 곱한 것과 같게 놓을 수 있다. 복사가 무시되므로 이 수지식은 다음과 같이 쓸 수 있다.

$$q = M_A N_A[\lambda_w + c_{pA}(T - T_w)] \tag{19.12}$$

q = 액체로 가는 느낌열 전달속도

N_A = 몰 기화속도

λ_w = 습구온도 T_w에서 액체의 잠열

열전달 속도는 일반적으로 면적, 온도차이 및 열전달계수로 표시된다. 즉,

$$q = h_y(T - T_i)A \tag{19.13}$$

h_y = 기체와 액체 표면간의 열전달계수

T_i = 계면의 온도

A = 액체의 표면적

물질전달속도는 물질전달계수, 면적 및 증기의 몰분율로 표시하는 구동력 항들로 표현된다.

즉,

$$N_A = \frac{k_y}{\overline{(1-y)}_L}(y_i - y)A \tag{19.14}$$

N_A = 증기의 몰전달속도

y_i = 계면에서의 증기의 몰분율

y = 공기흐름 중의 증기 몰분율

k_y = 물질전달계수, 단위면적당 단위몰분율당 몰

$\overline{(1-y)}_L$ = 한방향 확산인자(one-way diffusion factor)

심지가 완전히 젖어서 마른 부분이 노출되지 않으면, 심지의 전체 면적은 열전달과 물질전달 모두에 대해 유용하여 식 (19.13)과 (19.14)의 면적은 같다. 액체온도가 일정하므로 액체 내부에서 열전달의 구동력으로 적용할 온도기울기가 액체에서는 필요치 않으며, 액체 표면은 내부와 같은 온도에 있고, 액체의 표면온도 T_i는 T_w와 같다. 액체가 순수하므로 농도기울기가 존재하지 않으며, 계면이 평형을 이룰 경우에 y_i는 온도 T_w에 있는 포화기체 속의 증기의 몰분율이다. y_i가 T_w에서의 포화습도인 $\mathcal{H}_w$에 대응하는 것에 유의하여 식 (19.14)에 있는 몰분율 항들을 식 (19.2)를 사용하여 습도로 대치하는 것이 편리하다[식 (19.10) 참조]. 그리고 나서 식 (19.13)의 q와 식 (19.14)의 N_A를 식 (19.12)에 대입하면 다음과 같이 된다.

$$h_y(T-T_w) = \frac{k_y}{\overline{(1-y)}_L}\left(\frac{\mathcal{H}_w}{1/M_B + \mathcal{H}_w/M_A} - \frac{\mathcal{H}}{1/M_B + \mathcal{H}/M_A}\right) \times [\lambda_w + c_{pA}(T-T_w)] \tag{19.15}$$

식 (19.15)는 보통 범위의 온도와 습도에서 심한 오차없이 다음과 같이 단순화시킬 수 있다. (1) $\overline{(1-y)}_L$은 거의 1임으로 뺄 수 있다. (2) 느낌열 항 $c_{pA}(T-T_w)$는 λ_w와 비교하여 작으므로 무시할 수 있다. (3) $\mathcal{H}_w/M_A$와 $\mathcal{H}/M_A$항들은 $1/M_B$과 비교하여 작으므로 습도 항들의 분모로부터 빼버릴 수 있다. 이렇게 단순화하면 식 (19.15)는 다음과 같이 된다.

$$h_y(T-T_w) = M_B k_y \lambda_w (\mathcal{H}_w - \mathcal{H})$$

또는,

$$\frac{\mathcal{H} - \mathcal{H}_w}{T - T_w} = -\frac{h_y}{M_B k_y \lambda_w} \tag{19.16}$$

습구온도가 주어지면 λ_w와 $\mathcal{H}_w$는 둘 다 고정된다. 그러면 $\mathcal{H}$와 T간의 관계는 h_y/k_y비에 좌우된다. 물질전달과 열전달 사이에 밀접한 유사성이 있기 때문에, 이 비의 크기와 이 비에 영향을 미치는 인자들에 대해 상당한 정보를 얻을 수 있다.

12장에서 유체흐름과 고체 또는 액체 경계 사이의 전도 및 대류에 의한 열전달이 Reynolds 수, DG/μ와 Prandtl 수, $c_p\mu/k$에 의존함을 보여주었다. 또한 17장에서는 물질전달계수가 Reynolds 수와 Schmidt 수 $\mu/\rho D_v$에 의존함을 보여 주었다. 17장에서 설명한 바와 같이, 열전달 및 물질전달속도는 이 공정들이 똑같은 경계층의 조절하에 있을 때 같은 형태의 식으로 표시된다. 기체흐름이 난류인 경우 이 식들은 아래와 같다.

$$\frac{h_y}{c_p G} = b\ \mathrm{Re}^n\ \mathrm{Pr}^m \tag{19.17}$$

$$\frac{\overline{M}k_y}{G} = b\ \mathrm{Re}^n\ \mathrm{Sc}^m \tag{19.18}$$

b, n, m = 상수

$\overline{M}$ = 기체흐름의 평균분자량

식 (19.17)의 h_y와 식 (19.18)의 k_y를 식 (19.16)에 대입하고 $\overline{M} = M_B$라고 가정하면 다음 식과 같이 된다.

$$\frac{\mathcal{H} - \mathcal{H}_w}{T - T_w} = -\frac{h_y}{M_B k_y \lambda_w} = -\frac{c_p}{\lambda_w}\left(\frac{\mathrm{Sc}}{\mathrm{Pr}}\right)^m \tag{19.19}$$

그리고

$$\frac{h_y}{M_B k_y} = c_p\left(\frac{\mathrm{Sc}}{\mathrm{Pr}}\right)^m \tag{19.20}$$

m이 2/3로 취해지면 물 속의 공기에 대한 $h_y/M_B k_y$의 계산치는 $0.24(0.62/0.71)^{2/3}$, 즉 0.22 Btu/lb · °F(0.92 J/g · °C)가 된다. 실험치[6]는 0.26 Btu/lb · °F(1.09 J/g · °C)로 복사에 의한 열전달 때문에 계산치보다 조금 크다. 공기 속의 유기액체에 대한 값은 좀더 커서 0.4 내지 0.5 Btu/lb · °F(1.6 내지 2.0 J/g · °C)) 범위에 있다. 이 차이는 식 (19.20)에서 알 수 있듯이, 물과 유기물 증기들의 Prandtl 수와 Schmidt 수의 비가 차이나는 데에서 비롯된다.

습도선과 Lewis 관계식

습구온도가 주어지면 식 (19.19)는 기울기가 $-h_y/M_B k_y \lambda_w$이고, T_w에서 100% 선을 교차하는 직선으로 습도도에 도시된다. 이 선을 **습도선**(psychrometric line)이라고 한다. 식 (19.19)의 습도곡선과 식 (19.11)의 단열포화선을 100% 곡선 상의 같은 점에 도시할 때, 두 선들 간의 관계는 c_s와 $h_y/M_B k_y$의 상대적 크기에 의존한다.

정상 조건에서 공기-물 계에 대한 습윤비열 c_s는 비열 c_p와 거의 같으며, 다음 식은 거의 정확하다.

$$\frac{h_y}{M_B k_y} \cong c_s \tag{19.21}$$

식 (19.21)은 Lewis 관계식[4]으로 알려져 있다. 이 관계식이 성립할 때 습도선과 단열포화선은 본질적으로 같게 된다. 그러므로 공기-물에 대한 그림 19.2에서 같은 선이 습도선과 단열포화선으로 이용될 수 있다. 다른 계에 대해서는 습도선으로 별개의 선이 사용되어야 한다. 공기와 유기물 증기로 된 거의 모든 혼합물에서 습도선은 단열포화곡선보다 가파르며, 포화된 혼합물이 아닌 혼합물의 습구온도는 어느 것이나 단열포화온도보다 높다.

습도 측정

기체흐름의 습도는 이슬점이나 습구온도를 측정하거나 직접 흡수법에 의해 구할 수 있다.

이슬점법. 차갑고 표면이 매끈한 원판(disk)을 습도를 알지 못하는 기체 속으로 집어넣고 원판의 온도를 점차로 낮추면, 원판은 매끈한 표면에 안개가 응축하는 온도에 다다른다. 안개가 막 형성된 온도는 기체 속의 증기와 액상의 평형온도이다. 그러므로 이 온도가 노점이다. 이 온도를 점검하려면 원판의 온도를 서서히 증가시켜 안개가 막 사라지는 온도를 읽으면 된다. 안개가 생성되고 사라지는 온도의 평균치로부터, 습도는 습도도표에서 읽을 수 있다.

건습구법. 습도를 측정하는 가장 일반적인 방법은 습구온도와 건구온도를 동시에 재는 법이다. 두 온도를 읽고 난 다음 습구온도에서 포화선과 교차하는 습도선을 찾고, 그 습도선이 건구온도선과 교차하는 점을 찾아서 습도를 구할 수 있다.

직접법. 기체의 증기함량은 일정한 부피의 기체를 적절한 분석장치로 끌어들여 직접 분석해서 구할 수 있다.

19.4 냉각탑

더운 액체가 포화되지 않은 기체와 접촉하게 되면, 액체의 일부가 기화되고 액체온도는 떨어진다. 화학공장, 발전소 및 공기조화 장치 등의 응축기 및 열교환기에 사용된 재순환 수의 온도를 낮추기 위한 냉각탑의 이용에 이러한 원리가 가장 잘 응용되고 있다. 냉각탑은 기체와 액체가 잘 접촉하면서 압력손실이 작도록 설계된 특별한 형태의 충전물을 갖는 직경이 큰 탑이다. 더운물은 분무 노즐에 의해 충전물 위로 분배되거나 V자형 홈통이나 파이프로 이루어진 격자위로 분배된다. 공기는 강제 통풍 또는 유도 통풍 장치에 의해 충전물을 통해 흐르거나 또는 어떤 설계에 의해 자연대류로 빨려 들어간다. 주로 핵 발전기와 연결되어 사용되는 거대한 콩크리트로 만들어진 자연 통풍 탑에서는 충전물이라고는 밑바닥 부분에만 있고 탑의 나머지는 공기의 흐름을 만들어 내는 굴뚝 역할을 한다. 그림 19.5를 참조하라.

그림 19.6에는 두 가지 중요 유형의 강제 통풍 냉각탑을 보여주고 있다. 바깥벽으로서 좋은 재료는 골이 파여있는 유리강화 폴리에스테르이다[8]. 단면이 직사각형인 십자흐름 탑에서 공기는 경사진 충전층을 통해 수평으로 흐르고 물은 아래로 흐른다. 비스듬히 설치된 통풍창은 물방울들이 바깥으로 빠져나가는 것을 방지하고 흘리는 물 제거장치로 알려진 각이 진 분활판은 나가는 공기에 동반되는 대부분의 물방울들을 잡는다. 공기는 날개가 몇 개 달린 프로펠라형 송풍기로 탑을 통해 빨려 들어간다. 큰 장치에서는 날개의 핏취(pitch)를 조절하여 공기의 흐름을 변화시킨다. 공기가 송풍기에 부드럽게 흐르도록 하고 팽창부에서 압력의 일부를 회수할 수 있도록 하는 벤츄리형(venturi-shaped) 원통의 목 부위에 송풍기를 설치한다. 원통은 지상 보다 훨씬 높은 위치에서 습한 공기를 내보냄으로서 이 공기가 공기 유입구로 재순환해서 들어오지 못하도록 한다[3]. 이러한 유형의 압력회수 원통은 큰 냉각탑에 주로 사용된다.

그림 19.5 자연통풍냉각탑(자료 : *Joseph Gonyeau, P.E., www.nucleartourist.com.*)

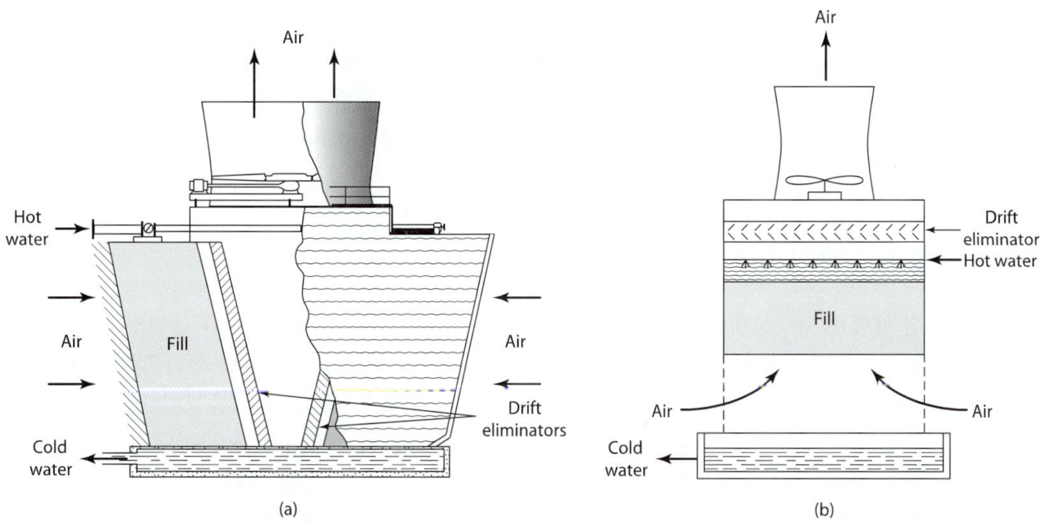

그림 19.6 전형적인 냉각탑들 (a) 십자흐름 탑 ; (b) 맞흐름 탑

맞흐름 탑에서는 공기가 충전층 아래로 들어가 내려오는 물과 반대방향으로 위로 올라간다. 이것은 열전달을 위해 보다 효과적인 배열이며 15장의 맞흐름 열교환기와 십자흐름 열교환기의 비교에서 보았듯이 보다 근접한 온도접근단(temperature approach)을 갖도록 한다. 맞흐름 탑은 탑의 바닥에 강제통풍 송풍기를 설치하지만 공기의 분포를 잘되게 하기 위해서는 충전층 밑에 큰 공간을 필요로 한다.

옛날 탑에서는 충전물로 수평의 참나무나 삼나무 널빤지를 일정한 간격으로 채워서 널빤지에 떨어지는 물들이 튕겨서 생기는 물방울들은 다음 충전층에서 차단되도록 되어 있다. 비말형(splash-type, 飛抹形) 충전층은 아직도 일부 맞흐름 탑에서 사용되고 있지만 V-자형 PVC 막대기가 나무 널빤지 대신 사용된다[8]. 공기 흐름이 막대나 널빤지에 평행하기 때문에 압력손실은 낮으며 열린 구조는 검사나 세척을 상대적으로 쉽게 한다. 비말형 충전물은 맞흐름 탑에는 적합하지 않다.

새로운 시설에 사용되는 가장 보편적인 유형의 충전물은 쎌형(cellular) 충전물이나 경막형 충전물로서 평판형 열교환기에 사용된 것들과 비슷하게 골이 패인 플라스틱 판으로 되어 있다. 물은 충전물 표면 위로 흘러 비말형 충전물보다 단위 부피당 전달면적이 더 크다. 플라스틱 판은 3/4 내지 1.0 in. 간격으로 떨어져 있어 적당한 압력손실로 공기와 물의 유속을 높게 할 수 있게 한다. 충전층의 높이는 장치 전체 높이의 일부인 불과 몇 ft 밖에 안 된다. 쎌형 충전에서는 불규칙 충전에서처럼 재분배가 자연스럽게 일어나지 않기 때문에 꼭대기에서 물을 잘 분배시키는 것이 특히 중요하다.

냉각탑에서 물의 온도가 내려가는 것은 공기온도가 낮아서 공기로 느낌열이 전달되는 것도 있지만 주로 물의 증발에 기인한다. 공기가 물 보다 더 따뜻해도 습구온도가 물의 온도 보다 낮으면 증발에 의해 물이 냉각될 수 있다. 실제로 물의 배출온도는 습구온도 보다 5 내지 15°F(3 내지 8°C) 높은데 이 온도차이는 **온도접근단**(approach)으로 알려져 있다. 입구와 출구에서 물 온도의 변화를 온도범위(range)라고 하는데 온도범위는 일반적으로 10 내지 30°F(6 내지 17°C)이다[7].

냉각되는 동안 증발에 의한 물의 손실은 적다. 1 lb의 물을 기화시키는데 약 1,000 Btu가 필요하므로 1,000 Btu를 마련하기 위해서는 50 lb의 물이 20°F 냉각되어야 하는데 20°F의 온도범위란 50 lb의 물 중 2%의 증발손실을 의미한다. 게다가 분무된 물방울들의 손실이 있지만 잘 설계된 탑에서는 이 양이 약 0.2%에 불과하다. 공급되는 총 보충수의 양은 증발 및 표류물의 손실에다 용해된 염들의 축적을 막기 위해 필요한 방출(purge) 및 방류시키는 물의 양을 더한 양과 같아야 한다.

냉각탑은 일반적으로 장치 공급자의 자문을 받고 평균 및 최대 필요 열량, 필요한 온도범위, 보충수의 가능성 및 보충수의 질, 그리고 그 지방의 일기 조건 등과 같은 여러 가지 인자를 고려하여 선택된다. 탑은 가장 극한적인 조건 즉, 습구온도가 일년에 며칠 안 되는 제한을 만족시킬 수 있도록 크기를 정한다. 미국 전역에 걸쳐 설계 목적을 위한 구체적인 일기 데이터는 정부 관련부처나 Marley Cooling Tower Company[3]에서 얻을 수 있다.

19.4.1 맞흐름 냉각탑의 이론

습구온도가 측정될 때에는 정상상태에서 그림 19.4(b)와 같은 기울기를 가지고 열전달과 물질전달이 일어난다. 계면으로 열의 흐름은 증기가 벌크(본체) 기체 속으로 확산하는 물의 증발에 필요한 열과 맞먹는다. 액체에서는 별로 기울기가 없이 일정한 온도로 머물러 있다. 반대로 냉각탑에서는 물방울들이 탑을 통과함에 따라 물의 온도가 변하여 액상에서의 열흐름과 함께 기체에서의 열 및 물질전달을 고려할 필요가 있다.

냉각탑의 밑바닥과 꼭대기에서 전형적인 기울기들은 그림 19.7에 그려져 있다. 바닥에서 공기 온도는 물 온도보다 클 수 있지만[그림 19.7(a)], 계면의 온도 T_i가 벌크 물의 온도 T_x보다 낮기 때문에 물이 냉각된다. 계면에서의 습도는 벌크 기체의 습도보다 커서, 물 증기의 물질전달에 대한 구동력이 된다. 그림 19.7(b)와 같이 만약에 입구에서의 공기 온도가 출구에서의 물 온도 보다 낮으면 기울기는 모양이 비슷하지만 기체경막을 통한 느낌열전달은 적다. 만약 $T_x = T_w$라면 기화에 필요한 모든 열은 기체로부터 오고 물에는 온도기울기가 없고 물의 냉각도 없으므로 모든 경우에 계면의 온도가 습구온도보다 위에 있어야 한다.

공기가 탑을 통해 위로 올라감에 따라 공기온도는 짧은 거리에서 잠깐 감소하지만 공기가 계속해서 더 더운물과 접촉함에 따라 결국 온도가 커지게 된다. 꼭대기에서는 기울기가 그림 19.7(c)와 같이 된다. 증발로 인한 물의 냉각은 공기로 느낌열을 전달함으로 생긴 물의 냉각보다 훨씬 큼에도 불구하고 물로부터 계면으로 전달된 열은 공기를 따듯하게 하고 기화열을 마련하는 데 이용된다. 보통 출구의 기체 온도는 입구 물 온도의 화씨 몇 도(a few degree) 범위 안에 있다.

냉각탑 해석에 대한 식

그림 19.8에 표시된 것과 같은 맞흐름 냉각탑을 생각해 보자. 습도가 $\mathscr{H}_b$이고, 온도가 T_{yb}인 기체가 장치의 밑으로 들어가서 습도가 $\mathscr{H}_a$이고, 온도가 T_{ya}로 장치 위로 나간다. 액체는 온도 T_{xa}로 위로 들어가서 온도 T_{xb}로 아래로 나간다. 기체의 질량속도는 단위시간 단위탑단면적당 무증기 공기의 질량속도 G_y'이다. 입구

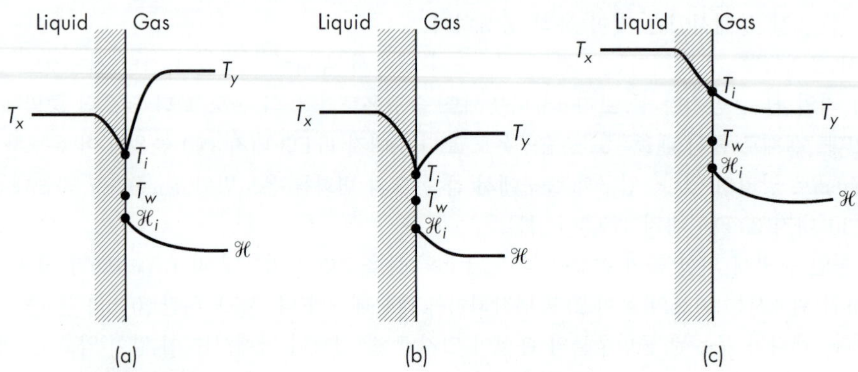

그림 19.7 냉각탑의 조건 : (a), (b) 탑 밑바닥의 조건, (c) 탑 위의 조건

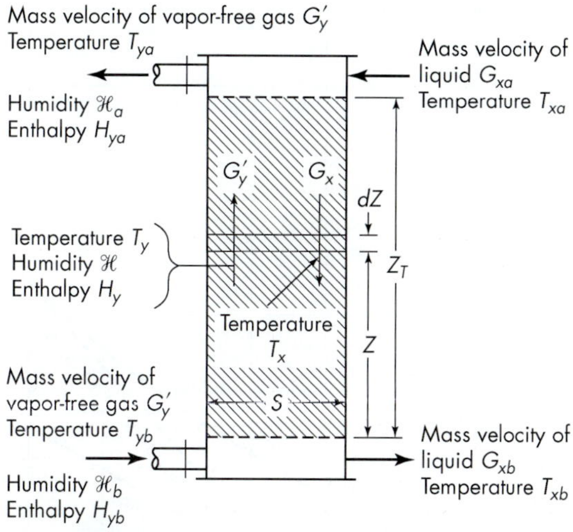

그림 19.8 맞흐름 기-액 접촉장치의 흐름 선도

와 출구에서 액체의 질량속도는 각각 G_{xa}와 G_{xb}이다. 접촉지역 밑으로부터 Z 거리에 있는 탑의 미소 부분의 높이를 dZ라고 하자. 높이 Z에서 액체의 질량속도를 G_x, 기체와 액체의 온도를 T_y와 T_x라 하고, 습도를 $\mathscr{H}$라고 하자. 기상과 액상의 계면에서 온도를 T_i라고 하고, 습도를 $\mathscr{H}_i$라고 하자. 그림 19.7(c)에서와 같이 편의상 계면의 온도가 기체 온도 보다 크다고 가정하자(만약 $T_i < T_y$라면 다음의 유도 식들은 유효하다).

탑의 짧은 구간 dZ에 대한 엔탈피수지는,

$$G_y' dH_y = d(G_x H_x) \tag{19.22}$$

이다. 탑에서 액체의 속도 변화는 단지 1 내지 2%이므로 G_x는 일정하다고 가정한다.

$$G_y' dH_y = G_x c_L dT_x \tag{19.23}$$

기체의 엔탈피 변화는 느낌열 변화에, 습도 곱하기 기화열을 더한 것이다.

$$dH_y = c_s dT_y + \lambda_0 d\mathscr{H} \tag{19.24}$$

여기서 λ_0는 32°F에서 기화열이다.

포화공기의 엔탈피는 다음 식과 같다.

$$H_{y,\text{sat}} = c_s(T_y - 32) + \lambda_0 \mathscr{H}_s \tag{19.25}$$

탑에 대한 총괄 에너지 수지는

$$G_y'(H_a - H_b) = G_x c_L(T_{xa} - T_{xb}) \tag{19.26}$$

탑의 중간지점에서의 엔탈피 수지는

$$G_y'(H_a - H_y) = G_x c_L(T_{xa} - T_x) \tag{19.27}$$

식 (19.27)은 탑에 대한 조작선으로 그림 19.9에서 물 대 공기 엔탈피의 온도 도표상에서 기울기가 $G_x c_L / G_y'$인 직선으로 표시된다. 평형선은 온도의 함수로서 물 증기에 포화된 공기의 엔탈피[식 (19.25)]를 나타낸다. 냉각탑에 대한 엔탈피-온도 선도는 탈거탑에 대한 엔탈피-온도 선도와 비슷하지만 용질이 아닌 에너지가 물에서 공기로 전달되는 것과 같다. 물의 온도와 입구에서의 공기 조건이 주어지면 그림 19.9에서 보는 바와 같이 처음으로 평형선에 닿는 조작선에 해당하는 최소 공기유량이 있다. 평형선의 곡율 때문에 최소 공기유량은 곡선에 접선으로 닿는 선에 의해 결정되는 경우가 있다. 공기의 유량은 보통 최소유량의

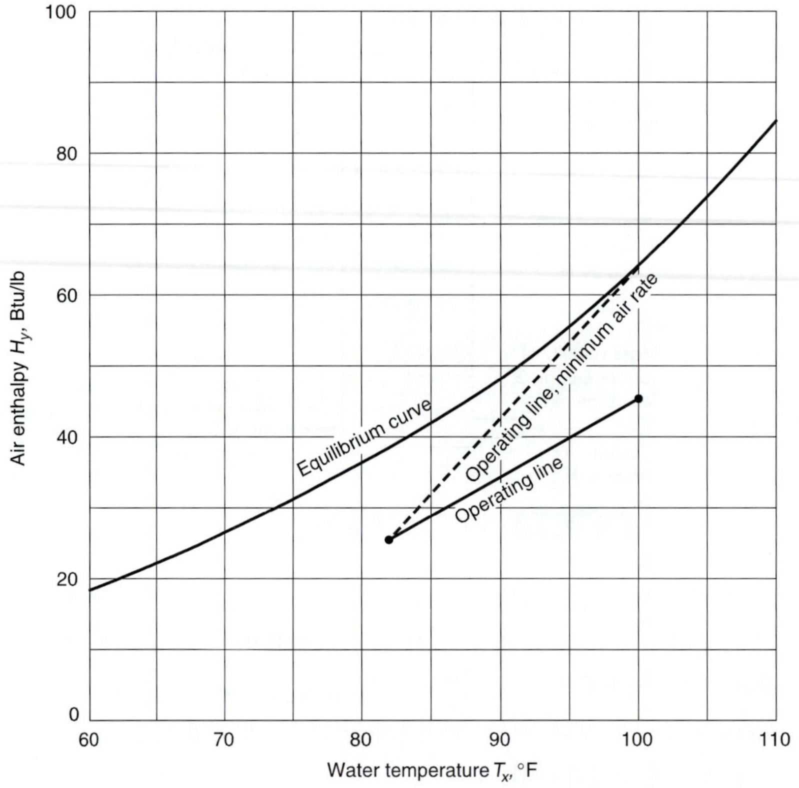

그림 19.9 냉각탑의 조작 선도 ; 공기의 엔탈피 대 물 온도 도표

1.2 내지 2.0배의 값을 선택한다.

충전탑에 필요한 충전 높이는 조작선-평형선 선도와 엔탈피 구동력에 기준한 총괄계수를 이용해서 구할 수 있다. 왜 그런가를 알기 위해서는 공기-물 계의 속도식을 조사하면 알 수 있다.

물로부터 계면으로 느낌열 전달속도는 다음과 같다.

$$G_x c_L dT_x = h_x a(T_x - T_i)dZ \tag{19.28}$$

여기서 $h_x a =$ 액체에 대한 부피 열전달계수이다. 계면으로부터 기체로의 열전달 속도는

$$G'_y c_s dT_y = h_y a(T_i - T_y)dZ \tag{19.29}$$

여기서 $h_y a =$ 기체에 대한 부피 열전달계수이다.

기체경막을 통한 물 증기의 물질전달 속도는 몰 흐름속도와 몰분율 구동력을 이용하여 정상적인 방법으로 쓸 수 있다. 희석 기체를 가정하면 $\overline{(1-y)_L} \cong 1.0$이 된다.

$$G_M dy = k_y a(y_i - y)dZ \tag{19.30}$$

공기의 습도가 낮은 경우, $G_M \cong G'_y/M_B$이므로 y는 거의 $\mathscr{H}$에 비례하고 $\mathscr{H}/M_A \ll 1/M_B$이어서 식 (19.30)은 다음과 같이 바꿀 수 있다. 여기서 M_B는 불활성 기체(공기)의 분자량이다.

$$G'_y d\mathscr{H} = k_y a M_B(\mathscr{H}_i - \mathscr{H})dZ \tag{19.31}$$

$h_x a$, $h_y a$ 및 $k_y a$ 의 a 항은 같다고 가정한다.

식 (19.31)은 λ_0를 곱하여 에너지 기준으로 전환시킬 수 있다.

$$G_y'\lambda_0 d\mathscr{H} = k_y a M_B \lambda_0(\mathscr{H}_i - \mathscr{H})dZ \tag{19.32}$$

식 (19.32)와 식 (19.29)를 합하면 다음 식과 같이 된다.

$$G_y'(\lambda_0 d\mathscr{H} + c_s dT_y) = [k_y a M_B \lambda_0(\mathscr{H}_i - \mathscr{H}) + h_y a(T_i - T_y)]dZ \tag{19.33}$$

Lewis 관계식 $h_y = c_s M_B k_y$로 식 (19.33)의 대괄호 속의 항인 $h_y a$를 대치하면 다음 식이 된다.

$$G_y'(\lambda_0 d\mathscr{H} + c_s dT_y) = k_y a M_B[\lambda_0(\mathscr{H}_i - \mathscr{H}) + c_s(T_i - T_y)]dZ \tag{19.34}$$

좌변의 괄호 속의 항은 엔탈피의 미소한 변화이고 대괄호 속의 항은 엔탈피 차이임으로 식 (19.34)는 다음과 같이 된다.

$$G_y' dH_y = k_y a M_B(H_i - H_y)dZ \tag{19.35}$$

따라서 기체 엔탈피 변화 속도는 계면에서의 엔탈피와 벌크 기체에서의 엔탈피와의 차이에 비례하고 전달계수는 G_y'와 H가 몰이 아니라 질량에 기준한 것이기 때문에 정상적인 기체경막 전달계수에 M_B를 곱한 것이다.

계면에서의 조건을 결정하기 위해서 액체경막의 열전달 속도를 기체 엔탈피 변화와 등식화하면 다음 식이 된다.

$$h_x a(T_x - T_i)dZ = k_y a M_B(H_i - H_y)dZ \tag{19.36}$$

또는

$$\frac{H_i - H_y}{T_i - T_x} = -\frac{h_x a}{k_y a M_B} \tag{19.37}$$

그러므로 평형곡선상의 H_i, T_i 점으로부터 조작선상의 H_y, T_x 점까지의 연결선은 $-h_x a / k_y a M_B$ 기울기를 갖는다. 이 기울기의 연결선을 다른 H_i 값에 대해서 작도함으로서 식 (19.35)를 전체 높이에 대하여 적분할 수 있다.

$$\int \frac{dH_y}{H_i - H_y} = \frac{k_y a M_B Z_T}{G_y'} \tag{19.38}$$

그러나 대부분의 충전물의 경우 $h_x a$와 $k_y a$에 대하여 발표된 관계식이 없으므로 총괄계수와 총괄 엔탈피 구동력에 기준한 단순 접근법이 사용될 수 있다.

$$G_y' dH_y = K_y a(H_y^* - H_y)dZ \tag{19.39}$$

$$\frac{1}{K_y a} = \frac{1}{k_y a M_B} + \frac{m}{h_x a}$$

$$m = \frac{dH^*}{dT} = \text{평형선의 기울기}$$

$H_y^* =$ 온도 T_x에서 액체와 평형을 이루는 기체의 엔탈피

전달단위 수와 한 개 전달단위의 높이는 기체 흡수와 똑같은 방법으로 정의할 수 있다.

$$\int \frac{dH_y}{H_y^* - H_y} = N_{Oy} = \frac{Z_T}{H_{Oy}} \tag{19.40}$$

여기서 $H_{Oy} = G_y' / (K_y a)$이다.

평형선의 기울기가 온도에 따라 변하기 때문에 총괄 기상계수를 사용하면 냉각탑의 설계와 해석에 오류를 불러올 수 있다. 그림 19.10에서 보는 바와 같이 온도가 10°F 변하면 기울기가 30 내지 40% 증가한다. 그렇지만 기체경막이 주 저항이므로 온도에 따른 $K_y a$의 변화는 상대적으로 적다. 정상적인 유량에서 쎌형 충전물을 사용하면 H_{Oy} 값은 보통 2 내지 3 ft(0.6 내지 1 m)이다. 나무판을 이용한 구형 탑에서는 H_{Oy}는 10~20 ft(3~6 m)정도이다[1].

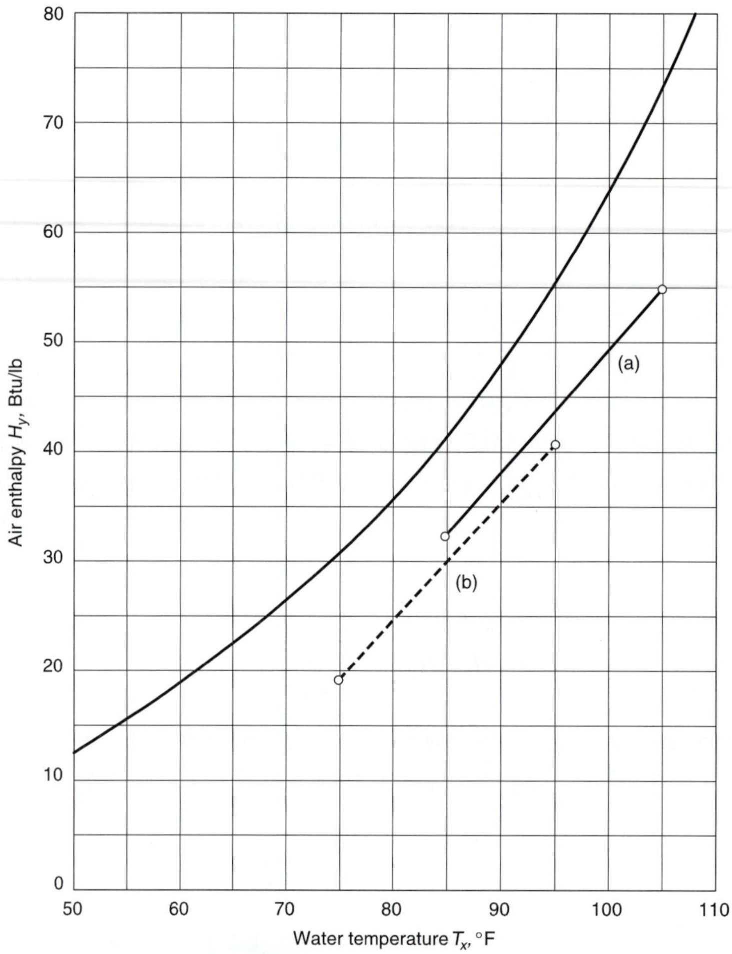

그림 19.10 예제 19.3의 조작 선도

냉각탑의 상세한 설계는 보통 전문가에게 맡기지만 기존 탑의 성능에 대한 기후조건 변화의 영향은 쉽게 어림할 수 있다. 정상적인 조건에 대한 데이터로부터 에너지 수지를 조사하고 엔탈피 선도를 이용하여 총괄 전달단위 수를 계산한다. 그리고 같은 전달단위 수를 갖도록 시행오차법으로 새로운 조작선을 긋는다. 예제 19.3에 이에 관한 예를 든다.

예제 19.3

공기의 건구온도와 습구온도가 각각 90 및 76°F일 때 물의 입구온도와 출구온도가 105 및 85°F가 되게 맞흐름 유도통풍 냉각탑(counterflow induced-dragt cooling tower)을 운전한다. 탑은 4 ft의 적층 플라스틱 충전물을 갖고 있으며 유속은 $G_y = 2,000\ \text{lb/h} \cdot \text{ft}^2$이고 $G_x = 2,200\ \text{lb/h} \cdot \text{ft}^2$이다. (a) 전달단위 수, 총괄 기상 구동력에 기준한 한 개 전달단위의 높이, 및 온도접근단을 구하여라. (b) 냉각 부하는 같으나 공기 온도는 70°F이고 습구온도가 60°F로 떨어졌을 때 물의 온도와 온도접근단을 계산하라.

풀이

(a) 습도도표 (그림 19.2)로부터 입구의 습도와 습비열을 구한다.

$$\mathscr{H}_b = 0.017 \text{ lb 물/1 lb 공기} \quad \mathscr{H}_R = \frac{0.017}{0.031} \times 100 = 55\%$$

$$c_s = 0.248 \text{ Btu/lb}\cdot{}^\circ\text{F}$$

$$H_b = 0.248(90-32) + 1,075(.017) = 32.7 \text{ Btu/lb}$$

$$2,200(1.0)(105-85) = 2,000(H_a - 32.7)$$

$$H_a = 54.7 \text{ Btu/lb}$$

$T_{xa} = 105$, $H_a = 54.7$ 점과 $T_{xb} = 85$, $H_b = 32.7$ 점은 그림 19.10에 조작선의 끝점들로서 도시되었다. 전달단위 수는 탑의 중간에서 구동력을 구하고 각 부분의 전달단위 수를 얻기 위한 대수 평균 ΔH를 이용하여 구할 수 있다.

$$H_{Oy} = \frac{4}{1.82} = 2.2 \text{ ft}$$

T_x	H^*	H	$H^* - H$	$\overline{(H^* - H)_L}$	N
85	41.5	32.7	8.8		
95	55.5	43.7	11.8	10.2	1.08
105	73	54.7	18.3	14.8	0.74
					$N_{Oy} =$ 1.82

온도접근단은 $85 - 76 = 9°\text{F}$이다.

(b) $T_y = 70°\text{F}$이고 $T_w = 60°\text{F}$인 경우,

$$\mathscr{H}_b = 0.009 \qquad c_s = 0.244$$

$$H_b = 0.244(70-32) + 1,075(0.009) = 18.9 \text{ Btu/lb}$$

똑같은 냉각부하를 가지면서 일정한 물의 유량과 공기 유량인 경우

$$2,200(1.0)(20) = 2,000(H_a - 18.9)$$

$$H_a = 18.9 + 22 = 40.9$$

여러 번의 시도에 의해 같은 수의 전달단위를 갖도록 조작선을 잡을 수 있다. $T_{xa} = 95°\text{F}$, $T_{xb} = 75°\text{F}$인 경우, $N_{Oy} = 1.78$인데 이는 1.82에 아주 가깝다. 조작선은 그림 19.9에 띠줄로 나타내었다. 습구온도에 대한 온도접근단은

$$T_{xb} - T_w = 75 - 60 = 15°\text{F}$$

이다. ■

공기의 엔탈피는 습구온도에 의해 정해지기 때문에 조작선의 위치는 들어가는 공기의 습구온도에 아주 많이 의존한다. 건구온도의 변화는 거의 영향이 없다. 공기가 100% 포화되어 있어도 물의 온도가 습구온도보다 높은 한 냉각이 일어난다. 실제로 탑은 5°F(2.8°C) 이하의 온도접근으로 운전하도록 설계되지 않으며 10 내지 15°F(5.6 내지 8.3°C)의 온도접근을 하는 것이 보통이다. 예제 19.3에서 보는 바와 같이 습구온도를 낮추면 물의 출구온도가 낮아지지만 평형선의 곡률 때문에 온도접근이 증가된다.

기체 유속이나 액체 유속이 변하면 전달단위 수가 변할 수 있다. 기체 경막계수는 기체 유속의 약 0.8 승에 비례하여 증가하므로 기체경막 조절이면 H_{Oy}는 G_y'의 0.2 승으로 올라간다. 액체의 유량이 저하하면 충전물을 완전히 적시지 못하므로 H_{Oy}를 증가시킬 수도 있다.

19.5 기호 설명

A	액체의 표면적, m^2 또는 ft^2
a	전달면적, m^2/m^3 또는 ft^2/ft^3
b	식 (19.17)과 (19.18)의 상수
C_p	몰비열, J/g mol · °C 또는 Btu/lb mol · °F
c_L	액체의 비열, J/g · °C 또는 Btu/lb · °F
c_p	비열, J/g · °C 또는 Btu/lb · °F; c_{pA}, c_{pB}, 각각 성분 A와 B의
c_s	습윤비열, J/g · °C 또는 Btu/lb · °F
D	지름, m 또는 ft
D_v	확산도, m^2/h, cm^2/s, 또는 ft^2/h
G	질량속도, $kg/m^2 \cdot h$ 또는 $lb/ft^2 \cdot h$; G_x, 임의의 점에서 액체의; G_{xa}, 입구에서 액체의; G_{xb}, 출구에서 액체의; G_y, 기체의; 단위시간당 단위탑단면적당 증기가 없는-기체의 질량
G_M	몰 질량속도, $k\,mol/m^2 \cdot h$ 또는 $lb\,mol/ft^2 \cdot h$
H	엔탈피, J/g 또는 Btu/lb; H_x, 액체의; H_y, 기체의; H_{ya}, H_{yb}, 입구와 출구에서 기체의, H^*, 평형 값; H_y^*, 액체와 평형에 있는 기체의
H_{Oy}	기상에 근거한 한 개 전달단위의 총괄높이, m 또는 ft
$\mathscr{H}$	습도, 증기가 없는-기체의 단위질량당 증기의 질량; $\mathscr{H}_a$, 접촉장치 위에서의; $\mathscr{H}_b$, 접촉장치 밑에서의; $\mathscr{H}_i$, 기-액 계면에서의; $\mathscr{H}_s$, 포화습도; $\mathscr{H}_w$, 습구온도에서 포화습도
$\mathscr{H}_A$	% 습도, $100\,\mathscr{H}/\mathscr{H}_s$
$\mathscr{H}_R$	상대습도, $100\,p_A/P'_A$
h	열전달계수, $W/m^2 \cdot °C$ 또는 $Btu/ft^2 \cdot h \cdot °F$; h_x, 액체 측; h_y, 기체 측
$K_y a$	기상에 근거한 총괄 부피 물질전달계수
k	열전도도, W/m · °C 또는 Btu/ft · h · °F
k_y	물질전달계수, $mol/m^2 \cdot h$ · 단위몰분율 또는 $lb\,mol/ft^2 \cdot h$ · 단위몰분율
M	분자량, M_A, M_B, 각각 성분 A와 B의; $\overline{M}$, 기체흐름의 평균분자량
m	식 (19.17)과 (19.18)의 지수; 또한 평형선의 기울기
N	전달단위 수; N_{Oy}, 기상에 근거한 총괄 전달단위수
N_A	전달속도 또는 액체의 기화속도, mol/h
n	식 (19.17)과 (19.18)의 지수; 또한 몰수(예제 19.1)
P	압력, atm.; P'_A, 액체의 증기압
Pr	Prandtl수, $c_p\mu/k$, 무차원
p_A	증기의 분압, atm
q	액체로의 느낌열 전달속도, W 또는 Btu/h
Re	Reynolds 수, DG/μ, 무차원
Sc	Schmidt 수, $\mu/\rho D_v$, 무차원
T	온도, K, °C, R, 또는 °F; T_i, 기-액 계면의; T_s, 단열포화온도; T_w, 습구온도; T_x, 액체 벌크의; T_{xa}, 접촉장치 위에서 액체의; T_{xb}, 접촉장치 밑에서 액체의; T_y, 기체 벌크의; T_{ya}, 접촉장치 위에서 기체의; T_{yb}, 접촉장치 밑에서 기체의; T_0, 엔탈피 계산의 기준온도
v_H	습윤부피, m^3/kg 또는 ft^3/lb

x	액체흐름 속에 있는 기체 성분의 몰분율; x_e, 평형값
y	기체흐름 속의 액체성분의 몰분율; y_e, 평형값; y_i, 기-액 계면에서의 몰분율; y_s, 표화값
$\overline{(1-y)_L}$	한방향 확산인자
Z	접촉구역 바닥으로부터의 거리, m 또는 ft; Z_T, 접촉부분의 총 높이
z	증발된 물의 몰 수(예제 19.1)

그리스문자

λ	기화 잠열, J/g 또는 Btu/lb; λ_s, T_s에서의; λ_w, T_w에서의; λ_0, T_0에서의
μ	점도, cP 또는 lb/ft · h
ρ	기체의 밀도, kg/m^3 또는 lb/ft^3

연습 문제

19.1 아세트산 셀루로스(cellulose acetate)에서 아세톤을 제거하는 한 가지 방법은 아세트산 셀루로스 섬유 위로 공기흐름을 보내는 것이다. 공기-아세톤 혼합물의 물성을 알기 위해서 공정제어과(工程制御課)에서는 공기-아세톤 습도도표를 필요로 한다. 조사 결과, 절대습도 범위가 0에서 6.0, 온도범위가 5~55°C이면 충분하다는 것을 알았다. 전압 760 mm Hg에서 공기-아세톤에 대해 다음과 같은 부분의 습도도표를 작도하라. (a) 50%와 100%에 대한 % 습도선, (b) 온도 대 포화부피, (c) 온도 대 아세톤의 잠열, (d) 습도 대 습윤비열, (e) 단열포화온도가 20°C 및 40°C인 경우의 단열냉각선, (f) 습구온도가 20°C 및 40°C인 경우의 습구온도선. 필요한 데이터는 표 19.1에 수록되어 있다. 아세톤증기에 대하여 c_p = 1.47 J/g·°C이고, $h/M_B k_y$ = 1.7 J/g·°C이다.

19.2 공기와 벤젠증기의 혼합물이 관형 냉각기-응축기 속에서 70°C로부터 15°C로 냉각된다. 입구에서의 습도는 공기 1 kg 당 0.7 kg의 벤젠증기이다. 다음을 계산하라. (a) 들어가는 기체의 습구온도, (b) 출구에서의 습도, (c) 공기 1 kg당 전달되는 총 열량.

19.3 셀형 충전물을 30 in. 채운 맞흐름형 냉각탑을 온도접근단 10°F, 냉각범위 17°F를 목표로 습구온도 75°F의 조건에서 설계하려고 한다. 탑의 단면적은 36 × 36 ft이고 공기의 유속과 물의 유속은 각각 523,000 cfm(90°F에서)과 6,000 gpm이다. (a) 입구에서의 공기 엔탈피와 탑 전후에서 엔탈피 변화는 얼마인가? (b) 이러한 조건에서 N_{Oy}와 H_{Oy}를 계산하라. (c) 습구온도가 78°F이고 원하는 온도접근단이 7°F라면 얼마나 더 많은 충전이 필요한가?

표 19.1 아세톤의 물성

Temperature, °C	Vapor pressure, mm Hg	Latent heat, J/g	Temperature, °C	Vapor pressure, mm Hg	Latent heat, J/g
0		564	50	620.9	
10	115.6		56.1	760.0	521
20	179.6	552	60	860.5	517
30	281.0		70	1,189.4	
40	420.1	536	80	1,611.0	495

19.4 예제 19.3에 설명한 냉각탑에서 액체유량이 같고 습구온도가 75°F일 때 공기유량을 20% 증가시키는 효과를 예측하라.

19.5 (a) 더운 공기에서 증발하는 작은 물방울의 경우, 증발시간이 물방울 크기의 자승에 비례함을 증명하여라. (b) 140°F의 공기 속에서 50 μm 물방울의 증발시간을 계산하라. (c) 부피로 1%의 물방울이 있는 50 μm 물방울의 분무에 대한 부피 열전달계수를 산출하여라.

19.6 온도가 27°C이고 상대습도가 60%인 공기가 15°C의 물이 60 cm/s로 흐르고 있는 1.5 cm 외경의 관을 지나 순환되고 있다. 관에 접근하는 공기의 속도는 1.5 m/s이다. (a) 관 위에 물이 응축할까? (b) 응축이 일어난다면 관벽의 온도와 계면의 온도는 얼마인가?

19.7 기체와 액체에 대한 접촉시간이 똑같은 경우 침투론을 이용하여 $k_y a$ 와 $h_x a$의 근사값을 구하라. 전체 저항의 몇 활이 기상에서의 저항인가?

19.8 160°F의 공기가 습구온도는 102°F이다. 이 공기의 상대습도, %습도, 및 이슬점을 구하라.

19.9 한 면이 4 ft.인 커다란 정사각형 도관에 150°F에서 20 ft/s로 흐르는 공기의 경우, 직경이 0.5-in.인 습구온도계로의 복사열전달 계수는 얼마인가? 대류 계수와 비교하면 어떻게 되는가?

19.10 예제 19.3의 냉각탑에서 건구온도와 습구온도가 각각 100°F와 68°F일 때 들어가는 물과 나가는 물의 온도를 계산하라.

참고 문헌

1. Bruger, R., *Hydrocarbon Proc.*, **70**(3):59 (1991).
2. Grosvenor, W. M., *Trans. AIChE,* **1**:184 (1908).
3. Hensley, J. C. (ed.), *Cooling Tower Fundamentals*, 2nd ed. Overland Park, KS: Marley Cooling Tower Co., 1998.
4. Lewis, W. K., *Trans. AIME*, **44**:325 (1922).
5. Perry R. H., and D. W. Green (eds.), *Perry's Chemical Engineers' Handbook*, 7th ed. New York: McGraw-Hill, 1997, pp. **12**-29, **12**-30.
6. Sherwood, T. K., and R. L. Pigford, *Absorption and Extraction*, 2nd ed. New York: McGraw-Hill, 1952, pp. 97-101.
7. Strigle, R. F., Jr., *Random Packing and Packed Towers*, Houston, TX: Gulf Publication Co., 1987.
8. Willa, J. L., *Chem. Eng.*, **104**(11):92 (1997).

20 평형단 조작

Equilibrium-Stage Operations

물질전달장치의 한 종류는 개개의 단위장치(unit) 또는 단(段)의 조립으로 구성되어 있으며, 이들이 상호 연결되어 그곳에서 처리되는 물질이 차례로 각 단을 통과하도록 되어 있다. 2개의 흐름이 조립장치를 통하여 서로 반대방향으로 움직여서 각 단에 들어가 접촉하고, 섞인 다음 분리된다. 이와 같은 다단식(多段式)계를 **캐스케이드**(cascade)라고 한다. 물질전달이 일어나기 위해서는 각 단에 들어가는 흐름들이 서로 평형에 있어서는 안 된다. 왜냐하면 전달에 대한 구동력(驅動力)을 갖기 위해서는 평형상태로부터 벗어나 있어야 하기 때문이다. 각 단을 나가는 흐름들은 어느 것이나 보통 평형에 있지 않으나, 들어가는 흐름들보다는 훨씬 평형에 근접해 있다. 평형 쪽으로의 근접도는 혼합과 상간의 물질전달 효율에 따라 달라진다. 캐스케이드 설계를 간단하게 하기 위해서 각 단을 나가는 흐름들이 평형에 있다고 가정하는데, 이는 정의상 각 단이 **이상단**(理想段)이라는 것을 의미한다. 보정인자 또는 효율이란 평형에서 실제 얼마큼 벗어나 있는가를 계산하는 것으로, 뒤에 이를 설명하기로 한다.

평형단 캐스케이드의 원리를 설명하기 위해서 여기서 두 가지 전형적인 맞흐름 다단장치를 설명하고자 한다. 즉 하나는 증류 또는 기체흡수 장치로 단들이 수직탑에 위 아래로 차례로 배열되어 있고, 또 하나는 침출에서처럼 고체-액체 접촉장치로 단들이 같은 높이에 있는 직렬의 교반탱크이다. 다른 형의 물질전달장치는 다음 장들에서 설명하기로 한다.

20.1 단 접촉 장치

전형적 증류장치

연속 증류장치는 그림 20.1과 같다. 탑 C에는 증류될 액체혼합물이 연속적으로 공급되며 되끓이개(재비기, reboiler) A 속의 액체는 가열장치에서 전달된 열에 의해 일부가 증기로 바뀐다. 증류기에서 나온 증기는 탑 C 속의 내려오는 끓는 액체흐름과 맞흐름으로 잘 접촉하게 된다. 이 액체에는 낮은 끓는점 성분이 많아서 탑의 각 단에서 액체로부터 증기 쪽으로 물질전달이 일어난다. 이와 같은 액체는 단순히 탑위증기를 응축해서 그 일부를 탑 위로 되돌려서 얻을 수 있다. 이 되돌린 액체를 **환류**(reflux)라고 한다. 환류를 이용해서 탑위 생성물(overhead product)의 순도를 높이지만, 이는 어떤 대가 없이 이루어지는 것이 아니다. 왜냐하면

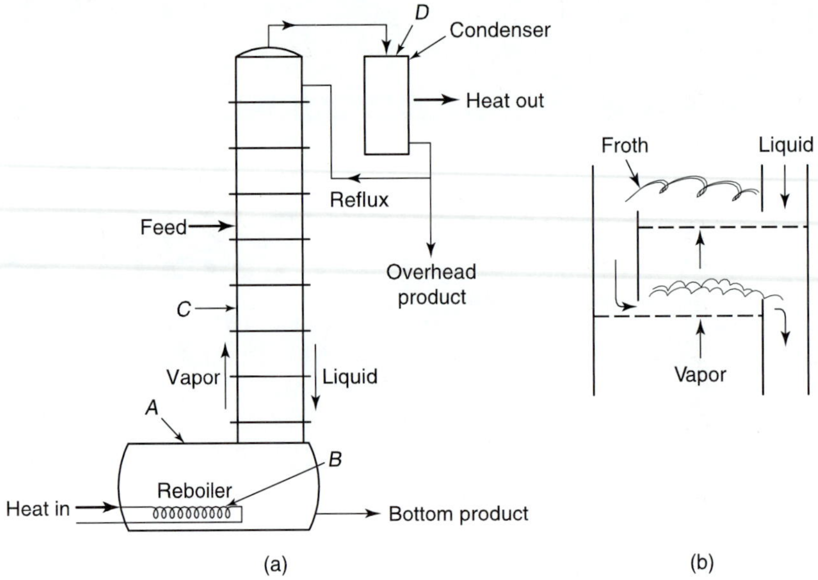

그림 20.1 (a) 분별증류탑을 가진 되끓이개 : A 되끓이개, B 가열장치, C 탑, D 응축기, (b) 체판의 상세도

되끓이개에서 만들어진 증기가 환류와 탑위 생성물을 만들며, 이 에너지 비용은 증류에 의한 전체 분리비용의 대부분을 차지한다.

탑 위로 들어가는 환류는 대개 끓는점에 있다. 그렇지만 그것이 끓는점 이하의 액체일 경우는 즉각 증기에 의해 끓는점까지 가열된다. 탑의 나머지 부분에서는 어느 단에서나 증기는 끓는점에 있는 액체와 같은 온도에 있다. 탑 아래로 내려갈수록 압력이 증가하고, 높은 끓는점(고비점) 성분의 농도가 커지기 때문에 온도가 높아진다.

어느 한 단으로 들어가는 증기는 그 단의 액체와 평형을 이루고 있는 증기보다는 낮은 끓는점(저비점) 물질의 농도가 낮기 때문에 각 단에서 증기는 농축된다. 대개의 경우처럼 탑위의 증기가 모두 응축한다면 생성물 및 환류와 같은 조성을 갖는다. 그렇지만 환류는 최상단에 들어가는 증기보다 진한 평형증기조성(equilibrium vapor composition)을 갖는다. 그러므로 탑 위를 통과해 나가는 증기는 환류 액체 덕분에 낮은 끓는점 물질이 많아지게 된다. 이때문에 환류 액체는 일부의 낮은 끓는점 물질을 빼앗기게 된다. 그러나 유량을 적절하게 조절하면, 제2단으로 내려가는 액체는 제2단으로 올라가는 낮은 끓는점 물질의 농도가 낮은 증기를 농축시킬 수 있다. 그러므로 탑 속에 있는 모든 단에서 낮은 끓는점 물질은 액상에서 기상으로 확산해 가고, 높은 끓는점 물질은 이에 대응하여 증기로부터 액체로 확산을 하게 된다. 낮은 끓는점 물질의 증발열은 높은 끓는점 물질의 응축열로 공급하며, 탑을 올라가는 증기의 총 유량은 거의 일정하다.

원료공급단 위, 탑의 위 부분을 **정류부**(rectifying section)라고 한다. 증기가 환류 액체와 접촉하면서 증기 흐름은 낮은 끓는점 성분이 진해진다. 낮은 끓는점 물질의 농도가 원하는 제품을 충분히 만족시킨다면, 어디서 환류를 하든지 중요하지 않다. 보통 환류는 응축기 D를 나가는 응축물이다. 응축물의 일부는 제품으로 뽑아내며, 나머지는 탑의 최상단으로 되돌아간다. 환류는 가끔 탑위 증기를 부분 응축해서 만들 때도 있다. 그런 경우에는 환류 액체는 탑위 생성물로 나가는 증기와 조성이 다를 수 있다. 공비물(共沸物)만 형성하지 않는다면 응축기에 도달하는 증기는 탑을 높게 하고, 환류를 많게 함으로써 원하는 만큼의 거의 완전한 순도에 접근할 수 있다.

원료공급단 아래의 탑 부분을 **탈거부** 또는 **농축부**(stripping or enriching section)로서 점차적으로 액체가 낮은 끓는점 물질은 빼앗기고 높은 끓는점 물질이 진해진다. 보통의 경우처럼 원료가 액체이면 탑 아래 부분의 액체흐름에 더해진다. 더욱이 액체가 끓는점 보다 차가운 액체이면 원료를 끓는점 온도까지 올리기 위해서 되끓이개에서 추가로 증기를 만들어야 한다. 이렇게 하기 위해서는 추가적인 증기가 차가운 원료와 접촉하여 응축되고 이로 인해 탈거부에 흘러 내려가는 액체가 더 추가된다. 상세한 탑의 성능과 원료 조건의 영향에 관해서는 21장에서 다룬다.

되끓이개로부터는 대부분의 높은 끓는점 성분과 보통 낮은 끓는점 성분이 거의 없는 액체를 뽑아낸다. 이 액체를 **탑밑 생성물**(bottom product or bottoms)이라고 부른다.

그림 20.1(a)에 설명한 탑에는 단(段) 위에 단을 쌓은 것처럼 많은 판(plate) 또는 단(tray)이 들어 있다. 이러한 판에는 구멍이 많이 뚫려있어 체판(sieve plate)으로 알려져 있으며 상세한 것은 그림 20.1(b)에 있다. 체판은 많은 구멍을 갖는 수평판과 하강관(downcomer)으로 작용하는 환절의 수직 물넘이둑(weir)으로 구성되어 있다. 21장에서 설명하겠지만 때로는 구멍들이 증기가 지나갈 때 올려지는 여닫게(valve)나 마개를 갖는다. 다공판에 있는 하강관은 거의 아래 단까지 다다른다. 액체는 물넘이둑 위로 흘러 판에서 판으로 탑 아래로 내려가면서 판을 가로질러 올라오는 증기로 거품이 생긴다. 거품 위의 증기 공간은 거품이 깨지면서 생긴 미세한 방울 안개로 찬다. 대부분의 액체방울들은 액체속으로 되 떨어지지만 일부는 증기에 동반되어 위 판으로 운반된다. 동반흐름(entrainment)이 탑의 성능에 미치는 영향에 대하여는 21장을 참고하기 바란다.

전형적 침출장치

침출에서 가용성 물질은 액체 용매에 의해 불용성 고체와 섞여 있는 혼합물로부터 용해된다. 전형적인 맞흐름식 침출장치(countercurrent leaching plant)의 도식적인 흐름도는 그림 20.2와 같다. 이 장치는 일련의 연속적인 단위장치로 구성되어 있다. 앞의 장치에서 오는 고체와 다음 장치에서 오는 액체가 섞은 다음 혼합물은 침강시킨다. 그리고 나서 고체는 다음 장치로 이동하며, 액체는 앞의 장치로 이동된다. 액체가 단위장치에서 단위장치로 흘러감에 따라 용질이 농축되며, 고체는 역방향으로 이동함에 따라 용질이 적어진다. 이 계의 한 끝으로 나가는 고체는 용질이 잘 추출된 상태에 있고, 나가는 용액에는 용질이 진하다. 추출이 얼마큼 잘 되는가는 용매의 양과 단위장치의 수에 관계된다. 원리상으로 충분한 용매와 충분한 수의 단위장치를 사용하면, 추출되지 않은 용질을 원하는 만큼 줄일 수가 있다.

맞흐름식 유동을 이루기 위해 고체상을 기계적으로 움직이면 한 개의 장치를 가지고도 다단식 침출을 수행할 수 있다. 그림 23.1에서 두 개의 예를 볼 수 있다.

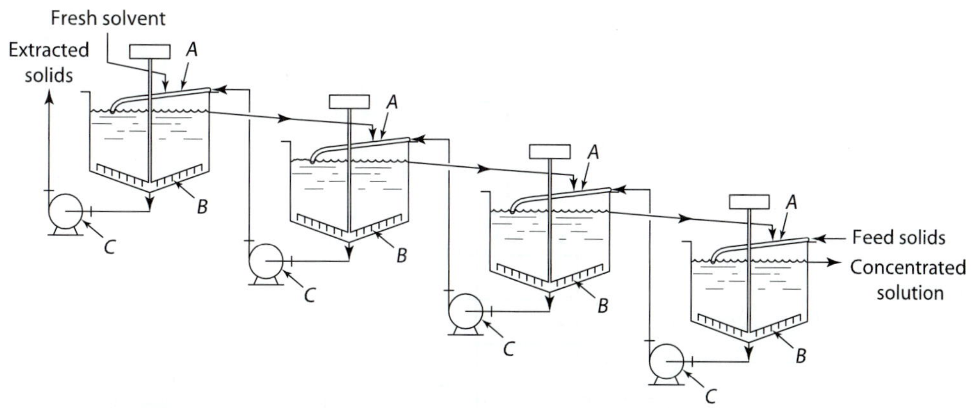

그림 20.2 맞흐름식 침출장치 : A, 세척장치(launder) ; B, 갈퀴 ; C, 슬러리 펌프

20.2 단 공정의 원리

그림 20.1 및 20.2와 같은 체판형 탑(sieve-plate tower) 및 맞흐름식 추출장치에서 캐스케이드는 일련의 상호 연결된 단위장치 또는 단으로 구성되어 있다. 전체적으로 보아, 관심은 주로 단을 지나는 흐름들에 초점을 두는 것이 좋겠다. 캐스케이드에서 각 단위장치는 두 개의 흐름, 즉 V상과 L상에서 하나씩 두 개의 흐름을 인접한 두 개의 단위장치로부터 받아들이고, 그들이 서로 잘 접촉되도록 한 다음, L상과 V상 각각을 같은 인접 단위장치로 보낸다. 접촉장치가 체판형 탑처럼 한 단 위에 다른 단을 배열하든지 침출장치처럼 옆으로 연이어서 배열하는 사실은 역학적으로 중요하며 각 단의 세부적인 조작에 영향을 미칠 수 있다. 그러나 어느 배열에서나 같은 물질수지식을 사용할 수 있다.

단 접촉장치에 사용하는 용어

캐스케이드를 이루는 각 접촉장치들은 한쪽 끝에서 시작해서 일련 번호를 붙인다. 본 교재에서는 단을 L상이 흐르는 방향으로 번호를 매기며, 마지막 단이 L상을 배출하는 단이다. 계 내에서 일반적 단은 n번째 단으로 표시하는데 이는 L상이 들어가는 입구로부터 n번째 있는 단이란 뜻이다. n단의 바로 앞 단은 $n-1$단이며, 바로 다음 단이 $n+1$단이다. 예로서, 판형 탑을 든다면, 그림 20.3에서 어떻게 단의 번호를 메기는지 보여주고 있다. 단의 총수는 N이고, 따라서 이 장치의 맨 마지막 단은 N번째 단이다. 임의의 단에 관련된 흐름과 농도를 표시하기 위하여, 그 단에서 시작된 모든 흐름들은 그 단의 번호를 하첨자로 붙인다. 따라서, 2성분 계의 경우 y_{n+1}은 $n+1$번째 단을 나가는 V상에서 A성분의 몰분율이며 L_n은 n번째 단을 나가는 L상의 몰 유량이다. 캐스케이드를 들어가고 나가는 흐름들과 n번째 단을

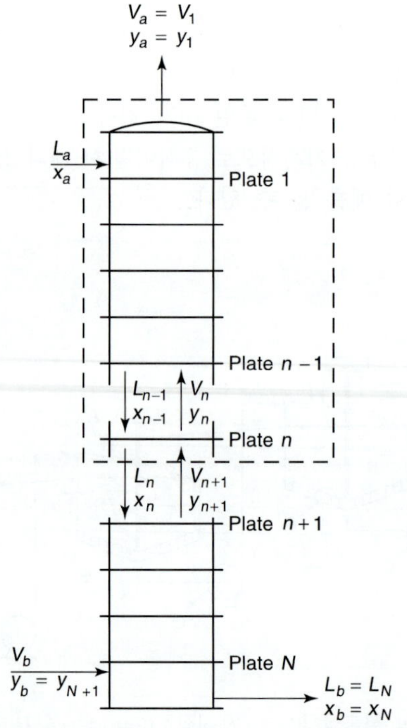

그림 20.3 판형탑(plate column)의 물질수지 선도

들어가고 나가는 흐름들을 그림 20.3에 표시하였다. 499쪽에 있는 표 B의 V_a, L_b, y_a 및 x_b는 각각 V_1, L_N, y_1 및 x_N과 같다. 이것은 그림 20.3을 참고하면 알 수 있다.

물질수지

다음 유도식들에서는 몰분율이 사용되었지만 추출에서는 자주 질량분율에 기초한 유사한 식들이 사용되기도 한다. 그림 20.3에서 띠줄로 둘러싸인 제1단에서부터 제 n단까지의 캐스케이드 부분을 생각해 보자. 이 부분에 물질의 총 도입량은 $L_a + V_{n+1}$ mol/h이고, 총 유출량은 $L_n + V_a$ mol/h이다. 정상흐름 하에서는 물질의 축적이나 소모가 없으므로, 도입량과 유출량이 같아서 아래와 같이 쓸 수 있다.

$$L_a + V_{n+1} = L_n + V_a \tag{20.1}$$

식 (20.1)은 총 물질수지식이다. 성분 A의 도입량과 유출량에 대해서 다른 수지식을 만들 수 있다. 어느 흐름에서 그 성분의 몰수는 유량에다 그 흐름 속에 있는 A의 몰분율을 곱하면 되므로, 2 성분 계의 경우, 우리가 공부하고 있는 부분에서 A 성분의 도입량은 $L_a x_a + V_{n+1} y_{n+1}$ mol/h이고, 유출양은 $L_n x_n + V_a y_a$ mol/h이며, 다음 식이 성립한다.

$$L_a x_a + V_{n+1} y_{n+1} = L_n x_n + V_a y_a \tag{20.2}$$

B성분에 대해서도 물질수지식을 쓸 수는 있지만, 그 식은 식 (20.1) 및 (20.2)와 관계가 없지 않다. 왜냐하면 식 (20.1)에서 식 (20.2)를 빼면, 그 결과가 바로 B 성분에 대한 물질수지식이기 때문이다. 식 (20.1)과 식 (20.2)는 선정된 부분에 대해 적용한 물질수지로부터 얻을 수 있는 모든 정보를 제공해 준다.

전체 캐스케이드를 포괄하는 총괄 수지식은 같은 방법으로 구할 수 있다. 즉,

총 물질수지 : $$L_a + V_b = L_b + V_a \tag{20.3}$$

A 성분수지 : $$L_a x_a + V_b y_b = L_b x_b + V_a y_a \tag{20.4}$$

엔탈피 수지

여러 평형단 공정에서 총 에너지수지는 역학적 위치에너지 및 운동에너지를 무시함으로써 단순화시킬 수 있다. 그리고 이 공정에 일이 관계되지 않고 단열적이라면, 단순한 엔탈피 수지를 적용할 수 있다. 2성분계의 경우 처음 n단까지 적용하면 식 (20.5)가 성립한다.

$$L_a H_{L,a} + V_{n+1} H_{V,n+1} = L_n H_{L,n} + V_a H_{V,a} \tag{20.5}$$

여기서, H_L과 H_V는 각각 L상과 V상의 몰당 엔탈피이다. 전체 캐스케이드에 대해서는 식 (20.6)이 된다.

$$L_a H_{L,a} + V_b H_{V,b} = L_b H_{L,b} + V_a H_{V,a} \tag{20.6}$$

2성분계에 대한 도식법

단지 두 성분만이 있는 계에서는 많은 물질전달 문제들을 도식적으로 풀 수 있다. 이 방법은 물질수지와 평형관계에 근거를 둔다. 좀더 복잡한 방법에서는 이들과 함께 엔탈피 수지도 필요로 한다. 좀더 복잡한 방법은 21장에서 다룰 것이며, 단순한 도식법에 기초한 원리는 다음절에서 설명한다. 그리고 특별 조작에 대한 상세한 응용에 대해서는 후속 장에서 취급한다.

조작선 선도

2성분계에서 캐스케이드 속에 있는 두 상의 조성은 x를 횡축으로, y를 종축으로 하는 도표 상에 표시할 수 있다. 식 (20.2)에서 알 수 있는 바와 같이 탑 내의 중간 부분에서의 물질수지는 n단을 나가는 L상의 농도 x_n과 그 단으로 들어가는 V상의 농도 y_{n+1}과의 관계이다. 식 (20.2)를 보다 명확한 관계식으로 표시하면 다음과 같이 된다.

$$y_{n+1} = \frac{L_n}{V_{n+1}} x_n + \frac{V_a y_a - L_a x_a}{V_{n+1}} \tag{20.7}$$

식 (20.7)은 탑에 대한 조작선 식이다. 즉, 모든 단들에 대한 x_n과 y_{n+1} 점들을 도시할 경우, 이 점들을 지나는 선을 조작선(operating line)이라고 한다. L_n과 V_{n+1}이 탑 전체를 통해서 일정하다면, 이 식은 기울기가 L/V이고 절편이 $y_a-(L/V)x_a$인 직선의 식이며, 이 선은 쉽게 그릴 수 있다. 이러한 경우에 조작선은 양끝의 조성 (x_a, y_a) 및 (x_b, y_b)를 연결하는 직선으로 그릴 수도 있다. 이것이 사실임을 이해시키기 위해서 그림 20.3의 띠줄 사각형을 N 단이 포함하도록 연장하고, 맨 아랫단에 들어오는 V_b 흐름이 가상적인 $N+1$ 단으로부터 오는 흐름이라고 생각하면, y_b는 y_{N+1}에 해당하고 x_b는 x_N 에 해당된다. 마찬가지로, 탑 꼭대기의 흐름 L_a가 가상적인 단인 0 단으로부터 온다고 생각하면, 점 (x_0, y_1) 또는 (x_a, y_a)는 조작선의 위쪽 끝에 위치하게 된다.

단형 탑에서는 x와 y가 불연속 함수인데 반해 기체 흡수에 대해 18장에서 취급한 것과 같이 충전탑이나 다른 단형이 아닌 접촉장치에서는 x와 y는 높이 Z의 연속함수이다. 평형선은 물론 연속적이지만 조작선은 y_{n+1}과 x_n을 관계하는 일련의 조성을 연결하여 그려진다. 그렇지만, 보통, y_n과 x_n 값들은 확실하지 않아 조작선을 실선으로 그린다.

탑 속에서 유량이 일정하지 않으면, 조작선은 단순하게 직선으로 되지 않는다. 그렇지만 양끝의 조성은 선 양끝의 위치를 잡는 데 사용할 수 있으며, 탑의 여러 부분에 대한 물질수지 계산은 몇 개의 중간 점들을 밝히기 위해 행한다. 보통 조작선은 약간의 곡선이기 때문에, 단지 하나 또는 둘 정도의 점들이 필요할 뿐이다.

평형선에 대한 조작선의 상대적 위치는 물질전달 방향과 분리에 필요한 단의 수를 결정하게 된다. 평형 데이터는 실험이나 열역학적 계산, 또는 발표된 자료[2]들로부터 알 수 있으며, 평형선은 평형값 x_e와 y_e를 도시한 것일 뿐이다. 증류탑 내의 정류에서는, 그림 20.4(a)에서 보는 바와 같이 조작선이 평형선 아래에 위치해야 한다. 그러면 어떤 단에 들어가는 증기는 그 단을 나가는 액체와 평형상태에 있는 증기보다 낮은 끓는점 물질이 적어서 액체를 통과해 나가는 동안 증기가 낮은 끓는점 성분을 많이 갖게 된다. 두 선들의 상대적 기울기는 두 선들이 만나지 않는 한, 중요한 것은 아니다. 평형선이 조작선보다 기울기가 완만하여 증기가 점차적으로 농축될 수 있다. 물질전달의 구동력은 그림 20.4(a)에서와 같이 y_e-y_{n+1}이다.

불활성 기체와 섞여 있는 가용성 기체의 흡수에서와 같이 V상으로부터 L상으로 한 성분이 전달될 때 조작선은 그림 20.4(b)와 같이 평형선 위에 놓여 있어야 한다. 이 경우 물질전달의 구동력은 $y_{n+1}-y_e$이거나, 또는 탑 속에서 어느 위치에 있는 액체와 평형에 있는 증기의 조성과 실제 증기조성의 차이가 된다. 기체 흡수탑의 설계에서 액체유량은 조작선이 평형선보다 기울기를 다소 급하도록 하는 것이 보통이며, 그렇게 함으로써 탑 밑 부분에서 구동력을 크게 하고 비교적 적은 단 수로 원하는 분리를 할 수 있게끔 한다.

기체의 한 성분을 비휘발성 용매에 흡수시키는 경우 두 상이 탑을 통과함에 따라 기체의 총 유량은 감소하는 반면, 액체의 총 유량은 증가한다. L과 V는 둘 다 탑 밑 부분에서 제일 크고 꼭대기에서 가장 작기 때문에 조작선의 기울기, 즉 L/V의 변화율은 L 또는 V의 변화 그 자체만큼 크지는 않지만 조작선은 보통 곡선이 된다. 조작선 상의 중간 점들을 계산하는 방법은 뒤에 예제 20.1에서 설명한다.

기체흡수의 역(逆)을 탈착 또는 탈거라고 하며, 흡수용액으로부터 값비싼 용질을 회수하고 용액을 재생하

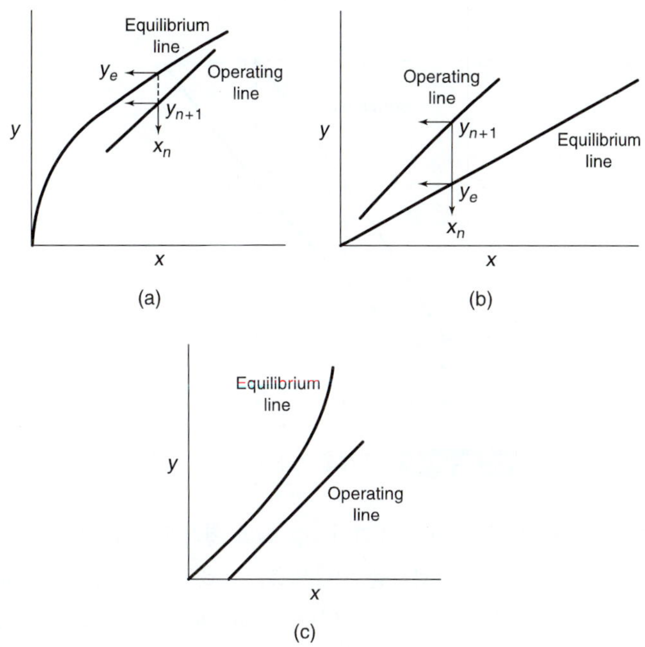

그림 20.4 조작선과 평형선 : (a) 정류의 경우, (b) 기체흡수의 경우, (c) 탈착의 경우

기 위해 수행하는 조작이다. 따라서, 조작선은 그림 20.4(c)에서와 같이 평형선 밑에 놓여져야 한다. 일반적으로 흡수공정의 경우보다도 평형곡선이 더 가파르게 되도록 온도 또는 압력이 변화된다.

이상 접촉단

이상단은 실제단과 비교될 수 있는 표준이다. 이상단인 경우에는 어느 단을 나가는 V상은 같은 단을 나가는 L상과 평형에 있다. 예를 들어, 그림 20.3에 있는 n단이 이상단이라고 하면 x_n과 y_n은 두 상간의 평형을 표시하는 x_e대 y_e로 된 곡선 상에 있는 한 점의 좌표가 된다. 판형 탑에서 이상단은 또한 **완전단**(perfect plate)이라고도 한다.

이상단을 설계에 이용하려면 이상단을 실제단과 연관시키는 **단효율**(stage efficiency 또는 plate efficiency)이라고 하는 보정계수의 응용이 필요하다. 단효율은 21장에서 논하며, 여기서는 이상단에 한정해서 설명한다.

이상단 수의 결정

전반적인 중요 문제는 실제 캐스케이드에서 원하는 농도범위, 즉 x_a에서 x_b 또는 y_a에서 y_b를 달성하는 데 필요한 이상단의 수를 구하는 것이다. 이 수를 알 수 있고, 또한 단효율을 안다면 실제단의 수를 계산할 수 있다. 이것이 캐스케이드를 설계하는 통상적인 방법이다.

각 상에 두 성분만 있을 때 이상단 수를 결정하는 간단한 방법은 조작선을 이용하는 도식적 작도법이다. 그림 20.5는 전형적 기체흡수탑에 대한 조작선과 평형곡선이다. 조작선의 끝은 좌표가 (x_a, y_a)인 점 a와 (x_b, y_b) 좌표를 갖는 점 b이다. 기상에서의 농도변화 y_b에서 y_a 및 액상의 농도변화 x_a에서 x_b를 이룩하는 데 필요한 이상단 수를 결정하는 문제는 다음과 같이 해결된다.

맨 위 단, 즉 제 1단을 나가는 기체의 농도는 y_a, 즉 y_1이다. 이것이 이상단이라면 나가는 액체는 나가는 증기와 평형이어야 하므로, 점 (x_1, y_1)은 평형곡선 상에 놓이지 않으면 안 된다. 이러한 사실로부터 점 a에

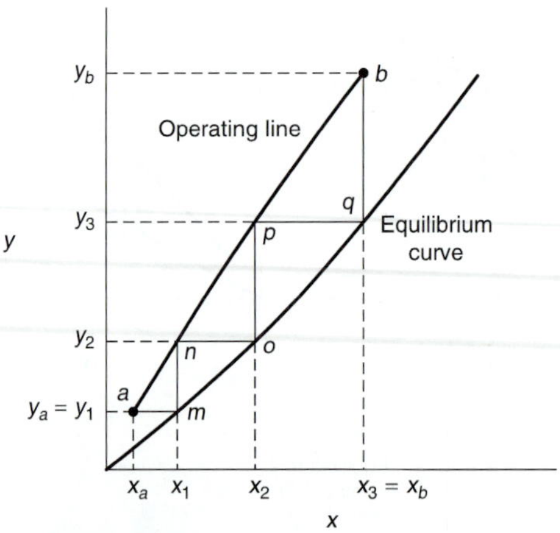

그림 20.5 기체흡수탑의 조작선 선도

서 평형곡선 쪽으로 수평 이동하면 점 m이 정해진다. 점 m의 횡좌표는 x_1이다. 이제 조작선이 이용된다. 조작선은 (x_n, y_{n+1})의 좌표를 갖는 모든 점들을 지나므로, x_1을 안다면 y_2는 점 m에서 수직으로 점 n의 조작선 까지 이동하면 된다. 점 n의 좌표는 (x_1, y_2)이다. 점 a, m 및 n으로 이루어진 계단 또는 삼각형은 한 개의 이상단을 표시하며, 이 탑에서는 첫 번째 단이다. 두 번째 단은 같은 작도를 반복함으로써 선도상에 도식적으로 구할 수 있다. 즉, 수평으로 (x_2, y_2)좌표를 갖는 점 o 위치의 평형곡선까지 가서, 다시 수직적으로 (x_2, y_3)좌표에 있는 조작선 상의 점 p까지 가면 된다. 세 번째 단은 삼각형 pqb 작도를 같은 방법으로 그려서 구한다. 그림 20.5의 경우에는 세 번째 단을 나가는 기체의 농도가 y_b이므로 이 단이 마지막 단이며, 이 단을 나가는 액체의 농도는 x_b로서 장치의 원하는 종단농도(終端濃度)이다. 이 분리에서는 세 개의 이상단이 필요하다.

기체흡수, 증류, 침출 또는 액체추출 중 어느 캐스케이드에서나 이상단 수를 구하는 데는 같은 방법을 이용할 수 있다. 이상단 수를 알기 위해 조작선과 평형선을 교대로 이용하면서 도식적으로 계단 하나 하나를 그려나가는 법은 증류탑 설계에 처음 이용되었고, 이 방법을 McCabe-Thiele 법이라고 한다[4]. 그 작도는 탑 양끝의 어느 한쪽에서 시작하며, 일반적으로 마지막 계단이 그림 20.5에서처럼 꼭 종단농도와 맞아떨어질 필요는 없다. 한 개 미만의 단은 그대로 남겨둘 수도 있고 사사오입할 수도 있다.

예제 20.1

판형 탑에서 공기와 섞여 있는 아세톤을 비휘발성 흡수유에 흡수시키려고 한다. 들어가는 기체에는 아세톤이 30 몰%이고, 흡수유에는 아세톤이 섞여 있지 않다. 공기 중에 있는 아세톤의 97%를 흡수시키려고 하며, 탑 밑으로 나가는 농축액은 10 몰%의 아세톤을 갖게 하려고 한다. 평형관계식은 $y_e = 1.9\,x_e$이다. 조작선을 그리고, 이상단 수를 구하라.

풀이

들어가는 기체 100 mol을 계산기준으로 하고, 이것을 V_b라고 놓는다. 그러면 들어가는 아세톤은 $0.3 \times 100 = 30$ mol이며, 들어가는 공기는 $100 - 30 = 70$ mol이다. 97%가 흡수되므로 나가는 아세톤은 $0.03 \times 30 = 0.9$ mol이며, $y_a = 0.9/70.9 = 0.0127$이다. 흡수된 아세톤은 $30 - 0.9 - 29.1$ mol이다. 나가는 용액 중 아세톤이 10%이며, 들어가는 흡수유에는 아세톤이 없으므로 $0.1L_b = 29.1$, 즉 $L_b = 291$ mol이 된다. 그러면 $L_a = 291 - 29.1 = 261.9$ mol이다.

조작선 상의 중간 점들을 알기 위해서, 기체에 남아 있는 아세톤의 몰 수인 yV의 어떤 값을 가정하여 탑 위 부분에서

아세톤의 수지식을 세워 보자. 기체에 10 mol이 남아 있다면,

$$y = \frac{10}{10 + 70} = 0.125$$

이 부분에서 기체에 의해 없어진 아세톤의 몰 $10 - 0.9 = 9.1$은 액체가 얻은 몰 수와 같아야 한다. 그러므로, $y = 0.125$이며,

$$x = \frac{9.1}{261.9 + 9.1} = 0.0336$$

같은 방법으로, $yV = 20$에 대하여 계산하면 $y = 20/90 = 0.222$이고, $x = 19.1 / (261.9 + 19.1) = 0.068$이다.

조작선은 그림 20.6에 도시하였다. 선이 약간 굽은 것으로 나타나지만 탑상에서의 기울기는 탑저에서의 기울기보다 1.57배가 된다. y가 클 때에는 총 유량의 변화 때문에 y의 변화가 전달된 양에 비례하지 않아 어느 지점의 조작선 기울기는 그 지점의 L/V 비와 같지 않다. 탑상에서 탑저까지의 L/V의 비는 단지 1.26 만큼만 변한다. 농후기체의 경우에 올바른 설계는 평균 기울기나 다음에 소개된 평균 L/V와 흡수인자를 사용해서 얻을 수는 없다.

이상단 수는 4하고 소수점이 남는다. 완전한 하나의 단이 되는 데 요하는 x의 변화에 근거해서 보면, 몰분율은 l_1/l_2, 즉 0.27이다. 이와 유사하게 y의 변화에 대해서 보면, 분율은 0.33이다. 값이 서로 다른 것은 조작선과 평형선이 평행이 아니기 때문이다. 답은 4.3단이라고 할 수 있다. ■

흡수인자법(absorption-factor method)에 의한 이상단 수의 계산

조작선과 평형선이 주어진 농도범위인 x_a에서 x_b 사이에서 둘 다 직선 일 때 이상단 수를식으로 계산할 수 있으며, 도식적 작도는 필요 없다. 이를 위한 식들은 다음과 같이 유도된다.

평형선의 식을 다음과 같이 표시한다.

$$y_e = mx_e + B \tag{20.8}$$

여기서, m과 B는 상수이다. n 단이 이상단이라면,

$$y_n = mx_n + B \tag{20.9}$$

와 같이 된다. 식 (20.7)에 x_n을 대입하면, 이상단이고 L/V가 일정하므로,

$$y_{n+1} = \frac{L(y_n - B)}{mV} + y_a - \frac{Lx_a}{V} \tag{20.10}$$

가 된다. 흡수인자(absorption factor) A를 다음 식과 같이 정의하면 편리하다.

$$A \equiv \frac{L}{mV} \tag{20.11}$$

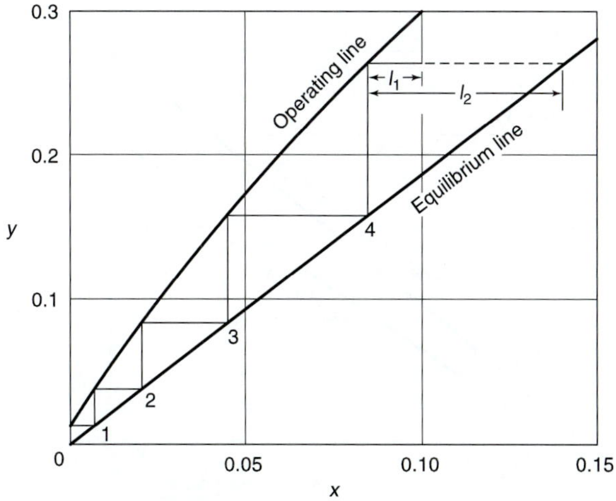

그림 20.6 예제 20.1에 대한 선도

흡수인자는 조작선 기울기, L/V와 평형선의 기울기, m의 비이다. 두 선이 모두 직선인 경우 A는 일정하다. 식 (20.10)은 다음과 같이 쓸 수 있다.

$$\begin{aligned} y_{n+1} &= A(y_n - B) + y_a - Amx_a \\ &= Ay_n - A(mx_a + B) + y_a \end{aligned} \tag{20.12}$$

보통 A는 1보다 커서 V상으로부터 용질을 거의 완전히 제거할 수 있다. $mx_a + B$는 식 (20.8)에 의해 농도가 x_a인 입구의 L상과 평형에 있는 증기의 농도이다. 이 것은 그림 20.7에서 볼 수 있다. 기호 y^*는 특정한 L상과 평형에 있는 V상의 농도를 나타낸다. 그러면,

$$y_a^* = mx_a + B \tag{20.13}$$

가 되고, 식 (20.12)는 다음과 같이 된다.

$$y_{n+1} = Ay_n - Ay_a^* + y_a \tag{20.14}$$

식 (20.14)는 제1단에서 시작하여 단계적으로 y_{n+1}값을 계산하는 데 이용할 수 있다. 이 방법은 그림 20.7의 도움으로 이해할 수 있을 것이다.

제1단에 대하여, 식 (20.14)에서 $n=1$로 놓고, $y_1 = y_a$라는 것을 알면,

$$y_2 = Ay_a - Ay_a^* + y_a = y_a(1 + A) - Ay_a^*$$

를 얻는다. 제 2단에 대하여, 식 (20.14)에 $n=2$로 놓고, y_2를 소거하면,

$$\begin{aligned} y_3 &= Ay_2 - Ay_a^* + y_a = A[y_a(1 + A) - Ay_a^*] - Ay_a^* + y_a \\ &= y_a(1 + A + A^2) - y_a^*(A + A^2) \end{aligned}$$

을 얻는다. 이 식을 n번째 단에 대하여 일반화시키면 다음과 같이 된다.

$$y_{n+1} = y_a(1 + A + A^2 + \cdots + A^n) - y_a^*(A + A^2 + \cdots + A^n) \tag{20.15}$$

캐스케이드 전체에 대해서는 $n=N$, 즉 총 단수가 N이므로

$$y_{n+1} = y_{N+1} = y_b$$

가 된다.

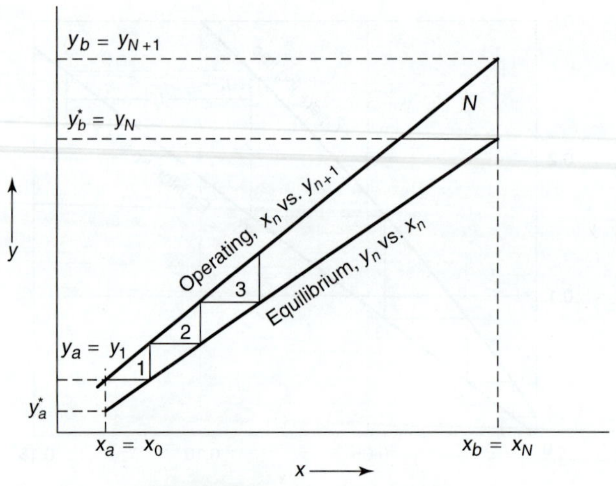

그림 20.7 흡수인자 식의 유도

따라서,

$$y_b = y_a(1 + A + A^2 + \cdots + A^N) - y_a^*(A + A^2 + \cdots + A^N) \tag{20.16}$$

식 (20.16)의 괄호 속의 합은 둘 다 기하급수의 합이다. 이 급수의 합은 다음과 같다.

$$s_n = \frac{a_1(1 - r^n)}{1 - r}$$

s_n = 급수 중 첫 n항들의 합

a_1 = 급수 중 첫 n항들의 합

r = 앞 항에 대한 각 항의 비

식 (20.16)은 다음과 같이 쓸 수 있다.

$$y_b = y_a \frac{1 - A^{N+1}}{1 - A} - y_a^* A \frac{1 - A^N}{1 - A} \tag{20.17}$$

식 (20.17)은 일종의 Kremser 식[3]이다. 이 식은 그대로 쓸 수도 있고, 아니면 N, A 및 장치의 종단농도들과 연계한 도표의 형태로도 이용할 수 있다[1,5]. 또한 다음과 같은 방법으로 간단한 형으로 바꿀 수 있다.

N 번째 단에 대하여, 식 (20.14)는 다음과 같이 된다.

$$y_b = Ay_N - Ay_a^* + y_a \tag{20.18}$$

그림 20.7을 보면 $y_N = y_b^*$임을 알 수 있으며, 식 (20.18)은 다음과 같이 쓸 수 있다.

$$y_a = y_b - A(y_b^* - y_a^*) \tag{20.19}$$

식 (20.17)에서 A^{N+1}이 있는 항들을 모으면,

$$A^{N+1}(y_a - y_a^*) = A(y_b - y_a^*) + (y_a - y_b) \tag{20.20}$$

가 된다. 식 (20.19)의 $y_a - y_b$를 식 (20.20)에 대입하면,

$$A^N(y_a - y_a^*) = y_b - y_a^* - y_b^* + y_a^* = y_b - y_b^* \tag{20.21}$$

가 된다. 식 (20.21)을 자연대수를 취하고 N에 대하여 풀면,

$$N = \frac{\ln[(y_b - y_b^*)/(y_a - y_a^*)]}{\ln A} \tag{20.22}$$

로 주어지며 식 (20.19)로부터,

$$\frac{y_b - y_a}{y_b^* - y_a^*} = A \tag{20.23}$$

가 된다. 식 (20.22)는 다음과 같이 쓸 수 있다.

$$N = \frac{\ln[(y_b - y_b^*)/(y_a - y_a^*)]}{\ln[(y_b - y_a)/(y_b^* - y_a^*)]} \tag{20.24}$$

식 (20.24)의 여러 농도차이를 그림 20.8에 나타내었다.

조작선과 평형선이 평행이면 A는 1이며, 식 (20.22)와 (20.24)는 부정(不定)이 된다. 이러한 경우에 단의 수는 농도의 전체 변화를 값이 일정한 구동력으로 나눈 것과 같다. 그러므로,

$$N = \frac{y_b - y_a}{y_a - y_a^*} = \frac{y_b - y_a}{y_b - y_b^*} \tag{20.25}$$

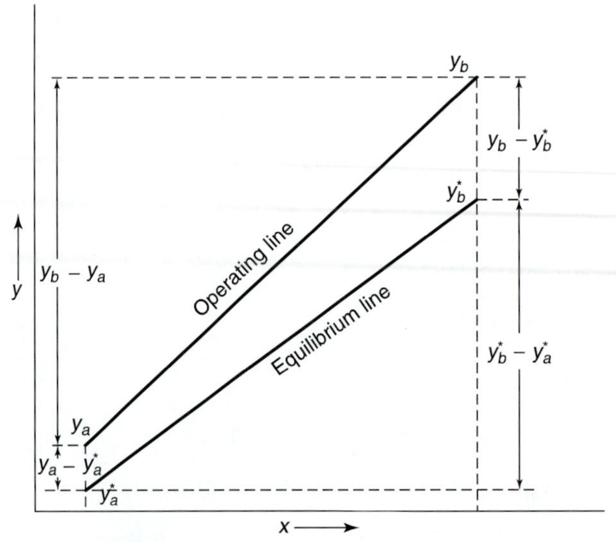

그림 20.8 식 (20.24)의 여러 농도차이들

조작선이 평형선보다 기울기가 낮으면 A가 1보다 작으며, 식 (20.22)와 (20.24)는 2개의 항을 뒤집어서 다음 식들과 같이 바꿀 수 있다.

$$N = \frac{\ln\left[(y_a - y_a^*)/(y_b - y_b^*)\right]}{\ln(1/A)} \tag{20.26}$$

또는

$$N = \frac{\ln\left[(y_a - y_a^*)/(y_b - y_b^*)\right]}{\ln\left[(y_b^* - y_a^*)/(y_b - y_a)\right]} \tag{20.27}$$

흡수탑 설계에서 전에 설명한 것처럼 액체의 유량은 보통 조작선이 평형선보다 가파르도록, 즉 A가 1보다 크도록 선택한다. 둘 이상의 흡수 성분들을 취급할 때는 1보다 작은 A 값들을 가질 수 있다. 주성분 용질에 대한 A 값이 1보다 약간 큰 경우에는, 용해도가 훨씬 낮은 제 2성분(m 값이 큰)은 1보다 상당히 작은 A 값을 갖는다. 기체흐름과 용액의 농도가 낮으면 앞의 식들을 각 성분에 독립적으로 적용시킬 수 있다.

식 (20.24)의 L상 해당식

농도좌표로서 x 대신 y를 선택한 것은 임의로 한 것이며, 기체흡수 계산에서 y 변수를 사용해 왔다. 이 식들은 또한 탈거공정에서도 쓸 수 있으나, 실제 식에서는 x를 사용하는 것이 좀더 편하다. x로 표시하면 식 (20.28)과 같다.

$$\begin{aligned} N &= \frac{\ln\left[(x_a - x_a^*)/(x_b - x_b^*)\right]}{\ln\left[(x_a - x_b)/(x_a^* - x_b^*)\right]} \\ &= \frac{\ln\left[(x_a - x_a^*)/(x_b - x_b^*)\right]}{\ln S} \end{aligned} \tag{20.28}$$

x^* = y에 대응하는 평형농도

S = 탈거인자(脫去因子, stripping factor)

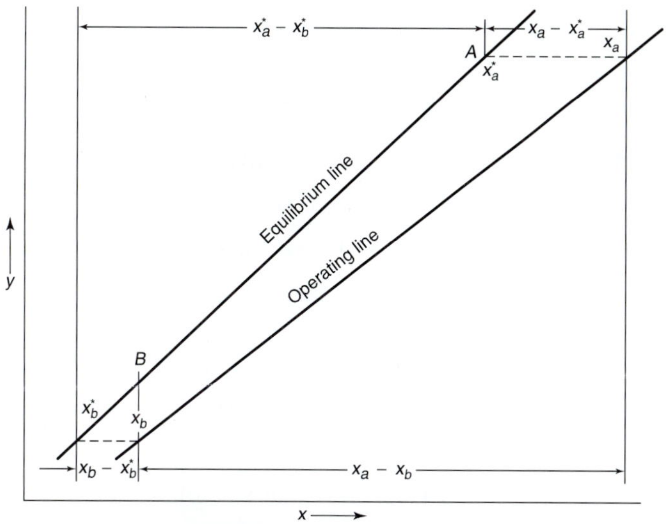

그림 20.9 식 (20.28)의 농도차이

S는 다음 식으로 정의된다.

$$S \equiv \frac{1}{A} = \frac{mV}{L} \tag{20.29}$$

탈거인자는 평형선의 기울기와 조작선 기울기의 비이며, 보통 S가 1보다 크도록 조건을 만든다. 식 (20.28)에서 농도차는 그림 20.9에서 보는 바와 같다.

유도과정에서 본 바와 같이, 평형선이 원점(原點)을 지난다고 가정된 것은 아니다. 그림 20.9에 있는 선 AB와 같이, 단지 단들을 표시하는 계단들과 닿는 범위에서만 직선이면 된다. 따라서, 원점 근처에서 거의 직선이나 고농도에서 곡선을 이루는 평형선도 경우에 따라서는 Kremser식을 사용할 수 있는 범위에서 직선으로 표시될 수 있다.

여러 가지 형태의 Kremser식은 증류나 흡수에서 보통 택하고 있는 몰분율의 농도를 이용해서 유도되었다. 그러나 추출 및 침출과 같은 조작에서는 확산 성분의 양을 비확산 성분의 양으로 나눈 몰비(mole ratio) 또는 질량비(mass ratio)로 농도를 표시할 수 있다. 이런 단위를 택해서 조작선과 평형선이 직선이 되면, 똑같은 Kremer식을 사용해서 이상단 수를 구할 수 있다.

장치 설계에서 N은 장치 양단의 농도들과 A 또는 S 값으로부터 계산할 수 있다. 식 (20.22)나 (20.24)는 흡수에 사용되고, 식 (20.28)은 탈거에 사용된다. 설치된 장치의 조작조건상의 변경 효과를 알기 위해서는 흡수의 경우에는 식 (20.21) 또는 이와 유사한식, 탈거에 대해서는 식 (20.30)이 이용된다.

$$S^N = \frac{x_a - x_a^*}{x_b - x_b^*} \tag{20.30}$$

예제 20.2

7개의 체판형 단으로 구성된 탑에서 공기와 맞흐름식 접촉에 의해 묽은 수용액으로부터 암모니아를 탈거시키고자 한다. 평형관계식은 $y_e = 0.8\,x_e$이다. 공기의 몰유속(molar flow rate)이 용액유속의 1.5배일 때 암모니아의 90%가 제거된다. (a) 탑이 몇 개의 이상단을 갖고 있으며, 단효율은 얼마인가? (b) 공기유속을 용액유속의 2배로 증가시키면, 몇 %를 제거할 수 있는가?

풀이

(a) 탈거인자는 다음과 같다.

$$S = \frac{mV}{L} = 0.8 \times 1.5 = 1.2$$

모든 농도들은 들어가는 용액 속의 NH_3 몰분율인 x_a로 표시할 수 있다. 즉,

$$y_b = 0\text{이므로,} \qquad x_b = 0.1x_a \qquad x_b^* = 0$$

암모니아수지로부터, $V\Delta y = Vy_a = L\Delta x = L(0.9x_a)$이다. 그러므로,

$$y_a = \frac{L}{V}(0.9\,x_a) = \frac{0.9}{1.5}\,x_a = 0.6x_a$$

또한,

$$x_a^* = \frac{y_a}{m} = \frac{0.6x_a}{0.8} = 0.75x_a$$

식 (20.28)로부터,

$$N = \frac{\ln[(x_a - 0.75x_a)/(0.1x_a - 0)]}{\ln S} = \frac{\ln(0.25x_a/0.1x_a)}{\ln 1.2} = 5.02$$

분리에 필요한 단 수는 5.02개 이상단에 해당한다. 따라서, 단효율은 5.02/7 = 72%이다.

(b) V/L이 2.0으로 증가되고, 이상단 수 N이 변하지 않으면(같은 단효율), $S = 0.8 \times 2.0 = 1.6$이다. 따라서, 식 (20.30)으로부터

$$\ln\frac{x_a - x_a^*}{x_b} = 5.02 \ln 1.6 = 2.36$$

$$\frac{x_a - x_a^*}{x_b} = 10.59$$

f를 제거된 NH_3의 분율이라 하자. 그러면, $x_b = (1-f)x_a$이다.

물질수지에 의해서

$$y_a = \frac{L}{V}(x_a - x_b) = \frac{1}{2}[x_a - (1-f)x_a] = \frac{1}{2}fx_a$$

$$x_a^* = \frac{y_a}{m} = \frac{0.5fx_a}{0.8} = 0.625\,fx_a$$

그러므로, $x_a - x_a^* = (1 - 0.625f)x_a$

또한, $x_a - x_a^* = 10.59x_b = 10.59(1-f)x_a$

이들로부터 $f = 0.962$, 즉 96.2%가 제거된다.

원래의 경우와 새로운 경우에 대한 조건들은 그림 20.10에 그려져 있다. ■

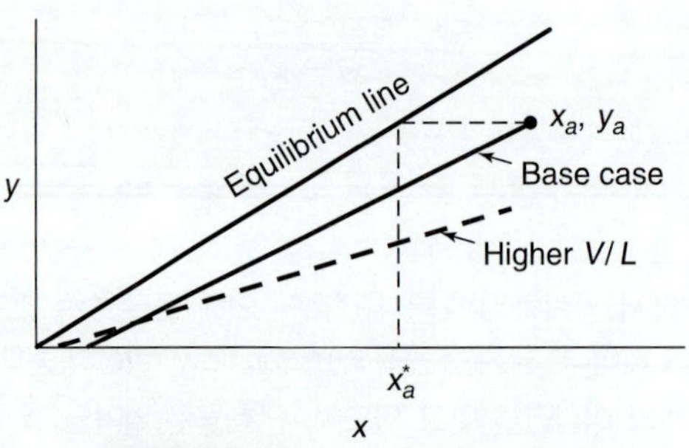

그림 20.10 예제 20.2의 선도

20.2.1 다성분계의 평형단 계산

둘 또는 세 성분 이상이 있는 계에서는 도해법은 대개 큰 의미가 없고, 주어진 문제에 필요한 이상단 수를 대수(代數) 계산법으로 구하지 않으면 안 된다. 대수계산에는 평형관계식, 물질수지[식 (20.1) 및 (20.2)], 및 (때로는) 엔탈피수지[식 (20.5) 및 (20.6)]의 응용과 지식이 관계된다. 계산은 조건을 알고 있는 캐스케이드의 어느 지점에서 시작된다. 어떤 가정을 기준으로 해서, 평형조건과 물질수지 및 에너지수지를 만족시키는 다음 단에서의 조건들을 수학적으로, 보통은 반복계산에 의해 구한다. 이 계산은 한 단 한 단씩 원하는 양단(兩端)의 조건에 도달하기까지 계속된다. 또는 가끔 일어날 수 있는 경우로서 양단의 조건에 도달하지 못할 것이 명백한 경우도 있다. 이때에는 앞의 가정을 수정하고 문제가 풀릴 때까지 전체 계산을 반복한다.

다성분계에 대한 예비계산을 위해 노력을 크게 줄일 수 있는 근사계산법이 알려져 있으나 다성분 캐스케이드의 정밀계산에는 컴퓨터 기술의 응용이 중요하다(22장 참조).

20.3 기호 설명

A	흡수인자, L/mV, 무차원
a_1	기하급수의 첫 항
B	식 (20.8)의 상수
f	흡수된 암모니아의 분율(예제 20.2)
H	비엔탈피, J/g; Btu/lb, H_L, L상의; $H_{L,a}$, L상 입구의; $H_{L,b}$, L상 출구의; $H_{L,n}$, n단을 나가는 L상의 비엔탈피; H_V, V상의; $H_{V,a}$, V상 출구의; $H_{V,b}$, V상 입구의; $H_{V,n+1}$, $n+1$단을 나가는 V상의 엔탈피
L	L상의 유량, kmol/h; lb mol/hr, L_N, 캐스케이드의 최종단으로부터의; L_a, 입구의; L_b, 출구의; L_n, n단으로부터의
l_1, l_2	그림 20.6에서 선분의 길이들
m	평형곡선의 기울기, dy_e/dx_e
N	이상단의 총 단수
n	L 상 입구로부터 센 이상단의 일련번호
r	기하급수의 등비
S	탈거인자, mV/L; 무차원
s_n	기하급수 중 첫 n항들의 합
V	V상의 유량, kmol/h; lb mol/h, V_a, 출구의; V_b, 입구의; V_{n+1}, $n+1$단으로부터의; V_1, 캐스케이드의 첫 단을 나가는
x	L상에서의 몰분율, 두 성분만 있을 때에는 성분 A에 대해서 사용함; x_N, 캐스케이드의 최종단을 나가는 L상에서의; x_a, 입구의; x_b, 출구의; x_e, 평형에서의; x_n, n단을 나가는 L상에서의; x^*, V상의 특정한 흐름과 평형에 있는 L상에서의; x_a^*, y_a와 평형에 있는; x_b^*, y_b와 평형에 있는; x_0, 캐스케이드의 첫 단으로 들어가는 L상에서의; x_1, x_2, 각각 첫째 단과 둘째 단을 나가는 액상의
y	V상에서의 몰분율, 두 성분만 있을 때는 성분 A에 대해 사용함; y_{N+1}, 캐스케이드의 N단으로 들어가는 V상에서의 몰분율; y_a, 출구의; y_b, 입구의; y_e, 평형에 있을 때의; y_n, n단으로 나가는 V상에서의; y^*, L상의 특정한 흐름과 평형에 있는 V상에서의; y_a^*, x_a와 평형에 있는; y_b^*, x_b와 평형에 있는; y_1, y_2, 제1단과 2단을 나가는 V상에서의

연습 문제

20.1 예제 20.1에서 설명한 계에서 조건들이 다음과 같이 변했을 때 이상단 수를 계산하여라.

들어가는 기체 속의 아세톤 25 mol%
들어가는 흡수유 속의 아세톤 1.5 mol%
탑저액체 속의 아세톤 8 mol%
흡수된 아세톤 96%

20.2 예제 20.2의 탑 조작조건에서 다음과 같은 변화가 있을 경우, 출구 기체와 액체흐름들의 농도에 대한 영향은 무엇인가?

(a) 조작온도를 낮추어 평형관계식을 $y_e = 0.6\,x_e$로 변경시키고, 본래 설계자료인 N, L/V, y_a 및 y_b는 일정한 경우

(b) L/V비를 1.5에서 1.25로 낮추고 다른 조건들, 즉 온도, N, y_b 및 x_a는 일정한 경우

(c) 이상단 수를 5.02에서 8로 늘리고 다른 조건들, 즉 온도, L/V, y_b 및 x_a는 일정한 경우

20.3 단이 8개 있고 대략 단 효율이 75%인 탑을 이용하여 희석기체로부터 성분 A를 물에 흡수시켜 제거하려고 한다. 성분 A의 95%를 제거하려면 L/V 비가 평형선 기울기의 몇 배 이상 되어야 하는가?

20.4 암모니아 흡수탑에서 들어오는 기체 속에 암모니아가 2%이고 들어오는 물에는 암모니아가 들어 있지 않다고 한다. 흡수인자가 0.9이고 $N = 5$ 또는 $N = 10$이라면 암모니아의 몇 할이 흡수되는가?

20.5 8개의 이상단을 갖는 탑에서 공기로 가지고 물로부터 독성 탄화수소를 탈거시키려고 한다. (a) 98%를 제거하기 위해서 얼마의 탈거인자를 필요로 하는가? (b) 탈거인자가 2.0이라면 몇%를 제거할 수 있겠는가?

20.6 예제 20.1의 조건에서 0.005 몰분율의 아세톤을 포함한 들어오는 기름의 아세톤을 97% 흡수시키기 위해서 몇 개의 이상단이 필요한가?

20.7 부탄이 5%이고 공기가 95%인 혼합물이 8개의 이상단을 가지고 있는 체판형 흡수탑으로 공급된다. 흡수 액체는 분자량이 250이고 비중이 0.9인 중질 비휘발성 기름이다. 흡수는 1 기압, 15°C에서 일어난다. 부탄의 회수는 95%이다. 15°C에서 부탄의 증기압은 1.92 atm이고 액체 부탄의 밀도는 15°C에서 580 kg/m^{3}이다. (a) 회수된 부탄 m^3 당 새 흡수유의 m^{3}를 계산하라. (b) 다른 조건은 그대로이고 전압이 3 atm이라고 가정하여 반복 계산하라. Raoult과 Dalton의 법칙이 적용된다고 가정하라.

20.8 예제 20.1을 수치해법으로 풀기 위해서 어떻게 물질수지와 평형관계식을 사용하는지 보여주어라. 1 단과 2 단에서 기체와 액체의 조성을 계산하고 도해식 해법을 결과와 비교하라.

20.9 휘발성 유기화합물 (VOC)을 25 ppm 가지고 있는 수용액이 S = 0.80에서 질소로 탈거된다. 5 또는 10개의 이상단으로 제거되는 VOC는 몇 분율이나 될까?

20.10 판형탑에서 SO_2를 물에 흡수시켜 제거하려고 한다. SO_2의 농도는 500 ppm이고 공기의 유량은 1 atm, 80°F에서 560 ft^3/min.이다. 80°F에서 묽은 용액의 평형관계식은 $y = 31.5x$이다. (a) 90% 제거를 위한 최소 액체유량은 gal/min로 얼마인가? (b)액체의 유량이 최소유량의 1.5 배라면 몇 개의 이상단이 필요한가?

20.11 물로부터 휘발성 탄화수소인 A의 99%를 제거하기 위해 공기 탈거탑이 이용된다. (a) 탈거인자가 1.8이라면 몇

개월 이상단이 필요한가? (b) 물에는 또한 A의 두 배만큼 휘발하는 B와 A의 반만큼 휘발하는 C가 미량씩 포함되어 있다. B와 C에 대해서 몇% 제거를 기대할 수 있는가?

참고 문헌

1. Brown, G.G., M. Souders, Jr., and H.V. Nyland, *Int, Eng. Chem.*, **24**:522 (1932).

2. Gmehling, J., U. Onken, et al., *Vapor Liquid Equilibria Data Collection*, Frankfurt: DECHEMA, 1977.

3. Kremser, A. *Natl, Petr. News*, **22**(21):42 (May 21, 1930).

4. McCabe, W. L., and E. W. Thiele, *Ind. Eng. Chem.*, **17**:605 (1925).

5. Perry, R. H., and D. W. Green (eds.), *Perry's Chemical Engineers' Handbook*, 7th ed., New York: McGraw-Hill, 1997, p. **13**-38.

I Unit Operations of Chemical Engineering I

21 증류

Distillation

실제로, 증류(蒸溜)란 두 가지 주요 방법 중의 어느 한 가지 방법으로 이루어진다. 첫 번째 방법은, 분리할 액체 혼합물을 끓이고 여기서 생긴 증기가 다시 응축하여 액체(응축물)로 된 다음 다시 증류솥(still)으로 되돌아가는 일없이 증기를 만들어내는 방법이다. 그러므로 이 경우에는 환류가 없다. 두 번째 방법은, 응축물의 일부가 응축기로 다시 흘러가는 도중에 증기와 잘 접촉할 수 있는 조건하에서 증류솥으로 되돌아가는 방법이다. 이 방법들 중 어느 것이나 연속공정 또는 회분공정(回分工程)으로 시행될 수 있다. 본 장의 전반부에서는 두 성분만이 있는 계에 대하여 환류가 없이 단일단(single-stage)에서 일어나는 훌래쉬 증류(flash distillation)와 환류가 있는 연속증류[rectification(정류)]를 비롯한 연속 정상상태의 증류공정들을 취급한다(다성분계의 증류는 22장에서 취급 함). 후반부는 체판형 탑(sieve-tray columns)과 같은 증류장치의 설계 및 성능과 회분증류에 관해 취급한다.

21.1 훌래쉬 증류(일명 평형 증류)

훌래쉬 증류란, 발생된 증기가 나머지 액체와 평형을 이루는 방법으로 액체의 일정비율을 기화시키고, 증기를 액체로부터 분리한 다음, 증기를 응축시키는 과정으로 이루어져 있다. 그림 21.1은 훌래쉬 증류장치의 주요 골격들을 보여준다. 공급원료는 펌프 a로부터 가열기 b를 거친 다음 c에 의해 압력이 감소된다. 접촉을 잘 이루고 있는 증기와 액체 혼합물은 증기분리기 d로 들어가며, 여기서 증기와 액체 부분으로 갈라지도록 충분한 시간 동안 머물게 한다. 분리되기 전에 액체와 증기가 충분한 접촉을 했기 때문에, 분리된 흐름들은 평형에 있게 된다. 증기는 e를 통해 나가고, 액체는 g로 나간다.

2성분계 혼합물의 훌래쉬 증류

훌래쉬 증류는 정유공정에 광범위하게 사용된다. 석유 유분은 파이프에서 가열되고 가열된 유체는 많은 성분들이 함유된 증기와 잔류 액체 흐름으로 훌래쉬된다. 가끔 흡착기로부터 나온 액체는 용질을 일부 회수하기 위해 훌래쉬된다. 고압 반응기에서 나온 액체가 저압으로 훌래쉬되어 일부 증기가 방출되도록 하기도 한다.

그림 21.1과 같은 장치에 공급된 2성분 혼합물 1 mol을 생각해 보자. 공급원료(feed)의 농도를 x_F로 표시하

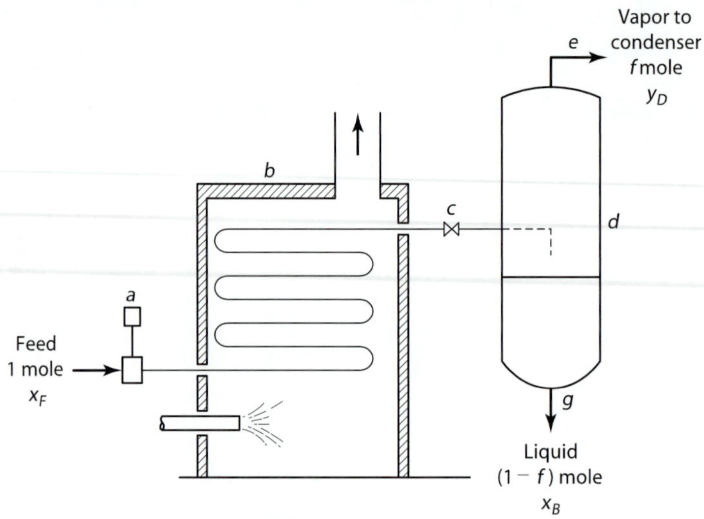

그림 21.1 홀래쉬 증류장치

는데, 이것은 휘발성이 큰 성분의 몰분율이다. 기화되어서 연속적으로 증기로 뽑아내는 공급원료의 몰분율을 f라고 하자. 그러면 $1-f$는 액체로서 연속적으로 나가는 원료의 몰분율이 된다. y_D와 x_B는 각각 증기와 액체의 농도이다. 1 mol의 공급원료를 기준으로 해서 휘발성이 큰 물질에 대한 물질수지를 세우면 공급원료 속의 모든 성분이 2개의 배출흐름으로 나가야 하기 때문에 다음 식이 성립한다.

$$x_F = fy_D + (1-f)x_B \tag{21.1}$$

식 (21.1)에는 x_B와 y_D 두 미지수가 있다. 이 식을 이용하기 위해서는 미지수들 간의 제2의 관계식이 있지 않으면 안 된다. 이런 관계는 평형곡선이던가 상대휘발도, α에 근거한 식에 의해서 마련된다. 혼합물 속의 성분 A와 B에 대하여 α는 다음과 같이 정의된다.

$$\alpha_{AB} = \frac{y_{Ae}/x_{Ae}}{y_{Be}/x_{Be}} \tag{21.2}$$

이상 혼합물의 경우, 상대휘발도는 Raoult의 법칙이 적용되어 증기압의 비와 같으며 α는 전형적인 증류에서 대하는 온도범위에서 거의 일정하다.

$$p_A = P'_A x_A \qquad y_A = p_A/P$$

$$p_B = P'_B x_B \qquad y_b = p_B/P$$

$$\alpha_{AB} = \frac{y_A/x_A}{y_B/x_B} = \frac{P'_A/P}{P'_B/P} = \frac{P'_A}{P'_B} \tag{21.3}$$

2성분 혼합물의 경우에 $x_B = 1 - x_A$이고 $y_B = 1 - y_A$이기 때문에 보통 하첨자는 뺀다. 식 (21.2)는 y와 x를 직접 관계시키는 보다 유용한 형으로 바꿀 수 있다. 여기서 y와 x는 각각 y_{Ae}와 x_{Ae}로 이해하면 된다.

$$y = \frac{\alpha x}{1+(\alpha-1)x} \tag{21.4}$$

식 (21.1)의 분율 f는 직접 고정되는 것이 아니고 고온 유입 액체의 엔탈피와 홀래쉬 실을 나가는 증기와 액체의 엔탈피에 관계된다.

$$H_F = fH_y + (1-f)H_x \tag{21.5}$$

여기서 H_F, H_y 및 H_x는 각각 원료액체, 증기제품, 및 액체제품의 엔탈피들이다.

예제 21.1

50몰%의 벤젠과 50몰%의 톨루엔으로 된 혼합물을 분리기의 압력이 1 atm인 상태에서 훌래쉬 증류하려고 한다. 들어가는 액체는 액체의 40%가 훌래쉬 되는 온도까지 가열된다. (a) 훌래쉬 실을 나가는 증기와 액체의 조성은 얼마인가? (b) 필요한 원료의 온도는 얼마인가?

풀이

벤젠-톨루엔 혼합물의 기포점 선도는 그림 21.2와 같다. 원료의 기포점은 92°C이고 분리기의 온도는 약 95°C라고 가정한다. 95°C에서 벤젠과 톨루엔의 증기압을 기준해서 보면 $\alpha = 2.45$이다.

(a) $f = 0.4$이고 $x_F = 0.5$이므로 식 (21.1)과 (21.4)로부터

$$0.5 = 0.4\left(\frac{2.45x}{1+1.45x}\right) + 0.6x$$
$$(0.5 - 0.6x)(1+1.45x) = 0.98x$$
$$0.87x^2 + 0.855x - 0.5 = 0$$
$$x = 0.412$$
$$y = \frac{2.45 \times 0.412}{1+(1.45 \times 0.412)} = 0.632$$

그림 21.2로부터 $x = 0.412$이면 $T = 95$°C

(b) 액체의 기화열과 비열은

벤젠 : λ = 7,360 cal/g mol, c_p = 33 cal/mol.°C
톨루엔 : λ = 7,960 cal/g mol, c_p = 40 cal/mol.°C

엔탈피 기준으로 95°C의 액체를 선택한다.

액체에 대한 평균 c_p는 $(0.5 \times 33) + (0.5 \times 40) = 36.5$ mol·°C이고
평균 λ는 $(0.632 \times 7,360) + (0.368 \times 7.960) = 7,581$ cal/g mol이다.

식 (21.5)로부터

$$H_F = (T_F - 95)(36.5) = 0.4(7,581)$$
$$T_F = 178°C$$

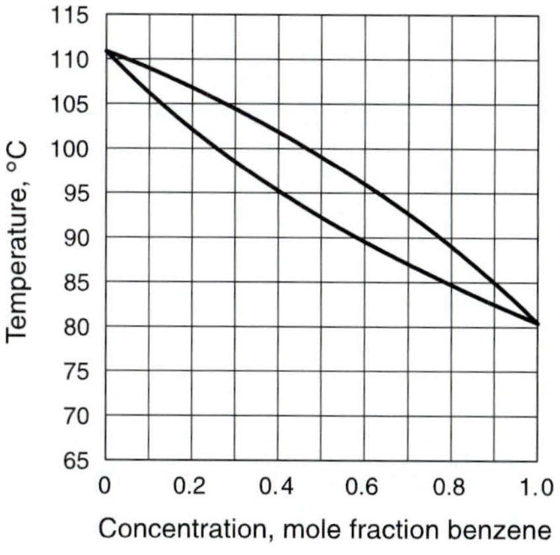

그림 21.2 비등점 선도(1 atm에서 벤젠-톨루엔 계)

21.2 환류가 있는 연속 증류

홀래쉬 증류는 대부분 넓은 온도범위에서 끓는 성분들을 분리하는 데 이용된다. 이 증류는 휘발도(volatility)가 비슷한 성분들을 분리하려고 하면 환류가 있는 증류를 필요로 하기 때문에 효과적이지 못하다. 대규모 생산에는 이 단원에서 설명하는 연속 증류가 이 장의 후반부에 설명하는 회분증류보다 훨씬 보편적이다.

이상단에서의 거동

이상단의 정의에 따라 이상단에서는 그 단을 나가는 액체와 증기가 평형이 된다. 그림 21.3의 n번째 단과 같은 이상 캐스케이드의 한 개의 단을 생각해 보자. 단들은 위로부터 아래로 번호를 붙이며, 취급하고자 하는 단이 위로부터 n번째 단이라고 가정하자. 그러면 이 단 바로 위에 있는 단은 $n-1$ 단이며, 바로 밑에 있는 단은 $n+1$ 단이다. 모든 수량에서 하첨자는 흐름이 시작하는 점을 표시한다.

두 개의 유체흐름이 n 단으로 들어가고, 두 개의 흐름은 그곳을 나간다. $n-1$ 단으로부터 L_{n-1} mol/h의 액체흐름과 $n+1$ 단으로부터는 V_{n+1} mol/h의 증기흐름이 서로 만나서 접촉하게 된다. V_n mol/h의 증기흐름이 $n-1$ 단으로 올라가고, L_n mol/h의 액체흐름이 $n+1$ 단으로 내려간다. 증기흐름은 V상이므로 그들의 농도는 y로 표시한다. 액체흐름은 L상이며 농도를 x로 표시한다. 따라서 n번째 단을 들어가고 나가는 흐름들의 농도는 다음과 같이 표시된다.

단을 나가는 증기 y_n
단을 나가는 액체 x_n
단으로 들어가는 증기 y_{n+1}
단으로 들어가는 액체 x_{n-1}

그림 21.4는 취급하는 혼합물에 대한 기포점 선도를 나타낸다. 위의 4가지 농도를 이 그림에 표시하였다. 이상단의 정의에 의해 n 번째 단을 나가는 증기와 액체는 평형이며, 따라서 x_n과 y_n은 평형농도를 표시한

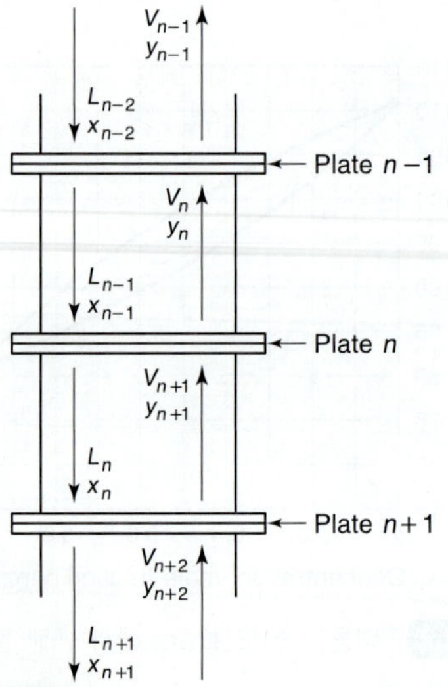

그림 21.3 n번째 단에 대한 물질수지 선도

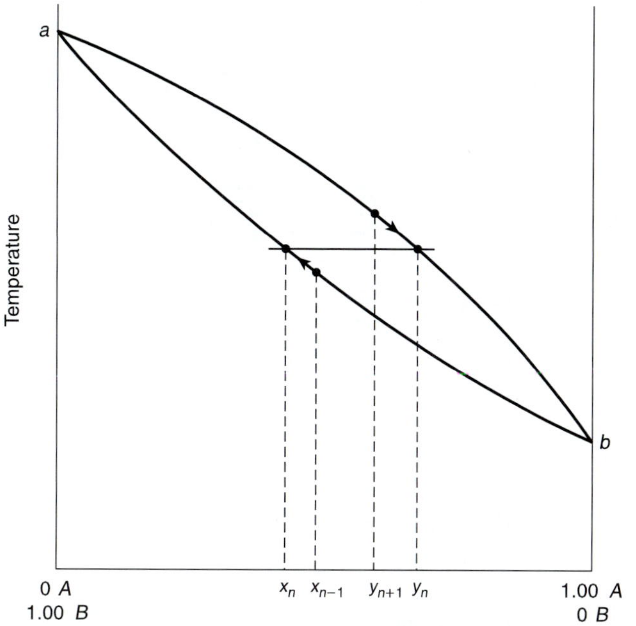

그림 21.4 이상단에서 정류를 보여주는 기포점 선도

다. 이것 역시 그림 21.4에 표시되어 있다. 증기는 탑을 올라감에 따라 휘발성이 큰 성분 A가 농축되고 액체는 아래로 내려감에 따라 A를 빼앗긴다. 따라서, 두 상에서 A의 농도는 탑의 높이에 따라 증가한다. 즉 x_{n-1}은 x_n보다 크며 y_n은 y_{n+1}보다 크다. 단을 나가는 흐름들은 평형이지만 단으로 들어오는 흐름들은 그렇지 않다. 이것은 그림 21.4를 보면 알 수 있다. $n+1$단으로부터의 증기와 $n-1$단으로부터의 액체가 충분한 접촉을 갖게 되면, 그들의 농도는 그림 2.14의 화살표로 나타낸 바와 같이 평형상태를 향해 움직이게 된다. 휘발성이 큰 성분 A의 일부는 액체로부터 증발되어 액체농도가 x_{n-1}로부터 x_n으로 감소하며, 휘발성이 적은 성분 B는 증기로부터 응축하여 증기의 농도가 y_{n+1}로부터 y_n으로 증가한다. 단 위의 액체는 그들의 기포점에 있고 단과 단 사이에는 약간의 온도변화만이 있기 때문에, 성분 A를 기화시키는 데 필요한 열은 주로 성분 B가 응축하면서 방출하는 열에 의해 공급된다. 캐스케이드의 각 단의 성분 A가 증기흐름으로 전달되고, 성분 B가 액체흐름으로 전달되는 교환장치의 역할을 한다. 또한 액체와 기체 모두에서 A의 농도는 탑을 올라감에 따라 증가하고 온도는 떨어지기 때문에, n단의 온도는 $n-1$단의 온도보다 높고 $n+1$단의 온도보다는 낮다.

정류와 탈거의 결합

증류탑의 위와 밑에서 거의 순수한 생성물을 생산하기 위해서는 원료는 탑의 중간 부위에 있는 단에 넣는다. 원료가 액체이면 되끓이개까지 탑을 흘러 내려가서 되끓이개에서 올라오는 증기에 의해 성분 A가 탈거된다. 이런 방법으로 바닥생성물 또는 탑밑 제품(bottom product)은 거의 순수한 B가 생산될 수 있다.

정류(rectifying)부와 탈거(stripping)부가 있고 필요한 보조장치를 갖춘 전형적인 연속분별탑은 그림 21.5와 같다. 탑 A의 중앙부 근처에 일정한 농도의 원료가 일정한 유속으로 공급된다. 원료가 기포점에 있는 액체라고 가정하자. 그러나 탑 내에서의 거동은 이 가정과 상관이 없으며, 다른 조건의 원료에 관해서는 후에 설명하겠다. 원료가 들어가는 단을 **원료공급단**(feed plate)이라고 한다. 공급단 위에 있는 모든 단들은 정류

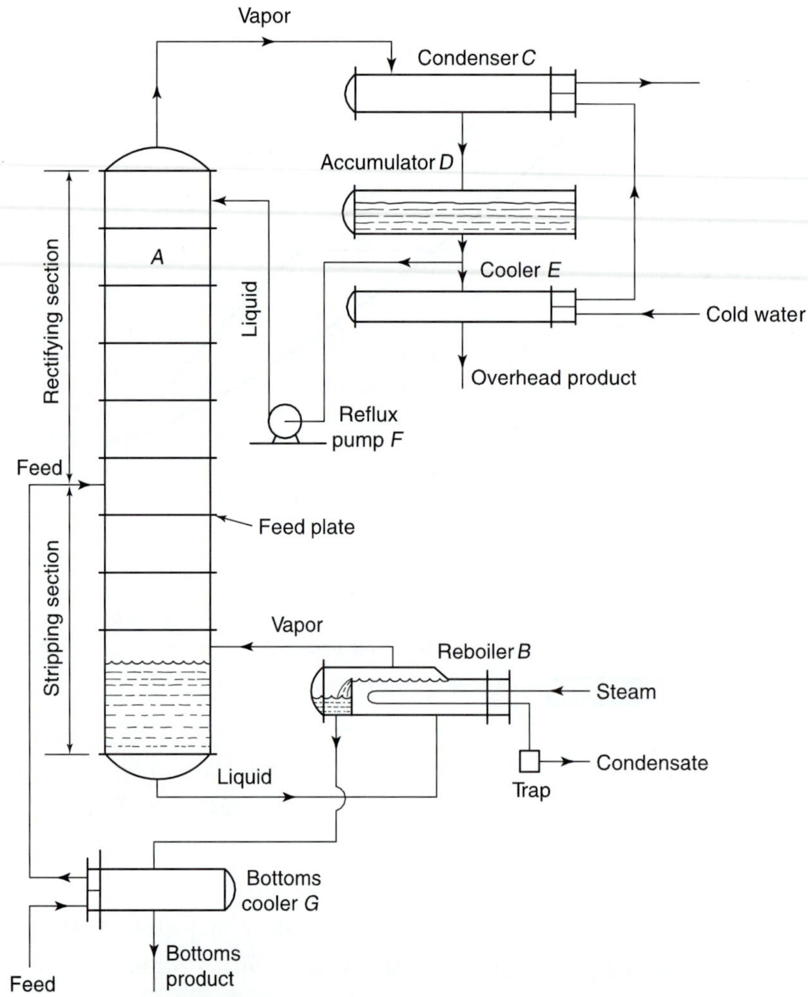

그림 21.5 정류부와 탈거부를 가진 연속 분별증류탑

부에 속하며, 공급단 그 자체를 포함한 공급단 이하의 모든 단들은 탈거부에 속한다. 공급원료는 탈거부 아래로 흘러 탑 바닥까지 내려간 뒤 여기서 액체는 일정한 액위로 유지된다. 액체는 중력에 의해 되끓이개 *B*로 흘러간다. 되끓이개는 증기를 만들어서 이것을 탑 바닥으로 되돌려 보내는 일종의 수증기로 가열되는 기화장치이다. 증기는 탑 전체를 통과한다. 되끓이개의 한쪽 끝에는 물넘이둑이 있다. 탑바닥 제품은 물넘이둑 너머에 있는 액체 풀(pool)에서 회수되어 냉각기 *G*를 통해 흘러간다. 이 냉각기는 더운 탑바닥 제품과 열교환함으로써 공급원료를 예열시키기도 한다.

정류부를 통해 올라가는 증기는 응축기 *C*에서 완전히 응축되고, 응축물도 일정 액위가 유지되는 저장기 *D*에 포집된다. 환류펌프 *F*가 저장조에서 액체를 뽑아 탑의 맨 윗단으로 이 액체를 보낸다. 이 액체흐름을 환류(reflux)라고 한다. 환류는 정류부에서 아래로 흐르는 액체흐름이 되며, 이 액체는 위로 올라가는 증기에 여러 가지로 영향을 미치게 된다. 환류가 없다면 정류부에서는 정류가 일어날 수 없고, 탑위 제품(overhead product)의 농도는 공급단에서 올라오는 증기의 농도보다 더 높아질 수 없게 된다. 환류펌프에 의해 탑으로 되돌아가지 않는 응축액은 **제품냉각기**(product cooler)라고 하는 열교환기 *E*에서 냉각되어 탑위 제품으로 회수된다. 공비물(共沸物)이 되지 않고 충분한 단수와 적절한 환류를 해준다면 탑위 제품과 탑밑 제품들은 어떤 원하는 순도라도 얻을 수 있게 된다.

그림 21.5의 장치는 작은 시설로 간단하게 할 수도 있다. 되끓이개 대신 탑 밑부분에 가열코일(heating coil)을 설치하고 그곳의 액체 풀에서 증기를 만든다. 응축기를 탑의 꼭대기보다 더 위에 설치하여 환류펌프와 저장조를 없앨 수 있다. 그렇게 되면 환류는 중력에 의해 탑 상단으로 되돌아간다. 환류분리기(reflux splitter)라고 하는 특별한 밸브를 사용하여 환류량을 조절하며, 나머지 응축액은 탑위 제품이 된다.

21.2.1 판형 탑에서의 물질수지

2성분계에 대한 총괄 물질수지

그림 21.6은 전형적 연속증류장치에 대한 물질수지 설명도이다. 탑에는 농도가 x_F인 원료가 F mol/h로 공급되고, 농도가 x_D인 탑위 제품이 D mol/h로 배출되며, 농도가 x_B인 탑밑 제품이 B mol/h로 나간다. 2개의 독립적 총괄 물질수지식을 쓸 수 있다. 즉,

총물질수지 : $$F = D + B \tag{21.6}$$

A 성분수지 : $$Fx_F = Dx_D + Bx_B \tag{21.7}$$

이 식들에서 B를 소거하면,

$$\frac{D}{F} = \frac{x_F - x_B}{x_D - x_B} \tag{21.8}$$

가 된다.

D를 소거하면,

$$\frac{B}{F} = \frac{x_D - x_F}{x_D - x_B} \tag{21.9}$$

가 된다. 식 (21.8)과 (21.9)는 탑 내부의 모든 액체 및 증기의 어떤 유량에도 성립한다.

알짜 유량

탑 맨 윗단을 나가는 흐름의 유량과 맨 윗단으로 들어가는 유량의 차이가 D의 양이다. 그림 21.6의 응축기와 저장조를 포함하는 물질수지는 다음과 같다.

$$D = V_a - L_a \tag{21.10}$$

탑 상부의 어느 곳에서나 증기와 액체간의 유량 차이는 그림 21.6에 보인 고려대상 면(control surface) I로 둘러싸여진 장치의 일부를 고려해 볼 때 D와 같음을 알 수 있다. 이 고려대상 면은 응축기와 제 $n+1$단 이상의 모든 단을 포괄한다. 이 고려대상 면에 대한 총 물질수지는,

$$D = V_{n+1} - L_n \tag{21.11}$$

로 된다. 그러므로 D의 양은 탑 상부에서 위로 향하는 알짜(실; 진) 유량이다. V와 L의 변화에 관계없이 그들의 차이는 일정하며, D와 같다.

A 성분에 대하여 이와 유사한 물질수지를 세우면 다음 식과 같이 된다.

$$Dx_D = V_a y_a - L_a x_a = V_{n+1} y_{n+1} - L_n x_n \tag{21.12}$$

Dx_D량은 탑 상부에서 위로 향하는 성분 A의 알짜 유량이다. 이것 역시 장치의 상부 전체를 통해서 일정하다.

탑 하부에서도 알짜 유량이 일정하지만, 아래쪽으로 내려간다. 총 물질의 알짜 유량은 B이고, A 성분의 알짜 유량은 Bx_B이다. 다음과 같은 식들이 성립한다.

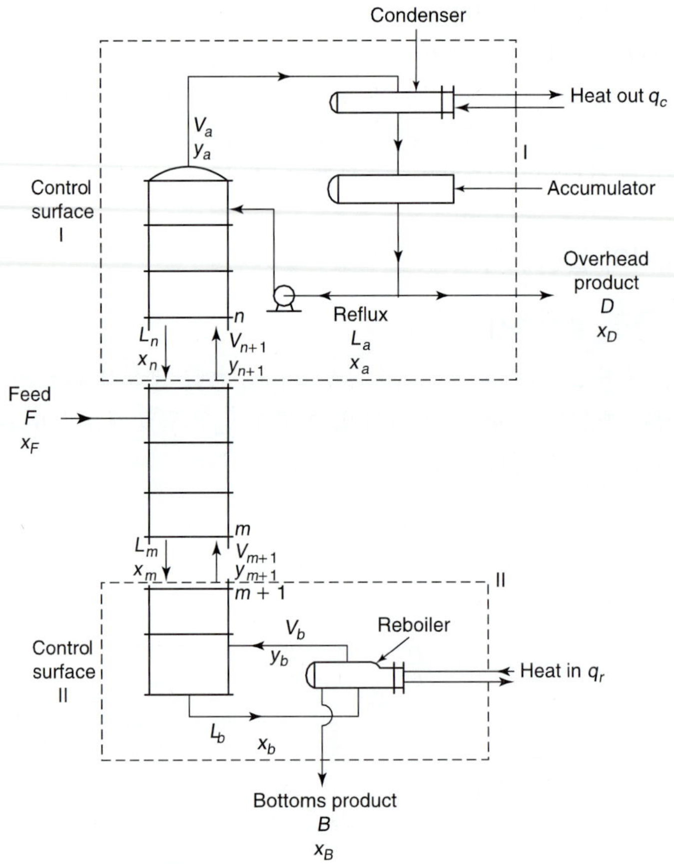

그림 21.6 연속분별증류탑의 물질수지 선도

$$B = L_b - V_b = L_m - V_{m+1} \tag{21.13}$$

$$Bx_B = L_b x_b - V_b y_b = L_m x_m - V_{m+1} y_{m+1} \tag{21.14}$$

하첨자 m은 탈거부에서 임의의 단을 표시하기 위해 n 대신 사용된 것이다.

조작선

탑에는 두 부분이 있으므로, 2개의 조작선이 있다. 하나는 정류부에 관한 것이고, 다른 하나는 탈거부에 관한 것이다. 먼저 정류부에 관해 생각해 보자. 20장[식 (20.7)]에서 본 바와 같이 정류부에 대한 조작선은 다음과 같다.

$$y_{n+1} = \frac{L_n}{V_{n+1}} x_n + \frac{V_a y_a - L_a x_a}{V_{n+1}} \tag{21.15}$$

$V_a y_a - L_a x_a$를 식 (21.9)로 대치하면 다음 식으로 주어진다.

$$y_{n+1} = \frac{L_n}{V_{n+1}} x_n + \frac{D x_D}{V_{n+1}} \tag{21.16}$$

식 (21.16)으로 정의된 이 선의 기울기는 다른 것들과 마찬가지로 액체흐름의 유량과 증기흐름 유량의 비이다. 더 자세한 해석을 위해 식 (21.16)으로부터 V_{n+1}을 식 (21.11)로 소거하면 다음과 같이 주어진다.

$$y_{n+1} = \frac{L_n}{L_n + D} x_n + \frac{Dx_D}{L_n + D} \tag{21.17}$$

공급단 이하의 탑 부분에서 그림 21.6의 제어대상면 II에 대한 물질수지를 세우면,

$$V_{m+1} y_{m+1} = L_m x_m - Bx_B \tag{21.18}$$

가 된다. 이 식을 다른 형태로 바꾸면 다음과 같이 된다.

$$y_{m+1} = \frac{L_m}{V_{m+1}} x_m - \frac{Bx_B}{V_{m+1}} \tag{21.19}$$

이것이 탈거부에서의 조작선에 대한 식이다. 마찬가지로, 기울기는 액체유량과 증기유량의 비이다. 식 (21.19)로부터 V_{m+1}을 식 (21.13)으로 소거하면, 다음과 같이 된다.

$$y_{m+1} = \frac{L_m}{L_m - B} x_m - \frac{Bx_B}{L_m - B} \tag{21.20}$$

식 (21.17)은 정류부의 조작선의 기울기는 항상 1보다 작다는 것을 보여준다. 또한 탈거부에서는 식 (21.20)에서 보는 바와 같이 기울기가 항상 1보다 크다.

21.2.2 이상단의 수: McCabe-Thiele 법

어떤 증류문제에 필요한 단의 수는 일반적으로 각 단의 물질 및 엔탈피 수지를 계산해서 이용하는 ASPEN과 같은 컴퓨터 설계프로그램에 의해 구할 수 있다. 이와 같은 프로그램에서는 먼저 단의 수를 정하고 다음에 주어진 탑위 제품의 조성과 환류비에 대한 탑밑 제품의 조성을 계산한다. 이렇게 계산된 탑밑 제품의 조성이 만족하지 않으면 원하는 탑밑의 조성이 구해질 때 까지 환류비나 단수를 변경한다.

단수를 계산하는 단순화된 도해식과정은 McCabe-Thiele 법이다. 이 법 또한 컴퓨터 계산법으로 채택될 수 있다.

식 (21.17)과 식 (21.20)으로 표시된 조작선들을 xy 선도 상에 평형곡선과 함께 도시하면, McCabe-Thiele의 계단식 작도법으로 정류부나 탈거부 어디에서나 원하는 농도차이를 얻는 데 필요한 이상단 수를 계산할 수 있다[15]. 그렇지만 식 (21.17)과 식 (21.20)을 보면, L_n과 L_m이 일정하지 않으면 조작선들은 곡선이 되어, 농도변화에 따른 탑 내부에서의 L_n 및 L_m의 변화를 알아야 조작선을 그릴 수 있음을 알 수 있다. 일반적인 경우, 곡선으로 되는 조작선의 위치를 알기 위해서는 엔탈피 수지가 필요하다. 이 방법에 대해서는 본 장에서 나중에 설명한다.

일정몰 넘침

대부분의 증류에서 탑의 정류부와 탈거부에서 각각 증기와 액체의 몰유량이 거의 일정하여, 조작선들도 거의 직선이다. 이것은 몰 당 기화열이 거의 같기 때문에 생기는 현상으로 증기로 응축하는 1 몰의 높은 기포점 물질은 탑을 따라 올라가면서 약 1몰의 낮은 기포점 물질을 기화시키는 데 필요한 열을 마련해 준다. 예를 들면, 톨루엔과 벤젠의 몰당 기화열은 각각 7,960 및 7,360 cal/mol로서 톨루엔 0.92 mol이 벤젠 1 mol에 해당한다.[1] 액체흐름 및 증기흐름의 엔탈피 변화와 탑으로부터의 열손실 등으로 탑바닥에서 약간 더 증기가 생기도록 요구되기 때문에 탑 위와 탑 바닥의 증기흐름 몰비는 좀더 1에 가깝다. 따라서, 탑을 설계나 장치의 성능을

1 벤젠-톨루엔과 같이 유사한 탄화수소 쌍들의 경우 단위질량당 기화열은 저비점 물질이 더 크지만, 그 비는 거의 1에 가깝다. 따라서 질량분율에 근거한 조작선들은 거의 직선이 된다. 그러나 에탄올-물과 같은 계에서는 기화열이 몰당으로는 거의 같으나 단위질량당으로는 상당히 달라지기 때문에 증류 계산에 몰 단위를 쓰는 것이 유리하다.

해석할 때에는 자주 **일정몰 넘침**(constant molal overflow)이라는 개념이 사용되는데, 이것은 단순히 식 (21.11)로부터 식 (21.20)까지의 L과 V에 있는 하첨자 n, $n+1$, $n-1$, m, $m+1$ 및 $m-1$을 빼도 좋다는 것을 뜻한다. 이렇게 단순화된 모델에서는 물질 수지식은 선형이며, 조작선들은 직선이 된다. 조작선 상의 두 점의 좌표만 알면 조작선을 그릴 수 있다. 따라서, McCabe-Thiele 법은 엔탈피 수지의 필요 없이 이용된다. 그렇지만 이 방법은 예제 21.5에서와 같이 엔탈피수지를 포함시키기 위해서는 수정될 수 있다.

환류비

분별증류탑 해석은 **환류비**(reflux ratio)라고 하는 양을 사용함으로써 편리해진다. 두 가지 양이 이용된다. 하나는 환류와 탑위 제품의 비이고, 다른 하나는 환류와 증기의 비이다. 두 비가 모두 정류부의 양과 결부되어 있다. 환류비를 식으로 표시하면 아래와 같다.

$$R_D = \frac{L}{D} = \frac{V-D}{D} \quad \text{및} \quad R_V = \frac{L}{V} = \frac{L}{L+D} \tag{21.21}$$

본 교재에서는 R_D만을 사용한다.

식 (21.17)의 오른쪽 항의 분자와 분모를 D로 나누면 다음 식과 같이 된다.

$$y_{n+1} = \frac{R_D}{R_D+1}x_n + \frac{x_D}{R_D+1} \tag{21.22}$$

식 (21.22)는 정류부의 조작선 식이다. 조작선의 기울기는 $R_D/(R_D+1)$이다. 식 (21.21)로부터 $L = V-D$를 대입하면 기울기는 L/V와 같다. 이 선의 y 절편은 $x_D/(R_D+1)$이다. 농도 x_D는 설계조건으로 정해지며, 환류비 R_D는 환류와 탑위 제품을 분리할 때 그 유량을 조정하거나 탑위 제품의 유량을 일정하게 놓고, 되끓이개에서 생성된 증기량을 변화시킴으로써 마음대로 조절될 수 있다. 조작선 상단 끝의 한 점은 식 (21.22)의 x_n을 x_D로 놓아 얻을 수 있다. 즉,

$$y_{n+1} = \frac{R_D}{R_D+1}x_D + \frac{x_D}{R_D+1} = \frac{x_D(R_D+1)}{R_D+1} = x_D \tag{21.23}$$

정류부의 조작선은 $y=x$ 대각선과 점 (x_D, x_D)에서 교차한다. 이것은 부분응축기나 완전응축기 모두에 해당한다(부분응축기는 뒤에 설명한다).

응축기와 맨 윗단

McCabe-Thiele법에 의한 맨 윗단의 작도는 응축기의 작용에 따라 달라진다. 그림 21.7은 맨 윗단과 응축기에 대한 물질수지 선도이다. 맨 윗단으로부터 나오는 증기의 농도는 y_1이고, 맨 윗단으로 들어가는 환류의 농도는 x_c이다. 조작선들의 일반적 성질에 따르면 선의 위 끝은 (x_c, y_1)이다.

환류와 액체 제품을 얻는 가장 간단한 배열이면서 자주 쓰이는 것은 그림 21.7(b)와 같은 한 개의 완전응축기인데, 이것은 탑에서 나오는 모든 증기를 응축시켜서 환류와 제품을 공급하는 것이다. 이와 같은 단일 완전응축기를 사용하면, 맨 윗단으로부터 나오는 증기의 농도, 맨 윗단으로 가는 환류의 농도 및 탑위 제품의 농도가 같으며, 모두 x_D로 표시할 수 있다. 따라서, 조작선의 끝은 점 (x_D, x_D)가 되며, 이 점이 조작선과 대각선이 만나는 점이다. 그리고 그림 21.8(a)의 삼각형 abc는 탑의 맨 윗단을 나타낸다.

부분응축기를 사용하면 액체 환류는 탑위 제품과 같은 조성을 갖지 않는다. 즉, $x_c \neq x_D$이다. 때때로 두 응축기를 직렬로 연결해서 사용하는데, 먼저 부분응축에서 환류를 만들고 최종응축기로 액체 제품을 만든다. 이런 배열은 그림 21.7(c)에 나타나 있다. 부분응축기를 나가는 증기는 y' 조성을 갖는데, 이것은 x_D와 같다. 이런 조건하에서는 그림 21.8(b)의 선도를 적용한다. 조작선은 대각선상의 점 (x_D, x_D)를 통하지만,

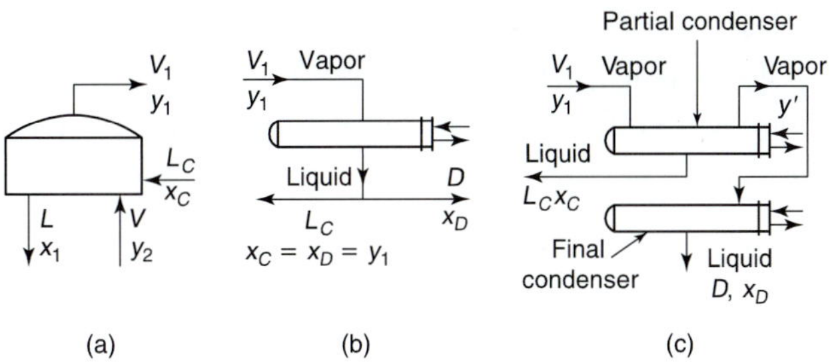

그림 21.7 맨 윗단과 응축기의 물질수지 선도: (a) 맨 윗단, (b) 완전응축기, (c) 부분 및 최종 응축기

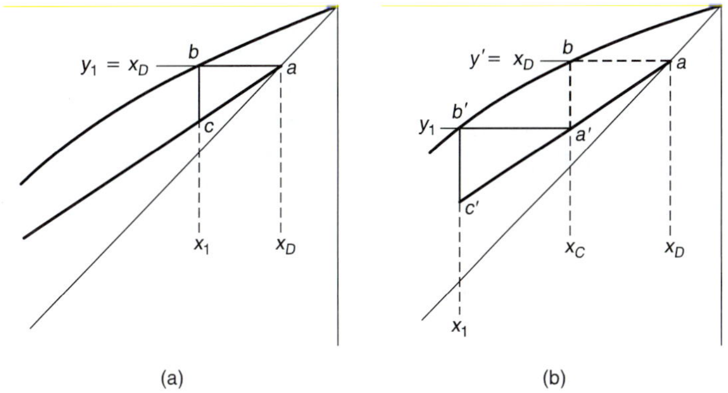

그림 21.8 맨 윗단의 도해작도: (a) 완전응축기를 사용하는 경우, (b) 부분 및 최종 응축기를 사용하는 경우

탑과 관련해서 보면 조작선은 점 a'에서 끝나는데 이 점은 물론 (x_c, y_1)좌표를 갖는다. 그림 21.8(b)의 삼각형 $a'b'c'$은 이 탑의 맨 윗단을 나타낸다. 부분 응축기를 나가는 증기는 보통 액체 응축물과 평형을 이루기 때문에 증기조성 y'은 그림 21.8(b)에서와 같이 횡좌표가 x_c에 대응하는 평형곡선의 좌표 값이 된다. 그림 21.8(b)의 점선 삼각형 aba'으로 표시된 부분응축기는 증류장치의 추가 이론단에 해당한다.

앞에서는, 응축기는 숨은열만을 제거하고 응축물은 그 기포점에 있는 액체라고 가정하였다. 그러면 환류 L은 응축기로부터의 환류 L_c와 같고, $V = V_1$이다. 환류가 기포점 이하로 냉각되면, 제1단으로 올라오는 증기의 일부가 환류를 가열하기 위해 냉각되어 $V_1 < V$ 그리고 $L > L_c$가 된다. 탑 내부에서 응축해서 추가된 액체유량 $\triangle L$은 다음 식으로 계산된다.

$$\triangle L = \frac{L_c c_{pc}(T_1 - T_c)}{\lambda_c} \tag{21.24}$$

c_{pc} = 응축물의 비열

T_1 = 맨 윗단의 액체온도

T_c = 맨 윗단으로 되돌아오는 응축물의 온도

λ_c = 응축물의 기화열

그러면 탑내에서 실제 환류비는 다음과 같다.

$$\frac{L}{D} = \frac{L_c + \triangle L}{D} = \frac{L_c[1 + c_{pc}(T_1 - T_c)/\lambda_c]}{D} \tag{21.25}$$

일반적으로 온도 T_1은 알지 못한다. 그러나 통상적으로 응축물의 기포점 온도인 T_{bc}와 거의 같다. 그러므로 T_{bc}는 보통 식 (21.24)와 식 (21.25)에서 T_1 대신 사용된다. 환류를 과냉각시키면 탑위 증기흐름 V_1을

V_n보다 적게 한다. 되끓이개의 열부하가 변하지 않고 D가 일정하게 유지된다면 전보다 더 적은 액체가 탑으로 되돌아가게 되어 겉보기 환류비 R_D가 줄어든다. 그러나 환류를 기포점까지 가열하기 위해서 응축하는 여분의 증기는 탑으로 내려가는 액체의 양을 증가시켜 조작선의 기울기 $(L/V)_n$이 변하지 않는다. 공기냉각 응축기를 사용하는 경우에는 공기의 온도변화가 T_c에 심한 변화를 일으켜 탑의 운전이 조절하기 어려운 심각한 단점이 생길 수 있다.

바닥단과 되끓이개

탑의 바닥단에서의 거동은 맨윗단과 유사하다. 그러므로, 일정몰 넘침인 경우에 식 (21.20)은 $\overline{L}$로 대치하며 나중에 탈거부에서의 유량표시에 $\overline{V}$를 사용한다.

$$y_{m+1} = \frac{\overline{L}}{\overline{L} - B} x_m - \frac{Bx_B}{\overline{L} - B} \tag{21.26}$$

식 (21.26)에서 x_m을 x_B로 놓으면 y_{m+1}이 x_B가 되어, 탈거부에 대한 조작선은 대각선과 점 (x_B, x_B)에서 교차한다. 이것은 탑밑 제품이 하나만 있는 한, 어떤 형의 되끓이개를 사용해도 마찬가지이다. 아래 조작선은 점 (x_B, x_B)과 기울기 $\overline{L}/(\overline{L} - B)$를 이용해서 그릴 수 있다. 그러나 좀더 편리한 방법은 다음 절에서 원료공급단을 취급할 때 설명하겠다.

바닥단과 되끓이개에 대한 물질수지 선도는 그림 21.9와 같다. 탑 자체에 대한 조작선 상의 가장 낮은 점은 바닥단의 점 (x_b, y_r)으로서, x_b와 y_r은 각각 바닥단을 나가는 액체와 되끓이개에서 나오는 증기의 농도이다. 그렇지만 앞에서 본 바와 같이, 조작선은 연장되어 점 (x_B, x_B)에서 대각선을 교차할 수 있다.

그림 21.5 및 21.9에서 보여준 일반형 되끓이개에서는 되끓이개를 나가는 증기가 탑밑 제품으로서 나가는 액체와 평형을 이룬다. 그러면 x_B와 y_r은 평형곡선 상에 있는 한 점의 좌표이며, 되끓이개는 하나의 이상단 역할을 한다. 그림 21.10에서 되끓이개(삼각형 cde)와 바닥단(삼각형 abc)의 작도법을 볼 수 있다. 이와 같은 되끓이개를 **부분 되끓이개**(partial reboiler)라고 한다. 이것의 구조는 그림 13.8에서 상세하게 볼 수 있다.

원료의 조건

공급원료가 들어가는 단에서는 액체유량이나 증기유량 또는 둘 다 공급원료의 열적 조건에 따라 변경될 수 있다. 그림 21.11은 공급원료의 여러 가지 조건에 따라 원료공급단으로 들어가고 나가는 액체와 증기의 흐름을 보여주고 있다. 그림 21.11(a)에서는 차가운 공급원료를 가정한 것으로, 공급원료 흐름 전체가 탑을 내려

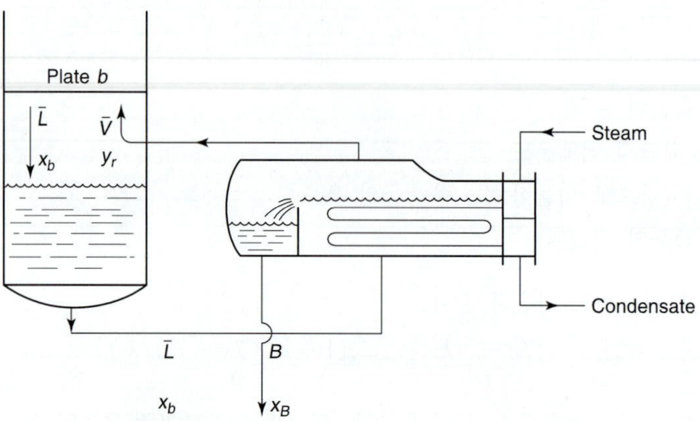

그림 21.9 바닥단과 되끓이개의 물질수지 선도

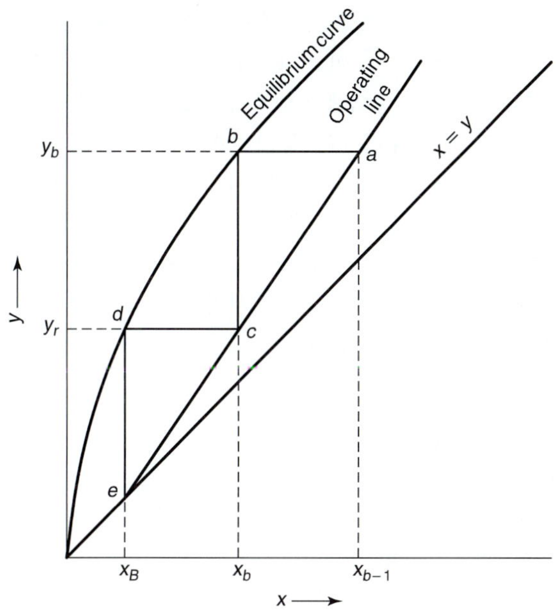

그림 21.10 바닥단과 되끓이개의 도해작도 : 삼각형 *cde* 되끓이개, 삼각형 *abc* 바닥단

가는 액체에 추가된다. 게다가 차가운 공급원료를 기포점까지 가열하기 위해 약간의 증기가 응축하게 됨으로써 탈거부에서의 액체유량은 더 크게 만들고, 정류부로 가는 증기유량을 감소시킨다.

그림 21.11(b)에서는 공급원료가 기포점에 있다고 가정한 경우이다. 공급원료를 가열하기 위한 응축이 없으므로 $V=\overline{V}$이고 $\overline{L}=F+L$이다. 그림 21.11(c)와 같이 공급원료의 일부가 증기이면, 공급원료 중

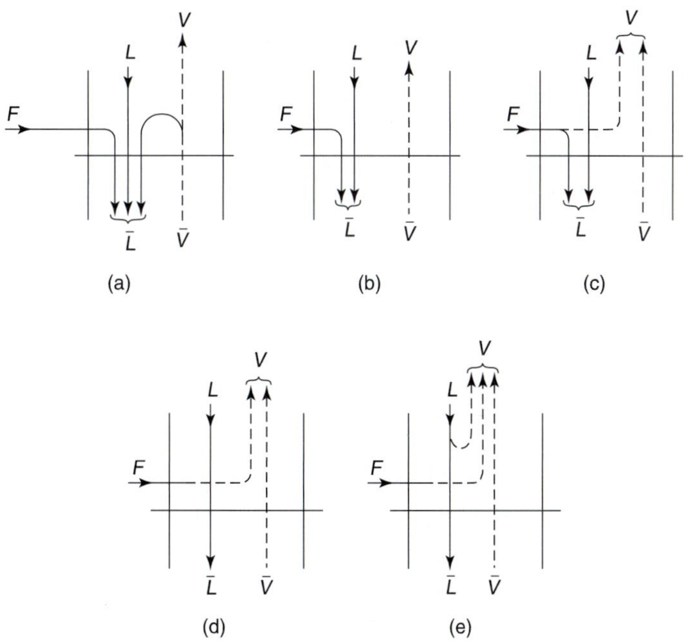

그림 21.11 여러 가지 공급원료 조건에서 원료공급단을 통하는 흐름 : (a) 차가운 액체 원료, (b) 포화액체 원료, (c) 부분적으로 기화된 원료, (d) 포화증기 원료, (e) 과열증기 원료

에서 액체 분량은 $\overline{L}$의 일부가 되고, 증기 분량은 V의 일부가 된다. 그림 21.11(d)와 같이 공급원료가 포화증기이면, 원료 전체가 V의 일부가 되어 $L=\overline{L}$이고 $V=F+\overline{V}$이다. 마지막으로 공급원료가 그림 21.11(e)와 같이 과열증기라면, 정류부에서 내려오는 액체의 일부가 기화되어 공급원료를 포화증기 상태로 냉각시킨다. 따라서, 정류부의 증기는 (1) 탈거부로부터 오는 증기, (2) 공급원료, (3) 공급원료의 냉각과정에서 액체로부터 기화된 여분의 증기로 구성된다. 탈거부로 가는 액체유량은 정류부의 액체유량보다 추가로 기화된 양만큼 적어진다.

다섯 가지형의 모든 공급원료를 q라고 하는 단일 인자를 사용해서 표시할 수 있다. q는 공급원료 1몰을 원료공급단에 넣었을 때 그 중에 탈거부로 내려가는 액체의 몰 수로 정의된다. q는 여러 가지 공급원료 조건들에 대하여 다음과 같이 수치 한계를 갖는다.

차가운 공급원료, $q>1$
기포점에 있은 공급원료(포화액체) $q=1$
액체와 증기의 혼합원료 $0<q<1$
이슬점에 있는 공급원료(포화증기) $q=0$
과열증기 상태의 공급원료 $q<0$

공급원료가 액체와 증기의 혼합물이면, q는 액체의 분율이다. 이와 같은 공급원료는 평형 홀래쉬 조작으로 만들어질 수 있으며, $q=1-f$로 표시할 수도 있다. 여기서, f는 본래의 원료흐름 중 기화된 증기의 분율이다.

차가운 액체공급원료에 대한 q 값은 다음 식으로 구할 수 있다.

$$q = 1 + \frac{c_{pL}(T_b - T_F)}{\lambda} \tag{21.27}$$

과열증기에 대한 식은 다음과 같다.

$$q = -\frac{c_{pV}(T_F - T_d)}{\lambda} \tag{21.28}$$

c_{pL}, c_{pV} = 액체와 증기의 비열
T_F = 공급원료 온도
T_b, T_d = 공급원료의 기포점과 이슬점
λ = 기화열

원료공급선

대부분의 증류탑은 기포점에 있거나 그 근처의 액체를 원료로 공급받아 조업한다. 공급원료는 탑밑제품이나 다른 뜨거운 액체와 열교환되거나 또는 수증기를 사용하여 예열되는 것이 보통이다. 이렇게 하면 탑의 두 부(정류부와 탈거부)에서 증기유량이 거의 같게 된다.

식 (21.27) 또는 (21.28)에서 얻은 q 값은 물질수지식을 이용하여 두 조작선들의 모든 교차점들의 자취를 찾는데 이용된다. 이 교차선에 대한 식은 다음과 같이 구할 수 있다.

원료공급 흐름이 액체의 내부흐름에 기여한 부분은 qF이므로 탈거부로 내려가는 환류의 총유량은,

$$\overline{L} = L + qF \quad 즉, \quad \overline{L} - L = qF \tag{21.29}$$

이다. 마찬가지로, 공급원료 흐름의 증기 내부흐름에 대한 기여가 $F(1-q)$이므로 정류부에서 증기의 총유량은 다음과 같다.

$$V = \overline{V} + (1-q)F \quad 즉, \quad V - \overline{V} = (1-q)F \tag{21.30}$$

일정몰 넘침(constant molal overflow)인 경우, 정류부와 탈거부에 대한 물질수지식은,

$$Vy_n = Lx_{n+1} + Dx_D \tag{21.31}$$

$$\overline{V}y_m = \overline{L}x_{m+1} - Bx_B \tag{21.32}$$

이다. 조작선들이 교차하는 점을 알기 위해서 $y_n = y_m$ 그리고 $x_{n+1} = x_{m+1}$로 놓고, 식 (21.31)에서 식 (21.32)를 빼면 다음과 같이 된다.

$$y(V - \overline{V}) = (L - \overline{L})x + Dx_D + Bx_B \tag{21.33}$$

식 (21.7)을 이용하여 식 (21.33)의 마지막 두 항을 Fx_F로 대치할 수 있다. 또한 식 (21.29)의 $L - \overline{L}$와 식 (21.30)의 $V - \overline{V}$를 넣고 간단히 정리하면 다음 식이 된다.

$$y = -\frac{q}{1-q}x + \frac{x_F}{1-q} \tag{21.34}$$

식 (21.34)은 직선으로 **원료공급선**(feed line)이라고 하며, 조작선들의 교차점은 모두 이 원료공급선 상에 와야 한다. 이 선의 위치는 오로지 x_F와 q에 달려 있다. 원료공급선의 기울기는 $-q/(1-q)$이며, 식 (21.34)의 y에 x를 대입하고 정리하면, 이 선이 대각선과 $x = x_F$에서 만나게 됨을 알 수 있다.

조작선의 작도

조작선들을 그리는 가장 간단한 방법은 다음과 같다. (1) 원료공급선을 그린다. (2) 정류부 조작선의 y 절편인 $x_D/(R_D+1)$를 계산하고 이 절편과 점 (x_D, x_D)을 지나게 선을 긋는다. (3) 원료공급선과 정류부 조작선의 교차점과 점 (x_B, x_B)를 지나도록 선을 긋는다. 그림 21.12의 조작선들은 이런 과정을 거쳐 그린 것이다.

그림 21.12는 x_F, x_B, x_D, L 및 D가 모두 일정하다고 가정하고, 여러 형태의 원료에 대한 조작선들과 여기에 대응하는 원료공급선들을 그려놓은 것이다. 공급원료가 차가운 액체이면 원료공급선은 오른쪽 위로 기울며, 공급원료가 포화액체이면 수직선이 된다. 공급원료가 액체와 증기의 혼합물이면 이 선은 왼쪽 위로

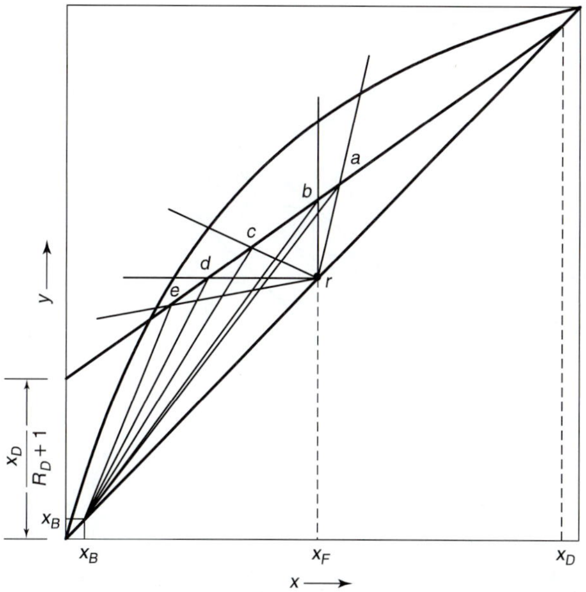

그림 21.12 원료공급선 상의 원료조건의 영향: *ra* 차가운 액체 원료, *rb* 포화액체 원료, *rc* 액체와 증기의 혼합 원료, *rd* 포화증기 원료, *re* 과열증기 원료

향하며, 기울기는 액체 대 증기 비(比)의 음수가 된다. 공급원료가 포화증기이면 원료공급선은 수평(水平)이며, 마지막으로 공급원료가 과열증기면 원료공급선은 왼쪽 아래로 향한다.

원료공급단 위치

조작선들을 그리고 난 다음 이상단 수는 그림 21.13과 같이 통상의 계단식 작도에 의해 구할 수 있다. 작도는 탈거선의 밑 또는 정류선의 위 어디서나 시작할 수 있다. 여기서는 작도를 위로부터 시작하고, 완전응축기를 사용한 것으로 가정한다. 조작선들의 교차점에 가까워지면, 언제 계단을 정류선에서 탈거선으로 옮길 것인가를 결정하지 않으면 안 된다. 이 바뀜은 단에서의 농축을 최대로 함으로써 단 수가 가능한 한 적어지는 방법으로 되어야 한다. 그림 21.13을 관찰해 보면, 두 조작선의 교차점 x 좌표보다 작은 x값에 도달한 다음, 바로 정류부 선에서 탈거부 선으로 옮기는 것이 하나의 기준이 된다. 원료공급단은 항상 모서리의 하나는 정류선에 있고, 한 모서리는 탈거선에 있는 삼각형으로 표시된다. 최적위치에서는 원료공급단을 나타내는 삼각형이 조작선의 교차점 위에 놓이게 된다.

한 조작선에서 다른 조작선으로 옮기는 것, 즉 원료공급단 위치는 그림 21.13의 점 a와 b 사이의 어느 곳에서도 할 수 있다. 그러나 원료공급단이 최적위치가 아닌 다른 곳에 놓이게 되면, 불필요하게 많은 단 수가 필요하게 된다. 예를 들어, 그림 21.13에서 원료공급단이 7번째이면 점선으로 표시된 더 작은 계단이 이상단 수로 되어, 이상단 8개와 되끓이개 한 개가 필요하게 된다. 그러나 공급원료를 5번째 단에 넣으면, 이상단 7개와 되끓이개 하나면 된다. 원료공급단 위치가 최적위치에 있다고 하더라도, 원료공급단의 액체가 완전히 일치한 경우를 제외하고는 공급원료와 같은 조성을 갖지는 않는다.

실제 탑의 성능을 해석할 때 한 조작선에서 다른 조작선으로 바꾸는 것은 실제 원료공급단에서 이루어져야 한다. 공급원료의 조성변화와 단효율의 불확실성 때문에, 큰 탑에서는 가끔 최적위치의 아래 또는 위에 있는 몇 개의 단들 사이에 공급원료가 들어가도록 조작되는 경우가 많다. 공급원료 조성에 큰 변화가 예견되면, 원료공급단 위치를 변경할 수 있도록 되어 있어야 한다.

고정된 단 수를 갖고있는 실제 탑에서는 원료공급단을 잘못 선택하면 탑 성능에 심각한 영향이 미친다.

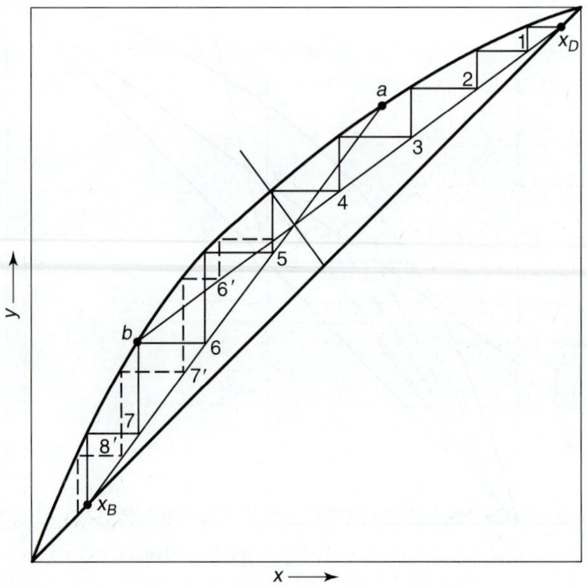

그림 21.13 공급단의 최적위치 : —— 5번째 단(최적위치) 상의 원료, - - - 7번째 단상의 원료

예를 들어 그림 21.13의 *b*점에 가깝게 너무 낮은 단에 원료를 공급하면 정류부의 단 수가 증가한다. 그러나 그들의 대부분은 구동력이 작은 핀치 영역에서 조업하게 된다. 이런 단에서는 거의 분리가 되지 않는다. 따라서 단의 낮은 성능을 반영하여 탑위 제품과 탑밑 제품의 질을 낮추도록 선도를 바꿔야 한다. 탑의 너무 높은 위치에 원료를 공급하게 되면 유사한 결과를 갖게 된다.

가열 및 냉각 필요량

커다란 보온된 탑으로부터의 열손실은 상대적으로 작다. 따라서, 탑 그 자체는 본질적으로 단열상태이다. 장치 전체의 열의 영향은 응축기와 되끓이개에 한정된다. 평균 몰 잠열(molal latent heat)이 λ이고, 액체흐름에서 총 느낌열 변화가 적다고 하면, 되끓이개에서 가해진 열 q_r은 $\overline{V}\lambda$이며, W 또는 Btu/h 단위를 갖는다. 공급원료가 기포점에 있는 액체($q=1$)라면, 되끓이개에서 공급한 열은 대략 응축기에서 제거한 열과 같으나 그 밖의 q값에서는 그렇지 않다(587쪽의 엔탈피 수지를 참조하라).

가열매체로서 포화수증기를 사용하면, 되끓이개에 필요한 수증기는 다음과 같다.

$$\dot{m}_s = \frac{\overline{V}\lambda}{\lambda_s} \tag{21.35}$$

$\dot{m}_s$ = 수증기 소비량

$\overline{V}$ = 되끓이개로부터의 증기유량

λ_s = 수증기의 숨은열

λ = 혼합물의 몰 숨은열

물이 응축기에서 냉각매체로 사용되고, 응축액이 과냉되지 않는다면, 냉각수 요구량은 다음과 같다.

$$\dot{m}_w = \frac{V\lambda}{(T_2 - T_1)c_{pw}} \tag{21.36}$$

$\dot{m}_w$ = 물 소비량

$(T_2 - T_1)$ = 냉각수의 온도 상승

c_{pw} = 냉각수의 비열

예제 21.2

연속 분별증류탑에서 40% 벤젠과 60% 톨루엔으로 구성된 혼합물 30,000 kg/h를 97% 벤젠이 함유된 탑위 제품과 98% 톨루엔이 들어 있는 탑밑 제품으로 분리하려고 한다. 이 농도는 wt%이다. 제품 1 mol에 대하여 3.5 mol의 환류비가 사용된다. 벤젠과 톨루엔의 몰 숨은열은 각각 7,360과 7,960 cal/g mol이다. 벤젠과 톨루엔은 상대휘발도가 약 2.5인 이상계를 형성한다. 평형곡선은 그림 21.14와 같다. 공급원료는 1 atm에서 기포점이 95°C이다. (a) 시간당 탑위 제품과 탑밑 제품의 몰 수를 계산하라. (b) 다음 각 경우에 대하여, 이상단 수와 원료 공급단 위치를 구하라. (i) 공급원료가 액체이고 기포점에 있을 때, (ii) 공급원료가 20°C의 액체일 때(비열 = 0.44 cal/g·°C). (iii) 공급원료가 2/3의 증기와 1/3의 액체로 된 혼합물일 때, (c) $20\,\mathrm{lb}_f/\mathrm{in}^2\,(1.36\ \mathrm{atm})$ gauge의 수증기를 가열매체로 사용하고, 열손실을 무시하며, 환류가 포화액체라고 가정할 때, 위의 세 경우 각각에 대하여 시간당 필요한 수증기량은 얼마인가? (d) 냉각수가 25°C로 응축기에 들어가서 40°C로 나간다면, 필요한 냉각수는 몇 m^3/h인가?

풀이

(a) 벤젠의 분자량은 78이고 톨루엔의 분자량은 92이다. 공급원료, 탑위 제품 및 탑밑 제품의 농도를 벤젠의 몰분율로 계산하면,

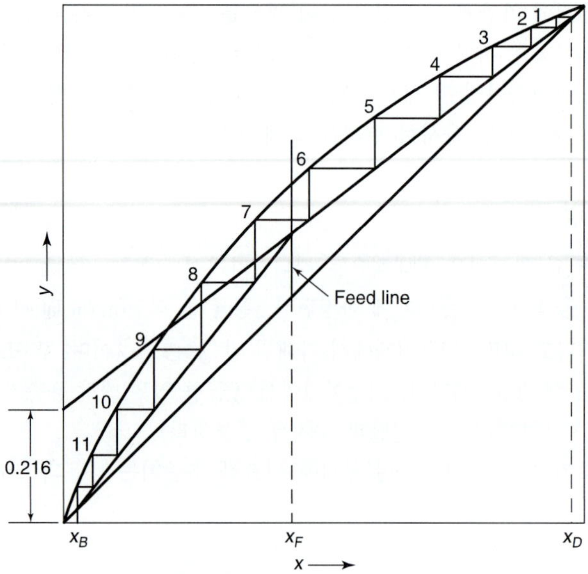

그림 21.14 예제 21.2의 (b) (i)

$$x_F = \frac{\frac{40}{78}}{\frac{40}{78}+\frac{60}{92}} = 0.440 \qquad x_D = \frac{\frac{97}{78}}{\frac{97}{78}+\frac{3}{92}} = 0.974$$

$$x_B = \frac{\frac{2}{78}}{\frac{2}{78}+\frac{98}{92}} = 0.0235$$

공급원료의 평균 분자량은,

$$\frac{100}{\frac{40}{78}+\frac{60}{92}} = 85.8$$

공급원료의 평균 기화열은,

$$\lambda = 0.44(7,360) + 0.56(7,960) = 7,696 \text{ cal/mol}$$

이다. 원료의 공급속도 F는 30,000/85.8 = 350 kmol/h이다. 식 (21.8)을 이용해서 총괄 벤젠수지를 취하면,

$$D = 350\left(\frac{0.440-0.0235}{0.974-0.0235}\right) = 153.4 \text{ k mol/h}$$

$$B = 350 - 153.4 = 196.6 \text{ k mol/h}$$

(b) 다음으로 이상단 수와 원료공급단의 위치를 구한다.

(i) 제 1단계는 평형선도를 그리고, x_D, x_F, 및 x_B에서 수직선을 그어 이 수직선들을 대각선까지 연장한다. 그림 21.14를 참조하여라. 제 2단계는 원료공급선을 긋는다. $f=0$이므로 원료공급선은 수직이며, $x=x_F$인 선의 연장이다. 제 3단계는 조작선들을 그린다. 정류부 조작선의 y 절편은 식 (21.22)를 이용하면 $0.974/(3.5+1)=0.216$이다. 이 점은 yx 기준선상의 x_D점과 연결된다. 이 조작선과 원료공급선의 교점으로부터 탈거부 조작선을 그린다.

제 4단계는 2개의 조작선들과 평형곡선 사이에 직각 계단을 그린다. 계단을 그려보면, 정류선에서 탈거선으로 계단이 옮기는 위치는 7번째 계단이다. 계단을 세어보면 되끓이개 이외에도 11개의 이상단이 필요하며, 공급원료는 위로부터 7번째 단에다 넣어야 함을 알 수 있다.[2]

(ii) 공급원료의 기화 숨은열 λ는 7,696/85.8 = 89.7 cal/g이다. 식 (21.27)에 이 값을 대입하면,

2 문제의 조건들을 글자 그대로 이행하자면 되끓이개를 나타내는 마지막 계단은 정확하게 농도 x_B에 도달해야 한다. 그림 21.14는 거의 그렇게 되었다. 그러나 x_B가 정수로 딱 떨어지지 않는 것이 보통이다. 4가지 수량 x_D, x_F, x_B 및 R_D를 임의로 택하면 단수가 반드시 정수로 되지는 않는다. 정수는 4가지 수량중의 하나를 약간 조정하면 얻을 수 있다. 그러나 실제 단수를 구하기 위해서는 단효율을 적용해야 한다는 사실을 비추어 보면, 이 조절이란 별다른 의미가 없다는 것을 알 수 있다.

$$q = 1 + \frac{0.44(95-20)}{89.7} = 1.37$$

식 (21.34)로부터 원료공급선의 기울기는 $-1.37/(1-1.37) = 3.70$이다. 이 경우에 대해 계단들을 그리면, 그림 21.15에서처럼 하나의 되끓이개와 10개의 이상단이 필요하고, 공급원료는 6번째 단에 넣어야 함을 알 수 있다.

(iii) q의 정의에 따라 이 경우에는 $q=1/3$이고, 원료공급선의 기울기는 -0.5이다. 풀이는 그림 21.16에서 볼 수 있다. 한 개의 되끓이개와 12개의 단이 요구되며, 공급원료는 7번째 단에 들어간다.

원료가 주로 증기인 경우에는 더 많은 단 수가 필요해지는 원인의 일부는 원료공급선이 왼쪽으로 치우쳐서 정류부에서 몇 단이 더 필요하기 때문이다. 그렇지만 일부만 기화된 원료는 완전히 액체인 원료보다 탈거부로 더 적은 양의 액체를 주게되어 탈거부에서 환류비가 감소하는 것이 주요 원인이다.

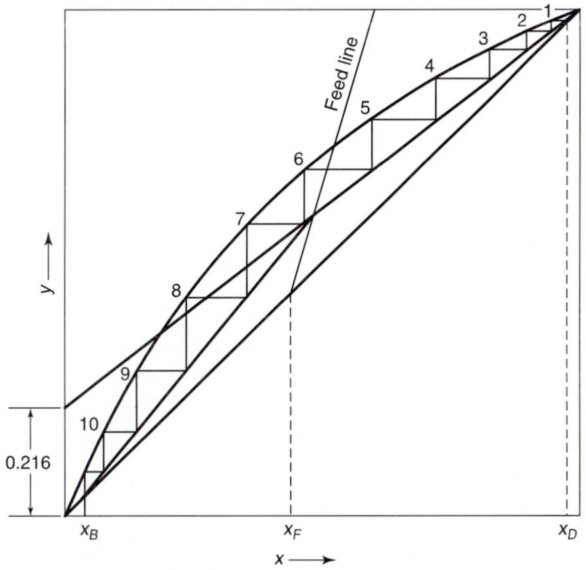

그림 21.15 예제 21.2의 (b) (ii)

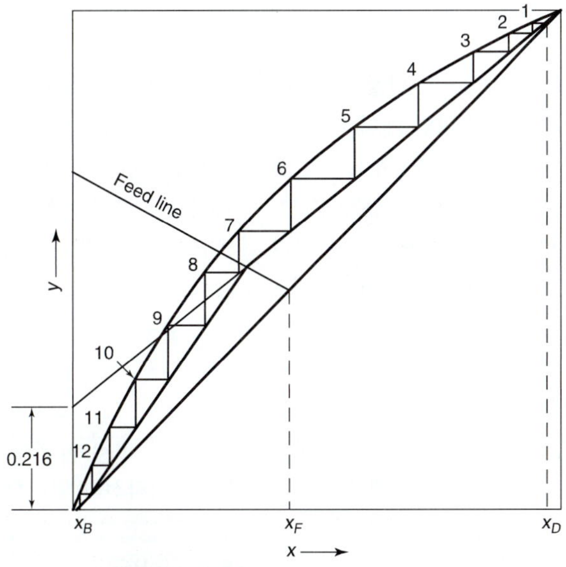

그림 21.16 예제 21.2의 (b) (iii)

표 21.1 예제 21.1의 (c) 문제에 대한 풀이

Case	q	Reboiler steam $\dot{m}_s$ kg/h	Number of ideal plates: Graphical solution	Computed
(i)	1.0	10,520	11	10.59
(ii)	1.37	12,500	10	10.17
(iii)	0.333	6,960	12	11.85

(c) 응축기에서 응축해야 하는 정류부의 증기유량 V는 탑위 제품 1 몰당 4.5 몰이므로, $4.5 \times 153.4 = 690$ kmol/h이다. 식 (21.30)으로부터,

$$\overline{V} = 690 - 350(1 - q)$$

설계를 약간 여유있게 하기 위하여 벤젠의 기화열보다 톨루엔의 기화열을 이용하면, $\lambda = 7,960$ cal/mol이다. 20 psig의 수증기 1 lb로부터 나오는 열은 부록 7에서 보면 939 Btu/1b이다. 따라서, $\lambda_S = 939/1.8 = 522$ cal/g이다. 식 (21.35)로부터 필요한 수증기량은 다음과 같다.

$$\dot{m}_s = \frac{7,960}{522}\overline{V} = 15.25[690 - 350(1 - q)]$$

결과는 표 21.1에 수록되어 있다.

주: 벤젠과 톨루엔 혼합물의 상대휘발도에 관한 식 $\alpha = 2.34 + 0.27x$를 사용하면 일정몰 넘침유량에 기준한 컴퓨터 프로그램을 했을 때 (i)은 10.59 단, (ii)는 10.17 단, 그리고 (iii)은 11.85 단이 나온다.

(d) 모든 경우에서 마찬가지로 필요한 냉각수량은 식 (21.36)으로부터,

$$\dot{m}_w = \frac{7,960 \times 690}{40 - 25} = 366,160 \text{ kg/h}$$

부록 6에서 보면 25°C(77°F)에서 물의 밀도는 62.24 1b/ft^3 또는 996.3 kg/m^{3}이다. 필요한 냉각수량은 366,160/996.3 = 367.5 m^3/h이다.

차가운 공급원료를 사용하는 (ii)의 경우, 필요한 단수가 최소이지만 되끓이개에서는 가장 많은 수증기를 필요로 한다. 되끓이개와 예열기에 대한 총 에너지 요구량은 3가지 경우에 모두 비슷하다. 공급원료를 예열하는 이유는 대부분의 경우, 탑의 정류부와 탈거부에서 증기유량을 거의 같게 하고 또한, 탑밑 제품과 같은 고온 액체흐름의 에너지를 이용하기 위함이다. ■

이 예제에서는 각 경우에 R_D가 3.5로 일정하기 때문에 총에너지 요구량이 같지만 R_D/R_{Dm}은 1.6 내지 2.8의 범위에 있다. R_D/R_{Dm}이 고정되면 에너지 요구량과 단수가 달라지게 된다. 예를 들어 $x_F = 0.5$, $x_D = 0.98$, $x_B = 0.02$, $D/F = 0.5$, 그리고 $R_D/R_{Dm} = 1.20$인 벤젠-톨루엔 증류에서 액체나 증기 원료를 생각해 보자. 액체원료(q = 1.0)를 사용하면 $R_D = 1.52$, $V/F = 0.5\,x(1 + 1.52) = 1.26$ 그리고 18개의 이상단이 필요하게 된다. 증기원료 ($q = 0$)인 경우에는 $R_D = 2.8$ 그리고 $V/F = 1.90$이 된다. $V_m/F = 0.9$이고 단지 15개의 이상단이 필요하기 때문에 되끓이개에서의 열부하가 줄었음에도 불구하고 사용된 총에너지와 응축기에서 제거된 열은 액체원료보다도 50%가 더 크다.

최소단 수

정류선의 기울기가 $R_D/(R_D + 1)$이므로 R_D가 무한대로 되어 $V = L$이 되고, 기울기가 1이 될 때까지 환류비가 증가함에 따라 기울기도 증가한다. 그렇게 되면 두 조작선은 대각선과 일치한다. 이 조건을 **전환류**(total reflux)라고 한다. 전환류에서 단 수는 최소가 된다. 그러나 공급원료와 탑위 제품 및 탑밑 제품의 유량은 0이 된다. 전환류는 분별증류탑 조작에서 하나의 극한인 경우를 나타낸다. 주어진 분리에 필요한 최소단수는 x_D로부터 x_B까지의 대각선을 정류부와 탈거부의 조작선으로 사용하여 xy 선도 상에 계단을 그려서 구할

수 있다. 전환류하에서 조작하는 탑에서는 원료공급이 없으므로, 상부와 하부 사이에 불연속성이 없다.

이상혼합물과 같은 특별한 경우에는 양끝의 농도 x_B 와 x_D로부터 $N_{\min}$ 값을 계산하는 간단한 방법이 있다. 이것은 평형농도로 표시할 수 있는 두 성분의 상대휘발도 α_{AB}에 근거해서 계산한다. 즉,

$$\alpha_{AB} = \frac{y_{Ae}/x_{Ae}}{y_{Be}/x_{Be}} \tag{21.37}$$

x_e에서 y_e를 찾아내기 위한 식 (21.37)의 유용한 형은

$$y_e = \frac{\alpha_{AB}x_e}{1+(\alpha_{AB}-1)x_e} \tag{21.38}$$

이상혼합물은 Raoult의 법칙에 따르며, 상대휘발도는 증기압들의 비이다. 그러므로,

$$p_A = P'_A x_A \qquad y_A = \frac{p_A}{P}$$

$$p_B = P'_B x_B \qquad y_B = \frac{p_B}{P}$$

$$\alpha_{AB} = \frac{y_A/x_A}{y_B/x_B} = \frac{P'_A/P}{P'_B/P} = \frac{P'_A}{P'_B} \tag{21.39}$$

P'_A/P'_B 비는 보통 탑의 온도범위에서 크게 변하지 않으므로, 다음 유도과정에서는 상대휘발도가 일정하다고 취급한다.

2성분계에서는 y_A/y_B와 x_A/x_B를 $y_A/(1-y_A)$와 $x_A/(1-x_A)$로 놓을 수 있으므로, 식 (21.37)은 제 $n+1$ 단에 대하여 다음과 같이 쓸 수 있다.

$$\frac{y_{n+1}}{1-y_{n+1}} = \alpha_{AB}\frac{x_{n+1}}{1-x_{n+1}} \tag{21.40}$$

전환류일 때는 $D=0$이고, $L/V=1$이므로, $y_{n+1}=x_n$이다. 식 (21.16)을 참조하고, 조작선이 45°임을 유의하면, 윗식은 다음과 같이 된다.

$$\frac{x_n}{1-x_n} = \alpha_{AB}\frac{x_{n+1}}{1-x_{n+1}} \tag{21.41}$$

탑 맨 위에서 완전응축기를 사용하면 $y_1=x_D$이므로, 식 (21.40)은 다음과 같이 된다.

$$\frac{x_D}{1-x_D} = \alpha_{AB}\frac{x_1}{1-x_1} \tag{21.42}$$

식 (21.41)을 n단 까지 순서대로 쓰면,

$$\begin{aligned} \frac{x_1}{1-x_1} &= \alpha_{AB}\frac{x_2}{1-x_2} \\ &\cdots\cdots\cdots \\ \frac{x_{n-1}}{1-x_{n-1}} &= \alpha_{AB}\frac{x_n}{1-x_n} \end{aligned} \tag{21.43}$$

가 된다. 식 (21.42)와 식 (21.43)의 식들을 모두 곱하면 중간 항들은 모두 없어지고 다음 식이 된다. 따라서

$$\frac{x_D}{1-x_D} = (\alpha_{AB})^n\frac{x_n}{1-x_n} \tag{21.44}$$

탑 바닥 배출구에 이르기까지 $N_{\min}$ 개 단과 되끓이개가 필요하다. 따라서, 식 (21.44)는 다음과 같이 쓸 수 있다.

$$\frac{x_D}{1-x_D} = (\alpha_{AB})^{N_{\min}+1}\frac{x_B}{1-x_B}$$

대수를 취해서 $N_{\min}$에 대하여 이 식을 풀면,

$$N_{\min} = \frac{\ln [x_D(1 - x_B)/x_B(1 - x_D)]}{\ln \alpha_{AB}} - 1 \tag{21.45}$$

이 된다. 식 (21.45)는 Fenske 식으로 α_{AB}가 일정할 때 이용한다. 탑바닥에서 맨 윗단까지의 α_{AB}값 변화가 크지 않으면 양단에서의 값을 기하평균하여 α_{AB}로 사용하면 된다.

최소환류

전환류보다 작은 환류에서, 주어진 분리를 위해 필요로 하는 단수는 전환류일 때보다 크고, 환류비가 감소함에 따라 계속해서 증가한다. 환류비가 작아질수록 단 수는 아주 커지며, **최소환류비**(minimum reflux ratio)라고 하는 어떤 일정한 최소치에서는 단수가 무한대로 된다. 원하는 탑위 제품과 탑밑 제품을 일정량 생산하는 실제 탑은 단 수가 무한대로 되는 최소환류와 단 수가 최소로 되는 무한 환류 사이의 환류비로 운전해야 한다. L_a/D를 운전환류비라 하고, $(L_a/D)_{\min}$을 최소환류비라 하면 다음과 같이 된다.

$$\left(\frac{L_a}{D}\right)_{\min} < \frac{L_a}{D} < \infty \tag{21.46}$$

최소환류비는 환류의 감소에 따른 조작선의 움직임으로 구할 수 있다. 그림 21.17에서 전환류시에는 조작선 2개 모두 대각선 afb와 겹친다. 실제 조작에서는 ae 및 eb선들이 전형적인 조작선이다. 환류가 더욱 감소됨에 따라 두 조작선들의 교차점은 원료공급선을 따라 평형곡선 쪽으로 움직여 계단을 그릴 수 있는 면적이 줄어들게 되어 단수가 증가한다. 조작선들 중의 하나 또는 둘 다 모두 평형곡선과 만나면, 접촉점을 지나가는데 필요한 단수는 무한대가 된다. 이런 상태에 해당하는 환류비는 정의에 따라 최소환류비이다.

평형곡선 전체가 아래쪽으로 오목한 정상형 평형곡선인 경우, 최소환류시, 조작선과 평형곡선의 접촉점은 그림 21.17의 ad 및 db선에서 보는 바와 같이 원료공급선과 평형곡선의 교차점 상에 있다. 환류를 좀 더

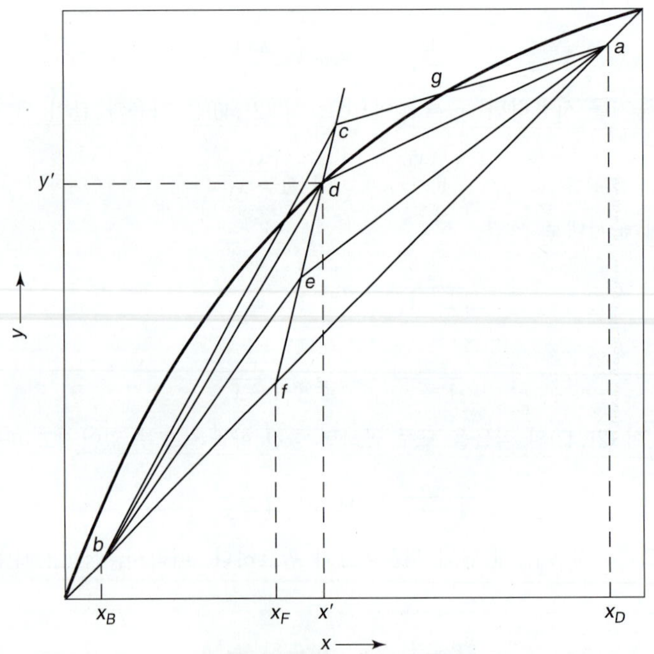

그림 21.17 최소환류비

줄이면 agc 및 cb선들과 같이 평형곡선 밖에서 조작선들이 교차하게 된다. 그러면 아무리 무한대의 단이 있어도 점 g를 지날 수 없고, 이 조건에서의 환류비는 최소환류비보다 작다.

그림 21.17에서 조작선 ad의 기울기는 점 (x', y')과 (x_D, x_D)를 지나는 직선으로, x'과 y'은 각각 원료공급선과 평형곡선의 교차점 좌표이다. 최소환류비를 R_{Dm}이라고 하며, 다음과 같이 구할 수 있다.

$$\frac{R_{Dm}}{R_{Dm}+1} = \frac{x_D - y'}{x_D - x'}$$

또는

$$R_{Dm} = \frac{x_D - y'}{y' - x'} \tag{21.47}$$

식 (21.47)은 모든 계에다 적용시킬 수는 없다. 즉, 평형곡선이 그림 21.18에서 보인 에탄올과 물의 곡선처럼 위로 오목하면 정류선은 횡좌표 x_F와 x_D 사이에서 먼저 평형곡선과 만날 것이 분명하며, 이 경우 선 ac가 최소환류에 해당한다. 조작선 ab는 점 (x', y') 밑에서 원료공급선과 교차함에도 불구하고, 최소환류보다도 더 작은 환류에서 그린 것이다. 이와 같은 경우에는 최소환류비를 평형곡선에 접선인 조작선 ac의 기울기로부터 계산해야 한다.

불변지역

최소환류비에서는 그림 21.17의 점 d나 그림 21.18의 접점에서 보는 바와 같이 평형곡선과 조작선의 교차점에서 예각(銳角)이 생긴다. 이 점에서는 무한개의 단수를 나타내는 무한개의 계단들이 그려질 수 있어서, 이 근처의 단에서는 액체나 증기의 농도 변화가 없고, 따라서 $x_{n-1} = x_n$, $y_{n+1} = y_n$이 된다. **불변지역**(invariant zone)이라는 용어는 이와 같은 무한개의 단수를 설명하는 데 쓰이며, 또한 좀더 서술적인 용어로 **핀취점**(pinch point)이라고도 한다.

그림 21.17과 같은 정상적인 평형곡선을 갖는 경우에 최소환류비에서 q선과 평형곡선의 교차점은 원료공급단의 액체와 증기 농도임을 알 수 있다(또한 원료공급단 양쪽에 있는 무한대의 단들에서도 마찬가지다).

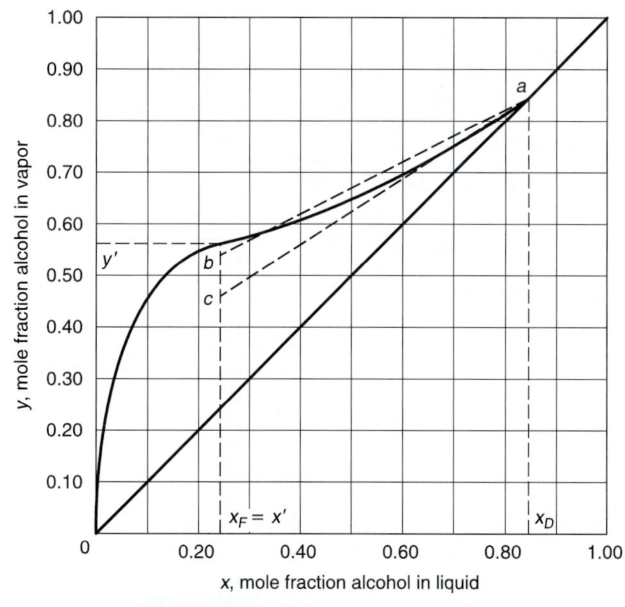

그림 21.18 평형선도(에탄올-물 계)

그러므로 불변지대는 정류부 아래쪽과 탈거부 위쪽에 각각 형성된다. 두 지대에서 다른 점은 한 곳에서는 단지 액체와 증기의 비가 L/V이고 다른 지대에서는 $\overline{L}/\overline{V}$인 것뿐이다.

최적환류비

환류비가 최소로부터 증가해 가면 단수는 처음에는 빨리 그리고 점점 천천히 감소해 가며, 전환류에서 단수는 최소가 된다. 탑의 단면적은 대개 증기의 유량에 비례한다는 것을 나중에 알게 될 것이다. 생산량이 일정한 상태에서 환류비를 증가시키면 V와 L 모두 다 증가하며, 탑 지름의 증가가 단수의 감소보다 훨씬 빠른 점에 도달한다. 장치의 비용은 대충 단의 총면적, 즉 단수 곱하기 탑의 단면적에 비례하므로, 탑에 대한 고정비는 환류비에 따라 처음에는 감소하다가 나중에 증가하게 된다. 열교환장치에 대한 고정비 — 되끓이개 및 응축기 — 는 환류비에 따라 꾸준히 증가한다. 그림 21.19의 곡선 2는 처음에는 예리하게 떨어지다가 아주 약하게 최소점을 지남을 보여주고 있다.

또한 곡선 1에서 보는 바와 같이 환류비에 따라 선형으로 올라가는 가열과 냉각 비용도 중요하다. 최적환류비에서 수증기 비용은 고정비와 가열 및 냉각비의 합인 년간 총비용의 약 2/3이다[21]. 총비용은 제일 위의 곡선이다. 총비용은 최소환류비 보다 그다지 크지 않은 어느 일정한 환류비에서 최소값을 갖는다. 이것이 가장 경제적인 운전 점이며 이 환류비를 **최적환류비**(optimum reflux ratio)라고 한다. 그림 21.19는 제품의 조성이 92% 벤젠과 95% 톨루엔인 벤젠-톨루엔 증류의 연구에 근거한 것으로 최적환류비는 R_{Dm}의 1.1 배이다[21]. 제품이 아주 좋은 순도를 갖는 — 99.97% 벤젠과 99.83% 톨루엔 — 최적화 연구에서의 최적환류비는 $1.25R_{Dm}$이었다[6]. 최적환류비는 에너지 비용과 관계된다. 에너지 비용이 비교적 높을 때에는 최적비가 R_{Dm}에 가깝고 증류장치가 비싼 합금으로 만들어졌을 때에는 최적비가 R_{Dm}으로부터 멀다. 총비용은 최적환류비 범위에서 환류비에 민감하고 환류비가 최적치보다 큰 환류비를 사용하면 보다 좋은 조업 유연성을 얻을 수 있기 때문에 실제로 대부분의 공장은 최적환류비보다 약간 큰 환류비로 조업한다.[3]

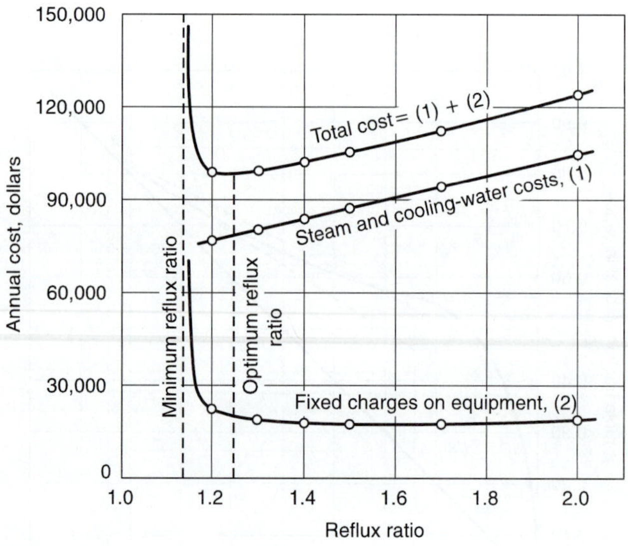

그림 21.19 최적환류비(자료 : M. S. Peters and K. D. Timmer-haus, *Plant Design and Economics for Chemical Engineers*, 3rd ed., 1980, McGraw-Hill)

3 탑에서 일정몰 넘침으로부터 벗어났기 때문에 진짜 최소환류비는 McCabe-Thiele 선도에서 예측한 것보다 더 클런지도 모른다(591쪽 참조).

예제 21.3

예제 21.2에서 (b)의 (i), (ii) 및 (iii)의 경우에 대하여, (a) 최소환류비는 얼마인가? (b) 최소 이상단 수는 얼마인가?

풀이

(a) 최소환류비에 대해서는 식 (21.47)을 이용한다. 여기서 $x_D=0.974$이다. 결과는 표 21.2에 수록되어 있다.

표 21.2

Case	x'	y'	R_{Dm}
(b)(i)	0.440	0.658	1.45
(b)(ii)	0.521	0.730	1.17
(b)(iii)	0.300	0.513	2.16

(b) 최소 단수인 경우, 환류비가 무한대이고, 조작선들이 대각선과 겹치며, 세 가지 경우간에는 차이가 없다. Fenske 식 [식 (21.45)]을 이용한다.

$\alpha = 2.34 + 0.27x$이므로,

$$x = 0.024\text{에서 } \alpha = 2.35 \qquad x = 0.974\text{에서 } \alpha = 2.60$$

$$\bar{\alpha} = \sqrt{2.35\times 2.60} = 2.47$$

식 (21.42)에서,

$$N_{\min} = \ln\left(\frac{0.974\times 0.976}{0.024\times 0.026}\right) - 1 = 8.105 - 1 = 7.1$$

최소이상단의 수는 7에다 되끓이개를 더한 것이다. ■

거의 순수한 제품

탑밑 제품이나 탑위 제품이 거의 순수한 경우, $x=0$과 $x=1$ 근처에서 계단들이 작아지기 때문에 한 개의 선도로 전체 농도범위를 포괄하는 것은 비실용적이다. 계단을 그려야 하는 양쪽 끝 부분의 좁은 영역을 확대하여 계단을 충분히 크게 그릴 수 있도록 보조선도를 만드는 것이 좋다. 그렇지만, 실제로 계산은 대체로 컴퓨터로 한다. 원하는 범위를 포괄할 수 있도록 눈금을 쉽게 확장할 수 있다(물론 컴퓨터 계산에서는 필요한 단 수를 알기 위하여 McCabe-Thiele 선도를 그릴 필요는 없다. 그러나 문제의 풀이를 가시화하기 위해서는 가끔 선도를 그리는 것이 도움을 주기도 한다).

거의 순수한 제품을 취급할 수 있는 다른 한 가지 방법은 평형곡선 양 끝에서 주성분에 대하여는 Raoult의 법칙을 적용하고 미량성분에 대해서는 Henry의 법칙을 적용하는 원리에 근거하는 것이다. 따라서 이들 범위에서는 평형선과 조작선이 모두 직선이 되어 식 (20.27)을 사용할 수 있고, 도해식 작도가 필요 없게 된다. 조작선과 평형선이 직선이거나 이에 근사한 농도범위에서도 어디에서나 같은 식을 사용할 수 있다.

예제 21.4

2 몰%의 에탄올과 98 몰%의 물로 된 혼합물을 판형 탑에서 탈거시켜 에탄올이 0.01몰 %가 넘지 않는 탑밑 제품을 얻으려고 한다. 수증기를 바닥단의 액체에 개방코일(open coil)을 통해 넣어서 증기원(蒸氣源)으로 이용한다. 공급원료는 기포점에 있다. 수증기 유량은 공급원료 1몰당 0.2 몰이다. 묽은 에탄올-물 용액에 대해서 평형선은 직선이며, $y_e=9.0x_e$로 표시된다. 이상단이 몇 개나 필요한가?

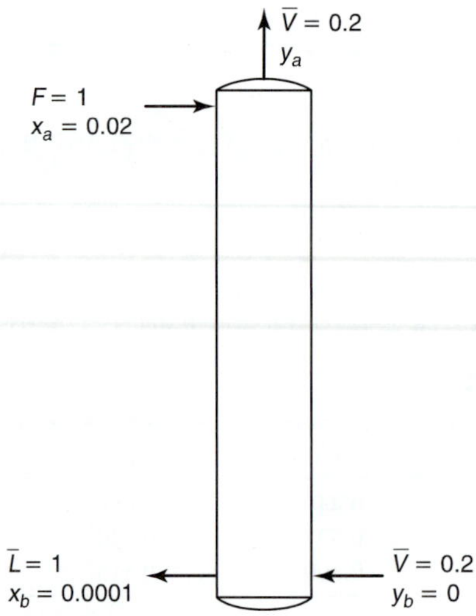

그림 21.20 예제 21.4의 물질수지 선도

풀이

평형선과 조작선이 모두 직선이므로, 도식적 방법보다 식 (20.27)을 이용할 수 있다. 물질수지 선도는 그림 21.20과 같다. 수증기가 증기로 들어가므로 되끓이개가 필요없다. 또한 탑 속에서 액체유량은 탑에 들어가는 공급원료와 같다. 문제의 조건에 의해,

$$F = \bar{L} = 1 \qquad \bar{V} = 0.2 \qquad y_b = 0 \qquad x_a = 0.02$$

$$x_b = 0.0001 \qquad m = 9.0 \qquad y_a^* = 9.0 \times 0.02 = 0.18$$

$$y_b^* = 9.0 \times 0.0001 = 0.0009$$

식 (20.27)을 사용하기 위해서는 탑을 나가는 증기의 농도 y_a가 필요하다. 이것은 총괄 에탄올수지를 취해서 구할 수 있다. 즉,

$$\bar{V}(y_a - y_b) = \bar{L}(x_a - x_b) \qquad 0.2(y_a - 0) = 1(0.02 - 0.0001)$$

윗식으로부터 $y_a = 0.0995$이다. 식 (20.27)에 대입하면,

$$N = \frac{\ln[(0.0995 - 0.18)/(0 - 0.0009)]}{\ln[(0.0009 - 0.18)/(0 - 0.0995)]}$$

$$= \frac{\ln 89.4}{\ln 1.8} = 7.6 \text{ 이상단}$$

■

21.3 엔탈피수지

증류탑에서 V와 L 흐름들의 실제 변화는 증기 및 액체혼합물의 엔탈피에 달려 있다. 일정몰 넘침을 가정함으로써 생긴 제약들은 물질수지 및 상평형(相平衡)과 함께 엔탈피수지를 이용해서 제거될 수 있다. 엔탈피 데이터는 그림 21.21과 같은 엔탈피-농도선도로부터 얻거나 컴퓨터 프로그램에 사용되는 열역학적 성질의 데이터은행에서 얻을 수 있다. 대부분의 증류탑은 컴퓨터를 이용하여 설계되지만 기본적인 엔탈피 수지식들을 이곳에 주었으며 예제 21.5는 전형적인 이상계에 대한 McCabe-Thiele 선도에서 생기는 작은 차이를 보여주기 위해 실었다.

벤젠-톨루엔 용액은 이상용액이므로, 그림 21.21은 몰 평균열용량과 기화열을 이용하여 만들었다. 계산을 간단하게 하기 위해 기준온도는 벤젠의 기포점인 80°C로 택하였다.

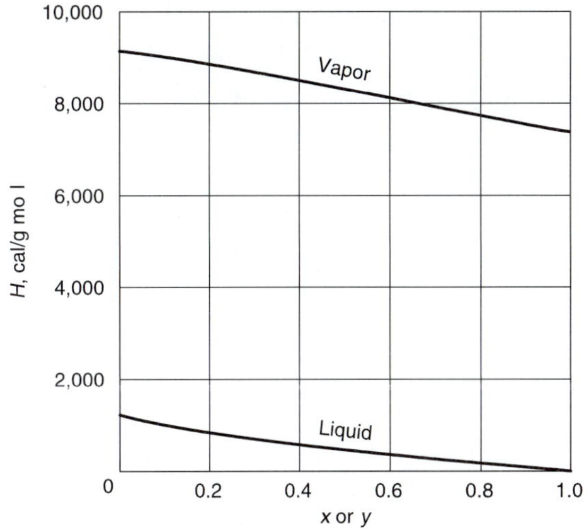

그림 21.21 1 atm에서 벤젠-톨루엔의 엔탈피-농도 선도

그림 21.21에 있는 엔탈피 값들은 액체혼합물에 대해서는 기포점에서의 값이고, 증기혼합물은 이슬점에서의 값으로서 둘 다 1 atm일 때이다. 따라서, 선 위의 각 점은 80°C와 110.6°C 사이의 여러 온도에 대한 것들이다. 그러나 그림 21.2에서 이슬점과 기포점간에 차이가 있듯이, $x=0.5$에 대한 온도는 $y=0.5$에 대한 온도와 같지 않다. 엔탈피-농도 도표가 약간 굽은 것은 벤젠의 몰분율에 따라 기포점과 이슬점의 비선형적 변화 때문이다.

그림 21.6과 같은 계에 대한 총괄 엔탈피수지를 생각해 보자. 그림에 나타난 양 이외에, H_F, H_D 및 H_B를 각각 몰당 에너지로 공급원료, 탑위 제품 및 탑밑 제품의 비엔탈피라고 하면 전체 계에 대한 엔탈피수지는,

$$FH_F + q_r = DH_D + BH_B + q_c \tag{21.48}$$

이다. 공급원료가 기포점에 있는 액체일 때 H_F는 H_D와 H_B 사이에 있고, FH_F와 $DH_D + BH_B$ 항들은 거의 상쇄되어, 되끓이개에서 공급된 열 q_r는 응축기에서 제거된 열 q_c와 거의 같아지게 된다.

주어진 공급원료와 제품의 흐름에 대해서 열효과 중 오직 하나인 q_r 또는 q_c는 독립적이면서, 설계자나 운전자의 선택에 좌우된다. 탑 설계에서 q_c는 식 (21.48)에서 계산될 수 있다. 그렇지만 탑운전시에는 가끔 q_r이 증기의 유량과 환류비가 변하도록 조절되며, 이에 따라 q_c 변화가 뒤따른다.

정류부와 탈거부의 엔탈피수지

다시 그림 21.6을 참고해서 $H_{y,\,n+1}$을 $n+1$단에서 올라가는 증기의 비(比)엔탈피라 하고, $H_{x,\,n}$은 n단을 나가는 액체의 비엔탈피라고 하자. 고려대상 면(control surface) I 내부에 대한 엔탈피수지는,

$$V_{n+1}H_{y,\,n+1} = L_nH_{x,\,n} + DH_D + q_c \tag{21.49}$$

이 된다. 다음과 같은 관계식으로 q_c를 소거하면 다른 형의 식을 얻을 수 있다.

$$q_c = V_aH_{y,\,a} - RH_D - DH_D \tag{21.50}$$

$$V_{n+1}H_{y,\,n+1} = L_nH_{x,\,n} + V_aH_{y,\,a} - RH_D \tag{21.51}$$

식 (21.51)은 또한 응축기를 포함하지 않고 탑 상부에 대한 수지를 세워서 유도될 수도 있다. 환류는 증류제품과 같은 온도에 있음을 가정하면 $H_R = H_D$이다.

식 (21.51)을 이용함에 있어 $V_a H_{y,a}$와 RH_D는 알려진 항들이며, Y_{n+1}과 L_n은 미지의 항들이다. x_n 값을 선택하면 $H_{x,n}$은 엔탈피-농도 선도에서 구해지거나, 평균비열과 기포점으로부터 계산될 수 있다. $H_{y,n+1}$ 값은 y_{n+1}에 의존한다. McCabe-Thiele선도에 조작선이 그려져 있거나 아니면 Y_{n+1}과 L_n값들이 조작선 식에 대하여 정해져 있기 전에는 알지 못한다.

V_{n+1}값을 정확히 알기 위해서는 식 (21.51), 엔탈피-농도 선도 및 다음 식과 같은 개별 및 총괄 물질수지식들을 이용한 시행오차법이 요구된다.

$$y_{n+1} = \frac{L_n x_n}{V_{n+1}} + \frac{D x_D}{V_{n+1}} \tag{21.52}$$

$$V_{n+1} = L_n + D \tag{21.53}$$

그렇지만 만족할 만한 V_{n+1}값은 식 (21.52)에서 x_n으로부터 y_{n+1}을 계산하기 위해 먼저 탑 상부의 유량인 L_a와 V_a를 사용해서 구할 수 있다(이것은 일정몰 넘침에 근거해서 조작선이 직선이라는 것을 이용한 것에 해당한다). 그러면 y_{n+1}로부터 $H_{y,n+1}$을 알 수 있고, 식 (21.51)에서 L_n을 $(V_{n+1} - D)$로 대치한 다음 V_{n+1}을 구할 수 있다.

약간 굽은 조작선을 긋기 위해서는 단지 몇 개의 V_{n+1}과 L_n값이 있으면 된다. 식 (21.52)로부터 y_{n+1}을 계산함에 있어서 한 단 한 단씩 계산하기 위한 V_{n+1}과 L_n값들은 앞단의 대응값인 V_n과 L_{n-1}을 이용해서 구할 수 있다.

탑의 탈거부에서 중간 m 번째 단의 유량은 그림 21.6의 고려대상 면 II에 대한 엔탈피수지를 이용해서 계산할 수 있다.

$$V_{m+1} H_{y,m+1} = L_m H_{x,m} + q_r - BH_B \tag{21.54}$$

$$y_{m+1} = \frac{L_m}{V_{m+1}} x_m - \frac{B x_B}{V_{m+1}} \tag{21.55}$$

$$L_m = V_{m+1} + B \tag{21.56}$$

앞의 방법과 똑같은 방법에 따라서 x_m 값을 선택하고 L_m과 V_{m+1}을 개략적으로 알기 위하여 L_b와 V_b를 이용해서 식 (21.55)로부터 y_{m+1}을 계산한다. 그러면 비엔탈피 $H_{x,m}$과 $H_{y,m+1}$을 이용하고, L_m 대신 $(V_{m+1} + B)$를 대입하여 식 (21.54)로부터 V_{m+1}이 계산된다.

예제 21.5

50 몰%의 벤젠과 톨루엔이 있는 혼합물을 대기압 하에서 최소환류비의 1.2배 환류비로 증류하여 98% 순도의 벤젠을 얻으려고 한다. 공급원료는 기포점에 있는 액체이다. 엔탈피수지를 이용하여(표 21.3) 탑의 상부, 중부 및 하부에서의 액체 및 증기의 유량을 계산하고, 이 값들을 일정몰 넘침에 근거한 값들과 비교하여라. 이 두 방법간의 이론단수 차이를 계산하라.

풀이

$$x_F = 0.50 \qquad x_D = 0.98 \qquad x_B = 0.02$$

식 (21.8)로부터,

$$\frac{D}{F} = \frac{x_F - x_B}{x_D - x_B} = \frac{0.5 - 0.02}{0.98 - 0.02} = 0.50$$

계산기준: $F = 100$ mol $\qquad D = 50$ mol $\qquad B = 50$ mol

식 (21.6)으로부터, L/V=일정하다는 데 근거하여,

$$R_{Dm} = \frac{x_D - y'}{y' - x'}$$

표 21.3 예제 21.5의 데이터

Component	Enthalpy of vaporization, cal/g mol	Specific heat at constant pressure, cal/g mol·°C		Boiling point, °C
		Liquid	Vapor	
Benzene	7,360	33	23	80.1
Toluene	7,960	40	33	110.6

이 공급원료에서는 $q=1.0$이고, $x'=x_F=0.50$이다. 평형곡선으로부터 $y'=0.72$이고,

$$R_{Dm}=\frac{0.98-0.72}{0.72-0.50}=1.18$$

$$R_D=1.2(1.18)=1.42$$

$$R=1.42(50)=71\ \text{mol}$$

탑의 상부에서,

$$V_1=R+D=71+50=121\ \text{mol}$$

엔탈피수지. 80°C를 기준온도로 하면 환류와 증류제품은 80°C에서 엔탈피가 0이다. 벤젠증기에 대한 엔탈피는 80°C에서의 기화열에 증기의 느낌열을 더한 것이다.

$$H_y=7{,}360+23(T-80)\ \text{cal/mol}$$

톨루엔 증기에 대한 80°C에서의 기화 엔탈피는 기포점에서의 값으로부터 계산된다. 즉

$$\Delta H_v=\Delta H_{v,b}+(C_{p,l}-C_{p,v})(T_b-T)$$

$T=80$°C에서 톨루엔에 대한 $\Delta H_v=7{,}960+(40-33)(30.6)=8{,}174$ cal/mol이다. T°C에서 톨루엔의 엔탈피는 $H_y=8{,}174+33(T-80)$이다.

$H_D=0$이고 $V_a=V_1$으로 놓으면, 식 (21.51)로부터,

$$V_{n+1}H_{y,n+1}=L_nH_{x,n}+V_1H_{y,1}$$

$H_{y,1}$을 산출하기 위해 맨 윗단 온도가 약 80°C라고 가정하자. $y_1=x_D=0.98$이므로,

$$H_y=0.98(7{,}360)+0.02(8{,}174)=7{,}376\ \text{cal/mol}$$

$x_n=0.5$를 취하면 그림 21.2에서 $T_b=92$°C이다. 그러면,

$$H_{x,n}=(0.5\times33+0.5\times40)(92-80)$$
$$=438\ \text{cal/mol}$$

y_{n+1}을 계산하기 위해서 일정몰 넘침에 대한 조작선(그림 21.22의 띠줄)을 이용한다.

$$y_{n+1}\approx0.70\qquad T_d\approx93\text{°C}\quad(\text{그림 21.2로부터})$$

$$H_{y,n+1}=0.7[7{,}360+(23\times13)]+0.3[8{,}174+(33\times13)]$$
$$=7{,}942\ \text{cal/mol}$$

$L_n=V_{n+1}-D$이므로, 식 (21.51)로부터,

$$V_{n+1}(7{,}942)=(V_{n+1}-50)(438)+121(7{,}376)$$

$$V_{n+1}=\frac{870{,}596}{7{,}504}=116.0\ \text{mol}\qquad L_n=66.0\ \text{mol}$$

식 (21.52)로부터,

$$y_{n+1}=\frac{66}{116}(0.50)+\frac{50(0.98)}{116}=0.707$$

이 값은 0.70에 매우 가깝다.

$x_n=0.70$에 대해 비슷한 계산을 하면,

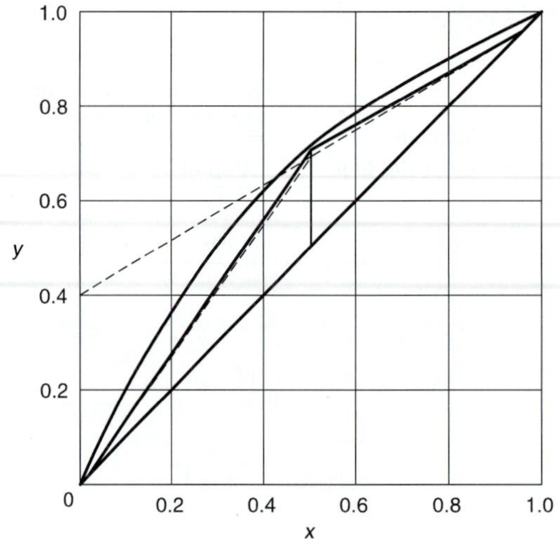

그림 21.22 예제 21.5의 McCabe-Thiele선도, 벤젠-톨루엔 증류 : --- 일정몰 넘침에 기준한 것, ── 엔탈피수지에 기준한 것.

$$V_{n+1} = 118 \qquad L_n = 68 \qquad y_{n+1} = 0.818$$

그림 21.22에서 실선으로 표시한 조작선은 거의 직선이지만, 일정몰 넘침에 근거한 조작선(띠줄)보다 위에 놓인다.

되끓이개에서의 증기유량을 알기 위해서 q_r을 얻기 위한 총괄 수지를 세운다. 즉,

$$FH_F + q_r = DH_D + BH_B + q_c$$

92°C의 공급원료에 대하여,

$$H_F = (0.5\times33 + 0.5\times40)(92 - 80)$$
$$= 438 \text{ cal/mol}$$

111°C의 탑밑 제품에 대해서,

$$H_B = (0.02\times33 + 0.98\times40)(111 - 80)$$
$$= 1,236 \text{ cal/mol}$$
$$q_c = 121\times7,376 = 892,496 \text{ cal}$$
$$q_r = 50\times0 + 50\times1,236 + 892,496 - 100\times438$$
$$= 910,496 \text{ cal}$$

되끓이개 주변의 엔탈피수지는 다음과 같다.

$$q_r + L_b H_{x,b} = V_b H_{y,b} + BH_b$$

되끓이개로부터의 증기는 111°C에서 약 5%의 벤젠이 있으므로,

$$H_{y,b} = 0.05(7,360 + 23\times31) + 0.95(8,174 + 33\times31)$$
$$= 9,141 \text{ cal/mol}$$

되끓이개로 들어가는 액체는 110°C에서 약 4%의 벤젠이 있으므로,

$$H_{x,b} = 0.04(33\times30) + 0.96(40\times30) = 1,192 \text{ cal/mol}$$

$L_b = V_b + 50$이고, $H_{y,b} - H_{x,b} = 9,141 - 1,192 = 7,949$ cal/mol이므로,

$$V_b = \frac{910,496 + 50(1,192) - 50(1,236)}{7,949} = 114.3$$
$$L_b = 114.3 + 50 = 164.3$$

거의 똑같은 V_b 값을 q_r과 톨루엔의 기화열로부터 얻을 수도 있다.

$$V_b \approx \frac{q_r}{\Delta H_v} = \frac{910,496}{7,960} = 114.4$$

중간 단의 값 V_{m+1}을 알기 위해서 식 (21.54)를 이용한다. 즉,

$$V_{m+1}H_{y,m+1} = L_m H_{x,m} + q_r - BH_B$$

$x_m = 0.4$에서 $Y_{m+1} = 0.55$(그림 21.22의 조작선으로부터)이고, 또한

$$T_m = 95°\text{C} \qquad T_{m+1} = 97°\text{C}$$

$$H_{y,m+1} = 0.55[7,360 + 23(97-80)] + 0.45[8,174 + 33(17)] = 8,194 \text{ cal/mol}$$

$$H_{x,m} = (0.4 \times 33 + 0.6 \times 40)(95-80)$$

$$= 558 \text{ cal/mol}$$

$$L_m = V_{m+1} + 50$$

식 (21.54)로부터,

$$8,194\ V_{m+1} = 558(V_{m+1} + 50) + 910,496 - 1,236 \times 50$$

$$V_{m+1} = 114.8 \text{ mol}$$

$$L_m = 164.8 \text{ mol}$$

이 경우에 정류부에서는 L이 7% 감소한 반면에, 탈거부에서는 L과 V가 거의 변화가 없다는 점에 주목할 필요가 있다. 하부 조작선은 상부 조작선과 q선의 교차점까지 직선으로 그릴 수 있다.

단을 세어 보면 일정몰 넘침의 가정 하에서는 21개 단인 데 비하여, 이 경우에는 약 27개의 이상단이 필요하다. 이 차이는 환류비가 커질수록 작아진다. 이 계산은 명목상의 $R_{\min}$ 값의 1.2배에서 한 것이나, 그림 21.22에서 볼 수 있는 바와 같이 진짜 최소환류비의 약 1.1배에 해당한다. ■

예제 21.5에서 액체의 몰 유속은 주로 톨루엔의 높은 기화열 때문에 탑 상단으로부터 원료공급단까지 가는 동안에 약 7% 정도 감소하였다. 액체의 증기흐름들의 느낌열 변화에 대한 항들은 액체가 증기보다 열용량이 더 크고 유량이 낮기 때문에 거의 무시한다. 탑의 탈거부에서는 증기 조성이 정류부에서 보다도 더 변했음에도 불구하고, 액체유량에는 거의 변화가 없었다. 탈거부에서 액체유량은 언제나 증기유량보다 크다. 예제 21.5에서 액체유량과 열용량을 곱한 값은 증기의 해당 값에 1.73배이었다. 공급단 온도에서 되끓이개 온도까지 액체를 가열하는데 필요한 열의 일부만이 증기를 냉각함으로써 공급될 수 있고, 나머지는 탑 속의 증기 응축으로 이루어졌다. 톨루엔의 응축열과 벤젠의 기화열간의 차이는 액체를 가열하는 데 필요한 추가 에너지에 거의 이용되어 되끓이개에서 공급단으로 가는 증기유량에는 약간의 증기가 있었다.

다른 이상혼합물에 대해서도 L과 V에 대한 유사한 변화가 관측될 것으로 생각된다.[4] 기화열은 대개 정상 기포점에 비례하므로(Trouton의 법칙), 휘발성이 큰 성분일수록 몰당 기화열은 더 낮다. L이 V보다 적은 탑 상부에서 V의 변화가 가장 크며, L/V이 1보다 큰 탑 하부에서는 거의 변화가 없다. L/V의 변화율은 L이나 V 그 자체의 변화보다는 작으나, 조작선들이 약간 위로 휘는 것은 예제 21.5의 경우에서 있었던 것처럼 최소환류비에 가깝게 운전할 때에는 중요해진다. 최소환류비의 두 배 또는 그 이상으로 운전하는 경우, 조작선의 곡률에 미치는 영향은 아주 작다.

직선으로 된 조작선의 기울기는 탑 해당 부분에 대한 L/V이지만, 구부러진 조작선 중의 어떤 한 부분의 기울기는 그 부분의 L/V 값과 같지 않다. 정류부에 대한 식 (21.52)에서 L_n과 V_{n+1}을 $V_{n+1}-D$와 L_n+D로 대치하면 다음과 같은 식들을 얻을 수 있다.

$$V_{n+1}y_{n+1} = (V_{n+1} - D)x_n + Dx_D$$

4 수용액 계에 대한 몰 기화열은 아주 달라서 L과 V에 상당한 변화를 가져올 수 있다.

또는,

$$V_{n+1}(y_{n+1} - x_n) = D(x_D - x_n) \tag{21.57}$$

$$(L_n + D)\, y_{n+1} = L_n x_n + D x_D$$

또는,

$$L_n(y_{n+1} - x_n) = D(x_D - y_{n+1}) \tag{21.58}$$

식 (21.58)을 식 (21.57)로 나누면,

$$\frac{L_n}{V_{n+1}} = \frac{x_D - y_{n+1}}{x_D - x_n} \tag{21.59}$$

가 된다. 그러므로, (L_n / V_{n+1})은 점 (x_D, x_D)와 (y_{n+1}, x_n)을 연결하는 현(弦)의 기울기이다. 탈거부에 대해서도 유사한 유도과정을 거치면 다음 관계식을 얻는다.

$$\frac{L_m}{V_{m+1}} = \frac{y_{m+1} - x_B}{x_m - x_B} \tag{21.60}$$

다중 원료공급과 측류 배출

때로는 한 개의 탑에 두 개(혹은 그 이상) 흐름을 다른 단으로 집어넣어 원료공급을 한다. 그림 21.23(a)에는 두 개의 액체 공급원료 F_1과 F_2가 있는 탑에 대한 yx 선도를 보여준다. 탑의 각 부에서 조작선의 기울기는 액체와 증기 유량의 비이다. F_1이 들어가는 위의 상부 조작선은 영향이 없고, 액체가 F_1에서 추가되기 때문에 중간 조작선은 상부선 보다 더 큰 기울기를 갖는다. 한편 액체의 양이 가장 많은 하부의 조작선은 가장 큰 기울기를 갖는다. 선도는 탑의 각 부별로 액체와 증기의 상대적인 양으로부터 작도된다. 단들은 통상적인 방법으로 계단식으로 그린다.

탑 꼭대기 보다 아래에서 x_D' 조성을 갖는 측류를 배출할 때에도 유사한 과정이 사용된다. 배출은 아래 부분으로 내려가는 액체의 양을 줄이므로 이 지역에서의 조작선 기울기는 가장 위 부분의 기울기보다 작다. 그림 21.23(b)에 이것을 보여주고 있다. 앞에서와 마찬가지로 탑의 어디에서나 조작선의 기울기는 탑의 각 부에서의 액체 대 증기의 비인 L/V이다.

21.4 체판형 탑의 설계

이상단을 실제단으로 해석하기 위해서는 단효율에 대한 보정을 이용해야 한다. 설계를 완성하기 전에, 단수를 정하는 것에 못지 않게 중요한, 그 밖의 중요 결정사항들이 있다. 여기에는 단의 형태, 단에 있는 구멍들의 크기와 모양, 하강 유로의 크기, 단의 간격, 물넘이둑의 높이, 각 단에서의 허용 증기유량과 압력손실, 및 탑의 직경 등이 포함된다. 설계를 잘못하면 분별증류가 잘 안 되고, 설계치 이하의 용량, 조업 유연성의 결여가 생기며 극단적인 오류를 범하게 되면 조업 불능의 탑이 된다. 공장이 건설된 다음에 이런 오류를 정정하려면 그 비용이 비쌀 수밖에 없다. 단효율에 영향을 주는 많은 변수들은 단 개개의 설계와 관련되므로, 단 설계의 기본부터 우선 설명한다.

정류탑과 그 응용 범위 및 종류는 방대하다. 가장 큰 장치들은 대개 정유공업에서 사용되지만, 보다 광범위하고 복잡한 증류장치는 용제의 정류, 액화공기 처리 및 전반적인 화학공정에서 당면하게 된다. 탑 지름은 300 mm(1 ft)에서 9 m(30 ft) 이상에 이르고, 단수는 몇 단에서 거의 일백 개의 단에 이른다. 또한 단 사이의 간격도 150 mm 이하에서 1 또는 2 m에 이르기까지 다양하다. 전에는 포종판(bubble-cap plate)이 가장 많이 사용되었지만, 오늘날 대부분의 탑에는 체판(sieve tray)이나 밸브판(valve tray)이 들어 있다. 또한 여러 가

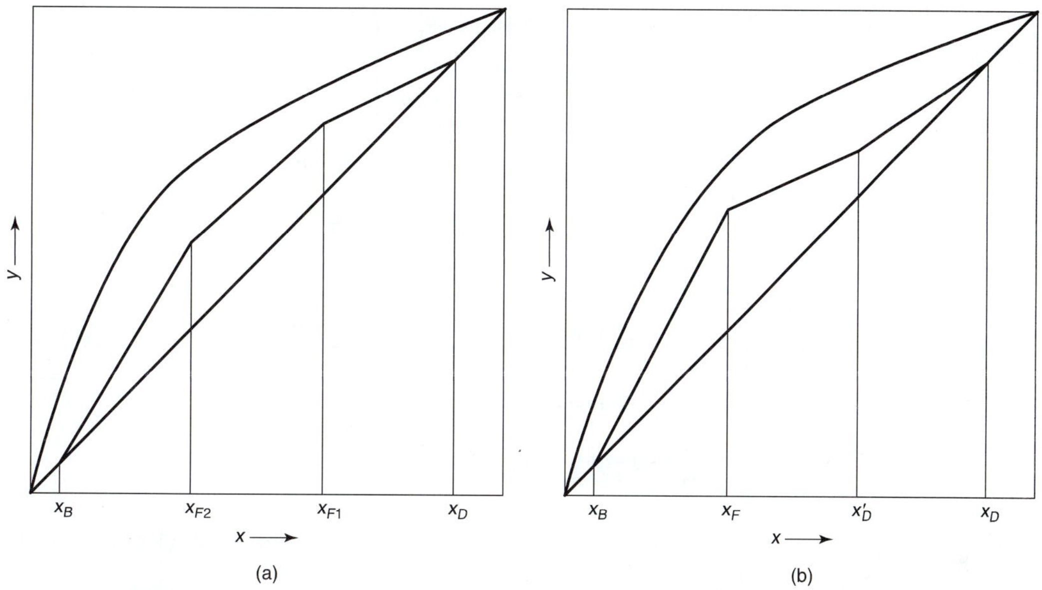

그림 21.23 복잡한 증류탑 (a) 두 개의 액체 원료를 갖는 경우 (b) 측류 배출을 갖는 경우

지 형태의 액체 분배방식이 고안되어 있다. 탑은 고압 또는 저압에서 운전될 수 있고, 액화기체의 온도로부터 Na와 K 증기의 정류에서는 900°C에까지 이르기도 한다. 증류되는 물질은 점도, 확산도, 부식 성질, 기포 성향, 조성의 복잡성 등 다양하다. 판형 탑은 정류와 마찬가지로 흡수에도 유용하며, 단 설계의 기본은 두 조작에 모두 적용될 수 있다.

증류탑의 설계, 특히 큰 장치나 특별한 경우의 설계에는 전문성이 요구된다. 이상단 수나 필요한 열량 등은 이전의 설계 경험이 많지 않아도 아주 정확하게 계산할 수 있지만, 다른 설계인자들은 정밀하게 계산될 수 없고, 같은 문제에 대하여도 여러 개의 똑같이 믿을 만한 설계가 나올 수 있다. 대부분의 공학문제와 마찬가지로 분별증류탑의 안전 설계는 몇 가지 원리, 많은 실험 관계식(이들은 늘 개정되는 상태에 있음) 및 많은 경험과 판단력에 의존한다.

다음 설명은 체판이 들어 있고 대기압에서 얼마 크지 않은 압력 하에서 운전되며, 보통 성질을 갖는 혼합물을 취급하는 일반적인 탑에 한정한다.

체판의 정상운전

체판은 올라가는 증기흐름이 내려가는 액체흐름과 잘 접촉하도록 설계되어 있다. 액체는 판을 가로질러 흘러서 물넘이둑을 지난 다음, 아래 단에 이르는 하강관으로 흐른다. 따라서, 각 단에서 흐르는 모양은 맞흐름이라기 보다는 십자흐름이다. 그러나 탑 전체로는 액체와 증기의 맞흐름이라고 생각할 수 있다. 판 위에서 액체가 십자흐름을 한다는 사실은 탑의 수력학적 거동을 해석하고 단효율을 예측하는 데 중요하다.

그림 21.24는 정상조업 상태의 체판형 탑내의 한 단을 보여주고 있다. 하강관은 직선의 물넘이둑과 탑의 둥근 벽 사이에 있는 궁형(弓形)부분이다. 각 하강관은 보통 탑 단면적의 10 내지 15%를 차지하며, 탑 면적의 70 내지 80%는 기포발생이나 접촉을 위한 면적이 된다. 작은 탑에서는 하강관은 단에 용접된 관이며, 이 관은 판 위로 뚫고 올라가 원형 물넘이둑이 된다. 아주 커다란 탑에서는 하강관이 추가로 단의 가운데에 설치되어 액체 유동경로의 길이를 짧도록 한다. 어떤 경우에는 그림 21.24와 같이 액체분포를 고르게 하고

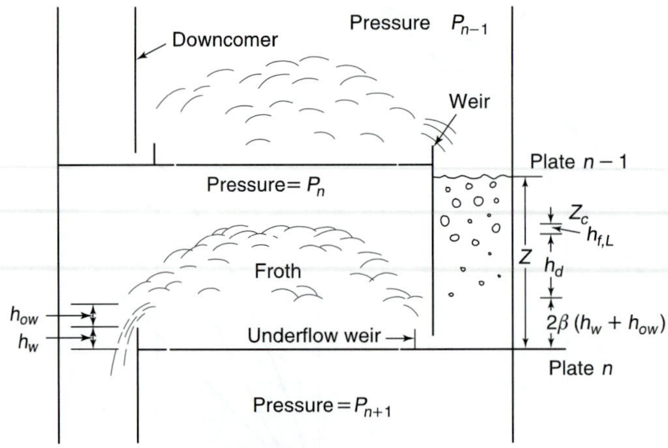

그림 21.24 체판의 정상조업

증기 기포가 하강관으로 들어가는 것을 방지하기 위하여 아래흐름 (underflow) 물넘이둑, 즉 단 입구 물넘이둑을 설치한다.

증기는 하강관 사이의 대부분 공간을 점유하고 있는 다공판 지역을 통과한다. 구멍은 대개 5 내지 12 mm(3/16 내지 1/2 in) 크기이며, 삼각형 모양으로 배열되어 있다. 넘침 물넘이둑(overflow weir)근처의 하나 또는 두 줄은 구멍을 뚫지 않아 액체가 둑을 지나기 전에 액체에서 기체가 빠져나갈 수 있도록 한다. 액체 입구 근처에도 구멍을 뚫지 않아 하강관으로부터의 증기의 기포가 멀리 떨어져 있도록 한다.

정상적인 조건하에서 증기속도를 충분히 크게 하여, 물질 전달 표면적이 큰 액체와 증기로 된 거품성 혼합물이 되도록 한다. 거품의 평균밀도는 액체 밀도의 0.2 정도로 낮고, 거품의 높이는 단 위에 있는 실제 액체 높이의 몇 배에 해당한다.

증기압 강하

구멍과 단 위의 액체를 통해서 증기가 흐르기 위해서는 압력차이가 필요하다. 한 개의 단을 통하려면 압력강하는 보통 50에서 100 mm H_2O이다. 따라서 40개 단의 탑 전체를 통해서는 압력강하가 2 내지 4 m H_2O이다. 필요한 압력은 탑과 응축기에서의 압력손실을 극복하기에 충분한 압력의 증기를 발생시키는 되끓이개에 의해 자동적으로 조성된다. 총괄 압력손실은 되끓이개에서의 압력과 온도를 결정하기 위해 계산되며, 각 단에서의 압력강하는 각 단이 방울져 떨어짐(weeping)이나 범람(flooding)이 없이 적절히 운전될 것인가를 확인하기 위해 점검되어야 한다.

한 개의 단을 통한 압력강하는 구멍에서의 마찰손실과 단 위의 액체 체류에 의한 압력손실 등 두 부분으로 나누어진다. 압력강하는 보통 액체의 mm 또는 inch 단위의 상당두(相當頭)로서 표시된다. 즉,

$$h_t = h_d + h_l \tag{21.61}$$

h_t = 단 한 개당 총 압력강하, 액체의 mm

h_d = 건조 단에 대한 마찰손실, 액체의 mm

h_l = 단 위에 체류하는 액체의 상당두, 액체의 mm

어떤 사람들[1]은 작은 기포의 안쪽과 바깥쪽의 압력차이를 고려하기 위해 식 (21.61)에 h_a 항을 포함시킨다. 이 항은 표면장력이 크고 오뤼휘스(orifice)의 크기가 3 mm 이하인 경우에는 10 내지 20 mm가 될 수 있지만 일반적으로 유기액체인 경우에는 무시되며 커다란 오뤼휘스가 있는 표준 체판에서도 무시된다.

구멍을 통과할 때의 압력강하는 오뤼휘스를 통과하는 흐름에 대한 식 (8.28)을 변형해서 어림할 수 있다. 즉,

$$h_d = \left(\frac{u_0^2}{C_0^2}\right)\left(\frac{\rho_V}{2g\rho_L}\right) = 51.0\left(\frac{u_0^2}{C_0^2}\right)\left(\frac{\rho_V}{\rho_L}\right) \tag{21.62}$$

u_0 = 구멍을 통한 증기 속도, m/s
ρ_V = 증기 밀도
ρ_L = 액체 밀도
C_0 = 오뤼휘스 계수

식 (21.62)에서 h_d는 액체의 mm단위이다. 계수는 다음 식으로부터 계산된다.

$$\frac{1,000\ \text{mm/m}}{2 \times 9.8\ \text{m/s}^2} = 51.0$$

u_0를 ft/s로, h_d를 in.로 표시하면 계수는 다음과 같이 된다.

$$\frac{12}{2 \times 32.2} = 0.186$$

그림 21.25에서 보는 바와 같이 오뤼휘스 계수 C_0는 열린 면적(open area)의 비율(탑 단면적에 대한 구멍의 총 단면적 비)과 구멍 지름에 대한 단의 두께 비와 관계가 있다. 열린 면적에 따른 C_0의 증가는 관의 지름에 대한 오뤼휘스 지름의 비가 증가함에 따라 단일 오뤼휘스에서 C_0가 변하는 것과 유사하다. 계수는 판의 두께에 따라 변하지만, 대부분의 체판에서 두께는 단지 구멍 크기의 0.1 내지 0.3배이다. 이런 두께와 0.08 내지 0.10의 열린 면적 비율 범위에서 C_0 값은 0.66에서 0.72이다.

단 위에 있는 액체량은 물넘이둑 높이와 액체의 유량에 따라 증가하지만 증기유량의 증가에 따라 약간 감소하는데, 이는 증기유량의 증가로 거품의 밀도가 감소하기 때문이다. 액체 체류량 역시 액체와 증기의 물리적 성질에 관계되는데, 체류량을 예측하는 데는 개략적인 방법 밖에 없다. h_l을 산출하는 간단한 방법은 둑 높이 h_w, 둑 위의 맑은 액체의 계산된 높이 h_{ow} 및 경험 관계식(실험식) 인자 β를 이용하는 것이다.

$$h_l = \beta(h_w + h_{ow}) \tag{21.63}$$

물넘이둑 위의 높이는 직선형 물넘이둑에 대한 Francis 식으로 계산된다. 즉,

$$h_{ow} = 43.4\left(\frac{q_L}{L_w}\right)^{2/3} \tag{21.64}$$

h_{ow} = 높이, mm
q_L = 맑은 액체의 유량, m^3/min
L_w = 물넘이둑의 길이, m

q_L / L_w가 gallon/min/inch 단위이면, 식 (21.64)에서 계수가 0.48이고, h_{ow}는 inch 단위가 된다.

물넘이둑 위에서 거품의 실제 높이는 증기가 액체에서 부분적으로만 분리되기 때문에 h_{ow}보다 크며, 물넘이둑에서는 부피유량은 액체만 있을 때보다 더 크게 된다. 그렇지만 거품밀도가 미치는 영향은 β 인자에 포함되어 있기 때문에 h_l의 산출에 물넘이둑 위의 실제 높이가 필요하지는 않다. 전형적인 물넘이둑 높이인 25 내지 50 mm (1~2 in.)와 정상적인 증기속도 범위에서 β 값은 0.4에서 0.7이다. 증기와 액체유량에 따른 β의 변화는 복잡하여, 일반적으로 통용될 수 있는 관계식이 없다. 설계 목적으로 식 (21.63)에서 $\beta=0.6$이

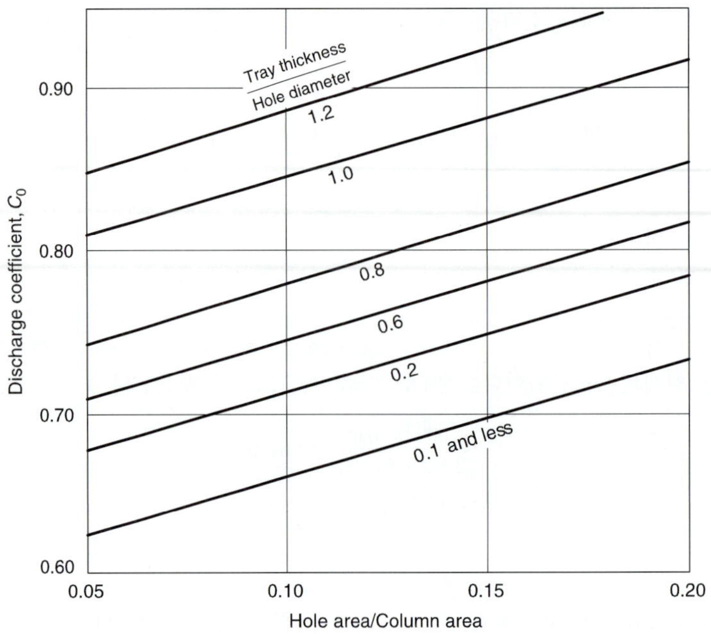

그림 21.25 체판에서 증기흐름에 대한 배출계수[자료 : I, Liebson, R. E. Kelley, and L. A. Bullington, Petrol. Refin., **36**(2) : 127, 1957 ; **36**(3) : 288, 1957.]

사용되며, 증기유량이 클 때 대부분의 압력 손실은 구멍에서 일어나기 때문에 약간의 오차가 허용된다.

h_{ow}가 h_w에 비해 상대적으로 작으면 식 (21.63)은 h_l이 h_w보다도 작을 수 있음을 보여 준다. 이것은 단 위의 액체가 물넘이둑의 높이보다는 낮을 수 있음을 뜻한다. 이런 일은 보통 있을 수 있는 일이다.

하강관(Downcomer)의 액위

하강관의 액위는 단과 단 사이의 압력강하 때문에 단 위의 액위보다 상당히 커야 한다. 그림 21.24를 참고해 보면, n단 하강관 위는 $n-1$단과 같은 압력에 있음을 알 수 있다. 그러므로 하강관에서의 맞먹음 액위는 h_t에다 액체의 마찰손실 $h_{f,L}$을 더한 것만큼 단 위의 액위보다 커야 한다. 맑은 액체의 총높이 Z_c는,

$$Z_c = \beta(h_w + h_{ow}) + h_t + h_{f,L} \tag{21.65}$$

이다. 식 (21.61)과 (21.63)을 이용하여 h_t를 대체하면,

$$Z_c = 2\beta(h_w + h_{ow}) + h_d + h_{f,L} \tag{21.66}$$

가 된다. Z_c의 구성은 그림 21.24에 표시되어 있다. h_w나 h_{ow}의 증가는 단 위의 액체를 증가시키고, 증기흐름에 대한 압력강하도 증가시키기 때문에 두 번 나타난다는 것을 알아야 한다. 보통 $h_{f,L}$항은 작아서 하강관 밑을 지나는 액체속도에 기준해서 1~2 속도 높이압(velocity head)에 해당한다.

하강관의 통기 액체(aerated liquid)의 실제 높이 Z는 동반된 기포 때문에 Z_c 보다 크다. 액체의 평균 부피율이 ϕ_d라고 하면 액위는,

$$Z = \frac{Z_c}{\phi_d} \tag{21.67}$$

이다. 통기 액체의 높이가 단 사이의 간격만큼 크거나 그보다 더 커지게 되면, 물넘이둑을 넘어 다음 단으로

가는 흐름이 방해를 받게 되어 탑이 범람하게 된다. 적절한 설계치로 $\phi_d = 0.5$를 가정하며, Z가 단위 간격보다 작도록 단 간격과 조업조건들을 선택한다.

체판의 조업 한계

증기의 속도가 낮으면 구멍의 일부를 통해서 액체가 흘러 내려가는 것을 방지할 만큼 압력차이가 크지 못하다. 이런 조건을 **방울흐름**(weeping)이라고 부르며, 이런 현상은 단을 가로질러서 액체 높이압(liquid head)에 약간의 기울기가 있을 경우에 더욱 생기기 쉽다. 이런 기울기가 있으면 증기는 액체가 적은 지역, 즉 흐름의 저항이 적은 지역을 통해 흐르려는 경향이 생기며, 액체는 깊이가 가장 큰 부분을 통해 흐르게 된다. 방울흐름은 일부 액체가 증기와 접촉하지 않고 다음 단으로 가는 것이기 때문에, 단효율을 떨어뜨린다. 조업의 하한(下限)은 너 작은 구멍 또는 열린 면적(open area)의 더 낮은 비율을 사용함으로써 연장할 수 있으며, 이렇게 하면, 압력손실을 증가시키고 최대유량을 감소시킨다. 체판은 보통 방울흐름과 범람점 사이에서 3 내지 4배의 유량 범위에 걸쳐 운전된다. 이보다 더 큰 범위를 원하는 경우에는 밸브형 단(valve tray)과 같은 다른 형의 단들을 사용할 수 있다(600쪽 참조).

체판형 탑에서 증기속도의 상한은 일반적으로 비말동반(飛沫同伴, entrainment)이 과도하게 되는 속도에 의해 정해진다. 이러한 경우에는 증기의 유량이 조금만 증가해도 단의 효율이 크게 떨어지게 된다. 이 한계를 범람점이라고 하며 또는 때에 따라서는 허용 증기속도가 다른 인자에 의해 제한되기 때문에 보다 적절하게는 **비말동반범람점**(entrainment flooding point)이라고 한다. 판에서의 압력강하가 너무 크고 하강관의 액체가 윗판으로 역류할 때에는 판으로부터의 흐름이 억제된다. 이로 인해 액위가 증가하고 압력강하가 더욱 증가한다. 이 현상을 **하강관범람**(downcomer flooding)이라고 하는데 이러한 현상은 비말동반이 과잉이 되기 전에 일어날 수 있다. 표면장력이 작은 액체의 경우에는 거품의 높이가 단의 간격과 같게 되어 다량의 액체가 윗 단으로 넘어가게 되는 속도가 한계일 수 있다.

범람 한계에 대한 지금까지의 관계식은 비말동반과 액적의 침강속도에 초점이 맞추어져 있다. 큰 액적의 경우에 종말속도는 $\sqrt{(\rho_L - \rho_V)/\rho_V}$에 비례하며[식 (7.43) 참조] $\rho_L - \rho_v$가 실제로는 대부분의 경우에 ρ_L과 같음에도 불구하고 이 항이 포함되어 있다. 그림 21.26은 널리 인용되고 있는 체판에 대한 실험관계식[5]이며 여닫게 단(valve tray)과 포종 단(bubble-cap tray)에도 응용되는 것으로 알려져 있다. $L/V(\rho_L/\rho_v)^{0.5}$의 주어진 값과 선택된 단 간격에 대하여 이 관계식으로 최대허용증기속도의 계산에 사용되는 K_v 값을 알 수 있다.

$$u_c = K_v\sqrt{\frac{\rho_L - \rho_V}{\rho_V}}\left(\frac{\sigma}{20}\right)^{0.2} \tag{21.68}$$

u_c = 기포면적에 근거한 최대증기속도, ft/s

σ = 액체의 표면장력, dyn/cm

단 간격과 관계식의 다른 변수들의 영향은 다른 형태의 범람에 대한 영향과 유사하다는 것을 유의하라. 단 간격이 증가되면 하강관 범람과 거품높이 범람 개시가 지연되며 비말동반된 액적이 다음 단에 도달할 기회가 줄어든다. 증기밀도의 증가는 식 (21.68)의 u_c를 감소시키고 마른 판의 압력강하를 증가시켜 하강관 범람을 유도할 수 있다. 어떤 유기액체에서는 범람속도가 낮은 것이 관측되었기 때문에 원래의 관계식에는 있지 않았던 표면장력 항이 추가되었다. σ = 20 dyn/cm는 보통 유기물 액체에 대한 값이며, 이와 같은 액체의 범람점은 σ가 약 72 dyn/cm인 물의 범람점보다 약 20% 낮다는 것을 관계식에서 보여주고 있다. 이 관계식은 표면장력이 아주 낮은 액체에는 적합하지 않을 수 있다. 이런 경우에는 속도가 거품높이에 의해 제한될

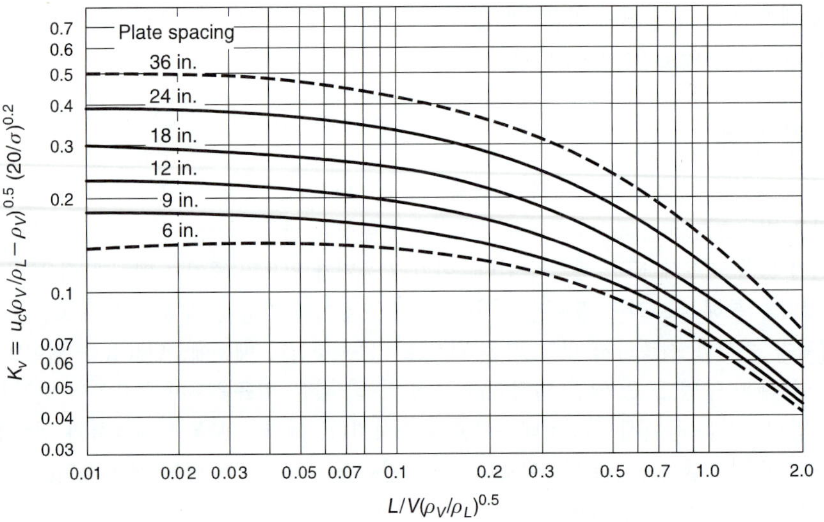

그림 21.26 체판에 대한 범람조건에서의 K_v 값 : $L\,/\,V$ = 증기 대 액체의 질량유량 비. u는 ft/s이며 σ는 dyn/cm 이다[자료 : J. R. Fair, Petrol. Chem. Eng., 33(10):45, 1961. Courtesy Petroleum Engineer.].

수 있다.

압력의 영향은 그림 21.26의 횡축과 종축 모두에 포함되어 있는 ρ_v에 반영되어 있다. 대부분의 대기압 하의 증류에서 $L/V(\rho_V/\rho_L)^{0.5}$는 아주 작고 K_v는 거의 일정하며 u_c는 $\rho_v^{-0.5}$에 비례한다. ρ_v의 증가에 따라 K_v가 감소하는 고압에서 조업하는 경우에는 u_c에 대한 ρ_v의 영향이 더 크다. 범람속도는 대기압에서 보다 고압에서 조업하는 증류탑에서 훨씬 작다.

그림 (21.26)의 관계식은 0.5 내지 4 in. 범위인 물넘이둑 높이의 영향은 포함하고 있지 않다. h_w가 증가하면 판 위의 액체깊이가 증가하며 이로 인해 u_c가 감소하겠지만 데이터가 거의 없다. 범람에 대한 상세한 논의와 비말동반범람에 대한 별개의 관계식은 Kister[10]에 의해 발표되어 있다.

예제 21.6

대기압으로 운전되는 체판형 탑으로 40 몰%의 메탄올을 함유하는 수용액 원료로부터 거의 순수한 메탄올을 생산하려고 한다. 증류 제품의 유량은 5,800 kg/h이다. (a) 환류비가 3.5이고 단의 간격이 18 in인 경우, 허용될 수 있는 증기속도와 탑의 지름을 계산하라. (b) 체판이 1/8 in 두께이고, 지름이 1/4 in인 구멍에 3/4 in 간격의 삼각형 배열로 뚫려 있으며, 물넘이둑의 높이가 2 in라고 할 때 단 한 개당 압력강하를 계산하여라. (c) 하강관에서 거품 높이(froth height)는 얼마인가?

풀이

탑의 바닥에서 보다 증기밀도가 커서 범람이 일어나기 쉬운 탑 위에서의 u_c를 계산하라.

메탄올의 물성: 분자량이 32이고 정상 기포점이 65°C이며 증기의 밀도는,

$$\rho_V = \frac{32 \times 273}{22.4 \times 338} = 1.15\ \mathrm{kg/m^3}$$

Perry가 편집한 화학공학자 편람(Chemical Engineers' Handbook) 6판 3-188쪽을 보면 액체 메탄올의 밀도는 0°C에서 810 kg/m^{3}이고 20°C에서 792 kg/m^{3}이다. 65°C에서 계산된 밀도, ρ_L은 750 kg/m^{3}이다. Lange가 편집한 화학편람(Handbook of Chemistry) 9판(1956) 1,650쪽에는 20°C와 100°C에서 메탄올의 표면장력 값이 있다. 내삽해서 65°C에서의 값을 구해보면

$\sigma = 19$ dyn/cm이다.

(a) 증기속도와 탑의 지름. 그림 21.26의 횡축은,

$$\frac{L}{V}\left(\frac{\rho_V}{\rho_L}\right)^{1/2} = \frac{3.5}{4.5}\left(\frac{1.15}{750}\right)^{1/2} = 3.04 \times 10^{-2}$$

18-in. 단 간격의 경우,

$$K_v = 0.29 = u_c\left(\frac{\rho_V}{\rho_V - \rho_L}\right)^{1/2}\left(\frac{20}{\sigma}\right)^{0.2}$$

허용 증기속도:

$$\begin{aligned} u_c &= 0.29\left(\frac{750-1.15}{1.15}\right)^{1/2}\left(\frac{19}{20}\right)^{0.2} \\ &= 7.32 \text{ ft/s or } 2.23 \text{ m/s} \end{aligned}$$

증기 유량:

$$\begin{aligned} V &= D(R+1) = 4.5D \\ &= \frac{5{,}800 \times 4.5}{3{,}600 \times 1.15} = 6.30 \text{ m}^3\text{/s} \end{aligned}$$

탑의 단면적:

$$\text{기포 발생면적} = \frac{6.30}{2.23} = 2.83 \text{ m}^2$$

기포 발생면적이 전체 탑면적의 0.7이라면,

$$\text{탑면적} = \frac{2.83}{0.7} = 4.04 \text{ m}^2$$

탑의 지름:

$$D_c = \left(\frac{4 \times 4.04}{\pi}\right)^{1/2} = 2.27 \text{ m}$$

(b) 압력강하. 3/4-in. 핏취 삼각형 배열상의 세 구멍으로 이루어진 한 개의 단위가 차지하는 판 면적은 $\frac{1}{2} \times \frac{3}{4}\left(\frac{3}{4} \times \sqrt{3}/2\right) = 9\sqrt{3}/64$ in^{2}이다. 이 중에서 구멍이 차지하는 면적은 반 개의 구멍면적에 해당하므로 $\frac{1}{2} \times \frac{\pi}{4} \times \left(\frac{1}{4}\right)^2 = \pi/128$ in^{2}이다. 따라서 구멍면적은 $\pi/128 \times 64/9\sqrt{3} = 0.1008$ 즉 기포 발생면적의 10.08%이다.

구멍을 통한 증기속도 :

$$u_0 = 2.23/0.1008 = 22.1 \text{ m/s}$$

구멍을 통한 압력손실 계산에 식 (21.62)를 이용한다. 그림 21.25에서 $C_0 = 0.73$이다. 따라서,

$$h_d = \frac{51.0 \times 22.1^2 \times 1.15}{0.73^2 \times 750} = 71.7 \text{ mm 메탄올}$$

판 위의 액 높이압(액두; head of liquid):

$$\text{물넘이둑 높이}: h_w = 2 \times 25.4 = 50.8 \text{ mm}$$

물넘이둑 위의 액체높이: 탑 양쪽의 하강관이 차지하는 면적은 탑 면적의 15%라고 가정하여라. Perry의 6판 편람 **1**-26쪽을 보면 궁형(弓形) 하강관에 대한 현(弦)의 길이는 탑 반경의 1.62배이다. 따라서,

$$L_w = 1.62 \times 2.27/2 = 1.84 \text{ m}$$

액체유량:

$$q_L = \frac{5{,}800 \times 3.5}{750 \times 60} = 0.45 \text{ m}^3\text{/min}$$

식 (21.64)에서,

$$h_{ow} = 43.4\left(\frac{0.45}{1.84}\right)^{2/3} = 17.0 \text{ mm}$$

식 (21.63)에서 $\beta = 0.6$이면,

$$h_l = 0.6(50.8 + 17.0) = 40.7 \text{ mm}$$

액체의 총 높이압[식 (21.61)로부터]:

$$h_t = 71.7 + 40.7 = 112.4 \text{ mm}$$

(c) 하강관의 거품높이. 식 (21.66)을 이용하고 $h_{f,L} = 10$ mm 메탄올이라고 가정하면,

$$Z_c = 2 \times 40.7 + 71.7 + 10 = 163.1 \text{ mm}$$

식 (21.67)로부터,

$$Z = \frac{163.1}{0.5} = 326 \text{ mm} (12.8 \text{ in.})$$

Z는 단의 간격보다는 작기 때문에 하강관범람은 일어나지 않는다. 보수적인 설계로 증기속도가 u_c보다 20% 작도록 직경이 2.5 m인 탑이 이용되었다. ■

여닫개-판 탑(valve-tray columns)

여닫개-판 탑(그림 21.27)에서 단의 열린구멍은 아주 넓어서 전형적인 지름이 38 mm(1.5 in.)에 이른다. 열린 구멍은 증기의 유속이 변함에 따라 오르내리는 뚜경 또는 "여닫개(valve)"로 덮여 있어서 증기 흐름에 따라 면적이 변한다. 보통의 체판형 탑과 마찬가지로 하강관과 액체의 십자흐름이 사용된다. 여닫개 단은 재래식 단 보다 비싸지만 10 이상 되는 커다란 부하조정비(탑이 만족스럽게 조업되는 조건에서 최소허용속도에 대한 최대 증기 허용속도의 비)를 갖는 장점이 있어 탑의 운전 범위가 크다. 최근에 개발된 여닫개 단은 기포발생 면적을 증가시키고 단을 통하는 증기 흐름의 분포를 향상시켰다. 여닫개-판 탑의 설계와 제한에 관한 정보는 Norton Chemical Process Products사[18], Koch-Glitsch LP, 및 다른 제조업체에서 얻을 수 있다.

21.5 단효율

이상단을 실제단으로 전환하기 위해서는 단효율을 알아야 한다. 다음 설명은 기체흡수탑과 증류탑에 적용된다.

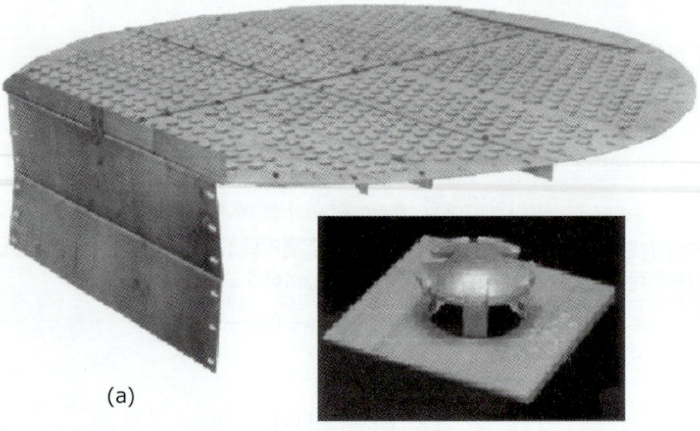

(a) (b)

그림 21.27 (a) 여닫개 단(Koch-Glitsch). (b) 단일 여닫개 (열린 상태)

단효율의 유형

세 종류의 단효율이 사용된다. 즉, (1) 탑 전체에 관련되는 총괄 효율, (2) 단 한 개에 관계되는 Murphree 효율, (3) 한 단의 특정 지역에 관계되는 국부 효율 등이다.

총괄 효율(overall efficiency) η_0는 사용하기 간편하지만, 근거가 가장 취약하다. 이 효율은 탑 전체에 필요한 이상단 수와 실제단 수의 비로 정의된다. 예를 들어, 6개의 이상단이 요구되고 총괄효율이 60%라면 실제 단 수는 $6/0.6=10$이다.

Murphree 효율[17] η_M은 다음과 같이 정의된다.

$$\eta_M = \frac{y_n - y_{n+1}}{y_n^* - y_{n+1}} \tag{21.69}$$

y_n = n단을 나가는 증기의 실제 농도
y_{n+1} = n단에 들어가는 증기의 실제 농도
y_n^* = n단의 하강관을 나가는 액체와 평형을 이루는 증기의 농도

따라서 Murphree 효율은 한 단과 다음 단 사이의 증기조성 변화를 그 단을 나가는 증기가 그 단을 나가는 액체와 평형을 이룬다고 했을 때 생기는 증기조성의 변화로 나눈 것이다. 나가는 액체는 일반적으로 단 위의 평균 액체와 같지 않다. 이 차이는 국부효율과 Murphree효율을 비교하는 데 있어서 중요한 점이다.

Murphree 효율은 관행상으로 증기조성을 이용하는 것으로 정의되어 있지만 믿을 만한 시료채취에 어려움이 있기 때문에 측정된 효율은 결국 증기조성의 분석에 좌우된다. 그 대신에, 시료로 단 위의 액체를 취해서 McCabe-Thiele 선도로부터 증기조성을 구할 수도 있다. 단 효율은 액체농도를 사용해서 정의될 수도 있으나, 이런 방법은 이따금 탈착이나 탈거 계산에 대해서만 사용된다.

빠른 속도로 운전되는 탑은 상당한 비말동반을 갖게 되는데, 동반된 액적에는 고휘발성 성분이 증기보다 많지 않기 때문에 단효율이 감소된다. 비말동반을 고려한 방법들이 발표되었음에도[2] 불구하고 Murphree 효율에 대한 대부분의 경험관계식들은 단으로부터의 액체시료에 근거해서 만들어졌으며, 액적 비말동반의 영향을 내포하고 있다.

국부효율(local efficiency) η'은 다음 식으로 정의된다.

$$\eta' = \frac{y'_n - y'_{n+1}}{y'_{en} - y'_{n+1}} \tag{21.70}$$

y'_n = n단의 특정 지역을 나가는 증기의 조성
y'_{n+1} = n단의 같은 지역으로 들어가는 증기의 조성
y'_{en} = 같은 지역에서 액체와 평형을 이루는 증기의 조성

y'_n은 y'_{en}보다 클 수 없으므로, 국부효율은 1.00, 즉 100%보다 클 수 없다.

Murphree 효율과 국부효율간의 관계. 소형 탑에서는 단 위의 액체가 구멍들을 통해 들어오는 증기에 의해 충분히 교반되기 때문에, 단 전체를 통해 액체의 농도기울기를 감지하기가 어렵다. 따라서, 하강관의 액체농도 x_n은 단 전체의 액체농도와 같다. n단의 하강관을 나가는 액체는 $n+1$ 단의 액체와 격렬하게 섞이기 때문에 x_n으로부터 x_{n+1}로 농도변화가 하강관 출구에서 바로 일어난다. 단 위에 액체농도가 어디에서나 일정하기 때문에 그 단에서 나가는 증기농도 역시 일정하여 증기흐름에는 농도 기울기가 존재하지 않는다. 식 (21.69)과 (21.70)에 있는 농도들을 비교해 볼 때, $y_n = y'_n$, $y_{n+1} = y'_{n+1}$ 그리고 $y_n^* = y'_{en}$이므로, $\eta_M = \eta'$이며, 국부효율과 Murphree 효율은 같다.

대형 탑에서는 흐르는 방향 쪽으로 액체혼합이 완전치 못하여 단 위의 액체에 농도기울기가 존재한다. 최대로 가능한 변화는 액체 입구에서는 농도가 x_{n-1}이고, 액체 출구에서 농도가 x_n이 될 수 있다. 이와 같은 농도 기울기의 영향을 알기 위해서 그림 21.28과 같은 McCabe-Thiele선도의 한 부분을 생각해 보자. 이 선도는 Murphree 효율이 약 0.9에 해당하여 y_n이 거의 y_n^*와 같다. 그렇지만 액체의 수평 혼합이 없으면, 액체 입구 근처의 증기는 조성이 x_{n-1}인 액체와 접촉하여 출구 근처에서 조성이 x_n인 액체와 접촉하는 증기보다 상당히 농도가 진하게 된다. 평균 증기조성 y_n과 일치하기 위해서는 국부 증기조성이 액체 출구 근처의 y_a로부터 액체 입구근처의 y_b 범위에 있어야 한다. 그러므로 국부효율은 Murphree 효율보다 상당히 낮아서, 이 예에서는 약 0.6이 된다.

국부효율이 높아서 0.8 또는 0.9일 때는 액체의 농도 기울기가 존재함으로써 평균 증기조성이때에 따라서는 y_n^*보다 크고 Murphree 효율이 100%를 상회한다. 이러한 예는 나중에 그림 21.33에서 볼 수 있다.

η_M과 η' 간의 관계는 액체의 혼합 정도와 다음 단으로 가기 전에 증기가 혼합되는지의 여부에 달려 있다. 증기가 완전히 혼합되는가 또는 혼합되지 않는가에 대해서는 효율에 조그만 차이밖에 없지만 액체가 혼합되지 않는 것은 상당히 큰 영향을 준다[13]. 대부분의 연구에서 여러 등급의 액체혼합에 대한 계산을 간편하게 하기 위해서 증기는 완전 혼합되는 것으로 가정하였다. 액상에서 난류확산을 갖는 액체의 플러그 흐름(plug flow)에 근거한 관계식이 Delaware 대학[2]의 연구자들에 의해 개발되었으며 이 관계는 그림 21.29에 나타내었다. 횡축은 $(mV/L)\eta'$이며, 도표 상의 매개변수는 축방향 분산에 대한 Peclet 수이다. 즉,

$$\mathrm{Pe} = \frac{Z_l^2}{D_E t_L} \tag{21.71}$$

Z_l = 액체 유동경로의 길이: m
D_E = 에디확산도: m^2/s
t_L = 단 위의 액체 체류시간: s

직경이 0.3 m(1 ft)인 탑에서 대기압으로 증류하는 경우, 포종판(bubble-cap tray)이나 체판 위에서의 분산에 대한 실험식에 기준해서 계산하면 Peclet 수는 약 10이 된다[2.7]. 이것은 단 위에서의 기울기 때문에 상당한 효율 증가를 가져올 수 있는 범위에 속한다. 지름이 1 m 이상의 탑에서는 Peclet 수가 20 이상 될 것으로 기대할 수 있어서, 흐름방향으로 혼합이 일어나지 않는 경우와 거의 같은 정도로 효율이 높아야 한다. 그러나 아주 큰 탑에서의 시험 결과는 때에 따라서는 중간 크기의 탑보다도 낮은 단효율을 보여주는데, 이것은 플러그 흐름에서 벗어나기 때문인 것으로 보인다. 큰 탑에서 궁형 하강관을 갖는 경우에 기포 발생지역 가장자

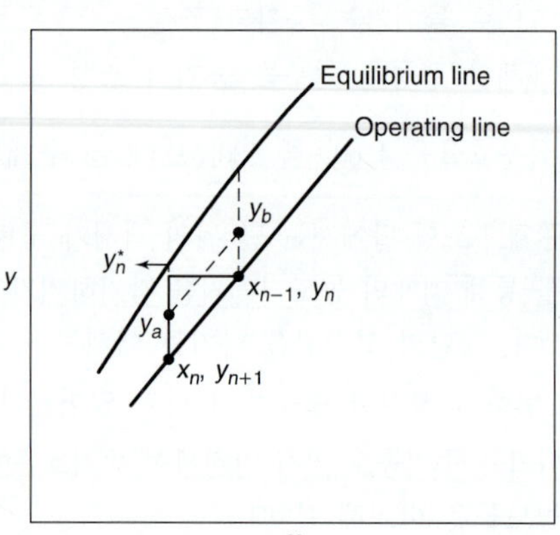

그림 21.28 혼합이 안 된 단에서의 국부 증기조성과 평균 증기조성

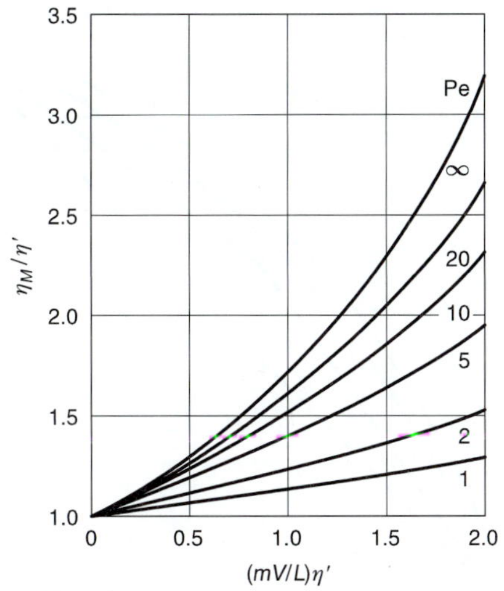

그림 21.29 Murphree 효율과 국부효율간의 관계

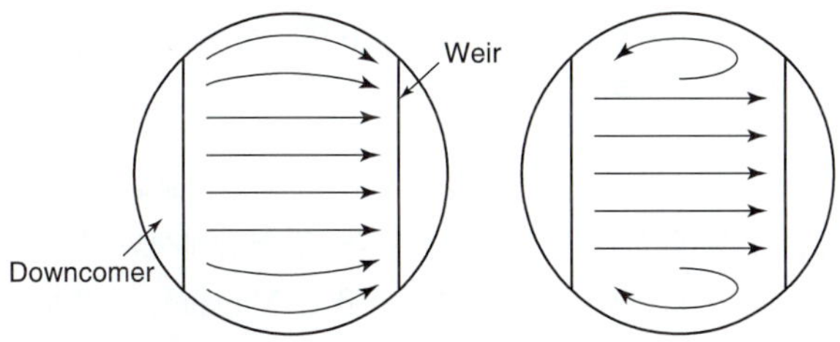

그림 21.30 대형 탑 내에서 가능한 액체흐름 상태

리 근처에 흐르는 액체는 그림 21.30에서 보는 것처럼 중심부를 가로지르는 액체보다 꽤 긴 유동경로를 거치게 되어, 보다 넓은 체류시간 분포를 갖거나 액체의 역류 현상까지도 생긴다. 이런 영향들은 특수한 단 설계에 의해 최소화시킬 수 있다[10,14].

Murphree 효율의 이용

Murphree 효율을 알면, McCabe-Thiele 선도에서 그것을 쉽게 이용할 수 있다. 그림 21.31에 실제단에 대한 선도를 이상단과 비교하여 표시하였다. 삼각형 acd는 이상단을 나타내며, 삼각형 abe는 실제단을 표시한다. 실제단은 선분 ac로 표시된 y_{n+1}에서부터 y_n^*으로 증기를 농축하는 대신에 선분 ab로 표시된 $y_n - y_{n+1}$만큼만 농축시킨다. η_M의 정의에 따라 Murphree 효율은 ab/ac 비이다. 알고 있는 Murphree 효율을 탑 전체에 적용하려면, 진짜 평형곡선 x_e 대 y_e를 유효 평형곡선 x_e 대 y_e'로 대치하기만 하면 된다. 단, y_e'은 다음 식으로부터 계산된다.

$$y_e' = y + \eta_M(y_e - y) \tag{21.72}$$

그림 21.31에 $\eta_M = 0.6$인 유효 평형곡선을 표시하였다. x_e 대 y_e' 곡선의 위치는 조작선과 진짜 평형곡선 모두에 의존함을 알아야 한다. 유효 평형곡선이 일단 그려지면, 종래의 단 작도법에 의해 실제단 수를 구할 수 있다. 되끓이개는 단효율에 적용되지 않으므로, 탈거부의 마지막 계단에 대해서는 진짜 평형곡선이 이용된다.

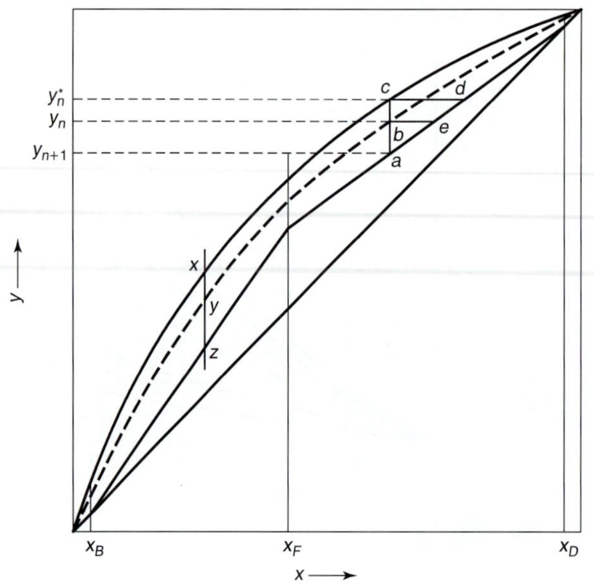

그림 21.31 xy선도 상의 Murphree효율의 이용. $\eta_M = 0.60$, 즉 $ba/ca = ba/ca = yz/xz = 0.60$인 경우에 띠줄은 y_e 대 x_e인 유효 평형곡선이다.

Murphree 효율과 총괄 효율의 관계. 탑의 총괄효율은 각 단의 평균 Murphree 효율과 똑같지 않다. 이 효율들 간의 관계는 평형선과 조작선의 상대적 기울기와 관계된다. 탈거탑에서와 같이 전형적으로 평형선이 조작선보다 기울기가 급할 때는, η_M이 1 이하인 경우 총괄효율이 Murphree 효율보다 크다. 그림 21.32(a)에서 보는 바와 같이 1.0의 이상단을 필요로 하는 변화인 x_{12}에서 x_{10}으로 액체조성이 변하는 탑의 한 부분을 생각해 보자. 실제 이만한 변화에 2개의 단이 필요하다면, 탑의 이 부분에 대한 총괄효율은 50%이다. 그러나 $\eta_M = 0.5$로 가정하여 두 단을 그리면, 띠줄에서 알 수 있는 바와 같이 첫째 단이 x_{12}에서 x_{10}으로 반을 가고 둘째 단이 훨씬 크게 변하기 때문에 x_{10}의 예상치가 너무 크게 된다. η_M의 정확한 값은 실선으로 그려진 단에서 보는 것처럼 약 0.40이다.

보통 정류부 윗부분에서 처럼 평형선이 조작선보다 덜 가파르면 그림 21.32(b)와 같이 총괄 효율이 Murphree 효율보다 작다. 이 경우 x_1에서 x_5까지 가는 데 2개의 이상단이 필요하다. 만일 4개의 실제단이 필요하다면 총괄효율은 0.5이다. 시행오차법에 의해 Murphree 효율을 0.6으로 하여 단을 그리면, 4개 단만에 정확한 x_5 값에 이르게 된다.

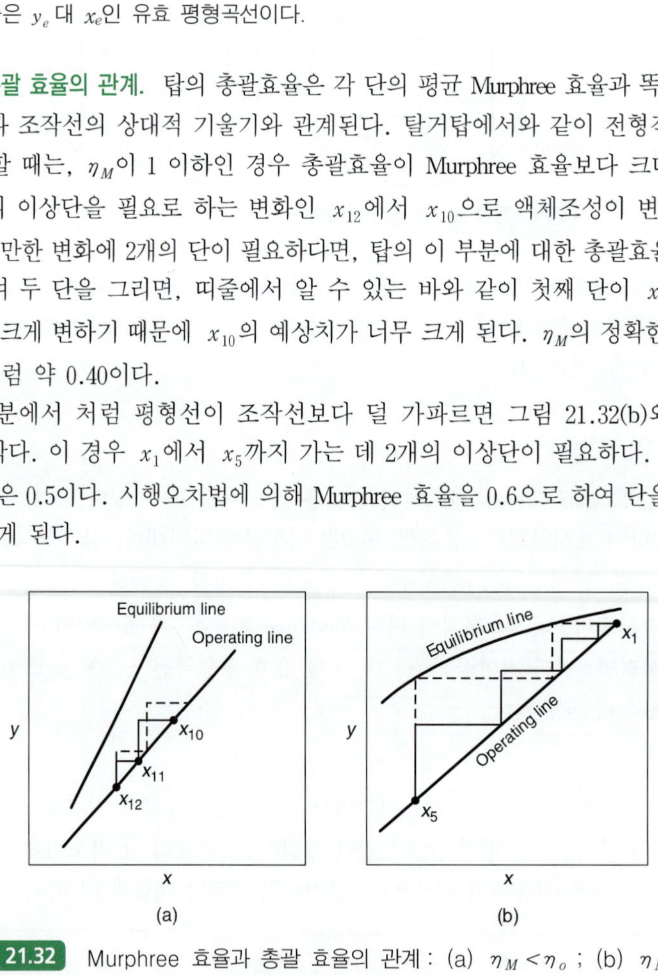

그림 21.32 Murphree 효율과 총괄 효율의 관계 : (a) $\eta_M < \eta_o$; (b) $\eta_M > \eta_o$

탈거부와 정류부가 함께 있는 탑에서는 $mV/L > 1$인 탈거부에서의 높은 η_o 값이 $mV/L < 1$인 정류부에서의 낮은 η_o 값을 상쇄하여 탑 전체의 η_o 값이 η_M의 평균치에 상당히 접근하게 된다. 이런 이유 때문에, η_o와 η_M의 차이는 탑 설계에서 무시되는 경우가 있다. 그러나 실제 탑의 성능이나 몇 개 단에서의 조성변화가 측정된 탑 한 부분의 성능을 해석함에 있어서, 올바른 η_M 값은 η_o를 결정하고 $\eta_o = \eta_M$이라고 가정하기보다 시행오차법으로 구해야 한다.

평형선과 조작선이 직선이 되는 특별한 경우에는 다음 식을 적용시킬 수 있다.

$$\eta_o = \frac{\ln [1 + \eta_M(mV/L - 1)]}{\ln (mV/L)} \tag{21.73}$$

여기서 m은 평형선의 기울기이다. $mV/L = 1.0$이거나 $\eta_M \approx 1.0$이면, $\eta_M = \eta_o$가 됨을 유의하여라.

예제 21.7

물로부터 미량의 난용해성 유기화합물을 제거하기 위한 탈거탑에서 평형선이 $y^* = 120x$이고 L/V의 비가 15이다. Murphree 효율이 0.40이라면 총괄효율은 얼마인가?

풀이

$$\frac{mV}{L} = 120/15 = 8$$

식 (21.73)으로부터

$$\eta_o = \frac{\ln[1 + 0.4(8-1)]}{\ln 8} = 0.64$$

■

단효율에 영향을 미치는 인자

단효율에 대해서는 심도 있는 연구를 해왔고[9,11,12,16,23] 몇 가지 실험관계식들이 발표[2,3,14,19]되었지만, 효율을 예측하는 가장 좋은 방법에 대해서는 아직도 의문이다. 많은 저자들은 O'Connel의 관계식[19]를 추천했지만 이것은 포종단을 가진 31 개의 증류탑에서 얻은 데이터를 개략적으로 짜맞춘 도시(圖示, plot)이다. 단의 효율은 90%에서 30%의 범위에 있으며 공급원료의 점도 μ_L에 핵심성분의 상대휘발도를 곱한 값들이 커질수록 작아지는 것을 보여주고 있다. 이 도해적 관계를 맞춘 식은 Lockett[14]에 의해 다음과 같이 주어져 있다.

$$\eta_o = 0.492(\mu_L \alpha)^{-0.245} \tag{21.74}$$

μ_L = 액체의 점도, cP.

효율은 주로 액체경막의 저항에 영향을 주는 확산도의 감소 때문에 액체의 점도가 증가함에 따라 떨어진다. 대부분의 증류에서 기체경막이 율속이 되어 액체점도 변화의 영향은 크지 않다. 2성분계의 경우 α 값이 크다는 것은 작은 x 값에서 m 값이 크고 액체경막의 저항이 크다는 것을 의미한다. 그렇지만 x가 1에 접근하면서 $m \cong 1/\alpha$가 되어 총괄효율에 대한 m의 영향이 작아지게 된다. $\mu_L m$을 갖는 관계식이 개선되었다고 하지만 μ_L과 m이 꼭 같은 영향을 줄 것 같지 않다.

시험 데이터를 가지고 물질전달 이론으로 국부효율과 단효율에 대한 복잡한 관계식을 개발하려고 시도되어 왔다[1,3]. 이런 방법들로 액체와 증기의 물리적 성질, 유량, 및 단의 치수 등의 영향에 대하여 알려졌다. 이들로 인해 데이터가 식 (21.74)보다 더 잘 맞게 되었지만 효율에 대한 신빙할만한 산출법은 아직 얻지 못하고 있다. 대부분의 증류탑들은 같은 유형의 단과 비슷한 계에서 측정된 효율을 이용하여 설계된다. 그러나 이론은 물성 변화의 영향을 예측하는 데 유용하다.

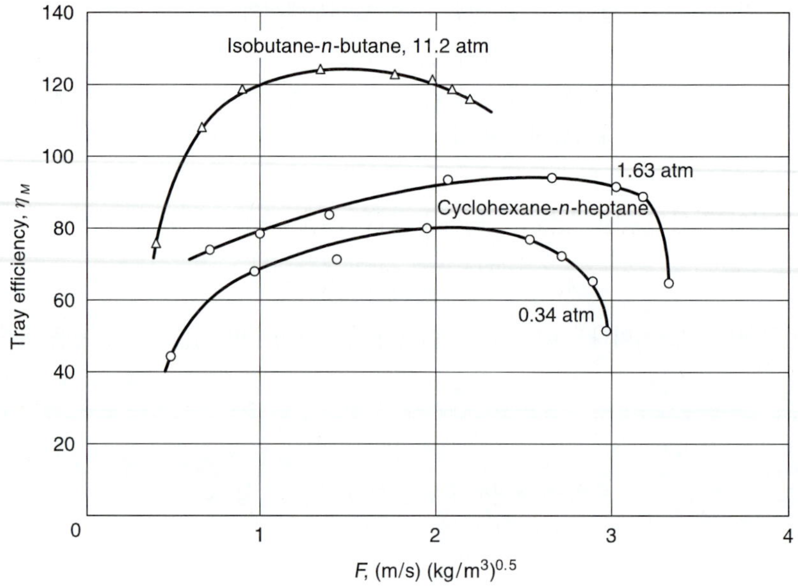

그림 21.33 1.2 m 탑에서 체판의 효율(자료 : M. Sakata and T. Yanagi, 3rd Int. Symp. Dist., p. 3.2/21, ICE, 1979.)

만족할만한 효율을 얻는 가장 중요한 필요조건은 단들을 적절하게 조업하는 것이다. 증기와 액체간에 적절하고 밀접한 접촉이 필수적이다. 과다한 거품이나 비말동반 현상, 빈약한 증기분포, 단축순환(short-circuiting), 방울흐름 현상, 액체의 요동(dumping) 등 탑의 비정상 조작이 단효율을 저하시킨다.

단효율은 액체와 증기간의 물질전달속도의 함수이다. 체판의 물질전달계수 산출법과 물질 전달계수와 단효율간의 관계에 대해서는 뒤에 논의하기로 한다. 1.2 m 탑의 단효율에 대해 발표된 값은 그림 21.33에 소개한다. 이 탑은 구멍 크기가 12.7 mm, 열린 면적(open area)이 8.32%, 물넘이둑 높이가 51 mm인 체판으로 되어 있고, 단 간격이 0.61 m이다. 이 데이터는 유동 매개변수 F에 대하여 도시한 것이다. 범람속도는 K_v가 일정한 경우 식 (21.68)에서와 같이 $\sqrt{\rho_V}$에 역비례하기 때문에, F는 다른 전압에 대해서 대략 같은 범위에 있게 된다. 매개변수 F는 일반적으로 F 인자(F factor)라고 알려져 있으며, 다음과 같이 정의된다.

$$F \equiv u\sqrt{\rho_V} \qquad (21.75)$$

아주 높은 압력에서는 K_v가 ρ_V의 증가에 따라 감소하며 F의 허용치는 그림 21.33에서 11.2 atm의 부탄의 데이터에서 보는 바와 같이 약간 감소된다. F 인자는 K_v와 유사하지만 액체밀도나 표면장력을 포함하지 않음을 유의하라.

체판에 대한 F의 정상범위는 1 내지 $3(\text{m/s})(\text{kg/m}^3)^{0.5}$ 또는 0.82 내지 $2.46(\text{ft/s})(\text{lb/ft}^3)^{0.5}$이다.

예제 21.8

증기속도가 최대허용치라고 할 때 예제 21.6에서 탑 정상의 F 인자는 얼마인가?

풀이

식 (21.75)에서 F 인자는,

$$F = u_c\sqrt{\rho_V}$$
$$= 2.23\sqrt{1.15} = 2.39\ \frac{\text{m}}{\text{s}}\left(\frac{\text{kg}}{\text{m}^3}\right)^{0.5}$$

그림 21.33에서 보는 바와 같이 이것은 1 기압에서 운전하는 체판형 탑에 대하여 합리적인 값이다. ■

단 효율은 방울흐름 점(weeping point)과 범람점 사이의 범위에서는 증기유량에 따라 그다지 변하지 않는다. 증기유량의 증가로 거품높이가 커져서 물질전달 면적을 더 크게 하므로, 전달된 총 물질이 증기유량과 거의 같은 빠르기로 증가한다. 그림 21.33에 대한 데이터는 전환류에서 얻어진 것이므로, 액체유량의 증가는 또한 계면 면적의 증가에 기여하였다. 범람점 근처에서 효율의 갑작스런 감소는 비말동반 때문이다.

시클로헥산-n-헵탄에 대한 데이터는 다른 계에 대한 시험에서도 확인되었던 것처럼 낮은 압력에서 저효율을 나타낸다. 압력을 낮추면 기상에서 농도 구동력이 감소하지만 증기 확산도는 증가한다. 그것은 또한 온도를 낮추어서 액체의 점도와 표면장력을 증가시키고 액체의 확산계수를 감소시킨다. 효율의 감소는 이런 영향들이 복합되어 생긴다.

이소부탄-부탄 계에 대한 100% 이상의 효율은 액체 농도 기울기의 영향을 보여주는 것이다. 이 경우에 국부효율은 그림 21.29와 Pe ≅ 80에 근거하여 80%로 산출된다. 2.9-m 여닫게-단 탑에서 i-부탄-n-부탄의 분리를 연구한 결과 Murphree 효율이 119%이고 계산된 국부효율이 82%임이 발표되었다[10].

21.5.1 단 효율의 이론

단 효율에 대한 데이터를 확대하고 상호관련시키기 위해서는 체판에서의 물질전달에 이중경막론(two-film theory)이 응용될 수 있다. 구멍에서 생성된 기포들은 수직적으로 혼합되고 국부 조성이 x_A인 액체 풀을 통해 올라온다고 가정한다. 기포들은 올라오면서 조성이 변하고 수직 방향으로는 기상의 혼합이 없는 것으로 가정한다. 겉보기 속도가 $\overline{V}_s$인 단의 단위면적에 대하여 dz 두께의 미분요소에서 전달된 몰 수는 다음과 같다.

$$\overline{V}_s\rho_M dy_A = K_y a(y_A^* - y_A)dz \tag{21.76}$$

통기 액체의 높이 Z에 대하여 적분하면

$$\int_{y_{A1}}^{y_{A2}} \frac{d_{yA}}{y_A^* - y_A} = \ln\frac{y_A^* - y_{A1}}{y_A^* - y_{A2}} = \frac{K_y aZ}{\overline{V}_s\rho_M} \tag{21.77}$$

또는

$$\frac{y_A^* - y_{A2}}{y_A^* - y_{A1}} = \exp\left(-\frac{K_y aZ}{\overline{V}_s\rho_M}\right) \tag{21.78}$$

가 된다. 국부효율 η'은

$$\eta' = \frac{y_{A2} - y_{A1}}{y_A^* - y_{A1}} \tag{21.79}$$

이므로

$$1 - \eta' = \frac{y_A^* - y_{A1} - y_{A2} + y_{A1}}{y_A^* - y_{A1}} \tag{21.80}$$

이 된다. 식 (21.78)로부터

$$1 - \eta' = \exp\left(-\frac{K_y aZ}{\overline{V}_s\rho_M}\right) = e^{-N_{Oy}} \tag{21.81}$$

과 같이 된다. 여기서 N_{Oy}는 총괄 기상전달단위 수이다. 약 100°C에서 물, 알콜, 또는 벤젠과 같은 낮은 점도 액체를 증류하는 경우 N_{Oy} 값은 약 1.5 내지 2로 탑의 정상 조업 범위에서 거의 기체속도와 무관하다.

이 경우 국부효율은 78 내지 86%이며, Murphree 단효율은 탑 위에서 옆방향 혼합 정도와 비말동반 양에 따라 약간 높거나 낮게 된다.

기체와 액체 저항의 상대적 중요성은 침투론을 두 상에 모두 적용하고 같은 접촉시간을 갖는다는 가정에서 어림될 수 있다. 침투론[식 (17.54)]으로 k_c를 알고 k_y와 k_x는 각각 $k_c\rho_{My}$와 $k_c\rho_{Mx}$와 같으므로

$$\frac{k_y}{k_x} = \left(\frac{D_{vy}}{D_{vx}}\right)^{1/2}\frac{\rho_{My}}{\rho_{Mx}} \tag{21.82}$$

가 된다.

예제 21.9

(a) 침투론을 이용하여 110°C(230°F), 1 atm에서 벤젠-톨루엔 혼합물을 증류하는 경우 기체경막저항이 전체 저항에서 차지하는 분율을 산출하라. 액체 점도 μ는 0.26 cP이다. 액체에 대한 확산도와 밀도는

$$D_{vx} = 6.74\times10^{-5}\ \text{cm}^2/\text{s} \qquad \rho_{Mx} = 8.47\ \text{mol/L}$$

이고 증기의 확산도와 밀도는

$$D_{vy} = 0.0494\ \text{cm}^2/\text{s} \qquad \rho_{My} = 0.0318\ \text{mol/L}$$

이다.

(b) 전압을 4배 줄이면 국부효율과 기체경막저항 및 액체경막저항의 상대적 중요성은 어떻게 변할까?

풀이

(a) 식 (21.82)에 대입하면

$$\frac{k_y}{k_x} = \left(\frac{0.0494}{6.74\times10^{-5}}\right)^{1/2}\frac{0.0318}{8.47} = 0.102$$

따라서 기체경막계수는 액체경막계수의 단지 약 10%로 어림된다. $m = 1$이라면 물지전달에 대한 총괄저항의 약 90%는 기체경막에 있다.

(b) 탑이 같은 F 인자로 운전되고 계면 면적 a도 같고 거품높이 Z도 같다고 가정하자. 톨루엔의 끓는 온도는 1 atm에서 383 K인것과 비교하여 0.25 atm에서는 68°C 즉, 341 K이다.

기체경막. $D_{vy}\propto T^{1.81}/P$이기 때문에 D_{vy}의 새 값은 다음과 같다.

$$D'_{vy} = \left(\frac{341}{383}\right)^{1.81}\frac{D_{vy}}{0.25} = 3.24\ \text{배(옛 값의)}$$

똑 같은 t_T를 갖는 침투론을 가정하면 k_c는 $\sqrt{3.24}$ 즉, 1.8 만큼 증가하지만 0.25 atm, 68°C에서 ρ_{My}는 0.00894 mol/L가 되어 k_y는 $1.8\times0.00894/0.0318 = 0.506$만큼 변한다.

액체경막. 여기서는 $D_{vx}\propto T/\mu$이고 68°C에서 $\mu = 0.35$ cP이므로 D_{vx}의 새 값은

$$D'_{vx} = \frac{341}{383}\left(\frac{0.26D_{vx}}{0.35}\right) = 0.66\ \text{배(옛 값의)}$$

따라서 k_c는 $\sqrt{0.66} = 0.81$만큼 줄고 몰 밀도가 8.92 mol/L로 조금 변하는 것을 감안하면 k_x는 $0.81\times8.92/8.47 = 0.86$만큼 변한다.

1 atm에서 국부효율이 0.86이면 두 개의 전달단위에 해당하고 k_x와 k_y의 상대적인 값이 (a)에서와 같이 어림된다면 K'_y의 새 값은 다음과 같이 얻을 수 있다.

$$k'_y = 0.506\,k_y \qquad k'_x = 0.86\,k_x$$

1 atm에서 $k_y = 0.102\,k_x$, $K_y = 0.907\,k_y$이므로

$$k'_x = \frac{0.86}{0.102}\,k_y = 8.43\,k_y$$

$m = 1$이면,

$$\frac{1}{K'_y} = \frac{1}{k'_y} + \frac{1}{k'_x} = \frac{1}{0.506k_y} + \frac{1}{8.43k_y} = \frac{2.10}{k_y}$$

$$K'_y = 0.476k_y$$

전달단위 수의 비는 총괄계수 나누기 몰 유량의 비이다. 탑이 똑같은 F 인자에서 운전된다면 $\sqrt{\rho_y}$는 $[(383\times0.25)/341]^{0.5} = 0.53$만큼 변하며, $\overline{V}_s$는 1/0.53 만큼 변한다. 만일 단위 부피당 면적 a가 같다면 N'_{Oy}의 새로운 값은 아래와 같이 된다.

$$N'_{Oy} = 1.5\times\frac{0.476}{0.53} = 1.35 \qquad \eta' = 1 - e^{-1.35} = 0.74$$

그러므로 기상에서 전체 저항의 94%를 가지면서 국부효율은 78%에서 74%로 떨어진다. 해석을 간편하게 하도록 가정하였기 때문에 실제 효율 값과 잘 일치한 것으로 기대되지는 않으나 경향은 그림 21.33에서 보는 바와 같이 맞으며 기체경막 저항이 저압일수록 점점 중요하다는 것은 명백하다. 고압에서 증류하는 경우, k_y 및 k_x는 더욱 근접하게 된다. ■

21.6 충전탑에서의 증류

분리가 비교적 쉽고 필요한 탑의 지름이 그다지 크지 않을 때 충전탑은 증류에 자주 사용된다. 충전탑은 일반적으로 판형탑보다 덜 비싸며 압력손실도 적다. 주요 단점은 액체분배를 잘 하는 데 어려움이 있으며, 특히 탑 지름이 크고 아주 긴 탑에서 심하다. 탑 정상에서 액체를 충전물에 고르게 퍼뜨려도 액체가 벽 쪽으로 움직이고 충전물을 통해 일부 통로로만 흐르려는 경향이 있다. 액체흐름이 빠른 지역에서는 증기흐름이 늦어지는 경향이 있어, L/V의 국부적 변화가 성취될 수 있는 분리성능을 감소시킨다[8]. 이런 영향을 최소화하기 위해서 긴 탑은 3내지 4 m 마다 재분배장치를 갖는 부분으로 분할한다.

탑의 높이는 보통은 이론단의 수와 한 개 이론단의 맞먹음높이(HETP)를 기준으로 해서 구한다. 대부분의 경우에 상부 조작선은 평형선 보다 약간 더 가파르며 하부 조작선의 경우에는 그 역이 되어 평균 HETP가 거의 H_{Oy}와 같게 한다. 1.5- 또는 2- in. 크기의 보통 충전물들은 체판과 거의 같은 용량(허용 증기속도)을 갖으며 충전물의 HETP는 일반적으로 1 내지 2 ft(0.3 내지 0.6 m)의 범위에 있다. 이보다 작은 충전물들은 더 작은 HETP 값을 가져 때로는 1.0 ft 보다 작지만 그들은 또한 더 작은 용량을 가지며 큰 탑에서는 사용되지 않는다. 한 개의 맞먹음 이론단의 압력손실은 체판이나 포종판보다 작아서 감압 운전시 중요한 이점을 갖는다.

충전 증류탑은 중간 범위의 유량에서 거의 일정한 분리 효율로 운전될 수 있다. 그림 21.34는 완전환류시 이소옥탄-톨루엔에 대한 데이터를 보여준다. 25, 40, 및 50 수치를 갖는 세 개의 Intalox 금속탑 충전물(IMTP)은 각각 1, 1.5, 및 2 in. 명목 크기에 해당한다. 용량인자가 증가할수록 액체 유량과 증기 유량 모두 증가하여 왜 HETP가 거의 일정한가를 설명해준다. 기체경막이 물질전달에 대한 조절저항이며 H_{Oy}는 G_y의 0.3 내지 0.4 승에 비례하여 증가하지만 그림 18.22에서 보는 바와 같이 이것은 G_x의 증가에 따라 H_{Oy}가 감소하여 상쇄된다. 2 내지 2.5배 범위의 흐름에서 HTU나 HETP는 거의 일정하다. 부하영역에서는 액체 체류량과 젖은 면적이 보다 빨리 증가하여 HETP가 감소하지만 범람에 가까워짐에 따라 HETP가 급격히 증가한다. 이러한 고 용량 충전물에서 HETP의 증가는 액체의 비말동반에 기인하는 것으로 믿어진다. 이런 충전물들에 대한 추천 설계속도는 HETP가 빨리 증가하기 시작하는 속도보다 20% 작다.

구조형 금속 충전물들은 쏟아 붓는 충전물보다 분리능이 약간 더 좋으며 HETP는 3 내지 4배의 유량 범위에서 거의 일정하다. 망 충전물은 효율이 좀 더 좋아서 4배의 속도 범위에서 HETP 값이 3 내지 6 in.(0.1

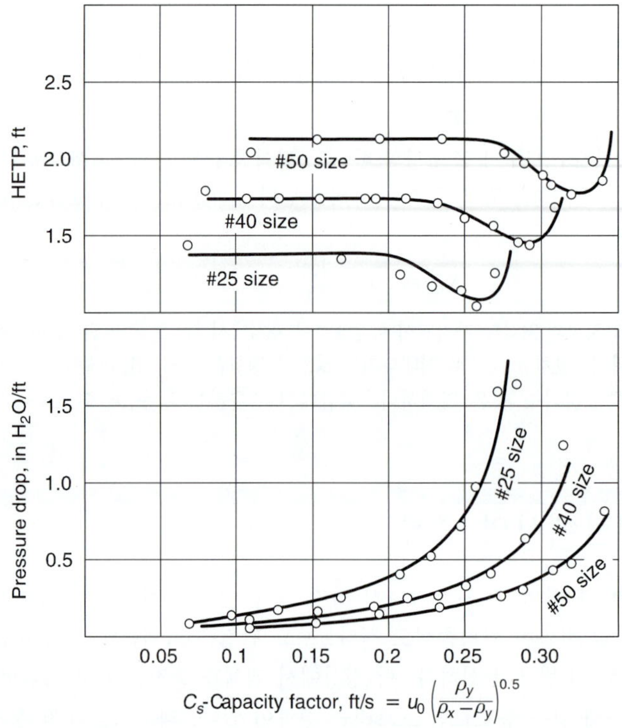

그림 21.34 Intalox 금속탑 충전물[22]에서 이소옥탄-톨루엔 증류시 HETP와 압력손실

내지 0.2 m)이다. 망은 낮은 유량에서도 완전히 젖으며 HETP는 젖은 도랑에서의 물질전달에 대한 기본식으로부터 어림할 수 있다[4]. 다른 구조형 충전물이나 쏟아 붓는 충전물에 대하여서는 젖은 면적을 어림하기가 어렵기 때문에 이에 해당하는 이론이 없다. 표면장력이 낮으면 젖은 면적이 증가하는 경향이 있지만 너무 낮으면 거품이 생겨서 증가한다.

21.7 회분 증류

일부 작은 공장에서 휘발성 제품은 회분 증류에 의해 액체용액으로부터 회수한다. 혼합물을 증류기 또는 되끓이개에 넣고, 열은 코일을 통하거나 용기벽을 통해 공급하여 액체가 기포점에 이르도록 하여 그 중 일부를 기화시킨다. 이 가장 간단한 조작법에서 증기는 그림 21.35에서 보는 바와 같이 증류기에서 응축기로 간다. 증류기를 나가는 증기는 언제나 증류기에 남아 있는 액체와 평형을 이루지만, 증기에 휘발성이 큰 물질이 더 많기 때문에 액체와 증기의 조성이 일정하지는 않다.

조성이 시간에 따라 어떻게 변하는지 알기 위해서 n_0 몰을 회분증류기에 넣었을 때 어떤 일이 생기는지 생각해 보자. 주어진 시간에 증류기에 남아 있는 액체의 몰수를 n이라 하고, y와 x를 증기와 액체 조성이라고 하자. 증류기에 남아 있는 성분 A의 총 몰수는 다음과 같이 될 것이다.

$$n_A = xn \tag{21.83}$$

소량의 액체 dn이 기화되면 성분 A의 몰수 변화는 ydn 또는 dn_A이다. 식 (21.83)을 미분하면,

$$dn_A = d(xn) = n\,dx + x\,dn \tag{21.84}$$

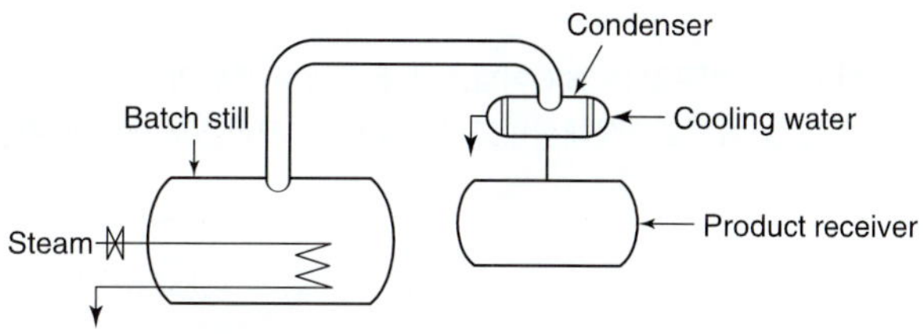

그림 21.35 회분증류솥에서의 단순 증류

이 된다. 그러므로

$$n\,dx + x\,dn = y\,dn$$

재정리하면, 다음과 같이 된다.

$$\frac{dn}{n} = \frac{dx}{y-x} \tag{21.85}$$

식 (21.85)를 초기농도와 최종농도인 x_0와 x_1 사이에서 적분하면, 초기 및 최종농도는 다음과 같이 된다.

$$\int_{n_0}^{n_1} \frac{dn}{n} = \int_{x_0}^{x_1} \frac{dx}{y-x} = \ln\frac{n_1}{n_0} \tag{21.86}$$

식 (21.86)은 Rayleigh 식으로 알려져 있다. 함수 $dx/(y-x)$는 평형 데이터 표나 평형곡선을 이용해서 도식적분이나 수치적분을 할 수 있다.

이상혼합물인 경우, Rayleigh 식의 간단한 대체식은 상대휘발도를 이용해서 유도될 수 있다. 회분증류하는 동안 증류기의 온도가 증가하지만, 증기압의 비인 상대휘발도는 그다지 변하지 않아서 평균치를 사용할 수 있다. 식 (21.37)로부터,

$$\frac{y_A}{y_B} = \alpha_{AB}\frac{x_A}{x_B} \tag{21.87}$$

을 얻는다. 혼합물에 A가 n_A몰, B가 n_B몰이 있다면, 비 n_A/n_B는 x_A/x_B와 같다. dn몰이 기화하면 A의 변화는 $y_A dn$ 또는 dn_A이고, B의 변화는 $y_B dn$ 또는 dn_B이다. 이들을 식 (21.87)에 대입하면 다음과 같이 된다.

$$\frac{dn_A/dn}{dn_B/dn} = \frac{dn_A}{dn_B} = \alpha_{AB}\frac{n_A}{n_B}$$

또는,

$$\frac{dn_A}{n_A} = \alpha_{AB}\frac{dn_B}{n_B} \tag{21.88}$$

한계 사이에서 적분하면 다음과 같다.

$$\ln\frac{n_A}{n_{0A}} = \alpha_{AB}\ln\frac{n_B}{n_{0B}} \tag{21.89}$$

또는,

$$\frac{n_B}{n_{0B}} = \left(\frac{n_A}{n_{0A}}\right)^{1/\alpha_{AB}} \tag{21.90}$$

식 (21.90)은 대수 좌표상에 직선으로 그려서 회분증류 과정을 알 수 있으며, 또한 한 성분의 회수량이 정해졌을 때 직접 이용할 수 있다.

예제 21.10

15 몰%의 n-부탄과 85 몰%의 n-펜탄이 들어 있는 천연 펜탄이 있다. 대기압 하에서 단순 회분증류에 의해 90%의 부탄을 제거한다면, 펜탄은 얼마가 제거되는가? 남아 있는 액체의 조성은 어떻게 되는가?

풀이

최종 액체는 거의 순수한 펜탄이며, 이의 기포점은 36°C이다. 이 온도에서 부탄의 증기압은 3.4 atm으로 상대휘발도가 3.4이다. 초기조건에서는 기포점이 약 27°C이므로, 상대휘발도가 3.6이다. 그러므로 α_{AB}에 평균값 3.5를 사용한다.

계산기준: 공급원료 1 mol

$$n_{0A} = 0.15(\text{부탄}) \qquad n_A = 0.015 \qquad n_{0B} = 0.85(\text{펜탄})$$

식 (21.90)에서,

$$\frac{n_B}{0.85} = 0.1^{1/3.5} = 0.518 \qquad n_B = 0.518(0.85) = 0.440$$

$$n = 0.44 + 0.015 = 0.455\text{ 몰} \qquad x_A = \frac{0.015}{0.455} = 0.033$$

환류가 있는 회분증류

간단한 증류기만이 있는 회분증류로는 상대휘발도가 아주 크지 않는 한, 만족한 분리를 할 수 없다. 많은 경우에 회분증류기의 성능을 개선하기 위해서 환류가 있는 정류탑을 사용한다. 탑이 너무 크지 않다면 정류탑은 그림 20.1에서 보는 바와 같이 증류기 위에 세우며, 그렇지 않으면 증기와 액체흐름들을 관으로 연결하여 독립적으로 세울 수 있다.

회분증류기와 탑의 조작은 연속증류의 정류부에서 사용한 것과 똑같은 조작선 식[식 (21.22)]을 가지고 McCabe-Thiele선도를 이용해서 해석할 수 있다. 즉,

$$y_{n+1} = \frac{R_D}{R_D + 1} x_n + \frac{x_D}{R_D + 1}$$

이 계는 되끓이개의 액체조성이 변함에 따라 환류비를 증가시킴으로써 탑 위의 조성이 일정하도록 운전할 수 있다. 이러한 경우에 McCabe-Thiele 선도는 조작선의 기울기를 달리 하여 같은 수의 이상단으로 어느 때든지 x_D에서 x_B가 되도록 해야 한다. 되끓이개를 포함해서 5개의 이상단이 있는 증류기에 대한 전형적인 선도는 그림 21.36에 그려져 있다. 위 조작선은 초기조건에 대한 것으로, 증류기의 낮은 기포점 물질의 농도가 원료조성과 거의 같은 경우이다(농도 x_B는 단 위에 액체 체류량 때문에 x_F보다 약간 낮다). 아래 조작선과 띠줄 계단들은 투입량의 1/3을 탑위 제품으로 제거했을 때의 조건을 나타낸다.

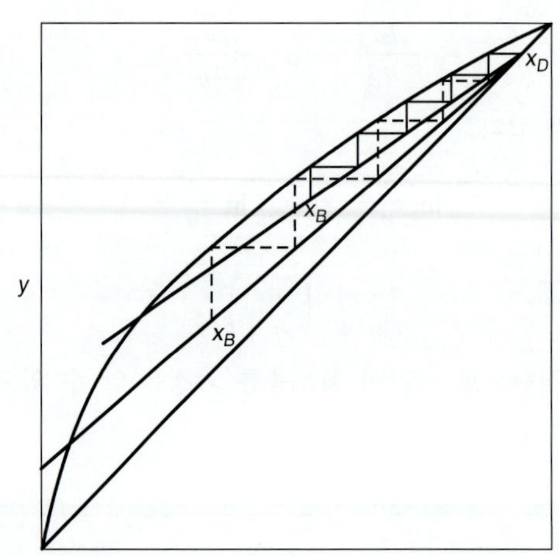

그림 20.36 회분증류의 McCabe-Thiele 선도 : 위 조작선과 실선 : 초기조건 ; 아래 조작선과 띠줄 : 투입량의 1/3을 제거한 후

일정한 x_D 값과 주어진 x_B에 필요한 환류비를 결정하는 데는 시행오차 계산이 요구된다. 왜냐하면 가정된 조작선 상의 마지막 계단이 정확하게 x_B에서 끝나야 하기 때문이다. 그렇지만 한번 초기 환류비가 이 방법으로 정해지면, 다음 단계의 증류에 대한 x_B 값은 R_D 값을 가정하여 조작선을 그려서 정확한 계단 수가 x_B에서 끝나도록 함으로써 구할 수 있다. 물질수지식인 식 (21.8)과 (21.9)에 의해서 제품량과 남아 있는 양을 계산할 수 있다.

회분증류를 하는 다른 한 가지 방법은 환류비를 고정시키고 탑위 제품의 순도가 시간에 따라 변하도록 하여, 제품량이나 제품 전체의 평균농도가 어떤 값에 도달하면 증류를 중지하는 방법이다. 증류기의 성능을 계산하기 위해서 여러 가지 다른 x_D 값에서 출발하여 기울기가 일정한 조작선을 그리고, 실제 단수를 그려 x_B를 구한다. 증류기에 남아 있는 총 몰수는 식 (21.86)을 적분하여 계산한다. 여기서 x_D는 y와 같고, x는 x_B와 같다.

21.8 기호 설명

a	충전 단위 부피당 액체와 증기 사이의 계면의 면적, m^{-1} 또는 ft^{-1}
B	탑밑 제품의 유량(흐름속도), mol/h, kg/h 또는 lb/h
C_0	체판 구멍들을 통한 흐름의 배출계수
C_p	일정한 압력하에서 몰비열, cal/g mol.℃
C_s	용량인자, $u_o\sqrt{\rho_y/(\rho_x-\rho_y)}$
c_p	정압비열, J/g ·℃ 또는 But/lb · °F ; c_{pc}, 응축물의 ; c_{pL}, 액체의 ; c_{pV}, 증기의
D	탑위 제품의 유량, mol/h, kg/h 또는 lb/h
D_c	탑의 지름, m 또는 ft
D_E	난류 확산도, m^2/s
D_v	확산도, m^2/s, cm^2/s, 또는 ft^2/h; D_{vx}, 액체의 ; D_{vy}, 증기의
F	원료공급 속도(feed rate), mol/h, kg/h 또는 lb/h ; F_1, F_2, 여러 개의 원료공급을 갖는 탑의 원료들 ; 또한 식 (21.72)로 정의된 탑 용량의 산출에 필요한 인자
f	기화되는 공급원료의 분율
G	탑의 총 단면적에 기준한 질량 속도 ; $kg/m^2 \cdot h$ 또는 $lb/ft^2 \cdot h$; G_x, 액체 흐름의 ; G_y, 증기의
g	중력가속도, m/s^2 또는 ft/s^2
H	엔탈피, 몰당 또는 단위질량당 에너지 ; H_B, 탑밑 제품의 ; H_D, 탑위 제품의 ; H_F, 원료의 ; H_R, 환류의 ; H_x, 포화액체의 ; H_{xm}, 탈거탑 m단에서 나가는 액체의 ; H_{xn}, 정류탑 n 단에서 나가는 액체의 ; H_y, 포화증기의 ; $H_{y,a}$, 탑으로 들어가는 증기의 ; $H_{y,m+1}$, 탈거탑 $m+1$단에서 나가는 증기의 ; $H_{y,n+1}$, 정류탑 $n+1$단에서 나가는 증기의 ; H_{y1}, 맨 윗단을 나가는 증기의
H_{Oy}	기상에 기준한 한 개 전달단위의 총괄높이
HETP	한 개의 이론단과 맞먹는 충전 높이
HTU	한 개 전달단위의 높이
h	액체의 압력강하 또는 액체의 높이압, mm ; h_d, 건조한 단에 대한 값 ; $h_{f,L}$, 액체의 마찰손실; h_l, 단 상의 액체의 맞먹음 높이압 ; h_{ow}, 물넘이둑 위로 넘치는 맑은 액체의 높이 ; h_t, 한 단의 총 압력 손실 ; h_w, 물넘이둑 높이
K_v	식 (21.68)의 계수 ;

K_y	기상에 기준한 총괄 물질전달계수; K'_y, 예제 21.9의 새로운 값
k	개별 물질전달계수; k_c, 농도차이에 근거한, m/h 또는 ft/h; k_x, k_y, 몰분율 차이에 근거한 각각 액상과 기상의, kmol/m^2 · s · 단위 몰분율 또는 lb mol/ft^2 · s · 단위 몰분율; k'_x, k_y, 예제 21.9의 새 값
L	일반적인 액체유량 또는 정류탑에서의 액체유량, mol/h, kg/h 또는 lb/h; L_a, 탑 맨 위로 들어가는; L_b, 탑 바닥을 나가는; L_c, 응축기에서 나가는 환류의; L_m, 탈거탑 m단으로부터의; L_n, 정류탑 n단으로부터의; $\overline{L}$, 탈거탑에서의
L_w	물넘이둑의 길이, m
m	원료공급단에서부터 센 탈거탑 단의 일련번호; 또한 평형곡선의 기울기, dy_e/dx_e
$\dot{m}$	질량유량, kg/h 또는 lb/h; $\dot{m}_s$, 되끓이개로 들어가는 수증기의 $\dot{m}_w$, 응축기로 가는 냉각수의
N	이상단 수, $N_{\min}$, 최소 이상단 수
N_{Oy}	증기상에 근거한 총괄 전달단 수; N'_{Oy}, 예제 21.9의 새 값
n	맨 윗단에서부터 센 정류탑 단의 일련번호; 또한 증류기 또는 혼합물의 몰수; n_A, n_B, 각각 성분 A와 B의; n_0, 증류기에 넣은; n_{0A}, n_{0B}, 각각 성분 A와 B의; n_1, 최종 몰수; 또한 식 (21.44)의 지수
P	압력, N/m^2 또는 lb$_f$/ft^2; P_{n-1}, P_n, P_{n+1}, $n-1$, n 및 $n+1$단 위의 증기 공간에서의; P', 증기압; P'_A, P'_B, 성분 A와 B의 증기압
Pe	축방향 분산에 대한 Peclet수, $Z_l^2/D_E t_L$
p_A, p_B	성분 A와 B의 분압, N/m^2 또는 1b$_f$/ft^2
q	열흐름 속도, W 또는 Btu/h; q_c, 응축기에서 제거된 열; q_r, 되끓이개(재비기)에 가해진 열; 또한 원료 1몰당 탑의 탈거부로 들어가는 액체의 몰수
q_L	하강관에서 액체의 부피유량, m^3/s 또는 ft^3/s
R	환류비; $R_D=L/D$; $R_V=L/V$; R_{Dm}, 최소환류비
T	온도, ℃ 또는 °F; T_F, 공급원료의; T_b, 기포점; T_{bc}, 응축물의 기포점; T_c, 응축물의; T_d, 이슬점; T_1, 맨 윗단 액체의; 또한 냉각수의 들어가는 온도; T_2-T_1, 냉각수의 온도상승
t	시간, s 또는 h; t_L, 단 위에서 액체의 체류시간; t_T, 침투론에서 전달면에 대한 체류시간
u	선속도, m/s 또는 ft/s; u_c, 기포발생부의 면적에 기준한 증기의 최대허용속도; u_0, 체판에서 구멍들을 통과하는 증기속도 또는 충전탑에서 겉보기 속도
V	일반적인 증기유량 또는 정류탑에서의 증기유량, mol/h, kg/h 또는 lb/h; V_a, 탑 맨 윗단으로부터 나오는; V_b, 탑 바닥으로 들어가는; V_{m+1}, 탈거탑 $m+1$ 단으로부터의; V_n, V_{n+1} 정류탑의 n및 $n+1$단으로부터의; V_1, 맨 윗단으로부터 응축기로의; $\overline{V}$, 탈거탑에서의
$\overline{V}_s$	겉보기 속도, m/s 또는 ft/s
x	액체의 몰분율 또는 질량분율; x_A, A 성분의; x_{Ae} 증기의 농도 y_{Ae} 와 평형을 이루는; x_B, 탑밑 제품의; 또한 액체 속의 성분 B; x_{Be}, 증기의 농도 y_{Be}와 평형을 이루는; x_D 탑위 제품의; x'_D, 측류 배출물의; x_F, 원료의; x_a, 탑을 들어가는 액체의; x_b, 탑을 나가는 액체의; x_c, 응축기에서 나오는 환류의; x_e, 증기조성 y_e와 평형을 이루는; x_m, 탈거탑 m단을 나가는; x_{n-1}, x_n, 정류탑의 $n-1$ 및 n단을 나가는; x', 공급원료선과 평형곡선의 교차점에서의; x_0, x_1, 회분증류에서 초기 및 최종 값
y	증기의 몰분율 또는 질량분율; y_A, y_B, A 성분과 B성분의; y_{Ae}, y_{Be}, 액체의 농도 x_{Ae}, x_{Be}와 평형을 이루는; y_D, 증기 탑위 제품의; y_a, 단일부로 이루어진 탑을 나가는 증기의; y_b, 단일부로

이루어진 탑으로 들어가는 증기의; y_e, x_e농도의 액체와 평형을 이루는; y_{m+1}, 탈거탑 $m+1$단에서 나가는; y_n, y_{n+1}, 정류탑 n 및 $n+1$단에서 나가는; y_r, 되끓이개로부터의 y^*, 특정 액체흐름과 평형에 있는; y_a^*, x_a와 평형을 이루는; y_b^*, x_b와 평형에 있는; y_n^*, x_n과 평형에 있는; y_1, 맨 윗단을 나가는; y', 원료선과 평형곡선의 교차점에서의; 또한 부분응축기를 나가는; y'_e의(擬)평형 값 [식 (21.72)]; y'_{en}, n단의 특정 위치에서 액체와 평형을 이루는; y'_n, n단의 특정 위치를 나가는; y'_{n+1}, y'_n에 대응하는 위치에서 n단으로 들어가는

Z 하강관의 액체 높이, m 또는 ft; 통기 액체의 실제 높이; Z_c, 맑은 액체의 높이

Z_l 액체 유동경로의 길이, m

그리스 문자

α_{AB} B 성분에 대한 A 성분의 상대휘발도

β 식 (21.63)에 있는 보정계수

ΔH_v 기화엔탈피, cal/mol $\Delta H_{v,b}$, 기포점에서 기화엔탈피

ΔL 탑에서 차가운 응축물 때문에 증기가 응축해서 생긴 추가 액체[참고; 식 (21.24)]

η 효율; η_M, Murphree 단효율; η_o, 총괄 단효율; η', 국부 단효율

λ 기화 숨은열(잠열), 단위질량당 에너지; λ_c, 응축물의; λ_s, 수증기의

μ 점도, P·s, cP, 또는 lb/ft·s; μ_L, 액체의 [식 (21.74)]

ρ 밀도, kg/m^3 또는 lb/ft^3; ρ_L, 액체의; ρ_V, 증기의

ρ_M 몰 밀도, kg mol/m^3 또는 lb mol/ft^3; ρ_{Mx}, 액체의; ρ_{My}, 증기의

σ 표면장력, dyn/cm

ϕ_d 통기 혼합물 중 액체의 부피분율

연습 문제

21.1 톨루엔 25 몰%, 엔틸벤젠 40 몰% 및 물 35 몰%가 함유된 액체를 전압 0.5 atm 하에서 연속 훌래쉬 증류하려고 한다. 이 물질들에 대한 증기압 데이터는 표 21.4에 수록되어 있다. 벤젠과 톨루엔 혼합물은 Raoult의 법칙에 순응하고, 탄화수소들은 물에 완전 불용성이라고 가정하여, 다음 조건하에서 액상과 기상의 온도와 조성을 계산하라.

표 21.4 에틸벤젠, 톨루엔 및 물의 증기압

	Vapor pressure, mm Hg		
Temperature, °C	**Ethylbenzene**	**Toluene**	**Water**
50	35.2		92.5
60	55.5	139.5	149.4
70	84.8	202.4	233.7
80	125.8	289.4	355.1
90	181.9	404.6	525.8
100	257.0	557.2	760.0
110	353.3		
110.6		760.0	
120	481.8		

(a) 기포점에서, (b) 이슬점에서, (c) 50% 점(원료의 절반은 증기로 나가고, 나머지 절반은 액체로 나가는 점)에서.

21.2 75 몰%의 메탄올과 25 몰%의 물이 들어 있는 혼합물을 증류하지 않으면 안 된다. 탑위 제품에는 99.99 몰%의 메탄올이 함유되고, 탑밑 제품에는 0.002 몰%의 메탄올이 포함된다. 공급원료가 차가워서 원료 1 몰에 대하여 0.2 몰의 증기가 공급단에서 응축된다. 탑 정상에서 환류비는 1.4이며 환류는 기포점에 있다. 다음을 계산하라. (a) 최소단수, (b) 최소환류비, (c) 평균 Murphree 단효율을 72%라고 가정하고 완전응축기와 되끓이개를 사용할 때의 단 수, (d) 되끓이개와 부분응축기를 사용하는 경우의 단 수, 단, 이 응축기를 나오는 환류액체는 이 응축기를 나와 최종응축기로 가는 증기와 평형을 이룬다. 평형 데이터는 표 21.5에 수록되어 있다.

21.3 760 mm Hg에서 아세톤-메탄올 계에 대한 기포점-평형 데이터가 표 21.6에 주어져 있다. 25 몰%의 아세톤과 75 몰%의 메탄올이 있는 원료를 75 몰%의 아세톤이 함유된 탑위 제품과 1.0 몰%의 아세톤이 들어 있는 탑밑 제품으로 분리할 수 있도록 탑을 설계하려고 한다. 원료는 30% 액체와 70% 증기로 된 평형혼합물로 들어간다. 환류비는 최소환류비의 2배이며, 외부 되끓이개를 사용한다. 탑밑 제품은 되끓이개에서 배출되며, 응축물(환류와 탑상제품)은 25°C에서 응축기를 나가고, 환류가 이 온도에서 탑에 들어간다. 두 성분의 몰 잠열은 7,700 g cal/g mol이다. Murphree 단효율은 70%이다. 다음을 계산하라. (a) 공급단 아래와 위에 필요한 단의 수 (b) 되끓이개에 필요한 열을 탑위 제품 1 lb 몰당 Btu 단위로, (c) 응축기에서 제거한 열을 탑위 제품 1 lb몰 당 Btu 단위로.

21.4 벤젠과 톨루엔으로 된 등몰 혼합물을 1 atm하에서 100 kg mol/h의 속도로 기포판 탑에서 분리하려고 한다. 탑위 제품은 적어도 98 몰%의 벤젠이 들어 있어야 한다. 공급원료는 포화액체이다. 24개의 단이 있는 탑을 사용할 수 있다. 원료는 위로부터 11번째 또는 17번째 단에 공급할 수 있다. 되끓이개의 최대 기화용량은 120 kg mol/h이다. 단의 효율은 약 50%이다. 이 탑에서 시간당 몇 몰의 탑위 제품을 얻을 수 있겠는가?

21.5 휘발성분 A가 7.94 몰% 함유된 수용액을 기포점까지 예열하여 상압에서 운전되는 연속 탈거탑의 맨 윗단으로 공급하고 있다. 탑 맨 윗단으로부터의 증기는 11.25 몰% A를 함유한다. 환류는 없다. 두 가지 방법을 고려하는데, 둘 다 같은 열 소비량을 요한다. 즉, 원료 1 몰당 0.562 mol을 기화시키는 데 필요한 열을 소비한다. 첫째 방법은 탑 바닥에 증류솥을 이용하며 증류솥의 가열코일 내부에서 응축하는 수증기 응축열을 이용하여 증기를 발생시킨다. 둘째 방법에서는 증류솥과 가열코일 없이 생 수증기(live steam)를 직접 탑 바닥으로 분사시킨다. 평형 데이터는 표 21.7에 주어져 있다. 보통 사용하는 가정을 세워도 좋다. 각 방법의 이점은 무엇인가?

표 21.5 메탄올-물 계에 대한 평형 데이터

x	0.1	0.2	0.3	0.4	0.5	0.6	0.7	0.8	0.9	1.0
y	0.417	0.579	0.669	0.729	0.780	0.825	0.871	0.915	0.959	1.0

표 21.6 아세톤-메탄올 계

	Mole fraction acetone			Mole fraction acetone	
Temperature, °C	**Liquid**	**Vapor**	**Temperature, °C**	**Liquid**	**Vapor**
64.5	0.00	0.000	56.7	0.50	0.586
63.6	0.05	0.102	56.0	0.60	0.656
62.5	0.10	0.186	55.3	0.70	0.725
60.2	0.20	0.322	55.05†	0.80	0.80
58.65	0.30	0.428	56.1	1.00	1.00
57.55	0.40	0.513			

† 공비물

21.6 6개의 이상단과 하나의 되끓이개 및 완전응축기로 이루어진 탑이 65 lbf /in^2 gauge에서 공기로부터 산소를 부분적으로 분리하는 데 사용된다. 환류비(R_D)를 2.6으로 하여 51 wt%의 산소가 들어 있는 탑밑 제품을 생산하고자 한다. 공기는 65 lb_f/in^2 gauag에서 질량으로 30% 증기상태로 탑에 공급된다. 이 압력에서 산소-질소 혼합물의 엔탈피는 표 21.8과 같다. 증기가 응축만 하고 냉각되지 않는다고 할 때, 탑위 제품의 조성을 산출하라.

21.7 3개의 이상단에 해당하는 정류탑에 연속적으로 0.4 몰% 암모니아와 99.6 몰% 물로된 원료를 공급한다. 탑에 들어가기 전에 원료는 완전히 포화증기로 전환되며, 탑 위로부터 둘째 단과 셋째 단 사이에 들어간다. 맨 윗단으로부터의 증기는 전부 응축되지만, 냉각되지는 않는다. 공급원료 1 몰당 1.3 mol의 응축물이 맨 윗단으로 환류되며, 나머지 응축물은 탑위 제품으로 뽑아낸다. 탑 바닥에서 나오는 액체는 되끓이개로 들어가서 수증기 코일로 가열된다. 되끓이개에서 발생된 증기는 바닥 단 아래로 들어가고, 탑밑 제품은 되끓이개에서 연속해서 뽑아낸다. 되끓이개에서의 기화율은 공급원료 1 몰당 0.6 mol이다. 이 문제에 관련된 농도범위에서 평형관계는 다음 식으로 주어진다.

$$y = 12.6\,x$$

다음 항에 대한 암모니아의 몰분율을 계산하라. (a) 되끓이개에서 나오는 탑밑 제품, (b) 탑위 제품, (c) 공급단을 나가는 액체.

21.8 68 몰% 벤젠과 32 몰% 톨루엔이 섞인 원료혼합물로부터 80 몰% 벤젠이 함유된 탑위 제품을 생산하려고 한다. 이 조작에 다음과 같은 방법들을 고려하고 있다. 모두 대기압에서 한다. 각 방법에 대하여 공급원료 100 몰당 제품의 몰 수와 공급원료 100 몰당 기화된 몰 수를 계산하라. (a) 연속 평형증류, (b) 부분응축기가 달린 증류기에서의 연속증류, 단, 부분응축기에서는 들어가는 증기의 55 몰%가 응축하여 증류기로 되돌아간다. 증류기를 나가는 액체와 증기가 평형을 이루고 응축기 내부의 체류량은 무시된다.

21.9 분별증류탑 운전은 2개의 한계 환류비에 의해 제약을 받는다. 하나는 무한대의 단에 해당하고, 다른 하나는 완전환류비 또는 무한 환류비이다. 일정한 조성을 갖는 2 성분 증기가 일정한 유속으로 탑 바닥에 공급되는 정류탑을 생각해 보자. 또한 이 탑이 무한대의 단을 갖는다고 가정하자. (a) 이와 같은 탑에서 전환류로 조업하면,

표 21.7 A의 몰분율로 표시한 평형 데이터

x	0.0035	0.0077	0.0125	0.0177	0.0292	0.0429	0.0590	0.0784
y	0.0100	0.0200	0.0300	0.0400	0.0600	0.0800	0.1000	0.1200

표 21.8 65 lb_f/in^2 gauge에서 산소-질소의 엔탈피

	Liquid		Vapor	
Temperature, °C	**N_2, wt%**	**H_x, cal/g mol**	**N_2, wt%**	**H_y, cal/g mol**
− 163	0.0	420	0.0	1,840
− 165	7.5	418	19.3	1,755
− 167	17.0	415	35.9	1,685
− 169	27.5	410	50.0	1,625
− 171	39.0	398	63.0	1,570
− 173	52.5	378	75.0	1,515
− 175	68.5	349	86.0	1,465
− 177	88.0	300	95.5	1,425
− 178	100.0	263	100.0	1,405

어떤 일이 생기겠는가? (b) 탑 위에서 일정한 속도로 제품을 뽑아낸다고 가정하자. 각 단이 정상상태를 이룬다고 할 때, 아랫단으로 내려가면서 점점 더 많은 제품을 뽑아낸다면 어떤 일이 생기겠는가?

21.10 실험실 증류기에 0.7 몰분율의 메탄올이 포함된 메탄올-물 혼합물 10 L를 넣었다. 1 atm에서 환류 없이 증류기에 액체가 5 L 남을 때까지 즉, 5 L는 끓어서 나갈 때까지 회분증류 한다. 열 유입속도는 4 kW로 일정하다. 부분 몰부피는 메탄올이 40.5 cm^3/mol, 물이 18 cm^3/mol이다. 혼합시에 부피변화를 무시하고 평균증발열로 40 kmol을 이용한다고 할 때, 다음을 계산하라. (a) 5 L를 끓여 내보내는 데 걸리는 시간 t_T, (b) $t_T/2$, $3\,t_T/4$ 및 t_T시간에 증류기에 남아 있는 메탄올의 몰분율, (c) t_T시간에 전체 증류물의 평균조성. 메탄올-물 계에 대한 평형 데이터는 표 21.5에 주어져 있다.

21.11 상대휘발도가 2.3인 A와 B의 등몰 혼합물을 98.5% A가 들어 있는 증류제품, 2% A가 있는 탑밑 제품 및 A가 80%이고 공급된 A의 40%를 갖는 중간 액체제품으로 분리하려고 한다. (a) 탑 중간 부분의 조작선에 대한 식을 유도하고, McCabe-Thiele 선도에 3개의 조작선들을 그려라. (b) 공급원료 100 몰당 각 제품의 양을 계산하고, 공급원료가 기포점의 액체일 때 최소 환류속도를 구하라. (c) 측류(side-stream) 제품을 뽑아냄으로 해서 최소환류속도는 얼마큼 더 커지는가?

21.12 n-부탄과 n-펜탄 혼합물로부터 증류에 의해 99% 순도의 제품을 만들려고 한다. 증기압은 아래와 같다.

	Temperature, °C	
***P*, atm**	***n*-C_4H_{10}**	***n*-C_5H_{12}**
0.526	−16.3	18.5
1	−0.5	36.1
2	18.8	58.0
5	50.0	92.4
10	79.5	124.7
20	116.0	164.3

(a) 정확한 내삽법이 허용되는 형으로 증기압을 도시하고, 1, 2, 8 atm에서 운전하는 탑에 대한 평균 상대휘발도를 구하라. (b) 이 세 압력에서 분리에 필요한 최소 이론단 수를 구하라. 대기압 이상에서 분리하는 경우, 주요 이점은 무엇인가?

21.13 에틸벤젠(기포점 136.2°C)과 스티렌(기포점 145.2°C)이 110°C 이하의 온도를 유지시키고 스티렌 중합을 피하기 위하여 감압하에서 조작되는 탑에서 연속증류에 의해 분리된다. 공급원료는 54% 에틸벤젠과 46% 스티렌(wt%)의 조성을 갖으며, 30,000 kg/h의 유량으로 들어간다. 제품들은 에틸벤젠이 각각 97%와 0.2%씩 들어 있다. 상대휘발도는 1.37이며, 환류비가 6.15 그리고 약 70개의 단이 필요하다. 탑의 맨 윗단은 50 mm Hg, 58°C에서 운전되며, 한 단에서의 평균 압력손실은 2.5 mm Hg이다. (a) 맨 윗단에서의 F인자가 2.8 $(m/s)\ (kg/m^3)^{0.5}$가 되도록 탑을 설계한다면, 요구되는 탑의 지름은 얼마인가? (b) 탑의 지름이 균일한 경우, 탑 바닥에서 F인자는 얼마가 되는가? (c) 탑을 두 부로 나누어 탑 하부의 지름을 작게 한다면, F가 2.8이 넘지 않도록 하기 위해서 탑 지름은 얼마나 되어야 하는가(이 문제를 좀더 상세히 알기 위해서는 C. J. King, "Separation Processes", McGraw-Hill, New York, 1971, p. 608을 참고하라)?

21.14 한 공정에 벤젠과 톨루엔이 함유된 2개의 흐름이 있는데, 하나는 벤젠이 37%이고, 또 하나는 벤젠이 68%이다. 두 흐름의 양은 거의 같다. 가장 효율적인 방법으로 98% 벤젠과 99% 톨루엔을 생산하기 위해서 2개의 공급단을 갖는 증류탑이 제안되었다. 그러나 두 흐름을 합쳐서 한 군데로 보내면 간단한 조작이 될 수 있다. 같은 환류속도(reflux rate)에서 두 경우에 필요한 이상단 수를 계산하라.

21.15 30°C에서 물로 포화된 톨루엔에는 680 ppm의 H_2O가 있어서 분별증류에 의하여 0.5 ppm H_2O까지 건조시키려고 한다. 공급원료는 탑의 맨 윗단에 들어간다. 탑위 증기는 응축해서 30°C까지 냉각되며, 두 층으로 갈라진다. 물층은 버리며, 물로 포화된 톨루엔층은 재순환된다. 톨루엔에 대한 물의 평균 상대휘발도는 120이다. 액체원료 1 몰당 증기 0.25몰을 사용한다면, 몇 개의 이론단이 필요한가(탑내의 L/V 변화는 무시하라)?

21.16 40% 메탄올과 60% 물(몰%)이 함유된 원료는 99% 메탄올을 만들기 위하여 15개의 단이 있는 체판형 탑을 이용한다. 이 판은 열린 면적률이 8%이고, 구멍은 1/4 in이며, 물넘이둑이 2 in인 궁형 하강관으로 되어 있다. (a) 탑이 대기압에서 운전된다고 할 때, 탑 맨 윗단의 조건에서 범람한계를 계산하라. F 인자는 얼마이며, 이 한계에서 한 개의 단에서 압력강하는 얼마인가? (b) (a)에서 계산된 유량에서 F 인자를 구하고, 탑 바닥 근처의 단 한 개당 압력강하를 구하라. 증기유량이 증가할 때 탑의 어느 부(部)가 먼저 범람하겠는가?

21.17 증류탑에서 기포점으로 환류시키면서 메탄올-물 혼합물을 분리하고 있다. 커다란 응축기를 설치하여 환류흐름이 상당히 냉각된다. 환류비가 일정하도록 조절하고 있다. 제품의 양이 전과 똑같이 배출된다면 다음 항목들은 어떻게 되는가? (a) 조작선의 기울기, (b) 되끓이개의 열부하, (c) 탑위 제품의 순도

21.18 (a) 표 21.8과 21.9를 이용하여 65 $lb_f/in.^2$ 게이지 압력에서 다른 조성을 갖는 N_2-O_2 계의 상대휘발도를 계산하라. (b) 이것은 이상 계에 얼마나 가까운가? (c) 미량 기체의 영향을 무시한다면 공기를 99% 순도로 분리하는 데 필요한 최소이상단 수는 얼마인가?

21.19 그림 21.13에 선도로 그려진 계의 Murphree 효율은 65%로 산출되었다. (a) 탑에는 몇 개의 단이 있으며 원료공급단은 어디인가? (b) 원료공급을 5번째 실제단에 한다면 어떤 일이 생기는가? 답을 설명하는 데 도움을 줄 수 있는 선도를 이용하라.

21.20 #40 Intalox 금속충전물이 충전된 증류탑을 이용하여 이소옥탄(2,2,4-trimethyl pentane)과 톨루엔으로 이루어진 혼합물을 대기압하에서 증류하려고 한다. 액체원료는 40 몰% 이소옥탄이며 탑에 들어가기 전에 100°C로 예열된다. 탑은 32개의 이상단을 가지고 있다. (a) 추천하는 증기유량은 ft/s, lb mol/h.ft^2, 및 lb/h.ft^2으로 얼마인가? (b) #25 크기의 충전물을 사용하면 충전층의 부피를 상당히 줄일 수 있는가?

21.21 대부분의 증류탑에서는 하강관의 비말동반점에 다다르기 전에 비말동반 범람이 일어난다. 낮은 단 간격(6 in. 또는 9 in.)과 어떤 물넘이 높이의 경우에는 입장이 뒤집힐 수 있음을 증명하라(낮은 단 간격은 주변으로부터의 열을 전달하는 면적을 줄이기 위해 공기 증류탑에서 사용된다).

21.22 벤젠 50 g mol과 클로로벤젠 50 g mol로 이루어진 혼합물이 환류가 없는 단순증류법에 의해 처음 넣은 양의 40%가 탑위로 나갈 때까지 증류된다. 벤젠-클로로벤젠 계는 평균 상대휘발도가 5.3인 이상혼합물로 간주된다. (a) 증류가 끝난 후 탑위 생성물과 잔류물의 조성은 어떤가? (b) 첫 번째 증류로부터 생긴 탑위 생성물은 두 번째 단순증류기로 옮겨진다. 넣은 양의 40%를 다시 탑위 생성물로 빼낸다. 두 번째 탑위생성물의 조성은 얼마인가? 그것의 질량은 몇 g인가? 그것에는 몇 g의 염소가 포함되어 있는가?

표 21.9

Temperature, K	Vapor pressure, bar O_2	Vapor pressure, bar N_2
80	0.3003	1.369
90	0.9943	3.600
100	2.547	7.775
110	5.443	14.67

참고 문헌

1. Bennett, D. L., R. Agrawal, and P. J. Cook. *AIChE* J. **29:**434 (1983).
2. *Bubble Tray Design Manual*, New York: American Institute of Chemical Engineers, 1958.
3. Chan, H., and J. R. Fair. *Ind. Eng. Chem. Proc. Des. Dev.* **23:**814 (1984).
4. Bravo, J. L., J. A. Rocha, and J. R. Fair, *Hydrocarbon Proc*., **64**(1): 91 (1985).
5. Fair, J. R, *Petrol, Chem, Eng*., **33**(10): 45 (1961).
6. Fisher, W. R., M. F. Doherty, and J. M. Douglas. *Ind. Eng. Chem. Proc. Des. Dev*., **24**:955 (1985).
7. Gerster, J. A., *Ind. Eng. Chem*., **52**:645 (1960).
8. Harriott, P., *Environ. Sci. Technol*., **23**:309 (1988).
9. Jones, J. B., and C. Pyle, *Chem. Eng. Prog*, **51**:424 (1955).
10. Kister, H. Z., Distillation Design, New York: McGraw-Hill, 1992.
11. Klemola, K. T., and J. K. Ilme. *Ind. Eng. Chem. Res.* **35:**4579 (1996).
12. Kunesh, J. G., T. P. Ognisty, M. Sakata, and G. X. Chen. *Ind. Eng. Chem. Res.* **35:**2660 (1996).
13. Lewis, W. K., Jr., *Ind. Eng. Chem*., **28**:399 (1936).
14. Lockett, M. J. *Distillation Tray Fundamentals,* Cambridge, Eng.: Cambridge Univ. Press, 1986.
15. McCabe, W. L., and E. W. Thiele, *Ind. Eng. Chem*., **17**:605 (1925).
16. McFarland, S. A., P. M. Sigmund, and M. Van Winkle, *Hydro. Proc.,* **51**(7): 111 (1972).
17. Murphree, E. V., *Ind. Eng. Chem*., **17**:747 (1925).
18. *Valve Tray Design Manual*, Akron, OH: Norton Chemical Process Products Corp., 1996.
19. O'Connell, H. E. *Trans. AIChE.* **42:**741 (1946).
20. Perry, R. H. and D. W. Green (eds.). *Perry's Chemical Engineers' Handbook,* 7th ed. New York: McGraw-Hill, 1997, pp. **2**-257, **2**-262.
21. Peters, M. S., and K. D. Timmehaus, *Plant Design and Economics for Chemical Engineers*, 3rd ed. New York: Mcgraw-Hill, 1980, p. 387.
22. Strigle, R. F., Jr., and F. Rukovena, Jr., *Chem. Eng. Prog*., **75**(3): 87 (1979).
23. Vital, T. J., S. S. Grossel, and P. I. Olsen, *Hydro. Proc*., **63**(11):147 (1984).

22 다성분계 증류 개론

Introduction to Multicomponent Distillation

2성분 혼합물 증류와 마찬가지로 다성분 증류에도 평형단 계산은 물질 및 엔탈피수지와 기-액 평형을 이용한다. 물질수지는 탑 전체 또는 단 하나에 대해서 각 성분 별로 쓸 수 있지만, 엔탈피수지는 탑 전체 또는 각 단에 대해서 하나만 쓴다. 성분이 여러 개 있고 평형은 단마다 변하는 온도에 의존하기 때문에, 상평형(相平衡)이 2성분계보다 훨씬 복잡해진다. 2성분계에서, 온도와 평형은 단마다 다르지만 공비혼합물을 제외하고는 휘발성이 큰 성분은 탑 전체를 통해서 다른 성분보다 휘발성이 크다. 그러나 다성분 혼합물에서는 어떤 한 성분이 탑의 한 부분에서는 휘발성이 평균치보다 크지만 다른 부분에서는 휘발성이 평균치보다 작아 농도 변화 내용이 복잡하게 된다.

조업변수와 공학변수들을 수량화하는 데 필요한, 많은 계산과 방정식의 해를 수렴시키는 데 필요한 여러 번의 반복계산 때문에, 사실상 이 분야는 컴퓨터 이용이 지배적이다. 본 장에 컴퓨터 프로그램은 포함되어 있지 않지만 본 교재에 내포된 원리에는 이와 같은 프로그램이 충분히 기초되어 있다.

22.1 다성분 증류의 상평형

혼합물에 대한 기-액 평형은 분포계수(distribution coefficient), 즉 K 인자로 설명된다. 각 성분의 K는 평형상태에서 기상과 액상의 몰분율 비를 뜻한다. 즉,

$$K_i \equiv \frac{y_{ie}}{x_{ie}} \tag{22.1}$$

Raoult의 법칙과 Dalton의 법칙을 적용할 수 있으며, K_i 값들은 증기압과 계의 전압으로부터 계산될 수 있다. 즉,

$$p_i = x_i P_i' \tag{22.2}$$

$$y_i = \frac{p_i}{P} \tag{22.3}$$

$$K_i = \frac{x_i P_i'}{P x_i} = \frac{P_i'}{P} \tag{22.4}$$

Raoult의 법칙은 석유의 낮은 기포점 유분에 있는 파라핀이나 코우크스(coke) 생산 중에 회수된 방향족과 같이 유사한 화합물로 구성된 혼합물들에 대해서 훌륭한 어림셈법이다. 그렇지만 고압에서 K 인자는 압축성 효과 때문에 정확히 전압에 반비례하지는 않는다.

K 인자는 증기압 변화 때문에 온도 의존성이 강하지만, 두 성분에 대한 K의 상대적 값은 온도에 따라 조금만 다를 뿐이다. K 인자의 비는 그 성분들의 상대휘발도와 똑같다. 즉,

$$\alpha_{ij} = \frac{y_i / x_i}{y_j / x_j} = \frac{K_i}{K_j} \tag{22.5}$$

Raoult의 법칙을 적용하면,

$$\alpha_{ij} = \frac{P_i'}{P_j'} \tag{22.6}$$

이 된다. 나중에 알게 되겠지만 탑위 제품, 즉 증류물 제품 속에 있는 핵심성분(key component)의 상대휘발도와 탑밑 제품 속에 있는 핵심성분의 상대휘발도의 평균값은 다성분계 증류의 최소 단 수를 산출하는 데 이용된다.

기포점과 이슬점 계산

훌래쉬 증류 계산과 다성분 증류의 각 단에 대해서는 기포점(bubble point, 액체 혼합물의 초기 비점)이나 이슬점(초기 응축온도)의 계산을 필요로 한다. 기포점에 대한 기본식은 아래와 같다.

$$\sum_{i=1}^{N_c} y_i = \sum_{i=1}^{N_c} K_i x_i = 1.0 \tag{22.7}$$

그리고 이슬점에 대한 식은,

$$\sum_{i=1}^{N_c} x_i = \sum_{i=1}^{N_c} \frac{y_i}{K_i} = 1.0 \tag{22.8}$$

과 같다. 여기서, N_c는 성분의 수이다.

식 (22.7)을 이용하려면 온도를 가정하고 이미 발표되어 있는 표나 증기압 데이터 및 전압으로부터 K_i 값들을 얻어야 한다. $K_i x_i$의 합이 1.0을 넘으면, 온도를 더 낮게 잡아서 식 (22.7)이 만족될 때까지 계산을 반복한다. 기포점 온도가 정확히 ($\sum K_i x_i = 1.00$) 구해지면, 이 액체와 평형을 이루는 증기의 조성은 $K_i x_i$ 항들에 의해 직접 얻을 수 있다. 그렇지만 합계가 1.0에 접근할 경우, 증기조성은 합계에 대한 각 항의 상대적 기여분에 의해 거의 오차 없이 구할 수 있다. 즉,

$$y_i = \frac{K_i x_i}{\sum_{i=1}^{N_c} K_i x_i} \tag{22.9}$$

증기혼합물의 이슬점과 이 혼합물과 평형을 이루는 액체의 조성을 구하는 데에도 유사한 과정이 이용된다.

예제 22.1

전압이 1.2 atm일 때 33 몰%의 n-헥산, 37 몰%의 n-헵탄 및 30 몰%의 n-옥탄으로 구성된 혼합물의 기포점 온도와 이슬점 온도 및 대응하는 증기와 액체의 조성들을 구하라. n-파라휜들의 증기압과 K-인자들은 같은 계열의 인접 구성성분 간에 약 2.2배만큼 차이가 있음을 유의하라.

풀이

세 성분의 증기압을 T 대 log P(그림 22.1) 또는 $1/T_{abs}$ 대 log P로 도시한다. T_{abs}는 절대온도 K이다. n-파라핀들의 증기압과 K-인자는 같은 계열의 인접한 화합물에 대하여 약 2.2배 만큼 다르다는 것을 알아야 한다.

기포점. 중간성분인 헵탄의 증기압이 1.2 atm이 되는 온도 $T=105°C$를 택한다.

Component	P_i' 105°C, atm	$K_i = P_i'/1.2$	x_i	$y_i = K_i x_i$
1. Hexane	2.68	2.23	0.33	0.7359
2. Heptane	1.21	1.01	0.37	0.3737
3. Octane	0.554	0.462	0.30	0.1386
				Σ = 1.248

$\sum y_i$가 너무 크므로, 보다 낮은 온도로 바꾸어 본다. 첫 항이 큰 몫을 차지하므로, K_i가 1/1.24만큼 작아질 수 있는 온도를 택한다. $P_i'=2.16$ atm인 $T=96°C$를 택하면,

Component	P_i' at 96°C	K_i	x_i	$K_i x_i$	y_i
1	2.16	1.8	0.33	0.5940	0.604
2	0.93	0.775	0.37	0.2868	0.292
3	0.41	0.342	0.30	0.1025	0.104
				Σ = 0.9833	1.000

$\sum K_i x_i = 0.9833$이므로 $y_i = K_i x_i / 0.9833$이다.

내삽법을 사용하면 기포점은 97°C로서 96°C와 아주 근사하므로, 증기조성은 식 (22.9)를 이용해서 계산할 수 있다. 액체와 평형을 이루는 증기는 n-헥산 60.4 몰%, n-헵탄 29.2 몰% 및 n-옥탄 10.4 몰%이다.

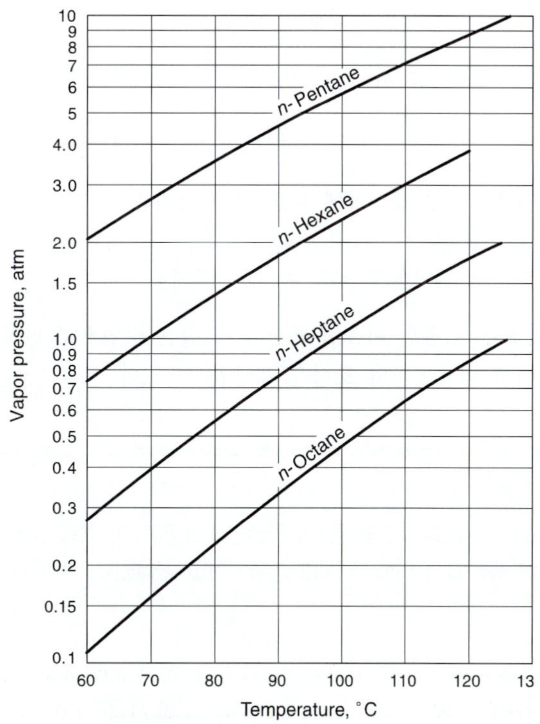

그림 22.1 예제 22.1에 대한 선도

이슬점. 이슬점은 기포점보다 높으므로, 첫 추정치를 105°C로 한다.

Component	K_i	y_i	y_i/K_i
1	2.23	0.33	0.1480
2	1.01	0.37	0.366
3	0.458	0.30	0.655
			Σ = 1.169

합계가 너무 크므로, 더 높은 온도를 택한다. K_3가 17% 커지는 T=110°C를 택해 본다.

Component	P'_i	K_i	y_i	y_i/K_i	x_i
1	3.0	2.5	0.33	0.132	0.130
2	1.38	1.15	0.37	0.3217	0.317
3	0.64	0.533	0.30	0.5625	0.553
				Σ = 1.0162	1.000

외삽법으로 계산하면 이슬점은 110.5°C이고, 증기와 평형을 이루는 액체의 조성은 y_i/K_i 값을 1.0162로 나누어 얻을 수 있다. ■

22.2 다성분 혼합물의 홀래쉬 증류

홀래쉬 증류에서 각 성분에 대하여 다음과 같은 형으로 식 (21.1)을 고쳐 쓸 수 있다.

$$y_{Di} = \frac{x_{Fi}}{f} - \frac{1-f}{f} x_{Bi} \tag{22.10}$$

증류물과 탑밑 흐름은 평형에 있으므로 이 식을 다음과 같이 바꾸어 쓸 수 있다.

$$\frac{y_{Di}}{x_{Bi}} = K_i = \frac{1}{f}\left(\frac{x_{Fi}}{x_{Bi}} + f - 1\right) \tag{22.11}$$

식 (22.11)을 x_{Bi} 에 대해 풀어서 N_c개 성분들에 대한 값을 합하면,

$$\sum_{i=1}^{N_c} x_{Bi} = 1 = \sum_{i=1}^{N_c} \frac{x_{Fi}}{f(K_i - 1) + 1} \tag{22.12}$$

로 주어진다. 이 식은 식 (22.8)을 이용한 이슬점 계산과 꼭 같은 방법으로 반복계산에 의해 풀 수 있으며, T와 K_i의 최종 값을 이용해서 제품흐름의 조성을 계산할 수 있다.

예제 22.2

예제 22.1의 혼합물이 1.2 atm에서 홀래쉬 증류되어 공급원료의 60%가 기화된다. (a) 홀래쉬되는 온도와 액체 및 증기의 조성을 구하라. (b) 홀래쉬에 의해 60%가 기화되려면 공급원료 액체를 몇 도까지 가열해야 하는가?

풀이

(a) 홀래쉬 온도는 기포점(97°C)과 이슬점(110.5°C) 사이에 있어야 한다. 97 + 0.6(110.5 − 97)은 약 105가 되므로, T=105°C로 가정한다. 그림 22.1을 이용하면 $K_1 = 2.68/1.2 = 2.23$, $K_2 = 1.21/1.2 = 1.01$ 그리고 $K_3 = 0.554/1.2 = 0.462$이다. f값은 0.6이므로, 식 (22.12)의 우변은 다음과 같이 된다.

$$\frac{0.33}{0.6(2.23-1)+1}+\frac{0.37}{0.6(1.01-1)+1}+\frac{0.30}{0.6(0.462-1)+1}$$
$$=0.190+0.368+0.443=1.001$$

훌래쉬 온도는 105°C이다. 액체제품의 조성은 n-헥산이 19.0 몰%, n-헵탄이 36.8 몰% 그리고 n-옥탄이 44.2 몰%이다. 증기제품의 조성은 K와 x 값들로부터 계산된다.

n-hexane, $y = 0.190(2.23)$	$= 0.424$
n-heptane, $y = 0.368(1.01)$	$= 0.372$
n-octane, $y = 0.442(0.462)$	$= 0.204$
	1.000

(b) 훌래쉬되기 전의 공급원료 온도를 구하기 위하여 105°C를 기준온도로 하여 엔탈피수지를 취한다. 105°C에서의 기화열과 105°C에서 200°C사이에서 액체의 평균 열용량은 문헌에서 구할 수 있다.

	C_p, cal/mol·°C	ΔH_v, cal/mol
n-hexane	62	6,370
n-heptane	70	7,510
n-octane	78	8,560

105°C의 액체를 기준으로 하면 제품들의 엔탈피는 다음과 같다.

$$H_{\text{vapor}} = 0.6(0.424\times6,370+0.372\times7,510+0.204\times8,560)$$

$$H_{\text{vapor}} = 4,345\ \text{cal} \qquad H_{\text{liquid}} = 0$$

공급원료에 대하여,

$$\overline{C}_p = 0.33\times62 + 0.37\times70 + 0.30\times78$$
$$= 69.8\ \text{cal/mol}\cdot{}^\circ\text{C}$$
$$69.8(T_0-105) = 4,345$$
$$T_0 = 167^\circ C = \text{예열온도}$$

보다 정확한 답을 얻기 위해서는 액체 열용량이 105°C에서 170°C범위에서 재산출되어야 한다. ■

22.3 다성분 혼합물의 분별 증류

2성분 혼합물의 분별증류(fractionation)에서와 같이 캐스케이드 설계에 이상단을 가정하며, 단 수는 나중에 단효율로 보정한다. 완전환류(최소단수) 및 최소환류와 같은 두 가지 한계조건들 또한 설계가 적절함을 알기 위해 구하게 된다.

증류장치의 계산은 두 가지 중의 하나로 한다. 첫 번째 방법에서는 성분들의 원하는 분리내용을 가정하고, 환류비를 선택해서 원료공급단 아래와 위의 단수를 계산한다. 두 번째 방법에서는 원료공급단 아래와 위의 단 수를 가정하고, 응축기로부터의 환류와 되끓이개로부터의 증기유량들을 가정하여 성분의 분리 내용을 계산한다. 2성분계 증류에서는 첫 번째 방법이 보다 보편적이다. 다성분계인 경우에는 두 번째 접근법을 택하며, 특히 컴퓨터 계산에는 두 번째 방법이 유리하다.

최종 컴퓨터 계산에서는 일정몰 넘침(constant molal overflow)이나 온도에 무관한 K인자는 가정하지 않고, 단효율이 도입되지만 예비 계산에서는 가정을 단순화하는 것이 보통이다. 활동도 계수가 온도와 무관하다고 가정할 때, 캐스케이드의 이상단 수가 종속변수로 되는 일괄법(group method)이 이용된다. 이 계산법으로는 단의 온도나 단 사이의 내부흐름 조성을 풀지 않고 단수를 구할 수 있다. α 값이 온도 의존성이면 이런 간단한 방법들은 사용되지 않고, 단 하나 하나에 대한 계산이 필요하다. $n+1$번째 단에 대한 온도와 액체조성은 이미 알고 있는 n번째 단의 값으로부터 추산해서 계산되며, 탑 아래 또는 위로 한단 한단씩 계산해 나간다.

본 장의 나머지 부분에서는 다음과 같은 방법으로 이 방법들을 본보기로 보여준다. 즉, 무한대 환류(전환류)에서의 최소단수와 무한대 단 수일 때의 최소환류는 상대휘발도가 일정하다고 가정해서 일괄법으로 하며 설계 관점에 기초가 된다. 실제 조업환류에서 단 수에 대한 경험 관계식은 나중에 설명한다.

핵심성분

증류의 목적은 원료를 거의 순수한 제품의 흐름으로 분리하는 것이다. 2성분계 증류에서 순도는 보통 증류물 제품과 탑밑 제품에 있는 가벼운 성분(light component)의 몰분율인 x_D 와 x_B를 규정하면 된다. 식 (21.8)로 알 수 있는 바와 같이, 이 농도들을 정하면 단위 원료당 두 제품의 양이 결정된다. 그리고 환류비가 정해지면 이론단 수가 계산된다.

다성분계 증류에서는 제품 속에 3개 이상의 성분이 있기 때문에, 각 제품 속에 있는 한 성분의 농도를 규정해도 제품들의 특성을 완전히 알 수는 없다. 그러나 증류물 제품과 탑밑 제품에서 세 성분 중의 2개 또는 4 성분 중의 3개에 대한 농도가 정해지면, 제품들의 규격이 명백해지겠지만 이런 규격을 정확히 맞춘다는 것은 일반적으로 불가능하다. 환류비나 단 수를 증가시키면 분리의 정밀도가 증가하고, 각 제품 속의 한 성분에 대한 원하는 농도를 얻을 수 있다. 그러나 다른 농도들이 앞에서 정한대로 꼭 맞아떨어질지는 의문이다. 일반적으로 설계자는 증류물과 탑밑 제품 속의 농도나 회수율이 분리 정도에 좋은 지표가 될 수 있는 두 성분을 선택한다. 이 성분들을 핵심성분(核心成分, key component)이라고 한다. 이 핵심성분들은 휘발도에서 차이가 있어야 하기 때문에 휘발성이 큰 것을 하첨자 L로 표시하여 **가벼운(또는 경질) 핵심**(light key)이라 하고, 휘발성이 작은 것은 하첨자 H로 표시하여 **무거운(또는 중질) 핵심**(heavy key)이라고 한다.

핵심성분을 정하면 경질 핵심성분과 중질 핵심성분을 x_L 및 x_H와 같이 하첨자로 표시하고 2성분계 증류에서 x_{DB} 및 x_{BA}로 표시했던 것처럼 증류물과 탑밑 제품 속의 핵심성분들을 x_{DH} 및 x_{BL}로 표시한다. x_{BL}과 x_{DH}를 작은 값으로 선택한다는 것은 증류물 속에 대부분의 경질 핵심성분이 들어가고, 탑밑 제품 속에는 대부분의 중질 핵심성분이 포함된다는 것을 뜻한다. 중질 핵심성분보다 무거운 성분들은 액상에서 농축되려고 하고 원료공급단 위로는 많이 운반되지 않으므로, 핵심성분들이 가장 휘발성 있는 두 개의 성분들일 경우라면 증류물은 거의 순수한 경질 핵심성분일 수가 있다. 중질 핵심성분보다 더 무거운 성분들은 보통 거의 다 탑밑 제품으로 회수된다. 이러한 일반성에 예외적인 것은 이성체(isomer) 혼합물처럼 아주 비슷한 기포점을 갖는 물질들을 증류하는 경우에 생기게 된다.

2성분계의 경우와는 달리 두 핵심성분이 선택된다고 해도 명확한 물질수지가 이루어지는 것은 아니다. 두 성분 이외의 다른 성분들의 몰분율은 물질수지만으로 계산될 수 없고, 맨 윗단을 나가는 이슬점 증기의 농도와 되끓이개를 나가는 기포점 액체의 농도를 계산하려면 평형 계산이 필요하기 때문이다.

어떠한 두 성분도 핵심성분으로 지정될 수 있기는 하지만, 그들은 휘발도의 크기 순서로 인접해 있는 것이 보통이다. 이와 같은 선택을 **정밀분리**(sharp separation)라고 한다. 정밀분리인 경우에는 핵심성분들만이 두 제품 속에 감지될 만한 농도로 나타난다.

최소단수

무한 환류비에서 Fenske 식 (21.45)를 임의의 두 성분 i와 j에 적용할 수 있다. 이 경우에는 이 식이 다음과 같은 형태로 된다.

$$N_{\min} = \frac{\ln[(x_{Di}/x_{Bi})/(x_{Dj}/x_{Bj})]}{\ln \bar{\alpha}_{ij}} - 1 \tag{22.13}$$

$$\bar{\alpha}_{ij} = \sqrt[3]{\alpha_{Dij}\alpha_{Fij}\alpha_{Bij}} \tag{22.14}$$

식 (22.14)에서 하첨자 D, F 및 B는 증류물, 원료공급단 및 탑밑 제품의 온도에서의 값을 뜻한다.

예제 22.3

n-헥산이 33%, n-헵탄이 37% 그리고 n-옥탄이 30% 있는 혼합물을 증류하여 n-헵탄이 0.01 몰분율인 증류물 제품과 n-헥산이 0.01 몰분율인 탑밑 제품을 얻으려고 한다. 이 탑은 60% 기화된 원료를 공급받으며, 1.2 atm으로 운전된다. 완전한 제품조성들을 계산하고, 무한 환류에서 최소 이론단 수를 계산하라.

풀이

n-헥산은 경질 핵심성분 (LK)이고, n-헵탄은 중질 핵심성분 (HK)이며, n-옥탄은 중질 비(非)핵심성분(heavy nonkey, HNK)으로 거의 전부가 탑밑 제품으로 간다. 제품조성은 증류물 속에 n-옥탄이 없고, n-헥산이 0.99 몰분율 있다고 가정하여 물질수지로 구할 수 있다. 원료공급 속도 100 mol/h를 기준하여 계산하면,

$$F = D + B = 100$$

헥산의 물질수지,

$$Fx_F = Dx_D + Bx_B$$

$$100 \times 0.33 = 0.99D + (100 - D)(0.01)$$

$$D = \frac{32}{0.98} = 32.65 \text{ mol/h}$$

$$B = 100 - D = 67.35 \text{ mol/h}$$

탑위 제품 속의 헥산의 양은,

$$Dx_D = 32.65 \times 0.99 = 32.32 \text{ mol/h}$$

탑밑 제품의 조성은 이 흐름에 모든 옥탄과 $0.01D$ 이외의 모든 헵탄, 즉 $37 - 0.01(32.65) = 36.67$ mol/h 및 0.68 mol/h의 헥산이 들어 있으므로 직접 계산될 수 있다. 표 22.1에 각 조성들이 수록되어 있다.
최소 단위는 중질 핵심성분에 대한 경질 핵심성분의 상대휘발도의 비, 즉 K 인자의 비를 이용하여 Fenske 식[식 (22.13)]으로부터 얻을 수 있다. 훌래쉬 온도에서의 K값은 예제 22.2에서 얻을 수 있으며, 표 22.1에 수록되어 있다.

표 22.1

Component	Feed, mol	Distillate Mol	Distillate x	Bottoms Mol	Bottoms x	K at 105 °C, 1.2 atm
LK n-hexane	33	32.32	0.99	0.68	0.010	2.23
HK n-heptane	37	0.33	0.01	36.67	0.544	1.01
HNK n-octane	30	0	0	30	0.446	0.462
	100	32.65		67.35		

$$\alpha_{LK,HK} = \frac{2.23}{1.01} = 2.21$$

$$N_{\min} = \frac{\ln[(0.99/0.01)/(0.01/0.544)]}{\ln 2.21} - 1 = 10.8 - 1 = 9.8$$

최소 이론단 수는 9.8개의 단에다 되끓이개 하나를 더한 것이다.

$N_{\min}$을 더 정확히 계산하려면 탑위, 탑중간 및 탑밑에서의 평균 상대휘발도를 이용해야한다. 맨 윗단 온도는 1.2 atm에서 n-헥산의 기포점인 약 75°C이고, 이 온도에서의 상대 휘발도는 그림 22.1의 증기압으로부터 구할 때 2.53이다. 탑밑

온도는 탑밑 제품에 대한 기포점 계산에 의해 약 115°C이고, 상대휘발도는 2.15이다. 식 (22.14)로부터,

$$\bar{\alpha}_{LK,\,HK} = \sqrt[3]{2.53 \times 2.21 \times 2.15} = 2.29$$

식 (22.13)의 분모에 log 2.29를 이용하면 $N_{min} = 9.4$가 된다. 증류물 속에 옥탄이 없다는 가정을 조사하기 위하여 $\alpha = K_2/K_3 = 1.01/0.462 = 2.19$를 이용해서 식 (22.13)을 헵탄과 옥탄에 적용시키면,

$$N_{min} + 1 = 10.4 = \frac{\ln[(0.01/0.544)/(x_{D3}/0.446)]}{\ln 2.19}$$

$x_{D3} = 2.4 \times 10^{-6}$이므로 무시할 수 있다. ■

최소 환류비

다성분 증류에서의 최소 환류비는 2성분 증류에서와 똑같은 중요성을 지닌다. 즉, 이 환류비에서는 원하는 분리가 겨우 가능할 뿐 무한대의 단수를 필요로 한다. 최소 환류비는 운전하고 있는 탑의 합리적 환류비를 선택하고, 어떤 환류비에서 주어진 분리에 필요한 단수를 계산하는 지침이 된다.

다성분계에서 원하는 분리란 일반적으로 증류물에서 회수되는 경질 핵심성분의 양과 탑밑 제품에 회수되는 중질 핵심성분의 양을 참조한다. 예를 들어, 규격으로 증류물 속에 경질 핵심성분의 98% 회수 및 탑밑 제품 속에 중질 핵심성분의 99% 회수 등을 요구할 수 있다. 제품 중 핵심성분들의 실제 몰분율은 공급원료 속에 있는 비핵심성분들의 양과 관련이 있으므로 실질적으로 규정되기는 어렵다. 공급원료 중의 비핵심성분들의 작은 변화는 경질 및 중질 핵심성분의 근본적인 분리에 그다지 큰 영향을 주지 않고서도 제품조성에 변화를 줄 수 있다.

탑에서 이루어진 분리는 어느 정도 공급원료의 모든 성분과 관련되지만, 최소 환류비의 근사값은 혼합물의 의(擬)이성분(pseudo binary)이라고 취급하여 얻을 수 있다. 새로운 의급송물(pseudo feed)를 만들기 위해서 경질 및 중질 핵심성분의 몰 수만을 취하면 제품조성은 α_{LK-HK}에 기준한 기-액 평형곡선으로부터 계산할 수 있다. 그러면 R_{Dm}은 그림 21.17와 같이 식 (21.47)을 이용하여 얻을 수 있다. **포화액체 급송물**[2]에 대하여 다른 방법으로 식을 표현하면, 이 식은 2성분 혼합물 A와 B에 대한 공급원료 유량 대 액체유량의 최소비로 주어진다. 즉,

$$\frac{L_{min}}{F} = \frac{(Dx_{DA}/Fx_{FA}) - \alpha_{AB}(Dx_{DB}/Fx_{FB})}{\alpha_{AB} - 1} \tag{22.15}$$

식 (22.15)의 괄호 속의 항들은 증류물 속의 A와 B의 회수율이다. 다성분 혼합물에서, 이 항들은 증류물 중의 경질 핵심성분의 규정 회수량과 공급원료 중에 있는 중질 핵심성분 중에서 증류물 제품에 허용되는 분율을 뜻한다. L의 최소치는 주로 상대휘발도와 관계 있음을 알아야 한다. 경질 핵심성분 회수율이 0.95에서 0.99 또는 0.999까지 변한다고 해도, $\alpha_{AB}(Dx_{DB}/Fx_{FB})$항이 보통은 아주 작기 때문에 L_{min}/F는 겨우 4 내지 5%만 변한다. 식 (22.15)에서 급송물조성은 별 영향이 없지만, x_{FA} 값이 낮으면 D가 작게 되어 환류비 L/D는 농도가 진한 급송물보다 커지게 된다.

핵심성분들이 공급원료의 90% 이상을 차지한다면 식 (22.15)는 다성분 혼합물에 대한 훌륭한 근사해법이 될 수 있다. 경질 핵심성분보다 휘발성이 큰 성분이거나 중질 핵심성분보다 무거운 성분들은 핵심성분 그 자체보다 쉽게 분리되므로, 이 방법은 이러한 경우에 필요한 L 값을 일반적으로 과대 산출하게 된다. 다른 혼합물의 제품 속에 있는 비핵심성분들의 분포는 우선 최소 환류비를 보다 정밀하게 계산하여 산출되어야 한다. 제품들의 완전한 조성은 미리 정할 수 없고, 원하는 핵심성분의 분리가 유지되도록 단수가 조절된다고 해도 제품의 비핵심성분 양은 환류비에 따라 변한다. 최소 환류비에서 제품조성을 산출할 수 있게 하기 위해서는 **분배성분**(分配成分, distributed component)과 **비분배성분**(非分配成分, undistributed component)의 개념이 도입되어야 한다.

분배성분과 비분배성분

분배성분은 증류물 제품과 탑밑 제품 모두에 있는 반면, 비분배 성분은 오직 한 제품 속에만 있다. 경질 핵심성분과 중질 핵심성분은 늘 분배되며, 두 핵심성분 사이의 휘발도를 갖는 성분들도 물론 분배된다. 경질 핵심성분보다 휘발성이 큰 성분은 거의 완전히 증류물로 회수되며, 중질 핵심성분보다 휘발성이 낮은 성분들은 거의 완전히 탑밑 제품에 있게 된다. 이와 같은 성분들을 분배 또는 비분배라고 부르는 것은 정의를 해석하기에 달려 있다. 일정한 단수를 갖는 실제 탑에서, 몇 개의 성분이 감지할 수 있는 한계 이하의 농도에 있다 하더라도, 모든 성분들은 이론상 두 제품 모두에 존재한다. 증류물 속의 중질 비핵심성분의 몰분율이 10^{-6} 또는 그 이하에 있다면, 그 성분은 실질적 관점에서 비분배성분으로 간주된다. 그러나 탑의 단수를 구하기 위해 단 하나 하나씩 계산하려면, 작지만 어떤 일정한 값이 있으면 이를 계산할 필요가 있다.

최소 환류의 경우, 중질 비핵심성분은 일반적으로 증류물 제품에 없고, 경질 비핵심성분이 탑밑 제품에 없기 때문에 분배성분과 비분배성분의 구별이 더욱 분명하다. 이 조건에서는 탑의 단 수가 무한대이고, 원료공급단을 지난 각 단에서의 농도가 점차적으로 감소해 가기 때문에, 비핵심성분들의 농도는 0에 가까워진다.

어떤 중질 성분이 증류물에 완전히 없어지게 하기 위해서는 어떤 것이 필요한지 생각해 보자. x_D가 0이고 일정몰 넘침이 가정되면, 탑 상부의 물질수지[식 (21.17)]는 다음과 같이 된다.

$$y_{n+1} = \left(\frac{L}{V}\right)_n x_n \tag{22.16}$$

이상단에서는 $y_n = K x_n$이고, 그 다음 단에 대한 증기농도의 비는 다음과 같다.

$$\frac{y_n}{y_{n+1}} = \frac{KV}{L} \tag{22.17}$$

취급하고 있는 성분의 K가 L/V보다 작으면 y_n은 y_{n+1}보다 작아지며, 원료공급단 위에 있는 모든 단에서 이것이 사실이면 무한대의 단에서 y가 0으로 가게 될 것이다. 물론 K는 온도함수이지만, K가 원료공급단 온도에서 L/V보다 작으면 온도가 더 낮은 원료공급단 위의 단들에서는 더욱 작아지고, 단에서 단으로 갈수록 y의 감소가 더 빨라지게 된다. K가 중질 핵심성분의 K보다 10%정도 작거나 중질 핵심성분에 기준한 상대휘발도가 0.9 이하이면, 중질성분들은 일반적으로 비분배된다.

원료공급단 밑의 단들에서 K 값이 꽤 크면, 최소 환류일 때 경질 성분들이 분배되지 않는다. x_B가 0이라고 가정하면, 식 (21.19)는 다음과 같이 된다.

$$y_{m+1} = \frac{\overline{L}}{\overline{V}} x_m \tag{22.18}$$

따라서,

$$\frac{y_{m+1}}{y_m} = \frac{\overline{L}}{K\overline{V}} \tag{22.19}$$

탑 하부에서 K가 늘 $\overline{L}/\overline{V}$보다 크면, $x_B = 0$이라는 가정을 정당화할 수 있게끔 y는 0이 된다. 실제로 경질 핵심성분보다 K 값이나 상대휘발도가 10% 크면, 거의 틀림없이 비분배성분이 된다. 경질 핵심성분보다 약간 휘발성이 크거나 중질 핵심성분보다 휘발성이 약간 작은 성분들로 된 공급원료인 경우에는 이 성분들의 분배 여부를 계산하고 제품 속의 농도를 산출하기 위한 기법들이 있다[5].

최소 환류비 계산

최소 환류비에서는 원료공급단 아래와 위의 각 단에서 기체와 액체의 조성이 변하지 않는 불변지대가 있다. 이 지역들은 그림 21.17의 "핀취"(pinch)지대와 비슷하지만, 2성분 증류에서처럼 반드시 원료공급단에서 생기지는 않는다. 공급원료에 비분배성분이 있으면 그들의 농도는 원료공급단 근처에서는 단을 지날 때마다 변해서 불변지대에 도달할 때는 농도가 0으로 줄어든다. 따라서 경질 및 중질 비분배성분들이 있는 공급원료에서 상부 불변지대의 액체는 중질 비분배성분을 제외한 모든 성분들을 갖는다.

하부 불변지대에서는 경질 비분배성분을 제외한 모든 성분들이 존재한다. 두 개의 불변지대는 서로 다른 온도에 있으며, 비분배성분들 때문에 서로 다른 액체와 증기조성을 갖는다. 공급원료 중의 비분배성분 비율이 작으면, 두 불변지대의 온도는 거의 같고 최소 환류비 계산이 비교적 쉽다. 이 온도들이 상당히 다르면, 이 두 지대에서의 상대휘발도가 다르기 때문에 정확한 최소 환류 계산이 어렵게 된다. 다음과 같은 방법으로 최소 환류비 계산의 기초가 되는 개념과 편리한 근사식을 구하려고 한다. R_{Dm}에 대한 식의 완전한 유도과정은 본 교재의 범위를 벗어난다.

탑 상부의 각 성분에 대한 물질수지식[식 (21.17)]은 증기와 액체 사이가 완전한 평형이라고 가정하여 x_n 대신에 y_n/K로 표시할 수 있다.

$$V_{n+1,i}y_{n+1,i} = \frac{L_n y_{ni}}{K_i} + Dx_{Di} \tag{22.20}$$

불변지대에서는 단에 따라 조성이 변하지 않으므로, $y_{n+1,i} = y_{ni}$이고 $y_{\infty i}$로 표시한다. 하첨자 ∞는 무한대의 단을 나타낸다. 그러면 식 (22.20)은 다음과 같이 된다.

$$V_\infty y_{\infty i} = \frac{L_\infty y_{\infty i}}{K_{\infty i}} + Dx_{Di} \tag{22.21}$$

이 식을 재정리하면, 다음과 같이 된다.

$$y_{\infty i} = \frac{Dx_{Di}}{V_\infty - L_\infty / K_{\infty i}} \tag{22.22}$$

또는,

$$y_{\infty i} = \frac{D}{V_\infty}\left(\frac{x_{Di}}{1 - L_\infty / V_\infty K_{\infty i}}\right) \tag{22.23}$$

식 (22.23)은 증류물 제품에 있는 모든 성분들을 합하면, 그 합이 1이어야 한다.

$$\sum y_{\infty i} = 1.0 = \frac{D}{V_\infty}\sum \frac{x_{Di}}{1 - L_\infty / V_\infty K_{\infty i}} \tag{22.24}$$

탑 하부에 대해서도 비슷하게 처리하면 다음 식들이 유도된다.

$$\overline{V}_\infty y_{\infty i} = \frac{\overline{L}_\infty y_{\infty i}}{\overline{K}_{\infty i}} - Bx_{Bi} \tag{22.25}$$

$$y_{\infty i} = -\frac{Bx_{Bi}}{\overline{V}_\infty - \overline{L}_\infty / \overline{K}_{\infty i}} \tag{22.26}$$

$$y_{\infty i} = -\frac{B}{\overline{V}_\infty}\left(\frac{x_{Bi}}{1 - \overline{L} / \overline{V}_\infty \overline{K}_{\infty i}}\right) \tag{22.27}$$

식 (22.27)에서 탑밑 제품에 있는 모든 성분들을 합하고, 분모가 양의 값이 되도록 부호를 바꾸면 다음과 같이 된다.

$$\sum y_{\infty i} = 1.0 = \frac{B}{\overline{V}_\infty}\sum \frac{x_{Bi}}{\overline{L}_\infty / \overline{V}_\infty \overline{K}_{\infty i} - 1} \tag{22.28}$$

식 (22.24)를 이용해서 최소 환류비를 구하기 위해 L/V과 D/V를 주는 R_D값을 가정한다. 식 (22.24)의 모든 항들이 양의 값으로 만족되는 온도를 추정해서 구한다. 다른 K값들은 합하면 1이 되지만, 일부는 음의 항을 가지며 특별한 의미는 없다.

탑 하부의 유량은 공급원료의 조건으로부터 계산된다. 즉 $\overline{L} = L + qF$, $\overline{V} = V - (1-q)F$, 여기서 q는

공급원료 1 몰당 탈거부로 들어가는 액체의 몰수이다[식 (21.27)과 식 (21.28) 참조]. 모든 항들이 양의 값을 갖도록 식 (22.28)을 만족시키는 온도를 구할 수 있다. 일부 비분배 성분이 있으면, 하부 불변지대의 온도는 상부 불변지대의 온도보다 높다. 계산된 온도가 같거나 그 순서가 잘못되어 있으면 가정된 R_D 값은 부정확한 것이며, 더 낮은 R_D 값으로 계산을 반복한다. 그림 22.2는 어떻게 이 과정을 2성분계에 적용하는가를 보여주고 있다. 어떤 R_D나 L/V 값을 선택하더라도 조작선이 평형선과 만나는 핀취(pinch)에 해당하는 온도가 있다. R_D가 더 커지면 상부 핀취는 더 낮은 x 값 또는 더 높은 온도에서 생기며, 하부 핀취는 더 높은 x와 더 낮은 온도에서 생긴다. 2성분계에서는 두 핀취점이 진짜 최소 환류에서 일치하지만, 다성분 원료인 경우에는 불변지역들의 온도와 조성이 다르다. 불행하게도 온도 분리를 구하는 간단한 방법이 없어서 정확한 R_{Dm} 값을 얻기 위해서는 두 불변지대 부근에서 한단, 한 단씩 계산하는 수밖에 없다.

R_{Dm}을 구하는 방법으로 근사법이기는 하나 꽤 정확한 방법이 Underwood[8]에 의해 개발되었다. 각 성분에 대한 상대휘발도는 상부와 하부 불변지대에서 같게 놓고, 일정몰 넘침을 가정한다. 불변지대에 대한 식은 중질 핵심성분을 기준 성분으로 취한 $\alpha_i = K_i / K_{\text{ref}}$인 상대휘발도 α_i 항으로 쓸 수 있다. 두 식이 총괄 물질 수직식 및 공급원료-품질식(feed-quality equation)과 합해져서 시행오차법으로 풀어야 하는 하나의 식으로 만든다. 그 식의 정확한 근(根) ϕ는 두 핵심성분의 α 값 사이에 있다. 다른 ϕ값들도 이 식을 만족시키지만, 실질적 의미는 갖지 않는다. 그 식은 다음과 같다.

$$1 - q = \sum \frac{\alpha_i x_{Fi}}{\alpha_i - \phi} = \sum f_i \tag{22.29}$$

ϕ 값을 사용하여 $V_{\min}/D$를 얻는다. 즉,

$$\frac{V_{\min}}{D} = R_{Dm} + 1 = \sum \frac{\alpha_i x_{Di}}{\alpha_i - \phi} \tag{22.30}$$

식 (22.29)의 합에는 공급원료의 모든 성분들이 포함되어 있으나, 식 (22.30)에는 증류 속의 성분들만 있음을 알 수 있다. 공급원료 속에 하나 이상의 경질 및 중질 핵심식성분 사이의 화합물이 있으면, 두 핵심성분의 α 값들 사이에 있는 둘 이상의 ϕ 값이 식 (22.29)를 만족시킨다. 따라서, 정확한 ϕ 값은 식 (22.29)와 식 (22.30)을 연립해서 풀어야만 알 수 있다.

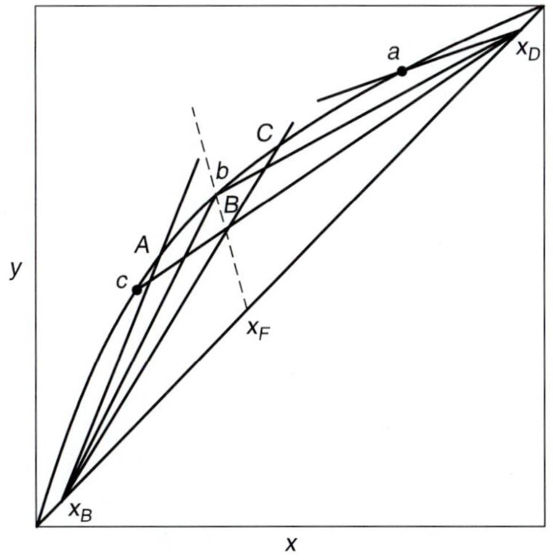

그림 22.2 2성분계의 불변지대

예제 22.4

n-펜탄이 4%, n-헥산이 40%, n-헵탄이 50% 그리고 n-옥탄이 6% 들어 있는 혼합물을 1 atm에서 증류하여 98%의 헥산과 1%의 헵탄을 증류물로 회수하려고 한다. (a) 액체원료가 기포점에 있을 때 최소 환류비는 얼마인가? (b) 상부 및 하부 불변지대에서 온도와 조성은 얼마인가?

풀이

핵심성분들은 n-헥산과 n-헵탄이며, 다른 성분들은 분배되지 않을 만큼 휘발도에 큰 차이가 있다. 아래 표는 80°C의 K 값에 따라 계산한 원료 100 몰당 제품 속의 몰 수를 나타낸 것이다.

		x_F	Fx_F	Moles in D	x_D	Moles in B	x_B	$K_{80°}$	Kx_F
	n-C_5	0.04	4	4	0.092	0	0	3.62	0.145
LK	n-C_6	0.40	40	39.2	0.897	0.8	0.014	1.39	0.556
HK	n-C_7	0.50	50	0.5	0.011	49.5	0.879	0.56	0.280
	n-C_8	0.06	6	0	0	6	0.107	0.23	0.014
				D = 43.7		B = 56.3			0.995

(a) 기포점은 80°C이며, 이 온도에서 $\alpha_{\text{LK-HK}}$는 $1.39/0.56 = 2.48$이다. 근사해법으로 식 (22.15)를 이용하면,

$$\frac{L_{\min}}{F} = \frac{0.98 - 2.48(0.01)}{2.48 - 1} = 0.645$$

$$\frac{L_{\min}}{D} = \frac{L_{\min}}{F}\frac{F}{D} = 0.645\left(\frac{1}{0.437}\right) = 1.48$$

Underwood법을 이용하기 위해 80°C의 K 값들을 상대휘발도로 바꾸고, 1과 2.48 사이에 있는 식 (22.29)의 근을 시행오차법으로 찾는다. $q = 1.0$이므로, 항들을 합하면 0이 되어야 한다.

	α_i	x_{Fi}	$f_i, \phi = 1.5$	$f_i, \phi = 1.48$
n-C_5	6.46	0.04	0.052	0.052
n-C_6	2.48	0.40	1.012	0.992
n-C_7	1.0	0.50	−1.00	−1.042
n-C_8	0.41	0.06	−0.023	−0.023
			0.041	−0.021

몇 번 더 시행착오를 해서 내삽법으로 계산하면, $\phi = 1.487$임을 알 수 있다. 식 (22.30)으로부터,

$$R_{Dm} + 1 = \sum \frac{\alpha_i x_{Di}}{\alpha_i - 1.487}$$

$$= \frac{6.46(0.092)}{6.64 - 1.487} + \frac{2.48(0.897)}{2.48 - 1.487} + \frac{1(0.011)}{1 - 1.487}$$

$$= 0.120 + 2.24 - 0.023 = 2.337$$

$$R_{Dm} = 1.34$$

이 값은 식 (22.15)를 이용한 근사값보다 10% 작은 것을 알 수 있다.

(b) 상부 불변지대의 조건을 찾기 위하여 다음과 같은 유량의 비를 이용하여 식 (22.24)를 풀면,

$$\frac{V}{D} = R_D + 1 = 2.34 \qquad \frac{D}{V} = 0.427$$

$$\frac{V}{F} = \frac{V}{D}\frac{D}{F} = 2.34 \times 0.437 = 1.02 \qquad \frac{L}{V} = \frac{R_D}{R_D + 1} = \frac{1.34}{2.34} = 0.573$$

$$y_i = \frac{D}{V}\left(\frac{x_{Di}}{1 - L/VK_i}\right)$$

		x_{Di}	$K_{80°}$	y_i	$K_{81°}$	y_i	$K_{81.2°}$	y_i	y_i at 81.1°C
	n-C_5	0.092	3.62	0.047	3.72	0.046	3.74	0.046	0.046
LK	n-C_6	0.897	1.39	0.652	1.43	0.639	1.44	0.636	0.637
HK	n-C_7	0.011	0.56	− 0.202	0.58	0.389	0.584	0.249	0.317
						1.074		0.931	1.00

가정한 온도 $T=80°C$에서 헵탄에 대해 계산된 y가 음의 값이므로 온도를 약간 높여야 한다($K_i > L/V$가 되도록). 헵탄에 대한 항은 가정된 온도에 아주 민감하여 y의 합이 1.00이 되도록 하기 위해서는 K 값들이 4자리 수까지 주어져야 한다. 위의 값들로부터,

$$T(\text{상부 불변지대}) \approx 81.1°C$$

이 지대의 증기조성(위 표에서 마지막 열에 있는 y_i)은 헵탄에 대한 값을 주로 조절하여 정확한 합이 되도록 보정한다.

하부 불변지대의 증기조성과 온도는 다음과 같은 유량비로 식 (22.28)을 이용하여 얻는다. $q=1.0$에서,

$$V=\overline{V} \qquad \overline{L}=L+F$$

$$\frac{B}{\overline{V}}=\frac{B}{F}\,\frac{F}{\overline{V}}=\frac{0.563}{1.02}=0.552 \qquad \frac{\overline{L}}{\overline{V}}=\frac{L}{V}+\frac{F}{V}=0.573+\frac{1}{1.02}=1.55$$

$$y_i=\frac{B}{\overline{V}}\left(\frac{x_{Bi}}{\overline{L}/\overline{V}K_i-1}\right)$$

		x_{Bi}	$K_{83°}$	y_i	$K_{83.2°}$	y_i	y_i at 83.3°C
LK	n-C_6	0.014	1.52	0.392	1.53	0.591	0.662
HK	n-C_7	0.879	0.618	0.322	0.622	0.325	0.326
	n-C_8	0.107	0.258	0.012	0.26	0.012	0.012
				0.726		0.928	1.000

여기서 핵산에 대한 항은 온도에 따라 가장 빨리 변하며, y_i의 최종 값은 그에 따라 조절된다.

$$T(\text{하부 불변지대}) \approx 83.3°C$$

불변지대의 액체조성은 $x_i=y_i/K_i$로부터 계산된다.

		Lower zone	Upper zone
T, °C		83.3	81.1
LK	x	0.433	0.442
	y	0.662	0.637
HK	x	0.524	0.543
	y	0.326	0.317
	$\alpha_{LK\text{-}HK}$	2.46	2.47
	y_{LK}/y_{HK}	2.03	2.01

하부와 상부 불변지대 사이에서는 기상에서 두 핵심성분의 몰분율이 감소하며, 중질 핵심성분에 대한 경질 핵심성분의 비도 감소한다. 이 지대에서는 아래로 내려가는 액체에서 경질 비핵심성분을 제거하고, 위로 올라가 증류물을 형성하는 물질에서 중질 비핵심성분들을 제거한다. 핵심성분에 대해서 보여준 소량의 **역분별증류**(reverse fractionation)는 흥미 있는 현상으로, 이런 현상은 최소 환류비에 가까운 조건으로 움직이는 실제 탑에서 가끔 발견된다. ■

필요 환류비 및 농도분포의 계산

선택된 환류비에서 규정된 분리를 하는 데 필요한 단수는 Lewis-Matheson 법[4]이라고 하는 한단 한단씩 계산하는 방법으로 구할 수 있다. 제품 속에 있는 모든 성분의 양은 계산에 앞서 정해져야 한다. 증류물의 조성(완전응축기를 사용하는 경우, 탑위에서 나가는 증기의 조성과 같다)으로부터 맨 윗단의 온도와

액체조성이 식 (22.8)을 이용해서 이슬점 계산에 의해 구해진다. 즉,

$$\sum x_i = 1.0 = \sum \frac{y_i}{K_i}$$

K 인자들은 표에 수록되어 있거나 주어진 온도와 압력에 대한 실험식으로부터 계산된다. 혼합물이 비이상적이면 활동도 계수에 대한 식이 필요하게 된다.

맨 윗단의 액체조성과 증류물 조성들로부터 물질수지식을 써서 제 2단에서 나오는 증기조성을 얻는다. 즉,

$$y_{2i} V_2 = L_1 x_{11} + D x_{Di} \tag{22.31}$$

일정몰 넘침은 가정할 수도 있지만, 컴퓨터로 계산하는 경우 엔탈피수지도 세우고 단과 단에서의 압력변화도 역시 고려하여 할 수 있다. 이런 형태로 평형과 물질수지식을 교대로 이용하면서 조성이 공급원료 조성에 이르기까지 계산을 계속한다. 탑 하부에 대해서도 되끓이개 또는 탑밑 제품의 가정된 조성으로부터 출발하여 유사한 계산을 수행한다. 다음 단계는 두 종류의 계산(탑 위로부터와 탑 아래로부터의)에서 얻은 공급단의 조성들을 맞추어 보는 것이다. 개별 성분에 대한 차이를 기준해서 제품조성을 조정하고, 모든 오차가 규정치 이하로 떨어질 때까지 계산을 반복한다. 어떤 과정에서는 단 수와 원료공급단을 미리 정하고, 지정된 원료공급단에서 조성이 맞을 때까지 여러 가지 다른 환류비에서 계산을 반복한다.

비핵심성분들이 모두 중질 성분이거나 모두 경질 성분인 경우에는, 원료공급단의 규정 조건으로 수렴하기가 쉽다[10a]. 그러나 다른 경우에는 일정몰 넘침이나 일정한 상대휘발도가 가정되더라도 수렴이 상당히 어렵다. 일반적인 경우, 상용화된 컴퓨터 소프트웨어의 기초가 되는 정교한 매트릭스(matrix)법을 이용할 필요가 있다. 이러한 방법들은 참고문헌[10b]에 설명되어 있다.

300 psia에서 운전되는 프로판 제거탑(depropanizer)에 대해 계산된 농도분포[9]는 그림 22.3과 같다. 되끓이개와 응축기를 포함해서 40개 단이며, 공급원료는 액체로서 20번째 단에 들어간다. 환류비는 2.62로서 $1.25\,R_{Dm}$이다. 농도분포는 핵심성분들보다 더 가벼운 성분과 더 무거운 성분들이 있는 계의 특성을 보여준다. 경질 핵심성분과 중질 핵심성분에 나타난 최대점과 다른 성분들의 분포도 모양은 yx선도 상에 그려진 개별 성분에 대한 조작선과 평형관계식을 조사해 봄으로써 더 잘 이해할 수 있게 된다.

탑 상부에서 L/V은 거의 일정하여 에탄(ethane)에 대한 조작선은 다음과 같다.

$$y_{n+1} = 0.724\,x_n + 0.061$$

평형관계식 $y = Kx$는 n이 증가함에 따라 기울기가 증가하는 일군의 직선으로 그림 22.4(a)에 그려져 있다. 각 직선은 해당 물질의 단 수에 대하여서만 사용된다. $x_D = 0.222$에서 출발하면 x가 약 0.05까지 줄어서 "핀취"에 이르는 데는 단지 몇 개의 단만이 필요하다. 핀취는 온도가 증가하고 K가 증가함에 따라 낮은 x 값 쪽으로 바뀌지만, 단에서 단으로의 변화는 그림 22.3에 보는 것처럼 아주 작다. 원료공급단에서 계산이 하부 조작선으로 바뀌며, 여기서는 x가 급격히 감소하여 탑밑에서는 10^{-6} 이하가 된다.

프로판에 대한 yx선도 일부를 그림 22.4(b)에 나타내었다. 평형곡선은 각각 다른 온도에 있는 각 단에 대한 점들을 연결하여 선으로 표시되었다. 원료공급단에서 6단까지는 온도가 충분히 높아서 K가 1보다 크며, 증기는 액체보다 프로판 농도가 크다. 각 단에서의 농축 정도는 이 지역에서 거의 일정하다. 5단 이상에서는 K가 1보다 작고, 단 한 개당 x와 y의 증가는 작아진다. 3단에서 평형곡선이 조작선과 교차하는데, 이것은 2성분 혼합물이라면 농도가 더 이상 변하지 않는 것을 뜻한다. 그렇지만 이 다성분계에서는 온도가 더 감소하여 평형곡선을 조작선 아래로 떨어지게 하며, 두 선 사이에 계단을 더 만들 수가 있어서 x를 되돌려 더 낮은 값으로 가져가 프로판이 77%인 제품이 된다. 따라서 탑의 윗 단들은 주로 프로판 양을 감소시킴으로써 증류물에 에탄이 많게 한다.

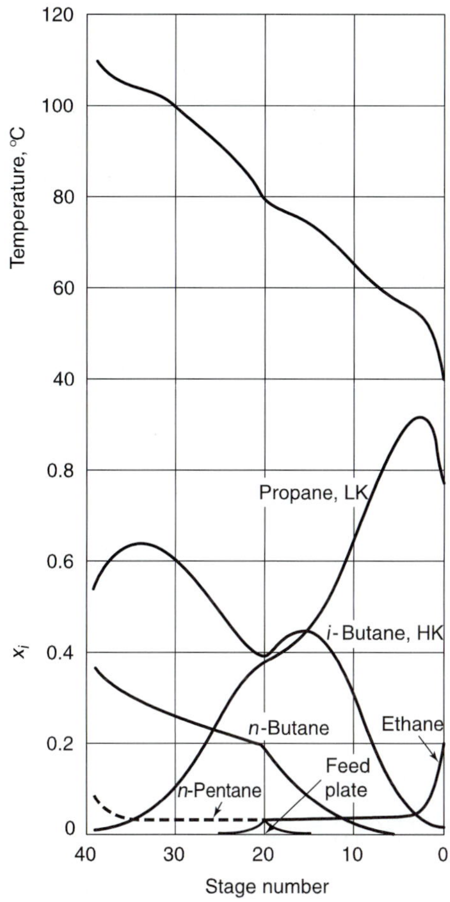

그림 22.3 프로판 제거탑의 온도분포와 농도분포

모든 에탄은 증류물 제품에 모이므로, 이들 몇 개의 단을 없애는 것만으로 90% 프로판 농도를 얻기는 불가능하며, 오직 프로판 농도의 최대점이 원료공급단 쪽으로 몇 단 이동할 뿐이다. 맨 윗 단으로부터 몇 단째에 프로판 농도가 더 큰 측류(side steam)를 뽑을 수 있다. 그러나 순수한 제품을 위해서는 미처리(crude) 프로판을 에탄 제거탑(deethanizer column)에 보내는 것이 더 좋다.

중질 핵심성분인 i-부탄에 대한 농도분포는 탑 상단에서 제15단까지는 정상인 것으로 보인다. 이 지역에서 K는 0.7보다 작으며, 조작선이 평형선 위에 놓여 x는 탑을 올라갈수록 줄어든다. 원료공급단에서 제15단까지는 온도가 충분히 높아 $K>0.7$이 되고, 평형선이 조작선 위로 바뀐다. 그러므로 i-부탄은 원료공급단에서 위로 가면서 농도가 증가한다. 이 지역에서의 단의 온도변화는 중질 비핵심성분인 n-부탄과 n-펜탄의 감소에 심한 영향을 받는다.

이들이나 이들과 비슷한 다른 성분 없이는 중질 핵심성분이 최대점을 갖지 않는다. 비교적 많은 양의 중질 비핵심성분들을 갖고 있으면 중질 핵심성분은 최대점을 가질 뿐만 아니라 경질 핵심성분보다 훨씬 빨리 증가하며, 몇 개의 단에서는 역분별증류 현상이 나타난다.

되끓이개 위의 첫 몇 개 단에서는 n-펜탄과 n-부탄의 농도가 급격한 변화를 보여주는데, 이것은 탑 윗단 근처에서 에탄이 보여준 현상과 유사하다. 이 결과 i-부탄은 34 단에서 최대 농도를 갖는다. n-펜탄의 농도는 핀취 때문에 35 단에서 원료공급단까지는 거의 일정하며 온도가 점차적으로 감소함에 따라 서서히 변한

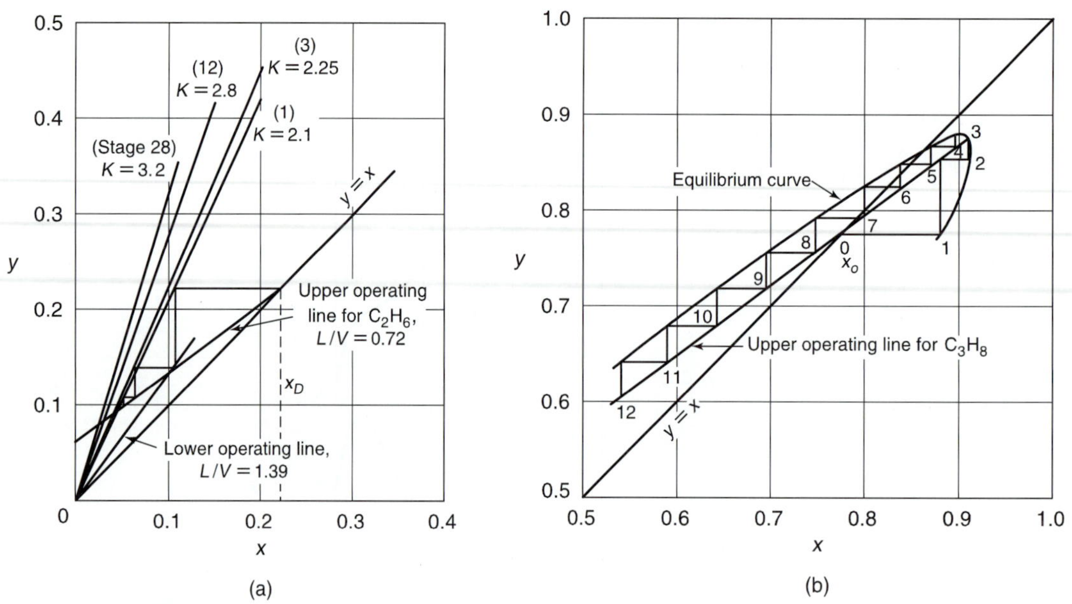

그림 22.4 프로판 제거탑 내의 개별 성분에 대한 조작 선도 : (a) C_2H_6 ; (b) C_3H_8.

다. n-부탄은 그 휘발도가 중질 핵심성분인 i-부탄 휘발도의 약 0.8이기 때문에, 이와 같은 평평한 부분이 나타나지 않는다.

물질전달속도에 근거한 다성분계증류 모델

다성분계 증류탑은 자주 이상단수를 계산하고 이것을 총괄효율, η_o로 나누던가 또는 계산한 각 단에 일정한 Murphree 효율, η_M을 사용하여 설계된다. 그러나 η_M값은 각 성분마다 상당히 다르고 온도와 조성에 따라 변한다. 다른 계산법으로 속도에 근거한 모델을 들 수 있는데 이는 열역학적 데이터와 다성분 확산에 대한 정밀한 Maxwell-Stephan 식을 이용하여 얻은 각 성분의 국부물질전달속도를 이용하는 것이다. 이 속도들은 각 단에서의 농도변화를 알기 위해서 물질전달과 단의 수력학에 대한 실험관계식과 연계하여 이용된다[3]. 단의 효율을 구할 필요는 없지만 η_M값은 속도에 근거한 모델과 평형단 모델간의 차이를 밝히기 위해 각 성분에 대하여 계산될 수 있다.

기상에서는 어느 한 성분의 흘럭스(flux)가 다른 성분의 흘럭스와 관계되며 몰분율로 표시되는 구동력 역시 마찬가지다. 소량의 성분은 분자들이 농도기울기와 반대로 움직여서 마이너스 국부효율을 갖거나 다른 성분들의 흘럭스 때문에 효율이 100 보다 더 클 수도 있다. 그림 22.3의 프로판 제거탑 예에서 경질 및 중질 핵심성분에서 보는 바와 같이 농도가 최대점이나 최소점을 지나는 탑 근처의 주요 성분들의 경우에도 비정상적인 η_M 값이 나타날 수 있다.

혼합물의 성분들이 분자크기나 극성에서 매우 다를 때에는 기상의 확산 상호작용은 탑의 성능에 큰 영향을 가질 수 있다. 메탄올-이소프로판올-물 계에 대하여 속도에 근거한 계산법을 적용한 결과 탑의 총괄효율이 2성분 쌍들에 대한 평균보다도 39% 작은 것으로 나타났다[7]. 물-에탄올-아세톤의 분리에 대하여 유사한 계산을 한 결과, 생성물 규격에 맞추기 위해서는 60%의 평균효율을 갖는 평형 모델을 사용한 것 보다 50% 이상의 단이 필요한 것으로 해석되었다[6].

부탄제거 증류에서와 같이 거의 이상적인 액체혼합물을 분리하는 경우, 속도에 근거한 모델은 몇 개의 단에서 효율이 갑작스러운 변화를 보이지만 핵심성분들의 조성분포는 단순한 평형단 모델을 이용해서 계산한 것들과 큰 차이가 없다[6]. 그러나 소량 성분들에 대한 정밀한 분포가 필요한 경우에는 속도에 근거한 모델을 추천한다. 부탄제거탑 예에서 보는 바와 같이 효율들은 프로판에 대하여 일반적으로 상대적인 낮은 값(45 내지 60%)이지만 2성분 확산계수의 변화와는 반대로 중질성분에 대하여는 분자량에 비례하여 증가한다. 이러한 경향은 높은 K 값 때문에 저분자 성분에서 커지는 액상저항의 중요성을 보여준다. [평형상수 K는 식 (17.61)에서 m과 같다.] 기체경막이 대부분의 2성분 계에서와 같이 핵심성분들에 대해 율속이지만 액체경막은 가장 가벼운 성분들에 대하여 율속일 수 있다.

조업환류에서의 이상단 수

다성분계 증류의 단 수는 컴퓨터로 정밀하게 계산할 수 있다고 하지만, Gilliland[1]에 의한 단순한 경험방법이 예비 어림법으로 많이 이용되고 있다. 이 관계식은 단지 전환류시의 최소단수와 최소 환류비에 대해서만 알면 된다. 이 관계는 그림 22.5에 표시하였으며, 그림을 보면 그 내용을 알 수 있다.

그렇지만 Gilliland의 상관관계는 주로 거의 일정한 상대휘발도를 갖는 계의 계산에 기준한 것임으로 비이상계에 대해서는 상당한 오차를 줄 수 있다. 그림 22.6에 있는 다른 대체적인 상관관계는 $N/N_{\min}$ (2성분계에

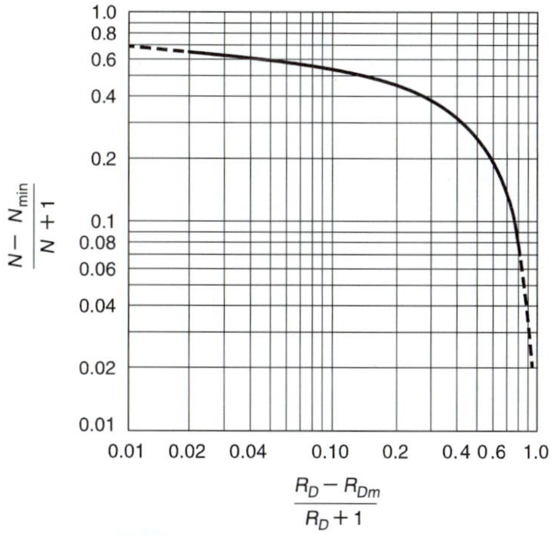

그림 22.5 Gilliland의 상관관계 도표

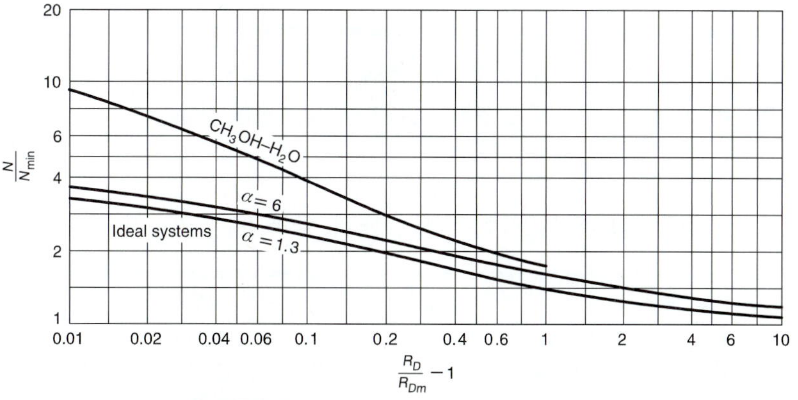

그림 22.6 $N/N_{\min}$에 대한 대체 상관관계

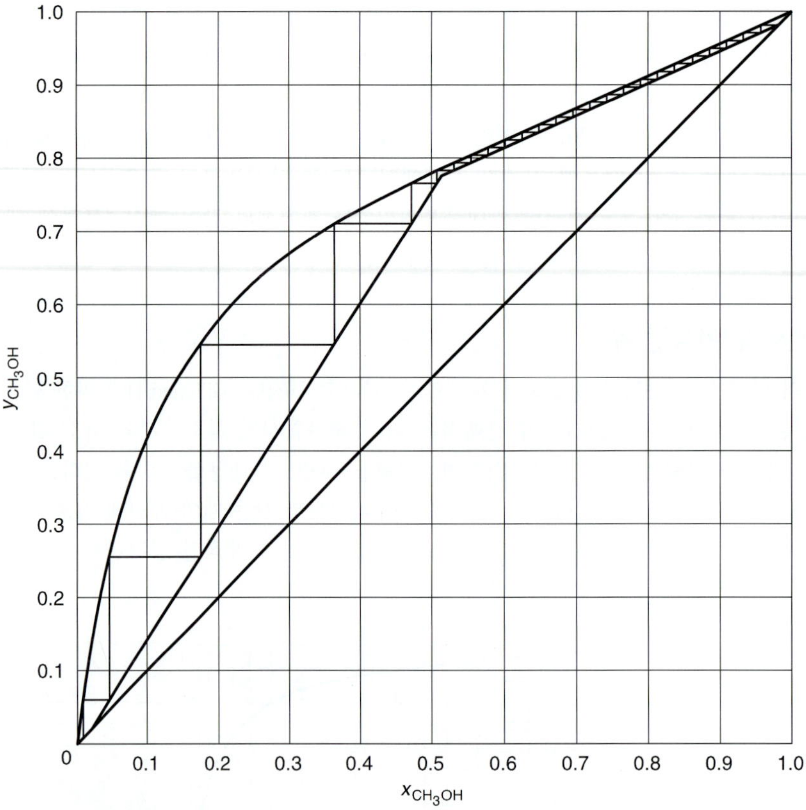

그림 22.7 $R_D = 1.1\,R_{dm}$ 에서 메탄올-물 계에 대한 McCabe-Thiele 선도

대한)의 비가 넓은 범위의 상대휘발도에서 R_D/R_{Dm}에 주로 의존한다는 것을 보여주고 있다. 한편, α가 묽은 용액에서 7.5로부터 거의 순수한 메탄올에서 2.7로 변하는 메탄올-물 계에서 $N/N_{\min}$ 값은 이상계보다 훨씬 크고 보다 빨리 변한다.

그림 22.7의 McCabe-Thiele 선도는 왜 이것이 그런가를 보여준다. 평형선의 위 부분은 사실상 선형으로 조작선과 평행이며 탑의 정류부에 많은 단 수가 필요하다. 다성분계 증류에서도 농도에 따른 활동도 계수의 변화가 탑의 상당 부분에서 구동력을 작게 하여 유사한 경우가 생길 수 있다.

예제 22.5

환류비가 $1.5\,R_{Dm}$일 때 예제 22.3과 같은 분리에 필요한 이상단 수를 산출하라.

풀이

예제 22.3에서 최소 이상단 수는 9.4개에 되끓이개 하나를 합한 것, 즉 10.4이다. R_{Dm} 값은 Underwood 법으로 구한다.

		x_F	x_D	K	α
LK	*n*-Hexane	0.33	0.99	2.23	2.21
HK	*n*-Heptane	0.37	0.01	1.01	1.0
	n-Octane	0.30	0	0.462	0.457

$q=1$인 액체원료에 대해,

$$\sum \frac{\alpha_i x_{Fi}}{\alpha_i - \phi} = 0$$

시행오차법에 의해 $\phi = 1.45$이다.

$$R_{Dm} + 1 = \sum \frac{\alpha_i x_{Di}}{\alpha_i - 1.45} = \frac{2.21(0.99)}{2.21 - 1.45} + \frac{1.0(0.01)}{1 - 1.45} = 2.86$$

$$R_{Dm} = 1.86$$

$$R_D = 1.5 \times 1.86 = 2.79$$

$$\frac{R_D - R_{Dm}}{R_D + 1} = \frac{2.79 - 1.86}{3.79} = 0.245$$

그림 22.5로부터,

$$\frac{N - N_{\min}}{N + 1} = 0.41$$

$$N - 10.4 = 0.41N + 0.41$$

$$N = \frac{10.81}{0.59} = 18.3\text{단}$$

그림 22.6으로부터 $R_D/R_{Dm} - 1 = 0.5$에서 $N/N_m = 1.8$

$$N = 10.4(1.8) = 18.7\text{단}$$

■

22.4 공비 증류와 추출 증류

단순한 증류에 의해서는 아무리 이상적인 혼합물이라도 비등점이 거의 같은 성분을 분리하기는 곤란하며, 공비물(共沸物)의 형성 때문에 완전 분리가 불가능하다. 이와 같은 계에서는 본래 성분의 상대휘발도를 바꾸기 위해 제3성분을 가해 줌으로써 분리능을 향상시킬 수 있다. 첨가한 성분은 기포점이 높은 액체이거나 "용매"로서 핵심성분들과 혼화하지만, 그 중의 하나와 화학적으로 좀더 유사한 성질을 갖는다. 용매와 좀더 유사한 핵심성분은 다른 성분보다 용액 속에서 더 낮은 활동도 계수를 가지므로 분리능이 향상된다. 이러한 공정을 **추출증류**(extractive distillation)라고 하며, 기상이 추가된 액-액 추출과 비슷하다.

추출증류의 한 예로 푸르푸랄(furfural)을 써서 부탄과 부텐(butene)이 섞여 있는 혼합물에서 부타디엔을 분리하는 것을 들 수 있다. 푸르푸랄은 극성이 상당히 큰 용매로서, 부탄이나 부텐에 비해 부타디엔의 활동도를 낮추어, 부타디엔이 탑밑으로부터 나오는 푸르푸랄-농후 흐름에 농축된다. 부타디엔은 푸르푸랄에서 증류되며, 푸르푸랄은 추출증류탑 맨 윗단으로 되돌아간다. 이 탑에는 부탄과 부텐을 함유한 환류가 있어서 탑 맨위 부분의 총 액체유량은 이 환류량과 푸르푸랄 유량을 합한 것이다.

또한 본래의 혼합물 분리는 핵심성분 중의 하나와 공비물을 형성하는 용매를 가함으로써 향상될 수도 있다. 이런 공정을 **공비증류**(azeotropic distillation)라고 한다. 공비물은 증류물 제품이나 탑밑 제품을 형성하며 나중에 핵심성분과 용매로 분리된다. 보통은 첨가한 물질이 낮은 기포점 공비물을 형성하여 탑 위로 나가는데, 이와 같은 물질을 **동반제**(entrainers)라고 한다. 공비물은 물론 공급원료에 있는 모든 성분들의 일부를 포함하지만, 핵심성분의 비는 공급원료와는 아주 다르다.

공비증류의 예로, 벤젠을 이용한 에탄올과 물의 완전 분리를 들 수 있다. 이 3성분계는 95.6 wt%의 알콜이 있는 최소 기포점 공비물을 형성한다. 알콜이 약 95% 섞여 있는 알코올-물 혼합물은 탈수 탑의 중간부분 근처로 공급되며 거의 순수한 알콜은 탑밑 제품으로 제거된다. 탑위 증기는 3성분계 공비혼합물로서 응축되어 두 개의 상으로 분리된다. 상부의 유기 층은 탈수탑의 위로 환류로 되돌아가며 물 층은 탈거탑으로 보내어 알콜과 탄화수소 동반제는 탑 위로 꺼내서 첫째 탑으로 되돌려 보낸다. 탈거탑의 탑밑 제품은 수용액 흐름으로 폐수로서 배출되거나 일부의 알콜을 회수하기 위해서 제3의 탑으로 보낸다.

22.5 기호 설명

B	중질제품 또는 탑밑 제품의 유량, mol/h
C_p	몰 열용량, cal/mol · °C: $\overline{C_p}$, 평균치
D	경질제품 또는 탑위 제품의 유량, mol/h
F	원료공급 유량, mol/h
f	기화된 공급원료의 분율: f_i, i 성분의
H	흐름의 엔탈피, cal/mol 또는 Btu/lb mol
K	평형비, y_e/x_e; K_i, K_j, i 및 j 성분의; K_{ref}, 기준 성분의; K_∞, 무한대의 단에 대한; $\overline{K}$, 탈거부
L	일반적으로(또는 정류부에서의) 액체의 유량, mol/h; $L_{\min}$, 최소유량[식 (22.15)]; L_n, n번째 단에서의; L_∞, 무한대의 단에 대한; $\overline{L}$, 탈거부의
m	탈거부의 단 수
N	이상단 수; $N_{\min}$, 전환류시 최소단수
N_c	성분 수
n	정류부의 단 수
P	전압, atm 또는 lb_f/ft^2; P', 증기압; P'_i, P'_j, i 및 j 성분의
p	분압, atm 또는 lb_f/ft^2; p_i, i 성분의
q	공급원료 1몰당 탈거부로 가는 액체의 몰수
R_D	환류비, L/D; R_{Dm}, 최소치
T	온도, °F 또는 °C; T_{abs}, 절대온도, K 또는 °R; T_0, 예열온도(예제 22.2b)
V	일반적인 증기유량 또는 정류부의 증기유량, mol/h; $V_{\min}$, 최소환류비에서의 [식 (22.30)]; V_{n+1}, $n+1$ 단에서 나오는; V_∞, 무한 단수에 대한; $\overline{V}$, 탈거부의
x	액상에 있는 성분의 몰분율; x_B, 탑밑 제품의; x_D, 탑위 제품의; x_{DA}, x_{DB}, 탑 위 제품에서 각각 A와 B 성분의; x_F, 공급원료의; x_H, 중질 핵심성분의; x_L, 경질 핵심성분의; x_e, 증기 조성 y_e와 평형에 있는 액체의; x_i, i 성분의; x_{ie}, i 성분의 평형값; x_j, j성분의; x_m, x_n, m단과 n단에서의
y	기상에 있는 성분의 몰분율; y_D, 탑위 제품의; y_e, 액체조성 x_e 와 평형을 이루는 증기의; y_i, y_j, i 성분과 j 성분의; y_{ie}, i성분의 평형값; y_m, y_n, m단과 n단을 나가는; y_{ni}, n단에서 나가는 i성분의; $y_{\infty i}$, 무한 단수에 대한 값

그리스 문자

α	상대휘발도, 무차원; α_{AB}, 2성분계에서 B 성분에 대한 A 성분의; α_B, α_D, α_F 탑밑 제품, 탑위 제품 및 공급원료의; $\alpha_{\text{LK-HK}}$, 중질 핵심성분에 대한 경질 핵심성분의; α_i, K_i/K_{ref}로 정의된 i 성분의; α_{ij}, j 성분에 대한 i성분의; $\overline{\alpha}_{ij}$, 식 (22.14)로 정의된 평균치
ΔH_v	기화열, cal/mol
ϕ	식 (22.29)의 근

연습 문제

22.1 일반 증류탑에 들어가는 공급원료와 상대휘발도들은 표 22.2와 같다. 증류물에서 성분 2의 회수량이 99%이고, 성분 3의 98%가 탑밑 제품으로 나간다. 최소단수를 계산하라.

22.2 문제 22.1의 조건에서 공급원료가 기포점의 액체라고 할 때 최소 환류비를 산출하라. 최소치의 1.3배 되는 환류에서는 대략 몇 개의 단이 필요하겠는가?

22.3 270 psia에서 운반되는 증류탑의 공급원료가 에탄 10%, 프로판 45%, *i*-부탄 30% 및 *n*-부탄 15%로 되어 있다. 공급원료의 기포점을 계산하고 원료가 기포점보다 20°C 가열되었을 때 기화율을 계산하라.

22.4 5개 성분으로 된 혼합물을 증류하여 증류물과 탑밑 제품에 경질 핵심성분과 중질 핵심성분의 99%를 회수하려고 한다(표 22.3). 무한 환류를 하는 경우, 제품들의 조성을 계산하라. 최소 환류시의 조성을 지침으로 이용하여 환류비가 감소함에 따라 어떻게 이 농도들이 변하는지 설명하라.

22.5 자일렌과 다른 방향족이 들어 있는 혼합물이 대기압에서 운전되는 커다란 분별증류탑에서 분리된다. 표 22.4의 조건에서 최소단 수와 최소 환류비를 계산하라. Gilliland 상관식을 이용하여 100개의 이상단으로 분리할 수 있는 환류비를 산출하라. 상대휘발도는 원료공급단 근처의 어림 조건인 18 psia, 150°C에서 계산한다.

22.6 30% 벤젠, 25% 톨루엔 및 45% 에틸벤젠으로 되어있는 혼합물을 대기압에서 증류하여 98%의 벤젠과 단지 1%의 톨루엔을 갖는 증류물 제품으로 분리하고자 한다. (a) 최소 이상단수와 제품들의 개략적 조성을 계산하라. (b) 중

표 22.2

Component	x_{Fi}	α_i
1	0.05	2.1
2	0.42	1.7
3	0.46	1.0
4	0.07	0.65

표 22.3

	Component	x_{Fi}	α_i
	1	0.06	2.6
LK	2	0.40	1.9
	3	0.05	1.5
HK	4	0.42	1.0
	5	0.07	0.6

표 22.4

	Component	Boiling point, °C	x_{Fi}	α_i	% recovery in *D*
	Ethyl benzene	136.2	0.054	1.23	
	p-Xylene	138.5	0.221	1.15	
LK	*m*-Xylene	139.1	0.488	1.13	99.0
HK	*o*-Xylene	144.4	0.212	1.0	3.8
	n-Propyl benzene	159.3	0.025	0.70	

류물 속에서 에틸벤젠의 농도를 산출하라. (c) 증류를 0.2 atm에서 한다면 $N_{\min}$ 또는 열부하에 어떤 변화가 있겠는가?

22.7 전압이 1 atm에서 n-pentane 25 몰%, n-hexane 45 몰%, 및 n-heptane 35 몰%인 혼합물의 이슬점과 기포점을 구하고 이에 대응하는 액체와 증기의 조성을 구하라.

22.8 주어진 R_D/R_{Dm}에서 메탄올-물 증류에 대한 $N/N_{\min}$ 값이 왜 원료의 조성에 좌우되는지 증명하라.

22.9 250 lb/in.^{2}에서 운전되는 프로판제거탑의 원료에는 에탄 6%, 프로판 41%, i-부탄 28%, n-부탄 23%, 그리고 n-펜탄 2%가 들어있다(모두가 몰%). (a) 프로판의 98%가 증류물로 회수되고 i-부탄의 98%는 탑밑 제품에 있다면 증류물과 탑밑 제품의 조성은 얼마인가? (b) 최소환류비를 계산하기 위해서 포화액체 원료에 대한 식을 이용해라.

참고 문헌

1. Gilliland, E. R.: *Ind. Eng. Chem*, **32**:110 (1940).
2. King, C. J.: *Separation Processes*, 2nd ed., New York McGraw-Hill, 1980, p. 416.
3. Krishnamurthy, R., and R. Taylor. *AiChE J.* **31:**445, 456 (1985).
4. Lewis, W. L., and G. L. Matheson: *Ind. Eng. Chem.*, **24**:494 (1932).
5. Shiras, R. N., D. N. Hanson, and C. H. Gibson: *Ind. Eng. Chem.*, **42**:871 (1950).
6. Taylor, R. R.., and H. Kooijman. *Chem. Eng. Prog.* **99**(7):28 (2003).
7. Toor, H. L., and J. K. Burchard, *AiChE J.* **6:**202 (1960).
8. Underwood, A. J. V.: *Chem. Eng. Prog.*, **44**:603 (1948).
9. Vorhis, F. H., Chevron Research Co., private communication, 1983.
10. Wankat, P. C., *Equilibrium Staged Separations*, New York: Elsevier, 1988 ; (a) p. 243, (b) pp. 251-63.

23 침출과 추출
Leaching and Extraction

본 장에서는 액체 용매로 고체나 액체 혼합물로부터 한 성분을 제거하는 방법을 설명한다. 이 기술은 두 종류로 구분된다. **침출**(浸出, leaching) 또는 **고체추출**(solid extraction)이라고 하는 첫 번째 것은 불용성 고체와 섞여 있는 혼합물에서 용질을 용해시키는 데 이용된다. **액체추출**(liquid extraction)이라고 하는 두 번째 것은 생성물에 높은 친화력을 갖는 비혼화성 용매와 접촉하여 다성분계 용액으로부터 값비싼 생성물을 회수하는 데 사용된다. 용매를 사용해서 혼화성인 두 액체를 분리하는 데 이용된다. 액체추출은 또한 증류로는 분리하기 어려운 기포점이 근접한 액체들을 분리하는 데 이용된다.

23.1 침출

침출은 29장에서 설명할 여과된 고체를 세척하는 것과 그다지 차이가 없어서 침출장치는 여러 가지 여과기의 세척부와 상당히 유사하다. 침출에서, 제거된 용질의 양은 보통의 여과세척에서보다 더 크며 고체의 성질은 침출 운전과정에서 상당히 바뀔 수 있다. 굵거나, 딱딱하거나, 알갱이로된 고체원료는 그들의 용질 성분이 제거되면 부스러져서 흐늘흐늘한 상태로 된다.

23.1.1 침출장치

고체가 침출 조작 중에 투과성 물질 형태로 존재하는 경우, 용매는 교반이 없는 고체층을 통해 투과된다. 침출 과정 중 부스러지는 비투과성 고체인 경우에는, 고체를 용매에 분산시켜서 나중에 이들을 분리한다. 두 가지 방법 모두 회분식이나 연속식으로 할 수 있다.

고정 고체층 침투에 의한 침출

고정 고체층 침출(stationary solid-bed leaching)은 고체를 지지하고 용매가 빠져나갈 수 있도록 탱크 밑바닥에 다공판을 설치하여 수행한다. 고체를 탱크 속에 채우고, 용질 함량이 경제적으로 최소에 이르기까지 용매를 분무시킨 다음 이들을 퍼낸다. 어떤 경우에는 용매가 이 물질을 한 번 통과하는 것으로 충분할 정도로 용액으로 되는 속도가 빠른 경우도 있지만, 용매가 일련의 탱크를 통해서 맞흐름으로 흐르는 것이 보다 보편적이다. 이 방법에서 새 용매는 대부분 추출이 거의 다 된 고체가 들어 있는 탱크로 공급된다. 용매는 연속적으로 몇 개의 탱크를 통과하여 흐른 다음, 마지막으로 공급원료가 새로 채워진 탱크를 거쳐 배출된다. 이와 같은 일련의 탱크를 **추출 장치열**(extraction battery)이라고 한다. 어느 탱크에서나 고체는 완전히 추출될 때까지 움직이지 않는다. 새 용매를 어느 탱크에라도 넣을 수 있고, 농축액을 어느 탱크에서도 뽑아낼 수 있도록 배관함으로써, 한번에 한 탱크에서 장입하고 한 탱크에서는 배출할 수 있도록 되어 있다. 물질이 장입되고 또한 배출됨에 따라 장치열의 다른 탱크들은 원료의 장입탱크와 배출탱크를 옮기면서 맞흐름조작을 계속할 수 있다. 이와 같은 공정은 **Shanks 공정**(Shanks process)이라고 한다.

어떤 고체층(solid-bed) 침출에서는 용매가 휘발성이어서 가압하에서 밀폐된 용기를 사용해야 할 필요성이 있다. 또한 투과성이 적은 고체인 경우에 용매를 강제적으로 투과시킬 목적으로 압력이 필요하기도 하다. 용매가 맞흐름식 흐름을 갖는 일련의 가압탱크는 **확산 장치열**(diffusion battery)로 알려져 있다.

이동상 침출[5]

그림 23.1에 예시된 기계에서는 고체가 교반이 거의 없거나 아주 없는 상태에서 용매를 통해 이동된다. Bollman 추출기[그림 23.1(a)]는 닫힌 틀 속에 버킬형 승강기(bucket elevator)가 있다. 각 버킬 밑바닥에는 구멍들이 뚫려 있다. 기체의 오른쪽 위 모서리에서는 그림에서 보는 것처럼 버킬에 콩과 같은 알갱이 고체를 실으며, 그들이 아래로 내려감에 따라 적절한 양의 **반추출액**(half miscella)이 분무된다. 반추출용액은 약간의 추출유와 약간의 작은 고체입자가 들어 있는 중간 용매이다. 고체와 용매가 기계의 오른쪽에서 같은 방향으로 흐름에 따라 용매는 콩에서 더 많은 기름을 추출한다. 동시에 용매로부터 미세입자들을 여과하여 맑은 **전추출액**(全抽出液, full miscella)을 용기의 바닥에 있는 오른쪽 웅덩이에서 펌프로 끌어낸다. 부분적으로 추출된 콩은 기계의 왼쪽을 통해 올라가면서 순수 용매흐름과 맞흐름으로 접촉한다. 이들은 왼쪽 바닥 웅덩이에 모여져서 반추출액 저장탱크로 보내진다. 완전히 추출된 콩은 승강기 꼭대기에서 버킬으로부터 호퍼(hopper)로 쏟아 부어 젓게식 컨베이어(paddle conveyor)에 의해 버려진다. 전형적인 장치의 용량은 하루 24시간에 50에서 500톤의 콩을 처리한다.

그림 23.1(b)와 같은 Rotocel 추출기는 수평 바스킽이 벽으로 격리된 격실로 나누어져 있고 바닥은 액체가 투과할 수 있도록 되어 있다. 바스킽은 수직 축을 중심으로 천천히 회전한다. 고체는 원료공급 지점에서 각 격실로 들어간다. 그리고 나서 격실은 용매 분무구역, 배수구역, 및 격실 바닥이 추출된 고체를 배출하도록 열려있는 배출지점을 차례로 통과한다. 비어 있는 격실은 다음 고체부하를 받기 위하여 원료공급 지점으로 이동된다. 맞흐름 추출을 하기 위하여 새 용매는 배출지점 바로 전, 마지막 격실로 공급되며 앞의 각 격실에 있는 고체들은 바로 전의 격실에서 오는 배출액으로 세척된다.

분산-고체의 침출

불투과성 고체는 침출 전이나 도중에 용매에 분산시켜 탱크 속에서 교반을 하거나 유동 혼합기로 처리한다. 침출된 잔사물은 침강이나 여과에 의해 농축액으로부터 분리된다.

교반용기 속에서 이런 방법으로 소량씩 회분 침출하며, 바닥으로는 가라앉은 잔사물을 빼낼 수 있다. 연속 맞흐름침출은 그림 23.2와 같이 직렬로 연결된 몇 개의 중력식 농축기(gravity thickener)로 이룰 수 있으며, 농축기에서의 접촉이 부적당하면 농축기 쌍 사이에 교반 탱크를 놓아서 시행할 수 있다. 고체가 너무 고와서 중력으로 침강시킬 수 없을 때는 내부가 나선 모양으로 된 연속식 원심분리기 속에서 추출용액으로부터 잔사물을 분리한다. 여러 가지 침출장치들이 여러 유종(油種)의 용매추출과 같은 특별한 목적으로 개발되었는데, 이들은 용매와 추출될 고체의 특성에 맞게 특별히 설계되었다[5]. 용질은 가끔 결정화 또는 증발에 의해 회수된다.

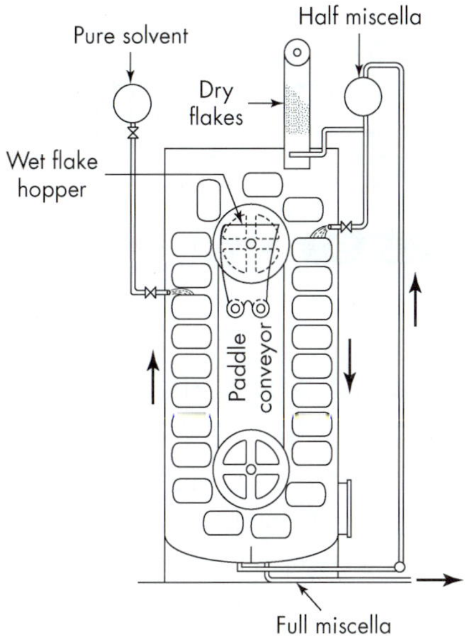

(a)

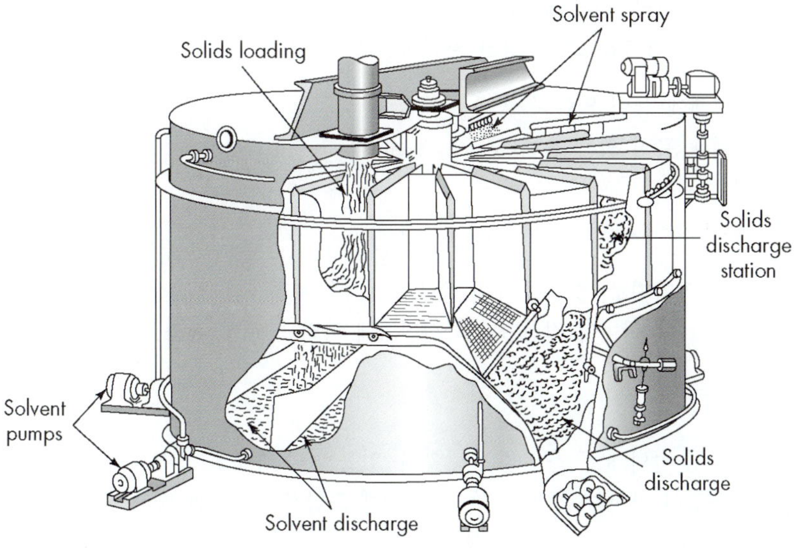

(b)

그림 23.1 이동상 침출장치 : (a) Bollman 추출기, (b) Rotocel 추출기[12b] (McGraw Hill의 허가를 받음)

23.1.2 연속 맞흐름 침출의 원리

침출에서 가장 중요한 방법은 단을 이용하는 연속 맞흐름법이다. 고체가 실제로는 단에서 단으로 이동되지 않는 추출 장치열에서도 어느 한 셀(cell)에 장입된 원료는 마치 그것이 맞흐름 계의 단에서 단으로 이동되고 있는 것처럼 계속해서 농도가 적어지는 액체에 의해 처리된다.

연속 맞흐름법의 중요성 때문에 여기서는 이것만 취급한다. 또한 단을 이용하는 방법이 보통 사용되고 있으므로, 미분접촉법은 여기서 고려하지 않는다. 다른 단 캐스케이드(stage cascade)의 조작들과 마찬가지로, 침출도 첫째로 이상단의 관점에서, 그리고 둘째로 단효율의 관점에서 취급한다.

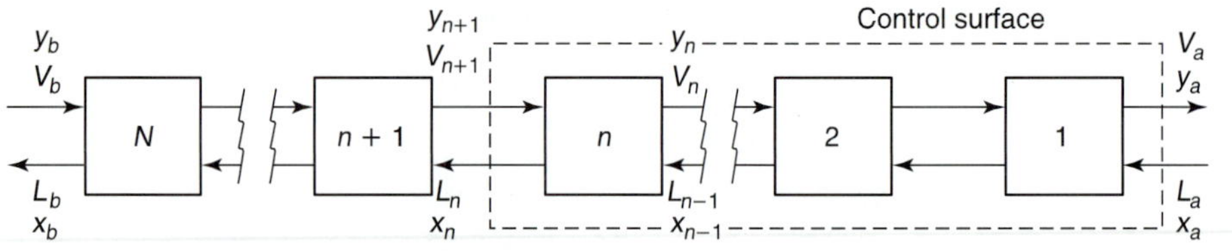

그림 23.2 맞흐름 침출 캐스케이드

맞흐름 침출의 이상단

그림 23.2는 연속 맞흐름 캐스케이드에 대한 물질수지 선도이다. 단들은 고체가 흐르는 방향으로 번호를 붙인다. V상은 고체의 흐름방향과 반대되는 방향으로 단에서 단으로 흐르는 액체로서, N단에서 1단으로 이동하면서 용질을 용해시킨다. L상은 1단에서 N단으로 이동하는 고체와 함께 운반되는 액체이다. 추출당한 고체는 N단을 나가며, 농축용액은 1단에서 흘러나간다.

용질없는(solute-free) 고체는 용매에 불용성이며, 이 고체의 유량은 캐스케이드 전체를 통해서 일정하다고 가정한다. 고체는 다공성이며, 일정하던 일정하지 않던 간에 어느 정도의 용액을 동반한다. L을 고체에 묻어 있는 액체의 유량이라 하고, V는 위흐름(overflow) 용액의 유량이라고 하자.

V와 L의 유량은 단위시간당 질량으로 표시할 수도 있고, 아니면 용질없는 고체만의 유량에 기초하여 표시할 수도 있다. 또한 표준 명명법으로는 장치 양끝의 농도는 다음과 같이 표시한다. 즉,

들어가는 고체에 묻어 있는 용액 x_a
나가는 고체에 묻어 있는 용액 x_b
계에 들어가는 새 용매 y_b
계를 나가는 농축용액 y_a

흡수나 증류에서와 마찬가지로, 맞흐름 계의 정량적 해석은 평형선과 조작선을 이용해서 하며, 전과 마찬가지로 사용되는 방법은 이 선들이 직선인가 곡선인가에 따라 다르게 된다.

평형

침출에서, 들어가는 고체 속의 모든 용질을 용해할 수 있을 만큼 충분한 용매가 있고, 고체에 의해 용질이 흡착되지 않는다면, 용질이 완전히 용해되었을 때 평형에 도달하고 이렇게 해서 생긴 용액은 균일하다. 이와 같은 조건은 고체의 구조에 따라 간단히 성취될 수도 있고, 어렵게 이루어지기도 한다. 이런 인자들은 단효율을 논할 때 설명하겠다. 현재로서는 평형에 요하는 조건이 충족된다고 가정한다. 그러면 어느 단을 나가는 고체에 묻어 있는 액체의 농도는 같은 단을 나가는 위흐름(overflow) 액체의 농도와 같다. 따라서, 평형관계식은 단순히 $x_e = y$가 된다.

조작선

조작선 식은 그림 23.2의 띠줄로 둘러싸여진 고려대상 면(control surface)에 표시된 것처럼 n 단까지의 캐스케이드 부분에 대한 물질수지식으로부터 얻을 수 있다. 수지식들은 다음과 같다.

전체 용액 : $$V_{n+1} + L_a = V_a + L_n \tag{23.1}$$

용질 : $$V_{n+1}y_{n+1} + L_a x_a = L_n x_n + V_a y_a \tag{23.2}$$

y_{n+1}에 대해서 풀면 평형단 캐스케이드에 대해서 앞에서 유도한 일반적인 경우[식 (20.7)]와 마찬가지로 조작선 식이 된다. 즉,

$$y_{n+1} = \left(\frac{L_n}{V_{n+1}}\right)x_n + \frac{V_a y_a - L_a x_a}{V_{n+1}} \tag{23.3}$$

다른 경우와 같이 조작선은 점 (x_a, y_a)와 (x_b, y_b)를 지나며, 유량이 일정하면 기울기는 L/V이다.

일정한 하부흐름과 가변 하부흐름

두 가지 경우를 생각할 수 있다. 용액의 밀도와 점도가 용액농도에 따라 상당히 변하면, 번호가 낮은 단으로부터 나가는 고체는 높은 번호의 단으로부터 나가는 고체보다 액체가 더 많이 묻을 수 있다. 그러면 식 (23.3)에서 보는 바와 같이 조작선의 기울기가 각 단에서 달라진다. 그러나 고체에 묻어 있는 용액의 질량이 농도와 무관하면 L_n이 일정하여 조작선이 직선으로 된다. 이런 조건을 **일정용액 하부흐름**(constant solution underflow)이라고 한다. 하부흐름(underflow)이 일정하면 위흐름(overflow)도 일정하다. 일정 하부흐름과 가변 하부흐름은 별개로 취급한다.

일정 하부흐름에 대한 이상단 수

조작선이 직선이면 이상단 수를 구하기 위해 McCabe-Thiele 작도법을 이용할 수 있다. 그러나 침출에서는 평형선이 항상 직선이므로, 일정 하부흐름의 경우 식 (20.24)를 직접 이용할 수 있다. $y_a^* = x_a$이고 $y_b^* = x_b$이기 때문에, 이 식의 이용은 특히 간단하다.

미추출된 고체와 함께 들어가는 용액 L_a가 계 내의 하부흐름인 L과 다른 경우에는 식 (20.24)를 캐스케이드 전체에 적용시킬 수 없다. 이 식은 이러한 경우에 대해서 유도한 것이지만[1,7], 물질수지에 의해 첫째 단의 성능을 별도로 계산하고, 나머지 단들에 대해서 식 (20.24)를 적용하는 것이 편하다.

가변 하부흐름에 대한 이상단 수

하부흐름과 위흐름이 각 단마다 다르면 McCabe-Thiele 도해법을 변형시켜 계산할 수 있다. 조작선 상의 양끝 점은 물질수지를 이용해서 구할 수 있다. 하부흐름의 양 L이 하부흐름 조성의 함수라고 가정하면, 중간 값 x_n을 선정하여 L_n을 정할 수 있고 V_{n+1}은 식 (23.1)으로부터 계산된다. 그러면 위흐름의 조성 y_{n+1}은 식 (23.2)에서 계산할 수 있고, 점 (x_n, y_{n+1})을 양끝의 조성과 함께 도시하여 곡선을 이루는 조작선을 그릴 수 있다. L과 V가 크게 변하지 않는 한, 또는 조작선이 평형선과 아주 가깝지 않는 한, 오로지 하나의 중간 점만을 계산해도 된다.

예제 23.1

연속 맞흐름 추출기를 써서 벤젠에 의해 콩으로부터 기름을 추출할 수 있다. 이 장치는 시간당 콩 1,000 kg(완전 추출된 고체상태로)을 처리한다. 처리되지 않은 콩에는 기름 400 kg과 벤젠 25 kg이 포함되어 있다. 새 용매에는 기름 10 kg과 벤젠 655 kg이 포함되어 있다. 배출된 고체에는 추출되지 않은 기름이 60 kg 포함되어 있다. 실험은 표 23.1에서 보는 바와 같이 묻어 있는 용액의 양이 용액의 농도에 따라 달라지는 장치열과 같은 조건하에서 수행된다. 다음을 구하라. (a) 농축액, 즉 추출물의 농도, (b) 추출된 고체에 묻어 있는 용액의 농도, (c) 추출된 콩과 함께 나가는 용액의 질량, (d) 추출물의 질량, (e) 필요한 단 수. 모든 양은 시간당 기준이다.

표 23.1 예제 23.1의 데이터

Concentration, kg oil/kg solution	Solution retained, kg/kg solid	Concentration, kg oil/kg solution	Solution retained, kg/kg solid
0.0	0.500	0.4	0.550
0.1	0.505	0.5	0.571
0.2	0.515	0.6	0.595
0.3	0.530	0.7	0.620

풀이

x와 y를 하부흐름과 위흐름 용액 속의 기름 질량분율이라고 하자.
용매 입구에서,

$$V_b = 10 + 655 = 665 \text{ kg 용액/h}$$

$$y_b = \frac{10}{665} = 0.015$$

시행오차법에 의해 버리는 고체 속에 있는 용액의 양과 조성을 구한다.
x_b=0.1이라고 하면, 표 23.1에서 묻어 있는 용액은 0.505 kg/kg이다. 따라서,

$$L_b = 0.505(1,000) = 505 \text{ kg/h}$$

$$x_b = \frac{60}{505} = 0.119$$

표 23.1에서 묻어 있는 용액은 0.507 kg/kg이다.

$$L_b = 0.507(1,000) = 507$$

$$x_b = \frac{60}{507} = 0.118 \text{ (아주 근사함)}$$

L_b에서 하부흐름 속의 벤젠은 507 − 60 = 447 kg/h이다.
고체 입구에서,

$$L_a = 400 + 25 = 425 \text{ kg 용액/h}$$

$$x_a = \frac{400}{425} = 0.941$$

추출물 속의 기름 = 들어간 기름 − 60 = 10 + 400 − 60 = 350 kg/h.
추출물 속의 벤젠 = 655 + 25 − 447 = 223 kg/h

$$V_a = 350 + 233 = 583 \text{ kg/h}$$

$$y_a = \frac{350}{583} = 0.600$$

(a)에서 (d)까지의 해답은 다음과 같다.

(a) $y_a = 0.60$
(b) $x_b = 0.118$
(c) $L_b = 507$ kg/h
(d) $V_a = 583$ kg/h

(e) 첫 번째 단에 대한 입구와 출구 농도를 구하고 나머지 단들에 대한 조작선을 구하라. $x_1 = y_a = 0.60$이므로 묻어있는 용액은 0.595 kg/kg-고체이다.

$$L_1 = 0.505(1,000) = 595$$

총괄물질수지:

$$V_2 = L_1 + V_a - V_2 = 595 + 583 - 425 = 753 \text{ kg/h}$$

기름 수지:

$$L_a x_a + V_2 y_2 = L_1 x_1 + V_A y_a$$

$$V_2 y_2 = 595(0.60) + 583(0.60) - 425(0.941) = 307$$

$$y_2 = \frac{307}{753} = 0.408$$

$x_1 = 0.60$, $y_2 = 0.408$ 점은 나머지 단들에 대한 조작선의 한쪽 끝이다. 조작선 상의 중간점을 구하기 위하여 $x_n = 0.30$을 선택한다.

$$L_n = \text{묻어있는 용액} = 0.53(1,000) = 530 \text{ kg/h}$$

총괄수지에 의해,

$$V_{n+1} = 530 + 583 - 425 = 688 \text{ kg/h}$$

기름수지를 취하면 다음과 같이 된다.

$$V_{n+1} y_{+1} = L_n x_n + V_a y_a - L_a x_a$$

$$= 530(0.30) + 583(0.60) - 400 = 108.8$$

$$y_{n+1} = \frac{108.8}{688} = 0.158$$

x_n, y_{n+1}, x_a, y_a 및 x_b, y_b 점들은 그림 23.3과 같이 약간 굽은 조작선을 그린다. 4개 이상단을 필요로 한다. ■

포화 농축용액

용질이 한정된 용해도를 갖고 있고, 농축용액이 포화상태에 이르게 되면, 특별한 경우의 침출이 된다. 이

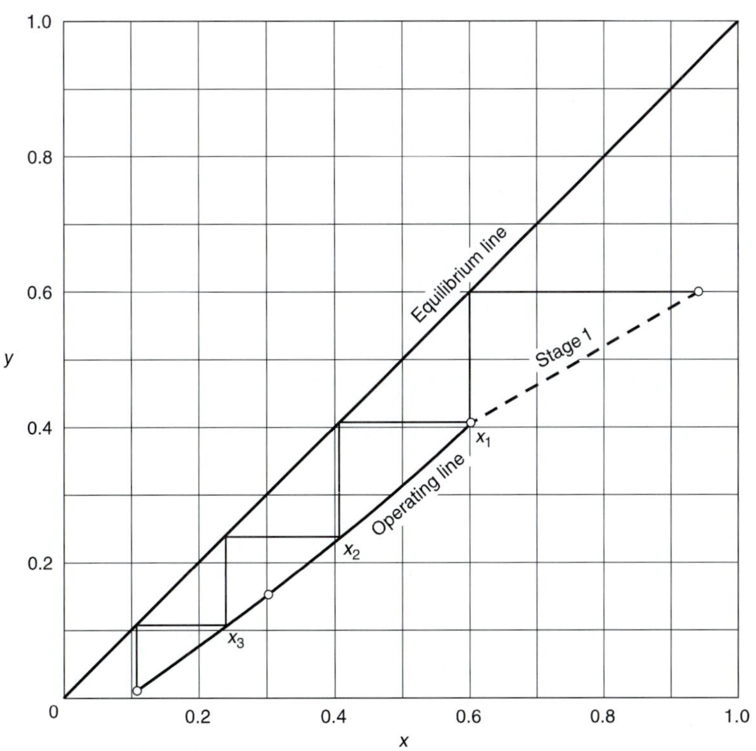

그림 23.3 침출에 대한 McCabe-Thiele 선도(예제 23.1)

경우도 위와 같은 방법[6]으로 처리할 수 있다. *N*단에 들어가는 용매는 1단에서 나가는 위흐름이 포화될 수 있게끔 할 수 있는 최대치이어야 하며, 1단에서 나가는 하부흐름에 묻어나가는 액체 이외의 모든 액체는 불포화상태에 있어야 한다. 용매를 너무 조금 사용해서 1단 이외의 단에서 포화에 이르면, "포화된" 단들 중의 한 개 이외의 모든 단들은 비효율적이고 *N*단에서 나가는 하부흐름의 용질농도는 더 많은 새 용매가 사용되었을 때의 농도보다도 높다.

단효율

대부분의 침출조작에서 용질은 다소간 투과성 고체를 통해 분포되어 있다. 침출속도는 17장에서 설명한 것처럼 고체를 통한 확산속도에 의해 주로 지배되며, 필요한 실제 단의 수는 이상단 수보다 훨씬 크다. 용질이 고체표면상의 농축용액 피막에 갖혀진 불투과성 고체의 세척에서는 평형으로의 접근이 빠르며 단의 효율은 1로 보아도 된다.

23.2 액체 추출

증류에 의한 분리가 비효율적이던가 아주 어려울 때에는 액체추출이 주요 대체방법 중의 하나로 고려된다. 기포점이 근접되어 있는 혼합물이나 또는 진공 하에서조차 증류온도에 견디지 못하는 물질들은 증기압 차이 대신 화학적 성질의 차이를 이용하는 추출에 의해서 불순물과 분리된다. 예를 들면, 페니실린(penicillin)은 아세트산 부틸(butyl acetate)과 같은 용매를 가지고 추출에 의해 발효원액에서 회수되는데, 이때 용액은 pH를 낮추어 적절한 분배계수(partition copefficient)에 이르도록 한다. 용매는 완충 인산염 용액으로 처리되어 용매로부터 페니실린을 추출하고 정제된 수용액을 만들며, 이것으로부터 결국 건조에 의해 페니시린이 생산된다. 추출은 또한 묽은 수용액에서 식초산을 회수하는 데 이용된다. 이 경우에는 증류도 가능하지만, 추출 단계를 거치면 증류할 물의 양을 훨씬 줄일 수 있다.

추출의 주요용도 중의 하나는 다른 화학적 구조를 갖고 있으면서 거의 같은 기포점을 갖는 석유제품들을 분리하는 것이다. 윤활유 유분(기포점 > 300°C)은 페놀(phenol), 푸르푸랄(furfural) 또는 메틸 피롤리돈(methyl pyrrolidone)과 같은 낮은 기포점 극성 용매로 처리되어 방향족 화합물을 추출하고, 주로 파라핀과 나프텐이 들어 있는 기름을 남긴다. 방향족 물질은 점도-온도 특성이 빈약하지만, 기포점들이 겹치기 때문에 증류에 의해 제거될 수 없다. 이와 유사한 공정으로는 높은 기포점의 극성 용매를 이용하여 방향족을 접촉개질유로부터 회수하며, 추출유는 나중에 증류되어 화학 중간제품으로 이용되는 순수한 벤젠, 톨루엔 및 자일렌으로 분리된다. 이 용도에 가장 탁월한 용매는 고리형 화합물인 $C_4H_8SO_2$(**Sulfolan**e)로서 방향족 화합물에 대한 선택도가 높고 휘발도가 아주 낮다(bp: 290°C).

증류나 추출 어느 것이나 이용될 수 있을 때 증류에서는 가열과 냉각이 필요함에도 불구하고 보통 증류를 택한다. 추출에서는 용매를 재사용하기 위해 회수(보통 증류에 의해)하지 않으면 안 된다. 둘을 합한 조작은 더 복잡하고 추출이 없는 증류보다는 비싸진다. 그러나 추출은 조작조건의 선택에서 조작온도와 함께 용매의 종류나 양을 달리할 수 있기 때문에 보다 융통성이 있다. 이런 점에서 본다면 추출은 통상적인 증류보다는 기체흡수와 더 가깝다. 많은 문제에서 어떤 방법을 택하는가 하는 것은 추출과 증류 모두를 비교 검토하지 않으면 안 된다.

추출은 두 성분 이상을 분리하는 데 이용될 수 있다. 단일 용매 대신에 용매 혼합물을 필요로 하는 경우도 있다. 이러한 좀더 복잡한 방법들은 본 교재에서는 취급하지 않는다.

23.2.1 추출장치[12a]

액-액 추출에서는 기체흡수 및 증류에서와 같이 물질전달이 일어나 분리될 수 있도록 두 개의 상이 잘 접촉되도록 하지 않으면 안된다. 흡수와 증류에서는 혼합과 분리가 쉽고 빠르다. 그렇지만 추출에서는 두 상이 비슷한 밀도를 갖고 있어서 중력흐름이 이용되는 경우에는, 혼합과 분리에 이용할 수 있는 에너지가, 한 상은 기체이고 다른 상이 액체일 때보다 훨씬 작다. 두 상은 가끔 혼합되기 어려우며, 분리하기는 더욱 어려울 때가 있다. 또한 두 상의 점도는 상대적으로 크며, 추출장치에서의 선속도가 작다. 그러므로 어떤 유형의 추출기에서는 혼합과 분리에 필요한 에너지를 기계적으로 공급받는다.

추출장치는 회분식으로 조작되거나 연속식으로 조작된다. 일정량의 공급원료 액체는 교반조에서 일정량의 용매와 혼합된 다음, 나중에 층이 가라앉아 분리된다. 추출물(extract)은 용매에 추출된 용질이 합해진 것이며, 추출잔류물(raffinate)은 용질이 제거되고 남은 층이다. 추출물은 추출잔류물보다 가벼울 수도 있고, 무거울 수도 있다. 따라서 추출물은 어떤 경우에는 장치 위로부터 나오고, 어떤 경우에는 아래로 나온다. 한번 이상 접촉을 필요로 하는 경우에는 조작을 반복한다. 그러나 처리할 양이 많고 몇 번의 접촉이 필요할 때에는 연속 유동식을 택하는 것이 경제적이다. 대부분의 추출장치는 잇따른 단 접촉이나 미분접촉을 하는 연속식이다. 대표적인 유형들로는 혼합침강기, 중력흐름으로 움직이는 여러 종류의 수직형 탑, 교반탑 추출기 및 원심추출기 등이 있다. 여러 가지 유형의 추출장치들에 대한 특성은 표 23.2에 수록되어 있다. 액-액 추출은 26장에서 설명한 다공성 막을 이용해서 할 수도 있다. 이 방법은 어려운 분리에 유망하다.

혼합침강기

회분식 추출에서는 혼합기와 침강기가 같은 장치일 수 있다. 터빈이나 프로펠러 교반기가 들어 있는 탱크를 보통 사용한다. 혼합 주기의 마지막 단계에서 교반기를 끄면 층이 중력에 의해 분리되며, 추출물과 추출잔류물은 가시경(可視鏡)이 달린 바닥 배출관을 통하여 별개의탱크로 배출되어 나간다. 추출에 필요한 혼합과 침강 시간은 실험에 의해서만 결정된다. 혼합에 5분, 침강에 10분 걸리는 것이 보통이지만, 보다 짧은 시간을 요하거나 훨씬 긴 시간을 요하는 경우도 많다.

표 23.2 상용 추출장치의 성능

Type	Liquid capacity of combined streams, $ft^3/ft^2 \cdot h^{\dagger}$	HTU, ft	Plate or stage efficiency, %	Spacing between plates or stages, in.	Typical applications
Mixer-settler			75–100		Duo-Sol lube-oil process
Packed column	20–150	5–20			Phenol recovery
Perforated-plate column	10–200	1–20	6–24	30–70	Furfural lube-oil process
Bafe column	60–105	4–6	5–10	4–6	Acetic acid recovery
Agitated tower	50–100	1–2	80–100	12–24	Pharmaceuticals and organic chemicals

$^{\dagger}ft^2$ is the total cross-sectional area.

† ft^2는 총 단면적임

연속흐름 공정에서는 혼합기와 침강기가 보통은 별개의 장치로 되어 있다. 혼합기는 입구와 배출관 및 단축순환(short-circuiting) 현상을 방지하기 위한 장애판이 달려 있는 작은 교반조이거나 움직임이 없는 혼합기 또는 다른 종류의 흐름혼합기이다. 침강기는 가끔 간단한 연속 중력식 분리기이다. 쉽게 유화(乳化)현상이 일어나고, 거의 같은 밀도를 갖는 액체를 취급하는 경우에는 혼합기의 배출물의 망(網)이나 유리섬유 뭉치를 통해 가도록 하여 분산상의 액적들을 응집시킴으로써 중력에 의한 침강이 가능하도록 할 필요가 있다. 분리가 보다 어려운 경우에는 관형 원심분리기 또는 원판형 원심분리기를 이용한다.

보통 그러한 것처럼 몇 개의 접촉단이 필요한 경우, 일련의 혼합침강기가 그림 23.4처럼 맞흐름형으로 운전된다. 각 침강기에서 나오는 추출잔류물은 그 다음 혼합기의 원료가 되며, 그곳에서 중간 추출물이나 새 용매와 만나게 된다. 원리는 그림 20.2에서 보는 바와 같은 연속 맞흐름 단형침출장치의 원리와 같다.

충전 추출탑(Packed extraction tower)

탑형 추출기는 단 접촉이 아닌 미분 접촉을 하며, 혼합과 침강이 동시에 그리고 연속적으로 진행된다. 추출은 위로 올라오는 가벼운 액체를 통해서 무거운 액체의 액적들이 떨어진다던가 또는 이와 반대로 해서 열린 탱크에서 수행될 수 있다. 그렇지만 분무탑(spray tower)이라고 하는 이와 같은 탑은 연속상에서의 뚜렷한 축방향 혼합 때문에 거의 사용되지 않고 있다. 대신 탑은 액적들을 합쳐서 변형시키고 축방향의 분산을 제한하게 하는 링이나 안장형 같은 충전물들(그림 18.2 참조)로 채워진다.

추출탑에서는 상 사이에 연속적인 물질전달이 있으며 각 상의 조성은 탑을 통해 흐르면서 변한다. 물론 어느 위치에서나 평형에는 이르지 못한다. 실제로 물질전달에 필요한 구동력을 주는 평형으로부터 벗어난 상태에 있다. 추출탑에 대한 설계과정은 충전 흡수탑과 유사하지만 전달단위의 높이는 일반적으로 전형적인 흡수탑보다 크다.

충전탑의 범람속도. 분산상이나 연속상 중 어느 것의 유량을 일정하게 유지하고, 다른 상의 유량이 점차 증가되면, 분산상이 응집하고 그 상의 체류량이 증가하여 드디어 두 상이 모두 연속상 출구를 통해 함께 나가는 점에 도달한다. 흡수탑의 이런 현상과 마찬가지로, 여기서도 이런 현상을 범람(flooding)이라고 한다. 범람시 한 상의 유량이 크면 클수록 다른 상의 유량은 더 작아진다. 탑은 분명히 범람속도 이하의 유량으로 운전되어야 한다.

충전탑의 범람속도는 실험식[10]으로부터 산출될 수 있다.

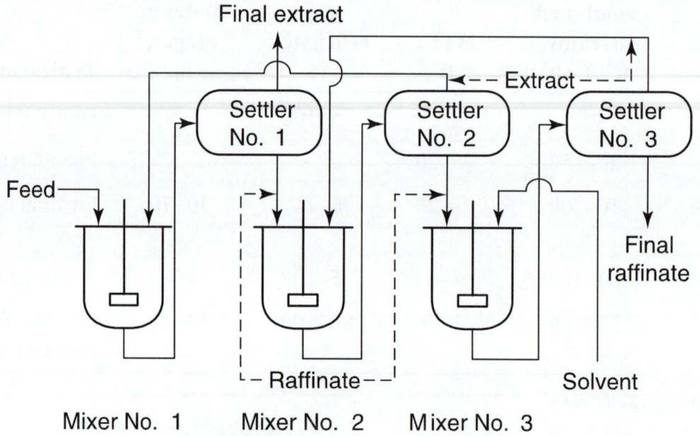

그림 23.4 혼합침강기 추출장치

다공판 탑

열린 탑의 축방향 혼합 특성은 20장과 21장에서 설명한 체판형 증류탑에서와 마찬가지로 탑을 가로질러서 다공판(多孔板)을 설치하여 제한할 수 있다. 다공판 구멍들은 지름이 $1\frac{1}{2}$내지 $4\frac{1}{2}$ mm이다. 판의 간격은 150 내지 60 mm(6 내지 24 in)이다. 보통 가벼운 액체가 분산상이며, 하강관은 한 단에서 다음 단으로 무거운 연속상을 운반한다. 그림 23.5(a)에서 보는 것처럼 가벼운 액체는 각 단 아래에 얇은 층으로 모여서 위에 있는 무거운 액체의 두꺼운 층으로 분사된다. 그림 23.5(b)는 변형된 설계로서, 구멍들이 판의 한 쪽에만 뚫려 있어서 한 단에서 다음 단으로 갈 때 왼쪽에서 오른쪽으로 방향을 바꾼다. 거의 모든 추출은 윗 단 아래 공간에 모여 물넘이둑을 지나 다음 다공판으로 가로질러 흘러가서 위로 올라가는 가벼운 액체(기름)의 혼합지역에서 일어난다. 연속상인 무거운 액체(용매)는 혼합지역에서 침강지역으로 수평으로 흘러가며, 그곳에서는 미세한 가벼운 액체 방울들이 분리되어 윗 판으로 올라갈 기회를 갖게 된다. 이 설계는 용매와 함께 아래로 내려가는 기름의 양을 크게 줄일 수 있고, 추출기의 효율을 높여줄 수 있다.

장애판 탑

이런 추출탑에는 여러 개의 수평 장애판들이 들어 있다. 무거운 액체는 각 장애판 위로 흘러서 아래로 쏟아져 내려가며, 가벼운 액체는 장애판 아래에서 흘러와 무거운 상 가장자리로부터 위로 분무된다. 가장 평범하게 사용되는 것들은 원판-도우넛형(disk-and-doughnut) 장애판, 궁형(segmental) 장애판 또는 한쪽에서 다른 쪽으로 장애판이 엇갈린 형태가 있다. 어느 것이든 장애판 간의 간격은 100~150 mm(4~6 in)이다.

장애판형 탑에는 막힐 만한 작은 구멍도 없고, 부식에 의해 커지는 구멍도 없다. 따라서, 이들은 고체가 부유하는 지저분한 용액을 취급할 수 있다. 원판-도우넛형 장애판 탑을 변형한 추출기에는 장애판에 침적된 고체를 제거할 수 있도록 갈퀴가 있는 것도 있다. 액체의 흐름이 평탄하고 평활해서 속도나 방향에 급격한 변화가 없기 때문에, 장애판 탑은 쉽게 유화(乳化)하는 액체에 적합하다. 그러나 같은 이유로 해서 이들은 효과적인 혼합기는 되지 못하며, 하나의 장애판은 겨우 0.05 내지 0.1개의 이상단과 맞먹는다[17].

교반탑 추출기

혼합기-침강기는 두 액상을 혼합하는 데 필요한 기계적 에너지를 공급하지만, 지금까지 취급한 탑 추출기는 그렇지 않다. 그들은 혼합과 분리를 모두 중력흐름에 의존한다. 그러나 어떤 탑 추출기에서는 중앙 회전축에 설치된 내부 터빈이나 다른 교반기에 의해 기계적 에너지를 받기도 한다. 그림 23.6(a)와 같은 회전 원판형

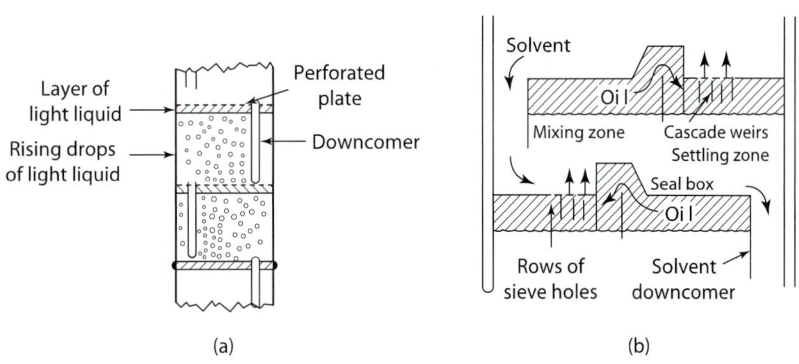

그림 23.5 다공판 추출탑: (a) 수평판에 있는 구멍, (b) 혼합지역과 침강지역을 가진 캐스케이드 물넘이둑이 있는 단 (자료: Bushell and Fiocco[4]))

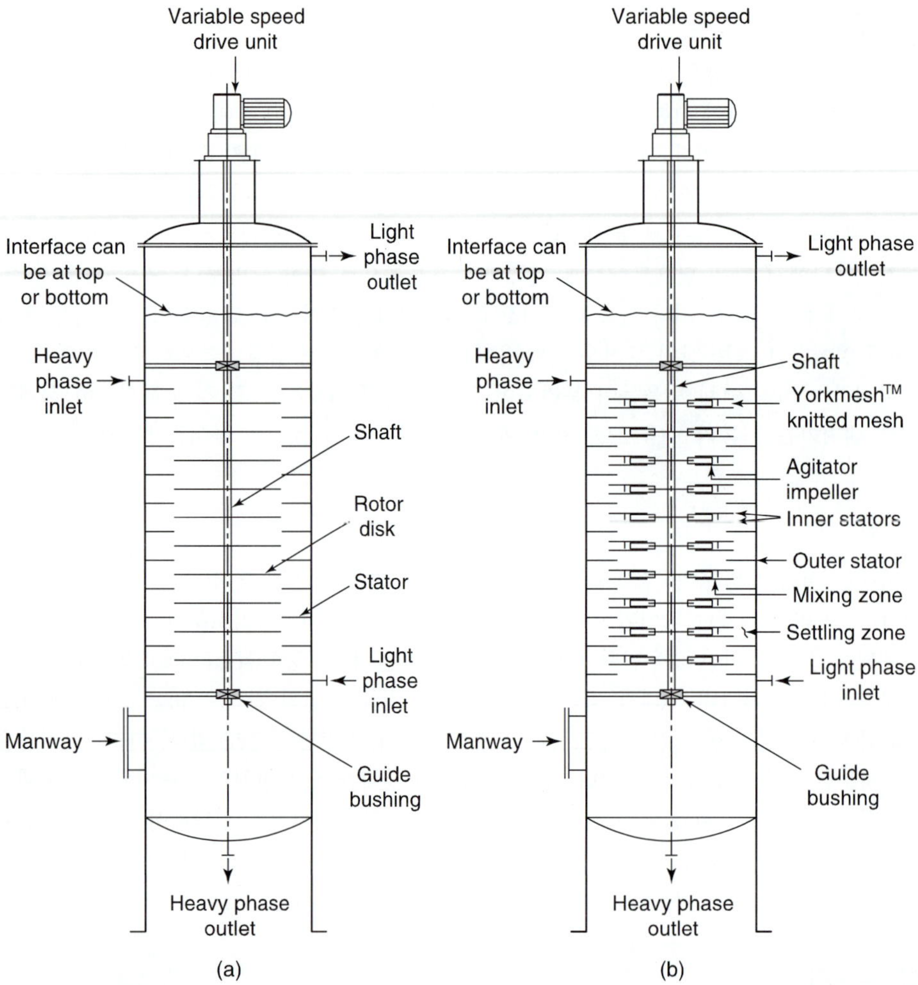

그림 23.6 교반 추출탑 : (a) 회전원판형 장치, (b) York-Scheibel 추출기

접촉기(contactor)에서는 평평한 원판이 액체를 분산해서 벽 쪽으로 밀어붙이며, 그곳에 있는 고정자 환(stator ring)이 조용한 지역을 만듦으로써 두 상이 분리될 수 있다. 또 다른 설계로는 일단의 임펠러가 무동부(calm section)와 분리되어 효과적으로 아래 위로 일련의 혼합침강기를 이루기도 한다. 그림 23.6(b)에 예시한 York-Scheibel 추출기에서는 교반기를 둘러싸고 있는 지역이 철사망으로 싸여져서 상의 응집과 분리를 돕는다. 추출의 대부분은 혼합부에서 일어나지만, 일부는 무동부에서 일어나 각 혼합침강기 장치의 효율이 100% 이상일 때도 있다. 보통 각 혼합침강기의 높이는 300 내지 600 mm(1 내지 2 ft)인데, 이는 웬만큼 짧은 탑에서도 몇 개의 이론접촉단을 이룰 수 있음을 뜻한다. 그러나 내부에서 움직이는 부품을 유지시키는 문제 특히 액체가 부식성일 때는 심각한 단점이 될 수 있다.

맥동 탑

교반은 맥동 탑(脈動 塔, pulse column)에서처럼 외부의 수단으로도 이룰 수가 있다. 왕복펌프가 잦은 간격으로 탑 전체의 내용물에 맥동을 주어 통상적인 액상흐름에 비교적 작은 크기의 빠른 왕복운동을 가해준다. 탑에는 보통 충전물이나 특별한 체판이 들어 있다. 충전탑에서는 맥동으로 액체가 분산하고 편류를 막아

상들 간의 접촉이 크게 향상된다. 체판형 맥동탑에서는 구멍들이 비맥동탑 보다 작아서 지름이 1.5에서 3 mm이며, 전체 열린 면적(open area)은 탑 단면적의 6 내지 23%이다. 이와 같은 탑들은 거의 전적으로 부식성이 강한 방사능 액체를 처리하는 데 이용된다. 하강관은 사용되지 않는다. 이상적으로는 맥동의 상향 행정(stroke)에서 가벼운 액체가 무거운 액체 속으로 분산되고, 하향 행정에서는 무거운 상이 가벼운 상 속으로 분사되게 하는 것이다. 이런 조건에서는 단효율이 70%에 이를 수도 있다. 그렇지만 이것은 두 상의 부피가 거의 같고, 추출하는 동안 부피 변화가 거의 없을 경우에만 가능하다. 보다 일반적인 경우에, 잇따른 분산은 덜 효과적이어서 한 방향으로 한 개의 상이 역혼합 되기도 한다. 그렇게 되면 단효율은 약 30%로 떨어진다. 그럼에도 불구하고, 충전 맥동탑과 체판형 맥동탑에서 주어진 이론접촉단 수에 요하는 높이가 비맥동탑에 요하는 높이보다 1/3도 안 되는 때가 있다[14].

원심추출기

상의 분산과 분리는 원심력에 의해 크게 가속화될 수 있어서, 몇몇 상업용 추출기는 이 점을 이용한다. Podbielniak 추출기에는 무거운 금속 상자 속에 있는 구멍이 많이 뚫린 나선형 리본(ribbon)이 액체가 들어가고 나갈 수 있도록 속이 빈 수평축 주위에 감겨져 있다. 가벼운 액체는 원심력을 이길 수 있도록 3 atm과 12 atm 사이의 압력으로 나선의 바깥쪽으로 펌핑되며, 무거운 액체는 중심부로 공급된다. 액체들은 리본 사이의 통로를 통하여 맞흐름으로 흐른다. 무거운 액체는 나선의 외면을 따라 바깥쪽으로 이동하고, 가벼운 액체는 대체량(代替量)만큼 내면을 따라 안쪽으로 흐르도록 되어 있다. 액-액 계면에서의 높은 면찰(전단, shear)로 빠른 물질전달이 이루어진다. 게다가 액체의 일부는 리본의 구멍을 통해서 분무하여 난류도를 증가시킨다. 3 내지 10개의 접촉단이 보통이지만, 단일 기계에서 20개의 이론접촉단까지도 얻을 수 있다. 원심추출기는 비싸며 상대적으로 용도가 제한되어 있다. 작은 공간에서 많은 이론접촉단을 갖고, 아주 짧은 체류시간(약 4초)을 갖는 이점이 있다. 그러므로 이들은 비타민 및 항생제와 같은 민감한 제품을 추출하는 데 유용하다.

보조장치

추출탑의 분산상은 어느 지점에서 한 제품 흐름을 뽑아내는 연속상층으로 합치시키게 된다. 이 층과 원래의 연속상 사이의 계면은 충전탑 위 또는 바닥의 노출 부분에 있게 된다. 체판형 탑에서 가벼운 상이 분산되는 경우, 그 계면은 탑 꼭대기 근처의 노출부분에 생긴다. 무거운 상이 분산되는 경우에는 계면이 탑 밑바닥 근처에 생긴다. 계면의 높이는 연속 중력 경사분리기(gravity decanter)에서와 마찬가지로 무거운 상의 노출식 넘침관(vented overflow leg)에 의해 자동적으로 조절된다. 커다란 탑에서는 계면이 무거운 액체 배출관의 밸브와 연동된 액위 조절기(level controller)에 의해 원하는 위치에서 고정된다.

액-액 추출에서 용매는 거의 늘 추출물이나 추출잔류물 또는 양쪽 모두에서 제거되지 않으면 안 된다. 따라서 보조 증류기, 증발기, 가열기 및 응축기가 대부분의 추출계에서 중요부분을 이루며, 추출장치 그 자체보다도 더 많은 비용이 들 때가 있다. 앞에서 언급한 바와 같이 분리 문제가 증류나 추출 어느 것에 의해서도 이루어질 수 있다고 하면 경제적 측면에서 증류가 바람직하다. 추출은 증류만으로는 해결될 수 없는 문제의 해결방법이지만 분리 계의 어느 부분에서는 증류나 증발을 이용할 필요가 있게 된다.

23.2.2 추출의 원리

대부분의 연속 추출법은 가벼운 액체와 무거운 액체로 된 두 상들 간의 맞흐름 접촉을 이용하므로, 맞흐름식 기체흡수와 정류에 대한 여러 가지 기본지식이 그대로 액체추출에도 답습된다. 따라서 이상단, 단효율, 두 흐름간의 최소비 및 장치의 크기에 대한 문제점들은 증류에서와 마찬가지로 추출에서도 똑같은 중요성을 지닌다.

묽은 용액의 추출

유량의 변화를 무시할 수 있고 분배계수[1] K_D가 일정한 묽은 용액의 회분식 추출 또는 다단 추출의 경우, 식 (20.29)로 정의된 탈거인자 S와 동등한 추출인자 E를 사용하는 것이 편리하다.

$$E \equiv \frac{K_D V}{L} \tag{23.4}$$

순수한 용매를 갖는 단일 단 추출의 경우 남는 용질의 분율은 $1/(1+E)$이고 회수된 분율은 $E/(1+E)$이다. 다양한 형태의 Kremser 식들[식 (20.24), (20.25), (20.26), 및 (20.28)]은 맞흐름 추출 캐스케이드에 이용될 수 있다.

예제 23.2

수용성 발효액 100 부피당 6 부피의 용매를 사용하여 아세트산 아밀 용매로 추출에 의해 페니실린 F를 묽은 수용성 발효액으로부터 회수한다. pH = 3.2에서 분배계수 K_D는 80이다. (a) 한 개의 이상단에서 페니실린의 몇 할이 회수되는가? (b) 두 개의 단 모두에 새 용매를 사용해서 2단 추출로 얼마가 회수되겠는가? (c) $V/L = 0.06$인 맞흐름식 캐스케이드를 사용한다면 (b)와 똑같은 회수를 위해서 몇 개의 이상단이 필요한가?

풀이

(a) 물질수지에 의해 $y_0 = 0$이므로

$$L(x_0 - x_1) = Vy_1$$

$$y_1 = K_D x_1$$

$$x_1\left(\frac{VK_D}{L} + 1\right) = x_0$$

추출인자는 다음과 같다.

$$E = \frac{VK_D}{L} = \frac{6 \times 80}{100} = 4.8$$

따라서
$$\frac{x_1}{x_0} = \frac{1}{1+E} = \frac{1}{5.8} = 0.172$$

회수는 $1 - 0.172 = 0.828$, 즉 82.8 %이다.

(b) 같은 E 값을 가지므로

$$\frac{x_2}{x_1} = \frac{1}{1+E}$$

$$\frac{x_2}{x_0} = \frac{1}{(1+E)^2} = 0.0297$$

회수는 $1 - 0.0297 = 0.9703$, 즉 97.0 %이다.

(c) K_D와 V/L이 일정하므로 이상단 수는 탈거인자 S 대신 E를 사용하여 Kremser 식[식 (20.28)]의 탈거형으로부터 계산될 수 있다.

$$N = \frac{\ln[(x_a - x_a^*)/(x_b - x_b^*)]}{\ln E}$$

$x_a = x_0 = 100$으로 하면 $x_b = 3.0$이고 $y_a = 97(100)/6 = 1,617$이다.

1 분배계수는 추출물 속의 용질의 평형농도와 추출잔류물 속의 평형농도의 비이다.

$$x_a^* = \frac{y_a}{K_D} = \frac{1,617}{80} = 20.2$$

$$x_b^* = 0$$

$$N = \frac{\ln[(100 - 20.2)/3]}{\ln 4.8} = 2.09$$

맞흐름 공정을 이용하면 (b)보다 약간 많은 이상단 수를 필요로 한다. 그러나 용매를 반 만큼 사용하고 추출물의 농도를 높일 수 있다. ■

농축용액의 추출 ; 상 평형

농축용액의 추출에서는 성분이 3개 이상 존재하고 각 상에 각 성분의 일부가 존재하기 때문에 평형관계가 나른 종류의 분리에서 보다 더 복잡하다. 평형 데이터는 그림 23.7과 23.8에서 보는 바와 같이 삼각형 선도에 표시된다. 아세톤-물-MIK(methyl isobutyl ketone) 계(그림 23.7)는 I 형 계의 본보기로서, 용매(MIK)와 희석제(물)는 부분 혼화성이지만 용매와 추출될 성분(아세톤)은 완전 혼화성임을 보여주고 있다. 아닐린- n-헵탄 -MCH(methyl cyclohexane)는 II 형 계(그림 23.8)를 이루며, 용매(아닐린)가 나머지 두 성분과 부분적으로만 혼화하는 것을 보여준다.

추출공정의 일부를 그림 23.7을 이용해서 설명할 수 있다. 용매를 아세톤과 물로 된 혼합물에 가하면 이 새로 생긴 혼합물의 조성은 순수용매에 대한 점과 원래 2성분 혼합물에 대한 점 사이를 연결하는 직선 상에 놓이게 된다. 충분한 용매를 가해서 혼합물의 총괄조성이 돔(dome) 모양의 곡선 아래로 떨어지게 되면, 혼합물은 두 상으로 갈라지게 된다. 상의 조성을 나타내는 점들은 총괄 혼합물 조성을 지나는 직선 대응선(tie line)으로 연결될 수 있다. 그림에는 확실하게 하기 위해서 몇 개의 대응선만을 그렸지만, 다른 선들은 내삽법으로 구할 수 있다. 선 ACE는 MIK 층(추출물)의 조성을 나타내며, 선 BDE는 물 층(추출잔류물)의 조성을 나타낸다. 혼합물 중에 아세톤의 함량이 증가함에 따라 두 상의 조성은 서로 접근하여 점 E, 즉 상접점(相接點,

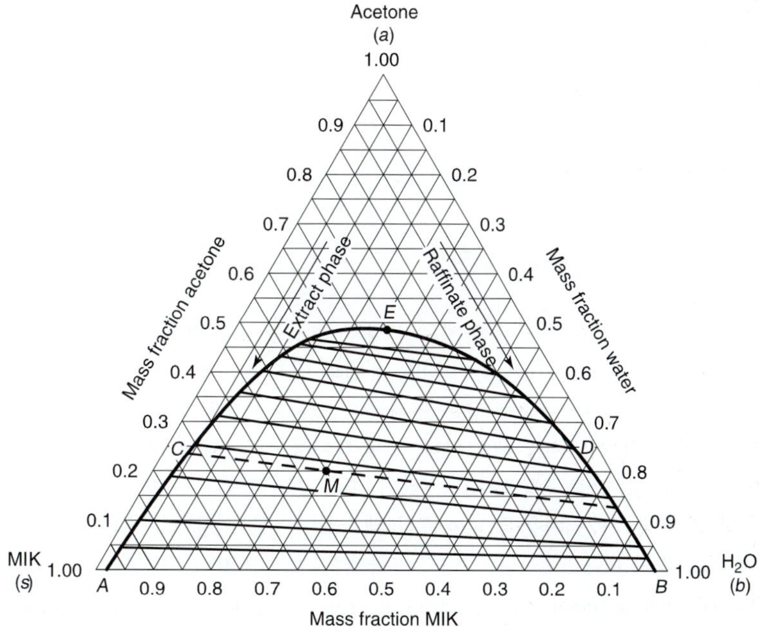

그림 23.7 25℃에서의 아세톤-MIK-물 계(자료 : Othmer, White, and Trueger[11])

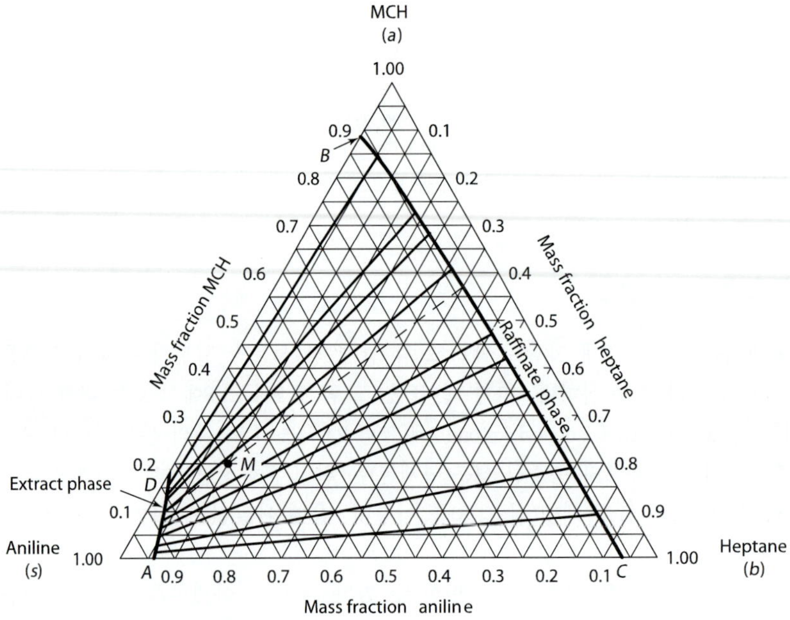

그림 23.8 25℃에서의 아닐린-n-헵탄-MCH 계 : a, 용질(MCH) : b, 희석제, n-헵탄 ; s, 용매, 아닐린 (자료 : Varteressian and Fenske[18])

plait point)에서 같게 된다.

그림 23.7의 대응선들은 왼쪽 위로 기울어져 있어서 추출물 상이 추출잔류물 상보다 아세톤 농도가 진하다. 이것은 아세톤 대부분이 적절한 양의 용매를 이용해서 수용액 상으로부터 추출될 수 있음을 암시한다. 대응선이 그림 23.8에서처럼 수평이거나 오른쪽 위쪽으로 기울어져 있어도 추출은 가능하지만, 최종 추출물에 원하는 성분(그림 23.7에서는 아세톤 그리고 그림 23.8에서는 MCH)이 많지 않기 때문에 보다 많은 용매를 사용해야 한다.

그림 23.7에 설명한 계의 경우에 실제 추출공정에서는 제품인 아세톤과 희석제인 물의 비가 커야만 한다. MIK 용매 내의 물의 용해도가 불과 2%이지만, 아세톤 농도가 증가함에 따라 추출물 상의 물 함량 또한 증가한다. 그림 23.7의 데이터를 그림 23.9에 다시 도시해 보면, 물의 함량 y_{H_2O}가 아세톤 함량 y_A에 따라 점차 증가하는 것을 볼 수 있다. y_A/y_{H_2O}비는 추출물 상의 아세톤이 약 27 wt%일 때 최대점에 달한다. 더 높은 아세톤 농도를 얻을 수도 있지만, 그러나 추출제품 속에 보다 많은 물이 존재하여 이런 조건에서의 조작은 바람직하지 못하다.

단일 단(單一 段) 추출에 의해 생기는 상 조성은 삼각형 선도를 이용해서 쉽게 얻을 수 있다. 예를 들어, 아세톤 40%와 물 60%로 된 혼합물이 같은 양의 MIK 용매와 접촉하면 전체 혼합물은 그림 23.7상의 점 M으로 표시된다. 새 대응선을 그려보면 추출물 상은 아세톤 0.232, 물 0.043 및 MIK 0.725를 나타낸다. 추출잔류물 상은 아세톤 0.132, 물 0.845 및 MIK 0.023이다. 추출잔류물 상을 새 용매와 반복해서 접촉시키는 경우, 이것을 십자 흐름(cross current) 추출공정이라고 부르며, 대부분의 아세톤을 회수할 수 있게 되지만, 이 공정은 많은 양의 용매를 필요로 하기 때문에 맞흐름식 캐스케이드를 이용하는 것보다 효율이 떨어진다.

생성물에서 아세톤 대 물의 비는 5.4이다. 추출잔류물에서는 그 비가 0.156이다. 그림 23.8의 M 점에 해당하는 생성물에서의 MCH 대 n-heptane의 비는 3.3이고 추출잔류물에서는 그 비가 1.6이다. 분리는 명백히 MIK-아세톤-물 계가 보다 효과적이다.

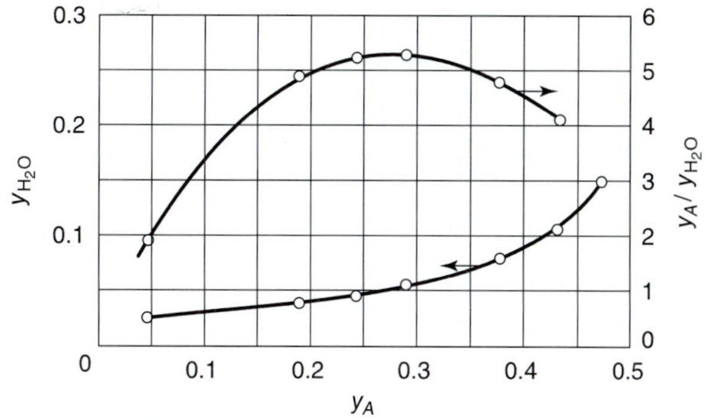

그림 23.9 MIK-아세톤-H_2O의 추출물 상 조성

McCabe-Thiele 법의 이용

맞흐름 캐스케이드의 주어진 이론단 수에서 성취할 수 있는 분리는 삼각형 선도와 특별한 도해적 기법을 이용하여 구할 수 있으나, 본 장에서 사용하는 근사법인 변형된 McCabe-Thiele 법은 이용하기가 간편하고 대부분의 경우에 만족할 만한 정확성을 갖는다. 이 방법은 추출물 상과 추출잔류물 상의 용질 농도에 초점을 두어, 선도에는 추출물에 있는 희석제의 농도나 추출잔류물 속의 용매농도가 나타나지 않는다. 그러나 두 상의 비 주성분들은 조작선의 위치에 영향을 주는 추출물과 추출잔류물의 총 유량을 구할 때 계상(計上)된다.

McCabe-Thiele 법을 추출에 적용하기 위해서 평형 데이터를 직각좌표에 표시하며, 추출물, 즉 V 상에 있는 용질의 질량분율은 종축에, 그리고 추출잔류물 상의 용질의 질량분율은 횡축에 도시한다. I 형 계에서 평형선은 상접점에서 같은 조성으로 끝난다. 3성분계 혼합물을 나타내는 데, 단지 한 개의 농도만을 사용한다는 것은 이상하게 보이지만 주어진 단을 나가는 상이 평형에 있으면 두 상의 조성을 정하는 데는 한 농도만이 필요하게 된다.

추출 선도의 조작선은 식 (23.3)에 근거한 것으로 L 상의 n단을 나가는 용질농도와 V 상의 $n+1$단에서 나오는 용질농도 사이의 관계를 나타낸다. 조작선 상의 양끝 점인 (x_a, y_a) 및 (x_b, y_b)는 보통 3성분 평형 데이터를 참작하여 총괄 물질수지에 의해 구해진다. 탑을 지나감에 따라 추출잔류물 상(L)이 줄고, 추출물 상(V)이 증가하기 때문에 조작선은 구부러진다. 캐스케이드의 한 부분에 대한 물질수지를 취해서 조작선 상의 하나 또는 그 이상의 중간 점들을 구할 수 있다. 그러면 이상단 수는 통상적인 방법에 따라 계단을 그려서 구할 수 있다.

이상단 수가 정해지면 추출된 용질의 분율과 최종 조성을 시행오차법으로 구할 수 있다. 추출된 분율이나 최종 추출물 조성이 가정되면, 곡선으로 된 조작선이 그려진다. 너무 많은 단이 필요하게 되면, 추출된 분율을 더 작게 가정하여 계산을 반복한다. 이와 같은 계산은 일반적으로 컴퓨터로 한다.

예제 23.3

맞흐름식 추출장치로 25°C에서 MIK에 의해 물과 섞여 있는 혼합물에서 아세톤을 추출하려고 한다. 공급원료는 40% 아세톤과 60% 물로 되어 있다. 공급원료와 같은 질량의 순수용매를 추출액체로 사용한다. 아세톤의 99%를 추출하는 데 몇 개의 이상단이 필요한가? 용매를 제거하고 난 후의 추출물 조성은 얼마인가?

풀이

그림 23.7의 자료를 이용하여 평형관계 x_A 대 y_A를 도시하면, 그림 23.10의 상부 곡선을 얻는다. 조작선의 양끝 점들은 추출물 상의 물 양과 추출잔류물 상의 MIK 양을 참작한 물질수지에 의해 구해진다.

계산기준: $F =$ 시간당 100 질량 단위

$n =$ 추출물 속의 H2O의 질량 유량

$m =$ 추출잔류물 속의 MIK의 질량 유량

이라고 하자. A가 99% 회수되면, 추출물은 $0.99 \times 40 = 39.6A$이며, 추출잔류물은 $0.4A$이다. 총 유량은 다음과 같다.

탑 위에서,

$$L_a = F = 100 = 40A + 60\ H_2O$$

$$V_a = 39.6A + n\ H_2O + (100 - m)\ MIK + 139.6 + n - m$$

탑 밑에서,

$$V_b = 100\ MIK$$

$$L_b = 0.4A + (60 - n)\ H_2O + m\ MIK = 60.4 + m - n$$

n과 m이 작아서 V_a와 L_a에 대한 합계에서는 무시할 수 있기 때문에 총 추출물 유량 V_a는 약 140이 되므로, $y_{A,a} \cong 39.6/140 - 0.283$이 된다. $x_{A,b}$ 값은 약 $0.4/60 = 0.0067$이다. 이 계산은 n과 m 값을 계산한 다음 조절된다.

그림 23.7에서 $y_A = 0.283$이면, $y_{H_2O} = 0.049$이다.

$$n = \frac{0.049}{1 - 0.049}(39.6 + 100 - m)$$

m이 아주 작다면, $n \cong (0.049/0.951)(139.6) = 7.2$이다.

그림 23.7에서 $x_A = 0.007$이면, $x_{MIK} = 0.02$이다.

$$m = \frac{0.02}{1 - 0.02}(0.4 + 60 - n)$$

$$\cong \frac{0.02}{0.98}(0.4 + 52.8) = 1.1$$

수정된 값은 $n = (0.049/0.951)(139.6 - 1.1) = 7.1$이다.

$$V_a = 139.6 + 7.1 - 1.1 = 145.6$$

$$y_{A,a} = \frac{39.6}{145.6}\ 0.272$$

$$L_b = 60.4 + 1.1 - 7.1 = 54.4$$

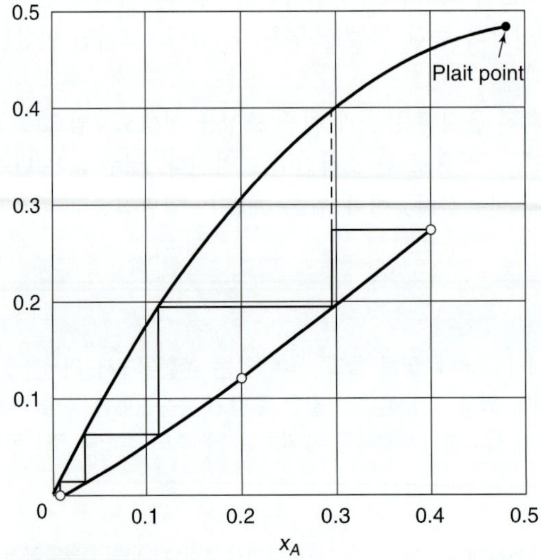

그림 23.10 추출에 대한 McCabe-Thiele 선도

$$x_{A,b} = \frac{0.4}{54.4} = 0.0074$$

점 (0.0074, 0)과 (0.40, 0.272)를 도시하여 조작선의 양끝을 정한다.

조작선의 중간 점을 구하기 위해 $y_A = 0.12$를 택하여 V와 L을 계산한다. 그림 23.7에서 $y_{H_2O} = 0.03$이면 $y_{MIK} = 0.85$이다. 추출잔류물 상에는 MIK가 2 내지 3% 밖에 없으므로, 추출물 속의 MIK 양이 공급된 용매와 같은 100이라고 가정한다.

$$100 \cong Vy_{MIK}$$

$$V \cong \frac{100}{0.85} = 117.6$$

용매 입구(바닥)에서 중간 점까지의 총괄 수지식은 다음과 같다.

$$V_b + L = L_b + V$$

$$L \cong 54.4 + 117.6 - 100 = 72.0$$

같은 부분에서 A에 대한 수지를 취하면 x_A를 구할 수 있다. 즉,

$$Lx_A + V_b y_b = L_b x_b + V y_A$$

$$Lx_A \cong 0.4 + 117.6(0.12) - 0$$

$$x_A \cong \frac{14.5}{72} = 0.201$$

이 값이 아마도 꽤 정확할지는 모르지만, V, L 및 x_A의 수정된 값들을 구할 수가 있다. $x_A = 0.201$이면 $x_{MIK} \cong 0.03$(그림 23.7)이다. 용매 입구에서 중간 점까지의 MIK 수지를 취하면,

$$V_b + Lx_{MIK} = L_b x_{MIK,b} + V y_{MIK}$$

$$V y_{MIK} = 100 + 72(0.03) - 1.1$$

$$\text{수정된 } V = \frac{101.1}{0.85} = 118.9$$

$$\text{수정된 } L = 54.4 + 118.9 - 100 = 73.3$$

$$\text{수정된 } x_A = \frac{0.4 + 118.9(0.12)}{73.3} = 0.200$$

$x_A = 0.20$, $y_A = 0.12$를 도시하면, 약간 굽은 조작선을 그릴 수 있다. 그림 23.10으로부터 $N = 3.4$단이다. ■

환류를 이용하는 II형 계의 맞흐름 추출

공급원료에 있는 성분들의 분리를 향상시키기 위해 맞흐름 추출에서도 증류와 똑같이 환류를 사용할 수 있다. 캐스케이드 중앙부에 원료를 공급하고 환류를 이용하면, 두 원료 성분이 거의 순수한 제품으로 분리될 수 있기 때문에 이 방법은 특히 II형(type II system)을 처리하는 데 유용하다.

환류가 있는 맞흐름 추출의 흐름도는 그림 23.11과 같다. 이 방법과 분별증류 사이의 유사성을 강조하기 위해 캐스케이드가 판형 탑이라고 가정한다. 그러나 어떤 종류의 캐스케이드라도 상관없다. 이 방법은 캐스케이드를 나가는 추출물로부터 충분한 용매를 회수해서 그 일부를 환류로서 캐스케이드에 되돌려 보내고, 나머지는 제품으로서 장치에서 배출하는 것이다. 추출잔류물은 탑밑 제품으로서 캐스케이드로부터 배출되고, 새 용매는 캐스케이드의 맨 밑으로 직접 집어넣는다. 탑밑 추출잔류물은 환류로서 되돌릴 필요가 전혀 없다. 왜냐하면 추출잔류물을 캐스케이드 탑밑으로 재순환시키던지, 시키지 않던 간에 필요한 단수는 같기 때문이다[16]. 이 점은 연속 증류에서 탑밑 제품의 일부는 탑에 열을 공급하기 위해 기화시켜야 하는 경우와는 같지 않다.

용매 분리기는 통상적으로 증류기이며, 그림 23.11에서 보는 바와 같다. 또한 그림 23.11에서 보는 것처럼, 용매는 두 제품으로부터 탈거에 의하거나 경우에 따라서는 물 세척에 의해 제거되어 용매가 없는 제품이 된다.

표 23.3 환류를 사용하는 추출과 증류의 비교

Distillation	Extraction
Vapor flow in cascade V	Extract flow in cascade V
Liquid flow in cascade L	Raffinate flow in cascade L
Overhead product D	Extract product D
Bottom product B	Raffinate product B
Condenser	Solvent separator
Bottom-product cooler	Raffinate solvent stripper
Overhead-product cooler	Extract solvent stripper
Heat to reboiler q_r	Solvent to cascade s_B
Heat removal in condenser q_c	Solvent removal in separator s_D
Reflux ratio $R_D = L_a/D$	Reflux ratio $R_D = L_a/D$
Rectifying section	Extract-enriching section
Stripping section	Raffinate-stripping section

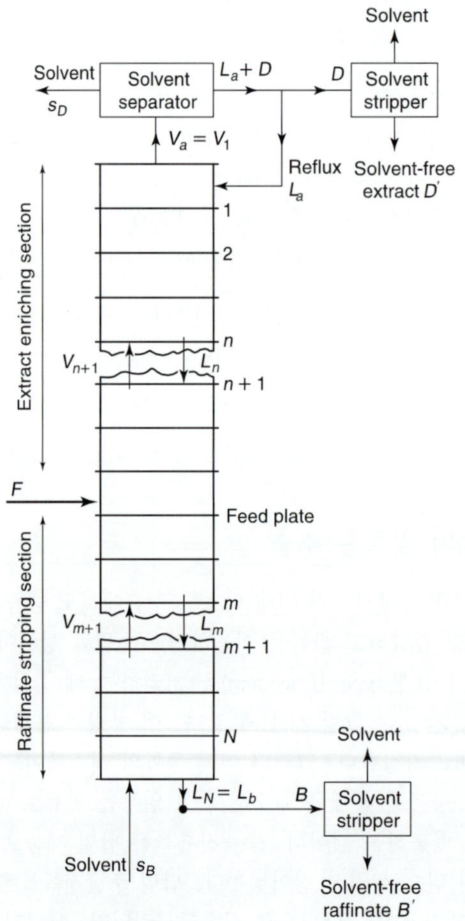

그림 23.11 환류가 있는 맞흐름 추출

환류를 이용한 증류와 추출간의 밀접한 유사성은 표 23.3에 설명되어 있다. 추출에서 용매가 증류의 열과 같은 입장에 있음을 유의하라.

한계 환류비

증류와 꼭 마찬가지로, 환류가 있는 맞흐름 추출기 조작에는 두 가지 한계에 해당하는 경우가 존재한다. 환류비 R_D가 아주 커짐에 따라 단 수는 최소치에 접근하며, R_D가 감소됨에 따라 환류비가 최소치에 달하면 단수가 무한대로 된다. 최소단수와 최소 환류비는 증류에서 구한 것과 전적으로 같은 방법에 의해 구해진다.

환류가 있는 추출의 실제 예

그림 23.11에서 보는 바와 같은 간단한 방법의 환류 예는 있다고 해도 매우 드문 경우이다. 아닐린-헵탄-메틸시클로헥산(MCH)과 같은 계(그림 23.8)에서 추출물 중의 헵탄에 대한 MCH의 비는 추출잔류물 중에서 보다 아주 조금밖에 크지 않으므로, 고순도 제품을 얻기 위해서는 상당히 많은 단이 필요하게 된다. 게다가 아닐린 속에 두 용질의 용해도가 낮아서 다량의 용매를 취급하게 되어 있다. 그렇지만 추출분리에 대한 몇 개의 산업 공정에서는 환류의 개념을 변형해서 응용해 왔다. 추출물의 농축은 다른 액체로 맞흐름 세척해야 성취될 수 있는데, 이 액체는 추출물에 소량이 용해되나 쉽게 제거될 수 있는 것이라야 한다. 방향족 추출에 사용되는 Sulfolane 공정이 이런 유형의 한 본보기이다.

Sulfolane 공정. Sulfolane 공정[3]의 흐름공정도는 그림 23.12와 같다. 탄화수소 원료는 추출기 중간으로 들어가며, 무거운 용매는 탑 꼭대기에서 공급된다. 탑 상부에서 거의 모든 방향족이 추출되지만, 이 위치에서의 용매에는 몇 %의 파라핀과 나프텐이 들어 있다. 기포점 범위가 겹치므로 이 물질을 증류에 의해 순수 방향족으로 제조하기는 사실상 어렵다. 또한 Sulfolane과 탄화수소는 상접점(plait point)이 있는 Ⅰ형 계를 형성하여 용매를 뺀 추출물 일부를 환류시킨다 해도 파라핀이 없는 방향족을 얻을 수는 없다.

추출기 하부에서는 추출물을 증류하여 제조된 낮은 기포점 탄화수소 유분과 접촉함으로써 중간 기포점 및 높은 기포점 파라핀이 제거된다. 이 계에 물이 존재하여 경질 탄화수소와 낮은 기포점 공비물을 형성하므로, 증류는 사실상 공비증류이다(22장 참조). 탑에서 나온 증기는 응축해서 두 상으로 갈라지며, 탄화수소 상은 역세척물로서 추출기로 되돌아간다. 추출기 하부에는 중질 파라핀이 추출잔류물 상으로 거의 완전히 전달될 수 있도록 충분한 단이 마련되어 있다. 추출물은 경질 탄화수소로 포화되어 나가지만, 이들은 공비증류탑에서 제거된다.

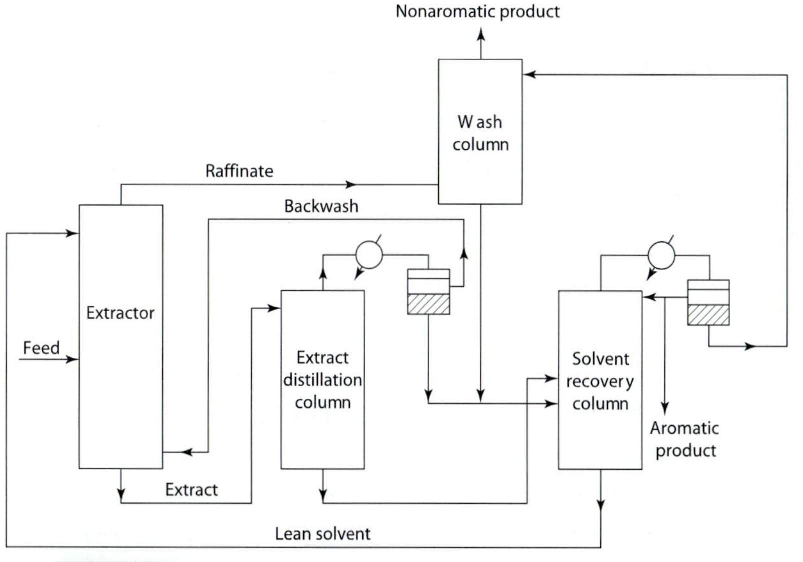

그림 23.12 Sulfolane 추출공정(자료 : Broughton and Asselin[3])

고순도 방향족을 얻기 위해서 용매는 유기상을 환류시키는, 감압 수증기 증류탑인, 제 2증류탑에서 회수된다. 마지막 탑은 다단 추출탑으로 추출잔류물에서 용매를 세척하기 위해 물이 이용된다. 용매 손실을 최소화하기 위해 물은 닫힌 순환계에 있으며, 추출용매에는 소량의 물이 허용된다.

역세척물(backwash) 흐름은 역용매(countersolvent) 또는 환류라고도 하는데, 환류(reflux)란 말은 제품과 같은 조성을 갖는 흐름들을 위해서 유보되어야 한다. 역세척물은 저분자량 물질일 필요는 없다. 다른 형의 Sulfolane 공정에서는 역세척물이 중질 파라핀 유분으로 이것은 추출물과 추출잔류물에서 쉽게 제거될 수 있다.

23.3 특수 추출기술

특수한 기술이 개발되어 민감한 생물제품의 회수와 같은 추출공정들의 효율이 향상되었다. 특수 기술에는 수용액 상만을 이용하는 추출과 용매의 임계점 이상의 압력과 온도에서 유지되는 용매를 사용하는 초임계유체추출이 있다.

수용액 상의 이용

이 방법은 서로 상충되는 고분자 물질이나 다른 용질들을 포함하는 두 개의 수용액 상 사이에 단백질을 분할하여 단백질을 분리하는 것이다[9, 19]. 이와 같은 한 계에서 가벼운 상은 10%의 Polyethylene glycol과 약 0.5%의 dextran을 포함하는 물이고 무거운 상은 15%의 dextran과 1%의 glycol이 함유된 물이다. 무거운 상에서 칼리인산염 용액이 dextran 대신에 사용될 수 있다[8]. 이러한 액체에서는 단백질들이 유기용매에서와 같은 변성이 일어나지 않는다. 단백질들은 pH에 따라 분배계수가 달라지고 0.01에서 100 이상의 분배계수를 갖는 상 사이에 분배된다.

이러한 계에서 계면장력은 아주 낮으며 높은 전단율(shear rate) 없이 큰 표면적을 만들 수 있다. 단점은 상 사이의 밀도차이가 아주 낮아서 침강시간이 길고 침강속도를 높이기 위해 원심분리기를 필요로 한다는 점이다.

23.3.1 초임계유체 추출

어떤 화합물들은 초임계 용매로 추출함으로써 고체나 액체로부터 분리될 수 있다. 초임계유체는 선택적 용해력 이외에도 재래식 용매에 비해 몇 가지 장점을 지니고 있다. 초임계유체는 밀도와 점도가 낮으며 그 속에서는 용질의 확산도가 높다(통상적인 액체에서보다 100배 이상 크다). 따라서 초임계유체는 다공성이거나 섬유성인 고체에 쉽게 투과한다. 다른 방법들도 사용될 수 있지만, 단지 온도나 압력을 변화시킴으로써 용질이 초임계유체로부터 회수될 수 있다. 초임계유체 추출의 주요 단점은 고압을 필요로 한다는 점이다.

상평형

초임계 추출, 특히 식품처리 공정에 유용한 용매는 31.06°C, 73.8 기압(1,070 lb_f/in^2)의 임계점을 갖는 이산화탄소이다. 순수한 CO_2의 상태도(그림 23.13)에 고체, 액체 및 기체의 평형지역과 초임계 유체가 존재할 수 있는 조건들이 그려져 있다. 초임계 지역에서는 액체와 기체간의 구별이 없고 상 전이가 없다. 즉 초임계 유체는 아주 밀도가 큰 기체 또는 밀도가 작고 움직이기 쉬운 액체와 같은 작용을 한다.

초임계유체에서의 용해도와 선택도는 온도와 압력에 지대한 영향을 받는다. 초임계 CO_2에 의해 용질의

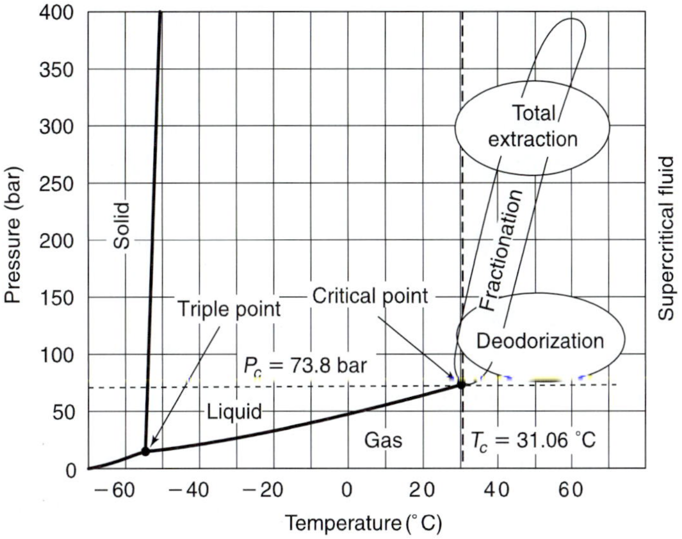

그림 23.13 식품처리 응용에 유용한 영역을 설명하는 이산화탄소의 상태도[13]

거의 전부를 추출하기 위해서는 그림 23.13에 표시한 바와 같이 가장 높은 압력이 사용된다. 왜냐하면 여기에서 용해도가 가장 크기 때문이다. 부하가 걸린 용매는 온도나 압력이 단계적으로 변하는 일련의 분리용기를 통과하여 다단 분별증류(multistage fractionation)를 하게 된다. 냄새를 내는 휘발성분을 제거하기 위해서는 임계점에 가까운 조건이 유리하다. 이런 조건에서는, 용해도는 더 작지만 가장 휘발성이 큰 성분에 대한 선택도가 훨씬 크다.

초임계 CO_2와 타 용매들에서 하나 이상의 용질에 대한 평형상태도는 아주 복잡해질 수 있다[2]. 평형에 대한 정보는 비교적 거의 발표되어 있지 않다. 고압용기의 비용에 곁들여서 이런 정보의 부족과 대규모화(scaleup)의 어려움으로 초임계유체 추출의 상업적 응용은 제한되어 있다.

상업화공정[13]

초임계유체 추출공정의 실제적인 예로서 커피의 카페인 제거 공정을 들 수 있다. 추출을 보다 선택적으로 하기 위하여 커피 콩을 우선 물에 담그고 카페인을 용해시키기 위해 초임계 CO_2가 순환되고 있는 추출용기로 보낸다. 별개의 세척용기 속에서는 역시 고압하에 카페인이 CO_2로부터 물로 전달된다. 콩 속의 카페인 함량이 원래의 0.7 내지 0.3%로부터 0.02% 이하로 감소될 때까지 추출을 계속한다. 회분 주기의 마지막 단계에서는 감압하에서 물이 카페인으로부터 증류되어 빠져나간다. 다른 공정에서는 활성탄에 흡착되어 카페인이 CO_2로부터 분리된다. 둘 중의 어느 경우이든 초임계유체 추출은 커피의 특정한 맛과 향기에 영향을 주지 않는다고 할 수 있다.

23.4 기호 설명

B	탑밑 제품, 시간당 기준 혼합물의 kg 또는 lb; B', 탈거탑을 나가는 탑밑 제품
D	탑위 제품, 시간당 기준 혼합물의 kg 또는 lb; D', 용매 탈거탑을 나가는 탑위 제품
E	추출인자, $K_D V/L$

F 추출 캐스케이드의 공급원료, 시간당 기준 혼합물의 kg 또는 lb
HTU 전달단위 하나의 높이, m 또는 ft
K_D 분배계수, y_e/x_e
L 하부흐름 또는 추출잔류물 상, 시간당 전체 또는 기준 혼합물의 kg 또는 lb; L_N, 마지막 단을 나가는; L_a, 캐스케이드로 들어가는; L_b, 캐스케이드를 나가는; L_m, m단을 떠나는; L_n, n단을 떠나는
m 탈거부의 단 수, 또는 추출잔류물 속의 MIK 질량유속(예제 23.3); kg/h 또는 lb/h
N 이상단 수
n 정류부의 단수, 또는 추출물 속의 물의 질량유속(예제 23.3); kg/h 또는 lb/h
P_c 임계압력, bar
q 가해진 열량, J/g 또는 But/lb; $-q_c$, 응축기에; q_r, 되끓이개
R_D 환류비
S 식 (20.29)로 정의된 탈거인자
s 용매의 유량, kg/h 또는 lb/h; s_B, 탑밑 제품에 가한; s_D, 탑위 제품에서 제거된
T_c 임계온도, ℃
V 위흐름 또는 추출물 상, 시간당 기준혼합물의 질량 또는 몰수; V_a, 캐스케이드를 나가는; V_b, 캐스케이드로 들어가는; V_{m+1}, $m+1$단을 나가는; V_{n+1}, $n+1$단을 나가는
x 하부흐름 또는 L 상에서 용질의 질량분율; x_A, x_{MIK}, L상 전체를 기준한 아세톤과 MIK의 질량분율; x_a, 입구에서; x_b, 출구에서; x_e, 평형 값 ; x_n, n단을 떠나는
x^* 특정한 위흐름 용액과 평형을 이루는 하부흐름 용액의 농도; x^*_a, y_a와 평형을 이루는; x^*_b, y_b와 평형을 이루는
y 위흐름 또는 V 상에서 용질의 질량분율; y_A, $y_{\text{H}_2\text{O}}$, y_{MIK}, V상 전체를 기준한 아세톤, 물, MIK의 질량분율; y_a, 출구에서; y_b, 입구에서; y_e, 평형 값; y_{n+1}, $n+1$단을 떠나는
y^* 특정 하부흐름 용액과 평형에 있는 위흐름 용액의 농도; y^*_a, x_a와 평형에 있는; y^*_b, x_b와 평형에 있는

연습 문제

23.1 $CuSO_4$로서 구리를 함유하고 있는 배소(焙燒)된 동광이 맞흐름식 다단 추출기에서 추출된다. 시간당 장입해서 처리되는 량은 불활성 고체 10톤, 황산동 1.2톤, 및 물 0.5톤이다. 생산된 농축액은 무게비(wt%)로 물이 90%, 황산동이 10%이다. 광석에 있는 98%의 황산동을 회수한다. 순수한 물이 새 용매로 사용된다. 각 단을 나가는 아래흐름에 불용성 고체 1 톤에는 2 톤의 물과 물에 용해된 황상동이 묻어 있다. 각 단에서 평형을 이룬다고 하면 몇 개의 단이 필요한가?

23.2 5개의 단으로 된 맞흐름식 추출장치에서 다음 반응으로 생긴 슬러지를 추출하려고 한다.

$$Na_2CO_3 + CaO + H_2O \rightarrow CaCO_3 + 2NaOH$$

$CaCO_3$는 한 단에서 다른 단으로 흐를 때 자체 무게의 1.5배에 해당하는 용액과 함께 이동한다. NaOH의 99%를 회수하려고 한다. 반응 생성물은 과량의 반응물 없이 첫 단에 들어가지만, $CaCO_3$ kg당 0.6 kg의 물이 있다. (a) 탄산칼슘 kg당 얼마의 세적수를 사용해야 하는가? (b) $CaCO_3$가 완전히 불용성이라고 가정하면, 각 난을 나가는 용액의 농도는 얼마인가?

표 23.4

NaOH, wt %	0	5	10	15	20
Kg solution/kg $CaCO_3$	1.50	1.75	2.20	2.70	3.60

표 23.5

Solution retained by 1 lb exhausted livers, gal	**Solution concentration, gal oil/gal solution**	**Solution retained by 1 lb exhausted livers, gal**	**Solution concentration, gal oil/gal solution**
0.035	0	0.068	0.4
0.042	0.1	0.081	0.5
0.050	0.2	0.099	0.6
0.058	0.3	0.120	0.68

23.3 문제 23.2에서 표 23.4에서 보는 바와 같이 침전물에 묻어 있는 용액이 농도에 따라 변하는 것을 알 수 있다. 10% 가성소다 용액을 만든다면, NaOH의 95%를 회수하기 위해 몇 개의 단을 이용해야 하는가?

23.4 맞흐름식 추출 장치열에서 에테르(ether)에 의해 큰넙치(halibut)의 간(肝)으로부터 기름을 추출하려고 한다. 간 알갱이에 동반된 용액은 실험결과 표 23.5와 같음을 알았다. 추출 장치열에서 셀(cell)당 장입량은 완전히 추출된 간을 기준으로 해서 100 lb이다. 미추출 간에는 추출된 간 lb당 0.043 gal의 기름이 들어 있다. 기름의 95%를 회수하려고 한다. 최종 추출물은 추출물 1 gal당 0.65 gal의 기름을 함유한다. 계에 공급된 에테르에는 기름이 들어 있지 않다. (a) 들어간 간에 대하여 몇 gal의 에테르가 필요한가? (b) 몇 개의 추출기가 필요한가?

23.5 혼합침강기로 이루어진 일련의 연속 맞흐름식 추출장치에서 40 : 60의 아세톤-물 용액 100 kg/h을 25°C에서 순수한 1, 1, 2-삼염화에탄(trichloroethane)으로 추출하여 아세톤을 10%까지 줄이려고 한다. (a) 최소 용매유량을 구하라. (b) 최소(용매의 유량)/(원료의 유량)의 1.8배에서 필요한 단수를 구하라. (c) (b)의 조건에서 모든 흐름들의 질량유속을 구하라. 데이터는 표 23.6에 수록되어 있다.

23.6 40 wt%의 아세톤과 60 wt% 물이 들어 있는 혼합물이 같은 양의 MIK와 접촉된다. (a) 단일 단 공정에서 아세톤의 몇 할(割)이 추출될 수 있는가? (b) 새 용매를 둘로 갈라서 두 번의 연속 추출을 시도하면 아세톤의 몇 할이 추출될 수 있는가?

23.7 낮은 pH에서 아세트산 아밀(amyl acetate)을 사용하여 발효액으로부터 추출된 항생제가 pH = 6에서 $K_D = 0.15$인 깨끗한 물속으로 되 추출된다. 물의 유량을 용매 유량의 0.45배로 정하면 맞흐름식 캐스케이드에서 항생제의 98% 회수에 몇 개의 이상단이 필요한가?

23.8 크기가 평균 0.58 mm되는 작은 알갱이 평지 씨로부터 헥산을 이용하여 기름을 추출하려고 한다. 입자들은 원래 43.82%의 기름과 6.43%의 수분을 함유하고 있다. 건조 후에는 건조된 평지의 기름 함량이 추출시간에 따라 다른 것으로 보고되었다[15]. 결과는 아래 표에 있다. 구의 과도확산에 대한 식을 이용하여 헥산에 잠긴 입자들의 유효확산계수를 구하여라. 과량의 헥산을 사용하며 외부물질전달저항이 무시된다고 가정한다.

Time, min	75	90	105	120
Oil in dry meal, kg/100 kg inert material	11.5	7.97	4.35	3.88

표 23.6 평형 데이터

Limiting solubility curve

$C_2H_3Cl_3$, wt %	Water, wt %	Acetone, wt %
94.73	0.26	5.01
79.58	0.76	19.66
67.52	1.44	31.04
54.88	2.98	42.14
38.31	6.84	54.85
24.04	15.37	60.59
15.39	26.28	58.33
6.77	41.35	51.88
1.72	61.11	37.17
0.92	74.54	24.54
0.65	87.63	11.72
0.44	99.56	0.00

Tie lines

Weight % in water layer			Weight % in trichloroethane layer		
$C_2H_3Cl_3$	Water	Acetone	$C_2H_3Cl_3$	Water	Acetone
0.52	93.52	5.96	90.93	0.32	8.75
0.73	82.23	17.04	73.76	1.10	25.14
1.02	72.06	26.92	59.21	2.27	38.52
1.17	67.95	30.88	53.92	3.11	42.97
1.60	62.67	35.73	47.53	4.26	48.21
2.10	57.00	40.90	40.00	6.05	53.95
3.75	50.20	46.05	33.70	8.90	57.40
6.52	41.70	51.78	26.26	13.40	60.34

23.9 10 g/L의 값비싼 단백질과 1 g/L의 불순물 단백질을 함유한 용액을 유기용매를 사용하여 교반조에서 추출한다. 값비싼 단백질의 분배계수 $K = 8$이고 불순물의 분배계수 K= 0.5이다. 초기의 부피는 500 L이고 추출에 400 L의 용매가 사용된다. 두 상에서의 최종농도는 얼마인가? 그리고 용매 상에서 회수된 각 단백질의 분율은 얼마인가?

23.10 입자크기 분포의 추출속도에 대한 영향을 조사하기 위하여 평균입자크기의 50%인 것과 평균의 1.5배 되는 입자를 가지고 있는 (예를 들어 0.5 mm 짜리 25%, 1.0 mm 짜리 50%, 및 1.5 mm 짜리 25%) 기름이 들어있는 고체를 생각해 보자. 유효확산계수가 1×10^{-7}인 경우 50, 90, 및 99% 추출 시간을 구하고 평균입자 크기에 기준한 계산 시간과 비교하여라.

23.11 분배계수가 6.8인 용매를 사용하여 묽은 수용액으로부터 유기용질을 추출하려고 한다. 용매의 흐름이 용액의 0.35배이고 용질의 99%를 회수하려고 한다면 연속맞흐름 추출기의 경우 몇 개의 이상단이 필요한가?

참고 문헌

1. Baker, E. M., *Trans. AIChE*, **32**:62 (1936).
2. Brennecke, J. F., and C. A. Eckert, *AIChE J.*, **35**:1409 (1989).
3. Broughton, D. B., and G. F. Asselin, *Proc. Seventh World Petroleum Congress*, vol. 4, New York: Elsevier, 1967, p. 65.
4. Bushnell, J. D., and R. J. Fiocco, *Hydrocarbon Proc.*, **59**(5):119 (1980).
5. Cofield, E. P., Jr. *Chem. Eng.*, **58**(1):127 (1951).
6. Elgin, J. C., *Trans. AIChE*, **32**:451 (1936).
7. Grosberg, J. A., *Ind. Eng. Chem.*, **42**:154 (1950).
8. Harrison, R. G., P. Todd, S. R. Rudge, and D. P. Petrides. *Bioseparation Science and Engineering*, New York: Oxford Press, 2003, p. 172.
9. King, R. S., H. W. Blanch, and J. M. Prausnitz. *AIChE J.*, **34**:1585 (1988).
10. Kumar, A., and S. Hartland. *Trans. Inst. Chem. Engrs.*, **72A**:89 (1994).
11. Othmer, D. F., R. E. White, and E. Trueger, *Ind. Eng. Chem.*, **33**:1240 (1941).
12. Perry, R. H., and D. W. Green (eds.). *Perry's Chemical Engineers' Handbook*, 7th ed., New York ; McGraw-Hill, 1997 ; (a) pp. **15**-22 to **15**-47 ; (b) p. **18**-56
13. Rivzi, S. S., A. L. Benado, J. A. Zollweg, and J. A. Daniels, *Food Tech.*, **40**(6): 55(1986).
14. Sage, G., and F. W. Woodfield. *Chem. Eng. Prog.*, **50**:396 (1954).
15. Sasmaz, D. *J. AOCS.* **73:**669 (1996).
16. Skelland, A. H. P., *Ind, Eng. Chem.*, **53**:799 (1961).
17. Treybal, R. E. *Liquid Extraction*, 2nd ed. New York: McGraw-Hill, 1963.
18. Varteressian, K. A., and M. R. Fenske. *Ind. Eng. Chem.*, **29**:270 (1937).
19. Walter, H. D., E. Brooks, and D. Fisher. *Partitioning in Aqueous Two-Phase Systems*, New York: Academic, 1985

24 고체의 건조

Drying of Solids

일반적으로 고체를 건조한다는 것은 고체 물질로부터 비교적 적은 양의 물이나 다른 액체를 제거하여 잔류 액체의 함량을 받아들일 수 있는 낮은 값까지 감소시키는 것을 뜻한다. 건조는 일련의 조작 중 마지막 단계이며, 건조기에서 나온 제품은 최종 포장을 하면 되는 상태이다.

물이나 다른 액체들은 압착이나 원심력에 의해 기계적으로 또는 열적으로 기화에 의해 고체로부터 제거된다. 본 장은 열적 기화에 의한 건조에 한정한다. 일반적으로 열적인 것보다는 기계적으로 액체를 제거하는 것이 비용면에서 싸다. 따라서 물질을 가열된 건조기에 공급하기 전에 액체함량을 되도록 많이 줄이는 것이 바람직하다.

건조된 물질의 액체함량은 제품에 따라 다르다. 경우에 따라서 어떤 제품은 액체를 전혀 포함하지 않는데, 이것을 완전건조(完全乾燥, bone dry)라고 한다. 보다 평범하게는 대부분의 제품에 약간의 물이 포함되어 있다. 예를 들면, 건조된 식탁 염(소금)은 약 0.5%의 물을 포함하며, 건조 석탄은 약 4%, 그리고 건조된 카쎄인(casein)은 약 8%의 물을 함유한다. 건조(dryness)란 상대적인 말이며, 건조한다는 것(drying)은 단지 액체함량을 초기 값으로부터 허용할 수 있는 어떤 최종 값까지 줄인다는 것을 의미한다.

건조되는 고체는 얇은 조각, 알갱이, 결정, 분말, 평판(平板, slab) 또는 연속적인 쉬트(sheet) 등 여러 가지 다른 형태로 있으며, 광범위하게 다른 성질을 지니고 있다. 기화되는 액체는 소금 결정 건조에서와 같이 고체표면에 있을 수 있으며, 고분자물질 쉬트에서 용매를 제거하는 것 같이 완전히 고체 내부에 있을 수도 있다. 어떤 건조기에 공급된 원료는 고체가 입자로서 부유되거나 용액 속에 들어가 있는 액체일 경우가 있다. 건조된 제품은 소금과 다른 무기고체들처럼 마구 다루거나 더운 환경에도 견딜 수 있는 것이 있고, 식료품이나 의약품처럼 낮은 온도에서 신중히 다루어야 하는 것도 있다. 결국 시중에는 사업용으로 여러 종류의 건조기가 있다. 그들은 주로 건조영역으로 고체가 이동되는 방법과 열이 전달되는 방법상의 차이이다.

건조기의 분류

건조장치들을 분류할 수 있는 간단한 방법은 없다. 어떤 건조기는 연속적이고 어떤 것은 회분식이며, 어떤 것은 고체를 교반하고 어떤 것은 근본적으로 교반되지 않는다. 건조온도를 낮추기 위해 감압하에서 운전될 수도 있다. 어떤 건조기는 거의 모든 종류의 물질을 취급할 수 있는 반면, 어떤 것들은 그들이 받아들일 수 있는 원료의 종류가 극히 한정되어 있다.

주요 구분은 (1) 고체가 직접 뜨거운 기체(보통은 공기)에 노출된 건조기와 (2) 응축하는 수증기와 같이 외부 매체로부터 고체가 접촉하고 있는 금속표면을 통하여 고체로 열이 전달되는 건조기[5] 및 (3) 유전체, 복사 에너지, 또는 마이크로파 에너지에 의해 가열되는 건조기 등이 있다. 고체가 뜨거운 기체에 노출되는 건조기를 **단열건조기**(adiabatic dryer) 또는 **직접 건조기**(direct dryer)라고 하며, 외부 매체로부터 열이 전달되는 건조를 **비단열건조기**(nonadiabatic) 또는 **간접 건조기**(indirect dryer)라고 한다. 어떤 건조장치는 뜨거운 기체에 다 가열된 표면을 가지고 있거나 뜨거운 기체와 함께 복사와 같은 한가지 이상의 열전달의 방식을 가지고 있다.

건조기에서의 고체 취급

쎄라믹 그릇이나 폴리머 쉬트처럼 커다란 조각들을 건조하는 것들도 있지만 대부분의 공업용 건조기는 건조주기(乾燥週期)의 일부 또는 전부에서 입상(粒狀) 고체를 취급한다. 입상 고체의 성질은 28장에서 설명한다. 여기서는 단지 다음 절에서 설명할 건조 원리를 이해하는 기초로서 건조기를 통한 고체입자들의 여러 가지 운동 형태를 설명하는 것만이 중요하다.

단열건조기에서는 고체들이 다음과 같은 방법으로 기체에 노출된다.

1. 건조층 또는 고체 평판의 표면을 가로지르거나 아니면 연속적인 쉬트 또는 필름의 한 면 또는 양면을 가로질러 기체를 불어넣는다. 이런 공정을 **횡단-순환식 건조**(cross-circulation drying)라고 한다[그림 24.1(a)].
2. 스크린(screen) 위에 쌓인 굵은 알갱이 고체층을 통해 기체를 불어넣는다. 이것은 **관통-순환식 건조**(through-circulation drying)로 알려져 있다. 횡단-순환식 건조와 마찬가지로 고체 입자의 동반현상을 피하기 위해 기체속도를 낮게 유지한다[그림 24.1(b)].
3. 천천히 움직이는 기체흐름을 통해 고체를 아래로 쏟아 내리며, 가끔 미세입자의 일부가 기체에 원하지 않는 동반현상이 있을 수 있다[그림 24.1(c)]. 어떤 회전식 건조기는 비단열적임에 유의해야 한다.
4. 7장에서 설명한 것처럼 고체층을 유동화시키기 충분한 속도로 기체가 고체를 통과한다. 불가피하게 미세한 입자들의 일부 동반현상이 있다[그림 24.1(d)].
5. 고체들은 모두 고속 기체흐름으로 동반되며, 공기로 이송되어 혼합장치에서 기계적 분리기로 운반된다[그림 24.1(e)].

비단열 건조기에서는 소량의 "세척기체"(sweep gas, 공기 또는 질소)가 장치를 통해 보내기도 하지만, 제거되는 유일한 기체는 기화된 물이나 용매뿐이다. 비단열 건조기는 주로 고체가 뜨거운 표면 또는 다른 열원에 노출되는 방법에 따라 구별된다.

1. 고체가 정지되어 있거나 천천히 움직이는 수평 표면 위에 펼쳐 널려지고 마를 때까지 구워진다. 표면은 전기적으로 가열되거나 수증기 또는 뜨거운 물과 같은 열전달 유체에 의해 가열된다. 다른 방법으로는 고체 위에 복사열 가열기로 열이 공급될 수도 있다.
2. 일반적으로 원통형인 가열표면 위로 고체가 교반기나 나선식 또는 젓개(paddle)식 운반기에 의해 이동된다.
3. 고체가 중력에 의해 경사진 가열표면 위로 미끄러져 떨어지고, 잠시 동안 표면과 함께 위로 운반되었다가 다시금 새 장소로 미끄러져 떨어진다[참조: "회전식 건조기"("Rotary Dryer" 참조).

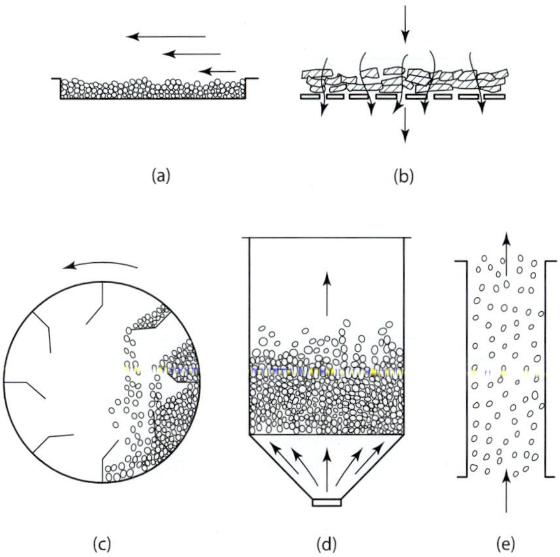

그림 24.1 건조기에서의 기체 - 고체 상호작용의 모형 : (a) 정지 고체층을 가로지르는 기체흐름, (b) 미리 형성된 고체층을 통해 지나는 기체, (c) 회전식 건조기에서의 쏟아지는 모양, (d) 유동화 고체층, (e) 공기운반식 홀래쉬 건조기에서 기체-고체 나란흐름

24.1 건조의 원리

건조되는 물질의 종류가 다양하고 사용되는 건조장치의 유형도 많기 때문에, 모든 물질과 모든 건조기를 포괄하는 단일 건조이론이란 없다. 원료의 모양과 크기, 수분 평형관계, 고체를 통한 수분 흐름 기구 및 기화에 필요한 열의 공급 방법의 다양성 등 모든 것들이 통일된 취급을 방해한다. 반정량적인 방법에 사용되는 일반적 원리에 의존한다. 건조기는 사용자에 의해서 설계되는 것은 극히 드물며, 건조장치의 엔지니어링과 제조를 전문으로 하는 회사로부터 구입한다.

건조기에서의 온도 양상

건조기에서 온도가 변하는 방법은 원료의 성질과 액체함량, 가열매체의 온도, 건조시간 및 건조 고체의 허용 최종 온도에 따라 다르다. 그러나 변화 모양은 어느 건조기에서나 비슷하다. 전형적인 모양은 그림 24,2와 같다.

일정한 온도의 가열매체를 갖는 회분식 건조기[그림 24.2(a)]에서 젖은 고체의 온도는 초기온도 T_{sa}로부터 기화온도 T_v까지 상당히 빨리 올라간다. 세척기체가 없는 비단열건조기에서는 T_v가 건조기 압력에서의 액체 기포점이다. 세척기체를 사용하거나 건조기가 단열적이라면, T_v는 기체의 습구온도(기체가 공기이고 물이 증발되는 액체라면 단열포화 온도와 같음)이거나 그 근처에 있다. 건조는 상당한 기간 동안 T_v에서 일어나지만 잠시 후 건조 고체의 영역이 표면 근처에 형성됨에 따라 젖은 고체의 온도가 점차 상승한다. 그러면 기화온도는 건조 영역에서의 열 및 물질전달 저항에 의존하며 동시에 외부 경계층에서의 열 및 물질전달 저항에 관계된다. 건조의 마지막 단계에서 고체온도는 더 높은 온도인 T_{sb}까지 빨리 올라간다.

그림 24.2(a)에 표시된 건조시간은 몇 초일 수도 있고, 몇 시간일 수도 있다. 고체는 대부분의 건조주기 동안 또는 건조주기의 적은 부분 동안 T_v에 있을 수 있다. 가열매체의 온도는 그림에서 보는 바와 같이 일정할 수도 있고, 건조가 진행됨에 따라 프로그램에 의해 변할 수도 있다.

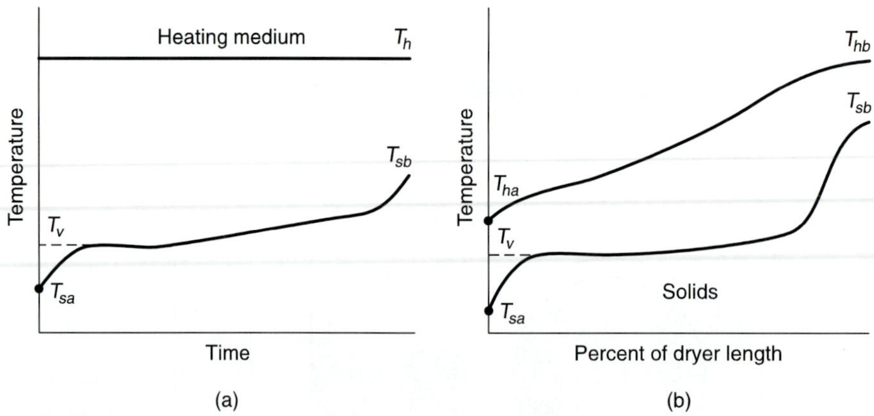

그림 24.2 건조기에서의 온도 양상: (a) 회분식 건조기, (b) 연속식 맞흐름 단열건조기

이상적인 연속식 건조기에서 고체의 각 입자는 건조기 입구에서 출구로 가는 도중 그림 24.2(a)와 비슷한 주기를 통과한다. 정상상태 조업에서 연속식 건조기의 어느 한 지점의 온도는 일정하지만, 건조기 길이 위치에 따라서는 변한다. 그림 24.2(b)는 단열 맞흐름식 건조기의 온도 모양이다. 고체의 입구와 기체의 출구는 왼쪽에 있고, 기체의 입구와 고체의 출구는 오른쪽에 있다. 여기서도 고체는 T_{sa}에서 T_v로 빨리 가열된다. 습구온도가 변하지 않더라도 기화온도 T_v는 건조가 진행됨에 따라 변할 수 있다. 마른 고체를 가열하는 데 필요한 에너지가 기화에 필요한 에너지와 비교해서 작기 때문에 기체의 입구 근처에서는 비교적 짧은 건조기 길이에서 고체가 T_v 이상 가열될 수도 있다. 열에 민감한 물질들을 취급하는 경우에 건조기는 T_{sb}가 T_v에 근접하도록 설계된다. 뜨거운 기체는 보통 낮은 습도로 T_{hb}에서 건조기에 들어간다. 건조기간 동안 온도 구동력의 변화와 총괄 열전달계수의 변화 때문에 기체의 온도 모양은 복잡해진다.

건조기에서의 열전달

젖은 고체의 건조는 열공정으로 정의된다. 이 공정은 가끔 고체 속에서 확산 또는 기체를 통한 확산에 의해 복잡해지지만, 흡착된 물질의 마지막 흔적을 없애기 위해서는 액체의 기포점 보다 높은 온도로 물질을 가열함으로써 여러 가지 물질을 건조시킬 수 있다. 예를 들면, 젖은 고체는 과열수증기에 노출시켜 건조할 수도 있다. 이 경우 확산 문제는 없고, 문제는 열전달만의 것이다. 공기나 불활성기체가 존재하는 대부분의 단열 건조에서는 표면온도가 물질전달과 열전달 속도에 관계되며 10장, 14장, 및 17장에 설명한 원리가 건조기 계산에 사용될 수 있다. 그렇지만 많은 건조기들은 열전달만을 고려해서 설계된다.

열 성능의 계산. 열은 다음 항들을 성취하기 위해 건조기에 공급되어야 한다.

1. 원료(고체와 액체)를 기화온도까지 가열
2. 액체를 기화
3. 고체를 최종온도까지 가열
4. 증기를 최종온도까지 가열
5. 공기 또는 다른 부가된 기체들을 최종온도까지 가열

1, 3, 4 및 5항들은 2항과 비교하여 가끔 무시한다. 일반적인 경우 열전달의 총 속도는 다음과 같이 계산할 수 있다. $\dot{m}_s$가 단위시간당 건조되는 완전건조 고체의 질량이고, X_a와 X_b가 완전건조 고체 단위질량당

액체의 질량으로 초기 및 최종 액체함량이라면 고체 단위질량당 전달된 열량 $q_T/\dot{m}_s$는 다음과 같다.

$$\frac{q_T}{\dot{m}_s} = c_{ps}(T_{sb} - T_{sa}) + X_a c_{pL}(T_v - T_{sa}) + (X_a - X_b)\lambda + X_b c_{pL}(T_{sb} - T_v) + (X_a - X_b) c_{pv}(T_{va} - T_v) \tag{24.1}$$

T_{sa} = 공급원료 온도
T_v = 기화 온도
T_{sb} = 최종 고체 온도
T_{va} = 최종 증기 온도
λ = 기화열
c_{ps}, c_{pL}, c_{pv} = 각각 고체, 액체 및 증기의 비열

식 (24.1)은 입구로부터 출구까지 온도범위의 평균비열과 T_v에서의 기화열에 기준한 것이다. 그렇지만 어떤 온도범위에 걸쳐 기화가 일어난다고 해도 엔탈피 변화란 처음 상태에서 최종 상태까지의 경로에는 무관하기 때문에 식 (24.1)을 그대로 응용할 수 있다.

단열건조기에서 고체, 액체 및 증기에 전달된 열은 식 (24.1)에서 알 수 있는 바와 같이 기체의 냉각으로 생기는 것이다. 즉, 연속식 단열건조기의 경우 열수지는 다음과 같다.

$$q_t = \dot{m}_g c_{sb}(T_{hb} - T_{ha}) \tag{24.2}$$

$\dot{m}_g$ = 건조기체의 질량속도
c_{sb} = 입구 습도에서 기체의 습윤비열

열전달 계수. 건조기 계산에서는 기본 열전달 식인 식 (11.14)는 건조기의 각 부분, 즉 예열부, 대부분의 기화가 일어나는 부분, 및 고체들이 최종온도까지 가열되는 부분에 적용된다. 즉,

$$q = UA\overline{\Delta T} \tag{24.3}$$

q = 건조기의 한 부분에서 열전달 속도
U = 총괄 계수
A = 열전달 면적
$\overline{\Delta T}$ = 평균온도 차이(반드시 대수평균이 아니라도 좋다)

때로 A와 $\overline{\Delta T}$를 알면 건조기의 용량은 계산되었거나 측정된 U값으로부터 산출될 수 있다. 단 건조기와 이동식 벨트 건조기의 경우 A는 젖은 고체를 운반하는 수평면의 면적이다. 드럼 건조기의 경우에는 A가 드럼의 활동적인 표면적이며 관통-순환식 건조기의 경우에는 입자들의 총 표면적이 될 수 있다. 나선형 콘베이어 건조기나 회전식 건조기와 같은 건조기에서는 열 및 물질전달에 대한 유효면적을 결정하기 어렵다. 이와 같은 건조기들은 부피 열전달계수 Ua에 기준해서 설계된다. 여기서, a는 건조기 단위부피당(알려져 있지 않은) 열전달 면적이다. 지배 방정식은 다음과 같다.

$$q_T = UaV\overline{\Delta T} \tag{24.4}$$

Ua = 부피 열전달계수, Btu/ft^3 · h · °F 또는 W/m^3 · °C
V = 건조기 부피, ft^3 또는 m^3

대부분의 건조기에서 열전달계수들은 단지 실험적 상호관계로부터 개략적으로 산출되며 정밀한 설계를 위해서는 실험 데이터를 필요로 한다. 이론과 상호관계식들은 건조속도에 대한 변수들의 변화효과를 예측하는 데 유용하다.

열전달 단위

어떤 단열건조기, 특히 회전식 건조기는 그들이 갖고 있는 열전달 단위 수로 편리하게 평가된다. 열전달 단위는 15장, 379쪽에 설명되어 있다. 두 가지 유체의 교환기에서 열전달 단위는 일반적으로 낮은 용량을 갖는 흐름에 기준하지만 건조기에서는 늘 기체에 기준한다. 건조기에서의 전달단위 수(No. of transfer unit)는 다음과 같이 주어진다.

$$N_t = \int_{T_{ha}}^{T_{hb}} \frac{dT_h}{T_h - T_s} \tag{24.5}$$

또는,

$$N_t = \frac{T_{hb} - T_{ha}}{\overline{\Delta T}} \tag{24.6}$$

고체의 초기 액체함량이 크고 전달된 대부분의 열이 기화를 위한 것이면, $\overline{\Delta T}$는 건구온도와 습구온도의 대수평균 차이로 취할 수 있다. 즉,

$$\overline{\Delta T} = \overline{\Delta T}_L = \frac{T_{hb} - T_{wb} - (T_{ha} - T_{wa})}{\ln[(T_{hb} - T_{wb})/(T_{ha} - T_{wa})]} \tag{24.7}$$

물-공기 계인 경우, $T_{wb} = T_{wa}$이므로, 식 (24.6)은 다음과 같이 된다.

$$N_t = \ln \frac{T_{hb} - T_{wb}}{T_{ha} - T_{wb}} \tag{24.8}$$

식 (24.8)에서 사실이던 아니던 $T_v = T_{wb}$라고 가정한다. 그러나 T_v는 보통 알려져 있지 않기 때문에 계산 목적으로 이러한 가정을 하게 된다.

훌륭한 설계에 합당한 한 개 전달단위 길이와 전달단위 수는 뒤에 "건조 장치"에서 설명한다.

24.1.1 상평형

습윤 고체에 대한 평형 데이터는 보통 기체의 상대습도와 고체의 액체함량간의 관계식으로 주어지는데, 여기서 고체의 액체함량은 완전건조 고체 단위질량당 액체의 질량으로 나타낸다.[1] 평형관계식의 예는 그림 24.3과 같다. 이런 유형의 곡선들은 온도와는 거의 무관하다. 이와 같은 곡선들의 횡좌표는 건조기체 단위질량당 증기의 질량으로 표시되는 절대습도로 쉽게 환산된다.

본 절의 나머지 부분은 공기-물 계에 기준한 것이지만, 이것에 바탕을 둔 원리는 다른 기체와 액체에도 똑같이 잘 적용된다는 것을 명심해야 한다.

젖은 고체가 습도-평형 곡선으로 나타난 고체의 수분함량에 해당하는 습도보다도 더 낮은 습도를 갖는 공기와 접촉하게 되면, 고체는 수분을 잃고 공기와 평형을 이루기까지 건조되게 된다. 공기가 고체와의 평형 이상으로 습하면, 고체는 평형에 도달하기까지 공기로부터 수분을 흡수한다.

촉매나 흡착제 같은 다공성 고체들은 보통의 상대습도에서 상당한 정도의 평형수분함량을 갖는다. 미세한 모세관 속의 액체 물은 액체표면이 아주 오목하여 비정상적인 낮은 증기압을 나타낸다. 씰리카나 알루미나와 같은 흡착제들은 표면에 강하게 흡착된 단층의 물을 갖고 있으며 이 물은 액체 물보다 훨씬 낮은 증기압을 갖는다. 모래와 같은 비다공성 입자들로 이루어진 층은, 입자들이 아주 작아서 입자들이 맞닿는 입자 사이의 액체가 아주 작은 곡율반경을 갖지 않는 한, 습윤 공기에서 평형수분함량이 무시될 만하다.

1 이러한 방법으로 표시한 액체 함량은 건량기준이라고 하는데, 때에 따라서는 100%를 초과하기도 한다.

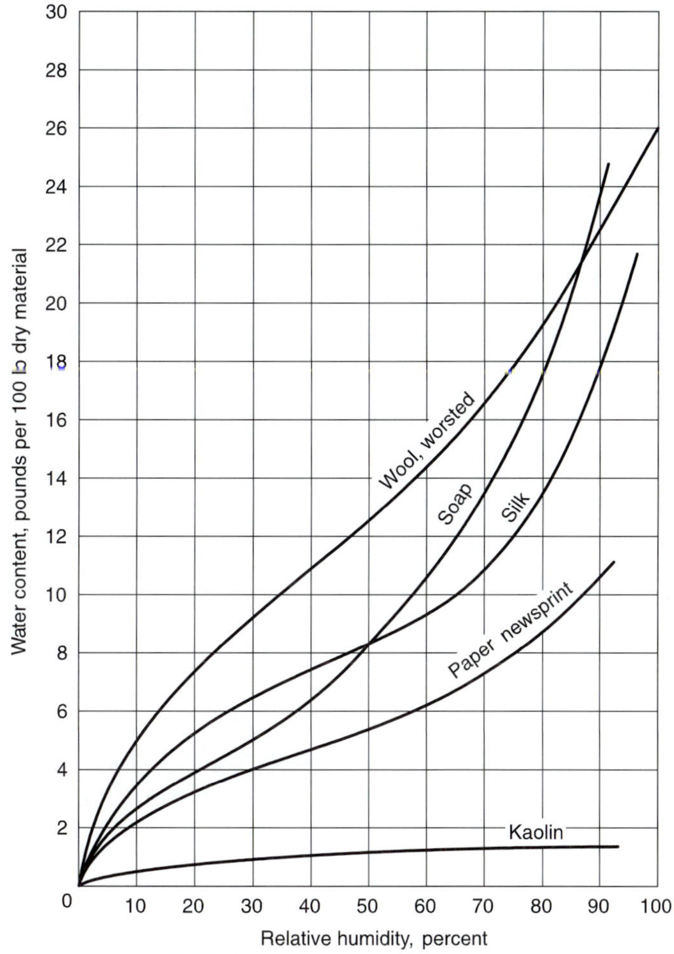

그림 24.3 25°C에서의 평형-수분 곡선

유체상에서는 확산이 몰분율로 표시된 농도차이에 의해 지배된다. 그렇지만 젖은 고체에서는 **몰분율**은 거의 의미가 없고, 건조 계산을 쉽게 하기 위해서 수분함량은 거의 완전건조 고체 단위질량당 물의 질량으로 표시된다. 본 장에서는 계속해서 이 단위를 사용한다.

평형수분과 자유수분

건조기에 들어가는 공기는 완전히 건조되어 있는 경우가 없고, 약간의 수분을 함유하고 있어서 일정한 상대 습도를 지니고 있다. 일정한 습도를 갖는 공기를 사용하는 경우 건조기를 나가는 고체의 수분함량은 들어가는 공기의 습도에 대응하는 평형수분 함량보다 적을 수가 없다. 공기의 습도 때문에 들어가는 공기로 제거할 수 없는 젖은 고체의 물 함량을 **평형수분**(equilibrium moisture)이라고 한다.

자유수분(free moisture)은 고체의 총 물 함량과 평형 물 함량간의 차이이다. 따라서, X_T가 총 수분 함량이고, X^*가 평형 수분 함량이면, 자유수분 X는,

$$X = X_T - X^*$$

가 된다. 건조 계산에서 관심있는 것은 X_T보다 X이다.

어떤 학자들은 100% 상대습도에서 고체의 평형수분함량보다 낮은 수분함량에 대하여 결합수(bound water)라는 말을 사용하며 이 값보다 큰 수분함량은 비결합수(unbound water)라고 한다.

24.2 횡단-순환식 건조

열전달과 물질전달이 모두 관련될 때, 건조메카니즘은 고체의 성질 및 고체와 기체의 접촉 방법에 관계된다. 고체에는 3가지 종류가 있다. 즉 결정형, 다공성형, 및 비다공성형이 있다. 결정형 입자는 내부 액체를 갖고 있지 않으며, 건조는 오직 고체 표면에서만 일어난다. 물론 이와 같은 입자들로 이루어진 층은 고도의 다공성 고체라고 생각할 수 있다. 촉매 입자뭉치와 같은 아주 다공성인 고체는 내부 통로에 액체를 포함한다. 비다공성 고체에는 비누, 아교 및 소성 점토와 같은 콜로이드성 겔(colloidal gel), 목재 및 피혁과 같은 세포형 고체 및 여러 가지 고분자 물질들을 포함한다.

고체 표면과 기체간의 물질전달은 제17장에서 설명한 관계식으로 취급한다. 그러나 내부 액체를 포함하는 고체의 건조속도는 액체가 이동하는 길과 표면에 이르기까지 움직여야 하는 거리에 관계된다. 이것은 특히 평판이나 고체층의 횡단-순환식 건조에서 중요하다. 이 방법에 의한 건조는 느리며 보통 회분식이어서, 대부분의 대규모 건조에서는 보다 빠른 방법으로 대체되어 왔다. 그러나 특히 건조조건을 주의해서 조절해야 하는 의약품과 정밀 화학제품 생산에는 이 방법이 아직도 중요하다.

일정한 건조조건. 깊이가 50 내지 70 mm(2 내지 3 in)이고, 공기가 그 위로 순환되는 젖은 고체층을 생각해 보자. 온도, 습도 및 건조 표면을 가로지르는 공기의 유속과 방향이 일정하다고 가정하자. 이것을 **일정한 건조조건**(constant drying condition) 하의 건조라고 한다. 고체의 수분함량과 기타 인자들은 변하는 데 반해, 공기흐름의 조건들만이 일정하다는 것을 유의해야 한다.

건조속도

시간이 지남에 따라 수분함량 X_T는 전형적으로 그림 24.4의 그래프 A처럼 떨어진다. 공급원료가 기화온도까지 가열되는 짧은 기간 후에 그래프는 직선이 되며, 수평방향으로 곡선을 그리다가 평평해진다. 곡선 A의 미분인 건조속도는 그래프 B와 같다. 속도는 일정하거나 상당기간 동안 약간 준다. 건조속도가 조금 줄긴 하지만 이 시간은 가끔 항률기간 또는 **정속기간**(constant-rate period)으로 적용된다. 이어서 건조속도가 시간에 따라 선형적으로 감소하거나 또는 고체의 성질과 내부 수분 흐름의 메카니즘에 따라 건조속도가 위로 오목하거나 아래로 오목한 **감속기간**(falling-rate period)이 온다. 때로는 그림 24.6에서와 같이 다공성 쎄라믹 판을 건조하는 경우에는 두 개의 감속기간이 있다.

액체의 경막이 연속적으로 고체의 외부 표면 전체를 덮을 만큼 젖어 있으면 진짜 정속기간을 기대할 수 있다. 그러면 증발속도는 액체 풀로부터의 증발속도와 거의 같으며 열전달이 기체경막을 통한 대류에 의해서만 이루어지면 기-액 계면과 고체 표면은 습구온도에 있게 된다. 건조가 진행됨에 따라 어떤 메카니즘으로 내부로부터 물을 빨리 가져와 전 고체표면을 충분히 적시면 진짜 정속기간이 유지될 수 있다. 비누와 같은 고체는 아주 많이 젖어 있으면 부풀어서 건조하는 동안 수축된다. 수축은 표면이 젖어 있는 것을 도와주어 정속기간을 연장시킨다. 그렇지만 빠른 건조는 수축된 물질의 표면을 딱딱하게 하고 고체 전체를 물 등이 통하지 않게 만들어 내부의 수분이 쉽게 제거될 수 없게 될 수 있다. 이러한 효과를 **표면경화**(case hardening)라고 한다.

광범위한 기공크기를 갖는 다공성 평판을 건조하는 경우에는 모세관 작용으로 작은 기공들은 액체로 꽉

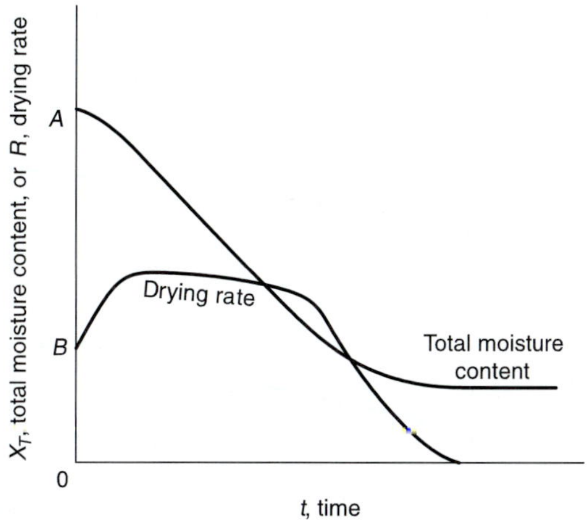

그림 24.4 건조시간에 따른 총 수분함량 및 건조속도의 전형적인 도시

차고 큰 기공에서는 기-액 계면이 표면 아래로 내려가기 때문에 거의 정속기간이 가능해진다. 그러면 건조속도는 작은 기공 위에 있는 액체의 증기압, 젖은 표면의 분율 및 젖은 지역에서 마른 지역으로의 기체 경계층에서 물질전달속도에 상대적인 측면 확산속도에 관계된다.

근사 정속기간의 예로서는 쟁반 위에 엷게 펴놓은 물에 젖은 고체 알갱이들을 건조한 경우를 들 수 있다. 유리구슬이나 체로 친 모래처럼 고체들의 크기가 상당히 균일하면 층(bed)의 기공에서 물의 수위는 건조가 진행됨에 따라 뒤로 물러나지만 연구[8,15]에 의하면 물의 약 80%가 제거될 때까지 거의 정속을 나타낸다(그림 24.5 참조). 흡착된 물의 표면확산(718 쪽 참조) 또는 아주 얇은 표면층에서 물의 상향흐름은 물 이동의 가능한 메카니즘이지만 이러한 현상들에 대해서는 아직까지 완전한 설명이 되어있지 않다.

복사나 고체를 통한 전도에 의한 열전달이 없으면 진짜 정속기간의 표면 온도는 습구온도와 같다. 그렇지만 실제로 단열 건조기에 있는 물질들은 위에 있는 단으로부터 꽤 많은 복사를 받고 밑에 있는 단으로부터 전도를 받아 초기 기화온도가 T_{wb}보다 높고 건조속도는 증기확산을 위한 구동력의 증가에 의해 증가한다. 그러나 T_v를 구하기 어렵기 때문에 건조기에 대한 열전달계수는 거의 늘 구동력으로서 $T_h - T_{wb}$를 이용해서 계산된다.

그림 24.5는 물 또는 n-부탄올이 기화되는 액체로 해서 작은 터널 건조기에서 유리 구슬층을 건조시키는 실험 데이터이다[8]. 건조속도는 고체층에서 액체로 채워진 공극 부피%로 정의된 물의 함량에 대해서 도시한 것이다. 물에 대한 곡선은 수분함량이 초기 값(4 kg/100 kg 건조고체)의 약 20%로 떨어질 때까지 건조속도가 서서히 감소하다가 그 이후 급속히 감속하는 것을 보여준다. n-부탄올의 경우에는 건조속도가 초기에 급격하게 떨어지다가 점차 완만해 지지만 꽤 경사가 있으며 부탄올 함량이 초기 값의 약 25%에서 상당한 감속으로 변하는 것을 볼 수 있다.

다른 알코올류나 방향족 액체들은, 건조속도가 초기에 떨어진다던가 급속한 감속기간 전에 선형 감속기간이 길다던가 하는 부탄올과 유사한 결과를 보여주었다[8,11]. 건조속도가 정속은 아니지만 이런 곡선들의 중간부분은 거의 정속기간으로 간주된다.

계면온도 T_i가 습구온도 T_{wb}와 같다고 볼 수 있는 (또는 복사와 전도를 허용해서 계산될 수 있는) 정속기간 동안, 단위면적당 건조속도 R_c는 실험 관계식으로부터 산출 될 수 있다. 이 계산은 물질전달[식 (24.9)]에 근거하지만 보통은 구동력에서 불확실성이 작은 열전달[식 (24.10)]에 근거해서 할 수 있다.

$$\dot{m}_v = \frac{M_v k_y (y_i - y) A}{(1 - y)_L} \tag{24.9}$$

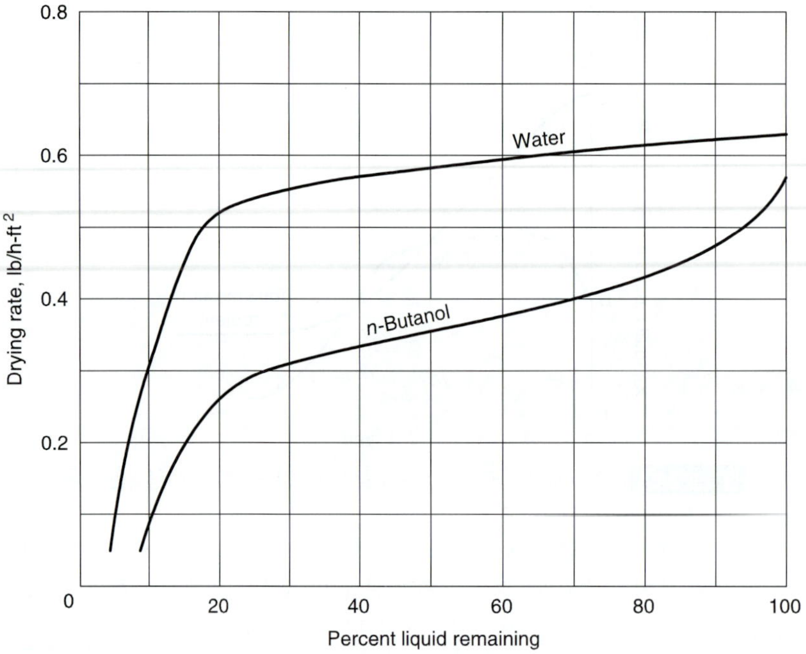

그림 24.5 지름이 88 내지 150 μm인 유리 구슬층에서 물과 n-부탄올의 건조속도 (자료 : Morgan and Yerazunis[8])

또는,

$$\dot{m}_v = \frac{h_y(T - T_i)A}{\lambda_i} \tag{24.10}$$

$\dot{m}_v$ = 증발속도
A = 건조면적
h_y = 열전달계수
k_y = 물질전달계수
M_v = 증기의 분자량
T = 기체온도
T_i = 계면의 온도
y = 기체 속의 증기의 몰분율
y_i = 계면에서 증기의 몰분율
λ_i = 온도 T_i에서의 숨은열(잠열)

고체 표면과 평행한 난류에서 기체의 열전달계수를 산출하기 위해서는 다음과 같은 식이 추천된다[9].

$$\mathrm{Nu} = \frac{h_y D_e}{k} = 0.037\ \mathrm{Re}^{0.8}\ \mathrm{Pr}^{0.33} \tag{24.11}$$

식 (24.11)은 긴 관들에 대한 열전달 식인 Dittus Boelter 식 [(24.32)] 보다 계수가 60% 더 크다. 이 차이는 고체층의 거친 표면 때문일 수 있으나 주 인자는 아마도 열경계층이 전개되는 입구 근처에서의 높은 계수 때문일 수 있다. 짧은 관들의 경우에는 입구의 영향이 L/D의 함수이며 난류인 경우에는 계수의 비가 식 (12.36)으로 주어진다.

$$\frac{h_y}{k_\infty} = 1 + \left(\frac{D}{L}\right)^{0.7} \tag{12.36}$$

전형적인 열교환기에서는 $L/D \geq 50$이며 입구영향은 무시될 수 있다. 그러나 단형 건조기에서는 L/D_e가 단지 약 2 내지 4이며 h_i/h_∞는 1.6 내지 1.4이다. 어떤 실험실의 건조 연구에서는 L/D_e가 단지 0.6 내지 1.0이었고 계수는 Dittus Boelter 식으로 계산한 것보다 2 내지 3 배가되는 것으로 보고된 바 있다.

이 책의 전 판에는 Perry의 Chemical Engineers' Handbook의 전 판으로부터 인용된 차원식이 포함되어 있다.

$$h_y = 8.8G^{0.8}/D^{0.2}$$

개략적인 설계 계산을 위해서는 식 (12.36)과 연계하여 식 (24.11) 또는 식 (12.32)를 추천한다. 보다 신빙성 있는 상호관계식을 개발하기 위해서는 실제규모의 건조기로부터 보다 많은 속도데이터가 필요하다.

공기의 속도가 0.9와 4.5 m/s 사이이고 흐름이 표면에 수직일 때에는 다음 식[18]이 이용된다.

$$h_y = 24.2G^{0.37} \tag{24.12}$$

h를 Btu/ft^2.h.°F 그리고 G를 lb/ft^{2}로 하는 fps 단위에서 식 (24.12)의 계수는 0.37이다.

정속건조 R_c는 단순히 다음과 같다.

$$R_c = \frac{\dot{m}_v}{A} = \frac{h_y(T - T_i)}{\lambda_i} \tag{24.13}$$

임계수분함량

정속기간(건조속도가 정말로 일정하던 아니던)이 끝나는 점을 **임계수분함량**(critical moisture content)이라고 한다. 때로는 그림 24.6의 B점처럼 분명하다. 그러나 대부분 불분명하다. 그림 24.5에서는 물과 n-부탄올 모두에 대해서 임계함량은 약 25%(고체 공극 부피의)이다. 그것은 고체의 내부에서 액체가 불충분하게 전달되어 표면에 연속적 또는 거의 연속적인 경막이 유지되지 못하는 수분함량을 나타낸다.

만약 고체의 초기 수분함량이 임계값 이하이면 정속기간은 존재하지 않는다.

임계 수분함량은 건조되는 물질의 성질뿐 아니라 물질의 두께, 건조속도 및 고체 속에서의 열 및 물질전달 저항에 따라 변한다. 물질의 두께가 줄면 내부저항이 상대적으로 작아지고 외부저항이 더 오랜 기간 건조속

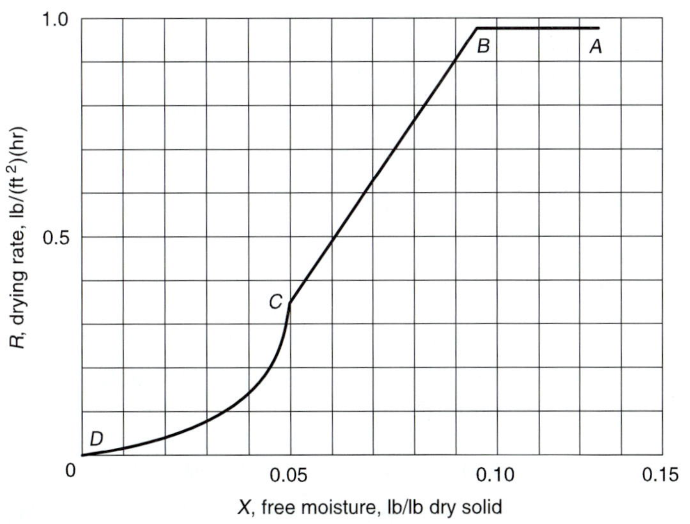

그림 24.6 다공성 쎄라믹 판의 건조속도 곡선(자료 : Sherwood and Comings[17])

도를 조절하기 때문에 임계수분함량이 준다.

모래나 진흙과 같은 특별한 고체의 경우 임계수분함량은 5 내지 200 μm 범위에서는 입자크기가 증가함에 따라 감소하지만 굵은 입자의 경우에는 더 커진다.

예제 24.1

스크린 위에 얹혀 있는 사방 24 in.(610 mm)이고 두께가 2 in.(51 mm)인 여과 케이크(filter cake)를 습구온도 80°F(26.7°C). 건구온도 160°F(71.1°C)의 공기를 양면으로 불어 건조시키려고 한다. 공기는 8 ft/s(2.44 m/s)의 속도로 케이크 면과 평행으로 흐른다. 마른 케이크의 밀도는 120 lb/ft^3($1,922\ \text{kg/m}^3$)이다. 평형 - 수분 함량은 무시할 만하다. 건조조건에서 임계수분은 건량기준으로 9%이다. (a) 정속기간 동안 건조속도는 얼마인가? (b) 초기 수분함량 20%(건조기준)에서 최종 수분함량 10%까지 이 물질을 건조하는 데 얼마나 오래 걸리는가? 맞먹음 지름 D_e는 6 in.(153 mm)이다. 복사나 전도에 의한 열전달은 무시한다.

풀이

계면온도 T_i는 공기의 습구온도인 80°F이다. 그러면 부록 7에 의해 λ_i는 1,049 Btu/lb이다.

(a) 계수 h_y는 식 (24.11)로부터 구할 수 있다. 160°F, 1 atm에 있는 공기의 경우 물 증기를 무시하면

$$\rho = \frac{29}{369}\times\frac{492}{620} = 0.0641\ \text{lb/ft}^3$$

$$G = 8\times 3,600\times 0.0641 = 1,864\ \text{lb/h}\cdot\text{ft}^2$$

$$\mu = 0.0205\ \text{cP} \quad (\text{부록 8})$$

$$\text{Re} = \frac{0.5\times 1,846}{0.0205\times 2.42} = 1.86\times 10^4$$

$$\text{Pr} = 0.69$$

$$k = 0.0171\ \text{Btu/h}\cdot{}^\circ\text{F} \quad (\text{부록 12})$$

$$\text{Nu} = 0.037(1.86\times 10^4)^{0.8}(0.69)^{0.33} = 85.2$$

$$h_y = \frac{85.2\times 0.017}{0.5} = 2.90\ \text{Btu/h}\cdot\text{ft}^2\cdot{}^\circ\text{F}$$

식 (24.13)에 대입하면

$$R_c = \frac{2.9(160-80)}{1,049} = 0.221\ \text{lb/h}\cdot\text{ft}^2$$

(b) 건조가 양면에서 이루어지므로, 면적 A는 $2\times(24/12)^2 = 8\ \text{ft}^2$이다. 따라서 건조속도 $\dot{m}_v$는 다음과 같다.

$$\dot{m}_v = 0.221\times 8 = 1.77\ \text{lb/h}$$

케이크의 부피는 $(24/12)^2\times\frac{2}{12} = 0.667\ \text{ft}^3$이고, 완전건조 고체의 질량은 120 ×0.667 = 80 lb이다. 기화되는 수분량은 80(0.20 − 0.10) = 8 lb이다. 따라서, 건조시간 t_T는 8/1.77 = 4.52 h이다. ■

감속기에서의 건조

감속기간(falling-rate period)에서 건조속도를 산출하는 방법은 고체가 다공성인가 비다공성인가에 달려 있다. 비다공성 층에서는 윗면의 수분이 다 없어지면 부분적으로 건조된 고체의 열 및 물질전달 저항에 따라 결정되는 속도로 표면 밑에서 계속 증발이 일어난다.

비다공성 고체. 전형적인 비다공성 고체의 수분분포는 수분이 고체를 통해 확산에 의해 흐른다고 가정한 것과 정성적으로 일치하여 식 (17.49)에 따른다. 확산도는 주로 수분함량에 따라 상당히 변하고 특히 수축에 민감하기 때문에 어느 정도 이론분포와는 다르다.

식 (17.49)는 비다공성 고체의 건조속도를 산출하는 데 오래 동안 사용되어 왔다[10,16]. 이 방법으로 건조되는 물질은 실제 건조 메카니즘이 단순 확산보다 훨씬 더 복잡하더라도 확산에 의한 건조라고 해왔다.

확산은 천천히 건조되는 물질의 특성이다. 고체 표면에서 공기로 물 증기가 물질전달 되는 데 대한 저항은 보통 무시할 만하며, 고체에서의 확산이 총괄 건조속도를 지배한다. 따라서, 표면에서의 수분함량은 거의 평형 값에 있다. 공기속도는 거의 영향을 주지 않으며, 공기습도는 평형-수분함량에 미치는 영향을 통해서 공정에 영향을 준다. 확산도가 온도에 따라 증가하기 때문에 건조속도는 고체온도에 따라 증가한다.

다공성 고체. 다공성 물질에서는 내부 수분이 윗면이나 입자 표면으로의 확산이 건조속도를 제한할 수 있다. 수분은 모세관[1,2,4]에 의해 다공성 고체를 통해 흐르고, 어느 정도는 표면확산에 의해 흐른다. 다공성 세라믹 판의 건조속도 곡선이 그림 24.6에 있다. 이 그림을 보면 수분함량 0.05(C 점)에서 감속 곡선상에 독특한 꺾임을 볼 수 있다. 이 점은 제2임계점으로 불려졌다. 그러나 이 그림에서 보인 거동형태는 일반적인 것이 아니고, 정속에 대해 진정으로 일정한 것이 아니다. 그리고 수분함량이 낮은 경우에 감속의 변화가 있기는 하지만 제2임계수분함량을 나타낼 만큼 전이가 독특하지는 않다.

일정한 건조조건 하의 건조시간 계산

일정한 조건하에서 건조하는 경우, 건조시간은 건조속도 곡선을 그릴 수 있으면 그것으로부터 구할 수 있다. 이 곡선은 단지 건조되는 물질에 대한 실험으로 구하며, 이것으로부터 직접 건조시간을 얻는다. 이러한 조건들에 대한 건조속도 곡선은 다른 온도, 기체속도 또는 시료크기 및 산출된 새로운 건조시간과 같은 다른 조건에 의해 수정될 수 있다.

정의에 따라,

$$R = -\frac{dm_v}{A\,dt} = -\frac{m_s}{A}\frac{dX}{dt} \tag{24.14}$$

로 볼 수 있다. 식 (24.14)를 각각 초기 및 최종 자유수분함량인 X_1과 X_2 사이에서 적분하면,

$$t_T = \frac{m_s}{A}\int_{X_2}^{X_1}\frac{dX}{R} \tag{24.15}$$

이 된다. 여기서 t_T은 총 건조시간이다. 식 (24.15)는 건조속도 곡선으로부터 수치적분할 수 있으며, R을 X의 함수로 풀 수 있는 식이 있으면 해석적으로 적분할 수 있다.

정속기간에는 $R = R_c$이므로, 건조시간은 간단히 다음과 같이 된다.

$$t_c = \frac{m_s(X_1 - X_2)}{AR_c} \tag{24.16}$$

감속기에서는 건조속도 곡선이 위로 볼록한데 이는 건조속도가 고체의 수분함량 보다도 빨리 떨어진다는 것을 뜻한다. 개략적으로 건조속도는 수분함량에 비례한다고 가정할 수 있다. 그러면

$$R = aX \tag{24.17}$$

식 (24.14)로부터

$$aX = \frac{-m_s dX}{A\,dt} \tag{24.18}$$

X_c와 X_2 사이에서 적분하면 임계 및 최종 자유수분함량은

$$\ln\left(\frac{X_c}{X_2}\right) = \frac{aA}{m_s}(t_T - t_c) \tag{24.19}$$

$a = R_c/X_c$이므로

$$(t_T - t_c) = \frac{m_s X_c}{AR_c} \ln\left(\frac{X_c}{X_2}\right) \tag{24.20}$$

$$t_T = \frac{m_s}{AR_c}\left(X_1 - X_c + X_c \ln \frac{X_c}{X_2}\right) \tag{24.21}$$

식 (24.21)은 여러 가지 다른 조건하에서 건조시간을 산출하는데 이용될 수 있다. 감속기 동안 건조속도 곡선이 가파르게 감소하면 식 (24.21)은 적용할 수 없으며 건조 변수들의 변화에 따른 영향은 쉽게 예측하기 어렵다.

24.3 관통-순환식 건조

젖은 고체 입자들이 충분히 크면, 기체는 고체층을 가로지르는 대신 고체층을 통과해 지나갈 수 있어서 건조속도가 훨씬 증가할 수 있게 된다. 개별 입자들이 너무 적어서 그렇게 할 수 없더라도 많은 경우에 물질을 관통-순환식 건조에 적합한 조건으로 미리 성형할 수가 있다. 예를 들면, 여과 케이크는 알갱이로 마들던가 압출하여 비스킷(biscuit)이나 지름이 6 mm 길이가 수 cm로 되는 스파게티와 같은 원통형으로 만들 수 있다. 예비 성형물은 대개 건조기간 동안 그들의 모양을 유지하며, 상당히 다공성이 큰 침투성 층을 형성한다.

고체층에서 입자 표면으로의 열전달속도 및 물질전달속도는 다음의 예제 24.2에서 설명하는 바와 같이 식 (17.78)으로부터 계산될 수 있다. 그렇지만 이와 같은 계산결과는 단지 예비계산에만 잘 사용되며, 언제나 건조되는 실제 물질을 갖고 실험하는 것이 바람직하고 또 실제로 필요하다.

예제 24.2

예제 24.1의 여과 케이크를 지름이 1/4 in, 길이가 3 in.인 원통 형태로 압출되며 스크린 위에 놓는다. 고체 부하는 스크린 표면 ft^2당 건조 고체 8 lb이다. 층의 기공도는 45%이다. 건구온도가 160°F이고, 습구온도가 80°F인 공기가 겉보기 속도 4 ft/s로 층을 통해 통과해 지나간다. 공기속도는 압력손실을 최소화하고 마른 물질들의 먼지를 피하기 위해서 예제 24.1에서의 속도보다 낮다. 고체의 임계 수분함량은 9%이다. 이 고체의 수분함량을 20%에서 10%로 건조하는 데 얼마나 오래 걸리겠는가?

풀이

관통순환식 건조기의 경우에는 임계수분함량이 고체층 위에 평행 흐름을 갖는 경우보다 적은 경우가 가끔 있기는 하지만 입자화된 고체의 임계수분함량은 전과 마찬가지이거나 9%로 가정한다. 고체층의 위는 때로는 감속기에 있을지 모르지만 개략적으로 모든 건조가 정속기에 이루어진다고 가정한다. 기화온도는 전과 마찬가지로 80°F이고, λ는 1,049 Btu/lb이다. 따라서, 스크린 표면 ft^2당 증발되는 물의 질량은 $8(0.20 - 0.10) = 0.8$ lb이며, 전달되는 열량 Q_T는 $0.8 \times 1{,}049 = 839$ Btu이다.

실린더 한 개의 건조 고체의 질량은,

$$m_p = \frac{\pi \times \left(\frac{1}{4}\right)^2}{4 \times 144} \times \frac{3}{12} \times 120 = 0.0102 \text{ lb}$$

이다. 양끝의 면적을 무시하면, 실린더 한 개의 표면적은,

$$A_p = \frac{\pi \times \frac{1}{4}}{12} \times \frac{3}{12} = 0.0164 \text{ ft}^2$$

이다. 고체 8 lb에 노출된 총 면적은,

$$A = \frac{8}{0.0102} \times 0.0164 = 12.9 \text{ ft}^2$$

열전달계수는 식 (17.78)의 맞먹음 형으로부터 구해진다. 즉,

$$\frac{hD}{k} = 1.17\ \text{Re}^{0.585}\ \text{Pr}^{1/3}$$

1 atm, 160°F에서 공기의 성질은 다음과 같다.

$$\rho = \frac{29}{359} \times \frac{492}{620} = 0.0641\ \text{lb/ft}^3 \qquad \mu = 0.020\ \text{cP (부록 8)}$$

$$k = 0.0171\ \text{Btu/ft} \cdot \text{h} \cdot {}^\circ\text{F (부록 12)} \qquad c_p = 0.25\ \text{Btu/lb} \cdot {}^\circ\text{F (부록 14)}$$

입자 지름에 기준한 Reynolds 수는 다음과 같다.

$$\begin{aligned}\text{Re} &= \frac{D_p G}{\mu} = \frac{D_p \overline{V} \rho}{\mu} \\ &= \frac{\frac{1}{48} \times 4 \times 0.0641}{0.020 \times 6.72 \times 10^{-4}} = 397\end{aligned}$$

Prandtl 수는 다음과 같다.

$$\text{Pr} = \frac{0.25 \times 0.020 \times 2.42}{0.0171} = 0.71$$

식 (17.78)로부터,

$$\begin{aligned}h &= \frac{0.0171 \times 1.17 \times 397^{0.585} \times 0.71^{1/3}}{\frac{1}{48}} \\ &= 28.4\ \text{Btu/ft}^2 \cdot \text{h} \cdot {}^\circ\text{F}\end{aligned}$$

기체로부터 얇은 고체층으로 전달된 열은,

$$-\dot{m}_g c_s dT_h = h dA (T_h - T_w)$$

이다. T_w가 일정하다고 가정하면(임계수분함량에 이미 도달한 고체층의 위 부분은 사실상 그렇지 않다.), 이 식은 적분해서 다음과 같이 된다.

$$\ln \frac{T_{hb} - T_w}{T_{ha} - T_w} = \frac{hA}{\dot{m}_g c_s}$$

스크린 ft^2당 공기의 질량유량은,

$$\dot{m}_g = 4 \times 3{,}600 \times 0.0641 = 923\ \text{lb/h}$$

그림 19.2에서 $c_s = 0.245$이므로,

$$\ln \frac{T_{hb} - T_w}{T_{ha} - T_w} = \frac{28.3 \times 12.9}{923 \times 0.245} = 1.62$$

$T_{hb} - T_w = 160 - 80 = 80\,{}^\circ\text{F}$이므로,

$$T_{ha} - T_w = 15.83\,{}^\circ\text{F}$$

$$\overline{\triangle T_L} = \frac{80 - 15.83}{\ln(80/15.83)} = 39.6\,{}^\circ\text{F}$$

q_T가 열전달속도이고 t_T가 건조시간이라면,

$$\begin{aligned}q_T = \frac{Q_T}{t_T} &= hA\,\overline{\triangle T_L} \\ &= 28.4 \times 12.9 \times 39.6 \\ &= 14{,}500\ \text{Btu/h}\end{aligned}$$

$Q_T = 839$ Btu 이므로 이것으로부터,

$$t_T = \frac{839}{14{,}500} = 0.058\ \text{h} \quad 즉 \quad 3.5\ \text{min}$$

■

예제 24.2에서 최종 수분함량이 10%인 것은 대부분 고체들의 평균값이라는 것을 유의해야 한다. 가장 뜨거운 공기에 노출된 최상층은 약 1.7분 이내에 10% 수분까지 건조되므로 건조시간 3.5분 후 최상층은 평균보다 더 건조되며, 바닥층은 약 16%의 수분을 가지고 있다. 또한 예제 24.2의 건조시간은 예제 24.1의 횡단순환식

건조에서 필요로 했던 시간의 1.3%에 불과하다는 점을 유의해야 한다. 예제 24.2의 고체부하가 예제 24.1의 고체부하의 40%에 불과하지만 관통순환식 건조에서 단위시간당 건조된 고체량은 횡단순환식 건조의 20배 이상이다. 이것은 정속건조인 것이 사실이지만, 주로 확산거리의 감소 때문에 감속기간의 건조속도 역시 향상되었다.

24.3.1 부유입자의 건조

입자와 기체 사이의 속도차이를 안다면 기체로부터 단일 입자로의 열전달 속도는 식 (12.64)로부터 산출될 수 있다. 고체 입자나 액적(液滴) 표면으로부터의 물질전달 속도는 식 (17.75)이나 그림 17.7로부터 구할 수 있다. 탑형 건조기나 회전식 건조기에서와 같이 입자들이 기체를 통해 쏟아져 내리는 동안 건조의 일부만이 이루어지며, 따라서 이와 같은 건조기들은 실험식을 이용하여 설계된다("회전건조기" 참조).

부유입자에 대한 전달은 식 (17.75)와 같은 식으로부터 계산된다. Nusselt 수나 Sherwood 수가, 상대속도가 0일 때의 한계치인 2.0이라고 가정하는 것은 적절하다. 그러나 나중에 유동층 건조기에서 논하는 것처럼, 기체와 고체간의 평균온도차이나 물질전달 구동력을 계산하는 것은 꼭 가능한 것이 아니므로 건조속도는 실험으로 구하지 않으면 안된다.

구형 입자의 내부 확산은 식 (10.32)와 유사한 식으로부터 산출될 수 있다.

개별 입자들을 건조하는 데 요하는 시간은 보통 매우 짧다. 실제로 너무 짧아서 "정속" 및 "감속"이란 말은 의미가 없다. 홀래쉬 건조기(flash dryer)와 몇 종류의 분무 건조기(spray dryer)에서는 건조가 $\frac{1}{2}$ s 내지 5 s 이내에 끝난다.

24.4 냉동 건조

냉동 건조(lyophilization or freeze drying)는 음식물, 비타민, 및 기타 열에 민감한 제품을 0°C 이하의 온도에서 건조하는 공정이다[7,14]. 건조될 물질은 빨리 냉동시켜 특별한 진공실의 단 위에 얇은 층으로 놓거나 속이 빈 단 안에 냉매를 순환시켜 냉동시킬 수 있다. 완전 진공을 걸고 승화열을 공급하기 위해 단을 통해 유체를 통과시킨다. 건조가 진행됨에 따라 얼음 앞면은 표면으로부터 물러나서 거의 건조된 다공성 고체 지역 뒤에서 떠난다. 대부분의 건조기간 동안 얼음 앞면의 온도는 거의 일정하게 0°C 이하에 있다. 이 온도는 건조지역과 외부 기체경막을 통한 열전달속도와 같은 지역을 통한 물 증기의 물질전달속도 사이의 수지에 의해 결정된다. 이것은 기체의 습구온도 측정에서 행했던 수지와 유사하지만 냉동건조에서는 열전달 저항과 물질전달은 시간에 따라 증가한다.

양면이 건조되는 물질에 대한 온도와 분압의 모양은 그림 24.7에 개략도가 그려져 있다. 물질과 가열면 사이의 스크린들은 물 증기가 빠져나가도록 되어 있지만 그들은 열전달에 어느 정도 저항을 추가한다. 열과 물질전달의 주요 저항은 물질의 마른 지역에 있고 건조시간은 거의 시료 두께의 자승에 비례한다. 승화에 필요한 열이 건조고체의 엔탈피 변화보다 크기 때문에 건조시간은 일반적으로 몇 시간이며 온도차이는 다른 유형의 건조보다 작다.

24.5 건조장치

여러 가지 유형의 상업용 건조기들[12a,19] 중에서, 여기서는 소수의 중요한 유형들만을 고려한다. 첫 번째 큰 군은 딱딱한 알갱이 고체와 반고체 반죽을 위한 건조기들이며, 두 번째 군은 슬러리(slurry)나 액체급송물

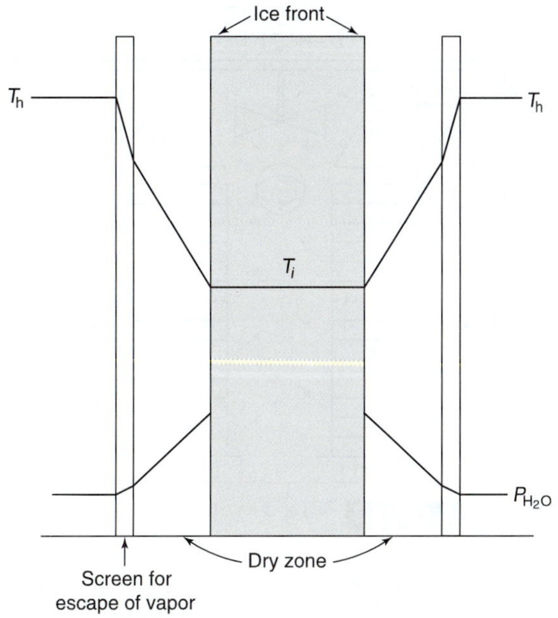

그림 24.7 냉동건조에서 기울기들

을 취급할 수 있는 건조기들로 구성된다.

24.5.1 고체와 반죽을 위한 건조기

고체와 반죽(paste)을 위한 건조기에는 교반될 수 없는 물질을 취급하는 단형(段型) 건조기 및 스크린-콘베이어형 건조기와 교반이 허용되는 탑형, 회전식, 나선식 콘베이어형, 유동상 및 플래쉬 건조기 등이 포함된다. 이후에 이들을 설명하는 순서는 되도록 본 장 처음에 설명한 것처럼 교반 정도와 고체가 기체에 노출되는 방법 또는 고체가 뜨거운 표면과 접촉하는 방법에 따른다. 그러나 어떤 유형의 건조기는 단열일 수도 있고, 비단열일 수도 있으며, 둘을 합한 것일 수도 있어서 순서를 정하는 것을 사실상 복잡하게 된다.

단형 건조기

전형적인 회분식 단형 건조기(tray dryer)는 그림 24.8에 설명되어 있다. 이 건조기는 얇은 금속판으로 만들어진 사각형 방에 선반 H를 지지하는 2개의 트럭(truck)이 들어 있다. 각 선반에는 건조될 물질을 담은 사방 750 mm(30 in)이고 깊이가 50 내지 150 mm(2 내지 6 in) 되는 얕은 사각형 상자(쟁반)들이 많이 들어 있다. 가열된 공기는 송풍기 C와 모터 D에 의해 쟁반 사이를 2 내지 5 m/s(7 내지 15 ft/s)로 순환하며 가열기 E를 지나간다. 장애판 G는 쌓여 있는 쟁반 위로 공기를 균일하게 분배시킨다. 일부 습한 공기는 배출관 B를 통해 연속적으로 환기되며, 보충되는 새로운 공기는 입구 A를 통해 들어간다. 선반들은 트럭 바퀴 I에 올려져 있어서 건조주기가 끝나면 트럭을 방밖으로 끌어내 쟁반을 쏟아놓는 곳으로 보내게 되어 있다.

단형 건조기는 생산속도가 작을 때 유용하다. 그들은 거의 아무거나 건조시킬 수 있지만, 짐을 싣고 내리는 노동력 때문에 운전비용이 비싸진다. 이 건조기는 염료나 의약품과 같은 값비싼 제품에 자주 이용된다. 고체의 정지층을 가로질러 공기를 순환시키는 건조는 느리며 건조주기가 길어서 한번에 3 내지 48 h 걸린다. 때로는 관통-순환식 건조가 이용되지만 건조주기를 짧게 해도 한 회분에 필요한 노동력이 줄지 않기 때문에 비경제적일 뿐 아니라 회분 건조기에는 필요하지도 않다. 그렇지만 에너지 절약에는 의미가 있다.

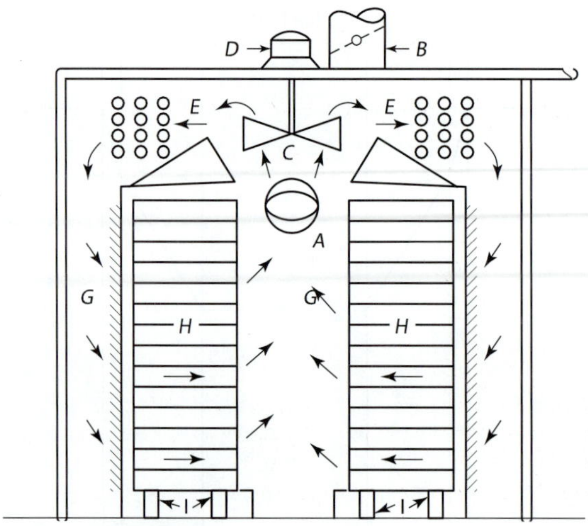

그림 24.8 단형 건조기(tray dryer)

단형 건조기는 가끔 간접 가열법을 써서 감압 하에서 운전될 수도 있다. 쟁반들은 수증기나 뜨거운 물이 공급되는 중공(中空) 금속판 위에 올려놓거나, 아니면 그들 자체에 가열 유체를 위한 공간을 갖는다. 고체에서 나온 증기는 이젝터(ejector)나 진공펌프에 의해 제거된다. 증기를 내보내기 위해서 소량의 질소를 가해줄 때도 있지만 대부분의 기화열은 쟁반과 습한 고체를 통한 전도에서 온다. 감압건조기는 상압에서 운전되는 건조기 보다 상당히 비싸지만 열에 민감한 물질들에게는 훨씬 좋다. 또한 단열건조기에 대량의 공기를 사용하는 것보다 유기용매의 회수가 더 쉽다.

스크린-콘베이어 건조기

전형적인 관통-순환식인 스크린-콘베이어 건조기는 그림 24.9와 같다. 건조될 물질의 25 내지 150 mm(1 내지 6 in) 두께의 층은 긴 건조실 또는 터널을 통해 움직이는 금속스크린 위에서 천천히 운반된다. 건조실은 일련의 별개 구획으로 되어 있으며 각 구획에는 송풍기와 공기 가열기가 있다. 보통은 건조기 입구 끝에서 공기가 스크린과 고체를 통해 위로 올라가며, 물질이 건조되어 먼지가 있는 출구 끝 근처에서 공기는 스크린을 통해 아래쪽으로 빠져나간다. 공기 온도와 습도는 각 점에서 최적 건조조건이 되도록 여러 구획에서 다를 수 있다.

스크린-콘베이어 건조기는 전형적으로 2 m(6 ft) 폭에 4 내지 50 m(12 내지 150 ft) 길이로, 건조시간이 5 내지 120 min.이다. 스크린의 최소 크기는 약 30 mesh 이다. 굵은 알갱이, 조각 또는 섬유성 물질들은 어떤 예비처리나 스크린을 통한 물질의 손실없이 관통-순환식으로 건조될 수 있다. 그러나 반죽과 미세 입자로 된 여과 케이크는 스크린-콘베이어 건조기로 취급되기 전에 미리 성형하지 않으면 안 된다. 응집체는 건조되는 동안 보통 그들의 모양을 유지하며, 소량만이 체를 통해 가루로 떨어진다. 스크린을 통해 새어나가는 미세한 분말을 회수하도록 대책을 세울 때도 있다.

스크린-콘베이어 건조기는 다양한 고체를 연속적으로, 그리고 부드럽게 처리하며, 비용도 합리적으로 수증기 소비가 적어 보통 물 1 kg을 증발시키는 데 수증기 2 kg이 소비된다. 공기는 각 구획을 개별적으로 재순환해서 환기되거나 고체와 맞흐름으로 한 구획에서 다른 구획으로 통과할 수 있다. 이런 건조기들은 고체의 수분함량이 감소함에 따라 건조조건이 상당히 바뀌어져야 할 때 특히 유용하다. 이들은 예제 24.2에서 설명한 것과 비슷한 방법으로 설계된다.

탑형 건조기

탑형 건조기에는 중앙 회전축에 하나 하나씩 포개놓은 일련의 원형 쟁반이 들어 있다. 제일 꼭대기에 있는 쟁반에 떨어진 고체 원료는 쟁반을 가로질러 지나가는 뜨거운 공기 또는 기체흐름에 노출된다. 그리고 나서 고체를 긁어내어 다음 아래의 쟁반으로 떨어뜨린다. 고체는 이런 방법으로 건조기를 통해 이동하여 탑 밑바닥에서 건조제품을 수거한다. 고체와 기체의 흐름은 맞흐름일 수도 있고 나란흐름일 수도 있다. 건조물질들을 쟁반에서 긁어내릴 때 고체들간의 혼합이 생겨서 최종 고체들은 다른 쟁반건조기보다 더 균일하다.

그림 24.10에 설명한 터보건조기(turbodryer)는 가열 기체를 내부로 재순환시키는 탑형건조기이다. 터빈 송풍기는 공기나 기체를 쟁반들 사이를 통해 바깥쪽으로 밀고, 가열체를 지나 다른 쟁반들 사이의 안쪽으로 밀어 순환시킨다. 기체속도는 0.6 내지 2.4 m/s(2 내지 8 ft/s)이다. 그림 24.10에서 보여 주는 건조기 바닥의 두

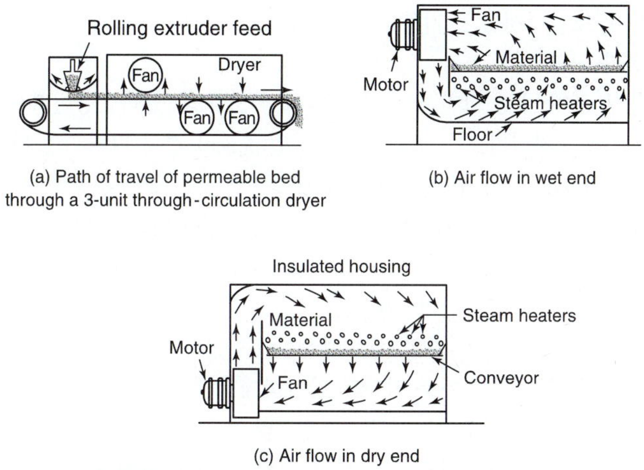

그림 24.9 관통순환식 스크린 - 콘베이어 건조기

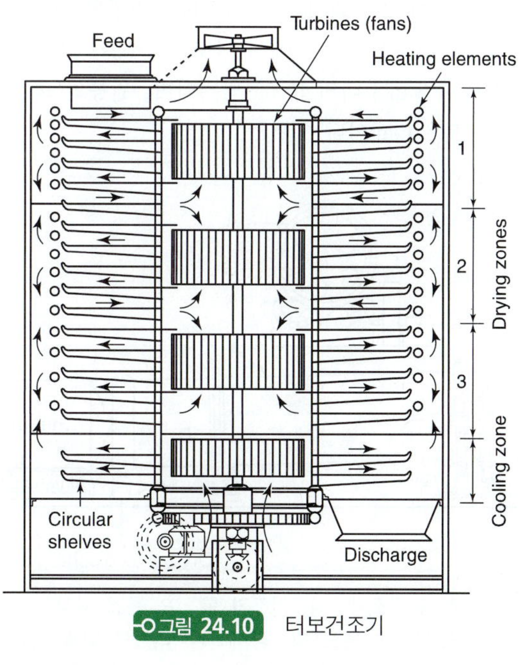

그림 24.10 터보건조기

쟁반은 건조 고체의 냉각구획을 이룬다. 예열된 공기는 보통 탑 밑으로 뽑아들여 탑 위로 배출함으로써 맞흐름을 이룬다. 터보건조기는 단형 건조기와 마찬가지로 부분적으로 횡단-순환식 건조 기능을 가지며, 부분적으로 입자들이 한 쟁반에서 다른 쟁반으로 떨어질 때 뜨거운 기체를 통해 입자들을 쏟는 기능도 갖는다.

회전식 건조기

회전식 건조기는 수평이거나 출구 쪽으로 약간 기울어진 회전 원통형 통(cylindrical shell)으로 되어 있다. 젖은 원료는 한쪽 끝으로 들어가며, 건조된 물질은 다른 쪽으로배출된다. 원통이 회전함에 따라 내부 날개가 고체를 끌어올렸다가 통 내부로 고체를 다시 쏟아버린다. 회전식 건조기는 고체와 기체의 직접 접촉에 의하거나, 외부 재킷을 통해 지나가는 뜨거운 기체에 의하거나, 또는 통 안쪽 면에 설치한 일단의 종축방향 관(longitudinal tube)에 응축하는 수증기에 의해 가열된다. 이들 유형 중 마지막 것을 수증기-관 회전식 건조기라고 한다. 직-간접회전식 건조기에서는 뜨거운 기체가 재킷을 먼저 지나가고, 그리고 나서 통(즉, 동체)을 지나면서 고체와 접촉한다.

전형적인 단열 맞흐름식 공기-가열 회전식 건조기는 그림 24.11과 같다. 강철판으로 만들어진 회전 원통 *A*는 2개의 롤러(roller) *B*에 지지되며, 기어(gear)와 피니언(pinion) *C*에 의해 구동된다. 위쪽 끝에는 송풍기 *E*와 굴뚝을 연결하는 후드(hood) *D*와 원료 호퍼(hopper)로부터 젖은 물질을 담는 주둥이 *F*가 있다. 건조되고 있는 물질을 끌어올렸다가 뜨거운 공기흐름을 통해 그것을 쏟아버리는 날개 *G*는 통 내부에 용접된다. 아래쪽 끝에는 건조된 제품이 나선식 콘베이어 *H*로 배출된다. 나선식 콘베이어 바로 다음에는 공기를 예열하는 일단의 수증기로 가열된 표면-확장 관이 있다. 공기는 송풍기에 의해 건조기를 통해 이동되며 필요하면 전체 계가 정(正)의 압력이 되도록 공기 가열기로 배출할 수 있다. 다른 방법으로는 송풍기를 굴뚝 속에 놓아 건조기를 통해 공기를 빨아들이고, 계를 약간의 감압상태로 유지시키다. 이것은 물질이 가루로 될 경우에 바람직하다. 이런 종류의 회전식 건조기는 소금, 설탕, 및 깨끗이 유지해야 하고 아주 뜨거운 연도기체에 직접 노출될 수 없는 모든 종류의 알갱이와 결정형 물질의 건조에 널리 사용된다.

직접-접촉 회전식 건조기에서 허용 질량유속은 건조되는 물질의 가루화 특성에 관계되며, 굵은 입자의 경우 2,000 내지 25,000 $kg/m^2 \cdot h$(400 내지 5,000 $lb/ft^2 \cdot h$)이다. 입구의 기체온도는 수증기로 가열된 공기의 경우 보통 120 내지 175°C(250 내지 350°F)이며, 로에서 나오는 연도기체인 경우 550 내지 800°C(1,000 내지 1,500°F)이다. 건조기 지름은 1 내지 3 m(3 내지 10 ft) 범위이며, 원통의 회전 주변속력(peripheral speed)은 보통 20 내지 25 m/min(60 내지 75 ft/min)이다.

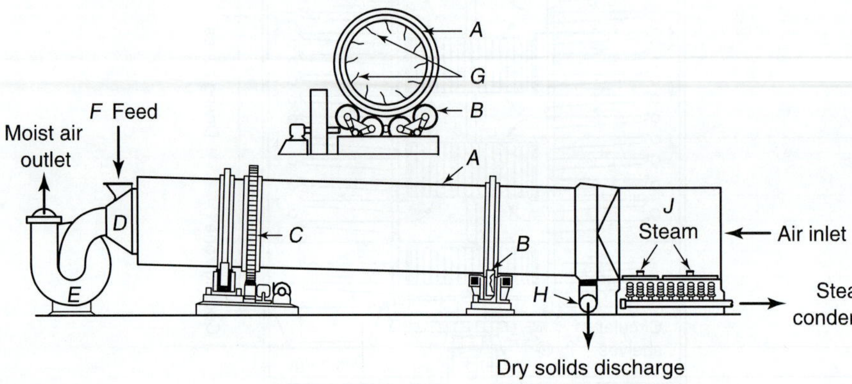

그림 24.11 맞흐름 공기-가열 회전식 건조기: *A*, 건조기 통; *B*, 통을 지지하는 롤러; *C*, 구동기어; *D*, 공기배출 후드; *E*, 배출 송풍기; *F*, 원료 활송장치; *G*, 리프트 날개; *H*, 제품 배출; *J*, 공기 가열기

직접 접촉식 회전 건조기는 열전달에 기초해서 설계된다. 열전달 속도에 대한 실험에 의한 유차원식은 Btu/h 단위로 아래와 같다[12b].

$$q_T = \frac{0.5\,G^{0.67}}{D}\,V\overline{\Delta T}$$
$$= 0.125\pi\,DLG^{0.67}\overline{\Delta T} \tag{24.22}$$

V = 건조기 부피, ft^3
L = 건조기 길이, ft
$\overline{\Delta T}$ = 평균온도차이로서, 건조기 입구와 출구에서 습구온도 저하의 대수평균을 취한다.
G = 질량속도, $lb/ft^2 \cdot h$
D = 건조기 지름, ft

$Btu/ft^3 \cdot h \cdot °F$ 단위의 부피 열전달계수 Ua는 식 (24.22)로부터 다음과 같이 된다.

$$Ua = \frac{0.5\,G^{0.67}}{D} \tag{24.23}$$

적절한 출구 기체온도는 경제성의 문제이다. 회전식 건조기는 N_t가 1.5와 2.5 사이에 있을 때 가장 경제적으로 운전된다는 것이 실험적[12b]으로 확인되었기 때문에, 출구 기체온도는 식 (24.6) 또는 식 (24.8)로부터 계산될 수 있다.

예제 24.3

건량기준으로 초기 수분함량 15%로부터 최종 수분함량 0.5%까지 열에 민감한 고체 2,800 lb/h (1,270 kg/h)를 건조시키기 위한 단열 회전식 건조기의 지름과 길이를 계산하라. 고체의 비열은 0.52 Btu/lb·°F이다. 고체는 80°F(26.7°C)로 들어가며, 125°F(51.7°C) 이상 가열되어서는 안 된다. 가열공기는 260°F(126.7°C)이며, 건조공기 lb당 0.01 lb의 물을 갖는 습도를 지니고 있다. 공기의 최대 허용 질량속도는 700 lb/ft2·h(3,420 $kg/m^2 \cdot h$)이다.

풀이

고체의 열 민감도로 보아, 맞흐름 조작을 사용한다. 단열 건조의 경우, 출구 기체온도는 식 (24.8)로부터 구한다. 전달단위 수가 1.5라고 가정하자. 입구 습구온도 T_{wb}는 그림 19.2에서 보면 102°F이다. T_{hb}가 260°F이므로, 식 (24.8)은 다음과 같이 된다.

$$N_t = 1.5 = \ln\frac{260 - 102}{T_{ha} - 102}$$

이것으로부터 $T_{ha} = 137\,°F$ 이고 T_{sb}는 최대 허용 값인 125°F로 정할 수 있다.

필요한 다른 양들은 다음과 같다.

$$\lambda\ (102°F에서) = 1{,}036\ Btu/lb \qquad (부록\ 7)$$

Btu/lb·°F 단위로 비열은

$$c_{ps} = 0.52 \qquad c_{pv} = 0.45 \qquad (부록\ 14) \qquad c_{pL} = 1.0$$

이며 또한,

$$X_a = 0.15 \qquad X_b = 0.005 \qquad \dot{m}_s = 2{,}800\ lb/h$$

물질전달속도는

$$\dot{m}_v = \dot{m}_s(X_a - X_b) = 2{,}800(0.15 - 0.005) = 406\ lb/h$$

열 성능은 식 (24.1)에 대입해서 구한다.

$$\begin{aligned}\frac{q_T}{\dot{m}_s} &= 0.52(125-80)+0.15\times1.0(102-80)\\ &\quad+(0.15-0.005)(1{,}036)+0.005\times1.0(125-102)\\ &\quad+0.145\times0.45(137-102)\\ &= 23.4+3.3+150.2+0.1+2.3 = 179.3\ \text{Btu/lb}\end{aligned}$$

단지 첫째 항과 셋째 항만이 의미를 지닌다. 이것으로부터, $q_T = 179.3\times2{,}800 = 502{,}040$ But/h이다.

들어가는 공기의 유량은 열수지와 습윤비열 c_{sb}로부터 구해진다. 그림 19.2에서 $c_{sb} = 0.245$ Btu/lb · °F 이다. 따라서,

$$\begin{aligned}\dot{m}_g(1+\mathcal{H}_b) &= \frac{q_T}{c_{sb}(T_{hb}-T_{ha})}\\ &= \frac{502.040}{0.245(260-137)} = 16.660\ \text{lb/h}\end{aligned}$$

$\mathcal{H}_b = 0.01$이므로, $\dot{m}_g = 16{,}660/1.01 = 16{,}495$ lb/h의 건조공기이다.

출구습도 $\mathcal{H}_a$는

$$\mathcal{H}_a = \mathcal{H}_b + \dot{m}_v/\dot{m}_g = 0.01+\frac{406}{16{,}495} = 0.0346\ \text{lb/lb}$$

건구온도 T_{ha}가 137°F에서 $\mathcal{H}_b = 0.0346$에 대한 습구온도 T_{wa}는 T_{wb}와 똑같이 102°F이다(단열 건조에 대한 것이어야 하므로).

건조기 지름은 허용 질량속도와 들어가는 공기의 유량으로부터 구해진다. 즉, $G = 700$ lb/ft^2 · h 의 경우 건조기의 단면적은 $16{,}660/700 = 23.8$ ft^{2}이어야 하며, 따라서 건조기 지름은,

$$D = \left(\frac{4\times23.8}{\pi}\right)^{0.5} = 5.50\ \text{ft}(1.68\ \text{m})$$

이다. 건조기 길이는 식 (24.22)에 의해 주어진다. 즉,

$$L = \frac{q_T}{0.125\pi DG^{0.67}\,\overline{\Delta T}}$$

대수평균 온도차이는,

$$\overline{\Delta T} = \frac{260-102-(137-102)}{\ln[(260-102)/(137-102)]} = 81.6\,°\text{F}$$

이다. 따라서,

$$\begin{aligned}L &= \frac{502{,}040}{0.125\pi\times5.5\times700^{0.67}\times81.6}\\ &= 35.4 \text{ 즉 약 } 36\ \text{ft}(11.0\ \text{m})\end{aligned}$$

L/D 비는 $36/5.5 = 6.54$로서, 회전식 건조기로서는 합리적인 값이다. ■

나선식 콘베이어 건조기

나선식 콘베이어 건조기는 연속식 간접-가열 건조기로서, 원통형 재킷을 두른 통(동체)으로 둘러싸인 수평 나선식 콘베이어(또는 젓게 콘베이어)로 되어 있다. 한쪽 끝에 공급된 고체는 가열 지역을 통해 서서히 운반되어 다른 한쪽 끝에서 배출된다. 방출된 증기는 통의 지붕에 설치된 관을 통해 배기된다. 통은 지름이 75 내지 600 mm(3 내지 24 in.) 길이가 6 m(20 ft)에까지 이른다. 더 긴 것이 필요하면 몇 개의 운반기를 포개 쌓는다. 이 중에서 밑에 있는 것은 냉각기 역할을 하여 건조된 제품을 배출하기 전에 재킷에 있는 물이나 다른 냉매로 제품의 온도를 낮추어 준다.

운반기의 회전속도는 2 내지 30 rpm으로 느리다. 통이 단지 용량의 10 내지 60%만 가용된다고 하더라도, 열전달계수는 통의 전체 내부 면적에 기준한다. 계수는 통에서의 부하와 운반기 속도에 관계된다. 많은 고체에 대해 열전달계수는 15와 60 W/m^2 · °C(3과 10 Btu/ft^2 · h · °F)의 범위에 있다.

나선식 콘베이어 건조기는 회전식 운반기로 처리하기에는 너무 미세하고 끈적끈적한 고체들을 다룬다. 그들은 완전히 둘러싸여져 있어서 거의 공기로 희석되지 않고 용매 증기로 회수할 수 있다. 적당한 원료공급기(feeder)를 갖추면 이 건조기는 중간 정도의 진공 하에서 조업될 수도 있다. 따라서, 이런 건조기들은 침출 조작에서 나온 콩 찌꺼기와 같이 용매로 젖은 고체(solvent-wet solid)로부터 휘발성 용매를 연속적으로 제거하여 회수하는 데 적합하다. 이러한 이유로 이들을 때로는 탈용매장치(desolventizer)라고 한다.

이와 관계되는 유형의 장치는 "박막건조기"에서 나중에 다룬다.

유동층 건조기

고체가 건조 기체에 의해 유동화되는 건조기는 다양한 건조 문제들에 응용된다[3]. 입자들은 그림 24.12에서 보는 바와 같이 비등층(boiling bed) 장치에서 공기나 기체에 의해 유동화된다. 혼합과 열전달은 매우 빠르다. 젖은 원료는 층 꼭대기로 들어간다. 건조 제품은 바닥 근처의 옆으로 끌어낸다. 그림 24.12와 같은 건조기에서는 체류시간이 불규칙하게 분포된다. 입자가 건조기에 머무는 평균시간은 표면 액체만이 기화될 때에는 보통 30 내지 120 s이며, 내부 확산이 있을 때에는 15 내지 30 min까지도 걸린다. 작은 입자들은 본질적으로 유동화하고 있는 기체의 출구 건구온도까지 가열된다. 결국 열에 민감한 물질들은 상대적으로 차가운 현탁 매체에서 건조되지 않으면 안 된다. 들어가는 기체가 아무리 뜨겁다고 하더라도 기체가 빨리 혼합되어 실질적으로는 층 전체를 통하여 출구 기체 온도로 균일하게 된다. 원료에 있는 미세 입자나 또는 유동층에서의 입자 파괴로 미세한 입자들이 있으면, 나가는 기체에 상당한 고체들이 딸려나가 입자 회수를 위해 사이클론(cyclone)과 포대여과기(bag filter)가 필요하게 된다.

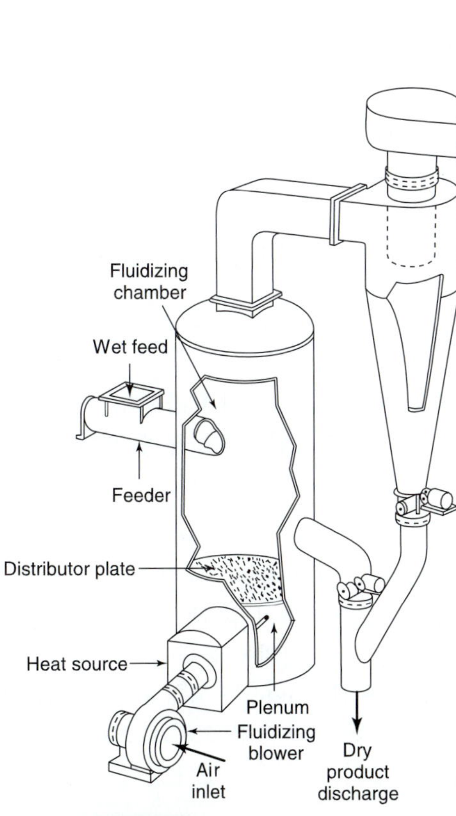

그림 24.12 연속식 유동층(fluid bed) 건조기

어떤 구형(矩形) 유체층 건조기는 고체들이 입구에서 출구로 이어서 이동하는 개별 유동화 구획을 갖는다. 이런 건조기는 **평류 건조기**(plug-flow dryer)로 알려져 있다. 이런 건조기에서는 모든 입자들의 체류시간이 거의 같다. 건조조건은 구획마다 다를 수 있으며, 마지막 구획은 고체를 배출하기 전에 냉각시키기 위해 차가운 기체로 유동화 된다.

복잡한 온도 모형 때문에 건조기 전체에 대한 진짜 평균온도차이는 정의하기 쉽지 않다. 사실상 보통 고체와 기체의 출구온도는 거의 같기 때문에 둘 간의 차이는 측정될 수 없다. 따라서 열전달계수들은 산출하기 어려워서 이용에 한정될 수 있다. 건조 계산에 유용한 일반적인 방정식은 기체에서 단일 구 또는 고립된 구형 입자로의 열전달에 대한 식 (12.64)이다.

$$\frac{h_o D_p}{k_f} = 2.0 + 0.60\left(\frac{D_p G}{\mu_f}\right)^{0.50}\left(\frac{c_p \mu_f}{k_f}\right)^{1/3} \tag{12.64}$$

열전달계수는 식 (12.64)로부터 계산될 수 있다. 여기서 $G = \rho u_t$이며 u_t는 입자들의 종말속도이다(그림 7.10 참조). 그러나 건조기 용량, 특히 미세입자를 취급하는 건조기의 용량은 실험에 의해 가장 잘 결정된다. 배출 기체는 어떠한 유동화 허용 속도에 대해서도 거의 늘 증기로 포화된다.

그림 24.12에 보여준 종류의 건조기는 회분식으로 운전될 수도 있다. 유동화실 바닥에 붙어 있는 구멍 뚫린 용기에 장입된 젖은 고체는 유동화되어 마를 때까지 가열된 다음 배출된다. 이런 장치는 많은 공정에서 단형 건조기를 대치하고 있다.

훌래쉬 건조기

플래쉬 건조기에는 젖은 고체 가루가 뜨거운 기체흐름 속에서 수 초 동안 운반된다. 건조는 운반되는 동안 일어난다. 기체로부터 부유 고체 입자로의 열전달속도가 크고 건조가 빨라서, 고체로부터 모든 수분을 충분히 증발시키는 데 필요한 시간은 단지 3 또는 4 s에 불과하다. 기체의 온도는 높아서 가끔 입구에서 약 650°C(1,200°F)이지만, 접촉시간이 너무 짧아 건조되는 동안 고체온도가 50°C(90°F)를 넘는 것은 극히 드물다. 그러므로 훌래쉬 건조는 다른 건조기에서 훨씬 차가운 가열매체로 간접적으로 건조되어야 하는 민감한 물질들에 적용될 수 있다.

경우에 따라서는 건조와 분쇄를 동시에 수행하기 위해서 훌래쉬 건조계에 분쇄기가 연결된다.

24.5.2 용액과 슬러리 용 건조기

몇 가지 유형의 건조기들은 열적 수단에 의해 용액과 슬러리를 완전히 건조된 상태로 증발 시킬 수 있다. 전형적인 예로는 분무 건조기, 박막 건조기 및 드럼 건조기를 들 수 있다.

분무 건조기

분무 건조기(spray dryer)에서는 슬러리나 액체 용액이 미세한 액체방울 안개 형태로 뜨거운 기체흐름에 분산된다. 수분은 액체방울로부터 빨리 기화되어 건조 고체의 입자로 남으며, 이들은 기체흐름에서 분리된다. 액체와 기체의 흐름은 나란흐름, 맞흐름 또는 같은 장치에 둘을 합한 형태일 수도 있다.

액체방울들은 고압 노즐, 2-유체 노즐 또는 큰 건조기에서는 고속 분무원판(spray disk)에 의해 원통형 건조실 내부에서 생성된다. 어떤 경우이던지 액체방울이나 젖은 고체가 건조되기 전에 고체 표면에 부딪치는 것을 막아야 하기 때문에, 건조실은 반드시 커야 할 필요가 있다. 지름이 2.5 내지 9 m(8 내지 30 ft)되는 것이 보통이다.

그림 24.13과 같은 전형적인 분무건조기의 건조실은 밑이 원추형인 원통형이다. 액체 원료는 건조실

지붕에 있는 원판형 분무기로 펌핑된다. 이 건조기에서 분무원판은 지름이 약 300 mm(12 in.)이며, 5,000 내지 10,000 rpm 속도로 회전한다. 이 원판은 액체를 작은 액체방울로 미립자화하여 건조실 꼭대기 근처로 들어가는 고온 기체흐름 속에다 방사방향으로 뿌린다. 냉각된 기체는 건조실 원통형 부분 밑의 측면에 연결된 수평 배출관을 통해 환풍기에 의해 배출된다. 기체는 사이클론 분리기를 지나면서 동반된 고체 입자가 제거된다. 건조 고체의 대부분은 건조실 바닥으로 침전되며, 그곳으로부터 여닫개(valve)와 나선식 콘베이어로 옮겨진 다음 사이클론에 모인 고체와 합친다.

원판형 분무기에서 생긴 액체방울의 부피-표면평균 지름 $\overline{D}_s$에 대한 식은 아래와 같다[6].

$$\frac{\overline{D}_s}{r} = 0.4\left(\frac{\Gamma}{\rho_L n r^2}\right)^{0.6}\left(\frac{\mu}{\Gamma}\right)^{0.2}\left(\frac{\sigma\rho_L L_p}{\Gamma^2}\right)^{0.1} \tag{24.24}$$

D_s = 액체방울의 평균지름, m 또는 ft
r = 원판의 반지름, m 또는 ft
Γ = 원판 둘레의 단위 길이당 분무 질량속도, kg/s · m 또는 lb/s · ft
σ = 액체의 표면장력, N/m 또는 lb_f/ft
ρ_L = 액체의 밀도, kg/m^3 또는 lb/ft^3
n = 원판속도, r/s
μ = 액체의 점도, Pa.s 또는 lb/ft · s
L_p = 원판 둘레, $2\pi r$, m 또는 ft

개별 액체방울의 열전달계수는 식 (12.64)으로 계산될 수 있다. 그러나 지름을 알고 있는 하나의 액체방울을 건조하는 데 필요한 시간은 h 뿐만이 아니라 혼합모형과도 관계된다. 그림 24.13과 같이 지름 대 높이의 비가 낮은 건조기에서는 위에서 상당한 양의 혼합이 이루어지며, 평균 온도차이의 구동력은 진짜 모형흐름보다 작다. 그렇지만 평균 액체방울이 아니라 가장 큰 액체방울을 완전히 증발시키는 것이 문제이다. 보통 건조시간을 계산할 때에는 가장 큰 액체방울의 지름이 식 (24.24)에서 구한 $\overline{D}_s$ 값의 두 배라고 가정한다.

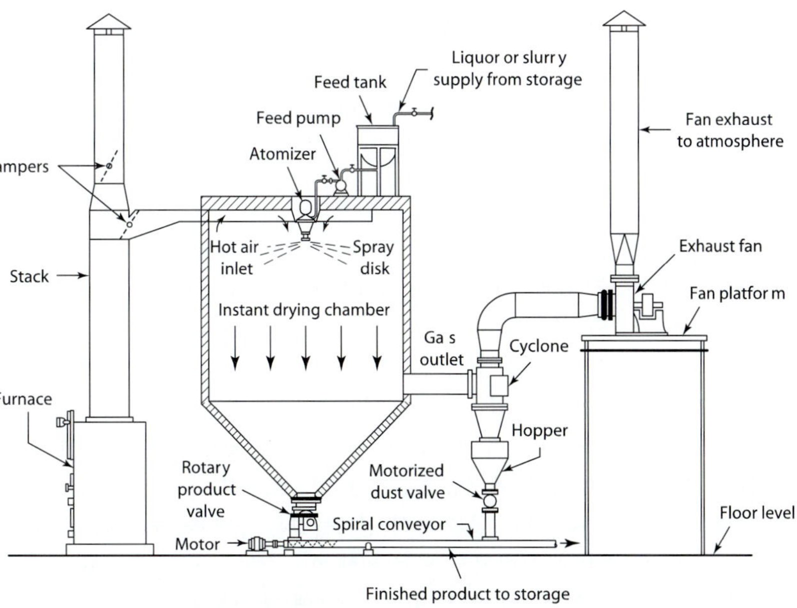

그림 24.13 나란흐름 분무 건조기

액체방울의 평균지름은 원판형 분무기가 사용될 때의 20 μm로부터 굵은 분무노즐을 사용할 때의 180 μm까지의 범위에 있다. 체류시간은 나란흐름 건조기서 3 내지 6 s부터 맞흐름 건조기에서의 25 내지 30 s까지 변한다.

분무 건조기의 주요 이점은 열에 아주 예민한 물질들을 건조할 수 있는 짧은 건조시간과 고체 또는 속이 빈 구형 입자들을 생산할 수 있다는 데 있다. 식품이나 합성세제처럼 제품의 일관성, 겉보기 밀도, 모양 및 유동 특성 등은 다른 종류의 건조기에서는 얻을 수 없는 특성이다. 분무 건조기는 또한 용액, 슬러리, 또는 엷은 반죽으로부터 한 단계 공정으로 포장할 수 있는 마른 제품을 만들 수 있는 장점을 갖고 있다. 분무 건조기는 증발관, 결정화장치, 건조기, 크기 축소장치 및 분급기의 기능을 모두 갖고 있는 셈이다. 이것을 사용함으로써 총괄 제조공정의 단순화는 괄목할 만하다고 볼 수 있다.

건조기 하나만을 생각하면 분무 건조기는 그다지 효율적이 아니다. 보통 많은 열이 배출기체로 없어진다. 이 건조기들은 부피가 커서 높이가 25 m(80 ft) 이상인 것도 있으며, 조업하기가 그렇게 쉽지는 않다. 건조제품의 겉보기 밀도 — 포장제품의 특별히 중요한 성질 — 는 공급원료 속의 고체함량 변화, 들어가는 기체온도 및 그 밖의 다른 변수들에 극히 민감하기 때문에 가끔 그것을 일정하게 유지하기가 어려울 때가 있다[12c].

용액을 분무 건조하는 경우, 액체방울 표면으로부터의 증발은 액체방울 내부가 포화상태에 다다르기 전에 표면에 용질이 침적하게 만든다. 용질이 액체방울 속으로 확산하는 속도는 내부에서 표면으로 물이 이동하는 것보다 느려서 전체 용질함량은 표면에 누적하게 된다. 최종 건조 입자들은 보통 속이 비어 있어서 분무 건조기에서 나온 제품은 매우 다공성이 크다.

박막 건조기

어떤 경우에 있어서 분무 건조기와 경쟁적인 것은 액체나 슬러리 원료를 마르고 자유롭게 흐르는 고체로 생산할 수 있는 박막 건조기(thin-film dryer)이다. 이 건조기는 보통 구획으로 되어 있다. 첫 번째 것은 그림 16.2에 설명한 장치와 유사한 수직형 교반 증발관-건조기이다. 여기에서 대부분의 액체가 원료로부터 제거되며, 일부 젖은 고체는 그림 24.14에서 보는 것과 같이 제2구획으로 배출되어 제1구획에서 남아 있는 액체함량을 원하는 값까지 떨어뜨린다.

박막 건조기의 열효율은 높으며, 장치에 기체를 거의 빨아들이지 않기 때문에 고체 손실이 거의 없다. 이 건조기는 고체제품에서 용매를 제거하여 회수하는 데 유용하다. 이들은 상대적으로 비싼 편이며, 열전달 면적이 어느 정도 제한되어 있다. 수용액과 용매가 묻어 있는 원료를 취급하는 경우, 원료 공급속도는 보통 100과 200 $kg/m^2 \cdot h$ (20과 40 $lb/ft^2 \cdot h$) 사이에 있다.

드럼 건조기

드럼 건조기는 하나 이상 가열되는 금속 롤(roll)로 구성되어 있으며, 롤 외부에서 엷은 액체층이 건조상태까지 증발된다. 건조된 고체는 롤이 천천히 회전하면서 롤에서 긁어낸다.

전형적인 드럼 건조기, 즉 중심에 원료를 공급하는 이중 드럼장치는 그림 24.15와 같다. 액체는 홈통이나 구멍 뚫린 관으로부터 2개의 롤 사이 위에 있는 공간의 풀로 보낸다. 풀은 고정된 양쪽 끝의 판으로 둘러싸여 있다. 열은 전도에 의해 액체로 전달되며, 이 액체는 롤 사이의 공간에서 부분적으로 농축된다. 농축된 액체는 드럼 표면의 나머지 부분을 덮는 점성 액체층으로서 풀 밑으로부터 나오게 된다. 드럼이 회전함에 따라 고체로부터 사실상 모든 액체가 기화되며, 엷은 층의 건조물질은 훑개(doctor blade)로 긁혀져 아래에 있는 콘베이어로 보내진다. 기화된 수분은 모아져서 드럼 위에 있는 증기 후두(vapor hood)를 통해 제거된다.

이중 드럼 건조기는 묽은 용액, 용해성이 큰 물질의 농축용액 및 보통의 중질 슬러리에 유효하다. 그러나 이 건조기는 제한된 용해도를 갖는 염의 용액이나 드럼 사이에 끼여 과다한 압력을 나타낼 수 있는 연마성(鍊

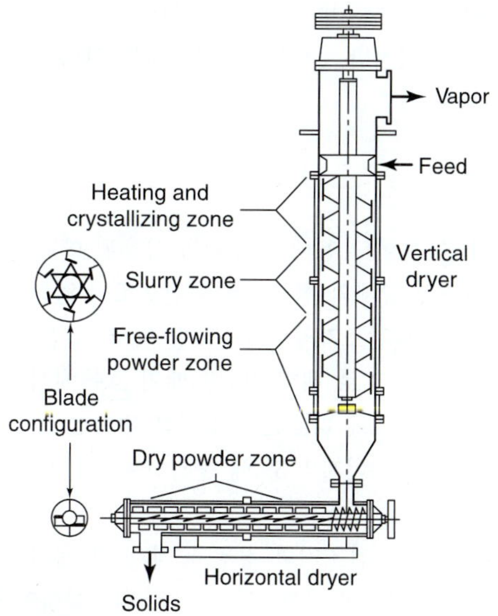

그림 24.14 "Combi" 박막 건조기(자료 ; LCI사)

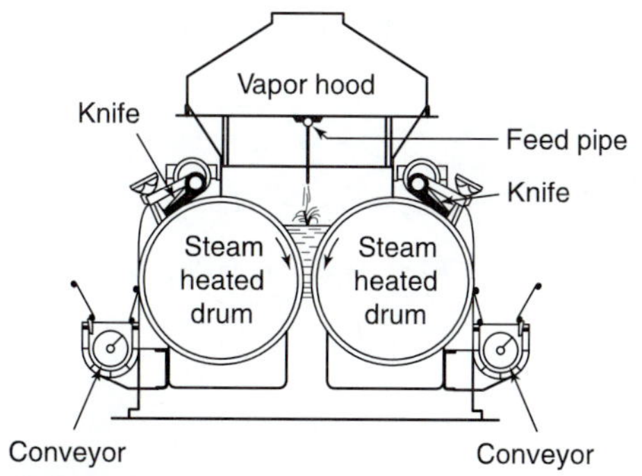

그림 24.15 중심에 원료를 공급하는 이중 드럼 건조기

磨性) 고체 슬러리에는 부적합하다.

드럼 건조기의 롤(roll)은 지름이 0.6 내지 3 m(2 내지 10 ft)이고, 길이가 0.6 내지 4.3 m(2 내지 14 ft)이며, 1 내지 10 rpm의 속도로 회전한다. 고체가 뜨거운 금속과 접촉하는 시간은 6 내지 15 s이며, 이 시간은 열에 민감한 제품이라도 거의 분해하지 않을 만큼 짧다. 열전달계수는 커서 최적 조건 하에서는 1,200 내지 2,000 $W/m^2 \cdot °C$(220 내지 360 $Btu/ft^2 \cdot h \cdot °F$)이지만, 조건이 나쁠 때에는 이 값의 1/10일 수도 있다[13]. 건조 용량은 드럼의 활동면적에 비례하여 보통 단위시간, 단위 건조면적 m^2당 건조제품이 5 내지 50 $kg/m^2 \cdot h$ (1 내지 10 $lb/ft^2 \cdot h$) 사이에 있다.

25.5.3 건조장치의 선택

건조기를 선택함에 있어 제일 먼저 고려해야 할 점은 조작 성능이다. 무엇보다 장치는 원하는 속도로 원하는 형태의 원하는 제품을 생산하지 않으면 안 된다. 시중에 여러 가지 다양한 상업용 건조기가 있음에도 불구하고 여러 가지 유형의 것들이 경쟁적이라기보다. 주로 보완적이고, 건조 문제의 성질은 사용해야 하는 건조기의 종류를 지정하거나, 또는 적어도 둘 또는 세 가지 가능성으로 그 선택을 제한하게 만든다. 최종 선정은 투자비용과 조작비용에 기준해서 이루어진다. 그렇지만 건조장치 하나만의 비용을 생각하지 말고, 전체 계의 비용을 고려하지 않으면 안 된다.

열효율

건조기의 열효율은 공급된 에너지 중 물이나 용매의 증발에 사용된 에너지의 %로 정의할 수 있다. 효율은 배기된 덥고 습한 공기의 현열, 배출된 고체의 현열, 및 주변으로의 열손실을 포함하는 에너지 손실로부터 계산될 수 있다. 예제 24.2의 관통식 순환건조기의 경우, 70°F 의 거의 건조한 공기가 160°F로 가열되고 수분을 함유한 공기가 $T_{ha} = 80 + 15.8 = 95.8$°F로 배기된다면 배기 흐름에서 손실된 유입 에너지의 분율은 약 $(90-70)/(160-70) = 0.29$이다(온도와 습도에 따르는 c_s의 작은 변화는 무시할 수 있다). 고체를 70에서 80°F로 가열하는 데 필요한 에너지는 공급된 에너지의 5%에 불과하여 주변으로의 열손실을 무시하면, 열효율은 $100 - 29 - 5 = 66$%이다.

그림 24.8에 보여준 유형의 십자흐름형 건조기의 경우 공기가 한 개의 쟁반을 가로지를 때 온도 감소는 단지 몇 도에 지나지 않아 낮은 열효율 때문에 일회통과 운전은 비현실적이다. 대신 대부분의 더운 습공기는 송풍기로 재순환시키며 소량의 새로운 공기와 혼합한 다음 재가열 시킨다. 이로 인해 열효율이 더 높아지고 쟁반들 사이 공간에서 유속이 높아지지만 습도와 습구온도의 증가 때문에 평균 건조속도는 감소된다. 정속기간에서의 효율은 다음과 같은 열 및 물질수지를 풀어서 산출할 수 있다. 기호는 그림 24.16의 개략도를 참고하면 된다.

$$\dot{m}_F = \dot{m}_{\text{vent}} \tag{24.25}$$

$$\dot{m}_g = \dot{m}_F + \dot{m}_R \tag{24.26}$$

$$\dot{m}_g \mathcal{H}_b = \dot{m}_F \mathcal{H}_F + \dot{m}_R \mathcal{H}_R \tag{24.27}$$

$$q_1 = h_A\left(\frac{T_b + T_a}{2} - T_{wb}\right) \tag{24.28}$$

$$q_2 = \dot{m}_{\text{vent}}(T_a - T_F)c_s \tag{24.29}$$

$$q_3 = c_s(\dot{m}_g T_b - (\dot{m}_F T_F + \dot{m}_g T_a)) \tag{24.30}$$

$$\dot{m}_v = q_1/\lambda \tag{24.31}$$

$$T_b - T_a = q_1/\dot{m}_g c_s \tag{24.32}$$

$$\mathcal{H}_a - \mathcal{H}_b = \dot{m}_v/\dot{m}_g \tag{24.33}$$

$$\mathcal{H}_a - \mathcal{H}_F = \dot{m}_v/\dot{m}_{\text{vent}} \tag{24.34}$$

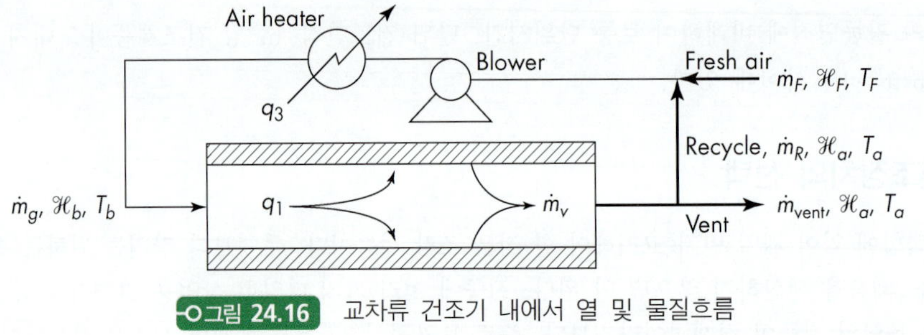

그림 24.16 교차류 건조기 내에서 열 및 물질흐름

예제 24.4

95%의 기체가 재순환된다는 것 이외에는 예제 24.1과 같은 조건인 경우 조업조건과 열효율을 계산하라. 유입 면적이 2 ft×0.25 ft 즉 0.5 ft^2이고 표면적이 2×4 = 8 ft^2인 두 쟁반 사이의 부분을 계산기준으로 이용하라.

풀이

$$\dot{m}_g = 1.846\ \text{lb/ft}^2\cdot\text{h} \times 0.5\ \text{ft}^2 = 943\ \text{lb/h}$$
$$\dot{m}_{\text{vent}} = 0.05\ \dot{m}_g = 47.2\ \text{lb/h}$$
$$\dot{m}_R = 0.95\ \dot{m}_g = 895.8\ \text{lb/h}$$

$T_b = 160°\text{F}$에서 $T_{wb} \cong 100°\text{F}$이고 $T_a \cong 156°\text{F}$라면 식 (24.28)로부터

$$q_1 = 2.90 \times 8 \times (158-100) = 1{,}346\ \text{Btu/h}$$
$$\dot{m}_v = 1{,}346/1{,}040 = 1.294\ \text{lb/h}$$

그림 19.2에서 $\mathscr{H}_F = 0.005$를 취하고 식 (24.34)로부터

$$\mathscr{H}_a - \mathscr{H}_F = 1.294/47.2 = 0.0274$$
$$\mathscr{H}_a = 0.0274 + 0.005 = 0.0324$$
$$\mathscr{H}_b = 0.95(0.0324) + 0.05(0.005) = 0.0310$$

$T_b = 160°\text{F}$, $\mathscr{H}_b = 0.0310$ 의 경우, $T_{wb} = 101°\text{F}$로서 100°F에 아주 근접해 있다.
식 (24.32)로부터

$$T_b - T_a = \frac{1{,}346}{943 \times 0.245} = 5.8°\text{F}\ ;\quad T_a = 154.2°\text{F}$$

배기에서의 열손실은 식 (24.29)로부터

$$q_2 = 47.2(154.2 - 70)(0.245) = 974\ \text{Btu/h}$$

기화에 필요한 열은

$$q_1 = 1{,}346\ \text{Btu/h}$$
$$\text{배기에서의 손실율} = \frac{974}{974 + 1{,}346} = 0.42$$

$T_{wb} = 101°\text{F}$에서 배출된 고체에서의 열손실;

케이크 한 개의 고체질량 = 80 lb (건조 기준), 88 lb (젖은 기준)

$$Q_1 = 88(0.5)(101-70) = 1{,}364\ \text{Btu}$$
$$q_4 = Q_1/t_T = 1{,}364/4.52 = 302\ \text{Btu}$$

열효율,

$$\eta = \frac{1{,}346}{974 + 1{,}346 + 302} \times 100 = 51\%$$

일반적 유의 사항

건조기를 선택하는 데는 몇 가지 일반적인 지침이 있지만 규칙이 엄격하지 않으며, 예외가 보통이라는 것을 인식하지 않으면 안 된다. 예를 들면, 건조제품의 생산속도가 150 내지 200 kg/h(300 내지 400 lb/h) 이하일 때에는 회분식 반응기가 가장 잘 이용되며, 연속식 건조기는 생산속도가 1 또는 2 ton/h 이상에서 선택된다. 중간 정도의 생산속도에서는 다른 인자들이 고려되지 않으면 안 된다. 열적으로 예민한 물질들은 감압하에서 저온의 가열매체를 갖고, 낮은 온도에서 건조되거나 훌래쉬 건조기나 분무 건조기에서처럼 아주 빨리 건조되어야 한다. 부스러지기 쉬운 결정들은 단형 건조기, 스크린-콘베이어 건조기 또는 탑형 건조기에서처

럼 부드럽게 취급되어야 한다.

건조기는 확실하고 안전하며, 또한 경제적으로 운전해야 한다. 운전비와 유지비가 과다해서는 안 된다. 오염이 조절돼야 하며, 에너지 소비가 최소화되어야 한다. 다른 장치에서와 마찬가지로 이러한 사항들은 서로 상충하여 주어진 임무에 최적인 건조기를 찾는 데에는 타협이 필요하게 된다.

건조조작 그 자체에 관한 한, 단열건조기들은 열효율이 낮음에도 불구하고 비단열건조기들보다 일반적으로 덜 비싸다. 불행하게도 단열건조기로부터는 보통 많은 가루들이 딸려나가며, 이들 동반되는 입자들은 건조기 체로부터 거의 정량적으로 제거되어야 한다. 정교한 입자 제거장치가 필요하게 되며, 이 장치는 건조기 자체만큼 비용이 든다. 이 점은 기체가 거의 사용되지 않는 "꼭 닫힌"(buttoned-up) 비단열계보다 단열건조기가 덜 경제적이게 하는 요인이 된다. 회전식 건조기는 하나의 예인데, 이 건조기는 한때 가장 보편적인 유형의 연속식 건조기이었지만, 불가피한 동반현상 때문에 가루를 동반하는 문제를 피하는 다른 유형의 건조기들이 되도록 그 자리를 메우도록 하고 있다. 비단열건조기들은 아주 미세한 입자들이나 화학적으로 반응성이 커서 기체 흐름에 노출될 수 없는 고체를 취급한다. 이런 건조기들은 또한 용매를 제거하고 회수하는 데 널리 이용된다.

완전 일괄 건조 ; 증발관-건조기

많은 공업적 공정은 물이나 용매로 된 용액에서 고체를 분리하여 포장과 판매에 적합하도록 건조하고, 정제된 알갱이 제품을 만드는 과정이 포함된다. 이것을 이루는 데 필요한 공정단계에는 증발, 결정화, 여과 또는 원심분리, 건조, 크기 축소 및 분급 또는 체질(screening)이 있다. 다섯 또는 여섯 가지의 장치가 필요하다. 경우에 따라서 증발관-건조기(evaporator-dryer)는 이들 중의 많은 것에 대한 필요성을 없앨 수 있다. 분무 건조기, 드럼 건조기 및 박막 건조기는 액체 원료를 받아서 포장할 수 있는 건조제품으로 직접 바꿀 수 있다. 기계적 방법 대신에 열적으로 수분을 제거하는데 드는 추가 비용은 여러 개의 장치 대신 한 가지 장치를 설치해서 운전하는 경제성보다 더 든다. 물론 건조된 제품에 나타나서는 안 될 불순물을 제거하기 위해 건조에 앞서 액체원료를 처리할 필요가 있을 수 있다. 그러므로 기술자는 본질적으로 건조 단계 하나에만 좁게 초점을 두지 말고, 전체 일괄공정(一括工程) 측면에 유의해야 한다.

24.6 기호 설명

A	건조면적, m^2 또는 ft^2; A_p, 단일 입자의 표면적
a	단위 부피당 표면적, m^2/m^3 또는 ft^2/ft^3; 건조속도 곡선의 기울기[식 (24.17)]
b	식 (24.17)에 있는 상수
c_p	정압비열, J/g · °C 또는 Btu/lb · °F; c_{pL}, 액체의; c_{ps}, 고체의; c_{pv}, 증기의
c_s	습윤비열, J/g · °C 또는 Btu/lb · °F; c_{sb}, 기체 입구에서의
D	지름, m 또는 ft; D_e, 통로의 맞먹음 지름(상당직경), m 또는 ft; D_p, 입자의; $\overline{D_s}$, 부피-표면평균 지름
D_v	고체를 통하는 액체의 부피 확산도, m^2/h, cm^2/s, 또는 ft^2/h
G	기체의 질량속도, $kg/m^2 \cdot h$ 또는 $lb/ft^2 \cdot h$
$\mathcal{H}$	기체의 습도, 건조기체 단위질량당 증기의 질량; $\mathcal{H}_a$, 출구에서; $\mathcal{H}_b$, 입구에서; $\mathcal{H}_F$, 원료 기체의 ; $\mathcal{H}_R$, 재순환된 기체의
h	열전달계수, $W/m^2 \cdot °C$ 또는 $Btu/ft^2 \cdot h \cdot °F$; h_o, 기체와 입자간의; h_y, 기체와 평판 표면간의
k	열전도도, $W/m \cdot °C$ 또는 $Btu/ft \cdot h \cdot °F$; k_f, 평균 경막온도에서의

k_y	물질전달계수, k mol/m^2 · h · 단위몰분율차이 또는 lb mol/ft^2 · h · 단위몰분율 차이
L	건조기 길이, m 또는 ft; L_p, 분무 디스크의 둘레
M_v	증기의 분자량
m	질량, kg 또는 lb; m_p, 단일 입자의; m_s, 고체의; m_v, 증기의
$\dot{m}$	질량유속, kg/h 또는 lb/h; $\dot{m}_F$, 원료 기체의; $\dot{m}_R$, 재순환된 기체의; $\dot{m}_g$, 기체의; $\dot{m}_s$, 완전건조 고체의; $\dot{m}_v$, 기화된 수분의; $\dot{m}_{\text{vent}}$ 배기된 기체의
N_t	전달단위 수
n	원판의 회전속도, r/s
Pr	prandtl 수, $c_p\mu/k$
Q	전달된 열량, J 또는 Btu; Q_T, 총열량; Q_1, 배출된 고체에서의 열손실
q	열전달속도, W 또는 Btu/h; q_1, 기화를 위한; q_2, 배기된 기체에서의 열손실; q_3, 공기에 공급된 열; q_4, 배출된 고체에서의 열손실
R	건조속도, kg/m^2 · h 또는 lb/ft^2 · h R_c, 정속기간에서의; R_1, 건조 시작점에서의; R_2, 건조 말기의; R' 제 2 임계 수분함량에서의
Re	Reynolds 수, DG/μ
r	분무 디스크의 반지름. m 또는 ft
T	온도, ℃ 또는 °F; T_h, 가열매치의; T_{ha}, 출구에서의; T_{hb}, 입구에서의; T_i, 계면에서의; T_s, 고체의; T_{sa}, 입구에서의; T_{sb}, 출구에서의; T_v, 기화온도; T_{va}, 출구에서의 증기온도; T_w, 습구온도; T_{wa}, 출구에서의; T_{wb}, 입구에서의
t	건조시간, h 또는 s; t_T, 총 건조시간; t_c, 정속기간에서의; t_f, 감속기간에서의
U	총괄 열전달계수, W/m^2 · ℃ 또는 Btu/ft^2 · h · °F
Ua	부피 열전달계수, W/m^3 · ℃ 또는 Btu/ft^3 · h · °F
u_t	입자의 종말속도, m/s 또는 ft/s
V	건조기 부피, m^3 또는 ft^3
$\overline{V}$	기체의 겉보기 속도, m/s 또는 ft/s
X	자유 수분함량, 건조 고체 단위질량당 물(또는 다른 액체)의 질량; X_T,총 수분함량; X_{T1}, X_a, 초기 총 수분함량; X_b, 최종 총수분함량; X_c, 제1임계점에서 자유 수분함량; X_1, 초기값; X_2, 최종값; X^*, 평형값; X', 제 2 임계점에서의 자유수분함량
y	기상에 있는 증기의 몰분율, y_i, 계면에서의 $\overline{(1-y)_L}$, $(1-y)$와 $(1-y_i)$의 대수 평균값

그리스 문자

Γ	원판 둘레의 ft당 액체유속, kg/s · m 또는 lb/s · ft
$\overline{\Delta T_L}$	평균온도차이; $\overline{\Delta T_L}$, 대수평균치
η	건조기의 열효율
λ	기화 숨은열, J/g 또는 Btu/lb; λ_i, 계면온도 T_i에서의
μ	점도, Pa · s, lb/ft · s, 또는 lb/ft · h; μ_f, 평균 경막온도에서의
ρ	밀도, kg/m^3 또는 lb/ft^3; ρ_L, 액체의
σ	액체의 표면장력, N/m 또는 lb$_f$/ft

연습 문제

24.1 맞흐름 단열 회전식 건조기에서 형석(CaF_2)을 완전건조 고체로서 18,000 lb/h의 속도로 수분함량 6에서 0.4%(건량기준)로 건조시키려고 한다. 가열 공기는 습도가 0.03, 습구온도가 250°F로 1,000°F에서 들어간다. 고체는 비열이 0.48 Btu/lb·°F이다. 고체는 건조기에 70°F에 들어가서 200°F로 나온다. 공기의 최대 허용 질량속도는 2,000 lb/ft^2·h이다. (a) 식 (24.8)을 적용한다고 가정하면, N_t = 2.2라고 할 때 건조기의 지름과 길이는 얼마가 되겠는가? 이것은 합리적인 설계인가? (b)N_t = 1.8일 때 (a)를 다시 계산하라.

24.2 일정한 건조조건 하에서 다공성 고체가 회분식 건조기 속에서 건조된다. 수분함량을 35에서 10%로 줄이는데 6시간이 소요된다. 임계 수분함량은 20%이며, 평형수분은 2%임을 알았다. 모든 수분함량은 건량기준이다. 감속기간 동안의 건조속도가 자유 수분함량에 비례한다고 가정하면, 똑같은 건조조건 하에서 똑같은 고체 시료를 35에서 5%로 건조하는 데 얼마나 오래 걸리겠는가?

24.3 젖은 상태의 무게가 5 kg인 평판이 원래 50%(젖은 기준) 수분을 함유하고 있다. 이 평판은 크기가 600 × 900 × 75 mm이다. 온도가 20°C이고 습도가 20%인 공기와 접촉할 때 평형-수분함량은 총 무게의 5%이다. 일정한 속도에서 위와 같은 공기와 접촉할 때의 건조속도는 표 24.1과 같다. 건조는 한 면에서 일어난다. 평판을 15% 수분함량(젖은 기준)까지 건조하는 데 얼마나 오래 걸리겠는가?

24.4 연속식 맞흐름 건조기를 설계해서 젖은 다공성 고체를 140% 수분에서 20%(건량기준)로 시간당 800 lb 건조시키려고 한다. 건구온도가 120°F, 습구온도가 70°F인 공기가 사용된다. 나가는 공기습도는 0.012이다. 평균 평형-수분함량은 건조무게의 5%이다. 임계점에서 총 수분함량은 40%이다. 건조물질은 건조기 전체를 통하여 공기의 습구온도보다 3°F 높은 온도로 유지된다고 가정한다. 열전달계수는 12 Btu/ft^2·h·°F이다. 공기에 노출된 면적은 건조 고체 lb 당 1.1 ft^{2}이다. 고체가 얼마나 오랫동안 건조기에 머물러야 하는가?

24.5 (a) 분무 건조기에서 증발하는 묽은 슬러리의 작은 액체방울인 경우 건조시간은 액체방울의 초기 크기의 자승에 비례함을 증명하라. (b) 평균 온도 구동력이 50°C일 때 50 μm 크기의 액적의 개략적인 건조시간은 얼마인가?

24.6 단형 건조기에서 2 in. 두께의 여과케잌이 160°F의 공기 흐름에 노출되어 있다. 위에 있는 단으로부터의 복사 열전달에 대한 유효계수를 산출하고 평균 공기속도가 8 ft/s였던 예제 24.1의 대류계수와 비교하라. 복사 열전달은 초기 건조속도를 얼마만큼 증가시키는가? 총 건조시간은 똑같은 정도로 줄어드는가?

24.7 수분이 30%이고 평균 크기가 300 μm인 구형 알루미나 촉매 입자가 온도가 250°F이고 겉보기 속도가 1.2 ft/s 그리고 습도가 0.016 lb H_2O/(lb-dry air)의 공기에 의한 회분 유동층에서 건조된다. (a) 침강된 층의 깊이가 4 ft이고 초기 고체 온도가 80°F일 때 공기의 출구온도를 산출하라. (b) 정속기간 동안 고체의 온도는 얼마인가? (c) 최대 건조속도는 촉매 lb당 시간당 제거된 물의 lb로 얼마인가?

표 24.1 문제 24.3의 데이터

Wet-slab weight, kg	9.1	7.2	5.3	4.2	3.3	2.9	2.7
Drying rate, kg/m^2·h	4.9	4.9	4.4	3.9	3.4	2.0	1.0

24.8 (a) 10,000 rpm으로 회전하는 6-in. 크기의 회전 분무기가 있는 분무건조기에서 평균 액체방울의 지름을 계산하라. 원료공급은 120°F에서 30 lb/min이다. 슬러리 밀도가 70 lb/ft^3이고 표면장력은 물의 표면장력이다. (b) 12-in. 크기의 분무기를 갖는 커다란 건조기로 규모 확대를 하면 같은 액체방울 크기를 얻는 데 얼마의 회전속도를 사용해야 하는가?

24.9 65%의 수분을 함유한 식품이 −25°C의 응축온도와 0.5 mm Hg에서 운전되는 진공 건조기에서 냉동 건조된다. 냉동 물질은 두께가 1.0 cm이고 양 면에서 건조가 일어나며 −5°C로 유지되는 가열표면과 시료 사이는 1-mm의 틈이 있다. 건조 고체와 증기 경막의 열전도도는 각각 약 1.2×10^{-4}와 4.8×10^{-5} cal/s·cm·K이다. (a) 복사가 일어날 경우 뜨거운 표면으로부터 고체의 외부로의 열전달 계수는 얼마일가? (b) 수분의 반이 제거되었을 때 총괄열전달계수는 얼마인가? (c) 평균 계수로 이 값을 사용하여 건조에 필요한 시간을 산출하라. (d) 건조 물질이 0.5 cm 두께라면 건조시간은 얼마만큼 줄어드는가?

24.10 원심분리기에서 나온 미세입자들을 4.0 cm 두께층으로 단형건조기의 0.8 × 0.8 m 크기의 금속 쟁반 위에 펼쳐놓았다. 초기수분함량은 0.25 kg/kg(건조 고체)이다. 건조기에서의 기체속도는 2 m/s로서 쟁반 표면에 평행하며 T= 150°F이고 T_{wb} = 90°F이다. 맞먹음지름 D_e는 12 cm이다. (a) 젖은 고체에 대한 전도만을 기준으로 해서 초기건조속도는 얼마인가? (b) 복사는 건조속도에 대하여 얼마나 기여하는가?

24.11 예제 24.1의 여과케이크가 단열되지 않은 금속접시에 놓인다면 접시와 젖은 케이크를 통한 전도는 표면온도와 건조속도를 증가시킬 것이다. (a) 표면온도의 변화가 아주 작다면 전도는 표면에 대한 열홀럭스를 얼마만큼 증가시키는가? $k_s = 2k_{water}$라고 가정하라. (b) 표면온도의 변화와 건조속도에 대한 영향을 산출하라.

24.12 예제 24.3에 설명한 회전식 건조기의 열효율은 계산하라. 공기가 건조기에 들어가기 전에 70에서 260°F로 가열된다고 가정하라.

24.13 유동층 건조기에 평균지름이 800 μm이고 젖은 입자의 밀도가 1,700 kg/m^3인 구형 촉매입자 한 회분이 장전되었다. 초기의 층 높이는 1.2 m이다. (a) 공기가 190°F라면 최소 유동화속도는 얼마인가? (b) 건조기가 최소유동화속도의 2 배로 운전된다고 할 때 기체에서 입자로의 열전달계수와 총괄부피계수를 산출하라. (c) 정속기에서 고체의 온도와 공기의 배출온도가 얼마인가?

참고 문헌

1. Ceaglske, N. H., and O. A. Hougen, *Trans. AIChE*, **33**:283 (1937).
2. Ceaglske, N. H., and F. C. Kiesling, *Trans. AIChE*, **36**:211 (1940).
3. Clark, W. E., *Chem. Eng.*, **74**(6):177 (1967).
4. Comings, E. W., and T. K. Sherwood, *Ind Eng. Chem*, **26**:1096 (1934).
5. Dittman, F. W. *Chem. Eng.*, **84**(2):106 (1977).
6. Friedman, S. J., F. A. Gluckert, and W. R. Marshall, Jr. *Chem. Eng. Progr.*, **48**:181(1952)
7. King, C. J., “Freeze Drying”, In *Unit Operation Handbook*, ed. J. J. McKetta. New York: Marcel Dekker, 1993.
8. Morgan, R. P., and S. Yerazunis. *Chem. Eng. Prog. Symp. Ser.*, 67(79):1 (1967).
9. Mujumdar, A. S. *Advances in Drying*, vol. 4. Washington DC: hemisphere Publ., 1987.
10. Newman, A. B., *Trans. AIChE*, **27**:203, 310 (1931).
11. Oliver, D. R., and D. L. Clarke. *Chem. Engr.* (London) **246:**58 (1971).
12. Perry, R. H., and D. W. Green (eds.). *Perry's Chemical Engineers' Handbook*, 7th ed. New York: McGraw-Hill. 1997 ; (a) pp. **12**-36 to **12**-90 ; (b) p. **12**-54 ; (c) p. **12**-85.
13. Riegel, E. R.: *Chemical Process Machinery*, 2nd ed., New York: Reinhold, 1953, chap. 17.
14. Sandall, O. C., C. J. King, and C. R. Wilke. *AIChEJ.*, **13**:428 (1967)
15. Shepherd, C. B., C. Hadlock, and R. C. Brewer. *Ind. Eng. Chem.* **30:**388 (1938).
16. Sherwood, T. K., *Ind. Eng. Chem.*, **21**:12 (1929).
17. Sherwood, T. K., and E. W. Comings. *Trans. AIChE,* **28**:118 (1932).
18. Treybal, R. E., *Mass Transfer Operations*, 3rd ed. New York: McGraw-Hill, 1980, p. 675.
19. Wallace, S. M., *Chemical Process Equipment*, Stoneham, MA: Butterworths, 1988, pp. 237-277.

25 흡착 및 고정층 분리

Adsorption and Fixed-Bed Separations

기체나 액체 혼합물을 분리하는 몇 가지 공정에서는 유체가 원료의 어떤 성분들을 선택적으로 흡착하거나 그 성분들과 복합체를 이루는 작은 입자의 다공성 고체와 접촉된다. 흡착에서 고체는 보통 고정층에 있으며 유체는 고체가 거의 포화될 때까지 층을 통해 계속해서 흐른다. 그리고 나서 흐름은 두 번째 층으로 바뀌며 포화된 층은 대체되거나 재생된다. 이온교환은 고정층에서 반회분식으로 수행되는 또 다른 공정이다. 연화(軟化)되거나 탈이온화될 물은 이온교환수지(ion-exchange resin)가 거의 포화될 때까지 탑 속에 있는 이온교환수지를 통과한다. 흡착과 이온교환의 경우 둘 다 층을 통해 고체를 이동시키고 계속해서 폐입자들을 새 입자들로 대체함으로써 연속 맞흐름 운전이 성취될 수 있다. 그러나 이러한 운전 방법은 고체의 균일한 흐름을 얻기가 어려워서 자주 쓰이지는 않는다.

크로마토그래피는 기체나 액체가 다공성 입자층을 통과한다는 점에서 흡착과 유사하지만 원료는 연속적이 아니라 작은 펄스(pulse)로 집어넣는다. 개별 성분들은 서로 다른 속도로 층을 이동하여 출구에서 포집된다. 층은 운반기체나 액체의 흐름으로 계속해서 재생되어 장기간 운전될 수 있지만 한번에 적은 양의 원료혼합물만이 분리된다.

모든 이러한 공정들에 대한 성능은 유체-고체 평형과 질량전달속도에 관계되는데 이런 것들은 다음절에서 설명된다.

25.1 흡착

흡착제와 흡착공정

대부분의 흡착제(absorbent)는 상당히 기공이 많은 물질이며, 흡착은 주로 기공 벽 또는 입자 내부에 있는 특정 장소에서 일어난다. 기공들은 일반적으로 대단히 작기 때문에 내부 표면적이 외부 면적보다 자리수가 훨씬 크며, 때로는 500 내지 1,000 m^2/g에 이른다. 분자량, 모양 또는 극성의 차이가 어떤 분자들을 다른 분자들보다 표면에 더 강하게 붙들어 놓거나 또는 기공이 너무 작아 큰 분자들이 들어갈 수 없기 때문에 분리가 일어난다. 많은 경우에, 흡착 성분(흡착질, absorbate)이 아주 강하게 붙어있고 다른 성분들은 거의 흡착되지 않음으로써 그 성분만이 유체에서 완전히 제거될 수 있다. 흡착제를 재생시키면 흡착질을 농축된 형태나, 아니면 거의 순수한 형태로 얻을 수 있다.

기상 흡착은 페인트, 인쇄잉크 및 필름 주형(film casting) 또는 직물 피복(fabric coating)용 용액에 사용되는 유기용매를 회수하는 데 응용된다. 용매가 섞인 공기를 먼저 수냉각 응축기 또는 냉동 응축기로 보내어 용매 일부를 회수할 수 있지만, 용매 손실을 줄이기 위해 기체를 주변온도보다 훨씬 낮게 냉각시키는 것은 일반적으로 어려운 일이다. 소량의 용매가 있는 공기를 탄소 입자 흡착제 층을 통과시킴으로써 용매 농도를 1 ppm 이하로 줄일 수 있다. 농도는 용매 회수의 경제성에 의해 정해지는 것이 아니라, 정부의 용매 방출기준에 의해 결정된다. 또한 탄소 흡착은 환기장치에 순환하는 공기로부터 H_2S, CS_2 및 냄새나는 화합물들을 제거하는 데 이용되며, 휘발유 증기가 공기 중에 배출되는 것을 막기 위해 대부분의 새 자동차에는 활성산소통이 설치되어 있다.

실리카 겔(silica gell), 알루미나(alumina) 또는 그 밖의 다른 무기 다공성 고체에 물을 흡착시킴으로써 기체를 건조시키기도 한다. 아주 규칙적이고 미세한 기공 구조를 갖는 자연 또는 합성 규산알루미늄인 제올라이트(zeolite)나 분자체(molecular sieve)는 특히 낮은 이슬점 (−75°C)을 갖는 기체를 만드는 데 효율적이다. 분자체에 흡착시켜서 산소와 질소를 분리하고, 합성가스로부터 순수한 수소를 만들며, 가지 달린 파라핀과 방향족으로부터 n−파라핀을 분리시킬 수 있다.

액상으로부터의 흡착은 폐수에서 유기성분, 제당 용액과 식물유로부터 유색 불순물 및 유기액체로부터 물을 제거하는 데 이용된다. 흡착은 또한 증류나 결정화에 의해 쉽게 분리되지 않는 반응생성물을 회수하는 데 이용될 수도 있다. 이따금 큰 기공을 갖는 흡착제가 액체 처리에 유리하기는 하지만, 일부 같은 유형의 고체가 기상과 액상 흡착에 이용되기도 한다.

25.2 흡착장치

고정층 흡착장치

용매 증기의 흡착에 사용되는 전형적인 장치는 그림 25.1과 같다. 흡착제 입자들은 스크린 또는 다공판 위에 0.3 내지 1.2 m(1 내지 4 ft) 깊이의 층으로 놓인다. 공급원료 기체는 고정층 중의 하나에 흘러 내려가고 반면 다른 층은 재생된다. 빠른 속도의 상향흐름은 입자들을 유동화(流動化)하여 마찰을 일으키고, 미세한 입자의 손실을 가져올 수 있기 때문에 하향흐름이 더 좋다. 유출기체 속의 용질농도가 어떤 값에 다다르거나 아니면 예정된 시간에 도달하면 여닫게가 자동적으로 공급원료를 다른 층으로 향하도록 바뀌고 재생 차례가 시작된다.

재생은 뜨거운 불활성 기체로 행하지만, 용매가 물과 섞이지 않는 경우에는 일반적으로 수증기가 더 좋다. 수증기가 층에서 응축하여 고체온도를 높여 탈착에 필요한 에너지를 공급한다. 용매는 응축되어 물과 분리되며, 재사용하기 전에 건조된다. 흡착제 층은 냉각되고 불활성기체로 건조되지만, 전체 층을 주변온도까지 낮출 필요는 없다. 흡착장치를 나가는 기체 속에 약간의 물 증기가 허용될 수 있으면, 흡착주기 중의 물 증발은 흡착층을 냉각하여 부분적으로 흡착열을 상쇄시킬 수 있다.

흡착제 층의 크기는 기체유량과 원하는 주기시간에 의해 결정된다. 보통 단면적은 겉보기 속도가 0.15 내지 0.45 m/s(0.5 내지 1.5 ft/s)가 되도록 계산해서 전형적인 흡착제(4×10 mesh 또는 6×16 mesh)를 사용할 때 압력손실이 ft 당 수주(水柱)로 몇 in(a few in)가 되도록 한다. 유량이 아주 크면, 흡착층 높이보다 큰 지름을 갖는 수직형 탱크를 사용하기보다는 수평형 실린더의 중앙에 사각형 흡착층을 실치한다.

흡착층 깊이와 유량은 일반적으로 흡착주기가 2 내지 24 시간이 되도록 정한다. 긴 흡착층을 사용함으로써

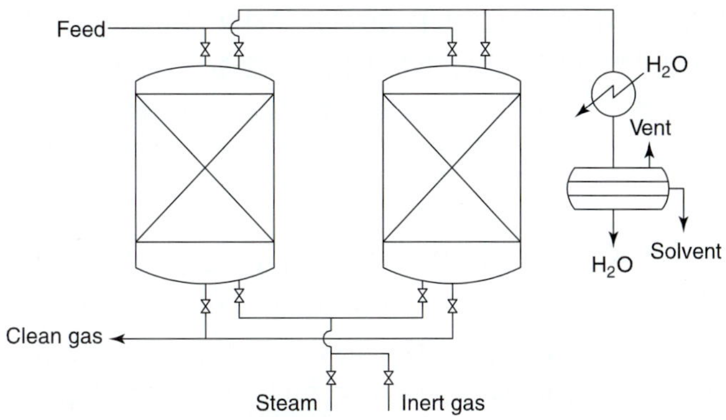

그림 25.1 기상 흡착장치

흡착주기가 며칠로 연장될 수도 있지만, 압력강하가 더 커지고 장치의 투자비용이 더 커져서 비경제적일 수도 있다. 압력강하와 흡착기 크기를 줄이기 위해 깊이가 0.3 m(1 ft) 이하인 흡착층이 사용될 때도 있지만, 층이 얇으면 분리가 완전하지 못하고 재생하는데 에너지가 더 들게 된다.

기체-건조 장치. 기체를 건조하는 장치는 그림 25.1과 유사하지만, 재생을 위해 뜨거운 기체가 사용된다. 재생되고 있는 흡착층으로부터의 습한 기체는 배기되거나 대분분의 물이 응축기에서 제거되고, 기체는 가열기를 통해 흡착층으로 재순환된다. 소형 건조기에서는 재생에 필요한 에너지를 공급하기 위해 흡착층 내부에 전기가열기가 설치될 때도 있다.

재생이 흡착보다 훨씬 낮은 압력에서 이루어질 때에는, 낮은 압력이 탈착에 유리하기 때문에 열을 공급할 필요가 없는 경우가 있다. 기체 건조기가 흡착주기 중 수 기압에서 운전되면, 건조기체 일부를 예열 없이 대기압으로 흡착층을 통과시킴으로써 거의 완전한 재생을 이룰 수 있다. 고체의 느낌열로서 흡착층에 저장된 흡착열의 일부는 탈착에 유용하게 되고, 흡착층은 재생하는 동안 냉각된다. 1 atm으로 나가는 기체는 원료 기체보다 물의 몰분율이 훨씬 크기 때문에 재생이 필요한 기체량은 흡착주기에 공급된 기체유량보다는 훨씬 적다. 똑같은 원리를 적용하면, 흡착을 대기압에서 했을 때 수증기나 기체에 의한 재생 대신에 감압에 의한 재생이 가능하다.

압력-교대 흡착(pressure-swing adsorption). 흡착은 소량을 제거하기 위한 정제공정으로서 자주 이용되기는 하지만, 많은 응용부분은 보통 농도에서 큰 농도에 이르기까지 흡착질이 섞여 있는 기체 혼합물을 분리하는 것이다. 이런 것들을 벌크 분리(bulk separation)라고 하며, 이 경우에는 기체 정제와는 다른 운전과정을 이용한다. 압력-교대 흡착(PSA)은 벌크 분리공정으로서, 소규모 공기분리 장치와 공정흐름 중의 수소 농축에 이용된다.

공기분리를 위한 간단한 PSA 방법은 두 개의 분자체 고정층을 이용하는 것으로, 한 개는 수 atm에서 흡착시키고 다른 한 개는 1 atm에서 재생되고 있다. 같은 농도에서 질소는 산소보다 3 내지 4배 강하게 흡착하기 때문에 거의 순수한 산소를 제조할 수 있다. 그렇지만 공기 속의 N_2가 고농도이고 흡착제의 용량이 작기 때문에, 흡착시간은 아주 짧다(1분 이하). 그러므로 흡착층 속에 체류하는 기체량은 흡착된 양에 비해 상대적으로 크기 때문에 이 기체 부피는 흡착주기 설계시에 고려하지 않으면 안 된다. 흡착 후에 층을 감압시키면 대부분의 체류 기체와 흡착된 일부 기체가 제거된다. 탈착을 끝마무리하기 위해서 다른 흡착기에서 나온 일부 완제품 기체로 흡착층을 1 atm에서 방출(purge)한다. 그리고 나서 이 고정층은 공기 공급으로 바꾸기 전에 기체 제품으로 가압된다. 좀 더 복잡한 방법은 3개 또는 4개의 고정층을 이용하지만 단 한 개의 층만이 흡착을 하고 있고, 다른 것들은 감압, 퍼지 또는 재가압을 하며 이런 모든 과정은 일련의 타이머에 의해 제어된다.

PSA는 보통 흡착된 평형 양의 차이에 근거하지만 어떤 분리의 경우에는 흡착속도의 차이를 이용한다. 거의 순순한 질소는 탄소 분자체[19c]를 이용하여 공기로부터 제조할 수 있다. 탄소 분자체는 아주 작은 기공 입구를 가지고 있어서 산소 분자가 이보다 약간 큰 질소 분자보다 쉽게 들어갈 수 있는 특성이 있다. 흡착된 평형량은 같지만 산소의 유효 확산계수는 질소보다 100배가 크며 짧은 흡착주기 동안 거의 질소가 흡착되지 않는다[19c].

액체로부터의 흡착. 액상 흡착의 중요 예로서는 폐수로부터 오염물질을 제거하기 위한 활성탄소의 사용을 들 수 있다. 탄소 흡착제는 또한 상수도원에서 미량의 유기물을 제거하는데 사용되어 맛을 좋게 하고, 염소화 단계에서 독성 화합물이 생성되는 기회를 줄여준다. 이러한 용도로서 탄소 층은 지름이 수 ft가 되고, 높이가 10 m(30 ft)에 이르며, 몇 개의 층이 병렬로 조작될 때도 있다. 액체로부터의 흡착속도는 기체로부터 보다 훨씬 느리기 때문에 적절한 처리를 보장하기 위해서는 긴 흡착 층이 필요하다. 또한 폐 탄소는 재생을 위해 장치에서 제거되어야 하므로, 재생 사이에 상대적으로 긴 기간이 바람직하다.

폐수를 처리하는 다른 방법은 분말 탄소를 용액 탱크에 넣고, 입자들을 부유시키도록 기계적 교반기나 공기 분출기를 이용하는 것이다. 미세한 입자를 사용하면 알갱이 탄소를 사용하는 것보다 흡착이 훨씬 빠르지만, 침강이나 여과에 의해 사용된 탄소를 제거하는 데 큰 장치가 필요하게 된다. 분말 탄소로 처리하는 것은 회분식으로 할 수도 있고, 폐수흐름에 계량된 탄소를 넣고 폐 탄소를 계속해서 제거하는 연속식으로 할 수도 있다.

USfilter와 DuPont에서 개발한 PACT® 시스템에서는 산업폐수와 도시폐수로부터 오염물을 제거하기 위하여 커다란 폭기 탱크에서 활성 분말탄소의 처리를 미생물 처리와 병행되고 있다. 탄소입자들은 생물분해성이 아닌 일부 오염물들을 흡착하지만 흡착과 생물학적 처리를 함께 하는 상승효과가 있다. 생분해성이 아니면서 약하게 흡착하는 일부 화합물들은 PACT 공정에 의해 거의 완전하게 제거될 수 있다.

폐기물 흐름에 가해지는 탄소의 양은 폐액과 배출액의 기준에 따라서 10 ppm에서 1,000 ppm 이상이다. 처리조 다음에는 침강조가 사용되며 농축된 층을 재순환시킴으로서 탄소의 농도가 증가되고 시스템에서 탄소의 체류시간은 유체역학적 체류시간의 몇 배에 달하게 된다. 분말 탄소의 값은 단지 입자탄소의 반이며 조업비의 작은 부분을 차지한다. 큰 공장에서는 탄소 비용을 250°C에서 습공기 재생을 함으로서 보다 줄일 수 있다. 습공기 재생에 의해 바이오매스와 대부분의 흡착종들이 파괴되지만 단지 탄소의 약 10%도 파괴된다.

25.2.1 평형 ; 흡착 등온선

흡착 등온선(等溫線)은 주어진 온도에서 유체상의 농도와 흡착제 입자 속의 농도간의 평형관계이다. 기체의 경우 농도는 보통 몰% 또는 분압으로 표시된다. 액체의 경우에는 농도가 mg/L(ppm) 또는 μg/L(ppb)와 같은 질량단위로 표시된다. 고체 위의 흡착질 농도는 흡착제의 단위질량당 흡착된 질량으로 주어진다.

등온선의 유형

몇 가지 전형적 등온선 모양이 그림 25.2에 산술적 그래프로 표시되어 있다. 선형 등온선은 원점을 통과하며, 흡착량은 유체 속의 농도에 비례한다. 위로 볼록한 등온선들은 유체농도가 낮아도 비교적 높은 고체 부하를 얻을 수 있기 때문에 favorable형이라고 한다. Langmuir 등온선은 $W = W_{max}[Kc/(1+Kc)]$로 주어지는데, 여기서 W는 흡착질 부하, c는 유체 속의 농도, 그리고 K는 흡착상수이다. 이 등온선은 favorable 형이다. K가 커서 $Kc \gg 1$이면, 등온선은 강한 favorable 형이며, $Kc < 1$이면 등온선은 거의 직선이다. Langmuir 등온선은 — 별로 타당한 가정은 아니지만 — 균일한 표면을 가정해서 유도된 것이지만 이 관계식은 기체가 약하게 흡착되었을 때 상당히 잘 맞는다. 아주 바람직한 등온식인, 경험적인 Freundlich 식, $W = bc^m$은 잘

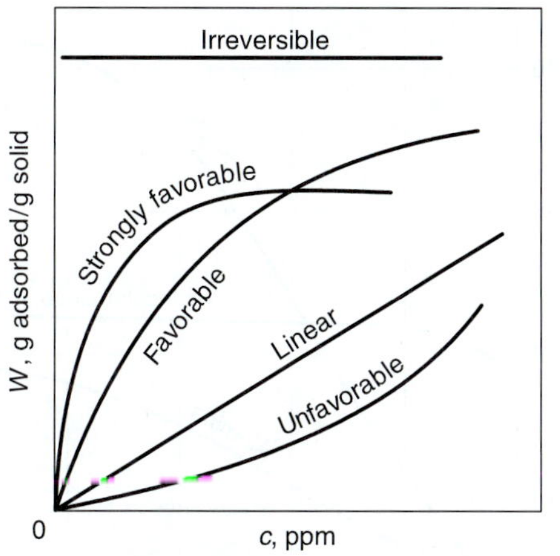

그림 25.2 흡착 등온선

맞으며 특히, 액체로부터의 흡착에 잘 맞는다. 여기서 b와 m은 상수이고 $m < 1$이다.

한정된 경우이긴 하지만 아주 유리한 등온은 비가역흡착으로, 이 경우 흡착된 양은 농도가 아주 낮아질 때까지 농도에 무관하다. 모든 계는 온도가 증가함에 따라 흡착량이 감소함을 나타내며, 물론 흡착질은 "비가역적"인 경우까지도 온도를 높임으로써 제거될 수 있다. 그렇지만, 탈착의 경우에는 등온선이 선형일 때보다 흡착이 강한 favorable 형이거나 비가역적인 경우에 훨씬 더 높은 온도를 필요로 한다.

위로 오목한 등온선은 상대적으로 고체 부하가 낮고, 흡착제 충전층에서 물질전달 영역이 길기 때문에 unfavorable 형이라고 한다. 이런 모양의 등온선은 드물기는 하지만 재생공정을 이해하는 데 도움을 주어 연구할 만한 가치가 있다. 흡착 등온선이 favorable 형이면, unfavorable 형의 흡착 등온선이 흡착에 대해 특성을 지니고 있는 것과 마찬가지로 고체에서 유체로의 물질전달(즉, 탈착)에 특성을 갖는다.

단일 흡착질에 대한 다양한 등온선 모양을 보여 주기 위해 세 가지 건조제로 공기 중의 물을 흡착시킨 데이터를 그림 25.3에 보여 주었다. 실리카 겔은 상대습도가 50%에 이르기까지 거의 선형 등온선이며, 최종 용량은 다른 고체들의 약 두 배쯤 된다. 습도가 높으면 작은 기공들은 모세관 응축에 의해 액체로 채워지게 되며, 흡착된 총량은 표면적이 아니라 작은 기공의 부피에 관계된다. 분자체는 물을 가장 강하게 붙들며, 흡착이 거의 비가역적이지만 기공 부피는 실리카 겔 만큼 크지 않다. 그림 25.3에 있는 곡선들은 상대습도에 기준한 것으로서, 온도범위의 등온선들이 단일 곡선 상에 놓이게 된다. 주어진 분압에서 흡착된 양은 분자체를 제외하고, 온도 증가에 따라 상당히 감소함에 주목해야 한다. 20°C에서 1% H_2O가 있는 공기의 경우, $\mathscr{H}_R = 7.6\ \text{mmHg}/17.52 \times 100 = 43.4\%$이며, 실리카 겔에 흡착된 양은 $W = 0.26$ lb/lb이다. 40°C에서는 같은 농도의 경우, $\mathscr{H}_R = 7.6/55.28 \times 100 = 13.7\%$이고, $W = 0.082$ lb/lb이다.

활성탄소에 탄화수소 증기를 흡착시킨 데이터는 Freundich 등온식에 맞지만, 넓은 범위의 압력에 대한 데이터는 압력이 증가됨에 따라 등온선 기울기가 점차적으로 감소함을 보여준다. 흡착된 양은 주로 같은 조건에서 액체 증기압과 기체 속의 흡착질 분압의 비와 탄소 표면적에 좌우된다. 일반화된 관계식은 흡착 포텐셜(adsorption potential)[11,15]의 개념에 기준해서 만들어졌으며, 석탄에서 나오는 전형적인 탄소에 대한 몇 가지 결과들은 그림 25.4와 같다. 주어진 종류의 물질들의 경우 흡착된 양은 $(T/V)\ \log(f_s/f)$에 관계된다. 여기서, T는 K로 표시한 흡착온도이고, V는 비점에서 액체의 몰부피, f_s는 흡착온도에서 포화액체의 퓨개시티(fugacity) 그리고 f는 증기의 퓨개시티이다. 대기압에서 흡착하는 경우 분압과 증기압을 퓨개시티로 사용할 수 있다. 흡착된 부피는 흡착된 액체가 비점에 있는 액체와 똑같은 밀도를 갖는다는 가정 하에 질량으로 환산할 수 있다.

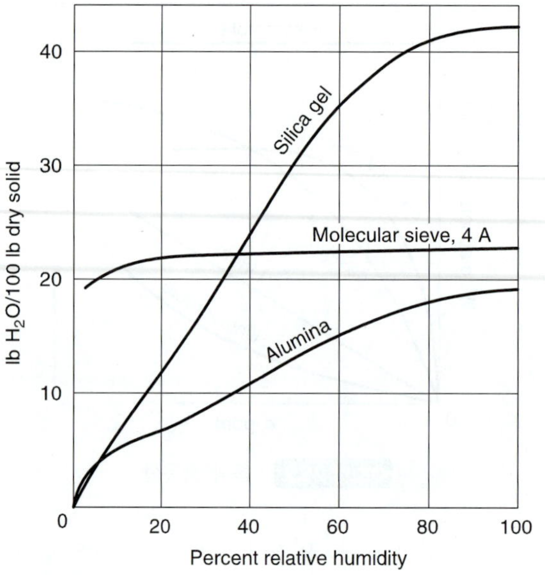

그림 25.3 20~50°C에서 공기 중에서 물의 흡착 등온선

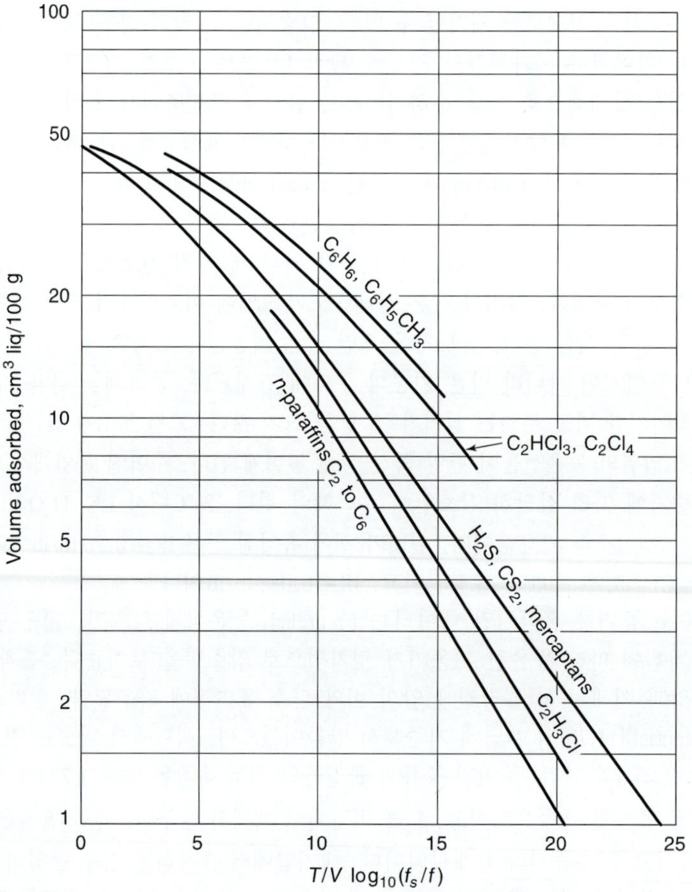

그림 25.4 Calgon BPL 탄소(1040 m^2/g)에 대한 일반화된 흡착 상관관계[11,12]

n-파라핀류와 황화합물들에 대한 곡선은 서로 다른 몰부피를 사용한 Grant와 Manes [11,12]에 의해 개량되었다. 제한된 데이터에 의하여 염소화가 많이 된 탄화수소는 그림 25.4에서 보는 바와 같이 황 화합물보다 더 강하게 흡착되지만 염화비닐의 데이터는 예상대로 파라핀 선에 더 근접하다. 키톤이나 알코올 같은 산소화 물질의 BPL 탄소상의 흡착은 황화물에 대한 곡선을 이용하여 산출할 수 있다. 벤젠 및 톨루엔과 같은 방향족 화합물들은 탄소의 흑연 구조에 대한 유사성 때문에 가장 강한 흡착을 보여준다.

예제 25.1

BPL 탄소를 흡착제로 하여 20°C에서 0.2% n-헥산이 함유된 공기흐름을 처리하려고 한다. (a) 20°C에서 조업하는 흡착층의 평형 용량을 산출하라. (b) 흡착열이 흡착층 온도를 40°C까지 올리면 용량은 얼마나 감소하는가?

풀이

(a) n-헥산의 분자량은 86.17이다. 20°C(참조: Perry's Chemical Engineers' Handbook, 7th ed. p. 2-70에서) $P' = 120\ \text{mm Hg} \approx f_s$이다. 기포점(68.7°C)에서 $\rho_L = 0.615\ \text{g/cm}^3$이다. 흡착 압력 P는 760 mm Hg이므로,

$$p = 0.002 \times 760 = 1.52\ \text{mm Hg} \approx f \qquad V = \frac{86.17}{0.615} = 140.1\ \text{cm}^3/\text{g mol}$$

$$\frac{T}{V}\log\frac{f_s}{f} = \frac{293}{140.1}\log\frac{120}{1.52} = 3.97$$

그림 25.4에서 흡착된 부피는 31 cm^3(액체)/100 g(탄소)이다. 즉,

$$W = 0.31 \times 0.615 = 0.19\ \text{g/g carbon}$$

(b) 40°C에서 $P' = 276\ \text{mm Hg}$이므로

$$\frac{T}{V}\log\frac{f_s}{f} = \frac{313}{140.1}\log\frac{276}{1.52} = 5.05$$

흡착된 부피는 그림 25.4에서 27 cm^3/100 g(탄소)이므로,

$$W = 0.27 \times 0.615 = 0.17\ \text{g/g carbon}$$

■

흡착 등온선들은 일반적으로 단일 성분에 대해 표시되지만 많은 경우에는 다성분 혼합물들이 포함된다. Langmuir 등온식은 분모에 항을 추가함으로써 다성분 흡착질에 대한 것으로 쉽게 변형된다.

$$W_1 = W_{\max}\left(\frac{K_1 c_1}{1 + K_1 c_1 + K_2 c_2 + \cdots}\right)$$

그렇지만 앞에서 언급한 바와 같이 이 식은 강하게 흡착된 물질에 대해서는 아주 만족스러운 것은 아니다. 비슷한 물성을 갖는 용질의 경우, 총 흡착량을 계산하기 위해 V, ρ_L, 및 f_s의 평균값을 이용해서 그림 25.4의 일반 상관관계식을 사용할 수 있다. 그러나 용질 A가 용질 B보다 더 강하게 흡착되며, 별개의 물질전달 영역이 발전되어 A의 영역이 흡착층을 통해 이동함에 따라 A가 흡착된 B를 대치하게 된다.

공기로부터 증기를 제거함에 있어서 일반적인 문제는 물 증기가 동시에 흡착한다는 점이다. 물 증기가 활성탄소에 단지 약하게 흡착된다고 하더라도 유기 증기에 대한 탄소의 용량은 상대습도가 80%인 경우에 50 내지 70% 감소될 수 있다. 그러나 상대습도가 30% 이하인 경우에는 영향이 거의 없다. 그렇기 때문에, 온도상승이 비록 단일 흡착질의 평형용량을 감소시키기는 하지만, 공급원료의 온도를 20 내지 30°C 만큼 높일 만한 가치가 있다.

활성탄이 물로부터 유기 오염물질을 제거하는 데 사용될 때 탄화수소들은 흡착점에 대해서 물과 경쟁하지 않으면 안 되며 일반적으로 용량은 똑같은 탄화수소 휴개씨티에 대해 기대했던 것보다 훨씬 적으며 공기로부터의 흡착보다도 적다. 큰 그물형(macroreticular) 이온교환수지의 열분해로 만든 새로운 유형의 탄소질 흡착

제는 활성탄보다 더욱 소수성이고 물 속에 용해된 탄화수소와 유기 오염물질들에 대해 더 큰 용량을 갖는다 [18]. Rohm and Haas 사의 Ambersorb 563 위에서 삼염화에틸렌(trichloroethylene, TCE)과 chloroform에 대한 등온선들은 그림 25.5에 있다. 1 ppm 이하의 농도에서 Ambersorb 563에 흡착된 양은 전형적인 입자형 활성탄에서보다 8배가 크다. 입자형 탄소가 더 많은 미세기공 부피를 갖고 있기 때문에 높은 농도에서는 경향이 뒤바뀐다. Ambersorb 흡착제의 전형적인 응용은 약 1 ppm의 TCE를 갖는 지하수를 처리해서 수질 표준인 0.005 ppm, 즉 5 ppb까지 농도를 줄이는 것을 예로 들 수 있다.

그림 25.5에 있는 두 흡착제에서 기상 흡착의 차이는 같은 농도에서 2배 이하임에도 불구하고 흡착된 TCE의 양은 chloroform 양의 몇 배이다. 물에서 chloroform의 용해도(TCE의 용해도 보다 8배 정도 높음)가 높아 주어진 물에서의 농도에서 활성은 TCE에 대해서보다 chloroform에 대해서 훨씬 적게 된다.

25.2.2 흡착원리

고정층에서의 농도모형

고정층 흡착에서 유체상과 고체상의 농도들은 시간과 흡착층의 위치에 따라 변한다. 처음에 대부분의 물질전달은 유체가 처음으로 새 흡착제와 접촉하는 흡착층 입구 근처에서 일어난다. 출발점에서 고체가 흡착질을 갖고 있지 않으면 유체의 농도는 거리에 따라 지수적으로 떨어져 흡착층 끝에 이르기 전에 0으로 된다. 이 농도 모양은 그림 25.6(a)의 곡선 t_1과 같다. 여기서, c/c_0는 원료의 초기 농도에 대한 유체속의 농도 비이다. 몇 분이 경과하면 입구 근처의 고체는 거의 포화되며, 물질전달의 대부분은 입구에서 멀리 떨어진 영역에서 일어난다. 농도기울기는 곡선 t_2와 같이 S자 모양으로 된다. 농도변화가 대부분 일어나는 지역을 물질전달 영역이라고 하며, 그 한계는 $c/c_0 = 0.95$에서 0.05까지로 취한다.

시간이 경과함에 따라 물질전달 영역은 t_3 및 t_4와 같이 흡착층 아래로 이동한다. 고체의 흡착질 평균농도에 대해서도 비슷한 모양을 그릴 수 있다. 즉, 입구에서는 고체가 거의 포화되고 물질전달 영역에서 농도가

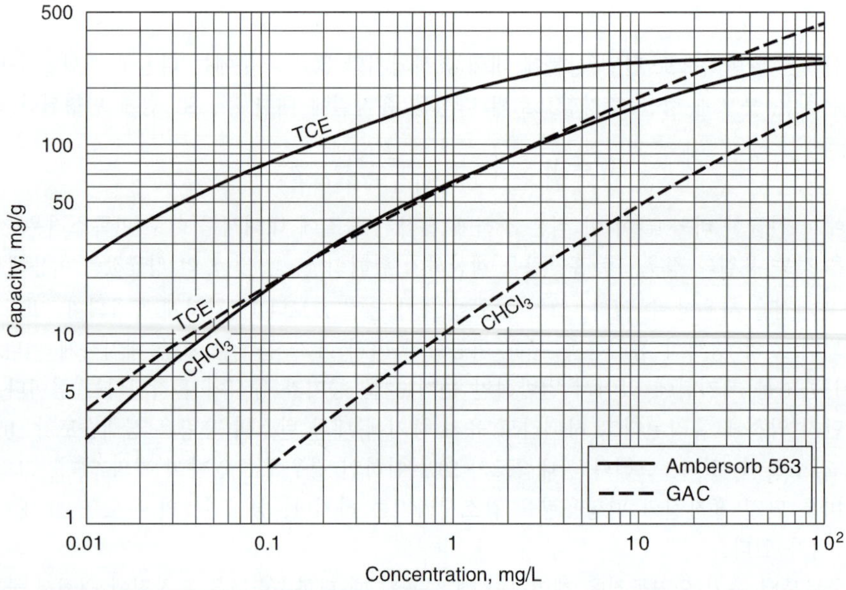

그림 25.5 Ambersorb 563과 입상 활성탄소(GAC)에 흡착하는 수용액속의 삼염화에틸렌(TCE)과 chloroform의 흡착 등온선

크게 변하며, 흡착층 끝에서 농도가 0이 된다. 고체의 실제 농도를 도시하는 대신 고체와 평형을 이루는 유체상의 농도를 시간 t_2에 대하여 띠줄로 표시하였다. 이 농도는 반드시 실제의 유체농도보다 작아야 하며, 농도차이, 즉 구동력은 농도곡선이 가파르고 물질전달이 빠른 곳에서 크다.

t_2, t_3, 및 t_4에 대한 농도모양은 같은데 이는 favorable 형 등온선을 갖는 시스템의 특성이다. 이 모양들은 축방향의 분산 때문에 내려갈수록 넓어지는 선형등온선들과는 대조적으로 스스로 예리해진다.

파과곡선

그림 25.6(a)와 같은 모형을 측정할 수 있는 내부 탐침을 갖는 고정층은 거의 없다. 그러나 이런 모형들은 예측될 수 있으며, 흡착층을 나가는 유체의 농도 대 시간의 곡선을 계산하는 데 사용될 수 있다. 그림 25.6(b)와 같은 곡선은 파과곡선(breakthrough curve)이라고 부른다. 시간 t_1과 t_2에서 배출 농도는 그림 25.6(a)에서 보는 바와 같이 실제로 0이다. 농도가 어떤 한계 허용치 또는 **분기점**(break point)에 도달하는 시간 t_b에서 흐름이 중지되고, 새 흡착제 층으로 바뀐다. 분기점은 상대농도를 0.05 또는 0.1로 택하지만, 처리된 유체의 마지막 부분만이 이런 높은 농도를 갖기 때문에 시작점에서 분기점까지 제거된 용질의 평균분율은 0.99 이상일 때가 많다.

흡착이 분기점을 지나서 계속되면 농도가 약 0.5까지는 급히 올라가며, 그 다음에는 그림 25.6(b)에서 보는 것처럼 천천히 1.0에 접근한다. 이 S자 모양의 곡선은 내부 농도분포곡선 모양과 비슷하며 거의 대칭일 때가 많다. 물질수지에 의해, 곡선과 $c/c_0 = 1.0$에서의 직선 사이의 면적은 전체 흡착층이 공급원료와 평형에 도달할 때까지 흡착된 총 용질량에 비례함을 보여준다. 또한 흡착된 양은 t^*에서의 띠줄 왼쪽까지의 직사각형 면적에 비례한다. t^*는 수직 파과곡선의 이상적 흡착시간이다. 대칭곡선에서 t^*는 c/c_0가 0.5에 도달하는 시간이다. 흡착층을 통한 흡착 전면의 이동과 t^*에 대한 공정변수의 효과는 간단한 물질수지에 의해 얻을 수 있다.

흡착층 단위단면적에 대한 용질 공급속도는 겉보기 속도와 농도를 곱한 것이다.

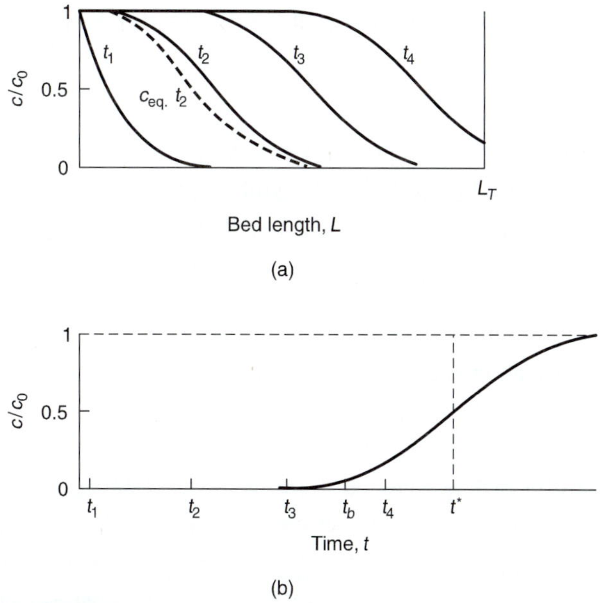

그림 25.6 고정층에서 흡착에 대한 (a) 농도이력, (b) 파과곡선

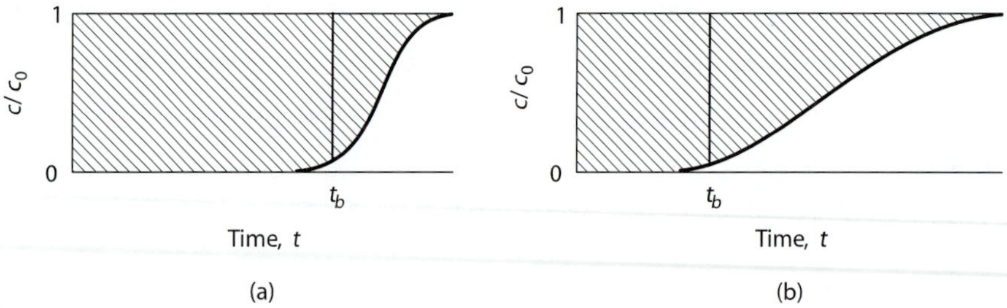

그림 25.7 물질전달 영역이 (a) 좁은 영역과 (b) 넓은 영역에 대한 파과곡선

$$F_A = u_0 c_0 \tag{25.1}$$

이상적인 파과곡선의 경우, t^* 시간에 공급된 모든 용질이 흡착되고 고체상의 농도는 초기 값 W_0로부터 평형 값 또는 포화 값 W_{sat}까지 증가한다. 따라서,

$$u_0 c_0 t^* = L\rho_b(W_{sat} - W_0) \tag{25.2}$$

또는,

$$t^* = \frac{L\rho_b(W_{sat} - W_0)}{u_0 c_0} \tag{25.3}$$

여기서 L과 ρ_b는 각각 흡착층의 길이와 겉보기 밀도이다. 새 탄소나 완전히 재생된 탄소인 경우, $W = 0$이지만 완전한 재생에는 너무 비용이 많이 든다.

분기점시간 t_b는 늘 t^*보다 작으며 분기점에서 흡착된 용질의 실제량은 그림 25.7에서 보는 바와 같이 시간 t_b까지 파과곡선을 적분해서 구할 수 있다. 물질전달 영역이 흡착층 길이에 비해 상대적으로 좁으면, 파과곡선은 그림 25.7(a)와 같이 더욱 가파르며 분기점에서 대부분의 고체 용량이 이용된다. 물질전달 영역이 거의 흡착층 길이만큼 길면, 파과곡선이 그림 25.7(b)와 같이 크게 연장되어 흡착층의 절반 이하가 이용된다. 흡착제를 효율적으로 이용하고 재생에 드는 에너지 비용을 절감하기 위해서는 좁은 물질전달 영역이 바람직하다. 물질전달 저항이 없고, 축방향의 분산이 없는 이상적인 경우에는 물질전달 영역이 무한소의 넓이를 가지며, 파과곡선은 모든 고체가 포화될 때 0에서 1.0까지의 수직선이 된다.

규모확대

물질전달 영역의 폭은 물질전달속도, 유량 및 평형곡선의 모양에 의존한다. 농도분포곡선과 영역의 폭을 예측하는 방법들이 발표되어 있지만 지루한 계산이 요구되며, 그 결과도 물질전달 관계식의 불확실성 때문에 부정확하다. 일반적으로 흡착장치는 작은 지름의 흡착층에서 행한 실험실 테스트로 대형화하는데, 큰 장치는 똑같은 입자크기와 겉보기 속도로 설계된다. 흡착층 길이는 다음 절에서 보는 바와 같이 똑같을 필요가 없다.

사용되지 않는 흡착층 길이(length of unused bed). favorable 형의 등온선을 갖고 있는 계의 경우, 물질전달 영역에서의 농도 모형은 곧 물질전달 영역이 흡착층 아래로 이동해도 변하지 않는 특정한 모양과 폭을 갖게 된다. 따라서, 흡착층 길이를 달리한 시험에서도 같은 모양의 파과곡선을 주지만 더 긴 흡착층을 사용하면 물질전달 영역은 흡착층 길이의 작은 부분만을 차지하여 흡착층의 대부분이 이용된다. 분기점에서, 흡착층 입구와 물질전달 영역 시작점 사이에 있는 고체는 완전히 포화된다(원료와 평형을 이루어). 물질전달 영역내의 고체는 거의 포화된 상태로부터 거의 흡착질이 없는 상태로 가서 대충 평균하여 이 고체는 약 절반이 포화된다고 가정할 수 있다. 이것은 물질전달 영역 내에 있는 고체의 약 절반이 완선히 포화되고, 절빈은 사용되지 않는 것에 해당한다. 확대설계 원리는 사용되지 않은 고체의 양이나 사용되지 않은 흡착층의 길이가 총 흡착층의 길이에 따라 변하지는 않는다는 점이다[6].

파과곡선으로부터 사용되지 않는 흡착층 길이를 계산하기 위해 분기점까지 흡착된 용질의 총량을 적분으로 구한다. 고체의 용량은 전체 파과곡선의 적분에 의하거나 별도의 평형시험으로부터 구해진다. 이 두 양의 비는 분기점에서 이용된 흡착층 용량의 분율이며, 1.0에서 이 비를 뺀 것이 사용되지 않은 분율이다. 미사용 분율은 미사용흡착층의 맞먹음 길이(equivalent length of unused bed, LUB)로 환산되며, 일정하다고 가정한다. 분기점 시간은 이상시간과 이용된 흡착층의 비율로부터 계산된다.

$$t_b = t^*\left(1 - \frac{\text{LUB}}{L}\right) \tag{25.4}$$

예를 들어, 20 cm 깊이의 흡착층이 분기점에서 60% 이용된다면 미사용 흡착층의 길이는 8 cm이다. 층 길이를 40 cm로 증가하면 미사용 부분은 8/40, 즉 20%가 된다. 따라서, 층이 길면 사용되는 분율이 더 커지기 때문에, 분기점 시간은 $40/20 \times 0.8/0.6 = 2.67$배만큼 증가된다.

예제 25.2

공기로부터의 *n*-부탄올의 흡착이 작은 고정층(지름 10.16 cm)에서 연구되었다[10]. 고정층에서는 탄소를 300 g 및 600 g 채웠는데, 이는 8 cm 및 16 cm 층 길이에 해당한다. (a) 다음과 같은 배출농도 데이터로부터 탄소의 포화용량과 $c/c_0 = 0.05$에서 사용된 층의 분율을 산출하라. (b) 32 cm 층 길이에 대한 분기점 시간을 계산하라.

Columbia JXC 4/6 탄소에 흡착하는 *n*-부탄올의 데이터는 다음과 같다.

$$u_0 = 58 \text{ cm/s} \qquad D_p = 0.37 \text{ cm}$$

$$c_0 = 365 \text{ ppm} \qquad S = 1,194 \text{ m}^2/\text{g}$$

$$T = 25\,^\circ\text{C} \qquad \rho_b = 0.461 \text{ g/cm}^3$$

$$P = 737 \text{ mmHg} \qquad \varepsilon = 0.457$$

300 g		600 g	
t, h	c/c_0	**t, h**	c/c_0
1	0.005	5	0.0019
1.5	0.01	5.5	0.003
2	0.027	6	0.0079
2.4	0.050	6.5	0.018
2.8	0.10	7	0.039
3.3	0.20	7.5	0.077
4	0.29	8	0.15
5	0.56	8.5	0.24

풀이

(a) 농도분포곡선 모양은 그림 25.8에 도시되어 있으며, 곡선들이 $c/c_0 = 0.05$ 부근에서 대칭이라고 가정하여 $c/c_0 = 1.0$까지 연장되어 있다.

층의 단면적 cm^2당 용질의 공급속도는 다음과 같다.

$$F_A = u_0 c_0 M$$

$$= 58 \frac{\text{cm}}{\text{s}} \left(\frac{365 \times 10^{-6}}{22,400} \times \frac{273}{298} \times \frac{737}{760}\right) \frac{\text{mol}}{\text{cm}^3} \times 74.12 \text{ g/mol}$$

$$= 6.22 \times 10^{-5} \text{ g/cm}^2 \cdot \text{s} \qquad \text{또는} \qquad 0.224 \text{ g/cm}^2 \cdot \text{h}$$

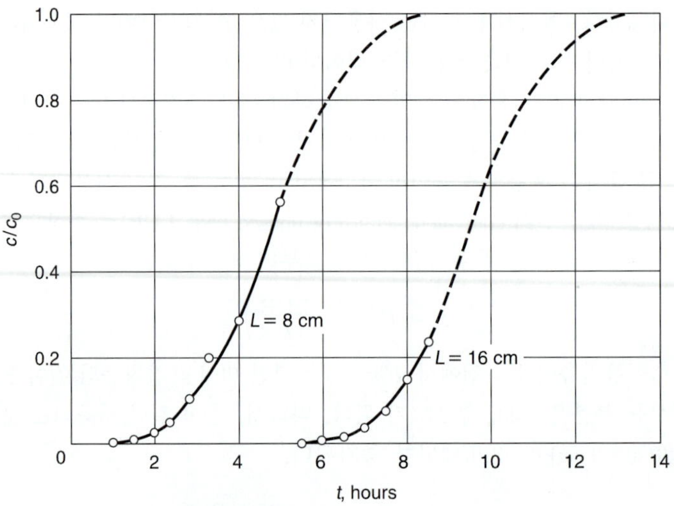

그림 25.8 예제 25.2의 파과곡선

흡착된 용질의 총량은 그래프 위의 면적에 F_A를 곱한 것이다. 8 cm 층의 경우 면적은,

$$\int_0^{8.5}\left(1-\frac{c}{c_0}\right)dt = 4.79 \text{ h}$$

이다. 이 면적은 파과곡선이 수직선일 때 같은 양을 흡착하는 데 필요한 이상시간에 해당한다. 흡착층 단위면적당 탄소의 질량은 $8\times0.461 = 3.69\ \text{g/cm}^2$이다. 따라서,

$$W_{\text{sat}} = \frac{0.224\times4.79}{3.69} = 0.291 \text{ g solute/g carbon}$$

$c/c_0 = 0.05$이고 $t = 2.4\ \text{h}$인 분기점에서는,

$$\int_0^{2.4}\left(1-\frac{c}{c_0}\right)dt = 2.37 \text{ h}$$

따라서, 분기점까지 흡착된 양은 다음과 같다.

$$W_b = \frac{0.224\times2.37}{3.69} = 0.144 \text{ g solute/g carbon}$$

$$\frac{W_b}{W_{\text{sat}}} = \frac{0.144}{0.291} = 0.495$$

$$\text{LUB} = L\left(1-\frac{W_b}{W_{\text{sat}}}\right) = 8(0.505) = 4.04\ \text{cm}$$

따라서 층 용량의 50%가 사용되지 않았으며, 이것은 길이로 4 cm에 해당한다.

16 cm 층의 경우 파과곡선은 초기 기울기가 8 cm 층에 대한 곡선과 같으며, $c/c_0 = 0.25$ 이상의 데이터는 취하지 않았지만 곡선들이 평행하다고 가정하였다.

전체 층에 대하여,

$$\int_0^{13}\left(1-\frac{c}{c_0}\right)dt = 9.59 \text{ h}$$

$$W_{\text{sat}} = \frac{0.224\times9.59}{16\times0.461} = 0.291 \text{ g solute/g carbon}$$

$c/c_0 = 0.05$에서 $t = 7.1\ \text{h}$이므로,

$$\int_0^{7.1}\left(1-\frac{c}{c_0}\right)dt = 7.07 \text{ h}$$

$$W_b = \frac{0.224\times7.07}{16\times0.461} = 0.215 \text{ g solute/g carbon}$$

$$\frac{W_b}{W_{\text{sat}}} = \frac{0.215}{0.291} = 0.739$$

분기점에서, 층 용량의 74%가 사용되었으며, 미사용된 층의 길이가 0.26×16 = 4.2 cm에 해당한다. 실험 오차 내에서 미사용된 층의 길이가 일치하며, 이보다 긴 층에 대해서는 4.1 cm가 기대치이다.

(b) $L = 32$ cm인 경우, 완전히 사용된 층의 기대할 수 있는 길이는 32 − 4.1 = 27.9 cm이다. 사용된 층의 분율은 다음과 같다.

$$\frac{W_b}{W_{sat}} = \frac{27.9}{32} = 0.872$$

분기점시간은 다음과 같다.

$$t_b = \frac{L(W_b/W_{sat})\rho_b W_{sat}}{F_A} = \frac{27.9 \times 0.461 \times 0.291}{0.224} = 16.7\,\text{h}$$

요약

L, cm	8	16	32
t_b, h	2.4	7.1	16.7
W_b/W_{sat}	0.50	0.74	0.87

급송물 농도의 영향. 급송물 농도가 적당히 변할 때 파과곡선에 미치는 영향은 물질전달 영역의 폭이 변하지 않기 때문에 예측될 수가 있다. 평형 용량은 흡착 등온식으로부터 구해지며, 분기점 시간은 고체의 용량에 비례하고, 급송물 농도의 역수에 비례한다[식 (25.3) 및 (25.4)]. 기대치 이상 높은 농도의 오염물질을 사용한 실험실 테스트로 파과에 걸리는 시간을 단축할 수 있다. 농도에 커다란 차이가 있으면 물질전달계수의 변화 또는 온도의 영향 때문에 규모확대에 오류를 범할 수 있다.

흡착은 발열공정이므로, 단지 1%의 흡착성분을 갖는 증기를 취급할 때 10°C 내지 50°C의 흡착층 온도상승이 일어날 수 있다. 지름이 작은 흡착층에서는 열손실로 온도상승이 제한되지만, 커다란 장치는 거의 단열적으로 조작되어 성능상 중요한 차이가 생긴다. 이와 같은 경우에는 지름이 큰 파일럿 탑이 사용되거나, 흡착층 내부에서의 열방출과 열전달을 계상한 상세한 계산이 이루어져야 한다.

25.2.3 흡착에 대한 기본식

일반적으로 흡착장치는 실험실 데이터로부터 설계되지만, 개략적인 성능은 때에 따라서는 평형 데이터와 물질전달 계산으로부터 예측할 수 있다. 본 절에서는 고정층에서의 등온흡착에 대한 기본식들을 제시하고, 몇 가지 한정된 경우에 대한 풀이를 제시한다. 이 재료들로 흡수탑에서 물질전달 영역의 폭에 영향을 주는 인자를 통찰할 수 있다.

물질전달속도

고정층 흡착의 물질전달에 관한 식은 그림 25.9와 같이 흡착층의 dL 부분에 대한 용질의 물질수지를 세워서 얻는다. 유체와 고체에서의 누적속도는 유입속도와 유출속도의 차이이다. 겉보기 속도의 변화를 무시하면,

$$\varepsilon\, dL \frac{\partial c}{\partial t} + (1-\varepsilon)\, dL\, \rho_p \frac{\partial W}{\partial t} = u_0 c - u_0(c + dc) \tag{25.5}$$

또는,

$$\varepsilon \frac{\partial c}{\partial t} + (1-\varepsilon)\rho_p \frac{\partial W}{\partial t} = -u_0 \frac{\partial c}{\partial L} \tag{25.6}$$

로 된다. ε 항은 흡착층의 외부 공극률이며, 기공 유체 속에 용해된 용질은 입자 분율 $1-\varepsilon$에 포함된다. 기체나 묽은 용액으로부터 흡착인 경우, 식 (25.6)의 첫 항인 유체에서의 누적량은 보통 고체에서의 누적량과 비교하여 무시한다.

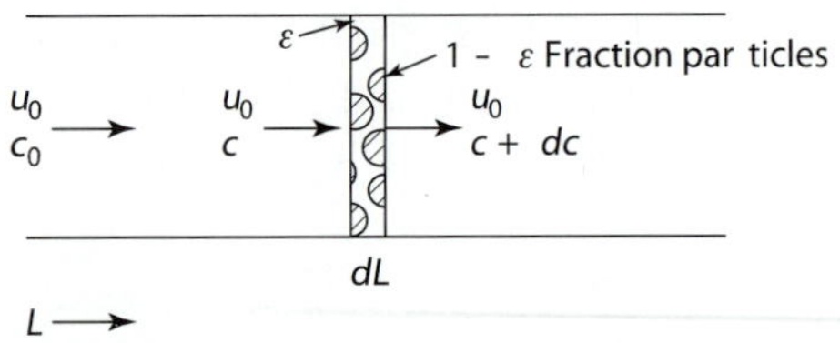

그림 25.9 고정층 한 부분에 대한 물질수지

고체에 대한 전달 메카니즘은 입자 주변의 유체경막을 통한 확산과 기공을 통한 내부 흡착점까지의 확산을 포함한다. 실제 물리 흡착공정은 사실상 순간적이며, 입자 내부의 각 점에서 표면과 유체 간에 평형이 존재한다고 가정한다. 전달공정은 총괄 부피계수와 총괄 구동력을 사용하여 어림한다. 즉,

$$\rho_p(1-\varepsilon)\frac{\partial W}{\partial t} = K_c a(c - c^*) \tag{25.7}$$

물질전달 면적 a는 입자의 외부 표면적으로 취하며, 구(球)인 경우는 $6(1-\varepsilon)/D_p$이다. 농도 c^*는 고체에서의 평균농도 W와 평형에 있는 값이다.

내부 및 외부 물질전달계수

총괄계수 K_c는 외부계수 $k_{c,\,\text{ext}}$와 유효 내부계수 $k_{c,\,\text{int}}$에 좌우된다. 입자 내부에서의 확산은 실제적으로 비정상상태이며, 용질 분자는 흡착점에 다다르기까지 계속해서 입자 속으로 침투해야 하므로, $k_{c,\,\text{int}}$ 값은 시간에 따라 감소한다. 식 (17.81)을 이용하여 평균 유효계수를 구에 대한 근사치로서 사용할 수 있다. 즉,

$$k_{c,\,\text{int}} \approx \frac{10D_e}{D_p}$$

따라서, 다음과 같이 유도된다.

$$\frac{1}{K_c} \approx \frac{1}{k_{c,\,\text{ext}}} + \frac{D_p}{10D_e} \tag{25.8}$$

유효확산계수 D_e는 입자의 기공도, 기공의 지름, 굴곡도 및 확산물질의 성질에 따라 좌우된다. 기체가 채워진 기공의 경우, 위의 인자들은 기상의 유효확산도를 산출하는 데 고려될 수 있다. 그러나 기공 벽을 따라서 흡착된 분자가 확산하는 소위 표면확산이 기상에서의 확산 이상으로 총 흐름에 기여할 때가 많다. 이것은 특히 실리카 겔에 물 증기가 흡착하거나 탄소에 탄화수소 증기가 흡착하는 경우에 명백한데, 이 경우 측정된 K_c 값은 내부계수와 외부계수가 비슷한 크기에 해당하거나 외부경막이 율속인 경우까지도 해당한다. 수용액으로부터 용질을 흡착하는 경우에도 표면확산이 생기지만 그 효과는 예측하기 어렵다. 어떤 경우에는 표면 확산이 느리며 내부확산 저항이 지배적이지만 다른 경우에는 내부확산과 외부확산이 거의 같다.

25.2.4 물질전달식에 대한 풀이

여러 가지 다른 종류의 등온선 모양과 조절단계에 대하여 식 (25.6)과 (25.7)에 대한 해가 여러 가지 있으며, 모든 해는 무차원 시간 τ와 총괄 물질전달단위 수를 나타내는 매개변수 N을 포함한다. 즉,

$$\tau \equiv \frac{u_0 c_0(t - L\varepsilon/u_0)}{\rho_p(1-\varepsilon)L/(W_{\text{sat}} - W_0)} \tag{25.9}$$

$$N \equiv \frac{K_c a L}{u_0} \tag{25.10}$$

식 (25.9)의 $(L\varepsilon/u_0)$ 항은 흡착층의 외부 공극을 유체로 채우는 데 걸리는 시간으로, 보통 무시되며, $\rho_p(1-\varepsilon)$은 흡착층 밀도 ρ_b이다. 그리고 τ는 식 (25.3)의 이상시간 t^*에 대한 시간의 비이다.

$$\tau = \frac{t}{t^*} \tag{25.11}$$

물질전달저항이 없다면, 흡착장치는 $\tau = 1.0$까지 용질을 완전히 제거할 수 있으며, 농도는 0에서 $c/c_0 = 1.0$까지 뛴다. 일정한 물질전달속도를 갖는 경우, 파과는 $\tau < 1.0$에서 일어나며, 파과곡선의 가파름은 매개변수 N과 평형곡선의 모양에 관계된다.

비가역흡착

일정한 물실선날계수를 갖는 비가역흡착은 생각할 수 있는 가장 간단한 경우인데, 이것은 물질전달속도가 그대로 유체농도에 비례하기 때문이다. 진짜 일정한 계수란 모든 저항이 외부 경막에 있을 때만 얻을 수 있지만, 중간의 내부저항은 파과곡선을 그다지 변화시키지 않는다. 강한 favorable 형의 흡착인 경우, 유체에서의 평형농도는 고체농도가 포화 값의 반을 넘을 때까지 실제로 0이므로, 비가역흡착과 거의 똑같은 결과를 준다. 유체에 대한 누적항이 무시되며, 식 (25.6)과 (25.7)을 합하여 다음 식이 된다.

$$-u_0\frac{\partial c}{\partial L} = K_c ac \tag{25.12}$$

농도이력의 초기 모양은 식 (25.12)를 적분해서 얻어진다. 즉,

$$\ln\frac{c}{c_0} = -\frac{K_c aL}{u_0} \tag{25.13}$$

$K_c aL/u_0$ 항은 식 (25.10)의 N으로 정의되기 때문에 흡착층 끝에서의 농도는 다음과 같이 된다.

$$c = c_0 e^{-N} \tag{25.14}$$

흡착층이 단지 3개의 전달단위만을 갖고 있다면, 출구농도는 조업 초기에 바로 0.05 c_0가 되지만, 보통 N이 10 이상이므로 출구에서의 c는 0이라고 생각할 수 있을 만큼 아주 작은, c_0의 아주 작은 분율이다.

입자들의 첫 번째 층에 대한 물질전달속도는 입자들이 유체와 평형에 도달할 때까지 일정하다고 가정하며, 이렇게 되기까지 흡착층에서의 농도분포곡선은 일정하게 유지된다. 층의 첫 부분을 포화시키는데 걸리는 시간 t_1은 평형용량을 초기 전달속도로 나눈 것이다(해석을 간단히 하기 위해서 $W_0 = 0$). 즉,

$$t_1 = \frac{W_{\text{sat}}\rho_p(1-\varepsilon)}{K_c ac_0} \tag{25.15}$$

이 시간 이후, 농도분포곡선은 같은 모양을 유지하면서 서서히 층 아래로 이동한다. 전달영역은 속도 v_z로 이동하는데, 이 속도는 단위시간당 제거된 용질의 양을 흡착층 단위길이당 고체에 묻어 있는 양으로 나눈 것과 같다. 즉,

$$v_z = \frac{u_0 c_0}{\rho_p(1-\varepsilon)W_{\text{sat}}} \tag{25.16}$$

흡착층 포화부분에서는 농도가 c_0로 일정하며, 물질전달 영역에서는 그림 25.10에서 보는 바와 같이 지수적으로 떨어진다. 즉,

$$\ln\frac{c}{c_0} = \frac{-K_c a(L - L_{\text{sat}})}{u_0} \tag{25.17}$$

분기점을 계산하기 위해 c/c_0를 0.05 또는 다른 선택 값으로 놓고 식 (25.17)을 흡착층 길이 L에 적용한다. 포화층 길이는 전달영역 속도와 이 영역이 이동하기 시작한 시간을 곱한 값이다. 즉,

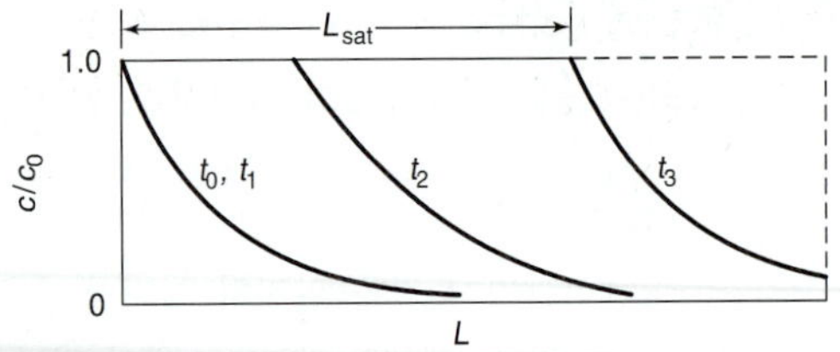

그림 25.10 일정한 계수를 갖는 비가역 흡착의 농도이력

$$L_{sat} = v_z(t - t_1) \tag{25.18}$$

$$L_{sat} = \frac{u_0 c_0}{\rho_p(1-\varepsilon)W_{sat}}\left[t - \frac{W_{sat}\rho_p(1-\varepsilon)}{K_c a c_0}\right] \tag{25.19}$$

L_{sat}에 대한 식을 식 (25.17)에 대입하고 무차원 항들인 τ와 N[식 (25.9)와 (25.10)]을 이용하면, 다음과 같이 된다.

$$\ln\frac{c}{c_0} = -N + N\tau - 1 \tag{25.20}$$

또는,

$$\ln\frac{c}{c_0} = N(\tau - 1) - 1 \tag{25.21}$$

계산된 파과곡선은 그림 25.11에 실선으로 표시되어 있다. 기울기는 시간에 따라 증가하며, c/c_0는 $N(\tau-1)=1.0$에서 1.0이 된다. 내부 확산저항이 무시되지 않고 고체가 거의 포화될 때 조금 증가하기 때문에 실제로 파과곡선들은 보통 S자 형이다.

기공 확산이 흡착속도를 조절하면, 파과곡선은 외부경막조절인 경우와 반대의 모양을 갖는다. 그림 25.11에 이에 해당하는 선이 몇 가지 비가역흡착에 대한 파과곡선들을 발표한 Hall 등[13]의 연구결과를 토대로 그려져 있다. 기공확산조절인 경우, 물질전달 영역 전방 근처의 고체는 거의 흡착질이 없기 때문에 곡선의 초기 기울기가 크며, 평균 확산거리는 입자 반지름의 아주 작은 부분에 지나지 않는다. 흡착된 마지막 분자들은 입자의 중심까지 확산해야 하기 때문에 곡선이 긴 꼬리를 갖는다.

내부저항과 외부저항이 모두 중요하면 파과곡선은 그림 25.11의 띠줄과 같이 S자 모양이다. 이 도면에서 N값은 식 (25.8)로 주어진 총괄 물질전달계수에 기준하며, 다음과 같이 Hall의 기법으로 표시한다.

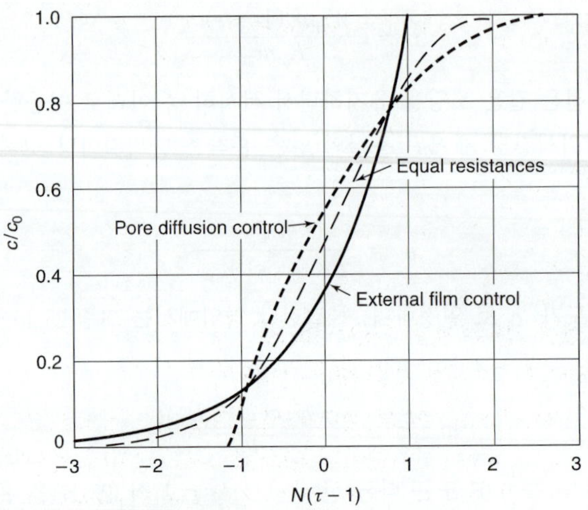

그림 25.11 비가역흡착의 파과곡선

$$\frac{1}{N} = \frac{1}{N_f} + \frac{1}{N_p} \tag{25.22}$$

여기서,

$$N_f = \frac{k_{c,\,\text{ext}}aL}{u_0}$$

$$N_p = \frac{10D_e aL}{D_p u_0}$$

예제 25.3

(a) 예제 25.2의 파과 데이터를 이용하고, 비가역흡착을 가정하여 8 cm 흡착층에 대한 N과 $K_c a$를 구하라. (b) $K_c a$를 외부경막에 대해 계산된 $k_c a$과 비교하라.

풀이

(a) 예제 25.2로부터 $c/c_0 = 0.50$일 때 $W/W_{\text{sat}} = 0.495$, $\tau = 0.495$, $\tau - 1 = -0.505$이다. 그림 25.11로부터 N을 구하기 위해 내부저항과 외부저항이 같다고 가정한다.

$$\frac{c}{c_0} = 0.05\text{에서}, \quad N(\tau - 1) = -1.6$$

$$N = \frac{-1.6}{-0.505} = 3.17 = \frac{K_c aL}{u_0} \qquad K_c a = \frac{3.17 \times 58 \text{ cm/s}}{8 \text{ cm}} = 23.0 \text{ s}^{-1}$$

(b) Re, Sc로부터, $k_c a$의 계산(k_c는 외부계수이다);

$$D_p = 0.37 \text{ cm}$$

25°C, 1 atm에서 $\mu/\rho = 0.152 \text{ cm}^2/\text{s}$, $D_v = 0.0861 \text{ cm}^2/\text{s}$이다. 따라서,

$$\text{Re} = \frac{0.37(58)}{0.152} = 141 \qquad \text{Sc} = \frac{0.152}{0.0861} = 1.765$$

식 (17.74)으로부터, $\text{Sh} = 1.17(141)^{0.585}(1.765)^{1/3} = 25.6$이다.

$$k_c = \frac{25.6(0.0861)}{0.37} = 5.96 \text{ cm/s}$$

$$a = \frac{6(1-\varepsilon)}{D_p} = \frac{6(1-0.457)}{0.37} = 8.81 \text{ cm}^2/\text{cm}^3$$

$$k_c a = 5.96 \times 8.81 = 52.5 \text{ s}^{-1}$$

$K_c a$가 계산된 $k_c a$ 값의 절반보다 약간 작기 때문에, 외부저항이 전체 저항의 절반에 가까우며, 따라서 계산된 N 값은 고칠 필요가 없다. 내부계수는 다음과 같이 구할 수 있다.

$$\frac{1}{k_{c,\,\text{int}}} = \frac{1}{K_c} - \frac{1}{k_{c,\,\text{ext}}}$$

$$K_c = \frac{23.0}{8.81} = 2.61 \text{ cm/s}$$

$$k_{c,\,\text{int}} = \frac{1}{1/2.61 - 1/5.96} = 4.64 \text{ cm/s}$$

입자 속으로의 확산이 기상에서만 일어났다면 D_e의 최대 허용치는 약 $D_v/4$가 되어 다음과 같이 된다.

$$k_{c,\,\text{int}} = \frac{10D_e}{D_p} = \frac{10 \times 0.0861}{4 \times 0.37} = 0.58 \text{ cm/s}$$

측정된 $k_{c,\,\text{int}}$값은 이 값보다 한 자리수 정도가(10배 정도) 크기 때문에, 표면확산이 지배적인 전달 메카니즘임에 틀림없다. ■

선형 등온식

선형 등온식을 갖는 흡착은 식 (25.6)과 (25.7)의 해를 쉽게 구할 수 있는 또 다른 한정된 경우이다. 선형 등온선을 갖는 식들은 고정층을 통한 온도 파동의 통로에 대한 식들과 똑같은 형태이다. 즉,

$$\varepsilon c_p \frac{\partial T_g}{\partial t} + (1-\varepsilon)\rho_p c_s \frac{\partial T_s}{\partial t} = -u_0 \rho c_p \frac{\partial T_g}{\partial L} \tag{25.23}$$

$$(1-\varepsilon)\rho_p c_s \frac{\partial T_s}{\partial t} = Ua(T_g - T_s) \tag{25.24}$$

직접-접촉 열교환기로서 충전층을 이용할 때 생기는 열전달 문제의 해는 1930년 Furnas[9]에 의해 발표되었다. 매개변수 N_H는 열전달단위 수이다. 열전달에서 무차원 시간 τ는 기체의 열용량에다 층을 통과한 기체량을 곱하고, 이것을 전체 층 용량으로 나눈 것이다. $N_H = \infty$일 때 τ 대 T_g/T_0의 파과곡선은 물질전달에서와 마찬가지로 $\tau = 1.0$에서 수직선이다. 정의에 따라 τ와 N_H는 다음과 같다.

$$\tau = \frac{u_0 \rho c_p t}{\rho_s c_s (1-\varepsilon) L} \tag{25.25}$$

$$N_H = \frac{UaL}{\rho c_p u_0} \tag{25.26}$$

파과곡선들은 그림 25.12와 같이 도식적으로 가장 잘 표시될 수 있는 복잡한 모양이다. 이 곡선들은 N 값이 큰 층 길이에 비교하여 가파르게 되지만, 전달영역의 절대 폭은 실제로 $L^{1/2}$에 비례하여 증가한다. 선형 등온흡착인 경우, favorable 형의 등온흡착과는 대조적으로 층 폭의 작은 부분이 전달영역이 되기 위해서는 아주 기다란 층을 필요로 한다. 예를 들어, $N = 10$이면 5% 분기점은 $\tau = 0.35$에서 도달되며, 겨우 층 용량의 약 35%만이 이용된다는 것을 그림 25.12에서 보여 주고 있다. 층 길이를 두 배로 늘려 $N = 20$으로 만들면 분기점에서 τ가 단지 0.5로 증가하며, 층 용량의 80%가 이용되려면 N이 100 이상이 되어야 한다. 내부저항과 외부저항이 같은 비가역흡착인 경우, $N = 10$이면 분기점에서 $N(\tau - 1) = -1.6$, 즉 $\tau = 0.84$가 된다.

Favorable형 흡착

favorable형 흡착인 경우, 분기점은 선형흡착과 비가역흡착에서 계산된 값 사이에 있다. 어떤 등온선 모양과 몇 가지 다른 내부 및 외부 저항 값들에 대한 해가 가능하다[13,25]. 이 해들은 고체-유체 평형과 내부 확산도를 흡착의 경우보다 쉽게 알 수 있는 이온교환기의 설계에 유용하다.

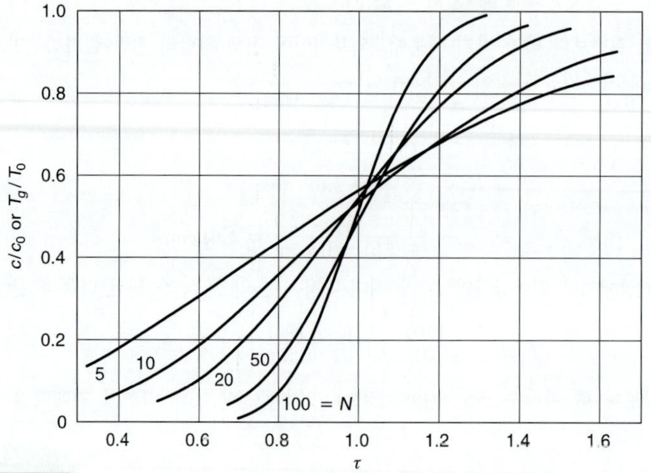

그림 25.12 선형 등온선을 갖는 흡착 또는 $N = N_H$인 열전달에 대한 파과곡선

25.2.5 흡착기 설계

기체나 액체 정제용 흡착기 설계는 흡착제와 입자 크기의 선정, 흡착층 면적을 정하는 적절한 속도 선택 및 주어진 주기시간에 대한 흡착층 길이 결정 또는 선택한 길이에 대한 파과시간의 계산 등이 포함된다. 흡착층 길이를 더 짧게 한다는 것은 흡착제의 충전량을 더 적게 하고, 흡착층에서의 압력강하를 더 낮게 한다는 것을 뜻한다. 그렇지만, 흡착층을 더 짧게 한다는 것은 흡착층의 보다 작은 비율이 파과에서 포화되기 때문에 재생의 빈도가 더 많고 재생비용이 더 크다는 것을 의미한다. 기체 정제를 위해서, 4 × 6이나 4 × 10 메쉬(mesh) 탄소가 자주 선정되지만 물질전달이 더 잘 되어야 할 필요가 있고, 압력강하가 문제가 되지 않을 때에는 더 작은 크기를 사용할 수 있다. 기체 속도는 보통 15와 60 cm/s(0.5와 2 ft/s) 사이이다. 외부 면적은 $1/D_p$에 비례하고 $k_{c,ext}$과 $k_{c,int}$ 둘 다 D_p가 감소함에 따라 증가하기 때문에, $k_c a$는 D_p의 −1.5 내지 −2.0 승에 비례할 것으로 기대된다. 그러므로 입자 크기를 줄이면 파과곡선은 훨씬 더 가파르게 된다.

액체로부터의 흡착인 경우, 작은 입자들을 선정하며 유체의 속도는 기체보다 훨씬 낮다. 수 처리를 위한 전형적인 조건들은 20 × 50 mesh 탄소(D_p = 0.3 내지 0.8 mm)이고 겉보기 속도가 0.3 cm/s(0.01 ft/s 또는 약 4 gal/min · ft^2)이다. 이러한 조건에서도 $K_c a/u_0$는 전형적인 기체 흡착보다도 더 작고 LUB는 10 내지 20 cm이거나 내부확산 조절인 경우 1 m만큼 클 수도 있다.

팽창-유동층 흡착(Expanded bed adsorption)

흡착은 이따금 발효액이나 세포 현탁물에서 항생제나 단백질을 회수하는데 이용된다. 생성물 분자들은 흡착제의 표면을 지나 기공 속으로 확산해 가는 반면 세포와 다른 소 입자들($D_p \le 1$ μm)은 팽창된 유동층을 통과할 수 있기 때문에 이러한 응용을 위해서는 선택적인 흡착제의 팽창된 유동층을 이용하는 것이 유리하다[1]. 철저하게 행군 다음 흡착제는 다른 pH하에 고정층에서 화학약품 용액으로 재생시켜 고체와 일부 용해성 불순물들을 제거한 농축된 생성물을 얻는다. 고정층 흡착을 하는 경우에는 고체들이 금방 고정층의 통로들을 막아버리기 때문에 이들을 여과, 원심분리 또는 미세여과에 의해 흡착 전에 제거해야 한다.

팽창-유동층 흡착의 경우에는 작은 기공에서 큰 분자들의 낮은 유효확산도 때문에 아주 작은 입자들(0.1 내지 0.3 mm)이 필요하다. 유량은 층이 약 100% 정도 팽창하도록 결정하는데 이때 필요한 속도는 최소유동화 속도의 몇 배이지만 흡착제 단일 입자의 종말속도 보다는 작아야 한다. 유동화는 균일한 층 팽창을 갖는 특별한 유형(그림 7.13 참조)이다. 축방향의 분산은 입자운동 때문에 고정층보다는 다소 크지만 아직도 적당히 가파른 파과곡선을 얻을 수 있다[16,23].

재생

재생의 속도론적 연구에 대해서는 발표된 것이 거의 없는데 이는 실험실 흡착기에서 커다란 단열흡착층 조건에 맞추기 어렵고 탈착 등온선이 비선형이면서 unfavorable 형이므로, 모형화(modeling)가 복잡하기 때문이다. 탄소를 수증기로 재생하는 경우, 일반적으로 130° 내지 150°C의 수증기로 역류시킨다. 온도 전면이 흡착층 꼭대기에 다다르면 곧 재생이 중단된다. 전형적인 수증기 소비[21]는 0.2 내지 0.4 lb 수증기/lb 탄소이다. 흡착질이 상당량 남아 있어도 흡착층 바닥 근처는 재생이 대부분 완료되어 다음 흡착기간에 용질이 높은 %로 제거될 수 있다. 극히 높은 용질 제거가 필요하면 수증기 보내는 기간을 연장하거나 더 높은 온도의 수증기를 사용하여 흡착층을 거의 완전히 재생시킬 수 있다.

값진 제품을 회수하기 위해 흡착이 이용되는 공정에서 열교대탈착(thermal-swing desorption)에 의한 재생이 불가능한데 이는 탈착에 필요한 고온에서는 제품이 변질되기 때문이다. 다른 방법은 적당히 강하게 흡착되고 제품과 쉽게 분리되는 기체나 액체를 흡착질과 대체하는 방법이다. 대체하는 물질이 덜 강하게 흡착되더라도 흡착질은 거의 완벽하게 다른 종으로 대체될 수 있기 때문에 많은 물질들이 대체 재생에 적합하다.

중간 크기의 분자량을 갖는 선형 파라핀의 분리에 사용되는 Exxon 공정은 대체 재생을 갖는 흡착 주기의 본보기이다[2]. 가지달린 이성체나 고리형 이성체는 제외하고 선형 분자들은 5Å 분자체의 공동에서 300°C에서의 흡착에 의해 액체 원료로부터 제거된다. 선형 파라핀들은 분자량이 작은데도 불구하고 적당히 강하게 흡착되는 기상의 암모니아에 의해 탈착된다. 탄화수소들은 응축에 의해 쉽게 제거되며 암모니아는 재사용된다. 완전한 주기시간은 원료속의 선형 파라핀 농도에 관계되며 12 내지 30 min이다[19b].

예제 25.4

0.12 vol%의 MEK(methyl ethyl ketone)를 갖고 있는 공기흐름을 처리하기 위해서 활성탄소에서 흡착이 고려되고 있다. 기체는 25°C, 1 atm에 있고, 유량은 16,000 ft^3/min이다. 흡착층 전체의 압력강하가 12 in. H_2O를 초과해서는 안 된다. (a) 4×10 mesh BPL 탄소를 사용하고, 평균 흡착층 온도가 35°C이며 $W = 1/3\,W_{sat}$에서 재생을 중단한다고 할 때, 포화용량과 작업용량을 산출하여라. (b) 미사용 흡착층 길이가 0.5 ft라면 합리적인 주기시간을 위해서 어떤 기체속도와 흡착층 크기를 사용해야 하는가? 탄소는 얼마큼 필요한가?

풀이

(a) 편람으로부터 35°C에서 $P' = f_s = 151$ mmHg이고, 20°C에서 $\rho_L = 0.805\ g/cm^3$이다. 정상 기포점은 79.6°C이며, 이 온도에서 산출된 밀도 $\rho_L = 0.75\ g/cm^3$이고 분자량은 72.1이다.

$$V = \frac{72.1}{0.75} = 96.1 \qquad p = 0.0012 \times 760 = 0.912\ \text{mmHg} = f$$

35°C에서,

$$\frac{T}{V}\log\frac{f_s}{f} = \frac{308}{96.1}\log\frac{151}{0.912} = 7.11$$

그림 25.4로부터 흡착된 부피는 탄소 100 g 당 24 cm^3이다.

$$W_{sat} = 24(0.75) = 18\ \text{g}/100\ \text{g carbon}$$

$$W_0 = \tfrac{1}{3}W_{sat} = 6\ \text{g}/100\ \text{g carbon}$$

작업용량 $= W_{sat} - W_0 = 12$ g/100 g carbon $= 0.12$ lb/lb carbon

(b) $u_0 = 1$ ft/s라고 하자. 그러면,

$$A = \frac{16,000}{60}\frac{\text{ft}^3}{\text{s}} \times \frac{1}{1\ \text{ft/s}} = 267\ \text{ft}^2$$

원형 단면적인 경우, $D = 18.4$ ft. 흡착층의 깊이가 3 내지 4 ft라면 10 ft×27 ft인 사각형의 흡착층이 더 적합할 것이다. $L = 4$ ft로 하자. 식 (25.3)으로부터,

$$t^* = \frac{L\rho_b(W_{sat} - W_0)}{u_0 c_0}$$

25°C에서

$$c_0 = \frac{0.0012}{359} \times \frac{273}{298} \times 72.1 = 2.21 \times 10^{-4}\ \text{lb/ft}^3$$

$$\rho_p(1-\varepsilon) = \rho_b \cong 30\ \text{lb/ft}^3 \qquad t^* = \frac{30 \times 4 \times 0.12}{1 \times 2.21 \times 10^{-4}} = 6.52 \times 10^4\ \text{s} = 18.1\ \text{h}$$

미사용 흡착층 길이가 0.5 ft라면 사용된 것은 3.5 ft이므로

$$t_b = \frac{3.5}{4.0}(18.1) = 15.8\ \text{h}$$

흡착층의 길이가 3 ft이고 2.5 ft를 사용했다면,

$$t_b = \frac{2.5}{4}(18.1) = 11.3\ \text{h}$$

계산상의 불확실성이 허용된다면 3 ft의 흡착층 길이는 8 h 교대 재생으로 만족할 만하다.

Ergun 식인 식 (7.22)를 이용한 ΔP 검증. fps 단위를 사용할 때에는 g_c가 필요함을 유의하라. 알갱이 탄소에 대하여 $\Phi_s = 0.7$을 가정한다(표 7.1 참조). 외부 공극률이 $\varepsilon = 0.35$라고 가정한다(표 7.2 참조). 편람으로부터, 25°C에서 공기의 물성은,

$$\mu = 0.018\,\text{cP} = 1.21\times 10^{-5}\,\text{lb/ft}\cdot\text{s} \qquad \rho = 0.074\,\text{lb/ft}^3$$

Perry의 Handbook 7판의 **19**-20에서 4×10 mesh 탄소의 경우

$$D_p = \frac{4.76 + 2.0}{2} = 3.38\,\text{mm} = 1.108\times 10^{-2}\,\text{ft}$$

$$\frac{\Delta P}{L} = \frac{150\times 1.0\times 1.21\times 10^{-5}}{32.2\times 0.7^2\times (1.108\times 10^{-2})^2}\frac{0.65^2}{0.35^3} + \frac{1.75\times 0.074\times 1.0^2}{32.2\times 0.7\times 0.01108}\frac{0.65}{0.35^3}$$

$$= 9.23 + 7.86 = 17.09\,\text{lb}_f/\text{ft}^2\cdot\text{ft}$$

$$= \frac{17.09\times 12}{62.4} = 3.29\,\text{in. H}_2\text{O/ft}$$

$L = 3$ ft 이면 $\Delta P = 9.9$ in. H_2O로 만족할 만하다.

1.5 ft/s의 속도는 $\Delta P/L = 6.06$ in. H_2O이며 $\Delta P < 12$ in. H_2O를 유지하기 위해서는 $L \le 2$ ft 이어야 한다. 그러나 파과시간은 11.3/1.5×(1.5/2.5) = 4.5 h로 줄어들며, 흡착층은 교대 때마다 두 번씩 재생해야 한다. 이 설계는 만족할 만하지만 오차에 대한 여유가 크지 않다.

추천설계는 10 × 27 × 3 ft 크기의 두 개 흡착층을 수평 실린더에 놓는 것이다. 흡착층에 들어가는 탄소의 총 충전량은,

$$m_c = 2(270\times 3)\,\text{ft}^3\times 30\,\text{lb/ft}^3 = 48{,}600\ \text{lb}$$

■

예제 25.5

1.2 ppm의 TCE로 오염된 물이 20×50-mesh Ambersorb 563의 고정층에서 정화된다. (a) 층 길이가 2 ft이고 유량이 4.5 gal/min·ft^{2}인 경우 미사용된 층의 길이가 0.6 ft일 때 파과시간을 산출하라. (b) 단위 고정층당 처리된 유효 용량은 부피로 얼마인가? TCE의 85%를 제거하기 위해서 흡착제는 수증기로 재생된다. 흡착제의 벌크 밀도는 0.53 g/cm^{3}이다.

풀이

(a) 그림 25.5로부터

$$W_{\text{sat}} = 200\,\text{mg/g}\ \text{또는}\ 0.2\,\text{lb/lb}$$

$$W_0 = (1 - 0.85)W_{\text{sat}} = 0.03\,\text{lb/lb}$$

$$u_0 = \frac{4.5}{7.48}\times 60 = 36.1\,\text{ft/h}(0.01\ \text{ft/s})$$

식 (25.3)으로부터

$$t^* = \frac{2(0.53\times 62.4)(0.2 - 0.03)}{36.1(1.2\times 10^{-6}\times 62.4)} = 4.16\times 10^3\,\text{h}$$

$$\frac{t_b}{t^*} = 1 - \frac{\text{LUB}}{L} = 1 - \frac{0.6}{2} = 0.7$$

파과시간은

$$t_b = 0.7(4.16\times 10^3) = 2{,}910\,\text{h}$$

(b) 처리된 층의 부피는

$$\frac{u_0 t_b}{L} = \frac{36.1\times 2{,}910}{2} = 5.25\times 10^4$$

■

25.2.6 연속 조업

고정층 흡착기가 주기적인 형태로 운전될 때 물질전달 영역은 층 전체길이의 작은 부분이며 나머지 층은 물질전달에 이용되지 않는다. 흡착제의 보다 효율적인 이용은 흡착제와 유체가 연속적인 맞흐름으로 운전하는 것이다. 두 개의 흡착층을 그림 25.13과 같이 수직으로 배열하고 고체가 탈착기와 흡착기를 통해 중력으로 이동하여 공기 컨베이어나 버킷 엘리베이터로 탑 꼭대기로 이송된다. 원료, 고체, 및 탈착제 유체의 유량은 각 흡착층에서 합리적인 평균 구동력을 가질 수 있도록 정하며 이상단 수 또는 전달단위 수는 McCabe-Thiele 선도로부터 구한다. 그림 25.13에 있는 예를 보면, 온도와 압력은 두 경우 모두 같은 것으로 가정하였으며 공통 평형선을 갖고 있다. 조건이 다르면 탈착에 대해 별개의 평형선을 그릴 수 있다.

어떤 물 처리공장에서는 큰 지름을 갖는 이동상 흡착제 탄소가 사용된다. 폐 탄소는 주기적으로 흡착층의 바닥에서 제거되며 새 탄소가 꼭대기로 추가된다. 고체 상은 이상 평류에서는 이동하지 않으나 물질전달 영역이 몇 ft 길이이기 때문에 이것이 중대하지는 않다. 폐 탄소는 회전로에서 고온으로 재생되어 다시 공급기로 되돌려 보내진다. 과흡착(hypersorption)이라고 불리는 보다 복잡한 이동층 공정이 Union Oil 사에 의해 개발되었는바 이는 정유사의 기체흐름에서 에틸렌을 회수하는 데 목적이 있다. 활성탄소 입자들은 기다란 탑을 통해 냉각, 흡착, 농축 및 탈거 부분으로 서서히 아래쪽으로 이동한다[3]. 이 공정은 기술적으로 성공이었지만 극저온 분리(cryogenic separation)법보다 더 많은 비용이 들어 더 이상 사용되지 않는다.

연속 맞흐름 조작에 대한 최신의 방법으로는 UOP에서 개발한 Sorbex 공정이 있는데 이는 모사된 이동층을 특징으로 하고 있다. 흡착제가 들어 있는 긴 탑은 12개의 구획으로 나누어져 있으며 각 구획에는 액체를 첨가 또는 제거하기 위한 흐름 분배기가 있다. 이 탑의 개략적인 전도는 그림 25.14에 주어져 있다. 4개의 흐름에 대한 입구와 출구 점들은 회전식 여닫게의 새로운 위치에 따라 흡착층의 이웃 구획으로 이동되며 그 효과는 고체와 유체의 맞흐름에 대한 것과 거의 똑 같다. Sorbex 장치는 자일렌 이성체, 올레휜과 파라핀 혼합물, 그리고 가지 달린 파라핀과 선형 파라핀의 분리에 널리 이용된다. 2 성분계 혼합물

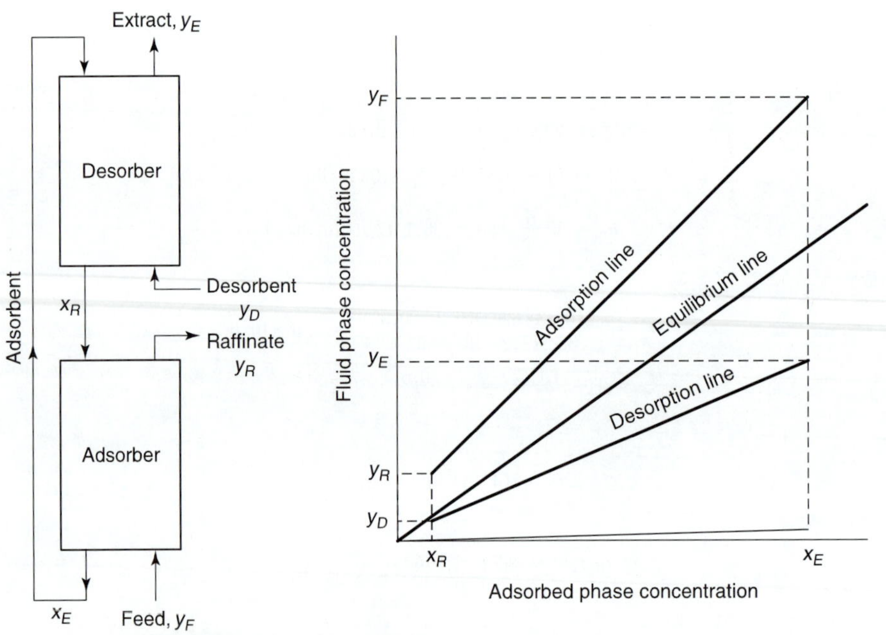

그림 25.13 맞흐름 흡착장치에 대한 McCabe-Thiele 선도

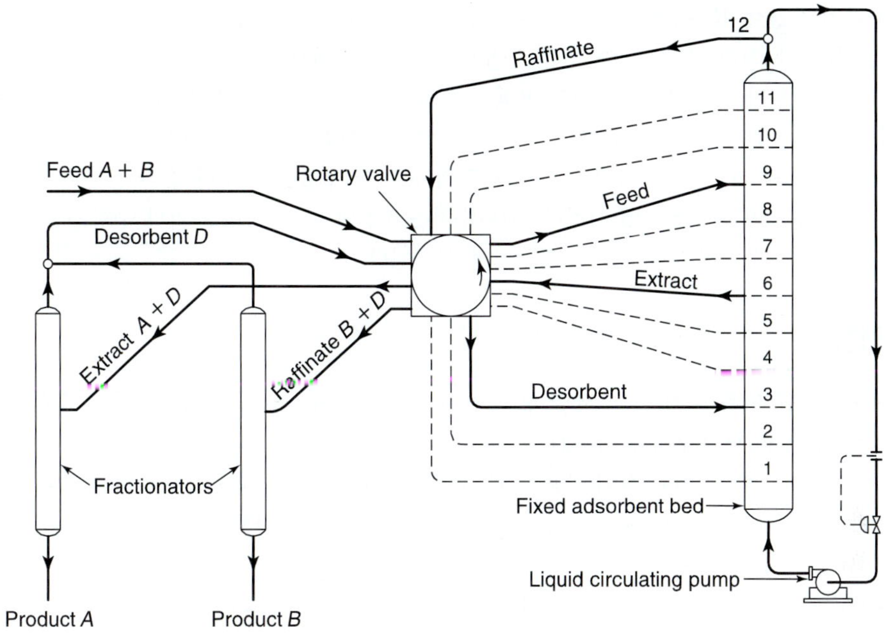

그림 25.14 모사된 이동층을 갖는 Sorbex 공정의 개략도[4]

또는 의(pseudo) 2 성분계 혼합물 분리시의 최적 성능을 위해서 원료 중에 약하게 결합된 물질보다는 고체에 더 큰 친화력을 갖고 그러나 보다 강한 결합을 하는 물질보다는 덜 친화력을 갖는 탈착제 유체가 선택된다[4,5].

25.3 이온 교환

이온교환은 교환성 양이온이나 음이온을 갖는 고체 입자들이 용액의 조성을 바꾸기 위해 전해질 용액과 접촉되는 공정이다. 주요 응용으로는 Ca 이온을 Na 이온으로 교환해서 물을 연화시키고 양이온과 음이온을 모두 제거해서 물을 탈염시키는 것을 들 수 있다. 다른 응용으로는 묽은 용액으로부터 금속의 회수와 생체반응기로부터 생성물의 분리가 포함된다.

이온교환 능력은 점토 및 제올라이트와 같은 일부 천연 물질에도 존재하지만 대부분의 공정에는 합성 이온교환 수지를 사용한다. 이들은 이온화할 수 있는 작용기(group)가 첨가된 가교형 폴리스티렌과 같은 유기 고분자 물질로부터 제조된다. 양이온 교환기는 설휜산기 같은 강산 수지, 커복시산기를 갖는 약산 수지, 및 중간 산의 강도를 갖는 다른 종류 등을 포함한다. 음이온 교환기는 강염기인 4가 암모니아 기[$-N^+(CH_3)_3$] 또는 약염기인 아민 기($-N^+H_3$)를 가질 수 있다.

양이온과 음이온 교환기에서 산 또는 염기 작용기들은 수지 메트릭스(matrix)에 화학적으로 결합되어 있고 수지는 고농도의 고정 음전하 또는 양전하를 갖는다. 이들은 양이온 수지의 경우 H^+, Na^+ 또는 Ca^{2+}와 같은 이동성 상대이온에 의해 균형을 이루며 음이온 수지의 경우는 Cl^-, OH^-, 또는 NO_3^-에 의해 균형을 이루어 수지 입자들에서는 항상 전기적으로 중성이 유지된다. 이온교환은 외부용액의 이온 활동이 수지 상의 이동성 이온들의 활동과 다를 때 일어난다. 예를 들면 수소형 수지 HR가 Na^+과 H^+를 갖는 용액에 노출되면 어떤 Na^+ 이온들은 수지 속으로 확산이 일어나고 어떤 H^+ 이온들은 용액 속으로 확산이 일어난다.

이온교환 수지는 물에 불용성이지만 수지의 가교도(degree of cross-linking), 고정 전하의 농도, 및 용액 속의 전해질 농도에 의해 결정될 수 있는 정도로 수용액 속에서 부푼다. 적당한 가교도(8% divinyl-benzene)를 갖는 설휜산 수지의 경우 묽은 용액에서 Na-형 수지의 부풀음 부피는 마른 수지 부피의 약 1.8 배이며 기공도는 45%이다. 이 수지는 묽은 산 용액에서 HR로 전환했을 때 추가로 8% 부푼다. 입자 내부에서 확산속도를 늘리기 위해서 부풀음이 바람직 하지만 부풀음은 또한 흡착층 단위 부피 당, 입자의 단위 부피 당 수지의 용량을 감소시킨다. 교환수지는 0.3 내지 1.2 mm 크기의 구형 구슬 모양이며 일반적으로 액체로부터의 흡착과 유사한 고정층에서 사용된다.

25.3.1 평형

이온교환기의 용량은 마른 수지 단위 질량 당 교환성 작용기의 수이다. 양이온 수지의 경우 용량은 마른 수소-형 수지 g 당 밀리 당량(milliequivalent) 즉, meq/g H^+로 표시된다. 음이온 수지의 경우는 계산 기준이 마른 염소-형 수지의 그램(g)이다. 실제 사용에서는 용량은 층(bed) 리터 당 당량으로 주어진다. 방향족 환이 한 개의 설휜산 작용기를 가질 때 styrene- divinylbenzene 공중합체의 이론 용량은 약 5.4 meq/g H^+이다. 이에 대응하는 층의 용량은 리터 당 2.5 당량이다.

이온교환은 수지 속의 상대이온이 외부 용액의 다른 이온에 의해 대체되는 가역반응이다. 1가(monovalent) 이온 A^+를 갖는 Na-형 수지의 양이온 교환의 경우, 반응은 아래와 같다.

$$A^+ + NaR \rightleftharpoons AR + Na^+ \tag{25.27}$$

이 반응에 대한 평형상수는 활동도 또는 농도 곱하기 활동도계수이다.

$$K_{eq} = \frac{c_{Na^+} c_{AR}}{c_{A^+} c_{NaR}} \times \frac{\gamma_{Na^+} \gamma_{AR}}{\gamma_{A^+} \gamma_{NaR}} \tag{25.28}$$

묽은 용액의 경우 활동도계수는 농도에 따라 그다지 변하지 않으며 간단히 농도에 기준한 평형상수가 사용될 수 있다.

$$K' = \frac{c_{Na^+} c_{AR}}{c_{A^+} c_{NaR}} \tag{25.29}$$

1가 이온이 2가 이온으로 대체될 때 각각의 새 상대이온은 수지 속의 2개의 하전 점들과 균형을 이룬다.

표 25.1 폴리스티렌 양이온과 음이온 교환기에 대한 평형상수, 8% DVB 가교†

Strong-acid sulfonated resin		Strong-base trimethyl amine resin	
Counterion	**K'**	**Counterion**	**K'**
Li^+	1.00	Iodide	8.7
H^+	1.27	Nitrate	3.8
Na^+	1.98	Bromide	2.8
NH_4^+	2.55	Cyanide	1.6
K^+	2.90	Chloride	1.0
Mg^{2+}	3.29	Bicarbonate	0.3
Cu^{2+}	3.47	Acetate	0.2
Ni^{2+}	3.93	Sulfate	0.15
Ca^{2+}	5.16	Fluoride	0.09
Ba^{2+}	11.5	Hydroxide	0.05–0.07

† 자료 : R. H. Perry, and D. W. Green (eds.): *Perry's Chemical Engineers' Handbook*, 7th ed., McGraw-Hill, New York, 1997, p. 16-14

$$B^{2+} + 2\text{NaR} \rightleftharpoons \text{BR}_2 + 2\text{Na}^+ \tag{25.30}$$

$$K' = \frac{(c_{\text{Na}^+})^2 c_{\text{BR}_2}}{c_{\text{B}^{2+}}(c_{\text{NaR}})^2} \tag{25.31}$$

전형적인 강산과 강염기 수지에 대한 K' 값은 표 25.1에 수록되어 있다. 양이온 교환기의 경우 Li^+은 기준 이온이며 어느 반응에 대한 K' 값은 K' 값들의 비로부터 계산된다. 예를 들면, Na^+과 HR과의 반응의 경우, $K' = 1.98/1.27 = 1.56$이다. 1 가 양이온에 대한 K' 값은 수화된 이온들의 크기가 감소하기 때문에 Li^+로부터 K^+쪽으로 증가한다. Li^+의 평균 수화 수는 3.3이고 K^+의 경우는 0.6이다[14a]. 더 강하게 가교된 수지의 경우는 그다지 부풀지는 않지만 K'에 대한 이온 크기의 효과는 표 25.1의 값에 대한 것보다 조금 더 크다.

2 가 이온들은 1 가 이온들 보다 좀 더 큰 K'값들을 갖는 경향이 있지만 대부분의 응용에서 2 가 이온 교환기의 더 좋은 점은 평형상수가 갖는 장점 이상이다. 아주 낮은 용액 농도에서 식 (25.30)과 같은 유형의 교환 반응은 1 가 이온의 농도가 식 (25.31)에서 자승으로 나타나기 때문에 거의 완전히 오른쪽으로 갈 수 있다.

예제 25.6

강-산 수지로 $\text{Cu}^{2+}/\text{Na}^+$ 교환에서, 수지 속의 얼마나 많은 CuR_2 분율이 용액에 있는 Cu^{2+} 분율에 따라 변하는지 전체 용액의 노말 농도가 0.5, 0.1, 및 0.01인 경우에 대하여 증명하라. 수지의 노말 농도는 2 meq/mL로 가정하라.

풀이

$$\text{Cu}^{2+} + 2\text{NaR} \rightleftharpoons \text{CuR}_2 + 2\text{Na}^+$$

$$K' = K'_{\text{Cu}^{2+}}/K'_{\text{Na}^+} = 3.47/1.98 = 1.75$$

$\text{Cu}^{2+} = 0.02\,M$인 경우, $\text{Na}^+ = 0.06\,M$

$$c_{\text{total}} = 2\text{Cu}^{2+} + \text{Na}^+ = 0.04 + 0.06 = 0.10\,N$$

용액 속에서 Cu^{2+}의 맞먹음 분율: $0.04/0.10 = 0.40$. 식 (25.31)으로부터

$$\frac{c_{\text{CuR}_2}}{(c_{\text{NaR}})^2} = \frac{1.75 \times 0.02}{0.06^2} = 9.72$$

수지의 노말 농도 = 2.0, 따라서

$$2.0 = c_{\text{NaR}} + 2c_{\text{CuR}} = c_{\text{NaR}} + 2(9.72)(c_{\text{NaR}})^2$$

$$19.44(c_{\text{NaR}})^2 + c_{\text{NaR}} - 2 = 0$$

2차 근의 식을 이용하면

$$c_{\text{NaR}} = \frac{-1 + [1 + 8(19.44)]^{0.5}}{2 \times 19.94} = 0.296$$

$$c_{\text{CuR}_2} = \frac{2 - 0.296}{2} = 0.852$$

당량 기준으로, 수지에 있는 Cu^{2+} 분율 $= 2 \times 0.852/2 = 0.852$이다.

이와 비슷하게 계산하면 그림 25.15에 도시된 결과들을 얻는다. 곡선들은 favorable 형의 흡착 등온선과 유사한 모양이며 교환반응은 $0.01\,N$ 총 농도에서 아주 강력하게 잘 된다. 예측된 결과들은 이와 유사한 양이온 교환에 대한 실험 값들과 아주 가깝다[22]. ■

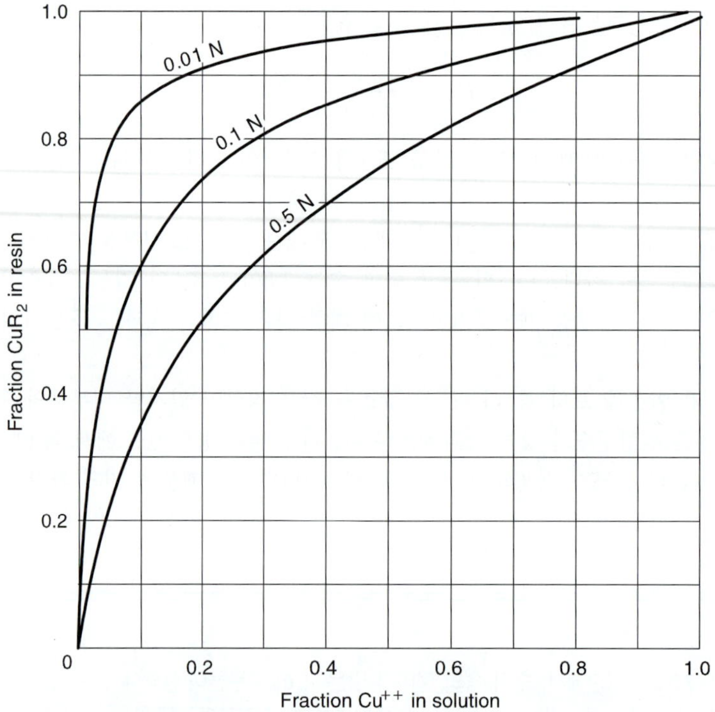

그림 25.15 Cu^{2+}/Na^{+} 교환의 예상 선택도 곡선

25.3.2 물질전달속도

이온교환 반응속도는 외부 용액과 수지 입자의 기공 속에서의 상대이온의 확산 속도에 의해 제한된다. 평형은 각 입자 내부의 어느 지점에서나 존재한다고 가정할 수 있고 시간에 따른 농도 변화의 예측은 비정상상태 확산 방정식의 해를 필요로 한다. 공학적 응용을 위해서 물질전달 속도는 총괄계수 $K_c a$ 및 용액의 농도와 평균 입자 농도와 평형을 이루는 농도 c^*에 기준한 구동력을 이용하여 어림할 수 있다. 충전층에서의 속도는 이 구동력에 비례한다.

$$r = K_c a(c - c^*) \tag{25.32}$$

$$\frac{1}{K_c} = \frac{1}{k_{c,\text{ext}}} + \frac{1}{mk_{c,\text{int}}}$$

a = 단위 층 부피 당 외부 면적

m = 외부 대 내부 농도의 비

외부 물질전달계수는 17장에서 설명한 충전층에 대한 상관관계식으로부터 예측될 수 있다.

$$\text{Sh} = 1.17\,\text{Re}^{0.585}\text{Sc}^{1/3} \tag{17.78}$$

구형 충전층의 단위 부피 당 면적은 $6(1-\varepsilon)/D_p$이다. 여기서 ε은 외부 공극율이다. 내부계수는 유효확산계수와 입자 지름의 10분의 1에 해당하는 확산거리에 근거해서 구한다[식 (10.30)과 식 (17.81) 참조].

$$k_{c,\text{int}} = \frac{10D_e}{D_p} \tag{25.33}$$

교환수지에서 이온들의 확산도는 제한된 내부 공극율, 굴곡도 및 작은 기공에서 어느 정도 방해받는 확산 때문에 외부 용액에서의 확산보다 낮다. 1가 이온의 경우, 유효확산도는 정상 값보다 약 한 자리수 크기가 낮으나, 2 가 이온의 경우에는 두 자리수 크기만큼 낮다[14b]. 다행하게도 확산에 대한 내부저항은 가끔 외부 저항보다 크지 않고 외부 용액에서 낮은 농도로 m이 아주 크게 되기 때문에 유효확산도가 낮음에도 불구하고 내부저항이 무시될 수도 있다. 10^{-3} M의 용액인 경우 수지에서의 농도가 약 2 몰이기 때문에 m은 약 2,000 이다. 따라서 외부저항은 10배 또는 100배 낮은 내부 확산도로 조절된다.

그림 25.15에 있는 favorable 평형곡선을 갖는 유형에서 물질전달 영역은 곧 일정한 길이를 얻고 파과곡선의 모양은 층의 길이에 따라 변하지 않는다. 이 곡선의 가파름은 흡착의 경우(그림 25.11 참조)에서와 같이 물질 전달 단위 수와 조절 저항의 성질에 의존한다. 파과곡선의 정확한 모양과 t_b 값은 예측하기 어려우며, 큰 장치는 경험에 바탕을 두고 작은 탑으로 한 시험에 근거해서 설계한다. 입자 크기와 액체 속도가 일정하고 조심해서 원료의 분포를 균일하게 하면 미사용된 층(LUB)의 길이는 큰 탑에서도 변해서는 안 된다. favorable 형의 평형곡선을 가지면 LUB는 단지 몇 인치로 정상 층 길이의 작은 분율일 뿐이다.

다 써버린 층의 재생은 층을 통해서 산, 염기, 또는 염의 농축액을 통과시켜 수행된다. 농축액을 사용함으로써 최소 재생시간이 감소되고, 그림 25.15에서 설명한 것처럼 다(多)가 이온에 대한 강한 선호도가 훨씬 줄어든다. 평형곡선이 거의 직선일 때 물질전달 영역의 폭은 층 길이에 따라 증가한다(그림 25.12 참조). 완전(거의 완전) 재생에 대한 시간은 최소 재생 시간보다 훨씬 클지 모르지만 그래도 주기 중에서 용질 제거 부분에 대한 파과시간보다는 상당히 짧다.

예제 25.7

짧은 이온교환 구슬 층을 이용하여 0.008 M 용액으로부터 금속 이온을 제거하기 위한 실험실 시험 결과 평형 용량이 1.15 mmol/mL인 것과 비교하여 파과($c = 0.02c_0$)에서 유효 층 용량이 0.75 mmol/mL임을 알았다. 층은 지름이 2 cm이고 길이가 30 cm이다. 겉보기 속도는 0.40 cm/s(5.9 gal/min·ft^2)이다. (a) 큰 이온교환 탑은 지름이 0.6 m이고 길이가 1.5 m로 3 gal/min·ft^{2}에서 운전된다. 실험실 시험에서와 똑같은 LUB를 가정해서 t_b와 파과에서 유효 층 용량을 계산하라. (b) 속도의 변화가 LUB와 유효 용량에 어떤 영향을 주는가? (c) 재생이 3 gal/min·ft^{2}에서 2 M NaCl 용액으로 행해지고 용액이 최소량의 2배를 사용한다면 재생 시간은 얼마나 될까?

풀이

(a) 실험실 탑에서 미사용층의 길이는

$$\frac{t_b}{t^*} = \frac{0.75}{1.15} = 0.652 = 1 - \frac{\text{LUB}}{L}$$

$$\text{LUB} = (1 - 0.652)(30) = 10.4\ \text{cm}$$

큰 층에서 같은 LUB인 경우,

$$\frac{t_b}{t^*} = 1 - \frac{10.4}{150} = 0.931$$

유효 용량은 0.931(1.15) = 1.07 mmol/mL(또는 mol/L)이다.

식 (25.2)로부터

$$t^* = \frac{\rho_b L W_{\text{sat}}}{u_0 c_0}$$

$$\rho_b W_{\text{sat}} = 1.15\ \text{mol/L}$$

$$u_0 = \frac{3\ \text{gal}}{\text{min}\cdot\text{ft}^2} \times \frac{3,785\ \text{cm}^3/\text{gal}}{60\ \text{s/min}} \times \frac{1}{930\ \text{cm}^2/\text{ft}^2} = 0.204\ \text{cm/s}$$

$$t^* = \frac{1.15\ \text{mol}}{\text{L}} \times \frac{150\ \text{cm}}{0.204\ \text{cm/s} \times 0.008\ \text{mol/L}} \times \frac{1}{3,600} = 29.4\ \text{h}$$

$$t_b = 0.931(29.4) = 27.4\ \text{h}$$

(b) 강한 favorable 평형의 경우, 그림 25.11의 파과곡선은 외부경막 조절일 때 $N(\tau-1) = -2.9$임을 보여준다. $N = k_c aL/u_0$이고 $k_c a$는 약 $u_0^{1/2}$에 따라 증가하기 때문에 실험실 속도의 약 반이 되면 $k_c a$를 감소시키지만 N을 $\sqrt{2}$ 만큼 증가시켜 LUB ≅ 7 cm 그리고 $t_b \cong 0.95t^*$가 된다. 만일 내부와 외부 둘 다 중요하면 $k_c a$는 그다지 감소하지 않고 LUB는 더 짧아진다.

(c)

$$t^* = \frac{1.15\ \text{mol}}{\text{L}} \times \frac{150\ \text{cm}}{0.204\ \text{cm/s} \times 2.0\ \text{mol/L}} \times \frac{1}{60} = 7.05\ \text{min}$$

$$t = 2t^* = 15.1(\text{재생을 위해})$$

■

25.3.3 이온 교환기의 조작

반연속식 운전을 위한 이온교환 계는 한 개가 항상 운전 중일 수 있도록 적어도 두 개의 탑을 필요로 한다. 재생을 위한 시간이 짧을 때 이온 제거를 위해 두 개의 층을 직렬로 하면 돈을 절약할 수 있다. 파과가 두 번째 층에서 일어나면 첫 번째 층은 재생으로 돌리고 먼저 재생된 층은 직열로 두 번째 층에 둔다. 이렇게 하면 이온교환수지의 재고는 줄며 오직 완전히 포화된 층만이 재생되어 보다 효율적이 된다.

원료 용액은 통상적으로 층을 통해서 아래로 1 내지 5 gal/min · ft^2(1 gpm/ ft^2 = 0.67 ft/min)의 유량으로 내려간다. 파과 후에는 층을 조업 라인에서 빼어 작은 입자들이나 층에 박힌 침전물들을 제거하기 위해서 물을 상향으로 흘려 층을 역세척시킨다. 역세척하는 동안 층이 유동화되어 50 내지 100% 팽창하여 수지층 위에 충분한 머리공간을 확보해야 한다. 재생 용액은 2 내지 5 gal/min · ft^2로 층을 통해 아래 또는 위로 통과된다. 상대이온들은 층의 원료 쪽 근처에 농축하는 경향이 있기 때문에 재생 용액의 맞흐름을 이용하면 강하게 박혀있는 상대이온을 제거하는 데 보다 효율적이다. 그렇지만 보통은 재생제와 원료가 아래로 흐르는 나란흐름 배열이 이용되고 있다.

아주 순수한 물을 만들기 위해서는 양이온과 음이온 교환수지를 둘 다 사용한다. 강한 양이온 수지는 양이온들을 H^+ 이온들로 바꾸고 다음 탑에서 음이온 교환수지는 음이온을 제거하고 OH^- 이온들을 만들면 이들이 반응해서 H_2O를 생성한다. 때에 따라서는 재생을 촉진하기 위해서 여러 가지 방법으로 배열된 강-산, 약-산, 강-염기, 및 약-염기 수지들의 조합을 직렬로 연결하여 셋 또는 네 개의 층이 이용된다. 탈이온화(deionization)는 양이온과 음이온의 혼합층으로 이루어질 수 있다. 음이온 수지가 더 가볍고 더 쉽게 뜨기 때문에 수지 구슬들은 재생하기 전에 약한 유동화로 분리된다[8].

25.4 크로마토그래피

크로마토그래피(chromatography)는 기체나 액체의 다성분 혼합물의 분리를 위한 공정의 한 부류에 주어진 이름이다. 크로마토그래피는 고체층 또는 고정상으로서 고정화된 액체 및 분리될 물질의 단속적 원료공급을 이용한다. 혼합물의 성분들은 층을 통해 이동되거나 이동상(mobile phase)이 되는 운반 기체나 액체의 연속 흐름에 의해 유출(elute)된다. 원료 성분들은 이동상과 고정상 사이에 분할하며 분배계수가 다르기 때문에 층을 통해 다른 속도로 이동한다. 층(bed) 또는 관(column)이 충분히 길면 모든 성분들은 별개의 펄스(pulse)로서 잇따라 나타나며 출구에 있는 측정기는 이동상 내 각 성분의 농도를 보여준다.

크로마토그래피라는 말은 식물세포 안료의 액체 혼합물을 분리하려고 유리관을 사용했을 때 나타난 색의 띠로부터 유래되었다. 지금은 그것이 다른 유사한 분리에 응용된다. 관, 측정기, 및 유량과 온도를 조절하는 데 관련된 장치는 **크로마토그래프**(chromatograph)라고 불린다. 각 성분의 봉우리를 나타내는 측정기 신호의 도시(plot)는 **크로마토그램**(chromatogram)이다. 전형적인 크로마토그램은 그림 25.16에 나타내었다.

크로마토그래프는 이동상과 고정상의 성질에 의해 분류된다. 기체 크로마토그래피(GC)는 고정상이 고체 흡착제인 GSC를 포함하고, 그리고 다공성 고체 속에 들어있는 분자량이 큰 액체가 고정상인 GLC를 포함한다. 원료의 성분들은 보통 상 사이에 일정한 비율로 분할하기 때문에 GLC가 GSC보다 더 평범하며 이때문에 크로마토그램에서 대칭형 모형이 된다. GSC에서 한 성분이 비선형 등온선을 갖고 강하게 흡착되면 그렇게 생긴 봉우리는 긴 꼬리를 갖는 비대칭이 되어 다른 봉우리로부터 분리를 어렵게 만든다. GLC에서 공급원료는 기체일 수 있으나 보통 소량 기화기에 주사한 액체로 운반기체에 의해 컬럼(column)으로 쓸려 들어간다. 다른 성분들의 아주 낮은 농도가 열전도도나 밀도를 측정하던가 또는 불꽃 이온화 검출기를 사용하여 구할 수 있기 때문에 보통 헬륨(He)이나 수소가 운반기체로 사용된다.

크로마토그래피(LC)에 의한 액체 혼합물의 분리는 고체 고정상, LSC 또는 고정상으로 비혼화성 액체, LLC를 갖는 컬럼에서 수행된다. 액체 크로마토그래피에서 확산 저항은 중요하며 작은 입자를 사용하면 수기압의 압력강하를 가져올 수 있지만 성능은 고정상으로 아주 작은 입자들을 사용하여 향상된다. **고성능 액체 크로마토그래피**(high-performance liquid chromatography, HPLC)는 고압에서 아주 미세한 입자와 높은 유량으로 수행되는 분리에 적용된다.

겔 투과 크로마토그래피(gel permeation chromatography)에서는 다른 분리 원리가 이용된다. 액체에 용해되는 분자량이 큰 고분자 물질이나 생체재료 혼합물은 고정상에서 큰 분자들이 일부 기공으로부터 배제되기 때문에 분별된다. 분자들은 크기별로 분리되어 가장 큰 것이 먼저 나오고 가장 작은 것이 맨 마지막으로 유출된다. 이것은 다른 크로마토그래피 과정의 유출 순서와 반대가 된다.

단속적인 원료공급과 작은 펄스의 원료공급 물질은 관으로부터의 생산속도를 아주 느리게 하고 단위 제품당 분리 비용이 크기 때문에 크로마토그래피는 주로 분석 수단으로 이용된다. 또한 나중에 설명하는 바와 같이 큰 관으로 규모를 확대하는 데도 문제가 있다. 큰 규모의 크로마토그래피나 정제용(preparative) 크로마토그래피는 고가 제품이나 다른 수단에 의한 분리가 아주 곤란한 경우에 정당화될 수 있다.

기-액 크로마토그래피

기-액 크로마토그래피에서 공급 시료의 각 성분은 운반기체의 속도에 비례하고 고정상 더하기 이동상 용량에 역비례하는 속도로 관을 통해 이동한다. 성분 A에 대한 평형관계식을 몰분율로 표시하면 다음과 같이 된다.

$$y_A = \frac{p_A}{P} = \frac{\gamma_A x_A P'_A}{P} \tag{25.34}$$

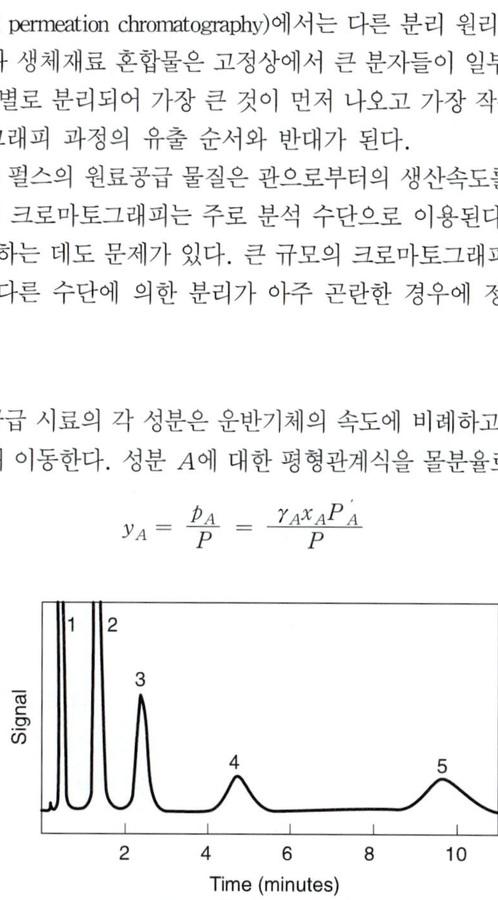

그림 25.16 C_1부터 C_5까지 n-alkylbromide의 크로마토그램(자료 : S. Dal Nogare and R. S. Juvet, Jr.: Gas-Liquid Chromatography, Theory and Practice, Interscience, New York, 1962)

기상과 액상에서의 질량농도로 전환하면 다음이 된다.

$$c_{A,l} = x_A\left(\frac{\rho_l}{M_l}\right)M_A = x_A\rho_{M,l}M_A \tag{25.35}$$

$$c_{A,g} = y_A\rho_{M,g}M_A \tag{25.36}$$

식 (25.34)부터 식 (25.36)까지 합하면 다음과 같이 된다.

$$c_{A,l} = \frac{P}{\gamma_A P_A'}\left(\frac{\rho_{M,l}}{\rho_{M,g}}\right)c_{A,g} \tag{25.37}$$

단위 부피 당 용매상의 질량 w는 층의 밀도에다 용매 부하율 s를 곱한 것과 같다.

$$w = \rho_b s \tag{25.38}$$

층의 단위 부피 속에 있는 성분 A의 평형질량은 기공 부피에 있는 양에다 고정상에 용해된 양을 합한 것이다.

$$m_A = \varepsilon c_{A,g} + \left(\rho_b s\frac{P}{\gamma_A P_A'}\frac{\rho_{M,l}}{\rho_{M,g}}\right)c_{A,g} \tag{25.39}$$

잘 분리된 봉우리를 얻기 위해서는 공급원료 펄스가 아주 적다. 그러면 x_A는 작게 되고 γ_A는 거의 일정하게 된다. 그러면 등온조작을 위해서는 괄호 속의 항은 일정하며 분배계수 K_A가 된다. $\rho_{M,g}$가 압력에 비례하기 때문에 컬럼에서의 압력 변화는 K_A를 변화시키지 않는다.

$$m_A = c_{A,g}(\varepsilon + K_A) \tag{25.40}$$

운반기체가 겉보기 속도 u_0로 컬럼을 통해 지나갈 때 실제 평균속도는 u_0/ε이며 용매에 의해 흡수되지 않은 성분은 t 시간에 컬럼을 나간다.

$$t = \frac{L\varepsilon}{u_0} \tag{25.41}$$

이동상과 고정상 사이에 분배하는 성분은 느린 속도로 움직이며 펄스의 중간점은 체류 시간 t^*에서 컬럼을 떠난다.

$$t_A^* = \frac{L(\varepsilon + K_A)}{u_0} \tag{25.42}$$

식 (25.42)는 흡착의 파과곡선에 대한 식 (25.3)과 비슷하다.

대부분의 GLC 분석에서 $K_A \gg \varepsilon$이며 잡아둠 시간은 본질적으로 K_A에 비례한다. 2성분 혼합물의 분리인 경우 잡아둠(retention) 시간의 비는 충분히 커서 크로마토그램상의 봉우리들이 겹치지 않는다. ε이 무시될 때 이 비는 다음과 같다.

$$\frac{t_A^*}{t_B^*} = \frac{K_A}{K_B} = \frac{\gamma_B P_B'}{\gamma_A P_A'} \tag{25.43}$$

액체 혼합물이 이상적이면 잡아둠 시간의 비는 오직 증기압의 비에 의존하며 낮은-기포점 성분 또는 성분들이 먼저 나간다. 그렇지만 성분들의 극성이 아주 다르면 용매를 적절히 선정하여 높은 기포점 물질이 낮은 기포점 물질 전에 나오도록 활동도 계수를 아주 다르게 만들 수 있다.

봉우리 넓힘

컬럼을 통과함에 따라 물질전달 저항, 축방향 확산, 및 평류로부터 벗어남 때문에 각 개별 펄스는 그 응답이 넓어진다. 주입된 시료가 아주 적고 분배계수가 일정하면 펄스는 모양이 Gaussian이 되며 크로마토그램 상의

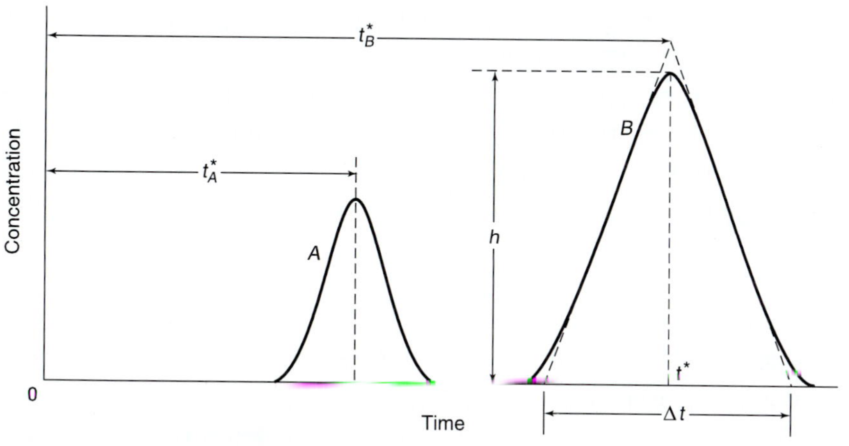

그림 25.17 2성분 혼합물의 전형적인 크로마토그램

봉우리(peak)들은 평균 잡아둠 시간, 봉우리 높이 및 표준편차에 의해 특성화된다. 표준 분포의 경우 변곡점의 접선이 바탕선을 $t^* \pm 2\sigma$ 에서 교차하여 그림 25.17의 폭 Δt는 4 표준편차에 해당한다. 곡선 밑의 면적은 그 성분의 양이다. 정확한 값은 보정인자를 사용해서 구할 수 있다.

크로마토그래피의 초기 연구에서 컬럼은 평형단의 배열에 맞먹는 것으로 생각했고 이상단의 수, NTP 또는 N은 크로마토그램 상의 봉우리의 상대적 폭으로부터 구했다[7].

$$N = 16\left(\frac{t^*}{\Delta t}\right)^2 \tag{25.44}$$

봉우리 퍼짐 측정을 이용해서 N을 구할 수 있다. 봉우리의 중간점까지 사용된 운반기체의 부피는 잡아둠 부피(체류부피, retention volume) V_R이라고 하며 N은 다음 관계식으로부터 계산될 수 있다[15].

$$N = \left(\frac{V_R}{\sigma}\right)^2 \tag{25.45}$$

그림 25.17의 봉우리 B의 경우, $t^*/\Delta t = 2.65$이고 식 (25.44)으로부터 $N = 112$이다. 봉우리 A를 이용해서도 거의 같은 N 값을 얻는다. 그러나 확산의 차이가 봉우리 넓힘에 영향을 주기 때문에 이상단 수는 다른 성분들에 대하여 정확하게 같지는 않다. 공급원료의 성분들이 넓은 범위의 분자량과 잡아둠시간을 가질 때 N의 변화는 보다 분명하다.

이 예의 경우 $t_B^* \cong 2t_A^*$이기 때문에 분리가 쉽고 비교적 짧은 컬럼이 사용된다. 분배계수가 오직 10 내지 20%만큼만 다르면 훨씬 큰 N 값이 필요하게 된다. 두 성분을 잘 분리하기 위해서는 잡아둠시간의 차이가 봉우리 폭의 합의 반과 같거나 그 이상이어야 한다.

$$t_B^* - t_A^* \geq \frac{\Delta t_B}{2} + \frac{\Delta t_A}{2} \tag{25.46}$$

잡아둠 시간들의 비를 α 라고 하며 이것은 분배계수의 비[식 (25.43)]이다. 두 성분에 대하여 N이 같으면, 식 (25.43), (25.44), 및 (25.46)을 합해서 다음과 같이 된다.

$$t_A^* + \frac{2t_A^*}{\sqrt{N}} = t_B^* - \frac{2t_B^*}{\sqrt{N}} = \alpha t_A^*\left(1 - \frac{2}{\sqrt{N}}\right) \tag{25.47}$$

식 (25.47)을 재정리하면 최소단 수에 대한 식이 된다.

$$N_{\min} = 4\left(\frac{1+\alpha}{\alpha - 1}\right)^2 \tag{25.48}$$

α가 낮은 값이면 많은 단 수와 상대적으로 긴 컬럼이 필요하다. 잡아둠 시간은 컬럼 길이에 비례하지만 봉우리 폭은 단지 N 또는 L의 제곱근에 따라 증가하여 분리가 컬럼 길이에 따라 향상된다. 다행히 1 또는 2 m 길이의 GLC 컬럼이 1,000 이상의 이론단을 가져서 아주 낮은 α 값을 가져도 분리가 가능하다. 작은 입자가 사용될 때 이론단의 높이, HETP 또는 H는 가끔 0.1 cm 이하이다. 입자 크기와 기체 속도가 H에 미치는 영향을 보여주는 데이터[17]가 그림 25.18에 있다. 가장 낮은 H는 가장 미세한 입자로 5 내지 10 cm/s의 기체 속도에서 얻은 것이다. 곡선들의 일반적 모양은 van Deemter 등[24]의 이론과 일치한다.

$$H = A + \frac{B}{u} + Cu \tag{25.49}$$

A 항은 충전층에 있는 도랑의 불규칙성으로 생긴 봉우리 넓힘과 관련되며 대개 D_p의 작은 배 수이다. B/u 항은 축방향 분자 확산의 영향과 관계된다. 이 항은 D_v에 따라 증가한다. 낮은 기체 속도에서 운반기체로 He 또는 H_2를 사용하면 N_2 보다 H 값이 더 커진다. 세 번째 항은 이동상과 고정상 사이의 물질전달에 기인한 넓힘과 관계된다. 즉 외부 기체경막과 고체의 열린 기공에서 확산에 대한 저항이 포함된다. C 항은 액상으로의 확산 영향이 포함된다. 기상과 액상에서 확산의 상대적인 중요성은 기공에서 액체 요소의 크기와 분포에 의존하기 때문에 그것을 예측하기는 어렵다. 액체 부하가 단지 고체의 2 내지 5%라면 액체 요소의 두께와 확산에 대한 저항은 작다. 기공들이 거의 액체로 차 있으면 액체에서의 평균 확산거리와 기체에서의 평균 확산거리가 비교되지만 액체에서의 확산이 훨씬 낮기 때문에 액체의 저항이 지배적이다.

기체 흡수나 기체 흡착에 대한 HTU 값이 훨씬 큰 것에 비해서 GLC 컬럼에서 HETP 값이 낮은 것은 놀라운 것일지 모른다. $D_p \cong 4$ cm이고 $u_0 \cong 100$ cm/s인 전형적인 암모니아 흡수장치에서 $H_{Og} \cong 30$ 내지 60 cm이다(그림 18.22 참조). 흡수장치가 작은 입자를 가지면 물질전달 면적을 증가시키고 기체속도가 낮으면 낮은 HTU에 기여한다. 예제 25.2와 25.3을 참고하면 $D_p = 0.37$ cm이고 $u_0 = 58$ cm/s인 부탄올 흡수장치는 $H_{Og} = L/N = 8.0/3.17 = 2.5$ cm로서 심각한 내부 물질전달 저항에도 불구하고 흡수장치 보다 10배 이상 더 작다. 더욱 더 작은 입자(40 내지 50 mesh, $D_p = 0.04$ cm)와 $u_0 \cong 5$ cm/s인 GLC의 경우 H_{Og}는 a에서 10배 그리고 k_c에서 10배 증가하기 때문에 흡착의 경우보다 적어도 100배 더 작거나 또는 어림한 물질전달 속도에 근거해서 약 0.02 cm이다. 그림 25.18에서 보는 바와 같이 이러한 조건에서 GLC에 대해 보고된 HETP는 약 0.08 cm이다. 봉우리 넓힘이 이동상과 고정상 사이의 물질전달에 기인한다면 HETP와 H_{Og}는 대략 같다. 여기서의 차이는 van Deemter 식에서 축방향 분산 항들인 A와 B/u의 중요성을 반영한 것이다.

정제용 크로마토그래피(preparative chromatography)

크로마토그래피 공정이 상업적 생산을 위해서 규모확대될 때 탑의 지름을 키우면 균일하지 않은 흐름 분포와 벽 효과 때문에 봉우리 확장이 커진다. 탑의 충전시 주의를 기울이지 않고 원료공급에 균일한 분포를 주지 않으면 HETP가 몇 배 커질 수 있다. 좁은 범위의 입자 크기를 사용하고 충전하는 동안 탑에 진동을 주면

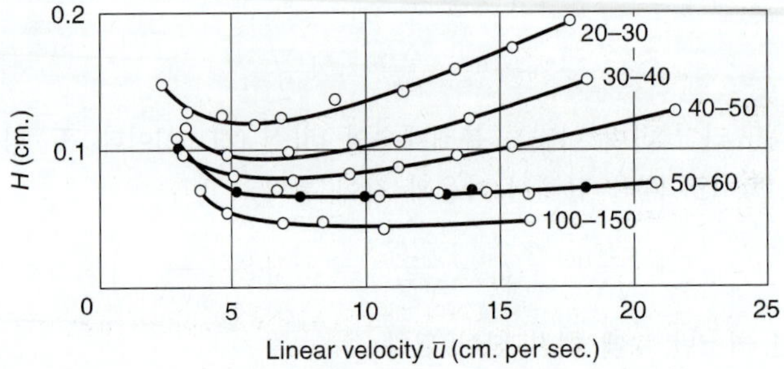

그림 25.18 여러 가지 d_p (B.S.S. mesh 범위 인용)를 갖는 충진탑에서 $\bar{u}$에 대한 H의 의존성에 대한 실험 데이터 (검은 원은 중복 실험 데이터임, 자료 : H. Purnell, Gas Chromatography, Wiley, 1962)

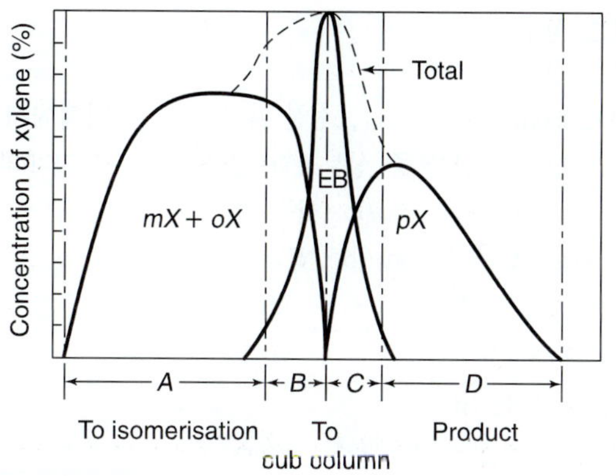

그림 25.19 혼합 자일렌의 대규모 크로마토그래피[20]

표 25.2 2성분 혼합물 분리에 필요한 이론 단

α	$N_{\text{min, dist}}$	$N_{\text{min}} \times 2$	$N_{\text{chromatograph}}$
4	6.63	13.3	11
2	13.26	26.5	36
1.5	22.67	45.3	100
1.2	50.4	101	484
1.1	96.4	193	1,764
1.05	188	377	6,724

HETP를 실험실 값에 가깝게 할 수 있다. 흐름을 재 분산시키기 위해서 규칙적인 간격으로 분리판을 넣을 수 있지만 이런 분리판을 설치함으로 해서 HETP가 탑의 지름에 따라 더욱 증가한다[19a].

대규모 크로마토그래피는 주로 액체의 분리에 이용된다. 한 가지 예는 제올라이트 흡착제를 사용하여 혼합 자일렌으로부터 *p*-자일렌을 회수하는 Asahi 공정이다[20]. 공급원료는 짧은 기간동안 단속적으로 공급되며 이성체들은 액체 탈착제의 연속흐름에 의해 주 탑을 통해 이동된다. 원료 펄스의 크기와 성분들 간의 상호작용 때문에 봉우리들은 모양이 Gaussian이 아니다. 그림 25.19에서 보는 바와 같이 4개의 분획물들이 포집되었다. 약하게 흡착된 *m*-자일렌과 *o*-자일렌이 있는 첫째 구획물은 *p*-자일렌을 더 생산하기 위해 이성질화 장치로 되돌아간다. 다음의 두 구획물들은 에틸벤젠, *p*-자일렌, 및 혼합 자일렌을 생산하기 위해 별개의 보조탑으로 보내진다. 모든 성분들의 완전한 분리는 소량의 원료 펄스를 주는 긴 탑에서 주로 이루어지지만 시간당 용량이 줄어들고 생산비용이 증가한다.

크로마토그래프법 분리에 필요한 이론단 수를 분별 증류에 의해 99% 순도의 제품을 생산하는 데 필요한 수와 비교하는 것은 흥미있는 일이다. 증류에서의 단 수는 Fenske 식[식 (21.45)]으로부터 계산된 최소단 수의 2배를 취했다. 표 25.2에서 보는 바와 같이 α가 클 때에는 많은 차이가 없지만 α가 1.0에 접근함에 따라 크로마토그래프에 대한 N은 증류에서의 N_{min}보다 훨씬 빨리 증가한다.

25.5 기호 설명

A	층의 단면적, m^2 또는 ft^2; 또한, 식 (25.49)의 상수
a	층 단위 부피 당 외부 표면적, m^{-1} 또는 ft^{-1}

B 식 (25.49)에 있는 상수

C 식 (25.49)에 있는 상수

c 농도, g/cm^3 또는 ppm(mg/L); c_A, 성분 A의; $c_{A,g}$, 기체에서; $c_{A,l}$, 액체에서; c_0, 원료 속의; c_1, c_2, 다성분 혼합물 중 성분 1과 성분 2의; c^* 고체의 농도와 평형을 이루는 농도

c_p 유체의 열용량, J/g · °C 또는 Btu/lb · °F

c_s 고체의 열용량, J/g · °C 또는 Btu/lb · °F

D 지름, m 또는 ft; D_p, 입자의

D_e 유효확산도, cm^2/s 또는 ft^2/h

D_v 부피확산도, cm^2/s 또는 ft^2/h

F_A 층 단위 단면적 당 흡착질의 공급속도, g/cm^2 · s

f 휴개씨티, atm 또는 mm Hg; f_s, 포화액체의

H 이론단 또는 전달 단위의 높이, m 또는 ft; H_{Og}, 기상에서의 총괄계수에 기준한

$\mathscr{H}_R$ 상대습도

K 흡착 등온식의 상수; K_1, K_2, 다성분 흡착질들의; 또한, 분배계수; K_A, K_B 성분 A와 B의

K_c 총괄 물질전달계수, m/s 또는 ft/s

$K_c a$ 부피 총괄 물질전달계수, s^{-1}

K_{eq} 화학반응에서 평형정수; K', 농도에 기준한

k_c 개별 물질전달계수, m/s 또는 ft/s; $k_{c,\text{ext}}$, 외부경막에 대한; $k_{c,\text{int}}$, 내부 확산에 대한

$k_c a$ 부피 개별 물질전달계수, s^{-1}

L 층을 통과한 거리, m 또는 ft; L_T, 층의 총 길이; L_{sat}, 층의 포화부분 길이

M 분자량; M_A, 성분 A의; M_l, 액체의

m Freundlich 식의 지수

m_A 단위 층 부피 당 성분 A의 평형 질량, kg/m^3 또는 lb/ft^3

m_C 층에 있는 탄소의 총 질량, kg 또는 lb

N 물질전달 단위 수 또는 이론단 수; N_f, 외부경막에 기준한; N_p 기공확산에 기준한; $N_{\min}$, 최소 전달단위 수 또는 최소 이론단 수

N_H 열전달 단위 수

P 전압, atm 또는 mm Hg; P' 증기압; P'_A, P'_B, 성분 A와 B의

p 분압, atm 또는 mm Hg; p_A, 성분 A의

Re Reynolds 수, $D_p u_0 \rho / \mu$

S 고체의 내부 표면적, m^2/g 또는 ft^2/lb

Sc Schmidt 수, $\mu / \rho D_v$

Sh Sherwood 수, $k_c D_p / D_v$

s 용매 부하율

T 온도, °C, K, °F 또는 °R; T_g, 기체의; T_s, 고체의; T_0, 초기 값

t 시간, s 또는 h; t_b, 분기점에서의; t_0, 흡착 초기의; t_1, 흡착층의 첫 부분을 포화하는 데 걸리는; t^*, 수직 파과곡선에 대한 이상흡착시간; t^*_A, t^*_B, 성분 A와 B의

U 총괄 열전달계수, W/m^2 · °C 또는 Btu/ft^2 · h · °F

Ua 부피 총괄 열전달계수, W/m^3 · °C 또는 Btu/ft^3 · h · °F

u_0 유체의 겉보기 속도, cm/s, m/s 또는 ft/s

V 정상 기포점에서 몰부피, cm^3/g mol

v_z	전달영역의 속도, cm/s 또는 ft/s
W	흡착질 부하, g/g(고체); W_b, 분기점에서의; W_{max}, $c \to \infty$일 때 최대값; W_{sat}, 유체와 평형에서의; W_0, 초기값; W_1, 다성분 흡착질 중 성분 1의
w	단위 층 부피당 용매의 질량, kg/m^3 또는 lb/ft^3
x	액체에서의 몰분율; x_A, 성분 A의; x_E, 추출상에서의; x_R, 추출잔류상에서의
y	기체에서의 몰분율; y_A, 성분 A의; y_E, 추출상에서의; y_F, 원료에서의; y_R, 추출잔류상에서의

약 자

GC	Gas chromatography; GLC, gas-liquid chromatography; GSC, gas-solid chromatography
GPC	Gel permeation chromatography
HETP	Height equivalent to a theoretical plate
HTU	Height of a transfer unit
LUB	Length of unused bed
PSA	Pressure-swing adsorption

그리스 문자

α	잡아둠 시간의 비, t_B^*/t_A^*
γ	활동도 계수; γ_A, γ_B, 성분 A와 B의
ΔP	흡착탑에서 압력 강하, lb$_f$/ft^2 또는 in. H_2O
Δt	크로마토그램에서 봉우리의 폭; Δt_A, Δt_B, 성분 A와 B의
ε	층의 외부 공극율
μ	절대점도, Pa·s, cP 또는 lb/ft·h
ρ	밀도, kg/m^3 또는 lb/ft^3; ρ_L, 액체의; ρ_b, 층의 벌크 밀도; ρ_p, 입자의 밀도
ρ_M	몰 밀도, kmol/m^3 또는 lb mol/ft^3; $\rho_{M,g}$, 기체의; $\rho_{M,l}$, 액체의
σ	표준 편차, 시간 또는 부피의 단위
τ	식 (25.9)으로 정의된 매개변수, 무차원
Φ_s	구형도, 무차원

연습 문제

25.1 6×10 mesh 활성탄소에 흡착시켜 25°C, 1 atm에서 공기흐름 중의 메틸에틸케톤(MEK)을 회수하려고 한다. 공기유속은 12,000 std ft^3/min이고, 공기에는 0.40 lb MEK/1,000 std ft^{3}가 있다. 겉보기 속도가 0.5 ft/s이고, 흡착주기가 적어도 8 h라면, 흡착층 크기는 얼마이어야 하는가? 탄소의 겉보기 밀도는 30 lb/ft^{3}로 가정하라.

25.2 입상 탄소를 사용하여 폐수 속의 페놀(phenol)을 제거한다. 겉보기 속도 0.03 m/s로 10 × 20 mesh 탄소를 이용할 때, 4 m 흡착층의 전달단위 수를 산출하라. 입자 속에서의 유효확산도는 겉보기 확산도의 0.2배로 취할 수 있다.

25.3 20°C에서 상대습도가 50%인 공기가 8 atm으로 압축되고, 30°C까지 냉각되어 물의 일부를 응축시키고, 실리카 겔 건조기에서 건조된다. 공기 중에 있는 물의 몇 할(%)이 응축기에서 제거되는가? 흡착을 30°C에서 하고 흡착층의 평균온도를 50°C로 올릴 때 실리카 겔의 평형용량을 계산하라.

25.4 기상 흡착장치를 예비 설계한 결과 6 × 16 mesh 탄소 흡착층의 지름이 6 ft, 길이가 4 ft이었으며, 겉보기 속도는 60 ft/min이었다. 그러나 예측되는 압력강하, 16 in H_2O는 원하는 값의 두 배 이상이다. 같은 양의 탄소를 보다 넓고 얇은 층으로 만들어 사용한다면, 압력강하와 파과곡선의 가파르기에 미치는 영향은 어떻겠는가? 흡착층에 대한 적절한 설계치를 제시하라.

25.5 분자체(molecular sieve) 4A형을 갖고 질소를 건조하는 데이터가 Collins[6]에 의해 주어졌다. 파과곡선으로부터 포화용량을 계산하고, 분기점 농도 $c/c_0 = 0.05$를 기준해서 미사용된 흡착층 길이를 구하라.

$$T = 79°\mathrm{F} \qquad L_T = 1.44\ \mathrm{ft}$$

$$P = 86\ \mathrm{psia} \qquad \rho_b = 44.5\ \mathrm{lb/ft^3}$$

$$N_2\ \mathrm{feed} = 29.2\ \mathrm{mol/h \cdot ft^2} \qquad c_0 = 1,490\ \mathrm{ppm}$$

t, h	0	10	15	15.4	15.6	15.8	16	16.2
c, ppm	< 1	< 1	< 1	5	26	74	145	260
t, h	16.4	16.6	16.8	17	17.2	17.6	18	18.5
c, ppm	430	610	798	978	1,125	1,355	1,465	1,490

25.6 (a) 그림 25.4의 상관관계를 이용하여 예제 25.2의 조건에서 탄소에 흡착된 n-부탄올 양을 계산하고 실험 데이터와 비교하라. (b) 30°C, 1 atm의 공기에 있는 20 ppm의 부탄올 농도에 대한 탄소의 포화용량을 산출하라.

25.7 공기분리에 사용된 분자체 흡착제는 N_2에 대한 최고 용량이 30°C에서 0.046 g/g이고 데이터는 $K = 0.050\ \mathrm{atm}^{-1}$인 Langmuir 등온식에 맞는다. (a) 흡착제가 10 atm, 30°C의 공기에 노출될 때 포화용량은 얼마인가? (b) 20 ft/min의 겉보기 속도로 운전되고 있는 4 ft 깊이의 흡착층에 대한 이상 흡착시간을 계산하라. 펠렛(pellet) 밀도는 1.3 g/cm^{3}이다.

25.8 황이 담지된 알갱이 활성탄소를 이용하여 천연가스와 공기로부터 수은 증기를 제거하려고 한다. 화학반응으로 수은이 황화수은으로 바뀌기 때문에 흡착은 비가역이며 용량은 20 wt%에 달한다. (a) 공기로부터 수은 증기의 제거에 대한 흡착속도가 외부 물질전달 율속이라고 가정하여, 20°C, 75 cm/s의 겉보기 속도에서 4 × 6 mesh 탄소 흡착층의 총괄계수를 계산하라. (b) 입구농도가 10 μg/Nm^3(표준조건에서 계산한 기체부피 단위 m^{3}당 μg)이고 처리된 기체는 10^{-3} μg/Nm^3 이하가 되어야 한다면 최소 흡착층 길이는 얼마인가? (c) 50 cm 깊이의 흡착층인 경우, 파과까지의 어림 시간은 얼마인가?

25.9 공기로부터 염화비닐 단량체(VCM)를 제거하기 위한 흡착기가 4 ft 깊이의 BPL 탄소로된 두 개의 흡착층을 갖고 있으며, 파과에서 이 흡착층은 0.09 lb VCM/lb-carbon을 갖고 있다. 평균 흡착층 온도는 80°F이다. 흡착층은 200°F, 120 ft/min의 공기로 재생되며 배출기체는 소성된다. 더 높은 온도에서의 재생을 고려하고 있다. (a) 흡착층을 단열로 운전하고 탈착열이 기화열의 1.5배에 달한다고 하면, 온도 전면은 흡착층을 통해 얼마나 빨리 이동하는가? (b) 흡착층 속에 있는 전기 가열기를 이용하여 흡착층의 온도를 아주 빠르게 200°F까지 올릴 수 있다면, 기상에 있는 VCM의 평형농도는 얼마인가? 또한 공기흐름이 120 ft/min, 200°F에서 시작되면 탈착 전면은 흡착층을 통하여 얼마나 빨리 전진하는가? (d) 재생온도를 증가시키는 주요 장점은 무엇인가?

25.10 물 연화장치는 지름이 1 ft이고 길이가 1.5 ft인 수지층을 갖고 있다. 만일 물에 20 ppm Ca^{2+}, 10 ppm Mg^{2+}, 그리고 300 ppm Na^+가 있다면 수지가 재생을 필요로 하기 전에 몇 gal의 물이 처리될 수 있는가?

25.11 밀도가 1.2 g/cm^{3}인 입자로 이루어진 지름이 2 mm인 이온교환층이 15°C의 물로 역세척 된다. (a) 최소유동화속도를 산출하라. (b) $\overline{V_0} = 3\overline{V_{0m}}$의 경우 층 팽창을 산출하라.

25.12 지름이 1/4 in. 이고 길이가 12 in.인 실험실용 흡착탑을 20 × 32 mesh의 활성탄으로 충전하여 실험한 결과 공기에 섞여 있는 용매가 잘 제거되지만 t_b가 너무 짧고(1.5 h) 긴 층에서는 ΔP가 너무 크다는 것을 알았다. (a) 3-ft 층에 12 × 16 mesh 입자를 사용한다면 ΔP는 몇 배 변하겠는가? (b) 20 × 32 mesh 층에서 LUB가 4.0 in.였다면 더 큰 입자에서는 얼마가 되겠는가? 새로운 t_b 값은 얼마인가?

25.13 2성분계 기체혼합물을 GC로 예비 분석한 결과 $t_A^* \cong 15$ min, $t_B^* \cong 21$ min, 그리고 $\sigma_A \cong 2.1$ min로서 봉우리가 겹치는 것을 알았다. (a) N 과 α 값은 얼마인가? (b) 탑의 길이를 2배로 한다면 만족할만한 봉우리들의 분리를 얻을 수 있는가? 예측되는 크로마토그램의 모양을 그려보아라.

25.14 지름이 1.5 mm인 이온교환 입자 층을 사용하여 20°C에서 $u_0 = 0.6$ cm/s로 물을 탈이온시킨다. (a) $c_0 = 0.02$ M NaCl인 경우 $k_{c,\text{ext}}$, $k_{c,\text{int}}$, 및 K_c를 산출하라. (b) $L = 2$ m일 때 N을 산출하라.

참고 문헌

1. Anspach, F. B., D. Curbelo, R. Hartmann, G. Garke, and W.-D. Deckwer. J. *Chromatogr*. A. **865:**129 (1999).
2. Asher, W. J., M. L. Campbell, W. R. Epperly, and J. L. Robertson, *Hydrocarbon Proc*., **481**:134 (1969).
3. Berg, C., *Trans. AIChE*., **42**:665 (1946).
4. Broughton, D. B., *Chem. Eng. Prog*., **64**(8):60 (1968).
5. Broughton, D. B., R. W. Neuzil, J. M. Pharis, and C. S. Brearly, *Chem. Eng. Prog*., **66**(9):70 (1970).
6. Collins, J. J., *AIChE Symp. Ser*., **63**(74):31 (1967).
7. Dal Nogare, S., and R. S. Juvet, Jr., *Gas-Liquid Chromatography, Theory and Practice*, New York: Interscience, 1962.
8. Dickert, C., in R. E. Kirk, D. F. Othmer, J. I. Kroschwitz, and M. Howe-Grant(eds.), *Encylopedia of Chemical Technology*, Vol. 14, 4th ed. New York: Wiley, 1992, p. 749.
9. Furnas, C. C., *Trans. AIChE,* **24**:142 (1930).
10. Golovy, A., and J. Braslaw, *Environ. Progr*., **1**:89 (1982).
11. Grant, R. J., M. Manes, and S. B. Smith, *AIChE J*., **8**:403 (1962).
12. Grant, R. J., and M. Manes, *Ind. Eng. Chem. Fund*., **3**:221 (1964).
13. Hall, K. R., L. C. Eagleton, A. Acrivos, and T. Vermeulen, *Ind Eng. Chem. Fund*., 5:212 (1966).
14. Helfferich, F., *Ion Exchange,* New York: Dover, 1995 ; (a) p. 106, (b) p. 306.
15. Lewis, W. K., E. R. Gilliland, B. Chertow, and W. P. Cadogan, *Ind Eng. Chem*., **42:**1326 (1950).
16. McCreath, G. E., H. A. Chase, R. O. Owen, and C. R. Lowe, Biotechnol. Bioeng. **48:**341 (1995).
17. Purnell, H., *Gas Chromatography,* New York: Wiley, 1962.
18. Rohm and Haas Corp., *Technical Notes, Ambersorb Carbonaceous Adsorbents*, Philadelphia, 1992.
19. Ruthven, D. M., *Principles of Adsorption and Adsorption Processes*, New York: Wiley 1984 ; (a) p. 328, (b) p. 375, (c) p. 372.
20. Seko, M., T. Miyake, and K. Inada, *Ind. Eng. Chem. Prod. Res. Dev*., **18**:263 (1979).
21. Shuliger, W. G. Calgon Corp., personal communication.
22. Subba Rao, H. C., and M. M. David, *AIChEJ*., **3**:187 (1957).
23. Thommes, J., A. Bader, M. Halfar, A. Karau, and M.-R. Kula. J. *Chromatogr*. A. **752:**111 (1996).
24. van Deemter, J. J., F. J. Zuiderweg, and A. Klinkenberg, *Chem. Eng. Sci*., **5**:271 (1956).
25. Vermeulen, T., G. Klein, and N. K. Hiester, in J. H. Perry (ed.), *Chemical Engineers" Handbook*, 5th ed., sec. 16, New York: McGraw-Hill, 1973.

26 막 분리 공정

Membrane Separation Processes

기체나 액체 혼합물의 분리법 중에는 반투막(semipermeable membrane)을 사용하는 방법이 있는데, 성분에 따라 막 투과속도가 다른 점을 이용한다. 막에는 다공질 유리나 소결 금속 등 단단한 물질의 박막으로 만든 것도 있지만, 유연한 합성 고분자를 사용하여 특정 분자의 투과도(permeability)가 커지도록 한 것이 대부분이다. 이 장에서는 막에서의 용해도와 확산속도의 차이를 이용한 분리 프로세스를 다룬다. 다공질 막이나 비다공질 막(non-porous membrane)을 이용한 기체 혼합물의 분리에 관해 먼저 설명하고, 투과증발, 액-액 추출, 역삼투, 투석 등과 같은 액체 혼합물의 분리법에 관해 다룬다. 한외여과는 막의 세공에서 주로 큰 분자나 콜로이드 입자를 배제시켜서 분리하는 방법으로서, 여과의 일종이므로 29장에서 다룬다.

26.1 기체 분리

다공질 막

다공질 막을 통해 기체 혼합물이 저압 영역으로 확산되도록 하면, 분자량이 적은 성분일수록 확산속도가 빠르므로 막을 잘 통과하여 농축된다. 막의 세공(pore)이 기상의 평균 자유경로(mean free path, 표준 상태에서 1,000 Å 정도)보다 아주 작으면, 기체는 Knudsen 확산에 의해 독립적으로 확산되며, 세공 중의 확산계수는 세공 크기와 평균 분자 속도(average molecular velocity)에 비례하고, 평균 분자 속도는 분자량 M의 제곱근에 역비례한다. 원통형 세공 중에서 기체 A의 Knudsen 확산은 다음과 같다[식 (17.29) 참고].

$$D_A = 9,700r\left(\frac{T}{M_A}\right)^{0.5} \tag{26.1}$$

r = 세공의 평균 반지름, cm
T = 절대온도, K
D_A = Knudsen 확산계수, cm^2/s

막의 단위 면적 당 흘럭스는 유효 확산계수(effective diffusivity) D_e에 따라 달라진다. 막의 세공도(porosity)를 ε, 굴곡도(tortuosity)를 τ라 하면, D_e는 D_A보다 ε/τ만큼 적어진다. 세공도가 50% 정도인 막에서는 이

계수가 0.2~0.3 정도이다.

$$D_{eA} = \frac{D_A \varepsilon}{\tau} \cong \frac{1}{4} D_A \tag{26.2}$$

각 기체의 흘럭스는 농도구배에 비례하는데, 막 구조가 균일하고 기체의 상호작용이 없으면 농도구배는 선형적이다. 농도구배는 대개 분압구배(partial pressure gradient)로 나타내는데, 이상기체라 가정하면 다음과 같다.

$$J_A = D_{eA}\left(\frac{\Delta c_A}{\Delta z}\right) = D_{eA}\left(\frac{\Delta p_A / RT}{\Delta z}\right) \tag{26.3}$$

투과물(permeate)의 조성은 모든 성분의 흘럭스에 따라 달라진다. 2성분계에서 투과물 중의 성분 A의 몰분율은 다음과 같다.

$$y_A = \frac{J_A}{J_A + J_B} \tag{26.4}$$

등몰(equimolar) 2성분 혼합물일 경우 막에서의 전형적 압력구배는 그림 26.1에 보인 것과 같다. 여기에서는 기체 A의 확산계수가 기체 B의 2배이고(가령 헬륨과 메탄), 상류와 하류의 압력은 각각 2.4 및 1.0 atm이라 가정했다. 투과물 중의 A는 60%로서, 공급물 중의 50%에 비해 약간 농축된 셈이다. 이러한 농축에 의해 A의 구배가 B의 구배보다 적어지므로($\Delta p_A = 1.2 - 0.6 = 0.6$; $\Delta p_B = 1.2 - 0.4 = 0.8$), 투과물 중의 A가 60%일 경우, A의 흘럭스는 B의 흘럭스의 $2 \times (0.6/0.8) = 1.5$배에 불과하다. 공급물의 압력을 높이거나 투과물 쪽의 압력을 대기압 이하로 낮추면 투과물 중의 A의 조성은 약간 더 높아질 것이다. 투과물을 압축하여 막 분리를 반복하면 소량이지만 점점 순수한 투과물이 얻어질 것이다. 향류 다단 장치를 설계하여 투과물을 재순환시키면 높은 회수율로 고순도 제품을 얻을 수 있겠지만, 막 비용과 각 단에서의 압축 비용 때문에 이러한 프로세스는 일반적으로 비용이 아주 많이 들 것이다.

다공질 막을 이용한 기체 분리의 예로서 잘 알려진 것으로는, 헥사플루오르화물 $^{235}UF_6$와 $^{238}UF_6$에 의한 우라늄 동위체의 분리를 들 수 있는데, 대규모 시설로는 유일한 것이라 할 수 있다. 천연 우라늄 중의 ^{235}U의 함유량은 7%에 불과하고 이러한 헥사플루오르화물의 확산계수는 0.4% 밖에 차이가 나지 않으므로, ^{235}U이 4%인 제품과 ^{235}U이 0.25%인 잔류물로 분리하는 데도 1,000 단 이상이 필요하다[15].

세공 크기가 아주 작은 막은 γ-Al_2O_3와 같은 관형 다공질 지지체(support)의 세공에 고분자를 열분해에 의해 침착시켜서 만들 수 있다. 이러한 탄소 분자체 막(molecular-sieve membrane) 중에는 H_2 의 투과도가 CH_4의 투과도의 50~100인 것도 있는데[34], H_2와 CH_4의 분자 지름의 차이는 25%에 불과하다(부록 19 참고). 이러한 막은 고분자 막에 비해 고온에서 사용할 수 있다는 장점이 있다.

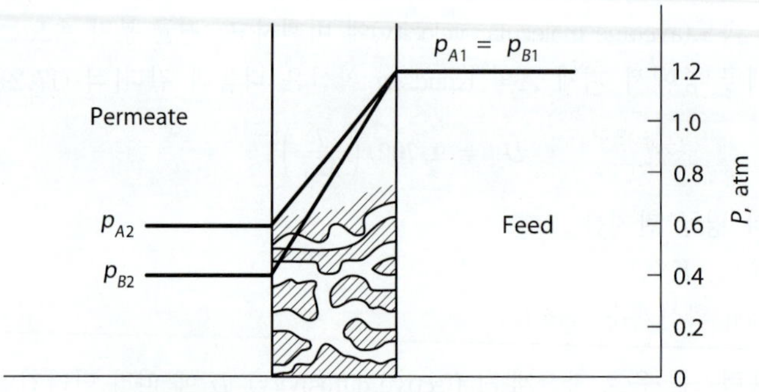

그림 26.1 다공질 막에서의 전형적 압력구배

고분자 막

치밀한 고분자 막(비다공질)을 통한 기체의 수송 메카니즘은 용액확산 메카니즘(solution-difussion mechanism)이다. 기체는 막의 고압 쪽의 고분자에 용해되어, 고분자 상을 통해 확산된 다음, 저압 쪽에서 탈착되거나 증발된다. 물질전달속도는 막에서의 농도구배에 따라 달라지는데, 용해도가 압력에 비례하는 경우에는, 농도구배가 막을 통한 분압구배에 비례한다. 2성분 혼합물의 전형적 농도구배를 그림 26.2에 보였다. 각 기체에는 Henry 법칙을 적용할 수 있고 계면에서는 평형에 있다고 가정했다. 이 경우 기체-경막 저항을 무시할 수 있으므로, 기체-고분자 계면에서의 분압은 벌크 기체 중의 분압과 같다. 이때 기체 A의 훌럭스는 다음과 같다.

$$J_A = -D_A\left(\frac{dc_A}{dz}\right) = D_A\left(\frac{c_{A1} - c_{A2}}{z}\right) \tag{26.5}$$

용해도계수 S(mol/cm^3 · atm)는 Henry 상수의 역수로서, 이를 사용하면 농도를 분압과 연관시킬 수 있다.

$$c_A = p_A S_A \qquad c_B = p_B S_B \tag{26.6}$$

이 식을 사용하여 농도구배를 압력구배로 대체하면 다음과 같다.

$$J_A = \frac{D_A S_A(p_{A1} - p_{A2})}{z} \tag{26.7}$$

$D_A S_A$곱은 단위 압력구배 당 훌럭스로서, **투과계수**(permeation coefficient) q_A라 하며, Barrer라는 단위로 나타내기도 한다. 1 Barrer = 10^{-10} cm^3(stp) · cm/cm^2 · s · cm Hg이다. 몇 가지 고분자에서 가벼운 기체의 투과도(permeability)를 표 26.1에 예시했다. 폴리술폰(polysulfone)을 비롯한 유리질 고분자에 비하면 고무나 실리콘에서의 투과도가 아주 크다. 분자량이나 기체 분자의 크기가 증가하면 투과도는 최소가 된다. 상용막의 경우라도 막의 실제 두께를 알지 못하거나 규정할 수 없는 경우가 많으므로, 관습상 단위 압력차 당 훌럭스로 나타내는데, 이를 투과도 Q_A라 한다.

$$J_A = \frac{q_A(p_{A1} - p_{A2})}{z} = Q_A(p_{A1} - p_{A2}) \tag{26.8}$$

Q_A의 편리한 단위로는 ft^3(stp)/ft^2 · h · atm, L(stp)/m^2 · h · atm 또는 GPU(gas processing unit)[10^{-6} cm^3(STP) · cm/cm^2 · s · cm Hg] 등이 있다. 발표된 자료마다 투과도의 정의가 다를 수 있으므로, 단위에 주의해야 한다.

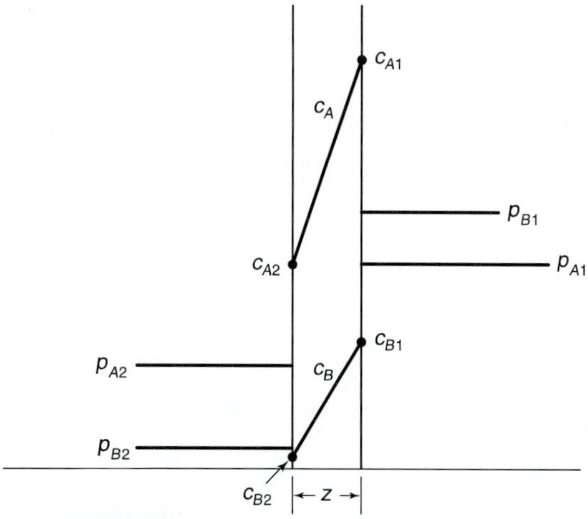

그림 26.2 치밀한 고분자 막에서의 압력구배

표 26.1 고무질 고분자와 유리질 고분자의 투과도(25–30° C)[16,42]

Polymer	q, Barrers					
	H_2	He	CH_4	N_2	O_2	CO_2
Silicone (PDMS)	940	560	1,370	440	930	4,600
Natural rubber	49	30	29	8.7	24	134
Polysulfone	14	13	0.27	0.25	1.4	5.6
Polycarbonate	—	14	0.28	0.26	1.5	6.5
Polyimide	2.3	—	0.007	0.018	0.13	0.41

2성분 혼합물에서 투과도의 비를 막 선택도(membrane selectivity) α라 하며, 이상적 분리계수(ideal separation factor)라고도 한다.

$$\alpha = \frac{Q_A}{Q_B} = \left(\frac{D_A}{D_B}\right)\left(\frac{S_A}{S_B}\right) \tag{26.9}$$

선택도를 높이려면 확산계수의 비가 적절하거나 용해도 차가 커야 한다. 막에서의 확산계수는 기상 확산계수보다는 분자의 크기와 모양에 따라 크게 달라지며, 분자 크기가 비슷해도 큰 차이가 날 수 있다. 예를 들어서, N_2 분자에 비해 O_2 분자는 10% 정도 밖에 작지 않지만, 몇 가지 고분자에서 D_{O_2}/D_{N_2} 비의 범위는 1.5~2.5나 된다[8]. 확산계수는 고분자의 종류에 따라 크게 달라지는데, 유리질 또는 결정성 고분자일 때 가장 작고 유리 전이온도 이상의 고분자일 때 크다. 특히 고분자가 팽윤되어 있을 때는, 확산계수가 고분자 중의 용질 농도에 따라 크게 달라진다. 확산계수의 예를 표 26.2에 보였다.

기체의 용해도 역시 기체와 고분자 종류에 따라 크게 달라진다. 비등점이나 임계점이 낮은 기체는 용해도가 낮다. 기체와 고분자의 유사성 역시 중요한데, 극성 기체는 극성기의 농도가 높은 고분자에 더 잘 녹으며, 수증기는 물 분자와 수소결합을 만들 수 있는 물질에 잘 녹는다. 확산계수와 용해도의 범위가 아주 넓으므로, 특정 기체 혼합물에 대한 선택도가 의외로 높은 막이 있을 수가 있다. 실리콘 고무의 경우, CO_2/H_2의 선택도는 4.9이고, CO_2/O_2의 선택도는 5.4이다. 방향족 폴리에테르 디이미드로서 유리질 고분자인 Kapton의 투과도는 실리콘 고무에 비해 3~5 자리나 낮다[16]. Kapton의 경우, CO_2/H_2의 선택도는 0.18이고, CO_2/O_2의 선택도는 3.1이다. 분리가 잘 되려면 선택도가 4 이상이어야 하는데, 이는 뒤에 설명한다.

대부분의 기체에서는, 온도 증가에 따라 투과도가 증가하는데, 이는 용해도의 감소보다 확산계수의 증가가 더 커지기 때문이다. 투과도의 변화는 다음 지수식으로 나타내는 경우가 많다.

$$Q = a\exp(-E/RT)$$

활성화 에너지 E는 1~5 kcal/mol 정도이다. 그러나 온도가 증가하면 대개 막의 선택도가 감소하므로, 흘럭스와 선택도의 균형을 고려하여 조작 온도를 결정해야 할 것이다.

표 26.2 몇 가지 고분자에서의 확산계수[8]

Polymer	$D \times 10^9$ at 25°C, cm^2/s			
	O_2	N_2	CO_2	CH_4
Polyethylene terephthalate	3.6	1.4	0.54	0.17
Polyethylene (ρ = 0.964 g/cm^3)	170	93	124	57
Polyethylene (ρ = 0.914 g/cm^3)	460	320	372	193
Natural rubber	1,580	1,110	1,110	890

막 구조

치밀한 고분자 막을 통한 플럭스는 막 두께에 역비례하므로[식 (26.7)], 가능한한 막을 얇게 만드는 것이 좋지만, 구멍이나 취약한 부분이 없어야 한다. 기체 분리조작에서는 압력차가 1~20 atm이므로, 얇은 막은 다공질 구조로 지지해야 이러한 압력에 견디면서도 기체 흐름에 대한 저항이 생기지 않을 것이다. 지지체(support)는 다공질 세라믹, 금속, 또는 고분자로 만들며, 세공도가 50% 정도 이상이어야 한다. 지지체의 세공 크기는 지지 대상인 얇은 분리막의 두께 정도라야 한다. 그러나 얇은 막을 다루거나 지지체에 막을 붙일 때 찢어지지 않도록 하기가 어려우므로, 대개의 기체 분리막은 막과 지지체가 일체가 되도록 만든다. 특수한 성형법을 사용하여 비대칭 막(asymmetric membrane)을 만드는데, 한 쪽은 얇고 치밀한 층(표층, skin)이고 나머지는 고도의 다공질 구조가 된다. 이러한 막의 모양을 그림 26.3에 보였다.

전형적 비대칭 막은 두께가 50~200 μm이고 이 중의 표층은 0.1 ~ 1 μm 정도이나[24]. 신기술을 사용하면 표층 두께가 0.1 μm 이하인 상용막을 만들 수 있다. 표층이 아주 얇은 막은 미공(pinehole)이 생길 수 있고, 이러한 흠집이 있으면 치밀한 고분자를 통한 확산보다는 이 미공을 통한 흐름이 아주 빨라질 것이므로, 단위 면적당 미공의 수가 몇 개만 되어도 선택도를 크게 저하시키게 된다. 이러한 문제에 대처하는 한 가지 방법은, 투과도가 아주 높지만 선택성이 없는 고분자로 이 막을 피복하는 것인데, 이렇게 하면 막의 나머지 부분의 투과도를 크게 저하시키기 않으면서도 미공을 막을 수가 있다[11]. 비대칭 막은, 평판, 튜브, 그리고 지름이 40 μm에 불과한 실관(중공사, hollow fiber)으로 만들 수 있다. 소형 실관은 아주 든든하여 추가 지지체가 없어도 고압에 견딜 수 있지만, 평판인 경우에는 추가 지지체와 벌림물(spacer)이 필요하다.

비대칭막에서의 농도 구배는 복잡하다. 치밀한 고분자 표층을 통한 수송은 분자 확산이고, 다공질 지지체를 통한 수송은 구불구불한 세공을 통한 확산과 층류이기 때문이다. 플럭스가 큰 막에서는 막 양쪽의 경계층에서 현저한 물질전달 저항이 있을 수 있는데, 경계층을 통한 수송 역시 확산과 흐름에 의해 이루어지다.

비대칭 막에서의 압력 구배와 농도 구배를 그림 26.4에 보였다. 이 그림은 A의 투과도는 B의 투과도보다 아주 커서 A의 플럭스가 B의 플럭스의 몇 배가 되는 경우이다. 공급쪽 경계층에서 A의 압력 구배가 작은데도 c_A의 저하가 큰 것은 표층에서의 물질전달 저항이 지배적임을 나타낸다. 이 경계층에서 B의 구배는 − 값인데, 주로 A인 전체 흐름에 의해 B가 농도 구배에 역행하여 운반되기 때문이다.

표층 양쪽에서 기체는 고분자 상과 평형에 있는 것으로 가정했다. 표층 바로 안쪽의 세공 중의 기체 조성은 일반적으로 그 점에서의 투과물의 벌크 조성과 같지 않다. 벌크 조성은 분리장치의 흐름의 배열에 따라 달라지며, 세공층의 기체에 비해 벌크 기체에는 A가 더 많을 수도 있고 더 적을 수도 있다. 그림 26.4는 벌크 투과물에는 A가 70% 정도이고 표층을 떠나는 기체 중에는 A가 90%인 경우를 보인 것이다.

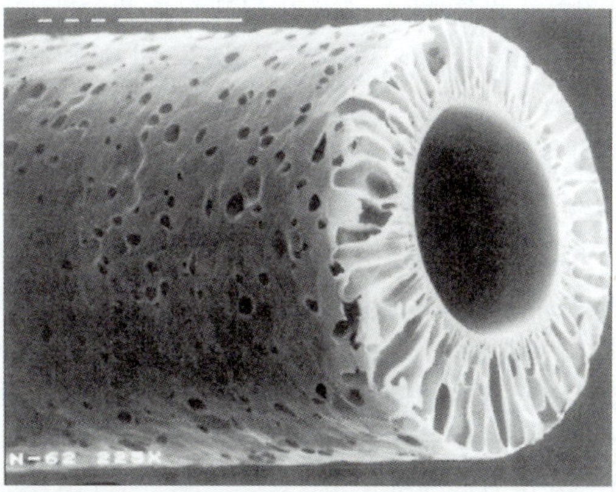

그림 26.3 모세관 한외여과막. DIAFLO™ 실관의 전자현미경 사진(150x) (Millipore Corporation 제공)

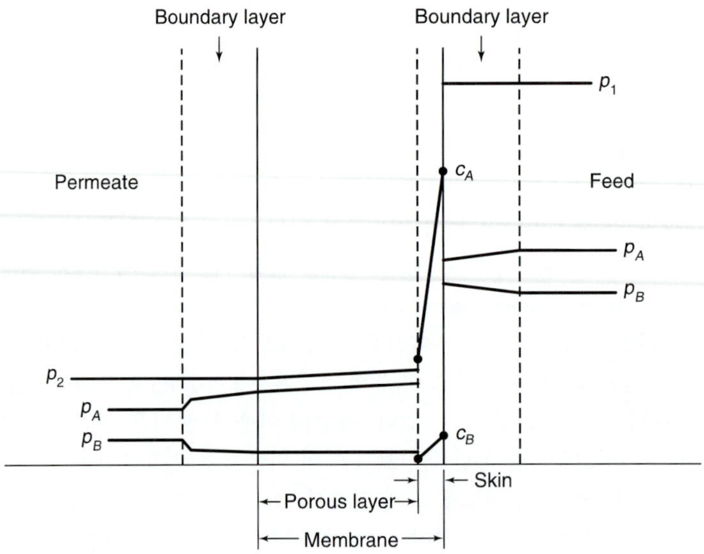

그림 26.4 비대칭막에서의 압력 및 농도 구배와 경계층 저항

막 분리장치의 흐름 양상

기체 분리장치에서 표면적의 배열 방법에는 여러 가지가 있다. 외부가 표층인 실관 막의 경우를 그림 26.5에 예시했는데, 알아보기 쉽게 하기 위해 실관은 몇 개만 나타내고 크기는 아주 과장했다. 실제 분리장치에서는 지름이 몇 인치에 불과한 쉘(shell) 안에 백만 개에 이르는 실관이 들어있는 경우도 있다. 장치의 한쪽이나 양쪽에는 에폭시수지로 만든 포팅 컴파운드(potting compound)를 사용하여 실관들을 관판(tube plate)에 밀봉하여, 공급물과 투과물이 격리되도록 한다.

그림 26.5(a)는 공급 가스를 쉘쪽에 도입하여 향류로 흐르도록 배열한 것이다. 실관은 한쪽을 막았으므로, 이 막힌 끝에서 배출 끝으로 가면서 투과물 유량이 0에서 최종 값으로 증가한다. 입구와 출구 부근에서는 공급 기체가 실관을 가로질러서 흐르므로, 이상적 향류의 경우와는 달리, 흐름이 항상 축과 평행이 되지는 않는다. 지름이 큰 장치에서는 쉘쪽의 흐름이 잘 분배되도록 하는 것이 설계의 과제이다. 흐름의 분배를 개선하기 위해, 공급 기체를 실관 내부(lumen)에 도입하는 경우도 있다.

그림 26.5(b)에 보인 것처럼, 실관의 양쪽이 열려있는 분리장치도 있다. 투과물은 중앙에서 양쪽 끝으로 흐른다. 이렇게 배열하면 분리장치의 반쪽에서는 향류가 되고 다른 반쪽에서는 병류가 되는데, 실관 내부에서의 투과물 흐름의 압력 강하가 줄어들므로, 압력 강하가 같도록 하면 장치의 길이를 늘일 수가 있다. 투과물 압력이 공급물 압력보다 아주 낮을 경우에는, 훌럭스가 주로 공급물쪽 분압에 좌우되므로, 병류 조작이나 향류 조작의 투과물 조성에 차이가 별로 없는 경우도 있다. 그러나 공기로부터 아주 순수한 N_2를 생산하는 경우처럼 고순도의 잔류 흐름을 얻고자 할 때는 향류 조작이 필요하다.

쉘 쪽의 흐름 분배를 좋게 하고자 하면, 그림 26.5(c)에 보인 것처럼 교차류(crossflow)로 배열하면 어느 정도 개선될 수 있다. 다공 배출관 둘레에 실관 다발을 설치하고, 공급 기체는 쉘 외부에서 중심관을 향해 방사 방향으로 흐르도록 한다. 이처럼 안쪽을 향해 방사 방향으로 흐르고, 기체가 실관을 투과하면 유량이 감소하므로, 실관을 지나는 유속은 변화가 심하지 않다. 실용 분리장치 중에는, 공급 기체를 중앙에 도입하여 바깥쪽을 향해 방사 방향으로 흐르도록 한 것도 있는데, 이렇게 배열하면 입구에서 출구로 가면서 유속이 크게 변한다. 실관은 한쪽이나 양쪽을 모두 관판에 밀봉할 수 있다. 그림 26.20(a)에 보인 것처럼, 평판 막으로 만든 와권형 분리장치(spiral-wound separator)에서도 흐름은 교차류이다. 교차류일 때의 분리 효율은 향류일

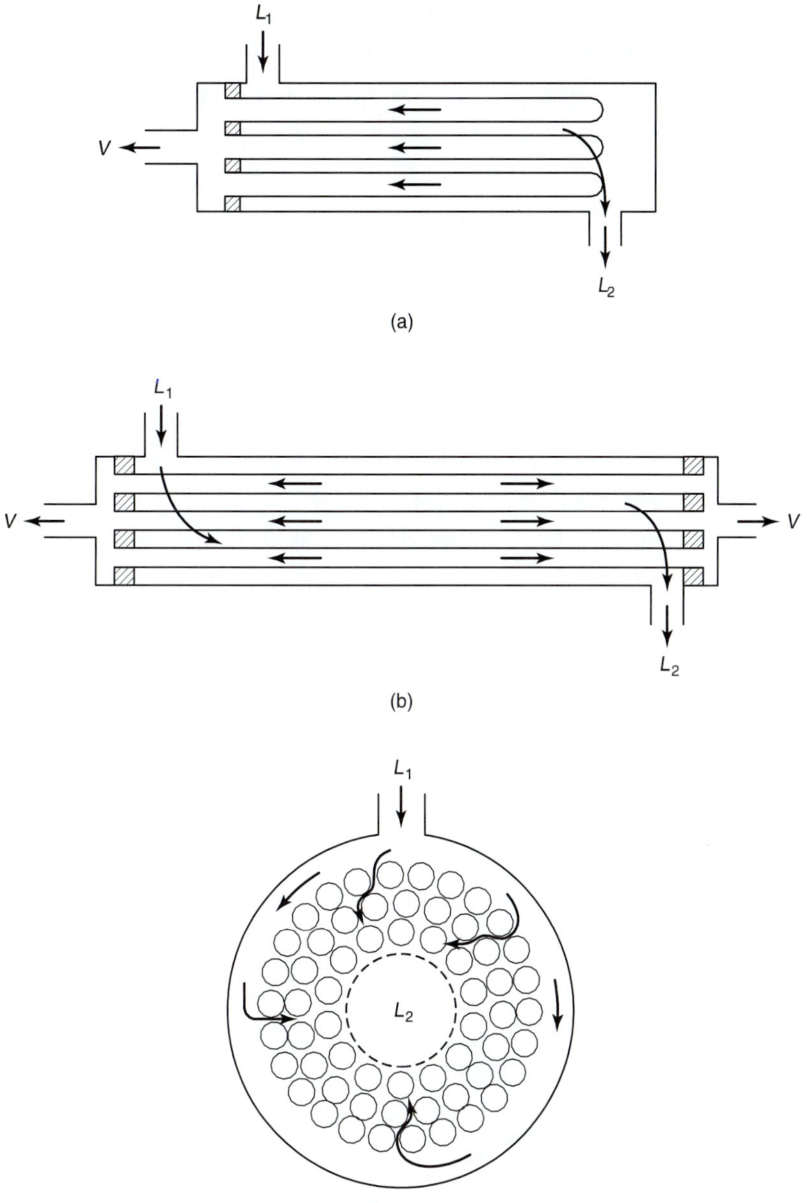

그림 26.5 실관막의 흐름 배열 (a) 향류, (b) 병류 및 향류, (c) 방사 방향 교차류

때보다는 못하지만 병류일 때보다는 좋다[37].

생성물의 순도와 수율

투과물(permeate)과 잔류물(residue)의 조성은 막 내외의 압력차, 공급물의 조성과 유량, 각 성분의 투과도, 막의 총면적, 흐름 배열 등 여러 변수에 따라 달라진다. 중요한 종속변수는 투과물로 회수되는 공급물의 분율인데, 이를 단 **수율**(stage cut)이라고도 한다. 투과물과 잔류물의 조성을 단 수율의 함수로 나타내는 경우가 있는데, 단 수율은 압력이나 공급 유량을 달리 하여 광범하게 변화시킬 수 있다.

다공질 하층(sublayer) 및 경계층의 저항을 무시할 수 있다는 가정 하에서, 비대칭 막을 사용한 2성분 혼합물의 분리에 관한 식을 유도하기로 한다. 공급물 쪽 및 투과물 쪽에서 마찰에 의한 압력 강하 역시 무시할 수 있다고 가정한다. 증류의 경우와 마찬가지로, 공급물과 투과물의 조성 및 유량을 각각 x, L 및 y, V로 나타내기로 한다. 지금 $A-B$ 혼합물에서 투과성이 큰 성분을 A라 하면, x와 y는 A의 몰분율을 가리킨다. 증류에서와는 달리, 기체 혼합물이 분리장치를 통과함에 따라 L과 V는 상당히 변하며, 물질수지에 의해 L의 감소량은 V의 증가량과 같다. 공급물은 실관의 내부나 외부에 도입할 수 있고, 플러그 흐름이라 가정하면, x는 실관의 길이에 따라 점차적으로 변한다. 이를 그림 26.6에 보였다.

투과물 역시 플러그 흐름이라 가정하며, 임의 축방향 지점에서 기체의 평균 조성을 y, 그 점에서의 막 표면을 떠나는 기체의 국부 조성을 y'으로 구분하기로 한다. 투과물 흐름이 시작되는 분리장치 끝에서는 이 y와 y'의 값이 같지만, 투과물이 축적됨에 따라 변화율이 달라진다. 그림 26.6에 보인 것처럼, 투과물 흐름이 배출 끝으로 향할수록 x가 증가하므로 y'도 증가한다. 농도 y는 그 점에 이르기까지 형성된 투과물의 y' 값의 평균치이므로, y는 y'만큼 빨리 증가하지 않는다.

x와 y'의 관계는 평형 관계가 아니므로, 상대투과도 Q_A 및 Q_B와 상대투과도 차이에 따라 달라진다. P_1을 공급물 압력, P_2를 투과물 압력이라 하면, 훌럭스 J_A와 J_B는 다음과 같다.

$$J_A = Q_A(P_1 x - P_2 y) \tag{26.10}$$

$$J_B = Q_B[P_1(1-x) - P_2(1-y)] \tag{26.11}$$

절대 압력비 R을 이 훌럭스 식에 도입하며 P_2를 소거하면 다음과 같다.

$$R \equiv \frac{P_2}{P_1} \tag{26.12}$$

$$J_A = Q_A P_1(x - Ry) \tag{26.13}$$

$$J_B = Q_B P_1[1 - x - R(1-y)] \tag{26.14}$$

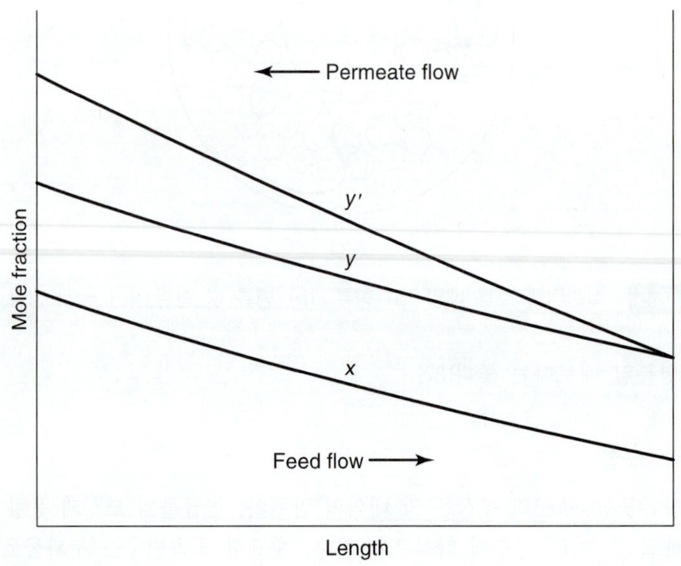

그림 26.6 향류 분리장치에서 투과물 및 잔류물의 국부 및 평균 조성

투과물의 국부 조성 y'은 그 점에서의 훌럭스 비에 따라 달라진다.

$$y' = \frac{J_A}{J_A + J_B} = \frac{Q_A P_1 (x - Ry)}{Q_A P_1 (x - Ry) + Q_B P_1 [1 - x - R(1 - y)]} \tag{26.15}$$

투과도 비 $Q_A / Q_B = \alpha$라 하면,

$$y' = \frac{x - Ry}{x - Ry + (1 - x - R + Ry)/\alpha} \tag{26.16}$$

분리장치 안에서 투과물 흐름이 시작되는 점[그림 26.5(a)에서 실관의 막힌 끝]에서는 $y = y'$이며, 식 (26.16)은 다음과 같은 표준형 2차식이 된다.

$$(\alpha - 1)(y')^2 + \left[1 - \alpha - \frac{1}{R} - \frac{x(\alpha - 1)}{R}\right] y' + \frac{\alpha x}{R} = 0 \tag{26.17}$$

식 (26.16)이나 (26.17)을 사용하여, 투과물의 국부 조성이 압력비, 선택도, 공급물 조성에 따라 어떻게 달라지는지를 보일 수 있다. x가 증가하면 y'은 언제나 커지는데, A의 훌럭스가 커지면 B의 훌럭스가 작아지기 때문이다. R이 감소하면 y'은 증가하지만, R이 0에 접근하면 y'값은 한계치에 이르는데, 이 값은 식 (26.16)에서 구할 수 있지만, 식 (26.17)에서는 구할 수 없다. $R = 0$이면,

$$y' = \frac{x}{x + (1 - x)/\alpha} \tag{26.18}$$

$$y' = \frac{\alpha x}{1 + (\alpha - 1)x}$$

2성분 혼합물에서 $R = 1.0$이면 확산 구동력이 없기 때문에 분리되지 않는다. 투과물 쪽에 제3의 성분을 첨가하여 스윕 기체(sweep gas)로 사용하면, A와 B의 분압이 낮아지므로, $R = 1.0$인 경우에도 A와 B를 분리할 수가 있다. 이처럼 분리를 개선하기 위해 투과물 쪽에 스윕 기체를 첨가하는 경우가 있다.

일정한 압력에서는 선택도를 증가시켜서 분리를 개선할 수 있지만, y'에는 상한이 있게 된다. 투과물 중의 A의 분압이 공급물 중의 분압보다 커질 수는 없으므로, y'의 최대값은 다음 분압의 관계로부터 구할 수 있다.

$$P_1 x \ge P_2 y' = P_1 R y'$$
$$y'_{\max} = \frac{x}{R} \tag{26.19}$$

A가 40%이고 압력비 $R = 0.5$인 공급물일 경우, 막의 선택도를 아무리 높이더라도, 투과물의 최대 농도는 0.80을 넘을 수가 없다. 하지만, 압력비를 2.0으로 낮추면, 아주 선택적인 막을 사용할 경우 거의 순수한 A를 얻을 수 있다. $x = 0.4$ 및 0.2이고, $R = 0.2$ 및 0.5일 때의 α에 따른 y'의 변화를 그림 26.7에 보였다.

훌럭스식과 물질수지식을 조합하고, 분리장치의 한 끝에서 다른 끝으로 수치 적분함으로서, 분리장치의 성능을 추정할 수 있다. 근사적 추정이나 조작 장치의 자료 해석에서는 투과물 조성이나 구동력의 평균치를 사용해도 충분하다.

분리장치에 대하여, 총괄 물질수지와 성분 물질수지를 취하면 다음과 같다.

$$L_{\text{in}} = L_{\text{out}} + V_{\text{out}} \tag{26.20}$$

$$L_{\text{in}} x_{\text{in}} = L_{\text{out}} x_{\text{out}} + V_{\text{out}} y_{\text{out}} \tag{26.21}$$

x의 변화가 아주 크지 않다면, 분리장치 끝에서 투과물의 국부 조성을 평균하여 투과물 조성을 구할 수 있다.

$$\bar{y} \cong \frac{y_{\text{inlet}} + y_{\text{outlet}}}{2} \tag{26.22}$$

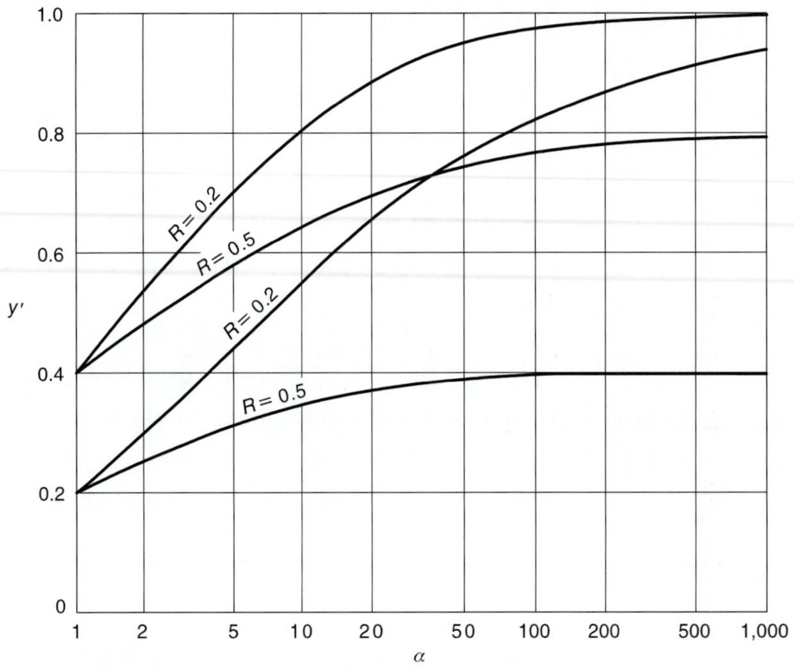

그림 26.7 선택도와 압력비가 투과물의 국부 조성에 미치는 영향

필요한 막 면적은 투과성이 큰 기체에 대한 훌럭스 식에서 구할 수 있다.

$$A \cong \frac{V_{out} y_{out}}{Q_A (P_1 x - P_2 y)_{ave}} \tag{26.23}$$

예제 26.1

폴리술폰 막으로 만든 실관 분리장치를 향류로 배열하여 공기 분리 성능을 시험한다. 공급 유량이 20 L/min (stp)일 때 투과물은 유량 3.1 L/min, O_2 40%이고 잔류물은 O_2 17%이었다. 공급물과 잔류물의 계기 압력은 각각 40.0 및 39.5 lb_f/in^2이다. 막 면적이 5.2 m^2일 때 다음을 구하여라.

(a) O_2와 N_2의 투과도와 선택도
(b) 공급물의 압력을 80 lb_f/in^2로 올릴 경우 투과물의 산소 조성
(c) 압력 80 lb_f/in^2에서 공급 유량을 증가시키거나 투과물의 압력을 낮추어서 얻을 수 있는 산소의 최대 조성

풀이

(a) 총괄 물질수지를 취하면,

$$L = F - V = 20 - 3.1 = 16.9 \text{ L/min}$$

O_2 수지를 취하여 검토한다. 공급물에서

$$Fx_F = 20(0.209) = 4.18 \text{ L/min}$$

$$Vy + Lx = 3.1(0.40) + 16.9(0.17) = 4.11 \text{ L/min} \quad \text{OK}$$

$$P_1 = \frac{40 + 14.7}{14.7} = 3.72 \text{ atm}$$

공급물 쪽에서 $p_{1,O_2} = 3.72(0.209) = 0.777$ atm이다. $P_2 = 1.0$ atm이라 하면,

$$p_{2,O_2} = P_2 y = 0.40 \text{ atm}$$

$$\Delta p_{O_2} = 0.777 - 0.40 = 0.377 \text{ atm}$$

잔류물 쪽에서,

$$P_1 = \frac{39.5 + 14.7}{14.7} = 3.69 \text{ atm}$$

$$p_{1,O_2} = 3.69(0.17) = 0.627 \text{ atm}$$

마찰 압력 손실을 무시하면, $P_2 \cong 1.0$ atm이지만, y는 여전히 알 수 없다.

그림 26.6에 보였지만, y의 초기값은 최종값보다는 작겠지만, 이 경우 x가 0.209에서 0.17로 조금 밖에 감소하지 않으므로, 아주 작지는 않을 것이다. 따라서 $y \cong 0.9(0.40) = 0.36$으로 가정한다.

$$p_{2,O_2} \cong 0.36 \text{ atm}$$

$$\Delta p_{O_2} = 0.627 - 0.36 = 0.267 \text{ atm}$$

O_2의 평균 분압은,

$$\overline{\Delta p_{O_2}} = \frac{0.377 + 0.267}{2} = 0.322 \text{ atm}$$

식 (26.23)에서,

O_2 투과도: $$Q_{O_2} = \frac{3.1 \times 0.40}{5.2 \times 0.322} = 0.741 \text{ L/min} \cdot \text{m}^2 \cdot \text{atm}$$

공급물 쪽의 N_2: $$p_{1,N_2} = 0.791 \times 3.72 = 2.94 \text{ atm}$$

$$p_{2,N_2} = 1 - 0.40 = 0.60 \text{ atm}$$

$$\Delta p_{N_2} = 2.94 - 0.60 = 2.34 \text{ atm}$$

잔류물 쪽에서, $$p_{1,N_2} = 3.69(1 - 0.17) = 3.06 \text{ atm}$$

$$p_{2,N_2} = 1 - y = 1 - 0.36 = 0.64 \text{ atm}$$

$$\Delta p_{N_2} = 3.06 - 0.64 = 2.42 \text{ atm}$$

평균 압력차 $$\overline{\Delta p_{N_2}} = \frac{2.34 + 2.42}{2} = 2.38 \text{ atm}$$

N_2 투과도: $$Q_{N_2} = \frac{3.1 \times 0.60}{5.2 \times 2.38} = 0.150 \text{ L/min} \cdot \text{m}^2 \cdot \text{atm}$$

선택도: $$\alpha = \frac{0.741}{0.150} = 4.94$$

$\alpha = 4.94$이면, y의 초기값은 식 (26.17)에서 검산할 수 있다. $R = 1/3.69 = 0.271$이므로,

$$3.94(y')^2 + [1 - 4.94 - 3.69 - (0.17 \times 3.94 \times 3.69)]y' + 4.94 \times 0.17 \times 3.69 = 0$$

$$3.94(y')^2 - 10.10y' + 3.10 = 0$$

$y' = 0.357$, 가정치 0.36과 비슷하다.

(b) 공급물 압력

$$P_1 = \frac{80 + 14.7}{14.7} = 6.44 \text{ atm}$$

$$P_2 = 1.0 \text{ atm} \qquad R = \frac{1}{6.44} = 0.1553$$

잔류물 중의 $x = 0.17$이 되도록 유량을 조정하면, 잔류물 쪽의 y'은 식 (26.17)에서 구할 수 있다.

$$3.94(y')^2 + [1 - 4.94 - 6.44 - (0.17 \times 3.94 \times 6.44)]y' + 4.94 \times 0.17 \times 6.44 = 0$$

$$3.94(y')^2 - 14.69y' + 5.408 = 0$$

초기 $y' = 0.414$

공급물 쪽에서, 식 (26.16)으로 y'을 구하면, 이 중에는 최종 투과물 조성 y가 포함된다. 다음 가정 하에서 계산하면

$$y = \frac{0.414 + y'}{2} = 0.207 + 0.5y'$$

$$y' = \frac{0.209 - 0.1553(0.207 + 0.5y')}{0.209 - 0.1553(0.207 + 0.5y') + [1 - 0.209 - 0.1553 + 0.1553(0.207 + 0.5y')]/4.94}$$

$$= \frac{0.17685 - 0.07765y'}{0.31204 - 0.06193y'}$$

$$0.06193(y')^2 - 0.38969y' - 0.17685 = 0$$

$$y' = 0.492$$

$$y = \frac{0.414 + 0.492}{2} = 0.453 \approx 45\%\ O_2$$

(c) 공급 유량을 아주 크게 하면, 단 수율(stage cut)이 0에 접근하며 잔류물 조성은 공기의 조성(O_2 20.9%)과 같아진다. 식 (26.17)에서 $R = 1/6.44$이므로,

$$3.94(y')^2 + [1 - 4.94 - 6.44 - (0.209 \times 3.94 \times 6.44)]y' + 4.94 \times 0.209 \times 6.44 = 0$$

$$3.94(y')^2 - 15.683y' + 6.649 = 0$$

$$y' = 0.482 \approx 48\%\ O_2$$

진공을 걸면, R이 0에 접근한다. 식 (26.18)에서 $x = 0.209$이므로,

$$y' = \frac{4.94 \times 0.209}{1 + 3.94 \times 0.209} = 0.566 \approx 57\%\ O_2$$

■

예제 26.1에서 알 수 있지만, 상류 압력을 증가시키면 산소와 질소의 홀럭스가 모두 증가하며, 투과물 중의 산소 농도도 증가한다. 이는 투과물 중의 산소 분압이 산소 구동력에 큰 영향을 미쳐서, 산소 홀럭스가 질소 홀럭스보다 증가하기 때문이다. $P = 40$ lb$_f$/in^2(3.72 atm)일 때는 입구에서의 산소의 구동력이 3.72(0.209) − 0.40 = 0.377 atm이지만 80 lb$_f$/in^2(6.44 atm)일 때는 6.44(0.209) − 0.45 = 0.896 atm으로 2.4배 증가한다. 이에 비해 압력을 40에서 80 lb$_f$/in^{2}으로 증가시킬 때 N_2의 구동력은 1.94배만 증가한다. 각 성분의 홀럭스는 분압 차이에 따라 달라지므로, R이 0에 접근하는 극한을 제외하고는, 전체 홀럭스가 전압 차이에 비례하지 않는다.

향류 분리장치의 성능을 평가하기 위해 다단법을 사용한다면, 잔류물 쪽의 x_{out}을 특정 값으로 정하고 L_{out}을 임의값(가령 100 L/min)으로 하여 시작하는 것이 좋다. y'의 초기값은 식 (26.17)에서 구하며, A와 B의 국부 홀럭스는 식 (26.10)과 (26.11)에서 계산한다. 이어서 표면적의 미소 증가에 따른 ΔV와 ΔL을 구한다.

$$\Delta V = \Delta L = (J_A + J_B)\Delta A \tag{26.24}$$

물질수지와 홀럭스식으로부터 x와 y의 새로운 값을 계산하고, x가 공급물 조성에 이를 때까지 계산을 계속한다. 단 수율은 V/L이 된다. 분리장치의 미소 길이를 도입 및 배출 유량과 함께 그림 26.8에 보였다. 또 사용해야 할 식은 다음과 같다.

$$L_k = L_j + \Delta V_j \tag{26.25}$$

$$V_j = V_i + \Delta V_j \tag{26.26}$$

$$L_k x_k = L_j x_j + \Delta V_j y_j' \tag{26.27}$$

식 (26.27)에서 L_j를 $L_k - \Delta V_j$로 대체하면 x의 미소 변화에 관한 식을 얻을 수 있다.

$$L_k(x_k - x_j) = \Delta V_j(y_j' - x_j) \tag{26.28}$$

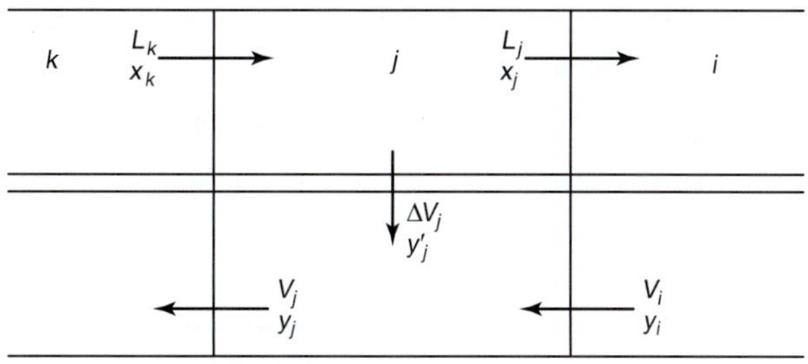

그림 26.8 향류 분리장치의 흐름

y의 새로운 값은 다음 식으로 구한다.

$$V_j y_j = V_i y_i + \Delta V_j y_j' \tag{26.29}$$

여기에서

$$y_j' = \frac{J_A}{J_A + J_B} \tag{26.30}$$

각 증분의 처음과 나중의 평균값을 y_j'값으로 하면, 훨씬 정확한 값을 얻을 수 있다.

다성분 혼합물. 다성분 혼합물의 막 분리장치 성능을 추정하려면, 각 성분마다 식 (26.10)과 같은 형태의 훌럭스식을 쓰고, 시행오차법을 사용하여 각 면적 증분마다 투과물의 양과 국부 조성을 구하면 된다. 이러한 계산을 시작하려면 먼저 잔류물의 근사 조성을 선택하고, 공급물 쪽으로 가면서 계산한다. 또는 투과물의 근사 조성을 사용하여 공급물 쪽에서부터 계산을 시작할 수도 있다. 어느 경우에나, 종말 조성이 맞을 때까지 계산을 반복한다. 다른 다성분 분리장치에서와 마찬가지로, 생성물 흐름의 완전한 조성을 규정할 수는 없으므로, 투과물이나 잔류물의 핵심 성분(key component)의 임의 농도, 한 성분의 회수율, 즉 단 수율(투과물과 공급물의 몰비)을 설계 목표로 한다.

압력 강하와 물질전달 효과

분리장치 성능을 엄밀하게 해석하려면 마찰 압력 강하와 막 양쪽의 확산 저항을 함께 고려해야 한다. 실관 안에서의 투과물 흐름에서는, 실관의 막힌 끝에서는 내부 압력 구배가 0이며 관판으로 가면서 점점 증가하여 관판에서 최대값이 된다. 막힌 끝의 압력이 배출 압력보다 20 ~ 30% 정도 높으면, 일반적으로 훌럭스에 미치는 영향이 크다. 쉘쪽의 압력 강하는 대개 아주 작아서 무시하는 경우가 많은데, 고압이고 흐름 면적이 크며 부피유량이 작기 때문이다.

실관 안의 마찰 압력 강하에 따라 실관의 크기를 선택하는데, 투과도가 크면 지름이 큰 관이 필요하다. 아주 긴 실관은 실용성이 없는데, 투과물 유속의 증가로 인해 대체로 실관 길이의 제곱에 비례하여 압력 강하가 증가하기 때문이다.

폴리술폰이나 기타 유리질 고분자 막을 사용하여 분자량이 작은 기체를 분리하는 경우에는, 지지층과 경계층에서의 물질전달 저항은 대개 무시할 수 있다. 그러나 아주 얇은 막(초박막)이나 투과성이 좋은 고분자로 만든 막일 경우에는 이러한 저항이 중요하다. 따라서 선택층(selective layer) 하류 쪽의 국부 조성은 벌크 조성과 크게 달라질 수 있으므로, 지지층과 경계층에서의 흐름과 확산을 고려하여 훌럭스 식을 수정해야 한다. 고훌럭스 실리콘 막을 사용한 기체 분리의 연구에서 물질전달 효과를 관찰한 바 있다[20].

응용

기체 분리막의 응용에서는, 고순도 기체를 얻기보다는, 주로 목적 성분의 농축된 생성물을 얻으려는 것이 목적이다. 저온 액화 증발에 의해서도 순도가 비슷하거나 더 좋은 생성물을 얻을 수 있지만, 막 분리법은 상온 부근에서 조작할 수 있다는 장점이 있다.

예제 26.1에서 다룬 것과 유사한 특성을 가진 막을 사용하는 공기 분리장치를 공급하는 회사는 여럿이다. 기본 응용의 하나는 순도 95~99%인 질소를 생산하는 것인데, 이 정도의 순도이면 질소를 불활성 가스로

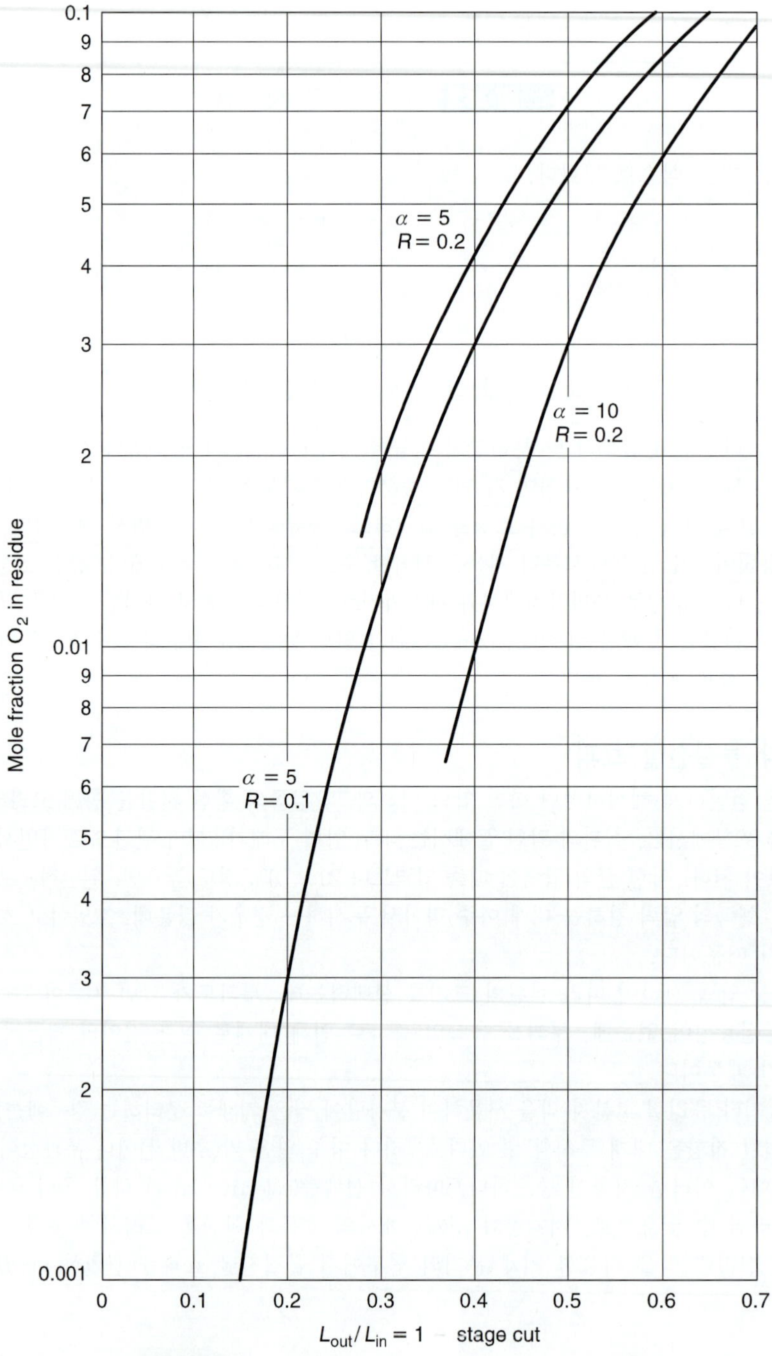

그림 26.9 향류 분리장치에서 공기로부터 질소 생산

표 26.3 암모니아 공장 방출 가스의 분리에서 기체 조성[25]

Gas	Gas composition, mol % Feed	Residue	Permeate	Percentage recovery in permeate
H_2	59	12	86	93
N_2	21	43	8	24
Ar	6	11	3	32
CH_4	14	34	3	14

사용하기에 충분하다. 공기는 대개 실관 다발의 내부(lumen)에 공급하여 체류시간 분포가 균일하게 되고 투과물 쪽의 마찰 압력 강하가 적어지도록 한다. 이상적 향류 분리장치에서 잔류물의 산소 농도를 L_{out}/L_{in}의 함수로 나타내면 그림 26.9와 같다. 산소 농도를 낮추려면 R 값이 작고 단 수율이 커야 한다. 용량이 3~1,000 m^3/h인 장치가 시판되고 있으며, 질소 순도가 보통인 경우 성능은 $\alpha = 5$, $R = 0.1$로 하여 예측한 성능과 비슷하다. 순도 99% 이상으로 할 경우에는 회수율이 예측치보다 다소 적어진다.

의료용이나 연소 개선용의 농축 산소(enriched oxygen)를 만드는 것이 목적일 경우에는 단 수율을 적게 하여 산소 40~50%인 투과물을 얻는다. 농축 산소 생산에서는 공급물은 대기압으로 하고, 진공 펌프를 사용하여 R 값을 낮춘다. 이 경우 필요한 일은 투과물을 대기압으로 압축하는 일이 전부이며, 다량의 공기를 몇 기압으로 압축할 필요가 없어진다. 여러 단을 직렬하여 순수 산소를 만들 수 있지만, 여러 번 재압축해야 하므로, 액체 공기의 분별증류법이나 흡착법에 비해 경제성이 떨어진다.

응용 목적에 따라서는 막 분리법과 다른 방법을 병용하는 것이 매력적일 때도 있다. 막 분리법으로 산소 50%인 기체를 만들고, 이를 PSA법(pressure-swing adsorption)의 원료로 사용하면 흡착장치의 능력을 크게 증가시킬 수 있다. 또 막 분리법으로 산소를 0.5% 정도까지 낮춘 다음 촉매 연소장치에 수소를 첨가하여 이 산소를 제거하면 산소가 몇 ppm에 불과한 기체를 생산할 수 있다[6].

암모니아, 메탄올, 수소첨가 공장 등의 퍼지 흐름에서 수소를 회수하기 위해 막 분리장치를 설치하는 경우도 많다. CH_4, CO, N_2에 대한 H_2의 선택도는 10~100 정도이므로, 한 단에서도 H_2가 상당히 농축된 투과물을 얻을 수 있다. 석유화학 분야에서 보고된 조성의 예를 표 26.3에 보였다.

이 예에서는 공급물 압력 72 bar, 잔류물 압력 71 bar, 투과물 압력 31 bar이었다. 수소는 대부분 회수하여 암모니아 합성 공장으로 순환시키며, 잔류물은 연료로 사용한다. 이 경우 투과물의 수소 농도가 아주 높을 필요는 없다. 또한 단 수율을 낮추거나(H_2 회수율을 적게 하거나) 압력비를 낮추어서 조작함으로서, 수소 농도를 95 ~98%로 높이는 경우도 있다.

예제 26.2

실관 투과장치에서 H_2 70%, CH_4 24%, C_2H_6 6%인 기체를 분리하여 거의 순수한 H_2 흐름과 연료 가스를 얻고자 한다. 이 막의 H_2/CH_4 선택도는 100이다.

(a) 상류와 하류의 절대 압력이 각각 600 및 300 lb_f/in^2이고, 투과물의 H_2 96%일 때, H_2의 회수율(투과물 중의 H_2/원료 중의 H_2)을 구하여라.

(b) 투과물의 절대 압력을 180 lbf/in^2으로 낮출 때 H_2 회수율의 향상 정도를 구하여라.

풀이

(a) C_2H_6의 투과도가 CH_4의 투과도보다 조금 밖에 낮지 않으므로, 이 혼합물을 의사 2성분 혼합물로 간주한다. 하류 압력이 높아서($R = 0.5$) 입구에서 출구에 이르면서 H_2 구동력이 몇 배나 변하므로, 단계적으로 푼다. 계산을 간단히 하기 위

해, $\alpha = 100$, $R = 0.5$로 하여 식 (26.17)에서 투과물 국부 조성을 구한다. 이 방법에서는 향류 조작의 y'는 다소 과소 평가하게 되지만, 교차흐름일 경우에는 거의 정확하다. 공급물 입구에서 $x = 0.70$이므로,

$$99y_i^2 + [1 - 100 - 2 - 2(99)(0.7)]y_i + 100(0.7)(2) = 0$$

$$99y_i^2 - 239.6y_i + 140 = 0$$

$$y_i = 0.9860$$

x의 증분을 0.05로 하여 계산을 반복한다. $x = 0.65$이면,

$$99y_j^2 - 229.7y_j + 130 = 0$$

$$y_j = 0.9793$$

이 첫 증분에서,

$$\bar{y} = (0.9860 + 0.9793)/2 = 0.9826$$

$L_{in} = 100$일 때, 식 (26.28)에서,

$$\Delta V = \frac{L_i(x_i - x_j)}{\bar{y} - x_j} = \frac{100(0.70 - 0.65)}{0.9826 - 0.65} = 15.03$$

$$\text{투과물 중의 } H_2 = \Delta V \bar{y} = 15.03(0.9826) = 14.77$$

$$H_2 \text{ 회수율} = 14.77/70 = 0.211 = 21.1\%$$

H_2의 총괄 회수율이 95% 이상이 될 때까지 계산을 반복한다. 이 결과를 나타내면 그림 26.10과 같다.

$R = 0.5$일 때, H_2 순도는 96%이고 회수율은 62.5%이다.

공급물 100 mol 기준의 H_2 회수량 = 0.625(70) = 43.75 mol

투과물 유량 $V = 43.75/0.96 = 45.6$

단 수율은 45.6%이고, 잔류물 중의 H_2 함유율은 48.3%이다. y'의 국부 값은 공급물 쪽의 0.986에서 잔류물 쪽의 0.877로 변하므로, 이러한 값의 단순 평균으로는 투과물의 정확한 조성을 나타낼 수 없다.

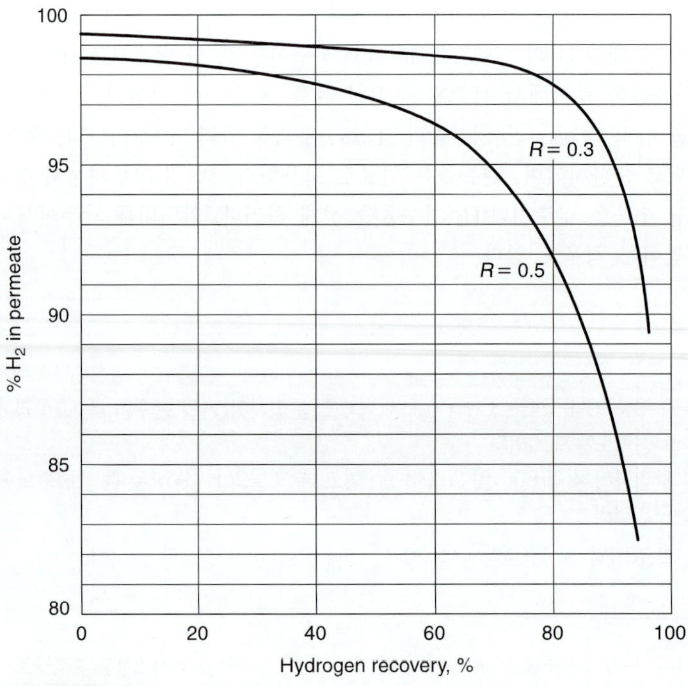

그림 26.10 H_2/CH_4 분리에서 투과물의 순도. $\alpha = 100$, $x_0 = 0.70$.

(b) $R = 180/600 = 0.3$, $x = 0.70$일 때,

$$99y_i^2 + \left[1 - 100 - \frac{1}{0.3} - \frac{99}{0.3}(0.7)\right]y_i + \frac{100(0.7)}{0.3} = 0$$

$$y_i = 0.9926$$

위의 (a)에서와 마찬가지로 계산을 계속하면, H_2 회수율 88%일 때 $y = 0.96$이다. 단 수율은 $0.88(70)/0.96 = 64.2\%$이다. ■

기체 분리막의 공업적 응용으로서는 또 천연가스로부터 이산화탄소의 제거를 들 수 있다. 폴리카보네이트, 폴리술폰, 셀룰로오스 아세테이트 막에서 35℃, 40 atm일 때의 CO_2/CH_4 선택도는 20~30 정도이다. Kapton에서는 60% 이상의 선택도를 달성할 수 있지만, 이 고분자는 다른 고분자보다 투과성이 낮다. 대부분의 고분자는 온도를 높이면 투과도가 증가하지만, 대개는 선택도가 다소 감소한다. 조작 온도는 산류 기체의 이슬점보다 다소 높은 온도를 선택한다. CO_2 분압이 높으면 상당한 양의 CO_2가 막에 흡수되며, 이 CO_2의 가소화(plasticization) 효과로 인해 모든 기체의 유효 확산계수가 증가하므로, 순수 기체의 자료에 기준한 것보다 선택도가 낮아진다[13]. 이러한 비선형 효과를 감안하는 방법은 문헌에서 찾아볼 수 있다[17].

천연가스로부터 헬륨의 분리 역시 막 분리기술의 유망한 응용 분야이다. 원료 중의 헬륨이 0.82%에 불과하더라도, He/CH_4 선택도가 190인 막을 사용하면 한 단에서 헬륨의 반을 회수할 수 있으며, 투과물은 공급물보다 30배 이상 농축된다[26].

막의 새로운 응용 분야로서는 불활성 기체로부터 탄화수소 가스나 용매 증기의 분리를 들 수 있는데, 이때 실리콘 막이나 고무질 고분자를 사용한다. 이러한 막에서는 탄화수소의 분배계수(partition coefficient)가 크므로, 유리질 막에서보다 투과도와 선택도가 아주 크다. 그 예를 표 26.4에 보였다. 탄화수소 분리의 예로서는, 퍼지 흐름으로부터 냉매 방출 방지, 반응기 배기(vent gas)로부터 모노머의 회수, 주유 중의 기류로부터 가솔린의 회수 등을 들 수 있다[5].

분리장치 배열

기체나 액체의 막 분리에서는 대개 다단 조작이 필요하다. 단위 장치는 지름 1 ft(0.3 m), 길이 10~15 ft(3~5 m) 이상의 크기로 만들기 어렵기 때문이다. 이러한 크기의 실관 모듈 하나의 막 면적은 수 천 ft^2에 이르며, 수 백 ft^3/min의 기체를 처리할 수 있다. 정유공장이나 화학공장에서 다량 처리하려면, 그림 26.11(a)에 보인 것처럼 여러 기의 단위 장치를 병렬한다. 공급물 분배장치를 설계할 때는 모든 단위 장치에 같은 양이 흐르도록 한다. 조작량이 적을 때는 단위 장치의 일부를 운전 정지시켜서 모듈 당 유량이 같아지도록 한다. 단위 장치를 모두 가동하면 낮은 유량에서 투과물 회수율이 증가하여 공급물 쪽에서 액체의 응축이 생길 수 있다[23].

그림 26.11(b)에서처럼 막 분리장치를 직렬하는 경우도 있다. 대개 공급물 쪽의 마찰 압력 강하가 적으므로(< 1 atm), 공급물을 재압축하지 않으면서도 2 ~ 3기의 단위 장치를 직렬할 수 있다. 투과물 흐름은 순도가 다르므로 각각 다른 용도로 사용하거나 모두 조합하여 사용할 수도 있다. 이러한 배열의 예를 들면, 실리콘 막 분리장치 2기를 직렬하여, C_3H_6 15%, N_2 85%인 배기로부터 프로필렌을 회수한다. 선택도 10, 절대압력 $P_1 = 200$ lb_f/in^2인 경우, 첫 번째 장치의 투과물과 잔류물의 C_3H_6는 각각 43% 및 5.3%, 두 번째 장치에서는 각각 15% 및 1%이다. 이 두 번째 장치의 투과물은 재압축하여 첫 번째 장치로 순환시킨다. 하나의 장치를 사용한다면 투과물의 C_3H_6가 22%에 불과하고, 잔류물은 2 기일 경우와 마찬가지로 C_3H_6 1%가 된다[4].

표 26.4 유리질 및 고무질 고분자 막의 투과도와 선택도

Permeability Q_{N_2}, L (STP)/min·m²·atm	Membrane	
	Polysulfone 0.05–0.5	Polydimethylsiloxane 5–50
Gas	Selectivity, α_{gas/N_2}	
O_2	5–6	3
CO_2	17	6
H_2O	280	—
CH_4	20	3
C_3H_6	—	10
C_4H_{10}	—	30
Toluene	—	80

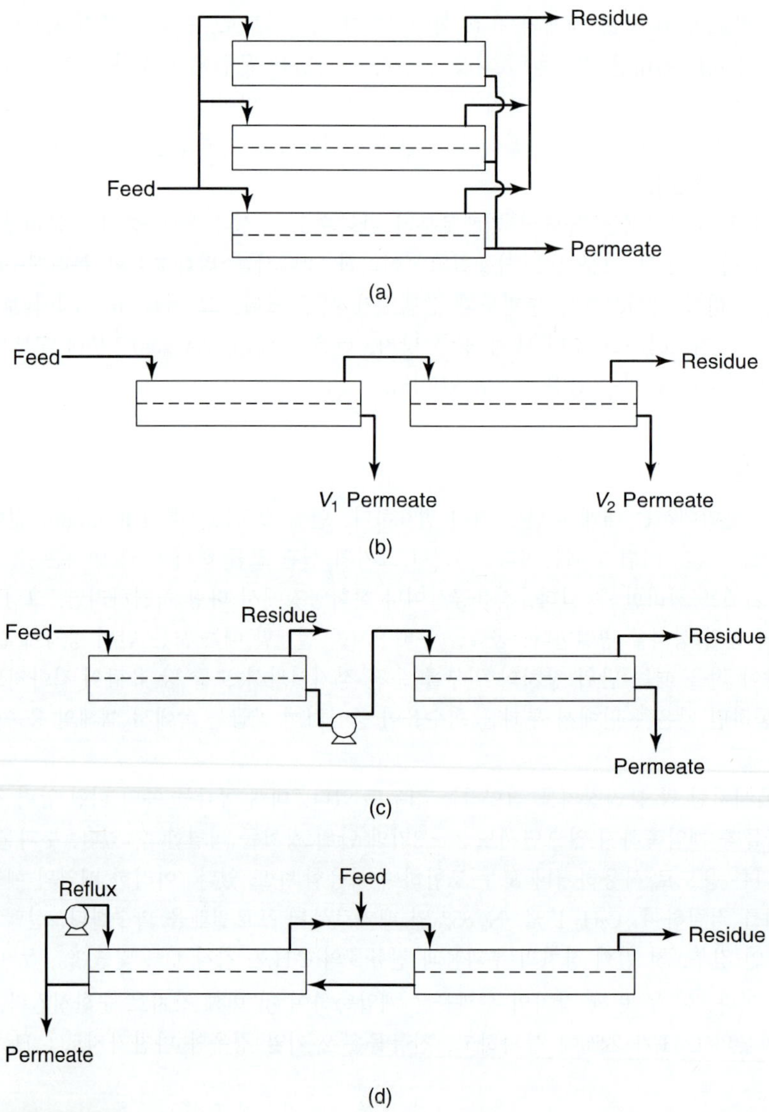

그림 26.11 막 분리장치 배열 (a) 병류, (b) 직류, (c) 2단 흐름, (d) 연속 칼럼

또 다른 조작 방법으로서, 직렬 장치에서 투과물을 저압으로 유지하는 경우가 있다. 첫 번째 장치에서는 보통 압력의 투과물이 생성되므로 이 가스를 재압축하지 않고 그대로 사용할 수 있다. 다음 장치에서는 낮아진 공급물 농도를 보상하기 위해 하류 압력을 낮게 하여 조작하며, 투과물은 압축하여 재사용한다. 대형 플랜트에서는 -병렬 배열을 조합하기도 하는데, 몇 쌍의 투과장치를 공통 공급 장치와 연결한다.

고순도 투과물을 얻고자 하는 경우에는, 그림 26.11(c)에 보인 것처럼, 첫 단의 생성물을 압축하여 두 번째 단으로 보낸다. 이러한 방법에서는 두 단 이상을 사용하기도 하지만, 재압축 비용 때문에 비경제적일 수도 있다. 새로운 방법으로서 분리장치 2기와 하나의 재압축 단계를 사용하는 연속 막 분리탑을 들 수 있다[14]. 그림 26.11(d)에 보인 것처럼, 두번째 분리장치의 투과물을 압축하여, 막의 반대편으로 역류시키며, 이 흐름은 향류로 흘러서 투과물이 된다. 이처럼 환류(reflux)시키면 아주 고순도의 투과물을 얻을 수 있다. 환류가 분리장치를 통과하는 동안 투과성이 높은 성분이 제거되며, 공급물과 혼합하여 첫 번째 분리장치로 보낸다. 이러한 배열 방법은 파일럿 플랜트에서는 시험되었지만, 아직 상업화된 것은 없다.

26.2 액체 분리

다공질 막이나 비대칭 고분자 막을 이용하여 액체 혼합물을 분리하는 방법에는 몇 가지가 있다. 다공질 막에서는, 투석(dialysis)에서처럼, 대기압에서 막 양쪽에 있는 수용액의 확산계수의 차이에 의해 분리가 이루어진다. 다공질 막을 사용하는 액-액 추출에서는 비혼화성 추출잔액과 추출액 상이 막에 의해 분리되며, 확산계수의 차이 뿐 아니라 용질의 평형 분포도의 차이에 의해서도 추출액의 조성이 달라진다.

비대칭막이나 치밀한 고분자 막에서는 용액 확산 메카니즘에 의해 액체가 투과된다. 확산계수비 뿐 아니라 용해도 비에 의해서도 선택도가 달라지며, 이러한 비는 고분자와 액체의 화학구조에 따라 변한다. 수송 구동력은 막의 활동도 구배(activity gradient)이지만, 기체 분리의 경우와는 달리, 압력은 액체의 활동도에는 거의 영향을 미치지 않으므로, 상류 압력을 증가시켜서 구동력을 크게 변화시킬 수는 없다. 투과증발(pervaporation)에서는 막의 한 쪽을 대기압의 공급액에 노출시키고, 투과물 쪽에는 감압하거나 스윕 가스를 사용하여 기상이 형성되도록 한다. 이렇게 하면 투과 성분의 분압이 낮아져서, 투과를 위한 활동도 구동력이 만들어진다. 역삼투법(reverse osmosis)에서는, 투과물이 1 atm 정도의 거의 순수한 물이고, 공급 용액에는 아주 고압을 가하여 물의 활동도가 투과물의 활동도보다 약간 커지도록 한다. 이렇게 하면 생성물 중의 물의 농도가 공급물에서보다 높더라도 막을 통한 활동도 구배가 생긴다.

26.2.1 투석

용액으로부터 저분자량의 용질이 농도가 낮은 영역으로 확산되도록 하여 선택적으로 제거하는 방법인 투석에서는 얇은 다공질 막을 사용한다. 막 전후에는 압력차가 거의 없으므로, 각 용질의 훌럭스는 농도차에 비례한다. 고분자량의 용질은 확산계수가 작고, 분자가 세공 크기만큼 크면 작은 세공을 통한 확산이 크게 방해를 받으므로, 대부분 공급 용액 중에 남게 된다.

전형적 투석 프로세스의 농도구배를 그림 26.12에 보였다. 공급액 중에는 저분자량 용질 A, 중간 정도의 B, 콜로이드 C가 들어있다고 보았다. 막 양쪽에는 농도 경계층이 생기는데, 막이 경계층보다 얇을 때는 농도 경계층이 총괄 저항에 큰 영향을 미칠 수 있다. 막에서의 A나 B의 농도구배는 경계층에서보다 가파른데, 이는 유효 확산계수가 벌크 값보다 크기 때문이며, 정상상태에서는 막을 통한 훌럭스가 경계층을 통한 훌럭스와 같다. 막에서의 c_A와 c_B는 세공 유체(pore fluid) 중의 농도이며, 막의 전체 부피에 기준한 농도가 아니다. 콜로이드 입자는 세공 크기보다 크므로, 세공 유체와 생성물에서 $c_C = 0$이다.

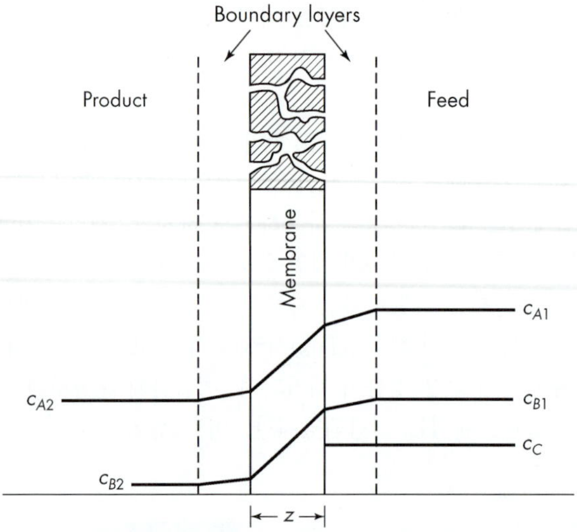

그림 26.12 투석에서의 농도구배

용질 훌럭스의 일반식에서는 세 가지 직렬 저항을 고려한다.

$$J_A = K_A(c_{A1} - c_{A2}) \tag{26.31}$$

$$\frac{1}{K_A} = \frac{1}{k_{1A}} + \frac{1}{k_{mA}} + \frac{1}{k_{2A}} \tag{26.32}$$

공급물과 생성물에 관한 계수 k_1과 k_2는 유량, 물성, 막 형상에 따라 달라지며, 17장에서 다룬 상관 관계를 이용하여 추정할 수 있다. 막 계수는 유효 확산계수 D_e와 막 두께 z에 따라 달라진다.

$$k_m = \frac{D_e}{z} \tag{26.33}$$

분자 크기와 세공 크기의 비 λ에 기초한 D_e의 이론식에는 다음과 같은 것이 있다[32].

$$D_e = \frac{D_v \varepsilon}{\tau}(1 - \lambda)^2(1 - 2.104\lambda + 2.09\lambda^3 - 0.95\lambda^5) \tag{26.34}$$

$(1 - \lambda)^2$은 원통형 세공 중의 구형 분자가 차지하는 부피분율이며, 식 (26.34)의 마지막 항은 간섭 확산(hindered diffusion) 항이다. $\varepsilon = 0.5$, $\tau = 2$일 때, $\lambda = 0.1$이면, $D_e = 0.164 D_v$이고, $\lambda = 0.5$이면, $D_e = 0.011 D_v$이다. D_e는 D_v보다 아주 작으므로, 확산 훌럭스는 일반적으로 막 저항의 지배를 받는다.

투석의 대표적 응용 예로서는 인공 신장을 들 수 있는데, 신장 질환이 있는 사람의 혈액으로부터 노폐물을 제거한다. 셀로로스나 폴리술폰으로 만든 실관을 사용하며, 혈액을 실관 내부에 통과시키면서 외부에는 염수를 순환시킨다. 우레아(요소)를 비롯한 작은 분자는 막을 통하여 외부 용액으로 확산되며, 단백질과 세포는 혈액 중에 그대로 머무르게 된다. 투석 용액에는 소금과 글루코스를 첨가하여 이러한 물질이 혈액으로부터 손실되는 것을 방지한다.

투석의 공업적 응용으로서는 비스코스법(viscose process)에 의한 인조견(rayon) 제조에서 발생되는 헤미셀룰로스 용액으로부터 가성소다의 회수를 들 수 있다. 여과 프레스(filter press, 29장 참고)에서처럼 평판 막을 평행으로 배열하고, 공급액과 향류로 물을 통과시키면 NaOH가 6%에 이르는 투석물(dialyzate)을 얻을 수 있다. 천연물이나 콜로이드 용액으로부터 염분이나 당류를 회수하는 데도 투석법을 이용할 수 있지만, 이보다는 투과속도가 큰 한외여과법을 선호한나.

전기투석법(electrodialysis)의 대규모 응용에서는 이온 선택성 막을 사용하는데, 전위 구배(potential gradient)에 의해 막을 통한 이온의 전기이동(migration)을 가속시킨다. 그림 26.13에 보인 것처럼, 양이온 및 음이온 투과성 막을 교대로 배열한 장치에 함수(brackish water)를 통과시킴으로써 음용수를 만들 수 있다. 공간의 반쪽에서는 양이온이 한쪽으로 이동하고 음이온이 다른 쪽으로 이동하여, 한층 순수한 물을 남긴다. 다른 반쪽 공간에서 한층 농축되는 용액은 폐기한다. 비슷한 장치를 사용하여 다양한 프로세스의 염 용액을 농축할 수 있다. 한 예로서 역삼투 장치의 배제물(reject)인 염 용액을 전기투석법으로 처리하는 경우를 들 수 있다[30]. 염의 농도가 8배 정도 증가하므로, 처분 비용을 줄일 수 있고, 재생된 물은 역삼투 장치에 순환시킨다. 이러한 응용에서는 전극의 극성을 규칙적으로 반전시켜서, 염 농도가 높을 때 생성되는 스케일 문제를 줄일 수 있다.

26.2.2 액-액 추출용 막

막을 사용하여 상을 분리하고 물질전달 면적을 증가시킴으로서, 물 중의 용질을 유기 액체 중으로 추출하거나 이 반대로 추출할 수 있다. 실관이나 평판 막을 사용하는데, 물질전달 면적은 장치의 설계에 따라 결정되며, 액-액 분산 면적에 영향을 미치는 유량, 점도, 표면장력 등의 변수에 의해서는 좌우되지 않는다. 막 추출장치는 두 상이 향류로 흐르도록 배열할 수 있는데, 충전탑이나 분무탑에서와는 달리, 범람(flooding)의 제약이 없다. 막이 두 상을 분리하기 때문에 침강탱크나 에멀션 파괴장치가 필요 없다는 것도 장점이다. 그러나 막 때문에 물질전달 저항이 커지므로, 이 저항을 최소화해야 이 방법이 매력적일 수 있다.

추출장치에서 치밀한 고분자 필름을 사용하면, 고체 고분자 중의 확산계수가 아주 낮으므로 막 저항이 아주 커질 수 있다. 비대칭막을 사용하면 개방 하층 구조에서의 확산이 치밀한 표층에서보다 빠르기 때문에 막 저항을 줄일 수 있다. 그러나 저항이 가장 작은 막은 막 전체를 통해 세공이 뚫려있는 다공질 막이다. 한 상이 젖지 않는 막을 선택하면 상을 분리할 수 있다. 예를 들어서, 테플론이나 폴리프로필렌으로 만든 막은 소수성이므로, 고압이 아니면 물이 세공 안으로 들어가지 않는다. 임계 침입 압력(critical entry pressure)은 접촉각, 세공의 크기와 모양에 따라 달라지며[9], 상용 막 중에는 50 lb_f/in^2 정도로 큰 것도 있다.

폴리프로필렌 실관으로 만든 추출장치는, 실관 외부의 유기상의 압력보다 내부 수용액상의 압력을 약간 높게 하여 조작할 수 있다. 막의 세공은 유기 용매로 차며, 세공 입구가 액-액 계면이 된다. 유기상에서의

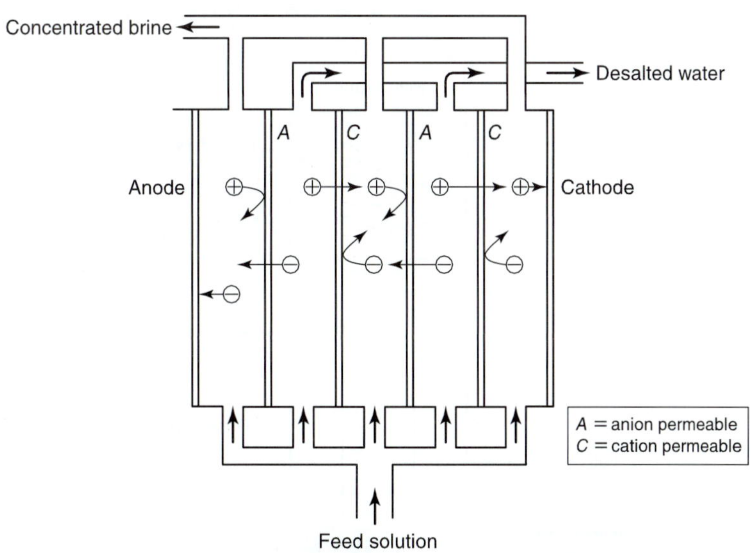

그림 26.13 전기투석조

용질의 평형 농도가 아주 높은 경우의 농도구배는 그림 26.14와 같다. 이 경우 총괄 저항은 다음과 같다.

$$\frac{1}{K_w} = \frac{1}{k_w} + \frac{1}{m}\left(\frac{1}{k_o} + \frac{z}{D_{e,0}}\right) \tag{26.35}$$

물상, 유기상, 막의 계수 k_w, k_o, $D_{e,0}/z$는 일반적으로 크기가 비슷하지만, 분포계수(distribution coefficient) m이 크면 물상의 저항이 대부분을 차지한다. 여기에서 m은 유기상과 물상에서의 용질 농도의 비이다.

친수성 막을 사용하면 세공에는 물이 찰 것이며, 유기상은 고압으로 유지해야 물이 세공을 통과하여 유기상에서 액적을 형성하는 것을 막을 수 있다. 그림 26.14에 보인 계에서 친수성 막을 사용한다면 물상에 두 가지 저항이 있고 총괄 계수가 작아지는데, 이를 나타내면 다음과 같다.

$$\frac{1}{K_w} = \frac{1}{k_w} + \frac{z}{D_{e,w}} + \frac{1}{mk_o} \tag{26.36}$$

용질이 주로 물상에 분포되면($m \ll 1$), 유기상의 저항이 율속이 되므로, 친수성 막을 선택하면 막 저항을 줄일 수 있다.

용질에 대한 분배계수(partition coefficient)가 큰 고분자 액을 세공에 충전한 소수성 막을 사용하면, 한 수용액 상에서 다른 수용액 상으로 용질을 선택적으로 추출할 수 있다[12].

이러한 공정의 총괄 물질전달계수 K_w는 다음 식으로 구할 수 있다.

$$\frac{1}{K_w} = \frac{1}{k_{w1}} + \frac{1}{k_m K_P} + \frac{1}{k_{w2}} \tag{26.37}$$

k_m은 막의 물질전달계수이고, K_P는 물과 고분자 액 사이에 분배되는 용질의 분배계수이다. 이러한 방법의 실용성이 입증된 예를 들면, 시판되는 방사 방향 흐름 모듈을 사용하여, 묽은 염 용액으로부터 페놀을 회수하여 농축할 수 있다[10].

실험실에서 시험한 실관 추출장치도 있는데[28,41], 물질전달 속도는 이론치와 일치하지만, 외부 계수에 대한 만족할만한 관계식은 아직 얻지 못했다(17장 참고). 분산이 힘들거나 에멀션화 때문에 상 분리가 어려운 경우에 이러한 장치의 응용을 고려할 수 있을 것이다.

26.2.3 투과증발

액체 혼합물 중의 한 가지 또는 여러 성분이 선택적 막을 통해 확산되도록 하고, 하류에서 압력을 낮추어

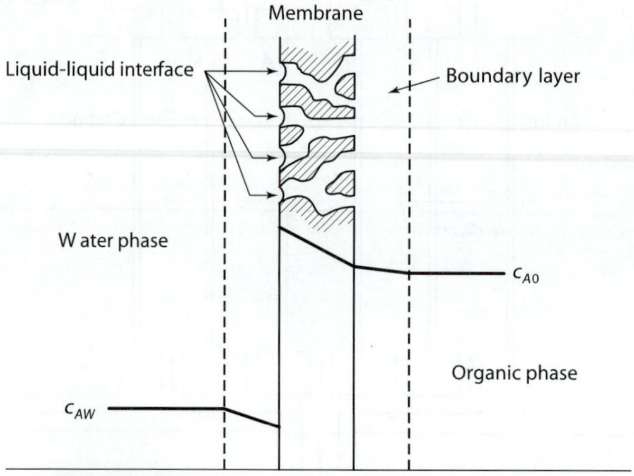

그림 26.14 다공질 소수성 막을 이용한 액-액 추출

증발시킨 다음, 진공 펌프나 냉각응축기(chilled condenser)로 제거하는 분리법을 투과증발법(pervaporation)이라 한다. 복합막을 사용하여, 치밀층이 액체와 접촉되고 다공질 지지층이 증기에 노출되도록 한다. 막에서 상이 변하며, 얇은 치밀층을 통해 흐르는 액체의 현열로 증발열을 공급한다. 액체가 분리장치를 통과하면서 온도가 내려가서 투과속도가 느려지는데, 이때문에 소량의 공급물을 제거하는 경우(대개 한 단에서 2~5% 정도)에 한해서 투과증발법이 응용된다. 제거율을 높이려면 여러 단을 직렬하고 중간 가열기를 사용해야 한다. 실용 장치에서는 대개 여과 프레스처럼 배열한 평판 막을 사용하며, 막 사이의 벌림물(spacer)이 생성물의 유로 역할을 한다. 이러한 목적으로는 와권형 막을 사용하기도 한다. 실관막은 적절하지 못한데, 구멍이 작은 실관을 통해 투과물이 흐를 때 압력 강하가 커지기 때문이다.

각 성분의 훌럭스는 치밀층에서의 농도구배와 확산계수에 비례한다. 그러나 막이 액체를 흡수하면 상당히 팽윤되기 때문에 농도구배는 비선형이 되며, 팽윤되지 않은 치밀한 고분자에 비해 완전 팽윤된 고분자에서는 확산계수가 10~100배나 커지기도 한다. 또 고분자가 주로 한 성분의 흡수에 의해 팽윤되더라도, 다른 성분의 확산계수도 증가한다. 이러한 상호작용 때문에 막의 투과도와 선택도의 상관 관계를 얻기가 어렵다.

한 성분이 투과될 때는 확산계수를 농도의 지수 함수로 나타낼 수 있다.

$$D = D_0 e^{\beta c} \tag{26.38}$$

β = 상수, D_0 = 무한 희석 용액의 확산계수

정상 상태에서는 두께 z인 막을 통한 훌럭스가 다음과 같다.

$$J = \frac{D_0}{\beta z}(e^{\beta c_1} - e^{\beta c_2}) \tag{26.39}$$

βc_1이 1.0보다 크고 c_2가 c_1보다 아주 작으면, 막 전후에서 확산계수가 몇 배나 감소하며, 훌럭스는 농도차에 비례하지 않게 된다. 예를 들어서, $\beta c_1 = 2.0$이고 $c_2 = 0.5c_1$이면, 훌럭스는 $(e^2 - e)D_0/\beta z = 4.67D_0/\beta z$ 이지만, c_2가 0이 되어 농도차가 2배가 되더라도 훌럭스는 $6.39D_0/\beta z$로 37% 밖에 증가하지 않는다. 그러나 c_1이 50% 증가하여 구동력이 2배가 되면 훌럭스는 $17.4D_0/\beta z$로 3.7배 증가한다.

1 atm, 99°C의 n-헵탄을 사용한 투과증발의 초기 연구[5]에서는, 훌럭스가 예상대로 치밀한 고분자 막 두께에 역비례했지만, 하류 압력을 500에서 50 mm Hg로 감소시켜도 훌럭스는 조금 밖에 증가하지 않았다. 이는 식 (26.39)에서 βc_1이 5 이상일 때와 일치한다. 순수 공급액을 사용한 다른 연구에서도 결과는 비슷했으며, 직접 측정해 보면 막 중의 농도 프로필이 아주 비선형이 된다[3]. 그러나 투과증발의 실제 응용에서는, 투과성이 큰 성분의 공급액 중의 농도가 대개 낮으므로, 순수 액체나 농도가 높은 용액을 사용한 시험에 비해, 막의 팽윤과 이로 인한 비선형 효과는 현저하지 않다.

전형적 정상상태 계에서의 구배를 그림 26.15에 보였다. 공급물 중에는 B가 많이 들어있지만, 고분자에 잘 용해되는 것은 A이므로, 막의 상류 쪽에는 A의 농도가 높은 것으로 가정했다. A는 확산계수가 커서 경계층 부근에서는 A의 구배가 작지만, c_A의 감소에 따라 D_A도 감소한다. B의 구배도 모양이 비슷한 것은, 막을 통과하면서 D_B가 변하기 때문이다. 농도 c_{A2}와 c_{B2}는 하류 분압 p_{A2}와 p_{B2}에 비례하겠지만, 용매에 의해 막이 많이 팽윤되는 상류 쪽에서는 Henry 법칙이 맞지 않는다.

막의 상류 쪽에서 용매의 농도는 조작 온도에서의 고분자 중의 용해도와 액체 중의 용매의 활동도에 따라 달라진다. 공급액은 대개 가열하는데, 온도가 10°C 증가하면 막의 투과도가 20~40% 정도 증가하면서도 선택도는 큰 영향을 받지 않기 때문이다. 상류 압력은 1 atm 또는 이보다 약간 높게 하여 공급물의 부분적 기화를 방지한다. 상류 쪽을 더 이상 높은 압력으로 해도 소용이 없는데, 압력을 크게 증가시키더라도 액상의 활동도는 아주 조금 밖에 증가하지 않기 때문이다. 하류 압력은 가능한한 낮게 하여 막을 통한 확산 구동력이 커지도록 한다. 이 구동력은 분압차($\gamma_A x_A P_A' - y_A P_2$)로 나타낼 수 있는데, γ는 활동도 계수, P_A'은 순성분

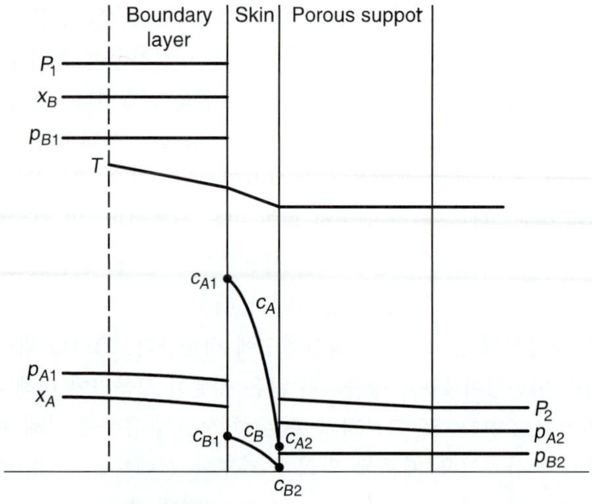

그림 26.15 투과증발 막에서의 구배

의 증기압, x와 y는 각각 액상과 기상의 몰분율이다. 비선형 효과를 무시하고 투과도의 평균치를 사용하면, 2성분 혼합물에 관해 다음과 같은 식들을 쓸 수 있다.

$$J_A = Q_A(\gamma_A x_A P'_A - y_A P_2) \tag{26.40}$$

$$J_B = Q_B[\gamma_B(1 - x_A)P'_B - (1 - y_A)P_2] \tag{26.41}$$

$$y_A = \frac{J_A}{J_A + J_B} \tag{26.42}$$

이러한 식은 기체 분리에 관한 식과 비슷하지만, 압력비 R 대신에, 활동도 계수와 증기압을 포함시켜서 수정한 비 R_A와 R_B로 나타낸다.

$$R_A = \frac{P_2}{\gamma_A P'_A} \qquad R_B = \frac{P_2}{\gamma_B P'_B} \tag{26.43}$$

활동도 계수와 증기압은 수정한 선택도에도 포함된다.

$$\alpha' = \frac{Q_A \gamma_A P'_A}{Q_B \gamma_B P'_B} \tag{26.44}$$

식 (26.40)~(26.44)로부터, y_A의 국부 값인 y'의 2차식을 얻을 수 있다.

$$a(y')^2 + by' + c = 0 \tag{26.45}$$

$$a = \alpha' R_A - R_B$$

$$b = R_B + x - 1 - \alpha'(R_A + x)$$

$$c = \alpha' x$$

분리장치를 통한 액체의 흐름이 플러그흐름이면, 공급물 쪽에서 y'이 최대가 되며, 투과물의 최종 조성 y는 국부 값의 적분 평균이 된다. 이 계산에서는 액체 온도의 감소를 고려해야 하는데, 온도가 감소하면 확산 구동력이 감소하고 결과적으로 투과도가 감소하기 때문이다. 온도 변화는 엔탈피 수지에서 계산한다.

$$L_{\text{in}} c_p T_{\text{in}} - L_{\text{out}} c_p T_{\text{out}} = V \triangle H_v \tag{26.46}$$

c_p = 액체의 비열, $\triangle H_v$ = 기화 엔탈피

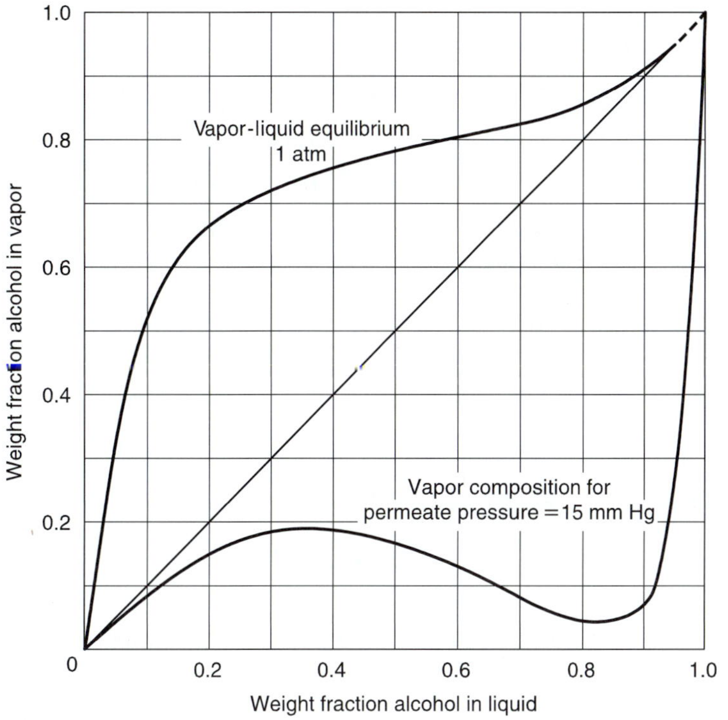

그림 26.16 PVA 막에서 에탄올-물 공급액의 온도가 60°C일 때의 투과증발에 의한 투과물 조성

투과증발법이 최초로 실용된 것은 에탄올-물의 분리였다. 발효에 의해 생산한 묽은 용액을 증류하여 에탄올 90~95% 정도(공비점 부근)의 탑위 생성물을 얻고, 이것을 막 분리장치에 공급하여 거의 순수한 에탄올(99.9%)을 만든다. 에탄올 20~40% 정도의 투과물 흐름은 증류탑으로 순환시킨다. 폴리비닐알코올(PVA) 막에서의 기-액 평형 곡선과 조성을 그림 26.16에 보였다[38]. 증류에서는 거의 모든 조성 범위에서 알코올이 휘발성이 큰 성분이지만, 이 막에서는 언제나 액체에서보다 투과물에서의 물의 농도가 높아진다. 투과물 조성을 나타낸 곡선의 모양을 보면 아주 강한 비선형적 거동을 알 수 있다. 알코올 40~80% 범위에서는, 액체 중의 농도가 증가함에 따라 증기 중의 알코올 함유량이 감소한다. 그러나 모든 종류의 막이 이러한 거동을 보이는 것은 아니다. 이 막의 선택도가 가장 좋은 것은 에탄올 80~85% 범위일 때이며, 이때 투과물의 알코올은 5%에 불과하다. 투과물 압력을 높이면 투과물 조성을 나타낸 곡선이 위로 이동할 것인데, 알코올의 구동력에 비해 물 투과의 구동력이 P_2의 변화에 대해 민감하기 때문이다.

예제 26.3

실험실에서 투과증발 막의 성능을 시험했다. 에탄올 90%, 물 10%(질량 기준), 온도 60°C인 용액에 노출시킨 결과, 하류 압력이 15 mm Hg일 때 흘럭스는 0.20 kg/m^2·h이고 투과물 조성은 에탄올 7.1%이었다.

(a) 시험 조건에서 에탄올과 물에 대한 막의 투과도와 물의 선택도를 구하여라.

(b) 수냉 응축기를 사용하여 하류 압력을 30 mm Hg로 유지할 때 에탄올 90%, 60°C에서의 투과물의 국부 조성을 추정하여라.

(c) 투과도가 (a)에서와 마찬가지라 가정하고, 에탄올 95%, 99%, 99.5%, 60°C에서의 투과물 국부 조성을 구하여라.

풀이

(a) 각 성분의 홀럭스는 총괄 홀럭스와 투과물 조성에서 구한다. $A = H_2O$, $B = C_2H_5OH$라 한다.

$$J_A = 0.20(0.929) = 0.1858 \text{ kg/m}^2 \cdot \text{h}$$

$$J_B = 0.20(0.071) = 0.0142 \text{ kg/m}^2 \cdot \text{h}$$

60°C에서의 증기압은 $P'_A = 149$ mm Hg, $P'_B = 340$ mm Hg이다. H_2O 10%(질량 기준)일 때, H_2O 몰분율은 다음과 같다.

$$x = (10/18)(10/18 + 90/46) = 0.221$$

활동도계수는 Margules 식에서[27] 구한다. 비등점에서의 활동도계수를 사용하고, 온도에 따른 γ의 변화를 무시한다.

H_2O: $\ln \gamma_A = (0.7947 + 1.615x_A)x_B^2$

$$x_A = 0.221,\ x_B = 0.779,\ \gamma_A = 2.01$$

에탄올: $\ln \gamma_B = (1.6022 - 1.615x_B)x_A^2$

$$\gamma_B = 1.02$$

투과물의 H_2O 질량%는 $100 - 7.1 = 92.9\%$이다. 몰분율로 나타내면,

$$y = \frac{92.9/18}{92.9/18 + 7.1/46} = 0.971\ H_2O$$

물 수송 구동력은 다음과 같다.

$$\Delta p_A = 2.01(0.221)(149) - 0.971(15) = 51.6 \text{ mm Hg} = 0.0679 \text{ atm}$$

$$Q_A = \frac{0.1858}{0.0679} = 2.74 \text{ kg/m}^2 \cdot \text{h} \cdot \text{atm} = 152 \text{ mol/m}^2 \cdot \text{h} \cdot \text{atm}$$

알코올 수송 구동력은 다음과 같다.

$$\Delta p_B = 1.02(0.779)(340) - 0.029(15) = 269.7 \text{ mm Hg} = 0.355 \text{ atm}$$

$$Q_B = \frac{0.0142}{0.355} = 0.040 \text{ kg/m}^2 \cdot \text{h} \cdot \text{atm} = 0.87 \text{ mol/m}^2 \cdot \text{h} \cdot \text{atm}$$

선택도는 다음과 같다.

질량 기준: $Q_A/Q_B = 2.74/0.040 = 68.5$

몰 기준: $Q_A/Q_B = 152/0.87 = 175$

(b) $P_2 = 30$ mm Hg이면, 물 수송의 구동력은 감소하지만, 알코올의 경우는 거의 마찬가지이다. 이는 액체 중의 알코올의 분압이 P_2보다 아주 크기 때문이다. 증기 조성은 식 (26.43)에서 구한다.

$$R_A = \frac{P_2}{\gamma_A P'_A} = \frac{30}{2.01 \times 149} = 0.1002 \qquad R_B = \frac{P_2}{\gamma_B P'_B} = \frac{30}{1.02 \times 340} = 0.0865$$

$$\alpha' = \frac{Q_A \gamma_A P'_A}{Q_B \gamma_B P'_B} = \frac{152(2.01)(149)}{0.87(1.02)(340)} = 150.9$$

$$a = \alpha' R_A - R_B = 150.9(0.1002) - 0.0865 = 15.03$$

$$b = R_B + x - 1 - \alpha'(R_A + x)$$

$$= 0.0865 + 0.221 - 1 - 150.9(0.1002 + 0.221) = -49.16$$

$$c = \alpha' x = 150.9(0.221) = 33.35$$

$$15.03(y')^2 - 49.16y' + 33.35 = 0$$

$$y' = 0.960 \quad \text{(물의 질량분율 0.904)}$$

이처럼 투과물 중의 알코올 함유량이 7.1%에서 9.6%로 약간 증가하면 별 상관이 없지만, 공급액 중의 알코올 함유량이 증가하면 이 변화가 아주 클 수 있다. 실제로는 15 mm Hg보다 압력을 낮추어서 투과물 중의 알코올 함유량을 최소화한다. 증기는 주로 수증기이므로, 30 mm Hg에서의 응축 온도를 물의 증기압에서 추정하면 29°C 정도가 된다.

표 26.5 에탄올-물 혼합물의 투과증발에서 투과물 조성, 예제 26.3

Wt % alcohol	x_{H_2O}	γ_A	γ_B	R_A	R_B	α'	y'	wt % H_2O
95	0.1186	2.15	1.0	0.0936	0.0882	164.6	0.915	80.8
99	0.0252	2.21	1.0	0.0911	0.0882	169.2	0.256	11.9
99.9	0.00255	2.21	1.0	0.0911	0.0882	169.2	0.026	1.0
99.9†	0.00255	2.21	1.0	0.00911	0.00865	169.2	0.159	6.8

†For P_2 = 3 mm Hg

(c) 알코올 95%, 99%, 99.9%일 때, 농도를 몰분율로 환산하고, 활동도 계수와 기타 매개변수의 값을 구한 결과는 표 26.5와 같다.

P_2 = 30 mm Hg에서는, 에탄올의 물 함유량을 1%에서 0.1%로 낮추기가 어렵다. H_2O 0.1%이면 액체에서의 물의 분압이 0.84 mm Hg에 불과하고, 국부 투과물의 H_2O는 1%에 지나지 않는다. P_2를 3 mm Hg로 낮출 수 있다면, 구동력이 증가하여 y'이 0.159로 증가하고 국부 투과물의 H_2O가 6.8 질량%가 될 것이다. 결과적으로 알코올 제거량을 줄이면서 99.9% 알코올을 얻을 수 있다. ■

막 분리법만을 사용하여 알코올을 정제할 수도 있겠지만, 아주 여러 단으로 해야 할 것이므로, 상당한 농도까지의 분리에서는 증류를 이용하는 편이 저렴해진다. 알코올만 선택적으로 투과하는 막이 개발된다면, 전적으로 막 분리법만으로 묽은 용액으로부터 알코올을 분리할 수도 있을 것이다.

에탄올 정제용 막은, 메탄올, 이소프로판올, 부탄올, 메틸에틸케톤, 아세톤, 염소화 용매 등을 비롯한 유기 용매의 탈수용으로도 사용할 수 있다. 실용 장치에서는 12 단까지 사용하여, 단 사이에서 재가열하는데, 물의 함유량이 100 ppm 이하인 제품을 얻을 수 있다.

투과증발법의 또 다른 응용으로서는 물로부터 휘발성 유기 오염물의 제거를 들 수 있는데, 실리콘 고무나 기타 유기물 친화성(organophilic) 고분자로 만든 막을 사용한다. 염소화 용매나 휘발유 성분처럼 물에 대한 용해도가 낮은 물질은 수용액 중의 활동도 계수가 아주 크다. 따라서 용액 중의 함유량이 몇 ppm에 불과하더라도 막에서의 평형 농도가 상당히 크므로, 낮은 단 수율에서도(물을 많이 제거하지 않고도) 거의 완전히 제거할 수 있다. 실로콘제 실관을 사용하여 20°C에서 미량의 트리클로로에틸렌(TCE)이 들어있는 물을 정화한 결과 한 단에서 TCE의 90%를 제거할 수 있음이 입증되었다[29].

유기물이 거의 녹지 않아서 농도가 낮으면, 물상의 물질전달 저항이 투과속도를 지배하게 된다. 실관 안에 흐르는 물의 Reynolds 수가 낮으면, 한계 Sherwood 수가 4 정도인데(그림 12.2 참고), 관의 내경을 d_i라 할 때, 이 값은 "필름 두께"가 $d_i/4$인 경우에 해당한다. 막 두께는 $d_i/10 \sim d_i/2$ 정도이므로 이는 내부 경막 두께와 거의 같은 크기이다. 막 안에서의 용질 확산계수는 물 속에서보다 낮지만, 막 안의 용질 농도가 아주 높으므로 상쇄되고도 남는다. 결과적으로 물상에서의 용질의 물질전달 저항이 막에서보다 커질 때가 많다. 한편 막을 통한 물의 전달은 막 저항에 의해 완전히 지배되는데, 물상은 H_2O 99% 이상으로 되어 있기 때문이다. 따라서 흥미있는 최적화 문제가 되는데, 막 두께를 두배로 하면 물의 훌럭스는 반으로 줄지만 유기 용질의 훌럭스는 조금 밖에 줄지 않기 때문이다. 물 훌럭스가 낮아지면 증기의 수송 및 응축 비용과 투과물 중의 물의 함유량이 줄지만, 특정 용질 제거에 필요한 막 면적이 약간 증가한다. Lipski와 Cote[18]는, 실관을 사용하고 공급물을 내부에 흐르게 하거나 종단흐름(transverse flow)으로 할 때의 휘발성 유기물 제거에 관한 최적 조건을 연구하였다. 막의 최적 두께는 500 μm 실관의 내부 흐름일 때 75 μm였지만, 실관에 대한 종단흐름일 때는 30 μm로서, 물질전달계수가 컸다. 와권막을 사용하여 투과증발에 의해 용매를 회수할 때는 경계층 효과 역시 아주 중요하며, 난류를 촉진하는 벌림물을 선택하여 선택도를 증가시킬 수 있다[35].

26.2.4 역삼투법

용매는 투과할 수 있고 용질은 거의 투과하지 못하는 막을 사이에 두고 농도가 다른 두 혼합성 용액을 갈라놓으면, 농도가 낮은 용액으로부터 농도가 높은 용액(용매의 활동도가 낮은)으로 용매가 확산된다. 이러한 용매의 확산을 **삼투**(osmosis)라 하며, 동식물 세포에서는 이러한 삼투에 의해 물이 전달된다. 막 양쪽 용액에서의 용매의 활동도가 같아질 때까지 진한 용액의 압력을 증가시키면 이러한 용매의 전달을 중지시킬 수 있다. 막 한쪽에 순수 용매가 있을 때 용매의 활동도가 같아지도록 하는데 필요한 압력을 용액의 삼투압(osmotic pressure) π라 한다. 이 삼투압보다 압력이 높으면, 용매가 진한 용액으로부터 막을 통하여 묽은 용액으로 확산된다. 이러한 현상은 정상적 삼투 흐름과는 반대 방향으로 용매가 흐르는 현상이므로 **역삼투**(reverse osmosis)라 한다.

역삼투법은 주로 묽은 수용액으로부터 순수(순수한 물)를 제조하는데 이용되지만, 유기 용매의 정제에도 이용된다. 이 방법의 기본 장점은 상온에서 분리할 수 있고 상 변화가 일어나지 않으므로 다량의 에너지의 공급이나 제거가 필요 없다는 것이다. 염수를 순수와 농축 함수로 분리하는데 필요한 에너지는 공급물을 압축하는 일로서 공급되며, 이 중의 일부는 터빈으로 회수할 수 있으므로, 이 프로세스의 열역학적 효율은 비교적 높은 편이다.

물의 투과도가 높고 용존 염류의 투과도가 낮은 고분자에는 몇 가지가 있다. 이러한 점에서 월등한 것은 셀룰로스 아세테이트로서, 가격도 저렴한 편이다. Reid와 Breton[31]의 초기 연구에서는, 아세틸 함유량이 40%인 셀룰로스 아세테이트로 만든 막을 사용하였는데, 50~90 atm에서 염류 배제율(rejection)은 95~98% 정도였지만, 물의 훌럭스가 아주 낮아서 비실용적이었다. 아세틸 함유량이 증가하면 염류 배제율은 높아졌지만 물의 훌럭스는 더욱 낮았다. 역삼투법이 실용화된 것은 Loeb와 Sourirajan[19]이 비대칭 셀룰로스 아세테이트 막을 개발하면서부터였다. 치밀한 층인 표층의 두께를 1 μm 이하로 하고 다공질 구조로 만들면, 염류 배제율이 높으면서도 물의 훌럭스를 10~20 gal/ft^2 · day 정도로 만들 수 있었다. 현재 비대칭 셀룰로스 아세테이트 막은 성형 기법을 달리 하여, 평판, 실관, 또는 다공질 관에 피복한 관형 막으로 만들 수 있다. du Pont에서 방향족 폴리아미드로 만든 실관 막도 정수용으로 사용되고 있는데[22], 훌럭스는 1~3 gal/ft^2 · day(0.04~0.12 m^3/m^2 · day)이다.

역삼투에서 물과 염류의 수송 메카니즘은 아직 완전히 해명되어 있지는 않다. 한 이론에 따르면, 물과 용질은 용액 확산 메카니즘에 의해 별도로 막을 통해 확산된다. 치밀한 고분자 중의 물의 농도는 용액 중의 물의 활동도에 비례하는 것으로 가정한다. 치밀층의 저압 쪽에서 1 atm일 때 순수가 생성된다면 활동도가 사실상 1이다. 고압 쪽에서의 활동도는 상압일 때 1.0보다 약간 낮고(NaCl 5% 용액일 때 0.97), 삼투압에서 1.0, 이보다 고압에서는 1.0보다 약간 클 것이다. 상류 압력은 일반적으로 공급 용액의 삼투압보다 20~50 atm 정도 높게 설정한다. 이러한 압력에서는 물의 활동도 a_w가 1 atm의 순수일 때보다 불과 몇 % 크며, 그림 26.17에 보인 것처럼, 막을 통한 활동도와 농도의 변화는 아주 작다. 물 수송의 구동력은 활동도 차이이며, 이는 압력차 ΔP에서 공급물과 생성물의 삼투압 차이 $\Delta\pi$를 뺀 값에 비례한다. 물 훌럭스는 다음 식으로 나타낼 수 있다[19].

$$J_w = \frac{c_w D_w v_w}{RT}\left(\frac{\Delta P - \Delta\pi}{z}\right) \tag{26.47}$$

D_w = 막에서의 확산계수

c_w = 물의 평균 농도, g/cm^3

v_w = 물의 부분 몰부피

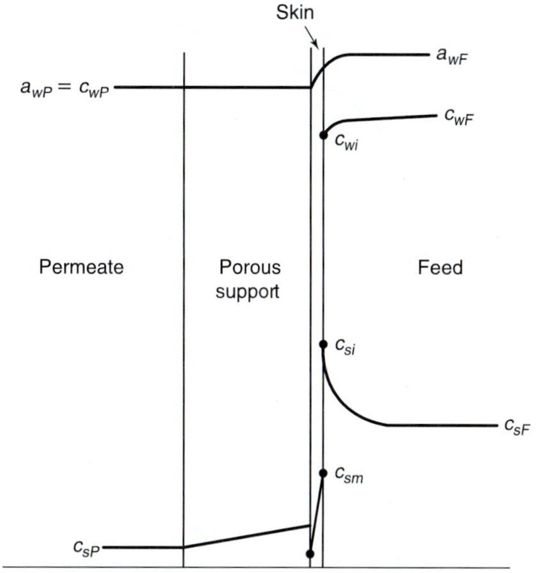

그림 26.17 역삼투막에서의 농도구배

용질의 훌럭스는 용액 농도의 차이, 확산계수, 용해도 또는 분포계수에 비례하는 것으로 가정한다.

$$J_s = D_s S_s \left(\frac{\Delta c_s}{z} \right) \tag{26.48}$$

이 식에서 알 수 있는 것처럼, 일단 삼투압을 초과하면 물 훌럭스는 압력차 ΔP에 따라 선형적으로 증가한다. 염류의 흐름은 ΔP에 의존하지 않으므로 선택도 역시 증가한다. 이러한 경향을 그림 26.18에 보였다. ΔP가 낮을 때 물 플럭스가 다소 곡선형이 되는 것은 배제율의 감소에 따라 $\Delta \pi$의 값이 낮아지기 때문이다. 이러한 경향은 실험적으로 입증되었지만, 셀룰로스 아세테이트에서의 염류 배제율은 예측치만큼 높지 않다. 물 함유량 c_w는 0.2 g/cm^3 정도이며, 추적자 시험에 따르면 $D_w \cong 10^{-6}$ cm^2/s이다. 치밀한 고분자 막에서 NaCl의 확산을 시험한 결과에 따르면[21], $S_s = 0.035$, $D_s = 10^{-9}$ cm^2/s이다. 비대칭막에서 훌럭스 J_w와 J_s는 정확하게 예측할 수 없는데, 표층 두께 z을 알지 못하기 때문이다. 그러나 두 훌럭스의 비는 z와 독립적이므로, $\Delta P - \Delta \pi = 50$ atm일 때 해수에서의 염류의 추정 배제율은 99.6%이다. 이러한 조건에서 초기 탈염장치의 배제율은 97~98% 정도였는데, 그 차이가 막의 미공을 통한 흐름 때문인지 아니면 용액 확산 이론에서의 잘못된 가정 때문이었는지는 분명치 않다. 현재 막이 개량되어, 1단 분리장치에서 해수로부터 음용수를 생산할 수 있는데, 이는 염류 배제률이 99% 이상임을 의미한다.

역삼투법은 식수 생산 이외에도 화학, 직물, 식품 가공, 펄프 및 종이 공업의 폐수 처리에서 여러 모로 응용된다[40]. 가열하지 않고도 폐수를 농축하여 부피를 20-30배 정도 감축할 수 있으므로, 최종 처리 또는 처분 비용을 크게 줄일 수 있다[40]. 전기도금 용액을 농출하는 경우에는 고가의 금속을 회수하여 재사용할 수 있다. 역삼투법은 또한 우유, 과일 쥬스, 단풍나무 수액과 같은 천연물의 농축에서 증발법 대신에 사용할 수 있다. 7 MPa에 이르는 압력으로 운전하는 막 분리 장치에서 사과 쥬스를 고형물 30%까지 농축했다. 그러나 이 경우 다소의 맛과 향 성분이 고분자 막을 통해 천천히 확산되어 손실된다[2]. 단풍나무 시럽의 생산에서는 수액 40 gal으로부터 불과 1 gal의 시럽이 얻어지는데, 역삼투법을 사용하면 증발법에 비해 아주 저렴한 비용으로 수분의 90%를 제거할 수 있다. 농축의 최종 단계에서는 삼투압이 너무 높아지기 때문에 증발법을 사용할 필요가 있다.

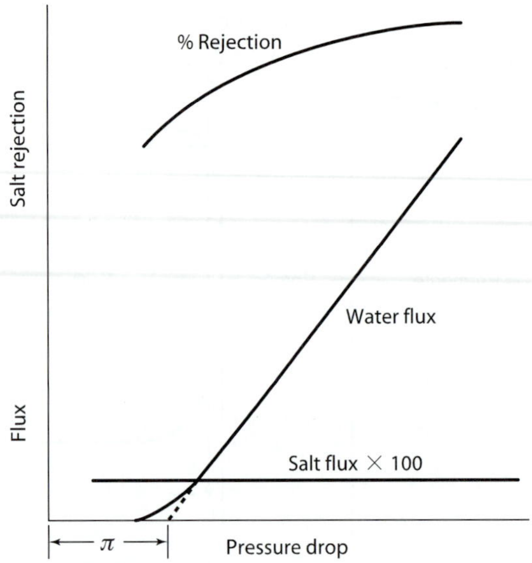

그림 26.18 역삼투에서 홀럭스와 염류 배제율

농도 분극

막에 의해 용질을 거의 완전히 배제하면 벌크 용액에서보다 막 표면에서의 농도가 높아지는데, 이러한 효과를 **농도분극**(concentration polarization)이라 한다. 정상상태에서는 물 홀럭스에 의해 막으로 운반되는 용질의 양은 다시 용액으로 역확산되는 용질의 양과 거의 같다. 그림 26.17에 보인 것처럼 구배는 비교적 작으며, 막 표면에서의 용질 농도는 벌크 농도의 몇 배가 되기도 한다. 농도분극이 생기면 물의 홀럭스를 감소시키는데, 삼투압이 증가하면 물 수송의 구동력이 감소하기 때문이다. 물 홀럭스의 감소와, 막 표면의 염류 농도가 높을 때의 용질 홀럭스의 증가에 의해서 용질 배제율이 감소한다.

농도분극에 관한 식은, 평판 사이나 실관 안에서 공급 용액의 흐름이 층류인 경우처럼 단순한 경우에 대해 유도된 것이 있다[35]. 투과가 진행됨에 따라 농도 경계층이 생성되고 용액 유량이 점진적으로 감소하기 때문에, 수치해가 필요하다. 실관 외부에서의 흐름이나 와권형 모듈의 유로에서의 흐름과 같은 한층 중요한 경우에 관해서는 완전해를 구할 수 없지만, 근사적 풀이만으로도 유용하다.

물 홀럭스가 $J_w(\text{cm}^3/\text{s}\cdot\text{cm}^2)$, 벌크 용질 농도가 $c_s(\text{g/cm}^3)$, 용질 배제율이 f인 막을 고려하자. 막 표면에서의 용질 농도를 c_{si}라 할 때, 표면에서 멀어지는 용질의 확산은 물질전달계수 k_c와 구동력 $c_{si}-c_s$로 나타낼 수 있다. 정상상태에서는 확산 홀럭스가 단위 면적당 용질의 배제량과 같으므로,

$$J_w c_s f = k_c(c_{si} - c_s) \tag{26.49}$$

분극인자(polarization factor) Γ를 다음과 같이 상대적 농도차로 정의한다.

$$\Gamma \equiv \frac{c_{si} - c_s}{c_s} = \frac{J_w f}{k_c} \tag{26.50}$$

물질전달계수는 17장에서 다룬 상관 관계로부터 추정할 수 있다. 분극인자 Γ가 0.1보다 작으면 그 영향은 무시할 수 있다. Γ가 크면 배제율과 물 홀럭스의 변화를 식 (26.47), (26.48), (26.50)에서 구하거나, 식 (29.51)처럼 좀 더 정확한 농도 프로필 표현을 사용할 수 있다. 여하간 Γ 값이 크다면, 분리장치의 규모나 유속을 변화시켜서 물질전달을 향상시킴으로써 장치 성능을 개선할 수 있는 기회로 삼아야 할 것이다.

예제 26.4

$d_o = 300\,\mu\text{m}$, $d_i = 200\,\mu\text{m}$인 실관 투과장치에서, 20°C의 0.1 M NaCl 용액일 때 물 훌럭스가 10 gal/day · ft^2이고, 염류 배제율은 97%이다. 공급 용액은 실관에 대해 수직으로 흐르며, 평균 공탑속도는 0.5 cm/s 이다. 농도 분극이 어느 정도 심각할 것인지를 설명하여라.

풀이

10 gal/day · ft^2일 때

$$J_w = 10 \times \frac{231 \times 16.3871}{24 \times 3,600 \times 929} = 4.72 \times 10^{-4}\,\text{cm/s}$$

$$\text{Re} = \frac{3 \times 10^{-2}\,\text{cm} \times 0.5\,\text{cm/s} \times 1\,\text{g/cm}^3}{0.01\,\text{g/cm} \cdot \text{s}} = 1.5$$

$$D_s = 1.6 \times 10^{-5}\,\text{cm}^2/\text{s}$$

$$\text{Sc} = \frac{0.01}{1 \times 1.6 \times 10^{-5}} = 625$$

흐름은 실관 다발에 대해 수직이므로, 식 (17.70)을 사용한다.

$$\begin{aligned}\text{Sh} &= 1.28\,\text{Re}^{0.4}\text{Sc}^{0.33}\\ &= 1.28(1.5)^{0.4}(625)^{0.33} = 12.6\end{aligned}$$

$$k_c = \frac{12.6(1.6 \times 10^{-5})}{0.03} = 6.72 \times 10^{-3}\,\text{cm/s}$$

식 (26.50)에서,

$$\Gamma = \frac{4.72 \times 10^{-4}(0.97)}{6.72 \times 10^{-3}} = 0.068$$

막 표면과 벌크 용액 사이의 농도차는 6.8%이므로, 염류 배제율이나 물 훌럭스에 큰 영향을 미치지는 않을 것이다. 그러나 흐름의 분배가 좋지 않으면, 흐름이 적은 부분에서는 심각한 분극 현상이 나타날 것이다. ■

마찰 압력 강하

실관막은 일반적으로 외측에 표층을 만들고, 수천 개의 실관을 촘촘하게 충전한 다발을 하나의 금속 실린더에 봉입한다. 공급 용액은 쉘쪽에서 실관 다발을 가로질러서 방사 방향으로 흐르거나 실관 다발에 평행으로 흐른다. 생성된 물은 실관 다발의 한쪽이나 양쪽 끝의 실관 내부(lumen)에서 수집한다. 실관의 지름이나 길이를 선택할 때는, 물 투과 구동력에 비해, 실관 내부의 생성물 흐름의 압력강하가 크지 않도록 한다. 물 훌럭스가 낮은 장치에서는 d_o와 d_i가 50 및 25 μm 정도로 작은 실관을 사용하기도 하지만, 투과성이 좋은 막에서는 지름이 더 큰 관을 사용한다. 생산속도를 증가시키려면, 그림 26.19에 보인 것처럼, 다수의 투과장치에서 공급수를 병류로 흐르게 하며, 잔류 흐름은 통합하여 다른 투과장치로 통과하도록 한다. 이렇게 배열하면, 쉘쪽의 유속을 증가시켜서 흐름이 잘 분배되도록 하고 농도 분극을 최소화할 수 있다.

실관 내부의 흐름은 층류이므로, 표면마찰로 인한 압력 구배 dp_s/dL은 Hagen-Poiseuille 식 (5.20)의 미분형으로 나타낼 수 있다.

$$\frac{dp_s}{dL} = \frac{32\,\overline{V}\mu}{D^2} \tag{26.51}$$

$\overline{V}$ = 평균 유속, μ = 점도, D = 실관 지름

실관의 막힌 끝에서 멀어질수록 유속이 증가하며, 이 유량의 증분은, 벽 단위 면적당의 훌럭스와 면적의 증분을 곱한 값과 같다.

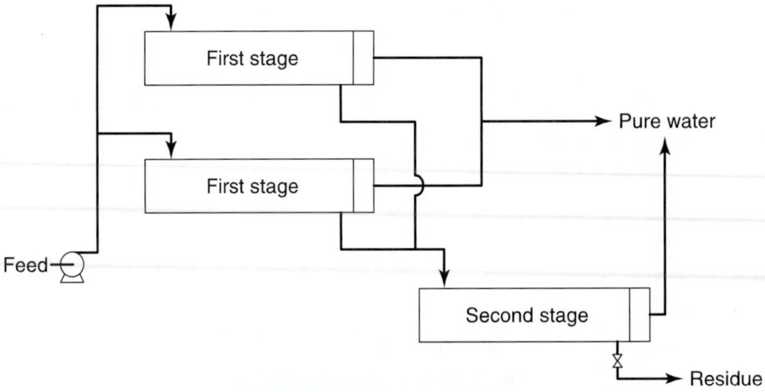

그림 26.19 2단 역삼투 장치

$$\frac{\pi D^2}{4} d\overline{V} = J_w \pi D dL \tag{26.52}$$

$$\frac{d\overline{V}}{dL} = \frac{4J_w}{D} \tag{26.53}$$

물 흘럭스 J_w는 분리장치의 길이에 따라 변하는데, 이는 염류 농도가 증가하면 $\Delta\pi$가 증가하기 때문이며, 실관 내부에 압력이 축적되면 ΔP가 감소한다. 근사해를 구할 때는 J_w가 일정하다고 가정하고, 식 (26.53)을 직접 적분한다.

$$\overline{V} = \frac{4J_w L}{D} \tag{26.54}$$

식 (26.54)를 식 (26.51)에 대입하고 적분하면,

$$\frac{dp_s}{dL} = \frac{128 J_w \mu L}{D^3} \tag{26.55}$$

$$\Delta p_s = \frac{128 J_w \mu}{D^3} \frac{L^2}{2} \tag{26.56}$$

물의 유속 $\overline{V}$가 일정하여 배출유속 $4J_w L/D$와 같다고 하여 계산하면, 압력 강하는 꼭 절반이 된다. 즉 식 (26.56)을 다시 써서 식 (26.51)과 비교해 보면 알 수 있다.

$$\Delta p_s = \frac{1}{2} \frac{32\mu L}{D^2} \frac{4J_w L}{D} \tag{26.57}$$

예제 26.5

(a) 예제 26.4의 분리장치에서, 실관의 길이가 3 m이고, 외면적 기준의 물의 평균 흘럭스가 10 gal/day · ft^{2}일 때, 배출유속과 실관 내부의 압력 강하를 구하여라.

(b) 실관의 양끝이 개방되었을 때의 압력 강하를 구하여라.

풀이

(a) 흘럭스 J_w를 내면적 기준으로 바꾼다. $d_i = 200\,\mu\text{m}$, $d_o = 300\,\mu\text{m}$이고, 예제 26.4의 환산인자를 사용하면,

$$J_w = (4.72 \times 10^{-4}) \frac{300}{200} = 7.08 \times 10^{-4}\,\text{cm/s} = 7.08 \times 10^{-6}\,\text{m/s}$$

$\mu = 1\ \text{cP} = 10^{-3}\ \text{Pa} \cdot \text{s}$라 하면,

$$D = d_i = 200 \times 10^{-6}\,\mathrm{m}$$

식 (26.54)에서

$$\overline{V} = \frac{4(7.08\times10^{-6})(3)}{200\times10^{-6}} = 0.425\,\mathrm{m/s}$$

식 (26.57)에서

$$\Delta p_s = \frac{0.425(32)10^{-3}(3)}{(2\times10^{-4})^2}\frac{1}{2} = 5.1\times10^5\,\mathrm{Pa} = 5.03\,\mathrm{atm}$$

압력 강하가 심하지만, 공급액의 압력이 50 atm이고 $\Delta\pi$가 공급액의 5 atm에서 배출액의 10 atm으로 증가하면, 물 수송의 구동력 $\Delta P - \Delta\pi$는 최대값이 50 − 5 = 45이고 최소값이 45 − 10 = 35가 된다. 따라서 훌럭스가 일정하다는 가정 때문에 생기는 오차는 그다지 크지 않다.

(b) 실관의 양쪽이 개방되어 있으면, 유효 길이는 1.5 m이고 배출유속은 절반이 된다. 압력 강하는 그 전의 1/4이 된다.

$$\Delta P = \frac{5.03}{4} = 1.26\,\mathrm{atm}$$

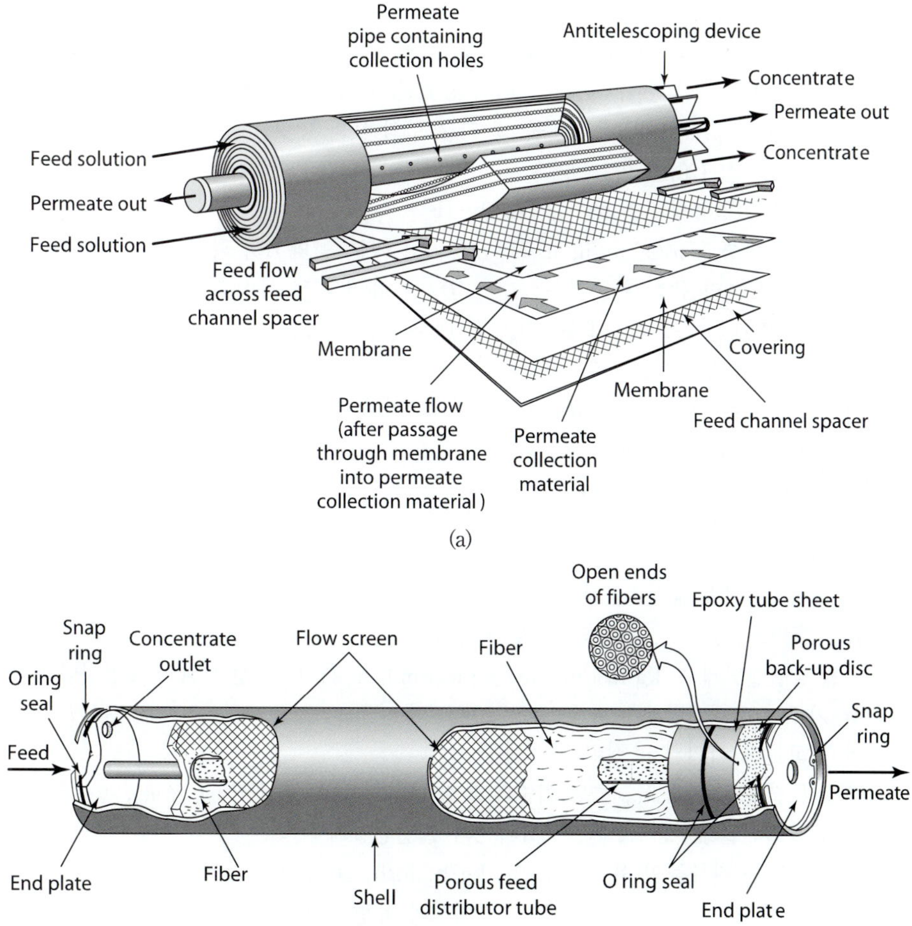

그림 26.20 투과장치의 단면 (a) 와권형 분리장치(W. Eykamp and J. Steen, in *Handbook of Separation Process Technology*, R. W. Rousseau(ed.), Wiley, 1987, p.838) (b) PERMASEP 실관 분리장치(Du Pont brochure, PERMASEP Permeators, 1990)

역삼투법에서 평판막은 대개 와권형 모듈로 만들어 사용한다. 다공질 벌림판(spacer sheet)에 막을 씌우고 끝을 봉합하여 샌드위치처럼 만든다. 상부에는 플라스틱 스크린을 두어 공급액 분산기 역할을 하도록 하며, 샌드위치를 소형의 다공성 배출관 둘레에 와권형으로 말아 감는다. 이 모듈을 소형 압력 용기에 삽입하고 여러 단위를 병렬로 설치한다. 물질전달 면적은 몇 백 ft^2/ft^3으로서, 전형적 실관 분리장치에 비하면 한 자리 정도 작은 값이다[33]. 투과물 흐름으로 인한 압력 강하는 대개 무시한다. 와권형 장치와 실관 장치를 그림 26.20에 보였다.

26.3 기호 설명

A	면적, m^2, ft^2
a	상수
a_w	물의 활동도; a_{wF}, a_{wP}, 각각 공급물 및 투과물 중의 물의 활동도
b	식 (26.45)의 상수
c	농도, mol/cm^3, kg mol/m^3, lb mol/ft^3; c_A, c_B, c_C, 각각 성분 A, 성분 B, 콜로이드의 농도; c_s, 용질 농도; c_{sF}, c_{sP}, c_{si}, c_{sm}, 각각 공급물 및 투과물, 막 표면 및 내부의 용질 농도; c_w, 물의 농도; c_{wP}, c_{wi}, 각각 투과물 및 막 표면의 물의 농도; c_1, c_2, 각각 공급물 및 투과물의 평균 농도; 식 (26.45)의 상수
c_p	액체의 비열(열용량), J/g · °C, Btu/lb · °F
D	부피 확산계수, cm^2/s, m^2/h, ft^2/h; D_A, D_B, 성분 A와 B의 확산계수; D_e, 유효 확산계수; D_{eA}, 성분 A의 유효 확산계수; $D_{e,o}$, $D_{e,w}$, 유기상 및 물상의 유효 확산계수; D_s, 염류의 확산계수; D_v, 벌크 확산계수; D_w, 막 내부의 물의 확산계수, D_0, 무한 희석 용액의 확산계수; 지름, m, ft
d	관이나 실관의 지름, μm; d_i, d_o, 내경 및 외경
E	활성화 에너지, kcal/mol
e	자연대수의 밑, 2.71828 ...
F	유량, mol/h, kg/h, lb/h
f	용질의 배제율
J	몰 훌럭스, 질량 훌럭스, 부피 훌럭스, $mol/m^2 \cdot h$, $kg/m^2 \cdot h$, $m^3/m^2 \cdot h$; J_A, J_B, 성분 A와 B의 훌럭스; J_s, J_w, 염류와 물의 훌럭스
K	총괄 물질전달계수, kg $mol/m^2 \cdot s \cdot$ (kg mol/m^3), m/s; K_A, 성분 A의 물질전달계수; K_w, 물상 기준의 물질전달계수
K_P	물과 고분자 사이의 용질의 분배계수
k	개별 물질전달계수, k_c, 농도 기준의 물질전달계수[식 (26.49)]; k_m, k_o, k_w, 막, 유기상, 물상의 물질전달계수; k_1, k_2, 상 1과 2의 물질전달계수
L	공급물 또는 잔류물의 유량, mol/h, kg/h, lb/h, std ft^3/h, L/h; L_i, L_j, L_k, 지점 i, j, k에서의 유량; L_1, L_2, 입구 및 출구에서의 유량; 길이, m, ft
M	분자량; M_A, 성분 A의 분자량
m	용질의 분포계수(유기상 농도와 물상 농도의 비)
P	전압, atm, lb_f/in^2, mm Hg; P_1, P_2, 상류 또는 공급물 및 하류 또는 투과물의 전압
P'	증기압, atm, lb_f/in^2, mm Hg; P'_A, P'_B, 성분 A와 B의 증기압

p 분압; p_A, p_B, 성분 A와 B의 분압; dp_s/dL, 표면마찰에 의한 압력 구배

Q 투과도[단위 압력차 당 훌럭스, 식 (26.8)], $L/m^3 \cdot h \cdot atm$, $ft^3/ft^2 \cdot h \cdot (lb_f/ft^2)$; Q_A, Q_B, 성분 A와 B의 투과도

q 투과계수(단위 압력구배 당 훌럭스; $q = DS$; S, 용해도계수, Qz), $cm^3/cm^2 \cdot s \cdot (cm\ Hg/cm)$, $L/m^2 \cdot h \cdot (atm/m)$, $ft^3/ft^3 \cdot h \cdot [(lb_f/ft^2)/ft]$; q_A, 성분 A의 투과계수

R 기체상수, 8.314 J/mol · K, 1545 ft · lb_f/lb mol · °R; 압력비 P_2 / P_1; R_A, R_B, 수정 압력비[식 (26.43)]

Re Reynolds 수, $d\overline{V}\rho/\mu$

r 세공 반경, μm, cm

S 용해도계수, $mol/cm^3 \cdot atm$[식 (26.6)], S_A, S_B, 성분 A와 B의 용해도계수; 분포계수[식 (26.48)]; S_s, 용질의 분포계수

Sc Schmidt 수, $\mu/\rho D$

Sh Sherwood 수, $k_c d/D$

T 절대온도, K

V 투과물 유량, mol/h, kg/h, lb/h, std ft^3/h, L/h; V_j, V_k, 지점 j와 k에서의 유량

$\overline{V}$ 평균 유속, m/s, ft/s

v_w 물의 부분몰부피, cm^3/mol

x 공급물 또는 잔류물의 몰분율; x_A, x_B, 성분 A와 B의 몰분율; x_i, x_j, 지점 i와 j에서의 몰분율; x_0, 공급물의 몰분율

y 투과물 중의 투과성이 큰 성분의 몰분율; y_A, 성분 A의 몰분율; y_i, y_j, y_k, 지점 i, j, k에서의 몰분율; y', 국부값; $\overline{y}$, 길이 증분 또는 분리장치 안의 평균값[식 (26.22)]

z 막 두께, cm, μm; 표면에 대한 수직 거리

그리스 문자

α 기체 분리용 막의 선택도, 무차원[식 (26.9)]; α', 투과증발의 수정 선택도[식 (26.44)]

β 식 (26.38)의 지수

Γ 분극인자, 무차원[식 (26.49)]

γ 활동도계수; γ_A, γ_B, 성분 A와 B의 활동도계수

ΔA 면적 증분, m^2, ft^2

Δc 농도차; Δc_A, Δc_B, 성분 A와 B의 농도차

ΔH_v 기화 엔탈피, cal/mol, J/g, Btu/lb

ΔL 잔류물 유량의 증분

ΔP 압력차, atm, lb_f/in^2

Δp 분압차; Δp_A, Δp_B, 성분 A와 B의 분압차; $\overline{\Delta p}$, 평균값

Δp_s 표면마찰에 의한 압력강하, atm, lb_f/in^2

ΔV 투과물 유량의 증분; ΔV_j, 지점 j의 값

Δz 거리 증분, m, ft

$\Delta \pi$ 삼투압차, atm, lb_f/in^2

ε 세공율, 공극율, 무차원

λ 분자 크기/세공 크기의 비

μ 점도, cP, Pa · s, lb/ft · s

π	삼투압, atm, lb_f/ft^2
ρ	밀도, g/cm^3, kg/m^3, lb/ft^3
τ	굴곡도, 무차원

연습 문제

26.1 (a) 공기 분리용 막의 선택도가 8이다. 1단 장치에서 달성할 수 있는 산소의 최대 농도를 구하여라. (b) 공급물 중의 산소의 60%가 투과물로 회수될 때, 투과물의 근사 조성을 구하여라.

26.2 H_2/CH_4 분리용 막을 시험한 결과, 공급물의 H_2 50%일 때 투과물 조성은 H_2 80%, 잔류물 조성은 H_2 42%였다. 공급물과 투과물의 절대 압력은 각각 100 및 15 lb_f/in^2이고, 투과물 유량은 공급물 유량의 20%이다. (a) 막의 선택도를 구하여라. (b) 하류 쪽을 진공으로 할 때 달성할 수 있는 투과물의 근사 조성을 구하여라.

26.3 묽은 수용액으로부터 생성물 A(분자량 150)를 회수하기 위해 투석법을 고려한다. 주요 오염물은 분자량 15,000인 고분자 B이다. A와 B의 초기 휼럭스를 구하여라. 막의 세공도 45%, 세공의 평균 크기 0.05 μm, 두께 30 μm이고, 공급 용액 중의 A 1%, B 1%이다. 경계층 저항은 무시하고, 생성물 쪽은 순수라고 가정한다.

26.4 역삼투법에서 사용하는 실관에 두께 0.1 μm인 치밀층에 결함이 있는 것으로 의심된다. 절대 압력 1,000 lb_f/in^2에서 해수를 시험한 결과, 염류 배제율의 추정치는 99.5%였지만 실제로는 97%에 불과했기 때문이다. 생성물 휼럭스는 6.5 gal/day·ft^2이다. (a) 치밀층에 0.01 μm의 미공이 있다고 할 경우, cm^2 당 미공의 수를 구하여라. (b) 치밀층 면적 중에서 미공의 분율을 구하여라. (c) 막의 두께를 증가시키지 않으면서 미공을 모두 막았을 경우, 생성물 휼럭스를 구하여라.

26.5 완전무결한 셀룰로스 아세테이트 비대칭막을 사용하고, 공급물의 삼투압이 20 atm일 때, 상류 압력에 따른 물 휼럭스와 염류 배제율의 변화를 구하여라. NaCl의 확산계수와 용해도 값을 사용한다.

26.6 (a) 산소-질소 분리용 실관 장치에서 내부 압력 강하를 구하여라. 실관의 외경과 내경은 600 및 400 μm이고, 길이는 1.0 m이고, 절대 압력이 $P_1 = 75\ lb_f/in^2$, $P_2 \cong 15\ lb_f/in^2$일 때, 투과물 휼럭스는 2.0 L/min·m^2이다. (b) $L = 5$ m라 할 때의 내부 압력 강하를 구하여라.

26.7 투과증발법을 사용하여, 에탄올 90%, 물 10%인 용액으로부터 거의 순수한 에탄올을 만들고자 한다. 공급액 온도는 80℃이며, 70℃ 이하로 내려가면 재가열하도록 설계한다. 필요한 단 수와 가열기 수를 구하여라.

26.8 GASEP 막에서 80°F일 때 CH_4와 CO_2의 투과속도는 각각 0.00205 및 0.0413 $ft^3(stp)/ft^2 \cdot h \cdot (lb_f/in^2)$이다. 100°F일 때는 각각 0.00290 및 0.0425이다. (a) CH_4 및 CO_2 투과의 겉보기 활성화 에너지를 구하여라. (b) 130°F에서의 투과도와 CO_2/CH_4 선택도를 추정하여라.

26.9 600 lb_f/in^2의 3성분 혼합물을 막 분리장치에 공급한다. 투과물의 절대 압력은 120 lb_f/in^2이다. 혼합물 조성은 A 50%, B 30%, C 20%이고, 투과도는 $Q_A = 0.4$, $Q_B = 0.1$, $Q_C = 0.15\ ft^3(stp)/ft^2 \cdot h \cdot atm$이다. 분리장치 입구 끝에서의 투과물의 국부 조성을 구하여라.

26.10 (a) 표 26.2의 자료를 이용하고, 평균 구동력에 기초하여 막의 N_2/CH_4 선택도를 구하여라. (b) H_2/CH_4 선택도를 구하고자 할 때는 같은 방법을 사용할 수 없는 이유를 설명하여라. (c) 이러한 자료에서 H_2/CH_4 선택도를 구할 수 있는 방법을 설명하여라.

26.11 예제 26.1의 분리장치에서 사용한 실관은 길이 1 m, 300 × 600 μm로서, 외면적은 5.2 m^2이다. (a) 투과물 유량이 3.1 L(stp)/min일 때, 배출 유속과 실관 내부에서의 압력 강하를 구하여라. (b) 150 × 300 μm인 실관으로 분리장치를 만들었을 경우의 압력 강하를 구하여라.

26.12 막 분리장치에서 CFC-11 1%인 공기를 처리한 결과, 단 수율 19%일 때 CFC-11 0.1%인 잔류물과 4.9%인 투과물을 얻었다. $R = 0.05$이다. (a) 선택도를 구하여라. (b) 규모가 작고 R은 마찬가지인 제 2의 소규모 장치로 투과물을 보낼 때, 달성할 수 있는 투과물 조성을 구하여라. 제 2장치 잔류물의 CFC-11의 함유량은 1%이다.

26.13 Permea 사의 공기 분리용 막 분리장치의 선전 책자를 보면, 조작 압력을 90에서 180 lb_f/in^2으로 올리면, 질소의 순도를 97% 그대로 유지하면서도 생산성을 2.3배 증가시킬 수 있다고 한다. 투과물 유량이 막 전후에서의 압력차에 비례하지 않는 이유를 설명하여라.

26.14 O_2/N_2 선택도가 6.0인 실관막 분리장치에서 공급물 및 투과물의 압력이 각각 5.0 atm 및 1.0 atm이다. (a) 투과물의 생성량이 소량일 경우 얻을 수 있는 산소의 최대 농도를 구하여라. (b) 투과물을 5 atm으로 압축하여 유사한 분리장치로 보낼 경우 얻을 수 있는 산소 농도를 구하여라.

26.15 역삼투법을 사용하여 염류 농도가 35,000 ppm인 해수로부터 순수를 생산한다. 삼투압은 (10 lb_f/in^2)/1,000 ppm이다. 도입 계기 압력은 900 lb_f/in^2이고 공급물의 40%를 식수로 회수한다. (a) 급액 펌프의 효율이 80%이고 펌프 일만을 고려할 경우, 이 프로세스의 열역학적 효율을 구하여라. (b) 폐함수를 효율이 85%인 터빈을 통해 방출할 경우의 열역학적 효율을 구하여라.

26.16 소형 투과증발장치에서 톨루엔-에탄올 혼합물의 분리를 시험했다[36]. 상류 쪽은 상압, 30°C이고 투과물 쪽은 완전 진공일 경우, 순성분 투과속도는 톨루엔이 3.89×10^{-4} kg/m^2이고, 에탄올이 0.273×10^{-4} kg/m^2이다. 액 중의 톨루엔의 부피가 50%일 경우, 흘럭스는 톨루엔이 2.5×10^{-4} kg/m^2이고 에탄올이 0.5×10^{-5} kg/m^2이다. 투과물 및 용액 중의 톨루엔의 몰분율을 기준으로 선택도를 구하여라. 이러한 값을, 성분 사이의 상호작용을 무시한 순성분 자료에서 추산한 선택도와 비교하여라.

26.17 와권형 막을 사용하여 역삼투법으로 사과 쥬스를 농축하기 위해, 먼저 20-40°C의 순수를 사용해 시험했다[1]. 홀럭스는 압력이 3 MPa이 이르기까지는 막투과 압력(transmembrane pressure)에 비례했으며, 온도에 따른 기울기 변화는 표에 보인 것과 같다. (a) 투과도와 T/μ의 관계가 Wilke-Chang 식에 따르는가, 아니면 투과도가 다른 형태의 T, μ, ρ의 함수인가? (b) 이 막을 통한 물의 수송에 관한 유효 활성화 에너지를 구하여라.

T, °C	20	25	30	35	40
Slope, L/h · m^2 · MPa	28.26	31.87	37.17	39.74	43.08

참고 문헌

1. Alvarez, S., F. A. Riera, R. Alvarez, and J. Coca, *Ind. Eng. Chem. Res.*, **40**:4925 (2001).
2. Alvarez, S., F. A. Riera, R. Alvarez, and J. Coca, *Ind. Eng. Chem. Res.*, **41**:6156(2002).
3. Aptel. P., and J. Ne'el: in P. M. Bungay, H. K. Lonsdale, and M. N. dePinho(eds.). *Synthetic Membranes: Science, Engineering, and Applications*, Boston: Dordrecht, 1986, p. 403.
4. Baker, R. W., J. G. Wijmans, and J. H. Kaschemekat. *J. Membrane Sci.*, **151**:55 (1998).
5. Baker, R. W., and J. G. Wijmans: in D. R. Paul and Y. P. Yampol'skii(eds.), *Polymeric Gas Separation Membranes*, Boca Raton, FL: CRC Press, 1994.
6. Beaver, E. R., and P. V. Bhat, *AIChE Symp. Ser.*, **84**(261):113 (1988).

7. Binning, R. C., R. J. Lee, J. F. Jennings, and E. C. Martin, *Ind. Eng. Chem.*, **53**:45 (1961).

8. Crank, J., and G. S. Park(eds.), *Diffusion in Polymers*, New York: Academic, 1968.

9. Harriott, P., and B. Kim. J., *Colloid Interface Sci.*, **115**:1 (1987).

10. Harriott, P., and S. V. Ho. J., *Membrane Sci.*, **135**:55 (1997).

11. Henis, J. M. S., and M. K. Tripodi, *Separation Sci. Technol.*, **15**:1059 (1980).

12. Ho, S. V., P. W. Sheridan, and E. Krupetsky, *J. Membrane Sci.*, **112**:13 (1996).

13. Hogsett, J. E., and W. H. Mazur, *Hydrocarbon Proc.*, **62**(8):52(1983).

14. Hwang, S. T., and J. M. Thorman: *AIChE J.*, **26**:558 (1980).

15. Kirk, R. E., and D. F. Othmer(eds.), *Encyclopedia of Chemical Technology*, 3rd ed., vol. 7. New York: Wiley, 1979, p. 639.

16. Koros, W. J., and R. T. Chern: in R. W. Rousseau(ed.), *Handbook of Separation Process Technology,* New York: Wiley, 1987, p. 862.

17. Lee, S. Y., and B. S. Minhas, *AIChE Symp. Ser.*, **84**(261):93 (1988).

18. Lipski, C., and P. Coťe, *Environ. Prog.*, **9**:254 (1990).

19. Loeb, S., and S. Sourirajan, *Adv. Chem. Ser.*, **38**:117 (1962).

20. Lokhandwala, K. A., S. Segelke, P. Nguyen, R. W. Baker, T. T. Su, and L. Pinnau, *Ind. Eng. Chem. Res.*, **38**:3606 (1999).

21. Lonsdale, H. K.: in U. Merten(ed.), *Desalination by Reverse Osmosis*, Cambridge, MA: MIT Press, 1966, p. 93.

22. Lonsdale, H. K.: in P. M. Bungay, H. K. Lonsdale, and M. N. dePinho(eds.), *Synthetic Membranes: Science, Engineering, and Applications*, Boston: Dordrecht, 1986, p. 307.

23. MacLean, D. L., D. J. Stookey, and T. R. Metzger, *Hydrocarbon Proc.*, **62**(8):47 (1983).

24. Matson, S. L., J. Lopez, and J. A. Quinn, *Chem. Eng. Sci.*, **38**:503 (1983).

25. Medal Membrane Separation System brochure, Du Pont-Air Liquide, 1989.

26. Pan, C. Y., *AIChE J.*, **29**:545 (1983).

27. Perry, R. H., and D. W. Green(eds.), *Perry's Chemical Engineer's Handbook*, 7th ed. New York: McGraw-Hill, 1997, p. **4**-22.

28. Prasad, R., and K. K. Sirkar, *AIChE J*, **33**:1057 (1987).

29. Psaume, R., P. Aptel, Y. Aurelle, J. C. Mora, and J. L. Bersillon, *J. Membrane Sci.*, **36**:373 (1988).

30. Reahl, E. R., *Desalination*, **78**:77 (1990).

21. Reid, C. E., and E. J. Breton, *J. Appl. Polym. Sci.*, **1**:133 (1959).

32. Renkin, E. M. J., *Gen. Physiol.*, **38**:225 (1954).

33. Schell, W. J., and C. D. Houston: in T. E. Whyte, Jr. C. M. Yon, and E. H. Wagener(eds.), *Industrial Gas Separations, Am. Chem. Soc. Symp. Ser.*, **223**:125 (1983).

34. Sedigh, M. G., L. Xu, T. T. Tsotsis, and M. Sahilmi, *Ind. Eng. Chem. Res.*, **38**:3367 (1999).

35. Sherwood, T. K., P. L. T. Brian, R. E. Fisher, and L. Dresser, *Ind. Eng. Chem. Fund.*, **4**:113 (1965).

36. Villauenga, J. P. G., M. Khayer, P. Godino, B. Seoane, and J. I. Mengual, Ind. Eng. Chem. Res., 42:386 (2003).

37. Walawender, W., and S. A. Stern, *Separation Sci.*, **7**:553 (1972).

38. Wesslein, M., A. Heintz, and R. N. Lichtenthaler: *J. Membrane Sci.*, **51**:169(1990)

39. Wijmans, J. G., A. L. Athayde, R. Daniels, J. H. Ly, H. D. Kumaruddin, and I. Pinnau, *J. Membrane Sci.*, **109**:135 (1996).

40. Williams, M. E., D. Battachanga, R. J. Ray, and S. B. McCay, in W. S. W. Ho and K. K. Sirker (ed.), Membrane Handbook, New York: Van Nostrand Reinhold, 1992, p. 312.

41. Yang, M. C., and E. L. Cussler, *AIChE J.*, **32**:1910 (1986).

42. Zolandz, R. R., and G. K. Flemkng, in W. S. W. Ho and K. K. Sirker (ed.), Membrane Handbook, New York: Van Nostrand Reinhold, 1992, p. 25.

27 결정화
Crystallization

결정화(crystallization)는 균일상(均一相) 내에서 고체입자의 형성이다. 이것은 눈(snow)과 같은 증기 내에서 고체 입자의 형성으로서, 큰 단결정체(單結晶體)의 제조와 같은 액체 용융물로부터의 고체화(固體化)로서, 또는 액체용액으로부터의 결정화(結晶化)로서 생길 수 있다. 여기서의 취급은 마지막 경우에 한한다. 여기서 설명되는 개념과 원리는 포화용액으로부터 용존 용질(溶存溶質)의 결정화에, 그리고 바닷물이나 다른 희박 염용액으로부터 얼음 결정이 생기는 것과 같은 용매 그 자체의 일부를 결정화시키는 것에 모두 똑같이 적용된다.

용액으로부터의 결정화는 결정체 형태로 시장거래가 될 수도 있는 다양성 때문에 공업적으로 중요하다. 이의 넓은 용도는 2가지 근거를 가진다. 즉, 불순용액으로부터 형성되는 결정은 그 자체가 순수하고(혼합결정이 생기지 않을 경우), 또 결정화는 포장과 저장에 만족한 조건의 순수한 화학물질을 얻을 수 있는 실제적 방법이다.

마그마. 용액으로부터의 공업적 결정화에 있어서, 모액(mother liquor)과 여러 크기의 결정들(이것이 제품으로 회수된다)로 된 2상(相) 혼합물을 마그마(magma)라고 한다.

제품의 순도

아주 잘 형성된 결정 자체는 거의 순수하다. 그러나 이것이 마그마로부터 분리될 때 모액이 묻게 되거나, 채취물 결정알 내에 결정응집물(crystalline aggregate)이 포함된다면 모액 상당량이 고체덩이 안에 내포될 수 있다. 제품 안에서 묻어있는 모액이 건조되면, 결과적으로 오염되는 것이다. 이때 그 오염도는 결정에 묻어있는 모액의 불순물 량과 그 정도에 의존될 것이다.

실제로, 묻어있는 모액의 대부분은 여과나 원심분리에 의해 분리되고 그 나머지는 새 용매에 의한 세척으로 제거된다. 이들 정제단계의 유효도(effectiveness)는 결정의 크기와 균일도 등에 의존된다.

결정크기(crystal size)의 중요성

분명히, 결정화에 있어서 양호한 수율(收率)과 고순도(高純度)가 중요한 목표이다. 그러나 결정 생성물의 모양과 크기 범위 역시 중요하다. 만일 결정들이 더 많은 공정을 거쳐 합당한 크기와 균일성을 갖는다면 여과, 세척, 다른 화합물과의 반응, 수송 및 보관하는 데 바람직할 수도 있다. 만일 결정이 최종 제품으로서 시판된다면, 구매자가 수락조건으로서 개개의 결정이 강(强)하고, 비응결성(非凝結性)이며, 크기가 균일하고, 포장 내에서 뭉침 없는 것 등을 요구받게 되기도 한다. 이러한 이유 때문에 결정 크기분포(crystal size distribution : CSD)는 조절되어야 한다. 따라서 이것이 결정화 장치의 설계와 조업에 있어서 주목표가 된다.

27.1 결정의 기하학적 형상

어느 결정은 비생체(nonliving matter) 가운데 가장 고도로 조직화된 형태이다. 이것은 그 구성입자(이는 원자, 분자 또는 이온일 수 있다)가 공간격자(空間格子)라 부르는 3차원 배열(3 dimensional array)로 되어 있은 사실로 특성 지워진다. 그 입자들의 이러한 배열과 결과 때문에, 결정이 다른 결정이나 다른 물체로부터 아무 간섭 없이 형성될 때 결정들은 예리한 모서리와 면(面)을 갖는 다면체(polyhedron)로서 나타난다. 같은 물질의 여러 가지 결정들이 갖는 면과 가장자리의 상대적 크기가 크게 다르다고 할지라도, 같은 물질의 모든 결정이 갖는 상당면(corresponging face)들에 의해 이루어지는 각(角)은 동일하고 그것이 바로 그 물질의 특성이 된다.

결정학적인 계

어느 주어진 물질의 결정 모두가 개별 면들의 전개 정도에 있어서 많이 다름에도 불구하고, 동일한 계면각(interfacial angle)을 갖기 때문에 결정 형태는 이들 각을 기준으로 하여 분류된다. 그 7종류는 입방정(cubic), 육방정(hexagonal), 삼방정(trigonal), 정방정(직각이등축정, tetragonal), 사방정(직각비등축정, orthorhombic), 단사정(momoclinic), 삼사정(trclinic) 등이다. 주어진 어떤 물질이 결정화 조건에 따라 2개 또는 그 이상의 다른 종류로 결정화될 수도 있다. 예를 들면, 탄산칼슘은 자연에서 육방정 형태[방해석(calcite)]로서 보통 나타날 뿐만 아니라, 사방정 형태[선석(aragonite)]로서 나타나기도 한다.

불변성 결정

이상적인 조건 하에서 성장하는 결정은 그 성장하는 동안 기하학적(幾何學的) 유사성을 유지한다. 이러한 결정을 **불변성**(不變性, invariant)이라 한다. 그림 27.1은 성장기간 동안 불변성 결정의 단면을 나타낸 것이다. 이 그림에서 다각형(多角形)의 각각은 시간이 지남에 따라 그 결정의 윤곽을 나타낸다. 이 결정이 불변성이기 때문에 이들 다각형은 기하학적으로 유사하고, 그 결정의 중심을 지나 모서리를 연결하는 점선들은 직선이다. 중심점은 그 결정이 성장하기 시작하는 초기 핵(nucleus)의 위치로서 생각할 수 있다. 어느 면의 성장속도(成長速度)는 그 면에 수직한 방향에서 그 결정의 중심으로부터 멀어지는 그 면의 병진속도(並進速度)에 의해 측정된다. 만일 그 결정이 정다면체(regular polyhedron)가 아니라면, 불변성 결정의 각 면의 성장속도는 동일하지 않다.

한 결정의 크기는, $\Phi_s D_p$로 정의되는 특성길이 L에 의해 규정될 수 있다. 그래서 식 (7.10)을 정리하면,

$$L = \frac{6v_p}{s_p} \tag{27.1}$$

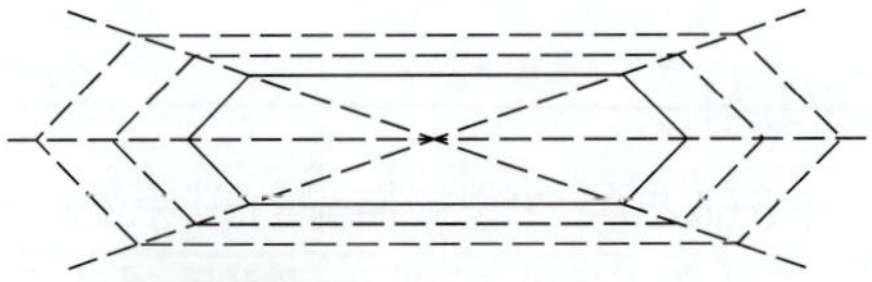

그림 27.1 불변성 결정의 성장

여기서 v_p와 s_p는 각각 결정의 체적과 전 표면적이고 Φ_s는 구형도(sphericity)이다. 이는 Φ_s가 1.0에 접근되는 고체에 만족되나 Φ_s가 아주 작은 원판형 또는 침상형에는 만족치 못하다. 실제로 L값은 체질(screening)에 의해 결정되는 크기로 택하여 쓰게 된다.

대부분의 결정화기에서, 조건들이 이상적이 아니어서 성장이때로는 불변성에서 벗어나기도 하지만, 불변성 성장개념이 결정화 공정에 유용하다. 극단적인 경우에는 한 면이 다른 면에 비해 아주 빨리 자랄 수 있어서 긴 침상결정처럼 되기도 한다. 한 면이 늦게 성장하여, 마치 수용액에서 얼음 성장되듯이 박판형 또는 원판형 결정이 성장되기도 한다.

불변성 결정에서, 정상적으로 성장되는 결정의 각 면은 각기 다른 병진속도를 가진다. 이것이 결정의 형태를 크게 달라지게 한다. **중첩원리**(overlapping principle)에 따르면, 낮은 병진속도를 갖인 면이 그 성장과정을 지배해서, 큰 속도를 가진 면들이 줄어들어 거의 사라지게 된다. 최소 속도를 갖인 면만이 살아남게 된다. 한 결정이 용해될 때, 저 병진속도 면이 사라지고 고속 면만이 남게 된다[16c].

27.2 평형과 수율

결정화 공정에서 평형(平衡)은 그 용액이 포화될 때 도달된다. 그리고 결정 더미(bulk crystals)에 대한 평형관계는 용해도(溶解度) 곡선이다[뒤에 논의되는 바와 같이, 극소(極小) 결정의 용해도는 보통 크기의 결정의 용해도보다 더 크다]. 용해도 자료는 표준 표[16a,25]에 주어져 있다. 온도의 함수로서 용해도를 나타내는 곡선들은 그림 27.2에 주어져 있다. 대부분의 물질은 KNO_3에 대한 곡선 1과 유사한 곡선, 즉 용해도가 온도에 따라 다소 증가되는 곡선에 따른다. 온도에 따라 용해도가 약간 변하는 NaCl에 대한 곡선 2와 같은 곡선을 따르는 물질이 조금 있다. 그리고 곡선 3과 같이 그 용해도가 온도 증가에 따라 감소하는($MnSO_4 \cdot H_2O$ 대한 곡선) 것을 **역용해도 곡선**(逆溶解度曲線, inverted solubility curve)이라 한다.

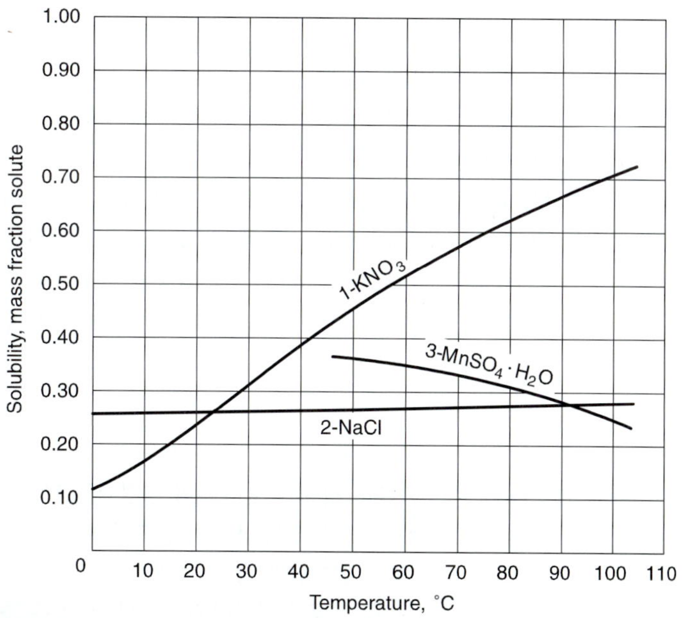

그림 27.2 용해도 곡선 : (1) KNO_3, (2) NaCl, (3) $MnSO_4 \cdot H_2O$(모든 수용액에서)

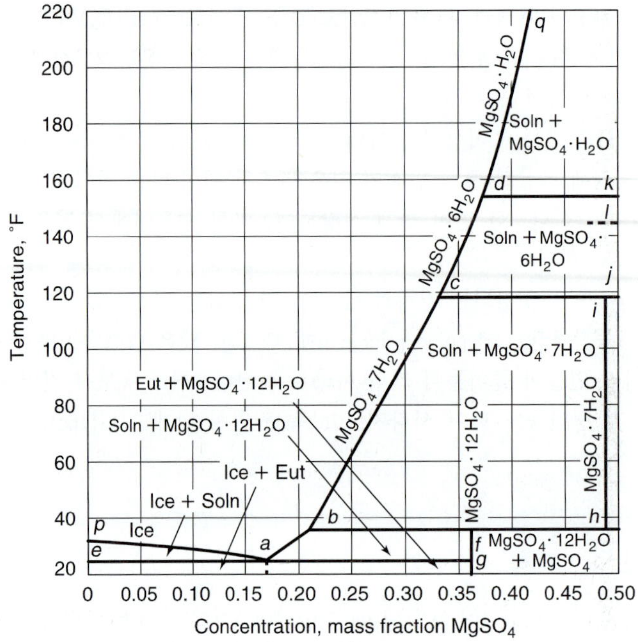

그림 27.3 $MgSO_4 \cdot H_2O$ 계의 상도[자료 : J. H. Perry (ed.), *Chemical Engineers' Hand-book*, 4th ed., McGraw-Hill Book Company]

많은 중요한 무기물(無機物)은 결정화수(水)와 함께 결정화된다. 일부의 계에서는 여러 가지 다른 수화물(水和物)들이 농도와 온도에 따라 형성되고, 이와 같은 예에서의 상평형은 아주 복잡하게 된다. 황산마그네슘-물(magnesium sulfate-water) 계에 대한 상도표(phase diagram)가 그림 27.3에 표시되어 있다. 무수황산마그네슘 질량분율로 표시된 농도가 온도(°F)에 대해 그려져 있다. 꺾인 실선의 왼쪽 위의 전(全) 영역은 황산마그네슘의 불포화수용액을 표시한다. 꺽인 실선 $eagfhij$는 여러 가지 고체상(固體相)을 형성하는 액상 용액의 완전 고형화(solidification)를 나타낸다. 영역 pae는 얼음과 포화용액의 혼합물을 표시한다. 16.5% $MgSO_4$ 이하인 어느 용액은 그 온도가 선 pa에 도달될 때 얼음이 응결된다. 꺾인 실선 $abcdq$는 용해도 곡선이다. 16.5% 이상의 농축 용액은 냉각되어 온도가 이 선에 도달될 때 고체가 석출된다. 점 a에서 형성되는 고체를 **공융결정**(共融結晶, eutectic)이라 한다. 이것은 얼음과 $MgSO_4 \cdot 12H_2O$의 치밀한 기계적 혼합물로 이루어져 있다. 점 a와 b 사이의 결정은 $MgSO_4 \cdot 12H_2O$이고, 점 b와 c 사이의 고체상은 $MgSO_4 \cdot 7H_2O$[엡솜 염(epsom salt)]이며, 점 c와 d 사이의 결정은 $MgSO_4 \cdot 6H_2O$이고, 점 d 이상에서 결정은 $MgSO_4 \cdot H_2O$이다. 영역 $cihb$안에서의 평형계는 포화용액과 결정 $MgSO_4 \cdot 7H_2O$의 혼합물로 이루어져 있다. 영역 $dkjc$ 안에서 혼합물은 포화용액과 $MgSO_4 \cdot 6H_2O$ 결정으로 이루어져 있다. 영역 qdk 안에서 혼합물은 포화용액과 $MgSO_4 \cdot H_2O$이다.

수율

많은 공업적 결정화 공정에서 결정과 모액은 충분히 장시간 접촉되어 평형에 도달되고, 모액도 그 공정의 최종온도에서 포화된다. 그래서 그 공정의 수율(收率)은 초기 용액의 농도와 최종온도에서의 용해도로부터 계산할 수 있다. 결정화 과정 중에 어느 정도 증발이 일어난다면, 그 증발량은 알아야 하거나 추산해야 한다.

결정의 성장속도가 느릴 경우, 평형에 도달하는 데 상당한 시간이 필요하다. 이것은 특히 그 용액이 점성일 때나 또는 결정이 결정화기 밑에 모여 있게 됨으로써 결정표면이 그 과포화용액에 거의 노출되지 않을 때 나타난다. 이러한 경우에 최종 모액은 과포화용액으로 있을 수 있기 때문에, 수율은 용해도 값으로부터 계산된 것보다 더 낮게 된다.

결정이 무수물(無水物)이면, 고체상 내에 용매가 포함되지 않아서 수율을 계산하기가 간단해진다. 결정알(crop)이 결정화수(結晶化水)를 포함할 때, 그 결정에 수반되는 수분의 양을 계산해야 한다. 왜냐하면 이 수분은 용액에서 묻어나가는 용질과 무관하기 때문이다. 용해도 자료는 보통 전체 용매의 질량 100에 대해 무수물의 질량수로 주어지거나, 무수물 용질의 무게백분율(wt%)로 주어진다. 이들 자료는 결정화수를 무시한다. 수화용질(hydrated solute)의 수율 계산에서의 요점은 모든 질량과 농도를 수화염(hydrated salt)과 자유수(free water) 항으로 표시하는 것이다. 이 자유수량(自由水量)은 결정화되는 동안에는 액상(液相) 내에 남아 있기 때문에, 자유수를 기준 한 농도 또는 양을 공제해야 정확한 결과를 얻을 수 있다.

예제 27.1

$MgSO_4$ 30%와 H_2O 70%로 된 용액이 60°F까지 냉각된다. 냉각되는 동안 그 계 내에 있는 전체 물의 5%가 증발된다. 원래의 혼합물 1,000 kg 당 몇 kg의 결정을 얻을 수 있는가?

풀이

그림 27.3으로부터 결정은 $MgSO_4 \cdot 7H_2O$이고, 모액농도는 $MgSO_4$ 무수물 24.5%와 H_2O 75.5%임을 알 수 있다. 원래의 용액 1,000 kg 당 전체 물의 양은 $0.70 \times 1{,}000 = 700$ kg이다. 증발량은 $0.05 \times 700 = 35$ kg이다. $MgSO_4$와 $MgSO_4 \cdot 7H_2O$의 분자량은 각각 120.4와 246.5이므로, 그 회분(回分) 내에 총 $MgSO_4 \cdot 7H_2O$는 $1{,}000 \times 0.30(246.5/120.4) = 614$ kg이고, 자유수(自由水)는 $1{,}000 - 35 - 614 = 351$ kg이다. 모액 100 kg 내에 $MgSO_4 \cdot 7H_2O$는 $24.5(246.5/\ 120.4) = 50.16$ kg이며, 자유수는 $100 - 50.16 = 49.84$ kg이다. 따라서 모액 내의 $MgSO_4 \cdot 7H_2O$는 $(50.16/49.84)351 = 353$ kg이다. 최종 결정 생성물은 $614 - 353 = 261$ kg이 된다. ■

엔탈피수지

결정화기(crystallizer)에 대한 열 수지 계산에 있어서 결정화열(heat of crystallization)은 중요하다. 이것은 고체가 용액으로부터 형성될 때 발생하는 잠열(潛熱)이다. 일반적으로, 결정화는 발열반응(發熱反應)이고, 결정화열(結晶化熱)은 온도와 농도에 따라 변한다. 결정화열은 포화용액 내에 용해되는 결정에 의해 흡수된 열과 같은데, 이것은 대량의 용매 내에서 용해열(溶解熱)과 포화용액으로부터 무한 희석될 때, 그 용액의 희석열(稀釋熱)로부터 계산될 수 있다. 용해열과 희석열 자료는 문헌[2]으로부터 구할 수 있고, 용액과 결정의 비열에 대한 자료와 함께 이들 자료는 그림 16.6에 보인 것과 같은 엔탈피-농도 도표를 만드는 데 쓰인다. 이 그림은 결정화 공정에 대한 엔탈피수지 계산에 특히 유용하다. $MgSO_4$와 H_2O계에 대한 고체상의 엔탈피를 나타낸 $H-x$ 도표는 그림 27.4에 주어져 있다. 이 그림은 그림 27.3의 상도(相圖)와 일치한다. 앞에서와 마찬가지로, 엔탈피는 Btu/lb로 주어진다. 이것은 혼합물 내에 있는 상(相)의 개수에 상관없이 전체 혼합물 1 lb 당을 기준 한 것이다. 선 $pabcdq$의 윗 면적은 H_2O 내에 있는 $MgSO_4$의 미포화용액(未飽和溶液)의 엔탈피를 표시하고, 이 면적 안의 등온선(isotherm)은 그림 16.6에서와 같은 의미를 가진다. 그림 27.4에서 영역 eap는 얼음과 냉동상태의 $MgSO_4$용액과의 모든 평형 혼합물을 표시한다. 점 n은 32°F에 있는 얼음을 나타낸다. 등온(25°F) 삼각형 age는 부분적으로 고체화된 공융정(eutectic)과 얼음과의 모든 조합물(組合物)의 엔탈피 또는 부분적으로 고체화된 공융정과 $MgSO_4 \cdot 12H_2O$와의 모든 조합물 엔탈피를 나타낸다. 영역 $abfg$는 $MgSO_4 \cdot 12H_2O$ 결정과 모액으로 이루어진 모든 마그마(magma)에 대한 엔탈피-농도 점들을 나타낸다. 등온(35.7°F) 삼각형 bhf는 $MgSO_4 \cdot 7H_2O$가 $MgSO_4 \cdot 12H_2O$로 변환(transformation)됨을 보이며, 이 면적은 $MgSO_4$ 21%, 고체 $MgSO_4 \cdot 7H_2O$ 및 고체 $MgSO_4 \cdot 12H_2O$를 포함한 포화용액으로 된 혼합물을 나타낸다. 영역 $cihb$는 $MgSO_4 \cdot 7H_2O$와 모액으로 이루어진 모든 마그마를 표시한

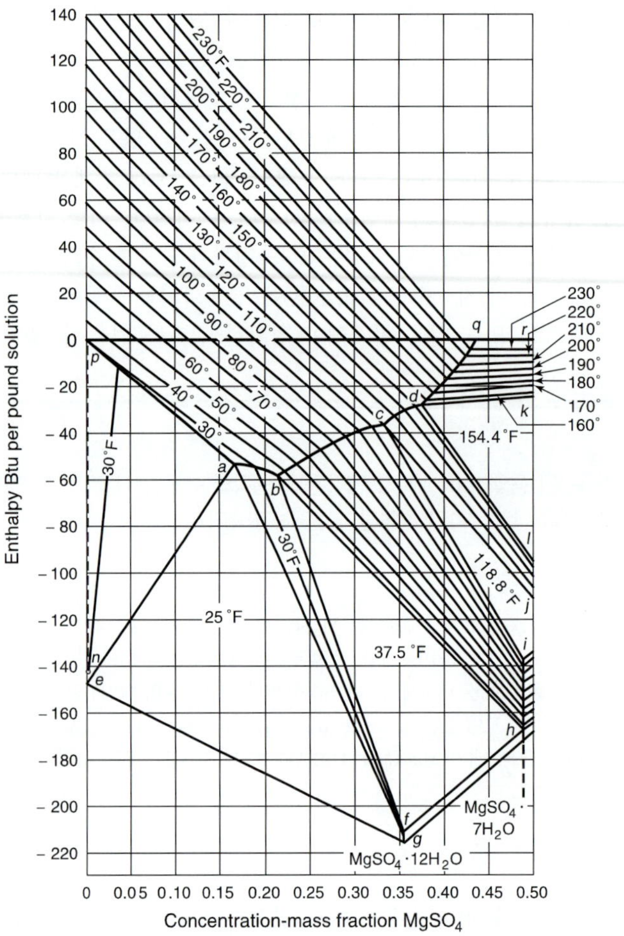

그림 27.4 $MgSO_4 \cdot H_2O$계의 엔탈피-농도 도표. 기준은 32°F의 액체 물이다.
[자료 : J.H. Perry (ed.), *Chemical Engineers' Handbook* 4th ed., McGraw-Hill Book Company]

다. 등온(118.8°F) 삼각형 *cji*는 $MgSO_4$ 33%, 고체 $MgSO_4 \cdot H_2O$ 및 고체 $MgSO_4 \cdot 7H_2O$를 포함한 포화용액으로 된 혼합물을 표시한다. 영역 *dljc*는 $MgSO_4 \cdot 6H_2O$와 모액과의 엔탈피를 나타낸다. 등온(154.5°F) 삼각형 *dkl*은 $MgSO_4$ 37%, 고체 $MgSO_4 \cdot H_2O$ 및 고체 $MgSO_4 \cdot 6H_2O$를 포함한 포화용액의 혼합물을 표시한다. 영역 *qrkd*는 $MgSO_4 \cdot H_2O$와 평형에 있는 포화용액을 표시하는 영역이다.

예제 27.2

120°F(48.9°C)의 32.5% $MgSO_4$ 용액이 회분식 수냉 결정화기 내에서 증발 없이 70°F(21.1°C)까지 냉각된다. 결정 톤(ton)당 이 용액으로부터 제거되어야 할 열량(熱量)은 얼마인가?

풀이

초기 용액은 그림 27.4에서 120°F 등온선과 미포화용액 영역내의 0.325 조성에 해당하는 점으로 표시된다. 이 점의 엔탈피 축의 값은 −33.0 Btu/lb이다. 최종 마그마의 조건은 농도 0.325와 영역 *cihb* 내 70°F 등온선과 교차점에 놓인나. 이 점의 엔탈피 값은 −78.4이다. 초기 용액 100 lb 당 용액의 엔탈피변화는,

$$100(33.0 - 78.4) = -4,540 \text{ Btu}$$

이것은 4,540 Btu/100 lb(1.06 × 10^5 J/kg)의 발생열(heat evolution)이다.

최종 슬러리의 결정과 모액과의 분리는 "지레대 원리(center-of-gravity principle)"에 의해 알 수 있다. 즉, 이 원리는 2상 혼합물 내에서 2상의 무게는 그들 농도와 총괄 혼합물 농도 사이의 차에 역비례 한다는 것이다(때로는 이를 inverse-arm rule이라 한다). 이 원리는 그림 27.3 또는 27.4에서 70°F 등온선에 적용된다. 모액의 농도는 0.259이고, 결정의 농도는 0.488이다. 따라서 결정량(結晶量)은,

$$100\left(\frac{0.325 - 0.259}{0.488 - 0.259}\right) = 28.8 \text{ lb/100 lb slurry}$$

결정 톤당 발생열량은 다음과 같다.

$$\frac{4,540}{28.8}\,2,000 = 315,000 \text{ Btu/ton} \ (3.66 \times 10^5 \text{ J/kg})$$

과포화

질량수지와 엔탈피수지는 결정화기로부터 나온 생성물의 결정 크기분포(CSD)에 대해서는 분명히 밝혀 주지 못한다. 보존법칙(保存法則)들은 그 생성물이 하나의 큰 결정이거나 작은 결정 더미이거나 변하지 않는다.

한 결정의 생성에 있어서 두 단계가 필요하다. 즉, (1) 새 입자의 출생과 (2) 거시적 크기까지 그 입자의 성장이다. 이 첫 단계를 **핵생성**(核生成, nucleation)이라 한다. 결정화기에서 CSD는 핵 생성속도와 성장속도의 상호작용에 의해 결정되고, 이 총괄 과정은 속도론적으로 매우 복잡하다. 이 두 가지 속도에 사용되는 구동력은 과포화도(過飽和度)이고, 핵생성이나 성장 어느 것도 포화용액이나 불포화용액에서는 일어나지 않는다. 물론 매우 작은 결정은 포화용액 내에서 마멸에 의해 형성될 수 있고, 만일 후에 용액이 과포화 된다면 이것들은 더 성장하기 위한 활성 부위(site)로서 마치 새로운 핵처럼 작용할 수 있다.

핵생성 및 성장 이론에서는 질량 단위 대신 몰(물질량) 단위(mole unit)를 쓴다.

과포화는 3가지 방법 중 하나 또는 그 이상에 의해 이루어질 수가 있다. 용질의 용해도가 마치 많은 무기물과 유기물처럼 온도에 따라 아주 크게 증가된다면, 포화용액은 단순한 냉각과 온도환원(하강)에 의해 과포화된다. 만일 용해도가 보통 염의 경우와 같이 온도에 비교적 무관하다면, 과포화는 용매 일부를 증발시킴으로써 이루어진다. 용해도가 매우 높을 때와 같이 냉각이나 증발 어느 것도 바람직하지 않은 경우, 과포화는 제3성분을 가함으로써 만들 수 있다. 이 제3성분은 원래의 용매와 혼합용매(混合溶媒)를 형성하여 단지 물리적으로 작용하고, 이 혼합용매 내에서 용질의 용해도는 급격하게 감소된다. 이 과정을 **염석**(鹽析, salting)이라 부른다. 또는 만일 거의 완전한 침전이 필요하다면, 새로운 용질의 제3성분을 가해 줌으로써 화학반응에 의해 생성되도록 할 수도 있다. 여기서 제3성분은 원래 용질과 작용해서 불용성 물질을 형성하는 것이어야 한다. 이러한 과정을 **침전**(沈澱, precipitation)이라 한다. 습식 정량분석(定量分析)에서 사용되는 침전법은 좋은 한 예이다. 제3성분을 가하게 되면 빠르고 큰 과포화를 이루게 할 수 있다.

과포화도에 대한 단위. 과포화도(supersaturation)는 결정이 성장할 수 있는 과포화용액 농도와 결정과 평형을 이루는 용액 농도간의 농도차(濃度差)이다. 물론 두 상(相)이 같은 온도에 있다. 농도는 용질의 몰분율 y로 또는 용액 단위부피 당 용질의 몰수 c로 정의될 수 있다. 단지 한 성분이 상경계(相境界)를 통해 이동되므로, 성분에 대한 하첨자는 필요 없다. 수식으로 그 과포화도를 표시하면 다음과 같다.

$$\Delta y \equiv y - y_s \tag{27.2}$$

$$\Delta c \equiv c - c_s \tag{27.3}$$

Δy = 과포화도, 용질의 몰분율
y = 용액 내 용질의 몰분율

y_s = 포화용액 내 용질의 몰분율

Δc = 몰과포화도(molar supersaturation), 단위부피 당 몰수(물질량)

c = 용액 내 용질의 몰농도

c_s = 포화용액 내 용질의 몰농도

식 (27.2)와 (27.3)으로써 정의된 과포화도는 다음 식으로 관련지을 수 있다.

$$\Delta c = \rho_M y - \rho_s y_s \tag{27.4}$$

여기서, ρ_M과 ρ_s는 각각 용액과 포화용액의 몰밀도이다. 일반적으로, 결정화기에서 과포화도는 작기 때문에 밀도 ρ_M과 ρ_s는 거의 같다고 볼 수 있어서, ρ_M으로 두 양을 표시하여 사용한다. 그러면,

$$\Delta c = \rho_M \Delta y \tag{27.5}$$

과포화농도 비 α와 과포화율(fractional supersaturation) s는 다음과 같이 정의된다.

$$\alpha \equiv \frac{c}{c_s} = 1 + \frac{\Delta c}{c_s} = \frac{y}{y_s} = 1 + \frac{\Delta y}{y_s} \equiv 1 + s \tag{27.6}$$

$100s$는 백분율 과포화도이다. 실제로 이것은 약 2% 이하이다.

구동력으로서 온도차. 용해도가 온도에 따라 크게 증가할 때 과포화도는 때로 농도차 대신 상당 온도차(相當溫度差)로 표시될 수 있다. 이들 구동력(driving potential)간의 관계는 그림 27.5에 표시되어 있고, 이 그림은 몰농도로 나타낸 용해도 곡선 일부를 나타낸 것이다. 선 위 부분은 불포화용액을, 선 밑 부분은 과포화용액을 표시한다. 점 A는 T_c에 있는 포화용액인데, 여기서 T_c는 결정성장 온도이다. 그리고 점 D는 온도 T에서 결정과 접촉되어 있는 과포화용액이다. 결정이 성장됨에 따라 열이 발생되기 때문에, T_c는 T보다 약간 더 크고 결정으로부터 용액으로 전열 되는데 구동력은 ΔT_h이다. 이 온도차는 전형적으로 0.01 ~ 0.02°C 정도이다. 과포화농도 비 α는 정상적으로 본체온도를 기준으로 하고, 점 E와 D로 표시 된 바와 같이 실제 과포화도보다 약간 더 크다.

점 B는 결정이 성장하고 있는 과포화용액과 동일한 조성의 포화용액이다. 이는 온도 T_s에 있고, 여기서 $T_s > T$이다. 점 C는 온도 T_c이고, 그 농도는 과포화용액의 농도와 동일하다.

식 (27.2)와 (27.3)으로부터 과포화구동력(supersaturation potential)은 선분 $\overline{AC}$로 표시된다. 상당 온도구동력(equivalent temperature driving potential)은 선분 $\overline{BC}$로 표시된다. 용해도 곡선의 선분(segment) $\overline{AB}$는 선분 $\overline{AC}$에 걸친 작은 농도에서 직선으로 생각할 수 있어서, 온도구동력은 다음과 같이 쓸 수 있다.

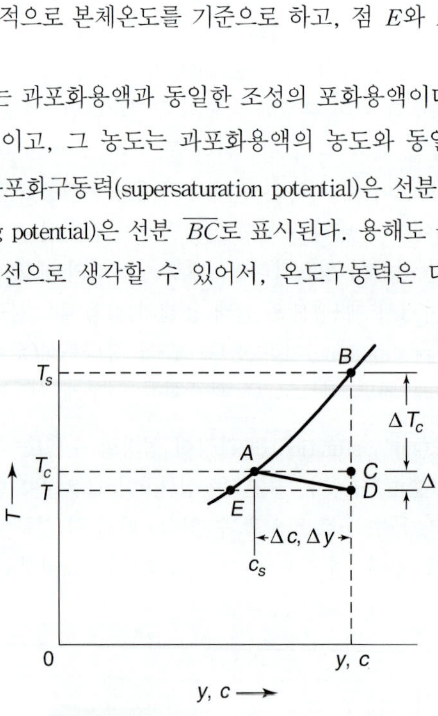

그림 27.5 과포화도와 온도 구동력

$$\Delta T_c \equiv T_s - T_c = \kappa(y - y_s) = \kappa \Delta y = \frac{\kappa}{\rho_M} \Delta c \qquad (27.7)$$

κ = y 대 T선의 기울기
ρ_M = 몰밀도(molar density)

수용액으로부터의 결정화에 있어서 온도구동력(기력)은 용액의 실제온도 T와 그 포화온도 T_s로부터 계산된 것보다 약간 작다. ΔT_h가 앞에 지적한 바와 같이 아주 작기 때문에, $(T_s - T)$와 $(T_s - T_c)$간의 차이는 그렇게 중요하지 않다.

27.3 핵생성

핵 생성속도는 단위시간 당 마그마(또는 무-고체 모액) 단위체적 당 형성되어지는 새 입자의 수이다. 이 양이 CSD를 조절하는 첫째 속도론적 매개변수(kinetic parameter)이다.

결정화기 내에서 결정의 기원

입자들의 모든 기원이 **핵생성**이라는 항목의 범주에 든다면, 많은 종류의 핵생성을 들 수 있을 것이다. 이들 중 대부분이 단지 채택 못할 방법으로서만이 중요할 뿐이다. 가능한 것은 3 군(群)으로 분류될 수 있다. 즉, 의사핵생성(spurious nucleation), 1차 핵생성(primary nucleation), 2차 핵생성(secondary nucleation)이다.

결정의 한 기원(起源)은 거시적인 마멸(磨滅, macroscopic attrition)인데, 이것은 실제 핵생성보다는 분쇄에 더 가깝다. 순환식(循環式) 마그마 결정화기는 내부 프로펠러 교반기 또는 외부 회전식(回轉式) 순환펌프를 가진다. 이들 운동 부분과의 충격으로 연하거나 약한 결정은 조각으로 깨어져 둥근 모서리(corner)와 가장자리(edge)를 형성한다. 그래서 크고 또는 작은 새 결정이 생성된다. 이러한 효과는 또한 생물성의 질(質)을 낮추게 된다. 마멸은 과포화에 무관한 새 결정의 기원일 뿐이다.

때로는, 특히 실험조작에 있어서, 결정화 시작 이전에 기원이 되는 씨 결정(seed crystal)을 결정화 계에 가한다. 보통 씨는 그 표면에 많은 소형 결정을 갖는데, 이 소형 결정들은 제조된 이후 씨의 건조와 보관되는 동안에 형성된다. 이 소형 결정들은 곧 씻겨 나가서, 그 다음 과포화용액에서 성장하게 된다. 이것을 **초기 증식**(initial breeding)[28]이라 한다. 이것은 사용 전에 씨 결정을 숙성(熟成)시킴으로써, 불포화용액(또는 용매)과 접촉시키거나, 또는 정치 과포화용액 안에서의 예비성장에 의해서 막을 수 있다.

성장-관련(growth-related) 의사핵생성(擬似核生成)은 큰 과포화도에서 일어나거나 또는 불량한 마그마순환에서 일어난다. 이는 결정 모서리 부분으로부터 비정상적인 침상(needlelike) 성장과 고양이수염 형태(whiskerlike) 성장에 의한 것으로 간주되는데, 이것은 주어진 조건 하에서 모서리 부분이 측면보다 더 빨리 성장되기 때문에 나타난다. 스파이크형(spike)은 불완전한 결정인데, 이것은 약한 힘으로 모결정(母結晶)에 결합되었다가 갈라져서 질이 나쁜 결정으로 생성된다. 이것을 **침상증식**(針狀增殖, needle breeding)[28]이라 한다.

핵생성과는 무관하고 성장과 관계되는 불완전상태의 **부착성장**(附着成長, veiled growth)이 있고, 이것은 중간 정도의 과포화도에서 일어난다. 이는 결정면(crystal face)에 모액이 **흡장**(occlusion)되는 결과이고, 따라서 우유색 표면과 불순 생성물을 얻게 된다. 부착성장의 원인은 아주 빠른 결정성장인데, 이때 결정면(crystal face) 안에 모액이 갇히게 된다.

$MgSO_4 \cdot 7H_2O$에 대한 그림 27.6과 27.7은 여러 과포화도에서 결정의 좋고 그리고 나쁜 형태와 생성물질의 변화를 보인 것이다.

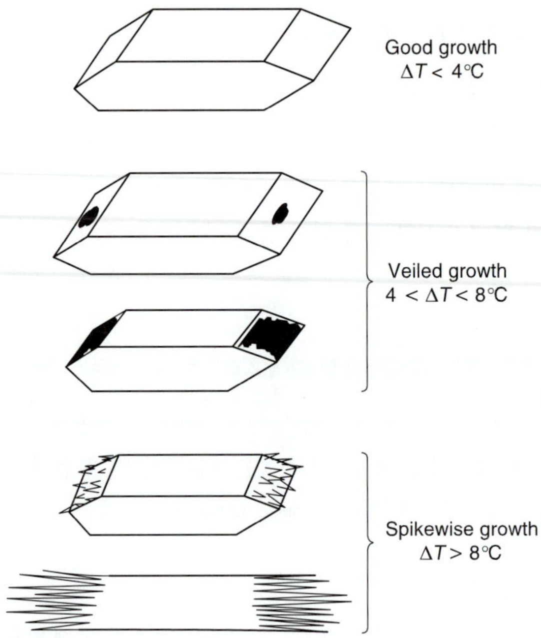

그림 27.6 성장 형태의 예시(자료 : Clontz and McCabe [4])

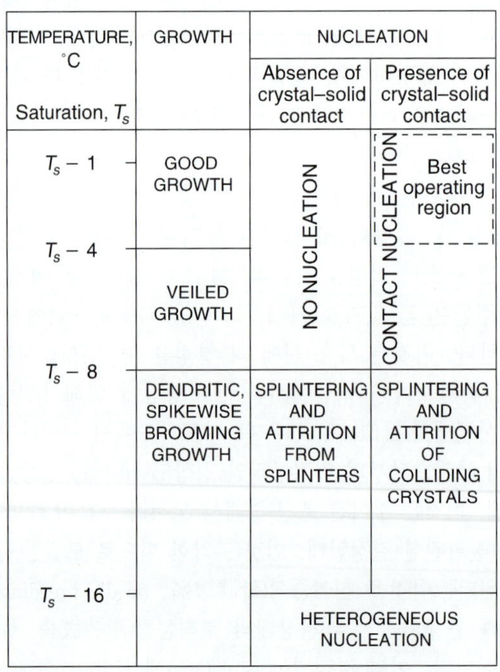

그림 27.7 $MgSO_4 \cdot H_2O$의 결정성장 질 및 핵생성 형태에 미치는 과포화도의 영향[5]

의사핵생성의 모든 형태는 낮은 과포화도에서 결정을 성장시킴으로써 피할 수 있고, 그리고 잘 설계되고 잘 조직되는 펌프와 교반기를 사용함으로써 피할 수 있다.

1차 핵생성

과학적 관행에서 핵생성은 현존 과포화 된 균일상(均一相) 내에서 새로운 상의 극소체(極小體)를 탄생시킴을 뜻한다. 근본적으로 핵생성 현상은 용액으로부터 결정화, 용융물로부터 결정화, 과냉각 증기에서 안개방울의 응축, 과열액체 내에서 기포의 생성과 동일하다. 모든 경우에서 핵생성은 준안정 평형(metastable equilibrium)에 있는 균일상 내에서 한 분자 규모의 급격한 국소 요동(local fluctuation)의 결과이다[10]. 이 기본 현상을 **균일상 핵생성**(homogeneous nucleation)이라 하며, 이것은 어떤 종류의 고체(용기의 벽이나 아주 작은 초현미경적 외부 입자를 포함하는)에 의해 어떤 수단에도 영향받지 않는 한 상의 내부에서 새로운 입자의 형성을 뜻한다.

외부 물질 중 고체 입자가 주어진 과포화도에서 핵 생성속도의 증가를 촉진시킴으로써, 또는 균일상 핵생성이 아주 오랜 시간이 지난 후에야만 일어나는 어떤 과포화도에서 유한한 속도를 주게 됨으로써 핵생성과정에 영향을 줄 때, 균일상 핵생성의 변화가 일어난다. 이것을 **불균일상 핵생성**(heterogeneous nucleation)이라 한다.

균일상 핵생성

용액으로부터의 결정화(또는 晶出)에 있어서, 균일상 핵생성은 몇몇 침전반응(沈澱反應)을 제외하고는 거의 일어나지 않는다. 그러나 그 현상의 근본은 더 유용한 형태의 핵생성을 이해하는 데 중요하다.

결정핵(結晶核)은 여러 종류의 입자, 즉 분자, 원자 또는 이온(ion)으로부터 형성될 수 있다. 수용액에서 이들은 수화(水和)될 수 있다. 이들의 무질서한 운동 때문에 어느 적은 용적에서 약간의 이들 입자는 군(群, cluster)이라 하는 것을 형성하기도 하는데, 이것은 보통 빨리 사라질 수 있는 아주 느슨한 응집(凝集)이다. 그러나 때때로 많은 입자들은 **유핵**(幼核, embryo)으로 알려진 것으로 연합되는데, 이것에서 격자배열(lattice arrangement)의 발단이 되어 새로운 상이 형성하게 된다. 대개 이 유핵은 수명이 짧아서 군 또는 개별 입자로 되돌아간다. 그러나 과포화도가 아주 충분하면, 유핵은 용액과 열역학적 평형이 되는 그런 크기까지 성장한다. 이것을 핵(核, nucleus)이라 하고, 이것은 재용해 되지 않을 만한 입자들의 최소집단(最小集團)이므로 성장해서 결정을 형성할 수 있다. 안정한 핵을 이루는 데 필요한 입자의 수는 몇(a few) 개로부터 수(several) 백 개까지의 범위이다. 액체 물의 경우, 그 수는 약 80이다.

핵들은 불안정 평형상태에 있게 된다. 즉, 한 핵이 어느 단위만큼 잃게 되면 이것은 용해되고, 액이 어느 단위만큼 얻게 되면 이것은 성장하여 결정이 된다. 결정이 이루어지는 일련의 단계는 다음과 같다.

$$\text{군(cluster)} \rightarrow \text{유핵(embryo)} \rightarrow \text{핵(nucleus)} \rightarrow \text{결정(crystal)}$$

평형

열역학적으로, 동일 온도에서 작은 입자와 큰 입자간의 차이는 작은 입자가 단위질량 당 아주 큰 양의 표면에너지(surface energy)를 가진 반면, 큰 입자는 그렇지 못한 점이다. 이 차이로 인한 결과로, μm단위의 크기보다도 작은 소립자(小粒子)의 용해도는 큰 입자의 용해도보다 더 크다. 일반적인 용해도 자료는 중간 정도 크기의 결정에만 적용된다. 소형 결정은 어느 과포화용액과 평형에 있을 수 있으나, 이와 같은 평형은 불안정하다. 왜냐하면 만일 큰 결정이 용액 내에 존재한다면, 이보다 작은 결정은 용해될 것이고 더 큰 것은 소형 결정이 모두 사라질 때까지 성장하기 때문이다. 이 현상을 **Ostwald 숙성**(ripening)이라 한다. 입자크기의 용해도에 대한 영향은 핵생성에 있어서 주요 인자이다.

Kelvin 방정식. 한 물질의 용해도는 Kelvin 식에 따라 그 입자 크기에 관계된다. 즉,

$$\ln a = \frac{4V_M\sigma}{\nu RTL} \tag{27.8}$$

L = 결정 크기
a = 포화용액에 대한 과포화용액의 농도 비(과포화농도 비)
V_M = 결정의 몰부피
σ = 고체와 액체 간의 평균 계면장력(average interfacial tension)
ν = 용질의 분자 당 이온 수(분자 결정의 경우, $v = 1$)

$a = 1 + s$이므로, 식 (27.8)은 크기가 L인 아주 작은 결정이 큰 결정과 평형상태에 있는 포화액에 대해 s만큼 과포화된 용액과 평형상태에 있을 수 있음을 나타낸다.

핵생성속도

화학속도론(化學速度論)으로부터 핵생성속도는 다음 식으로 주어진다.

$$B^\circ = C \exp\left[-\frac{16\pi\sigma^3 V_M^2 \mathbf{N}_a}{3\nu^2(RT)^3(\ln a)^2}\right] \tag{27.9}$$

B° = 핵생성속도, number/cm^3 · s
$\mathbf{N}_a$ = Avogadro 수, 6.0222×10^{23} molecule/mol
R = 기체상수, 8.3143×10^7 erg/mol · K
C = 빈도인자(頻度因子)

인자 C는 유핵이 그 임계 크기(critical size)에 도달된 유핵형성속도(幼核形成速度)의 통계적 측정치이다. 이것은 개별 입자들의 농도에 비례하고, 안정한 핵을 형성하는 데 필요한 임계 크기의 유핵을 가진 입자들의 충돌속도(衝突速度)에 비례한다. 용액으로부터 핵 생성하는 데 있어서의 이 값은 알 수 없다. 과포화수증기[6]로부터 물방울 핵 생성하는 경우의 유사성으로부터 이 값의 자리 수(10의 승수) 단위의 크기로서는 10^{25} nuclei/cm^3 · s이다. 이것의 정확한 값은 중요하지 않다. 왜냐하면 핵생성속도론의 지수(指數) 중에 있는 $\ln a$ 항에 지배되기 때문이다.

또한 σ에 대한 수치도 불확실하다. 고체-액체의 계면장력을 실험적으로 구하는 것은 어려우며, 몇 개의 값만이 유용하다. 이 값들은 격자에너지(lattice energy)를 사용하여 고체상태 이론(solid-state theory)으로부터 추정된다. 일반 염류(鹽類)의 경우, σ는 80 ~ 100 erg/cm^{2}의 범위이고 결정화기에서 입자생성속도는 0.1~1,000 particles/cm^3 · s이다[35]. 이들 C와 σ값이 식 (27.9)에 사용되고 $B^\circ = 1$ particles/cm^3 · s 값을 이용하면, s 값은 1.4인데, 이것은 보통의 용해도를 갖는 물질에 대해서는 불가능한 값이다. 이러한 것은 일반적인 결정화에서 용액으로부터의 균일상 핵생성이 결코 일어나지 않으며, 이런 경우에 모든 실제 핵생성은 비균일상(非均一相)에서 일어난다는 것을 뜻한다. 그래서 식 (27.9)는 실제의 핵생성속도를 주지 못한다.

y_s가 아주 작고 큰 과포화 비(過飽和比)가 급격하게 발생되는 침전반응에 있어서는 균일상 핵생성이 일어날 수도 있다[35].

불균일상 핵생성

핵생성속도에 대한 고체 입자의 촉매(觸媒)효과는 핵 생성하는 데 필요한 에너지를 감소시키는 것이다. 이 효과에 대한 한 이론은, 핵이 촉매 표면을 "적신다(wet)"고 할 때, 핵과 촉매 사이의 젖음각(angle of wetting)이 함수인 한 인자가 핵을 형성하는 데 드는 일을 감소시킨다는 뜻을 지니는 것이다. 염화칼슘 용액의 불균일상 핵생성에 대한 실험자료[18]는 이 물질이 핵생성이 촉매에 의한 핵생성이든 무촉매의 핵생성이든 간에 모두 계면장력의 겉보기 값 2 ~ 3 erg/cm^2 범위에서 일치됨을 보이고 있다. 만일 무촉매의 경우, 실제로 현미경적 씨(seed)에 의하여 자(체)촉매적(self-catalyzed) 2차 핵생성이 실제로 있다면, KCl의 씨가 가해진 용액에 대한 σ 값이 온도 300 K에서 2.8 erg/cm^{2}이 되어야 한다. 만일 σ_a를 겉보기 계면장력으로 표시하고, C를 10^{25}로 택하며, 작은 $(\alpha-1)$값의 경우 수학적 근사법에 의해 $\ln \alpha = \alpha - 1 = s$로 택한다면, 식 (27.9)는 다음과 같이 쓸 수 있다.

$$B^\circ = 10^{25} \exp\left[-\frac{16\pi V_M^2 \mathbf{N}_a \sigma_a^3}{3(RT)^3 \nu^2 s^2}\right] \tag{27.10}$$

이 식은 불완전한 자료에 놓여 있다고 할지라도, 그 결과는 정확한 차수를 주며, 핵생성에 대해 과포화도의 아주 강한 영향을 반영한다.

예제 27.3

KCl의 불균일상 핵생성속도가 겉보기 계면장력 값 2.5 erg/cm^{2}에서 일치된다고 가정하고, 80°F(300 K)에서 핵생성 속도를 s의 함수로 표시하라.

풀이

식 (27.10)을 사용하라. KCl의 분자량은 74.56이며, 결정의 밀도는 1.988 g/cm^{3}이다. KCl는 K^+과 Cl^- 두 이온으로 해리하기 때문에 $\nu = 2$이다. 그러므로

$$V_M = \frac{74.56}{1.988} = 37.51 \text{ cm}^3/\text{mol} \qquad \sigma_a = 2.5 \text{ erg/cm}^2$$

식 (27.10)의 지수항은,

$$-\frac{16\pi(37.51)^2 \times 6.0222 \times 10^{23} \times 2.5^3}{3(300 \times 8.3134 \times 10^7)^3 (2^2 s^2)} = -\frac{0.03575}{s^2}$$

$B^\circ = 1$에 대하여 s의 값은,

$$1 = 10^{25} e^{-0.03575/s^2} = e^{57.565} e^{-0.03575/s^2}$$

$$\frac{0.03575}{s_2} = 57.565 \qquad s = \sqrt{\frac{0.03575}{57.565}} = 0.02492$$

따라서 그 식으로부터,

$$B^\circ = e^{57.565} e^{-0.03575/s^2}$$

표 27.1

s	B°	s	B°
0.023	4.47×10^{-5}	0.0255	13.3
0.024	1.11×10^{-2}	0.027	5.04×10^3
0.02492	1	0.029	3.46×10^6

B°값은 s의 크기 0.025 근처에서 계산할 수 있다. 그 결과는 표 27.1에 주어져 있다. B°는 s의 증가에 따라 급격히 증가됨이 명백하다. ■

예제 27.4

예제 27.3의 조건하에서, 과포화도 0.029의 평형상태에 있는 핵의 크기는 얼마인가?

풀이

이것은 Kelvin 식으로부터 풀린다. 여기서, $\alpha = 1 + 0.029 = 1.029$이다. 앞의 예제로부터 V_M, σ_a, ν, R 및 T값들을 식(27.8)에 대입하면,

$$\ln 1.029 = \frac{4 \times 37.51 \times 2.5}{2 \times 8.3143 \times 10^7 \times 300 L}$$

따라서,

$$L = 2.63 \times 10^{-7} \text{ cm} = 2.63 \text{ nm}$$

이것은 지름이 약 0.3 nm인 입자 수백 개를 포함한 한 핵의 크기와 일치함을 유의하라. 만일 σ가 80 erg/cm^{2}이면, α는 2.63 nm 입자의 경우 2.5이고, 필요한 과포화도는 150%이다. 이것은 KCl와 같은 용해성 염에 대해서는 불가능한 값이다. ■

2차 핵생성

마그마 내 임이 존재하는 거시적인 결정의 영향이라고 생각되는 핵 생성을 **2차 핵생성**(secondary nucleation)이라 한다[13,32]. 2종류가 알려져 있다. 하나는 유체-전단력(fluid-shear)에 기인한다는 것이고; 또 하나는 기존 결정이 다른 결정과, 또는 결정화기 벽이나 교반기 날과의 충돌에 기인한다는 것이다.

유체-전단력 핵 생성(fluid-shear nucleation). 이 형태는 일정한 조건들 하에서만 일어나는 것으로 알려져 있다. 과포화용액이 상당한 속도로 자라는 결정표면을 지나칠 때, 그 경계층에서는 전단응력(剪斷應力)이 자라고 있는 결정으로 합체(合體)되지 않는 유핵이나 핵을 쓸어냄으로 새로운 결정들이 나타나게 된다. 이것은 설탕결정화 작업에서 보고되었다[17]. 이것은 또한 $MgSO_4 \cdot 7H_2O$의 핵생성에서 논증되기도 하였는데[29], 이것은 그 용액이 한 과포화도에서 그 결정면에 전단력이 가해지도록 하였고, 그 다음 더 크게 과포화되도록 급냉(急冷)시켜 그 핵이 거시적인 크기까지 자라도록 하였을 때 얻은 것이다.

접촉 핵생성(contact nucleation)

한동안 2차 핵생성이 교반강도(攪拌强度)에 의해 영향을 받는다고 알려졌었으나, 접촉(接觸) 핵생성의 현상이 따로 실험적으로 연구된 것은 최근의 일이다. 이것은 대부분의 공업적 결정화기에서 매우 흔한 형태의 핵생성이다. 왜냐하면 이것은 결정의 성장속도가 양호한 품질을 주는 최적조건에 있는 낮은 과포화도에서 일어나기 때문이다. 이 성장속도는 1차 핵생성에서 과포화도의 20승 또는 그 이상의 승수 대신에 과포화도의 1차승에 비례하므로 조절하기가 비교적 용이하다.

한 결정이 충돌될 때 에너지는 몇백 erg 차수 정도로 놀랍게도 낮아서 결정표면 상에서 가시(可視) 효과를 관측할 수 없다. 결정성장 영역 내에서 접촉 핵생성의 위치가 그림 27.7의 점선영역("최상 조업영역", the "best operating region")으로 표시되어 있다.

이 현상의 실험적 연구[5,6,27]에서, 유동하는 과포화용액 내에 들어 있는 개별 결정의 어느 지정된 면에 대해 알고 있은 충격에너지(impact energy)를 작은 봉(棒)으로 쳐서 가하고, 그 결과로 인한 핵의 개수를 측정하였다. 이 숫자는 과포화도와 충격에너지에만 의존한다는 것을 보였다. 무기물 결정의 경우는 접촉수(接觸數) N번 당 핵의 수가 과포화도 s에 비례하고, 약간의 유기물 결정의 경우는 $\ln N$이 s에 비례한다. 유기물과 무기수화물 결정의 경우는 N이 실제로 중요한 범위에서 접촉에너지(contact energy) E에 직접 비례한다. 그러나 무수 무기물 결정의 경우는 소요 에너지가 다른 결정에 비해 더 크고, 핵생성이 일어나기 전에 초기 한계에너지(threshold energy)가 필요하다. 더 높은 접촉에너지의 경우는 N이 $\exp E$에 비례한다[31].

만일 연속 접촉이 같은 핵생성을 주게 되면, 접촉과 접촉 사이에 약간의 치유기간(healing time, 보통 몇 초)이 필요하다[6].

접촉 핵생성은 아마도 자라고 있는 결정표면 상에서 미시적인 수지상(樹枝狀) 성장 부분의 파손 및 결정으로 조직되려고 움직이는 용질입자 군(cluster)과 접촉하는 물질에 의한 간섭과의 복합적 영향일 것이다. 이것은 접촉물질의 작용이 유핵으로부터 L[즉 Kevin 식 (27.8)에서 요구되는 바와 같이 과포화용액과 평형을 이룰 수 있는 결정의 최대 크기]보다 아주 큰 소형 결정까지의 범위에 있는 입자들을 제거한다고 가정한 것이다[28]. 적어도 L만큼 큰 입자들은 살아남아서 새로운 핵으로서 자라나고, 반면에 이보다 더 작은 입자들은 용해된다.

공업용 결정화장치에서는 균일상 그리고 접촉 핵생성 두 가지에 의한 핵생성이다. 총괄속도 $B°$는 다음 식으로 쓸 수 있다[16d].

$$B° = B_{ss} + B_e + B_c \tag{27.11}$$

B_{ss} = 과포화구동력으로 인한 균일상 핵생성속도
B_e = 결정과 회전날개와의 접촉으로 인한 핵생성속도
B_c = 결정-결정간의 접촉으로 인한 핵생성속도

큰 과포화도와 무-교반의 경우, 균일상 핵생성이 왕성할 수도 있다. 낮은 과포화도와 교반이 수반되는 공업용장치에서는 접촉 핵생성(contact nucleation)이 주된 기구이다.

2차 핵생성의 다른 방법으로서는 고주파의 음파(high frequency sound wave) 또는 초음파를 이용하는 것이다. 순 l-methyldopa[생물학적 활성 거울상 이성질체(enantiomer)] 결정화 공정(상업적)에서, 음파경음기(sonic horn)가 점감형 유동층(tapered fluidized bed) 하부에서 작동된다[8b]. 대형 입자는 밑에 정체되고 음파파쇄(sonication)에 의해 깨져서 씨결정(seed crystal)을 형성한다. 큰 입자는 벽개면(cleavage plane)을 따라 깨지기 때문에, 마치 마모(abrasion) 또는 수지상 파괴에 의해 형성되는 것처럼, 거의 미세 분말 없이 씨를 형성한다[9]. 아주 작은 씨는 유동층 밖으로 쉽게 유출되기 때문에 원하는 것은 아니다.

27.4 결정성장

결정성장(結晶成長)은, 성장이 일어나고 있는 고체표면의 영향이 고려되는 수정된 확산과정(擴散過程)이다. 용질분자 또는 이온들이 액체상을 통한 확산에 의해 결정의 성장면에 도달된다. 보통의 물질전달계수 k_y가 이 과정에 적용된다. 표면에 도달되면 분자나 이온은 그 결정에 수용되어 공간격자(space lattice)로 조직된다. 이 반응은 표면에서 유한속도로 일어나고, 총괄 과정은 직렬 2단계로 이루어진다. 용액이 과포화 되지 않는다면, 확산단계이든 계면단계(interfacial step)이든 진행되지 않는다.

개별 성장계수와 총괄 성장계수

물질전달 조작에 있어서, 일반적으로 상간(相間) 계면에서 평형이 이루어진다고 가정한다. 만일 이것이 결정화에서도 이루어진다면, 결정표면에서 용액의 농도는 포화치 y_s일 것이고, 물질전달에 대한 총 구동력(驅動力)은 $y - y_s$일 것이다. 여기서, y는 결정표면으로부터 다소 떨어져 있는 곳에서의 농도이다. 그러나 표면반응(表面反應) 때문에 계면단계(界面段階)에 대한 구동력이 필요하며, 그 계면에서 농도는 y'이고, 여기서 $y_s < y' < y$이다. 단지 $y - y'$은 물질전달에 대한 구동력이다. 이것이 그림 27.8에 예시되어 있다.

물질전달과 표면반응 모두에 대한 계수는 한 결정면과 또 다른 결정면 사이에서 각각 다르지만, 전체 결정에 대한 평균치를 고려하는 것은 거의 언제나 적합하다. 그래서 물질전달에 대한 계수는 다음과 같이 쓸 수 있다.

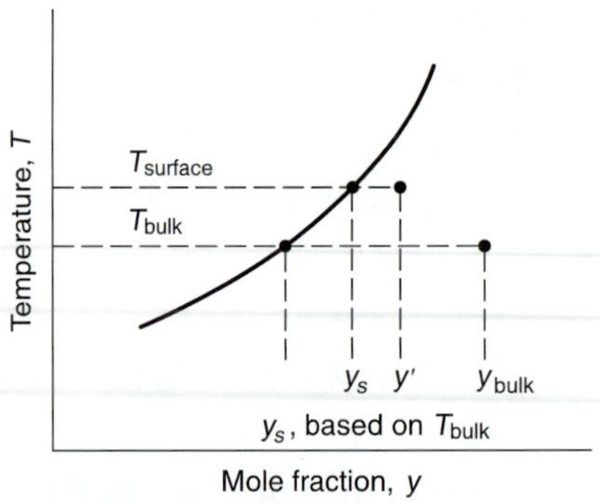

그림 27.8 결정화에서의 온도와 농도

$$N_A = \frac{\dot{m}}{s_p} = k_y(y - y') \tag{27.12}$$

N_A = 몰 훌럭스(molar flux), mole/time-area
$\dot{m}$ = 물질전달속도, mol/h
s_p = 결정의 표면적
k_y = 식 (21.37)로 정의된 물질전달계수

표면반응계수(表面反應係數) k_s는 다음 식으로 주어진다.

$$\frac{\dot{m}}{s_p} = k_s(y' - y_s) \tag{27.13}$$

식 (27.13)은 대부분의 무기물에 적용되는 1차 과정이다. 그러나 다소의 결정성장은 상이한 차수 식, 즉 $(y' - y_s)$항에 b승 된 식에 따른다. 여기서 $b \gg 1$이다.

두 단계에 대한 저항을 합하여 총괄 계수를 얻기 위해 다음과 같이 정의한다.

$$K \equiv \frac{\dot{m}}{s_p(y - y_s)} \tag{27.14}$$

식 (27.12)와 (27.13)에서 y'을 제거하고 식 (27.14)에 대입하면 다음과 같이 된다.

$$K = \frac{1}{1/k_y + 1/k_s} \tag{27.15}$$

성장속도(growth rate). 불변성 결정(invarient crystal)의 경우, 그 결정의 부피 v_p는 그 특성길이 L의 3승에 비례한다. 즉,

$$v_p = aL^3 \tag{27.16}$$

여기서, a는 상수이다. 만일 ρ_M을 몰밀도라고 하면 결정의 질량 m은,

$$m = v_p \rho_M = aL^3 \rho_M \tag{27.17}$$

식 (27.17)을 시간에 대해 미분하면,

$$\dot{m} = \frac{dm}{dt} = 3aL^2 \rho_M \left(\frac{dL}{dt}\right) \tag{27.18}$$

성장속도 dL/dt을 기호 G로 표기한다.

식 (27.1)로부터 $s_p = 6v_p/L = 6aL^2$이다. 이 s_p와 식 (27.18)의 $\dot{m}$를 식 (27.14)에 대입하면,

$$K = \frac{3aL^2\rho_M G}{6aL^2(y - y_s)} \tag{27.19}$$

이로부터 다음과 같이 쓸 수 있다.

$$G = \frac{2K(y-y_s)}{\rho_M} \tag{27.20}$$

물질전달계수. 형상인자 1.0에 가까운 구나 결정 입자에 대하여 식 (17.75)는 물질전달계수 k_y를 예측하는 데 쓰일 수 있다. 17장의 부유입자(浮遊粒子) 물질전달 부분에서 논한 바와 같이, 교반계(攪拌系) 내의 부유(현탁)입자의 경우 그 계수 값은 결정의 종말 침강속도(terminal setting velocity)로부터 계산된 값의 1.5 ~ 5배 정도이다.

표면성장계수(surface-growth coefficient). 계면반응에 의한 결정성장에 관한 많은 연구가 이루어져서 결정화에 대한 표준모노그래프(standard monograph)가 발표되었다[3,26,33]. 비록 결정성장의 응집이론(coherent theory)이 발전되었을지라도, 설계에 쓰일 수 있는 k_s값 자료는 드물다.

한 이론은 성장이 결정면 상에서 층층으로 일어나고 그 각각의 새로운 층이 그 면에 부착된 2차원 핵으로 시작된다는 개념에 기초를 둔 것이다. 이 이론은 다음과 같이 예측한다. 성장은 적합한 초기 한계(threshold) 과포화도에 도달될 때까지는 일어나지 않고, 성장의 속도는 아주 높은 과포화도에서 그 속도가 과포화도에 직선적으로 될 때까지 아주 빨리 증가된다는 것이다. 실제로 대부분 무기물 결정의 성장속도는 모든 과포화도에서, 특히 아주 낮은 값에서 과포화도에 비례한다. 여기에는 초기 한계 값이 필요 없는 것으로 보인다.

실측 성장속도와 이론치 간의 차이는 Frank의 나사형 전위론(screw-dislocation theory)에 의해 조정된다. 실제 결정의 실제 공간격자는 완전하지 못하고 불완전해서 **전위**(轉位, dislocation)될 수 있다. 표면과 결정의 입자 면이 전위되는데, 여러 종류의 전위가 알려져 있다. 일반적인 한 전위가 그림 27.9에 보인 나사전위인데, 여기서 개별 입자들은 입방체로 쌓아놓은 블록들처럼 보인다. 전위는 결정의 표면에 수직인 전단면(shear plane) 내에서 일어나고, 결정의 미끄러짐(slipping)이 램프(ramp)를 만든다. 이 램프의 가장자리는 2차원 핵의 한 부분으로 작용하고, 입자들이 쉽게 부착될 수 있은 킹크(kink)를 갖춘다. 완전한 면이 결코 형성되지 않고, 핵생성이 필요없다. 성장이 계속됨으로써 램프 가장자리는 나선형이 되고, 나선형 가장자리를 따라 입자의 연속석출(連續析出)이 결정성장의 기구(機構)가 된다.

이 기구가 처음 제안된 이래 나사전위에 대한 많은 예가 실제로 전자현미경 및 기타 고율 확대장치로 관측되었다.

결장성장의 ΔL법칙[12]

만일 마그마 내의 모든 결정이 어떤 균일한 과포화 영역과 동일 온도에서 성장되고, 모든 결정이 출생 이후 과포화도에 지배되는 속도에 따라 성장된다면, 모든 결정은 불변성일 뿐만 아니라 그 크기에 무관한 동일한 성장속도를 가진다. 이와 같은 일반화된 법칙을 **ΔL법칙**(law)이라 한다. $G \neq f(L)$이 적용될 때 동일한 시간 간격 Δt동안에 마그마 내에 있는 각 결정의 전체 성장은 동일하다. 따라서,

$$\Delta L = G\Delta t \tag{27.21}$$

식 (27.21)에 근거를 둔 모델은 아주 이상화된 것이므로, 모든 경우에 대해 사실적인 것이 못된다. 그림 17.8은 물질전달계수가 입자지름의 제한된 범위에서만 대략 일정하다는 것을 보이고 있고, 따라서 물질전달 저항이 중요할 때는 일정한 성장속도가 결정 입자 크기 50 ~ 500 μm 사이의 결정에 대해서만 기대할 수 있다. 식 (27.21)이 적용되지 못할 때는 $G = f(L)$이 되고, 이러한 성장을 **크기-의존성**(size-dependent)이라

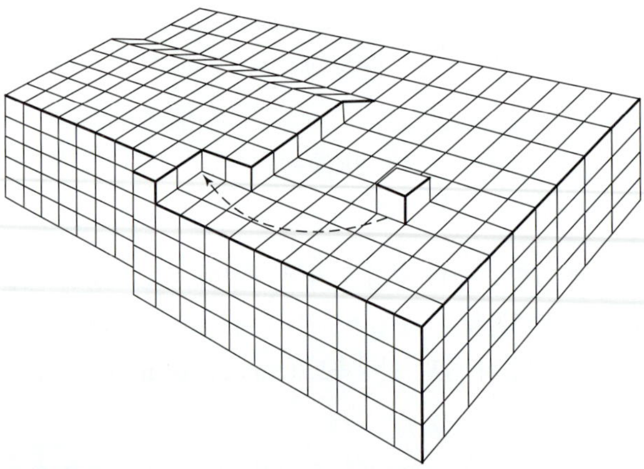

그림 27.9 결정표면에서의 나사전위와 킹크 안으로의 입자 이동

한다. 아마 오차의 소거 때문에, ΔL법칙은 많은 경우에 충분히 정밀함으로 공업적 공정의 계산을 아주 간략하게 해준다.

27.5 결정화 장치[16e]

공업용 결정화장치는 연속적으로 또는 회분식으로 조작될 수 있다. 특별한 응용을 제외하고는 연속조작이 유리하다. 어느 결정화기의 첫째 요구조건은 과포화용액을 만드는 것인데, 왜냐하면 결정화가 과포화 없이는 일어날 수 없기 때문이다. 용질의 용해도 곡선 특성에 따라, 과포화를 만드는 데 3가지 방법이 쓰인다. (1) KNO_3와 $NaSO_3$와 같은 용질은 고온에서보다 저온에서 아주 적게 용해되므로, 과포화는 냉각에 의해서 간단히 생성될 수 있다. (2) 용해도가 보통 염류와 같이 거의 온도에 무관하거나 온도가 상승됨에 따라 감소될 때, 과포화는 증발에 의해 만들어질 수 있다. (3) 이들 중간의 경우에서는 증발과 냉각의 조합이 효과적이다. 예로, $NaSO_3$는 증발 없이 냉각만으로, 냉각 없이 증발만으로, 또는 냉각과 증발의 조합으로 만족하게 결정화시킬 수 있다.

결정화기 내에서의 변화

공업용 결정화기는 또한 여러 가지 다른 방법으로 구분될 수 있다. 한 가지 중요한 차이는 결정이 과포화용액과 접촉되는 방법에 있다. 순환액법(循環液體法, circulating-liquid method)이라 하는 첫 번째 기법에서는 과포화용액의 흐름이 성장하는 결정의 유동층(流動層)을 통과하는데, 이 유동층 내에서 핵생성과 성장에 의하여 과포화가 해소된다. 그래서 포화액체는 냉각 또는 증발 영역을 통과하도록 펌핑되는데, 이 영역을 통해 재순환된다. 순환마그마법(circulating-magma method)이라 하는 두 번째 기법에서는 전체 마그마가 고체와 액체가 분리되지 않은 채 결정화 단계와 과포화 단계 두 단계를 통해 순환된다. 결정화와 마찬가지로 과포화는 결정의 존재 하에서 일어난다. 이 두 가지 방법에 있어서 공급용액은 결정화 영역과 과포화 영역 사이의 순환흐름에 가해진다.

어느 형태의 결정화기에서는 작은 결정이 더 성장되도록 성장 영역에 작은 것들이 머물게끔 하여, 규정된 최소 크기의 결정만이 제품으로서 그 장치를 떠나도록 설계된 크기-분급장치(size-classification device)를 사용한다. 이상적으로 이와 같은 결정화기는 단일 균일 크기의 분급 된 제품을 생산한다. 기타 다른 결정화기는 결정화 영역 내에서 전반적으로 혼합 부유물(浮游物)이 보유되도록 설계되는데, 그 결정화 영역 내에서 핵으로부터 큰 결정까지 모든 크기의 결정들이 전체 마그마 내에 균일하게 분산되어 있게 된다. 이상적으로는 혼합 부유장치로부터의 제품 내 크기분포는 결정화가 일어나는 마그마 그 자체 내에서의 분포와 동일하다.

평균 결정크기를 혼합-부유장치(mixed-suspension unit) 내의 것보다 크게 만들기 위해서, 어떤 결정화기에 결정화 영역에서 대부분의 미세 결정이 분급 · 제거시키는 장치를 부착하기도 한다. 이때 미세 결정은 재용해되어 결정화기로 돌아간다. 또 다른 결정화기는 2개 방출구(하나는 큰 결정용, 다른 하나는 작은 결정용)를 설치하기도 한다. 유량이 서로 다른 2개 생성물흐름을 합해서 여과하거나 다른 분리장치로 보내기도 한다. 결정 크기 증진기법에 대한 것은 뒤에 논한다.

대부분의 결정화기는 성장속도를 증진시키고, 과다한 핵생성의 원인이 되는 과포화용액의 분리(segregation)를 방지하기 위하여, 그리고 결정화 영역 전반에 걸쳐 결정이 부유 되도록 하기 위하여 교반형태를 이용한다. 내장된 프로펠러형 교반기는 때로 흡출관(draft tube)과 장애판(baffle)을 설치하여 쓰이기도 하고, 또한 과포화 영역 또는 결정화 영역을 통과하도록 액체나 마그마를 외부 펌프로 순환시킨다. 후자의 방법을 **강제순환**(强制循環, forced circulation)이라 한다. 외부 가열기가 달린 강제순환장치의 한 가지 장점은 여러 개의 동일 장치가 다중-효용관에 연결되어 한 장치로부터 나오는 증기가 다음 장치를 가열하는 데 사용될 수 있다는 점이다. 이 종류의 계가 **증발-결정화기**(蒸發-晶出器, evaporator-crystallizer)이다.

진공결정화기

아주 최근의 결정화기들은 진공장치의 범주에 속하는데, 이 장치 내에서는 과포화를 만드는 데 단열 증발성 냉각(adiabatic evaporative cooling)이 이용된다. 간단하고 초기 원형에서, 이런 결정화기는 진공이 응축기(凝縮機)에 의해 유지되는 밀폐용기인데, 이 응축기는 보통 결정화기와 응축기 사이에 있게 되는 수증기-제트 진공펌프[또는 부스터(booster)]의 도움을 받는다. 그 결정화기 내 압력에서의 비점보다 아주 높은 온도에 있는 뜨거운 포화용액이 그 용기로 공급된다. 마그마의 체적은 용기 내 용액의 준위와 결정화되는 고체를 조절함으로써 유지되며, 또한 마그마 위 공간은 증기의 방출과 비말동반물(entrainment)의 제거에 유용하다. 급송 용액은 자연적으로 평형온도까지 냉각된다. 냉각시키는 엔탈피와 결정화 엔탈피 모두가 증발잠열로서 나타나기 때문에 용매의 일부가 증발된다. 냉각과 증발 두 가지에 의해 발생되는 과포화는 핵생성과 성장의 원인이 되며, 생성물 마그마는 결정화기 밑 부분에서 배출된다. 결정의 이론수율(理論收率)은 급송물 농도와 평형온도에서 용질의 용해도간의 차이에 비례한다.

그림 27.10은 원료를 공급하고 생성물 마그마를 처리하는 데 필요한 보편적인 부속장치가 달린 연속식 진공결정화기(continuous vacuum crystallizer)이다. 단일 결정화기 본체의 주요 작용은 단일-효율관(single-effect) 증발의 경우와 거의 같고, 실제로 이들 장치들은 다중-효용관으로 조작될 수 있다. 마그마는 하강관을 통해 결정화기 본체의 원추형 밑바닥으로부터 저속 저압 순환펌프(low-speed low-head circulation pump)로 순환되는데, 이는 수직 관형-가열기(이것의 외통에서는 수증기를 응축시킨다)를 거쳐 위쪽으로 통과하여 결국 결정화기 본체로 들어간다. 그 가열흐름은 마그마 표면 바로 밑 부분에서 접선입류(tangential inlet)로 들어간다. 이것은 마그마에 선회운동(swirling motion)을 주는데, 플래쉬증발(flash evaporation)을 촉진시키고, 단열 플래쉬 작용을 통해 증기와 마그마가 평형을 이루도록 한다. 따라서 생성된 과포화는 핵생성과 성장에 구동력을 주게 된다. 마그마의 체적을 슬러리 펌프를 통과하는 마그마 체적유속(volumetric flow rate)으로 나누면, 평균 체류시간(average residence time)을 얻는다.

급송 용액은 순환펌프가 흡입하기 전에 하강관(下降管)으로 들어간다. 모액과 결정은 하강관 내의 급송물 입구 위에 위치한 배출관을 통해 나간다. 모액은 연속 원심분리기 내에서 결정과 분리되고, 결정은 제품으로서 또는 더 처리하기 위하여 빼내지고, 모액은 하강관으로 재순환 된다. 약간의 모액을 펌프에 의해 방출시켜서 불순물 축적을 방지한다.

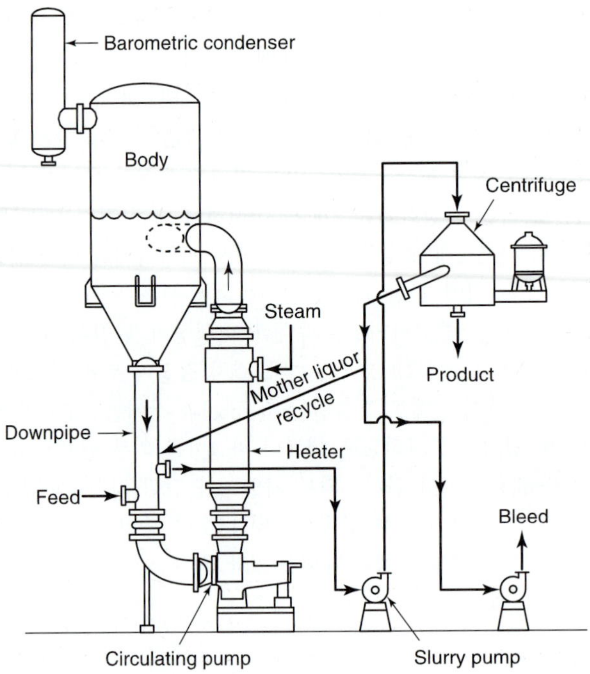

그림 27.10 연속식 결정화기[자료 : R. C. Bennett and M. Von Buren, *Chem. Prog. Symp. Ser.* 95, 65 : 38 (1969)]

진공결정화기의 간단한 형태는 또한 결정화의 견지로 보아 심각한 한계를 갖고 있다. 장치 내의 저압 하에서 비등점에 대한 정압두(靜壓頭)의 영향은 중요하다. 즉, 7°C의 물은 증기압 7.6 mm Hg를 갖는데, 이는 수증기-제트 부스터(steam-jet booster)로 쉽게 얻을 수 있는 압력이다. 300 mm 정압두(static head)는 30 mm Hg의 절대압력을 증가시키는데, 이때 물의 비점은 29°C이다. 이 온도에서 급송물이 마그마 표면으로부터 300 mm보다 더 깊은 준위에 있게 되면, 플래쉬(flash)되지 않는다. 그림 27.10과 같이 플래쉬 되지 않는 지점으로 급송물의 유입은 핵생성을 조절하는데 이롭다.

정압두 효과 때문에 증발과 냉각은 마그마 표면 근처 액체층 내에서만 일어나서, 표면 근처의 농도와 온도 구배가 형성된다. 또한 결정은 결정화기 밑에 정치되려는 경향이 있게 되고, 이 밑 부분에서는 과포화가 거의 안 되거나 또는 전혀 안 될 수도 있다. 결정화기는 마그마가 잘 교반 되지 않으면, 농도와 온도구배가 동일하게 되도록 그리고 결정이 부유 되도록 만족스럽게 조절될 수가 없다. 간단한 진공결정화기에는 핵생성을 조절하기 위한, 분급시키기 위한, 또는 과잉의 핵과 아주 작은 결정을 제거하기 위한 좋은 방법이 강구되어 있지 않다.

흡출관-분활판 결정화기

보다 다양하고 효과적인 장치가 그림 27.11에 보인 흡출관-분활판(draft tube-baffle crystalliger : DTB) 결정화기이다. 이 결정화기 통에는 흡출관(吸出管, draft-tube)이 설치되어 있고, 이것은 마그마 순환을 조절할 수 있는 분활판(baffle)으로서, 그리고 결정화기 내 조절 가능한 순환을 만들기 위한 하향 프로펠러 교반기로서 작용한다. 결정화기 통 밖에서 순환펌프에 의해 유도되는 부대적인 순환장치는 가열기와 급송물 유입기를 포함한다. 생성물 슬러리는 결정화기 아래쪽 원추형 부분의 밑바닥 근처 출구를 통해 제거된다. 주어진 공급속도에 대해 내부순환 및 외부순환은 독립적인 변수이고, 이들은 필요한 CSD를 얻기 위해서 조절 가능한 변수들이다.

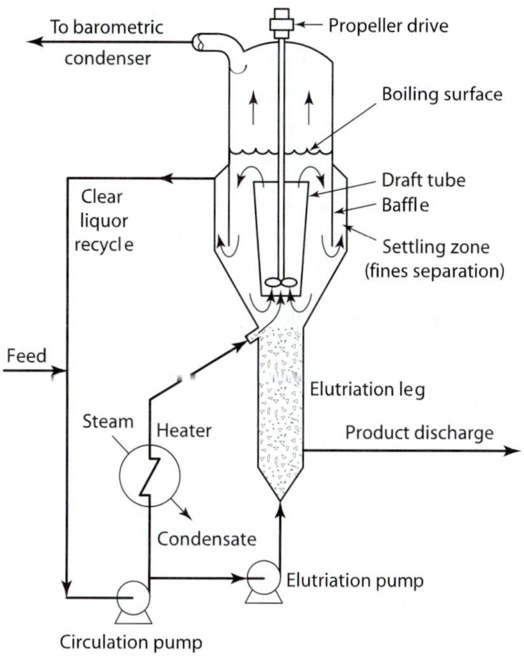

그림 27.11 흡출관-분할판 결정화기. 미세 결정을 분리 제거하는 내부장치가 있다(A. D. Randolph, *Chem. Eng.*, May 1970, p. 86).

흡출관-분할판 결정화기는 결정들을 크기별로 분급하기 위해 결정화기 통에 수비각(elutriation leg)을 설치할 수 있고, 또한 미세한 입자를 제거하기 위하여 분할판이 달린 정치영역(baffled settling zone)을 설치할 수도 있다. 이와 같은 장치의 한 예가 그림 27.11에 표시되어 있다. 순환 액체의 일부는 수비각(水飛脚) 밑으로 펌핑 되고, 또 작은 결정들은 더 성장되도록 하기 위해 결정화 영역으로 되돌려보내는 수력학적 조정유체(hydraulic sorting fluid)로서 쓰인다. 여기서 그 작용에 관한 것은 29장에서 논의될 간섭침강 분급(hindered-setting classification) 작용에 해당된다. 배출 슬러리는 수비각의 아래 부분으로부터 꺼내져서 회전식 여과기(filter) 또는 원심분리기로 보내지고, 모액은 공정으로 되돌아간다.

원치 않는 핵은 환상(環狀) 공간(또는 재킷)을 설치함으로써, 원추형 밑 부분을 확대시킴으로써, 결정화기 통 아래 벽을 분할판으로 사용함으로써 제거된다. 그 환상 공간(annular speace)은 침강 영역을 만드는데, 이 안에서 수력학적 분급(分級)이 모액의 상방향 흐름에 의해 부유 되어 큰 것과 작은 것을 분리시킨다. 여기서 모액은 정치영역의 꼭대기에서 빠져나간다. 이렇게 빠져나간 미세한 결정은 60 메쉬(mash) 또는 그 이하이고, 그 개수는 많을지라도 질량은 적어서 재킷으로부터 나오는 흐름은 거의 무고체(無固體)이다. **청정액 재순환(clear liquor recycle)**이라 부르는 이 흐름이 새 급송물과 혼합되어 수증기 가열기를 통과하도록 수송될 때, 그 용액은 불포화되여 작은 결정 대부분이 용해된다. 잘 청정화 된 이 용액은 결정화기 본체 내 순환 슬러리와 곧 혼합된다.

이런 형태로 재킷으로부터 모액의 대부분을 제거시킴으로써 마그마 밀도는 현저하게 증가된다. 마그마의 밀도는 30 ~ 50%(총 마그마 체적에 대한 정치된 결정 체적의 비를 근거로 한 것)까지 달한다.

진공결정화기의 수율. 진공결정화기의 수율은 엔탈피수지 및 물질수지로부터 계산할 수 있다. 그림 27.4의 엔탈피 도표를 근거로 한 도식 계산이 그림 27.12에 나타나 있다. 이 공정은 급송물이 생성물 마그마와 증기로 단열(斷熱) 분리되기 때문에, 급송물에 대한 점 b, 증기에 대한 점 a, 마그마에 대한 점 e가 직선 상에 놓인다. 결정에 대한 점 d와 모액에 대한 점 f를 연결하는 등온선(isotherm)도 역시 점 e를 통과하고,

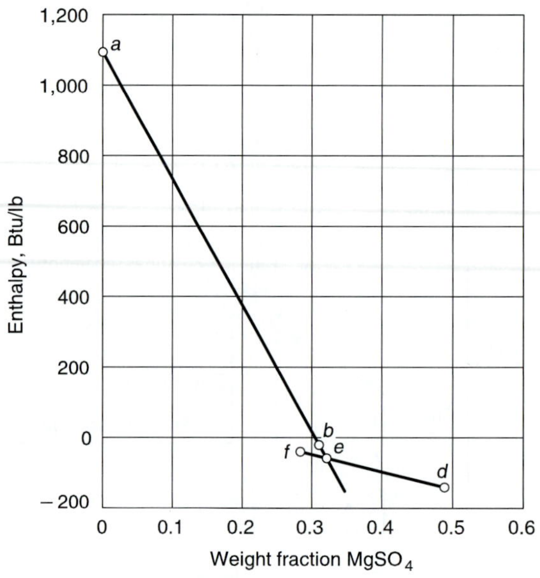

그림 27.12 예제 27.5의 해

이 점은 선 ab와 선 df의 교차점에 놓인다. 선분 길이와 무게-중심 원리(center-of-gravity principle)로부터 여러 흐름간의 비가 계산된다.

예제 27.5

연속식 진공결정화기에 31% $MgSO_4$ 용액을 공급한다. 이 결정화기 내에서 마그마의 평형온도는 86°F(30°C)이고, 이 용액의 비점상승은 2°F(1.11°C)이다. 마그마에 대한 이 고체의 비(比)가 0.15이고 ; 결정과 모액의 밀도는 각각 105 및 82.5 lb/ft^{3}이다. 급송물의 온도, 급송속도 및 증발속도는 얼마인가?

풀이

그림 27.12는 이 문제의 도식해(圖式解)를 표시한 것이다. 증기는 84°F에 상당하는 압력으로 결정화기를 나가고 2°F 과열됨으로, 이는 무시할 수 있다. 수증기표로부터 증기의 엔탈피는 0.5771 psi(lb_f/in^2)로서 포화수증기의 엔탈피이고, 점 a의 종축 값은 $H = 1,098$ Btu/lb이며, $c = 0$이다. 생성물 마그마의 엔탈피와 평균농도는 그림 27.4에 주어진 자료로부터 계산된다. 직선 fd는 그림 27.4의 영역 $bcih$ 내의 86°F 등온선이다. 이것의 끝점인 점 f에 대한 좌표 값은 $H = -43$ Btu/lb와 $c = 0.285$이고, 점 d에 대한 것은 $H = -149$ Btu/lb와 $c = 0.488$이다. 모액에 대한 결정의 질량 비는 다음과 같다.

$$\frac{0.15 \times 105}{0.85 \times 82.5} = 0.224$$

모액의 생성속도는 10,000/0.224 = 44,520 lb/h이고, 생성된 총 마그마는 10,000 + 44,520 = 54,520 lb/h이다. 마그마 내에 있는 $MgSO_4$의 평균농도는,

$$\frac{0.224 \times 0.488 + 0.285}{1.224} = 0.322$$

마그마의 엔탈피는 다음과 같다.

$$\frac{0.224(-149) + (-43)}{1.224} = -62.4 \text{ Btu/lb}$$

이것이 점 e의 종축의 값이다. 급송물에 대한 점은 직선 ae상에 놓여야 한다. 급송물 농도가 0.31이므로, 급송물의 엔탈피

는 점 b의 종축 값 -21 Btu/lb이다. 점 b는 130°F(94.4°C) 등온선 상에 있으므로, 이 온도가 급송물의 온도이다. 무게중심 원리에 의해 증발속도는,

$$54,520\frac{-21-(-62.4)}{1,098-(-21)} = 2,017 \text{ lb/h } (915 \text{ kg/h})$$

급송속도는 다음과 같다.

$$54,520 + 2,017 = 56,537 \text{ lb/h } (25,645 \text{ kg/h})$$

◆

27.6 결정화기 설계 ; 결정크기 분포

결정화기로부터의 이론 수율이 질량수지 및 에너지수지로부터 계산되면, 핵생성과 성장의 속도론으로부터 생성물의 CSD를 추산하는 문제만이 남는다. **혼합부유-혼합생성물 제거 모델**(mixed-suspension-mixed-product-removal model : MSMPR)이라 하는 이상형 결정화기 모델은 속도론 매개변수를 확인하는 데, 그리고 이를 이용하여 이와 같은 결정화기의 성능을 계산할 수 있는 방법을 보이는데, 한 기본으로서 잘 쓰인다 [21,22,24].

27.6.1 MSMPR 결정화기

다음의 설득력 있는 요구조건[19]에 따라 조작되는 연속식 결정화기를 생각해 보자.

1. 조작은 정상상태이다.
2. 언제나 결정화기는 생성물 분급 없이 혼합부유(混合浮游) 마그마를 함유한다.
3. 언제나 과포화는 마그마 전체에 걸쳐 균일하다.
4. 결정성장에 ΔL법칙이 적용된다.
5. 크기-분급 없는 배출계(排出系)가 이용된다.
6. 급송물 내에는 결정이 없다.
7. 생성물 마그마는 평형 하에서 결정화기를 나가므로, 생성물 마그마 내의 모액은 포화되어 있다.
8. 한정된 입자 크기로의 결정 파손이 일어나지 않는다.

이러한 공정을 **혼합부유-혼합생성물 결정화**(MSMPR crystallization)라고 한다. 위와 같은 제한조건 때문에 핵생성속도(단위시간 당 모액 단위부피 당 생성되는 핵의 수)는 일정하고, 결정 크기와 위치에는 무관하다. 또한 모액의 모든 부피요소(volume element)는 핵으로부터 큰 결정까지의 입자 혼합물을 포함한다. 그리고 입자 크기분포는 결정화기 내의 위치에 무관하고, 생성물 내의 크기분포와 동일하다.

일반화된 확률수지(確率收支)의 이용으로, MSMPR 모델은 비정상상태, 분급되는 생성물 제거, 공송물 내의 결정 존재, 결정의 파손, 마그마 체적의 변화 및 시간-의존성 성장속도에도 확장하여 이용된다[18]. 이들 변화사항은 다음 유도과정에 포함되지 않는다.

집단밀도함수

CSD 이론에서 기본량이 집단밀도(集團密度)이다. 이 변수의 의미를 이해하기 위해서, 마그마 내 결정의 누적 개수(cumulative number of crystals)(모액의 단위부피 당 수)의 분포함수가 결정 크기 L의 함수인 것으로 가정한다. 이와 같은 함수가 그림 27.13에 도시되어 있다. 횡축이 L이고 종축이 N/V인데, 여기서 V는 마그마 내에 있는 모액의 부피이고, N은 크기 L인 결정의 개수이고 마그마 내에서 더 작다. $L=0$에서 $N=0$;

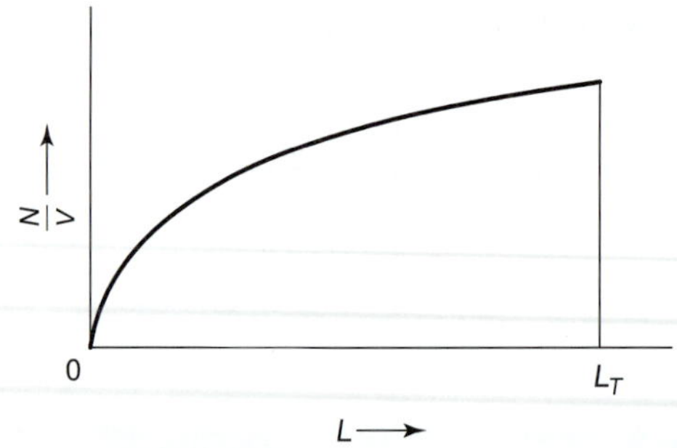

그림 27.13 길이 대 누적수 밀도

결정의 총 수는 N_T이고, 이것은 마그마 내에 있는 가장 큰 결정의 길이 L_T에 상당된다.

집단밀도 n은 크기 L에서 누적분포(累積分布) 곡선의 기울기로서 정의된다. 즉,

$$n \equiv \frac{d(N/V)}{dL} = \frac{1}{V}\frac{dN}{dL} \tag{27.22}$$

가정 1에 의하여 V는 상수이다. 함수 $n = f(L)$는 $L=0$에서 최대치 n°이고, $L = L_T$에서 0이다. MSMPR 모델에서, L에 따른 N/V과 n함수들은 시간과 마그마 내의 위치에 대해 불변성이다. n의 차원은 결정 개수/부피-길이, 즉 number/m^4, 또는 number/ft^{4}로 표시된다. 이들 가정과 정의에 따라 다음 식이 유도된다.

$$B^{o} = G\,n^{o} \tag{27.23}$$

여기서 n°는 핵에 대한 집단밀도의 최대치이다.

그 집단에서 원하는 주된 크기(desired predominant size), L_{pr}을 얻기 위한 핵생성속도는 다음 식으로 주어진다.

$$B^{\circ} = \frac{9C}{2a\rho_c V_c L_{pr}^3} \tag{27.24}$$

여기서 C = 결정의 질량생산속도(mass production rate)
a = 식 (27.16)으로 정의되는 형상인자
ρ_c = 결정의 몰밀도
V_c = 결정화기 내 액체 총체적

결정크기 증진

MSMPR 결정화기로부터 얻어지는 입자 크기보다 더 큰 것을 얻으려면 2가지 기법이 쓰인다. 용질 재순환 미세결정 소멸법(fines destruction with solute recycle)으로 알려진 첫째 방법은 DTB 결정화기 설명 시 논의되었다. 그 목적은 현존 핵의 수를 급격히 감소시켜 나머지 것을 성장되게 하는 것이다. 과다한 결정핵이 존재하게 되면 과대표면적이 유발되어 과포화도가 낮게 되고, 따라서 개별 결정의 성장속도는 느리게 된다. 미세결정 소멸법은 큰 용해도 물질계에 아주 유용하다. 큰 용해도물질계에서는 극소 결정이 가열되거나 소량의 추가 용매로 인해 쉽게 재용해 될 수 있다.

이중배출법(double drawoff, DDO)으로 알려진 둘째 기법에서는, 결정화기에서 일류(overflow)량을 많이 배출시켜 어느 주어진 분급입도(cut size) L_F보다 큰 결정만이 남아 있도록 한다. 적은 양의 하류(underflow)는 결정화기 중 혼합이 잘 되는 영역으로부터 배출되도록 하고 그 흐름에 포함되어 나가는 큰 결정들은 단일 배출-혼합 결정화기(mixed crystallizer with a single drawoff)에서 보다 더 긴 평균 체류시간을 갖게 된다.

일류량은 하류 유량보다 전형적으로 8 ~ 12배 크고 따라서 큰 결정입자들의 체류시간은 10배 정도 증가된다.

분급(classification)은 일류(overflow)가 탱크 내 수직관 또는 분활구역(baffled segment)을 통과되도록 하여 이루어진다. 그런데 그 구역 면적은 상승속도가 결정 크기 L_F의 종말속도보다 약간 크게 되도록 조정된다. 또는 대안으로서, 큰 일류를 탱크로부터 직접 배출시켜서, 과도 입자로 된 하이드로클론(hydroclone, 29장 참고)을 통과시킬 수 있다. 하이드로클론 일류와 탱크로부터의 아주 적은 하류는 결정화기 외부에서 혼합되어 여과기나 타 분리기로 이송된다.

혼합생성물 내 집단분포는 두 개의 형태로 나타나는데, 그 하나는 MSMPR 조업에서 얻어지는 것과 동일한 입도에 대한 피크가 나타난다. 다른 하나의 피크는 첫 번 것에 비해 수 배 크기도 한데, 보통 MSMPR 결정화기로부터 얻을 수 있는 입도의 평균 2~3배 크다. 이는 생성물 여과 특성을 심하게 변화시킨다. 예로, 폐석고 처리하는데, 일반 결정화는 비여과성 슬라임(slime)을 생성하나, DDO 결정화기에서의 생성문은 작은 결정이 농후할지라도 "모래같이" 여과된다[4,20].

DDO 결정화기에서 최적 미세입자 분급입도(optimum fines cut size)에 대한 계산은 White와 Randolph 들이 수행한 바 있다[36]. DDO와 미세결정 소멸 결정화기에 대한 설계도를 이용하여, 용질 재순환에 따른 미세분 소멸에 대한 최적 분급입도(optimum cut sizes)는 Sutradhar와 Randolph[30]가 발표한 바 있다.

결정화기 내 접촉 핵생성

Clontz와 McCabe의 접촉 핵생성(contact nucleation) 연구결과[5]는 교반 마그마결정화기[1,15]의 설계 용 핵생성 모델 설정에 응용되었다. Bennett 등에 의해 전개된 핵생성속도에 대한 상관식[1]은 다음과 같다.

$$B^\circ = K_N n^\circ G \frac{u_T^2}{t_{\mathrm{To}}} \rho_c (G\tau)^5 \tag{27.25}$$

여기서

$K_N =$ 차원 상수(dimensional constant)
$u_T =$ 임펠러의 끝속도(tip speed)
$t_{\mathrm{To}} =$ 회전시간(turnover time)

실제로 이 식을 사용하기 위해서는 시험공장 또는 동일하게 설계된 실제 결정화기의 조작으로부터 얻은 실험자료가 필요하다. 예로, KCl의 결정화에 있어서 Randolph[23]는 $B^\circ \propto G^{2.77} m_c^{0.91}$임을 알았다. 여기서, m_c는 결정화기 내에 고체농도(단위부피 당 결정의 질량)이다.

유기화합물의 결정화

지금까지 주어진 모든 예들은 무기염에 대한 것이었다. 그러나 용액으로부터 결정화 원리는 유기물에 대해서도 동일하게 응용된다. 그러나 몇 가지가 크게 다르다. 이를 계속 설명한다.

때로 유기성분은, 증발이나 냉각으로 과포화를 생성시키는 것 대신에, 포화용액에 혼화성 비용매(miscible nonsolvent)를 가해서 결정화시킨다. 비용매를 용액 회분(batch)에 점진적으로 가할 수 있거나, 용액과 비용매 흐름을 급속 혼합장치에서 연속적으로 합칠 수 있다. 이 혼합장치의 내용물은 더 결정성장 될 수 있는 교반탱크로 배출된다. 비용매는 상이(相異) 물질 혼합물로부터 원하는 제품의 선택적 침전을 가능케 하는 것으로 선정되어야 하고, 또 아주 큰 과포화도를 생성시킬 수 있어야 한다. 예로, 수용액에 20 mol% isopropanol을 가하면 그리신(glycine)과 알라닌(alanine)의 용해도를 5배 낮출 수 있다. 그러나 이것은 페닐알라닌(phenylalanine)의 용해도를 약간 증진시킨다[8a]. 단백질(protein)은 황산암모늄을 가하거나 pH를 변화시키면 용액으로부터 선택적으로 침전될 수 있다(salting out). 이는 단백질 용해도가 동전위점(isoelectric point)에서 최소이기 때문이다.

다른 단백질들을 연속적 pH변화에 의해 순차적으로 침전시킬 수 있다.

보통 유기결정의 성장속도는, 식 (27.13)으로 주어진 바와 같이, 과포화도에 1-차 의존성이 아니다. 알콜-물 용액 내에서 그리신(glycine)의 경우, 성장속도는 s(과포화도 분율)에 따라 약 2.5승까지 증가된다. 다른 7개 유기용질에 대한 자료는 지수 b의 범위 2.8~7.2를 나타낸다[7]. 결정성장의 보편적인 이론에 의하면 지수는 2.0보다 더 클 수는 없다. 이 지수 대부분이 아주 높은 과포화도에 대한 것이고 보다 낮은 지수는 낮은 s값에서 있을 수 있다.

유기결정의 핵생성은, 입자-입자 간 또는 입자-임펠러 간 충돌 같은 비균일상과정에 의해서 또는 비용매의 급속 추가에 따른 균일상과정에 의해 일어난다. 균일상 핵생성이 약간의 제품에 유리할 수 있는 데, 이는 비교적 좁은 크기분포의 미세 결정을 생산할 수 있기 때문이다. 균일상 핵생성은 한번 과포화 달성으로 곧 시작되지 않을 뿐만 아니라, 오직 수 1/10초(several millisecond) 길게는 몇 초(a few second) 걸리는 유도기간(induction period) 후에도 시작되지 않는다. 핵생성속도론을 예측하는 일반 상관관계는 없으나, 일반적으로 과포화도 증가는 유도기간을 감소시키고 핵생성속도를 증가시킨다.

2 용액이 합쳐져서 높은 과포화 혼합물이 만들어졌을 때, 형성된 결정의 크기분포는 혼합방법과 혼합시간에 의존된다. 혼합시간은 9장에서 논의된 탱크배합시간(tank blending time)이 아니라, 급송유체가 곧 주위 유체와 국소배합(local blending)을 특징 지우는 아주 짧은 미세혼합시간(micromixing time)이다. 때로, 급송흐름이, 아주 큰 난류흐름에서 임펠러 끝 날 근처에서 배출되는 분사(jet)처럼, 탱크로 가해지기도 한다. 다른 방법은 2개 충돌분사(two impinging jets ; TIJ)를 이용하는 것인데, 여기서 분사는 잠겨지거나 또는 탱크 내 액체 바로 위에 위치된다. TIJ혼합기로서 0.1s보다 짧은 혼합시간을 얻을 수 있다. 그리고 그 혼합시간이 유도기간보다 작게 유지되면 입자분포는 확대화(scaleup)에 크게 영향을 주지 않는다[11].

27.7 용융물로부터의 결정화

약간의 유기화합물을 제조하는 데 있어서 마지막 단계로서 정제된 용융물 흐름으로부터 생성물을 고화시키는 과정을 이용한다. 이 과정은 보통 드럼훌레이커(drum flaker) 상에서, 또는 냉각 진동컨베이어 상에서 냉동에 의해서, 또는 재킷-교반용기 내에서 냉동에 의해서 수행된다[12b]. 때로는 용액이 냉동과정 없이도 20 또는 50°C까지 과냉각(subcool)되어질 수 있고, 그리고 기계적 교반 또는 접종(seeding)이 결정화를 유발하는 데 필요하기도 하다.

2- 및 3-성분 유기혼합물, 특히 방향족 이성체들의 혼합물은 단순 냉각에 의해 정제될 수 있다. 고체 용액을 형성시킬 필요 없이, 한 이성체의 순수한 결정을 얻을 수 있고, 예로, 자일렌이성질체(xylene isomer) 혼합물을 2단-결정화계에서 −60°C 근접 온도의 공업용 규모에서 처리된다. 각 단으로부터 p-xylene의 결정이 원심여과기(29장 참고하라)에서 분리된다 ; 만족치 못한 순도의 첫 생성물은 재용해시킨 다음 재결정화시킨다. 그 다음 2차 생성물을 톨루엔 또는 다른 용매로 세척하여 부착 모액을 제거시킨다.

기타 처리계에서는 순수생성물을 용해시키고 그 일부를 환류시켜 세척하고 결정을 정제한다. 이러한 형태의 전형적 장치가 그림 27.14에 예시된 Brodie정제기(purifier)이다. 이 장치는 직렬로 된 여러 개의 표면긁개 냉각기(scraped-surface cooler)로 이루어졌고 그 다음 정제탑이 연결되어 있다. 용융 급송물은 마지막 냉각기 중간지점으로 들어간다. 액체는 최저온도를 유지하는 잔류물 배출구(residue end)를 향하여 흐른다. 결정들은 수직 정제탑 안으로 유도되는 배출구(product end)를 향하여 컨베이어를 통해 이송한다. 그 정제탑 밑바닥에서 결정들은 용융되고, 그 용액 일부가 제품으로서 배출되고, 나머지 일부가 환류(reflux)로서 탑을 통해 위쪽으로 흐른다. 정제기 내에서 그 환류는 결정표면을 세척해서 불순물을 제거하고, 추가해서 결정들은 잠시 그 용융점에 유지되면서 흡장 불순물(occluded imprity)까지 동반하여 재순환 쪽으로 이동시킨다. 이런 방법으

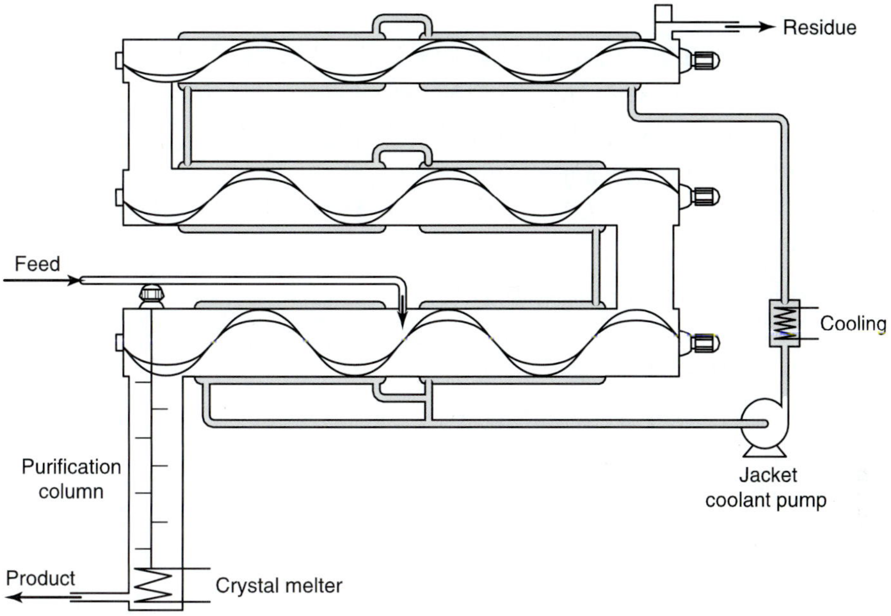

그림 27.14 Brodie 정제-향류 냉각 결정화기(자료 : C. W. Nofsinger Company)

로 순도 99.9% 이상의 p-dichlorobenzene을 chlorobenzene 이성체 혼합물로부터 생산할 수 있다. 공업적으로 Brodie정제기를 이용하여 나프타린 중 thionaphthenate를 2%로부터 0.2 ~ 0.4%까지 감소시킨다. 단 이들 화합물들은 공융혼합물(eutectic mixture)이 아닌 고용체(solid solution)를 형성한다[14].

기타 향류장치와 용융-정제기법(melt-refining technique)들은 참고문헌[16,34]에 설명되어 있다.

27.8 기호 설명

a	식 (27.16)으로 정의된 형상인자, 무차원
b	표면반응 식에서 지수
$B°$	핵생성속도, number/cm^3 · s ; number/ft^3 · h ; B_c 결정-결정 접촉으로부터의 속도 ; B_e 임펠러와의 접촉 결정으로부터의 속도 ; B_{ss} 균일상 핵생성속도
C	핵생성에서의 빈도인자, 농도, number/cm^3 · s ; 또한 결정의 질량생성속도 ; lb/h, kg/h
c	용액의 농도, mole/unit volume, mol/m^3; c_s 포화용액의 농도
D_p	입자 지름, m, ft
E	접촉 핵생성 시 접촉 에너지, erg
f	함수
G	결정의 성장속도, m/h, ft/h
H	엔탈피, J/g, Btu/lb
K	총괄물질전달계수, mol/m^2 · h unit mole fraction ; lb mol/ft^2 · h · unit mole fraction
K_N	식 (27.25)의 차원상수
k_s	표면반응계수 mol/m^2 · h unit mole fraction ; lb mol/ft^2 · h · unit mole fraction

k_y	용액으로부터 결정면으로의 물질전달계수; lb mol/ft^2 · h unit mole fraction; mol/m^2 · h · unit mole fraction
L	길이차원 또는 결정 크기, m, ft; L_T, 최대 결정 크기; L_{pr}, 주 결정 크기; L_F, DDO 결정화기 내 분급입도(cut size); L_{pr}, 주 결정 크기
m	질량, mol, lb mol; m_c, 액체 부피당 총 결정 질량
$\dot{m}$	몰성장속도, mol/h, lb mol/h
N	결정화기 내에서 크기가 L 및 그보다 더 작은 결정의 개수, N_T, 결정화기 내 결정의 총 개수
N_A	몰 훌럭스; lb mol ft^2 · h, mol/m^2 · h
$\mathbf{N}_a$	Avogadro수, 6.0222×10^{23} molecule/mol
n	식 (27.22)에 의해 정의된 집단밀도, number/ft^4, number/m^4; $n°$핵에 대한 최대값
n_c	결정 단위질량 당 결정의 수
Q	생성물 내 액체의 부피유속, m^3/h, ft^3/h
R	기체상수, 8.3143×10^7 erg/mol · K
s	식 (27.6)로 정의된 과포화율(분율), 100s, 과포화 백분율
s_p	결정의 표면적, m^2, ft^2
T	온도, °C, °F; T_c, 성장하는 결정의 온도; T_s, 포화용액의 온도
t	시간, t_{To}, 회전 임펠러와의 연속 접촉 사이에 어떤 주어진 결정의 통과 간 회전(전환)시간 (turnover time)
t_m	결정의 수명
u_T	임펠러의 끝(tip)속력, m/s, ft/s
V	부피, m^3, ft^3; 마그마 내 액체의 부피; V_c, 결정화기 내 액체의 부피
V_M	몰 부피, $1/\rho_M$; cm^3/mol, ft^3/lb mol
v_p	결정의 부피, m^3, ft^3
x	질량분율; 또한 분포관계; x_L, 크기분포; x_a, 면적분포; x_m, 질량분포; x_n, 개수분포
y	결정면으로부터의 어느 거리에서 용액 내 용질의 몰분율; y_s, 포화용액의 값; y', 결정과 액체 간 계면에서의 값
z	무차원 길이, $L/G\tau$; z_{pr}, 지배적인 것의 값

약어

CSD	결정 크기분포(crystal size distribution)
DDO	이중배출법(double drawoff)
DTB	흡출관-분활판 결정화기(draft tube-baffle crystallizer)
MSMPR	혼합부유-혼합생성물 제거 모델(mixed-suspension-mixed-product-removal)
TIJ	2-충돌분사(2 impinging jets)

그리스문자

α	식 (27.7)로 정의된 농도 비
Δc	과포화도, mol/m^3, lb mol/ft^3
ΔL	시간 증분 Δt 동안 결정 크기 증가, m, ft
Δn	집단밀도 증가

ΔT	온도기력, °C, °F; ΔT_c, 결정화에 대한 값; ΔT_h, 결정으로부터의 액체로의 열전달에 대한 값
Δt	시간 증분, s, h
Δy	과포화, 용질의 몰분율
κ	온도-농도선의 기울기
μ	이상형 MSMPR 공장에서의 결정분포; μ_0, 개수분포; μ_1, 크기분포; μ_2, 면적분포; μ_3, 질량분포
μ_j	식 (27.30)으로 정의된 결정분포의 j차 정규 모멘트
ν	용질몰 당 이온의 수
ρ_M	용액의 몰밀도, mol/m^3, lb mol/ft^3; ρ_c, 결정의 몰밀도; ρ_s, 포화용액의 몰밀도
σ	계면에너지, erg/cm^2
σ_a	핵과 결정 사이의 겉보기 계면장력, erg/cm^2
τ	결정화기 내 마그마의 체류시간, h
Φ_s	구형도

연습 문제

27.1 가용성 불순물 3.5%를 포함한 $CuSO_4 \cdot H_2O$가 충분한 물과 재순환되는 모액에 연속적으로 용해되어 80°C에서 포화용액을 만든다. 그 다음 이 용액은 25°C까지 냉각되어 $CuSO_4 \cdot 5H_2O$ 결정을 얻는다. 이 결정에는 모액이 부착되어 그 건조 무게의 10% 모액을 수반한다. 이어서 이 결정($CuSO_4 \cdot 5H_2O$)은 무-자유수까지 건조된다. 생성물 내 허용 불순물은 0.6%이다. 다음 항을 계산하라. (a) 불순한 황산구리 100 kg당 소요된 물의 무게와 재순환된 모액의 무게. (b) 재순환되지 않는 모액은 버린다고 가정하여, 황산구리의 회수 백분율. 80°C에서 $CuSO_4 \cdot 5H_2O$의 용해도는 120 g/100 g-free H_2O이고, 25°C에서 40 g/100 g-free H_2O이다.

27.2 물 100 kg당 고체 43 g을 포함한 $MgSO_4$ 용액이 220°F의 진공결정화기로 공급된다. 이 결정화기 내에 있는 진공은 43°F의 물의 비점에 상당되고, $MgSO_4$ 포화용액은 2°F 비점상승된다. 시간 당 황산마그네슘(epsom salt, $MgSO_4 \cdot 7H_2O$) 900 kg을 생산하려면, 그 결정화기에 공급해야 할 용액은 얼마인가?

27.3 연속식 진공결정화기 내에서 이상적인 생성물 분급(分級)은 그 결정화기 내에서 모든 결정이 원하는 크기로 될 때까지 체류시킨 다음에 그 결정화기로부터 배출되도록 하는 것이다[24]. 생성물의 크기분포는 균일하게 되어, 모든 결정은 같은 D_p 값을 갖는다. 이와 같은 공정은 그 장치 내 마그마가 크기 별로 분급되는 것과 각 결정이 같은 체류시간 또는 성장시간을 갖는다는 것 이외는 MSMP 결정화기의 제한 조건에 따른다. 이와 같은 공정에 대해 다음과 같음을 보여라.

$$m_c = \frac{a \rho_c B^\circ L^4}{4G} \quad \text{그리고} \quad \tau = \frac{L_{pr}}{4G}$$

27.4 $CuSO_4 \cdot 5H_2O$가 이상적으로 제품을 분급하는 결정화기 내에서 결정화된다고 가상해 보자. 1.4 mm 제품을 원한다. 성장속도는 0.2 μm/s되리라 추정된다. 형체상수(geometric constant) a는 0.20이고, 결정의 밀도는 2,300 kg/m^{3}이다. 마그마 농도는 모액 m^3 당 0.35 m^{3}의 결정이 들어 있는 것으로 한다. 시간 당 모액 m^3 당 결정 kg으로 표시되는 생산속도는 얼마인가? 시간 당 모액 m^3 당 결정의 개수로 표시되는 핵생성속도는 얼마이어야 하는가?

27.5 NaCl에 대하여 조업한 한 결정화기의 운전성능 결과가 발표되었다[1]. 한 실험으로부터 얻은 결과는 다음과 같다.

임펠러의 끝속도(tip speed) u_T = 1,350 ft/min
체류시간 = 1.80 h
회전(전환)시간(time between passages 또는 turnover time) = 35 s

크기분포 매개변수들은 다음과 같다.

$n^\circ = 1.46 \times 10^6$ number/cm^4, B°=1.84 number/cm$^3 \cdot$s
결정밀도 = 2.163 g/cm^3

위에서 규정된 단위를 이용하여 차원상수 K_N을 계산하고, mm/h로서 성장속도를 계산하라.

27.6 100°F에서 조업되는 KCl 결정화기에 미세결정 용해 루프(loop)가 있고 그곳의 슬러리온도는 130°F이다[23]. KCl 용해도는 100°F, 130°F에서 각각 39.3 g/100 g H_2O, 44 g/100 g H_2O이다. (a) 그 용액은 초기에 1.0 g/100 g으로 과포화 되어 있고 갑자기 130°F로 증가되었다고 가정하고, 용액 농도변화도 무시된다면, 10 μm 결정 또는 50 μm 결정이 용해하는 데 소요되는 시간은 얼마인가? (b) 미세결정 루프 내 평균결정 크기가 200 μm이고 그 슬러리 농도가 30 g solid/L이면, 130°F에서 10초 후 그 용액은 포화에 얼마나 접근되었는가?

27.7 석고결정화가 200,000 gal 교반조에서 일어난다. 이는 연도가스 탈황과정의 일부이다. 단일 배출류를 통해 침전조와 여과기로 들어가며, 그 슬러리 농도는 15 wt% $CaSO_4 \cdot 2H_2O$ 그리고 평균입도가 약 30 μm이다. 유사조건[4]들이고, 2중 배출과 3.5의 일류-하부류 비(overflow-underflow ratio)만이 다른 시험공장 규모의 시험결과는 20 μm과 50 μm에서 정점피크를 갖는 2성분-크기분포임을 보였다. 분급장치로서는 분급입도(cut size) 30 μm인 하이드로클론(hydroclone)이 설치되어 있다. (a) DDO조업에 따른 큰 입자의 평균 체류시간은 얼마인가? 단 MSMPR 조업 시의 평균 체류시간에 대한 상대적 값으로 표시하라. (b) 두 형태의 조업에서 과포화도가 다르다는 사실의 증거는 무엇인가? (c) 일류와 하부류의 밀도, 그리고 혼합류의 밀도를 추정하라.

27.8 항생제의 회분식 결정화에 쓰이는 소형 교반탱크는 10 cm 터빈이 550 r/min로 운전될 때 만족한 결과를 준다. 그 탱크는 직경 30 cm, 평균 깊이 40 cm, 4개 분활판이 설치되어 있다. (a) 이 소형 탱크에서 체적 당 소요 동력은 얼마인가? (kW/m^3 및 hp/100 gal으로 답하라). (b) P/V를 일정하게 유지할 때, 직경 2 m의 유사 탱크에 필요한 교반속력은 얼마인가? (c) P/V 일정한 조건에서, 대형 탱크로 확대화될 때 최대 전단율(max. shear rate)의 변화는 얼마인가?

27.9 예 27.5의 $MgSO_4$결정화조에서, 20-mesh 결정에 대한 기대 성장속도가 0.055 cm/h이다. 만일, 과포화도가 약 3%, 물질전달계수가 자유낙하 입자에 대한 것의 2배이라면, 결정표면에서 실제 과포화도는 얼마인가?

27.10 예 27.5 결정화조에서 원하는 생산속도가 $MgSO_4 \cdot 7H_2O$ 4,200 kg/h이라면, 결정화조 내의 액체 체적은 7.7 m^{3}이고 핵생성속도는 2.7 × 10^9 nuclei/m$^3 \cdot$h이다. 주 결정크기는 얼마인가? 만일, 핵생성속도가 2.0 × 10^8 nuclei/m$^3 \cdot$h이라면, 주 결정 크기는 얼마인가? (a = 1로 가정하라).

참고 문헌

1. Bennett, R. C., H. Fiedelman, and A. D. Randolph, *Chem. Eng. Prog.*, **69**(7):86 (1973).
2. Bichowsky, F. R., and F. D. Rossini, *Thermochemistry of Chemical Substances*, New York: Reinhold, 1936.
3. Buckley, H. E., *Crystal Growth*, New York: Wiley, 1951
4. Chang, J. C. S., and T. G. Brna, *Chem, Eng. Prog.*, **82**(11):51 (1986).
5. Clontz, N. A., and W. L. McCabe, *AIChE Symp. Ser., No.* 110, **67**:6 (1971)
6. Johnson, R. T., R. W. Rousseau, and W. L. McCabe, *AIChE Symp. Ser., No.* 121, **68**:31 (1972).
7. Kirwan, D.J., I. B. Feins, and A. J. Mahajan: in A. S. Myerson, D. A. Green, and P. Meenan(eds). *Crystal Growth of Organic Materrials.* Washington: American Chemical Society, 1995, p.116.
8. Kirwan, D. J. and C. Orella: in A. S. Myerson(ed). *Handbook of Industrial Crystalliz- ation.* 2nd ed. Boston: Butterworth-Heineman, 2002, (a) p. 249, (b) p. 262
9. Klink, A., M. Midler, and j. Allegretti. *AIChE Symp. Ser.* **67**(109): 77(1971)
10. La Mer, V. K., *Ind. Eng. Chem.*, **44**:1270 (1952).
11. Manahan, A. J., and D. J. Kirwan. *AIChEJ.* **42**: 1801(1996)
12. McCabe, W. L., *Ind. Eng. Chem.*, **21**:30, 121 (1929).
13. McCabe, W. L., in J. C. Perry (ed.), *Chemical Engineers' Handbook*, 3rd ed., New York: McGraw-Hill, 1950, p. 1056.
14. Meyer, D. W., *Chem. Proc.*, **53**(1):50 (1990).
15. Ottens, E. P. K., *Nucleation in Continuous Agitated Crystallizers*, Delft, Netherlands: Technological University, 1972.
16. Perry, R. H., and D. W. Green (eds.), *Perry's Chemical Engineers' Handbook*, 7th ed., New York: McGraw-Hill, 1997 ; (a) pp. **2**-120 to **2**-124, (b) pp. **11**-58 to **11**-67 ; (c) p. **18**-38, (d) p. **18**-40, (e) p. **18**-44, (f) pp. **18**-44 to **18**-54, (g) pp. **22**-3 to **22**-13.
17. Powers, H. E. C., *Ind. Chem.*, **39**:351 (1963).
18. Preckshot, G. W., and G. G. Brown, *Ind. Eng. Chem.*, **44**:1314 (1952).
19. Randolph, A. D., *AIChE J.*, **11**:424 (1965).
20. Randolph, A. D., Private communication, 1991.
21. Randolph, A. D., and M. A. Larson, *AIChE J.*, **8**:639 (1962).
22. Randolph, A. D., and M. A. Larson, *Theory of Particulate Processes*, New York Academic, 1971.
23. Randolph, A. D., E. T. White, and C.-C. D. Low, *Ind. Eng. Chem. Proc. Des. Dev.*, **20**:496 (1981).
24. Saeman, W. C., *AIChE J.*, **2**:107 (1956).
25. Seidell, A., *Solubilities*, 3rd ed., Princeton, NJ: Van Nostrand, 1940 (supplement, 1950).
26. Strickland-Constable, R. F., *Kinetics and Mechanism of Crystallization*, New York: Academic, 1968.
27. Strickland-Constable, R. F., and R. E. A. Mason, *Nature*, **197**:4870 (1963).
28. Strickland-Constable, R. F., *AIChE Symp. Ser., No.* 121, **68**:1 (1972).
29. Sung, C. Y., J. Estrin, and G. R. Yougquist, *AIChE J.*, **19**:957 (1973).
30. Sutradhar, B. C., and A. D. Randolph, Unpublished manuscript, Chemical Engineering Department, University of Arizona, Tucson, 1991.
31. Tai, C. Y., W. L. McCabe, and R. W. Rousseau, *AIChE J.*, **21**:351 (1975).
32. Ting, H. H., and W. L. McCabe, *Ind. Eng. Chem.*, **26**:1201 (1934).
33. VanHook, A., *Crystallization, Theory and Practice*, New York, Wiley, 1951.
34. Walas, S. M., *Chemical Process Equipment*, Stoneham, MA: Butterworths, 1988 ; (a) p. 533 ; (b) pp. 543-8.
35 Walton, A. G., *Science*, **148**:601 (1965).
36. White, E. T., and A. D. Randolph, *Ind. Eng. Chem. Res.*, **28**(3):276 (1989).

V

입상고체 처리조작

Operations Involving Particulate Solids

일반적으로 고체는 액체 또는 기체보다 취급하기에 더 어렵다. 처리과정 중에 고체는 여러 형태, 즉 큰 모난 조각, 넓은 판(板), 미세 분말 등으로 나타난다. 이것들은 단단하고 마멸성이거나, 질기고 고무 같거나, 연하거나 부스러지기 쉽거나, 먼지 같거나, 점착성, 자유-흐름성, 또는 끈적거리는 것 등이다. 이들 형태가 어떻든 간에 그 존재상태의 고체를 처리하는 방법을, 그리고 가능하면 취급 특성을 증진하는 방법을 알아야 한다.

27장에서 언급한 바와 같이, 화학공정에서 고체는 대부분 공통적으로 입자의 형태로 있다. 이 단원에서는 입상(粒狀) 고체의 특성, 변형 및 분리법 등에 관련된 것을 다룬다. 일반 특성, 취급 법, 혼합 및 크기 축소(size reduction)는 28장에서 논한다. 그리고 기계적 분리는 29장에서 논한다.

| Unit Operations of Chemical Engineering |

28 입상고체의 특성 및 취급법

Properties and Handling of Particulate Solids

다양한 고체 중 화학공학 견지에서 가장 중요한 것은 작은 입자이다. 입상고체(particulate solid) 더미의 특성을 이해하는 것은 이러한 고체가 포함된 흐름을 취급하는 공정과 장치를 설계하는 데 필요한 것이다.

28.1 고체입자의 특성화

개별 고체입자(固體粒子)들은 그 크기, 모양 및 밀도 등에 의해 특성지울 수 있다. 균일한 고체입자들은 그 본체와 동일한 밀도를 가진다. 금속함유 원광(metal-bearing ore)과 같은 복합 고체를 깨뜨려서 얻는 입자들은 보통 본체 밀도와는 다른 밀도를 갖는다. 크기와 모양은 구(球)나 입방체(cube)와 같은 정규입자(regular particle)에 대해서는 용이하게 규정지을 수 있으나, 비정규입자(모래입자나 운모편 같은 것)에 대해서는 "크기(size)"와 "모양(shape)"이란 뜻은 명확하지 않아서 임의로 정의해야만 한다.

입자 모양

7장에서 논한 바와 같이, 개별 입자의 모양은 구형도(球形度, sphericity) Φ_s라는 항으로 편리하게 표시되는데, 이 구형도는 입자크기에 무관하나, 지름 D_p인 구형 입자의 경우 $\Phi_s = 1$이며, 비구형 입자의 경우 그 구형도는 다음과 같은 관계식으로 정의된다.

$$\Phi_s \equiv \frac{6/D_p}{s_p/v_p} \tag{28.1}$$

D_p = 입자의 공칭 지름(직경)

s_p = 한 개 입자의 표면적

v_p = 한 개 입자의 부피

상당지름은 같은 부피의 구 지름으로서 정의될 수 있다. 그러나 미립상 재질(fine granular material)의 경우, 한 입자의 정확한 부피와 표면적을 결정하기가 어려워서 D_p는 보통 체분석(screen analysis) 또는 현미경 실험을 기준 한 공칭 크기(nominal size)로 택한다. 표면적은 입자층의 압력강하로부터[식(7.17) 또는 (7.22)], 비-

다공성 입자의 경우 흡착실험으로부터 구할 수 있고, 식 (28.1)은 Φ_s를 계산하는 데 이용된다. 많은 분쇄 물질에 대한 Φ_s는 표 7.1에 보인 바와 같이 0.6~0.8 사이의 값이나, 연마(abrasion)에 의해 깎인 입자의 Φ_s는 0.95 이상일 수도 있다. 표 7.1에서 입방체(cube), 짧은 원통, 구 등은 모두 구형도 1.0로 간주되었다. 같은 체적의 경우, 실제로 입방체의 표면은 구의 것보다 1.24배 크다. 그러나 D_p를 한쪽 길이로서 임의로 택하였기 때문에 $\Phi_s = 1.0$이다.

입자크기

일반적으로, "지름"은 어느 등차원 입자(equidimensional particle)에 대해 규정할 수 있는 것이다. 등차원(等次元)이 아닌, 즉 한 방향이 다른 방향보다 더 긴 입자는 때로 제2최장 치수(the second-longest dimension)의 것으로 특정 짓는다. 관습에 따라, 입자 크기는 내포된 크기 범위에 따라 다른 단위로 표시한다. 조입자(coarse particle)는 in나 mm로 측정되고, 미립자(fine particle)는 체 크기(screen size)로 측정된다. 또한 극미립자(very fine particle)는 μm(micrometer) 또는 nm (nanometer)로 측정된다. 초미립자(ultrafine particle)는 때로 단위질량 당 그 표면적(보통 m^2/ g)으로 설명된다.

혼합 입자크기와 크기 분석

균일 입자의 지름이 D_p인 시료에서 입자들의 총 부피는 m/ρ_p이다. 여기서, m과 ρ_p는 각각 시료의 총 질량과 입자들의 밀도이다. 한 입자의 부피는 v_p임으로, 시료 내 입자 수 N은,

$$N = \frac{m}{\rho_p v_p} \tag{28.2}$$

식 (28.1)과 (28.2)로부터 입자들의 총 표면적은 다음과 같다.

$$A = Ns_p = \frac{6m}{\Phi_s \rho_p D_p} \tag{28.3}$$

식 (28.2)와 (28.3)을 여러 가지 크기와 밀도를 가진 입자 혼합물에 적용하려면, 그 혼합물을 일정한 밀도와 대략 일정한 크기를 가진 것의 소분(fraction)으로 나누어야 한다. 그래서 각 소분의 무게를 달거나 또는 그 소분 내 개별 입자를 어느 한 방법(여러 방법 중)으로 세거나 측정한다. 그 다음 식 (28.2)와 (28.3)을 각 소분에 적용하고, 그 결과를 합한다.

이와 같은 입자 크기 분석자료로부터 각 크기 증분(size increment) 내 질량분율 또는 개수 분율을 그 증분 내 평균입자 크기(또는 크기범위)의 함수로 표시되도록 표를 만들 수 있다. 이러한 방법으로 표를 만든 분석은 **미분분석**(微分分析, differential analysis)이라 한다. 이 결과는 그림 28.1(a)에 보인 바와 같이 가끔 히스토그램(histogram)으로 표시되는데, 이 미분분석 그림에 분포(分布)를 어림하는 데 쓰이는 연속선(점선으로 표시된)이 있다. 두 번째 표시방법은 **누적분석**(累積分析, cumulative analysis)인데, 이것은 최소입자를 포함한 소분으로 시작하여 연속적으로 그 개별 증분을 합하여 얻어지고, 이 누적량을 그 증분 내 최대 입자지름에 대해 그리거나 표로 만든 것이다. 그림 28.1(b)는 그림 28.1(a)에 표시한 분포를 누적분석으로 표시한 것이다. 누적분석에서 자료는 연속선으로 적절하게 표현될 수 있다.

누적 도시(plot)는 반대수 방안지에, 또는 더 일반적으로 대수확률 방안지에 할 수 있다. 이 대수확률 방안지의 횡축눈금은 Gaussian 확률분포와 같게 나누어진다. 분쇄기 또는 미분쇄기로부터 나온 것의 크기분석을 여기에 도시하면 적어도 입자크기 범위 내 상당부분 직선이 된다.

혼합물의 평균 입자크기, 비표면적(specific surface area) 또는 입자 집단(population)의 계산은 미분분석 또는 누적분석을 기준으로 한다. 원리상 누적분석을 기준으로 한 방법이 미분분석을 기준으로 한 것보다 더

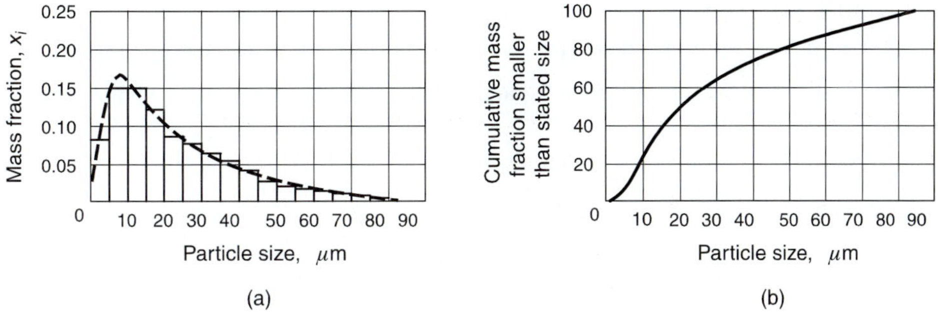

그림 28.1 분말의 입자크기 분포 : (a) 미분분석, (b) 누적분석

정밀하다. 왜냐하면 누적분석이 사용될 때 어느 단일 소분 내 모든 입자들이 같은 크기라는 가정이 필요 없기 때문이다. 그 누적분석은 체 실험으로부터 알게 된다. 만일 대수확률 방안지 상의 도시(plot)가 직선이면, 미분결과 치(differential result)는 내삽에 의해 얻을 수 있다. 비표면적, 평균입자크기, 입자 수에 대한 다음 식들은 미분분석의 항으로 표시된다.

혼합물의 비표면적

입자밀도 ρ_p과 구형도 Φ_s를 안다면, 각 소분(小分) 내 입자의 표면적은 식 (26.3)으로부터 계산한 다음, 모든 소분에 대한 결과를 합하면, 비표면적(比表面積, 입자 단위질량의 전표면적) A_w를 얻을 수 있다. ρ_p와 Φ_s가 일정하다면, A_w는 다음 식으로 표시된다.

$$\begin{aligned} A_w &= \frac{6x_1}{\Phi_s \rho_p \overline{D}_{p1}} + \frac{6x_2}{\Phi_s \rho_p \overline{D}_{p2}} + \cdots + \frac{6x_n}{\Phi_s \rho_p \overline{D}_{pn}} \\ &= \frac{6}{\Phi_s \rho_p} \sum_{i=1}^{n} \frac{x_i}{\overline{D}_{pi}} \end{aligned} \tag{28.4}$$

하첨자 = 개별 증분(增分)

x_i = 주어진 어느 증분에서의 질량분율

n = 증분의 수

$\overline{D}_{pi}$ = 평균입자지름, 즉 증분 내에서 가장 큰 것과 가장 작은 입자지름의 산술평균(算術平均)으로 택한 것

평균 입자크기

입자 혼합물의 평균 입자크기는 여러 가지 다른 방법으로 정의된다. **부피-표면 평균 지름**(volume-surface mean diameter) $\overline{D}_s$는 비표면적 A_w에 관계된다[식 (7.23), (7.24), (9.39)를 보라]. 이것은 다음 식으로 정의된다.

$$\overline{D}_s \equiv \frac{6}{\Phi_s A_w \rho_p} \tag{28.5}$$

여기에 식 (28.4)를 대입하면 다음과 같다.

$$\overline{D}_s \equiv \frac{1}{\sum_{i=1}^{n} (x_i / \overline{D}_{pi})} \tag{28.6}$$

이 식은 식 (7.24)와 같은 것이다.

각 소분 내의 입자수 N_i가 질량분율 대신에 주어져 있다면, $\overline{D}_s$는 식 (7.23)으로 계산된다.

다른 평균치가 때로는 유용하다. **산술평균 지름**(arithmetic mean diameter) $\overline{D}_N$는 다음과 같다.

$$\overline{D}_N = \frac{\sum_{i=1}^{n}(N_i\overline{D}_{pi})}{\sum_{i=1}^{n}N_i} = \frac{\sum_{i=1}^{n}(N_i\overline{D}_{pi})}{N_T} \tag{28.7}$$

여기서, N_T는 전(全) 시료 내 입자의 수이다.

질량평균 지름(mass mean diameter) $\overline{D}_w$는 다음 식으로부터 알 수 있다.

$$\overline{D}_w = \sum_{i=1}^{n} x_i\overline{D}_{pi} \tag{28.8}$$

시료의 총 부피를 혼합물 내의 입자수로 나누면, 한 입자의 평균부피가 된다. 이와 같이 얻는 한 입자의 지름을 **부피평균 지름**(volume mean diameter) $\overline{D}_V$라하고, 이것은 다음 식과 같다.

$$\overline{D}_V = \left[\frac{1}{\sum_{i=1}^{n}(x_i/\overline{D}_{pi}^3)}\right]^{1/3} \tag{28.9}$$

균일한 입자로 된 시료의 경우, 이들 평균지름은 물론 동일하다. 그러나 여러 가지 크기를 포함한 시료의 경우는 각 평균지름 간에 큰 차이가 난다.

혼합물 내의 입자 수

미분분석으로부터 혼합물 내의 입자 수를 계산하기 위해서는 각 소분 내 입자 수를 계산하는 데 식 (28.2)를 이용하고, 시료의 단위질량 내 총 집단(total population) N_w는 모든 소분을 합하여 얻는다. 어느 주어진 입자 형태에 대하여, 어느 입자의 부피는 "지름"의 3제곱에 비례한다. 즉,

$$v_p = aD_p^3 \tag{28.10}$$

여기서, a는 **체적형상계수**(體積形狀係數 : volume shape factor)이다. 이것은, Φ_s와는 달리, 여러 정규고체(regular solid)에 따라 다르다 : 구의 경우 0.5236, 짧은 원통의 경우 0.785(높이=지름), 입방체의 경우 1.0이다. a가 입자크기에 무관하다고 가정하면, 식 (28.2)로부터 다음과 같이 된다.

$$N_w = \frac{1}{a\rho_p}\sum_{i=1}^{n}\frac{x_i}{\overline{D}_{pi}^3} = \frac{1}{a\rho_p\overline{D}_V^3} \tag{28.11}$$

비표면적, 각종 평균지름, 그리고 입자의 수는 간단한 컴퓨터 프로그램에 의해 입자크기 분석결과로부터 쉽게 계산된다. 극미립자(極微粒子)에 대한 측정장치들이 이들 양을 직접 산출할 수 있도록 프로그램 되어 있다.

체 분석 ; 표준 체 급수

표준 체(標準篩)는 약 3~0.0015 in(76 mm~38 μm) 범위의 입자크기(및 크기분포)를 측정하는 데 쓰인다. 시험용 체는 직조 금속 망사로서, 메쉬(mesh)와 치수(dimension)가 정밀하게 표준화되었다. 개방공(opening)은 정사각형이다. 각 체는 inch 당 메쉬 수와 관계된다. 그러나 실제 개방공은 금속사의 두께 때문에 메쉬 수에 해당하는 것보다 더 작다. 보통 쓰이는 Tayler표준 체 급수의 특성이 부록 5에 주어졌다. 이 체의 세트는 200 mesh 체의 0.074 mm 개방공을 근거로 되어 있다. 이 급수 중 어느 한 체의 개방공 면적은 그 다음 작은

체의 개방공 면적보다 정확히 2배 더 크다. 그래서 어떤 체의 실제 메쉬 크기(치수)와 바로 그 다음으로 작은 체의 크기 비(比)는 $\sqrt{2} = 1.41$이다. 크기를 더 세분하려면, 메쉬 치수가 중간 체보다 그 다음으로 작은 표준 체의 크기에 $\sqrt[4]{2} = 1.189$배 되는 중간 체가 가능하다. 그러나 보통 그 중간 체가 쓰이지 않는다.

분석할 때에는 표준 체의 한 세트를 가장 작은 메쉬의 체가 맨 밑에 그리고 가장 큰 메쉬의 체가 꼭대기로 오도록 순서대로 쌓아놓는다. 시료를 맨 꼭대기에 넣고 일정시간(약 20분 정도) 기계적으로 흔든다. 각 체에 남아 있는 입자를 꺼내서 중량을 달고, 각 체 증분(screen increment)간의 질량을 전체 시료에 대한 질량분율 또는 질량백분율로 환산한다. 제일 고운 체를 통과한 입자는 밑바닥 접시에 남는다.

체 분석(篩分析)의 결과는 각 체 증분에서의 질량분율을 해당 증분의 메쉬 크기의 함수로 표시되도록 표로 만든다. 어느 체에 걸린 입자는 바로 앞의 것을 통과하였기 때문에, 그 두 개의 체가 그 증분의 크기범위를 결정해 준다. 그래서 14/20인 표시는 "14 mesh를 통과하고 20 mesh에 걸렸음"을 의미한다.

전형적 체 분석은 표 28.1에 표시되어 있다. 처음 두 종열에는 체의 메쉬 크기와 개방공의 폭 그리고 세 번째 종열에는 전체 시료에 대한 해당 체에 남아 있는 입자의 질량분율이다. 이것을 x_i라 한다. 여기서, i는 적재된 체의 밑으로부터 i번째 체를 의미한다. 그래서 밑바닥 접시가 $i = 1$이고, $i + 1$번째 체는 i번째 바로 위의 체이다. 기호 D_{pi}는 i번째 체의 메쉬 개방공(mesh opening)과 동일한 입자지름을 의미한다.

표 28.1의 마지막 두 종열은 각 증분에서 평균 입자지름 $\overline{D}_{pi}$ 그리고 각 D_{pi} 값보다 더 작은 것의 누적분율(cumulative fraction)을 나타낸다. 체 분석에 있어서 누적분율은 때로 적재된 체의 맨 꼭대기 것으로부터 시작해서 쓰기도 하는데, 이때는 주어진 크기보다 더 큰 것에 대한 분율로 표시된다.

미립자 혼합물의 크기측정

건식 체 분석은 44 μm(325 mesh)보다 큰 지름의 입자들을 분리할 때, 습식 체 분석은 지름 10 μm 이하의 것에 쓰인다. 이것보다 더 미세한 입자의 분석은 그 방법이 다양하다. 광학현미경 및 중력 침강법은 지름 1 ~ 100 μm 범위의 것에 쓰인다. 쿨터 계수기(Coulter counter)도 이 범위에 쓰이는데, 이 장치는 입자가 포함된 전해액이 작은 오리피스를 통과할 때 그 저항 값 변화를 측정하는 것이다. 광산란기법, 원심분리기 또는 초고속원심분리기에 의한 침강법 그리고 전자현미경은 더 미세한 분말에 쓰인다[12b].

표 28.1 체 분석

Mesh	Screen opening D_{pi}, mm	Mass fraction retained, x_i	Average particle diameter in increment, $\overline{D}_{pi}$, mm	Cumulative fraction smaller than $\overline{D}_{pi}$
4	4.699	0.0000	—	1.0000
6	3.327	0.0251	4.013	0.9749
8	2.362	0.1250	2.845	0.8499
10	1.651	0.3207	2.007	0.5292
14	1.168	0.2570	1.409	0.2722
20	0.833	0.1590	1.001	0.1132
28	0.589	0.0538	0.711	0.0594
35	0.417	0.0210	0.503	0.0384
48	0.295	0.0102	0.356	0.0282
65	0.208	0.0077	0.252	0.0205
100	0.147	0.0058	0.178	0.0147
150	0.104	0.0041	0.126	0.0106
200	0.074	0.0031	0.089	0.0075
Pan	—	0.0075	0.037	0.0000

예제 28.1

표 28.1에 표시된 체 분석치가 분쇄된 석영 시료에 적용된다. 입자의 밀도가 2,650 kg/m^3(0.00265 g/min^3)이고, 형상인자 $a = 2$, $\Phi_s = 0.571$이다. 4 ~ 200 mesh 범위의 입자에 대하여 다음을 계산하라. (a) A_w(mm^2/g로)와 N_w(입자 수/g로), (b) $\overline{D}_V$, (c) $\overline{D}_s$, (d) $\overline{D}_w$ 그리고 (e) 150/200 mesh 증분에 대한 N_i, (f) 150/200 mesh 증분 내에서의 총 입자 수에 대한 분율은 얼마인가?

풀이

A_w와 N_w을 구하려면 식 (28.4)는 다음과 같이 쓸 수 있고,

$$A_w = \frac{6}{0.571 \times 0.00265} \Sigma \frac{x_i}{\overline{D}_{pi}} = 3,965 \Sigma \frac{x_i}{\overline{D}_{pi}}$$

식 (28.11)은 다음과 같이 쓸 수 있다.

$$N_w = \frac{1}{0.8 \times 0.00265} \Sigma \frac{x_i}{\overline{D}_{pi}^3} = 471.7 \Sigma \frac{x_i}{\overline{D}_{pi}^3}$$

(a) 4/6 mesh 증분에 대해 $\overline{D}_{pi}$는 주어진 체의 개방공(opening)의 산술평균치, 즉 표 28.1로부터 (4.699 + 3.327)/2 = 4.013 mm이다. 이 증분에서 $x_i = 0.0251$임으로, $x_i/\overline{D}_{pi} = 0.0251/4.013 = 0.0063$ 그리고 $x_i/\overline{D}_{pi}^3 = 0.0004$가 된다. 나머지 11개 증분에 대해서도 해당 양을 계산할 수 있고, 이의 합을 얻으면 $\sum x_i/\overline{D}_{pi} = 0.8284$이며, $\sum x_i/\overline{D}_{pi}^3 = 8.8296$이다. 맨 밑의 접시 내 분율은 제외되었으므로, 200 mesh 이상의 입자에 대한 단위질량 당 비표면적과 입자 수는 식 (28.4)와 (28.11)의 결과를 $1 - x_i$(맨 밑의 접시에 대하여 $i = 1$이기 때문에)으로, 즉 1 − 0.0075 = 0.9925로 나누면 얻을 수 있다. 따라서,

$$A_w = \frac{3,965 \times 0.8284}{0.9925} = 3,309 \text{ mm}^2/\text{g}$$

$$N_w = \frac{471.7 \times 8.8296}{0.9925} = 4,196 \text{ particles/g}$$

(b) 식 (28.9)로부터,

$$\overline{D}_V = \frac{1}{8.8296^{1/3}} = 0.4838 \text{ mm}$$

(c) 부피-표면평균 지름은 식 (28.6)으로부터 알 수 있다.

$$\overline{D}_s = \frac{1}{0.8284} = 1.207 \text{ mm}$$

(d) 질량평균 지름 $\overline{D}_w$는 식 (28.8)로부터 얻을 수 있다. 이에 대한 표 28.1의 자료로부터,

$$\sum x_i \overline{D}_{pi} = \overline{D}_w = 1.677 \text{ mm}$$

(e) 150/200 mesh 증분 내의 입자 수는 식 (26.11)으로부터 알 수 있다. 즉,

$$N_2 = \frac{x_2}{a\rho_p \overline{D}_{p2}^3} = \frac{0.0031}{0.8 \times 0.00265 \times 0.089^3}$$
$$= 2,074 \text{ particles/g}$$

이 값은 2,074/4,196 = 0.494, 즉 위쪽 12개 증분 내 입자의 49.4%에 해당된다. 맨 밑 접시 잔류분에 대한 입자 수와 비표면적은 굵은 입자에 대한 것보다 엄청나게 크지만, 이 값들은 표 28.1의 자료로부터 정확하게 계산할 수는 없다. ■

28.2 입자더미의 특성

고체입자 더미(masses of solid particles)는 특히 입자가 건조되어 달라붙지 않을 때, 한 유체의 특성을 많이 지닌다. 이 입자더미는 용기의 측면과 벽에 압력을 가한다. 그리고 개방 배출구를 통해 흐를 수 있고, 또는

활송장치(chute)로 흘러내린다. 그러나 이것은 여러 면에서 액체나 기체와는 다른데, 왜냐하면 이것은 입자들이 압력 하에서 서로 얽히게 되어 그 작용한 힘이 어느 크기에 도달할 때까지는 다른 입자들이 미끄러져 나갈 수 없기 때문이다. 유체와는 달리 입상고체(granular solid)와 고체더미(solid masses)는 어느 정도의 뒤틀림 힘(distorting force)을 겪게 될 때, 그 뒤틀림에 영구적으로 저항한다. 그 힘이 아주 크면 무너져서 입자의 한 층은 다른 층을 미끄러져 나가는데, 각 층들 사이에는 마찰이 일어난다.

고체더미는 다음의 특수한 특성을 가진다.

1. 압력은 모든 방향으로 동일하지 않다. 일반적으로, 외부에서 어느 한 방향으로 가한 압력은 다른 방향으로 압력을 약간 유발시킨다. 그러나 여기서 생긴 압력은 원래 가한 압력보다는 항상 작고, 이것은 원래 가한 압력에 대해 직각방향에서 최소이다. 균일한 더미에서, 가한 압력에 대한 법선압력의 비 p_L/p_V는 상수(K')이다. 여기서 K'는 그 물질의 특성이다. 단 이것은 입자들의 모양과 맞얽힘 경향(interlocking tendency)에, 입자표면의 끈적임에, 그리고 그 재질의 충전 정도에 의존된다. 이것은 그 입자 낟알이 아주 작게 될 때까지, 그리고 그 재질이 더 이상 자유흐름(free flowing)되지 않을 때까지, 입자크기에 무관하다.
2. 고체더미 표면에 가한 전단응력(shear stress)은 무너짐이 일어나지 않을 때까지 정지 입자 더미를 통해 전달된다.
3. 입자더미의 밀도는 입자의 충전(充塡) 정도에 따라 변할 수 있다. 한 유체의 밀도는 각 개별 고체입자 자체의 밀도와 마찬가지로, 온도와 압력의 일의적 함수(unique function)이다. 그러나 입자더미의 겉보기 밀도(bluk density)는 그렇지 않다. 겉보기 밑도는 입자더미가 "느슨(loose)"할 때가 최소이고, 입자더미를 진동시키거나 또는 다지게 되면 최고에 달한다.
4. 단단하게 충전된 입자더미가 흐르려면, 우선 그 체적이 증가되어 맞얽힌 입자들이 풀려야 입자 상호간 움직일 수 있다.
5. 입상고체가 평면에 쌓일 때, 그 밑면 쪽은 수평면에 대해 일정하고 재현성 있는 각을 이룬다. 이 각 α_r을 그 재질의 안식각(angle of repose)이라 한다. 자유흐름 입상고체에서 α_r는 15°~30° 사이에 있다.

입자더미의 흐름 특성에 따라 입상 고체는 두 종류, 즉 응집성(凝集性, cohesive)과 비응집성(非凝集性, noncohesive)으로 나눈다. 곡물(grain), 건조 모래 및 플라스틱 칩(plastic chip)과 같은 비응집성 물질은 저장통 또는 사일로 배출구를 자유로이 흘러 나간다. 이러한 고체의 K'는 0.35~0.6이다. 젖은 점토같이 점성 고체는 개방공을 흘러나가는 자기저항(reluctance)에 의해 규정된다. 이런 것의 K'값은 영에 접근된다.

28.2.1 고체의 저장 및 이송

집단야적(bulk storage)

자갈과 석탄과 같은 굵은 고체는 기후에 보호되지 않은 채 큰 더미로 야적 된다. 수백 또는 수천 톤 저장 시에는 이것이 가장 경제적 방법이다. 이 고체를 그 더미로부터 토사 굴삭기(drag-line)나 트랙터 삽(tractor shovel)으로 퍼내 컨베이어(conveyer)까지 또는 어느 공정까지 운반한다. 옥외 저장은 그 더미로부터 분진(먼지) 또는 용해물질의 추출과 같은 환경문제가 야기될 수 있다. 분진 발생 시는 보호 덮개가 필요하고 추출될 경우는 그 더미를 덮어서 조절될 수도 있고, 또는 비침투성 바닥에 좁은 웅덩이(고인 물질을 쉽게 제거할 수 있게 만든)가 있는 곳에 위치시켜 조절할 수도 있다.

빈 저장

더미를 옥외에서 방치하기에는 너무 고가(高價)이거나 또는 가용성인 고체는 뚜껑 있는 빈(통, bin), 호퍼

(hopper), 사일로(silo) 등에 저장한다. 이것들은 콘크리트 또는 금속으로 된 원통형이나 직사각형 용기인데, 사일로는 키가 크고 비교적 지름이 작은 것이며, 빈은 그렇게 키는 크지 않고 보통 폭이 넓은 것이다. 호퍼는 어느 공정으로 급송되기 전에 일시 저장하기 위한 경사진 밑바닥이 달린 소형 빈이다. 이들 용기 모두는 승강기 같은 것에 의해 위로부터 채워지고, 배출은 보통 밑에서 이루어진다. 뒤에 논의되겠지만, 빈 설계의 주요 문제는 만족한 배출이 되도록 하는 것이다.

빈 및 사일로 내의 압력. 입상고체가 빈 또는 사일로에 저장될 때, 어느 지점에서 벽에 작용하는 횡방향 압력(lateral pressure)은 그 지점 상부에서 작용되는 두(head)로부터 계산되는 압력보다 작다. 더구나 벽과 고체입자 사이에 마찰이 일반적으로 존재하고, 입자들 간의 맞얽힘 때문에 이 마찰효과는 그 더미 전체에 걸쳐 나타난다. 벽에서의 마찰력(摩擦力)은 그 고체의 무게를 상쇄시키는 경향이 있어서, 용기 밑바닥에서의 자중에 의한 압력을 감소시킨다.

용기 바닥이나 지지대에 작용하는 수직압력은 같은 밀도와 높이의 액체두에 의해 작용되는 것 보다 작다. 고체로부터 받는 실제 압력은 고체의 K'값, 고체 입자와 용기 벽 사이의 마찰계수, 그리고 고체입자를 쌓아 놓는 방법 등에 의존된다. 일반적으로, 고체기둥(column)높이가 그 용기지름의 3배 이상이면 고체입자를 더 추가하더라도 밑바닥 압력에 영향을 주지 않는다. 고체입자 추가로 인하여 총 질량이 증가되지만, 기벽과 기반(foundation)이 그 추가된 질량을 수용하는 것이지 용기 밑바닥이 받는 것이 아니다.

입상고체에서는, 액체와는 달리 가압한다고 움직이려는 경향이 언제나 증가하지 않고 대신 더 단단히 충전되어 유동을 더 어렵게 만든다. 극단의 경우 저장용기 내 어느 지점에서 중력과 마찰력의 합이 고체입자들로 하여금 아치(arch)나 가교(bridge)를 형성케 하여 입자들을 아래로 제거하려해도 떨어지지 않게 한다. 거의 모든 큰 빈은 아치파괴봉(archbreaker)이 설치되어 있다. 이것은, 밑바닥 근처에 설치되어 배출구에 고체 입자가 과다 충전됨 없이 적당히 유출될 수 있도록 한다. 입상고체, 특히 모서리 진 입자는 잘 흐를 수 있도록 느슨해야만 한다.

빈으로부터의 배출

고체는 빈(bin) 밑바닥 근처의 어느 배출구(排出口)로 흘러 나가려는 경향이 있으므로 밑바닥내의 배출구를 통해 배출시키는 것이 제일 좋다. 고체가 흘러 나가고 있을 때 측면 배출구를 통한 흐름은 일정치 못하고 다른 쪽의 횡방향 압력을 증가시킨다. 밑바닥 유출이 비교적 덜 막히고, 벽의 어느 지점에도 비정상적인 고압(高壓)을 유발되게 하지 않는다.

빈 밖으로 고체유출에 미치는 영향은 Jenike[7]가 연구하였다. 자유흐름 고체가 함유된 빈 밑바닥 출구가 열렸을 때, 그 출구 바로 위쪽 물질은 흐르기 시작한다. 2개의 흐름 형태 중 하나가 전개되는데, 이것은 빈 밑바닥에서 벽의 경사도(steepness)에 의존되고, 고체와 벽 사이의 마찰계수에 의존된다[12k]. 집단류(集團流, mass flow)는 길고 가파른 원추형 밑바닥인 빈에서 일어나는데, 이때 물질 전부가 빈의 위쪽으로부터 균일하게 아래로 움직인다. 터널형 흐름(tunnel flow)이 얕은 원추각(圓錐角)을 가진 빈 또는 수직벽이고, 밑바닥 중앙에 배출구가 있는 빈에서 일어난다. 여기서 배출구 위에 있는 고체의 수직 기둥(column)은 측면 쪽 고체를 교란시킴 없이 아래쪽으로 흐른다. 결국 횡방향 흐름이 시작되는데, 먼저 고체의 제일 위층으로부터 일어난다. 즉 원추형 침강(conical depression)이 더미의 표면에서 형성된다. 빈 밑바닥에서 또는 벽 쪽 근처에 있는 고체가 마지막으로 나간다. 이 물질은 대략 그 고체의 내부 마찰각에 해당하는 각에서 중앙 기둥 쪽의 횡방향으로 미끄러진다. 만일 밑바닥으로 흘러 나가는 것과 같은 속도로 빈 위쪽에 추가 물질이 들어온다고 해도 벽 근처의 고체는 정체상태로 남아 있게 되고, 이것이 오래 지속되더라도 배출되지 않는다.

빈 밑바닥의 원형 배출구를 통해 중력(重力)에 의한 입상고체의 흐름속도는 그 배출구의 지름과 그 고체의 특성에 의존된다. 넓은 제한 범위 내에서 이것은 고체층 높이에 의존되지 않는다. 자유흐름 입자에 대해 고체 흐름속도 $\dot{m}$는 D_o^3에 비례한다[9,15]. 여기서 D_o는 배출구의 지름이다.

응집성(cohesive) 고체에서 흐름이 시작되기가 어려울 때도 있다. 그러나 한번 흐름이 시작되면 배출구 바로 위의 물질들도 함께 따라서 흐르기 시작한다. 가끔 출구 바로 위의 고체 기둥은 플러그(plug)와 같이 흘러나가 거의 수직으로 "쥐구멍"(rathole)이 생긴다. 점착성(sticky) 고체 그리고 약간의 건조 분말(dry powder)은 강하게 수직표면에 부착되어 배출구 위에 상당한 크기(직경)의 플러그를 지탱하기에 충분한 전단강도(剪斷强度)를 가진다. 따라서 흐름을 유발시켜 물질 이동이 있도록 하려면, 벽에 진동기(vibrator), 밑바닥 근처에 내부 플라우(internal plow) 또는 배출구내에 공기제트(airjet) 등이 때로는 필요하게 된다.

고체가 흐르는데 막힐 정도로 배출구가 작지 않을 정도일 때, 그 배출구는 쉽게 잠글 수 있도록 작아야만 한다. 배출구는 그것을 완전 개방할 때, 원하는 흐름량이 충분이 통과할 수 있는 크기로 만드는 것이 제일 좋다. 이로써 배출구를 더 열면 부분적으로 막히는 것을 방지할 수 있다. 그러나 배출구가 너무 크면, 차단밸브(shutoff valve)를 막기가 어려워 흐름량 조절이 나쁘게 된다.

컨베이어

고체 수송용 공기-컨베이어(pneumatic conveyor)는 7장에서 설명되었다. 기타 수송용 일반장치로서는 벨트(belt)-컨베이어와 버킷-엘리베이터(bucket elevator), 지퍼 같은 죔쇠(zipperlike fastener) 달려있는 폐쇄형 벨트 컨베이어, 그리고 각종 드랙(drag) 컨베이어와 플라이트(flight) 컨베이어 등이 있다. 이들 모두 배출지점에서 적재지점까지 되돌아오게 하는 벨트와 체인 수송용 반송다리가 있다. 진동-컨베이어와 스크류-컨베이어는 반송다리가 없고 단지 짧은 거리에서만 조업된다. 또한 공기-컨베이어도 반송다리가 없고 이송거리 제한도 없다. 고체용 컨베이어는 참고문헌 12*j*에 논의되어 있다.

28.3 고체 혼합

고체 혼합은 — 자유흐름의 것이든 응집성의 것이든 — 저점도 액체 혼합과 어느 정도 비슷하다. 어느 공정에서나 모두 2가지 또는 그 이상의 별도 성분을 서로 섞어서, 보다 균일한 생성물을 얻고자 한다. 액체 혼합(混合)에 일반적으로 사용되는 장치가 고체 혼합에 이용되기도 한다.

그러나 이 두 공정에는 큰 차이가 있다. 액체 혼합은 흐름 유발 정도에 의존되는데, 이 흐름 유발과정으로서 불혼합 물질을 임펠러 부근 혼합영역으로 이송시키는 것이다. 끈적한 페이스트나 입상(粒狀) 고체의 더미에서는 이러한 흐름이 있을 수 없으므로, 다른 방법으로 혼합이 이루어진다. 따라서, 페이스트 및 건조 고체의 혼합에서는 액체의 균일 혼합의 경우보다 많은 동력이 소요된다.

또 다른 차이점은 액체 균일 혼합에서 "잘 혼합된(well-mixed)" 생성물이라 하면 사실상의 균일한 액상(液相)을 뜻하는 것으로, 아주 적은 양의 시료를 무작위로 채취하여도 모두 같은 조성을 가지게 된다. 페이스트 및 분말(粉末)의 혼합에서는 생성물이 쉽게 식별할 수 있는 두 가지 이상의 상(相)이 되는 경우가 많으며, 각 상에는 제법 큰 입자가 들어 있을 수도 있다. 이러한 종류의 "잘 혼합된" 생성물에서는 소량을 무작위로 채취한 시료마다 조성이 다를 수 있다. 실제로 이러한 혼합물에서는 시료 채취량이 어떤 임계크기(critical size ; 혼합물 중 가장 큰 입자크기의 몇 배) 이상이어야 그 분석 결과가 의미를 가지게 된다.

혼합기 성능 측정

고체와 페이스트의 혼합은 액체 혼합에 비하여 정의하기가 더 어렵다. 통계법을 기준 한 혼합(mixing)의 척도가 때로 혼합기 성능 평가에 쓰인다. 이 방법은 혼합물로부터 시간에 따라 채취된 점 시료(spot sample) 분석치를 근거로 한다. 성분 A와 B 혼합물에서, n개 입자가 들어있는 N개의 점 시료를 택하여 분석했다고 하자. 그 분석자료로부터 평균편차, s는 다음 식에 의해 추정된다.

$$s = \sqrt{\frac{\sum_{i=1}^{N}(x_i - \bar{x})^2}{N-1}} = \sqrt{\frac{\sum_{i=1}^{N} x_i^2 - \bar{x}\sum_{i=1}^{N} x_i}{N-1}} \tag{28.12}$$

x_i = 각 시료 내 A의 개수 분율

$\bar{x}$ = 측정된 개수 분율의 평균치

혼합물이 완전히 혼합되었다 할지라도, 여러 점 시료에서의 x_i 값은 같지 않다. 즉 여기에는, 무작위 시료로부터 취한 시료가 앞의 방법에 의해 취해진 것의 집단(population)보다 더 큰(또는 더 적은) 동일 종류 입자의 비를 갖는 우연성이 언제나 있게 된다. 완전 무작위 혼합물에 대한 이론 표준편차, σ_e는 다음 식으로 주어진다.

$$\sigma_e = \sqrt{\frac{\mu_p(1-\mu_p)}{n}} \tag{28.13}$$

여기서 μ_p는 혼합물 내 성분 A의 총괄 입자 수 분율이다.

응집성 고체의 경우, 개수 분율(number fraction) 대신에 질량 분율이 쓰인다. 점 시료분석의 표준편차는 앞에서와 같이 식 (28.12)에 의해 추정될 수 있다. 혼합되기 전, 혼합물에 대한 표준편차, σ_0는

$$\sigma_0 = \sqrt{\mu(1-\mu)} \tag{28.14}$$

여기서 μ는 혼합물 내 성분 A의 총괄 질량분율이다.

때로, s는 혼합도의 척도로서 직접 쓰이기도 한다. 그러나 더 자주 표준편차(또는 이것의 자승 즉 분산, variance)가 식 (28.13)과 (28.14)로부터 얻는 이론 표준편차 또는 분산 값들과 비교되기도 한다[5,10,14].

실제로, 어느 혼합기의 검증은 그것이 만들어낸 혼합된 물질의 물성에 있다. 잘-혼합된 제품은 요구되는 것이기도 하지만 요구 특성, 즉 외관적 균일성, 고강도, 균일 연소율, 또는 기타 원하는 특성을 가져야 한다. 최저 총괄 비용에서 잘-혼합된 생성물을 생산할 수 있는 것이 바로 좋은 혼합기이다.

중질의 페이스트, 플라스틱 고체 및 고무의 혼합은 과학이라기보다 기교(art)이다. 혼합될 물질의 물성은 처리되는 공정에 따라 크게 변한다. 단일 물질이라 할지라도 혼합 조작되는 동안 여러 번 그 물성이 크게 달라질 수 있다. 어느 건조된 자유-류 분말(free-flowing powder) 로부터 시작하여, 액체 추가로 반죽이 되고, 반응이 진행되어 단단하거나 연성이 되고, 그 다음 아마도 건조되고, 입상 또는 자유류 고체가 다시 될 것이다. 강성도(siffness), 점착성(tackiness) 및 젖음성(wettability) 같이 재질의 불확정적 물성은 점도나 밀도처럼 중요하다. 페이스트나 플라스틱 용 혼합기는 무엇보다도 융통성이 있어야 한다. 어느 주어진 임무에서, 선정된 혼합기는 최악 조건에서 운전될 때도 그 물질을 처리해야 되고, 또 혼합 순환과정 중 다른 임무를 수행하는 동안 다른 설계형태로서는 비-효율적일 수도 있다. 다른 장비와 마찬가지로, 중질재료 용 혼합기의 선정은 때로 신중해야 한다. 혼합기의 형태와 고체 혼합에 영향을 주는 특성은 Perry[12a]에 의해 논의되었다. 몇 가지 대표적인 고체 혼합기만을 여기서 논한다.

28.3.1 비응집성 고체용 혼합기

건조 분체 용 혼합기에는 중질 페이스트에 쓰이는 것 그리고 자유-류 분체에만 쓰이는 것도 포함된다. 혼합은 저속 교반 임펠러(impeller)에 의해, 텀블링(tumbling)에 의해, 또는 원심 스미어링(smearing)과 충격에 의해

이루어진다.

내부 스크류 혼합기(*internal screw mixer*)는 물질을 들어 올리고 순환시키는 나선형 컨베이어(helical conveyor)를 포함하고 있는 수직 탱크로 구성된다. **리본 배합기**(*ribbon blender*)에서는, 그림 28.2(a)에 예시된 바와 같이, 2개 반대-작용 리본(counteracting ribbon)이 같은 축에 설치되어 있어서, 하나는 한 방향으로 고체를 서서히 이동시키고 다른 하나는 다른 쪽에서 빨리 이동시킨다. 리본은 연속 또는 단속적일 수 있다. 어느 장치는 회분식으로 조업되고 어떤 것은 연속적으로 조업되는데, 이때 고체는 한 쪽에서 공급되고 다른 쪽으로 배출된다. 어떤 큰 리본 혼합기는 34 m^3(9,000 gal)까지 내용물을 보유할 수 있다.

텀블링 혼합기(*tumbling mixer*)는 볼밀(ball mill)과 텀블링 드럼(tumbling drum)을 포함하는데, 모두 농후한 슬러리와 무거운 고체를 처리할 수 있다. 그림 28.2(b)에 예시된 2-중 원추형 텀블링 혼합기는 경(가벼운) 자유-류 고체에만 제한된다. 이것은 50~60% 채워질 때까지 위에서 충진된 다음 5~20분 동안 수평축에 대해 회전된다. 이는 혼합 내용물에 소량의 액체를 유입하기 위해 내부 분무기 또는 고체 덩이를 깨기 위한 기계적 유도장치가 포함되기도 한다. 텀블링 혼합기에 대한 확대화 과정은 Wang과 Fan[17]에 의해 논의되었다.

텀블링 배합기(tumbling blender) 내에서 혼합은 초기에 빠르나 완전할 수는 없다. 이러한 혼합기 형태에서 성분들은 완전하게 무작위 형태로 배합될 수 없다. 조업시간 얼마 경과 후 혼합물 질(quality)이 안정화되고, 변동되고, 그리고 감퇴되기도 한다. 비-배합력(unblending force), 즉 일반적으로 정전력이 건조 고체 배합기 내에서 일어나기 때문에 그 영향을 특별히 주의해야 한다. 때로는 이 정전력이 완전 혼합을 방해한다. 혼합시간이 길 때, 상당한 양의 미혼합(unmixing)과 분리(segregation)가 유발된다[18].

충격 휠(*impact wheel*)에서는 원심력 스미어링(centrifugal smearing)과 충격이 작용한다. 이 휠 안으로 건조 성분의 예비혼합물(premix)이 고속 회전원판(직경: 250~700 mm) 중앙 근처로 계속 공급되면 바깥쪽으로 뿌려져 고정 틀(casing) 안으로 들어간다. 이 원판 표면은 이동하는 동안 분체에 작용되는 강력한 전단력이 성분들을 혼합시킨다. 충격 휠은 살충제 같이 경-자유유동성 분말을 1~25 ton/h 배합한다. 그림 28.8에 보인 마멸 미분쇄기(attrition mill)가 이러한 용도에 효과적인 혼합기이다.

28.3.2 점착성 고체용 혼합기

혼합문제 중 가장 어려운 것 중 몇 개가 페이스트, 플라스틱, 고무 같이 점착성 고체를 다루는 것이다. 어느 면에선 이들 물질이 유체와 유사하나 아주 고 점도성 물질이어서 혼합장치가 9장에서 설명된 혼합기와는 다르고 더 강력해야 한다. 점착성 고체임으로 혼합요소가 흐름 형태를 갖출 수 없어 대신 혼합될 물질에 전달력이 가해지거나 접히거나 늘려지게 하거나 압축시킨다. 기계적 에너지가 그 혼합물에, 혼합기의 한

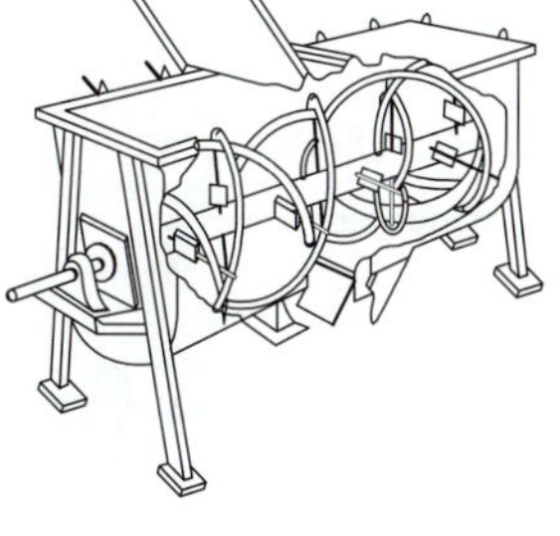

(a)

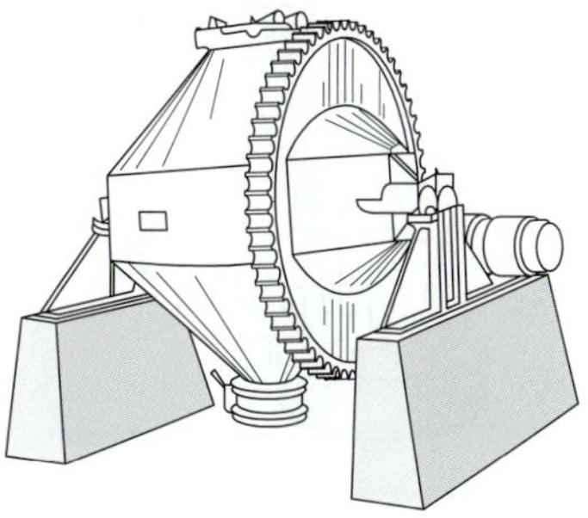

(b)

그림 28.2 자유-류 고체용 혼합기, (a) 리본 혼합기 (b) 텀블링 혼합기

가동부(moving part)에 의해, 직접 가해지기도 한다. 이 혼합기는 요구되는 힘이 커서, 소요동력도 높다.

환통 혼합기(*Change-can mixers*)는, 식품 가공이나 도료(paint) 제조 등에서 쓰이는 것처럼, 5~100 gal 용량의 교체가능한 통(can)이나 용기 내에서 점성 액체나 희박 페이스트의 혼합에 사용된다. 그림 28.3(a)에 보인 포니 혼합기(pony mixer)에서, 회전되는 교반기는 통의 벽 쪽에 위치된 몇 개의 수직 날(blade)이 달려 있다. 통(can)은 교반기의 회전과 반대 방향으로 회전판에 의해 유도된다. 그림 28.3(b)의 비터 혼합기(beater mixer)에서는 통은 고정되어 있고 교반봉은 유성운동(planetary motion)을 한다. 그래서 회전하면서 세차운동(歲差運動, precession)을 함으로서, 용기 안의 전 부분을 반복적으로 이동·혼합된다.

반죽기(*kneading machines*)는 가변성 또는 가소성 고체를 짓눌러서 평평하게 폈다가 접고, 다시 짓눌러 펴서 혼합시킨다. 대부분의 반죽기는 또한 움직이는 날과 고정 표면 사이에서 물질을 찢어 벌리고 자르기도 한다. 상당히 묽은 재료인 경우에도 많은 동력이 소비되며, 물질이 뻣뻣하고 고무상이 되면 동력 소요량이 더 크다.

두팔 반죽기(*two-arm kneader*)는 현탁물(suspension), 페이스트, 가벼운 가소성 물질을 다루는 것이다. 대표적 응용으로서, 안료(pigment)와 담체(carrier)로부터 래커기제(lacquer base ; 基劑)의 배합, 찌꺼기 솜(cotton linter)을 아세트산 및 무수 아세트산에 찢어 넣어서 셀룰로오스 아세테이트를 만드는 경우 등을 들 수 있다. 분산기(disperser ; 分散機)는 반죽기보다 견고한 구조로서, 동력을 많이 필요로 한다. 뻣뻣한 재료에 첨가제나 발색제(發色劑)를 가하는 경우에 쓰인다. 저작기(masticator ; 咀嚼機)는 이보다도 더 견고한 것으로, 동력이 더 든다. 조각 고무를 찢을 수 있으며, 아주 질긴 가소성 물질를 배합할 수 있다. 저작기를 강력 혼합기(intensive mixer)라고도 부른다.

이러한 기계에서는 모두가 바닥이 안장(saddle) 모양인 얕은 반죽통(trough) 안에서 평행 수평축들 위에 붙은 2개 육중한 날에 의하여 혼합이 이루어진다. 이 날들은 꼭대기에서 서로 마주보고 돌면서 물질을 안장(saddle) 쪽으로 끌어내린 다음, 날과 반죽통 사이에서 물질을 찢어낸다. 날들의 회전 원은 일반적으로 접선형태(tangential)임으로, 즉 날들의 회전이 엇갈리는 원을 그리게끔 되어 있어서, 날의 속도는 어떤 비(比)로도 조절할 수 있다. 최적비는 1.5 : 1 정도이다. 날을 겹치게 하여 같은 속도나 또는 속도비가 2 : 1로 돌게 하는 기계도 있다.

여러 가지 용도에 쓰이는 혼합 날의 설계를 그림 28.4에 나타냈다. 왼쪽의 일반적 시그마(sigma)형 날은 일반적 반죽에 쓰인다. 그 날 끝을 톱니처럼 만들어서 절단 작용의 역할을 하기도 한다. 가운데 보인 이중 나벤(double-naben), 즉 지느러미 날은 중-가소성 물질(heavy plastic material0에 특히 효과적인 것이다. 오른쪽의 분산날(dispersion blade)은 가소성 또는 고무상 물질 속에 분체나 액체를 분산시키는 데 필요한 큰 전단력

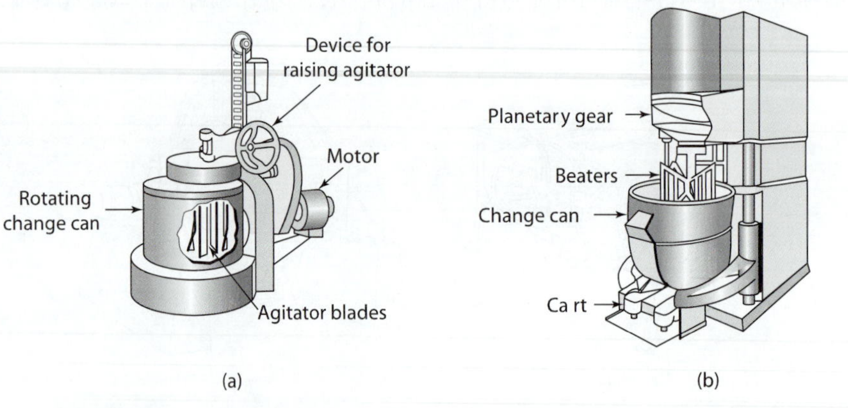

그림 28.3 이중운동 페이스트 혼합기 : (a) 포니 혼합기, (b) 비터 혼합기

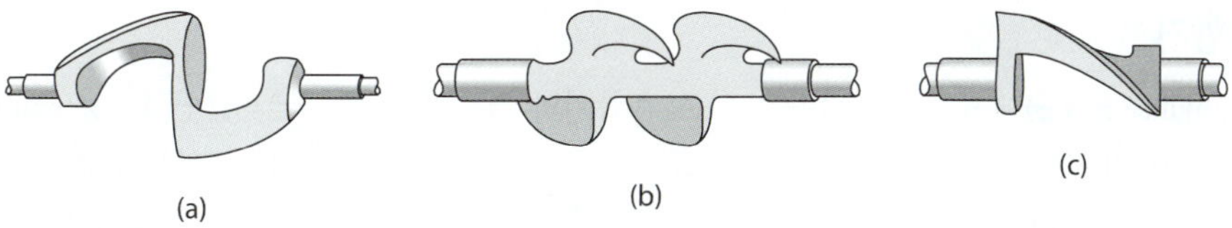

그림 28.4 반죽기와 분산기의 날 : (a) 시그마형 날, (b) 이중나벤 날, (c) 분산기날

(剪斷力)을 내는 것이다. 저작기의 날은 여기에서 보인 것보다도 무겁게 되어 있는데, 날을 구동시키는 축(軸)보다 지름이 조금 클 때도 있다. 저작기 날로서는 나선형, 평판형, 타원형인 것들이 쓰인다.

반죽 또는 다루고자 하는 물질을 반죽통 안에 넣은 다음, 5 ~ 20 min 또는 더 오래 혼합한다. 기계 안에 있는 동안에 가열될 때도 있기는 하지만, 대개 냉각하여 혼합작용에서 발생하는 열을 제거한다. 반죽통은 기울여서 내용물을 쏟아낼 수 있도록 제작된 경우가 많다.

내부 혼합기(*internal mixer*)와 같은 반죽기는 조작주기 동안에 혼합실을 덮개로 닫게 되어있다. 따라서, 덮개를 사용하면 덮개 안쪽도 날이 쓸어 내는 케이싱의 일부가 된다. 이런 혼합기는 기울일 수가 없다. 이러한 종류는 고무를 녹이거나 고무를 액체 중에 분산시킬 때 사용한다. 가장 일반적인 내부 혼합기가 Banbury혼합기이다. 이것은 중-부하 두팔 혼합기(heavy-duty two-arm mixer)로서, 교반기는 끊긴 나선형으로 되어 있다. 축은 30 ~ 40 rpm로 회전한다. 고체를 위에서 넣은 다음, 압력 1 ~ 10 atm 하의 공기조작 피스톤(piston)에 의해 반죽통 안에서 혼합되게 한다. 혼합된 물질은 반죽통 바닥의 미닫이 문을 통해 배출시킨다. Banbury혼합기는 고무와 가소성 고체의 배합, 생고무의 저작(씹기), 고무 조각의 탈황(脫黃), 물 분산액 및 고무용액의 제조 등에 쓰인다.

회분식 반죽기는 극히 강인한 물질을 다룰 수 있고, 혼합하기에 다루기 어려울수록 그 크기는 작아져야 한다. 연속 반죽기(*continuous kneader*)로는 무른 물질에서 비교적 끈적한 것까지 다룰 수 있고 연속적인 산업공정에도 쓸 수 있다. 전형적 설계형태에서 보면 하나의 수평축에 나선형으로 배열한 몇 줄의 이(teath)가 달려 있는데, 이것이 혼합실 안에서 천천히 회전하면서 재료를 움직인다. 이 회전자(回轉子)에 달린 이는 혼합통 벽에 고정되어 있는 이 사이를 틈새 없이 지나도록 되어 있다. 축은 회전과 동시에 축방향에서 왕복운동을 한다. 따라서 맞물리는 이 사이의 물질은 축방향, 즉 길이방향에서 문질러지며 지름방향에서 잘린다. 고체는 회전자의 한쪽 구동 끝에서 도입되어, 혼합실 반대쪽 끝에서 축 베어링(shaft bearing)에 둘러싸인 배출구로 나간다. 혼합실은 무른 고체일 때는 개방형 반죽통으로 하고, 가소성 물질일 때는 폐쇄형 실린더로 한다. 이러한 기계를 사용하면, 끈끈하고 뻑뻑하거나 껌과 같은 물질을 매시간 수 톤(several tons)씩 혼합할 수 있다.

혼합-압출기

연속 반죽기의 배출구에 압출 다이(die)를 설치하면, 회전자의 경사진 날에 의하여 재료에 상당한 압력이 가해진다. 혼합재료가 혼합실 안에 있을 때는 잘렸다가 포개졌다가 하며, 다이를 통하여 흐를 때는 추가적 전단력을 받게 된다. 다른 혼합-압출기(混合-壓出機, mixer-extruder)의 기능도 이와 마찬가지이다. 이는 회전은 하나 왕복운동을 안 하는 1개 또는 2개의 수평축을 가지고 있으며, 이 축에는 나선형날 또는 칼날들이 달려있다. 배출구 근처의 나선형날 피치(pitch)와 혼합실의 지름을 각각 또는 동시에 줄이면, 압력이 늘어난다. 혼합기-압출기를 사용하면, 연속적으로 혼합하고 배합할 수 있으며, 열가소성(熱可塑性) 물질, 가루반죽(dough), 점토, 기타 혼합이 어려운 물질들을 다룰 수 있다. 가열재킷 및 재료를 처리하는 동안에 발생하는 물이나 용매를 제거할 수 있는 증기 배출구가 설치된 것도 있다.

연마 혼합기

연마 혼합기(muller mixer)에서의 혼합작용은 다른 혼합기의 경우와 아주 다르다. 연마작용(mulling)은 절구 및 공이의 경우와 비슷한 문지름 작용이다. 대규모 가공에서는 이러한 작용에는 그림 28.5에서 보인 것처럼 넓고 무거운 바퀴를 사용한다. 그림에 보인 연마에서는 팬(pan)이 고정되어 있고, 중앙의 수직 축을 구동시켜서 막자 바퀴가 원형 경로를 따라 팬 밑바닥의 고체층 위로 돌아다니도록 한다. 이때 고체 위에서 바퀴가 미끄러짐으로 문지름 작용을 하게 된다. 쟁기 날(plow)로 고체를 바퀴 밑으로 보내며, 혼합이 끝나서 배출시킬 때는 팬 밑바닥의 배출구로 보낸다. 때로는 바퀴 축을 고정시키고 팬을 회전시키기도 하며, 또 바퀴를 한쪽으로 치우쳐 설치하고 바퀴와 팬이 동시에 돌게 하기도 한다. 팬 혼합기(pan mixer)에서는 연마 바퀴 대신에 혼합 쟁기 날을 사용한다. 연마 혼합기는 중-고체(heavy solid)와 페이스트(paste)의 회분식 혼합에 좋으며, 특히 입상 고체(granular solid) 입자를 소량의 액체로 균일하게 피복하고자 할 때 효과적이다. 혼합 팬 2개를 직렬로 연결한 연속 연마 혼합기도 이용되고 있다.

혼합효과

응집성 고체용 혼합기의 성능은 소요 시간, 동력부하(power load), 생성물의 물성 등으로 평가한다. 이의 판단기준은 각 경우에 따라 아주 다양하다. 고도의 균질성이 요구되는가 하면, 빠른 혼합작용이 필요하고, 최소의 동력 소비가 요구되기도 한다.

앞에서 논한 바와 같이, 혼합도는 점 시료를 분석한 결과나, 그리고 추산 표준편차, s를 무-혼합에서의 표준편차 σ_0와 비교 분석한 결과로부터 알 수 있다. 연구결과[10]에 따르면, 2-팔 반죽기와 연마 혼합기에서의 혼합도(degree of mixing)는 초기에 급격히 상승하다가, 그 다음 해당 물질의 특성에 따라 어느 점에서 떨어진다. 즉 모래, 입상고체는 최상 혼합성이고 아주 끈적이는 페이스트는 아주 나쁘다. 반대로 몇몇 연속식 반죽기는 자유-유동 입상고체 보다는 플라스틱 재료를 더 효율적으로 혼합한다.

축방향 혼합

9장에서 설명한 나선-요소 혼합기(helical-element mixer)는 두 액체가 임의 단면에서 반지름방향으로는 잘 혼합되지만, 축방향, 즉 길이방향에서는 거의 혼합이 일어나지 않는다. 이러한 흐름 현상은 축방향 혼합이 전혀 없는 플러그(plug) 흐름에서와 같은 것이다. 연속식 페이스트 혼합기 중에도 축방향 혼합이 거의 없는 것이 있다. 이러한 특성은 특정 혼합조작이나 화학반응에서 바람직한 것이다. 또 어떤 때는 축방향으로 혼합이 아주 심한 경우도 있다.

페이스트 혼합기에서는 원료 중에 아주 짧은 시간 동안 추적자를 주입하고, 배출흐름에서 이 추적자의 농도를 검사함으로써 축방향 혼합 정도를 결정할 수 있다. 일반적으로, 배출흐름 중의 추적자는 혼합기의 예상 평균 체류시간보다 좀더 빨리 나타난다. 추적자의 배출농도(排出濃度)는 최대 값이 되었다가, 다시 시간

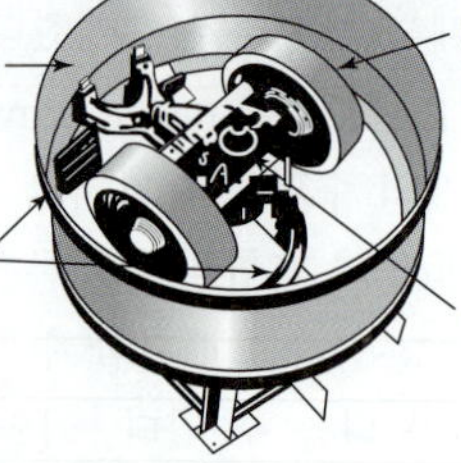

그림 28.5 연마 혼합기

이 지나면 0이 된다. 최대 점의 높이와 추적자 전부(거의 전부는 아니다)가 배출되는 시간이 축방향 혼합 정도의 척도이다.

이러한 추적자 시험 결과는 일반적으로 분산계수(dispersion coefficient) E의 항으로 나타낸다. 분산계수의 값이 작으면 축방향 혼합이 적음을 뜻하며, 확산계수가 크면 상당히 혼합됨을 나타낸다. 화학반응에서 원료와 생성물의 접촉을 피하여야 할 경우처럼, 플러그흐름을 원할 때는 E의 값이 작아야 할 것이다. 연속적인 혼합기 급송물을 균일 혼합할 필요가 있을 때, 가령 급송물 조성, 즉 공급물 성분비(成分比)의 미소 변동을 감쇠시키고자 하는 경우일 때는 축방향 혼합이 바람직하므로 E의 값이 커야 한다. 혼합기 출구에서의 추적자-시간 자료로부터 E를 구하는 식들이 있다[16]. 두 축 패들(two-shaft paddle) 혼합기에서는 E값이 대개 $0.02\,UL \sim 0.2\,UL$정도이다. 여기서, U는 혼합기 안에 있는 물질의 길이 방향에서의 유속이며, L은 혼합기의 길이이다.

UL/E 비를 Peclet수 **Pe**라 한다. 따라서 패들 혼합기에서는 **Pe**가 5~50 정도가 된다. 교반기의 설계에 따라서는 **Pe**가 큰 값이 되며, 회전자 속력이 증가할수록 감소한다. 때로는 **Pe**가 작은 값이 되기도 하는데, 이때 회전자 속력과는 무관하다[16].

28.4 크기 축소

크기축소(size reduction)는 고체입자를 절단하거나 부서뜨려 더 작은 조각으로 만드는 모든 방법에 적용된다. 공정산업을 살펴보면 고체는 각기 그 목적에 따라, 서로 다른 방법으로 축소된다. 원광(原鑛) 덩이는 작업이 가능한 크기로 분쇄되고, 합성화학제품은 분말로 빻아지고, 플라스틱 판은 얇은 입방체 또는 다이아몬드형으로 잘린다. 공산품(工産品)은 입자의 크기, 때로는 그 모양에 대한 엄격한 명세에 일치되어야만 한다. 또한 입자크기의 축소는 고체의 반응성(reactivity)을 증가시키고, 기계적 방법에 의해 불필요한 성분의 분리가 이루어지게 하고, 섬유성(纖維性) 재질의 큰 더미를 취급 용이하게 하며, 그리고 폐기 처분하는 데 그 부피를 감소시켜 준다.

고체를 여러 가지 다른 방법으로 깨뜨릴 수 있으나, 그 중 4가지가 크기축소 기계로 보통 이용된다. 이것들은 (1) 압축(compression), (2) 충격(impact), (3) 마멸(attrition) 또는 마찰(rubbing, 물갈기), (4) 절단(cutting) 등이다. 호두까개(nut cracker), 망치, 줄(file) 그리고 큰 가위 등은 이들 4가지 형태의 작용을 잘 예시하고 있다. 일반적으로 압축(壓縮)은 단단한 고체의 큰 덩이를 미분체(微分體)로 만드는 데 쓰이고, 충격(衝激)은 큰 것, 중간 크기의 것 또는 미분체를 만드는 데 쓰이며, 마멸(磨滅)은 부드럽고 비연마성 물질을 극미립자로 만드는 데 쓰인다. 절단(切斷)은 미세하지 않은 일정한 입자 크기와 때로는 일정한 모양의 것을 만든다.

분쇄 생성물의 특성

파쇄(crushing) 및 미분쇄(grinding)의 목적은 큰 입자로부터 더 작은 크기의 입자로 만드는 것이다. 보다 작은 입자를 원하는 것은 큰 표면적 또는 그 모양, 크기 및 개수 등의 이유 때문이다. 조작효율(操作效率)의 한 측정법은, 입자의 단위질량 당 표면적이 그 입자크기가 작아짐으로써 월등하게 증가되기 때문에, 새로운 표면을 생성시키기 위한 소요에너지를 기준으로 한다.

이상형 파쇄기 또는 미분쇄기와는 달리, 실제 장치는 원료(즉, 給送物)가 균일한 크기이든 아니든 간에 균일 생성물을 만들지 못한다. 생성물은 언제나 어느 한정된 최대 입자크기로부터 초현미경적인 최소 입자크기까지의 혼합물로 구성된다. 특히 미분쇄기 부류의 어떤 기계들은 생성물 내 최대 입자의 크기를 조절할 수 있도록 설계되었다. 그러나 미세입자는 조절되지 않는다. 어떤 미분쇄기 형태에 있어서는 미세입자분을 최소화시키기는 하나 제거하지는 못한다. 만일 원료가 입자의 형태에 있어서나 그리고 화학적 물리적 구조에 있어서 균일하다면, 생성물 내의 개별 형태는 매우 균일할 수도 있다. 아니면, 단일 생성물 중 여러 크기로 된 입상들은 그 형태가 상당히 서로 다를 수 있다.

분쇄생성물(紛碎生成物) 내의 최소 입자지름과 최대 입자지름의 비는 10^4 차수이다. 개별 입자크기에 있어서 이런 극단적인 변화 때문에, 균일 크기에 적합한 관계식을 그와 같은 혼합물에 적용할 때는 그 관계식을 변형해야 한다. 예로서, "평균 크기(average size)"란 평균하는 방법이 정의되기 전까지 의미가 없는 것이다. 그리고 앞에서 논한 바와 같이, 여러 가지 서로 다른 평균 크기가 계산될 수 있다.

분쇄된 후에 입자들이 마모에 의해 매끈해지지 않는다면, 그 분쇄된 입자는 거의 평면이고 예리하게 모난 다면체(ployhedron)이다. 그 입자들은 길이, 폭 및 두께가 거의 같은 치밀형(compact)이거나 또는 이것들은 판상(platelike) 또는 침상(needlelike)일 수 있다.

분쇄시 소요에너지 및 소요동력[4]

파쇄와 미분쇄 시에 비용은 동력비(動力費)가 주이다. 그래서 이 비용을 조정하는 인자가 중요하다. 분쇄하는 동안 급송물 중 입자들은 먼저 뒤틀리고 응력을 받는다. 입자를 뒤트는데 필요한 일은 마치 기계적 에너지가 코일 스프링(coiled spring) 내에 저장될 수 있는 것과 같이, 응력인 기계적 에너지로서 그 고체 내에 일시 저장된다. 응력을 받고 있은 입자에 추가적인 힘을 가하게 되면, 그 입자는 극한강도(ultimate strength)를 넘어서 파괴되어 급속하게 파편으로 파열된다. 따라서 새로운 표면이 생성된다. 고체의 단위면적은 일정한 표면에너지(surface energy)량을 갖기 때문에, 새로운 표면의 생성은 일을 필요로 한다. 이 일은 입자가 깨질 때 응력 에너지의 발산에 의해 공급된다. 에너지보존법칙에 의해 생성된 새 표면에너지를 초과한 모든 응력 에너지는 열(熱)로서 발산되어야 한다.

효율. 크기축소는 여러 단위조작들 중 가장 낮은 에너지효율을 갖는 것 중 하나이다. 파쇄에 대한 실험실적 연구를 보면, 고체에 가해진 에너지의 1% 미만이 새 표면 생성에 쓰이고 나머지는 열로 발산되는 것으로 나타난다. 운전중의 기계에서, 에너지는 베어링과 기타 작동부분 내 마찰을 극복할 만큼 공급되어야만 한다. 이때 기계적 효율, 즉 기계에 가해진 총 에너지에 대한 고체에 전달된 에너지의 비는 25 ~ 60% 범위이다 [12c].

파쇄법칙과 일 지수

Rittinger와 Kick에 의해 제안된 파쇄법칙(crushing law)은 조건이 아주 제한된 범위에만 적용됨을 나타낸다. 파쇄와 미분쇄 시 소요동력을 추정하는 보다 실질적인 방법은 Bond[3]에 의해 제안되었다. Bond는 아주 큰 공급물로부터 입자크기 D_p를 만드는 데 소요되는 일 양이 생성물의 체적 대 표면 비 s_p/v_p의 제곱근에 비례한다고 가정하였다. 식 (28.1)에 의해 $s_p/v_p = 6/(\Phi_s D_p)$이므로 일 양은,

$$\frac{P}{\dot{m}} = \frac{K_b}{\sqrt{D_p}} \tag{28.15}$$

여기서, K_b는 파쇄되는 물질과 기계 형태에 의존하는 상수이다. 식 (28.15)를 이용하려면, **일 지수**(work index) W_i는 아주 큰 급송물을 생성물 80%가 100 μm 체를 통과하는 크기까지 축소하는 데 필요한 총 에너지 소요량[공급물 톤(2000 lb) 당 kWh로서 정의된다. 이 정의는 K_b와 W_i 사이의 관계를 유도해 준다. 만일 D_p가 mm, P가 kW, $\dot{m}$가 ton/h이면, 다음과 같이 유도된다.

$$K_b = \sqrt{100 \times 10^{-3}}\, W_i = 0.3162\, W_i \tag{28.16}$$

표 28.2 건식 파쇄[†]또는 습식 미분쇄[‡]의 일 지수

Material	Specific gravity	Work index W_i
Bauxite	2.20	8.78
Cement clinker	3.15	13.45
Cement raw material	2.67	10.51
Clay	2.51	6.30
Coal	1.4	13.00
Coke	1.31	15.13
Granite	2.66	15.13
Gravel	2.66	16.06
Gypsum rock	2.69	6.73
Iron ore (hematite)	3.53	12.84
Limestone	2.66	12.74
Phosphate rock	2.74	9.92
Quartz	2.65	13.57
Shale	2.63	15.87
Slate	2.57	14.30
Trap rock	2.87	19.32

[†]For dry grinding, multiply by $\frac{4}{3}$.
[‡]From Allis-Chalmers. Solids Processing Equipment Div., Appleton, Wisconsin, by permission.

만일 급송물의 80%가 D_{pa}[mm]인 어느 한 메쉬 크기(mesh size)를 통과하고, 생성물의 80%가 D_{pb}인 어느 메쉬 크기를 통과한다면, 식 (28.15)와 식 (28.16)으로부터 일 양은,

$$\frac{P}{\dot{m}} = 0.3162\,W_i\left(\frac{1}{\sqrt{D_{pb}}} - \frac{1}{\sqrt{D_{pa}}}\right) \tag{28.17}$$

일 지수(work index)는 파쇄기 내의 마찰을 포함하고, 식 (28.17)로 주어지는 동력은 총 동력(gross power)이다.

표 28.2에는 약간의 보통 광물에 대한 전형적인 일 지수가 주어져 있다. 이들 자료는 동종의 일반형 기계이면 각 기계 사이에 크게 변하지 않고, 이것은 건식 파쇄(dry crushing)또는 습식 미분쇄(wet grinding)에 적용된다. 건식 미분쇄(dry grinding)에 대해서는 식 (28.17)로부터 계산된 동력의 4/3를 곱한다.

예제 28.2

원료(석회석) 80%가 2 in 체를 통과하고 생성물 80%가 1/8 in 체를 통과할 때, 석회석 100 ton/h를 파쇄하는데 드는 소요동력은 얼마인가?

풀이

표 28.2로부터 석회석에 대한 일 지수는 12.74이다. 식 (28.17)에 대입할 다른 양들은,

$$\dot{m} = 100 \text{ ton/h}$$

$$D_{pa} = 2\times 25.4 = 50.8 \text{ mm} \qquad D_{pb} = 0.125\times 25.4 = 3.175 \text{ mm}$$

소요동력은 다음과 같다.

$$\begin{aligned} P &= 100\times 0.3162\times 12.74\left(\frac{1}{\sqrt{3.175}} - \frac{1}{\sqrt{50.8}}\right) \\ &= 169.6 \text{ kW}(227 \text{ hp}) \end{aligned}$$

■

28.4.1 미분쇄 조작의 컴퓨터 모사

크기축소 장치의 여러 형태로부터 나오는 생성물 중 크기분포는 분쇄과정에 대한 컴퓨터 모사(computer simulation)에 의해 예측할 수 있다[12d,13]. 이것은 2가지 기본개념, 즉 **분쇄속도함수**(粉碎速度函數, grinding-rate function) S_u와 **파쇄함수**(破碎函數, breakage function) $\Delta B_{n,u}$등을 사용하게 된다. 어느 시간에 분쇄기나 파쇄기 내로 여러 가지 크기의 입자가 보충되어 크기축소 과정 중에 모든 입자들은 서로 다른 입자들끼리 상호 작용한다. 그러나 컴퓨터 모사의 목적으로, 그 물질은 불연속함수(여러 표준체 위에 남아 있는 것과 같이)로 나누어지는 것으로 가상하고, 그 입자 파손은 각 소분(小分)에서 일어나는데 다른 소분에 무관하게 증가 또는 감소된다고 가상한다.

n_T개의 표준체(標準篩)를 적재했을 경우를 생각하자, 그리고 n을 그 적재된 체 중에서 특정 체의 번호라 하자. 여기서는 굵은 체로 시작되는 꼭대기 것으로부터 아래쪽으로 번호를 붙이는 것이 편리하다(표 28.1에서는 적재된 체 밑의 것으로부터 숫자를 붙이기 시작했다). 어느 주어진 n에서, 체 n보다 더 굵은 위쪽 체들에는 하첨자 u를 붙이기로 하자($u < n$임을 유의할 것). 분쇄속도함수 S_u는 체 n에 걸려 있는 것보다 더 굵은 어느 주어진 크기를 갖인 물질의 주어진 시간 동안 깨지는 분율이다. 만일 x_u를 위쪽 체 중 어느 한 체에 걸려 있는 질량분율이라면, 파손에 의해 더 작은 크기로 변하는 그 속도는 다음 식과 같다.

$$\frac{dx_u}{dt} = -S_u x_u \tag{28.18}$$

예를 들면, 미분쇄기에로의 충전물 중 가장 굵은 것이 4/6 mesh이고, 이것의 질량분율이 0.05, 이 물질의 1/100 이 매초 당 깨진다고 하자. 그러면 S_u는 $0.01\,\mathrm{s}^{-1}$일 것이고, x_1은 $0.01 \times 0.05 = 0.0005\,\mathrm{s}^{-1}$의 속도로 감소될 것이다.

파쇄함수 $\Delta B_{n,u}$는 그 위쪽 물질의 파손으로 인해 생성되는 크기분포를 준다. 파쇄 이후에 4/6 mesh 물질의 약간은 아주 굵은 것, 약간은 아주 작은 것, 약간은 중간 것으로 있을 것이다. 그 중간 범위에 드는 것이 많으리라 기대된다. 결과적으로, $\Delta B_{n,u}$는 n과 u에 따라 변한다. 더 나아가 이것은 분쇄기 내 물질의 조성에 따라서도 변한다. 왜냐하면 굵은 입자는 과량의 미세입자가 있을 때, 그 미세입자가 없을 때와 깨어지는 것이 다를 수 있기 때문이다. 그래서 회분식 분쇄기에서 $\Delta B_{n,u}$(그리고 S_u 역시)는 다른 모든 분쇄변수(milling variable)와 마찬가지로 시간에 따라 변할 것으로 여겨진다.

만일 $\Delta B_{n,u}$와 S_u을 알거나 또는 가정할 수 있다면, 어느 주어진 소분(fraction)의 변화속도는 다음과 같이 알 수 있다. 제일 굵은 것을 제외한 어느 소분에 대하여 초기 양은 더 작은 것으로 깨어짐으로써 감소되고, 동시에 모든 더 굵은 소분이 깨어짐에 따라 새로운 입자의 생성은 증가된다. 만일 어떤 주어진 체에서 입량(入量)과 출량(出量)의 속도가 같다면, 그 체 위에 남아 있는 소분 양(小分 量)은 일정할 것이다. 그러나 보통 이런 경우는 없고, 체 n에 남아 있는 질량분율은 다음 식에 따라 변한다.

$$\frac{dx_n}{dt} = -S_n x_n + \sum_{u=1}^{n-1} x_u S_u \Delta B_{n,u} \tag{28.19}$$

식 (28.19)는 S_u와 $\Delta B_{n,u}$가 일정하다고 간주되면 간략화 될 수 있어서 해석적인 해 및 행렬(matrix) 해가 가능케 된다[12d]. 그러나 이들 가정은 아주 비현실적이다. 석탄 파쇄에 있어서, 약 28 mesh 이상의 큰 입자에 대하여 S_u는 입자크기의 3제곱에 따라 변하고[1], 파쇄함수는 다음 식과 같이 축소비(縮小比) $\overline{D}_n / \overline{D}_u$에 의존하는 것으로 알려졌다.

$$B_{n,u} = \left(\frac{\overline{D}_n}{\overline{D}_u} \right)^{\beta} \tag{28.20}$$

여기서, 지수 β는 상수이거나 또는 B의 값에 따라 변할 수도 있다.

식 (28.20)에서 $B_{n,u}$는 크기 $\overline{D}_n$보다 더 작은 입자의 전(全) 질량분율이다. 이것은 $\Delta B_{n,u}$와는 달리 누적 질량분율(cumulative mass fraction)이다. $\Delta B_{n,u}$는 크기 $\overline{D}_u$인 입자의 파쇄로 생기는 크기 $\overline{D}_n$인 입자(체 n과 $n+1$ 사이에 머무는 것)의 분율이다. 만일 식 (28.20)의 β가 일정하다면, 이 방정식은 분쇄생성물의 입자 크기분포가 초기 물질의 모든 크기들과 동일함을 뜻한다. 4/6 mesh 물질을 8/10 mesh까지 분쇄할 때 $\Delta B_{n,u}$값은 6/8 mesh 입자를 10/14 mesh까지 분쇄할 때와 동일한 것이다. 왜냐하면 크기축소 비가 동일하기 때문이다.

보통 식 (28.19)는 수치근사법(numerical approximation)으로 풀 수 있다. 이 근사법(近似法)은 연속적인 미소 시간간격 Δt(약 30초) 동안에 전 소분 변화가 $dx_n/dt = \Delta x_n/\Delta t$의 가정에 의해 계산되는 것이다. 체 크기와 시간(만일 안다면)에 따른 S_u와 $\Delta B_{n,u}$의 변화는 연관시킬 수 있다.

28.4.2 크기축소 장치

크기축소 장치는 파쇄기(crusher), 미분쇄기(grinder), 초미분쇄기(ultrafine grinder) 및 절단기(cutting machine) 등으로 나누어진다. 파쇄기(破碎機)는 고체를 작은 덩이로 깨는 중장비적 일을 한다. 1차 파쇄기(primary crusher)는 채광소에서 오는 것을 받아 150~250 mm(6~10 in) 정도로 깨는 조대한 물질을 다룬다. 2차 파쇄기(secondary crusher)는 이들 덩이를 200 mesh 크기의 입자로 축소시킨다. **미분쇄기(微粉碎機)**는 파쇄된 원료를 분말(powder)로 크기를 축소시킨다. 중간 정도의 미분쇄기로부터 나오는 생성물은 200 mesh 체를 통과한다. **초미분쇄기(超微粉碎機)**는 1/4 in(6 mm)보다 작은 입자를 받아들여 전형적으로 1~50 μm크기의 생성물을 내보낸다. **절단기(切斷機)**는 일정 크기와 모양, 길이에 있어서는 2~10 mm의 것을 생산한다.

이들 기계들은 제각기 다른 방법으로 자기들의 일을 한다. 압축(壓縮)은 분쇄기의 특성적인 작용이다. 미분쇄기는 충격(衝激)과 마멸(磨滅), 때로는 압축과 복합작용을 이용한다. 초미분쇄기는 원리적으로 마멸에 의한 조작이다. 절단기(cutter), 다이서(dicer) 및 슬리터(slitter) 등은 물론 절단 작용이 그 특성이다.

파쇄기

파쇄기는 대량의 고체를 굵게 파쇄하는 저속(低速) 기계이다. 주종으로서는 조오파쇄기, 선회(旋回) 파쇄기, 활면(滑面)-롤 파쇄기(smooth-roll crusher), 치상(齒狀)-롤 파쇄기(toothed-roll crusher) 등이다. 첫 3개는 압축에 의한 조작이기 때문에 암석과 광석의 1차 및 2차 파쇄에서와 같이 아주 견고한 물질의 큰 덩이를 깰 수 있다. 이 기계들에 대한 명세, 응용 및 성능 자료는 Perry에 의해 논의되었다[12e]. 이같은 1차 파쇄기는 주로 광산, 시멘트 제조사 및 이와 유사한 대규모 조업에서 이용된다.

조오 파쇄기(jaw crusher)에서 급송물(즉, 원료)이 V자형으로 개방된 두 턱(jow) 사이에 들어가게 된다. 한 턱[즉, 모루(anvil)]은 고정되어 있고, 편심으로 유도되는 다른 턱은 수평 판에서 왕복하여 턱 사이에 들어간 덩이를 깬다. **선회 파쇄기(gyratory crusher)**에서는 원추형 파쇄두(conical crusher head)가 개방 깔대기형 통(funnel-shaped casing) 내에서 선회한다. 파쇄두(破碎頭)가 연결된 축은 편심으로 유도된다. 외통과 파쇄두 사이에 잡힌 고체는 깨지고 하부 출구를 통과할 때까지 재파괴된다.

그림 28.6에 예시된, **평활-롤 파쇄기(*smooth-roll crusher*)**는 2차 파쇄기이고 생성물 크기는 1~12 mm(0.04~0.5 in) 정도이다. 롤에 물릴 수 있는 입자 크기가 제한됨으로, 급송 입자 크기도 12~75 mm(0.5~3 in) 범위의 것이어야 된다. **치상-롤 파쇄기(*toothed-roll crusher*)**에서는 그 롤 표면이 주름(corrugation), 파쇄봉(breaker bar) 또는 이(teeth)가 달려있다. 여기에는 2개 롤을 포함하고 있으나, 고정 곡면(固定曲面)의 파쇄판에 대하여

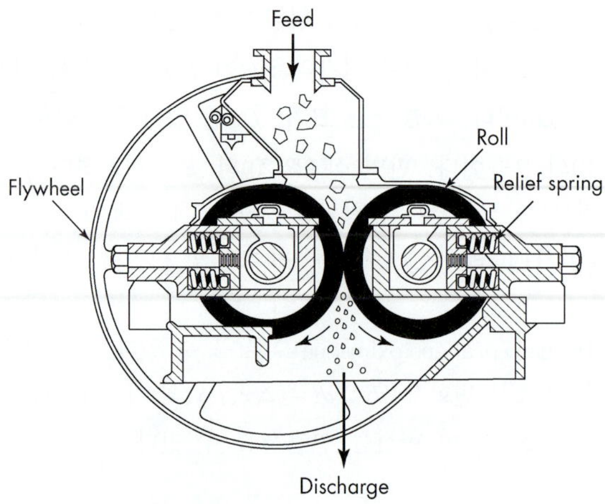

그림 28.6 활면-롤 파쇄기

한 개의 롤만이 작용한다. 이 파쇄기는 활면-롤 파쇄기에서처럼 오직 잘라지는 것만으로 한정되는 것이 아니고, 또한 압축뿐만 아니라 충격, 전단력(剪斷力)에 의해 조작된다. 이 기계는 석탄, 뼈, 연성 혈암(soft shale) 같은 비교적 연한 물질을 취급할 수 있다.

미분쇄기

미분쇄기(grinder)란 중간 용량의 다양한 크기축소 기계를 뜻한다. 파쇄기로부터의 생성물이 때로는 미분쇄기로 공급되어 더 축소되기도 한다. 본 절에서 설명될 산업용 미분쇄기의 주요 형태는 해머 밀과 충격미분쇄기, 회전압축기, 마멸미분쇄기 및 텀블링 밀 등이다.

해머 밀(hammer mill)과 충격 미분쇄기(impactor). 이들 미분쇄기는 모두 한 개의 원통형 케이싱(통; casing) 안에서 돌아가는 한 개의 고속 회전자(rotor)를 포함한다. 그 축은 보통 수평이다. 케이싱 위쪽으로 들어간 급송물은 깨어져서 밑바닥 배출구를 통해 나간다. 해머 밀에서 입자는 회전자 원판(rotor disk)에 연결된 진동 해머(swing hammer) 세트에 의해 깨진다. 분쇄 영역으로 들어가는 급송물 모든 입자는 해머의 공격을 피할 수 없다. 이것들은 조각으로 부서지고, 이 부서진 것들은 케이싱 안쪽의 고무 모루판(stationary anvil plate) 반대쪽으로 가다가 다시 더 작은 조작으로 부서진다. 이것들은 차례로 해머에 의해 비벼져서 분말로 되고, 배출구를 덮고 있는 체(screen) 또는 격자판(grate)을 통과해 밀려나간다.

지름 150~450 mm(6~18 in)의 회전 원판 몇 개가 동일 축에 때로는 연결된다. 이 회전 원판에는 4~8 개의 진동 해머가 달리기도 한다. 이 해머는 평평하거나 무디거나 또는 예리하게 모난 끝(tip)으로 된 금속 봉일 수도 있다. 중간형 해머 밀은 25 mm(1 in)~20 mesh 입자 생성물을 만들어 낸다. 미세한 입자까지 축소하는 해머 밀에서 해머 끝(hammer tip)의 주변속도(peripheral speed)는 110 m/s(360 ft/s)까지 도달될 수 있다. 이것이 200 mesh보다 더 미세한 입자를 얻으려면, 0.1~15 ton/h 정도까지 감소된다. 해머 밀은 거의 어느 것이나, 즉 나무껍질 또는 가죽과 같은 섬유성 고체, 강철 부스러기, 끈적거리는 점토, 단단한 암석 등을 분쇄한다. 미세한 입자를 얻기 위해서는, 아주 연한 물질이여야 가능하다.

해머 밀의 용량과 소요동력은 급송물의 성질에 따라 크게 변하므로, 이론량으로부터 신뢰성 있게 추정할 수 없다. 이는 발표된 자료[12e]로부터 아는 것이 좋고, 또는 분쇄하려는 실제 시료를 이용한 소형 규모 또는 실제 규모 시험으로부터 아는 것이 좋다. 상업용 밀(mill)은 전형적으로 소모에너지 kWh 당 고체 60~240 kg(100~400 lb/hp · h)까지 축소시킨다.

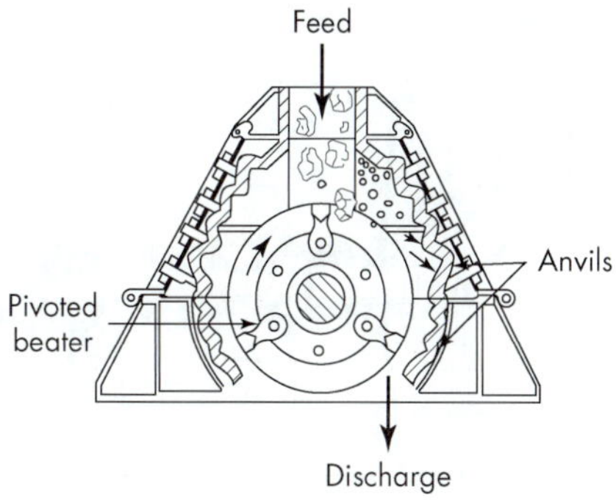

그림 28.7 충격미분쇄기

그림 28.7에 예시된 **충격 미분쇄기**(衝擊 微粉碎機, impactor)는 체 또는 격자판이 없는 것 외에는 중-용량(heavy-duty) 해머 밀과 같다. 입자는 해머 밀에서의 비벼지는 작용(rubbing action) 없이, 단지 충격에 의해서만 깨진다. 충격 미분쇄기는 종종 돌과 광석을 600 ton/h까지 처리하는 예비 분쇄기이기도 하다. 대부분의 해머 밀에서와 같이 충격 미분쇄기 내의 회전자는 해머의 수명이 연장될 수 있도록 어느 방향으로도 돌 수 있다.

롤러 밀(Roller mill). 롤러 밀에서는 고체가 들어와서 수직 원통 롤러(vertical cylindrical roller)와 고정 모루 고리(anvil ring or bull ring) 사이에서 분쇄된다. 롤러는 순회 경로에서 중간 속력으로 유도된다. 플라우(plow)는 미분쇄기 바닥으로부터 고체 덩이를 끌어 올려서 모루고리와 롤 사이로 향하게 하면 그 곳에서 크기 축소가 이루어진다. 생성물은 공기에 의해 분급 분리기(classifier separator)까지 쓸려 나가고 과대 입자는 더 깨지도록 미분쇄기로 되돌아간다. 바울 밀(bowl mill)과 어떤 롤러 밀에서는 바울(bowl) 또는 고리(ring)가 구동되고, 롤러가 고정축(수직 또는 수평)에서 회전한다. 이러한 종류의 밀(mill)은 석회석, 시멘트 크링커(cement clinker), 석탄의 크기 축소에 많이 응용된다. 이러한 기계들은 50 tons/h까지 분쇄한다. 분급(classification)하게 되면, 이 제품은 200-메쉬 체(screen)를 99% 통과된다.

마멸 미분쇄기. 마멸 미분쇄기(磨滅微粉碎機, attrition mill)에 있어서 연성(軟性) 고체 입자는 회전 원판에 홈이 패여진 평판 사이에서 비벼지게 된다. 단일-회전자 밀(single-runner mill)에서 한 원판은 고정되어 있고, 한 원판은 회전한다. 그리고 이중-회전자 밀(double-runner mill)에서 두 원판은 서로 반대 방향으로 고속으로 작동한다. 급송물은 한 원판 중심부(hub)의 입구로 들어가서, 두 원판 사이의 좁은 틈을 통해 바깥쪽으로 통과한 다음 케이싱 밖으로 배출된다. 이 원판 사이의 틈의 폭은 그 한계 범위 이내에서 조절 가능하다. 미분쇄판에는 적어도 한 개의 스프링이 부착되어 있어서, 만일 비파쇄 물질이 그 미분쇄기 안으로 유입될 때 그 원판이 분리해 낼 수 있다. 원판상의 홈(groove), 주름(corrugation) 또는 이(teeth)가 달린 형태의 미분쇄기는 미분쇄(grinding), 균열(cracking), 조립(granulating), 찢기(shredding) 및 때로는 혼합(blending)까지 포함해서 다양한 조작을 수행할 수 있다.

단일-회전자 마멸 미분쇄기(single-runner attrition mill)는 그림 28.8에 나타나 있다. 단일-회전자 미분쇄기는 점토와 활석과 같은 고체를 분쇄하는 데는 규석(buhrstone) 또는 금강사(rock emery) 원판을 사용하고, 전분(澱粉) 또는 목재, 살충제 분말 및 가르나우바 왁스(carnauba wax)와 같은 고체를 분쇄하는 데는 금속 원판을 사용한다. 금속 원판은 가끔 부식성(腐蝕性) 물질의 경우 스테인레스강 원판을 쓰기는 하지만, 보통 백철(white iron)을 쓴다. 일반적으로, 이중-회전자 미분쇄기는 단일-회전자 미분쇄기보다 더 미세한 분말로 분쇄하나 더 연질 급송물만을 처리할 수 있다. 가끔 공기를 불어넣음으로써 생성물을 제거하고 막힘(choking)을 방지한다. 원판을 물 또는 냉동 염수(冷凍鹽水)로 냉각시켜서 분쇄조작에 의해 발생되는 열을 제거한다.

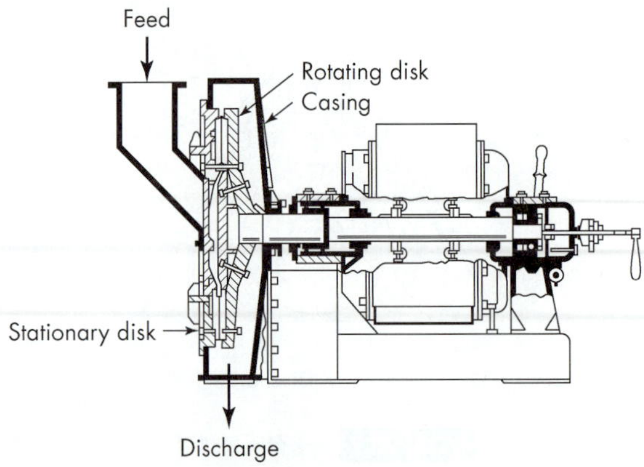

그림 28.8 마멸미분쇄기

단일-회전자 미분쇄기의 원판은 지름이 250~1,400 mm(10~54 in), 회전수가 350~700 r/min이다. 이중-회전자 미분쇄기의 원판은 더 빨라서 1,200~7,000 r/min이다. 급송물은 최대 입자크기 약 12 mm(1/2 in)정도까지 예비 파쇄되어 균일한 조절속도로 들어가야만 한다. 이 마멸 미분쇄기기는 200 mesh를 통과하는 생성물 1/2~8 ton/h 정도로 분쇄한다. 소요에너지는 급송물의 성질과 축소 성취도 등에 크게 좌우되는데, 이제까지 설명된 미분쇄기와 파쇄기보다 더 크게 영향 받는다. 그 전형적 값은 생성물 톤당 8~80 kWh(10~100 hp · h) 범위이다.

텀블링 밀. 전형적인 텀블링 밀(tumbling mill)은 그림 28.9에 표시되어 있다. 원통형 외통(cylindrical shell)이 수평축을 서서히 돌고, 그 통 부피의 절반이 고체를 분쇄시키는 고체분쇄매체(solid grinding medium)로 채워져서 텀블링이 형성되는 것이다. 이 통(筒)은 보통 고-탄소강판(高炭素鋼板), 그리고 자기(porcelain), 규석(silica rock) 또는 고무-피복 철을 사용한다. 분쇄매체(grinding medium)로서, 로드 밀(rod mill)에서는 금속봉, 볼 밀(ball mill)에서는 금속, 고무 또는 목재로 된 사슬이나 볼(ball), 페블 밀(pebble mill)에서는 단단한 자갈(또는 마노)이나 자기 또는 지르콘(zircon) 등의 구(球)를 사용한다. 연마재질(abrasive material)을 미세분말 및 중간 정도로 축소하는 데에는 텀블링 밀이 적합하지 않다.

먼저 설명한 연속적인 급송이 필요했던 미분쇄기와는 달리, 텀블링 밀은 연속식 또는 회분식일 수 있다. 회분식 기계에서는 분쇄하려는 고체의 정량을 통에 달린 투입구로 장입시키고 나서 잠근 다음, 몇 시간 동안 그것을 돌린다. 그 다음 정지하고 생성물을 배출시킨다. 연속식 기계에서는 고체가 회전 통을 통해 일정하게 배출된다.

모든 텀블링 밀에서 분쇄매체들은 거의 통의 상부까지 올라갔다가 다시 밑바닥 입자 위로 떨어진다. 분쇄 장치를 들어올리는 데 소모된 에너지는 입자크기를 축소하는 데 이용된다. 어떤 텀블링 밀, 즉 로드 밀(rod mill)과 같은 것에서는 대부분의 입자 분쇄는 분쇄봉(grinding rod)들의 회전압축(rolling compression)과 마멸에 의하여 일어나는데, 이 회전압축과 마멸은 봉(棒)이 아래로 미끄러져 내려가서, 다른 봉 위를 회전하게 됨으로써 일어난다. 이 분쇄봉은 보통 지름 25~125 mm(1~5 in)의 철로 되었는데, 그 크기는 주어진 기계에서 몇 가지가 있게 된다. 로드 밀(rod mill)은 20 mm(3/4 in)의 급송물을 약 10 mesh까지 축소시키거나, 때로는 볼 밀 내에서 최종 분말을 만들기 위하여 파쇄기로부터 나오는 생성물을 처리하는 중간 미분쇄기이다. 이것들은 과대크기(oversize)의 생성물이 거의 없고 미세분말도 최소인 생성물을 만든다.

볼 밀(*ball mill*) 또는 페블 밀(*pebble mill*)에서 대부분의 분쇄(크기축소)는 통(shell) 위쪽 근처로부터 떨어지는 볼 또는 페블의 충격에 의해 이루어진다. 대형 볼 밀에서 통은 지름 3 m(10 ft), 길이 4.25 m(14 ft) 정도이다. 볼은 지름 25~125 mm(1~5 in)이고, 페블은 그 크기가 50~175 mm(2~7 in)이다. 튜브 밀(tube mill)은

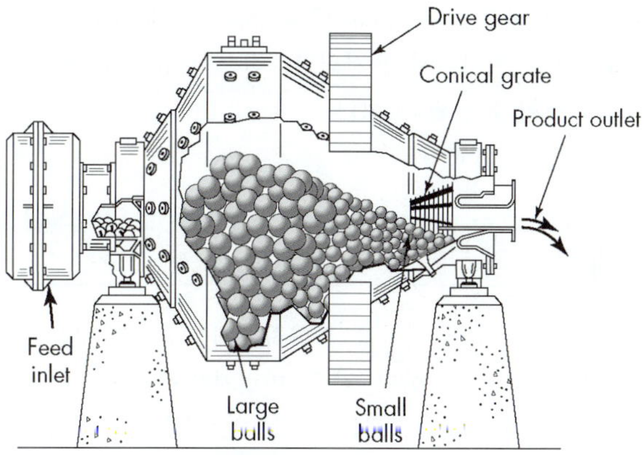

그림 28.9 원추형 볼 밀

본적으로 중요하지 않은 단일-통과(單一通過)에서 극미립 분말까지 분쇄하는 데 우수하다. 튜브 밀에 좁고 긴 홈이 파인 횡단 칸막이(slotted transverse partition)들을 달게 되면, **격실미분쇄기**(compartment mill)로 변환된다. 한 격실(隔室)에 큰 볼을 넣고, 다른 격실에는 작은 볼을, 그리고 세 번째 격실에는 페블을 넣을 수도 있다. 이와 같이 서로 다른 크기와 무게의 분쇄매체들을 분리시키는 것은 크고 무거운 볼이 미세분말의 간섭 없이, 단지 큰 입자만을 깰 수 있게 하여 에너지 낭비를 피하게 할 수 있다.

단일 격실 내에서 분쇄매체의 분리(segregation)는 그림 28.9에 예시된 **원추형 볼 밀**(conical ball mill)의 특성이다. 급송물은 60° 원추를 통해 왼쪽으로부터 1차 분쇄 영역으로 들어간다. 이 1차 분쇄 영역에서는 통의 지름이 최대가 된다. 생성물은 30° 원추를 통해 오른쪽으로 떠난다. 이 종류의 미분쇄기는 크기가 다른 볼이 들어 있게 되는데, 이 볼들은 미분쇄기가 작동되면서 마멸되어 더 작아진다. 새로운 큰 볼이 주기적으로 가해진다. 이와 같은 미분쇄기의 통이 회전함에 따라 큰 볼들은 통의 지름이 최대인 곳을 향해 이동하고, 작은 볼들은 배출구를 향해 이동한다. 그러므로 공급 입자의 초기 파쇄는 가장 큰 볼들이 가장 긴 거리를 떨어지면서 이루어지고, 작은 입자들은 훨씬 더 작은 거리를 떨어지는 작은 볼들에 의해 분쇄된다. 소모된 에너지량은 파쇄 조작의 난이도에 따라 적당하게 분배되어 그 미분쇄기의 효율은 증가된다.

볼 밀 또는 튜브 밀 내의 볼의 부하(load)는 그 미분쇄기가 정지되었을 때 볼들이 그 미분쇄기 부피의 약 절반을 차지하도록 하는 것이 정상적이다. 정지되었을 때 볼 더미의 공간분율(void fraction)은 전형적으로 0.40이다. 분쇄는 건조고체 상태로 처리되나, 더 일반적으로는 물에 입자를 부유시켜 급송시킨다. 이러한 급송물이 미분쇄기의 용량과 효율 모두 증가시킨다.

미분쇄기가 회전될 때, 볼들은 벽(筒의 壁)을 타고 거의 상부까지 운반된다. 이 상부에서 볼은 벽과의 접촉이 끊기며 밑으로 떨어지고, 밑에 떨어진 것은 다시 벽을 따라 올라간다. 원심력으로 인해 위 방향으로 움직이는 동안 볼들은 벽과 각각 다른 볼들과 접촉상태를 유지한다. 벽과 접촉되어 있는 동안 볼들을 미끄러짐에 의해, 그리고 서로의 회전에 의해 약간의 입자를 분쇄시킨다. 그러나 분쇄의 대부분은 충격영역에서 일어나는데, 이 충격영역은 자유 낙하하는 볼이 미분쇄기 밑바닥을 치는 곳이다.

미분쇄기가 빨리 회전할수록 볼은 통 내부에서 더 멀리까지 수송되고 동력소모와 분쇄기 용량도 더 커진다. 그러나 그 속력이 너무 높으면 볼들이 붙어 넘어가게 되는데, 이를 볼 밀이 원심력화(遠心力化, centrifuging)된다고 말한다. 이 원심력화가 나타나는 속력을 **임계속도**(critical speed)이라 한다. 중력과 원심력간의 수지로부터 임계속력 n_c는 다음과 같다.

$$n_c = \frac{1}{2\pi}\sqrt{\frac{g}{R-r}} \tag{28.21}$$

여기서 g는 중력가속도, R은 밀의 반경, r은 분쇄 매체(grinding element)의 반경이다.

텀블링 밀은 임계속력의 65~80% 범위에서 운전되고, 점성 부유(viscous suspensions)시키는 습식(濕式) 분쇄 시는 이보다 더 낮은 범위에서 운전된다[12f].

28.5 초미분쇄기

많은 공업용 분말은 평균크기 1~20 μm의 입자를 포함하는데, 대체로 모든 입자는 표준 325 mesh 체(그 개방공의 폭은 44 μm)를 통과하게 된다. 이와 같은 미립자까지 깨는 미분쇄기를 **초미분쇄기**(*ultrafine grinder*, 超微粉碎機)라 한다. 건조분말의 초미분쇄는 내부 또는 외부 분급기(分級機)가 부착된 고속 해머 밀과 같은 미분쇄기에 의해, 그리고 유체-에너지 밀(fluid-energy mill) 또는 제트 밀(jet mill)에 의해 이루어진다.

분급 해머 밀(classifying hammer mill). 분급기 내장(內藏)형 해머 밀에서 진동해머 세트(set of swing hammers)는 보통의 해머 밀에서와 같이 2개의 회전자 원판(rotor disk) 사이에 있다. 회전자축에는 해머와 더불어 2개의 환풍기(fan)가 달려 있는데, 이 환풍기는 공기를 흡입해서 생성물 수집관으로 배출한다. 회전자 원판 상에는 허용 입자크기보다 더 큰 것을 분리해 내는 짧은 방사형 날개(short radial vane)가 있다. 허용 입자크기보다 미세한 것들은 통과되고, 과대 입자들은 분쇄실로 다시 돌아가 더 분쇄된다. 생성물의 최대 입자크기는 회전자 속력변화에 따라 또는 분리기 날개의 크기와 수의 변화에 따라 변한다. 이런 종류의 미분쇄기는 평균 입자크기 1 ~ 20 μm의 생성물이 1 ~ 2 ton/h정도의 생산능력을 갖고, 에너지 소모량은 약 40 kW/h(50 hp · h/ton)이다.

유체-에너지 밀

이 미분쇄기에서는 입자가 고속 기체흐름 내에 부유된다. 어떤 설계형태에서는 기체가 원형 또는 타원형 경로를 통해 흐르고, 또 다른 것에서는 유동층을 과격히 교반하도록 젯트흐름으로 보내진다. 다소의 분쇄는 입자들이 갇혀 있는 방의 벽에 부딪치거나 마찰됨으로써 일어난다. 그러나 대부분의 분쇄는 상호입자 마멸(interparticle attrition)에 의해 일어난다. 내부 분급(internal classification)에 의해 큰 입자만 그 밀(mill) 내에 남게 되고, 그 입자들은 원하는 크기로 분쇄될 때까지 잔류하게 된다.

부유기체(浮遊氣體)는 보통 압축공기 또는 과열수증기인데, 이것은 가속노즐(energizing nozzle)을 통해 7 atm 압력으로 들어간다. 그림 28.10에 표시된 밀(mill)에서 분쇄실은 지름 25~200 mm(1~8 in), 높이 1.2~ 2.4 m (4~8 ft) 크기의 타원 루프관이다. 급송물은 벤튜리 주입기(venturi injector)를 통해 그 루프(loop)의 밑 부분 근처로 들어간다. 분쇄된 입자의 분급은 그 루프의 위쪽 구부러진 부분에서 일어난다. 기체흐름이 이 곡관(曲管)부분을 고속으로 흐름으로써 굵은 입자들은 벽 바깥쪽에 떨어지고, 반면에 미세입자들은 벽 안쪽에 모이게 된다. 이 지점의 안쪽 벽의 배출구는 사이클론 분리기(cyclone separator) 및 흐름의 소용돌이의 도움으로 일어난다[2]. 유체-에너지 미분쇄기는 입자크기가 12 mm(1/2 in)인 급송물을 받아들일 수 있으나, 급송물 입자가 100 mesh보다 크지 않을 때 더욱 효과적이다. 이 분쇄기는 비점착성(非粘着性) 고체의 경우 평균지름 1/2~10 μm인 입자를 1 ton/h까지 축소시킬 수 있는데, 이때 유체는 생성물 당 수증기 1~4 kg 또는 공기 6~9 kg을 사용한다. 이러한 루프밀(loop mill)들은 6,000 kg/h까지 처리할 수 있다.

교반미분쇄기(agitated mill). 초미분쇄 조작의 경우에는 고체 분쇄매체를 내포한 소형 회분식 비회전식 미분쇄기(small batch nonrotary mill)를 사용할 수 있다. 매체는 볼, 펠릿(pellet) 또는 모래알 같은 견고한 고체

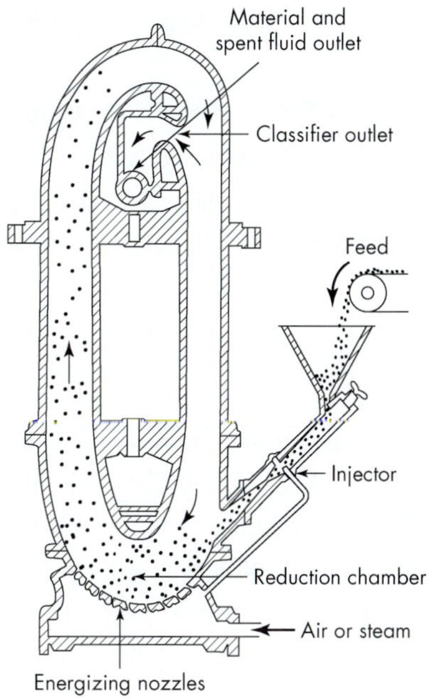

그림 28.10 유체-에너지 미분쇄기(자료 : Fluid Energy Processing and Equipment Co.)

요소로 이루어진다. 이 미분쇄기는 그 용량이 4~1,200 L(1~300 gal)의 수직용기인데, 그 안에 분쇄매체가 부유되도록 액체를 채운다. 어떤 설계 형태에서는, 그 내용물을 다중-임펠러(multiarmed impeller)로 교반시키고, 또 다른 형태 즉 견고한 물질(규석 또는 산화티타늄과 같은)분쇄용 교반미분쇄기(攪拌微粉碎機)에서는 왕복하는 중앙 칼럼(column)이 그 내용물을 약 20 Hz로 "진동"시킨다. 농후한 급송물 슬러리(slurry)는 상부에서 들어가고 생성물(약간의 액체와 함께)은 밑바닥 체를 통해 나간다. 교반미분쇄기는 입자 크기 1 μm 또는 이보다 더 미세한 것을 생산할 경우에 특히 유용하다[12g].

콜로이드 밀[12h]. 콜로이드 밀(colloid mill) 내에서는 고속류의 강력한 유체전단(fluid shear)에 의해 입자 또는 액적을 분산시켜 안정한 부유물 또는 에멀젼(emulsion)을 형성케 한다. 그 입자나 액적의 최종 크기는 보통 5 μm이하이다. 그런데 이 밀에서 실제적인 크기 축소가 되는 것은 아니고, 미약하게 결합된 덩이(cluster 또는 agglomerate)의 분활작용만이 있다. 이 방법으로 처리되는 전형적 제품은 시럽, 우유, 퓌레(puree), 연고, 페인트, 그리스(grease) 등이다. 때로는 화학 부가물이 분산을 안정시키는 데 쓰인다.

대부분의 콜로이드 밀에선 급송액이 50 m/s(또는 그 이상)의 상대속력으로 움직이는 회전자 표면의 좁은 공간으로 펌핑된다. 어느 밀에서는 액체가 원판형 회전자와 케이싱 사이의 좁은 공간을 통해 흐른다. 이 간격은 25 μm 이하이다. 때로는 발생열을 제거하기 위해 냉각이 필요하다. 콜로이드 밀의 용량은 비교적 적어서, 소형 2 또는 3 L/min(30~50 gal/h)의 것으로부터 대형의 440 L/min(7,000 gal/h)까지 있다.

절단기(cutting machine)

어떤 크기축소 문제에 있어서는, 그 공급원료가 너무 질기거나 또는 탄력이 있어서 압축, 충격 또는 마멸에 의해 깨지지 않는다. 그러나 급송물은 어느 크기까지 축소시켜야만 할 경우가 있다. 이러한 요구조건들은 조립기(granulator ; 다소 불규칙한 것을 만든다)나 절단기(cutter ; 입방체, 얇은 사각형, 또는 다이아몬드형을 만든다)에 의해 충족된다. 이러한 장치들은 다양한 제조공정에 응용되나, 특히 고무 및 플라스틱 제품을 제조할 때 크기축소 문제에 아주 적합하다. 이 기계들은 종이나 플라스틱 재질의 회수·재생하는 데 중요하게 응용된다[8].

회전식 칼날절단기(rotary knife cutter)는 원통형 방 내에서 200~900 rpm으로 회전하는 한 개의 수평 회전자를 가진다. 이 회전자는 1~7개의 고정판 칼날(stationary bed knife)과 밀접한 격간을 유지하며 도는 2~12개의 비행-칼날[flying knife; 강화강철 또는 스텔라이트(stellite) 날로 됨]이 달려있다. 투입된 급송 입자들은 여러 번 잘려져 작아 진 다음 5~8 mm 개공구를 갖인 하부 스크린을 통과한다. 회전식 절단기와 조립기(造粒機)는 설계 상 유사하다.

장치조작

크기축소 장치의 적절한 선정과 경제적 조업을 위해서는 그 조작과정과 부속장치의 세부사항에 관해 주의해야 한다. 파쇄기, 미분쇄기 또는 절단기는 다음 항들에 맞지 않는다면, 만족한 성능을 기대할 수 없다. (1) 급송물(공급원료)은 적당한 크기이고, 균일 속도로 들어가야 한다. (2) 생성물은 그 입자크기가 원하는 것이 된 후, 가능하면 빨리 제거되어야 한다. (3) 비파괴성 물질은 기계 밖으로 나가야 한다. (4) 저온 용융 생성물 또는 열(熱) 예민성 생성물의 분쇄에 있어서는 분쇄기 내에서 발생되는 열이 제거되어야 한다. 그러므로 가열기와 냉각기, 금속분리기, 펌프와 송풍기 및 정속(定速) 공급기 등은 크기축소 장치의 중요한 부속장치이다. 크기축소 장치를 정하는데 고려해야 할 인자 — 에너지효율 및 환경문제를 포함해서 — 에 대해 Kokla[8]와 Hixon[6] 등이 논의하였다.

개방회로(open-circuit) 및 폐쇄회로(closed-circuit) 조작. 많은 미분쇄기에서 급송물은 그 기계를 한번 통과함으로써 만족한 크기입자까지 깨어진다. 과대입자(過大粒子)를 더 분쇄시키기 위해 그 분쇄기로 재순환하는 어떤 시도도 없을 때, 그 미분쇄기는 개방회로(開放回路)에서 조작된다고 말한다. 이 방법은 과대한 동력이 소요된다. 왜냐하면 많은 에너지가 이미 충분하게 미립자까지 되도록 재분쇄하는 데 소모되었기 때문이다. 그래서 분쇄된 것을 분리장치를 통과시켜 부분적으로 분쇄기로부터 제거시키는 것이 때로는 경제적이다. 과소입자(過小粒子)는 제품이 되고, 과대입자는 재분쇄되도록 되돌려 보낸다. 이 분리장치는 때로 초미분쇄기와 같이 그 미분쇄기 안에 있거나, 또는 대부분의 일반형에서와 같이 미분쇄기 밖에 있다. 폐쇄회로(閉鎖回路)는 미분쇄기와 그에 연결된 분리기의 작용과 연계된 조작이므로 과대입자는 미분쇄기로 되돌아간다. 물론 폐쇄회로에서 에너지는 컨베이어와 분리기를 움직이는 데도 공급되어야만 한다. 그럼에도 불구하고, 개방회로 분쇄에 대해 총 에너지 소요량 감소는 25%에 이른다.

에너지 소모. 막대한 양의 에너지가 크기 축소 조작, 특히 시멘트 제조와 석탄, 암석 및 혈암 등의 파쇄 그리고 철강 및 구리를 제조하기 위한 원광처리[6]등에 소모된다. 크기축소가 아마도 모든 단위조작(單位操作)들 중 가장 비효율적일 것이다. 에너지의 99% 이상이 원하지 않는 열과 잡음을 내는 장치를 운전하는 데 소모되고, 새 표면을 만드는 데는 1% 이하가 쓰인다. 킬른(kiln) 또는 반응기의 원료로서 좀 더 미세한 입자가 필요하게 되는 공정을 전개하게 되면, 총 에너지 소모량은 증가한다. 이것은 미세 입자로의 분쇄가 상대적으로 굵은 생성물이 나오는 단순 파쇄보다 에너지 값이 더 들기 때문이다. 이것은 그림 28.11에 예시되어 있고, 또한 여기에는 여러 가지 종류의 크기축소 장치에 대하여 전형적인 생성물의 단위질량 당 소모된 에너지량이 표시되어 있다.

열 제거. 고체에 공급된 에너지의 극소량만이 새 표면을 생성시키는 데 유용하기 때문에 에너지 대부분이 열로 전환되고, 이 열은 고체의 온도를 높은 온도까지 올리게 된다. 이 열을 제거하지 않으면 어느 고체는 용융, 분해 또는 폭발한다. 이런 이유 때문에 가끔 냉각수나 냉동 염수를 미분쇄기 내의 코일(coil) 또는 재킷(jacket)을 통해 순환시킨다. 때로는 미분쇄기를 통과할 공기를 냉동시키거나 고체 이산화탄소(dry ice)를 급송

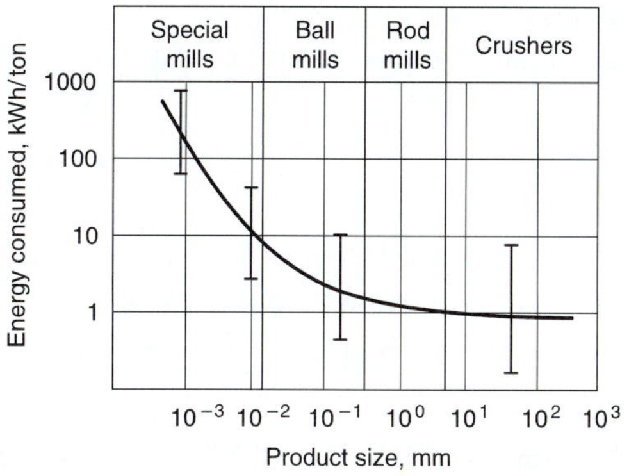

그림 28.11 크기축소 장치에서의 생성물 크기 대 에너지 소모(자료: "Comminution and Energy Consumption", NMAB-264, National Academy Press, 1981)

물에 넣기도 한다. 액체질소를 이용하여 분쇄온도를 −75℃ 이하까지 극적인 온도강하를 달성할 수도 있다. 이렇게 낮은 온도로 유지하는 목적은 보통 더 쉽게 부스러지도록 만드는, 즉 고체의 파손 특성을 변경시키는 것이다. 이러한 방법에서 돼지기름(lard)과 밀랍(beeswax)과 같은 물질이 해머 밀로 깰 수 있을 만큼 견고해지고, 상온에서 미분쇄기로 해결하지 못하는 질긴 플라스틱이 별 어려움 없이 분쇄될 정도로 취약해진다.

크기확대. 취급 특성을 증진시키기 위해, 충전층의 압력강하를 감소시키기 위해, 침강 또는 건조속도를 증가시키기 위해, 또는 가루 분산됨을 방지하기 위해, 때로는 작은 입자들을 결합시켜 원하는 크기의 덩이를 형성시킨다. 이는 압착에 의해; 고압 하의 다이(die)를 통한 압출에 의해; 분사 건조기 또는 정제탑(prilling tower)에서 액적의 고화(solidification)에 의해; 희박한 슬러리 내에서 입자의 엉김화(flocculation)나 응집화(coagulation)에 의해; 또는 구립화(nodulization)와 소결과정에서의 가열결합에 의해, 작은 알이나 큰 응집물을 형성시켜 이루어진다. 실측 없이 이들 과정에서 주어진 물질의 거동, 특성을 예측하기는 매우 어렵다. 펠릿(pellet), 조괴상(briquet) 또는 압출물(extrudate)을 만들 때 때로는 결합제를 첨가해야 입자간 결합이 견고해진다. Perry[12i]가 크기 확대용 장치를 논한 바 있다.

28.6 기호 설명

A	면적, m^2, ft^2; 입자 총 표면적
A_w	입자의 비표면적, m^2/g, ft^2/lb
a	체적형체인자[식 (28.10)]
$B_{n,u}$	입자크기 $\overline{D}_{pu}$가 깨져서 생긴 입자 크기 $\overline{D}_{pn}$보다 더 작은 입자의 총 질량분율
D_p	입자크기, mm, ft; D_{pa}, 급송물 입자지름; D_{pb}, 생성물 입자지름; $D_{p,\max}$, 롤에 의해 잘린 최대 입자 크기
D_{pn}	체 n의 메쉬 개방공; mm, ft; $D_{p(n+1)}$, 체 $(n+1)$의 개방공
D	지름 ft, min; D_o, 빈 배출구의 지름; D_p 입자 크기; D_{pi}, 체 i의 메쉬 개방공
$\overline{D}$	평균입자 크기, μm 또는 ft, mm; $\overline{D}_N$, 산술평균지름[식 (28.7)]; $\overline{D}_n$, D_{pn}과 $D_{p(n+1)}$의 산술 평균 값; $\overline{D}_{pi}$는 D_{pi}와 D_{pi+1}의 산술평균; D_s, 평균부피-표면지름[식 (28.6)]; $\overline{D}_V$, 부피평균지름[식 (28.9)]; $\overline{D}_w$, 질량평균 지름[식 (28.8)]
E	축-방향 혼합에서의 확산계수, m^2/s, ft^2/s

g	중력가속도, m^2/s, ft^2/s
i	소분 또는 증분 수; 또한 작은 크기로부터 센 체의 수
K'	압력비, p_V/p_L
L	길이, m, ft
m	시료의 질량, g, lb
$\dot{m}$	질량유속, lb/min
N	입자수, N_T 총 개수; N_i 소분 i에서의 수: 점시료의 수
n	증분 또는 체의 총 수; 시료 내 입자의 수; 볼 밀의 속력 r/s; n_c 임계속력
P	동력, kW, hp
p	압력, N/m^2, 또는 lb_f/in^2; p_L, 정상 또는 측면압력; p_V, 가해진 또는 수직압력
Pe	축방향 혼합의 Peclet 수, UL/E, 무차원
R	파쇄롤 또는 볼 밀의 반지름, m, ft
r	볼 밀에서 볼의 반지름, m, ft
S	분쇄속도함수, s^{-1}; S_n, 체 n에 대한 값; S_u, 체 u에 대한 값
u	체(screen) n보다 더 거친 체의 수
v_p	입자의 체적, m^3, ft^3
W_i	Bond 일 지수, kWh/ton
x	질량분율; x_n, 체 n에서의 값; x_i, 증분 i에서의 분율; x_u, 체 u에서의 값; x_1 가장 굵은 체에서의 값; $\bar{x}$, 성분 A의 실측평균분율

그리스문자

α_r	안식각
β	식 (28.20)에서의 지수
$\Delta B_{n,u}$	파쇄함수, 입자 크기 $\overline{D}_u$의 것이 $\overline{D}_n$으로 깨진 분율
Δt	시간 증분, s
Δx_n	시간 Δt 동안의 x_n의 변화
ρ_p	입자의 밀도, kg/m^3, lb/ft^3
Φ_s	구형도[식 (28.1)]

연습 문제

28.1 표 28.1에서 분석된 자료 중 −4～+200 mesh 범위의 분율에 대하여 산술평균 지름 $\overline{D}_N$을 계산하라. $\overline{D}_N$는 부피 평균 지름 $\overline{D}_V$와는 정성적으로 어떻게 다른가?

28.2 표 28.1에 주어진 누적분포를 대수확률 방안지에 도시하라. 이 도시의 어느 입자 크기의 범위가 직선인가? 미세입자 양(20 mesh보다 더 작은 것)은 굵은 입자의 크기 분포로부터 예측되는 것과 얼마나 차이가 나는가?

28.3 대형 Banbury혼합기를 사용하여 밀도 70 lb/ft^3인 조각 고무 1,800 lb를 짓이긴다. 동력부하는 고무 1,000 gal 당 6,000 hp이다. 이 혼합기에서의 발생열을 제거하는 데 필요한 냉각수의 양을 구하라. 수온은 15°F 이상이 되지 않아야 한다.

28.4 공기 유동층에서의 모래와 소금 입자의 혼합속도 자료를 표 28.3에 나타내었다. 각 점시료의 평균 입자는 100이었다. (a) 각 시험에서 측정표준편차와 완전혼합에 대한 이론 표준편차 σ_e을 계산하라. (b) 87 s 후 "완전혼합"에 얼마나 접근하였는가?

28.5 화성암(trap rock)이 선회 파쇄기에서 파쇄된다. 급송물은 거의 균일한 2 in 구형이다. 이 생성물의 미분체분석치(differential screen analysis)는 표 28.4의 첫 줄에 주어져 있다. 이 물질을 파쇄하는 데 소요동력은 400 kW/ton이다. 이것 중 10 kW는 텅빈 미분쇄기를 운전하는 데 필요하다. 파쇄두(crushing head)와 원추(cone) 사이의 격간을 줄임으로써 생성물의 미분체분석치는 표 28.4의 두 번째 줄에 주어졌다. 공급속도는 110 ton/h이다. Bond법을 이용하여, 1차 및 2차 분쇄에서 암석 ton당 소요 일 양(work)을 추정하라.

28.6 75 mm 볼(ball)이 장입되는 봉 지름이 1,200 mm인 볼 밀에 대해 어떤 회전속력(회전수/min 단위로)을 추천할 수 있겠는가?

28.7 볼밀(ball mill)에서, 임계속력(critical speed) 하에서, 볼(ball) 상에 작용하는 원심력(centrifugal force)은 중력(force of gravity)과 같음을 보여라.

표 28.3 2 in 공기 유동층 혼합기에서 모래 내 35/48 mesh 소금의 혼합 자료[11]

Run no.	Mixing time, s	Number fraction of sand in spot samples									
1	45	0.64	0.68	0.74	0.63	0.73	0.81	0.59	0.65	0.62	0.70
		0.66	0.64	0.77	0.70	0.67	0.58	0.60	0.65	0.87	0.60
		0.49	0.52	0.49	0.54	0.64	0.38	0.32	0.34	0.49	0.52
		0.25	0.32	0.33	0.35	0.48	0.23	0.16	0.32	0.44	0.39
		0.26	0.26	0.21	0.32	0.38	0.22	0.24	0.22	0.15	0.36
2	87	0.53	0.54	0.60	0.60	0.60	0.55	0.56	0.60	0.69	0.63
		0.48	0.67	0.65	0.63	0.62	0.46	0.63	0.58	0.48	0.59
		0.49	0.53	0.46	0.49	0.58	0.34	0.52	0.45	0.50	0.47
		0.42	0.35	0.43	0.49	0.59	0.38	0.39	0.45	0.52	0.39
		0.35	0.36	0.37	0.49	0.48	0.37	0.49	0.32	0.32	0.36

표 28.4 연습문제 28.5의 자료

	Product	
Mesh	First grind (1)	Second grind (2)
4/6	3.1	
6/8	10.3	3.3
8/10	20.0	8.2
10/14	18.6	11.2
14/20	15.2	12.3
20/28	12.0	13.0
28/35	9.5	19.5
35/48	6.5	13.5
48/65	4.3	8.5
−65	0.5	
65/100		6.2
100/150		4.0
−150		0.3

참고 문헌

1. Arbiter, N., and C. C. Harris, *Br. Chem. Eng.*, **10**:240 (1965).
2. Berry, C. E., *Ind. Eng. Chem.*, **38**:672 (1946).
3. Bond, F. C., *Trans. AIME*, TP-3308B, and Mining Eng., May 1952.
4. Galanty, H. E., *Ind. Eng. Chem.*, **55**(1):46 (1963).
5. Harnby, N., M. F. Edwards, and A. W. Nienow, *Mixing in the Process Industries*, London: Butterworths, 1985, pp. 24-38, 91-3.
6. Hixon, L. M., *Chem. Eng. Prog.*, **87**(5):36 (1991).
7. Jenike, A. W., P. J. Elsey, and R. H. Woolet. *Proc. ASTM.* **60**: 1168(1960)
8. Kukla, R. J., *Chem. Eng. Prog.*, **87**(5):23 (1991).
9. Laforge, R. M., and B. K. Boruff, *Ind. Eng. Chem.*, **56**(2):42 (1964).
10. Michaels, A. S., and V. Puzinauskis, *Chem. Eng. Prog.*, **50**:604 (1954).
11. Nicholson, W. J., "The Blending of Dissimilar Particles in Gas-Fludidized Bed," Ph. D. thesis. Ithaca, NY: Cornell University, 1965.
12. Perry, R. H., and D. W. Green(eds.), *Perry's Chemical Engineers' Handbook*, 7th ed. New York: McGraw-Hill, 1997 ; (a) pp. **18**-25～34 ; **19**-10～16 (b) pp.**20**-7～10 (c) p. **20**-14, (d) pp. **20**-18～22 (e) pp. **20**-24～48, (f) p. **20**-32, (g) p. **20**-38, (h) p. **20**-45, (i) pp. **20**-56～89, (j) pp. **21**-4～27. (k) pp. **21**-27～29.
13. Reid, K. J., *Chem. Eng. Sci.*, **20**(11):953 (1965).
14. Smith, J. C., *Ind. Eng. Chem.*, **47**:2240 (1955).
15. Smith, J. C.,, and U. S. Hattiangadi. *Chem. Eng. Commun,* **6**:105 (1980).
16. Todd, D. B., and H. F. Irving, *Chem. Eng. Prog.*, **56**(9):84 (1969).
17. Wang, R. H., and L. T. Fan, *Chem. Eng.*, **81**(11):88 (1974).
18. Weidenbaum, S. S., and C. F. Bonilla, *Chem. Eng. Prog.*, **51**:27-J (1955).

| Unit Operations of Chemical Engineering |

29 기계적 분리

Mechanical Separation

분리는 화학제조업에서 아주 중요해서 실제로 많은 공정장치가 상(phase)분리나 물질분리에 충당되고 있다. 혼합물의 성분을 분리하는 방법은 두 부류로 나눌 수 있다. 하나는 확산조작(擴散操作, diffusional operation)으로서, 한 상에서 다른 상으로의 물질전달을 포함하는 것으로 17~27장에서 다루었다. 다른 부류는 기계적 분리(mechanical separation)로서 이 장의 주제이다.

불균일 혼합물에 대한 기계적 분리는 기체나 액체로부터 고체입자를 분리하는, 기체나 액체로부터 액적을 분리하는, 그리고 고체 혼합물로부터 그 크기 별로 또는 형태별로 분리하는 방법들이 포함된다. 그 기법은 입자크기, 형상, 밀도 등과 같은 물리적 성질이 기준 되거나 유체의 밀도나 점도 차가 기준 된다. 두 가지 일반적인 방법은 (1) 스크린(screen), 격막(septum), 다공성 막(membrance)등을 이용하여 한 성분은 잔류시키고 다른 성분은 통과시키는 것이고, (2) 입자나 액적이 액체나 기체를 통과해 이동할 때 침강속도(沈降速度)의 차이를 이용하는 것이다. 막분리는 그 막의 기공보다 더 큰 단백질, 고분자 같은 거대 분자의 균일 용액에 이용될 수 있다. 특별한 경우에는 여기서 설명하지 않은 방법이 사용되기도 하는데, 물질의 젖음성(wettability, 습윤성), 전기적 또는 자기적 성질 등의 차이를 활용하는 방법 등이다.

29.1 체 분리

체 분리(screening)는 입자크기만으로 입자를 분리하는 방법이다. 공업적 체 분리에서는 체 표면에 고체입자를 공급하면 과소-입자(undersize), 즉 세분(細紛, fines)은 스크린 눈(opening)을 통과하고, 과대-입자(oversize), 즉 조분(粗紛, tails)은 통과하지 못한다. 이처럼 하나의 스크린으로서는 단지 두 분급물(fraction)로만 분리할 수 있다. 이러한 분급물은 각각 그 입자크기의 상한(上限)이나 하한(下限)밖에 분리할 수 없으므로 입도(粒度) 불명 분급물(unsize fraction)이라 한다. 이에 비하여 물질을 크기가 다른 일련의 스크린에 통과시키면, 그 최대 및 최소 입자 크기를 아는 입도 규정 분급물(sized fraction)로 분리할 수 있다. 체질은 습식도 있지만 대개는 건식으로 행한다.

공업적 스크린은 철망, 명주나 플라스틱 천, 금속봉, 구멍 뚫은 금속판, 단면이 쐐기 모양인 철사 등으로 만든다. 여러 가지 금속이 사용되는데, 철과 스테인레스강이 가장 일반적이다. 표준 체는 눈 크기는 4 in

~ 400 mesh 정도이며, 눈이 1 μm로 작은 금속 망도 공업적으로 사용된다.[1] 그러나 150 mesh보다 미세한 스크린은 별로 쓰이지 않는데, 미세입자인 경우에는 다른 분리방법이 보다 경제적이기 때문이다.

29.1.1 체질 장치

목적에 따라서 여러 가지 스크린이 사용되는데, 그 중 대표적인 것만을 여기에서 설명한다. 대개의 스크린에서는 입자가 중력으로 눈(開孔, opening)을 통하여 떨어진다. 솔이나 원심력으로 밀어 넣도록 만든 것도 있다. 큰 입자는 고정 표면의 큰 눈을 통하여 쉽게 떨어지지만, 가는 입자의 경우에는 요동(shaking), 선회운동(gyrating), 기계적 또는 전기적 진동(vibration) 등의 방법으로 스크린 표면을 흔들어 주어야 한다. 스크린의 대표적 움직임을 그림 29.1에 나타내었다.

고정 스크린과 그리즐리(grizzly)

그리즐리는 경사진 고정 틀(inclined stationary frame)에 금속봉을 평행하게 붙인 격자이다. 기울기와 물질의 경로는 대개 봉의 길이 방향과 평행하게 되어 있다. 1차 파쇄기(crusher)에서 나오는 것과 같은 아주 거친 원료를 격자의 상단에 떨어뜨린다. 큰 덩어리는 조분(粗粉) 배출구로 굴러 미끄러져 내리며, 작은 덩이는 별도의 포집기로 떨어진다. 봉 사이의 간격은 2~8 in(50~200mm)이다

고정 경사 금속망 스크린(stationary inclined woven-metal screen)도 같은 방법으로 조작하는데, 1/2~4 in(12~100 mm) 크기의 입자를 분리한다. 이러한 것은 미세입자가 별로 없고, 잘 흐르는 아주 거친 고체의 분리에만 효과적이다.

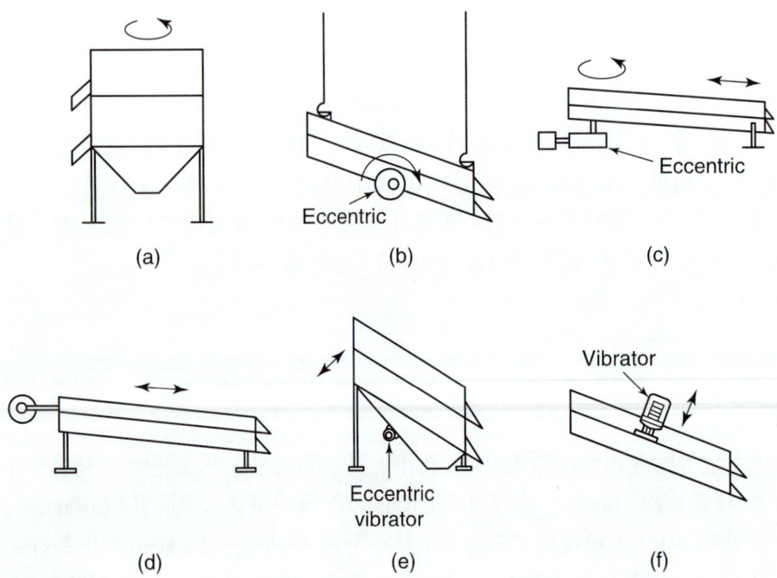

그림 29.1 스크린의 움직임 : (a) 수평면에서의 선회, (b) 수직면에서의 선회, (c) 한 끝은 선회하고 다른 끝은 요동, (d) 요동, (e) 기계적 진동, (f) 전기적 진동

1 표준체는 28장에서 설명하였다. 체 크기는 부록 5의 표에 나타내었다.

선회 스크린

중-용량 선회 스크린(heavy-duty gyrating screen)이 그림 29.2(a)에 예시되었다. 상하로 놓인 2개의 체는 수평면에 대해 16°C와 30°C 사이의 각도로 경사진 케이싱(casing)에 고정되어 있다. 급송 혼합물은 위쪽 체의 높은 지점 근처에 떨어진다. 케이싱과 체는 급송 지점과 배출구 중간에 고정된 편심 축에 따라, 수평축에 대해 수직면으로 선회된다. 선회속도는 600 ~ 1,800 rpm이고 체는 장방형으로 길어서 $1\frac{1}{2} \times 4$ ft(0.5 × 1.2 m) ~ 5 × 14 ft(1.5 × 4.3 m) 정도의 크기이다. 과대입자는 아래 체 끝을 낙하하여 수집관으로 들어가고, 미세입자는 아래 체 눈을 통과해 배출로에 떨어진다.

고운 체는 보통 공급지점에서 수평면으로 선회되고, 배출지점은 왕복운동만이 되고 선회되지 않는다. 이렇게 움직이면 공급물이 아래 위로 분리되어 미세입자는 아래쪽 체 표면까지 이동하는데, 이때 그 위에 있는 거친 입자가 눌러서 체 눈을 통과하게 된다. 그림 29.2(b)에 보인 것처럼 스크린 표면을 이중으로 만들기도 한다. 두 스크린 사이의 각 칸에는 고무공을 넣어둔다. 스크린 조작 중에 이 공은 스크린 표면을 두들겨서 스크린 눈이 막히지 않게 한다. 마르고 단단한 구형(球形) 또는 입방형(立方形) 알갱이는 가는 스크린이라 하더라도 별 탈 없이 스크린을 통과하지만, 길쭉하거나 비늘 모양이나 들러붙기 쉽고 무른 입자는 그렇지 못하다. 스크린 조작 중에 이러한 입자는 눈에 틀어박혀서 다른 입자의 통과를 방해한다. 고체입자로 막힌 스크린은 "눈이 막혔다"(blinded)고 한다.

진동 스크린

작은 진폭으로 빠르게 진동(振動)시키는 진동 스크린(vibrating screen)은 선회 스크린에 비하여 눈이 잘 막히

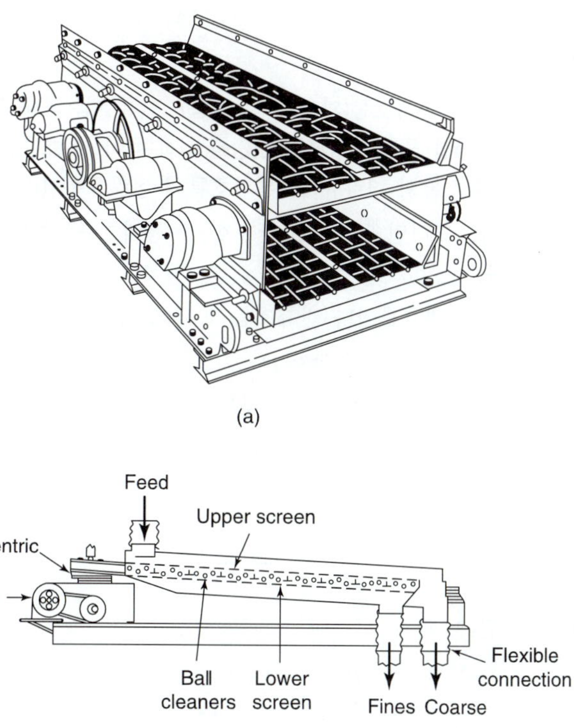

그림 29.2 (a) 중부하-수직 선회 스크린(heavy-duty gyrating screen), (b) 전기진동 스크린

지 않는다. 이때 기계적 또는 전기적으로 진동시킨다. 기계적 진동은 대개 고속 편심기(偏心機)로부터 장치의 케이싱으로, 여기에서 다시 가파른 스크린으로 전달된다. 대용량 솔레노이드(solenoid)로부터의 전기적 진동은 케이싱이나 스크린으로 직접 전달된다. 진동 스크린에서는 대개 3개 이상의 데크(deck)를 사용하지 않는다. 진동은 일반적으로 1,800~3,600 vibrations/min 정도로 한다. 48×120 in인 스크린의 동력은 약 4 hp(3 kW)이다.

이상 스크린과 실제 스크린의 비교

스크린의 목적은 입자크기가 다른 입자 혼합물이 들어 있는 공급물을 받아서 두 분급물, 즉 스크린을 통과하는 과소-입자흐름(underflow)과 스크린에 걸리는 과대-입자흐름(overflow)으로 분리하는 것이다. 어느 한 분급물 또는 두 분급물이 모두 다 제품이 될 수 있다.

이상(理想) 스크린이라면 원료 혼합물을 예리하게 분리할 것이므로, 잔류흐름 중의 가장 작은 입자는 통과흐름 중의 가장 큰 입자보다 약간 더 클 것이다. 이러한 이상적인 스크린에서는, 각 분급물 사이의 분리점을 나타내는 **분리입경**(分離粒徑, cut diameter) D_{pc}를 정의할 수 있다. D_{pc}는 일반적으로 스크린 눈의 크기와 같다고 할 수 있다.

실제 스크린에서는 분리입경에서 완전 분리가 이루어지지 않는다. 표준 시험 용 스크린으로 구 입자를 분리한다면 D_{pc}에 아주 가깝게 분리될 것이지만, 이때에도 잔류흐름 중의 작은 입자와 통과흐름 중의 큰 입자는 상당히 겹치게 될 것이다. 이러한 겹침(overlap)은 입자가 바늘이나 실 모양일 때, 또 입자가 뭉쳐서 큰 입자와 같은 거동을 할 때 심해진다. 공업용 스크린은 같은 혼합물을 다루더라도 눈 크기가 같은 시험용 스크린에 비하여 분리가 잘 되지 않는다.

스크린의 물질수지

목적하는 분리입경을 알고, 공급물, 통과흐름(과소-입자 흐름), 잔류흐름(과대-입자 흐름)에 관한 스크린 분석치가 있으면, 스크린에 관한 간단한 물질수지(物質收支)를 취하여 이 세 흐름을 계산할 수 있다. F, D, B를 각각 공급물의 질량유속, 잔류흐름의 질량유속, 통과흐름의 질량유속이라 하고 x_F, x_D, x_B를 각 흐름 중 A물질의 질량분율이라 하자. 그러면 공급물, 잔류흐름, 통과흐름 중의 물질 B의 질량분율은 각각 $1-x_F$, $1-x_D$, $1-x_B$가 된다.

스크린에 공급된 물질은 전부 통과흐름이나 잔류흐름이 되므로,

$$F = D + B \tag{29.1}$$

급송물 중의 물질 A도 이 두 흐름으로 배출되어야 하므로,

$$Fx_F = Dx_D + Bx_B \tag{29.2}$$

식 (29.1)과 (29.2)에서 B을 소거하면,

$$\frac{D}{F} = \frac{x_F - x_B}{x_D - x_B} \tag{29.3}$$

D을 소거하면[2] 다음과 같이 된다.

$$\frac{B}{F} = \frac{x_D - x_F}{x_D - x_B} \tag{29.4}$$

---

2 식 (29.3) 및 (29.4)은 증류에 관한 식 (21.8) 및 (21.9)과 같음을 유의하라. 물리적 의미는 서로 다르지만, 두 조작은 모두 분리조작이므로 같은 총괄 물질수지식이 적용된다.

체질에 의한 분리는 거의 완전할 수 없다. 약간의 과소-입자는 해당 체의 잔유물 속에 보통 남아 있고, 때로는 과대-입자가 해당 체를 통과해 과소-입자에 섞인다. 분리달성 결과측정이 스크린 효율(screen efficiency)인데, 이에 대한 많은 공식이 제안되었다[32g]. 그러나 총괄효율을 계산하는 불변의 방법이 설정되어 있지 않다.

스크린의 처리능력(capacity)

스크린의 처리능력은 스크린의 단위면적에 단위시간 당 공급될 수 있는 물질의 질량으로 나타낸다. 처리능력과 효율은 상반되는 인자이다. 효율을 최대로 하려면 처리능력이 적어진다. 처리능력을 크게 하려면 효율이 희생되어야 한다. 실제로는 처리능력과 효율 사이에 합리적인 균형이 이루어져야 한다.

스크린의 처리능력은 단순히 장치에 대한 공급물의 공급속도를 변화시켜서 조절된다. 처리능력이 정해졌을 때 얻을 수 있는 효율은 스크린 조작 성질에 따라 달라진다. 어느 주어진 고운 입자가 스크린을 통과할 수 있는 기회는 그 입자가 스크린 표면에 부딪치는 횟수와 한번 접촉하는 동안 통과할 확률(確率)의 함수가 된다. 스크린의 부하(負荷)가 지나치면, 다른 입자의 방해를 받아 접촉 횟수가 적어지고 접촉하였을 때 통과할 기회가 줄어들게 될 것이다. 처리능력을 희생하여 효율을 개선할 수 있는 것은 입자의 접촉 횟수가 많아지고 접촉하였을 때 통과할 기회가 좋아지기 때문이다.

한 입자가 스크린을 통과할 수 있는 확률은 전체 표면 중 눈(개공, opening)이 차지하는 비율, 입자지름과 눈 폭의 비, 입자와 스크린 표면의 접촉 횟수에 따라 달라진다. 한 스크린의 최대용량은 Perry[32h]에 의해 보인 바와 같이 대략 $D_{pc}^{0.6}$에 비례(여기서 D_{pc}는 스크린 눈 크기)하고 입자밀도에 비례한다. 눈 크기 $\frac{1}{4}$~4 in(6~100 mm)인 거친 스크린은 그 용량이, 처리될 물질의 밀도에 따라 1~8 ton/h · ft^2(2.7~22 kg/s · m^2) 정도이고, 0.05~0.25 in(1~6 mm) 스크린은 0.1~1.0 ton/h · ft^2(0.27~2.7 kg/s · m^2) 정도이다.

입자크기가 작아질수록 체질(screening)은 점점 더 어려워지며, 입자크기가 약 150 mesh (0.1 mm) 이하이면 처리능력과 효율도 일반적으로 낮아진다.

29.2 여과(일반 여건)

여과(濾過)는 유체가 여과매체(filtering medium), 즉 격막(膈膜, septum)을 통과하게 하고, 그 위에 고체가 퇴적되게 함으로써 유체로부터 고체입자를 분리하는 것이다. 공업적 여과 방법에는 간단한 거르기(straining)에서 복잡한 분리에 이르기까지 여러 가지가 있다. 유체는 액체나 기체일 수 있으며, 여과하여 얻고자 하는 가치 있는 흐름은 유체나 고체 또는 둘 다가 될 수 있다, 폐액을 최종 처분하기 전에 쓰레기 고체를 분리하는 것과 같은 경우처럼 가치 있는 것이 아무 것도 없을 때도 있다. 공업적 여과에서, 급송물 중의 고형물(固形物) 함유량은 미량에서부터 아주 고농도에 이른다. 여과속도(濾過速度)를 개선하기 위하여 가열, 재결정, 또는 셀룰로스, 규조토와 같은 "여과조제"(filter aid)의 첨가 등의 방법으로 급송물을 예비처리하는 경우도 많다. 여과하고자 하는 물질의 종류가 아주 많고, 또 공정조건이 아주 광범함으로, 여러 가지 여과기(filter)가 개발되어 있다[32d, 40a]. 이중 몇 가지를 그림 29.3에 논의되었다.

유체는 여과매체 전후에서의 압력차에 힘입어서 이를 통하여 흐르게 된다. 따라서, 여과기(濾過器)는 여과매체 상류측의 압력을 대기압보다 높게 하여 조작하는 것과 상류측을 대기압으로 하고 하류측을 감압하여 조작하는 것으로 분류하기도 한다. 대기압보다 높은 압력은 액체준위에 따른 정압, 펌프나 송풍기(blower), 원심력 등에 의하여 생기게 할 수 있다. 원심여과기는 이 장의 뒤편에서 다룬다. 중력 여과기(gravity filter)에서는, 여과매체가 굵은 스크린 또는 모래와 같은 굵은 입자층보다 더 고울 수 없다. 따라서, 공업적으로

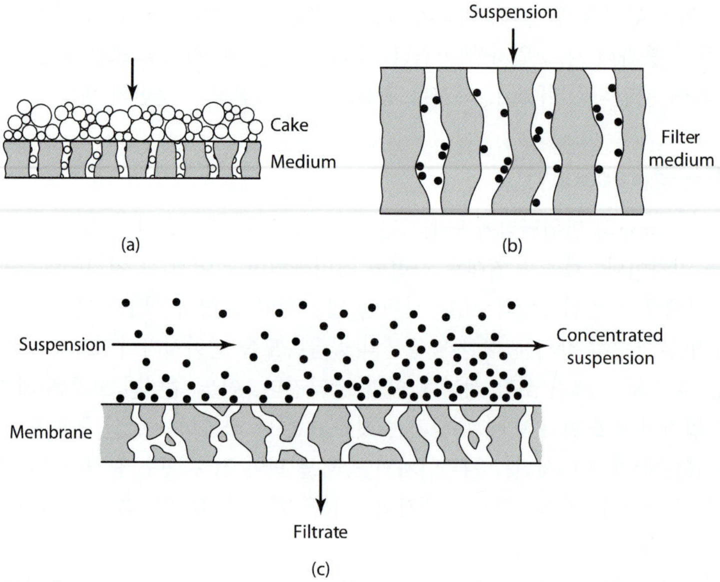

그림 29.3 여과 메카니즘 : (a) 케이크 여과기, (b) 청정 여과기, (c) 십자류 여과기

중력 여과기는 아주 조대(粗大)한 결정(結晶)으로부터의 용액 배출(排出), 음료수의 청정화(淸靜化, clarification), 폐수처리 등에 한하여 이용된다.

공업용 여과기는 대개 가압 여과기(pressure filter)나 감압(진공) 여과기 (vacuum filter)이다. 또 퇴적 고체의 배출이 연속적인가 간헐적인가에 따라서 연속 또는 비연속 여과기로 구분한다. 비연속 여과기(discontinuous filter)라도 여과기를 통한 유체의 흐름은 대부분의 조작 주기 동안은 연속적이지만, 축적된 고체를 제거하기 위하여 주기적으로 조업을 중단시켜야 한다. 연속 여과기(continuous filter)에서는 장치조작 동안에 고체와 유체의 배출을 중단하지 않는다.

여과기는 주로 3부류, 즉 케잌 여과기(cake filter), 청정 여과기(clarilfying filter) 및 십자류 여과기 등으로 나눈다. 케이크 여과기는 결정이나 스러지케잌 같이 비교적 대량 고체를 분리하는 데 쓰이며, 그림 29.3(a)에 표시되어 있다. 때로는 이 여과기는 배출 전 케이크를 세척하는 설비나 고체에 묻어 있는 액체를 제거하는 설비가 포함되기도 한다. 청정 여과기는 소량의 고체를 제거해서 청정기체나 음료 같은 발포성 청정액을 생산한다. 그림 29.3(b)에 보인 바와 같이 고체입자는 여과매체 안쪽에 포집되거나 또는 외부 표면에 포집된다. 청정 여과기는 여과매체(filter medium)의 기공이 제거될 입자보다 지름이 더 커서 일반 스크린과는 다르다. 십자류 여과기(crossflow filter)에서는 급송 부유물이 가압 하에서 여과매체를 비교적 고속으로 통과한다[그림 29.3(c)]. 고체 박막이 매체표면에 형성될 수 있으나 고속액체로 인해 막의 쌓임이 방지된다. 여과매체는 부유 입자를 여과해 낼 만한 작은 기공을 갖인 세라믹, 금속, 고분자막 등이다. 어떤 액체도 깨끗한 여액으로서 매체를 통과하기 때문에 아주 농축된 부유물이 남기도 한다. 뒤에 설명되겠지만 한외여과기(ultrafilter)는 극소기공의 분리막이 설치된 십자류 장치이고 콜로이드나 큰 분자물질을 분리 · 농축하는 데 쓰인다.

29.3 케이크 여과기

케이크 여과기(cake filter)에서 여과를 시작하면, 고체입자는 일부가 매체의 세공(細孔)으로 들어가 부동화되며, 이어서 격막 표면에 모이게 된다. 이 초기의 짧은 기간이 지나면, 격막이 아니라 형성된 고체 케이크 자체가 여과를 수행하게 된다. 케이크는 상당한 두께로 표면에 형성되며, 주기적으로 제거하여야 한다.

기체 정화용 백 여과기(bag filter)를 제외하고, 케이크 여과기는 거의가 액체·고체 분리에 사용된다. 다른 여과기에서와 마찬가지로 여과매체의 상류-측을 대기압 이상으로 하거나 하류-측을 감압하여 조작한다. 어느 것이나 연속 또는 비연속 조작을 할 수 있으나, 가압상태(加壓狀態)에서는 고체를 연속 제거하기가 어렵기 때문에 대부분의 가압 여과기는 비연속적이다.

비연속 가압 여과기

가압 여과기에서는 격막 전후에서의 압력차를 크게 하여 점성 액체나 미세한 고체인 경우에도 경제적으로 빨리 여과할 수 있다. 가장 많이 쓰이는 가압 여과기는 여과 프레스(filter press)와 통-잎상 여과기(shell-and-leat filter)이다.

여과 프레스. 여과 프레스는 고체가 모일 수 있는 방 또는 칸의 역할을 하는 일련의 판(plate)으로 되어 있다. 이 판을 캔버스(canvas)와 같은 여과매체로 덮는다. 슬러리를 가압하에서 각 칸에 도입하면, 액체는 캔버스를 통과하여 배출관으로 흐르고, 젖은 고체 케이크를 뒤에 남긴다.

여과 프레스의 판은 사각형 또는 원형이며, 수직 또는 수평으로 하여 사용한다. 고체가 모이는 칸은 성형(成形)한 폴리프로필렌 판의 면을 파내어서 만드는 것이 가장 일반적이다. 그림 29.4에 보인 **판-틀형 프레스**(plate-and-frame press)인 경우에는 6~78 in(150 mm~2 m)의 사각형 판과 속이 빈 틀을 교대로 조립하여 틀에 고체가 모이도록 한다. 판의 두께는 1/4~2 in(6~50 mm)이며, 틀의 두께는1/4~8 in(6~200 mm)이다. 판과 틀은 금속 선반(rack)에 수직으로 앉히며, 천(여포)으로 각 판의 면을 덮고, 나사(screw)나 수압램(hydraulic ram)으로 꽉 조인다. 슬러리는 조립한 판-틀의 한쪽에서 도입되어, 그 한구석에 길이-방향으로 나 있는 유로를 통하여 흐르게 된다. 보조 유로를 만들어서 슬러리를 주(主) 도입유로로부터 각 틀로 흐르게 한다. 이때 고체는 여포(濾布; cloth)를 덮은 판의 면에 퇴적된다. 액은 여포를 통과하여 판 표면에 홈이나 주름으로 흘러내려서 프레스에서 배출된다.

프레스를 조립한 다음, 펌프나 압력 3~10 atm의 가압 탱크를 사용하여 슬러리를 도입한다. 여과는 액(液)이 더 이상 배출구에서 흘러나오지 않거나 압력이 갑자기 상승할 때까지 계속한다. 이 상태는 틀이 고체로 꽉 채워져서 더 이상 슬러리가 들어갈 수 없을 때 나타난다.

이때 프레스는 "꽉 찼다"(jammed)고 한다. 이어서 세척수를 도입하여 고체 중의 용해성 불순물을 제거하기도 하며, 다음으로 케이크에 수증기나 공기를 불어넣어 잔류액(殘溜液)을 가능한 한 많이 제거한다. 이어서 프레스를 열고, 여과매체로부터 고체 케이크를 떼어서 컨베이어나 저장 빈(bin)에 떨어뜨린다. 여과 프레스는 대개 이러한 조작을 자동적으로 행하는데, 그 보기를 그림 29.4에 나타내었다. 여과 프레스의 완전 세척에는 몇 시간이 걸리기도 한다. 이것은 세척수가 가장 쉬운 통로로 흐르고 치밀한 케이크 부분을 우회하는 경향이 있기 때문이다.

통-잎상 여과기. 판-틀형 프레스에서보다 높은 압력으로 여과함으로써 노동력을 줄이거나, 또는 케이크를 보다 효과적으로 세척할 필요가 있을 때는 통-잎상 여과기(shell-and-leaf filter)를 사용하는 것이 좋다. 그림 29.5에 보인 수평탱크 구조에서는, 일련의 잎상판(leaf)을 신축성(伸縮性) 수직 선반(rack)에 건다. 그림은 배출하기 위하여 장치를 풀어놓은 상태이다. 조작 중에는 잎상판이 폐쇄된 탱크 안에 들어 있게 된다. 급송물은 탱크 측면에서 도입되며, 여액(filtrate)은 잎상판을 통과하여 배출관으로 흐른다. 그림 29.5의 수평탱크 여과기 설계형태는 여과조제(濾過助劑)를 사용하는 여과에 많이 쓰이는 것이다. 여과조제는 뒤에서 설명한다.

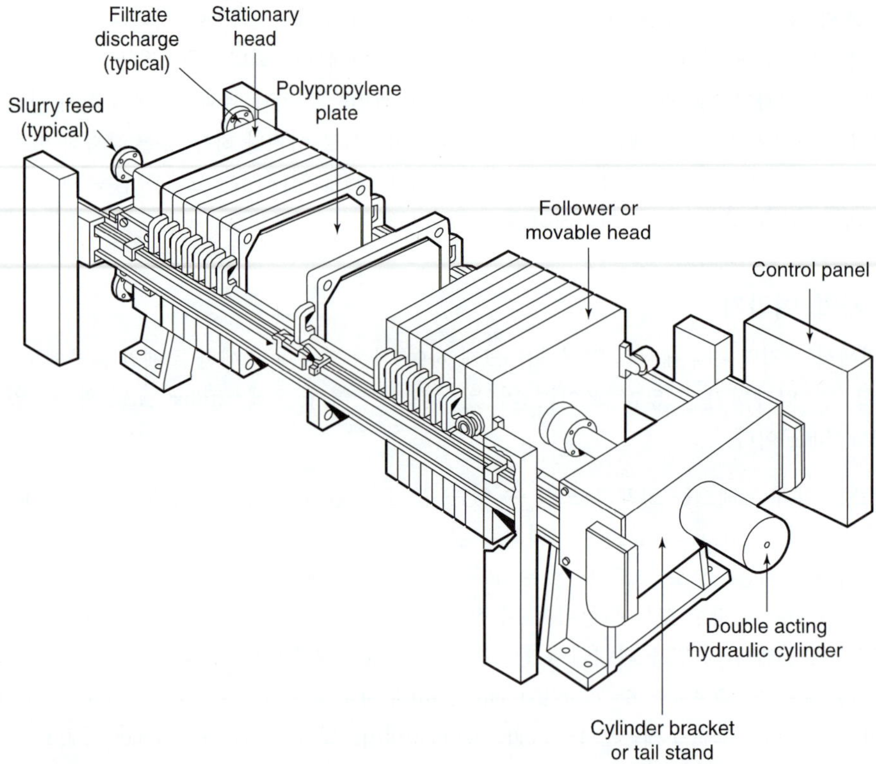

그림 29.4 자동조작 여과 프레스(Shriver Filter, Eimco Process Equipment Co.)

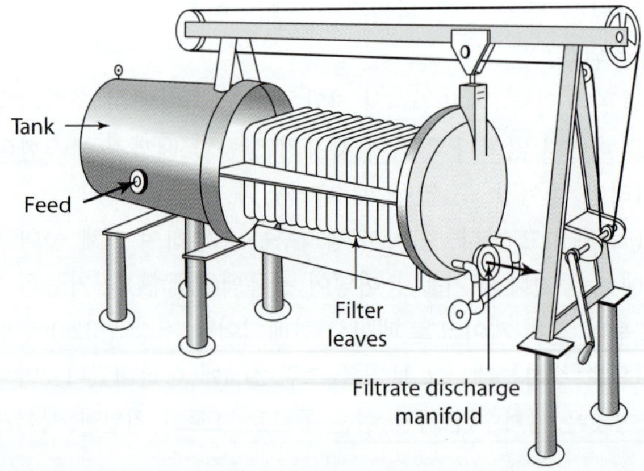

그림 29.5 수평탱크 가압 잎상 여과기(Ametek Process Equipment Division)

자동벨트 여과기

Larox벨트 여과기는 분리하고, 압축하고, 세척하고, 그리고 자동적으로 케이크가 배출되도록 만들어진 불연속 가압 여과기이다. 여과는 2~20개의 수평 충전실에서 이루어지는데 이 수평 충전실은 상하수직으로 설치되어 있다. 여과포 벨트는 여과실을 차례로 통과한다. 벨트가 고정되어 있기 때문에 각 충전실은 여과 순환 중에 고체로 채워진다. 그 다음 고압의 물이 충전실 천장의 유연성 격막 뒤로 펌핑되어 케이크를 압착하고 약간의 액체를 기계적으로 압축한다. 격막을 풀면 세척수가 케이크를 통과될 수 있고, 케이크는 격막에 의해, 원하면, 재압축될 수도 있다. 마지막으로 공기가 케이크를 통과하게 되면 추가 액체가 제거된다.

그 다음 충전실은 수력학적으로 개방되면서 벨트는 1개 충전실 길이보다 약간 긴 거리를 이동한다. 이 작용으로 여과기 양끝에서 케이크가 배출된다. 동시에 벨트 일부는 세척용 분사노즐 사이를 통과하게 된다. 모든 케이크가 배출된 후 벨트는 정지되고 충전실은 닫히고, 여과순환과정이 반복된다. 모든 단계가 제어판의 신호에 의해 자동적으로 작동된다. 여과기 크기는 0.8~31.5 m^2(8.6~339 ft^2) 범위이다. 총괄 순환과정이 비교적 짧아서(전형적으로 10~30분) 이 여과기는 연속과정으로 사용될 수 있다.

비연속 진공 여과기

일반적으로 가압 여과기(pressure filter)는 비연속적이고, 감압 여과기(vacuum filter)는 연속적이다. 그러나 비연속 감압 여과기가 유용한 수단이 되기도 한다. 진공 너체 여과기(vacuum nutsche filter)는 대형 Buchner 깔대기 정도이고, 그 지름은 1~3 m(3~10 ft) 그리고 100~300 mm(4~2 in) 두께의 고체층을 형성한다. 구조가 간단함으로 내식성 재질로 쉽게 만들 수 있고 부식성 재료 실험에 유용하다. 이 너체 여과기는 케이크를 퍼내는데 노동력이 많이 들기 때문에, 대형 공정에는 권장할 만한 것이 못 된다. 그러나 이것은, 케이크가 배출되기 전에 여과기 자체 내에서 건조되는, 회분식 조업을 하게 되는 가압 여과기로서 유용하다[31].

연속 진공 여과기

모든 연속 진공 여과기에서는 액체가 이동 격막을 통하여 흡입되어 고체 케이크가 그 위에 퇴적된다. 케이크를 여과 영역에서 벗어나게 하여 세척되고 흡입되고 건조되고 그리고 격막으로부터 떼 내게 된다. 그 격막은 다시 슬러리 안으로 들어가 또 다른 부하를 처리하게 된다. 언제나 격막의 일부분은 여과 영역에 잠겨 있고, 일부분은 세척 영역에, 또 일부분에서는 고체를 떼 냄으로, 여과기로부터의 고체와 액체의 배출이 중단되지 않는다. 연속 진공 여과기에서는 격막에 걸친 압력차가 그다지 크지 않아서 대개 250~500 mm Hg 정도이다. 이러한 여과기는 구조가 다양하기 때문에 슬러리의 공급방법, 여과 표면의 형상, 고체의 배출방법 등이 모두 다 다르다. 그러나 거의 대부분 고정 원(stationary source)으로부터 장치의 이동부분까지 회전밸브를 통해 진공이 걸리게 된다.

회전-드럼 여과기. 연속 진공 여과기의 가장 일반적인 형태는 그림 29.6에 나타낸 회전-드럼 여과기(rotary-drum filter)이다. 표면에 길쭉한 구멍(slot)이 있는 수평 드럼을 교반 슬러리 통(trough) 안에서 0.1 ~ 2 r/min로 회전시킨다. 드럼 표면에 캔버스와 같은 여과매체를 씌우며, 그 일부분이 슬러리에 잠기게 된다. 구멍 뚫린 주(主)드럼 속에는 고체 표면으로 된 제2의 작은 드럼이 들어 있다. 이 두 드럼 사이의 환상(環狀) 부분은 방사방향(放射方向)으로 구획하여 별도의 격실이 되게 하는데, 이 각 격실에는 회전밸브의 회전판(回傳板) 내의 한 구멍까지 내부 파이프로 연결되어 있다. 이렇게 하여 드럼이 회전함에 따라 진공과 공기가 교대로 각 격실에 공급되도록 한다. 각 격실의 노출된 면에는 여과포(filter cloth) 띠를 덮어서 연속 패널(panel)을 이루게 한다.

이제 그림 29.6의 A로 표시된 패널을 생각해 보자. 이 부분이 지금 막 통(trough) 안의 슬러리로 들어간다. 이 부분이 액면 밑으로 잠기면 회전밸브를 통하여 진공이 걸린다. 액체가 여과포를 통하여 격실 안으로 흡입되고, 내부 파이프를 통하여 밸브를 거쳐 수집탱크로 흐르는 동안, 이 패널 표면에는 고체층이 형성된다. 이 패널이 슬러리에서 나와서 세척 및 건조 영역으로 가면, 별도의 시스템으로부터 진공이 걸려서 고체 케이크를 통하여 세척액과 공기를 흡입하게 된다. 그림 29.7의 흐름도에서와 같이, 세척액은 여과기를 통하여 별도의 수집탱크에 모이게 된다. 이 패널 표면의 고체 케이크가 흡입되어 가능한 한 건조되면, 이 패널은

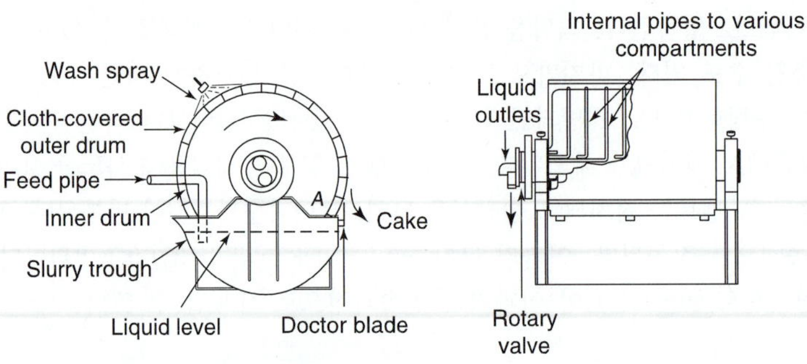

그림 29.6 연속 회전진공 여과기

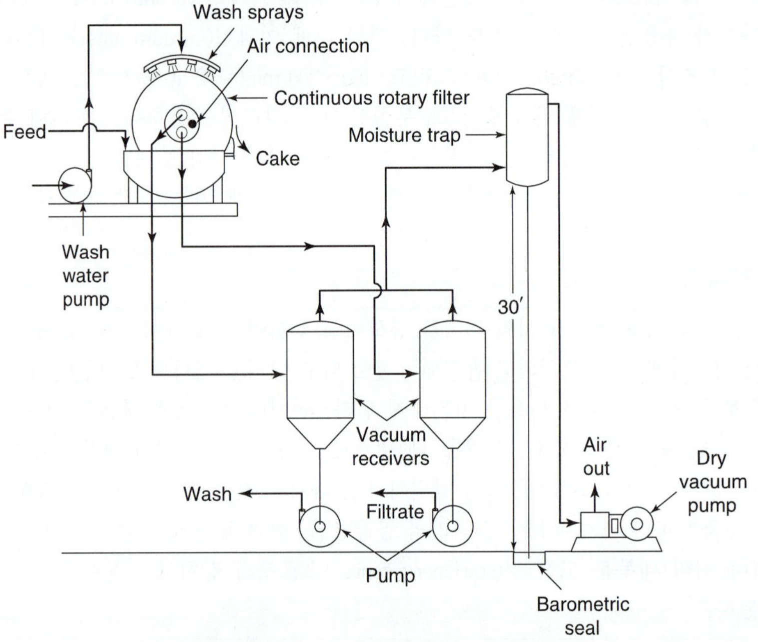

그림 29.7 연속 진공 여과의 흐름도

건조 영역을 떠나고 진공도 중단된다. 이어서 케이크는 훑개(doctor blade)라 하는 수평 칼로 긁어낸다. 이때 공기를 약간 불어넣어 여과포를 부풀게 하면, 케이크가 금이 가면서 여과포에서 떨어지므로 칼이 드럼 표면에 밀착되도록 긁을 필요가 없다. 케이크가 떨어지면 이 패널은 다시 슬러리 안으로 들어가서, 이러한 주기가 반복된다. 따라서, 각 패널의 조작은 주기적이지만 언제나 몇 개의 패널이 주기의 일부분에 있으므로, 여과기 자체의 조작은 연속적이다.

여러 가지의 회전 드럼 여과기가 상품화되어 있다. 드럼에 격실이 없는 구조로 된 것도 있는데, 이때는 여과매체의 내부 전체가 진공상태로 되게 한다. 여액(濾液)과 세척액은 부유관(dip pipe)을 통하여 함께 제거하며, 드럼 안의 고정 슈(shoe)를 통하여 공기를 불어 내어 여과포가 부풀고 케이크에 금이 가도록 함으로써 고체를 제거한다. 또한 간격이 좁고 평행한 일련의 줄(string)로 케이크가 여과기 표면으로부터 들뜨게 하거나, 여과포를 드럼 표면으로부터 분리시켜 지름이 작은 롤러(roller)를 지나가게 한 것도 있다. 이 롤러에서는 방향이 갑자기 변함으로 고체가 떨어지게 된다. 여과포가 롤러로부터 드럼 아래쪽으로 되돌아가면 세척되기도 한다. 세척액은 케이크 표면에 직접 분무하기도 하고, 또는 케이크에 공기를 불어넣으면 금이 가는 케이크의 경우에는 케이크 표면에 천 담요를 덮어 누르고 케이크와 함께 세척 영역으로 이동하면서 그 위에 분무하기도 한다.

드럼의 침적(submergence) 비율도 역시 다양하다. 하부 공급 여과기에서는 대개 여과 면적의 약 30%를 슬러리 중에 잠기게 하여 조작한다. 여과 처리능력을 크게 하고 세척이 필요 없을 때에는, 여과 표면의 60~70% 정도가 잠기는 고 침적(高沈積)여과기를 사용할 수 있다. 어떤 회전 여과기의 처리능력은 공급 슬러리의 특성과 특히 실제 조작에서 퇴적되는 케이크의 두께에 따라 크게 달라진다. 공업용 회전 진공 여과기에서의 케이크 두께는 3~40 mm(1/8~1 $\frac{1}{2}$ in) 정도이다. 드럼의 표준규격은 0.3 m(1 ft) 지름, 0.3 m(1 ft) 면(face)인 것에서부터 3 m(1 ft) 지름, 4.3 m(1 ft) 면인 것까지의 크기 범위로 되어 있다.

가압 회전 드럼 여과기

연속 회전진공 여과기는 때로 진공 여과가 적합하지 않거나 비경제적인 경우에 약 15 atm까지의 양압(positive pressure)하의 조업에 쓰인다. 이런 경우는 고체가 아주 고울 때, 여과가 느릴 때, 또는 액체가 높은 증기압이거나, 1 P 이상의 점도이거나, 냉각 시 결정화가 될 정도의 포화용액일 때 나타난다. 느린 슬러리 여과의 경우 격막 압력차가 진공 여과기에서의 압력차보다 더 커야 하고, 또 감압상태에서 증발하거나 결정화되는 액체의 경우 격막의 하류 쪽 압력이 대기압보다 작아서는 안 된다. 그러나 그 여과기로부터의 고체 배출 시 기계적 문제, 고가의 비용과 복잡성, 그리고 그 여과기의 크기가 작은 제한 때문에 그 응용에 문제가 있게 된다. 진공 여과를 할 수 없는 경우에는 연속 원심여과기 같은 기타 분리수단을 고려해야 한다.

조제피복 여과기

조제피복(助劑被服) 여과기(precoat filter)는 일반적으로 여포를 막히게 하는 가늘거나 젤라틴 상태의 고체를 소량 여과할 수 있도록 회전 드럼 여과기를 개선한 것이다. 이러한 기계를 조절할 때는 규조토와 같은 다공질 여과조제(濾過助劑)를 여과포 위에 피복시키고 이어서 처리액체를 이 여과조제층을 통과시켜 여과하면, 아주 얇은 고체층이 쌓인다. 이어서 이 층과 여과조제층의 일부를 천천히 전진하는 칼로 드럼으로부터 깎아 내는데 다음 조작에 필요한 만큼 다공질층의 새 표면이 나타날 때까지 계속된다. 이 조제피복 여과기는 가압하에서 조작하기도 한다. 이때는 배출된 고체와 여과조제를 수집함(housing) 안에 수집하였다가, 드럼을 여과조제로 재피복하는 동안 대기압 하에서 주기적으로 제거한다. 이러한 조제피복 여과기는 고체를 폐기하거나 고체를 다량의 여과조제와 섞어도 별 문제가 없는 경우에 한하여 사용할 수 있다. 조제피복 여과기 드럼의 침적율은 대개 50%이다.

수평벨트 여과기. 급송물에 굵고 빨리 침강하는 고체입자가 들어 있을 때는 회전 드럼 여과기로서는 작업이 잘 안되거나 전혀 되지 않는다. 굵은 입자는 슬러리 통(slurry trough) 안에서 잘 현탁시킬 수가 없을 뿐만 아니라, 생성되는 케이크는 여과기 드럼의 표면에 붙어 있지 않게 된다. 이러한 때에는 상부 공급식 수평 여과기(top-fed horizontal filter)를 사용할 수 있다. 그림 29.8에 보인 이동-벨트 여과기는 수평 여과기 중의 하나이다. 이것은 벨트 컨베이어와 비슷한데, 여기에는 횡단이랑(ridge) 지지물, 또는 여과포로 덮인 배수(排水)벨트가 있다. 이 여과포 벨트는 연속 회전되는 형태이다. 배수벨트의 중심에 있는 구멍들은 여액이 빠져 들어가는 길이-방향의 진공상자 위쪽으로 연결되었다. 급송 슬러리(feed slurry)는 장치의 한쪽 끝에 있는 분배기(distributor)로부터 벨트 위로 흐르며, 여과 세척된 케이크는 다른 쪽 끝에서 배출된다.

벨트 여과기는 특히 폐수처리에서 유용한데, 이것은 폐수에는 광범위한 입자 크기를 가진 입자가 들어 있기 때문이다[40a]. 이 여과기는 폭 0.6~5.5 m(2~18 ft), 길이 4.9~33.5 m(16~110 ft)로부터 여과 면적이 110 m^2(1,200 ft^2)인 범위까지 제작되고 있다. "위치 조절" 벨트 여과기(indexing belt filter)라고 하는 것에서는

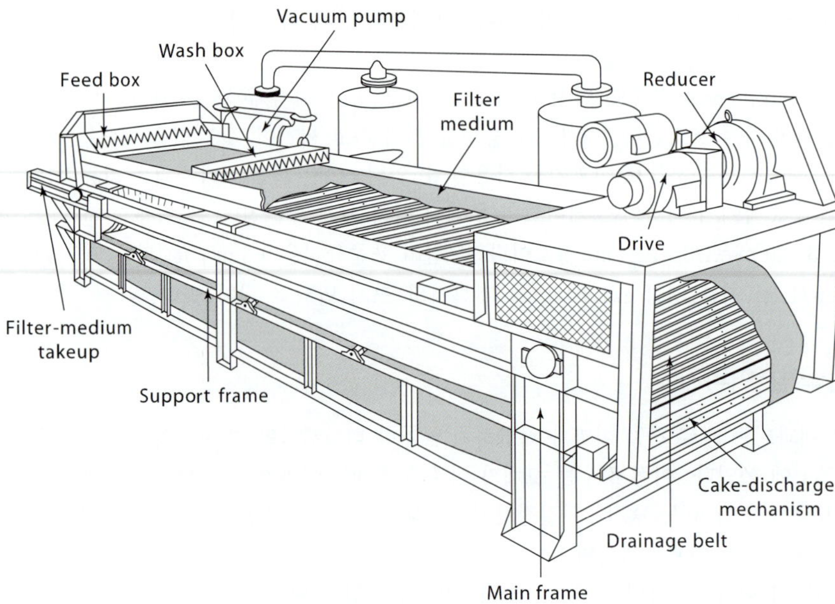

그림 29.8 수평벨트 여과기

앞에서 설명한 Larox 압력 여과기에서의 작용과 유사하게 간헐적으로 진공을 시킨다. 진공시키지 않을 때는 벨트가 50 cm 가량 앞으로 움직이고, 진공 중에는 정지상태에 있다. 이렇게 함으로써, 진공상자와 이동벨트 사이의 진공 밀폐(seal)를 좋게 유지할 수 있다.

29.3.1 원심 여과기

다공성 케이크를 이루는 고체는 원심 여과기(filtering centrifuge)에서 액체와 분리할 수 있다. 구멍 뚫린 벽에 캔버스나 금속 천(metal cloth)과 같은 여과매체를 씌운 회전하는 바스킷(basket)에 슬러리를 공급한다. 원심작용으로 생기는 압력으로 액은 여과매체를 통과하며, 고체는 여과포 위에 남는다. 이어서 바스킷에 슬러리 공급을 중지하고, 고체 케이크를 단시간 동안 그대로 회전시키면, 케이크 중의 잔류액체의 대부분이 빠져나가므로, 남아 있는 고체는 여과 프레스나 감압 여과기에서의 케이크보다 훨씬 더 "건조"된다. 여과 잔유물질을 다시 가열 건조하여야 한다면, 이러한 원심 여과기를 사용함으로써 비용을 많이 줄일 수 있을 것이다.

대표적인 원심 여과기로서는 비연속적으로 조작하는 현수형(懸垂型) 회분 식, 자동 단 주기(單週期) 회분식, 연속 컨베이어 원심분리기 등이 있다. 현수형 원심분리기(suspended centrifuge)에서는 여과매체로서 캔버스나 기타 직물, 직조 금속 천 등이 쓰인다. 자동기계에서는 가는 금속 스크린(또는 체)이 쓰이고, 컨베이어 원심분리기에서는 바스킷의 길쭉한 구멍 뚫린 벽 자체가 여과매체로 된다.

현수형 회분식 원심분리기

공업적 처리공정에서 쓰이는 회분식 원심분리기(batch centrifuge)의 일반형은 상단-현수형 원심분리기(top-suspended centrifuge)로서, 그림 29.9에 나타내었다. 구멍 뚫린 바스킷의 지름은 750~1,200 mm(30~ 48 in), 깊이는 450~750 mm(18~30 in) 정도이며, 회전속도는 600~1,800 rpm이다. 바스킷은 위에서 구동되는 자유회전(free-swinging) 수직축 아래 끝에 달려 있다. 여과매체는 다공 바스킷의 안쪽에 입힌다. 공급 슬러

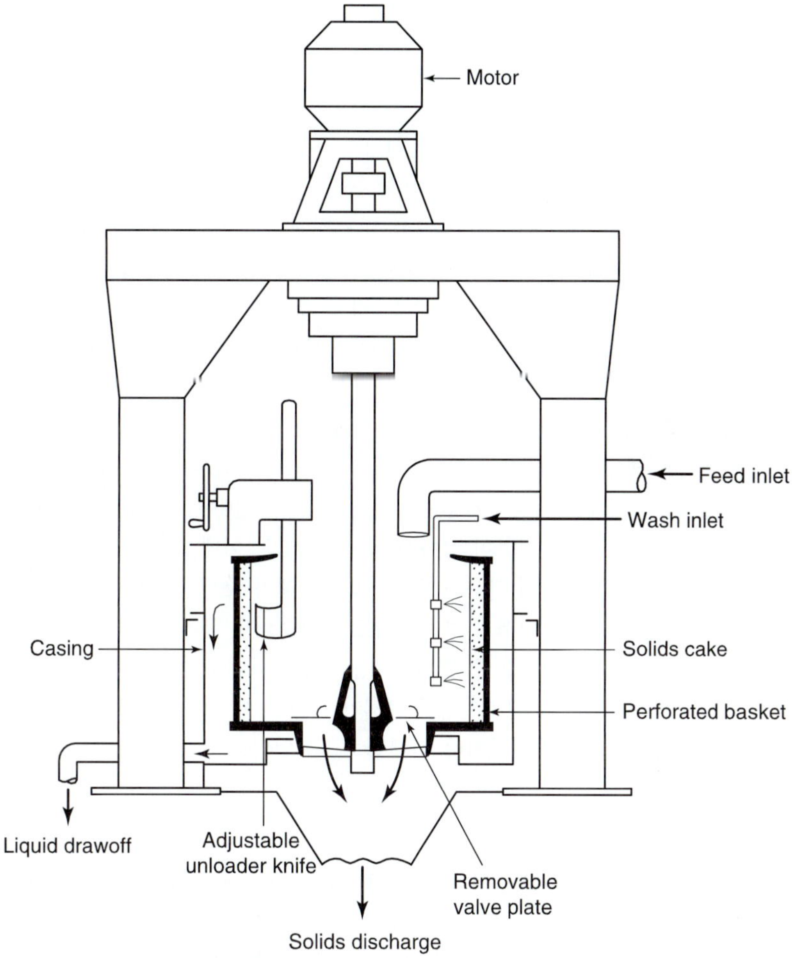

그림 29.9 상단-현수형 바스킷 원심분리기

리는 도입관이나 슈트(chute, 활송장치)를 통하여 회전 바스킷에 도입된다. 액은 여과매체를 통과하여 케이싱(casing)에 모여 배출관을 통해 나간다. 고체는 바스킷 안에서 두께 50~150 mm(2~6 in)의 케이크가 된다. 세척액을 분무하여 고체층을 통과시켜 용해성 물질을 제거하기도 한다. 이어서 케이크를 계속 돌려서 가능한 한 건조시키는데, 때로는 슬러리의 공급 및 세척 단계에서보다 빨리 회전시키기도 한다. 이어서 모터를 멈추고 브레이크(brake)로 바스킷의 회전을 약간 멈춘다. 바스킷을 30~50 r/min정도로 천천히 돌리면서, 제거용 칼로 여과매체로부터 케이크를 벗겨내어 바스킷 바닥의 구멍으로 떨군 다음 배출시킨다. 여과매체를 깨끗이 닦은 다음 모터를 돌리고, 다음 주기를 반복한다.

상단-현수형 원심분리기는 설탕 정제에서 많이 쓰인다. 이때 단위부하 당 주기 시간은 2~3 min이고, 기계당 생성량은 5 ton/h 정도이다. 한 주기 동안의 일부 또는 전부를 자동화하기도 한다. 그러나 다량의 결정을 분리하는 대부분의 공정에서는 다른 자동 원심분리기나 연속 컨베이어 원심분리기를 사용한다.

회분식 원심분리기 중에는 하부 구동형(驅動型)도 있는데, 이때 구동 모터, 바스킷, 케이싱은 모두 바닥 판에 연결되고, 여과물은 수직통 안에 부유된다. 고체는 케이싱 위에서 손으로 걷어 내거나 상단-현수형 기계에서와 마찬가지로 바스킷 바닥의 구멍으로 퍼내기도 한다. 설탕 정제를 제외하고는, 대개 현수형 원심 여과기는 단위부하 당 주기시간은 10~30 min, 고체 배출속도 300~1,800 kg/h(700~4,000 lb/h)

로 조작된다.

자동 회분식 원심분리기

단-주기 자동 회분식 원심분리기(short-cycle automatic batch centrifuge)를 그림 29.10에 예시하였다. 이 기계에서는 바스킷이 수평축에서 일정한 속도로 회전한다. 공급 슬러리, 세척액(wash liquid), 스크린 세정액(screen rinse)은 조절된 시간 간격에 따라서 연계적으로 바스킷에 분무된다. 고체는 최상 속도로 회전시키는 동안 주기적으로 올라오는 중-칼(heavy knife)로 잘라지고, 상당한 힘으로 배출슈트(discharge chute)를 통해 밀쳐 제거된다. 주기 타이머(cycle timer)와 솔레노이드 작동 밸브로 공급, 세척, 케이크 돌리기(spinning), 매체 세정, 고체 배출 등의 각 조작 단계를 조절한다. 주기 내 어느 부분의 시간을 임의로 늘리거나 줄일 수도 있다.

이러한 기계에서 바스킷의 지름은 500~1,100 mm(20~42 in)정도이다. 자유-배수 결정(free-draining crystal)인 경우, 이러한 자동 원심여과기를 사용하면 생산성이 높다. 급송물 중에 150 mesh보다 고운 입자가 많이 들어 있을 때는 일반적으로 이 기계를 사용하지 않는다. 굵은 결정일 때에는 전체 조작 신간을 35~ 90 s정도로 하므로 처리속도가 아주 크다. 주기 시간이 짧아서 공급 슬러리, 여액, 배출 고체의 체류량이 적으므로, 자동 원심여과기는 연속 제조공정과 함께 사용하기가 쉽다. 고체가 소량임으로 소량의 세척수를 사용하여 쉽게 세척할 수 있고, 또 다른 회분기계에서와 마찬가지로 필요하다면 품질 저하물(品質低下物)을 세정하기 위하여 일시적으로 세척수의 양을 증가시킬 수 있다. 자동 원심여과기로는 배수속도가 느린 고체를 취급할 수 없는데, 이것은 주기가 비경제적으로 길어지거나 고체가 슈트를 통하여 깨끗이 배출되지 않기 때문이다. 또 제거용 칼에 의하여 결정이 상당히 깨지거나 나빠질 수도 있다.

연속 여과 원심분리기

굵은 결정 용 연속 원심분리기는 그림 29.11에 보인 왕복-이송기(reciprocating-conveyor)이다. 구멍 뚫린 벽(slotted wall)으로 된 회전 바스킷으로의 급송물은 회전-급송 깔때기를 통하여 공급된다. 이 깔대기는 공급 슬러리가 천천히 부드럽게 가속되도록 하기 위한 것이다. 급송물은 바스킷의 회전축에 있는 고정된 관을

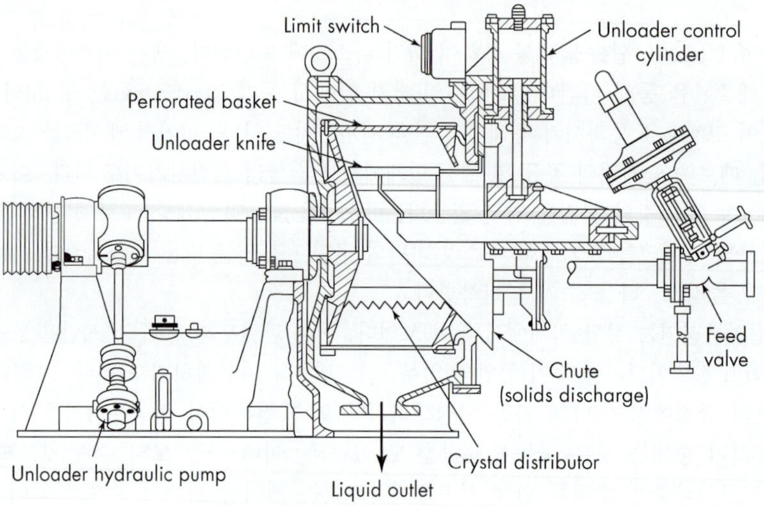

그림 29.10 자동 회분 원심분리기

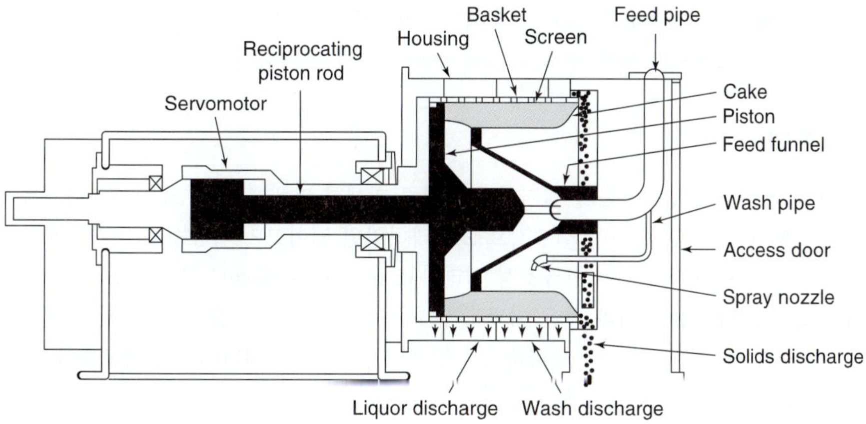

그림 29.11 왕복-이송식 연속 원심분리기(Baker-perlins, Inc.)

통하여 깔때기의 좁은 끝으로 공급되어, 깔대기의 넓은 끝으로 이동하면서 가속된다. 이 끝에서 바스킷 벽으로 넘치면, 벽과 같은 방향으로 거의 같은 속도로 움직인다. 액은 바스킷 벽을 통하여 흐른다. 이 벽에는 직조 금속 천을 씌우기도 한다. 이때 두께 25~75 mm(1~3 in)의 결정층(結晶層)이 형성된다. 이 층은 왕복 밀대(pusher)에 의하여 여과 표면으로 이동된다. 밀대의 한 행정(行程; stroke)마다 결정은 바스킷 가장자리 쪽으로 조금씩 이동하며, 밀대가 돌아간 자리의 여과 표면 공간에는 케이크가 다시 퇴적된다. 결정이 바스킷 가장자리에 이르면 큰 케이싱(casing)으로 날려가서 수집기 슈트에 떨어진다. 여액과 이동중인 결정에 분무된 세척액은 별도의 출구를 통하여 케이싱에서 배출된다. 이처럼 공급 슬러리가 부드럽게 가속되고 배출 고체가 부드럽게 감속됨으로, 결정의 손상을 최소화할 수 있다. 단일 단(單一段) 기계로서 고체 케이크를 적절하게 이동시킬 수 없는 경우에는 각 단계에서 결정의 이동거리를 최소화한 다단(多段) 기계를 사용한다. 왕복 원심 여과기에서 바스킷의 지름은 300~1,200 mm(12~48 in)정도이다. 100 mesh보다 고운 물질의 함유량이 약 10% 미만인 경우, 탈수속도 및 세척속도는 0.3~25 ton/h정도이다.

29.3.2 여과매체

어떤 여과기에서든지 격막(膈膜; septum)은 다음 요건을 갖춰야 한다.

1. 합당한 맑은 여액을 생성시키고 고체가 잔류해야 한다.
2. 막히거나 눈이 멀지 않아야 한다.
3. 약품에 잘 견디고 공정조건에서 견딜 수 있을 정도로 견고하여야 한다.
4. 생성된 케이크를 깨끗하고 완전하게 제거될 수 있어야 한다.
5. 지나치게 비싸지 않아야 한다.

공업용 여과에서 일반적인 여과매체는 캔버스 천(canvas cloth)으로서, 황마(duck)나 능직(twill)으로 짠 것이 쓰인다. 사용 목적에 따라서 무게와 직조(織造) 양식이 다른 여러 가지가 있다. 부식성 액체인 경우에는 다른 여과매체, 즉 모직 천, 모넬(monel)이나 스테인레스강의 금속 천, 유리 천, 종이 등이 쓰인다. 나일론, 폴리프로필렌, 각종 폴리에스터 등의 합성섬유(合成纖維)도 내약품성(耐藥品性)이 강하다[9,21].

아주 미세한 입자를 제거하고자 할 때 메쉬 크기(mesh size)가 같은 천이라면, 매끈한 합성섬유 또는 금속섬유가 이보다 거친 천연섬유에 비하여 효과가 덜하다. 그러나 일반적으로 이것은 여과 초기에서의 단점일 뿐이다. 미세입자가 들어 있지 않은 단단하고 굵은 입자인 경우를 제외하고는, 실질적인 여과매체는 격막

자체가 아니라 초기에 퇴적되는 고체층이 되기 때문이다. 처음의 여액은 탁할지 모르지만 점점 맑아지게 된다. 이 처음의 탁한 여액은 슬러리 탱크로 순환시켜서 다시 여과한다.

29.3.3 여과조제

치밀하고 불투과성 케이크를 형성하는 끈적거리거나 아주 미세한 고체는 아주 고운 여과매체를 막아서 통과되지 못하고 남게 된다. 이러한 물질을 실질적으로 여과하려면 케이크의 다공성을 증가시켜서 액이 합당한 유속으로 통과되도록 하여야 한다. 이때 규조성 실리카(diatomaceous silica), 진주암(perlite), 정제된 나무 셀룰로오스, 기타 불활성 다공질 고체와 같은 여과조제(濾過助劑 ; filter aid)를 여과 전에 슬러리에 첨가한다. 이 여과조제를 뒤에 여과 케이크로부터 분리하고자 할 때는 고체를 녹여버리거나 여과조제를 태워 없앤다. 고체가 쓸모가 없을 때는 고체와 여과조제를 함께 폐기한다.

여과조제를 사용하는 다른 방법으로서는 전처리-피복(precoating)이다. 즉, 여과 전에 여과조제의 층을 여과매체 위에 미리 입히는 것이다. 회분식 여과기에서는 조제 피복층의 두께를 일반적으로 얇게 한다. 연속조제피복 여과기(continuous precoat filter)에서는 이미 설명한 바와 같이, 여과조제 피복층을 두껍게 하고, 칼을 조금씩 내밀어서 이 층의 표면을 연속적으로 긁어내어 항상 새로운 여과 표면이 노출되게끔 한다. 조제 피복을 하면 여과매체가 젤라틴 모양의 고체로 막히는 것을 방지하며, 보다 깨끗한 여액을 생성한다. 이때 피복조제는 케이크가 아니라 실질적인 여과매체의 일부가 되는 것이다.

29.3.4 케이크-여과 원리

여과는 7장에서 설명한 다공질 매체를 통과하는 흐름의 특별한 예이다. 여과에서는 여과매체가 막히거나 케이크가 형성됨에 따라 시간이 지날수록 흐름에 대한 저항이 증가하게 된다. 따라서, 7장의 식을 수정하여야 이용할 수 있다. 여기서, 주요 고려 대상이 되는 사항은 여과기를 통과하는 유속과 장치에서의 압력강하이다. 여과 중에 시간이 경과할수록 유속이 줄어들거나 압력강하가 증가하게 된다. 이른바, **정압여과**(定壓濾過 ; constant-pressure filtration)에서는 압력강하를 일정하게 유지함으로 유속이 시간에 따라 줄어들게 된다. 이른바, **정속여과**(定速濾過 ; constant-rate filtration)는 압력강하가 점점 증가되도록 하는 것인데, 많이 쓰이는 방법은 아니다.

케이크 여과에서는 액체가 직렬(直列)로 된 두 저항을 지나게 된다. 청정여과기(clarifying filter)에서 유일하게 저항이 되는 여과매체 저항(filter medium resistance)은, 케이크 여과의 초기 단계 동안에만 중요하다. 케이크 저항은 초기에는 0이지만 여과 진행과 함께 시간에 따라 증가한다. 여과 후에 케이크가 세척된다면, 세척 기간 중에는 두 저항이 다 일정하지만 여과매체 저항은 대개 무시된다.

임의 시간에서의 총괄 압력강하는 매체 및 케이크에서의 압력강하의 합이다. 도입압력을 p_a, 배출압력을 p_b, 케이크와 매체 계면(界面)에서의 압력을 p'이라 하면 다음과 같이 쓸 수 있다.

$$\Delta p = p_a - p_b = (p_a - p') + (p' - p_b) = \Delta p_c + \Delta p_m \tag{29.5}$$

Δp = 총괄 압력강하

Δp_c = 케이크에서의 압력강하

Δp_m = 매체에서의 압력강하

여과케이크에서의 압력강하

그림 29.12는 여액 흐름이 시작된 이후 시간 t일 때의 여과케이크와 여과매체의 단면을 도식적으로 보인

것이다. 이때 여과매체로부터 측정한 케이크의 두께는 L_c이다. 흐름에 직각인 여과면적은 A이다. 지금 매체로부터의 거리 L만큼 떨어진 곳에서 두께 dL인 케이크층을 고려하자. 이 점에서의 압력을 p라 하자. 이 층은 얇은 고체입자층으로 된 것인데, 여액이 이를 통과하여 흐른다. 여과층에서는 유속이 아주 느려서 층류(層流)라 하여도 좋을 것이다. 따라서, 먼저 케이크에서의 압력강하를 나타내는 데 식 (7.17)을 사용할 수 있다. 이때 $\Delta p/L = dp/dL$이다. 만일 여액의 속도를 u라 하면, 식 (7.17)은 다음과 같이 된다.

$$\frac{dp}{dL} = \frac{150\,\mu u(1-\varepsilon)^2}{(\Phi_s D_p)^2\varepsilon^3} \tag{29.6}$$

그림 29.12는 케이크 내 비선형 압력구배를 보이는데, 이는 전형적으로 여과매체 근처의 낮은 케이크의 다공도 때문이다. 압력강하는 간혹 입자크기 대신 체적 대 표면 비(surface to volume ratio)의 함수로서 표시되기도 한다. 식 (7.10)을 참고하여 $\Phi_s D_p$에 $6(v_p/s_p)$를 대입하면 다음 식이 된다.

$$\frac{dp}{dL} = \frac{4.17\,\mu u(1-\varepsilon)^2(s_p/v_p)^2}{\varepsilon^3} \tag{29.7}$$

dp/dL = 두께 L에서의 압력구배
μ = 여액의 점도
u = 여과기면적을 기준 한 여액의 선속도(linear velocity)
s_p = 단일 입자의 표면적
v_p = 단일 입자의 체적
ε = 케이크의 다공도(多孔度)

선속도 u는 다음과 같다.

$$u = \frac{dV/dt}{A} \tag{29.8}$$

여기서, V는 여과를 시작한 이후로부터 시간 t까지의 여액의 부피이다. 여액은 케이크 전체를 통과하여야 하므로, V/A는 모든 층에서 다 같고, u는 L과 무관하다.

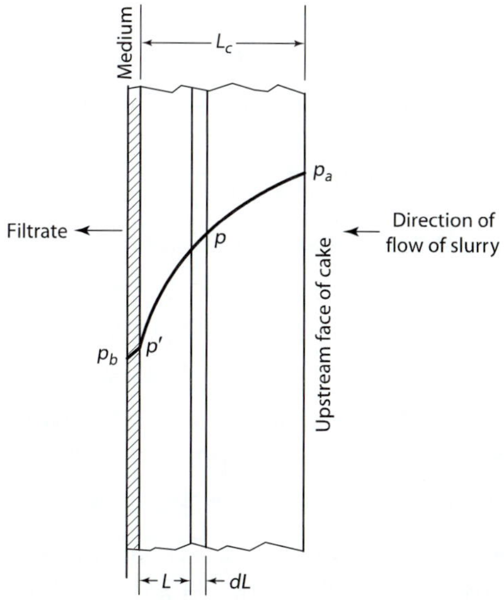

그림 29.12 여과매체와 케이크의 단면. 압력구배를 나타내고 있다: p = 유체압력, L = 여과매체로부터의 거리

이 층에 있는 고체의 부피는 $A(1-\varepsilon)dL$이다. 입자의 밀도를 ρ_p라 하면, 이 층의 고체 질량 dm은,

$$dm = \rho_p(1-\varepsilon)A\,dL \tag{29.9}$$

식 (29.7)과 (29.9)에서 dL을 소거하면 다음과 같이 된다.

$$dp = \frac{k_1\mu u(s_p/v_p)^2(1-\varepsilon)}{\rho_p A\varepsilon^3}\,dm \tag{29.10}$$

여기서 k_1은 식 (29.7)에서 4..17 대신 사용 된 것이다. 만일 fps단위를 사용한다면, Newton법칙 비례상수, g_c를 식 (29.7)과 식 (29.10)의 분모에 포함시켜야 한다.

압축성 및 비압축성 여과케이크

단단하고 균일한 입자가 들어 있는 슬러리의 여과에서 압력강하가 적을 때는 식 (29.10)에서 m을 제외한 모든 인자가 L과 무관하므로, 케이크 두께에 대하여 이 식을 직접 적분할 수 있다. 케이크 중의 전체 고체 질량을 m_c라 하면, 적분 결과는 다음과 같다.

$$\int_{p'}^{p_a} dp = \frac{k_1\mu u(s_p/v_p)^2(1-\varepsilon)}{\rho_p A\varepsilon^3}\int_0^{m_c} dm \tag{29.11}$$

$$p_a - p' = \frac{k_1\mu u(s_p/v_p)^2(1-\varepsilon)m_c}{\rho_p A\varepsilon^3} = \triangle p_c \tag{29.12}$$

이러한 여과케이크를 비압축성(非壓縮性, incompressible)이라 한다. 만일 fps 단위를 사용한다면 이 식의 분모에 g_c를 포함시켜야 한다.

식 (29.12)를 사용하기 위하여 케이크 비저항(specific cake resistance) α를 다음과 같이 정의한다.

$$\alpha \equiv \frac{\triangle p_c A}{\mu u m_c} \tag{29.13}$$

여기서,

$$\alpha = \frac{k_1(s_p/v_p)^2(1-\varepsilon)}{\varepsilon^3\rho_p} \tag{29.14}$$

케이크 저항 α는 입자크기 D_p항으로도 표시할 수 있음으로 새 계수 k_2로 표시하면,

$$\alpha = \frac{k_2(1-\varepsilon)}{(\Phi_s D_p)^2\varepsilon^3\rho_p} \tag{29.15}$$

비압축성 케이크에서는 이 α가 압력강하 및 케이크 내의 위치와 무관하다. α의 차원은 $\overline{LM}^{-1}$이다.

식 (29.13)에서 μ, u 및 m_c/A 값들이 모두 1.0일 때 α는 단위 압력강하가 되는 케이크 저항이 된다. 식 (29.15b)에서 보면, α는 케이크 물성, 특히 입자크기 D_p와 다공도 ε에 약간 영향을 받는다.

공업적으로 당면하게 되는 케이크는 대부분 각각의 단단한 입자로 되어 있지 않다. 대개의 슬러리는 아주 작은 입자의 느슨한 집합으로 된 괴상(塊狀, agglomerate) 또는 엉김물(floc)의 혼합물이다. 따라서 케이크의 저항은 각 입자의 형상보다는 엉김물의 특성에 따라 달라진다[20]. 엉김물은 슬러리로부터 케이크의 위 면에 퇴적하여 복잡한 유로망(流路網; channel-network)을 형성하므로, 식 (29.12)가 엄밀하게 적용되지 않는다. 이러한 슬러지의 저항은 슬러리를 조제하는 방법과 그의 경과시간(age) 및 온도에 따라 민감하게 달라진다. 또한 이러한 엉김물은 케이크 내에 작용되는 힘에 의하여 변형되고 파괴된다. 따라서, ε, k_2, s_p/v_p의 값은 층마다 다르다.

이러한 여과케이크를 압축성(壓縮性, compressible)이라 한다. 압축성 케이크에서는 α가 케이크 안에서의 거리에 따라 달라진다. 왜냐하면 격막 인접된 케이크는 더 큰 압축력을 받게 되며 다공율이 낮기 때문이다. 그림 29.12에서 보는 바와 같이 이로 인해 압력구배가 비선형이다. α의 국소 값은 시간에 따라서도 변한다. 결과적으로 식 (29.12)는 엄밀하게 적용되지 못한다. 그러나 실제로는 α의 시간 및 위치에 따른 변화를 무시한다. 실험에 의하여 여과하고자 하는 물질에 대한 평균값을 구하고, 식 (29.13)을 계산에 사용한다.

여과매체 저항

여과매체 저항 R_m은 케이크 저항 $\alpha m_c/A$과 유사하게 정의할 수 있어서 다음 식과 같다.

$$R_m \equiv \frac{(p' - p_b)}{\mu u} = \frac{\Delta p_m}{\mu u} \tag{29.16}$$

SI단위로 R_m은 kPa/[kPa · s · (m/s)], 즉 m^{-1}이다. 전형적인 값은 $10^{10} \sim 10^{11}$이다.

이 여과매체 저항 R_m은 압력강하, 여과매체의 나이 및 청정도(淸淨度; cleanliness)에 따라 달라지지만, 여과 초기단계에서만 중요함으로, 임의 여과기간 중에 이 값은 일정하다고 보고 실험에 의하여 그 값을 구하여도 좋다. R_m을 실험상수로 간주한다면, 여과기에서의 도입 및 배출 유로에서의 저항 역시 포함하게 된다.

식 (29.13)과 (29.16)에서, 다음 식이 유도된다.

$$\Delta p = \Delta p_c + \Delta p_m = \mu u\left(\frac{m_c \alpha}{A} + R_m\right) \tag{29.17}$$

엄밀하게 말하면, 케이크 저항 α는 Δp보다는 Δp_c의 함수이다. 그러나 케이크 두께가 어느 정도 되는 여과의 중요한 단계에서는 Δp_m이 Δp_c에 비하여 작게 됨으로, 식 (29.12)를 Δp_c 대신에 Δp에 대하여 적분하여도 α의 크기에 미치는 영향이 무시될 수 있을 것이다. 따라서 식 (29.17)에서는 α을 Δp의 함수로 간주한다.

식 (29.17)을 이용할 때, 여액의 선속도 u와 케이크 중의 전체 고체질량 m_c을 시간 t일 때의 여액부피 V의 함수로 나타내면 편리하다. 식 (29.8)이 u와 V의 관계를 나타내고, 또 물질 수지를 취하여 m_c와 V의 관계를 얻을 수 있다. 여액의 단위부피 당 퇴적된 입자의 질량을 c라 하면, 시간 t일 때 케이크 중의 고체질량은 Vc이다. 즉,

$$m_c = Vc \tag{29.18}$$

여과기로 공급되는 슬러리 내 고체 농도는 c보다 약간 낮다. 왜냐하면, 습윤 케이크가 그 기공에 다량의 액체를 함유하기 때문이다. 그리고 여액의 실제 체적 V는 초기 슬러리 내 총 액체량보다 약간 적다. 케이크 내 액체 보유량에 대한 보정은, 원한다면, 물질수지로부터 가능하다. 그래서 습윤 케이크 질량을 m_F라면 이는 그 기공 내에 함유된 여액을 포함한다. 또한 ρ를 여액의 밀도라 하자. c_F가 여과기로 공급되는 액체 m^3 당 kg으로 표시된 슬러리 내 고체 농도라 하면, 물질수지에 의해

$$c = \frac{c_F}{1-(m_F/m_c - 1)\,c_s/\rho} \tag{29.19}$$

식 (29.18)로부터 u을, 그리고 식 (29.17)을 (29.18)에 대입된 식으로부터 m_c을 교체하면

$$\frac{dt}{dV} = \frac{\mu}{A\Delta p}\left(\frac{\alpha c V}{A} + R_m\right) \tag{29.20}$$

정압여과

Δp가 일정하면 식 (29.20)의 변수는 V와 t뿐이다. $t=0$일 때 $V=0$, $\Delta p = \Delta p_m$이므로 다음과 같이 된다.

$$\frac{\mu R_m}{A\Delta p} = \left(\frac{dt}{dV}\right)_0 = \frac{1}{q_0} \tag{29.21}$$

이 식과 식 (29.20)을 정리하면 다음과 같다.

$$\frac{dt}{dV} = \frac{1}{q} = K_c V + \frac{1}{q_0} \tag{29.22}$$

여기서,

$$K_c = \frac{\mu c \alpha}{A^2 \Delta p} \tag{29.23}$$

식 (29.22)를 구간 (0, 0), (t, V)에 관하여 적분하면 다음과 같다.

$$\frac{t}{V} = \left(\frac{K_c}{2}\right)V + \frac{1}{q_0} \tag{29.24}$$

따라서, t/V를 V에 대하여 그리면 직선이 되며, 기울기는 $K_c/2$, 절편은 $1/q_0$이 된다. 이러한 그림과 식 (29.21) 및 (29.23)으로부터, α와 R_m의 값을 예제 29.1에 보인 바와 같이 구할 수 있다.

케이크 저항에 대한 실험식

압력강하를 변화시키면서 정압여과 실험을 행하여 Δp에 따른 α의 변화를 구한다. α가 Δp에 독립적이라면 슬러지는 비압축성이다. 대부분의 슬러지는 어느 정도 압축성이므로 α가 Δp에 따라 증가한다. 압축성이 큰 슬러지라면 α가 Δp에 따라 급격하게 증가한다.

Δp와 α의 실험결과를 실험식으로 나타낼 수 있는데, 가장 일반적인 형은 다음과 같다.

$$\alpha = \alpha_0(\Delta p)^s \tag{29.25}$$

여기서, α_0와 s는 실험상수이다. 상수 s는 케이크의 **압축계수**(壓縮係數; compressibility coefficient)이다. 비압축성 슬러지이면 이 값이 0이고, 압축성 슬러지이면 +값이다. 대개 0.2 ~ 0.8정도의 값이 된다. 식 (29.25)는 α_0와 s을 구하기 위하여 행한 실험 범위에서 크게 벗어나는 압력강하 영역에 대해서는 사용하지 말아야 할 것이다.

예제 29.1

H_2O 중의 $CaCO_3$ 슬러리를 사용하여 일정한 압력강하에서 여과 실험을 행한 결과가 표 29.1과 같다. 여과면적은 440 cm^2, 여액 단위부피 당 고체질량은 23.5 g/L, 온도는 25°C이었다. α와 R_m을 압력강하의 함수로 나타내고, 실험결과를 실험식에 맞추어서 α를 구하라.

풀이

먼저 다섯 번의 정압여과 실험 각각의 대하여, V 대 t/V의 그림을 그린다. 자료는 표 29.1에 나타내었으며, 그림 29.13과 같다. 각 선의 기울기는 $K_c/2$로서 단위는 s/l^2이다. 이것을 환산인자 $28.31^2 = 801$을 사용하여 s/ft^3 · ft^{3}단위로 바꾼다. 각 선의 절편은 $1/q_0$(단위: s/l)이다. 이것을 환산인자 28.31을 사용하여 s/ft^{3}단위로 바꾼다. 기울기 및 절편의 구한 값과 환산 값을 표 29.2에 나타내었다.

물의 점도는 부록 6에서 0.886 cP, 즉 $0.886 \times 6.72 \times 10^{-4} = 5.95 \times 10^{-4}$ lb/ft·s이다. 여과면적은 $440/30.48^2 = 0.474$ ft^{2}이다. 농도 c는 $(23.5 \times 28.31)/454 = 1.47$ lb/ft^{3}이다.

표 29.2의 $K_c/2$ 및 $1/q_0$값으로부터, α와 R_m의 대응 값은 식 (29.21) 및 (29.23)에서 구한다. 식 (29.21)의 분모에 g_c을 포함시켜 정리하면 즉,

표 29.1 예제 29.1에 대한 체적-시간 자료⁺[37]

Filtrate volume V, L	Test I t, s	Test I t/V	Test II t, s	Test II t/V	Test III t, s	Test III t/V	Test IV t, s	Test IV t/V	Test V t, s	Test V t/V
0.5	17.3	34.6	6.8	13.6	6.3	12.6	5.0	10.0	4.4	8.8
1.0	41.3	41.3	19.0	19.0	14.0	14.0	11.5	11.5	9.5	9.5
1.5	72.0	48.0	34.6	23.1	24.2	16.13	19.8	13.2	16.3	10.87
2.0	108.3	54.15	53.4	26.7	37.0	18.5	30.1	15.05	24.6	12.3
2.5	152.1	60.84	76.0	30.4	51.7	20.68	42.5	17.0	34.7	13.88
3.0	201.7	67.23	102.0	34.0	69.0	23.0	56.8	18.7	46.1	15.0
3.5			131.2	34.49	88.8	25.37	73.0	20.87	59.0	16.86
4.0			163.0	40.75	110.0	27.5	91.2	22.8	73.6	18.4
4.5					134.0	29.78	111.0	24.67	89.1	19.07
5.0					160.0	32.0	133.0	26.6	107.3	21.46
5.5							156.8	28.51		
6.0							182.5	30.42		

+ Δp가 lb_f/in^2 단위로는 Ⅰ, 6.7 ; Ⅱ, 16.2 ; Ⅲ, 28.2, Ⅳ, 36.3 ; Ⅴ, 49.1

표 29.2 예제 29.1에서 K_c, $1/q_0$, R_m 및 α값

Test	Pressure drop Δp $lb_f/in.^2$	Pressure drop Δp lb_f/ft^2	Slope $K_c/2$ s/L^2	Slope $K_c/2$ s/ft^6	Intercept $1/q_0$ s/L	Intercept $1/q_0$ s/ft^3	R_m, $ft^{-1} \times 10^{-10}$	α, $ft/lb \times 10^{-11}$
I	6.7	965	13.02	10,440	28.21	800	1.98	1.66
II	16.2	2,330	7.24	5,800	12.11	343	2.05	2.23
III	28.2	4,060	4.51	3,620	9.43	267	2.78	2.43
IV	36.3	5,230	3.82	3,060	7.49	212	2.84	2.64
V	49.1	7,070	3.00	2,400	6.35	180	3.26	2.80

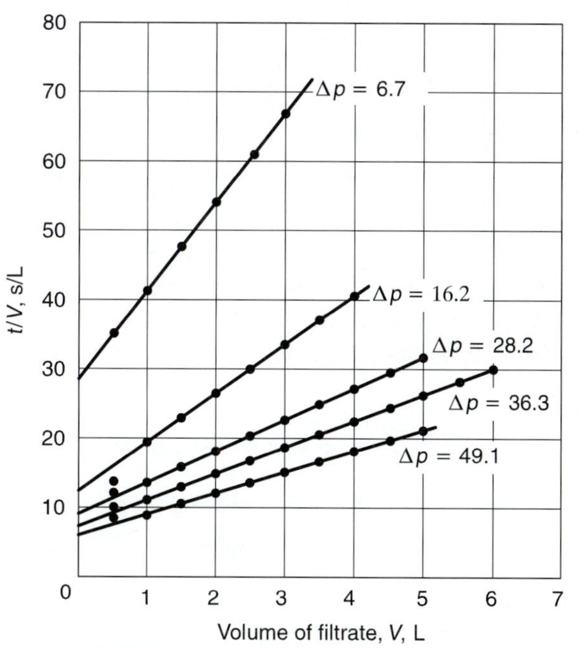

그림 29.13 예제 29.1에 대한 V 대 t/V 도시

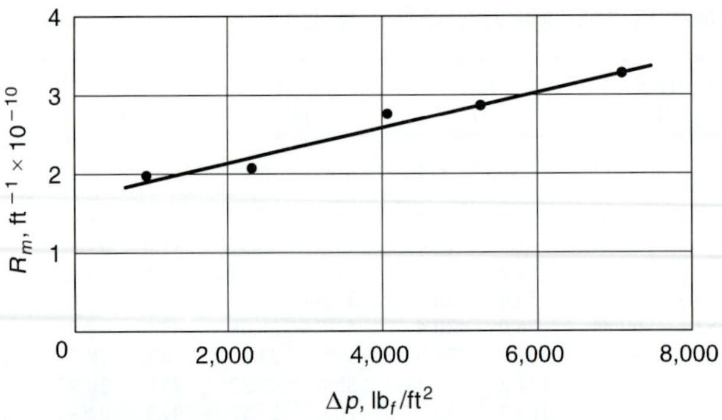

그림 29.14 예제 29.1에서의 Δp 대 R_m의 도시

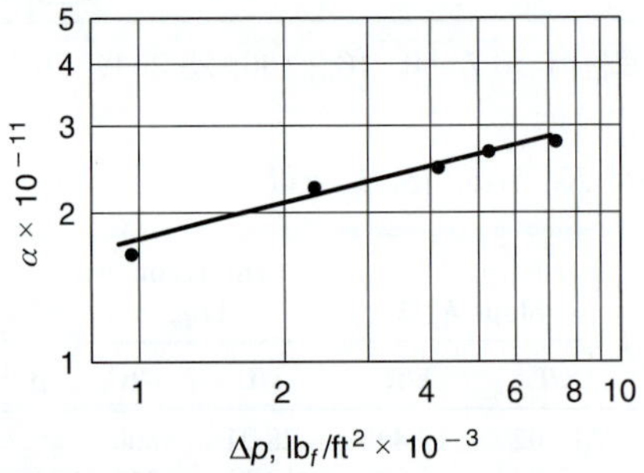

그림 29.15 예제 29.1에서의 Δp 대 α의 로그-로그 도시

$$R_m = \frac{A\Delta p g_c(1/q_0)}{\mu} = \frac{0.474\times 32.17\Delta p(1/q_0)}{5.95\times 10^{-4}}$$

$$= 2.56\times 10^4\Delta p\left(\frac{1}{q_0}\right)$$

$$\alpha = \frac{A^2\Delta p g_c K_c}{c\mu} = \frac{0.474^2\times 32.17\Delta p K_c}{5.95\times 10^{-4}\times 1.47}$$

$$= 8.26\times 10^3\Delta p K_c$$

표 29.2에 나타낸 $K_c/2$, $1/q_0$의 값은 최소제곱(자승)법으로 계산한 것이다. 시험 I를 제외하고는 직선 그래프에 맞지 않는 첫째 점을 제외시켰다. 또 표 29.2에는 α와 R_m값을 나타내었다. 그림 29.14는 Δp대 R_m을 그린 것이다. 여과매체 저항은 압력강하에 선형적으로 증가하나, Δp의 6배 증가에 대해서 오직 50% 상승한다.

그림 29.15는 Δp 대 α의 로그(logarithmic)도시이다. 여기서, 각 점은 직선을 이룸으로, α을 Δp의 함수로 나타내는 식으로서 식 (29.25)이 적절함을 알 수 있다. 이 직선의 기울기는 케이크의 s값으로서, 0.26이다. 이 케이크는 약간 압축성이다.

상수 α_0는 그림 29.15의 좌표에서 적절한 점의 값을 사용하여 식 (29.25)로 계산하여 구할 수 있다. 가령 $\Delta p = 1,000$일 때, $\alpha = 1.75\times 10^{11}$임으로,

$$\alpha_0 = \frac{1.75\times 10^{11}}{1,000^{0.26}} = 2.90\times 10^{10}\ \text{ft/lb}\ (1.95\times 10^{10}\ \text{m/kg})$$

따라서, Δp가 lb_f/ft^2 단위일 때 이 케이크의 경우 식 (29.25)는 다음과 같이 된다.

$$\alpha = 2.90\times 10^{10}\Delta p^{0.26}$$

■

연속 여과

회전 드럼 여과기에서와 같은 연속 여과에서는 공급물, 여액, 케이크가 일정 속도로 이동한다. 그러나 여과 표면의 특정 요소에서는 상태가 정상적이 아니고 비정상적이다. 가령 여과포의 한 요소가 슬러리에 잠길

때부터 다시 깨끗하게 될 때까지를 따라가 보자. 이 과정은 일련의 단계, 즉 케이크의 생성, 세척, 건조, 배출로 이루어지며, 각 단계에서도 점진적이고 연속적으로 상태가 변화한다. 그러나 여과기에서의 압력강하는 일정하게 유지한다. 따라서, 앞에서 다룬 비연속 정압여과에 관한 식을 수정하여 이 연속 여과에 이용할 수 있을 것이다.

지금 실제 여과시간(즉, 임의 여과기 요소가 슬러리에 잠겨 있는 시간)을 t라 하면 식 (29.24)로부터,

$$t = \frac{K_c V^2}{2} + \frac{V}{q_0} \tag{29.26}$$

여기서, V는 시간 t동안의 여액 부피이다. 식 (29.26)을 2차 방정식으로서 V에 관하여 풀면,

$$V = \frac{(1/q_0^2 + 2K_c t)^{1/2} - 1/q_0}{K_c} \tag{29.27}$$

식 (29.21) 및 (29.23)으로부터 $1/q_0$, K_c을 대입하고 tA로 나누면 다음 식이 된다.

$$\frac{V}{tA} = \frac{[(2\Delta p c\alpha/\mu t) + (R_m/t)^2]^{1/2} - R_m/t}{c\alpha} \tag{29.28}$$

V/t = 여액-수집 속도(rate of filtrate collection)

A = 여과기의 침적면적(沈積面積; submerged area)

식 (29.28)은 고체의 생성속도 $\dot{m}_c$와 주기 시간 t_c, 드럼(drum)속도 n, 전체 여과기 면적 A_T 등 여과기 특성의 함수로 나타낼 수 있다. 드럼의 침전 분율을 f라 하면,

$$t = ft_c = \frac{f}{n} \tag{29.29}$$

고체의 생성속도는 식 (29.19)에서,

$$\dot{m}_c = c\frac{V}{t} \tag{29.30}$$

$A/A_T = f$이므로, 케이크의 생성속도를 전체 여과면적으로 나누면 다음과 같다.

$$\frac{\dot{m}_c}{A_T} = \frac{[2c\alpha\Delta p fn/\mu + (nR_m)^2]^{1/2} - nR_m}{\alpha} \tag{29.31}$$

여과매체 저항 R_m에서는 배출기구(排出機構; discharge mechanism)에 의해 제거되지 않고 남아서 다음 주기에 동반되는 케이크의 저항이 포함된다. 케이크가 배출된 후에 여과매체를 세척한다면 대개 R_m은 무시되므로, 이때 식 (29.31)은 다음과 같이 된다.

$$\frac{m_c}{A_T} = \left(\frac{2c\Delta p fn}{\alpha\mu}\right)^{1/2} \tag{29.32}$$

케이크 비저항(比抵抗)이 식 (29.25)에 의하여 압력에 따라 변한다면, 식 (29.32)는 다음과 같이 수정될 수 있다.

$$\frac{\dot{m}_c}{A_T} = \left(\frac{2c\Delta p^{1-s} fn}{\alpha_0\mu}\right)^{1/2} \tag{29.33}$$

식 (29.31)과 (29.32)는 연속 감압 여과기 및 연속 가압 여과기에 모두 다 적용된다. R_m이 무시된다면, 식 (29.32)에서 여액유속(濾液流速)이 점도 및 주기 시간의 제곱근에 역비례하여 변함을 알 수 있다. 케이크가 두껍고 주기 시간이 길 때에는 이를 실험적으로 결정할 수 있다[30]. 그러나 주기 시간이 짧으면 이렇게 되지 않으므로, 식 (29.31)에서 나타낸 것보다 복잡한 관계식을 사용하여야 한다[36]. 일반적으로, 여과속도는 드럼속도가 증가하고 주기 시간 t_c가 감소할수록 커진다. 이때 드럼속도가 느릴 때보다 드럼 표면에 생성되는

케이크 두께가 얇기 때문이다. 그러나 드럼속도가 어떤 임계 값보다 커지면 여과속도는 더 이상 증가하지 않고 일정하게 되며, 케이크가 젖어서 배출시키기 어렵게 된다.

임의의 여과속도에 대하여 필요한 여과면적의 계산방법을 예제 29.2에서 설명하였다.

예제 29.2

30%가 침적되는 회전 드럼 여과기를 사용하여서, $CaCO_3$의 함유량이 물 ft^3당 고체 14.7 lb(236 kg/m^3)인 농후 슬러리를 여과한다. 압력강하는 20 in Hg이다. 여과케이크 중에 수분 50%가 포함된다고 할 때, 슬러리 10 gal/min을 여과하는데 필요한 여과면적을 구하라. 주기 시간은 5 min이다. 케이크 비저항은 예제 29.1에서와 같고, 여과매체 저항 R_m은 무시된다고 본다. 온도는 20°C이다.

풀이

식 (29.33)을 사용한다. 이 식에 대입하여야 할 양은 다음과 같다.

$$\Delta p = 20\left(\frac{14.69}{29.92}\right)\times 144 = 1{,}414\ \mathrm{lb}_f/\mathrm{ft}^2$$

$$f = 0.30 \qquad t_c = 5\times 60 = 300\,\mathrm{s} \qquad n = \tfrac{1}{300}\ \mathrm{s}^{-1}$$

예제 29.1에서,

$$\alpha_0 = 2.90\times 10^{10}\ \mathrm{ft/lb} \qquad s = 0.26$$

또한,

$$\mu = 1\mathrm{cP} = 6.72\times 10^{-4}\ \mathrm{lb/ft\cdot s} \qquad \rho = 62.3\ \mathrm{lb/ft^3}$$

c는 식 (29.18)에서 구한다. 슬러리 농도 c_F는 14.7 lb/ft^3이다. 케이크의 수분 함유량은 50%이므로, $m_F/m_c=2$이다. 이 값들을 식 (29.18)에 대입하면,

$$c = \frac{14.7}{1-(2-1)(14.7/62.3)} = 19.24\ \mathrm{lb/ft^3}$$

필요에 따라 g_c을 포함시킨 식 (29.33)을 A_T에 관하여 풀면,

$$A_T = \dot{m}_c\left(\frac{\alpha_0\mu}{2c\Delta p^{1-s}g_c fn}\right)^{1/2} \tag{29.34}$$

고체의 생성속도 $\dot{m}_c$는 슬러리 유속에 그 농도 c_F을 곱한 값과 같다. 따라서, $CaCO_3$의 밀도가 168.8 lb/ft^3이므로,

$$\dot{m}_c = \frac{10}{60}\,\frac{1}{7.48}\left(\frac{1}{(14.7/168.8)+1}\right)14.7 = 0.302\ \mathrm{lb/s}$$

식 (29.34)에 대입하면,

$$A_T = 0.302\left(\frac{2.90\times 10^{10}\times 6.72\times 10^{-4}}{2\times 19.24\times 1{,}414^{0.74}\times 32.17\times 0.30\times(1/300)}\right)^{1/2}$$
$$= 81.7\ \mathrm{ft}^2(7.59\ \mathrm{m}^2)$$

■

정속여과(constant-rate filtration)

여과유속이 일정하면, 선속도 u도 일정하다. 따라서,

$$u = \frac{dV/dt}{A} = \frac{V}{At} \tag{29.35}$$

식 (29.18)에서 m_c와 식 (29.35)에서 u을 식 (29.14)에 대입하여 다시 쓰면 다음과 같다.

$$\frac{\Delta p_c}{\alpha} = \frac{\mu c}{t}\left(\frac{V}{A}\right)^2 \tag{29.36}$$

이 식의 좌변에는 케이크 비저항 α가 그대로 들어 있는데, 이것은 압축성 슬러지인 경우 Δp가 압력강하의 함수이기 때문이다.

농도 c 역시 압력강하에 따라 다소 변할 수 있다. 실제 조작에서는 c가 아니라 c_s가 일정하고, 그리고 m_F/m_c가 압력에 따라 달라짐으로 식 (29.19)에 의해서 $(m_F/m_c - 1)(c_s/\rho)$가 1에 비교해서 상당하면, c는 역시 변한다. 일반적인 여과이론에서 만들어지는 여타 가정들을 고려하면, 압력강하에 따른 c의 어느 변화는 무시할 수 있다.

α가 Δp의 함수 관계로 알 수 있고, 그리고 여과매체에서의 압력강하 Δp_m을 추정할 수 있다면, 식 (29.36)을 사용하여 여액의 흐름속도가 일정할 때의 총괄 압력강하와 시간을 직접 관련지을 수 있다. 그러나 α와 Δp_c의 상관관계로서 식 (29.25)를 사용할 수 있다면, 식 (29.36)을 직접적으로 사용할 수 있을 것이다[27]. 식 (29.25)에서 α을 식 (29.36)에 대입하고, $(\Delta p - \Delta p_m)$을 Δp_c에 대입하면 다음 식이 된다.

$$\Delta p_c^{1-s} = \alpha_0 \mu c t \left(\frac{V}{At}\right)^2 = (\Delta p - \Delta p_m)^{1-s} \tag{29.37}$$

또한, 여과매체의 압력강하에 대하여 총괄 압력강하를 보정하는 가장 간단한 방법은 임의의 정속여과(定速濾過)에서 여과매체 저항이 일정하다고 보는 것이다. 이때 식 (29.16)에 의하여 식 (29.37)의 Δp_m 역시 일정해진다. 식 (29.37)의 변수는 Δp와 t뿐이므로, 이 식을 다음과 같이 쓸 수 있다.

$$(\Delta p - \Delta p_m)^{1-s} = K_r t \tag{29.38}$$

여기서, K_r은 다음과 같이 정의된다.

$$K_r = \mu u^2 c \alpha_0 \tag{29.39}$$

원심여과의 원리

정압 여과의 기본 이론을 수정하여 원심여과(centrifugal filtration; 遠心濾過)에 적용할 수 있다. 이것은 케이크가 퇴적된 후 그리고 맑은 여액이나 깨끗한 물이 케이크를 통과하여 흐르는 동안에 적용된다. 이러한 케이크를 그림 29.16에 나타내었다. 이 그림에서,

r_1 = 액체 내면의 반지름
r_i = 케이크 내면의 반지름
r_2 = 바스킷의 안쪽 반지름

여기에서 다음 가정을 하여 간단히 하기로 한다. 즉, 중력 효과 및 액체의 운동에너지 변화에 대한 영향을 무시하고, 원심작용으로 인한 압력강하는 케이크를 통과하여 흐르는 액체의 항력(drag)과 같다. 또 케이크는 완전히 액체로 꽉 차 있으며, 액체의 흐름은 층류이고, 여과매체 저항은 일정하며, 케이크는 거의 비압축성으로서 평균 비저항(比抵抗)이 일정하다고 본다.

이러한 가정 하에서, 케이크를 통과하는 액체의 유속을 다음과 같이 추정한다. 먼저, 흐름면적 A가 실제로 지름이 큰 원심여과기에서 케이크 두께가 얇을 때와 마찬가지로 반지름에 따라 변하지 않는다고 가정한다. 이때 액체의 선속도는 다음과 같다.

$$u = \frac{dV/dt}{A} = \frac{q}{A} \tag{29.40}$$

여기서, q는 액체의 부피유속이다. 식 (29.40)을 식 (29.17)에 대입하면 다음 식이 된다.

$$\Delta p = q\mu\left(\frac{m_c \alpha}{A^2} + \frac{R_m}{A}\right) \tag{29.41}$$

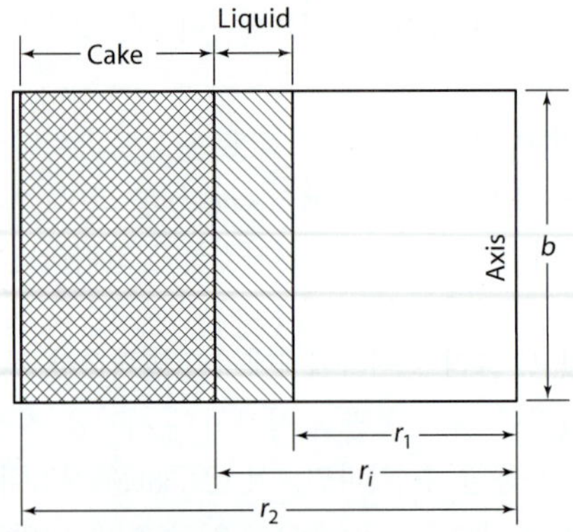

그림 29.16 원심여과기

식 (2.8)에서 원심력작용으로 인한 압력강하는 다음과 같다.

$$\Delta p = \frac{\rho\omega^2(r_2^2 - r_1^2)}{2} \tag{29.42}$$

ω = 각속도, rad/s

ρ = 액체의 밀도

식 (29.41)과 (29.42)를 결합하고 q에 대하여 풀면 다음 식이 된다.

$$q = \frac{\rho\omega^2(r_2^2 - r_1^2)}{2\mu(\alpha m_c/A^2 + R_m/A)} \tag{29.43}$$

반지름에 따른 A의 변화가 너무 커서 무시하기 어려울 때에는, 식 (29.43)을 다음과 같이 나타낼 수 있다 [20].

$$q = \frac{\rho\omega^2(r_2^2 - r_1^2)}{2\mu(\alpha m_c/\overline{A}_L\overline{A}_a + R_m/A_2)} \tag{29.44}$$

A_2 = 여과매체의 면적(원심 여과기 바스킷의 안쪽 면적)

$\overline{A}_a$ = 산술평균 케이크 면적

$\overline{A}_L$ = 로그평균 케이크 면적

평균면적 $\overline{A}_a$와 $\overline{A}_L$는 다음과 같이 정의된다.

$$\overline{A}_a \equiv (r_i + r_2)\pi b \tag{29.45}$$

$$\overline{A}_L \equiv \frac{2\pi b(r_2 - r_i)}{\ln(r_2/r_i)} \tag{29.46}$$

b = 바스킷의 높이

r_i = 케이크의 안쪽 반지름

식 (29.44)는 질량이 일정한 케이크에 적용되는 것이며, 텅빈 원심 여과기에서 여과를 시작한 뒤 전체 여과에 관한 적분식이 아님을 지적해 두고자 한다. 식 (29.43)과 (29.44)의 케이크 저항 α는 일반적으로 비슷한 조건에서의 가압 여과나 감압 여과인 경우에 비하여 다소 큰 값이 된다. 특히 압축성 케이크일 때에는 α가 가한 원심력에 따라 증가한다. 또 원심력이 일정하더라도 케이크의 두께에 따라 증가한다.

여과케이크의 세척

여과기간 끝 무렵에 여과 케이크(filter cake)는, 입자 간 공간이 용액으로 채워진 충전층과 같다. 그 케이크가 물로 또는 용매로 치환되어 용질이 제거되면 세척되는 것이다. 이때 미제거 용질은 건조 후 고체 제품 속에 불순물로서 남게 된다. 만일, 고체가 폐기될 제품이라면, 세척은 그 폐기물 안전규정에 만족될 때까지 그리고 재활용 목적이라면 유용 물질 회수조건에 만족할 때까지 수행하면 된다. 세척액의 유속과, 케이크 내 용질 함량을 원하는 정도까지 감소시키는 데 필요한 액체량(체적)등은 여과기 설계와 조업에 중요한 인자이다. 다음에 설명될 원리가 이 문제에 적용될지라도, 최상 조업조건은 약간의 실험자료 없이는 선정될 수 없다.

거의 완전한 용질 제거에 필요한 세척액 양(체적)은 여과 후 케이크 내 남아있는 용액 양보다는 더 커야 한다. 케이크 내 잔유량은 $\bar{\varepsilon} A L_c$이다. L_c는 케이크 두께이고 $\bar{\varepsilon}$는 케이크의 평균 다공도(공극율)이다. 치환 세척(displacement wash)이라 볼 수 있는 세척기간(wash period) 중 첫 단계에서는 세척액이 케이크 내 용액을 밀어내어 그 케이크 층을 통과되는 것이다. 이때 그 유출흐름 내 용질농도를 C_o라 하면, 이것이 여액(filtrate) 내 용질의 초기 농도이다.

치환 세척은. 그 케이크층이 균일한 크기의 기공이고 축방향 분산이 없는 이상적인 플러그 흐름이라면, 최소 세척액 양으로 모든 용질을 제거할 수 있다. 유출 농도는 모든 용액이 치환되어 급격히 영으로 떨어질 때까지 일정할 것이다. 실제로 케이크 내 기공 일부는 주머니(pocket)나 측면유로(side channel)로 되어 있어서 흐름이 없거나 아주 작게 되고 그 곳의 용질은 주 통로로부터 용액이 치환될 때도 그대로 잔유하게 된다. 용질은 서서히 이 주머니로부터 확산에 의해서 주 흐름에 합류되기 때문에 고정층 분리(fixed-bed separation)에서 나타나는 파과곡선(breakthrough curve)처럼(25장 참조) 유출 농도가 급격히 떨어진다. 세척 중 확산단계는 케이크 내 용액의 약 $\frac{1}{2} \sim \frac{2}{3}$가 치환될 때 시작된다. 다공성 입자층의 경우, 기공 내 추가적 보유량(holdup)과 낮은 유효 확산계수로 인하여 이 확산단계가 더 길게 됨으로서 주어진 제거율에 대해 더 많은 세척제 양이 필요하게 된다.

케이크 세척에 대한 자료는 세척시간 또는 체적 대 상대 농도 도시(plot)로서 얻어지거나, 더욱 유용한 것으로서는, 제거된 총량(농도 자료를 적분해서 얻는다)에 대한 잔유 용질의 분율 R에 대한 도시이다. 알루미늄 3-수화물(Al trihydrate) 여과케이크를 세척하여 NaOH와 Na_2CO_3을 제거하는 전형적인 결과가 그림 29.17에 표시되었다[8]. 세척비(wash ratio) n은 케이크 내 용액 양으로 세척액 양을 나눈 것이다. 이 그림에서 75% 제거가 $n = 1.0$(이는 이상적 치환세척에서 100% 제거에 비교된다)에서 얻어졌고, 그리고 98% 제거에는 $n = 2.0$이 요구된다. 이상적 치환세척에 대한 직선이 반대수 도시(semilog plot)에서는 곡선임을 유의하라(이것은 보통 방안지 도시에서는 직선일 것이다). 대수눈금은 편의상 이용되고, 때로 그 자료는 거의 직선에 떨어진다. 이것은 1차 제거과정(first-order removal process)임을 암시하나, 확산세척에 대한 수학적 모델은 아주 더 복잡하다[22]. 확산단계에서 용질제거속도는, 확산계수에 대한 것과 마찬가지로, 입자 크기, 모양, 다공도 등에 의존된다. 그러나 몇 실험적 연구만이 있을 뿐이다.

효과적인 세척이 되려면, 세척액은 케이크 전체 표면에 걸쳐 균일하게 부가되어야 한다. 이는 수평 벨트여과기(horizontal belt filter) 또는 회전 드럼여과기(rotary drum filter)에서나 가능하고, 여과 푸레스(filter press) 또는 잎상 여과기(leaf filter) 내 수직 케이크에서는 불가능하다. 보통 여과 푸레스에서 슬러리는 각 틀(frame)의 상부 측면에서 공급되어 케이크는 그 틀이 고체로 채워지면서 양 측면에서만 형성된다. 만일, 세척수가 급송지점이나 반대 쪽 모퉁이에서 공급되면 오직 케이크 일부만이 세척될 것이다.

양호한 세척은, 틀의 절반만이 케이크 생성에 이용될 수 있게 하고, 그 케이크에 세척수를 통과시키며, 그리고 교차적으로 개방된 틀이 이용된다면, 가능할 것이다. 그 다음 세척수가 전 케이크 두께를 고르게 통과하면, 주어진 압력강하에서 세척속도는 최종 여과속도의 단지 절반이 될 것이다. 만일, 진정한 완전

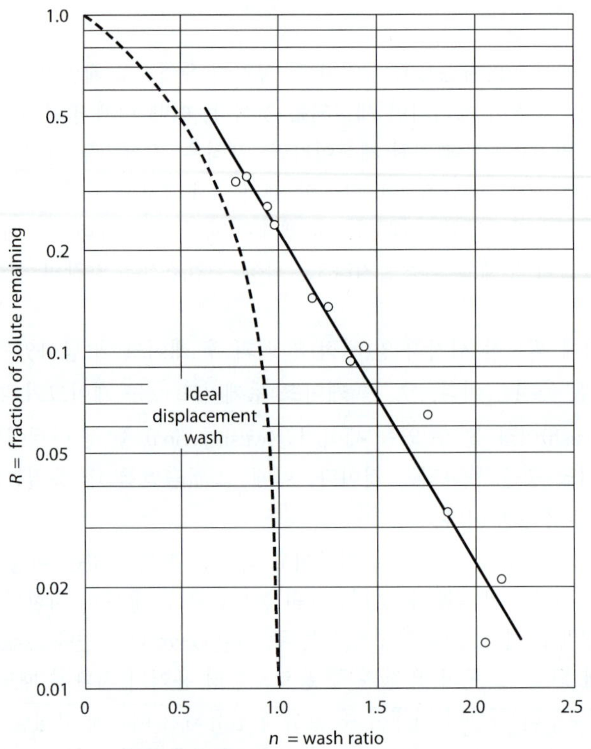

그림 29.17 여과 케이크 세척[8]

세척이 필요하다면, 여과 푸레스로부터의 케이크를 깨어서 대량의 세척수에 재부유시켜 다시 여과시킨다. 재부유 및 여과는 필요하면 몇 번 반복될 수 있다. 그 다음 그 조작은 향류 침출(countercurrent leaching)과 아주 유사하다(23장 참고).

수직 케이크의 세척은 원심 여과에서 쉽게 이루러질 수 있다. 이는 물이 케이크 전체 노출표면에 분무될 수 있기 때문일 뿐만 아니라 케이크 내 용액 보유에도 여과 푸레스에서보다 상당히 낮기 때문이다. 이는 급송물이 투입된 이후 원심력 작용에 의해 케이크로부터 많은 양을 제거할 수 있기 때문이다.

29.4 청정 여과기

청정 여과기(clarifying filter)는 액체 또는 기체로부터 고체나 액적을 제거하는 것이다. 입자는 여과매체 표면 위에서 또는 그 안에서 잡힌다. 청정화(clarification)가 체분리와 다른 점은 여과매체의 기공(pore)들이 제거하고자 하는 입자의 지름보다 아주 크다는 것이다. 입자는 표면력(表面力 ; surface force)에 의해 붙잡혀서 유로(流路) 안 또는 표면에서 부동화(不動化)되는데, 이때문에 유로의 유효 지름이 작아지기는 하지만 완전히 막히지는 않는다.

29.4.1 액체 청정화

액체용 청정여과는 음료수, 의약품, 연료유, 윤활유 및 도금액 같은 물질을 "처리(polishing)"하는 데 특히

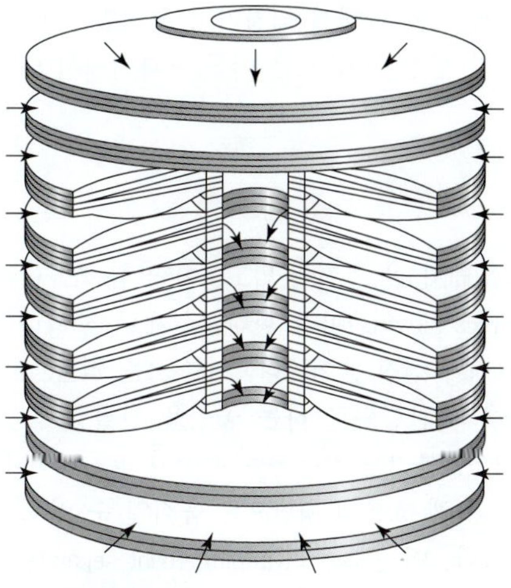

그림 29.18 청정여과기용 원판 팩

중요하고, 그리고 섬유 스펀닝 및 필림 압출공정 용[32e] 급송물을 세척하는 데 아주 유용하다. 여기에는 앞에 언급된 수처리 용 중력침상 여과기(gravity-bed filter), 여러 형태의 원판 및 평판 압착기(disk & plate press) 그리고 카트리지 청정기(cartridge clarifier)등이 포함된다. 이러한 장치에 들어가는 급송물은 고체 0.1% 이상 되면 안 된다. 약간의 케이크 여과기(cake filter), 특히 탱크여과기(tank filter)와 연속식 조제피복 여과기(precoat filter)는 주로 청정용으로 주로 쓰이는데, 이것들은 다음절에서 설명될 십자류 여과기 중의 하나이다.

회분식 장치에서는, 여과속도와 고체의 제거 효율이 대개 상당한 조작 기간 동안 거의 일정하지만, 결국 배출물 중의 고체 함유량이 더 이상 허용되지 않는 "파과치(破過値, breakthough value)" 이상이 되면, 여과기 요소를 역세(逆洗; back-washing)할 필요가 있다.

청정 원판여과기(clarifying disk filter)용 원판 팩(pack)이 그림 29.18에 예시되었다. 이 원판은 석면이나 섬유소로 만들어진다. 조업 시에는 그림에 보인 조립 통이 가압통 안에 밀봉되고, 보통 그 가압통은 345 kPa(50 psi)보다 낮은 게이지 압력에서 조업된다. 액체는 원판을 통해 안쪽으로 흘러 들어가, 중앙 또는 주변쪽 배출구를 가지고 있는 중앙 분배로를 통해 흐른다. 개별 장치(unit)는 저 점도 액체 378 L/min(6,000 gal/h) 정도 처리한다[30e].

29.4.2 기체 세정(gas cleaning)

기체 세정(정화) 용 여과기에는 대기(大氣) 먼지 제거용의 패드(pad) 여과기와 공정(工程) 먼지 제거용의 입상층(granular bed) 및 백(bag, 포대)여과기가 있다. 공기는 셀룰로오스 펄프, 솜, 펠트(felt), 유리섬유 또는 금속 스크린 등으로 만든 패드를 통과되면서 정화된다. 패드 재료는 마른 것이거나 또는 먼지제거 작용이 있는 점성유(粘性油)로 피복된 것이다. 소 용량의 경우에는 패드를 한번 쓰고 버리기도 하지만, 대규모 가스 정화에서는 패드를 자주 닦아내고 기름을 다시 입힌다.

입상층 여과기는 입자 크기 30~8 mesh의 것으로부터 12~40 mm($\frac{1}{2}$ ~ 1 $\frac{1}{2}$ in)의 것까지 고정층(固定層) 또는 이동층(移動層)으로 된 것이다. 포대 여과기는 펠트나 직물로 만든 하나 이상의 대형 포대를 금속틀(metal housing) 안에 걸어놓은 것이다. 먼지가 들어 있는 기체는 대개 포대 밑으로 들어가서 밖으로 흘러나가는데, 이때 먼지가 안에 남는다. 때로는 밖에서 안쪽으로 흐르게 하기도 한다. 효율은 포대 재료의 개공(opening)보다 아주 작은 극히 가는 입자의 경우에도 99% 이상이 된다. 흐름을 주기적으로 자동 중단시키고, 깨끗한 기체를 역류시키거나 기계적으로 백을 진동 시켜서 먼지를 회수하거나 처리한다. 대개의 경우 백

여과기는 청정기 기능을 함으로, 백 직물 안에서 입자가 갇히지만, 먼지 부하가 클 때에는 배출되기 전에 얇지만 일정한 두께의 먼지 케이크가 형성된다. 모든 이들 여과기에서 대부분의 분리는 다음에 논의된 바와 같이 충돌에 의해 일어난다.

29.4.3 청정화 원리

제거될 고체입자가 여과매체의 세공(細孔)을 완전히 막고, 이 막힘-속도(rate of plugging)가 시간에 따라 일정하다면, 이러한 기구를 **직-사별**(direct sieving)이라 한다. 실제로는 이러한 경우는 드물다. 대개는 고체가 세공을 부분적으로 막아서 세공 크기가 점점 줄어든다. 이를 **표준 막힘**(standard blocking)이라 한다. Grace[21]는 청정 여과기를 통과하는 유속을 시간함수로 하는 공식을 만들었다.

더 일반적인 특히 기체정화의 경우, 분리는 흐름통로에 놓인 고체표면에 대한 입자의 충돌에 의해 분리될 수 있다. 그 관성 때문에, 입자들은 유체 흐름에 횡단으로 움직일 수 있고 그리고 충돌되고 그리고 그 고체에 부착된다. 결과적으로 제거될 수 있다. 이 충돌분리(impingement separation)의 원리를 그림 29.19에 나타내었다. 여기서 실선은 구(球) 주위를 지나가는 유선을 나타낸 것이며, 점선은 입자의 경로를 보인 것이다. 처음에 A와 B 사이의 유선에 따라 움직이던 입자는 고체(분리매체)에 충돌하는데, 이때 벽에 부착되어 다시 비산(飛散)되지 않으면 제거되는 것이다. 처음부터 유선 A와 B 바깥에서 움직이는 입자는 고체에 부딪치지 않으므로 충돌에 의해 기체흐름으로부터 제거될 수 없다. 여기서 분리기 요소에 직접 접근하는 기체흐름 안에 있는 입자 중에서 고체에 부딪치는 입자의 비율을 **충돌효율**(衝突效率, target efficiency) η_t라 정의한다. 정지 유체를 통하여 Stokes법칙 영역에서 침강하는 리본(ribbon), 구 및 실린더형 입자에 대한 충돌효율을 그림 29.20에 나타내었다. 종축은 무차원군으로서, **분리수**(分離數, separation number) $u_t u_0 / g D_b$라 한다. 여기서, u_t는 정지 유체 안에서의 입자의 종말 속도(terminal velocity), u_0는 고체에 접근하는 흐름의 유속, g는 중력가속도, D_b는 리본의 폭 또는 구나 실린더의 지름이다.

Stokes법칙 영역에서 침강할 때 종말속도 u_t는 D_p^2에 비례한다. 따라서, 입자가 작을수록 충돌효율이 작아진다. 그러나 충돌효율은 표적 크기 D_b감소에 따라 증가되고, 그리고 아주 작은 입자를 포집하려면 유리, 금속, 또는 고분자재료의 극미세 섬유소를 사용해야 한다. 총괄 집진효율은 충돌효율, 여과기 내 고체분율, 여과기 두께 등에 의존된다. 충돌효율이 아주 크지 않을 때는 여과기를 깊게 만들어서 입자 차단기회를 반복시킴으로써 입자를 거의 완전 제거시킬 수 있다.

지름 0.1 μm 정도의 아주 작은 액적(황산 연무)에서 충돌효율은, 충돌이론에서 예견되는 것과는 반대로, 입자지름 감소에 따라 증가한다. 작은 액적은 확산에 의해 유선을 가로질러 이동해서 고체 표면에 고정화된다. 입자가 작을 수록 더 잘 확산되어 충돌효율은 그에 해당되는 만큼 증가된다.

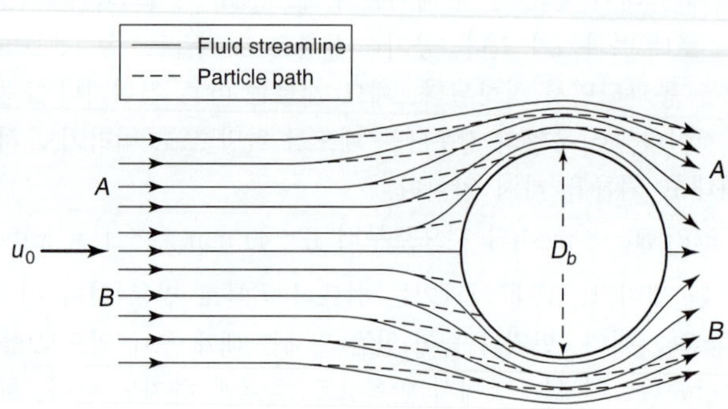

그림 29.19 충돌의 원리[자료 : J.H. Perry (ed.), *Chemical Engineers' Handbook* 6th ed., p. 20-81, 1984, McGraw-Hill Book Company]

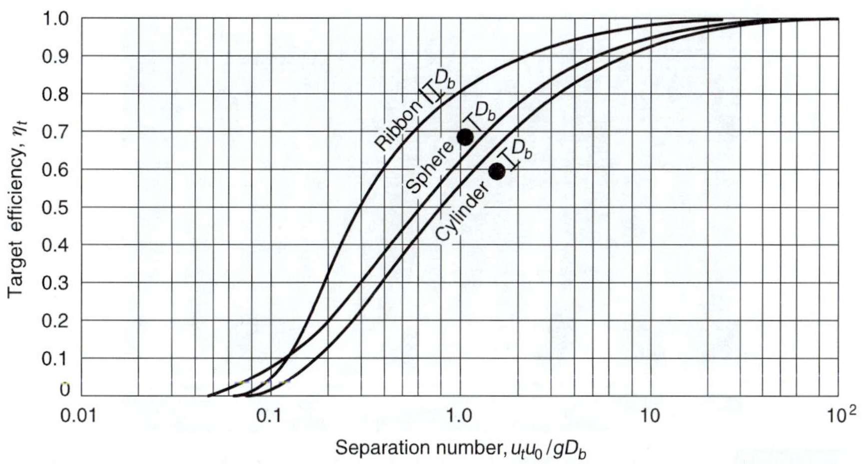

그림 29.20 구, 실린더, 리본의 충돌효율[자료 : J.H. Perry (ed.), *Chemical Engineers' Handbook* 6th ed., p. 20-83, 1984, McGraw-Hill Book Company]

29.5 십자류 여과 ; 막 여과기

십자류(교차흐름) 여과원리는 미세 입자 또는 콜로이드 부유물 등을 농축하는 데, 또는 거대 분자용액을 분별하는 데(fractionate) 응용될 수 있다. **미세여과**(microfiltration)는 일반적으로 0.5 ~ 10 μm 범위의 입자에 쓰인다. 케이크 여과는 이러한 입자에 이용될 수 있으나 0.1 μm 입자 케이크는 흐름저항이 커서 여과속도가 아주 느리다. **한외여과**(초미세여과, ultrafiltration, UF)는 0.5 μm 입자 크기로부터 분자 크기 약 10^{-3} μm ($M \cong 300$)까지 그 범위가 넓다. 때로는 **극초미세여과**(hyperfilteration)와 나노여과(nanofiltration)가 작은 분자 또는 이온분리에 쓰이고 있으나 **역삼투법**(reverse osmosis)도 또한 이러한 분리에 쓰일 수 있다. 이는 삼투압이 그 플럭스(flux)에 주 영향을 줄 때만 가능하다. 두드러진 특징은 막의 형태이다. 역삼투에 의한 해수의 정제는 조밀한 고분자 층 내에서 용액-확산기구(solution-diffusion mechanism)에 의해 일어난다. 그러나 큰 분자의 분리는 극소 기공을 가지고 있는 나노여과막(nano-filtration membrane)에서 차폐작용(screening action)에 의해 이루어질 수 있다.

29.5.1 막의 형태

십자류 여과에 이상적인 막은 고-다공성이고 좁은 기공 크기분포를 가지고 있는 것이다. 즉 잔류될 입자나 분자보다 약간 작은 기공들이 최대로 분포되어 있어야 이상적이다. 비-대칭 막, 즉 투과저항을 감소시킬 큰 기공을 가진 두꺼운 기질층에 얇은 선택성 표피(selsctive skin)가 접합된 것이 좋다. 어느 공업용 막은 그림 29.21에서 보는 바와 같이 기공 크기가 연속 등차적 배열(gradation)로 되어 있다. 셀룰로오스 아세테이트, 폴리아크로니트닐, 폴리설폰, 폴리아미드 등을 포함하는 몇 종류의 고분자가 한외여과 막으로 쓰인다. 선택성 표피막 두께와 평균 기공크기는 주조조건이나 그 후처리기법으로 변화시킬 수 있다.

한외여과막은 선택성 표피막층에도 기공 크기범위가 있어서 때로는 이를 분자량에 대한 반발분율 척도가 되는 **분자량 차단**(molecular weight cutoff)으로 특정 짓는다[17]. 이 차단 크기(cutoff size)보다 큰 분자는 거의 완전히 투과하지 못하고 거부(배제)되고, 거기에 부분배제(partial rejection)가 일어나 크기범위가 넓어지게 된다. 그림 29.22에 막에 대한 배제곡선이 표시되었다. 그러나 이 자료는 조심해서 이용되어야 한다. 왜냐하

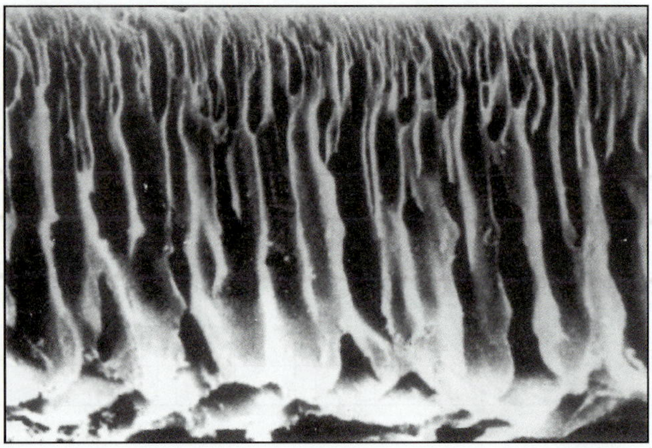

그림 29.21 비등방성 한외여과막의 단면도(자료 : Courtesy of Millipore Corporation)

면 주어진 분자 크기에 대해 배제된 분율이 용매투과율, 표면 인접부위 전단율(shear rate), 막오염 등에 따라 변하기 때문이다.

한외여과막과 미세여과막은 소결 스텐레스강 또는 다른 금속, 그리고 다공성 탄소 또는 알루미나 등으로 만든다. 보통 제법으로는 아주 큰 기공막(1~100 μm)이 만들어짐으로, 표면층을 산화질콘 또는 기타 무기물로 부분 충전시켜 기공 크기가 조정된 비대칭 막을 만든다. 고분자막에 비해 무기물 막의 장점은 고온에서 조업가능하고 화학물질 세척 또는 멸균처리에 내구성이 좋은 것 등이다.

장치 중 어느 형태는 실험실용으로 가능하고 공업용 UF시설[6a]로도 가능하다. 소량 시료는 원통형 조 내의 다공성 원판(disk)으로 지지된 원형 평판막에서 처리될 수도 있다. 분리막 위에 자석식 교반봉이 용액의 십자류를 형성시키기도 한다. 또한 사각조(槽)도 쓰이는데, 여기서 분리막과 조 상단 사이의 좁은 틈으로 용액이 재순환된다. 이러한 장치들은 예비실험용으로 유용하나 그 성능자료가 큰 장치에 직접 응용되기는 어렵다.

공업용으로 응용하기 위해서는 대 면적이 필요함으로, 많은 관형 또는 실관막(중공사막, hollow-fiber membrane)의 모듈(module)을 이용하거나 또는 여과압출기 배열형태 아니면 와권형 장치(spiral-wound unit)에서 넓은 판을 이용한다. 관형 막은 내경 5~25 mm, 길이 3 m정도이고 유속은 1~5 m/s 정도로 난류를 유지시켜 물질전달을 증진시킨다. 고분자막은 다공성 금속 또는 세라믹 관으로 지지되고 여러 개 관이 원통 내에 다발로 놓인다. 알루미나 막은 단일 관이 이용되거나 또는 그림 29.23에 보인 것처럼 단일체 다통로 요소(monolithic multichannel element)가 이용된다. 분리는 알루미나에 결합된 산화물 입자층에서 일어나고 지지체 기공은 충분히 커서 투과저항은 거의 없다. 관형 막은 막 교체 용이성과 기계적 세척가능성 등의 장점이 있으나 체적대 표면적 비가 비교적 작다.

실관 한외여과막(hollow-fiber UF membrane)은 0.2~2.0 mm의 지름을 가지며 수백 또는 수천 개의 실관이 각 원통관 모듈을 봉합하고 있다. 실관을 통과하는 흐름은 보통 층류이나, 유속을 높게 유지시켜 기벽에서의 전단력을 높여주고 훌럭스를 증진시킨다. 단위체적 당 면적은 작은 실관 일수록 커지나 이는 급송물 내 부유물질에 의한 막힘에 민감해서, 실제 사용되는 실관은 일반적으로 역삼투압장치의 것보다는 크다.

그림 26.20에 보인 역삼투압(reverse osmosis) 용에 쓰인 형태의 와권형 모듈(module)은 UF 용으로도 널리 쓰인다. 이것은 그 입구의 틈이 1 mm 폭 정도이기 때문에 실관막 장치에서와 같이 막히는 경향은 없다. 그러나 급송액의 예비 여과용으로 쓰인다. 급송물 투입구 속도는 층류에 해당되나, 벌림물(간극판; spacer)로 인한 흐름교란 때문에 압력강하가 생겨, 물질전달을 참 층류 값에서의 것보다는 더 크다.

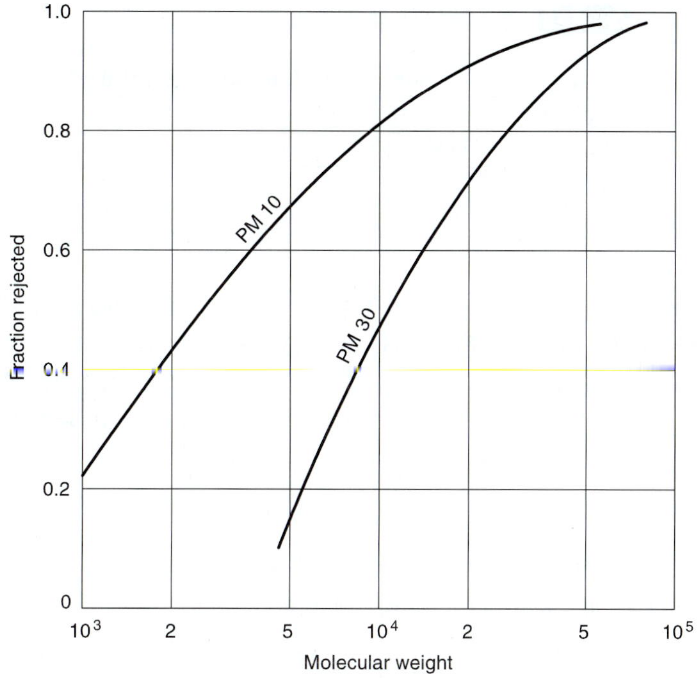

그림 29.22 Amicon UF막에 대한 용질배제 곡선[34]

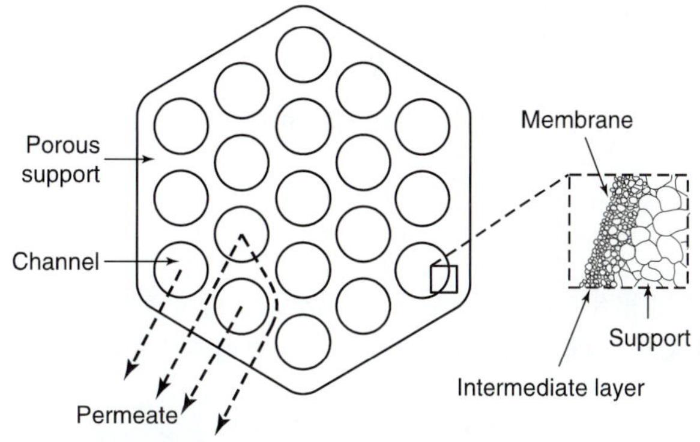

그림 29.23 단일체 다통로 요소의 단면적[26]

29.5.2 한외여과의 투과흘럭스

UF막의 성능은 투과흘럭스(permeate flux), 배제율(percent rejection), 그리고 잔류흐름 내 용질농도(conc. of solute in retentate stream) 등에 의해 영향을 받는다. 때로 투과흘럭스는 막오염 때문에 시간에 따라 감소하나, 그 오염은 배제량(rejection)을 증가시킬 수도 있다 .여기서는 우선 청결 막과 큰 삼투압을 갖인 용액의 성능만을 취급한다. 물은 선택성 층(selective layer)의 작은 기공을 층류로 통과하는 것으로 가정하고, 구동력(driving force)은 압력차, Δp에서 막 내 삼투압차, $\Delta \pi$을 뺀 것이다. 투과흘럭스는 다공도(공극률) ε 그리고 평균기공 크기 D의 제곱에 비례한다. 이 기공들은 표면에 대해 무작위 각도에 있고, 활성층 L의 공칭 두께는 굴곡인자(tortuosity) τ가 곱해져야 한다. 변형 Hagen-Poiseuille식이 체적흘럭스(volume flux) v, 즉 표면에 수직으로의 겉보기 투과흘럭스(superficial permeate flux)가 된다. 즉,

표 29.3 투과훌럭스에 대한 변환인자

m/s	m/h	$L/m^2 \cdot h$	$gal/ft^2 \cdot day$
2.78×10^{-7}	10^{-3}	1	0.589
4.72×10^{-7}	1.698×10^{-3}	1.698	1

$$v = \frac{(\Delta p - \Delta \pi) D^2 \varepsilon}{32 L \tau \mu} \tag{29.47}$$

여기서 ε는 막의 다공도이다. SI단위로서 투과훌럭스는 $m^3/s \cdot m^2$ 또는 m/s단위를 가지나 더 일반적인 단위는 $L/m^2 \cdot h$ 또는 $gal/ft^2 \cdot day$이다. 환산인자는 표 29.3에 주어져 있다.

식 (29.47)에 쓰인 ε, D, τ, L의 독자적 값을 얻기는 어려우나 이들 특성치를 막 투과율(membrane permeability) Q_m과 연관시킬 수 있다. 단위압력강하 당 상온에서 순수(pure water)의 투과훌럭스는 다음과 같고, 또한 막 저항 R_m(이것은 Q_m의 역수)과 연계시킬 수 있다. 즉,

$$v = Q_m \Delta p = \Delta p / R_m \tag{29.48}$$

R_m의 이용은, 큰 훌럭스에서 표면에 형성될 수 있는 겔층(gel layer)의 추가적 수력학적 저항(hydraulic resistance)이 고려되어야 할 때, 유리하다. 한외여과에 대한 일반식은

$$v = \frac{\Delta p - \Delta \pi}{R_m + R_{gel}} \tag{29.49}$$

상온 이상의 조업 조건이거나 순수한 물이 아닌 것의 투과율의 경우, 막 저항은 투과물 점도(permeate viscosity)의 변화로 보정되어야 함으로

$$R'_m = R_m (\mu / \mu_o) \tag{29.50}$$

여기서 R'_m는 보정된 저항이고 μ_o는 상온에서 물의 점도이다.

29.5.3 농도 분극

삼투압차 $\Delta\pi$는 막 표면에서 용질농도에 의존된다. 이 농도는, 특히 투과훌럭스가 크거나 용질 확산계수가 낮은 경우, 본체 농도보다 훨씬 크다. 그림 29.24에 용질의 부분배제가 있는 UF계에 대한 농도기울기가 표시

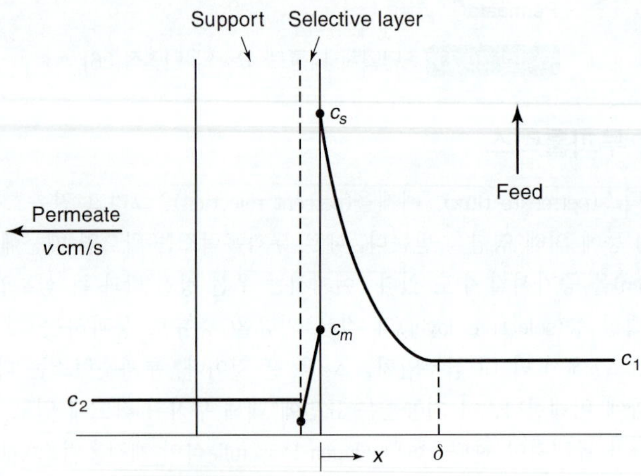

그림 29.24 UF막에서 농도기울기

되어 있다. 기공 바로 안쪽 농도 c_m은 기공표면농도 c_s보다 낮다. 이는 평형 분배계수(equilibrium partition coefficient) K 인자로 연관시킬 수 있다. 선택성 층과 큰 기공의 지지체와의 접합부에서 용질농도의 불연속이 있게 된다. 원통형 기공과 구형 분자의 경우, $K=(1-\lambda)^2$이다. 여기서 λ는 기공 크기에 대한 분자 크기의 비이다. 낮은 K 값의 경우 배제율이 크게 되고 용질 확산 시 기벽마찰의 영향이 심하게 된다. 이 마찰은 분자가 기공 크기의 절반보다 작으면 아주 크게 배제가 일어나게 된다[식 (26.34)을 참고하라].

고분자, 단백질, 기타 거대 분자의 용액에 대한 삼투압은, 그림 29.25의 몇 개 예에서 보는 바와 같이, 농도에 따라 크게 증가된다. 이것은, 공급 용액의 삼투압이 무시될 때라도, $\Delta\pi$가 Δp의 상당히 큰 분율이 되게 한다.

26장 역삼투압 과정에서 농도분극을 단순 물질전달식 (26.49)를 이용하여 취급하였다. 이 식은 표면농도가 단지 본체 농도보다 약간 높은 경우에만 만족된다. UF의 경우, 표면 근처에서 농도의 큰 변화 때문에 농도분포를 얻으려면 적분이 필요하다. 이 기본식은 대류와 확산에 의한 용질의 전달흘럭스가 경계층 내에서 일정하고, 그리고 투과액 내 용질의 전달흘럭스와 같게 된다[5]. 즉,

$$vc + D_v \frac{dc}{dx} = vc_2 \tag{29.51}$$

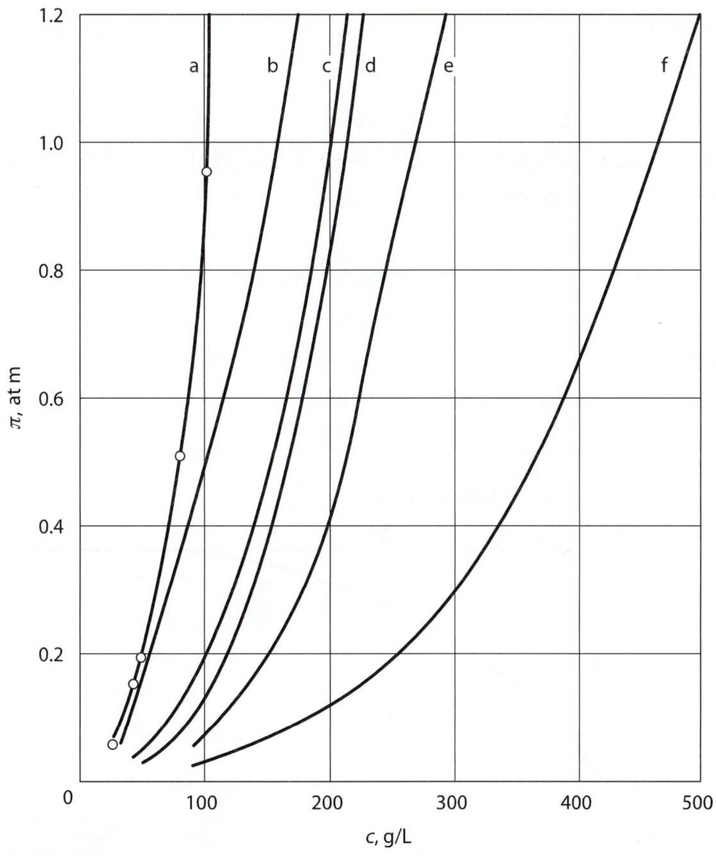

그림 29.25 단백질 및 고분자 용액의 삼투압
(a) Carbowax 20M ;
(b) Whey protains ; (c) Dextran T70 ; (d) Dextran T500 ;
(e) Bovine serum albumin(BSA), pH=7.4 ; (f) BSA, pH=4.5

D_v는 일정하다고 가정하고, 위 식의 적분 시 경계조건은 $x=0$에서 $c=c_s$, $x=\delta$(농도경계층의 두께)에서 $c=c_1$이다. D_v/δ 항이 물질전달계수, k_c로 정의되고 이는 단위시간 당 길이단위를 갖는다. 즉,

$$\ln\frac{c_s-c_2}{c_1-c_2}=\frac{v\delta}{D_v}=\frac{v}{k_c} \tag{29.52}$$

완전 용질배제(complete solute rejection)로 가정되는 단순한 경우, $c_2=0$이므로 식 (29.52)는 다음과 같이 된다.

$$v = k_c \ln\frac{c_s}{c_1} \tag{29.53}$$

농도분극 때문에, 투과훌럭스는 Δp의 비선형 함수임으로, 주어진 Δp에 대하여 v을 계산하려면 시행오차 해법이 필요하게 된다. 그러나 완전 용질배제가 있고 겔-저항이 없을 때는, 어느 지정된 v값에 대하여 Δp을 구하게 된다. 즉, 주어진 v값에서 식 (29.53)에 의해 c_s을 구하고 이 c_s로부터 삼투압을 구한 다음 $\Delta\pi$을 얻으면 식 (29.49)의 $(\Delta p-\Delta\pi)$항으로부터 Δp을 구할 수 있다.

전형적인 Δp 대 v의 도시(plot)가 그림 29.26에 주어졌다. 순수 물 급송 시 투과훌럭스가 Δp에 비례하나, 희박 용액의 경우, 투과훌럭스는 압력강하가 공급 용액의 작은 삼투압을 초과될 때까지, 영이다. Δp 증가에 따라 또한 c_s도 증가하나, 고농도에서 π가 급격히 증가하여 $\Delta\pi$는 Δp의 큰 분율까지 되어 곡선형 도시(curved plot)가 된다. 어떤 경우, c_s가 그 용해도와 같게 되고, 침전물(precipitate) 또는 겔층(gel layer)이 그 표면에 형성될 때는 최대 훌럭스(maximum flux)에 도달된다. 또 다른 경우에는 최대 훌럭스에서의 c_s가 그 용해도보다 낮게 되는데, 이는 반발 분자들이 중간 정도의 수력학 저항을 갖게 되는 표면층을 형성하기 때문이다. 이는, 오직 중간 정도의 삼투압을 가지고 있거나, 막 표면에서 충첩-분자 덩이(mass of overlapping molecules)가 형성될 수 있는, 고분자 용액에서 나타난다. 실제로 겔층은 존재하지 않을 지라도, R_{gel} 및 Δp_{gel} 항들을 고려할 수 있다.

최대 훌럭스에 도달될 때, 그 훌럭스는 본체 용액(bulk solution)으로의 역-물질전달속도에 의해 제한된다. 급격한 Δp의 증가, 즉 점 b에서 점 c로의 증가는 투과훌럭스를 일시적으로 증가시키지만, 그 겔층이 두꺼워지기 때문에 정상상태 최대 훌럭스를 감소시킨다. 두꺼운 겔층은 시간에 따라 압축될 수 있기 때문에, 그 압력강하로 인하여 훌럭스를 실제로 감소시킬 수 있다.

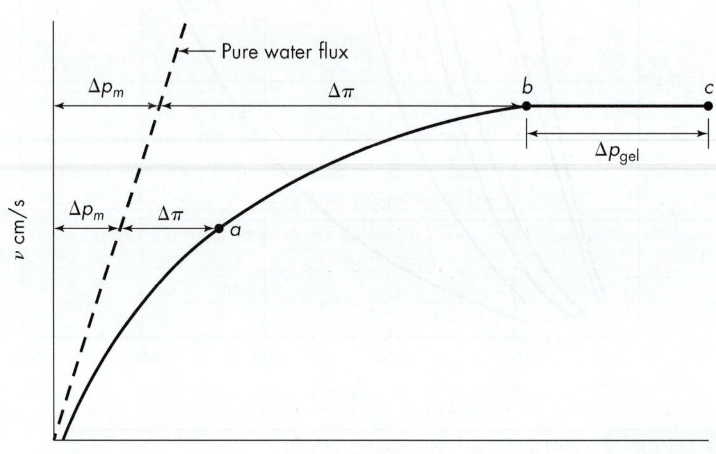

그림 29.26 용액에 대한 투과훌럭스(중간 삼투압 범위)

29.5.4 한외여과의 응용

한외여과(UF)는 식품처리공정이나 제약공업에서 단백질 또는 약재를 분리 및 농축하는 데 널리 이용된다. 이는 또한 폐기물 처리 및 물 정제과정에서처럼, 섬유 및 제지 공업에서 이용된다. 유제품 공업의 한 예는 탈지우유(skim milk)에서 단백질을 농축하는 데에도 한외여과를 이용한다. 실관-UF 모듈(hollow-fiber UF module)에 대한 자료가 그림 29.27에 표시되었다. 한계훌럭스(limiting flux)는 급송 속도에 따라 증가되다가 10～20 lb_f/in^2 (69～138 kPa)의 압력차 범위에서 한계치에 도달된다. 이 한외여과는 60℃에서 수행함으로서, 아주 양호한 물질전달의 장점 그리고 저 점도로 인한 마찰압력강하를 낮추게 되는 장점을 얻게 된다. 너무 높은 온도는 단백질을 변성시킬 수도 있다.

UF계는 일반적으로 한계훌럭스에 이하에서 조업함으로서 겔 형성을 피한다. 이 훌럭스는 막표면 통과속도에 따라 증가하고(즉 k_c가 증가하기 때문에), 식 (29.53)에 표시된 바와 같이 높은 본체 농도에 대해선 더 낮아진다. 몇몇 단백질과 고분자 용액에 대한 농도에 따른 훌럭스의 변화가 그림 29.28에 예시되었다. 이 도시(plot)는 때로 영까지 외삽해서 c_g을 얻을 수 있다. 그러나 곡선이거나 작은 범위의 자료만이 있을 경우, 외삽은 정확하지 않을 수도 있다. 저 농도에서 ln c 대 훌럭스의 도시는 한계치로서 순수 물의 훌럭스에 접근되도록 구부러져야 만 한다. 중간 범위의 농도에서는 점도와 확산계수의 변화가 k_c 및 그 도시(plot)의 기울기에 영향을 줄 수 있다.

재순환(recycle)이 달린 회분식 조작이 때로 한외여과에 의한 용액 농축에 쓰이는데, 이는 UF 모듈 내 투과 흐름이 일반적으로 급송류보다 아주 낮고 통과(pass) 당 농도변화가 아주 작기 때문이다. 급송 탱크로부터 용액이 그 모듈을 통해 고속으로 펌핑되고 잔류액(retentate)은 다시 탱크로 재순환된다. 탱크 내 농도는, 점진적으로 용액 체적이 감소됨으로서, 증가되고, 원하는 농도가 될 때까지 조업을 계속한다(아마도 농도로서 5～10배 증가된다). 만일 아주 작은 급송속도를 사용한다면, 이와 유사한 농도변화를 1회 통과로서 달성할 수도 있으나, 물질전달속도가, 특히 배출구 근처에서, 낮아서 조업실현이 불가능하게 될 수도 있다. 회분식

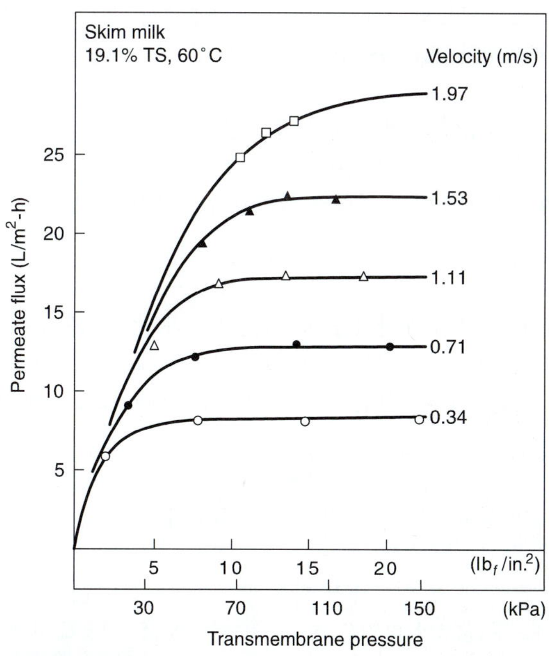

그림 29.27 실관 UF모듈에 탈지우유의 한외여과[7]

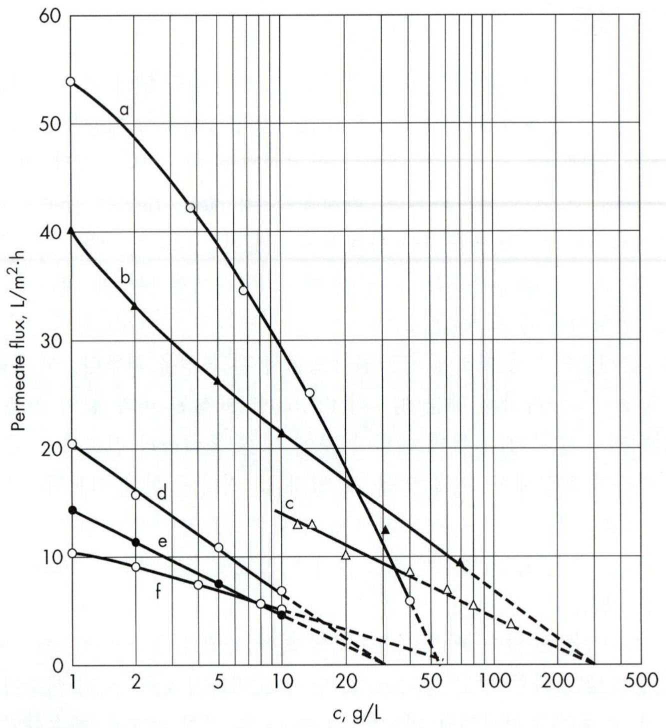

그림 29.28 단백질 및 고분자 용액의 한외여과에 대한 한계훌럭스 :
(a) Carbowax 20 M ; (b) Ovalbumin ; (c) Whey protain ;
(d) polyvinyl alcohol(PVA), 95 cm/s ; (e) PVA, 55 cm/s ;
(f) Dextran, T500.

조업 및 잔류액 재순환에서, 흐름 속도와 Δp을 조업 중에 조절해서, 농도 증가와 용액 점도로 인한 겔 생성을 피할 수도 있다. 되먹임 제어계(feedback control system)는 겔 농도보다 낮은 값으로 일정한 농도(벽에서의)를 유지할 수 있다.

대형 공업적 응용에서, 연속 조업에는 여러 개의 직렬 급송-배출장치(feed-and-bleed unit)를 권장한다. 각 UF모듈은 고속을 유지할 수 있도록 대량 재순환 속도로 조업하고, 그리고 잔류액의 소량 배출흐름을 다음 장치로 보낸다[6b]. UF장치의 병행배열은 대량의 급송량이 필요하게 된다.

이론과의 비교

한외여과 이론은 식 (29.53)으로부터 계산되는 물질전달계수와 측정값과의 비교에 의해 시험할 수 있다. 실관(중공사, hollow fiber) 또는 박층 유로(thin channel) 내의 층류에 대한 연구결과[19,33,39]는 식 (29.54)를 이용해서 예측한 값보다 10~30% 낮다. 완전 발달층류(fully developed laminar flow)에 대한 이론 식은

$$\mathrm{Sh} = 1.62\left(\frac{\pi}{4}\,\mathrm{Re\,Sc}\,\frac{\mathrm{D}}{\mathrm{L}}\right)^{1/3} \tag{29.54}$$

이 식은 c_s와 D_v의 추정 값의 불확실성 및 기벽에서 고 점도의 영향[식 (12.27) 참고] 등을 고려하면 아주 잘 맞는 것이다.

자료가 불가능할 때에는, 큰 구형 분자에 대한 확산계수는 Stokes-Einstein 식 (17.31)을 이용해서 예측할 수 있다. 구형 단백질(globular protein)의 반경은 Avogadro 수, N_a을 사용해서 분자량과 밀도로부터 추정할 수도 있다.

$$r_0 = \left(\frac{3M}{4\pi \ \mathbf{N}_a \rho_p} \right)^{1/3} \tag{29.55}$$

밀도 1.4 g/cm^{3}인 단백질의 경우

$$r_0 = 6.57 \times 10^{-9} M^{1/3} \tag{29.56}$$

무작위-코일형 고분자분자(random-coil polymer molecule)의 경우 r_0는 선회반경(gyration radius)을 써야 되고, 이 선회반경은 일반적으로 몰 부피로부터 계산된 반경의 2~3배 크다.

낮은 Re에서 얇은 사각유로(thin rectangular channel) 내의 한외여과속도는 체-벌림물(screen spacer)을 사용함으로서 수 배(several-fold) 증진될 수 있다[12,42]. 이에 대한 몇 개의 형태와 크기에서 시험을 수행해서 물질전달 성능과 압력강하 등을 고려한 최적 벌림물(optimum spacer)를 선정하는데 도움되도록 하였다[12]. 아주 짧은 유로의 것에서는, 스크린의 화이버(fiber)가 전개되는 농도 경계층(concentration boundary layer)을 막아서, 식 (29.54)에 의한 예측 치와 거의 같은 훌럭스가 된다.

난류에서 단백질 또는 고분자 용액의 한외여과의 경우, 물질전달속도는 일반적으로 표준 관계식으로부터 예측되는 것보다 낮다. 1-in 관형 막(tubular membrane)에서 Carbowax용액(polyethylene glycol)에 대한 자료가 그림 29.29에 표시되었다. 그 계수는 $\mathrm{Re}^{0.92}$에 따라 증가되고, 이는 높은 **Sc**에서 추천되는 식 (17.71)와 합치되는 경향이나, 그 계수 값은 예측 값의 약 40% 정도이다. 그 실험 자료는 Dittus-Boelter 식 (12.32)의 선에 더 가깝게 떨어지기는 하지만, 높은 **Pr** 또는 높은 **Sc**에 대해서 이 식은 유효하다고 볼 수 없다. Dextran T70의 난류 한외여과에서 계수도 역시 식 (17.71)에 의한 예측 값의 약 절반이다[43]. 관형 막에서 단백질 BSA의 한외여과에서도 예측 값보다 20~60% 낮은 계수를 얻는다[19]. 이러한 낮은 계수 값은 경계층(boundary layer)에서 더 높은 점도 및 더 낮은 확산계수에 의한 원인이기는 하지만, 만족할만한 관계식이 발표된 바 없다.

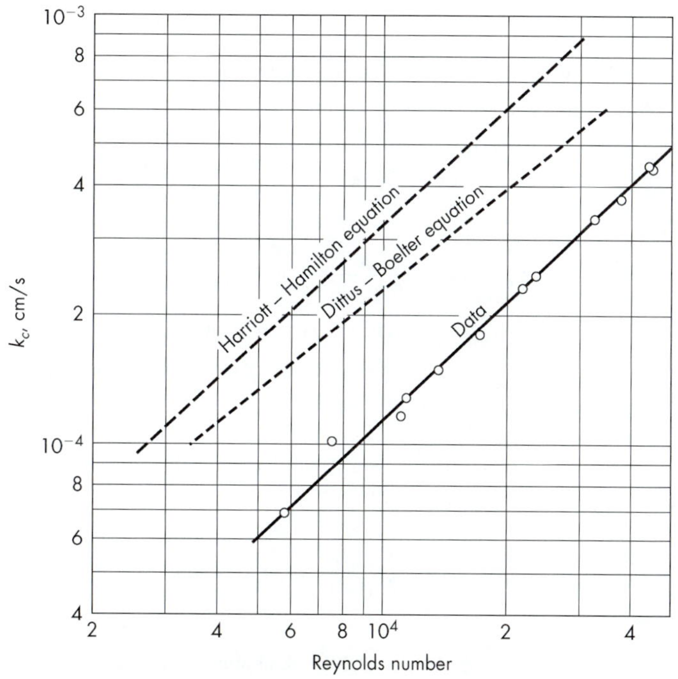

그림 29.29 Carbowax 20M 용액의 한외여과에 대한 물질전달계수(c_1= 0.87 % ; 1-in tube)

예제 29.3

50℃에서 직경 2 cm이고 물 투과율(water permeability)이 250 $L/m^2 \cdot h \cdot atm$인 관형 막이, 치스유장(cheese whey)을 한외여과하는 데 쓰인다. 유장 단백질의 평균확산계수는 4×10^{-7} cm^2/s이고 대기압에서의 삼투압은 다음 Jonsson식[24]에 따른다.

$$\pi = 4.4 \times 10^{-3} c - 1.7 \times 10^{-6} c^2 + 7.9 \times 10^{-8} c^3$$

여기서 c는 g/L로 표시되는 단백질농도이다. (a) 이 용액속도가 1.5 m/s이고 단백질농도가 10, 20 또는 40 g/L일 때 깨끗한 막의 투과훌럭스에 대한 Δp의 영향을 계산하라. 겔농도는 400 g/L이고, 배제율은 100%라고 가정한다. (b) 만일 투과율이 기공 막힘에 의해 5배로 감소된다면 투과훌럭스에 미치는 영향은 얼마인가?

풀이

(a) 본체 용액의 밀도와 점도가 20℃의 물의 것과 같다고 가정하고, 또 k_c는 식 (17.71)에 의한 값의 절반이라고 가정하면

$$D = 2 \text{ cm}, \quad \overline{V} = 150 \text{ cm/s}, \quad \rho = 1 \text{ g/cm}^3 \quad \mu = 0.01 \text{ g/cm} \cdot \text{s}$$

$$\text{Re} = 2 \times 150 \times 1/0.01 = 30,000 \qquad \text{Sc} = \frac{0.01}{1 \times 4 \times 10^{-7}} = 25,000$$

식 (17.71)로부터,

$$\text{Sh} = 0.5 \times 0.0096 \times 30,000^{0.913} \times 25,000^{0.346} = 1.95 \times 10^3$$

$$k_c = \frac{1.95 \times 10^3 (4 \times 10^{-7})}{2} = 3.9 \times 10^{-4} \text{cm/s}$$

$c_1 = 10$ g/L일 때, $v = 10^{-3}$ cm/s 또는 36 $L/m^2 \cdot h$이다. 식 (29.52)로부터,

$$\ln \frac{c_s}{c_1} = \frac{v}{k_c} = \frac{10^{-3}}{3.9 \times 10^{-4}} = 2.56$$

$$c_s = 12.9\, c_1 = 129 \text{ g/L}$$

이 c_s 값에서,

$$\pi = 4.4 \times 10^{-3} \times 129 - 1.7 \times 10^{-6} (129)^2 + 7.9 \times 10^{-8} (129)^3 = 0.71 \text{ atm}$$

단백질이 완전 배제되는 경우, $\Delta\pi = \pi = 0.71$ atm:

$$Q_m = \frac{250 \text{ L}}{\text{m}^2 \cdot \text{h} \cdot \text{atm}} \times \frac{1}{36,000} = 6.94 \times 10^{-3} \text{cm/s} \cdot \text{atm}$$

식 (29.49)로부터,

$$\Delta p - \Delta\pi = \frac{10^{-3}}{6.94 \times 10^{-3}} = 0.144 \text{ atm}$$

$$\Delta p = 0.144 + 0.71 = 0.85 \text{ atm}$$

구동력의 대부분이 농도분극으로 인한 삼투압차를 극복하기 위해 필요하게 됨을 유의하라.
최대 투과훌럭스는 $c_s = 300$일 때, 식 (29.53)으로부터 구하면

$$v_{\max} = 3.9 \times 10^{-4} \ln \frac{300}{10} = 1.33 \times 10^{-3} \text{cm/s} = 48 \text{ L/m}^2 \cdot \text{h}$$

이 점에서,

$$\Delta p - \Delta\pi = \frac{1.33 \times 10^{-3}}{6.94 \times 10^{-3}} = 0.19 \text{ atm}$$

$c = 300$, $\pi = 3.3$ atm일 때,

$$\Delta p = 3.3 + 0.19 = 3.49 \text{ atm}$$

유사 계산을 v값 10^{-4}로부터 v_{max}값까지 수행하여 압력강하 대 투과훌럭스를 그림 29.30에 그렸다. $\Delta p > 3.5$ 이상이면 계산치는 일정해지고 겔층 두께 증가로 입력 증가를 이루는 것으로 추정된다. 그러나 실제로 투과훌럭스는 겔층의 압축으로 약간 감소될 수도 있다.

3 농도에 대한 곡선모양은 유사하나, 훌럭스는 압력차가 용액의 삼투압을 초과할 때까지 영이다. 그리고 절편(intercept)은 고 농도에 대해선 더 확실히 구분된다.

(b) $Q_m = 250/5 = 50\ \text{L/m}^2\cdot\text{h}\cdot\text{atm}$이면 v_{max}은 변하지 않으나, 어느 v값에 더 큰 Δp값이 필요하다. 예로 $v = 0.5\times10^{-3}$ cm/s, $c_1 = 40$ g/L에서,

$$Q_m = 50\times\frac{1}{36,000} = 1.39\times10^{-3}\,\text{cm/s}\cdot\text{atm}$$

$$\Delta p - \Delta\pi = \frac{0.5\times10^{-3}}{1.39\times10^{-3}} = 0.36\ \text{atm}$$

$$\ln c_s/c_1 = v/k_c = \frac{0.5\times10^{-3}}{3.9\times10^{-4}} = 1.282$$

$$\frac{c_s}{c_1} = 3.6$$

$$c_s = 3.6\times40 = 144$$

$$\pi = 0.83 = \Delta\pi$$

$$\Delta p = 0.36 + 0.83 = 1.19\ \text{atm}$$

그림 29.30에서 점선을 살펴보면, 낮은 압력강하 영역에서 더 낮은 막투과율 일수록 그 영향이 커서 훌럭스는 30% 정도 감소된다. ■

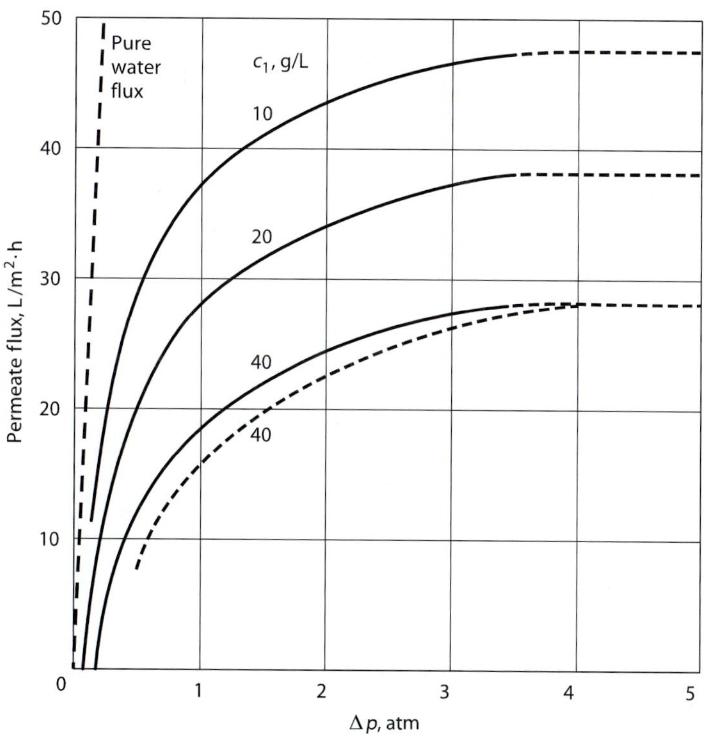

그림 29.30 예제 29.3에 대한 투과훌럭스에 미치는 압력강하 및 농도의 영향: (a) 실선(——) $Q_m = 250\ \text{L/m}^2\cdot\text{h}\cdot\text{atm}$, (b) 점선(−−−) $Q_m = 50\ \text{L/m}^2\cdot\text{h}\cdot\text{atm}$

용질의 부분 배제. 대부분 UF응용에서 선정되는 막은 그 기공 일부만이 용질분자보다 크다. 그래서 용질은 부분적으로 거부(배제)된다. 배제분율(fraction rejected), R은 다음과 같이 급송물과 투과농도(permeate concentration)를 이용해서 정의된다. 즉,

$$R_F \equiv 1 - \frac{c_P}{c_F} \tag{29.57}$$

농도가 분리막 길이에 따라 변하기 때문에 R에 대한 더 기본적인 정의는 국소 잔류액(local retentate)과 투과 조성(permeate composition), c_1과 c_2을 근거로 하게 된다(그림 29.24 참고). 즉,

$$R \equiv 1 - \frac{c_2}{c_1} \tag{29.58}$$

배제율 R은, 주로 분배계수(partition coefficient) K을 결정하는 기공 크기 λ에 대한 용질 크기의 비에 의존되고 또 농도분극 영향을 결정하는 v/k_c비에 의존된다. 식 (29.52)와 (29.58)로부터,

$$c_s = c_1\left(1 - R + R\,\exp\frac{v}{k_c}\right) \tag{29.59}$$

만일 막 내 확산이 무시되고 용질이 투과흐름(permeate flow)과 함께 기공을 통과한다면, 투과농도는 c_s와 평형된 농도와 동일할 것이다. 즉,

$$c_2 = Kc_s \tag{29.60}$$

식 (29.58), (29.59), (29.60)을 결합하면 다음과 같다.

$$\frac{1-R}{R} = \frac{K}{1-K}\exp\frac{v}{k_c} \tag{29.61}$$

식 (29.61)을 응용할 때 배제율 R은 v/k_c가 0에 접근하게 되면 $(1-K)$에 접근하게 된다. 관형 막에서 아주 희박한 덱스트란(dextran, 혈장대용물) 용액 UF의 경우[19] 배제율은 투과훌럭스 감소에 따라 77%에서 93%까지 변하는데, 이는 식 (29.61)과 $K = 0.044$에 잘 일치한다.

중간 또는 고 농도용액을 여과할 때, 최대 훌럭스는 낮고 기공 내 분자확산이 중요하게 된다. 선택성 층(selective layer) 내에서 용질 훌럭스에 대한 기본 식은 경계층 내에서 물질전달식 (29.51)과 유사하고 단지 확산 항이 대류 항에 추가되는 것이다. 즉,

$$vc_2 = vc - D_e\frac{dc}{dy} \tag{29.62}$$

여기서 $D_e = \dfrac{D_{\text{pore}}\,\varepsilon}{\tau}$ (29.63)

y = 막 표면으로부터의 거리

식 (29.62)를 적분하고 선택성 층 양쪽 경계에서 동일한 분배계수 값이라고 가정하면 다음과 같이 된다.

$$\frac{c_2}{c_s} = \frac{K\,\exp(vL/D_e)}{K - 1 + \exp(vL/D_e)} \tag{29.64}$$

여기서 L은 선택성 층의 두께이다.

vL/D_e항이 2.0 이하인 경우, 용질확산은 배제율에 크게 영향을 준다. 확산은 낮은 투과훌럭스일 때 배제율을 저하시키고, 농도분극은 높은 훌럭스일 때 중요하기 때문에 배제되는 분율은 훌럭스가 최대일 때의 것으로부터 예견된다[23]. 확산 영향이 활성층(active layer)이 아주 얇으면, 즉 0.1~0.2 μm 정도이면, 크다고 할 수 있으나, 이를 확인할 만한 자료는 충분치 못하다.

용질 또는 콜로이드 입자의 혼합물을 취급할 때, 어느 한 물질로부터 형성되는 겔층이 저 분자량 용질에

대한 배제율을 증가시킬 수도 있다. 또한 겔층이 형성된 이후 고압에서의 조업은 이 층을 압축시킬 수 있어 용매와 마찬가지로 더 작은 용질(smaller solute)에 대한 투과를 저하시킬 수 있다.

투석여과(Diafiltration)

투석여과(diafiltration)는 거대분자(macromolecule) 용액으로부터 염(salt)이나 저-분자량 용질(low-molecular-weight solute)을 회수하는 공정이다. 이 기법은 투석(dialysis)(26장 참고)과는 달리, 압력차를 이용하여 막을 통과하도록 염 용액(salt solution)에 힘을 가하고, 따라서 큰 분자만 잔류하게 된다. 전형적인 응용으로서 희박 단백질 용액 회분량(batch)이 UF모듈에서 농축되는데, 여기에서 염 농도는 변하지 않으나 염에 대한 단백질의 비(ratio)만 증가된다. 그 다음, 급송 탱크에 연속적으로 탈-이온 수(deionized water)를 가해 주면서 투석여과를 수행하게 되는데, 이때 원하는 저 염-농도에 도달될 때까지 같은 UF모듈을 통과하도록 그 용액을 펌핑한다[24]. 때로는 더 농후한 단백질 용액을 얻으려면 최종 한외여과 단계가 요구되기도 한다. 아주 적은 회분에서는 물을 간헐적으로 가하면서 투석여과를 수행하는데, 이때 연속 추가하는 것보다는 덜 효과적이다.

묻어 나가는 용액(retained soln)의 체적이 일정하게 유지될 때, 염 농도의 변화는 단순한 물질수지로부터 계산할 수 있다.

$$V\frac{dc}{dt} = -F\,c\,(1-R) \tag{29.65}$$

여기서 V=급송 탱크 내 용액 체적
F=투과류(permeate flow)(V=일정하면, 급송류)
R=배제율(fraction rejected)
c=염 농도

염의 배제가 없을 때, $R=0$이고 식 (29.65)을 적분하면

$$\ln\frac{c}{c_o} = -\frac{Ft}{V} \tag{29.66}$$

여기서 $c/c_o=0.05$의 경우, 가해주어야 할 물의 양을 계산하면 초기 체적의 3배가 된다. 투석여과 시간은 제거된 물의 양 및 투과속도로부터 계산될 수 있는데, 이 투과속도는 단백질 농도가 변하지 않기 때문에 일정하다. 염 농도의 변화는 투과도(permeability)에 영향이 없다.

만일, 원하는 단백질 농도가 UF에 의해 도달된 이후, 투석여과가 수행된다면, 묻어있는 용액(retained soln)의 체적이 적을 수 있고 투석여과 수(diafiltration water)의 필요량(체적)이 최소일 수 있다. 그러나 투과속도가 아주 낮을 수 있고 총 여과시간이 길 수 있다. 만일, 투석여과가 대량의 희박 단백질 용액으로 시작된다면, 투과속도는 높을 수 있으나 대량의 물이 요구될 수 있다. 최적 시발 농도(optimum starting concentration)는, 농도-대-훌럭스 관계를 알고 그리고 막 오염 진행이 없다면, 결정될 수 있다. 식 (29.53)을 응용할 때, 최적 농도는[6a]

$$c_{opt} = \frac{c_g}{e} \tag{29.67}$$

막 오염. 한외여과장치의 조업에서 일반적인 문제는 막 오염으로 인한 투과훌럭스의 점진적 감소이다. 운전시작 초기에는 순수(pure water) 투과율에 해당되는 높은 초기 훌럭스를 얻지만, 그 이후 급격히 떨어져, 농도분극에 의한 제한치까지 낮아진다. 때로는 막오염 특성에 따라서 수 시간(several hrs)에 걸쳐 투과액의 흐름속도가 점진적으로 떨어지기도 한다. 기공 크기보다 약간 작은 분자나 입자가 막 내로 침투해서 그 기공

구조를 차단하기도 한다. 급송물 내 어떤 분자는 기공 벽에 강하게 흡착되어 흐름통로를 감소시켜 막 저항을 증가시키기도 한다. 어떤 침적물은 흡착이나 침전에 의해 막 표면에 생길 수도 있다.

훌럭스 감소가 표면오염 또는 겔층 압축에 기인되는 경우 막은 역류에 의해, 또는 관형 막의 경우 기계적 제거에 의해, 청소될 수도 있다. 내부오염(internal fouling)의 경우, 화학약품에 의한 청소가 필요하기도 하다. 오염기구가 확인될 경우라면, 용액농도 변화, 막 표면의 전 처리, 또는 조업조건 선정을 잘하여 원활한 조업기간을 크게 연장시킬 수도 있다. 예로, pH 변화는 흡착량을 감소시킬 수 있고 또는 비교적 낮은 압력강하에서의 조업은 초기 투과훌럭스는 낮을 지라도, 기공막힘(plugging of pores)이 적기 때문에 큰 평균 훌럭스를 얻게 된다.

공업용 UF모듈에서는 고 유속을 유지해서 양호한 물질전달을 얻고 있으며 급송물 쪽 마찰압력강하는 1~2 atm 정도이다. 그래서 입구 근처 훌럭스가 출구 근처의 것보다 더 크게 되는데, 이는 총괄 Δp가 오직 몇 기압(a few atm)이고 투과액 쪽 마찰압력강하도 아주 작기 때문이다. 더 균일한 훌럭스를 얻고 또 겔 생성이나 오염 기회를 감소시키기 위해서, 투과액 공간에 작은 비드(bead)를 채우거나, 투과액을 급송류와 병행으로 재순환시켜 장치 길이 당 거의 같은 Δp가 유지되도록 한다.

예제 29.4

1.5 cm 관형막으로 Re =25,000에서 5% 고분자 용액의 UF시험에서 40 L/m^2·h 투과훌럭스를, 그리고 75% 배제율을 얻었다. 그 고분자는 평균분자량 30,000이고 추정 확산계수 값은 5×10^{-7} cm^2/s이다. (a) 기공 내의 분자확산 영향을 무시하고, 20 L/m^2·h 훌럭스일 때 배제율을 추정하라. 그리고 최대 배제량을 추정하라. (b) 분자량 $M\cong 10,000$인 저분자에 대한 배제율을 추정하라. (c) 선택성 층 두께가 0.2 μm일 때 분자확산이 (a)의 경우에 배제량에 큰 영향을 주겠는가?

풀이

(a) 기본사례

$$v = 40\times2.78\times10^{-5} = 1.112\times10^{-3}\ \text{cm/s}$$

$$\text{Sc} = \frac{0.01}{5\times10^{-7}} = 20,000$$

식 (17.71)로부터,

$$\text{Sh} = 0.0096(25,000)^{0.913}(20,000)^{0.346} = 3,060$$

$$k_c = \frac{3,060(5\times10^{-7})}{1.5} = 1.02\times10^{-3}\ \text{cm/s}$$

$$\frac{1-R}{R} = \frac{0.25}{0.75} = \frac{K}{1-K}\exp\frac{1.112\times10^{-3}}{1.02\times10^{-3}}$$

$$\frac{K}{1-K} = 0.112$$

$$K = \frac{0.112}{1.112} = 0.101$$

훌럭스가 20 L/m^2·h 또는 0.556×10^{-3} cm/s로 감소되면,

$$\frac{1-R}{R} = \frac{0.101}{0.899}\exp\frac{0.556}{1.02} = 0.194$$

$$R = \frac{1}{1.194} = 0.84$$

훌럭스가 영으로 접근하면 R은 $1-K$로 접근함으로,

$$R_{\max} = 1-0.101 = 0.90$$

(b) 그림 29.21을 사용해서 대략 추산하라. 그림에서 점 $R_1=0.75$와 $M_1=30,000$을 정하고, PM 30에서와 유사한 선을 그어라. $M_2=10,000$에서 $R_2 \cong 0.35$. 독자적 계산을 위해 K와 k_c을 예측하자. $K_1=0.101=(1-\lambda_1)^2$이면,

$$\lambda_1 = 0.682 = \frac{D_1}{D_{\text{pore}}}$$

$$D_2 \cong D_1\left(\frac{10,000}{30,000}\right)^{1/3} = 0.694D_1$$

$$\lambda_2 = 0.682(0.694) = 0.473$$

$$K_2 = (1-0.473)^2 = 0.278$$

큰 분자의 확산계수는 그 분자량의 $-\frac{1}{3}$승에 비례하고, 그리고 k_c는 $D_v^{0.65}$ 또는 $M^{-0.22}$에 따라 변함으로,

$$k_{c2} = k_{c1}\times 3^{0.22} = 1.02\times 10^{-3}\times 1.27 = 1.29\times 10^{-3}\,\text{cm/s}$$

$v = 1.112\times 10^{-3}\,\text{cm/s}$에서,

$$\frac{1-R_2}{R_2} = \frac{0.278}{1-0.278}\exp\frac{1.112}{1.29} = 0.912$$

$$R_2 = \frac{1}{1.912} = 0.52$$

이 값은 추정치 0.35보다 훨씬 높으나, 어쨌든 분자량이 단지 3배 다른 정도에서 예리한 분리가 가능한 것은 아니다.

(c) $M=30,000$, $D_v=5\times 10^{-7}\,\text{cm}^2/\text{s}$의 경우 추산하자.

$$D_{\text{pore}} = 1\times 10^{-7}\,\text{cm}^2/\text{s} \qquad \varepsilon = 0.5 \qquad \tau = 2$$

$$D_e = 2.5\times 10^{-8}\,\text{cm}^2/\text{s}$$

$$L = 0.2\ \mu\text{m} = 2\times 10^{-5}\,\text{cm}$$

$$\frac{vL}{D_e} = \frac{(5.56\times 10^{-4})(2\times 10^{-5})}{2.5\times 10^{-8}} = 0.445$$

식 (29.64)에서 $K=0.101$값을 이용하면,

$$\frac{c_2}{c_s} = \frac{0.101\exp 0.445}{0.101-1+\exp 0.445} = 0.24$$

막에서 확산은, $c_2=Kc_s=0.101c_s$일 때보다 투과 농도를 약 2배 높게 만든다. 이 결과로 보아 분배계수는 (a)에서의 추산 값보다 더 낮다. ■

29.5.5 미세여과

작은 입자 부유물을 처리하는 미세여과(microfiltration)와 큰 분자의 용액을 처리하는 한외여과(UF)간 정확한 구분법은 없다. 아주 작은 입자, 즉 라텍스 내 0.1 μm 구형 고분자 같은 입자의 경우, 이들 두 항 모두 적용된다. 그러나 이 보다 큰 입자의 경우 삼투압은 무시될 수 있고, 분자확산은 너무 낮아서 막 표면으로부터 떨어진 곳으로부터 많은 물질전달이 없게 된다. 미세여과에서 용매 투과훌럭스는 일반적으로, 표면에서 고체층 형성이 나타나더라도 순수한 물의 투과훌럭스보다는 아주 작고, 그림 29.31에서 보는 바와 같이 이것은 농도 증가에 따라 감소된다. 라텍스 부유물에 대한 자료는 약 60% 겔 농도의 것임을 유의하라[60% 농도는 조밀하게 충전된 구의 층(bed)이라 볼 수 있다]. 그러나 약 0.1 μm 지름의 구를 함유한 라텍스 부유물(latex suspension)에 대한 훌럭스는, 아주 낮은 확산계수를 가지고 있음에도 불구하고, 알부민($M=170,000$, $D_p=7\times 10^{-3}\,\mu$m)보다 2~3배 더 크다. 혈액, 우유, 기타 콜로이드 부유물에 대한 시험결과는 거의 유사한데, 이는 분자 확산 및 표준 물질전달 상관관계식을 기준한 기대치보다 아주 큰 훌럭스이다. 이러한 현상을 **훌럭스 역설**(flux paradox)라 부른다. 분자 확산과 다소 다른 것은 입자가 막 또는 겔층의 표면으로부터 주 흐름까지 되돌아와야 하기 때문이다. 균일한 구입자들의 부유(suspension)에 대한 이론은 훌럭스 역설의 이해를

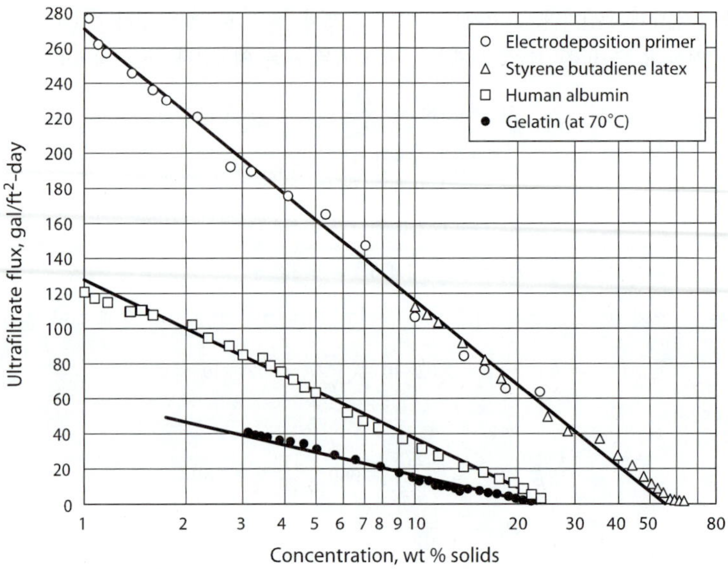

그림 29.31 훌럭스에 미치는 용질농도의 영향

도울 수 있고 조업조건 선정하는 데 지표가 되도록 밝혀져 있다.

움직이는 입자에 대한 기본적인 연구들은 얇은 통로(thin channel) 또는 관에서 희박 부유물의 층류 영역에 대하여 수행되었다. 비다공성 관 내에서 중성적인 부력입자들은 관성상승력(inertial lifting force) 때문에 기벽으로부터 떨어져 움직이는 경향이 있다. 그래서 기벽 근처에 무-입자 영역(particle-free zone)이 생긴다. 이것을 관형-핀치효과(tubular-pinch effect)라 부른다. 미세여과에서와 같이 기벽이 다공성이면 기벽 쪽으로 향한 흐름은 상승력에 반대되는 입자에 작용하는 항력(drag)이 작용케 된다. 크기가 10 μm 또는 그 이상 되는 입자에 대해선 관성상승력이 때로는 아주 커서 입자의 기벽 접근을 억제한다[1]. 고립입자를 대상으로 추정한 궤적은 예측결과와 일치하나, 그 이론은 아직 농후 부유물 또는 난류 영역까지 확장되지는 못하고 있다[3].

1 μm 입자의 경우, 관성력은 항력(drag force)에 비해 아주 작고, 그리고 통로입구로부터 짧은 거리에서 한 개 입자(a particle)- 또는 겔-층(gel layer)의 급속한 형성이 일어나는 것으로 예측된다[35]. 투과류에 의해 겔층까지 이송된 많은 입자가 그 층 표면으로부터 튀어 나가는 수와 균형 잡혀질 때 그 겔층은 정상상태의 두께를 형성한다. 기벽 근처의 큰 전단율(shear rate)은 개별 입자의 곡예운동(tumbling motion)을 유발케 한다. 이것이 층을 확장시키고 기벽으로부터 멀리 입자-전기이동(particle migration)되도록 한다[13]. 이러한 전단-유도분산(shear-induced dispersion)과 저 농도 영역 쪽으로 입자이동은 입자확산계수(particle diffusivity) D_s항으로 묘사할 수 있게 된다. 이 입자확산계수는 전단율에 비례하고 입자크기의 제곱에 비례한다. 층류에서 입자분산에 대한 실험식은 Couette장치에서 방사선물질 추적으로 얻은 결과[16]

$$D_s = 0.03\gamma r^2 \tag{29.68}$$

$D_s =$ 전단-유도분산계수, cm^2/s

$\gamma =$ 전단율(shear rate), s^{-1}

$r =$ 입자 반지름, cm

식 (29.53)과 층류 물질전달식 (17.60)을 연관시키면 이 식은 한계 훌럭스 자료와 잘 부합된다[45]. 입자 모양과 표면특성의 영향을 이해하고, 난류에 대한 상관식까지 얻으려면 더 많은 연구가 필요하다.

투과훌럭스가 교차 흐름속도에 따라 증가할지라도 압력강하 때문에 수 m/s 이상의 속도는 일반적으로 불가능하다. 막 표면에 고 전단력을 주는 다른 방법은 회전여과판(rotationg filter plate) 또는 여과판과 아주 밀접 된 회전원판(rotating disc)을 이용하는 것이다. 이 형태의 몇몇 장치가 시험되어 전시[29]된 바 있는데 이는 훌럭스가 $100 \sim 300\ \mathrm{L/m^2 \cdot h}$ 정도이다.

29.6 중력침강 공정

많은 기계적 분리는 중력 또는 원심력에 의해서 유체를 통한 고체입자 또는 액적의 침강(sedimentation)을 근거로 한다. 이 절은 중력침강(gravity settling)을, 다음 절은 원심침강(centrifugal sedimentation)을 다룬다. 유체는 기체나 액체로서 흐르거나 정지상태에 있다. 공기, 연도가스(flue gas)로부터 먼지나 연무(fume)의 제거 또는 액체 폐기물로부터 고체의 제거 등과 같이 유체로부터 오염물을 없애거나 입자를 회수하고자 하는 공정에서는 유체흐름으로부터 입자를 제거하는 것이 목적이다. 또 문제에 따라서는 입자를 강제로 현탁시켜서 입도나 밀도가 다른 분급물(fraction)로 입자를 분리한다. 이때 분급된 입자로부터 유체를 회수하여 다시 사용하기도 한다.

여기에서 다룰 분리조작의 바탕이 되는 입자 역학(力學)의 원리는 7장에서 설명되었다. 입자가 잠겨 있는 유체에 대하여 정지상태에서 시작하여 그 다음 외력(外力)을 받아 그 유체를 통하여 움직이게 되었다면, 그 운동은 두 단계로 나눌 수 있다. 1단계는 짧은 가속기간(加速期間, period of acceleration))으로서, 이때 입자의 속도는 0에서 종말속도(終末速度)까지 증가한다. 2단계는 입자가 그 종말속도로 유지되는 기간이다.

초기 가속기간은 짧아서 대개 10분의 수 초(s) 단위 또는 그 이하임으로, 초기 가속효과가 미치는 범위는 짧다. 반면에 종말속도는 입자가 장치 내에서 처리되는 동안 계속 유지된다. 식 (7.30), (7.32) 등이 가속기간에 적용되며, 식 (7.40), (7.43) 등은 종말속도 기간에 적용된다. 지깅(jigging)이나 테이블링(tabling) 등과 같은 분리방법은 가속기간 중의 입자 거동의 차이에 의한 것이다. 그러나 여기에서 다루는 모든 방법을 포함하여 대부분의 일반적 방법에서는 종말속도 기간만을 이용한다.

현탁(또는 浮游) 유체(suspending fluid)보다 무거운 입자는, 유체속도가 입자 침강(沈降)에 충분한 시간을 가지도록 한 대형 침강 통(settling box) 또는 침강탱크에서 기체나 액체로부터 제거될 수 있다. 그러나 이런 종류의 간단한 장치는 그 유용성에 한계가 있는데, 이것은 분리가 불완전하고 용기바닥에서 침강 고체를 제거하는 데 노동력이 많이 필요하기 때문이다.

공업용 분리기에서는 거의 전부 침강 고체를 연속 분리될 수 있도록 구성되어 있다. 분리는 부분적이거나 또는 거의 완전할 수 있다. 액체로부터 실질적으로 모든 고체를 제거하는 침강장치를 **청정기**(清淨器, clarifier)라 하며, 고체를 두 분급물로 나누는 장치는 **분급기**(分級器, classifier)라 한다. 이 두 장치에서는 같은 침강원리가 적용된다.

중력 분급기(gravity classifier)

화학공정에서의 분급기는 대부분 입자크기에 기준하여 입자를 분리하는데, 이때 작은 입자의 밀도나 큰 입자의 밀도가 같기 때문이다. 그림 27.11에 보인 결정화기(crystallizer)의 수비각(水飛脚, 또는 飛散脚, elutriation leg)이 그 보기이다. 액의 상향 속도를 조정하여 필요로 하는 큰 입자의 종말 침강속도보다 작게 하면, 원하지 않는 미세 결정이 결정석출 영역으로 반송되어 더욱 성장하게 된다.

기계적 분급기는 특히 야금조작(冶金操作, metallurgical operation)에서와 같은 폐회로(閉回路) 분쇄(본 교재 5판 그림 29.15를 참조하라)에서 많이 이용된다. 여기에서는 비교적 큰 입자(coarse particle)를 샌드(sand)라 하며, 고운 입자(fine particle)의 슬러리를 **슬라임**(slime)이라 한다. 시간을 충분히 주면 샌드는 장치바닥에 침강하며, 슬라임은 배출액체와 함께 나간다.

전형적인 기계적 분급기에서 정치조(settling vessel)는 수평에서 12° 기울어진 반원통형 통(semicylindrical trough)으로서 낮은 쪽 끝에서 액체가 넘쳐 나간다. 슬러리는 중간 지점에서 연속적으로 통에 공급된다. 유량을 조정하면, 고운 입자는 침강할 시간이 없어서 분급기를 떠나는 액체에 동반된다. 큰 입자는 통 바닥에 가라앉는다. 회전 나선형 컨베이어로 침강된 고체를 통 바닥에서 위쪽으로 이동시켜 액체로부터 나오게 하여 샌드 배출슈트로 보낸다. 이러한 분급기는 정확한 분리가 필요 없는 굵은 입자를 다루는 데 좋다. 대표적인 응용 예로서, 입자크기 8~20 mesh 정도로 분쇄되는 볼 밀(ball mill) 또는 로드 밀(rod mill)과 함께 사용된다.

선별 분급기

밀도가 다른 입자를 분리하는 기구를 **선별 분급기**(選別分級機, sorting classifier)라 한다. 보통 두 가지 기본 분리방법, 즉 침강-부유(sink-&-float) 및 차분침강(differential settling)법 중의 하나가 이용된다.

침강-부유법. 침강-부유법(沈降浮游法, 또는 부침법)에서는 선별매체(sorting medium)로서 액체를 사용하는데, 그 밀도는 가벼운 물질과 무거운 물질의 중간 정도이다. 이때 무거운 입자는 매체 중에서 침강하고 가벼운 것은 부유하므로, 분리가 이루어진다. 이 방법의 장점은, 원리적으로 두 물질의 밀도차(密度差)만에 의하여 분리가 이루어지며 입자 크기와는 무관하다는 것이다. 이 방법은 **중-유체 분리**(heavy-fluid separation)라고도 한다.

이 중-유체분리법(重流體分離法)은 대개 10 mesh보다 큰 비교적 굵은 입자의 처리에 사용된다. 이 기법의 이용에서 첫째 문제는, 가벼운 것이 뜨고 무거운 것이 가라앉도록 하기에 적절한 밀도의 매체를 선택하는 일이다. 진(true) 액체를 사용해야 하지만, 매체의 비중이 1.3~3.5 또는 그 이상이어야 하기 때문에 실질적으로 사용할 수 있는 아주 무겁고 값싸며 독성이 없고 부식성이 없는 액체는 별로 없다. 할로겐화 탄화수소와 $CaCl_2$ 용액이 이 목적으로 사용된다. 보다 일반적으로는, 물 중에 무겁고 고운 입자를 현탁시켜 만든 의사액체(pesudo liquid)를 매체로 택한다. 자철광(비중 5.17), 규소철(비중 6.3~7.0), 방연광(비중 7.5) 등이 쓰인다. 이때 물에 대한 광물의 비를 변화시켜서 넓은 범위의 매체밀도를 만든다. 이는, 분리되어질 혼합물에 공급용으로, 일류액(overflow) 및 하류액(underflow)을 제거용으로, 처리될 물질에 비하여 값이 비쌀 수도 있는 분리 유체(separating fluid) 회수용으로 마들어져야 한다. 간섭 침강(hindered settling)이 이용된다. 침강-부유법의 응용은 보통 석탄 청정이나 선광(選鑛)이다. 적절한 조건 하에서, 오직 0.1의 비중 차가 있는 물질들의 청정분리(clean separation)를 얻었다고 한다[41].

차분침강법. 차분침강법(differential settling method)은 물질의 밀도 차에 의하여 생기게 되는 종말속도 차를 이용하는 것이다. 이때 매체의 밀도는 고체 물질들보다 작다. 이 방법의 단점은, 분리되어 질 물질의 혼합물이 어떤 입자크기 범위를 이루고 있기 때문에, 크고 가벼운 입자의 침강속도가 작고 무거운 입자의 침강속도와 같아서 혼합 분급물이 얻어진다는 점이다.

차분침강에서는 가벼운 물질과 무거운 물질이 같은 매체 안에서 침강한다. 여기서, 등속침강 입자(equal-settling particle)의 개념이 생기게 된다. 지금, 밀도 ρ의 매체 중에서 침강하는 두 물질 A와 B의 입자를 생각해 보자. 물질 A가 더 무겁다고 하자. 가령 성분 A는 방연광(비중 7.5)이고, 성분 B는 석영(비중 2.64)이라 하자. 입자크기(입자지름) D_p, 밀도 ρ_p인 입자가 밀도 ρ인 매체 중에서 중력 침강할 때의 종말속도는 Stokes법칙 영역에서의 침강에 관한 식 (7.40)으로 나타낸다. 이 식을 밀도 ρ_{pA}, 지름 D_{pA}인 방연광(galena)에 관하여 쓰면,

$$u_{tA} = \frac{gD_{pA}^2(\rho_{pA} - \rho)}{18\mu} \tag{29.69}$$

밀도 ρ_{pB}, 지름 D_{pB}인 석영(quartz)에 관하여 나타내면,

$$u_{tB} = \frac{gD_{pB}^2(\rho_{pB} - \rho)}{18\mu} \tag{29.70}$$

등속침강(等速沈降) 입자라면 $u_{tA} = u_{tB}$이므로 다음과 같이 된다.

$$\frac{D_{pA}}{D_{pB}} = \sqrt{\frac{\rho_{pB} - \rho}{\rho_{pA} - \rho}} \tag{29.71}$$

Newton법칙 영역에서 침강하는 등속침강 입자의 지름은 식 (7.43)으로부터 다음 식으로 연관 된다.

$$\frac{D_{pA}}{D_{pB}} = \frac{D_{pB} - \rho}{\rho_{pA} - \rho} \tag{29.72}$$

분리공정에서 등속침강 지름 비의 의미를 그림 29.32에 나타내었다. 이 그림은 Stokes법칙과 Newton법칙의 중간 영역에서의 침강에 대한 성분 A와 B의 D_p 대 u_t곡선을 나타낸 것이다. 두 물질의 지름 범위가 입자크기 축의 점 D_{p1}과 D_{p2} 사이에 있다고 하자. 이때 지름이 D_{p1}과 D_{p2} 사이의 값을 가지는 가벼운 물질의 모든 입자들은 무거운 물질의 입자보다도 천천히 침강할 것임으로, 순수한 분급물을 얻을 수 있다. 마찬가지로, 지름의 범위가 D_{p3}와 D_{p4} 사이인 물질 A의 어떤 입자는 물질 B입자보다도 빨리 침강할 것이므로, 역시 순수한 분급물을 얻을 수 있다. 그러나 지름의 범위가 $D_{p2} \sim D_{p4}$인 어떤 가벼운 입자는 입자크기의 범위가 $D_{p1} \sim D_{p3}$인 물질 A의 입자와 같은 속도로 침강하게 되므로, 이러한 입자크기 범위의 모든 입자는 혼합 분급물을 이루게 된다.

식 (29.71)과 (29.72)에서, 매체의 밀도를 증가시키면 분리 예민성(sharpness of separation)이 개선됨을 알 수 있다. 또한 그림 29.32에서 공급물의 입자크기가 보다 좁으면, 혼합 분급물을 줄이거나 없앨 수 있음이 분명하다. 예로서, 그림 29.32에서 공급물의 입자크기 범위가 $D_{p3} \sim D_{p4}$ 사이인 경우에는 완전한 분리가 가능하다.

청정기(clarifier)와 침강농축기(thickener)

간섭 침강조건 하의 중력분리법을 이용해서, 때로는 미세 입자 희박 슬러리를 청정액 또는 농축 부유물로 변환하기도 한다. 이 과정을 침강농축기(thickener) 또는 청정기(clarifier)라 부르고, 큰 개방탱크에서 수행된다. 농축 부유물 또는 슬러지를 여과하여 건조생성물을 만들 수도 있으나, 이 여과과정 비용이 원액 슬러리를

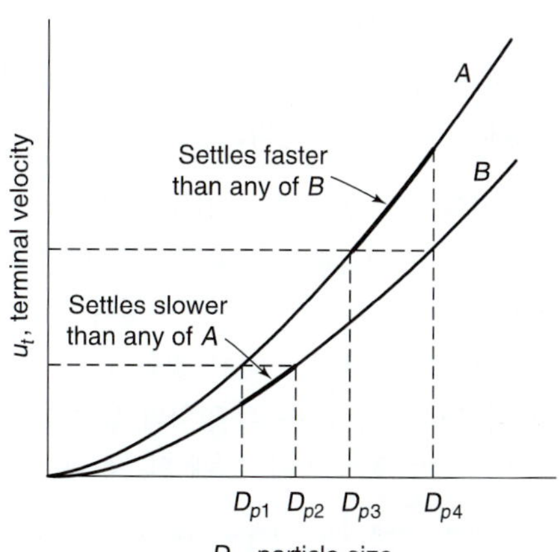

그림 29.32 등속침강 입자

직접 여과하는 것보다 아주 저렴해야 한다. 청정액은 부유 입자가 없거나 거의 없어서 공정 수를 재사용하거나 폐수로 배출된다.

엉김화(flocculation). 부유 고체가 수 μm인 개별 입자로만 존재한다면 중력 침강속도는 실제 조업에서 아주 느리게 될 것이다. 다행히도 대부분의 실제 미세 부유물에서 입자들은 적당한 속도로 침강될 수 있는 응집물(agglomerate) 또는 덩이(cluster)를 형성한다. 응집화(agglomeration)는, 때로 강 전해질(이는 하전된 입자 간 반발력을 감소시킨다)을 포함하는 엉김제 또는 고분자 엉김제(이는 특성 상 양-이온성, 음-이온성, 또는 비-이온성일 수 있다)를 첨가함으로써 촉진된다. 엉김화(flocculation)는 또한 석회, 알루미나, 또는 규산나트륨 같은 저가 물질을 가하여 수행되는데, 이 첨가제는 미세 입자와 동반침강을 일으켜 느슨한 응집물을 형성한다.

엉김화된 입자들은 분산-조밀고체(dispersed dense solid)의 부유와는 다른 침강특성을 갖는다. 이 응집물은 고 다공성이어서 침강 시 많은 물이 수반된다. 또한 이 응집물은 느슨하게 결합되어 있어 침전조 밑바닥의 슬러지는 추가로 쌓이는 고체 무게에 의해 압축된다. 응집물의 크기, 모양 및 유효밀도가 쉽게 정의되지 못하기 때문에, 이론이나 일반 상관관계식으로부터 침강속도 또는 슬러지 밀도를 예측할 수 없다. 일반적으로 침강농축기 설계는 실험실적 회분식 시험에서 얻은 침강속도를 기초로 하게 된다.

회분식 침강분리. 엉긴 부유물의 침강에는 여러 단계가 있고, 그리고 침강 분리과정이 이루어지면서 여러 영역이 형성된다. 일반적으로 고체의 농도가 충분히 높으면, 주어진 준위에 있는 고체가 공통 속도로 침강될 정도로 개별입자 또는 엉김물의 침강을 간섭한다. 처음에 고체는 그림 29.33(a)에서 보는 바와 같이 액체 내 균일하게 분산된다. 현탁액 전체 높이는 Z_0이다. 잠시 후, 고체는 침강하여 그림 29.33(b)에서 맑은 액체영역 A가 나타나고, 영역 D는 침강고체이다. 영역 D 위쪽은 전이층(transition layer)으로서 영역 C이고 이 영역 내에서는 초기 펄프 내 고체 함유량으로부터 영역 D의 것으로 변한다. 영역 B에서는 그 농도가 균일하고 초기농도와 동일한데, 이는 침강속도가 이 영역 전반에 걸쳐 동일하기 때문이다. 영역 D와 C 사이, 그리고 영역 C와 B 사이의 경계들은 분명치 않으나 영역 A와 B 사이의 경계는 일반적으로 명료하다.

침강이 계속됨으로써 영역 D와 A의 깊이는 증가된다. 영역 C의 깊이는 거의 일정하고 영역 B의 것은 감소된다. 이를 그림 29.33(c)에 나타냈다. 결국 영역 B는 사라져서 모든 고체는 영역 C와 D에 있게 된다(그림 29.33(d)을 참조하라). 동시에 고체의 점진적 누적은 바닥 층 D에 누적 된 고체를 압축하게 된다. 이 압축으로 엉김물(floc) 또는 응집물(aggregate) 구조는 깨어지고 액체는 위쪽 영역으로 밀려난다. 때로는 엉김물 내 액체는, 층 D가 압축됨으로써 마치 작은 간헐 온천(geysa)같이 영역 D을 분출하여 나오기도 한다. 최종적으로 고체의 중량과 엉김물 압축강도가 균형이 잡히면 침강과정은 정지되어 그림 29.33(e)과 같이 된다. 그림 29.33에 보인 전 과정을 침강분리(sedimentation)라 한다.

침강분리 속도. 시간 대 계면 높이(영역 A와 B경계)의 전형적 도표를 그림 29.34에 표시했다. 곡선의 첫 구간에서 보는 바와 같이 침강 초기단계에는 침강속도가 일정하다. 영역 B가 사라질 때 침강속도가 감소하기 시작해서 최종 높이(ultimate height)에 이를 때까지 계속 떨어진다. 그림에 보인 예에서 계면 높이는 20시간까지도 계속 감소되기 때문에 최종 높이는 단지 추정된 것이다.

슬러리들은 그들 침강속도가 크게 다르고 또 침강 시 각 영역의 상대 높이도 다르다. 초기 속도는 공급물의 함수이나, 최종 단계에서는 역시 침강속도가 초기 높이 Z_0에 의존된다. 이는 압축 영향이 농후 슬러리 층에 더 중요하기 때문이다. 침전농축기 설계를 위해서는 서로 다른 초기 높이와 초기 농도에 대한 침강속도 실험이 필요하다.

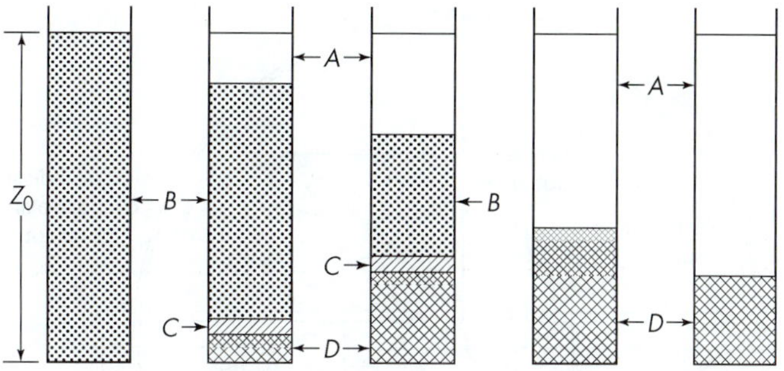

그림 29.33 회분식 침강분리

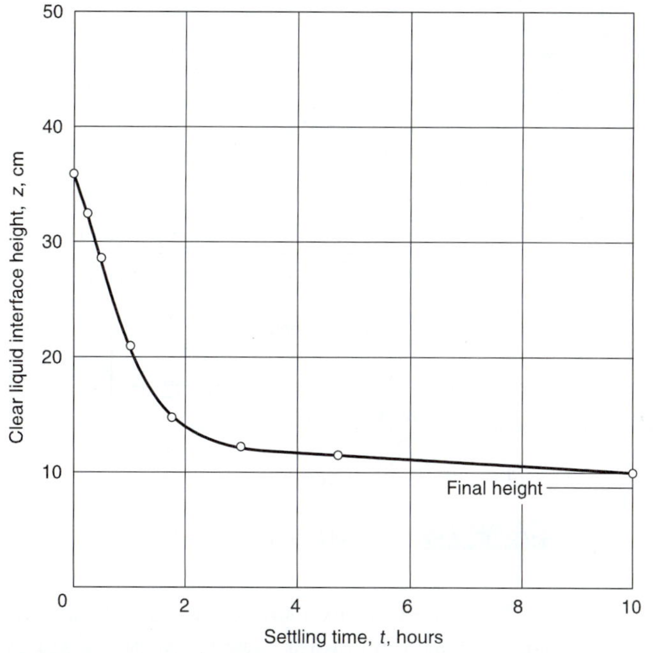

그림 29.34 석회석 슬러리의 회분침강, c_0 = 236 g/L(자료 : Foust et al., "*Prin- ciples of Unit Operations*", 2nd ed., Wiley, New York, 1980. Copyrightⓒ 1980 by John Wiley & Sons, Inc. Reprinted by permission of John Wiley & Sons, Inc.)

침강분리장치 ; 침강농축기(thickener)

공업적으로 위의 과정은 **침강농축기**(沈降濃縮器)라 부르는 큰 장치에서 수행된다. 비교적 빨리 침강하는 입자라면 회분식 침강탱크나 연속 침강 원추형 탱크(settling cone)가 적절할 것이다. 그러나 대개의 경우에는 그림 29.35에 보인 것과 같은 기계적 교반 농축기를 채용하여야 한다. 이것은 크고 비교적 얕은 탱크로서, 중심 축에서 구동되어 천천히 움직이는 방사형 갈퀴(rake)가 있다. 바닥은 평평하거나 원추형이다. 묽은 급송 슬러리는 경사통(inclined trough)이나 홈통(launder)으로부터 농축기 중앙으로 흐른다. 액은 속도가 일정하게 줄어들면서 방사방향으로 움직이며, 고체가 탱크바닥에 침강되도록 한다. 맑은 액은 탱크 가장자리에서 홈통으로 흘러 넘친다. 갈퀴 팔은 슬러리를 천천히 교반하여 탱크 중앙으로 모이게 하며, 여기서 큰 구멍을 통하여 슬러리 펌프 입구로 간다. 어떤 농축기에서는 갈퀴 팔에 경첩을 달아서, 탱크바닥에 단단한 덩어리와 같은 방해물이 있으면 넘어가도록 한다.

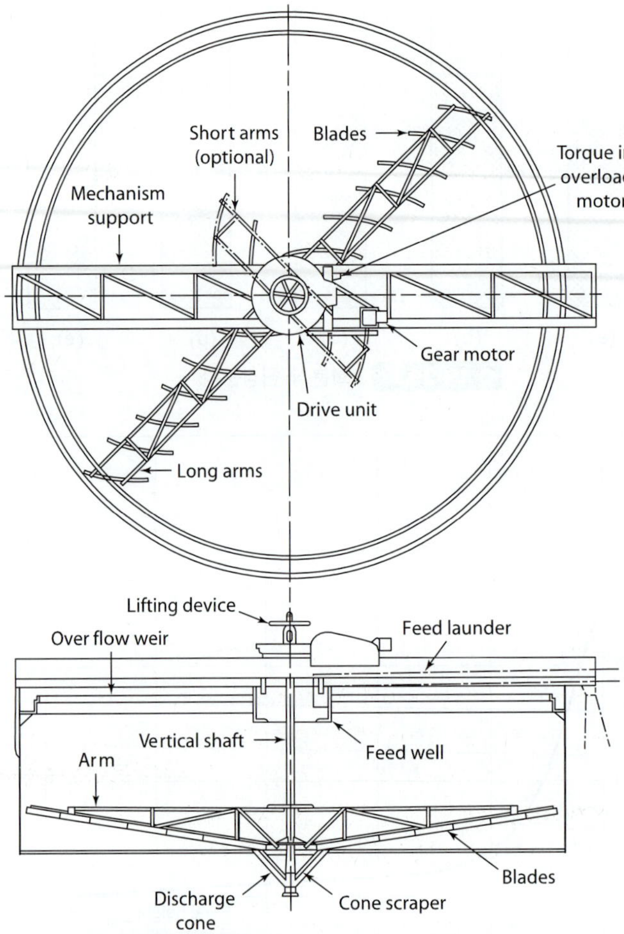

그림 29.35 중력 침강농축기(Eimco Corp.)

기계적 교반 침강농축기는 대개 커서 지름이 10~100 m(30~300 ft), 깊이가 2.5~3.5 m(8~12 ft) 정도이다. 대형 농축기에서는 갈퀴가 30 min마다 한 번 돈다. 이러한 농축기는 시멘트 제조나 해수(海水)로부터 마그네슘 생산 등에서와 같이, 다량의 묽은 슬러리를 농축하여야 할 경우 특히 가치가 있는 것이다. 또한 하수처리(下水處理) 및 용수정제(用水精製)에서도 많이 쓰인다. 급송물은 액 표면으로부터 1 m 깊이 또는 표면 밑 중앙 지점에 투입된다. 급송 준위 위쪽은 고체가 거의 없는 청정 영역이다. 그리고 급송 준위 아래쪽은 간섭 침강 영역이고 바닥 근처는 고체농도가 높은 압축 영역이다. 이들 침강분리영역에 대해서는 이 절의 뒷부분에서 논한다.

연속 농축기에서 단위시간에 생성되는 맑은 액의 부피는 주로 침강에 유효한 단면적에 따라 달라지며, 공업용 분리기에서는 거의 액체 깊이와는 무관하다. 따라서 단위 바닥면적 당 처리 능력을 보다 크게 하려면 다중-침강농축기(multiple-tray thickener)를 사용한다. 이것은 원통형 탱크 안에 얕은 침강영역(settling zone)이 위 아래로 여러 개 있도록 한 것이다. 갈퀴 또는 스크레이퍼(scraper) 교반기를 사용하여 한 단에 침강한 슬러지를 그 아래 단으로 이동하게 한다. 이러한 장치에서는 다단-향류식 치환세척(multistage countercurrent displacement)이 가능하다. 그러나 단일-단 농축기에 비하여 지름이 상당히 작다.

전형적인 조업조건과 부유물 변화에 대한 설계조건은 Perry[32c]에 의해 주어졌다.

청정기와 침강농축기 설계. 침강농축기 설계 시 규정되어야 할 기본 양은 단면적과 깊이이다. 보통 면적은, 침강시험이 연속 침강농축기에서의 작용과 잘 맞지 않는다 해도, 회분식 침강시험자료를 기초로 한다. 시험용 원통장치에서는 실 체적흐름(net volume flow)이 없고, 고체가 한 영역을 벗어나 침강하면 동일 체적의 액체가 밑으로부터 상승 교체된다. 이때 측정 침강속도는 실 흐름이 없는 조건에서 유효한 것이다. 연속 침강농축기에서는 각 층들의 깊이가 일반적으로 단시간(short time)에서만은 일정하다. 그러나 약간의 액체는 고체와 동반되어 하강하게 되고 나머지는 청정영역으로 상승한다. 설계 시 청정기에서는 상승류(upward flow), 그리고 침강 영역에서는 하강류(downward flow)라 가정한 1차원적 해석을 기준한다.

연속 침강농축기에서 총괄 하강 고체홀럭스는 두 부분으로 이루어진다. 즉 하강 액체에 수반되는 고체홀럭스(solid flux)와 액체를 통해 고체의 침강 결과로 인한 부가적 홀럭스이다. 첫째 것을 이동홀럭스(transport flux) G_t라 부르고, 이것은 고체농도 c와 하강속도 u을 곱한 것이 된다. 둘째 것은 침강홀럭스(settling flux) G_s로서, 이는 고체농도와 침강속도(settling rate) dZ/dt을 곱한 것이 된다. 회분식 시험에서 측정되는 것으로 다음과 같다.

$$G = G_t + G_s = uc + \left(\frac{dZ}{dt}\right)c \tag{29.73}$$

침강홀럭스는 농도 증가에 따라 최대치를 나타낸다. 왜냐하면 침강속도가 아주 낮은 농도에서는 거의 일정하나 고 농도에서는 급격히 감소하기 때문이다. 그림 29.36(a)는 그림 29.34의 침강 곡선으로부터 유도된 석회석 슬러리에 대한 자료이다. 이들 자료는 단지 침강곡선의 하향홀럭스(declining flux) 부분만 표기되었고, 점선은 저 농도 부분에 대한 침강곡선의 대략적인 모양을 나타낸 것이다. 일반적으로 침강농축기는 고-하부류 농도(high underflow conc.)에서 조업됨으로 하향홀럭스 부분을 기초로 설계된다.

침강홀럭스(settling flux)곡선을 작성하는 데는 다른 방법들이 제안되었는데 어느 것은 다소 다른 결과를 나타내기도 한다. Coe and Clevenger[10] 방법에서는 급송물과 원하는 하부류농도 사이의 여러 부유물 농도에서 초기 침강속도(initial settling velocity)를 측정해서, 그 침강속도와 초기 농도를 곱하여 침강홀럭스를 얻었다. 이는 침강속도가 단지 농도에만 의존되는 것으로 가정된 것이다. 그러나 실제로 침강속도는 부유물 농도

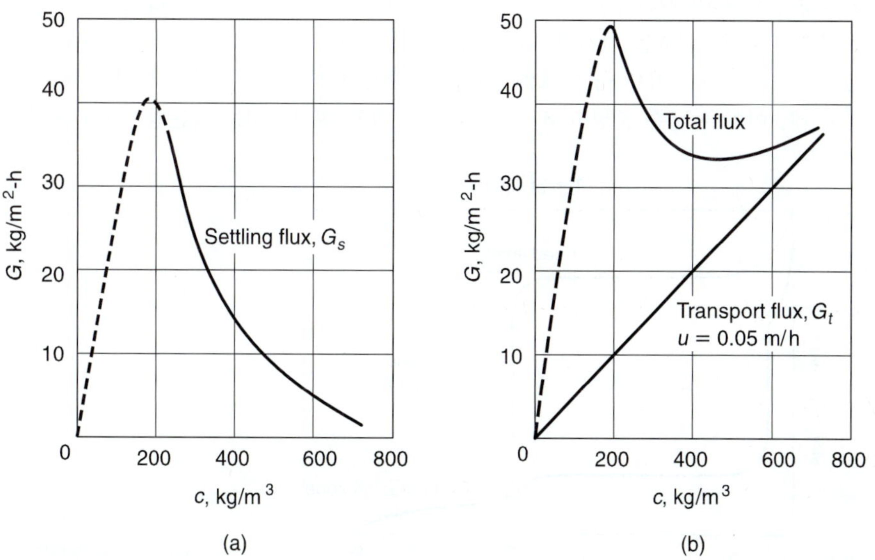

그림 29.36 석회석 슬러리의 연속 침강농축에 대한 홀럭스(flux) : (a) 침강홀럭스(settling flux), (b) $u = 0.05$ m/h일 때 이동홀럭스(transport flux)와 총괄홀럭스(total flux)

-시간이력(concentration-time history)에 의존된다. Kynch방법[28]에서는 오직 한 개 회분식 침강속도 곡선만이 필요하고, 그림 29.36을 만드는 데 사용되었다. 각각에 대한 침강곡선에서 접선을 그어서 침강속도를 얻었고, 그리고 해당 고체농도는 다음 과정에 따라 추정하였다. 접선을 세로축까지 연장하여 절편 Z_i을 구하고 그리고 초기 농도에 Z_0/Z_i을 곱하여 침강영역의 상부 농도를 구하였다. 이 경우 단지 한 개 실험실적 시험이 요구되지만 측정 침강속도는 초기 농도와 압축 영향을 주는 부유물층 높이에 의존된다. 회분식 시험 분석에 대한 또 다른 방법은 다른 문헌[11,14,15,18,32b]에 논의되어 있다.

이동훌럭스(transport flux)는 농도에 따라 직선적으로 증가하고 저 농도에서는 침강훌럭스(settling flux)보다 아주 낮으나, 이것은 고 농도에서 주 영향 인자가 된다. 이런 경향 및 G_s 내 최대점 때문에 총괄훌럭스 역시 최대점이 나타나고, 그 다음부터 그림 29.36(b)에서 보는 바와 같이 농도 증가에 따라 최소점으로 간다. 침강농축기의 소요 면적은 총괄훌럭스 곡선(total flux curve)의 최소점으로 결정하는데, 이 농도에 해당되는 영역이 설계용량에서 조업되는 연속 침강농축기를 이루는 경향이 있기 때문이다. 만일 일류(overflow)가 청정 액체이면, 모든 고체는 하부류(underfow)에서 제거되고 소요면적은 급송물로 유입되는 고체량, 즉 Fc_0로 결정되고, 따라서 최소 하강-고체훌럭스(minimum downward solids flux)는,

$$A = \frac{Fc_0}{(G_t + G_s)_{\min}} \tag{29.74}$$

이 소요면적은, 고체훌럭스를 증가시키는 하강속도(downward velocity)의 증가에 의해 감소될 수 있으나, 이는 또한 하부류 농도 c_u을 감소시킨다.

연속침강농축기에서 분리영역

전형적인 수직 농도이력을 그림 29.37에 표시하였다. 이 그림은 침강농축기 위 부분에 저 고체농도영역(청정영역, clarification zone), 중간 부분에 간섭침강영역(hindered settling zone, 이 영역에서는 고체농도가 거의 일정하다), 그리고 밑바닥 근처의 고 고체농도영역(또는 압축 영역, compression zone, 이 영역에서는 슬러지가 배출구 쪽으로 모아져서 고체농도가 상승된다) 등을 나타내고 있다. 이들 영역의 두께는 쉽게 규정될 수 없는데, 왜냐하면 축-방향 농도구배(경사)와 마찬가지로 반경-방향 농도구배가 있고, 그리고 공급속도나 고체농도의 변화도 해당 영역들의 평균두께를 점진적으로 변화시키기 때문이다. 간섭침강 영역은 해당 장치의 조업이력에 따라 0.3으로부터 크게는 2~3 m 두께까지 나타날 수도 있다. 정상상태에서 이 이력은 이 층의 두께에 의존되지 않는데, 이것은 급송 준위(feed level) 위 영역까지 확장되지는 않는다. 만일 침강농

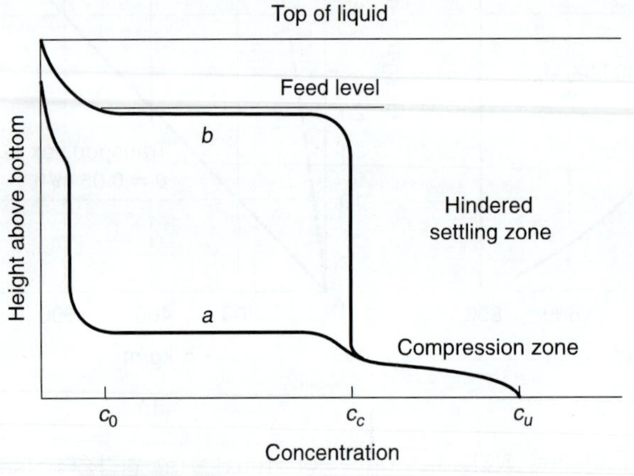

그림 29.37 연속 침강농축기 내 농도분포

축기가 설계치 이상의 급송속도에서 잠시 동안 조업되면, 침강영역의 두께가 점진적으로 증가되는데, 이는 고체 급송속도가 한계 고체훌럭스(limiting solid flux)를 초과하기 때문이다. 정상 농도이력이 그림 29.37의 곡선 a와 유사하다면, 침강영역 높이가 서서히 증가됨으로서 만족한 조업은 수 시간 지속 될 수 있다. 만일 원래 농도이력이 곡선 b와 유사하다면, 고체 축적으로 하여금 나쁜 청정화 그리고 일류 내로의 고체 손실 등이 초래케 된다.

29.7 원심력 침강공정

어느 주어진 유체 중에서 어느 주어진 입자가 중력(重力)하에서는 고정된 최대 속도로 침강한다. 이 침강속도를 크게 하기 위하여 입자에 작용하는 중력을 아주 강한 원심력(遠心力)으로 대체할 수 있다. 원심분리기는 미세한 액적 및 입자를 다루는 데 보다 효과적이고, 그리고 주어진 처리용량에 대해 장치의 크기가 더 적어지기 때문에, 생산조업에서 중력 분리기 대신에 상당히 많이 이용되고 있다.

기체로부터 고체의 분리 ; 사이클론(cyclone)

기체흐름으로부터 입자를 제거하는 대부분의 원심분리기는 운동 부분이 없다. 대표적인 것으로 그림 29.38에 보인 사이클론을 들 수 있다. 이것은 원추형 하부로 된 수직 원통, 상부 근처에 접선 입구(tangential inlet), 그리고 원추바닥에 먼지 출구 등으로 구성되었다. 입구는 대개 직사각형이다. 배출관(排出管)은 원통 안으로 들어와 있어서, 입구에서부터 출구까지 공기의 단락(短絡, short-circuiting)흐름을 방지한다.

먼지가 들어 있는 도입 공기는 나선형 경로를 따라 돌면서 사이클론의 원통 아래로 이동한다. 이 와류(vortex)에서 생기는 원심력은 입자가 방사방향(放射方向)으로 이동하여 벽 쪽으로 모이게 하는데, 벽에 도달한 입자는 원추 부분으로 미끄러져 내려가 수집된다. 이 사이클론은 기본적으로 침강장치로서, 비교적 약하게 수직으로 작용하는 중력 대신에 방사방향으로 작용하는 강한 원심력을 이용하는 것이다.

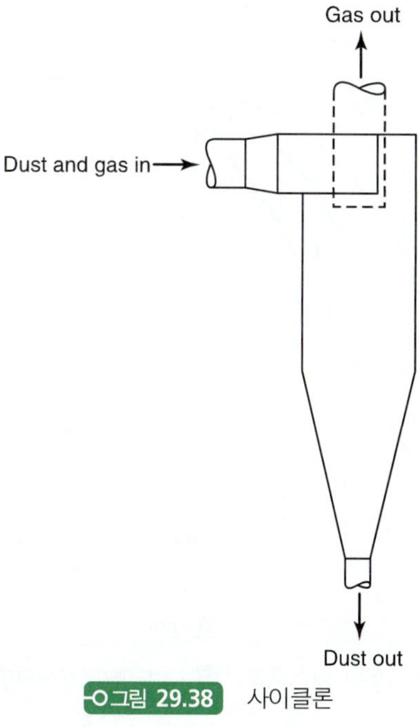

그림 29.38 사이클론

반지름 r에서의 원심력 F_c는 $mu_{\tan}^2/r$과 같다. 여기서, m은 입자의 질량, $u_{\tan}$는 접선속도(接線速度, tangential velocity)이다. 따라서 중력에 대한 원심력의 비는

$$\frac{F_c}{F_g} = \frac{mu_{\tan}^2/r}{mg} = \frac{u_{\tan}^2}{rg} \tag{29.75}$$

지름이 1 ft(0.3 m)이고 벽 근처에서의 접선속도가 50 ft/s(15 m/s)인 사이클론에서, **분리인자**(separation factor)라 부르는 F_c/F_g 비는 $2{,}500/(0.5\times 32.2)=155$이다. 큰 직경 사이클론은 같은 속도에서 아주 낮은 분리인자(分離因子)를 가진다. 그리고 50~70 ft/s(15~20 m/s) 이상의 유속은 일반적으로 비-실용적인데, 이는 큰 압력 강하와 마모손실(abrasive wear)이 증가되기 때문이다. 소-직경 사이클론의 분리인자는 2,500 정도로 높을 수 있다[32a]. 대량의 기체흐름을 처리하려면, 여러 개의 소-직경 사이클론 무리를 하나의 집 안에 설치하는데, 여기에는 급송물 및 생성 기체용 공통 모관(header)과 하나의 먼지 호퍼(dust hopper)가 있다.

사이클론에 도입되는 먼지 입자는 방사방향으로 가속되지만, 이에 작용하는 힘은 일정하지 않은 데, 이는 r이 변하고 소용돌이에서의 접선속도가 r 및 입구로부터의 수직거리에 따라 달라지기 때문이다. 입자궤적(粒子軌跡, particle trajectory)의 계산은 어렵기 때문에, 사이클론 효율은 일반적으로 실험적 관계식으로 추정한다. 공업용 사이클론에 대한 대표적 자료가 그림 29.39에 표시되었는데, 여기서 입자크기와 사이클론 지름이 집진효율(collection efficiency)에 큰 영향이 있음을 보이고 있다.

이 3개 사이클론은 지름이 각각 14, 32, 72 in(0.36, 0.81, 1.83 m)이며 유사한 비율(proportion)을 가지고 있고, 가장 큰 사이클론의 효율이 낮은 것은 주로 원심력의 저하 때문이다. 그러나 공기 유속 및 유입속도가 주어졌을 때, 사이클론 지름 및 길이를 다소 증가시키면 집진효율(集塵效率)이 개선되는데, 이는 표면적이 증가하여 원심력의 감소를 상쇄하기 때문이다. 그림 29.39의 결과는 중간 크기의 사이클론에 관한 것이고, 그리고 동일한 유속(flow rate) 및 유입속도(inlet velocity)에서, 더 높은 효율 또는 더 낮은 효율은 더 큰 장치에서 또는 더 작은 장치에서 기대할 수 있을 것이다.

입자크기의 감소에 따른 효율의 저하는 실제로 단순한 이론에서 예상한 것보다 더 점진적이다. 작은 입자인 경우, 방사방향 속도 및 집진효율이 D_p^2의 함수가 될 것이지만, 미세 입자의 괴상화(agglomeration)가 이들 입자에 대한 효율을 증가시키게 된다. 이러한 입자크기의 효과로 인하여, 기체와 함께 배출되는 미-포

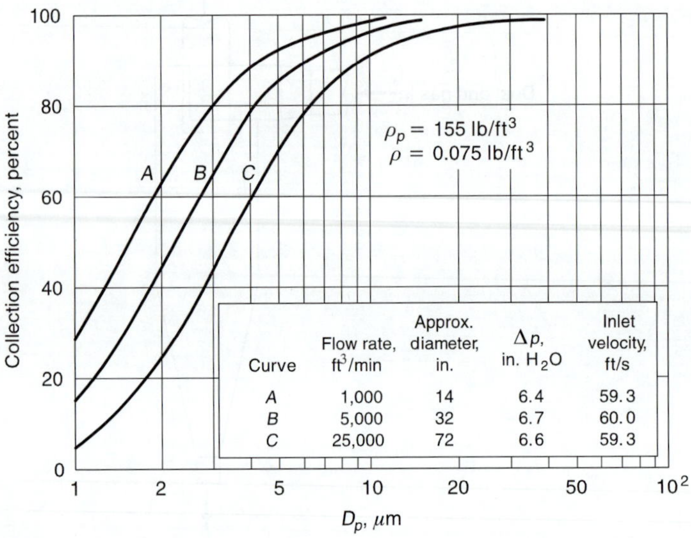

Curve	Flow rate, ft³/min	Approx. diameter, in.	Δp, in. H₂O	Inlet velocity, ft/s
A	1,000	14	6.4	59.3
B	5,000	32	6.7	60.0
C	25,000	72	6.6	59.3

그림 29.39 전형적 사이클론의 집진효율(자료 : Fisher-Klosterman Inc., Louisville, KY)

집된 먼지는 유입 먼지보다 아주 작은 평균크기를 가진다. 이것은 방출한계(emission limit) 설정에 중요할 수 있다. 또 총괄 효율은 급송물의 입자크기 분포의 함수이고, 평균 입자크기로부터 예측할 수 없다.

사이클론의 집진효율은 입자밀도(particle density)에 따라 증가하며, 기체온도가 증가하면 기체속도가 커져서 감소된다. 효율은 유속에 크게 의존되는데 이는 식 (29.75)에서 $u_{\tan}^2$ 항 때문이다. 사이클론은 부분적 부하(partial load)일 때보다 충만 부하(full load)일 때 성능이 더 좋아지는 몇 가지 분리장치 중의 하나이다. 때로는 같은 사이클론 2개를 직렬로 연결하여 사용해서 보다 완전히 고체가 제거되도록 하지만, 이때 두 번째 장치의 효율은 첫 번째 것에 비해 떨어진다. 이것은 두 번째 장치로의 급송물의 평균 입자크기가 상당히 작기 때문이다.

사이클론 내 압력강하는 기체 밀도와 유입속도의 자승에 비례한다. 이것은 고체입자 밀도에 무관하다. 놀랍게도 실제로 압력강하(손실)은 입기농도 증가에 따라 약간 감소된다[25].

액체-고체분리 ; 하이드로클론[32h, 40b]

사이클론은 때로 침강농축기(thickener), 더 일반적으로는, 분급기(classifier)와 같이 액체로부터 고체분리에 쓰인다. 이러한 기능의 것을 하이드로사이클론(hydrocyclone) 또는 하이드로클론(hydroclone)이라 부른다. 하이드로클론 내의 작동원리를 그림 29.40(a)에 나타냈다. 급송류는 상단 근처에서 고속의 접선 방향으로 들어간다. 액체는 기벽 근처에서 강한 하향 와류(소용돌이)를 형성하여 나선형 통로를 따라 내려간다. 크거나 무거운 고체입자들은 기벽에서 분리되어 하강해서 슬러리 또는 죽 상태로서 사이크론을 나간다. 가변성 배출구(orifice)는 일관성 있는 하부흐름이 되도록 조정된다. 대부분의 액체는 내부 와류(inner vortex)에 따라 위쪽으로 되올라가 **와류 출구**(vortex finder)라 하는 중앙 배출관을 통해 나간다.

하이드로클론에서는 양호한 고체 제거 그리고 고 농도의 하부류 두 가지 모두 가능한 것은 아니다. 거의 모든 고체가 일류로부터 제거되는 침강농축조업에서는 하부류 농도가 약 12%(체적) 이하이다. 하이드로클론이 분급 용으로 이용될 때, 하부류가 더 농축될 수 있어서, 석회석 또는 석탄 슬러리의 경우 최대 약 50%(체적)까지 될 수 있다. 그림 29.40(b)는 하이드로클론의 모양이 장치의 기능에 어떻게 의존되는지 보이고 있다.

하이드로클로 내 압력강하 Δp는 급송속도의 2.0~3.3승에 따라 변한다. 희박 급송물의 경우, 분급입경(cut diameter)은 사이클론 직경의 1.5승에 따라 변함으로, 주어진 압력강하에서 작은 직경의 것이 큰 것보다 더 좋은 분리효과를 준다. 그래서 하이드로클론은 작다. 즉 직경 범위가 10 mm(0.4 in)~약 1.2 m(48 in)이다. 대량 처리를 위해서는 여러 개의 소형 하이드로클론이 병렬로 연결된다. 어느 것은 10 mm 장치 480개가 한 조합이 되기로 한다.

분급입경 크기(cut size)는 압력강하의 약 함수(weak function)이다. 희박 공급물의 경우 $\Delta p^{-0.25}$에 따라 변한다. 따라서 큰 압력강하는 비경제적이다. 큰 하이드로클론은 약 1 atm의 Δp에서 조업되고, 작은 것에서는 Δp가 4~5 atm이다.

하이드로클론은 알루미나 생산 시 모래-제거 조작(degritting operation), 인산제조 용 고품위 화 석고에서 탄소 제거, 안료와 결정 마그마(magma) 분급, 그리고 이와 유사공정에 응용된다. 이것들은 폐쇄회로 미분쇄(grinding) 시 기계적 분급기를 대신해서 쓰인다.

원심 경사분리기

비혼화성(immiscible) 액체는 공업적으로 2장에서 다룬 원심 경사분리기(centrifugal decanter)를 사용하여 분리된다. 분리력(separating force)이 중력일 때보다 아주 크고, 지표면(地表面)을 향한 아래 방향으로 작용하는 대신에 회전축으로부터 멀어지는 방향으로 작용한다. 대표적 원심 경사분리기에는 관형(tubular) 원심분리기와 원판형(disk) 원심분리기가 있다.

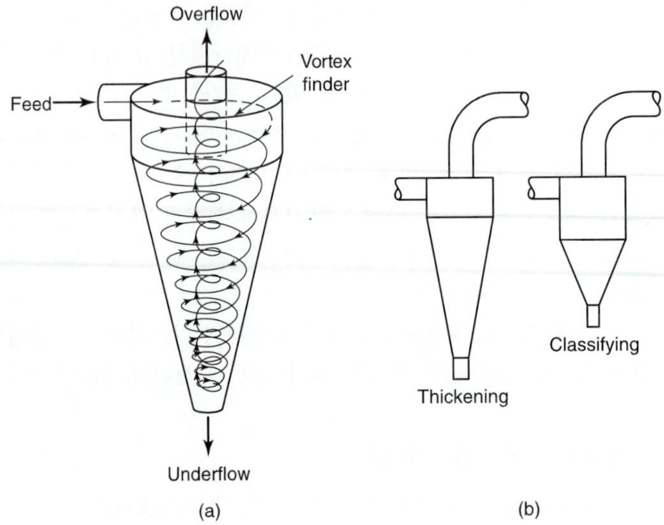

그림 29.40 하이드로클론 (a) 흐름형태 ; (b) 운전기능에 따라 채택되는 형태(자료 : Walas, *Chemical Process Equipment : Selection and Design*, p. 329. Butterworths, Stoneham, MA, 1998)

관형 원심분리기. 관형 액-액 원심분리기(tubular liquid-liquid centrifuge)를 그림 29.41에 보였다. 보울(bowl)은 길고 좁아서, 그 지름이 100~150 mm(4~6 in)이며, 고정 케이싱(casing) 안에서 15,000 rpm으로 회전한다. 급송물은 보울 바닥의 구멍을 통하여 삽입된 고정 노즐로 유입된다. 이때 보울 내면에서 2개 동심(同心) 액체층으로 분리된다. 내층(內層), 즉 가벼운 층은 보울 상부의 둑(weir)을 넘쳐흘러 고정 배출덮개 쪽으로 뿌려지며, 여기서 분출구(spout)로 간다. 무거운 액체는 다른 둑(weir) 위를 넘쳐흘러서 별도의 덮개로 가서 분출구로 나간다. 무거운 액체가 넘쳐흐르는 둑은 떼 낼 수 있는 것으로, 구멍 크기가 다른 것으로 갈아 끼울 수 있도록 되어 있다. 액-액 계면[중립 영역(neutral zone)]의 위치는 그림 2.6과 식 (2.17)에서 나타낸 수력학적 균형(hydraulic balance)에 의하여 유지된다. 액체가 가압 하에서 배출되도록 설계한 것도 있는데, 이때 계면의 위치는 배출 유로의 외부 밸브를 조정하여 설정된다.

원판형 원심분리기. 어떤 액-액 분리에서는 그림 29.42에 보인 원판형 원심분리기(disk centrifuge)가 매우 효과적이다. 지름이 200~500 mm(8~12 in)인 짧고 넓은 보울이 수직 축에서 회전한다. 이 보울의 바닥은 평평하며 상부는 원추형이다. 급송물은 보울의 목에 부착한 고정 파이프를 통하여 위에서 유입된다. 관형 원심분리기에서와 같이 2 액층(液層)이 형성되는데, 조정될 수 있는 댐(dam)을 넘쳐흘러서 별도의 분출구로 간다. 보울 안에는 보울과 함께 회전하는 "원판(disk)"들이 있는데, 이것은 금속판을 아래위로 간격이 좁게 고정된 것으로 실질적인 원추 역할을 한다. 축과 보울 벽 중간쯤에서 원판에 구멍을 뚫어 맞추어서 액체가 통과하는 유로가 되게 한다. 조업 중에 급송물은 보울 바닥에서 유입되며, 이 유로로 들어가 원판을 지나 위로 흐른다. 무거운 액체는 밖으로 뿌려지며, 가벼운 액체가 보울의 중심 쪽으로 모이게 된다. 그 이동과정에서 무거운 액체는 곧 원판의 아래쪽에 부딪치고 그 밑으로 흘러서 보울 주변으로 가게됨으로 더 이상 가벼운 액체를 맞나지 않는다. 가벼운 액체는 마찬가지로 안쪽으로 흘러서 원판 위 면을 거쳐 위쪽으로 간다. 원판 사이의 간격이 좁으므로, 어떤 액적이든 다른 상(相)으로부터 빠져 나오기 위하여 이동하는 거리가 짧은데, 이는 관형 원심 분리기에서의 비교적 두꺼운 액층에서 보다 아주 짧은 것이다. 또 원판형에는 두 액상이 흐르는 방향이 반대이므로, 액-액 계면에서 상당한 전단(剪斷)이 생긴다. 이러한 전단은 각종 에멀션을 파괴하는 데 도움이 되기도 한다. 원판형 원심분리기는 우유에서 크림을 분리하거나 고무 라텍스를 농축하는 경우처럼, 원심분리의 목적이 완전한 분리가 아니라 한 유체상(流體相)을 농축하고자 하는 것일 때 특히 가치가 있다.

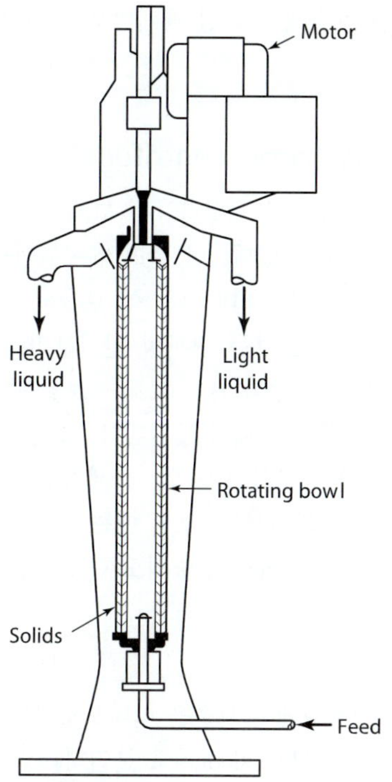

그림 29.41 관형 원심분리기

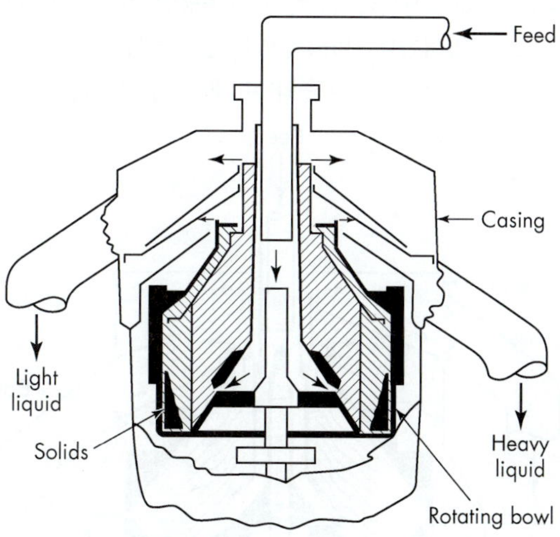

그림 29.42 원판형 원심분리기

원판형 또는 관형 원심분리기에 공급되는 액체 중에 티끌이나 기타 무거운 고체입자가 들어 있다면, 이 고체는 보울 안쪽에 축적되므로 주기적으로 배출시켜야 한다. 이때 기계를 멈추고, 보울을 들어내어 연 다음에 긁어낸다. 급송물 중의 이러한 고체 함유량이 몇 %(a few %) 이상이면, 이것은 비경제적인 것이다.

관형 및 원판형 원심분리기는 완전하게 청결해야 되는 음료수, 윤활유, 공정액체, 잉크 등으로부터 미량의 고체를 제거하는 데 장점이 있다. 또 여과기를 곧 막히게 하는 젤라틴 또는 끈적한 고체를 제거할 수도 있다.

대개는 단일 액체만이 일류 되도록 된 보울에서 단일 액체만을 정화시키지만, 두 액상을 분리함과 동시에 고체를 제거하기도 한다.

노즐-배출 원심분리기(nozzle-discharge centrifuge)

급송액체가 몇(a few) % 이상의 고체를 포함하고 있을 때, 고체를 자동으로 방출시키는 수단을 갖추어야 한다. 그 작용을 하는 방법을 그림 29.43에 보였다. 이 분리기는 원판형 원심분리기의 개량형으로서, 이중 원추형 보울(double conical bowl)이 달려 있다. 최대 지름 쪽 보울의 둘레에는 일련의 작은 구멍 또는 지름 3 mm 정도의 노즐이 있다. 보울의 중심부는 보통 원판형 원심분리기와 같은 방법으로 조작되는데, 하나 또는 두 청정화된 액체흐름이 일류 되도록 구성되었다. 고체는 보울 주변으로 뿌려져서 노즐을 통하여 연속적으로 빠져나가게 되는데, 이때 상당한 양의 액체가 동반된다. 노즐에서 방출되는 슬러리의 일부를 보울에 반송시켜서 고체 농도를 증가시키도록 한 형태의 것도 있다. 세척수 역시 보울에 도입하여 치환세척(置換洗滌)이 이루어지게 하기도 한다. 또 다른 형태에서는, 보통 때는 플러그(plug)나 밸브로 노즐을 막고 있다가, 슬러리가 어느 정도 농축되면 주기적으로 열어서 방출되도록 한 것도 있다.

슬러지 분리기

노즐-배출 원심분리기에서는 고체가 액면 밑에서 보울을 떠남으로 상당한 양의 액체가 동반된다. 급송 슬러리를 청정 액체와 중-"건조"-슬러지(heavy "dry" sludge)로 분리하려면, 침강고체를 액체로부터 기계적으로 부유시켜서 원심력이 작용되는 곳으로 유도하여 배수될 수 있는 기회를 주어야 한다. 이렇게 하는 것에 연속 슬러지 분리기(continuous sludge separator)가 있는데, 그 대표적 예를 그림 29.44에 보였다. 이 나선형 컨베이어 원심분리기(helical-conveyor centrifuge)에서는 한 끝이 원추형인 원통형 보울이 수평축에 대하여 회전한다. 급송물은 고정된 축방향 파이프로 유입되는데, 바깥쪽으로 분무되어 "못(pond)"으로 또는 원통형 보울 내면의 환상(環狀) 액층으로 간다. 청정화된 액체는 보울의 비(非)원추형 끝을 덮는 판에 있는 일류구(溢流口)

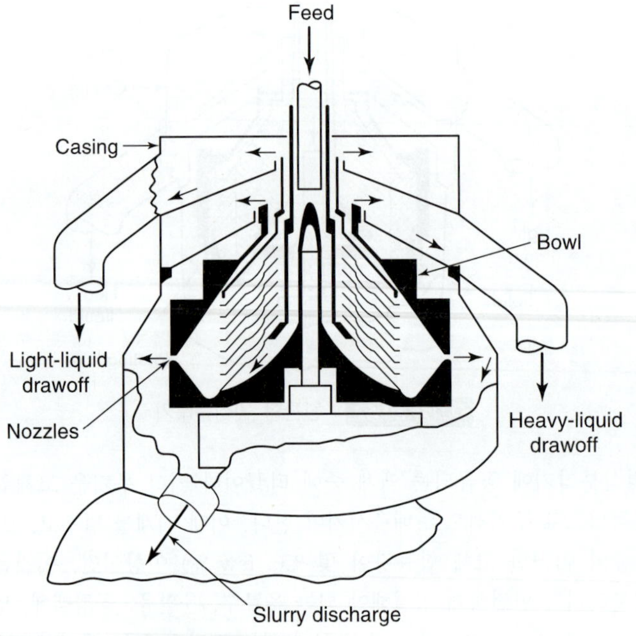

그림 29.43 노즐-배출 원심분리기

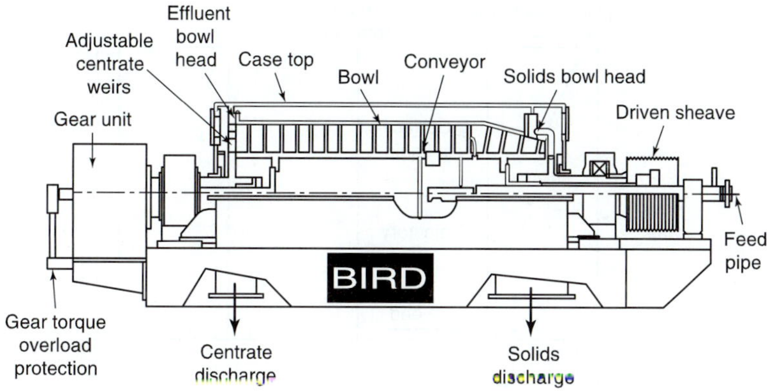

그림 29.44 나선형 컨베이어 원심분리기(Bird Machine Co.)

를 통하여 흐른다. 이러한 일류구(overflow port)의 방사방향 위치에 따라서 보울 안의 환상 액층의 두께가 정해진다. 고체는 액체를 통해 침강 되여 보울의 내면에 이른다. 보울보다 약간 느리게 회전하는 나선형 컨베이어(helical conveyor)는 고체를 못 밖으로 내 보내 그 "비치(beach)"를 끌어 올려서, 원추형의 작은 끝에 있는, 배출구까지 보낸다. 고체가 비치로 올라가는 동안 세척수를 분무하여 용해성 불순물을 제거하기도 한다. 이 세척수는 못으로 흘러 들어가 액과 함께 배출된다. 배수된 슬러지와 청정화된 액은 보울로부터 케이싱의 다른 부분으로 분출된 다음, 각 배출구를 거처 나간다.

나선형 컨베이어 원심분리기는 최대 보울-지름 100∼1,400 mm(4∼54 in) 정도로 만들어지며, 대량의 물질을 분리할 수 있다. 예로, 450 mm 장치는 고체 1∼2 ton/h 그리고 1,400 m 장치는 50 ton/h 정도 처리할 수 있다. 급송 슬러리가 농후할 때는, 컨베이어에 대한 허용 토크(torque) 때문에 주어진 장치의 처리용량이 제약을 받는다. 묽은 슬러리라면, 보울 및 일류구의 액체 처리능력이 그 양을 제한하게 된다.

슬러지 분리기의 실제 조작에서 요구되는 것은, 물론 고체가 액체보다 무겁고 컨베이어의 작용에 의해 재현탁(resuspended) 안 되도록 하는 것이다. 뒤에 설명될 축-류 컨베이어 원심분리기(axial-flow conveyor centrifuge)로 알려진 변형이 그림 29.44에 나타낸 스크로울 원심분리기(full-scroll centrifuge)보다 미세 경량 고체(fine light solid)를 분리하는 데 효과적이다. 그렇다 해도 이러한 기계에서의 배출액은 대개 고체가 완전히 제거되어 있지 않으므로, 다시 청정화할 필요가 있게 된다. 이러한 제약 내에서 슬러지 분리기는 여러 가지 문제 해결에 사용된다. 액체에서 미세 입자를 분리하고, 자유-배출 결정(free-draining crystal)을 탈수하고 세척하며, 때로 분급기로서도 이용된다.

원심 침강분리(centrifugal sedimentation)의 원리

침강 원심분리기(sedimenting centrifuge)에서 주어진 크기의 입자는, 분리기 보울 벽에 도달할 수 있는 시간이 충분하다면, 액체로부터 제거된다. 입자가 내내 그 종말속도로 방사방향으로 움직인다고 가정하면, 꼭 제거되어야만 하는 최소 입자의 지름이 계산될 수 있다.

그림 29.45에 보인 원심분리기 보울 안의 액체 부피를 고려해 보자. 급송점은 바닥에 있으며 액체는 위에서 배출된다. 액체는 모두 고체입자와 함께 일정한 속도로 보울을 통하여 위로 움직인다고 가상하자. 그림에서 보인 것처럼, 주어진 입자는 액체 내 어느 위치, 즉 회전축으로부터 거리 r_A인 지점에서 보울 바닥으로 침강하기 시작한다. 그 침강시간은 보울 안에서 액체의 체류시간까지로 제한된다. 지금 이 시간 끝에 입자가 회전축으로부터의 거리 r_B에 있다고 하자. $r_B < r_2$이면 입자는 액체와 함께 보울을 떠날 것이고, $r_B = r_2$이

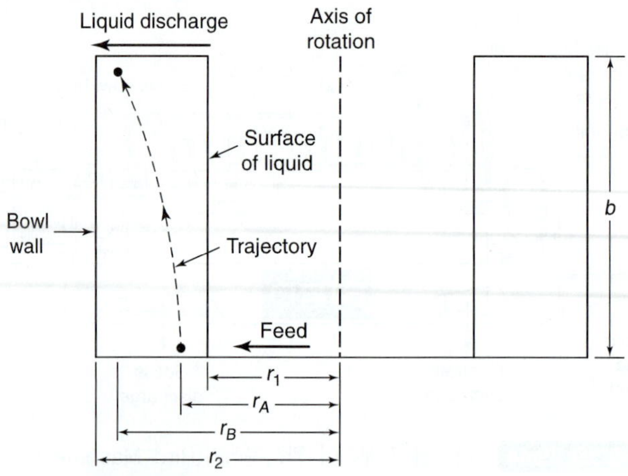

그림 29.45 침강 원심분리기에서 입자궤적

면 입자는 보울벽에 퇴적하여 액체로부터 제거된다. 입자가 Stokes법칙 범위에서 침강한다면, 반지름 r에서 종말속도(terminal velocity)는 식 (7.40)에 의해 다음과 같다.

$$u_t = \frac{\omega^2 r(\rho_p - \rho)D_p^2}{18\mu}$$

$u_t = dr/dt$이므로 다음과 같이 된다.

$$dt = \frac{18\mu}{\omega^2(\rho_p - \rho)D_p^2}\frac{dr}{r} \tag{29.76}$$

$t=0$일 때 $r=r_A$, $t=t_T$일 때, $r=r_B$임으로 식 (29.76)을 적분하면 다음 식이 된다.

$$t_T = \frac{18\mu}{\omega^2(\rho_p - \rho)D_p^2}\ln\frac{r_B}{r_A} \tag{29.77}$$

체류시간 t_T는 보울 안의 액체부피 V를 부피유속 q로 나눈 것과 같다. 부피 V는 $\pi b(r_2^2 - r_1^2)$이다. 이를 식 (29.77)에 대입하여 다시 쓰면 다음과 같다.

$$q = \frac{\pi b\omega^2(\rho_p - \rho)D_p^2}{18\mu}\frac{r_2^2 - r_1^2}{\ln(r_B/r_A)} \tag{29.78}$$

거리 r_1과 r_2 중간에 도착한 입자의 지름을 분리입경(cut diameter)으로 정의한다[2]. D_{pc}를 분리입경(分離粒經)이라 하면, 이 크기에 해당되는 입자는 허용 침강시간 동안에 거리 $y=(r_2 - r_1)/2$만큼 이동한다. 지름 D_{pc}인 입자를 제거하려면 그 유효-시간(available time) 내에 보울 벽에 도달하여야 한다. 그래서, $r_B = r_2$, $r_A = (r_1 + r_2)/2$이다. 그래서 식 (29.78)은 다음과 같이 된다.

$$q_c = \frac{\pi b\omega^2(\rho_p - \rho)D_{pc}^2}{18\mu}\frac{r_2^2 - r_1^2}{\ln[2r_2/(r_1 + r_2)]} \tag{29.79}$$

여기서, q_c는 분리입경에 상당되는 부피유속이다. 이 유속에서 D_{pc}보다 큰 대부분의 입자는 이 원심분리기에서 제거될 것이고, 이보다 작은 지름을 가진 대부분 입자는 액체 중에 남게 될 것이다.

액층의 두께가 보울 반지름에 비하여 작다면, $r_1 \approx r_2$가 되고, 식 (29.79)은 불확정된다. 그러나 이러한 조건들 하에서 침강속도가 일정하다고 볼 수 있어서, 다음 식이 된다.

$$u_t = \frac{D_p^2(\rho_p - \rho)\omega^2 r_2}{18\mu} \tag{29.80}$$

액층의 두께를 s라 하면 분리입경 D_{pc}인 입자의 침강거리는 $s/2$가 된다. 따라서,

$$u_t = \frac{s}{2t_T} \tag{29.81}$$

여기서, t_T는 체류시간으로 다음과 같다.

$$t_T = \frac{V}{q_c} \tag{29.82}$$

식 (29.78)~(29.80)을 결합시켜서 q_c에 대하여 풀면

$$q_c = \frac{2Vu_t}{s} = \frac{2VD_p^2(\rho_p - \rho)\omega^2 r_2}{18\mu s} \tag{29.83}$$

시그마 값(sigma value) ; 규모 확대(scale-up). 공업용 원심분리기에 적용하려면, 식 (29.83)을 다음과 같이 수정하여야 한다. 반지름 r_2와 두께 s는 각각 r_e, s_e로 대체되어야 한다. 이는 고려 대상이 되는 원심분리기에 대한 r 및 s의 적절한 평균값이다. 식 (29.83)의 우변 항을 중력가속도 g로 곱하고 나누면, 원심분리기에 관계되는 모든 인자들이 한 군으로 모아지고 그리고 고체 및 액체에 관계되는 인자는 다른 군으로 모아진다. 즉,

$$\begin{aligned} q_c &= \frac{2V\omega^2 r_e}{gs}\frac{D_p^2(\rho_p - \rho)g}{18\mu} \\ &= 2\Sigma u_g \end{aligned} \tag{29.84}$$

여기서, Σ, 시그마 값(sigma value)은 원심분리기의 특성이고 u_g는 중력 침강조건 하에서 입자의 종말 침강속도(terminal settling velocity)이다. 물리적으로, Σ는 원심분리기와 같은 분리용량을 가지는 중력 침강탱크의 단면적이 된다. 전형적인 값을 표 29.4에 나타내었다. 예로, 19.5 in 원판형 원심분리기는 $10^6\ \text{ft}^2(10^5\ \text{m}^2)$ 이상의 면적을 갖인 중력 침강장치에 해당된다. 실제로 원심분리기의 실 용량은 Σ값에 의해 표시되는 것보다 다소 적어지는데, 이것은 회전 원심분리기 보울 내에서 복잡한 흐름 양상과 그리고 어느 장치(그 설계 형태가 다른)에는 내부 컨베이어에 의한 입자의 재현탁 때문이다.

축-류 컨베이어 원심분리기

1970년에 Schnittger[38]가 발표한 바에 따르면, 컨베이어 원심분리기에서 실 체류시간은 식 (29.82)로 얻어지

표 29.4 침강 원심분리기의 특성[32f,44]

Type	Bowl diameter, in.	Speed, rpm	Σ value, ft² × 10⁻⁴
Tubular	4.125	15,000	2.7
Disk	9.5	6,500	21.5
	13.7	4,650	39.3
	19.5	4,240	105
Helical conveyor	14	4,000	1.34
	25	3,000	6.1
Axial flow conveyor			
No vanes	29	2,600	4.05
96 vanes	29	2,600	12.7

는 것보다 훨씬 작다. 그는, 액체가 본질적으로 정지액체 못(pond) 위에서 얇은 "경계층(boundary layer)" 형태로 흐른다는, 한 모형(model)을 제안하였다. 고체입자는 이 경계층으로부터 못 안으로 이동되기 때문에, 결정적 분리는 이 층에서 일어나고, 후에 기계적 재부유 없이도 효과적으로 제거가 된다. 얇은 경계층이 두꺼운 것보다 분리가 더 좋다. 전체 못 체적은 중요하지 않다. 즉 못(pond)은 압축된 고체가 표면 밑으로 가라앉을 수 있는 깊이 이상으로 필요치 않다.

축-류 컨베이어 원심분리기(axial flow conveyor centrifuge)에서 스크로울(scroll)은 급송물 및 침강 영역에서 뒤쪽으로 물러나 보울(bowl) 기벽 근처에서 조작되는 리본 컨베이어(ribbon conveyor) 형태를 갖추게 됨으로 액체표면의 교란이 없게 된다. 그 경계층은 급송점으로부터 액체 배출점까지 축-방향으로 흐를 수 있다. 난류교란은 흐름 통로 설계에 따라 급송영역 내에서 그리고 액체배출구에서 최소가 된다. 침강 영역 내 세로축 날개(longitudinal vane)는 경계층 내 액체를 전(全) 보울속력으로 회전토록 만든다. 이 날개들은 반경방향으로 각(angle)지게 고정되어 원판형 원심분리기의 원판으로서 기능을 하게 하고, 고체입자의 이동거리를 감축시켜 고체입자가 기벽에 부딪치기 전에 침강되도록 한다. 이러한 작용이 있음으로 입자들이 재부유되지 않는다.

스크로울 원심분리기(그림 29.44)에서 액체는 컨베이어 움직임에 반대인 나선형 통로를 통해 흐른다. 이 조건 하에서 경계층은 축방향으로만 흐를 때의 경계층보다 그 두께가 10배 이상 두껍다. 더구나 나선형 흐름은 경계층 내 에디와 난류교란을 유발시켜 침강분리를 방해한다. 반면 축방향 흐름에서는 경계층이 층류로 흐르게 되고 침강분리도 방해받지 않는다. Willis와 Shapiro [44]는 축-류 원심분리에 대한 Σ 값을 발표했다. 날개 추가로 Σ값은 3 ~ 4배 증가시킬 수 있었다.

원심분급기

액체가 원심 분리기 보울을 통과하는 동안 무겁고 큰 입자는 액체로부터 밖으로 내던져 진다. 더 가볍고 더 미세 입자는 유효 시간 동안에 침강되지 않고 배출액에 동반될 수도 있다. 중력 수력학적 분급기(gravity hydraulic classifier)에서와 마찬가지로 고체입자를 입자크기, 형태 또는 비중에 따라 고를 수 있다. 원심분급기(centrifugal classifier)에서는 분리력(分離力)이 중력의 600배정도 됨으로, 지름이 1 μm 또는 그 이하인 입자의 분리와 같은 예민한 분리가 가능하다. 이보다 상당히 굵은 입자도 또한 원심분리기에서 분급될 수 있다.

원심분리기에서 큰 침강력(settling force)은, 중력 분급기에서 보다 상당히 작은 입자에게도 실질적인 침강속도를 갖게 될 수 있음을 의미한다. 더 큰 힘도 작은 입자의 상대적 침강속도(relative settling velocity)를 변경시킬 수 없지만, 이것은 중력 분급기에서의 자유-대류 흐름(free convection current) 및 브라운(Brown) 운동에 의한 교란 영향을 적지만 극복할 수 있고, 또 경우에 따라서는 중력 분급기에서는 전혀 불가능한 분리를 가능케 한다. 굵은 입자는 침강 영역이 바뀔 수 있어서, Stokes 법칙에 따른 중력 침강될 입자가 원심분리기에서 중간 영역 또는 Newton 법칙 영역에서 침강될 수도 있다. 그래서, 중력장치에서의 등속침강 입자 혼합물이 원심분리기에서는 부분적으로 분리되기도 한다. 반면에, 느슨한 엉김물(floc)이나 약한 응집물(ag-glomerate)은, 중력 농축기에서는 빨리 침강하지만, 원심 분급기에서는 파괴되어, 침강력이 증가하였음에도 불구하고 느리게 침강하거나 또는 전혀 침강되지 않는다.

29.8 기호 설명

A 면적, m^2, ft^2; A_T, 연속 여과기의 전체 면적; A_1, 원심분리기에서 물질의 내부 표면적; A_2, 원심분리기에서 물질의 외부 표면적; $\overline{A}_L$, A_1과 A_2의 로그평균; $\overline{A}_a$, A_1과 A_2의 산술평균

B 스크린(체)의 통과흐름, kg/h, lb/h

b	원심분리기 바스킷의 폭, m, ft
C_o	여액(filtrate) 내 용질의 초기 농도, kg/m^3, g/L, 또는 lb/ft^{3aa}
c	여액의 단위부피 당 여과기에 퇴적하는 고체의 질량, kg/m^3, lb/ft^3; 현탁액 중 고체의 농도; lb/ft^3; kg/m^3; c_0 침강분리기 급송물 중의 고체농도; c_s, 한외여과기 표면 농도; c_u, 침강기 하류 중의 고체농도; c_F, c_p, c_c, 침전농축기내 급송물 농도; 투과액(여액)농도; 임계농도; c_g, 한외여과에서 겔층 농도; c_m, 매체 기공 내 농도; c_1, c_2, 국소 보유액 및 투과액 농도
D	스크린 위에 남는 양, kg/h 또는 m/h; 지름, m, ft; 기공 크기, μm
D_b	충돌 표적의 폭 또는 지름, m, ft
D_p	입자크기, mm, ft; D_{pA}, 무거운 입자의 크기; D_{pB}, 가벼운 입자의 크기; D_{pc}, 분리입경(cut diameter)
D_s	전단-유도 확산계수, cm^2/s[식 (29.68) 참조]
D_v	체적확산계수, m^2/h, cm^2/s, ft^2/h; D_e, 유효확산계수; D_{pore}, 기공 내 확산계수
e	자연 대수의 밑 수, 2.71828...
F	급송물 속도, kg/h, lb/h; 힘, lb$_f$, N; F_g,중력; F_c,원심력
f	케이크 형성에 유효한 여과 주기의 분율
G	침강기 중 고체의 질량훌럭스, kg/m^2·h; lb/ft^2·h; G_s, 침강훌럭스; G_t, 이동훌럭스
g	중력가속도, m^2/s, ft^2/s
g_c	Newton법칙 비례인자. 32.174 ft·lb/ lb$_f$·s^2
K	한외여과에서 평형분배계수
K_c	정압 케이크 여과에 대한 식 (29.23)의 상수
K_r	식 (29.38)의 상수
k	Boltzman 상수, 1.380×10^{-23} J/K
k_c	농도 기준 한 물질전달계수, cm/s[식 (29.52)]
k_1, k_2	각각 식 (29.12), (29.15b)의 상수
L	케이크 중 여과매체로부터의 거리, m, ft; 한외여과에서 선택성 층 두께; L_c,케이크 두께
M	분자량
m	질량, kg, lb; m_F, 습 여과 케이크의 질량; m_c, 여과 케이크내의 고체질량
$\dot{m}$	질량유속, kg/h, lb/h; $\dot{m}_c$, 연속 여과기에서 고체의 질량유속
$\mathbf{N}_a$	Avogadro 수, 6.022×10^{23} molecules/mol
N_s	분리 수, $u_t u_0/g \cdot D_b$
n	연속 여과기의 드럼속도, r/s; 세척 비(wash ratio)
p	압력, atm, lb$_f$/ft^2; 여과매체로부터 떨어진 거리 L에서의 케이크 내 압력; p_a, 여과기로의 도입 압력; p_b, 여과기로부터의 배출 압력; p' 케이크와 여과매체 경계에서의 압력
Q_m	분리막 투과율, $v/\Delta p$[식 (29.48)]
q	부피유속, m^3/s, ft^3/s; q_c, 분리입경(cut diameter)에서 입자 제거에 해당되는 부피유속; q_0, 여과 초기의 부피유속
R	식 (29.58)로 정의된 한외여과에서 배제용질분율; R_F, 급송물 및 투과액을 기준 한 분율[식 (29.57)]
R_m	여과매체 저항, m^{-1}, ft^{-1}; R'_m,점도변화에 대한 보정된 저항; R_{gel}, 겔층의 저항
Re	Reynolds 수, $Du\rho/\mu$
r	반지름, m, ft; r_A, 침강 원심분리기에서 입자의 초기 위치; r_B, 최종 위치; r_e, 유효 평균

	반지름 ; r_i, 원심분리기에서 케이크와 액층 간 계면의 반지름 ; r_1 원심분리기 물질의 내 반경 ; r_2, 원심분리기 물질의 외 반경 ; r_o, 입자반경
Sc	Schmidt 수, $\mu/\rho D_v$
Sh	Sherwood 수, $k_c D/D_v$
s	원심분리기에서 액층의 두께, m, ft ; s_e, 유효 평균값 ; 또한 식 (29.25)의 압축계수
s_p	단일 입자의 표면적, m^2, ft^2
T	절대온도 K
t	시간, s, h ; t_T, 원심분리기에서의 체류시간 ; t_c, 연속 여과기에서의 주기 시간
u	선속도, m/s, ft/s ; u_g, 중력장(重力場)에서의 침강속도 ; u_t, 종말 침강속도 ; u_{tA}, 무거운 입자의 종말 침강속도 ; u_{tB}, 가벼운 입자의 종말 침강속도 ; $u_{\tan}$, 사이클론에서 기체의 접선속도 ; u_o, 고체에 접근되는 비-교란(非攪亂) 유체의 속도
V	부피, m^3, ft^3, L ; 시간 t 동안 수집된 여액 부피
$\overline{V}$	평균용액속도, m/s, ft/s
v	한외여과에서 겉보기 투과속도(superficial permeate velocity), m/s, ft/s
v_p	단일 입자의 부피, m^3, ft^3
x	입자 혼합물 중 분급(cut)질량분율 ; x_B, 스크린 통화흐름의 질량분율 ; x_D, 스크린 잔류흐름의 질량분율 ; x_F, 스크린 공급물의 질량분율 ; 거리 m, ft
y	분리막 표면으로부터 거리, m, ft
Z	침강분리 시험에서 액-고 계면의 높이, m, ft ; Z_i, 침강분리기 설계 시 Kynch법에서 절편 ; Z_o, 초기 높이

그리스문자

α	케이크 비저항, m/kg, ft/lb ; α_0, 식 (29.25)의 상수
Δp	여과기에서의 총괄 압력강하, atm, lb_f/ft^2 ; Δp_c, 케이크층에서의 압력강하 즉 $p_a - p'$; Δp_m, 여과매체에서의 압력강하 즉 $p' - p_b$; Δp_{gel} ; 겔층을 통한 압력강하
$\Delta\pi$	삼투압차, atm, lb_f/ft^2
δ	농도경계층의 두께, m, μm, ft
ε	고체층에서의 공극률(다공율) 또는 공극의 부피분율 ; 무차원. $\bar{\varepsilon}$, 여과케이크의 평균 공극률
η_t	충돌 분리기에서의 충돌효율
λ	기공 크기에 대한 분자 크기의 비
μ	점도, cP, Pa·s, lb/ft·s ; μ_o 상온에서 물의 점도
π	삼투압, atm, lb_f/ft^2
ρ	밀도, kg/m^3, lb/ft^3 ; 유체 또는 여액의 밀도 ; ρ_p, 입자의 밀도 ; ρ_{pA}, 무거운 입자의 밀도 ; ρ_{pB}, 가벼운 입자의 밀도
Σ	원심분리기의 확대화에 대한 시그마 값, 식 (29.84)
τ	굴곡인자(tortuosity factor), 무차원
Φ_s	식 (28.1)로 정의된 형상인자 또는 구형도
ω	각속도, rad/s

연습 문제

29.1 결정(結晶) 혼합물을 세 분급물, 즉 8 mesh 스크린에 걸리는 굵은 분급물, 8 mesh 스크린은 통과하지만 14 mesh 스크린에 걸리는 중간 분급물, 14 mesh 스크린을 통과되는 미세 분급물로 분리하고자 한다. 이때 Tyler 표준 체에 따른 8 mesh 및 14 mesh인 두 스크린을 직렬로 연결하여 사용한다. 급송물, 굵은 분급물, 중간 분급물 및 미세 분급물의 스크린 분석치를 표 29.5에 나타내었다. 이 분석치는 정확하다고 보고, 실제로 얻어진 이 세 분급물의 질량 비를 구하라. 또 각 스크린의 총괄 효율을 구하라.

29.2 문제 29.1에서 사용한 스크린은 진동 스크린으로서, 처리능력이 4 M/T/m^2·h·mm mesh size라 한다. 첫째 스크린에서 공급량이 100 ton/h일 때, 각 스크린의 소요면적(m^2)을 구하라.

29.3 표 29.6의 자료는 H_2O 중의 $CaCO_3$ 슬러리의 정압여과에서 얻은 것이다. 여과기는 6 in 여과 프레스로서, 면적은 1.0 ft^{2}이다. 이 프레스에 도입되는 급송물 중의 고체의 질량분율은 0.139이었다. 각 실험에 대하여 α, R_m 및 케이크 두께를 구하라. 온도는 70°F이다.

표 29.5 문제 29.1의 스크린 분석치

Screen	Feed	Coarse fraction	Middle fraction	Fine fraction
3/4	3.5	14.0		
4/6	15.0	50.0	4.2	
6/8	27.5	24.0	35.8	
8/10	23.5	8.0	30.8	20.0
10/14	16.0	4.0	18.3	26.7
14/20	9.1		10.2	20.2
20/28	3.4		0.7	19.6
28/35	1.3			8.9
35/48	0.7			4.6
Total	100.0	100.0	100.0	100.0

표 29.6 정압여과 자료†

5-lb$_f$/in.^{2} pressure drop (1)		15-lb$_f$/in.^{2} pressure drop (2)		30-lb$_f$/in.^{2} pressure drop (3)		50-lb$_f$/in.^{2} pressure drop (4)	
Filtrate, lb	Time, s	Filtrate, lb	Time, s	Filtrate, lb	Time, s	Filtrate, lb	Time, s
0	0	0	0	0	0	0	0
2	24	5	50	5	26	5	19
4	71	10	181	10	98	10	68
6	146	15	385	15	211	15	142
8	244	20	660	20	361	20	241
10	372	25	1,009	25	555	25	368
12	524	30	1,443	30	788	30	524
14	690	35	2,117	35	1,083	35	702
16	888						
18	1,188						

† 건조 케익에 대한 습윤 케익의 무게비 : (1) 1.59, (2-4), 1.47. 건조 케익 밀도 : (1) 63.5, (2,3) 73.0, (4) 73.5 lb/ft^3.[McMillen, *Trans. AIChE*, **34** ;213(1938)]

29.4 문제 29.3의 슬러리를 전체 면적 8 m^2이고, 2 atm의 일정한 압력강하에서 조작되는 프레스에서 여과하고자 한다. 틀(frame)의 두께는 36 mm이다. 실제 프레스에서의 여과매체 저항이 실험용 여과기에서와 같다고 본다. 한 주기에서의 소요 여과시간과 얻어지는 여액 부피를 구하라.

29.5 실제 세척속도가 이론 치의 85%라 할 때, 문제 29.4에서 프레스 중의 케이크를 여액과 같은 부피의 세척액으로 세척할 때의 소요시간을 구하라.

29.6 압력강하 0.7 atm으로 조작되는 연속 회전 진공 여과기(continuous rotary vacuum filter)에서 문제 29.3의 공급 슬러리를 취급하고자 한다. 드럼의 침적률(沈積率)은 25%이다. 문제 29.4에서 설명된 여과 프레스의 총괄 처리능력에 맞추고자 할 때, 필요한 전체 여과면적을 구하라. 드럼속력은 2 rpm이다.

29.7 Superlight $CaCO_3$에 대하여 α와 Δp 사이에 다음 관계식을 얻었다[20].

$$\alpha = 8.8\times10^{10}[1 + 3.36 \times 10^{-4}(\Delta p)^{0.86}]$$

여기서, Δp는 lb_f/ft^2이다. 이 관계식은 압력 범위 0~1,000 lb_f/in^2에서 잘 맞는다. 이 물질의 슬러리는 여액 ft^3 당 케이크 고체 3.0 lb를 생성하는 데 일정한 압력강하 70 lb_f/in^2, 온도 70°F에서 여과하고자 한다. 이 슬러지와 사용하고자 하는 여포(濾布)에 관한 실험결과 $R_m = 1.2\times10^{10}\ ft^{-1}$이었다. 탱크형 가압 여과기를 사용한다. 1 h 여과로 여액 1,400 gal을 생산하고자 할 때, 필요한 여과 표면적은 얼마인가(ft2 단위로)? 점도는 70°F의 물의 것과 같다.

29.8 문제 29.7의 여과기를 여액의 1/3에 해당하는 세척수로 70°F, 70 lb_f/in^2에서 세척하고자 한다. 세척속도는 이론값의 85%이다. 케이크 세척시간을 구하라.

29.9 문제 29.7의 여과기를 여과 시작에서부터 압력강하가 70 lb_f/in^2에 이를 때까지 0.6 $gal/ft^2\cdot min$의 정속(定速)으로 조작하고, 이어서 여액 총량이 1,400 gal이 될 때까지 일정한 압력강하 70 lb_f/in^2에서 여과한다. 전체 여과 소요시간을 구하라.

29.10 어떤 연속 가압 여과기를 사용하여 문제 29.7의 슬러리로부터 여액 1,400 gal/h를 얻는다. 압력강하는 최고 50 lb_f/in^2로 제한되어 있다. 주기시간이 3 min이고 드럼의 침적률이 50%일 때, 필요한 여과면적을 구하라.

29.11 밀도 1,800 kg/m^3, 평균지름 20 μm인 입자가 동반되는 공기가 사이클론에 선속도 18 m/s로 유입된다. 사이클론의 지름은 600 mm이다. (a) 이 사이클론의 분리인자의 근사 값, (b) 기체흐름으로부터 제거되는 입자의 분율을 각각 구하라.

29.12 문제 29.11의 먼지가 들어 있는 공기를 선속도 8 ft/s로 충돌 분리기(impingement separator)에 통과시킨다. 이 분리기는 폭 25 mm의 리본으로 되어 있다. 리본의 첫째 줄에서 제거되는 입자의 최대 분율을 구하라. 이 리본은 덕트(도관) 단면적의 50%를 차지한다.

29.13 아래의 조건에서 조작되는 청정 원심분리기(clarifying centrifuge)의 처리용량을 m^3/h 단위로 구하라.

보울의 지름, 600 mm	액체의 비중 1.2
액층의 두께, 75 mm	고체의 비중 1.6
보울의 깊이, 400 mm	액체의 점도 2 cP
속력, 1,200 rpm	분리입경 30 μm

29.14 보울 지름 750 mm, 높이 450 mm인 회분식 원심 여과기를 사용하여 다음 특성의 현탁액을 여과한다.

액체, 물	케이크의 최종 두께, 150 mm
온도, 25°C	원심분리기의 속력, 2,000 rpm
급송물 중 고체농도, 60 g/L	케이크 비저항, 9.5×10^{10} ft/lb
케이크 공극률(다공율), 0.435	여과매체 저항, 2.6×10^{10} ft^{-1}
케이크 건조 고체밀도, 2,000 kg/m^3	

최종 케이크는 물로 세척되는데, 이때 조건은 액체의 내 표면의 반지름이 200 mm이다. 세척수의 유량이 여액의 최종 유량과 같다고 할 때, 세척속도를 m^3/h 단위로 구하라.

29.15 (a) 그림 29.25에 보인 한외여과(UF)결과로부터 라텍스(latex)에 대한 겉보기 물질전달계수(apparent mass-transfer coefficient) (b) 기준물질로서 알부민(albumian)에 대한 상당자료를 이용하여, 라텍스구형입자에 대한 전단-유도확산계수(shear-induced diffusivity) D_s을 구하고 이 값을 정상적인 확산계수 D_v와 비교하라. (c) 이 D_s을 주는 데 필요한 전단율(shear rate)은 얼마인가?

29.16 (a) 2 cm직경의 관형 막(membrane)에서 용액속도 3 m/s로 치즈유장(cheese whey)을 한외여과하는데, 투과훌럭스에 미치는 압력강하의 영향을 예측하라. 막 특성은 예제 29.3에 쓴 것과 같다고 가정하라.
(b) 관 길이가 1.5 m일 때 마찰압력강하를 계산하라.

29.17 0.8 μm 구형입자 부유물을 농축하는 데 사용되는 미세여과(microfiltration)장치가 압력강하 2.1 atm 및 30°C에서 투과훌럭스(permeate flux) 150 L/m^2이다. 이와 같은 조건 하에서 순수(pure water) 투과훌럭스는 280 L/m^2이다. $\varepsilon = 0.4$이면, 입자층 두께 얼마가 겔층 저항으로 간주되어야 하나?

29.18 항생제 링코마이신(antibiotic lincomycin)을 함유한 여과케잌을 세척한 자료가 Belter, Cussler, Hu[4]에 의해 주어졌다. 그 케이크 내 원래 항생물질의 95%까지 회수하는 데 필요한 세척 비(wash ratio)는 얼마인가? 그리고 99% 회수하려면 얼마인가?

n	0.34	0.47	0.63	0.95	2.05
R	0.70	0.63	0.60	0.40	0.14

29.19 투석여과(diafiltration)가 시험공장에서 생산되는 희박 단백질 용액 40 L를 정화하는 데 이용된다. 이 용액은 0.8% 단백질, 3.2% 염이고, (단백질/염) 비가 투석여과 후에 50 : 1로 되어야 한다. (a) 순수 물이 간헐적으로 한번에 40 L 가해진다면, 필요한 물의 총 양은 얼마인가? (b) 연속적으로 추가되고 일정한 잔류액 부피(retentate volume)일 때, 필요한 물의 양은 얼마인가? (c) 다음 UF단계가 단백질 농도 5%까지 올린다면, 최종 염 농도는 얼마인가?

29.20 라텍스 입자 부유물 2.5%로부터 20%까지 농축하는 데 미세여과(microfiltration)를 이용한다. 입자는 평균 지름 0.2 nm인 구이다. 막은 순수 물 투과율 500 $L/m^2 \cdot h \cdot atm$을 가진다. c = 2.5%에 대한 투과훌럭스는, $\Delta p = 30\ lb_f/in^2$ or 40 lb_f/in^2에서 300 $L/m^2 \cdot h$이다. (a) c = 2.5%일 때, Δp 대 flux에 대한 도시(plot)를 하라. 그리고 중간 크기 분자의 UF에 대한 전형적인 도시와 비교하라. (c) c = 10% 및 20%일 때, 최대 훌럭스를 추정하라.

참고 문헌

1. Altena, F. W., and G. Belfort, *Chem. Eng. Sci.*, **39**:343 (1984).

2. Ambler, C. M., *Chem. Eng. Prog.*, **48**:150 (1952).

3. Belfort, G., *J. Membrane Sci.*, **40**:123 (1989).

4. Belter, P., E. L. Cussler, and W.-S. Hu. *Bioseparations ; Downstream Processing for Biotechnology.* New York: Wiley, 1988 ; p. 33

5. Blatt, W. F., A. David, A. S. Michaels, and L. Nelsen: in J. E. Flinn (ed.), *Membrane Science and Technology*, New York: Plenum Press, 1970.

6. Cheryan, M., *Ultrafiltration Handbook*, Lancaster, PA: Technomic Publishing Co., 1986, p. 127.

7. Cheryan, M., and B. H. Chiang: in B. M. McKenna (ed.), *Engineering and Food*, London: Applied Science Publ., 1984.

8. Choudhury, A. P. R., and D. A. Dahlstrom. *AIChE J.* **3:**433(1957)

9. Clark, J. G., *Chem. Eng. Prog.*, **86**(11):45 (1990).

10. Coe, F. S., and G. H. Clevenger, *Trans. AIME*, **55**:356 (1916).

11. Concha, F. A., *AIChE J.*, **37**:1425 (1991).

12. DaCosta, A. R., A. G. Fane, C. J. D. Fell, andA. C. M. Franken. *J. Membrane Sci.***62:** 275(1991)

13. Davis, R. S., and D. T. Leighton, *Chem. Eng. Sci.*, **42**:279 (1987).

14. Dick, R. I., *Fluid/Particle Separation J.*, **2**(2):77 (1989).

15. Dixon, D. C., *AIChE J.*, **37**:1431 (1991).

16. Eckstein, E. C., D. G. Bailey, and A. H. Shapiro, *J. Fluid Mech.* **79**:191 (1974).

17. Fane. A. G., C. J. D. Fell, and A. G. Waters, *J. Membrane Sci.*, **9**:245 (1981).

18. Fitch, B., *AIChE J.*, **36**:1545 (1990).

19. Goldsmith, R. L., *Ind. Eng. Chem. Fund.* **10**:113 (1971).

20. Grace, H. P., *Chem. Eng. Prog.* **49**:303, 367, 427 (1953).

21. Grace, H. P., *AIChE J.* **2**:307, 316 (1956).

22. Han, C. D., and H. T. Bixler. *AIChE J.* **13:**1058(1967)

23. Harriott, P. *Separation Sci.* **8**(3):291 (1973).

24. Harrison, R. G., P. Todd, S. R. Rudge, and D. P. Petrides. *Bioseparations Science and Engineering.* New York: Oxford Press. 2003, p. 134

25. Hoffman, A. C., A. van Santen, R. W. K. Allen, and R. Clift. *Powder Technology* **70**:83 (1992).

26. Hsieh,, H. P. *Chem. Eng. Prog. Symp. Ser.* **84**(261):1 (1988).

27. Hughes, O. D., R. W. Ver Hoeve, and C. D. Luke. Paper given at meeting of AIChE, Columbus, OH, December 1950.

28. Kynch, G. J. *Trans. Faraday Soc.* **48**:161 (1952).

29. Murkes, J., and C. -G. Carlsson, *Crossflow Filtration Theory and Practice*, New York: Wiley. 1988.

30. Nickolaus, N., and D. A. Dahlstrom, *Chem. Eng. Prog.*, **52**(3):87M (1956).

31. Perlmutter, B. A., *Chem. Eng. Prog.*, **87**(7):29 (1991).

32. Perry, R. H., and D. W. Green(eds.), *Perry's Chemical Engineers' Handbook*, 7th ed. New York: McGraw-Hill, 1997 ; (a) p. **17**-27, (b) p. **18**-61, (c) p. **18**-72, (d) pp. **18**-90 to **18**-103, (e) p. **18**-100, (f) p. **18**-116, (g) p. **19**-23, (h) p. **19**-24.

33. Porter, M. C., *Ind. Eng. Chem. Prod. Res. Devel.*, **11**:234 (1972).

34. Porter, M. C.: in P. A. Schweitzer(ed.), *Handbook of Separation Techniques for Chemical Engineers*, New York: McGraw-Hill, 1979.

35. Romero, C. A., and R. H. Davis, *J. Membrane Sci.*, **62**:249 (1991).

36. Rushton, A., and M. S. Hameed, *Filtr. Separation,* **7**:25 (1970).

37. Ruth, B. F., Personal communication.

38. Schnittger, J. R., *Ind. Eng. Chem. Proc. Des. Dev.*, **9**(3):407 (1970).

39. Shen, J. S., and R. F. Probstein. *Ind. Eng. Chem. Fundamen.* **16:**459(1977)

40. Svarovsky, L, *Chem. Eng.*, vol. 86, 1979 ; (a) no. 14, p.62 ; (b) no. 15, p. 101.

41. Taggart, A. F., *Handbook of Mineral Dressing: Ores and Industrial Minerals*, New York: Wiley, 1945, p.**11**-123.

42. van Reis, A. L. Zydney, et al. *J. Membrane Sci.*, **130**:123 (1997).

43. Wijmans, J. G., S. Nakao, J. W. H. van den Berg, F. R. Troelstra, and C. A. S. Smolders. *J. Membrane Sci.*, **22:**117(1985)

44. Willis, F. F., and L. Shapiro, Technical Report No. 936. Warminster, PA: Alfa-Laval Separation, Inc., 1991.

45. Zydney, A. L., and C. K. Colton, *Chem. Eng. Commun.*, **47**:1 (1987).

부록 1

단위 환산인자 및 자연상수

Conversion Factors and Constants of Nature

To convert from	To	Multiply by†
acre	ft^2	43,560*
	m^2	4,046.85
atm	N/m^2	$1.01325^* \times 10^5$
	$lb_f/in.^2$	14.696
Avogadro's number	particles/g mol	6.022169×10^{23}
bbl (petroleum)	ft^3	5.6146
	gal (U.S.)	42*
	m^3	0.15899
bar	N/m^2	$1^* \times 10^5$
	$lb_f/in.^2$	14.504
Boltzmann's constant	J/K	1.380622×10^{-23}
Btu	cal_{IT}	251.996
	$ft \cdot lb_f$	778.17
	J	1,055.06
	kWh	2.9307×10^{-4}
Btu/lb	cal_{IT}/g	0.55556
Btu/lb·°F	$cal_{IT}/g \cdot °C$	1*
$Btu/ft^2 \cdot h$	W/m^2	3.1546
$Btu/ft^2 \cdot h \cdot °F$	$W/m^2 \cdot °C$	5.6783
	$kcal/m^2 \cdot h \cdot K$	4.882
$Btu \cdot ft/ft^2 \cdot h \cdot °F$	$W \cdot m/m^2 \cdot °C$	1.73073
	kcal/m·h·K	1.488
cal_{IT}	Btu	3.9683×10^{-3}
	$ft \cdot lb_f$	3.0873
	J	4.1868*
cal	J	4.184*
cm	in.	0.39370
	ft	0.0328084
cm^3	ft^3	3.531467×10^{-5}
	gal (U.S.)	2.64172×10^{-4}

(Continued)

To convert from	To	Multiply by†
cP (centipoise)	kg/m·s	$1^* \times 10^{-3}$
	lb/ft·h	2.4191
	lb/ft·s	6.7197×10^{-4}
cSt (centistoke)	m^2/s	$1^* \times 10^{-6}$
faraday	C/g mol	9.648670×10^{4}
ft	m	0.3048*
ft·lb_f	Btu	1.2851×10^{-3}
	cal_{IT}	0.32383
	J	1.35582
ft·lb_f/s	Btu/h	4.6262
	hp	1.81818×10^{-3}
ft^2/h	m^2/s	2.581×10^{-5}
	cm^2/s	0.2581
ft^3	m^3	0.0283168
	gal (U.S.)	7.48052
	L	28.31684
ft^3·atm	Btu	2.71948
	cal_{IT}	685.29
	J	2.8692×10^{3}
ft^3/s	gal (U.S.)/min	448.83
gal (U.S.)	ft^3	0.13368
	in.^{3}	231*
gas law constant, *R*, see Table 1.2, p. 12		
gravitational constant	N·m^2/kg^2	6.673×10^{-11}
gravity acceleration, standard	m/s^2	9.80665*
h	min	60*
	s	3,600*
hp	Btu/h	2,544.43
	kW	0.74624
hp/1,000 gal	kW/m^3	0.197
in.	cm	2.54*
in.^{3}	cm^3	16.3871
J	erg	$1^* \times 10^{7}$
	ft·lb_f	0.73756
kg	lb	2.20462
kWh	Btu	3,412.1
L	m^3	$1^* \times 10^{-3}$
lb	kg	0.45359237*
lb/ft^3	kg/m^3	16.018
	g/cm^3	0.016018
lb_f/in.^{2}	N/m^2	6.89473×10^{3}
lb mol/ft^2·h	kg mol/m^2·s	1.3562×10^{-3}
	g mol/cm^2·s	1.3562×10^{-4}
light, speed of	m/s	2.997925×10^{8}
m	ft	3.280840
	in.	39.3701
m^3	ft^3	35.3147
	gal (U.S.)	264.17
N	dyn	$1^* \times 10^{5}$
	lb_f	0.22481
N/m^2	lb_f/in.^{2}	1.4503×10^{-4}

(*Continued*)

To convert from	To	Multiply by†
Planck's constant	J·s	6.626196×10^{-34}
proof (U.S.)	percent alcohol by volume	0.5
ton (long)	kg	1,016
	lb	2,240*
ton (short)	lb	2,000*
t (metric)	kg	1,000*
	lb	2,204.6
yd	ft	3*
	m	0.9144*

†Values that end in an asterisk are exact, by definition.

부록 2

무차원군

Dimensionless Groups

Symbol	Name	Definition
Bi	Biot number	$\dfrac{hs}{k}$ for slab
		$\dfrac{hr_m}{k}$ for cylinder or sphere
C_D	Drag coefficient	$\dfrac{2F_{Dc}}{\rho u_0^2 A_p}$
Fo	Fourier number	$\dfrac{\alpha t}{r^2}$
Fr	Froude number	$\dfrac{u^2}{gL}$
f	Fanning friction factor	$\dfrac{\Delta p_{sc} D}{2L\rho \bar{V}^2}$
Gr	Grashof number	$\dfrac{L^3\rho^2\beta g\Delta T}{\mu^2}$
Gz	Graetz number	$\dfrac{\dot{m}c_p}{kL}$
Gz′	Graetz number for mass transfer	$\dfrac{\dot{m}}{\rho D_v L}$
j_H	Heat-transfer factor	$\dfrac{h}{c_p G}\left(\dfrac{c_p\mu}{k}\right)^{2/3}\left(\dfrac{\mu_w}{\mu}\right)^{0.14}$
j_M	Mass-transfer factor	$\dfrac{k\bar{M}}{G}\left(\dfrac{\mu}{D_v\rho}\right)^{2/3}$

(Continued)

Symbol	Name	Definition
Ma	Mach number	$\frac{u}{a}$
N_{Ae}	Aeration number	$\frac{q_g}{nD_a^3}$
N_P	Power number	$\frac{P_c}{\rho n^3 D^5}$
N_Q	Flow number	$\frac{q}{nD_a^3}$
Nu	Nusselt number	$\frac{hD}{k}$
Pe	Peclet number	$\frac{D\bar{V}}{\alpha}$ or $\frac{Du_o}{D_v}$
Pr	Prandtl number	$\frac{c_p \mu}{k}$
Re	Reynolds number	$\frac{DG}{\mu}$
N_s	Separation number	$\frac{u_t u_0}{gD_p}$
Sc	Schmidt number	$\frac{\mu}{D_v \rho}$
Sh	Sherwood number	$\frac{k_c D}{D_v}$
We	Weber number	$\frac{D\rho \bar{V}^2}{\sigma}$

부록 3

표준 강관의 치수, 용량, 무게†

Dimensions, Capacites, and Weights of Standard Steel Pipe

Nominal pipe size, in.	Outside diameter, in.	Schedule no.	Wall thickness, in.	Inside diameter, in.	Cross-sectional area of metal, in.^{2}	Inside sectional area, ft^2	Circumference, ft or surface, ft^2/ft of length: Outside	Inside	Capacity at 1 ft/s velocity: U.S. gal/min	Water, lb/h	Pipe weight, lb/ft
$\frac{1}{8}$	0.405	40	0.068	0.269	0.072	0.00040	0.106	0.0705	0.179	89.5	0.24
		80	0.095	0.215	0.093	0.00025	0.106	0.0563	0.113	56.5	0.31
$\frac{1}{4}$	0.540	40	0.088	0.364	0.125	0.00072	0.141	0.095	0.323	161.5	0.42
		80	0.119	0.302	0.157	0.00050	0.141	0.079	0.224	112.0	0.54
$\frac{3}{8}$	0.675	40	0.091	0.493	0.167	0.00133	0.177	0.129	0.596	298.0	0.57
		80	0.126	0.423	0.217	0.00098	0.177	0.111	0.440	220.0	0.74
$\frac{1}{2}$	0.840	40	0.109	0.622	0.250	0.00211	0.220	0.163	0.945	472.0	0.85
		80	0.147	0.546	0.320	0.00163	0.220	0.143	0.730	365.0	1.09
$\frac{3}{4}$	1.050	40	0.113	0.824	0.333	0.00371	0.275	0.216	1.665	832.5	1.13
		80	0.154	0.742	0.433	0.00300	0.275	0.194	1.345	672.5	1.47
1	1.315	40	0.133	1.049	0.494	0.00600	0.344	0.275	2.690	1,345	1.68
		80	0.179	0.957	0.639	0.00499	0.344	0.250	2.240	1,120	2.17
$1\frac{1}{4}$	1.660	40	0.140	1.380	0.668	0.01040	0.435	0.361	4.57	2,285	2.27
		80	0.191	1.278	0.881	0.00891	0.435	0.335	3.99	1,995	3.00
$1\frac{1}{2}$	1.900	40	0.145	1.610	0.800	0.01414	0.497	0.421	6.34	3,170	2.72
		80	0.200	1.500	1.069	0.01225	0.497	0.393	5.49	2,745	3.63
2	2.375	40	0.154	2.067	1.075	0.02330	0.622	0.541	10.45	5,225	3.65
		80	0.218	1.939	1.477	0.02050	0.622	0.508	9.20	4,600	5.02
$2\frac{1}{2}$	2.875	40	0.203	2.469	1.704	0.03322	0.753	0.647	14.92	7,460	5.79
		80	0.276	2.323	2.254	0.02942	0.753	0.608	13.20	6,600	7.66
3	3.500	40	0.216	3.068	2.228	0.05130	0.916	0.803	23.00	11,500	7.58
		80	0.300	2.900	3.016	0.04587	0.916	0.759	20.55	10,275	10.25
$3\frac{1}{2}$	4.000	40	0.226	3.548	2.680	0.06870	1.047	0.929	30.80	15,400	9.11
		80	0.318	3.364	3.678	0.06170	1.047	0.881	27.70	13,850	12.51
4	4.500	40	0.237	4.026	3.17	0.08840	1.178	1.054	39.6	19,800	10.79
		80	0.337	3.826	4.41	0.07986	1.178	1.002	35.8	17,900	14.98
5	5.563	40	0.258	5.047	4.30	0.1390	1.456	1.321	62.3	31,150	14.62
		80	0.375	4.813	6.11	0.1263	1.456	1.260	57.7	28,850	20.78
6	6.625	40	0.280	6.065	5.58	0.2006	1.734	1.588	90.0	45,000	18.97
		80	0.432	5.761	8.40	0.1810	1.734	1.508	81.1	40,550	28.57
8	8.625	40	0.322	7.981	8.396	0.3474	2.258	2.089	155.7	77,850	28.55
		80	0.500	7.625	12.76	0.3171	2.258	1.996	142.3	71,150	43.39
10	10.75	40	0.365	10.020	11.91	0.5475	2.814	2.620	246.0	123,000	40.48
		80	0.594	9.562	18.95	0.4987	2.814	2.503	223.4	111,700	64.40
12	12.75	40	0.406	11.938	15.74	0.7773	3.338	3.13	349.0	174,500	53.56
		80	0.688	11.374	26.07	0.7056	3.338	2.98	316.7	158,350	88.57

†Based on ANSI B36.10-1959 by permission of ASME.

부록 4

응축기와 열교환기용 튜브 자료[†]

Condenser and Heat-Exchange Tube Data

Outside diameter, in.	Wall thickness BWG no.	Wall thickness in.	Inside diameter, in.	Cross-sectional area metal, in.^{2}	Inside sectional area, ft^2	Circumference, ft or surface, ft^2/ft of length: Outside	Circumference, ft or surface, ft^2/ft of length: Inside	Velocity, ft/s, for 1 U.S. gal/min	Capacity at 1 ft/s velocity: U.S. gal/min	Capacity at 1 ft/s velocity: Water, lb/h	Weight, lb/ft[‡]
$\frac{5}{8}$	12	0.109	0.407	0.177	0.000903	0.1636	0.1066	2.468	0.4053	202.7	0.602
	14	0.083	0.459	0.141	0.00115	0.1636	0.1202	1.938	0.5161	258.1	0.479
	16	0.065	0.495	0.114	0.00134	0.1636	0.1296	1.663	0.6014	300.7	0.388
	18	0.049	0.527	0.089	0.00151	0.1636	0.1380	1.476	0.6777	338.9	0.303
$\frac{3}{4}$	12	0.109	0.532	0.220	0.00154	0.1963	0.1393	1.447	0.6912	345.6	0.748
	14	0.083	0.584	0.174	0.00186	0.1963	0.1529	1.198	0.8348	417.4	0.592
	16	0.065	0.620	0.140	0.00210	0.1963	0.1623	1.061	0.9425	471.3	0.476
	18	0.049	0.652	0.108	0.00232	0.1963	0.1707	0.962	1.041	520.5	0.367
$\frac{7}{8}$	12	0.109	0.657	0.262	0.00235	0.2291	0.1720	0.948	1.055	527.5	0.891
	14	0.083	0.709	0.207	0.00274	0.2291	0.1856	0.813	1.230	615.0	0.704
	16	0.065	0.745	0.165	0.00303	0.2291	0.1950	0.735	1.350	680.0	0.561
	18	0.049	0.777	0.127	0.00329	0.2291	0.2034	0.678	1.477	738.5	0.432
1	10	0.134	0.732	0.364	0.00292	0.2618	0.1916	0.763	1.310	655.0	1.237
	12	0.109	0.782	0.305	0.00334	0.2618	0.2047	0.667	1.499	750.0	1.037
	14	0.083	0.834	0.239	0.00379	0.2618	0.2183	0.588	1.701	850.5	0.813
	16	0.065	0.870	0.191	0.00413	0.2618	0.2278	0.538	1.854	927.0	0.649
$1\frac{1}{4}$	10	0.134	0.982	0.470	0.00526	0.3272	0.2571	0.424	2.361	1,181	1.598
	12	0.109	1.032	0.391	0.00581	0.3272	0.2702	0.384	2.608	1,304	1.329
	14	0.083	1.084	0.304	0.00641	0.3272	0.2838	0.348	2.877	1,439	1.033
	16	0.065	1.120	0.242	0.00684	0.3272	0.2932	0.326	3.070	1,535	0.823
$1\frac{1}{2}$	10	0.134	1.232	0.575	0.00828	0.3927	0.3225	0.269	3.716	1,858	1.955
	12	0.109	1.282	0.476	0.00896	0.3927	0.3356	0.249	4.021	2,011	1.618
	14	0.083	1.334	0.370	0.00971	0.3927	0.3492	0.229	4.358	2,176	1.258
2	10	0.134	1.732	0.7855	0.0164	0.5236	0.4534	0.136	7.360	3,680	2.68
	12	0.109	1.782	0.6475	0.0173	0.5236	0.4665	0.129	7.764	3,882	2.22

[†]Condensed, by permission, from J. H. Perry (ed.), *Chemical Engineers' Handbook,* 5th ed., p. **11**-12. Copyright © 1973, McGraw-Hill Book Company, New York.

[‡]For steel; for copper, multiply by 1.14; for brass, multiply by 1.06.

부록 5

Tyler 표준체

Tyler Standerd Screen Scale

Mesh	Clear opening, in.	Clear opening, mm	Approximate opening, in.	Wire diameter, in.
	1.050	26.67	1	0.148
†	0.883	22.43	$\frac{7}{8}$	0.135
	0.742	18.85	$\frac{3}{4}$	0.135
†	0.624	15.85	$\frac{5}{8}$	0.120
	0.525	13.33	$\frac{1}{2}$	0.105
†	0.441	11.20	$\frac{7}{16}$	0.105
	0.371	9.423	$\frac{3}{8}$	0.092
$2\frac{1}{2}$†	0.312	7.925	$\frac{5}{16}$	0.088
3	0.263	6.680	$\frac{1}{4}$	0.070
$3\frac{1}{2}$†	0.221	5.613	$\frac{7}{32}$	0.065
4	0.185	4.699	$\frac{3}{16}$	0.065
5†	0.156	3.962	$\frac{5}{32}$	0.044
6	0.131	3.327	$\frac{1}{8}$	0.036
7†	0.110	2.794	$\frac{7}{64}$	0.0328
8	0.093	2.362	$\frac{3}{32}$	0.032
9†	0.078	1.981	$\frac{5}{64}$	0.033
10	0.065	1.651	$\frac{1}{16}$	0.035
12†	0.055	1.397		0.028
14	0.046	1.168	$\frac{3}{64}$	0.025
16†	0.0390	0.991		0.0235
20	0.0328	0.833	$\frac{1}{32}$	0.0172
24†	0.0276	0.701		0.0141
28	0.0232	0.589		0.0125
32†	0.0195	0.495		0.0118
35	0.0164	0.417	$\frac{1}{64}$ <None>	0.0122
42†	0.0138	0.351		0.0100
48	0.0116	0.295		0.0092
60†	0.0097	0.246		0.0070
65	0.0082	0.208		0.0072
80†	0.0069	0.175		0.0056
100	0.0058	0.147		0.0042
115†	0.0049	0.124		0.0038
150	0.0041	0.104		0.0026
170†	0.0035	0.088		0.0024
200	0.0029	0.074		0.0021
270	0.0021	0.053		
325	0.0017	0.044		

†These screens, for closer sizing, are inserted between the sizes usually considered as the standard series. With the inclusion of these screens the ratio of diameters of openings in two successive screens is as $1 : \sqrt[4]{2}$ instead of $1 : \sqrt{2}$.

부록 6

물의 성질

Properties of Liquid Water

Temperature T, °F	Viscosity[†] μ, cP	Thermal conductivity[‡] k, Btu/ft · h · °F	Density[§] ρ, lb/ft^3	$\psi_f = \left(\frac{k^3\rho^2 g}{\mu^2}\right)^{1/3}$
32	1.794	0.320	62.42	1,410
40	1.546	0.326	62.43	1,590
50	1.310	0.333	62.42	1,810
60	1.129	0.340	62.37	2,050
70	0.982	0.346	62.30	2,290
80	0.862	0.352	62.22	2,530
90	0.764	0.358	62.11	2,780
100	0.682	0.362	62.00	3,020
120	0.559	0.371	61.71	3,530
140	0.470	0.378	61.38	4,030
160	0.401	0.384	61.00	4,530
180	0.347	0.388	60.58	5,020
200	0.305	0.392	60.13	5,500
220	0.270	0.394	59.63	5,960
240	0.242	0.396	59.10	6,420
260	0.218	0.396	58.53	6,830
280	0.199	0.396	57.94	7,210
300	0.185	0.396	57.31	7,510

[†]From *International Critical Tables,* vol. 5, McGraw-Hill Book Company, New York, 1929, p. 10.

[‡]From E. Schmidt and W. Sellschopp, *Forsch. Geb. Ingenieurw.,* **3**:277 (1932).

[§]Calculated from J. H. Keenan and F. G. Keyes, *Thermodynamic Properties of Steam,* John Wiley & Sons., Inc., New York, 1937.

부록 7

포화 수증기와 물의 성질†

Properties of Standerd Steam and Water

Temperature T, °F	Vapor pressure p_A, $lb_f/in.^2$	Specific volume, ft^3/lb		Enthalpy, Btu/lb		
		Liquid v_x	Saturated vapor v_y	Liquid H_x	Vaporization λ	Saturated vapor H_y
32	0.08859	0.016022	3,305	0	1,075.4	1,075.4
35	0.09992	0.016021	2,948	3.00	1,073.7	1,076.7
40	0.12166	0.016020	2,445	8.02	1,070.9	1,078.9
45	0.14748	0.016021	2,037	13.04	1,068.1	1,081.1
50	0.17803	0.016024	1,704.2	18.06	1,065.2	1,083.3
55	0.2140	0.016029	1,431.4	23.07	1,062.4	1,085.5
60	0.2563	0.016035	1,206.9	28.08	1,059.6	1,087.7
65	0.3057	0.016042	1,021.5	33.09	1,056.8	1,089.9
70	0.3632	0.016051	867.7	38.09	1,054.0	1,092.0
75	0.4300	0.016061	739.7	43.09	1,051.1	1,094.2
80	0.5073	0.016073	632.8	48.09	1,048.3	1,096.4
85	0.5964	0.016085	543.1	53.08	1,045.5	1,098.6
90	0.6988	0.016099	467.7	58.07	1,042.7	1,100.7
95	0.8162	0.016114	404.0	63.06	1,039.8	1,102.9
100	0.9503	0.016130	350.0	68.05	1,037.0	1,105.0
110	1.2763	0.016166	265.1	78.02	1,031.4	1,109.3
120	1.6945	0.016205	203.0	88.00	1,025.5	1,113.5
130	2.225	0.016247	157.17	97.98	1,019.8	1,117.8
140	2.892	0.016293	122.88	107.96	1,014.0	1,121.9
150	3.722	0.016343	96.99	117.96	1,008.1	1,126.1
160	4.745	0.016395	77.23	127.96	1,002.2	1,130.1
170	5.996	0.016450	62.02	137.97	996.2	1,134.2
180	7.515	0.016509	50.20	147.99	990.2	1,138.2
190	9.343	0.016570	40.95	158.03	984.1	1,142.1
200	11.529	0.016634	33.63	168.07	977.9	1,145.9
210	14.125	0.016702	27.82	178.14	971.6	1,149.7
212	14.698	0.016716	26.80	180.16	970.3	1,150.5

(*Continued*)

Temperature T, °F	Vapor pressure p_A, $lb_f/in.^2$	Specific volume, ft^3/lb Liquid v_x	Saturated vapor v_y	Enthalpy, Btu/lb Liquid H_x	Vaporization λ	Saturated vapor H_y
220	17.188	0.016772	23.15	188.22	965.3	1,153.5
230	20.78	0.016845	19.386	198.32	958.8	1,157.1
240	24.97	0.016922	16.327	208.44	952.3	1,160.7
250	29.82	0.017001	13.826	218.59	945.6	1,164.2
260	35.42	0.017084	11.768	228.76	938.8	1,167.6
270	41.85	0.017170	10.066	238.95	932.0	1,170.9
280	49.18	0.017259	8.650	249.18	924.9	1,174.1
290	57.53	0.017352	7.467	259.44	917.8	1,177.2
300	66.98	0.017448	6.472	269.73	910.4	1,180.2
310	77.64	0.017548	5.632	280.06	903.0	1,183.0
320	89.60	0.017652	4.919	290.43	895.3	1,185.8
340	117.93	0.017872	3.792	311.30	879.5	1,190.8
350	134.53	0.017988	3.346	321.80	871.3	1,193.1
360	152.92	0.018108	2.961	332.35	862.9	1,195.2
370	173.23	0.018233	2.628	342.96	854.2	1,197.2
380	195.60	0.018363	2.339	353.62	845.4	1,199.0
390	220.2	0.018498	2.087	364.34	836.2	1,200.6
400	247.1	0.018638	1.8661	375.12	826.8	1,202.0
410	276.5	0.018784	1.6726	385.97	817.2	1,203.1
420	308.5	0.018936	1.5024	396.89	807.2	1,204.1
430	343.3	0.019094	1.3521	407.89	796.9	1,204.8
440	381.2	0.019260	1.2192	418.98	786.3	1,205.3
450	422.1	0.019433	1.1011	430.2	775.4	1,205.6

† Abstracted from *Steam Tables,* by Joseph H. Keenan, Frederick G. Keyes, Philip G. Hill, and Joan G. Moore, John Wiley & Sons, New York, 1969, with the permission of the publisher.

부록 8

기체 점도†

Viscosities of Gases

No.	Gas	*X*	*Y*	No.	Gas	*X*	*Y*
1	Acetic acid	7.7	14.3	29	Freon-113	11.3	14.0
2	Acetone	8.9	13.0	30	Helium	10.9	20.5
3	Acetylene	9.8	14.9	31	Hexane	8.6	11.8
4	Air	11.0	20.0	32	Hydrogen	11.2	12.4
5	Ammonia	8.4	16.0	33	$3H_2 + N_2$	11.2	17.2
6	Argon	10.5	22.4	34	Hydrogen bromide	8.8	20.9
7	Benzene	8.5	13.2	35	Hydrogen chloride	8.8	18.7
8	Bromine	8.9	19.2	36	Hydrogen cyanide	9.8	14.9
9	Butene	9.2	13.7	37	Hydrogen iodide	9.0	21.3
10	Butylene	8.9	13.0	38	Hydrogen sulfide	8.6	18.0
11	Carbon dioxide	9.5	18.7	39	Iodine	9.0	18.4
12	Carbon disulfide	8.0	16.0	40	Mercury	5.3	22.9
13	Carbon monoxide	11.0	20.0	41	Methane	9.9	15.5
14	Chlorine	9.0	18.4	42	Methyl alcohol	8.5	15.6
15	Chloroform	8.9	15.7	43	Nitric oxide	10.9	20.5
16	Cyanogen	9.2	15.2	44	Nitrogen	10.6	20.0
17	Cyclohexane	9.2	12.0	45	Nitrosyl chloride	8.0	17.6
18	Ethane	9.1	14.5	46	Nitrous oxide	8.8	19.0
19	Ethyl acetate	8.5	13.2	47	Oxygen	11.0	21.3
20	Ethyl alcohol	9.2	14.2	48	Pentane	7.0	12.8
21	Ethyl chloride	8.5	15.6	49	Propane	9.7	12.9
22	Ethyl ether	8.9	13.0	50	Propyl alcohol	8.4	13.4
23	Ethylene	9.5	15.1	51	Propylene	9.0	13.8
24	Fluorine	7.3	23.8	52	Sulfur dioxide	9.6	17.0
25	Freon-11	10.6	15.1	53	Toluene	8.6	12.4
26	Freon-12	11.1	16.0	54	2,3,3-Trimethylbutane	9.5	10.5
27	Freon-21	10.8	15.3	55	Water	8.0	16.0
28	Freon-22	10.1	17.0	56	Xenon	9.3	23.0

Coordinates for use with figure on next page.

†By permission, from J. H. Perry (ed.), *Chemical Engineers' Handbook,* 5th ed., pp. **3**-210 and **3**-211. Copyright © 1973, McGraw-Hill Book Company, New York.

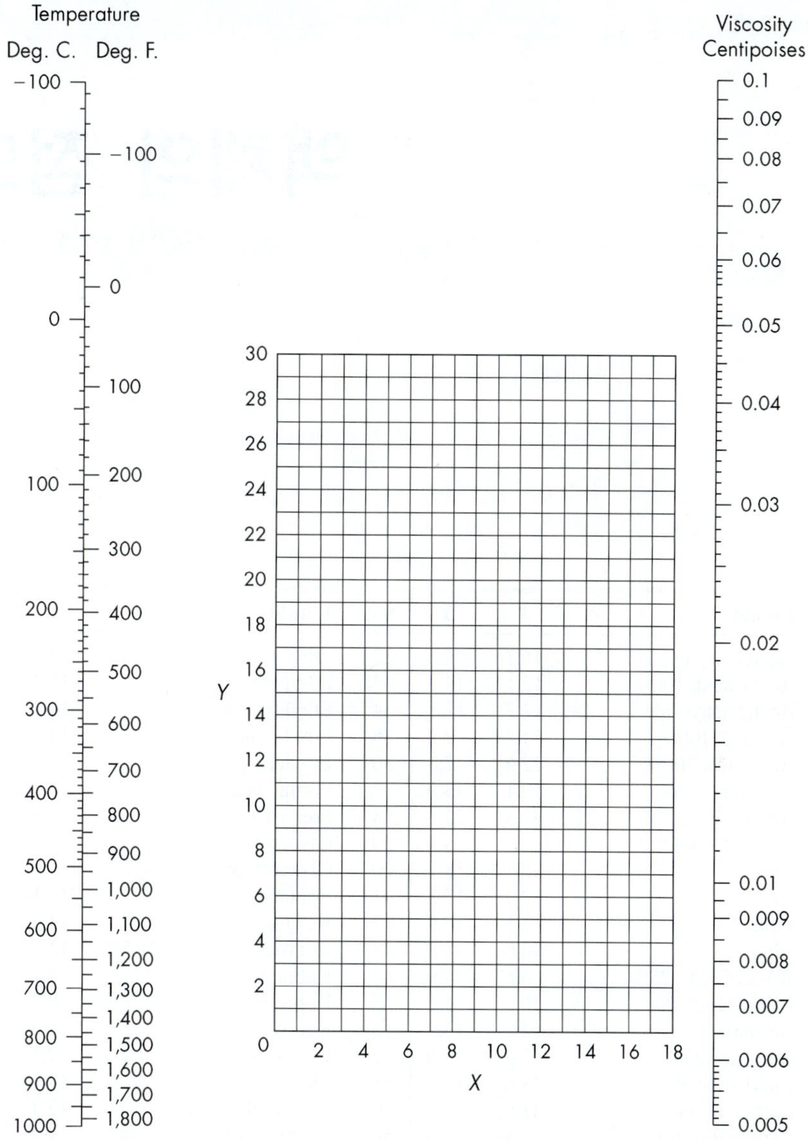

Viscosities of gases and vapors at 1 atm; for coordinates, see table on previous page.

부록 9

액체의 점도†

Viscosities of Liquids

No.	Liquid	*X*	*Y*	No.	Liquid	*X*	*Y*
1	Acetaldehyde	15.2	4.8	32	Ethyl chloride	14.8	6.0
2	Acetic acid, 100%	12.1	14.2	33	Ethyl ether	14.5	5.3
3	Acetic anhydride	12.7	12.8	34	Ethyl formate	14.2	8.4
4	Acetone, 100%	14.5	7.2	35	Ethyl iodide	14.7	10.3
5	Ammonia, 100%	12.6	2.0	36	Ethylene glycol	6.0	23.6
6	Ammonia, 26%	10.1	13.9	37	Formic acid	10.7	15.8
7	Amyl acetate	11.8	12.5	38	Freon-12	16.8	5.6
8	Amyl alcohol	7.5	18.4	39	Glycerol, 100%	2.0	30.0
9	Aniline	8.1	18.7	40	Glycerol, 50%	6.9	19.6
10	Anisole	12.3	13.5	41	Heptane	14.1	8.4
11	Benzene	12.5	10.9	42	Hexane	14.7	7.0
12	Biphenyl	12.0	18.3	43	Hydrochloric acid, 31.5%	13.0	16.6
13	Brine, $CaCl_2$, 25%	6.6	15.9	44	Isobutyl alcohol	7.1	18.0
14	Brine, NaCl, 25%	10.2	16.6	45	Isopropyl alcohol	8.2	16.0
15	Bromine	14.2	13.2	46	Kerosene	10.2	16.9
16	Butyl acetate	12.3	11.0	47	Linseed oil, raw	7.5	27.2
17	Butyl alcohol	8.6	17.2	48	Mercury	18.4	16.4
18	Carbon dioxide	11.6	0.3	49	Methanol, 100%	12.4	10.5
19	Carbon disulfide	16.1	7.5	50	Methyl acetate	14.2	8.2
20	Carbon tetrachloride	12.7	13.1	51	Methyl chloride	15.0	3.8
21	Chlorobenzene	12.3	12.4	52	Methyl ethyl ketone	13.9	8.6
22	Chloroform	14.4	10.2	53	Napthalene	7.9	18.1
23	*m*-Cresol	2.5	20.8	54	Nitric acid, 95%	12.8	13.8
24	Cyclohexanol	2.9	24.3	55	Nitric acid, 60%	10.8	17.0
25	Dichloroethane	13.2	12.2	56	Nitrobenzene	10.6	16.2
26	Dichloromethane	14.6	8.9	57	Nitrotoluene	11.0	17.0
27	Ethyl acetate	13.7	9.1	58	Octane	13.7	10.0
28	Ethyl alcohol,100%	10.5	13.8	59	Octyl alcohol	6.6	21.1
29	Ethyl alcohol, 95%	9.8	14.3	60	Pentane	14.9	5.2
30	Ethyl alcohol, 40%	6.5	16.6	61	Phenol	6.9	20.8
31	Ethyl benzene	13.2	11.5	62	Sodium	16.4	13.9

(Continued)

No.	Liquid	X	Y	No.	Liquid	X	Y
63	Sodium hydroxide, 50%	3.2	25.8	70	Toluene	13.7	10.4
64	Sulfur dioxide	15.2	7.1	71	Trichloroethylene	14.8	10.5
65	Sulfuric acid, 98%	7.0	24.8	72	Vinyl acetate	14.0	8.8
66	Sulfuric acid, 60%	10.2	21.3	73	Water	10.2	13.0
67	Tetrachloroethane	11.9	15.7	74	*o*-Xylene	13.5	12.1
68	Tetrachloroethylene	14.2	12.7	75	*m*-Xylene	13.9	10.6
69	Titanium tetrachloride	14.4	12.3	76	*p*-Xylene	13.9	10.9

Coordinates for use with figure on next page.

[†]By permission, from J. H. Perry (ed.), *Chemical Engineers' Handbook,* 5th ed., pp. **3**-212 and **3**-213. Copyright © 1973, McGraw-Hill Book Company, New York.

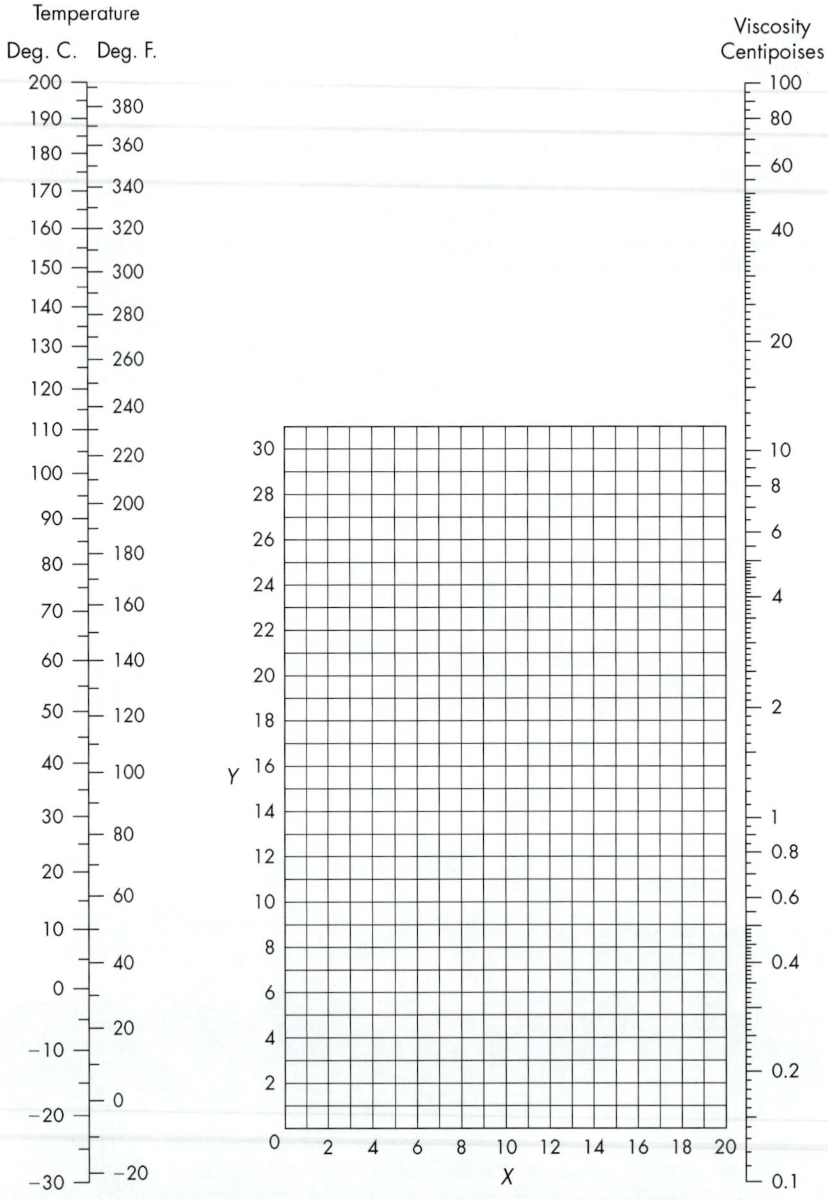

Viscosities of liquids at 1 atm. For coordinates, see table on previous page.

부록 10

금속의 열전도도†

Thermal Conductivities of Metals

Metal	Thermal conductivity k‡ 32°F	64°F	212°F
Aluminum	117		119
Antimony	10.6		9.7
Brass (70 copper, 30 zinc)	56		60
Cadmium		53.7	52.2
Copper (pure)	224		218
Gold		169.0	170.0
Iron (cast)	32		30
Iron (wrought)		34.9	34.6
Lead	20		19
Magnesium	92	92	92
Mercury (liquid)	4.8		
Nickel	36		34
Platinum		40.2	41.9
Silver	242		238
Sodium (liquid)			49
Steel (mild)			26
Steel (1% carbon)		26.2	25.9
Steel (stainless, type 304)			9.4
Steel (stainless, type 316)			9.4
Steel (stainless, type 347)			9.3
Tantalum		32	
Tin	36		34
Zinc	65		64

†Based on W. H. McAdams, *Heat Transmission,* 3rd ed., McGraw-Hill Book Company, New York, 1954, pp. 445–447.

‡k = Btu/ft·h·°F. To convert to W/m·°C, multiply by 1.73073.

부록 11

고체와 단열재의 열전도도†

Thermal Conductivites of Various Solids and Insulating Materials

Material	Apparent density ρ, lb/ft^3	Temperature T, °C	Thermal conductivity k, Btu/h · ft^2 · (°F/ft)
Asbestos	29	−200	0.043
	36	0	0.087
	36	400	0.129
Bricks			
Alumina	—	1,315	2.7
Building brickwork	—	20	0.4
Carbon	96.7	—	3.0
Fire clay (Missouri)	—	200	0.58
	—	1,000	0.95
	—	1,400	1.02
Kaolin insulating firebrick	19	200	0.050
	19	760	0.113
Silicon carbide, recrystallized	129	600	10.7
	129	1,000	8.0
	129	1,400	6.3
Cardboard, corrugated	—	—	0.37
Concrete			
Clinker	—	—	0.20
Stone	—	—	0.54
1:4 dry	—	—	0.44
Cork, ground	9.4	30	0.025
Glass			
Borosilicate	139	30–75	0.63
Window	—	—	0.3–0.61

(Continued)

Material	Apparent density ρ, lb/ft^3	Temperature T, °C	Thermal conductivity k, Btu/h · ft^2 · (°F/ft)
Granite	—	—	1.0–2.3
Ice	57.5	0	1.3
Insulating materials			
Fiberglass batts[‡]	6	20	0.019
	6	150	0.027
	6	200	0.035
	9	20	0.018
	9	150	0.023
Kapok	0.88	20	0.020
Polystyrene foam[§]	1	20	0.023
	2–5	20	0.020
Polyurethane foam[§] (made with fluorocarbon gas)	1.3–3.0	—	0.014
	4–8	—	0.018
Polyurethane foam[§] (made with CO_2)	1.3–3.0	—	0.018
Wall board	14.8	21	0.028
Magnesia, powdered	49.7	47	0.35
Paper	—	—	0.75
Porcelain	—	200	0.88
Rubber, soft	—	21	0.075–0.092
Snow	34.7	0	0.27
Wood (across grain)			
Oak	51.5	15	0.12
Maple	44.7	50	0.11
Pine, white	34.0	15	0.087
Wood (parallel to grain)			
Pine	34.4	21	0.20

[†]From J. H. Perry (ed.), *Chemical Engineers' Handbook,* 6th ed., McGraw-Hill, New York, p. **3**-260, except as noted.

[‡]From *Heat Transfer and Fluid Data Book,* vol. 1, Genium Publishing Corp., Schenectady, NY, 1984, sect. 515.24, p. 1.

[§]From *Modern Plastics Encyclopedia,* vol. 65, no. 11, McGraw-Hill Book Co., New York, 1988, p. 657.

부록 12

가스와 증기의 열전도도†

Thermal Conductivities of Gases and Vapors

Substance	Thermal conductivity $k^‡$	
	32°F	212°F
Acetone	0.0057	0.0099
Acetylene	0.0108	0.0172
Air	0.0140	0.0184
Ammonia	0.0126	0.0192
Benzene		0.0103
Carbon dioxide	0.0084	0.0128
Carbon monoxide	0.0134	0.0176
Carbon tetrachloride		0.0052
Chlorine	0.0043	
Ethane	0.0106	0.0175
Ethyl alcohol		0.0124
Ethyl ether	0.0077	0.0131
Ethylene	0.0101	0.0161
Helium	0.0818	0.0988
Hydrogen	0.0966	0.1240
Methane	0.0176	0.0255
Methyl alcohol	0.0083	0.0128
Nitrogen	0.0139	0.0181
Nitrous oxide	0.0088	0.0138
Oxygen	0.0142	0.0188
Propane	0.0087	0.0151
Sulfur dioxide	0.0050	0.0069
Water vapor (at 1 atm abs pressure)		0.0136

†Based on W. H. McAdams, *Heat Transmission,* 3rd ed., McGraw-Hill Book Company, New York, 1954, pp. 457–458.

‡k = Btu/ft·h·°F. To convert to W/m·°C, multiply by 1.73073.

부록 13

액체의 열전도도†

Thermal Conductivities of Liquids Other Than Water

Liquid	Temperature, °F	k‡
Acetic acid	68	0.099
Acetone	86	0.102
Ammonia (anhydrous)	5–86	0.29
Aniline	32–68	0.100
Benzene	86	0.092
n-Butyl alcohol	86	0.097
Carbon bisulfide	86	0.093
Carbon tetrachloride	32	0.107
Chlorobenzene	50	0.083
Ethyl acetate	68	0.101
Ethyl alcohol (absolute)	68	0.105
Ethyl ether	86	0.080
Ethylene glycol	32	0.153
Gasoline	86	0.078
Glycerine	68	0.164
n-Heptane	86	0.081
Kerosene	68	0.086
Methyl alcohol	68	0.124
Nitrobenzene	86	0.095
n-Octane	86	0.083
Sulfur dioxide	5	0.128
Sulfuric acid (90%)	86	0.21
Toluene	86	0.086
Trichloroethylene	122	0.080
o-Xylene	68	0.090

†Based on W. H. McAdams, *Heat Transmission,* 3rd ed., McGraw-Hill Book Company, New York, 1954, pp. 455–456.

‡k = Btu/ft·h·°F. To convert to W/m·°C, multiply by 1.73073.

기체의 비열[†]

Specific Heats of Gases

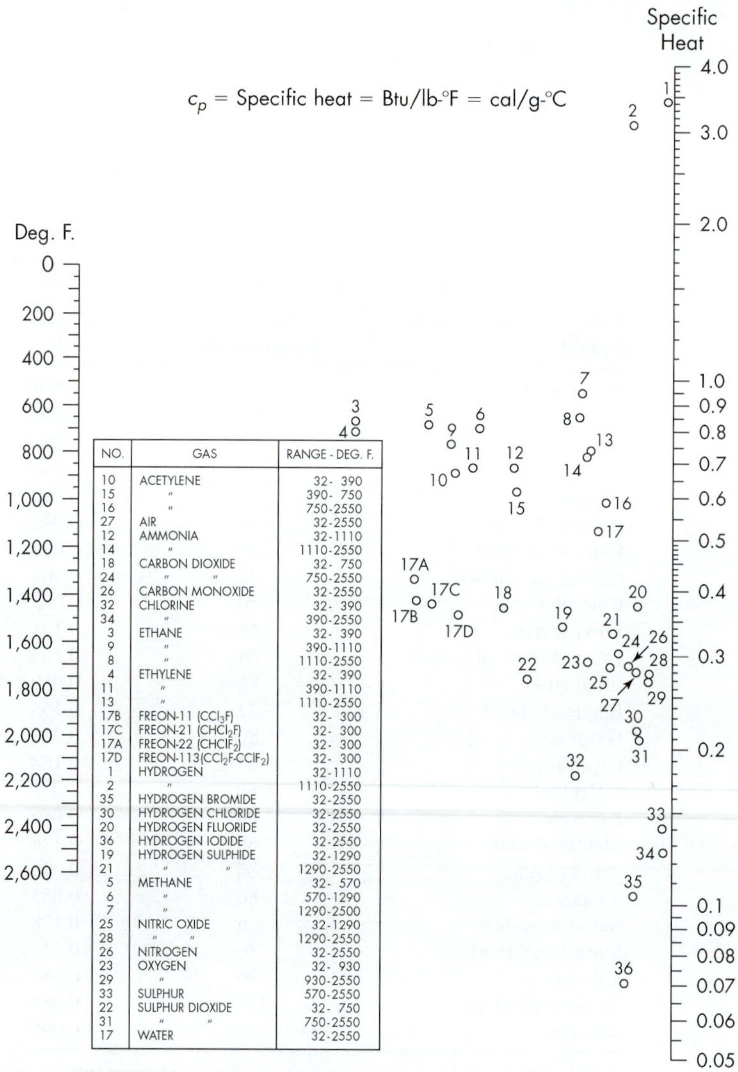

NO.	GAS	RANGE - DEG. F.
10	ACETYLENE	32- 390
15	"	390- 750
16	"	750-2550
27	AIR	32-2550
12	AMMONIA	32-1110
14	"	1110-2550
18	CARBON DIOXIDE	32- 750
24	" "	750-2550
26	CARBON MONOXIDE	32-2550
32	CHLORINE	32- 390
34	"	390-2550
3	ETHANE	32- 390
9	"	390-1110
8	"	1110-2550
4	ETHYLENE	32- 390
11	"	390-1110
13	"	1110-2550
17B	FREON-11 (CCl_3F)	32- 300
17C	FREON-21 ($CHCl_2F$)	32- 300
17A	FREON-22 ($CHClF_2$)	32- 300
17D	FREON-113(CCl_2F-$CClF_2$)	32- 300
1	HYDROGEN	32-1110
2	"	1110-2550
35	HYDROGEN BROMIDE	32-2550
30	HYDROGEN CHLORIDE	32-2550
20	HYDROGEN FLUORIDE	32-2550
36	HYDROGEN IODIDE	32-2550
19	HYDROGEN SULPHIDE	32-1290
21	" "	1290-2550
5	METHANE	32- 570
6	"	570-1290
7	"	1290-2500
25	NITRIC OXIDE	32-1290
28	" "	1290-2550
26	NITROGEN	32-2550
23	OXYGEN	32- 930
29	"	930-2550
33	SULPHUR	570-2550
22	SULPHUR DIOXIDE	32- 750
31	" "	750-2550
17	WATER	32-2550

True specific heats c_p of gases and vapors at 1 atm pressure.

[†] *Courtesy of T. H. Chilton.*

액체의 비열[†]

Specific Heats of Liquids

Specific heat = Btu/lb-°F = cal/g-°C

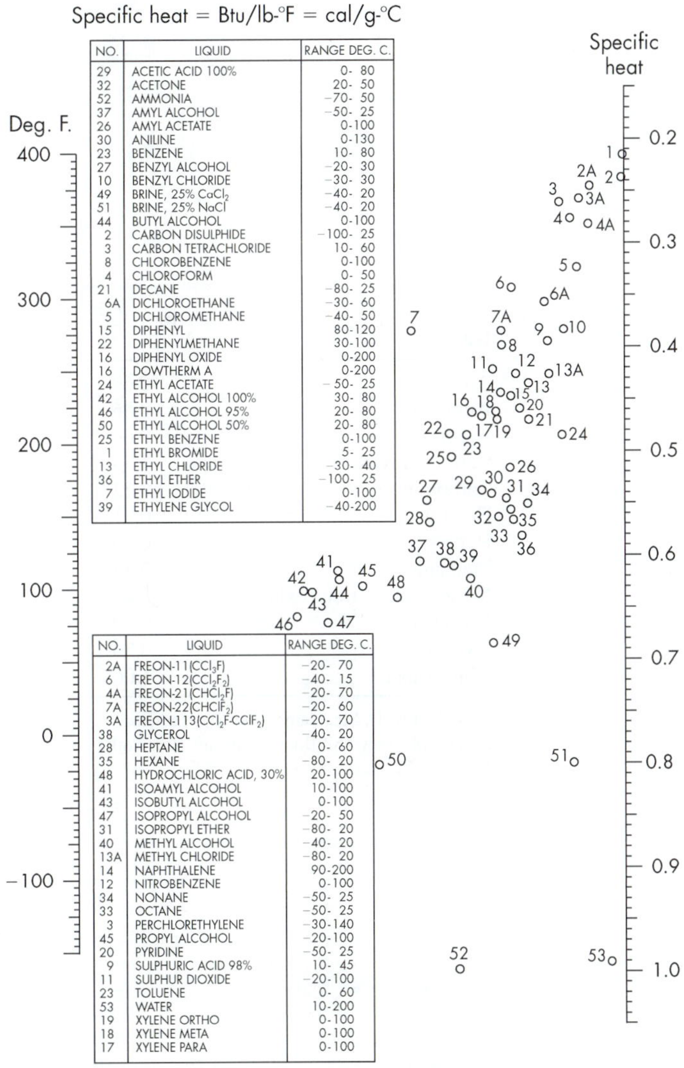

NO.	LIQUID	RANGE DEG. C.
29	ACETIC ACID 100%	0- 80
32	ACETONE	20- 50
52	AMMONIA	−70- 50
37	AMYL ALCOHOL	−50- 25
26	AMYL ACETATE	0-100
30	ANILINE	0-130
23	BENZENE	10- 80
27	BENZYL ALCOHOL	−20- 30
10	BENZYL CHLORIDE	−30- 30
49	BRINE, 25% $CaCl_2$	−40- 20
51	BRINE, 25% NaCl	−40- 20
44	BUTYL ALCOHOL	0-100
2	CARBON DISULPHIDE	−100- 25
3	CARBON TETRACHLORIDE	10- 60
8	CHLOROBENZENE	0-100
4	CHLOROFORM	0- 50
21	DECANE	−80- 25
6A	DICHLOROETHANE	−30- 60
5	DICHLOROMETHANE	−40- 50
15	DIPHENYL	80-120
22	DIPHENYLMETHANE	30-100
16	DIPHENYL OXIDE	0-200
16	DOWTHERM A	0-200
24	ETHYL ACETATE	−50- 25
42	ETHYL ALCOHOL 100%	30- 80
46	ETHYL ALCOHOL 95%	20- 80
50	ETHYL ALCOHOL 50%	20- 80
25	ETHYL BENZENE	0-100
1	ETHYL BROMIDE	5- 25
13	ETHYL CHLORIDE	−30- 40
36	ETHYL ETHER	−100- 25
7	ETHYL IODIDE	0-100
39	ETHYLENE GLYCOL	−40-200

NO.	LIQUID	RANGE DEG. C.
2A	FREON-11(CCl_3F)	−20- 70
6	FREON-12(CCl_2F_2)	−40- 15
4A	FREON-21($CHCl_2F$)	−20- 70
7A	FREON-22($CHClF_2$)	−20- 60
3A	FREON-113(CCl_2F-$CClF_2$)	−20- 70
38	GLYCEROL	−40- 20
28	HEPTANE	0- 60
35	HEXANE	−80- 20
48	HYDROCHLORIC ACID, 30%	20-100
41	ISOAMYL ALCOHOL	10-100
43	ISOBUTYL ALCOHOL	0-100
47	ISOPROPYL ALCOHOL	−20- 50
31	ISOPROPYL ETHER	−80- 20
40	METHYL ALCOHOL	−40- 20
13A	METHYL CHLORIDE	−80- 20
14	NAPHTHALENE	90-200
12	NITROBENZENE	0-100
34	NONANE	−50- 25
33	OCTANE	−50- 25
3	PERCHLORETHYLENE	−30-140
45	PROPYL ALCOHOL	−20-100
20	PYRIDINE	−50- 25
9	SULPHURIC ACID 98%	10- 45
11	SULPHUR DIOXIDE	−20-100
23	TOLUENE	0- 60
53	WATER	10-200
19	XYLENE ORTHO	0-100
18	XYLENE META	0-100
17	XYLENE PARA	0-100

[†] *Courtesy of T. H. Chilton.*

부록 16

기체의 Prandtl 수(1 atm, 100° C)[†]

Prandtl Numbers for Gases at 1 atm and 100°C

Gas	$\mathbf{Pr} = \frac{c_p \mu}{k}$
Air	0.69
Ammonia	0.86
Argon	0.66
Carbon dioxide	0.75
Carbon monoxide	0.72
Helium	0.71
Hydrogen	0.69
Methane	0.75
Nitric oxide, nitrous oxide	0.72
Nitrogen	0.70
Oxygen	0.70
Water vapor	1.06

[†]Based on W. H. McAdams, *Heat Transmission,* 3rd ed., McGraw-Hill Book Company, New York, 1954, p. 471.

부록 17

액체의 Prandtl 수†

Prandtl Numbers for Liquids

	$\mathbf{Pr} = \frac{c_p \mu}{k}$	
Liquid	**61°F**	**212°F**
Acetic acid	14.5	10.5
Acetone	4.5	2.4
Aniline	69	9.3
Benzene	7.3	3.8
n-Butyl alcohol	43	11.5
Carbon tetrachloride	7.5	4.2
Chlorobenzene	9.3	7.0
Ethyl acetate	6.8	5.6
Ethyl alcohol	15.5	10.1
Ethyl ether	4.0	2.3
Ethylene glycol	350	125
n-Heptane	6.0	4.2
Methyl alcohol	7.2	3.4
Nitrobenzene	19.5	6.5
n-Octane	5.0	3.6
Sulfuric acid (98%)	149	15.0
Toluene	6.5	3.8
Water	7.7	1.5

†Based on W. H. McAdams, *Heat Transmission,* 3rd ed., McGraw-Hill Book Company, New York, 1954, p. 470.

부록 18

공기 중 기체의 확산계수와 Schmidt 수(1 atm, 0°C)†

Diffusivities and Schmidt Numbers for Gases in Air at 0°C and 1 atm

Gas	Volumetric diffusivity D_v, ft²/h¶	$Sc = \frac{\mu}{\rho D_v}$ ‡
Acetic acid	0.413	1.24
Acetone	0.32§	1.60
Ammonia	0.836	0.61
Benzene	0.299	1.71
n-Butyl alcohol	0.273	1.88
Carbon dioxide	0.535	0.96
Carbon tetrachloride	0.26§	1.97
Chlorine	0.43§	1.19
Chlorobenzene	0.24§	2.13
Ethane	0.49§	1.04
Ethyl acetate	0.278	1.84
Ethyl alcohol	0.396	1.30
Ethyl ether	0.302	1.70
Hydrogen	2.37	0.22
Methane	0.74§	0.69
Methyl alcohol	0.515	1.00
Naphthalene	0.199	2.57
Nitrogen	0.70§	0.73
n-Octane	0.196	2.62
Oxygen	0.690	0.74
Phosgene	0.31§	1.65
Propane	0.36§	1.42
Sulfur dioxide	0.44§	1.16
Toluene	0.275	1.86
Water vapor	0.853	0.60

†By permission, from T. K. Sherwood and R. L. Pigford, *Absorption and Extraction,* 2nd ed., p. 20. Copyright 1952, McGraw-Hill Book Company, New York.

‡The value of μ/ρ is that for pure air, 0.512 ft²/h.

§Calculated by Eq. (17.28).

¶To convert ft²/h to cm²/s, multiply by 0.2581.

부록 19

충돌 적분과 Lennard-Jones 힘상수†

Collision Integral and Lennard-Jones Force Constants

Collision integral Ω_D

$\frac{kT}{\varepsilon_{12}}$	Ω_D	$\frac{kT}{\varepsilon_{12}}$	Ω_D	$\frac{kT}{\varepsilon_{12}}$	Ω_D
0.30	2.662	1.65	1.153	4.0	0.8836
0.35	2.476	1.70	1.140	4.1	0.8788
0.40	2.318	1.75	1.128	4.2	0.8740
0.45	2.184	1.80	1.116	4.3	0.8694
0.50	2.066	1.85	1.105	4.4	0.8652
0.55	1.966	1.90	1.094	4.5	0.8610
0.60	1.877	1.95	1.084	4.6	0.8568
0.65	1.798	2.00	1.075	4.7	0.8530
0.70	1.729	2.1	1.057	4.8	0.8492
0.75	1.667	2.2	1.041	4.9	0.8456
0.80	1.612	2.3	1.026	5.0	0.8422
0.85	1.562	2.4	1.012	6	0.8124
0.90	1.517	2.5	0.9996	7	0.7896
0.95	1.476	2.6	0.9878	8	0.7712
1.00	1.439	2.7	0.9770	9	0.7556
1.05	1.406	2.8	0.9672	10	0.7424
1.10	1.375	2.9	0.9576	20	0.6640
1.15	1.346	3.0	0.9490	30	0.6232
1.20	1.320	3.1	0.9406	40	0.5960
1.25	1.296	3.2	0.9328	50	0.5756
1.30	1.273	3.3	0.9256	60	0.5596
1.35	1.253	3.4	0.9186	70	0.5464
1.40	1.233	3.5	0.9120	80	0.5352
1.45	1.215	3.6	0.9058	90	0.5256
1.50	1.198	3.7	0.8998	100	0.5130
1.55	1.182	3.8	0.8942	200	0.4644
1.60	1.167	3.9	0.8888	400	0.4170

Lennard-Jones force constants

Compound	ε/k (K)	σ (Å)
Acetone	560.2	4.600
Acetylene	231.8	4.033
Air	78.6	3.711
Ammonia	558.3	2.900
Argon	93.3	3.542
Benzene	412.3	5.349
Bromine	507.9	4.296
n-butane	310	5.339
i-butane	313	5.341
Carbon dioxide	195.2	3.941
Carbon disulfide	467	4.483
Carbon monoxide	91.7	3.690
Carbon tetrachloride	322.7	5.947
Carbonyl sulfide	336	4.130
Chlorine	316	4.217
Chloroform	340.2	5.389
Cyanogen	348.6	4.361
Cyclohexane	297.1	6.182
Cyclopropane	248.9	4.807
Ethane	215.7	4.443
Ethanol	362.6	4.530
Ethylene	224.7	4.163
Fluorine	112.6	3.357
Helium	10.22	2.551
n-Hexane	339.3	5.949
Hydrogen	59.7	2.827
Hydrogen cyanide	569.1	3.630
Hydrogen chloride	344.7	3.339
Hydrogen iodide	288.7	4.211
Hydrogen sulfide	301.1	3.623
Iodine	474.2	5.160
Krypton	178.9	3.655
Methane	148.6	3.758
Methanol	481.8	3.626
Methylene chloride	356.3	4.898
Methyl chloride	350	4.182
Mercury	750	2.969
Neon	32.8	2.820
Nitric oxide	116.7	3.492
Nitrogen	71.4	3.798
Nitrous oxide	232.4	3.828
Oxygen	106.7	3.467
n-Pentane	341.1	5.784
Propane	237.1	5.118
n-Propyl alcohol	576.7	4.549
Propylene	298.9	4.678
Sulfur dioxide	335.4	4.112
Water	809.1	2.641

†From J. O. Hirschfelder, C. F. Curtiss, and R. B. Bird, *Molecular Theory of Gases and Liquids,* New York: Wiley, 1954.

찾아보기

영 문

한글

(ㅂ)